ISBN 978-0-483-96021-3
PIBN 10757080

Vorrede zur elften Auflage.

Im Jahre 1791 schrieb G. L. Hartig die „Holzzucht für Forster," ein Buch, das bis zum Jahre 1806 in 8 Auflagen sich verbreitete. Durch Hinzufügung eines ersten und eines dritten Bandes entstand daraus im Jahre 1807 das Lehrbuch für Förster.

Schon mehrere Jahre vor dem Tode meines Vaters wurde mir von ihm die Aufgabe einer zeitgemäßen Umarbeitung des Lehrbuchs, das besonders in seinem ersten, forstnaturwissen schaftlichen Bande veraltet war. Vom Jahre 1840 an habe ich die neueren Ausgaben des Lehrbuches bearbeitet und die Genugthuung gehabt, daß der Zeitraum zwischen je zweien Auflagen des Werkes, der sich auf 14 Jahre verlängert hatte, von 1840 ab jedesmal um einige Jahre sich verkürzte, allerdings mit Ausnahme des Zeitraums zwischen der 10. und vorliegenden Ausgabe, dessen 14jährige Dauer sich jedoch erklärt aus den, in den Zeitraum zwischen 1861 und 1875 fallenden, dem Absatz wissenschaftlicher Werke wenig günstigen, kriegerischen Ereignissen und dem Erscheinen einer Concurrenz-Ausgabe im Jahre 1871 durch die Cronbach'sche Verlagshandlung in Berlin, bestehend in einem Auszuge der dritten Auflage des Lehrbuches, erschienen im Jahre 1811!!

Unter diesen Umständen darf ich mir wohl schmeicheln, daß die Abänderungen, welche das Lehrbuch unter meiner Feder erlitt, in seinem Leserkreise auch heute noch Anerkennung findet und bitte um die Erlaubniß, einige Worte sagen zu dürfen über die Gesichts-punkte, die mich bei der Umarbeitung des Werkes leiteten.

Ein Lehrbuch für Förster, im heutigen, auf das Schutzamt beschränkten Wortsinne hat das Buch nie sein sollen, sondern ein Lehrbuch für den, mit der Betriebsführung beauftragten Forst-mann, das geht aus der Anlage schon der ersten Ausgabe des

né le . . September 1784
mort en . Mars . 1857

Vorrede zur elften Auflage.

Im Jahre 1791 schrieb G. L. Hartig die „Holzzucht für Förster," ein Buch, das bis zum Jahre 1806 in 8 Auflagen sich verbreitete. Durch Hinzufügung eines ersten und eines dritten Bandes entstand daraus im Jahre 1807 das Lehrbuch für Förster.

Schon mehrere Jahre vor dem Tode meines Vaters wurde mir von ihm die Aufgabe einer zeitgemäßen Umarbeitung des Lehrbuches, das besonders in seinem ersten, forstnaturwissen=schaftlichen Bande veraltet war. Vom Jahre 1840 an habe ich die neueren Ausgaben des Lehrbuches bearbeitet und die Genug=thuung gehabt, daß der Zeitraum zwischen je zweien Auflagen des Werkes, der sich auf 13 Jahre verlängert hatte, von 1840 ab jedesmal um einige Jahre sich verkürzte, allerdings mit Ausnahme des Zeitraums zwischen der 10. und vorliegenden Ausgabe, dessen 14jährige Dauer sich jedoch erklärt aus den, in den Zeitraum zwischen 1861 und 1875 fallenden, dem Absatz wissenschaftlicher Werke wenig günstigen, kriegerischen Ereignissen und dem Erscheinen einer Concurrenz=Ausgabe im Jahre 1871 durch die Cronbach'sche Verlagshandlung in Berlin, bestehend in einem Auszuge der dritten Auflage des Lehrbuches, erschienen im Jahre 1811!!

Unter diesen Umständen darf ich mir wohl schmeicheln, daß die Abänderungen, welche das Lehrbuch unter meiner Feder erlitt, in seinem Leserkreise auch heute noch Anerkennung findet und bitte um die Erlaubniß, einige Worte sagen zu dürfen über die Gesichts=punkte, die mich bei der Umarbeitung des Werkes leiteten.

Ein Lehrbuch für Förster, im heutigen, auf das Schutzamt beschränkten Wortsinne hat das Buch nie sein sollen, sondern ein Lehrbuch für den, mit der Betriebsführung beauftragten Forst=mann, das geht aus der Anlage schon der ersten Ausgabe des

Buchs hervor. Das Wort Förster hatte damals noch eine all=
gemeinere Bedeutung und hat sie außer Beamtenkreisen noch heute.

Demgemäß habe ich es vermieden, dem ursprünglichen Plane
des Verfassers entgegen, diejenigen Zweige der gesammten Forst=
wissenschaft, mit denen der Betriebsbeamte nicht in täglicher Be=
rührung steht, die Lehren des Forstrecht, der Forstpolizei, der
Staatsforstwirthschaft dem Buche zu interniren, dasselbe dadurch
zu einer Encyclopädie der Forstwissenschaft umzuarbeiten. Ab=
gesehen von den, dem Fortschritt forstwirthschaftlicher Erkenntniß
entsprechenden Aenderungen und Weiterungen der im zweiten und
dritten Bande des Lehrbuches enthaltenen Betriebslehren, schien es
mir ersprießlicher, die naturwissenschaftliche Grundlage aller forst=
lichen Produktion ausführlicher und dem neueren Standpunkt der
Naturwissenschaft entsprechender zu geben, als das bisher in forst=
lichen Lehrbüchern geschehen ist.

Die forstliche Wirthschaftslehre ist zur Zeit noch im Wesent=
lichen eine Erfahrungswissenschaft, aufgebaut seit Hunderten von
Jahren aus Erfahrungen über die Erfolge der Verjüngung und
des Anbaus, der Beschützung und Benutzung des Waldes. Allein
alle diese Erfahrungssätze haften an der Scholle, sie geben uns
keine Sicherheit, daß unter anderen Standortsverhältnissen, unter
anderen Verhältnissen des Bestandes, der Beschützung, Benutzung
dem als gut Erkannten nicht ein noch unerforschtes Besseres zur
Seite steht. Dieß absolut Beste werden wir nur erfahren aus der
genauesten Bekanntschaft mit der Natur unserer Zöglinge, mit den
Bedingungen ihres Gedeihens, aus den Beziehungen, in denen sie
zu den Stoffen und Kräften ihrer Umgebung stehen. Wir dürfen
uns nicht damit begnügen, das Wie der Erfolge unserer Hand=
lungsweise zu erforschen, sondern müssen unser Forschen ausdehnen
auf das Warum des Erfolgs.

Daß diese, meinem wissenschaftlichen Streben zum Grunde
liegende Ansicht in neuester Zeit auch im Kreise der Fachgenossen
Anerkennung und weitere Verbreitung gefunden hat, dafür spricht
die Erweckung eines forstlichen Versuchswesens und die in Errich=
tung forstlicher Versuchsanstalten ausgesprochene Unterstützung, die
ihr von Seiten der leitenden Betriebsbehörden in erfreulicher Weise
zu Theil wird.

Von diesem Gesichtspunkte aus bitte ich es zu entschuldigen,
wenn ich in der Mittheilung meiner Erfahrungen über die Lebens=

thätigkeit der Waldbäume und den daraus hergeleiteten physio=
logischen Ansichten hier und da ausführlicher gewesen bin, als dieß
in einem Lehrbuche der Forstwirthschaft erwartet werden kann. Es
bestimmten mich dazu aber auch noch andere Verhältnisse. Im mehr
als 50jährigen, von allen Hülfsmitteln exakter Forschung unter=
stützten Umgang mit den Pflanzen des Waldes haben diese mir
Manches vertraut, was die Einzelpflanze des botanischen Gartens
weder auf dem Mikroskoptische noch im Laboratorium zu lehren
vermag. Die daraus hervorgegangenen Erfahrungen und Ansichten
habe ich in kleineren selbstständigen Abhandlungen, theils in Zeit=
schriften veröffentlicht, deren Zugänglichkeit für den Leserkreis des
Lehrbuches ich nicht voraussetzen kann. Aber auch in die allgemeine
Literatur der Neuzeit für Pflanzenphysiologie haben meine Ansichten
über Pflanzenleben nur theilweise, und wo das der Fall ist häufig
entstellt, Eingang gefunden, da die meisten derselben den herr=
schenden Ansichten entgegengesetzt sind, wie das nicht anders mög=
lich ist, wo die Grundlage der Erklärungen, einerseits Vitalismus,
andererseits Universalmaterialismus so verschieden sind, wie zwischen
mir und meinen Mitarbeitern im Gebiet der Pflanzenphysiologie,
wenn einerseits der Pflanze selbst, andererseits den Lehrsätzen der
Mathematik, der Physik und der Chemie das endgiltige Wort zu=
gestanden ist. Die Mittheilung meiner Ansichten über Baumleben
mußte ich daher verbinden mit Angabe der Gründe für die Ab=
weichung von dem in der Literatur Herrschenden, und das war
mit wenigen Worten nicht ausführbar.

Die seit fünfundachtzig Jahren durch zwanzig Auflagen ver=
breiteten Lehren der Holzzucht bilden noch heute den Kern des
Buches.

Sie sind im Wesentlichen dieselben geblieben.

In ihnen spricht sich am bestimmtesten der Charakter der
Hartig'schen Schule aus, den wir als einen physiokratisch=conser=
vativen bezeichnen können: in der Vertheidigung des Staatswald=
besitzes und des gesicherten Nachhalts; intensiver, exclusiver Holz=
produktion; des Hochwaldbetriebes; der dem höchsten Natural=
ertragswerthe entsprechenden Umtriebszeit; in der Erhaltung und
Förderung der Bodenkraft durch Selbstverjüngung; in Erzeugung
pflanzenreicher Bestände und deren Erziehung in fortdauerndem
Bestandsschlusse.

Ist es auch die große Mehrzahl, der Wissenschafter sowohl

wie der Wirthschafter, welche der Hartig'schen Schule angehören,
so stehen doch deren Grundsätze keineswegs unangefochten da. Einer=
seits sind es die Vertheidiger der finanziellen Interessen des gegen=
wärtigen Waldbesitzers, andererseits sind es die abweichenden Wirth=
schaftsgrundsätze der H. Cotta'schen Schule, welche ihr entgegentreten.

Für eine Uebertragung des Staatswaldbesitzes in das Eigen=
thum der Privaten, wie für die Geldwirthschaft in den Wäldern
trat unter den Forstleuten zuerst W. Pfeil in die Schranken. In
neuester Zeit stellte M. R. Preßler sich ihm zur Seite mit den
schärferen Waffen wissenschaftlicher Begründung. Vom mathe=
matischen und finanziellen Standpunkte aus läßt sich nichts, sehr
viel läßt sich vom nationalökonomischen Gesichtspunkte aus diesen
Grundsätzen entgegenstellen.

Wie unsere Bäume im deutschen Boden, so haftet das Volks=
wohl mit tausenden seiner Wurzeln in unserer deutschen, conser=
vativen Forstwirthschaft. Man bedenke sich wohl, ehe man diese
ihrem Boden entreißt und in einen Zustand versetzt, in dem ihr
Gedeihen mindestens zweifelhaft ist. Man bedenke sich wohl, ehe
man Ansichten Folge leistet, die, so sicher ihre mathematische Be=
gründung ist, so neu und verführerisch sie der lebenden Generation
gegenübertreten, in anderen Ländern sich keineswegs segenspendend
erwiesen haben.

Gewiß verdienen die großen pecuniären Vortheile der Wald=
veräußerung sowohl, wie der Vorgriffe in Abtriebs= oder auch nur
in Durchforstungsvorräthe volle Berücksichtigung, so weit diese Vor=
theile nicht auf Kosten des Nettowerthes derjenigen höchsten Boden=
produktion erhoben werden, die den bleibenden Bedürfnissen an
Waldprodukten entspricht. Jede Ueberschreitung dieser Grenze rächt
sich früher oder später. (Vergl. Bd. II., S. 12—19. System und
Anleitung S. 76—83, 152—155.)

Man ist nur allzusehr geneigt, die absolute Wahrheit, welche
die Mathematik in sich trägt, auch auf die Dinge und Zustände
zu übertragen, mit welchen sie in Berührung tritt.

In der Politik des Forsthaushalts wie in der der Staaten
ist aber 2.2 nicht immer = 4.

Wo sind die Güter geblieben, die Griechenland, Italien, Frank=
reich möglicherweise aus ihrer Entwaldung gezogen haben könnten?
Sicher wäre die Bevölkerung dieser Länder heute durch sie nicht
um einen Heller reicher, als sie es ohne jenen Vorrathverbrauch

sein würde. Wir aber bauen noch heute unsere Wohnungen, wir erwärmen uns körperlich und geistig noch heute an der gepflegten Nachkommenschaft jener Wälder, in denen unsere Vorfahren den Ur und das Elk jagten.

Daß wir dieß können, daß auch der Arme sich unserer Wälder erfreuen kann, das verdanken wir unseren guten, alten, conservativen Tendenzen. Unsere Wälder sind gleich dem reichen Manne, der von seinem Ueberflusse unentgeltlich abgeben kann und reichlich abgibt, ohne selbst zu darben; der den mageren Jahren Pharaonis getrost entgegensehen kann, im Bewußtsein wohlgefüllter Speicher.

Den entgegengesetzten Wirthschaftsgrundsätzen der Cotta'schen Schule bin ich selbst entgegengetreten, mit dem Bestreben physiologischer Begründung der Lehrsätze meines Vaters. Das Streben, in mir selbst zur Klarheit zu gelangen in Betreff der, zwischen Cotta und Hartig bestehenden Controversen, führte mich zu tiefer eingreifenden physiologischen Studien, denen ich auch meine Zuwachsforschungen hinzuzähle.

Bin ich auf dem Wege der Forschung zu Ergebnissen gelangt, die mir die Beobachtungsresultate meines Vaters bestätigten, so ist das dem Sohne allerdings eine große Freude gewesen.

Die Beschuldigung aber: ich habe mich „aus Pietät" verleiten lassen, gegen meine Ueberzeugung zu sprechen und zu schreiben (s. die Recension der vorigen Auflage des Lehrbuches in der Forst- und Jagdzeitung) muß ich aufs bestimmteste zurückweisen.

Die Anklage hat es wohl übersehen: daß ich den Resultaten meiner Forschung stets die wissenschaftlichen Faktoren beigefügt habe. In der Lehre von der pflanzlichen Individualität; vom überwiegenden Einflusse des Stammzahlfaktors auf die Massenproduktion der Flächen; vom beschränkten Einflusse der Belaubung auf die Zuwachsgröße der Bäume 2c. ist dieß überall bis in die kleinsten Einzelheiten geschehen.

Diese Grundlagen meiner wissenschaftlichen Ueberzeugung mußten meine Gegner als irrig nachweisen, ehe sie zu einer Anklage schritten, deren Schwere sie wohl nicht erwogen haben.

Dem Diener der Wissenschaft ist ein Gut zur Hütung und Pflege anvertraut, das schwerer wiegt als alles Gold und Silber. Eine wissentliche Fälschung solchen Gutes würde verächtlicher und strafbarer sein als die Veruntreuung jedes anderen, dem Diener anvertrauten fremden Eigenthums.

Dem dritten Bande hatte ich bereits in der vorigen Auflage eine umfassendere Bearbeitung der Taxationswissenschaft hinzugefügt. Manches davon ist in dieser Auflage verbessert und vervollständigt. Im Wesentlichen ist dieser Abschnitt derselbe geblieben bis auf die Verlegung aus dem dritten in den zweiten Band, wofür die Lehre vom Forstschutz aus dem zweiten in den dritten Band verlegt ist, um mehr Zeit für die Ausführung der Insektentafeln zu gewinnen.

Unter allen Fachwerkmethoden habe ich dem Hartig'schen Ertragsfachwerke den Vorzug zugesprochen. Damit man nicht auch hier wieder unzeitige Pietät mir zum Vorwurf mache, habe ich mich bemüht, die Gründe für meine Ansicht in dem Nachweis der durchgreifenden Folgerichtigkeit des Verfahrens darzulegen.

Seit G. Heyer die Weisermethoden dem Fachwerk vermählte, haben erstere mehr und mehr ihre wirthschaftliche Bedeutung verloren. Nicht so verhält sich dieß mit ihrer wissenschaftlichen Bedeutung. Als Lehrmittel habe ich sie beibehalten.

Die Lehre von der Forstbenutzung habe ich schon für die vorige Auflage neu bearbeitet. Der Fortschritt dieses Wissenszweiges durch die Arbeiten eines Nördlinger, Chevandier und Wertheim machte dieß nothwendig.

Mein Sohn Robert hat die Umarbeitung der, den Schluß des dritten Bandes bildenden Krankheitslehre der Waldbäume übernommen.

Der Herausgeber.

Braunschweig, den 15. December 1875.

Inhalt des erften Bandes.

Dritter Abschnitt,

Einleitung und System der Forstwissenschaft.

Wenn man mit dem Ausdrucke Wald eine jede größere, mit wild=
wachsenden Holzpflanzen bestandene Fläche bezeichnet, so sind dem Begriff
von Forst schon engere Grenzen gesteckt, indem man nur diejenigen Wälder
Forste nennt, welche Behufs einer geregelten Benutzung in sich abgeschlossen,
begrenzt sind, und nach gewissen Regeln behandelt und benutzt werden.

Die Gesammtheit dieser, für die Behandlung, Beschützung und Be=
nutzung der Waldungen vorhandenen Vorschriften und Regeln, in ein Lehr=
gebäude vereint, bildet die Forstwissenschaft.

Das Handeln nach jenen Regeln, die Anwendung derselben, heißt
Forstwirthschaft.

Lehre und Anwendung vereint, bezeichnet man mit dem Ausdruck
Forstwesen.

Die Forstwissenschaft ist zusammengesetzt aus Erfahrungen über den
zweckmäßigsten Betrieb der Forstwirthschaft, theils ist sie aus anderen
Wissenschaften abgeleitet, die in Beziehung zur Forstwissenschaft als Hülfs=
und Nebenwissenschaften dastehen.

Hiernach zerfällt die Forstwissenschaft in drei Haupttheile:

1) In das Hauptfach: die eigentliche Fachwissenschaft, größtentheils
aus Erfahrungssätzen bestehend.

2) In Hülfsfächer: Naturwissenschaften und Mathematik.

3) In Nebenfächer: Staatswirthschaftslehre, Rechts= und Gesetzes=
kunde, Kassen= und Rechnungswesen, Landwirthschaftslehre, Gartenbau,
Jagd und Fischerei, Baukunde.

Das Hauptfach zerfällt in folgende gesonderte Lehren:

1. Geschichte, Literatur, Statistik.

Diese drei Lehrzweige greifen so vielseitig in einander, daß sie sich
nicht füglich trennen lassen. Eher läßt sich eine Trennung der Geschichte
der Wissenschaft von der Geschichte der Wälder rechtfertigen,
wenn man in Erstere, in die Darstellung des Entwicklungsganges der
Wissenschaft von ihrem Entstehen bis zum heutigen Standpunkte, die
Literatur hineinträgt, während mit der Geschichte der Wälder, d. h. mit
der Darstellung des Zustandes der Wälder von den frühesten bis auf
heutige Zeiten, die Forststatistik, d. h. die Lehre vom gegenwärtigen
Zustande der Bewaldung, vereint wird. Einen kurzen Abriß dieses Theils
unserer Wissenschaft hat der Herausgeber in seiner „Forstwirthschaftslehre"
gegeben.

Hartig, Lehrbuch für Förster I

2. Waldzucht

lehrt uns die Herstellung und Erhaltung eines Waldzustandes, durch welchen dem Boden der höchstmögliche Waldertrag nachhaltig abgewonnen wird.

Die Waldzucht zerfällt in:

a) Betriebslehre — Lehre von der Behandlung ganzer Wälder; — Lehre von den Waldbeständen in ihrer gegenseitigen Beziehung und Wechselwirkung.

b) Holzzucht — Lehre von der Behandlung der einzelnen Bestände, rücksichtlich ihrer An= und Nachzucht.

Holzzucht — Nachzucht der Bestände.

Holzanbau — Anzucht der Bestände.

3. Waldbenutzung.

Sie lehrt uns denjenigen Zustand eines Waldes kennen, welcher der Oertlichkeit gemäß das höchste Einkommen nachhaltig zu gewähren vermag (Produktionslehre, — Erzeugungslehre, — Statik). Nächstdem lehrt sie die vortheilhafteste Art der Zugutmachung, Transport, Aufbewahrung und Verwerthung der Waldprodukte (Produktenlehre, — Erzeugnißlehre, — Technologie).

4. Waldsicherung.

Die Lehre von der Sicherstellung des Waldeigenthums und seiner Produkte zerfällt in:

a) Waldrecht — Lehre von den Rechten und den Pflichten, welche in den verschiedenen Arten des Waldbesitzes liegen.

b) Waldpolizei — Lehre von den Verordnungen, welche von der Staatsgewalt zu erlassen sind, um das höchste Wald=Einkommen der Nation zu erzielen.

c) Waldschutz — Lehre von dem, was der Waldeigner zu thun oder zu veranlassen hat, um sein Eigenthum und dessen Benutzung zu sichern.

5. Waldschätzung

heißt die Lehre von Ermittlung der Größe und Beschaffenheit des Wald= vermögens.

6. Waldverwaltung.

Lehre vom Geschäftsbetriebe in der Waldwirthschaft.

In den beiden letzten Bänden dieses Lehrbuches sind die genannten einzelnen Zweige des Hauptfaches, so weit sie in den Geschäftskreis des administrirenden Forstbeamten eingreifen, vorgetragen. Der vorliegende erste Band beschäftigt sich mit einem Theil der Hülfswissenschaften, und zwar mit der Naturkunde in ihrer Anwendung auf Forstwirthschaft, wohin auch noch das 25ste Kapitel des zweiten Bandes, die Naturgeschichte der Forstinsekten enthaltend, gezählt werden muß. Die Mathematik und die Nebenfächer in ihrer Anwendung auf Forstwirthschaft, wie Staatsforstwirthschaftslehre, Forstrecht ꝛc. ꝛc., mußten dem vorliegenden Werke ausgeschlossen bleiben, wenn es nicht durch gesteigerten Preis dem weniger bemittelten Forstmann unzugänglich werden sollte.

Erster Haupttheil.

Naturgeſchichte der Holzpflanzen.

Die dem Forſtwirth geſtellte Aufgabe, höchſtmögliche Benutzung des Waldbodens durch die Anzucht von Holzpflanzen, macht die Letzteren zum Mittelpunkt alles forſtlichen Wiſſens und Wirkens. Nur durch die Beziehungen, in denen die übrigen Dinge zur Holzpflanze, zu deren Wachſen und Gedeihen, zu deren Ernte und Benutzung ſtehen, erhalten ſie für den Forſtwirth beſondere Bedeutung. Sturm, Schnee und Regen, Geſteine, Gräſer und Thiere werden ihm nur durch ihre Einwirkung auf die Holzpflanze, der Boden als Träger, die Luft als Ernährerin derſelben wichtig.

Damit ſind nun die Grenzen einer auf Forſtwirthſchaft angewandten Naturkunde bezeichnet. Eine forſtliche Naturkunde ſoll ſich nur mit denjenigen Naturkörpern beſchäftigen, die mit der Holzpflanze in Beziehung ſtehen; ſie ſoll an dieſen nur diejenigen Berührungspunkte beſonders beleuchten, in denen dieß der Fall iſt; alles Uebrige aber bei Seite ſetzen, um das Wichtigere nicht zu verdunkeln.

Keineswegs bin ich aber der Meinung, die Naturkenntniß des Forſtmanns ſolle ſich auf dieſe, in die forſtliche Naturkunde aufzunehmenden Gegenſtände beſchränken; keineswegs bin ich der Anſicht, ein Forſtmann brauche nicht zu wiſſen, daß es Schlangen und Fiſche, Palmen und Lilien, Kupfer und Zinn in der Welt gebe. Von jedem gebildeten Manne wird heutiger Zeit allgemeine Naturkenntniß gefordert, um wie viel mehr muß ſie vom Forſtmanne verlangt werden, deſſen Berufsthätigkeit einen ſteten Umgang mit der Natur fordert, dem ohne allgemeine Naturkenntniß die forſtliche Naturkunde ein großentheils unverſtändliches, unbenutzbares Stückwerk iſt. Es gehören aber dieſe Theile der Naturkunde eben ſo wenig in den Kreis unſerer Forſtwiſſenſchaft, wie Religion und Philoſophie, Geſchichte und Geographie, obgleich auch dieſe dem Wiſſen des Forſtmannes nicht fremd ſein dürfen.

In Nachſtehendem habe ich mich bemüht, dem Leſer die Grundzüge einer forſtlichen Naturkunde in der angedeuteten Beſchränkung zu entwerfen. Naturgeſchichte der Holzpflanzen habe ich dieſen Abriß genannt, weil aller übrigen Naturkörper nur in ihrer Beziehung zur Holzpflanze gedacht werden ſoll. Mit demſelben Rechte, mit dem die Lehre von der Wartung, Pflege, Ernährung ꝛc. eines Thiers in deſſen Naturgeſchichte gehört, kann auch die Lehre von der Einwirkung des Bodens, der Luft ꝛc. auf die Pflanze, deren Naturgeſchichte einverleibt werden, die ich in zwei

Haupttheile zerfälle, im ersten: **Allgemeine Naturgeschichte der Holzpflanzen**, dasjenige zusammenstellend, was die forstlichen Kulturpflanzen
gleichmäßig betrifft; im zweiten: **Besondere Naturgeschichte der Holzpflanzen**, die Eigenthümlichkeiten jeder Art gesondert hervorhebend.

Erste Abtheilung.

Allgemeine Naturgeschichte der Holzpflanzen.

Die Pflanze keimt und wurzelt im Boden, findet in ihm Nahrung,
Standort und Haltung; sie erhebt ihren belaubten Stamm über die Oberfläche des Bodens, und tritt mit der Luft in innige Berührung und Wechselwirkung, Nahrungsstoffe auch aus ihr aufnehmend und zurückgebend, Wärme
und Licht, so nöthig für ihr Leben und Gedeihen, empfangend. Luft
und Boden sind es also, welche, als nächste und unmittelbare Umgebung
der Pflanze, auf die verschiedenartigste Weise fördernd oder hindernd auf
das Gedeihen derselben einwirken; deren örtlich verschiedene Beschaffenheit
und Zustände, Menge und Beschaffenheit der pflanzlichen Erzeugnisse unseres
Erdkörpers bestimmen.

Dem Forstmanne, welchem die Aufgabe gestellt ist, seinem Boden den
höchstmöglichen Ertrag an Walderzeugnissen abzugewinnen, ist daher Kenntniß
der Holzpflanze und ihres Lebens nicht genügend; seine Kenntniß muß sich
in demselben Grade auf die Bedingungen ihres Gedeihens, auf die sie umgebende Luft und den Boden erstrecken. Ich werde daher in Nachfolgendem
zuerst von der Luft und deren Einwirkung auf das Pflanzenleben, dann
vom Boden in gleicher Weise, endlich von der Natur der Pflanze selbst
sprechen.

Ehe ich aber zu diesen Einzeltheilen meiner Darstellung mich wende,
wird es das Verständniß derselben erleichtern, wenn wir zuvor einen Blick
auf die gegenseitigen Beziehungen werfen, in denen die Holzpflanze, der
Boden, die Luft zu einander stehen.

Wie das thierische Ei so trägt auch das Samenkorn in seinen Samenlappen oder im Samenweiß einen Vorrath bereits verarbeiteter Bildungsstoffe in sich, der genügend ist, die junge Pflanze bis zu einem Zustande
heranzubilden, in dem sie fähig ist, Rohstoffe der Ernährung nicht allein
von außen her in sich aufzunehmen, sondern solche auch zu organischem
Bildungsstoff umzuwandeln und durch dessen Verwendung auf das eigene
Wachsthum, neue Wurzeln, neue Blätter zu bilden, zu vermehrter Aufnahme von Rohstoffen der Ernährung aus ihrer Umgebung.

Von der Aussaat des Samenkorns bis zur Vollendung der ersten
Blätter ist daher die Pflanze von den Rohstoffen der Ernährung in Luft
und Boden unabhängig, es sind aber einige derselben auch für den
Keimungsprozeß als Agentien unentbehrlich, und zwar: der Sauerstoff der
Luft zur Rückbildung der festen Reservestoffe des Samenkorns in flüssigen

Bildungssaft, das Wasser zur Verflüssigung der Reservestoffe und als Trans=
portmittel derselben aus den Samenlappen oder dem Samenweiß in den Keim.

Mit dem endlichen Verbrauch der im Samenkorn, dem Keim von der
Mutterpflanze mitgegebenen Reservestoffe, die einer weiteren Verarbeitung
nicht, sondern nur einer im Keimungsprozesse eintretenden Rückbildung
zu Bildungssaft bedürfen, wird jedes weitere Wachsen der jungen Pflanze
von Rohstoffen der Ernährung abhängig, die von der jungen Pflanze durch
die Wurzeln aus dem Boden, durch die Blätter aus der Luft aufgenommen
werden. Letztere liefert die überwiegende Menge der Nahrung: Kohlensäure
und Ammoniak, der Boden liefert das ·Wasser und in diesem aufgelöst
kohlen=schwefel=phosphor=kieselsaure Salze aus Kali, Kalk, Talk, Natron,
Eisen, Mangan, freie Kohlensäure, freies Ammoniak, wahrscheinlich auch
atmosphärische Luft. Diese terrestrischen Nährstoffe, nachdem sie von
den Wurzeln aus dem Boden mit Auswahl aufgenommen wurden, werden
von den Holzfasern des Holzkörpers, und nur von diesen, nach oben,
durch Stamm und Zweige den Blättern zugeführt, und treffen in letzteren,
aus dem Holztheile der Faserbündel des Blattgeäders in das grüne Zell=
gewebe der Blätter ausgeschieden, hier mit den durch die Blätter un=
mittelbar aus der Luft aufgenommenen atmosphärischen Nährstoffen zusammen.
In den Blättern vereint, werden die terrestrischen und die atmosphärischen
Rohstoffe der Ernährung unter Licht= und Wärmewirkung in dem Zellgewebe
der oberen Blattseite zu einem allgemeinen Substrat aller späteren Pflanzen=
stoffe, zu dem was ich Bildungssaft nenne, verarbeitet.

Wie im centralen Bündelkreise der Wurzel, des Stammes und der
Zweige jedes Faserbündel aus einem inneren Holzkörper und aus einem
äußeren Bastkörper besteht, so ist dies auch in jedem Faserbündel des Blatt=
geäders der Fall, dessen Holzkörper das Bodenwasser und die in ihm auf=
gelösten terrestrischen Rohstoffe dem verarbeitenden Zellgewebe der Blätter
zuführt, dessen Basttheil den aus den vereinten Rohstoffen im grünen Zell=
gewebe der Blätter bereiteten Bildungssaft den Blattzellen wieder entzieht
und in die tieferen Pflanzentheile zurückleitet, so also: daß im Holzkörper
nur eine aufsteigende, im Bastkörper nur eine abwärts sinkende Fortbe=
wegung dessen stattfindet, was ich den Wandersaft des Pflanzenkörpers
nenne, zum Unterschiede von denjenigen Zellsäften, deren nachbarlicher
Umtausch gewissermaßen die Nebenströme zum Hauptstrom der Wandersäfte
bildet.

Der in den Blättern bereitete, in den Bastfasern rückschreitende
Bildungssaft wird nun dahin geleitet und findet da seine Verwendung, wo
meist feste Neubildungen aus ihm hervorgehen sollen. Diese Neubildungen
sind entweder permanente oder transitorische. Zu Ersteren gehören alle das
Wachsthum der Pflanze vermittelnde Neubildungen an Zellen und die Zell=
kerne, zu Letzteren gehört eine Reihenfolge meist fester, körniger Körper, die
ich mit dem gemeinschaftlichen Namen „Mehle" bezeichne, das Stärkemehl,
Klebermehl, Gerbmehl, Grünmehl, Farbmehl.

Die im Vergleich zum Bedarf geringe Menge der im Bodenwasser
gelösten, terrestrischen Rohstoffe der Ernährung mag es sein, die eine große
Menge in der Pflanze zu den Blättern aufsteigenden Wassers nöthig macht,

von der die größte Menge von den Blättern unverändert aber in Dunstform der Außenluft wieder zurückgegeben wird.

Der in den Blättern aus Rohstoffen der Ernährung bereitete, im Baste zu den tieferen Pflanzentheilen zurückkehrende Bildungssaft, angelangt am Orte seiner Verarbeitung, wird größtentheils nicht sofort auf das Wachsthum der Pflanze, auf Zellenmehrung, sondern auf Bildung von Reserve- stoffen verwendet, die den Winter über meist in der festen Form verschieden- artiger Mehle, doch auch als Zucker, Gummi, Schleim in bestimmten Pflanzenzellen ruhen.

Dieser alljährlich sich wiederholende Zustand der Winterruhe unserer Waldbäume mit seinem Reichthum an Reservemehlen ist dem reifen Samen- korne zu vergleichen, während der Dauer der Samenruhe. Wie dort sind auch hier reiche Vorräthe von Reservestoffen aufgestapelt, wie dort bedürfen auch hier die Reservestoffe einer weiteren Verarbeitung in den Blättern nicht, sondern nur einer Zurückführung in den Bildungssaft, aus dem sie entstanden; wie der Samenruhe die Keimung, so folgt der Winterruhe des Baumes alljährlich die Frühjahrthätigkeit mit ihrer Wiederauflösung der Reservestoffe, mit ihrer Sprossung und Neubildung der Belaubung.

Von den Spitzen der Zweige nach Stamm und Wurzel fortschreitend, beginnt im Frühjahre die Rückbildung der in Mark-, Rinde- und Mark- strahlzellen abgelagerten Reservemehle in Bildungssaft, der sich dem jetzt wieder aufsteigenden Rohsaft beimengt und mit diesem in die Knospen und in die aus ihnen sich entwickelnden, blattbildenden neuen Triebe empor- gehoben wird, um auf Zellenmehrung und Zuwachs verwendet zu werden, ohne einer weiteren Verarbeitung in Blättern zu bedürfen, die dem Baume in seinem Winterkleide fehlen und, wie die Triebe, an denen sie sich bilden, nur aus bereits vorhandenen, im vorhergehenden Jahre bereiteten Bildungs- säften erwachsen können.

Wie die Reservestoffe des Samenkorns den über den Samenlappen zuwachsenden Theile der Keimpflanze, so müssen auch die Reservestofflösungen des älteren Baumes den Frühjahrstrieben desselben durch das aufsteigende Bodenwasser in aufsteigender Richtung zugeführt werden, um das Material für den Längezuwachs der neuen Jahrestriebe zu liefern, es geschieht dies aber ohne Ueberschreiten der äußeren Grenzen des Holzkörpers. Um aus dem Holz in den Bastkörper gelangen und auch hier zu Neubildungen sich gestalten zu können, müssen die im aufsteigenden Rohsafte gelösten Reserve- stoffe ein zweitesmal durch die Blätter der neugebildeten Triebe ihren Rück- weg durch den Bastkörper antreten, um erst jetzt, also im zweiten Jahre nach der Bereitung des primären Bildungssafts in den vorjährigen Blättern, als sekundärer Bildungssaft im Bastkörper rückschreitend, denjenigen Orten zugeführt zu werden, an denen Neubildungen stattfinden sollen, jetzt größten- theils verwendet auf Neubildung von Zellen der Rinde, von Fasern auf der Grenze der vorgebildeten Holz- und Bastschichten, durch welche das Dickewachsthum der vorgebildeten Schaft-, Wurzel- und Zweigtheile der Pflanze vermittelt wird.

Der Baum wächst also in jedem Jahre durch Verwendung von Bildungs- stoffen, die im vorhergehenden Jahre durch seine Belaubung aus den Roh-

stoffen der Ernährung in Luft und Boden bereitet wurden, meist in der
festen Form von Mehlkörpern überwintern, im aufsteigenden Rohsafte des
Frühjahrs aufgelöst · in den Zustand des Bildungssaftes zurückgeführt
werden, um nun erst das Material für die zelligen, das Wachsthum der
Pflanze bewirkenden Neubildungen zu liefern, während die wiederhergestellte
Belaubung neuen Bildungssaft bereitet für die Bereitung neuer Reservestoffe.

Nicht jeder Boden enthält im Bereich der Pflanzenwurzeln alle dem
Bedarf der Pflanze entsprechenden Rohstoffe der Ernährung in genügender
Menge. Im Verhältniß zum Bedarf älterer Bestände an Phosphor,
Schwefel, Kiesel, Talk, Kalk, Kali, besonders in reichen Samenjahren, ist
die Menge dieser Stoffe im Boden oft eine verschwindend geringe, und es
bedarf einer Aufspeicherung derselben in der Pflanze selbst, um diese auch
in Fällen außergewöhnlichen Bedarfs vom Boden unabhängig zu machen.
Diese Aufspeicherung vollzieht sich in der That innerhalb der Neubildungen
an Zellstoff sowohl wie an Reservestoffen, die, in Fällen gesteigerten Be=
darfs ihren Ueberschuß an jenen Stoffen den Wandersäften abgeben und
erneut in Circulation setzen.

Stehen Boden und Atmosphäre zur Pflanze in Beziehung theils als
Magazin der pflanzlichen Nährstoffe, theils als Träger derjenigen Kräfte,
durch welche die pflanzlichen Nahrungsstoffe im Innern der Pflanze zu Pflanzen=
stoff verarbeitet werden, des Lichts und der Wärme, so stehen andererseits
die Pflanzen und besonders der Baumwuchs unserer Wälder in Wechsel=
wirkung zu Boden und Atmosphäre durch die Kraft, mit der sie die vorüber=
gehende Kohlensäure der Luft aufzunehmen und zu Pflanzenstoffs verdichtet
festzuhalten vermögen, durch die Menge des Kohlenstoffs, die sie als Damm=
erde und Stallmist dem Boden, als Kohlensäure der Luft zurückgeben, durch
den Einfluß auf Bodenbildung und auf Bewegung in der Lage des gebildeten
Bodens, durch das Heranwachsen neuer und das Verschwinden alter, ab=
gestorbener Bewurzelung, durch den Einfluß des Blattschirmes auf Boden
und Pflanzenschutz, Klima und Feuchtigkeitsgehalt der Atmosphäre.

Erster Abschnitt.
Luft und Pflanze in ihren Wechselwirkungen.

Die Menge und Beschaffenheit der pflanzlichen Erzeugnisse eines
Standorts ist abhängig von dessen Bodenbeschaffenheit und von der
Eigenthümlichkeit der den Boden bedeckenden Luftschichten; Letztere spricht
sich theils in dem örtlich verschiedenen Stoffgehalte, theils in den verschiedenen
Zuständen und Veränderungen aus, hervorgerufen hauptsächlich durch die
Einwirkung der Wärme. Wir müssen daher zuerst den Stoffgehalt der
Luft, dessen örtliche Verschiedenheit und die hiernach veränderliche Ein=
wirkung auf das Pflanzenleben kennen lernen, dem sich dann die Betrachtung
des Zustandes der Luft, hinsichtlich ihrer Wärme und Kälte, Ruhe und
Bewegung, Klarheit und Trübe ꝛc. anschließt.

Erstes Kapitel.

Vom Stoffgehalte der Luft.

Unser Erdball wird von einer $9^2/_3$ geographische Meilen hohen Schicht elastischer, luft- und dunstförmiger Körper umgeben, die im Weltenraume mit der Erde sich bewegt, durch eigenen Druck zunächst der Erde am dichtesten ist, nach oben allmählig dünner und ausgedehnter wird und endlich in einen uns unbekannten Luft-, Wärme- und Licht-leeren Raum, Aether genannt, übergeht.

Diese Schichtung luft- und dunstförmiger Körper nennen wir den Dunstkreis, die Atmosphäre unserer Erde. Die Bestandtheile derselben sind:

1) atmosphärische Luft, bestehend aus einem Gemenge von 21 Raumtheilen (23 Gewichttheile) Lebensluft (Sauerstoffgas) und 79 Raumtheilen (77 Gewichttheile) Stickluft (Stickstoffgas);

2) kohlensaure Luft 0,000315 bis 0,000713 Raumtheile, 0,000470 bis 0,001083 Gewichttheile der atmosphärischen Luft.

3) Wasser in den verschiedensten Zuständen, von dem festen Hagelkorne bis zum luftförmigen Zustande.

4) Feste Körper, besonders Salze.

5) Ammoniak.

1. Die atmosphärische Luft.

Ihre Bestandtheile: 21 Theile Lebensluft und 79 Theile Stickluft, sind überall dieselben und in demselben Maße gemengt, man mag die Luft aus den tiefsten Schachten oder von den höchsten Bergspitzen untersuchen. Dagegen verringert sich die Dichtigkeit der Luft aufwärts, proportional dem auf ihr lastenden Drucke der höheren Luftschichten, so daß 4000 Meter über der Meeresfläche in einem Cubikmeter Raum nur halb so viel Luft, 12,000 Meter über dem Meere nur der achte Theil, 25,000 Meter über dem Meere der 64. Theil der Luftmenge enthalten ist, den ein Cubikmeter Raum in meeresgleicher Ebene faßt, der 770mal weniger als das Wasser wiegt.

Die Verbindung der beiden Luftarten ist keine chemische, sondern nur ein mechanisches Gemenge, so daß eine Sonderung beider Bestandtheile ohne chemische Scheidung möglich ist. Diese Absonderung des Sauerstoffs aus der Luft wird dann auch wirklich im Großen ausgeführt, indem allen porösen Körpern die Eigenschaft zusteht, Sauerstoffgas aus der Luft abzuscheiden und einzusaugen, ohne sich damit chemisch zu verbinden (daher nicht mit Oxydation zu verwechseln). Zu diesen porösen Körpern gehört auch der Boden, der, wie wir später sehen werden, die Fähigkeit der Sauerstoffabscheidung in hohem Grade besitzt.

Aber auch ohne diese Abscheidung durchdringt die Luft den Boden nicht allein und füllt dessen Räume aus, es findet auch ein täglicher Luftwechsel in jedem Boden dadurch statt: daß in dem, durch Wärmestrahlung am Morgen erkaltenden Erdreich die Luft sich zusammenziehen, das Erdreich also äußere Luft in sich aufnehmen muß. Mit steigender Erwärmung des Bodens am

Tage findet die ausgedehnte Bodenluft in ihm nicht mehr den nöthigen Raum, sie wird der Atmosphäre theilweise wieder zurückgegeben und durch andere Luft bei erneuter Aufnahme ersetzt. Ich nenne dieß das Athmen des Bodens, das um so voller sein muß, je mehr Luftraum der Boden enthält und je größer die tägliche Differenz seiner Temperatur ist. Daß hierdurch die Zersetzung der organischen Bestandtheile des Bodens und die raschere Verdunstung der Bodenfeuchtigkeit gefördert werde, bedarf kaum der Andeutung. Daher der rasche Humusverlust und das rasche Trocknen des, von Pflanzenwuchs gegen Erwärmung nicht geschützten Bodens und aller leichten, luftreichen Bodenarten. Daher die Erfolge der Bodenlockerung, durch welche das Athmen des Bodens nicht allein voller, sondern auch tiefer wird.

Der vom Boden aus der Luft aufgenommene Sauerstoff ist nur in außergewöhnlichen Fällen von Einfluß auf die mineralischen Bestandtheile desselben, da diese größtentheils Oxyde, d. h. Körper sind, die sich mit dem ihnen zuständigen Maximum von Sauerstoff bereits verbunden haben. Dahingegen vermittelt der atmosphärische Sauerstoff, im Boden wie überall, die fortschreitende Verwesung der abgestorbenen organischen Stoffe, indem er sich mit deren Kohlenstoff zu Kohlensäure verbindet, die wir als den, der Menge nach wichtigsten Bestandtheil der Pflanzennahrung kennen lernen werden.

Die Steigerung des Pflanzenwuchses durch Hinwegräumung der, die Sauerstoffeinsaugung hindernden Umstände, die Erfolge der Bodenauf= lockerung, die Entfernung des Grasfilzes um Pflanzstämme ꝛc. beruhen größtentheils auf der gesteigerten Wirkung des Sauerstoffs im Boden und beweisen die Nothwendigkeit desselben. Es geht aber nur ein Theil der von dem Boden eingesogenen Lebensluft, als Kohlensäure, in die Pflanze durch deren Wurzeln über, ein anderer Theil kehrt in die Atmosphäre zurück, indem er, an den Kohlenstoff des Bodens chemisch gebunden, mit diesem verflüchtigt. Dieser letztere Theil ist größer oder kleiner, je nachdem der Luftwechsel in und über dem Boden stärker oder geringer ist. Im lichten Stande der Wälder, im aufgelockerten Boden ist er am größten; wir sehen unter solchen Verhältnissen starke Dammerdeschichten in kurzer Zeit ver= schwinden, und bezeichnen dieß ganz richtig mit dem Ausdrucke: der Humus verflüchtigt. Nun ist zwar der verflüchtigte Humus der Pflanzenernährung nicht verloren, indem er die Atmosphäre befruchtet und von den Blättern der Pflanze als Nahrungsstoff aufgesogen wird; dieselben Verhältnisse aber, welche seine Verflüchtigung bewirkten, rascher Luftwechsel, sind auch die Ursache, daß er nicht, oder doch nur theilweise denselben Pflanzen, deren Ernährungsraume im Boden er entzogen wurde, sondern anderen, weit entfernten Gewächsen zu Gute kommt.

Ganz anders stellt sich dieß im geschlossenen Boden und Bestand unserer heutigen Waldwirthschaft dar. Im unberührten, mit einer doppelten Laubschichte bedeckten Boden, ist der Luftwechsel gemäßigt; daher sehen wir hier die Zersetzung der Streu zu Humus langsam vorschreiten, den fertigen Humus in nicht höherem Maße und nicht rascher zersetzt, als die Pflanze Bodennahrung bedarf. Es wird ferner auch der verflüchtigende Theil der Bodenfruchtbarkeit in dem geschlossenen Bestande zurückgehalten, da zwischen dem dichten Laubschirme und dem Boden nur geringer Luft=

wechsel statt findet. Die dem unterirdischen Ernährungsraume einer Pflanze entstiegene Bodenfruchtbarkeit wird dieser daher nicht entzogen, sondern verbleibt in ihrem oberirdischen Ernährungsraum, bis sie von den Blättern desselben Gewächses aufgenommen wird.

So wirkt also unser Wald mit seinen geschlossenen Beständen auf ein Bleiben der Pflanzennahrung am Orte; er wird dadurch selbstständig, während der Pflanzenwuchs eines dem Luftwechsel geöffneten Bodens und Bestandes von fremden, in der Ferne liegenden Einflüssen abhängig ist.

Wir ziehen aus dem Gesagten die Lehre, daß besonders solchem Boden, der an und für sich dem Luftwechsel in höheren Graden zugänglich ist, wie der Sand des Meeresbodens, ferner solchem Waldboden, der einer Anhäufung und Bedeckung von Dammerde zur Erhaltung seiner Feuchtigkeit nothwendig bedarf, ein Waldbestand gegeben oder erhalten werden müsse, der geeignet ist, der Holzpflanze die von ihr selbst oder von ihrem Mutterbaume erzeugte Bodenfruchtbarkeit innerhalb ihres Ernährungsraumes zu erhalten.

Nächstdem wirkt die atmosphärische Luft auch über dem Boden mächtig auf das Pflanzenleben ein; ihr Zutritt zur Pflanze ist sogar Bedingung des Lebens derselben. Aber auch hier ist es wiederum der Sauerstoffgehalt, welcher wirkend auftritt; der Stickstoff erscheint nur in sofern wichtig, als er die allzukräftige Wirkung des Sauerstoffs abstumpft; er ist Verdünnungsmittel, wie Wasser ein nothwendiges Verdünnungsmittel der Schwefelsäure ist, wenn diese nicht zerstörend wirken soll. Wir wissen, daß die Pflanze zur Nachtzeit und im Schatten Sauerstoffgas aus der Luft abscheidet und durch die Blätter aufnimmt, daß sie hingegen im Sonnenlichte Sauerstoffgas, und zwar im reinsten Zustande aushaucht. Dagegen scheint es, als diene der Sauerstoff der Atmosphäre den Pflanzen nicht als Nahrungsstoff. Wir schließen dieß aus dem Umstande, daß in den allgemeinsten und verbreitetsten Pflanzenstoffen der Sauerstoff zum Wasserstoffe in demselben Verhältnisse steht, wie im Wasser, daher es wahrscheinlich wird, daß die Pflanze den zu ihrem Wachsthume nöthigen Sauer- und Wasserstoff durch die Zersetzung eines Antheils vom aufgenommenen Wasser gewinne, während der von den Blättern im Lichte ausgeschiedene Sauerstoff aus der Zerlegung der Kohlensäure herstammt. Jedenfalls ist dadurch erwiesen, daß die Pflanze der Atmosphäre eben so viel Sauerstoff zurückgibt, als sie ihr entzieht. Da sich zwei Volumtheile Sauerstoff und ein Volumtheil Kohlenstoff zu zwei Volumtheilen Kohlensäure verdichten, so würde die Pflanze eben so viel Volum an Sauerstoff aushauchen, als sie Kohlensäure aufnimmt. Bei einer jährlichen Holz- und Blattproduktion von 3000 Pfunden reinen Kohlenstoffs pr. $\frac{1}{4}$ Hektar würden, das Pfund Kohlenstoff $= 1{,}7$ Cubikmeter Kohlensäure gerechnet, während 150 Vegetationstagen im Jahre, täglich 144 Cubikmeter reines Sauerstoffgas von eines gut bestandenen Hektar Waldes in die Atmosphäre übergehen.

2. Die Kohlensäure der atmosphärischen Luft.

Den Kohlenstoff kennen wir in verschiedenen Zuständen, besonders im festen Zustande und ziemlich rein als Holzkohle, Ruß rc. Die Verbrennung besteht in einer Verbindung von 72,64 Sauerstoff der Luft mit 27,36 Kohlenstoff der Kohle, des Holzes 2c. Der Kohlenstoff wird durch das Verbrennen nicht vernichtet, nicht einmal verringert, sondern verliert nur seine feste Form und wird zu einer Luft, die wir kohlensauer nennen (kohlensaures Gas). Die kohlensaure Luft, 1,5 mal schwerer als die atmosphärische Luft, mengt sich mit der atmosphärischen Luft und ist so lange ein Bestandtheil derselben, bis sie entweder durch die Blätter, oder in Verbindung mit atmosphärischer Feuchtigkeit durch Blätter und Wurzeln von der Pflanze aufgenommen und zu festem Kohlenstoff wieder verdichtet wird.

Die durch die Verbrennung in die Luft übergehende Kohlenstoffmasse ist sehr bedeutend. Bei weitem der größte Theil der jährlichen Holzernte wird früher oder später verbrannt; können wir nun annehmen, daß jährlich im Durchschnitte eben so viel Holz geerntet und beinahe eben so viel verbrannt wird, als in den Wäldern jährlich zuwächst, so wird der Luft durch den Verbrennungsproceß allein beinahe eben so viel Kohlenstoff zurückgegeben, als die Wälder ihr entnehmen.

Die nicht zur Verbrennung kommende Holzmasse der jährlichen Holzernte muß früher oder später ihren Kohlenstoffgehalt ebenfalls, wenigstens größtentheils, der Atmosphäre wieder zurückgeben; denn der letzte Zustand des verfaulenden Pflanzenkörpers ist ebenfalls der luftförmige, und nur derjenige Theil des Kohlenstoffs der gesammten Pflanzenproduktion eines Landes, welcher weder verbrannt wird, noch verfault, sondern vor seiner völligen Auflösung durch Fäulniß, als Nahrungsstoff von den Thieren und Nachtpflanzen [1] aufgenommen wird, ist der Luft so lange entzogen, bis die dadurch ernährten Pflanzen und Thiere zur Verbrennung oder zur Auflösung durch Fäulniß gelangen.

Außer dem Proceß der Verbrennung und der Fäulniß ist aber auch das thierische und pflanzliche Leben eine Quelle des atmosphärischen Kohlenstoffs. Von Thieren eingeathmete, von Kohlensäure freie Luft, enthält nach dem Ausathmen 8—8$\frac{1}{2}$ Proc. Kohlensäure; die Pflanzen athmen zur Nachtzeit und in Schatten Kohlensäure aus, und geben sie also unmittelbar der Luft zurück. Den thätigen Vulkanen entströmen bedeutende Mengen kohlensaure Luft; das Quellwasser verliert seinen Kohlensäuregehalt bei längerer Berührung mit der Luft und der Kohlenstoff der Stein- und Braunkohlenlager wird durch deren Ausbeutung der Atmosphäre zurückgegeben. In Menge findet sich der Kohlenstoff an Mineralien gebunden; der kohlensaure Kalk z. B. enthält 44 Proc. Kohlensäure. Glüht man

---

[1] Alle höher organisirten Pflanzen nähren sich nur von anorganischen Stoffen, zerlegen die Kohlensäure und geben der Atmosphäre deren Sauerstoff zurück. Es gibt aber eine Gruppe niederer Pflanzen, Vorläufer und Diener chemischer Zersetzung, die, dem Lichte abgeschlossen, Sauerstoff nie, sondern fortdauernd Kohlensäure aushauchen, die sie dem todten organischen Körper unmittelbar entziehen. Es gehören dahin die Gährungspilze der Dammerde und die Nachtfasern des Holzes. Ihrer Entstehung und Ernährungsweise im Innern des Holzes haben wir es zuzuschreiben, wenn das Abfallholz auf dem Boden unserer Wälder nach einigen Jahren so leicht wie eine Feder wird, ohne daß äußerlich eine Veränderung daran erkennbar ist. Wie das keimende Samenkorn zerlegen diese Pflanzen die Kohlensäure nicht, wie dieses bilden sie Kohlensäure, wie dieses bedürfen sie der Lichtwirkung nicht, daher ich sie Nachtpflanzen genannt habe, im Gegensatze zu den Kohlensäure zerlegenden Lichtpflanzen.

folchen Kalk, oder gießt man Säuren auf, so entweicht die Kohlensäure in Luftgestalt. So groß die Menge des mineralischen Kohlenstoffs ist, hat sie dennoch für das Pflanzenleben nur untergeordnete Bedeutung, da der Kohlenstoff vom Gestein nur durch außergewöhnliche Ereignisse getrennt wird.

Vorzugsweise durch Verbrennung und Fäulniß erhält die Atmosphäre ihren Kohlenstoffgehalt, derselben als kohlensaure Luft beigemengt und zwar auf jeden Raumtheil atmosphärische Luft nahe 3—7 Zehntausendtheile kohlensaure Luft. Saussure fand den Kohlensäuregehalt der Luft im Sommer bedeutend größer als im Winter und zwar im Verhältniß wie 7,13 zu 4,79. Man sollte meinen, es müßte dieß entgegengesetzt sich verhalten, da der Sommer die Zeit des Verbrauchs durch die Pflanzen ist, im Winter größere Mengen Kohlensäure durch die Verbrennung gebildet werden. Die im Sommer thätigere Fäulniß und Verwesung kann von obigem wohl kaum das Gegengewicht seyn, und müssen dieser Differenz wohl noch andere unbekannte Ursachen zum Grunde liegen, wohin vielleicht die größere Dichte der Winterluft gehört — Liebig berechnet das Gewicht des in der Atmosphäre enthaltenen Kohlenstoffs auf 2800 Billionen Pfunde, eine Masse, die gewiß hinreichend ist, die üppigste Vegetation zu ernähren.

Schon Saussure hatte die Vermuthung ausgesprochen, daß die Pflanze einen Theil ihres Kohlenstoffes aus dem Kohlensäuregehalt der Luft bezöge. Da diese Vermuthung jedoch nur auf dem Vorhandenseyn der Kohlensäure in der Luft ruhete, blieb die ältere Ansicht einer Ernährung der Pflanze durch Aufnahme von Humuslösungen um so mehr bestehen, als Saussure selbst dieselbe durch direkte Versuche nachgewiesen zu haben glaubte. Ich vermag die Resultate der Saussure'schen Versuche, den von mir erzielten gegenüber, nicht anders zu erklären, als daß dabei entweder Verletzung oder Krankheit der Bewurzelung stattgefunden habe, oder daß der beobachtete Verlust an Humuslösung aus einer Zerlegung derselben in Kohlensäure hervorgegangen war. Der von mir zuerst gelieferte direkte Beweis, daß Humuslösungen von unverletzten, gesunden Wurzeln eben so wenig wie andere Lösungen organischer Stoffe (Farbstofflösungen, Zucker, Gummi ꝛc.) aufgenommen werden (Anhang zu J. Liebig Organische Chemie, 1. Aufl.) fand noch in Schleiden (Grundzüge II. p. 469) eine, allerdings nicht auf Gegenbeweise fußende Gegnerschaft.[1] Indeß hat trotz alledem die Ansicht immer mehr Geltung gewonnen: daß die Pflanze nur von unorganischen Körpern sich ernähre, wie das Thier nur von organischen Körpern sich zu ernähren vermag.

Wenn wir heute eine Fläche feuchten, ausgewaschenen Dünensandes mit Kiefern anbauen, so finden sich nach einigen Decennien auf ihr, nicht allein im Holzbestande, sondern auch in einer reichen Humusschicht bedeutende Kohlenstoffmassen angesammelt, obgleich alljährlich die Zersetzung der sich bildenden Dammerde bedeutende Kohlensäuremengen der Luft zurückgegeben hat. Diese ganze, so bedeutende Kohlenstoffmasse kann nur dem Kohlensäuregehalte der Atmosphäre entnommen seyn. Es ist dieß in

---

[1] Daß Schleiden die Resultate und Folgerungen aus meinen Versuchen a. a. O. in keiner Polemik ganz entstellt wiedergegeben hat, zeigt der einfache Vergleich auch dem Unkundigen.

unseren Wäldern so augenfällig, daß schon der älteste Forstschriftsteller, Carlowitz, es aussprach: „Es müsse die Luft einen Nährstoff enthalten, der die Quintessenz aller Elemente sey."

Ferner: wenn unsere Wälder nur durch den Blattabfall und durch das Abfallholz gedüngt werden, so kann deren Zersetzung nicht mehr Kohlenstoff dem Holzbestande liefern als zur jährlichen Wiedererzeugung einer gleich großen Menge von Blättern und Abfallholz nothwendig ist. Wir wissen aber, daß alljährlich bedeutende Mengen von Kohlensäure aus der Dammerdeschicht in die Atmosphäre zurückgehen. Diese und die ganze Masse des bleibenden Holzbestandes kann nur aus der Atmosphäre stammen.

Muß man dieß zugeben, so bliebe immer noch der Einwand: daß auch die atmosphärische Kohlensäure erst in den Boden aufgenommen werden müßte, um aus diesem durch die Pflanzenwurzeln aufgesogen zu werden. Es sind in Bezug auf diesen Einwand zwei Fälle zu unterscheiden. Entweder wird die vom Boden aus der Atmosphäre absorbirte Kohlensäure nur mit dem Bodenwasser aufgenommen — ob rein oder in Verbindung mit anderen Körpern ist in vorliegender Beziehung gleichgültig — oder es kann dieselbe auch in Gasform von den Wurzeln aufgenommen werden.

In Bezug auf den ersten dieser Fälle ergibt diejenige Wassermenge, welche alljährlich von den Wurzeln eines Bestandes aufgenommen werden kann und deren Gehalt an Kohlensäure, das mögliche Quantum der Kohlensäurezufuhr auf diesem Wege. Nun gibt es große Bodenflächen, die ihre Feuchtigkeit nur dem jährlichen Regen, Schnee und Thau verdanken. Bei einer jährlichen Menge dieser Niederschläge = 28 Zoll Schichthöhe, bei einem Kohlensäuregehalte des Bodenwassers = 2,5 Volumprocenten, würden auf diesem Wege nicht mehr als 23,6 Cubikmeter Kohlensäure = 27,5 Pfund Kohlenstoff in den Holzbestand von 1/4 Hektar Bodenfläche aufgenommen werden können, dessen jährliche Kohlenstofferzeugung an Holz, Laub und Früchten möglicherweise 5000 Pfunde betragen kann. Daß die im Bodenwasser enthaltene Kohlensäure von den Pflanzenwurzeln wirklich, und zwar mit Auswahl aufgenommen werde, habe ich durch ein Experiment unmittelbar erwiesen (Liebig org. Chem. 1. Aufl. S. 194); allein aus Vorstehendem erhellet, daß auf diesem Wege noch nicht 2/3 Proc. des Bedarfs gedeckt werden können, selbst unter der Annahme: daß der ganze jährliche Regenniederfall von den Pflanzenwurzeln aufgenommen werde, was selbstverständlich nicht der Fall ist.

Der zweite mögliche Fall, die Aufnahme nicht dem Bodenwasser beigemengter, vom Boden aus der Luft absorbirter Kohlensäure durch die Wurzeln, liegt außer dem Bereiche der Beobachtung. Sie kann wenigstens da nicht eintreten, wo der Boden das ganze Jahr hindurch mit Wasser gesättigt ist. Es ist dieß der Fall im Boden vieler unserer Erlenbrüche und Weidenheeger. Die Kohlensäure kann hier nur durch das Wasser den Pflanzenwurzeln zugehen. Der Gehalt des Wassers an Kohlensäure ist aber nicht so groß, der Ersatz der dem Wasser entzogenen Kohlensäure von außen her geht nicht so rasch von Statten, daß sich hieraus die mächtige Kohlenstoffproduktion auch dieser Wälder ableiten ließe. Müssen wir aber für diese Fälle zugeben, daß die Pflanze mehr als 99 Proc. ihres Kohlen-

ſtoffbedarfs durch die Blätter unmittelbar der Atmoſphäre entnehme, ſo iſt
durchaus kein Grund vorhanden, dieß Vermögen nicht auch den übrigen
Pflanzen auf anderem Standorte zuzuſchreiben.

Wie die Aufnahme der atmoſphäriſchen Kohlenſäure durch die Blätter
geſchehe, wiſſen wir nicht. Nur ſo viel läßt ſich berechnen, daß durch die
ſtete Bewegung der Luft dem üppigſten Pflanzenwuchſe eine genügende Menge
von Kohlenſäure zugeführt werde. Ich habe nachgewieſen, daß, wenn jedes
Blatt eines ¼ Hektar großen, 60jährigen Lärchenbeſtandes, während einer
jährlichen Abſorptionszeit von 10.120 = 1200 Stunden, in jeder Zeit=
ſekunde eine die geſammte Blattoberfläche umgebende Luftſchicht von
0,05 Millimeter Höhe ihres durchſchnittlichen Gehaltes an Kohlenſäure beraubt,
der in derſelben Zeit durch Luftwechſel erſetzt wird, dadurch allein 5000
Pfunde Kohlenſtoff aufgenommen werden können.

Wie das Waſſer der Erde und der Luft, ſo iſt auch der atmo=
ſphäriſche Kohlenſtoff in einem beſtändigen Kreislaufe begriffen. Das Waſſer
der Erde verdunſtet, geht in die Luft über, ſammelt ſich in der Luft zu
Wolken, wird der Erde im Regen, Schnee ꝛc. wiedergegeben, und weilt
ſo lange als Waſſer auf der Erde, bis es dieſer von neuem in Dunſt=
geſtalt entweicht. So auch der Kohlenſtoff der Luft; er wird von den
Pflanzen eingeathmet und verdichtet ſich in ihnen zu feſtem Kohlenſtoff,
weilt als ſolcher ſo lange auf der Erde, bis er durch Verbrennung, Ver=
weſung ꝛc. wieder flüchtig und der Luft wiedergegeben wird, aus der ihn
die Pflanze von neuem wieder aufſaugt und feſthält.

In dieſem großen Kreislaufe des atmoſphäriſchen Kohlenſtoffes ſpielt
daher die, einem Stoffwechſel[1] nicht unterworfene Pflanze eine wichtige
Rolle. Sie iſt es, durch die der Kohlenſtoff verdichtet und feſtgehalten
wird. Durch welche Werkzeuge dieß geſchehe, iſt in der Pflanzenlehre
nachgewieſen; hier habe ich nur auf die Verſchiedenheiten aufmerkſam zu
machen, die in dieſer Hinſicht zwiſchen den Pflanzen des Waldes und denen
der Felder und Wieſen, oder richtiger zwiſchen den mehrjährigen Holz=
pflanzen und den einjährigen Gräſern und Kräutern ſtattfindet.

Der beſte Ackerboden wird mit der Zeit unfruchtbar, wenn ihm nicht
wenigſtens der größere Theil ſeiner jährlichen Erzeugung im Dunge wieder=
gegeben wird, und nur ſolcher Boden macht hiervon eine Ausnahme, der
große Humusmengen aufgeſpeichert enthält, wie das Marſchland, der Wieſen=
und Moorboden; wohingegen ſandiger leichter Boden durch Ackergewächſe
weniger Kohlenſtoff erzeugt, als er zur Erhaltung ſeiner Fruchtbarkeit
fordert, und daher eines Zuſchuſſes von fremden Grundſtücken bedarf
(Waldſtreunutzung), wenn er fruchtbar bleiben ſoll. Ganz anders verhält
ſich in dieſer Hinſicht die Holzpflanze; ein geringer Theil der jährlichen
Kohlenſtofferzeugung eines Beſtandes, ſchon allein der jährliche Laubabfall
der Kiefer genügt, um ſelbſt dem unfruchtbarſten Boden, der reinen Sand=

---

[1] Abgeſehen von den vorübergehenden Folgen der Maſtung wird das ausge=
gewachſene Thier auch bei der reichlichſten Ernährung nicht ſchwerer; es gibt alſo
täglich der Atmoſphäre in Dunſtform eben ſo viel Stoff zurück, als es Nahrung
aſſimilirt. Abgeſehen vom Blatt=, Frucht= und Reiſer=Abfalle fixirt hingegen die
Pflanze alle aſſimilirten Nahrungsſtoffe bis zu ihrem Lebensende, ſie wächst nie aus!

scholle, eine reichliche Beimengung von Dammerde zu geben; die ganze Holzmassenerzeugung des Bestandes ist reiner Ueberschuß. Die Holzpflanzen haben daher in weit höherem Grade als die Gräser und Kräuter das Vermögen, den Kohlenstoff der Luft zu fixiren; die Bestände der Wälder sind eine örtliche Anhäufung ungeheurer Kohlenstoffmassen,[1] und wirken dadurch nicht weniger auf die Fruchtbarkeit der Luft ein, als durch ihren Einfluß auf die Feuchtigkeit der Atmosphäre.

Der Wald verhält sich zur Fruchtbarkeit der Atmosphäre wie sich die Gesteinbrocken des Bodens zu dessen Feuchtigkeit, wie sich das Sumpfmoos zum Versumpfungswasser verhält. Wie diese die Feuchtigkeit, so entzieht er den wechselnden Luftmassen die Kohlensäure, nährt sich vom Vorübergehenden und gibt seiner Umgebung nachhaltig den reichlichen Ueberschuß des durch ihn Aufgespeicherten. Es ist die vom Wald durch dessen Blattthätigkeit aufgenommene Kohlenstoffmasse so groß, daß, trotz der Fixirung großer Mengen zum bleibenden Waldbestande, dennoch täglich und stündlich große Mengen der Luft wieder zurückgegeben werden, durch Blattausscheidung sowohl wie durch Verwesung der Dammerde.

Hierin liegt eine, wenn nicht größere, doch gewiß ebenso große Einwirkung unserer Wälder auf die Fruchtbarkeit der Länder, als im Verhalten der Wälder zur Feuchtigkeit. In wasserarmen Ländern mag die Bedeutung der Bewaldung in letzterer Rücksicht ebenso wichtig seyn; für unser, reichlich mit andern Feuchtigkeitsquellen gesegnetes, von Meeren vielseitig umgebenes Deutschland hat die Einwirkung der Wälder auf den Kohlenstoffgehalt der Luft gewiß eine wichtigere Bedeutung. Es läßt sich wohl leicht durchschauen, daß ein großer, in vielen Theilen Deutschlands der größte Theil der jährlichen Ackererzeugung, nicht allein durch die Streuabgabe, in viel höherem Grade durch jenen mächtigen Einfluß der Wälder auf die Fruchtbarkeit der umgebenden Luftmassen, mittelbar aus dem Walde stammt.

3. Die Feuchtigkeit der Atmosphäre.

Die wichtigste der Quellen atmosphärischer Feuchtigkeit sind die Wasserflächen, die nassen und feuchten Körper der Erde.

Wasser verdunstet, d. h. es verbindet sich mit freier Wärme, wenn dieser der Zutritt gestattet ist, und nimmt in dieser Verbindung Luftgestalt an; das Wasser wird zum Wasserdunst oder Wassergas. Wie Wassermassen verdunsten, so entweicht auch das Wasser feuchter oder nasser Körper durch Verbindung mit Wärme; der Körper trocknet.

Durch diese Verbindung entsteht also auf einer Seite Wassergas, während auf der andern Seite flüssiges Wasser und freie Wärme verschwinden.

---

[1] Liebig schreibt dem Walde keine wesentlich größere Kohlenstoffproduktion zu als dem Ackerlande und der Wiese, durchschnittlich nahe 1000 Pfunde reinen Kohlenstoffs jährlich pr. Morgen. Ich habe in den Erfahrungstafeln meines Werkes über den Ertrag der Rothbuche, wie in denen meines Lehrbuches der Pflanzenkunde vielfältig nachgewiesen: daß allein die jährliche Lauberzeugung eines gut bestandenen Morgens Wald nahe 2000 Pfund reinen Kohlenstoffs enthalten, die Gesammterzeugung über 5000 Pfunde steigen könne.

Die Verdunstung vermindert daher die freie fühlbare Wärme. Verdunstende Wasserflächen erniedrigen die Luftwärme.

Die Verdunstung geht um so rascher von statten, je größer die Oberfläche des verdunstenden Körpers, je größer die Wärme, je geringer der Luftdruck ist, und je rascher die Luft über dem verdunstenden Körper wechselt.

Auch Thiere und Pflanzen sind durch Verdunstung eine beachtenswerthe Quelle atmosphärischer Feuchtigkeit. Besonders letzteren hat Schübler eine außergewöhnlich große Verdunstungsfähigkeit zugeschrieben, selbst im Vergleich mit verdunstenden Wasserflächen. Ich werde in der Lehre vom Klima zeigen, daß dieß mit meinen Erfahrungen keineswegs übereinstimmt.

Das, diesen Quellen entspringende Wassergas geht in die, den verdunstenden Körper umgebenen Luftschichten über und sättigt dieselben bis zu dem ihnen eigenthümlichen, durch ihre Wärme bestimmten Grade mit Feuchtigkeit. Ist die den verdunstenden Körper umgebende Luft mit Wassergas vollständig gesättigt, so hört die Verdunstung auf; sie wird daher durch Luftwechsel befördert, wenn dadurch die mit Feuchtigkeit gesättigte Luft durch trockene ersetzt wird.

Ein Cubikmeter Luft, mit Wasserdampf gesättigt, enthält bei — 10^0 3 Grm., bei 0^0 5,4 Grm., bei $+ 10^0$ 10 Grm., bei $+ 20^0$ 17 Grm. Wasser. In freier Luft tritt die Sättigung mit Wassergas jedoch nur örtlich beschränkt und vorübergehend ein, z. B. bei der Thaubildung; der Wassergehalt übersteigt während der Vegetationszeit durchschnittlich 66 Procent obiger Gewichtsmengen nur um Weniges; in den Wintermonaten hingegen steigt der an sich geringere Wassergehalt bis auf 86 Proc. seines Maximum. Im Sommer und in der Ebene enthält die Luft daher mehr Wasser als im Winter und auf Bergen. Die Winter- und Bergluft ist aber relativ feuchter, in so fern sie dem an sich geringeren Maximum des Wassergehaltes (dem Thaupunkte) näher steht.

Das Wassergas behält seine Luftform nur bei gewissen höheren Wärmegraden; Abkühlung verwandelt es in Wasserdampf. Die Blasen, welche sich im kochenden Wasser bilden, sind Wassergas; dieß behält seine Luftform noch außer dem Wasser in der Nähe desselben und verwandelt sich erst in einiger Entfernung von der kochenden Wasserfläche in sichtbaren Dampf; leitet man einen kälteren Luftstrom über die Fläche des kochenden Wassers durch Blasen oder Fächeln, so sieht man den Dampf dicht über der Oberfläche des Wassers sich bilden.

Das Wassergas ist leichter wie die atmosphärische Luft, muß daher schon an und für sich in dieser in die Höhe steigen; außerdem wird es durch den aufsteigenden Luftstrom mit in die Höhe gerissen. Wir wissen aber, daß die Wärme der Luft in höheren Luftschichten geringer wird. Das aufsteigende Wassergas muß daher endlich in eine Luftschicht gelangen, in welcher die Wärme so gering ist, daß die Feuchtigkeit aus der Luftform in die Dampfform übergeht. Dampf besteht aus Wasserbläschen, die so klein und leicht sind, daß sie sich in der Luft schwebend erhalten. Die Luftschicht, in welcher das Wassergas zu Wasserdampf zusammentritt, nennen wir die Wolkenregion, der angehäufte Wasserdampf erscheint uns als Wolke. Befindet man sich auf hohen Bergen innerhalb einer Wolke, so

erscheint sie uns als ein mehr oder weniger dichter Nebel. Die Wolken=
region ist höher, je wärmer und je trockener die Luft ist. Bei sehr feuchter
Luft und plötzlicher Abkühlung kann die Wolkenbildung dicht über der Ober=
fläche des Bodens vor sich gehen; diese Wolken nennen wir dann Nebel.

Eine andere Ursache der Verwandlung des Wassergases zu Wasser=
dampf wird die Vermischung ungleich erwärmter, mit Feuchtigkeit gesättigter
Luftströme, die jedesmal einen Niederschlag zur Folge hat, weil bei der
mittlern Wärme beider Luftströme weniger Wasser sich in Luftform zu er=
halten vermag, als bei der bisher getrennten Wärme beider Ströme. Auf
diesem Wege kann sich Regen, Nebel, Thau überall, selbst in den untersten
Luftschichten erzeugen. So entsteht der Nebel über Gewässern allein da=
durch, daß die über dem Festlande befindliche Luft rascher und in höherem
Grade abgekühlt wird, als die über dem Gewässer liegenden Luftschichten,
und von allen Seiten dorthin strömt. Gefrorener Wasserdampf ist Reif
und Duft.

Die Bläschen des Wasserdampfes treten bei steigender Abkühlung ent=
weder zu Schnee, oder zu Regentropfen, oder zu Hagelkörnern,
oder Graupeln zusammen, werden dadurch so schwer, daß sie sich in
der Luft nicht mehr zu erhalten vermögen, und fallen auf die Erde zurück.

Wie der Kohlenstoff, so ist auch die Feuchtigkeit der Atmosphäre und
der Erde einem beständigen Kreislaufe unterworfen; auch hier ist die Pflanze,
jedoch nur für einen Theil der circulirenden Feuchtigkeit, Durchgangskörper.
Die Nothwendigkeit des Kreislaufs beider Stoffe läßt sich sehr leicht er=
kennen. Nur durch ihn wird die aus Kohlensäure und Feuchtigkeit zu=
sammengesetzte Pflanzennahrung allseitig vertheilt; wo Luft ist und Luft=
wechsel stattfindet, sind dadurch auch die Bedingungen des Pflanzenlebens
gegeben; nur durch den Kreislauf der luftförmigen Pflanzennahrung und
durch deren allseitige Verbreitung von ihren Quellen aus vermag der Fels,
der unfruchtbare Sand sich mit Pflanzen zu bedecken; der Pflanzenwuchs
jedes von Dammerde freien Bodens ist lediglich von der, durch den Kreis=
lauf der luftförmigen Nahrungsstoffe zugeführten Nahrung abhängig.

Bestätigen fortgesetzte Untersuchungen die neueren Beobachtungen über
das Verhalten der Pflanzen zur atmosphärischen Feuchtigkeit, dann hat diese
nur in so fern einen direkten Einfluß auf das Pflanzenleben, als sie den
Grad der Wasserverdunstung durch die Blätter, mithin auch den Bedarf
an Wasserzufuhr aus dem Boden bestimmt, da die Pflanzen um so weniger
verdunsten, je mehr die Luft mit Feuchtigkeit gesättigt ist. Bestätigt es
sich, daß die Pflanze ihren Wasserbedarf nur durch die Wurzeln aus dem
Boden bezieht, so wird die atmosphärische Feuchtigkeit dadurch nicht weniger
wichtig für das Pflanzenleben, da sie die wichtigste, in vielen Fällen die
einzige Quelle der Bodenfeuchtigkeit ist, die nicht allein als Nahrungsstoff
der Pflanze dient, der sie den Sauerstoff= und Wasserstoffbedarf liefert
(unter der sehr wahrscheinlichen Voraussetzung, daß der von den Blättern
unter Lichtwirkung abgeschiedene Sauerstoff aus der Zerlegung der Kohlen=
säure stammt), sondern auch Zuführungsmittel aller mineralischen Nährstoffe
aus dem Boden ist, die jeden Falles nur in wäßriger Lösung von den
Wurzeln aufgenommen werden können, wenn auch, neuesten Beobachtungen

zu Folge, daß Bodenwasser nicht in dem Sinne als Zuführungsmittel
mineralischer Bodenbestandtheile sollte betrachtet werden dürfen, als dieß
bisher geschah. Es hat sich nämlich ergeben, daß Ammoniak= und Kali=
salze, in wäßriger Lösung durch Ackererden filtrirt, ihr Ammoniak und Kali
an diese abgeben und zwar unter Verlust der Lösbarkeit des Ammoniaks
und des Kali in Wasser. Liebig gründet darauf die Ansicht: daß die
Pflanzenwurzeln es seyen, welche durch einen noch unerforschten Akt organi=
scher Thätigkeit über ihre eigenen Grenzen hinaus wirksam, die Löslichkeit
der Alkalien in Wasser wiederherstellen, um diese durch die Wurzeln auf=
nehmen zu können. Daß die Pflanze, gebunden an ihren Standort, das
Vermögen besitze, über die Grenzen des eigenen Herdes hinaus wirken zu
können, ist auch meine Ansicht, die ich in mannigfaltigen Erscheinungen
des Befruchtungs=, Keimungs= und Ernährungsprocesses nachgewiesen habe.
Indeß steht der Nutzanwendung obiger Beobachtung zur Zeit noch die That=
sache entgegen: daß die sorgfältigsten, auch auf Erforschung der stickstoff=
haltigen Bestandtheile des Bodens gerichteten Analysen, eine jenem Experiment
entsprechende Anhäufung von Alkalien nicht nachweisen. Bei dem be=
deutenden Gehalt der atmosphärischen Niederschläge an Ammoniak und Kali
(Seite 21, 22) müßte in einem, längere Zeit in Brache liegenden Boden,
im Boden unserer Waldblößen, der Viehweide entzogener, pflanzenarmer
Culturflächen, schon nach wenigen Jahren eine Quantität von Ammoniak
und Kali sich ansammeln, die der Beobachtung in mehr als „Spuren" sich
ergeben würde. Ferner muß man fragen: wenn die Ackererde das zuge=
führte Ammoniak so energisch bindet, woher rührt dann der ammoniakalische
Geruch frischer Garten= und Dammerde, der doch auf ein stetes Entweichen
dieses Alkali hindeutet. Es könnte sich mit der Fixirung des Ammoniak
im Boden ebenso verhalten wie mit der Unlöslichkeit des Humus, die nur
in der Digerirflasche des Laboratoriums wirklich besteht, von der der Boden
in seiner natürlichen, den Atmosphärilien exponirten Lage nichts weiß (S.
Feuchtigkeit des Klima und Ernährung).

4. Luftstaub und Salzlösungen.

Bei heftigen Winden werden die feinsten Staubtheilchen zerstörter
organischer Körper in die Luft gehoben und erhalten sich darin, vom Luft=
strome getragen, längere oder kürzere Zeit. Mit der Verdunstung des
Wassers gehen ferner geringe Mengen aufgelöster Salze mit dem Wassergas
in die Luft und werden so ein Bestandtheil des Wasserdunstes der Wolken=
region. Verdichtet sich dieser zu Regen, Schnee, Hagel zc., so fallen mit
diesem auch jene Substanzen auf die Erdoberfläche zurück.

Die atmosphärischen Niederschläge bestehen daher nie aus durchaus
reinem Wasser, sondern enthalten stets eine, wenn auch geringe Menge
fremder Stoffe, die in neuerer Zeit am genauesten von C. Bertels ge=
messen und bestimmt wurden (Journal für praktische Chemie XXVI.
S. 89—96. 1842).

Unter Annahme einer 0,9 Meter betragenden Höhe sämmtlicher atmo=
sphärischer Niederschläge während eines Jahres, daher einer Schnee=, Regen=

und Thaumenge von nahe fünf Millionen Pfunde jährlich auf ¼ Hektar, fand Bertels im Durchschnitte aus monatlich wiederholten Untersuchungen während eines Jahres

Kohlensaure Kalkerde	31,7	Pfund (alt)
Kohlensaure Talkerde	24,5	„
Salzsaures Natron (Kochsalz) . . .	32,4	„
Schwefelsaure Kalkerde (Gyps) . .	24,6	„
Eisenoxyd	10,8	„
Alaunerde	13,0	„
Kieselerde	27,0	„
Organisch stickstoffhaltige Körper . .	35,9	„
Verlust — als kohlensaures Kali, Ammoniak und Humussäure berechnet	26,0	„

Summa 215,9 Pfund = 202 Pfund neu feste Rückstände in der Menge des jährlichen atmosphärischen Niederschlages auf ¼ Hektar, worunter 150 Pfund Salze, Erden und Metalloxyde. [1]

Nimmt man als Mittelsatz 1000 Pfunde trocknen Holzes = 20 Cubik= fuß, den Aschengehalt derselben = 12 Pfunde an, so würden obige 150 Pfunde an Salzen ꝛc. für eine jährliche Holzproduktion von 8,5 Cubikmeter pro ¼ Hektar hinreichen, während, mit Einschluß der jährlichen Laubproduktion, selbst in vollkommnen Beständen selten mehr als die Masse von 3 Cubikmeter auf ¼ Hektar erzeugt wird. Es liefert also die Atmosphäre nicht allein den nöthigen Kohlenstoff, Sauerstoff und Wasserstoff, sondern auch hinreichende Mengen mineralischer Nahrungsstoffe, mit Ausschluß des Phosphor, den wie es scheint, die Pflanzen nur aus dem Boden beziehen können.

5. Ammoniak und Salpetersäure.

In einer bewaldeten Gegend der Vogesen untersuchte Boussingault während der Monate Juli bis November den Gehalt der atmosphärischen Niederschläge an Ammoniak und Salpetersäure. Nach den gewonnenen Resultaten gehen, bei einer Regenmenge von 0,62 Meter Schichthöhe, dem ¼ Hektar dadurch jährlich 25 Pfund zu, von denen ¼ Salpetersäure, ¾ Am= moniak sind. Das Schneewasser enthält in dem Verhältniß = 0,55 : 0,2 mehr an diesen Stoffen und im Thau und Nebel kann der Gehalt auf das mehr als Hundertfache steigen. Demohngeachtet reicht die auf diesem Wege sich ergebende Stickstoffzufuhr durchaus nicht hin, um eine in unsern Wäldern zeitweise sehr bedeutende Stickstoffproduktion zu ergeben. In sehr reichen Samenjahren unter günstigen Bestandsverhältnissen kann ¼ Hektar Buchenwald 2300 Pfunde Eckerig = 1600 Pfunde Kernmasse = 1300 Pfunde Klebermehl mit 9,5 Proc. Stickstoff = 123 Pfunde Stickstoff erzeugen. Jene 25 Pfunde Salpetersäure und Ammoniak decken also nur einen sehr kleinen Theil des Bedarfs, zumal da von ihnen ohne Zweifel ein großer Theil nicht zur Auf= nahme in die Pflanze gelangt.

---

[1] Etwas abweichend hiervon sind die Resultate der Untersuchungen Barral's. Er fand an festem Rückstande aller Niederschläge eines Jahres 129 Pfund pr. ¼ Hektar. Darunter 55% Gyps, 7% Kochsalz, 38% organische, in Aether lösliche Substanz.

Nehmen wir nun an, daß jene Stickstoffzufuhr für die Holzproduktion
samenarmer Jahre ausreichend sei, so muß doch periodisch mit dem Ein=
treten reicher Samenjahre ein Ausfall eintreten, dessen Deckung weder durch
den jährlichen Blattabfall, noch durch die absterbenden Thierleiber der
Dammerdeschicht erfolgen kann, da beide jährlich reproducirt werden, daher
einen der Zufuhr gleichen Abgang an Stickstoff veranlassen. Folgende
Hypothesen stehen in Bezug auf die Quellen des Mehrverbrauches nahe
gleichberechtigt nebeneinander: bedeutender Ammoniakgehalt der hygroscopisch
vom Boden aufgenommenen Feuchtigkeit der Luft; Ansammlung von Am=
moniak im Boden aus vorhergegangenen längeren Zeiträumen des Minder=
verbrauchs; Ammoniakbildung im Boden selbst, aus dem Stickstoff der
Luft und dem Wasserstoffe des Humus im Augenblicke der Wasserstoffbe=
freiung. Der ersten Hypothese fehlt zur Zeit noch jede bestätigende That=
sache. Einer Ansammlung von Ammoniak, wie sie neuere Beobachtungen
wahrscheinlich machen, steht die Flüchtigkeit oder die Leichtlöslichkeit der
möglichen Ammoniakverbindungen und die Thatsache entgegen, daß eine
größere Ammoniakmenge als Folge mehrjähriger Aufspeicherung außer dem Be=
reiche unserer Erfahrungen liegt, daß im Gegentheil der starke ammoniakalische
Geruch der Gartenerde, des Humus, auf ein stetes Entweichen beträchtlicher
Mengen gebildeten Ammoniaks hindeutet; daher ich mich am meisten der An=
nahme hinneige, einer Ammoniak= und Salpetersäurebildung im Boden selbst.

In Vorstehendem bin ich der Annahme gefolgt, daß das Ammoniak
der Atmosphäre dem Boden zugehen müsse, um aus diesem von den
Pflanzenwurzeln aufgenommen zu werden. Indeß steht nichts der Annahme
entgegen, daß ein Theil des atmosphärischen Ammoniak durch die Blätter
direkt der Atmosphäre entnommen werde. Müssen wir zugeben: daß dieß
in Bezug auf die Kohlensäure der Fall sey und daß das Ammoniak in der
Atmosphäre in Verbindung mit der Kohlensäure gasförmig vorkommt, so
liegt die Annahme eines gleichzeitigen Bezuges beider als kohlensaures
Ammoniak sehr nahe, um so mehr, als sich daraus jenes Mißverhältniß
zwischen Zufuhr und Verbrauch am einfachsten erklären würde.

In Bezug auf den Ursprung des Salpetersäuregehalts der Atmosphäre
kann man annehmen, daß, wie in Dammerde und Ackerkrume Ammoniak
sich bilden kann aus dem Wasserstoff der sich zersetzenden organischen Sub=
stanz und dem Stickstoff der Luft, Salpetersäure unmittelbar in der Luft
entstehen könne durch atmosphärische Electricität aus dem Sauerstoff des
zerlegten Wassers und dem Stickstoff der atmospärischen Luft.

Zweites Kapitel.

Vom Klima.

Klima nennen wir die örtlich verschiedene Eigenthümlichkeit
des Dunstkreises unserer Erde, nach dessen Wärme und Feuchtigkeitsmenge,
nach dessen Ruhe oder Bewegung, Klarheit oder Trübe. Während die
Meteorologie mit den Stoffen und Zuständen der Atmosphäre im All=
gemeinen sich beschäftigt, hat es die Klimatologie mit den hierin ört=

lich bestehenden Verschiedenheiten, zu thun. Man könnte sie auch Atmo=
sphärographie nennen.

Die Klimatologie in ihrer Nutzanwendung auf den Pflanzenbau ist ein
beschränkter Theil der allgemeinen Klimatologie, indem manche klimatischen
Zustände unseren Pflanzenbau überhaupt nicht berühren oder in ihrem Ein=
fluß auf denselben noch so wenig bekannt sind, daß z. B. aus der Ver=
schiedenheit magnetischer, electrischer, optischer Zustände, eine Nutzanwendung
in dieser Hinsicht noch nicht erkannt ist. Es sind das Gegenstände, die
der Wissenschaft angehören, die aber in Bezug auf die uns vorliegenden
Zwecke zur Zeit noch und so lange außer Acht bleiben können, bis eine
Nutzanwendung auf unseren Pflanzenbau gefunden ist. Wir müssen in der Be=
schränkung hier sogar noch weiter gehen und alle außerhalb der Grenzen Mittel=
europas liegenden Verhältnisse außer Acht lassen, so weit das Allgemeine
und Ferne nicht einer Erklärung des Besonderen und Heimischen dienstbar ist.

Die, einer Oertlichkeit eigenthümliche Beschaffenheit der Atmosphäre ist von
größerem Einflusse auf das Leben und Gedeihen der Pflanzen, als selbst die
im Boden vorkommenden Verschiedenheiten der Fruchtbarkeit. In jedem ge=
nügend feuchten Boden können wir jede Pflanzenart erziehen, wenn die
atmosphärischen Zustände ihr zusagen, aber nicht jede Pflanze können wir in
jedem Klima erziehen, selbst nicht unter den ihr günstigsten Bodenverhältnissen.

Es gibt keinen Boden, der nicht die zur Ernährung der Pflanzen
aus ihm nöthigen Nährstoffe enthält, wenn er nur die nöthige Feuchtig=
keit, Lockerheit und Tiefe besitzt. Dagegen gibt es Luftstriche genug, die,
durch Mangel an Wärme und Licht, dem Pflanzenwuchse entweder unbe=
dingt, oder doch in Bezug auf viele Pflanzenarten sich abschließen. Wärme
und Licht sind die wichtigsten Bedingungen des Gedeihens der Pflanzen.

1. Die Wärme.

Die Pflanze ist von äußerer Wärme viel abhängiger als das Thier,
da ihr eine innere Wärmequelle fehlt. Sie nimmt tropfbare Flüssigkeit
durch die Wurzel aus dem Boden in sich auf und gibt diese in Dunstform
durch die Blätter der Atmosphäre zurück. Da dieß nur möglich ist unter
Hinzutritt bedeutender Wärmemengen, die im Wasserdunste gebunden werden,
da diese Wärmemengen nur aus der Umgebung der Pflanze entnommen
werden können, so beruht hierauf das größere Bedürfniß der Pflanze an
äußerer Wärme, deren größere Abhänglichkeit vom Klima (geographische
Verbreitung). Wird die Pflanze während der Vegetationszeit von
außen her nicht in dem Maße erwärmt als ihre Verdunstung dieß erfordert,
wird sie dadurch genöthigt, die der Verdunstung nöthige Wärme sich selbst
zu entnehmen, dann erkaltet sie hierdurch rasch in hohem Grade, selbst
bis zum Frosttode bei einer Temperatur, die auf das thierische Leben ganz
ohne nachtheiligen Einfluß ist. Darin, in der Selbsterkaltung durch organische
Verdunstung und nicht in einer unerwiesenen, überwiegenden Wärmestrahlung
finde ich die Ursache: daß die Temperatur der bethauenden Gräser oft
5—6° unter die Temperatur der umgebenden Luftschichten hinabsinkt; daraus
erklärt es sich, wenn die lebendigen Säfte selbst der zartesten Pflanzentheile

auch in der größten Sonnenhitze kühl bleiben, wenn an den heißesten
Sommertagen die kleinsten Früchte ihre labende Frische sich und uns erhalten.
Daher wirken alle in die Vegetationszeit fallenden, wenn auch geringen
Früh= und Spätfröste so nachtheilig auf das Pflanzenleben ein, während
außerhalb dieser, im Spätherbst und im Winter, die Säfte selbst zärtlicher
Pflanzen bis ins Mark zu Eis erstarren können, ohne daß dieß ihrer Ge=
sundheit nachtheilig wird. Wenn gewisse Pflanzen der heißen Zone in
unserem Klima schon bei 4—5⁰ Wärme erfrieren, andere Pflanzen desselben
Vaterlandes weniger empfindlich sind, so vermag ich eine Erklärung hierfür
nur darin zu finden, daß erstere einer größeren äußeren Wärme für ihre
Verdunstung bedürfen. Das Nichtgedeihen südlicher Pflanzen im kälteren
Klima des Nordens oder in größerer Meereshöhe — die geographische Ver=
breitung — beruht jedoch sicher auch darauf: daß ihre Vegetationszeit, deren
Anfang und Ende, der Wärmevertheilung im nördlichen Klima nicht ent=
spricht, in Zeiträume fällt, denen die nöthige Wärme fehlt. Das Accli=
matisiren der Pflanzen mag vorzugsweise wohl in einer Ver=
änderung der Vegetationstermine beruhen.

Nur der Wärmemangel schadet der Pflanze. Innerhalb gewisser
Grenzen scheint ein Uebermaß an Wärme den Pflanzen nicht nachtheilig zu
seyn. Die Gletscherweiden gedeihen recht gut, selbst in der warmen Luft
unserer Treibhäuser.

Die Wärme ist zugleich der wichtigste Faktor aller anderen ver=
verschiedenen Zustände der Atmosphäre. Nicht allein daß ihre Größe, ihre
örtlich verschiedene Vertheilung in die Tage des Jahres und in die Stunden
des Tages an sich einen wesentlichen Einfluß auf das Pflanzenleben aus=
übt, sie vermittelt auch den Uebergang terrestrischer in atmosphärische, dieser
in terrestrische Feuchtigkeit, sie ist ebenso die Ursache jeder Luftbewegung
und dadurch der Mischung und Ausgleichung warmer und kalter, trockner
und feuchter, klarer und getrübter Luftmassen.

Die einzige beachtenswerthe Quelle atmosphärischer Wärme ist die Sonne.
Es werden zwar, durch Verbrennung in und außer dem thierischen Körper,
an sich nicht unbedeutende Wärmemengen frei, allein im Vergleich zur
Sonnenwärme ist deren Menge doch eine verschwindend kleine. Auch muß,
beim steten Wechsel in der Zusammensetzung brennbarer Körper der Erde,
auf der anderen Seite eine Wärmemenge gebunden werden, die der Menge
entbundener Wärme gleich ist. Die innere Erdwärme mag in früheren
Schöpfungsperioden wesentlich auf Erhöhung der atmosphärischen Wärme
mitgewirkt haben. Daß dieß heute nicht mehr der Fall ist, geht daraus
hervor: daß die Bodenwärme bis zu einer Tiefe von 22 Meter abwärts,
den Temperaturdifferenzen der Atmosphäre, wenn auch langsam und er=
mäßigt folgt, in jener Tiefe fortdauernd eine, der durchschnittlich jährlichen
Luftwärme desselben Ortes gleiche Größe zeigt und erst von da abwärts
um 1⁰ R. mit jeden 31 Meter größerer Tiefe zunimmt. Das schlechte
Wärmeleitungsvermögen der verhältnißmäßig dünnen Erdrinde wird als Ur=
sache dieses Abschlusses der inneren Erdwärme angesehen. Es ist dasselbe
zugleich die Ursache, daß das Eindringen des Frosts in den Boden durch
Bedecken desselben mit Laub, Stroh, Mist ꝛc. verhindert oder gemäßigt, wird

indem diejenige Wärme, welche der Boden im Sommer durch die Sonne erhalten hat, dadurch bis tief in den Winter hinein in ihm zurückgehalten wird.

Ist es aber die Sonne allein, welcher die Atmosphäre, der Boden und das Pflanzenleben den nöthigen Bedarf an Wärme verdankt, so muß die Menge derselben zunächst abhängig seyn von der Zeitdauer der Sonnenwirkung, vom Einfallswinkel der Sonnenstrahlen und von der Intensität derselben.

Der größte Theil der Sonnenwärme wird erst da entbunden und wirksam, wo der Sonnenstrahl den Erdkörper trifft. Ohne Unterbrechung gibt der Erdkörper die empfangene Wärme an die ihn einhüllenden Luft= schichten ab. Die Zunahme seiner Erwärmung hängt daher davon ab, daß die Zufuhr an Wärme größer als der Verlust durch Wärmestrahlung [1] und Leitung ist. Von Sonnenuntergang bis Sonnenaufgang fehlt die Zufuhr an Wärme ganz. Bei fortdauerndem Abgang durch Wärmestrahlung ist dieß daher der Zeitraum des Erkaltens, nicht allein des Bodens, sondern auch der Luftschichten, die ihre vom Boden empfangene Wärme sehr rasch an den kalten Himmelsraum abgeben. Die niedrigste Temperatur muß am Ende dieser Periode des Morgens kurz vor und nach Sonnenaufgang statt= finden. Je höher die Sonne gestiegen ist, um so mehr erwärmt sie den erleuchteten Körper. Dieß hat einen doppelten Grund. Zuerst ist es der mehr und mehr dem Rechtwinklichen sich nähernde Einfallswinkel der Sonnen= strahlen, mit dem eine größere Summe von Wärmestrahlen den beleuchteten Körper trifft, die ihr Maximum beim höchsten Sonnenstande erlangt. So= dann gibt aber auch der Sonnenstrahl, ehe er den Erdkörper trifft, zwischen $1/3$ und $1/2$ seiner Wärme an die Dünste der Luftschichten ab, die er durch= dringen muß, ehe er zu den festen Körpern der Erde gelangt. Je niedriger die Sonne steht, um so länger ist der Weg, den der Sonnenstrahl in der Atmosphäre zu durchwandern hat, um so mehr Wärme gibt er an diese ab, mit um so geringerer Intensität der Wärme trifft er die Körper der Erde.

Hierauf beruht die Wärmevertheilung in den Tageszeiten. Daß das Maximum der Wärme nicht in die Mittagsstunde, sondern etwas über zwei Stunden später eintritt, liegt in dem bis dahin fortdauernden Uebergewicht der Wärmezufuhr über den Verlust durch Wärmestrahlung.

Wie bekannt verfolgt die Sonne in ihrem scheinbaren Lauf um die Erde nicht die Richtung des Aequators derselben. Während unseres

---

[1] Ungleich erwärmte Körper suchen ihre Wärmeverschiedenheit gegenseitig auszu= gleichen. Undurchsichtige Zwischenkörper leiten hierbei die Wärme durch sich hindurch, indem sie sich selbst dadurch erwärmen (geleitete Wärme). Durchsichtige Zwischenkörper lassen die Wärme durch sich hindurch, ohne sich selbst zu erwärmen. Während der Schwamm sich entzündet, bleibt das Brennglas und die Luft zwischen diesem und dem Schwamme vergleichsweise kalt (strahlende Wärme). Der Himmelsraum jenseits unserer Atmosphäre ist mindestens so kalt, als die größte, in der Atmosphäre beobachtete Kälte (—57°). Der kalte Himmelsraum entzieht daher fortdauernd der Erde die von der Sonne empfangene Wärme. Wie die Luft zwischen Brennglas und Schwamm, so werden die Luft= schichten der Atmosphäre, als durchsichtige Zwischenkörper, hierbei in dem Maaße weniger erwärmt, als sie reiner von Dünsten, klarer und durchsichtiger sind. Die Wasser= oder Ruß = Theile getrübter Luft, die Zweige und Blätter des Besamungsschlages verhindern nicht unmittelbar die Wärmestrahlung, aber sie nehmen die strahlende Wärme des Bodens in sich auf, erwärmen von sich aus die sie umgebende Luft und verringern dadurch die Temperaturdifferenz zwischen Boden und Luft und dadurch die Wärmestrahlung des Ersteren.

Winters ist sie mehr der südlichen Erdhälfte, während unseres Sommers ist sie mehr der nördlichen Erdhälfte zugewendet. In Folge dessen scheint uns die Sonne im Sommer höher am Himmelsgewölbe hinauf zu steigen als im Winter; ihre Strahlen treffen uns im Sommer senkrechter als im Winter und geben auf dem kürzeren Weg durch die Atmosphäre weniger Wärme an letztere ab. Die ungleiche Vertheilung der Sonnenwärme in die Jahreszeiten hat daher dieselben Ursachen wie die Wärmeunterschiede zwischen Sonnenaufgang und Untergang eines Tages. Es tritt hierzu aber noch die längere Dauer der Sonnenwirkung in den kurznächtigen Sommertagen, die der Wärmezufuhr ein bedeutendes Uebergewicht über die Wärmestrahlung gibt. Das Uebergewicht der Sommertage über die Sommernächte steigert sich mit größerer Entfernung vom Aequator und diesem Umstande ist es zuzuschreiben, wenn selbst im hohen Norden der Sommer sehr heiß seyn kann.

Dieselben Ursachen liegen auch der Wärmeabnahme zum Grunde, welche in der Richtung vom Aequator nach beiden Polen hin stattfindet. Je weiter ein Ort vom Aequator entfernt liegt, um so schräger treffen ihn die Sonnenstrahlen, um so größer ist die Luftschicht, die diese zu durchlaufen haben, ehe sie den Erdkörper treffen. Ohne störende Einflüsse würde sich für Deutschland hieraus ein Wärmeunterschied von 1° R. für je 30 Meilen meridianer Richtung ergeben.

Bis daher lassen sich die einem Orte eigenthümlichen Temperaturverhältnisse und die durch diese bedingten atmosphärischen Zustände aus seiner geographischen Lage, aus seiner Stellung zur Sonne herleiten. Die atmosphärischen Zustände, wie sie hiernach einem Orte eigen seyn müßten, wenn sie nicht von anderen, die Sonnenwirkung modificirenden Verhältnissen abgeändert wären, bezeichnet man als dessen geographisches oder solares Klima. Solcher, die Sonnenwirkung abändernden Verhältnisse gibt es aber so viele und so einflußreiche, daß vielleicht nirgends das solare Klima in der Wirklichkeit besteht. Dahin gehören

a) die verschiedene Erhebung der Orte über die Meeresfläche.

Da der größere Theil der Wärme des Sonnenstrahls erst auf der Erde entbunden wird, erleiden auch die, dieser zunächst liegenden Luftschichten die größte Erwärmung; sie dehnen sich in Folge dessen aus, werden leichter und müssen durch die überliegenden kälteren Luftschichten in die Höhe steigen. Dadurch vermindert sich aber der auf ihnen lastende Druck, sie dehnen sich in Folge dessen noch weiter aus und diese Ausdehnung bindet auch hier wieder einen Theil ihrer freien Wärme, sie erkalten. Die Wärmeabnahme um 1° R. schwankt in den verschiedenen Jahreszeiten zwischen 220 und 310 Meter größerer Höhe. Hochebenen von größerer Ausdehnung haben jedoch ein milderes Klima, als sich hiernach ergeben würde, da die Sonnenstrahlen nach einem kürzeren Wege durch die Luftschichten ihren Boden treffen; isolirte Berggipfel haben ein rauheres Klima, da sie die empfangene Wärme rasch an die sie umgebenden Luftschichten absetzen. Das Klima einer Gebirgsgegend ist rauher in dem Verhältniß als die Außenfläche derselben größer ist als deren Grundfläche.

b) Die Lage und Entfernung größerer Wassermassen.

Durch die Verdunstung wird Wärme gebunden und den die Wasser-

fläche überlagernden Luftschichten entzogen. Ueber dem benachbarten Fest=
lande ist dieß weniger der Fall; während die wärmere Luft über diesem in
die Höhe steigt, wird sie durch die dem Festlande zuströmende kühlere See=
luft ersetzt, die Tageswärme der Inseln und Küsten kann daher nicht die=
jenige Höhe erreichen wie die des Binnenlandes. Dahingegen erkaltet zur
Nachtzeit das Wasser weit weniger rasch als das Festland, und die in Folge
dessen wärmere Seeluft ersetzt im Kreislaufe die der See zuströmende
kältere Landluft, wodurch, wie die größere Erwärmung so auch die größere
Erkaltung der Landluft verhindert wird.

Wie die Wärmeunterschiede der Tageszeiten, so müssen durch die Nähe
großer, im Winter nicht zufrierender Wassermassen auch die Wärmeunter=
schiede der Jahreszeiten sich ermäßigen.

c) Das Vorhandenseyn und die Verschiedenheit feines den Boden be=
deckenden Pflanzenwuchses.

Unsere Wälder entziehen während der Vegetationszeit durch ihre tief=
greifende Bewurzelung dem Boden große Wassermengen und geben sie durch
die Blätter der Atmosphäre in Dunstform zurück. Nach Untersuchungen,
die ich in verwichenem Sommer ausgeführt habe, verdunstet ein 20jähriger,
aus 9 verschiedenen Laub= und Nadelholzarten zusammengesetzter, $\frac{1}{4}$ Hektar
großer, 1000stämmiger Bestand täglich mindestens 3000 Pfunde Wasser =
1,5 Cubikmeter. Es ergibt dieß für die Fläche eines $\frac{1}{4}$ Hektar täglich eine
Wasserschicht von 0,5 Millimeter Höhe = 0,09 Meter Höhe während 180
Vegetationstagen zwischen Ausschlag und Abfall des Laubes. Für die Laub=
hölzer allein berechnete sich obige Wassermasse um $\frac{1}{3}$ höher; für die Nadel=
hölzer (Fichte, Kiefer, Lerche) allein um $\frac{1}{2}$ niedriger. Die tägliche Ver=
dunstung von Wasserflächen während der Vegetationsmonate beträgt nach
Schübler nahe 12 Cubikzoll per Quadratfuß, daher 2,2 Millimeter Schicht=
höhe, mithin das Vierfache der Verdunstung durch den Waldbestand und
selbst die Verdunstung des Bodens in derselben Zeit = 7 Cubikzoll täglich
vom Quadratfuß = 1,1 Millimeter Schichthöhe [1] übersteigt die Verdunstung
des Waldbestandes um mehr als das Doppelte. Nach den Versuchen Schüblers
ist die Verdunstung einer Rasenfläche um das 2—3fache größer als die
einer gleich großen Wasserfläche, sie ist mithin um das 8—12fache größer
als die einer gleich großen Bestandsfläche.

Die am angeführten Orte gegebenen Verhältnißzahlen zwischen Laub=
gewicht und Gewicht der verdunsteten Wassermassen stimmen mit den Re=
sultaten meiner Untersuchungen nicht überein. Während Schübler die
tägliche Verdunstung der Buche = 46 % des Blattgewichts, Klauprecht
dieselbe = 36 % angibt, erhielt ich in der Mehrzahl der Fälle ein dem
Blattgewicht gleiches Verdunstungsgewicht, das bei der Hainbuche das
Doppelte, bei der Eller sogar das Fünffache des Laubgewichts erreichte.
Es liegt dieser Unterschied wohl darin, daß die Verdunstung überhaupt
nicht in constantem Verhältniß zur Laubmenge steht, daß eine, unter dem
Bedarf belaubte Pflanze den Laubmangel durch reichlichere Verdunstung aus
den vorhandenen Blättern ersetzt, eine über den Bedarf belaubte Pflanze

---

[1] Ich selbst erhielt bei 7° R. in ruhiger Zimmerluft nur 0,8 Millimeter Schicht=
höhe des aus nassem Boden täglich verdunstenden Wassers.

hingegen durch jedes Blatt weniger verdunstet. Es steht dieß in gutem Einklange mit der von mir nachgewiesenen Thatsache: daß eine, über einen gewissen Bedarf gesteigerte Belaubung keineswegs von einer dem entsprechenden Zuwachserhöhung begleitet ist.

Auf Grundlage der Resultate meiner Untersuchungen würde den bewaldeten Flächen eine geringere Verdunstung als den Wasserflächen und Freilagen eigen seyn, da auch der vom Laubschirme und von dem abgefallenen Laube vor raschem Luftwechsel geschützte Boden ohne Zweifel weniger verdunstet. Daß die Waldluft feuchter ist, erklärt sich einfach aus deren größerer Ruhe, in der sie, durch die vom Boden aufsteigenden Dünste, mehr oder weniger mit Feuchtigkeit gesättigt ist, wodurch ebenfalls die Verdunstung des Bodens gemäßigt wird. Die Ruhe der Waldluft unter geschlossenem Laubschirme erklärt sich aber aus dem Umstande, daß hier die Sonnenwärme nicht auf dem Boden, sondern über diesem, im Laubschirme entbunden wird, die kältere und daher schwerere Luft zwischen Laubschirm und Boden, wenigstens im Innern geschlossener Bestände dadurch nur wenig beunruhigt wird. Daher das Rauschen und Flüstern in den Wipfeln der Bäume auch bei ruhiger Luft im Freien und unter dem Laubschirme.

Ist aber die Verdunstung dicht bewaldeter Fläche eine vergleichsweise geringe, so wird hier auch weniger Wärme gebunden, die Bewaldung muß die Temperatur der Umgebung erhöhen, während die Waldluft selbst, die Luft unter dem Laubschirme, bei Tage weniger erwärmt, zur Nachtzeit aber auch weniger abgekühlt wird, in Folge der durch den Laubschirm geminderten Wärmestrahlung. Darauf beruht der Schutz, den der Mutterbaum des Besamungsschlages dem Wiederwuchse gewährt.

Der hervorstechende Einfluß der Bewaldung auf den Quellenreichthum der Länder erklärt sich aus Vorstehendem sehr einfach. Der geringe Wasserbedarf der Waldbäume hat zur Folge: daß die ganze, den Boden erreichende Menge der atmosphärischen Niederschläge, nach Abzug jenes Bedarfs in die Bodentiefe hinabsinkt, da die feuchte ruhige Waldluft ihr Verdunsten in höhere Grade ermäßigt. [1]

Wenn die sommergrünen Laubholzwälder in sofern günstiger in dieser Richtung wirken, als eine größere Menge atmosphärischer Niederschläge während des laublosen Zustandes den Boden zu erreichen vermag, gleicht sich dieß zu Gunsten der Nadelhölzer wieder aus durch die Ruhe der Waldluft auch im Winter, sowie durch deren geringeren Wasserbedarf, der bei der Fichte $= \frac{1}{2}$, bei der Lärche $= \frac{1}{4}$, bei der Kiefer $= \frac{1}{7}$ des

---

[1] Nicht verwechseln darf man aber hiermit den Einfluß der Bewaldung oder vielmehr der Entwaldung auf plötzlich sich steigernde und rasch vorübergehende, gefährliche Ueberschwemmungen veranlassende Wassermassen der Flüsse und Ströme, die man in Beziehung gebracht hat zu der, durch die Entwaldung der Gebirgshänge verminderten Verdunstung. Die Ursachen dieser Calamität, die besonders in Frankreich gegenwärtig sich sehr fühlbar macht, liegt viel näher. Im bewaldeten Gebirge vertheilt sich das Schmelzen des Schnees auf einen viel längeren Zeitraum durch den Schutz, den ihm der Laubschirm gegen die Sonnenwirkung gewährt. Das schmelzende Schneewasser fließt daher langsam ab und wird großentheils vom Boden aufgenommen, während im unbewaldeten Gebirge große Schneemassen plötzlich schmelzen und rasch zum Abflusse gelangen.

Wasserbedarfs der Hainbuche und Eller ist, die unter den Laubhölzern die größte Wassermenge verdunsten. Der Wasserbedarf der Pappel und Birke ergab sich $= \frac{2}{3}$, der der Rothbuche $= \frac{1}{2}$, der der Eiche $= \frac{1}{3}$ jenes Maximalbedarfs der Eller und Hainbuche, daher dann die Fichte mit der Rothbuche, die Lärche mit der Eiche in Bezug auf Wasserbedarf nahe zusammenfallen.

Die Thatsache, daß Entwaldung in gewissen Fällen Versumpfung erzeugt, erklärt sich einfach aus dem Umstande, daß die betreffenden Flächen Sumpf seyn würden, auch wenn sie nie bewaldet gewesen wären, daß die bisherige Bewaldung durch tausende lebendiger Pumpwerkzeuge die ü b e r - s c h ü s s i g e Feuchtigkeit des Bodens hinwegnahm, daß mit der Entwaldung jener Ueberschuß an Feuchtigkeit dem Boden verbleibt und die Versumpfung zur Folge haben muß, so lange, bis andere Abzugsgänge entstanden sind, die sich nicht selten nach mehreren Jahren von selbst bilden, wahrscheinlich in ähnlicher Weise, wie natürliche Abzugskanäle in dem von Drainröhren durchzogenen Erdreich entstehen.

Steigert der Quellenreichthum eines Bodens den Handel und Gewerbfleiß seiner Bewohner, erhöht er selbst nicht unwesentlich die landwirthschaftliche Produktion durch Steigerung des Futtergewinns von Wiesen, ohne Düngeraufwand und mit verhältnißmäßig geringen Arbeitskosten; entspringt einerseits der Quellenreichthum, andererseits der Schutz gegen Ueberschwemmungen und Versandungen der Flüsse und Ströme wesentlich der Bewaldung des Landes und zwar eines solchen, deren Kronenschluß eine ruhige, mit Feuchtigkeit gesättigte, dadurch die Verdunstung der Bodenfeuchtigkeit mindernde Waldluft erzeugt, so spricht auch dieß eindringlich zu Gunsten conservativer Forstwirthschaft — zu Gunsten des Hochwaldes, der Herstellung und Erhaltung vollen Kronenschlusses in einem Umtriebe, bis zu dessen Ablauf der volle Kronenschluß sich zu erhalten vermag.

d) Die exponirte oder geschützte Lage.

Die Unebenheiten der Erdoberfläche, deren Gestaltung und die Lage eines Ortes an ihnen, muß von wesentlichem Einfluß auf die Wärme der Luft seyn, weil von letzterer der Einfallswinkel der Sonnenstrahlen abhängig ist, ferner weil die gebirgige Erdoberfläche nicht mehr Wärme empfängt, als deren Grundfläche empfangen würde, daher erstere die ihr zuständige Wärmezufuhr in sehr ungleicher Vertheilung empfängt, woraus nothwendig eine eben so ungleiche Erwärmung der benachbarten Luftschichten hervorgehen muß; endlich durch den Schutz, den die Erhebung selbst den verschiedenen Punkten ihrer eigenen Oberfläche wie ihrer Umgebungen gegen herrschende Luftströmungen und deren eigenthümlicher Wärme oder Kälte, Feuchtigkeit oder Trockenheit gewährt.

Die ungleiche Erwärmung unebener Erdoberflächen hat zur Folge, daß an den früher und in höherem Grade erwärmten Orten das Pflanzenleben früher aus seinem Winterschlafe erweckt wird. Zur Nachtzeit müssen diese Wärmeunterschiede nahe liegender Flächen sich ausgleichen, woraus plötzliche und starke Erkaltungen hervorgehen, die dem vorzeitig erweckten Pflanzenleben oft tödtlich sind.[1] In unebenen Wäldern sind sehr häufig

[1] Am meisten leiden darunter Eschen, Erlen und Rothtannen, nächst diesen die Rothbuche und der Bergahorn.

besondere Frostthäler, Frosthänge, Froststriche Beschädigungen durch Spätfröste fast alljährlich ausgesetzt. Hier ist dem Uebel nur durch Anbau solcher Holzarten abzuhelfen, die erst spät im Frühjahr zu treiben beginnen, vorausgesetzt, daß das Klima überhaupt ihren Anbau gestattet.

Es mag dieß genügen um darzuthun, wie vielfältig und mächtig die Verhältnisse sind, welche den Charakter des geographischen Klima in Bezug auf dessen Temperatur verändern. Die durch das Zusammenwirken aller dieser bedingenden Verhältnisse thatsächliche Eigenthümlichkeit der Atmo= sphäre eines Ortes heißt dessen **physikalisches**, besser dessen **reales** — **wirkliches Klima**. Zur Erforschung desselben bleibt uns daher kein anderer Weg als der der Erfahrung. Es ist dieß frühzeitig erkannt und schon seit längerer Zeit sind an vielen Punkten der Erdoberfläche zahlreiche Beobachtungen in dieser Hinsicht angestellt und verzeichnet worden. In Bezug auf die Wärme hat man aus dem Minimum und Maximum der Tageswärme die durchschnittlichen Tagestemperaturen, aus diesen die monat= lichen und die durchschnittlich jährlichen Temperaturen gefunden. Verbindet man auf einer Karte diejenigen Orte durch eine fortlaufende Linie, deren durchschnittlich jährliche Wärmemenge dieselbe ist, so nennt man diese Linien **Isothermen**. Construirt man solche Linien nach den Beobach= tungen der durchschnittlichen Temperatur des Winters oder des Sommers, so heißen diese Linien **Isochimenen** und **Isotheren**.

Die mittlere Jahrestemperatur kann für das südliche Deutschland = 10,5°, für das nördliche Deutschland = 8,5° R. angesetzt werden (Königs= berg = 6,5°).

Die Beobachtungen über Wintertemperatur ergeben für **Wien** 73 Kälte= tage[1] mit durchschnittlich — 2,1° Kälte, 112 Wärmetage mit durchschnitt= lich + 3,6° Wärme. Höchste Kälte — 22°.

Für Karlsruhe	22 Kältetage	durchschnittlich	— 0,7°.
	128 Wärmetage	"	+ 2,7°.
	Höchste Kälte		— 27°.
Für Braunschweig	20 Kältetage	"	— 1,8°.
	160 Wärmetage	"	+ 3,7°.
	Höchste Kälte		— 27°.
Für Berlin	92 Kältetage	"	— 1,5°.
	85 Wärmetage	"	+ 3,5°.
	Höchste Kälte		— 30°.
Für Königsberg	108 Kältetage	"	— 2,8°.
	89 Wärmetage	"	+ 3,8°.
	Höchste Kälte		— 34°.

Die Kältetage fallen nicht zusammen, sondern sie vertheilen sich in eine Mehrzahl von Frostperioden, die in unserer Gegend (Braunschweig) durchschnittlich folgendermaßen liegen.

Etwas nach der Mitte des September tritt nicht selten eine erste Kälte ein, bei der gegen Sonnenaufgang die Temperatur unter — 1° sinkt

---

[1] Darunter sind nur diejenigen Tage verstanden, in welchen die **durchschnittliche** Tagestemperatur unter 0 ist, nicht auch die sogar größere Zahl derjenigen Tage, an denen die Kälte der Nacht hinter der Wärme des Tages zurücksteht.

(Reif), während die Mittagswärme noch 13—15⁰ beträgt. Seltner gegen Ende Oktober tritt ein zweiter Reiffrost ein, die erste Hälfte des November bringt den ersten Schnee, selten hohe Kältegrade (1812—15⁰) die Tages= wärme pflegt 5⁰ selten zu übersteigen. Der December ist vergleichsweise milde und erst gegen Ende des Monats bleibt das Thermometer auch am Tage unter 0⁰. Bis daher kann man die in Absätzen eintretenden Fröste als Frühfröste bezeichnen.

Anfang Januar tritt die erste Winterkälte mit — 10 bis — 15⁰ ein, ermäßigt sich gegen die Mitte des Monats und steigt die Wärme in der letzten Hälfte desselben nicht selten über + 5⁰. Die zweite Winter= kälte, selten über — 4⁰ steigend, tritt Anfang Februar ein, die dritte: Mitte Februar mit — 4 bis — 7⁰, nach einer kurzen Wärmeperiode. Gegen das Ende des Februar steigt die Wärme nicht selten auf + 10 bis + 15⁰. Ihr folgt Anfangs März eine vierte, Ende März eine fünfte Winterkälte, erstere zwischen — 1 und — 9⁰ schwankend, letztere selten unter — 3⁰ sinkend. Diesen Winterfrösten folgen die Spätfröste Ende April und Anfang Mai, deren letzte sehr regelmäßig in der Mitte Mai auftreten (gestrenge Herren). Nur sehr ausnahmsweise tritt ein letzter Reiffrost nach Anfang Juni ein, der mir aber doch einigemale nicht uner= heblichen Schaden gebracht hat.

Besonders der letzte Winterfrost Ende März, bei dem die durchschnitt= liche Tageswärme häufig 8—10⁰ erreicht und das Pflanzenleben erweckt hat, so wie die Spätfröste werden dem Pflanzenbau schädlich.

Im Gebirge sind Spätfröste seltner als in der Ebene und in Niede= rungen, da dort die Vegetation später und erst dann erweckt wird, wenn im Flachlande die Periode der Spätfröste bereits vorüber ist, von wo ab die Wärme der Luft des benachbarten Flachlandes eine bedeutende Tempe= raturerniedrigung der Gebirgsluft verhindert.

Nach den Wärmeeffecten unterscheiden wir innerhalb der Grenzen Deutschlands

	Mittlere Jahres= temperatur.		Bodenbearbeitungs= zeit.		Vegetations= zeit.
Weinklima	8—12⁰ R.		9 Monate		7 Monate.
Hopfen= und Maisklima	7— 8⁰ „		8 „		6 „
Wintergetreideklima	6— 7⁰ „		7		5
Sommergetreideklima	5— 6⁰ „		6 „		4
Grenze der Ackerkultur	4— 5⁰ „	unter 6 „		unter 4 „
Grenze des Waldbaus	3— 4⁰ „				
Schneegrenze	2,7⁰ „				

Es ist eine Folge geringerer Wärme höherer Luftschichten, wenn, im Gebirge aufsteigend, der Region vorherrschenden Ackerbaues die Region vor= herrschenden Waldbaues, dieser die Region der Matten und Weiden, dieser die Region des ewigen Schnees und Eises folgt; wenn innerhalb des Waldgürtels den Eichen=, Erlen= und Kiefernwäldern die Buchen= und Bergahorne, diesen die Fichten und Tannen, diesen die Zwerg= und Zirbel= kiefern, mit der Alpeneller und den Alpenweiden, diesen das Pygmäen= geschlecht der Gletscherweiden folgt.

Es ist ebenso eine Folge geringerer Wärme, wenn Lappland nur 500, Dänemark 1034, Deutschland 2000, Frankreich 3500, Europa über= haupt 7000 verschiedene Arten Blüthepflanzen trägt, eine Mannigfaltigkeit des Pflanzenwuchses die in der heißen Zone sich noch bedeutend steigert.

Die größere Mannigfaltigkeit im Pflanzenwuchse südlicher Klimate hat dann auch das Aufhören des Vorkommens einzelner Geschlechter in weit verbreiteten Complexen zur Folge. Die reinen Holzbestände der Fichte, Kiefer, Buche kommen südlich dem 48sten Breitegrade nur noch in Gebirgen vor, wenn sie nicht künstlich in der Ebene angebaut wurden.

Aber nicht allein die Summe der Wärme, sondern auch deren Ver= theilung in die Jahreszeiten hat einen wesentlichen Einfluß auf den Pflanzen= wuchs. Unter dem Aequator haben alle Jahreszeiten fast gleiche Temperatur, die Vegetation kann daher das ganze Jahr ungestört vor sich gehen, und muß sich dem zu Folge reicher und üppiger gestalten als in unserem Klima, wo der Herbst und Winter die Vegetation unterbricht. Je höher im Norden, um so mehr verkürzt sich die Zeit des Pflanzenwuchses, um so geringer würde das Resultat derselben sein, wenn nicht die kohlenstoffspeichernde Kraft unserer geschlossenen Hochwälder ein Gegengewicht darböte.

Ueber die geographische Verbreitung unserer forstlichen Kulturpflanzen am Schluß dieses Abschnittes.

2. Das Licht,

ein treuer Begleiter der Wärme und aus derselben Quelle fließend, ist ebenso wie letztere eine wesentliche Bedingung des Lebens und Gedeihens der Pflanzen durch den Einfluß, den es auf die Umwandlung der rohen Nährstoffe in Bildungssäfte ausübt. Ohne Zweifel gehört ein großer Theil des Einflusses, den man der Wärme zuzuschreiben sich gewöhnt hat, der gleichzeitigen Lichtwirkung an.

Nur wenig Pflanzen der niedrigsten Bildungsstufe bedürfen des Lichtes zu ihrer vollen Ausbildung nicht. Die Trüffeln, die Grubenpilze, die Nachtfasern unserer Baumhölzer gehören dahin. Es sind das sämmtlich Pflanzen, die von organischem Stoffe sich ernähren, einer Zerlegung unorganischer Kohlensäure daher nicht bedürfen. Dasselbe ist der Fall bei allen höher entwickelten Pflanzen in den frühesten Stadien ihres Lebens. Der Keim entwickelt sich im Samenkorne aus organischem Stoffe, den ihm die Mutterpflanze in den Samenlappen oder im Samenweiß mitgegeben hat. Im Keimungsprocesse bedarf daher die Pflanze der Lichtwirkung nicht. Das Lichtbedürfniß tritt erst ein, wenn der organische Bildungsstoff der Samen= lappen verbraucht ist und neue Bildungssäfte aus der Zerlegung von außen aufgenommener Kohlensäure, aufgenommenen Wassers bereitet werden müssen. Da die Zerlegung der Kohlensäure Sauerstoffabscheidung zur Folge hat, so fällt der Zeitpunkt eintretenden Lichtbedürfnisses mit dem Beginn der Sauer= stoffabscheidung zusammen. [1]

[1] Daß das Licht nicht allein die Zerlegung der Kohlensäure, sondern auch die nor= male Verdunstung vermittle, habe ich durch das nachfolgende Experiment erwiesen. Junge Pflanzen vom Löwenzahn, in einem Blumentopfe unter Glasglocke wachsend, schieden

Wie wir im phyſiologiſchen Theile ſehen werden, wiederholt ſich in jeder unſerer Holzpflanzen der Keimungsproceß alljährlich bis zum höchſten Alter in den Frühperioden der Vegetation. Das Lichtbedürfniß wird daher in dieſen ein geringeres ſein als ſpäterhin, wenn die erneute Belaubung neue Bildungsſäfte aus Rohſtoffen für das nachfolgende Jahr bereiten muß. Ob eine, über eine uns unbekannte Größe des Lichtbedarfs geſteigerte Licht= wirkung dem Pflanzenwuchs förderlich ſei, wiſſen wir nicht. Ueberhaupt treten hier der Beobachtung außergewöhnliche Hinderniſſe entgegen, da, bei der vereinten Wirkung von Wärme und Licht, in den meiſten Fällen es unmöglich iſt, denjenigen Antheil am Erfolge, welcher der Lichtwirkung zugeſchrieben werden muß, von demjenigen zu trennen, welcher der Wärme= wirkung und den dieſer zuſtändigen Feuchtigkeitsmenge und Luftwirkung angehört. So ſehen wir ziemlich allgemein unſere Holzpflanzen an den Nordweſt= und Nordrändern höherer Beſtände im Seitenſchatten derſelben raſcher und üppiger wachſen, als unter voller Lichtwirkung am Süd= und Südweſtrande; ob dieß aber eine Folge der geringeren Lichtwirkung, ob es Folge einer oder der anderen der ſie begleitenden atmoſphäriſchen oder Bodenverhältniſſe iſt, läßt ſich zur Zeit noch nicht beſtimmen.

Ebenſo verhält es ſich auch mit dem begünſtigenden Einfluſſe, den ein raſcher Wechſel von Licht und Schatten auf das Gedeihen unſerer Be= ſamungsſchläge zeigt. Bei einem gewiſſen Schutzbedürfniß iſt es viel weniger der Beſchattungsgrad als die Beſchattungsdauer derſelben Fläche, auf welcher die Wirkung des Mutterbaums beruht. Hier ſteht gründlicher Erforſchung noch ein weites Feld offen. Es leuchtet aber ein, daß bei der zur Zeit noch beſtehenden Unſicherheit in Erkenntniß der Wirkungen, auch das Urſächliche nur entfernt uns berührt.

Wenn die Blätter zur Nachtzeit und im Schatten wirklich Sauerſtoffgas

allnächtlich aus den Spitzen ihrer Blattzähne reichlich große Tropfen einer waſſerklaren Flüſſig= keit aus. Die Ausſcheidung begann Nachmittags um 4 Uhr bei bedecktem, um 6 Uhr bei heiterem Himmel, nie früher und ohne Unterſchied der Temperatur und des Temperatur= wechſels. Dahingegen ließ ſich zu jeder Tageszeit ſofort und ohne Wärmeveränderung die Ausſcheidung durch völligen Lichtabſchluß hervorrufen. Die abgeſchiedene Flüſſigkeit enthielt geringe Mengen einer zuckerartigen, kryſtalliſirenden Subſtanz und einen klebrigen, nicht kryſtalliſirenden Rückſtand, war daher nicht dunſtförmig, ſondern liquid ausgeſchieden. Der Lichtabſchluß hatte den Aſſimilationsprozeß unterdrückt und, wie in Folge deſſen die Pflanze unzerlegte Kohlenſäure abſcheidet, ſo hatte ſie auch das Waſſer nicht in Gasform, ſondern in keinem urſprünglichen Aggregatzuſtande ausgeſchieden (Bot. Zeit. 1855, S. 911). Meine neueſten photometriſchen Arbeiten haben ergeben, daß die höchſte Lichtwirkung mit der höchſten Wärmewirkung der Sonne nicht zuſammenfällt, ſondern ſchon in den letzten Vor= mittagsſtunden eintritt. Es iſt das ſowohl bei heiterem als bei bedecktem Himmel, im direkten wie im reflektirten Sonnenlichte und in jeder Expoſition der Fall. Dem entſprechend fällt auch das Maximum der Verdunſtung lebender Pflanzen in die ſpäten Vormittagsſtunden und war, unter übrigens gleichen Einflüſſen, nicht größer in einem auf + 4° und in einem auf + 20° erwärmten Zimmer. Für die Theorie der Verjüngung im Beſamungsſchlage, für den Mittelwaldbetrieb, für den Durchforſtungsbetrieb wäre der Beſitz eines zuverläſſigen Helligkeitsmeſſers daher von der größten Wichtigkeit. Meine Bemühungen, ein ſolches Inſtrument von praktiſcher Brauchbarkeit für unſere Zwecke zu erſinnen, ſind bisher an dem Mangel einer Maßeinheit geſcheitert, wie ſie der Siedepunkt des Waſſers für die Wärme darbietet. Ueber einen Photometer, der wenigſtens den meiſten der in der forſtlichen Praxis vorkommenden Fragen entſprechen dürfte. S. Forſt= und Jagdzeitung Jahrg. 1876.

aus der Atmosphäre absorbiren, so müssen wir uns auch hier gestehen, daß der Zweck dieser Aufnahme uns gänzlich unbekannt ist.

3. Die Feuchtigkeit.

Das rasche Erstarken durch Bodendürre welk gewordener Pflanzen nach Anfeuchtung ihrer Blätter und Triebe führte zu der Ansicht: daß die Pflanze Feuchtigkeit auch durch die Blätter aufnehme. Ungers direkte Versuche haben dieß mindestens sehr zweifelhaft gemacht. Obgleich manche Thatsachen dagegen zu sprechen scheinen (s. im physiol. Theile: Aufsteigen des Safts in den Holzpflanzen), steht dem Resultate der Unger'schen Versuche doch zur Seite, daß die Blätter, Organe, die wesentlich der Funktion des Verdunstens dienstbar sind, gleichzeitig nicht wohl auch der Feuchtigkeits= aufnahme dienen können.

Nehmen wir an, daß die Pflanze durch ihre überirdischen Theile Feuchtigkeit aus der Atmosphäre nicht beziehe, so hat die atmosphärische Feuchtigkeit nur in so fern einen direkten Einfluß auf die Pflanze, als sie den Grad der Verdunstung bestimmt. Meine neueren Versuche ergaben, daß die Verdunstung der Bäume durch die Belaubung, bei Regenwetter auf ein Minimum sich ermäßigt, daß schon eine mit Feuchtigkeit sehr ge= schwängerte Luft dieselbe in hohem Grade ermäßigt. Eine mit der Schnitt= fläche des Wurzelstocks in Wasser stehende Hainbuche verlor während der ersten beiden Regentage kaum merklich an Gewicht, während am dritten Tage, nachdem die Luft klar und rein geworden war, die tägliche Ver= dunstung über 5 Pfunde betrug. Daß eine häufiger eintretende Schmälerung der Verdunstung günstig auf den Zuwachs wirke, ist kaum anzunehmen, da die stärkere Verdunstung eine nothwendige Folge lebhafterer Zufuhr von Rohstoffen der Ernährung aus den Wurzeln zu den Blättern und eine Be= dingung der Assimilation derselben ist, da man daher wohl annehmen darf, daß der verringerten Verdunstung auch eine verringerte Assimilation zur Seite stehe. Dem Einwande, daß die nassen Jahre den Holzzuwachs begünstigen, läßt sich entgegenstellen, daß bei unseren Holzpflanzen die all= jährlich bereitete Menge von Bildungsstoffen erst im nächstfolgenden Jahre auf den Holzzuwachs verwendet werde (s. im physiol. Theile: Reservestoffe).

Dahingegen hat die atmosphärische Feuchtigkeit indirekt einen mächtigen Einfluß auf das Leben und Gedeihen der Pflanzen dadurch, daß sie den Boden speist, aus dem die Pflanzen jedenfalls den bei weitem größten Theil ihres Wasserbedarfs durch die Wurzeln beziehen. Dieser Einfluß muß ein um so größerer sein, je abhängiger die Bodenfeuchtigkeit von Menge und Häufigkeit der Niederschläge ist. Ein Boden in der Nähe größerer Wasserbecken wird von diesen aus getränkt, ein quelliger Boden erhält seine Wasserzufuhr aus der Tiefe; dasselbe ist der Fall bei den so= genannt „schwitzenden“ Bodenarten; der Sumpf= und Wiesenboden bewahrt dem Pflanzenwuchse die in Zeiten reichlichen Regens überschüssig empfangene Feuchtigkeit. Die tiefgründigen Sandlager des Meeresbodens hingegen, der geneigte Boden der Vorberge und Gebirgshänge, der flachgründige Boden über undurchlassendem Untergrunde oder über einer Unterlage, welche die

Feuchtigkeit leicht aufnimmt und ableitet, sind weit abhängiger von der klimatischen Beschaffenheit der Atmosphäre in Bezug auf Feuchtigkeit.

Der Boden empfängt seine Feuchtigkeit aus der Atmosphäre auf zwei= fach verschiedene Weise, theils in Niederschlägen als Regen, Schnee, Hagel, Thau, theils entzieht er sie der Luft durch seine hygroscopische Eigenschaft; letzteres um so energischer, je reicher er an mildem Humus ist. In beiden Fällen ist es aber die Atmosphäre, aus welcher er seine Feuchtigkeit schöpft, die nicht allein durch ihren Reichthum daran, sondern auch durch die Art und Weise, wie sie diesen dem Boden abtritt, bedeutungsvoll für das Ge= deihen der Pflanzen wird.

Aus einer Reihe eigener Versuche über die hygroscopische Wasserauf= nahme des Waldbodens ergab sich als ein Durchschnittsresultat für die leichten, mäßig humushaltigen Bodenarten eine tägliche Wasseraufnahme völlig getrockneten Bodens aus mit Feuchtigkeit gesättigter Luft = 58 Gramm pro Quadratmeter. Allerdings sehr willkürlich auf $1/_4$ dieses Betrages er= mäßigt, mit Berücksichtigung des Umstandes, daß wir im Freien es nie mit wirklich trocknem Boden zu thun haben, die Absorption des feuchten Bodens eine viel geringere ist, verbleiben 14 Gramm, die weiter um $1/_4$ auf 10 Gramm ermäßigt werden müßte, mi Berücksichtigung der Feuchtigkeits= menge, um welche die freie Waldluft durchschnittlich hinter der mit Wasserdunst völlig gesättigten Luft zurückbleibt. Von dieser Basis aus würde der Boden binnen 180 Vegetationstagen 1800 Gramm hygroscopisches Wasser absorbiren, entsprechend einer Wasserschicht von 1,8 Millimeter Höhe, die, nach Seite 27, den Wasserbedarf von 9 Centimeter Schichthöhe nur mit 2 Proc. decken würde.

Die Angaben über die Menge der jährlichen Thau=, Nebel=, Reif= niederschläge sind sehr schwankend und liegen zwischen 2—3 und $15^0/_0$ des jährlichen Regen=, Schnee= und Hagelniederschlages, den letzteren für Deutsch= land durchschnittlich auf 62 Centimeter Schichthöhe berechnet. Nimmt man im Mittel die Summe allen Zuganges = 68 Centimeter Schichthöhe an, so werden unsere Wälder nur $1/_7$ dieser Wassermenge für sich in Anspruch nehmen. [1] Es verbleiben daher $6/_7$ des jährlichen Feuchtigkeitszuganges dem Waldboden und der Quellenbildung, nach Abzug des von den Blättern aus verdunstenden Regenwassers.

Die Feuchtigkeit des Klima ist abhängig von der Menge, von der Beschaffenheit, von der Vertheilung und Lage der Feuchtigkeitsquellen. Für jede Oertlichkeit von größerer Ausdehnung unterscheiden wir äußere und innere Feuchtigkeitsquellen. Zu Ersteren gehören hauptsächlich die Meere, da deren Verdunstung den größten Theil der Luftfeuchtigkeit liefert. Es gehört dahin aber auch der von Süden uns zufließende Luftstrom, dessen Feuchtigkeit, in Folge fortschreitender Abkühlung, in unseren Breiten zum größten Theile zurückbleibt. Aeußere Feuchtigkeitsquellen machen die Frucht= barkeit der Atmosphäre eines Ortes in Bezug auf Wassergehalt von innerem

---

[1] Wenn ich den, Seite 27, für 20jährige Bäume und Bestände berechneten Wasser= bedarf von 9 Centimeter Schichthöhe als den Bedarf geschlossener Waldbestände überhaupt annehme, so ruht dieß auf der sehr wahrscheinlich richtigen Voraussetzung, daß der Wasser= bedarf nicht von Alter und Größe, sondern vom Zuwachse der Waldbäume abhängig sei, sowie darauf: daß, vom 20jährigen Alter aufwärts, der jährliche Zuwachs geschlossener Waldbestände keiner bedeutenden Steigerung unterworfen ist.

Quellenreichthum unabhängiger, wenn die Lage deſſelben zu erſteren eine
günſtige iſt. Nicht allein die größere Nähe, ſondern auch die Freilage
und die herrſchende Windrichtung treten in dieſer Hinſicht beſtimmend auf.
Für Deutſchland iſt es beſonders die Nähe des atlantiſchen Ocean, verbunden mit der vorherrſchend ſüdweſtlichen und weſtlichen Luftſtrömung,
aus der ihm, im Vergleich mit den weſtlicher gelegenen Ländern, ein feuchtes
Klima erwächst. Selbſt innerhalb der Grenzen Deutſchlands treten hier
noch weſentliche Unterſchiede hervor. Die Ebenen des nördlichen Theiles
empfangen die feuchte Seeluft mit ihrem ganzen Waſſergehalte, der in den,
ſüdlich der großen Gebirgsdiagonale liegenden Ländern ein geringerer ſein
muß, da die am Nordweſtrande jener Gebirgserhebungen ſich anſtauenden
Luftmaſſen, in höhere, kältere Luftſchichten emporgedrängt, einen beträchtlichen Theil ihrer Feuchtigkeit im Gebirge zurücklaſſen müſſen. Hierin und
nicht, oder doch bei weitem weniger in der Bewaldung der Gebirge iſt es
begründet, daß die Zahl und Menge der Regenniederſchläge bei uns am
Nordweſt- bis Südweſtrande der Gebirge eine größere iſt als in der Ebene.
So hat Braunſchweig eine jährliche Regenmenge von 70, die Brockenkuppe 111,
Hohegeis 86, Erfurt hingegen nur 33 Centimeter.

Aber ſelbſt in der Ebene iſt die Abnahme des Regenniederfalles mit
größerer Entfernung vom Meere, ſelbſt auf kurze Strecken eine beträchtliche.
Die Regenmenge Braunſchweigs von 70 ſinkt ſchon bis Berlin auf 51 Centimeter. Das Küſtenklima ſpricht ſich bei uns ſchon viel entſchiedener aus,
denn während in Berlin faſt jährlich trefflicher Wein und Pfirſiche reifen,
werden ſolche bei uns nur in ſehr günſtigen Jahren ſchmackhaft.

Wenn auch die Gebirgsluft an ſich eine von Waſſerdünſten reinere iſt, ſo
erfolgen hier dennoch mehr Niederſchläge durch die Mengung der kälteren Gebirgsluft mit den andringenden wärmeren Luftſchichten. So ſteigert ſich die
Regenmenge im ſüdlichen Deutſchland, die bei 250 Meter Meereshöhe 68 Centimeter beträgt, bei 340 Meter auf 65 Centimeter, bei 600 Meter auf 94 Centimeter. Die Regenmenge der Brockenkuppe beträgt 111 Centimeter, während
ſie in Braunſchweig nur 70 Centimeter iſt.

Was die inneren Feuchtigkeitsquellen betrifft, ſo liegen dieſe hauptſächlich
in den vorhandenen Gewäſſern, Sümpfen und Wieſen, ſo wie im Pflanzenwuchſe
des Landes, beide, wie wir geſehen haben, ſich gegenſeitig bedingend und unter
ſich einen, dem größeren untergeordneten, Kreislauf atmoſphäriſcher und
terreſtriſcher Feuchtigkeit vermittelnd, in welchem die Holzpflanzen eine überwiegende Bedeutung auch dadurch gewinnen, daß ſie, unabhängig vom Waſſergehalte der oberſten Bodenſchichten, durch ihre in die Tiefe hinabſteigende Bewurzelung das Waſſer fortdauernd aus einer nie austrocknenden Bodentiefe
emporheben und der Atmoſphäre zurückgeben, für ihre Umgebung daher,
mehr als der Ackerboden und das Weideland, zu einer nachhaltigen
Quelle atmoſphäriſcher Feuchtigkeit auch in Zeiten anhaltender Hitze und
Dürre werden.

Wärme, Licht und Feuchtigkeit zuſammenwirkend, beſtimmen den Beginn und den Verlauf der jährlichen Vegetationserſcheinungen. [1] Ein

[1] Jedoch ſtets beſchränkt durch das Naturgeſetzliche derſelben. Allerdings ſind die Fälle
nicht ſelten, in denen ein warmer December neue Triebe, ſelbſt Bluthen hervorlockt; es

sonniger und warmer März erweckt die Pflanzen nicht zu erneuter Thätig=
keit, wenn der Wärme nicht Feuchtigkeit gesellt ist; die Knospen regen sich
nicht, während nach dem ersten warmen Regen der Wald sich oft in einer
Nacht begrünt. Ebenso bleibt die Knospe bei anhaltendem Regenwetter ge=
schlossen, wenn es nicht von der entsprechenden Wärme begleitet ist. Diese
Abhängigkeit der Vegetationsperioden von combinirter Wirkung klimatischer
Zustände macht die Pflanze selbst zum Wegweiser für letztere.

Ueberall, am Meeresstrande und in den Hochgebirge, im Norden und im
Süden Deutschlands bezeichnet die Blüthezeit der Hasel denjenigen Termin,
an welchem das Pflanzenleben erwacht, wenn dieß auch äußerlich nicht
erkennbar ist; die Zeit, in welcher, wie wir sagen, „der Saft ins Holz
tritt," der Hieb wenigstens des Nutzholzes beendet sein sollte.

Der Beginn des Zuwachses an Holzfasern und Trieben fällt zusammen
mit der Blüthezeit des Schlehendorns, der Stachelbeere, der Esche und der
Waldanemone.

Das Ende des jährlichen Zuwachses unserer Kulturpflanzen fällt zu=
sammen mit dem Schluß der Weizenernte, mit voller Reife der Pflaumen,
der Ebereschen und der Haselnüsse. Es vergeht von da ab jedoch noch ein
14tägiger Zeitraum, ehe die zuletzt gebildeten Holzfasern ihre volle Wan=
dungsstärke und Festigkeit erlangen.

Der Zeitraum des Zuwachses an den überirdischen Baumtheilen ist
demnach ein 3—4½ monatlicher bei verschiedenen Holzarten, am kürzesten
beim Ahorn (3 Monate), am längsten bei der Kiefer (4½ Monate).

Die Neubildung von Reservestoffen beginnt in den unterirdischen
Baumtheilen mit der Blüthezeit des Haidekrauts, steigt sehr langsam auf=
wärts, so daß sie in den äußersten Zweigspitzen erst mit der Blüthezeit
der Herbstzeitlose (Colchicum autumnale) zusammenfällt. Sie endet überall
erst mit dem Abfalle des Laubes.

S. hierüber meine Mittheilungen in der Forst= und Jagdzeitung 1856
S. 361, 1857 S. 281.

4. Bewegung und Ruhe der Luft.

Die Existenz organischen Lebens auf unserem Erdkörper beruht wesent=
lich auf einer fortdauernden Bewegung der Luft und Mengung ihrer Be=
standtheile. Ohne diese würde sehr bald das wesentlichste Bedürfniß der
Pflanze, das Wasser dem Boden entzogen sein, die Pflanze und mit ihr
das Thier müßte sich an die niedrigen Ufer der großen Meeresbecken zurück=
ziehen, würde aber in ihrer Fortdauer auch hier sehr bald gefährdet sein

scheint dieß aber eine Folge noch nicht völlig eingetretener Winterruhe zu sein. Im dieß=
jährigen warmen Januar regte sich das Pflanzenleben nicht. Exotische Nadelhölzer machen
im Herbste häufig noch einen zweiten Trieb mit Endknospe, der aber sehr kurz und krautig
bleibt, dessen Nadeln kaum ¼ der normalen Länge erreichen. Im Kalthause überwintert,
verändert die Pflanze sich nicht während des ganzen Winters. Anfang März beginnt das
Wachsen der Nadeln, bei einer Temperatur, die im dießjährigen kalten März bedeutend
niedriger war, als in den vorhergehenden Monaten. Kieferzapfen, den ganzen Winter in
trockner warmer Zimmerluft aufbewahrt, öffnen sich erst im Frühjahre, wenn ihre Zeit
gekommen ist.

durch Mangel an Erſaß der verbrauchten Kohlenſäure, des verbrauchten
Sauerſtoffs. Alle dieſe dem Leben nöthigen Stoffe, Feuchtigkeit, Kohlen=
ſäure, Stickſtoff, Sauerſtoff ſind bald Beſtandtheile der atmoſpäriſchen Luft,
bald Beſtandtheile der organiſchen Körper, und werden in dieſem Kreislaufe
nur durch die Bewegung der Luft erhalten.

Die Bewegung der Luft entſpringt verſchiedenen Urſachen. Die Erde
bewegt ſich täglich einmal um ihre Achſe in der Richtung von Weſt nach
Oſt, und die Atmoſphäre theilt dieſe Bewegung, die an den Polen = 0
unter dem Aequator am größten iſt. Wenn und wo die Atmoſphäre gleich
raſch mit der Erdoberfläche ſich rotirend bewegt, da beſteht Windſtille, ab=
geſehen von anderen dieſe ſtörenden Urſachen. In unſeren Breiten
rotiren aber die ſie bedeckenden Theile der Atmoſphäre, aus Urſachen, die
weiterhin erörtert ſind, unter Umſtänden raſcher oder langſamer, als
die von ihnen bedeckte Erdoberfläche. Im erſten Falle eilt uns, in unſerer
nach Oſten gerichteten Rotationsbewegung, der Wolkenzug voran (Weſt=
wind); im andern Falle übereilen wir den Wolkenzug, er ſcheint uns ent=
gegenzukommen (Oſtwind), da wir ſelbſt unſere rotirende Fortbewegung
nicht empfinden. Der Effekt iſt natürlich derſelbe, ob wir in eine andere
Luftſchicht uns verſetzen, ob eine andere Luftſchicht zu uns gelangt, die
frühere verdrängend.

Eine zweite Urſache der Luftbewegung iſt die Erwärmung des Erd=
körpers durch die Sonne.

Wie wir bereits geſehen haben, wird der größere Theil der Sonnen=
wärme erſt auf der Erdoberfläche entbunden. Die dadurch ſtärker erwärmten
unterſten Luftſchichten ſteigen durch die kälteren überliegenden Luftſchichten
aufwärts; es entſteht ein aufſteigender Luftſtrom, der durch die tiefer
ſinkenden kälteren Luftſchichten erſetzt und unterhalten wird, der einen ſteten
Wechſel der oberen und unteren Luftſchichten, der Temperatur und Feuchtigkeit
derſelben im Gefolge hat.

Ungleiche Erwärmung benachbarter Flächen des Erdkörpers hat, im
Großen wie im Kleinen, einen Kreislauf der Luftmaſſen zur Folge. Die
höher erwärmte Luft außer dem Schatten eines Baumes ſteigt aufwärts,
und wird durch die kühlere Schattenluft des Baumes erſetzt, die ihrerſeits
wieder Erſaß findet durch das Zuſtrömen der erwärmten aufgeſtiegenen Luft
in den Schattenraum. Daher rührt die kühlende Luftbewegung im Schatten
eines Baumes, eines Hauſes, einer Wolke; daher die größere Luftbewegung
am Rande geſchloſſener Waldbeſtände, am Ufer größerer Waſſerflächen.

Die größte dieſer Kreisbewegungen der Luft beſteht zwiſchen dem Aequator
und den Polen. Die unter dem Aequator im höchſten Grade erwärmte Luft
ſteigt aufwärts und veranlaßt ein Zuſtrömen der kälteren Polarluft in den
unteren Luftſchichten zum Erſatz der aufgeſtiegenen Aequatorialluft, wäh=
rend erſtere durch die auf ihrem Wege zu den Polen allmählig ſich ab=
kühlende Aequatorialluft der höheren Luftſchichten fortdauernd erſetzt wird.
Der urſprünglich in den höheren Luftſchichten über dem Polarſtrom in
entgegengeſetzter Richtung fließende Aequatorialſtrom ſenkt ſich ſchon in der
gemäßigten Zone durch Abkühlung ſo tief, daß er hier nicht mehr über,
ſondern neben dem von Norden nach Süden gerichteten Polarſtrome ver=

läuft. Diese Luftbewegung kann in voller Kraft nur auf der von der Sonne beleuchteten Erdhälfte stattfinden, daher die Ruhe und Stille der Nachtluft, wo diese nicht durch andere Ursachen gestört wird.

Die Atmosphäre zeigt also gleichzeitig eine doppelte Bewegung: die rotirende, von West nach Ost gerichtet, und die meridiane, von Nord nach Süd oder von Süd nach Nord gerichtete. Beide vereinen sich im Aequatorialstrome zu einer aus Südwest nach Nordost, im Polarstrome zu einer aus Nordost nach Südwest gerichteten Luftströmung unter Einfluß einer größeren Rotationsgeschwindigkeit, mit welcher ersterer, einer geringeren Rotationsgeschwindigkeit, mit welcher letzterer in unserer Zone anlangt. Zwischen beiden Hauptrichtungen des Windes folgen sich die, der Zeitdauer nach sehr unbestimmten Uebergangsrichtungen, vorherrschend in der Richtung SW., W., NW., N. u. s. w., hervorgerufen durch das Streben der beiden, in entgegengesetzter Richtung nebeneinander verlaufenden, meridianen Luftströme sich gegenseitig zu verdrängen.

In Deutschland sind die SW. W. und NW.-Winde die vorherrschenden. Wir verdanken ihnen unser fruchtbares Küstenklima, da sie uns die feuchte, im Sommer kühlere, im Winter wärmere Luft der nahen westlichen Meeresflächen zuführen, während die trockene Luft der entgegengesetzten Strömungen, von großen Continentalflächen zu uns hergeführt, im Winter kälter, im Sommer wärmer ist.

Wirkliche Stürme, von einer Heftigkeit, die dem Bestande unserer Wälder Gefahren bringt, sind meist lokaler Entstehung, am häufigsten wahrscheinlich herbeigeführt durch plötzliche Verdichtung großer Mengen Wasserdampfes, die zur Folge hat, daß die dem Orte der Verdichtung benachbarten Luftschichten mit großer Gewalt allseitig auf diesen eindringen. Stürme dieser Entstehung können daher von jeder Himmelsgegend her die Wälder angreifen und die übliche Hiebsrichtung von Ost nach West schützt die Bestände gegen den Angriff der Stürme nur bedingt.

5. Klimatische Gesammtunterschiede.

Nach der vereinten Einwirkung der einzelnen, in Vorstehendem erörterten Faktoren klimatischer Zustände unserer Atmosphäre lassen sich nachfolgende Hauptgruppen dieser Zustände unterscheiden:

a. Klima meeresgleicher Ebenen.

Es hängt von der geographischen Lage, von den Umgebungen des Landes, der Bodenbedeckung und Bodenbeschaffenheit ab. Eine allgemeine Charakteristik läßt sich daher nicht geben und nur ein Hervortreten der Extreme fast in jeder Richtung als charakteristisch bezeichnen: warme Sommer und Tage, kalte Winter und Nächte, anhaltende Feuchtigkeit, wechselnd mit anhaltender Trockenheit der Luft. Die Luftwärme wird hauptsächlich durch geographische Lage bestimmt; es spricht sich hier der Charakter des solaren Klima am bestimmtesten aus. Die Strömungen der Luft sind höchst veränderlich, da die bestimmenden Ursachen meist in weiter Ferne liegen. Wirkliche Stürme gehören zu den selteneren Erscheinungen.

Der Feuchtegrad der Atmosphäre, sofern er von äußeren Feuchte-
quellen abhängig ist, wird durch die Lage der Ebene zu den ständigen
Strömungen der Atmosphäre bestimmt. (So erhält unser Deutschland
große Wassermassen durch den, vermöge des Umschwungs der Erde westlich
abgelenkten Polarstrom, welcher sich über den Meeresflächen mit Feuchtigkeit sättigte. Weiter östlich gelegene Länder werden von demselben Strome
weniger befeuchtet, da er schon früher einen Theil seiner Feuchtigkeit verloren hat). Größtentheils bestimmt hier aber Bodenbeschaffenheit und
Pflanzenwuchs den Feuchtegrad der Luft; Bodenbeschaffenheit, je nachdem
die atmosphärischen Niederschläge in der Oberfläche festgehalten werden, und
einer erneueten unmittelbaren Verdunstung unterworfen sind, oder in die
Tiefe sinken und der Verdunstung entzogen werden; Pflanzenwuchs, indem
mit größerer Pflanzenmenge der Atmosphäre eine größere Menge Feuchtigkeit nachhaltig zurückgegeben wird.

b. Küstenklima.

Die mittlere Luftwärme des ganzen Jahres muß durch die starke Verdunstung der benachbarten Wassermassen eine geringere sein. Dahingegen
bleibt die Luftwärme gleichmäßiger, die Extreme fehlen, sie werden im
Sommer durch Verdunstung, im Winter durch die wärmeren Wasserflächen
abgestumpft. Daher kennt der Engländer kaum die Mäntel, die in Italien
und Spanien zur Winterszeit unentbehrlich sind. In Irland gedeiht in
gleicher Breite mit Königsberg die Myrthe wie in Portugal, aber es reift
kein Wein, der in Königsberg noch gezogen wird. Ebenso gleichen sich auch
die Temperaturen des Tages aus.

Die Feuchtigkeit der Atmosphäre ist natürlich groß, besonders sind die
feineren atmosphärischen Niederschläge häufig. Die Strömungen sind heftig,
gewöhnlich bestimmter Richtung, da die Ursache derselben in der Nähe liegt.

c. Klima der Hochebenen.

Die Wärme hängt im Allgemeinen von der Erhebung über dem
Meeresspiegel ab und nimmt mit dieser relativ zu, da der Weg, den die
Sonnenstrahlen in der Atmosphäre zu durchlaufen haben, ehe sie den Erdkörper treffen, ein kürzerer ist und in diesem Verhältniß weniger Wärme
an die Luft von ihnen unmittelbar abgegeben wird. In gleicher Höhe ist
das Klima milder als das Gebirgsklima, rauher als das der Gebirgsthäler, die Luft trockner, häufig treten aber Niederschläge ein.

d. Thalklima.

Da die Wärmezufuhr nicht größer ist, als sie der Grundfläche des
Thales zugehen würde, so wird die Oberfläche des Thales in demselben
Verhältnisse durchschnittlich weniger erwärmt, als sie größer wie die
Grundfläche ist. Die Wärme der Sommerseiten ist aber eine erhöhte, da
durch die senkrecht auf die Berghänge fallenden Sonnenstrahlen eine größere
Wärmemenge entbunden wird. Um so weniger Wärme empfängt die

Schattenseite des Thales, da, gegenüber der Grundflächen-Erwärmung, das Wärme-Mehr der Sonnenseite durch ein Wärme-Weniger der Schattenseite ausgeglichen seyn muß. Da nun durch den Stand der Sonne an der Sommerseite eine außergewöhnliche Wärme erzeugt wird, so muß diese sehr rasch abnehmen, so wie die Sonne aufhört zu wirken, indem sich alsdann die Luftwärme der entgegengesetzten Expositionen rasch ins Gleichgewicht setzt. Ferner ist auch bei der, im Verhältnisse zur Grundfläche größeren Oberfläche des Bodens die Wärmestrahlung eine größere, in Folge dessen die Luft nach Untergang der Sonne sich rascher und in höherem Grade abkühlt. Daher wechseln hier heiße Tage mit verhältnißmäßig kalten Nächten; daher treten hier so häufig Fröste ein, indem die Vegetation früh erwacht und in den kalten Nächten getödtet wird. Der häufige Nebel und Reif in den Thälern rührt von dem raschen Einströmen der kalten Bergluft in die wärmere mit Feuchtigkeit gesättigte Luft des Thales her.

Daß die Luft überhaupt feuchter ist als die Gebirgsluft, liegt theils in dem größeren Feuchtigkeitsgehalt des Bodens, der im Thale von den benachbarten Hängen zusammenfließt, theils in der durch größere Tages-wärme erhöhten Ausdünstung, theils in der Ruhe der Luft, wodurch die dem Boden entstiegenen Dünste weniger rasch verweht werden.

Die Strömungen der Atmosphäre sind ständiger Richtung, und hierin von der Richtung der Thäler abhängig. Selten sind sie von besonderer Heftigkeit. Je mehr sich die Thäler abflachen, um so mehr schwinden diese Eigenthümlichkeiten, um so mehr nähert sich das Thalklima dem der Hoch-ebenen. Ebenso ist es sehr verschieden nach der Richtung der Thäler.

e. Klima der Flußniederungen.

Ist im Allgemeinen dem der Tiefebenen gleich, zeichnet sich aber durch einen größern und gleichmäßigern Feuchtegrad der Luft, durch geringere, aber gleichmäßigere Wärme und ständigere Richtung der Luftströme aus. Natürlich gilt dieß nur für breite Niederungen; schmale Flußniederungen haben das Klima der benachbarten Ebenen, oder, wenn sie von Bergen eingeschlossen sind, ein Thalklima.

f. Gebirgsklima.

Die Temperatur der Luft ist von der Erhebung über dem Meeres-spiegel abhängig, und ich habe bereits erwähnt, daß die Wärmeabnahme auf 250—355 Meter Erhebung durchschnittlich 1° Reaumur beträgt, daß dieß aber weniger sei, je sanfter das Gebirge ansteigt. So werden schon aus diesem Grunde zwei gleich hohe Punkte am nördlichen und südlichen Abhange des Harzes ungleiche Temperaturen besitzen, die des südlichen Ab-hangs müssen wärmer sein.

Schon die Erhebung allein und die damit verbundene Wärmeabnahme äußert einen wesentlichen Einfluß auf das Vorkommen und Gedeihen der Hölzer.

Die Kiefer, die Linden, Erlen, Pappeln, Ulmen und die meisten Weidenarten bleiben im Gebirge am ersten zurück, sind eigentlich nur für die Ebene bestimmt. Nur in Gebirgsthälern steigen die weichen Laubhölzer bisweilen höher hinauf.

Diesen Hölzern folgt die Eiche, sie geht im Harze, in Beständen nicht bis zu 350 Meter. Die Rothbuche, Weißtanne, Hornbaum und Esche gehen über 700 Meter, die Fichte, Lärche, Birke, Eberesche, Ahorn, Werftweide, bis 1000 Meter.

Im Riesengebirge steigen die meisten dieser Hölzer 350 Meter, in den süddeutschen Gebirgen gegen 700 Meter höher als am Harze.

Auch in Beziehung auf die Vertheilung der Wärme äußert die Erhebung über dem Meeresspiegel ähnliche Erscheinungen, wie die Entfernung vom Aequator. Die Vertheilung wird ungleichmäßiger, die Jahreswärme vereint sich gewissermaßen in einen immer kürzeren Zeitraum. Je mehr man sich erhebt, um so mehr schwindet der in unsern Ebenen so bestimmt hervortretende Herbst und das Frühjahr; einem lange dauernden schneereichen Winter folgt fast unmittelbar der kurze heiße Sommer, diesem ein im Allgemeinen kurzer, gegen die Dauer des Frühjahres aber langer, gemäßigt kalter und heiterer Herbst.

Der Feuchtigkeitsgehalt der Gebirgsatmosphäre ist an und für sich geringer als in tieferen Luftschichten, steht aber seinem relativen Maximum, näher, so daß eine geringe Wärmeabnahme Niederschläge zur Folge hat. Daher treten in größerer Höhe häufiger Niederschläge ein, deren Verdunstung die Atmosphäre häufiger, aber vorübergehend sättigt. Daher dann auch die großen Schneemassen während des langen Winters, daher die Erscheinung, daß im Gebirge seltener die hohen Grade der Winterkälte hervortreten, wie sie der Ebene eigenthümlich sind.

Strömungen wegen Mangel an Schutz häufig, heftig, meist ständiger Richtung und in ihr durch den Verlauf der Gebirgszüge bestimmt.

Uebrigens hat im Gebirge die Neigung der Hänge nach verschiedenen Himmelsgegenden einen sehr wesentlichen Einfluß auf das Klima.

Die Ostseite ist kalt, da die Sonne nur des Morgens und Vormittags, wenn sie noch nicht den höchsten Grad der Erwärmbarkeit erreicht hat, auf den Boden einwirkt; sie ist trocken: da die sie treffenden Winde über große Landstrecken geweht und dort ihre Feuchtigkeit abgesetzt haben. Die Strömungen sind selten von besonderer Heftigkeit.

Die Vegetation erwacht spät, weßhalb von Spätfrösten wenig zu befürchten ist; mehr schaden im Herbste die rauhen trocknen Ostwinde, wenn die Saamenpflanzen und jungen Loden noch nicht gehörig verholzt sind. Daher säe und pflanze man hier im Frühjahre und wähle im Niederwalde den Winterhieb.

Da die trockenen Ostwinde die Pflanzen und den Boden zu verstärkter Ausdünstung anreizen, so muß bei der Verjüngung der Osthänge der Boden möglichst geschützt erhalten werden; widrigenfalls derselbe die verdunstete Feuchtigkeit nicht zu ersetzen vermag. Vom Graswuchse ist hier weniger zu befürchten als in anderen Freilagen, da bei der Lichteinwirkung welche der Graswuchs fordert, eine demselben entgegenstehende Trockenheit erzeugt wird. (Bei Ostwinden fliegt der meiste Saame ab, besonders der der Nadelhölzer, weil die Trockniß der Luft die Zapfen austrocknet und öffnet.)

Die Westseite erhält die senkrechten Sonnenstrahlen zwar erst dann, wenn die größte Hitze vorüber ist: in den Nachmittagsstunden; die Erwärmung des Bodens wird aber dadurch gesteigert, daß sie zu einer Zeit stattfindet, in welcher die umgebende Luft bereits erwärmt ist. Daher trocknet die Westseite bei andauernden trocknen Winden in höherem Grade aus als die Ostseite; da aber Deutschland besonders häufig von andauernden feuchten Westwinden heimgesucht ist, so wird jener Nachtheil wesentlich gemildert; häufige Niederschläge erhalten den Boden feucht, und das Klima erhält dadurch eine dem Pflanzenwuchse sehr zusagende Beschaffenheit.

Das Klima ist milde, die Luft feucht, Wärme und Feuchtigkeitsgrad beständig, hohe Grade der Kälte und Wärme selten. Der Pflanzenwuchs leidet daher selten von Früh= oder Spätfrösten. Desto nachtheiliger werden die Strömungen der Atmosphäre durch ihre häufig sehr große Heftigkeit, weßhalb hier die größte Vorsicht gegen Windbruch zu beachten ist. Westhänge sind dem Windbruch jedoch nicht in dem Grade ausgesetzt, wie Südwest= und Nordosthänge, da der Wind, wenn er in gerader Richtung die Holzwand trifft, mehr Gewalt hat als in schräger Richtung.

Die Schlagstellung kann hier bedeutend lichter sein als an der Ostseite, da der Boden dem Austrocknen nicht in dem Grade ausgesetzt, der Wärmewechsel zwischen Tag und Nacht viel geringer, und die junge Pflanze im Gebirge von großen Schneemassen lange geschützt ist. Nur der mitunter reiche Graswuchs macht eine dunkle Stellung der Schläge nöthig.

Die Nordseite erhält erst spät am Tage die Sonne, und deren Strahlen stets in schräger Richtung, weßhalb hier die Wärmeentwicklung am geringsten ist. Der Feuchtigkeitsgrad der Luft ist an und für sich weniger bedeutend, als Niederschläge häufig sind, da die aufstoßenden wärmeren Luftströme hier ihre Feuchtigkeit zurücklassen. Von Windbruch ist nicht viel zu fürchten. Wegen der geringen Erwärmung durch die schräg einfallenden Sonnenstrahlen ist die Differenz der Tages= und Nachttemperatur weniger bedeutend, daher die jungen Pflanzen seltener von Spätfrösten leiden. Die Schläge können aus diesem Grunde nicht allein lichter gestellt werden als an Süd= und Westhängen, sondern dieß muß geschehen, um dem Lichtbedarf der Pflanzen zu genügen, da die Lichtwirkung an Nordhängen eine viel geringere ist.

Die Südseite ist für die Vegetation die ungünstigste. Die Sonne wirkt den ganzen Tag über. Die Strahlen fallen zur Mittagszeit, wenn die Sonne am höchsten steht, rechtwinklig auf den Boden, entwickeln die größte Wärmemenge, trocknen den Boden und die Atmosphäre aus. Die Vegetation erwacht sehr früh und leidet daher häufig von Spätfrösten, weßhalb hier Pflanzungen und Saaten spät im Frühjahre zu machen und geschützt zu erhalten sind. Um das Austrocknen des Bodens zu verhindern, muß derselbe unter Beschattung erhalten werden; daher ist eine dunklere Schlagstellung und allmählige Auslichtung rathsam; nothwendig wird sie, wenn das Thal, welchem der Südhang angehört, nach Westen geöffnet ist, in welchem Fall es von heftigen und andauernden Strömen heimgesucht wird.

Drittes Kapitel.

Vom klimatischen Verhalten der wichtigsten Holzpflanzen.

Die Birken.

Betula pubescens (alba Lin.) ist unter unsern Waldbäumen un=
streitig diejenige Holzart, welche der geringsten Wärme bedarf, daher auch
die größte Verbreitung hat. Wir finden sie von der nördlichsten Spitze
Norwegens (70⁰ nördl. Br.) bis zu den Pyrenäen (43⁰ nördl. Br.), von
England bis zum Kaukasus verbreitet. Eben so groß ist ihre Verbreitung
in senkrechter Richtung, da sie eben so ein Gewächs der meeresgleichen
Niederungen wie hoher Gebirgskämme ist. Lange dauernde heiße Sommer
sind ihrem Gedeihen nicht günstig, daher sie dann, obgleich im nördlichen
und mittleren Deutschland noch ein Gewächs der Niederungen, schon im
südlichen Deutschland sich in die Gebirge zurückzieht. Kurze, mäßig warme,
nicht zu nasse Sommer sind ihr am zuträglichsten; selbst trockne Witterung
ist ihr günstiger als anhaltende Nässe, wenn sich hinlängliche Feuchtigkeit
im Boden vorfindet. Auch die ganz junge Pflanze leidet wenig und selten
von Frost, häufiger durch anhaltende Dürre. Im Gebirge gedeiht die
Birke am besten an den kühleren und feuchteren Abend= und Mitternacht=
seiten. In ausgebreiteten reinen Beständen finden wir B. pubescens in
der großen Meeresebene des nordöstlichen Deutschlands, Polens und Ruß=
lands, wie über ganz Norwegen, Schweden, Finnland und Lappland ver=
breitet; in den deutschen Gebirgen tritt sie mehr vereinzelt in Untermengung
mit anderen Holzarten auf. B. verrucosa hingegen ist eine viel weniger
weit verbreitete, vorzugsweise Deutschland und zwar den meeresgleichen
Ebenen angehörende, nicht so hoch als B. pubescens in die Gebirge hin=
aufsteigende Holzart.

Ein ähnliches Verhalten wie B. pubescens zeigt die Eberesche,
besonders in ihrer Verbreitung in senkrechter Richtung; dahingegen geht
sie bei weitem nicht so hoch nördlich.

Entgegengesetzt geht die Zitterpappel beinahe eben so weit nach
Norden hinauf als die Birke, bleibt aber bei uns im Gebirge sehr früh zurück.

Die Lärche.

Das eigentliche Vaterland dieses Baumes ist das nördliche Rußland,
Sibirien und das nordöstliche Asien, wo er bis zur Baumgrenze sich ver=
breiten soll. Nächstdem erscheint er noch in den Karpathen und in den
Schweizer Alpen auf natürlichem Standorte, und zwar bis zu derselben
Höhe wie die Fichte aufsteigend, aber mehr vereinzelt, selten in reinen
Beständen. In Deutschland ist er seit einem halben Jahrhundert häufiger
angebaut, bleibt aber hier sehr früh, meist schon mit dem 50sten Jahre,
selbst im Gebirge im Wuchse zurück, ein Zeichen, daß unser Klima ihm
nicht zusagt. Demungeachtet zeigt die Lärche hier auf günstigem Standorte
bis zum 50sten Jahre einen lebhaften Wuchs, so daß ihr fortgesetzter Anbau
in Untermengung zu empfehlen ist. Im Gebirge gedeiht sie am besten an
den gemäßigt feuchten Nordhängen, und an den Westseiten, wenn diese

vor Stürmen geschützt sind.   Heiße trockne Sommer sind ihrem Gedeihen
eben so hinderlich, wie lange anhaltende Nässe, daher sie weniger für die
Thalgründe als für die nicht zu sehr dem Winde bloßgestellten Freilagen
und für die Hochebenen geeignet ist. Im Meeresboden fordert sie Boden=
feuchtigkeit bei nicht zu feuchter Atmosphäre.

Die Fichte.

Ihre Verbreitung ist weit größer als die der Lärche. Wir finden
sie in großen zusammenhängenden Waldmassen und reinen Beständen von
den Schweizeralpen, über ganz Deutschland, den größten Theil des euro=
päischen Rußlands, bis hoch in den Norden Norwegens hinauf verbreitet.
Im südlichen Deutschland und überall ist sie ein Baum des Gebirgs, der
fast bis zur Grenze des Baumwuchses hinauf steigt, in den meisten Fällen
diese wirklich und zwar in reinen, wenn auch verkrüppelten Beständen bildet.
Im nordöstlichen Deutschland wird die Fichte ein Baum der meeresgleichen
Niederungen, und schon die Ebenen Schlesiens sind reich an ausgebreiteten
Fichtenbeständen. Die Fichte gedeiht daher fast in jeder Lage; Niederungen
sagen ihr jedoch nur dann zu, wenn sie in der Atmosphäre höhere Grade
der Feuchtigkeit vorfindet, durch welche gleichzeitig die hohen Wärmegrade
des Sommers gemildert werden. Große Wärme und Trockenheit der Luft
sind ihrem Gedeihen, selbst bei hinreichender Bodenfeuchtigkeit hinderlich,
wohingegen sie gegen kalte und nasse Sommerwitterung und große Winter=
kälte selbst im jugendlichen Zustande ziemlich unempfindlich ist.

Die Ahorne.

Das Vorkommen des Bergahorns in Deutschland ist auf die Gebirge
beschränkt; in den Ebenen findet er sich nur künstlich angebaut, mitunter
in Untermengung mit Rothbuchen. Selbst im Gebirge gehört sein Vor=
kommen in reinen Beständen zu den Seltenheiten. Im Gebirge geht diese
Holzart sehr hoch hinauf, fast bis zur Fichtengrenze; sie würde häufiger
seyn und in größerer Menge auftreten, wenn nicht die junge Pflanze, be=
sonders der keimende Saame, so oft unter Spätfrösten litte. Im Gebirge
liebt der Bergahorn die nördlichen und westlichen Freilagen und die Hoch=
ebenen.   Trockne warme Sommerwitterung ist seinem Gedeihen entgegen.

Ein ziemlich gleiches Verhalten zeigt der Spitzahorn, doch geht er
weniger hoch in die Gebirge. Demohnerachtet ist er in der Ebene weniger
empfindlich gegen Spätfröste wie der Bergahorn. Das Laub des letztern
erfriert im Frühjahre sehr häufig, während das gleich weit entwickelte Laub
des Spitzahorn unter denselben Umständen an Pflanzen unbeschädigt bleibt,
die mit dem Bergahorn aus gleicher Saat stammen und unmittelbar neben
einander stehen. Der Masholder=Ahorn, eben so unempfindlich gegen
das rauhe Gebirgsklima als die vorgenannten beiden Arten, kommt auch
in den Niederungen Deutschlands nicht selten vor.

Die Rothbuche

ist über ganz Deutschland und über den größten Theil fast aller Nachbar=
länder verbreitet, dehnt sich aber nicht über den Süden Schwedens und

über das mittlere Rußland aus. Im Harze erhebt sie sich zu einer Höhe von mehr als 700 Meter, im Riesengebirge steigt sie um 300 Meter, in den süddeutschen Gebirgen um 700 Meter höher. Im Gebirge liebt die Rothbuche die Thäler, die Hoch- und Tiefebenen und die Nord- und West- hänge, geschützte Lagen mehr als Freilagen, in der Ebene finden wir sie von vorzüglichem Wuchse in den Niederungen des Flußbodens und auf dem Hügellande in der Nähe der Seeküste, wo die Menge und Größe der Wasserflächen die hohen Grade der Kälte und der Wärme mäßigt; selbst in größter Nähe der Seeküste gedeiht sie trefflich. Die junge Pflanze leidet viel und lange von Spätfrösten, besonders an Mittag- und Morgenseiten, wo der Pflanzenwuchs früh erwacht und der Uebergang der geringen Luftwärme des Morgens, zu der hohen des Tages rascher erfolgt. Daher sind junge Buchenorte dieser Freilagen besonders sorgfältig zu behandeln und zu schützen.

Der Hornbaum

hat mit der Rothbuche ziemlich gleiches Vorkommen, doch verbreitet er sich nördlich nicht über Deutschland hinaus, und auch im Gebirge bleibt er etwas hinter der Rothbuche zurück. Demungeachtet ist dieser Baum gegen atmosphärische Einwirkung weit weniger empfindlich. Geringere Wärme und höhere Feuchtegrade sagen zwar auch ihm besser zu, doch sehen wir ihn selbst in südlichen Freilagen, die der Rothbuche nicht mehr znsagen, noch ganz gut gedeihen; auch gegen Spätfröste ist selbst die ganz junge Pflanze weniger empfindlich, und schon in wenigen Jahren dem Frostschaden gänz- lich entwachsen, so daß selbst die stärksten Kältegrade unseres Klima ihr nicht zu schaden vermögen. Auf dem Meeres- und Flußboden der Ebenen sehen wir die Hainbuche ganz gut, mitunter in reinen Beständen gedeihen. Im Gebirge habe ich sie nur als eingeordnete Holzart kennen gelernt.

Die Esche

ist über ganz Deutschland verbreitet, im Norden vielleicht häufiger als im Süden. Im Gebirge steigt sie mit der Rothbuche gleich hoch und verlangt besonders einen höheren Feuchtegrad der Luft, weßhalb sie die Süd- und Osthänge meidet und mehr in Thälern, an geschützten Nord- und Westhängen, vorkommt. Im übrigen ist ihr Auftreten mehr an Boden-, als an atmosphärische Verhältnisse gebunden. Die jungen Pflanzen leiden häufig von Spätfrösten.

Die Linde

verbreitet sich zwar weiter nördlich wie die beiden vorgenannten Holzarten, geht aber nicht so hoch in die Gebirge hinauf und zieht die Niederungen, Thäler und geschützten Lagen den Freilagen vor. Gegen Kälte ist sie auch in der Jugend ziemlich unempfindlich, weniger gegen Hitze und lange dauernde Trocken- heit der Luft. Ueberall kommt sie nur unter andere Laubhölzer gemengt vor.

Die Weißtanne.

In ausgedehnteren Beständen erstreckt sie sich nicht weit über die nörd- liche Gebirgslinie Deutschlands hinaus, und nur am Fuße der Sudeten

ſteigt ſie in die Ebene hinab. Wo man ſie außerdem in der norddeutſchen
Meereſebene vorfindet, iſt ſie durch künſtlichen Anbau dahin gebracht.
Selbſt im Harze, Thüringerwalde und im Erzgebirge beſteht ſie größten=
theils wohl nur durch Anbau. In ausgebreiteten Beſtänden bedeckt ſie den
Schwarzwald, erhebt ſich dort, jedoch nur ausnahmsweiſe, und auf ſehr
günſtigem Standorte über 700 Meter von der Meeresfläche; in den Alpen
ſoll ſie hingegen über 1600 Meter ſteigen. In ihrem übrigen Verhalten zum
Klima hat die Weißtanne die größte Aehnlichkeit mit der Rothbuche, be=
ſonders iſt die junge Pflanze faſt noch empfindlicher gegen Froſt, raſchen
Temperaturwechſel und gegen ſtarke Lichteinwirkung.

Die Haſel

iſt über ganz Deutſchland und bis in den hohen Norden Norwegens (65°)
verbreitet. Auch in die Gebirge ſteigt ſie bis über die Rothbuchen=Grenze
hinauf und findet ſich hier beſonders auf und in der Umgebung der Berg=
wieſen, ſo wie an kahlen feuchten Freilagen. Auch in der Ebene, in Vor=
bergen und Flußniederungen, deren Klima ihr am meiſten zuſagt, zieht ſie
die Feldhölzer, Hecken, Wieſen und Bruchränder geſchützterem Standorte
und dem Inneren größerer Beſtandsmaſſen vor.

Die Eichen.

Die Stieleiche iſt nach Norden und Süden hin viel weiter ver=
breitet, als die vorgenannten Holzarten, von den Pyrenäen bis hoch in
den Norden Norwegens (einzelne bis 65°) hinauf; dahingegen geht ſie in
ſenkrechter Richtung viel weniger hoch, bleibt im Gebirge viel hinter der Roth=
buche zurück, und zwar in den norddeutſchen Gebirgen an 150—250 Meter,
in den ſüddeutſchen Gebirgen an 350—450 Meter. Sie bleibt im nord=
deutſchen Gebirge 150—200 Meter, im ſüddeutſchen aber 300 Meter hinter
der Traubeneiche zurück, und iſt überhaupt mehr ein Baum der Ebene und
der Vorberge. Die Haupturſache ihres Zurückbleibens im Gebirge hinter der
Traubeneiche iſt wohl der um 14 Tage früher eintretende Laub= und
Blüthenausbruch, in Folge deſſen die Blüthe häufiger durch Spätfröſte zer=
ſtört wird.

Die Traubeneiche iſt die ächt deutſche Eiche, wenig über die
Grenzen unſeres Vaterlands (im weiteren Sinne) hinausgehend; in den
Gebirgen des nördlichen Deutſchland 150—200 Meter, in den ſüddeutſchen
Gebirgen um 300 Meter höher ſteigend als die Stieleiche.

Weit beſchränkter als das Vorkommen der genannten beiden Eichen=
arten iſt das der Zerreiche, deren Vorkommen in Deutſchland auf das
ſüdliche Oeſterreich beſchränkt iſt.

In höherem Grade als die vorgenannten Holzarten verträgt die Stiel=
und Traubeneiche Wärme und Trockenheit des Klima; an flachgründigen
dürren Sommerhängen wächſt ſie, beſonders als Schlagholz noch da, wo
faſt alle übrigen Holzarten eingehen und zieht überhaupt die Freilagen den
ſehr geſchützten Thälern der Gebirge vor. Am beſten gedeiht ſie im Klima
des hügligen Meeresbodens und der Flußniederungen, meidet aber die

unmittelbare Nähe der Seeküste mehr als die Rothbuche. Die junge Pflanze, welche schon im ersten Jahre eben so tief, auf lockerem Boden tiefer in die Erde als in die Luft wächst, ist gegen Witterungseinflüsse unempfindlich, und nur der Saame bedarf, sowohl während des Winters als während und nach dem Keimen, des Schutzes durch eine Erddecke oder durch Laub.

Die Ulmen

sind in noch höherem Grade als die Eiche an die Ebene und an die Vorberge gebunden: hier finden sie sich zwar durch ganz Deutschland, jedoch größtentheils einzeln und nur in Flußniederungen, z. B. der Elbe, in wenig ausgebreiteten reinen Beständen. Im Gebirge bleibt die Ulme noch hinter der Eiche zurück, und findet sich hier stets nur einzeln mehr an den warmen Südhängen und an Freilagen, als in entgegengesetzten Verhältnissen. Ihr vorzüglichster Standort ist der fruchtbare Flußboden und die flachen muldenförmigen Thäler der Vorberge. Die junge Pflanze leidet nicht unter Spätfrösten, wohl aber unter Frühfrösten und starker Winterkälte, kann bei uns jedoch ganz im Freien erzogen werden.

Die rothe Erle

ist über ganz Europa bis zum 60° nördl. Br. verbreitet, wohingegen sie in den Gebirgen sehr zurückbleibt. Im Harze kommt sie schon bei 500 Meter nur noch kümmerlich fort, in den süddeutschen Gebirgen soll sie sich kaum bis zu 1/3 der Schneegrenze erheben. Innerhalb dieser Grenzen ist ihr Vorkommen weit mehr von Bodenverhältnissen, als vom Klima abhängig, in Folge dessen sie besonders häufig und in großen reinen Beständen, in den Brüchen des nördlichen Deutschlands, vorzugsweise die Seeküste begleitend, heimisch ist. Das Seeklima sagt ihr überhaupt sehr zu, und sie zeigt hier, sogar im ausgewaschenen Sande der Dünen, einen guten Wuchs. Feuchtigkeit der Luft und dadurch gemäßigte Wärme und Kältegrade, sind ihr um so nöthiger, da nicht allein die junge Pflanze, sondern selbst das Laub alter Bäume, besonders aber die Stockloden des Niederwaldes sehr unter Spätfrösten leiden.

Die nordische Erle

ist in Deutschland nur künstlich angebaut, gedeiht aber im Klima Norddeutschlands, besonders in der Nähe der Seeküste, trefflich. Ihr eigentliches Vaterland ist Norwegen, Schweden und das nördliche Rußland; einzeln kommt sie auch in den Schweizeralpen vor und hat sich von da aus in den, diesen entspringenden Flußniederungen verbreitet. Daß sie ein trockneres, wärmeres Klima fordert als die rothe Erle, kann ich nicht bestätigen, indem ich sie unter denselben Verhältnissen, wie jene einzeln und in reinen Beständen bewirthschaftet, überall in gleich freudigem Gedeihen beobachtet habe.

Die Kiefer.

Ihre geographische Verbreitung ist sehr groß, von den Pyrenäen bis in den hohen Norden Norwegens. In Deutschland findet sie sich am aus-

gebreitetſten in der großen nördlichen und nordöſtlichen Ebene, mit der ſie
ſich tief nach Rußland hinein zieht. Weit geringer iſt im Norden ihre
Verbreitung in ſenkrechter Richtung, ſo daß keine Holzart beſtimmter den
Niederungen angehört als ſie. Dennoch haben die Granitgebilde des Harzes
in früheren Zeiten Kieferbeſtände getragen, wie die mächtigen Stämme
beweiſen, welche man noch jetzt in den Torfbrüchen unter dem Brocken findet.
Im ſüdlichen Deutſchland wird die Kiefer Gebirgsbaum. Im Murgthal
habe ich ſie bis zum Kamme der weſtlichen Berghänge in geſchloſſenen Beſtänden aufſteigend gefunden. Unter allen Holzarten verträgt ſie das
trockenſte und wärmſte Klima, wie dieß den Sandflächen des Meeresbodens
eigenthümlich iſt, da ihre ſehr tief ſtreichenden Wurzeln die Bodenfeuchtigkeit auch aus großer Tiefe an ſich ziehen. Aber auch Feuchtigkeit und gemäßigte Luftwärme ſagen ihr zu, wie dieß ihr gutes Gedeihen in unmittelbarer Seenähe beweiſt. Wenn ſie daher ſelten und nur einzeln in Gebirgen auftritt, ſo liegt dieß mehr im Boden als in atmoſphäriſchen Verhältniſſen, da auch die junge Pflanze gegen ungünſtige Witterung unempfindlich iſt. Mehr als die übrigen Nadelhölzer leidet die Kiefer wegen der vollen
Belaubung und der Brüchigkeit ihrer Aeſte unter Duft- und Schneedruck.

Literatur.

Pouillet-Müller, Lehrbuch der Phyſik und Meteorologie. Braunſchweig. 1842.

Dowe, meteorologiſche Unterſuchungen. Berlin. 1837.

Schübler, Grundſätze der Meteorologie. 1821.

D. G. Heyer, forſtliche Bodenkunde und Klimatologie. Erlangen.
1856. Sehr ausführlich und Hauptwerk.

J. C. Hundeshagen, die Lehre von Klima, herausgegeben von
Klauprecht. Karlsruhe. 1840.

G. König, Gebirgskunde, Bodenkunde und Klimalehre in ihrer Anwendung auf Forſtwirthſchaft, herausgegeben von E. Grebe. Eiſenach. 1853.

Zweiter Abſchnitt.

Vom Boden und deſſen Verhältniß zum Pflanzenwuchs.

Unter dem Ausdruck Boden, in der hier vorliegenden Bedeutung, verſteht man die oberſte lockere Erdſchichte des Feſtlandes unſerer Erde, ſo weit
dieſe dem Pflanzenwuchſe und der Wurzelverbreitung deſſelben zugänglich iſt.

Die Bodenkunde ſoll uns die Beziehung kennen lehren, in denen
der Boden zu den Gewächſen ſteht.

In dieſer Richtung, als integrirender Beſtandtheil der Pflanzenkunde,
hat ſie ſchon jetzt einen Standpunkt erreicht, der ihr die volle Berückſichtigung auch von Seiten des Forſtmannes ſichert. Anders verhält ſich
dieß leider mit ihrer Nutzanwendung auf Bodenwürdigung, d. h. auf

das Beſtreben, aus der Erforſchung des Stoffgehaltes und der Eigenſchaften
eines Bodens deſſen Fruchtbarkeitsgrad zu bemeſſen, nicht allein im
Allgemeinen, ſondern auch in Bezug auf die Anſprüche verſchiedenartiger
Kulturpflanzen; nicht allein in Bezug auf die Qualität, ſondern auch in
Bezug auf die Quantität derſelben. In dieſer Richtung hat uns die
Bodenkunde bis heute noch wenig nutzbare Früchte getragen. Die Urſache
hiervon liegt darin, daß die Fruchtbarkeitsart und der Fruchtbarkeitsgrad
eines Standorts nicht allein von Beſchaffenheit und Eigenſchaften des
Bodens, ſondern auch von deſſen Unterlage wie von deſſen atmosphäriſcher
Bedeckung abhängig ſind, daß in beiden, wie im Boden ſelbſt Fruchtbar-
keitsfaktoren enthalten ſind, die wir theils gar nicht meſſen können, ihrer
Veränderlichkeit oder Unzugänglichkeit wegen, für die anderertheils ein dem
Pflanzenbedarf entſprechender Maaßſtab noch nicht gefunden iſt. (S. meine
„Controverſen der Forſtwirthſchaft“. Braunſchweig. 1853. S. 30.)

Es wäre aber ohne Zweifel zu weit gegangen, wollte man „das Beſte
als des Guten größter Feind“ allein gelten laſſend, all’ und jede unmittelbare Bodenwürdigung verwerfen. Es wird uns die Unterſuchung der Beſtandtheile und der Eigenſchaften des Bodens zu einem Reſultate führen, aus
dem ſich, wenn auch indirekt, Schlüſſe auf die Bodengüte ziehen laſſen, die wir
überall da in Anwendung ſetzen mögen, wo der ſicherſte Weiſer der Standortsgüte fehlt: das in unſeren mehrjährigen, normal erwachſenen Holzbeſtänden
uns vorliegende Reſultat mehrjähriger Produktion deſſelben Standorts.

Hiermit habe ich die Anſichten ausgeſprochen, welche mich bei der
Darlegung des Nachfolgenden leiteten. Den größten Werth lege ich auf
die Erörterung der allgemeinen Beziehungen zwiſchen Boden und Pflanzenwuchs, der allgemeinen Bedingungen, von denen die Fruchtbarkeit des
Bodens abhängig iſt; einen nur untergeordneten Werth lege ich zur Zeit
noch auf alle unmittelbare Meſſung der Bodenkraft, daher auch auf ſpeciellere
analytiſche Beſtimmung der Bodenbeſtandtheile. So nothwendig dieſe ſind,
um die Wiſſenſchaft unmittelbarer Bodenwürdigung über ihren gegenwärtigen Standpunkt zu erheben, ſtehen ſie doch den hier vorliegenden
Zwecken ziemlich fern, haben auch bisher in unſeren forſtwirthſchaftlichen
Experten nicht viel mehr als ornamentale Bedeutung gehabt.

Unſere Holzpflanzen ſtehen, bei ihrem erſten Auftreten, vom Boden
ziemlich unabhängig da. Der keimende Saame bedarf nicht unbedingt des
Erdreichs. Die meiſten Sämereien ſehen wir bei entſprechender Wärme
und feuchter Luft ſich entwickeln, und wo dieß nicht der Fall iſt, bleibt
doch die Art der Bedeckung gleichgültig, wenn nur ein dem Keimen günſtiger
Wärme- und Feuchtigkeitsgrad bei hinlänglichem Luftzutritt gegeben iſt, der
allerdings in vielen Fällen nur durch Bedeckung und durch beſondere Eigenſchaften der Decke geſichert werden kann.

Erſt wenn dem keimenden Saamenkorne die junge Pflanze entſproſſen
iſt, tritt der Boden zu ihr in mehrfache Beziehung. Zuerſt gewährt er
ihr Haltung und Standort, er ſichert ihre Wurzeln vor nachtheiligen äußeren
Einflüſſen, und endlich führt er ihr die zur Auflöſung des Mehls in den
Saamenlappen nöthige Feuchtigkeit zu.

Iſt weiterhin die vom Mutterſtamme dem Saamenkorne mitgegebene

Nahrungsmenge der Saamenlappen verzehrt, hat ſich in Folge deſſen der Keim des Saamens zur freien, ſelbſtſtändigen Pflanze entwickelt, dann gewährt ihr der Boden nicht allein Haltung, Schutz und Feuchtigkeit, ſondern er führt ihr, in letzterer aufgelöst, auch die mineraliſchen Nahrungsſtoffe zu. Der Boden erhält dann für die ganze Lebensdauer der Pflanze eine letzte wichtige Bedeutung, die einer Werkſtatt, in welcher aus abgeſtorbenen pflanzlichen und thieriſchen Stoffen, ſo wie aus dem mineraliſchen Beſtande des Bodens ſelbſt, Pflanzennahrung bereitet wird; er iſt eine Vorraths‐kammer, in welcher ſich die unterirdiſche Pflanzennahrung anhäuft und im Ernährungsraume der Pflanze feſtgehalten und aufgeſpeichert wird.

Die Verſchiedenheit des Bodens, nach der er den Pflanzen in größerer oder geringerer Vollkommenheit Haltung, Schutz, Feuchtigkeit und Nahrung zu gewähren vermag, iſt unendlich groß, und nicht allein in ſeiner Beſchaffenheit, ſondern auch in der ſeiner Grenzen, der Boden‐unterlage, wie in der ihn deckenden Atmosphäre begründet. Wir kennen Bodenarten, die dem Wuchſe aller Holzpflanzen in gleichem Maße entgegenſtehen, andere, die den Wuchs faſt aller gleichmäßig begünſtigen; zwiſchen dieſen beſteht eine lange Reihe von Uebergangsſtufen.

Außer dieſer unbedingten Bodengüte erkennen wir aber auch noch eine bedingte; bedingt, erſtens: durch die Natur der Pflanze, welche auf dem Boden wächst. Die Erfahrung lehrt uns, daß nicht jeder Boden für alle Pflanzen gleich günſtig iſt; daß eine Pflanzenart mehr für dieſe, eine andere mehr für jene Bodenbeſchaffenheit beſtimmt erſcheint. So kann der beſte Erlenboden für die Buche der ſchlechteſte ſein, guter Buchenboden dem Wuchſe der Kiefer, guter Kieferboden dem Wuchſe der Buche nicht ent‐ſprechen. Der Forſtmann muß daher zu beurtheilen wiſſen, welche Pflanzen einer vorliegenden Oertlichkeit mehr oder minder entſprechen, durch welche er dieſem oder jenem Boden den höchſten Ertrag abzugewinnen hoffen darf, und dazu bedarf er einer Kenntniß des Bodens und ſeiner Eigen‐ſchaften. Er bedarf dieſer Kenntniß ferner, um die Bewirthſchaftung der Waldbeſtände der Bodenbeſchaffenheit gemäß zu führen, durch die Wirthſchaft guten Boden in ſeiner Güte zu erhalten, ſchlechten zu verbeſſern. So fordert z. B. eine Bodenart Schutz und Schirm vom Mutterbeſtande, andere ertragen, noch andere fordern Lichtung und Luftwechſel.

Bedingt iſt die Bodengüte ferner nach der Verſchiedenheit des Klima. Ein und derſelbe Boden kann im rauhen feuchten Klima fruchtbar ſein, der in heißer ſonniger Lage, in trockner Luft höchſt unfruchtbar ſein würde, und umgekehrt. Bedingt iſt ſie endlich durch die Beſchaffenheit ihrer un‐teren Begrenzung; derſelbe Sandboden, welcher in geringer Erhöhung über einer Waſſerfläche, oder über einem, die Feuchtigkeit zurückhaltenden Erd‐ oder Geſteinlager fruchtbar iſt, kann unter anderen Lagerungsverhältniſſen die höchſten Grade der Unfruchtbarkeit tragen.

Die Güte eines Bodens wird daher nicht allein von der Beſchaffenheit ſeiner Beſtandtheile und von deren Miſchungsverhältniß, ſondern in gleichem, mitunter höherem Grade von der Tiefe, Lage und Beſchaffenheit ſeiner Unterlage wie vom Klima beſtimmt. Noch größere Bedeutung erhält die felſige Bodenunterlage da, wo der ſie bedeckende Boden aus ihrer Zerſtörung hervorging, wie dieß in Gebirgsgegenden größtentheils der Fall ist. Ich werde daher in Nachfolgendem zuerst von der Bodenunterlage und deren Einfluß auf die Bodenbeschaffenheit, dann von der Bodenunterlage als Bodenbilder, und zuletzt vom Boden selbst sprechen.

Erstes Kapitel.
Von der Bodenunterlage und deren Einfluß auf Boden= und Pflanzenwuchs.

I. Entstehung der Gebirgsarten.

So weit wir in das Innere unserer Erde eingedrungen sind, besteht dieselbe aus felsigen Massen verschiedenen Bestandes und verschiedener Bildung. In der Zusammenfügung eines Theiles dieser Felsschichten erkennt man deutlich, daß ihre Masse, früher im Wasser aufgelöst, sich aus diesem niedergeschlagen hat. Es zeichnen sich diese Felsmassen durch ein, nur im Großen, wie beim Quadersandsteine, oder bis ins Kleinste, z. B. beim Thonschiefer hervortretendes schiefriges Gefüge ihrer Bestandtheile aus. Ein anderer Theil der Felsen läßt eben so deutlich erkennen, daß er, wie jener durch Wasser, einst durch Feuer flüssig war, und seine jetzige Festigkeit mit dem Verschwinden der schmelzenden Hitze erhielt.

Aus dem verschiedenen Bestande, der Lagerungsrichtung, und aus aufgefundenen thierischen und pflanzlichen, versteinerten Körpern im Innern der Felsschichten hat man ferner erfahren, daß jene Felsschichten nicht gleichzeitig, sondern in mehreren, durch lange Zeiträume getrennten Perioden sich bildeten.

Man ist berechtigt anzunehmen, daß unser Erdkörper, noch lange Zeit nach dem Zusammentreten seiner Stoffe aus dem Weltenraume, sich im feuerflüssigen Zustande befunden habe, während das Wasser, Luftarten und andere, bei großer Hitze flüchtige Bestandtheile der Erde, durch die vom Erdball ausstrahlende Hitze in Dunstform aufgelöst, eine weit entfernte Wolkenschicht bildete.

Auf der feuerflüssigen, durch den Umschwung abgerundeten Erdkugel mußten die leichtesten Metalle, die der Erden und Alkalien, die Oberfläche einnehmen. Theils durch allmählige Abkühlung der Erdoberfläche, theils durch Verbindung der Metallstoffe mit dem Sauerstoffe der Atmosphäre entstand die erste dünne Erstarrungsschicht über dem feuerflüssigen Erdkerne, das was wir heute die erste Erstarrungsschicht, Urgebirge nennen, bestehend aus krystallinisch körnigen, versteinerungsleeren Felsarten: Gneus und Glimmerschiefer, Talk= und Chloritschiefer.

In Folge zunehmender Abkühlung der Erdoberfläche und verminderter Wärmestrahlung schlug sich das Wasser der Wolkenregion auf die Erdoberfläche theilweise nieder, drang durch Risse und Spalten der geborstenen Erdrinde zur inneren, feuerflüssigen Masse und veranlaßte unterirdische Dampfbildung, durch deren Kräfte die noch dünne Erdrinde theils gehoben, theils gesenkt wurde. In den Senkungen sammelte sich das Wasser, es entstand der Gegensatz zwischen Meer und Festland.

Durch mächtige Umwälzungen dieser Art war ein großer Theil der Urgebirgsmassen zertrümmert und aufgelöst worden. Niederschlag aus dem Meerwasser bildete geschichtete Gesteine: das Uebergangsgebirge, bestehend vorzugsweise aus Thonschiefer und Grauwacke, aus kalkigen Gesteinen, wie Marmor und Dolomit; untergeordnet Kieselschiefer, Quarzfels, Alaunschiefer. Die organischen Reste in diesen Schichtungen gehören überwiegend Meeresbewohnern an und zwar nur niederer Bildung: Korallen, Schaalthiere, Krebse, denen aber eine reiche Pflanzen=Vegetation vorhergegangen sein muß, da Thiere in erster Instanz nur von Pflanzen sich ernähren können. Es waren das wahrscheinlich leicht zersetzbare Wasserpflanzen, deren Ueberreste in den geringen Mengen von Graphiten und Anthraciten (älteste Steinkohle) sich erhalten haben. In vulkanischen Ausbrüchen drangen einestheils feuerflüssige Massen aus dem Innern der Erde hervor, die zu krystallinisch körnigen Gesteinen, zu Graniten und Syeniten erstarrten, anderntheils wurden die Schichtungen des Uebergangsgebirgs vielfältig aus ihrer ursprünglich horizontalen Lage verrückt, gehoben oder versenkt; ein Theil des früheren Festlandes senkte sich und wurde zum neuen Meeresbette, ein Theil des früheren Meeresbettes wurde erhoben und Festland.

Nach dieser ersten Umwälzung trat auf dem Festlande eine Periode ungemein üppigen Pflanzenwuchses ein, dessen Untergang, in Folge einer zweiten Umwälzung, mächtige Steinkohlenlager ihr Entstehen verdanken. Die Flora bestand hauptsächlich aus Farrenkräutern, Cycadeen und Araukarien-ähnlichen Nadelhölzern, seltner aus monocotylen Pflanzen. Schaalthiere und Fische im Wasser, selten gefundene Insekten des Festlandes, bildeten die Fauna. Diese zweite, im Allgemeinen von denselben Erscheinungen und Erfolgen begleitete Umwälzung lieferte die plutonischen Gebilde der Grünsteine und die neptunischen der Steinkohlenformation: Kohlensandsteine, Bergkalk und Schieferthone, wechselnd mit Steinkohlenlagern.

Folge einer dritten Umwälzung ist die, das Steinkohlengebirge überlagernde Zechsteinformation, bestehend aus den geschichteten Gebirgsarten des Rothen= und Weißen=Todtliegenden, des Kupferschiefers und des Zechsteins (untergeordnet Gyps, Dolomit, Stinkkalk und Rogenstein), gehoben und durchbrochen von Porphyren. Organische Reste finden sich hier sehr wenige und nur solche von Meerbewohnern.

Der Zechsteinformation folgte die Formation der Trias (Salzgebirge); zu unterst bunter Sandstein, dann Muschelkalk, dann Keuper; Kalke als Muschelkalk mit untergeordneten Lagern von Dolomit, Gyps, Steinsalz, Hornstein, Lettenkohle (letztere selten und in wenig mächtigen Lagen auf der Grenze zwischen Muschelkalk und Keuper) und Lager von Thon und Mergel.

Die Juraformation besteht vorherrschend aus Kalksteinen und Sandsteinen; untergeordnet Dolomit, Mergel und Thon.

Das Kreidegebirge besteht aus drei untergeordneten Formationen: 1) der Waldformation, bestehend aus Sandsteinen und schiefrigen Mergeln, untergeordnet Kalk und Schwarzkohlenlager; 2) der Quadersandsteinformation: Quadersandstein, Kalk= und Mergellager; 3) Kreideformation: Kreide und Kreidemergel, untergeordnet Mergel, Sandstein.

Diese Reihe deutlich geschiedener Formationen kann man, vom Kohlen= gebirge einschließlich aufwärts, mit dem gemeinschaftlichen Namen Flöz= gebirge bezeichnen.

Die Formation des Zechstein, der Trias und des Jura enthalten an organischen Resten fast nur Meerbewohner, sehr wenige Landpflanzen. Es scheint daher als hätten die Veränderungen der Erdoberfläche während dieser Periode mehr in Hebungen des Meeresgrundes als in Versenkungen des Festlandes bestanden. Bis zur Juraperiode scheint die Flor von der der Kohlenperiode nicht wesentlich verschieden gewesen zu sein; Araukarien, Palmen, Cycadeen, Farren sind vorherrschend. Auf dem Rücken der Jura= formation hingegen erhielt die Flor einen durchaus abweichenden Typus. Nadelhölzer ähnlich unserer Gattungen Pinus und Abies sind vorherrschend, großblättrige Laubhölzer (Credneria) häufig, einzeln treten schon die in tertiären Formationen so verbreiteten Nadelhölzer aus der Familie der Cy= pressen auf. [1] Die Ueberreste dieser Vegetation finden sich theils in den oberen Schichten des Jura, vorzugsweise aber in den Kohlenlagern der unteren Kreideschichten.

Grünstein=Eruptionen fanden von der Periode der Grauwackenformation bis zur Bildung des bunten Sandsteins, Porphyr=Eruptionen von der Bildung des Kohlengebirgs bis in die Juraperiode hinein statt.

Die über der Kreide lagernden Gebirgsschichten bezeichnet man im Ganzen als tertiäre Formationen und unterscheidet

1) Die Molasseformation: a) untere Braunkohlenformation, be= stehend aus Sandsteinen, Schieferthonen, Sand= und Thonlagern, wechselnd mit Braunkohlenlagern; b) Grobkalkformation: Kalksteine, Thon, Mergel, Sandlager; c) Süßwasserkalk; Kalk mit Süßwasser=Conchylien, Mergel, Sand und Braunkohlenlager.

2) Diluvialformation: Ablagerungen von Sand, Lehm, Thon, Mergel, gemengt mit Geschieben nordischer Gebirgsarten (meist Granitfind= linge), untergeordnet Knochenbreccie und Bohnerz; gebildet durch eine letzte, allgemeiner verbreitete Umwälzung und Hebung.

3) Alluvialgebilde: Kies=, Sand=, Lehm, Thon= und Geröll= Ablagerungen, Kalktuffe, Sinter, Raseneisen, Torflager, entstanden seit der Vollendung des Diluvium und noch heute sich fortbildend durch An= schwemmungen von Flüssen oder Seen aus, durch Absatz aus Quell= oder Sumpfwasser.

Den Perioden der Molasse und des Diluvium gehören die vulkani= schen Eruptionen des Basalt, der Alluvialperiode die Lavaergüsse an.

Eine äußerst reiche Flor der Kreideperiode ist in den Gebilden der tertiären Formationen, besonders in der Molasseformation erhalten. Vor= herrschend, wenigstens im nördlichen und mittlern Deutschland, ist die Familie der Cypressen, doch deutet Vieles darauf hin, daß unsere Braun= kohlenlager vorzugsweise aus Treibholz, vielleicht aus sehr entfernten Gegen= den stammend, entstanden sind, und daß die Flor des Festlandes unserer Längen nicht wesentlich von der jetzt lebenden verschieden war. Noch vor

---

[1] S. meine Abhandlung: Beiträge zur Geschichte der Pflanzen 2c. Botanische Zeitung 1848. S. 122—190.

Kurzem habe ich ein entschieden der Molasseformation angehörendes Braun=
kohlenlager (bei Hörter an der Weser) untersucht und darin ein wirkliches
antediluvianes Torflager gefunden, wie die heutigen aus Sphagnum,
Eriophorum, Andromeda, den Wurzeln von Alnus, Betula, Pinus ꝛc.
bestehend.   Die Zapfen der Pinus=Art sind unverkennbar solche der Pinus
Pumilio und Abies excelsa heutiger Flor, neben denen ein der Abies
alba ähnlicher Zapfen einer ausgestorbenen Fichte Abies brachyptera m.
vorkommt. Bot. Ztg. 1858 S. 378.

Die ersten Landthierreste finden sich in der Grobkalkformation; die
obere Braunkohlenformation und die Diluvialgebilde sind reich daran; der
Mensch aber wurde erst nach der Vollendung des Diluvium geschaffen, und
der Zeitraum seiner Existenz dürfte nur ein Augenblick sein im Vergleich
zum Alter des Erdballs.

II. Vom Bestande der Felsarten.

Wenn wir Blei schmelzen und längere Zeit geschmolzen erhalten,
bildet sich auf der Oberfläche der geschmolzenen Masse ein ascheähnliches
Häutchen, dessen Menge sich vermehrt, je länger das Blei im Fluß erhalten
wird.   Der ascheähnliche Körper entsteht dadurch, daß sich der Sauerstoff
der Luft mit dem Blei verbindet.   Dieser Verwandlung in erdige Körper
sind alle Metalle unterworfen, wenn sie sich längere Zeit mit Sauerstoff
in Berührung befinden; bei den unedlen Metallen erfolgt die Verbindung
rascher, bei den edlen Metallen langsamer.

Kommen solche Metallaschen oder Metalloxyde mit Säuren in Be=
rührung, so verbinden sie sich mit ihnen zu Salzen und erhalten als
solche bestimmte Krystallformen.   Die Grundlage des Kalkes z. B. ist ein
Metall; in Berührung mit Sauerstoff verbrennt dasselbe zu Kalkerde (im
chemischen Sinne); tritt Kohlensäure oder Schwefelsäure zur Kalkerde, so
bildet sich im erstern Falle Kalk, im letztern Falle Gyps.   Unter Zutritt
von Wasser (Krystallisationswasser) in größeren oder kleineren Massen unter
sich oder mit anderen Körpern fest verbunden, nennen wir solche mechanische
Verbindung einen Stein — Kalkstein, Gypsstein.   Werden solche Steine
durch irgend eine mechanische Ursache in seine Theile zertrümmert, oder
fand ursprünglich eine Vereinigung zu festen Massen nicht statt, oder ver=
lieren sie ihren Zusammenhang durch Verschwinden oder Veränderung eines
Bindemittels, so nennt man dieß ebenfalls Erde — Kalkerde, Gypserde —
aber im agronomischen Sinne.

Auch die meisten nichtmetallischen Grundstoffe gehen mit dem Sauerstoff
Verbindungen ein, die Säuren genannt werden.   Der Kohlenstoff liefert
die Kohlensäure, der Schwefel die Schwefelsäure, der Phosphor die Phos=
phorsäure, Fluor die Flußsäure, Stickstoff die Salpetersäure, Kiesel die
Kieselsäure, Wasserstoff das Wasser.   Die Säuren bilden den zweiten Be=
standtheil der Salze und gehen auf diese Weise in die Zusammensetzung
der Gesteine und des Bodens ein.

So groß die Zahl der in den Mineralien verbundenen einfachen Körper
ist, beschränkt sie sich doch auf wenige, wenn wir nur diejenigen berück=

fichtigen, die wegen der Allgemeinheit und Menge ihres Vorkommens in Bezug auf den Boden und auf Pflanzenleben von besonderer Wichtigkeit sind.

Unter den nichtmetallischen Grundstoffen sind es der Sauerstoff, der Wasserstoff, der Stickstoff, der Kohlenstoff, Kiesel, Chlor, Phosphor und Schwefel, unter den metallischen Grundstoffen sind es Calcium, Magnium, Aluminium, Kalium, Natrium, Eisen und Mangan, die den Hauptbestand der Gebirge und des dieselben bedeckenden Bodens bilden.

Der Sauerstoff; eine Luftart, bildet mit 11 Proc. Wasserstoff das Wasser, mit 26 Proc. Stickstoff die Salpetersäure, mit 27,65 Proc. Kohlenstoff die Kohlensäure, mit 48 Proc. Kiesel die Kieselsäure, mit 47 Proc. Chlor die Chlorsäure, mit 44 Proc. Phosphor die Phosphorsäure, mit 40 Proc. Schwefel die Schwefelsäure, mit 72 Proc. Calcium die Kalkerde, mit 61 Proc. Magnesium die Talkerde, mit 69 Proc. Aluminium die Thonerde, mit 83 Proc. Kalium das Kali, mit 74 Proc. Natrium das Natron, mit 69 Proc. Eisen das Eisenoxyd, mit 70 Procent Mangan das Manganoxyd.

Der Wasserstoff, gleichfalls eine Luftart, bildet mit 89 Proc. Sauerstoff das Wasser, mit 97,26 Proc. Chlor die Chlorwasserstoffsäure (Salzsäure), mit 17,46 Proc. Stickstoff das Ammoniak.

Der Stickstoff: der rein, im gasförmigen Zustande, mit 21 Volumprocenten oder 23,1 Gewichtprocenten Sauerstoff gemengt, die atmosphärische Luft bildet, verbindet sich in den bereits oben angeführten Verhältnissen mit Wasserstoff und mit Sauerstoff zu Ammoniak und Salpetersäure.

Der Kohlenstoff; ein nichtmetallischer fester Körper, im reinen Zustande nur als Diamant und Reißblei bekannt, fast rein in den ältesten Schwarzkohlen (Anthraciten), mehr oder weniger verunreinigt die Schwarz-, Braun- und Holzkohlen bildend, findet sich in größter Menge mit 72,35 Proc. Sauerstoff verbunden als Kohlensäure. Als solche bildet er einen ständigen Antheil der Atmosphäre (s. Seite 10). Liebig berechnete seine Menge darin auf 2800 Billionen Pfunde und meint, daß dieß mehr sei als die ganze Masse der lebenden und vorweltlichen Pflanzen betrage. Allein die obige Menge atmosphärischen Kohlenstoffs auf die ganze Erdoberfläche gleichmäßig vertheilt, würde doch nur eine Schicht von kaum einer Linie Dicke betragen, und dieß ist gewiß weniger als die Summe alles vor- und jetztweltlichen vegetabilischen Kohlenstoffs, besonders wenn man dazu die Menge des in fast allen Flöz- und Tertiärformationen verbreiteten Bitumen rechnet. Außerdem findet sich die Kohlensäure in ungeheuren Massen mit Metalloxiden verbunden. Jeder Kubikfuß kohlensaurer Kalk = 165 Pfunde enthält 73 Pfund Kohlensäure und darin 21 Pfunde reinen Kohlenstoff.

Der Kohlenstoff verbindet sich ferner mit 24,62 Proc. Wasserstoffgas zu leichtem Kohlenwasserstoffgas (Sumpfluft, schlagende Wetter, feuriger Schwaden ꝛc.) mit 14,04 Proc. Wasserstoffgas das schwere Kohlenwasserstoffgas (ölbildendes Gas) bildend.

Kiesel (Silicium) ist ein nichtmetallisches, dunkelbraunes, kohlenstoffähnliches Pulver, das in der Natur nicht rein vorkommt, in desto größeren Massen aber in Verbindung mit 52 Proc. Sauerstoff als Kieselsäure, die einen Bestandtheil der meisten Mineralien ausmacht. Die

Kieselsäure zeigt die Natur einer Säure, indem sie mit den meisten Metall= oxyden sich zu kieselsauren Salzen verbindet, die Silicate genannt werden. Die Verbindungen der Kieselsäure mit der Thonerde sind am verbreitetsten als Feldspath, Thon, Lehm, Porzellanerde 2c., auch die meisten Quarze müssen als Silicate betrachtet werden und selbst der Bergkrystall enthält noch Spuren von Thonerde.

Chlor: ein nichtmetallischer gasförmiger Körper, verbindet sich mit 53 Proc. Sauerstoff zu Chlorsäure, mit 2,74 Proc. Wasserstoff zu Salzsäure, außerdem wie der Sauerstoff mit den meisten der übrigen Elemente. Die Verbindung zu Salzsäure ist jedoch die einzige agronomisch wichtige, da sie mit Natron das Kochsalz, Steinsalz, bildet.

Phosphor: ein nichtmetallischer wachsähnlicher, bernsteingelber, durchscheinender, leicht entzündlicher Körper, verbindet sich mit 56 Proc. Sauerstoff zu Phosphorsäure, die besonders in Verbindung mit Kalk, Talk und Eisenoxyd einen nicht unbedeutenden Antheil des Bestandes der Gebirgsarten und Ackererden bildet, aus diesen durch die Pflanzen aufge= nommen wird, mit der Pflanzennahrung in den thierischen Körper über= geht, deren Knochen vorzugsweise aus phosphorsaurem Kalk bestehen. Fleischfresser verschaffen sich den ihnen nöthigen Phosphor aus den Knochen und Knorpeln anderer Thiere. Die übrigen zahlreichen Verbindungen des Phosphor haben keine hervorstechende agronomische Bedeutung.

Schwefel: ein nichtmetallischer, fester, hellgelber, leicht brennbarer Körper bildet mit 60 Proc. Sauerstoff die Schwefelsäure, mit 5,84 Proc. Wasserstoff den Schwefelwasserstoff. Der Schwefel verbindet sich leicht mit den meisten Metallen zu Schwefelkiesen. Die Schwefelsäure bildet mit vielen Metall=Oxyden schwefelsaure Salze, von denen der schwefel= saure Kalk (Gyps) das im Boden verbreitetste ist.

Calcium: ein silberweißes Metall, verbindet sich mit 28,09 Proc. Sauerstoff zu Kalkerde (gebrannter Kalk). Kalkerde mit 43,71 Proc. Kohlensäure bildet den Kalkspath, Marmor, Kreide, Aragonit. Durch Glühen wird die Kohlensäure ausgetrieben und Kalkerde wiederher= gestellt. Bergkalk,. Muschelkalk, Jurakalk 2c. sind die unreineren Formen des kohlensauren Kalks durch Hinzutritt von Thon, Talk, Eisen 2c. Mit 58,47 Proc. Schwefelsäure bildet die Kalkerde den Gyps; Anhydrit genannt, wenn das Krystallwasser fehlt. Durch Brennen läßt sich die Schwefelsäure nicht austreiben wie beim Kalke die Kohlensäure, wohl aber das Krystallisationswasser (gebrannter Gyps). Mit Flußsäure bildet die Kalkerde den Flußspath, mit Phosphorsäure den Apatit.

Magnium: ebenfalls ein silberweißes Metall, verbindet sich mit 38,71 Proc. Sauerstoff zu Magnesia (Talkerde). Mit 65,98 Schwefel= säure bildet sie das Bittersalz, mit 51,69 Proc. Kohlensäure den Magnesit. Kohlensaure Magnesia und kohlensaurer Kalk bilden den Bitterkalk (Do= lomit). Mit Kieselsäure in verschiedenen Verhältnissen verbunden kommt die Talkerde in der Natur am häufigsten vor als Gemengtheile der horn= blendeartigen und augitischen Gesteine, im Serpentin, Speckstein, Meer= schaum, Olivin, Pikrosmin.

Aluminium: ein silberähnliches Metall bildet mit 31 Procent

Sauerstoff die Thonerde, ein weißes geschmackloses Pulver. Am reinsten kommt letztere in der Natur als Saphir, Rubin, Korund und Schmirgel vor. Gibsit und Diaspor sind natürliche Hydrate der Thonerde; mit Flußsäure bildet sie den Topas und Pyknit; mit Schwefelsäure den Aluminit und die wesentlichsten Gemengtheile der Alaune, Alaunsteine und Alaunschiefer; mit Phosphorsäure den Wawellit. Am häufigsten und in den größten Massen kommt die Thonerde in Verbindung mit Kieselsäure (als Silicate verschiedener Zusammensetzung) vor; mehr oder weniger rein als Cyanit, Agalmatolith, Porzellanerde und Thon, in Verbindung mit kieselsaurem Kali oder Natron die Reihe der Feldspathe, in Verbindung mit kieselsaurem Kalke die Reihe der Zeolithe bildend.

Kalium: ein bläulich-weißes wachsweiches Metall, bildet mit 16,95 Proc. Sauerstoff das Kali. Mit 16 Proc. Wasser bildet letzteres das Kalihydrat (Aetzkali); mit 31,91 Proc. Kohlensäure das kohlensaure Kali, wesentlichster Bestandtheil der Potasche; mit 53,44 Proc. Salpetersäure den Salpeter. In der Natur findet es sich am häufigsten und in den verschiedensten Verhältnissen mit Kieselsäure verbunden als Bestandtheil der Kalifeldspathe.

Natrium: ein silberweißes wachshartes Metall, verbindet sich mit 25,58 Proc. Sauerstoff zu Natron; letzteres mit 22,35 Proc. Wasser zu Natronhydrat (Aetznatron). Mit 60,34 Proc. Chlor bildet das Metall Chlornatrium — Kochsalz (Seesalz, Steinsalz). Das Oxyd verbindet sich mit 56,18 Proc. Schwefelsäure zu Glaubersalz, mit 41,42 Proc. Kohlensäure zu kohlensaurem Natron. Kieselsauer findet sich das Natron im Albit oder Natronfeldspath, im Analzim, Nephelin, Eläolith, Mesotyp, Sodalith, Petalit und Spodumen.

Eisen: ein bekannter metallischer Körper, findet sich in der Natur rein als Meteoreisen, selten in Gängen des Ur- und Uebergangsgebirgs. Mit 22,77 Proc. Sauerstoff = Eisenoxydul. Dieß letztere kommt mit Kohlensäure verbunden vor: als Spatheisenstein, Sphärosiderit, Thoneisenstein; als Hydrat = Brauneisenstein. Mit 30,66 Proc. Sauerstoff = Eisenoxyd als Eisenglanz (Eisenglimmer), Rotheisenstein (Glaskopf, Blutstein), Eisenrahm, Eisenocher, rother Thoneisenstein (Röthel); mit 28,22 Proc. Sauerstoff = Eisenoxyduloxyd = Magneteisen. Mit 54,26 Proc. Schwefel bildet Eisen den Schwefelkies, Wasser-, Speer-, Strahlkies, mit 40,40 Schwefel = Magnetkies. Mit 23 Proc. Phosphor = Phosphoreisen, ein wesentlicher Bestandtheil des Raseneisensteins. Im Boden kommt das Eisen allgemein in größeren oder geringeren Mengen, theils als Oxydul, theils als Oxyd vor.

Mangan: ein grauweißes, dem Gußeisen ähnliches Metall, verbindet sich mit 22,43 Proc. Sauerstoff zu Manganoxydul, mit 30,25 Proc. Sauerstoff zu Manganoxyd, mit 36,64 Proc. Sauerstoff zu Mangansuperoxyd (Braunstein). In vielen Gebirgsarten und in den meisten Bodenarten kommt es als Oxyd und Oxydul vor, und geht von dort wie das Eisen in den pflanzlichen und thierischen Körper über.

Aus den im Vorhergehenden aufgeführten einfachen Stoffen und deren genannten nächsten Verbindungen ist nun der bei weitem größte Theil des

Erdkörpers und des denselben bedeckenden Bodens zusammengesetzt. Zwar gibt es noch eine Menge anderer einfacher Stoffe und Verbindungen, allein sie bleiben außer wesentlichem Einfluß auf das Pflanzenleben, können daher hier mit Stillschweigen übergangen werden.

Einfache Gesteine

nennen wir diejenigen Verbindungen der aufgeführten Elemente, die in sich homogene Ganze bilden und im Wesentlichen unter sich chemisch verbunden sind, insofern sie dem Erdkörper als einem Ganzen angehören und durch Menschenhände noch unverändert sind. Dahin gehören:

1) Quarz: bestehend aus Kieselerde, sehr wenig Thonerde, Eisenoxyd und Wasser. (Glasähnlich, meist ungefärbt, gibt mit dem Stahle Funken.)

2) Feldspath: 66 Kieselerde, 17 Thonerde, 17 Kali oder Natron oder Kalk. (Perlemutter- oder porzellanglänzend, fleischfarbig, grünlich, weißlich.) Der Feldspath heißt Orthoklas: bei vorherrschendem Kaligehalt; Albit: bei vorherrschendem Natrongehalt; Labrador: wenn der größte Theil des Kali- oder Natrongehaltes durch Kalk ersetzt ist.

3) Glimmer: 46 Kieselerde, 31 Thonerde, 9 Kali- oder Talkerde, 9 Eisenoxyd, das Uebrige Flußsäure und Wasser. (Blättrig, weich, metallisch-silber- oder goldglänzend.)

4) Talk: 62 Kieselerde, 1,5 Thonerde, 27 Talkerde, 3,5 Eisenoxyd und 6 Wasser. (Sehr weich, weißlich ins grünliche, fettiges Anfühlen.)

5) Augit: 54 Kieselerde, 24 kohlensaurer Kalk, 12 Talkerde, 10 Eisenoxydul. (Vorherrschend schwarz, glänzend, hart.)

6) Hornblende: 60 Kieselerde (7,5 Thonerde), 12 kohlensaurer Kalk, 28 Talkerde (19 Eisenoxydul). (Vorherrschend schwarz, glänzend hart.)

7) Dolomit: 54 kohlensaurer Kalk, 46 kohlensaurer Talk. (Weich, braust mit Säuren, weiß bis grau und gelblich grau.)

8) Gyps: schwefelsaurer Kalk. (Weich, braust nicht mit Säuren; durch starkes Glühen erdig, weiß.)

9) Kalk: kohlensaurer Kalk. (Weich, braust mit Säuren; weiß, grau, gelblichgrau.)

10) Eisen: Eisenoxyd oder Eisenoxydul (graphitgrau, rostroth).

11) Mangan: Manganoxyd oder Manganoxydul (braunroth, schwarz).

Freilich gibt es noch eine große Menge anderer einfacher Gesteine; die aufgeführten sind es aber, welche die überwiegend größte und in agronomischer Hinsicht wesentliche Masse der festen Erdrinde und des Bodens bilden.

Zusammengesetzte Gesteine, Gebirgsarten, Felsarten

heißen diejenigen Mineralien, die aus mehreren einfachen Gesteinen zusammengesetzt sind. Man rechnet zu den Felsarten aber auch diejenigen einfachen Gesteine, die, wie Kalk, Gyps, Dolomit ꝛc. in größeren Massen, Gebirge bildend, auftreten.

Die Gebirgsarten sind es, aus deren Zertrümmerung oder Verwit-

terung der Boden sich gebildet hat. Sie sind daher nicht allein als Boden=
unterlage, sondern auch insofern wichtig, als sich aus ihrem Bestande
Schlüsse auf die Beschaffenheit des aus ihnen hervorgegangenen Bodens
ziehen lassen, jedoch nur innerhalb gewisser Grenzen, bei der großen Ver=
schiedenheit des quantitativen Verhältnisses der Gemengtheile, nicht allein in
ein und derselben Gebirgsart, sondern häufig in ein und demselben Felsen.

Selbst wenn wir in einer Gebirgsart die Massenverhältnisse der
Mengungstheile und den Bestand der letzteren aufs genaueste kennen, läßt
sich aus ihnen doch nicht immer mit voller Sicherheit auf die Art und
Menge der Bestandtheile des daraus hervorgegangenen Bodens schließen,
indem während der Verwitterung des Gesteins oder später, einzelne auf=
lösbare oder löslich gewordene Bestandtheile desselben, wie Kalk, Talk,
Kali, Eisen dem Boden verloren gegangen sein können. Noch unsicherer
sind die Schlüsse auf Fruchtbarkeit des Bodens, indem diese, abgesehen
von den äußeren bedingenden Einflüssen, nicht allein von Art und Mengen=
verhältniß, sondern auch von der Form und Zertheilung der Bestandtheile
abhängig ist. Derselbe Kieselgehalt eines Bodens, welcher in sehr feiner
Zertheilung mit dem Thon einen festen bindenden Boden bildet, veranlaßt
einen viel höhern Grad von Lockerheit, wenn er in Körnern als Sand
vorhanden ist. Alle Versuche, die Gebirgsarten nach der Güte des aus
ihnen entstehenden Bodens zu classificiren, sind daher mißglückt und werden
stets mißglücken; nur innerhalb erweiterter Grenzen und nur indem man
die in Deutschland vorherrschende Natur der Gebirgsarten ins Auge faßt,
läßt sich eine allgemeine Charakteristik entwerfen und mag das Nachstehende
als ein Versuch dieser Art betrachtet werden.

Erste Reihe der Felsarten. Gesteine, deren Hauptmasse Feldspath, Quarz und Glimmer.

1. Granit

besteht im Wesentlichen aus Feldspath, Quarz und Glimmer. Ersterer
bildet meist die Hauptmasse, der Glimmer ist in geringster Menge vor=
handen. Uebergänge in Gneis, Glimmerschiefer, Syenit und Diorit. Die
Verwitterung schreitet meist langsam vor, um so langsamer, je mehr Quarz
vorhanden ist. Die meisten Granite liefern einen Boden, der zu gleichen
Theilen Thonerde und Kieselerde, mit 5—10 Proc. Eisenoxyd, 2—6 Proc.
Kali enthält; der geringe Talkgehalt und der Gehalt an Kali verschwinden
nicht selten gänzlich durch Auslaugung; der meist bindende Boden ist frucht=
bar und für den Anbau fast aller Laubhölzer wie auch der Nadelhölzer
geeignet, häufig aber sehr flachgründig, daher mehr für die Holzarten mit
flacher Bewurzelung geeignet. Fichte und Rothbuche gedeihen auf ihm am
besten. Manche Granite, besonders sehr grobkörnige, besitzen mitunter
einen geringen Zusammenhang der einzelnen Bestandtheile und zerfallen
dann in großen Massen zu Gruß, ohne daß eine eigentliche Zersetzung der
einzelnen Bestandtheile stattfindet. Solche Granite liefern einen sehr un=
fruchtbaren Boden, indem auch die allmählig durch Verwitterung sich bil=
dende Erdkrume in die Geröllschicht hinabgeschwemmt wird. Auf solchem
Boden ist besonders die An= und Nachzucht der Bestände mit vielen Schwierig=

leiten verbunden, und kann oft nur dadurch bewirkt werden, daß man die Saaten oder Pflanzungen in platzweis aufgetragener Bodenkrume vollzieht. Später, wenn die im aufgebrachten Boden erzogenen Pflanzen so weit herangewachsen sind, daß sie mit ihren Wurzeln die Bodenkrume auf dem Grunde der Geröllschicht erreicht haben, erhalten sie einen recht freudigen Wuchs. Ist ein solcher Granit sehr reich an Feldspath, so wird der zusammengeschwemmte, sehr bindende Thonboden leicht zu einer das Wasser nicht durchlassenden Schicht und im feuchten Klima häufig die Ursache von Versumpfungen, wie z. B. auf der Höhe des Brockens.

2. Gneis.

Schichten von Feldspath und Quarz, zwischen Glimmerschichten eingeschlossen, der Feldspath größtentheils vorherrschend. Uebergänge in Granit, Glimmerschiefer, Thonschiefer. Die Verwitterung schreitet rascher vor, als die des Granits, schon in Folge des schiefrigen Gefüges. Der Boden desjenigen Gneises, in welchem der Feldspath vorherrscht, kommt dem Boden des feinkörnigen Granits gleich und zeigt mitunter noch höhere Grade der Fruchtbarkeit, schon in Folge der meist größeren Bodentiefe und der günstigen Einwirkung der geschichteten und zerklüfteten Unterlage auf die Feuchtigkeit des Bodens. Der Gneis mit starken Glimmerlagen zerfällt zwar leichter in Gruß durch Zerstörung der Glimmerschichten; die eigentliche Verwitterung, die Herausbildung einer Bodenkrume wird aber dadurch nicht wesentlich gefördert und die entstehenden Grußlager wirken auf dieselbe Weise, wie der grobkörnige lose verbundene Granit, nachtheilig auf Bodenbildung ein. Vom Granitboden unterscheidet sich der Gneisboden ferner durch einen feinkörnigeren Sand.

3. Glimmerschiefer.

Glimmer und Quarz im schiefrigen, oft blättrigen Gefüge. Der Quarz herrscht gewöhnlich, und zwar im Verhältniß wie 3 zu 2 vor. Uebergänge in Gneis, Thonschiefer, Hornblendeschiefer. Die Verwitterung des Gesteins schreitet um so rascher vor, je größer sein Glimmergehalt ist, größtentheils leichter und rascher als Granit und Gneis. Der Boden selbst ist mir unbekannt, und die Angaben der Schriftsteller über seine Eigenthümlichkeiten sind so widersprechend, daß sich denselben kaum mehr entnehmen läßt, als daß derselbe in der Güte dem Granit und Gneisboden zwar nachstehe, doch immer noch zur Anzucht edler Laubhölzer geeignet sei.

4. Thonschiefer

ist im Wesentlichen wie Granit und Gneis, aus Feldspath, Quarz und Glimmer zusammengesetzt, zu welchem meist noch ein geringer Antheil von Talk kommt. Alle Bestandtheile sind aber in hohem Grade zerkleint und so innig gemengt, daß sie das bloße Auge nicht mehr zu unterscheiden vermag. Uebergänge in Grauwacke, Glimmerschiefer, Gneis. In Folge des schiefrigen Gefüges bildet sich über dem Thonschiefer durch Wasser und Frost leicht und rasch eine Schicht loser Gesteintrümmer, die der Boden-

bildung dadurch sehr hinderlich ist, daß die sich bildende Erdkrume durch
eigene Schwere und durch Regengüsse in die Tiefe der Trümmerschicht hinab=
geschwemmt wird. Beim Anbau der Thonschieferhänge muß daher häufig
dasselbe Kulturverfahren in Anwendung treten, dessen ich bereits beim
Granit erwähnt habe. Die Verwitterung schreitet übrigens rascher als bei
den vorgenannten Gebirgsarten vor. Thonschiefer mit vorherrschendem
Quarzgehalt geben einen sehr fruchtbaren, trotz des bedeutenden Gehalts
an Kieselerde (bis 80 Proc.) dennoch verhältnißmäßig bindenden Boden.
Die Ursache liegt in der sehr feinen Zertheilung der Kieselerde. Thon=
schiefer mit vorherrschendem Glimmer liefert einen leichten, lockeren, eben=
falls fruchtbaren Lehmboden. Auch die kohligen Thonschieferarten liefern
einen guten Boden, der aber, besonders wenn er viele Gesteinbrocken ent=
hält, durch die Sonne in hohem Grade erwärmt wird. Da das Gestein
nicht, wie der gleichfalls dunkel gefärbte Basalt, die Feuchtigkeit festzuhalten
vermag, so trocknet der Boden leicht aus, indem ihm von den Gestein=
brocken die Feuchtigkeit entzogen wird. Es muß daher ein solcher Boden,
besonders an Sommerhängen, sehr sorgfältig behandelt werden. Der Forst=
wirth hat darauf zu sehen, daß der Boden durch fortwährende Bewaldung
für immer der unmittelbaren Einwirkung der Sonnenstrahlen entzogen ist,
und daß durch Erhaltung oder Erzeugung einer starken Dammerdeschicht
ihm die Feuchtigkeit gesichert bleibt. Thonschiefer mit vorherrschendem Feld=
spath und Talkgehalte liefern einen sehr bindenden Boden, der leicht Ver=
sumpfungen veranlaßt.

5. Grauwacke.

Größere oder kleinere Stücke von Quarz, Granit, Glimmerschiefer, Thon=
schiefer, Gneis, Feldsteinporphyr, zusammengekittet durch eine sehr quarzreiche
Thonschiefermasse; theils im körnigen, theils schiefrigen Gefüge (Grauwacken=
schiefer). Uebergänge auf der einen Seite in Thonschiefer, auf der andern
in Sandstein. Verwitterung, besonders der quarzreichen körnigen Grauwacke,
schwer und langsam; leichter verwittert die Grauwacke mit vorherrschenden
Trümmerstücken, am leichtesten der Grauwackenschiefer. Der Boden ist gleich=
falls sehr verschieden; die Grauwacke mit vorherrschendem Bindemittel und
Quarztrümmern liefert einen lockern, kiesigen, wegen seiner Flachgründigkeit
selten fruchtbaren Boden. Einen guten, sandigen Lehmboden, jedoch selten von
großer Tiefe, liefert die körnige Grauwacke mit groben Bruchstücken; den
besten und meist tiefen, bindenden Boden liefern die meisten Grauwackenschiefer.

6. Urfelsconglomerat, Conglomerat des Rothliegenden; Gneisconglomerat.

Quarz und Gesteintrümmer von Granit, Gneis, Glimmerschiefer,
Thonschiefer, Hornblende ꝛc. in einem Teige theils thoniger, eisenschüssiger
(rothes Todtliegendes), theils mergeliger, kiesiger (weißes Todtliegendes)
Beschaffenheit. Uebergänge in Grauwacke, Feldstein=Porphyr und bunten
Sandstein. Verwitterung, besonders der Arten mit groben Trümmern und
eisenschüssigem thonigen Bindemittel, rasch und leicht; manche Arten mit
vorherrschendem Bindemittel, besonders kiesiger Beschaffenheit, verwittern

ungemein schwer. Der Boden des rothen Todtliegenden ist an und für
sich schwer und bindend, der meist beträchtliche Antheil unzerstörter Gesteinbrocken hebt jedoch größtentheils diesen Nachtheil, so daß der Boden mit
zu den fruchtbarsten Mengungen gehören kann. Die Bodengüte wechselt
jedoch sehr häufig und so auffallend, daß nicht selten innerhalb kleiner
Flächen die größten Abstände hervortreten. Die harten Laubhölzer gedeihen
in diesem Boden am besten, und mit ihnen habe ich ihn auch größtentheils
bewachsen gefunden. Unter den Nadelhölzern gedeiht die Fichte bis zum
mittlern Alter trefflich, läßt aber früh im Wuchse nach und wird bald
rothfaul. Birke und Kiefer sollen fast gar nicht auf diesem Boden fortkommen. Viel weniger guten Boden liefert das weiße Todtliegende, doch
habe ich herrliche Weißtannenbestände über demselben gesehen.

7. Feldsteinporphyr.

Körner und Krystalle von Feldspath und Quarz, untergeordnet
Glimmer, in einem thonigen Bindemittel liegend, dieß letztere vorherrschend,
theils von sehr großer Härte, theils weicher bis zum Zerreiblichen. Uebergänge in rothes Todtliegendes, in Trachyte und Trapp-Porphyre. Die
Verwitterungsfähigkeit hängt von der Härte des Bindemittels ab; in den
harten Porphyren hält sich dieß am längsten, die Feldspathkrystalle verwittern zuerst, die Verwitterung schreitet dann sehr langsam vor. Porphyre mit weicherem Bindemittel zerfallen oft durch Frost in tiefe Geröll-
haufen ohne eigentliche Verwitterung der einzelnen Bestandtheile, wodurch
die Bodenbildung sehr erschwert wird (vergl. Granit und Thonschiefer).
Der gebildete Boden ist größtentheils ein strenger magerer Lehmboden von
gleichen Theilen Kiesel- und Thonerde, und kann zu den mittelmäßigen
Bodenarten gezählt werden. Die Fichte gedeiht auf ihm am besten. In
den Thälern zeigt er oft hohe Grade der Fruchtbarkeit, seltner an den Hängen.

8. Phonolith.

Klingstein, ein gleichartiges Gemenge von Feldstein und Natrolith,
verwittert leicht und liefert einen fruchtbaren aus annähernd 80 Procent
Kiesel- und Thonerde, 8 Proc. Kali, 10 Proc. Natron, etwas Talk, Kalk
und Eisen bestehenden Boden.

9. Trachyt.

Trapp-Porphyr: eine feldspathartige Grundmasse, in der Krystalle von
glasigem Feldspath liegen, verwittert sehr leicht und liefert einen äußerst
fruchtbaren Boden von 66 Kieselerde, 20 Thonerde, 11—12 Kali und
3—4 Eisenoxyd.

Zweite Reihe. Gesteine, deren Hauptbestand Feldspath und Hornblende.

10. Syenit.

Labradorfeldspath und Hornblende im innigen Gemenge, entweder mit
vorwaltendem Feldspath oder beide zu gleichen Theilen. Uebergänge einerseits in Granit und Porphyr, andererseits in Grünstein und Hornblende-

gestein. Die Verwitterung schreitet langsamer vor, als die des Granit und Gneis. In den Bruchstücken löst sich meist zuerst der Feldspath auf und verwandelt sich in Kaolin. Das Resultat der Zersetzung ist ein frucht= barer, sehr eisenschüssiger Lehmboden, in welchem der Thon zum Kiesel meist in dem Verhältnisse wie 1 zu 2 steht. Dazu tritt ein bis 10 Proc. steigender Talkgehalt, 5—6 Proc. Kali und eben so viel Eisen. Ein be= trächtlicher Kalkgehalt, bis 15 Proc., tritt besonders da hinzu, wo der Syenit mit Kalk wechselt, oder diesen durchsetzt. Der Boden ist daher fruchtbar, aber selten tiefgründig; dem Granitboden steht er in Güte meist etwas nach. Der Weißbuche soll er besonders zusagen.

11. Gabbro.

Ein körniges Gemenge von Labradorfeldspath und Smaragdit (Diallag), oder von dichtem Feldspath (Saussurit) mit Bronzit oder mit Schillerspath, oft mit Strahlstein verbunden und in ein serpentinähnliches Gestein über= gehend, verwittert leicht und liefert einen tiefgründigen fruchtbaren Boden, der aber am Harze (Baste) wegen seiner Höhe über dem Meeresspiegel nur Fichtenbestände trägt.

12. Grünstein.

Hornblende und Albitfeldspath, die Hornblende meist vorherrschend. Sind beide Bestandtheile deutlich und körnig geschieden, so heißt das Ge= stein Diorit; bilden sie ein scheinbar gleichartiges und dichtes Gemenge, so nennt man das Gestein Aphanit; Aphanitporphyr: wenn in letzterem einzelne größere Hornblende oder Albitkrystalle porphyrartig ein= gebettet liegen; Variolit oder Blatterstein, wenn die Feldspathmassen kugelförmig eingesprengt sind. Uebergänge selten in Gneis, häufiger in Hornfels oder in Gabbro. Verwitterung so langsam wie beim Syenit, nur der sehr grobkörnige Grünstein verwittert rascher. Der Boden trägt im Ganzen den Charakter des Syenitbodens, unterscheidet sich von diesem nur durch einen etwas beträchtlichern Thongehalt und weniger Eisen, ver= wittert zwar langsam, ist aber sehr fruchtbar und trägt am Harz herrliche Rothbuchen, Ahorne und Fichten.

Dritte Reihe. Gesteine, deren Hauptbestand Feldspath und Augit.

13. Basalt.

Augit, Feldspath und Magneteisen im innigen Gemenge. Ueber= gänge in Dolerit, Wacke und Trachyt. Verwitterung, besonders des säulen= förmigen Basalts, sehr langsam und nur an der Oberfläche; rascher zerfällt der körnige Basalt. Das endliche Resultat der Zersetzung ist ein ungemein fruchtbarer Boden, meist bestehend aus 40—45 Kieselerde, 14—16 Thon= erde, 8 Kalkerde, wenig Talk, aber bis über 20 Proc. Eisenoxyd und etwas Natron. Trotz des geringen Thongehaltes ist der Boden dennoch verhältnißmäßig bindend durch die feine Zertheilung der Kieselerde. Zu der, den Zusammensetzungstheilen kaum entsprechenden, großen Frucht= barkeit trägt das Verhalten des Gesteins und der dem Boden beigemengten

Gesteinbrocken wohl wesentlich bei. Das Gestein besitzt die Fähigkeit, die Dünste der Luft an sich zu ziehen und zu verdichten in hohem Grade, hält daher den Boden feucht, während die dunkle Farbe des Gesteins und Bodens die Wärme der Sonnenstrahlen entbindet und Boden wie Luft erwärmt. Der Basaltboden ist besonders den Laubhölzern günstig, die schönsten reinen Ahornbestände neben ausgezeichneten Rothbuchenorten habe ich hier gefunden; zwar ebenfalls sehr freudig wachsend, aber dennoch dem Wuchse obiger Hölzer nicht entsprechend, zeigte sich die Fichte. Den weichen Laubhölzern und der Birke soll der Boden nicht zusagen.

14. Dolerit (Graustein, Flözgrünstein).

Feldspath, Augit und Magneteisen in mehr oder weniger erkennbarem Gemenge. Feldspath und Augit meist zu gleichen Theilen. Uebergänge in Basalt und Wacke. Verwitterung viel leichter als die des Basalt. Bodenbildung und Bodenbeschaffenheit ziemlich dieselbe wie bei jenem.

15. Wacke.

Feldspath, Augit, Magneteisen, Glimmer und Hornblende im innigen Gemenge. Uebergänge in Basalt und Eisenthon. Verwitterung noch leichter wie die des Dolerit. Die Zusammensetzung des Bodens ist ziemlich dieselbe wie die des Basalts, doch ist der Eisen- und Thongehalt etwas geringer, wogegen der Gehalt an Kieselerde bis über 60 Proc. steigt. Der Boden soll ebenfalls sehr fruchtbar, besonders für die Anzucht der Laubhölzer geeignet sein.

16. Melaphyr (Augitporphyre, schwarzer Porphyr, Mandelstein zum Theil)

ein undeutliches Gemenge von Augit und Feldspath, dicht und etwas krystallinisch, oft mit Mandelsteinstruktur, verwittert langsam, trägt aber am Harze (bei Ilfeld) gute Fichten- und Buchenbestände.

17. Lava.

Ein undeutliches Gemenge aus Feldspath und Augit, aus, auch jetzt noch fortdauernden Ergüssen der Vulkane entstanden, verwittert sehr schwer, liefert aber endlich einen sehr fruchtbaren Boden.

Vierte Reihe. Gesteine, deren Hauptbestandtheil Kalkerde.

18. Kalkstein (dichter Kalk).

Kohlensaurer Kalk, Thon, Kieselerde, Eisenoxydul im dichten Gemenge. Uebergänge in körnigen Kalkstein (Marmor) und in Mergel. — Verwitterung des reineren Kalksteins sehr schwer und langsam, je größer der Thon- und Eisengehalt, um so rascher; besonders trägt das, auf einer niedrigen Säurungsstufe stehende Eisen durch höhere Oxydation wesentlich zur Verwitterung des Gesteins in großen Massen bei; leichter verwittert ferner der schiefrige und vielfach zerklüftete Kalk als der massige, da er in höherem Maße von der Feuchtigkeit durchdrungen wird. Der Thongehalt des Kalksteins steigt von wenigen bis auf 20 Proc. (Mergelkalkstein) und

der Kalkboden ist um so fruchtbarer, je größer der Thongehalt. Der mit=
unter hohe Thongehalt des über dem Kalkgebirge lagernden Bodens (bis
30 Proc. und mehr) rührt aber selten von der Zersetzung des Kalkgesteins
her; häufig ist dem Kalkgebirge eine bis ins Kleinste gehende Zerklüftung
eigenthümlich, durch die es mit einer Menge von Adern durchzogen ist,
welche meist mit Thonmasse ausgefüllt sind. Steigt in solchen Fällen der
Thongehalt des Kalkbodens über 40 Proc., während der Eisengehalt bis
unter 2 Proc. hinabsinkt, so zeigt er außerordentliche Grade der Frucht=
barkeit, und wird mit dem Namen Haselerde bezeichnet. Dieß ist stets
ein= und aufgeschwemmtes Erdreich (Flözboden)[1] und nicht aus der Zer=
setzung des Kalks hervorgegangen. Er enthält oft, selbst in der unmittel=
baren Berührung mit den Gesteinbrocken keine Spuren von Kalk. Am
schönsten gedeihen auf ihm die Prunus=, Pyrus= und Sorbus-Arten.
Diesen folgt die Rothbuche und Lärche, diesen Ahorne und Eschen, diesen
die Fichte und Eiche. Den weichen Laubhölzern sagt er am wenigsten zu.
Die Kiefer soll auf Kalkboden ein sehr brüchiges Holz machen und dort
mehr als sonst von Schneedruck leiden. Je mehr im Kalkgestein der Thon=
und Eisenantheil verschwindet, um so schlechter und flachgründiger wird der
Boden. Der thonarme Kalkboden ist trocken und warm, verliert die Feuch=
tigkeit leicht durch Verdunstung, besitzt das Vermögen, die Dünste der
Atmosphäre anzuziehen, nur in sehr geringem Grade, saugt die atmo=
sphärischen Niederschläge gierig ein, backt dann zusammen und behält beim
Wiederabtrocknen einen hohen Härtegrad, erweicht aber leicht durch Wieder=
anfeuchtung, viel leichter als Thon= und Lehmboden. Die Fruchtbarkeit
solchen Bodens wird durch eine Dammerdeschicht, die ihn stets feucht erhält,
abgesehen von der Fruchtbarkeit der Dammerde selbst, in hohem Grade
gefördert, daher hier mit Sorgfalt für ununterbrochene Bewaldung zu
sorgen ist.

19. Kreide.

Die Kreide besteht fast nur aus kohlensaurer Kalkerde; der Gehalt an
Thon, Kiesel und Eisenoxyd ist wenigstens so gering, daß er keinen wesent=
lichen Einfluß auf Bodenbildung hat. Uebergänge in Mergel. Verwitterung
langsam, doch leicht zerstörbar durch mechanische Kräfte. An und für sich
ist der Kreideboden unfruchtbar und nur in sehr feuchtem Klima gedeihen
die Kalkpflanzen, besonders die Prunus-Arten und die Rothbuche noch
ganz gut. So tragen die Kreideberge Rügens mittelmäßig gute Roth=
buchenbestände, deren minder gute Beschaffenheit mir mehr in Bestands=

---

[1] Ueberhaupt hat man bisher dem Proceß der Verwitterung zu viel Einfluß auf
Bodenbildung zugeschrieben. Jeder Verwitterungsboden gibt sich als solcher durch das in
ihm noch in allen Graden der Verwitterung bis zum feinsten Korne vorkommende
Muttergestein leicht zu erkennen, während das, was ich Trümmerboden nenne, keiner
Hauptmasse nach viel gleichförmiger zerkleint und in geringer Tiefe durch scharfkantige von
der Verwitterung wenig oder gar nicht angegriffene Bruchstücke der unterliegenden Gebirgs=
art ausgezeichnet ist. Solchen Trümmerboden fand ich im Gebirge über Thonschiefer, Grau=
wacke, Grünstein, Porphyr, Kieselschiefer ꝛc. in Höhen, bis zu welchen das Diluvialmeer
nicht angestiegen ist, mitunter in bedeutender Tiefe abgelagert. Man könnte ihn als beson=
deres Formationsglied der unterliegenden Gebirgsart betrachten.

als Standortsverhältnissen zu liegen scheint. Auch der Kreideboden Eng=
lands soll theilweise einen üppigen Pflanzenwuchs zeigen. Man kann aus
dem verschiedenen Verhalten des Kreidebodens zum Pflanzenwuchse in der
Seenähe und im Binnenlande (Champagne) wohl mit Recht den Schluß
ziehen, daß der Grund seiner Unfruchtbarkeit besonders in seinem Ver=
halten zur Feuchtigkeit liege.

20. Kalktuff (Duftstein).

Eine lockere bis erdige, poröse Kalkmasse mit mehr oder weniger
Kieselerde, Thonerde und Eisen. Verwitterung rasch und leicht. Der
Boden größtentheils sehr fruchtbar, besonders der Rothbuche zusagend, trägt
im Wesentlichen die Eigenschaften des Bodens aus dichtem Kalksteine; Er=
haltung der Bewaldung und der Dammerde wird besonders auf Tuffboden
mit geringem Thongehalte nothwendig.

21. Dolomit (Bitterkalk).

Körniger poröser Kalkstein, bestehend aus kohlensaurem Kalk mit
3—46 Proc. kohlensaurem Talk. Verwitterung leicht und rasch. Der
Boden des Dolomit wird dadurch, daß das Gestein häufig Glimmer, Talk,
Quarz ꝛc. einschließt, der neuere Dolomit häufig mit Thon und Gypslagern
wechselt, der Vegetation, besonders harter Laubhölzer günstig; seine Be=
standtheile sind meistens 40 kohlensaurer Kalk, 10 schwefelsaurer Kalk,
20—30 kohlensaurer Talk, eben so viel Thon, 8—10 Kieselerde und etwas
Eisenoxyd und Manganoxydul.

22. Gyps.

Schwefelsaurer Kalk, bestehend aus 33 Kalkerde, 46 Schwefelsäure,
21 Wasser. Verwitterung sehr leicht und rasch, da das Gestein vom
Regenwasser aufgelöst und ausgewaschen wird. Der reine Gyps gibt einen
sehr unfruchtbaren Boden; die mit Thon gemengten Gypse (Thongyps) und
reines Gestein mit Thonschichten wechselnd, bilden mitunter sehr fruchtbaren
Boden, auf welchem besonders die Rothbuche und die Ahorne ganz gut
gedeihen.

Fünfte Reihe. Sandsteine.

Quarzkörner von geringer Größe in einem thonigen, kalkigen, mer=
geligen, kiesigen, eisenschüssigen Bindemittel. Verwitterung verschieden nach
Verschiedenheit und Menge des Bindemittels; mit thonigem und eisen=
schüssigem Bindemittel verwittern die Sandsteine am raschesten, um so
rascher, je größer die Menge des Bindemittels; mit kiesigem und mergeligem
Bindemittel am langsamsten. Auch die Beschaffenheit des aus den Sand=
steinen hervorgehenden Bodens ist nach Art und Menge des Kitts und nach
der Größe der Quarzkörner sehr verschieden.

23. Der Thonsandstein

liefert einen meist sehr fruchtbaren bindenden Thon= oder Lehmboden, dessen
Thongehalt mitunter bis auf 30 Proc. steigt, besonders dann, wenn das

Gestein aus sehr feinen Quarzkörnern besteht. Bei demselben Thongehalt wird der Boden weniger bindend und thonhaltig, je gröber die Quarzkörner sind, indem alsdann die Thontheile durch Regengüsse in die Tiefe geschwemmt werden, wo sie sich anhäufen und ein das Wasser nicht durchlassendes Thonlager bilden, welches, wenn es nicht tief unter der Oberfläche des Bodens steht, häufig Veranlassung zu Versumpfungen wird. Der Boden eines feinkörnigen Thonsandsteins ist für die meisten Laubhölzer und für die Fichte ausgezeichnet gut. Besonders soll er der Eiche sehr entsprechen.

24. Der Kalksandstein.

Außer dem durch das Aufbrausen mit Säuren erkennbaren kalkigen Bindemittel des Gesteins tritt häufig noch ein beträchtlicher Gehalt an Glimmer hinzu, in welchem Falle der Boden sehr fruchtbar wird, aber alle die Nachtheile einer großen Lockerheit zeigt. Er eignet sich besonders für die Buche und Lärche; wenn er tiefgründig ist, auch für Fichte und Kiefer.

25. Der Mergelsandstein

liefert eine der fruchtbarsten Bodenmischungen, wenn das entweder thonmergelige oder kalkmergelige Bindemittel in hinreichender Menge vorhanden ist. Die Quarzkörner des Mergelsandsteins sind größtentheils fein, daher sich der Boden in seiner Mischung zu erhalten vermag. Bei gleicher Kittmenge ist der Boden lockerer, als der des Thonsandsteins, wodurch ebenfalls die Fruchtbarkeit gefördert wird.

26. Der Quarzsandstein

besteht aus einem kieselerdigen, eisenschüssigen Bindemittel zwischen feinen abgerundeten Quarzkörnern. Das Gestein verwittert sehr schwer, und der daher meist sehr flache lockere Boden ist auch durch seine Zusammensetzungstheile dem Pflanzenwuchse wenig günstig. Fichte und Birke gedeihen auf ihm noch am besten; der Kiefer ist er selten tiefgründig genug.

Den Lagerungsverhältnissen nach unterscheidet man: Quadersandstein, bunten Sandstein, Kohlensandstein rc. Jede dieser Arten kann sowohl Thon-, als Kalk-, Mergel- oder Quarzsandstein sein.

Der nicht verbundenen Gebirgsarten, wie: Thon, Mergel, Sand, werde ich im Verfolg gedenken.

III. Von den Strukturverhältnissen der Gebirgsarten.

Die Felsmassen unseres Erdkörpers bilden kein zusammenhängendes Ganze, sondern sind, sowohl im Großen wie im Kleinen vielfach zerklüftet und zerspalten. Die Eigenthümlichkeiten der Gebirgsarten in dieser Hinsicht sind in so fern von wesentlichem Einfluß auf die Beschaffenheit des überliegenden Bodens und somit auf den Pflanzenwuchs, als davon, vorzüglich bei flacher Bodendecke, das Eingreifen der Pflanzenwurzeln in den Untergrund, daher die Kraft bedingt ist, mit welcher die Bäume und Bestände den Stürmen Trotz zu bieten vermögen; als ferner die Erhaltung

oder Ableitung der Bodenfeuchtigkeit, und endlich die raschere oder lang=
samere Verwitterung der Felsmassen davon abhängig ist.

In Bezug auf Strukturverhältnisse, so weit sie den besonderen Zweck
meiner Mittheilungen betreffen, treten zunächst zwei wesentliche Verschieden=
heiten zwischen neptunischen und plutonischen Gebirgsarten hervor.

Die im heißflüssigen Zustande aus dem Innern der Erde hervor=
brechenden, plutonischen Ergüsse zogen sich, schon zu festen Massen erstarrt,
bei zunehmender Abkühlung immer mehr zusammen, wodurch vielfältig das
Gestein durchsetzende Risse und Klüfte entstanden, theils völlig regellos wie
bei den Grünsteinen, Porphyren, theils in bestimmten Abständen und
Richtungen wie beim Basalt, einigermaßen auch beim Granit, Syenit ꝛc.

Die neptunischen Gebirgsarten haben sich großentheils nicht plötzlich
aus dem Wasser niedergeschlagen, sondern allmählig und schichtenweise.
Bei dieser Ablagerung wechselten nicht selten die Bestandtheile des Nieder=
schlags mannigfaltig ab. Durch diesen Wechsel des Bestandes erhielten sich
die einzelnen Schichtungen im Kleinen wie im Großen bis heute erkennbar.
Eine Trennung derselben, oft bis ins Kleinste gehend, erfolgte, als das
Sediment=Gestein, aus dem Meere emporgehoben, abtrocknete, in Folge
dessen die gleichzeitig niedergeschlagenen Gebirgstheile sich in vertikaler
Richtung zusammenzogen. Es entstand dadurch die Schieferung wie sie der
Thonschiefer, aber auch viele Kalke ausgezeichnet zeigen. Aber auch in
horizontaler Richtung fand ein Zusammenziehen der Masse beim Entweichen
des Wassers statt. Es entstanden dadurch senkrechte Klüfte, wie wir das
noch heute an jeder austrocknenden Pfütze beobachten. Spätere Ueber=
schwemmungen haben dann nicht selten die, zwischen dem Gestein ent=
standenen Schichtenräume und Klüfte mit Trümmern anderer Gebirgsarten,
wie Sand, Lehm, Thon ꝛc. ausgefüllt, durch welche die Tiefgründigkeit des
Bodens häufig ersetzt wird.

Ursprünglich mußten alle Sedimentgesteine eine horizontale Lage haben;
erst später auftretende Kräfte, theils bis zum Ueberwerfen gesteigerte
Hebungen, theils Einsenkungen der gebildeten Schichten veranlassend,
änderten die ursprüngliche Lage der Schichten wesentlich, so daß wir diese
gegenwärtig eben so häufig in geneigter, oft sogar senkrechter Stellung als
in der ursprünglich wagerechten Lage vorfinden.

Senkrechte Schichtung und Zerklüftung der Felsen ist dem
Wuchse, besonders derjenigen Hölzer am günstigsten, welche ihre Wurzeln
in die Tiefe senden. Selbst Holzarten mit flachlaufender Bewurzelung ziehen
daraus Vortheil, indem sie feinere Wurzelstränge in senkrechter Richtung,
zwischen den Gesteinspalten in die Tiefe senden. Auf dem Boden eines
über 20 Meter tiefen Kalksteinbruches sah ich feine Wurzelstränge des über
dem Bruche wachsenden Buchenbestandes, in den mit bindendem Thon ge=
füllten Gesteinspalten verbreitet. Zieht man in Betracht, daß die atmo=
sphärischen Niederschläge im Hinabsinken in die Bodentiefe immer mehr
mineralische Lösungen in sich aufnehmen und den Wurzeln zur Aufnahme
darbieten, so wird man erkennen: daß die Aufnahme von Bodenwasser aus
großer Tiefe überall einen günstigen Einfluß auf die Vegetation ausüben
muß, wo sie nicht auf ein unterirdisches Becken stagnirenden Wassers stoßen.

Schräge Schichtung der Felsmassen muß da, wo das Gestein von keiner starken Erdschicht bedeckt ist, an entgegengesetzten Bergseiten eine ganz verschiedene Einwirkung auf den Pflanzenwuchs äußern. Diejenige Bergwand, von welcher aus sich die Schichten senken, wirkt auf den Pflanzenwuchs eben so günstig ein, als die senkrechte Richtung. Die entgegengesetzte Bergwand ist für alle Holzpflanzen, für die mit tiefgehender wie für solche mit flacher Wurzelverbreitung die ungünstigste, indem den Wurzeln überall die Gesteinfläche entgegentritt, deren Verbreitung daher hier allein auf die Bodenkrume beschränkt ist.

Wagerechte Richtung ist dem Wuchse der Holzpflanzen größtentheils ungünstig; immer auf Bergebenen und für Holzarten mit tiefgehender Bewurzelung; an Bergabhängen hingegen kann sie den Wuchs der Holzarten mit flacher Bewurzelung mehr begünstigen als die senkrechte Schichtung. Reichliche Zerklüftung der Schichten hebt die Nachtheile der wagerechten Schichtung.

Eine nähere Beachtung dieser Verhältnisse wird in vielen Fällen die Ursache des oft so sehr verschiedenen Pflanzenwuchses auf entgegengesetzten Berghängen zu erkennen geben; sie sind für den Gebirgsforstwirth von größerer Bedeutung, als dieß auf den ersten Blick scheinen mag, indem von ihnen nicht allein der Umfang des Ernährungsraumes, die Menge und Nachhaltigkeit der Bodenfeuchte, sondern auch die feste Haltung der Bäume abhängig ist.

Aber nicht allein die Schichtungsverhältnisse der felsigen Bodenunterlage äußern einen wesentlichen Einfluß auf Boden- und Pflanzenwuchs; in gleichem Grade beachtenswerth ist zweitens der Bestand derselben, je nachdem er geeignet ist, dem bedeckenden Boden seine Feuchtigkeit zu erhalten, oder dieselbe abzuleiten und in die Tiefe zu führen. Die Eigenthümlichkeit der Gesteine in dieser Hinsicht beruht theils in der Verschiedenheit ihrer Struktur, theils in der Verschiedenheit ihrer Bestandtheile.

Massige Felsen leiten die Feuchtigkeit weniger ab, als geschichtete oder zerklüftete Felsen; derbe, krystallinische Gebirgsarten weniger als schiefrige und zusammengekittete; feste Gesteine weniger als verwitterte; wagerechte Schichtung, schiefrige Gebirgsmasse erhält dem Boden die Feuchtigkeit länger, als jede andere Richtung.

Die Eigenthümlichkeit eines Gebirges in dieser Hinsicht kann, je nach Verschiedenheit des deckenden Bodens, günstig oder ungünstig sein. Empfängt ein Boden nicht mehr Feuchtigkeit als zur Herstellung und Erhaltung eines den Pflanzen günstigen Feuchtegrades erforderlich ist, so wird eine ableitende Unterlage nachtheilig wirken, die unter anderen Verhältnissen bei überschüssig zufließender Feuchtigkeit wohlthätig ist. Eine die Feuchtigkeit nicht aufnehmende Gebirgsart kann aber auch auf Trockenheit des Bodens einwirken, wenn der letztere nämlich so flach und der Sonne oder dem Luftwechsel so ausgesetzt ist, daß er die ihm zufließende Feuchtigkeit rasch verdunstet. Felsarten, die das Wasser aufnehmen, können in solchen Fällen günstig wirken, indem sie die eingesogene Feuchtigkeit an den rasch austrocknenden Boden wieder abgeben. Die Wirkung ein und desselben Gesteins ist ferner verschieden nach Verschiedenheit der Bodentiefe; mit wenig Bodenkrume bedeckt, wird ein undurchlassendes Lager Versumpfungen veranlassen, während es unter einer stärkeren Bodenschicht dieser den günstigen Feuchtigkeitsgrad ertheilt.

Wir erkennen drittens einen wesentlichen Einfluß der Bodenunterlage auf Boden und Pflanzenwuchs in der äußeren Gestalt derselben, in der Lage und Neigung der Gebirgsmassen.

Je gebirgiger, unebener die Bodenunterlage und mit ihr der Boden selbst ist, um so größer ist dessen Oberfläche im Verhältniß zur Grundfläche, um so mehr Berührungspunkte bietet der Boden dem Lichte und der Luft, um so größer ist auf derselben Grundfläche der Ernährungsraum der Gewächse in der Luft, um so größer die Menge der den Gewächsen zufließenden Luftnahrung. Da nun, wie ich erwiesen habe (vergl. Seite 16), die Holzpflanze in weit höherem Grade sich aus der Luft, als aus dem Boden ernährt, der Boden vorzugsweise als Feuchtigkeitsmagazin und durch Befruchtung der Luft auf die Pflanzenernährung einwirkt, so muß eine geneigte Fläche mehr Holzmasse erzeugen als eine Ebene, beide von gleicher Grundflächenausdehnung, um so mehr, da auch der Ernährungsraum im Boden auf der geneigten Fläche ein größerer ist.

Da die Insolation einer gebirgigen Oertlichkeit stets die ihrer Grundfläche ist, muß die durchschnittliche Oberflächenerwärmung eine um so geringere sein als die Außenfläche eine größere im Verhältniß zur Grundfläche ist, abgesehen von dem modificirenden Einfluß verschiedener Expositionen.

Die Lage und Neigung der Unterlage hat ferner einen wesentlichen Einfluß auf Bodenbildung. Bei einer Neigung von mehr als 40 Graden sind die Felsen von Erde und Rasen entblößt, nur Flechten und Moose haften an der steilen Felswand; die durch Verwitterung aus dem Felsen gebildete Erdkrume vermag sich nicht zu erhalten, und sinkt allein schon durch ihre Schwere in das Thal hinab, oder sammelt sich über Unebenheiten und in Spaltungen der Felswände. Hier siedeln sich dann zuerst die höher gebildeten Pflanzen an, und wir sehen Berghänge horstweise mit Holzpflanzen bewachsen, die so steil sind, daß sich an ihnen keine Grasnarbe zu bilden vermag. Ohne Holzwuchs bildet sich eine Grasnarbe erst bei einer Neigung von weniger als 30 Graden; der unbenarbte Boden des Ackerlandes vermag sich nur bei weniger als 20 Grad Neigung zu erhalten, und selbst bei 15 Grad wird durch Regengüsse noch viel des unbenarbten Bodens in die Thäler geschwemmt, so daß man nur selten Ackerstücke findet, deren Neigungswinkel 10 Grad übersteigt. Der Baumwuchs in ununterbrochenen Beständen geht gewöhnlich nicht über 30 Grade hinaus. Eine Neigung von 5 Graden ist für Chausseen und Landstraßen schon ungünstig; die steilsten Fahrwege übersteigen selten 15 Grad Neigung. Je geringer der Neigungswinkel, um so mehr wird die Bodenbildung gefördert; in Thälern vermehrt sich die Bodenkrume noch bedeutend durch die, von den benachbarten Bergen durch Regengüsse abgeschwemmte Erde, um so mehr, je steiler die benachbarten Hänge sind.

Senkrecht nennt man einen Berghang von 80—90 Graden, bei 40—80° jäh, bei 25—40° abschüssig, bei 15—25° steil, bei 10 bis 15° lehn, bei 5—10° ansteigend, unter 5° geneigt.

Ein steiler Abhang läßt sich ohne Hülfsmittel nur schwierig besteigen, ein lehner Berg erscheint dem Auge schon sehr steil.

Durch kein Mittel wird die Bodenbildung an Gebirgshängen mehr befördert, als durch sorgfältige Erhaltung der Bewaldung. Der Forstmann muß daher bei Bewirthschaftung der Berghänge, bei der Wahl der Betriebs= weisen und bei der Verjüngung der Bestände besonders sorgfältig zu Werke gehen. Unvorsichtige Entwaldung steiler Berghänge kann diese für immer zum Wiederanbau unfähig machen, wenigstens große Kulturkosten herbei= führen, und den Ertrag sehr lange hinaussetzen. An solchen Hängen, und wenn sich der Verjüngung durch natürliche Besaamung erfahrungsmäßig große Schwierigkeiten entgegenstellen, ist die Plänterwirthschaft oder auch der Mittelwaldbetrieb mit vielem Oberholze an seiner Stelle. Betrieb mit Weidevieh ist hier sehr nachtheilig.

Viertens bestimmt die Tiefe der Bodenunterlage den unterirdischen Ernährungsraum der Holzpflanzen und äußert auch dadurch einen wesent= lichen Einfluß auf das Gedeihen derselben. Unsere Waldbaumhölzer besitzen eine sehr verschiedene Wurzelbildung. Die Wurzeln der Kiefer, Eiche ꝛc. gehen in die Tiefe, die der Buche, Fichte ꝛc. verbreiten sich mehr in der Oberfläche des Bodens (vergl. die besondere Naturgeschichte der Holzpflanzen). Erstere verlangen daher zu ihrem freudigen Gedeihen einen tieferen Boden, letztere begnügen sich mit einer geringeren Tiefgründigkeit. Wir sehen erstere auf flachem Boden kümmerlich wachsen und in geringem Alter absterben, während letztere bis ins hohe Alter einen freudigen Wuchs zeigen.

Aber auch bei ein und derselben Holzart, ihre Wurzelbildung bei ungehinderter Entwicklung mag von einer oder der anderen Art sein, hat die Bodentiefe einen wesentlichen Einfluß auf Bestand und Ertrag, indem von ihr, wenigstens theilweise, der dichte Stand der Holzpflanzen abhängig ist. Wie einem tiefen Ackerboden ein weit dichterer Stand der Getreide= und der Futterpflanzen eigenthümlich ist als dem flachgründigern, so ist auch dem tiefen Waldboden eine größere Stammzahl, dichterer Bestand und Schlß eigen, aus dem sehr einfachen Grunde, weil die Wurzeln, selbst der Holzarten mit flacher Bewurzelung in die Tiefe gedrängt werden und sich nicht in dem Grade gegenseitig behindern, als wenn sie durch Flach= gründigkeit auf die wagerechte Ausbreitung beschränkt werden. Daher stellen sich auf flachem Boden die Bestände weit früher licht, sind daher lange nicht so für die Erzeugung langschäftiger Bauhölzer geeignet, als die ge= drängteren Bestände des tiefen Bodens. Besonders zu berücksichtigen ist dieß bei der Wahl der anzubauenden Holzarten und beim Kulturbetriebe.

Der nachtheilige Einfluß flachgründigen Bodens auf Holzarten mit tiefgehender Bewurzelung tritt um so schärfer hervor, je älter die Bäume werden, je größeren Raum sie mit zunehmendem Wachsthum zur Wurzel= ausbreitung bedürfen. Auf flachem Boden muß daher der Umtrieb der Wälder ein kürzerer sein, als auf tiefgründigem Boden. Dieselbe Holzart im Niederwaldbetriebe behandelt, kann da noch einen hohen Ertrag ge= währen, wo sie im Hochwalde nur kümmerlich wächst.

Ein flacher Boden wirkt um so weniger nachtheilig, je mehr die ihn bedeckende Holzart geeignet ist, ihre Nahrungsstoffe der Luft zu entnehmen.

Buche, Fichte und Kiefer stehen hierin allen andern Holzarten voran, und wenn die letztere dem flachen Boden abhold ist, so liegt dieß allein in ihrer Wurzelbildung. Da eine Holzart um so mehr geeignet ist, die Nahrungs= stoffe der Luft aufzunehmen, je größer ihre Belaubung ist, so müssen wir auf flachem Boden die Bestände in thunlichst freiem Stande erziehen, um sie vom Boden möglichst unabhängig zu machen; ist jedoch der flache Boden dem raschen Austrocknen sehr unterworfen, so darf die Freistellung nicht weit über Unterbrechung des Kronenschlusses hinausgehen. Flach= gründigkeit wirkt auch da weniger nachtheilig, wo die Luft dauernd und reichlich mit Nahrungsstoffen und Feuchtigkeit geschwängert ist: unter feuch= tem Klima in zusammenhängenden Waldungen zc.

IV. Von den Gebirgsformen.

Theils als Träger des gebildeten Bodens, theils als Bodenbilder äußert das feste Gestein auch durch die Form seiner Oberfläche einen be= achtenswerthen Einfluß auf den Boden, insofern ebene und wellige Ober= flächen die Bodenbildung und die Lage des gebildeten Bodens fördern, schroffe und zerrissene Gebirgsformen ihnen entgegenstehen. Es übt aber auch einen beachtenswerthen Einfluß auf die Massenerzeugung geschlossener Bestände, insofern die größere Oberfläche welligen oder geneigten Bodens dem Pflanzenwuchse einen größeren Ernährungsraum, im Boden sowohl als in der Atmosphäre darbietet, demzufolge dann auch die Pflanzenzahl der geneigten Fläche in der That eine größere sein kann, als die der ent= sprechenden Grundfläche. Endlich hat die Gebirgsform auch einen nicht unerheblichen Einfluß auf die Erhaltung oder Ableitung der Feuchtigkeit des Bodens.

Eine andere Frage ist es, ob und in wie weit man den verschiedenen Gebirgsarten eigenthümliche Formcharaktere äußerer Gestaltung zuschreiben könne. Es ist das vielfach geschehen. Wenn man dem Granit wellige Gebirgsformen, dem Porphyr und Quarz schroffe und zerrissene Formen zuschreibt, so mag dieß im Großen ganz wahr sein; Ausnahmen hiervon sind aber so häufig, daß sich eine allgemeine Beziehung zur Bodenkunde darauf schwerlich gründen läßt. Es hängt die äußere Form vielmehr von der Masse des Hebenden und des Gehobenen und von der Kraft der Hebung, als vom Material des Hebenden oder Gehobenen ab. Schon innerhalb der engen Grenzen des Harzes zeigen gleiche Gebirgsarten hierin die größten Verschiedenheiten.

Zweites Kapitel.

Vom Boden.

I. Von der Entstehung des Bodens.

Der die feste Erdrinde bedeckende Boden ist vierfachen Ursprungs. Ein Theil desselben gehört einer frühen Bildungsperiode, besonders dem Flöz= gebirge an. Wir sehen nämlich zwischen den felsigen Schichtungen der

Flözperiode häufig mehr oder minder mächtige Lager von erdigem Thon, Mergel, Sand auftreten. Diese Schichtungen bilden nicht selten die oberste Lage der Formation, gehen in mehr oder minder ausgebreiteten Flächen zu Tage, ohne daß man sagen kann, die Schichtung gehöre der letzten Bildungsperiode, dem aufgeschwemmten Gebirge an. Solchen Boden, der besonders häufig über jüngeren Kalkgebirgen auftritt, wollen wir mit dem Ausdruck: Flözboden bezeichnen.

Ein größerer Theil des Erdbodens verdankt den letzten großen Umwälzungen unserer Erdrinde sein Entstehen; er ist wie der Flözboden, an und für sich Boden und zugleich Gebirgsformation, die letzte der genannten, aufgeschwemmtes Land; ausgezeichnet durch die gänzlich mangelnde oder nur geringe Verbindung der Gesteintheile zu festen zusammenhängenden Massen; Ablagerungen von Sand, Lehm, Thon, Mergel, Geschiebe und Gerölle verschiedenartiger Felstrümmer. Diesen Boden finden wir nicht allein in den großen meeresgleichen Niederungen, z. B. des nördlichen Deutschlands, sondern auch in den Becken und größeren Thälern der Gebirgsländer, sowie in den Flußniederungen derselben verbreitet. Man kann ihn mit dem Namen Diluvialboden bezeichnen; in den meisten Fällen ist es Meeresboden, d. h. der Grund ehemaliger, auch nach der letzten Ueberschwemmung noch eine Zeit lang zurückgebliebener großer Wassermassen.

In ähnlicher Weise, wie jener aus den Urwassern abgeschiedene Boden, bildete sich auch später und bildet sich noch gegenwärtig ein aufgeschwemmter Boden durch Auf= und Anspielungen an Meeresufern und Flußmündungen, sowie durch Absatz aus stehenden Wassern. Man nennt solchen Boden, zum Unterschiede vom Diluvium: Alluvialboden.

Ein letzter Theil des Erdbodens hat sich erst nach den letzten Erdumwälzungen, ohne Beihülfe der versetzenden Kraft des Wassers, allein durch Verwitterung des Gesteins der früher nackten Felsen über diesen gebildet. Wir nennen ihn Verwitterungsboden, in den meisten Fällen ist es Gebirgsboden. Nur von der Entstehung dieses letzteren ist hier weiter die Rede.

Die Bodenbildung durch Verwitterung wird theils durch chemische, theils durch mechanische Kräfte gefördert.

Chemische Zersetzung erleidet der Fels durch Einwirkung des Sauerstoffs, der Kohlensäure und des Wassergehaltes der Luft, wenn diese Stoffe mit den verschiedenartigen Bestandtheilen der Gesteine in Berührung kommen, in chemische Verbindung mit ihnen treten, dadurch ihre Natur verändern und die frühere innige Verbindung der Gesteintheile lösen.

Der Sauerstoff wirkt vorzugsweise auf den Gehalt der Gesteine an Metallen, indem er diese auf eine höhere Säuerungsstufe erhebt; unter Hinzutritt der Feuchtigkeit bilden sich Metalloxydhydrate (Verbindungen der Metalle mit Sauerstoff und Wasser), worauf, nicht allein durch die Veränderung des Bestandes selbst, sondern auch durch die damit verbundene Volumerweiterung der veränderten Metalle, der frühere innige Zusammenhang dieser mit den übrigen Gesteintheilen zerstört wird.

Die Kohlensäure der Luft und des Bodens wirkt dadurch auf die Zerstörung der Gesteine ein, daß sie dieselben in Verbindung mit

Feuchtigkeit als kohlensaures Wasser durchdringt, den Kalk= und Talk=, Kali= und Natrongehalt derselben in einen löslichen Zustand versetzt und dem Gestein diese Bestandtheile entführt.

Das Wasser selbst wirkt durch Hydratbildung auf Lösung der Bestandtheile ein.

Eine wichtigere Rolle als die chemischen spielen die mechanischen Kräfte bei der Verwitterung der Gesteine. Das Wasser wirkt nicht allein durch Auslaugen der, vermittelst chemischer Kräfte in einen löslichen Zustand versetzten und der, an und für sich löslichen Gesteintheile; es zerstört vorzugsweise durch seine Verwandlung zu Eis und der damit verbundenen Ausdehnung. Wie ein mit Wasser gefülltes verschlossenes Gefäß beim Gefrieren des Wassers gesprengt wird, so treibt auch die im Steine enthaltene Feuchtigkeit beim Gefrieren die Steintheile auseinander und zerstört den Zusammenhang.

Ist auf diese Weise die äußere Gesteinschicht gelockert, vermag sie in Folge dessen eine größere Menge von Feuchtigkeit aufzunehmen, so treten zu den mechanischen und chemischen Kräften noch organische Kräfte hinzu; es siedeln sich auf dem Gestein zuerst Flechten von mehr als hundertjähriger Lebensdauer, dann Moose an, es bildet sich ein Ueberzug niederer Pflanzen, durch welchen das Vorschreiten der Zerstörung in Folge der verringerten Verdunstung, des erhöhten Feuchtigkeitsgrades und durch die in die feinsten Oeffnungen eindringenden Pflanzenwurzeln beschleunigt wird. Unter der Pflanzendecke bildet sich durch das Zerfallen des Gesteins Bodenkrume, gemengt mit den Ueberresten der abgestorbenen Pflanzen, in welchen nun schon höher gebildete Gewächse, Gräser und Kräuter, endlich Gesträuch und Bäume Haltung und Feuchtigkeit finden. Die Wurzeln der höher gebildeten Pflanzen dringen mit ihren feinsten Fasern in die Gesteinspalten und fördern die Zerstörung des Gesteins dadurch, daß sie durch vorschreitendes Wachsthum die Spalten erweitern, auseinanderdrängen.

Der auf diese Weise in einer Reihe von Jahrhunderten gebildete Verwitterungsboden bleibt nun entweder auf der Stelle, wo er sich bildete, liegen; wir nennen ihn dann Gebirgsboden, oder er wird durch eigene Schwere, durch Winde oder durch Regengüsse von den Gebirgshängen ins Thal geführt, und sammelt sich hier zu mehr oder minder mächtigen Schichten: Thalboden, oder er wird von Gebirgsgewässern dem Thale entführt und oft erst in weiter Ferne von seinem Entstehungsorte abgesetzt: Flußboden.

Wir erkennen hieraus, daß es vorzugsweise der Pflanzenwuchs ist, welcher die Herausbildung einer tragbaren Bodenkrume über dem verwitternden Gestein vollendet, daß es besonders die Holzpflanzen sind, welche hierauf mächtig hinwirken, indem sie nicht allein die Bodenbildung fördern, sondern auch ebenso durch ihre Bewurzelung als durch ihren Laubschirm den gebildeten Boden festhalten und in höherem Grade als alle übrigen Gewächse durch den reichlichen Blatt= und Reiserabfall zu befruchten vermögen. Eine sorgfältige Bewirthschaftung der Gebirgshänge ist daher in doppelter Hinsicht wichtig, nicht allein um der bewaldeten Fläche den höchstmöglichen Ertrag abzugewinnen, sondern auch um die tragbare Oberfläche des Landes überhaupt zu erhalten und zu erweitern. Wenn es höchste Aufgabe der Forstwirthschaft ist, den Ertrag der Wälder zu erhöhen, so gehört dahin nicht minder die Gewinnung bisher ertragloser Flächen für die Erzeugung nutzbarer Gewächse.

II. Von den Bestandtheilen des Bodens.

Die Stoffe, aus denen die Bodenkrume zusammengesetzt ist, sind theils erdiger, salziger und metallischer Natur, theils sind es minder beständige Ueberreste abgestorbener Pflanzen und Thiere, Wasser und Luft. Wir wollen diese Bestandtheile einzeln, der Reihe nach näher betrachten.

A. Von den mineralischen Bestandtheilen des Bodens.

Die mineralischen Bestandtheile des Bodens, und unter diesen die Erden, bilden in den meisten Fällen die Hauptmasse der Bodenkrume. Von ihrer Menge, Art, Beschaffenheit und Mengungsverhältniß ist die Natur des Bodens und dessen Einfluß auf Pflanzenwuchs in hohem Maße abhängig.

Ich bin allerdings der Ansicht, daß es uns nie gelingen wird, aus der Untersuchung der Bodenbestandtheile eine sichere Ansicht zu gewinnen über die einer gewissen Bodenart zusagende Holzart, noch weniger über den Fruchtbarkeitsgrad des Bodens in Bezug auf sie, und zwar aus dem einfachen Grunde, weil auf die Bodengüte, oder richtiger auf die Standortsgüte, außer der Bodenbeschaffenheit eine große Menge von Faktoren einwirken, die unserer Forschung sich entweder ganz entziehen oder in Raum und Zeit so veränderlich sind, daß deren Erforschung praktisch unausführbar ist; damit will ich aber nicht gesagt haben, daß der mineralische Bestand des Bodens nicht von wesentlichem Einfluß sei auf Verschiedenartigkeit und Gedeihen des Pflanzenwuchses. Wir wollen daher zuerst die Eigenschaften der verschiedenen Einzeltheile näher betrachten.

1. Erden.

Den Hauptbestand des Bodens bildet die Kiesel-, Thon-, Kalk- und Talkerde. Alle übrigen Erden sind ihrer Menge nach so untergeordnet, daß sie in der forstlichen Bodenkunde keine weitere Beachtung verdienen.

a. Die Kieselerde

findet sich im Boden in dreifacher Form; theils in chemischer Verbindung mit der Thonerde als Thon, theils in einem sehr fein zertheilten Zustande als Kieselstaub, endlich in größeren oder kleineren Quarzkörnern und Krystallen als Sand, Grand, Gruß, größtentheils in Verbindung mit Wasser, wenig Thon, mit Eisen oder Humussäure. Je klarer der Sand des Bodens, um so freier sind die Körner von Beimischung; eine milchweiße Farbe erhält er häufig durch anhängende Kalktheile, eine röthliche Farbe durch Eisen- und Manganoxyd-, eine dunkle schwärzliche Farbe durch Humustheile, die mit der Oberfläche der Quarzkörner innig, wahrscheinlich chemisch verbunden sind.

Die Kieselerde des Bodens zeigt sich unter allen Bestandtheilen desselben am wenigsten veränderlich, da sie im Wasser nicht löslich ist und
auch vom Sauerstoff der Luft nicht angegriffen wird. Trotzdem findet sich
die Kieselerde fast in allen Quellwassern, besonders reichlich in den heißen
Quellen. Die Auflösung wird wahrscheinlich durch kohlensaures Wasser
und dessen chemische Einwirkung auf die verschiedenen Silicate vermittelt.
In diesem aufgelösten Zustande wird die Kieselerde in nicht geringen
Mengen von den Wurzeln der Pflanzen aus dem Boden aufgesogen. Besonders groß ist der Kieselgehalt in den Halmen der Gräser. Aber auch
die Holzpflanzen nehmen Kieselerde auf. Saussure fand in der Asche der
Eichenblätter im Frühjahre 3 Proc., im Herbste 14½ Proc., im Holze 2
Proc., im Splinte 7½ Proc. des Aschengewichts.

Unter allen Bestandtheilen des Bodens hat die Kieselerde im körnigen
Zustande die geringsten Grade des Zusammenhangs, und ist daher eines
der vorzüglichsten Lockerungsmittel des Bodens. Sie begünstigt bei einer
durch stärkere Bedeckung gesicherten Feuchtigkeit die Keimung und fördert
die Wurzelbildung und Verbreitung der Wurzeln. Im fein zertheilten
staubigen Zustande wirkt sie weniger auf Lockerheit des Bodens und eine
geringe Thonmenge vermag solchem Boden einen hohen Grad des Zusammenhangs zu geben. Ist der Gehalt eines Bodens an körniger Kieselerde
zu groß, so wird der Boden zu locker, nimmt zu viel Luft zwischen sich
auf, ist einem zu großen Luftwechsel unterworfen, wodurch die Feuchtigkeit
sich nicht zu erhalten vermag, indem sie entweder zu rasch verdunstet oder
in die Tiefe sinkt, oder auch vom Boden gar nicht angenommen wird,
wie wir dieß nach einem Regen auf Sandboden sehen, in welchen, in
Folge der großen Luftmenge im Boden, die Feuchtigkeit entweder gar nicht
einzieht oder nur die äußerste Schicht benetzt. Es hat das ferner zur
Folge, daß die im Boden befindliche Humusmenge sehr rasch zersetzt wird.
Besonders hierin liegt die große Unfruchtbarkeit des reinen Sandbodens,
so nothwendig die Kieselerde als Beimengung zu andern Erdarten ist.

Auch in ihrem Verhalten zur Feuchtigkeit nimmt die Kieselerde die
letzte Stelle unter den verschiedenen Erdarten ein. Das Wasser zertheilt
sich nicht fein, sondern bleibt im flüssigen Zustande zwischen den Sand-
körnern, nur deren Oberfläche befeuchtend, daher vermag der Sand auch
viel weniger Feuchtigkeit aufzunehmen, wie jede andere Erdart, nur ⅓
der Wassermenge, die der Thon aufnimmt, ohne dadurch naß zu werden.
Ebenso verliert der Sand die aufgenommene Feuchtigkeit am raschesten,
beinahe dreimal so rasch wie der Thon. Auch diese Eigenschaft wirkt wohlthätig auf Bodenbeschaffenheit ein, wenn der Sand nur als Gemengtheil
anderer Bodenarten in einem günstigen Mengungsverhältniß auftritt, indem
er dann die zu hohen Feuchtigkeitsgrade des Bodens mildert; sehr nachtheilig wird sie aber in dem Boden mit überwiegendem Kieselgehalte, die
Trockenheit desselben veranlassend, um so mehr als der Sand unter allen
Erdarten diejenige ist, welche das Vermögen, die Dünste der Luft anzuziehen, im geringsten Grade besitzt, daher nur durch wirkliche Niederschläge
der Luftfeuchtigkeit befeuchtet wird.

Gebunden an das Verhalten der Erdart zur Feuchtigkeit ist ihr Ver-

halten zum Sauerſtoff der Luft, daher dann dem Sand auch die Eigen‐
ſchaft, den Sauerſtoff anzuziehen, unter allen Erdarten am wenigſten zu‐
ſteht, eine in jedem Falle nachtheilige Eigenſchaft.

Endlich haben wir noch einer Eigenſchaft des kieſelreichen Bodens zu
erwähnen: der langſamen Wiederabkühlung deſſelben. Die Erwärmbarkeit
des Sandbodens durch Einwirkung der Sonne iſt ziemlich dieſelbe wie die
aller übrigen Erdarten, nur die dunkel gefärbten Bodenarten werden von
der Sonne in höherem Grade erwärmt, und zu dieſen gehört der Sand‐
boden in der Regel nicht; dahingegen hält er die empfangene Wärme viel
länger feſt, ſo daß z. B. Thonboden in zwei Stunden eben ſo viel Wärme
verliert als Sandboden in drei Stunden. Die Urſache liegt in der glatten
glänzenden Oberfläche der Quarzkörner, indem Körper mit rauher Ober‐
fläche mehr und raſcher die Wärme durch Wärmeſtrahlung verlieren als
glatte Flächen.

Das ſpecifiſche Gewicht des Sandes iſt = 2,65.

b. Die Thonerde.

Der reine Thon iſt eine chemiſche Verbindung von Alaunerde und Kieſel‐
erde in verſchiedenen Verhältniſſen. Berzelius unterſcheidet drei Thonſilicate:

1tes Silicat 48,15 Kieſelerde, 51,85 Alaunerde.
2tes   „   65,00   „   35,00   „
3tes   „   73,58   „   26,42   „

Tritt zu dem Thonſilicat eine größere oder geringere Menge freier,
ſtaubartiger oder körniger Kieſelerde und Eiſen, ſo heißt das Gemenge
Lehm. Man unterſcheidet nach dem Gehalte des Thons an Kieſelerde
fünf verſchiedene Arten von Lehm:

1) mit dreifachem Kieſelthon = 76 Thonſilicat und 24 Kieſelerde
2) mit zweifachem   „   = 68   „   „ 32   „
3) gleichatomiger Lehm   = 52   „   „ 42   „
4) mit zweifachem Thonkieſel = 35   „   „ 65   „
5) mit dreifachem   „   = 26   „   „ 74   „

an den Lehm mit dreifachem Thonkieſel ſchließt ſich dann durch Vermehrung
des Sandgehalts unmittelbar der lehmige Sandboden an. Eine Beimengung
von 5—10 Proc. Eiſenoxyd gibt dem Gemenge eigentlich erſt den Namen
Lehm; ohne dieſe ſtellt es die unreineren Töpferthone dar.

Der Thon des Bodens iſt im Waſſer unauflöslich, ſoll aber mit
Humusſäure ein im Waſſer ſchwer lösliches Salz bilden, welches jedoch
leicht in baſiſchen Zuſtand übergeht und dann im Waſſer unlöslich wird.
Dieſe geringe Löslichkeit der Thonerde iſt dann auch die Urſache, weßhalb
wir ſie in dem Quellwaſſer, wie in den Pflanzen, in kaum erkennbarer
Menge, weit weniger wie die Kieſelerde vorfinden.

Der Thon wirkt daher weniger durch ſein chemiſches, als durch ſein
phyſikaliſches Verhalten auf Bodenbeſchaffenheit ein, und äußert faſt in
Allem ein der Kieſelerde durchaus entgegengeſetztes Verhalten.

Zuerſt zeigt der Thon die höchſte (wie der Sand die geringſte) Zu‐
ſammenhangskraft und übertrifft hierin alle übrigen Erdarten um das Zehn‐
fache. Dieſe Eigenſchaft macht den reinen Thonboden ſehr unfruchtbar, indem

dadurch die Verbreitung der Wurzeln, und der Luftwechsel im Boden, mithin auch die Entwicklung der Pflanzennahrung aus dem Humus desselben gehindert wird. Der Landwirth vermag sich durch künstliches Auflockern des Bodens zu helfen; uns stehen solche Mittel nicht zu Gebot, und der strenge Thonboden hat daher für den Forstwirth weniger Werth als für den Landwirth.

Als ein wesentliches Hinderniß steht der große Zusammenhang der Thonerde im bindenden Boden bei dem Kulturbetriebe, besonders beim Pflanzgeschäft da, indem es nur im lockeren Boden gelingt, die Wurzeln des Pflänzlings überall und dicht mit Erde zu umgeben, ohne sie aus ihrer natürlichen Lage zu bringen. Man kann sich auf solchem Boden nur dadurch helfen, daß man die Pflanzlöcher im Herbste machen läßt, um den ausgeworfenen Boden dem Froste auszusetzen. Durch das Gefrieren der Bodenfeuchtigkeit werden die Thontheilchen des bindenden Bodens aus=einandergedrängt, verlieren ihren Zusammenhang und liefern im Frühjahre eine lockere Bodenkrume.

Aber nicht allein auf die Kulturarbeiten hat der größere Zusammen=hang der Bodentheile wesentlichen Einfluß, sondern auch auf Wachsthum und Gedeihen, besonders der Büschelpflanzungen, wie überhaupt auch der dichteren Saatkulturen. Glücklicherweise kommen die reineren Thonformen nur selten, und in geringer Ausdehnung auf der Oberfläche als Boden vor, und selbst sehr bindende Bodenarten enthalten den Thon in einer sehr beträchtlichen Untermischung mit Sand, durch welche dieselben hohe Grade der Frucht=barkeit erlangen, indem dann alle die wohlthätigen Eigenschaften des Thons hervorzutreten vermögen. Thoniger Verwitterungsboden ist in der Regel fruchtbarer, als die primitiven Thonlager, theils in Folge häufigerer Bei=mengung von Gesteinbrocken, theils durch größeren Gehalt aus noch fort=dauernder Zersetzung stammender, löslicher Mineralstoffe. In Folge der Zusammenhangskraft des Thons, sowie der feinen Zertheilung, ist der Luft=wechsel im Boden gering, wodurch allein schon demselben die Feuchtigkeit weniger rasch entweicht, und der beigemengte Humus viel langsamer zersetzt wird als in lockeren Bodenarten.

Was das Verhalten des Thons zur Feuchtigkeit betrifft, so zeigen die reineren Thonformen auch hierin ein dem Pflanzenwuchse ungünstiges Ver=halten. Es besitzt der Thon nämlich die Eigenschaft, wenn er völlig durchnäßt ist, für neu hinzukommendes Wasser undurchlassend zu werden, d. h. er gibt das aufgesogene Wasser weder an die unter ihm befindlichen Boden= oder Gesteinschichten ab, noch vermag er neu hinzukommende Feuchtigkeit aufzu=nehmen; so daß letztere, wenn sie keinen Abfluß findet, sich über der Thon=schicht ansammeln und Versumpfungen veranlassen muß. Die meisten Sümpfe, Moore, Seen, Brücher des Meeresbodens verdanken einer unter ihr liegenden undurchlassenden Thonschicht ihr Daseyn. Versumpfung muß überall entstehen, wo einem Boden auf eine oder die andere Art mehr Feuchtigkeit zu= als abfließt und nur durch Verdunstung zu entweichen vermag. Einem solchen Boden kann nur durch Abzugsgräben oder durch Unterbrechung der undurch=lassenden Thonschicht, mitunter, wenn der Zufluß nicht viel bedeutender ist als die Verdunstung, schon durch Beförderung des Luftwechsels über dem Boden, theils durch Freistellung, Auslichtung der Bestände und durch Ent=

fernung der die Verdunstung hindernden Pflanzendecke, Sumpfmoose ꝛc.
geholfen werden. Auch diese nachtheilige Eigenschaft des Thons wird durch
das Hinzutreten des Sandes zur Bodenmengung gehoben. Die bindenden
Thon= und Lehmbodenarten nehmen 40 bis 50 Proc. ihres eigenen Gewichts
Wasser auf, während der Sand nur 25 Proc. aufnimmt; Kalk=, Talk= und
Humusboden besitzen diese Fähigkeit in noch höherem Grade als der Thonboden.

Der Thonboden nimmt aber nicht allein eine größere Feuchtigkeitsmenge
auf wie der Sand, er besitzt auch in weit höherem Grade als dieser das
Vermögen, die Feuchtigkeit der Luft an sich zu ziehen, und die auf einem
oder dem andern Wege empfangene Feuchtigkeit festzuhalten, nicht so rasch
durch Verdunstung zu verlieren. Er steht in dieser Hinsicht sowohl gegen den
Sand als gegen die übrigen Bodenbestandtheile in ziemlich gleichem Ver=
hältniß, wie rücksichtlich seiner Wasseraufnahmefähigkeit. In ihrem Verhalten
zur Feuchtigkeit ist daher die Thonerde bei nicht zu großem Uebergewicht
der Vegetation höchst günstig, besonders durch ihr Verhalten zu den Dünsten
der Luft, indem damit zugleich der hohe Grad, in welchem diese Erdart den
Sauerstoff der Luft an sich zieht, verbunden ist.

Die der Thonerde in so hohem Grade zustehende Fähigkeit, die Dünste
der Luft an sich zu ziehen, ist in mehrfacher Hinsicht von der größten Wichtigkeit
durch den wohlthätigen Einfluß, den sie auf die Feuchtigkeit des Bodens
sowohl, als auf die Entwicklung der Pflanzennahrung im Boden ausübt.
Durch diese Eigenschaft vermag sich der Thonboden auch ohne wirkliche Nieder=
schläge feucht zu erhalten; Thau, Nebel und feuchte Luft wirken nicht allein
auf seine Oberfläche, wie beim Sandboden, sondern gehen tiefer in ihn ein
und werden dadurch der raschen Verdunstung entzogen. Im ersten Abschnitte
habe ich gezeigt, daß gerade diese Befeuchtung auch in anderer Rücksicht
sehr wohlthätig wirkt durch die Menge der Kohlensäure, die mit den feineren
Niederschlägen dem Boden zugeführt wird. Dadurch erhalten nicht allein die
Wurzeln unmittelbar Nahrungsstoff, sondern es wird auch die Bildung der
mineralischen Pflanzennahrung in hohem Grade befördert.

Auch in ihrem Verhalten zur Wärme steht die Thonerde der Kieselerde
entgegen, indem sie die empfangene Wärme in dem Verhältniß wie 3 zu 2
rascher verliert als diese. Hierauf beruht theilweise der Unterschied zwischen
hitzigem, warmem und kaltem Boden, der andrerseits jedoch auch durch
Feuchtigkeits= und Zusammenhangsgrade bedingt ist.

Ueber das Verhalten besonders der Thonerde zu dem in den atmosphä=
rischen Niederschlägen enthaltenen Alkalien vergl. Seite 21.

Das specifische Gewicht der Thonerde ist = 2,533.

c. Die Kalkerde

kommt im Boden in doppelter Natur vor, theils in Verbindung mit Kohlen=
säure als Kalk, theils in Verbindung mit Schwefelsäure als Gyps. Kohlen=
saurer Kalk mit kohlensaurem Talk = Dolomit.

Die kohlensaure Kalkerde

ist eine chemische Verbindung von 56 Kalkerde und 44 Kohlensäure, welche
letztere durch Glühen ausgetrieben werden kann (Kalkbrennen), worauf der

Kalk im ätenden Zuftande zurückbleibt, bis er entweder durch Aufnahme der Kohlenfäure der Luft wieder kohlenfauer wird, oder durch Waffer fich zu Kalkmörtel geftaltet. Im Waffer ift die kohlenfaure Kalkerde völlig unauflöslich; fie wird es aber durch Verbindung mit der Humusfäure des Bodens, indem diefe unter Austreiben der Kohlenfäure des Kalks fich an deren Stelle fett und humusfaure Kalkerde bildet, die in 2000 Theilen kaltem Waffer auflöslich ift. Die Kalkerde wird ferner durch kohlenfäurehaltiges Waffer zu neutralem kohlenfaurem Kalk aufgelöft. In diefer Auflöfung geht der Kalk dann auch in die Pflanze über, und findet fich nächft der Kiefelerde am häufigften in der Afche derfelben; in der Holzafche vieler Hölzer ift er fogar in größerer Menge als die Kiefelerde enthalten. So fand Sauffure in der Afche des Fichtenholzes auf Granitboden gewachfen 46 Proc., auf Kalkboden 63 Proc., auf gemengtem Kalkboden 51 Proc. Kalkerde, während die Kiefelerde in der Holzafche des Granitbodens auf 13 Proc. ftieg, und in der des Kalkbodens gänzlich fehlte.

Die durch Verbindung des kohlenfauren Kalks mit der Humusfäure des Bodens fich bildende humusfaure Kalkerde, wirkt dadurch wohlthätig auf die Fruchtbarkeit des Bodens, daß ihre Auflöfung, wie die Auflöfung in kohlenfaurem Waffer, den im Boden enthaltenen unauflöslichen Humus in einen löslichen Zuftand verfett. Hierauf gründet fich der wohlthätige Einfluß des Kalkens und Mergelns folcher Wiefen und Felder, die vielen unauflöslichen Humus enthalten. Da die Kalkerde fo große Mengen von Kohlenfäure enthält, und, wie wir wiffen, die Kohlenfäure in ihrer Verbindung mit Waffer der wefentliche Theil der Pflanzennahrung ift, fo könnte man zum Glauben verleitet werden: der kohlenfaure Kalk wirke durch Abgabe feiner Kohlenfäure nährend auf die Pflanze ein; dieß ift aber keineswegs der Fall, denn ohne Erfat der dem Kalke entweichenden Kohlenfäure würde erfterer ätend werden und in diefem Zuftande zerftörend auf die Pflanzenwurzeln einwirken; die Säure aber, welche bei der Umwandlung des kohlenfauren in humusfauren Kalk an die Stelle der entweichenden Kohlenfäure tritt, ift felbft eine Quelle der Pflanzennahrung, und es wird daher dem Ernährungsraume der Pflanze mindeftens eben fo viel, wenn nicht mehr, Nahrungsftoff entzogen als er erhält, durch diefe Veränderung demnach kein Nahrungsftoff, fondern nur ein Mittel gewonnen, den Humus des Bodens rafcher zu zerfetzen (mergeln, ausmergeln). Die Kalkerde wirkt daher nicht nährend, fondern nur reizend, die Thätigkeit des Bodens in Herausbildung der Pflanzennahrung aus dem Humus befchleunigend. Außerdem ift der Kalk als wichtigftes Zuführungsmittel der Schwefelfäure und der Phosphorfäure in die Pflanzenwurzeln von hervorftechender Bedeutung.

In Folge diefer Eigenfchaften der Kalkerde nennt man den Kalkboden einen thätigen Boden, da die Auflöfung des in ihm enthaltenen Humus zur Pflanzennahrung fehr rafch vor fich geht. Soll ein Boden, der viel Kalkerde enthält, fruchtbar feyn, fo muß er nicht allein viel Humus enthalten, fondern es muß diefer auch fortwährend in reichlicher Menge ergänzt werden, daher über Kalkboden die dichte Bewaldung eben fo forgfältig als über dem lockern Sandboden zu erhalten, und für diefelbe eine Holzart zu erwählen ift, die fowohl durch Schluß als Blattreichthum eine reichliche Humusmenge zu erzeugen vermag. Diefen Anforderungen entfpricht die Rothbuche und die

Schwarzkiefer am meisten, der auch ihrer Natur nach der Kalkboden besonders zusagend ist.

Nächst dem Sande hat die Kalkerde die geringste Zusammenhangskraft, nicht viel höher als der Sand, daher sie einen lockeren, leichten, der Wurzel=verbreitung günstigen, selbst im nassen Zustande wenig bindenden Boden bildet. Die feinere Zertheilung der Kalkerde ist aber die Ursache, weßhalb der Luftwechsel im Boden geringer als im Sandboden ist; wird dieser durch eine reichliche Beimengung von körnigem Kiesel befördert, so ist die Thätigkeit des Bodens noch viel größer als ohne diese.

Rücksichtlich ihres Verhaltens zur Feuchtigkeit steht die Kalkerde zwischen der Kiesel= und Thonerde, und ist im reineren Zustande in dieser Hinsicht der Vegetation ungünstig. Sie faßt, je nachdem sie weniger oder mehr zertheilt ist, nur 25—40 Proc. ihres eigenen Gewichtes an Wasser, verliert die auf=gesogene Feuchtigkeit sehr rasch durch Abzug in die tieferen Bodenschichten oder durch Verdunstung und besitzt das Vermögen, die Dünste der Luft an sich zu ziehen, in sehr geringem Grade. Die Ergebnisse wissenschaftlicher Untersuchungen stehen hiermit vielfach im Widerspruche (vergl. Schübler Agrikulturchemie), was sich wohl kaum anders als durch die große Wasser=leitungsfähigkeit der Kalkerde erklären läßt.

Vom Sonnenlichte wird die Kalkerde, vorzüglich wohl wegen ihrer Trockenheit, nächst der Kieselerde am meisten erwärmt, indem im trocknen Kalkboden weniger Wärme durch Verdunstung gebunden wird, als in denjenigen Bodenarten, denen ein günstigeres Verhalten zur Feuchtigkeit eigenthümlich ist; die Wiederabkühlung geht nicht viel rascher als die des Sandes vor sich, daher der Kalk einen sogenannten heißen oder hitzigen Boden bildet.

An und für sich bildet daher die Kalkerde einen schlechten, dem Pflanzen=wuchse wenig günstigen, trocknen, warmen, meist humusarmen Boden. Die Mengung mit Thonerde und mit Humus hebt jedoch diese Mängel in dem Grad, daß sich aus ihr die fruchtbarsten Bodenarten herausstellen, wie dieß z. B. der Fall ist, wenn die Kalkerde mit 30—40 Proc. Lehm gemengt ist, doch hebt schon ein Lehmgehalt von 10 Proc. die nachtheiligen Eigenschaften der Kalkerde in dem Maße, daß bei einigem Humusgehalt ein mittelmäßig guter Waldboden erzeugt wird.

Mergel

nennt man den Kalkboden, wenn der Gehalt an kohlensaurem Kalke 20 Proc. nicht übersteigt, und dieser Kalktheil mit Thon und Sand gemengt ist. Steigt der Sandgehalt auf 60—70 Proc., so nennt man die Mengung sandigen Mergel; steigt der Thongehalt auf 20—40 Proc., so heißt sie lehmiger, bei 50—60 Proc. Thon thoniger Mergel. Die Mergelarten, besonders aber der lehmige und der thonige Mergel, bilden ein außerordentlich fruchtbares Erdreich, indem in ihnen die Erdarten in einem so günstigen Verhältnisse gemengt sind, daß deren nachtheilige Eigenschaften gegenseitig aufgehoben werden.

Die schwefelsaure Kalkerde (Gyps)

ist für die forstliche Bodenkunde von geringer Bedeutung, da sie nur selten als wesentlicher Gemengtheil des Bodens auftritt, selbst über Gypsfelsen oft in nur geringen Mengen dem Boden beigemengt ist, und zwar wegen ihrer leichten Löslichkeit im Wasser, in Folge deren der Gypsgehalt des Bodens vom Regenwasser nach und nach aufgelöst und ausgelaugt wird. Wo der Gyps in überwiegender Menge vorhanden ist, zeigt er sich der Vegetation nicht förderlich, indem er einen lockeren, mageren und heißen Boden bildet, der die Feuchtigkeit in nicht größerer Menge als der Quarzsand aufzunehmen vermag, dieselbe fast eben so rasch verliert und fast gar keine Feuchtigkeit aus der Luft anzieht. Erhaltung der Humusschicht ist hier Bedingung eines kräftigern Pflanzenwuchses, der durch die Rothbuche noch am vollständigsten zu erstreben ist, obgleich auch für diese Holzart der Gypsboden sich weniger zuträglich zeigt, als der Kalk.

d. Die Talkerde

findet sich im Boden in doppelter Verbindung, entweder, wie der Kalk in Verbindung mit Kohlensäure, oder wie der Thon, in Verbindung mit Kieselerde als Talksilicat. In ersterer Verbindung enthält sie der Boden des Dolomit und in geringerer Menge der mancher Kalksteine und Mergel beigemengt; als Talksilicat kommt sie im Boden über hornblendehaltigen Gebirgsarten, über Talk- und Chloritschiefer vor. Bis zu $1/2$ Proc., seltener bis 1 Proc. des Bodengewichts, findet sich die Talkerde fast in jedem Boden. In ihrem natürlichen Vorkommen im Boden ist die Talkerde im Wasser unauflöslich, bildet aber, wie die Kalkerde mit der Kohlen- und Humussäure des Bodens, leicht auflösliche Salze, und zeigt überhaupt in chemischer Hinsicht ein der Kalkerde ähnliches Verhalten.

Die Talkerde hat zwar zunächst der Thonerde die größte Zusammenhangskraft, jedoch nur den 9ten Theil der des Thones, daher sie als Lockerungsmittel des Bodens wirkt. In ihrem Verhalten zur Feuchtigkeit zeigt sie unter allen Erdarten das günstigste Verhalten, indem sie nicht allein die größte Wassermenge aufzunehmen vermag, sondern diese auch fester erhält, als selbst der Thon, und das Vermögen, die Dünste der Luft anzuziehen, im höchsten Grade besitzt. In größerer Menge dürfte die Talkerde dem Boden daher nicht zuträglich seyn. Bei der geringen Menge, in welcher die Talkerde dem Boden gewöhnlich nur beigemengt ist, können jene Eigenschaften nur wohlthätig wirken, und alle Angaben über nachtheilige Wirkung der Bittererde beziehen sich auf deren Eigenschaften im gebrannten Zustande. Die dolomitischen Höhenzüge unserer Weserdistrikte zeigen da, wo sie zu Tage treten, einen außerordentlich kräftigen Rothbuchenwuchs und sehr reichhaltigen Flor.

Aus den Cambial=Säften des in der Entwickelung stehenden Jahresringes erhielt ich durch Behandlung mit Ammoniak sowohl bei Laubholz= als bei Nadelholzarten reichlichen Niederschlag kleiner in Wasser unlöslicher Krystalle von phosphorsaurer Ammoniakmagnesia ohne Spuren von Kalk selbst von Bodenarten die reicher an Kalk als an Talk waren. Es gewinnt dadurch der Talk des Bodens besondere Bedeutung für die Ernährung der Holzpflanzen.

2. Salze der Alkalien und der Metalle.

Als Bodenbestandtheile sind unter diesen nur
kohlensaures Kali,

kohlenſaures und ſalzſaures Natron, kohlenſaures, ſchwefelſaures und phosphorſaures Eiſen und Mangan beachtenswerth.

Der Gehalt eines Bodens an Salzen überſteigt nur in außergewöhnlichen Fällen 1 Proc. des Bodengewichts, meiſt beträgt er nicht $\frac{1}{2}$ Proc. und nur im Boden der Salzſteppen, der Seeküſte, der Umgebung von Salzquellen, ſo wie in manchen Torf= und Sumpfboden tritt ein beträchtlicher Salzgehalt auf, der dem Wuchſe unſerer Waldbäume ſtets hinberlich iſt.

Wenn, nach Brandes Unterſuchungen, jährlich über 100 Pfunde verſchiebener, im Regenwaſſer aufgelöst enthaltener Salze, auf die Fläche eines Morgens niedergeſchlagen werden, ſo läßt ſich der geringe Salzgehalt des Bodens nur dadurch erklären, daß dieſe Stoffe mit dem Regenwaſſer ſtets in die Tiefe geſchwemmt werden, was natürlich in gleicher Weiſe auch mit den, dem Boden eigenthümlich angehörenden Salzen der Fall iſt. Ein Boden iſt daher um ſo freier von ſalzigen Beſtandtheilen, je leichter er dem Waſſer den Durchgang und den Abzug in die Tiefe geſtattet; je bindender, thonreicher ein Boden iſt, um ſo größer pflegt ſein Salzgehalt zu ſeyn (vergl. S. 22 über die Fixirung der Alkalien im Boden).

Am ungünſtigſten auf den Pflanzenwuchs wirken die Eiſenſalze, die ſich, theils im Sumpf= und Moorboden durch Verbindung des darin häufig vorkommenden Eiſenoxyds und Eiſenoxyduls mit Kohlenſäure und Phosphor= ſäure, theils in ſolchen Bodenarten entwickeln, welche Schwefeleiſen (Schwefelkies) enthalten. Entwäſſerung und Abtrocknung des Bodens, um der Luft erhöhten Zutritt zu verſchaffen, iſt das einzige Mittel, durch welches der Forſtmann die aus dieſer Urſache entſpringende Unfruchtbarkeit eines Bodens zu heben vermag.

Unter den Natronſalzen kommt das ſalzſaure Natron (Kochſalz, Steinſalz) am häufigſten als Bodenbeſtandtheil vor. In größerer Menge wirkt es beſonders auf den Wuchs der Gräſer und Kräuter nachtheilig ein mit Ausſchluß einiger, der ſogenannten Salzpflanzen, eine Beimengung unter $\frac{1}{2}$ Proc. ſoll jedoch günſtig wirken. Weniger nachtheilig ſcheint dieß Salz auf den Wuchs unſerer Holzpflanzen einzuwirken; neben Salicornia und Salsola wächſt die Weide recht gut; die Kiefer, Buche, Erle zeigt unmittelbar am Strande der Oſtſee auch da, wo der Boden kaum über dem Meeresſpiegel erhoben iſt, ein freudiges Gedeihen, obgleich das bis zu 2 Proc. ſalzhaltige Waſſer nicht allein durch den Boden, ſondern auch durch die Luft den Pflanzen zugeführt wird.

Nächſt dem Chlornatrium findet ſich im Boden noch das kohlenſaure Natron ziemlich verbreitet, doch meiſt in ſehr geringer Menge und, wie das kohlenſaure Kali, durch Zerſetzung des Humus günſtig wirkend, indem es die Bodenthätigkeit ſteigert.

Wichtiger für uns iſt das kohlenſaure Kali, indem wir uns deſſelben in einzelnen Fällen bedienen, um die Bodenthätigkeit zu erhöhen, ſo beim Hainen im Hackwaldbetriebe durch die ſogenannte Feuerdüngung. Es iſt nämlich das Kali ein ganz allgemeiner Beſtandtheil der Pflanzen, der in der Aſche derſelben, in Verbindung mit Kohlenſäure, als mildes Kali, Potaſche, zurückbleibt und durch Auslaugen gewonnen werden kann. Mit der Dammerde gemengt, verbindet ſich das Kali der Aſche leicht mit der Humusſäure derſelben zu humussaurem Kali, in welchem 93,4 Humussäure mit 6,6 Kali verbunden sind. Die Humussäure wird durch diese Verbindung in hohem Grade löslich, zersetzt sich rascher zu Kohlensäure und befördert dadurch den Wuchs, aber natürlich nur vorübergehend, wenn die rasch aufgelösten Humustheile nicht ersetzt werden. Die Feuerdüngung besteht in nichts Anderem, als daß man einen großen Theil der Dammerde mit dem abgeschälten Rasen und den im Schlage liegen gebliebenen Reisern verbrennt, um den Rückstand an Dammerde rascher aufzulösen. Wo der Boden große Mengen unauflöslichen oder schwer löslichen Humus enthält, wie der Torf=, Moor=, Sumpfboden, oder wo die obersten Humusschichten von schlechter Beschaffenheit sind, wie in manchem Haideboden, im Boden unter Ledum palustre, da ist gewiß die Feuerdüngung nicht allein vorübergehend von guter Wirkung; für den gewöhnlichen Wald= boden mit mildem löslichen Waldhumus ist die Feuerdüngung stets höchst nachtheilig, wenn auch der Wuchs der Getreidearten dadurch auf ein oder zwei Jahre gefördert wird.

Die befruchtende Kraft der Rasenasche beruht aber weit weniger in dem erzeugten kohlensauren Kali, das außerdem schon beim nächsten Regengusse in die Tiefe geschwemmt wird, als in dem Durchglühen des Bodens, wodurch einestheils die Eisen= und Mangan=Oxydule in Oxyde verwandelt werden, anderntheils die Fähigkeit des Bodens: Sauerstoff, kohlensaures Ammoniak und Feuchtigkeit aus der Atmosphäre anzuziehen, in hohem Grade gesteigert wird.

Der eigenthümliche Gehalt des Bodens an Kali ist besonders in den aus Feldspath und Glimmer haltenden Gebirgsarten hervorgegangenen Boden= arten bedeutender; doch steht er in keinem Verhältniß mit dem Kaligehalte jener, da schon bei der Verwitterung des Gesteins ein großer Kaliantheil verschwindet; den lockern Bodenarten, besonders dem Sande fehlt dieser Stoff mitunter gänzlich, übersteigt selten $\frac{1}{2}$ Proc.; im Thon, Lehm, Kalk und Mergel steigt er bisweilen bis auf 1 Proc. Die Wirkung des dem Boden eigenen kohlen= sauren Kali ist im Allgemeinen natürlich dieselbe, wie die des durch die Feuerdüngung erzeugten.

3. Säuren

kommen, außer der Kohlen= und Humussäure, über die ich später sprechen werde, im Boden sehr selten ohne Verbindung mit einer Basis, und in den seltenen Fällen nur vorübergehend vor. Am häufigsten tritt die Salzsäure in ihrer Verbindung mit Natron, die Schwefelsäure in Verbindung mit Kalkerde und Eisen, die Phosphorsäure an Eisen gebunden auf. Ueber die Wirkung dieser Salze im Boden habe ich so eben das dem Forstmanne Wichtigere mitgetheilt. Was man im gewöhnlichen Leben unter dem Ausdruck: saurer Boden versteht, bezieht sich auf die Beschaffenheit des Humus und auf das Verhalten des Bodens zum Graswuchse, indem man denjenigen Wiesen= oder Bruchboden sauer nennt, der keine guten Futtergräser, sondern Binsen, Riedgräser, Moose ꝛc. erzeugt.

4. Metalle.

Das Vorkommen der Metalle im Boden ist sehr beschränkt. Am häufigsten findet sich das Eisen, in viel geringerer Menge Mangan

(Braunstein), noch seltener Kupfer, nur örtlich Blei und Zink, als Bleierde und Galmei. Von diesen Metallen verdient in der forstlichen Bodenkunde nur

Das Eisen

einer näheren Beachtung. Es findet sich im Boden mehr oder weniger vollständig mit Sauerstoff verbunden als Eisenoxyd und als Eisen= oxydul (wenn Eisen der Einwirkung der Luft ausgesetzt ist, verbindet es sich mit dem Sauerstoffe derselben, es rostet. Dieß heißt Oxydation, die entstandene Verbindung, wenn sie vollständig ist: Oxyd, wenn sie un= vollständig ist: Oxydul). Mit chemisch gebundenem Wasser bilden diese beiden Oxydationsstufen Oxydhydrat (Eisenrost) und Oxydulhydrat. Ueber die Verbindungen des Eisens mit Säuren zu Salzen habe ich bereits ge= sprochen.

Das Eisen im vollkommen oxydirten Zustande kann dem Boden in großer Menge beigemengt sein, ohne daß es einen nachtheiligen Einfluß äußert; im Gegentheil, es enthalten die meisten besseren Bodenarten größ= tentheils viel Eisenoxyd, und man sollte daraus fast auf eine günstige Wirkung schließen. Offenbar nachtheilig zeigt es sich häufig im Sandboden, wenn es demselben über 10 Proc. beigegeben ist; es gibt dem Sandboden alsdann eine scharfe, rothe Farbe (Fuchssand), die wir allgemein als ein Zeichen großer Unfruchtbarkeit kennen. Selbst die Kiefer kümmert in einem solchen Boden und erreicht kein hohes Alter.

Das Eisenoxydul soll sich häufiger als das Oxyd nachtheilig zeigen, doch fehlt hier noch eine hinlängliche Reihe von Beobachtungen. Es bildet sich aus dem Oxyd durch Abgabe von Sauerstoff an verwesende Pflanzentheile und verbindet sich dann mit Kohlensäure zu dem in Wasser löslichen kohlen= sauren Eisenoxydul. Kommt die Lösung desselben mit Phosphorsäure in Berührung, so bildet sie unter Sauerstoffaufnahme mit der Säure das phosphorsaure Eisenoxyd, den Raseneisenstein und den Wurzelrost.

Vergl. meine Untersuchungen über den Einfluß der Säuren, Salze, Alkalien 2c. auf Keimung und Wachsthum der Pflanzen im Anhange zu Hartig forstl. Convers.=Lexicon.

B. Bedeutung der mineralischen Bodenbestandtheile in Bezug auf Pflanzenwuchs.

Der Boden soll den Pflanzen Haltung und Standort gewähren, zu= gleich aber auch einer möglichst reichen und weit verbreiteten Wurzelbildung günstig sein. Es soll derselbe ferner den Wurzeln zu jeder Zeit die nöthige Feuchtigkeit darbieten, ohne durch allzugroße Nässe den Zutritt und Wechsel der atmosphärischen Luft zu verhindern. Der Boden soll endlich auch durch einen Theil seines mineralischen Bestandes ernährend auf die Pflanze ein= wirken, indem er ihr nachhaltig und in genügender Menge diejenigen mine= ralischen Stoffe in einem zur Aufnahme durch die Wurzeln geeigneten Zu= stande zuführt, die wir in der Pflanzenasche wiederfinden.

Es ist hauptsächlich die Schwere und die Zusammenhangskraft der Bodentheile, denen die Pflanze ihren Halt im Boden verdankt. Geringe Grade derselben können ersetzt sein durch größere Bodentiefe, so wie durch eine, dem Eindringen der Wurzeln günstige Beschaffenheit des unterliegenden Gesteins. Hohe Grade derselben, wie sie den reineren Thonformen zustehen, schaden durch Behinderung des nöthigen Luftwechsels im Boden, so wie durch Erschwerung der Wurzelverbreitung. Nahe verwandte Pflanzen zeigen jedoch in letzterem ein sehr verschiedenes Verhalten. So durchdringt die Weymouthkiefer mit ihren Wurzeln selbst den reinen Töpferthon, der für die Lärche fast gänzlich unzugänglich ist.

Der zweiten Anforderung genügt ein Boden in um so höherem Grade, je mehr er die durch Regen und Schneewasser empfangene Feuchtigkeit im Bereiche der Pflanzenwurzeln festzuhalten vermag, je mehr er befähigt ist, das dampfförmige Wasser der Luft anzuziehen. Die Ursache zu großer Bodennässe liegt nie im Boden selbst, sondern in dessen Unterlage, wenn diese nicht befähigt ist, das überschüssig empfangene Wasser abzuleiten. Auch die Eigenschaft der Bodenkrume, in Zeiten mangelnder Wasserzufuhr von außen, das Wasser ihres Untergrundes wieder an sich zu ziehen (sogenannt „schwitzender Boden"), eine Eigenschaft, die vorzugsweise den Bodenarten von grobem Korne zuständig ist, verdient alle Beachtung.

Ueber das Verhalten der verschiedenen Bodenbestandtheile in dieser Hinsicht habe ich bereits im Vorhergehenden gesprochen, es bleibt mir hier die nähere Erörterung der Beziehungen, in denen die Bodenbestandtheile als Nährstoff zur Pflanze stehen.

Außer der Thonerde finden wir in den Pflanzenaschen alle mineralischen Bodenbestandtheile wieder vor, theils rein, als Sekrete (Kieselerde, kohlensaurer Kalk); theils mit Pflanzensäuren (Oxalsäure, Essigsäure ꝛc.) verbunden und im Innern der Zellen zu Krystallen ausgeschieden (hauptsächlich im Baste, seltner in den Zellfasern des Holzes); größtentheils aber als dem Auge nicht mehr erkennbarer Bestandtheil der Zellwandung selbst. In welcher Verbindung sie in der Zellwandung vorkommen, ob sie mit dem Zellstoffe chemisch verbunden, ob sie diesem nur beigemengt sind, wissen wir nicht, folgern aber aus der Allgemeinheit ihres Vorkommens im Zellstoffe, so wie aus der günstigen Wirkung auf den Pflanzenwuchs, wenn der Boden reich an löslichen Mineralstoffen ist (Aschedüngung, Rasenasche, Gypsen), daß sie eben so nothwendig zur Zellenbildung sind wie jeder andere Bestandtheil derselben, daß sie nicht allein Förderungsmittel und Bedingung der in der Pflanze vorgehenden chemischen Bildungen und Zersetzungen, sondern selbst Nahrungsmittel sind; daß der Zuwachs der Pflanze ebenso an eine genügende Zufuhr mineralischer Stoffe, wie an die der Kohlensäure, des Wassers und des Stickstoff gebunden sei. [1]

---

[1] Unmittelbar nach jeder Lichtstellung im Schlusse erwachsener Bäume tritt eine bedeutende, aber vorübergehende Steigerung des Zuwachses derselben ein. Ich habe gezeigt, daß dieß auch dann der Fall sei, wenn die Dammerdeschicht und der Boden selbst in keiner Weise eine Veränderung erleidet. Die durch die Freistellung vermehrte Blattmenge kann ebenfalls nicht die Ursache dieser Zuwachssteigerung sein, da diese sofort und früher eintritt, als die Blattmenge eine wesentliche Vermehrung erfährt, vom ersten zuwachsreichsten Jahre nach der Freistellung an, sich wieder verringert und in 4—5 Jahren zur normalen Größe herabsinkt, während in demselben Zeitraume die Blattmenge fortdauernd sich erhöht. Ich habe die Erklärung dieser Thatsache in nachfolgender Hypothese gegeben. Während der Zeit sehr geschlossenen Standes wird die Wurzelthätigkeit in Aufnahme mineralischer Nährstoffe

Dieß als richtig angenommen, fragt es sich immer noch, ob der Be=
darf der Pflanzen bestimmte mineralische Bodenbestandtheile in bestimmten
Mengen erfordere, oder ob, in Ermangelung des einen oder des anderen
Bestandtheils, durch Mehraufnahme vorhandener, der Bedarf in verschie=
dener Weise gedeckt werden könne, ohne Beeinträchtigung der Zuwachsgröße.
Seit Saussures Bestimmung des Aschegehaltes der Fichte auf Kalk= und
Granitboden (Seite 81) hat sich letztere Ansicht immer mehr befestigt und
ist gegenwärtig die herrschende.

In unseren Wäldern gibt die Zersetzung des jährlichen Blattabfalles
dem Boden eine Quantität mineralischer Stoffe zurück, die dem Bedarf
für jährliche Blatt=Reproduktion genügt, nicht allein in Menge, sondern
auch in Beschaffenheit. Wir können daher diesen Antheil des Bedarfs
außer Ansatz lassen und nur den der jährlichen Holzproduktion entsprechenden
Bedarf in Rechnung stellen. Trockenes Fichtenholz enthält 1,7 Proc. Asche;
3 Cubikmeter jährlicher Massenerzeugung pro $\frac{1}{4}$ Hektar = 3200 Pfund
Trockengewicht, enthalten daher 55 Pfunde Asche, einschließlich des Ge=
haltes an Kohlensäure. Trockenes Buchenholz enthält 1,6 Proc. Asche;
1,5 Cubikmeter jährlicher Massenerzeugung = 2250 Pfunde Trockengewicht
enthalten daher 36 Pfunde Asche.

Vergleichen wir hiermit die Mengen von Kalk, Talk, Natron, Kiesel=
erde 2c., die nach den Seite 21 mitgetheilten Untersuchungen alljährlich
mit dem Regen= und Schneewasser dem Boden zurückgegeben werden, deren
Menge den jährlichen Bedarf der Pflanzen um das Mehrfache übersteigt,
so würde die mineralische Zusammensetzung des Bodens selbst, ohne Ein=
fluß auf die Zufuhr mineralischer Nährstoffe sein, jeder Boden müßte
den Bedarf an solchen der Pflanze in überreicher Menge liefern, um so
reichlicher, wenn es sich bestätigt: daß die mineralische Base der vom
Regenwasser dem Boden zugeführten wichtigsten Salze vom Boden zurück=
gehalten wird, ganz abgesehen von der Thatsache, daß es kaum einen
Boden geben dürfte, der die wichtigeren Elemente der mineralischen Nah=
rung nicht in genügender Menge in sich trägt.

Wenn es sich bestätigt, daß die Basen auch der an sich in Wasser
löslichen Salze vom Boden in unlöslichem Zustande zurückbehalten werden
(Seite 22), dann müssen wir den Pflanzenwurzeln das Vermögen zusprechen,
über ihre eigenen Grenzen hinaus wirkend, die Löslichkeit in Wasser wieder=
herzustellen, da die Einfuhr in die Pflanze nur in wässriger Lösung möglich
ist (Liebig). Man müßte dann aber auch weiter schließen, entweder, daß
in jedem an mineralischen Nährstoffen nicht sehr reichen Boden der Vorrath
im Bereiche der älteren Wurzelstränge sehr bald erschöpft sein muß; daß
daher nur die jährlichen Neubildungen an Wurzelfasern im noch nicht er=

nicht in demselben Maße verringert als die Blattthätigkeit durch verminderte Blattmenge
und geringere Lichtwirkung. Ist dieß wahr, dann muß in dieser Zeit ein Ueberschuß nicht
verwendeter mineralischer Nährstoffe in der Pflanze selbst sich aufspeichern. Die Ver=
wendung dieses Ueberschusses bei gesteigerter Lichtwirkung auf die Belaubung ist es, welche
die plötzlich in Maximo eintretende Zuwachserhöhung zur Folge hat. Wird der Zuschuß
zur normalen jährlichen Zufuhr von Jahr zu Jahr kleiner, so sinkt der Zuwachs in dem=
selben Verhältnisse, bis nach 4—5 Jahren, nach völligem Verbrauch des Ueberschusses, der
Zuwachs wieder auf die normale Größe sich verringert hat.

schöpften Erdreich mineralische Nährstoffe vorfinden können, oder daß es
die mineralische Zufuhr aus der Atmosphäre sei, durch welche der die
älteren Wurzelstränge umgebende Boden in seiner Ernährungsfähigkeit er=
halten wird. Ehe wir nicht wissen, ob nur die jüngsten oder auch die
älteren Wurzeltheile zur Aufnahme von Bodennahrung geschickt sind, läßt
sich in dieser für die Bodenkunde wichtigen Frage nicht einmal eine Ver=
muthung aussprechen.

C. Vom Humus.

Humus heißt nichts anderes als Erde; wir verstehen aber unter
diesem Ausdrucke die durch Verwesung zu einer kohligen, lockern, struktur=
losen Masse veränderten Rückstände abgestorbener Pflanzen= und Thier=
körper, welche in Untermischung mit mineralischen Bestandtheilen des Bodens
und mit noch nicht völlig verwesten Pflanzentheilen die Dammerde un=
serer Wälder bilden, in besonders großen Mengen im Moor=, Bruch= und
Torfboden enthalten sind.

Der jährliche Blatt= und Reiser=Abfall bildet den Hauptbestand des
Humus unserer Wälder. Das endliche Zersetzungsprodukt desselben ist:

1) Kohlensäure: aus dem Sauerstoff der Atmosphäre und dem
   Kohlenstoff der Pflanzenfaser;[1]
2) Wasser: aus dem Sauerstoff und Wasserstoff der Pflanzenfaser;
3) Ammoniak: aus dem Stickstoff und einem Antheile Wasserstoff
   der Pflanzenfaser (unter Umständen: Salpetersäure aus Stick=
   stoff und Sauerstoff);
4) Mineralische Rückstände.

Die Pflanzenfaser, in ihren Uebergangszuständen aus dem ursprüng=
lichen in diese letzten Zustände, bildet die Dammerde; den zusammen=
hangslosen Theil dieser letzteren nennen wir Humus. (Auch die Pflanzen=
sekrete sind dieser Zersetzung unterworfen. Wäre das Harz der Nadelhölzer
wirklich unverwesbar (Liebig), die Anhäufung desselben in der Dammerde
unserer Wälder müßte eine ungeheure sein.)

Der in alkalischen Laugen lösliche Theil des Humus, aus der Lösung
(Humusextrakt) durch Säuren niedergeschlagen, ist die Humussäure.

Die Zerlegung der Pflanzenfaser in ihre endlichen Bestandtheile be=
ginnt durch die Wirksamkeit niederer cryptogamer Gewächse: der Nacht=
fasern im Holze, der Gährungspilze in der Dammerde. Diese Nachtpflanzen
sind Vorläufer und Diener der chemischen Zersetzung, indem sie sich vom
organischen Stoffe unmittelbar ernähren und ihn größtentheils der Atmo=
sphäre zurückgeben durch fortdauernde Kohlensäure=Ausscheidung. Der in
dieser Weise für die chemische Zersetzung vorbereitete Pflanzenkörper fällt

---

[1] Liebig nimmt an: daß es allein der Sauerstoff der Pflanzenfaser sei, welcher mit
dem Kohlenstoff derselben Kohlensäure bilde. Demgemäß würde der größere Theil des
Kohlenstoff der Pflanzenfaser den zur Kohlensäurebildung nöthigen Sauerstoff nicht finden
und als ein kohliger Rückstand, den Liebig Moder nennt, zurückbleiben. Die Dammerde
unserer Wälder kennt einen solchen Rückstand nicht. Große Humusmengen können in wenigen
Jahren bis auf den letzten Rest verschwinden. Die Mitwirkung organisirter Körper im Zer=
setzungsvorgange mag es wohl sein, die dem chemisch Gesetzlichen störend entgegentritt.

nun vorzugsweise der Wirkung des Sauerstoffs anheim, der ihn unter begünstigenden Umständen in wenigen Jahren bis auf die Aschebestandtheile zu verflüchtigen vermag, um so rascher, je größer der Luftwechsel im Boden durch tieferes und volleres Athmen desselben ist (Seite 11).

Aber nicht allein durch Zerlegung in die flüchtigen, binären Verbindungen der Kohlensäure, des Wasser und des Ammoniak, verringert sich die Menge des Humus in der Dammerde. Ein unter Umständen sehr bedeutender Antheil desselben wird durch Regengüsse ausgelaugt und in die Bodentiefe geschwemmt. Allerdings ist die Löslichkeit des Humus im Wasser der Digerirflasche eine sehr geringe, ich habe aber gezeigt (Forst- und Jagd-Zeitung 1844, S. 105, 1845, S. 253), daß wenn man Regenwasser in einer dem Regenniederfall ähnlichen Weise durch Dammerde ablaufen läßt, die Löslichkeit eine sehr große werde, wahrscheinlich dadurch, daß der durchsinkende Regentropfen atmosphärische Luft nach sich zieht, daß durch den vermehrten Sauerstoffzutritt eine raschere Zerlegung des Humus in Kohlensäure bewirkt wird, in Folge dessen das freigewordene Kali und das Ammoniak der Pflanzenfaser, welches aus dem während der Zersetzung frei werdenden Wasserstoff und dem Stickstoff der Luft entsteht, sich mit einem noch unzersetzten Humusantheile zu humussauren, in Wasser leicht löslichen Salzen verbindet und ausgelaugt wird. Dem ist es hauptsächlich zuzuschreiben, wenn auf Blößen, Räumden und in lichten Beständen der Humus rasch verschwindet; daß in geschlossenen Beständen, deren dichter Blattschirm den größeren Theil des Regenniederfalles dem Boden entzieht, die Dammerde in größeren Massen sich anhäuft.

Stagnirende Bodenfeuchtigkeit hingegen verzögert die Zerlegung, Verflüchtigung und Auslaugung des Humus, indem sie den Luftwechsel im Boden vermindert. Bei gleichem Zugange an Humus bildendem Material ist hier daher die Anhäufung eine größere. In nassem Boden steigert sich diese zu den bedeutenden Mengen, die wir im Bruch, Moor, Sumpf-, Torfboden aufgespeichert finden. Der Zugang ist hier kein größerer als in unserem Waldboden, aber die Zersetzung ist eine langsamere.

Durch die Art der Walderziehung, durch Betriebsart, Umtrieb, Verjüngungs-, Cultur-, Durchforstungsweise, durch die Wahl geeigneter Holzarten vermögen wir in mannigfaltiger Weise, nicht allein auf einen größeren Zugang an humusbildendem Material, sondern auch, was noch wichtiger ist, auf minder rasche Zersetzung desselben hinzuwirken. Die Befruchtung des Waldbodens durch die Bestandszucht selbst, die Erhaltung und Aufspeicherung humoser Bestandtheile des Waldbodens ist eine Hauptaufgabe pfleglicher Forstwirthschaft. (S. Bd. II, Seite 60.) Herstellung und Erhaltung vollen Bestandsschlusses solcher Holzarten, die durch reichen Blattabfall sich auszeichnen, ist das Hauptmittel zur Erreichung dieses Zweckes.

Die befruchtende Wirkung des Humus im Boden beruht auf Verschiedenem:

1) Bedeutung des Humus als Nährstoff.

Daß gesunde, unverletzte Pflanzenwurzeln Humuslösungen nicht aufnehmen, habe ich direkt nachgewiesen, zugleich aber auch gezeigt, daß Kohlensäure nicht allein mit dem Bodenwasser aufgenommen, sondern diesem entzogen werde auf mehrere Zoll Entfernung von den Wurzeln. Meine, diesen Gegenstand betreffenden Versuche finden sich in Liebig organ. Chemie, 1. Aufl. Seite 190. Indeß habe ich zugleich erwiesen und schon Seite 11 dieses Werkes darüber gesprochen, daß selbst unter den günstigsten Annahmen die Wurzeln kaum 1 Proc. des jährlichen Kohlenstoffbedarfs unserer Waldbestände aus dem Boden zu entnehmen vermögen. Daß die aus dem Boden in die Atmosphäre entweichende Kohlensäure die Fruchtbarkeit des Standorts erhöhe, können wir vermuthen, aber keineswegs behaupten; denn: ist der gewöhnliche Kohlensäuregehalt der Luft für die volle Ernährung der Pflanzen ausreichend, dann ist es mindestens zweifelhaft, ob ein mehr als gewöhnlicher Kohlensäuregehalt die Fruchtbarkeit steigere.

Daß die Dammerde bedeutende Mengen von Ammoniak enthalte, gibt schon der eigenthümliche Geruch (nach frischer Gartenerde) zu erkennen. Daß dieser Körper von den Pflanzenwurzeln aus dem Boden aufgenommen werde, ist wahrscheinlich; daß er aus der Zersetzung der Dammerde stamme, ist hingegen noch nicht sichergestellt.

Eben so wichtig als Kohlensäure-, Ammoniak- und Wasserbildung ist unstreitig der mineralische Rückstand als Nährstoff. Der jährliche Blattabfall muß so viel davon dem Boden zurückgeben, als zur Produktion einer neuen Belaubung nöthig ist und nur der mineralische Bestand des bleibenden Holzzuwachses muß aus dem mineralischen Bodenbestande entnommen werden. Nicht unberücksichtigt darf man es lassen, daß die aus dem Humus stammenden Mineralstoffe mit der Zersetzung desselben nachhaltig frei werden und sehr wahrscheinlich in einem der Aufnahme günstigen Zustande und Mengeverhältnisse den Wurzeln sich darbieten.

2) Bedeutung des Humus als Transportmittel mineralischer Nährstoffe.

Mit den meisten mineralischen Bodenbestandtheilen geht die Humussäure mehr oder weniger leicht in Wasser lösliche Verbindungen ein. Humussaures Kali (93,4 Humus, 6,6 Kali) und humussaures Natron lösen sich schon im 6—10fachen Wassergewicht. Humussaure Talkerde (93,5 Humus, 6,5 Talkerde) bedarf das 160fache Wassergewicht; humussaure Kalkerde (92,6 Humussäure, 7,4 Kalkerde) bedarf das 2000fache; humussaures Eisenoxyd (85 Humussäure, 15 Eisenoxyd) bedarf das 2300fache; humussaure Thonerde (91,2 Humus, 8,8 Thonerde) bedarf hingegen das 4200fache an Wasser zur Lösung. Dadurch wird die Humussäure zu einem Transportmittel der mineralischen Bodenbestandtheile im Boden selbst. Sie führt dieselbe den Pflanzenwurzeln zu, die ihr die Base als Nährstoff entziehen, während die dadurch unlöslich gewordene Humussäure in ihrer Zerlegung zu Kohlensäure weiter fortschreitet. [1]

---

[1] Liebig schließt aus der Abwesenheit humussaurer Salze im Tropfsteine der Kalkhöhlen unter humusreichem Ackerboden, sowie aus deren Abwesenheit in Quellwassern, auf die Abwesenheit der Humussäure im Ackerboden und in der Dammerde. Er glaubt, daß die von Sprengel, Mulder und Anderen darin direkt nachgewiesene Humussäure erst durch Behandlung der Ackererde mit Alkalien gebildet sei. Allein ich selbst habe die humussauren Salze des Waldhumus durch tropfenweises Filtriren von Regenwasser in kaffeebrauner Lösung dargestellt (F. u. J. Ztg. 1844, 1845). Die Abwesenheit der Humussäure in Quellwassern und Stalaktiten möchte wohl darauf beruhen, daß ein Theil derselben auf ihrem Wege dorthin in Kohlensäure zerlegt wird, daß ein anderer Theil mit den mineralischen

3) Bedeutung des Humus als Zuführer atmosphärischer Feuchtigkeit und atmosphärischer Nährstoffe.

Unter allen Bodenbestandtheilen besitzt der Humus am meisten die Fähigkeit, wässerige Dünste aus der Atmosphäre an sich zu ziehen und sich dadurch auch ohne Zugang tropfenförmiger Flüssigkeit feucht zu erhalten. Es muß diese Eigenschaft von höchster Bedeutung seyn für alle jüngeren Holzpflanzen, deren Bewurzelung noch nicht bis zu einer Bodentiefe hinab= reicht, in der ihr die nöthige Feuchtigkeit unter allen Umständen gesichert ist. Mit den Dünsten der Atmosphäre nimmt der Humus zugleich aber auch kohlensaures Ammoniak in sich auf und befruchtet dadurch das Erdreich. Ob seine Sauerstoff absorbirende Kraft nur auf die chemischen Vorgänge im Boden, ob sie direkt auf die Pflanze von Einfluß ist, wissen wir noch nicht. Abgesehen von älteren, in vieler Hinsicht mangelhaften, eine direkte Wirkung bestätigenden Versuchen, wird letztere wahrscheinlich, durch die Analogien zwischen Keimung und alljährlich sich erneuernder Lösung und Verbrauch überwinternder Reservestoffe.

4) Bedeutung des Humus als Ursache einer inneren Bodenbewegung.

Die Zersetzung des Humus theils in lösliche, theils in gasförmige, dem Boden entweichende Stoffe, und seine durch den Blattabfall alljährliche Erneuerung, müssen eine fortdauernde Veränderung in den gegenseitigen Lagerungsverhältnissen eines Theils des in seinem Bereiche befindlichen, anorganischen Bodenbestandes zur Folge haben. Durch die in größere Boden= tiefe eingehende Bewurzelung, durch das Absterben und die Zersetzung derselben mit jedem Abtriebe, nach jeder Durchforstung, muß die daraus hervorgehende innere Bewegung der bleibenden Bodentheile auch in größere Bodentiefe hinabreichen. Eine wichtige Rolle spielen hierbei die annuellen Pflanzen durch das jährliche Absterben ihrer weichen, leicht zersetzbaren Wurzeln. Für unseren Waldboden, der einer künstlichen Lockerung, wie solche dem Ackerboden zu Theil wird, in der Regel nicht unterworfen ist, muß diese natürliche Lockerung nicht allein von Bedeutung seyn, man darf auch annehmen, daß selbst im Bereiche der lebendigen und thätigen Bewurzelung eine Veränderung in den anlagernden mineralischen Bodentheilen hierdurch bewirkt werde; daß an die Stelle der erschöpften andere Bodentheile treten und der absorbirenden Wurzelfläche sich darbieten.

5) Bedeutung des Humus als Lockerungsmittel.

Nicht allein durch den eigenen hohen Grad der Lockerheit und Leichtigkeit, sondern auch durch den fortdauernden Abgang von Theilen seiner Masse wird der Humus zum geeignetsten Lockerungsmittel der mineralischen Bodentheile in den oberen Schichtungen, in denen vorzugsweise die zarten Thau= und Faserwurzeln sich verbreiten, deren Verbreitung und reichlicher Verästelung hier der geringste Widerstand entgegentritt, die hier zugleich im Laboratorium der zur Aufnahme geschickt gewordenen terrestrischen Nährstoffe sich befinden.

Bodentheilen in unlösliche (chemische??) Verbindung tritt. Auch der ausgewaschene helle Quarzsand schwärzt sich bei gelindem Glühen durch Verkohlung einer mit der Oberfläche des Quarzkorns innig verbundenen Humusschicht. Wie die auf diese Weise an den mineralischen Boden gebundene Humus auf Boden und Pflanzenwuchs wirke, ob und unter welchen Verhältnissen er wieder zu freiem Humus sich vom Gestein trennen könne, davon wissen wir zur Zeit noch nichts, es fehlen in dieser Richtung noch alle Untersuchungen, die sicher für die Bodenkunde wichtige Ergebnisse liefern würden.

6) Bedeutung des Humus als Bodenschutz.

Besonders die oberen, noch unvollständig zersetzten Schichtungen der Dammerde vermindern nicht allein den Luftwechsel, die Verdunstung der Bodenfeuchtigkeit und die stärkere Erwärmung des Bodens im Sommer, sie verhindern auch das tiefere Eindringen des Frosts in den Boden, indem die, mit dem schlechtesten Wärmeleiter, mit Luft reichlich gemengten Damm= erdeschichten diejenige Wärme bis tief in den Winter hinein dem Boden erhalten, die dieser den Sommer über von außen her empfangen hat. Diese Abstumpfung der Temperatur=Extreme im Boden ist sicher eine in hohem Grade günstige Wirkung der Dammerde und das Zurückgehen der Bestände auf, dem Streurechen unterworfenen Boden entspringt vorzugsweise dem Mangel dieses Schutzes.

Aber nicht unter allen Umständen geht aus der Zersetzung der Pflanzen= faser ein Humus hervor, dem die vorgenannten Eigenschaften zuständig sind. Es gehört dazu ein gemäßigter und wechselnder Einfluß des Sauerstoffs der Luft und der Feuchtigkeit. Uebermaß der letzteren schließt erstere aus und entfernt die Aschebestandtheile, es verbleibt ein kohliger Rückstand, bekannt unter dem Namen Torf. Sumpf=, Moor=, Bruchboden sind Mittelbildungen zwischen fruchtbarem Waldboden und Torf. Man unterscheidet hiernach wie nach anderen Eigenschaften:

1. Milder Humus — Waldhumus.

Der milde Humus bildet den organischen Bestand der fruchtbaren Dammerde unserer Wälder, der Ackerkrume und der Gartenerde. Durch reichlichen Luftwechsel im Bereich der Dammerde unserer Wälder, deren Humus in rascher und ununterbrochener Zersetzung steht, werden fortdauernd die pflanzensauren Alkalien der sich zersetzenden organischen Stoffe frei, verbinden sich mit Theilen des noch nicht zersetzten Humus zu humussauren Alkalien, deren Löslichkeit im Wasser der Waldhumus den Namen löslicher Humus verdankt. Gleichzeitig mit der Zersetzung des Humus zu Kohlensäure wird Wasserstoff frei, dessen Verbindung mit dem Sauerstoff der Luft im Augen= blick des Freiwerdens Ammoniak bildet. Daher der Geruch des Waldhumus „nach frischer Gartenerde." Je nachdem die äußeren Verhältnisse günstiger oder ungünstiger sind, enthält der Waldhumus weniger oder mehr Humus= kohle, einen im Wasser unlöslichen kohlenähnlichen Stoff, der sich wegen Mangel an Sauerstoff noch nicht zu fertiger Humussäure herausbilden konnte, allmählig aber durch Verbindung mit Sauerstoff in Humus übergeht. Nicht allein wegen seiner Löslichkeit ist der Waldhumus so fruchtbar, sondern auch weil die bereits geschilderten, die Bodengüte in so hohem Grade fördernden physischen Eigenschaften des Humus bei dieser Art am schärfsten hervortreten. Eine Uebergangsbildung zur folgenden Art ist der Wiesenboden.

2. Saurer Humus (Moorboden, Bruchboden).

Bildet sich der Humus unter Verhältnissen, die seiner Verbindung mit Alkalien und alkalischen Erden hinderlich sind, so daß keine humussauren Salze entstehen können; tritt hierzu ein höherer, den Luftwechsel hindernder

Feuchtigkeitsgrad des Bodens, bei mangelndem Feuchtigkeitswechsel, so geht die Zersetzung des Humus sehr langsam und unvollständig von Statten. In solchem Boden häufen sich daher, besonders wenn er bewaldet ist, nach und nach große Humusmassen an, die aber wegen ihrer geringen Auflös= lichkeit nicht in dem Maße günstig zu wirken vermögen, wie der milde Humus. Nur wenige Holzpflanzen gedeihen in einem solchen Boden gut, besonders gehört ihm die Erle an; doch auch Eschen, Birken, Ebereschen wachsen bei nicht zu großer Nässe noch recht gut.

3. Kohliger Humus (Torfboden)

entsteht aus der Zersetzung abgestorbener Pflanzen unter, durch große Nässe verhindertem Zutritt der Luft, in Folge dessen nicht in dem Maße Sauerstoff zum Kohlenstoff der Pflanzenreste treten kann, um vollkommene Humussäure zu bilden. Die Pflanzenreste bilden dadurch, wie durch Auslaugung ihrer alkalischen Bestandtheile, einen mehr kohligen Rückstand von schwarzer, durch Eisenoxyd meist bräunlicher oder röthlicher Farbe, der im Wasser fast ganz unauflöslich ist, um so mehr, da diesem Humus auch die nöthigen Erden mangeln, um humussaure Salze zu bilden. Der Torfboden ist daher, trotz des großen Gehaltes an Humus, sehr unfruchtbar und kann nur durch Entfernung der Nässe und durch Mengung mit mineralischen Bodenbestand= theilen, oder durch Verbrennen der obersten Schichten fruchtbar gemacht werden, indem das in der Asche der Pflanzendecke frei gewordene Kali mit dem nicht verbrannten Humus gemengt, zu humussaurem Kali sich verbindet.

4. Basischer Humus (Stauberde).

Besonders häufig an sonnigen Freilagen der Kalksteingebirge, in einem Boden, der viel Kalktheile enthält, doch auch unter anderen, noch nicht genügend ermittelten, Verhältnissen, selbst über tiefen, gänzlich von Kalk freien Sandlagern finden wir nicht selten eine Dammerde, die im trocknen Zustande aschenähnlich ist und sich sowohl durch große Unfruchtbarkeit als durch ihr Auffrieren auszeichnet. Angefeuchtet bläht sich diese Stauberde auf, nimmt eine schwarze Farbe an, läßt sich ballen, zerfällt aber nach dem Austrocknen von selbst wieder zu Staub; auch hat sie nicht das fettige, sanfte Anfühlen der fruchtbaren Dammerde, sondern ist rauher und magerer. Die Stauberde nimmt viel weniger Wasser auf als der milde Humus, und trocknet sehr rasch wieder aus. Das Wasser vertheilt sich nicht so fein, sondern bleibt mehr in Tropfen beisammen, gefriert zu Krystallen und bewirkt dadurch das sogenannte Auffrieren, welches allen Bodenarten, besonders dem Boden mit großem Gehalt an unzersetzten Pflanzenresten eigen ist, in die sich das Wasser nicht vertheilt, sondern in tropfbar flüssiger Form verbleibt. Man sagt: die Stauberde entstehe größtentheils durch Uebersättigung der Humussäure mit einer oder der andern Basis; besonders sei es die Kalkerde, welche in ihrer Verbindung mit Humussäure leicht ein basisches Salz bilde, wenn die Humus= säure des sauren oder neutralen Salzes eine Zersetzung erleidet. Daraus erkläre sich dann auch, warum man die Stauberde besonders über kalkigem Boden gelagert findet. Dieß basische humussaure Salz unterscheide sich dadurch von den neutralen und von den sauren humussauren Salzen sehr bestimmt durch seine völlige Unauflöslichkeit im Wasser. Alles dieß mag für gewisse Fälle des Vorkommens der Stauberde wahr sein, auf die mir bekannten Fälle paßt es nicht. Es ist besser zu bekennen: daß hier noch eine Lücke in unserem Wissen besteht.

Die Stauberde ist in hohem Grade unfruchtbar und im Waldwirthschaftsbetriebe nur durch Erziehung geschlossener Bestände zu verbessern. Bei der Kultur solcher Orte ist daher dichte Saat und Pflanzung zu erwählen und die Stauberde von den Saatplätzen hinwegzuschaffen, da sie besonders durch Auffrieren mehr schadet als nützt. Ist die Stauberdeschicht nicht zu stark, so genügt auch schon eine Mengung derselben mit dem unterliegenden Boden, die selbst wohlthätig wirkt, wenn der Boden sehr bindend ist. Hat sich der an Stauberde reiche Boden mit einer Grasnarbe überzogen, so hüte man sich, diese zu zerstören, sondern bewirke die Holzkultur durch Saat in der Art, daß leichte Sämereien durch möglichst weniges Aufkratzen des Bodens mit der Erde gemengt, schwere Sämereien, welche eine stärkere Bedeckung fordern, vermittelst des Sterns in die Erde gebracht werden.

5. Adstringirender Humus (Haideboden).

Viele unserer Holzpflanzen enthalten in ihrem Holze und in den Blättern einen Stoff von zusammenziehendem Geschmack, den Gerbestoff, der mit den abgestorbenen Theilen in die Dammerde übergeht. Bei der Bildung des Humus aus den Pflanzenresten wird dieser Stoff rasch zersetzt, so daß sich im Humus aus Eichen und Birken kaum Spuren davon finden; nur wenn eine Pflanze neben dem Gerbestoff zugleich reich an harzigen und wachsartigen Stoffen ist, wie die Haidekrautarten, der Kienporst, die Alpenrosen, soll neben den sehr langsam sich zersetzenden harzigen Bestandtheilen auch der Gerbestoff im Boden zurückbleiben, indem der mitunter bis auf 12 Proc. steigende Gehalt des Bodens an Wachsharz den Einfluß der Außenstoffe auf Zersetzung des Gerbestoffs verhindert oder wenigstens verringert.

Ohne besondere Kultur wachsen im Haideboden — der Name stammt vom Haidekraut (Calunna vulgaris), welches ihn vorzugsweise bildet — nur diejenigen Pflanzen gut, aus welchen er entstand; der Kiefer und, wenn sonst der Untergrund von guter Beschaffenheit ist, auch der Eiche und Birke sagt er noch zu; er läßt sich aber durch Auflockern so wie durch Feuerdüngung wesentlich verbessern. Wenn man einen solchen Boden nach dem Verbrennen des Haidekrauts und der obersten, an unzersetzten Pflanzenfasern reichen Bodenschicht einige Jahre in Ackerkultur geben kann, wodurch der Boden wiederholt aufgelockert und die Asche mit den tieferen Humusschichten gemengt wird, so gerathen besonders Kiefersaaten trefflich und zeigen auch im Verfolg einen guten Wuchs.

D. Vom Wasser und von der Luft.

Das Wasser ist eins der wichtigsten Bestandtheile des Bodens, wichtiger als alle übrigen; denn die Pflanze wächst im Humus oder zwischen Felsspalten wurzelnd, ohne eigentliche Bodenkrume; sie wächst im Erdreich

ohne Humus, aber die günſtigſte Mengung beider iſt unfruchtbar ohne Feuch=
tigkeit. Alle übrigen Bodenbeſtandtheile wirken günſtiger oder weniger günſtig,
je nachdem ſie ſich verſchieden in ihrem Verhalten zur Feuchtigkeit zeigen.

Das Waſſer im Boden wird nicht allein als Nahrungsſtoff und als ein
beim Geſchäft der Ernährung und Verähnlichung unentbehrlicher Körper von
den Pflanzenwurzeln aufgenommen, es vermittelt auch den Uebergang der mine=
raliſchen Bodennahrung in die Pflanze, die, wie wir wiſſen, im Waſſer auf=
gelöst und in dieſer Auflöſung in die Pflanze aufgenommen wird. Die Feuchtig=
keit des Bodens befördert ferner die Bildung des Humus im Boden, ſie
verringert den zu großen Luftzutritt und Luftwechſel, trägt alſo weſentlich zur
Erhaltung der Bodenfruchtbarkeit bei; ſie iſt es, durch welche hauptſächlich die
Verwitterung der Geſteine eingeleitet und die Bodenkrume herausgebildet wird.

So nothwendig die Bodenfeuchtigkeit für die Pflanze iſt, ſo günſtig ein
gemäßigter Feuchtigkeitsgrad auf die Bodenbeſchaffenheit einwirkt, ſo nach=
theilig werden zu hohe Grade des Waſſergehalts, indem dadurch die Luft
aus dem Boden verdrängt, in Folge deſſen die Entwicklung der Pflanzen=
nahrung aus den abgeſtorbenen Pflanzen verhindert wird (Torfboden, Sumpf=
boden). Sie verurſachen das Auffrieren des Bodens (vergl. baſiſcher Humus)
und machen das Erdreich kaltgründig, als ſchlechte Wärmeleiter und indem
durch die ſtarke und beſtändige Verdunſtung Wärme gebunden wird.

Wir unterſcheiden zuerſt feuchten und naſſen Boden. Feucht iſt ein
Erdreich, wenn das Waſſer in der Menge vorhanden und ſo fein zertheilt
iſt, daß dadurch der Luftwechſel im Boden nicht aufgehoben wird. Naß hin=
gegen nennt man den Boden, wenn alle Zwiſchenräume der Bodenkrume mit
Waſſer erfüllt ſind, die Luft dadurch gänzlich aus dem Boden verdrängt iſt.
Auf naſſem Boden wachſen nur wenige Holzpflanzen, Erlen, Eſchen, Birken
und Weiden; der feuchte ſagt allen zu.

Wir unterſcheiden ferner ſtehende (ſtagnirende) und wechſelnde
Bodenfeuchtigkeit. Erſtere iſt ſolchem Boden eigen, der in der Nähe von Seen,
Flüſſen und mit deren Waſſerſpiegel in nahe gleicher Höhe, oder der über
einem die Feuchtigkeit nicht ableitenden Waſſerbecken liegt. Wechſelnd feucht
iſt der Boden, welcher das durch Regen, Schnee, Stauungen, Ueberſchwem=
mungen erhaltene Waſſer durch Verdunſtung oder Abfluß leicht wieder verliert.
Stehende Feuchtigkeit iſt günſtiger als wechſelnde, indem durch letztere
der Boden ausgelaugt und ſeiner nährenden Beſtandtheile beraubt wird;
ſtehende Näſſe iſt dagegen ungünſtiger als wechſelnde Näſſe, da Erſtere
durch die Wurzeln ihres Luftgehaltes ſehr bald beraubt wird, während
Letztere mit dem für die Ernährung nöthigen Luftgehalte in der Umgebung
der Wurzeln ſich erneuert.

Der Boden iſt beſtändig oder unbeſtändig, feucht oder naß,
je nachdem ſein Feuchtigkeitsgrad einem geringeren oder größeren Wechſel
unterworfen iſt. Beſtändig feuchter Boden iſt beſſer als unbeſtändig feuchter,
beſtändig naſſer Boden iſt ſchlechter als unbeſtändig naſſer Boden.

Der Boden iſt grundfeucht oder grundnaß, wenn ſeine Feuch=
tigkeit aus der Tiefe oder aus benachbarten Gewäſſern ſtammt; er iſt luft=
feucht oder luftnaß, wenn er ſeine Feuchtigkeit lediglich durch atmoſphä=
riſche Niederſchläge erhält. Luftfeuchter Boden iſt fruchtbarer als grundfeuchter,

wenn das Klima feucht ist und die Bodenbestandtheile der Art sind, daß sich die Erdkrume auch bei eintretender trockner Witterung lange Zeit feucht zu erhalten vermag, indem das Luftwasser fruchtbarer ist als das Erdwasser; grundfeuchter Boden ist dagegen im trocknen Klima und bei Bodenbestand= theilen von geringer wasserbindender Kraft fruchtbarer, da ihm die Feuchtigkeit in höherem Grade gesichert und gleichförmiger ist.

Luftfeuchter Boden kann wiederum gesteinfeucht, erdfeucht oder humusfeucht sein, je nachdem seine Fähigkeit, die Dünste der Luft an sich zu ziehen, die Niederschläge aufzunehmen und längere oder kürzere Zeit festzuhalten, in der Beschaffenheit der Bodenunterlage und der dem Boden beigemengten Gesteinbrocken, oder in der Natur der mineralischen Boden= bestandtheile oder in dem Gehalt an Dammerde begründet ist. Ueber das Verhalten der Gebirgsarten, der Bodenunterlage, der Erdarten und des Humus zur Feuchtigkeit habe ich das Nöthige bereits früher mitgetheilt.

Nach dem Grade der Feuchtigkeit unterscheidet man:

1) Nassen Boden: wenn das Erdreich der Oberfläche auch im Sommer, durch Druck mit der Hand, Wasser in Tropfen von sich gibt.

2) Feuchten Boden: wenn sich im Sommer einem der Oberfläche entnommenen Erdballen zwar kein Wasser mehr auspressen läßt, das Erdreich aber nie über 1 Zoll tief trocken wird, im Frühjahre die Pflanzlöcher Wasser ziehen.

3) Frischen Boden: wenn der Boden auch im Sommer nie über $\frac{1}{2}$ Fuß tief abtrocknet, Pflanzlöcher im Frühjahr kein Wasser ziehen.

4) Trocknen Boden: trocknet im Sommer der Boden innerhalb einer Woche nach dem letzten durchnässenden Regen bis auf 1 Fuß Tiefe und darüber aus, so nennt man ihn trocken.

5) Dürr heißt ein Boden, wenn er schon in einigen Tagen nach dem letzten durchnässenden Regen seine Feuchtigkeit über 1 Fuß tief verliert.

Derselbe Boden zeigt einen verschiedenen Feuchtigkeitsgehalt und dadurch verschiedene Einwirkung auf den Holzwuchs in trocknen und in nassen Jahren.

Ueber den Luftgehalt des Bodens und über die Wirkung der Luft im Boden weise ich auf das zurück, was ich im ersten Kapitel des ersten Abschnittes über atmosphärische Luft bereits mitgetheilt habe.

Nach den Untersuchungen Boussingaults enthielten die tieferen Schichten eines lehmigen Waldbodens 7 Volumprocente Luft, ein sehr humus= reicher Boden bis 42 Volumprocente. In dieser Luft fand derselbe das 22—23fache des Kohlensäuregehaltes der freien atmosphärischen Luft. In einem frisch gedüngten Boden fand sich das 2245fache des Kohlensäuregehaltes der Luft.

Drittes Kapitel.

Von der Beurtheilung der Bodenbeschaffenheit und Bodengüte.

Die Beschaffenheit und Güte eines Bodens erkennt man:

1) Aus seiner Zusammensetzung und aus der Natur seiner Bestandtheile.

2) Aus äußeren, in die Augen fallenden Kennzeichen.

3) Aus dem ihn bedeckenden Pflanzenwuchse.

1. Von der Untersuchung des Bodens nach seinen Bestand= theilen und Lagerungsverhältnissen.

Wenn es sich darum handelt, die Güte eines Bodens oder vielmehr eines Standorts, im Allgemeinen wie in Bezug auf einzelne Gewächse, aus der Beschaffenheit des Bodens selbst zu erkennen, ein Verfahren, welches bei der Waldwirthschaft nur da in Anwendung tritt, wo es uns nicht möglich ist, die Bodenbeschaffenheit aus bereits vorhandenem Holzwuchse zu beur= theilen, wie z. B. auf großen Blößen, oder auf Ländereien, die von der Ackerwirthschaft dem Walde abgetreten werden und umgekehrt, oder bei Ver= änderungen der bisher gezogenen Holzart, dann ist bei den betreffenden Untersuchungen Folgendes zu beachten:

1) Die Beschaffenheit der Bodenunterlage, deren Einfluß auf Feuch= tigkeit des Bodens, auf Haltung und Standort der Pflanzen und auf Zugäng= lichkeit für die Pflanzenwurzeln. Das erste Kapitel dieses Abschnittes enthält die hiefür nöthigen Fingerzeige.

2) Die Triefgründigkeit des Bodens.

3) Der eigenthümliche Feuchtigkeitsgrad.

4) Der Gehalt des Bodens an Gesteinbrocken und deren Natur, je nachdem sie geeignet sind, Wasser aufzunehmen und es allmählig dem aus= trocknenden Boden zurückzugeben.

5) Lage, Exposition, Neigung, Klima und deren Einfluß auf Boden= feuchtigkeit und Bodenwärme.

6) Die Natur und die Mengungsverhältnisse der Bodenbestandtheile selbst.

Was die unter 1—5 angeführten, auf die Bodenfruchtbarkeit sehr einflußreichen Verhältnisse betrifft, so verweise ich auf das, was in den vorhergehenden Kapiteln darüber bereits gesagt wurde; hier beschäftigt uns nur die Untersuchung der Bodenbestandtheile.

Wenn man sich in Kenntniß der Beschaffenheit eines Bodens durch unmittelbare Untersuchung setzen will, so kommt es zuerst auf richtige Wahl der Orte an, von welcher die zu untersuchende Erde genommen wird. Zu= erst muß man alle ungewöhnlichen Erhöhungen und Vertiefungen vermeiden, weil man hier nie ein richtiges Maß des dem Boden eigenthümlichen Humus= gehaltes erlangen wird, indem das Laub, aus welchem der Humus unserer Wälder größtentheils gebildet wird, von ersteren ab= und in letztere zu= sammen geweht wird; ferner sind solche Unebenheiten auch häufig durch gewaltsame Umwälzungen der Erde entstanden und diese daher nicht mehr in ihrem richtigen Mengungsverhältnisse. Man wähle daher also eine ebene gleichförmige Fläche zur Untersuchung aus. Liegt ein bergiges oder hüg= liches Terrain vor, so müssen gesonderte Untersuchungen auf dem Rücken, an den Hängen und in den Thälern unternommen werden.

An den für die Untersuchung ausgewählten Stellen werden nun, wo möglich bis zur Unterlage des Bodens, im tiefgründigen Boden bis 1 Meter tiefe Löcher gegraben, und eine der Seitenwände mit dem Spaten scharf und senkrecht abgestochen. Hat man hierdurch ein Bild des Bodendurch= schnitts erlangt, so notirt man sich die Beschaffenheit des Bodens, so weit sich diese aus der Färbung, aus dem Zusammenhange und dem Aeußeren der Bodenschichten erkennen läßt. Besonders messe man die Tiefe, bis zu welcher der Boden durch Humus dunkel gefärbt ist und die Dicke der durch Färbung ꝛc. sich als verschieden zu erkennen gebenden Erdschichten, deren Gehalt an Steinbrocken, Feuchtigkeitsgrad ꝛc. Aus jeder dieser schon dem Auge sich als wesentlich verschieden zu erkennen gebenden Schichten werden dann zur näheren Untersuchung einige Hände voll Erde in Papier geschlagen und auf diesem mit Bleistift die Tiefe bemerkt, in welcher die Erde lag.

Im Hause muß nun jede der Bodenproben besonders, auf einen Bogen Papier dünn ausgebreitet, so lange liegen, bis sie vollkommen luft= trocken geworden ist, worüber, je nachdem die Luft mehr oder weniger warm und trocken ist, 2—3 Tage vergehen. Die lufttrockne Erde wird darauf auf einer guten Wage gewogen, und, wenn dieß geschehen, auf einem Teller ausgebreitet, auf dem Ofen völlig ausgetrocknet und nach dem Erkalten abermals gewogen. Der Gewichtverlust zeigt die Grade an, in welchem der Boden die Feuchtigkeit zu binden und festzuhalten vermag; doch ist dieß Dörren der Erde auch schon deßhalb nöthig, um nicht Wasser mit in die Rechnung zu ziehen.

Die gedörrte Erde wird nun durch gröbere und feinere Siebe ge= trieben, um die Gesteinbrocken von der Erde, die gröberen Erdtheile, Grand, Gruß von den feineren zu sondern, worauf das Gewicht jeder dieser ge= sonderten Theile ermittelt wird. Hat man die Gesteinbrocken gesondert, so wird untersucht, welcher Gebirgsart sie angehören, worauf sie nicht weiter in Betracht kommen.

Die gröberen und feineren Erdtheile werden nun wieder zusammen= gebracht. Vermuthet man beträchtliche Mengen von **Wachsharz** (im Haideboden), so wird derselbe mit starkem Spiritus übergossen, in welchem sich unter fleißigem Umrühren das Wachsharz auflöst. Die Mengung wird darauf durch ungeleimtes Papier filtrirt, in einer Schale abgedampft, worauf das Wachsharz zurückbleibt und gewogen werden kann.

Um den Gehalt des Bodens an Humus und nicht völlig zersetzten Pflanzenfasern zu bestimmen, wird der Boden auf einer eisernen Platte er= hitzt, so daß alle freie Feuchtigkeit entweicht, hierauf gewogen und in Er= manglung eines hessischen Schmelztiegels in einem gereinigten eisernen Gieß= löffel bis zum Dunkelrothglühen erhitzt. Nachdem hierdurch der Humus verbrannt und die Erde erkaltet ist, wird sie abermals gewogen und aus dem Gewichtsverluste die Humusmenge berechnet. In diesem Gewichte ist freilich auch das der unzersetzten Pflanzenfaser und eines vor der Glühhitze nicht zu verflüchtigenden Wasserantheils enthalten, allein das Resultat wird für u n s e r e Zwecke doch hinlänglich genau, um so mehr, als der Humus= gehalt des Waldbodens doch nirgends sich völlig gleich ist. Genauer kann man den Humusgehalt dadurch bestimmen, daß man die Dammerde mit einer schwachen Lauge aus Holzasche übergießt, die Mischung 24 Stunden stehen läßt, worauf sich bei mehrmaligem Umrühren die Humussäure vollständig auflöst; setzt man dann der Auflösung eine Säure zu, so fällt die Humus= säure in braunen Flocken zu Boden, bleibt auf dem Filtrirpapier zurück,

wird getrocknet und gewogen. Der Gehalt an noch nicht zu Humus zer=
setzter Pflanzenfaser muß dann aber in obiger Weise durch Glühen bestimmt
werden.

Der Kalk= und Talkgehalt des Bodens wird bestimmt, indem man
den vorher geglüheten und gewogenen Boden mit verdünnter Essigsäure
oder mit sehr starkem Weinessig übergießt, welcher nach mehrstündigem Er=
wärmen und wiederholtem Umrühren diese Erden auflöst. Hat man die
Auflösung abfiltrirt und mit Wasser ausgesüßt, den Rückstand getrocknet
und gewogen, so gibt der Gewichtverlust den Kalk= und Talkerdegehalt des
Bodens an.

In derselben Weise wird nach Entfernung des Talk= und Kalk=
gehaltes der Gehalt an Kali, Eisen und Mangan bestimmt, nur daß man
anstatt der Essigsäure verdünnte Salzsäure anwendet.

Der Rückstand enthält nun Kieselerde und Thon. Für unsere Zwecke
genügt es, die Mengen beider Theile durch Schlemmen zu bestimmen. Man
gibt der Erde in einem verhältnißmäßig großen Glase das zwei= bis drei=
fache Wasser, rührt um, läßt den schwereren Sand sich zu Boden setzen
und gießt die leichteren im Wasser schwebend bleibenden Thontheile ab. Dieß
Schlemmen muß so oft wiederholt werden, als das aufgegossene Wasser
sich beim Umrühren bedeutend trübt. Das Schlemmwasser wird in einem
Gefäße gesammelt, auf dessen Boden sich die im Wasser enthaltenen Thon=
theile bei längerer Ruhe niederschlagen, worauf das klar gewordene Wasser
abgegossen, der Rückstand getrocknet und gewogen wird.

Der auf diese Weise vom Thon befreite Sand wird gleichfalls ge=
trocknet und gewogen, dann auf einem Bogen weißes Papier ausgebreitet
und mit einer Loupe untersucht; die glänzenden glasartigen Körner sind
Quarzsand, metallglänzende Blättchen und Schuppen sind Glimmer, röth=
lich gefärbte Körner sind Feldspathstückchen. Größe und Natur der Körner
haben einen wesentlichen Einfluß auf die Beschaffenheit des Bodens und
sind daher sehr zu beachten. [1]

Von gleichem, wenn nicht von höherem Werthe als die Untersuchung
des chemischen Bodenbestandes ist die Ermittelung des physikalischen Ver=
haltens. Dahin gehört:

1) Die Consistenz, Bindigkeit, Zusammenhangskraft der Boden=
theile. Ich ermittle dieselbe, indem ich aus dem zu untersuchenden Boden
Kugeln von einem Zoll Durchmesser knete, und dieselbe nach völligem Ab=
trocknen über darauf gelegte Bretter so lange mit Gewichten belaste, bis
sie zerdrückt werden. Die Pfundzahl der Belastung beim Zerdrücken ergibt
die Verhältnißzahl der Consistenz. Um aus solchen und ähnlichen Unter=
suchungen benutzbare Resultate zu erlangen, ist es aber nöthig, daß man
eine Mehrzahl verschiedenartiger Bodenarten, darunter solche, welche die

---

[1] Wenn gleich aus dieser Art der Bodenuntersuchung keine genaue Resultate der Boden=
bestandtheile hervorgehen, deren Erlangung größere chemische Kenntnisse, als man sie vom
Forstmanne erwarten darf, und den Besitz eines chemischen Apparates fordert, so genügt
die Genauigkeit derselben für unsere Zwecke doch vollständig. Wer sich eine genauere Kennt=
niß der chemischen Boden=Analyse erwerben will, dem empfehle ich das Studium der diesen
Gegenstand betreffenden ausgezeichneten Abhandlung des Professors Otto in Sprengel's
Handbuch der Bodenkunde 1837. S. 303—469.

Extreme der Bindigkeit und Lockerheit besitzen, gleichzeitig untersucht und durchaus gleicher Behandlung unterwirft, um genaue Verhältniß= zahlen zu gewinnen. Eine Untersuchungsreihe von nahe 100 verschiedenen Bodenarten des Harzes und der Umgebungen desselben lieferte mir folgende Scale:

Zusammenhangslos ist ein Boden, dessen Kugeln nach dem Ab= trocknen von selbst wieder zerfallen, wie der reine grobkörnige Quarzsand.

Sehr locker ist ein Boden, dessen Kugeln 1—10 Pfund Gewicht tragen. Bei 10—25 Pfund Tragkraft locker; bei 26—50 Pfund Trag= kraft fast bindig; bei 50—100 Pfund bindig; bei 100—160 Pfunden sehr bindig oder fest — die reineren Thonformen. Die Kugeln waren hiezu auf der heißen Ofenplatte ausgetrocknet.

2) Das Schwinden des Bodens beim Austrocknen ermittelt man leicht durch Messung gekneteter Bodenmasse vor und nach dem Aus= trocknen. Das mir bekannte Maximum der Durchmesserverringerung ist = 0,6, das andere Extrem = 0.

3) Die Feuchtigkeitscapacität ermittelt man, indem man eine Quantität des zu untersuchenden Bodens auf einem warmen Ofen voll= ständig abtrocknet, wiegt, darauf mit Wasser anrührt, auf ein Filter gibt, und das Wasser ablaufen läßt. Sobald Wasser nicht mehr tropfenweise vom Filter abläuft, wird der nasse Boden wieder gewogen und aus der Gewichtsdifferenz die Menge des Wassers bestimmt, das er aufzunehmen und festzuhalten vermag. Die Extreme der Feuchtigkeitscapacität 17,5 Gramm Wasser auf 18 Cubikcentimeter Boden zeigt die Dammerde, Stauberde, Gypssand, Gypsthon, Hornfelsboden. Außergewöhnlich geringe Grade zeigte der Boden des Quadersandsteins, der Grauwacke, des Uebergangs= kalkes und der sandige Meeresboden mit 6—7 Gramm Wasser auf 18 Cubik= centimeter, der bei allen übrigen von mir untersuchten Bodenarten 12—13 Gramm Wasser anhält.

4) Die Hygroskopität. Der Boden wird getrocknet, auf einen Teller ausgebreitet mit dem Teller gewogen, ein kleines Schälchen mit Wasser darauf gesetzt, dem Teller eine passende Glasglocke oder ein irdenes gut schließendes Gefäß aufgesetzt, so daß sich über dem Boden eine stagnirende, mit dem verdunstenden Wasser des Schälchens gesättigte Luft bildet, aus der Boden die Feuchtigkeit einfangt. Die höchsten Grade der Wasser= aufsaugungsfähigkeit: 6—7 Gramm Gewichtzunahme pro 0,1 Quadratmeter Oberfläche zeigte Dammerde, Torfboden, Stauberde, Gypsthon=, Kreide= mergel=, Granitboden und der Trümmerboden des Elm über Muschelkalk. Die geringsten Grade: 0,07—0,14 Gramm pro 0,1 Quadratmeter der sandige Meeresboden, Gypssand, der Boden eines eisenschüssigen Quadersandstein, Verwitterungsboden über Marmor. Geringe Grade: 0,9—1,4 Gramm pro 0,1 Quadratmeter; einige Bodenarten der Grauwacke, des Thonschiefer, der Kreide, des Jurakalkes, des Keuper, des Granit und Porphyr. Der Boden der meisten Granite, Porphyre, des Grünstein, des Hornfels, Thonschiefer, des bunten Sandsteines zeigten mittlere Grade der Hygroskopität.

5) Auch das Vermögen des Bodens, die Feuchtigkeit aus der Tiefe an sich zu ziehen und dadurch sich feucht zu erhalten, ist

von Wichtigkeit. Die Prüfung in dieser Richtung habe ich in der Weise ausgeführt, daß ich einen $1/2$ Meter hohen Glascylinder, auf dessen Boden eine Glasröhre hinabreicht, die oben in einen Trichter ausläuft, mit der zu untersuchenden Bodenart im lufttrocknen Zustande anfüllte, auf die Bodenoberfläche ein Schälchen mit Schwefelsäure setzte und die Cylinder= mündung mit einem Glastäfelchen bedeckte. Läßt man dann durch den Trichter Wasser auf den Boden des Cylinders, so gibt die Höhe und die Geschwindigkeit, in welcher das eingegossene Wasser über seine Spiegelfläche hinaus im Boden aufsteigt, den Maßstab für die capillare Aufsaugung, während die Gewichtzunahme der Schwefelsäure und die Geschwindigkeit derselben, die Durchlässigkeit des Bodens für aufsteigenden Wasserdunst nachweist.

Untersuchungen dieser Art können natürlich immer nur relative Re= sultate ergeben. Reiner Sand, reiner Thon und reiner Humus ergeben in der Regel die Extreme, aus denen eine Scala zu bilden ist, in welche die Resultate der gemengten Bodenarten einzutragen sind.

6) Die Kraft, mit welcher der Boden die Feuchtigkeit zurückhält, mehr oder weniger rasch durch Verdunstung austrocknet, ge= messen durch tägliche Wägung der mit Wasser gesättigten, der Zimmerluft gleichzeitig ausgesetzten Bodenarten, ergab sich als außergewöhnlich groß beim Verwitterungsboden des Grünstein, Gabbro, Hornfels, beim Gyps= thon, merkwürdiger Weise auch beim Gypssand und bei einem sehr schlechten sandigen Kieferboden. Groß zeigte sie sich beim Boden eines Jurakalkes, Keupers und Thonschiefers; gering bei dem Boden der meisten Granite, Thonschiefer, Marmor, Muschelkalk, Kreide und Grauwacke. Die humus= reichen Bodenarten zeigten nur mittlere Grade dieser Eigenschaft. [1]

Alle diese physikalischen Eigenschaften des Bodens beruhen weit weniger auf dem chemischen Bestande seiner Theile als auf dem Zerkleinerungsgrade derselben. Sand und Thon, die in dieser Hinsicht in der Regel die beiden Extreme darbieten, dem Thon das Maximum, dem Sand das Minimum der Consistenz, der Wasseraufnahme, der Hygroskopität rc. gehörend, zeigen ein nahe gleiches Verhalten, wenn der Sand in so feine Theile zerrieben ist, daß sie zu denen des Thons hierin nahe stehen. Die Bestimmung des Zerkleinerungsgrades zu untersuchender Bodenarten ist daher von Wichtig= keit, indem sich daraus, ohne weitere directe Untersuchungen, Schlüsse ziehen lassen auf die physikalischen Eigenschaften derselben. Das Instrument, welches ich mir für Untersuchungen dieser Art ersonnen habe, besteht in einem $1/3$ Meter langen 7 Millimeter weiten Glascylinder, auf dessen Außen= seite eine bis 1 Millimeter gehende Theilung vom glatten Boden aufsteigend eingeätzt oder auf einem aufgeklebten Papierstreifen mit Angabe der Centim. und Millimeter verzeichnet ist. In dieser graduirten Glasröhre wird der zu untersuchende Boden mit dem dreifachen Volumen Wasser so lange geschüttelt, bis sich alle Theile desselben getrennt haben. Senkrecht festgestellt, läßt

---

[1] Eine nähere Darlegung meines Verfahrens bei Bestimmung der physikalischen Eigen= schaften des Bodens enthält mein Werk: Vergleichende Untersuchungen über den Ertrag der Rothbuche. Berlin, Förstner. 1847. Ferner ist hierfür zu benutzen: Schübler, Agricultur= Chemie, zweite Auflage, von Krutzsch. Leipzig. 1838.

man den Boden alsdann sich setzen und verzeichnet, mit der Uhr in der Hand, anfänglich in kürzesten, später in längeren Zeiträumen, gleichzeitig Zeit und Höhe des Niedergesetzten.   Da das gröbere Korn sich früher zu Boden setzt als das feinere, so erhält man im Zeitmaß des Nieder= schlags einen sicheren Maßstab für den Zerkleinerungsgrad der Bodentheile.

Ich habe unsägliche Mühen darauf verwendet, in meßbaren Eigen= thümlichkeiten der verschiedenen Bodenarten einen Maßstab für direkte Be= stimmung der Bodengüte zu finden.   Dieß würde der Fall gewesen sein: wenn die Grade ein oder der andern Eigenschaft, wenn Hygroskopität, Consistenz, Humusgehalt, Thongehalt ꝛc. mit den Graden beobachteter Pro= duktionskraft des Bodens in gleichem Maße ab= oder zunehmend sich ergeben hätten.   Wenn man nun auch im Allgemeinen sagen kann: daß bis zu einem gewissen Grade der Humus, Thon, der Sand die Fruchtbarkeit des Bodens steigere, daß höhere Grade der Hygroskopität, geringere der Con= sistenz ꝛc. mit zu den Eigenschaften eines guten Bodens gehören, so ist jede einzelne dieser Eigenschaften doch so wenig maßgebend, daß eine direkte Beurtheilung der Bodengüte zur Zeit noch unausführbar ist.   Die Ursache liegt einfach darin, daß die verschiedenen, der Fruchtbarkeit günstigen und ungünstigen Eigenschaften des Bodens sich gegenseitig theils aufheben, theils ersetzen, theils summiren; sie liegt darin, daß die Fruchtbarkeit des Bodens nicht allein von dessen Bestandtheilen und deren Eigenschaften, sondern eben so von einer Menge äußerer, theilweise unmeßbarer Zustände abhängig ist, von der Bodenunterlage, vom Klima, von der Bedeckung mit Pflanzen; darin, daß die Fruchtbarkeit eines Standorts überhaupt relativ und für verschiedene Kulturpflanzen verschieden ist; darin, daß Boden, Unterlage, klimatische Eigenthümlichkeiten selten auf größeren Flächen dieselben sind, oft in geringen Fernen den größten Abänderungen unterliegen; kurz, meine Untersuchungen haben mich zu dem Resultate geführt, nicht allein daß — wie man zu sagen pflegt — beim heutigen Standpunkt der Bodenkunde eine direkte Bodenwürdigung unausführbar sei, sondern daß dieß wohl immer so bleiben werde.   Dieses sind jedoch individuelle Ansichten und ich wünsche herzlich, daß andere Beobachter günstigere Resultate ihrer Arbeiten erringen, als sie mir zu Theil geworden sind.

Demohngeachtet bedürfen wir einer Kenntniß der Bodenbestandtheile und ihrer Eigenschaften, wenn es auch nur zum Zwecke einer allgemeinen Begriffsbestimmung der verschiedenen Bodenarten sein sollte, ohne daraus Folgerungen auf die Fruchtbarkeit zu ziehen, deren allein sicherer Maßstab die Resultate verflossener Produktion sind.

Nach der verschiedenen Art und Menge der Bestandtheile unter= scheidet man:

1) Thonboden: über 50 Proc. Thon, nicht über 5 Proc. Kalk, nicht über 20 Proc. Humus.

2) Lehmboden: 20—50 Proc. Thon, nicht über 5 Proc. Kalk, nicht über 20 Proc. Humus.

3) Mergelboden: 5—20 Proc. Kalk, nicht über 50 Proc. Thon, nicht über 20 Proc. Humus.

4) Kalkboden: über 20 Proc. Kalk.

5) Sandboden: vorherrschend Sand, nicht über 20 Proc. Thon, nicht über 20 Proc. Kalk, nicht über 20 Proc. Humus.

6) Humusboden: über 20 Proc. Humus.

7) Eisenboden: über 15 Proc. Eisen und Mangan=Oxyde oder Oxydule.

Jede dieser Bodenarten außer dem Humusboden heißt:

humos mit 5—19 Proc. Humus;

humusreich mit 3—5 Proc. Humus;

vermögend mit 1½—3 Proc. Humus;

humusarm unter 1½ Proc. Humus.

Alle Bodenarten außer Kalk und Mergelboden heißen

kalklos: mit 0—½ Proc. Kalk;

kalkhaltig: mit ½—5 Proc. Kalk.

Eisenschüssig heißt ein Boden, der 5—15 Proc. Eisen= oder Manganoxyd enthält.

Der Thonboden heißt

sandig: wenn sein Gehalt an Kieselerde nicht in feiner Zertheilung, sondern in fühlbaren Quarzkörnern besteht; kalkig: wenn er mit Kalk= steinbrocken untermengt ist; mergelich: wenn er 4—5 Proc. fein zertheilten Kalk enthält.

Der Lehmboden heißt

sandig: wenn er 70—80 Proc. Sand enthält; mergelich, kalkig: unter denselben Verhältnissen wie der Thonboden.

Der Mergelboden heißt

thonig: mit mehr als 50 Proc. Thon; lehmig: mit 20—50 Proc. Thon; sandig: mit 60—70 Proc. Sand; kalkig: unter denselben Ver= hältnissen wie der Thonboden.

Der Sandboden heißt

schlecht: bei mehr als 90 Proc. Sand; lehmig: bei 80—90 Proc. Sand; mergelich: mit 2—5 Proc. Kalk. Außerdem unterscheidet man nach dem Bestande der Sandkörner: Quarzsand, Glimmersand, Feldspath= sand, Kalksand; nach der Größe der Körner: Staubsand, Grob= sand, Gruß, Kies.

Der Sandboden oder der Sandgehalt anderer Bodenarten heißt staubig: wenn die Zertheilung so fein ist, daß sie sich dem Gefühl nicht mehr zu erkennen gibt; feinkörnig: wenn der Sand aus feinen, aber noch fühl= baren Körnern besteht; grobkörnig: wenn die Körner die Größe der Hühnerschrote haben: großkörnig: wenn die Körner den Durchmesser der Schrote Nr. 3—1 haben; grandig oder kiesig: wenn die Größe der= selben die der Rehposten übersteigt.

Der Kalkboden heißt

sandig: mit 15—20 Proc. Sand; lehmig: mit 30—40 Proc. Lehm (Sand und Thon); thonig: mit 20—25 Proc. Thon.

Der Humusboden und der Eisenboden heißen

thonig: mit mehr als 50 Proc. Thon; lehmig: mit 20—50 Proc. Lehm; sandig: mit 5—10 Proc. Lehm; mergelig: bei 5—20 Proc. Kalk; kalkig: bei mehr als 20 Proc. Kalk.

Außerdem unterscheidet man:

milden Humus (Waldhumus); sauren Humus (Moorboden); kohligen Humus (Torfboden); abstringirenden Humus (Haideboden); basischen Humus (Stauberde). Die Verschiedenheit dieser Humusarten ist in Voranstehendem erläutert.

Nach dem Grade der Zusammenhangskraft unterscheidet man

leichten Boden: wohin alle Bodenarten mit vielem grobkörnigen Sand oder mit vielem Humus gehören;

losen Boden: der elastische, bei Regenwetter stark aufquellende, sehr dem Auffrieren ausgesetzte entwässerte Torf-, Moor- und Bruchboden;

bindigen Boden: alle Bodenarten mit mittlerer Zusammenhangskraft, wie der feinkörnige lehmige Sandboden, der grobkörnige sandige Lehmboden, der Kalk- und Mergelboden;

schweren Boden: hierher der feinkörnige Lehmboden und der Thonboden mit gröberem Sandgehalt;

zähen Boden: hierher der Thonboden mit geringeren Mengen feinkörnigen Sandes.

Nach dem Verhalten des Bodens zum Humus und zur Herausbildung der Pflanzennahrung aus ihm unterscheidet man:

überthätigen Boden: wenn die Zersetzung des Humus zu rasch vor sich geht, wie im trocknen luftreichen Sandboden und im Kalkboden;

thätigen Boden: wenn die Zersetzung des Humus in einem dem Pflanzenwuchse, wie der Erhaltung der Bodenfruchtbarkeit günstigen Grade vor sich geht, wie im lehmigen Sand, sandigen Lehm, im Lehmmergel und in den gemäßigt feuchten Bodenarten;

trägen Boden: wenn wegen zu hohen Thongehaltes, oder wegen zu großer Nässe die Luft nicht in gehörigem Maße auf den Humus einzuwirken vermag, oder wenn wegen geringer Mengen des letzteren oder wegen fester chemischer Verbindung wenig Pflanzennahrung nur langsam entwickelt wird. Hierher der strenge Thonboden, alle nasse Bodenarten, der Haideboden und die Stauberde;

todten Boden: wenn wegen Humusmangel oder wegen Unlöslichkeit des vorhandenen Humus, wegen übergroßer Nässe oder übergroßer Trockenheit gar keine Kulturpflanzen Nahrung und Standort finden, wie im Torfboden, in manchem Gerölleboden, im Flugsande ꝛc.

2. Von der Beurtheilung des Bodens nach äußeren Kennzeichen.

Bei der Beurtheilung eines Bodens nach äußeren Kennzeichen sind zuvörderst seine Grenzen, das heißt die Beschaffenheit seiner Unterlage und die Eigenthümlichkeiten der ihn bedeckenden Luftschichten, zu würdigen, da von diesen die Fruchtbarkeit in hohem Grade abhängig ist. Es ist dabei das zu beachten, was ich über den Einfluß des Klima, der Lage, der Natur des Untergrundes, der Schichtung und Neigung der Felsmassen früher mitgetheilt habe.

Nächstdem ist die Tiefe der Bodenschicht zu erforschen und zu beurtheilen, ob sie der Verbreitung der Pflanzenwurzeln genügt oder nicht; ob mangelnde

Tiefe durch die Beschaffenheit des Untergrundes ersetzt wird, und welchen Einfluß der Grad der Tiefgründigkeit auf den Feuchtigkeitsgrad des Bodens ausübt.

Nächst der Tiefe des Bodens ist der Gehalt desselben an Steinbrocken höchst wichtig, und dessen Fruchtbarkeit sowohl von der Menge, als von der Natur und Größe derselben abhängig. Ich verweise in dieser Hinsicht auf das, was ich früher über die Zusammensetzung der aus den verschiedenen Gebirgsarten durch Verwitterung hervorgehenden Bodenkrume, und über das Verhalten der unzersetzten Gesteine zur Feuchtigkeit gesagt habe. In sehr vielen Fällen wird der Gebirgsforstwirth schon allein aus der Beschaffenheit der felsigen Unterlage des Bodens, und aus der Natur der dem Boden beigemengten Gesteinbrocken ein annähernd richtiges Urtheil über die Beschaffenheit desselben fällen können. Eine größere Menge solcher Gesteine, die ein günstiges Verhalten zur Feuchtigkeit zeigen, erhöht die Fruchtbarkeit des Waldbodens.

Den Thongehalt eines Bodens erkennt man an dem höheren Zusammenhang desselben, durch ein fettiges Anfühlen, Anhängen an der Zunge, gieriges Einsaugen großer Wassermengen unter Entwicklung eines eigenthümlichen Thongeruches, durch sehr langsame Zertheilung im Wasser und dadurch entstehende Knetbarkeit, durch eine graue, bei Zutritt von Eisenoxyd ins Röthliche übergehende Farbe; ferner durch langsames Austrocknen und dadurch im Boden entstehende Risse und Sprünge.

Den Lehmboden erkennt man durch seinen geringeren Zusammenhang, durch raueres Anfühlen, leichteres Zerfallen im Wasser, geringere Knetbarkeit und eine meist höher röthliche Färbung.

Den Mergel erkennt man durch den gänzlichen Mangel der Knetbarkeit und sein rasches Zerfallen im Wasser; durch eine mehr ins Graue bis Grauweiße ziehende Farbe, und durch sein Aufbrausen, wenn er mit Säuren übergossen wird, wozu man sich gewöhnlich der Salzsäure bedient.

Den Kalk erkennt man ebenfalls durch heftiges Aufbrausen mit Säuren, durch Lockerheit und eine hellere weißliche bis grauweiße Färbung, die jedoch ebenfalls durch Eisen häufig in Roth, durch bituminöse Stoffe in Schwarzgrau übergeht; durch Mangel der Knetbarkeit und rauhes aber feinkörniges Anfühlen.

Der Sand gibt sich durch die geringsten Zusammenhangsgrade, durch Knirschen zwischen den Zähnen, hartes, körniges Anfühlen, augenblickliches Zerfallen im Wasser und raschen Niederschlag auf dem Grunde des Gefäßes, durch helle, glasige, glänzende, gelblichweiße Farbe zu erkennen, die durch Eisen in Roth, durch Kalküberzug in Weiß, durch Verbindung mit Humus in Schwarz übergeht. Betrachtung mit der Loupe ist hier sehr zu empfehlen, indem man durch sie die Zusammensetzung aus Quarz, Feldspath-, Glimmer-, Kalktheilen und deren Mengenverhältnisse am besten zu beurtheilen vermag.

Den Humus erkennt man an der Lockerheit und großen Leichtigkeit des Bodens, an einem eigenthümlichen Geruch wie frische Gartenerde, am raschen Zerfallen des Bodens im Wasser, welches durch die leichten Humustheile lange Zeit dunkel gefärbt wird, und an der schwärzlichen Farbe, die nach dem Glühen verschwindet.

Der Eisengehalt des Bodens gibt sich stets durch schwächere oder tiefere rothe Färbung zu erkennen.

Um diese Hauptbestandtheile leichter zu erkennen, und ihr Mengungsverhältniß ungefähr beurtheilen zu können, gibt man dem zu untersuchenden Boden in einem cylindrischen Glase das zweifache seines Raums Wasser, rührt fleißig um, läßt das Gemenge 24 Stunden stehen, um eine vollständige Durchdringung und Trennung aller Theile durch das Wasser zu erlangen, rührt darauf abermals tüchtig um und läßt das Glas nun ruhig stehen. Es lagern sich auf dem Grunde des Gefäßes zuerst die gröberen, dann die feineren Sandkörner, dann der gröbere Thon und Kalk, endlich die feineren Thon- und Humustheile schichtenweise ab, und man kann aus dem Verhältniß der Mächtigkeit jeder Schicht ein in den meisten Fällen unseren Zwecken genügendes Urtheil über das Verhältniß und die Natur der Bodenbestandtheile fällen. Man nennt dieß Geschäft das Schlemmen des Bodens.

Endlich hat man das Korn des Bodens, den eigenthümlichen Grad des Zusammenhangs, und den eigenthümlichen Feuchtigkeitsgrad des Bodens, nach dem was ich darüber bereits angeführt habe, zu beurtheilen.

3. Von der Beurtheilung des Bodens nach dem Pflanzenwuchse.

a. Nach dem Vorkommen gewisser Gräser und Kräuter.

Es gibt gewisse Pflanzen, deren Vorkommen entweder an bestimmte Bodenbestandtheile, oder an eine bestimmte Bodenbeschaffenheit gebunden ist, aus deren Vorkommen man daher auf die Beschaffenheit eines Bodens innerhalb gewisser Grenzen zu schließen vermag. Solche Pflanzen heißen bodenstete. Andere Gewächse sind nicht so bestimmt an einen gewissen Boden gebunden, ziehen aber doch bestimmte Bodenarten anderen vor, finden sich dort in größerer Menge und in freudigerm Wuchse; sie heißen bodenholde Pflanzen; endlich gibt es noch andere Gewächse, die an keine Bodenart gebunden sind; sie werden bodenwage Pflanzen genannt. So, z. B. die Erle, das Haidekraut, Sonnenthau ꝛc. bodenstet, die Rothbuche, welche den Kalk besonders liebt, würde bodenhold, die Birke hingegen bodenwag genannt werden können.

Pflanzen, welche mehrseitig als charakterisirend für gewisse Standortsverhältnisse aufgeführt werden, sind folgende:

Auf strengem Thonboden.

Betonica officinalis, Potentilla reptans. Lathyrus tuberosus Serratula arvensis, Bromus giganteus.

Auf lockerem, tiefgründigem, gemäßigt feuchtem Lehmboden.

Aquilegia vulgaris, Campanula urticaefolia, Convallaria majalis, Geranium Phaeum; bei größerer Humusmenge: Oxalis acetosellae, Asperula odorota, Pyrola und Anemone.

Auf trockenem Lehmboden.

Arctium Lappa, Chenopodium polyspermum, Lactuca scariola, Saxifraga granulata, Senecio viscosus, Avena tenuis, Bromus sterilis.

Auf unfruchtbarem sandigem Lehmboden.

Spartium, Calunna, Genista, Ononis, Maiva sylvestris.

Auf geschütztem Sandboden mit wenig Humus.

Vaccinium und Arbutus, Fragaria, Veronica, Viola, Herniaria; bei steter Feuchtigkeit Farrenkräuter.

Auf trockenem magerem Sandboden.

Elymus arenarius, Arundo arenaria, Carex arenaria, Dianthus arenarius. Verbascum, Festuca bromoides, ovina und glauca, Aira canescens und praecox.

Auf Kalkboden.

Tussilago Farfara, Digitalis purpurea, Rubus caesius, Hypericum montanum, Prunella vulgaris, Hedysarum onobrychis.

Auf Gypsboden.

Gypsophila, Gymnostomum curvirostrum, Urceolaria gypsacea.

Auf Salzboden.

Salicornea herbacea, Chenopodium maritimum, Plantago maritima, Arenaria marina, Glaux maritima.

Auf Bruchboden.

Orchis, Parnassia, Hydrocotyle, Eriophorum, Juncus und Scirpus.

Auf Torfboden.

Erica tetralix, Andromeda polifolia, Myrica Gale, Ledum palustre, Drosera rotundifolia, intermedia, Empetrum nigrum, Vaccinium uliginosum und oxycoccos, Eriophorum-Arten, Holcus mollis.

Unter den genannten Pflanzen sind jedoch nur sehr wenige bodenstet, streng genommen nur einige des Torfbodens, des Gypses, des Salzbodens und des Flugsandes. Das sind aber Bodenarten, deren Vorkommen theils ein sehr beschränktes ist, wie das des Gypses und des salzsauren Natron, die anderntheils an und für sich so schon unverkennbar sind, daß eine Bestimmung ihrer Beschaffenheit aus dem Pflanzenwuchse keine praktische Bedeutung besitzt. Die große Mehrzahl der als bodenhold betrachteten Pflanzen findet sich allerdings häufiger auf den ihnen zugeschriebenen Bodenarten, verbreitet sich aber von diesen aus auch auf andere Bodenarten, wenn sie in der Gegend überhaupt zu Hause ist. Es beweist dieß schon der Umstand, daß wir sie sämmtlich in demselben Garten vereinigen können, ohne ihnen eine entsprechende besondere Bodenmengung zu geben. Außerdem hängt das Auftreten jener Pflanzen von einer Menge anderer Verhältnisse und von Zufälligkeiten ab, so daß wir nicht entfernt schließen dürfen, daß, wo Tussilago oder Gypsophila fehlt, der Boden kein Kalk- oder Gypsboden sei. Die Rothbuche ist eine entschieden kalkholde Pflanze, man würde aber ebenso irren, wenn man überall unter ihr einen Kalkboden voraussetzen wollte.

Bedürfen wir des Pflanzenwuchses nicht um zu erkennen, ob wir einen Torfboden oder Sumpfboden, ob wir Wiesenboden, Gypsboden oder Flugsand vor uns haben, so genügen andererseits die einfachsten direkten Untersuchungen, um zu erfahren, ob wir es mit einem Kalkboden, Thonboden oder Sandboden zu thun haben, und diese direkte Beurtheilung wird uns viel sicherer zur Erkenntniß führen, als das vorhandene Unkraut und der Graswuchs. Das, was uns allein von praktischem Nutzen sein würde, die Beurtheilung der Standortsgüte überhaupt und in Bezug auf die verschiedenen Forstkulturpflanzen, gewährt uns das Vorkommen der sogenannten Standortsgewächse nicht, so weit diese nicht schon aus unmittelbarer Würdigung der Standortsverhältnisse selbst sich ergibt. H. Cotta stellt zwar eine hierauf gegründete Bonitirungsscala hin, und zwar:

1. Bodenklasse: charakterisirt durch das Vorkommen der Waldrebe, Tollkirsche, Sauerklee, kräftig wachsender Ahorne, Eschen, Rüstern.
2. Klasse: obige Gewächse im minder üppigen Zustande, neben fetten und guten Gräsern.
3. Klasse: gewöhnliche Waldgräser, häufig mit Schmielen und Simsen.
4. Klasse: Heidelbeeren, Haide, Preißelbeeren und manche Moosarten.
5. Klasse: die Gewächse der vierten Klasse in sehr dürftigem Zustande und Bedeckung des Bodens mit Flechten.

Es bedarf aber wohl kaum der Erwähnung, daß selbst der in seinen mineralischen Bestandtheilen beste Boden so verwildern und veröden kann, daß er Moose, Heidelbeeren ꝛc. trägt; daß ein hiernach gewürdigt schlechterer Boden für manche Kulturpflanzen der bessere sein kann; daß ein Boden, der der geringen Wurzelverbreitung der Gräser und Kräuter vollkommen genügt und diese im besten Wuchse erhält, für die reichliche und normale Bewurzelung unserer Waldbäume durchaus ungenügend sein kann. Für die Waldrebe, für die Tollkirsche und für fette Gräser sehr guter Boden, kann für die Eiche und Buche ein sehr schlechter sein. Erstere erheben ganz andere Ansprüche an den Boden als letztere, können daher auch nicht als Maßstab der Bodengüte für letztere dienen. Sehr ausführlich ist dieser Gegenstand in neuester Zeit von Ratzeburg behandelt worden: Die Forstunkräuter und forstlichen Standortsgewächse, Berlin 1859, allerdings in einer, der Meinigen entgegengesetzten Ansicht.

b. Nach dem auf dem Boden befindlichen Holzwuchse.

Ein sichereres Mittel der Bonitirung des Bodens bietet uns der auf ihm wachsende Holzbestand, der mehr oder minder kräftige Wuchs der Holzpflanzen, und die, durch dieselben binnen einer Reihe von Jahren erzeugte Holzmasse. Sicherer ist diese Beurtheilung der Bodengüte darum, weil sich in dem vorhandenen Holzbestande nicht allein die Bodengüte, sondern überhaupt der mehr oder minder günstige Einfluß aller auf den Holzwuchs einwirkenden örtlichen Verhältnisse, die Gesammtwirkung des Klima, der Lage und des Bodens ausspricht. Die Bodengüte ist stets nur ein einzelner Faktor der Standortsgüte, wir wollen aber in den meisten Fällen nicht diesen, nicht die Bodengüte allein, sondern die Standortsgüte überhaupt kennen lernen.

Leider ist aber auch die Anwendung dieser Beurtheilungsweise, selbst auf Orte, die mit Holzbeständen bewachsen sind, und auf denen keine Veränderung der bisherigen Betriebsweise stattfinden soll, sehr beschränkt. Sie setzt nämlich voraus:

1) Daß der gegenwärtige Bestand unter normalen Verhältnissen herangewachsen ist, daß er keine außergewöhnlichen Störungen in seiner Gesundheit und in seinem Wuchse durch äußere, nicht von den Eigenthümlichkeiten des Standorts herrührende Ereignisse erlitten habe. Ein Bestand, der in der Jugend häufig vom Wildpret oder Vieh verbissen wurde, der bis ins vorgerückte Alter unter übermäßigem Drucke erwuchs; ein Bestand, der wiederholt von Insekten, Feuer, Diebstahl heimgesucht wurde, der einer übermäßigen Streunutzung unterworfen war, kann natürlich keinen Weiser für die Standortsgüte abgeben.

2) Daß die Bodenverhältnisse sich seit dem Leben des vorfindlichen Bestandes nicht bedeutend verändert haben. Besonders häufig ist dieß rücksichtlich des Gehaltes an Humus und Feuchtigkeit der Fall. Große Humusmengen, erzeugt durch geschlossenen Waldbestand und beschränkte oder gänzlich fehlende Benutzung desselben, können auch dem unfruchtbarsten Boden hohe Grade der Fruchtbarkeit ertheilen; wird durch gesteigerte Bedürfnisse und erhöhte Benutzung die Humusmenge und mit dieser die in vielen Fällen von ihr abhängige Feuchtigkeit des Bodens verringert, so trägt dieser einen Holzbestand, dessen Bild keineswegs der gegenwärtigen Standortsgüte entspricht. Natürlich kann ebenso auch eine Steigerung des Humusgehaltes und dadurch der Feuchtigkeit ein Mißverhältniß zwischen der Standortsgüte und dem darauf vorfindlichen Bestandsbilde herbeiführen.

Aber selbst beim Bestehen dieser beiden Voraussetzungen ist die Beurtheilung der Standortsgüte aus dem Holzwuchse immer noch dadurch beschränkt, daß dieselben Standortsverhältnisse einen ganz verschiedenen Einfluß auf den Wuchs der Holzbestände in verschiedenem Alter äußern können. Auf manchen Bodenarten ist der Holzwuchs in der Jugend der Bestände trefflich, sinkt aber mit vorschreitendem Bestandsalter früher oder später unverhältnißmäßig gegen Bestände auf anderem Boden, deren Wuchs sich in der Jugend weit weniger freudig zeigte. So können wir daher unter obigen Bedingungen aus den Holzmassen älterer Bestände mit Sicherheit den Grad der Standortsgüte bemessen, mit geringerer Sicherheit jüngere Orte hierzu benutzen, wenigstens nicht ohne Untersuchung derjenigen Verhältnisse, welche ein Zurückbleiben der Bestände im höheren Alter vorzugsweise veranlassen: Flachgründigkeit des Bodens und klimatische Verhältnisse.

So beschränkt daher die Bonitirung des Waldbodens nach dem darauf befindlichen Holzwuchse ist, so nothwendig es dadurch wird, auch zur unmittelbaren Anschauung und Untersuchung der auf den Holzwuchs einwirkenden Standortsverhältnisse Zuflucht zu nehmen, findet sie dennoch eine ausgedehntere Anwendung, als nach dem Vorhergesagten zulässig zu sein scheint. Der Blick und das Gefühl des erfahrenen Forstmannes wird auch ohne strenges Anhalten an die Resultate der verflossenen Erzeugung fast überall ein, wenigstens annähernd, richtiges Urtheil über Standortsgüte aus dem Holzbestande zu fällen wissen, da es aus dem Zusammenwirken gar vieler, im Einzelnen unscheinbarer, sinnlicher Eindrücke hervorgeht. Nicht allein das üppige Grün der Blätter, die Glätte und Reinheit der Stämme, die volle Belaubung, sondern auch der Duft und die Luft, die wir einathmen, Licht und Dunkel, Wärme und Kühlung erzeugen ein Gefühl, welches den mit dem Walde vertrauten Forstmann oft richtiger leitet, als eine rationelle Kombination aller äußeren Merkmale.

Bei der Beurtheilung einer Standortsgüte nach dem darauf vor= findlichen Holzwuchse, insofern der Bestand den oben aufgestellten Be= bingungen entspricht, es also zulässig ist, aus der vorhandenen Holzmasse und Stammzahl auf die Erzeugungsfähigkeit des Standortes zu schließen, bedürfen wir eines Maßstabes aus der Erzeugungsfähigkeit der Bestände unter den günstigsten, unter weniger günstigen und unter ungünstigen Standortsverhältnissen. Einen solchen Maßstab gewähren uns die G. L. Hartig'schen Erfahrungstafeln über den Holzwuchs der Bestände in ver= schiedenem Alter und auf verschiedenem Boden, oder vielmehr Standorts= klassen, da in ihnen nicht allein die vorgefundene Erzeugung, sondern auch eine Charakteristik der untersuchten Bestände in Angabe der Stammzahl, der verschiedenen Stammklassen und Stammstärken gegeben ist, deren wir für vorliegenden Zweck nothwendig bedürfen. Ich gebe daher diese Er= fahrungstafeln für unsere Zwecke bearbeitet in folgenden Tabellen:[1]

[1] Der rheinländische, oder magdeburger, oder preußische Morgen, der den nachfol= genden Tabellen zum Grunde liegt, ist = 0,255322 Hektar. Da die Tabellen überall nur Durchschnittzahlen geben, ist es nicht wesentlich gefehlt, wenn man den Morgen gleich ¼ Hektar annimmt, also die den Tabellen zum Grunde liegende Flächengröße unverändert läßt. Demzufolge bleiben die in den Tabellen aufgeführten Stückzahlen unverändert, müssen aber, wie die auf Kubikmeter umgerechneten Ertragsziffern, mit 4 multiplicirt werden, wenn man den Ertrag eines Hektar wissen will.

Der Umrechnung der Kubikfuße in Kubikmeter müßte die Reduktionsziffer 0,030915 zum Grunde gelegt sein. Für den hier vorliegenden Zweck ist die Abrundung auf 0,031 zulässig, mit welcher Zahl der Ertrag in Kubikfußen multiplicirt ist, um den Ertrag in Kubik=Festmetern zu erhalten.

Tab. I.
Eichenboden (im Hochwaldbetriebe).

Boden=klasse.	Bestandsalter.	Holzbestand nach der Durchforstung.							Die Durchforstungs=nutzung beträgt	Holzmasse vor der Durchforstung.
		Stämme erster Größe.		Stämme zweiterGröße.		Stämme dritter Größe.		Summe der Stämme.	Summe der Kubikmeter.		
		Stück=zahl.	Kubik=inhalt.	Stück=zahl.	Kubik=inhalt.	Stück=zahl.	Kubik=inhalt.	Stück.	Kubm.	Kubm.	Kubm.
	Jahre.	Stück.	Kubm.	Stück.	Kubm.	Stück.	Kubm.	Stück.	Kubm.	Kubm.	Kubm.
I. Gut.	40	400	0,04	800	0,01	—	—	1200	24,80	—	24,80
	60	200	0,19	200	0,06	—	—	400	49,60	6,24	55,80
	80	100	0,37	100	0,25	100	0,09	300	71,30	6,24	77,50
	100	50	0,62	50	0,56	100	0,31	200	90,00	12,48	102,30
	120	50	0,93	50	0,81	50	0,43	150	108,50	18,72	127,10
	140	25	1,40	25	1,24	50	1,05	100	118,57	28,08	146,47
	160	25	1,86	25	1,67	25	1,30	75	121,00	31,20	152,00
	180	25	2,42	25	1,98	—	—	50	107,72	37,44	146,00
	200	25	2,79	25	2,33	—	—	50	127,87	—	127,87
II. Mittel.	40	400	0,03	800	0,01	—	—	1200	16,52	—	16,52
	60	200	0,12	200	0,04	—	—	400	32,55	5,60	36,89
	80	100	0,31	100	0,19	100	0,06	300	56,20	5,60	60,14
	100	50	0,56	50	0,50	100	0,24	200	77,50	9,36	86,80
	120	50	0,87	50	0,68	50	0,37	150	96,10	15,60	111,60
	140	25	1,18	25	1,11	50	0,87	100	100,75	23,25	124,00
	160	25	1,55	25	1,36	25	1,05	75	99,20	24,96	124,00
	180	25	1,86	25	1,55	—	—	50	95,25	31,20	116,25
	200	25	2,42	25	1,86	—	—	50	104,56	—	104,63
III. Schlecht.	40	150	0,03	250	0,02	1200	—	1600	15,10	—	15,10
	60	150	0,09	250	0,03	200	0,02	600	57,00	2,17	27,87
	80	50	0,24	100	0,15	250	0,06	400	43,40	4,65	48,05
	100	50	0,37	100	0,22	150	0,08	300	51,92	6,93	59,00
	120	50	0,56	100	0,31	150	0,11	300	75,14	—	75,14

Tab. II.
Buchenboden (im Hochwaldbetriebe).

Boden=klasse.	Bestandsalter.	Stämme erster Größe.		Stämme zweiterGröße.		Stämme dritter Größe.		Summe der Stämme.	Summe der Kubikmeter.	Die Durchforstungs=nutzung beträgt	Holzmasse vor der Durchforstung.
		Stück.	Kubm.	Stück.	Kubm.	Stück.	Kubm.	Stück.	Kubm.	Kubm.	Kubm.
I. Gut.	40	300	0,06	300	0,03	600	0,01	1200	37,20	—	37,20
	60	150	0,24	150	0,09	100	0,04	400	54,93	6,51	61,53
	80	100	0,45	50	0,13	150	0,10	300	75,18	6,24	81,37
	100	50	0,74	50	0,26	50	0,43	150	90,00	18,72	108,50
	120	60	1,12	50	0,39	50	0,50	150	127,10	—	127,10
II. Mittel.	40	300	0,04	300	0,01	800	0,01	1400	24,80	—	24,80
	60	150	0,19	150	0,06	200	0,02	500	40,30	5,60	44,64
	80	50	0,38	100	0,24	150	0,10	300	57,35	6,24	63,55
	100	50	0,62	50	0,48	50	0,31	150	71,30	16,28	85,58
	120	50	0,93	50	0,72	50	0,43	150	105,40	—	105,40
III. Schlecht.	40	150	0,04	300	0,02	1150	0,01	1600	22,84	—	22,84
	60	150	0,12	300	0,04	150	0,01	600	34,10	2,20	36,27
	80	50	0,24	100	0,16	250	0,06	400	43,40	4,65	48,05
	100	50	0,36	100	0,22	150	0,08	400	59,68	—	59,68

Tab. III.
Birkenboden (im Hochwaldbetriebe).

Bodenklasse	Bestandsalter	Holzbestand nach der Durchforstung.						Summe der Stämme	Summe der Kubikmeter	Die Durchforstungsnutzung beträgt	Holzmasse vor der Durchforstung
		Stämme erster Größe.		Stämme zweiter Größe		Stämme dritter Größe.					
		Stückzahl.	Kubikinhalt.	Stückzahl.	Kubikinhalt.	Stückzahl.	Kubikinhalt.				
	Jahre.	Stück.	Kubm.	Stück.	Kubm.	Stück.	Kubm.	Stück.	Kubm.	Kubm.	Kubm.
I. Gut.	20	200	0,03	200	0.02	800	0,01	1200	15,50	—	15,50
	40	50	3,72	150	1,86	200	0,31	400	52,70	6,51	59,21
	60	50	5,58	150	2,80	200	0,62	400	82,15	—	72,15
II. Mittel.	20	200	0,08	200	0,01	800	0,01	1200	10,85	—	10,85
	40	50	2,48	150	1,24	200	0,02	400	35,65	4,34	40,00
	60	50	3,72	150	1,86	200	0,47	400	58,90	—	58,90
III. Schlecht.	20	150	0,02	250	0,01	1000	—	1400	8,12	—	8,12
	40	50	1,86	150	0,93	200	0,12	400	26,35	·2,17	28,52
	60	50	3,72	150	1,24	200	0,31	400	43,40	—	43,40

Tab. IV.
Erlenboden (im Hochwaldbetriebe).

Bodenklasse	Bestandsalter	Stückzahl	Kubm	Stückzahl	Kubm	Stückzahl	Kubm	Summe der Stämme	Summe der Kubm	Durchforstung	Holzmasse vor
I. Gut.	20	200	0,03	200	0,02	800	0,01	1200	15,50	—	15,50
	40	50	4,34	150	2,17	200	0,04	400	62,60	6,51	70,06
	60	50	6,20	150	3,10	200	0,06	400	90,00	—	90,00
II. Mittel.	20	200	0,02	200	0,01	800	0,01	1200	10,85	—	10,85
	40	50	2,80	150	1,60	200	0,03	400	43,40	4,34	47,74
	60	50	5,00	150	2,40	200	0,04	400	71,30	—	71,30
III. Schlecht.	20	150	0,02	250	0,01	1000	0,01	1400	10,00	—	10,00
	40	50	2,17	150	1,20	200	0,02	400	34,10	2,17	36,27
	60	50	4,34	150	1,60	200	0,03	400	51,15	—	51,15

Tab. V.
Kiefernboden.

Bodenklasse	Bestandsalter	Stückzahl	Kubm	Stückzahl	Kubm	Stückzahl	Kubm	Summe der Stämme	Summe der Kubm	Durchforstung	Holzmasse vor
I. Gut.	20-25	150	0,07	150	0,03	1300	—	1600	23,00	14,88	37,85
	40	150	2,48	150	0,09	500	0,02	800	54,30	6,24	62,50
	60	50	6,20	100	3,41	150	1,20	300	81,28	10,24	91,91
	80	50	9,30	100	5,00	50	2,48	200	108,50	16,43	124,93
	100	50	12,40	50	6,82	50	5,58	150	124,00	16,43	140,43
	120	50	15,50	50	9,30	50	6,20	150	160,58	—	160,58
II. Mittel.	20-25	200	0,05	200	0,02	1400	—	1800	20,92	9,36	30,22
	40	150	1,60	150	0,06	600	0,01	900	37,20	4,65	41,85
	60	50	5,00	100	2,48	150	0,08	300	62,37	7,44	69,81
	80	50	7,44	100	4,72	50	1,80	200	83,40	13,18	96,88
	100	50	10,00	50	5,58	50	4,34	150	99,20	12,87	112,06
	120	50	12,40	50	6,82	50	5,00	150	125,55	—	125,55
III. Schlecht.	20-25	200	0,03	200	0,01	1400	—	1800	13,64	8,68	22,32
	40	200	0,07	200	0,05	500	0,01	900	27,37	4,03	31,40
	60	50	4,72	100	1,80	250	0,06	400	52,70	5,27	48,00
	80	50	5,00	100	2,48	—	—	150	49,60	18,30	67,90
	100	50	6,20	100	3,10	—	—	150	64,48	—	64,48

Tab. VI.
Fichtenboden.

Bodenklasse.	Bestandsalter.	Holzbestand nach der Durchforstung.						Summe der Stämme.	Summe der Kubikmeter.	Die Durchforstungsnutzung beträgt	Holzmasse vor der Durchforstung.
		Stämme erster Größe.		Stämme zweiter Größe.		Stämme dritter Größe.					
		Stückzahl.	Kubikinhalt.	Stückzahl.	Kubikinhalt.	Stückzahl.	Kubikinhalt.				
	Jahre.	Stück.	Kubm.	Stück.	Kubm.	Stück.	Kubm.	Stück.	Kubm.	Kubm.	Kubm.
I. Gut.	25-30	200	0,06	200	0,08	1400	—	1800	20,93	15,60	44,18
	40	200	2,40	200	1,20	400	0,05	800	93,00	9,36	102,30
	60	100	5,58	100	4,34	200	1,50	400	130,20	13,02	143,22
	80	100	9,92	100	6,20	100	2,15	300	183,00	17,36	200,26
	100	50	16,00	50	14,26	100	7,44	200	233,20	22,94	246,14
	120	50	21,70	50	18,60	100	9,30	200	294,50	—	294,50
II. Mittel.	25-30	200	0,05	200	0,02	1400	—	1800	16,08	11,78	27,80
	40	200	1,50	200	0,09	400	0,02	800	55,80	7,75	63,55
	60	100	3,72	100	2,40	200	0,09	400	80,60	6,51	87,11
	80	100	7,44	100	4,34	100	1,40	300	131,75	8,68	140,43
	100	50	12,40	50	10,54	100	5,58	200	170,50	13,02	183,52
	120	50	17,05	50	14,26	100	6,82	200	214,75	—	223,75
III. Schlecht.	30	200	0,03	200	0,01	1400	—	1800	10,00	6,24	16,12
	40	200	1,00	200	0,05	600	0,01	1000	34,10	4,65	38,75
	60	100	2,40	100	1,68	400	0,05	600	62,00	2,17	64,17
	80	50	5,58	50	4,96	100	2,40	200	77,50	13,02	90,52
	100	50	8,68	50	6,20	100	3,10	200	105,40	—	105,40

Tab. VII.
Boden (im Niederwaldbetriebe).

Holzart.	Bodenklasse.	Umtriebszeit.			
		6—8	20	30	40
		jähriger Durchschnittsertrag.			
		Kubikmeter.	Kubikmeter.	Kubikmeter.	Kubikmeter.
Eiche	I. gut	—	1,0	0,7	0,7
	II. mittel	—	0,6	0,5	0,5
	III. schlecht	—	0,5	0,4	0,4
Buche	I. gut	—	0,7	0,8	0,8
	II. mittel	—	0,6	0,6	0,6
	III. schlecht	—	0,5	0,5	0,5
Hornbaum	I. gut	—	1,2	1,1	—
	II. mittel	—	?	0,8	—
	III. schlecht	—	?	0,6	—
Birke	I. gut	—	1,0	0,7	0,6
	II. mittel	—	0,6	0,5	0,4
	III. schlecht	—	0,5	0,4	0,3
Erle	I. gut	—	1,5	1,7	1,5
	II. mittel	—	1,1	1,2	1,1
	III. schlecht	—	0,7	1,0	0,8
Weide	I. gut	58	34,2	—	—
	II. mittel	33	—	—	—
	III. schlecht	22	—	—	—
Harte Laubhölzer gemengt	I. gut	—	0,7	0,8	0,8
	II. mittel	—	0,6	0,6	0,6
	III. schlecht	—	0,3	0,5	0,5

In vorstehenden Tabellen ist eine Durchforstung ohne Unterbrechung des Kronenschlusses, nach den im folgenden Haupttheile aufgestellten allgemeinen Grundsätzen, für den Niederwald volle Bestockung, für den Hochwald vollkommener Bestand angenommen.

Es würde hiernach ein Eichenboden gut genannt werden, wenn er auf 1/4 Hektar oder auf dem magdeb. Morgen bei vollem Bestande im 40sten Jahre nach der Durchforstung noch 1200 Stämme mit 24,8 Kubikmeter enthält; er würde schlecht genannt werden, wenn er bei vollem Bestande von 400 Stämmen im 80ten Jahre 48 Kubikmeter enthält. Der Eichenboden würde sehr gut heißen, wenn sein Ertrag den Ansatz für den Ertrag des guten Bodens um mehr als die Hälfte der Differenz zwischen dem Ertrage des guten und mittlern Bodens, z. B. im Eichen-Niederwalde von 20jährigem Umtriebe um mehr als 0,15 Kubikmeter übersteigt; man würde ihn vorzüglich gut nennen, wenn sein Ertrag den Ansatz für den Ertrag des guten Bodens um die volle Differenz zwischen dem Ertrage des guten und des mittlern Bodens, im bezeichneten Falle um mehr als 0,31 Kubikmeter übersteigt. Ebenso würde ein Eichen-Niederwaldboden sehr schlecht genannt werden, wenn bei 20jährigem Umtriebe sein Ertrag um mehr als 0,08 Kubikmeter, er würde vorzüglich schlecht genannt werden, wenn sein Ertrag um mehr als 0,15 Kubikmeter hinter dem Ansatze für den schlechten Boden zurückbleibt. Der Eichenboden würde fast gut zu nennen sein, wenn er mehr als die Mittelzahl zwischen der Holzmasse des guten und des Mittelbodens; fast schlecht, wenn er weniger als das Mittel zwischen mittel und schlechtem Boden an Holzmasse erzeugt.

Es kommt hierbei natürlich gar nicht darauf an, ob die in Ansatz gebrachten Ertragsmassen wirklich Mittelzahlen aus den bisher gemachten und noch zu machenden Untersuchungen über den Holzgehalt der Bestände im verschiedenen Alter sind. Bei Anwendung der Ertragstafeln auf Zuwachsermittelungen an gegenwärtig jungen Beständen ist dieß allerdings von größter Wichtigkeit; hier benutzen wir die Ansätze nur als Maßstab der Bodengüte und als ein Mittel, die Grade derselben in Verhältnißzahlen ausdrücken zu können.

Viertes Kapitel.
Vom Verhalten des Bodens zum Holzwuchse.

In den vorhergehenden Kapiteln haben wir die einzelnen Bodenbestandtheile, ihre Beschaffenheit und Eigenschaften, die Wirkung, welche jeder einzelne auf die übrigen Bestandtheile, theils unmittelbar auf das Pflanzenleben ausübt, so wie die mannigfaltigen Einflüsse der unteren und oberen Bodengrenze auf die Natur des Bodens und dessen Fruchtbarkeit kennen gelernt; es bleibt uns hier nur noch übrig, eine Uebersicht des Ganzen, eine Darstellung der Gesammtwirkung aller Einzeltheile zu geben.

Bedingung der Fruchtbarkeit eines Bodens ist:

1) Die Lockerheit des Gemenges, vorzugsweise um der Luft Zutritt zu den Pflanzenwurzeln und zu denjenigen Bodenbestandtheilen zu gewähren, welche nur durch Zutritt der Luft in einen Zustand versetzt

werden, indem sie in Wasser auflöslich und zur Pflanzenernährung geschickt
sind. Die, auch der kräftigen Wurzelausbildung und Wurzelverbreitung förder=
liche Lockerheit des Bodens hängt nur von einem günstigen Mengungsver=
hältnisse der bindenden und der lockeren Bodenbestandtheile ab; sie kann aber
durch zu großes Uebergewicht der letzteren auch nachtheilig werden, wenn
sie einen solchen Grad erreicht, daß die übergroße Luftmasse und der rasche
Luftwechsel im Boden den Humus zu rasch verflüchtigt, die Feuchtigkeit in
zu hohem Maße verdunsten läßt, und den Holzpflanzen keinen festen Standort
zu gewähren, wie sich selbst nicht in ihrer Lage zu erhalten vermag (Flug=
sand, Schwemmsand).

2) Die Tiefe der Bodenkrume, von welcher sowohl die Aus=
dehnung des unterirdischen Ernährungsraumes der Pflanzen, wie auch die
ungehinderte freie und natürliche Entwicklung der Pflanzenwurzeln abhängig
ist. Besonders wichtig wird die Bodentiefe für das Gedeihen aller in sehr
gedrängtem Stande beisammen wachsenden Pflanzen, da diese sich gegenseitig
in der horizontalen Wurzelverbreitung behindern, was um so nachtheiliger
wirken muß, je weniger die Pflanze den Mangel an Ernährungsraum durch
Eindringen in die Tiefe sich zu ersetzen vermag. Endlich ist von der Tiefe
des Bodens in vielen Fällen der feste Stand der Holzpflanzen und der
Feuchtigkeitsgrad des Bodens abhängig. (Vergl. Kapitel 1.)

3) Ein günstiger Feuchtigkeitsgrad, nicht allein nach Menge
des Bodenwassers, sondern auch nach Beständigkeit desselben. Die Feuchtigkeit
des Bodens ist nicht allein unmittelbares Bedürfniß der Pflanze, sondern
auch nöthig zur Herausbildung der Pflanzennahrung, sie erhöht ferner den
Zusammenhang der Bodentheile und mildert den zu großen Luftzutritt und
Luftwechsel im Boden. In zu hohem Maße schadet sie besonders durch
Verdrängen der Luft aus dem Boden. Abhängig ist der Feuchtigkeitsgrad
des Bodens nicht allein von der Bodenunterlage und vom Klima, sondern
auch von der Beschaffenheit des Bodens selbst, von seiner Lockerheit, Tiefe,
von seinem Mischungsverhältniß aus verschiedenartigen Bestandtheilen und
deren uns bereits bekanntem, abweichenden Verhalten zur Feuchtigkeit, so
wie von der Bedeckung des Bodens durch Pflanzenwuchs.

Lockerheit, Tiefe und Feuchtigkeit sind die drei Hauptfaktoren
der Fruchtbarkeit unseres Waldbodens. Ein in günstigem Grade lockerer, tief=
gründiger, beständig und gemäßigt feuchter Boden, seine Beschaffenheit mag
übrigens noch so verschieden sein, entspricht stets dem Wuchse der meisten
unserer Waldbäume, auch ohne eine Spur von Humus, den sich, bei sorgfältiger
Wirthschaft, die Bestände selbst in immer steigender Menge erzeugen, so daß
selbst der ausgewaschene See= und Flußsand durch den Anbau geeigneter
Holzarten in wenig Decennien eine reichliche Beimengung dieses Stoffes erhält.

Die Fruchtbarkeit des Bodens ist ferner abhängig

4) von der Natur und dem Mengungsverhältniß der
mineralischen Bestandtheile des Bodens und vom Humus=
gehalte desselben. Beide, die mineralischen Bestandtheile und der Humus,
sind schon dadurch von größtem Einflusse, daß von ihrer Beschaffenheit und
Menge Lockerheit, Tiefe und Feuchtigkeitsgrad des Bodens größtentheils und
in den meisten Fällen abhängig sind. Dieß rein physikalische Verhalten der

Bodenbestandtheile erscheint mir von ungleich größerem Einflusse auf Boden=
fruchtbarkeit, als die chemische Thätigkeit derselben, und diese Ansicht möchte
ich, wenn allein vom Verhalten des Bodens zum Gedeihen der Holz=
pflanzen die Rede ist, welche, wie ich im ersten Abschnitte erwiesen zu
haben glaube, ihren Kohlenstoff vorzugsweise aus der Luft beziehen, selbst
bis auf den Humus ausdehnen, dessen in jeder Hinsicht günstiges physi=
kalisches Verhalten wir bereits kennen gelernt haben.

Es ist jedoch wohl nicht zu bezweifeln, daß der Humus auch durch
die aus ihm sich entwickelnde Pflanzennahrung zur Fruchtbarkeit des Bodens
wesentlich mitwirke; daß Kohlensäure aus dem Boden durch die Wurzel
unmittelbar in die Pflanze übergehe. Die Herausbildung der Pflanzen=
nahrung aus dem Humus wird aber, wie ich gezeigt habe, durch chemische
Verbindung desselben mit den mineralischen Bestandtheilen des Bodens zu
humussauren, im Wasser leicht auflöslichen Salzen, wesentlich gefördert,
und in dieser Richtung erhalten daher auch die chemischen Eigenschaften der
mineralischen Bodenbestandtheile Einfluß auf die Fruchtbarkeit des Bodens,
indem sie die Thätigkeit des Bodens, d. h. die Kraft, mit welcher der Boden
auf Herausbildung der Pflanzennahrung aus dem Humus wirkt, bestimmen.

Gestützt auf die Erfahrungen, daß viele der mineralischen Bodenbe=
standtheile auch in den Pflanzen gefunden werden, daß das Vorkommen
mancher Pflanzen (bodenstete) an das Vorhandensein gewisser Bodenbestand=
theile gebunden ist, hat man in neuester Zeit den Satz aufgestellt: daß diese
in der Pflanzenasche sich findenden, aus dem Boden aufgenommenen Mine=
ralien ein wesentlicher Bestandtheil der Pflanzennahrung seien, daß das
Gedeihen der Pflanze von der Aufnahme dieser Stoffe, daher vom Vor=
handensein und der Auflöslichkeit derselben auch die Fruchtbarkeit des Bodens
abhängig sei. Die Aufnahme der Kieselerde, Kalkerde 2c. aus dem Boden
durch die Wurzeln der Pflanze ist nicht in Abrede zu stellen, dahingegen
noch nicht zur Genüge erwiesen, daß von der Menge und Löslichkeit dieser
Stoffe im Boden das freudige Gedeihen der Pflanzen abhängig sei, im
Gegentheil stehen dieser Annahme noch viele Erfahrungen entgegen, besonders
die Thatsache: daß jedem Boden, allein schon durch den jährlichen Regen=
niederfall, eine dem Bedürfniß der Pflanzen entsprechende Menge löslicher
mineralischer Stoffe zugesichert wird, und der Satz: der Humus wirke da=
durch befruchtend, daß er, durch seine Verbindung mit den mineralischen
Bestandtheilen des Bodens, diese im Wasser auflöslich und zum Uebergange
in die Pflanze geschickt mache, läßt sich bei der Wechselwirkung beider Stoffe
mit demselben Recht umgekehrt aufstellen, indem man sagt: die mineralischen
Bestandtheile wirken in ihrem chemischen Verhalten nur dadurch befruchtend,
daß sie den Humus auflösen.

Fünftes Kapitel.
Vom Verhalten der wichtigeren Holzarten zum Boden.
1. Die Rothbuche.

Der ihr entsprechende Boden kann einen ziemlichen Grad des Zusammen=
hangs besitzen, ohne daß die Buche im Wuchse zurückbleibt. Sie gedeiht

selbst auf dem bindenderen Thonboden, am besten allerdings auf Lehmboden,
selbst auf sandigem Lehm. Die reinen Thonformen sind ihr schädlich, und
veranlassen ein frühes Absterben. Sandboden wird nur durch hohe Feuchtegrade des Untergrundes und starken Humusgehalt für die Rothbuche tauglich; manche tiefliegende Reviere an der Seeküste zeigen aber, daß sie unter
obigen Bedingungen auch dem Sandboden nicht abhold ist (Zingst,
Darst ꝛc.). Ganz besonders gut sagt der Rothbuche der Trümmerboden
über Kalkgebirgen zu. Unter den Gebirgsarten liefern außer den lehm-
haltigen Kalk- und Gypsgesteinen besonders der Basalt und die besseren
Granite einen guten Buchenboden, der auch aus vielen Sandsteinarten,
besonders denen mit gemengt thonigem und kalkigem Bindemittel hervorgeht (bunter Sandstein und rothes Todtliegendes).

Humusreichthum des Bodens ist der Buche mehr als allen übrigen
Holzarten nöthig, vorzugsweise auf Grund ihrer flachen Wurzelverbreitung.
Der geschlossene Stand der Buche, ihre reiche Belaubung, das markige
Blatt, sichern dem Boden bei wirthlicher Behandlung der Bestände einen
hinreichenden Humusgehalt.

Hohe Feuchtigkeitsgrade sind der Buche zuwider. Wir sehen sie selbst
an mäßig feuchten Bachrändern und Wiesen, wo Ahorne und Eschen freudig
vegetiren, zurückbleiben. Nur im lockern Sande verträgt sie einen höheren
Feuchtigkeitsgrad.

Bei der flach verlaufenden Wurzel nimmt die Buche mit wenig Bodenkrume vorlieb, doch ist sie nicht so genügsam wie die Fichte.

2. Die Eiche.

Verträgt eben so hohe Consistenzgrade als die Rothbuche, begnügt
sich aber mit leichterem Boden als jene. Sandiger Lehmboden und lehmiger Sandboden, wie er im Meeresboden sich häufig findet, im Gebirge
der aus Grauwacke, Sandsteingebilden, quarzreichem Granit, Gneiß- und
Glimmerschiefer hervorgegangene Boden, sagen der Eiche zu, wenn der
Boden hinlänglich tiefgründig ist. Tiefgründigkeit des Bodens ist eine
Hauptbedingung ihrer kräftigen Vegetation im Hochwalde, daher sie dann
vorzugsweise in den Lehmlagern des Meeresbodens und in den Flußniederungen heimisch ist. Im Gebirge liebt die Eiche die welligen boden-
reichen Vorberge und Gebirgsthäler. Die Traubeneiche soll mit leichterem
Boden vorlieb nehmen als die Stieleiche. Als Schlagholz nehmen beide
mit flachgründigerem Boden als selbst die Rothbuche vorlieb. Nasser Boden
ist der Eiche im Allgemeinen zuwider, doch kommen mitunter merkwürdige
Ausnahmen vor. Man trifft nicht selten riesenmäßige Eichen im Bruchboden, der allem Anscheine nach immer Bruchboden war. Auch habe ich
junge Eichenanpflanzungen von außergewöhnlich freudigem Wuchse in einem
Bruchboden zwischen Erlenstöcken gefunden, welcher auf 0,25 Meter
Wasser zog.

Da die Eiche wenig Laub trägt, sich im höheren Alter licht stellt,
und in dem ihr gewöhnlich gestellten hohen Umtriebe einer größeren
Summe von Gefahren ausgesetzt ist, welche ebenfalls zur Auslichtung der

Bestände mitwirken, verbessert sie den Boden wenig, und wird daher am besten im Gemenge mit anderen, den Boden bessernden Holzarten, namentlich mit der Rothbuche, erzogen.

3. Die Birke.

Gedeiht am besten auf einem lehmigen Sandboden, besonders wenn der Sand grobkörnig — Grand — ist. Die bindenden Bodenarten sind ihr zuwider. Ebenso meidet sie den Kalk, den bunten Sandstein und das rothe Todtliegende, überhaupt alle Sandsteinformen, die reich an thonigem eisenschüssigem Bindemittel sind. Ganz vorzüglich gedeiht sie auf den hohen Stellen der Bruchgegenden und an den Rändern der Brüche, zieht sich auch in die nicht allzu nassen Bruchboden hinein (B. pubescens), meidet aber die Nässe und den sauren Humus.

Nasser Boden ist der Birke zum freudigsten Gedeihen nicht zuträglich, sie verlangt einen frischen, höchstens gemäßigt feuchten Boden.

Eine Bodentiefe von $\frac{1}{2}$—$\frac{2}{3}$ Meter genügt der Birke vollkommen, da die Wurzelmenge gering und flach ausstreichend ist. Sie nimmt mit wenig Humus vorlieb, gedeiht aber auf ganz humuslosem Boden schlecht und vermag denselben durch sich selbst nicht zu verbessern, indem ihre frühe Lichtstellung eine überaus rasche Zersetzung des Laubes zur Folge hat.

Obschon daher der Standort des freudigsten Gedeihens der Birke sehr beschränkt ist, so sehen wir dennoch ihren Samen fast überall aufgehen, wo durch mißlungene Nachzucht edlerer Holzarten und durch, oft in weiter Ferne vorhandene Birken-Mutterbäume Veranlassung dazu gegeben ist. Die Birke drängt sich dann hier ein, wächst im Anfange freudiger als die verdrängte Holzart, da sie mit weniger Bodenkraft sich begnügt als jene; läßt aber sehr bald im Wuchse nach, da der rasch konsumirte Humus von der Birke wenig Ersatz erhält, deren Laub in sehr kurzer Zeit sich vollständig zersetzt. Mit Recht zählt man sie daher unter Umständen zu den „Forstunkräutern".

4. Die Erle.

Fordert geringe Consistenz- und hohe Feuchtigkeitsgrade des Bodens. Wir finden sie daher vorzugsweise in dem durch große Humusmengen gelockerten Bruchboden, und in solchem lockern Sande, dessen Oberfläche nicht viel über den Wasserspiegel eines benachbarten Gewässers erhoben ist, an den sandigen Ufern der Bäche, Flüsse, Seen, auf Inseln und sandigen Anschwemmungen zwischen den Dünen der Seeküste, wo sie, selbst im ausgewaschenen Sande, einen vorzüglichen Wuchs hat. Feuchtigkeit ist die Hauptbedingung ihrer Vegetation; selbst auf nassem Boden gedeiht sie noch sehr gut, besser als auf frischem Boden.

Die Wurzeln der Erle gehen wenig zur Seite, sondern in vielen kleinen Strängen in die Tiefe, weßhalb ein tiefgründiger und dabei lockerer Boden nöthig wird. Da die Erle im ganz nassen Boden gedeiht, in welchem wegen Mangel an Luftzutritt wenig Pflanzennahrung sich zu bilden vermag, da sie auch im ausgewaschenen Seesande freudig wächst, so können wir daraus folgern, daß sie sich vorzugsweise aus der Atmosphäre ernähre.

5. Die Weiden.

Hauptbedingung ihres freudigen Gedeihens ist Feuchtigkeit, selbst Nässe des Bodens. In lockerem Boden gedeihen sie besser als im bindenden; der geeignetste Standort sind die sandigen Anschwemmungen der Flußufer, diese selbst, so wie die Ufer der Bäche, Seen, die Wiesen = und Bruchränder.

Den trockensten Standort erträgt S. purpurea, daphnoides und alba; auf Bruchboden wächst noch am besten S. pentandra; cinerea, aurita und rosmarinifolia, den bindendsten Boden verträgt S. caprea; auf Sandschollen wächst S. repens, ambigua, versifolia. Auf nassem Sande S. viminalis, acuminata, rubra etc.

Ein Fuß Bodentiefe genügt den flachlaufenden Wurzeln.

6. Die Kiefer.

Hauptbedingungen ihrer Vegetation sind Tiefgründigkeit und Lockerheit des Bodens. Lehmiger Sand und sandiger Lehm sagen ihr besonders zu, doch gedeiht sie auf dem sterilsten Sandboden, wenn sie in der Jugend dort nur im freien Stande angebaut wurde. Der Boden kann in seiner Oberfläche trocken sein, wenn er nur in der Tiefe frisch oder feucht ist, da die lange Pfahlwurzel der Kiefern die Feuchtigkeit aus beträchtlicher Tiefe hervorholt. Nassen Boden meidet sie. Auf sehr feuchtem Boden wächst sie zwar, erreicht aber dort früh ihre Haubarkeit, und liefert ein leichtes harzarmes Holz. Das beste harzreichste Holz liefert ein in der Oberfläche bis auf $1/3$ Meter trockner sandiger Lehmboden.

Auf Kaltboden soll das Holz sehr brüchig werden.

Ausgezeichnet ist die Kiefer rücksichtlich ihres geringen Bedürfnisses an Humus. Im freien Stande erzogen, kann sie denselben in der Jugend ganz entbehren, sich allein aus der Luft ernährend. Später, wenn die jungen Orte in Schluß kommen, verbessern sie den Boden durch Nadelabfall in hohem Grade.

7. Die Fichte.

Das Vorkommen der Fichte ist ein zweifaches. Zuerst und haupt= sächlich findet sie sich im Gebirge, und zwar im Hochgebirge vorzugsweise auf Granit, Glimmerschiefer und Gneiß, auch die Thonschiefer und Grau= wacke und die meisten Porphyre tragen gute Fichtenbestände, wohingegen die jüngeren Conglomerate und die Kalke ihr weniger zusagen. Doch findet man selbst über diesen schöne Fichtenbestände, wenn sonst Exposition und Klima günstig sind; ja, ganz ohne Boden vegetirt die Fichte zwischen Stein= geröll, wenn die Atmosphäre nur feucht ist. Dürre des Bodens und des Klima sind ihr am nachtheiligsten; im trocknen Sande und im festen thonigen Boden gedeiht sie nicht. Daher haben auch Steinbrocken im Boden einen so günstigen Einfluß auf ihre Vegetation, da durch diese der Boden feucht erhalten wird. Die in der Oberfläche des Bodens sich verbreitende, weit ausstreichende Bewurzelung begnügt sich mit geringer Bodentiefe.

Wenn der natürliche Standort der Fichte im südlichen und mittleren Deutschland nur der Gebirgsboden ist, so steigt sie im nördlichen und nord=

östlichen Deutschland, schon in Schlesien, am rechten Oderufer, in Polen, Lithauen und Ostpreußen in die Ebenen hinab, und gedeiht dort in dem lockern sandigen Lehm und lehmigem Sande sehr gut in reinen und verbreiteten Beständen; trocknen Sand und bindenden nassen Thon- und Lehmboden meidet sie auch hier.

8. Die Weißtanne.

Unterscheidet sich von der Fichte vorzüglich darin, daß sie für ihre in die Tiefe gehenden, nicht weit ausstreichenden Herzwurzeln einen tiefgründigeren lockeren Boden fordert. Wir finden sie daher im Gebirge mehr über solchen Gebirgsformen, die einen tieferen Boden liefern, besonders über den Conglomeraten, und den feldspathreichen Urgebirgsarten. Auch der Basalt trägt treffliche Weißtannen. Bei ausreichender Bodentiefe kommt sie übrigens meist mit der Rothtanne im Gemenge vor, und findet sich in Schlesien mit dieser auch im Meeresboden. Im Gebirge geht sie nicht so hoch als die Fichte, und ist mehr im Süden Deutschlands heimisch.

9. Die Lärche.

Fordert vor allem Tiefgründigkeit des Bodens, da sie eine starke Pfahlwurzel treibt und wenig Seitenwurzeln ausschickt. Im Gebirge ist ihr der bessere Fichtenboden, in der Ebene der gute Kieferboden angemessen, doch nimmt sie mit leichtem Kieferboden vorlieb, wenn dieser nur nicht arm an Humus ist. Der Boden kann in der Oberfläche sogar trocken sein, da die Lärche durch ihre Wurzelbildung die Feuchtigkeit aus bedeutender Tiefe heraufholt. Unter den Gebirgsarten zeigt die Lärche eine entschiedene Vorliebe für den Kalk und die Conglomerate mit kalkigem Bindemittel. Auch auf buntem Sandstein habe ich ausgezeichnete Lärchenbestände gefunden. Auf thonigem Boden läßt sie früh im Wuchse nach.

Von den untergeordneten Holzarten heben wir hier noch folgende hervor:

10. Die Ahorne.

Der gemeine und der Spitz-Ahorn haben mit der Rothbuche ziemlich gleiches Bodenbedürfniß, doch gehört zu ihrem freudigsten Gedeihen ein tiefgründigerer Boden, da sie eine starke, wenn auch nicht sehr lange Pfahlwurzel treiben. Die Tiefgründigkeit ist aber nicht so nöthig als bei der Eiche, Kiefer 2c., da die Ahorne, wenn die Pfahlwurzel ein Hinderniß findet, sehr starke und lange Seitenwurzeln entwickeln. Die schönsten reinen Ahornbestände habe ich auf Basaltboden gefunden. Auch auf Kalk, Thonschiefer und rothem Todtliegendem wachsen sie gut. Im Gebirge bleiben die Ahorne hinter der Buche zurück, und gehen nicht über die Eichengrenze hinaus, besonders finden sie sich im Thalboden der Gebirge.

Der Maßholder-Ahorn verträgt einen bindenderen Boden als die vorgenannten Arten. Sein eigentlicher Standort sind die Flußniederungen; dort erreicht er in Schlesien ein Volum von 3—4 Cubikmeter, während er im Höhenboden und im Gebirge meist nur als Strauch erster Größe vorkommt.

Die Ahorne verbessern durch Laubabfall den Boden mäßig, verlängen aber einen fruchtbaren Boden, werden also schon allein deßhalb besser in Untermengung mit der Rothbuche als in reinen Beständen erzogen.

11. Die Esche.

Feuchtigkeit ist Hauptbedingung ihrer Vegetation; sie wächst sogar neben der Erle in fast nassem Boden, dort aber weniger gut als auf Wies=flecken mit mildem Humus, an den Rändern der Flüsse und Bäche. Lockerer Boden ist ihr zusagender als fester; auf letzterem gedeiht sie nur, wenn er durch Humus gelockert ist. Sie verlangt Fruchtbarkeit, verbessert den Boden aber nicht. Thalboden und Flußboden zieht sie dem Gebirgs= und Meeres=boden vor; letzterer darf aber nicht zu bindend sein. Neben einer starken tiefgehenden Pfahlwurzel entwickelt die Esche auch weit ausstreichende Seiten=wurzeln, welche im flachen Boden die Pfahlwurzel ersetzen. Auf trockenerem, thonigen Boden ist Fr. pubescens ausgezeichnet raschwüchsig.

12. Die Rüster.

Unterscheidet sich von der Esche besonders darin, daß sie einen bin=denderen Boden liebt. Sie wächst zwar ebenfalls im nassen Boden, liebt aber geringere Feuchtigkeitsgrade als die Esche. Ihr eigentlicher Standort ist in den Flußniederungen mit bindendem Boden; man findet sie jedoch auch im feuchten humusreichen Sand und lehmigen Sandboden, ja, sie kommt mitunter sogar mit der Erle gemeinschaftlich in den nicht allzunassen Brüchen vor. Was Bodenverbesserungsfähigkeit anbelangt, dürfte sie der Eiche nahe stehen. In der Jugend treibt die Rüster eine starke Pfahlwurzel, später mehrere starke tiefstreichende Herzwurzeln.

Die Feldulme verträgt trockeneren Standort als die rauhe Ulme.

13. Die Hainbuche.

Hat ziemlich gleichen Standort mit der Rothbuche, nimmt aber mit einem weniger guten, trockeneren, leichtern, flacheren und humusärmeren Boden vorlieb.

14. Die Linden.

Lieben lockern und feuchten Boden. Feuchter Sand, lehmiger Sand, selbst nicht zu nasser Bruchboden sind ihr Standort. Die Herzwurzel geht tief in den Boden, doch behilft sich die Linde auch auf flachgründigem Stand=orte. Humuserzeugung bedeutend.

15. Die Pappeln.

Gedeihen auf lockerem Boden. Lehmboden ist ihnen schon zu bindend. Der Boden muß ferner in der Oberfläche feucht sein, da die Wurzeln sehr flach verlaufen und die Feuchtigkeit nicht aus der Tiefe heraufholen können. Trockenen und bindenden Boden verträgt noch die Zitterpappel. Schwarz= und Weißpappel findet man fast nur an sandigen Ufern der Seen, Flüsse, Bäche.

16. Die Hasel.

Fordert tiefgründigen, nicht zu lockern, humushaltigen, frischen bis gemäßigt feuchten Boden. Die Ränder der Wiesen und Brüche, die Ränder kleiner Feldhölzer mit entsprechendem Boden sind ihr geeignetster Standort, indem sie freie Einwirkung der Atmosphäre fordert.

17. Die Akazie.

Liebt einen nicht zu bindenden, tiefgründigen, gemäßigt feuchten Boden, der selbst bis zu bedeutender Tiefe trocken sein kann, da sie durch, schon im ersten Jahre, tief in den Boden dringende Wurzeln ihre Feuchtigkeit aus der Tiefe heraufzuholen vermag. Später entwickelt sie in höherem Grade flachlaufende, weit ausstreichende Seitenwurzeln, wie die Kiefer, der sie auch rücksichtlich ihres geringen Humusbedarfs gleichkommt. Sie eignet sich wie jene zur Kultur des Flugsandes, verbessert aber den Boden nur in sehr geringem Maße.

Literatur für Gebirgs- und Bodenkunde.

1. Für Oryktognosie.

Hartmann, die Mineralogie in 26 Vorlesungen.
Leonhard, Naturgeschichte des Mineralreichs.

2. Für Geognosie.

De la Beche, Handbuch der Geognosie, übersetzt von v. Dechen. 1832.
Dr. B. Cotta, Anleitung zum Studium der Geognosie und Geologie. Dresden und Leipzig 1841.
Dr. C. Vogt, Lehrbuch der Geologie und Petrefaktenkunde, nach Elie de Beaumont. Mit vielen Illustrationen und Holzstichen. Braunschweig 1847.

3. Für Bodenkunde.

Krutzsch, Gebirgskunde für den Forst = und Landwirth. 1827.
Meyer, System einer Lehre über Einwirkung der Naturkräfte auf Ernährung und Wachsthum der Forstgewächse. 1806.
Schübler, Agrikultur=Chemie, 2te Aufl. von Krutzsch. 1838.
Chaptal, Agrikultur=Chemie, übersetzt von Eisenbach. 1824.
Reuter, der Boden und die atmosphärische Luft. 1833.
Hundeshagen, die Bodenkunde in land= und forstwirthschaftlicher Beziehung. Herausgegeben von Klauprecht. 1840.
Sprengel, die Bodenkunde oder die Lehre vom Boden. 1837.
König, Gebirgskunde, Bodenkunde und Klimalehre. Herausgegeben von C. Grebe. Eisenach 1853.
Dr. G. Heyer, forstl. Bodenkunde und Klimatologie. Erlangen 1856.

Dritter Abschnitt.
Von den Pflanzen.

Den beschreibenden Naturwissenschaften: der Mineralogie, Botanik, Zoologie stehen die erklärenden Naturwissenschaften Physik, Chemie, Physiologie zur Seite; erstere die Beschaffenheiten, letztere die Eigenschaften der Körper und deren Wechselwirkungen behandelnd.

Die Physik und die Chemie beschäftigen sich mit den Eigenschaften der anorganischen, sowie derjenigen organischen Körper, die durch den Tod des Organismus der anorganischen Körperwelt zurückgegeben sind. Die Physiologie hingegen hat diejenigen Eigenschaften des Organischen zum Gegenstande, die der Ausfluß einer, die physikalischen und chemischen Eigenschaften der organisirten Materie beherrschenden Lebenskraft[1] sind.

In der todten Körperwelt, das todte Thier, die todte Pflanze eingeschlossen, besteht das Gesetz der Trägheit, d. h. kein todter Körper vermag durch sich selbst sich zu bewegen, sich zu verändern; jede Bewegung, jede Veränderung seiner selbst, beruht auf der Wechselwirkung mindestens zweier Kräfte: die Büchsenkugel würde fortdauernd im Rohre ruhen, wenn nicht die treibende Kraft des Pulvers sie in Bewegung setzte, sie würde in Ewigkeit unverändert bleiben, wenn nicht der Sauerstoff der Luft sie in Bleiasche umwandelte, die Hitze sie schmölze, die Schwere des Hammers sie plattete.

Unter gleichen äußeren Einflüssen sind die Erfolge solcher Wechselwirkungen naturgesetzlich stets dieselben; das Wasser muß unter bestimmten Wärmegraden in Dampf oder in Eis sich umbilden; kohlensaurer Kalk muß unter Einwirkung von Schwefelsäure zu Gyps sich umwandeln; Waage, Thermometer und Barometer, das photographische Bild, der Telegraphendraht, der Compaß, die Dampfmaschine, die Spectralanalyse und die Gesetzmäßigkeit chemischer Verbindungen und Scheidungen beweisen die Unfehlbarkeit der Wechselwirkungen des todten Stoffs.

Man hat hieraus geschlossen: daß die Kräfte Eigenschaften der Materie und von letzterer untrennbar sind; daß es Stoffe ohne die ihnen naturgesetzlich zuständigen Kräfte nicht gebe, daß es aber auch keine Kräfte gebe ohne den ihnen zuständigen Stoff — daß es keine körperlose Kräfte gebe.

In Beschränkung auf die todte Körperwelt läßt sich gegen diese Anschauungsweise der Verhältnisse zwischen Stoff und Kraft nichts einwenden, man könnte sie als wissenschaftlich berechtigten Materialismus näher bezeichnen.

In neuerer Zeit ist man aber noch einen Schritt weiter gegangen, zur Behauptung: daß auch in der lebenden Körperwelt körperlose Kräfte — eine Lebenskraft nicht thätig sei, eine Ansicht, die in der Neuzeit auch unter den Physiologen fast alleinherrschend geworden ist, seit Liebig sie in die Phrase faßte

„Die Lebenskraft ist ein Popanz"

d. h. ein Ding, das nur in der Einbildung besteht.

---

[1] Sit venia verbo! Indem ich mich dieses, seit Liebigs Urtheilsspruch aus der Wissenschaft verbannten Wortes bediene, halte ich mich verpflichtet, nachfolgend die Gründe aufzuführen, die mich der „veralteten Ansicht" erhielten.

Ist diese Ansicht, die ich als Universalmaterialismus dem wissenschaftlich berechtigten Materialismus gegenübergestellt habe, berechtigt, dann giebt es keine, der Physik und der Chemie zur Seite stehende physiologische Wissenschaft, dann ist letztere auf lebende Thiere und Pflanzen angewandte Physik und Chemie. Allein jene Gleichstellung des Lebendigen und des Todten in Bezug auf die Verhältnisse zwischen Stoff und Kraft ist eine rein willkürliche, durch keine Thatsache gerechtfertigt und wenn Liebig mit der Natur der lebenden Pflanze näher bekannt gewesen wäre, würde er jene, in der Wissenschaft Epoche machende Phrase nicht ausgesprochen haben. Universalmaterialismus ist Atheismus im Gewande exakter Naturwissenschaft und hat dadurch den Ruf nach „Umkehr der Wissenschaft" zu Wege gebracht, gewiß mit Unrecht, denn nicht Umkehr sondern Fortschritt der Wissenschaft beseitigt bestehende Irrlehren.

Man sollte meinen, daß eine Lehre, die eben so tief in das bürgerliche Leben, wie in die Wissenschaft eingreift, nur auf fester Grundlage aufgebaut sein dürfe, begegnen hier aber der größten Leichtfertigkeit. Alles was bisher zu Gunsten dieser Anschauungsweise aufgeführt wurde, erweist sich bei eingehender Würdigung hinfällig. Der berechtigte Materialismus ist eine Folgerung aus der strengsten Gesetzmäßigkeit der Wechselwirkungen im Reich der todten Körperwelt. Diese Gesetzmäßigkeit besteht nicht im Reich des Lebendigen. Wie in der Werkstatt des Bildhauers aus gleichem Rohstoffe Verschiedenartiges, aus verschiedenen Rohstoffen Gleichartiges unter gleichen äußeren Einflüssen nach dem maßgebenden Willen des Meisters hergestellt wird, so auch in der Werkstatt des Lebendigen. Hunderte von Thatsachen lassen sich für diese Behauptung anführen. Ich erinnere nur an die geschlechtlichen Unterschiede bei Zwillingsgeburten und unter den Samenkörnern aus derselben Frucht, an die Unterschiede der Frucht des Edelreises und des Wildlingsastes auf demselben Stamme in Stoffgehalt, Form, Farbe, Reifezeit. Der Stoffwechsel des ausgewachsenen Thieres, auf den man so übergroßes Gewicht legte, daß man selbst das Denkvermögen aus ihm herleiten wollte, ist der lebenden Pflanze fremd und das kohlensaure Ammoniak zählt eine größere Menge von Elementen als der Hauptbestand des Pflanzenkörpers, der Zellstoff.

Niemand wird es einfallen, ernsthaft zu behaupten: das Floß der Steinzeit habe durch sich selbst, durch die Kräfte seiner Bestandtheile, sich zum Dampfschiff der Neuzeit herangebildet, ohne Mitwirkung des ihm vorhergegangenen schöpferischen Gedankens des Erfinders und der Verbesserer. Niemand wird behaupten, es habe die Lyra des Alterthums zum Harmonion der Jetztzeit, der Bogen zum Hinterlader durch sich selbst sich vervollkommnet; das Harmonion werde im Verlauf „undenkbar langer" Zeiträume dahin gelangen, wie die Nachtigall sich selbst zu spielen, das Schiff werde dahin gelangen, sich selbst einem vorausbestimmten Orte entgegen zu steuern, ohne die leitende Hand des Steuermanns. Jedermann wird dagegen zugeben, es sei die vollendetste Maschine aus Menschenhand Kinderwerk gegenüber dem einfachsten Organismus. Ich suche vergeblich nach irgend einer Berechtigung zur Annahme, das Lebendige stehe allein unter Herrschaft der Eigenschaften des todten Stoffs; es sei entstanden, ohne den

ihm vorhergegangenen schöpferischen Gedanken, es entwickle sich in natur=
gesetzlich bestimmter Weise aus dem einfachen, mikroskopisch kleinen Eikörper
zum vollendeten Organismus, ohne die Mitwirkung einer Führerschaft, ohne
welche der einfachste Mechanismus seine ihm zuständigen Funktionen versagt.

Die größte Beweiskraft für die Mitwirkung einer körperlosen Sonder=
kraft in der Werkstatt des Lebendigen besitzt für mich die Thatsache, daß
in der unzählbaren Menge untergeordneter Werkstätten, die zusammen=
genommen den Gesammtorganismus bilden, die verschiedenartigsten Arbeits=
kräfte mit den verschiedenartigsten Stoffen einem einheitlichen Ziele dienstbar
sind: der naturgesetzlichen Entwicklung des Individuum vom Keime bis zur
Blüthe. und Frucht tragenden Pflanze; daß sie alle in nothwendiger Be=
ziehung zu einander stehen, der Keim nicht ohne die Samenlappen, die
Wurzel nicht ohne das Blatt, der Holzkörper nicht ohne den Bast ihre
naturgesetzlichen Verrichtungen zu vollziehen vermögen, wie das Thierreich
nicht ohne ein Pflanzenreich, das Pflanzenreich nicht ohne ein vorgebildetes
Erdreich, Thier, Pflanze, Erdkörper nicht ohne Sonnenwirkung bestehen kön=
nen, daß diese Beziehungen fortbestehen unter den verschiedenartigsten äußeren
Einflüssen, vom Hochsommer zum Winter, in der Meeresebene wie im Hoch=
gebirge, im fruchtbaren, wie im unfruchtbaren Boden. Ich kann mir diese
Einheit des Zieles aller Verrichtungen des lebendigen Organismus nicht denken,
ohne die Mitwirkung einer schaffenden, ordnenden und leitenden Kraft, die
nicht die Eigenschaft eines einzelnen Stoffs sein kann, eine körperlose sein
muß, als Beherrscherin aller Stoffe des lebendigen Organismus und der
Kräfte desselben, wenigstens liegt bis heute keine Erfahrung vor, daß Sum=
mirung der Kräfte des Todten Sistirung oder Abänderung ihrer Wechsel=
wirkungen im Gefolge haben könne.

Man kann vollkommen damit einverstanden sein, daß auch im Le=
bendigen die stofflichen Kräfte in nicht anderer Weise in Wechselwirkung
treten als in der todten Körperwelt, es schließt dieß die Annahme nicht aus,
daß in der Werkstatt des Lebendigen neben diesen stofflichen Kräften noch
eine körperlose Kraft thätig ist, die sich zu Ersterer verhält wie der Werk=
meister zum Gesellenthum der arbeitenden Kräfte in der Werkstatt des Mecha=
nischen, der, ohne selbst zu arbeiten, nur durch Ordnung und Leitung der
ihm dienstbaren Arbeitskräfte, den Bogen zur Armbrust, die Armbrust zum
Feuergewehr umschuf. In diesem Sinne, durch die Mitwirkung einer die
Arbeit beherrschenden und leitenden Kraft, ist das Lebendige im Gegensatz
zum Todten selbstthätig, in diesem Sinne habe ich Leben Selbstthätigkeit
genannt, erkennbar durch die Unterschiede zwischen Lebendem und Todtem,
wie Licht, Wärme, Schwerkraft ebenfalls nur begreifbar sind durch die
Unterschiede zwischen hellen und dunkeln, warmen und kalten, leichten und
schwereren Körpern.

Ich hielt es nothwendig, mein Glaubensbekenntniß in Bezug auf Stoff
und Kraft des Lebendigen den biologischen Betrachtungen in Nachfolgendem
hier voranzustellen, um so nothwendiger als ich in ihm fast allein stehe.
Ohne Zweifel hat das Forschen nach dem Wirken der stofflichen Kräfte im
Lebendigen seine volle Berechtigung, es darf aber nicht zum Axiom erhoben,
die Forschung der lebenden Pflanze entzogen und in die Lehrbücher der

Physik und der Chemie verlegt werden, wie das heute vorherrschend Gebrauch ist, wenn wir in der Erkenntniß des Lebendigen vorschreiten wollen.

„Leben gab ihr die Fabel, die Schule hat sie entseelet,
Schaffendes Leben aufs Neu' gibt die Vernunft ihr zurück."

Schiller.

Wie die Thätigkeit einer Uhr erst erkannt werden kann, nachdem man sich in Kenntniß der einzelnen Theile des Mechanismus, des Räder=, Feder=, Kettenwerks, ihrer Zusammenstellung und ihrer Verrichtungen gesetzt hat, so muß auch dem Verständniß des Pflanzenlebens eine Darstellung der Organe, der Organsysteme und der Stoffe vorausgehen oder zur Seite stehen, aus denen der Pflanzenkörper zusammengesetzt ist. Wie die Gesammtwirkung der Uhr auf dem Ineinandergreifen der Einzelwirkungen jener Maschinentheile, so beruht die Gesammtwirkung des pflanzlichen Organismus, die wir das Pflanzenleben nennen, auf der Wechselwirkung verschiedenartiger Stoffe und Kräfte in verschiedenartigen, zu verschiedenartigen Systemen gruppirten Elementarorganen. Mag es immerhin Manchem genügen, wenn er das Ticken der Uhr hört, wenn er die regelmäßige Bewegung des Zeigers über das Zifferblatt sieht, zu einer wissenschaftlichen Erkenntniß des Mechanismus selbst kann eine hierauf beschränkte Betrachtung nicht führen. Diese wissenschaftliche, aus der Forschung hervorgegangene Erkenntniß ist aber nothwendig, wenn wir nicht allen denjenigen Sinnestäuschungen und Trugschlüssen unterworfen bleiben wollen, welche die, vom Experiment nicht allseitig geprüfte und bewährte sinnliche Wahrnehmung (Beobachtung) mit sich führt. Die Beobachtung begnügt sich mit der Wahrnehmung, sie zeigt, daß die Sonne sich um die Erde bewegt, die Forschung prüft die Beobachtung nach allen Richtungen, zur Beseitigung möglicher Trugschlüsse, zur Begründung des Naturgesetzes.

Die Pflanzenphysiologie ist die Grundlage rationellen Pflanzenbaues. Als solche hat sie für den Pflanzenzüchter die hervorstechendste Wichtigkeit. Die Holzpflanze ist der Mittelpunkt, um den sich alles Thun und Treiben des Forstmannes bewegt. Eine Bekanntschaft mit den Vorgängen der Fortpflanzung, der Keimung, der Ernährung, des Wachsthums und der Reproduktion, eine Bekanntschaft mit den Bedingungen des Gedeihens der Pflanze ist oder sollte doch die Grundlage aller seiner, auf Produktion sich beziehenden Handlungen sein. Freilich hat eine vieljährige Erfahrung über die Erfolge vorangegangener Betriebsoperationen eine Praxis des Betriebs geschaffen, in der wir, auch ohne nähere Kenntniß des Pflanzenlebens, das Zweckmäßige vom Unzweckmäßigen unterscheiden lernten. Allein dem Guten kann noch ein uns unbekanntes Besseres zur Seite stehen und dieß letztere werden wir nur dann und um so eher erforschen, wenn wir unserer Praxis eine Grundlage und einen Prüfstein beigesellen, in der wissenschaftlichen Erkenntniß des Pflanzenlebens. Außerdem haftet auch die bewährte Praxis an der Scholle. Was hier wahr und richtig ist, kann dort falsch und unrichtig sein. Die richtige Praxis auf fremder Scholle werden wir stets nur der Kenntniß aller Bedingungen des Wachsens und Gedeihens der Pflanze entnehmen können. Es hat ferner eine Bekanntschaft mit dem Pflanzen=

leben für den Forstmann den wichtigen Vortheil: daß sie ihn mit der
Holzpflanze inniger befreundet, daß er sich im Walde wie im Kreise lieber
Freunde fühlt; daß Knospe und Blatt, Blüthe und Samenkorn für ihn
eine Sprache gewinnen, die ihn in den einförmigsten Berufsgeschäften geistig
lebendig und bewegt erhält. Der Schlendrian instruirten Thuns wird dadurch in ein geistiges Schaffen verwandelt, das auf den Schaffenden selbst
wohlthätig zurückwirkt, indem es ihn der Verdumpfung entzieht, die so
häufig dem Mechanismus vorgeschriebener Geschäftsthätigkeit entspringt.

Jn der vorigen Auflage dieses Werkes habe ich die anatomische von
der chemischen und biologischen Betrachtung der Pflanze getrennt; in dieser
neuen Auflage hingegen den Versuch gemacht, diese Einzeltheile zu einer
Entwickelungsgeschichte der Holzpflanze zusammenzustellen, in der Hoffnung,
Verständniß und Jnteresse für den Gegenstand zu erhöhen, dadurch, daß es
auf diesem Wege leichter wird, die gegenseitigen Beziehungen der Einzeltheile und Einzelthätigkeiten darzustellen. Dem besseren Verständniß hielt ich
es ferner entsprechend, in einem ersten Kapitel diejenigen Theile des Pflanzenkörpers einer morphologischen Betrachtung zu unterwerfen, die schon dem unbewaffneten Auge als unterschiedene Theile des Pflanzenkörpers entgegentreten.

Erstes Kapitel.

Von den Körpertheilen der Holzpflanzen.

(Morphologisches.)

Jede, auch die am höchsten sich entwickelnde Holzpflanze ist ursprünglich
eine einfache, mikroskopisch kleine Zelle, durch den Akt der Befruchtung losgerissen von einem Mutterkörper gleicher Art und zur selbstständigen Fortbildung befähigt.

Diese im Keimsäckchen des Samenkorns lagernde Urzelle des pflanzlichen Jndividuum vermehrt sich durch Selbsttheilung in Tochterzellen
(s. Holzschnitt Fig. 17), vergrößert sich durch Heranwachsen der Tochterzellen zur Größe der Mutterzelle oder darüber hinaus.

Wiederholt sich dieser Vorgang in der Richtung derselben ursprünglichen Längenachse, dann entsteht daraus der Zellenfaden (Holzschnitt Fig. 18,
6—8). Treten hierzu noch Abschnürungsrichtungen parallel der ursprünglichen Längenachse, dann geht daraus, unter stetem Heranwachsen der Tochterzellen zur Größe der Mutterzelle, der Zellenkörper hervor (Holzschnitt 18,
Fig. 10, 11).

Wie die Pflanze sich aufbaut durch Zellentheilung und Wachsthum
der Theilzellen zur Größe der Mutterzellen, so baut auch die Einzelzelle sich
auf — sie wächst — durch Theilung ihrer organischen Moleküle und Heranwachsen der Tochtermoleküle zur naturgesetzlichen Größe des Muttermoleküls.
Wie die Gesammtpflanze das Material für ihr Wachsen den Rohstoffen der
sie umgebenden Luft und des Bodens, so entnimmt die Einzelzelle das
Material für das Wachsthum der Theilmoleküle den Bildungssäften der Zelle.

Die Vergrößerung, das Wachsen des Pflanzenkörpers vollzieht sich unter
sehr verschiedenen Gestaltungen, theils verschiedener Pflanzenarten, theils

verschiedener Körpertheile derselben Pflanzenart. Die erste Ursache dieser gesetzlichen Gestaltungsverschiedenheiten des Pflanzenkörpers finde ich in der Verschiedenheit des Zeitverhältnisses zwischen Zellentheilung und Zellenwachsthum,
in dem, was ich das Tempo der Zellentheilung genannt habe. Ist der
Zeitraum, den das Heranwachsen der Tochterzellen zur Größe der Mutterzellen in Anspruch nimmt, kürzer als der Zeitraum, in welchem die Theilungen wiederkehren, dann nur kann die Tochterzelle zur normalen Größe
der Mutterzelle heranwachsen, wiederholen sich die Theilungen in kürzeren
Zeiträumen, dann erleiden die Tochterzellen eine erneute Theilung, ehe sie
die Größe der Mutterzellen erreicht haben, sie können nie auswachsen, bleiben
kleiner im Vergleich zur Mutterzelle als die Theilung rascher sich wiederholt. Es erklärt sich in dieser Weise die stets geringe Größe des Zellgewebes im Knospenwärzchen und in anderen jugendlichen Pflanzentheilen.

Denkt man sich in einem zelligen Körper ein rascheres Tempo der
Zellentheilung in örtlicher Beschränkung eintreten, so werden an diesen
Orten Complexe kleineren Zellgewebes sich bilden (z. B. Holzschnitt Fig. 53, a b).
Vergrößern sich später die Zellen solcher Complexe, so müssen sich hügliche
Erhebungen nach Außen bilden, da in jeder anderen Richtung der zur
Vergrößerung nöthige Raum fehlt. Auf diese Weise entsteht die erste
Grundlage der Blätter, Knospen, Seitenwurzeln der Pflanzen (Holzschnitt 18,
Fig. 12, c d). Auf die naturgesetzliche Verschiedenheit der Orte, an denen
solche Ausscheidungen hervortreten, gründet sich vorzugsweise die Gestaltungsverschiedenheit der Pflanzen verschiedener Art. Die letzte Ursache der Gesetzmäßigkeit dieser Gestaltungsverschiedenheiten wird uns für immer verborgen
bleiben.

Auch die im Allgemeinen lineare Form des Baumwuchses, das Wachsen
in entgegengesetzter Richtung, dem Licht und dem Mittelpunkt des Erdkörpers
entgegen, die Beschränkung des Längenwuchses auf die Endtheile einer Längenachse lassen sich auf das Tempo der Zellentheilung zurückführen. Die Theilungsfähigkeit der Pflanzenzelle erlischt in einem gewissen Alter derselben.
In der durch Theilung einer Mutterzelle und durch wiederholte Theilung
ihrer Tochterzelle entstandenen einfachen Zellenreihe werden die Mittelzellen
die ältesten, die Endzellen die jüngsten und einer um so lebhafteren Mehrung
unterworfen, daher auch um so kleiner sein, je näher sie den Enden des
Zellenfadens stehen, während in der Mitte des Zellenfadens die Theilungsfähigkeit längst erloschen ist. Daraus ergibt sich sehr einfach das Wachsen
des Fadens in entgegengesetzter Richtung. Die Beschränkung des Längenwuchses auf die Endpunkte der Längenachse, die man auf die zusammengesetzte Holzpflanze übertragen kann, wenn man sich den auf- und absteigenden Stock derselben, mutatis mutandis, zusammengesetzt denkt aus
vielen neben einander liegenden Zellenreihen, deren Endzellen das aufsteigende und das absteigende Knospenwärzchen bilden, ohne daß man zu magnetischer Polarität oder dergleichen Zuflucht zu nehmen nöthig hat.

Die Hauptachse des Pflänzchens, nach oben den Stamm, nach
unten die Pfahlwurzel bildend, zerfällt nach ihrer Entwicklungsrichtung in
zwei Theile, in den aufsteigenden und in den absteigenden Stock.
Letzterer ist bei jungen Eichen, Buchen, Kiefern meist eine geradlinige Fort

setzung des Stämmchens (Pfahlwurzel). Bei anderen Holzarten: Ellern, Fichten, Tannen zertheilt sich die Pfahlwurzel bald in mehrere, schräg in den Boden eindringende Hauptäste, ähnlich den Wurzeln eines Backenzahns (Herzwurzel). Die von Pfahl= oder Herzwurzel ausgehenden, unter der Bodenoberfläche fortstreichenden, zu größerer Stärke heranwachsenden Nebenachsen bilden die Seitenwurzeln. An allen diesen Wurzeln können in jedem Alter junge Nebenachsen sich bilden, die theilweise nie zu bedeutender Stärke heranwachsen, alljährlich kurze, krautige Sprossen bildend; dieß sind die eigentlichen Faserwurzeln. Zwischen Wurzel und Stamm nimmt man einen Wurzelstock an. Als gesondertes Organ ist derselbe zu keiner Zeit unterscheidbar. Indeß verlängert sich die Markröhre des aufsteigenden Stockes mehr oder weniger weit in die Pfahlwurzel hinab. Man kann denjenigen Theil derselben, der noch mit Mark ausgestattet ist, als Wurzelstock bezeichnen. Zum Wurzelstocke rechnet man häufig auch noch denjenigen Theil des Stammes, an dem die oberen Seitenwurzeln, durch excentrische Jahrringbildung, zum Theil über den Boden hinaus, in die Höhe gestiegen sind (Wurzelanlauf).

Man hat ferner von einer zwischen Wurzel und Stamm liegenden „indifferenten Fläche" gesprochen. Diese Fläche müßte da liegen, wo die erste Zelle der Pflanze das erstemal zu zweien Tochterzellen sich abgeschnürt hat. Für alle späteren Zustände der Pflanze hat die Phrase keinen Sinn, eben so wenig wie für einen stabförmigen Krystall, der an seinen beiden Endpunkten durch Ansatz neuer Theile sich verlängert.

Der Ort, wo abwärts= und aufwärtsgerichteter Zuwachs sich ursprünglich scheiden — nicht immer mit der ursprünglich indifferenten Querfläche zusammenfallend, ist bei verschiedenen Pflanzenarten verschieden. Bei der Eiche, Kastanie, Roßkastanie re., die ihre Samenlappen in der Erde zurücklassen, liegt er über diesen, bei der Buche, Esche, bei den Ahornarten liegt er unter den Samenlappen. Tiefgesäeter Nadelholzsame wächst anfänglich knieförmig, also mit zweien indifferenten Querflächen aus dem Boden hervor.

Der aufsteigende Stock bleibt entweder für immer einstämmig und entwickelt nur Zweige, oder er verästelt sich in größerer oder geringerer Höhe in eine aus Aesten und Zweigen zusammengesetzte Krone. Erfolgt die Verästelung schon im Wurzelstocke, so begründet dieß den Strauchwuchs. Blätter, Blüthen und Früchte, Endknospen und Blattachsenknospen, Ranken, Dornen, Stacheln, Drüsen und Haare entstehen im normalen Verlaufe der Entwickelung stets nur an den jüngsten Trieben der Bezweigung.

Dieß vorausgeschickt, wenden wir uns nun zunächst zu näherer Betrachtung der Körpertheile des aufsteigenden Stockes.

A. Der aufsteigende Stock.

Wir unterscheiden an ihm zunächst

1) Achsengebilde — Stengel (Schaft), Aeste, Zweige und deren Endknospen;

2) Ausscheidungen — Schuppen (Afterblätter), Blätter und Blattachselknospen.

1. Von den Achfengebilden.

Betrachten wir, vermittelft einer guten Lupe, den mit einem fcharfen Rafiermeffer geglätteten Querfchnitt eines einjährigen, kräftig gewachfenen Rothbuchentriebes [1] nicht weit unter der Spitze deffelben, fo erkennt man leicht drei verfchiedene Regionen, deren mittlere und äußere, aus einer grünlich gefärbten, weichen und zelligen Subftanz beftehend, das Mark und die Rinde ift, beide gefchieden durch eine concentrifche Schichtung abweichender Färbung und Struktur (Faferfchicht), die ihrerfeits unterbrochen ift durch eine größere Zahl radialer, das Mark mit der Rinde verbindender Markftrahlen, durch welche die Faferfchicht in eine Mehrzahl von Faferbündeln zerfällt.

Die nebenftehende Fig. 1 ftellt ein Stückchen eines einjährigen Rothbuchentriebes in acht= maliger Linearvergrößerung dar. Sie zeigt oben die kreisförmige Querfchnittfläche, [2] in diefer Mark= und Rindezellgewebe getrennt durch einen Kreis von Faferbündeln, von denen ein jedes in einen äußeren Baftkörper und in einen inneren Holzkörper zerfällt, wie dieß die einfache Grenz= linie beider andeutet. Der keilförmige Aus= fchnitt an der linken Seite des Triebftücks legt zum Theil den radialen oder diametralen Längen= fchnitt frei und zeigt zwifchen Mark und Rinde ein Faferbündel mit dreien vorbeiftreichenden Markftrahlen. Der vordere tangentale Längen= fchnitt zeigt beiderfeits das Zellgewebe der Rinde, dazwifchen die gegenfeitige Veräftelung der Faferbündel und die trennenden Markftrahl= querfchnitte.

Fig. 1.

Wir mögen nun folche Querfchnitte aus der Spitze oder aus der Bafis des Triebes entnehmen, überall treten uns die genannten drei Re= gionen: Mark, Bündelkreis, Rinde entgegen; ein Unterfchied in den inneren, tieferen Theilen des Schafts befteht nur darin, daß die Fafer= bündel nach der Rinde hin breiter werden und fich enger aneinanderlegen,

---

[1] Es ift fehr wünfchenswerth, daß der junge Forftmann beim Studium der phyfio= logifchen Forftbotanik fich fo weit eigene Anfchauung zu verfchaffen fuche, als dieß die ein= facheren optifchen Hülfsmittel geftatten. Eine gute Lupe leiftet hierbei fchon viel, wenn man fie zu gebrauchen verfteht. Indem man ihre Faffung der Länge nach zwifchen Daumen und Zeigefinger hält, werden letztere fo an das Nafenbein gedrückt, daß die Linfe dicht und un= verrückbar nahe vor dem Auge, das der die Lupe haltenden Hand entgegengefetzt ift, fteht. Der zu betrachtende Gegenftand wird dann in die andere Hand genommen, und diefe mit der Hand, welche die Lupe hält, fo in fefte Verbindung gebracht, daß das Objekt in richtiger Sehweite feftgehalten werden kann. Feine vermittelft eines Rafirmeffers zu fertigenden Längen= und Querfchnitte werden auf ein kleines Täfelchen von weißem Glafe vermittelft Waffer feftgeklebt und, gegen den hellen Himmel gehalten, in vorerwähnter Weife betrachtet. Man fieht auf diefem Wege weit mehr, als man vermuthet, und wird das Gefehene auch verftehen, wenn man es mit guten Abbildungen und Erklärungen vergleicht.

[2] Querfchnitt, radialer Längsfchnitt und tangentaler Längsfchnitt find die drei in obiger Figur ausgeführten, bei anatomifchen Unterfuchungen maßgebenden Schnittrichtungen.

während dem abſteigenden Stocke (Wurzel) das Mark fehlt und durch ein
centrales Faſerbündel erſetzt iſt.

Selbſt in den mehr = oder vieljährigen Schaft=, Aſt = oder Zweigſtücken
finden wir dieſelben drei Regionen wieder vor; den Markkörper ziemlich
unverändert, den Faſerbündelkreis erweitert durch Hinzutreten neuer Faſer=
ſchichtungen (Jahresringe), die Rinde wie das Mark ebenfalls im Weſent=
lichen unverändert, abgeſehen von der durch die Vergrößerung der Faſer=
bündel nöthig gewordenen eigenen Vergrößerung oder Zerreißung der äußerſten,
älteſten Rindetheile.

Dieſelben Regionen wie der Querſchnitt zeigt uns auch der radiale
Längsſchnitt. Für die Unterſcheidung eines Abſchluſſes der Markſtrahlen
nach oben und unten reicht das einfache Vergrößerungsglas hier nicht aus.
Dieß iſt dahingegen der Fall, wenn wir einen tangentalen Längsſchnitt,
wie die vordere Fläche der vorſtehenden Figur, ſo tief führen, daß dieſer
mehrere Faſerbündel durchſchneidet. Wir ſehen daran deutlich, daß jedes
der Bündel nicht vereinzelt vom Gipfel bis zur Baſis des Triebes hinab=
läuft, ſondern daß eine gegenſeitige Veräſtelung derſelben ſtattfindet, im
Weſentlichen darin beſtehend, daß, in mehr oder weniger weiten Abſtänden,
jedes einzelne Faſerbündel in der Richtung der Mantelfläche des Bündelkreiſes
ſich zu zweien Bündeln ſpaltet; daß jedes der dadurch entſtandenen Halbbündel
mit dem benachbarten Halbbündel zu einem Ganzbündel ſich vereint, bis eine
erneute Gabeltheilung des ungleich=urſprünglichen (heterogenen) Faſerbündels
das gleich=urſprüngliche (homogene) Faſerbündel wieder herſtellt. Dieſe ſich
fortdauernd wiederholende Gabeltheilung und Wiedervereinigung der Gabel=
theile jedes Faſerbündels hat einen, im Tangentalſchnitt ſpindelförmigen
Abſchluß des Markſtrahlgewebes zur Folge, wie dieſen die vordere (tangentale)
Schnittfläche der vorſtehenden Fig. 1 zu erkennen gibt.

Fig. 2.

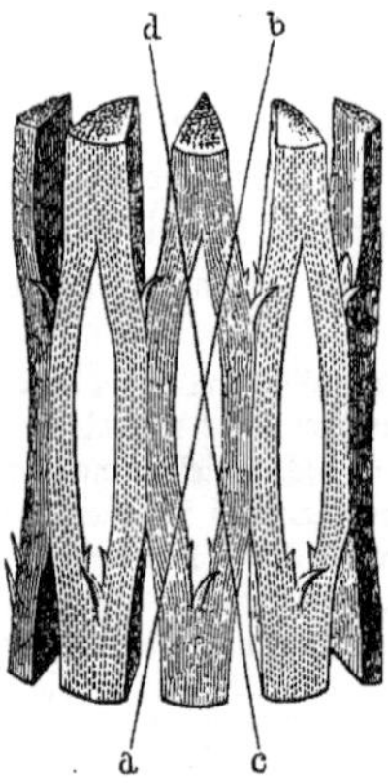

Die nebenſtehende Fig. 2 mag dieß noch näher
erläutern. Ich habe in ihr die Faſerbündel einer Cypreſſe
mit quirlförmiger Blattausſcheidung auseinander und
in die Ebene gelegt, die zu jedem Faſerbündel gehören=
den Theile abwechſelnd durch ganze und durch punktirte
Linien von einander unterſchieden.

Dieſer Anſicht entſprechend wäre daher, abgeſehen
von dem als individuelle Eigenſchaft nicht ſelten auf=
tretenden, gedrehten Wuchs mancher Holzpflanzen, die
Aufſteigung der Faſerbündel eine gradlinige und ſenk=
recht. Dieß beſtätigt recht überzeugend die Anatomie
einjähriger Triebe der Alpenranke (Atragene alpina),
von der ich in der nachſtehenden Fig. 3 a die oberſten
drei Internodien [1] mit ihren Knoſpen und Blattaus=

---

[1] Bei den Gräſern, aber auch bei mehreren krautigen Pflan=
zen entſpringt jedes Blatt einer, durch Faſerbündelverflechtung
entſtandenen, knotigen Verdickung des Stengels. Man nennt daher das zwiſchen je zwei
Blattausſcheidungen befindliche Stengelſtück das Zwiſchenknotenſtück (Internodium).
Bei den Laubhölzern mit gegenüberſtehenden oder quirlförmig geſtellten Blättern (Fraxinus,
Acer, Aesculus) tritt das Internodium wenigſtens äußerlich in einer Stengelverdickung noch
deutlich hervor. Den meiſten Holzpflanzen fehlt die internodiale Begrenzung. Indeß nennt

scheidungen gezeichnet habe. Kocht man Triebe dieser Art mehrere Tage hindurch, so läßt sich, mit einiger Vorsicht, Rinde und Bast so vom Holzkörper der Faserbündel ablösen, daß dieser unverletzt bleibt. Wäscht man dann unter Wasser das Markgewebe mit einem feinen Pinsel aus, so erhält man das Skelett des Holzkörpers, wie dieß, vergrößert, Fig. 3 b darstellt (woselbst jedoch, des Raumes wegen, die unteren Internodien im Verhältniß zur vergrößerten Breite etwas verkürzt gezeichnet werden mußten). In dieser Figur habe ich, beispielsweise nur am mittleren Faserbündel, die homogenen Strecken mit ▽, die Gabeltheile mit \/, die heterogenen Strecken mit || bezeichnet. Wie diese Theilung und Wiedervereinigung der getrennten Theile in Querschnitten verschiedener Höhe sich zu erkennen gibt, zeigen die Figuren c—g, entnommen denjenigen Stellen des Triebes, die in Fig. 3 b mit gleichem Buchstaben bezeichnet sind. Jedes der sechs Bündel des Querschnittes c ist in d zu drei Bündeln zerspalten, von denen der mittlere zum Blatt ausscheidet, je drei Mitteltheile in einen

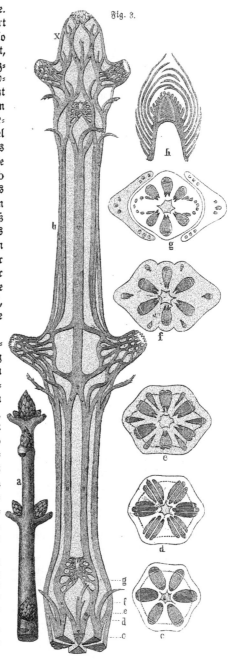

Fig. 3.

man den Raum zwischen zweien Blattausscheidungen auch da noch Internodium, wo die Blätter in einer oder in mehreren Spirallinien vom Triebe ausscheiden (Fagus, Quercus, Pinus).

Die Summe aller in ein und demselben Jahre entwickelten Internodien bildet den Jahrestrieb.

Blattftiel eingehend, während die Seitentheile je zweier Nachbarbündel zu
einem heterogenen Bündel zusammentreten (ef), worauf dann die Veräfte=
lung diefer zur Blattachfelknofpe eintritt (g), nachdem die Mitteltheile je
dreier Bündel zum Blattftiele und Blatte fich emancipirt haben. Es ift
beachtenswerth, daß die Zufammenfetzung der heterogenen Bündel an deren
innerer Grenze ftets erkennbar bleibt, wie dieß die Querfchnitte e — g zeigen.

Wenn nun auch die Auffteigung jedes einzelnen Faferbündels eine fenk=
rechte ift, fo ftellen fich doch die, durch die Veräftelung der Faferbündel ent=
ftehenden primitiven Markftrahllücken ftets in eine um den Trieb ver=
laufende Spirallinie, die fich fowohl rechts als links lefen läßt, wie dieß
die Linien a b und c d in der Fig. 2 andeuten. Ift die Auffteigung diefer
beiden Hülfslinien eine gleichmäßige, wie in Fig. 2, fo geht daraus die
horizontale Schichtordnung der Markftrahllücken hervor, die dann, wie wir
fpäter fehen werden, die gegenüberftändige oder quirlförmige Blattftellung
zur Folge hat; ift hingegen die Auffteigung der beiden Hülfslinien eine
ungleichmäßig fteile, wie in Fig. 6, dann hat dieß eine fpiralige Ordnung
der Blattftellung im Gefolge.

Wie Fig. 3 zeigt, verkürzen fich nach der Spitze des Triebes hin die
Internodien immer mehr, die Faferbündel laufen endlich in die feinften,
mikrofkopifch=zarten Stränge aus, das bildend, was ich den holzigen
Knofpenkegel nenne (Fig 3 b x), der die Grundlage der Endknofpe

Fig. 4.

(Terminalknofpe) des Triebes bildet. Die letzten Bündelaus=
fcheidungen des Knofpenkegels entwickeln fich nicht mehr zu
Blättern, fondern zu Knofpendecken, die ein krautiges, den
fertigen Trieb krönendes Gebilde einfchließen, das nichts an=
deres ift, als der vorgebildete, nächftjährige Längen=
trieb in einem mehr oder weniger entwickelten Zuftande.

Die höchfte Stufe der Entwicklung des nächftjährigen
Triebes bietet uns die Rothbuchenknofpe, von der ich neben=
ftehend, Fig. 4, die viermal vergrößerte Anficht eines Längen=
durchfchnitts gebe.   Der holzige Knofpenkegel, alfo derjenige
Theil der Knofpe, der noch dem dießjährigen Längentriebe
angehört, mit den ihm angehörenden Knofpendeckblättern, reicht
bis zu dem mit * bezeichneten Punkte der Markröhre hinauf.
Von da an aufwärts fehen wir den nächftjährigen Trieb, im
kleinen Maßftabe zwar, aber mit allen ihm angehörenden
Theilen, eingefchloffen in Knofpendeckblätter,[1] die von denen

[1] Nicht überall befitzen die Knofpendeckblätter die gewöhnliche fchuppen=
förmige, blattähnliche Geftalt. Bei Salix, Magnolia, Liriodendron,
Platanus, Viburnum, Staphylea find die Decken kappenförmig gefchloffen.
Man pflegt in ähnlichen Fällen dieß aus einer Verwachfung der Blattränder
herzuleiten, und in der That zeigt fich auch eine dem entfprechende Kappen=
naht, in der beim Aufbrechen der Knofpen die Kappe fich öffnet. Allein ich
habe nachgewiefen (bot. Ztg. 1855 S. 223), daß die Kappenform der Hüllen
bei Salix und Magnolia urfprünglich ift, daß fie aus einer innern kappen=
förmigen Spaltung des Zellgewebes hervorgehe. Da, wo nie eine Tren=
nung ftattgefunden hat, kann auch von einer Verwachfung nicht die Rede fein.
In noch andern Fällen fehlt der Knofpe die fchuppige Umhüllung ganz; es find die
letzten, verkümmerten, aber normal entwickelten Blatter, welche an deren Stelle treten.

des holzigen Knoſpenkegels nicht verſchieden ſind. Wir ſehen den Längentrieb mit eben ſo vielen Blättern beſeßt, als am nächſtjährigen Triebe überhaupt entſtehen; wir ſehen an der Baſis des Blattſtiels, im Winkel zwiſchen
ihr und dem Stengel kleine Wärzchen, die im kommenden Jahre zu Blattachſelknoſpen ſich ausbilden, die in der Blütheknoſpe ſchon in dieſem Jahre
zu männlichen oder weiblichen Blumen ſo hoch entwickelt ſind, daß ſich ſowohl
die Staubfäden als die Fruchtknoten, ſelbſt die Eier der nächſtjährigen Blüthe
ſchon mittelſt des einfachen Vergrößerungsglaſes erkennen laſſen; endlich
entſpringt unter jedem Blatte ein Knoſpendeckblatt.

Einen nicht minder hohen Entwicklungszuſtand des nächſtjährigen Triebes
zeigt uns die Kieferknoſpe. Ich gebe in der nebenſtehenden Fig. 5 den
Längenſchnitt einer Endknoſpe der
Schwarzkiefer in nur zweimaliger Vergrößerung, an deren unterer Quer-
ſchnittfläche m das Mark, h den Holzkörper des Knoſpenkegels, b die Baſtſchicht, r die Rinde darſtellt. Die durch
ſenkrechte Striche bezeichnete Er-
ſtreckung des holzigen Knoſpenkegels
reicht bis zum erſten Dritttheil der
Knoſpenlänge hinauf und keilt ſich
dort aus, während die an der inneren
Grenze des holzigen Knoſpenkegels das
Mark begrenzenden, in der Abbildung durch dunklere Querſchnitte bezeichneten Spiralfaſern, ununterbrochen aus dem Innern des Holzkegels
bis nahe zur Spiße des nächſtjährigen
Triebes aufſteigen. Aeußerlich iſt der
holzige Knoſpenkegel durch die Baſtſchicht begrenzt, die in der Abbildung
durch zartere Querlinien bezeichnet

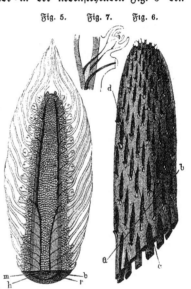

Fig. 5.   Fig. 7.   Fig. 6.

wurde. Dieſe Baſtſchicht ſeßt ſich ebenfalls ununterbrochen nach oben hin in
den nächſtjährigen Trieb fort, beſteht dort aber aus den Elementen eines
ganzen Faſerbündels, d. h. aus einem inneren Holzkörper und aus dem
äußeren Baſtkörper. Von den das Mark begrenzenden Spiralfaſerſträngen
ſieht man rechts und links kleinere Spiralfaſerſtränge zur Seite abweichen
und als Blattnerv in jedes Knoſpendeckblatt eingehen. Dicht über dieſer
einfachen, zum Deckblatte gewendeten Bündelabzweigung zeigen ſich noch zwei
andere, zur Blattachſelknoſpe gewendete Bündelverzweigungen (Fig. 7), die
ich, der geringen Vergrößerung wegen, in Fig. 5 nicht mit aufgenommen
habe. Mark und Rinde ſind in der Figur durch kleine, die Zellendurch-
ſchnitte andeutende Kreiſe kenntlich gemacht. Man ſieht, wie in der Spiße

So bei (Cornus, Evonymus, Viburnum (Lantana), Ligustrum, Frangula, Hippophäe,
Anona, Halesia, Hamamalis, Fothergilla, Rhus, Clethra, Pterocarya. Es ſind Unter-
ſchiede dieſer Art wichtig für die Kenntniß der Holzpflanzen im unbelaubten Zuſtande. Bei den
Cypreſſen (Juniperus), Araukarien treten kleine Blätter an die Stelle der Knoſpenſchuppen.

des nächstjährigen Triebes Mark= und Rindezellgewebe ineinander übergehen, das Knospenwärzchen (gemmula ascendens) bildend. An jeder Seite des Knospenlängsschnittes sehen wir das Zellgewebe der Rinde zu den Knospen= deckblättern sich erweitern und über der Basis eines jeden Deckblattes eine Blattachselknospe höher entwickelt als bei der Rothbuche, indem, wie Fig. 7 deutlicher zeigt, an ihnen, außer der Grundlage des künftigen Nadelpaares, auch die dasselbe künftig einschließenden Scheideblätter bereits vorgebildet sind. (Die weitere Entwicklung zum Nadelbüschel ist in den Fig. 12 a und 9—11 dargestellt.) Auch hier sind, wie bei der Rothbuche, diese Blatt= achselknospen in der Blütheknospe theilweise zur Blütheknospe schon im Herbste vor der Blüthezeit höher entwickelt.

Haben wir in der Buchenknospe drei verschiedenartige Ausscheidungen: Knospendeckblätter, Blätter und Blattachselknospen, so treten bei der Kiefer nur letztere und Deckblätter auf.

Kocht man möglichst große, frische Knospen der Schwarzkiefer mehrere Tage hindurch in reinem Wasser, so läßt sich Bast und Rinde, mit den der letzteren anhängenden Theilen, vom Holzkörper ablösen. Man erhält dann das Skelett des letzteren in dem Fig. 6 dargestellten Zusammenhange. Der dort gezeichnete Theil entspricht demjenigen Theile in Fig 5, der über * befindlich ist. Zählung der Markstrahllücken und der an der Basis einer jeden Lücke entspringenden Blattausscheidungen ergibt: daß die Gesammtzahl und die Stellung derselben der Blattzahl am ausgebildeten Triebe entspricht, daß daher auch hier alle Theile des nächstjährigen Triebes schon in der Knospe vorgebildet sind, daß der Wuchs des Triebes aus der Knospe auf Zwischenbildungen durch Zellen= und Fasertheilung, wie auf Vergrößerung der bereits vorhandenen Elementarorgane beruht; eine Thatsache, die noch überzeugender an Pflanzen mit endständiger Blüthe (Aesculus, Acer, Cornus etc.) hervortritt, in deren Blütheknospen die Blüthe ebenfalls bereits vorgebildet ist.

Als ein Beispiel geringerer Entwicklung des nächstjährigen Triebes sehen wir in der vorangestellten Fig. 3, bei h die Endknospe von Atragene alpina, die wir uns so denken können, daß die Höhlung h über den holzigen Knospenkegel x der Fig. b gestülpt ist. Zwischen den, dem hol= zigen Knospenkegel entspringenden Knospendeckblättern sehen wir den Längen=

Fig. 8.

schnitt des nächstjährigen Triebes in der Form eines paraboloidischen Kegels, bestehend aus noch äußerst zarten, kleinen Zeilen, zwischen denen der Faserbündel= kreis einen frühesten cambialen Zustand noch nicht überschritten hat, so daß das Mikroskop den Verlauf der Faserbündel nur durch die hellere Färbung zu erkennen vermag. Demunerachtet sehen wir im Um= fange des nächstjährigen Triebes nicht allein die An= fänge der nächstjährigen Blätter, sondern auch noch die ihnen entsprechenden Blattachselknospen.

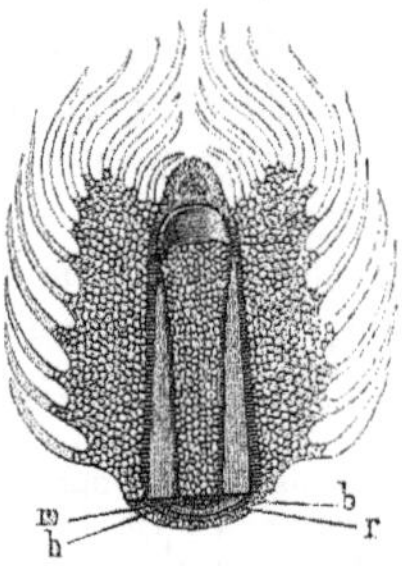

Dieß letztere ist nicht mehr der Fall in der Fichten= knospe, von der ich Fig. 8 einen Längenschnitt gebe, in dem die verschiedenen Regionen ebenso, wie in der Kieferknospe bezeichnet sind. Unterschiede bestehen darin: daß der holzige Knospenkegel (h) weit höher hinaufreicht, als in der Kieserknospe; daß die Markmasse nicht bis zum nächstjährigen Triebe reicht, sondern zwischen sich und letzterem eine gewölbeförmige Lücke läßt und daß der hügelförmige, über der Lücke stehende, nächstjährige Trieb ganz aus cambialen Zellen besteht, die so klein sind, daß sich deren äußere Begrenzung und Formunterschiede, selbst bei sehr starker Vergrößerung, kaum erkennen lassen. Dem entsprechend sind denn auch die nächstjährigen Blätter, und nur diese, auf der Außenfläche des Hügels wenig hervortretend, zeigen aber schon jetzt die spiralige Stellung, die sie am nächstjährigen Triebe einnehmen, wovon man sich durch Entschuppung einer Fichtenknospe schon mit unbewaffnetem Auge überzeugen kann.

So sehen wir denn, selbst bei naheverwandten Pflanzen (Kiefer und Fichte — Rothbuche und Eiche), die anticipirte Bildung des nächstjährigen Triebes in der Knospe auf sehr verschieden vorgeschrittener Entwicklungsstufe.

Ueberblicken wir das Gesagte nun noch einmal in der Kürze. Wir sehen, daß der aufsteigende Stock in seinen Achsengebilden aus einer cylindrischen Zellgewebsmasse bestehe, die, in einer inneren Mantelfläche, durch einen Kreis sich gegenseitig verästelnder Faserbündeln in Mark und Rinde geschieden ist, beide unter sich verbunden durch das, die Verästelungslücken des Fasergewebes füllende Markstrahlgewebe. In der Spitze des fertigen Triebes verengt sich der Bündelkreis zum holzigen Knospenkegel und dieser trägt über sich ein anticipirt entwickeltes Gebilde, den nächstjährigen, mehr oder weniger weit ausgebildeten Längentrieb, umgeben von Knospendeckblättern und mit diesen die Endknospe bildend.

Aeste und Zweige entstehen, wie wir später sehen werden, aus Blattachselknospen. Wie die Blattachselknospe in ihrem Baue von der Endknospe des Schafttriebes nicht verschieden ist (Fig. 3), so unterscheiden sich auch die aus ihr sich bildenden Zweige und Aeste in ihrem Baue nicht von der Hauptachse des Baumes; ihre abweichende Entwicklungsrichtung bleibt der einzige dauernde Unterschied, und selbst diese kann in die Entwicklungsrichtung der Hauptachse sich verändern, wenn letztere abstirbt oder gewaltsam verkürzt wird.

Nicht bei allen Holzpflanzen bildet sich an der Spitze des Triebs eine wahre Endknospe. Bei den Holzpflanzen mit endständiger Blüthe (Acer, Aesculus, Cornus etc.) erlischt mit dem Abfalle des Fruchtträgers die Fortsetzung derselben Längenachse für immer; eine Seitenknospe entwickelt sich zum Großtriebe und ersetzt im Verfolg den unterbrochenen Wuchs des Haupttriebs. Auch allen ächten Dornästen an Prunus spinosa, Crataegus, Pyrus, Ononis, Ulex, Genista, Catharticus, Hyppophäe fehlt die Endknospe, das Mark geht in der Spitze dieser Triebe unbedeckt zu Tage. Bei Carpinus, Corylus, Betula, Salix, bei Platanus, Ulmus, Morus, bei Ailanthus, Catalpa, Paulownia, Rhus, Cephalanthus, bei Gymnoclades, Robinia, Cercis, bei Vitis, Ampelopsis, Periploca, Aristolochia, bei Syringa, Staphylea, Viburnum, Philadelphus, Laurus (Benzoin), Calycanthus, bei Sambucus, Berberis, Lycium, Spiraea und bei vielen anderen Strauchhölzern verkümmert die Endknospe regelmäßig; die letzten Internodien des Triebes werden abgeworfen, oft, wie

an der Blattnarbe, mit deutlicher Kissenbildung (Tilia, [1] Ptelea, Ailanthus, Cercis, Gymnoclades, Dirca) oder ohne Kissenbildung wie mit
dem Messer abgeschnitten (Carpinus, Salix, Morus, Catalpa) oder verbunden mit einem tiefer hinab eintretenden Absterben der Triebspitze (Robinia, Amorpha, Sambucus, Spiraea). In allen diesen Fällen tritt
die nächste Achselknospe an die Stelle der Endknospe, die bei Syringa und
Staphylea ausnahmsweise noch zur Ausbildung kommt, dann aber sehr
verkümmert auftritt.

Man darf es daher nicht klimatischen Einflüssen zuschreiben, sondern
man muß es als eine, von äußeren Einflüssen unabhängige Eigenthümlichkeit der Gattungen oder Arten ansehen, daß die oben genannten Holzarten ihre Jahrestriebe durch Terminalknospenbildung nicht zum Abschlusse
bringen. Bei Robinia, Amorpha, Spiraea, Sambucus, an denen die
letzten Internodien bis zum Herbste lebendig bleiben und erst durch den
Frost getödtet werden, könnte man die Erscheinung wohl aus dem Aufhören
der Saftbewegung bei noch unvollendeter Ausbildung der Triebspitze erklären; da hingegen, wo die Endknospe schon im Sommer an dem noch
kräftig wachsenden Triebe abortirt, wo dicht unter ihr Seitenknospen zu
vollkommener Entwickelung gelangen (Philadelphus, Syringa, Staphylea),
da läßt auch diese Erklärungsweise uns im Stiche und dürfte daher, bei
dem unverkennbaren Zusammenhange des Ursächlichen, auch auf Robinia etc.
nicht anwendbar sein.

Bei den Ampelideen findet außerdem ein merkwürdiges Schwanken in
der Entwickelung der einzelnen Internodien des Jahrestriebs statt. Während
ein Theil derselben in normaler Weise eine Fortsetzung der Achse des vorhandenen Stengelgliedes ist und an seiner Basis Blatt und Blattachselknospe trägt, entwickeln sich, meist alternirend, andere Stengelglieder aus
der Blattachselknospe und die Hauptachse abortirt entweder, oder sie scheidet
als Ranke oder Blütheast zeitig aus. Ausnahmsweise habe ich eine solche
Fortsetzung des Achsengebildes aus der Blattachselknospe auch an kräftigen
Stocklohden der Rothbuche beobachtet, die in solchen Fällen nicht gerade
sondern an jeder Blattbasis winklich verlaufen.

Bei wenig Holzpflanzen bleibt die ursprüngliche Hauptachse des Embryo
für immer vorherrschend. Fichte, Tanne, Lärche gehören dahin. Schon
bei den Kiefern ist das nur bis zum 80. bis 90. Jahre der Fall. In
diesem Alter bleibt die Hauptachse in ihrer Entwickelung hinter der der
Nebenachsen zurück, es bildet sich dadurch eine mehr oder weniger schirmförmige Krone. Bei den einheimischen Laubholzbäumen tritt ein bleibendes
Uebergewicht in der Entwickelung der Hauptachse nur als individuelle Eigenschaft, nicht als Artcharakter auf (Pyramidenwuchs der Eiche, der Eibe,
des Wachholder), die Pyramidenpappel ausgenommen (die ich, wegen der

---

[1] Wie an Blattnarben, so sieht man hier an der Endknospennarbe die einzelnen Faserbündel klein und von einander entfernt stehen. Der Abschluß des Triebes in der Endnarbe
muß daher sehr früh, lange vor Beendigung des Zuwachses in den tieferen Triebtheilen
stattgefunden haben.

Bei Ptelea bleibt am Blüthetriebe der fruchttragende Theil der Achse bis zum nächsten
Jahre, an den blumenlosen Trieben werden die verkümmernden letzten Internodien schon im
Jahre der Triebbildung abgestoßen[1]

großen Verſchiedenheit ihres Holzes von dem der Schwarzpappel, für eine gute Art halte). Der Birnbaum im Vergleich zum Apfelbaume, der Süß= kirſchbaum im Vergleich zum Sauerkirſchbaum zeigen ebenfalls noch ein, lange Zeit dauerndes Vorherrſchen der Hauptachſe. Die meiſten Laubholz= bäume, im Freien und ohne äußeren Zwang erwachſen, verlieren ſchon vor dem 50. bis 60. Jahre das Uebergewicht der Hauptachſe und ſchreiten zur Kronenbildung, früher auf ungünſtigem als auf günſtigem Standorte. Am meiſten iſt dieß der Fall bei Weiden und Pappeln; Eichen, Rothbuchen und Hainbuchen, die nur durch ſtete Erziehung im Schluß langſchaftig er= halten werden, weniger bei Eſchen, Ahornen, Rüſtern, am wenigſten bei Birken und Erlen. Der Strauchwuchs beruht auf einer Veräſtelung ſchon des Wurzelſtockes. Auch hier treten habituelle Unterſchiede darin hervor, daß bei verſchiedenen Strauchholzarten die Entwickelung der Nebenachſen eine verſchiedene iſt, theils die Entwickelung der Hauptachſe überflügelnd: Gletſcher= weiden, Zwergbirken, Alpeneller, Spiräen ꝛc, theils hinter der Entwickelung der Hauptachſe zurückbleibend: Haſel, Hartriegel, Spindelbaum ꝛc.

2. Von den Ausſcheidungen.

Wir haben im Vorhergehenden geſehen, daß die Faſerbündel der Achſen= gebilde unter ſich einer gegenſeitigen Veräſtelung unterworfen ſeien und daß aus dieſer Veräſtelung und Wiedervereinigung der Faſerbündeläſte ein regelmäßiges Syſtem primitiver Markſtrahllücken hervorgehe. (Fig. 2, 3 b).

Außer dieſer Veräſtelung der Faſerbündel in der Richtung der Mantel= fläche des Triebes, tritt nun noch eine, nach außen gerichtete Ver= äſtelung derſelben Faſerbündel ein, deren Urſprung ſtets das untere Ende der primitiven Markſtrahllücke iſt.

Bereits Seite 133 habe ich gezeigt und durch die Figur 3, b—g erläutert, daß die Faſerbündel des Achſengebildes einer Dreiſpaltung unter= worfen ſeien (Fig. 3, b d) und daß der mittlere dieſer drei Bündeltheile nach außen ſich abzweige, während die Seitentheile beim Bündelkreiſe des Stengels verbleiben. Daſſelbe zeigen uns die Figuren 2 und 6.

Bei den meiſten Nadelhölzern iſt es nur ein Mittheil der Faſer= bündel, der, vom Zellgewebe der Rinde bekleidet, nach außen fortwächſt und zum Blatte wird. Jede primitive Markſtrahllücke liefert hier ein einnerviges Blatt (Fig. 2, 6, 9 c). Die Zahl der Blätter oder der Blatt= ſcheiden eines Triebes entſpricht daher der Zahl urſprünglicher Markſtrahl= lücken. Bei den Laubhölzern hingegen ſind es, ſo viel ich weiß immer, die Mittheile mindeſtens dreier Faſerbündel (Fig. 3, e—g) die zu ein und demſelben Blatte ausſcheiden, meiſt ſchon im Blattſtiele einer er= neuten Theilung unterworfen (Fig. 3, g), in der Blattſcheibe ſich gegen= ſeitig veräſtelnd und das Adernetz der Blätter bildend.

Ueber der Bündelausſcheidung für das Blatt tritt dann eine zweite, nach außen gerichtete Faſerbündelausſcheidung ein, deren Stränge, da ſie von zwei oder mehreren Faſerbündeln ausgehen, ſich ſchon urſprünglich gegenübertreten und durch eine der, den Faſerbündeln des Achſengebildes ähnliche oder gleiche Veräſtelung und Wiedervereinigung, einen ſelbſtſtändigen

Faferbündelkreis bilden. Nirgends fpricht fich dieß fo klar und überzeugend
aus, als im Skelett des holzigen Knofpenkegels der Blattachfelknofpen von
Atragene alpina, das in Fig. 3 a viermal in der Seitenanficht, zweimal
in der Auficht dargeftellt ift. In der That ift hier der holzige Knofpenkegel für die Blattachfelknofpe, von dem für die Endknofpe, im Wefent-
lichen nicht verfchieden und wir können uns die Ergänzungsfigur 3, ebenfo
über jedes Blattachfelknofpenfkelett, wie über das Endknofpenfkelett x ge-
ftülpt denken. Damit find dann auch alle Bedingungen einer, der Fortbildung aus der Endknofpe gleichen Nebenachfenbildung gegeben.

Auch hierin einfacher ift die Bündelausfcheidung für die Blattachfelknofpen bei den Nadelhölzern, indem hier über dem Blattftrange, jederfeits
des Faferbündels der Achfe, nur ein Faferftrang fich abzweigt (Fig. 7).
Gegenüberftehend laufen beide unveräftelt bis zur Blattachfelknofpe und geben
dort erft ihre Theilftränge nach innen an die jüngeren, inneren Ausfcheidungen ab.

Man könnte hieraus leicht zu der Anficht gelangen, es fei die Bündelausfcheidung Urfache der Blatt- und Blattachfelknofpenbildung, es werde
das Zellgewebe des Knofpenwärzchens durch die Entwickelungsrichtung des
Fafergewebes nach außen getrieben und zur Blatt- und Knofpenbildung
disponirt. Dem widerfpricht die Thatfache: daß im Embryo z. B. der Kiefer
(Holzfchnitt Fig. 18) die, um das centrale Wärzchen geftellten, zu den
Blättern heranwachfenden zelligen Hügel fchon da find, ehe noch eine Differenzirung des Zellgewebes in Zellen und Fafern eingetreten ift. Auch im
nächftjährigen Triebe der Fichtenknofpe (Fig. 8) fehen wir die Blätter fchon
über die Oberfläche des kleinen Hügels hervortreten, ehe noch eine Abzweigung von Faferbündeln zu ihnen bemerkbar ift. Daffelbe zeigt jede
Triebfpitze in den, den Knofpenwärzchen zunächftftehenden, jüngften Ausfcheidungen. Wir müffen daher annehmen, daß, wie bei den Zellenpflanzen
fo auch bei Holzpflanzen, das Zellgewebe (im engeren Sinne) es fei, welches
die der Pflanzenart eigenthümliche Entwickelungsrichtung und Formbildung
auch in den Ausfcheidungen felbftftändig vermittelt, daß das, wie ich zeigen
werde, aus einer Umwandlung vorgebildeter Zellen entftehende Fafergewebe
auch in feiner Entwickelungsrichtung der des Zellgewebes nachfolgt.

a. Die Blattausfcheidung.

Sowohl in Bezug auf die Zahl der Blattausfcheidungen an jedem
Jahreswuchfe, als in Bezug auf den Ort derfelben, deren Gleichzeitigkeit
oder Aufeinanderfolge, deren Zeilenzahl und Zeilenrichtung, zeigt fich bei
verfchiedenen Pflanzengattungen eine verfchiedene, innerhalb gewiffer Grenzen
mathematifche Gefetzmäßigkeit, die nicht allein ein wefentliches Moment bo-
tanifcher Unterfcheidung enthält, fondern dadurch auch von technifcher Bedeutung ift, daß von der Blattftellung die Knofpenftellung, von der Knofpenftellung die Zweigftellung und Veräftelung, von letzterer der Schaftwuchs
und von diefem wiederum die technifche Verwendbarkeit des Baumes wefentlich
abhängt. Es wird dadurch gerechtfertigt fein, wenn ich auf diefen Gegenftand etwas näher eingehe.

Schon vorftehend habe ich über den, durch die Linien a b, c d in den Figuren 2 und 6 angedeuteten Unterschied gesprochen, der aus der gleichen oder ungleichen Aufsteigung der Spiralen hervorgeht, in denen die primitiven Markstrahllücken geordnet sind; ich habe gesagt, daß hierauf der Unterschied in der gegenüberstehenden oder quirlförmigen (Fig. 2), von der spiralig aufsteigenden Anordnung der Ausscheidungen (Fig. 6) beruhe.

Hierzu tritt nun noch ein zweiter wesentlicher Unterschied. In den bisher betrachteten Fällen sehen wir der Basis einer jeden primitiven Markstrahllücke eine Blattausscheidung entspringen, deren jede (Fig. 2 b), oder deren mehrere vereint (Fig. 3) ein Blatt bilden. Die Zahl der Spiralen, die man sowohl als links wie als rechts gewundene verfolgen kann (Fig. 2, 6, a b, c d) ist in allen Fällen gleich der Zahl aller ursprünglichen Faserbündel des Bündelkreises, also immer eine mehrfache. Aber nicht bei allen Holzpflanzen liefert jede Markstrahllücke eine Ausscheidung. Bei der großen Mehrzahl der Laubhölzer bleibt die größte Zahl der Markstrahllücken ohne Ausscheidung und die, in mehr oder weniger weiten Abständen erfolgenden Ausscheidungen gehören dann entweder ein und derselben Spirale an, die vorherrschend die rechts gewundene ist (c d), so bei Quercus, Fagus, Salix etc., oder sie gehören mehreren Spiralen an, in welchen Fällen die Ausscheidungen derselben, gegenüberstehend, in gleichen Triebhöhen auftreten (Fraxinus, Acer, Aesculus). Bei den Cacteen betheiligen sich alle Spiralen an der intermittirenden Ausscheidung und zwar so: daß die Ausscheidungen selbst entweder geradlinig aufsteigend geordnet sind, jede folgende einer anderen Spirale angehörend (Cereus, Opuntia), oder so, daß sie selbst in eine Spirallinie treten (Melocactus, Mamillaria), trotz der auch hier grablinigen und senkrechten Aufsteigung [1] der Faserbündel.

Vorstehende Ansichten über Blattausscheidung glaubte ich hier so weit darlegen zu müssen, als sie mit den in der Botanik herrschenden Meinungen nicht im Einklange stehen. In allem Uebrigen kann ich auf das treffliche Werk Wiegands (Der Baum. Braunschweig, Vieweg. 1854) verweisen.

Der vom Bündelkreise ausgeschiedene Faserstrang, vereinzelt oder mit mehreren Fasersträngen der Nachbarbündel vereint, bildet außerhalb des Achsengebildes, umgeben von Rindezellen, in der Regel zunächst einen kürzeren oder längeren Blattstiel, in welchem sich die durch Theilung meist vervielfältigten Bündel in sehr verschiedenartiger, den Arten und Gattungen eigenthümlicher Weise gruppiren, selbst bis zur Bildung eines vollständigen Bündelkreises. Ich habe darüber in meiner Forstbotanik eine Reihenfolge von Beobachtungen mitgetheilt. Ueberall enthalten die Blattstiele alle Elemente der Faserbündel des Stammes, sowohl des Holz= als des Basttheils derselben.

Nicht selten trennen sich schon an der Basis der Bündelausscheidung für das Blatt ein oder mehrere Bündelstränge und gestalten sich unter oder neben dem Blattstiele zu schuppenartigen Gebilden (Bracteen), wie in der Buchenknospe Fig. 4, woselbst sie als Knospendeckblätter auftreten, oder sie werden zu blattähnlichen Bildungen, Afterblätter genannt. Mitunter z. B. bei der Rothbuche, verlaufen diese Sonderbündel weit hin unter der

---

[1] Man kann sich von letzterem leicht überzeugen, wenn man am Fuße starker Melocactus= stämme einen Kerbschnitt durch den Holzkörper macht und von hier aus Farbstoffe durch die Faserbündel aufsaugen läßt.

Rinde und geben dieſer ein geripptes Aeußere. Bei Calycanthus ver=
größern ſie ſich oft viele Jahre hindurch in der Rinde, iſolirt, durch eigene
Jahrringbildung (ſ. meine Arbeit über normale und abnorme Holzbildung,
Bot. Ztg. 1859 S. 109).

Wie es ein= und mehrjährige Pflanzen gibt, ſo gibt es auch ein= und
mehrjährige Blätter, deren Lebensdauer von der Dauer des intermediären
Längenzuwachſes der Blattwurzel (ſ. weiter unten) abhängig iſt und bis zu
zehnjährigem Alter ſteigen kann (Tanne und Fichte, Cypreſſen, Araukarien).
Die abgeſtorbenen Blätter trennen ſich an der Baſis des Blattſtiels vom
Aſte, meiſt in Folge einer Zwiſchenbildung von Korkzellgewebe an dieſer
Stelle. Indeß iſt dieß keineswegs allgemein. Die Blätter älterer als ein=
jähriger Kiefern z. B. trennen ſich nie von dem kurzen Blattachſelknoſpen=
ſtamme, dem ſie angehören, ſondern fallen gleichzeitig mit dieſem ab. Bei
Taxodium und Glyptostrobus fallen die entwickelten Seitenäſte mit den
Blättern gleichzeitig ab. Es geſchieht dies bei Glyptostrobus zum Theil
erſt im vierjährigen Alter des Triebes. In Beziehung hierzu ſtehen die
Abſprünge der Eichen und der Pappeln.

Bei den meiſten Nadelhölzern ſetzt ſich das einfache Faſerbündel der
Blattausſcheidung durch den kurzen oder gänzlich fehlenden Blattſtiel un=
veräſtelt auch in das Blatt fort, das bei allen heimiſchen Nadelhölzern gar
nicht oder wenig in die Fläche ſich erweitert. Bei den meiſten Laubhölzern
hingegen erweitert ſich der Blattſtiel zu einer mehr oder weniger ausge=
breiteten Fläche, in der die Faſerbündel, mannigfaltig veräſtelt, endlich in
den feinſten Strängen anaſtomoſirend in ſich ſelbſt zurückkehren. [1] Die ge=
radlinige Fortſetzung des Blattſtielbündels, bis zur Blattſpitze nenne ich
den Blattkiel (Fagus, Quercus etc.). Zertheilt ſich der Blattkiel ſchon
an der Blattbaſis oder unfern dieſer in mehrere geradlinige Stränge, wie
bei Aesculus, Acer, Viburnum, Ribes etc.; ſo nenne ich, im Gegenſatz
zum mittleren Hauptkiele, die ſeitlichen Stränge: Nebenkiele. Die,
wie die Rippen vom Schiffskiele, ſo vom Blattkiele winklich abſtreichenden,
nächſt ſchwächeren Faſerbündel, deren Verlauf in der Regel ebenfalls ein
mehr oder weniger geradliniger iſt, nenne ich die Blattrippen, die von
dieſen abgezweigten, untereinander anaſtomoſirenden, ſchwächeren Faſerbündel
hingegen Blattadern (Blattnerven).

Mit dem, bei verſchiedenen Holzarten verſchiedenen Verlauf der Faſer=
bündel des Blattes, hängt die, für die Erkennung der Pflanzen wichtige
Blattform zuſammen; wichtiger in Bezug auf die, erſt ſpät zur Blüthe
und Fruchtbildung gelangenden Holzpflanzen als für alle übrigen früh=
blühenden Gewächſe.

Vom Einfacheren zum Zuſammengeſetzten fortſchreitend unterſcheiden wir:
a) Einfache Blätter.
1) Kreisförmige, 2) elliptiſche, 3) oblonge (wenn die Lang=
ſeiten der Ellipſe ganz oder nahezu parallel geworden ſind), 4) linear
(wenn die Länge des oblongen Blattes vielemal größer als die Breite iſt),

---

[1] Eine merkwürdige Ausnahme macht Berberis, woſelbſt das wahre Blatt des Triebes
als dreizackiges, dornähnliches Gebilde auftritt, während die Belaubung aus den untern
Ausſcheidungen der Blattachſelknoſpen alljährlich ſich erneuert.

5) eiförmig (wenn die Ellipse vor der Basis in Eiform sich erweitert), 6) verkehrt eiförmig (wenn die eiförmige Erweiterung vor der Blattspitze liegt). — — — 7) lanzettförmig (aus elliptischer Basis lang zugespitzt), 8) spatelförmig (aus elliptischer Spitze nach der Blattbasis hin geradlinig verengt, 9) spindelförmig (aus elliptischer Mitte nach beiden Blattenden zugespitzt). — — — 10) dreieckig, deltoid (aus annähernd geradliniger Basis dreieckig zugespitzt), 11) herzförmig (aus einspringendem Basalwinkel dreieckig), 12) rhombisch (aus ausspringendem Basalwinkel dreieckig), 13) keilförmig (aus spitzem Basalwinkel langgezogen dreieckig mit abgestutztem Blattende), 14) nierenförmig (aus herzförmiger Basis halbkreisförmig).

In Bezug auf den Rand sind die einfachen Blätter entweder ungetheilt (wenn jederseits der Rand eine gerade oder bogig verlaufende Linie bildet), abgesehen von kleineren Zähnen, Kerben oder Buchten, oder sie sind durch wellige Einschnitte gebuchtet, wenn die Einbiegungen den Ausbiegungen ähnlich sind, oder sie sind gelappt, wenn die Aus- und Einbuchtungen ungleich und seitlich bis zur Hälfte oder mehr dem Blattkiel genähert sind; sie sind gespalten, wenn die tiefen und spitzwinkligen Einschnitte nur vom Oberrande des Blattes ausgehen; sie sind getheilt, wenn oben solche Einschnitte von allen Seiten in die Blattscheibe eindringen.

Der Rand, sowohl der ungetheilten als der getheilten Blätter kann entweder ganzrandig oder gezähnt oder gekerbt, gesägt sein. Gezahnt nennt man den Rand, wenn durch stumpfe Einschnitte Zähne gebildet werden, die sich weder nach oben noch nach unten neigen. Gesägt nennt man den Rand, wenn spitze Zähne, die durch spitzwinklige Einschnitte von einander getrennt sind, der Blattspitze sich zuneigen. Sind die Sägezähne nicht spitz sondern abgerundet, so heißt dieß gekerbt. Doppelt gekerbt, gesägt, gezähnt nennt man es, wenn die größeren Zähne mit kleineren wiederum besetzt sind.

b) Zusammengesetzte Blätter.

Nicht überall erweitert sich der Blattstiel in eine einzige Blattscheibe. Nicht selten bildet er eine Mehrzahl gesonderter Blättchen, die entweder, wie bei der Roßkastanie, von der Spitze des Blattstiels ausgehen (gefingerte Blätter) oder, wie bei der Esche, auch an den Seiten des Blattkiels stehen (gefiederte Blätter). Sitzen die Blättchen nicht unmittelbar am Blattkiele, sondern an Blattrippen, die von ihm ausgehen, so nennt man dieß ein doppelt gefiedertes Blatt. Läuft die Spitze des Blattstiels in ein Blatt aus, so heißt das Gesammtblatt unpaarig gefiedert, im Gegentheil: paarig gefiedert.

b. Die Knospenausscheidung.

Den Ursprung der Blattachselknospen, aus einer warzigen Erhebung des Zellgewebes der Blattachsel, in welche nach außen gerichtete Verzweigungen der Faserbündel des Achsengebildes hineinwachsen, das Zellgewebe selbst in Mark und Rinde scheidend und dadurch ein neues Achsengebilde constituirend, haben wir schon im Vorhergehenden kennen gelernt. Ich habe ferner gezeigt: daß die Faserstränge für das Knospengebilde, ebenso wie die für das Blattgebilde, einer primitiven Markſtrahllücke entſpringen; daß in ſelteneren Fällen alle primitiven Markſtrahllücken Ausſcheidungen abgeben (Fig. 2, 3, 6); daß aber überall, wo eine Knoſpenbündelaus= ſcheidung beſteht, dieſer eine Blattbündelausſcheidung derſelben Markſtrahl= lücke vorhergegangen iſt, [1] während nicht immer der Blattbündelausſcheidung eine Knoſpenbündelausſcheidung folgt.

Bei den Laubhölzern folgt, ſo viel ich weiß, jeder Blattausſcheidung auch eine Knoſpenausſcheidung, und ſelbſt an den Dorntrieben ohne End= knoſpe treten ſie mehr oder minder reichlich auf. Bei Eiche, Buche, Ahorn, Eſche ꝛc. ſind die Achſelknoſpen am fertigen Triebe, bis in die Knoſpen= ſchuppen hinab, ſchon dem unbewaffneten Auge erkennbar, wenn auch die tiefer ſtehenden in der Entwickelung weniger weit vorgeſchritten und kleiner, oft ſehr klein werden. An den jüngſten Trieben alter Weiden, am ſpa= niſchen Flieder erſcheinen die unterſten Blattachſeln auf den erſten Blick ſteril, genaue, anatomiſche Unterſuchung zeigt aber doch auch hier wenigſtens die Anlage zur Knoſpe. Bei Tannen, Fichten, Lärchen hingegen fehlt die Blattachſelknoſpe wirklich den meiſten Blattausſcheidungen. An der Spitze des Jahrestriebs treten ſie als Quirlknoſpen, außerdem vereinzelt, zwiſchen je zweien Quirlen unregelmäßig vertheilt auf. An der Blattbaſis aller übrigen Nadeln der Tannen ꝛc. habe ich keine Spur von Achſelknoſpen auffinden können.

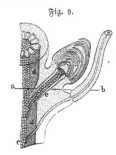

Fig. 9.

Die nebenſtehende Figur 9 gibt die Anſicht des Längenſchnittes einer Seitenknoſpe der Fichte und der ihr angehörenden Blattausſcheidung, in Verbindung mit der Längsſchnittanſicht eines Triebſtückes, dem die Knoſpe entſpringt, vorzugsweiſe zur Erläuterung des Zuſammenhanges des, durch kleine Kreiſe bezeich= neten Markes in Trieb (c) und Knoſpe, und der Durchbrechung der Holzſchichte im Triebe, durch den Holzkörper der Knoſpe (e) ſowohl, wie des Blattes (c). Der Vergleich des hier gezeichneten Längsſchnittes der Seitenknoſpe mit der ausgeführteren Zeichnung der Endknoſpe einer Fichte in Fig. 8, ergibt die Uebereinſtimmung beider in allen weſentlichen Theilen.

Anders verhält ſich dieß bei den Kiefern. Hier bildet ſich über jedem, nur an der einjährigen Pflanze zur normalen Entwickelung kommenden, ein= fachen Blatte des Triebes auch eine Blattachſelknoſpe; aber nur diejenigen Blattachſelknoſpen, welche zunächſt der Endknoſpe ſtehen, entwickeln ſich zu normalen Triebknoſpen (Quirlknoſpen), deren Bau von dem der Endknoſpe (Fig. 5) nicht verſchieden iſt. Alle tieferen Blattachſelknoſpen bleiben auf einer tieferen Entwickelungsſtufe, indem ſie nur 2—5 Blätter um das Kno= ſpenwärzchen entwickeln, aus denen ſpäter die Benadelung der Pflanze er= wächſt, während die Knoſpendeckblätter das bilden, was wir die Nadelſcheiden nennen.

---

[1] Die ſeitenſtändige Blüthenknoſpe von Solanum dulcamara iſt die einzige mir be= kannte Ausnahme, abgeſehen von den Wurzelſtockknoſpen der Birke, Haſel, vieler Strauch= hölzer, die ſchon mehr den Wurzelbrutknoſpen angehören.

Zum Vergleich mit Fig. 5 gebe ich in nebenstehender Fig. 10 den Längen=durchschnitt eines Triebstückes der ge=meinen Kiefer, vor Eintritt des Nadel=ausbruches; b ist das Knospenwärz=chen, a ist eine der beiden das Wärz=chen umstehenden künftigen Nadeln, c sind die Knospendeckblätter, die später zu den Scheideblättern des Nadelpaares werden, e sind die ächten, einfachen Blätter des Triebes, die später in der punktirten Linie abfallen und am ferti=gen Triebe sich nur noch an der Blatt=narbe oder den wallförmigen Erhöhungen erkennen lassen, die den Trieb der Länge nach bedecken. In Fig. 11 gebe ich

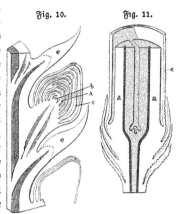

Fig. 10.   Fig. 11.

den unteren Theil eines, aus solcher Knospe erwachsenen Nadelpaares im Längenschnitte; a a sind die beiden Nadeln, b ist das Knospenwärzchen, c sind die zu den Scheideblättern umgewandelten Knospendeckblätter. [1]

Bei einigen Laubholzarten bildet sich unter der Blattachselknospe noch eine Unterknospe, z. B. Carpinus, Sambucus, Atragene, Juglans, oder es entwickeln sich über der Blattachselknospe eine oder zwei Ober=knospen, z. B. Lonicera, oder es bildet sich an jeder Seite der Blatt=achselknospe eine Seitenknospe, z. B. Salix, die dann in der Regel erst im zweiten oder dritten Jahre äußerlich zum Vorschein kommen.

Nicht selten liegen die Achselknospen versteckt in versenkten und von der Rinde mehr oder weniger überwachsenen Höhlen, z. B. Robinia, Ai=lanthus, Gymnoclades, Xanthoxylon, Philadelphus, Ptelea, Ce=phalantus. In andern Fällen treten sie ungewöhnlich weit hervor und sind sogar deutlich gestielt bei Alnus, Cornus, Liriodendron, Anona, Sheperdia.

Abgesehen von den bei den Nadelhölzern bezeichneten Ausnahmen sind die ausgebildeten Blattachselknospen ihrem Baue nach von den Endknospen

---

[1] An allen einjährigen Kiefern besteht die Belaubung nur aus den einfachen ächten Blättern (Fig. 10 e), die ausnahmsweise auch noch an den Herbsttrieben der zwei= und drei=jährigen Kiefern auftreten, bei P. Pinea bis zum 5. bis 6. Jahre die Belaubung bilden. Während der Zeit einfacher Belaubung bleiben die Blattachselknospen als schlafende Augen in der Entwickelung zurück, und diese sind es, die nach Beschädigungen durch Feuer, Wild oder Weidevieh einen Wiederausschlag zu erzeugen vermögen. Später bleibt das einfache Blatt in der Entwickelung zurück als unscheinbare Schuppe, die Belaubung erwächst aus den Blattachselknospen, und da diese mit den Blättern nach drei Jahren abfallen, so erlischt da=mit die Fähigkeit des Wiederausschlags. Werden grüne Nadeln der Kiefer von Raupen ab=gefressen, so können sie bis zu $2/3$ der normalen Länge aus der Scheide nachwachsen. Darauf beruht hauptsächlich das Wiederbegrünen durch Raupen befressener Bestände. Knospen= und Triebbildung aus dem Knospenwärzchen zwischen den Nadeln setzt einen kräftigen Wuchs junger Pflanzen voraus und tritt in älteren Beständen nie so reichlich auf, daß sie ein Wieder=begrünen zur Folge haben kann. Sie erfolgt hingegen regelmäßig aus den obersten Nadel=büscheln, wenn man im Frühjahre benadelte Triebe dicht unter dem ersten oder zweiten Quirl abschneidet.

nicht allein nicht verschieden, häufiger noch als die letzteren enthalten sie
den Entwurf der nächstjährigen Blüthe. Bei Rüster, Esche, Weiden, Pappeln,
Kiefern, Lärchen sind nur sie blüthebildend, während bei Eichen, Buchen,
Hainbuchen, Haseln, Fichten sowohl End= als Achselknospen Blüthe bilden
können; eine Eigenschaft, die bei Roßkastanien, Fliedern, Ahornen vorzugs=
weise den Endknospen zuständig ist.

Dahingegen sind die Achselknospen in Bezug auf ihre weitere Fort=
bildung unter sich verschieden. Ich unterscheide in dieser Richtung:

1) Langsproß=Knospen (Macroblaste), Knospen, aus denen nor=
male Triebe, Zweige und Aeste hervorgehen.

2) Kurzsproß=Knospen (Brachyblaste), Knospen, die zwar ebenfalls
alljährlich normale und belaubte Triebe bilden, deren Triebe aber unge=
wöhnlich kurz bleiben und im ungestörten Verlauf des Wachsthums nie zu
Zweigen und Aesten sich ausbilden (zum Theil Fruchtästchen der Gärtner).

3) Verborgensproß=Knospen (Kryptoblaste), Knospen, die viele
Jahre hindurch i n s i c h unverändert bleiben, die aber alljährlich u n t e r
s i c h im neuhinzutretenden Holz= und Bastringe einen kurzen Längentrieb
bilden und sich dadurch lebendig erhalten, bis Krankheit oder Verletzung
des Baumes sie zur Triebbildung nach außen veranlaßt (zum Theil: schla=
fende Augen der Gärtner; Präventivknospe in meinen früheren Schriften).

4) Kugelsproß=Knospen (Sphäroblaste), Verborgensproß=Knospen,
deren unterknospige Triebbildung aufgehört hat, die aber, in der Rinde
isolirt fortlebend, durch concentrische Jahrringbildung zu kuglichen Holz=
knollen heranwachsen.

1. Langsproß=Knospen. (Macroblaste.)

Ich habe gesagt, daß die Blattachselknospen jähriger Triebe nicht bis
zu gleichem Grade sich ausbilden. Die oberen sind stets weiter in der Ent=
wickelung vorgeschritten als die unteren, so daß die untersten oft kaum dem
bloßen Auge erkennbar sind. Bis zu einem gewissen Alter der Bäume ent=
wickeln sich nur die oberen, ausgebildeten Seitenknospen zu Trieben, alle
übrigen zeigen äußerlich gar keine Veränderung; bei Ahornen, Eschen,
Weidenstocklohden sind sogar die Fälle nicht selten, daß bis zum 2—3jäh=
rigen Alter der Pflanze gar keine Blattachsefknospen zur Triebbildung ge=
langen, besonders wenn die Pflanzen im Schlusse stehen. Indeß gelangen
in der Regel einzelne Achselknospen schon im einjährigen, oder doch im
zweijährigen Alter der Pflanzen zur Triebbildung und entwickeln sich ganz
in der Art der Endknospe, nur daß sie, schon von ihrer Basis aus, eine
zur Achse des Stämmchens diagonale Richtung verfolgen und im Längen=
wuchse um etwas hinter den Haupttrieben zurückbleiben. Es beruht hierauf
die, sowohl bei verschiedenen Baumarten, als bei ein und derselben Baumart
in verschiedenem Alter verschiedene Form des Schaftes und der Baumkrone.
Die meisten Strauchholzarten sind, wie die Baumhölzer, in den ersten Jahren
einstämmig und ihr Strauchwuchs entsteht erst im zweiten oder dritten Jahre
dadurch, daß Achselknospen des Schafts oder des Wurzelstockes zu einer
mit dem Wuchse des Haupttriebs rivalisirenden Entwickelung gelangen. Im
Gegensatze hierzu behält bei Fichten, Tannen, Lärchen, bei der Pyramiden=

pappel, bei der Pyramideneiche die Hauptachse für immer das Uebergewicht. Eine wirkliche Kronenbildung tritt hier nie, sondern nur Bezweigung ein. Zwischen diesen beiden Extremen stehen die verschiedenartigsten Zwischenstufen, sowohl was die Form der Kronenbildung, als die Zeit des Beginns derselben betrifft. Bei den Kiefern, bei der Rothbuche, der Erle zeigt der Schafttrieb bis über das mittlere Alter hinaus ein entschiedenes Uebergewicht, worauf dann erst die Seitentriebe zu überwiegender Entwickelung gelangen und eine mehr oder minder schirmförmige Krone bilden, in der der Haupttrieb entweder sehr verkürzt ist oder durch mehrfache Gabeltheilung in Seitenäste gänzlich verloren geht. Dieß tritt bei der Eiche im Vergleich mit der Buche und Hainbuche, beim Apfelbaume im Vergleich mit dem Birnbaume, beim Feldahorn im Vergleich zum Bergahorn, bei der Sauerkirsche im Vergleich zur Süßkirsche, also bei nahe verwandten Holzarten, unter gleichen Entwickelungsverhältnissen viel früher ein und hat eine, die Gebrauchsfähigkeit schmälernde Verästelung des Schaftes in geringerer Höhe zur Folge, der wir durch Erziehung der Pflanzen in dichterem Stande, beziehungsweise durch Schneitelung bis zu einem gewissen Grade entgegentreten können.

Aber auch die Entwickelungsrichtung der Seitenzweige hat einen wesentlichen Einfluß auf die spätere Gestalt der Bezweigung oder Kronenbildung. Abgesehen von dem Einfluß der Schwere und des, der tieferen Bezweigung durch überstehende oder unterstehende Laubmassen geschmälerten Lichteinflusses, welche den normalen Aststand abändern können, abgesehen ferner von individuellen Eigenschaften der Bäume (Hängebirke, Hängeesche, Pyramideneiche, Pyramidenwachholder 2c.) [1] zeigen z. B. Fichte und Tanne, Schwarzpappel und Zitterpappel, die weiße und die fünfmännige Weide 2c. hierin die auffallendsten Unterschiede in den kugel-, kuppel-, schirm-, kegelförmigen Umrissen der Krone, in der radialen, besenförmigen, sparrigen Aststellung. Es würde die hier vorgezeichneten Grenzen überschreiten, wenn ich auf diesen, dem Forstmanne sehr interessanten Gegenstand hier näher eingehen wollte, was ich um so eher unterlassen kann, da erst in neuerer Zeit der morphologischen Betrachtung des Baumwuchses durch Wiegands treffliches Werk (der Baum; Betrachtungen über die Gestalt der Holzgewächse, Braunschweig 1854) eine umfassende Darstellung zu Theil geworden ist.

2. Kurzsproß-Knospen. (Brachyblaste.)

Bereits Seite 145 habe ich gezeigt, daß die Belaubung der Kiefern, vom zweijährigen (bei Pinus Pinea vom 5—6jährigen) Alter an aus Blattachselknospen hervorgehe, die ein für allemal gleichzeitig 2 oder 3 oder 5 Nadeln im Umfange ihres Knospenwärzchens ausbilden. Trotz der dreijährigen Lebensdauer dieser Blattbüschel bleiben dieselben bis zu ihrem Tode und Abfalle äußerlich unverändert. Da aber im dritten wie im ersten Jahre die, von einem eigenen Holzkörper eingeschlossene Markröhre dieser Blattbüschelknospen ununterbrochen bis zur Markröhre des Achsengebildes verläuft und

---

[1] Aussaat des Samens von ein und demselben Baume der Pinus Pumilio liefert die verschiedensten Baumformen, theils einstämmig gerade aufsteigende, theils aufgerichtete pyramidal beästete, theils niederliegende Stämme.

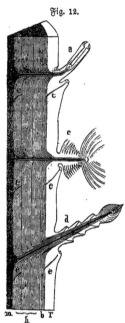

Fig. 12.

in diese einmündet, woran man sich durch Längen=
schnitte benadelter, dreijähriger Kiefertriebe leicht
überzeugen kann (Fig. 12 a), so hat im zweiten und
dritten Holzringe des Triebes die Blattbüschelknospe
alljährlich u n t e r s i ch einen Längentrieb von der
Länge der Jahrringbreite gebildet, deſſen Mark= und
Holzkörper den Holzkörper, den Baſt und die Rinde
des Achſengebildes mehr oder weniger r e ch t w i n k=
l i g durchſetzt. Da dieſer Längenzuwachs nicht i n
der Knospe, ſondern z w i s ch e n i h r und dem vor=
gebildeten Längentriebe derſelben erfolgt, ſo habe
ich ihn den i n t e r m e d i ä r e n, auch unterrindigen
Längenzuwachs genannt.

Fig. 12 zeigt den Längenſchnitt der Hälfte
eines dreijährigen Kiefertriebes mit dem Längen=
ſchnitte der Markröhre (m), des Holzkörpers (h),
der Baſtlagen (b), der Rinde (r) [1] und eines
dreijährigen Nadelbüſchelſtammes durch alle Jahres=
lagen (a). Der Blattſtamm (e) iſt durch die
nachgebildeten Holz= und Baſtlagen nicht unter=
brochen. [2]

Gehen wir einen Schritt weiter, ſo ſehen
wir in dem Blattbüſchelſtamme der Lärche (Fig.
12, c) ganz dieſelbe Bildung i n n e r h a l b des
mehrjährigen Triebes. Es tritt aber ein weſentlicher Unterſchied darin
hervor, daß außer dem intermediären Längenzuwachſe im Innern des Triebes
auch ein Längenzuwachs i n d e r K n o s p e alljährlich ſtattfindet, der jedoch
verſchwindend kurz iſt, auf ſeiner Spitze aber alljährlich einen nadelreichen
Blattbüſchel entwickelt, den wir uns ſo deuten müſſen, als ſeien es die
Nadeln eines Großtriebes, der, wie die in einander geſchobenen Glieder
eines Fernrohrs, auf eine geringe Länge verkürzt iſt. Die nur einjährige
Lebensdauer der Nadeln hat überall eine Unterbrechung der Verbindung
zwiſchen e e ſchon im zweiten Jahre zur Folge. [3]

Beſonders ſchön entwickelt an älteren Aeſten der Rothbuche finden wir

---

[1] Auch die einfachen Faſerſtränge für die Blattausſcheidung der oft bis zum achten
Jahre lebendig bleibenden Fichten= und Tannennadeln erhalten ſich bis zum Nadelabfalle
durch intermediären Längenzuwachs in der jedesmal jüngſten Holzſchicht des Triebes vom
Mark derſelben bis zur Nadelſpitze ununterbrochen fortlaufend. Es iſt daher dieſer Zuwachs
an das Vorhandenſein eines ihm angehörenden Markcylinders nicht gebunden.

[2] In der Abbildung zwiſchen dem oberſten e e gradlinig zu ergänzen.

[3] Die in Fig. 12 mit e bezeichneten Faſerbündel der Blattausſcheidung erhalten ſich
durch intermediären Zuwachs nur bis zum Blattabfalle vom Mark bis zur Blattnarbe im
Zuſammenhange. Wo das Blatt ſchon im erſten Jahre der Triebbildung abfällt, da legen
ſich, wie die Figur zeigt, alle ſpäteren Holz= und Baſtſchichten ununterbrochen zwiſchen An=
fang und Ende dieſer Faſerbündel. Im innerſten Holzringe junger Kiefern oder Lärchen=
ſtämme laſſen ſich dieſe Faſerbündel in einer den Ausſcheidungen entſprechenden Zahl noch
ſehr deutlich erkennen; im innerſten Jahresringe alter Bäume finde ich höchſtens 10—15 Proc.
derſelben erhalten. Es iſt dieß der einzige mir bekannte Fall ſtattfindender R e ſ o r p t i o n
der den Holzkörper radial durchſetzenden Blatt= oder Knoſpenſtämme.

ähnliche Gebilde (Fig. 12 d), deren Länge und fast gleiche Dicke, im Ver=
hältniß zum Aste dem sie ansitzen, ungewöhnlich gering ist, aus deren
normal gebildeter Endknospe sich alljährlich, wie bei der Lärche, ein Blatt=
büschel entwickelt. An den geringen Abständen der ringförmig den Trieb
umgebenden Knospeschuppenwülsten erkennen wir die geringe Länge der
Jahrestriebe dieser Zweige, deren Zahl mit der Zahl der Jahresringe ihres
Astes übereinstimmt.

Wie Fig. 12 d zeigt, weichen die Kurzsprossen der Laubhölzer jedoch
darin von denen der Nadelhölzer ab, daß deren im Holzkörper des Astes
liegende Basis, wie die der Langsprossen, schräg aufwärts gerichtet ist, und
daß wie dort die versenkte Basis sich nach außen kegelförmig erweitert, durch
das Hinzukommen neuer, wenn auch sehr schmaler Holzschichten in jedem
neuen Jahresringe. Sie gleichen daher den Langsprossen bis auf die ge=
ringen Zuwachsdimensionen und die beschränkte, selten mehr als 8—10jährige
Lebensdauer, worin sie sich den Brachyblasten der Nadelhölzer nähern, deren
normale Lebensdauer eine noch kürzere ist.

Die Brachyblaste der Nadelhölzer entwickeln sich schon vom zweijährigen
Alter der Holzpflanze an, sterben aber nach wenigen Jahren ab, die Fälle
ausgenommen, in denen sie durch Verletzung oder Krankheit einzelner Baum=
theile zu Großtrieben sich ausbilden. Die Brachyblaste der Laubhölzer hin=
gegen entstehen in der Regel erst im vorgeschrittenen Alter der Pflanze und
bilden dann die innere Belaubung des Baumes, wodurch sie einen wesent=
lichen Einfluß auf den Beschattungsgrad der Schirmfläche gewinnen.

In der Regel verästeln sich die Brachyblaste nicht, sondern sie sterben nach
10—15 Jahren am eben so alten Stamme oder Aesten als einfache Achsen=
gebilde. In einzelnen, besonders bei Kiefern, Fichten, Hainbuchen, Birken
häufiger vorkommenden Fällen entstehen durch reichliche Verästelung der Kurz=
sprosse abnorme Bildungen, die wir Hexenbusch nennen und als eine, außer
dem Holzkörper des Stammes auftretende Maserbildung betrachten können.

Häufiger noch als die Langtriebe bilden die Kurztriebe Blütheknospen,
daher sie von den Gärtnern mit Recht „Fruchtästchen" genannt werden.
Der größte Theil des Samens der Rothbuche entspringt den Kurztrieben,
die dann ausnahmsweise etwas längere Triebe bilden, sich auch mitunter
verästeln, so daß mehrere Samenkapseln an demselben Kurztriebe sitzen.
Bei den Obstbäumen, bei Crataegus, Cornus, Rhamnus etc. sind haupt=
sächlich diese Kurztriebe blüthe= und fruchtbringend.

Auch die Dornäste von Prunus, Gledischia, Ulex, Ononis, Hip=
pophäe etc., deren Belaubung von Seitenknospen ausgeht, da ihnen die
Endknospe fehlt, kann man den Kurztrieben zuzählen, von denen ich daher
folgende Unterarten unterscheide:

1) Doppelwüchsige (diplogene) Kurztriebe, d. h. solche mit gleich=
zeitig intermediärem und terminalem Längenwuchse. Dahin gehören
die Nadelbüschel der Lärche mit einjähriger, der Ceder mit mehr=
jähriger Belaubung, ferner die Stammsprossen der dreinabligen Kiefern
(Taeda) und die Fruchtästchen aller Laubhölzer (Fig. 12 d).

2) Einwüchsige (isogene) Kurztriebe mit nur intermediärem Längen=
zuwachse. Dahin gehören die gewöhnlichen Nadelbüschel aller Kiefern.

Die Laubholz=Dornäſte mit abortirender Endknoſpe (Prunus spinosa, Crataegus Hippophäe). In Bezug auf die Art des Wachſens ſchließen ſich dieſen zunächſt die ſchlafenden Augen aller Laubhölzer (Kryp= toblaſte) und die Blätter aller Pflanzen mit mehrjähriger Blattdauer an.

3. Verborgenſproß=Knoſpen. (Kryptoblaſte.)

Diejenigen Großknoſpen, welche im zweiten Jahre des Triebes weder zu Groß=, noch zu Kleintrieben ſich entwickeln, ſterben größtentheils ſchon im zweiten Jahre und fallen ab. Es erliſcht damit die normale Wieder= ausſchlagfähigkeit des Triebes an dieſen Punkten für immer. Die viel kleineren Achſelknoſpen an den unteren Theilen der Triebe, ferner die Unter=, Ober= und Seitenknoſpen zeigen ein anderes Verhalten. Im normalen, ungeſtörten Verlaufe der Entwicklung ihres Trägers kommen ſie zwar nicht zur Triebbildung, viele Jahre hindurch erleiden ſie weder äußerlich, noch im Bereiche der Knoſpe ſelbſt, irgend eine bemerkbare Veränderung des= jenigen Zuſtandes, bis zu welchem ſie ſich am einjährigen Triebe ausbildeten, bis Krankheit oder Verletzungen des Baumes ihre Entwicklung zu Stamm= ſproſſen, Waſſerreiſern, Räubern, Stocklohden aus unverletzter Rinde zur Folge hat; indeß hört ihr Längezuwachs auch während ihres Zuſtandes als

Fig. 13. ſchlafende Augen nicht gänzlich auf, es ſetzt ſich der= ſelbe aber nicht in, ſondern unter der Knoſpe fort, und zwar im Bereiche der alljährlich hinzutretenden Holz= und

a   Baſtſchichte, dieſelben rechtwinklig durchſetzend.

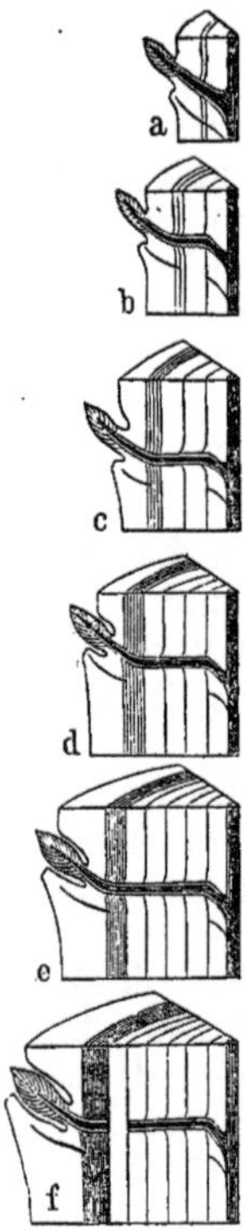

Im Gegenſatze zum Ausdrucke „Adventivknoſpen" habe ich dieſe Knoſpenarten früher Präventivknoſpen genannt. Des Einklanges wegen mit den, Seite 146, 147 aufgeführten Benennungen anderer Entwicklungsarten der Blattachſelknoſpe habe ich obige Namensveränderung für zweckmäßig erachtet.

Die nebenſtehenden Figuren 13 a—f geben die Ent= wicklungsfolge eines Kryptoblaſts vom einjährigen bis zum ſechsjährigen Alter des Stammes, wie man ſie zur Anſicht erhält, wenn man kurze, ein ſchlafendes Auge einſchließende Walzenſtücke 1—6jähriger Triebe zu kleinen Scheiten ſo aus= ſpaltet, daß der Längsſpalt den Knoſpenſtamm in zwei Hälften trennt. [1] Von der Markröhre des Triebes aus ſieht man

[1] In allen Figuren bildet die dunkel gehaltene Markröhre des Triebes die Grenze der Figuren rechts. Dieſer ſchließen ſich die in jeder Figur um einen vermehrten, durch einfache Linien begrenzten Holz= ringe an, denen die gleichlaufigen, durch dichter neben einander ſtehende einfache Linien bezeichneten Jahreslagen des Baſtes folgen, äußerlich begrenzt von der die Knoſpen tragenden Rinde. Die in a vom Mark bis zur Blattnarbe unter dem Knoſpenſtamme ununterbrochen verlaufende Bogenlinie bezeichnet das Faſerbündel für die Blattausſcheidung. In den tieferen Figuren iſt Anfang und Ende deſſelben durch die dazwiſchen gebildeten Holz= und Baſtlagen des zweiten und aller folgenden Jahre unterbrochen, da bei allen Pflanzen mit einjähriger Belaubung ein inter= mediärer Zuwachs dieſes einfachen Faſerbündels nicht ſtattfindet. Bei allen Pflanzen mit mehrjähriger Belaubung findet auch hier dieſer Zu= wachs ſo lange ſtatt, als das Blatt lebendig bleibt.

in jedem Stüde ein schmales, von einem querlaufenden schmalen Holzkörper eingeschlossenes Mark bis in die Knospe hinein verlaufen. Im einjährigen Triebe (a) verläuft dieser markhaltige Knospenstamm geradlinig in schräger Richtung nach außen, und diese Richtung bleibt in allen Figuren innerhalb des innersten Holzringes, des äußersten Bastringes und der Rinde unverändert. Die in jedem neu hinzukommenden Holz= und Bastringe durch intermediären Zuwachs alljährlich entstehenden Zwischenstüde, die in Bezug auf die Knospe als Längentriebe betrachtet werden müssen, entwideln sich stets in einer, zur Querschnittfläche des Triebes radialen Richtung, unterscheiden sich auch dadurch vom Längentriebe der Großsprosser, daß eine Erweiterung der im Holze liegenden Triebbasis durch neu hinzutretende Holzschichten hier nicht stattfindet. Die in allen Triebstücken unveränderte Knospe sehen wir in den älteren Trieben mehr und mehr in die Rinde versenkt oder, richtiger, von dieser überwachsen, daher die schlafenden Augen mit zunehmendem Alter des Astes äußerlich sich nicht mehr erkennen lassen.

In der geschilderten Weise können die Kryptoblaste ohne äußeres Lebens=zeichen [1] 10, 20—100 und mehr Jahre hindurch durch intermediären Zuwachs sich lebendig erhalten; ihre Fortdauer als Kryptoblast ist aber ab=hängig von der Fortdauer des intermediären Zuwachses; hört dieser auf, bildet sich früher oder später ein von ihm nicht durchsetzter Holzring, wie dieß in der jüngsten Holzschicht der Fig. 13 f der Fall ist, dann stirbt damit das schlafende Auge. So lange dieß nicht der Fall ist, so lange das Mark der Knospe mit dem des Triebes in ununterbrochenem Zusammenhange steht, ruht die Knospe selbst fortdauernd und unverändert unter normaler Ent=wicklung der Pflanze; Krankheit, besonders Gipfeldürre, gewaltsame Ent=laubung oder Abhieb überstehender Baumtheile erweckt sie aber zur Thätig=keit. In der Form von Wasserreisern, Räubern, in der Form von Stamm=oder Stockausschlag sehen wir sie jetzt zum Triebe hervorbrechen. Jeder aus unverletzter Rinde hervortretende Trieb ist das Produkt eines in der Rinde lebendig gebliebenen Kryptoblast, und diese sind es, auf denen die Wiederausschlagfähigkeit unserer Laubhölzer aus unverletzter Rinde älter als einjähriger Baumtheile beruht. Der den Reproduktionserschei=nungen angehörende Ausschlag aus Adventivknospen hat ihnen gegen=über nur eine untergeordnete Bedeutung.

Der Wiederausschlag aus Kryptoblasten beruht also darauf, daß eine viele Jahre hindurch in sich schlummernde, aber unter sich fortwachsende Blattachselknospe durch Krankheit oder Verletzung des Baumes zur normalen Triebbildung erweckt wird. Der in der Knospe selbst liegende, von den Knospenschuppen umstellte, anticipirt entwidelte embryonische Trieb (Fig. 4) ist es, der aus seinem oft mehr als 100jährigen Schlummer erweckt wird und hinfort sich ganz ebenso fortbildet, wie die Triebe aus jeder andern Knospe.

Das durch unterrindige Triebbildung erhaltene, wenn auch schlummernde

---

[1] Bei der Rothbuche kommt es mitunter vor, daß die Kryptoblaste, ohne Triebbildung aus der Knospe, dennoch auch äußerlich unterknospigen Längenwuchs bilden, wodurch der Kryptoblast im Verlauf der Jahre einen bis zwei Meter langen Stiel erhält, der, meist nach der Rinde hin gekrümmt, die Knospe dicht an den Trieb preßt. Ueberhaupt ist die Rothbuche für das Studium des Kryptoblastenwuchses am geeignetsten.

Leben des Kryptoblaſt dauert bei verſchiedenen Holzpflanzen verſchieden lange
Zeit. Bei der Birke ſterben die meiſten Kryptoblaſte ſchon mit 10—12jäh=
rigem Alter, bei der Rothbuche erhalten ſich viele bis zum 40—50jährigen
Alter; mehr als 100jährige Linden = oder Eichenſtöcke liefern noch reichlichen
Ausſchlag aus unverletzter Rinde. Wenn in höherem Alter der Stöcke die
Wiederausſchlagfähigkeit erliſcht oder ſich geſchwächt zeigt, hört man
häufig die Erklärung, „es ſei die Rinde ſo hart und dick geworden, daß
ſie von den Knoſpenkeimen nicht mehr durchbrochen werden könne.“ Das
Vorſtehende ergibt die Unzuläſſigkeit dieſer Erklärung, da die ſchlafenden
Augen, wenn auch von der Rinde mehr oder weniger überwachſen, dennoch
ſtets nach außen frei liegen, von einem Durchbrechen der Rinde daher gar
nicht die Rede ſein kann. Der aus Adventivknoſpen entſtehende Stock=
ausſchlag bildet ſich hingegen, wie ich ſpäter zeigen werde, ſtets nur im
einjährigen Ueberwallungswulſte der Wundränder und gleichzeitig mit
dieſem, daher auch hier von einem „zu dick werden“ der Rinde nicht ge=
ſprochen werden kann. Die Thatſache einer mit zunehmendem Alter der
Baumtheile ſich vermindernden Wiederausſchlagfähigkeit beruht vielmehr theils
auf früher oder ſpäter eintretendem Abſterben der Kryptoblaſte, theils auf
abnehmender Lebenskraft und Entwicklungsfähigkeit derſelben. [1]

An mehrhundertjährigen Eichen ſieht man nicht ſelten, in Folge ein=
tretender Gipfeldürre, Stammſproſſen aus der unverletzten Rinde unterer
Schafttheile hervorwachſen. Es iſt keinem Zweifel unterworfen, daß die
Knoſpen, aus denen dieſe Triebe hervorgehen, ſchon am einjährigen Triebe
der jungen Eiche entſtanden ſind, daß ſie alſo mehrere Hundert Jahre alt
ſein können, ohne in ſich irgend eine Veränderung zu erleiden, aber auch
ohne ihre Entwickelungsfähigkeit (Lebenskraft) einzubüßen, die in jedem
Jahre des mehrhundertjährigen Zeitraums in Thätigkeit geſetzt werden kann.
Während dieſer langen Zeit iſt die ſchlafende, richtiger ſcheintodte Knoſpe
vollkommen geſund, alle Bedingungen normaler Fortbildung zum Triebe
ſind vorhanden, und wenn die Knoſpe demohngeachtet ihre ſtofflichen Arbeits=
kräfte nicht in Thätigkeit ſetzt, ſo muß wie bei der Samenruhe eine Kraft
mitwirkend ſein, die ſolches verhindert.

Im höheren Alter der Kryptoblaſte tritt nicht ſelten hier und da

---

[1] Obgleich nahe 20 Jahre verlaufen ſind, ſeit ich die dem Forſtmanne ſo wichtige Lehre
von den Urſachen des Wiederausſchlags veröffentlicht habe, ſo leicht es iſt, jeden Punkt
dieſer Lehre an Längen = und Querſchnitten der Hölzer, ſelbſt mit unbewaffnetem Auge zu
verfolgen, hat ſie dennoch bis jetzt in der wiſſenſchaftlichen Botanik nicht allein keine Auf=
nahme gefunden, ſondern ſelbſt die neueren und neueſten Schriftſteller über phyſiologiſche
Forſtbotanik erwähnen ihrer nicht. Die Kryptoblaſte oder Präventivknoſpen werden immer
noch mit den Adventivknoſpen zuſammengeworfen, von denen ſie genetiſch himmelweit ver=
ſchieden ſind. Es gibt kaum eine undankbarere Arbeit, als die Cultur der phyſiologiſchen
Botanik; ſelbſt die wichtigſten Beobachtungen ſind wie in den Wind geſchrieben. Man möchte
ſchier erlahmen in der Opferwilligkeit, die ſolche Arbeiten erheiſchen, wäre nicht die „bomben=
feſte“ Ueberzeugung ihrer Nothwendigkeit für den wiſſenſchaftlich begründeten Fortſchritt der
wichtigſten Zweige unſeres Faches. Es wird das erſt dann beſſer werden, wenn die Phy=
ſiologen von Fach ſich darauf einlaſſen, die Lebenserſcheinungen der Pflanze an der lebenden
Pflanze ſelbſt, anſtatt in den Lehrbüchern der Phyſik und der Chemie zu ſtudiren. Wie die
Sache heute betrieben wird, darf man nicht ſtaunen, wenn der Phyſiologie vorgeworfen wird,
ſie ſei hinter Phyſik und Chemie weit zurückgeblieben.

eine Theilung der Knospe und eine hierauf beruhende Veräſtelung des unterrindigen Knospenſtammes ein. (S. Naturgeſch. der forſtl. Culturpfl. Taf. 8. Fig. 70.) Es beruht hierauf die Maſerbildung am Fuße alter Eichen, Linden, Rüſtern ꝛc., deren im Tangentalſchnitte hervortretende, ſogenannte Augen nichts weiter ſind als die Querſchnitte der Markcylinder vieler Kryptoblaſtenſtämme, zwiſchen denen die Holzfaſern des Triebes eine gewundene Lage annehmen müſſen. Wie die Veräſtelung der Brachyblaſte außerhalb des Stammes oder Aſtes den Herenbuſch bildet, ſo bildet die Veräſtelung der Kryptoblaſte innerhalb des Stammes den Maſerwuchs. Der Herenbuſch iſt gewiſſermaßen eine äußerliche Maſerbildung und ver= ſinnlicht recht gut die Letztere, wenn man ſich die Räume zwiſchen ſeinen zahlreichen Aeſtchen mit Holzfaſern ausgefüllt denkt. Jedoch iſt nicht jede Maſerbildung an das Vorhandenſein von Kryptoblaſteſtämmen gebunden. Ein 15 Centim. ſtarker Epheuſtamm meiner Sammlung zeigt ſehr ſchöne Maſerbildung auch ohne centrale Markcylinder. Dieſer markfreie Maſer= wuchs findet ſich auch an überwallten Aſtſtümpfen der Eiche, Buche ꝛc.

4. Kugelſproß=Knoſpen.

Hört der unterrindige oder intermediäre Längenzuwachs der Krypto= blaſte auf, ſo ſtirbt in der Regel auch die über ihm in der Rinde liegende Knoſpe. Hier treten jedoch einige beachtenswerthe, phyſiologiſch wichtige Ausnahmen auf.

Während bei den europäiſchen Kiefern die weibliche Blüthe und der daraus entſtehende Zapfen im Blüthejahre endſtändig bleibt, wächſt bei (allen?) dreinadligen Kiefern die Triebſpitze noch im Jahre der Blüthe über die jungen Zapfen hinaus, ſo daß dieſe am fertigen Triebe etwas über der Mitte des Triebes ſtehen. In der Umgebung der Zapfen ſowohl, als da wo die männlichen Blüthen ſich entwickeln, bleibt dann eine nadelfreie Zone, in der die Blattachſelknoſpen nicht zur Blattbildung vorſchreiten, ſondern im Zuſtande von Kryptoblaſten verharren, deren Vorhandenſein die dreinadligen Kiefern ihre, an älteren Stammtheilen häufig hervortreibenden Brachyblaſte und die daraus muthmaßlich hergeleitete Wieder=

Fig. 14.

ausſchlagfähigkeit verdanken. Von dieſen Kryptoblaſten ſchließt ſich nun ein großer Theil nach unten zu einem holzigen Knollen ab, der, wie die nebenſtehende Fig. 14 zeigt, alljährlich eine neue kugelmantelförmige Holzſchicht entwickelt. Ohne mit dem Mark=, Holz= und Baſtkörper des Triebes in irgend einer Faſerbündelverbindung zu ſtehen, führt dieſe Knoſpe im Rindezellgewebe gewiſſermaßen ein paraſitiſches Leben.

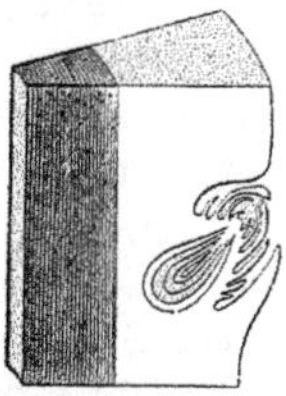

In ganz gleicher Weiſe entſtehen die kuglichen Knollen bis zu mehreren Zoll Durchmeſſer, die man ſehr häufig über die Rinde älterer Rothbuchen und Weißerlen, ſeltener an Eichen=, Ahorn=, Roßkaſtanien= und Krummholz= kieferſtämmen hervorragend findet. Auch dieß ſind Kryptoblaſte, die in Folge aufhörenden intermediären Zuwachſes nicht abſterben, ſondern noch viele Jahre hindurch in der Rinde fortleben, alljährlich eine kugelmantel=

förmige Holzschicht im Umfange der vorgebildeten entwickelnd. Bei der Roth=
buche findet man nicht selten den Kryptoblast, dem der Sphäroblast seine Ent=
stehung verdankt, als abgestorbene Knospe auf der Außenfläche des Knollens,
den ich von Ahorn und Erle bis zu 4 Centim. Durchmesser besitze. Das physio=
logisch Wichtige liegt in dem vollkommenen Abgeschlossensein dieser Holzknollen
in der Rinde, ohne eine Spur Säfte zuleitender Gefäße, trotz der oft 20 Jahre
fortgesetzten normalen Schichtbildung des Holzes und des Bastes.

c. Die Ausscheidungen in der Knospe.

Das Wesen der Knospe (in dem hier vorliegenden Sinne) haben wir
darin erkannt, daß um den anticipirt entwickelten nächstjährigen Längen=
oder Blattachseltrieb einer Holzpflanze, außer den mehr oder minder hoch
entwickelten Blättern und Blattachselknospen, in der großen Mehrzahl der
Fälle auch noch schuppenähnliche Gebilde vorhanden sind, durch welche die
anticipirt entwickelten, krautigen Theile den Winter über gegen die nach=
theiligen Einflüsse der Witterung geschützt werden.

Wenn der nächstjährige Trieb von Knospenschuppen umstellt und ein=
geschlossen ist, wie bei der Buche, Eiche, Kiefer, heißt die Knospe eine perulirte.
Wenn die Knospenschuppen fehlen, wie das bei den Wachholdern, bei der
grauen Wallnuß, dem Tulpenbaum der Fall ist, nennt man die Knospe
eine offene oder nackte.

Nach der verschiedenen Natur der am anticipirt entwickelten Achsen=
gebilde erkennbaren Ausscheidungen unterscheiden wir:

Triebknospen, Blütheknospen, Blüthetriebknospen,
Wurzelknospen.

Triebknospen sind solche End= oder Achselknospen, in denen alle
um die Achse gebildeten Ausscheidungen zu Blättern, Achselknospen und
Knospenschuppen gestaltet sind (Fig. 4 Buchenknospe; Fig. 5 und 8 Kiefer=
und Fichtenknospe). Sie liefern entweder blüthelose Lang= oder Kurztriebe
oder verharren längere oder kürzere Zeit oder für immer im Zustande schla=
fender Augen. Das anticipirt entwickelte Achsengebilde zeigt entweder nur
Blattausscheidung (3 h Fig. 8), oder diese und Blattachselknospen (Fig. 5),
oder diese und Knospendeckblätter (Fig. 4).

Blütheknospen sind solche Knospen, in denen sich alle Theile des
Knospenkegels zu Blüthetheilen ausgebildet haben, wie z. B. bei den Pappeln;
bei mehreren Weidenarten, den Zapfenbäumen mit Ausschluß der Kiefer,
den Gattungen Myrica, Clematis, Viscum, Daphne, Ulmus, Fraxinus,
zum Theil Cornus, Cerasus, Lonicera etc. Es erleiden hierbei die
Blätter des Knospenkegels eigenthümliche Veränderungen, sowohl in Bezug
auf ihre Stellung, als in Bezug auf ihre Bildung. In der vollkommenen
Zwitterblüthe verwächst ein unterster Blattkranz zum Kelche, ein zweiter
Blattkranz bildet die Blumenkrone, ein dritter den Staubfaden=
kranz, ein vierter verwächst zum Fruchtknoten. Ein fünfter, achsen=
ständiger Knospenkranz entwickelt sich bei Eiche, Buche, Kastanie,
Esche ꝛc. zu Eiern im Innern des Fruchtknotens, wenn letztere nicht der
innern Wandfläche des Fruchtknotens unmittelbar entspringen, wie dieß bei
den Gattungen Prunus, Pyrus, Robinia, Salix, Pinus etc. der Fall ist.

Nebenstehend gebe ich die schematische Dar=
stellung einer vollkommenen, normal gebauten Zwit=
terblüthe, wenn man sich deren Achse verlängert und
dadurch die verschiedenen Blattquirle von einander
getrennt und in ihre einzelnen Blätter zerlegt denkt
(von denen die Figur jedoch nur je zwei darstellt).
Der unterste Blattquirl (1), dessen Blätter meist
unter einander zu einem kelchförmigen Organe ver=
wachsen sind, bildet den Kelch der Blüthe; der
zweite Blattquirl, dessen Blätter häufiger vereinzelt
auftreten, bildet die Blumenkrone; dieser folgt
ein Blattquirl (3), dessen Blattscheibe in die end=
ständigen, den Blüthenstaub einschließenden
Staubbeutel verwandelt sind, während die
Blätter des vierten Quirls, größtentheils unter sich
verwachsen, ein krugförmiges Organ, den Frucht=
knoten bilden, an dessen oberem offenem Rande
die Blätter in den Narbenarmen sich trennen.
Das letzte innerhalb des Fruchtknotens liegende,

Fig. 15.

d. h. vom vierten Blattquirl überwachsene und eingeschlossene Internodium
(4—5) endet mit einem Kranze seitenständiger Knospengebilde (5), z. B.
Quercus, Corylus, Euphorbia etc., den später zum Samen erwachsenden
Pflanzeneiern.

Nicht bei allen Pflanzen sind alle diese Blüthentheile in einer Blume
vereint, wie dieß bei den kronblumigen Holzpflanzen der Fall ist
(s. das System). Häufig fehlt der zweite Blattquirl, die Blumenkrone
ganz — kelchblumige Holzpflanzen; nicht selten ist auch der erste
Blattquirl bis auf eine oder wenige isolirte schuppenartige Organe ver=
kümmert — schuppenblumige Holzpflanzen.[1] Bei den Zapfen=
bäumen fehlt die krugförmige Verwachsung des vierten Blattquirls, die Eier
entspringen der Basis eines offenen Fruchtblattes. Bei vielen Laubhölzern
ist das letzte Internodium (4—5) mit der innern Wandungsfläche des
Fruchtknotens verwachsen, in Folge dessen die Eier (5) nicht achsenständig,
sondern wandständig auftreten. In noch anderen Fällen ist der Frucht=

---

[1] Das von mir in meiner Naturgeschichte der forstlichen Culturpflanzen und auch hier
weiterhin übersichtlich aufgestellte System der Holzpflanzen weicht in Einigem von den natür=
lichen Systemen Jussieu's und Decandolle's ab.

Die schuppenblumigen Holzpflanzen stehen bei Jussieu unter den getrennt geschlech=
tigen Dicotyledonen mit vielblättriger Blumenkrone; die kelchblumigen Holz=
pflanzen stehen theils ebenfalls hier (Urticeae), theils unter den kronblattlosen Dicoty=
ledonen (Apetala Juss., Monochlamideae Dec.); die kronblumigen Holzpflanzen mit ein=
blättriger Blumenkrone entsprechen den monopetalen Dicotyledonen Jussieu's (Corolliflorae
Dec.); die kronblumigen Holzpflanzen mit mehrblättriger Blumenkrone entsprechen den
polypetalen Dicotyledonen Jussieu's, die Decandolle in Thalamiflorae und Calyciflorae
trennt, je nachdem alle Blüthetheile dem Achsengebilde entspringen (auf dem Blütheboden sitzen)
oder Blumenkrone und Staubgefäße dem Kelchrande inserirt sind.

Die Nadelhölzer, Kätzchenbäume, Urticeen den Pflanzen mit vielblättriger Blumenkrone
zuzuzählen, konnte ich mich nicht entschließen, da dieß dem Fortschritt vom Einfacheren zum
Zusammengesetzteren im Blüthebaue nicht entspricht.

knoten (4) ſo tief in das Achſengebilde hinein verſenkt, daß ſeine Baſis
bis unter die Kelchbaſis (1) hinabreicht (unterer Eierſtock, z. B. Ribes),
in welchem Falle die Inſertion der dazwiſchen liegenden Blattquirle weſent=
liche Verſchiedenheiten zeigt. Man nennt ſie eine oberſtändige (epigyne),
wenn der Fruchtknoten ein unterer iſt und die Staubgefäße auf dem oberen
Theile deſſelben ſtehen. Unterſtändig heißt ſie (hypogyn), wenn die Staub=
gefäße unter einem freien Fruchtknoten entſpringen; umſtändig (perigyn),
wenn die Staubgefäße erſt über der Baſis eines freien Fruchtknotens von
der Blumenkrone ſich trennen. Manchen Blüthen fehlt der Fruchtknoten
(männliche Blüthen), andern fehlen die Staubfäden (weibliche Blüthen).
Beide heißen getrennt geſchlechtig, im Gegenſatz zu den Zwitter=
blumen, in denen männliche und weibliche Blüthetheile vereint ent=
halten ſind.

Aus dem Pflanzenei erwächſt das Samenkorn, aus dem Frucht=
knoten erwächſt die Frucht, zu deren Bildung häufig auch der Kelch und
ſelbſt andere acceſſoriſche Blumentheile herangezogen werden. Eichel und
Buchecern ſind nicht Samenkörner, ſondern es ſind Früchte.

Blüthetriebknoſpen ſind Langſproßknoſpen, in denen der Knoſpen=
kegel die Endknoſpe oder mehrere Blattachſelknoſpen zu Blüthen umgebildet
enthält. Dahin gehören die Blütheknoſpen der Kiefern, der Buche, der
Eiche, deren Achſe ſich zu gewöhnlichen Langtrieben normal entwickelt, mit
dem Unterſchiede, daß ein Theil der Blattachſelknoſpen zu Blüthen
umgeſtaltet iſt. Bei den Ahornen, Roßkaſtanien, Magnolien, bei Ligustrum,
Viburnum, Sambucus etc. iſt es der obere Theil des Knoſpenkegels
ſelbſt, der ſich zur Blüthe ausbildet, in Folge deſſen der aus ſolchen
Knoſpen hervorgehende Trieb mit der Samenreife von oben herab bis zu
den unteren Blattachſelknoſpen abſtirbt, abgeſtoßen und erſetzt wird durch
eine oder zwei der zunächſt ſtehenden Achſelknoſpen.

Wurzelknoſpen. Obgleich am aufſteigenden Stocke der meiſten
Holzpflanzen Wurzeln hervorgerufen werden können, wie wir dieß an Steck=
lingen und Abſenkern ſehen, geſchieht dieß freiwillig und im normalen
Verlauf der Entwicklung doch nur bei ſehr wenigen heimiſchen Holzpflanzen
(Hedera, Cuscuta). An älteren Pflanzen von Potentilla fruticosa fand
ich Luftwurzeln am oberirdiſchen Stocke in reichlicher Menge zwiſchen den
Rindeſchuppen veräſtelt bis zu drei Fuß über den Boden hinauf und ohne
erkennbare äußere Verletzung. In dieſen Fällen, ebenſo an Abſenkern
und Stecklingen, entſtehen die Wurzeln durch Markſtrahlumbildung in der
äußerſten Holzſchicht, ſtehen daher mit ihrer Achſe rechtwinklig zur Achſe
des Triebes, aus welchem ſie hervorgehen, indem ſie die Baſt= und Rinden=
lagen durchbrechen und in der Regel eine Lenticelle zum Ausgangspunkte
erwählen. Von einer eigentlichen Knoſpenbildung kann hier nicht die Rede
ſein, da es die nackte und ungetheilte kuppelförmige Wurzelſpitze iſt, welche
aus dem Lenticellenſpalte oder auch aus der geſchloſſenen Rinde hervortritt.
Da anticipirt entwickelte Bildungen an der Wurzelſpitze nicht gebildet
werden, fehlen dieſen auch die zum Schutze derſelben allein nöthigen Knoſpen=
deckblätter.

B. Der absteigende Stock.

Die Wurzel, vom aufsteigenden Stocke überall durch den Mangel einer Markröhre unterschieden, zeigt zwar ebenfalls eine Veräftelung und eine allmählige Stärkeabnahme der Aefte nach unten oder in ihrer seitlichen Verbreitung, allein es fehlt hier nicht allein eine äußere Begrenzung der Jahrestriebe, sondern auch die Gesetzlichkeit und Regelmäßigkeit in der Stellung und Anordnung aller Verzweigungen. Da der Wurzel nun auch die Knospen und die Blätter fehlen, so herrscht hier ein weit größeres Einfach der Bildungen, als am oberirdischen Stocke. Wie wir später sehen werden, geht die Seitenwurzel nicht, wie der Seitenzweig des Stammes, aus einer Ausscheidung von Faserbündeln des Bündelkreises hervor, sondern es entwickelt sich jede Seitenwurzel ursprünglich an der Stelle eines Markstrahles der Hauptwurzel, ganz so, wie dieß auch am oberirdischen Stocke der Fall ist, wenn er durch Stecken oder Absenken zur Wurzelbildung getrieben wird. Daher rührt es denn auch, daß die Basis jeder Seitenwurzel auf der Längenachse ihrer Mutterwurzel ursprünglich senkrecht steht, während alle Zweige des aufsteigenden Stockes von diesem oder von den Mutterzweigen in schräg nach oben gerichtetem Winkel ausgehen.

Abgesehen von der abnehmenden Stärke der Wurzeläfte und Wurzelzweige, unterscheiden wir am absteigenden Stocke unserer Holzpflanzen, deren Wurzelbau im Wesentlichen ein sehr übereinstimmender und einfacher ist, nur zwei verschiedene Arten von Wurzeln: Triebwurzel, durch welche die Wurzel alljährlich sich weiter verbreitet, die für die Wurzel dasselbe ist, was die aus Makroblaften sich entwickelnden Langsproffen für den aufsteigenden Stock sind und: Faserwurzeln, die, ohne merkliche Dickezunahme und selbst von starken Wurzeln auslaufend, in höherem Alter noch faferdünn, sich reichlich und in kurzen Abständen veräfteln; sehr früh im Jahre, meist schon im Februar, kurze und dicke, hell gefärbte Krautsproffen (Taf. 1. Fig. 12) treiben, deren dickes Rindezellgewebe im Sommer zusammenfällt, vertrocknet und braun wird, wodurch die Krautsproffe zum dünnsten Ende der Faserwurzel wird, bis im kommenden Frühjahre an ihnen neue Krautsproffe hervorwachsen. Diese Krautsproffe sind die Organe, die man früher die Blätter der Wurzel nannte, weil man glaubte, daß sie, wie die Blätter alljährlich abgeworfen wurden. Das ist aber nicht der Fall; sie verschwinden nur dadurch im Sommer der Beobachtung, daß das Zusammenschrumpfen ihres dicken Rindezellgewebes die sichtbaren Unterschiede zwischen ihnen und den braunen Wurzelfasern, denen sie anfitzen, aufhebt.

Knospenartige Hüllen finden sich an der Wurzel nirgends, wohl aber sind die jüngsten Wurzelspitzen einer periodisch sich wiederholenden Häutung, eines Absterbens und Ablösens der äußersten Zellenschichten unterworfen, deren Reste längere oder kürzere Zeit einen mützenartigen Ueberzug der Wurzelspitzen bilden und die Wurzelhaube genannt werden. Es dient dieselbe ohne Zweifel zum Schutz dieser zarten Wurzelspitzen, ist aber auch in sofern beachtenswerth, als ihre endliche Auflösung die Ursache der Annahme von Wurzelausscheidungen gewesen ist. Man fand nämlich dem zuvor reinen Wasser, in welchem einige Zeit hindurch Pflanzen mit unver-

letzten Wurzeln gewachsen hatten, unverkennbar organische Stoffe beigemengt
und glaubte, daß diese von den Wurzeln ausgeschieden sein müßten, während
sie erweislich aus der Zersetzung abgestoßener Zellen herrühren.

Besonders da, wo die feinsten Trieb = und Faserwurzeln nicht dicht
von Erde umgeben sind, wachsen die äußersten Zellenlagen der Wurzel zu
Haaren aus (Taf. I. Fig. 13, 14), wie solche auch an den krautigen Theilen
des oberirdischen Stockes· sich bilden.   Sie sind ohne Zweifel zur verstärkten
Einsaugung dunstförmiger Flüssigkeit bestimmt, da sie sich, in Berührung
der Wurzel mit tropfbar flüssigem Wasser, bei den meisten Pflanzen gar nicht,
bei allen aber in um so größerer Menge bilden, je reicher die sie umgebende
Luft mit Wasserdunst geschwängert ist.

Wie am aufsteigenden Stock bedingungsweise Wurzeln sich bilden, so
können am absteigenden Stocke auch Knospen entstehen, die von den Trieb=
knospen des ersteren nicht verschieden sind.   Während aber am aufsteigenden
Stocke wohl keine Holzart Absenkerbewurzelung versagt, besitzen nur wenige
Holzarten (Akazien, Ulmen, Pflaumen, Weißeller, Pappel und mehrere Strauch=
hölzer, z. B. Rubus, Spiraea, Myrica, Hippophäe, Elaeagnus, das Ver=
mögen, Triebknospen des aufsteigenden Stockes am absteigenden Stocke zu
bilden und zu Wurzelbrut zu entwickeln.   Die Triebknospe entsteht dann
nicht wie am aufsteigenden Stocke durch ein vom Bündelkreise ausscheidendes
Faserbündel, sondern ebenso wie die Seitenwurzel, durch Markstrahlumbildung,
mit dem Unterschiede, daß in der Achse des in Fasern umgebildeten Mark=
strahlgewebes eine Markröhre, die Bedingung oberirdischer Knospenbildung,
entsteht.   Ich komme hierauf zurück bei der Betrachtung der inneren Or=
ganisation des Baumes und verweise einstweilen auf den daselbst gegebenen
Holzschnitt Fig. 43.

Trotz der Regellosigkeit in der Anordnung aller Seitenzweige der Baum=
wurzel, sind dennoch gewisse Unterschiede in der Wurzelbildung verschiedener
Gattungen, selbst verschiedener Arten einer Gattung nicht zu verkennen.   Es
ist aber sehr schwierig, den hier stattfindenden Unterschieden einen wissen=
schaftlichen Ausdruck zu geben; es ist sehr schwer, selbst nur das Typische
der specifischen Wurzelbildung zu erkennen, nicht allein der natürlichen Un=
regelmäßigkeit in der Anordnung, sondern auch der mannigfaltigen Störungen
wegen, denen die normale Entwicklung im festen Erdreiche häufig unterworfen
ist.   Man sehe nur, wie verschieden die Wurzelbildung derselben Holzart
auf flachem, auf tiefgründigem und in steinigem Boden sich gestaltet, und
man wird sehr bald die Ueberzeugung gewinnen, daß zur Zeit an eine
wissenschaftliche Unterscheidung der Bewurzelung älterer Bäume noch gar nicht
gedacht werden kann.   Für junge, in gleichem, gelockertem Boden erzogene
Holzpflanzen, die dem Forstmann häufiger in ihrer Integrität beim Pflanz=
geschäft zur Anschauung kommen, läßt sich schon eher eine bestimmte Ansicht
hierüber gewinnen.   Was ich darüber weiß, habe ich in der speciellen Be=
schreibung der forstlichen Culturpflanzen mitgetheilt.

Im inneren Baue unterscheidet sich die Wurzel vom Stamme nur
darin, daß die Markröhre durch ein centrales Faserbündel vertreten ist und
daß mit der Oberhaut der Wurzel auch die Spaltdrüsen fehlen.

Zweites Kapitel.

Anatomisch = physiologische Betrachtung der Holzpflanze.

A. Die Entstehung und Ausbildung des Pflanzenkeims innerhalb des Samenkorns.

1. Das Pflanzenei und das Keimsäckchen.

Abgesehen von der Vervielfältigung einer Holzpflanze durch Steckreiser oder Absenker, durch Pfropfen oder Oculiren, erwächst jeder neue Baum aus einem Samenkorn; das Samenkorn entsteht aus dem Pflanzenei, einem knospenartigen Gebilde im Innern des Fruchtknotens der Blüthe, (Fig 15 4,5) in Folge der Befruchtung, durch welche der Keim einer neuen Pflanze (Embryo), ursprünglich ein einzelner Zellkern, im Innern einer zum Keimsäckchen erweiterten Zelle, vom Muttergebilde losgerissen und zur selbstständigen Fortbildung als ein der Mutterpflanze gleicher Organismus befähigt wird.

Taf. I. Fig. 18 zeigt den Längendurchschnitt einer weiblichen Blüthe der Eiche in deren früheren Entwicklungszuständen, bestehend aus dem, von dem künftigen Becherchen noch ganz eingeschlossenen Fruchtknoten mit dreitheiliger Narbe, in dessen krugförmiger Höhlung ein, durch Einzeichnung der Zellen kenntlich gemachter Körper später zu einem achsenständigen Sammenträger erwächst, an dessen Spitze sechs knospenartige Gebilde entstehen, von denen jedoch in der Regel nur eines sich zum Eie ausbildet, während die übrigen verkümmern,[1] diejenigen seltenen Fälle ausgenommen, in denen sich in der Eichel zwei, noch seltner drei getrennte Samenkörner vorfinden (in der Mandel als sogenannte „Vielliebchen" bekannt).

Die Fortbildung eines einzelnen dieser sechs knospenartigen Gebilde im Fruchtknoten der Eiche zeigt Taf I. Fig. 19—21.

Ursprünglich sind es einfache, aus kleinen, rundlichen Zellen bestehende, warzenförmige Hervorragungen des Samenträgers. Sie gewinnen aber sehr bald dadurch eine knospenähnliche Form, daß, während sie selbst kegelförmig sich vergrößern, an ihrer Basis ringsherum eine wallförmige Erhöhung aus unter sich verwachsenen Blattwirteln sich bildet (Taf. I. Fig. 19), die am Knospenkegel hinaufwächst, während häufig ein zweiter Blattkranz am Grunde des ersten entsteht (Fig. 20), der ebenfalls den Kegel und die innere Samenhaut überwächst (Fig. 21).

Das Pflanzenei der weiblichen Blüthe besteht hier also aus einem innersten Eikegel und aus einem oder zweien, denselben seitlich umgebenden, am Grunde untereinander und mit dem Kegel verschmolzenen zelligen Hüllen, die über der Spitze des Kegels eine cylindrische Oeffnung lassen, Keimgang, Keimöffnung, Micropyle genannt. Morphologisch ist Letztere für die Kernwarze des Pflanzeneies dasselbe, was der Narbenmund und der Griffelkanal des Fruchtknotens für das Pflanzenei ist. Diese wallförmigen Umhüllungen des Kegels

---

[1] Von den 2 Eiern des Eschesamens, von den 6 Eiern der Eichel, Buchel, Roßkastanie, von den 14 Eiern der Marone kommt in der Regel nur ein Samenkorn (bei der Roßkastanie oft einige) zur Samenbildung, obgleich bei diesen Pflanzen der Weg des Pollenschlauches zum Eie viel kürzer, freier, die Gleichzeitigkeit der Befruchtung in der Stellung der Eier viel mehr begünstigt ist, als z. B. bei den Leguminosen, deren Eier dennoch in der Regel sämmtlich befruchtet werden. Wie bei der verschiedenen Dauer der Samenruhe verschiedener Sameneier, ist auch hier die Verschiedenheit eine von Zuständen und Einflüssen unabhängige, individuelle.

erwachsen bei anderen Pflanzen, z. B. bei den Nadelhölzern, den Hülsen=
gewächsen, Apfelbäumen ꝛc., zu dem, was man die Samenhaut nennt, während
sie bei der Eichel die dünnen, braunen Häutchen bilden, welche, innerhalb
der aus dem Fruchtknoten erwachsenden, harten Schale, den Kern der Eichel
überziehen.

Alle ferneren wesentlichen Veränderungen im Pflanzeneie gehen von
da ab im Regel desselben vor sich. Sie bestehen darin, daß e i n e e i n =
z e l n e Z e l l e d e s s e l b e n, auf Kosten ihrer Nachbarzellen und unter fort=
schreitender Resorption der letzteren, ungewöhnlich sich vergrößert und zu
dem wird, was wir das F r u c h t s ä c k c h e n nennen (Taf I. Fig. 22 a).
Ursprünglich enthält diese Zelle, wie alle übrigen, nur e i n e n Zellkern, der
sich aber sehr bald vervielfältigt und zur Entstehung einer großen Zahl
körniger und zelliger Gebilde Veranlassung wird, die den Ptychoderaum des
Fruchtsäckchens füllen, während der Innenraum desselben mit einer klaren,
zuckerhaltigen Flüssigkeit erfüllt ist. (Ich werde weiterhin erklären, was
unter Zellkern und Ptychoderaum zu verstehen sei.)

2. Die Befruchtung.

Bis hierher entwickelt sich das Pflanzenei und mit ihm alle äußeren
Theile der Frucht, ohne Zuthun männlicher Befruchtungswerkzeuge. Viele
getrennt geschlechtige Pflanzen, wie Weiden, Pappeln, Wachholder, von denen
in einer Gegend nur weibliche Exemplare vorhanden sind, blühen nicht allein,
sondern sie tragen auch Früchte mit äußerlich scheinbar vollkommenem Samen.
Aber der Same ist in solchen Fällen t a u b, d. h. ihm fehlt der wesentlichste
Bestandtheil: die junge Pflanze im embryonischen Zustande. [1] Um diese
hervorzurufen, erscheint, nach allen sicheren Beobachtungen zu
schließen, die Mitwirkung männlicher Befruchtungsorgane und Stoffe noth=
wendig. Daß im Thierreiche eine jungfräuliche Zeugung (Parthenogenesis)
stattfinde, ist außer Zweifel gestellt. Ich selbst habe den Mangel männlicher
Thiere aller Arten der engeren Gattung Cynips außer Zweifel gestellt.
v. Siebold hat bei einer Schmetterlingsgattung (Psyche) dasselbe nachge=
wiesen. In beiden Fällen sind männliche Befruchtungsstoffe im Körper der
Weibchen noch nicht nachgewiesen. Dieß, wie die neueren Beobachtungen
der Bienenbefruchtung sprechen sehr für eine, auf gewisse Arten und Gat=
tungen beschränkte, jungfräuliche Zeugung. Neuere Beobachtungen an einer
Euphorbiaceengattung (Coelebogyne) haben die Aufmerksamkeit auf die Re=
sultate früherer Beobachtungen am Hanf, Bingelkraut ꝛc. zurückgeführt und
die Bestätigung jungfräulicher Fortpflanzung auch im Pflanzenreiche in Aus=
sicht gestellt, gegen die aber schon jetzt sich Stimmen erhoben haben, mit dem
Nachweise eines sehr versteckten Vorkommens männlicher Blüthentheile an
weiblichen Pflanzen. Einen Fall dieser Art habe ich selbst nachgewiesen an

---

[1] Hoffmeister hat neuerdings Beobachtungen bekannt gemacht, denen zu Folge in
solchen Fällen auch das Endosperm der Sameneier nicht zur Entwicklung gelangt. Der
schöne alte Salisburia=Stamm des Harpe'schen Gartens trägt fast jährlich Samen mit aus=
gebildetem Endosperm. Schon mehrere Jahre habe ich den stets keimunfähigen Samen
untersucht, aber nie auch nur eine Anlage zur Keimbildung aufgefunden. In einer Sendung
Cembra=Samen von mehreren Pfunden waren alle Körner reich an Endosperm, keines ent=
hielt einen Keim.

der weiblichen Blume von Castanea (Naturgesch. der forstl. Culturpflanzen Taf. 25, Fig. 55).

Indeß, sollten fortgesetzte Beobachtungen die jungfräuliche Zeugung auch
im Pflanzenreiche bestätigen, so wird sich diese, wie im Thierreiche, doch
immer nur auf einige Ausnahmefälle beschränken. Sichere Beobachtungen im
Großen sprechen hier wie dort für die Nothwendigkeit einer Befruchtung in
der großen Mehrzahl der Fälle.

Die Organe der Pflanzenbefruchtung sind bei den Holzpflanzen die
Staubfäden, deren zwei Taf. I. Fig. 16 über a abgebildet sind. Auf
der Spitze eines mehr oder weniger verlängerten Stieles steht ein meist
zweikammeriges, eiförmiges Gehäuse, Staubbeutel genannt, in dessen
Innerem eine große Menge mehr oder weniger kuglicher Zellen sich ausbilden,
die zur Zeit voller Blüthe aus den sich öffnenden Staubbeuteln ausgestreut
werden und Blüthestaub (Pollen) heißen.

Jede einzelne Pollenzelle besteht aus einer mehr oder weniger dicken,
oft sehr regelmäßig und zierlich mit Leisten und Spitzen besetzten oft
doppelten Hüllhaut, die einen Zellschlauch mit wachs- bis butterweichem
Inhalte einschließt, dessen Verflüssigung im Pflanzensafte der Narbe als
„männliche Samenflüssigkeit" (Fovilla) betrachtet wird. In der äußeren
Hüllhaut befinden sich mehrere rundliche, mitunter durch eine Klappe ver-
schlossene Löcher, Aequatorialporen genannt, wenn sie in einem mittleren Gürtel der Pollenzelle liegen. Taf. I. Fig. 17 stellt eine solche Pollenzelle von Corylus mit drei Poren dar. Tritt die Pollenzelle mit Wasser
in Berührung, so saugt sie dasselbe begierig ein und überfüllt sich damit
bis zum Platzen der Häute, worauf der flüssige Inhalt durch den entstandenen Riß mit Gewalt in das umgebende Wasser sich entleert. Die
Pollenzelle wird dadurch zur Verrichtung ihrer Funktion ungeschickt, und
diesem Umstande ist es zuzuschreiben, daß anhaltender Regen während der
Blüthezeit dem Vollzuge des Befruchtungsgeschäfts so nachtheilig ist. Wird
hingegen die Pollenzelle im Ausfallen oder durch den Wind oder durch
Insekten mit der klebrigen Narbe des Fruchtknotens Taf. I. Fig. 16 c)
in Berührung gebracht, dann wächst die innere Haut der Pollenzelle
schlauchförmig aus einer der Poren hervor (daselbst Fig. 17), durchbohrt
die Oberhaut der Narbe und wächst im Zellgewebe des Griffels, nie im offnen Kanäle desselben, bis zur Fruchtknotenhöhle
abwärts, durchbohrt dort wiederum die innere Oberhaut der
Fruchtknotenwand und findet ihren Weg zur Mikropyle des Pflanzeneies, um in dieser bis in das Zellgewebe des Eikegels vorzudringen,[1]

---

[1] Daß der Pollenschlauch, dem zwischen Narbe und Eimund häufig die größten Hindernisse auf keiner Wanderung entgegentreten, dennoch den Weg zu letzterem findet, ist eine
der wunderbarsten Erscheinungen des Pflanzenlebens, insofern in ihr ein Vermögen sich
zu erkennen gibt, das dem thierischen Instinkte nahe steht. Vernünftig ist jedes Thun
oder Lassen, das der Folgen keines Handelns sich vorherbewußt ist, entweder aus eigener
oder aus angelernter fremder Erfahrung (Wissenschaft). Dem instinktiven Thun oder
Lassen fehlt das Bewußtsein der Folgen, es steht unter der Herrschaft eines Naturgesetzes,
dem das Thier willenlos folgen muß (Naturtrieb). Der vernünftige Mensch kann keine
Wohnung, er kann keine Fangaparate in sehr verschiedener Weise herrichten, das unver-
nünftige Thier kann das nur in der ihm naturgesetzlich vorgeschriebenen Weise, die Biene,

während andererseits das Keimsäckchen sich der Oberhaut des Kegels genähert hat, so daß das Ende des (bei Tulipa suaveol. mehrzellig gegliederten) Pollenschlauches und die Spitze des Embryosackes sich unmittelbar berühren. Tafel I. Figur 22 zeigt das Pflanzenei in diesem Zustande, a den Pollenschlauch, der bei d in die Mikropyle eingegangen ist und sich dem Keimsäckchen anlegt. Dieß ist zugleich der Augenblick der Befruchtung und man kann annehmen, daß hierbei die Flüssigkeit des Pollenschlauches (fovilla) in den Embryosack übergehe, daß hierdurch einer der Zellkerne desselben individualisirt, d. h. zur selbstständigen Fortbildung als Grundlage einer neuen Pflanze befähigt werde. Einer, dem entgegenstehenden Ansicht, nach welcher der Embryo nicht im Keimsäckchen, sondern in der Spitze des Pollenschlauches entsteht, nachdem dieser selbst in das Keimsäckchen eingedrungen, oder vielmehr dieß kappenförmig vor sich hergetrieben hat, nach der daher die Pollenzelle den Pflanzenkeim bildet, bin ich zuerst in meiner Schrift: „Theorie der Befruchtung. Braunschweig, Vieweg 1845" entgegengetreten. Es hat dieser Ansicht jetzt auch deren Urheber entsagt.

Daß in vielen Fällen der Pollenschlauch bis zum Embryosacke vordringt, ist keinem Zweifel unterworfen, daß dieß aber immer und bei allen Pflanzen nothwendig sei, um eine Befruchtung zu bewirken, habe ich in eben genannter Schrift in Zweifel gestellt, gestützt auf eine Mehrzahl von Beobachtungen, in denen der Pollenschlauch nicht bis zum Eimunde vordringen kann, oder, wo statt seiner ein leitendes Zellgewebe anderen Ursprungs in die Mikropyle eingeht (Campanula, Capsella, Passiflora). Es entwickelte sich daraus die Ansicht: daß eine Mitwirkung der männlichen Samenflüssigkeit beim Befruchtungsprocesse zwar nothwendig sei, daß diese Flüssigkeit dem Keimsäckchen aber auch durch das Zellgewebe der Narbe, des Griffels und des Fruchtknotens zugeführt werden könne.

Ob die männliche Samenflüssigkeit im Keimsäckchen materiell oder nur dynamisch[1] wirksam sei, das ist eine offene Frage, zu deren Beantwortung wir wohl nie, weder hier noch im Thierreiche gelangen werden. Wir kennen nur das Resultat der Befruchtung, die Individualisirung eines Zellkerns und dessen Fortbildung zum Embryo des Samenkorns und zur Pflanze. Es wird durch den Akt der Befruchtung ein kleinster Theil der Mutterpflanze, einer der Zellkerne des Embryosackes, von der Mutterpflanze losgerissen — er hört auf Bestandtheil derselben zu sein, indem er die Fähigkeit erlangt, sich selbst zu einer neuen Pflanze derselben

---

die Beutelmäuse, der Biber müssen ihre Wohnungen, die Kreuzspinne muß ihr kunstreiches Fangnetz stets in derselben Weise anfertigen, obgleich sie nie Erfahrungen hierzu einsammeln konnten, nie Unterricht in ihrer Kunstfertigkeit erhielten. Einem vom Wirken stofflicher Kräfte unabhängigen Naturtriebe ist auch die Copulation der Spirogyren, das Verhalten der Schwarmsporen und des Pollenschlauchs zuzuschreiben.

[1] Wenn ich auch hier der materialistischen Anschauungsweise mich nicht anzuschließen vermag, so sind meine Gründe dafür folgende: Ueberall, wo im Bereiche der anorganischen Natur zwei Körper zu einem dritten sich vereinen, ist die Natur des letzteren durchaus verschieden von der keiner Constituenten. Das Wasser ist ein von Sauerstoff und Wasserstoff, der Gyps ist ein von Schwefelsäure und Kallerde ganz verschiedener Körper. Im Befruchtungsakte geht dahingegen aus dem Zusammentreffen männlicher und weiblicher Befruchtungsstoffe ein der Mutter wie dem Vater gleicher Körper hervor. Dieß spricht meines Erachtens entschieden gegen den Chemismus im Befruchtungsakte.

Art fortzubilden, wenn er auch noch eine Zeit lang — bis zur Samenreife — mit der Mutterpflanze in organischem Zusammenhange bleibt und von dieser ernährt wird.

3. Der befruchtete Zellkern und dessen Entwickelung zur Urzelle des pflanzlichen Individuums.

Bis zum Jahre 1842 unterschied man in der Pflanzenzelle nur die starre Zellwandung und deren flüssigen Inhalt, dem letzteren die körnigen und bläschenförmigen Körper beigemengt. Man betrachtete die feste Zell= wand als eine homogene, eierschalenförmig geschlossene, durch geschlossene Ablagerungsschichten auf der Innenfläche sich verdickende, aus dem Zellsafte abgeschiedene und erhärtete Substanz gleicher Art. Zuerst in meiner Arbeit: „Theorie der Befruchtung" machte ich auf ein schlauchförmiges, zarthäutiges, der inneren Zellwandung dicht anliegendes Gebilde aufmerksam, das ich zuerst die Innenzelle, bald darauf (Beiträge zur Entwickelungsgeschichte der Pflanzenzelle) den Ptychodeschlauch nannte. Dieser, in allen jugendlichen Zellen vorhandene, aber nur im Rindezellgewebe und im Siebfasergewebe des Bastes bleibende Ptychodeschlauch, hat in der wissenschaftlichen Botanik unter dem veränderten Namen „Primordialschlauch" heute allgemeine Anerkennung gefunden, mit der Beschränkung auf das Vorhandensein nur einer Schlauchhaut, während nach meinen Beobachtungen der Ptychodeschlauch aus zweien, ineinandergeschachtelten, blasenförmig geschlossenen Häuten be= steht, durch welche zwei wesentlich verschiedene Säfte der Zelle, der Ptychode= saft und der Zellsaft, der Art von einander getrennt sind, daß ersterer im Raume zwischen den beiden Schlauchhäuten enthalten ist (s. den nach= folgenden Holzschnitt Fig. k), dem dann auch der Zellkern und alle körnigen und bläschenförmigen Körper der Zelle beigemengt sind, während der stets wasserklare, oft gefärbte Zellsaft den Raum innerhalb der innersten Schlauch= haut ausfüllt. Auch die Verschiedenheit der Säfte ein und derselben Zelle hat Anerkennung gefunden. Was ich den, stets ungefärbten, getrübten und wie es scheint consistenteren Ptychodesaft nannte, wurde später in der botanischen Literatur Protoplasma oder Plasma genannt. Der Unter= schied in der Auffassung beschränkt sich daher auf das Vorhandensein einer zweiten inneren Schlauchhaut, durch welche die beiden Zellsäfte von einander geschieden sind.

Daß der Ptychodesaft oder das Protoplasma in einer strömenden Be= wegung sich befinde, erkennt man in vielen Fällen deutlich an der Fort= bewegung der, diesem Safte allein beigemengten organisirten, festen Körper.[1] Besonders schön sieht man dieß in den großen Zellen der Armleuchter (Chara, Nitella); der Cucurbitaceen; in den Knollen des Ranunculus Ficaria im Frühjahre zur Blüthezeit; in den Staubfädenhaaren der Tra= descantia virginica, in deren Zellen der Zellsaft blau, der Ptychodesaft ungefärbt ist. Wo der Zellkern ein wandständiger ist, wie in Fig. k des nächstfolgenden Holzschnittes, da beschränkt sich die Strömung auf die Seiten=

---

[1] Anorganische Kristalle hingegen gehören stets dem Innenraum der Zelle an.

wände der Zelle, an denen der Saft im Kreislaufe auf und absteigt; da
hingegen wo der Zellkern im Mittelpunkte der Zelle sich befindet, wie in
Fig. f, g, h (daselbst), da verlaufen außerdem Saftströme von den Seiten
der Zelle auch nach dem Zellkerne hin und zurück, wie dieß die Radien in
f, g, h andeuten.

Nnn sollte man meinen: dieß alles sei unmöglich ohne ein System
von Schlauchhäuten und Kanälen, in welchen der Ptychodesaft vom Zellsafte
gesondert sich bewegt. Demungeachtet ist dieß nicht die zur Zeit herrschende
Ansicht, es besteht vielmehr hartnäckig die Annahme: Protoplasma und
Zellsaft, die, wie ich gezeigt habe, sofort sich miteinander
mengen, wenn sie gleichzeitig der durchschnittenen Zelle
entströmen, seien ohne sondernde Zwischenwand im Innern des einhäutigen
Primordialschlauches durch sich selbst gesondert, etwa wie Oel und Wasser
sich in demselben Gefäße gesondert erhalten; die Fortbewegung des Protoplasma sei eine selbstständige, es seien die zartesten, von allen Seiten dem
centralen Zellkerne zugewendeten Ströme dieses fließenden Saftes fähig,
den verhältnißmäßig großen und schweren Zellkern in der Mitte der Zelle,
wie die Spinne im Netze festzuhalten. Dieß alles widerspricht ja aber den
einfachsten physikalischen Gesetzen; wie ist es möglich, daß zwei verschiedene,
entschieden wässerige Flüssigkeiten in demselben Raume unvermischt sich erhalten können, von denen die eine auf- und abströmend in der anderen sich
bewegt; wie wäre es möglich, daß die zartesten, radialen Ströme dieser
Flüssigkeit den schweren Zellkern, oft- umgeben von einer großen Menge
anderer körniger Körper, im Mittelpunkte der Zelle festzuhalten vermögen;
wie will man diese Hypothese mit der Annahme vereinen: es beruhe der
Säfteaustausch zwischen Nachbarzellen auf endosmotischer Kraft! Folgerichtigkeit ist denn doch das Wenigste, was man in solchen Dingen verlangen
darf. Ohne Zweifel gibt es Erscheinungen im Leben der organischen Welt,
die sich aus allgemeinen Naturkräften nicht herleiten lassen, aber keine dieser
Erscheinungen steht mit allgemeinen Naturgesetzen im Widerspruch. Hypothetische Annahmen können wir in der Physiologie leider nicht entbehren;
es ist eine solche Annahme aber nur dann zulässig, wenn sie mit feststehen-
den Naturgesetzen nicht in Widerspruch steht. Wenn das Wasser unserer
Bäche und Flüsse mit deren Rollsteinen heute beliebte einen Spaziergang
durch die Luft zu machen, es wäre das nicht mirakulöser als jene Saft-
strömung in der Pflanzenzelle ohne einschließende Hautflächen.

Schon in Obigem liegt meines Erachtens genügende Rechtfertigung,
wenn ich eine Trennung des Ptychodesafts vom Zellsafte durch zarte Häute
auch da annehme, wo solche optisch nicht nachweisbar sind. Diese Annahme
wird wesentlich dadurch unterstützt, daß in vielen, der Beobachtung günstigen
Fällen, die trennende Haut wirklich erkennbar ist.

Erst in neuerer Zeit ist es mir geglückt, durch Einwirkung von
Farbstoffen auf den Zellkern, dessen Bau und diejenigen Veränderungen
darzulegen, die er bei seiner Ausbildung zum Ptychodeschlauche und zur
Zellwandung erleidet. Was ich in meiner Schrift „Entwickelungsgeschichte
des Pflanzenkeims, Leipzig 1857“ hierüber gesagt und durch zahlreiche Abbildungen belegt habe, will ich nachstehend in möglichster Kürze zusammenfassen.

Der Zellkern (nucleus) ist ein solider, mehr oder weniger kugel=
förmiger, vorherrschend 0,02 Mmtr. im Durchmesser großer, mehr oder weniger
fester Körper, bestehend aus einer äußersten Hüllhaut, die dicht erfüllt
ist mit einer großen Zahl kleinerer, durch gegenseitigen Druck polyedrischer
Körnchen, den Kernstoffkörperchen (granula primitiva), unter denen
ein Einzelnes (selten Mehrere) durch bedeutendere Größe und schärfere Um=
risse sich auszeichnet. Es wird das Kernkörperchen (nucleolus) genannt.

Fig. 16.

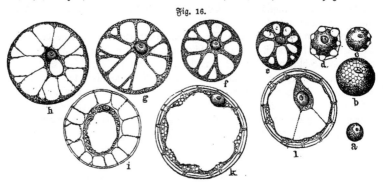

Die vorstehende Fig. 16 zeigt bei a den Zellkern mit seinem Kern=
körperchen. Bei b sehen wir ihn in stärkerer Vergrößerung und mit Karmin=
lösung behandelt, wodurch die Zusammensetzung des Inhaltes aus dicht ge=
drängten Kernstoffkörperchen an größeren Zellkernen deutlich hervortritt.
Da wo aus einem Zellkerne des Embryosackes eine erste Zelle entstehen
soll, sieht man einen Theil der, die Hüllhaut begrenzenden Kernstoffkörperchen
durch Einsaugung von Flüssigkeit zu kleinen Bläschen sich erweitern, die
dadurch deutlich werden, daß sie, aus der sie umgebenden Flüssigkeit, Karmin=
lösung nicht mehr aufnehmen, sondern ungefärbt bleiben, während alle übrigen
inneren Theile des Zellkerns roth gefärbt werden. Fig. c und d zeigen
diese Bläschen des Zellkerns in zunehmender Größe, eingeschlossen in die
erweiterte Hüllhaut des Zellkerns.
Haben die, aus einzelnen Kernstoffkörpern des primären Zellkerns ent=
standenen Saftbläschen eine gewisse Größe unter zunehmender Vergrößerung
des Zellkerns erlangt, dann heben sie die gemeinschaftliche Hüllhaut des
Zellkerns von den übrigen Kernstoffkörpern desselben ab (d), es löst sich
dadurch der gegenseitige Zusammenhang aller übrigen Kernstoffkörperchen.
Nun vermehrt sich die Zahl derselben, durch Theilung, bis zu molekularer
Größe, während das Kernkörperchen zu einem neuen Zellkerne heranwächst.
Fig. e zeigt die aus dem Zellkerne auf diesem Wege entstandene Ptychode=
zelle, in welcher der neue, aus dem Kernkörperchen entstandene Zellkern
von einer Menge größerer und kleinerer Saftbläschen (Physalide) umstellt
ist, die ihrerseits von der ursprünglichen erweiterten Hüllhaut des Zellkerns
(a) zusammengehalten werden. Der Inhalt der Saftbläschen ist wasserklar
und wird in Karminlösung nicht gefärbt. Der, den secundären
Zellkern und die Saftbläschen umgebende Saft hingegen ist getrübt, färbt
sich noch durch Karminlösung und enthält große Mengen molekularer Körper,

die Urfache feiner Trübung. Ich habe diesen getrübten Saft Schlauchfaft
(Ptychodefaft) genannt, zum Unterfchiede vom wafferklaren Inhalte der
Saftbläschen, den ich Zellfaft nannte.

Mit zunehmender Größe der, den fecundären Zellkern umlagernden
Saftbläschen bildet fich um erfteren eine Art intracellularen, zarthäutigen
Zellgewebes, wodurch der Ptychodefaft in die intercellularen Räume diefes
Zellgewebes, in die Umgebung des fecundären Zellkerns und zur inneren
Grenze der urfprünglichen Hüllhaut des Zellkerns gedrängt wird. Die
Fig. f zeigt diesen Entwickelungszuftand.

Weiterhin fehen wir, wie Fig. g und h andeutet, an Stelle des mit
Schlauchfaft erfüllten Raumes zwischen den einzelnen Saftbläschen, cylindrische, mit Schlauchfaft erfüllte Kanäle, die vom peripherischen Schlauchfaft zu der, den centralen Zellkern umgebenden Schlauchfaftmenge hinziehen,
und man erkennt nun in vielen Fällen deutlich eine Fortbewegung des
Schlauchfafts in Strömen, theils an der innern Grenze der Außenhaut
(Ptychoide), theils von diefer zum Schlauchfafte der Zellenmitte hingewendet
oder, von dort aus, dem Umfange wieder zufließend. Zu diefer Zeit haben nicht
felten einzelne Molekule des Schlauchfafts zu Stärkemehl= oder Chlorophyll=
körnern von bedeutender Größe fich ausgebildet, und nur die Fortbewegung
diefer Körnchen ist es, an der man die Bewegung des Safts erkennen und
verfolgen kann, wie denn auch die häutige Begrenzung der Kanäle, in der
der Schlauchfaft fich bewegt, nur in einzelnen, der Beobachtung günftigen
Fällen direkt nachweisbar ift. [1]

Zur Erklärung diefer Umbildung der Intercellularräume des Phyfalide=
gewebes in Kanäle und Schlauchhäute nehme ich nun an: daß, überall
wo die Wände der Phyfalide fich unmittelbar berühren, eine Reforption
derfelben eintrete, während alle miteinander nicht in Berührung ftehenden,
durch Ptychodefaft von einander getrennten Hautflächen untereinander ver-
wachfen. Dadurch würden entftehen: 1) ein den Zellkern einfchließender zart=
häutiger Schlauch, den ich den Zellkernbeutel genannt habe; 2) eine zweite,
innere Schlauchhaut (Ptychode), nahe der äußeren, aus der Hüllhaut des primi=
tiven Zellkerns ftammenden Schlauchhaut (Ptychoide), durch welche der periphe=
rische Ptychodefaft vom inneren Zellfafte getrennt ist; 3) eine der Zahl und Rich=
tung früherer Intercellularräume des Phyfalidegewebes entfprechende Anzahl
radial verlaufender häutiger Kanäle, die einerfeits in den Zellkernbeutel, anderer=
feits in den Ptychoberaum einmünden, während durch die Reforption der Scheide=
wände aus allen urfprünglich getrennten Phyfaliberäumen ein einziger großer
Zellraum entftanden ist, erfüllt mit dem Safte aller früheren Phyfaliberäume.

---

[1] In den großen Zellen der Cucurbitaceen macht die radiale Fortbewegung des Schlauch=
fafts durch die diefem beigemengten großen Körner den Eindruck, als wenn ein Knotenftock
innerhalb eines zu engen, aber elaftifchen darmförmigen Schlauches fortgefchoben wird. So
erfcheint auch die innere Grenze des Saftftroms der Charen. In den Frühjahrsknollen von
Ranunculus Ficaria ift die Fortbewegung der fehr kleinen Körnchen von einer fchwankenden
Bewegung derfelben begleitet. Nicht felten fieht man hier in demfelben Kanale die Körnchen
in entgegengefetzter Richtung neben einander vorbei fich bewegen. Das vielbefprochene Aus=
fetzen der Saftftröme findet nur da ftatt, wo der Saft fich zwifchen den noch gefchloffenen
Phyfalidewänden bewegt, da in diefem früheren Zuftande einer Veränderung der Strömungs=
richtung zwifchen den Wänden kein Hinderniß entgegenfteht.

Dieser Annahme dient allerdings nicht viel mehr als die Thatsache zur Stütze, daß da, wo in der jugendlichen Zelle ein Physalidegewebe (in der Fig. e und f dargestellten Ansicht) sich zeigt, später unverkennbare Kanäle, die sogenannten Schleimfäden, vom Zellkerne zur Zellwand verlaufen (g h); daß ferner auch bei anderen Resorptionsvorgängen, z. B. bei der Bildung der großen Löcher in den Querwänden der Holzröhren, diese sich auf denjenigen Theil der Wandung beschränkt, der mit der Nachbarwand in unmittelbarer Berührung steht, und daß auch hierbei eine Verwachsung der Resorptionsränder eintritt.

In dem Fig. g dargestellten Zustande hätte nun der wesentlichste, lebens= thätige Bestandtheil der Pflanzenzelle seine Vollendung erreicht. Wir haben da einen centralen Zellkern, eingeschlossen in einen zarthäutigen Zellkernbeutel, von dem eine Menge zarthäutiger Kanäle ausgehen, die den Zellraum radial durchsetzen und unfern der äußeren Zellhaut in eine innere Zellhaut ein= münden. Zellkernbeutel, Kanäle und der Raum zwischen den beiden äußeren Zellhäuten (Ptychode und Ptychoide) sind mit dem Schlauchsaft erfüllt, einer opaken, körnerhaltigen Flüssigkeit, deren strömende Fortbewegung mit der Fortbewegung des Safts von Zelle zu Zelle und durch die ganze Pflanze, sehr wahrscheinlich in naher Be= ziehung steht. Der Raum zwischen den Kanälen, dem Zellkernbeutel und der inneren Schlauchhaut hingegen ist mit dem stets wasserklaren, mitunter farbigen Zellsafte erfüllt, in dem eine Bewegung nicht erkennbar ist.

Dieser ganze Apparat bildet den wesentlichsten, lebensthätigen Bestand= theil der Pflanzenzelle, seine zarthäutige Beschaffenheit würde aber nicht ge= eignet sein zum Aufbau der Pflanze aus Milliarden von Zellen. Zu diesem Zwecke muß die Schlauchzelle sich ein festes Gehäuse, die Zellwandung bilden, zu dem sie sich annähernd verhält, wie die Schnecke zu ihrem Hause, wie der Polyp zur Koralle. Dieß geschieht nun in folgender Weise.

Der secundäre Zellkern, den wir in Fig. g in der Mitte des Zellraums gelagert sehen, entwickelt jetzt aus einem seiner, der Hüllhaut anliegenden Kernstoffkörperchen ein einzelnes Saftbläschen (Monophysalid) in derselben Weise, wie die Entwickelung einer Mehrzahl derselben durch die Figuren c bis g erläutert wurde. Mit dem Saftbläschen vergrößert sich gleich= mäßig auch die Hüllhaut des Zellkerns, das Kernkörperchen desselben erwächst zu einem tertiären Zellkerne, und die Kernstoffkörperchen des secundären Zellkerns treten auseinander, entwickeln sich zu Stärkemehl=, Chlorophyll=, Klebermehlkörnchen und vertheilen sich in der Flüssigkeit eines neuen (secun= dären) Schlauchraumes, dessen äußere Hülle die erweiterte Hüllhaut des secundären Zellkerns, dessen innere Hülle die zarte Haut des Saftbläschens ist. Die Figuren h bis k zeigen die zunehmende Größe dieses zweiten Ptychodeschlauches, der sich vom ersten darin unterscheidet, daß er ursprüng= lich nur einen vom heranwachsenden Saftbläschen gebildeten Zellsaftraum bildet, daß die ganze Menge des Schlauchsafts (Protoplasma) in einen peripherischen Ptychoderaum gedrängt wird, in dem auch der tertiäre Zellkern gelagert ist, der dadurch nun zu einem wandständigen geworden ist. Die Ursache der verschiedenen Stellung des Zellkerns liegt also darin, daß dort mehrere, hier nur ein Saftbläschen aus den Kernstoffkörpern des Zellkerns unter der Hüllhaut desselben sich bildeten.

Während auf diesem Wege ein neuer Ptychodeschlauch innerhalb des
ersten sich bildet, durch dessen Vergrößerung die Ptychodekanäle des ersten
Schlauches, sich zusammenziehend, nach dem Umfange des letzteren gedrängt
werden, erleidet der Inhalt des ersten Ptychoderaumes darin eine Veränderung, daß seine Körnchen sich sämmtlich zu Cellulosekörpern umbilden, deren
Größezunahme und gegenseitige Verwachsung die starren Schichtungen der
Zellwand bilden,[1] deren innerer Grenze der secundäre Ptychodeschlauch sich
anlegt, gedrängt durch das lebendige Streben der Zelle, die möglich größte
Säftemenge aus ihrer Umgebung in sich aufzunehmen (Turgescenz). Diesen
Zustand der nun fertigen Wandungszelle stellt Fig. k dar. Wir sehen da,
innerhalb einer äußersten Zellwand, den secundären Ptychodeschlauch mit dem,
in ihm liegenden, tertiären Zellkern, außerdem im Ptychodesafte eine Menge
größerer Körnchen, die sowohl Stärkemehl als Klebermehl, Chlorophyll ꝛc.
sein können, durch deren Vermehrung und Vergrößerung der innere Zellraum
und dessen Zellsaft endlich ganz verdrängt wird, wo dann diese, durch Umbildung der Kernstoffkörper des secundären Zellkerns entstandenen Körper die
ganze Zelle erfüllen, nachdem die Häute des ihnen angehörenden Ptychodeschlauches durch Resorption verschwunden sind (Holzschnitt Fig. 25).

Besonders die, zu dickwandigen Holz- oder Bastfasern sich ausbildenden
Zellen bleiben in der Wandbildung auf der Fig. k dargestellten Entwicklungsstufe nicht stehen, sondern es bildet sich innerhalb der ersten Zellwand
aus dem secundären Ptychodeschlauche eine zweite Zellwandung, ganz in
derselben Weise, wie aus dem primären Ptychodeschlauche die erste Zellwand
sich bildet. Wo dieß der Fall ist, da tritt der wandständige Zellkern durch
eine Einstülpung in den inneren Zellraum, wie dieß Fig. 1 darstellt, worauf
dann die in den Fig. h—k dargestellten Veränderungen sich wiederholen. Auf
diesem Wege können unter vorhergehender Verjüngung des Ptychodeschlauches
4—6 ineinandergeschachtelte Zellwände sich bilden, die Celluloseschichten einer
jeden, außen und innen bekleidet von den bleibenden Häuten des Ptychodeschlauchs. (Bot. Ztg. 1855, p. 461, Taf. IV. Fig. IX. 1—6.)

Die erste Zelle einer neuen Pflanze ist hiermit aus dem ersten Ptychodeschlauche, der erste Ptychodeschlauch ist aus dem ersten Zellkerne entstanden und dieser erste Zellkern ist ein Nachkomme des Zellkerns derjenigen
Zelle des Eikegels, aus der sich das Embryosäckchen entwickelte.

Diese Urzelle des pflanzlichen Individuums unterscheidet sich in nichts
Wesentlichem von jeder anderen Pflanzenzelle, und ebenso ist auch die Art
und der Verlauf ihrer Ausbildung von Art und Verlauf anderer Fälle
freier Zellenbildung nicht verschieden.[2] Die vollzogene Befruchtung äußert
nur darin ihre Wirkung, daß die Urzelle, wenn auch noch bis zur Samenreife ihre Fortbildungsstoffe von der Mutterpflanze beziehend, als ein in
allem Uebrigen selbstständiges Gebilde auftritt, das seine eigene Fortbildungs-
richtung verfolgt, entsprechend demjenigen Bildungsgange, den die Mutter-

---

[1] Entwicklungsgeschichte des Pflanzenkeims Taf. II, Fig. 45—46, Fichtenholzfaser.
[2] Freilich läßt sich dieß an der ersten Zelle einer Pflanze nur in sehr seltenen Fällen
(Pinus) unmittelbar verfolgen. Es ist aber kein Grund zur Annahme vorliegend, daß die
erste Zelle einer Pflanze in anderer Weise sich ausbilde wie alle folgenden, was das Allgemeine des Bildungs- und Mehrungsvorganges betrifft.

pflanze auf gleicher Entwicklungsstufe in ihrer Jugend durchlaufen hat;
bei getrennt-geschlechtigen Pflanzen zum Theil der Vaterpflanze nachahmend.

4. Die Zellenmehrung durch Abschnürung und das darauf beruhende Wachsen des Pflanzenkeims.

Was wir zunächst im Innern der befruchteten Urzelle beobachten, das
ist die Bildung neuer Zellen in ihrem Raume durch Abschnürung des Ptychodeschlauches zu Tochterschläuchen, von denen jeder, nachdem er zur Größe
der Mutterzelle herangewachsen ist, nachdem er zur Zellwand geworden und
einen neuen Ptychodeschlauch im Innern des alten gebildet hat, einer erneuten Theilung unterworfen ist.

Die nebenstehende Fig. 17 a stellt die Urzelle dar, bestehend aus einer äußeren Zellwandung und aus dem Ptychodeschlauche
mit wandständigem Zellkerne. Fig. b sehen wir
den letzteren unter Erweiterung des Ptychode-
raums in den Mittelpunkt der Zelle gerückt; eine
Erweiterung, die sich in Fig. c auf die entgegengesetzte Seite fortgesetzt, körperlich betrachtet über
die ganze mittlere Querfläche der Zelle sich verbreitet, und dadurch die innere Schlauchhaut
zu zwei geschlossenen, einhäutigen Zellräumen
abgeschnürt hat. Der in den Mittelpunkt der
Querfläche gerückte Zellkern zeigt schon die Linie
einer künftigen Zweitheilung. Fig. d ist diese
Zweitheilung eingetreten, worauf auch die
äußere Schlauchhaut sich in derselben Querfläche
ringförmig einfaltet, bis die in Fig. e dargestellte
Abschnürung des Mutterschlauches in zwei Tochterschläuche vollendet ist, deren jeder einen
halbirten, sich ergänzenden Zellkern im geschlossenen Ptychoderaume enthält. Nachdem jeder dieser
Ptychodeschläuche in vorhin geschilderter Weise
einen neuen Ptychodeschlauch mit wandständigem
Zellkerne in seinem Inneren ausgebildet hat (f),
während der erste Ptychodeschlauch zur Zellwandung erstarrt ist (g), tritt in den nun zu Mutterzellen ausgebildeten Tochterzellen eine erneute
Zweitheilung zu Enkelzellen in gleicher Weise
ein, wie die ursprüngliche Mutterzelle zu Tochterzellen sich abschnürte und entwickelte (h). Die
zweite Abschnürung erzeugt dann vier, die dritte acht, die vierte sechzehn
Zellen u. s. f. Nehmen wir nun an, daß die auf Abschnürung beruhende
Mehrungsfähigkeit der Zellen nur bis zu einem gewissen Alter derselben fortdauert, daß sie in den jugendlichsten Zellen am raschesten vor sich gehe, so
muß endlich der Längenzuwachs in jeder Zellenreihe sich auf deren Endzellen
beschränken, es muß zwischen diesen eine, mit fortschreitender Mehrung der

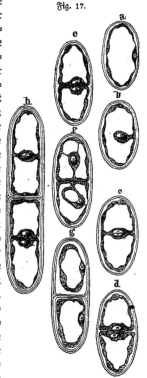

Fig. 17.

Endzellen wachsende Zahl nicht mehr mehrungsfähiger Zellen entstehen, deren nun eintretende Wandverdickung für die jüngeren Endzellen einen festen Zwischenstamm bildet, den Träger des auf= und absteigenden Längen= zuwachses der Pflanze.

Neben dieser, den Längenzuwachs des Pflanzenkörpers vermittelnden Abschnürung rechtwinklig zur Längenachse der Zellen, tritt nun aber noch eine Abschnürung parallel der Längenachse ein, durch welche die Zahl der Zellenreihen sich vergrößert. Diese Vermehrung der Zellenreihen vermittelt den Dickezuwachs des Pflanzenkörpers (so weit dieses auf Zellenmehrung in Mark und Rinde beruht. Ich werde später zeigen, daß der Dickezuwachs durch Fasermehrung anderen Gesetzen unterworfen ist).

Denken wir uns nun die Abschnürung rechtwinklig zur Längenachse der Zellen im Uebergewicht über die der Längenachse parallele Abschnürung, so muß dadurch der Pflanzenkörper die Form eines in dem Grade lang= streckigeren Ellipsoids annehmen, als die horizontale Abschnürung überwiegt. Wir erhalten einen langstreckigen, ellipsoidischen Körper, dessen beschränkter Dickezuwachs, nach denselben Gesetzen, auf die peripherischen jüngeren Zellen= schichten sich beschränkt, wie der Längenzuwachs auf die jüngeren Endzellen der Längenachse im auf= und absteigenden Knospenwärzchen.

Außer diesen beiden, den Länge= und Dickezuwachs des Stämmchens vermittelnden Abschnürungsrichtungen des Zellgewebes, tritt nun aber noch in der Nähe des auf= und des absteigenden Knospenwärzchens, eine örtlich be= schränkte Steigerung der Zellenmehrung ein, durch welche die zellige Grund= lage künftiger Blätter und Blattachselknospen hügelförmig[1] über die Ober= fläche des Ellipsoids hinaustritt. Bei den monocotylen Pflanzen ist es nur ein Wärzchen, bei den Laubhölzern sind es zwei gegenüberstehende, bei den meisten Nadelhölzern sind es viele solcher Blatthügel, welche sich gleich= zeitig im Kreise um das Knospenwärzchen bilden. Aus dem Umstande, daß im Embryo und in der Samenknospe die warzige Grundlage des Blattes schon entsteht, ehe noch eine Spur von Faserbündeln nachweisbar ist, aus dem Umstande, daß viele Zellenpflanzen, z. B. die Moose und die Fucoideen sehr entwickelte Blattformen ausbilden, ohne das Vorhandensein von Faser= bündeln, müssen wir schließen: daß die seitliche Ausscheidung von Blatt= und Knospenwärzchen eine dem parenchymatischen Zellgewebe zuständige Func= tion sei, daß hier die Faserbildung der Zellenbildung eben so folge, wie ich dieß weiterhin für das Fasergewebe des embryonischen Stämmchens nach= weisen werde. Es läßt sich daher das Heranwachsen des Embryo aus der Urzelle, einschließlich der an ihm sich bildenden Blätter (und Blattachsel= knospenanlage), sehr wohl auf rein parenchymatische Functionen zurückführen.

---

[1] Nicht überall wächst die Grundlage des Blattes über die Oberfläche des Axengebildes hügelförmig hinaus. Bei vielen Holzpflanzen erkennt man schon vor dem Ausscheiden im Zellgewebe der Triebspitze eine einschneidende Spaltbildung durch Entstehung einer Doppel= schicht von flächenförmig geordneten Zellen, die später zur Epidermis einerseits der Blatt= scheibe, andererseits des Triebes werden, nachdem die beiden Zellenschichten sich getrennt haben, das Blatt hierdurch vom Ellipsoid gewissermaßen abgespalten ist. Ausgezeichnet tritt diese Abspaltung besonders bei Magnolia und Liriodendron auf, woselbst ihr das Blatt entspringt und eine lappenförmige Ausspaltung folgt, durch welche alternirend die Knospenhüllen gebildet werden.

Wir werden später sehen, daß in Bezug auf den Längenzuwachs die Zellen=
bildung der Faserbildung stets vorangehe, daß nur der Dickezuwachs ein
anderer ·wird, durch unmittelbare Fasermehrung auf der Grenze zwischen
Holz und Bast.

Die Urzelle der neuen Pflanze entwickelt sich in der Regel nicht un=
mittelbar zu bleibenden Theilen des Embryo. In der Regel bildet sie zu=
nächst einen, aus einer oder mehreren Zellenreihen bestehenden, fadenförmigen
Träger, aus dessen Endzelle der Embryo erwächst.

Die untenstehende Fig. 18 (6—12) zeigt die Entwicklungsfolge des
Embryo der Kiefer, wie ich diese Tafel 25 meiner Naturgeschichte der forst=

Fig. 18.

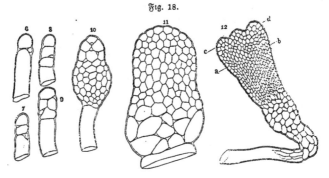

lichen Culturpflanzen weiter ausgeführt habe. In der Spitze des hier aller=
dings secundären Trägers sehen wir in 6 eine erste Zelle abgeschnürt, die in
7 und 8 sich zu zwei und drei Zellen vermehrt hat. In 9 beginnt die Ab=
schnürung parallel der Längenachse, 10 und 11 zeigen die auf diesem Wege
fortschreitende Zellenmehrung auf der Spitze des Trägers. Bis zu dem
Fig. 12 in kleinerem Maßstabe dargestellten Entwicklungszustande besteht der
Embryo nur aus parenchymatischem Zellgewebe, obgleich die künftigen ersten
Nadeln als kleine Zellenhügel (c, d) im Umkreise des centralen Knospen=
wärzchens schon deutlich erkennbar sind.

Der Embryo besteht also anfänglich aus gleichgebildeten oder doch
gleichwerthigen Zellen; aus einer Mehrzahl der Längenachse parallel liegender
Reihen solcher Zellen, die im Querschnitte concentrische Schichten bilden
und zwar so, daß die Zellen jeder Schicht mit den Zellen der Nachbarschichten
im Verbande liegen (s. die Querschnittfläche Fig. 1 und Taf. I. Fig. 2
i—k). Da die Zellen jeder Reihe auch im Längenschnitte mit den Zellen
der Nachbarreihen im Verbande liegen (s. die Längenschnitte durch Mark
und Rinde in Fig. 1, S. 131), so ist jede Zelle jeder Reihe von vierzehn
Nachbarzellen begrenzt, von denen zwei derselben Zellenreihe, zwölf den an=
grenzenden sechs Nachbarreihen angehören. Zellgewebe dieser Art heißt
Zellgewebe im engeren Sinne (Parenchym). Seiner meist dünn=
wandigen, weichen und saftigen Beschaffenheit wegen wird es auch wohl
Pflanzenfleisch genannt, im Gegensatze zu dem, aus derbhäutigeren
Faserzellen erwachsenden Holz und zum Theil Bastkörper der Bäume.

Die schon am Embryo vor der Samenreife auftretenden Blattaus=

ſcheidungen erlangen bei verſchiedenen Pflanzenarten ſehr verſchiedene Grade und Formen der Ausbildung. Mindeſtens ſind es zwei (Laubhölzer) oder mehrere Blattausſcheidungen (Nadelhölzer), die gegenüberſtehend im Umkreiſe des Knoſpenwärzchens entſtehen. Bei den Nadelhölzern kommen nur dieſe erſten Blattausſcheidungen im Samenkorne zur Ausbildung und liefern den erſten Blattquirl (Taf. I. Fig. 27), während das Knoſpenwärzchen als ein kleiner, zelliger Hügel zwiſchen demſelben zurückbleibt. Daſſelbe iſt der Fall bei der Rothbuche, Eſche, Rüſter ꝛc., woſelbſt die einzigen beiden Blatt= ausſcheidungen zu Samenlappen ſich verdicken. Bei der Eiche hingegen, wie bei den meiſten Leguminoſen entwickelt das centrale Knoſpenwärzchen ſchon vor der Samenreife noch eine zweite, dritte, oft ſogar vierte Blatt= ausſcheidung, wie dieß die Entwicklungsfolge des Embryo der Eiche Taf. I. Fig. 23—26 erläutert. Fig. 24, 25 b, Fig. 26 a ſind die zu Samen= lappen ſich verdickenden, erſten Blattausſcheidungen; Fig. 25 a iſt das aus dem Knoſpenwärzchen herangebildete Fiederchen (plumula). Die Achſe des Embryo, ſo weit wie die Markmaſſe abwärts reicht, heißt das Sten= gelchen (cauliculus), ſie heißt das Würzelchen (radicula) von dem Punkte abwärts, an dem die Faſerbündel des Stengels zu einem centralen Faſerbündel ſich vereinen.

Wenden wir den Blick noch einmal auf die Fig. 17 a bis h zurück, ſo ſehen wir, daß jeder abgeſchnürte Tochterſchlauch ſich zur Zellwandung ausbildet, während ein nach dem Innenraum der Zelle abgezweigter, den Zellkern einſchließender Theil deſſelben zu einem neuen Ptychodeſchlauche ſich abſchnürt (Fig. f, g). Dieſe Zellwände, ſo weit ſie zwiſchen neugebildeten Zellwänden liegen, werden ſpäter reſorbirt. Im fertigen Zellgewebe iſt eine, mehrere Zellen einſchließende Zellwandung nicht mehr aufzufinden, wie dieß der Fall ſein müßte, wenn eine Reſorption nicht ſtattfände. Da= gegen erhält ſich die erſte Zellwandung der erſten Mutterzelle, durch die anliegenden Zellen ernährt und in ſich ſelbſt fortwachſend, als gemeinſchaft= licher, dünnhäutiger Ueberzug, als Oberhäutchen (cuticula), bei unſeren Holzpflanzen meiſt bis zum zweiten Jahre des Pflanzentheils, worauf ſie zerreißt und mit der äußerſten Zellenlage als dünnes, durchſichtiges Häutchen abgeworfen wird. Zweijährige Triebe von Prunus oder Populus zeigen dieß am beſten. Die Cuticula iſt alſo die im Umfange der Pflanze bis zu einem gewiſſen Alter fortwachſende Wandung der Urzelle des Individuums.

Nach der herrſchenden Anſicht ſind die Oberhautzellen, d. h. die äußerſte Zellenlage des Pflanzenkörpers, urſprünglich nackt; eine gemeinſchaftliche Oberhaut bildet ſich über ihnen erſt ſpäter durch Sekretionen. Ich vermag nicht, dieſer Anſicht mich anzuſchließen.

Das Wachſen der Holzpflanzen überhaupt beruht auf einer Vermeh= rung der ſie aufbauenden Zellen. Es beruht die Zellenmehrung, ſo weit meine Beobachtungen reichen, allein auf einer Theilung vorgebildeter Zellen. Jede Zelle, ſelbſt der älteſten Pflanze, iſt daher ein durch Theilung ent= ſtandener Nachkomme jener urſprünglichen, durch den Befruchtungsakt in= dividualiſirten Urzelle, bleibend und unabänderlich begabt mit deren ſpeciſiſchen und individuellen Eigenſchaften. Keine der künſtlichen Vermehrungsarten einer Mutterpflanze ändert irgend etwas an

den individuellen Eigenschaften derselben; die kleinste, durch Aeugeln ab=
gezweigte Knospe, das Pfropfreis, das Steckreis, der Absenker, die Wurzel=
brut liefern Pflanzen desselben Geschlechts, derselben individuellen Eigen=
thümlichkeiten, durch welche die Mutterpflanze sich auszeichnete. Eine Knospe
der Blutbuche, der Hängesche, der Pyramideneiche liefert unfehlbar Blätter,
Triebe, Aeste, Stämme derselben Bildung, auch wenn sie auf Wildling=
stämme ganz anderer Beschaffenheit, unter Umständen selbst anderer Art
und Gattung versetzt wurden: Glyptostrobus auf Taxodium, Pyrus auf
Crataegus, Amygdalus auf Prunus), ohne daß dadurch die Natur des
Wildlings verändert wird. [1] Tausende von Steckreisern der männlichen
Weide oder Pappel liefern stets wieder männliche Individuen. Ganz anders
verhält sich dieß bei der Vermehrung durch Samen, die schon darin eine
größere Freiheit bekundet, daß sie verschiedene Geschlechter bildet, deren Art
sicher schon durch den Befruchtungsakt bestimmt wird, ebenso wie die Aehn=
lichkeit der Bastarde mit der Vaterpflanze nur dem Befruchtungsakte zu=
geschrieben werden kann. Die Aussaat des durch den eigenen Blütestaub
befruchteten Samens der Blutbuchen, Pyramideneichen ꝛc. ergibt meist nur
wenige Pflanzen, in denen sich die individuelle Abnormität der vereinten
Mutterpflanze fortgepflanzt hat. [2]

5. Die Faserbildung und Fasermehrung.

Wir haben gesehen, daß der Pflanzenkeim ursprünglich und bis über
den Beginn der Blattausscheidungen hinaus nur aus parenchymatischem
Zellgewebe bestehe. Früher oder später, jedoch stets lange vor eintretender
Samenreife, wenn z. B. das Kiefernpflänzchen bis zu dem Seite 171,
Fig. 18 (12) dargestellten Zustande sich entwickelt hat, beginnt, in einer meist
gleich weit vom Mittelpunkte wie vom Umfange des Querschnitts entfernten
Ringfläche des Stengels, eine Umbildung des parenchymatischen Zellgewebes,
deren Endresultat die Pflanzenfaser ist, von der Pflanzenzelle im All=
gemeinen durch größere Streckung in der Richtung der Längenachse und
durch die Gruppirung zu Bündeln unterschieden, in denen sie, radial ge=
ordnet, horizontale Schichten bilden, die unter sich durch das Ineinander=
greifen der schräg zugespitzten Enden jeder Faser verbunden sind (Taf. I.
Fig. 5 e e).

Der erste Schritt zu dieser Umbildung geschieht dadurch, daß die
bisher parenchymatische, durch Längen= und Quertheilung sich mehrende
Zelle, nunmehr eine Theilung in diagonaler Richtung erleidet, wie

---

[1] Nichts beweist schlagender die Herrschaft der Urzelle über alle ihre Nachkommen, selbst
im höchsten Alter der Pflanze, als der Umstand, daß der Wildlingstamm stets Wildling bleibt,
obgleich die Bildungssäfte, durch welche er alljährlich neue Holzlagen bildet, von der aus
dem Edelreise erwachsenen Belaubung bereitet werden; daß das Edelreis stets die Eigen=
schaften keines Mutterstammes bewahrt, trotz dem, daß es den secundären Bildungssaft
größtentheils aus dem Wildlingstamme bezieht.
[2] Daß durch vieljährige Cultur habituelle Verschiedenheiten der Individuen (Spielarten)
hervorgerufen werden können, die sich durch jedes Samenkorn fortpflanzen, bestätigen einige
Arten der Gattungen Brassica, Raphanus, Beta, Viola. Welches die physiologische
Ursache der Fixirung dieser individuellen Abweichungen vom Ursprünglichen im Befruch=
tungsakte sei, ist uns unbekannt.

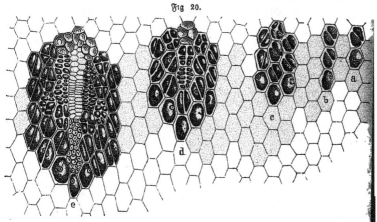

Fig. 19.

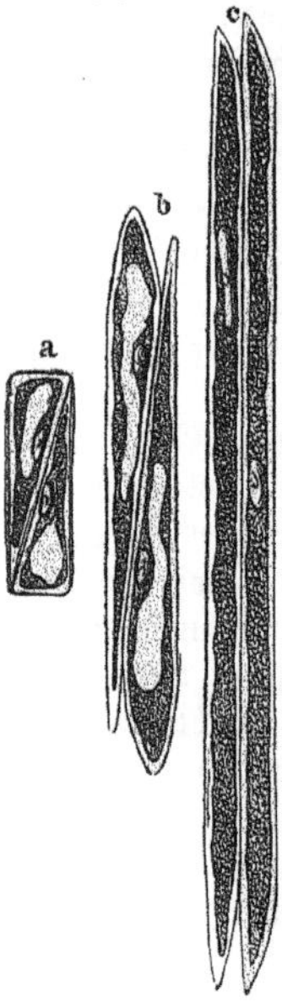

dieß die nebenſtehende Fig. 19 a erläutert. Durch Längen=
wachsthum dieſer beiden Tochterzellen in der Richtung der
diagonalen Abſchnürungsfläche geht daraus die Faſerform
hervor, wie dieß die folgenden Entwicklungsſtufen b c dar=
ſtellen.

Denkt man ſich, vom Mittelpunkte einer, den Quer=
ſchnitt des Stengels repräſentirenden Kreisfläche aus, einen
kleineren Kreis vom halben Durchmeſſer des größeren be=
ſchrieben, ſo beginnt die Faſerbildung in einzelnen, an=
nähernd gleich weit von einander entfernten Punkten dieſer
inneren Kreislinie und ſchreitet von dieſen Punkten aus in
radialer Richtung nach außen vor. Gleichzeitig mehrt ſich
aber auch von jedem Punkte aus die Zahl der Faſerradien
dadurch, daß an jeder Seite des vorgebildeten Faſerradius
ein neuer Zellenradius in die Spaltung zu zweien Faſer=
radien eingeht. Durch den ſeitlichen Zuwachs an Faſer=
radien verengt ſich der Raum zwiſchen je zwei der auf dieſem
Wege ſich bildenden Faſerbündel, bis endlich nur ein oder
einige Zellenradien zwiſchen ihnen übrig bleiben, die nicht
zu Faſern, ſondern zu Markſtrahlzellen ſich umbilden,
ein Zellgewebe, deſſen Anordnung von der Ordnung des
urſprünglichen Zellgewebes durchaus verſchieden iſt, das
daher ebenfalls nicht als ein Rückſtand des letzteren betrachtet
werden darf.

In der nachfolgenden Figur gebe ich die Entwicklungsfolge eines ein=
zelnen Faſerbündels, wie ſie ſich in Querſchnitten aus jungen Knoſpen der

Fig 20.

Schwarzkiefer zu erkennen gibt, wenn man von den oberſten, jüngſten zu
den tieferen, älteren Bildungen hinabſteigt. Im cambialen Zellgewebe a
bis e[1] ſehen wir über a, als erſte Umbildungsſtufe, den Beginn der

[1] Wie dieß, durch keine radiale Ordnung vom parenchymatiſchen Zellgewebe unter=
ſchiedene, cambiale Zellgewebe entſtehe, iſt mir zur Zeit noch unbekannt. Es enthält in

diagonalen Theilung des Ptychodeschlauchs in einer, bei b in zwei, bei c in drei Zellen desselben Radius u. s. f. Von b ab vergrößert sich auch die Breite des Faserbündels dadurch, daß, an jeder Seite des vorhergehend zu Fasern umgebildeten Zellenradius, ein neuer Zellenradius in die diagonale Theilung eingeht, wodurch die anfänglich breiten Räume zwischen den Faserbündeln schmaler werden. Der durch die Diagonaltheilung erkennbare Uebergang der Cambialzellen in Faserzellen und die darauf beruhende Vergrößerung der jungen Faserbündel ist, wie die Figuren zeigen, eine seitliche und zugleich eine nach der Rinde hin fortschreitende. Nach der Achse des Triebes hin findet ein Fortschritt in der Umbildung nicht statt, die zuerst gebildeten Faserzellen bleiben bei den meisten Holzpflanzen für immer die innersten des Bündels, und verwandeln sich sehr früh, nach fortgesetzter Theilung, in ächte Spiralfaserzellen, wie dieß in den Fig. d und e durch eingezeichnete Bogenstriche angedeutet ist.

Es entstehen also aus jedem Zellenradius der radial geordneten Zellschicht zwei Faserradien. Die innersten, ältesten dieser letzteren sind dann einer fortgesetzten Längentheilung unterworfen, wie dieß der mittlere Radius des Bündels d andeutet.

Diese Fasern zweiter Theilung sind es, die sich radial ordnen, deren innere sich zu den bleibenden Holzfasern, deren äußere sich zu den dickwandigen Bastfasern ausbilden, wie dieß im mittleren Radius des Bündels e angedeutet ist, woselbst von e aus in der zweiten und dritten Zelle, die Dickwandigkeit der Fasern durch die das Lumen der Faser andeutende, innere Bogenlinie bezeichnet ist.

Haben die Faserbündel sich bis zu dem Grade in vorbezeichneter Weise erweitert, daß zwischen ihnen nur noch ein oder wenige Cambialradien liegen, dann verwandeln sich die Zellen letzterer in Markstrahlzellen. Wie es zugehe, daß die Anordnung letzterer im primitiven Markstrahle eine ganz andere ist, als die ihrer Cambial-Mutterzellen, habe ich ebenfalls noch nicht ergründen können, so leicht die Bildung der secundären Markstrahlen aus vorgebildeten Fasern der direkten Beobachtung zugänglich ist.

Auf dieser Entwicklungsstufe angelangt, tritt nun eine sehr merkwürdige Veränderung in den Zuwachserscheinungen des Faserbündels ein. Wie durch die Entstehung des Faserbündels selbst ein Gegensatz zwischen Parenchym und Prosenchym, so tritt jetzt ein weiterer Gegensatz im Faserbündel selbst, in dessen Holz- und Bastkörper, oder vielmehr in deren entgegengesetzter Entwicklungsrichtung hervor, der eine verschiedenartige Fortbildung der Fasern, einerseits zu den Organen des Holzkörpers, andererseits zu den Organen des Bastkörpers zur Seite steht. Noch ehe die Faserbündel, durch Umbildung der Zellen in Fasern, zum geschlossenen Bündelkreise herangewachsen sind, unter noch fortdauerndem Umfangszuwachse in der Richtung zur Rinde hin, während die ältesten, innersten Mutterfasern, nach ebenfalls

jeder Zelle einen ungetheilten Ptychodeschlauch, wie er zunächst über a b c d e gezeichnet ist. Um die Entwickelungsfolge deutlicher zu machen und die einzelnen Entwicklungsstufen der Faserbündel schärfer von einander zu trennen, habe ich ihn jedoch nur da in das, die Zellengröße und Zellenordnung andeutende sechsseitige Netzwerk eingetragen, wo er dem Faserbündel angehörend betrachtet werden kann.

eingetretener mehrfacher Theilung zu ächten Spiralgefäßen unmittelbar sich entwickeln, tritt, beiderseits einer inneren Mantelfläche des Ellipsoids, innerhalb einer concentrischen Kreislinie des Querschnittes, die ungefähr die Mitte der Faserbündel schneidet, eine Differenzirung des Zuwachses dadurch ein, daß nur die, dieser ideellen Mantelfläche beiderseits anliegenden Fasern eines jeden Faserradius ihre Theilungsfähigkeit als Mutterzellen für jeden Faserradius behalten, während in allen hinter und vor ihnen belegenen Fasern dieselbe für immer erlischt. Abgesehen von einem noch kurze Zeit fortdauernden Umfangszuwachse, vergrößert sich das Faserbündel von da ab für immer nur von dieser inneren Fläche aus und zwar der Art, daß die, dieser Grenzlinie oder Grenzfläche [1] nach dem Marke hin zunächst liegenden Mutterfasern fortdauernd in jeder Zuwachsperiode, bis zum Tode der Pflanze, sterile Tochterfasern nach dem Marke hin durch Selbsttheilung abschnüren, den Dickezuwachs des Holzkörpers vermittelnd, während die derselben Grenzfläche nach außen zunächst liegenden Mutterfasern ebenso sterile Tochterzellen für den Bastkörper abschnüren, beide in jeder Zuwachsperiode durch Längstheilung in tangentaler Richtung so oft sich verdoppelnd, als die in jeder Zuwachsperiode (in jedem Jahre) sich bildenden Faserradien der Holz- und Bastschichten Faserzellen enthalten.

Man kann sich diesen, auf der Grenzlinie zwischen Holz und Bast fortdauernden Dickezuwachs der Faserbündel folgendermaßen versinnlichen.

Zwei Glasröhren, ungefähr von 1 Mmtr. Raum, werden, wie die Rohre einer Doppelflinte, mit einander verbunden und mit einem ihrer offenen Doppelenden rechtwinklig der Mitte einer zwei Fuß langen, beiderseits offnen Glasröhre eingeschmolzen. Taucht man diese letztere wagerecht in einen Trog mit Seifenwasser, hat sich dieselbe mit Seifenwasser gefüllt, bläst man dann stoßweise Luft in die senkrechte Doppelröhre, so gehen von der Einmündung derselben in die einfache Röhre zwei Reihen von Luftblasen in entgegengesetzter Richtung in die Flüssigkeit der Röhre. In den beiden Ausmündungen der Doppelröhre denke man sich die beiden permanenten Mutterfasern eines Faserradius, in den beiden Luftblasenreihen denke man sich die von ihnen in entgegengesetzter Richtung ausgehenden, sterilen Tochterzellen desselben Radius, die nach der einen Seite hin ausgeschiedenen zu Holzfasern, die in entgegengesetzter Richtung fortgestoßenen zu Bastfasern sich entwickelnd. Denkt man sich ferner eine große Menge solcher Apparate kreisförmig so zusammengestellt, daß sämmtliche einfachen Röhren Radien einer und derselben Kreisfläche bilden, so würde das gleichzeitige Eintreten von Luftblasenreihen in sämmtliche Apparate, nach dem Mittelpunkte hin die Faserradien des Holzkörpers, nach dem Umfange hin die Faserradien des Bastkörpers constituiren. Läßt man zu verschiedenen Malen Luftblasenreihen in die Glasröhre eintreten, so repräsentiren diese den Zuwachs an Holz und an Bast aufeinanderfolgender Jahre und es wird einleuchten,

---

[1] Die Lage derselben ist Seite 131, Fig. 1 auf der Querschnittfläche der einzelnen Faserbündel durch eine innere Theilungslinie angedeutet. Der zwischen ihr und der Rinde liegende Theil jedes Faserbündels ist Bast, der zwischen ihr und dem Marte liegende Theil ist Holzkörper.

daß dieser nicht stattfinden könne, ohne eine, während desselben fortdauernde Ortsveränderung des permanenten Mutterfaserpaares von Innen nach Außen.

Die nebenstehende Fig. 21, in welcher a das in Holz= und Bastkörper getrennte Faserbündel des ersten Jahres, b dasselbe Bündel im zweiten Jahre, c dasselbe im dritten Jahre u. s. f. darstellt, gewährt eine Uebersicht der in jedem Jahre durch Zwischen= bildung neuer Holz= und Bastlagen hinzu= tretenden Theile. In jedem Bündel sind die Theile gleichzeitiger Entstehung mit gleichen

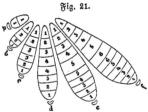

Fig. 21.

Ziffern bezeichnet, deren niedrigste den ältesten, deren höhere den jüngeren Theilen angehören. Um die Ziffern eintragen zu können, sind die Bastlagen verhält= nißmäßig zu den Holzlagen breiter dargestellt, als sie in der Wirklichkeit sind.

Fig. 22 zeigt einen Querschnitt aus Holz und Bast eines älteren

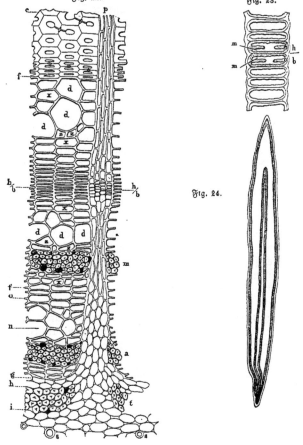

Fig. 22.

Fig. 23.

Fig. 24.

Eichentriebes; p den aus dem älteren, fertigen Holzkörper c—f, in den Bastkörper $\frac{h}{b}$ — g übergehenden Markstrahl, $\frac{h}{b}$ die Grenze zwischen Holz- und Bastkörper, von der aus eine neue, noch unausgebildete Holzschicht $\frac{h}{b}$ — f und eine eben solche neue Bastschicht $\frac{h}{b}$ — m gebildet sind.[1] Fig. 23 zeigt die in $\frac{h}{b}$ liegenden beiden Mutterfasern m m und deren Theilung durch tangentale Abschnürung ihres Ptychodeschlauches, für die Fig. 24 eine Längenansicht gibt, wenn auch nur andeutend. Die mit zunehmender Dicke des Holz- und Bastkörpers sich steigernde Zahl der Faserradien beruht auf einer von Zeit zu Zeit nach Bedarf eintretenden Längentheilung der Mutterfasern in radialer Richtung.[2]

Das beiderseits von den beiden Mutterzellen $\frac{h}{b}$ aus sich entwickelnde, jugendliche, noch zartwandige Fasergewebe der jungen Holz- und Bastlagen ist es, das man Cambium genannt hat, ursprünglich von der Ansicht ausgehend, daß dasselbe eine flüssige, formlose, zwischen dem im Frühjahre sich trennenden Holz- und Bastkörper ausgeschiedene Masse sei, aus der die jungen Fasern wie Krystalle in der Mutterlauge sich frei entwickelten. Eine genauere Untersuchung und bessere Instrumente zeigten dann, daß jene Flüssigkeit nichts anderes sei, als der Inhalt bereits vorhandener, aber so zarthäutiger Fasern, daß deren Wände bei Ablösung des Bastes leicht zerreißen und ihren flüssigen Inhalt, gemengt mit den zerrissenen Zellhäuten, als eine formlose Masse erscheinen lassen. Aus dem Umstande jedoch, daß die auf der Bastseite gebildeten Fasern im Verfolg nur theilweise sich verdicken, daß der größere Theil derselben für immer dünnwandig bleibt und im cambialen Zustande verharrt, daher auch im Winter und überhaupt zur Zeit ruhender Zuwachserscheinungen als eine aus unfertigem Fasergewebe bestehende, cambiale Schicht erschien, erhielt sich die Ansicht, daß ein Theil des jugendlichen Fasergewebes (auf welches der Name „Cambium" übertragen wurde) im unfertigen Zustande überwintere und im kommenden Frühjahre zur neuen Holzfaserschicht ausgebildet werde. Bereits im Jahre 1837 bewies ich das Irrige dieser Ansicht, indem ich darauf aufmerksam machte, daß dieß nur scheinbar jugendliche Fasergewebe des Bastkörpers größtentheils für immer dünnwandig bleibe und vom jugendlichen Fasergewebe des Holzkörpers sich sehr bestimmt durch eine ganz abweichende, siebförmige Tipfelung für immer unterscheide (s. m. Jahresberichte Taf. I. Fig. 40—43). Erst in neuester Zeit hat diese Beobachtung auch in der physiologischen Botanik Aufnahme und Anerkennung gefunden, jedoch ohne daß bis jetzt diejenigen nothwendigen Consequenzen weiter besprochen wurden, die ich im Vorhergehenden dargelegt habe, betreffend die Entwicklung des Jahresringes aus permanenten Mutterzellen des Holzes und des Bastes, wie solche einseitig auch für das ebenfalls radial geordnete Zellgewebe des Korks besteht.

Jedes einzelne Faserbündel durchläuft daher drei Perioden eines ver-

---

[1] Vergl. Taf. I, Fig. 2 c f o.

[2] Die Bildung steriler Tochterzellen, von einer permanenten Mutterzelle aus, wiederholt sich im Korkgewebe und ist dort der directen Beobachtung weit leichter zugänglich. (S. den Abschnitt „Korkgewebe" und die Holzschnitte Fig. 38—40.)

schiedenartigen Dickezuwachses. Im parenchymatischen Zellgewebe des Embryo entstanden, ist dessen Dickezuwachs ursprünglich ein ausschließlich peripherischer. In einer zweiten, rasch vorübergehenden Periode vereint sich der allseitig peripherische Zuwachs mit dem, zwischen Bast und Holz auftretenden intermediären Zuwachse. In einer dritten Periode erlischt der peripherische Zuwachs in allen außer den Endpunkten der Längenachse des Ellipsoid und dessen Verästelungen für immer und nur der intermediäre Zuwachs ist es, der fortan die zunehmende Verdickung des Stammes vermittelt.

Man versinnlicht sich dieses am leichtesten, wenn man die aufgerichteten Fingerspitzen einer Hand kreisförmig zusammenstellt, die Finger als Faserbündel betrachtet, den Raum zwischen ihnen als Markgewebe, eine sie äußerlich umschließende Zellschicht als Rindegewebe sich denkt, Mark- und Rindegewebe verbunden durch ein zwischen den Fingern liegendes Markstrahlgewebe. Ueber den aufgerichteten Fingerspitzen confluiren Markstrahl- und Rindegewebe; sie erheben sich hier zu einem kleinen, zelligen Hügel, dessen parenchymatische Zellen stets sehr klein bleiben, da deren rasch sich wiederholende, eine energische Zellenmehrung vermittelnde Theilung der Herausbildung voller Zellengröße entgegensteht. Dieses, die Faserbündel oder Fingerspitzen krönende Zellgewebe ist das Knospenwärzchen (gemmula). Sein rasches, von Blatt- und Knospenausscheidung begleitetes Emporwachsen vermittelt den Längenzuwachs des Triebes, so weit dieser nicht auf Vergrößerung der ursprünglich sehr kleinen Zellen beruht. Die Spitzen der Faserbündel (oder der Finger) hingegen verlängern sich nicht selbstständig, sondern dadurch, daß die ihnen zunächst liegenden, also ältesten Zellen des Knospenwärzchens zu Faserzellen sich umbilden. Denkt man sich nun ferner vom obersten Gliede der Finger abwärts diese oder die Faserbündel in tangentaler Richtung gespalten, so vergrößert sich, von da abwärts, jedes Faserbündel durch eine auf Fasertheilung beruhende Fasermehrung innerhalb jenes Spaltraumes und zwar von einer Doppelschicht permanenter Mutterzellen aus, deren innere den Faserzuwachs des Holzkörpers, deren äußere den Faserzuwachs des Bastkörpers vermittelt. Vom obersten Fingergliede bis zur Fingerspitze aufwärts ist hingegen der Faserzuwachs ein peripherischer und beruht, wie über der Bündelspitze, auf einer Umbildung von Zellen in Fasern.

So weit meine Erfahrung reicht, beschränkt sich die Entstehung neuer, unabhängiger Faserbündel im aufsteigenden Stocke auf jenen frühen Entwicklungszustand des Embryo. Im Gefolge eingetretener Verletzungen können neue Faserbündel auch in älteren Pflanzen entstehen, wie ich dieß in der Reproduktionslehre näher nachweisen werde; im normalen Verlauf der Entwicklung geschieht dieß, so viel ich weiß, nicht; alles Holz und aller Bast, selbst des ältesten Baumes, gehören entweder der Vergrößerung jener, im Embryo entstandener Faserbündel an, oder sie ist, in Blattstiel und Blatt, in Knospe, Blüthe und Frucht, Produkt einer Abzweigung jener ursprünglichen Faserbündel. Die Verästelung des absteigenden Stockes hingegen beruht allerdings auf Neubildung von Faserbündeln aus dem Zellgewebe der Markstrahlen, daher dann auch an alten Wurzeltheilen, ohne vorhergegangene Verletzungen überall neue Wurzeln entstehen können, wäh-

rend neue Triebe des aufsteigenden Stockes an diesem nur im frühesten
Entwicklungszustande des einjährigen Triebes, nur im wachsenden Knospenwärzchen entstehn.   —

B. Das Reifen des Samenkorns und die Bildung der Reservestoffe desselben.

Der Embryo empfängt bis zur Samenreife seine Bildungsstoffe im
flüssigen Zustande fortdauernd von der Mutterpflanze. Bei den meisten
Holzpflanzen verwendet er sie nicht allein auf Zellenbildung für eigenes
Wachsthum, sondern er eignet sich einen bedeutenden Ueberschuß von Bildungssäften an, den er, zu Stärkemehl, Klebermehl und Oel umgebildet,
innerhalb des Zellgewebes der ersten Blattausscheidungen aufspeichert, die
dadurch oft unförmlich verdickt werden (Eiche, Kastanie, Mandel ꝛc.), wie
dieß der in kleinerem Maßstabe als die vorhergehenden Figuren gezeichnete
Längendurchschnitt einer Eichel (Taf. I. Fig. 26) zeigt, in der a a die zu
Samenlappen verdickten ersten Blattausscheidungen sind. Dieß ist jedoch
keineswegs der allgemeine Vorgang. Bei allen Nadelhölzern, bei der Linde,
Esche, dem Weinstock, da sind es die im Ptychoberaume des Keimsäckchens
gelagerten Zellkerne, die hier zur Erzeugung eines Zellgewebes Veranlassung
werden, in dem sich die für den Keimungsakt nöthigen Reservestoffe ablagern, die dann in einer schlauchförmigen Schicht den Embryo umgeben.
Taf. I. Fig. 27 zeigt den Längendurchschnitt des Samenkorns der Kiefer,
dessen im Innern liegender Embryo vom Samenweiß oder Endosperm
a a eingeschlossen ist, das er, umgeben von den Samenhäuten, beim Keimen
mit über die Erde emporhebt, und dann erst durch die anliegenden Blätter
aussaugt. Die ersten Blattausscheidungen der Nadelhölzer, der Linde, der
Esche, sind daher von den später sich entwickelnden Blättern bei weitem nicht
so verschieden, wie die Samenlappen der Eiche, Buche, Bohne ꝛc. In noch
anderen Fällen — ich vermag keine Holzpflanze dieser Art, sondern, unter
den bekannteren Gewächsen, nur die Wasserlilien (Nymphaea, Nuphar)
zu citiren — speichern sich die Reservestoffe im Zellgewebe des Eikegels um
den Embryosack herum auf, das Perisperm bildend.

Sei es nun in den Samenlappen des Embryo selbst oder im Endosperm
oder im Perisperm, in allen Fällen sammelt sich in oder um den Embryo
gegen das Ende seiner Ausbildung oder mit herannahender Samenreife eine
verhältnißmäßig große Menge von Bildungsstoffen in der Form von Stärkmehl, Klebermehl, Grünmehl oder Gerbmehl, begleitet von Oel und anderen,
der Menge nach untergeordneten Stoffen, deren Bildung und Umbildung
meine neueste Schrift „Entwicklungsgeschichte des Pflanzenkeims, Leipzig 1858"
ausführlich darstellt und mit Abbildungen belegt. Der Vorgang ist im
Wesentlichen und in der Kürze folgender:

Bereits Seite 165, Fig. 16 habe ich gezeigt, daß, wenn aus dem
Zellkerne ein Ptychodeschlauch sich bildet, das Kernkörperchen desselben zu
einem neuen Zellkerne heranwächst, während die Kernstoffkörperchen (Granula)
im Ptychoberaume sich vertheilen und sich dort durch Selbsttheilung vermehren. Die Kernstoffkörperchen jedes ersten Ptychodeschlauches werden auf
die Zellwandbildung verwendet, indem sie zwischen den Schlauchhäuten zu

ben Cellulosechichten verwachsen. Dieß ist mitunter anch noch der Fall mit einem zweiten oder dritten Ptychodeschlauche, der sich im Innern der zu Wandungsschichten ausgebildeten regenerirt (Entwicklungsgesch. p. 148). Hier im Embryo oder in der Umgebung desselben ist es aber in der Regel schon der zweite Ptychodeschlauch, dessen Kernstoffkörperchen, an sich organisirte, mit einer Hüllhaut umgebene Gebilde, eine Reihenfolge stofflicher Veränderungen erleiden, die bei verschiedenen Pflanzen verschieden sind.

In der nebenstehenden Abbildung gebe ich die Entwicklungsfolge der körnigen Reservestoffe in den Samenlappen der Leguminosen, im Samenweiß der Esche, der Nadelhölzer ꝛc., so weit als es nöthig ist, um eine allgemeine Ansicht zu belegen. Die specielleren Nachweisungen mannigfaltiger Abweichungen enthält meine Schrift „Entwicklungsgeschichte des Pflanzenkeims." Der Zellendurchschnitt a beistehender Fig. 25 zeigt innerhalb der von Tüpfelkanälen durchsetzten, äußeren Zellwandung den Ptychodeschlauch p, etwas contrahirt und von der inneren Wandungsfläche, der er im natürlichen Zustande dicht anliegt, bis auf einzelne Stellen abgelöst, an denen die äußere Haut mit der Schließhaut der Tüpfelkanäle noch in Verbindung steht (die mitunter langen Schlaucharme, durch die der sich zusammenziehende Ptychodeschlauch mit der Schließhaut der Tüpfelkanäle in Verbindung bleibt, deuten auf eine Verwachsung oder Verkittung beider Häute). In der durch Körnchen geringster Größe milchig gefärbten Flüssigkeit des Ptychodeschlauchs sieht man bei z den Zellkern.

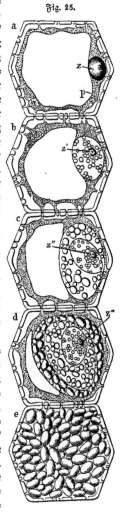

Fig. 25.

b zeigt nur insofern eine Veränderung, als durch Aufsaugung von Flüssigkeit die Hüllhaut des Zellkerns sich, bedeutend erweitert hat. In Folge dessen sind die Granula des Zellkerns auseinander getreten und liegen hier in der Zellkernflüssigkeit. Das Kernkörperchen des Zellkerns z hat sich zu einem neuen, noch sehr kleinen Zellkerne z' ausgebildet.

Zwischen b und c liegt ein Entwicklungsstadium, in welchem z' zur normalen Größe des relativ primitiven Zellkerns (z in a) herangewachsen ist. Der Zellkern z', nachdem er ausgewachsen, erleidet dann dieselben Veränderungen zu z" wie z zu z', d. h. der aus dem Kernkörperchen des primären Zellkerns z entstandene secundäre Zellkern z' hat sein Kernkörperchen zu einem tertiären Zellkerne z" entwickelt, seine Granula haben sich, wie oben, in aufgesogenem Ptychodesafte isolirt, während die Granula des primitiven Zellkerns, unter fortdauernder Erweiterung der Hüllhaut desselben, durch fortdauernde Aufnahme von Bildungsstoffen nicht allein größer werden, sondern auch durch Selbsttheilung sich vermehren.

Nachdem das Kernkörperchen des secundären Zellkerns z' zur normalen Größe eines tertiären Zellkerns z" herangewachsen ist, wiederholt sich in diesem derselbe Vorgang: die Bildung eines vierten Zellkerns z''' Fig. d; die Isolirung einer neuen Generation von Körnern; Wachsthum und Mehrung der vorgebildeten Generationen bis zu gänzlicher Verdrängung des inneren Zellraumes, wie dieses die Fig. a bis d aufeinanderfolgend darstellen, bis endlich, unter Resorption der vorgebildeten Häute, die ganze Zelle mit körnigen Körpern erfüllt ist (Fig. e), um die sich im parenchymatischen Zellgewebe nur die äußere Schlauchhaut erhält.

Diese, dem Zellkerne entspringenden Körner erleiden nun im Verlauf ihrer Ausbildung bis zu vollendeter Größe mannigfaltige, bei verschiedenen Pflanzen und in verschiedenen Pflanzentheilen derselben Pflanze verschiedene Veränderungen, nicht allein in Bezug auf Form, Bildung und Zusammen= setzung, sondern selbst in Bezug auf elementare Bestandtheile.

In den Samenlappen des Embryo der jungen Eichel, Kastanie, Roß= kastanie verwandeln sich die Granula unmittelbar in Stärkemehl (Amylon), einen rundlichen oder eiförmigen, mitunter durch gegenseitigen Druck poly= edrischer Körper, dessen Wandung, im Wesentlichen mit der einer sehr dick= wandigen Zelle übereinstimmend, aus $43\frac{1}{2}$ Kohlenstoff, $49\frac{1}{2}$ Sauerstoff und 7 Wasserstoff besteht. Unauflöslich in kaltem Wasser bilden die Körnchen in kochendem Wasser durch Aufquellung den bekannten Kleister. Sie färben sich durch Jodlösung indigoblau, speichern keine Farbstoffe, geben durch gelindes Rösten einen gummiähnlichen Körper, durch Behandlung mit Schwefel= säure und im Keimungsprocesse bilden sie Zucker. Die vorstehende Fig. 25 zeigt in e die Formen des Stärkemehls der Eichel; zur Unterscheidung habe ich in der nachstehenden Fig. 26 bei b die unregelmäßigeren Formen der Stärke des Holzes dargestellt.

Fig. 26.

In dem Samenweiß der meisten Nadelhölzer, in dem von Fraxinus, Tilia, Vitis verwandeln sich die Granula unmittelbar in Klebermehlkörnchen (Aleuron), dem Stärkemehl in Form und Größe ähnliche, ebenfalls hüllhäutige Körper, in denen zu den Bestandtheilen des Stärkemehls noch 9 bis 10 Proc. Stickstoff, etwas Schwefel (und Phosphor?) treten. Mandeln, Nüsse, Eckern, überhaupt alle ölreichen Sämereien enthalten nur Klebermehl, das im Wasser sich leicht auflöst, in kochendem Wasser keinen Kleister bildet, durch salpetersaures Quecksilber roth, durch Jodlösung braungelb sich färbt und Farben speichert. Eigen= thümliche, krystallinische Formen einzelner Arten und verschiedenartige, in Form und Bestand verschiedene Einschlüsse (Weißkerne, Kranzkörper, Kry= stalloide) kennzeichnen das Klebermehl, den organisirten Träger der stickstoff= haltigen Bestandtheile des Pflanzenreichs.

Die vorstehende Abbildung, Fig. 26, zeigt bei d ein Kleberkorn des Rosinenkerns mit krystalloidischem Einschluß; bei e ein solches mit Weiß=

kern; bei f ein Kleberkorn der Buchecker mit Kranzkörper; bei g ein kry=
stallinisch geformtes Kleberkorn der Paranuß mit Weißkern im randständigen,
nur durch bie beutelförmige Hüllhaut abgeschlossenen Innenraume.

In sehr vielen Sämereien ist der Embryo in seiner frühesten Jugend
grün gefärbt, z. B. bei allen schmetterlingsblumigen Pflanzen. Die Granula
verwandeln sich hier zunächst in Chlorophyllkörner (Grünmehl). Es sind
dieß ebenfalls rundliche oder ovale feste Körner, die, ursprünglich ungefärbt
und farbenspeichernd, später eine grüne Farbe erhalten durch Ausbildung
eines, an einem wachsähnlichen Stoffe haftenden, grünen Pigments, von
dem das feste Korn durchdrungen ist. Alle grüngefärbten Pflanzentheile
verdanken ihre Färbung diesem Grünmehl, dessen feste, gegen chemische
Reagentien höchst indifferente Grundlage in ihrer elementaren Zusammen=
setzung noch unbekannt ist. Die vorstehende Figur zeigt bei a mehrere
verschiedene Formen dieser Körner. Das mittlere dieser Körner zeigt einen
durch Jod dunkelgefärbten Kern von Stärkemehl.

Nur bei wenigen Pflanzen verharrt ein Theil der Chlorophyllkörner
des Embryo bis zur Samenreife in diesem Zustande (Tropaeolum, Acer),
bei den meisten verwandelt sich das Chlorophyllkorn, entweder von einem
oder von mehreren Punkten aus, in Stärkemehl. In den grünen Erbsen
z. B., die mit der Reife ihre grüne Farbe verlieren, sind es dieselben or=
ganisirten Körper, die anfänglich als Chlorophyllkörper, später als Stärke=
mehlkörner auftreten; ich habe sogar nachgewiesen, daß diese Stoffwand=
lung in vielen Fällen noch weiter geht, daß, z. B. in den Samenlappen
von Lupinus, Tropaeolum, das aus dem Chlorophyllkorne entstandene
Stärkemehlkorn endlich in ein Kleberkorn sich umbildet (s. meine Entwicklungs=
geschichte des Pflanzenkeims).

Einzelne Zellen in den Samenlappen der Eichel enthalten auch Gerb=
mehl (44,8 Sauerstoff, 51,7 Kohlenstoff, 3,5 Wasserstoff) als Reservestoff.
Während des Winters enthält auch der Bast der Eiche den Gerbstoff in
fester Form, häufig deutlich gekörnelt. Er lagert hier in den Siebfasern
und in den Markstrahlzellen des Bastes und wird durch Eisenchlorid wie
durch schwefelsaures Eisenorydul lederbraun gefärbt. Erst durch Zusatz
von Wasser verändert sich diese Färbung in das Blauschwarz der Dinte.
Im Frühjahre wird der Gerbstoff wie alle übrigen Reservestoffe im Zell=
safte aufgelöst und auf Neubildungen verwendet. Wie alle übrigen Reserve=
stoffe, sammelt er sich im Sommer und Herbste für das nächste Jahr wieder
an. Der vorstehende Holzschnitt zeigt bei c den Querschnitt einer Sieb=
faserzelle mit eingelagertem, gekörneltem Gerbstoffe, von dem einzelne Körnchen
aus den Gerbzellen des Rosenmarkes nebenbei gezeichnet sind.

Während des Keimens der Eichel löst sich der Gerbstoff ebenfalls und
durchdringt die Stärkmehlkörner, die dann von Eisenchlorid schwarzblau
gefärbt werden.

Zu den Reservestoffen des Samenkorns gehört ferner auch der Zell=
stoff (Cellulose) der Zellwandung selbst (45 Kohlenstoff, 42 Sauerstoff,
6 Wasserstoff). Die mitunter sehr dicken Zellwände, z. B. der Samen=
lappen von Tropaeolum oder des Samenweiß von Vitis, des Palmensamens,
verschwinden im Keimungsprocesse entweder bis auf den häutigen Bestand

(Vitis) oder bis auf die Cambialwandung (Tropaeolum) (f. Entwicklungs=
geſchichte des Pflanzenkeimes Taf. IV. Fig. 6). Ich vermuthe, daß das
Mindergewicht des Sommerholzes unſerer Waldbäume, ſo weit es ſich nicht
aus dem Verbrauch der in ihm abgelagerten körnigen Reſerveſtoffe erklären
läßt, auf der Löſung und Verwendung eines Theils der Celluloſe auch
hier beruhe.

Zucker (48,8 Sauerſtoff, 6,4 Waſſerſtoff, 44,8 Kohlenſtoff) iſt in
Sämereien zwar noch nicht nachgewieſen, der ſüße Geſchmack mehrerer der=
ſelben deutet aber auf das Vorhandenſein deſſelben hin. Um ſo häufiger
findet ſich der Zucker als gelöſter Reſerveſtoff in den Winterſäften des Holzes
ſowohl, als des Baſtes. Beide ſind eine Fundgrube verſchiedener noch
nicht näher unterſuchter Zuckerarten.

Erſt bei der mit herannahender Samenreife eintretenden Umbildung
des Stärkmehls in Klebermehl, ſcheiden ſich fette Oele aus, die im
Samenkorne der Buche, der Haſel= und Wallnüſſe, der Pflaumen=, Aepfel=,
Birnbäume, der meiſten Nadelhölzer in reichlicher Menge vorhanden ſind.
Sie beſtehen aus 80 Kohlenſtoff, 8,4 Sauerſtoff, 11,3 Waſſerſtoff, 0,3 Stick=
ſtoff und ſind ſtete Begleiter des Klebermehls, die ſofort wieder verſchwinden,
wenn letzteres im Keimungsproceſſe aufgelöſt, oder rückſchreitend in Stärk=
mehl und Chlorophyll umgewandelt wird, wie wir dieß an den im Samen=
korne ungefärbter Samenlappen der Buche, des Pflaumenbaumes, der Akazie
ſehen, die nach der Keimung im Lichte wieder grün werden.

Die Stufe der Ausbildung, zu welcher die junge Pflanze im Samen=
korne bis zu deſſen Reife vorſchreitet, iſt eine bei verſchiedenen Pflanzen=
geſchlechtern ſehr verſchiedene. In der Entwicklung der Plumula am weiteſten
vorgeſchritten zeigen ſich die Leguminoſen, die Eiche und die Roßkaſtanie,
die erſten Blattausſcheidungen ſind am weiteſten entwickelt bei der Linde,
Eſche, den Nadelhölzern. Immer aber iſt bei unſeren Holzpflanzen der
Embryo mit Eintritt der Samenreife in ſeiner Entwicklung ſo weit gediehen,
daß er alle weſentlichen Elemente der älteren Pflanze: Stamm, Blatt,
Wurzel und Endknoſpe, Mark, Rinde und Faſerbündelkreis in ſich vereint,
wenn auch alle dieſe Theile noch nicht ſo ausgebildet ſind, daß durch ſie
eine vollkommene Selbſtſtändigkeit der Fortbildung eingetreten iſt, die erſt
dann erreicht wird, wenn im Keimungsproceſſe die von der Mutterpflanze
dem Keimling mitgegebenen Reſerveſtoffe auf deſſen weitere Ausbildung
verwendet ſind.

C. Die Samenruhe.

Meiſt im Herbſte, oft ſchon im Sommer oder Vorſommer des Blüthe=
jahres (Ulme, Pappel, Weide), ſelten erſt im Herbſte des zweiten Jahres
nach der Blüthe (Kiefer, Wachholder, Zerreiche und viele nordamerikaniſche
Eichen) erlangt der Same ſeine Reife, die ſich darin äußert, daß eine
weitere Zufuhr von Bildungsſäften der Mutterpflanze nicht mehr ſtattfindet
und daß der Same, theils mit theils ohne die Frucht abgeworfen wird.
Die Eichel, die Buchecker, die Haſelnuß, das was wir Same nennen: der
Birke und Erle, der Ulme, des Ahorn, der Eſche ſind Früchte, die mit
dem eingeſchloſſenen Samenkorn bis zur Keimung in Verbindung bleiben,

während der Same der Nadelhölzer, der Weiden und Pappeln, der Akazie und überhaupt aller hülsenfrüchtigen Pflanzen, der Aepfel= und Pflaumen= same, aus dem Pflanzeneie und dessen Umhüllungen allein gebildet, Same im wissenschaftlichen Sinne des Wortes sind.

Wenn der Same seine Reife erlangt hat, tritt ein Zustand der Ruhe aller vitalen Funktionen ein, der bei verschiedenen Pflanzen verschieden lange Zeit dauert. Am kürzesten ist diese Samenruhe, wenn man hier überhaupt von einer solchen sprechen kann, bei Pappeln und Weiden. Frisch dem Baume entnommenen Pappelsamen habe ich schon nach 24 Stunden zum Keimen gebracht, leider vergehen die meisten, oft alle Keimlinge eben so rasch wie sie gekommen sind und ist es mir noch nicht geglückt die Ursache dieser Sonderheit zu ergründen. Die Gräser keimen meist nach 3—4 Tagen, die hülsenfrüchtigen Sämereien nach 6—8 Tagen, die meisten Nadelhölzer und Laubholzsämereien 3—4 Wochen nach der Aussaat im Frühjahre. Es gibt aber unter den Laubhölzern sowohl wie unter den Nadelhölzern Arten, deren Same bis zum Frühjahre des zweiten Jahres nach der Reife im Boden liegt, die Hainbuche, Esche, Linde, Weißdorn, Zirbelkiefer, Eibe, ferner viele Strauchhölzer wie Cornus, Vibrunum, Evonymus, Ligustrum, Hippophäe, Daphne, Solanum, Ilex, Ledum gehören dahin. Es ist dieß eine wunderbare Erscheinung, die weder aus der Beschaffenheit der Samenhüllen, noch im Baue oder Bestande der inneren Samentheile eine Erklärung findet. Der Same unserer heimischen Esche liegt mit seltenen Ausnahmen ein Jahr über, der äußerlich wie innerlich nicht unterschiedene Same Fraxinus pubescens, gleichzeitig mit dem Samen unserer Esche vom Baume genommen und gleichzeitig eben so wie dieser auf demselben Saatbeete ausgesäet, also genau denselben Keimungseinflüssen ausgesetzt, keimt schon im Frühjahre nach der Herbstsaat. Der dickschaligste Nadel= holzsame von Pinus Pinea keimt unter allen Nadelholzsamen am frühesten, meist schon nach acht Tagen, der ihm sehr ähnliche aber weniger dick= schalige Same Pinus Cembra liegt ein Jahr über. Es sind dieß Beweise, daß die verschiedene Dauer der Samenruhe, unabhängig von materiellen Verschiedenheiten wie von verschiedenen äußern Einflüssen, denjenigen Er= scheinungen angehört, die wir nur aus einer im Organismus individua= lisirten Sonderkraft herleiten können, die wir als Lebenskraft darin von den allgemeinen Naturkräften verschieden erkennen, daß sie unter gleichen Umständen Verschiedenes schafft, während die allgemeinen Naturkräfte unter gleichen Umständen ihrer Wirksamkeit stets gleiche Wirkung äußern. [1]

Die Existenz der Samenruhe erkennen wir in der verschiedenen Dauer derselben bei verschiedenen Samenarten. Selbst die der Keimung günstigsten Verhältnisse kürzen diesen Zeitraum nicht. Ist derselbe aber vorübergegangen, dann erwacht die Lebensthätigkeit des Keims von Neuem, jedoch nur unter Bedingungen, die ihrer Erweckung günstig ist: unter Ein= wirkung eines gewissen Wärmegrades, genügender Feuchtigkeit und des Sauerstoffs der atmosphärischen Luft. Der Zutritt von Sauerstoff scheint

[1] In die Reihe dieser, die Existenz einer leitenden Sonderkraft beweisenden Lebens= erscheinungen gehört unter Anderem auch die Knospenruhe und die Winterruhe.

auch während der Samenruhe nothwendig zu sein. Nur so erklärt sich die
Thatsache, daß Sämereien in fließendes Wasser versenkt den Winter über
sich sehr gut erhalten, während sie in stehendem Wasser unfehlbar absterben
und verfaulen.

Durch Entziehung einer der Keimungsbedingungen läßt sich die Samen=
ruhe willkürlich verlängern. Die niedere Temperatur und die Trockenheit
der Luft in den Katakomben Aegyptens hat den Mumienweizen Jahrtausende
hindurch in der Samenruhe erhalten. Die Angaben, daß der Same seine
Keimfähigkeit nicht eingebüßt habe, gewinnen immer mehr an Glaubwür=
digkeit. Mein Vater hat aus mindestens 30jährigem Samen von Saro=
thamnus Pflanzen erzogen; Freisaaten mit 11jährigen Fichtensamen haben
noch eine große Menge Pflanzen geliefert; andere Samen, Eicheln, Kastanien,
Bucheckern, Haselnüsse erhalten ihre Keimfähigkeit nur bis zum Frühjahre
nach der Reife, der Same der Rothbuche, bis zum Frühjahr trocken auf=
bewahrt, liegt mitunter bis zum zweiten Frühjahre im Boden ehe er keimt.
Frischer, sofort nach der Reife gesäeter Same läuft in der Regel gleichzeitig,
älterer Same, besonders wenn er trocken aufbewahrt wurde, keimt oft sehr
ungleich. Aus Taxus= und Zirbelkiefersaaten erhielt ich noch nach vier
Jahren junge Pflanzen; aus einer vorjährigen Aussaat auf dem Bretter=
boden eines Speichers aufbewahrter Eicheln keimten ungefähr der dritte
Theil im Mai und Juni, die übrigen erst in den folgenden Monaten bis
zum November; ungefähr 2 Procent des ausgesäeten Samens überwinterte
im Boden und lieferte erst im zweiten Frühjahr gesunde, kräftige Pflanzen.
Eine vorjährige Frühjahrssaat von Acer campestre lieferte sämmtliche
Pflanzen erst in diesem Frühjahre. Das häufige Nachkommen älteren Lärchen=
samens ist eine einem jeden Holzzüchter bekannte Sache.

Die Erfahrung hat aber gelehrt, daß, je älter der ausgesäete Same
ist, um so schwächlicher die aus ihm hervorgehenden Pflänzchen sind. Sie
können unter begünstigenden Einflüssen zu gesunden Pflanzen heranwachsen,
erliegen aber weit leichter jeder ungünstigen Einwirkung der Witterung und
des Bodens; daher es dann als Regel gilt, den Samen so bald wie möglich
nach erfolgter Reife zu säen, wo dem nicht größere Gefahren entgegen=
stehen, die aus Verlusten durch Wild, Vögel und Mäuse, durch vorzeitiges
Keimen bei milder Winterwitterung erwachsen können, wenn der Same
längere Zeit als nöthig im Boden liegen muß.

D. Die Keimung.

Nach Ablauf der gesetzlichen Samenruhe ist eine Wärme von 10 bis
15 Graden, es ist ein gemäßigter, den Zutritt des Sauerstoffs der Atmo=
sphäre nicht abschließender Feuchtigkeitsgrad Bedingung des Keimens,
d. h. der Wiedererweckung des Keimes im Samenkorne, der Lösung und
Umbildung der Reservestoffe, sowie erneuten Wachsthums und höherer Aus=
bildung der bereits vorhandenen Organe.

Daß der Zutritt atmosphärischen Sauerstoffs Bedingung des Keimens
sei, habe ich dadurch erwiesen: daß ich rasch keimende Sämereien in einer
auch den Boden durchdringenden künstlichen Atmosphäre von kohlensaurem
Gase beliebig lange Zeit unter übrigens günstigsten Bedingungen vom Keimen

zurückhielt. Die verwendeten Sämereien keimten sämmtlich sofort, nachdem die Kohlensäure durch atmosphärische Luft ersetzt worden war. Es hatte daher die Kohlensäure nicht geschadet, sondern nur durch Abschluß des Sauerstoffs der Luft die Keimung verhindert. (Forstl. Convers.-Lexikon, Anhang.)

Entfernung der Kohlensäure im Boden und Begünstigung des Sauerstoffzutritts fördern daher die Keimung. Lockerung des Keimbettes und nicht zu hohe Erddecke sind die einzigen uns zu Gebote stehenden Förderungsmittel, da eine Verwendung humusfreien Bodens dem Sämlinge mehr schaden, als dem keimenden Samen nützen würde. Die Wirkung des Vorbereitungsschlages, das sogenannte „Empfänglichwerden" des Bodens liegt vorzugsweise im Ablauf einer Periode überreicher Kohlensäureentwicklung in dem bis daher geschützten humusreichen Boden vor eintretender Besamung.

Dagegen bedarf die Keimung der Lichtwirkung nicht. Letztere ist überall nur da nothwendig, wo Rohstoffe der Ernährung in organischen Bildungsstoff umgewandelt werden sollen, wo aus der anorganischen Kohlensäure der Sauerstoff abgeschieden werden soll. Dieß ist im Keimungsprocesse nicht der Fall, dessen Endzweck es ist, aus bereits vorhandenen, von der Mutterpflanze bereiteten, aber in fester Form als Reservestoffe niedergelegten Bildungsstoffen den flüssigen, einer Wanderung von Zelle zu Zelle fähigen Bildungssaft wieder herzustellen. Daher wird denn auch im Keimen kein Sauerstoff frei, sondern der aufgenommene Sauerstoff in Verbindung mit Kohlenstoff als Kohlensäure abgeschieden.

Es sind dieß dieselben Bedingungen, die auch die ältere Holzpflanze alljährlich aus ihrer Winterruhe wieder erwecken, und in der That ist letztere eine der Samenruhe durchaus analoge Erscheinung im Pflanzenleben. Streng genommen ist der Embryo im Samenkorne die einjährige Pflanze, die zur Reifezeit in die erste Winterruhe eingeht, demzufolge das, was wir die einjährige Pflanze nennen, eigentlich die zweijährige Pflanze ist. Wir werden später sehen, daß zwischen dem Keimungsakte, d. h. zwischen der Auflösung der dem Embryo von der Mutterpflanze mitgegebenen Bildungsstoffe zur Fortbildung des Keimpflänzchens und der Frühjahrsthätigkeit jeder älteren Holzpflanze die schärfsten Parallelen bestehen, daß der Keimungsakt auch in der älteren Holzpflanze sich alljährlich erneuert.

Ein Rückblick auf das Vorhergesagte zeigt uns, daß der Embryo, das Keimpflänzchen im reifen Samenkorne, von einer größeren oder geringeren Menge zu Stärkemehl, Klebermehl, Gerbmehl, Oel 2c. umgebildeter Reservestoffe begleitet ist, die, von der Mutterpflanze bereitet, dieselbe Bedeutung für den Pflanzenkeim haben, wie Dotter und Eiweiß des thierischen Eies für den Thierkeim; es sind Stoffe, die der zur selbstständigen Verarbeitung von Rohstoffen der Ernährung noch unfähige Keim sich aneignet, um durch deren allmählige Verwendung bis zu einer Entwicklungsstufe fortzuwachsen, in der durch erfolgte Ausbildung von Wurzeln und Blättern jener Zustand selbstständiger Ernährung eingetreten ist. Diese Aneignung von Reservestoffen tritt bei der Mehrzahl der Pflanzen schon vor vollendeter Samenreife ein, sie gibt sich in der Verdickung der ersten Blattausscheidungen zu Samenlappen zu erkennen (Taf. I. Fig. 25—26), oder die Reservestoffe lagern sich in dem den Keim einschließenden Samenweiß (Endosperm) ab (Taf. I. Fig. 27 a Kiefer) und werden in diesem Falle erst während des Keimens vom Embryo aufgesogen, wobei der physiologisch sehr merkwürdige und vielsagende Umstand eintritt: daß diese Aufsaugung zu einer Zeit geschieht, in der ein organischer Zusammenhang zwischen Keim und Samenkorn nicht mehr stattfindet. Man untersuche ein Nadelholz-Samenkorn zur Zeit, wenn es eben aus dem Boden emporgehoben ist und man wird in den, das Fiederchen bedeckenden Samenhäuten (Käppchen) noch den fast vollen Gehalt an Samenweiß wie im ungekeimten Samenkorne vorfinden. Einige Tage später sind davon nur noch die ausgesogenen Häute zurückgeblieben, obgleich während dieser Zeit das Fiederchen nur kappenartig vom Samenweiß überdeckt ist. Nimmt man das Käppchen frühzeitig ab, stülpt man es unverletzt über junge ähnlich geformte Nadelholzblätter, Grasspitzen, eben aufbrechende Laubholzknospen, oder über ein Stückchen Bindfaden, durch den Feuchtigkeit in den Innenraum des Käppchens aufgesogen oder auch abgeleitet werden kann, was sich mit der Kappe des großen Samens der Pinie recht gut und mit Sicherheit nicht eingetretener Verletzung ausführen läßt, dann findet bis zu eintretender Fäulniß eine Veränderung des Endosperm-Inhaltes nicht statt, woraus erhellet, daß das Fiederchen nicht allein aufsaugend wirkt, sondern daß dessen Wirksamkeit über die eigenen Grenzen hinaus in die Endosperm-Masse hinein sich erstreckt, die Umbildung und Lösung des Klebermehls in ihr vermittelnd. Was ich hier für die Blätter nachgewiesen habe, werden wir auch auf die Wurzelthätigkeit im Boden in Anwendung bringen dürfen. Ich habe nachgewiesen, daß die Wurzeln dem Bodenwasser die Kohlensäure entziehen. Eben so werden sie auch andere gelöste Stoffe ihrer Umgebung mit Auswahl entnehmen können.

Die erste Veränderung, die der in ein günstiges Keimbett, d. h. in eine Lage versetzte Same zu erkennen gibt, in welcher ihm Wärme, Feuchtigkeit und atmosphärische Luft in geeignetem Grade zutreten können, ist ein bedeutendes Anschwellen der Samenlappen oder der Mandel solcher Sämereien, die durch längeres Trockenliegen eingeschrumpft sind (Haselnuß, Eichel, Roßkastanie). Dieß Anschwellen der Samenlappen tritt sehr früh, schon wenige Tage nach der Aussaat im Herbste ein und scheint auf mechanischer Wassereinsaugung zu beruhen, wenigstens steht es mit keiner anderen erkennbaren Lebenserscheinung im Zusammenhange, und auch der alte, keimungsunfähig gewordene Same ist ihm unterworfen. Dieß aufgesogene Wasser hält der Same aber sehr fest und wird dadurch für längere Zeiträume von äußerer Feuchtigkeit unabhängig. Ein gänzliches Entweichen dieser einmal aufgenommenen Feuchtigkeit schadet der Keimfähigkeit und kann sie gänzlich vernichten, wie wir dieß im Großen am Erlensamen sehen, der längere Zeit auf dem Wasser geschwommen hat und dann gesammelt und getrocknet wurde, während derselbe Same, naß ausgesäet, vollkommen keimfähig ist.

Ob zwischen dem Zeitpunkte vollendeter Samenruhe und dem Beginn der Keimung noch ein Zeitraum liege, läßt sich nicht bestimmen. Da die

Samenruhe selbst sich nur aus der ungleichen Dauer bei verschiedenen Pflanzen, nicht aus sich selbst bestimmen läßt, jedenfalls daher jenen Zeitraum einer Keimungsvorbereitung in sich einschließen würde. Ohne weitere optische oder chemische Hülfsmittel erkennt man die Keimung erst mit dem Hervorbrechen des Würzelchens aus dem Samenkorne, das in der Regel an derselben Stelle erfolgt, die auch zum Eindringen des Pollenschlauches dient (Taf. I. Fig. 22 d), indem dieser, die Mykrophyle genannte Gang auch während der Ausbildung des Samenkorns nicht verwächst, wenn er sich auch dadurch verschließt, daß seine Wände sich dicht aneinander legen.

Aber ehe noch das Würzelchen aus der Keimöffnung hervorschaut, haben die Reservestoffe der Samenlappen oder des Samenweißes schon theilweise bereits nachweisbare Veränderungen erlitten. Ich habe gezeigt, daß diese Stoffe während des Reifens der Sämereien eine Umwandlung erleiden, der zu Folge die ursprünglichen Kernstoffkörperchen des Zellkerns in Chlorophyllkörnchen, diese in Stärkemehl, letzteres bei den ölhaltigen Sämereien in Klebermehl umgewandelt werden, das den stärkemehlhaltigen Sämereien (Eichel, Kastanie, Roßkastanie) zwar nicht fehlt, aber in weit geringeren Mengen Bestandtheil der Samenlappen ist. Ich habe nun in meiner „Entwickelungsgeschichte des Pflanzenkeims" durch mikroskopisch-chemische Untersuchungen nachgewiesen, daß die im reifen Samenkorne niedergelegten Reservestoffe rückwärts dieselben Umbildungen während des Keimens erleiden, die sie während des Reifens vorschreitend durchliefen; das Klebermehl wird wieder zum Stärkemehl, dieses wird wieder zum Chlorophyll, die Samenlappen wiederum grünfärbend. Im reifen Buchensamen sind die Samenlappen ungefärbt, ein Tröpfchen Joblösung färbt Querschnitte daraus gelbbraun: sie enthalten nur Klebermehl; ist der Same angekeimt, so färbt Joblösung die Querschnitte blau — das Klebermehl hat sich in Stärkemehl umgebildet; haben die Samenlappen im Lichte sich entwickelt, dann werden sie grün: das Stärkemehl hat sich in Chlorophyll verwandelt. Es läßt sich aufs Bestimmteste nachweisen, daß es dieselben von einer sich nicht verändernden Hüllhaut umschlossenen, organisirten Körper sind, die durch Umwandlung ihres Inhaltes diese Veränderungen vor- und rückschreitend erleiden, eine Thatsache, durch welche die bisherigen Annahmen rein chemischer Natur des Keimungsprocesses beseitigt sind. Wärme, Feuchtigkeit, atmosphärische Luft sind in keiner anderen Weise Bedingungen des Keimungsprocesses, wie sie es für die späteren Zustände des Pflanzenwachsthums ebenfalls sind.

Mit diesen im Keimungsprocesse vor sich gehenden organisch-chemischen Umbildungen und Stoffwandlungen geht nun aber die Auflösung eines Theils der Reservestoffe Hand in Hand, nach Maßgabe des Bedarfes der Keimlingpflanze, zu deren eigenem Wachsthum. Es steht diese Auflösung aufs Bestimmteste unter der Herrschaft des Keimlings, dem jene Reservestoffe von der Mutterpflanze mitgegeben wurden. Halten wir den Wuchs des Keimlings in irgend einer Weise zurück, so verzögert sich damit unter übrigens gleichen äußern Einflüssen die Lösung der Reservestoffe, die um so rascher fortschreitet und um so früher vollendet ist, je üppiger und rascher der Keimling sich entwickelt. Während in demselben Saatbette die

Samenlappen der kräftig entwickelten Eichen, Kastanien, Haselnüsse längst
ausgesogen sind, enthalten die Samenlappen der Schwächlinge oder durch
Beschneiden in der Massenbildung zurückgehaltener Pflänzchen noch bedeutende Mengen von Stärkemehl.   Die im Boden zurückbleibenden Samenlappen dieser Pflanzen sind aber sicher ganz gleichen äußeren Einflüssen
unterworfen.   Thatsachen solcher Art treten dem Forstmann alljährlich in
Menge entgegen, es kommt nur darauf an, daß er den richtigen Honig
daraus ziehe.   Samenlappen der Eiche, auf dem Rande einer enghalsigen
Flasche liegend, die Wurzeln im destillirten Wasser derselben, das Stämmchen kümmerlich wachsend, habe ich drei Jahre hindurch lebendig und mehl-
haltig erhalten.   Das Pflänzchen hatte ihnen nur so viel Bildungsstoffe
entzogen, als es zu seiner eigenen durch äußere Verhältnisse beschränkten
Entwickelung bedurfte.   Es ist also auch die Lösung der Reservestoffe selbst
kein rein chemischer Vorgang.

In den an Stärkemehl reichen Samenlappen der Eiche, Kastanie,
Roßkastanie, ebenso wie im Samenkorn der Gräser und der Hülsengewächse
ist die Bildung von Stärkegummi und Zucker das nächste Resultat der
Mehllösung.   Im großen Maßstabe zeigt dieß das Malzen der Getreidearten, und auch die Eichel erhält im Keimen einen süßlichen Geschmack, so
daß sie durch Ankeimen genießbar, wenn auch nicht wohlschmeckend wird.
Das Mehlkorn der Eichel reagirt dann auf Eisenchlorid mit blauer Farbe.
Welche Rolle bei dieser Lösung ein bis jetzt nur künstlich extrahirter Stoff
die Diastase spielt, ob er in der That ein nothwendiges, die Umbildung
vermittelndes Ferment auch in der lebendigen Pflanze sei, läßt sich
zur Zeit noch nicht bestimmen.

Wie die natürliche Lösung der Reservestoffe stärkemehlreicher Sämereien einen stickstofffreien krystallisationsfähigen Stoff den Zucker bildet,
so enthält die natürliche Lösung der klebermehlreichen Sämereien (Buche,
Hainbuche, Hasel, Esche, Linde, Nadelhölzer) einen krystallisationsfähigen
stickstoffhaltigen Körper, der aus der Mandel als Amygdalin bekannt ist.
Indeß zeigten mir die aus natürlichen Klebermehllösungen gewonnenen Krystalle doch mannichfaltige Abweichungen, theils gegenüber dem künstlich aus
bitteren Mandeln dargestellten Amygdalin, theils unter sich aus verschiedenen
Sämereien; daher ich diese stickstoffhaltigen, krystallinischen Körper mit dem
Sammelnamen Gleis bezeichnen zu müssen glaube.

Der Oelgehalt des Samenkorns steht mit dem Klebermehlgehalt in
inniger Beziehung.   Ebenso wie keinem Samen das Klebermehl gänzlich
fehlt, mangelt auch das Oel in keinem Samen, es tritt aber in um so
reichlicherer Menge auf, je größer der Klebermehlgehalt ist, die ölreichsten
Sämereien der Buche, Hasel, Nadelhölzer, Drupaceen, Linde, Hanf, Lein ꝛc.
enthalten nur Klebermehl.   Dazu gesellt sich der Umstand, daß das Oel
erst mit der Ausbildung des Klebermehls auftritt, unreife Bucheckern oder
Haselnüsse enthalten kein Oel.   Ebenso verschwindet auch das Oel sofort,
wenn im Keimungsprocesse die Klebermehllösung eintritt.

Daraus erhellet die physiologische Bedeutung des Oels.   Das Stärkemehl ist gegen die Einwirkung wässeriger Flüssigkeiten unempfindlich, es
bedarf eines Schutzmittels gegen diese nicht.   Den stärkemehlreichen Säme-

reien fehlt daher das Oel bis auf geringe, dem geringen Klebermehlgehalt entsprechende Mengen. Das Klebermehl hingegen ift gegen die Einwirkung wäfferiger Flüffigkeiten äußerft empfindlich, eine Eigenschaft, der ich es verdanke, daß feine Entdeckung mir vorbehalten blieb. Hier wird ein Schutzmittel gegen Feuchtigkeit nothwendig, die den Referveftoff vor eintretender Keimung vernichten könnte. Dieß Schutzmittel ift das Oel, es entfteht mit dem Klebermehl und verschwindet mit deffen natürlicher Löfung im Keimungsproceffe. Je tiefer wir in die Natur der Dinge blicken, um fo mehr offenbart fich uns das Gefetz höchfter Zweckmäßigkeit.

Dieß alles zufammengehalten befteht auch der Keimungsproceß aus einer Reihenfolge organifch-chemifcher Umwandlungen der Referveftoffe, deren Endzweck die fucceffive Wiederherftellung derjenigen flüffigen, einer Wanderung von Zelle zu Zelle fähigen Bildungsftoffe ift, aus denen die Referveftoffe während der Reifezeit fich entwickelten. Wie wir den Zucker in fefter Form darftellen, um ihn Jahre hindurch unverändert aufbewahren und ihn dann wiederum verflüffigt für unfere Zwecke verwenden zu können, fo verwandelt auch die Pflanze ihre überfchüffigen und für den Bedarf fpäterer Zeiten nöthigen Bildungsfäfte in die feften Stoffe des Stärkemehls und des Klebermehls, in das flüffige, aber der Zerfetzung nicht unterworfene Oel. Das Reifen des Samenkorns ift der Akt organifcher Bildung, das Keimen ift der Akt organifcher Rückbildung der Referveftoffe zu Bildungsfäften. Wir werden fehen, daß fich diefe Akte des Pflanzenlebens keineswegs auf den jugendlichen Zuftand der Pflanzen und auf das Samenkorn befchränken, daß fie fich vielmehr in der mehrjährigen Holzpflanze alljährlich erneuern.

E. Die Ausbildung des Keims zur einjährigen Pflanze.

a. Ernährung.

Wir verließen den Embryo im reifen Samenkorne auf einer Entwickelungsftufe, in der zwar Stamm, Wurzel, Blatt, Mark, Rinde, Faferbündelkreis bereits vorhanden find, alle diefe Theile aber mit feltenen Ausnahmen in einem noch wenig entwickelten Zuftande fich befinden. In Folge deffen ift der Embryo, wenn auch befähigt durch Zellenmehrung, Zellenwachsthum und Zellenfeftigung fich felbft weiter fortzubilden, doch noch nicht im Stande, felbftftändig Rohftoffe feiner Umgebung in Bildungsftoffe umzuwandeln, er wird dadurch abhängig von den ihm von der Mutterpflanze in den Samenlappen oder im Samenweiß mitgegebenen Referveftoffen, deren im Keimungsproceffe fucceffive und nachhaltige Rückbildung in Bildungsfäfte ihm die Stoffe liefert, durch deren Verwendung er bis zu demjenigen Zuftande fich ausbildet, in dem er felbft aus Boden und Luft rohe Nahrungsftoffe nicht allein aufzunehmen, fondern diefe auch zu Bildungsfäften umzuarbeiten vermag.

Die Ernährung der einjährigen Pflanze zerfällt daher in drei Perioden, in deren erfter der Zuwachs allein aus der Verwendung der Referveftoffe des Samenkorns erfolgt, während in der zweiten Periode neue Bildungsftoffe aus Rohftoffen bereitet und fofort verwendet werden müffen. In einer dritten Periode muß die junge Pflanze neue Reservestoffe für das nächstfolgende Jahr bereiten. Es ist leicht einzusehen, daß die geringe Menge der Reservestoffe des Samenkorns der Birke, Erle, Pappel das Material für die Ausbildung der einjährigen Pflanze nicht liefern kann.

Die erste Periode der Ernährung endet bei verschiedenen Pflanzen zu sehr verschiedener Zeit, am frühesten bei denjenigen, die, wie die Nadelhölzer, wie Linde und Esche, ihre ersten Blattausscheidungen zu Samenlappen nicht verdicken, früher bei denjenigen Laubhölzern, deren Samenlappen im Verhältniß zur Keimgröße klein sind. Im Allgemeinen kann man sagen, daß sie vollendet ist mit der vollkommenen Ausbildung der ersten normalen Blätter. Man kann sich hiervon leicht und in wenigen Wochen überzeugen, wenn man Bohnen (Vicia) keimen läßt und von Tag zu Tag einigen derselben die Samenlappen abschneidet. Man wird dann finden, daß vom Tage des Verlustes ab die Pflänzchen wohl noch etwas höher werden, daß aber deren Blätter auf derselben Entwickelungsstufe stehen bleiben, daß nach einigen Wochen diese sowohl wie der Stengel absterben. Tritt der Verlust der Samenlappen erst dann ein, wenn die ersten normalen Blätter entfaltet und erstarkt sind, dann hat derselbe einen den Wuchs hemmenden Einfluß nicht mehr.

Läßt man Bohnen unter völligem Lichtabschlusse keimen, dann wachsen sie, wenn auch schmächtig und bleichsüchtig, bis zum Verbrauch der Reservestoffe in normaler Weise, sterben alsdann aber unfehlbar ab. Zur selbstständigen Ernährung, zur Verarbeitung von Rohstoffen der Ernährung bedarf die Pflanze daher nicht allein der Belaubung, sondern auch der Lichtwirkung.

Bis zur Ausbildung der ersten Normalblätter lebt der Embryo daher von den Reservestoffen der Samenlappen oder des Samenweiß. Da diese Reservestoffe bereits verarbeiteter und zwar von der Mutterpflanze bereiteter Bildungsstoff sind, so kann das Pflänzchen durch ihre Verwendung sich fortbilden, ohne gleichzeitig die Fähigkeit einer Umbildung von Rohstoffen in Bildungsstoffe zu besitzen. Bis dahin gleicht die junge Samenpflanze in Bezug auf ihre Ernährung dem Hühnchen im Eie, vom Augenblicke des Bebrütens ab. Der Moment, in welchem die ersten Normalblätter ausgebildet sind, entspricht dem Auskommen des Hühnchens aus dem Eie. Erst von diesem Augenblicke ab vermag die junge Pflanze Rohstoffe ihrer Ernährung nicht allein aus ihrer Umgebung aufzunehmen, sie ist nun auch befähigt, diese Stoffe unter Einfluß des Lichtes zu Bildungsstoffen selbstständig umzuwandeln.

Welches die Rohstoffe der Ernährung feien, das läßt sich unmittelbar nicht erkennen. Wir können sie nur entnehmen aus der chemischen Untersuchung der Bestandtheile des Pflanzenkörpers. Alle die elementaren Stoffe, aus der die Pflanze zusammengesetzt ist, müssen von ihr als Nahrungsstoff aufgenommen werden, freilich in ganz anderen Zusammenstellungen, als wir sie in der Pflanze vorfinden. [1]

[1] Die Ansicht einiger der älteren Pflanzenphysiologen, daß die als einfach betrachteten Stoffe nichts anderes seien als Körper, deren weitere Zerlegung der Chemie bis jetzt nicht gelungen ist; daß manche unter ihnen aus einfacheren Stoffen zusammengesetzt seien, in der Pflanze, durch deren vitale Kraft, aus letzteren gebildet werden können;

Als wesentliche Elemente der Pflanzensubstanz lehrt uns die chemische Analyse Kohlenstoff, Sauerstoff, Wasserstoff und Stickstoff kennen, denen in geringen Mengen Kiesel, Phosphor und Schwefel, Kali und Natron, Kalk, Talk, Eisen und Mangan beigegeben sind. Die zuerst genannten Elemente sind im Boden und in der atmosphärischen Luft enthalten, theils als Wasser (Wasserstoff und Sauerstoff), theils als Kohlensäure (Kohlenstoff und Sauerstoff), theils als Ammoniak (Wasserstoff und Stickstoff), theils als Salpetersäure (Sauerstoff und Stickstoff). Die zuletzt genannten mineralischen Stoffe sind Bestandtheile des Bodens (siehe die Bodenkunde S. 76 bis 97). Daß sie als kohlensaure, schwefelsaure, phosphorsaure Salze im Bodenwasser gelöst, nur durch die Wurzeln aus dem Boden bezogen werden können, ist daher unzweifelhaft. Auf demselben Wege kann die Pflanze auch ihren ganzen Bedarf an Sauerstoff und Wasserstoff durch Zerlegung des aufgenommenen Bodenwassers beziehen. Nicht so verhält es sich in Bezug auf deren jährlichen Bedarf an Kohlenstoff. Die das ganze Jahr hindurch in nassem Boden wachsende Erle oder Weide würde denselben aus dem Boden nur in Verbindung mit dem umgebenden Bodenwasser aufnehmen können; sie würde durch eine, dem Maximum ihrer Wasserverdunstung entsprechende jährliche Wasseraufnahme aus dem Boden, selbst unter Annahme des Maximum von Kohlensäuregehalt des Bodenwassers, kaum den hundertsten Theil ihres jährlichen Kohlenstoffbedarfs auf diesem Wege beziehen können (siehe Seite 12—16), daher wir zu der Annahme gezwungen sind, daß der bei weitem größere Theil des Kohlenstoffbedarfs durch die Blätter unmittelbar der atmosphärischen Luft entnommen werde. Ob und in wie weit dieß auch in Bezug auf den Stickstoffbedarf angenommen werden kann, ist eine offene Frage. Daß derselbe großentheils durch die Wurzeln aus dem Boden als kohlensaures Ammoniak bezogen werde, ist höchst wahrscheinlich. Muß man aber zugeben, daß die Blätter Kohlensäure aus der Luft entnehmen, so liegt es nahe, dieß auch auf den Stickstoff in der Zusammensetzung zu kohlensaurem Ammoniak anzunehmen.

Wir sind daher zu der Annahme berechtigt: daß die Pflanze durch ihre Wurzeln aus dem Boden Wasser aufnehme, in welchem kohlensaures Ammoniak, kohlensaure, kieselsaure, schwefelsaure, phosphorsaure, zum Theil auch salzsaure Alkalien, Erd- und Metalloxyde aufgelöst enthalten sind, jedenfalls nach Bedarf und mit Auswahl, wie uns dieß schon der, in Menge und Beschaffenheit verschiedene Aschegehalt nebeneinander erwachsener, gleich großer und in gleichem Massezuwachse stehender Kiefern und Buchen beweist.[1]

daß die Pflanze z. B. Kalium und Silicium ebenso aus einfacheren, gasförmigen Elementen zu bilden vermöge, wie sie das Ammoniak aus Wasserstoff und Stickstoff, das Wasser aus Wasserstoff und Sauerstoff möglicherweise bilden kann, hat mit den Fortschritten der Chemie alle Sympathien verloren.

[1] Die sehr verbreitete Ansicht, daß die Pflanzenwurzeln mit dem Bodenwasser alles aufnehmen, was in diesem vollständig gelöst enthalten ist, habe ich nach Kräften zu bekämpfen mich bestrebt. Die Ansichten Sprengels und Schleidens über Aufnahme von Humusextrakten habe ich durch Gegenversuche widerlegt, die später auch von andern Beobachtern bestätigt wurden. (Seite 90.) Der berühmt gewordene Biot'sche Versuch: Färbung

Daß die von den Wurzeln aufgenommene wässerige Bodennahrung durch die ganze Pflanze hindurch bis zu den Blättern emporsteige, beweist uns die fortdauernde Verdunstung großer Feuchtigkeitsmengen durch die Blätter, beweist uns das Welken derselben, wenn innerhalb des Bereiches der Wurzeln der Boden austrocknet.[1]

Zu den Blättern emporgestiegen, müssen die aus dem Boden entnommenen rohen Nährstoffe mit der, von den Blättern aus der Luft aufgenommenen Nahrung, mit Kohlensäure oder mit kohlensaurem Ammoniak zusammentreffen. Dieß Zusammentreffen verschiedenartiger, bis dahin unorganischer Nährstoffe mag es wohl hauptsächlich sein, durch welches deren bisherige Verbindungen zerlegt und neue, organisch-chemische Zusammenstellungen der Elemente hervorgerufen werden, deren Resultat ein hinfort organischer Stoff, der primitive Bildungssaft ist, den wir als flüssige, der Wanderung von Zelle zu Zelle befähigte Grundlage aller späteren, aus Umwandlung derselben hervorgehenden Pflanzenstoffe betrachten müssen.

Welche Rolle bei dieser ersten Umbildung der Rohstoffe dem Sonnenlichte zugetheilt ist, muß durch fortgesetzte Untersuchungen erst noch sicherer als bisher ermittelt werden. Wir wissen, daß die Blätter im Sonnenlichte reines Sauerstoffgas abscheiden und glauben daraus eine chemische, den Sauerstoff abscheidende Kraft des Sonnenlichts ableiten zu dürfen, in Folge dessen die Kohlensäure zerlegt und eine Verbindung des in der Pflanze zurückbleibenden Kohlenstoffs mit den Elementen des Wassers vermittelt werde, wie wir solche, als Endresultat einer langen Reihe von Stoffwandlungen des Bildungssafts, im Zellstoffe der Pflanze ausgebildet und fixirt sehen. Allein wir wissen auch, daß diese Sauerstoffabscheidung nur unter direkter Einwirkung des Sonnenlichts vor sich geht und sehen dennoch im tiefsten Schatten unseres geschlossenen Hochwaldes, der nie von einem direkten Sonnenstrahl erhellt wird, gewisse Pflanzenarten, selbst höherer Entwickelung, freudig vegetiren und ihr normales Grün ausbilden. Ich erinnere nur an Diervillia canadensis, Xanthorhyza, Hedera, Oxalis. Einige unserer Culturpflanzen: die Weißtanne, die Eibe wachsen sogar entschieden rascher und kräftiger, wenn sie durch eine, zur Seite befindliche Schutzwand der direkten Einwirkung des Sonnenlichts gänzlich entzogen sind, wenn ihr Standort nur durch reflektirtes Sonnenlicht erhellt wird. Ohne Zweifel wirkt das Licht mächtig auf die Entwickelung der Pflanze und auf deren kräftigen und normalen Wuchs; ob aber jene Wirkung eine chemische, die Umwandlung der Rohstoffe in organischen Bildungsstoff bedingende sei, das darf man, meine ich, zur Zeit noch nicht mit Sicherheit behaupten, während meine neuesten Versuche mir einen überaus mächtigen Einfluß der Lichtwirkung auf die Energie der Verdunstung ergeben haben, die, da das in der Pflanze aufsteigende und durch die Blätter verdunstende Wasser Trans-

weißer Hyacinthenblüthen durch Begießen der Pflanze mit dem rothen Safte der Beeren von Phytolacca decandra ist mir nie geglückt, so lange die Wurzeln unverletzt und gesund blieben.

[1] Näheres über Nahrungsstoffe, deren Quellen und Aufnahme enthalten die vorhergehenden beiden Abschnitte der Luft = und Bodenkunde.

portmittel für die terrestrischen Nährstoffe ist, schon hierdurch einen mächtigen Einfluß auf den Ernährungsproceß der Pflanzen ausüben muß.

Jener, in den Normalblättern bereitete, primäre Bildungssaft ersetzt nun fortan diejenigen secundären Bildungssäfte des Keims, die diesem von der Mutterpflanze in den Reservestoffen des Samenkorns mitgegeben wurden. Vom Siebfasergewebe der Blattnerven, aus dem umgebenen Zellgewebe des Blattes aufgesogen, geht er durch den Bast des Blattstiels in den Bast der Zweige, Aeste und des Stammes zurück und speist von da aus nach innen den Holzkörper, nach außen die Rinde, nach Bedarf in diejenigen Zellen oder Fasern sich vertheilend, in denen entweder Zellenmehrung und Zellenwachsthum oder die Ausbildung von Reservestoffen (Chlorophyllkörner, Stärkemehl, Klebermehl, Inulin ꝛc.) oder von Secreten (Farbstoffe, Oele, Harze, Säuren, Salze ꝛc.) den Zufluß von Bildungssäften fordern. Am Orte seiner endlichen Verwendung angelangt, steht seine weitere Umbildung unter der Herrschaft derjenigen Zelle, in welcher er das Endziel seiner Wanderung erreicht hat. Es beweist uns dieß aufs Bestimmteste der Umstand, daß der Wildlingstamm eines gepfropften Baumes in allen seinen Theilen stets die Natur des Wildlings behält. Derselbe primäre Bildungssaft, der in der Rindezelle des Zweiges zu Chlorophyllkörnern verwendet wird, liefert in der Rindezelle der Wurzel nur Stärkemehl; derselbe Bildungssaft wird im Zellgewebe desselben Blumenblattes zu den verschiedensten Farbstoffen, in den Nectarien zu Honig, in den Zellen der Harzgänge zu Harzen und ätherischen Oelen, in der Holz- und Bastbündelfaser zu mächtigen Celluloseschichten ausgebildet. Es ist mir sehr wahrscheinlich: daß das, was ich Seite 163 als Ptychodesaft bezeichnet habe, nichts Anderes ist als dieser primitive Bildungssaft; daß die Bewegung des Ptychodesafts in der einzelnen Zelle (Seite 164) in Beziehung stehe mit der Bewegung des primären Bildungssafts von Zelle zu Zelle; daß der Zellkern aus dem Bildungssafte resp. Ptychodesafte die zu seinem Wachsthum nöthigen Stoffe durch Intussusception sich aneigne; daß der im Zellkerne fixirte und zu Kernstoffkörperchen ausgebildete Ptychodesaft von da ab erst eine verschiedenartige, der Natur der Zelle und der Pflanzenart entsprechende Umbildung erleidet, theils zum Safte der Physalide und des Zellraumes, theils zu Cellulosekörnern und zu dem daraus erwachsenden Cellulosebande der Zellwand (S. 165), theils zu den verschiedenen körnigen Gebilden, zu Stärkemehl-, Klebermehl-, Chlorophyllkörnern ꝛc. sich ausbildend (S. 180). Da aber letztere, wie die Zellwandung selbst, auch nach ihrer Entstehung sich noch bedeutend vergrößern, so müssen sie, wie der Zellkern, die Fähigkeit besitzen, Bildungssäfte in sich aufzunehmen und sich zu verähnlichen, mit dem Unterschiede jedoch, daß, abgesehen von später möglichen Stoffwandlungen (S. 181), der vom Stärkekorne aufgenommene Bildungssaft sich zu Stärke, der von der Zellwand aufgenommene Saft sich zu Cellulose unmittelbar ausbildet, während die Substanz des wachsenden und des ausgewachsenen Zellkerns überall und immer dieselbe zu sein scheint.

Der sich selbst aus dem Kernkörperchen regenerirende oder durch Theilung sich mehrende Zellkern ist der Schöpfer aller organisirten Bestandtheile des Pflanzenkörpers; letztere besitzen aber bis zu ihrer Vollendung die Fähigkeit durch Theilung sich zu mehren, durch Aufnahme von Bildungsstoffen zu wachsen und durch Wechsel in der Aufnahme dargebotener Bildungsstoffe ihre Substanz zu verändern.

Erst im Laufe des verwichenen Sommers ist es mir geglückt, jenen primitiven Bildungssaft kennen zu lernen. Es war im Monat Juli,[1] als ich die Entdeckung machte, daß, wenn man mit der Spitze eines Messers horizontale, die Rinde und Bastschichten durchschneidende Ritzwunden in den Stamm von Ahornstämmen oder Aesten 1—6zölliger Stärke einschneidet, Tropfen einer wasserklaren Flüssigkeit aus der Ritzwunde hervorquellen, die mit einem Pinsel aufgefangen und gesammelt werden können. Später erhielt ich in gleicher Weise den Bastsaft auch aus Rothbuchen, Hainbuchen, Eichen, Rüstern, Eschen, Linden, Kirschbäumen und Akazien, um so reichlicher, je später im Jahre, bis zum ersten Frühfrost. Kurz vor dem Blattabfalle war der Erguß so reichlich, daß ich von Rothbuchen, Hainbuchen, Linden, Akazien in wenigen Stunden über einen Cubikzoll Flüssigkeit sammeln konnte. Hierbei ergab sich nun: daß, wenn man mit den Ritzwunden am Fuße des Reidel beginnt, jede an derselben Baumseite höher angebrachte Wunde gleichfalls Saft gibt; ritzt man hingegen zuerst in Manneshöhe, dann liefern alle tiefer geführten Ritzwunden keinen Saft.[2] Es beweist dieß: daß wir einen Wandersaft vor uns haben, der, im Siebfasergewebe des Bastes abwärts sich bewegend, durch die Ritzwunde zum Ausfluß gelangt.

Filtrirt und aufgekocht gibt der Schröpfsaft nur einen sehr geringen Niederschlag stickstoffhaltiger Bestandtheile. Abermals filtrirt und mit absolutem Alkohol behandelt, färbt sich der Saft milchweiß und liefert einen Niederschlag, der, getrocknet, zu einer grauen spröden Masse erhärtet, die sich in Wasser nicht wieder auflöst, daher weder Gummi noch Pflanzenschleim sein kann. Es scheint mir fast als bestehe dieser Niederschlag aus den kleinsten, durch das Filter nicht abgeschiedenen organischen Moleculen.

Nach Abscheidung dieser, kaum $1/4$ Proc. vom Saftgewichte betragenden Bestandtheile und nach Abdampfen des Rückstandes verbleiben 25 bis 33 Proc. eines dickflüssigen Syrups, der bei Eichen, Rothbuchen, Hainbuchen, Linden, Akazien, Eschen, wie mir scheint seiner ganzen Masse nach, zu Zucker auskrystallisirt, während bei den Ahornen nur wenig Zucker krystallinisch aus-

---

[1] In diesem Frühjahre war es zuerst die Linde, welche aus Schröpfwunden Saftfluß gab und zwar schon Mitte April vor dem Anschwellen der Knospe.

[2] Am bestimmtesten zeigt sich dieß bei Eiche und Akazie, während bei Ahornen, Linden, Buchen, auch tiefere Ritzwunden unter höheren noch Saft geben. Der Umstand, daß der Saft bei den meisten Holzarten nur im Augenblick des Ritzens hervortritt, die Wunde schon nach Verlauf einer Minute keinen Saft mehr ergibt, kann nur auf Turgescenz der den Saft führenden Organe beruhen, mit deren Erschlaffung durch Saftausfluß dieser selbst aufhört.

scheidet, der größere Theil dieses Rückstandes zu einer wasserklaren, spröden Masse von höchst bitterem Geschmacke eintrocknet. Der Ahornschröpfsaft wird im Oktober so dickflüssig, daß er wie Kirschgummi wenige Stunden nach dem Hervorquellen tropfig erstarrt, wie dieses eine braune Farbe in der Luft annehmend (Extractivstoff — bittere Extracte der älteren Chemie).

Gerbsäure habe ich nur im Schröpfsafte der Eiche und zwar auch dort nur in so geringen Mengen aufgefunden, daß ich zur Annahme geneigt bin: es habe diese der Saft im Herausquellen aus der Ritzwunde aufgenommen.

Für den Chemiker ist der Schröpfsaft eine Fundgrube der verschiedensten Zuckerarten. Der Schröpfsaft der Eschen erstarrt fast mit der Hälfte seines Volumens zu Mannitkrystallen. Der Schröpfzucker der Eichen, Buchen, Linden steht in seiner Krystallform dem Rohrzucker sehr nahe. Der Schröpfzucker der Akazie krystallisirt aus der alkoholigen Lösung in sphärischen Tetraëdern. Alle außer den oben genannten Holzarten liefern keinen Schröpfsaft; da man aber aus den genannten Holzarten denselben Zucker erhält, wenn man die inneren Bastschichten mit absolutem Alkohol extrahirt, so darf man schließen, daß der, aus dem Baste der nicht tropfenden Holzarten in obiger Weise gewonnene Zucker dem Schröpfsaftzucker ersterer entspricht. Eine Uebersicht der auf diesem Wege dargestellten, in der Krystallform verschiedenen Arten von Bastzucker muß ich mir vorbehalten, mit der Bemerkung abschließend, daß die Nadelhölzer außer dem süßen, langsam und meist erst nach Jahren krystallisirenden Zucker, im Bastsafte noch reichliche Mengen eines zweiten, in Drusen spießiger Krystalle ausscheidenden stickstoffhaltigen Körpers (Laricit) enthält. Uns genügt hier die Thatsache: daß es hauptsächlich Zucker ist, den der primäre, aus den Blättern in der Basthaut rückschreitende Bildungssaft in Lösung enthält. Daß dieß derselbe, wenn auch etwas veränderte Saft ist, welchen die Blattrippen und Blattstiele zurückführen, erhellt aus dem Umstande, daß der Milchsaft der Ahornblätter nach 3—4 Monaten ebenfalls krystallinische Formen erhält.

In der nächstfolgenden Figur 27 habe ich die Wege des Wandersafts schematisch darzulegen versucht. Sie stellt ein einzelnes Faserbündel dar, dessen Wurzelende bei z, dessen Knospenende bei w, dessen Blattnervenende bei x gelegen ist. Die dunkle Hälfte dieses Faserbündels bedeutet den Holzkörper, die helle Hälfte bedeutet den Bastkörper desselben. Um in großem Maßstabe zeichnen zu können, habe ich neben dem Faserbündel, anstatt des dasselbe begrenzenden, parenchymatischen Zellgewebes, nur e i n e Zelle als Repräsentant desselben für Wurzel, Stamm und Blatt gezeichnet, jede derselben innerhalb der Zellwandung einen Ptychodeschlauch mit Ptychodesaft und Zellkern enthaltend.

Die Rindezelle der Wurzel nimmt das Bodenwasser mit den in ihm gelösten Salzen von außen in sich auf (a), leitet es durch sich hindurch und gibt es, wahrscheinlich unter Vermittlung des Markstrahlgewebes an den Holzkörper des Faserbündels ab. Es spricht keine einzige Thatsache für die Annahme, daß, bei normalem Verlaufe der Entwickelung, die aufgenommenen Rohstoffe schon in der Wurzelzelle in organische Säfte umgewandelt werden. Wie die Wurzelzelle selbst, so stammt auch deren organischer Inhalt aus Bildungssäften, die ihr von oben herab zugegangen sind.

Im Holzkörper aufsteigend (siehe hierüber das Nähere in den Ab=
schnitten „Bewegung des Holzsafts" und „Bluten der Holzpflanzen"), gelangt

Fig. 27.

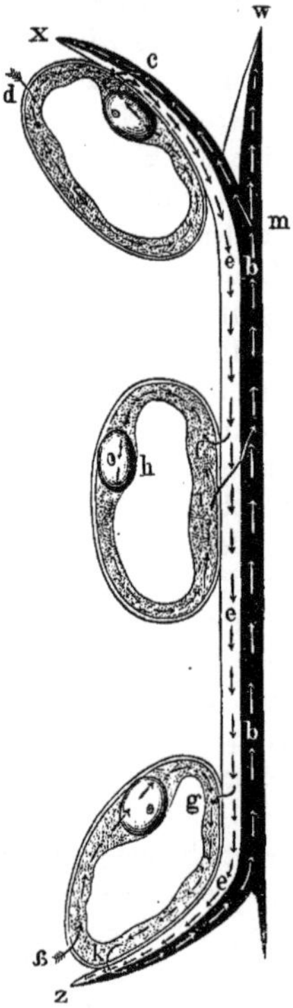

d) Aufnahme von Kohlensäure (und Ammoniak).
Ausscheidung von Sauerstoff, Kohlensäure und
Wasserdunst.

Blattzelle.

Stammzelle.

Wurzelzelle.

a) Aufnahme wäſſriger Löſungen von kieſelſauren,
kohlenſauren, ſchwefelſauren, phosphorſauren,
Ammoniak=, Kali=, Kalk=, Talk=, Eiſenſalzen
und von Kohlenſäure.

der rohe Nahrungsſaft auf dem, durch Pfeile angedeuteten Wege bb durch
Blattſtiel, Blattkiel und Rippen bis in die Blätter (x). Hier wird er an
das, die leitenden Faſerbündel begrenzende Zellgewebe abgegeben (c) und
trifft in dieſem mit den aufgenommenen, atmoſphäriſchen Nährſtoffen (d)
zuſammen. Die dem Lichte zugängliche Blattzelle iſt nun der Ort, an
welchem die Rohſtoffe zu Bildungsſtoffen umgewandelt werden. (Hier fehlt
noch jede direkte Beobachtung des inneren Vorganges.) Dieſe Bildungs=
ſäfte gibt nun die Blattzelle nicht an das Holzfaſergewebe, von dem ſie
die Rohſtoffe empfangen, ſondern an das Siebfaſergewebe der Baſtſchichten
(e), in dem ſie, abwärts ſchreitend, in die tieferen Baumtheile zurück=
gehen (ee). Auf dieſem Rückwege geben die Baſtſchichten nach Bedarf
Bildungsſäfte an die Stamm= und Wurzelzellen ab (f, g), in denen die=
ſelben, den Zellkern (h) ernährend, deſſen Wachsthum und Regeneration
vermittelnd, zu Reſerveſtoffen in der (Seite 181 Fig. 25) dargeſtellten Weiſe
längere oder kürzere Zeit ſich fixiren.

    Daß der primitive Bildungsſaft nur rücklaufend und in der Quer=
fläche der Faſerbündel ſich fortbewegen könne, dafür werde ich weiterhin die

nöthigen Beweise liefern. Es fragt sich nun: wie der wachsenden Trieb=
spitze die nöthigen Bildungssäfte zugehen, wenn die unausgebildeten Blätter
derselben nicht assimilationsfähig sind (Seite 194). Hier bleibt nur die
Annahme: daß ein Theil des primären Bildungssafts, sei es mit oder sei
es ohne vorhergegangene Fixirung zu Reservestoffen in Stamm= und Wurzel=
zelle, aus letzteren als secundärer Bildungssaft an den Holzkörper
des Faserbündels abgegeben werde (i, k), und in letzterem mit dem rohen
Holzsafte gemengt, bis in die Triebspitze (m—w) aufsteige; daß der im
Holzkörper aufsteigende Rohsaft zu jeder Zeit secundäre Bildungssäfte mit
sich nach oben führe und durch diese die wachsende Triebspitze ernähre. Wir
werden später sehen, daß dieß der Weg ist, auf welchem den Trieben der
älteren Holzpflanze die secundären Bildungssäfte aus Reservestoffen zugehen,
und es ist nicht anzunehmen, daß sich dieß in der einjährigen Pflanze anders
verhalte.

Demnach unterscheide ich: Wandersäfte (Fasersäfte) von Zell=
säften. Nur erstere geben eine bestimmte Wanderrichtung zu erkennen.
Es gehören dahin: 1) der im Holzkörper aufsteigende, stets mit secundärem
d. h. aus wieder aufgelösten Reservestoffen stammendem Bildungssafte ge=
mengte Rohsaft. 2) Der vom Bastkörper den Blattadern aus dem Blatt=
gewebe extrahirte, im Bastkörper absteigende primäre Bildungssaft.

Zu den Zellsäften hingegen zähle ich alle diejenigen Säfte, die,
ohne erkennbare Bewegungsrichtung von den Wandersäften ab und im
gegenseitigen Austausch dahin gezogen werden, wo ein Ersatz durch Fixirung
und Verdunstung nothwendig wird. Dahin gehören: die vom Blattgewebe
aus dem Holzkörper des Blattgeäders entnommenen Rohsäfte; die aus den
Blattzellen vom Bastkörper des Blattgeäders zu extrahirenden Bildungssäfte;
die Cambial=, Mark=, Rindesäfte; die Markstrahl= und Zellfasersäfte; kurz
alle Pflanzensäfte, die nicht den Wandersäften angehören, aber durch diese
ersetzt werden, wo ein Verbrauch von Zellsäften dieß nöthig macht.

b. Wachsthum.

Im Embryo des Samenkorns sind zwar äußerlich das Stengelchen
und das Würzelchen mit seinen auf= und absteigenden Knospenwärzchen, so
wie eine oder mehrere Blattausscheidungen zu erkennen; es sind innerlich
das Mark und die Rinde durch einen Faserbündelkreis bereits geschieden,
aber die Faserbündel stehen noch auf einer sehr niedrigen Entwicklungsstufe.
Man erkennt zwar deutlich die den Fasern eigenthümlichen Formen und
Stellungsgesetze, die einzelnen Fasern sind aber noch außerordentlich klein,
ihre Wandungen sehr dünn und ohne erkennbare Spuren einer Tipfelung.
Den tieferen Stengeltheilen fehlt sogar die zuerst erkennbare Spiralfaser=
bildung, die erst in den höheren Theilen da hervortritt, wo die Blatt=
ausscheidungen vom Stengelchen sich trennen. Ein Gegensatz zwischen Holz=
und Bastkörper läßt sich hier noch nicht erkennen, die Faserbündel stehen
hier höchstens auf der (Seite 174, Fig. 20 d) dargestellten Entwicklungsstufe.

Das Wachsen der, aus dem Samenkorne hervorgegangenen Keimling=
pflanze geht nach denselben Gesetzen vor sich, die wir bereits Seite 169 in

Bezug auf die Entwickelung des Embryo im Samenkorne kennen lernten. Es beruht wie überall auf Zellenmehrung durch Theilung der vorgebildeten Mutterzellen in Tochterzellen, so wie auf der Vergrößerung der, einer fortgesetzten Theilung nicht mehr unterworfenen Zellen oder Fasern, bis zu einer, der Zellenart und der Holzart eigenthümlichen Größe, die nur innerhalb gewisser Grenzen durch Gunst oder Ungunst äußerer Einflüsse modificirt wird, da letztere mehr auf die Zahlengröße der Neubildungen als auf die Größe der einzelnen Elementarorgane von Einfluß sind, das raschere oder minder rasche Wachsen vermittelnd.

Die Ausbildung der dem Samenkorn entstiegenen Keimpflanze zur einjährigen Pflanze umfaßt nachstehende, nebeneinander herlaufende Wachsthumsvorgänge:

A. In der Hauptachse.

1) Längezuwachs nach oben und nach unten, vorzugsweise in und dicht unter dem auf= und dem absteigenden Knospenwärzchen des Schaft= und des Wurzeltriebs, durch fortdauernde Zellentheilung in horizontaler Richtung so wie durch Umbildung der Zellen in Fasern (Seite 174). In den älteren Triebtheilen durch Längenwuchs der gebildeten Zellen und Fasern.

2) Dickezuwachs: a) in Mark und Rinde durch Zellenwachsthum und fortdauernde Zellenmehrung nach Bedarf des sich erweiternden Raumes der Faserbündelvergrößerung; b) auf der Grenze zwischen Bast= und Holzkörper durch fortdauernde Abschnürung steriler Tochterfasern für Holz und Bast, vom permanenten Mutterzellenpaare eines jeden Faserradius aus (Seite 177).

- B. Bildung von Nebenachsen.

3) Ausscheidung von Blättern und Blattachselknospen dicht unter dem aufsteigenden Knospenwärzchen und nur dort (Seite 171).

4) Ausscheidung von Seitenwurzeln — nie in der Nähe des absteigenden Knospenwärzchens — stets an älteren Theilen der absteigenden Hauptachse durch Markstrahlmetamorphose (Seite 157).

C. Anticipirte Bildungen.

5) Ausbildung des nächstjährigen Längtriebes auf der Spitze des dießjährigen, umhüllt von Knospendeckblättern (Seite 133—135), sowohl an Haupt als Nebenachsen der oberirdischen Pflanze. Was ich Seite 169 und 171 in Bezug auf die im Knospenwärzchen vor sich gehende Zellenmehrung und Faserbildung zur Vermittelung des Längenzuwachses gesagt habe, gilt ebenso für den ersten, wie für alle nachfolgenden Jahrestriebe. Was den, in den tieferen Theilen des wachsenden Triebes ohne Zweifel stattfindenden Längenzuwachs betrifft (Jahresberichte S. 107), so beruht dieser wahrscheinlich nicht auf Zellenmehrung, sondern allein auf Längenzuwachs der schon vorhandenen, einzelnen Zellen und Fasern, und scheint es, als fände diese Art des Längezuwachses auch noch im zweijährigen Triebe statt, da die Nadeln an der Spitze fertiger, einjähriger Triebe, z. B. der Kiefer, dichter beieinander stehen als an der

Spitze des zweijährig gewordenen Triebes. [1] Dahingegen sind alle älter als zweijährigen Triebe einem Längenzuwachse nicht mehr unterworfen.

Ein wesentlicher Unterschied im Längezuwachs des auf- und des absteigenden Stockes findet in sofern statt, als nur in ersterem, neben dem culminirenden Zuwachse im Knospenwärzchen, noch eine Streckung bereits gebildeter Theile bis zur Basis des Jahrestriebs hinab stattfindet (s. meine Jahresberichte Seite 107 Fig. 1). Ich habe schon Seite 134 darauf aufmerksam gemacht: daß in vielen Knospen alle Theile des nächstjährigen Triebes vorgebildet seien. Das in der Buchenknospe Fig. 4 liegende Blatt sehen wir am fertigen Triebe oft mehr als einen Fuß über die Knospenbasis emporgehoben; es findet hier daher eine Ortsveränderung bereits gebildeter Pflanzentheile statt, der sich in der widerstandslosen Luft kein Hinderniß entgegenstellt. Der, noch in der Knospe liegende, nächstjährige Trieb läßt sich vergleichen mit einem zusammen geschobenen, auf das Objectiv gestellten Fernrohre; der nächstjährige Längezuwachs des Triebes läßt sich vergleichen mit einer Verlängerung des Fernrohres, theils durch terminale Neubildungen unter der Oberfläche des Oculars, gleichzeitig aber auch durch von oben nach unten abnehmende Verlängerung aller Hülsen des Fernrohrs. Dieser letztere Längenzuwachs findet nun in der Wurzel nicht, oder doch nur in sehr geringem, auf die noch unveräftelten, äußersten Wurzeltriebe beschränktem Maße statt. Der starre Boden, in welchem die zarten Wurzeltriebe sich entwickeln, steht einer solchen Ortsveränderung bereits gebildeter Pflanzentheile entgegen; der Längezuwachs ist hier wesentlich ein terminaler.

Was den Dickezuwachs durch Zellentheilung betrifft, so erreicht derselbe im Markgewebe sehr früh sein Ende, in der Rinde hingegen dauert er so lange fort, als diese sich lebendig erhält; bei Rothbuche, Hainbuche z. B. bis zum höchsten Alter der Pflanze. Er erfolgt hier, so lange der Trieb sich noch verlängert, durch horizontale Quertheilung, durch radiale und tangentale Längentheilung. Erlischt der Längenzuwachs, so hört auch die horizontale Theilung auf, tangentale und radiale Längentheilung dauern so lange, als die grüne Rinde sich noch verdickt. Hört der Dickezuwachs derselben auf, dann findet von da ab nur noch radiale Längentheilung statt, und zwar nach Maßgabe erweiterten Umfanges des Holz- und Bastkörpers, bis endlich die Rinde früher oder später abstirbt, resorbirt wird oder vertrocknet, aufreißt und mit den, gleichfalls außer Zuwachs tretenden, äußeren Bastlagen die aufgerissene Borke bildet.

Der Dickezuwachs durch Zellenmehrung ist aber stets ein geringer im Vergleich zum Dickezuwachs der Pflanze durch Fasermehrung. Daß und wie diese innerhalb einer tangentalen Spaltfläche aller Faserbündel stattfinde, nach außen den Bastkörper, nach innen den Holzkörper verdickend,

[1] Exotische Kiefern gehen nicht selten mit einem Endtriebe in den Winter, der kaum ein Viertel keiner endlichen Länge erreicht hat, an dem die Nadeln noch weit mehr hinter ihrer endlichen Länge zurückgeblieben sind, an denen aber dennoch die Endknospe im Winterkleide steht. Im Kalthause bleiben solche Triebe den Winter hindurch unverändert, und erst im kommenden Frühjahre wachsen sie wie die Nadeln zur normalen Länge heran. Bei P. Taeda, inops etc. überstehen solche unfertige Triebe sogar im Freien unbeschädigt die größte Winterkälte.

habe ich bereits Seite 177 ausführlich erörtert, Seite 179 u. f. über die, den Länge= und Dickezuwachs des Stengels und der Wurzel begleitenden Ausscheidungen von Blättern, Knospen und Seitenwurzeln gesprochen.

c. Die Zellenfestigung.

Die der Ernährung und der Verarbeitung der Nahrungsstoffe dienst= baren Zellen, im Wesentlichen die Zellen der Rinde, des Marks und des grünen Blattzellgewebes, erlangen nur ausnahmsweise einen Grad der Härte, wie er nothwendig sein würde, um unzählbare Zellenmenge zu größeren Pflanzen zu vereinen. Die sogenannten Zellenpflanzen sind entweder von geringer Körpergröße oder es wird wie bei den Tangen ein großer Theil ihres Gewichtes vom Wasser getragen. Das Zellgewebe aller größeren Landpflanzen bedarf einer inneren Stütze, die dem das Fleisch stützenden Knochengerüst der Wirbelthiere verglichen werden kann. Diese Stütze bildet sich jede Zelle durch Verwandlung ihres ersten Ptychodeschlauches in eine Zellwandung, es bildet sie sich die Gesammtpflanze durch Bildung eines centralen, mit der Pflanze selbst sich vergrößernden Holzkörpers, dessen Faserwände in höherem Grade sich verdicken durch wiederholte Bildung in= einander geschachteter Zellwände aus einer Reihefolge sich nach Innen ver= jüngender Ptychodeschläuche (Seite 165, Holzschnitt Fig. 16 I, i.).

Je nachdem die aus dem ersten Ptychodeschlauche hervorgegangene Zellwand allein das Zellengehäuse bildet, oder ein zweiter, dritter, vierter, im Innern des vorhergehenden regenerirter Schlauch dieselbe Umbildung zu ineinander geschachtelten Zellwänden erleidet, unterscheide ich einfache und zusammengesetzte Zellwände. Dem parenchymatischen Zellgewebe, sowie dem Siebfasergewebe des Bastes sind vorherrschend einfache Zellwände, dem Fasergewebe des Holzes und der Bastbündel sind vorherrschend zusammen= gesetzte Zellwände eigenthümlich.

Durch die dem Aufbau des Pflanzenkörpers nothwendige Verdickung der Zellwände würden aber die lebensthätigen Bestandtheile benachbarter Zellen, es würden die Ptychodeschläuche von einander getrennt und der Säfteaustausch zwischen ihnen erschwert, vielleicht ganz aufgehoben werden, wenn die Wände überall geschlossen um die Ptychodeschläuche sich ausbildeten. Es müssen, trotz der Wandverdickung, die Schläuche der Nachbarzellen unter sich in Berührung bleiben, wenigstens nicht durch Celluloseschichten überall von einander geschieden sein, da, wie es scheint, nur die Ptychodehäute, nicht auch die Celluloseschichten für Flüssigkeiten und Gase permeabel sind.

Eine diesem entsprechende, örtliche Beschränkung der Verdickung des Celluloseantheils der Zellwandung tritt nun in der That überall ein, wo eine Verdickung der Zellwandung stattfindet. Selbst den sehr dünn= wandigen Zellen des Markes und der Rinde fehlt sie nicht. Sie ist theils eine kanalförmige im Tipfel und Tipfelkanale, theils eine spiralige oder ringförmige im Spiral= oder Ringgefäße.

Diese Unterschiede in der Entwickelung der Zellwandung sind es, die wir nachfolgend näher betrachten wollen.

1. Die einfache Zellwandung.

Wie ich Seite 165 gezeigt habe, bildet sich die erste, äußerste Zell=
wandung zwischen den beiden Häuten des Ptychodeschlauches aus organisirten,
körnigen Cellulosekörpern, die unter sich zu einem geschichteten Bande (Astathe=
band) verwachsen, dessen einzelne parallelläufige Schichten ich Schichtungs=
lamellen genannt habe. Die Entstehung dieser Celluloseschichten aus der
Verwachsung von Cellulosekörnern habe ich mehrfach direkt nachgewiesen
(Entwickelungsgeschichte des Pflanzenkeims S. 148 und Taf. I. Fig. 45, 46).
Das Astatheband der scheinbar geschlossenen Zellwandung, der Holz= und
Bastfaser, der Siebfaser, der Mark= und Rindezelle ist in so dichten spira=
ligen Windungen um den Innenraum der Zelle gelagert, daß die Windungs=
ränder desselben sich berühren, eine scheinbar geschlossene Wand bildend.
Durch Anwendung chemischer Reagentien (Salpetersäure oder salpetersaures
Quecksilber) gelingt es jedoch, die Windungen auseinander treten zu lassen
(Holzfaser der Kiefer, Bastfaser von Asclepias, Haare auf der Spitze des
enthülsten Haferkorns). Bei Adelia Acetodon liegen die Ränder des
Astathebandes schon im natürlichen Zustande der Holzfaser getrennt, bei
vielen Braunkohlenhölzern ist durch Contraction des Astathebandes die Tren=
nung eingetreten (Taxites (?) Aikei). Dieß und das ziemlich allgemeine
Vorkommen eines über die Tüpfel hinziehenden Schrägspaltes,
der nur dadurch entsteht, daß die Windungen des Astathe=
bandes da auf kurze Strecken auseinander treten, wo ein
Tüpfelkanal zwischen ihnen hindurchgeht, sprechen für die
Allgemeinheit dieser Struktur der Zellwand.

Fig. 28.

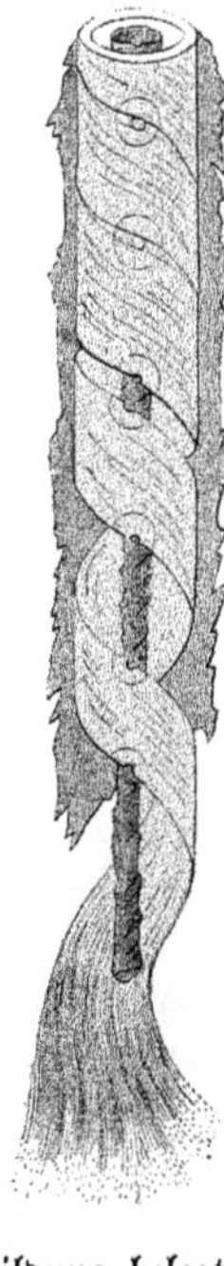

Nebenstehend gebe ich die Abbildung eines Stückes der
Kiefernholzfaser, an welchem, nach Behandlung derselben mit
Salpetersäure und Aether, die Windungen des Astathebandes
in den unteren Theilen der Figur auseinander gezerrt sind,
während sie, in den oberen Theilen mehr geschlossen, dort
als schräg über den inneren Tüpfelraum verlaufende Spalte
erscheinen. Durch stärkere Einwirkung von Aether auf die
mit Salpetersäure behandelte Holzfaser lösen sich die einzelnen
Schichtungslamellen des Astathebandes in Primitivfasern,
diese endlich in Primitivkügelchen auf, wie dieß der unterste
Theil des Astathebandes in nebenstehender Figur andeutet
(s. über Bestand und Wirkung der explosiven Baumwolle,
Braunschweig 1847).

Die beiden Häute des Ptychodeschlauchs, zwischen denen
das Astatheband sich entwickelt, legen sich der äußeren und der
inneren Grenze der aus diesem gebildeten Cellulosewandung an,
verwachsen mit derselben und bilden fortdauernd einen zweiten,
häutigen Bestandtheil der Zellwandung, die äußere und innere
Grenzhaut derselben, denen ich, ihrer Abstammung wegen, den=
selben Namen (Ptychoide und Ptychode) gelassen habe, mit denen
ich dieselben Häute schon im Ptychodeschlauche vor der Wandbildung belegte. [1]

[1] Nur in Bezug auf die Abstammung der innersten, häutigen Zellengrenze habe ich
gesagt, daß diese älter als die Celluloseschichten sei. Es beruht auf einem Mißverstandniß,

In der vorstehenden Figur sieht man die äußere Grenzhaut zerrissen als Unter=
lage des Astathebandes, die innere Grenzhaut abgelöst und zu einem dünnen
Schlauche contrahirt, Bilder, wie man sie durch Behandlung des Objects
mit Schwefelsäure und Jodalkohol leicht erhält. .

Die Zellwandung besteht daher aus zwei verschiedenen Bestandtheilen,
aus den Celluloseschichten und aus den Zellhäuten, die sich nicht
allein durch die, nur den letzteren zuständige, granulirte Struktur, sondern
auch durch ganz entgegengesetztes Verhalten zu chemischen Reagentien von
einander unterscheiden. Die Celluloseschichten werden durch Schwefelsäure
expandirt, endlich gelöst und in Zucker umgewandelt, die Zellhäute bleiben
unverändert; letztere werden durch Salpetersäure aufgelöst, die Cellulose=
schichten hingegen ohne räumliche Veränderung in Schießfaser verwandelt.
Kupferoxydammoniak löst die Celluloseschichten und läßt die innere sowohl,
wie die äußere Zellhaut ungelöst. Man kann sich davon leicht überzeugen,
wenn man Baumwolle oder isolirte Fasern des Eichen=, Buchen=, Kiefern=
holzes unter Deckglas mit dieser Flüssigkeit in Berührung bringt.

Die Dicke, bis zu welcher die einfache Zellwandung sich entwickelt, ist
eine sehr verschiedene. Die Mark= und Rindezellen, das Korkgewebe, die
Blatt= und Fruchtzellen, das Siebfasergewebe der Bastschichten bleiben
größtentheils sehr dünnwandig. Doch kommen häufig Ausnahmen vor, in
denen schon die einfache Zellwandung sich nahe bis zum Schwinden des
Innenraums der Zelle verdickt. Das Mark von Taxodium, die Stein=
zellen der Birkenrinde und unedler Birnen, die Siebfasern von Camellia,
Thea, die Oberhaut= und Collenchymzellen der meisten Pflanzen, die Zellen
vieler Sämereien und Samenhüllen liefern Beispiele. Dahingegen bestehen
alle Holzfasern, selbst die dünnwandigen des Weiden= und Pappelholzes,
der Weymuthkiefer, mindestens aus zwei in einandergeschachtelten Zellwänden,
von denen die äußere, die ich die Cambialwandung genannt habe,
durch Resorption des größten Theils ihrer ursprünglichen Cellulosesubstanz
auf eine sehr geringe Dicke reducirt ist. Ich komme darauf bei Betrachtung
der zusammengesetzten Zellwandung zurück, nachdem ich die verschiedenen
Arten der Durchbrechung einfacher Zellwände dargelegt habe.

Nicht überall im Verlaufe der Zellwandung schließen die Windungen
des spiralig gerollten Astathebandes dicht aneinander. Mehr oder minder
häufig, nach bestimmten, der Zellenart eigenen Stellungsgesetzen, treten
verschieden große und verschieden geformte Lücken im Celluloseantheil der
Wandung auf, die nur an der äußeren Grenze der Zellwand durch den
häutigen Bestand derselben geschlossen, nach dem inneren Zellraume geöffnet
und mit der inneren Zellhaut bekleidet sind, die sich von der inneren Wan=
dungsgrenze aus in die Lücken fortsetzt, bis sie sich am Grunde der Lücke
mit der äußeren Grenzhaut zu einer, wie es scheint, einfachen Haut ver=
eint, die ich die Schließhaut der Lücke genannt habe.

wenn v. Mohl mir die Ansicht Mulder's zuschreibt, daß die inneren Celluloseschichten
die älteren seien. Meiner Ansicht nach sind alle Schichtungslamellen ein und desselben Schich=
tungscomplexes gleichzeitiger Entstehung und nur in Bezug auf die ineinander geschachtelten
Schichtungscomplexe zusammengesetzter Zellwände kann von einer Bildungsfolge
die Rede sein, wo dann selbstverständlich die inneren stets die jüngeren sein müssen.

Nach der verschiedenen Größe, Form und Verlauf dieser Lücken unter=
scheiden wir:

    a) die Tipfelbildung,
    b) die Spiralfaserbildung.

a. Die Tipfel= und Tipfelkanalbildung.

Seite 202 habe ich gesagt, daß sehr wahrscheinlich nur die Zellhäute,
nicht auch die Celluloseschichten der Zellwandung für Flüssigkeiten permeabel
seien, daß daher zur Fortdauer des Säfteumlaufes in der Pflanze eine
örtlich beschränkte Durchbrechung des Celluloseantheils der Zellwandung
stattfinden müsse, in der die Wandungsdicke auf den häutigen Bestand der=
selben beschränkt bleibt. Jede Durchbrechung dieser Art, wenn sie nicht
über den ganzen Umfang der Zelle ring= oder spiralförmig sich ausdehnt,
heißt ein Tipfel.

Die nebenstehenden Figuren geben Quer=
schnitte der Zellwandung verschiedenartiger Zellen
oder Fasern. Die äußere sowohl wie die innere
Grenze der Wandung habe ich durch eine Doppel=
linie bezeichnet, um dadurch die aus den Ptychode=
häuten entstandenen Zellhäute anzudeuten, die in
der Wirklichkeit im Verhältniß zu den schraffirten
Celluloseschichten allerdings viel dünner sind, als
die Zeichnung darstellt. Die Celluloseschichten hin=
gegen bestehen, wie die concentrische Schraffirung
andeutet, aus einer großen Zahl zarter, dicht
aneinander liegender Schichten, die überall, wo
eine Durchbrechung der Wandung stattfindet, mehr
oder weniger rechtwinklig auf die, auch diese Durch=
brechungen bekleidende Zellhaut aufstoßen (s. die
Figuren), eine Thatsache, die ebenso wie das
verschiedene Verhalten der Zellhäute und Cellu=
loseschichten zu chemischen Reagentien, der noch

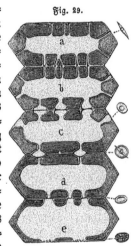

Fig. 29.

immer herrschenden Ansicht entgegensteht: es verdicke sich die, nur aus Cellu=
loseschichten bestehende Zellwandung durch freie Ablagerung neuer Schichten auf
die Innenfläche vorgebildeter Schichten. In diesem Fall müßten die Cellulose=
schichten bis zum Lumen des Tipfelkanals sich erstrecken, während in der That
dieses eben so wie die äußere und innere Wandungsgrenze häutig bekleidet ist.

In den vorstehenden Figuren sehen wir die Zellwandung in ver=
schiedener Weise kanalförmig durchbrochen. Man nennt diese Durchbrechungen
Tipfelkanäle. Diese Kanäle verlaufen radial vom inneren Zellraume
durch alle Celluloseschichten hindurch bis zur äußeren Zellhaut; die innere
Zellhaut begrenzt auch sie, indem sie bis zur äußeren Zellhaut sich ein=
stülpt und am äußeren Ende des Kanals mit letzterer zu einer, wie es
scheint, einfachen Schließhaut verwachsen ist. Jeder Tipfelkanal einer
jeden Zelle setzt sich in einen Tipfelkanal der Nachbarzelle fort; beide bleiben
jedoch an ihrem äußeren Ende verschlossen durch die, aus den Zellhäuten
bestehende Schließhaut.

Man denke sich zwei leere Handschuhe so gegenübergelegt, daß deren Fingerspitzen sich berühren, die correspondirenden Finger eine gerade Linie bilden; man denke sich zwischen die Fingerspitzen zwei Blättchen Papier eingeschoben, jederseits den Raum zwischen Papier und Handschuhleder mit einer dem Papier gleichläufig geschichteten Substanz erfüllt, so versinnlicht uns letztere die Celluloseschichten zweier nebeneinanderliegender Zellwandungen; die beiden unmittelbar sich berührenden Papierstreifen entsprechen der äußeren Zellhaut, das Leder des Handschuhs entspricht der inneren Zellhaut, die vom inneren Raum der Zelle (Handraum) in das Lumen des Tipfelkanals (Fingerraums) sich ohne Unterbrechung fortsetzt. Denkt man sich nun Papier und· Leder von gleicher Substanz und diese zwischen den Fingerspitzen zu einer äußerst zarten ·Schließhaut verwachsen, so hat man ein getreues körperliches Bild der Zellwand und ihrer kanalförmigen Durchbrechungen, das man sich noch durch Fig. 28 vervollständigt, aus der hervorgeht, daß die Celluloseschichten ein spiralig aufgerolltes Band bilden, zwischen dessen, übrigens dicht schließenden Windungen die Tipfelkanäle von innen nach außen verlaufen.

Die Correspondenz der Tipfelkanäle benachbarter Zellwandungen, die häutige Auskleidung der Tipfelkanäle, die Thatsache selbst, daß die Tipfelkanäle. frei von Celluloseablagerung bleiben, auch bei den höchsten Graden der Wandverdickung (Fig. 33 f), läßt sich nur durch die Annahme erklären, daß die Celluloseschichten zwischen den beiden Häuten des Ptychodeschlauchs, also im Ptychoderaume, sich bilden; daß schon vor der im Ptychoderaume eintretenden Cellulosebildung die beiden Häute des Ptychodeschlauchs an denjenigen Stellen untereinander zu einer Haut (Schließhaut) verwachsen, an denen später die Tipfelkanäle sich bilden, in Folge dessen die Cellulosebildung dann nur an denjenigen Stellen zwischen den beiden Ptychodehäuten stattfinden kann, die nicht mit einander verwachsen sind, so daß über den Verwachsungsflächen nothwendig ein cellulosefreier Kanal mit zunehmender Dicke der Celluloseschichten sich bilden muß. [1] Hiernach habe ich die Correspondenz der Tipfelkanäle benachbarter Zellwandungen aus einem, der Copulation der Spirogyren ähnlichen Vorgange erklärt, in der Annahme, daß schon in dem, noch mit Flüssigkeit erfüllten Ptychodeschlauche an denjenigen Stellen, an welchen die Häute desselben zu einer Schließhaut verwachsen, auch der Nachbarschlauch zu einer gleichen Verwachsung bestimmt werde.

---

[1] Auch diese Erklärung der Tipfelbildung, wie überhaupt die Bildung der Celluloseschichten zwischen zweien Schlauchhauten, hat in die botanische Literatur bis jetzt noch keine Aufnahme gefunden. Die Entstehung des Tipfelkanals können die Vertheidiger der freien Celluloseablagerung nicht anders erklären als mit der Phrase: im Tipfelkanale werde die Ablagerung durch die Strömung des von Zelle zu Zelle übergehenden Safts verhindert. Es ist dieß ein würdiges Gegenstück zur freien Strömung des Ptychodesaftes im Zellsafte (Seite 165), da diese Erklärung doch nothwendig voraussetzt, daß, schon vor der Entstehung des Tipfelkanals im Zellsafte, eine Strömung von Zellsaft nach allen denjenigen Punkten der primitiven Zellwand hin stattfinden müßte, von denen spater die Tipfelkanäle ausgehen. Wir hätten dann da, außer einer Strömung von Ptychodesaft im Zellsaft auch noch Zellsaftströme im Zellsafte selbst!! Ehe man solche aus der Luft gegriffene Hypothesen hinstellt, sollte man sich doch ein wenig in die physikalischen Verhältnisse des Problems hineinzudenken versuchen.

Wie Fig. 29 zeigt, sind die Tipfelkanäle nicht immer von gleicher Bildung. Die physiologische Bedeutung der hier vorkommenden Verschieden-heiten ist uns noch unbekannt; letztere sind aber für die Unterscheidung ver-schiedener Formen von Elementarorganen und dadurch für die Holzkenntniß von Wichtigkeit.

Ich unterscheide zunächst gleichförmige und ungleichförmige Tipfelung, je nachdem die, je zweien benachbarten Zellwänden angehörenden, correspondirenden Tipfelkanäle gleichgebildet (Fig. 29 a b e) oder ungleich sind (Fig. 29 c d).

Zur gleichförmigen Tipfelung gehören

1) die cylindrische, wo, wie in a, die Weite des Kanals überall dieselbe ist, wenigstens eine merkliche Erweiterung desselben nach außen nicht stattfindet. Es ist dieß die in Rinde- und Markzellen, in den dickwandigen ächten Bastfasern, in den einfachen Holzfasern und in den Zellfasern des Holzkörpers herrschende Tipfelung;

2) die stempelförmige Tipfelung, wo, wie unter b, der Tipfel-kanal am Grunde sich stempelförmig erweitert. Es findet sich diese Bildung vorzugsweise bei den Uebergangsbildungen vom Spiralgefäß zur Holzröhre, seltener in dickwandigen Markzellen (Taxus);

3) die siebförmige Tipfelung (e), darin von allen andern Tipfel-bildungen verschieden, daß bei ihr viele kleine Tipfelkanäle zu einem gemein-schaftlichen Tipfel vereint sind. Alle primitiven Organe der Bastschichten zeigen diese Bildung.

Zur ungleichförmigen Tipfelung gehören

4) die linsenräumige Tipfelung (c). Der Tipfelkanal erweitert sich nach außen zu einem linsenförmigen Raume, dessen äußere Hälfte über die Zellengrenze hinaustritt, während der correspondirende Tipfelkanal der Nachbarzelle cylindrisch auf den Mittelpunkt des Linsenraumes aufstößt. Daß der linsenräumige Tipfel einseitig geöffnet ist, erkennt man, wenn man nicht zu dünne Tangentalschnitte aus trockenem Kiefernholz, mit Terpentin benetzt, unter dem Mikroskop betrachtet. Das Oel bringt dann rasch in die durch den Schnitt geöffneten Holzfasern, während die nicht geöffneten Fasern mit Luft erfüllt und dadurch mit schwarzem Innenraum erscheinen, wie dieß die mittlere Faser der nebenstehenden Figur darstellt. Man sieht dann die Luft des Innenraums einseitig ununterbrochen in den Linsen-raum verbreitet, während auf der entgegengesetzten Seite sie nur bis zum Ende des cylindrischen Kanals vordringt. Die Folgerungen hieraus sind sehr einfach und beweiskräftig. Hindert die Integrität der Zelle das Eindringen des Oels, so muß die Luftgrenze auch die Grenze des Innenraums sein. Wäre der Linsenraum auf beiden Seiten verschlossen, so müßte er in der großen Mehr-zahl der Fälle die Luft bewahren, da immer nur wenige Linsen-räume vom Schnitt getroffen werden, was keineswegs der Fall ist; wäre er gar nicht verschlossen, so könnten sich auch die nicht vom Schnitte getroffenen Zellen nicht so lange frei vom Oele halten.

Linsenräumige Tipfel charakterisiren sämmtliche Holzfasern aller Nadel-hölzer, die weiträumigen Holzröhren der Laubhölzer und diejenigen Laubholz-

Fig. 30.

Holzfasern, welche im Vereine mit Holzröhren und Zellfasern die Röhrenbündel des Holzkörpers bilden.

5) Die gestufte Tipfelung (d) findet sich zwischen Holzröhren und den ihnen anliegenden Markstrahlzellen und unterscheidet sich dadurch, daß die Tipfel in der Röhrenwandung eine breitere Basis besitzen, als die correspondirenden Tipfel der anliegenden Zellwandung (z. B. Eichenholz). Auch die sehr breiten Markstrahltipfel der mittleren Stockwerke von Pinus gehören hierher (Naturgesch. der forstl. Culturpflanzen Taf. 34, Fig. 5).

Fig. 31. In nebenstehender Figur 31 sehen wir drei Tipfel der Kiefernholzfaser, wie solche da gebildet sind, wo sie den mittleren Stockwerken der Markstrahlen anliegen.

Alle diese verschiedenen Tipfelformen durchbrechen die Cellulofeschichten der Zellwandung vollständig; die Wandungsdicke je zweier benachbarter Zellen ist dadurch örtlich bis auf deren häutigen Bestandtheil reducirt; dieser letztere, die Schließhaut zwischen je zwei correspondirenden Tipfelkanälen, scheint aber überall vorhanden und einer Resorbtion nicht unterworfen zu sein. Wo eine solche stattfindet (Zellen der Moosblätter, Querwände der Holzröhren), ist sie als solche auch leicht erkennbar. Jede einzelne Zelle ist daher trotz der Tipfel ein in sich völlig geschlossener Behälter, dem Eindringen fester Körper unzugänglich und die im Tipfelkanal auftretende Wandverdünnung hat wohl keinen anderen Zweck, als den der Säfteleitung von Zelle zu Zelle, wahrscheinlich unter der Annahme, daß nur die Zellhäute, nicht die Cellulofeschichten für Flüssigkeiten permeabel sind, wie wir später sehen werden, unter Mitwirkung der auf Druck beruhenden Turgescenz des lebendigen Pflanzensafts. Diese Annahme findet eine wesentliche Stütze in der Thatsache, daß da, wo in der Zellwandung ein Ptychodeschlauch noch vorhanden ist, derselbe auch in die Tipfelkanäle eingeht und dort mit der Schließhaut der Zellwandung verwachsen erscheint.

b. Die Spiralfaserbildung.

Seite 205 habe ich gesagt, es entstehe die Tipfelbildung aus einer gegenseitigen Verwachsung der beiden Häute des Ptychodeschlauches zu einer, den künftigen Tipfelkanal nach außen abschließenden Schließhaut. Nicht selten erweitern sich die Tipfel im Umfange der Zellen so bedeutend, daß sie fast die ganze Breite derselben einnehmen (Vitis, Magnolia, Cereus etc.). Gehen wir noch einen Schritt weiter: denken wir uns den Tipfel um den ganzen Umfang der Zelle verlaufend und ringförmig in sich zurückkehrend, so muß zwischen den Schließhäuten übereinanderstehender Tipfel dieser Art die Wandverdickung durch Cellulofebildung eine ringförmige sein. Erfolgt die Verwachsung zur Schließhaut in einer oder in mehreren Spiralflächen, so muß auch die Cellulosebildung zwischen diesen Flächen eine spiralige Form annehmen. Daraus gehen die beiden Hauptformen einer Zellenbildung hervor, die man Spiral= und Ringgefäße genannt hat, während man unter Spiral= oder Ringfaser nur den verdickten Wandungstheil versteht.

Die Spiralfaser= oder Ringfaserzelle unterscheidet sich von der Tipfelzelle im Wesentlichen daher darin, daß die Schließhäute derselben weiter

und in eigenthümlicher Weise verbreitet sind. Zerreißt man einen an Spiral=
gefäßen reichen Pflanzentheil, z. B. den Blattstiel vom Wegerich (Plantago)
durch Auseinanderziehen, dann werden anfänglich nur die Schließhäute zer=
rissen, die spiralig aufgerollten Wandverdickungen ziehen sich zu silberhellen
Fäden aus, an denen, beim Nachlassen der zerrenden Kraft,
die einfache Lupe recht gut die ursprüngliche Aufrollung noch
zu erkennen gibt.

Fig. 32.

Die nebenstehende Figur 32 zeigt die beiden aneinander=
liegenden Endstücke zweier Spiralgefäße, in die ich die wesent=
lichsten Verschiedenheiten der spiraligen Wandbildung einge=
tragen habe. Bei a sehen wir sehr breit gezogene Tipfel, deren
ich oben erwähnt habe; bei c das Ringgefäß, dessen Ringe
die, mitunter in einer abweichend schrägen Richtung gestellt
(e), bisweilen nur in Bruchstücken vorhanden sind (Ringstück=
gefäß d), oft sehr dicht aneinanderstehen und bei den Nadel=
hölzern zugleich auch linsenräumig getipfelt sind (Pinus f).
Sind die Ringe untereinander durch Arme verbunden, so ent=
steht daraus das Treppengefäß (b). Bei g sehen wir ein
dicht gewundenes, bei h ein weitläufig gewundenes Spiral=
gefäß mit doppelter Spirale. Werden die Spiralfasern sehr
breit, so entsteht daraus das bandförmige Spiralgefäß, das,
wenn die Bänder dicht nebeneinander liegen, den Uebergang
zum Aftathebande der Holz= und Bastfaser [1] (Fig. 28) bildet.
Durch die eingezeichneten Punktreihen habe ich das Vorhanden=
sein der die Fasern verbindenden Schließhäute und zugleich
deren feine Granulirung angedeutet, die sie mit den Häuten
des Ptychodeschlauchs gemein haben und dadurch ebenfalls
ihren Ursprung verrathen, während jede einzelne Celluloseschicht
im unveränderten Zustande durchaus strukturlos erscheint.

In allen Stengeltheilen findet man die ächten Spiral=
gefäße nur zunächst dem Markzellgewebe, den sogenannten
Markcylinder bildend. Von da aus begleiten sie die Faser=
bündel des Blattstiels und der Blattadern. In jedem jugend=
lichen Faserbündel sind sie stets die zuerst sich festigenden Zellen.
Die, gegenüber den später sich entwickelnden Holzfasern und
Holzröhren, größte Flächenausdehnung der Schließhäute deutet
darauf hin, daß sie in dieser Frühperiode einem erhöhten
Säfteaustausche dienstbar sind.

Nicht selten zeigt sich, vom Marke nach der Rinde hin,
eine Reihenfolge in der Entwicklung vom Unvollkommeneren

[1] Wenn man der obigen Ansicht, daß der häutig begrenzte Raum zwischen den Win=
dungen der Spiralfaser oder zwischen je zwei Ringfasern nichts anderes sei als ein erweiterter
Tipfelraum, dasjenige zur Seite stellt, was ich Seite 203—205 über die Zusammensetzung der
scheinbar geschlossenen Zellwand aus einem spiralig gerollten Aftathebande gesagt habe, so
durfte die Ansicht Eingang finden: daß auch die geschlossene Cellulosewand der Holz= und
Bastfaser eine Spiralfaserwandung sei; daß das Aftatheband nichts weiter sei als eine sehr
breite und so dicht gewundene Spiralfaser, daß deren Ränder sich berühren und bis auf die
Tipfelspalte unter sich mehr oder weniger innig verschmelzen.

zum Vollkommeneren der Wandbildung der Art, daß die innersten, die Mark=
zellen zunächst begrenzenden Fasern Ringstückgefäße sind, denen Ringgefäße,
abrollbare Spiralgefäße, bandförmige Treppengefäße folgen, denen sich endlich
die getipfelten Holzröhren anschließen. Daraus bildete sich die Lehre von
der Metamorphose der Spiralgefäße, oft so aufgefaßt, als fände hier wirk=
lich eine Umbildung statt, der zu Folge das Ringgefäß in ein Spiralgefäß,
letzteres in ein Treppengefäß sich verwandle. Man ist sogar noch weiter
gegangen, indem man noch heute die getipfelten Holzröhren dieser Entwick=
lungsreihe zugesellt, obgleich ich zeigte, daß sie von den Spiralgefäßen in
der Bildung, im Vorkommen, in der Funktion und in der Entstehungs=
weise durchaus verschiedene Organe seien. Aber auch in der Beschränkung
auf die Wandungsverschiedenheiten der ächten Spiralgefäße des Markcylinders
ist obige Ansicht entschieden unrichtig. Das Studium der Entwicklungsfolgen
zeigt schon in den frühesten Zuständen die Anlage zu derjenigen Wandbildung,
die später durch gesteigerte Verdickung nur schärfer ausgeprägt wird; das
Ringstück bleibt stets Ringstück, das abrollbare Spiralgefäß bleibt stets ab=
rollbares Spiralgefäß und selbst in den Entfernungen der Ringe und Spiral=
windungen tritt keine andere Veränderung ein als die, welche das Wachsen
des Organs mit sich bringt.

2. Die zusammengesetzte Zellwandung.

Wir haben bis daher gesehen, wie der durch Theilung vervielfältigte
Ptychodeschlauch zur Zellwandung sich ausbildet, nachdem er in seinem Innen=
raume sich regenerirt hat (Seite 164—169, Fig. 16, 17). Die meisten
Zellen der Rinde und des Markes, der Oberhaut (so lange diese als solche
besteht) und des Collenchym, so wie des Siebfasergewebes verharren für
immer auf dieser Entwicklungsstufe; die einfache Zellwand und der darin
gelagerte Ptychodeschlauch bilden die bleibenden Bestandtheile der Zellen,
deren Außenwände sich gegenseitig verkitten.

Zellen mit einfacher Wandung können durch bedeutende Wandverdickung
hohe Grade der Härte und Festigkeit erreichen, wie dieß z. B. der Fall ist
in der Rindeborke der Buche und der Birke, in den Früchten unedler Birn=
sorten, in vielen holzigen Samenhüllen ꝛc.; in der Regel bleibt aber Zell=
gewebe dieser Art weich und krautig, es bildet nicht allein den weicheren,
sondern auch die, durch Fäulniß (Maceration) leichter zerstörbaren Pflanzen=
theile und wird daher passend mit dem Namen „Pflanzenfleisch" belegt,
im Gegensatze zu den im Allgemeinen festeren und dauerhafteren, dem
Knochengerüst der Thiere vergleichbaren Faserbündeln des Holz= und des
Bastkörpers der Pflanzen.

Diese größere Härte, Zusammenhangskraft und Dauer verdankt das
Fasergewebe des Holzkörpers und der Bastfaserbündel einer weiteren Ent=
wicklung der einzelnen Zellen, bestehend

    a) in der Bildung von Einschachtelungswänden,
    b) in der Verkernung.

    a) Die Bildung von Einschachtelungswänden beruht
darauf, daß der secundäre Ptychodeschlauch im Innern der einfachen Zell=
wandung, wie vor ihm der primäre Ptychodeschlauch, zur Zellwandung sich

ausbildet, woher es dann kommt, daß in der fertigen Holzfaser der, im jugendlichen Zustande auch ihr nicht fehlende Ptychodeschlauch nicht mehr vorhanden ist.

Hierbei tritt nun der beachtenswerthe Umstand ein, daß die Entwicklung der secundären Zellwandung der Holzfaser auf Kosten der primären Zellwandung vor sich geht, so daß, wenn Erstere vollständig ausgebildet ist, Letztere auf die sehr geringe Dicke einer scheinbar homogenen Zwischensubstanz reducirt ist, die ich, zusammengenommen mit der verbindenden Kittmasse (Eustathe), in meinen früheren botanischen Schriften als Eustathe bezeichnete.

In der nebenstehenden Fig. 33 gebe ich die Entwicklungsgeschichte der Kiefernholzfaser in einer Aneinanderreihung von Querdurchschnitten, in denen ich, der Deutlichkeit wegen, im Verhältniß zur Faserweite die Wandungstheile dicker gezeichnet habe wie sie wirklich sind, ungefähr so, wie man sie durch Expansion vermittelst Schwefelsäure zur Ansicht erhält.

Fig. a zeigt die junge Holzfaser im Cambialzustande. Sechs prismatische, mit Luft erfüllte Intercellularräume in ihrem Umfange trennen sie von den Nachbarfasern, von denen nur ein Theil der Wandung in die Zeichnung aufgenommen ist. Ein linsenförmiger Tüpfelraum ist schon jetzt vorhanden. Mit der häutigen Begrenzung des Linsenraumes verbunden, sehen wir im Innern der cambialen Zellwandung den Ptychodeschlauch mit Zellkern. Die Zelle b zeigt noch den von Säften und Körnern strotzenden Ptychodeschlauch, die Cambialwandung hat sich bereits verdünnt. Dieß ist der Zustand, in dem ich die Bildung des Astathebandes aus den unter sich verwachsenden Cellulosekörpern direkt beobachtet habe (Entwicklungsgesch. des Pflanzenkeims Taf. II. Fig. 45, 46). In c—f ist der Ptychodeschlauch verschwunden, d. h. er ist zur secundären Faserwandung umgewandelt, die primäre Zellwandung ist durch Reduction zu einer scheinbar homogenen Zwischensubstanz verdünnt, in der die in a und b deutlich erkennbaren, mittleren Trennungslinien nur noch an den comprimirten Intercellularräumen anatomisch nachweisbar sind. Der mit dem linsenförmigen Tüpfelraume diesseitig in offener Verbindung stehende, in der Cambialwand verschwindend kurze Tüpfelkanal hat sich in der secundären Zellwand fortgesetzt und eine der Dicke dieser entsprechende Länge erreicht.

Die Holzfasern der meisten unserer Holzpflanzen bleiben auf dieser Entwicklungsstufe stehen. Eine auf eine scheinbar homogene Zwischensubstanz reducirte Cambialwandung und eine mehr oder weniger mächtig entwickelte, secundäre Zellwand bilden deren Bestand, dem Innenraume fehlt der Ptychodeschlauch, der also für die Säfteleitung selbst nicht nothwendig ist, sich aber da vorhergehend regenerirt, wo eine Ablagerung von organisirten Reservestoffen stattfinden soll. Daß die secundäre Zellwandung selbst in den Zustand des Ptychodeschlauches zurückschreiten könne, zeigen alljährlich die äußersten Holzfasern des Holzringes beim Beginn der Neu= bildungen.

In einigen Fällen regenerirt sich der Ptychodeschlauch ein zweitesmal vor Bildung der zweiten Zellwand, er entwickelt sich zu einer dritten, der zweiten eingeschachtelten Zellwandung, z. B. in einzelnen Holzfasercomplexen von Populus nigra, serotina. In Bastfasern wiederholt sich dieser Vor= gang noch öfter, so daß die Bastfaser des Palmenholzes oft aus 5—6 in= einander geschachtelten Zellwänden besteht, jede derselben aus vielen der sogenannten Ablagerungsschichten (Astathe=Lamellen) zusammengesetzt (Bot. Zeitg. 1855, Taf. IV., Fig. IX.).

Es ist bemerkenswerth, daß in jeder folgenden der eingeschachtelten

Fig. 34.

Zellwandungen die Windungen des Astathebandes, denen der vor= hergehenden Wandung entgegengesetzt sind. Daher stammt der in manchen Fällen doppelte, kreuzförmig gestellte, über die Tipfel verlaufende Spalt, der besonders in der Holzfaser von Pinus Strobus sehr deutlich hervortritt. (In nebenstehendem Holzschnitte die obere Figur a.)

Neben der Tipfelung, mitunter auch ohne diese, zeigt die secundäre Wandung vieler Holzfasern und Holzröhren eine leisten= förmig hervortretende, spiralig oder ringförmig um den Innenraum der Zelle verlaufende Faltung, die nicht bis zur Außenhaut der Zellwandung vordringt, was bei den Spiralgefäßen des Mark= cylinders stets der Fall ist. In der nebenstehenden Fig. 34 gebe ich den Längendurchschnitt aus der Zellwand einer Holzröhre des Ahornblattstiels. Die Einfaltung der inneren Zellhaut bringt hier

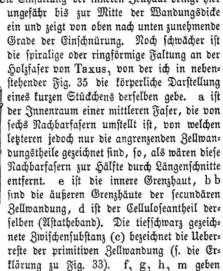

Fig. 35.

ungefähr bis zur Mitte der Wandungsdicke ein und zeigt von oben nach unten zunehmende Grade der Einschnürung. Noch schwächer ist die spiralige oder ringförmige Faltung an der Holzfaser von Taxus, von der ich in neben= stehender Fig. 35 die körperliche Darstellung eines kurzen Stückchens derselben gebe. a ist der Innenraum einer mittleren Faser, die von sechs Nachbarfasern umstellt ist, von welchen letzteren jedoch nur die angrenzenden Zellwan= dungstheile gezeichnet sind, so, als wären diese Nachbarfasern zur Hälfte durch Längenschnitte entfernt. e ist die innere Grenzhaut, b b sind die äußeren Grenzhäute der secundären Zellwandung, d ist der Celluloseantheil der= selben (Astatheband). Die tiefschwarz gezeich= nete Zwischensubstanz (c) bezeichnet die Ueber= reste der primitiven Zellwandung (s. die Er= klärung zu Fig. 33). f, g, h, m geben die verschiedenen Ansichten der linsenräumigen Tipfel (s. die Erklärung zu Fig. 29 c); k ist ein offener Intercellularraum, der bei i mit einem

Zwischenkitte erfüllt ist. An der inneren Grenze der Zellwandungen sehen wir spiralig verlaufende, leistenförmige Falten über die Oberfläche hervortreten (e e), deren Erhebung nicht mehr als $1/6$—$1/5$ der Cellulosewandungsdicke beträgt.

Eine noch zartere spiralige Faltung der Innenfläche zeigen die Breitfasern vieler Holzarten, z. B. Larix. Welches die physiologische Bedeutung dieser Bildungen sei, ist uns zur Zeit noch verborgen.

Bis zum höchsten Alter dient die schlauchlose Holzfaser mit zusammengesetzter Zellwand der Säfteleitung nach oben. An im Winter gehauenen Stöcken alter Bäume wird im Frühjahre zur Zeit des Saftsteigens das Kernholz meist früher naß als das Splintholz. Man darf daher nicht einmal sagen, daß letzteres der Säfteleitung mehr als ersteres dienstbar sei.

b) Die Kernholzfaser.

In allen ihren räumlichen Verhältnissen ist die Pflanzenzelle während weniger Tage, höchstens während weniger Wochen vollkommen ausgebildet. Prismatische Räume, Intercellulargänge genannt (Fig. 35 k), erhalten sich bis dahin offen, enthalten Luft und dienen als Ableitungsgänge für die von den thätigen Pflanzenzellen abgeschiedenen Gase und Dünste. Ist die Zellwandung vollendet, so wird ein, feiner Substanz nach unbekannter Stoff durch die Zellwandung hindurch abgeschieden, in die Intercellularräume und auf die Außenfläche der äußeren Grenzhaut abgelagert, woselbst er zu einer, die einzelnen Zellen verkittenden Masse erstarrt, die ich Holzkitt (Eustathe) genannt habe (Leben der Pflanzenzelle Taf. I., Fig. 45). Von da ab findet, mehrere Jahre hindurch, oder bis zum Lebensende der Zelle, eine Veränderung nicht statt, weder in Größezunahme noch in Wandverdickung, noch im Hinzukommen neuer Theile. Man nennt dieß den Splintzustand der Holzfaser. Nur die Faserzellen des Holzkörpers vieler Baumarten, nachdem sie eine längere oder kürzere Reihe von Jahren im Splintzustande unverändert verharrten, gehen dadurch in den Kernholzzustand über, daß sich in ihnen eine amorphe, schwarz, roth, braun, goldgelb, violettblau gefärbte, in hohem Grade indifferente Substanz ansammelt, die ich Xylochrom genannt habe. Sie füllt nicht allein die inneren Zellräume mehr oder weniger, beim Ebenholze z. B. oft gänzlich aus, sondern durchdringt auch die Zellwände selbst, diesen ihre Farbe mittheilend. Es schien mir sogar in mehreren Fällen, als wenn die Zellwände hierbei eine merkliche Verdickung erlitten, vielleicht durch Zwischenlagerung amorphen Xylochroms zwischen die einzelnen Schichtungslamellen des Astathebandes; meine Untersuchungen in dieser Richtung sind jedoch noch nicht abgeschlossen. Nur so viel vermag ich schon jetzt mit Sicherheit anzugeben, daß alle optischen, Gewichts- und technischen Verschiedenheiten zwischen Kern- und Splintholz vorzugsweise auf der Ansammlung von Xylochrom beruhen, dessen ohne Zweifel verschiedenartige chemische Zusammensetzung (ich erinnere nur an die Löslichkeit desselben in vielen Farbehölzern gegenüber der Unlöslichkeit im Ebenholze, Eichenholze rc.) die Ursache der verschiedenen Dauer des Holzes sein mag.

So viel ich weiß, wird noch heute von den Botanikern die Kernholzfaser und mit ihr das Kernholz der Bäume als ein abgestorbener Körper

betrachtet. Keine Thatsache berechtigt hierzn. Alle Functionen der Splint=
faser vollzieht auch die Kernfaser. Ich habe Buchenreibeln in einer
Ringwunde nicht allein Rinde und Bast, sondern auch die ganze Splintlage
hinwegnehmen lassen, ohne den geringsten Einfluß auf den Wuchs der über=
stehenden Baumtheile. In der glühendsten Sommerhitze blieb die Belau=
bung so kräftig wie die der unverletzten Nachbarbäume. Andere Funktionen
als die der Säfteleitung nach oben hat aber auch die Splintfaser nicht.
Die jährliche Erneuerung und Wiederauflösung des Stärkmehls der Mark=
strahlen und Zellfasern geht aus dem Splinte tief in das Kernholz hinein.
Selbst die sogenannte „todte Rinde‘ alter Eichen oder Kiefern halte ich
nicht für todt im gewöhnlichen Sinne des Wortes. Dem Baume ent=
nommen und derselben Stelle wieder aufgekittet, verwittert sie in wenigen
Jahren, während sie in ihrer natürlichen Verbindung mit den tieferen Bast=
schichten mehr als hundert Jahre hindurch den zerstörenden Einflüssen äußerer
Agentien widersteht. Nur wenige Holzarten unter denen mit gefärbtem Kern=
holz sind es, bei denen die Kernholzfaser nicht säfteleitungsfähig ist; dahin
gehören die Akazie, die Eiche, ich glaube auch die Rüster.

d. Wandlungen der Elementarorgane.

Viele aber bei weitem nicht alle Elementarorgane, aus denen der
Pflanzenkörper sich aufbaut, verharren in ihrer ursprünglichen Form. Ab=
gesehen von der bereits im Vorhergehenden betrachteten, verschiedenartigen
Entwicklung ihrer Zellwandung zu Tipfel=, Spiral=, Ringformen treten
noch eine Reihe anderweitiger Veränderungen örtlich hervor, die wir im
Nachfolgenden betrachten wollen, ausgehend vom ersten Gegensatze zwischen
Zellen und Fasern im Knospenwärzchen, da alle außer dem Knospenwärzchen
entstehenden Fasern primitiver Bildung sind.

Zu den protomorphen, d. h. zu denjenigen Elementarorganen, die in
derselben Form für immer verharren, in der sie ursprünglich sich bildeten,
deren Veränderung sich auf verschiedene Grade des Wachsthums, der Wand=
verdickung, der Tipfel= oder Spiralbildung beschränken, gehören die meisten
Mark= und Rindezellen, die **Spiralgefäße des Markcylinders**
(Seite 206, Fig. 32), die **Holzfaser** (Fig. 41, 2), die **Siebfaser**
(Fig. 41, 6) und alle in der Cambialschicht abgeschnürten, den Zuwachs
bereits gebildeter Markstrahlen vermittelnder Markstrahlzellen. Alle übrigen
Elementarorgane sind metamorphischer Natur, d. h. sie entstehen entweder
aus **Zellenwandlung** oder aus **Faserwandlung**.

I. Die Zellenwandlung.

Wir sahen, wie das ursprünglich parenchymatische Zellgewebe des Embryo
durch Zellenmehrung wachse (Seite 171), welches die Stellungsgesetze seien,
nach denen es sich ordnet (Seite 174), wir lernten die Ausbildung jeder
einzelnen Zelle kennen (Seite 165), und sahen bereits die Sonderung desselben
in einen Mark= und in einen Rindekörper durch das Zwischentreten eines
Kreises von Faserbündeln (Seite 177), und wollen nun nachfolgend die=
jenigen Veränderungen betrachten, die es im Verlauf seiner Fortbildung
erleidet. Weit beschränkter als in der Rinde sind diese

α. **Im Marke**

der Holzpflanzen. Bei vielen derselben erleiden die Markzellen der Trieb=
spitze keine andere Veränderung als daß, unter vollständiger Resorbtion der
primären Zellwandung, der Ptychodeschlauch zu einer zweiten Zellwand sich
ausbildet, ohne vorangegangene Regeneration seiner selbst. Auf diese Weise
entsteht das inhaltlose, luftführende Markgewebe des Hollunder, der Eschen,
Roßkastanien, Wallnußbäume 2c., in welchem durch fortdauernden Wuchs
des Triebes nach bereits erloschener Mehrungsfähigkeit der Zellen, nicht selten
große Lücken entstehen (Juglands, Rhus), die bei üppigem Wuchse mit=
unter auf das ganze Internodium sich erstrecken (Paulownia, Catalpa).
In diesen Pflanzen läßt sich eine fortdauernde Funktion des Markgewebes
nicht erkennen, wie dieß der Fall ist bei Fagus, Quercus, Alnus etc.,
woselbst auch im Marke älterer Baumtheile eine jährliche Ansammlung und
Wiederauflösung von Reservestoffen (Stärkemehl) stattfindet. Bei einer geringen
Zahl von Holzpflanzen verdicken sich die Wände der Markzellen bedeutend,
in welchen Fällen auch die reducirte primäre Zellwand deutlich erkennbar ist
(Beiträge, Fig. 12, f, g. Markzellen aus Taxodium).

In den meisten Fällen besteht das Mark nur aus parenchymatischem
Zellgewebe, und nur bei wenigen Holzpflanzen gehen aus ihm durch
Zellwandlung metamorphische Organe hervor, wohin z. B. die Schleim=
hälter im Marke der Linden gehören. Ueberall wo die grüne Rinde inter=
cellulare Gefäße (Milchsaftgefäße) enthält, findet man solche auch im Mark=
zellgewebe, so bei den Euphorbien und Mamillarien, und selbst wo die
Rinde Milchsaftgefäße nicht enthält, finden sich solche mitunter im Marke
(Robinia).

Man hat dem Marke früher eine weit größere Bedeutung unterlegt,
als es in der Wirklichkeit besitzt. Wichtig ist es nur für die äußerste Trieb=
spitze, da wo es mit dem Rindeparenchym noch confluirt und aus ihm alle
Zellenmehrung hervorgeht. Die geringste Verletzung, der feinste Nadelstich
in diesem Orte hebt die Fortbildung des Triebes in gerade aufsteigender
Richtung unbedingt auf.

Ich kann nicht umhin, hier eines physiologisch sehr wichtigen Falles
zu erwähnen, aus dem hervorgeht, wie weit die Möglichkeit einer Zellen=
wandlung gehe. Die Verletzung der Spitze eines üppig wachsenden Kiefer=
triebes hatte eine nach dem Marke hingerichtete Ueberwallung des Schnitt=
randes zur Folge gehabt und zwar der Art, daß der Holzkörper dieses Ueber=
wallungsrings, und nur dieser, tief in die Markröhre hinein sich ver=
längerte, als wenn man von einem Handschuhfinger die Spitze abschneidet,
und die obere Hälfte desselben in die untere Hälfte hinein versenkt. Der
Querschnitt des Triebes zeigt dadurch, bis auf 10 Centim. abwärts,
einen kleineren zweiten Holzring im Innern des Markzellgewebes. Es ver=
steht sich von selbst, daß hier von einem wirklichen Hineinwachsen des um=
gekippten Holzringes in die Markmasse nicht die Rede sein kann, daß viel=
mehr eine cylindrische Schicht vorgebildeter Markzellen, vom Ueberwallungs=
rande aus nach innen und abwärts, zu Holzfasern sich umgewandelt hatte.
Ich bewahre diesen merkwürdigen Trieb in meiner Sammlung physiologischer
Präparate.

β. In der Rinde

ist die Zellenwandlung nicht allein eine weit umfassendere, sondern auch eine allgemeinere als im Marke. Es gehen aus ihr die Oberhaut mit ihren Spaltdrüsen, Haaren, Drüsen, das Korkzellgewebe, das Leim= gewebe, Terpentinhälter, Schleimhälter und die Milchsaft= gefäße hervor, die wir nachfolgend näher betrachten wollen.

1. Die Oberhaut.

Schon im jugendlichsten Zustand des Embryo läßt sich eine, das Zell= gewebe desselben umschließende Oberhaut nachweisen. Behandelt man den= selben mit verdünnter Schwefelsäure, so contrahirt sich nach längerer Zeit das Zellgewebe und liegt dann in der abgelösten Oberhaut wie in einer Blase. Am Embryo der Nadelhölzer, der Esche und der Eiche bis zu den frühesten Zuständen desselben verfolgt, hat sich mir daraus die Ansicht gebildet, daß die Oberhaut nichts anderes sei als die Wandung der ersten Zelle, die im Umfange der in ihr sich mehrenden Tochterzellen fortwächst. (Seite 169, Fig. 17.)

In den frühesten Zuständen des Embryo ist diese äußere Hülle außer= ordentlich zart und scheinbar eine einfache Haut. Später verdickt sie sich oft bedeutend und zeigt sich dann nicht mehr einfach, sondern wie jede andere Zellwandung zusammengesetzt aus einer äußeren und einer inneren, zarten und granulirten Grenzhaut, zwischen denen eine geschichtete, der Cellulose verwandte Substanz den überwiegenden Theil der Wandungsdicke bildet. Die Analogie der Oberhaut und der Zellwandung geht aber noch weiter. Wo unter ihr die Spaltdrüsen entstehen, da reducirt sich im Bereiche des spindelförmigen Raumes zwischen je zwei Spaltdrüsen (siehe die nachfolgenden Figuren und deren Erläuterung) die Oberhautdicke auf deren häutigen Be= standtheil, so daß auch hier, wie am Grunde des Tipfelkanals, Schließhäute von geringer Dicke entstehen, die hier wie dort den Durchgang gas= und dunstförmiger Stoffe vermitteln.

Die Oberhaut hält sich nur bis zu einem gewissen Alter der jüngeren Pflanzentheile lebendig, im zweiten oder dritten Jahre der Stengeltheile unserer Holzpflanzen zerreißt sie und löst sich in Läppchen ab, nachdem in den zunächst ihr anliegenden Zellen das Korkzellgewebe entstanden ist, das von da ab in Bezug auf den Abschluß der Pflanze nach außen an ihre Stelle tritt.

2. Die Spaltdrüsen.

Im jugendlichsten Zustande des Embryo, am eben ausgeschiedenen Blatte wie in der äußersten Spitze des wachsenden Triebes, besteht die Rinde nur aus gleichgebildeten Zellen, deren äußerste Lage bekleidet ist mit der einfachen, nirgends durchbrochenen Oberhaut, die, wie ich Seite 169 erörtert habe, nichts anderes ist als die Wandung der ersten Zelle des Individuums, die in sich selbst fortwächst, ernährt von den ihr anliegenden parenchymati= schen Zellen.

Hauptsächlich an den zu Blättern sich ausbildenden Pflanzentheilen, seltner auch an Theilen des Triebes, entwickeln sich die sogenannten „Spalt=

öffnungen" in nachfolgender Weise. Entweder eine jede der Oberhaut zunächst liegende Zelle (Muscari), oder nach gewissen Stellungsgesetzen nur ein Theil derselben, schnürt an einem ihrer Enden eine kleine Tochterzelle ab, die dann wieder einer Zweitheilung in der Richtung der Längenachse unterworfen ist, aus der die beiden Spaltdrüsen hervorgehen, die zwischen sich einen spindelförmigen Raum lassen, der jedoch nach außen fortdauernd von der, hier auf den häutigen Bestand reducirten Oberhaut verschlossen bleibt.

Die nebenstehende Figur 36 zeigt die Entwicklungsfolge der Spaltdrüsen aus der Basis junger Blätter von Muscari moschatum. In a sehen wir den Ptychodeschlauch mit großem wandständigen Zellkerne, der in b an das Ende der Zelle getreten ist und bereits die Spur einer eintretenden Zweitheilung erkennen läßt. In c ist diese Zellkerntheilung nicht allein schon vollendet, sondern es hat sich auch der Ptychodeschlauch, in der Seite 169 Fig. 17 dargestellten Weise, zu zwei Schläuchen abgeschnürt, von denen der kleinere, am Ende der Zellwand gelegene, in d e f aus dem Zellkerne sich verjüngt, während der abgeschnürte Schlauch unter f bereits zur Zellwandung umgebildet ist. Unter g h i sehen wir den Fortschritt einer erneuerten Zweitheilung des Zellkerns, gefolgt von der Abschnürung des Schlauches zu zwei symmetrischen Tochterzellen, deren Zellkerne über k und l die Doppelhäutigkeit des Schlauches durch Monophysalidebildung bewirken. Zwischen l und m ist dieser Schlauch zur Zellwandung zweier nierenförmiger Spaltzellen umgebildet, erfüllt mit Stärkmehlkörnern. Kocht und macerirt man die Oberhaut solcher Blätter, so lösen sich endlich die Spaltzellen aus ihrer seitlichen, der Oberhaut angehörenden, leistenförmigen Einfassung; man sieht dann wie zwischen m und n, den Umfang der gelösten Spaltdrüsen noch durch gekrümmte Schattenlinien angedeutet, aber nie und nirgends eine wirkliche Durchlöcherung der Oberhaut, die in andern Fällen sich beutelförmig zwischen den beiden Spaltdrüsen einstülpt.

Fig. 36.

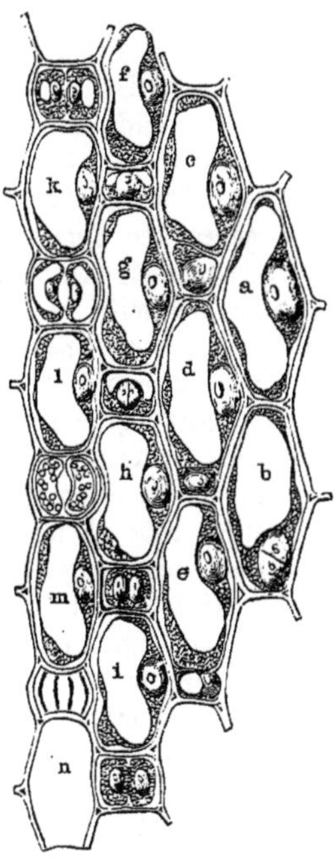

Die nachstehende Zeichnung Fig. 37 zeigt bei e eine Spaltdrüse im Durchschnitte des Blattes und ihrer selbst. f f sind die beiden sich gegenüberstehenden, von der anliegenden großen Mutterzelle abgeschnürten, nierenförmigen Zellen, deren hier durch Parallelstriche angedeuteter Ptychodeschlauch reichlich Stärkmehlkügelchen enthält (Taf. I. Fig. 9—11); unter e vorstehender Figur sieht man die Einsenkung der Oberhaut zwischen die beiden Spaltdrüsen. Die unter der Spaltöffnung befindliche Lücke im Zellgewebe (g) heißt die Athemhöhle. Die Einsenkung unter e heißt der Vorhof. Letzterer ist nicht überall vorhanden, da die Spaltdrüsen in der Mehrzahl der Fälle höher liegen und sich der äußersten Zellschicht einordnen.

Fig. 37.

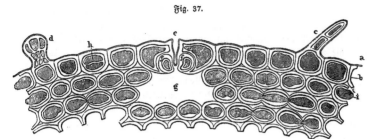

Die große Zahl, in der diese Organe auf den Blättern der meisten, höher gebildeten Pflanzen vorkommen, die große Uebereinstimmung im Baue derselben, die Lücke im Zellgewebe unter den Spaltdrüsen, sichert denselben ohne Zweifel die Anerkennung irgend einer übereinstimmenden, physiologischen Funktion. Das Haschen nach Analogien aus dem Thierreiche machte sie zu Organen des Aus= und Einathmens gasförmiger und dunstförmiger Stoffe, demgemäß ihnen dann auch ein periodisch wechselndes Oeffnen und Schließen des mittleren Spaltes zugeschrieben wurde, natürlich verbunden mit der Annahme eines unbehinderten, d. h. durch Oberhaut nicht ver=schlossenen Einganges ins Innere der Pflanze, ungefähr wie dieß Taf. I. Fig. a b darstellt, so daß eine hinreichend kleine Mücke nicht allein in die Athemhöhle, sondern von dieser auch in die Intercellularkanäle der Pflanze gelangen und spazieren fliegen könnte.

Indeß habe ich schon seit langer Zeit durch eine große Zahl von Ex=perimenten nachgewiesen, nicht allein daß die Oberhaut ursprünglich voll=kommen geschlossen sei, daß sie sich durch Behandlung mit geeigneten Rea=gentien schon vom Embryo in der Form einer geschlossenen, einfachen Hülle abheben lasse, sondern auch: daß diese Integrität sich bis in die spätesten Zeiten der lebendigen Oberhaut erhalte. Die meisten Mitarbeiter am Mikro=skope haben hierauf gar keine Rücksicht genommen und lehren noch heute die alte Ansicht. Einige derselben haben zwar zugestanden, daß die Ober=haut ursprünglich nicht durchbrochen sei, sie nehmen aber an, daß mit dem Entstehen der Spaltdrüsen eine Resorbtion der über dem Spalte lie=genden Oberhaut eintrete, ohne diesen Vorgang auch nur durch einen ein=zigen, direkten Nachweis zu belegen. Maceration von gekochten Blättern abgelöster Oberhaut zeigt aber so klar die Nichtexistenz von Löchern, ich habe theils in meiner Naturgeschichte der forstlichen Culturpflanzen (Taf. 27, 28, 30, 31) und im Anhange zur Kupfererklärung des vierten Heftes, theils in der Bot. Zeitung 1853 S. 399 so viele Belege des Geschlossenseins der Oberhaut beigebracht, daß mir selbst auch nicht der geringste Zweifel hierüber geblieben ist.[1] Aber auch abgesehen von allen direkten Beobachtungen steht

---

[1] Meiner Auffassung hat sich bis jetzt nur Trecul angeschlossen. Ich lege darauf aber um so mehr Gewicht, als Trecul ohne Zweifel der thätigste und scharfsichtigste Phytotom unter den lebenden Mitarbeitern Frankreichs ist. Als ein Curiosum muß man es auffassen, wenn Trecul am Schlusse seiner Mittheilungen (Annales des sciences naturelles 1855) sagt: „Es scheine als habe Hartig das Richtige mehr errathen als beobachtet," da ich meine An=sichten überall mit den detaillirtesten Abbildungen bestimmter Fälle belegt habe. (Hyacinthus habe ich nirgends als Belegstück aufgeführt.)

die Annahme einer offenen Cummunication der innersten Pflanzentheile mit
der äußeren Atmosphäre im Widerspruche zur Sorgfalt, mit der die Pflanze
bei jeder, auch der kleinsten Verletzung, durch Korkzellenbildung sich abschließt
gegen den freien Zutritt der äußeren Luft.

Meiner festen Ueberzeugung gemäß ist die Pflanze durch die, zwischen
e und g Fig. 37 mehr oder weniger eingesenkte Oberhaut überall nach
außen hin abgeschlossen, so lange nicht Korkzellgewebe an deren Stelle getreten ist. Ueber dem Spaltraume der Spaltdrüsen ist die Oberhaut jedoch
sehr zarthäutig und ich habe die Ansicht ausgesprochen, daß, wenn sie selbst
als Wandung der Urzelle betrachtet werden müsse, diese Stellen den Schließ-
hautflächen im Grunde des Tipfelkanals jeder anderen Zelle entsprechen und,
wie diese für Gase und für gasförmige Flüssigkeiten durchlässig, zur Abgabe
luft- und dunstförmiger Stoffe nach außen bestimmt seien. Mehr läßt sich
zur Zeit über diese Organe nicht sagen, die, besonders an Nadelholzblättern
sehr groß, schon der Beobachtung mit der einfachen Lupe zugänglich sind.
Will man sie auf Laubholzblättern deutlich sehen, so muß man letztere so
lange kochen bis die Oberhaut (mit den äußersten Zellenschichten) sich ablöst,
man muß alsdann die abgelösten Häute mehrere Wochen in faulendem
Wasser maceriren und die darauf ausgewaschenen Häute, auf einem Glastäfelchen ausgebreitet und gegen das Licht gehalten mit der Lupe betrachten;
man wird dann erstaunen über die große Zahl derselben, die bis zu 600
auf die Quadratlinie steigt, wie über die Regelmäßigkeit ihrer Bildung und
Anordnung.

3. Haare und Drüsen.

Wie die Zellfasern des Holzkörpers durch Bildung einer Reihe von
Tochterzellen in sich selbst, so entstehen haarförmige Auswüchse der äußersten
Zellenlagen durch nach außen fortgesetzte Tochterzellenbildung, theils aus einer
einzelnen Mutterzelle (Taf. I. Fig. 14; Seite 218 Fig. 37 c), theils aus
einer Mehrzahl nebeneinanderliegender Mutterzellen, die zu demselben Haare
oder zu derselben Drüse zusammentreten. Haare nennt man diese Auswüchse,
wenn an und in ihnen eine Secretion außergewöhnlicher Substanz nicht erkennbar ist; Drüsen nennt man sie, wenn dieß der Fall ist, wie z. B.
die wachsabsondernden Drüsen des Birkenblattes, die Drüsenhaare des Nessel-
blattes. Die Stacheln an Trieben und Blattstielen der Rose, Akazie,
an Xanthoxylon, Aralia, Grossularia etc. sind vielzellige, verholzte
Haare, durch den Mangel von Faserbündeln unterschieden von den Dornen
an Gleditschia, Cratægus, Prunus etc., so wie von den verkümmerten
Dornblättern an Berberis. Die Haare sind in der Regel zugespitzt, die
Drüsen in der Regel abgerundet (Fig. 37 d Seite 218).

Haare bilden sich sowohl an oberirdischen als an unterirdischen Pflanzentheilen. Läßt man Wurzeln, die im Boden keine Haare treiben, in einer
mit Wasserdunst gesättigten Luft wachsen, dann bilden sich an deren Oberfläche eine Menge langer Haare. Hier liegt die Bedeutung der Haare klar
ausgesprochen vor uns. Die Pflanze erweitert durch die Behaarung ihre
aufsaugende Oberfläche um das Mehrfache, und ersetzt dadurch den Mangel
einer, leichter in größeren Mengen aufnehmbaren, liquiden Feuchtigkeit. Ob

sich dieß auch auf die Behaarung der Blätter und Triebe anwenden lasse,
ist mindestens sehr zweifelhaft geworden, seit Unger nachgewiesen hat und
ich bestätigt habe, daß die Pflanzen Feuchtigkeit aus der Luft nicht auf=
nehmen. Auch sind die am meisten auf Luftfeuchtigkeit angewiesenen Cacteen,
Euphorbien, Crassulaceen, meist haarlose Pflanzen. Ob die Behaarung mit
der gesteigerten Aufnahme anderer atmosphärischer Nährstoffe in Beziehung
stehe, läßt sich vermuthen, aber durch keine Thatsache beweisen. Die Triebe
und Blätter mancher Holzpflanzen sind an jungen Pflanzen und Pflanzen=
theilen stark behaart, an alten Pflanzen hingegen unbehaart, z. B. Betula
pubescens, excelsa.

Ebenso wenig kennen wir die Bedeutung der Drüsen. Allerdings kann
man die von ihnen zum Theil ausgeschiedenen Stoffe Excrete nennen,
allein daß diese Ausscheidung eine physiologische Nothwendigkeit sei, wie es
die der Thiere ist, daß sie mit irgend einer der allgemeinen Lebensfunktionen
in einem nothwendigen Zusammenhange stehe, dafür fehlt uns jede that=
sächliche Stütze.

4. Das Korkgewebe.

Wenn die jungen Triebe der Holzpflanzen vollkommen ausgewachsen
sind, oder vielmehr an denjenigen Theilen derselben, die eine bedeutende
Vergrößerung in demselben Jahre nicht mehr erleiden, beginnt eine Spal=
tung des Ptychodeschlauchs der Oberhautzellen in tangentaler Richtung, wie
dieß Fig. 37 in der Zelle h zeigt. Der innere der dadurch gebildeten
Tochterschläuche ist darauf einer erneuten Theilung unterworfen, und dieß
setzt sich einigemal in der unverletzten Oberhautzelle fort, stets durch Spal=
tung nur der innersten, permanenten Mutterzelle, während die nach außen

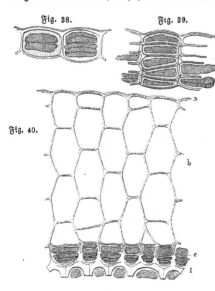

Fig. 38.   Fig. 39.

Fig. 40.

abgeschnürten Tochterzellen einer
fortgesetzten Theilung nicht mehr
unterworfen sind; Fig. 38 mag
dieß veranschaulichen. Diesem
Vorgange folgt die Bildung einer
Zellwandung im Umfange jedes
Ptychodeschlauches, ganz in der=
selben Weise, die ich Seite 165
und 169 erörtert habe, worauf
dann die zwischen den neu ge=
bildeten Zellwänden liegende Zell=
wandung der Oberhautzelle resor=
birt wird. Fig. 39 zeigt das, auf
diese Weise entstandene, jugend=
liche Korkgewebe im Querschnitte
des Triebes aus Viburnum lantana. Der primitive Ptychode=
schlauch ist in eine primitive
Zellwandung umgebildet, im In=
nern letzterer hat sich ein neuer
Ptychodeschlauch gebildet.

Während dieser Vorgang an der innersten Grenze des entstandenen Korkgewebes sich fortsetzt (Fig. 40, c), verschwindet der secundäre Ptychode= schlauch in den älteren Korkzellen (daf. b). Ich habe vergeblich nach Spuren einer Resorbtion desselben geforscht und muß annehmen, daß auch hier, trotz der sehr geringen Wandungsdicke, der secundäre Schlauch zu einer secundären Zellwand sich ausbildet, wahrscheinlich unter Resorbtion der pri= mären Zellwand.

Auf diesem Wege entsteht, auf Kosten der Oberhautzellen, ein äußerst leichtes, mit Luft erfülltes Zellgewebe, das sich durch seine geringe Leitungs= fähigkeit für Luft, Wasserdunst und Flüssigkeiten von jedem anderen Zell= gewebe unterscheidet, und dadurch zu einem technisch wichtigen Material wird für den Verschluß von Gefäßen gegen Luft und Feuchtigkeitszutritt oder Abfluß.

Vom Zellgewebe der unterliegenden grünen Rinde unterscheidet sich das Korkgewebe auf den ersten Blick durch seine radiale Zellenordnung, die in ersterem eine peripherische, concentrische Reihen bildende ist (Fig. 37). Wie zwischen Holz= und Bastkörper, so werden auch hier, jedoch nur von einer permanenten Mutterzelle, sterile Tochterzellen nach außen in tangentaler Richtung abgeschnürt, es wiederholt sich im Korkgewebe die Zuwachsentwickelung des Bastkörpers, nur in anderen Zellenformen; es wiederholt sich der Zuwachsgang des Holzkörpers in an= derer Zellenform und in entgegengesetzter Entwickelungsrichtung.

Das Korkgewebe entsteht stets auf Kosten der Oberhautzellen, und wenn ich Taf. I. Fig. 2 Korkgewebe l und Oberhautzellen m zugleich gezeichnet habe, so geschah dieß nur der Andeutung selbst wegen. Die Oberhaut hingegen (Fig. 35, 38 a) erhält sich auch nach der Bildung des Korkgewebes noch einige Zeit unverletzt, zerreißt aber früher oder später und löst sich dann in Fetzen von der Korkschicht ab, die besonders deutlich an den zweijährigen Trieben der Kirsch= und Pflaumenbäume, des Johannis= beerstrauchs, der Silberpappeln zc. als silbergraue Häutchen schon dem un= bewaffneten Auge erkennbar sind.

So viel ich weiß bilden alle mehrjährige Holzpflanzen Korkgewebe, aber nicht bei allen setzt sich diese Bildung auch in späterer Zeit fort. Da sind z. B. die Rothbuche und die Hainbuche, bei denen das Korkgewebe stets nur eine geringe Mächtigkeit erlangt, während bei der Korkeiche bis zum höch= sten Alter, bei der Korkrüster, bei den Birken, Kirschbäumen, beim Schnee= ball 6, 10, 15 Jahre lang alljährlich neue, wie die Holz= und Bastlagen in sich geschlossene Jahresringe des Korkes nachwachsen, die auch dann sich reproduciren, wenn, wie dieß bei der Korkeiche geschieht, die Korkschichten periodisch hinweggenommen werden, wenn nur die der grünen Rinde zunächst liegende Korkbildungsschicht (Fig. 40, c) unverletzt dem Baume verbleibt.

Bei Thamus ist die Korkbildung Arteigenthümlichkeit. Auch bei Quercus Suber scheint dieß der Fall zu sein, wenigstens läßt sich dieß aus der Großartigkeit der Gewinnung des Korkes schließen. Das ist keineswegs der Fall bei den uns bekannteren Rüstern. Die Aussaat aller Arten liefert theils glattrindige Pflanzen, theils solche, die bis zu einem gewissen Alter regelmäßige, peripherische Korkringe bilden. Hier ist die Korkbildung daher entschieden nnr eine individuelle Eigenthümlichkeit der

Pflanzen. Nur beim Wurzelstocke von Thamus, bei Betula, Cerasus, wahrscheinlich auch bei Suber darf man daher von einer Korkborke als Artcharakter sprechen.

Am längsten dauert die peripherische Korkschichtenbildung bei Betula pubescens, an deren 60 bis 80jährigen Stämmen die Rinde auch an den untersten Stammtheilen nur wenig aufreißt. Bei Betula verrucosa hingegen tritt schon mit dem 10. bis 12. Jahre an den unteren Stammtheilen eine stärkere Entwicklung der grünen Rinde ein, durch welche die weißen Korklagen zerrissen und getödtet werden. An die Stelle der Korkborke tritt dann eine tief gespaltene, harte und feste Rindeborke. In den höheren Baumtheilen erhält sich hingegen die weiße Korkborke bis zum höchsten Alter des Baumes.

Außer dieser peripherischen, tritt nun aber bei vielen Holzpflanzen noch eine eingreifende Korkbildung auf. Von den oberen Baumtheilen alter Kiefern, vom Stamme der Platanen ꝛc. lösen sich alljährlich Borkestücke von geringer Dicke ab. Diese scheibenförmigen Borkeplatten bestehen an den dünnen Rändern nur aus Korkzellen, der mittlere verdickte Theil hingegen besteht aus Siebfasergewebe, das beiderseits von Korkzellgewebe eingeschlossen ist, in letzterem, wie das Samenkorn der Ulme in seiner Flügelfrucht liegend. Untersucht man auf Querschnitten die tiefere Stammborke der alten Kiefer, so findet man diese aus eben solchen scheibenförmigen Körpern zusammengesetzt, so weit die Bastschichten braun geworden, außer Funktion getreten, relativ abgestorben sind. Der Unterschied besteht nur darin, daß sie hier in ihrem Zusammenhange verharren, während sie sich in den oberen Baumtheilen periodisch ablösen, so daß dort, selbst bei höherem Alter des Astes, die Borke nie so dick wird als an den unteren Baumtheilen. Verfolgt man die Sache mit dem Mikroskope, so zeigt es sich, daß die Borke selbst nur aus Siebfaserschichten besteht, daß die grüne Rinde und was außerhalb derselben bestand, längst abgestorben und abgestoßen wurden,[1] daß aber, von außen nach innen fortschreitend zwischen den Faserschichten Korkzellenlagen entstanden sind, ohne Zweifel durch Umwandlung vorgebildeter Fasern in Korkzellen, stets auf der Grenze zwischen fungirendem und außer Funktion gesetztem Siebfasergewebe. Diese Zwischenbildung von Korkzellschichten geschieht, ganz außer Uebereinstimmung mit dem Alter und dem Verlauf der Bastlagen, ältere und jüngere Bastlagen durchstreichend, ungefähr so, als wenn man von einem cylindrischen Butterstücke vermittelst eines Eßlöffels kleine Scheiben in Meniskenform von außen nach innen abschneidet und zwischen diesen Menisken, nachdem sie wieder in die ursprüngliche Lage versetzt wurden, eine Korkzellschicht sich gelagert denkt, deren jede in ihrer mittleren Fläche zu zwei, mit den eingeschlossenen Menisken in Verbindung bleibende Schichten zerfällt, wenn

[1] Die Rinde der Weymouthkiefer bleibt bis zum 15. bis 18. Jahre grün gefärbt und mit der Oberhaut bekleidet; dann zeigen sich blutrothe Flecke, die sich allmählig vergrößern und endlich zusammenfließen. Dieß rührt daher, daß in diesem Alter das grüne Rindezellgewebe unter den Korkschichten resorbirt wird, worauf die äußersten roth gefärbten Bastschichten mit den Korkzellen in Berührung treten und ihre rothe Farbe durchscheinen lassen. Es ist dieses die großartigste aller mir bekannten Resorbtionserscheinungen.

und wo ein solcher Meniskus von der Borke sich ablöst, wie dieß bei den Platanen alljährlich der Fall ist, während in der Faserborke der Eichen, Eschen, Linden 2c. die Menisken in ihrem Zusammenhange bleiben. Selbstverständlich fehlt allen rindeborkigen Holzarten (Rothbuche, Hainbuche, alte Birkenrinde) die Meniskenabschnürung, sie findet sich aber auch nicht bei allen faserborkigen Holzarten, z. B. nicht bei Pappeln und Weiden. Bemerkenswerth ist es, daß, während bei allen übrigen Eichenarten Kork und Rinde sehr bald verloren gehen und durch die Faserborke ersetzt werden, die Entwickelung der Bastlagen bei der Korkeiche eine ungewöhnlich schwache und träge ist, woher es kommt, daß hier die grüne Rinde und mit ihr die Korkbildungsschicht sich lebendig erhalten.

5. Lenticellen.

Eine sehr verbreitete Eigenschaft des Korkzellgewebes ist die aus ihm hervorgehende Lenticellenbildung. Besonders groß, und schon dem unbewaffneten Auge erkennbar, sieht man an den jungen Trieben der Eschen, Rothbuchen, Erlen 2c. ovale, etwas hervortretende, in der Mitte der Länge nach gespaltene, drüsenähnliche Flecke, von denen man glaubt, daß sie eine Durchbrechung des Korkzellgewebes seien, um der Luft den unmittelbaren Zutritt zum Rindezellgewebe zu erhalten, nachdem derselbe, durch den Verlust der Oberhaut und mit ihr der „Spaltöffnungen", abgeschlossen sein würde. Allein ich habe bereits in meiner Naturgeschichte der forstlichen Culturpflanzen S. 305 Fig. 1 und 2 nachgewiesen, daß die Lenticelle keine vollkommene Durchbrechung der Korkschichten mit sich führt, sondern nur eine Verdünnung der Schichten veranlaßt, indem mitten in den Korkschichten eine große Zahl pilzähnlicher Zellchen entstehen, deren Vermehrung und Wachsthum die überliegende Korkschichthälfte zum Platzen bringt, während die unterliegende Hälfte an ihrer Unterseite sich fortdauernd durch Zuwachs verdickt und ergänzt, bis in der Richtung desselben Radius eine neue Zellchenbildung den ersten Vorgang wiederholt. Diese auf derselben Stelle sich oft 6 bis 8mal wiederholende Zerreißung der oberen Korkschichthälfte durch freie Zellchenbildung, die sonst in der ganzen Pflanze nicht weiter vorkommt, die Aehnlichkeit dieser locker nebeneinanderliegenden, grünen Zellchen mit manchen einzelligen Luftalgen, ist allerdings ein sehr merkwürdiger Vorgang. Die untere Korkschichthälfte, von deren Bildungsschicht aus sich regenerirend, versenkt sich beutelförmig oft tief in das Rindezellgewebe, allein eine völlige Durchbrechung der Korkschichten findet hierbei nie statt. Auch dieß ist ein Gegenstand, von dem wir sagen müssen: daß wir ihn zur Zeit noch nicht verstehen. Es ist das besser als der Aufbau unsicherer Hypothesen auf flüchtige und ungenaue Beobachtungen. Die an Stecklingen der Pappeln, Weiden, Erlen sich bildenden Wurzeln, wählen sehr häufig die Lenticellen zum Ausgangspunkte, in welchem Falle dann allerdings eine Durchbrechung der Korkschichten eintritt.

Im Schwammkork der Korkeiche, Korkrüster, des Schneeball, Maßholder, Liquidambar erlischt die Fortbildung der Lenticellen schon sehr früh; im Blätterkorke der Birken und Kirschbäume hingegen setzt sie sich durch viele Jahreslagen des Korkes fort, gleichzeitig in den älteren äußeren Korklagen

an Ausdehnung gewinnend, wie dieß besonders der weiße Birkenkork zu er=
kennen gibt, in dessen sich ablösenden Bändern die gelbbraunen, in der Peri=
pherie des Stammes verlängerten Streifen, nichts anderes als vergrößerte
Lenticellen sind.

6. Blattnarbekork.

Es können sich Korkzellschichten auch im Holzkörper bilden. Dieß geschieht
regelmäßig, quer durch den ganzen Pflanzentheil hindurch, da, wo bald darauf
der obere Pflanzentheil abgeworfen werden soll, in der Querfläche aller
späteren Blattnarben, in der der Endknospennarben der Linde (Ptelea,
Ailanthus etc.). Korkbildung ist ferner ein treuer Begleiter jeder Ueber=
wallungserscheinung. Wer diese verfolgt, der wird bald die Ueberzeugung
gewinnen, daß die physiologische Bedeutung derselben keine andere sei, als
die eines luft= und wasserdichten Abschlusses verletzter, abgestorbener oder
außer Funktion getretener Pflanzentheile nach außen. Was der Kork für
die Flasche ist, das ist er auch für die Pflanze, der Ueberwallungskork,
das Blattkissen, die Korkmenisken der Borke, die unfehlbar eintretende Sub=
stituirung des Korkes vor erfolgendem Oberhautverluste deuten sämmtlich
darauf hin.

7. Das Leimgewebe (Collenchyma).

Zwischen dem Korkzellgewebe und der dünnwandigen grünen Rinde
lagert bei den meisten Holzpflanzen eine mehr oder weniger breite Zellen=
schicht mit sehr dickwandigen Zellen (Taf. I. Fig. 2. k l), deren Anordnung
die des grünen Rindeparenchyms ist. Die äußere Grenze dieser Zellwände
ist so zarthäutig, daß wenn man nicht mit geeigneten Reagentien arbeitet,
dieselbe der Beobachtung leicht entgeht, so daß es scheint, als seien die entfernt
von einander gelagerten Ptychodeschläuche in eine gemeinschaftliche „sulzige
Masse" gebettet. Das was ich später als Ptychodeschlauch beschrieb, betrachtete
man hier als die vollständige Zelle selbst, und hielt jene, die Zellen um=
gebende „sulzige Masse" für eine denselben gemeinschaftliche „Intercellu=
larsubstanz". So noch Mohl. Allein ich habe nachgewiesen, daß letz=
tere Zellwandung sei, daß, wie überall, so auch hier eine zarte Grenzhaut
vorhanden sei (Naturgeschichte der forstlichen Culturpflanzen Taf. 45 (37),
Fig 3, 4), die in einigen Fällen allerdings auch der sorgfältigsten Unter=
suchung sich entzieht. Mit jenen Berichtigungen fällt dann die diesem
Zellgewebe, so wie jener vermeintlichen Intercellularsubstanz früher unter=
legte besondere Bedeutung. Ein Unterschied des Collenchym vom Zellgewebe
der grünen Rinde liegt allein in der größeren Wandungsdicke, die vielleicht
zur Korkzellenbildung in Beziehung steht.

8. Die grüne Rinde [1] (Parenchyma im engern Sinne).

Ohne scharfe Begrenzung, unter allmähliger Verringerung der Wan=
dungsdicke geht das Collenchym auf seiner Innengrenze allmählig in das
dünnwandige Rindezellgewebe über, dessen concentrisch geordnete Reihen unter

---

[1] Obgleich das Zellgewebe derselben nicht zu den metamorphischen Elementarorganen
gehört, will ich dennoch dessen Betrachtung hier einschalten, des Zusammenhangs wegen
mit Vor= und Nachstehendem.

sich im Verbande liegen. (Taf. I. Fig. 2, i, k). Dieß Zellgewebe, das Siebfasergewebe und in manchen Holzpflanzen auch das Markgewebe sind die einzigen Organe, in denen der Ptychodeschlauch bleibend ist. In der Rindeborke der Rothbuche z. B. erreicht er ein mehr als hundertjähriges Alter, in Zellkern, Chlorophyll, Amylon alljährlich neue Reservestoffe für die nächste Vegetationsperiode bildend. Nur insofern die Ptychodeschläuche dieses Zellgewebes sich fortdauernd zu Tochterzellen theilen, damit das Rindegewebe dem vergrößerten Umfange des Holz- und Bastkörpers entsprechend sich selbst vergrößere, kann man von einer Verjüngung auch der Ptychodeschläuche sprechen. Unvollständige Abschnürung zu Tochterzellen kommen hier nicht selten vor. Ich habe einige Fälle dieser Art Seite 218, Fig. 37 gezeichnet.

Das Rindegewebe enthält in den oberirdischen Baumtheilen vorherrschend Chlorophyll, in den unterirdischen Baumtheilen hingegen Stärkmehl, dessen alljährliche Ansammlung und Wiederauflösung der Rinde den Charakter eines Magazins für Reservestoffe ertheilt. In den jüngeren Trieben des aufsteigenden Stockes geht auch das Chlorophyll bei gewissen Pflanzen periodisch in Stärkmehl und Klebermehl über; allgemeiner ist dieß der Fall in der Rinde älterer Triebe. In wie weit auch das wie es scheint permanente Chlorophyll der jungen Triebe als Reservestoff betrachtet werden dürfe, vermag ich zur Zeit noch nicht anzugeben.

Bei den fleischigen, blattlosen Cacteen, Euphorbien, Apocyneen erfüllt die grüne Rinde des Stammes unzweifelhaft die Funktion der Blätter in Assimilation der rohen Nahrungsstoffe. Das wird man auch annehmen müssen für mehrere Sträucher, selbst Bäume, denen wie den Gattungen Ephedra, Gnetum, Casuarina eine Belaubung im engeren Sinne fehlt; man wird es ausdehnen können auf einige andere Pflanzen, an denen, wie bei einigen Arten der Gattungen Spartium, Genista, Ulex die Belaubung im Verhältniß zum Zuwachse eine sehr geringe ist. Daß auch die jungen Triebe Feuchtigkeit verdunsten, davon habe ich mich dadurch überzeugt, daß ich oberhalb geschlossene Glascylinder über jungen Trieben befestigte, denen ich mehrere Wochen vorher ihre Belaubung genommen hatte. In den frühen Morgenstunden zeigte sich die Innenfläche der Gläser mit Wasser reichlich beschlagen. Dadurch wird es dann wahrscheinlich, daß der Rinde, so lange diese dem Lichte in höherem Grade zugänglich ist, die assimilirende Funktion der Blätter zuständig sei. Daß hierbei die tieferen Baumtheile nicht betheiligt sind, geht aus dem einfachen Umstande hervor, daß bei der großen Mehrzahl aller Holzpflanzen die Rinde mit allen über ihr liegenden Organschichten schon früh gänzlich verloren geht, relativ abgestorbene Bastlagen die Außenfläche des Stammes bilden. Ueber die hierbei stattfindenden Resorbtionserscheinungen habe ich schon gesprochen.

Die physiologische Bedeutung des Zellgewebes der grünen Rinde liegt daher vorzugsweise in den jüngsten Theilen der noch wachsenden Triebe. Das Rindegewebe vertritt hier die Stelle des Zellgewebes der Blätter, die an den krautigen Triebspitzen noch wenig entwickelt sind. Es ist dieß nothwendig zur Förderung des Längenwuchses derjenigen Triebe, für deren Zuwachs die Summe der aufgespeicherten Reservestoffe nicht ausreicht, da die Rohstoffe der Ernährung nur in den dem Lichte zugänglichen Pflanzentheilen zu-

Bildungssäften umgewandelt werden können und da, wie ich später durch eine Reihe von Beobachtungen nachweisen werde, primäre Bildungssäfte aus tieferen in höhere Baumtheile nicht aufsteigen können.

Wo die Rinde bis zum höheren Alter der Baumtheile sich lebendig erhält, da wird sie, ebenso wie die Bastlagen der Eiche, Kiefer ꝛc. durch intermediäre Korkschichtenbildung zu Meniskenscheiben abgeschnürt. Aus Zellborke dieser Art besteht die oft mehrere Zoll dicke, braune, rissige Borke am Fuße alter Stämme von B. verrucosa, in deren zelligem Theile einzelne Zellencomplexe eine bedeutende Wandverdickung erleiden und das bilden, was ich Steinzellen=Nester genannt habe. Die harten, weißlichen Körper in der Birken=, Buchen=, Hainbuchenrinde stammen daher, mit dem Unterschiede jedoch, daß bei letzterer die Entwickelung der Rinde eine sehr geringe ist, und von den Korkschichten aus eine Meniskenabschnürung nicht stattfindet.

Bei der großen Mehrzahl der Holzpflanzen stirbt mit der Oberhaut, mit den peripherischen Korkschichten und dem Collenchym die grüne Rinde schon früh. Die Borke besteht dann nur aus den ältesten Bastlagen, z. B. Quercus, Fraxinus, Populus, Pinus, Larix etc.

9. Lebenssaftgefäße.

Auch in der grünen Rinde entwickeln sich verschiedenartige, metamorphische Elementarorgane, die sich eintheilen lassen in cellulare und utriculare. Erstere gehen aus vorgebildeten Rindezellen hervor; für Letztere — die Lebenssaftgefäße — läßt sich dieß zur Zeit noch nicht mit Sicherheit behaupten. Es sind dieß, nur wenigen Pflanzengruppen zuständige, unter sich und nach der Oberhaut zu verästelte, durch Verwachsungen unter sich communicirende Elementarorgane (Seite 228, Fig. 41, 10), deren Ptychodeschlauch einen dickflüssigen, theils ungefärbten, theils gefärbten Saft enthält, dessen trockener Rückstand das Kautschuk (Gummi elasticum) ist. Zuerst in meinen Jahresberichten 1837 habe ich gezeigt, daß der Milchsaft der Euphorbien nicht allein eine Menge Zellkerne, sondern auch eigenthümlich geformte Mehlkörner enthält (daselbst Taf. I., Fig. 17—20); in meiner Entwickelungsgeschichte des Pflanzenkeims habe ich dem einige neueste Beobachtungen hinzugefügt, betreffend den Inhalt des Milchsafts von Pastinaca, Heracleum etc., aus denen meine Ansicht sich mehr und mehr bestätigt, daß wir es hier mit wahren Ptychodesäften zu thun haben, die, wie überall so auch hier, einer strömenden Ortsveränderung innerhalb desselben, hier durch Verschmelzungen sehr vergrößerten Elementarorgans unterworfen sind. Indeß interessiren uns diese Organe hier wenig, da sie bei keiner unserer forstlichen Kulturpflanzen vorkommen, denn die Milchsäfte einiger Ahornarten sind nicht in Lebenssaftgefäßen, sondern in den hier ausnahmsweise unter sich verästelten Siebröhren des Bastes enthalten (Seite 228, Fig. 14, 5).

10. Terpentin= und Schleimhälter.

Zu den cellularen, metamorphischen Organen der Rinde gehören endlich die von vielen, concentrisch geordneten Zellen begrenzten Terpentin=

hälter der Nadelhölzer, auf Querschnitten junger Triebe schon dem unbewaffneten Auge erkennbar, ferner die Schleimzellen und Schleimhälter der Linden=, Ulmen=, Tannen=Rinde.

II. Die Faserwandlung.

Wir sahen, daß die Holzpflanze in ihrem jugendlichsten Zustande nur aus parenchymatischem Zellgewebe bestehe; daß aus einem Theile dieses Zellgewebes durch diagonale Abschnürung das Fasergewebe entstehe, in seiner bündelweisen Gruppirung das ursprüngliche Zellgewebe in Mark und Rinde trennend. Dieß Fasergewebe besteht ursprünglich aus gleichgebildeten, langstreckigen Faserzellen in der Seite 174, Fig. 19 c dargestellten Form, nicht allein im entstehenden Faserbündel des Pflanzenkeims und in dessen im Zellgewebe des Knospenwärzchens auf= und absteigenden, jüngsten Längenzuwachs, sondern ebenso auch in den, den Dickezuwachs älterer Faserbündel vermittelnden, sogenannten Cambialschichten, wie uns dieß Seite 177, Fig. 22, 23 zeigt, wobei die in der Bildungsschicht $\frac{h}{b}$ dargestellte Gleichförmigkeit der Querschnittflächen aller Fasern sich auch in jeder anderen Hinsicht zu erkennen gibt. Alle die später so sehr verschiedenartig gestalteten Elementarorgane des Holz= und des Bastkörpers sind anfänglich gleichgebildete, einfache Faserzellen. Viele derselben verharren auch später in dieser ursprünglichen Form und verändern sich nur durch Vergrößerung, durch Verdickung ihrer Wandungen und durch die verschiedenartige Ausbildung zur Tipfel= oder Spiralfaser, wie ich dieß Seite 203—208 in den Figuren 28—35 darstellte.

Aber nicht alle Organe des Fasergewebes behalten ihre einfache, ursprüngliche Form und Bildung. Theils durch Verschmelzung einer Mehrzahl derselben zu einem und demselben zusammengesetzten Organe (Holz= und Siebröhren, Milchsaftgefäße), theils durch Zertheilung ursprünglicher Faserzellen in eine Mehrzahl anderer Organe (Holzparenchym, secundäre Markstrahlen), theils durch Zellenbildung im Innern ursprünglicher Faserzellen (Zellfasern) entstehen verschiedene Formen metamorphischer Elementarorgane, die wir in Nachfolgendem näher betrachten wollen.

a. Elementarorgane aus Verwachsung mehrerer Faserzellen.

1) Holz= und Siebröhren (Gliedröhren).

Werfen wir zuerst einen Blick auf Seite 177, Fig. 22, so sehen wir über und unter $\frac{h}{b}$ an dem Orte, von dem alle Neubildungen des Dickezuwachses von einem Paare permanenter Mutterzellen ausgehen, deren durch Abschnürung gebildete Tochterzellen zu jeder Zeit und ohne Ausnahme gleich geformt und gleich gebildet. Erst in einiger Entfernung von $\frac{h}{b}$, also in den älteren Faserschichten, sehen wir einzelne, sowohl in Größe als Form veränderte Querschnittflächen (dd). Auf der Holzseite (h—f) sind dieß die Durchschnitte junger Holzröhren, auf der Bastseite (b—f) sind es die Durchschnitte junger Siebröhren.

Die nachstehende Figur 41 zeigt bei 1 ein Stück einer Holzröhre, bei

5 ein Stück einer Siebröhre im ausgebildeten Zustande. Es sind dieß diejenigen weiträumigen Organe, welche man auf Querschnitten des Eichenholzes schon mit unbewaffnetem Auge als runde Löcher erkennen kann, die
den Längsschnitten des Eichen-, Eschen-, Rüsternholzes das gefurchte Ansehen
geben. Sie kommen nur in den Laubhölzern, nie in Nadelhölzern vor
(Ephedra ist entschieden Laubholz) und bestehen aus einer großen Zahl
kurzer dicker Glieder, die mit ihren meist mehr oder weniger schrägen Endflächen untereinander verwachsen sind (die Holzröhre Fig. 1 zeigt drei größere

Fig. 41.

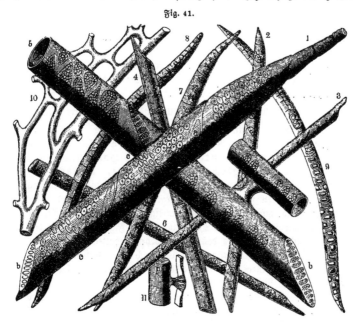

Mittelglieder und drei kleinere Endglieder, die Siebröhre Fig. 5 zeigt nur
2 Mittelglieder) und dadurch eine gemeinschaftliche Röhre bilden, daß die
Querscheidewände im Innern der Röhre entweder durch eine große Pore
einfach (1 a) oder durch viele längliche Poren leiterförmig (1 b) durchbrochen sind. In den Holzröhren ist die Tipfelung eine linsenräumige, und
nur da, wo Markstrahlen an den Holzröhren vorbei streichen, ist sie eine
gestufte (c). An den Siebröhren hingegen (Fig. 5) ist die Tipfelung überall
eine siebförmige, sowohl an den Seitenwänden als an den oft sehr schrägen
Querscheidewänden der einzelnen Röhrenglieder. Bei den Ahornen sind die
benachbarten Siebröhren durch Queräste untereinander verbunden (Fig. 5);
bei anderen Holzarten habe ich diese Verbindung nicht auffinden können.

Die Siebröhren enthalten stets einen Ptychodeschlauch, der, da wo er
einem Siebtipfel anliegt, an eben so vielen Einzelstellen ihm abhärirt, als
der componirte Tipfel äußerlich Untertipfel erkennen läßt. Der ideale
Durchschnitt eines solchen Tipfels Fig. 11 zeigt die mehrarmigen Anheftungs-
stellen des contrahirten Ptychodeschlauches p. Der ausgebildeten Holzröhre

hingegen fehlt der Ptychodeschlauch. Wie in der Holzfaser, so ist er auch hier in eine secundäre Zellwand umgewandelt, die sehr häufig neben der Tüpfelung auch spiralförmig gestaltet ist.

Jedes einzelne Glied der Holz= und Siebröhren entsteht nun aus einer Mehrzahl unter einander verwachsender Faserzellen, unter gleichzeitiger Resorbtion der Zwischenwände jeder einzelnen Faserzelle. Es liegt mir hierfür ein sehr vollständiges Material der Beweisführung vor. Einen Theil desselben habe ich in der Bot. Zeitung 1854, S. 57, Taf. I. Fig. 1—25 publicirt.

Die Siebröhren sind stets mit Säften erfüllt, die bei den Ahornen in unverkennbarer Strömung sich befinden. Die ausgebildete Holzröhre hingegen, bei der Eiche, Rüster ꝛc., im höheren Alter mit kleinen zelligen Blasen erfüllt (Tillen), enthält meist nur Luft, bei einigen Holzarten (Gleditschia, Gymnoclades, Ailanthus) führen sie einen dem Tragantgummi ähnlichen Stoff; im Kernholze des Ebenholzes, des Pflaumenbaums, der Cäsalpinie enthalten sie denselben Stoff, der auch die Zellwände durchdringt und färbt (Xylochrom). Im Pappelholze fand ich im Winter dünnflüssige Säfte, zu Eis erstarrt, schichtenweise das Innere der Röhren erfüllend. Außer der Ableitung gasförmiger Stoffe dienen die Holzröhren zum Theil also auch der Secretion, ähnlich den Harzgängen im Holze der Nadelhölzer. (Bot. Zeitung 1859, S. 100.) Ob sie an der Leitung von Wandersäften Theil nehmen, ist noch zu erforschen.

β. Elementarorgane aus Theilung von Faserzellen.

2) Primäre und secundäre Markstrahlen.

Wie ich Seite 174 erwähnt habe, verwandeln sich nicht alle Zellen des Cambialcylinders in Fasern, sondern es bleiben zwischen den einzelnen Bündeln derselben eine oder mehrere Zellenradien zurück, die sich unmittelbar in Markstrahlgewebe umbilden. Dieß in Bezug auf seine Entstehung aus cambialem Zellengewebe primitive Markstrahlgewebe, obgleich anatomisch von allen später sich bildenden Markstrahlen nicht verschieden, unterscheidet sich von letzteren doch dadurch für immer, daß es trichterförmig erweitert in das Mark verläuft.

In der Spitze des embryonischen Triebes der Knospe von Pinus Laricio (Seite 135, Fig. 5) laufen alle Markstrahlen vom Marke bis zur Rinde, alle Faserbündel bestehen auf der Seite des Holzkörpers nur aus Holzfasern und Spiralgefäßen mit verdickten und vollständig ausgebildeten Wänden. Steigt man in Querschnitten abwärts, so gelangt man etwas über der Mitte des nächstjährigen Triebes an eine Stelle, woselbst innerhalb der Faserbündel neue Markstrahlen auftreten. Der Markstrahl Taf. I. Fig. 2, q mag dieß versinnlichen. Die sorgfältigsten Untersuchungen haben mich vollständig überzeugt, daß diese secundären Markstrahlen nicht zwischen vorgebildeten Fasern, sondern dadurch entstehen, daß gleichzeitig alle Fasern ein und desselben Faserradius, durch Wiederauflösung der Cellulosechichten ihrer Zellwand in den Ptychodeschlauchzustand zurückschreiten; worauf dann sämmtliche Ptychodezellen durch Quertheilung zu senkrechten Reihen von Markstrahlzellen sich abschnüren. Es scheint jedoch, als beschränke

sich diese Bildungsweise secundärer Markstrahlen auf die frühesten Zustände
der Faserbündel. Im jährigen und älteren Faserbündel geht auch die Neubildung der Markstrahlen von den permanenten Mutterzellen jedes Radius
aus, und zwar durch radiale Längentheilung, gefolgt von einer horizontalen
Abschnürung einer der Tochterfasern zu Markstrahlzellen.

3) Harzgänge des Holzkörpers der Nadelhölzer.

Im Kiefer-, Lärchen- und Fichtenholze zeigt der Querschnitt weit-
räumige, runde Löcher, die der Durchschnitt harzabsondernder senkrechter
Gänge sind. Bei der Fichte kommen horizontale Harzgänge hier und da
auch im Markstrahlgewebe vor. Diese Harzgänge besitzen keine geschlossene
Wand. Statt derselben sind sie begrenzt von einer einfachen Lage dünnwandigen, parenchymatischen Zellgewebes, durch welches das Harz in den
Innenraum des Ganges ausgeschieden wird (Naturgeschichte der forstlichen
Culturpflanzen, Taf. 18, Fig. 3). Wie die Zellen der secundären Markstrahlen, so entstehen auch diese Harzzellen aus vorgebildeten Fasern unter
gleichzeitiger Resorbtion eines Theiles derselben zur Oeffnung des Gangraumes.

4) Holzparenchym.

Im Holzkörper der Birken, Erlen, Hainbuchen, Pappeln, Haseln, der
Ebereschen, Pflaumenbäume findet man Complexe dickwandigen, parenchymatischen Zellgewebes, die, wie Borkenkäfergänge aufsteigend und hier und
da sich verästelnd, besonders im Stammende junger Birken so reichlich vorhanden sind, daß sie den Querschnittflächen ein braun gesprenkeltes Ansehen
geben. Dieß ungeordnete Zellgewebe ist, wie das Markstrahlgewebe, Ab-
lagerungsort für Reservestoffe, auch insofern bemerkenswerth, als sich auf
ihm häufig eine von schlafenden Augen nicht bedingte Maserbildung entwickelt.

Auch die Zellen dieses Gewebes entstehen in vorbezeichneter Weise aus
vorgebildeten Faserzellen.

γ. Elementarorgane aus Zellenbildung innerhalb der Faserzellen.

5) Zellfasern.

Seite 211 habe ich nachgewiesen, daß die Holzfaser anfänglich aus
einer cambialen Zellwandung und aus einem Ptychodeschlauche bestehe; daß
unter gleichzeitiger Reduction der Cambialwandung der Ptychodeschlauch zu
einer zweiten Zellwandung sich ausbilde, die dann den Hauptbestandtheil der
Wandungsdicke bildet. In einer mehr oder weniger großen Zahl von
Fasern des Holz- und Bastkörpers findet nun hierbei eine Abweichung insofern statt, als der Ptychodeschlauch vor seiner Umbildung zur zweiten Zellwand sich in eine Mehrzahl von Zellen in horizontaler Richtung abschnürt,
wodurch eine Faser entsteht, in deren gemeinschaftlicher Cambialwandung
eine Reihe übereinander stehender Zellen gelagert ist. Ich habe diese Organe
Zellfasern genannt.

Zellfasern finden sich sowohl im Holzkörper als im Bastkörper. Im
Holzkörper sind sie stets einfach und cylindrisch getüpfelt (vorstehende Figur
41, 4), auch da wo die einkammrigen Holzfasern linsenräu-
mige Tüpfelung besitzen (Cypressen). Im Bastkörper sind sie siebförmig
getüpfelt (Seite 228, Fig. 41, 7). An beiden Orten sind die Zellfasern Organe
der Bereitung und Aufbewahrung von Reservestoffen, meist Stärkmehl.

Sie gruppiren sich in Untermischung mit linsenräumig getipfelten Holzfasern theils um die Holzröhren zu besonderen Röhrenbündeln (Taf. I. Fig. 5 d, Seite 238, Fig. 42); theils bilden sie, entfernt von den Holzröhrenbündeln zwischen den einfachen, cylindrisch getipfelten Holzfasern peripherisch verlaufende Schichten (Taf. I. Fig. 2 e, Fig. 5 g). Ich habe sie in diesem Falle Schichtzellfasern genannt.

6) Kryftallfammerfasern.

Seite 177, Fig. 22 sehen wir in der Umgebung der Bastfaserbündel m, a, t einzelne Faferdurchschnitte durch dunkle Schraffirung hervortreten. Ich habe damit die Zahl und Stellung einzelner Grenzfasern andeuten wollen, von denen Seite 228, Fig. 41, 9 die Längenanficht gibt. Diese Bastfasern unterscheiden sich dadurch von allen übrigen desselben Bündels: daß sie durchaus oder nur theilweise eine große Zahl dickwandiger Kammern enthalten, in deren jeder ein Kryftall von oralsaurem Kalke gelagert ist, wie dieß die schwarzschattigen, eckigen Körper in der untern Hälfte der Bastfaser Fig. 41, 9 andeuten, deren obere Hälfte die verdickte Wandung der gewöhnlichen Bastfasern (Fig. 8) zeigt.

Das Vorkommen der Kryftallfammerfasern an der Grenze der Bast= bündel ist ein sehr verbreitetes, wenn nicht allgemeines. Die Kryftalle selbst sind bleibend, d. h. einer Auflösung und Wiederbildung nicht unterworfen, gehören daher nicht zu den Reservestoffen.

7) Baftbündelfasern.

Zu den metamorphischen Elementarorganen fann man endlich auch noch die dickwandigen Fasern der Bastbündel zählen. (Fig. 41, 8). Sie sind ursprünglich einfaches Siebfasergewebe und als solches radial geordnet (Taf. I. Fig. 2 f—o). Ihre Umbildung zu Bastfasern beruht nicht wie bei der Holzfaser auf einer einfachen Verdickung ihrer Wände, sondern es bilden sich an den Stellen, wo ein Bastbündel entstehen soll, nach vorher= gegangener Resorbtion der vorgebildeten Siebfaserwände, durch wiederholte Längstheilung der Ptychodeschläuche ein im Querschnitte weit engmaschigeres Fasergewebe, dessen Stellung eine durchaus ungeregelte ist (Seite 177, Fig. 22 a, m), in deren primitiver Wandung, wie bei den Holzfasern, später eine secundäre Wandung zu jener, die Bastbündelfasern in den meisten Fällen charakterisirenden, außergewöhnlichen Dicke heranwächst, so daß der innere Zellraum meist fast gänzlich verdrängt wird. Es sind dieß diejenigen Organe, die in ihrer Vereinigung zu Bündeln den Bast, die Hanf= und die Flachsfaser liefern. Fig. 41, 8 gibt die Längenanficht einer solchen Faser.

Aber nicht in allen Holzpflanzen sind die Bastfasern metamorphische Gebilde. Beim Wachholder und bei der Eibe (überhaupt bei den meisten Cypressen und Tarineen) weichen sie in Anordnung, Form und Größe von den Siebfasern nicht ab und müssen betrachtet werden als hervorgegangen aus wiederholter Wandbildung im Innern dieser letzteren. Auch unter den Laubhölzern gibt es einige, deren Bastfasern die radiale Anordnung der Siebfasern beibehalten (Carpinus, Corylus), die daher ebenfalls den pro= tomorphen Organen hinzugezählt werden müssen.

Die Baftfaserbündel liegen ursprünglich im Anschluffe der Faferbündel und bilden in seltenen Fällen (Podophyllum) die äußere Grenze desselben in allen Berührungspunkten mit Mark, Markstrahl= und Rindegewebe. In einigen anderen annuellen Holzpflanzen (Arctium, Cucurbita), fehlt die Begrenzung durch Bastfasern der Markstrahlseiten der Faserbündel, wir finden die Bastbündel dann nur auf der Markseite und auf der Rindenseite der Faserbündel. In den allermeisten Fällen fehlt auch der Markseite des Faserbündels der Bastfaserkörper. Es ist mir noch keine Holzpflanze bekannt, in welcher auch der Rindeseite der Faserbündel die Bastbündel fehlen, wohl aber kommen letztere bei vielen annuellen Holzpflanzen zu überwiegender Entwickelung und bilden den größten Theil der festen, prosenchymatischen Masse des Stengels (z. B. Delphinium).

Diese, die äußere Grenze eines jeden Faserbündels bekleidenden Bast= fasern liegen ursprünglich in unmittelbarem Anschlusse am Siebfasergewebe. Erst später sehen wir es von letzterem getrennt durch eine schmale Zwischen= schicht von parenchymatischen Zellen (Taf. I. Fig. 2 g—h, Seite 177, Fig. 22 g—h). Ich habe diese Bastfaserbündel primitiv genannt, um sie von den, später im Innern der Siebfaserschichten lagenweise sich bildenden, secundären Bastschichten zu unterscheiden (Seite 177, Fig. 22 m a). Innerhalb des grünen Rindeparenchyms stehend, erleiden sie im Verfolg eine Spaltung in ebenso viele unter sich verästelte Theile, als secundäre Markstrahlen im Holz= und Bastkörper ihres Faserbündels entstehen, so daß ihre Zahl auch in späteren Jahren sich fortdauernd mehrt, so lange, als die grüne Rinde überhaupt lebendig bleibt.

e) Ordnung der Elementarorgane zu Systemen.

Nachdem wir die wesentlichsten Verschiedenheiten in der Entstehungs= weise, in Form und Bildung der Elementarorgane kennen gelernt haben, wenden wir uns zur näheren Betrachtung der Systeme, zu denen die= selben im Körper der Holzpflanze zusammentreten und unterscheiden zunächst Zellensysteme von Fasersystemen.

Das Zellensystem lernten wir bereits Seite 169—171 auch in feiner Vertheilung und Anordnung näher kennen. Wir sahen, daß in ihm die einzelnen Elementarorgane sich zunächst in Reihen zusammenstellen, die mit der Achse des Pflanzentheiles parallel verlaufen, [1] in denen die Zellen mit ihren, zur Längenachse rechtwinklichen Endflächen übereinander stehen; daß diese Zellenreihen in der Achse des Pflanzentheiles in concentrische Kreise ge= ordnet sind; daß die Zellenreihen jedes Kreises mit denen der Nachbarkreise im Verband stehen; daß dasselbe auch der Fall sei in Bezug auf die Zellen jeder Reihe zu den Zellen aller Nachbarreihen.

Innerhalb dieses ursprünglichen, parenchymatischen Zellgewebes ent= stand ein erster Gegensatz zwischen Markgewebe und Rindengewebe dadurch, daß zwischen seiner Achse und Außenfläche eine mittlere Zellgewebs= schicht theils zu Faserbündeln, theils zu Markstrahlgewebe sich umbildete (Seite 174). Ein dritter Gegensatz entstand dadurch: daß im Faserbündel= und Markstrahlkreise eine concentrische Schichtung permanenter

---

[1] Der in Blättern und blattartigen Pflanzentheilen auftretenden Ausnahmen werde ich später gedenken.

Mutterzellen für den radialen Zuwachs beider ſich conſtituirte, durch welche der Faſer= und Markſtrahlkreis in einen inneren Holzkörper und in einen äußeren Baſtkörper zerfällt, deren Elementarorgane, wenn auch nahe gleicher Anordnung, dennoch nicht allein in ihrer Entwickelungsrich= tung, ſondern auch in der Bildung ihrer Zellwände und in deren Tipfelung weſentlich verſchieden ſind (Seite 177).

Wir wollen nun dieſe verſchiedenen Organſyſteme, beſonders in Bezug auf deren Funktionen, etwas näher betrachten.

1. Das Syſtem des Mark= und Rindegewebes (Parenchyma)

verharrt am vollkommenſten in ſeiner urſprünglichen Anordnung und in der dadurch bedingten Zellenform, wie ich dieſe ſoeben und Seite 171 geſchildert habe. Nur das metamorphiſche Zellgewebe des Korkes zeigt eine abweichende, im Querſchnitte radiale Anordnung ſeiner Zellen, wie ich dieß Seite 171 aus ſeiner Entwickelung abgeleitet und durch die Figuren 38—40, ſowie Taf. I. Fig. 2 l—m dargeſtellt habe. Es bleibt mir zu dem bereits Er= örterten hier nichts weiter hinzuzufügen.

Abgeſehen vom Rindegewebe blattloſer Pflanzen, bei denen daſſelbe unſtreitig die Funktion des Blattparenchyms vertritt, ſcheint die Thätigkeit des Mark= und Rindegewebes eine auf ſich ſelbſt beſchränkte zu ſein, in= ſofern es die zu ſeiner Fortbildung, zu den von ihm bereiteten Reſerve= ſtoffen, Secreten und Excreten nöthigen Bildungsſtoffe von außen her empfängt und eine Leitung derſelben nur innerhalb ſeiner ſelbſt vermittelt. Daher kann es auch an älteren Pflanzentheilen abſterben und verloren gehen, oder hinweggenommen werden, ohne daß dadurch die normalen Lebens= verrichtungen der Pflanze beeinträchtigt werden. In den jüngeren Theilen der Wurzel verrichtet das Rindegewebe unſtreitig das Geſchäft der Ein= ſaugung des Bodenwaſſers. Es iſt hier und an den unteren Stammtheilen zugleich Magazin für die alljährlich ſich auflöſenden, auf Wachsthum ver= wendeten und ſich im Herbſte wieder anſammelnden Reſerveſtoffe. Im Rinde= zellgewebe der Triebe des aufſteigenden Stockes ſcheint dieſe letztere Be= deutung eine untergeordnete zu ſein, in Folge des bleibenden Gehaltes an Chlorophyllkörnern, wohingegen das Rindeparenchym an der Verbunſtung wäſſeriger Flüſſigkeit bis zum 6—8jährigen Alter hinab Theil nimmt. Weit entſchiedener tritt die Bedeutung eines Magazins für Reſerveſtoffe im Marke der meiſten Holzpflanzen hervor, in dem bis zu hohem Alter eine jährliche Auflöſung und Wiederanſammlung dieſer Stoffe ſtattfindet, wie ich gezeigt habe bei einigen Holzarten (Eiche, Kiefer), verbunden mit theilweiſer Re= ſorbtion und Neubildung des Zellgewebes ſelbſt. Bei anderen Pflanzen (Fraxinus, Catalpa, Sambucus, Juglans etc.) tritt das Markgewebe ſchon früh außer Funktion und enthält in ſpäterer Zeit nur Luft.

2. Das Syſtem der Markſtrahlen (Actinenchyma).

Wollte man die primären, in das Mark ausmündenden Mark= ſtrahlen als ein Zellgewebe betrachten, das, wie Rinde und Mark, dem Faſerbündel nicht angehört, ſo würde man dieß doch nicht ausdehnen können auf die im Innern der Faſerbündel entſtehenden, ſecundären Mark=

strahlen. Es stellen sich aber beide in ihrer Fortbildung so vollkommen gleich, daß die Unterscheidung eine rein genetische sein würde, daher es wohl sich rechtfertigen läßt, wenn man anatomisch die Markstrahlen überhaupt als integrirende Bestandtheile der Faserbündel betrachtet. Als solche unterscheiden sie sich von allen übrigen Bestandtheilen der Faserbündel, weniger durch Form und Bildung der Organe, als durch die Lagerung derselben, indem die Längenachse der einzelnen Zellen nicht parallel, sondern rechtwinklig zur Längenachse des Triebes steht.   Der Abschluß dieses Zellgewebes, durch die gegenseitige Veräftelung der Faserbündel (Fig. 1—3, Seite 1ϱϱ) zu strahlig von der Rinde zur Achse des Triebes verlaufende Radien, rechtfertigt die Bezeichnung als „Strahlgewebe — Actinenchym," wenn auch in einem anderen Sinne als Hayne dieselbe verwendet, der das Markstrahlgewebe zum Parenchym zieht und „mauerförmiges Zellgewebe" nennt, wohin es entschieden nicht gehört, indem es in den meisten Fällen vielmehr einem liegenden Fasergewebe ähnlich ist (Taf. I. Fig. 5).

Denkt man sich eine Menge von Wagenrädern so übereinander gelegt, daß die Speichen eines jeden Rades in den Raum zwischen je zweien Speichen der Nachbarräder fallen und eingreifen (die Seitenansicht in Fig. 1, Seite 131 und die dort gezeichneten, als Speichenquerschnitte zu betrachtenden, spindelförmigen Räume veranschaulichen dieses S. 135 näher erläuterte Ineinandergreifen); denkt man sich die dadurch gebildete Nabensäule als Marksäule, die nach oben und unten bis zu gegenseitiger Berührung erweiterten Felgenkränze als Rindemasse; denkt man sich ferner, von den Felgenkränzen aus, kürzere Speichen mehr oder weniger weit in radialer Richtung dem Marke zugewendet, aber vor demselben frei endend (der Wurzeldurchschnitt Fig. 43, dem jedoch die Markmasse fehlt, mag dieß letztere veranschaulichen); denkt man sich endlich die freien Räume (zwischen den vollkommenen Speichen = primäre Markstrahlen, zwischen den unvollkommenen Speichen = secundäre Markstrahlen) mit Fasergewebe ausgefüllt, so gibt dieß ein ziemlich getreues Bild vom Lagerungsverhältniß der Markstrahlen zu den Fasern des Holz= und des Bastkörpers.

Die Zellen der Markstrahlen bilden liegende Reihen, deren Zellen mit den Zellen der Nachbarreihen im Verbande stehen (Taf. I. Fig. 5 h h), so daß das Gewebe, von der Seite (Fig. 5) oder im Querschnitte des Triebes gesehen (Taf. I. Fig. 2 p) allerdings der Verbandstellung von Backsteinen in einer Mauer gleicht.   Tangentale Längendurchschnitte oder Triebesquerschnitte des Markstrahlgewebes zeigen entweder nur einfache Zellenreihen (Pinus, Populus), oder eine Mehrzahl nebeneinander liegender Reihen (Fagus, Quercus, Taf. I. Fig. 2 p). Nach der Zahl dieser nebeneinander verlaufenden Zellenreihen habe ich die Markstrahlen 1, 2, 3 . . . viellagrige, nach der Zahl der übereinander verlaufenden Zellenreihen habe ich sie 1, 2, 3 . . . vielstöckige genannt. Es gibt Holzarten, die stets und überall nur einlagrige Markstrahlen besitzen (die meisten Nadelhölzer, die Pappeln, Weiden, Linden, Roßkastanien). Wo mehrlagrige Markstrahlen vorhanden sind, bestehen neben ihnen stets auch einlagrige Strahlen, da jeder secundäre Markstrahl ursprünglich einlagrig ist, in seiner Fortbildung aber ebenso wie die primären Mark=

strahlen mehrlagrig werden kann (Taf. I. Fig. 2 q r). Ein blei=
bender Unterschied zwischen „großen" und „kleinen" Markstrahlen, bei ein
und derselben Holzart, besteht daher nicht; auch kann, da die oberen
und unteren Stockwerke auch der mehrlagrigen Markstrahlen einlagrig sind,
je nach der Höhe, in der der Querschnitt des Triebes einen mehrlagrigen
Markstrahl trifft, dieser einlagrig erscheinen. In meinen Diagnosen habe
ich die mehrlagrigen Markstrahlen mit M, die einlagrigen mit m bezeichnet.
Zu den einlagrigen zähle ich auch diejenigen, die nur in den mittleren
Stockwerken mitunter zwei=, höchstens dreilagrig sind.

Noch schwankender als die Zahl der Lagen ist die Zahl der Stock=
werke in ein und derselben Holzart. Es bestehen jedoch auch hierin bei
verschiedenen Holzarten nicht selten charakteristische Unterschiede, die ich, wo
sie beachtenswerth sind, durch Angabe der mir bekannten Maxima unter
dem Markstrahlzeichen angeführt habe, z. B. $\frac{M}{60}$ oder $\frac{m}{40}$

In einigen Fällen sind die mehrlagrigen Markstrahlen von einzelnen
Faserradien durchsetzt, z. B. bei Carpinus (Naturgeschichte der forstlichen
Culturpflanzen Taf. 21). Ich habe Markstrahlen dieser Art componirt
genannt und mit M c bezeichnet.

Die Markstrahlen sind keineswegs so einfach gebaut, als dieß bisher
angenommen wurde. Die Zellen der obersten und der untersten Stockwerke
sind in der Regel langstreckiger, wechseln mit mehr oder weniger schrägen
Querscheidewänden (Taf. I. Fig. 5 h h) und sind häufig abweichend und
zwar linsenräumig getipfelt, während die Zellen der mittleren Stockwerke in
ihren Größen und Stellungsverhältnissen mehr einem liegenden, paren=
chymatischen Zellgewebe entsprechen. Bei den Laubhölzern sind es erstere,
welche durch eine weiträumige Tipfelung mit den Holzröhren (Taf. I. Fig. 5 k),
bei den Nadelhölzern sind es letztere, die durch weiträumige Tipfelung mit
den anliegenden Holzfasern communiciren (Seite 208, Fig. 31). Die linsen=
räumig getipfelten Markstrahlzellen scheinen mehr der Säfteleitung, die ein=
fach cylindrisch getipfelten, mittleren Stockwerke scheinen mehr der Auf=
speicherung von Reservestoffen dienstbar zu sein.

Es liegt nämlich die Annahme sehr nahe, daß die Markstrahlen dazu
bestimmt seien, den im Siebfasergewebe des Bastes rückschreitenden Bil=
dungssaft aufzunehmen und in die inneren Baumtheile überzuführen, daß
von ihnen aus nicht allein die Mutterzellen für Holz und Bast, sondern
auch die älteren Holzschichten mit Bildungssäften gespeist werden, zur Wieder=
erzeugung der jährlich verbrauchten Reservestoffe, die sich zum Theil in den
Markstrahlzellen selbst ablagern. Indeß fehlt uns auch für diese Annahme
die thatsächliche Begründung. Läßt man auf die obere Schnittfläche eines
1—1$\frac{1}{3}$ Meter langen Stammstückes der Tanne den Druck einer Wassersäule
von 1$\frac{1}{3}$—1$\frac{2}{3}$ Meter Höhe einwirken, so wird dadurch der Holzsaft aus
der unteren Schnittfläche herausgetrieben. Hat man die Holzstücke zuvor
entrindet, so sollte man meinen, es müsse der Saft auch aus den geöffneten
Markstrahlen nach außen sich ergießen, da diese mit den Holzfasern in der=
selben Tipfelverbindung stehen, wie die Holzfasern unter sich. Dieß ist
aber nicht der Fall, die Markstrahlen leiten Saft nicht nach außen. Ringelt

man Holzstücke, umgibt man die Ringwunde mit einem nach oben geöffneten Glasverbande, so daß man der Ringwunde eine gefärbte Flüssigkeit zur Aufsaugung darbieten kann, dann sind es die Holzfasern und Holzröhren, welche die dargebotene Flüssigkeit aufnehmen und fortleiten, während die Markstrahlen (Eiche) ungefärbt bleiben. Indeß habe ich diese Versuche erst mit Winterhölzern durchgeführt. Sommerholz könnte möglicherweise ein anderes Verhalten zeigen, so daß wir zur Zeit die Leitungsfähigkeit der Markstrahlen für den Wandersaft nach innen noch nicht ganz von der Hand weisen dürfen.

Das Vorkommen der Markstrahlen in den Holzpflanzen ist keineswegs so allgemein, als man dieß bisher annahm. Ich habe gezeigt, daß sie einer nicht geringen Zahl annueller Holzpflanzen (Crassulaceen, Caryophyllen, Primulaceen ꝛc.) gänzlich fehlen; bei mehrjährigen, einheimischen Holzpflanzen hingegen habe ich sie überall vorgefunden.

3. Das Fasergewebe (Prosenchyma).

Zum Fasergewebe zähle ich alle, meist aus faserförmigen Organen zusammengesetzten Gewebemassen des Faserbündels, die im Raume zwischen den Markstrahlen verbreitet sind, einschließlich der im Verlauf der Entwickelung des Faserbündels in die grüne Rinde tretenden, primären Bastbündel. Der wesentliche Charakter des Prosenchym, gegenüber dem Parenchym und dem Actinenchym, liegt in dessen radialer Fortbildung zu horizontal gelagerten Organschichten, sowie in dem mehr oder weniger tiefen Ineinandergreifen der Faserspitzen jeder Horizontalschicht in die Faserspitzen der über- und der unterliegenden Schichten, daher die Organe dieses Gewebes nicht mit horizontalen, sondern mit schrägen Querwänden übereinander stehen.

Man versinnlicht sich die Stellungsgesetze dieser Gewebsmassen am besten, wenn man mehrere Bunde Schwefelhölzchen in einen Kreis stellt, den Innenraum dieses Kreises mit Markzellgewebe, die Räume zwischen den Bunden mit Markstrahlgewebe sich erfüllt denkt. Jedes einzelne Hölzchen der Bunde repräsentirt eine Faserzelle. Denkt man sich die Hölzchen beiderseits schräg zugespitzt und zur Achse des Bündelkreises radial geordnet, denkt man sich ferner mehrere solcher Kreise von Schwefelholzbunden so übereinander gestellt, daß die schräg zugespitzten Enden der Hölzchen eines jeden unterstehenden Bundes in die Zuspitzungslücken des überstehenden Bundes eingreifen, so hat man ein ziemlich treues Modell der Anordnung dieser Gewebeschichten, das sich am schärfsten in der Betrachtung des Holzkörpers und der Siebfaserschichten des Nadelholzes wieder finden läßt, im Laubholze noch dadurch einer Vervollständigung bedarf, daß man sich eine Mehrzahl weiträumiger, senkrecht gestellter, zu Bündeln gruppirter Röhren eine mehr oder weniger große Zahl übereinander stehender Bunde durchziehend und untereinander verbindend denkt.

Im jugendlichen Zustande ist die radiale Ordnung der Fasern oder der Hölzchen jedes Bundes überall erkennbar. Sie erhält sich bei den Nadelhölzern mehr oder weniger vollständig auch im fertigen Holze. Bei den Laubhölzern hingegen wird die Regelmäßigkeit der Anordnung später

mehr oder weniger verwifcht, in den extremen Regionen eines jeden Fafer=
bündels, in der Markfcheide und im Baftbündel durch außergewöhnliche
Stredung der Fafern, in den Holzfafer= und den Siebfaferfchichten buch
die, mit einer Verfchiebung der Fafern verbundene Entftehung der Holz=
und Siebröhren.

Wie wir gefehen haben (S. 177), zerfällt das Fafergewebe eines jeden
Bündels in

    1) den Holzkörper (Lignum),
    2) den Baftkörper (Liber).

Ich will nachfolgend die wefentlichften Verfchiedenheiten im Vorkommen und
in der Anordnung der vorftehend befchriebenen Elementarorgane aufführen.

    a) Vom Holzkörper.

Der wefentlichfte Charakter aller ihm angehörenden Organe liegt darin,
daß diefelben ftets einfach (nie fiebförmig) getipfelt find, entweder cylindrifch
oder linfenräumig; daß zu diofer Tipfelung häufig noch eine Spiralbildung
der Wandungen tritt, die, wie wir gefehen haben, entweder Spiralfafer=
bildung oder fpiralige Leiftenbildung ift (Seite 209—212). In den Baft=
bündeln der Siebfaferfchichten habe ich erftere nie, letztere nur bei Lavatera
und Malope aufgefunden.

Die einfachfte Bildung des Holzkörpers bieten uns die Nadelhölzer.
Abgefehen von den bisweilen getipfelten Spiralgefäßen des Markcylinders,
abgefehen von den Harzgängen der Kiefern, Fichten, Lärchen, abgefehen
von den Zellfafern der Cypreffen, befteht der Holzkörper zwifchen den Mark=
ftrahlen hier nur aus linfenräumig getipfelten Holzfafern, die fehr regel=
mäßig in radiale Reihen geordnet find, da eine Störung diefes allgemeinen
Stellungsgefetzes durch zwifchentretende Holzröhren hier nicht ftattfindet, wie
dieß bei den Laubhölzern häufig der Fall ift. Der Querfchnitt c—f,
Seite 177, Fig. 22, fowie Fig. 33 kann hiefür als Abbildung gelten.
Fig. 22 fehen wir die letzten Fafern des Holzrings im Vergleich zu den
älteren in radialer Richtung fehr verfchmälert, den Innenraum der Fafern
daburch bis auf ein Minimum verengt, die Tipfel nicht auf der den Mark=
ftrahlen, fondern auf der der Rinde zugewendeten Seite ftehen. Ich habe
diefe, auch im Laubholze die Grenze eines jeden Holzrings bezeichnenden
Fafern, im Gegenfatze zu den früher gebildeten „Rundfafern“ Breitfafern
genannt.

Bei der geringen Größe der Zellenräume muß die Breitfaferfchicht
den dichteren und fchwereren, daher auch brennkräftigeren Theil einer jeden
Jahreslage bilden. Bei den Nadelhölzern erreicht fie eine bedeutende Breite
und ift, im Verhältniß zur Breite des ganzen Jahresringes
um fo breiter, je fchmaler die Jahresringe find. Daher ift das fchmal=
ringige Nadelholz beffer, als das breitringig gewachfene. Bei den Laub=
hölzern ift eine Breitfaferfchicht zwar auch vorhanden, ftets aber fo fchmal
und in ihrer Wandungsbide fo wenig von den älteren Fafern verfchieden,
daß ein Unterfchied in der Güte des Holzes hieraus nicht hervorgeht. Im
Gegentheil find die breitringig gewachfenen harten Laubhölzer beffer als die
fchmalringig gewachfenen, da letztere verhältnißmäßig viel mehr weit=
räumige Holzröhren enthalten, deren bedeutender Luftgehalt das Holz

leichter macht. Man·kann sich davon durch den Vergleich der innersten und der äußersten Holzlagen alter Eichen leicht überzeugen.

Weit zusammengesetzter ist das Holz der Laubhölzer.

Betrachten wir den Querschnitt eines recht üppig gewachsenen drei bis vierjährigen Eichentriebes, am besten von einer kräftig gewachsenen Stock= lohde entnommen, nach der Glättung mit einem sehr scharfen Messer, ver= mittelst einer guten, einfachen oder besser noch, vermittelst einer Doppel= lupe, so erkennen wir zwischen je zwei Markstrahlen und den beiden Jahr= ringgrenzen eine Anzahl größerer und ·kleinerer runder Oeffnungen — die Durchschnitte der Holzröhren —·um und außer diesen, Bänder und Zeich= nungen, die durch hellere und mattere Färbung von einem dunkleren und glänzenden Felde merklich abstechen.

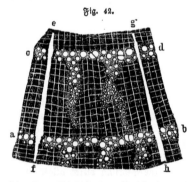

Fig. 42.

Die nebenstehende Fig. 42 zeigt einen solchen Querschnitt. a b, c d sind die Grenzen eines Holzringes, e f, g h sind zwei breite Markstrah= len, zwischen denen eine große Zahl sehr schmaler, in gleicher, radialer Richtung verlaufender Markstrahlen durch hellere Färbung hervortreten. Die Felder zwischen diesen kleinen Markstrahlen werden gebildet von den Querschnitten sehr dickwandiger, cylindrisch getipfelter Holz= fasern (S. 228, Fig. 41, 3, Taf. I. Fig. 2 c, Fig. 5 c), die ich in meinen Diagnosen mit h bezeichnet habe (mit $\frac{h}{m}$, wenn diese Fasern mehlführend sind). [1] Die radialen Streifen sehen wir von einer Mehrzahl peripherisch verlaufender, heller und matter Bänder unterbrochen, die ihrerseits von den Markstrahlradien durchsetzt werden. Es sind dieß Complexe von Schichtzellfasern, in den.Diagnosen mit s be= zeichnet (Taf. I. Fig· 2 e, Fig. 5 g).

Diesen Theil des Querschnitts: Markstrahlen, cylindrisch getipfelte Holz= fasern und Schichtfasern betrachte ich als die Grundmasse des Holzes, der das oder die Röhrenbündel eingesprengt sind. Wir sehen in der Figur zwei radial verlaufende Röhrenbündel, die vor der Außengrenze des Jahr= rings aufhören, an der Innengrenze desselben zu einem peripherisch ver= laufenden Bündel (c d) sich vereinen.

Diese Röhrenbündel des Holzkörpers bestehen nun aus drei verschie= denen Arten von Elementarorganen: 1) aus den weiträumigen Holzröhren (Seite 228, Fig. 41, 1; Taf. I. Fig. 2 d, Fig. 5 a), aus linsen= räumig getipfelten Holzfasern (Fig. 41, 2; Taf. I. Fig. 5 f) und aus Zellfasern (Fig. 41, 4; Taf. I. Fig. 5 d). Erstere sind in den Diagnosen mit H, letztere mit Z, die linsenräumig getipfelten Holzfasern mit L

---

[1] Da die Schichtfasern (s) und die Zellfasern der Röhrenbündel (Z) überall mehl= führend sind, wurde eine dem entsprechend ähnliche Bezeichnung in der Diagnose nicht nöthig.

bezeichnet. Wo in diesen Organen neben der Tüpfelung zugleich auch eine spiralige Leistung vorkommt, habe ich $\frac{H}{sp}$ oder $\frac{L}{sp}$ geschrieben.

Die Diagnose für das Eichenholz würde demnach sein

$$(h\,s) + (H\,L\,Z),$$

(h s) die Grundmasse, (H L Z) die Zusammensetzung der Röhrenbündel bezeichnend.

Aber nicht überall zeigt sich diese Vollständigkeit des Beisammenseins aller Elementarorgane. Es fehlt das eine oder das andere, oder mehrere oder viele derselben zugleich, bis zu den Nadelhölzern hinab, in denen sie alle bis auf zwei oder auf nur eins geschwunden sind (Abies Araucaria).

Das Nachfolgende mag eine gedrängte Uebersicht des von mir über diesen Gegenstand Publicirten (Bot. Zeitung 1859, S. 105) geben, beschränkt auf die in unseren Wäldern vorkommenden Holzpflanzen.

A. **Röhrenhölzer** — alle Laubhölzer einschließlich Ephedra.

I. Nur breite Markstrahlen (unbedingt oder doch für die Ansicht mit dem einfachen Vergrößerungsglase).

a) Die Holzröhren zerstreut im ganzen Jahresringe.

Vitis: $\frac{h}{m}s + (R\,Z)$.

Platanus: $h\,s + (R\,L\,Z)$.

b) Röhren an der inneren Jahrringgrenze gehäuft.

Clematis: $\frac{h}{m}s + (R\,\frac{L}{sp}\,Z)$.

Atragene: $(\frac{R}{sp}\,\frac{L}{sp})$.

c) Röhren in Bündeln, auf dem Querschnitt dendritisch verzweigt.

Berberis: $\frac{h}{m} + (\frac{R}{sp}\,\frac{L}{sp}\,Z)$.

II. Breite und sehr schmale Markstrahlen, letztere nicht oder doch nicht regelmäßig zu breiten Markstrahlen sich erweiternd.

a) Die Holzröhren zerstreut im ganzen Jahresringe.

1) Die großen Markstrahlen selten und durchsetzt.

Alnus: $s + (R\,L)$.

2) Die großen Markstrahlen häufig und durchsetzt.

Carpinus: $h\,s + (\frac{R}{sp}\,Z)$.

3) Die großen Markstrahlen häufig und geschlossen.

Fagus: $h\,s + (R\,L\,Z)$ — Viscum.

b) Die Holzröhren an der inneren Ringgrenze gehäuft.

Rosa: $\frac{h}{m}s + (\frac{R}{sp}\,\frac{L}{sp}\,Z)$.

Rubus: $\frac{h}{m}s + (R\,L\,Z)$.

Ribes: $\frac{h}{m} + (R\,L)$.

c) Die Holzröhren zu umfangreicheren Bündeln vereint, von der inneren Grenze radial nach außen verlaufend.

Quercus: $h\,s + (R\,L\,Z)$. Corylus: $h\,s + (R\,Z)$.

III. Ein Unterschied in der Breite der Markstrahlen ist zwar noch erkennbar, beschränkt sich aber auf das 2 bis 3fache der Breite kleinster Markstrahlen.

a) Die Holzröhren zerstreut im ganzen Jahresringe.

$$\text{Acer: } \frac{h}{m} + (\frac{R}{sp}\, Z)\quad \text{Liriodendron: } h + R;$$

$$\text{Philadelphus, Ilex: } (R\, \frac{L}{sp}\, Z).\quad \text{Cornus: }$$

$$s + (R\, L).$$

b) Die Holzröhren an der inneren Ringgrenze gehäuft, die übrigen zerstreut.

$$\text{Ligustrum: } h\, s + (R\, L\, Z).\quad \text{Amygdalus, Pru-}$$
$$\text{nus, Cerasus, Padus: } h\, s + (\frac{R}{sp}\, L).\quad \text{Py-}$$
$$\text{rus, Sorbus: } s + (R\, L\, Z).\quad \text{Torminaria, Aria,}$$
Cydonia, Chamaemespilus, Amelanchier,
$$\text{Crataegus: } s + (\frac{R}{sp}\, L).\quad \text{Mespilus: } s +$$
$$(\frac{R}{sp}\, \frac{L}{sp}\, Z).\quad \text{Sambucus: } \frac{h}{m} + R.$$

c) Alle Holzröhren zu umfangreicheren Bündeln vereint.

1) Röhrenbündel an der inneren Ringgrenze gehäuft, die äußeren in concentrischen Schichten.

$$\text{Morus: } h\, s + (\frac{R}{sp}\, \frac{L}{sp}\, Z).\quad \text{Celtis, Ornus, Fra-}$$
$$\text{xinus: } R\, L\, Z.$$

3) Die äußeren Röhrenbündel dendritische Figuren bildend.

$$\text{Lycium: } h\, s + (\frac{R}{sp}\, \frac{L}{sp}\, Z).\quad \text{Ostrya: } h\, s + (\frac{K}{sp}\, Z).$$
$$\text{Rhamnus: } h + (R\, \frac{L}{sp}).\quad \text{Ptelea: } h + (\frac{R}{sp}\, \frac{L}{sp}\, Z).$$
$$\text{Ulmus: } h + (\frac{R}{sp}\, Z).\quad \text{Evonymus: } h + (\frac{R}{sp}\, \frac{L}{sp}).$$
$$\text{Robinia, Caragana, Cytisus: } \frac{h}{m} + (R\, \frac{}{sp}\, Z).$$
$$\text{Genista, Colutea, Sarothamnus: } \frac{h}{m} +$$
$$(\frac{R}{sp}\, \frac{L}{sp}\, Z).$$

IV. Nur schmale Markstrahlen von gleicher Breite.

a) Die Holzröhren zerstreut im ganzen Jahresringe.

$$\text{Tilia: } h\, s + (\frac{R}{sp}\, Z).\quad \text{Aesculus: } h + (R\, \frac{R}{sp}\, Z).$$
$$\text{Populus: } h\, m + (R\, Z).\quad \text{Betula: } s + (R\, L).$$
$$\text{Buxus: } (\frac{R}{sp}\, \frac{L}{sp}\, Z).\quad \text{Staphylea: } (\frac{R}{sp}\, L\, Z).\quad \text{Vac-}$$
$$\text{cinium: } h\, m + (R\, L).\quad \text{Rhododendron, Ca-}$$
lunna etc. $(R\, L\, Z)$.

b) Die Holzröhren an der inneren Ringgrenze gehäuft.

$$\text{Juglans, Carya: } h\, s + (R\, Z).\quad \text{Salix: } \frac{h}{m} + R.$$

Lonicera, Viburnum: $s + (\frac{R}{sp}\,\frac{L}{sp})$. Frangula:

$\frac{h}{m} + (R\,Z)$. Hippophäe: $(R\,\frac{L}{sp}\,Z)$.

     c) Die Holzröhren zu umfangreichen im Querſchnitt dendritiſch geſtalteten Bündeln vereint.

        Castanea: $h\,s + (R\,L\,Z)$. Daphne: $h + (\frac{R}{sp}\,\frac{L}{sp}\,Z)$.

B. Röhrenloſe Hölzer (Nadelhölzer).
   I. Mit Harzgängen $(H\,Z)$.

        Pinus, Cedrus, Larix, Picea: $L + H\,Z$.

   II. Ohne Harzgänge:
     a) Mit Zellfaſern.

        Juniperus: $L\,Z$.

     b) Ohne Zellfaſern.

        Taxus: $\frac{L}{sp}$. Abies: L.

Durch außergewöhnlich weiträumige Holzröhren ſind ausgezeichnet: Quercus, Fraxinus, Castanea, Juglans, Robinia, Morus, Ailanthus, Ulmus, Hippophaë; von kleineren Hölzern: Vitis, Clematis, Atragene, Celastrus, Aristolochia, Thecoma, Menispermum, alles Schlingpflanzen!

Eine Ueberſicht auch der exotiſchen Hölzer, geordnet in die gleichlautenden Diagnoſen, habe ich in der Bot. Zeitung von v. Mohl und v. Schlechtendal 1859, S. 105 gegeben.

Alle in Vorſtehendem aufgeführten, den Markſtrahlen und der Vertheilung der Röhrenbündel entnommenen Gruppencharaktere ſind ſchon der Betrachtung ſcharfer Querſchnitte vermittelſt der einfachen Lupe zu entnehmen. Abſichtlich habe ich die feineren anatomiſchen Unterſchiede in der Zahl der Lagerungen und Stockwerke des Markſtrahls vermieden, um der Benutzung des Syſtems zur Förderung der optiſchen Holzkenntniß, von Seiten des Forſtmannes nicht entgegenzutreten. Die Holzdiagnoſen der einzelnen Gattungen ſind allerdings nur durch das zuſammengeſetzte Mikroſkop zu verfolgen, können daher für den mit dieſem Inſtrumente nicht vertrauten Forſtmann keine descriptive, ſondern nur phyſiologiſche Bedeutung beſitzen. Phyſiologiſch bedeutungsvoll ſind dieſe letzteren Unterſchiede in ſo fern, als ſie Fingerzeige geben in Bezug auf die abſolute Nothwendigkeit dieſer oder jener Organformen. Wiſſen wir z. B., daß allen Nadelhölzern die Holzröhren fehlen, ohne daß dadurch irgend eine der wichtigeren uns bekannten Lebenserſcheinungen eine Abänderung erleidet, ſo verliert dadurch die Holzröhre an Bedeutſamkeit. Wiſſen wir aus Vorſtehendem, daß dem Holzkörper vieler Pflanzen die cylindriſche, daß hingegen keiner einzigen die linſenräumige Tipfelung fehlt, ſo müſſen wir letzterer eine größere Bedeutung beilegen, als erſterer.

Die phyſiologiſche Bedeutung des Holzkörpers iſt zunächſt die einer feſten und dauerhaften Stütze aller jüngeren und jüngſten Baumtheile der alljährlich ſich bildenden Triebe, Blätter, Blüthen und Früchte. Zugleich iſt der Holzkörper aber auch derjenige Baumtheil, in welchem die dem Boden durch die Wurzeln entnommenen wäſſerigen Rohſtoffe der Er-

nährung bis in die Blätter des Gipfels emporsteigen. Die ächten, einfachen
Holzfasern sind es, in denen dieß geschieht. Endlich ist der Holzkörper aber
auch Magazin für eine nicht unbeträchtliche Menge von Reservestoffen, die
sich alljährlich, besonders in den Zellen des Markstrahlgewebes und in denen
der Zellfasern ansammeln, reichlicher in der Wurzel, als im oberirdischen
Stamme. Bei manchen Holzarten nehmen auch die einfachen Holzfasern
hieran Theil, wie dieß die vorstehenden Diagnosen durch die Bezeichnung $\frac{h}{m}$
nachweisen. Die linsenräumig getipfelten Holzfasern führen nie Reservestoffe.
In den Nadelhölzern sind sie es ohne Zweifel, welche den Saft nach oben
führen, da sie allein den Faserbestand bilden (Abies). In den Laubhölzern
hingegen scheinen die cylindrisch getipfelten Fasern das Geschäft der Säfteleitung zu verrichten. Erwärmt man Aststücke der Rüster, Eiche, Akazie rc.
im Frühjahre durch Einschluß in die Hand, dann bleiben die Röhrenbündel
aus R L Z trocken, während die Querschnittflächen der cylindrisch getipfelten
Holzfasern allein vom hervorquellenden Holzsafte sich netzen. Ob die harzigen Secrete in den Harzgängen der Kiefern, Fichten und Lärchen zu den
Reservestoffen gerechnet werden dürfen, ist sehr zweifelhaft. Bis jetzt habe
ich stets nur Aufspeicherung, nie eine Minderung der Harze wie der ätherischen Oele wahrgenommen.

　b) Vom Bastkörper.

　Der Bast, nach innen vom Holzkörper, nach außen von der grünen
Rinde begrenzt (Taf. I. Fig. 2 f—i), besteht wie der Holzkörper aus Jahresringen, die jedoch weit schmaler als die Holzringe und bei verschiedenen
Holzarten verschieden breit sind; äußerst schmal bei Buche, Hainbuche, Eibe;
sehr breit bei Eiche, Rüster, Linde. Die Schichtenbildung sieht man am
besten an Querschnitten 4 bis 5jähriger Lindentriebe; es ist deren Zahl
hier und in vielen anderen Hölzern jedoch größer als das Alter des Stamm-
theils, dadurch, daß alljährlich 2 bis 3 Schichten von Bastbündeln in jeder
Jahresschicht gebildet werden, wodurch die wirklichen Jahrringgrenzen sich
verwischen.

　Die Markstrahlen des Holzkörpers setzen sich nach außen durch sämmtliche Schichten des Bastes hindurch ohne Unterbrechung fort; ihre Zellen
sind aber im Baste siebförmig getipfelt und dünnwandiger.

　Zwischen je zweien Markstrahlen besteht das Bastgewebe aus Siebfasern, Siebröhren und siebförmig getipfelten Zellfasern,
wie der Holzkörper aus einfach getipfelten Holzfasern, Holzröhren und Zellfasern besteht. Alle diese Organe sind und bleiben stets im dünnwandigen
Cambialzustande. Die den Bast im technischen Sinne bildenden Bastbündelfasern entstehen erst später aus vorgebildeten Siebfasern, zwar
bei den meisten, aber nicht bei allen Holzarten, z. B. nicht bei Pinus,
Populus, Fraxinus.

　Auch die Anordnung des Siebfasergewebes ist der des Holzgewebes
entsprechend. Wie die Holzfasern bilden auch die Siebfasern radiale Reihen,
deren Fasern mit den Fasern der Nachbarreihen im Verbande liegen. Wie
dort so theilen auch hier die Zellfasern diese Anordnung, wie dort sind
auch hier die Röhren unregelmäßig dem Fasergewebe eingestreut. Ein wirk-

licher, bleibender Unterſchied beſteht daher nur in der ſiebförmigen Tipfe=
lung, in dem Verharren der Faſerwände im cambialen, d. h. einwandigen
Zuſtande und in dem bleibenden Vorhandenſein eines Ptychodeſchlauches
(Seite 211, Fig. 33 a, b), der in der Holzfaſer zur ſecundären Faſerwand
ſich entwickelt hat (daſelbſt Fig. 33 c—f).

Seite 177 Fig. 22 bezeichnet $\frac{h}{b}$ die durch die permanenten Mutter=

zellen Fig. 28 m m gebildete Grenze zwiſchen dem jungen Holzkörper $\frac{h}{b}$ f

und dem jungen Baſtkörper $\frac{h}{b}$ m. Wie auf der Seite des Holzkörpers
die Holzröhren d d (Seite 228 Fig. 41, 1) aus einer Verſchmelzung von
Faſerzellen hervorgehen, wie im Umfange dieſer Holzröhren linſenräumig
getipfelte Holzfaſern ꝛc. (Seite 228 Fig. 41, 2) ſich herausbilden, während
andere Faſern zu Zellfaſern z z (Fig. 41, 4) die meiſten zu cylindriſch ge=
tipfelten Holzfaſern (Fig. 41, 3) ſich entwickeln, ſo bilden ſich auf der
Seite des jungen Baſtkörpers unter denſelben Umbildungsvorgängen ähn=
liche, aber ſiebförmig getipfelte Organformen, die ich Seite 177 Fig. 22
mit denſelben Buchſtaben wie im Holzkörper bezeichnet habe: die Sieb=
röhren d = Seite 228 Fig. 41, 5, die Siebfaſern x = Fig. 41, b und
die Siebzellfaſern z = Fig. 41, 7. Man könnte die Baſtbündelfaſer
(Fig. 41, 8) als ein, der cylindriſch getipfelten Holzfaſer (Fig. 41, 3) ana=
loges Gebilde betrachten, allein letztere iſt entſchieden protomorph, erſtere
eben ſo entſchieden metamorph, d. h. aus vorgebildeten Siebfaſern und
Siebzellfaſern hervorgehend.

Alle einjährigen, aber nur eine geringe Zahl mehrjähriger Holzpflanzen
(Fraxinus, Populus, Pinus) bilden in ihren Baſtſchichten nur Siebfaſer=
gewebe, abgeſehen vom primären, in die Rinde tretenden Baſtfaſerbündel
(Taf. I. Fig. 2, h—i). Die meiſten mehrjährigen Holzpflanzen entwickeln
außer dieſem primären Baſtbündel in jeder Jahreslage des Baſtes eine oder
mehrere concentriſche, durch die Markſtrahlen unterbrochene Schichtungen
von Baſtfaſerbündeln, deren Seite 177 Fig. 22 zwei, bei m und a, außer
den primären Bündeln t dargeſtellt ſind. Bereits Seite 231 habe ich geſagt,
daß dieſe ſehr langſtreckigen, dickwandigen, in den Bündeln ganz unge=
ordneten Faſern metamorphiſche Organe ſeien, die aus vorgebildeten
Siebfaſern entſtehen und in ihrer gegenſeitigen Veräſtelung das bilden, was
wir den Baſt nennen. Verſenkt man den Baſtkörper der Linde, Rüſter,
Papiermaulbeeren ꝛc. längere Zeit in ſtehendes Waſſer, ſo verfaulen ſowohl
das Zellgewebe der Markſtrahlen, als das zwiſchen den Baſtfaſerbündeln
lagernde Siebfaſergewebe (Seite 177 Fig. 22, f—g), es bleiben nur die
Baſtbündel (m, a, t) unverletzt; ſie trennen ſich ſchichtenweiſe wie die
Blätter eines Buches (daher „liber“) in jeder Schicht den Zuſammenhang
durch gegenſeitige Veräſtelung bewahrend, wie dieß jedes kleine Stückchen
Baſt recht gut erkennen läßt. In annuellen, baſtbündelreichen Pflanzen,
wie Hanf, Lein, Neſſel ꝛc. ſind die Markſtrahldurchgänge viel ſeltner, länger
und ſchmäler, die Faſern legen ſich geradliniger aneinander, trennen ſich
leichter und liefern dadurch, wie durch die Länge ihrer Faſern, das bekannte
Material zum Verſpinnen.

Das System der Bastfasern sowohl wie das Siebfasergewebe erleidet vom Jahre der Entstehung ab einen Zuwachs durch Zellenmehrung nicht mehr. Der Bastkörper 1 a Seite 177 Fig. 21 im einjährigen Triebe besitzt schon die Größe, wie derselbe Theil 1 f im sechsjährigen Triebe. Der mit zunehmender Dicke des Triebs nothwendig sich erweiternde Raum zwischen je zweien gleich alten Bastbündeln füllt sich bis zu einem gewissen Alter durch fortdauernde Zellenmehrung des zwischenliegenden Markstrahlgewebes. Kräftige, frische Triebe der Linde von ein- bis sechsjährigem Alter, mit der Lupe auf scharfen Querschnitten betrachtet und verglichen, zeigen dieß am schönsten. Erlischt im Verfolg des Wachsthums die Zellenmehrung dieses Gewebes, so wie des Rindezellgewebes, dann müssen nothwendig Längsrisse im Rindekörper entstehen, die bis zur Tiefe des noch mehrungsfähigen Markstrahlgewebes einschneiden, mit dem Absterben desselben von außen nach innen sich successiv vertiefend, im Verhältniß der Größe des jährlichen Dickezuwachses an Holz und Bast sich erweiternd; es bildet sich eine rissige äußere Umhüllung des Baumes, die wir „Borke" nennen. Mit dem Aufhören der Zellenmehrung im Zellgewebe der Rinde und der äußeren Markstrahlenden beginnt die großartigste aller Resorbtionserscheinungen, indem allmählig das ganze Zellgewebe der grünen Rinde verschwindet, so daß die ältesten, äußersten Bastlagen unmittelbar dem Korkgewebe sich anlegen (s. die Note Seite 222). Dem folgt dann ein von Außen nach Innen fortschreitendes, relatives Absterben der Bast- und Markstrahlzellen, es bildet sich die, nur aus Bastschichten und Markstrahlzellen bestehende Borke, die ich zum Unterschiede anderer Borkebildungen „Bastborke" genannt habe (Eiche, Esche, Rüster (z. Th.) Pappel, Weide, Linde, Kiefer, Lärche rc.). Ueber die, dem relativen Absterben der Bastschichten vorhergehende Zwischenbildung von Korkschichten habe ich bei der Betrachtung des Korkzellgewebes ausführlich gesprochen (Seite 221).

Abgesehen von den Funktionen des Bastkörpers in Bezug auf die eigene Fortbildung, dient derselbe, in Bezug auf die ganze Pflanze, der Rückleitung des durch die Blätter bereitenden Bildungssafts in alle tieferen Pflanzentheile. Es geht dieß hervor, nicht allein aus dem weiterhin dargelegten Einflusse von Ringwunden auf die Ernährung und Fortbildung aller tieferen Baumtheile, sondern auch aus dem Seite 196 dargelegten Verhalten des Bastsafts aus Schröpfwunden. Ich werde weiter unten die Belege dafür liefern, daß auch der im Holzkörper aufsteigende, aus Reservestoffen restituirte, secundäre Bildungssaft, durch die extremen, oberen Baumtheile in den Bast übergehen müsse, um, wie der primäre Bildungssaft in diesem rückschreitend, von da aus allen zu ernährenden Baumtheilen zugehen zu können.

Die Fortbewegung des rückschreitenden Wandersafts geschieht ausschließlich im Siebfasergewebe der Bastschichten. In den anastomosirenden Siebröhren der Ahorne läßt sich die strömende Bewegung dieses Safts bis in das Blattgeäder hinein unmittelbar beobachten. Welche Rolle hierbei den Siebfasern zugetheilt ist, vermag ich bis jetzt noch nicht anzugeben. Die Zellfasern des Bastes speichern im Winter Reservestoffe wie die Zellfasern des Holzes, vorherrschend Gerbstoff. Ueber die physiologische Bedeutung der Bastbündelfasern vermag ich bis jetzt noch gar nichts Thatsächliches zu berichten, als daß sie dem dünnwandigen Fasergewebe des Bastes zur Stütze dienen.

Der Säfteleitung nach oben dient der Bast nirgends und zu keiner Zeit. Es beschränkt sich dieselbe unbedingt auf den Holzkörper der Bäume.

f. Abweichungen von Vorstehendem im Bau der Blattstiele und der Blätter.

Blattstiel und Blatt bestehen aus einem einzelnen (Nadelhölzer) oder aus einer Mehrzahl vom Triebe ausgeschiedener Faserbündel, deren Zusammensetzung aus einem Holzkörper und aus einem Bastkörper, deren Elementarorgane in Form und Bildung wesentlich dieselben sind, wie wir sie im Faserbündel des Stengels vorfinden. Die, meist in der Mehrzahl im Halbkreise vom Triebe abweichenden Faserbündel vereinen sich im Blattstiele nicht selten zu einem völlig geschlossenen Bündelkreise, von normalem Rindegewebe umgeben und einen centralen Markkörper einschließend. In der Blattscheibe öffnet sich der Bündelkreis wiederum zur Flächenlagerung der sich trennenden Bündel, die dann untereinander vielfach sich verästeln und ein Netzwerk von Faserbündeln darstellen, dessen Theile wir als Kiel, Rippen, Unterrippen und Blattgeäder unterscheiden, ohne daß sich hieran ein anderer anatomischer Unterschied, als der der abnehmenden Größe und der abweichenden Richtung knüpft. Allseitig ist dieß Netzwerk von Faserbündeln, auch wohl „Adernetz" genannt, von parenchymatischem Zellgewebe umgeben, dieß letztere beiderseits von Oberhaut bekleidet.

Denkt man sich sämmtliche Blätter eines reich belaubten Triebes diesem selbst in nach oben gewendeter Richtung angelegt, ungefähr so, als wenn man einen Federbusch, mit dem Stiele voran, in eine enge Papierhülse steckt, denkt man sich, abgesehen von dem zwischenliegenden Triebe, dieß Fasernetz aller Blätter zu einem Bündelkreise vereint, das Zellgewebe aller oberen, jetzt inneren Blattflächen zu einer Markmasse, das Zellgewebe aller unteren, äußeren Blattflächen zu einem Rindekörper verschmolzen, so repräsentirt das Fasernetz aller Blätter für sich den Holz= und Bastkörper eines Triebes, das Zellgewebe zwischen dem Faserbündelnetze repräsentirt das Markstrahlgewebe des wirklichen Triebes; die inneren Blattflächen entsprechen dem Marke, die äußeren, unteren Blattflächen entsprechen der Rinde. Dem entsprechend werden wir die, dem Rindesysteme angehörenden Spaltdrüsen auf der Unterseite der Blätter vorfinden, wie daß in der Wirklichkeit auch der Fall ist, abgesehen von einzelnen Ausnahmen, in denen auch die obere oder Lichtseite der Blätter eine, meist viel geringere Zahl von Spaltdrüsen trägt. Dem entsprechend ist der Bastkörper jedes Faserbündels der unteren (äußeren) Blattfläche zugewendet. Dem entsprechend treten Unterschiede in der Bildung des Zellgewebes beider Blattseiten auf, darin bestehend, daß das, dem Marke entsprechende Zellgewebe der oberen oder Lichtseite des Blattes, aus dicht gedrängten und gestreckten Zellen besteht, während die unteren Zellenschichten durch eine außergewöhnliche Erweiterung der Intercellularräume zu sternförmigem Zellgewebe geworden sind. Die Blatt= und Blattstieldurch=

schnitte, die ich in meiner Naturgeschichte der forstlichen Culturpflanzen
Taf. 2 (Fichte), Taf. 18 Fig. 15 bis 17, Taf. 30 (Kiefer), Taf. 28 und
45 (37) (Birke) gegeben habe, mögen das Weitere erläutern. Hier muß
ich mich darauf beschränken, die Analogien zwischen den Organsystemen des
Blattes und des Stengels angedeutet zu haben, damit der Leser Schlüsse
ziehen könne aus dem Baue des letzteren auf den des Blattes, dessen physiologische Bedeutung ziemlich klar ausgesprochen ist, in der meist flächen-
förmigen Verbreitung der Blattscheibe, in deren Verhalten zum Lichte, wie
in der Kohlensäureaufnahme, Sauerstoff- und Wasserdunstausscheidung desselben, denen zu Folge das Blatt betrachtet werden muß als ein, der Lichtwirkung in höherem Grade als alle übrigen Pflanzentheile zugängliches
Organ, durch das die Pflanze zugleich ihre Außenfläche alljährlich um das Vielfache vergrößert, um den atmosphärischen
Nährstoffen eine große Berührungsfläche darzubieten, um reichliche Mengen
überschüssig aufgenommener Feuchtigkeit der Atmosphäre zurückzugeben, durch
das endlich der Standort vor mancherlei widrigen Einflüssen geschützt und
dem Boden alljährlich ein beträchtlicher Theil, der Atmosphäre und dem
Boden entzogener Stoffe, im Blattabfalle als Dungmaterial zurückgegeben
wird, ohne die er in seiner Fruchtbarkeit sich nicht erhalten kann. Ueber
das Verhalten der Blätter zu den Wandersäften der Pflanze habe ich Seite 196
meine Ansichten ausgesprochen.

g. Abweichungen von Vorstehendem im Bau der Wurzel.

Wir haben gesehen (Seite 174), daß die Umbildung der Zellen zu
Fasern im Stengel bündelweise geschieht und daß die Faserbündel um einen
inneren, cylindrischen, zellig bleibenden Markkörper sich gruppiren. Das ist
in der Wurzel nicht der Fall. Alle Faserbündel des Bündelkreises im
Stengel vereinen sich in der Wurzel zu einem centralen Faserbündel. Es
fehlt der Wurzel daher die Markröhre. Sie besteht aus einem centralen,
alljährlich wie der Stamm durch concentrische von Markstrahlen durchsetzte
Jahreslagen sich verdickenden Holzkörper, aus Bastschichten und Rinde, deren
Bau und Entwickelungsverlauf im Wesentlichen dieselben sind wie im Stengel,
nur daß der Wurzel die Spaltdrüsen gänzlich fehlen.

Ein sehr wesentlicher und folgenreicher Unterschied zeigt sich aber in
den Ausscheidungen. Wir haben gesehen: daß am Stengel dieselben hervorgehen, theils aus einer nach außen gerichteten Abzweigung einzelner Faserbündel oder Faserbündeltheile (Blattausscheidung Seite 133), theils aus
einer Verästelung derselben in der Blattachsel (Knospenbildung Seite 144).
Dieß hat ganz allgemein eine schräg nach oben gewendete Stellung der Ausscheidungen zur Folge, die zugleich nach bestimmten Gesetzen auftreten und
sich wiederholen. Daher die Uebereinstimmung in Blattstellung, Beastung
und Verzweigung der Pflanzen gleicher Art. Es können die Ausscheidungen
am aufsteigenden Stocke endlich nur am einjährigen, krautigen Triebe entstehen, daher denn auch, abgesehen von Reproduktions-Erscheinungen, den
älteren, unverletzten Theilen des aufsteigenden Stockes die Fähigkeit mangelt
neue Blätter und Knospen zu treiben. Wo ein Wiederausschlag von älter

als einjährigen Theilen des aufsteigenden Stockes stattfindet, da entspringt er entweder einer bereits am krautigen Triebe gebildeten aber in der Entwickelung nach außen bis dahin zurückgehaltenen Blattachselknospe (schlafende Augen — Cryptoblaste), oder er setzt eine vorhergegangene Verwundung und Rindeverjüngung voraus, in deren krautiger Substanz sich neue Knospenkeime bilden können (Adventivknospen).

Ganz anders verhält sich dieß in der Wurzel. Hier ist es keine einfache Verästelung und Ausscheidung von Faserbündeln des Bündelkreises, dem die Wurzelknospen und die Wurzelverästelung entspringt, sondern es ist das Zellgewebe eines vorgebildeten Markstrahls, das sich zur Grundlage des Wurzelkeims umbildet und in sich durch Zellenwandlung das centrale Faserbündel des neuen Wurzelastes entwickelt.

Fig. 43.

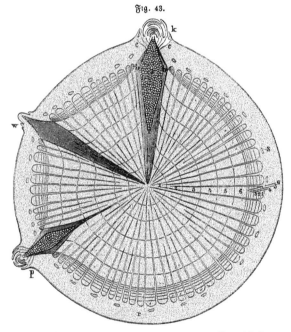

In der vorstehenden Figur 43 gebe ich den Querschnitt eines sechsjährigen Wurzelstranges der Pappel. Die Markröhre fehlt. Den sechs, durch ältere und jüngere Markstrahlen durchsetzten Holzringen schließen sich eben so viele schmälere Bastlagen an, deren gleichzeitige Entstehung mit den Holzlagen durch gleiche Zahlen bezeichnet ist. In der die Bastlagen umschließenden Rinde (r) stehen vor den Bastlagen so viele primitive Bastbündel (h—i Seite 177) als der innerste Holzring Markstrahlen ·zählt, da mit dem Hinzutreten neuer Markstrahlen in späteren Jahren nicht gleichzeitig auch eine Theilung oder Mehrung dieser primären Bastbündel stattfindet. Drei der Markstrahlen haben sich zu Grundstücken neuer Wurzelkeime (w) oder neuer Wurzelbrutknospen k p ausgebildet, von denen die

obere (k) schon in der einjährigen Wurzel, die untere (p) erst in der vier=
jährigen Wurzel ihre Grundlage ausbildete. Der Unterschied zwischen Wurzel=
und Wurzelbrutknospe besteht, wie die Figur andeutet, nur darin, daß in
ersterer (w) alle Organe zu Fasern sich umgebildet haben, die Markröhre
fehlt, während in der Wurzelbrutknospe (p k) ein innerer Complex zu
Markgewebe (a) sich ausgebildet hat, wodurch das dieses umgebende Faser=
gewebe, zu einem Bündelkreise geordnet, wie die Knospenkeime des auf=
steigenden Stockes zu Blattausscheidungen (c c) und zu Blattachselknospen=
bildung geschickt wird, in allem außer der zur Achse des Wurzelstücks
rechtwinkligen Stellung seiner Basis, einem Triebe des aufsteigenden Stockes
gleich sich fortbildet.

Diese Abweichungen im Ursprunge der Wurzelausscheidungen haben
nun nachstehende Abweichungen in der Entwickelung der Wurzel zur Folge.

a) Die Basis jeder Wurzel oder Wurzelbrutknospe steht nicht diagonal,
sondern rechtwinklig zur Längenachse der Wurzel, der sie angehört.

b) Die Entstehung neuer Wurzelkeime ist nicht auf die jüngsten Wurzel=
triebe beschränkt oder an eine vorangegangene Wurzelverletzung und Rinde=
verjüngung gebunden (obgleich auch an der Wurzel Adventivwurzel= oder
Wurzelbrutknospen auf diesem Wege entstehen können und an Pflänzlingen
häufig entstehen), sondern es können auch an älteren unverletzten Wurzel=
theilen jederzeit in deren jüngsten Jahreslagen neue Wurzelkeime im Mark=
strahlgewebe sich bilden, eine Eigenthümlichkeit, die, wenn sie nicht bestände,
die Erfolge des Pflanzgeschäfts in hohem Grade verkümmern würde.

c) Der Wurzel fehlt jene, dem aufsteigenden Stocke eigenthümliche
Gesetzmäßigkeit in Zahl und Stellung der Ausscheidungen, die hier bei
weitem mehr dem gegebenen Entwickelungsraume und dem Bedarfe sich an=
paßt. Damit fehlt dann auch die Internodialbildung und selbst die äußere
Begrenzung der einzelnen Jahrestriebe.

d) Pflanzen mit endständiger, schon in der Knospe vorgebildeter Blüthe
(Acer, Aesculus etc.) lassen erkennen, daß hier der ganze Längenzuwachs
eines jeden Jahres durch Zwischenbildungen und Zellenwachsthum erfolgt,
in Folge dessen vorgebildete Organe eine Ortsveränderung erleiden, der im
Boden die Festheit desselben entgegentreten würde, daher die Wurzel in der
That nur an ihrer Spitze sich verlängert.

Ein letzter Unterschied der Wurzel besteht darin, daß die Wände der
Holzfasern viel dünner sind als im oberirdischen Baume. Die Wurzel ist
der Hauptablagerungsort der Reservestoffe. Sie finden sich hier auch in
einfachen Holzfasern da, wo diese im Stamme kein Mehl führen. Diese
Weiträumigkeit der Fasern steht sicher in Beziehung zur Aufnahme möglich
großer Mengen von Stärkmehl. Dieß ist zugleich der Grund, weßhalb das
Wurzelholz so sehr viel leichter ist als das Stammholz, wenn der Baum
zu einer Zeit gefällt wurde, in der die Reservestoffe gelöst sind.

Ueber die Unterschiede der Triebwurzeln, Faserwurzeln und Kraut=
sprossen habe ich schon Seite 157, über die Funktion der Wurzeln Seite 191
gesprochen. Beachtenswerth ist das Vermögen der Wurzeln, im Boden den=
jenigen Orten sich vorzugsweise zuzuwenden, an denen ihnen die nöthige
Feuchtigkeit und Nahrung sich darbietet. Daß dieß nicht etwa Folge der

günstigeren Ernährungsverhältnisse ist, sondern, wie das Streben der Blätter und Triebe nach dem Lichte auf einer inneren Ursache beruht, geht einfach aus der Thatsache hervor, daß im feuchten, fruchtbaren Boden die Wurzelentwickelung stets eine geringere ist, als im trockenen, unfruchtbaren Boden. In letzterem sendet die Kiefer ihre Wurzelstränge oft 30—40 Schritte weit aus, um durch Aneignung eines größeren Ernährungsraumes den Nahrungsmangel zu ersetzen, während im fruchtbaren Erdreich ihre Bewurzelung auf wenige Quadratruthen Flächenraum sich beschränkt. Auf gleichem Boden und bei gleicher Fruchtbarkeit der oberen Bodenschichten durch aufgetragene Rasenasche bringt die Kieferwurzel tief in den Boden, wenn zugleich der Untergrund durch Riolen befruchtet wurde; sie bleibt mit kurzer Bewurzelung in der Bodenoberfläche, wenn letzteres nicht geschah.

h. Die Reservestoffe.

Wir haben Seite 180 gesehen, daß dem Embryo im Samenkorne von der Mutterpflanze eine größere oder geringere Menge organischer, meist organisirter Stoffe, hauptsächlich Stärkmehl, Klebermehl und Oel, seltener Chlorophyll und Gerbstoff mitgegeben werde, daß diese Stoffe im Keimungsprocesse gelöst und umgewandelt, in Bildungssaft zurückgeführt, die erste Nahrung des Embryo sind, wenn dieser aus der Samenruhe erwacht. Sie bilden zusammengenommen einen Vorrath von Reservestoffen, welche die Mutterpflanze dem Embryo beigegeben hat.

Der Vergleich des Gewichts dieser Reservestoffe im Samenkorne der Birke, Weide, Akazie mit dem Trockengewichte der einjährigen Pflanze ergibt ohne Weiteres, daß dieselben bei weitem unzureichend sind zur Vollendung des Zuwachses der einjährigen Pflanze, daß diese selbst Rohstoffe in Bildungssäfte umwandeln muß, zur Vollendung des erstjährigen eigenen Wuchses. Indeß ist es selbst hier wenigstens zweifelhaft, ob eine unmittelbare Verwendung primärer Bildungssäfte auf Zellenmehrung und Zellenwachsthum stattfinde. Die in der Entwickelung stehende Samenpflanze enthält in ihren älteren der neu gebildeten Theile auch im ersten Jahre bedeutende Mengen von Stärkmehl, und es könnte wohl sein, daß auch in ihr der Rohstoff die verschiedenen Umbildungsstufen in primären Bildungssaft, Reservestoff, secundären Bildungssaft durchlaufen muß, ehe er auf Zellenmehrung und Zellenwachsthum verwendet werden kann, daß der Unterschied hierin zwischen ein= und mehrjähriger Pflanze sich auf einen rascheren Verlauf der Wanderung und der Umbildungen beschränke. Bestärkt wurde ich in dieser Ansicht durch die Ergebnisse einer meiner neuesten Untersuchungen, denen zu Folge auch an alten Holzpflanzen die Stärkemehlablagerung im noch unfertigen Jahrringe schon 6—8 Tage nach Abschnürung der Holzfaser beginnt.

Wie dem auch sei, so ist es andererseits unzweifelhaft, daß die einjährige Holzpflanze bei weitem mehr Rohstoffe der Ernährung aus Boden und Luft aufnimmt und verarbeitet, als zu ihrer eigenen Ausbildung nöthig sind. Der Ueberschuß verarbeiteter Bildungsstoffe wird aber gegen Ende der erstjährigen Wachsthumsperiode nicht mehr auf Zellenmehrung und Zellenwachsthum verwendet, sondern er verwandelt sich, wie in den Zellen

der Samenlappen oder des Albumen der Samenkörner, so in bestimmten
Zellformen der einjährigen Pflanze in dieselben Reservestoffe, die wir auch
im Samenkorne vorfinden, mit dem Unterschiede, daß das Stärkmehl und
der feste Gerbstoff bei weitem vorherrschen, Klebermehl und Oel nur in
geringen Mengen auftreten, dagegen häufiger eine bedeutende Menge zucker=
haltiger Säfte dem Zellgewebe verbleiben, die ich im Samenkorne nie vor=
gefunden habe. [1]

Wie die Mutterpflanze Reservestoffe für den Embryo, so bereitet die
einjährige Pflanze Reservestoffe für die Entwickelung der zweijährigen Pflanze,
die sich in größter Menge in der Wurzel, reichlich in den jüngsten Trieben,
weniger reichlich in den älteren Theilen des aufsteigenden Stockes ablagern.
Das Rindegewebe der Wurzel, das Markgewebe des Stengels, das Mark=
strahlgewebe beider und die Zellfasern sind die Hauptablagerungsorte der
Reservestoffe, doch verwandelt sich häufig auch das Chlorophyll der ober=
irdischen Rinde gegen den Herbst ganz oder theilweise in Stärkmehl und auch
das Siebfasergewebe ist häufig theilweise damit versehen.

Wie die amorphen, flüssigen Reservestoffe (Zucker=, Gummi=, Schleim=
Lösungen, Oele — vielleicht gehören auch die Harze dahin) entstehen, wissen
wir zur Zeit noch nicht. Ueber die Entstehung der organisirten Reserve=
stoffe: Stärkmehl, Klebermehl, Chlorophyllkörner, Chlorogen= und Cellulose=
körper, Saftbläschen ꝛc. habe ich meine Untersuchungen in einer besonderen
Arbeit: Entwickelungsgeschichte des Pflanzenkeims, Leipzig 1858, zusammen=
gestellt und die Vermuthung ausgesprochen, daß die amorphen Reservestoffe
Umwandlungsprodukte sind vorgebildeter organisirter Reservestoffe.

i. Sekrete.

Außer den vorgenannten, theils flüssigen, theils festen und organisirten
Körpern, die ich, ihrer periodisch erfolgenden Auflösung und endlichen Ver=
wendung auf Zellenbildung wegen, Reservestoffe genannt habe, dahin
an organisirten Körpern das Stärkmehl, Inulin, Klebermehl, den Gerbstoff,
bedingt auch das Chlorophyll, an nicht organisirten Körpern Zucker, Gummi,
Pflanzenschleim und die in Säfte gelösten Proteinstoffe: Eiweiß, Käsestoff,
Faserstoff zählend, gibt es noch eine Reihe nicht organisirter Stoffe, deren
periodische Wiederauflösung und Verwendung nicht nachweisbar ist.
Es gehören dahin die flüchtigen Oele, die Harze, das Wachs, mannig=
faltige Farbstoffe der Blüthen, die Zwischensubstanz, durch welche die Holz=
fasern untereinander verkittet sind, das Xylochrom der Kernholzfaser und

---

1 Den Wintersaft verschiedener Holzpflanzen stelle ich dadurch dar, daß ich frisch gefällte
Stammstücke von 8—10 Centim. Dicke und 1 Meter Länge am oberen Abschnitte mit einer
1—1½ Meter hohen Glasröhre luftdicht verbinde, um durch diese den Druck einer so eben hohen
Wassersäule auf die obere Schnittfläche wirken zu lassen, der den Holzsaft aus der unteren
Schnittfläche austreibt. Auf diese Weise gewonnene Wintersäfte lassen bei verschiedenen Holz=
arten einen ¼ bis 7 Proc. des Saftes betragenden, syrupartigen Rückstand, aus dem sehr
verschiedene Krystallformen verschiedener Zucker= und Gleisarten ausscheiden. Am zucker=
reichsten ist der Winterholzsaft der Weiden und der Pappeln, nächst diesem der der Nadel=
hölzer. Dem Eichen= und Akazienfafte ist ein rosarother Farbestoff (Xylochrom), dem Safte
aus Aesculus und Ornus ist Aesculinlösung beigemengt. Der Syrup enthält ¹/₁₀ bis ¹/₃
des Gewichts im Wasser leicht und vollständig lösliches Gummi.

Kryſtalle, theils kohlenſaurer, kieſelſaurer oder ſchwefelſaurer, theils pflanzen=
ſaurer Salze mit unorganiſcher Baſe, die beſonders reichlich in den Rand=
faſern der Baſtbündel, hier und da auch in Zellfaſern des Holzkörpers,
zum Theil auch in parenchymatiſchen Zellen abgelagert ſind. Der beſchränkte
Raum geſtattet mir nicht, näher auf die Beſchaffenheiten und Eigenſchaften
dieſer Körper einzugehen.

k. Die Winterruhe.

Der Zeitraum, welchen die einjährige Pflanze vom Keimen ab bis
zu völliger Ausbildung in Anſpruch nimmt, iſt in den Ebenen und Vor=
bergen Deutſchlands bei den Laubhölzern ein viermonatlicher, bei den Nadel=
hölzern ein dreimonatlicher. Nach Ablauf dieſes Zeitraums iſt die Pflanze
wenigſtens ſo weit erſtarkt, daß ihr Frühfröſte nicht mehr nachtheilig werden.
Es können daher Pflanzen, die erſt im Juni keimen, noch ſehr wohl ihre
volle Ausbildung erreichen. Auch ſcheint es mir aus einigen Beobachtungen,
daß dieß früher der Fall ſei bei ſpäterem Keimen, vielleicht in Folge der
höheren, die Entwickelung beſchleunigenden Sommerwärme. Eichen, die erſt
im September keimten, haben im vorigen Winter nicht gelitten, obgleich
die Kälte auf 10⁰ bei Blackfroſt ſtieg. [1] Beſchädigungen unſerer heimiſchen
Holzpflanzen durch Frühfröſte ſind mir überhaupt noch unbekannt und
mag zur Annahme ſolcher nicht ſelten der Umſtand beigetragen haben, daß
mehrere Holzarten ihre Triebe überhaupt nie völlig ausbilden. (Seite 137.)

Die ausgebildete einjährige Holzpflanze beſteht im einfachſten Falle
aus der, mit Faſerwurzeln mehr oder weniger reichlich beſetzten Pfahlwurzel
und aus deren Verlängerung nach oben zum Stamme; aus der Endknoſpe,
an deren vollſtändiger Entwickelung der Zuſtand der Reife ſich erkennen
läßt; aus den Blättern und aus den theils hervortretenden, theils verſteckten
Blattachſelknoſpen, von denen bei einigen Holzarten (Birke, Erle, Ulmen ꝛc.)
einzelne ſchon im erſten Jahre zu Seitenzweige ſich entwickeln, während bei
dieſen und anderen Holzarten auch die Bewurzelung ſich reichlich verzweigt
(z. B. Fichte im Gegenſatz zur Kiefer). In anderen Fällen, begünſtigt
durch Standortsverhältniſſe, bildet ſchon die einjährige Pflanze einen zweiten
Trieb (Johannitrieb), ſeltener einen dritten, und ſelbſt vier Triebe, von
denen der letzte jedoch nicht fertig geworden, ſind mir an exotiſchen Eichen
ſchon vorgekommen. Die Mehrzahl der in einem Jahre gebildeten Längen=
triebe hat aber nie eine Mehrzahl von Jahresringen zur Folge (es ſtünde
ſonſt ſchlecht mit unſeren Zuwachsberechnungen), ſtets habe ich nur einen
mit der normalen Breitfaſerſchicht ſchließenden Holzring gefunden. Wenn
die oben genannten Organe mit Reſerveſtoffen erfüllt ſind, tritt nun, bei
uns Ende Oktober oder Anfang November, eine Verminderung der Saft=
bewegung ein, verbunden mit dem Abfalle der Blätter aller ſommergrünen
Pflanzen, dem bei den meiſten Pflanzen die Bildung einer Schicht von

---

[1] Leider habe ich es verſäumt mich zu überzeugen, ob dieſe ſpät gekeimten Eichen vor
Eintritt des Froſts verholzten oder mit krautigen Trieben in den Winter gingen. Daß der
krautige, unfertige Zuſtand der Triebe nicht unbedingt den Froſttod nach ſich zieht, ſehen
wir alljährlich am Roggen und am Winterraps.

Korkgewebe an derjenigen Stelle vorhergegangen ist, an welcher der Blatt=
stiel sich vom Stamme trennt, so daß die Blattnarbe schon im Augenblicke
ihres Entstehens durch dieß Zellgewebskissen nach außen abgeschlossen ist.[1]
Diese Winterruhe der mehrjährigen Pflanze ist zu vergleichen der Samen=
ruhe des Samenkorns; der Winterruhe der Knolle, Rübe, Zwiebel; dem
Zustande des gelegten aber noch nicht bebrüteten Eies; dem Winterschlafe
einiger Thiere. Der Organismus lebt, sein Leben äußert sich aber nur
in dem Widerstande, den er fortdauernd der Einwirkung derjenigen Stoffe
und Kräfte entgegensetzt, welche Fäulniß und Verwesung des todten Kör=
pers herbeiführen. Die vorhandenen Säfte können durch Frost zu Eis=
krystallen erstarren, ohne daß dieß der Gesundheit der Pflanze nach=
theilig wird.

Von der Samenruhe unterscheidet sich die Winterruhe jedoch darin,
daß sie keinen gesetzlich bestimmten Zeitraum umfaßt. Während Witterungs=
verhältnisse auf die Dauer der normalen Samenruhe außer Einfluß
bleiben, sehen wir bei milder Winterwitterung in der Regel das Pflanzen=
leben zur Unzeit erweckt. Plötzlich eintretender Frost hat dann ein Erfrieren
gewisser Pflanzen oder jüngeren Pflanzentheile zur Folge, während bei all=
mäliger Erniedrigung der Temperatur dieß nicht immer der Fall ist. Andere
Pflanzenarten sind auch hiergegen unempfindlich.[2]

[1] Sehr wahrscheinlich ist es die zwischen Blattstielnarbe und Blattstielbasis sich ent=
wickelnde Korkschicht', welche zunächst den Zufluß der Säfte zum Blatte vermindert und eine
noch wenig erforschte Veränderung des Zelleninhalts der Blätter, somit die bekannten, dem
Blattabfalle vorhergehenden Farbeveränderungen, endlich das Abstoßen des Blattstiels selbst
zur Folge hat.

[2] Der diesjährige milde Winter gab mir Gelegenheit zu nachfolgendem Experiment.
Eine 1 Mtr. hohe, reich benadelte Fichte wurde zu Winters Anfang mit dem Ballen in einen
großen Kübel gesetzt. In einen ganz gleichen Kübel wurde ein dicht daneben entnommener
Erdballen ohne Pflanze eingesetzt und das Gewicht beider gekübelten Kübel bestimmt, um
aus späteren Gewichtdifferenzen entnehmen zu können, ob Verdunstung durch die Pflanze
auch im Winter stattfinde. In allen Frostperioden war die Verdunstung beider Kübel genau
dieselbe, von dem Augenblicke an, in welchem man eine Erstarrung des Bodenwassers zu
Eis annehmen konnte. In allen Wärmeperioden fand eine Mehrverdunstung durch die
Pflanze von dem Augenblicke an statt, in welchem man das Wiederaufthauen des Boden=
wassers annehmen konnte. Rasch vorübergehende geringe Kältegrade, die ein Gefrieren des
Bodenwassers nicht mit sich führten (Nachtfröste), störten die Verdunstung nicht, die im
Januar bei einer bis zu 10° R. gesteigerten Wärme einen Mehrverlust des bepflanzten
Kübels bis zu ¼ Pfund per Tag ergab. Da diese Mehrverluste an Gewicht des bepflanzten
Kübels, zwischen ¹⁄₁₀ bis ¼ Pfund per Tag schwankend, durch alle Wärmeperioden des
ganzen Winters hindurch fortdauerten, da die Pflanze gesund und kräftig blieb, so muß mit
der Verdunstung auch eine dem Gewichtverluste entsprechende Wasseraufnahme durch die
Wurzeln aus dem Boden verbunden gewesen sein. Da auch die Fichte, in der Periode des
Wachsens, durch Spätfröste getödtet wird, da sie im Winter trotz fortdauernder Aufnahme
und Verdunstung von Wasser, von wechselndem Froste nicht leidet, so folgt daraus die Un=
abhängigkeit der Aufsaugung und Verdunstung von den vitalen Verrichtungen der Stoff=
bildung und Stoffwandlung, und nur diese letzteren scheinen es zu sein, die unter zu niederen
Wärmegraden leiden.

Daß auch Laubhölzer im Winter verdunsten, mithin auch eine Saftaufnahme und
Saftbewegung besitzen, glaube ich aus folgendem Experiment entnehmen zu dürfen. Ein
Rothbuchen=Reidel wurde im Januar bei 2—4° Tageswärme und geringer Morgenkälte bis
dicht vor die entgegengesetzte Rinde durchbohrt und in die Mündung des Bohrlochs die luft=
dicht schließende Mündung einer tubulirten Retorte eingebracht, darauf die Retorte mit holz=
saurem Eisen gefüllt und luftdicht verkorkt. Es konnte daher ein äußerer Luftdruck auf die

Im Winter verringert sich der Umfang der Stämme bei starker Kälte um 3—4 Proc. Tritt die Kälte plötzlich ein, so daß die äußeren Holzschichten rascher als die inneren erkalten und sich zusammenziehen, so hat dieß oft ein Aufreißen der Stämme in der Richtung ihrer Längenfasern zur Folge, bekannt unter dem Namen der Frostrisse oder der Frostspalten. Auf die Gesundheit und Zuwachsfähigkeit der Bäume haben dieselben nicht nothwendig einen erkennbar nachtheiligen Einfluß, schaden aber allerdings dem Gebrauchswerthe des Holzes. Es mag auch wohl sein, daß hier und da durch den Frost saftreiche Zellen zerrissen werden, sichere Beobachtungen in dieser Hinsicht liegen, so viel ich weiß, nicht vor. Sicher ist aber auch dieß nicht Ursache des Erfrierens, das nur dann eintritt, wenn durch unzeitig erhöhte Temperatur die Pflanze aus ihrem Winterschlafe erweckt wurde. Das Erfrieren ist dann Folge einer Ertödtung des in der Umbildung begriffenen Pflanzensafts und einer rasch eintretenden Zersetzung desselben. Tropische Gewächse und selbst einheimische Pflanzen, die lange Zeit in Warmhäusern gezogen wurden, erleiden diese Ertödtung des Safts schon bei 3—4 Wärmegraden, wogegen im Freien wachsende Ahorne, die den ganzen Winter hindurch bluten, sowie die Temperatur 4° R. übersteigt, in raschem Wechsel vorher und nachher gefrieren können, ohne daß dieß irgend einen nachtheiligen Einfluß auf ihre Gesundheit mit sich führt.

Es ist eine bekannte Thatsache, daß junge Holzpflanzen, die ihre Jugend in starker Beschützung durch den Mutterbestand erwuchsen, leichter erfrieren als solche, die von Jugend auf in vollem Lichtgenusse erwuchsen. Wir sagen „die Pflanze sei durch den Schutz verweichlicht." Als Bild mag man sich dieses Ausdrucks bedienen, man darf ihm aber nicht die Bedeutung beilegen, in welcher wir ihn auf den thierischen Körper anwenden, da er hier mit dem Stoffwechsel in nächster Beziehung steht, der Pflanze aber dieser Stoffwechsel fehlt (Seite 125). Welches der innere Grund des „Verweichlichens" der Holzpflanzen sei, ist uns zur Zeit noch unbekannt.

F. Die Ausbildung der einjährigen zur zwei- und mehrjährigen Pflanze.

a. Ernährung.

Wir verließen die einjährige Pflanze als einen mit Blättern, Knospen und Wurzeln ausgestatteten Stamm, der nun zum Träger eines im folgenden Jahre sich fortsetzenden Zuwachses wird und zwar: theils durch Entwickelung eines neuen Längentriebes aus der Endknospe (Seite 134, 200); theils durch Einschachtelung einer neuen Holzschicht und einer neuen Bastschicht zwischen den vorgebildeten Holz- und Bastschichten (Seite 177); bedingungsweise durch Entwickelung eines Theils seiner Seitenknospen zu Seitenzweigen, während die nicht zur Zweigbildung gelangenden Seitenknospen durch intermediären Längenzuwachs sich auf unbestimmte Zeit lebendig erhielten (Seite 148, 150). Neue Blätter und neue Knospen bilden sich in

Flüssigkeit nicht einwirken. Demungeachtet war nach zwei Tagen die Retorte von Flüssigkeit leer und mit Luft aus dem Baume erfüllt, die Eisenlösung 5 Fuß hoch im Baum aufgestiegen.

derselben Weise wie an der einjährigen Pflanze, im normalen Verlauf der Entwickelung nur an den neuen Längen= und Seitentrieben; neue Wurzeln können hingegen auch an den ältern Wurzeltheilen und zwar an jeder Stelle derselben entstehen, die einen Markstrahl zur Unterlage hat (Seite 246).

Die einjährige Pflanze ist aber nicht allein der Träger aller nächst= jährigen Bildungen, sie ist auch die Ernährerin derselben, durch die in ihr niedergelegten Reservestoffe, die sich zur Produktion des zweiten Jahres ebenso verhalten, wie die Reservestoffe in den Samenlappen der Eichel zur Produktion der einjährigen Pflanze, während die Wurzeln und Blätter der zweijährigen Pflanze neue Reservestoffe für die Produktion des dritten Jahres schaffen. Es greifen daher, in jedem Jahre des Lebens der Holzpflanze, zwei Ernährungserscheinungen ineinander: die Consum= tion der Reservestoffe aus dem vorhergehenden Jahre und die Bildung neuer Reservestoffe für das nächstfolgende Jahr. In Bezug auf Erstere sind die jährlichen Neubildungen der Pflanze Säug= ling der vorjährigen, in Bezug auf Letztere bilden sie sich zur Amme der nächstjährigen Produktion, in ähnlicher Weise, wie die Kartoffelstaude aus den Reservestoffen der Mutterkartoffel sich entwickelt, während sie gleichzeitig neue Knollen für nächstjährige Stauden bildet.

Mit Eintritt der Winterruhe ist die einjährige Holzpflanze in einen Zustand getreten, in welchem sie viel Uebereinstimmendes mit dem Embryo im Samenkorne während der Samenruhe zu erkennen gibt. Wir haben diese Beziehungen bereits kennen gelernt. Dieselben Reservestoffe, welche dort in den Samenlappen niedergelegt sind, lagern hier im Zellgewebe hauptsächlich der Wurzel. Durch einen der Keimung analogen Vorgang werden diese Stoffe im Frühjahre zu Bildungssäften wieder aufgelöst und im Holzkörper mit dem aufsteigenden Rohsafte emporgetragen, um in den Knospen auf Bildung neuer, belaubter Triebe, zwischen Holz und Bast rückschreitend, auf Bildung neuer Holz= und Bastschichten verwendet zu werden (Frühjahr). Mit vollendeter Consumtion der aus Reservestoffen restituirten Bildungssäfte des vorhergehenden Jahres ist die Belaubung an den daraus entstandenen neuen Trieben so weit entwickelt, daß sie nun Rohstoffe in Bildungssäfte umzuschaffen vermag (Sommer).[1] Diese neu geschaffenen Bildungssäfte werden, wenn nicht sämmtlich, doch größtentheils, zu Reservestoffen für das kommende Jahr aufgespeichert (Herbst); worauf dann die Pflanze von Neuem in die Winterruhe eingeht (Winter).

Wir wollen nun nachfolgend diejenigen Erscheinungen des Baumlebens näher betrachten, die einem jeden dieser Abschnitte des jährlichen Vegeta= tionscyclus angehören.

---

[1] Sind die Blätter erst im ausgebildeten Zustande befähigt, Rohstoffe in Bildungsstoffe umzuwandeln, dann müssen nicht allein sie selbst, sondern auch die Triebe, an denen sie sich entwickelt haben, und mit diesen auch der gleichzeitig gebildete Jahreszuwachs zwischen Holz und Bast der ältern Baumtheile aus Bildungsstoffen des vorhergehenden Jahres sich ent= wickeln. Daß diese einfache Schlußfolgerung noch bis heute in der physiologischen Botanik nicht zur Geltung gelangen konnte, daran ist allein der Gehalt des aufsteigenden Holzsafts an organischen Stoffen Schuld, indem man aus ihm die Fähigkeit, Rohstoffe in Bildungs= stoffe umwandeln zu können, auch der Wurzelzelle zusprechen zu müssen glaubt (s. Schleiden, Grundzüge Band II. S. 466).

1. Die Frühperiode der Vegetation — Keimungsperiode.

Rufen wir uns zunächst die Keimung des Samenkorns ins Gedächtniß zurück. Wir sahen, daß im Samenweiß oder in den Samenlappen des Embryo eine gewisse Menge von Stärkmehl, Klebermehl, Gerbstoff, Oel als Reservenahrung niedergelegt ist, daß bei einer durchschnittlichen Tagestemperatur von mindestens 8° R. der schlummernde Keim des Samenkorns zur Thätigkeit erwache, daß es aber des Zutritts äußerer Feuchtigkeit und des Sauerstoffs der atmosphärischen Luft bedürfe, um die Rückbildung der Reservestoffe zu Bildungssaft, unter Kohlensäure-Ausscheidung zu vermitteln und dadurch die Keimung zu wecken und zu unterhalten.

Ganz dieselben Erscheinungen bietet uns die einjährige und jede ältere Holzpflanze in der Frühperiode ihrer Vegetation. Die vorhergegangene Winterruhe entspricht vollkommen der Samenruhe des Keimlings. Wie im Samenkorne, an der Rübe, Zwiebel, Knolle, befindet sich die Belaubung der meisten Holzpflanzen den Winter über in einem wenig entwickelten, unfertigen Zustande; wie dort sind auch hier bedeutende Mengen von Reservestoffen aufgespeichert, besonders in der Wurzel, in Rinde und Markzellen des Stammes, in dessen Markstrahlen und Zellfasern, gegenüber dem Samenkorne mit dem Unterschiede, daß hier Stärkmehl den Hauptbestandtheil der Reservestoffe bildet, Klebermehl und Oel nur in sehr untergeordneter Menge, fester Gerbstoff nur bei einigen Pflanzen (Eiche, Rose, Ginster ꝛc.) in bedeutenderer Menge vorhanden sind. Nahe dieselben Temperaturgrade, die der Keimungsproceß erfordert, sind auch nothwendig, um die Holzpflanze aus ihrer Winterruhe zu erwecken. Das Streben des Samenkorns nach Feuchtigkeitsaufnahme erkennen wir wieder im Bluten der Holzpflanzen vor Eintritt äußerer Vegetationserscheinungen und im Aufsteigen des Holzsafts bis zur Spitze der höchsten Bäume. Ob, wie im Keimungsproceß, auch von der Baumwurzel Sauerstoff aus dem Boden aufgenommen werde, wissen wir zur Zeit noch nicht. Die günstigen Folgen der Bodenlockerung können auch ausschließlich auf Beziehungen der Luft zu Bodenbestandtheilen beruhen. Die Produkte der Reservestofflösung im aufsteigenden Holzsafte — Zucker und Gummi — sind dieselben wie die der Keimung des Samenkorns; kurz, der Rückschritt der Reservestoffe zu einem flüssigen, der Wanderung von Zelle zu Zelle fähigen Bildungssafte (den ich secundären Bildungssaft genannt habe, gegenüber dem, unmittelbar nach seiner Bereitung in den Blättern zur Zellenbildung oder Reservestoffbereitung verwendeten, primitiven Bildungssafte) ist derselbe und setzt dieselben Bedingungen voraus, im Samenkorne wie in der ein- oder mehrjährigen Holzpflanze. Die Frühperiode derselben ist eine wahre Keimungsperiode, zu vergleichen auch mit der Entwickelung der Pflanzen aus Knollen, Rüben, Zwiebeln, so weit diese das Material für die Zellenbildung der daraus erwachsenden Pflanze liefern. [1]

[1] Ein Unterschied der durch ihre Knollen gleichfalls mehrjährigen Kartoffelpflanze von unseren Holzgewächsen besteht in dieser Richtung allein darin, daß nur die Knolle bleibend ist, in ihr sich alle Reservestoffe (Mehl) aufspeichern, aus ihr allein die nächstjährigen Neubildungen hervorgehen, während an der Holzpflanze unserer Wälder alle Stammtheile bleibend

Wir haben in dieser Beziehung nachfolgende Erscheinungen des Lebens der Holzpflanzen näher zu betrachten.

a. Die Bewegung des Safts im Holzkörper der Bäume.

Daß die Wurzeln der Holzpflanzen den größten Theil der, dem Pflan= zenleben nöthigen Feuchtigkeit aus dem Boden auffangen, daß die auf= gesogene Feuchtigkeit bis zum Gipfel der höchsten Bäume aufsteige, ist keinem Zweifel unterworfen.   Das Welken der Blätter und das Verdorren der Aeste, endlich das Austrocknen der ganzen Pflanze bei Wassermangel im Bereich der Wurzeln beweist dieß zu Genüge.

Man war früher der Ansicht, daß auch durch die Blätter Feuchtigkeit aus der Atmosphäre oder aus atmosphärischen Niederschlägen aufgenommen werde. Im trockenen Gemäuer wurzelnde Holzpflanzen,[1] die Saftpflanzen der Wüste, die rasche Erstarkung welker Blätter nach eintretendem Sprühregen schien dafür zu sprechen. Durch nachfolgenden Versuch habe ich das Gegen= theil erwiesen. Durchschneidet man mit einer Säge die Splintschicht von Bäumen der Buche, Hainbuche, Birke, Pappel, Weide rund herum bis einige Zoll vor der Markröhre, so hat dieß während der nächsten Jahre keinen merklichen Einfluß auf die Belaubung und auf das Wachsthum des Baumes, weil auch das **Kernholz für das aufgenommene Bodenwasser leitungsfähig** ist.   Unterwirft man Akazien, Eichen, Ulmen derselben Operation, dann erschlaffen die Blätter des Baumes selbst bei Nebel oder Regen in wenigen Stunden, weil das gefärbte Kernholz dieser Holzarten nicht leitungsfähig ist für die aufsteigenden Baumsäfte, deren Emporsteigen im Splinte durch dessen ringförmiges Durchschneiden unmöglich wird.   Da dem ohnerachtet die Verdunstung der Blätter fort= dauert, müssen Letztere rasch erschlaffen in Ermangelung der Zufuhr den Abgang ersetzender Säfte.

Die Fortdauer der Verdunstung auch nach ausgeführtem Ringschnitt beweist, daß die Verdunstung nicht die Folge eines von unten her wirken= den Druckes sein kann.

Die von den Wurzeln aufgenommene Feuchtigkeit steigt nur im **Holz= körper** aufwärts; Mark, Rinde, Markstrahlen und Basthaut nehmen an der **Aufleitung nicht** Theil.

Im Holzkörper der Nadelhölzer, der nur aus Fasern und Markstrahlen= zellen zusammengesetzt ist, sind es ohne Zweifel nur erstere, welche den

---

sind, die Reservestoffe, wenn auch hauptsächlich, doch nicht allein in der Wurzel, sondern auch im Stamme niedergelegt werden, die nächstjährigen Neubildungen aus ihnen, von allen jüngsten Theilen des bleibenden Stammes ausgehen. Die Kartoffelknolle trägt den Keim — die Knospe unmittelbar an sich selbst — zwischen Wurzel und Knospe der Holzpflanzen lagert der Stamm mit keinen Aesten und Zweigen und erheischt die Säftewanderung durch die vor= gebildeten Baumtheile.

[1] Während der Zeit meiner Wirksamkeit an der Berliner Universität habe ich auf dem, wohl 5 Mtr. hohen Gemäuer des benachbarten Gießhauses, eine Birke viele Jahre hindurch beobachtet, die auch in den heißesten, trockensten Sommern freudig grünte. Sie war dort in einem unbedeutenden Mauerspalt bis nahe Armesstärke herangewachsen. Es ist schwer anzu= nehmen, daß, bei der trockenen Luft im Innern des Gießhauses, die Mauer eine, der Pflanze genügende Feuchtigkeit während heißer Sommer bewahrt haben sollte. Berlin kann in Bezug auf Sommerdürre etwas leisten!!

Saft nach oben leiten. Im Laubholze treten zu den Fafern noch die Röhren. Es ist mir bis heute noch zweifelhaft, ob letztere an der Säfteleitung nach oben Theil nehmen. Im Holzkörper der Eichen, Rüstern, Akazien 2c. sind die Röhrenbündel in die Holzfafermaffe so vertheilt, daß beide, für sich und unvermischt, große Querschnittflächen einnehmen, wie dieß Seite 238 Fig. 42 darstellt. Schneidet man im Frühjahre von belaubten Bäumen einfüßige, 1—2 Zoll starke Walzenstücke mit scharfen Querschnittflächen, erwärmt man die Walzenstücke unter der Schnittfläche in der umschließenden Fauft, so wird man finden, daß anfänglich nur die Complexfläche der cylindrisch getipfelten Holzfasern durch hervorquellenden Saft naß wird, daß die Röhrenbündel hingegen in ihrer ganzen Ausdehnung trocken bleiben. Hat sich die Flüssigkeit auf der Querfläche des Fafercomplexes so weit vermehrt, daß sie von dieser auf die Röhrenbündel überfließt, dann tritt sie von da in den Raum der Holzröhren hinein, und nun erst sieht man die so oft besprochenen Luftblasen den Röhrendurchschnitten entsteigen. [1]

Dagegen steigen Imprägnationsflüssigkeiten vorzugsweise und am raschesten in den Holzröhren aufwärts, wenn diese von Schnitt- oder Wundflächen des Baumes aufgesogen werden. Es ist auch keinem Zweifel unterworfen: daß im Pappel-, Weiden-, Buchenholze die Holzröhren dünnflüssige Säfte führen. Ich habe mich davon durch Untersuchung gefrorenen Winterholzes überzeugt und gefunden, daß Luft und Saft in den Holzröhren ebenso miteinander wechseln, wie ich dieß sogleich in Bezug auf die Holzfasern näher darlegen werde. Wir müssen daher auch diesen Punkt zur Zeit noch als eine offene Frage betrachten.

Das Streben nach Ergründung der Ursache des Saftsteigens hat schon eine große Zahl von Hypothesen ins Leben gerufen. Die Klappen und Ventile der Physiologen des vorigen Jahrhunderts mußten den befferen optischen Instrumenten erliegen. Auch die Attraktionstheorie (Haarröhrchenkraft) ist wohl allgemein aufgegeben, seit wir wissen, daß jede der leitenden Fafern ein in sich völlig geschloffenes Organ ist. An deren Stelle ist jetzt sehr allgemein die Erklärung aus endosmotischen Erscheinungen getreten. Füllt man eine Fischblase zur Hälfte mit einer consistenten Flüssigkeit, z. B. Zuckerwaffer oder Gummiwaffer, taucht man die Blase in reines Waffer, so tritt ein Uebergang des letztern durch die Blasenwand, dieselbe füllt sich, wenn sie zugebunden ist, bis zum Platzen, oder es erhebt sich, wenn die Blase offen ist, das Niveau des allmälig sich verdünnenden Zuckerwaffers weit über seinen ursprünglichen Stand. Diese Eigenschaft der Thierhäute hat man nun willkürlich auch der Pflanzenhaut zugeschrieben. Man nimmt an, daß durch die Verdunstung aus den Blättern die höheren Zellen einen concentrirteren Saft enthalten als die tiefer liegenden, daß jede Zelle aus der zunächst tiefer stehenden sich in gleicher Weise fülle, wie die Fischblase aus dem Waffergefäße sich füllt, daß hierauf das Aufsteigen des Holzfafts beruhe.

---

[1] Diese Luftblasen entstehen in diesen Fällen dadurch: daß die in den Holzröhren enthaltene Luft, ausgedehnt durch die Wärme der Hand, durch die von oben in die Röhrendurchschnitte eingedrungene Flüssigkeit sich hindurchdrängen.

Die Zulässigkeit dieser Erklärungsweise setzt voraus:

1) Daß die Pflanzenhaut dieselben endosmotischen Eigenschaften besitze wie die thierische Blase. Ich habe in der Bot. Zeitung 1853 Seite 309 und 481 nachgewiesen, daß dieß in Bezug auf Zucker= und Gummilösungen nicht der Fall ist.

2) Daß der Unterschied der Menge aller im Safte gelösten Stoffe, zwischen Wurzel= und Gipfelspitze des Baumes bedeutend genug ist, um, vertheilt auf 50,000 übereinander stehende Holzfasern eines 50 Meter hohen Baumes (es gibt deren von 100 Meter Höhe), zwischen je zwei übereinander stehender Fasern eine, für lebhafte endosmotische Steigung genügende Differenz in der Menge gelöster Stoffe zu behalten.

Meine, diesem Gegenstande zugewendeten Untersuchungen ergaben an festen Rückständen eingedampften reinen Holzsaftes,[1] im März gesammelt

Betula	Gipfelsaft	1,30	Proc.	Wurzelsaft	1,20	Proc.
Fagus	„	1,50	„	„	0,90	„
Carpinus	„	1,70	„	„	1,30	„
Tilia	„	0,70	„	„	0,13	„
Quercus	„	0,10	„	„	3,00	„
Larix	„	2,80	„	„	1,20	„
Populus trem.	„	7,00	„	„	2,00	„

Nur bei der Eiche ist daher unter vorstehenden Holzarten der Wurzelsaft r e i c h e r an Lösungen, als der Gipfelsaft. Nur bei der Pappel und Linde ist der Mehrgehalt des Gipfelsaftes ein sehr bedeutender. Bei den übrigen Holzarten schwankt der U n t e r s c h i e d zwischen 0,1 und 0,6 Proc. des Saftgewichtes. Ein Mehr von 0,5 Proc. an festem Rückstande, vertheilt auf 50,000 Fasern, ergibt einen Unterschied von 1 Milliontheil auf je zwei übereinander stehenden Nachbarzellen. Wir wissen aber, daß selbst bei einer Lösung von 10 Proc. die endosmotische Wasseraufnahme hunderttausendmal größerer Aufsaugungsflächen eine so langsame ist, daß, wenn wirklich jene gleichmäßige Vertheilung der Lösung stattfände, dennoch eine tägliche Verdunstungsmenge sich daraus nicht erklären würde, die an armesdicken Stangenhölzern mehr als 5 Pfund pro Tag betragen kann.

3) Daß sämmtliche den Holzsaft leitenden Fasern ganz mit Flüssigkeit erfüllt sind, da nur in diesem Falle d i e b e i d e n Hautflächen der Schließhaut des Tipfelkanals mit der Flüssigkeit in Berührung stehen können, wie dieß der endosmotische Austausch derselben erheischt.

Nun wissen wir aber, daß die leitenden, einen Ptychodeschlauch und eine Verschiedenheit der Säfte nicht besitzenden Holzfasern zu jeder Zeit bedeutende Luftmengen enthalten.

Wenn ein Cubikmeter fri¡ gefällten Tannenholzes[2] = 2090 Pfunde,

---

[1] Ich gewinne denselben zu jeder Jahreszeit und von allen Holzarten dadurch, daß ich 2 Mtr. lange, entrindete Stamm= oder Wurzelstücke an einer ihrer Schnittflächen mit einer 2 Mtr. langen Glasröhre in wasserdichte Verbindung bringe. Aufrecht gestellt lasse ich dann von der oberen Schnittfläche einige Cubikzolle Farbstofflösung einsaugen, worauf dann die Röhre mit Wasser gefüllt wird, durch dessen Druck der Holzsaft aus der unteren Schnittfläche abläuft und so lange gesammelt wird, als er keine Spur des Farbstoffs enthält.

[2] Das Tannenholz ist zu solchen Untersuchungen dadurch am geeignetsten, daß es weder Holzröhren, noch Zellfasern, noch Harzgänge enthält, in ihm daher die größte Gleichartigkeit des leitenden Fasergewebes besteht.

durch mehrtägiges Kochen flacher Scheibenschnitte fein Gewicht auf 1,25 des Grüngewichts erhöht, so hat das Holz 522 Pfunde oder 0,248 Cubikmeter Waffer aufgenommen, das Waffergewicht des Cubikmeter = 2135 Pfunde gefetzt. Nach mikrometrifcher Ermittelung ergab fich in obigem Falle ein Verhältniß des Innenraumes der Holzfafern zum Wandungsraume = 68,5 : 65 und wird man nicht wefentlich fehlen, wenn man annimmt, daß ¹/₂ des Gefammtraumes auf die Faferwandung, ¹/₂ auf den Hohlraum der Fafern fällt. Unter diefer Annahme enthält dann ¹/₂ Cubikmeter Hohl-raum 0,248 oder nahe ¹/₄ Cubikmeter durch das aufgenommene Waffer verdrängte Luft, alfo zu nahe gleichen Volumtheilen Luft und Holzfaft.

Dem Gefetz der Schwere nach müßte fich nun im Faferraume Luft und Saft in der Weife fondern, wie dieß die nebenftehende Darftellung einer Reihe übereinander ftehender Holzfafern, Fig. 44, andeutet, Fig. 44. in denen der Saft mit w, die Luft mit l, die Zellwand mit c, die Schließhaut der Tipfelkanäle mit s bezeichnet ift, Letztere könnten nur einfeitig mit dem Holzfafte in Berührung ftehen, eine endos-motifche Hebung des Holzfafts könnte fchon aus diefem Grunde nicht erfolgen.

Betrachtungen diefer Art, fowie der Umftand, daß die den Fingerfpitzen entftrömende Wärme genügt, um den Saft des Steck-reifes auf die Schnittfläche deffelben emporzutreiben, führten mich zu der Anficht: daß beim Steigen des Safies die Wärme und die durch fie erzeugte Spannkraft der Dämpfe des Luftraumes wefentlich mitwirkend fei (Bot. Zeitung 1853, Seite 312). Zwar hatte ich fchon früher gefehen, daß Luft und Saft im Faferraume keineswegs überall in der Fig. 44 dargeftellten Weife gefondert feien, daß häufig die Luft den unteren, der Saft den oberen Theil des Faferraumes einnehmen oder beide in mehrere Schichten vertheilt find, allein ich legte darauf kein befonderes Gewicht, da es un-möglich ift, beim Präpariren der Objekte für das Mikroſkop fo zu verfahren, daß die Gewißheit nicht eintretender Störung der natür-lichen Lagerungsverhältniffe des flüffigen Saftes gewonnen werden kann. Erft im vorigen Winter zeigte mir die Unterfuchung gefrorenen Holzes das Normale jener fcheinbar abnormen Vertheilung von Luft und Saft im Faferraume. Dieß führte mich zur Unterfuchung der Luft, die ich mir dadurch gewann, daß ich 2 Fuß lange, armesdicke, entrindete Stammabfchnitte fenkrecht in mehrftündig gekochtes, und dadurch von aller Luft befreites, heißes Regenwaffer eintauchte und in einem pneumatifchen Apparate die, der oberen Schnittfläche unter Waffer entfteigen-den Luftblafen fammelte. Die Prüfung diefer Luft mit Kalilauge und Phosphor ergab einen Kohlenfäuregehalt von nahe 10 Procent! einen Gehalt der von der Kohlenfäure befreiten Luft von nur 14,4 Procent Sauerftoff.

Wir haben hier alfo eine an Kohlenfäure fehr reiche fauerftoffarme atmofphärifche Luft, die aller Wahrfcheinlichkeit nach mit dem Bodenwaffer, und in diefem wie im Selterwaffer aufgelöft von den Wurzeln aufgenom-men wird. Wenigftens ift eine Aufnahme im freien, gasförmigen Zuftande da nicht möglich, wo der Boden ganz von Waffer durchtränkt ift, wie in

naſſen Erlenbrüchen, Weidenwerdern ꝛc.   Daß die Pflanzenwurzeln die
Kohlensäure nicht allein mit dem Bodenwaſſer aufnehmen, ſondern dieſelbe
auch dem noch nicht aufgenommenen Bodenwaſſer ihrer nächſten Umgebung
entziehen, alſo das wechſelnde Bodenwaſſer kohlenſäurereicher aufnehmen,
als es den Wurzeln ſich darbietet, habe ich durch Verſuche nachgewieſen,
die in der erſten Auflage von Liebigs organiſcher Chemie Seite 190 mit=
getheilt ſind.   Der geringe Sauerſtoffgehalt wird ſich dereinſt vielleicht er=
klären aus Sauerſtoffverbrauch in dem, der Keimung des Samenkorns ähn=
lichen Vorgange der Reſerveſtofflöſung.

Erwägt man nun, daß im Innenraume des Rindezellgewebes
der aufſaugenden Wurzeln freie Luft nicht gefunden wird, ſo geht daraus
hervor: daß das parenchymatiſche Rindezellgewebe der Wurzeln das luft=
haltige Bodenwaſſer auffange, durch ſich hindurchleite, unverändert an das
centrale Faſergewebe des Holzkörpers abgebe, und daß erſt in dieſem eine
Sonderung von Luft und Saft eintrete, vielleicht nach Maßgabe der von
unten nach oben ſteigenden Wärme im Innern des Baumes.

Nun wiſſen wir aber: daß die vom Waſſer aufgenommene Luft das
Volumen des Waſſers nicht vergrößert.   **Abſcheidung der Luft aus
dem Waſſer im Innern der geſchloſſenen Holzfaſer muß
daher das frühere Volumen beider um das Volumen der ab=
geſchiedenen Luft erhöhen.**   Dadurch muß im geſchloſſenen Raume
der Faſer eine Compreſſion der Gaſe, ein Druck entſtehen, der nur nach
oben wirken kann, wenn er von unten her durch neu aufgenommenes Boden=
waſſer ſich ſtets erneut.   Dieſer Druck nun iſt es wahrſcheinlich, durch
welchen die Luft eines jeden Faſerraumes, durch die Schließhaut der Tipfel=
kanäle in den Faſerraum der nächſt überſtehenden Faſer gedrängt, die Säfte=
maſſe in die obere Hälfte der letzteren emporhebt und fortwirkend den Ueber=
gang des Saftes in die nächſt höhere Faſer vermittelt.[1]

Jener von unten nach oben wirkende Druck erklärt nun auch die That=
ſache: daß ſelbſt während milder Winterwitterung bei ruhender Saftbewegung
deſſen ungeachtet das Verhältniß zwiſchen Luft und Saft des Faſerraumes
in den oberſten und tiefſten Baumtheilen daſſelbe bleibt, daß ſie ſelbſt dem
Drucke der Flüſſigkeitsſäule jedes Faſerraumes Widerſtand leiſten.   Wäre
der nicht, dann müßte bei milder Winterwitterung der Saft aller höheren
Baumtheile in die tiefern Baumtheile niederſinken, bis zur vollſtändigen
Ausfüllung der Faſerräume letzterer.   Es gehört jener ſtärkere, von unten
her wirkende Druck dazu, um den Widerſtand der Schließhäute gegen den
Durchgang von Flüſſigkeiten zu überwinden.

---

[1] Freilich iſt es auffallend, daß jener Druck nicht allſeitig, ſondern nur nach oben fort=
wirkt. Wir müſſen dieß vorläufig als eine Thatſache anerkennen, die auch darin ihre Beſtätigung
findet, daß der Druck von mehr als einer Atmoſphäre, welcher den Holzſaft aus Holzwunden
zur Zeit des Blutens der Bäume hervordrängt, auf die Säftemaſſe des Baſt= und Rinde=
gewebes ganz ohne Wirkung bleibt. Vielleicht iſt der Luftmangel in den Zellräumen dieſer
Gewebe hierin mitwirkend. Ueberhaupt bin ich weit davon entfernt, die eben entwickelte An=
ſicht vom Saftſteigen als eine in jeder Richtung begründete ſchon jetzt hinſtellen zu wollen.
Nur ſo viel ſteht mir unzweifelhaft feſt: daß die Holzluft hierbei eine wichtige Rolle ſpiele.
Welches dieſe Rolle ſei, das können Jahre hindurch in obiger Richtung fortgeſetzte Unter=
ſuchungen erſt ergeben.

· Es erklärt sich ferner daraus die Thatsache, daß, wenn man Ahorn-, Birken-, Hainbuchenstämmchen zur Zeit des Blutens über der Erde abschneidet, der Saft stets der Schnittfläche entströmt, diese mag nach oben oder nach unten gekehrt sein. Es ist die comprimirte Luft, welche so viel Saft austreibt, als ihr Streben nach einer, dem atmosphärischen Drucke entsprechenden Ausdehnung erheischt. Schneidet man hingegen von solchen Stämmchen auch die Endknospe ab, dann folgt der Saftausfluß stets dem Gesetz der Schwere; er erfolgt stets auf der nach unten gekehrten Schnittfläche, gleichviel, ob dieß die Schnittfläche des Gipfel- oder Stockendes ist, in Folge der nun in Mitwirkung tretenden Eigenschwere (Bot. Zeitung 1853 S. 309).

Daß das Aufsteigen des Holzsafts weder einer besonderen Saugkraft der Wurzeln noch einer Zugkraft der Blätter zugeschrieben werden darf, geht aus nachstehenden Versuchen hervor, bei welchen Schnittflächen oder Bohrlöchern 20—25 Fuß hoher Stangenhölzer eine Auflösung von holzsaurem Eisen zur Aufnahme dargeboten wurde.

· a) Rothbuchen, die im Frühsommer aller Blätter mit der Scheere beraubt wurden, nahmen aus Bohrlöchern die Eisenlösung ebenso auf und führten sie, wenn auch etwas langsamer, ebenso bis in die äußersten Zweigspitzen, wie nebenstehende, belaubte Stangen. Die Blätter haben daher keinen anderen Einfluß auf das Saftsteigen, als daß sie durch Verdunstung den für den nachfolgenden Saft nöthigen Raum schaffen; eine Funktion, die, in Fällen eingetretener Entlaubung, durch das Zellgewebe der Rinde junger Triebe bis zu sechsjährigem Alter hinab, wenn auch in vermindertem Grade ersetzt wird. Glascylinder, luftdicht um die jüngeren Baumtheile befestigt, zeigten mir durch den Beschlag der inneren Glasfläche bei wechselnder Temperatur die Verdunstungsfähigkeit der jüngeren Rinde.

b) Voll belaubte Stangen, über dem Boden abgeschnitten und in Kübel mit holzsaurem Eisen gestellt, leiteten die Lösung ebenso rasch bis in den Gipfel wie daneben stehende, im Boden wurzelnde Stangen, denen die Lösung durch ein Bohrloch und Trichter gegeben wurde. Das Aufsteigen des Safts ist daher eine, auch von der Wurzelthätigkeit unabhängige Erscheinung.

c) Ueber der Wurzel abgeschnittene und auch der Blätter beraubte Stangen nahmen die Eisenlösung, im Verhältniß zu der sehr verminderten Verdunstungsfläche, äußerst langsam auf. Indeß war auch hier nach Verlauf von vierzehn Tagen die Lösung bis in die Gipfeltriebe aufgestiegen.

d) Bis zum Fuße dicht belaubte Eichen- und Hainbuchenreidel wurden dicht über dem Boden abgeschnitten, die Schnittfläche mit Baumwachs verschlossen, darauf die Gipfeltriebe zusammengebunden, eingestutzt und mit den Schnittflächen in die Lösung gestellt. In wenigen Stunden war diese bis zur verklebten Schnittfläche emporgestiegen, ein Theil derselben hatte sich den abwärts gerichteten Zweigen mitgetheilt und das Blattgeäder bis in die feinsten Verzweigungen schwarz gefärbt.

e) Abgestorbenes oder gefälltes und ganz getrocknetes Holz, sowie Stämme, die durch längeres Liegen im Wasser von diesem ganz durchdrungen sind, leiten die Farbstoffe nur wenige Zolle aufwärts.

f) Wasser= oder natürlicher Pflanzensaft als Imbitionsflüssigkeit ver=
wendet, werden weniger rasch aufgesogen als Giftstoffe.

g) Bietet man dem Baume zuerst· eine diluirte, nach Verlauf mehrerer
Tage eine concentrirtere Lösung zur Aufnahme, so wird letztere ebenso nach
oben geleitet wie erstere.

In Bezug auf diese letztere Versuchsreihe. muß ich jedoch bemerken,
daß die dem Baume dargebotene Flüssigkeit bei den Laubhölzern nur in
deren weiträumigen Röhren aufsteigt.   Die Schnittflächen der Steckreiser
von Ulmen, Akazien, Eichen zc. bleiben dagegen im ganzen Bereiche der
Röhrenbündel trocken und nur die Holzfasercomplexe werden naß, wenn
man durch Erwärmung des Steckreises in der geschlossenen Hand den eigenen
Saft auf die Schnittfläche emportreibt.   Es scheint daher, als wenn die
Aufsaugung dargebotener Lösungen als etwas Abnormes nicht den Weg
bezeichne, den der Holzsaft im normalen unverletzten Zustande der Pflanze
wählt.   Wenigstens muß man mit Schlüssen hieraus vorsichtig sein.

Die Menge, in welcher das Bodenwasser von den Pflanzen aufgenom=
men und durch Verdunstung aus den Blättern an die Luft zurückgegeben
wird, habe ich dadurch annähernd zu bestimmen gesucht, daß ich vollbelaubte
Stämme von 7—8 Meter Höhe auf einer Brückwage in enghalsige Wasser=
behälter stellte und den von Tag zu Tag eingetretenen Gewichtverlust an
Feuchtigkeit ermittelte.   Es ergaben sich hierbei folgende Verhältniß=
zahlen:

Holzart	Blattzahl	Blattfläche ☐Fuß	Verdunstung pro Stamm	Verdunstung pro ☐Fuß Blattfläche[1]
Erle	1580	21	1,00	0,050
Hainbuche	6100	95	1,10	0,012
Eiche	5300	147	0,80	0,006
Rothbuche	6960	145	0,80	0,006
Birke	7300	76	0,66	0,009
Aspe	4550	103	0,64	0,006
Kiefer	122,000	47	0,48	0,010
Lärche	320,000	55	0,46	0,008
Fichte	1,555,000	225	0,96	0,004

In den Verhältnißzahlen der Verdunstung ist 1 = 5 Pfund täglicher
Verdunstungsmenge.

Unabhängig von Blattzahl und Blattfläche ist hiernach die Verdunstung
und daher auch die Wasseraufnahme bei verschiedenen Holzarten sehr ver=
schieden.   Die Erle mit nur 21 Quadratfuß Blattfläche verdunstete mehr
als die Fichte mit zehnmal größerer Blattfläche.   Offenbar wird die ge=
ringere Belaubung durch eine energischere Verdunstung derselben ersetzt.

Es ist bemerkenswerth, daß Kiefer und Lärche· mit geringster Laub=
menge pro Stamm bis zum Versuche unter allen Holzarten die raschwüchsig=
sten gewesen waren.   Auch die bis zum Boden reichbeastete und benadelte
Fichte war hinter ihnen im Zuwachse zurückgeblieben.   Innerhalb gewisser

---

[1] Da es sich hier nur um die Entwickelung von Verhältnißzahlen handelt und aus
anderen, bereits mehrfach erwähnten Gründen habe ich die Umrechnung in Größen des me=
trischen Systems unterlassen.

Grenzen ist daher die Größe des Zuwachses von Blattzahl und Blattfläche unabhängig, was ich auch schon auf anderem Wege nachgewiesen habe.

Bei Regenwetter sank die Verdunstung nahe auf 0.

Ueber meine Versuche der Verdunstungsmenge von Nadelhölzern während milder Winterwitterung habe ich bereits in der Note zu Seite 252 berichtet, muß hier aber einer sehr wichtigen Beobachtung erwähnen, die ich erst vor einigen Tagen eingesammelt habe.

Vor fünf Jahren ließ ich einige 8 Meter hohe Stangen der Weymouthskiefer $1\frac{1}{3}$ Meter über dem Boden in 10 Centim. Breite der Wundfläche ringeln. Der starke Harzausfluß verhindert hier auch unter Glasverband die Neubildung von Rinde und Bast; es verharzen aber die äußersten Holzlagen so stark, daß das Saftsteigen aus der Wurzel in den Gipfel durch den Holzkörper der Ringwunde nicht verhindert wird. In Folge dessen wird der Zuwachs und die normale Entwickelung aller über der Ringwunde befindlicher Baumtheile nicht aufgehoben. Eine dieser Anfang März gefällten Kiefern hatte äußerst kräftige $\frac{1}{2}$ Meter lange Endtriebe mit vielen Zapfen des vorigen Jahres gebildet. Dahingegen hatte, wie immer, jeder Zuwachs in den unter der Ringwunde liegenden Baumtheilen vom Jahre der Ringelung ab aufgehört.

Bei der Zerlegung des Baumes war es nun auffallend, daß das Holz innerhalb der Ringwunde (der, im Holzschnitt Fig. 45 zwischen a und b gelegene Holzkörper) in hohem Grade trocken erschien. Eine hierauf gerichtete Ermittelung ergab als Wassergehalt der

einzölligen Wurzeln	62 Proc.
zweizöllige Wurzeln	61 "
Stammbasis	57 "
Ringelstück	12 "
$\frac{1}{3}$ Meter über dem Ringelstück	52 "
$1\frac{1}{3}$ " " " "	55 "
5 " " " "	61 "

Das Holz innerhalb der Ringfläche hatte daher in der That nicht mehr als den Feuchtigkeitsgehalt lufttrocknen Holzes.

Dieß veranlaßte mich Anfangs März im Gipfel einer anderen geringelten und einer dicht daneben stehenden nicht geringelten Weymouthskiefer Versuche über Verdunstung anzustellen. Lange, oben geschlossene, unten offene Glascylinder, in welche benadelte Zweige unverletzt und im natürlichen Zusammenhange mit der Pflanze eingebracht wurden, beschlugen sich auf der Innenfläche am nicht geringelten Baume sofort reichlich mit Feuchtigkeit. An dem geringelten Baume blieben während dreier Tage und Nächte die Cylinder durchaus frei von jeder Feuchtigkeitsspur.

Unter durchaus gleichen äußeren Verhältnissen, bei durchaus gleicher äußerer Beschaffenheit und gleichem Saftgehalte des geringelten und des nicht geringelten Baumes hatte daher ersterer die Verdunstung zurückgehalten!! Ich habe das die Oekonomie der Verdunstung genannt, d. h. die gesunde Pflanze besitzt das Vermögen, ihre Verdunstung in dem Maße zu beschränken, als ihren Wurzeln weniger Feuchtigkeit zur Aufnahme sich darbietet.

b. Das Bluten der Holzpflanzen.

Verwundet man Ahorne in dem Zeitraume vom Abfalle des Laubes bis zum Wiederanschwellen der Knospen, dann erfolgt aus der Wundfläche ein mehr oder minder reichlicher Erguß von zucker=, gummi= und eiweiß= haltigem Holzsaft, wenn die Luftwärme über 5 Grad beträgt. Bekanntlich wird in Amerikas Urwäldern dieser Saft zur Gewinnung bedeutender Zucker= mengen benutzt.

Eine verhältnißmäßig geringe Zahl anderer Holzarten liefert ebenfalls tropfbar flüssigen Erguß von Holzsäften, jedoch nicht während des ganzen Winters, sondern nur in einem kurzen Zeitraume vor dem Ausbruch des Laubes. Juglans blutet von Mitte Februar an, Fagus und Carpinus von Mitte März an. Das Bluten der Birken und von Virgilea beginnt Ende März, das der Pappeln Anfangs April, das der Cornus-Arten An= fangs Mai, das des Weinstocks meist erst Mitte Mai.[1] Schon diese Ver= schiedenheiten im Beginn und in der Dauer des Blutens beweisen, daß die Erscheinung nicht allein von äußeren Verhältnissen und Einflüssen hervor= gerufen und bedingt ist. Die Ahorne hören auf zu bluten, ehe noch die Knospen aufgebrochen sind; die Hainbuche hingegen blutet noch nach dem Abstäuben, wenn die ersten Blätter völlig frei geworden sind und $\frac{1}{2}$ ihrer endlichen Größe erreicht haben. Während des verwichenen, in langen Zeit= perioden ungewöhnlich milden Winters (bis zu 10 Grad Wärme in den Mittagsstunden), zeigten weder Buchen noch Hainbuchen oder Birken Neigung zum Bluten.

Bei den Ahornen schwankt der syrupartige Rückstand nach dem Ab= dampfen des Safts zwischen 2 und 4 Gewichtsprocenten. Birkensaft lieferte mir 0,57—1,66 Proc., Hainbuchensaft 0,15—0,58 Proc. Rückstand. Hermb= städt erhielt aus Ahornen von $\frac{1}{3}$ Meter Stammstärke bis 100 Pfund = 0,08 Cubikm. Saft. Der Baum zu 0,8 Cubikm. Holzmasse angenommen, ergibt einen Saftgehalt desselben von 0,1 seiner Masse.

Eine am Wasser wachsende Birke von etwa 0,8 Cubikm. Holzmasse lieferte mir während 14 Tagen, die jedoch nicht die ganze Zeit des Blutens umfaßten, täglich 7 Pfund Saft, von denen $3\frac{1}{2}$ Pfund von Morgens 5 Uhr bis zur Mittagsstunde, $1\frac{1}{2}$ Pfund von Mittag bis um 6 Uhr, 2 Pfunde von da bis zum anderen Morgen sich ergossen. Das Verhältniß des Ergusses in gleichen Zeiträumen dieser Tageszeiten ist also nahe = $1—\frac{1}{2}—\frac{1}{3}$. Die Frage: ob der abfließende Holzsaft schon wäh= rend des Blutens durch Aufnahme von Bodenwasser ersetzt wird, ist auch hierdurch noch nicht entschieden, da der ergossene Saft nur $\frac{1}{4}$ des normalen Gehaltes an flüssigem Holzsafte beträgt. Für die Auf=

---

[1] Nach Vauquelin's Mittheilungen in Scherer's Journal Jahrg. IV. S. 82 bluten auch die Rüstern im November und im Mai. Es wird dieß auch von der Rothbuche angegeben. Beide sollen im Safte keinen Zucker sondern, wie der Weinstock, nur pflanzensaure Salze und freie Säure, die Rothbuche außerdem Gerbstoff enthalten. Es bedürfen diese Angaben wohl noch einer Controle. Wenigstens sind die Syrupe, die ich in der Seite 258 bezeichneten Weise aus Rothbuchen und Rüstern gewonnen habe, von entschieden süßem Geschmack. Eine speciellere Arbeit über die mannigfaltigen interessanten Zuckerarten der Baumsäfte muß ich mir für einen anderen Ort vorbehalten.

nahme spricht der Umstand: daß am Wasser oder in nassem Erdreich stehende Bäume weit reichlicher bluten, als solche im trockenen Boden, und daß der Safterguß mit der Zeit nicht schwächer wird. Aus demselben Bohrloche fließend, lief der Saft obiger Birke nach 14 Tagen noch ebenso rasch als kurz nach dem Anbohren. Dagegen spricht der Umstand, daß im Verlauf des Blutens eine wesentliche Verringerung des Gehaltes der Säfte an festen Rückständen so lange nicht stattfindet, als Neubildungen der Knospenentwickelung nicht eintreten. Eine Lösung fester Reservestoffe findet zur Zeit des Blutens entschieden noch nicht statt; der Zucker- und Gummigehalt des Holzsafts im Winter, wie zur Zeit des Blutens, muß als ein flüssig gebliebener Reservestoff betrachtet werden, der nothwendig eine Diluirung erleiden müßte, wenn der ausfließende Saft durch Bodenwasser schon zu dieser Zeit ersetzt wird. Von zwei gleich starken nebeneinander stehenden Birken ließ ich die eine um 14 Tage später anbohren, als die erste. Der darauf aus beiden Bäumen gleichzeitig gesammelte Saft enthielt: aus der vor 14 Tagen angebohrten Birke 0,73 Proc., der Saft aus der frisch gebohrten Birke 0,91 Proc. Rückstand. Der Saft einer frisch angebohrten Hainbuche lieferte 51 Proc. Rückstand, während der Saft eines vor 10 Tagen angebohrten Baumes 0,34 Proc. lieferte. Es sind dieß Differenzen, die sehr häufig auch zwischen gleichzeitig gebohrten Bäumen sich ergaben. Dagegen verringert sich der Gehalt an gelösten Stoffen gegen Ende der Blutzeit, unabhängig von erfolgtem Erguß. Eine am 23. April angebohrte Hainbuche lieferte damals 0,56 Proc. Syrup, am 13. Mai nur 0,10 Proc. Eine daneben stehende am 11. Mai angebohrte Hainbuche lieferte aus dem am 13. Mai gesammelten Safte nur 0,49 Proc. Rückstand. Da zu dieser Zeit die Bäume bereits abgeblühet, die Triebe eine Länge von 8—10 Centim. erreicht hatten und bis zur Entwickelung des vierten Blattes vorgeschritten waren, so ist es wahrscheinlich, daß die Verringerung des Zucker- und Gummigehaltes aus Verwendung auf die Neubildungen hervorgegangen war. Eine Mehrzahl vergleichender Untersuchungen ist hier jedoch nothwendig, um sichere Schlüsse ziehen zu können.

In der Regel erfolgt das Bluten nur aus frischen, bis ins Holz dringenden Schnittwunden. Frostrisse bluten jedoch mitunter mehrere Jahre hindurch. Bei der Hainbuche habe ich einmal ein freiwilliges Bluten beobachtet, und zwar aus den Knospen, deren jede am Morgen einen Tropfen Holzsaft trug, während Rothbuchen, Eichen, Linden desselben Unterholzbestandes ganz trocken standen (Bot. Zeitung 1853 S. 478).

Das Nachlassen des Blutens bei der Birke in den Nachmittagsstunden und zur Nachtzeit verändert sich schon bei den Ahornen in ein gänzliches Aufhören am Abende und während der Nacht. Anfangs April begann das Bluten (aus Astwunden) des Morgens mit Sonnenaufgang bei 2—3° Wärme, verstärkte sich bis zu den Mittagsstunden bei 5—6° und hörte am Abende um 5 Uhr bei 4—5°, also bei höherem Wärmegrade, auf, als am Morgen beim Beginn des Blutens. Es ist dieß um so auffallender, als der Baum wie der Boden den Temperaturveränderungen der Luft ohne Zweifel langsam folgt, mithin am Morgen länger kalt, am Abend länger warm bleiben muß.

Noch auffallender ist das Beschränktsein des Blutens auf gewisse Tages=
zeiten, wechselnd mit Perioden des Einsaugens den Bohrlöchern dargebotener
Flüssigkeiten.

Zuerst im Frühjahre 1860 fiel es mir auf, daß, wenn man Hain=
buchen zur Zeit lebhaften Blutens in den Morgen= und Vormittagsstunden
anbohrt, der Holzsaft schon im Bohren sich reichlich mit den Bohrspänen
mengt, während in den frühen Nachmittagsstunden die Bohrspäne auffallend
trocken sind. Ich ließ daher zwei Bäume zur Zeit stärksten Blutens (4 Uhr
Morgens), zwei andere Bäume zur Zeit größter Trockenheit (4 Uhr Nach=
mittags) roden und sofort in 4füßige Walzenstücke zerschneiden, diese einzeln
genau wiegen, dann spalten und trocknen.

Die Wägung des lufttrockenen Holzes ergab die nachstehend verzeich=
neten Wasserverluste.

	An den im Bluten gefällten Bäumen.	An den trocken stehenden Bäumen.
Wurzeln	42 Proc.	41 Proc.
Wurzelstock	42 „	35 „
Stamm 1—4′ . . .	35 „	26 „
„ 4—8′ . . .	35 „	28 „
„ 8—12′ . . .	42 „	29 „
„ 12—16′ . . .	35 „	33 „
„ 16—20′ . . .	40 „	35 „
Aeste und Reiser . . .	33 „	35 „

Es haben daher die blutenden Bäume in allen ihren Theilen
bedeutend größere Wassermengen enthalten, als zur Zeit des Nichtblutens
und entspringt daraus die Frage nach dem Verbleib des Mindergehaltes an
Wasser, da bei täglichem Wechsel Abgang und Zngang nach, resp. von Außen
nicht ·wahrscheinlich ist.

Hierdurch aufmerksam gemacht, brachte ich mit den Bohrlöchern ge=
knickte Glasröhren in luftdichte Verbindung und fand, daß der Abfluß des
Pflanzensafts aus ihnen in den frühen Nachmittagsstunden nicht allein auf=
hörte, sondern wechselte mit Einsaugen, so daß während mehrerer Stunden
den Glasröhren dargebotenes Wasser in das Innere des Baumes auf=
gesogen wurde.

Da dieser tägliche Wechsel von Bluten und Saugen, zuerst bei der
Hainbuche, später auch bei den übrigen blutenden Holzarten beobachtet, auf
eine im Innern des Baumes wirkende Druck= und Saugkraft hindeutet
und es von Wichtigkeit war, die Größe dieser Kräfte zu kennen, brachte
ich die Bohrlöcher mit Quecksilber=Manometern in luftdichte Verbindung
und fand für die Zeit des Blutens einen Ueberdruck in maximo von $1\frac{1}{2}$
für die Zeit des Saugens einen Minderdruck von $1\frac{1}{4}$ Atmosphären. Die
Ergebnisse einer großen Zahl von Untersuchungen sind vom Jahre 1861 ab
in der Bot. Zeitung von v. Mohl und v. Schlechtendal veröffentlicht und
muß ich mich hier darauf beschränken, den daraus hergeleiteten Standpunkt
meiner gegenwärtigen Erkenntniß dieser noch in Vielem räthselhaften Lebens=
erscheinung darzulegen.

Man hatte bis daher das Bluten der Bäume mit einer Bewegung der
Pflanzensafts auch im Innern des noch unverletzten Baumes in Beziehung

gebracht. Schon früh hatte ich trotz aller Augenfälligkeit die Richtigkeit einer solchen Annahme bezweifelt, in Folge des Umstandes, daß es die Belaubung der Bäume ist, welche durch Verdunstung den Raum für die Saftbewegung schaffen muß, daß das Bluten der meisten Holzarten im völlig laublosen Zustande stattfindet, daß während der Zeit lebhaftester Verdunstung, also lebhaftesten Saftsteigens und, wie ich gezeigt habe, auch größter Saftfülle des Baums während der Dauer des belaubten Zustandes mit Manometern armirte Bäume keine Spur, weder von Ueber= noch von Minderdruck ergeben; daß endlich das Bluten sowohl wie das Saugen auch ohne Annahme einer Saftbewegung im unverletzten Baume sich erklären lasse aus wechselnden Volumverhältnissen der im Innern der Zellen eingeschlossenen, theils gasförmigen, theils wässerigen Bestandtheile (Seite 259, Fig. 44) dadurch, daß zur Zeit des Blutens Gase aus dem Wasser in den Luftraum der Zellen ausgeschieden, zur Zeit des Saugens Gase in den Saftraum aufgenommen werden.[1] Von diesem Gesichtspunkte aus habe ich die unverletzte Pflanze zur Zeit des Blutens mit einem Schlauche verglichen, der zum Theil mit Wasser, zum Theil mit comprimirter Luft dicht angefüllt ist. Wasser und Luft befinden sich in diesem Schlauche in Ruhe; sie gerathen erst mit Verletzung des Schlauchs in Bewegung und das Wasser des Schlauchs wird diesem so lange entströmen, bis die ihm beigemengte comprimirte Luft mit der Außenluft sich ins Gleichgewicht gesetzt hat. In ähnlicher Weise, meine ich, werde der im unverletzten Baume ruhende Pflanzensaft in der Zeit des Blutens erst durch die Verletzung des Baums in Bewegung gesetzt.

Wie aus meinen neueren Untersuchungen hervorgeht, ist das Bluten eine, nicht allein in Bezug auf Zeitdauer, sondern auch örtlich beschränkte Lebenserscheinung einzelner Pflanzen. Ist die 8—10 wöchentliche Periode des Blutens vorüber, bleiben von da ab die Bohrlöcher offen, dann tritt aus demselben Bohrloche eine Blutung nie wieder ein, ohne daß, außer einer leichten bräunlichen Färbung, wenige Millimeter von dem Rande des Bohrlochs in das Holz hineinreichend, irgend eine Veränderung des leitenden Fasergewebes erkennbar wäre, namentlich keine Verstopfung der Faserräume. Sehr früh gefertigte Bohrlöcher hören auf zu bluten, während an demselben Baume sehr spät gefertigte Bohrlöcher noch reichlichen Safterguß unter hohem Ueberdruck ergeben. Bei der hohen Druckkraft, die das Manometer im blutenden Baume nachweist, bei der geringen Druckkraft, die genügt, um Wasser in der Richtung der Längenfasern durch ein Holzstück hindurch zu pressen, ist schon dieß eine völlig räthselhafte Thatsache. Derselbe Birken=Aststutz, dessen Schnittfläche aufgehört hatte zu bluten, während die Manometer frisch gefertigter Bohrlöcher in demselben Baume noch $\frac{3}{4}$ Atmosphäre Ueberdruck erzeugten, nachdem er vom Baume abgeschnitten worden

---

[1] Da bekanntlich durch Aufnahme oder Abgabe von Gasen in wässerige Flüssigkeiten das Volumen letzterer keine Veränderung erleidet, muß, gegenüber der Dichtigkeit atmosphärischer Außenluft die Abscheidung von Gasen aus dem Saftraume in den Luftraum der Zellen (aus w zu c Fig. 44 Seite 259) eine Luftverdichtung und einen Druck der Luft nach Außen, es muß eine Aufnahme von Luft aus c zu w eine Luftverdünnung, daher ein Saugen, zum Ausgleich der Dichtigkeit zwischen Außen= und Innenluft eintreten.

war, ließ Wasser schon bei wenigen Zollen Wasserdruck wie ein Sieb durch sich hindurch. Es sind mir Fälle vorgekommen, daß an blutenden Bäumen die gleichzeitig mit zwei im Durchmesser des Baums sich gegenüber stehenden Manometern armirt waren, an denen die Enden der beiden Bohrkanäle nur wenige Zolle auseinander lagen, das eine der Manometer bedeutenden Ueber=druck, das andere Minderdruck ergab. Näheres hierüber habe ich in der Forst= und Jagd=Zeitung 1874 Seite 4 berichtet.

Je mehr man mit den das Bluten der Pflanzen begleitenden Erschei=nungen bekannt wird, um so größer wird die Zahl der damit verbundenen Räthsel. Alles zusammen genommen, bin ich zu der Ansicht gelangt, daß das Bluten als eine durchaus für sich bestehende Lebenserscheinung betrach=tet, daß es wenigstens bis jetzt gar nicht in Beziehung gebracht werden dürfe mit der Bewegung des Safts in der sich ernährenden und wachsenden Pflanze, daß es ein nur wenigen Pflanzengattungen eigener Ausnahmezustand der Winterruhe sei.

c. Die Lösung der Reservestoffe im aufsteigenden rohen Nahrungssafte zu secundärem Bildungssafte.

Daß das im Frühjahre von den Wurzeln aus dem Boden aufgenom=mene Wasser alle diejenigen Bodenbestandtheile mit sich führt, die wir be=reits Seite 193 als Rohstoffe der Ernährung kennen lernten, ist im höchsten Grade wahrscheinlich. In dieser Hinsicht kann man den aufsteigenden Früh=saft der Bäume rohen Nahrungssaft nennen. Dieser Saft ist aber zugleich auch das Lösungsmittel für die im Baume niedergelegten Reserve=stoffe. [1] Durch Vermischung mit den Reservestofflösungen wird er zu dem, was ich den secundären Bildungssaft genannt habe, im Gegensatz zu dem in den Blättern bereiteten und aus diesen im Bastkörper ab=wärts steigenden primären Bildungssafte.

Wie wir gesehen haben, steigt der Frühsaft in den cylindrisch=getipfelten, bei den Nadelhölzern in den linsenräumig=getipfelten Holzfasern aufwärts. In der großen Mehrzahl der Holzpflanzen enthalten diese Organe keine feste Reservestoffe; Mark, Markstrahlen, Zellfasern, Rindezellen, in denen die=selben aufgespeichert sind, dienen auch nicht der Säfteleitung nach oben. Daher kann die Wurzel Monate hindurch Bodenwasser aufnehmen und nach oben leiten, ohne daß ihre Reservestoffe dadurch gelöst werden. In der That beginnt auch nicht hier, sondern in den äußersten Zweigspitzen der Bäume die Reservestofflösung, und es müssen, wie ich durch eine Reihe specieller Beobachtungen in der Forst= und Jagdzeitung 1857 Seite 292 gezeigt habe, durchschnittlich zwei Monate verfließen, ehe die Mehllösung von den Zweigspitzen bis zu den Wurzelspitzen hinab vollendet ist. Wie der Boden an das Samenkorn, so geben die säfteleitenden Fasern Feuchtig=keit an das mehlhaltige Zellgewebe ab; in ihm tritt, wie in den Samen=

---

[1] Daß er schon im Winter beträchtliche Mengen von Reservestoffen in Lösung enthält, bestehend vorzugsweise aus verschiedenen Zuckerarten und Gummi, mit geringer Beimengung stickstoffhaltiger Substanzen, habe ich bereits Seite 250 nachgewiesen. Es sind dieß im vor=hergehenden Sommer bereitete Bildungsstoffe, die nicht zur Verwendung auf Mehlbildung gelangten.

lappen, ein Keimungsproceß ein, d. h. eine Rückbildung der Reservestoffe in flüssigen, dadurch der Wanderung von Zelle zu Zelle befähigten Bildungssaft, dieses letztere wird von den mehlhaltigen Zellen an den aufsteigenden Saft des leitenden Fasergewebes abgegeben und durch ihn den sich entwickelnden neuen Trieben und Blättern zugeführt, die durch ihn sich ernähren und ihre volle Ausbildung erreichen.

Aber nicht allein die neuen Triebe und Blätter, sondern auch die neuen Holz= und Bastringe entstammen diesem aufsteigenden secundären Bildungssafte. Ich war früher der Meinung, daß der für die Holz= und Bastringbildung erforderliche Bildungssaft dem Cambium durch die Markstrahlen von innen her zugeführt werde, allein eine Reihenfolge neuerer Beobachtungen hat mich überzeugt, daß dieß nicht der Fall sei, daß auch der aus Reservestoffen des Holzkörpers wiederhergestellte, im Holzkörper aufsteigende, secundäre Bildungssaft nothwendig bis zu den jungen Trieben des Baumes emporsteigen müsse, um durch diese seinen Rückweg in die Bastschichten antreten zu können, von denen aus er dem jugendlichen Fasergewebe des Bastes und des Holzes zugeht, und auf Wachsthum und Ausbildung der in ihrer vollen Längengröße abgeschnürten Faser= und Markstrahlzellen verwendet wird. Wir haben bereits Seite 177 gesehen, daß die Zellenmehrung im Umfange aller älter als einjährigen Triebe ausschließlich auf Abschnürung neuer Tochterzellen von einem permanenten Mutterzellenpaare beruht, daß daher der abwärts steigende secundäre Bildungssaft des Bastkörpers allein nur dem Wachsthume der Mutterzellen und der Ausbildung aller von ihnen abgeschnürten, sterilen Tochterzellen dient.

d. Wanderung des secundären Bildungssafts.

Daß der im Holzkörper restituirte secundäre Bildungssaft nicht unmittelbar aus dem Holze dem Cambium zugehen könne, ergibt sich aus einer Reihefolge von Beobachtungen der Erfolge von Ring= und Spiralwunden.

Ringelt man Bäume im Frühjahre in einer Breite von 3—5 Cent. bis auf den Holzkörper, so hat dieß bei Bäumen von 15—20 Cent. Durchmesser während der ersten Jahre gar keinen nachtheiligen Einfluß auf die Fortbildung aller über der Ringwunde befindlichen Baumtheile. Die jährliche Neubildung an Trieben, Blättern, Blüthen, an Holz= und Bastringen, an Reservestoffen, geschieht in durchaus normaler Weise, Blüthe= und Fruchtbildung findet sogar in gesteigertem Maße statt (Zauberring der Gärtner); über dem oberen Schnittrande der Ringwunde werden die Holz= und Bastlagen ungewöhnlich breit, so daß es den Eindruck macht, als habe hier ein Hinderniß tieferen Abwärtssinkens, eine Stauung der Bildungssäfte, die Steigerung des Holzzuwachses veranlaßt. (Siehe Holzschnitt Fig. 45, Längenschnitt eines Stammstückes, fünf Jahre nach der Ringelung zwischen a und b.) Ueber der Ringwunde sind die 5 normal

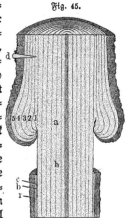

Fig. 45.

gebildeten Jahresringe mit 1—5 bezeichnet. Unter der Ringwunde r = Rinde, b = Bast, c die Initiale eines im Jahre nach der Ringelung gebildeten Holzringes. In den unter der Ringwunde befindlichen Baumtheilen geht im Frühjahre, nach vollzogener Ringelung, die Auflösung der Reserveſtoffe in normaler Weise vor ſich, der daraus wiederhergestellte Bildungsſaft wird, durch den entblößten Holzkörper der Ringwunde hindurch, den höheren Baumtheilen zugeführt und dort auf Neubildungen verwendet. Dagegen hört unter der Ringwunde (wenn dieſe ſich nicht mit neuer Rinde und Baſthaut bekleidet, auch kein Wiederausſchlag eintritt, oder wenn dieß der Fall iſt, derſelbe hinweggeſchnitten wird), der Zuwachs an Holz- und Baſtſchichten für immer auf. Im erſten Frühjahre nach der Ringelung entſteht zwar die Anlage eines neuen Holz- und Baſtringes, die aber nie mehr als bis zu höchſtens ⅓ der vorhergehenden Ringbreite vorſchreitet, auch nie mit einer Breitfaſerſchicht ſich abſchließt. Mit dieſer, auch in Stöcken ſich bildenden, wahrſcheinlich aus den Reserveſtoffen der Rinde und Baſtſchicht ſich bildenden Initiale eines neuen Holzringes hört dann aber jeder Zuwachs an Holz- und Baſtfaſern in den unter der Ringwunde befindlichen Baumtheilen für immer auf, obgleich dieſe auch ohne Stockausſchlag noch viele Jahre hindurch lebendig bleiben und ihre Funktion der Feuchtigkeitsaufſaugung aus dem Boden und der Leitung des Safts nach oben ungeſtört verrichten können, und zwar unter Ringwunden ſo lange, als der Holzkörper im Bereich derſelben die Fähigkeit beſitzt, den Holzſaft, durch ſich hindurch, den oberen Baumtheilen abzugeben. Dieſe Leitungsfähigkeit verliert der entblößte Holzkörper mit dem, von außen nach innen fortſchreitenden Austrocknen der Holzfaſern, das durch den fortdauernden Durchgang von Holzſaft nur langſam vor ſich geht und an fingersdicken Stämmen oder Zweigen in der Regel ſchon im zweiten Sommer, an ſtarken Stämmen, z. B. der Linde, erſt nach mehreren Decennien bis zum Marke vollendet iſt. Eben ſo lange habe ich Kiefermahlbäume an Schwarzwildſuhlen durch das Verharzen des rundum bloßgelegten Holzes ſich erhalten ſehen. Früher oder ſpäter tritt aber das Austrocknen und Abſterben des entblößten Holzkörpers in jedem Falle ein; es hat daſſelbe dann das Abſterben der überſtehenden Baumtheile unfehlbar und mit dieſem auch den Tod der unter der Ringwunde befindlichen Baumtheile dann zur Folge, wenn an dieſen keine Ausſchläge ſich bildeten. Iſt dieß der Fall, dann ſetzt ſich der Zuwachs von der Baſis derſelben aus fort und kann lange Zeit hindurch ein einſeitiger bleiben, wenn die Ausſchläge nur auf einer Seite des Baumes erfolgten. An ſtärkeren geringelten Bäumen kündigt ſich das Abſterben ſchon einige Jahre vorher an, durch Verkürzung der Jahrestriebe, Verminderung der Zahl und Größe des Laubes, wahrſcheinlich in Folge des nicht mehr zureichenden Saftzufluſſes von unten.

Ringelt man junge Kiefern mehreremale ſtets in der Mitte zwiſchen je zweien noch benadelten Quirlen, dann erfolgt, von den benadelten Aeſten aus, normale Holzbildung bis zu jeder tieferen Ringwunde; von jeder Ringwunde abwärts bis zu den nächſten Quirläſten hört die Holz- und Baſtbildung auf. Die Ringwunde unter den tiefſten Nadeläſten unterbricht den Zuwachs in allen tieferen Baumtheilen.

Ringelt man im Frühjahre Seitenäſte ½—⅔ Mtr. entfernt vom

Stamme, erfolgt zwischen diesem und der Ringwunde kein Wiederausschlag, oder wird dieser vor der Entwickelung zu Blättern ausgebrochen, dann empfängt der Seitenast vom Stamme durch den entkleideten Holzkörper hindurch die nöthige Menge aufsteigenden Holzsafts, über der Ringwunde wächst und grünt der Seitenast in normaler Weise, aber zwischen Ringwunde und Stamm hört die Holz- und Bastbildung ebenso auf wie zwischen Ringwunde und Wurzel der Stämme, wie unter der Hiebsfläche der Stöcke im Falle nicht erfolgenden Wiederausschlags. [1]

Verwundet man Baumäste der Art, daß Rinde und Bast in einer mehreremale um den Baum gewundenen, weitläufigen Spirale hinweggenommen werden, dann reducirt sich der Holz- und Bastzuwachs von da ab zunächst auf den oberen Schnittrand der Spiralwunde, die neuen Holz- und Bastfasern legen sich hier in die Richtung der Spirale, die sich hinfort durch Hinzukommen jährlicher Holz- und Bastlagen nach oben hin verdickt, bis diese zum unteren Schnittrande der nächst überstehenden Spiralwindung emporgestiegen sind, worauf dann die bisher getrennten Spiralwülste durch gemeinschaftliche Faserlagen untereinander sich vereinen. Der Zuwachs nach der Verwundung läßt sich daher vergleichen mit dem Zuwachse einer, um einen Baumstamm spiralig sich windenden Liane, nur daß die Holzschichten sich hier einseitig auf der Oberfläche der vorgebildeten anlegen.

Die nachstehende Fig. 46 wird diesen Zuwachs veranschaulichen. Sie gibt die schematische Ansicht eines spiralig verwundeten Stammstückes, an welchem durch einen keilförmigen Längsausschnitt ein Theil der radialen Längsschnittfläche bloßgelegt ist. Auf dieser bezeichnen die senkrechten Parallellinien den Holzkörper vor der Ringelung; Rinde (und Basthaut) habe ich durch wagerechte Strichelung hervorgehoben. Zwischen beiden ist

[1] Das abnorme, oft 60—80 Jahre fortdauernde Ueberwallen der Tannen- und Lärchen-Stöcke wurde, zuerst von Reum, abhängig erklärt von der Verwachsung der Wurzeln des Stockes mit den Wurzeln eines stehenden Baumes. Fälle solcher Wurzelverbindungen lassen sich leicht auffinden. Ich glaube, daß es in manchen geschlossenen Beständen nicht einen Baum gibt, der mit den Wurzeln eines oder einiger Nachbarbäume nicht verwachsen wäre. Es fragt sich aber, ob durch eine Verbindung dieser Art die Säfte eines Nährstammes in die Wurzeln des Stockes übergehen und auf Holzzuwachs desselben verwendet werden können. Ich hielt das nicht für wahrscheinlich, da in diesem Falle entweder die Bildungssäfte im Baste des Stockes aufwärts, oder die Holzsäfte des Nährstammes im Holzkörper des letzteren sich abwärts bewegen müßten, was nach den bisherigen Erfahrungen an gesunden Bäumen nicht möglich ist. Daß Ueberwallung auch an Stöcken vor sich gehen könne, die mit einem Nährstamme nicht verwachsen sind, habe ich erwiesen durch die Beobachtung dreier Lärchenstöcke, der einzigen in meilenweitem Umkreise, die an ein und demselben Tage, zwölf Jahre vor der Beobachtung gefällt wurden, von denen der eine zwölf Ueberwallungslagen in gewöhnlicher Weise gebildet hatte. Damit war die Möglichkeit von einem Nährstamme unabhängiger Ueberwallung unwiderleglich bewiesen. Die Unwahrscheinlichkeit der Ernährung durch einen Nährstamm liegt in obiger Erfahrung. Offenbar steht der Asttheil unter der Ringwunde zum Schafte, letzterer als Nährstamm betrachtet, in einem günstigeren Verhältniß, als der Stock zum Nährstamme durch Wurzelverwachsung. Wird im Aststutz oder im Ast unter einer Ringwunde, trotz fortdauernder Säfteleitung in die Asttheile über der Ringwunde, der Holzzuwachs aufgehoben, so würde dieß noch weit mehr im Stocke der Fall sein müssen. Ich bin daher nach wie vor der Meinung, daß die Ueberwallung der Tannenstöcke eine selbstständige sei, daß diese den Stoff zum peripherischen Ueberwallungszuwachse aus sich selbst — aus Reservestoffen und deren, nach dem geringen Bedarfe, nachhaltiger Verwendung, so wie durch Resorption vorgebildeter Holzfasersubstanz entnehmen.

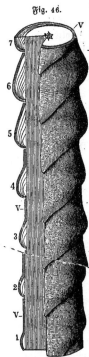

Fig. 46.

die Entwickelungsfolge des am oberen Schnittrande des Spiralstreifens sich bildenden neuen Holzkörpers vom ersten bis zum siebenten Jahre dargestellt, um zu zeigen, daß, ehe der neue Holzkörper durch Schichtenbildung bis zum unteren Schnittrande der Spiralwunde emporgestiegen ist, bei v v jede Neubildung von Holz= und Bastfasern aussetzt.

In unseren Niederwäldern experimentirt Lonicera Periclymenum in dieser Weise und erzeugt die spiralig gewulsteten Wanderstöcke, die wir häufig in der Hand der Handwerksburschen sehen. Hier ist es schon der, mit zunehmender Verdickung des Stammes durch das nicht nachgebende Schlinggewächs, auf die Basthaut ausgeübte Druck, der dieselben Erscheinungen wie die Spiralwunde durch Unterbrechung der normalen Wanderung des in der Basthaut absteigenden Bildungssafts ins Leben ruft.

Wir können uns diese Erscheinung nicht anders erklären, als durch die Annahme, daß im Baste der secundäre Bildungssaft im ungestörten Verlaufe feiner Wanderung nur zwei Richtungen einschlagen könne, das fenkrechte Absteigen und die vom absteigenden Strome radial nach innen fortgesetzte Verbreitung; daß erst da, wo dem absteigenden Safte ein Hinderniß entgegentritt, dieser zu einer Abweichung in peripherischer Richtung gezwungen wird, hier, am oberen Schnittrande des Spiralschnittes, auf dem kürzesten Wege von Zelle zu Zelle nach unten sich verbreitend; daß in Folge dieses unnatürlichen Verlaufs der Bildungssäfte in absteigender Richtung, auch die radiale Verbreitung nach dem Cambium hin, auf jenen, anfänglich schmalen Saftstrom über dem oberen Schnittrande des Spiralstreifens sich beschränke; daß damit eine Umbildung der den Saft leitenden Elementarorgane hervorgerufen werde, der zu Folge die Neubildungen an Holzfasern sich in die Richtung des Spiralschnittes legen; daß dadurch gewissermaßen ein neuer Holz= und Bastkörper unter der Rinde sich bilde, der sich spiralig um den alten Holzkörper windet und hinfort durch neue Holz= und Bastlagen alljährlich selbstständig sich vergröße. rt. [1]

Das Aussetzen des Holz= und Bastzuwachses würde sich nicht erklären lassen, wenn der secundäre Bildungssaft, aus den im Holze lagernden Reserveftoffen, die Fähigkeit besäße, aus dem Holze durch die Markstrahlen dem Cambium unmittelbar zuzugehen. Wir müssen vielmehr annehmen, daß auch der secundäre Bildungssaft ein zweites Mal in die Blätter, oder doch in die jüngsten Triebe aufsteigen müsse, um dort seinen Uebergang in die Bastschicht bewirken und, in der Bastschicht rückschreitend, wie der primäre Bildungssaft, von ihr aus dem Cambium von außen her zuzugehen

---

[1] Ich besitze in meiner Sammlung physiologischer Präparate einen Eichenstamm dieser Art, an welchem der alte Holzkörper völlig abgestorben und faul geworden war; während der spiralig gewundene neue Holzkörper fortdauernd im kräftigsten Zuwachse stand. Ueber die mit dieser veränderten Saftrichtung verbundenen Umbildungserscheinungen habe ich in der Botan. Zeitung 1854 Seite 1 meine Beobachtungen mitgetheilt.

Die Spiralwunde und deren Folge gibt uns aber noch einen anderen Fingerzeig. Während die Holzbildung auf den oberen Schnitt= oder Druck= rand der Spirale reducirt wird, während sie, selbst innerhalb der weitläuf= tigsten Windungen anfänglich auf einen sehr kleinen, untersten Flächenraum zwischen den Spiralwindungen sich beschränkt, findet im alten Holzkörper die Wiederansammlung von Reservestoffen aus primitivem Bildungssafte durchaus normal in allen Theilen innerhalb des Bereiches der Spirale statt. Daraus darf man folgern, daß der von den Blättern bereitete, in der Bast= haut niedersteigende, primitive Bildungssaft, nach seinem, wahrscheinlich durch die Markstrahlen vermittelten Uebergang in den Holzkörper, im leiten= den Fasergewebe des letzteren dem Holzsafte sich beimenge, und durch den aufsteigenden Holzsaft allen denjenigen Organen zugeführt werde, in denen eine Ablagerung fester Reservestoffe stattfinden soll. Es erklärt sich hieraus, daß ich im verwichenen Winter im Wurzelsafte einer vor fünf Jahren ge= ringelten Weymouthkiefer den gewöhnlichen Gehalt an Zucker und Gummi finden konnte, der nur durch den absteigenden Bastsaft dorthin gelangt sein kann.

Es bleibt uns nun noch die Frage, ob auch der secundäre Bil= dungssaft nothwendig in die Blätter aufsteigen müsse, um seinen Rück= weg in den Bast antreten zu können, oder ob dieß auch schon in Knospen oder in den jüngsten Trieben ohne entwickelte Blätter geschehen könne. Daß in älteren Trieben ein Uebergang nicht stattfinde, zeigen uns unzweifelhaft die Folgen der Ringwunden.

Für den Uebergang auch in Knospen und noch nicht belaubten Trieben spricht die Thatsache, daß nicht selten die Jahrringbildung in den jüngsten Trieben zu einer Zeit beginnt, in welcher die Knospen eben aufbrechen. Aus einem meiner frühesten Versuche ging ferner hervor, daß, wenn man Holzpflanzen im Frühjahre entknospet und auch späterhin jede Blattentwicke= lung durch frühzeitiges Abbrechen neu entstehender Knospen verhindert, dennoch eine Neubildung von Holz= und Bastfasern eintrete, wenn auch in beschränkter Zahl. Ich habe ferner nachgewiesen, daß in seltenen Fällen die Holzbildung an unteren Stammtheilen der Holzbildung in den Zweigen vorangeht. Diese Erfahrungen und einige Reproduktionserscheinungen waren es, die mich zu der Ansicht leiteten, daß das Cambium unmittelbar vom Holzkörper aus durch radiale Zuführung von Reservestoffen gespeist werden könne. Indeß liegt in den Schlüssen aus Reproduktionserscheinungen auf den Verlauf der normalen Thätigkeit immerhin eine große Unsicherheit, und die beschränkte Holzbildung vor Eintritt der Wiederbelaubung könnte wohl auf der Verwendung der auch in Rinde und Basthaut aufgespeicherten Re= servestoffe beruhen. Ich habe daher im vorigen Jahre eine Menge Ent= laubungsversuche von neuem angestellt, bin dadurch aber leider noch nicht zu einer sicheren Anschauung gelangt, der Schwierigkeit wegen, die sich der absoluten Unterdrückung der Wiederbelaubung bei den Laubhölzern entgegen= stellt. Es ist mir bis jetzt nicht möglich gewesen, die Versuchspflanzen un= ausgesetzt fast täglich zu inspiciren, und es genügen wenige Tage der Ver= säumniß zur Wiederbelaubung in dem Grade, daß sichere Schlüsse dadurch aufgehoben werden. Nur bei der Kiefer ist es mir gelungen, der Wieder=

belaubung auch der jüngsten Triebe ohne Tödtung derselben vorzubeugen.
Sie geschah an mehreren, 3 Meter hohen Pflanzen Anfangs Juni, zu einer
Zeit, in welcher die jungen Triebe bereits eine Länge von 10 Centim. er=
reicht hatten, die Nadeln an denselben durchschnittlich 3 Mm. aus der Scheide
hervorgewachsen waren. Die so tief wie möglich am Triebe mit der Scheere
abgeschnittenen Nadeln starben an den vorjährigen und älteren Trieben, am
dießjährigen jungen Triebe hingegen hielten sich die Stutze lebendig, wuchsen
nach und mußten mehrere Male nachgeschnitten werden. Wo dieß absichtlich
nicht geschah, erreichten die Stutze, aus der Blattbasis nachwachsend, im
Laufe des Sommers zum Theil über $\frac{1}{2}$ der normalen Nadellänge.

An den fortgesetzt entnadelten Pflanzen wuchsen die dießjährigen Triebe
zu etwas über $\frac{1}{3}$ Meter Länge heran. Trotz der afrikanischen Hitze des
Sommers und bei einer Bodendürre, die selbst Ballenpflanzungen des Früh=
jahrs zum Eingehen brachte, erhielten sich nicht allein die jungen Triebe
mit den Nadelstutzen lebendig, sondern es bildeten sich auch die Endknospen
regelmäßig aus. Selbst die häufigen Angriffe von Pissodes notatus, die
fast täglich an der Rinde der jungen Triebe zu finden waren, angelockt durch
den immerhin krankhaften Zustand der Pflanzen, beeinträchtigten die Ent=
wickelung der Triebe nicht. Auch die Holzringbildung, obgleich gegen die
der belaubten Kiefern etwas zurückgehalten und geschmälert, ist in normaler
Weise erfolgt. Erst im Spätherbst starben die in dieser Weise mißhandelten
Pflanzen sämmtlich.

Die Entnadelung hatte daher in diesen Fällen den
Uebergang des secundären Bildungssafts aus dem Holz=
körper in den Bast nicht verhindert.

Dagegen blieben zwölfjährige Kiefern, die bis zur Mitte der dreijäh=
rigen Triebe eingestutzt und aller Nadeln beraubt wurden, auf derselben
Entwickelungsstufe des Holzkörpers stehen, die dieser zur Zeit des Einstutzens
erreicht hatte. Die meisten starben nach dieser Verletzung in kurzer Zeit,
ohne irgend eine Reproduktionserscheinung; einige begünstigt durch den
Standort, erhielten sich trotzdem bis zum Herbste frisch und saftig mit
grüner Rinde.

Andere zwölfjährige, 4—5 Meter hohe Kiefern wurden nur an den
Quirlästen bis zum nicht mehr benadelten Holze eingestutzt, die letzten Schaft=
triebe wurden mit der Scheere wie im ersterwähnten Experiment entnadelt,
verblieben aber dem Baume. Der Erfolg war genau derselbe, wie an der
ersterwähnten $1\frac{1}{3}$ Meter hohen Kiefer. Der dießjährige Trieb hat sich hier
wie dort normal ausgebildet.

Behalten die bis zum zwei= oder dreijährigen Triebe eingestutzten Aeste
ihre vorjährige oder nur die zwei= oder dreijährige Benadelung, dann bilden
sich unfern der Schnittflächen zwischen den Nadeln neue Knospen für neue
Längentriebe; die Holzbildung geht unter dem Stutz so rasch und kräftig
vor sich, als im unverletzten Aste.

Daraus dürfen wir nun vorläufig folgern, daß der secundäre Bildungs=
saft an der unverletzten Pflanze seinen Weg aus dem Holzkörper in den
Bast zwar vorzugsweise, vielleicht allein, in den Blättern finde, daß aber,
wenigstens in Fällen eingetretener Entlaubung, dieser Uebergang auch im

Innern der jüngsten Triebe stattfinden könne, daß dagegen alle älteren, nicht belaubten Triebe unfähig seien zur Leitung des secundären Bildungssafts aus dem Holze zum Baste.

Wenn nun durch eine Mehrzahl von Beobachtungen es sich bestätigt, daß auch der mehrjährige, belaubte Trieb der Säfteleitung aus Holz in Bast dienstbar ist, daß diese Funktion durch Entlaubung aufgehoben wird oder mit dem natürlichen Blattabfalle erlischt, so leitet die Thatsache, daß es die einfachen Holzfasern sind, welche den secundären Bildungssaft nach oben führen, auf den Gedanken, es werde dieser Saft von den Holzfasern des Achsengebildes an diejenigen Faserbündel abgegeben, die, in schräg nach oben gewendeter Richtung, vom Markcylinder aus durch Holz, Bast und Rinde zur Blattbasis verlaufen und im Blattkiel sich fortsetzen (Fig. 5, 9, 12). Die nachgewiesene Leitungsfähigkeit der entlaubten, noch in der Entwickelung stehenden, jüngsten Triebe wird sich dann durch die Annahme erklären, daß, wie im Faserbündel des Blattes, so auch schon in dessen anfänglichen, den Bastkörper des Triebes durchsetzenden Theile ein Uebergang des Bildungssafts in die Fasern des Bastkörpers möglich sei; daß die Faserbündel der Blattausscheidungen, vielleicht auch der Knospenausscheidungen (Fig. 12, 13) schon innerhalb des Triebes, dem sie angehören, da wo sie den Bastkörper desselben durchstreichen, zur Brücke werden für den Uebergang der secundären Bildungssäfte aus dem Holzkörper in den Bastkörper.

Wir kommen dadurch zu der Schlußbetrachtung, daß der von den Wurzeln aus dem Boden aufgenommene rohe Nahrungssaft, in den Holzfasern aufsteigend, die gelösten Reservestoffe aufnimmt und nach oben führt. Im Holzkörper des Schaftes, der Aeste und der Zweige sich vertheilend, steigt ein Theil dieses Bildungssafts bis zu den Knospen des Baumes empor, das Material für den Längenzuwachs denselben zuführend; ein anderer Theil desselben wird, auf seinem Wege zu den Knospenwärzchen (Seite 133 Fig. 3—5) sämmtlicher Knospen, ehe er dorthin gelangt, von den im Holzkörper der Achsengebilde liegenden Faserbündeln der Blatt- und Knospenausscheidungen aufgenommen und nach außen abgeleitet.[1] Auf diesem Wege gelangt er in die Blätter des jungen Triebes sommergrüner, in die Blätter auch älterer Triebe immergrüner Holzarten und durch sie zurück in den Bastkörper der Triebe, von dem aus er den Mutterzellen zwischen Holz und Bast zugeführt wird, den Dickezuwachs zwischen beiden vermittelnd.

Nun habe ich gezeigt, daß die Verbindung des Faserbündels der Blätter mit dem Holzkörper des Triebes bei den sommergrünen Pflanzen nur ein Jahr, bei den wintergrünen Pflanzen durch unterirdigen Zuwachs nur wenige Jahre sich erhält, daß sie später aufgehoben werde durch Zwischenbildung von ihnen nicht durchsetzter Holz- und Bastlagen (Seite 148, Fig. 12 ee, ee, Fig. 13 f). Durch diese Zwischenbildungen wird die Brücke abgebrochen, über die der secundäre Bildungssaft seinen Uebergang aus Holz in Bast bewerkstelligt, der daher in der unverletzten sommergrünen

---

[1] Demgemäß könnte man den im Holz- und Bastkörper liegenden Theil des Faserbündels der Blattausscheidung Blattwurzel nennen, da er zu den Fasern des Triebes wie die Wurzel der Pflanze zum Boden sich verhält.

Pflanze nur im einjährigen, in den Pflanzen mit mehrjähriger Belaubung auch in den nächst älteren Trieben stattfinden kann, so weit dieselben noch belaubt sind, da bei diesen der unterirdige Zuwachs der Blattwurzeln ebenso lange fortdauert. Nur auf diesem Wege vermag ich die Unterbrechung des Dickezuwachses durch Einstutzen oder Ringelung zu erklären. Allerdings ist es ein ziemlich schwerfälliger Apparat von Indicienbeweisen, durch den wir zur Erklärung gelangt sind; eine direkte Beweisführung wird uns hier jedoch vielleicht für immer entzogen sein.

2. Der Vegetationssommer.

Wir haben im Vorhergehenden gesehen, daß das im Frühjahr von den Wurzeln aufgenommene Bodenwasser, im Aufsteigen durch den Holzkörper der Pflanze, die gelösten Reservestoffe aufnehme und dadurch zu secundärem Bildungssafte sich umändere; daß dieser Saft, theils bis zu den Knospen= wärzchen emporsteigend, an diese das Material für die Ausbildung der Knospe zu neuen Längentrieben abgebe, anderentheils, durch die im Holzkörper der Triebe liegenden Blattwurzeln aufgenommen, von letzteren nach außen geleitet, entweder durch die Blätter oder unter Umständen schon in den Trieben, an die Siebfasern des Bastes abgegeben werde, um in diesen absteigend, den permanenten Mutterzellen der Faserbündel und der Markstrahlen das Material für deren, den Dickezuwachs vermittelnde Fortbildung zu liefern.

Dieser Saft in den letzten Stadien vor seiner endlichen Verwendung und Fixirung, den ich Cambialsaft nenne, weil er der flüssige Theil dessen ist, was Duhamel „Cambium" nannte (Seite 178), gewinne ich aus den jüngsten, noch mit einem saftreichen Ptychodeschlauche ausgestatteten Holzfasern dadurch, daß ich die Masse des jungen noch krautigen Holzringes, nach Hinwegnahme des Bastes, vermittelst Glasscherben abschabe und das Abgeschabte auspresse. Man erhält dadurch eine, durch eine Menge bei= gemengter organisirter Körper geringster Größe milchweiß gefärbte Flüssigkeit, die, filtrirt, wasserklar ist, an der Luft sich bald bräunt. Zu einem Ver= gleiche dieses Safts mit dem Bast= und Holzsafte bot mir die Eiche eine treffliche Gelegenheit, da sie Anfang August nicht allein Bastsaft aus Schröpf= wunden, sondern gleichzeitig auch Holzsaft in tropfenförmigem Erguß aus der unteren Schnittfläche aufrecht gestellter Schaftstücke ergab. Die gleichartige Prüfung der drei verschiedenen, auf gleichem Standorte erwachsenen Baum= theilen an demselben Tage entnommenen Säfte ergab nachfolgende Unterschiede:

1) Der Holzsaft (Seite 250, 264).

Durch Aufkochen: kein Eiweiß.

Durch absol. Alkohol: nur Spuren von Gummi.

Durch Ammoniak: keine phosphorsaure Bittererde.

Durch Abdampfen: unter reichlichem Absatz einer bräunlich grauen Haut, einschließlich dieser nur 0,08 Proc. eines syrupähnlichen, nicht süßen, etwas bitteren Rückstandes.

Durch Einäschern des Syrup: 0,5 Proc. Asche, fast nur Kalisalze.

2) Der Bastsaft (Seite 197).

Durch Aufkochen: Eiweiß 0,05 Proc.

Durch Alkohol: nur Spuren von Gummi. An organ. Molekülen 0,15 Proc. (vergl. Seite 197).

Durch Ammoniak: geringe Spuren eines kleinkörnig krystallinischen Niederschlages.

Durch Abdampfen: ohne jenen Absatz, Syrup 27 Proc.

Durch Einäschern des Syrup: 4 Proc. vom Syrupgewicht Asche, meist Kalksalze.

3) Der Cambialsaft.

Durch Aufkochen: Eiweiß 0,13 Proc. (Pappel 0,62 Proc.).

Durch Alkohol: Gummi 3,6 Proc. (Pappel 0,7 Proc.).

Durch Ammoniak: phosphorsaure Bittererde 0,17 Proc. (Pappel 0,26 Proc.).

Durch Abdampfen: Syrup 5,75 Proc. (Pappel 5,5 Proc.).

Durch Einäschern des Syrup: Asche 9 Proc. vorherrschend Kalisalze.

Der bedeutende Gehalt des Cambialsafts an Phosphorsäure gibt dieser auch für die Holzzucht und für die forstliche Bodenkunde diejenige höhere Bedeutung, die ihr der Landwirth längst zugestanden hat. Vergl. J. v. Liebig: Ueber das Verhalten des Chilisalpeters, Kochsalzes und des schwefelsauren Ammoniak zur Ackerkrume; in: Ergebnisse agrikulturchemischer Versuche, Heft II., Seite 9, Erlangen 1859, Enke.

Auffallend ist es, daß Eisensalze und Leimlösungen auf Gerbstoffgehalt dieser Säfte nur sehr schwach und auch nur kurze Zeit nach deren Gewinnung reagiren, während jeder Sägeschnitt die Spuren einer Reaktion von Eisen zeigt.

Da die Lösung und Verwendung der Reservestoffe aus dem vorhergehenden Jahre in der ersten Hälfte des August bereits vollendet ist oder ihrer Vollendung doch sehr nahe steht, dürfen wir den hier untersuchten Holzsaft wohl als einen solchen betrachten, der dem aufsteigenden Rohsaft am nächsten steht durch die geringe Menge in ihm aufgelöster fester Stoffe. Dagegen zeichnete sich dieser Saft vor den übrigen auffallend aus durch Entwickelung einer großen Menge von Luftblasen schon bei gelinder Erwärmung, hindeutend auf eine außergewöhnlich große Beimengung von Gasen. Leider ließ sich der Holzsaft nicht in so großer Menge gewinnen, um eine nähere Bestimmung der Luftart durchzuführen. Das frühe Entweichen aus dem Safte bei der Erwärmung deutet aber auf Kohlensäure (vergl. Seite 258).

Mit Ausschluß des Syruprückstandes, der im Bastsafte am größten ist, steigert sich die Menge der in den Säften gelöster Stoffe in der Reihenfolge, in der sie vorstehend aufgeführt sind, die zugleich auch ihre wahrscheinliche Altersfolge ist.

Das, was ich vorstehend als syrupartigen Rückstand bezeichnet habe, enthält außer Zucker noch einen anderen, an der Luft sich färbenden, „Extraktivstoff," (?) der vielleicht mit dem Gerbstoff in naher Beziehung steht.

Wir haben nun die Frage zu erörtern: ob, oder wie weit die aus Reservestoffen wiederhergestellten Bildungssäfte genügen, zur Darstellung des jährlichen Zuwachses an Blättern, Trieben und Holzlagen.

Für die einjährige Pflanze reichen die im Samenkorne der Birke, Esche,

Rüster nur in sehr geringer Menge abgelagerten Reservestoffe ohne Zweifel
nicht aus. Es ist somit die Möglichkeit erwiesen, daß auch ein Theil der
in demselben Jahre bereiteten, primitiven Bildungssäfte auf Wachsthum
verwendet werden könne. Ob und wie weit dieß auch bei älteren Holzpflanzen der Fall sei, läßt sich bis jetzt mit Sicherheit noch nicht sagen.

Entästungsversuche an alten Kiefern und an Lärchenreidelhölzern, wobei
alle Zweige außer dem letzten Schafttriebe dem Baume entnommen wurden,
ergaben bei der Lärche nicht allein eine verhältnißmäßig reichliche Wiederbelaubung aus der Entwickelung vieler schlafenden Augen des Schafts zu
neuen Trieben, sondern auch eine, im ersten Jahre nach der Entästung
gegen die vorhergehenden Jahre unverkürzte Jahrringbreite. Erst im zweiten
Jahre nach der Entästung verringerte sich der Zuwachs an Trieben und
Jahresringbreite auf ein, der verringerten Blattmenge entsprechendes Minimum, von wo ab dann ein langsames Steigen des Zuwachses eintrat, im
Verhältniß zu der von Jahr zu Jahr sich steigernden Beastung und Belaubung. (S. Forst- und Jagdzeitung 1856, S. 365.)

Es scheint hiernach, als wenn der ganze Jahreszuwachs älterer Holzpflanzen an Trieben, Blättern, Holz- und Bastlagen den Bildungssäften
entstamme, die, im vorhergehenden Jahre bereitet und in Reservestoffe verwandelt, auf das nächstfolgende Jahr übertragen werden.

Ohne Zweifel in die Periode des Wachsens der Pflanze durch Verwendung der überwinterten Reservestoffe tief eingreifend, nachdem aus dem
secundären Bildungssafte neue Triebe und neue Blätter entstanden sind, tritt
nun zur Frühthätigkeit der Pflanze die Aufnahme von Rohstoffen der Ernährung durch die wiederhergestellte Belaubung und deren Verarbeitung zu
primitivem Bildungssafte, über die ich bereits Seite 193—199 meine Ansichten niedergelegt habe. Den Zeitraum dieser Thätigkeit nenne ich den
Vegetationssommer.

Ohne Zweifel sind es die Blätter unserer Holzpflanzen, vielleicht auch
die jüngeren Triebe, so lange deren Rindezellgewebe dem Lichte zugänglich
ist, in denen die erste Verarbeitung der Rohstoffe zu Bildungssäften unter
Lichtwirkung vor sich geht. Es ergibt sich dieß zweifelsfrei aus meinen Ent-
laubungsversuchen (S. 192—199), aus dem nachgewiesenen Einflusse, den die,
nach der Entlaubung in den nächsten Jahren steigende Blattmenge auf die
Größe der jährlichen Holzproduktion erkennen ließ. Indeß habe ich gleichzeitig nachgewiesen, daß diese jährliche Steigerung der Wiederbelaubung nur
bis zu einem gewissen Grade der Laubproduktion fortdauert, daß, wenn der
bis zum Gipfeltriebe entästete Baum nach Verlauf von 5—6 Jahren eine
Laubmenge wieder erlangt hat, die einer normalen 5—6jährigen Beastung
entspricht, auch die normale Trieblänge und Holzringbreite wieder eintrete;
daß eine von da ab noch mehr gesteigerte Laubmenge außer Einfluß auf
die Jahrringbreite und Trieblänge bleibe. Schon der einfache Augenschein
des Zuwachses unserer Waldbäume bestätigt diese Thatsache. Die von Jugend
auf im Freien erwachsene, bis zum Boden beastete und benadelte Fichte
besitzt eine um mehr als das zehnfache größere Belaubung als die benachbarte, im Schlusse erwachsene Fichte; ihr Zuwachs ist aber deßhalb keineswegs ein zehnfach größerer. Wenn er unter günstigen Standortsverhältnissen

durchschnittlich als ein um Weniges größerer sich ergibt, so liegt dieß theils in der größeren und unbehinderten Bewurzelung, theils in dem Umstande, daß hier jeden Falles und jeder Zeit das nöthige Maß der Belaubung vorhanden ist, das dem unter gleichen Standortsverhältnissen in starkem Schlusse erzogenen Baume, besonders bei vernachläffigten Durchforstungen, wenigstens zeitweilig wohl fehlen dürfte.

Die Frage, welches die der größten Maffenproduktion des Baumes entsprechende Beaftung und Belaubung sei, in welchem Grade ein, den Zuwachs an der Einzelpflanze schmälerndes Weniger compensirt werde durch die größere Zahl der Producenten des gedrängt erwachsenden Holzbestandes, ist für die Erziehungslehre unserer Wälder von größter Wichtigkeit und findet im Waldbau ihre nähere Erörterung.

3. Der Vegetationsherbst.

Der in den Blättern bereitete primitive Bildungssaft, den wir bereits Seite 197 näher kennen lernten, verläßt diese, rückschreitend durch den Blattstiel, gelangt von diesem aus in das Siebfasergewebe der Baftschichtung und steigt in dieser möglichst tief abwärts, so daß von ihm zuerst die Wurzeln, dann die tieferen, darauf die höheren Stammtheile, erst dann die Aeste und Zweige gespeist werden. Ich habe dieß durch eine Reihenfolge von Versuchen nachgewiesen (Forst- und Jagdzeitung 1857, S. 290), aus denen hervorgeht, daß diese aufsteigende Füllung des Baumes mit niedersinkendem Bildungssaft bei der Eiche vom Juli bis Mitte September, beim Ahorn vom Mai bis in den August, bei der Lärche vom Juni bis Anfang Oktober, bei der Kiefer vom September bis Mitte Oktober dauert, also bei verschiedenen Holzpflanzen sehr verschieden lange Zeiträume, von $1^1/_2$ bis $3^1/_2$ Monate in Anspruch nimmt.

In der Wurzel angelangt speist der in der Bafthaut niedergestiegene Bildungssaft, in radialer Richtung von dieser aus, wahrscheinlich durch die Markstrahlen sich verbreitend, sowohl das Zellgewebe der Rinde als das Fasergewebe des Holzkörpers und die Zellfasern des Baftgewebes selbst.

In allen den vom Bildungssafte gespeisten Elementarorganen, die später als Reservoire für die Reservestoffe sich zu erkennen geben, treten in Folge dessen eigenthümliche Veränderungen ein, darin bestehend, daß die innerste (secundäre) Zellwandung in den Zustand des Ptychodeschlauches zurückschreitet und ein neuer Zellkern entsteht, der den, in dem Ptychoderaum aufgenommenen Bildungssaft in sich aufnimmt, durch diesen wächst und seine Kernstoffkörperchen unter Erweiterung der Hüllhaut zu Stärkemehl- und Klebermehlkörnern ausbildet, während das Kernkörperchen zu einem neuen Zellkerne heranwächst. Dieser Vorgang, das Heranwachsen des Kernkörperchens zum Zellkerne, die Umbildung der Kernstoffkörperchen zu organisirten, hüllhautigen, festen Körpern (Stärkmehl, Klebermehl, Inulin) wiederholt sich so oft, bis der innere Zellraum mit diesen Körpern mehr oder weniger erfüllt ist, worauf sowohl die Schlauch- als die Zellkernhäute resorbirt werden, so daß den Winter über die körnigen Reservestoffe den Zellraum ohne andere Beimengung erfüllen (Seite 181, Fig. 25).

Wenn ich die Zeit, in welcher die Reservestoffe für das nächste Jahr sich bilden, den Vegetationsherbst nenne, so darf man das nicht wörtlich nehmen. In der That beginnt die Bildung der Reservemehle schon viel früher. In den Zellfasern und in den mehlbildenden Holzfasern, sowie in den Markstrahlzellen des Holzkörpers tritt Stärkemehl schon wenige Wochen nach dem Entstehen dieser Organe, also schon im Frühjahre auf, setzt sich aber wie die Holzbildung selbst bis in den Herbst fort.

Was die Menge betrifft, in der die Reservestoffe sich bilden, so ist diese eine sehr verschiedene, nicht allein bei verschiedenen Holzarten, sondern auch in verschiedenen Baumtheilen. In den Wurzeln junger Pflanzen, der Rothbuche, Roßkastanie, Akazie, steigt der Gehalt an Stärkemehl bis 26 Proc. vom Trockengewicht des Holzes; ich habe daraus das Mehl schon vor 40 Jahren in einer zum Brodbacken genügenden Menge rein dargestellt (Journal für praktische Chemie 1835, S. 217; s. auch meine Jahresberichte 1837, Seite 607). Auch die Wurzeln der Nadelhölzer enthalten bedeutende Mehlmengen, wenn auch weniger als die Laubhölzer. Eine dem geringen Mehlgehalt des Stammes immergrüner Nadelhölzer entsprungene Ansicht: „bei diesen werde im Blatte das Organ zur Bereitung der Bildungssäfte, bei den sommergrünen Laub= und Nadelhölzern hingegen werde der zu Reservestoffen fixirte Bildungssaft für die Blattreproduktion von einem Jahre auf das andere übertragen," erleidet in Bezug auf die immergrünen Nadelhölzer eine Beschränkung, da diese sich in Bezug auf Reservestoffgehalt den sommergrünen Pflanzen doch nicht so schroff gegenüber stellen, als ich dieß damals glaubte. Nächstdem ist das Mehl am reichlichsten in den jüngeren Zweigen der Holzpflanzen abgelagert. Im Stamme armsdicker Reidel=hölzer suchte ich den Gehalt an Reservestoffen zu bestimmen aus dem Trocken=gewichtvergleiche des im Winter und des zur Zeit vollkommener Lösung der Reservestoffe gefällten Holzes, wozu entrindete Stammabschnitte aus 4 Fuß Schafthöhe von Bäumen verwendet wurden, die, gleich alt und gleich kräf=tig, auf gleichem Standorte nebeneinander erwachsen waren. Es ergab sich hieraus, auf den Kubitfuß Holzmasse berechnet,

für die harten Laubhölzer   3 Pfund = 7 Proc. des Trockengewichts,
für die weichen Laubhölzer   2,35   „   = 8   „   „   „
für die Nadelhölzer . . 0,85   „   = 3   „   „   „

Mindergewicht des Reservestoff=freien Sommerholzes, entsprechend einer Reserve=stoffmenge des Winterholzes, die jedenfalls ausreichend ist zur Herstellung des ganzen nächstjährigen Zuwachses aus ihr. (Vergl. Forst= und Jagd=zeitung 1857 und Bot. Zeitung 1858, Seite 335.)

Der Vegetationsherbst ist die Zeit des Reifens. Frucht und Same reifen mit vollendeter Ansammlung der Reservestoffe, und werden dann von der Mutterpflanze abgeworfen. Die Knolle, Rübe, Zwiebel reifen mit der Ausbildung ihrer Reservestoffe, die Mutterpflanze trennt sich von ihnen durch ihr Absterben. Der Stamm des Staudengewächses (Sambucus, Ebulus, Spiraea Aruncus) verhält sich zur ausdauernden Wurzel wie die Kartoffel=pflanze zu ihrer Knolle, wie die Lilie zu ihrer Zwiebel. Auch hier sind es die Reservestoffe der Wurzel, aus denen die Sprossen der nächstjährigen Pflanze sich bilden. Die Belaubung des sommergrünen Baumes (in seltenen Fällen selbst ein Theil der Bezweigung: Taxodium, Glyptostrobus) ver=

hält sich zu den bleibenden Pflanzentheilen wie der Staudenstengel zu seiner Wurzel, wie das Samenkoin zum Zapfen, wie der Zapfen oder die Frucht= kapsel zum Baume sich verhält; sie reift im Herbste unter eigenthümlichen Stoff= und Farbeveränderungen ihres Zelleninhalts und wird alsdann wie Same und Frucht von der Mutterpflanze abgeworfen. Daß äußere Ein= flüsse hierbei nicht mitwirkend sind, zeigt uns die mehrjährige Lebensdauer der Blätter selbst nahe verwandter nebeneinander wachsender Pflanzenarten (Quercus Robur und Ilex, Prunus domestica und lusitanica, Larix europaea und Cedrus Deodara).

Dem Vegetationsherbste gehört endlich auch die Vollendung der Knospen= bildung an, deren Beginn, in Bezug auf die Endknospen, kurz vor Voll= endung des Längenzuwachses der Triebe eintritt, während die Seitenknospen schon während der Triebbildung sich ausbilden. Es fehlen mir zur Zeit noch diejenigen Reihen methodischer Beobachtung, die nothwendig sind, um das allgemein Gesetzliche der Knospenentwickelungsperioden feststellen zu können.

4. Der Vegetationswinter.

Wenn der jährliche Zuwachs an Trieben, Holz= und Bastschichten bis zur Vollendung der Breitfaserschicht ausgebildet ist, wenn in den Knospen auch die anticipirten Bildungen des nächstjährigen Triebes vollendet, wenn die Reservestoffe des nächsten Jahres aufgespeichert sind, tritt ein Nachlassen und endlich, bei Frost, ein Stocken der Saftbewegung in allen Pflanzen= theilen ein, durch welches die vitalen Funktionen des Pflanzenkörpers in einen Ruhestand treten, ähnlich dem Ruhestande des reifen Samenkorns, der reifen Knolle, Zwiebel, Rübe.

Ich habe gezeigt, daß das Holz unserer Waldbäume zur Winterszeit keineswegs wesentlich weniger Saft enthalte als selbst zur Zeit des Blutens der Bäume. Wenn dem unerachtet das Winterholz auf Querschnittflächen weniger feucht erscheint, als zu jeder anderen Zeit, wenn es im Herbst und Winter nicht mehr gelingt, durch Erwärmung in der geschlossenen Hand Flüssigkeit auf die Schnittfläche der Zweigstücke empor zu treiben, so liegt darin der Beweis, daß es ein bedingtes Aufhören[1] der Saftbewegung sei, welches die scheinbar größere Trockenheit des Winterholzes zur Folge hat, woraus man weiter folgern darf, daß die Saftbewegung selbst, wenn auch von physikalischen Erscheinungen getragen, dennoch an sich eine vitale Funktion sei; eine Funktion, die unter g l e i c h e n Zuständen und Einflüssen, einer inneren Nothwendigkeit untergeordnet, in ihrer Wirksamkeit nicht allein abgeändert und beschränkt, sondern periodisch ganz unterbrochen wird.

Es ist also nicht das Aufhören der Saftbewegung, welches die Winter=

---

[1] Bereits Seite 252 habe ich nachgewiesen, daß auch im Winter bei milder Witterung die Verdunstung, daher auch die Saftbewegung und Feuchtigkeitsaufnahme aus dem Boden nicht gänzlich aufhöre. Bei den sommergrünen Bäumen ist sie durch den Blattabfall aller= dings auch in warmer Winterwitterung beschränkt auf die geringe Verdunstungsfläche der jüngeren Zweige. Exotische Nadelhölzer, deren Triebe im Herbste unfertig geblieben waren, deren Nadeln erst $\frac{1}{4}$ der endlichen Länge erreicht hatten, im Kalthause überwintert, ließen die krautigen Triebe herabhängen, wenn das Begießen versäumt wurde, und erstarkten nach erfolgtem Gießen. Demohnerachtet fand während der Dauer des Winters eine Veränderung durch Wachsthum an keinem Theile der Pflanzen statt.

ruhe unserer Holzpflanzen kennzeichnet, sondern es muß hiermit nothwendig
eine Veränderung in der Natur des Saftes verbunden sein, die sich darin
ausspricht, daß er im Zustande der Winterruhe weit weniger empfänglich
gegen äußere Einflüsse ist, daß er sich weit mehr der Zersetzung durch chemische
Agentien entzieht.   Der Wintersaft unserer Waldbäume [1] kann bis in das
Mark zu Eiskrystallen gefrieren, ohne daß dieß seiner Gesundheit schadet,
selbst die krautigen, zarten Pflänzchen des Winterroggens und des Winter=
rapses werden vom Frost nicht getödtet, während derselbe Saft im Frühjahre
nach Beginn der Vegetation vom Froste unfehlbar getödtet wird, und sehr
rasch eine Zersetzung erleidet, die das sogenannte Stocken des Holzes zur
Folge hat.   Wir alle wissen, daß das im Winter gefällte Holz unserer Wald=
bäume weit dauerhafter ist, als das Holz der im Sommer gefällten Bäume.
Dieß hat allein darin seinen Grund, daß die, wie ich gezeigt habe, ebenso
große Saftmenge des Winterholzes austrocknet, ohne sich zu zersetzen, während
der Saft des Sommerholzes unter denselben Verhältnissen sich rasch zersetzt
und zum Nährstoff für eine Menge niederer Pilzgebilde wird, deren Keime,
gleichzeitig auch in den innersten Schichten des Holzkörpers starker Bäume,
aus den zur Lebensthätigkeit erwachten, körnigen und bläschenförmigen Or=
ganismen des Zelleninhaltes entstehen, Pilzbildungen, die ich deßhalb unter
dem Namen der Nachtfasern (Nyctomycetae) vereint habe.

Es entspringt hieraus die Frage, ob es eine materielle Verschiedenheit
des Holzsafts sei, welche diesem verschiedenen Verhalten des Winter= und
des Sommersafts zum Grunde liegt.   Was ich hierüber ermitteln konnte,
spricht gegen diese Annahme.   Ohne Zweifel finden materielle Verschieden=
heiten des Winter= und des Sommersafts statt, schon in Folge der Reserve=
stofflösung, allein diese scheinen doch mehr die Quantität als die Qualität
der gelösten Stoffe zu betreffen.   Der im December und Januar bei milder
Witterung gewinnbare Holzsaft der Hainbuche ist stofflich nicht wesentlich von
demjenigen verschieden, den man noch zur Zeit des Laubausbruches ge=
winnen kann, obgleich zu dieser Zeit bedeutende Mehlmengen gelöst sind.

b) Wachsthum.

Nachdem wir im Vorhergehenden gesehen haben, in welcher Weise die
Pflanze sich diejenigen Rohstoffe aus ihrer Umgebung aneignet, deren sie
bedarf, zur Darstellung derjenigen Bildungssäfte, die, von Zelle zu Zelle
wandernd, den Stoff zu weiterer Zellenbildung und Zellenmehrung, also
zum Wachsthum der Pflanze in sich tragen (Seite 193); nachdem wir ge=
sehen haben, wie und wo jene Rohstoffe zu Bildungsstoffen umgewandelt
werden (Seite 195); nachdem ich gezeigt habe, wie und wo jene Bildungs=
stoffe aus Neubildungen verwendet und fixirt werden (Seite 195, 268, 278);
welches die Wege seien, auf denen die Bildungssäfte zum Orte ihrer end=
lichen Verwendung gelangen (Seite 269—275), wenden wir uns nun zur
Betrachtung der Wachsthumserscheinungen selbst.

[1] Ueber den Gehalt desselben an Zucker, Gummi, Xylochrom, Aesculin habe ich bereits
Seite 249, 262, 276 gesprochen. Der Wintersaft ist demnach keineswegs ärmer an in ihm
aufgelösten Stoffen, als der Sommersaft. Die raschere Zersetzung des Sommersafts läßt
sich hieraus entschieden nicht erklären.

Bereits Seite 165, 171 habe ich nachgewiesen, daß nur die erste Zelle einer jeden Pflanze (und die ihr verwandten ersten Endospermzellen des Keimsäckchens) der freien Zellenbildung aus dem Zellkerne ihre Entstehung verdankt. Seite 169, 171 zeigte ich, daß und wie aus der Urzelle ein mehrzelliger Körper hervorgehe, durch Theilung der vorgebildeten Zellen in Tochterzellen; daß und wie unter fortdauernder Zellenmehrung durch Abschnürung die Gegensätze zwischen auf= und absteigendem Längenzuwachse entstehen, daß und wie neben diesem Längenzuwachse ein Dickezuwachs durch senkrechte Abschnürungsrichtung hervortrete, wie sich im Zellgewebe der Hauptachse des Embryo Nebenachsen der Abschnürung zur Blatt= und Knospenausscheidung bilden (Seite 170).

Ferner zeigte ich, wie durch eine dritte diagonale Abschnürungsrichtung im wachsenden Zellgewebe des Embryo Faserbündel entstehen (Seite 174); daß in dem entstandenen Faserbündelkreise ein Gegensatz zwischen Bast= und Holzkörper entstehe, und daß von da ab, in jedem Punkte der Grenze zwischen Bast und Holz, eine fortgesetzte Verdickung beider Faserschichten durch Längentheilung eines Paares permanenter Mutterfasern eintrete (Seite 177), bis Holz= und Bastkörper des ersten Jahres dadurch ihre normale Dicke erlangt haben, unter fortdauernder Zellenmehrung des Rindezellgewebes durch Abschnürung in radialer und tangentaler Richtung (Seite 218, 220).

Wir haben hier daher nur noch diejenigen Wachsthumserscheinungen zu betrachten, durch welche die fertige einjährige Pflege zur zwei= und mehrjährigen Pflanze sich fortbildet.

Denken wir uns eine Vollkugel, die in ihrem ganzen Umfange alljährlich durch eine neu hinzukommende Holzschicht sich erweitert. Denken wir uns ferner eine Hohlkugel, die auf ihrer inneren Wandfläche alljährlich eine neue Bastschicht bildet. Denken wir uns ferner die Hohlkugel über die Vollkugel gelagert, so mag dieß Bild als Grundlage des jährlichen Schaftzuwachses dienen, dahin abgeändert,

1) daß die über= und ineinander gelagerten Holz= und Bastschichten nicht kugelförmig, sondern zu einer sehr langstreckigen Spindel ausgezogen sind,

2) daß jede jüngere Holz= und Bastschicht über die Endpunkte der Längenachse der nächst älteren Spindel hinaus zum Jahres= oder Längentriebe bedeutend verlängert, gewissermaßen ausgezogen ist,

3) daß am oberen Ende der Längenachse die Holz= und Bastschichten nicht geschlossen sind wie am Wurzelende der Längenachse, sondern, in der Spitze der jüngsten Schicht ringförmig genähert, die Verbindung des Markes mit dem Rindezellgewebe des aufsteigenden Knospenwärzchens nie unterbrechen.

Die folgenden Abbildungen, eine ein=, zwei= und dreijährige Holzpflanze in der Längsschnittfläche schematisch darstellend, [1] mögen das Folgende erläutern.

---

[1] Durch ein Versehen sind in diese Abbildungen nur die übereinander gelagerten Holzlagen aufgenommen. Man kann die fehlenden Bastschichten in den Raum r sich hineinzeichnen und zwar in Fig. a als eine, in Fig. b als zwei, in Fig. c als drei, der äußersten Holzgrenze parallele und dicht nebeneinander verlaufende zarte Linien, deren innerste in Fig. b und c nur bis zur Höhe von t, deren zweite bis zur Höhe von t t hinaufreicht.

Fig 47.

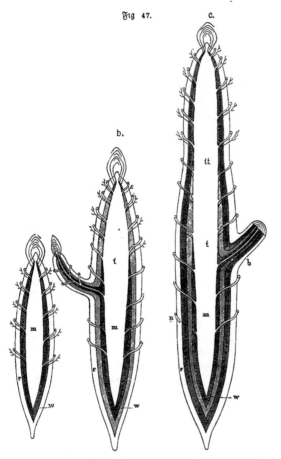

Fig. a zeigt die einjährige Pflanze, in welcher **m** das Mark, **r** die Rinde, die Theile zwischen **r** und **w** den Wurzelstock und die Pfahlwurzel, die Theile unter **w** die eigentliche marklose Wurzel bedeuten. Von der i n n e r e n Grenze des Holzkörpers (b) aus sehen wir die Blatt= und Knospen= ausscheidungen je zwei nach außen sich abscheiden. Die letzten, obersten Blattausscheidungen umhüllen als Knospendeckblätter das aufsteigende Knospen= wärzchen, dessen Zellgewebe, durch den unter ihm verengten, aber ge= öffneten Holzring hindurch in das Zellgewebe des Markes, seitlich in das Zellgewebe der Rinde sich unmittelbar fortsetzt.

In der zweijährigen Pflanze (Fig. b) finden wir den (horizontal ge= strichelten) Holzkörper der einjährigen Pflanze nur dadurch verändert, daß die ringförmige Oeffnung desselben unter der Knospe durch Vergrößerung des Markgewebes bei und unter t zur normalen Markröhrenweite ausein= andergedrängt ist. Eine zweite Holzschicht hat sich mantelförmig über die erste abgelagert. Unter t bildet dieselbe im Querschnitte einen zweiten, durch schräge Strichelung bezeichneten Jahresring; über t bildet sie den zweiten Jahrestrieb, der in jeder Hinsicht dem ersten Jahrestrieb der einjährigen Pflanze gleicht, von dem nur die innersten Spiralgefäßbündel wie die Bast= lagen sich ununterbrochen in den zweiten Jahrestrieb fortsetzen (vergl. Seite 135 Fig. 5).

In der dreijährigen Pflanze (Fig. c) hat eine dritte Holzschicht unter denselben Veränderungen die zweite Holzschicht eingeschlossen und über t t einen dritten Längetrieb, unter t t einen dritten Jahresring gebildet. Das= selbe ist der Fall im absteigenden Stocke w, dessen Jahrestriebe der Raum= ersparniß wegen sehr verkürzt gezeichnet wurden.

Dieser jährliche Zuwachs an Jahresringen und Längentrieben zwischen den vorgebildeten Jahresringen und über den vorgebildeten Längentrieben wiederholt sich alljährlich bis zum Tode der Pflanze, auch dann noch, wenn die ältesten Holzschichten durch Fäulniß längst abgestorben sind. Da unter normalem Verlauf der Entwickelung neue Blätter und neue Knospen sich nur am letztjährigen Triebe bilden können, da der Holzring älterer Baum= theile nur eine Fortsetzung des Jahrestriebs nach unten ist, so müßte ein Aussetzen der Trieb= und Ringbildung auch einen, ein ganzes Jahr fort= dauernden, laublosen Zustand der Pflanzen mit einjähriger Belaubung mit sich führen, der außerhalb der Grenzen unserer Erfahrung an lebenden Pflanzen liegt, daher wir aus der Zahl der Längentriebe oder der Jahres= ringe nicht allein das Alter der Pflanzen, sondern auch das Alter eines jeden Baumtheils ermitteln können.

Neben diesem Zuwachs der Hauptachse wiederholen sich alljährlich, in dem neu hinzutretenden Längentriebe, die Ausscheidungen an Blättern und Knospen (Seite 133); es wiederholt sich die anticipirte Ent= wickelung des nächstjährigen Längentriebes innerhalb der Knospendecken (Seite 134).

In den älteren Baumtheilen wächst der Knospenstamm der Blattachsel, durch unterrindige Triebbildung, innerhalb der neu hinzutre= tenden Holz= und Bastschichten, als Kryptoblast eine kürzere oder längere Reihe von Jahren in horizontaler Richtung nach außen (Seite 148), bis er endlich abstirbt, unter Umständen als Sphäroblast in der grünen Rinde noch mehrere Jahre fortwachsend, Fig. 14 (Seite 153). Bei den Pflanzen mit mehrjähriger Belaubung erhält sich auch der Blattstamm inner= halb der neu hinzutretenden Holz= und Bastschichten durch intermediäre Trieb= bildung so lange fortwachsend und lebendig, als das Blatt grün und lebens= thätig bleibt (Seite 151). Leicht kann man sich durch einige Längenschnitte überzeugen, daß die Faserbündel des dreijährigen Nadelbüschels der Kiefern wie der vier= bis achtjährigen Fichten= oder Tannennadeln, so lange diese grün und saftig sind, durch alle nach ihnen entstandenen Holz= und Bast= lagen hindurch bis zum Marke ununterbrochen sich fortsetzen. Bei den Pflanzen mit einjähriger Belaubung erlischt der Längezuwachs des unterrindigen Faser= bündels der Blätter schon im ersten Jahre (Seite 150 Fig. 13).

Häufig schon am einjährigen Triebe, aber auch an älteren Baum= theilen, so lange die Blattachselknospen als Kryptoblaste durch unterrindigen Längezuwachs sich lebendig erhalten, entwickeln sich aus einer oder mehreren

Blattachselknospen der Hauptachse des Baumes Nebenachsen (Fig. 47 b) da=
durch, daß der in der Blattachselknospe wie in der Endknospe der Haupt=
achse anticipirt gebildete, nächstjährige Längetrieb in seiner Entwickelung zum
Zweige und Aste weiter fortschreitet. Geschieht dieß ohne Beeinträchtigung
des Längezuwachses der Hauptachse, so geht daraus die Bezweigung
des Stammes hervor; geschieht es auf Kosten fortgesetzten Längezuwachses
der Hauptachse, so entsteht daraus die Verästelung (Kronenbildung) der=
selben, die bei den Baumhölzern meist erst in höherem Alter eintritt.

Abgesehen von der abweichenden Entwickelungsrichtung, unterliegen
die Nebenachsen, der Zweig und der Ast, genau denselben Ernährungs=
und Wachsthumsgesetzen wie die Hauptachse selbst. Die hier wie dort all=
jährlich hinzukommenden Holz= und Bastschichten erscheinen allerdings als
eine unmittelbare Fortsetzung der Holz= und Bastschichten des Stammes
(Fig. 47 b, c); auch können die terrestrischen Rohstoffe der Ernährung und
die secundären Bildungssäfte dem Zweige oder Aste nur durch die Haupt=
achse, durch den Stamm zugehen. Demunerachtet zeigt der Ast oder Zweig
sich dadurch als ein selbstständiges, wie das Pfropfreis auf dem Wildlinge,
so auf der Hauptachse gewissermaßen wurzelndes Gebilde, daß deren Zu=
wachs durchaus an die eigene Belaubung, daher auch an die
eigene Triebbildung gebunden ist. Der laublose Ast bildet, wie
der laublose Schaft, im ersten Jahre vollständiger und dauernder Entlau=
bung nur die Initiale neuer Holz= und Bastschichten (Seite 269), er hört
von da ab auf zu wachsen und stirbt sehr bald, wenn sich eine Belaubung
nicht wiederherstellt.

Daraus erklärt sich das natürliche Absterben der Nebenachsen, die
natürliche Reinigung des Stammes von den unteren Aesten. Wenn dem
Blatte die nöthige Lichtwirkung entzogen wird, dann kann es seine Funk=
tionen nicht erfüllen, primäre Bildungssäfte nicht bereiten. Der verschattete
Ast lebt fortan nur von den ihm durch die kümmernden Blätter zugeführten
secundären Bildungssäften. Daher sehen wir dann mit zunehmender Be=
schattung am verdämmten Aste die Belaubung, die Triebbildung und die
Jahresringe des Holzes und des Baumes zunehmend kleiner und schwächlicher
werden, und endlich gänzlich aufhören, wir sehen den verdämmten Ast
endlich absterben, während an allen übrigen, in ihren Extremitäten der
Lichtwirkung ausgesetzten Baumtheilen der üppigste Zuwachs stattfindet.

In unseren geschlossenen Hochwaldbeständen ist es die Beschattung
der gedrängten Schirmflächen aller Bestandsglieder, die verdämmend auf
die tiefere Beastung einwirkt und ein Absterben derselben gewöhnlich erst
im zehn= bis zwanzigjährigen Bestandsalter zur Folge hat, dann nämlich,
wenn der alljährlich höher aufsteigende Blattschirm sich so verdichtet hat,
daß er die Lichtwirkung auf die tiefere Belaubung aufhebt. Wir sagen
dann, der Bestand reinige sich. Wir sagen, der Bestand scheidele
sich aus, wenn die Unterdrückung sich nicht mehr allein auf die tieferen
Aeste, sondern auch auf diejenigen Pflanzen erstreckt, die in Folge geringerer
Lebenskraft und Zuwachsfähigkeit hinter den lebenskräftigeren Pflanzen des
Bestandes zurückbleiben und von diesen übergipfelt we.den.

Wie die Fig. d Seite 148 und Fig. 49 ergibt, reicht jeder Ast mit feiner Basis bis zur Markröhre des Stammes, und erweitert sich von da aus kegelförmig im Holze bis zur äußeren Astdicke. Diese kegelförmige Astbasis stört den graden Verlauf der Holzfasern des Schaftes und vermindert die Spaltigkeit derselben um so mehr, je älter der Ast, je länger und breiter der Astkeil wird. Je früher ein Schaftzweig abstirbt oder abgehauen wird, um so kleiner ist der Astkeil, um so geringer ist die Störung im graden Verlauf der Holzfasern des Schaftes, um so früher hört die Störung gänzlich auf.

Eine andere Folge des früher eintretenden und höher hinauf sich fortsetzenden Absterbens der Schaftäste ist die Vollholzigkeit, das Aushalten des Schafts in der Dicke. An dem im Freien erwachsenen, tief beasteten Baume führt jeder Ast dem Schafte eine gewisse Menge für den eigenen Zuwachs überschüssiger Bildungssäfte zu. Da, wie ich Seite 271 gezeigt habe, die secundären Bildungssäfte des Bastes nur abwärts sich fortbewegen, können die aus den Aesten dem Stamme zugehenden Bildungssäfte auch nur den unter jedem Aste befindlichen Schafttheilen zugehen. Da diese zugleich aber auch noch Bildungssäfte aus der höheren Beastung empfangen, so muß der Zugang an solchen und in Folge dessen der Zuwachs — die Jahrringbreite — in den unteren Baumtheilen eine größere als in den oberen Baumtheilen sein, es muß sich ein mehr kegelförmiger, abholziger Schaftwuchs herausbilden. Im Baume mit hohem Kronenansatze hingegen, wie wir ihn im geschlossenen Hochwaldbestande erziehen, ist der Zugang von Bildungssäften zunächst der Krone am größten, er muß in Folge des dort schon eintretenden theilweisen Verbrauchs nach unten hin abnehmen. In Folge dessen ist dann auch an solchen Bäumen der Zuwachs in den höheren Schafttheilen ein größerer, oft bis zum Doppelten der Holzringbreite in tieferen Schafttheilen. Je mehr dieß der Fall ist, um so mehr nähert sich die Schaftform der Walze, trotz der nach oben hin geringeren Zahl der Jahreslagen.

Wenn Holzbestände, die in voller Bestockung erwuchsen, erst in höherem Bestandsalter so licht gestellt werden, daß ihre Kronen sich frei entwickeln können, dann bleibt in der Regel der Kronenansatz ein unveränderter, es wird daher auch der Einfluß desselben auf die Vertheilung des Zuwachses in die Schafttheile sich nicht verändern. Ergibt sich in Folge solcher Durchlichtungen eine dauernde Zuwachserhöhung am Schaftholze, so kann diese nur auf vermehrter Blatt= und Wurzelmenge beruhen (s. Band II. Wahl der Durchforstungsarten).

Jede lange dauernde, zu größerer Stärke heranwachsende Beastung hat endlich auch Unregelmäßigkeiten in der Abrundung, und im graden Verlaufe des Schaftwuchses zur Folge, die für viele Zwecke den Werth des Schaftholzes ebenfalls herabsetzen kann.

Alles dieß spricht für die Erziehung der Holzbestände im Schlusse.

Auch im freien Stande reinigt sich der Schaft der meisten Holzarten, wenn auch nur bis zu geringen Höhen ohne künstliche Beihülfe von der Bezweigung. Verschiedene Holzpflanzen zeigen hierin ein verschiedenes Verhalten. Unter den Nadelhölzern besitzt dieß Vermögen am meisten die Lärche, am wenigsten die Fichte; unter den Laubhölzern besitzen es die

Aspe, Birke, Erle am meisten, die Buche und Hainbuche am wenigsten. Man ist geneigt, auch diese Reinigung der Verdämmung unterer Aeste durch die höhere Belaubung zuzuschreiben. Dem widerspricht aber schon der Um= stand, daß im Allgemeinen es die minder schattenden Holzarten sind, unter den Nadelhölzern die Lärche, unter den Laubhölzern die Aspe, die sich höher aufwärts auch im freien Stande reinigen. Auch müßte dann die Reinigung auf der Nord= und Südseite der Bäume in sehr verschiedener Zeit ein= treten, was entschieden nicht der Fall ist. Auch hierin, wie in so vielem Anderen müssen wir uns gestehen, daß eine selbst nur hypothetische Er= klärung nicht gegeben werden kann.

Die Zuwachsgröße überhaupt ist eine bei verschiedenen Holzarten außer= ordentlich verschiedene. Ganze Familien, wie der Vaccineen, Ericeen, So= laneen ꝛc. treten wenigstens in der heimischen Flor nur mit Pflanzen ge= ringer Zuwachsfähigkeit hervor, die auch unter den allergünstigsten Stand= ortsverhältnissen ein geringes Maß endlicher Körpergröße nicht übersteigen. Andere Familien, selbst einzelne Gattungen zeigen hierin die größten Ver= schiedenheiten verschiedener Arten. Die kleine Gletscherweide und die riesige Weißweide, die Zwergbirke und die Weißbirke, der Zwergwachholder und die virginische Ceder bieten Beispiele dar. Andere Familien, wie die der Ahorne, der Eschen, der Nußbäume, andere Gattungen, wie die der Fichten und der Tannen, der Linde und der Roßkastanie enthalten nur Großbäume; jener specifischen Zuwachsfähigkeit gegenüber besteht hier eine generische Zu= wachsfähigkeit, deren Größe innerhalb gewisser Grenzen eine von äußeren Einflüssen durchaus unabhängige ist, trotz der vollkommensten Ueberein= stimmung im anatomischen Baue sowohl, als in der chemischen Constitution der verschiedenartigsten Bestandtheile des Pflanzenkörpers, die selbst Salix herbacea gegenüber Salix alba nicht verläugnet. Wie kann man, solchen Thatsachen gegenüber, die Existenz einer individuell abgeschlossenen, die chemischen und physikalischen Akte des Pflanzenlebens beherrschenden Sonderkraft in Abrede stellen?

Von den specifischen Unterschieden der Zuwachsfähigkeit gelangen wir zum Racenunterschiede derselben. Der Landwirth kennt eine Riesengerste, Riesenmais ꝛc., der Gärtner einen Riesenkohl, Riesenhanf ꝛc. Beide pflanzen diese Raceunterschiede durch Aussaat fort. Bei unseren Holzpflanzen treten diese Unterschiede in Folge ihrer langsamen Entwickelung weniger hervor, oder vielmehr, es sind dieselben noch zu wenig erforscht und beachtet. Die Zahl eigener Beobachtungen in dieser Richtung ist noch zu gering, als daß ich einen bestimmten Lehrsatz darauf bauen möchte; so viel glaube ich aber schon jetzt aus ihnen ableiten zu dürfen, daß der Same aus den best= wüchsigsten Beständen und von den Bäumen erster Größeklasse entnommen, auch die kräftigste, zuwachsfähigste Nachkommenschaft liefern wird, daß wir auch auf diesem Wege nicht wenig auf Verbesserung künftiger Waldzustände hinwirken können.

Noch einen Schritt weiter, und wir gelangen zur individuellen Zu= wachsfähigkeit, zum Mehr oder Minder derselben, selbst unter den Pflanzen aus dem Samen desselben Mutterbaums. Im Thierreiche tritt uns die= selbe mit der größten Bestimmtheit entgegen, weil das Thier meist schon nach Ablauf weniger Jahre feine endliche Körpergröße erreicht und von da ab, felbst bei der reichlichsten Ernährung, abgesehen von den vorüber= gehenden Folgen der Mästung, weder größer noch schwerer wird. Hier treten felbst unter den Nachkommen desselben Elternpaares die größten Unter= schiede endlicher Körpergröße hervor, die, abgesehen von Siechthum oder Verkrüppelung, unstreitig schon im Keime liegen, durch Gunst oder Ungunst äußerer Einflüsse keine Veränderung erleiden. Wenn unter Geschwistern der eine mit fünf, der andere mit sechs Fuß in feinen Schuhen steht, wenn der eine blondes Haar und blaue Augen, der andere schwarzes Haar und braune Augen hat, so sind das individuelle, schon im Keime gegebene Unterschiede, die sich bis zur Schärfe sinnlicher Wahrnehmung, bis zur Verschiedenheit geistiger Fähigkeiten erstrecken. Im Pflanzenreiche sind diese Unterschiede weniger scharf ausgeprägt, doch treten sie auch hier dem sorg= fältigen Beobachter bestimmt entgegen. Der Pastor Maukfch, deffen Her= barium wir hier befitzen, unterschied 250! Formen der Salix silesiaca in den Karpathen, beobachtete jede derselben viele Jahre hindurch und ver= zeichnete nur die constanten Unterschiede in sehr ausführliche Diagnofen. Viele unserer Holzpflanzenarten würden bei gleich eingehender Beobachtung Aehnliches ergeben. Ich halte es für viel näher liegend, wenn man diese Unterschiede für individuelle hält, als das Streben sie sämmtlich auf Bastardirung zurückzuführen. Weil die Pflanze nie auswächst, treten die Unterschiede in der Zuwachsfähigkeit an ihr weniger scharf als am Thiere hervor. Indeß fehlen auch hierfür in unseren Waldungen die Fingerzeige nicht. Das gleichartige und gleichaltrige Oberholz im Mittelwalde zeigt Unterschiede im Massengehalte dicht nebeneinander, unter durchaus gleichen äußeren Einflüssen erwachsener Bäume, die bis zum zwei= oder dreifachen des Holzgehaltes steigen können. In unseren Buchenbeständen des Elm, die, aus natürlicher Besamung hervorgegangen, von Jugend auf regelmäßig durchforstet wurden, zeigen die 150 Stämme des 120jährigen geschlossenen Bestandes doch noch Maffeunterschiede bis nahe zum Dreifachen des Holz= gehaltes der Stämme. Daß diese Stämme in den letzten Decennien im Wuchse zurückblieben, ist theilweise Folge ihrer Uebergipfelung, daß sie aber übergipfelt wurden und nicht selbst übergipfelten, ist eine Folge ihrer geringeren Zuwachsfähigkeit, ihrer geringeren Lebenskraft, die fehr wohl im früheren Lebensalter eine größere gewesen sein kann, in Folge deffen sie damals dem dominirenden Bestande angehörten, die bei einem größeren Theil der Pflanzen des Jungorts früher, bei einem kleineren Theile später sich verringert, in Folge deffen die Uebergipfelung fortdauernd sich erneuert, trotz des fortgesetzten Aushiebes der zurückbleibenden Stämme.

Bestehen unter den Pflanzen derselben Art verschiedene Grade indi= vidueller Lebensdauer und Entwicklungsfähigkeit, [1] ist die verschiedene Größe der Pflanzen eines im Schluß erzogenen, alten Bestandes Folge dieser ver=

---

[1] Wenn der Urwald Riesenbäume erzeugte, wie sie unsere heutige Forstwirthschaft nie wieder hervorbringen wird, so liegt die Ursache keineswegs allein in dem damals größeren Humusreichthum des Bodens, sondern wesentlich auch darin, daß, bei dem beschränkten Ein= greifen der Cultur und der Benutzung, jene lebenskräftigsten Bestandsglieder im Stande waren, ihre Ueberlegenheit vollständiger geltend zu machen, als dieß heute der Fall ist.

schiedenen Lebenskraft, dann zeigt die geringe Zahl der Bäume erster Größe=
klasse des haubaren Bestandes (16—20), daß selbst unter Hunderttausenden
der Pflanzen des Jungorts nur wenige größter Entwicklungskraft enthalten
sind. Je größer die ursprüngliche Zahl der Pflanzen eines Jungorts ist,
je gleichmäßiger diese Pflanzen in den gesammten Standraum sich theilen,
je sorgfältiger darauf gesehen wird, daß dem Bestande während dessen
ganzer Lebensdauer nur solche Pflanzen entnommen werden, die sich durch
ihr Zurückbleiben im Wuchse, hinter dem ihrer Nachbarpflanzen, als minder
lebenskräftig zu erkennen geben, um so größer wird die Zahl lebenskräftigster
Pflanzen sein, die bis zum Abtriebe den Bestand bilden, um so größer
muß der Massenertrag der Bestände sich herausstellen. Da nun diese Er=
ziehungsweise zugleich auch das, durch größere Schaftmasse, Vollholzigkeit,
Regelmäßigkeit der Schaftbildung, Astreinheit und Spaltigkeit b e s s e r e Ma=
terial erzeugt, so ist in der That kein Grund vorhanden, dieser Erzeugungs=
und Erziehungsweise nicht das Wort zu reden. Wenigstens müßten doch
die Fürsprecher einer Herstellung pflanzenarmer Bestände, einer Erziehung
der Pflanzen im unbeschränkten Standraume, Cotta'scher als Cotta selbst,
ihre abweichende Ansicht in irgend einer Weise wissenschaftlich begründen.

An derselben Pflanze ist die Zuwachsgröße bedingt:

1) V o m S t a n d o r t — von der Summe der rohen Nahrungsstoffe,
die aus der Umgebung der Pflanze dieser zugehen können, und zwar in
den Zeiträumen, in denen die Pflanze zur Aufnahme derselben geschickt ist.
Wir nennen dieß die Fruchtbarkeit des Standorts. Sie ist Gegenstand der
Bodenkunde und Klimatologie.

2) V o n d e r G e s u n d h e i t d e r P f l a n z e.

3) V o n d e r S u m m e d e r E r n ä h r u n g s o r g a n e, der Wurzeln
und der Blätter. In dieser letzteren Hinsicht habe ich erst das Verhältniß
der B e l a u b u n g zum Zuwachse in einiges Licht zu stellen vermocht. Es
hat sich aus meinen Untersuchungen ergeben, daß eine gewisse Blattmenge
nothwendig sei, theils zur Aufnahme der atmosphärischen, theils zur Assi=
milation auch der terrestrischen Nährstoffe, wenn der Zuwachs in einer der
Pflanze, dem Pflanzenalter und dem Standorte entsprechenden Größe erfolgen
soll. Für Lärchen und Kiefern, Stangenhölzer, stellte sich die Menge der hiezu
nöthigen Belaubung als die einer vollen Beastung der letzten fünf Jahres=
triebe des Schaftes heraus. Jede weiter hinaufreichende Entästung hatte
unfehlbar eine Verringerung der Holzringbreite im zweiten Jahre nach der
Entästung zur Folge. Wurden die Stangen bis auf den letzten Gipfeltrieb
entästet, dann verringerte sich die Jahresringbreite im zweiten Jahre auf
ein Minimum; sie stieg von da ab alljährlich in gleichem Verhältniß mit
der zunehmenden Beastung und Belaubung bis zum sechsten Jahre nach
der Entästung, in welchem die frühere Holzringbreite wiederhergestellt war.

Ueber diesen Grad nothwendiger Belaubung hinaus, der bei anderen
Pflanzen und in anderem Pflanzenalter jedoch ein sehr verschiedener sein
wird, und wahrscheinlich in höherem Alter ein größerer ist, scheint eine
größere Laubmenge auf Steigerung des Zuwachses nicht oder nur unbe=
deutend einzuwirken. Eine zwanzigjährige bis zum Fuße dicht benadelte
Fichte besaß 1,555,000 Nadeln, die zusammen 225 Quadratfuß Fläche deckten.

Obgleich dieselbe, von Jugend auf im Freien erwachsen, stets eine verhältnißmäßig eben so große Blattfläche getragen hatte, war ihre Schaftholzmasse doch nur um einige Pfunde schwerer, als die einer eben so alten,
von Jugend auf im Schlusse erwachsenen, daher gering benadelten Fichte.
Eine gleich alte Kiefer mit 122,000 Nadeln, die eine Fläche von nur
47 Quadratfußen deckten, blieb im Trockengewicht des Schaftholzes nur um
1½ Pfund hinter der Fichte zurück. Eine von Jugend auf im Freien erwachsene und bis zum Boden bezweigte Fichte, die eine zehnfach größere
Nadelmasse trägt und von je her getragen hat, als die daneben stehende,
von Jugend auf in mäßigem Schluß erwachsene Fichte, ist deßhalb in der
Mehrzahl der Fälle nicht massenhaltiger als Letztere. Ueberflüssige
jährliche Laubproduktion muß nothwendig die Menge des bleibenden
Zuwachses vermindern. Die unter den Forstleuten der Cotta'schen Schule
sehr verbreitete Meinung, daß mit der Menge des Laubes auch die Menge
des Zuwachses steige, entbehrt daher, außerhalb der eben bezeichneten engen
Grenzen, jeder thatsächlichen Begründung.

Als Beweis des, den Zuwachs steigernden Einflusses stärkerer Belaubung und Beastung wird häufig der größere Zuwachs an den Randbäumen geschlossener Bestände angesehen. Wäre dieß richtig, so müßte eine
in demselben Maße räumliche Stellung aller Bäume des Bestandes denselben Erfolg zeigen, was im Allgemeinen gewiß nicht der Fall ist. Es
scheint vielmehr diese Zuwachssteigerung an die Randstellung gebunden zu
sein, und dürfte der, durch die Temperaturdifferenzen in und außer dem
Bestande am Rande derselben gesteigerte Luftwechsel, es dürfte der Umstand
wesentlich mitwirkend sein, daß in der kurznächtigen Vegetationszeit die,
am Tage kühlere, feuchtere und kohlensäurereichere Waldluft aus dem Innern
der Bestände, während der Tageszeit fortdauernd dem Bestandsrande zuströmt.

Ich will hiermit jedoch keineswegs behaupten, daß eine, über das
Nöthige hinausgehende Belaubung gänzlich außer Einfluß auf Zuwachssteigerung sei, vielmehr gebe ich zu, daß auf einem in seinen unorganischen
Bestandtheilen fruchtbaren Boden, dessen Produktionskraft unter der Freistellung nicht wesentlich leidet, der Zuwachs des einzelnen Baumes im vollen
Standraume ein um etwas größerer sein könne. Meine Behauptung beschränkt
sich darauf, daß das hierauf beruhende Zuwachs-Mehr diejenigen Ausfälle
an Zuwachs nicht ersetze, die aus der, unter diesen Umständen nothwendig geringeren Producentenzahl hervorgehen. Die Wahrheit dieses Satzes
erhellet einfach aus dem Vergleiche des Zuwachses der Pflanzwaldbestände
mit dem Wuchse der im vollen Schlusse erzogenen Bestände auf gleichem
Standorte (Vergleichende Untersuchungen über den Ertrag der Rothbuche),
wie aus der Thatsache: daß am Durchforstungsvorrathe bis über das hundertjährige Bestandsalter hinaus ein größerer Zuwachs stattfindet als am Abtriebsvorrathe (System und Anleitung zum Studium der Forstwirthschaftslehre, Seite 217). Es beruht dieß einfach auf dem Umstande, daß der
Zuwachs im Durchforstungsvorrathe an einer viel größeren Producentenzahl
erfolgt, als der Zuwachs am Abtriebsvorrathe. Hundert Cubikfuß übergipfelte Bäume wachsen alljährlich eben so viel, mitunter sogar mehr zu
als eben so viele Cubikfuß dominirende Bäume, aus dem einfachen Grunde,

weil jene etwa in 4—5, letztere in einem Baume stecken. Man kann sich leicht durch einfachen Vergleich überzeugen, daß die Jahrringbreite der über- gipfelten noch nicht völlig unterdrückten Bäume keineswegs so weit hinter der der dominirenden Bäume zurückbleibt, als die Ausgleichung der Zu- wachsverhältnisse zu Gunsten des dominirenden Holzes erheischen würde.

Im höheren, meist jenseit der Grenze üblicher Hochwaldumtriebszeit liegenden Alter der Bäume, tritt ein Zeitpunkt ein, in welchem der Kronen- zuwachs an Trieben und Holzschichten zwar nicht aufhört, wohl aber so zurückgeht, daß Jahrzehnte hindurch eine Veränderung der Größe und Form des Kronenraums nicht augenfällig wird. Demungeachtet kann die Krone doch gesund und voll belaubt sein. Es muß dieß zur Folge haben, daß ein großer Theil der unvermindert hergestellten Bildungssäfte, die früher auf den größeren Kronenzuwachs verwendet wurden, von da ab dem Schafte zugehen und dessen Zuwachs verstärken. Es ist meiner Ansicht nach daher nicht die Zeit der Kronenausbreitung und der dadurch gesteigerten Belaubung, in welcher die Stammstärke der alten Bäume sich über dasjenige Maß er- höht, das wir im geschlossenen Stande innerhalb üblicher Umtriebszeit er- zielen, sondern es ist im Gegentheil die Minderung des Kronenwuchses im höheren Alter, welche den größeren Dickezuwachs des Schafts zur Folge hat.

Vielleicht finden ähnliche Verhältnisse wie in der Bekronung und Be- laubung auch in der Bewurzelung statt. Wir wissen darüber aber noch gar nichts, wie überhaupt das ganze Verhalten der Bewurzelung zum Boden ein noch sehr wenig gekanntes ist. Die hier und da enthaltenen Angaben tragen zu sehr das Gepräge von Fictionen, als daß ihnen irgend ein Werth beizulegen wäre. Es mag daher hier das genügen, was ich Seite 157 und 246 über Bau und Wachsthum der Wurzel bereits angeführt habe.

Außerdem kennen wir nun noch eine vorübergehende Wachsthums- steigerung, die dann eintritt, wenn Bäume, die längere Zeit im Bestands- schlusse erwuchsen, durch Aushieb frei gestellt werden. Die Zuwachs- erhöhung erfolgt zu rasch, als daß vermehrte Laub- oder Wurzelmenge die Ursache derselben sein könnte. Sie findet statt auch bei Aushieb von Ober- holz aus dicht bestocktem Unterholze ohne Veränderung der Bodenbeschaffen- heit. Ueber die Ursache dieser schon nach wenigen Jahren auf die frühere Größe zurückschreitenden Zuwachssteigerung habe ich in der Bodenkunde Seite 87 meine Ansicht ausgesprochen.

Ueber die Periodicität des Wachsens unserer Holzpflanzen habe ich in der Forst- und Jagdzeitung 1857 Seite 281 eine Reihefolge von Versuchen mitgetheilt, aus denen im Wesentlichen hervorgeht, daß der Zuwachs gleich- zeitig mit dem Laubausbruche, bei uns Anfangs Mai, in den Zweigspitzen beginnt und hier gegen Ende August vollendet ist, also nahe vier Monate dauert. Selten eilt die Holzbildung in der Triebspitze dem Laubausbruche etwas voran.

Von den Zweigspitzen senkt sich der Zuwachs langsam nach unten, so daß bei Lärche und Ahorn die Bildung des neuen Jahresringes an der Basis des Stammes um vier Wochen später als in den Triebspitzen eintrat. Bei Eiche und Kiefer hingegen war schon Anfangs Mai die Jahrringbildung an den untersten Stammtheilen eben so weit, mitunter weiter vorgeschritten, als an den obersten Zweigspitzen. Bei Lärche und Ahorn wird dann auch der Jahrring an der Basis des Stammes um 2 Wochen später fertig (Ahorn Mitte August, Lärche Anfang September). Bei Kiefer und Eiche hingegen erfolgte die Vollendung des Jahresringes in Zweigen und Stammbasis gleichzeitig (Eiche Anfang August, Kiefer Anfang September).

Noch später beginnt die Holzbildung in den Wurzeln. Im Wurzel stocke der Lärche und Kiefer Anfangs Juni (Ende: Anfangs September); in dem des Ahorn gegen Ende Juni (Ende: Anfangs September); in dem der Eiche sogar erst gegen Ende Juli (Ende: gleichfalls Anfangs September). In den Faserwurzeln liegt die Holzbildung bei Eiche und Ahorn zwischen Anfangs August und Mitte September, bei Lärche und Kiefer zwischen An fangs September und Anfangs Oktober, dauert also nur vier Wochen. Es ist daher die schon im Februar oder März eintretende Bildung von Kraut sprossen und neuen Triebwurzeln eine mit dem Holzzuwachse der älteren Faserwurzeln ganz außer Verbindung stehende Zuwachserscheinung.

Es bleibt zu prüfen, ob und wie weit diese an Stangenhölzern aus geführten Untersuchungen mit den Zeiträumen des Zuwachses starker Bäume übereinstimmen.

Der Zeitraum vom Entstehen jeder einzelnen Holzfaser bis zu deren voll ständiger Ausbildung in räumlicher Hinsicht umfaßt in den oberirdischen Baum theilen 4—6, in den unterirdischen Baumtheilen 2—4 Wochen.

Neueren Beobachtungen an Phaseolus zufolge soll das tägliche Wachs thum dieser Pflanze vorzugsweise in den Stunden vor Sonnenuntergang bis Mitternacht liegen, von da ab bis Sonnenaufgang sich allmählig verringern, von Sonnenaufgang bis Mittag fast gänzlich aussetzen und in den Nach mittagsstunden sich wieder steigern (Fischer).

G. Reproduktion.

Das, in einem verhältnißmäßig zur Lebensdauer kurzen Zeitraume aus gewachsene Thier nimmt täglich Nahrung zu sich, verdaut dieselbe, bildet daraus neue Körpertheile, ohne dadurch schwerer zu werden (abgesehen von den vorübergehenden Folgen der Mastung). Ein, der täglichen Nahrungs aufnahme, oder vielmehr den aus dieser entstehenden Neubildungen ent sprechendes Gewicht früher gebildeter Körpertheile wird in gas- und dunst förmiger Gestalt wieder ausgeschieden und durch Neubildungen ersetzt.

Eine Reproduktion in diesem Sinne findet bei der Pflanze nicht statt. Die fertig gebildete Pflanzenzelle bleibt bis zum Tode der Pflanze oder des Pflanzentheils unverändert dieselbe. Die, auch vom Pflanzenkörper ausge schiedenen Gase und Dünste sind nicht wie beim Thiere Excrete bereits fertig gebildeter Körpertheile, sondern es sind, den Excrementen des Thiers ver gleichbare Ausscheidungen aus dem Ernährungs- und Assimilationsprocesse. Daher kennt die Pflanze diesen Stillstand des ausgewachsenen Zustandes nicht. Sie wird alljährlich bis an ihr Lebensende schwerer, um das Gewicht aller jährlichen Neubildungen an Zellen, abgesehen von den vorübergehenden Ge wichtsschwankungen durch Verwendung und Wiederansammlung der Reserve stoffe, abgesehen von den Gewichtsverlusten durch Ast-, Blatt- und Fruchtabfall, burch Krankheiten und Absterben einzelner Pflanzentheile (Kernfäule, Trockniß, Brand 2c.).

Auch die jährliche Erneuerung der Triebe, Blätter, Knospen gehört nicht zu den Reproduktions=, sondern zu den normalen Wachsthums= erscheinungen. Selbst die, in Folge krankhafter Zustände oder gewalt= samer Verletzung eintretende Wiederbelaubung aus schlafenden Augen (Seite 150) gehört nicht hierher, denn sie erfolgt aus vorgebildeten, in normaler Weise entstandenen, in ihrer Entwicklung nach außen kürzere oder längere Zeit zurückgehaltenen Knospenbildungen. Den Begriff pflanz= licher Reproduktion beschränke ich auf Bildungen, die in Folge gewaltsamer Verletzungen im Keime neu entstehen, die Wundfläche mit einer ver= jüngten Rinde=, Bast= und Holzschicht bekleidend, aus der dann im ersten Jahre ihrer Entstehung auch neue Wurzel= und Triebknospen (Ad= ventivknospen) entstehen können.

Zu den Reproduktionserscheinungen der Holzpflanze zähle ich daher:

A. Adventiv=Achsengebilde.

1) Die Ueberwallung.

2) Die Bekleidung.

B. Adventiv=Nebenachsen.

3) Die Adentivstammknospe.

4) Die Adventivwurzelknospe.

5) Die Wurzelbrut.

A. Adventiv=Achsengebilde.

1. Die Ueberwallung.

Ueberall, wo durch eine Schalmwunde Rinde und Bast, selbst die äußeren Holzlagen hinweggenommen werden, bildet sich im nachfolgenden Jahre an den Grenzen der Wundfläche ein kleiner, äußerlich von junger Rinde bekleideter, der Grenze zwischen Holz und Bast entspringender Wall, in welchem ein holziger, nach der Schalmfläche hin bogig umgekippter Kern, von einer neuen Bast= und Rindelage bekleidet ist. Die Unter=

Fig. 48.

suchung von Querschnitten zeigt schon dem einfach bewaffneten Auge, daß der durch die Wunde entblößte Holzkörper an dieser Wallbildung keinen Theil hat, daß letzter den neu hinzutretenden Holz= und Bastlagen entspringt, die, in jedem folgenden Jahre durch neu hinzukommende Schichten sich vergrößernd, endlich in der Mitte der Schalmfläche zusammenstoßen, worauf sich dann die normale, ununterbrochene Holzbildung wiederherstellt.

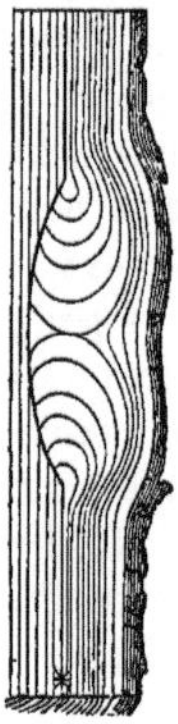

Die nebenstehende Figur zeigt in der Einsenkung zwischen * * ein vor acht Jahren hergestellte Schalmwunde und deren Ueberwallung von sechs unvollständigen Wulstringen, über denen in den letzten beiden Jahren sich zwei ununterbrochene Holzlagen ausgebildet haben. Da die äußeren Borkelagen an der Reproduktion nicht Theil nehmen, erhalten sich die Grenzen der Schalmwunde äußer= lich noch lange Zeit, oft für immer erkennbar.

Da der, durch die Schalmwunde bloßgelegte Holzkörper in

keiner Weise an der Reproduktion Theil nimmt, da eine Verwachsung zwischen ihm und den Ueberwallungslagen nicht eintritt, so erklärt sich hieraus leicht, daß Schriftzeichen, Zahlen, Zeichnungen, die in ihn eingeschnitten wurden, sich für immer unter den später hinzutretenden Holzschichten erkennbar erhalten.

In ganz ähnlicher Weise erfolgt die Ueberwallung von Aststutzen. Jeder Aststutz bleibt nur dann zuwachsfähig, wenn an ihm neue belaubte Triebe sich bilden (Seite 281). Ist das nicht der Fall, dann vermag er selbst auch keine Ueberwallungsschichten zu bilden. Findet an ihm eine Ueberwallung statt, dann geht diese stets von demjenigen Baumtheile aus, dem der Aststutz entsprungen ist. Die auch hier alljährlich hinzutretenden Ueberwallungsschichten sind eine Fortsetzung des Holzzuwachses jenes Baumtheils. Wie im vorhergehenden Falle dadurch eine Lücke ausgefüllt wird, so wird hier ein an sich nicht reproduktionsfähiger Hügel — der Aststutz — abmählich überwachsen. Die nebenstehende Figur 49, den Längenschnitt eines völlig überwallten Aststutzes darstellend, in welchem die mit * bezeichnete Linie die Grenze des Holzkörpers zur Zeit der Einstutzung des Astes umschreibt, wird dieß ohne weiteres erläutern. Ich besitze in meiner Sammlung einen Eichenaststutz von 1/3 Mtr. Länge, der wie nebenstehend bis zur Spitze durch 60 aufsteigende Holzlagen vollständig überwallt ist. Der längst abgestorbene Aststutz selbst ist in diesem Falle als ein durchaus indifferenter Körper zu betrachten. Erfolgt die Ueberwallung rasch, so kann dessen Holzkörper

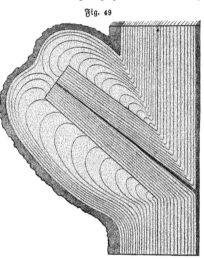

Fig. 49

sich vollkommen gesund erhalten; erfolgt sie langsam, und ist sie erst dann vollendet, wenn bereits Fäulniß des todten Aststutzes eingetreten ist, dann kann letztere vom Aststutz aus auch dem Stamme sich mittheilen und Kernfäule zur Folge haben. Holzarten mit geringer Dauer ihres Holzes fordern daher einen rascheren Verschluß ihrer Wundflächen durch Schalme und Aststutze, wenn die der technischen Verwendung so nachtheiligen Folgen vermieden werden sollen. Der Verschluß der Wundflächen erfolgt aber rascher, je kleiner die Wundfläche, je kürzer der Aststutz ist, er erfolgt auf gutem Standorte, bei starkem Zuwachs im jugendlichen und mittleren Alter der Bäume früher als auf schlechtem Boden und in höherem Baumalter. Hieraus entspringen ohne weitere Nachweisung die Regeln für das Ausästen des Oberholzes im Mittelwalde und für den Kopfholz = und Schneidelholzbetrieb.

In ganz ähnlicher Weise erfolgt das Ueberwallen der Nadelholzstöcke, so daß die vorstehende Figur 49 auch für diese als erläuternd benutzt werden kann. Der wesentliche Unterschied beruht nur darin, daß die Ueberwallung am laublosen Haupttriebe erfolgt. (Meine Ansichten hierüber Seite 271 und Forst= und Jagdzeitung 1844 Seite 96, 1846 Seite 5.)

Stellt man eine Wundfläche in der Weise her, daß die abgelöste Rinde und Bastfläche mit nicht abgelösten Flächen in Verbindung bleibt, dann bedeckt sich mitunter nur die innere Bastseite, mitunter nur die Holzfläche, in seltenen Fällen bedecken beide Flächen sich mit Neubildungen. In den ersten beiden Fällen geht die Neubildung von den permanenten Mutterzellen des Bastes und des Holzes aus, die, je nachdem sie beim Ablösen des Baststreifens auf der Bastseite oder auf der Holzseite verblieben, auf der entsprechenden Seite die Neubildungen an Holz, Bast und Rinde bilden, wie ich dieß in meiner Naturgeschichte der forstlichen Culturpflanzen Taf. 70 Fig. 5. nachgewiesen habe. Daraus erklärt sich auch die oft citirte Beobachtung, daß wenn Metallplatten zwischen Bast und Holzkörper eingeschoben werden, diese später in manchen Fällen im Holze, in anderen Fällen im Baste wieder vorgefunden werden. Wird eine Metallplatte zwischen f und $\frac{h}{b}$ Fig. 22 Seite 177 eingebracht, dann wachsen die spätern Holz= und Bastlagen zwischen ihr und der Rinde zu; sie wachsen zwischen ihr und dem Holzkörper zu, wenn die Metallplatte zwischen $\frac{h}{b}$ und m der= selben Figur eingebracht wurde. Wenn hingegen beide Wundflächen mit Neu= bildungen sich bedecken, dann stammen nur die der Bastseite aus den permanenten Mutterzellen der Cambialschichten, während die der Holzseite in einer Weise entstehen, die wir unter dem Namen der Bekleidung kennen lernen werden.

An ringförmigen Schnittwunden bilden sich anfänglich Ueberwallungs= wülste, sowohl am oberen als am unteren Schnittrande der Ringwunde, der Wall am unteren Schnittrande bleibt aber schon nach einigen Wochen in der Entwickelung zurück und bildet nie einen zweiten, dritten Holzring, wenn nicht in ihm Adventivknospen entstehen, deren Triebbildung und Belaubung ihn im Zuwachse erhält. Der Wall am oberen Schnittrande hingegen wächst auch ohne Knospenbildung durch alljährlich hinzutretende Holz= und Bast=

Fig. 50.

schichten so lange, als der über der Ringwunde liegende Baumtheil sich lebendig erhält.

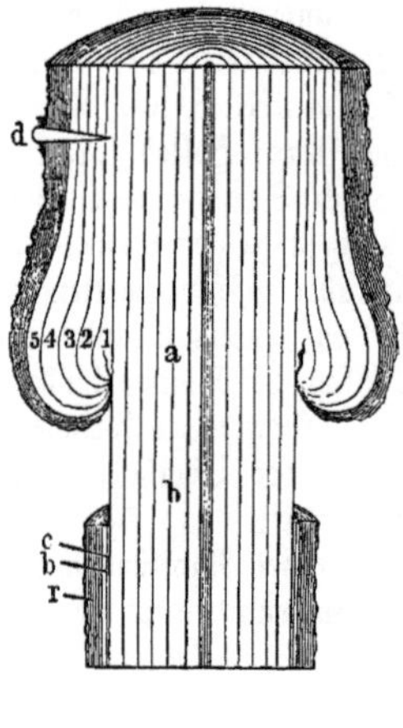

In der nebenstehenden Figur 50 sehen wir den Längenschnitt eines zwischen a und b vor fünf Jahren geringelten Stammes. Die Ringwunde a b ist ohne alle Reproduktion geblieben, die Außen= fläche des Holzkörpers liegt heute noch so nackt wie zur Zeit der Verwundung. Ueber der Ringwunde haben sich in allen Theilen des Baumes fünf Holz= und Bastlagen in normaler Weise gebildet, deren unterster Theil wie in Fig. 48 und 49 zu einem Ueberwallungswulste sich erweitert und umgekippt hat. Unter der Ringwunde hingegen hat sich nur im Jahre nach der Verwundung die Initiale eines Jahrringes (c) gebildet (vergl. S. 269).

Querschnittflächen, die, wie die Hiebsflächen

der Niederwald= und Kopfholzstöcke mit einer überstehenden Belaubung nicht in Verbindung stehen, bilden im ersten Jahre nach dem Hiebe zwischen Holz= und Bastkörper ebenfalls einen Ueberwallungswulst, der, wie in vor= stehender Figur 50 c, die Initiale des Holzringes (Seite 296) nach außen abschließt. Abgesehen von der abnormen Fortbildung dieser Initiale an Stöcken der Weißtanne, Lärche, seltner der Fichte, bleibt diese für immer auf der Figur 50 c dargestellten, niederen Entwickelungsstufe, wenn nicht durch Adventivknospenbildung im Ueberwallungswulste, oder durch Krypto= blastenentwickelung (Seite 150) dicht unter diesem, er selbst und der Stock in fortdauerndem Zuwachse erhalten wird. Ich komme hierauf bei der Adventivknospenbildung zurück.

Streng genommen gehört die Ueberwallung nicht zu den Reproduktions= erscheinungen, da sie auf einem fortgesetzten Zuwachse vorgebildeter Holz=, Bast=, und Rindelagen beruht, ich habe sie aber hierhergestellt, einestheils da sie doch immer nur als Folge eingetretener Verletzungen auftritt, anderentheils weil reproduktive Erscheinungen häufig mit ihr verknüpft sind. Mit demselben Rechte könnte man allerdings auch Kryptoblaste und Sphäroblaste (Seite 150, 153) hierherziehen.

2. Die Bekleidung.

Wenn man im Frühjahre, während der Zeit, in welcher die neuen Holz= und Bastlagen sich bilden, armsdicken Stangenhölzern einen 2—3 Zoll breiten Bastring entnimmt, dann trocknen die äußersten, bloßgelegten Holz= lagen in der Regel sehr bald aus, sie sterben in Folge dessen bald ab, und es erfolgt auf der Wundfläche keine Reproduktion, sondern nur eine Verwal= lung der Schnittränder, wie dieß die vorige Figur 50 darstellt. Schließt man hingegen die ganze ringförmige Wundfläche, sofort nach Herstellung derselben, in die beiden Hälften eines der Länge nach in zwei Stücke gesprengten Lampencylinders ein, verkittet man diese unter sich und mit der Baumrinde luftdicht vermittelst Baumwachs, so daß ein Abtrocknen der Wundfläche nicht eintreten kann, da die Luftschicht zwischen ihr und dem Glase sich rasch mit Wasserdunst aus dem aufsteigenden Holzsaft sättigt, dann bildet sich schon nach einigen Tagen gleichmäßig über der ganzen Wundfläche ein grünlicher Rindeschorf, unter dem weiterhin Holz= und Bastbündel im Keime neu entstehen, deren Vergrößerung und Vereinigung einen neuen Holz= und Bast= körper bildet, ohne daß eine Verwallung der früheren Schnittränder hieran Theil nimmt. Durch diese Neubildungen stellt sich im neuen Baste der unge= störte Verlauf der absteigenden Bildungssäfte wieder her, so daß, auch in den unter der Ringwunde liegenden Baumtheilen, der Holz= und Bastzuwachs fortdauert, während ohne diese Bekleidung jeder Zuwachs unter der Ring= wunde sehr bald für immer erlöscht.

An, von Wild oder Beerensammlern geschälten Buchen, Eichen, Erlen zeigt sich die Bekleidung der Wundflächen mitunter auch im Freien, ohne irgend eine künstliche Beihülfe. Da der eben beschriebene Glasverband nur dadurch wirkt, daß er um die Wundfläche eine mit Feuchtigkeit gesättigte Luftschicht erzeugt und erhält, so wird auch ohne Glasverband diese Re= produktion eintreten, wenn zur Zeit der Verwundung die Waldluft mit

Feuchtigkeit gesättigt war und bis zur Herausbildung des ersten Rinde=
schorfs in diesem Zustande verharrte.

Die Seltenheit und die meist örtliche Beschränkung der im Freien sich
bildenden Bekleidungen hatte unter den Physiologen die Ansicht hervor=
gerufen, es sei dieselbe Folge eines zufälligen Verbleibens von Cambium
auf der entblößten Holzfläche, bis ich in meiner Naturgeschichte der forst=
lichen Culturpflanzen (Tafel 70 Fig. 1—3) eine Reihefolge von Beobach=
tungen veröffentlichte, denen zu Folge das Zellgewebe der Markstrahlen des
Holzkörpers es ist, welches, nach außen hervorwachsend und zu einer neuen
Kork= und Rindeschicht verschmelzend, die Grundlage der Neubildungen ab=
gibt, der Art, daß nach eingetretener Verschmelzung der einzelnen Zellgewebs=
massen zu einer zusammenhängenden, von Korkzellen bedeckten Schicht grüner
Rinde, in letzterer, seitlich eines jeden Markstrahls, neue Faserbündel aus
Zellenmetamorphose wie im Embryo entstehen (S. 209).

Fig. 51.

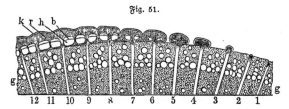

Die vorstehende Fig. 51 gibt eine Darstellung des Entwickelungsver=
laufes der Bekleidung. Sie stellt einen Theil der Querschnittfläche
eines entrindeten Eichenstämmchens dar. 1—12 sind Markstrahlen, g g ist
die Grenze des vorjährigen Holzringes, bezeichnet durch die dichtere Stellung
der größeren Holzröhren des neuen Holzringes, dessen normale Fortbildung
durch das Ringeln unterbrochen wurde. Das was im Bereiche der Mark=
strahlen über der Grenzlinie g g liegt, ist also der Anfang eines neuen
Holzringes, so weit dieser im Frühjahre vor eingetretener Ringelung sich
normal entwickelt hatte. An den mit 1—12 bezeichneten Markstrahlen habe
ich fortlaufend diejenigen Veränderungen angedeutet, welche sich auf die
unter Glasverband erfolgenden, die Bekleidung erzeugenden Veränderungen
beziehen. Sie bestehen im Wesentlichen in Folgendem.

Ueber 1 haben die äußersten Markstrahlzellen eine grüne Färbung er=
halten, angedeutet durch Schraffirung. Die Markstrahlzellen haben sich in
parenchymatische Zellen verwandelt, dessen äußerste Schichten schon jetzt zu
Korkzellen sich umbilden. In 2—4 ist das neugebildete Parenchym über die
Außenfläche des entrindeten Holzkörpers hervorgewachsen, ein Wahres, von
Korkgewebe bekleidetes Rindenparenchym. Ueber 5 sehen wir, jederseits der
Fortsetzung des Markstrahls, den Anfang eines neuen Faserbündels, in
6—12 die Vergrößerung und die Differenzirung derselben in einen Holz=
körper h und in einen Bastkörper b. Wir sehen, wie gleichzeitig das Rinde=
zellgewebe r sich vergrößert, bis die einzelnen Neubildungen sich gegenseitig
erreichen und drängen, worauf das Korkgewebe zwischen den Anschlußflächen
resorbirt wird, die unter sich verschmelzenden Rindemassen hinfort nur äußer=
lich bekleidend (k). Zwischen den neuen Faserbündeln verwandelt sich als=

dann das Rindegewebe wieder in Markstrahlengewebe. Von da ab bilden sich alljährlich neue Holz= und Bastschichten in gewöhnlicher Weise auf der Grenze zwischen Holz und Bast der neuen Faserbündel (b h). Bei Ellern, Ebereschen, Lärchen sind aber die Fälle nicht selten, in denen die neuen Faserbündel sich noch 6—8 Jahre lang sphäroblastenähnlich fortbilden, während bei Buchen, Hainbuchen, Birken, Eichen die Jahrringbildung in der Regel schon im zweiten Jahre durchaus normal verläuft.

In seltenern Fällen gelingt es auch an Nadelhölzern, besonders an der Lärche, unter Glasverband auf Wundflächen Bekleidung hervorzurufen; es erwächst diese dann aber nicht wie bei der Eiche aus Umbildung des Zellgewebes der Markstrahlen, sondern aus der äußersten Schichtung junger Holzfasern, in denen der Ptychodeschlauch mit seinem Inhalte sich noch er= halten hat. Es ist dann dieser Schlauch, der sich zu einer senkrechten Reihe von kurzen Schläuchen abschnürt, von denen jeder einzelne, nach erfolgter Einstülpung und Abschnürung eines verjüngten Schlauches in den Innen= raum zur Zellwandung in geschilderter Weise sich umbildet. Unter Resorption der ursprünglichen Faserwände bilden alle diese Theilzellen ein zusammen= hängendes grünes Rindezellgewebe, in welchem die Umbildungen zu Kork= gewebe, zu Faserbündeln mit Holz und Bast eben so vor sich geht, wie bei der Bekleidung von Wundflächen der Laubhölzer.

Ich habe wohl nicht nöthig, darauf hinzuweisen, daß auch in der Bekleidung das Vermögen einer Selbsthülfe sich ausspricht, das der universal= materialistischen Anschauungsweise (Seite 124) des lebendigen Organismus aufs entschiedenste widerspricht.

B. Adventiv=Nebenachsen.

3. Adventiv=Knospen.

Wenn man 6—8 Ctm. hohe, 4—6 Ctm. dicke Abschnitte kräftig ge= wachsener Stämme oder Aeste der Schwarzpappel auf einen Teller mit nassem Sand stellt, und diesen in warmer Luft mit einer Glasglocke bedeckt, dann bildet sich, im Winter wie im Sommer, zwischen Bast und Holz des oberen und des unteren Schnittrandes eine Zellgewebsmasse, mit deren zuneh= mender Vergrößerung der Bast= und Rindekörper vom Holze abgedrängt wird. Aus diesem, dadurch zwischen Holz und Bast entstandenen, mit parenchymatischem Zellgewebe erfüllten, keilförmigen Spalte erhebt sich dann das Zellgewebe wallförmig über die Schnitt=

fläche und bildet den Ueberwallungsring a b c d der nebenstehenden Abbildung, in der e m den alten Rinde= und Bastkörper, g c einen keilförmigen Ausschnitt des alten Holzkörpers darstellt.

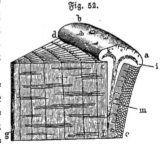

Fig. 52.

In der neu gebildeten Zellgewebs= masse treten nun zwei wesentlich verschiedene Umbildungsvorgänge ein. Wie im jugend= lichen Zellgewebe des Embryo, so entstehen auch hier neue Faserbündel durch Zellen=

metamorphofe (Seite 174), die sich zu einem neuen Holz= und Baftkörper conftituiren, der im Keilraume sich dem alten Baftkörper anlegt, im Ueber= wallungszellgewebe hingegen in radialer Richtung sich verzweigt und jederseits kuppelförmig verläuft: m zeigt den Anschluß dieser neuen Faferbildung an die alten Baftschichten, i k zeigt die Verzweigung desselben im Zellgewebe der Ueberwallung, deren überliegende Zellschichten dadurch die Bedeutung des Rindezellgewebes erhalten.

Durchaus unabhängig von dieser Entwickelung eines neuen Holz= und Baftkörpers im Innern des vorgebildeten, parenchymatischen Zellgewebes der Ueberwallung, sieht man nun in dem Rindetheile desselben, unfern der Oberfläche des Ueberwallungsringes, hier und da kleine rundliche Nester eines ungemein kleinzelligen Zellgewebes entstehen, wie es mir scheint durch örtlich beschleunigtes Tempo der Selbfttheilung großer Rindezellen. Darauf entsteht über diesen Zellennestern ein kappenförmiger mit Oberhaut bekleideter Spalt, dessen Entstehen ich erkläre aus einer gegenseitigen Verwachsung der überliegenden Rindezellenschicht, unter gleichzeitiger Resorbtion der Zwischenwände, woraus eine Doppelkappe, in Form einer zur Hälfte in sich selbst eingestülpten Blase entsteht, deren innere Haut das Zellennest hinfort als Oberhaut bekleidet, während die obere Haut zerreißt und den heran= wachsenden Knospenembryo durch sich hindurch läßt. Allerdings ruht die Erklärung der Oberhautbildung nur theilweise auf direkter Beobachtung, mehr auf dem Umstande, daß ich mir die Entstehung derselben auf dem heranwachsenden Knospenkeim in keiner anderen Weise zu deuten vermag.

Die nachfolgende Figur 53 zeigt den Längeschnitt a c der vorhergehen=

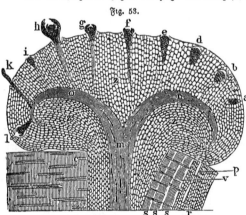

Fig. 53.

den Figur in größerem Maßstabe, und in a—h die Entwickelung der Adventivknospe in histo= rischer Folge. Bei a deuten die Punkte das, im großzelligen Paren= chym entstandene Klein= gewebe an, über dem sich bei b nach außen hin ein kappenförmiger Spalt gebildet hat, dessen innere Grenzlinie das Kleingewebe als Oberhaut bekleidet. Bei d hat das Kleingewebe

sich erweitert und den kappenförmigen Spalt nach außen gedrängt, dessen äußere Grenzhaut bei e zerrissen ist, während das Kleingewebe in Geftalt eines hüglichen Wärzchens mit der dasselbe bedeckenden Oberhaut zu Tage tritt. Dieß kleine Wärzchen hat fortan durchaus die Bedeutung des ter= minalen Wärzchens (gemmula ascendens) jeder anderen normalen Knospe. Wie dort treten auch hier erst unvollkommene, dann vollkommene Blatt= ausscheidungen unter fortdauerndem Längezuwachse seitlich von ihm hervor,

wie f—h zeigt, eine Knospe bildend, die sich in der Regel zum Triebe so=
fort weiter ausbildet. Diese Knospe allein verdient den Namen Adventiv=
knospe, weil sie erst nach erfolgter Verletzung und Wallbildung im Keime
neu entsteht, was bei den schlafenden Augen (Seite 150) nicht der Fall ist.

Die Abbildung zeigt uns ferner, daß, während das Kleingewebe nach
außen zur Knospe emporwächst, gleichzeitig eine Verlängerung desselben nach
unten stattfindet (e—h. Wie im Zellgewebe des Embryo, so entsteht auch
hier im Kleingewebe ein Kreis von Faserbündeln (Seite 174), der sich zu
einem, im Durchschnitte ringförmigen Holz= und Bastkörper constituirt und
in seiner Verlängerung nach unten endlich dem Holzkörper des Lohdenkeils
sich anschließt (h) und mit diesem verwächst.

Wenn an der unteren, auf dem feuchten Sande stehenden Schnittfläche
des Walzenstücks ebenfalls ein Ueberwallungsring sich bildet — was dadurch
befördert wird, daß man, bis zur Bildung des Kleingewebes, den Abschnitt
von Tag zu Tag umkehrt — dann ist der Entwickelungsverlauf der Ad=
ventivknospen von a—e hier derselbe, wie in der nach oben gekehrten Ueber=
wallung. Das hervordringende und in den feuchten Sand hineinwachsende
Knospenwärzchen (i — e) bildet dann aber keine Blattausscheidungen und
innerhalb seines Bündelkreises keinen Markcylinder; es entwickelt sich zur
Wurzelfaser k.

Selten bildet sich die Adventivknospe schon im Innern des Ueber=
wallungszellgewebes so weit aus, daß an ihr die ersten Blattausscheidungen
erkennbar sind (l).

Die Wiederausschlagsfähigkeit der Bäume durch Erzeugung von Adventiv=
knospen ist eine beschränkte. Am häufigsten habe ich Adventivknospenlohden
noch bei Eiche und Rothbuche gefunden, doch erfolgt auch bei diesen Holz=
arten der Stockausschlag weit häufiger aus Kryptoblasten (Seite 150).
Künstlich läßt sich eine reiche Entwickelung von Adventivknospen bei der
Rindereproduktion unter Glasverband hervorrufen (Seite 297); sie erfolgt
ohne weiteres dort nur am unteren Schnittrande der Ringwunde; umschnürt
man aber die Mitte der Ringwunde mit einem scharf angezogenen Drahte,
dann erhält man bei der Rothbuche unter Glasverband nicht allein die ge=
wöhnliche Bekleidung, sondern aus dieser auch große Mengen von Adventiv=
knospen. Ueberhaupt können Adventivknospen nur während der Bildung
des Ueberwallungswulstes entstehen; das fertige Zellgewebe derselben verliert
sehr bald die Fähigkeit der Knospenbildung, die nie bis zur nächsten Ve=
getationsperiode sich erhält. Darauf mag hauptsächlich das beschränkte Vor=
kommen dieser Bildungen beruhen.

Bereits vorstehend habe ich gesagt, daß der im keilförmigen Ueber=
wallungsspalte sich bildende neue Holz= und Bastkörper in den tieferen
Theilen des Spalts dem alten Bastkörper sich anschließe (Fig. 52 m).
Mit der Grenzlinie des alten Holzkörpers (Fig. 52 c) bleibt der holzige
Lohdenkeil außer organischer Verbindung. Dieß hat dann die Folge, daß
üppig entwickelte Adventivknospenlohden im Sturme oder wenn sie von Eis=
oder Schneeanhang stark belastet sind, mit der Rinde des Stockes leicht vom
Holzkörper desselben abgebrochen werden. Die umstehende Figur mag dieß
erläutern. Sie stellt die Spaltfläche eines Stockes dar, in welcher der mit *

Fig. 54.

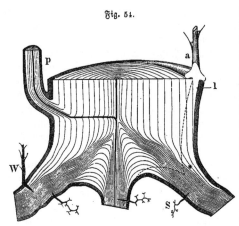

bezeichnete Theil sich leben=
dig und säfteleitend erhält,
während der jenseit der
punktirten Linie liegende
Stocktheil sehr bald außer
Funktion tritt und abstirbt.
Die Adventivlohde a ist
durch ihren Lohdenkeil l
nur mit dem horizontal
gestrichelten Bast= und
Rindekörper verwachsen.

In mehrfacher Hin=
sicht weit günstiger stellt
sich die Kryptoblastlohde
(p) zum Holze des Mutter=
stocks. Fig. 13 Seite 150
zeigt die Entwickelungsfolge des Kryptoblast vor seiner äußeren Triebbildung;
die vorstehende Figur kann die fortgesetzte Holzbildung desselben nach ein=
getretener äußerer Triebbildung so weit erläutern, als daraus hervorgeht,
daß die Kryptoblastlohde auch mit dem Holzkörper des Stockes bis zu dessen
Markröhre in organischem Zusammenhange steht, und dadurch nicht allein
größeren Halt an ihm besitzt, sondern auch weit günstiger auf ihn zurück=
wirkt in Bezug auf Gesundheit und Dauer des Mutterstockes.

Jeder Wiederausschlag entspringt entweder einer ursprünglich am ein=
jährigen noch krautigen Triebe gebildeten Blattachselknospe und deren, bis
zum Wiederausschlage zurückgehaltener, äußerer Triebbildung, oder er ent=
springt einer Adventivknospe. Andere Entstehungsarten gibt es nicht.

Die Kryptoblastlohde kann daher überall aus unverletzter Rinde hervor=
wachsen, wo in dieser eine Blattachselknospe sich lebendig erhalten hat (Räuber,
Wasserreiser). Knospen dieser Art können im höheren Alter des Stamm=
theils durch Verästelung sich mehren; dagegen können sie an älter als
einjährigen Trieben nirgends neu entstehen. Die Adventivlohde hingegen
kann zu jeder Zeit an jedem Baumtheile entstehen, aber nur dann, wenn
durch gewaltsame Verletzung desselben ein Ueberwallungszellgewebe erzeugt
wird, mit dem sie gleichzeitig und nur in dessen jugendlichem Zustande sich
ausbildet (Seite 300). Adventivknospen können jedoch, wie Blattachsel=
knospen, mehrere Jahre in ihrer Entwickelung zu Trieben zurückgehalten
bleiben (Adventivkryptoblaste). Wenn in seltenen Fällen aus älteren Ueber=
wallungen Triebe sich entwickeln, dann sind es Adventivkryptoblaste, aus
denen sie entspringen.

14. Adventiv=Wurzeln.

Es ist eine sehr bekannte Sache, daß oberirdische Baumtheile der
Weiden, Pappeln, Weißellern, Platanen und vieler Strauchhölzer Wurzeln
treiben, wenn sie als Steckreiser oder Setzstangen mit feuchtem Erdreich in
Verbindung gebracht werden. Selbst die meisten Nadelhölzer, fast alle Cy=
pressen, Araukarien und Podocarpeen lassen sich durch Steckreiser vermehren.

Wo dieß, wie bei der großen Mehrzahl der Laubholz= und Nadelholz=
bäume nicht oder nicht leicht gelingt, da zeigt doch die Wurzelbildung an
Absenkern, daß die Fähigkeit der Wurzelbildung an oberirdischen Baum=
theilen eine allen Holzpflanzen zuständige ist.

Bereits Seite 247 habe ich gezeigt und durch Fig. 43 erläutert, daß
und warum auch an älteren Wurzeln zu jeder Zeit Faserwurzeln sich bilden
können. Fig. 54 zeigt bei s solche Adventivwurzeln, die erst im höheren
Alter des Wurzelstückes, dem sie entspringen, entstanden sind. Ganz der=
selbe Bildungsvorgang durch Markstrahlmetamorphose findet auch da statt,
wo an oberirdischen Baumtheilen Wurzeln entstehen. Eine auffallende Er=
scheinung ist es, daß die auf diesem Wege entstehenden Wurzelkeime, ich
glaube immer, ihren Ausgang durch einen Lenticellenspalt nehmen. Man
darf daraus schließen, daß die Lenticelle in irgend einer Weise disponirend
auf das ihr unterliegende Markstrahlgewebe einwirke, obgleich ich gezeigt
habe, daß die Lenticelle keineswegs eine Durchbrechung, sondern nur eine
beutelförmige Versenkung der äußeren Korkzellschicht ist, die wohl dadurch
wirken könnte, daß sich in dem äußeren Lenticellenraume die Bodenfeuchtig=
keit in größerer Menge ansammeln und erhalten kann. Vielleicht ist hierbei
auch die Verschmälerung des Zellgewebes der grünen Rinde mitwirkend.

5. Wurzelbrut.

Daß auch im Ueberwallungszellgewebe des unteren Schnittrandes der
Stecklinge Adventivwurzeln entstehen können, darüber habe ich bereits Seite
300 den betreffenden Nachweis und Erläuterung gegeben.

Eine nicht geringe Zahl von Holzpflanzen bilden an ihrem Wurzel=
stocke Knospen, deren Markröhre in die Markröhre der Pfahlwurzel ein=
mündet, die auch in jeder anderen anatomischen Beziehung durchaus den
Blattachselknospen der oberirdischen Baumtheile entsprechen, und wie diese
als Kryptoblaste oder Brachyblaste häufig mehrere Jahre ruhen oder nur
Kurztriebe bilden. Bis jetzt habe ich es leider versäumt, über die Ent=
stehungsweise dieser Wurzelstockknospen nähere Untersuchungen anzustellen.
Wirkliche Blattachselknospen können es kaum sein, ihr Stand am Wurzel=
stocke ist hierzu ein zu tiefer; Adventivknospen sind es ohne Zweifel nicht,
dagegen spricht der Zusammenhang ihres Markes mit dem der Pfahlwurzel;
ebenso wenig können sie eine Umbildung von Wurzelknospen sein, da sie
nicht, wie diese dem Markstrahlgewebe entspringen. Unter unseren Cultur=
pflanzen sind es die Hasel und die Birke, welche diese Wurzelstock=
knospen reichlich besitzen, die an ihnen den, aus dem Boden hervor=
tretenden Wurzelstockausschlag liefern, der stets in geringer Entfernung vom
Stocke zu Tage tritt. Bei einigen Strauchhölzern, z. B. Rubus, Spiraea,
Rosa, Rhus, geschieht dieß erst in größerer Entfernung vom Stocke. Man
nennt dann die aus dem Boden hervorkommenden Schößlinge, Ausläufer,
Stolonen, die sich von wirklicher Wurzelbrut dadurch leicht unterscheiden
lassen, daß ihr in der Erde liegender Stamm äußerlich Blattansätze, bis=
weilen auch Knospenrudimente, innerlich eine Markröhre besitzt.

Wurzelbrut hingegen nennen wir Schößlinge, die einer wirklichen,
marklosen Wurzel entspringen (Fig. 43 w), wie dieß der Fall ist bei

Populus, Robinia, Alnus incana, Prunus, Elaeagnus, Hippophaë, Cornus, seltener auch bei Ulmus. Nur diese Wurzelbrut dürfen wir den Reprobuktionsprodukten zuzählen, während Wurzelausschlag und Ausläufer der normalen Bildung angehören.

Wurzelbrut entsteht, wie die Wurzeläste entstehen, aus Markstrahlmetamorphose, mit dem Unterschiede jedoch, daß nicht alle Markstrahlzellen sich in Fasern umbilden (Seite 247, Fig. 43 w), sondern daß ein centraler Theil derselben zu Markzellen sich ausbildet (daselbst kpa), den die Faserzellen (bb) umstehen. Mit diesem Gegensatze von Mark und Faserbündelkreis schon im Innern der Wurzel ist dann auch die weitere Fortbildung zur Laubknospe und zum oberirdischen Baumtheile ausgesprochen, die insofern den Reprobuktionserscheinungen hinzugezählt werden muß, als sie vorherrschend Folge eingetretener Krankheit oder Verletzung der Mutterpflanze ist.

6. Strecken und Beugen.

Obgleich nicht eigentlich den Reprobuktionserscheinungen angehörend, will ich hier einer sehr auffallenden, der Drehung des Blattes nach dem Lichte ähnlichen Erscheinung an älteren Stamm- und Asttheilen gedenken, durch welche die gerade Richtung gekrümmter Baumtheile sich herstellt.

Vor einigen Jahren ließ ich eine größere Zahl 3—5 Meter hoher Fichten auf Brusthöhe abschneiden, und zwar dicht über den Quirlen noch lebendiger und benadelter, durch die Beschattung der oberen Aeste in horizontale Lage niedergebeugter Seitenäste, deren viele an ihrer Basis nahe 2 Centim. dick waren. Schon nach Verlauf von sechs Wochen waren ein Theil der obersten Aeste um mehr als die Hälfte des rechten Winkels aufgerichtet, im Herbste standen diese zum Theil schon senkrecht.

Der Sitz dieser Bewegung ist die Basis des sich aufrichtenden Astes, sie hat daher das bedeutende Gewicht des laubreichen Astes selbst zu heben!

Eine ähnliche, aber in entgegengesetzter Richtung wirkende Erscheinung ist das Beugen. Der Fichtenast geht unter dem Druck der oberen Belaubung aus der halb aufgerichteten, endlich in die horizontale Lage ein. Man könnte dieß als eine Wirkung der Schwere deuten und ich glaube selbst, daß diese es ist, die den Fichtenast im höheren Baumalter unter die horizontale Richtung abwärts biegt. Für die horizontale Richtung kann man dieß nicht zugeben, denn längere und schwerere Aeste als die, welche an der frei stehenden jungen Fichte die horizontale Richtung angenommen haben, sind im Gipfel alter Bäume noch halb aufgerichtet. Auch sprechen sowohl die Artunterschiede der verschiedenen Nadelhölzer in der Zweigstellung wie die individuellen Unterschiede pyramidal und pendulirend wachsender Bäume gegen die Zurückführung auf rein mechanische Ursachen. Der Pyramidenwuchs beruht auf einem Uebergewicht des Streckens, der pendulirende Wuchs auf einem Uebergewicht des Beugens. Der tortuose Wuchs scheint auf periodischen Schwankungen zwischen Strecken und Beugen zu beruhen.

Am auffallendsten tritt das Strecken und Beugen an der Krummholzkiefer auf. Aussaat des Samens von demselben Baume lieferte mir Pflanzen von sehr verschiedenem Habitus; theils einstämmige, grade aufstrebende, theils vom Boden aus pyramidenwüchsige, ebenfalls einstämmig aufstrebende, theils solche mit mehr oder weniger niederliegender Hauptachse. An letzteren sind nur die letzten 6—8 Jahrestriebe aufgerichtet, der Baum mag alt oder jung sein; der niederliegende Schaft verlängert sich alljährlich, das Knie zwischen ihm und dem aufgerichteten Gipfel rückt alljährlich weiter vom Stocke ab. Da nun in älteren Schafttheilen ein Längenwuchs nicht statt= findet, so ergibt sich daraus und aus der mit zunehmendem Alter unver= änderten Zahl der aufgerichteten Triebe des Gipfels, daß hier im und über dem Knie ein Strecken und Beugen des Schafts, selbst bei einer Dicke von mehreren Zollen stattfindet. Die Holzfasern des Knies legen sich in die Achse des liegenden Schafttheils, sie strecken sich in Bezug auf diese, sie beugen sich in Bezug auf die das Knie bildenden Jahrestriebe des Gipfels.

Die Richtung des niederliegenden Schaftes ist auf dem horizontalen Boden unserer Parkanlagen eine durchaus zufällige, und schon dieß beweist zur Genüge, daß das Beugen und Strecken nicht unter der Herrschaft äußerer Einwirkungen steht, wenn diese auch unter Umständen e t w a s A e h n l i c h e s hervorrufen können.

Jungorte mit sehr knickigem Schaftwuchse verwachsen diesen oft so, daß man schon vor dem mittleren Alter nichts mehr davon bemerkt. Eine für die Holzzucht wichtige bis jetzt noch unerledigte Frage ist es, ob die Aus= gleichung knickigen Schaftwuchses allein auf excentrischer Jahrringbildung beruht, oder ob auch hier ein Strecken stattfinden könne.

H. Krankheit und Tod.

Es würde hier nun der Ort sein, von den Krankheitszuständen und vom Pflanzentode zu sprechen, wenn nicht die vorgezeichneten räumlichen Grenzen dieser Schrift dem entgegen ständen. Ein Hinsterben, wie das des Thieres, mit erreichtem höchsten Lebensalter aus Altersschwäche, findet bei den Baumhölzern nicht statt. Durch Steckreiser oder Absenker würde sich dieselbe Pflanze bis in alle Ewigkeit lebendig erhalten lassen. Plötzlicher Tod derselben ist stets ein gewaltsamer. In der Regel ist Kernfäule die Ursache des Umbrechens alter Bäume durch Sturmeskraft, wenn die Fäulniß rascher nach außen vorschreitet, als ein Ersatz des Zerstörten durch Jahr= ringbildung stattfindet. Dieß Absterben der Bäume von innen heraus ist aber eine Krankheit, deren n o t h w e n d i g e r Eintritt wenigstens sehr weit entfernt liegt. Ich habe eine 4 Meter in Brusthöhe dicke Cypresse (Cam= poxylon subarcuatum der Grube Bleibtreu im Siebengebirge gemessen und beschrieben (Bot. Zeitung 1853, Seite 604), deren innerste Holzringe, bei einem Alter von 3100 Jahren, noch ebenso fest und, als wenig ver= ändertes Braunkohlenholz, wohl erhalten waren, wie die äußeren Jahresringe.[1]

Ueber die Krankheiten der Pflanzen besitzen wir ein sehr umfassendes Werk von Meyen: Pflanzen=Pathologie, Berlin 1841. Es bestätigt jedoch

[1] Ein Stollen, der kurz vor meiner Besichtigung durch den aufrecht stehenden, auf 6 Fuß Höhe abgebrochenen Stock getrieben worden war, hatte die mittlere Längsschnittfläche desselben so glücklich bloßgelegt, daß überall Holzsplitter von derselben zur Zählung und Messung der Jahresringe entnommen werden konnten. Was muß das aber für eine Gewalt gewesen sein, die den g e s u n d e n, 11 Fuß dicken Stamm zu b r e c h e n vermochte!

auch diese Schrift, daß zur Zeit und so lange, als die normalen Lebens=
verrichtungen der Pflanze noch so wenig gekannt sind, die Kenntniß der
abnormen, krankhaften Zustände nur von untergeordneter praktischer Be=
deutung sein können.

Literatur.

Der Baum. Studien über Bau und Leben der höheren Gewächse von
    Dr. H. Schacht. Berlin 1853.

Grundzüge der Anatomie und Physiologie der Pflanzen von
    Dr. Unger. Wien 1846.

Grundzüge der wissenschaftlichen Botanik von Dr. Schlei=
    den. 1843.

Pflanzenphysiologie von Dr. Meyen. 1837—39.

Der Baum. Betrachtungen über Gestalt und Lebensgeschichte der Holz=
    gewächse von A. Wigand. Braunschweig 1854. Hauptwerk für
    morphologische Baumkenntniß.

Deutsche Forstbotanik von Dr. Nördlinger. Stuttgart, Cotta
    1874. 1. Band. Physiologie der Holzpflanzen.

Da meine eigenen zur Zeit noch zerstreuten Arbeiten über Physiologie
der Holzpflanzen in sehr Vielem von den herrschenden Ansichten abweichen,
will ich eine Uebersicht derselben hier folgen lassen.

a. In selbstständigen Schriften:

Ueber Verwandlung der polycotylen Pflanzenzelle. Berlin 1833. Entstehung
    der Weiß= und Rothfäule des Holzes durch Pilzbildung. 2 Taf.
    Abbild.

Forstliches Conversationslexikon. Berlin 1834. Anhang.

Die organische Chemie von Dr. J. Liebig. Braunschweig 1840. (Darin
    meine Versuche über Ernährung der Pflanzen. 1. Aufl. Seite 190
    bis 195.)

Theorie der Pflanzenbefruchtung. Braunschweig 1842. 1 Taf. Abbild.

Beiträge zur Entwickelungsgeschichte der Pflanzen. Berlin 1843. 1 Taf.
    Abbild.

Leben der Pflanzenzelle. Berlin 1844. 2 Taf. Abbild.

Bestand und Wirkung der explosiven Baumwolle. Braunschweig 1847.
    (Anatomie der Bastfaser.) 1 Taf. Abbild.

Vergleichende Untersuchungen über den Ertrag der Rothbuche. Berlin 1847.
    Holzschnitte.

Vollständige Naturgeschichte der forstlichen Culturpflanzen. Berlin 1840—51.
    120 Taf. Abbild. (Darin Beiträge zur Anatomie der Holzpflanzen,
    Entwickelungsgeschichte des Nadelholzsamens, Ueberwallung, Rinde=
    reproduktion, Lenticellen, Präventiv= und Adventivknospen.)

Ueber das Verhältniß des Brennwerthes der Holz= und Torfarten. Braun=
    schweig 1855. (Darin über Saftgehalt, Bluten und Saftsteigen der
    Holzpflanzen.)

Entwickelungsgeschichte des Pflanzenkeims. Leipzig 1858. 4 Taf. Abbild.
und Holzschnitte. (Darin Entwickelungsgeschichte des Chlorophyll,
Stärkmehls, Klebermehls, Zellwandung.)
System und Anleitung zum Studium der Forstwirthschaftslehre. Leipzig
1858. (Darin Wachsthumsgang der Fichte.)
Gerbstoff der Eiche, Stuttgart, Cotta, 1869.

b. In Zeitschriften:

1) Meine Jahresberichte. Berlin 1837, I. 1—4. (Darin über
Vegetationsperioden der Waldbäume, Bedeutung der Holzstärke als
Reservestoff, Wachsthum und vergleichende Untersuchungen über die
Organisation des Stammes der einheimischen Waldbäume.)

2) Allgemeine Forst= und Jagdzeitung: Ueber Thaubildung durch
die Pflanzen. 1840. S. 17. Bericht über Liebigs organische
Chemie. 1840. S. 100. 1841. S. 253. Künstliche Erzeugung neuer
Holz= und Rindeschichten unter Glasverband. 1845. S. 165. Pflan=
zenernährung. 1845. S. 221. Ueberwallen der Nadelholzstöcke.
1846. S. 21. Anatomische Charakteristik der europäischen Nadel=
hölzer. 1848. S. 439. Ueber Wirkung der Kälte auf das Volumen
der Bäume. 1849. S. 120. Ueber Wurzelbildung an Pflänzlingen.
1849. S. 201. Ueber die Funktion der Blätter. 1856. S. 363.
Ueber Vegetationscyclus und Reservestoffe. 1856. S. 361. Ueber
den aus den Blättern zurücktretenden Bildungssaft. 1856. S. 367.
Ueber den Gehalt der Stöcke an Reservestoffen. 1856. S. 370. Ueber
die Vegetationsperioden der Waldbäume. 1857. S. 281. Ueber den
Lauf der Wandersäfte in den Holzpflanzen. 1859. S. 129. Eigen=
thümlichkeit der Entwickelung junger Kiefern. 1859. S. 411. Initiale
Holzbildung. 1859. S. 412. Das Strecken der Holzpflanzen. 1859.
S. 415. Das Steigen des Saftes in den Holzpflanzen. 1860.
S. 257. Der Schröpfsaft des Siebfasergewebes. 1860. S. 259.
Verdunstung. 1860. S. 260. Bewegung des Saftes in den Holz=
pflanzen. 1871. S. 41. Bestimmung des Holz=, Wasser= und Luft=
gehaltes der deutschen Waldbäume. 1871. S. 81. Periodische Schwan=
kungen des Wassergehaltes der Bäume. 1871. S. 121. Gerbstoff
der Eiche. 1871. S. 249. Ueber generatio spontanea, Hoffmann,
1871. S. 358, ego 1872. S. 184. Lärchenkrebs. 1872. S. 184.
Abwelken der Bäume mit belaubter Krone. 1872. S. 294, 296.
Bluten der Bäume. 1872. S. 299. Temperatur der Baumluft.
1873. S. 1, 145. Bluten der Bäume aus alten Bohrlöchern. 1874.
S. 4. Das forstliche Versuchswesen. 1876. S. 1. Materialismus
und Vitalismus. 1876. S. 3. Wassergehalt des Schaftholzes leben=
der Pflanzen. 1876. S. 6. Verdunstungsmenge junger Holzpflanzen,
1876. Photometrisches. 1876.

3) Botanische Zeitung von v. Mohl und v. Schlechtendal: Or=
ganisation der Nadelholzgattungen. 1848. S. 12?. Endosmotische
Eigenschaften der Pflanzenhäute. 1853. S. 309. 481. Ueber die
Oberhaut. 1853. S. 399. Freiwilliges Bluten der Hainbuche. 1853.

S. 478. Ueber die Adventivknospen der Lenticellen. 1853. S. 513.
Stearopten aus Juniperus virginiana. 1853. S. 519. Entwicke=
lung des Jahresringes. 1853. S. 553. Auffaugung gefärbter Flüf=
figkeiten durch Steckreiser. 1853. S. 617. Verhalten einer Stärk=
mehlart zur Wärme. 1853. S. 638. Bildung und Entwickelung der
sogenannten Knospenwurzeln, Entstehung der Blattachselknospen. 1854.
S. 1. Ueber die Querwände in den Siebröhren. 1854. S. 51.
Ueber die Funktionen des Zellkerns. 1854. S. 574. 877. Verhalten
des Zellkerns bei der Zellentheilung. 1854. S. 893. Verhalten des
Zellkerns bei der Zellbrutentwickelung. 1855. S. 166. Ueber die
Bildung der Zellwandung. 1855. S. 185. 222. Entwickelung der
Spiralfaserzelle. 1855. S. 201. Entstehung der Markstrahlen. 1855.
S. 217. Die Knospendecken von Salix, Magnolia. 1855. S. 223.
Beiträge zur Entwickelungsgeschichte der Pflanzenzelle — Vaucheria —
Cladophora — Oedogonium — Spirogyra — Palmella. Ueber
den Zellkern — Ablagerungsschichten der Zellwand — Schwärmfäden
der Antheridien. 1855. S. 393—513. (Conferva reticulata. 1846.
S. 193.) Ueber das Klebermehl. 1855. S. 881. 1856. S. 257.
Bau des Stärkmehls. 1855. S. 905. 1856. S. 349. Wässerige
Ausscheidungen durch die Blätter. 1856. S. 911. Bewegung des
Saftes in den Holzpflanzen. 1858. S. 328. Vergleichende Ana=
tomie der Laubhölzer. 1859. S. 93. Bluten der Hainbuche. 1861.
S. 17. Der Schröpfsaft. 1871. S. 18. Der Cambialsaft. 1861.
S. 19. Verdunstung. 1861. S. 19. Verdunstung der Nadelhölzer
im Winter. 1861. S. 20. Oekonomie der Verdunstung. 1861.
S. 19. Unterschiede des Gehaltes an festen Stoffen in Wurzel= und
in Gipfelsaft. 1861. S. 22. Auffaugung von Farbstoffen durch
Wundflächen. 1861. S. 22. Entlaubungsversuche an der Weymouth=
kiefer. 1862. S. 70. Ringelung hängender Zweige. 1862. S. 81.
Folgen des Druckes einer Spirale auf die Saftbewegung im Baste.
1862. S. 81. Ringelversuche an der Schwarzkiefer. 1862. S. 82.
Stecklinge in horizontaler Lage. 1862. S. 82. Bewegung des Saftes
im Baste. 1862. S. 82. Bluten der Eiche und des Wallnußbaumes,
1862. S. 89. Verhalten alter Bohrlöcher zur Säfteleitung. 1862.
S. 90; (Fortsetzung dieser Beobachtung in Forst= und Jagdzeitung,
1872—73). Ueber die Bewegung des Ptychodesaftes (Schlauchsaftes).
1862. S. 191. Bewegung des Saftes in den Milchsaftgefäßen. 1862.
S. 97. Die Schließhaut des Tipfels der Nadelhölzer. 1862. S. 105.
Verdunstung der Zweigspitzen im laublosen Zustande. 1863. S. 261.
Bluten der Hainbuche im Jahre 1863, S. 269. Bluten der Hain=
buche, Rothbuche, Ahorne, Birke im Jahre 1863, S. 277. Endos=
motisches Verhalten der Holzfaser. 1863. S. 285. Ringelversuche
an der Linde. 1863. S. 286. Ringelversuche an Nadelholzästen.
1863. S. 286. Funktion des Siebfasergewebes bei der Säfteleitung.
1863. S. 287. Zeit des Zuwachses der Baumwurzeln. 1863. S. 289.
Absterben der Faserwurzeln. 1863. S. 289. Die Schließhaut des
Nadelholztipfels. 1863. S. 293. Abscheidung von Gasen aus luft=

haltigen Flüssigkeiten beim Eingehen in capillare Räume. 1863. S. 301.
Einfluß der Verdunstung auf Hebung des Pflanzensafts. 1863. S. 302.
Das Gerbmehl. 1865. S. 53. 237. Verhalten der Blätter zur
atmosphärischen Feuchtigkeit. 1865. S. 238. Pilzbildung im keim=
freien Raume. 1868. S. 902.

4) Nobbe, Landwirthschaftliche Versuchsstationen, Bd. 10 und
11. Weitere Belege für Pilzbildung im keimfreien Raume.

5) Nördlinger, Kritische Blätter für Forstwissenschaft, Bd. 51,
Heft 1 und 2. Berichterstattung über das Willkom'sche Werk: die
mikroskopischen Feinde des Waldes. Gleichfalls Belege zur Pilz=
bildung im keimfreien Raume.

6) Karsten, Botanische Untersuchungen, 1867, 1) Zur Entwicke=
lungsgeschichte des Zellkerns; 2) Ueber den Bau der Pollenwandung
und der Fovilla. 2 Taf. Abbild.

7) Sitzungsberichte der Wiener Akademie der Wissenschaften,
1) Entwickelungsfolge und Bau der Holzfaserwandung, Maiheft 1870.
1 Taf. Abhandl. (Gegen Hoffmeisters Darstellung gerichtet; 2) Ver=
jauchung todter organischer Stoffe. Maiheft 1870. 1 Taf. Abbild.
3) Ueber den Bau des Stärkmehls. Märzheft 1871.

8) Handelsblatt für Walderzeugnisse 1875. 1) Vanillin aus dem
Cambialsafte der Nadelhölzer; 2) Beiträge zur Kenntniß des specif.
Gewichts der Holzarten.

Zweite Abtheilung.

Besondere Naturgeschichte der forstlich beachtenswerthen Waldgewächse.

Erster Abschnitt.

System und Charakteristik.

Die Gewächse überhaupt zerfallen in zwei große Gruppen: 1) in solche,
die sich durch einfache Keimkörner fortpflanzen, d. h. durch Keime, an
denen Wurzel, Stengel, Blattausscheidungen nicht nachweisbar sind —
samenlappenlose Pflanzen (Acotyledones Juss.), bei denen zugleich
ein Zusammenwirken zweier verschiedener Geschlechter zur Entstehung des
Keimes nicht erkennbar ist — verborgen=ehige Pflanzen (Cryptogamae
Linn.); 2) in solche mit deutlich unterschiedenen männlichen und weiblichen
Geschlechtstheilen — sichtbar=geschlechtliche Pflanzen (Phaenogamae
Auct.), deren Zusammenwirken einen Keim erzeugt, der schon im fertigen
Samenkorn die Haupttheile der Pflanze: Wurzel, Stengel, Blattausscheidung er=
kennen läßt — samenlappige Pflanzen (Cotyledoneae Juss.).

Die Cryptogamen oder Acotyledonen zerfallen wiederum in drei Ab=
theilungen

1 a. in solche, die nur aus parenchymatischem Zellgewebe bestehen und keine bestimmt ausgeprägten Blattformen ausbilden (Aphyllae Dec.). Dahin gehören

a) die Wasseralgen — Algae Lindl. Meist grün gefärbte Fäden oder Schleimmassen oder blatt- oder corallenähnliche Bildungen, nur im Wasser lebend;

b) die Luftalgen, Pilze, Schimmel, Schwämme — Fungi Juss. Den vorigen in der Bildung ähnlich, aber nur in feuchter Luft und im Boden lebend;

c) die Flechten — Lichenes Hoffm. Nur in der Luft, an Baumstämmen, Mauern, Felsen wachsende, vieljährige Pflanzen von warziger, rindenartiger, bärtiger oder gelappter Form; von den Wasseralgen durch ihren Standort, von den Luftalgen durch vieljährige Lebensdauer, wie durch Trennung des Zellgewebes in eine Rinde-, Mark- und Brutschicht unterschieden;

1 b. in solche, die ebenfalls nur aus parenchymatischen Zellgeweben bestehen, aber bestimmt ausgeprägte Blätter tragen. (Foliosae Dec.);

d) Armleuchter — Characeae Rich. Die Blätter stengelförmig, quirlständig, Schachtelhalm-ähnlich. Leben nur im Wasser;

e) Lebermose — Hepaticae Juss. Die Blätter ausgebreitet; Fruchtkapseln ohne Deckel. Jungermannia häufig an der Rinde stehender Bäume strahlig sich verbreitend. Marchantia auf Felsen;

f) Laubmoose — Musci Juss. Die Blätter ausgebreitet; Fruchtkapseln mit Deckel und Haube. An Baumstämmen, Felsen und auf dem Boden;

1 c. in solche, deren Zellgewebe aus Parenchym und ächtem Prosenchym zusammengesetzt ist (Cr. vasculares);

g) Schachtelhalme — Equisetaceae Dec. Blätter undeutlich, quirlständig, zu einer kurzen röhrigen Scheide verwachsen. Schaft gegliedert. In Sümpfen, Mooren und Wiesen;

h) Farrenkräuter — Filicinae Juss. Blätter entwickelt, Stengel nicht gegliedert; theils im Wasser lebend: Marsilea, Pilularia, Isoëtes, theils auf feuchtem Boden, wie das moosähnlich belaubte Lycopodium und die ächten Farren (Filices) mit wedelförmigem Laube.

Die Phänogamen oder Cotyledoneen zerfallen in zwei Abtheilungen: in einsamenlappige (Monocotyledones Juss.) und mehrsamenlappige Phänogamen (Dicotyledones).

Die Monocotyledonen unterscheiden sich im Keime durch die vereinzelte erste Blattausscheidung (daher der Name); ferner durch die zerstreute Stellung der Gefäßbündel zwischen dem Zellgewebe des Stengels, in Folge dessen: Mangel eines geschlossenen Mark-, Holz- und Rindekörpers; durch an ihrer Basis scheidig erweiterte Blätter mit parallelem Verlauf der Kiele ohne Rippenverzweigung; durch meist einfachen, nicht verästelten Schaft und durch Mangel der Blumenkrone.

Die Monocotyledonen zerfallen in solche mit verwachsenem Fruchtknoten — Symphysogynae Rich., und in solche mit freiem Fruchtknoten — Eleutherogynae Rich.

Zu Ersteren gehören die Familien:

Hydrocharideae Bisch. Froschbiß, Hydrocharis, Stratiotes, Wasserpflanzen;

Scitamineae Bartl. Bananengewächse. Exotisch.

Orchidinae Bisch. Orchideen — Orchis, Ophris, Cypripedium;

Ensatae Bartl. Schwertblättrige Monocotyledonen — Iris, Galanthus, Narcissus, Gladiolus, Crocus.

Zu Letzteren gehören die Familien:

Liliaceae Juss. Lilien. Convallaria, Paris, Colchicum, Tulipa, Allium, Lilium, Ornithogalum;

Palmae Juss. Palmen. Exotisch;

Aroideae Bartl. Kolben. Typha, Sparganium, Acorus, Arum, Calla;

Helobiae Bartl. Sumpflilien. Alisma, Triglochin, Potamogeton, Lemna;

Juncinae Bartl. Graslilien. Juncus, Luzula.

Glumaceae Bartl. Balggräser. a) Cyperaceae: Cyperus, Schoenus, Scirpus, Eriophorum, Carex. b) Gramineae: Phragmites, Arundo, Elymus, Triticum, Milium, Agrostis, Aira, Poa, Bromus, Nardus u. v. a.

Die Dicotyledoneen unterscheiden sich im Keime von den Monocotyledoneen dadurch, daß nicht ein, sondern zwei (bei den meisten Nadelhölzern mehrere) Gefäßbündel, gegenüber stehend zu den ersten Blättern ausgeschieden sind (daher der Name). Die Gefäßbündel des Stengels sind zu einem Kreise vereint und bilden den, das Zellgewebe in Mark und Rinde trennenden Holzring. Mit Ausschluß der Nadelhölzer sind die Kiele der Blätter gerippt, die Stengel meist vielfältig verzweigt und veräftelt, eine Blumenkrone meist vorhanden. Bäume, Gesträuche, Stauden und Kräuter.

Insofern man unter Holz den in der Querfläche ringförmigen Verein der Gefäßbündel versteht, sind alle Dicotyledonen zugleich auch Holzpflanzen. Man beschränkt aber den Begriff der Holzpflanze in der Regel auf diejenigen Dicotylen, bei denen der Stengel und die Zweige eine mehrjährige Lebensdauer haben, während welcher der Holzkörper alljährlich durch eine neue Schicht sich vergrößert. Dadurch werden ausgeschlossen: die Staudengewächse mit mehrjährigem Stengel, aber alljährlich absterbenden Zweigen, wie die Raute, Ruta graveolens; der Gartenquendel, Thymus vulgaris; die Salbey, Salvia officinalis. Es werden ferner ausgeschlossen die Kräuter: Holzpflanzen mit alljährlich absterbendem Stengel, wie die Erdbeere, Fragaria; das Bingelkraut, Mercurialis; die Tollkirsche, Atropa etc. Zu den Kräutern gehören auch alle einjährigen bicotylen Pflanzen. Die Trennung ist jedoch eine künstliche, denn wir haben häufig Gesträuche, Stauden und Kräuter in einer Gattung beisammen, wie z. B. Spiraea (Aruncus), Sambucus (Ebulus) etc.

Nach der Blüthenbildung habe ich die Holzpflanzen eingetheilt in schuppenblumige, kelchblumige und kronblumige Holzpflanzen.

Bei den ſchuppenblumigen Holzpflanzen iſt die Blüthe über=
haupt unvollſtändig, ein wahrer Kelch fehlt ebenſo wie eine wahre Blumen=
krone, an deren Stelle blattähnliche, ſchuppenförmige Umhüllungen der
meiſt getrennten Befruchtungswerkzeuge auftreten. Zwiſchen der eigentlichen
Schuppe und dem Fruchtknoten tritt häufig ein kelchähnliches oder blätteriges
Organ auf, theils frei, theils mit dem Fruchtknoten verwachſen; an der
männlichen Blume Perianthium, an der weiblichen Perigonium genannt.
Die einzelnen Blumen ſind in der Mehrzahl meiſt ſpiralförmig und gedrängt
um einen gemeinſchaftlichen Blumenboden geſtellt, mit dem ſie einen Zapfen
oder ein Kätzchen bilden.

Bei den kelchblumigen Holzpflanzen iſt zwar ein normaler
glockenförmiger Kelch vorhanden, es fehlt aber die Blumenkrone. Blüthe=
ſtand meiſt vereinzelt; Blüthe theils eingeſchlechtig, theils hermaphrodiſch.

Bei den kronblumigen Holzpflanzen iſt die Blüthe vollſtän=
dig; Kelch und Blumenkrone umgeben die in derſelben Blume vereinten
männlichen und weiblichen Befruchtungswerkzeuge.

In Nachſtehendem gebe ich eine Ueberſicht der in Deutſchlands Wäl=
dern wildwachſenden Holzpflanzen bis zur Unterſcheidung der Gattung.

I. Schuppenblumige Holzpflanzen — Lepidanthae.

1 a. Blattkiel ohne Rippen. Eier nackt, am Grunde eines offenen
  Fruchtblattes; Gefäßbündel ohne Holzröhren, Säfte harz=
  reich.

A. Nadelblätterige Schuppenblumer — Acerosae.

2 a. Frucht vielſamig, zapfenförmig, der Eimund dem Blumen=
  boden zugekehrt (Monöecia) . . 1) **Zapfenbäume** **Abietineae.**
3 a. Blätter, einzelſtändig, ſcheidelos, mehrjährig.
  4 a. Blätter walzig, vierkantig . . . . . **Fichte** Picea excelsa. [1]
  4 b. Blätter platt, ſchwertförmig . . . . . **Tanne** Abies pectinata.
3 b. Blätter an älter als einjährigen Trieben in Büſcheln, ſom=
  mergrün, ohne Scheide . . . . . . **Lärche** Larix europaea.
3 c. Blätter zu 2—5 in gemeinſchaftlicher Scheide, mehr=
  jährig . . . . **Kiefer** Pinus.
  4 a. 2—3 Nadeln in einer Scheide
   5 a. Blüthe und Zapfen niedergebeugt.
    6 a. Blattſcheiden 4—5mal länger als breit . . . . P. austriaca.
    6 b. Blattſcheiden 2—3mal länger als breit . . . . P. sylvestris.
   5 b. Blüthe und Zapfen bis kurz vor der Reife aufgerichtet P. Pumilio, uncinata,
                        Mughus.
  4 b. 4—5 Nadeln in einer Scheide
   5 a. Die jungen Triebe mit rother Wolle . . . . . P. Cembra.
   5 b. Die jungen Triebe kahl (cult.) . . . . . . P. Strobus.
2 b. Frucht vielſamig, zapfenförmig (Thuja), oder kuglich und
  beerenähnlich (Juniperus); der Eimund dem Fruchtboden
  abgekehrt (dioec.) . . . . 2) **Cypreſſen** **Cupressineae.**
  Blätter quirlſtändig, Frucht eine Scheinbeere
         Wachholder Juniperus communis.
2 c. Frucht einſamig, eine Scheinbeere, Eimund aufgerichtet
  (dioec.) . . . . 3) **Eiben** **Taxineae.**

---

[1] Der Raumerſparniß wegen können hier die Autorencitate nicht mit aufgenommen werden.

Blätter spiralig geordnet, schwertförmig, Abies-ähnlich,
aber zugespitzt . . . . Eibe Taxus baccata.

1 b. Blattkiel gerippt; das Fruchtblatt zu einem geschlossenen
Fruchtknoten verwachsen, darin die Eier; Gefäßbündel mit
Holzröhren; Säfte wässerig.

B. Laubblätterige Schuppenblumer — Phyllosae.

2 a. Männliche und weibliche Blumen, getrennt auf verschie=
denen Pflanzen (Dioecia).

3 a. Früchte beerenähnlich. Blätter mit leuchtenden Wachs=
tröpfchen . . . . 4) **Gagel** **Myricaceae.**
Gagel Myrica Gale.

3 b. Frucht eine aufspringende Kapsel mit vielen wandstän=
digen Eiern . . . . 5) **Weiden** **Salicinae.**

4 a. Fruchtknoten und Staubgefäße der Schuppe unmittelbar
aufsitzend, mit nebenstehenden Honiggefäßen; nur zwei
lappenförmig verwachsene Knospendeckblätter Weide Salix.

5 a. Blattstiel drüsenlos (Gymniteae).

6 a. Kätzchen endständig, auf langem beblättertem Stiele;
Zwergsträuche der höchsten Alpenregion . . . . Gletscherweiden.
S. herbacea, retusa, reticulata.

6 b. Kätzchen seitenständig.

7 a. Fruchtknoten sitzend oder kurz gestielt, Stiel nicht
über $1/_3$ der Fruchtknotenlänge lang.

8 a. Kleinsträuche der höheren Gebirgsregionen mit
knickigen Trieben; Blätter elliptisch oder eiförmig
oder verkehrt eiförmig, meist nicht zweimal, selten
über dreimal so lang als breit, kahl oder dicht seidig
behaart . . . . Alpenweiden.
Blätter dicht seidig behaart: S. glauca, Lap=
ponum (arenaria), canescens.
Blätter kahl oder schwach und hinfälligseidig be=
haart. S. Myrsinites, caesia, prunifolia —
Waldsteiniana, arbuscula, phylicifolia (for-
mosa) — hastata, glabra, Hegetschweilerii.

8 b. Bäume, Mittel= und Großsträuche der Ebene,
besonders der Flußufer, ketten und nur vereinzelt
in die Gebirge und Wälder eintretend, mit schlan=
ken, ruthenförmigen Trieben, mit verlängerten
schmalen Blättern, deren Länge die eigene Breite
um mehr als das Dreifache übersteigt.

9 a. Die jüngeren Aeste mit blauweißem Reif. Baum=
wüchsig . . . . Reifweiden.

10 a. Afterblätter so lang wie der Blattstiel . . . S. acutifolia.

10 b. Afterblätter kürzer wie der Blattstiel.

11 a. Griffel gespalten, Fruchtknoten ganz kahl . S. praecox.

11 b. Griffel kurznarbig, Fruchtknoten am Stiele
behaart, Blätter und Triebe hinfällig=filz=
haarig . . . . S. pomeranica.

11 c. Griffel kurznarbig, Fruchtknoten und termi=
nale Blätter seidig behaart . . . . . S. maritima.

9 b. Aeste ohne Reif.

10 a. Staubgefäße verwachsen, Blätter kahl oder hin=
fällig=seidig=behaart, oberseits glatt . . . Purpurweiden.

11 a. Afterblätter fehlen . . . . S. purpurea.

11 b. Afterblätter vorhanden.

12 a. Fruchtknoten gestielt, Griffel kurz, Narben
kurz, kolbig, gespalten . . . . . . S. Pontederana.

12 b. Fruchtknoten ſitzend, Griffel verlängert,
    Narben verlängert, fadenförmig, ſperrend,
    ganz . . . . S. rubra.
10 b. Staubgefäße frei, Blätter mindeſtens auf der
    unteren Fläche bleibend=ſeidig oder filzig be=
    haart, oberſeits gekrucht oder nadelriſſig, Nar=
    ben meiſt fadenförmig . . . . Spitzweiden. [1]
7 b. Fruchtknoten lang geſtielt, Stiel meiſt über ¹⁄₂ der
    Fruchtknotenlänge . . . . Sahlweiden.
8 a. Untere Blattfläche bleibend filzig behaart: Nar=
    ben kurz und eiförmig, ſitzend oder faſt ſitzend (Wald=
    weiden).
    9 a. Obere Blattſeite bleibend behaart, Zweige und
        Stamm ſpannruckig.
      10 a. Knoſpen kahl . . . . S. aurita.
      10 b. Knoſpen behaart . . . . S. cinerea.
    9 b. Obere Blattſeite kahl, Zweige und Stamm cylin=
        driſch.
      10 a. Blätter rundlich oder elliptiſch, größte Breite
        in oder unter der Mitte . . . . . . S. Caprea.
      10 b. Blätter verlängert=verkehrt=eiförmig, größte
        Breite über der Mitte . . . . S. grandifolia.
8 b. Untere Blattfläche kahl oder ſeidenhaarig
    9 a. Groß= und Mittelſträuche der Gebirge und des See=
      ſtrandes. Blätter über oder wenig unter Roth=
      buchenblattgröße, Griffel verlängert: S. laurina,
      silesiaca, nigricans (punctata).
    9 b. Kleinſträuche, meiſt niederliegend und durch Aus=
      läufer ſich mehrend; Blätter von Schlehdornblatt=
      größe oder wenig größer, an der Spitze oft ge=
      faltet oder dornſpitzig; Kätzchen klein, Griffel
      kurz und ſehr kurz. (Sandweiden.)
      10 a. Blätter unterſeits nicht angepreßt=ſeidenhaarig,
        nicht ſilberglänzend. (Gebirgs=Sand=

---

[1] Arten der Spitzweiden:
1 a. Blätter beiderſeits rein grün, b h. die Grundfarbe der unteren
    Blattſeite nicht heller blaugrün . . . . Korbweiden.
    2 a. Afterblätter fehlen oder ſehr klein, Behaarung der unteren
      Blattſeite dicht und ſilberglänzend . . . . S. viminalis.
    2 b. Afterblätter ſehr groß, ſo lang wie der Blattſtiel, lange bleibend.
      3 a. Blattrand ganz oder wellig gekerbt . . . . S. stipularis.
      3 b. Blattrand weitläufig=drüſig=ſägezähnig . . . . S. viadrina.
    2 c. Afterblätter von geringer Größe, kürzer als der Blattſtiel, raſch
      abfallend.
      3 a. Blattrand drüſig=ſägezähnig, nie ganzrandig.
        4 a. Die Randdrüſen bis zur Blattbaſis, oft bis an die Seiten
          des Blattſtiels hinabſteigend . . . . S. mollissima.
        4 b Blattbaſis drüſenlos.
          5 a. Größte Blattbreite über der Mitte . . . . S. Kochiana.
          5 b. Größte Blattbreite unter der Mitte . . . . S. holosericea.
      3 b Blattrand flach wellig gekerbt, oft ganzrandig . . . . . . S. Smithiana.
1 b. Grundfarbe der unteren Blattſeite hell bläulich=grün, das Ge=
    äder mehr oder weniger gelblich . . . . Filzweiden.
    2 a Behaarung hinfällig=ſeidig . . . . S. acuminata.
    2 b. Behaarung ſammtig . . . . S. salviaefolia.
    2 c. Behaarung mehlig=filzig
      3 a. Blätter breit=oblong=elliptiſch . . . . S. Seringeana.
      3 b. Blätter ſchmal=oblong=lanzettlich.
        4 a. Größte Blattbreite über der Mitte . . . . S. farinosa.
        4 b. Größte Blattbreite in der Mitte . . . . S. subalpina.
      3 c. Blätter ſchmal=linear=lanzettlich, bis zum Blattſtiele drüſig S. incana (riparia).

weiden.) S. depressa, myrtilloides —
finmarchica, ambigua, velata, lantana,
versifolia (fusca Lin.).
10 b. Blätter unterseits angepreßt=seidenhaarig, fil=
berglänzend (Sandweiden der Ebene). S. argentea, repens, angustifolia — rosmarinifolia.
5 b. Blattstiel an der Spitze drüsig (Adeniteae)
6 a. Schuppen der Kätzchen bleibend; Rinde in Schuppen
abblätternd (wie Platanus), die Spitze der jährigen
Triebe gefurcht; Sträucher . . . . Mandelweiden.
7 a. Blätter verlängert lanzettlich, unterseits glanzlos,
hinfällig behaart.
8 a. Blumen zweimännig . . . . S. hippophäefolia.
8 b. Blumen dreimännig . . . . S. undulata.
7 b. Blätter oblong=elliptisch, unterseits glänzend, durch=
aus kahl . . . . S. amygdalina.
6 b. Schuppen der Kätzchen, halb nach der Blüthe abfal=
lend; Rinde rissig; die jungen Triebe walzig; Bäume Baumweiden.
7 a. Blattranddrüsen grün oder schwarz.
Blätter lederartig steif, lebhaft glänzend wie ge=
firnißt, stets ganz kahl.
8 a. Afterblätter fehlen oder drüsenförmig . . . . S. pentandra.
8 b. Afterblätter blattförmig.
9 a. Blüthe, vier= bis fünfmännig, Tracht der S. pentandra . . . . S. tetrandra.
9 b. Blüthe drei= bis viermännig, in Tracht und Be=
laubung der S. fragilis näher stehend . . . S. cuspidata.
7 b. Blattdrüsen mit weißem Sekret, Blätter weniger
steif und glänzend, vor völliger Entwickelung seidig
oder bleibend seidenhaarig.
8 a. Afterblätter nierenförmig, untere Blattfläche grün S. fragilis.
8 b. Afterblätter lanzettlich, untere Blattfläche blaugrün S. Russeliana.
8 c. Afterblätter verschwindend klein, pinselförmig be=
haart; Triebe nicht brüchig . . . . S. alba (vitellina).
4 b. Fruchtknoten und Staubgef. auf einem kelchartigen Trä=
ger; viele nicht verwachsene Knospendeckblätter Pappel Populus.
5 a. Knospen trocken, behaart.
6 a. Narben viertheilig, Blätter unterseits silberweiß . P. alba.
6 b. Narben achttheilig, Blätter unterseits grauhaarig,
silberhaarig gestreift . . . . P. canescens.
5 b. Knospen kahl, mehr oder weniger klebrig.
6 a. Fruchtknoten verlängert, schlank; Blätter rundlich,
grob=buchtig=sägezähnig . . . . P. tremula.
6 b. Fruchtknoten kuglich, Blätter deltoid bis rhombisch,
eng=hackig=sägezähnig.
7 a. Schaft in Aeste vertheilt, Wuchs sperrig . . . P. nigra.
7 b. Schaft aushaltend, Wuchs pyramidal . . . . P. dilatata.
2 b. Männliche und weibliche Blumen getrennt auf derselben
Pflanze (Monoecia).
3 a. Ein wandständiges Ei; Fruchtknoten nackt; Blätter hand=
förmig gelappt, mit scheidigen Afterblättern 6) Platanen **Plataneae.**
(cult.) Platanus occi-
dentalis.

3 b. Mehrere achsenständige Eier, Blätter einfach mit freien,
schuppigen, rasch hinfälligen Afterblättern.
4 a. Fruchtknoten nackt, zwei Eier in jedem Fruchtknoten
(Gymnocarpae) . . . . 7) Birken **Betulaceae.**

5 a. Drei Fruchtknoten auf jeder Schuppe, die Schuppen
    hinfällig: Staubfäden in einer Gruppe . . **Birke**   Betula.
  6 a. Baumwüchsige Arten.
    7 a. Blätter und Triebe kahl, letztere rauh durch Wachs=
      absonderung, die Borke älterer Bäume am Fuße
      stark aufgerissen . . . . B. alba (verrucosa).
    7 b. Blätter und Triebe behaart, ohne Wachsabsonde=
      rung, die Borke nie stark aufgerissen . . . . B. pubescens (alba Lin).
  6 b. Strauchwüchsige Arten.
    7 a. Unbehaart mit Wachsabsonderung, Wuchs aufgerichtet B. fruticosa.
    7 b. Behaart ohne Wachsabsonderung der Triebe, Wuchs
      niederliegend . . . . B. nana.
5 b. Zwei Fruchtknoten auf jeder Schuppe, letztere bleibend;
    Staubfäden in drei Gruppen . . . . **Eller**   Alnus.
  6 a. Knospen gestielt.
    7 a. Blätter rundlich mit keilförmiger Basis und gebuch=
      teter Spitze, klebrig; Rinde graubraun . . . . A. glutinosa.
    7 b. Blätter elliptisch, nicht klebrig, Rinde aschgrau . A. incana.
  6 b. Knospen sitzend . . . . A. viridis.
4 b. Fruchtknoten mit einem Perigonium innig verwachsen
    (Hymenocarpeae).
5 a. Zwei Eier in jedem Fruchtknoten, zwei Fruchtknoten
    in jeder Blume 8) **Haseln**   **Corylaceae.**
  6 a. Fruchtbecher blattähnlich, einblättrig.
    7 a. Becherblatt schlauchförmig verwachsen **Hopfenbuche** Ostrya.
      O. vulgaris.
    7 b. Becherblatt offen, dreilappig . . **Hornbaum** Carpinus.
      C. Betulus.
  6 b. Fruchtbecher vielblättrig, kelchförmig . . **Hasel** Corylus.
    7 a. Rinde korkartig . . . . C. Colurna.
    7 b. Rinde glatt . . . . C. Avellana.
5 b. Sechs oder vierzehn Eier in jedem Fruchtknoten.
  6 a. Ein Fruchtknoten in jeder Blume, Fruchtbecher offen
    und ungetheilt . . . . . . 9) **Eichen**   **Quercineae.**
    7 a. Fruchtbecher schuppig . . . . . **Eiche** Quercus.
    8 a. Blätter ganz kahl, an der Basis gekräuselt, Blüthe
      und Frucht gestielt . . . . Q. pedunculata.
    8 b. Blätter mehr oder weniger, bis auf wenige verein=
      zelte Härchen behaart, an der Basis eben, Blüthen
      und Früchte sitzend . . . . Q. Robur.
    7 b. Fruchtbecher zottig . . . . Q. Cerris.
  6 b. Zwei Fruchtknoten in jeder Blume, Fruchtbecher ge=
    schlossen und klappig . . . . . 10) **Eckern**   **Fagineae.**
             Buche Fagus sylvatica.
  6 c. Drei Fruchtknoten in jeder Blume, 14 Eier in jedem
    Fruchtknoten, Fruchtbecher geschlossen und klappig
            11) **Maronen**   **Castaneae.**
            Marone Castanea vesca.
3 c. Ein achsenständiges aufgerichtetes Ei in jedem Frucht=
    knoten, ein Fruchtknoten in jeder Blume; Blätter gefiedert
    ohne Afterblätter . . . . . 12) **Nußbäume**   **Juglandineae.**
        (cult.) **Wallnußbaum** Juglans regia.

II. Kelchblumige Holzpflanzen — Calycanthae.

1 a. Blätter gefiedert . . . . 13) **Eschen**   **Fraxineae.**
            Esche Fraxinus.
              F. excelsior.

1 b. Blätter einfach gesägt, scharfhaarig . 14) **Nessel-Bäume** **Urticeae.**
2 a. Blüthen in Kätzchenform . . . . Maulberbaum Morus.
       (cult.) M. alba.
2 b. Blüthen vereinzelt (polygamisch) . . Zirgelbaum Celtis.
       C. australis.
  2 c. Blüthen in Büscheln (hermaphroditisch) . . . Rüster Ulmus.
  3 a. Afterblattnarben mit bleibenden weißen Büschelhaaren . U. suberosa.
  3 b. Afterblattnarben kahl . . . .
    4 a. Frucht kahlrandig, kurzgestielt . . . . U. campestris.
    4 b. Frucht gewimpert, langgestielt . . . . U. effusa.
1 c. Blätter einfach, ganzrandig, sternhaarig . 15) **Oleaster** **Elaeagneae.**
      Seekreuzdorn Hippophäe.
      H. rhamnoides.

1 d. Blätter einfach, ganzrandig, kahl oder weichhaarig: al-
    pina . . . . 16) **Seideln** **Thymeleae.**
      Seidelbast Daphne.
    D. Mezereum, alpina, Laureola.

III. Kronblumige Holzpflanzen — Corollanthae.

A. Blumenkrone einblättrig, d. h. die Kronenblätter sind von ihrer
  Basis aus mehr oder weniger weit hinauf mit einander verwachsen (Monopetalae).
1 a. Kelch frei, Blüthe vereinzelt, Blumenkrone regelmäßig.
  2 a. Nur zwei Staubgefäße . . . . . 17) **Fliedern** **Ligustrinae.**
      Rheinweide Ligustrum.
    (Syringa vulgaris) . . . . L. vulgare.
  2 b. Mehr als zwei Staubgefäße.
  3 a. Blumenkrone in der Knospe gefaltet oder gedreht.
    4 a. Blätter wechselständig . . . . 18) **Nachtschatten** **Solaneae.**
    5 a. Stengel ruthenförmig . . . . Bocksdorn Lycium. L. barbarum.
    5 b. Stengel kletternd . . . . . . Mäuseholz Solanum. S. dulcamara.
    4 b. Blätter gegenüberstehend . . . 19) **Drehblumen** **Contortae.**
      Singrün Vinca. V. minor.
  3 b. Blumenkrone in der Knospe dachig.
    4 a. Blüthen gesellig; Blumenkrone tief gespalten, ausge-
      breitet, oft ungleich . . . . . . 20) **Porste** **Rhodoreae.**
      Kienporst Ledum. L. palustre.
    4 b. Blüthen zerstreut, Blumenkrone flach gespalten, glocken-
      förmig.
    5 a. Blüthen achtmännig . . . . . . 21) **Heiden** **Ericeae.**
      Sumpfheide Erica tetralix, Sandheide Ca-
      lunna vulgaris. Calunna vulgaris.
    5 b. Blüthen zehnmannig.
      6 a. Frucht eine Kapsel . . 22) **Rosmarien-Heiden** **Andromedeae.**
      Poleiblättrige Rosmarien-Heide, Andromeda polifolia.
      6 b. Frucht, eine Beere . . 23) **Bärenbeer-Heiden** **Arbuteae.**
      Bärenbeerstrauch Arbutus uva ursi.
  b. Kelch mit dem Fruchtknoten verwachsen, die Frucht mit den
    Kelchzipfeln gekrönt.
  2 a. Blätter wechselständig . . . . . 24) **Preißeln** **Vaccineae.**
  3 a. Blumenkrone tief gespalten . . . Moosbeere Oxycoccos.
      Sumpf-Moosbeere . . . . O. palustris.
  3 b. Blumenkrone flach gespalten . . . Heidelbeere Vaccinium.
    4 a. Blumenkrone glockenförmig, Blätter immergrün, Beeren
      roth.
    5 a. Griffel, die Blumenkrone überragend, Kronsbeere . V. Vitis Idaea.

5 b. Griffel nicht aus der Blumenkrone hervorstehend . .   V. intermedium.

4 b. Blumenkrone eiförmig, Blätter sommergrün, Beeren
blauschwarz.

    5 a. Blätter ganzrandig. Sumpfbeere . . . .   V. uliginosum.

    5 b. Blätter fein gesägt. Heidelbeere . . . .   V. Myrtillus.

2 b. Blätter gegenüberstehend.

    3 a. Blumenkrone mit unregelmäßiger Randtheilung, meist
röhrenförmig . . . .   25 **Gaisblatt,**   **Caprifoliaceae.**

        Lonicera Caprifolium, Peryclimenum, Xy-
losteum, nigra, alpigena, caerulea. Lin-
naea borealis.

    3 b. Blumenkrone regelmäßig, radförmig ausgebreitet
. . . .   26) **Hollundern,**   **Sambuceae.**

        4 a Blätter einfach . . . . Schneeball   Viburnum.

            V. Opulus, Lantana.

        4 b. Blätter gefiedert . . . . Holder   Sambucus.

            S. nigra, racemosa, Ebulus.

B. Blumenkrone aus mehreren bis zum Grunde getrennten Blät=
tern bestehend (Polypetalae).

  A. Die Staubfäden und Kronblätter dem Kelche entspringend,
entfernt von der Basis des oder der Fruchtknoten (Calyciflorae).

1 a. Der Kelch mit dem Fruchtknoten verwachsen.

2 a. Fruchtknoten einfächrig.

    3 a. Blätter immergrün; Schmarozer . .   27) **Misteln**   **Lorantheae.**
                        Mistel   Viscum album.

    3 b. Blätter sommergrün; Frucht eine vielsamige Beere
. . . .   28) **Ribse**   **Grossularieae.**
        Ribes Grossularia, alpinum, nigrum, rubrum,
petraeum.

2 b. Fruchtknoten zwei oder mehrfächrig.

    3 a. 1—2mal so viel Staubgefäße als Blumenblätter, Blüthe=
stand doldig . . . .   29) **Schirmblumen**   **Umbelliferae.**

        4 a. Blumen einweibig, viermännig: Hartriegel   Cornus.

        5 a. Blüthendolde mit gemeinschaftlichen Deckblättern am
Grunde . . . .   C. mascula.

        5 b. Blüthendolde ohne Deckblätter . . . . .   C. sanguinea.

        4 b. Blumen 5—10weibig, 5—10männig . .   Epheu   Hedera. H. helix.

    3 b. Viermal so viel Staubgefäße als Blumenblätter
. . . .   30) **Apfelfrüchtler**   **Pomaceae.**

        4 a. Fruchtknoten holzig (Xylogynae).

        5 a. Kelch nur bis zur Mitte mit dem Fruchtknoten ver=
wachsen, Blätter ganzrandig. Quitten=Mispel,   Cotoneaster.
            C. vulgaris, tomentosa, laxiflora.

        5 b. Kelch vollständig mit dem Fruchtknoten verwachsen.

           6 a. Blüthe einzelständig . . . . . Mispel,   Mespilus. M. germa-
nica.

           6 b. Blüthe in Dolden . . . . . Hagedorn   Crataegus.

              7 a. 2—3 selten weniger Griffel und Steine . . .   C. oxyacantha.

              7 b. stets nur ein Griffel und Stein . . . . . .   C. monogyna.

        4 b. Fruchtknoten fleischig (Sarcogynae).

        5 a. Viele Eier in jedem Fruchtknoten . . . Quitte   Cydonia. C. vulgaris.

        5 b. Nicht mehr als drei Eier in jedem Fruchtknoten.

           6 a. Blüthen vereinzelt oder in Büscheln. Die unmittel=
baren Blumenstiele am längsten. . . . Apfel   Pyrus.

              7 a. Blätter mit zehn oder mehr schmächtigen Rippen.
Birn (P. nivalis, Pollveria) . . . . . .   P. communis.

              7 b. Blätter mit 4—8 starken Rippenpaaren. Aepfel .   P. Malus.

6 b. Blüthe in Dolden, die unmittelbaren Blumenstiele
    am kürzesten. (Sorbaria).
  7 a. Blätter gefiedert, Früchte roth, Vogelbeere Sorbus.
  8 a. Knospen kahl . . . . S. domestica.
  8 b. Knospen behaart . . . . S. aucuparia.
  7 b. Blätter handförmig gelappt, die unteren Lappen
    sperrend oder zurückgebogen, Früchte braun Els=
    beere Torminaria.
                        T. europaea.
  7 c. Blätter eiförmig bis elliptisch, mitunter schwach lappig,
    sagezähnig, Früchte roth.
  8 a. Kronenblätter ausgebreitet . . Mehlbeere Aria.
  9 a. Blätter elliptisch mit eiförmiger Basis, unterseits
    bleibend silberweiß . . . . A. Theophrasti.
  9 b. Blätter breit = eiförmig, mit fast herzförmiger
    Basis, lappig = sägezähnig, unterseits grau = filzig A. intermedia.
    Var. mit sehr breit ovalen Blättern A. interm.
    latifolia.
  8 b. Kronenblätter aufgerichtet . . Zwergbeere Chamaemespilus.
                       Ch. ariaeformis.

4 c. Fruchtknoten lederartig häutig, das Fruchtknotenfleisch
    verdrängt (Dermatogynae). Blüthen in Trauben
    Traubenbirn Amelanchier.
                       A. vulgaris.

1 b. Der ober die Fruchtknoten mit dem Kelche nicht verwachsen.
2 a. Fruchtknoten in der Mehrzahl . . . . 31) **Rosen** **Rosaceae.**
  3 a. Kelchzipfel über den im fleischigen Kelche eingeschlossenen
    Fruchtknoten . . . . Rose Rosa.
    Am häufigsten R. canina und tomentosa, ketten pim-
    pinellifolia, cinnamomea, rubiginosa, arvensis.
  3 b. Kelchzipfel unter den freien Fruchtknoten.
  4 a. Früchtchen einsamig.
  5 a. Blätter gefiedert, Früchtchen beerig . Brombeere Rubus.
    Rubus Idaeus: Himbeere, R. fruticosus, cae-
    sius, saxatilis: Brombeere.
  5 b. Blätter einfach, Früchtchen trocken mit gefiedertem
    Griffel . . . . Silberwurz Dryas.
                       D. octopetala.
  4 b. Früchtchen mehrsamig . . . . Spierstrauch Spiraea.
                       S. salicifolia.

2 b. Nur ein Fruchtknoten.
  3 a Der Fruchtknoten einkammrig.
  4 a. Der Fruchtknoten einsamig mit fleischiger Außenwand
               32) **Mandeln** **Amygdaleae.**
  5 a. Blumen und Früchte vereinzelt oder in kurzen wenig=
    blumigen Doldentrauben.
  6 a. Früchte bereift, der Stein platt und uneben, Frucht=
    stiel kurzer als die Frucht . . . . Pflaume Prunus.
  7 a. Blumenstiele kahl . . . . P. spinosa.
  7 b. Blumenstiele flaumig.
  8 a. Aestchen sammtig behaart . . . . . . P. insititia.
  8 b. Aestchen kahl . . . . P. domestica.
  6 b. Früchte nicht bereift, Stein kuglich, glatt, Fruchtstiel
    langer als die Frucht . . . . . . Kirsche Cerasus.
  7 a. Blüthe vereinzelt oder in Büscheln.
  8 a. Blattstiel drüsig . . . . C. avium.
  8 b. Blattstiel drüsenlos . . . . C. Chamaecerasus.
  7 b. Blüthe in Traubendolden . . . . C. Mahaleb.

4 b. Der Fruchtknoten einſamig mit trockner Außenwand,
eine Nuß . . . . . .   33) **Balſambäume**   **Terebintaceae.**
                            Sumach   Rhus. Rh. Cotinus.

4 c. Der Fruchtknoten mehrſamig, Blumenkrone ſchmetter-
lingsförmig, die Frucht eine Hülſe
               34) **Hülſengewächſe**   **Leguminacea.**

5 a. Die Hülſe mit Querwänden, Blätter ſiebenzählig
                         Peltſchen   Coronilla.
                                      C. Emerus.

5 b. Die Hülſe ohne Querwände.

6 a. Blätter einfach oder dreizählig; Staubfäden einbrüdrig.

7 a. Kelch einlippig, Blätter einfach, linear   Pfriemen   Spartium.
                                      S. radiatum.

7 b. Kelch zweilippig.

8 a. Kelch bis zur Baſis getheilt, Blätter einfach lanzettlich . . . . Hedſame   Ulex. U. europaeus.

8 b. Kelch nicht bis zur Baſis getheilt.

9 a. Griffel kreisförmig zuſammengerollt   Beſen-
                               pfrieme   Sarothamnus.
(Spartium scopar. Lin.).   S. vulgaris.

9 b. Griffel geſtreckt, die Narbe ſeitenſtändig.

10 a. Blätter einfach . . . . . Ginſter   Genista.
Dornenloſe: G. sagittalis, tinctoria pilosa; dornige: G. germanica, anglica

10 b. Blätter dreizählig . . Bohnenbaum   Cytisus.
       C. laburnum, alpinus, nigricans
       austriacus, supinus.

7 c. Kelch fünfſpaltig . . . . . Hauhechel   Ononis.
                                    O. spinosa, hircina,
                                        Natrix.

6 b. Blätter mehr als dreizählig, Staubfäden zweibrüdrig.

7 a. Hülſe verlängert, platt . . . Schotendorn   Robinia.
                                    cult. R. Pseudacacia.

7 b. Hülſe verlängert, cylindriſch . . Erbſenbaum   Caragana.
                                    cult. C. arborescens.

7 c. Hülſe blaſenförmig aufgetrieben . Blaſenbaum   Colutea.
                                    C. cruenta.

3 b. Der Fruchtknoten mehrkammrig.

4 a. Blätter ſitzend ſchuppig, mit den Aeſtchen abfallend
              35) **Tamarisken**   **Tamaricaceae.**
                         Tamariske   Tamarix.
                                      T. germanica.

4 b. Blätter ſitzend, nicht hinfällig, immergrün
              36) **Rauſchbeeren**   **Empetreae.**
                       Rauſchbeere   Empetrum.
                                      E. nigrum.

4 c. Blätter geſtielt, ſcheibig.

5 a. Staubgefäße vor den Blumenblättern ſtehend
              37) **Kreuzdorne**   **Rhamnaceae.**

6 a. Blätter gegenüberſtehend oder faſt gegenüberſtehend
                       Kreuzdorn   Catharticus.
                                       C. vulgaris.

6 b. Blätter wechſelſtändig.

7 a. Blumen viertheilig, getrennt-geſchlechtig   Wegdorn   Rhamnus.
                                   R. alpinus, pumilus.

7 b. Blumen fünftheilig, Zwitter.   .   Faulbaum   Frangula.
                                   F. vulgaris.

5 b. Staubgefäße zwiſchen den Blumenblättern ſtehend.

6 a. Die Frucht eine Beere . . . . . . 38) **Hülsen** **Aquifoliaceae.**
         Stachelhülse Ilex.
              I. aquifolium.
6 b. Die Frucht eine Kapsel . . 39) **Pimpernüsse** **Staphyleaceae.**
7 a. Die Kapsel fleischig . . . Spindelbaum Evonymus.
              Ev. latifolius, euro-
              paeus, verrucosus.
7 b. Die Kapsel blasig, häutig . . Pimpernuß Staphylea.
              St. pinnata.

B. Die Staubfäden und Kronblätter unfern der Basis des
Fruchtknotens einem gemeinschaftlichen Boden (unterweibige
Scheibe) entspringend (Thalamiflorae).
1 a. Mehr als ein Fruchtknoten in jeder Blume, Kletterer
           40) **Waldreben** **Clematideae.**
2 a. Blumen in Trauben . . . . Waldrebe Clematis.
              C. vitalba.
2 b. Blumen einzelständig . . . . . . Alpenrebe Attragene.
              A. alpina.
1 b. Nur ein Fruchtknoten in jeder Blume.
2 a. Triebe dornig . . . . 41) **Saurache** **Berberideae.**
          Saurach Berberis.
              B. vulgaris.
2 b. Triebe unbewaffnet.
3 a. Blumenkrone unregelmäßig . . 42) **Roßkastanien** **Aesculaceae.**
         Roßkastanie Aesculus.
              A. hippocastanum.
3 b. Blumenkrone regelmäßig.
4 a. Blätter wechselständig . . . . . 43) **Linden** **Tiliaceae.**
           Linde Tilia.
5 a. Blätter sternhaarig . . . . T. alba.
5 b. Blätter schlichthaarig.
6 a. Blätter beiderseits grün . . . . T. platyphylla.
6 b. Blätter unterseits blaugrün . . . . T. europaea.
4 b. Blätter gegenuberstehend . . . . 44) **Ahorne** **Acerineae.**
          Ahorn Acer.
5 a. Blattstielspitze kahl, Knospendecken fleischig . . . A. platanoides.
5 b. Blattstielspitze bärtig.
6 a. Knospendecken fleischig . . . . A. pseudoplatanus.
6 b. Knospendecken häutig.
7 a. Blatter fünflappig . . . . A. campestre.
   Var. mit tieferen meist ganzrandigen Lappen
   A. austriacum.
7 b. Blätter dreilappig . . . . A. monspessulanum.

Zweiter Abschnitt.

Nähere Beschreibung der wichtigeren Forstkulturpflanzen.

  Unter den, in vorstehender Uebersicht aufgeführten, in unseren Wäldern wachsenden Holzarten, ist bei weitem die größte Zahl nicht Gegenstand forstlichen Anbaues; sie haben nur in sofern eine forstliche Bedeutung,
als sie, da wo sie zufällig vorkommen, Gegenstand der Benutzung sind
oder sein können. Besondere Pflege widmen wir ihnen nicht, weil sie

dem Zwecke der Forstwirthschaft: Erziehung der größten und werthvollsten Holzmasse auf gegebenem Flächenraume, nicht entsprechen; entweder weil sie zu langsam wachsen, wenig Masse erzeugen, oder weil der Zuwachs in einer, nur zu beschränktem Gebrauch geeigneten Form erfolgt, oder weil in Bezug auf technische Eigenschaften das Holz selbst von geringem Werthe ist.

Nur solche Holzarten eignen sich zum Anbau im Großen, die mit großer Massenproduktion einen hohen Gebrauchswerth in Form und Güte des Produkts verbinden. Es treten dazu aber noch andere Bedingungen. Wir fordern diese größte und werthvollste Massenproduktion nicht von der einzelnen Pflanze, sondern vom Holzbestande der Fläche. Die Geselligkeit, d. h. die Eigenthümlichkeit gewisser Holzarten, in größerer Stammzahl, im gedrängteren Stande und in reinen Beständen nebenein= ander kräftig fortzuwachsen, gibt ihnen einen Vorzug, sowohl in Bezug auf Massenerzeugung der Bestände als auf Formentwickelung, vor anderen Holz= arten, denen die Eigenthümlichkeit im dichten Pflanzenschlusse zu erwachsen nicht in dem Maße zusteht, wenn ihre Massen= und Wertherzeugung an der einzelnen Pflanze auch ebenso groß oder größer ist. Bei ersterer ersetzt die größere Stammzahl der Bestände reichlich den Ausfall im Zuwachse des einzelnen Baumes.

Zu der Eigenthümlichkeit einer geringen Zahl von Holzarten in ge= drängtem Stande nebeneinander fortzuwachsen, muß sich ein geringerer oder höherer Grad von Unempfindlichkeit gegen wechselnde Standortsverhält= nisse gesellen. Darin liegt der Begriff des Herrschens. Die Fichte und Tanne bedecken ganze Gebirge, die Kiefer große Ebenen, die Buche, die Erle, selbst die Eiche gehören noch hierher. Es würde der größten Sorg= falt nie gelingen, die Esche, die Rüster, die Lärche, den Ahorn ꝛc. in dieser Ausdehnung zu erziehen. Wirthschaftliche Verhältnisse des in unseren Wäl= dern vorherrschenden, durch die Güte des in ihm erwachsenden Holzes er= tragreichsten Hochwaldbetriebes, geben im Allgemeinen den reinen, ge= schlossenen Holzbeständen von größerer Verbreitung einen entschiedenen Vorzug.

Manche Holzarten, die in andern Ländern herrschend auftreten, wie die Birke, die Lärche in Rußland, sind es nicht für Deutschland, und selbst innerhalb der Grenzen Deutschlands finden hierin noch Unterschiede statt, z. B. für die Weißtanne, Hainbuche, Birke.

Holzarten, die für Deutschland herrschend und gesellig zugleich sind, auf die sich daher der Anbau im Großen vorzugsweise ausdehnt, gibt es nur wenige. Es sind dieß die Tanne und Fichte im Gebirge; nur im Osten in die Ebene niedersteigend, die Kiefer in der Ebene, die Buche in der Ebene bis zu den höheren Vorbergen hinauf, die Eiche und Birke in der Ebene bis zu den niederen Vorbergen, die Erle für den Moorboden.

Nächst diesen haben diejenigen Holzarten die größte forstliche Be= deutung, die zwar ebenfalls gesellig auftreten, aber wählerischer in Bezug auf Standortsbeschaffenheit sind, daher sich nie in ausgebreiteten Beständen anbauen lassen. Dahin zähle ich die Lärche, den Berg= und Spitz= ahorn; die Rüster, Esche, Hainbuche, Hasel kann man noch hier= herziehen.

Endlich bilden eine dritte Gruppe diejenigen Holzarten, die auch in kleineren Bestandsflächen nicht gesellig, sondern überall vereinzelt in Untermengung mit anderen Holzarten auftreten, wo die Kultur nicht in die natürlichen Verhältnisse eingegriffen hat. Dahin gehören für die klimatischen Verhältnisse Deutschlands die apfel= und mandelfrüchtigen Bäume, die Linden, die Kastanie, die Weiden und Pappeln.

In diesen Verhältnissen liegt die Rechtfertigung, daß der Forstmann nicht allen Kulturpflanzen gleiche Aufmerksamkeit und Sorgfalt widmet und dadurch ist es wiederum gerechtfertigt, wenn der Forscher nicht allen Arten gleiches Studium zuwendet, wenn Wissenschaft und Literatur sich umfassender mit den forstlich wichtigeren als mit den weniger wichtigen Holzarten beschäftigen. Aus diesem Gesichtspunkte sind hauptsächlich die nachfolgenden Beschreibungen der forstlich wichtigeren Holzpflanzen zu betrachten, um so mehr, da die Grenzen dieses Werkes eine haushälterische Benutzung des Raumes fordern. Speciellere Angaben enthält mein Lehrbuch der Pflanzenkunde. Von diesem Gesichtspunkte aus habe ich auch die in der vorigen Auflage dieses Werkes gewählte Eintheilung der Kulturpflanzen in herrschende und untergeordnete Holzarten beibehalten. Man versteht unter ersteren solche, welche wildwachsend in größerer Ausdehnung reine Bestände bilden; unter untergeordneten Holzarten hingegen solche, die in der Regel nur in Untermengung mit herrschenden Hölzern, in reinen Beständen nur durch künstliche Kultur vorgefunden werden.

A. Von den herrschenden Holzarten und deren Gattungs=
verwandten.

Sie zerfallen in zwei natürliche Familien:
  1) Nadelhölzer (Acerosae) und
  2) Kätzchenblumige Bäume (Amentaceae).

Erstes Kapitel.

Die Nadelhölzer (Acerosae)

bilden eine, nicht allein durch äußere Form, sondern auch durch inneren Bau und forstliches Verhalten von den übrigen Holzpflanzen scharf geschiedene Gruppe von Waldbäumen, unterschieden durch die einkieligen, nadelförmigen, meist mehrjährigen Blätter, durch das offene, nicht zum Fruchtknoten verwachsene, entweder gar nicht oder nur durch eine Schuppe bekleidete Fruchtblatt; durch den nackten Samen; durch die Gleichförmigkeit des nicht von Holzröhren durchzogenen Holzes und durch ihren Reichthum an flüchtigen Oelen und Harzen.

Die Nadelhölzer zerfallen, wie die vorstehend mitgetheilte Synopsis nachweist, in Zapfenbäume, Cypressen und Eiben. Unter diesen sind es nur die Zapfenbäume, die, und zwar ohne Ausnahme, zu den herrschenden Forstkulturbäumen gezählt werden können. Sie unterscheiden sich von den übrigen Nadelhölzern durch die Zweizahl der hängenden Eier jedes Fruchtblattes, durch den verlängerten Blumen= und Fruchtboden und

die darauf beruhende (nur bei Thuja ähnliche) Zapfenfrucht. Mit wenigen
Ausnahmen (P. Pumilio) sind es Bäume erster Größe, mit höchst regel-
mäßigem, gradem und walzigem, unverästeltem oder erst in höherem Alter
sich in Zweige zertheilenden Schafte (Pinus), mit weichem Holze, das erst
in höherem Alter durch Verharzung einen mäßig hohen Grad der Härte,
Schwere, Dauer und Brennkraft erhält, die aber dem ohnerachtet zu den
wichtigsten Kulturpflanzen gehören, theils durch ihre große Massenproduktion,
theils durch den Gebrauchswerth des Holzes zu Bau- und Nutzholz, theils
durch ihre, mehr als bei irgend einer anderen Familie der Holzpflanzen
hervortretenden Eigenschaften der Geselligkeit und des Herrschens.

Wie die Synopsis nachweist, zerfallen die einheimischen Zapfenbäume
in die Gattungen: F i ch t e (Picea), T a n n e (Abies), L ä r ch e (Larix) und
K i e f e r (Pinus). Die letzte Gattung unterschieden vor allen Uebrigen durch
die, nur an der einjährigen Pflanze einfachen, später überall büschelständigen, mehrjährigen Nadeln, durch die unter der Spitze verdickten Schuppen
der Zapfen und den im höheren Alter zur schirmförmigen Krone verästelten
Schaft. Larix unterschieden durch die sommergrünen, an den jährigen
Trieben einfachen, an den älteren Trieben büschelständigen scheidelosen
Nadeln und die kleinen eiförmigen Zapfen mit nicht verdickter Schuppen-
spitze. Abies und Picea mit überall einzelnständigen mehrjährigen Nadeln,
die bei Abies platt- und schwertförmig, bei Picea walzig-vierkantig sind.
Picea mit hängenden Zapfen und bleibender Zapfenschuppe; Abies mit
aufgerichteten Zapfen, deren Schuppen mit dem Samen gleichzeitig und
früher als die Spindel abfallen.

1. D i e F i ch t e, Picea excelsa Lam. (Pinus Abies Linn. Pinus
Picea du Roi), auch Rothtanne, Harztanne, Pechtanne genannt.

B l ü t h e z e i t: Ende Mai, die weiblichen Blüthen sind schon im Herbste
erkennbar.

F r u ch t reift im Oktober desselben Jahres; der Same fliegt aber erst
im kommenden Frühjahre aus.[1] Kränkelnde Fichten tragen schon sehr früh

---

[1] Mehrere der, in die specielle Naturgeschichte der forstlichen Kulturpflanzen einschlagenden Gegenstände sind, der leichteren Uebersicht, theils der Beziehungen wegen, in denen
sie zu wirthschaftlichen Verhältnissen stehen, in anderen Theilen dieses Lehrbuches aufgeführt.
Dahin gehören:
1) Verhalten der verschiedenen Holzarten zum Klima und zur Lage Bd. I. S. 44; zum
   Boden Bd. I. S. 117.
2) Eigenthümlichkeiten und abweichendes Verhalten der verschiedenen Holzarten in Bezug
   auf: Erziehung durch natürliche Besamung, durch Saatkultur, und zwar: Gewinnung und Aufbewahrung des Samens, Samenmenge und Aussaat, Nachzucht im
   Mittel- und Niederwald, Schirmflächengröße und Beschattung des Oberholzes im
   Mittelwald, Empfindlichkeit des Unterholzes gegen Beschattung, Erziehung in gemengten Beständen, Bestandswechsel, Erziehung in verschiedenen Betriebsarten, Umtriebszeiten, unter verschiedenen Standorts- und Consumtionsverhältnissen, Durchforstung S. Bd. II.
3) Massenerträge Bd. I. S. 111, Bd. III.
4) Brennstoffertragswerthe Bd. III.
5) Formzahlen Bd. III.

Zapfen; der darin enthaltene Same ist aber taub. Die Fortpflanzungs=
fähigkeit der Bestände tritt selten vor dem 60. Jahre, bei starkem Schluß
und in rauhem Klima viel später ein. Unter günstigen Verhältnissen kann
man alle 4—5 Jahre auf reichlichen Samen rechnen.

Der Same verbreitet sich weit vom Stamme, verträgt keine starke
Decke, fordert aber wunden Boden. Er erhält sich, sorgfältig aufbewahrt,
3—4 Jahre und länger keimfähig; aus älterem Samen erzogene Pflänzchen
sind aber schwächlich und gehen bei der geringsten Widerwärtigkeit, wenn
sie diese in den ersten Jahren betrifft, ein. Der Same geht 5—6 Wochen
nach der Frühjahrssaat auf.

Die junge Pflanze bleibt im ersten Jahre klein; das Stämmchen
wird selten über 3 Zoll lang, die Wurzel zertheilt sich gleich unter dem
Wurzelstock in mehrere Herzwurzeln, die mitunter in doppelter Länge des
Stammes und vielfach verästelt in die Tiefe dringen. Mitunter ist nur ein
Herzwurzelstrang vorhanden, und dann scheint es, als sei eine Pfahlwurzel
da, wenn man den plötzlichen Abfall in der Dicke vom Wurzelstocke aus
außer Acht läßt. Im zweiten und den folgenden Jahren entwickelt sich in
der oberen Bodenschicht ein starker Wurzelfilz; später gewinnen die Seiten=
wurzeln das Uebergewicht und die Herzwurzeln bleiben im Wuchse zurück.
Bis zum fünfzehnten bis zwanzigsten Jahre ist der Wuchs des Stammes
sehr langsam, besonders in den durch Büschelpflanzung erzeugten Beständen.
Von da ab steigt er beträchtlich bis zum vierzigsten Jahre und hält dann
bis über das hundertste Jahr hinaus ziemlich gleichförmig aus. Beschattung
verträgt die Fichte in den ersten Jahren mehr als die Kiefer, weniger als
die Tanne, erholt sich auch leichter als die Kiefer von den nachtheiligen
Folgen zu starker Beschattung.

Der Stamm, im Schluß erwachsen, wird so lang, daß keine andere
Holzart der Fichte hierin gleich kommt. Er bildet einen graden, runden
und vollholzigen Schaft, der sich nie in Aeste vertheilt. Im Freien wird
der Stamm zwar ebenfalls hoch, aber sehr abholzig und reinigt sich gar
nicht von Aesten, die mit zunehmender Länge bei der stets geringen Stärke
endlich sich herabsenken. In geschlossenen hundertjährigen Beständen kann
man 80 bis 85 Proc. Stammholzmasse annehmen.

Die Krone ist selbst im hohen Alter noch pyramidenförmig, wenig
verbreitet und enthält größtentheils nur schwache Aeste unter 8 Centm., und
Reiser, im Ganzen selten mehr als 8—10 Proc., worunter 2—3 Proc. Ast=
holz über 8 Centm. Das Astholz freistehender Bäume zeichnet sich durch seine
Zähigkeit, Harzreichthum und längere Dauer aus.

Die Belaubung ist reicher und in höherem Maße beschattend als

6) Gebrauchswerth als Bau= und Werkholz nach Form, Dauer, Härte ꝛc. Bd. III.
7) Schwere des Holzes Bd. III.
8) Brennkraft, roh und verkohlt, Kohlenausbringen Bd. III.
9) Kohlen=, Theer=, Säureausbringen durch trockene Destillation Bd. III.
10) Aschegehalt Bd. III.
11) Gehalt an Gerbstoff und Gallussäure Bd. III.
12) Gehalt an Oelen, Harzen, Säuren, Salzen, Färbestoffen ꝛc. Bd. III.
13) Feinde Bd. II.
14) Krankheiten Bd. II.

die der Kiefer, wegen der sehr dicht stehenden Nadeln und der schirmförmigen
Stellung der Zweige.   Die Blattmenge dürfte nicht größer sein als bei der
Kiefer, aber die Nadel ist kerniger, so daß die Fichte den Boden mindestens
in gleichem Maße wie die Kiefer verbessert.

Die Bewurzelung ist flach ausstreichend und sehr bedeutend, so
daß man beim Hieb der Stämme aus der Pfanne .15 bis 20 Proc., bei
1fußiger Stockhöhe 20—25 Proc., bei 2fußiger Stockhöhe 25—30 Proc. der
gesammten Holzmasse an Stockholz erhält.

Betrieb: nur im Hochwalde: in sehr rauhem Klima plänterweise. Für
Brennholzerzeugung ist der hundertjährige Umtrieb der ertragreichste, doch läßt
er sich, ohne Verlust, zur Erziehung stärkerer Bauhölzer und auf gutem Boden
bis in das hundertzwanzigste Jahr, im rauhen Klima noch darüber, ausdehnen.

Fortpflanzung: In der Ebene und überall, wo vom Windbruch
nicht viel zu fürchten ist, durch Samenschläge.   An sehr exponirten Orten
kahler Abtrieb und Anbau aus der Hand, wobei platzweise Saaten= und
Büschelpflanzungen aus Pflanzkämpen am gebräuchlichsten sind.   Bei der
Büschelpflanzung beachte man das, was ich in der Lehre vom Boden (Thon=
erde) über eine hierselbst beobachtete Krankheit der Fichtenbüschel auf sehr
bindendem Boden gesagt habe.   Die Fichtenpflanzung drei= bis vierjähriger
Stämmchen liefert einen sicherern Erfolg als die Saaten, da die Saaten
im Freien bis zu diesem Alter vielen Gefahren unterworfen sind.

Benutzung: Ausgezeichnet wegen ihrer Form zu Bauholz, wenn
gleich die Kiefer von längerer Dauer; weniger zu Werkholz wegen der großen
Menge nicht verwachsener Aeste (Hornäste).   Die langen Aeste alter frei=
stehender Fichten geben ein treffliches Material zu Flechtzäunen.   Als Brenn=
holz ist die Fichte von geringerem Werthe als die Kiefer und Lärche, ver=
hältnißmäßig besser ist sie als Kohlholz, und besonders das Stockholz der
Fichte liefert gute, für den Hüttenbetrieb sehr geeignete Kohlen.   Das Harz
der Säfte wird durch Harzscharren gewonnen, und wird fast nur diese Holz=
art hierzu benutzt.   Die Rinde wird von den Gerbern besonders zur Schär=
fung der Treibfarben benutzt.   Die Nadeln junger Triebe sollen hier und
da als Schaffutter verwendet werden.

Beschützung: Die junge Fichte leidet bis zum dritten und vierten
Jahre sehr unter Graswuchs und Dürre, daher man sie meist in Saatkämpen
erzieht und erst in jenem Alter ins Freie verpflanzt.   In Stangenorten schadet
das Rothwild durch Schälen der Stämme, die in Folge dessen später sehr
leicht von Schnee und Duftanhang gebrochen werden. Besonders in Gebirgs=
forsten, wo wegen hohen und lange liegenden Schnees das Wildpret aus Mangel
an Aesung hierzu getrieben wird, ist dieß Uebel häufig von der größten Aus=
dehnung.   Der häufige Schneebruch in unseren Fichtenbeständen des Harzes
hat nur theilweise seinen Grund in der ungleichen Astentwickelung der in
Büscheln aufgewachsenen Pflanzen.   Im höheren Alter leidet die Rothtanne
bei dem exponirten Standort im Gebirge häufig von Stürmen.   Das Rind=
vieh thut selbst in jungen Orten wenig Schaden, mehr die Schafe.   Ueber
die Insekten der Fichte habe ich im dritten Bande ausführlich gesprochen.[1]

[1] Die in den früheren Auflagen hierher gestellten Angaben über Gewichtgrößen und
Brennwerthe habe ich im zweiten Bande (Forstbenutzung) zusammengestellt.

2. **Die Tanne**, Abies pectinata Dec. (Pinus Picea Linn., Pinus Abies du Roi), auch Weißtanne, Silbertanne, Edeltanne genannt.

Die weibliche Blüthe entfaltet sich im Mai aus Blüthenknospen, die schon im Winter erkennbar sind, aber fast nur in den äußersten Zweigen der Baumgipfel entstehen. [1]

Die Frucht reift Ende September oder Anfang Oktober, und der Same fällt dann in wenigen Tagen mit den Zapfenschuppen zugleich und früher als die Spindel vom Baume, daher man beim Sammeln des Samens den richtigen Zeitpunkt genau beobachten muß. Im Schlusse erwachsen, werden die Tannen gewöhnlich erst mit dem sechzigsten bis siebzigsten Jahre fortpflanzungsfähig, die Samenjahre kehren in etwas längeren Zeiträumen wieder, als die der Fichte.

Der Same verbreitet sich wegen seiner Schwere weniger weit als der der Fichte, gewöhnlich nicht über 10—15 Schritte vom Mutterbaume. Sorgfältig aufbewahrt hält er sich zwar bis zum kommenden Frühjahre, ist aber sehr dem Verderben ausgesetzt und soll besonders weiten Transport nicht gut vertragen. Der Same keimt 5—6 Wochen nach der Aussaat im Frühjahr.

Die junge Pflanze bleibt in den ersten Jahren sehr klein, so daß sie im sechsten bis achten Jahre meist nicht über $1/3$ Meter hoch ist, und mehr in die Seitenäste als in die Höhe wächst. Erst vom zwanzigsten Jahre ab steigt der Zuwachs bedeutend und hält dann bis ins hohe Alter gleichmäßig aus. Sie verlangt starke Beschattung, ist sehr empfindlich gegen Graswuchs und Dürre, so daß sie wie die junge Buche im Schutz der Mutterbäume zu erziehen ist. Sie ist ferner sehr brüchig, weßhalb die Aushiebe mit großer Sorgfalt geführt werden müssen, geht aber nicht so leicht durch Verdämmung, Verbeißen und andere Verletzungen ein, sondern entwickelt Seitenknospen zu neuen Trieben.

Der Stamm ist regelmäßig und sehr vollholzig, erreicht die Höhe des Fichtenstammes, übertrifft diesen aber in der Dicke.

Die Krone ist, wie die der Fichte, in ihren äußeren Umrissen pyramidal, aber nicht wie dort aus aufgerichteten, später hängenden, sondern von frühester Jugend bis zum höchsten Alter aus fast rechtwinklig vom Stamme ablaufenden Aesten zusammengesetzt, wodurch der Baum schon in weiter Ferne sich erkennbar macht. Nach Abzug einiger Procente für die

---

[1] Die Tanne hat dieß mit der Fichte und Kiefer gemein und erwächst daraus eine harte Nuß für die Vertheidiger universalmaterialistischer Anschauungsweise. Um die Befruchtung zu vollziehen, muß der Blumenstaub dieser Nadelholzgattungen in der Luft emporsteigen. Es geschieht das dadurch, daß wenige Wochen vor der Reife das Pollenkorn auf jeder Seite die Oberhaut desselben zu einer großen Blase sich abhebt, die sich mit Wassergas füllt. Dadurch wird das Pollenkorn leichter als die atmosphärische Luft und kann nur in dieser wie ein Ballon unter Mithülfe des aufsteigenden Luftstroms zur weiblichen Blüthe emporsteigen. Dem Pollen der Hainlacktanne, der Lärche, bei denen männliche und weibliche Blumen auf demselben Zweige vereint sind, wie überhaupt jedem anderen unter den mir bekannten Pollenarten fehlt diese überhaupt ganz vereinzelt dastehende Blasenbildung. Es ist schwer, sich in diesem und ähnlichen Fällen der zur Zeit in der Wissenschaft verpönten teleologischen Betrachtungen zu entschlagen. (Vergl. S. 125.)

größere Wurzelholzmasse ist das Verhältniß der Ast-, Reiser- und Stamm-holzmasse gleich dem der Fichte zu setzen.

Die Belaubung ist in Folge der breiteren Blätter und der schirm-förmigen Stellung dieser und der Zweige sehr beschattend, dürfte der Buche wenig nachstehen. Die Weißtanne verbessert den Boden in demselben Maße wie Fichte und Kiefer.

Die Bewurzelung ist weniger ausgebreitet und weniger flach als die der Fichte; zwar fehlt eine tiefe Pfahlwurzel, der Wurzelstock spaltet sich aber in mehrere starkästige, in die Tiefe dringende Herzwurzeln. Daher ist die Rodung schwieriger und auf steinigem Boden erhält man weniger Wurzelholz, als von der Fichte, obgleich die unterirdische Holzmasse eine größere ist.

Betrieb: im Hochwalde; verträgt noch am besten plänterweise Be-wirthschaftung. Umtrieb in der Regel hundertzwanzigjährig, läßt sich jedoch mit Vortheil auf den hundertundvierzigjährigen ausdehnen.

Fortpflanzung: Durch Dunkelschläge, im Allgemeinen nach den Regeln der Rothbuchen Verjüngung; wegen der Brüchigkeit der jungen Pflanze wird jedoch der Abtriebsschlag früher geführt; im Schwarzwalde, wo die Weißtanne vorzugsweise zu Hause ist, wird nach Gwinners Mit-theilungen der Hieb in die Saftzeit bis zum August hin verschoben, um Insektenbeschädigungen, besonders dem Anfall der Nutzstämme von Bostr. lineatus vorzubeugen. Zum Anbau werden die Pflanzen meist in geschütz-ten Pflanzkämpen erzogen, und in 3—5 Jahren womöglich mit dem Pflanz-bohrer oder doch mit dem Ballen verpflanzt.

Benutzung: Durch seine Form ist der Stamm zu Bauholz sehr ge-eignet, doch von noch geringerer Dauer als das Fichtenholz. Starke Stämme sind zu Hammer- und Mühlwellen gesucht. Besser ist das weiße, fein und gleichfaserige Holz zu Tischlerarbeiten, Spalt- und Schnitznutzholz. Auch als Brennholz und Kohlholz steht die Weißtanne der Rothtanne etwas nach, und es ist nicht abzusehen, weßhalb bei der Schwierigkeit der Bewirthschaf-tung erstere vor der letzteren zu begünstigen sein sollte, wo nicht Zwecke der Bodenbeschützung oder des Anbaues gegen Sturmschaden vorliegen. Aus Rindebeulen wird Terpentin gewonnen.

Beschützung: Die junge Weißtanne ist äußerst empfindlich gegen starke Lichteinwirkung, Temperaturwechsel, Dürre, Spätfröste, Graswuchs und nur mit großer Sorgfalt zu erziehen; auch wird sie mehr als die übrigen Nadelhölzer von Wild und Vieh verbissen.

3. Die Lärche, Larix europaea Dec. (Pinus Larix Linn.)

Wir haben nur eine Art dieser Nadelholzgattung in unseren Wäldern, und auch diese findet sich nicht einheimisch, sondern hier und da in Folge künstlichen Anbaues.

Die Blüthe erscheint Ende April, gleichzeitig mit den Blättern, aus den dicken Seitenknospen der zwei- und dreijährigen Triebe. Die männliche Blütheknospe kann man schon im Winter an der runden Form und an der bis in die Spitze gehenden braunen Beschuppung erkennen; die weibliche Blütheknospe hingegen unterscheidet sich äußerlich nicht von den dicken Blattknospen.

Die Frucht reift im Oktober, fliegt aber erst im kommenden Frühjahre aus den hängenbleibenden Zäpfchen. Man pflückt sie nicht eher, als bis sie einen starken Frost gehabt haben, worauf sie sich leichter als ohne dieß öffnen. Siehe Bd. II. Die Lärche trägt oft und viel Samen, acht- bis zehnjährige Pflanzen sind oft voller Zapfen, deren Same aber taub ist.

Der Same ist äußerst empfindlich für eine richtige Bedeckung, die sehr gering sein muß. Bei den in hiesigem Forstgarten gemachten Ansaaten zeigte sich dieß sehr auffallend darin, daß auf einem Saatbeete eine und die andere Rille voller Pflanzen stand, während sich auf der benachbarten mitunter nur einzelne Pflänzchen zeigten. Der Same keimt vier bis fünf Wochen nach der Frühjahrssaat.

Die junge Pflanze unterscheidet sich schon im Samenkorne sehr auffallend von den übrigen Nadelhölzern dadurch, daß sie nur zwei bis drei einander gegenüber stehende Keimblätter hat, während die übrigen Zapfenbäume deren vier bis sechs zeigen. Sie übertrifft im Wuchse des ersten Jahres alle übrigen Nadelhölzer, erreicht nicht selten eine Höhe von 14 bis 16 Centim. Noch tiefer dringt sie schon im ersten Jahre mit mehreren Herzwurzeln in den Boden, bildet aber auch in der Oberfläche eine reiche Bewurzelung aus. Starken Wuchs behält sie bis ins dreißigste bis fünfunddreißigste Jahr, dann verringert er sich um etwas bis ins fünfzigste Jahr, von da ab sinkt er bedeutend. Ein fünfzigjähriger 4 Hektar großer Lärchenort eines unserer Harzforste (Hüttenrode) enthielt auf dem Braunschweiger Waldmorgen 210 Cubikm. Raum; mithin ohne die Durchforstungen über 4 Cubikm. Durchschnittszuwachs! Gegen Beschattung ist die junge Lärche empfindlich und wächst besser in lichten Orten und in Untermengung mit andern Hölzern als im Schlusse.

Der Stamm ist, selbst im Schlusse erwachsen, nicht so vollholzig als der der übrigen Nadelhölzer, aber regelmäßig abgerundet. Im Gebirge, in exponirter Lage, ist er häufig vom herrschenden Windstriche etwas gedrückt und selbst gebogen. Dieß zeigt sich besonders auf bindendem Boden in exponirter Lage. Auf sehr bindendem Boden dringt die Pfahlwurzel so wenig in die Tiefe, daß viele Stämme eines geschlossenen mehr als 7 Meter hohen Bestandes in meinem Forstgarten mit der Hand aus dem Boden gezogen werden konnten. Werden solche Orte in der Jugend vom Wind oder Schneeanhang gedrückt und nehmen die späteren Triebe den senkrechten Wuchs wieder an, so entsteht die bei Nutzholzverwendung sehr nachtheilige säbelförmige Krümmung des Stammendes. Der Stamm reinigt sich auch im freien Stande auf 8—10 Meter von Aesten, und bildet einen im Verhältniß zur Stärke sehr langen Schaft. Die Stammholzmasse 50jähriger, im Schluß erwachsener Bestände kann auf 76 bis 78 Proc. angesetzt werden.

Die Krone ist pyramidal, wenig verbreitet und schwachästig, so daß man den Ast- und Reiserholzertrag nicht höher als 6—8 Proc. ansetzen darf.

Die Belaubung ist sehr licht und wenig verdämmend, so daß sie aus diesem Grunde, und wegen ihres auch im Freien sich von Aesten

reinigenden Schaftes zum Anbau im Mittelwalde als Oberholz empfohlen
worden ist. Den Boden beffert die Lärche weniger als die übrigen Nadelhölzer, nicht in Folge geringeren jährlichen Laubabfalles, der in der That
so groß, wenn nicht größer als bei den übrigen Nadelhölzern ist, sondern
in Folge geringeren Bodenschutzes und rascherer Zersetzung der dünneren
Nadeln.

Die Bewurzelung ist in der Jugend tief, vom 30ften Jahre ab
bilden sich die Seitenwurzeln mehr aus. Eine eigentliche Pfahlwurzel hat
die Lärche nie, wohl aber starke Herzwurzeln, die tief in den Boden eingehen, und deßhalb schwierig zu gewinnen sind, so daß man die benutzbare
Stockholzmenge nicht über 12—15 Proc. anfetzen kann.

Betrieb im Hochwalde, auch im Mittelwalde als Oberholz. Die
Lärche eignet sich ganz vorzüglich zum Anbau solcher Räumden in Schon-
orten, deren Bestand schon zu einem höheren Alter und beträchtlicher Höhe
herangewachsen ist. In lückigen Buchenorten, wie solche noch häufig im
30—40jährigen Alter sich vorfinden, kann dann die Lärche mit der Buche
gleichzeitig zum Abtriebe kommen, ohne daß man genöthigt wird, zu junges
Holz in Hieb zu bringen. Einen höher als 60jährigen Umtrieb würde ich
der Lärche nicht geben, und diese während der meist 120jährigen Umtriebszeit der übrigen Nadelhölzer zweimal zum Abtriebe ziehen. In Untermengung
mit anderen Nadelhölzern hält sie den 100- bis 120jährigen Umtrieb recht
gut aus.

Fortpflanzung. Wegen des meist noch theuren Samens wird die
Lärche größtentheils in Pflanzkämpen erzogen, und im 3—4ten Jahre ins
Freie verpflanzt. Bis dahin läßt sie sich recht gut mit entblößten Wurzeln
verpflanzen, später fordert sie einen Ballen.

Benutzung. In der Dauer steht das Lärchenholz allen Nadelhölzern
voran, und gibt bei großer Schaftlänge ein sehr gutes Bauholz, jedoch nur
in schwächeren Sortimenten. Sehr gesucht ist es zum Schiffbau und zum
Bergbau. Als Feuerungsholz wenig beliebt durch Gasbildung beim Erwärmen und das daraus hervorgehende Praffeln und Fortspringen der
Kohlen. Ebenso als Kohlholz wenig geachtet. Durch Abzapfen wird von der
Lärche der venetianische Terpentin gewonnen.

Beschützung. Widrige Naturereignisse haben, selbst im ersten Jahre,
wenig Einfluß auf das Gedeihen der Lärche; der im Winter laublose Stamm
leidet wenig von Schneedruck und Sturm, die tiefe Bewurzelung hindert die
nachtheiligen Einflüsse der Dürre, so daß sie eigentlich nur durch Verbeißen
vom Wild und Rindvieh beschädigt wird. Auf flachem Boden über Fels
oder Thonlager werden die Stämme häufig vom Winde gedrückt und dann
am Stammende säbelkrumm. Seit 1845 leidet die Lärche an einer Krebs-
krankheit in solcher Verbreitung, daß die Rathsamkeit ihres Anbaues dadurch
zweifelhaft wird. Ueber die Insekten der Lärche vergl. Bd. III.

4. Die Kiefer, Pinus.

Wir haben in Deutschland fünf verschiedene Arten dieser Gattung: die
gemeine Föhre, Legföhre, Schwarzföhre, die Zirbelkiefer und die Weymuth-

kiefer. Die ersteren drei Arten unterscheiden sich von den beiden letzten durch
die Zahl der von einer Scheide umschlossenen Nadeln, welche dort 2, hier
5 ist. Unter den zweiblättrigen Kiefern unterscheidet sich die gemeine Kiefer
durch ihre gestielten, abwärts oder zur Seite gebogenen, zur Reifezeit grauen,
bei der Schwarzföhre strohgelben Zapfen, von der Schwarzföhre außerdem
durch bedeutend kleinere, zugespitztere Zapfen und durch kürzere, heller grüne,
kürzer gescheidete Nadeln, welche dort schwarzgrün sind, so wie durch den
braungrauen kleineren Samen, welcher bei der Schwarzföhre schwarzgrau
und schwarz marmorirt ist. Die Legföhre unterscheidet sich von der gemeinen
und Schwarzföhre nicht allein durch die an Seitentrieben häufig fehlenden
Quirlknospen, durch den oft gekrümmten strauchartigen Wuchs, sondern auch
durch den Samen, dessen Flügel nicht über die doppelte Länge des Samen=
korns messen; außerdem durch einen schwarzen Ring um den Nabel der
Apophyse des bis kurz vor der Reife aufgerichteten Zapfens. Unter den
fünfblättrigen Kiefern unterscheidet sich die Zirbelkiefer von der Weymuth=
kiefer nicht allein durch die dicken eiförmigen Zapfen und die großen, nur
mit einem Flügelrande umgebenen Samenkörner, sondern auch durch die mit
rothem Wollhaar filzig bekleideten jungen Triebe.

a. Die gemeine Kiefer, Pinus (Pinaster)[1] sylvestris Linn., auch Föhre, Kiehne,
Fichte genannt.

Die Blüthen erscheinen im Mai, und der gelbe männliche Samen=
staub wird mitunter in so ungeheurer Menge ausgestreut, daß er Veran=
lassung zur Sage vom Schwefelregen gegeben hat. Die rothen weiblichen
Blüthekätzchen an der Spitze der jungen Triebe stehen anfangs aufgerichtet,
neigen sich aber schon nach 8—10 Tagen zur Seite.

Die Frucht erreicht im ersten Jahre die Größe einer kleinen Wall=
nuß, wächst im kommenden Sommer vollständig aus, reift im Oktober;
die Zapfen öffnen sich aber erst im März oder April des folgenden Früh=
jahres, also 22—23 Monate nach der Blüthe und streuen den Samen aus.
Diese lange Dauer der Fruchtbildung ist allen Kieferarten eigen, den Tannen
und Lärchen hingegen nicht. Freistehende Kiefern tragen schon sehr früh
tauglichen Samen in Menge, oft schon mit dem 15ten Jahre. In ge=
schlossenen Orten tritt die Mannbarkeit mit dem 50sten bis 60sten Jahre ein,
etwas später auf feuchtem fruchtbarem Boden als im trocknen Sande. Ebenso
nach Verschiedenheit des Bodens und der Bestände kann man alle 3—5 Jahre

[1] Die Kiefern mit zwei Nadeln aus einer Scheide werden in neuerer Zeit mit dem
Gattungsnamen Pinaster unterschieden von den Kiefern mit drei Nadeln aus einer Scheide,
die den Gattungsnamen Taeda erhalten. Diese Vermehrung der Gattungsnamen ist bei den
Forstleuten im Allgemeinen nicht beliebt und sie haben von ihrem Standpunkte aus Recht.
Anders verhält sich das vom Standpunkte des Botanikers aus, der mit weit größeren Art=
mengen derselben Gattung zu schaffen hat; wenn aber in derselben Gruppe wie hier 20 zwei=
nadlige Kiefern 25 dreinadligen gegenüberstehen, dann ist deren Sonderung in Gruppen sehr
gerechtfertigt und es erleichtert den Umgang, wenn jede Gruppe ihren Eigennamen erhält,
denn der Name ist gewissermaßen der Henkel, die Handhabe zum Gebrauch der Sache. Wir
Forstleute, die wir als solche mit gar keinen dreinadligen und mit einer geringen Zahl zwei=
nadliger Kiefern in Berührung kommen, mögen bei dem Gattungsnamen Pinus beharren,
wenn wir es nicht für zweckmäßiger halten, mit der wissenschaftlichen Nomenclatur fortzu=
schreiten.

auf ein reichliches Samenjahr rechnen; manche Orte tragen fast jährlich
Samen.

Der Same verbreitet sich 30 bis 40 Schritte und weiter vom Mutterstamme, je nachdem die Bäume langschäftiger sind und die Luft unruhiger
ist. Wenn der Boden nicht allzufilzig verangert ist, bedarf der Same nicht
nothwendig einer Verwundung des Bodens und einer Bedeckung, die aber
allerdings das Gedeihen der Samenschläge sehr fördert. Der Same hält sich
2—3 Jahre keimfähig, keimt 4—6 Wochen nach der Aussaat im Frühjahre; von älterem Samen kommen viele Pflanzen erst im folgenden Frühjahre zum Vorschein.

Die junge Pflanze bleibt im ersten Jahre sehr klein, wird selten
über 2 Zoll lang, wohingegen sie eine grade Pfahlwurzel, die sie auch später
behält, in doppelter bis dreifacher Länge senkrecht in den Boden schickt. Die
Kiefer macht sich daher früh von der Feuchtigkeit der obersten Bodenschicht
unabhängig, indem sie das Wasser aus der Tiefe heraufzieht, leidet daher
auch weniger als die übrigen Nadelhölzer unter Trockniß. In den ersten
Jahren erträgt die Kiefer mäßige Beschattung, verlangt aber schon mit dem
3ten bis 4ten Jahre ungehinderte Lichteinwirkung, bedarf der Beschattung
übrigens gar nicht. Der Hauptwuchs liegt in den früheren Altersperioden,
steigt beträchtlich bis zum 50sten Jahre und hält von da ab bis zum 80sten,
auf gutem Boden bis zum 100sten Jahre ziemlich gleichmäßig aus.

Der Stamm wächst im Freien sehr sperrig, reinigt sich in geringer
Höhe und bildet weit hinausragende Aeste von größerer Stärke, als den
übrigen Nadelhölzern eigen ist. Im Schlusse ist der Stamm gerade, rund,
aber weniger vollholzig als der der Fichte, so daß im 120jährigen Alter
eine Stärke von 40—50 Cent. auf 15 Mtr. Höhe schon zu den Ausnahmen
gehört. In 120jährigen geschlossenen Beständen kann man die Stammholzmasse auf 72—75 Proc. ansetzen.

Die Krone enthält mehr und stärkere Aeste, als die der übrigen
Nadelhölzer, ist bis zum 80sten Jahre pyramidal mit vorherrschendem Längentrieb, dann wird durch Zurückbleiben des Mittelwuchses und fortgesetzte
Verlängerung der Seitenäste die Krone schirmförmig. Die Ast- und Reiser-
menge läßt sich nach Verschiedenheit des Schlusses auf 8—12 Proc. der
ganzen Holzmasse ansetzen, worunter 2—4 Proc. Reiserholz stecken.

Die Belaubung, trotz der den übrigen Nadelhölzern nicht nachstehenden Blattmenge, beschattet dennoch in Folge der günstigern, nicht
schirmförmigen Stellung des Laubes, nächst der Lärche am wenigsten. Der
Bodenbesserung ist die Kiefer in hohem Grade förderlich.

Bewurzelung: Schon vom ersten Jahre ab treibt die Kiefer eine
tiefe Pfahlwurzel, die sich meist bis ins hohe Alter vorherrschend erhält;
in den ersten Jahren ist die Entwicklung der Seitenwurzeln sehr gering;
erst mit dem 20sten bis 25sten Jahre bilden sie sich stärker heraus, sind aber
stets sehr abholzig und verästeln sich bald in dünne Stränge, die auf
schlechtem Sandboden in Fingersdicke, oft 30—40 Schritt weit, dicht unter
der Erde ausstreichen. Die Wurzelmenge auf mittelmäßigem Boden kann
auf 15—20 Proc. der Gesammtmasse angesetzt werden.

Betrieb nur im Hochwalde und schlagweise, da sich die Kiefer wegen ihrer Empfindlichkeit gegen Beschattung und ihres schlechten Wuchses außer Schluß nicht für die plänterweise Bewirthschaftung eignet. Man kann ohne Verlust an Masse mit dem Umtriebe bis auf 40 Jahre zurückgehen, wird aber wegen der schlechten Beschaffenheit des jungen Holzes ohne Verlnste im Geldertrage selten unter den 100jährigen Umtrieb hinabgehen dürfen. Der 120jährige Umtrieb ist der gewöhnlichere zur Bau= und Nutzholzerzeu= gung auf gutem Boden.

Fortpflanzung: durch Samenschläge bei ziemlicher Willkür in der Behandlung, wenn man nur dafür sorgt, daß die Fläche hinlänglich bestreut wird und die jungen Pflanzen bald gehörige Lichteinwirkung bekommen, leicht und sicher zu bewirken. Trotz dem, daß die Kiefer ganz im Freien erzogen werden kann und in Menge erzogen wird, muß man doch den in Schlägen erfolgten Wiederwuchs nicht zu plötzlich frei stellen, da derselbe durch den Schutz der Mutterbäume verweichlicht wird. [1] Der Anbau wird großtentheils durch Saat bewirkt, da sich die junge Pflanze wegen der starken Pfahlwurzel und der wenigen Seitenwurzeln schwer und nur bis zum dritten Jahre mit Erfolg versetzen läßt. Auf schlechtem Sandboden, den die Kiefer häufig ein= nimmt, dürfen keine dichte Saatkulturen gemacht werden, sondern man muß jeder einzelnen Pflanze durch unbehinderten freien Wuchs die größtmöglichste Blattmenge zu verschaffen suchen, um dieselbe von der Bodenfruchtbarkeit möglichst unabhängig zu machen.

Benutzung: ausgezeichnet als Bauholz wegen der langen Dauer des älteren harzreichen Holzes; zu Masten wird es allen übrigen Nadelhölzern, mit Ausschluß der Lärche, vorgezogen. Wegen seiner Reinheit von Aesten ist es sehr geschätzt als Schnittnutzholz; die unteren Stammtheile zu Spalt= hölzern, besonders zu Kalk= und Salztonnenhölzern und zu Schindeln. Das Stangenholz zu Zaunmaterial, Baum=, Hopfen= und Bohnenstangen, wie zur Dachdeckung; die harzreichen Stöcke zur Theerschwellerei und zur Er= leuchtung.

Beschützung. Die junge Kiefer, besonders im dichten Schlusse, leidet sehr von Duft und Schneebruch, daher sie nicht fürs Gebirge geeignet ist. Von längerer Verdämmung erholt sie sich bei der Freistellung nur scheinbar, macht zwar in den ersten Jahren gute Triebe, bleibt aber bald im Wuchse zurück und liefert nie einen guten Bestand, wenn sie auch nicht, wie ge= wöhnlich, ein Raub der Insekten wird. Ihre bittersten Feinde sind letztere und keine Holzart zählt so viele verheerende Insektenarten als die Kiefer, wie aus Bd. III. hervorgeht.

b. Die Schwarzkiefer, Pinus (Pinaster) Laricio Poiret. (var. austrica Hoess., nigricans Host.), österreichische Kiefer,

findet sich innerhalb der Grenzen Deutschlands, wild in Beständen nur in Niederösterreich, angebaut auch in Norddeutschland, und unterscheidet sich, außer dem bereits Angeführten, von der gemeinen Kiefer besonders durch ihr Standortsbedürfniß, indem sie nicht mit so geringen Graden der Boden= feuchtigkeit als jene vorlieb nimmt, überhaupt aber einen fruchtbarern bindendern Boden und sonnigere Lage fordert, besonders auf Kalkgebirgen

[1] Das ist der übliche Ausdruck, für den uns ein rechtes Verständniß noch fehlt.

kräftig vegetirt. Nässe soll ihr eben so nachtheilig sein, als Trockenheit. Die Wurzeln sollen nicht so tief in den lockern Boden, dahingegen tiefer in Fels= spalten eindringen und den Stamm in höherem Maße befestigen, so daß derselbe auch im Gebirge den stärksten Stürmen Widerstand zu leisten ver= mag; sie soll, nach Feistmantel, in der Jugend weniger rasch wachsen, ihr Hauptwuchs zwischen dem 30sten und 50sten Jahre liegen, und schon mit dem 70sten Jahre eine bedeutende Verringerung des Zuwachses und Licht= stellung der Bestände erfolgen. Nach Höß (Monographie der Schwarzföhre. Wien 1831.) verhält sich dieß anders: dem 100—120jährigen Umtrieb wird dort ein größerer Ertrag zugeschrieben als dem 80jährigen. Die Schwarz= föhre zeichnet sich ferner durch eine sehr reiche Belaubung und Bodenbesserung, so wie durch größeren Harzreichthum aus, womit dann natürlich eine größere Brennkraft und Dauer verbunden ist. Das Gewicht des Kubikfußes gibt Feistmantel in allen Zuständen um 2 Pfund höher an, als das der gemeinen Kiefer.

c. Die Legföhre, Pinus Pumilio Haenke (Mughus Scop.), auch Krummholzkiefer, Knieholz, Alpenkiefer genannt.

Sie unterscheidet sich von allen übrigen Kiefern constant darin: daß die Blüthe und die daraus erwachsenden Zapfen bis zwei Monate vor der Reife aufgerichtet sind, ferner durch einen schwarzen Ring um den Nabel jedes Zapfenschuppens. In der Bildung der Apophysen treten dann wesent= liche Verschiedenheiten auf, die auf derselben Pflanze und in jedem Jahre dieselben sind. a) Alle Apophysen der unteren Zapfenhälfte sind pyramidal erhaben und etwas, aber nicht bedeutend nach der Zapfenbasis hin zurück= gekrümmt (Pumilio). b) Nur die dem Lichte zugekehrten Apophysen der unteren Zapfenhälfte sind konisch erweitert und sehr stark zurückgekrümmt (uncinata). c) Alle Apophysen, auch die der untern Zapfenhälfte sind gleichförmig fast eben (Mughus). Außerdem kommen noch andere, auf derselben Pflanze constante, Obigem untergeordnete Zapfenabänderungen vor, deren ich im Ganzen gegen 80 unterschieden und getrennt zur Aussaat ge= bracht habe. Nach 6—8 Jahren werden die früh zapfentragenden, jetzt zwei= jährigen, getrennt zu erhaltenden Pflanzen ergeben, welche Bedeutung den so außergewöhnlich großen Zapfenunterschieden beizulegen ist.

Aussaat des Samens von derselben Pflanze ergibt Pflanzen von sehr verschiedenem Wuchse. Am seltensten sind die der gemeinen Kiefer sehr nahe stehenden, einstämmigen, grade aufgerichteten Formen. Häufiger sind pyramidale Formen, bei denen der aufgerichtete Schafttrieb den Vorsprung vor den Quirlästen zwar noch behält, letztere aber schon von unten auf so kräftig sich fortbilden, daß ein pyramidaler Strauch daraus hervorgeht. Durch viele leise Uebergänge, in denen der Schafttrieb immer mehr zurück= bleibt, ein oder zwei Quirltriebe nahe dem Boden zu überwiegender Ent= wickelung gelangen, bildet sich aus dieser der eigentliche Knieholzstamm, der, $1/3$—$1/2$ Mtr. über dem Boden rechtwinklig gekniet, mehr oder weniger pa= rallel der Bodenoberfläche verläuft und nur in den letzten 5—6 Jahres= trieben in einer entgegengesetzten Kniebeugung sich wieder aufrichtet. Ueber das mit diesem Entwickelungsverlaufe verbundene Strecken und Beugen habe ich Seite 304 gesprochen.

Wir haben, da diese Differenzen im Wuchse auch in unseren ebenen Parkanlagen hervortreten, den Kniewuchs daher als eine individuelle Eigenschaft zu betrachten, es mag aber wohl sein, daß Schneedruck und Eisbruch im Hochgebirge ähnliche Formen auch an Pflanzen hervorzurufen vermögen, die ohne dieses einen aufgerichteten Stamm entwickelt hätten.

Die kriechenden Aeste bilden undurchdringliche Dickungen, die bis gegen das 200ste Jahr aushalten sollen. Aus dem Holze wird ein Terpentin gewonnen, der unter dem Namen Krummholzöl auch im Gedicht gefeiert ist. Das äußerst feinjährige Holz ist zu manchen Schnitzarbeiten und von Instrumentenmachern geschätzt.

d. Die Zirbelkiefer, Pinus Cembra Linn., Cembra sativa, Arve,

ist gleichfalls ein Holz der höchsten Gebirgsregionen, und gedeiht an den Baumgrenzen da, wo keine andere Holzart mehr fortkommt; sie ist jedoch an diesem Standort nicht gebunden, sondern steigt in die Thäler hinab, und selbst in den Ebenen unseres nördlichen Deutschlands gedeiht sie recht gut; so steht z. B. ein ausgezeichnet schönes Exemplar von 40—50 Fuß Höhe im Berliner Thiergarten, kräftig wachsend und Früchte tragend. Sie fordert einen gemäßigt feuchten Boden und verträgt eher Nässe als Trockenheit. Zu den deutschen Waldbäumen kann man sie nur insofern zählen, als sie wildwachsend in Tyrol gefunden wird.

In ihrem jugendlichen Verhalten soll sich die Zirbelkiefer, nach von Schultes Monographie, am nächsten der Weißtanne anschließen, bis zum 10ten Jahre sehr langsam und buschig wachsen, Schutz verlangen und sehr empfindlich gegen Dürre und Graswuchs sein. Erziehung in geschützten Pflanzkämpen und Auspflanzen im 3jährigen Alter, in Untermengnng mit Fichten und Weißtannen, wird empfohlen. Der Same, im Frühjahr gesäet, liegt ein Jahr über, was um so merkwürdiger ist, da ich aus dem gleich gebauten noch größeren und dickschaligern Samen der Pinus Pinea die Pflänzchen schon 2 Wochen nach der Aussaat, also früher als aus dem Samen unserer Nadelhölzer, zum Vorschein kommen sah. Unter 2 Pfund Zirbelnüssen, die ich im vorigen Jahre erhielt, fand sich kein einziges keimfähiges Korn; obgleich der Kern frisch und markig war, fehlten die Keime im Samen gänzlich, an deren Stelle eine leere Haut von der Form des Keims sich zeigte. Es ist mir ein ähnlicher Fall, der weder im Alter des Samens noch in Mangel der Befruchtung seine Ursache haben kann, noch nicht vorgekommen. Man prüfe daher den auszusäenden Samen durch Zerschneiden, da es wohl möglich wäre, daß solche Fälle öfter eintreten und dieser Holzart eigenthümlich sind.

Das Holz der Zirbelkiefer soll ausgezeichnet gut und besonders dadurch zu Möbeln geeignet sein, daß sein Geruch den Insekten sehr zuwider ist. Die Nüsse sind eine sehr angenehme Speise und liefern, wie die Nüsse der italienischen Kiefer, ein sehr gutes Speiseöl. Ein Versuch, diese Holzart auf der veröbeten Kuppe des Wurmbergs anzubauen, den ich vor 26 Jahren ausgeführt habe, ist bis jetzt von günstigem Erfolge gekrönt.

e. Die Weimuthkiefer, Pinus Strobus Linn. (Strobus virginiana),

ift feit dem nordamerikanifchen Befreiungskriege bei uns ziemlich heimifch
geworden, und zeichnet fich durch ihren überaus rafchen Wuchs in der Jugend
vortheilhaft aus; bis zum 40ften Jahre erreicht fie auf tiefgründigem, leh=
migem Sand= oder fandigem Lehmboden mitunter eine Höhe von 20—24
Meter, und eine Stammdicke von $\frac{1}{3}$ — $\frac{1}{2}$ Meter. Bei diefem rafchen
Wuchfe ift das Holz fehr porös, leicht, von viel geringerer Dauer und
Brennkraft als das der einheimifchen Nadelhölzer, indem es weniger reich
an Harz als an Terpentin ift, der dem Holze durch Verdunftung wenigftens
theilweife entweicht. Zum Verbauen in Dachftühle dürfte es wegen feiner
großen Leichtigkeit Vorzüge haben, wird jetzt auch fehr für die Zünzhölzchen=
Fabrikation gefucht. Die Mannbarkeit tritt fehr früh ein; 20jährige Stämme
tragen oft fchon keimfähigen Samen in großer Menge. Der Same reift
fchon im September und fällt gegen Ende des Monats aus. Die junge
Pflanze fordert zwar zum kräftigften Gedeihen ungehinderte Lichteinwirkung,
doch fieht man auf einigermaßen lichten Orten in den Weimuthkiefer=
beftänden junge Pflanzen in Menge aufgehen, und bis zu einer Höhe von
4—5 Fuß recht freudig heranwachfen, fo daß fie weniger empfindlich gegen
Befchattung als die Kiefer zu fein fcheint. Bis jetzt ift ihre Fortpflanzung
wohl nur durch Auspflanzen aus Saatkämpen, am beften im 3—4jäh=
rigen Alter, betrieben worden.

Ein beachtenswerther Vorzug der Weimuthkiefer ift: daß fie viel weniger
als die gemeine Kiefer von Infekten befchädigt wird, da fie die ihr eigen=
thümlichen Infekten in ihrem Vaterlande zurückgelaffen hat; nur eins der=
felben ift ihr gefolgt und zwar Coccus Strobus (Jahresber. I. 4 S. 643),
welches die Stämme und Zweige oft in fo ungeheurer Menge bedeckt, daß
fie wie mit Schnee befallen fcheinen. Unter den einheimifchen Infekten
fchadet die Raupe Laria dispar durch Entnadeln wenig, fo wie einige
Borkenkäfer der Kiefer fich hierher verirren.

Zweites Kapitel.

Kätzchenblumige Bäume (Amentaceae).

Bäume und Sträucher mit wechfelftändigen Blättern und getrennten
Gefchlechtern, theils auf einem, theils auf verfchiedenen Stämmen, die
Familien 5—12 der vorftehenden Synopfis umfaffend. Die weibliche Blume
ift entweder ein wahres Kätzchen, mit mehreren, durch Schuppen und Kelch=
blättchen getrennten, Eierftöcken auf gemeinfchaftlichem, verlängertem Blumen=
boden, der fpäter zum Fruchtboden wird, wie bei den Birken, Erlen,
Weiden, Pappeln, bei dem Hornbaum und der Hopfenbuche,
oder fie befteht aus einem oder mehreren Eierftöcken mit auffitzender Narbe,
umgeben vom Kelche und den Knofpenfchuppen, wie bei der Hafel, Eiche,
Rothbuche, Kaftanie. Die männliche Blüthe ift überall ein Kätzchen,
zwifchen deffen Schuppen die freien Staubbeutel, zwifchen mehr oder weniger
Kelchblättchen, diefen angeheftet find.

1. Eiche, Quercus.

Bäume erster Größe. Die männliche Blume ein langes fadenförmiges lockeres Kätzchen mit vereinzelten Blumen, jede bestehend aus einem 5—9, blätterigen radförmigen Kelche und 5—10 Staubgefäßen. Die weibliche Blume ist ein mit einem Perigonium verwachsener Fruchtknoten mit zwei- oder dreitheiliger Narbe, umgeben von einem rothen Kelche, zu 1 bis 4 entweder an einem verlängerten Stiele oder gehäuft in den Blattachseln sitzend. Frucht eine derbhäutige Nuß, an der Basis von einem schuppigen becherförmigen Kelche umgeben und getragen.

Wir kennen in Deutschlands Wäldern nur drei verschiedene Eichen-arten: Die Traubeneiche, Stieleiche und die Zerreiche. Bei der Stieleiche sind die Blätter ganz kahl, bei der Traubeneiche mehr oder weniger behaart, bei der Zerreiche steifer und etwas scharfhaarig. Bei Trauben- und Zerreiche ist die Blattbasis eben, bei Stieleiche kraus. Bei Trauben- und Zerreiche sind Blumen und Früchte sitzend, bei der Stieleiche auf ver-längertem Stiele vertheilt. Bei Trauben- und Stieleiche ist das Frucht-becherchen mit kleinen anliegenden Schuppen bekleidet, bei der Zerreiche sind diese Schuppen zu langen Zotten ausgezogen. Bei der Stieleiche stehen die walzigen Narben auf verlängertem Griffel; bei der Traubeneiche liegen die lappigen Narben dem Fruchtknoten auf. Dieser Unterschied ist noch an den reifen Früchten zu erkennen, besonders an den vorzeitig abgefallenen, die man unter älteren Bäumen zu jeder Jahreszeit auffinden kann. Trauben- und Stieleiche haben einjährige, die Zerreiche hat zweijährige Fruchtreife.

Die Botaniker stimmen gegenwärtig darin überein, daß Quercus pubescens Willd. nur eine stärker behaarte Form der Q. Robur sei, welche Letztere, je weiter südlich, um so häufiger und reichlicher behaart sei. Auch bei uns habe ich ziemlich stark behaarte Formen der Q. Robur ge-funden, meist beschränkt sich ihre Behaarung im nördlichen Deutschland auf einige mikroskopisch kleine Härchen an den Seiten des Blattkiels. Bei Q. pedunculata habe ich selbst diesen geringsten Grad der Behaarung nie auf-gefunden. Uebergänge im Blüthestande kommen hingegen vor, wahrschein-lich Bastardbildung.

a. Die Stieleiche, Quercus pedunculata Ehrh. (Robur Linn.), auch Sommereiche, Früheiche genannt.

Blüthe. Anfang Mai, meist noch bei nicht vollständig entwickelter Belaubung.

Frucht. Die bekannte, hier gestielte, bei der Traubeneiche fast stiel-lose Frucht ist bis Mitte Juli von der schuppigen Kapsel ganz umschlossen, tritt dann aus dieser hervor, erreicht im Anfang des Monats Oktober ihre Reife und fällt kurz darauf aus dem Näpfchen. Früher abfallende Eicheln sind ungesund und keimunfähig. Freistehende Pflanzen und besonders Stock-ausschläge tragen schon sehr früh tauglichen Samen, mitunter schon im dreißigsten Jahre; Samenloden im raumen Pflanzwalde und im Mittel-walde erreichen ihre Mannbarkeit selten vor dem sechzigsten Jahre; wenig-stens erzeugen sie nicht so viele Früchte als zur Verjüngung der Orte nöthig

ist. Im geschlossenen Bestande tritt die Verjüngungsfähigkeit des Kern=
wuchses selten vor dem hundertsten Jahre ein. Auf gutem Boden und im
milden Klima kann man alle 3—4 Jahr, unter ungünstigen Standorts=
verhältnissen alle 10—12 Jahre, auf ein reichliches Samenjahr rechnen. Ein=
zelne Randpflanzen tragen fast jährlich so viel Samen, als man zur Be=
stellung der Pflanzkämpe nöthig hat.

Der Same verbreitet sich wegen seiner Schwere nur wenige Schritte
von der Schirmfläche des Mutterbaumes, verlangt eine Decke von Laub
oder Erde, wenn er während des Winters nicht vom Froste leiden soll;
hält sich nur bei sorgfältiger Aufbewahrung bis zum nächsten Frühjahre
keimfähig und keimt nach der Herbstsaat sehr früh im Jahre, mitunter schon
bei gelinder Winterwitterung, bei der Frühjahrssaat 5—6 Wochen nach
der Aussaat.

Die junge Pflanze läßt die Kernstücke in der Erde zurück und
bildet schon im ersten Jahre einen bedeutenden Höhen= und Tiefenwuchs.
Unter günstigen Verhältnissen wird der Stamm nicht selten 20 Cent. lang;
einzelne Pflanzen wachsen zu einer Höhe von 35—40 Cent. heran. Sie
ist daher gegen Graswuchs und bei ihrer tiefen Bewurzelung auch gegen
Dürre nicht sehr empfindlich und leidet am meisten durch Verbeißen vom
Wild und Vieh.

Stammbildung. Die junge Eiche zeigt schon in der frühesten
Jugend große Neigung zur Astverbreitung. Bis zum dreißigsten Jahre ist
der Wuchs sehr langsam, so daß man selbst auf gutem Boden in geschlos=
senen Beständen selten Stämme über 0,03 Cbmtr. Holzmasse findet. Einen
schäftigen, zu Bauholz tauglichen Stamm erhält man nur durch Erziehung
der Eiche im Schluß; im freien Stande zertheilt sie sich in geringer Höhe
in Aeste und legt an diese den größten Theil des Zuwachses auf. Im
Schlusse, besonders unter Rothbuchen erzogen, sind Bäume von 10—12 Mtr.
Schaftlänge nicht selten. In geschlossenen 120—150jährigen Orten kann
man die Stammholzmasse auf 60 Proc. der gesammten Holzerzeugung ansetzen.

Kronenbildung weit verbreitet, sperrig, mit vielen starken, flach=
streichenden, krummen Aesten, so daß die Astholzmenge meist auf 15 Proc.,
worunter nur 4—5 Proc. Reiserholz, angenommen werden kann. Im
Freien erwachsen, steigt das Astholz nicht selten über 20 Proc. der Ge=
sammtmasse.

Belaubung. Blätter kurz gestielt, regelmäßig gebuchtet; die Buch=
ten dringen, vom Umrisse nach der Mittelrippe hin, nicht bis zur Hälfte
des Blattes ein, während die Blätter der Traubeneiche unregelmäßiger und
oft bis über die Mitte der Blatthälfte eingebuchtet sind. Die Belaubung
ist gering; das Blatt zersetzt sich rasch und die Humuserzeugung ist daher
viel geringer als die der Rothbuche. Die Stellung der Blätter ist unregel=
mäßig, büschelförmig, mehr hängend und nicht so schirmförmig wie die des
Buchenlaubes, daher die Eiche weit weniger als die Buche beschattet, so
daß im Mittelwalde die Schirmfläche um $1/4$—$1/3$ größer sein kann als vom
Buchenoberbaum.

Wurzelbildung. Schon im ersten Jahre dringt die junge Eiche
mit einer senkrechten Pfahlwurzel sehr tief, tiefer in den Boden als sich der

Stamm über demselben verlängert. Die Zahl und Stärke der Seiten=
wurzeln ist hingegen sehr unbedeutend. Diese Wurzelbildung bleibt bis zum
zwanzigsten bis dreißigsten Jahre. Später entwickeln sich die Seitenwurzeln
immer mehr, so daß bei älter als 100jährigen Eichen die Pfahlwurzel im
Verhältniß zu den Seitenwurzeln klein ist. Im tiefen Boden gehen aber
auch die Seitenwurzeln 2—3 Meter tief ein. Die Wurzelbildung der jungen
Eiche macht es nothwendig, die zum Verpflanzen bestimmten Loden und
Heister durch Umsetzen nach erfolgtem Beschneiden derselben, zur Entwicke=
lung einer größeren Menge von Seitenwurzeln zu nöthigen. Man kann in
den meisten Fällen die Wurzelholzmenge 120—150jähriger Bäume und Be=
stände auf 20—25 Proc. der Gesammtmasse ansetzen.

Betrieb. Im Hochwalde wegen ihres langsamen Wuchses und langer
Ausdauer gewöhnlich im 150jährigen Umtriebe, mehr in Mengung, be=
sonders mit der Rothbuche, als in reinen Beständen. Im Mittelwalde be=
sonders als Oberholz; weniger als Unterholz wegen ihrer Empfindlichkeit
gegen Beschattung. Im Niederwalde, besonders an flachgründigen Sommer=
seiten, von verhältnißmäßig gutem Gedeihen im 15—20jährigen Umtriebe;
zur Benutzung der Spiegelrinde in Schälwaldungen im 15= bis 20jährigen
Umtriebe. Als Kopfholz liefert die Eiche zwar kräftige Triebe, der Stamm
wird aber bald kernfaul und hohl. Besser als Schneidelholz.

Fortpflanzung: durch natürliche Besamung mannigfaltigen Schwie=
rigkeiten unterworfen bei dem lichten Stande der meisten alten Bestände,
bei der mangelnden Verbreitung des Samens vom Mutterstamme aus und
bei dem sehr früh eintretenden Lichtbedürfnisse der jungen Samenpflanze,
wodurch eine sehr dunkle Samenschlagstellung und baldige starke Lichtung
nothwendig wird, der sich häufig die Nothwendigkeit einer haushälterischen
Vertheilung der Nutzholzmassen auf längere Zeiträume entgegenstellt; ferner
durch den Schaden, welchen der Transport starker Nutzhölzer in ganzen
Stämmen aus dem Jungholze veranlaßt. Daher meist kahler Abtrieb und
Wiederanbau aus der Hand. Die Saatkultur vermittelst des Pfluges oder
Unterhackens, oder mit Hülfe des Sterns ist der Pflanzung meist vor=
zuziehen. Will man ältere als dreijährige Stämmchen verpflanzen, so müssen
diese in Pflanzkämpen dazu vorbereitet werden.

Als Ausschlagholz gibt die Eiche in der Regel nur vom Stocke Aus=
schläge, der sehr tief an der Erde hervorbricht, daher die Stöcke tief ge=
hauen werden müssen. Den reichlichsten Ausschlag liefert sie zwischen dem
zwanzigsten und dreißigsten Jahre; doch kann man sie auch noch im 40jäh=
rigen Umtriebe mit Erfolg behandeln.

Benutzung. Wegen der langen Dauer des Holzes ist die Eiche beson=
ders als Bauholz zu Schwellen, Ständern und Riegeln, wegen ihrer Schwere
weniger zu Balken und Sparren gesucht. Vorzüglich ist sie für den Schiffs=
und Wasserbau; ausgedehnt ihre Benutzung als Stabholz. Die jüngeren Hölzer
geben ein geschätztes Wagner= und Reifholz. Das Brennholz ist besonders
für Zwecke, die eine rasche große Hitze fordern, dienlich; die Kohlen sind
mittelmäßig und haben wenig Tragkraft. Nächst dem Holze ist die Rinde
wegen ihres reichen Gehaltes an Gerbestoff ein werthvoller Nutzungsgegenstand;
die Mast ist als Viehfutter, die Blätter sind als Futterlaub geschätzt.

Beschützung. Am nachtheiligsten wird der Eiche das Wildprett und Weidevieh durch Verbeißen. Spätfröste schaden häufig der Blüthe und den jungen keimenden Pflanzen; Winterkälte dem unbedeckten Samen. Später ist die junge Eiche gegen Frost und Hitze, Dürre und Graswuchs, Duft und Schneeanhang ziemlich unempfindlich; auch leidet sie wenig von Insekten; Wicklerraupen, besonders die der Tortrix viridana, die Processionsraupe, der Frostschmetterling und der Maikäfer entlauben bisweilen die Bestände gänzlich, was ihnen jedoch weniger nachtheilig ist, als das Benagen der Wurzeln durch die Maikäferlarven. (Vgl. Bd. III.)

b. Die Traubeneiche, Quercus Robur Roth, auch Wintereiche, Steineiche, Bergeiche genannt.

Außer dem bereits Aufgeführten unterscheidet sich die Traubeneiche von der Stieleiche darin, daß letztere beinahe um vierzehn Tage früher ausgrünt und blühet, während die Früchte im Herbste fast gleichzeitig reifen, weßhalb die Meinung: „daß die Stieleiche wegen früherer Samenreife mehr für Gebirge und nordische Gegenden geeignet," sich nicht rechtfertigen läßt, indem der Same der Traubeneiche erfahrungsmäßig auch im Gebirge immer noch zeitig genug reift, um die Fortpflanzung zu vermitteln. (S. Bd. I. S. 47.)

Eine richtigere Folge der früheren Fruchtreife dürfte der höhere Werth der Stieleiche als Mastholz sein, da die Mast wegen des früheren Beginnens längere Zeit benutzt werden kann. Auch rücksichtlich des Holzes gibt man der Stieleiche den Vorzug, da dasselbe zäher und elastischer ist als das der Traubeneiche, während letzteres leichtspaltiger und in allen Zuständen um 65 Pfund der Cubikmeter schwerer ist. Hiermit ist denn auch eine etwas größere Brennkraft im Verhältniß wie 328 zu 350 verbunden.

Die Belaubung der Traubeneiche ist weniger büschelförmig, gleichmäßiger vertheilt, als die der Stieleiche, beschattet daher mehr, und würde deßhalb die Stieleiche im Mittelwalde den Vorzug verdienen.

In allem Uebrigen haben beide Eichenarten kein wesentlich abweichendes Verhalten, und gilt das, was ich von der Stieleiche gesagt habe, für beide.

c. Die österreichische Eiche, Quercus Cerris Linn. (Quercus austriaca W.)

Nach den von Feistmantel mitgetheilten Beobachtungen zeichnet sich diese Eiche durch sehr große, im Oktober reifende Früchte aus. Bei den im nördlichen Deutschland aber auch bei den im Wiener Walde wachsenden Zerreichen sind die Früchte nicht größer als die der vorgenannten Eichen, aber durch den zottigen Fruchtkelch unterschieden. Die Fortpflanzungsfähigkeit durch Samen wird auf das 70ste Jahr, die Wiederkehr der Samenjahre auf 2—4, der Hauptwuchs zwischen das 80ste—120ste Jahr, die Zeit der völligen Ausbildung auf das 160ste, die Lebensdauer auf 300 Jahre und darüber angesetzt. In Stamm- und Wurzelbildung gleicht diese Eiche den zuerst genannten. Die Zerreichen des Wiener Waldes schienen mir aber im Wuchs hinter unseren Eichenarten im Durchschnitt etwas zurückzustehen. Die steiferen, fast lederartigen Blätter sitzen in dichten Büscheln bei einander und dürften der Humusbildung förderlicher sein als die unserer Eichen.

Ausschlagfähigkeit vom Stock und Stamme sehr groß. Vorkommen meist in Untermengung mit der Rothbuche, selten in reinen Beständen und dann geschlossener als die zuerst genannten beiden Eichenarten; die junge Pflanze fordert mehr Schutz. Das Holz ist poröser, von geringerer Dauer, aber von größerer Brennkraft, besonders durch stark anhaltende Gluth dem Rothbuchenholze nahe stehend. Fast alle älteren Bäume sollen eisklüftig sein. Die Früchte brauchen zwei Jahre bis zur Reife. [1]

2. Rothbuche, Fagus sylvatica Linn.

Blüthe. Die männliche Blüthe ist ein fast kugliches Kätzchen an langem Stiele; die Kelche der einzelnen Blüthen 5—6theilig, mit 10 bis 15 Staubfäden. Weibliche Blüthe, endständig an langem Blumenstiele; in viertheiliger Hülle zwei Eierstöcke, jeder mit drei langen fadenförmigen Narben. Blüthezeit im Mai bei voller Belaubung.

Frucht: eine bei der Reife in vier Theilen aufspringende Kapsel, mit zwei dreieckigen Früchten — Bucheckern. Reifezeit Ende September und Anfang Oktober. Mannbarkeitseintritt im Mittelwalde und lichten Hochwalde mitunter schon im 50sten Jahre, an Stockausschlägen noch etwas früher; im geschlossenen Hochwalde nicht vor dem 60sten, meist erst im 80sten Jahre. In rauhem Klima kann man in der Regel alle 4—5 Jahre ein Samenjahr erwarten, im milden Klima tritt solches mitunter nur alle 10—15 Jahre ein.

Same: fällt im Oktober aus und bedarf einer Bedeckung durch Laub oder Erde, wenn er den Winter nicht vom Froste leiden soll. Die Natur gibt ihm diese durch das später abfallende Laub; bei Kulturen erhält er eine Erddecke von 3—5 Cent.; er keimt im nächsten Frühjahre uud treibt zwei fleischige grüne Samenlappen über die Erde, welche äußerst empfindlich gegen Frost sind. Der Same erhält sich höchstens bis zum kommenden Frühjahr keimfähig.

Die junge Pflanze erscheint aus dem im Herbste gesäeten Samen gewöhnlich schon Ende April; im Frühjahre 3—4 Wochen nach der Aussaat. Sie bleibt in den ersten Jahren sehr klein; im Schutz des Mutterbestandes wird der Stamm im ersten Jahre selten über 8—10 Cent. lang. Die Pfahlwurzel dringt tiefer ein und entwickelt in den ersten Jahren nur wenige Faserwurzeln, gar keine Seitenwurzeln.

Der Stamm verbreitet sich im freien Stande weit in die Aeste und reinigt sich nur auf 3—4 Mtr.; im Schlusse bildet er einen sehr vollholzigen, mitunter über 20 Mtr. astreinen hochstämmigen Schaft. Bis zum 40sten Jahre ist der Wuchs äußerst langsam; von da ab wird er bedeutend stärker, und hält bis ins 120ste Jahr ziemlich gleichmäßig aus. Mit dem 140sten Jahre fangen die Bestände an, lückig zu werden; nach dem 150sten Jahre werden sie häufig zopftrocken. Im Schlusse erwachsen, kann man 60—65 Proc. der ganzen Holzmasse eines Baumes als Stammholz annehmen.

Die Krone ist im freien Stande sehr weit verbreitet und regelmäßig

[1] Nach Nördlinger soll die Zerreiche Wurzelbrut bilden. Beruht die Angabe auf eigener Beobachtung??

abgerundet; ein großer Theil der jährlichen Holzerzeugung wird den stärkeren Aesten aufgelegt, doch nicht in eben dem Maße, wie bei der Eiche. Im Schlusse erwachsen kann man bei 120jährigem Umtriebe 5—6 Proc. der Holzmasse auf stärkere, 8—10 Proc. auf schwächere Aeste und Reiser rechnen.

Belaubung. Da die Jahrestriebe regelmäßig mehrere Blattachselknospen zu belaubten Seitentrieben ausbilden, die Lebensdauer der Brachyblaste eine lange, daher die innere Belaubung der Krone eine reiche, ist die Laubmenge sehr groß, und die Beschattung wird durch die fächerförmige Stellung der Seitentriebe, wie durch die feste Stellung der Blatflächen zum Lichte sehr groß, so daß keine andere unserer Holzarten die Buche hierin übertrifft. Durch die große, jährlich abfallende Blattmenge und deren langsame Zersetzung düngt die Buche den Boden reichlich.

Die Wurzel verzweigt sich mit zunehmendem Alter immer mehr in starke, flach ausstreichende Seitenäste, während die Pfahlwurzel im Wuchse bedeutend zurückbleibt, scheinbar gänzlich verschwindet; doch dringen besonders auf schiefrigen oder zerklüfteten Gebirgsarten die feinen Wurzeläste sehr tief in die Bodenunterlage ein, so daß die Buche mit scheinbar sehr flachem Boden vorlieb nimmt. Die Stockholzmasse haubarer Buchenorte kann auf 20 bis 25 Proc. angesetzt werden.

Betrieb. Der Hochwaldbetrieb ist bei der Rothbuche, da der stärkere Zuwachs ins höhere Alter fällt, am vortheilhaftesten. Der gewöhnliche Umtrieb ist der 120jährige, auf sehr gutem Standorte der 100jährige; selten ist er auf 140 Jahre verlängert. Im Mittelwalde wächst die einzelne Pflanze zwar sehr rasch und freudig, allein man kann wegen der starken Beschattung nur wenig Stämme höheren Alters überhalten, und nur Roth und Weißbuchenunterholz verträgt eine Beschirmung von $1/_2$ der Fläche, besonders wenn man die Nutzung mehr in die jüngeren Altersklassen legt, und nur wenig altes Holz überhält. Im Niederwalde und als Unterholz im Mittelwalde ist die Rothbuche weniger empfehlenswerth wegen ihrer geringen Wiederausschlagfähigkeit, der kurzen Dauer des Mutterstockes und des langsamen Wuchses in der Jugend. Umtrieb 30—40 Jahre. Als Kopf und Schneidelholz ist die Rothbuche noch weniger empfehlenswerth.

Fortpflanzung: vorzugsweise durch Dunkelschläge, da die junge Pflanze Schutz von Mutterbäumen fordert. Versuche, sie ganz im Freien durch Ansaat fortzubringen, sind zwar hin und wieder unter günstigen Standortsverhältnissen geglückt; der glückliche Erfolg ist aber zu unsicher durch die Empfindlichkeit der Samenlappen gegen Fraß, bei dem langen Aussetzen der Samenjahre sind die Störungen des Betriebs durch Verlust der Pflanzen aus einem solchen zu groß, als daß diese Art der Fortpflanzung je im Großen zur Ausübung kommen wird. Sicherer ist die Kultur durch Pflanzung. Am besten schlägt die Pflanzung drei bis vierfüßiger Stämmchen an, doch läßt sich diese Holzart noch im 12—15jährigen Alter sicher verpflanzen, wohingegen die Pflanzung 2—3jähriger Stämmchen weniger sicher als bei den meisten der übrigen Holzarten ist. Im Nieder und Mittelwalde ist die Fortpflanzung durch Absenker sehr zu empfehlen.

Der Hieb im Niederwalde kann spät, noch in der Saftzeit geführt werden. Der Ausschlag erfolgt meist dicht über der Erde, und die Stöcke werden daher tief gehauen. Doch verträgt diese Holzart mehr als andere einen hohen Stockhieb. Schon mit dem dritten Hiebe werden die Mutter-stöcke zur Erzeugung eines kräftigen Wiederwuchses unfähig.

Benutzung. Wegen geringer Dauer ist die Buche als Bauholz gar nicht in Gebrauch; nur beim Wasserbau, besonders zur Pilotage und als Schiffsbauholz zum Kiele wird sie mitunter verwendet. Als Werkholz wird sie fast nur zu Buchbinderspähnen, Felgen und einigen andern Wagner-hölzern gesucht. Desto ausgezeichneter ist das Holz und die Kohle zur Feuerung; beide geben eine starke, lang andauernde Gluth; letztere ist nicht allein deß-halb, sondern auch wegen ihrer großen Tragkraft für den Hüttenbetrieb sehr gesucht. Außerdem ist nur noch die Mast, als Viehfutter und zur Oel-bereitung, Gegenstand einer Nebennutzung.

Beschützung. Die ältere Buche leidet sehr wenig von nachtheiligen Einflüssen. Die Blüthe leidet mitunter von Spätfrösten. Den jungen Pflanzen schadet besonders Frost, Trockniß und Graswuchs. Unter dem Wilde sind es besonders die Hasen und Kaninchen, welche durch Benagen der jungen Stämme oft sehr fühlbaren Schaden anrichten, in Samenschlägen mit jungem Aufschlag und starker Laubschicht thut mitunter das Schwarz-wild durch Brechen beträchtlichen Schaden. Sehr nachtheilig werden häufig die Mäuse, besonders in grasreichen Jungorten, in denen der Schnee nicht zu Boden fallen kann, sondern vom Boden zurückgehalten wird, wo sich dann die Mäuse der ganzen Umgegend unter der Schneedecke zusammen-ziehen und die Stämmchen benagen. Unter den Insekten schadet besonders der Maikäfer durch Benagen der Wurzeln. Die Zahl der auf die Buche angewiesenen Insekten ist sehr gering; die Raupen einiger Spanner, der **Bombyx** pudibunda und Tau kommen mitunter in größerer Menge vor; doch nur erstere haben in jungen, 1—4jährigen Schonunger. bis jetzt fühl-baren Schaden gethan.

3. Birke, Betula.

Männliche und weibliche Blüthen getrennt auf einem Stamme. Die männliche Blüthe ist ein langes Kätzchen; zwischen dessen Schuppen eine einfache Blume mit 6—12 Staubfäden. Weibliche Blüthe ein Kätzchen mit dreilappiger Schuppe und drei Fruchtknoten, jeder mit zwei faden-förmigen Narben. Die Blüthenkätzchen auf einfachem Stiele.

In Deutschland sind vier Arten dieser Gattung heimisch und zwar: Betula alba, pubescens (odorata), fruticosa und nana. Die beiden letzten unterscheiden sich von den ersteren genügend durch die einfach gesägten rundlichen Blätter und den strauchartigen Wuchs, B. nana von fruticosa durch die, bei erstere kreisrunden Blätter, mit stumpfen, fast rundlichen Sägezähnen, welche an den länglich eirunden Blättern der letztern Art eckig enden. B. pubescens unterscheidet sich von B. alba durch die Behaarung der Blätter, Blattstiele und jungen Triebe wie durch den Mangel der wachs-artigen Sekrete auf den jungen Trieben. An den Reisern älterer Bäume erlischt allerdings einerseits die Behaarung, andererseits das Sekret, allein an älteren Pflanzen tritt ein Unterscheidungsmerkmal in der Borkebildung auf, da nur bei B. alba die Rinde der unteren Stammtheile in groben und tiefen Rissen aufberstet. Außerdem ist der Same der B. alba breiter geflügelt, und die Flügel überwachsen nach oben die Narbenspitze, während bei B. pubescens die Narben frei und über die Flügel hinausstehen.

a. Die Weißbirke, Betula verrucosa Ehrh. (alba aut.)

Die Blüthe erscheint gleichzeitig mit dem Laube, Ende April, Anfang Mai. Die Frucht reift sehr verschieden; im milden Klima und bei günstiger Frühjahrwitterung fliegt der Same gewöhnlich Ende August, ausnahmsweise schon Anfang August ab; früher abfliegender Same ist nothreif und taub.

Bei spätem Frühjahr und in rauhem Klima und kaltem Boden fliegt der Same meist gegen die Mitte des Septembers, mitunter erst Ende dieses Monats ab. Freistehende Birken tragen gewöhnlich schon im 15ten Jahre, Stockausschläge noch früher, fast alljährlich reichlichen Samen; selbst in geschlossenen Stangenorten tritt die Mannbarkeit meist schon mit dem 25sten Jahre ein.

Der Same will zwar nicht stark bedeckt sein, keimt sogar ohne alle Decke recht gut, verlangt aber einen wunden Boden, auf dem er, wenn Birkenmutterbäume in nicht zu großer Entfernung vorhanden sind, überall von selbst anfliegt, gewöhnlich da, wo man die Birke nicht haben will. Der Same verbreitet sich sehr weit vom Mutterbaume, und eine alte Birke kann mehrere Morgen bestreuen. Die Keimfähigkeit erhält sich nicht länger als bis zum Frühjahre nach der Reife.

Die junge Pflanze erscheint mit zwei kleinen, rundlichen, glänzendgrünen Samenlappen über der Erde, bleibt lange sehr klein, und erreicht im ersten Jahre meist nicht mehr als eine Höhe von 4—5 Cent. Die Pfahlwurzel fehlt schon im ersten Jahre; es zertheilt sich der Wurzelstock in mehrere, flach ausstreichende Seitenwurzeln, so daß die Bewurzelung kaum die Hälfte des oberirdischen Längenwuchses in die Tiefe dringt. Daher leidet die junge Birke am meisten durch Dürre, während sie gegen Frost- und Lichteinwirkung unempfindlich ist; schädlich wird ihr im ersten Jahre das Auffrieren des Bodens, später zu starke Beschattung.

Der Stamm reinigt sich auch im freien Stande auf 5—6 Mtr. von Aesten, und bildet überhaupt nur selten starke Seitenäste; daher dann die Stammholzmasse verhältnißmäßig größer ist als bei den vorher genannten Holzarten, so daß man dieselbe auf 80 Proc. ansetzen kann. Unter allen Hölzern bildet die Birke den abholzigsten Schaft, in Folge früher Lichtstellung, der nicht selten noch durch Krümmungen und Knicke verunstaltet ist.

Die Krone ist pyramidenförmig und wenig ausgebreitet; stärkere Aeste sind nur in geringer Menge vorhanden, das Meiste ist gewöhnlich Reiserholz unter 8 Cent. Durchmesser. Von 60jährigen Birken kann man 3—4 Proc. Astholz über 8 Cent. und 5—6 Proc. Reiserholz unter 8 Cent. durchschnittlich annehmen.

Belaubung: dünn und licht. Die Blätter schatten auch dadurch weniger, daß sie niederhängen, beweglich sind und dem Lichte nicht die volle

Fläche entgegensetzen. Unter allen Laubhölzern beschirmt und beschattet die Birke daher am wenigsten. Die Humusbildung der Birke ist sehr gering, und wir zählen sie zu denjenigen Holzarten, welche den Boden am meisten verschlechtern. Es liegt die Ursache nicht in der geringen Menge des jährlich erzeugten Laubes, sondern in dem kurzen Zersetzungszeitraum desselben, der bei der Buche dreimal länger ist, daher sich in Buchenbeständen auch dreimal mehr Humus ansammeln muß als in Birkenbeständen. Ohne Zweifel ist aber auch die frühe Lichtstellung und die geringe Beschattung und Beschützung des Bodens durch die Birke hierbei mitwirkend.

Wurzelbildung in der frühesten Jugend verhältnißmäßig ausgebreiteter als im höheren Alter; stets gering, in mehrere flach ausstreichende Seitenwurzeln zerspalten. Die Wurzeln bis zu 8 Cent. Stärke ausgenutzt, kann man 10—12 Proc. der gesammten Holzmasse an Wurzelholz annehmen.

Betrieb. Eigentlich für keine der verschiedenen Betriebsweisen besonders zu empfehlen, da sie überall wesentliche Mängel zeigt. Im Hochwalde, wo sie wegen ihrer frühzeitigen, nicht allein den Ertrag schmälernden, sondern auch den Boden verschlechternden und durch den Graswuchs den Wiederanbau erschwerenden Lichtstellung selten in höherem, als 60jährigen Umtriebe mit Vortheil zu bewirthschaften ist, läßt sie selbst innerhalb dieser Grenzen sehr früh im Wuchse nach und gewährt einen geringen Ertrag an Masse; im Mittelwalde als Oberholz schadet sie durch ihren Samen, indem der Birkenanflug gewöhnlich bald die ertragreicheren Unterholzarten verdrängt. Im Mittelwalde gereicht ihr übrigens ihre geringe Beschattung zur Empfehlung, so daß sie über sehr empfindlichem, z. B. Haseln- oder Birkenunterholz das beste Oberholz abgibt. Im Mittel- und Niederwalde als Unterholz ist sie am wenigsten empfehlenswerth, indem sie geringen Ausschlag liefert und die Mutterstöcke sehr bald eingehen. Den Umtrieb im Schlagholze fasse man so kurz, als dieß die Bedürfnisse irgend gestatten, keinenfalls über 25 Jahre.

Am besten erzieht man die Birke in Untermengung mit anderen Holzarten zum Aushiebe in den Durchforstungen. Zu Kopf- und Schneidelholze ist die Birke nicht tauglich.

Fortpflanzung. So leicht die Birke da anfliegt, wo man sie nicht haben will, und sich überall eindrängt, glückt ihre Verjüngung durch Samenschläge dennoch nicht immer nach Wunsch, woran vorzüglich die, unter dem Viehbetrieb bei starker Neigung zum Graswuchse in Folge der Lichteinwirkung auf dem Boden sich bildende, starke, filzige Grasnarbe, nicht selten auch, wegen Mangel an Schatten, die Dürre Schuld ist. Es muß daher häufig der Anbau zu Hülfe kommen, wenigstens eine Verwundung des Bodens stattfinden. Zur Pflanzung wählt man am besten 4—5jährige Lohden von $2/3$—1 Mtr. Höhe. Will man ältere Stämme verpflanzen, so müssen diese einige Jahre vor dem Aussetzen, wie die Eiche, durch Spatenstiche unterirdisch beschnitten werden, um eine größere Menge von Faserwurzeln in der Nähe des Wurzelstocks zu erzeugen. Die Ausschlagfähigkeit erhält sich höchstens bis ins 30ste Jahr, schwindet unter ungünstigen Standortsverhältnissen bisweilen schon mit dem 15ten Jahre. Die Mutterstöcke gehen gewöhnlich beim dritten Hiebe ein, und liefern schon beim zweiten einen spärlichen Ausschlag, der immer nur am ursprünglichen Stocke sehr tief erfolgt.

Wurzelbrut liefert die Birke nie, Wurzelausschläge liefern in geringer Menge die entblößt liegenden Seitenwurzeln.

Benutzung. Als Bauholz ist die Birke wenig oder gar nicht im Gebrauch. An Werkhölzern liefert sie Möbelholz und besonders die kleineren Wagnerhölzer: Leiterbäume, Deichselstangen, Schlittenkufen, Karrenbäume, Pflughölzer in sehr guter Qualität; ferner Faßreife und Besenreisig. Wo die Birke in geringen Mengen angebaut ist, gewährt sie daher einen hohen Ertrag; man lasse sich dadurch aber nicht zu ausgedehnterem Anbau verleiten, denn alle diese Nutzhölzer sind meist nur in geringeren Mengen in der nächsten Umgegend abzusetzen, und durch vermehrtes Angebot in Folge erweiterter Anzucht wird nicht allein der Absatz nicht gesteigert, sondern in vielen Fällen auch der Preis herabgedrückt. Als Brennholz ist die Birke sehr geschätzt und steht der Buche wenig nach, obgleich sie nicht die Summe der Wärme, wie jene entwickelt; dieß kommt daher, daß die Wärmeentwicklung sehr allmählig vor sich geht und die Kohlen eine starke, lange dauernde Gluth liefern. Ausgezeichnet ist die Birke als Kohlholz. Außerdem wird die Rinde alter Birken auf Gerbstoff für Weißgerber und zur Bereitung des Birkentheers benutzt.

Beschützung. Feinde treten der Birke sehr wenig entgegen, und nur in der frühesten Jugend leidet sie bei der flachen Bewurzelung leicht durch Dürre. Unter den Insekten gibt es kaum einige Blattwespen, Wickler-raupen, Rüssel- und Blattkäfer (Rhynchites Betulae, nana, Chrysomela Capreae), welche den Blättern schaden. Der Stamm wird mitunter von Cossus- und Sesia-Raupen, die Rinde von Eccoptogaster-Larven angegangen, jedoch nur in einzelnen Stämmen, und nicht häufig.

b. Die weichhaarige Birke, Betula pubescens Ehrh. (odorata Bst. alba Linn.), Ruchbirke, Schwarzbirke,

unterscheidet sich, außer dem bereits Angeführten, von der Weißbirke durch eine dunklere, rothbraune Rinde der jungen Triebe und Pflanzen, daher der Name Schwarzbirke; ferner durch die auch am Fuße alter Bäume sich geschlossen erhaltende Korkborke, durch die mehr horizontale Verbreitung der starken Aeste alter Bäume und durch ein grobfaseriges Holz, zeigt sonst dieselbe Stammbildung und Stammhöhe, wie die weiße Birke, mit der sie an feuchten Stellen fast überall in Deutschland in einzelnen Exemplaren gemengt gefunden wird. Sie verträgt größere Bodennässe, als die Weißbirke, und findet sich daher nicht selten in Untermengung mit der Erle, wo jene zurückbleibt; dahingegen nimmt sie nicht mit so trockenem Standorte vorlieb. Alles Uebrige hat sie mit der Weißbirke gemein.

c. Die Strauchbirke, Betula fruticosa Pallas, auch Sumpfbirke, Morastbirke,

findet sich nur auf Sumpf- und Torfboden, und auch hier ist sie bis jetzt nur in Bayern und Mecklenburg aufgefunden. Der strauchige Stamm erreicht selten eine Höhe von 1—2 Meter.

d. Die Zwergbirke, Betula nana Linn.,

ist ebenfalls ein Sumpf- und Torfgewächs, das selten bis $\frac{1}{2}$ Meter hoch wird, sich nur in den höheren Gebirgsbrüchen findet und, wie die Strauchbirke, keine forstliche Bedeutung hat.

4. Die Erle, Alnus,

ist der Birke in der Blüthebildung nahe verwandt, in allem Uebrigen sehr verschieden. Der Unterschied der Blüthe beruht vorzüglich darin, daß die Blumenstiele nicht einfach, sondern veräftelt, die Schuppen des männlichen Kätzchens dreiblumig, die des weiblichen Kätzchens hingegen nur zweiblumig und bleibend sind, zu einer Zapfenfrucht verholzend, die noch lange nach dem Ausfliegen des Samens am Baume bleibt.

Wir kennen drei Erlenarten unserer Wälder, und zwar Alnus glutinosa, incana und ovata. Letztere unterscheidet sich von ersteren durch den mehr birkenähnlichen Bau, durch die geflügelten Früchte, sowie durch die ungestielten Knospen, während bei ersteren die Früchte ungeflügelt, die Knospen gestielt sind. A. incana unterscheidet sich von A. glutinosa durch die zugespitzten, dort abgerundeten oder an der Spitze eingebuchteten Blätter, deren Unterseite weißhaarig ist, während die in der Jugend klebrigen Blätter der Rotherle nur in den Winkeln der Blattadern braune Haarbüschel tragen. Auch die jungen Triebe der Rotherle sind stark kiebrig, was bei A. incana nicht der Fall ist.

a. Die Rotherle, Alnus glutinosa Gärtner.

Die Blüthe erscheint schon im Herbste, ruht den Winter über und blüht im März auf.

Die Frucht reift im Oktober, die Zäpfchen öffnen sich gewöhnlich aber erst in den ersten Wintermonaten des Jahres und der Same fliegt auf den Schnee aus. Aus dem Samen erwachsene Pflanzen werden selten vor dem vierzigsten Jahre fruchtbar; nur von Jugend auf im Freien erwachsene Stämme erreichen ihre Mannbarkeit schon mit dem fünfzehnten bis zwanzigsten, Stockloden mitunter schon mit dem zehnten Jahre. Die Samenjahre treten häufig ein, und wiederholen sich meistens in 3—4jährigen Perioden.

Der Same, eine kleine, breit gedrückte, stumpf-kantige, braune, hart-schaalige, ungeflügelte Nuß, verbreitet sich in der Regel nicht weiter als 20—30 Schritte vom Mutterstamme, verlangt einen wunden Boden, doch geringe Decke, die ihm am besten durch Betrieb mit Schafheerden gegeben wird. Der im Frühjahr gesäete Same keimt nach 5—6 Wochen.

Die junge Pflanze erscheint mit zwei rundlichen, blaßgrünen Samenlappen, und erreicht im ersten Jahre eine Höhe von 15—18 Centim., bei verhältnißmäßig großer Stammdicke; in die Erde bringt sie kaum die Hälfte dieser Länge ein, verbreitet sich aber mit einem starken Wurzelfilz weit in die Oberfläche des Bodens. Sie leidet daher in der ersten Zeit leicht durch Auffrieren des Bodens, ist sehr empfindlich gegen Beschattung, jedoch weniger im ersten und zweiten Jahre, als später.

Der Stamm reinigt sich im freien Stande in geringer Höhe, selten über 3—4 Meter von Aesten, bildet mehr Reiser als Astholz. Im Schlusse hingegen schiebt der Stamm sehr in die Höhe, und bildet einen geraden, regelmäßigen, ziemlich vollholzigen Schaft, mitunter von 15—20 Meter Länge bis zur Krone. An im Schlusse erwachsenen Samenpflanzen von 60jährigem Alter kann man die Stammholzmasse auf 75 Proc. der Gesammtmasse ansetzen.

Die Krone enthält wenige stärkere Aeste, meist Reiserholz unter

8 Cent., und breitet sich pyramidenförmig wenig und nur in den unteren
Aesten etwas mehr aus. In 60jährigen, mittelmäßig geschlossenen Beständen
kann man 8—10 Proc. Astholz annehmen, wovon nur 2—3 Proc. der
ganzen Baummasse die Stärke von 8 Cent. übersteigt. Das Holz der Aeste
zeichnet sich durch seine große Brüchigkeit auch im grünen Zustande aus,
daher man mit dem Aushiebe in jungen Orten sehr vorsichtig sein muß.

Belaubung mittelmäßig, durch den dichten Schluß junger Orte bis
zum 30sten Jahre dennoch stark beschattend und den Graswuchs zurück-
haltend. Bei höherem Alter werden die Bestände auch ohne übertriebene
Durchforstung lichter, halten sich bis zum 60sten Jahre größtentheils doch
so geschlossen, daß ein übermäßiger Graswuchs nicht aufkommen kann. Bei
dem fast überall großen Humusgehalt des Erlenbodens kommt die Humuserzeugung der Blätter kaum in Betracht.

Bewurzelung. Der Wurzelstock spaltet sich nicht tief unter der
Erde in mehrere sehr abholzige Herzwurzeln, deren Seitenwurzeln größtentheils schräg in den Boden dringen und nur theilweise, auf nassem Boden
in größerer Menge, in der Oberfläche des Bodens fortstreichen. Die Wurzelmenge der Samenpflanzen ist daher nur gering und größtentheils aus
schwachem Holze bestehend. Man kann sie nicht höher als 12—15 Proc.
ansetzen. Wo der überirdische Theil der Mutterstöcke mit ins Stockholz fällt,
wie dieß in der Regel geschieht, da kann die Stockholzmasse bei hohen
Stöcken mitunter 30 Proc. übersteigen.

Betrieb. Für den eigentlichen Hochwaldbetrieb ist die Erle zwar
weniger als für den Niederwald geeignet, da ihr Hauptwuchs in die ersten
Perioden ihres Lebens fällt, und an Stockausschlägen schon mit dem 20sten,
am Kernwuchse, je nach Verschiedenheit des Bodens, mit dem 40sten bis
50sten Jahre bedeutend nachläßt; doch wird man häufig durch Consumtions-
Verhältnisse, namentlich durch Mangel an Absatz für das schwächere Material
zu einem höheren Umtriebe und einer dem Hochwaldbetriebe ähnlichen Bewirthschaftung gezwungen, in welcher der Umtrieb jedoch nicht über 60 Jahre
anzusetzen ist. Zu Oberholz im Mittelwalde eignet sich die Erle wenig, da
sie sehr früh im Wuchse nachläßt und nur auf feuchtem Sandboden längere
Zeit aushält. Der geeignetste Betrieb der Erle ist im Niederwalde, in welchem
sie bei 20—25jährigem Umtriebe den höchsten Masseertrag abwirft. Je
größer die Nässe des Erlenbodens und je mehr sich dieser dem Torfboden
nähert, um so kürzer muß man den Umtrieb fassen.

Fortpflanzung. Bei der Behandlung der Erle im 60jährigen Hochwaldumtriebe geschieht die Verjüngung durch Samen und Stockausschläge.
Um einen guten Kernwuchs zu erzeugen, dürfen die Bestände nicht früher
angehauen werden, als ein volles Samenjahr eingetreten ist, indem auf
dem Erlenboden der Graswuchs zu leicht überhand nimmt. Da die junge
Erle sehr unter Schatten leidet, und die erfolgenden Stockloden durch den
späten Hieb sehr beschädigt werden, so muß man die Lichtstellung und den
Abtrieb möglichst beeilen. Die Aussaat des Erlensamens wird auf dem dem
Auffrieren sehr ausgesetzten Boden größtentheils platzweise durch Einharken
des Samens vermittelst eines Rechens bewirkt. Die Erlenpflanzungen schlagen
besser an, als die Saaten, am besten die Pflanzung 4—6jähriger Loden,

die nicht mehr unter Graswuchs leiden. Die Ausschlagfähigkeit der Erle ist
sehr groß, und selbst 60jährige Kernstöcke liefern einen kräftigen und reich=
lichen Ausschlag; doch muß man sorgfältig die am Fuße des Stammes,
selbst in geschlossenen Orten häufigen, unterdrückten Wasserreiser hinweg=
nehmen, deren Ueberhalten schlechte unwüchsige Loden liefert und das Her=
vorbrechen neuer Ausschläge verhindert. Die Stöcke können zu jeder Jahres=
zeit gehauen werden, ohne daß der Ausschlag dadurch geschwächt wird.
Wurzelbrut liefert diese Erle nicht.

     Benutzung. Zu Bauholz wird die Erle nur in steter Nässe, besonders
zu Wasserleitungen, als Röhrholz benutzt und zeichnet sich hier durch lange
Dauer aus. Die maserigen Stammenden mancher Bäume werden von den
Tischlern wegen des schön geflammten grünen Masers gesucht. In der Brenn=
güte steht die Erle zwar den meisten Holzarten weit nach, ist aber wegen der
ruhigen gleichmäßigen Flamme, die sie bildet, besonders in Ländern, wo viel
Kaminfeuer unterhalten wird, sehr geschätzt. Die Rinde enthält viel Gerbe=
stoff und Gallussäure, weßhalb sie zum Schwarzfärben im Gebrauch ist.

     Beschützung. Die Erle hat sehr wenig Feinde und nur an einzel=
stehenden Pflanzen werden die Beschädigungen der Blätter durch Galleruca
Alni und Chrysomela aenea, sowie einiger Blattwespen, mitunter fühlbar.
Wild und Vieh geht sie nur in der äußersten Noth an, und auch unter
Witterungseinflüssen leidet sie wenig, doch erfrieren die jungen Ausschläge
mitunter bei Spätfrösten, im höheren Gebirge mitunter noch sehr spät die
Blätter, selbst der alten Bäume.

    b. Die Weißerle, Alnus incana Dec., auch nordische Erle.

    Die Unterschiede im Verhalten dieser und der Schwarzerle beruhen zuerst
in der sehr großen Fortpflanzungsfähigkeit der Weißerle durch Wurzelbrut, die
selbst in geschlossenen Beständen ohne äußere Veranlassung in Menge erscheint,
daher dann diese Holzart besonders für solche Dertlichkeiten schätzbar ist, in denen
durch regelmäßige hohe Ueberschwemmungen die Verjüngung der Schwarzerle
sehr erschwert ist. Die Weißerle läßt sich ferner sehr leicht durch Steckreiser
vermehren. Unter ungünstigen Verhältnissen, bei denen von mehreren Hun=
derten Rotherlensteckreiser kein einziges anschlug, wuchsen von der Weißerle
nahe $\frac{1}{4}$ der gesteckten Reiser fort, und entwickelten schon im ersten Jahre eine
auffallend reiche Bewurzelung. Sodann erträgt sie in der Jugend eine stärkere
Beschattung, und diese länger als die Rotherle; erträgt wie diese die Ueber=
schwemmungen, aber weniger gut anhaltende große Nässe und leidet weniger
von Spätfrösten. Das Holz ist weit weniger brüchig als das der Rotherle.
Da sie ein Baum des hohen Nordens ist, so findet sie sich in den Ebenen
Deutschlands nur hin und wieder, gedeiht aber auch dort bei kurzem, 30 Jahre
nicht übersteigendem, Umtriebe trefflich und verdient den ausgebreitetsten An=
bau. Im höheren Gebirge kann man sie auch zu Baumholz erziehen.

    c. Die Straucherle, Alnus ovata Schr. viridis Dec. (Alnobetula), auch Erlenbirke
rundblätterige Birke, Alpenerle genannt.

    Ein 2—3 Mtr. höher ästiger Strauch, welcher an den rauhen Ab=
hängen der Granitgebirge des Schwarzwaldes und der Schweiz bis zur

Baumgrenze hinaufsteigt und dort die Krummholzkiefer ersetzt; in der Schweiz besonders durch Verhinderung der Lawinenbildung wichtig, sonst von keiner forstlichen Bedeutung. Sein Standortsbedürfniß scheint mehr dem der Birken als der genannten Erlen zu entsprechen, und überhaupt bildet diese Holzart in mehrfacher Hinsicht einen Uebergang zwischen beiden Gattungen.

B. Von den untergeordneten Holzpflanzen.

Ich zähle von diesen diejenigen Arten hier zuerst auf, welche ihrer Blüthebildung nach mit den bereits genannten herrschenden Laubhölzern in einer natürlichen Familie stehen.

Drittes Kapitel.

Kätzchenblumige Holzpflanzen (Amentaceae).

1. Die zahme Kastanie, Castanea vesca Gärtn.

Blüthe. Männliche und weibliche Blumen an ein und demselben sehr lang gezogenen, aufrecht stehenden Blumenboden; die männlichen Blumen an der Spitze, die weiblichen getrennt an der Basis des Blumenbodens; erstere bestehend aus einem geschlossenen fünfspaltigen Kelche, dessen innerer Basis 10—20 Staubfäden aufgewachsen sind; letztere mit drei Fruchtknoten und fadenförmigen rothen Narben, umgeben von einer grünen, vielblättrigen zur stachlichen Fruchthülle erwachsenden Cupula. Blüthezeit Ende Juli.

Frucht. Eine langstachlige, dreiklappige, fleischige Fruchthülle um= schließt zwei bis drei derbhäutige Früchte, die im Oktober zur Reife kommen und aus den aufspringenden Hüllen fallen.

Der Same wird am besten im Herbst der Reife ausgesäet, 3—5 Cent. mit Erde bedeckt, worauf er sehr zeitig im nächsten Frühjahre keimt und die Samenlappen in der Erde zurückläßt. Mannbar mit dem 40sten Jahre. Samenjahr in 2—3 Jahren wiederkehrend.

Die junge Pflanze ist sehr empfindlich gegen Frost und bedarf während der ersten Jahre des Schutzes. Die kurzstämmige Pfahlwurzel zer= theilt sich nicht tief unter dem Boden in mehrere Herzwurzeln und Seiten= wurzeln, die einen reichen Wurzelfilz entwickeln. In der Jugend wächst sie nicht sonderlich rasch, erst mit dem 30sten Jahre beginnt reichlicher Zu= wachs, der bis zum 70sten bis 80sten Jahre aushält.

Der Stamm wird selten sehr hoch, wächst verhältnißmäßig mehr in die Dicke, ist übrigens bis zu den Aesten vollholzig und regelmäßig. In Untermengung mit Buchen schießt er schlank und regelmäßig in die Höhe.

Die Krone ist starkästig, weit verbreitet, sperrig; der oberirdische Baum in seinem Aeußeren dem der Eiche am nächsten stehend.

Die Belaubung ist voll und nicht viel weniger schattend als bei der Rothbuche.

Die Bewurzelung stärkästig, in der Tiefe und in der Oberfläche weit verbreitet.

Betrieb: meist in Untermengung mit Buchen und Eichen im Hoch= walde und Mittelwalde zur Benutzung der Früchte; im Mittelwalde stark verdämmend. Ausschlagfähigkeit im Niederwalde groß bei langer Dauer der Mutterstöcke.

Fortpflanzung wie die der Rothbuche; meist Pflanzung aus Pflanzgärten.

Benutzung. Das feste dauerhafte Holz wird zu Bau= und Werkholz wie das der Eiche verwendet. In Frankreich wird auch Stabholz daraus gefertigt, welches besonders für Weinfässer geschätzt, dennoch aber um ⅓ wohlfeiler als das Eichenstabholz ist. Die Brennkraft im verkohlten Zu= stande ist gleich der des Rothbuchenholzes.

Im südlichen Schwarzwald herrscht der Glaube, daß die Kastanie das unter ihr wachsende Gras vergifte, so daß es vom Vieh nicht gefressen wird. Unter hier wachsenden Bäumen habe ich den Boden nach Regen oft wie mit Dinte befleckt gesehen, wahrscheinlich in Folge einer Secretion von Gerbstoff aus den Blättern, der vom Regen gelöst und abgespült wird. Es steht dieß vielleicht mit jener Erfahrung im Zusammenhange.

Beschützung besonders gegen Frost und Dürre, sodann gegen Men= schen, die bei Entwendung der Früchte leicht auch die Bäume beschädigen.

2. Der Hornbaum, Carpinus Betulus Linn., auch Weißbuche, Hain= buche, Hagebuche genannt.

Blüthe. Die weibliche Blume ist ein lockeres Kätzchen mit einfachen blattartigen Schuppen, deren jede zwei Blumen, mit dreilappigem Frucht= blatte einschließt; Fruchtknoten mit sehr langen fadenförmigen rothen Narben, jeder mit einem kelchartigen Perigonium verwachsen, dessen Zipfel an der reifen, nußähnlichen Frucht die gezackte Krone bilden. Die männlichen Kätzchen sind dichter, mit dachziegelartig sich deckenden Schuppen und ein= facher 10—20männiger Blume ohne Kelch und Krone. Blüthezeit Ende April oder Anfang Mai.

Die Frucht ist eine zusammengedrückte, gefurchte, sehr hartschalige Nuß, zur Hälfte von dem bleibenden dreitheiligen Fruchtblatte umgeben, zu 4—10 auf gemeinschaftlichem Stiele. Sie reift im October und fliegt bald darauf ab, jedoch erst nach dem Abfall des Laubes. Die Mannbarkeit tritt früh, meist schon mit dem 30sten Jahre, an Stockloben viel früher ein; die Samenjahre kehren in 3—4jährigen Zeiträumen wieder.

Der Same verbreitet sich 10—15 Schritte vom Mutterbaume, und geht in Schlägen auch ohne besondere Sorge für Bedeckung reichlich auf. Er keimt erst 1½ Jahre nach der Samenreife, 1 Jahr von der Frühjahrs= saat ab gerechnet.

Die junge Pflanze bleibt in den ersten Jahren sehr klein, und entwickelt ihre Wurzeln vorzugsweise in der Oberfläche des Bodens; erst später dringen schwache Wurzelstränge in die Tiefe. Sie ist sehr hart und kann ganz im Freien gezogen werden, erträgt aber in den ersten Jahren eine mäßige Beschattung sehr gut, und erholt sich bald, selbst von stärkerer Verdämmung. Sie wird zwar vom Wilde und Vieh stark verbissen, erholt sich aber auch hiervon leicht. Ihr Wuchs ist, besonders als Kernstamm, stets sehr langsam, und bis zum 30jährigen Alter dem der Rothbuche kaum gleichzustellen, später bleibt sie hinter dieser bedeutend zurück.

Der Stamm ist sehr abholzig, selten grade und stets mehr oder
weniger spannrückig gewachsen. Im Schlusse erwachsen reinigt er sich auf
7—8 Mtr., selten höher, von Aesten; im Freien bleibt er stets sehr tief
beastet. Selbst im Schlusse erwachsen kann man die Stammholzmasse nicht
über 60 Proc. ansetzen.

Die Krone ist im Freien sehr verbreitet, mit vielen wagrecht aus=
streichenden niedrig angesetzten Aesten, von größtentheils nur geringer Stärke.
Im Schlusse kann man 12—15 Proc., im Freien 15 bis über 20 Proc.
der Gesammtmasse an Kronholz annehmen, worunter bis zur Hälfte Reiserholz.

Die Belaubung ist beinahe eben so verdämmend, als die der Roth=
buche, durch die weite Verbreitung und horizontale Stellung vieler kleiner
Brachyblaste, die der Jahrestrieb noch im Jahre seiner Erzeugung entwickelt.
Die Blattmenge hingegen ist geringer als die der Rothbuche, und die Be=
fruchtung des Bodens nicht so groß als durch jene Holzart, wenn auch der
Unterschied nicht sehr bedeutend ist.

Die Bewurzelung ist flach und weit ausstreichend, aus vielen
schwachen Wurzeln bestehend, so daß man bei der Rodung gewöhnlich
nicht mehr als 15—18 Proc., bei sehr sorgfältiger Rodung und Benutzung
auch der entfernteren, schwachen Aeste über 20 Proc. Wurzelholz erhält.

Betrieb in reinen Hochwaldbeständen nur hier und da, und wegen
des langsamen Wuchses nicht vortheilhaft. Im Hochwalde am besten in
Untermengung mit Rothbuchen zum Aushiebe im 60—80sten Jahre, da sie
später im Wuchse sehr nachläßt. Auch in reinen Beständen ist der Umtrieb
nicht höher als 80 Jahre anzusetzen. Für den Mittelwald ist sie nur als
Unterholz benutzbar, und darf wegen ihrer Kronenausbreitung und starken
Beschattung als Oberholz gar nicht geduldet werden. Man hält aber gern
eine größere Zahl von Laßreideln 4—6 Jahre nach dem Hiebe über, zur
Ergänzung des Hainbuchen=Unterholzes durch die von ihnen reichlich er=
folgende Besamung. Als Unterholz im Niederwalde hingegen ist sie aus=
gezeichnet durch ihre starke und lange dauernde Wiederausschlagfähigkeit und
die reichliche Vermehrung durch freiwillige Absenker. Sie gibt hier bei 20=
bis 30jährigem Umtriebe verhältnißmäßig einen höheren Ertrag in Masse,
und der demohnerachtet gegen die Eiche, Erle, Ahorne ꝛc. erfolgende Ausfall
wird reichlich durch die vorzügliche Beschaffenheit des Materials als Brenn=
holz ersetzt. Ausgezeichnet ist die Hainbuche ferner als Kopfholz im 10= bis
12jährigen Umtriebe.

Fortpflanzung leicht durch natürliche Besamung, wenn die junge
Pflanze nur in den ersten Jahren vor Graswuchs und dem Verbeißen geschützt
ist. Auch die Freisaaten gerathen gut, und die Pflanzung kann ohne Vorberei=
tung bis zur Heisterstärke ausgeführt werden; doch schlagen Lodenpflanzungen
besser an. Als Unterholz bildet sie freiwillig viel Absenker, deren Menge durch
Anhäufung von Laub um den Stock sehr vermehrt werden kann. Auch künst=
liche Absenker schlagen sehr gut an, müssen aber 3—4 Jahre unberührt im
Boden liegen, ehe sie vom Mutterstocke getrennt werden. Die Weißbuchen=
niederwälder halten sich daher ohne Kostenaufwand voller bestockt als die der
meisten übrigen Hölzer, und auch hierin ist der bedeutende Ertrag derselben
begründet. Der Hieb im Niederwalde muß möglichst tief geführt werden.

Benutzung. Das Holz wird von Stellmachern und Maschinenbauern wegen seiner Härte und Glätte sehr geschätzt, besonders wird es
von den Mühlenbauern gesucht. Als Brennholz ist es ausgezeichnet. Das
grüne Laub gibt ein gutes Viehfutter.

Beschützung. Gegen Einwirkung der Atmosphärilien ist die Weißbuche ziemlich unempfindlich; in exponirten Lagen leidet sie mitunter vom
Windbruch. Graswuchs schadet ihr wenig und nur in den ersten Jahren,
mehr die Dürre. Ihre größten Feinde sind das Wild und das Weidevieh
durch Verbeißen, die Mäuse durch Benagen der jungen Stämmchen.

Dem Hornbaume sehr nahe verwandt ist

3. Die Hopfenbuche, Ostria vulgaris Willdenow.

So genannt wegen der hopfenähnlichen Samenbüschel; von der Hainbuche
darin verschieden, daß das dort offene, dreilappige Fruchtblatt hier zu einer
schlauchähnlichen, nur an der Spitze geöffneten, die glatte Frucht einschließenden Hülle verwachsen ist. Sie findet sich im südlichen Oesterreich wildwachsend.
Sie unterscheidet sich vom Hornbaume ferner durch eirund zugespitzte, an der
Basis herzförmige Blätter und durch abgestumpfte Knospen. Ihr forstliches
Verhalten scheint von dem des Hornbaums nicht wesentlich abzuweichen.

4. Die Hasel, Corylus.

Sträucher, mitunter baumartig, mit getrennter männlicher und weiblicher Blume auf einem Stamme. Die männlichen Kätzchen lang, walzig,
mit acht kurzgestielten Staubbeuteln, zwischen dreikantigen, ganzrandigen
Schuppen. Weibliche Blüthe: zwei Fruchtknoten in gemeinschaftlicher offener
Schuppe, jeder Fruchtknoten umgeben von einem mit ihm verwachsenen
Perigonium, zwischen letzterem und der Schuppe die aus mehreren verwachsenen Blättchen gebildete Cupula; jeder Fruchtknoten mit zwei langen
fadenförmigen rothen Narben und zwei hängenden, achsenständigen Eiern,
von denen in der Regel nur eines zum Samen sich ausbildet. 4—10 blüthe-
tragende Schuppen auf gemeinschaftlichem spindelförmigem Blumenboden im
Innern der Knospe. Frucht: eine einsamige Nuß, umgeben von dem nach
der Blüthe heranwachsenden Becherchen.

Wir haben drei Arten dieser Gattung: die gemeine Hasel, die
baumartige und die Lambertshasel. Sie unterscheiden sich besonders
in der Bildung des Fruchtkelches, welcher bei ersterer kurz, die Frucht nicht
weit überragend, glockenförmig, bei der Lambertsnuß doppelt so lang als
die Frucht, dreitheilig, bei beiden einfach, bei der Baumhasel hingegen
doppelt, weit geöffnet, die äußere Hülle vielfach zerschlitzt, die innere hingegen dreitheilig, tief sägezähnig ist; die Nuß etwas zusammengedrückt, an
den Seiten stumpfkantig.

a. Die gemeine Hasel, Corylus Avellana Linn.

Blüthe. Die männliche Blüthe erscheint schon im Herbste, die weibliche im Frühjahr, bei milder Witterung mitunter schon im Februar, gewöhnlich im März, mitunter erst Anfang April, zu welcher Zeit denn auch
der Samenstaub von den männlichen Kätzchen ausgestreut wird.

Die Frucht reift im September. Die Mannbarkeit tritt schon mit dem sechsten bis achten Jahre, an Stockloden noch früher ein. Samenjahre häufig.

Der Same verlangt Bedeckung mit Erde oder Laub, wenn er nicht erfrieren, oder von Mäusen, Eichhörnchen ꝛc. aufgenommen werden soll. Er läßt sich überwintern, verdirbt aber leicht und wird am besten gleich nach der Reife ausgesäet, worauf er im nächsten Frühjahre keimt, die Kern=stücke in der Erde zurücklassend.

Die junge Pflanze kommt erst mit dem dritten Jahre in raschen Wuchs, der bis zum 20ten Jahre aushält, dann sich bedeutend verringert; sie verträgt keinen Schatten und leidet sehr vom Wild und Weidevieh durch Verbeißen.

Der Stamm zertheilt sich über dem Wurzelstock in viele Triebe, die bis zum 12—15ten Jahre grade und schlank in die Höhe gehen, einen 5—6 Meter hohen Strauch bildend, dann sich mehr in die Aeste ver=breitend.

Die Belaubung ist ziemlich verdämmend und dem Boden günstig.

Die Bewurzelung flach laufend, weit verbreitet und veräftelt.

Betrieb. Im Niederwalde in 10—15jährigem Umtriebe zur Er=zeugung von Reifstöcken; für den Mittelwald wenig tauglich, da sie keinen Schatten erträgt, höchstens unter Birken oder Aspen Oberbaum.

Fortpflanzung durch Stockausschlag leicht und sicher. Der Aus=schlag erfolgt am Mutterstocke, dicht unter der Erde, und bildet seine eigenen Wurzeln, wodurch sich die Stöcke von selbst unaufhörlich verjüngen. Man muß die Stöcke daher sehr tief hauen. Absenker gedeihen gut, Stecklinge schlagen nicht an. Will man Samenpflanzen erziehen, so muß dieß in Saatkämpen geschehen, da Same und Pflanzen im Freien zu vielen Ge=fahren ausgesetzt sind, letztere vom rascheren Wuchse der Stockloden leicht verdämmt werden.

Benutzung. Massenertrag im 12jährigen Umtriebe bei 6füßiger Stockferne bis 2 Cubikmeter jährlich. Als Werkholz zu Reifstäben und Korbruthen sehr geschätzt.

Beschützung: besonders gegen Wild, Weidevieh, Ueberschattung und Dürre.

b. Die Baumhasel, Corylus Colurna Linn., auch türkische Hasel genannt,

weicht in Wuchs und Tracht von der gemeinen Hasel wesentlich ab. Sie erwächst zu Stämmen von 25—26 Meter Höhe, bis $^2/_3$ Meter Dicke, selbst im freien Stande mit vorwaltendem Höhenwuchs und verhältnißmäßig ge=ringer, schwachästiger Kronenausbreitung. Ihr Hauptwuchs liegt zwischen dem zwanzigsten und vierzigsten Jahre; besonders üppig soll sie in Unter=mengung mit Nadelhölzern wachsen. Mannbarkeit mit dem zwanzigsten Jahre, Wiederkehr der Samenjahre 2—3jährig. Lebensdauer 100 Jahre. Ausschlagfähigkeit an Stock und Stamm selbst noch im höheren Alter leb=haft. Die junge Pflanze liebt in den ersten Jahren einigen Schutz. Das Holz ist fest, zähe, hart und grobfaserig. Rinde korkartig. Bewurzelung verbreitet, starkästig. Im südlichen Oesterreich.

c. Die lombardische Hasel, Corylus tubulosa Willd., Lambertsnuß,
wächst ebenfalls im südlichen Oesterreich wild, bei uns häufig angebaut in
Hecken und Gärten, strauchartig, wie die gemeine Hasel, mit der sie auch
sonst am meisten übereinstimmt. Gegenstand forstlichen Anbaues ist sie nicht.

5. Die Pappeln, Populus.

Bäume von mittlerer Größe, mit verlängerten Kätzchenblüthen, und
zwar männliche und weibliche Kätzchen getrennt auf verschiedenen Stämmen.
Die männlichen bestehen aus vielfach zerschlitzten meist mit Haaren besetzten
Schuppen; am Grunde derselben ein kegelförmiger, schräger, unzertheilter
Träger, auf welchem 8—20 Staubbeutel stehen. Fruchtstand und Schuppe
der weiblichen Blume ebenso wie bei der männlichen Blume; der eiförmige
oder pfriemliche Fruchtknoten, mit 2—8theiliger Narbe, umgeben von einem
kelchähnlichen Perigonium. Viele wandständige Eier im Innern des Fruchtknotens.

Unter den fünf Arten europäischer Pappeln unterscheiden sich P. alba
und canescens durch behaarte Knospen. Die Unterseite der handförmig
gelappten Blätter von P. alba ist überall gleichartig weiß behaart. Bei
P. canescens zeigt die Unterseite der Blätter, durch abweichende Stellung
der Haare, unter günstigem Einfallswinkel des Lichts, 2—3 breite Längs-
binden auf jeder Seite der Mittelrippe.

Unter den Pappeln mit kahlen, klebrigen Knospen hat P. tremula,
wie alba und canescens, pfriemlich verlängerte Fruchtknoten; die sehr
langgestielten, buchtig-sägezähnigen Blätter sind nur an der Spitze hier und
da drüsig.

Bei P. nigra und dilatata, beide nur unterschieden durch den bei
P. dilatata aushaltenden Schaftwuchs, durch die bei männlichen Pflanzen
angedrückten Zweige und das weichere viel leichtere Holz, sind die Fruchtknoten kuglich bis eiförmig, die Blätter deltoid bis rhombisch, dicht sägezähnig und alle Zähne drüsig. Sie sind nur zu verwechseln mit P. betulae-
folia (Amer.), die sich aber durch Behaarung der jungen Triebe unterscheidet. Alle übrigen, überall häufig cultivirten Schwarzpappeln Amerikas
unterscheiden sich leicht durch feine Korkrippen, die, von den Blattnarben
aus, die Triebe hinablaufen (P. canadensis, monilifera, angulata,
serotina). Die raschwüchsigste unter diesen ist P. serotina m. (Belaubung erst mit der Akazie gleichzeitig). Unter günstigen Umständen bei
uns bis 16 Cubikmeter in 45 Jahren per Stamm. Unstreitig der raschwüchsigste Baum.

a. Die Zitterpappel, Populus tremula Linn., auch Aspe, Espe, Asche genannt.

Blüthe: Ende März, Anfang April, vor Ausbruch des Laubes.

Frucht: reift gegen Ende Mai und der Same, mit wolligen Anhängen versehen, fliegt Anfang Juni aus den aufspringenden Fruchtkapseln
ab. Freistehende Bäume tragen mit dem zwanzigsten bis fünfundzwanzigsten
Jahre fast jährlich Samen.

Der Same hält sich nur kurze Zeit und muß sogleich nach dem

Abfliegen eingesammelt, und wieder ausgesäet werden. Der leichte wollige Same wird vom Winde sehr weit weggeführt. Läßt man den Samen nach dem Abfliegen sammeln, so ballt er sich durch die Wolle zusammen und ist dann schwierig auszusäen; man schneidet daher die samentragenden Zweige kurz vor dem Abfliegen des Samens ab, und besteckt damit die anzusäende Fläche, auf der er sich dann regelmäßig vertheilt und nach dem Abfliegen durch leichtes Ueberkratzen des Bodens mit der Erde gemengt wird.

Die junge Pflanze erscheint 1—3 Tage nach der Aussaat, bleibt im ersten Jahre sehr klein, und wird deßhalb, auch wegen des leichten Mißrathens der Saatculturen, häufiger aus gesunder Wurzelbrut erzogen, da Stecklinge der Zitter- und Silberpappeln sehr schwer anschlagen. Beschattung erträgt sie nicht. Gegen Atmosphärilien ist sie ziemlich unempfindlich. Schon im zweiten Jahre mehrt sich ihr Zuwachs bedeutend, so daß zweijährige Samenpflanzen nicht selten eine Höhe von $\frac{1}{2}$—$\frac{2}{3}$ Meter erreichen; von da ab bis zum zwanzigsten Jahre ist der Wuchs am stärksten; besonders Wurzelausschläge lassen von da ab im Wuchse bedeutend nach, während Kernwuchs mitunter noch im sechzigsten Jahre lebhaft vegetirt.

Der Stamm ist gerade, vollholzig, mit wenig starken, meist nur Reiserholz liefernden Aesten besetzt, von denen er sich auch im freien Stande meist über 7 Meter hoch reinigt. Man kann über 80 Proc. der gesammten Holzmasse an Stammholz annehmen.

Die Krone ist wenig ausgebreitet und schwachästig, so daß man von 60jährigen Stämmen nicht mehr als 6—8 Proc. Kronholz, worunter nur 2—3 Proc. Astholz, rechnen kann.

Die Belaubung ist schwach, und durch das an langen Stielen herabhängende, nicht schirmförmig gestellte Laub, im Verhältniß zur Blattmenge wenig beschattend. Den Boden bessert die Aspe, theils wegen der geringen Menge schwacher Blätter, theils wegen der frühen Freistellung, wenig.

Die Bewurzelung streicht in vielen schwachen Strängen nicht tief unter der Bodenoberfläche weit aus, daher dann auch die unterirdische Holzmasse nur gering ist, und nur bei sehr sorgfältiger Rodung auf 8—9 Proc. angesetzt werden darf.

Der Betrieb in reinen Beständen ist in allen Betriebsweisen wegen der frühzeitigen Lichtstellung und des dadurch geringen Ertrages nicht vortheilhaft; in einzelnen Stämmen unter anderen Holzarten, die den Boden schirmen, erzeugt die Aspe im 60jährigen Hochwaldumtriebe eine größere Holzmasse, als die meisten der übrigen Laubhölzer. Den höchsten Massenertrag gewährt sie als 10—15jähriges Schlagholz; im Mittelwalde ist sie wegen großer Empfindlichkeit gegen Beschattung nicht gut als Unterholz. Eher könnte man sie auf passendem Boden in einzelnen Stämmen als Oberholz dulden, da sie wenig beschattet, wenn sie sich nicht so leicht dem Unterholzbestande mittheilte, und den Wuchs der edleren Unterhölzer behinderte.

Fortpflanzung, vorzugsweise durch Wurzelbrut, die sehr reichlich überall nach dem Hiebe der Mutterpflanze und schon vor demselben zum Vorschein kommt und durch Abstechen der schwächeren Wurzeln sehr befördert werden kann. Besonders ist das Wurzelabstechen deßhalb zu empfehlen, weil die erfolgenden Schößlinge sich durch Gesundheit und freudiges

Gedeihen vor denen, die von selbst erfolgen, auszeichnen. Durch Samen läßt sich die Aspe nur auf ganz gras= und moosreinem Boden erziehen, da der leichte wollige Same sonst nicht zur Erde kommen kann.

. Benutzung. Als Bauholz ist die Aspe wegen ihrer geringen Dauer wenig gesucht, und nur zum Verbauen ganz im Trocknen, besonders in Dachstühle, ist sie wegen ihrer großen Leichtigkeit im Gebrauch. Geschätzter ist das Holz von Moldenhauern, zu anderen Schnitzwaaren und zu Schin= deln. Das Holz brennt lebhaft mit Entwickelung augenblicklich hoher Hitz= grade, daher es zum Ziegel= und Kalkbrennen verhältnißmäßig gut ist. Die Kohlen sind weich und zur Schießpulverbereitung tauglich; die Rinde wird hier und da zur Weißgerberei verwendet. Rinde und Knospen im Winter gefällter Stämme geben dem Wilde eine treffliche Aesung.

Beschützung. Die gefährlichsten Feinde der Aspe sind Wildprett und Weidevieh durch Verbeißen. Mehrere Bockkäfer und Schmetterlings= raupen leben im Innern der Stämme und durchziehen das Holz mit ihren Gängen; Chrysomella Populi und Tremulae entblättern oft in un= geheurer Menge, sowohl als Raupe wie als Käfer, die jungen Schößlinge.

b. Die Schwarzpappel, Populus nigra Linn.,

kommt, zunächst der Zitterpappel, noch am häufigsten in Wäldern, besonders in den sandigen frischen Flußniederungen vor. Sie unterscheidet sich von der Zitterpappel durch größere Stärke und Höhe der Stämme, eine ver= breitetere Beastung, besonders größere Menge stärkerer Aeste, und durch eine stärkere, mehr in die Tiefe dringende, aber auch in der Oberfläche weit verbreitete Bewurzelung, sowie durch stärkere Beschattung. Der Massen= ertrag der Schwarzpappel ist noch größer als der der Aspe, besonders als Schlagholz im niedrigen Umtriebe; das Holz ist aber um einige Pfund leichter und die Brennkraft in dem Verhältniß wie 185 : 226³/₄ geringer als die des Aspenholzes. Dennoch kann ihr, durch Stecklinge und Setz= stangen leicht und sicher zu bewirkender Anbau bei der großen Massen= erzeugung da, wo es darauf ankommt, in kurzer Zeit dem Brennholzmangel abzuhelfen, wenn der Verbrauchsort in der Nähe des Erzeugungsortes ge= legen ist, die Transportkosten daher nicht zu hoch sind, mit Vortheilen ver= bunden sein. Ausgezeichnet ist diese Holzart durch die, oft den ganzen Stamm durchziehende Maserbildung, die ihm dann besonderen Werth zu Möbelholz gibt. Die Schwarzpappel eignet sich besonders zur Kopfholzwirthschaft. In allem Uebrigen weicht sie von der Aspe nicht oder unbedeutend ab.

c. Die Silberpappel, Populus alba Linn., und d. die Graupappel, Populus canescens Smith (nicht Wildenow).

sind in ihrer Stammbildung, Bewurzelung ꝛc., wie in ihrem forstlichen Ver= halten unter sich gar nicht, von der Zitterpappel wenig unterschieden. Die Maserbildung ist diesen Holzarten nicht in dem Maße, wie der Schwarz= pappel, eigen.

e. Die italienische Pappel, Populus dilatata Ait.,

aus der Lombardei hierher versetzt, und häufig als Alleebaum wegen der geringen Kronenausbreitung und Beschattung besonders an Kunststraßen

benutzt, da sie das Abtrocknen derselben am wenigsten behindert, kommt als
forstliche Culturpflanze nicht in Betracht.

6. Die Weiden, Salices,

stimmen in der Blüthebildung und Frucht mit den Pappeln nahe überein,
auch rücksichtlich der Vertheilung männlicher und weiblicher Blüthen auf ver=
schiedene Stämme; die Schuppe des weiblichen Kätzchens ist aber unzertheilt,
ganzrandig und an Stelle des bei Populus kelchähnlichen Trägers steht hier
nur ein kleines, drüsiges Organ, Honigdrüse genannt, so daß sowohl
Staubfäden als Fruchtknoten mit ihrer Basis unmittelbar der Schuppe an=
gewachsen sind. Die Blume des männlichen Kätzchens hat größtentheils nur
zwei sehr langstielige, mitunter verwachsene, oder 3—5 Staubfäden. Sehr
eigenthümlich ist die, nur aus einem kappenförmigen Deckblatte bestehende
Knospendecke und deren oft bunte Färbung über und unter einer Zone un=
fern der Basis.

Unter den S. 313—315 aufgeführten Weiden haben nur wenige forst=
liche Bedeutung, wenigstens nicht für Deutschland. Die Gletscherweiden,
deren natürlicher Standort die höchsten Alpengebirge bis zur Schneegrenze
sind; die Alpenweiden, die ebenfalls den höheren Alpengebirgen an=
gehören und nur ausnahmsweise in tieferen Regionen vorkommen, wie
S. phylicifolia auf der Brockenkuppe, S. hastata bei Stollberg im Harze,
wachsen auch an ihrem natürlichen Standorte so vereinzelt, daß diesen Zwerg=
und Kleinsträuchen auch dort ein besonderer Nutzen nicht zugesprochen
werden kann.

Die Reifweiden, leicht erkennbar durch den bläulichen Duft der
2—4jährigen Triebe und das lebhaft eigelbe Zellgewebe der inneren Rinde
sind baumwüchsige Weiden von raschem Wuchse und reicher Bewurzelung,
besonders geeignet zum Anbau auf Dünen, selbst auf trockenen Sandschollen
noch sehr freudig vegetirend. S. acutifolia, (caspica Hortul.) wahrschein=
lich aus dem südlichen Rußland stammend, scheint hierzu am besten geeignet.
S. praecox (daphnoides) ist Bewohner des Ostseestrandes, S. maritima,
eben daher, wahrscheinlich ein Bastard der Vorigen und der S. repens.
S. pomeranica scheint in Pommern wildwachsend nicht vorzukommen, ist
aber die in unseren Gärten verbreitetste Art.

Unter den Purpurweiden hat nur die in den Ebenen Deutschlands
sehr verbreitete, aber nur hier und da in Wäldern vorkommende S. purpurea
dieselbe hochgelbe Färbung der inneren Rinde wie die Reifweiden. Bei den
selteneren Arten S. rubra und Pontederana sind von dieser gelben Fär=
bung der Säfte nur Spuren vorhanden. S. purpurea bildet sehr lange
dünne Ruthen, und liefert, im 1—2jährigen Umtriebe behandelt, das Material
für die feinen Korbmacherarbeiten. Der feuchte Sand der Flußufer und
der Werder ist hierzu am geeignetsten. Ein jährlicher Ertrag von 6—8 Rthlr.
pro $\frac{1}{4}$ Hektar bei 1jährigem Umtriebe ist durch die Stecklingcultur der
S. purpurea zu erzielen. Es ist merkwürdig, wie gut die meisten Weiden=
arten den 1jährigen Umtrieb ertragen. Wir haben hier eine Anpflanzung
von mehr als dreißig Weidenarten, die seit vierzehn Jahren alljährlich
in $\frac{1}{3}$ Meter Höhe kopfholzartig geschnitten wurde, und die noch jetzt Jahres=

triebe von über 1 Meter Länge bildet. S. helix ist nur Varietät von S. purpurea.

S. rubra und Pontederana wachsen zu Mittel= und Großsträuchen heran, sind ebenfalls Uferweiden und liefern gutes Material zu gröberen Korbmacherarbeiten und Faschinen.

Die Spitzweiden sind ebenfalls Uferweiden, meist Großsträuche, theilweise sogar baumähnlich im höheren Alter und unter günstigen Umständen. Die wichtigste und verbreitetste Art ist S. viminalis. Im 2= bis 5jährigen Umtriebe behandelt, liefert sie jährlich über 3 Cubikmeter Massenertrag pro Morgen in schlankwüchsigen Ruthen, die wegen ihrer Länge und Biegsamkeit zu gröberen Korbmacherarbeiten vorzugsweise gesucht sind. Cultur durch 2jährige Steckreiser, die zu 4—6 nesterweise gesteckt werden; bei 2jährigem Umtriebe 2füßige Entfernung der Nester, bei 3jährigem Umtriebe 3füßige, bei 4—6jährigem Umtriebe 4füßige Entfernung. Saure schlechte Waldwiesen sind zu solchen Soolen sehr gut geeignet und liefern treffliche Bindweiden für das Reiserholz.

Unter den Sahlweiden sind S. cinerea — die große Werftweide, S. aurita — die kleine Werftweide und S. caprea — die Sahlweide sehr verbreitete, vorzugsweise in Wäldern vorkommende Arten; die beiden Werftweiden mehr auf feuchtem Moorboden, die Sahlweide auch auf dem trockenen bindenden Lehmboden kräftig wachsend. Die beiden Werftweiden sind stets strauchwüchsig, S. aurita, meist nicht über 1 Meter, S. cinerea, 3 bis 4 Meter hoch, S. caprea wächst unter günstigen Standortsverhältnissen zum Baume von 10—12 Meter Höhe und 1/3 Meter Brusthöhendurchmesser heran, liefert ein besseres Brennmaterial als die übrigen Weiden. Dem ohnerachtet ist auch die Sahlweide im Waldwirthschaftsbetriebe häufiger Gegenstand der Vertilgung als der Fürsorge, und nur im Niederwalde würde sie sich auf geeignetem Standorte durch die Leichtigkeit der Vermehrung vermittelst Steckreiser empfehlen. Die Knospen und die weiche Rinde dieser Weidenarten sind eine treffliche Nahrung für das Wild in harten Wintern.

Unter den S. 314 von S. grandifolia bis versifolia aufgeführten Weiden, Klein= und Mittelsträuche der Gebirge, kommen S. nigricans (var. trifida) und S. depressa auch am Ostseestrande vor.

Wichtiger sind die Sandweiden der Ebene: S. argentea, repens, angustifolia, vielleicht nur Abänderungen ein und derselben Grundform: S. repens; Kleinsträuche von 1/3—1 Meter Höhe mit mehr oder weniger niederliegenden, Ausläufer treibenden Trieben und silberglänzender Behaarung, durch ihre Verbreitung auf dem Dünensande der Meeresküsten, zu dessen Befestigung sie einigermaßen beitragen. Sie sind aber auch im Binnenlande besonders des nördlichen Deutschlands ziemlich verbreitet und besonders auf feuchtem Sand= und Haideboden häufig. S. rosmarinifolia hingegen, den vorigen sehr ähnlich, aber mit sehr kleinen fast kuglichen Kätzchen und stets aufstrebenden Zweigen, kommt häufiger in Gesellschaft der Werftweiden auf moorigem Grunde vor.

Die Mandelweiden theilen mit den Purpur= und Spitzweiden Verbreitung und Standort in den Freilagen der Ebene, nur vereinzelt und nicht hoch in die Gebirge aufsteigend. Es sind zwar Mittel= und Groß=

sträuche, aber ziemlich trägwüchsig, deren Anbau keine besonderen Vortheile bietet.

Unter den Baumweiden ist S. alba am meisten verbreitet, besonders eine Abart derselben mit dottergelben oder gelbrothen Zweigen:
S. vitellina, die sich durch hohe Grade der Zähigkeit als Bind- und Flechtmaterial auszeichnet. Es gibt wohl kaum ein Dorf in Deutschland, in
dessen nächster Umgebung S. alba nicht als Kopfholz angebaut ist. Seltener
schon sind Bäume von ungestörter Entwickelung. Als solche erreichen sie
unter günstigen Standortsverhältnissen eine Höhe von 15—20 Meter bei
einer Stammstärke von $1/2$—1 Meter, stehen jedoch an Raschwüchsigkeit hinter
den Schwarzpappeln bedeutend zurück. Dagegen weiß ich mich keines Falles
zu entsinnen, in welchem diese Weide im nördlichen Deutschland zweifelsfrei
als wildwachsend angesprochen werden konnte. Als Massenertrag kann man
auf 0,03 Cubikmeter jährlichen Durchschnittszuwachs pro Kopfholzstamm
rechnen. Bei ungestörtem Wuchse beträgt der jährliche Zuwachs nahe das
Vierfache bis zum 50jährigen Alter. Das Holz ist weich und sehr leicht:
Erziehung durch Steckreiser und Setzstangen.

Die übrigen Baumweiden sind ihrer Brüchigkeit wegen bei weitem
weniger empfehlenswerth. Nur auf sehr schwerem Boden, auf dem S. alba
verkümmert, verdienen sie als Kopfholz in Bezug auf Massenerzeugung den
Vorzug. Zu Flechtzäunen und Faschinen sind sie tauglich, aber nicht zu
Bindmaterial. S. Russeliana und mehr noch ein Bastard zwischen ihr
und S. alba ist jedoch als Kopfholz im nördlichen Deutschland sehr verbreitet.

Viertes Kapitel.

Die Eschen (Fracineae).

Bäume erster Größe mit dem verschiedenartigsten Blüthenstande, theils
Zwitterblumen, theils getrennten Geschlechtern auf einem oder verschiedenen
Stämmen. Der Blume unserer Fraxinus excelsior fehlt die Blumenkrone
und die kleinen Kelchzipfel sind rasch hinfällig (bei den Mannaeschen (Ornus)
ist eine Blumenkrone vorhanden); die einfachen Fruchtknoten mit zweitheiliger
Narbe, wie die zweitheiligen Staubbeutel, stehen auf langen Stielen büschelweise beisammen; am Grunde der weiblichen Blüthe stehen meist zwei unvollkommen ausgebildete Staubfäden. Frucht einsamig, zungenförmig geflügelt. Blätter gefiedert, gegenüberstehend.

Wir haben nur eine einheimische Art:

a. Die gemeine Esche, Fraxinus excelsior Linn.

Die Blüthe erscheint vor dem Laubausbruch Anfang Mai.

Die Frucht reift im October und fliegt gewöhnlich im November
ab, doch bleibt sie mitunter den ganzen Winter über am Baume. Mannbar
mit dem 40sten Jahre, freistehend noch früher und fast jährlich samentragend.

Der Same verbreitet sich 10—15 Schritte vom Mutterstamme und
findet auch auf einem nicht zu sehr begrasten Boden eine zum Keimen
erforderliche Lage, indem, wie bei den Nadelhölzern, der Flügel den Samen

beim Herabfallen in lothrechter Stellung erhält. Keimung ein Jahr nach der Aussaat im Frühjahre.

Die junge Pflanze ist nur im ersten Frühjahre gegen Frost empfindlich, verträgt keinen Schatten, kann ganz im Freien erzogen werden, leidet aber sehr unter Graswuchs und durch Verbeißen, weßhalb man sie gewöhnlich in Saatgärten erzieht und mit 5—6 Jahren ins Freie verpflanzt. Ihre Bewurzelung ist flach, aber weit verbreitet und reichlich verästelt.

Stamm und Kronenbildung nahe der der Eiche, auch rück= sichtlich des Verhältnisses der Holzmassen.

Belaubung etwas lichter als die der Eiche, den Boden in noch geringerem· Grade befruchtend.

Bewurzelung sehr ausgebreitet, sowohl in der Tiefe als in der Oberfläche des Bodens; der Stockholzertrag ist daher bei nicht sehr weit= greifender Rodung bedeutend geringer als der der Eiche und Buche und wird selten 15—16 Proc. übersteigen.

Betrieb vorzugsweise im Hochwalde in Untermengung mit Roth= buchen, wo ihr zur horstweise reinen Erziehung mit Vortheil die feuchteren moorigen Siepen, Bruch= und Wiesenränder anzuweisen sind; unter solchen Verhältnissen ist sie auch als Oberholz für den Mittelwald empfehlenswerth. Als Unterholz und für den Niederwald ist sie weniger zu empfehlen, da ihre Ausschlagfähigkeit nicht groß ist und oft schon mit dem 20 Jahre schwindet.

Fortpflanzung. Der Anflug von Mutterbäumen erfolgt zwar ge= wöhnlich sehr reichlich, wird aber leicht durch Graswuchs und Verbeißen vernichtet, daher man diese Holzart besser in etwas höherem Alter aus= pflanzt. Die Pflanzungen gedeihen sehr gut. Im Niederwalde kann man etwas auf Wurzelbrut rechnen(?), obgleich sie nicht häufig erfolgt. Steck= linge haben mir noch nicht anschlagen wollen, obgleich sie sich bis zum Herbste belaubt erhalten.

Benutzung, als Wasserbauholz und ganz ins Trockne verwendet, auch zum Häuserbau sehr gut, obgleich wenig gesucht; in abwechselnder Trockenheit und Feuchtigkeit von geringer Dauer. Besonders geschätzt wegen der großen Zähigkeit zu Wagner= und Maschinenbauhölzern. Wegen der häufig schön geflammten Textur von Tischlern, besonders in hiesiger Gegend, gesucht. Die Blätter geben ein gutes Futterlaub, das dem der Rüster gleichgeschätzt wird.

Beschützung: vorzugsweise gegen Verbeißen, Schälen und Schlagen vom Wildpret und Weidevieh. Den Pflanzungen zeigt sich der Pflaster= käfer (Lytta vesicatoria) durch wiederholtes Entblättern sehr nachtheilig.

Eine sehr empfehlenswerthe Esche ist Frax. pubescens besonders für schwereren trockenen Boden, auf welchem unsere Esche gar nicht mehr fort= kommt. Sie ist dort sehr raschwüchsig und sowohl durch Saat als Pflanzung ungewöhnlich leicht und sicher anzubauen.

Fünftes Kapitel.

Ulmenartige Holzpflanzen (Ulmaceae).

Bäume erster und zweiter Größe mit wechselsweise gestellten Blättern. Die Blüthe zweigeschlechtig ohne Blumenkrone, mit einfachem zweinarbigem

Fruchtknoten und wenigen, dem Kelche aufgewachsenen Staubfäden. Die Frucht eine häutige Flügelfrucht (Ulmus) oder eine fleischige Steinfrucht (Morus, Celtis).

1. Rüster, Ulmus.

Bäume erster Größe mit eiförmigen, lang zugespitzten, am Stiele ungleichen, doppelt gefägten Blättern. Blüthen büschelweise an kurzen Stielen mit fünftheiligem Kelche, freiem zweinarbigen Fruchtknoten und 4—8 dem Kelche aufgewachsenen Staubfäden. Frucht einsamig, rundlich geflügelt.

Wir unterscheiden drei verschiedene Arten. Die Feldrüster, rauhe Rüster und die Korkrüster. Alle drei Arten kommen mit korkigen Flügeln der 2—6jährigen Triebe vor, die eine Art häufiger, die andere minder häufig; ein Artunterschied läßt sich daher hierauf nicht gründen. Bei U. effusa sind die Blumen 8männig, Blumen und Früchte viel kürzer als der Stiel, letztere am Rande gewimpert. Bei U. campestris und suberosa sind die Stiele kürzer als Blumen und Frucht, letztere am Rande kahl. Bei U. campestris sind die Blumen 5—6männig, die Narben der Afterblätter kahl. Bei U. suberosa sind die Blumen 4männig, die Narben der Afterblätter an der Rückseite mit steifen silberweißen Borstenhaaren besetzt.

a. Die Korkrüster, Ulmus suberosa Willd.

Die Blüthe erscheint vor dem Ausbruch des Laubes zu Ende März oder Anfang April.

Die Frucht reift zu Ende Mai oder Anfang Juni, fliegt alsbald ab und wird von geringem Winde weit vom Mutterbaume hinweggeführt. An freistehenden Bäumen tritt die Mannbarkeit schon mit dem 25—40sten Jahre, an Stockloden viel früher ein; Samenjahre häufig.

Den Samen sammelt man durch Abpflücken und wählt dazu die Zeit, wenn der erste, meist taube Same bereits abgeflogen ist. Die mehlige Beschaffenheit eines fühlbaren Kerns ist das Zeichen der Reife. Der gleich nach dem Einsammeln ausgesäete Same keimt schon nach drei Wochen und die junge Pflanze erreicht schon im ersten Jahre eine Höhe von 10—15 Cent. Doch kann der Same auch bis zum nächsten Frühjahre aufbewahrt werden. Unter der Erde bildet die junge Pflanze eine kurze Pfahlwurzel mit kräftigen Seitenwurzeln und reichem Filz von Faserwurzeln, doch findet man auf lockerem Boden Pflanzen, die mit der Pfahlwurzel eben so tief in den Boden bringen als der Stamm lang ist. In den ersten Jahren verträgt sie mäßigen Schatten, kann aber ganz im Freien erzogen werden. In der Jugend und bis zum 20sten Jahre ist der Wuchs langsam, dann steigt er bis zum 60sten Jahre, und hält bis zum 80sten gleichmäßig aus.

Der Stamm ist selten regelmäßig, immer abholzig, selten höher als 7 Mtr. rein von Aesten, oft gebogen. Die Stammholzmasse kann auf 65 bis 70 Proc. angesetzt werden.

Die Krone: wenig verbreitet, mit langen, selten starken, aufgerichteten Aesten. Kronholz selten über 15 Proc., worunter 5—6 Proc. Reiserholz.

Belaubung: nicht verdämmend, der der Eiche gleich zu stellen.

Bewurzelung. Herzwurzel in mehreren starken Strängen in die Tiefe gehend; seitliche Verbreitung nur auf flachem Boden bedeutend. Stock= holzertrag 15—20 Proc.

Betrieb. In Flußniederungen mitunter in reinen Hochwaldbeständen, am vortheilhaftesten im 80jährigen Umtriebe. In Untermengung mit Buchen und Eichen hält sie den 100—120jährigen Umtrieb aus, wenn sie auch im Wuchse nachläßt, doch hält man in der Regel nicht mehr Stämme bis zum Abtriebe über, als das Bedürfniß stärkere Werkhölzer fordert, und nimmt die übrigen schon in der 60= oder 80jährigen Durchforstung heraus. Im Mittelwalde ist sie ebenso als Oberbaum wie als Unterholz und für den Niederwaldbetrieb empfehlenswerth, da sie reichlich vom Stocke ausschlägt und viel Wurzelbrut treibt. Im Niederwalde wähle man den 15—30jährigen Umtrieb. Ausgezeichnet als Schneidelholz; als Kopfholz wird sie bald kernfaul.

Fortpflanzung meist durch Erziehung in Pflanzkämpen und Aus= pflanzen als Loden oder Heister, um sie gegen die größten Feinde ihrer Jugend, Graswuchs und Wildpret zu schützen. Im Niederwalde leicht durch Absenker.

Benutzung. Als Bauholz ist die Ulme der Eiche gleich geschätzt, wird aber bei dem seltenen Vorkommen weniger hierzu als zu Werkhölzern verwendet. Besonders geschätzt ist das Holz dieser Rüster für den Schiff= und Festungsbau, für Kanonenlavetten und Protzkasten, da es, von Kanonen= kugeln getroffen, weniger splittert als alles übrige Holz. Masrige Stämme werden von Tischlern sehr gesucht. Die Rinde zu Bast, die Safthaut un= gemein reich an Schleim (vergl. Jahresbericht I. 1. S. 163), Futterlaub vorzüglich gut.

Beschützung gegen Graswuchs, Wildpret und Weidvieh.

b. Die rauhe Rüster, Ulmus effusa Willd. (sativa), auch Flatterrüster, rothe Rüster, Wasserrüster genannt,

c. Die Feldrüster, Ulmus campestris Linn.,

weichen in ihrem forstlichen Verhalten von der vorgenannten Art nicht ab. Das Holz der rauhen Rüster steht in seiner Güte als Nutzholz dem der Korkrüster wenig nach, wohingegen das Holz der bei weitem am häufigsten vorkommenden Feldrüster wenig geschätzt ist.

In diese Familie gehören ferner:

2) Der Maulbeerbaum, Morus alba Linn. und

3) Der Zürgelbaum, Celtis australis Willd.,

ersterer durch ganz Deutschland in Gärten= und Pflanzschulen behufs Ge= winnung des Seidenraupenfutters kultivirt, letzterer im südlichen Deutsch= land wildwachsend, beide jedoch von zu geringer forstlicher Wichtigkeit, als daß ich hier in ihre Beschreibung weiter einzugehen brauche.

Sechstes Kapitel.

Apfelfrüchtige Holzpflanzen (Pomaceae).

Bäume und Sträucher mit abwechselnd gestellten, einfachen oder zu= sammengesetzten Blättern. Die Zwitterblüthen in Afterdolden an der Spitze

der Triebe, bestehend aus einem, mit den Fruchtknoten verwachsenen, am
Rande fünftheiligen Kelche. Fünf weiße oder rosenrothe Blumenblätter der
inneren Seite des Kelchrandes aufgewachsen. Ein bis fünf Fruchtknoten
unter sich und mit dem Kelche mehr oder weniger verwachsen; eben so viel
Staubwege mit einfachen Narben; in jedem Fruchtknoten meist zwei Eierchen.
Staubgefäße in der Mehrzahl, ringförmig der innern Seite des Kelchrandes
entspringend. Ein bis fünffächrige Apfelfrucht oder Steinfrucht.

Als Kulturpflanzen unserer Wälder haben wir aus dieser Familie
nur folgende Gattungen aufzuführen.

1. Die Hageborne, Crataegus.

Sträuche erster Größe, mit doldigem Blüthestande, ein= bis drei=
samigen, rothen Früchten. Die bei uns einheimischen beiden Arten, der
spitzblättrige und der stumpfblättrige Hageborn unterscheiden sich:
ersterer durch stets einsamige, letzterer durch meist 2—3samige Frucht.

a. Der spitzblätterige Hageborn, Crataegus monogyna Linn., auch einweibiger
oder einsamiger Weißdorn genannt, und b. der stumpfblätterige Hageborn,
Crataegus oxyacantha Linn., zweisamiger Weißdorn,

beide unter dem gemeinschaftlichen Namen der Weißdorne bekannt, sind nur
in der Nähe von Salinen ein Gegenstand der Forstkultur, und werden dort
im kurzen Buschholzumtriebe als Niederwald bewirthschaftet. Der im Herbste
gesäete 1—2 Cent. hoch mit Erde bedeckte Same keimt nach $1\frac{1}{2}$ Jahren
und kann ganz im Freien erzogen werden. Stockausschlag lebhaft, wenig
Wurzelausschläge. Ausgezeichnet sind die Weißdorne, zur Erziehung von
Hecken. Einzelne ältere Stämme, welche sich hier und da in Wäldern
finden, liefern ein ungemein festes, weißes Holz, welches besonders von
Maschinenbauern und Drechslern sehr gesucht ist.

2. Die Mispeln, Mespilus.

Gesträuche zweiter Größe mit vereinzelten Blumen und mehr als zwei
im Fruchtfleische verwachsenen Samenkernen von steiniger Beschaffenheit.
M. germanica Linn. Die gemeine Mispel, mit flachgesägten, länglich=
elliptischen, unten filzigen Blättern, ist nirgends Gegenstand der Forstkultur,
das Holz ist zwar hart und fest, der Wuchs aber zu langsam, als daß sie
des Anbaues würdig wären. Sie kommen zwar hier und da in Nieder=
waldungen, jedoch nur zufällig vor.

3. Apfel, Pyrus.

Bäume zweiter und dritter Größe, mit eiförmigen flach=sägezähnigen
Blättern und vereinzelten oder büschelständigen Blüthen, deren Stiele ent=
weder unveräftelt, einfach, oder am Grunde verwachsen sind. Früchte
vereinzelt, apfel= oder birnförmig; das Fruchtknotenfleisch vom Kelchfleische
im Durchschnitte der Frucht nicht unterscheidbar.

Das Wildobst war in früheren Zeiten und so lange als die Mast eine
Hauptnutzung der Wälder bildete, häufig Gegenstand der Forstkultur. Seit

die Maſtnutzung und auch die Wildbahn ihre Wichtigkeit verloren haben,
ſind dieſe Holzarten, ihrer Trägwüchſigkeit wegen, kaum noch als forſtliche
Kulturpflanzen zu betrachten, und verſchwinden mit jedem Jahrzehend mehr
aus unſern Wäldern.

>a. Der wilde Apfelbaum, Pyrus Malus Smyth (sylvestris), Holzapfel,
>b. Der wilde Birnbaum, Pyrus communis Linn. (pyraster), Holzbirn.

blühen im Mai; die Frucht reift im September. Der Same zur Saat
wird ſo behandelt wie der der Elsbeere. Die junge Pflanze erſcheint im
nächſten Frühjahre und iſt gegen die Witterung abgehärtet, erträgt aber
auch Beſchattung ziemlich lange. Bewurzelung tief und weit durch eine
Herzwurzel und viele Seitenwurzeln. Stamm kurz mit ſperriger Krone
und ſpannrückigem Schafte. Belaubung ſchattend. Wuchs ſehr langſam,
Ausſchlagfähigkeit gering, daher man dieſe Hölzer nur an Schlagrändern,
an Wegen, Triften 2c. duldet, nicht oder wenigſtens nur in Thiergärten,
wo ſie dem Wilde eine treffliche Aeſung gewähren, anbaut. Die herben Früchte
im Backofen gedörrt, werden ſüß und genießbar. Das Holz iſt ungemein
hart, feſt und zähe, von Drechslern und Maſchinenbauern ſehr geſchätzt.

>c. Die Hainbuttenbirn, Pyrus pollveria Linn. (Bollvilleriana), die Schneebirn,
>Pyrus nivalis, die Quitte, Cydonia vulgaris,

ſind nicht Gegenſtand der Forſtkultur, und hier nur der Vollſtändigkeit
wegen aufgeführt.

4. Ebereſchen, Sorbaria.

unterſcheiden ſich von Pyrus vorzugsweiſe durch den Blütheſtand und die
kleineren, beerenförmigen, leuchtend roth oder braun gefärbten Früchte, die
nur bei S. domestica denen der Gattung Pyrus ähnlich ſind. Der Unterſchied im Blütheſtande liegt darin, daß die Blumen und Fruchtſtiele unfern der Blüthe veräſtelt ſind, ſo daß der über dieſer letzten Veräſtelung liegende Theil der Stiele kürzer iſt als der unter ihr liegende Theil
der Stiele, woraus eine wirkliche Doldenblüthe hervorgeht.

Die geringe Zahl der Arten dieſer Gruppe zerfällt in die Gattungen
Sorbus, Torminaria, Aria und Chamaemespilus, deren Unterſchiede in
der Blatt- und Fruchtbildung ich S. 319 erörtert habe. Unter die forſtlichen Kulturpflanzen aus dieſer Gruppe kann man zählen:

>a. Der Vogelbeerbaum, Sorbus aucuparia Linn., auch Ebereſche, Guitſchenbaum
>genannt.

Blüthe im Mai.

Frucht reift im September. Mannbarkeit ſchon ſehr früh; an frei-
ſtehenden Stämmen ſchon mit dem 12—15ten Jahre. Samenjahre häufig.

Same: hält ſich ſchlecht und muß noch im Herbſte der Gewinnung
ausgeſäet werden.

Die junge Pflanze erſcheint zeitig im nächſten Frühjahre, bleibt
im erſten Jahre klein, bewurzelt ſich aber ſtark in der Oberfläche des Bodens;
leidet leicht von Dürre.

Schon im dritten Jahre kommt sie in lebhaften Wuchs und erhält sich darin bis zum 40—50sten Jahre. Sie erträgt in den ersten Jahren Beschattung, leidet wenig von Frösten, und kann ganz ohne Schutz erzogen werden.

Der Stamm ist gerade, im Freien mit niedrig angesetzter Krone, auch im Schlusse selten höher als 5—7 Mtr. gereinigt. Der ganze Baum selten über 14 Mtr. Das Verhältniß der Holzmassen in Stamm, Krone und Wurzel dürfte dem der Weißbuche nahe stehen.

Die Krone ist länglich-kugelich, mit breiter Basis und wenigen, starken Aesten.

Die Belaubung mittelmäßig, an frei stehenden Bäumen mäßig schattend.

Bewurzelung: eine tiefgehende Herzwurzel, mit weit ausstreichenden, faserreichen Seitenwurzeln.

Betrieb: im Hochwalde nur nebenbei, besonders an Bruchrändern und Wiesflecken; wird gewöhnlich wegen der zum Vogelfang dienenden Beeren in einzelnen Exemplaren erhalten, sonst nur Durchforstungsholz. Aus demselben Grunde duldet man sie in einzelnen Stämmen als Oberholz im Mittelwalde. Im Niederwalde liefert sie ziemlichen Massenertrag.

Fortpflanzung: meist durch Pflanzung in Gärten erzogener, oder aus den Beständen entnommener Pflänzlinge, die man an günstigem Standorte gewöhnlich in Menge findet. Hieb der Stöcke tief, außer der Saftzeit.

Benutzung: Dauer gering, wegen seiner Zähigkeit ist das Holz zu Wagnerarbeiten geeignet; das Stangenholz zu Faßreifen. Als Brennholz mittelmäßig. Die Früchte liefern ein außerordentlich gutes Schaffutter, werden auch in Branntweinbrennereien und zum Vogelfange benutzt.

Beschützung: besonders gegen Dürre.

b. Der Speierlingbaum, Sorbus domestica Linn., auch Sperberbaum, zahme Eberesche,

unterscheidet sich von der vorigen Art durch die ganz kahlen grünen Knospen, durch die viel größeren, kleinen Aepfeln oder Birn auch in der gelben Färbung und im Fleische sehr ähnlichen Früchte, durch langsameren Wuchs, längere Lebensdauer, größere Höhe und Dicke, und ein überaus festes, zähes, röthlichgelbes, im Kerne braunes, meist schön geflammtes Holz, welches von Wagnern und Tischlern sehr geschätzt ist.

c. Die Elsbeerbirne, Torminaria europaea Dec. (Sorbus torminalis Crantz).

Blüthe: im Mai.

Frucht: reift im Septemler und muß bald gepflückt werden, da sie lange am Baume bleibt und ihr von den Vögeln sehr nachgestellt wird. Man verwahrt die Früchte den Winter über auf dem Boden flach ausgebreitet, wäscht im Frühjahre den Samen aus und gibt ihm bei der Aussaat eine Decke von 5—6 Mmtr. Erde, worauf die Keimung in 3 bis 4 Wochen erfolgt. Mannbar mit dem 25—30sten Jahre. Samenjahre häufig.

Die junge Pflanze kann ganz im Freien erzogen werden, verträgt aber in den ersten Jahren mäßige Beschattung und erholt sich selbst später beim Verpflanzen ins Freie vom Drucke. In den ersten Jahren bleibt sie klein, dringt mit einer Herzwurzel tief in den Boden, bildet jedoch zahlreiche Seiten= und Faserwurzeln, so daß sie auch auf flachem Boden sich fest bewurzelt. Der Wuchs ist langsam, und dürfte den der Weißbuche nicht übertreffen. Mit dem sechzigsten Jahre hat sie ihre Vollkommenheit erreicht und läßt dann im Wuchse sehr nach, hält sich jedoch lange gesund.

Stamm unregelmäßig, auch im freien Stande auf 5—6 Meter von Aesten rein, bis zur Krone ziemlich vollholzig.

Krone nicht weit verbreitet, locker, mit wenig starken Aesten. Das Verhältniß des Stamm=, Kron= und Wurzelholzes dürfte dem der Erlenkern= stämme am nächsten stehen.

Belaubung locker, wenig verdämmend.

Betrieb: einzeln im Hochwalde an den Bestandsrändern, häufiger als Oberbaum im Mittelwalde, wo sie wegen geringer Beschattung und guter Stammbildung im freien Stande so weit zu begünstigen ist, als das treffliche Werkholz Absatz findet. Weniger geeignet ist die Elsbeere für den Niederwald, da sie schlecht vom Stocke ausschlägt und die langsam wach= senden Stockloden bald von den anderen Holzarten übergipfelt werden.

Fortpflanzung: durch Samen meist in Pflanzkämpen und Aus= pflanzen als Lohde oder Heister. Auch der im Freien erfolgende verbuttete Aufschlag kann in Pflanzkämpen zu tauglichen Pflänzlingen erzogen werden.

Benutzung. Das Holz der Elsbeere erhält durch Beize die meiste Aehnlichkeit mit Mahagoni, ist von alten Stämmen schön geflammt und wird zu Möbeln sehr gesucht; seine Härte, Festigkeit und Zähigkeit, sowie seine Eigenschaft, daß es sich sehr wenig wirft, zieht und reißt, macht es zum Maschinenbau sehr geeignet.

Beschützung gegen Graswuchs und Dürre.

d. Der Mehlbeerbaum, Aria Theophrasti l'Obel. (Pyrus Aria Crantz) und
e. der Bastard=Mehlbeerbaum, Aria intermedia Ehrh.,

unterscheiden sich von dem Elsbeerbaum nur darin, daß sie nicht die Größe und Dicke Jenes erreichen, meist strauchartig vorkommen, dagegen besser vom Stocke ausschlagen. Ihr langsamer Wuchs macht sie jedoch unvortheil= haft, so daß sie wohl geduldet, aber selten oder nie angebaut werden.

Siebentes Kapitel.
Mandelfrüchtige Hölzer (Amygdaleae).

Bäume und Sträucher mit abwechselnd gestellten einfachen Blättern und Zwitterblumen mit fünftheiligem Kelche und fünfblätteriger, weißer, dem Kelchrande aufgewachsener Blumenkrone, einfachem freien, mit dem Kelche nicht verwachsenen Fruchtknoten mit einfacher Narbe, bis 20 dem Kelchrande aufgewachsenen kreisständigen Staubgefäßen. Frucht eine ein= samige Steinfrucht mit fleischiger saftiger Hülle.

In unseren Wäldern nur eine der hierher gehörenden Gattungen:

Pflaume, Prunus.

Die ihr angehörenden Arten zerfallen nach Verschiedenheit der Frucht in zwei Abtheilungen: 1) in solche mit rundlichem Steine — Kirsche und

2) in solche mit länglichem Steine — Pflaume. Die Kirschen zerfallen in solche mit doldenförmigen Blüthebüscheln, Cerasus, Chamaecerasus und in solche mit traubenförmigen Blüthebüscheln, Prunus Padus, Mahaleb.

Die Pflaumen zählen drei Arten: Prunus domestica, insititia und spinosa.

Bei P. avium (Süßkirsche) ist die Unterseite der Blätter behaart, der Blattstiel zweidrüsig; bei P. Chamaecerasus (Zwergkirsche) sind beide Blattflächen kahl, bei letzterer die Sägezähne drüsig. Bei P. Padus ist der Blattstiel zweidrüsig, bei P. Mahaleb nicht. Prunus domestica unterscheidet sich von insititia und spinosa durch beiderseits kahle Blätter, P. insititia von spinosa durch eirunde, bei P. spinosa länglich lanzettförmige Blätter. Forstlich beachtenswerth sind unter diesen Arten nur:

a. Die Vogelkirsche, Prunus Avium Linn.

Blüthe im Mai.

Frucht reift im Juli. Mannbar mit dem zwanzigsten Jahre; Samenjahre sehr häufig.

Same, im feuchten Sande aufbewahrt, wird im Herbste gesäet, 1 Centim. mit Erde bedeckt, und geht dann im kommenden Frühjahre auf.

Die junge Pflanze gedeiht im Freien, liebt aber in den ersten Jahren Schutz und mäßige Ueberschattung. In den ersten Jahren wächst sie langsam, bessert sich vom fünfzehnten Jahre ab und hat mit dem fünfzigsten Jahr den Hauptwuchs vollendet.

Der Stamm ist langschäftig, vollholzig, im Verhältniß zu seiner Dicke schwank, gerade und regelmäßig abgerundet. Auf entsprechendem, mehr trockenem als nassem Boden, besonders im Kalk= und Kreideboden der nördlichen Gebirgseinhänge ist sein Wuchs ungemein üppig. Die Krone ist selbst im Freien hoch angesetzt und nicht weit verbreitet. Die Belaubung licht und wenig verdämmend. Bewurzelung: Herzwurzel mit starken Aesten in die Tiefe dringend und starke Seitenwurzeln weit ausstreichend.

Betrieb: im Hochwalde seltener als im Mittelwalde als Oberholz, wo man ihn gewöhnlich als Oberständer höchstens als angehenden Baum abnutzen kann.

Fortpflanzung. Meist durch Pflanzung unter den Mutterbäumen aufgeschlagener oder in Saatkämpen erzogener Sämlinge. Das zwei= bis dreijährige Alter ist zum Verpflanzen das Beste, später entwickelt die Kirsche die Faserwurzeln weit vom Stocke und ist dann weniger sicher zu verpflanzen.

Benutzung. Das Holz ist zähe, feinfaserig, leichtspaltig, hart, und wird als Stellmacher=, Möbel=, Maschinenholz sehr geschätzt. Dauer gering. Früchte als Nahrungsmittel und zur Branntweinbrennerei. Das an kranken Stämmen mitunter in Menge ausfließende Gummi kann wie arabisches Gummi benutzt werden.

Beschützung besonders gegen den Diebstahl der Früchte, wobei gemeinhin auch der Baum verderbt wird. Die Schwierigkeit, diesem vorzubeugen, hebt in vielen Fällen die mancherlei Vortheile, welche der Anbau des Baumes gewähren würde, auf.

b. Die Traubenkirsche, Prunus Padus Linn.,

kommt hier und da im Niederwalde und im Mittelwalde als Unterholz vor, wo sie sich durch die reichlich erfolgende Wurzelbrut sehr geschlossen erhält. Im kurzen Umtriebe ertragreich, jedoch nur auf sehr gutem Boden. Reif=stäbe. Pulverkohlen.

c. Die Weichselkirsche, Prunus Mahaleb Linn,

wächst in den Gebirgen des südlichen Deutschland auf steinigem mageren Boden, wird ein 2—3 Meter hoher Strauch, dessen schlanke Schößlinge wegen ihres angenehmen Geruches unter dem Namen Weichselröhre zu Pfeifenröhren verarbeitet und weit verführt werden. Blüthe im Mai; Fruchtreife im Juli oder August. Umtrieb im Niederwalde 15—25jährig. Ausschlagfähigkeit bis ins höhere Alter groß.

d. Die Gartenpflaume, Prunus domestica Linn., und e. die Gartenschlehe, Prunus insititia Walt.,

sind kein Gegenstand der Forstkultur, wohl aber hier und da verwildert.

f. Die Schlehenpflaume, Prunus spinosa Linn., auch Schlehendorn, Schwarzdorn genannt.

Ein 3—4 Meter hoher, dornenreicher Strauch, der in der Nähe von Salinen ein geschätztes Material für die Grabierwerke liefert, und sich darin bis 20 Jahre lang erhält. Erziehung durch Saat und Auspflanzen der Stämmchen. Fortpflanzung reichlich durch Wurzelbrut bei tiefem Hieb der Mutterstöcke.

Achtes Kapitel.

Schmetterlingsblumige Holzarten (Papilionaceae).

Der Kelch napf=, glocken= oder röhrenförmig, am Rande fünftheilig, oft zweilippig. Blumenkrone fünfblättrig, auf dem Kelche befestigt, schmetter=lingsförmig. Zehn unter sich verwachsene Staubgefäße: Fruchtknoten frei, einfächerig mehrsamig, erwächst zu einer Schotenfrucht.

Schoten=Dorn. Robinia Pseudacacia Linn.

Ein Baum zweiter Größe, mit 9—17fiedrigen Blättern und hängenden, vielblumigen, weißen, monadelphischen Blüthentrauben und dornigen Aesten. Aus Nordamerika eingeführt.

Blüthe im Juni.

Früchte reifen im Oktober, bleiben aber den Winter über am Baume hängen. Mannbarkeit oft schon vor dem fünfzehnten Jahre; fast jährlich Samen.

Der Same hält sich viele Jahre hindurch keimfähig und geht sehr gut auf.

Die junge Pflanze wächst in der Jugend rascher, als irgend eine unserer Holzarten; ich habe 1jährige Samenpflanzen von 2 Meter Höhe und über 1 Centim. Stammdurchmesser gezogen. Die Wurzeln gehen nicht tief in die Erde, sondern verlaufen flach und weit in strickförmigen Strängen in der Oberfläche des Bodens schon im ersten Jahre 2—3 Schritt weit.

Der Stamm ist abholzig, mit niedrig angesetzter, weit verbreiteter, sperriger Krone. Belaubung: licht, wenig schattend und den Boden wenig bessernd.

Betrieb: im Hochwalde wegen großer Brüchigkeit nicht rathsam; als Schlagholz in 10—15jährigem Umtriebe ausgezeichnet wegen des raschen Wuchses der reichlich erfolgenden Stockausschläge und der Verdichtung durch Wurzelbrut.

Fortpflanzung: leicht durch Samen, seit diese Holzart sich an unser Klima gewöhnt hat. Sie verträgt keinen Schatten, und kann im Freien erzogen werden.

Benutzung. Das Akazienholz übertrifft in der Dauer selbst das Eichenholz, ist sehr fest, nimmt schöne Politur an, und gibt daher ein gutes Material für Tischler, Wagner und Maschinenbauer. Ausgezeichnet durch seine Dauer ist es zu Wein= und Baumpfählen. Zu Schiffsnägeln sehr gesucht.

Beschützung. Durch richtige Wahl des Standorts gegen Wind= bruch, durch späte Saat gegen Spätfröste, durch frühen Hieb gegen Früh= fröste; in den ersten Jahren gegen das Schälen der Stämme von Hasen und Kaninchen. Der allerdings recht große Uebelstand, daß die abfallenden Aeste durch ihre Dornen die suchenden Hunde oft Wochen lang aufs Kranken= lager bringen, hat dieser, auf geschütztem Standorte so sehr empfehlens= werthen Holzart die Sympathien aller der Forstleute entzogen, die zugleich Jäger sind. Wildungen hat sie in dieser Richtung besungen und mit der Wildkatze gleichgestellt.

Neuntes Kapitel.

Die Ahorne (Acerineae).

Bäume erster und zweiter Größe mit gegenüber stehenden, einfachen, meist gelappten Blättern und achselständigen Traubenblüthen oder Dolden= trauben, bilden eine besondere Familie, die der Acerineen. Die einzelnen Zwitterblumen zeigen eine fleischige, scheibenförmige Anschwellung des Blumen= stiels, Scheibe (Discus) genannt. Die Scheibe ist von einem fünf= bis neuntheiligen Kelche begrenzt, dessen innerer Seite ebenso viel Blumenblätter entspringen. In der Mitte der Scheibe steht der zweikammrige Fruchtknoten, um welchen meist 8 Staubgefäße gestellt sind. In einzelnen Blumen ver= kümmert der Fruchtknoten, die dann bloß männliche Befruchtungswerkzeuge tragen. Die Frucht ist eine am Grunde verwachsene doppelte Flügelfrucht.

Wir zählen drei einheimische Arten: den gemeinen, Spitz= und Feldahorn. Ersterer unterscheidet sich durch hängende Blüthetrauben, die bei letzteren doldenförmig und aufgerichtet stehen; der Spitzahorn, von den beiden anderen Arten durch die lang und fein zugespitzten Lappen der Blätter.

a. Der gemeine Ahorn, Acer pseudo-platanus Linn., auch Bergahorn genannt.

Die Blüthen erscheinen im Mai.

Die Frucht reift im September und fliegt noch in demselben Monate ab, unter gewöhnlichen Verhältnissen sich nicht über 15—20 Schritte vom Mutterstamme verbreitend. Mannbarkeit der Samenpflanzen selten vor dem vierzigsten Jahre, der Stocklohden viel früher.

Der Same läßt sich ohne Verlust der Keimkraft bis zum nächsten Frühjahre aufbewahren; er hält sich zwar noch länger, verliert aber dann bedeutend an Güte. Nach der Frühsaat keimt der Same in 5—6 Wochen unter 1 Centim. Erddecke.

Die junge Pflanze wird im ersten Jahre selten über 8—10 Centim. hoch; tiefer bringt sie mit einer bestimmten Pfahlwurzel, aus der nur wenig kurze Faserwurzeln entspringen, in die Erde. Vom zehnten Jahre ab erhält der Wuchs der Seitenwurzeln das Uebergewicht und die Pfahlwurzel bleibt zurück. In den ersten Jahren erträgt der Ahorn starke Beschattung, muß aber spätestens im fünften bis sechsten Jahre frei gestellt, kann übrigens recht gut ganz im Freien erzogen werden, wo er nur in den ersten Monaten, so lange er noch die Samenblätter trägt, leicht von Spätfrösten leidet.

Der Stamm erreicht, im Schlusse erwachsen, nicht selten eine Länge von 13—14 Meter, ist etwas abholziger als der der Rothbuche und nicht so regelmäßig abgerundet. Auch im Freien reinigt er sich auf 6—7 Meter und höher von Aesten, ist daher für den Mittelwaldbetrieb geeignet. Man kann die Stammholzmasse auf 65 Proc. der gesammten Holzerzeugung einzelner, im mäßigen Schluß erwachsenen Stämme ansetzen.

Die Krone ist nahe die der Rothbuche mit einer größeren Menge starker Aeste, besonders im höheren Alter. Holzmasse 15—20 Proc., worunter 5—6 Proc. Reiserholz.

Die Belaubung ist reich, doch durch die unregelmäßige Stellung des Laubes weniger beschattend als die der Rothbuche. Nur ganz starke Stämme verdämmen beinahe in gleichem Grade. Bodenbesserung gleich der Rothbuche.

Die Bewurzelung ist im höheren Alter zahlreich und starkästig, mehr nach dem Wurzelstocke hin gedrängt, so daß die Rodung eine reiche Ausbeute von 20—25 Proc. der gesammten Holzmasse ergibt.

Betrieb im Hochwalde meist in Untermengung mit Rothbuchen und Eichen. Im Mittelwalde ebenso ausgezeichnet als Oberholz, wie als Unterholz, zu letzterem aber nur aus Kernloden überzuhalten, da Stockloden leicht kernfaul werden. Im Niederwalde, in 25—30jährigem Umtrieb, äußerst ertragreich, auch als Schneidelholz im 5—8jährigen Umtriebe.

Fortpflanzung. Meist in Buchensamenschlägen, da der Ahornanflug die Beschattung längere Zeit ganz gut erträgt und im Buchenboden gut gedeiht; sicherer noch ist die Erziehung in Saat- und Pflanzkämpen und Auspflanzen in die Buchenorte als Lode und Heister, weil die Ahorne sehr vom Wild beschädigt werden. Im Niederwalde erfolgt der Ausschlag dicht über der Erde reichlich bis ins 40ste Jahr. Die Loden wachsen sehr rasch, der Mutterstock hält aber nicht lange aus, daher häufige Ergänzung nothwendig wird.

Benutzung. Zu Bauholz ist der gemeine Ahorn wegen geringer Dauer nicht gut; geschätzt ist er wegen schöner Textur zu Möbeln, wegen seiner Härte und Gleichförmigkeit der Fasern zu Wagner- und Schnitznutzholz. Ausgezeichnet als Brennholz. Laub zum Schaffutter; Säfte zuckerreich.

Beſchützung in der Jugend gegen Froſt, Graswuchs und Ver=
beißen. Spätfröſte ſchaden ihm in der Ebene häufiger als dem Spitzahorn.

b. Der Spitzahorn, Acer platanoides Linn.,

ſtimmt im Weſentlichen mit dem gemeinen Ahorn überein, erreicht aber
nicht die Höhe und Stärke, auch nicht das hohe Alter deſſelben. Das Holz
iſt etwas feſter und härter, dagegen weniger fein, dicht und weiß als das
der vorigen Art. Der in den jungen Trieben und Blattſtielen milchige
Lebensſaft unterſcheidet dieſe Art von der vorigen. Der Holzſaft iſt zucker=
reicher als bei jenen.

c. Der Feldahorn, Acer campestre Linn., auch Masholderahorn genannt,

findet ſich bei uns gewöhnlich nur als Strauch von mittlerer Größe; im
Flußboden wächst er jedoch mitunter zu Bäumen von 15—16 Mtr. Höhe,
$1/3$—$2/3$ Mtr. Stammdurchmeſſer und bis 3 Cbmtr. Holzmaſſe heran. Als
Baumholz iſt ſein Wuchs jedoch ſehr langſam, weßhalb er faſt nur als
Schlagholz im Mittel= und Niederwalde geduldet wird. Im Mittelwalde
iſt er deßhalb gut, weil er etwas mehr Schatten erträgt als die vorge=
nannten Arten; hier und im Niederwalde vermehrt er ſich reichlich durch
Wurzelbrut(?) und liefert im 15—20jährigen Umtriebe einen reichen Ertrag;
auch wird der Masholder nicht ſo ſehr verbiſſen, wie die übrigen Ahorne.
Der Same ſoll oft ein Jahr über liegen, ehe er aufgeht.

Das Holz des Masholder zeichnet ſich durch ſeine außergewöhnliche
Zähigkeit aus; es gibt, von jungen Kernſtämmen genommen und über Kreuz
geſpalten, Büchſenladeſtöcke, die ſich um den Arm wickeln laſſen und kaum
zu verwüſten ſind. Von Tiſchlern wird er wegen der ſchönen geflammten
Textur, von Drechslern und Maſchinenbauern wegen ſeiner Feſtigkeit geſucht.
Bekannt iſt ſeine Verwendung zu den geflochtenen Fuhrmannspeitſchen.

d. Der dreilappige Ahorn, Acer monspessulanum Linn.;

ſehr vereinzelt und ſtrauchwüchſig im ſüdöſtlichen Deutſchland.

Zehntes Kapitel.

Die Roßkaſtanien (Hippocastaneae),

ſtimmen in der Blüthebildung in Manchem mit den Ahornen überein, ſo
daß ſie früher der Familie der Ahorne zugezählt wurden; die große Ver=
ſchiedenheit der lederartigen 1—3fächerigen, 1—3ſamigen Kapſelfrucht trennt
ſie jedoch, wie der übrige Bau, beſtimmt von jenen, ſo daß ſie nach den
neueren Botanikern eine beſondere Familie, die der Hippokaſtaneen, bilden.
Nachfolgend eine, ſeit Jahrhunderten einheimiſch gewordene Art:

Die Roßkaſtanie, Aesculus hippocastanum Linn.

Blüthe im Mai.

Frucht reift Ende September, Anfang Oktober, fällt dann ab und
ſchüttet den Samen aus. Mannbarkeitseintritt im 20—25ſten Jahre.

Der Same verlangt eine ſtarke Erddecke und keimt im folgenden

Frühjahre 3—4 Wochen nach der Aussaat. Wo möglich mache man die Saaten im Herbste, da sich der Same nicht gut überwintern läßt. Am besten hält er sich, wenn man ihn, an vor Mäusen und Wild geschützten Orten flach auf den Rasen ausschüttet und schwach mit Laub bedeckt, welches durch Reiser festgehalten wird.

Die junge Pflanze erscheint mit Zurücklassung der Kernstücke im Boden und erreicht schon im ersten Jahre eine Höhe von 15—20 Cent. In der Erde entwickelt sie eine kurze dicke Pfahlwurzel, aber sehr viele weit ausstreichende Seitenwurzeln, die sich später zu einstämmiger Herzwurzel ausbilden, bei einem großen Reichthum seiner Faserwurzeln. Durchaus freier Stand ist ihr in der Jugend, besonders an sonnigen Freilagen, sehr zuwider; am besten gedeiht sie bei starkem Seitenschatten, verträgt sogar eine mäßige Ueberschattung.

Gegenstand der Forstkultur ist die Roßkastanie selten, häufig aber wird sie vom Forstmann zu Alleebäumen und für Thiergärten erzogen, wo sie dem Wild eine treffliche Aesung abwirft. Die Beschattung ist sehr stark, daher diese Holzart sich nicht für den Mittelwald eignet. Das Holz ist in jeder Hinsicht schlecht und hat nur für Tischler und zu Schnitzarbeiten besondern Werth. Die Rinde ist reich an Gerbstoff, die Früchte sind ein gutes Viehfutter.

Elftes Kapitel.

Die Linden (Tiliaceae).

Bäume erster Größe, deren langgestielte Blüthedolden Zwitterblumen tragen. Die Blüthe mit 5theiligem Kelche, 5blättriger Blumenkrone und einfachem, langstieligem, einnarbigem Fruchtknoten, umstanden von vielen, dem Fruchtboden aufgewachsenen Staubfäden. Frucht eine mehrfächrige, jedoch meist einsamige, nicht aufspringende Kapsel, Blattstand abwechselnd; Blätter herzförmig.

Wir zählen zwei einheimische Arten dieser Gattung: die gemeine und die großblättrige Linde. Letztere unterscheidet sich von Ersterer durch wenige, meist nur dreiblumige Blüthenbüschel (daher pauciflora Hayne), durch die gleichförmige Vertheilung der stärkeren Behaarung auf den beiderseits gleichfarbig grünen Blättern, während bei der viel häufiger vorkommenden, gemeinen Linde die untere Blattfläche bläulichgrün, und die Behaarung in die Achseln der Blattrippen bärtig zusammengedrängt ist. Eine Unterscheidung dieser letzteren in zwei Abarten: T. vulgaris und parvifolia läßt sich kaum rechtfertigen. T. alba fehlt in unseren Wäldern gänzlich. Die großblättrige Linde T. platyphylla ist selten; häufig nur in Gärten und Parkanlagen.

Die gemeine Linde, Tilia europaea Linn., auch Berglinde, Winterlinde, Steinlinde genannt.

Blüthe gegen Ende Juni.

Frucht reift im Oktober und fliegt bald darauf ab; es bleibt jedoch häufig Same den Winter über auf den Bäumen. Freistehende Bäume tragen meist schon mit dem 25sten Jahre Samen. Samenjahre häufig.

Der Same keimt erst ein Jahr nach der Aussaat im Frühjahre; wenigstens habe ich diese den bisherigen Angaben widersprechende Beobachtung vor mehreren Jahren in großer Ausdehnung in unserem Forstgarten gemacht. Man muß daher dem Samen eine starke Decke geben, wenn er während der langen Samenruhe nicht von Mäusen und Vögeln, die ihm sehr nachgehen, verzehrt werden soll. Er läßt sich gut aufbewahren, daher man ihn, um die Zeit möglichst abzukürzen, in welcher er dem Mäuse- und Vögelfraß ausgesetzt ist, erst im Frühjahre säet.

Die junge Pflanze hebt das schlauchförmige Kernstück wie die Nadelhölzer und die Esche, als ein deckendes Mützchen über die Erde empor. Die ersten Blätter sind fünflappig wie Ahornblätter. Sie bleibt im ersten Jahre über der Erde sehr klein, verbreitet sich weit unter der Erde, verträgt Schatten, kann aber auch im Freien erzogen werden.

Der Stamm reinigt sich nur im Schlusse von Aesten und bildet dort einen vollholzigen regelmäßigen Schaft; man kann hier 65—70 Proc., im Freien höchstens 60 Proc. Stammholzmasse rechnen.

Die Krone ist im Freien sehr tief angesetzt, voll und starkästig, so daß man 25—30 Proc. Kronholz rechnen muß.

Belaubung sehr verdämmend, fast dunkler als die der Rothbuche, wie diese der Bodenbesserung förderlich.

Bewurzelung: starkästige, sehr tief gehende Herzwurzel mit vielen schwachen weit ausstreichenden Seitenwurzeln, daher trotz der großen Wurzelmenge die Rodung gewöhnlich nicht über 12—15 Proc. erträgt.

Betrieb im Hochwalde, jedoch selten rein, meist in Untermengung mit anderen, sowohl Laub- als Nadelhölzern; im Mittelwalde weder als Oberholz wegen der starken Beschattung, noch als Unterholz wegen Empfindlichkeit gegen Beschattung als Schlagholz zu dulden. Im Niederwalde am ergiebigsten im 20—25jährigen Umtriebe. Als Kopf- und Schneidelholz benutzbar.

Fortpflanzung: im Hochwalde meist durch Auspflanzen in Pflanzgärten erzogenen Kernwuchses; im Niederwalde durch Wurzelbrut (?) und Absenker. Ausschlag im Niederwalde bei langer Dauer der Mutterstöcke sehr reichlich und kräftig.

Benutzung wegen Feinheit der Textur, Weiche und der weißen Farbe zu Möbeln-, Bildschnitzer- und Drechslerarbeiten sehr gesucht; als Brennholz schlecht. Die Rinde des Schlagholzes liefert den Bast, die Blätter ein mittelmäßig gutes Futterlaub, der Same ein treffliches Speiseöl.

Beschützung: gegen Graswuchs, Dürre und Verbeißen.

Außer den genannten Holzarten finden wir in unfern Wäldern einzeln und zufällig:

Hartriegel (Cornus Mascula, sanguinea),

Hollunder (Sambucus nigra, racemosa),

Wegdorn (Rhamnus catharticus, Frangula),

Schneeballen (Viburnum Opulus, Lantana),

Rheinweide (Ligustrum vulgare),

Spindelbaum (Evonymus europaeus, verrucosus, latifolius),

Pimpernuß (Staphilea pinnata),

Heckenkirschen (Lonicera xylosteum, periclymenum, alpigena, caerulea),

Seekreuzdorn (Hippophäe rhamnoides),

Sumach (Rhus cotinus),

Sauerach (Berberis vulgaris),

Johannisbeere (Ribes alpinum, nigrum),

Eibe (Taxus baccata),

besonders in Nieder= und Mittelwäldern. Sie werden da, wo sie vor=
kommen, mit benutzt, sind aber, wie auch manche der in den genannten Fa=
milien aufgeführten Arten selten Gegenstand des Anbaus, weßhalb ich hier
nicht weiter auf ihre nähere Beschreibung eingehe.

Dritter Abschnitt.

Von den Forstunkräutern.

Unter Forstunkräutern versteht man diejenigen Waldgewächse, welche in
größerer Ausdehnung dem Wuchse der forstlichen Kulturpflanzen hinderlich
werden. Sie zerfallen in zwei Abtheilungen, in:

    1) bedingte und

    2) unbedingte

Forstunkräuter. Bedingte Forstunkräuter sind Waldgewächse, welche den
forstlichen Kulturpflanzen angehören, örtlich Gegenstand des Anbaues und
der Nachzucht sind, an anderen Orten aber dem Wuchse nutzbarer, begünstigter
Holzarten entgegen stehen. Dahin gehören z. B. Birken, Pappeln, Weiden,
Linden, ja selbst Nadelhölzer, überhaupt Holzarten, welche durch größere und
leichtere Fortpflanzungsfähigkeit und durch rascheren Wuchs in der Jugend die
Schläge überziehen und begünstigte, langsamer wachsende Holzarten über=
gipfeln und unterdrücken. Diese bedingten Forstunkräuter haben wir bereits
im vorigen Abschnitte kennen gelernt, und ich kann mich daher hier auf die
Angabe derjenigen Mittel beschränken, welche dem Forstmanne zu Gebot
stehen, ihrer nachtheiligen Wirkung entgegen zu arbeiten. Diese sind:

1) Hinwegräumung der Mutterbäume solcher Holzarten aus Orten
und deren Nachbarschaft, die der Verjüngung oder dem Anbaue unterworfen
werden sollen, mehrere Jahre vor der beabsichtigten Verjüngung, gewöhnlich
in der letzten Durchforstung.

2) Erhaltung des Schlusses der zu verjüngenden Bestände bis zur be=
absichtigten Verjüngung, da die bedingten Forstunkräuter nur in lichteren
Orten sich ansiedeln.

3) Hieb in der Saftzeit bei solchen Hölzern, die dagegen empfindlich
sind; im Sommer nach der Saftzeit, bei denen dieß nicht der Fall ist, um
die erfolgenden Ausschläge nicht bis zum Verholzen kommen und durch die
Winterkälte vernichten zu lassen.

4) Fleißiger Betrieb, der zu verjüngenden Orte mit Weidevieh zur Ver=

tilgung der bereits vorhandenen Samenpflänzchen und des nach dem Aus=
hiebe erfolgenden Wurzel= und Stockausschlages.

5) Fleißiger Aushieb der bedingten Forstunkräuter aus dem Wieder=
wuchse, ehe sie verdämmend werden in der Saftzeit oder später.

6) Hinwegnahme derselben in den Durchforstungen.

Unbedingte Forstunkräuter sind solche, die, den Forstkultur=
pflanzen nachtheilig, selbst nie Gegenstand der Forstkultur sind, wenn sie
auch, wie z. B. Wachholder, Besenpfrieme, da, wo sie bereits vorhanden,
ein Gegenstand der Benutzung sind. Aber selbst diese unbedingten Forst=
unkräuter sind dieß nicht auf jedem Standorte und da ziemlich harmlose
Gewächse, wo sie eine Neigung zu reicher Vermehrung und üppiger Ent=
wickelung nicht schon längst kund gegeben haben.   Die gefürchtetsten Forst=
unkräuter, wie der Adlerfarre des Seestrandes, die Tollkirsche des Wester=
waldes, die Rehhaide des Odenwaldes, die Himbeere, der Wachholder Pommerns,
der warzige Spindelbaum Ostpreußens, der Kienporst Oberschlesiens kommen
zwar an anderen Orten auch vor, aber nicht in gefahrdrohender Menge neben=
einander üppig sich entwickelnd. Wir wollen in Folgendem die wichtigsten der=
selben, und zwar zuerst die Holzpflanzen, dann die Kräuter und endlich
die Gräser näher betrachten.

Erstes Kapitel.

Von den holzigen Forstunkräutern.

a. Immergrüne Gesträuche.

1. Wachholder, Juniperus communis Linn.

Ein Nadelholzstrauch, selten baumartig, mit blauen Beerenzapfen, und
wirtelständigen Nadeln.

Standort: nur auf kräftigem gemäßigt feuchtem, sandigem Lehm
und Lehmboden wächst er so dicht und überzieht so große Stellen, daß er
der Forstkultur hinderlich wird. Im trocknen Sande stellt er sich stets ver=
einzelt, und ist hier eher Hülfe als Hinderniß der Kultur.

Wuchs langsam, selbst in der Jugend.

Fortpflanzung nur durch den Samen. Blüthe im Mai; Frucht=
reife im Herbst des folgenden Jahres.

Vertilgung: genügend durch Aushieb. In Schlägen kann man,
bei Mangel an Samenbäumen, ausgeästete stärkere Stämme zum Schutze
in den ersten Jahren überhalten.

2. Hülse, Ilex Aquifolium Linn.

Ein 3—5 Mtr. hoher Strauch mit lederartigen, am Rande lang=
stacheligen Blättern und rothen Beerenfrüchten.

Standort: nur im lehmigen fruchtbaren Boden oder im nassen
Sande, auch unter dem Schatten anderer Hölzer, selbst unter Buchen, auch
im rauheren Klima, häufig in Küstenwäldern.

Wuchs: langsam, aber schön in der Jugend durch dichten Stand
und breite Blätter verdämmend.

Fortpflanzung: durch Samen. Blüthe im Mai, Fruchtreife im Oktober. Same liegt 1½ Jahr im Boden.

Vertilgung durch Aushieb. Bei länger dauernder Freistellung verschwindet die Hülse allmählig von selbst.

3. Heide, Erica (Calunna) vulgaris Linn.

Erdholzstrauch; selten über ⅔ Mtr. hoch, mit gegenüberstehenden, schuppig anliegenden Blättern und rothweißen, glockenförmigen Zwitterblumen.

Standort: auf trocknem unfruchtbarem Sandboden und lehmigem Sandboden, in freier oder wenig beschatteter, sonniger Lage.

Wuchs schwachästig, der untere Stammtheil am Boden kriechend, verschlungen und dichten Bestand bildend; die Endzweige aufgerichtet. Stämme von 2 Cent. Durchmesser sehr selten. Wurzelfilz sehr dicht. Bildet abstringirenden Humus, indem nur die Eiche, Kiefer und Birke gedeiht.

Fortpflanzung durch Samen und Absenker. Blüthe im August, Samenreife im Oktober.

Vertilgung mit der Hacke durch Abschälen der oberen Erdschicht (Plaggenhauen), jedoch nur dann nothwendig, wenn die Heide einen dichten Filz bildet. Bei Kulturen genügt eine platz- oder streifenweise Verwundung, da die Heide den verwundeten Boden nur langsam wieder überzieht; die gänzliche Räumung wird nicht allein sehr kostbar, sondern führt auch ein nachtheiliges Austrocknen des Bodens mit sich. Das Abbrennen der Heide steigert zwar die Fruchtbarkeit des Bodens in den nächsten Jahren bedeutend, ruft aber einen starken Graswuchs hervor, der dem Wiederwuchse oft nachtheiliger wird als die bleibende Heide es ist.

4. Die Preußelbeeren, Vaccinium Vitis Idaea Linn.

Ein selten mehr als 15—20 Cent. hoher Erdholzstrauch mit traubenförmigen, weißen, glockenförmigen Zwitterblumen und rothen säuerlich süßen Beeren.

Standort: vorzugsweise den Gebirgswäldern mit feuchtem lockerem Boden eigenthümlich, doch auch in den Ebenen Norddeutschlands mitunter weit verbreitet, besonders ist sie den Hochwäldern eigen, wächst zwar im mäßigen Schatten, verschwindet aber nicht durch Freistellung, sondern gedeiht recht gut im Freien.

Wuchs zwar dicht aber nicht filzig, einzelstämmig, so daß die Preußelbeere in den Schlägen selten nachtheilig wird. Nur den ganz leichten wolligen Samen hält das Kraut vom Keimbette zurück.

Vertilgung durch die Hacke nur beim Anbau nöthig.

5. Bärenbeere, Arbutus Uva-ursi Linn.

Ein kriechendes immergrünes Erdholz; im Mai mit glockenförmigen Zwitterblüthen, im September mit runder, saftiger, rother 5 bis 6 samiger Beere.

Standort: auf trocknem, sandigem, unfruchtbarem Boden; im südlichen Deutschland auch im Gebirge; bei uns mitunter, doch selten, in Kiefernbeständen kleine Flächen dicht überziehend.

Wuchs: niedrig, $^1/_2$—$^2/_3$ Mtr. lange Aeſte von einem Mutterſtocke aus auf dem Boden fortkriechend, Hindert ſelten die Beſamung.

Vertilgung: durch Abhieb des Mutterſtocks mit der Hacke.

6. Kiehnporſt, Ledum palustre Linn.

Ein $^2/_3$—1 Mtr. hoher Strauch, im Juni und Juli mit bolden= förmigen weißen Zwitterblumen, im September mit brauner fünffächriger Samenkapſel. Die immergrünen, lanzettförmigen Blätter oben grün, unten braunhaarig, am Rande gerollt.

Standort: auf feuchtem und naſſem Moor und Sumpfboden.

Wuchs: mitunter ſo dicht, daß jeder andere Pflanzenwuchs zurück= gehalten wird.

Vertilgung: der Kiehnporſt wirkt nicht allein nachtheilig durch Verdämmung, ſondern auch durch den aus ihm ſich bildenden, ſehr ab= ſtringirenden Humus, in welchem keine andere Holzart gedeiht. Man kann den Boden daher nicht anders kultiviren, als durch Entwäſſerung mittelſt Abzugsgräben und Abſchälen oder Verbrennen der oberſten Humusdecke.

b. Sommergrüne Geſträuche.
7. Die Heidelbeere, Vaccinium Myrtillus Linn.

Ein ſommergrüner Erdholzſtrauch von höchſtens $^1/_2$ Meter Höhe, im Mai und Juni mit röthlichen glockenförmigen Zwitterblumen, im Juli und Auguſt mit blauſchwarzen ſaftigen Beeren.

Standort im nördlichen Deutſchland: die Ebenen und der Meeres= boden, im ſüdlichen das Gebirge, auf trocknerem Boden, beſonders an Abend= und Mitternachthängen. Liebt Schatten, verträgt ſogar ſtarke Be= ſchattung, und läßt nach der Freiſtellung bedeutend im Wuchſe nach.

Wuchs über der Erde nur dann ſehr dicht und hindernd, wenn ſie ſtark und oft verbiſſen wird; deſto filziger unter der Erde; der Verjüngung jedoch ſelten hinderlich.

Vertilgung: wo es nöthig ſein ſollte, durch die Hacke platz= oder ſtreifenweiſe. Da die Vaccinien ſelbſt einen fruchtbaren Humus bilden, ſo iſt die Vertilgung durch Feuer nicht vortheilhaft.

8. Himbeere, Rubus Idaeus Linn.

Ein 1—1$^1/_2$ Meter hoher Strauch, mit unpaar gefiederten, drei bis ſiebenzähligen Blättern und einzeldornigen Blattſtielen; im Mai und Juni mit weißen, fünfblätterigen, vielweibigen Blüthedolden, im Auguſt mit rothen wohlſchmeckenden Beeren.

Standort: beſonders in Buchen und geſchloſſenen Eichenwaldungen, auf bindendem feuchtem Boden in der Ebene und in Vorbergen.

Wuchs und Fortpflanzung: die ſchlanken, langen Stengel werden im zweiten Jahre fruchttragend, und gehen nach ein= oder zweimaligem Fruchttragen, gewöhnlich im vierten Jahre ein, während jährlich neue Schöß= linge aus Samen und Wurzelausſchlägen entſtehen, die mitunter ſo dichten Beſtand bilden, daß jeder andere Pflanzenwuchs unter ihnen behindert wird.

Durch die stark wuchernde Wurzelbrut überziehen sich die Schläge rasch und dicht mit diesem Unkraut, so daß in vielen Jahren keine Besamung an-schlagen kann und die bereits vorhandenen Samenpflanzen unterdrückt werden. Erfahrungsmäßig ist es zwar, daß die Himbeere nach 8—10 Jahren von selbst wieder verschwindet, wahrscheinlich in Folge der durch die Ausbreitung der Kronen vermehrten Beschattung; allein der Verlust bis dahin ist groß genug, um die größte Sorgfalt auf Verhinderung des Auftretens zu verwenden.

Vertilgung. Wenn die Erfahrung lehrt, daß eine Oertlichkeit dem Wuchs und der Vermehrung der Himbeere günstig ist, müssen die Vor-bereitungs- und Dunkelschläge jährlich sorgfältig revidirt, und die sich zeigenden jungen Pflänzchen mit der Wurzel ausgezogen werden. Versäumt man dieß, und hat die Himbeere sich einmal ausgebreitet und bewurzelt, so ist dem Uebel kaum mehr zu steuern, indem das Abschneiden der Triebe die Wurzelbrut nur in höherem Grade hervorruft, beim Ausreißen oder Aushacken doch immer noch Wurzeln genug im Boden bleiben, um im nächsten Jahre einen neuen Bestand zu bilden.

9. Besenpfrieme, Sarothamnus Scoparium Linn.

Ein 1—2 Meter hoher Strauch, mit strahligen, wenig blätterigen Aesten. Blätter rundlich, -meist gedreit. Im Mai und Juni mit großer, schön gelber Schmetterlingsblume; im August und September mit breiter, brauner mehrsamiger Hülse. Zweige fünfkantig.

Standort: auf trockenem, sandigem Lehm und lehmigem Sand, in freier sonniger Lage im milden Klima. Im Gebirge besonders an den Sommerhängen.

Wuchs: unter günstigen Verhältnissen rasch und durch ihre reiche Vermehrung aus Samen große Flächen dicht überziehend; und dann der Verjüngung und dem Anbau nachtheilig; mehr vereinzelt, wenig verdämmend und hindernd, auf dem ihr eigenen trockenen Boden· dann mehr vortheil-haft als nachtheilig. Schatten erträgt die Pfrieme nicht und erfriert häufig in kalten Wintern.

Vertilgung: durch Aushieb vor der Samenreife, gemeinhin gegen Abgabe des Materials ohne große Kosten zu bewirken.

Seltener und nur in geringer Ausdehnung zeigen sich unter ähnlichen Verhältnissen den Holzwuchs behindernd:

10. Ginster, Genista germanica Linn.
11. Hauhechel, Ononis spinosa Linn.
12. Hecksame, Ulex europaeus Linn.

Vertilgung wie bei der Besenpfrieme.

13. Der rothe Hollunder, Sambucus racemosa Linn., und
14. Die Hollunderstaude, Sambucus Ebulus Linn.,

zeigen sich, besonders in Gebirgsforsten, mitunter in Buchenschlägen, jedoch in nicht großer Ausdehnung hinderlich. Vertilgung durch Aushieb; Sam-bucus Ebulus durch Rodung im Sommer.

15. Der warzige Spindelbaum, Evonymus verrucosus Scopoli,

wird in Ostpreußen hier und da in den Schlägen hinderlich. Aushieb.

Zweites Kapitel.

Von den Stauden und Kräutern.

16. Tollkirsche, Atropa Belladonna Linn.

Eine 1—2 Meter hohe ausbauernde Staude mit eiförmigen, ganz=
randigen Blättern, im Juli und August mit fünfmänniger, einweibiger,
braunrother Blüthe, ähnlich der Kartoffelblüthe; im September mit kirschen=
ähnlicher, braunschwarzer, zweifächeriger, sehr giftiger Beere. Standort fast
nur in Gebirgen, besonders in Buchenschlägen, diese mitunter ganz über=
ziehend. Gehört zu den schädlichsten. Vertilgung durch Rodung vor der
Samenreife.

17. Fingerhut, Digitalis purpurea und ambigua Linn.,

$^2/_3$—1 Meter hohe, zweijährige Stauden mit lanzettförmigen, am Rande
gekerbten Blättern, im Juni und August mit schön gefärbter, fingerhut=
ähnlicher, einweibiger, zweimänniger Blume; im September mit zweifächerigen,
klaffenden Kapselfrüchten. Standort ebenfalls vorzugsweise in den Buchen=
schlägen und Mittelwäldern der Gebirgsforste und der Flußniederungen.
Gehört ebenfalls zu den schädlichsten Forstunkräutern. Vertilgung durch
wiederholtes Abschneiden nach der Blüthe und vor der Samenreife.

18. Eberich, Epilobium angustifolium Linn.

Eine ausbauernde Staude mit $^2/_3$—1 Meter hohen Stengeln, mit
schmalen, lanzettförmigen, fast ganzrandigen Blättern; im Juli und August
mit blaurothen, vierblätterigen, einweibigen, achtmännigen Blüthen in auf=
rechten Trauben; im September mit vierklappiger, den wolligen Samen
enthaltender Kapselfrucht; Standort und Vertilgung wie bei den vorigen.

19. Hartheu, Hypericum hirsutum Linn.

Ausbauernd. Stengel $^1/_3$—$^1/_2$ Meter hoch, ästig, haarig, mit
länglichen, durchsichtig getipfelten, unten weichhaarigen Blättern; im August
mit gelben, fünfblätterigen, dreiweibigen, vielmännigen Blumen, deren
Staubfäden in 3—5 Bündel verwachsen sind. Im September mit drei= bis
fünffächerigen, vielsamigen Kapseln. Im Gebirge auf trocknerem, schattigem
Boden. Vertilgung wie bei den vorigen.

20. Günsel, Ajuga reptans Linn.

Staude mit vierkantigem, glattem Stengel und kriechenden Wurzel=
sprossen. Blätter breit, eiförmig, gewimpert. Im Mai und Juni mit blauen
oder weißen, wirtelständigen, zweiweibigen, viermännigen Lippenblumen;
Staubfäden ungleich; im August mit vier nackten, nußartigen Samenkörnern.
Besonders den Saatkulturen durch Ueberrasen der Saatplätze nachtheilig.

21. Taubnessel, Lamium maculatum Linn.

Stengel $^2/_3$—1 Meter hoch, mit herzförmigen, zugespitzten, gesägten,
oft weißfleckigen Blättern; im Mai und Juni mit rothen wirtelständigen

Lippenblumen. Befruchtungstheile wie bei Ajuga; Unterlippe mit einem dunklern Flecken. Auf lichten Schlägen und Kulturen; weniger wichtig. Ebenso

22. **Waldnessel**, Galeobdolon luteum Hudt. 23. **Ziest**, Stachys germanica Linn. 24. **Wirbeldoste**, Clinopodium vulgare Linn. 25. Hieracium sylvaticum. 26. Mercurialis. 27. Impatiens. 28. Verbascum. 29. Senecio. 30. Spergula.

Die Vertilgung der ein= und zweijährigen Forstunkräuter geschieht durch Abschneiden mit der Zahnsichel in der Zeit nach der Blüthe und vor der Samenreife; ersteres, da sie sonst wieder ausschlagen, letzteres, um die Fortpflanzung durch den ausfallenden Samen zu verhindern. Die Vertilgung der ausdauernden Staudengewächse hingegen kann nur durch Rodung bewirkt werden, indem die abgeschnittenen Pflanzen zu jeder Zeit vom Stocke oder den Wurzeln wieder ausschlagen und sich nur um so mehr verdichten.

Drittes Kapitel.
Von den Binsen und Gräsern.

Sie fordern alle einen höheren Grad der Lichteinwirkung, Feuchtigkeit des Bodens und der Luft. Daher sieht man sie in geschlossenen schattigen Beständen, unter der Traufe schattender Bäume ebenso wenig, wie auf trockenen Blößen üppig wachsen, sondern nur in einzelnen, wenig verbreiteten und kärglich wachsenden, die Kultur der Holzpflanzen nicht behindernden Pflanzen auftreten. Am günstigsten ihrem Gedeihen ist die Zeit, in der die Bestände Behufs der Verjüngung ausgelichtet werden, weil sie dort nicht allein das nöthige Licht, sondern auch, in Folge des ·noch reichlich vorhandenen Waldhumus, dessen Wasser anziehende und bindende Kraft wir bereits kennen gelernt haben, die nöthige Feuchtigkeit vorfinden. Eine Ursache des größeren Feuchtigkeitsgrades auf bindenderem Boden gelichteter oder abgetriebener Orte ist ferner die Hinwegnahme der Holzpflanzen selbst, die früher durch ihre Wurzeln dem Boden die Feuchtigkeit entzogen, durch die Blätter in Menge verdunsteten, wie Abzugsgräben wirkend. Die Wirkung der Holzpflanzenwurzeln in dieser Hinsicht ist so groß, daß auf sehr bindendem Boden mitunter Versumpfung da eintritt, wo vor der Entholzung der Boden nur gemäßigt feucht war. Daher sehen wir nach dem Grade der Bindigkeit des Bodens auch den Graswuchs in verschiedener Art und Menge, wie mit verschiedenem Wuchse auf den Schlägen erscheinen. In einem lockeren Boden, der, auch ohne die ableitende Thätigkeit der Holzpflanzenwurzeln, die Feuchtigkeit leicht verdunstet oder in die Tiefe sinken läßt, ist vom Graswuchse bei weitem nicht so viel zu befürchten, als auf Boden, der durch größeren Humus oder Thongehalt die Feuchtigkeit festhält. Hiernach ist die Neigung des Bodens zum Graswuchse zu beurtheilen, die sich also schon vor der Schlagstellung bei einiger Aufmerksamkeit ziemlich sicher erkennen läßt.

Das beste natürliche Hemmungsmittel des Graswuchses ist die den Boden bedeckende Laubschicht, so lange noch unzersetztes Laub in der Dicke einiger Zolle den Boden bedeckt und darüber fest liegt. Man muß daher auf zum Graswuchs geneigtem Boden dafür sorgen, daß die Laubschicht, soweit dieß die Rücksicht auf Deckung des Samens und die Arbeiten im Schlage gestatten, möglichst ungestört erhalten werde, worauf der Schutz des Schlages vor Wind und die dunklere Stellung wesentlich einwirken. So kann man auch in Pflanzkämpen den Graswuchs ohne Kosten dadurch zurückhalten, daß man die Pflanzbeete einige Zoll hoch mit Laub bedeckt.

In Holzbeständen, die sich bis zur gewöhnlichen Abtriebszeit dicht ge= schlossen erhalten, in Rothbuchen=, Tannen=, Fichtenbeständen, bei kurzem Umtriebe auch in Kiefern=, Hainbuchen= und Erlenbeständen, läßt sich der Graswuchs durch sorgfältige Erhaltung des Schlusses bis zur Verjüngung unterdrücken. Werden solche Bestände Behufs der Verjüngung durchlichtet, so verlaufen, je nachdem die Schicht des unzersetzten Laubes schwächer oder stärker, der Zersetzungszeitraum des Laubes kürzer oder länger, der Boden mehr oder weniger zum Graswuchse geneigt ist, 2—4 Jahre, ehe der Letztere eine der Verjüngung nachtheilige Ausdehnung erhält. Die Benutzung dieses Zeitraumes für die Verjüngung ist von besonderer Wichtigkeit für solche Oertlichkeiten, in denen die Forstunkräuter erfahrungsmäßig dem Wieder= wuchse nachtheilig werden. Hier muß man besonders darauf sehen, die Schlagstellung nicht vor Eintritt eines Samenjahres auszuführen und diese so dunkel halten, als dieß mit den übrigen Verhältnissen vereinbar ist. So nützlich und für viele Fälle nothwendig die Stellung von Vorbereitungs= schlägen ist, läßt sich doch nicht verkennen, daß durch sie der Kampf mit den Forstunkräutern wesentlich erschwert wird. Ist diese erste Auslichtung auch der Art, daß der Unkrautwuchs eine die Verjüngung hindernde Ausdehnung nicht erreichen kann, so wird doch der Keim zu solchem bis zur Verjüngung ausgebildet, der dann, nach der zweiten Lichtung, viel rascher zu einer dem Wiederwuchs der Holzpflanzen Gefahr drohenden Größe heranwächst. Diese, mit der Stellung der Vorbereitungsschläge stets ver= bundene Beschränkung des Vorsprunges der Verjüngung vor dem Gras= und Unkräuterwuchse, ist die Ursache, weßhalb Erstere nicht zum allgemeinen Wirthschaftsgrundsatze erhoben und besonders in Oertlichkeiten, die sehr zum Graswuchse geneigt sind, nur nach sorgfältiger Prüfung unbedingter Noth= wendigkeit ausgeführt werden dürfen.

In Hochwaldbeständen solcher Holzarten, die sich schon innerhalb der gewöhnlichen Umtriebszeit so licht stellen, daß der Boden sich mit Unkräutern und Gräsern überzieht, in Eichen=, Birken=, Kiefern= und Lärchenbeständen, finden die obigen Rücksichten nicht oder nur in untergeordnetem Grade statt. Der Kampf mit den Forstunkräutern fordert hier in den meisten Fällen die Verwendung besonderer Arbeitskräfte.

In den Buchenmittelwaldungen des südlichen Harzrandes hält man beim jedesmaligen Abtriebe der Jahresschläge eine den Bedarf vielmal über= steigende Anzahl von Laßreidel, und selbst noch viele der abzunutzenden Oberständer mehrere Jahre über, so daß der gesammte Oberholzbestand eine gleichmäßige, einem Buchendunkelschlage nahe stehende Beschattung wirft, durch welche nicht allein der Graswuchs, sondern auch die holzigen Forst= unkräuter wie Aspen, Weiden, Himbeeren ꝛc. zurückgehalten, der Ausschlag der Buchenstöcke wesentlich gefördert und der Aufschlag junger Kernloden geschützt wird. Die überschüssig übergehaltenen Laßreidel und Oberständer werden dann nach und nach, die letzten spätestens sechs Jahre nach dem Hiebe des Schlages ausgehauen.

Die verschiedenen Arten der Forstunkräuter erscheinen in der Regel nicht gleichzeitig, sondern in einer gewissen, auf verschiedenen Standorten verschiedener Rangfolge. Zuerst zeigen sich kleinere unschädliche Kräuter, die schon im vollen Bestande vorhanden waren, wie Asperula, Anemone, Mercurialis, Paris ꝛc.; sie verschwinden mit der Lichtstellung und es treten an ihre Stelle zunächst die Gräser. Auf bindendem, nässigem Boden werden die Gräser nach 1—3 Jahren von Binsengräsern verdrängt, in der Regel begleitet von Moosen, besonders Polytrichum-Arten. Diesen oder den größeren folgen dann erst die eigentlichen Forstunkräuter, Stauden und Gesträuche.

Die Vertilgung der Gräser durch Arbeitskräfte kann nur dann von Nutzen sein, wenn die bei unsern Waldgräsern ausdauernden Wurzeln dem Boden entnommen werden. Ein bloßes Abschneiden oder Abweiden der oberirdischen Pflanze schadet mehr, als es nützt, da die Bestockung durch Ausschläge der im Boden bleibenden Wurzel dann um so dichter und filziger wird. Die Vertilgung der Gräser mit den Wurzeln ist aber sehr kostspielig, im großen Waldwirthschaftsbetriebe daher selten ausführbar, abgesehen davon, daß sie sich in den meisten Fällen nicht ohne gleichzeitige Vernichtung der jungen Holzpflanzen ausführen läßt; in den seltenen Fällen, wo sie ausführbar ist, muß sie im Spätsommer oder Herbst geschehen, da doch nie alle Wurzeln dem Boden entnommen werden können und diese, bei früher stattfindender Rodung, noch in demselben Jahre lebhaft wieder ausschlagen.

Man ist daher, troz dem, daß durch das Grasschneiden der Graswuchs selbst nicht verringert wird, im Waldwirthschaftsbetriebe häufig genöthigt, dieß dennoch ausführen zu lassen, um den jungen Pflanzen wenigstens für das laufende Jahr Licht zu verschaffen. In vielen Fällen wird sich dieß unentgeltlich gegen Abgabe des Materials ausführen lassen. Man wähle dazu den Juli und August, weil alsdann das Gras noch zur Fütterung benutzbar ist, lasse es, wenn die unter dem Grase stehenden Holzpflanzen noch klein sind, abschneiden, und zwar mit Zahnsicheln; auf lockerem Boden, dessen Holzpflanzen schon so groß und tief bewurzelt sind, daß sie nicht mitgezogen werden, lasse man das Gras durch Ausrupfen hinwegschaffen.

Die Gräser sind 1—2jährige Pflanzen, die nach erfolgter Blüthe und Fruchtbildung mit der Wurzel absterben, die aber eine viel längere Lebensdauer haben, sich durch Ausläufer (Quecken) reichlich vermehren und einen dichten Filz (Rasen) bilden, wenn durch Abschneiden oder Abweiden die Fruchtbildung verhindert wird. Der dichte Rasen der Triften, Wiesen, wie der stark beweideten Holzbestände entsteht auf diesem Wege. Wird auf solchem Boden die Grasnutzung durch Sense oder Vieh aufgehoben, kommen in Folge dessen die Gräser zur Blüthe und Frucht, so lichtet sich der Rasen von selbst durch das Absterben der fructificirenden Pflanzen und wird für die Besamung empfänglicher. Man muß dann aber die Grashalme vor dem Abfallen des Grassamens schneiden lassen, damit keine neuen Samenpflanzen aus Letzterem entstehen. In Birken= und Kiefernbesamungsschlägen ist dieses Verfahren häufig von gutem Erfolge, dem aber nicht selten die verschiedene Reifezeit des Samens verschiedener Grasarten entgegensteht.

Die Gräser werden nicht allein durch Verdämmen der jungen Holz= pflanzen, durch Behinderung der Besamung, Aussaugen des Bodens nach= theilig, sondern auch dadurch, daß sie den Boden austrocknen, indem sie die feineren atmosphärischen Niederschläge auffangen, im Sommer die Befeuchtung des Bodens durch den Morgen= und Abendthau verhindern, und, durch die größere und raschere Verdunstung und Wärmestrahlung die Temperatur erniedrigend, die Gefahr der Beschädigung durch Spätfröste er= höhen; endlich dadurch, daß sich die langen Halme im Herbste zu Boden legen und bei dichtem Stande eine Grasdecke bilden, durch welche der Schnee nicht zu Boden fallen kann. Unter dieser Decke ziehen sich dann die Mäuse aus der ganzen Umgegend zusammen und schroten bei Mangel anderer Nahrung während des Winters die jungen Holzpflanzen ab. Man entfernt solche Grasdecken mit hölzernen, starkzähnigen Harken im Vor= winter nach dem ersten Froste, indem alsdann die Halme sich ohne Mühe vom Wurzelstocke lösen und zusammenharken lassen. Bei der Nutzbarkeit des Materials als Streu wird diese Arbeit selten mit großen Kosten ver= bunden sein.

Die Waldgräser zerfallen in drei Familien:

1) Simsen (Junceae),
2) Riedgräser (Cyperaceae) und
3) Gräser (Gramineae).

Erstere unterscheiden sich von letzteren durch den sechstheiligen Kelch der, an den Enden der walzigen, knotenlosen Stengel in Bündeln stehenden Blüthen, während bei letzteren ein wahrer Kelch gänzlich fehlt. Die Gräser unterscheiden sich von den Riedgräsern leicht durch den hohlen knotigen Stengel und die gespaltenen, den Knoten entspringenden, dort ganzen, nur im Alter aufreißenden Blattscheiden.

Beachtenswerth als Unkraut sind unter den Simsen:

Waldsimse (Juncus sylvaticus),

Hainsimse (Luzula pilosa).

Unter den Riedgräsern:

Waldbinse (Scyrpus sylvaticus),

Riedgras (Carex remota, sylvatica, hirta).

Unter den Gräsern:

Borstengras (Nardus stricta),

Haargras (Elymus europaeus, caninus),

Quecke (Triticum repens),

Hirsegras (Milium effusum),

Straußgras (Agrostis vulgaris),

Schmiele (Aira caespitosa, flexuosa),

Rispengras (Poa nemoralis),

Trespe (Bromus giganteus).

Eine benutzbare Charakteristik dieser Gräser in botanischer und forstlicher Hinsicht erfordert mehr Raum, als hier offen steht, daher ich für sie auf das Studium botanischer Werke, besonders aber auf das Studium der Gräser in den Schlägen selbst verweisen muß.

Viertes Kapitel.

Von den Farren.

Gewächse mit langem einfachem Stengel, der, zugleich Blattstiel, in ein vielfach und zierlich gefiedertes großes Blatt endet. Keimkörner in haufenweise auf der Unterseite des Laubes stehenden Kapseln. Als Forstunkräuter besonders schädlich.

Schildfarren (Aspidium filix mas.) und
Adlerfarren (Pteris aquilina).

Ersterer unterscheidet sich von letzterem durch doppelt gefiederte Blätter und durch unregelmäßigen Stand der Fruchtkapseln auf der Unterseite des Laubes. Beim Adlerfarren, der bei weitem die schädlichste Art ist, ist das Blatt dreitheilig und jeder dieser Theile doppelt gefiedert. Die Fruchtkapseln stehen in fortlaufenden Linien am Rande der Blättchen; beim schrägen Durchschnitt der Wurzel und des Stengels zeigt sich in der Mitte eine Schattirung ähnlich dem Bilde eines doppelten Adlers.

Der Standort dieser Gewächse ist ein feuchter, etwas beschatteter Boden, besonders solcher, der mehr oder weniger reich an Stauberde, Moorerde oder Torf ist, jedoch selten auf eigentlichem Torfboden. Man findet zwar auch im milden Humus, im Gebirgsboden c. Farren, die aber der Holzkultur nicht hinderlich werden, da sie nur einzeln horstweise auftreten. Der Adlerfarren hingegen bildet dichte Bestände und überzieht große Strecken so, daß er zu den schädlichsten Unkräutern gerechnet werden muß. Am verbreitetsten und in fast undurchdringlichen Dichten von 3—4 Mtr. Höhe, habe ich ihn auf den Halbinseln Dars und Zingst der Ostseeküste gefunden. Die Vertilgung ist schwierig. Ein bloßes Abschneiden der Stengel trägt nur zur Verdichtung des Standes bei. Gänzliche Freistellung und Abtrocknung des Bodens durch Entwässerungsgräben dürfte noch am wirksamsten sein.

Literatur.

Du Roi, Harbkesche wilde Baumzucht. Braunschweig 1795.

Bechstein, Forstbotanik 1810. 4te Aufl. 1821.

Reum, Forstbotanik, 3te Aufl. Dresden und Leipzig 1837.

Pernitzsch, Flora von Deutschlands Wäldern, 1825.

Pfeil, das forstliche Verhalten der deutschen Waldbäume, 3te Aufl. Berlin 1839.

Th. Hartig, Lehrbuch der Pflanzenkunde in ihrer Anwendung auf Forstwirthschaft 1851.

Ratzeburg, die Standortsgewächse und Forst-Unkräuter. Berlin 1860.

Dr. P. Senft, Claſſification und Beſchreibung der Felsarten. Breslau 1857.

Dr. B. Cotta, Deutſchlands Boden. 2te Aufl. Dresden 1860.

Dr. J. Hanſtein, über die Leitung des Safts durch die Rinde. Berlin 1860.

Koch, Taſchenbuch der deutſchen und ſchweizer Flora. 2te Aufl. 1848.

Dr. Nördlinger, Deutſche Forſtbotanik. Stuttgart 1876. J. G. Cotta.

Außerdem die meiſten forſtlichen encyklopädiſchen Lehrbücher, beſonders von Feiſtmantel, Gwinner, Hundeshagen.

Tab. I.

Fig. 1.
Fig. 2.
Fig. 3.
Fig. 4.
Fig. 5.
Fig. 6.
Fig. 7.
Fig. 8.
Fig. 9.
Fig. 10.
Fig. 11.
Fig. 12.
Fig. 13.
Fig. 14.
Fig. 15.
Fig. 16.
Fig. 17.
Fig. 18.
Fig. 19.
Fig. 20.
Fig. 21.
Fig. 22.
Fig. 23.
Fig. 24.
Fig. 25.
Fig. 26.
Fig. 27.

Lehrbuch für Förster

und

für die, welche es werden wollen.

Von

Dr. Georg Ludwig Hartig

Königl. Preußischem Staatsrathe und Ober-Land-Forstmeister, Professor Honorarius an der
Universität zu Berlin, Ritter des rothen Adler-Ordens dritter Classe und Mitgliede mehrerer
deutschen, französischen und polnischen Gelehrten-Gesellschaften.

Elfte, vielfach vermehrte und verbesserte Auflage.

Nach des Verfassers Tode herausgegeben

von

Dr. Theodor Hartig und Dr. Robert Hartig.

Zweiter Band

welcher von der Betriebslehre, von der Holzzucht und von der Forstbenutzung handelt.

Mit Holzschnitten und Tabellen.

———◆———

Stuttgart.

Verlag der J. G. Cotta'schen Buchhandlung.

1877.

Buchdruckerei der J. G. Cotta'schen Buchhandlung in Stuttgart.

Inhalt des zweiten Bandes.

Zweiter Haupttheil.

Zweiter Abschnitt.
Von der natürlichen Holzzucht.

Dritter Abschnitt.
Von der künstlichen Holzzucht.

Erste Abtheilung.

Zweiter Abschnitt.

Dritter Abschnitt.

Vom Waldproduktenhandel (Handelskunde).

Zweiter Haupttheil.

Von der Waldzucht.

Die Waldzucht umfaßt die Grundsätze der Wald-Erzeugung und Erziehung. Sie lehrt uns, wie wir die Wälder behandeln müssen, um einen Waldzustand herzustellen, durch welchen dem Waldboden der höchste Ertrag nachhaltig abgewonnen wird. Die Waldzucht zerfällt in:

1) Betriebslehre und
2) Erziehungslehre — Holzzucht.

Die Betriebslehre — Lehre vom Betriebe der Waldwirthschaft, umfaßt diejenigen Grundsätze der Erzeugung und Erziehung, welche sich auf die Gesammtheit zu einem Wirthschaftskörper vereinter Bestände beziehen. — Die Lehren:

I. Vom Waldwirthschaftsbetriebe im Allgemeinen.
II. Von den verschiedenen Betriebsarten.
III. Von der Wahl der Betriebsarten, Umtriebszeiten, Holzarten, Erzeugungs- und Erziehungsarten.
IV. Von Umwandlung der Betriebsarten, Holzarten und Umtriebszeiten.

Die Erziehungslehre hingegen beschäftigt sich mit den Regeln zur Erzeugung und Erziehung der einzelnen Bestände, diese als selbstständige Einzeltheile des Waldes betrachtet. Sie zerfällt in:

1) Holzzucht und
2) Holzanbau.

Erſter Abſchnitt.

Betriebs-Lehre.

I. Vom Waldwirthſchafts-Betrieb im Allgemeinen.

Erſtes Kapitel.

Vorbegriffe.

Die Forſtwirthſchaft wie die Landwirthſchaft mit ihren einzelnen Zweigen: Ackerbau, Gartenbau ꝛc. haben den gemeinſchaftlichen Zweck höchſter Benutzung des Bodens durch Pflanzenwuchs. Beide ſollen dahin ſtreben, dem Boden die größte, werthvollſte Menge von Naturerzeugniſſen abzugewinnen.

Die Erzeugniſſe der Forſtwirthſchaft wie der Landwirthſchaft befriedigen unentbehrliche, **jährlich wiederkehrende** Bedürfniſſe. Beide müſſen daher nicht allein dahin ſtreben, jene Bedürfniſſe in möglichſt großer Menge und vollkommenſter Beſchaffenheit zu erzeugen, ſondern auch für die dauernde Befriedigung derſelben in ſpäteren Zeiten Sorge tragen.

Dahingegen ſind Land- und Forſtwirthſchaft in der Art der Abnutzung ſcharf geſchieden. Bei der Landwirthſchaft liegen Saat und vollſtändige Ausbildung des Geſäeten zum nutzbaren Erzeugniß größtentheils innerhalb eines jährigen Zeitraumes. Der Landwirth benutzt daher größtentheils alles, was der Boden erzeugte im Jahre der Erzeugung. Ganz anders verhält ſich dieß bei der Forſtwirthſchaft. Die aus dem heute ausgeſtreuten Samen erwachſende Holzpflanze iſt in den erſten Jahren ihres Lebens faſt werthlos; ſie erhält erſt nach vielen, mitunter erſt nach mehr als hundert Jahren eine Größe und Form, wie ſie zur Befriedigung mancher Bedürfniſſe durchaus erforderlich iſt.

Wenn ein Grundbeſitzer einen Theil ſeines Grundbeſitzes mit Holzgewächſen anbaut, dieſe bis zur Nutzbarkeit heranwachſen, dann die Nutzung eintreten läßt, um die Fläche mit Holz wieder anzubauen, wie das in der Landwirthſchaft häufig geſchieht, um ſchlechten Ackerſtücken einen höheren Ertrag durch Waldbau abzugewinnen, ſo nennt man das einen ausſetzenden Betrieb des Waldbaues, da Letzterer in dieſem Falle nicht alljährlich, ſondern nur periodiſch wiederkehrende Nutzungen zu gewähren vermag, abgeſehen von den Vornutzungen, die auch in dieſem Falle aus den erzogenen Beſtänden eingehen. Wir beſchränken den Begriff von Waldwirthſchaft auf diejenigen Fälle **fortdauernden Betriebes**, in welchen ein alljährlich wiederkehrender Bedarf eine, in Menge wie Beſchaffenheit jährlich gleiche oder doch nahe gleiche Abnutzung von Waldprodukten erheiſcht.

Wenn wir ohne Unterbrechung jährlich eine 100jährige Eiche abnutzen sollen, so sind dazu 100 Eichen nöthig, von denen die jüngste einjährig, die älteste 100jährig ist, alle übrigen im Alter um 1 Jahr verschieden sind. Gleich nach dem Hiebe des 100jährigen Baumes muß dieser durch Saat ersetzt werden. Die jüngste der 100 Pflanzen liegt dann im Samenkorn und wird binnen Jahresfrist einjährig; die älteste ist 99jährig und wird binnen einem Jahre 100jährig und zur Abnutzung reif.

Ebenso bedürfen wir, in derselben regelmäßigen Altersabstufung, 100, 200, 300 Hektar 1—100jähriger oder 0—99jähriger[1] Bestände, wenn jährlich 1, 2 oder 3 Hektar 100jährigen Holzes abgeholzt werden sollen.

Sollte hingegen jährlich eine 120jährige Eiche, oder ein Hektar 120jährigen Bestandes abgeholzt werden, so bedürften wir 120 Eichen 1—120jährig oder 120 Hektar 1—120jähriger Bestände.

Wäre aber die Fläche gegeben, so würde sich die der einzelnen Bestandesalter nach ihr richten müssen. Wollte man 120jähriges Holz von 100 Hektar Fläche beziehen, so würde jedes der verschiedenen Bestandesalter nur $^{100}/_{120} = ^5/_6$ Hektar bedecken dürfen; wollte man 100jähriges Holz von 120 Hektar abnutzen, so würden jedem Bestandesalter $^{120}/_{100} = 1^1/_5$ Hekt. zufallen.

Jede, einer alljährlich wiederkehrenden Nutzung entsprechende Reihe von Bäumen oder Beständen nennen wir einen Wirthschaftskörper.

Der 100jährige Baum enthält aber nicht mehr die ganze Holzmasse seines Zuwachses während seiner Lebensdauer; eine Menge Ast- und Reiserholz der früheren Altersstufen ist in Abgang gekommen. Noch weniger enthält der ganze 100jährige Bestand, denn in ihm sind außer dem Abfall an Astholz des vorhandenen Bestandes eine große Menge ganzer Pflanzen der früheren Altersstufen ausgeschieden. Wie groß die Zahl dieser, durch gegenseitige Unterdrückung oder durch Aushieb ausscheidenden Pflanzen ist, geht aus dem Umstande hervor, daß der Hektar eines jungen Bestandes Hunderttausende, der Hektar eines 100jährigen Bestandes nur wenige Hundert Pflanzen enthalten kann. Das vor der Haubarkeit ausscheidende Holz, so gut wie das verbleibende, ist ein Theil des Gesammtzuwachses, es wird zum Theil durch periodisch wiederkehrende Vornutzungen verwerthet.

Der Gesammtzuwachs des Waldes wird also abgenutzt:
1) im Abtriebe der ältesten Bestände — Hauptnutzungen, Abtriebsnutzungen.
2) In Durchforstungen der jüngeren Bestände — Vornutzungen, Durchforstungsnutzungen, und im Raff- und Leseholze.

Jenes Alter, welches die Bäume oder Bestände bei der Abtriebsnutzung haben sollen, heißt das Haubarkeitsalter. Es bestimmt sich nach dem in jeder Gegend bestehenden Bedürfniß, nach Standorts- und Bestandsverhältnissen.

Den Zeitraum, welchen die Bäume oder Bestände eines Waldes wachsen müssen, bis sie jenes allgemeine Haubarkeitsalter erreichen, nennen wir den Umtrieb des Waldes. Wir sagen, der Wald steht im 20-, 60-, 120-jährigen Umtriebe, und bezeichnen damit also auch den Zeitraum, in welchem

---

[1] Mit dem Ausdruck 0jährig bezeichne ich stets den Saatbestand.

alle gegenwärtig vorhandenen Bestände: vom 1—120jährigen (oder vom
0—119jährigen) Alter, zur Abnutzung und Verjüngung kommen — in
welchem alle Bestände des Waldes einmal herum zum Abtriebe kommen.
Wie man mit dem Umtriebe eines sich drehenden Rades diejenige Größe
und Zeit seiner Bewegung bezeichnet, in welcher seine Speichen in ihre
frühere Lage zurückkehren.

Nachhaltig heißt die Waldwirthschaft, wenn durch Art und Menge
der jährlichen Abnutzung der Wald im Zustande höchster Ertragsfähigkeit
erhalten oder in kürzester Zeit in diesen Zustand versetzt wird und, innerhalb dieser Grenzen, eine gleichmäßige Befriedigung der Bedürfnisse
gesichert ist. [1]

Um nachhaltig wirthschaften zu können, bedürfen wir, wie ich gezeigt
habe, einer Reihenfolge im Alter sich abstufender Bestände; beim 100jäh-
rigen Umtriebe z. B. vom 0jährigen bis zum 99jährigen Bestande hinauf.
Die Summe des alljährlich an diesen Beständen erfolgenden Zuwachses stellt
sich dar: 1) in der Holzmasse des ältesten 100jährigen Bestandes (denn in
ihm ist der einjährige Zuwachs jeder Altersstufe ausschließlich des Abganges aufgesammelt; 2) in dem periodisch erfolgenden Durchforstungs-
abgange. Unter normalen Bestandsverhältnissen bilden beide Nutzungen den
nachhaltigen jährlichen Hauungssatz (Etat) und dieser ist gleich
dem jährlich im ganzen Walde erfolgenden Zuwachse, ausschließlich des Lese-
holzabganges. Die ganze Reihenfolge der jüngeren Bestände ist nur als
Mittel zu betrachten, haubares Holz zu erlangen; sie bildet die Bestandsmasse, das Stammkapital, Holzkapital oder Inventarium des
Waldes.

Alle Bestände, welche zusammen auf die jährliche Erzeugung eines
und desselben Hauungssatzes hinwirken, bilden zusammengenommen
einen Wirthschaftskörper, auch Wirthschaftscomplex, Haupttheil oder Block genannt.

Jeder Wirthschaftkörper besteht daher aus einer Mehrzahl im Alter
sich abstufender Bestände entweder gleicher oder verschiedenartiger Holzarten.

Ein Revier, Verwaltungskörper, Verwaltungscomplex
enthält entweder mehrere Wirthschaftskörper, kann aber auch nur aus einem
solchen bestehen. Man versteht darunter einen Wald, der unter einem und
demselben Verwalter — Betriebsbeamten — Revierförster — Admini-
strator steht.

Zweites Kapitel.

Eigenthümlichkeiten der Waldwirthschaft.

A. **Vom Verhältniß der Bestandsmasse (Holzkapital) zum Zuwachse (Holzzinsen).**

Wir haben gesehen, daß in einem jeden Wirthschaftskörper kurz nach
dem Hiebe des haubaren Bestandes die ganze Reihefolge der Bestände nur

---

[1] Das Gleichbleiben der Nutzung liegt nicht unbedingt im Begriff der Nachhaltigkeit,
noch viel weniger die Gleichheit der Nutzung mit der Größe des jährlichen Zuwachses, oder
die Befriedigung zukünftiger Bedürfnisse überhaupt.

dazu da ist, um haubares Holz für das kommende Jahr in Abgang bringen zu können. Bei 100jährigem Umtriebe sind die nach Abtrieb des 100jährigen Schlages vorhandenen 0—99jährigen Bestände nur da, um für jedes der folgenden 99 Jahre wieder haubares Holz zu erzeugen. Die ganze Holzmasse aller 0—99jährigen Bestände ist daher einem zinsentragenden Kapitale zu vergleichen. Jeder Einzeltheil des Kapitals vergrößert sich jährlich durch Zuwachs. Der 0jährige Bestand erwächst zum 1jährigen, der 10jährige zum 11jährigen, der 99jährige zum 100jährigen. Die Zinsen des Kapitals sind daher gleich dem Zuwachse aller Bestände binnen Jahresfrist. Da die Zinsen des Kapitals in der jährlichen Vergrößerung jeder einzelnen Holzpflanze des ganzen Waldes liegen, so können wir sie nicht so beziehen wie sie anwachsen, ohne den ganzen Waldbestand abzunutzen. Wir verringern also jährlich die Kapitalmasse des Waldes durch Abnutzung des ältesten Bestandes und durch Durchforstung der jungen Bestände um so viel, als sie sich im vorhergehenden Jahre durch Zuwachs vergrößert hat.

Denken wir uns 100 Heft. im 100jährigen Umtriebe, von ganz gleicher Standortsbeschaffenheit, eingetheilt in 100 einen Heft. große Jahresschläge mit 1jährigem Altersunterschiede der überall vollkommnen Bestände, den jüngsten Schlag eben angesäet, den folgenden 1jährig, den letzten 99jährig, [1] so bildet die zu dieser Zeit im Walde vorfindliche Holzmasse aller Bestände den normalen Kapitalvorrath. Der jährliche Zuwachs desselben besteht in der Vergrößerung des 0jährigen Bestandes zum 1jährigen, des 1jährigen zum 2jährigen u. s. f., des 99jährigen zum 100jährigen Bestande; der jährliche Zuwachs aller Schläge ist also gleich dem Zuwachse eines Heft. vom 0ten bis 100ten Jahre. Ein Heft. 100jähriger Bestand würde daher dieselbe Holzmasse enthalten müssen, welche auf 100 Heft. 0—99jähriger Bestände binnen Jahresfrist zuwächst, wenn nicht in ihm während der Zeit seines Bestehens eine Menge Holz theils verfault, theils in Durchforstungen benutzt wäre. Der mit 100jährigem Holze bestandene Heft., oder überhaupt der älteste Jahresschlag einer normal bestandenen Waldfläche enthält daher weniger Holzmasse, als jährlich im ganzen Walde zuwächst, und zwar um so viel weniger, als der jährliche Abgang auf der ganzen Waldfläche beträgt, indem man, wie oben, annehmen kann, daß auf einem Heft. 100jährig, während der 100 Jahre Wachsthum vom 0jährigen bis zum 100jährigen Alter durchschnittlich eben so viel Holzmasse abgegangen ist, als auf 100 Heft. in regelmäßiger Altersabstufung jährlich abgehen.

Um den vollen Zuwachs zu beziehen, muß daher jährlich nicht allein die Holzmasse des ältesten Jahresschlages — hier 1 Heft. 100jährig, den jährlichen Hauungssatz bilden, sondern zu dieser noch der im ganzen Walde jährlich erfolgende Abgang an unterdrücktem Holze, so weit sich derselbe zu Gut machen läßt, hinzutreten, während der nicht benutzbare Theil des Zuwachses, der Abfall an geringerem Reiserholz, das geringe Wurzelholz rc. außer Rechnung bleibt. Z. B.

---

[1] Allerdings besteht ein solcher Waldzustand, den wir einen idealen nennen wollen, nirgends, wird auch nie bestehen; wir bedürfen eines solchen Bildes aber zur möglichsten Verdeutlichung der Wirthschaftsverhältnisse.

In einem Wirthschaftskörper von 100 Hekt. in 100jährigem Umtriebe fände ein Zuwachs von durchschnittlich 1 Cubikmtr. pro Hekt., demnach von 100 Cubikmtr. auf der ganzen Fläche jährlich statt. Der benutzbare Abgang betrüge durchschnittlich jährlich 0,1 Cubikmtr. pro Hekt., so würde der 100=jährige Hekt. nicht 1 . 100 = 100 Cubikmtr. oder den jährlichen Zuwachs der ganzen Fläche enthalten, sondern nur 0,9 . 100 = 90 Cubikmtr. Die an der Summe des jährlichen Zuwachses fehlenden 10 Cubikmtr. würden durch Abnutzung von 10 Cubikmtr. auf jedem Hekt. der Waldfläche an nutz=barem Abgang (Durchforstungs= oder Zwischennutzung) bezogen werden.

In der Wirklichkeit können aber die Durchforstungen nicht jährlich auf dieselbe Fläche zurückkehren. Es muß sich erst innerhalb längerer Zeiträume ein Vorrath unterdrückten Holzes anhäufen, wenn die Kosten der Zugut=machung des Abganges nicht zu bedeutend werden sollen. Nehmen wir diese Zeiträume zu 20 Jahren an, so würden in obigem Beispiele, außer der Abholzung eines Hekt. 100jährig mit 90 Cubikmtr., jährlich noch 5 Hekt., und zwar im 20=, 40=, 60=, 80=, 100jährigen Alter zu durchforsten sein. Auf jedem dieser Hekt. würde sich der jährliche Abgang von 0,1 Cubikmtr. 20mal aufgehäuft haben, daher pro Hekt. 2 Cubikmtr., auf allen 5 Hekt. die an 100 Cubikmtr. oder der Summe des jährlichen Zuwachses fehlenden 10 Cubikm. erfolgen. Die 100jährige Durchforstung fällt natürlich mit dem Abtriebe zusammen und erhöht den Abtriebsertrag des haubaren Ortes.

Zwischen der Größe der normalen Bestandsmasse und dem Zuwachse an demselben finden gewisse, von der Höhe des Umtriebs allein abhängige Verhältnisse unter der, in der Wirklichkeit nicht, oder doch nur selten zu=treffenden Annahme statt:

1) Daß die Produktion allein vom Standorte abhängig und überall auf der Wirthschaftsfläche dieselbe ist.
2) Daß die Produktionsgröße auch in jedem Bestandesalter sich gleich bleibt.
3) Daß auch Verschiedenheit der Holzart, der Erzeugung und Erziehung entweder nicht besteht, oder, so weit sie besteht, keinen Einfluß auf die Produktions=Menge ausübt.

Bei 1jährigem Umtriebe z. B. eines Weidenhegers, wo die ganze Fläche jährlich zu feinen Korbruthen abgetrieben wird, ist die ganze jähr=liche Abnutzung Zuwachs oder Zinsenertrag.

Die normale Bestandsmasse eines im 2jährigen Umtriebe stehenden, 100 Hekt. großen Weidenhegers enthält derselbe kurz nach dem Abtriebe des ältesten Jahresschlages, der dann 0jährig, während der Schlag Nr. 2 1jährig ist. Wäre der jährliche Zuwachs = 1 Cubikmtr. pro Hekt., so ent=hielte der erste 50 Hekt. große Jahresschlag Nichts, der zweite 50 . 1 = 50 Cubikmtr.; die normale Bestandsmasse wäre also = 50 Cubikmtr. Der jährliche Zuwachs auf der ganzen Fläche beträgt 100 . 1 = 100 Cubikmtr. Der älteste Jahresschlag enthält kurz vor dem Hiebe 1 . 50 . 2 = 100 Cu=bikmtr. Die Abnutzung beträgt daher 200 Procent von der Bestandsmasse. Denn 50 . 100 = 100 . 200.

Auf 100 Morgen im 4jährigen Umtriebe beträgt die jährliche Schlag=fläche 25 Morgen. Derselbe jährliche Zuwachs von 1 Cubikmtr. pro Hekt.

angenommen, berechnet sich die Bestandsmasse auf $0 + (25 . 1) + (25 . 1 . 2) + (25 . 1 . 3) = 150$ Cubikmtr. Der jährliche Zuwachs ist $1 . 100 = 100$. Die Abnutzung beträgt daher $66^{1}/_{2}$ Procent der Bestandsmasse, denn $150 : 100 = 100 : 66{,}6$.

Wie wir im Vorhergehenden fanden, daß bei 2jährigem Umtriebe der jährliche Zuwachs das Doppelte, bei 4jährigem Umtriebe nur $^{2}/_{3}$ der nöthigen Bestandsmasse beträgt, so sinkt das Verhältniß bei höherem Umtriebe immer mehr, wie aus folgender Tabelle hervorgeht:

Verhältnißzahlen des s p e c i f i s ch e n Zuwachses bei verschiedener Umtriebszeit.

Umtriebs=zeit.	a) Verhältniß der Be=standsmasse zum Zu=wachse.	b) Verhältniß des Zu=wachses zur Bestands=masse.	c) Die jährliche Nutzung beträgt Procente der Be=standsmasse.
2	$= {}^{1}/_{2} : 1$	$= 2\ \ \ : 1$	200
3	$= 1\ \ : 1$	$= 1\ \ \ : 1$	100
4	$= 1^{1}/_{2} : 1$	$= 0{,}665 : 1$	66,5
5	$= 2\ \ : 1$	$= 0{,}500 : 1$	50
10	$= 4{,}5 : 1$	$= 0{,}220 : 1$	22
20	$= 9{,}5 : 1$	$= 0{,}150 : 1$	10,5
40	$= 19{,}5 : 1$	$= 0{,}050 : 1$	5
60	$= 29{,}5 : 1$	$= 0{,}034 : 1$	3,4
80	$= 39{,}5 : 1$	$= 0{,}026 : 1$	2,6
100	$= 49{,}5 : 1$	$= 0{,}02\ \ : 1$	2,1
200	$= 99{,}5 : 1$	$= 0{,}01\ \ : 1$	1

Dieß Verhältniß der normalen Bestandsmasse zum Zuwachse, bleibt stets dasselbe, der Zuwachs so wie die Fläche mögen groß oder klein sein; denn da der vorhandene Holzvorrath stets ein Produkt des Zuwachses und der Flächengröße ist, so muß unter normalen Verhältnissen seine Größe in demselben Maß wie die des Zuwachses und der Fläche steigen oder fallen.

Dagegen ändert das Verhältniß sich wesentlich bei einem Zuwachse, der in den verschiedenen Altersklassen der Bestände verschieden ist. Bei steigendem Zuwachse wird auch das Zuwachsprocent größer, bei sinkendem Zuwachse sinkt es.

1 Cubikmeter Gesammtzuwachs auf 4 Morgen im 4jährigen Um= triebe ergibt

bei gleichbleibendem Zuwachs

$$z = 0{,}25 \quad v = 0{,}00 \quad v + z \ 0{,}25$$
$$0{,}25 \quad = 0{,}25 \quad - \quad 0{,}50$$
$$0{,}25 \quad = 0{,}50 \quad - \quad 0{,}75$$
$$\underline{0{,}25} \quad \underline{= 0{,}75} \quad - \quad \underline{1{,}00}$$
$$1{,}00 \quad\quad 1{,}50 \quad\quad 2{,}50$$

$v : z = 1{,}50 : 1{,}00 = 0{,}666\ldots$

bei steigendem Zuwachs

$$z = 0{,}10 \quad v = 0{,}00 \quad v + z = 0{,}10$$
$$0{,}20 \quad - 0{,}10 \quad\quad\quad 0{,}30$$
$$0{,}30 \quad - 0{,}30 \quad\quad\quad 0{,}60$$
$$\underline{0{,}40} \quad \underline{- 0{,}60} \quad\quad\quad \underline{1{,}00}$$
$$1{,}00 \quad\quad 1{,}00 \quad\quad\quad 2{,}00$$

$v : z = 1{,}00 : 1{,}00 = 1{,}000$

d. h. die durch Cumulation der jährlichen Zuwachsgrößen (z) sich ergebende Vorrathgröße (v), ist bei gleichbleibendem Zuwachse (Durchschnittszuwachs) größer (1,50) als bei steigendem Zuwachse (100); trotz gleichem Gesammt=

zuwachs (1,00) der Procentſatz des Zuwachſes im erſten Falle ein geringerer
(0,66) als im leßten Falle (1,00), allein in Folge der unrichtig berechneten
Vorrathgröße.

Ich werde in der Lehre von der Ertragsberechnung (Bd. III) auf
dieſen Gegenſtand zurückkommen, deſſen ich hier nur erwähne, um zu zeigen,
welche Fehlgriffe durch die Anwendung des beliebten Durchſchnittszuwachſes
in die Kenntniß der Verhältniſſe zwiſchen Beſtandsmaſſe und Zuwachs der
Wälder hineingetragen werden, wie nothwendig es ſei, durch Ertragsforſchungen den im Hochwalde und im Oberholze bis zu einem gewiſſen
Alter ſteigenden Zuwachs kennen zu lernen.

Wir haben bisher die Beſtandsmaſſe des Waldes mit einem Geldkapitale, den Zuwachs an der Beſtandsmaſſe mit den Zinſen eines Geldkapitals verglichen. Dieſer Vergleich iſt aber nur beziehungsweiſe zuläſſig,
in gewiſſer Hinſicht durchaus unpaſſend. Bei jedem Geldkapitale iſt der
Zinſenertrag von der Größe deſſelben abhängig, er ſteigt und fällt in demſelben Verhältniſſe, wie das Kapital. Wer von 200 Mark 8 Mark Zinſen
zieht, wird auch von 100 Mark 4 Mark, von 300 Mark 12 Mark Zinſen
ziehen können. Ganz anders verhält ſich dieß zwiſchen Holzkapital und
Holzzuwachs. Der Holzzuwachs iſt nicht wie der Zinſenertrag ein Ausfluß der Kapitalgröße, ſondern der producirenden Bodenkraft; die Beſtandsmaſſe des Waldes iſt nur als ein Mittel zu betrachten, die jährliche Holzproduktion des Bodens in nutzbarer Form zu erheben. Der
Boden liefert die Maſſe der jährlichen Holzerzeugung; das Holzkapital —
in dieſer Hinſicht paſſender mit dem Ausdruck: Inventarium bezeichnet
— beſtimmt den Werth der Maſſenerzeugung. Daher iſt die Maſſe
des jährlichen Holzzuwachſes überwiegend von der Bodenkraft abhängig und
wenn auch nicht gänzlich, doch in hohem Grade unabhängig von der Größe
der Beſtandsmaſſe, es wird ſogar in der Regel durch die kleineren Beſtandsmaſſen der mittleren Altersklaſſen des Hochwaldes eine größere
Menge jährlichen Zuwachſes erhoben, als durch die größere Beſtandsmaſſe
der höheren Altersklaſſen.

Abgeſehen hiervon, und unter Annahme einer gleichbleibenden
Holzproduktion des Bodens, muß dem unerachtet der Procentſatz des
Zuwachſes mit ſteigender Umtriebszeit, alſo mit größerer Anhäufung von
Beſtandsmaſſen allmählig ſinken, wie dieß die Tabelle Seite 9 zeigt, wo-
ſelbſt für den 2jährigen Umtrieb 200 Procent, für den 200jährigen Umtrieb
nur 1 Procent Zuwachs nachgewieſen ſind. Dieſe Verringerung des Zu-
wachs-Procentſatzes mit ſteigender Umtriebszeit ſteht aber in keiner Beziehung zur Größe und zu den Schwankungen des abſoluten Zuwachſes,
ſondern beruht allein auf den mathematiſch begründeten Veränderungen der
Verhältnißzahl zwiſchen zwei Größen, von denen die eine, Holzzuwachs,
Ertragsfähigkeit des Bodens unverändert bleibt, während die andere, das
Inventarium, die Beſtandsmaſſe des Waldes mit ſteigender Umtriebszeit ſich
verändert, daher ich dieſe Verhältnißzahlen mit dem Namen der ſpeci-
fiſchen Zuwachsprocente bezeichnet habe. Bei 4jährigem Umtriebe wächst
die jährliche Holzproduktion des Bodens = 1 Cubikmtr. an 1,5 Cubikmtr.
Beſtandsmaſſe zu, der jährliche Zuwachs oder die jährliche Nutzungsgröße

beträgt also 66,6 Procent der Bestandsmasse; bei 100jährigem Umtriebe wächst dieselbe Holzproduktion des Bodens = 1 Cubikmtr. an 1 . $^{99}/_2$ = 49,5 Cubikmtr. Bestandsmasse zu = 2,02 Procent.

Es bedarf kaum der Hinweisung, daß in der Wirklichkeit die Verhältnißzahlen des specifischen Zuwachses durch die Schwankungen des absoluten Zuwachses nicht unwesentlich modificirt werden. Sie fußen auf der Annahme gleichbleibender Massenerzeugung bei verschiedenem Bestandsalter. G. L. Hartig hat solche für die Kiefer in dem Zeitraum zwischen dem 20sten und 120sten Jahre, ich selbst habe sie für die Rothbuche und Fichte in dem Zeitraum zwischen dem 60sten und 120sten Jahre nachgewiesen. Allerdings ist bei letzterer der Zuwachs der einzelnen Jahrzehnte vor dem 60sten Jahre sehr verschieden, aber der Durchschnittszuwachs aus den ersten 60 Jahren = 88 Cubikfuß ist von dem Durchschnittszuwachse aus den letzten 60 Jahren = 83 Cubikfuß, doch nur um 5 Cubikfuß verschieden (siehe: Vergleichende Untersuchungen über den Ertrag der Rothbuche S. 82 bis 87 letzte Spalte). Für die übrigen Holzarten fehlen uns zur Zeit noch eine genügende Menge solcher Beobachtungen, wie sie nothwendig sind, um Schlüsse dieser Art zu ziehen. Vermuthen darf man, daß ähnliche Verhältnisse auch dem Zuwachs der übrigen herrschenden Holzarten zum Grunde liegen, in welchem Falle den Procentsätzen des specifischen Zuwachses auch praktische Bedeutung nicht versagt werden kann. Jedenfalls wird man aber berechtigt sein, sie als Basis spekulativer Erörterungen in weiteren Kreisen zu benutzen.

B. Vom Verhältniß der Bestandsmasse zum Waldboden.

Das Waldvermögen ist zusammengesetzt aus Grundbesitz und aus den, den Boden bedeckenden Beständen. Wenn man die letzteren in ihrem Verhältnisse zu dem an ihnen erfolgenden Zuwachs als ein werbendes Kapital, den Zuwachs als die Zinsen des Kapitals betrachten kann, so ändert sich dieß Verhältniß wesentlich, so wie der erste Theil des Waldvermögens, der Boden, mit in Betracht gezogen wird. In diesem Falle ist der Boden als der producirende Theil des Vermögens, der jährliche Holzzuwachs und jede andere Waldnutzung als Ertrag des Bodens, die Bestandsmasse des Waldes als ein Hülfskapital zu betrachten, nothwendig, um die jährliche Holzerzeugung des Bodens in gebrauchsfähiger Form abnutzen zu können. Es liegt nicht entfernt ein Grund vor, in dieser Hinsicht andere Grundsätze geltend zu lassen, wie bei jedem der übrigen producirenden Gewerbe. Das Vermögen im landwirthschaftlichen Besitzthum besteht gleichfalls aus Grundeigenthum und einem Inventarium zum Betriebe der Landwirthschaft. Der Landwirth zieht die Zinsen des in seinem Inventarium steckenden Hülfskapitals und die verwendeten Arbeitskosten vom jährlichen Gesammteinkommen aus der Landwirthschaft ab und betrachtet den verbleibenden Ueberschuß als Ertrag seines Grundbesitzes, nicht als erhöhten Zinsenertrag seines Inventariums. Könnte ein Landwirth aus der Versilberung seines lebenden und todten Inventariums ein Geldkapital gewinnen, dessen Zinsen sein bisheriges Einkommen verdoppeln, so würde er, abgesehen von besonderen Liebhabereien, thöricht handeln, wenn er nicht sofort zur Veräußerung schritte.

Ein solcher, für jedes andere Gewerbe abnormer Fall ist bei der Forst-wirthschaft im höheren Umtriebe normal. Die Tabelle S. 9 zeigt uns, daß wir bei 200jährigem Umtriebe nur 1 Procent, bei 100jährigem Umtriebe nur 2 Procent von der Masse des Inventariums unserer Wälder all-jährlich beziehen. Allerdings ist der Geldwerth dieser jährlichen Nutzungs-größe höher als der Durchschnittsgeldwerth gleicher Massentheile des Inven-tariums; in Laubholzwäldern, welche vorzugsweise Brennstoff liefern, ist dieser Werthüberschuß jedoch nur sehr unbedeutend, in Nadelholzwäldern und beim Nutzholzbetriebe kann er, ganz außergewöhnliche Fälle abge-rechnet, den Procentsatz der Massennutzung höchstens verdoppeln (so also, daß bei 200jährigem Umtriebe der Geldwerth der jährlichen Abnutzung auf 2 Procent vom Geldwerthe der Bestandsmasse des Waldes, bei 100jährigem Umtriebe auf 4 Procent sich steigern kann (vergl. Tabelle S. 9), wobei für höhere Umtriebszeiten der zur Zeit landesübliche Zinsen-genuß immer noch unerreicht bleibt, ein geringes Bodeneinkommen höchstens durch Nebennutzungen erwächst, deren Betrag jedoch in den meisten Fällen von Administrations- und Culturkosten vollständig absorbirt wird.

Bei der Waldwirthschaft im höheren Umtriebe erreicht daher der Geld-werth der jährlichen Holznutzung in der Regel nicht die Höhe der Zinsen des in den Holzbeständen des Waldes, im Inventarium steckenden Geld-kapitales; in solchen Fällen liefert uns der Waldboden gar keinen Rein-ertrag. Erst bei Umtriebszeiträumen, die nur dem Niederwaldbetriebe ent-sprechen, übersteigt der Procentsatz der Holznutzung den Zinsfuß der Geld-kapitale so bedeutend, daß ein Ueberschuß als Bodenertrag in Rechnung gestellt werden kann. Tabelle S. 9 ergibt für den 20jährigen Umtrieb 10,5 Procent als specifische Verhältnißzahl zwischen Bestandsmasse und Zu-wachs. Die Werthverhältnisse beider geben eine bedeutend höhere Steigerung des Procentsatzes zu Gunsten des Ertrages, da bei niederem Umtriebe die in der Bestandsmasse steckende Summe des Holzes von ge-ringstem Geldwerthe (Reiserholz) bei weitem größer ist als bei höherem Um-triebe. Dem unerachtet sind alle hieraus abzuleitenden Vorzüge des kürzeren Umtriebes illusorisch, denn die Steigerung des Procentsatzes der Nutzung bei kürzerem Umtriebe liegt nicht in einer Ertragserhöhung, sondern in einer Verringerung der Kapitalgröße bei gleichbleibendem oder in ge-ringerem Verhältniß sinkendem, geringwerthigeren Zuwachse. Der Besitzer eines Waldes in höherem Umtriebe verhält sich zum Besitzer eines Waldes in kürzerem Umtriebe wie sich zwei Kapitalisten zu einander verhalten, von denen der eine aus 1000 Thaler Silber 2 Procent zum Nominalwerthe an Zinsen bezieht, während der andere aus 200 Thaler 10 Procent Zinsen in Papieren von halbem Nominalwerthe erhält. Wirkliche pecuniäre Vortheile gewährt nur der Rückschritt aus höherem Umtriebe in den niederen und die damit verbundene Versilberung der dadurch überschüssig werdenden Bestands-massen, die, in Silber verwandelt, einen höheren Zinsenertrag abwerfen als in ihrem früheren Zustande.

Wir Forstleute haben uns daran gewöhnt, bei speculativen Be-

trachtungen, in allen Fällen, in denen der Geldwerth der jährlichen Wald=
nutzung die Zinsen des Geldwerthes sämmtlicher Bestandsmassen des Waldes
nicht erreicht oder nicht übersteigt, den Boden als nicht producirend, die
jährliche Nutzung als Zinsertrag des Inventariums zu betrachten. Eine
klarere Einsicht gewinnt man, wenn man entgegengesetzt, den Boden in
allen Fällen als producirend, die Bestandsmassen in so weit als ein todtes
Hülfskapital betrachtet, als der Waldertrag den Ertrag eines
Bodens von gleicher Beschaffenheit und Lage, wie ihn jede
andere Verwendungsweise gewähren würde, nicht übersteigt.

Für das nördliche Deutschland kann man als Durchschnittssätze des
Reinertrages (d. h. die Zinsen des lebenden und todten Inventariums, so
wie den Arbeitsaufwand vom Bruttoertrage abgerechnet) der Ackerländereien
annehmen:

Guter Boden, mit Ausschluß der Marschländereien, 8—24 Mark;

mittlerer Boden 12—15 Mark;

schlechter Boden 4—6 Mark;

Haideland, wie das der Lüneburger Haide, 3 Mark und darunter.

Stellen wir dem gegenüber unsere Walderträge mit 40, 60, 80 Cubikfuß
jährlicher Holzerzeugung pro Magdeburger Morgen guten, mittelmäßigen
und schlechten Bodens und einen Holzpreis von 1 gGr. pro Cubikfuß, im
Durchschnitte der ganzen Holzerzeugung und nach Abzug der Produktions=
kosten (Administration, Schutz, Cultur), Annahmen, hinter denen die Wirk=
lichkeit meist weit zurückbleibt, so ergibt sich daraus ohne näheren Nachweis,
daß der Ertrag unseres Waldbodens hinter dem des Ackerlandes durch=
schnittlich weit zurück bleibt, von einer auf das Hülfskapital, auf die Be=
standsmassen fallenden Ertragsquote nicht die Rede sein kann.

Eine Vertheilung des Waldertrages auf Boden= und Hülfskapital ist
unter diesen Umständen eine ganz nutzlose Arbeit, die nur die Uebersicht
des wahren Sachverhältnisses erschwert. Dieses liegt so, daß auf jedem,
dem Acker= oder Wiesenbau zugänglichen, wenn auch nur mittelmäßigen
Boden der Ertrag an forstlichen Produkten hinter dem Ertrage der Land=
wirthschaft meist weit zurückbleibt, die Bestandsmasse des Waldes daher ein
todtes Kapital ist, durch Versilberung der Bestandsmassen und Verwandlung
des Waldes in Feld oder Wald das Einkommen aus Waldeigenthum in
allen Fällen erhöht, in vielen verdoppelt und verdreifacht werden kann.

Auf absolutem Waldboden, d. h. auf jedem Boden, der dem Ackerbau
nicht zugänglich ist, der nach der Entwaldung höchstens als Weideland noch
Ertrag gewähren würde, ändern sich die Verhältnisse in so fern, als der
Vortheil der Versilberung der Bestandsmassen, soweit Consumtionsverhältnisse
sie gestatten, weniger groß ist. Aufgehoben wird er auch in diesem Fall
für jede Wirthschaft in höherem Umtriebe nicht, dem steht das Mißverhältniß
zwischen dem Zinsenertrage der Holzkapitale und den, dem Geldwerthe
desselben entsprechenden Geldkapitalzinsen entgegen.

Die höchsten Holzpreise können dieß Verhältniß nicht verändern,
da diese gleichmäßig auf Holzkapital und Holzzinsen einwirken, mit der
Preissteigerung der letzteren daher auch die Vortheile der Versilberung des
Holzkapitals in gleichem Verhältnisse sich erhöhen.

Der Besitzer eines in höherem Umtriebe stehenden Waldes befindet
sich in der Lage eines Gartenbesitzers, dem von einem Nutzholzhändler für
das Holz seiner Obstbäume ein Kapital geboten wird, dessen jährlicher
Zinsenertrag den jährlichen Erlös aus Obst bedeutend übersteigt. Im
Privatbesitz muß unter solchen Umständen der Bestand des Obstgartens wie
der unserer Wälder sehr gefährdet sein, und nur die angeborne Liebe zu
Allem, was wir als unser Eigenthum betrachten, dieselbe Zuneigung, die
zur Benutzung der Lohnfuhre treibt, während die eigenen Pferde im Stalle
stehen, die Eitelkeit, der Hang, gute Vermögenszustände zur Schau zu
stellen, derselbe, welcher den Rentier veranlaßt, Tausende im werthvollen
Solitär am Finger zu tragen, die größere Sicherheit des aus Grundbesitz
fließenden Einkommens 2c. sind schwanke Stützen des im Privatvermögen
befindlichen unbeschränkten Waldbesitzes, unsicher, weil sie auf der Basis
leicht erschütterten Wohlstandes ruhen und von jeder auch nur vorübergehend
eintretenden Bedürftigkeit leicht beseitigt werden.

Es erscheint als eine paradoxe Behauptung, wenn man sagt, daß in
denselben Fällen, in welchen die Erhaltung eines vorhandenen Waldbestandes in Rücksicht auf Geldertrag unvortheilhaft ist, der Anbau neuer
Wälder vortheilhaft sein könne. Dennoch ist dieß der Fall. Flächen schlechten
Ackerlandes werden alljährlich mit Holz angebaut und der Ertrag des Bodens dadurch wesentlich erhöht. Die Vortheile der Holzzucht gegenüber
der früheren landwirthschaftlichen Benutzung des Bodens sind
beständig, sie steigern sich mit zunehmenden Alter und erhöhter Gebrauchsfähigkeit des erzogenen Materials. Die Vortheile der Holzzucht, gegenüber einem die erzogene Bestandsmasse repräsentirenden
Geldkapitale, schwinden hingegen für den zur gebrauchsfähigen Stärke
herangewachsenen Theil des erzogenen Holzbestandes schon sehr früh. Eine
auf Erzielung des höchsten Geldertrages gerichtete Waldwirthschaft
gestattet ebenso wenig die Ansammlung der dem höheren Umtriebe entsprechenden größeren Massen gebrauchsfähigen Holzes, wie sie die Erhaltung der von unseren Vorfahren uns vererbten Bestandsmassen der Wälder zuläßt.

Da Geld der Repräsentant aller übrigen Güter ist, wird der Privatwaldbesitzer, außerhalb der Grenzen seines eigenen Bedarfs, stets den höchsten Geldertrag seiner Wälder zum Zielpunkte seiner Waldwirthschaft machen
müssen, eine Wirthschaft, welche die Vernichtung der Bestandsmassen von
höherer Gebrauchsfähigkeit principmäßig in sich trägt. Nur äußerer Zwang
wird ihn davon zurückzuhalten vermögen. Bei jedem anderen producirenden
Gewerbe kann man sagen, daß, da Nachfrage und Angebot den Preis der
Produktion bestimmen, das in Folge einer Vernachlässigung der Produktion
sinkende Angebot den Preis erhöhen, und der erhöhte Preis den Producenten antreiben werde, das zu erziehen, was das Bedürfniß erheischt.
Wenn der vernachlässigte Anbau von Oelfrüchten das Oel im Preise steigen
macht, wird der Landwirth durch den erhöhten Gewinn des Rapsbaues diesem
unfehlbar wieder zugewendet. Wäre das Oel ein eben so dringendes Bedürfniß wie das Holz, der Staatswirth könnte sich aus obigem Grunde
dennoch aller Sorge um ausreichende Produktion desselben entschlagen.

Es gehört zu den hervorstechendsten Eigenthümlichkeiten der Wald=
wirthschaft, daß sie hierin von allen übrigen Produktionszweigen eine Aus=
nahme macht. Wenn heute in den Waldungen eines Landes das in der
freien Waldwirthschaft liegende destruktive Princip zur Geltung käme, würde
es sich zunächst auf Consumtion des Inventariums werfen, dadurch wird
das Angebot erhöht, wenigstens nicht verringert. Eine Erhöhung des Preises
kann erst nach vollendeter Consumtion des Kapitalbestandes eintreten. Bis
dahin tritt ein in der Preiserhöhung begründeter Antrieb zu pfleglicher
Forstwirthschaft, zur Wiederherstellung des Inventarium derselben nicht ein.
Der Landwirth kann seinen vernachläßigten Acker, den herabgekommenen
Viehstand in wenigen Jahren wieder herstellen, er kann mit ausreichenden
Geldkräften sein Inventarium in kürzester Zeit vervollständigen. Anders
verhält sich dieß mit dem Inventarium der Waldwirthschaft. Seine Wieder=
herstellung fordert unabänderlich einen langen Zeitraum. Auch wenn der
Cubitfuß 100jährigen Eichenholzes einen Dukaten kostete, würde dennoch der
Forstwirth nach vollendeter Consumtion des Inventarium 100 Jahre warten
müssen, ehe er wieder 100jährig Holz zu Markte bringen kann. Es muß
sich erst das für die Erzeugung 100jährigen Materials nöthige Inventarium
wieder ansammeln. Das Princip der Geltwirthschaft gestattet aber eine An=
sammlung gebrauchsfähiger Bestandsmassen nicht.

Diesem Sachverhältniß steht nun die, besonders für die klimatischen
Verhältnisse Deutschlands und aller nördlichen Länder unbedingte Nothwen=
digkeit der Waldproduktion gegenüber. Die Sicherstellung dauernder, nach=
haltiger Befriedigung unserer Bedürfnisse an Waldproduktion fordert ein
Gegengewicht gegenüber der destructiven Tendenz freier Waldwirthschaft.
Dieß Gegengewicht bietet sich dar: entweder in der, die freie Wirthschaft
der Privatwaldbesitzer beschränkenden, eine nachhaltige pflegliche Bewirth=
schaftung der Privatwaldungen sicherstellenden Forstpolizeigesetzgebung und
Oberaufsicht, oder in einem, die dringendsten Bedürfnisse der Nation an
Waldprodukten sicherstellenden Waldbesitze des Staates, wenn deren Be=
wirthschaftung dem höchsten werthvollsten Naturalertrage
zugewendet ist, oder nöthigenfalls in Beidem zugleich.

Es entspringt und erklärt sich daher aus den eigenthümlichen Verhält=
nissen zwischen Boden und Inventarium der Waldwirthschaft:

1) Der Gegensatz zwischen nachhaltigem Betriebe und Geldwirthschaft
in den Waldungen, zwischen conservativem und destruktivem Principe; Letzteres
in den gegenseitigen Verhältnissen der Bestandtheile des Waldeigenthums
und in den Verhältnissen dieser zum Zinsenertrage repräsentirender Geld=
kapitale natürlich begründet, Ersteres ein Ausfluß vernünftiger Sorge für
Zukunft und Nachkommen.

2) Die Nothwendigkeit einer Beschränkung der freien Waldwirthschaft
des Privaten durch forstpolizeiliche Gesetzgebung und Oberaufsicht; die Be=
dingungen und die Grenzen dieser Beschränkungen.

3) Die volkswirthschaftliche Bedeutung des Staatswaldbesitzes.

4) Die sogenannte Steuerfreiheit der Waldungen, da die Privat=
und Gemeinde=Waldungen durch den in der Gesetzgebung liegenden
Zwang zu nachhaltiger Benutzung, gegenüber dem höchsten Geldeinkommen,

in der That, zu Gunsten des Gemeinwohles, indirekt höher besteuert sind
als jedes andere Besitzthum. Nur da, wo die Waldwirthschaft der Privaten zu Gunsten des Gemeinwohles nicht beschränkt ist, da ferner, wo
die Beschränkung auf privatrechtlichen Verhältnissen beruht (Mitbenutzungsrechte anderer Personen), besteht ein Grund für Enthebung des Waldeigenthums von direkter Besteuerung nicht. Die Staatswaldungen können
bei dieser Frage natürlich gar nicht in Betracht kommen, denn jede Steuer-
erhebung würde nur Zahlung aus einer Hand in die andere derselben
Person sein.

II. Von den verschiedenen Betriebsarten der Waldwirthschaft.

Man kann die verschiedenen Arten der Waldbewirthschaftung in zwei
Hauptgruppen, in reine und in gemischte Betriebsarten, trennen.

Bei den reinen Betriebsarten liegt eine anderweitige Benutzung des
Waldbodens, als zur Erziehung von Waldprodukten, nicht im Wesen
des Betriebs, es können aber, im ungestörten Verlaufe desselben sich
darbietende Weide- und Grasnutzungen, mehrjährige Getreidenutzungen von
entholzten Flächen bezogen werden, ohne daß die Bewirthschaftungsart dadurch zu den gemengten übergeht. Hierher gehören:

    die Hochwaldwirthschaft,
    die Niederwaldwirthschaft,
    die Mittelwaldwirthschaft.

Den gemengten Bewirthschaftungs-Methoden hingegen liegt die Idee
einer Verbindung der Waldwirthschaft mit der Ackerwirthschaft zum Grunde.
Es gehören dahin:

    die Haubergswirthschaft und deren Nachkommen,
    die Baumfeldwirthschaft und deren Töchter,
    der Kopf- und Schneidelholz-Betrieb.

Drittes Kapitel.

Vom Betriebe der Hochwaldwirthschaft.

Unter Hochwaldbetrieb versteht man diejenige Betriebsart, bei welcher
sämmtliche Bäume des Waldes nur einmal benutzt werden, nach jedes-
maliger Abnutzung andere Holzpflanzen an die Stelle der hinweggenommenen treten.

Das Wesen der Hochwaldwirthschaft ist ferner in einem, im Allgemeinen längeren, die Ausbildung zur Baumstärke gestattenden Wachs-
thumszeitraum der Holzpflanzen, verbunden mit einer im Allgemeinen
durch Saat oder Pflanzung zu bewirkenden Verjüngung derselben, begründet.

Hochwald ist daher ein Wald, in welchem die Holzpflanzen bis zur
Baumstärke heranwachsen, und durch Saat oder Pflanzung verjüngt werden.

Es schließt diese Worterklärung aber keineswegs aus, daß nicht in einzelnen Fällen auch im Hochwalde andere Verjüngungsweiſen ſtattfinden, oder Beſtände im jugendlichen Alter zur Abnutzung gezogen werden können.

Die Wirthſchaft im Hochwalde zerfällt in den ſchlagweiſen und in den plänterweiſen Betrieb.

A. Von der Schlagwirthſchaft im Hochwalde.

Wir haben im allgemeinen Theile der Betriebslehre geſehen, daß zum Betriebe der Waldwirthſchaft eine Reihenfolge im Alter ſich abſtufender Holzpflanzen nothwendig ſei, deren jährliche Vergrößerung, durch Abholzung eines der Maſſe nach dem Zuwachſe gleich großen Theiles der älteſten Holz-pflanzen, jährlich hinweggenommen wird.

Schlagweiſe nennt man den Betrieb der Hochwaldwirthſchaft, wenn der jährliche Hauungsſatz durch gänzliche Hinwegräumung aller Holzpflanzen des zu verjüngenden Beſtandes innerhalb eines oder weniger Jahre bezogen wird (außer der Ernte des unterdrückten und abſtändigen Holzes in den jüngeren Beſtänden); während beim plänterweiſen Betriebe, wo die älteſten Holzpflanzen überall unter den jüngeren Holzpflanzen vertheilt ſtehen, die jährliche Abnutzung durch Aushieb der älteſten zwiſchen den jüngeren Pflanzen geſchieht.

Die nächſte Folge des ſchlagweiſen Abtriebs, bei welchem in einem oder in wenigen Jahren alle den Beſtand bildenden Holzpflanzen wegge-nommen und durch junge Pflanzen von gleichem Alter erſetzt werden, iſt das Zuſammentreten auch der Holzpflanzen von geringerem Alter in Be-ſtände, deren jeder aus Pflanzen von gleichem Alter, daher auch im All-gemeinen von gleichem Wuchſe und gleicher Höhe zuſammengeſetzt iſt. Es iſt daher im ſchlagweiſe behandelten Hochwalde jedes der verſchiedenen Holz-alter in Beſtände vereint, und die Stufenfolge des Holzalters ſtellt ſich in der Altersverſchiedenheit der einzelnen Beſtände dar, während beim plänter-weiſen Betriebe die verſchiedenen Holzalter überall untereinanderſtehen.

Der ſchlagweiſe Betrieb der Hochwaldwirthſchaft beſteht im We-ſentlichen:

1) In Abholzung und Verjüngung der älteſten Beſtände des Waldes.
2) Im Bezug der Durchforſtungsnutzungen.
3) Im Vollzug der nöthigen Culturen.

Es kommt hierbei die Erörterung folgender Fragen in Betracht:

1) Wie viel kann und ſoll jährlich den obwaltenden Verhältniſſen gemäß abgetrieben, durchforſtet und cultivirt werden?
2) Wo und
3) Wie ſoll dieß geſchehen?

Wir werden uns nun zuvörderſt mit der erſten dieſer Fragen be-ſchäftigen:

a. Beſtimmung der jährlichen Nutzungsgröße
(Statsermittlung).

Für die Größe der, Behufs der Verjüngung oder Durchforſtung jährlich in Hieb zu nehmenden Fläche, bedarf der Forſtwirth eines auf Holzmaſſen- und Ertragskenntniß geſtützten Maßſtabes, damit er nicht mehr

Holzmasse zur Abnutzung zieht, als die nachhaltige Befriedigung der Bedürf= nisse gestattet, nicht weniger als die Bestandsmassen und Ertragsver= hältnisse des Waldes erlauben.

Jener Maßstab der jährlichen Abnutzung ist dem Wirthschafter ent= weder in einer vorausbestimmten Schlagfläche — Jahresschlag — oder in einem bestimmten Holzquantum — Hauungssatz, Etat — gegeben.

Was die Holzung vorausbestimmter

Jahresschläge

anbelangt, so habe ich schon im vorigen Kapitel gezeigt, daß, wenn ein Wald in so viele, gleichviel Holzmasse erzeugende, Flächen zerfällt wird als der angenommene Umtrieb Jahre zählt, wenn ferner diese Flächen (Jahres= schläge) in regelmäßiger Altersabstufung voll bestanden sind, der Hieb des ältesten Jahresschlages und die Durchforstung der jüngeren Bestände eine dem jährlichen Zuwachse entsprechende, nachhaltige Abnutzung gewähren.

Die Abnutzung bestimmter Schlagflächen ist aber nur für Wirthschaften anwendbar, die in kurzem Umtriebe stehen (Niederwald), und zwar aus fol= genden Gründen:

1) Die erste Bedingung der Waldwirthschaft ist Nachhaltigkeit; die jährlich in gleicher Menge wiederkehrenden Bedürfnisse sollen jährlich in gleichem Maße befriedigt werden. Bei Wäldern in kurzem Umtriebe läßt sich voraussetzen, daß Schläge von gleichem Erzeugungsvermögen zur Zeit der Haubarkeit ihres Bestandes auch ziemlich gleichen Ertrag gewähren werden. Der Hoch= wald im hohen Umtriebe ist dagegen nicht allein einer größeren Menge und größeren Gefahren ausgesetzt, sondern jede ihn treffende Verletzung wirkt weit längere Zeit, als beim kurzen Umtriebe, auf den Zuwachs ein, schmä= lert also den Abtriebsertrag in höherem Maße.

Bei der sorgfältigsten Abmessung der Jahresschläge im höheren Um= triebe stehender Wirthschaftskörper nach ihrer Erzeugungsfähigkeit, würden dieselben also doch nie gleichen Ertrag gewähren, und bei der Nothwendig= keit gleicher jährlicher Einnahmen, Vorgriffe in die jüngeren Schläge ver= anlassen, welche bald das ganze Wirthschaftssystem über den Hanfen werfen würden.

2) Die Wirthschaft nach Jahresschlägen fordert, daß das Abtriebsjahr eines jeden Bestandes lange vorher festgestellt und eingehalten werde. Bei der Niederwaldwirthschaft kann nun wohl jeder Bestand in jedem Jahre verjüngt werden, aber nicht bei der Hochwaldwirthschaft, wenn die Ver= jüngung an das unbestimmte Eintreten der Saamenjahre gebunden ist, wo man außerdem, Behufs der Verjüngung durch Saamenschläge, mehrere Jahre hindurch auf ein und derselben Fläche wirthschaften muß.

Es findet daher die Eintheilung der Wälder in Jahresschläge, die Vorausbestimmung der jährlichen Hiebsfläche nur in Nieder= und Mittel= waldungen Statt. Bei der Hochwaldwirthschaft muß aus den angeführten Gründen dem Wirthschafter ein weiterer Spielraum gegeben werden, und dieß geschieht durch die Eintheilung des Waldes in

Periodenflächen,

d. h. man bestimmt im Hochwalde nicht die jährlich, sondern die in einer

Periode von 10, 20, 30 Jahren abzutreibenden und zu verjüngenden Bestände. Unter Periode versteht man den festgesetzten Zeitraum, und bezeichnet den zunächst liegenden als erste, den folgenden als zweite Periode u. s. f.; unter Periodenfläche (Wirthschaftstheil im Gegensatz zu Wirthschaftsganzem — Wirthschaftskörper) versteht man die Gesammtheit der in diesem Zeitraume abzunutzenden Bestandesflächen.

Hätte man z. B. einen 100jährigen Umtrieb und 20jährige Perioden angenommen, so würden sämmtliche Bestände des Waldes in fünf Abtheilungen, gewissermaßen Fächer (Fachwerk) einzuordnen sein, und es werden im Allgemeinen der ersten Abtheilung (Periode) die 81= bis 100jährige, der letzten (fünften) Periode die 1= bis 20jährigen, den dazwischen liegenden Perioden die ihnen entsprechenden Bestandshalter zugetheilt werden.

Sache der Taxation ist es, die Vertheilung der vorhandenen Bestände in das Fachwerk des Umtriebs so zu bewirken, daß sämmtliche einer und derselben Periode zugetheilten Bestände zur Zeit ihrer Abnutzung einen eben so großen und eben so qualificirten Ertrag abwerfen, als jede der übrigen Perioden zur Zeit ihrer Abnutzung (Proportional=Theilung).

Sache der Betriebsregulirung ist es hingegen, die Vertheilung der Bestände in das Fachwerk des Umtriebs so auszuführen, daß, neben der Nachhaltigkeit, zugleich auch dem Walde der höchste Ertrag abgewonnen wird.

Die Taxation hat es daher mit Erforschung der Bestands= und Ertragsgrößen zur Sicherung der Nachhaltigkeit, die Betriebseinrichtung mit den Wirthschaftsvorschriften zur Erreichung des höchsten Ertrages zu thun; beide müssen sich aber gegenseitig in die Hände arbeiten.

Wenn dem Wirthschafter durch Eintheilung des Waldes in Periodenflächen bekannt ist, welche Bestände innerhalb 10= oder 20= oder 30jähriger Zeiträume zum Hiebe und zur Verjüngung gezogen werden sollen, wenn er durch einen Wirthschaftsplan bestimmt hat, in welcher Reihefolge diese Periodeflächen zum Abtrieb und zur Verjüngung kommen sollen, so bedarf er doch immer noch eines Maßstabes für die jährliche Nutzungsgröße, zu welchem Zwecke der jährliche Hauungssatz (Etat) aus dem periodischen entwickelt und festgestellt werden muß.

Um diesen zu finden, wird es nöthig zu erforschen:

1) Wie viel Holzmasse enthält jeder Bestand gegenwärtig.

2) Wie viel beträgt der am jetzigen Bestande bis zu seiner Abnutzung (Mitte der Abtriebsperiode) erfolgende Zuwachs.

3) Beide Summen ergeben den Abtriebsertrag eines Bestandes, nachdem vom Zuwachse der Durchforstungsabgang ab=, und den Perioden, denen er zu Gute kommt, zugeschrieben wurde.

4) Die Summe der Abtriebserträge aller, einer Periode zugeschriebenen Bestände, und die der Durchforstungen, welche derselben Periode zu Gut geschrieben sind, ergeben zusammen den periodischen Hauungssatz.

Durch Division des periodischen Hauungssatzes mit den Jahren der Periode erhält man den jährlichen Hauungssatz — den jährlichen Etat in einer Zahl von Klaftern, Maltern, Cubikfußen, Cubikmetern.

Ueber die verschiedenen Methoden der Ertragsermittelung handelt der vierte Haupttheil dieses Werkes.

Durch die Vertheilung der Bestände in die Perioden des Umtriebs gewinnt man die Uebersicht nicht allein der, in den verschiedenen Zeiträumen zur Abnutzung kommenden Holzmassen, sondern auch ihrer Beschaffenheit und Gebrauchsfähigkeit, insofern diese vom Alter des Holzes abhängig ist, und man vermag daher, sich zu erkennen gebende Mißverhältnisse durch Vergrößerung oder Verkleinerung der Bestandsmassen einzelner Perioden (Verschieben der Bestände) auszugleichen.

Es liegt diesem Verfahren keineswegs die häufig untergeschobene Idee zum Grunde, den Betrieb der Waldwirthschaft auf ein Jahrhundert und länger voraus bestimmen zu wollen; wir führen damit nur den Beweis, daß unsere jetzige Bewirthschaftung und Benutzung in jeder Richtung eine nachhaltige sei; daß wir das von unseren Vorfahren überlieferte Waldvermögen wie gute Hausväter benutzen, ohne jedoch die Ansprüche, welche die Gegenwart daran hat, zu verkürzen. Treten nicht vorauszusehende Unglücksfälle, treten Anforderungen an die Leistungen des Waldes auf, die sich nicht vorhersehen ließen, so ist es Sache unserer Nachfolger, dem entsprechende Aenderungen im Wirthschaftsplan und Hauungssatz eintreten zu lassen.

Dem Wirthschafter ist nach derartigen Ermittelungen nicht allein bekannt, welche Bestände in der nächsten Periode zum Abtriebe, welche zur Durchforstung kommen, er weiß nun auch, welchen Ertrag die Gesammtheit der, einer jeden Periode zugetheilten Bestände gewähren wird, und wie viel Holzmasse er demnach jährlich der Periodenfläche zu entnehmen hat.

Wie und wo der jährliche Hauungssatz innerhalb der im Hiebe stehenden Periodenfläche bezogen werden soll, ist nicht voraus bestimmt, sondern dem Ermessen des Wirthschafters anheim gegeben, welcher nach Maßgabe zeitlicher Verhältnisse in den jährlich aufzustellenden Hauungsplänen, diejenigen Bestände zu bezeichnen hat, durch deren Abtrieb oder Schlagstellung, Auslichtung oder Durchforstung der jährliche Hauungssatz am zweckmäßigsten bezogen werden kann.

In gleicher Weise wie die periodische Hiebsfläche, bestimmt die Betriebsregulirung die periodische Culturfläche, und überläßt es dem Wirthschafter, in jedem Jahre diejenigen Flächen zu bestimmen und im jährlichen Culturplane zu veranschlagen, deren alsbaldige Cultur am nöthigsten und zweckmäßigsten erscheint.

b. Von der Auswahl der jährlichen Betriebsfläche (Hiebslehre).

Nachdem wir nun in Vorstehendem die erste der gestellten Fragen, die Frage: Wie viel soll abgenutzt werden, zur vorläufigen Erörterung gezogen haben (das Nähere im 4ten Haupttheile), wenden wir uns zur zweiten, die Wahl der Oertlichkeit betreffenden Frage: Wo soll jährlich abgetrieben, durchforstet, cultivirt werden? Wir wenden uns zu den Regeln, welche der Wirthschafter bei Ausscheidung der jährlichen Hiebs-, Durchforstungs- und Culturfläche aus der periodischen zu beobachten hat. Dieß ist Sache der Hiebs- und Cultur-Leitungslehre, während die dritte der gestellten Fragen: die Ausführung der Verjüngungen, Durchforstungen und Culturen, der Lehre von der Holzzucht angehört.

1; Von der Ausscheidung der jährlichen Verjüngungsfläche
aus der periodischen.

Die Größe der jährlichen Hiebsfläche bestimmt sich nach der Größe
des jährlichen Etats, und nach dem Holzgehalt der Schlagfläche. Wir
müssen daher erst über die Oertlichkeit uns entscheiden, ehe wir die Größe
der jährlichen Hiebsfläche bestimmen können, da mit jener die Holzhaltigkeit
der Schläge eine andere wird.

Ueber die Wahl der Oertlichkeit.

1) Wo die Absicht einer Verjüngung durch natürliche Besaamung vorliegt, können bei der Wahl nur solche Orte in Rücksicht treten, welche sich
in einem verjüngungsfähigen Zustande befinden.

(Besaamungsfähigkeit. Rücksichten auf bereits vorhandenen branch-
baren, gesunden Wiederwuchs. Aussicht auf Herstellung des nöthigen Beschattungsgrades durch Kronenausbreitung bei längerem Stehenlassen.)

2) Man suche die neuen Schlagflächen möglichst in Anschluß mit den
jüngst geführten zu bringen.

3) Diejenigen Orte, welche im geringsten Zuwachse stehen, sind zuerst
zu verjüngen.

(Unwüchsige Bestände auf gutem Boden früher als eben solche auf
schlechtem Boden.)

4) Orte mit abnehmender Gebrauchsfähigkeit sind früher zu verjüngen, als solche mit stehender oder noch zunehmender Gebrauchsfähigkeit.

5) Orte, welche sich in einem Zustande befinden, der eine Verschlechterung des Bodens befürchten läßt, sind früher zu verjüngen, als solche,
welche den Boden vor nachtheiligen Veränderungen schützen.

6) Bestände mit besonderer Gebrauchsfähigkeit des Holzes müssen
häufig zur nachtheiligen Befriedigung bestimmter Nutzholzbedürfnisse zurück-
gesetzt werden.

7) Bestände, welche dem Verbrauchsorte oder einem Stapelorte oder
dem Stallungsorte großen Mengen Weidevieh am entferntesten liegen,
sind zuerst zu verjüngen, um die jungen Orte zu schonen. Dabei müssen
die Schläge so gelegt werden, daß dem Weidevieh der Zugang zur Weide-
fläche nicht erschwert, oder die Anlage von Triften nothwendig wird.

8) Die Schläge müssen so gelegt und nöthigenfalls vertheilt werden,
daß den Holzkäufern die Beziehung ihrer Bedürfnisse erleichtert und auf
dem mindest kostspieligen Wege möglich wird.

9) Bestände, deren Verjüngung in der Gegenwart mit Culturkosten verknüpft ist, die bei Aufschub möglicherweise sich verringern oder wegfallen
werden, müssen anderen Beständen, bei denen dieß nicht der Fall ist, nachstehen, wie denn auch umgekehrt solche Bestände, die gegenwärtig ohne Nachhülfe zu verjüngen sind, in Kurzem aber das Eingreifen der Cultur nöthig
machen würden, anderen, bei denen dieß nicht der Fall ist, vorzuziehen sind.

10) Die Schläge müssen der Sturmgegend entgegen geführt werden; theils
zum Schutz gegen Windbruch durch den unangehauenen Ort, theils bei Holzarten mit leichtem Samen zur Förderung der Besaamung vom stehenden Orte aus.

Ueber die Größe der jährlichen Verjüngungsfläche.

Hat sich der Wirthschafter, mit Berücksichtigung dieser wichtigsten Bestimmungsgründe, über die Oertlichkeit der jährlichen Hiebsfläche entschieden, so fragt es sich nun noch:

Wie groß die Schlagfläche für das vorliegende Jahr gegriffen werden müsse.

Wo keine Rücksichten auf natürliche Besamung statt finden, bestimmt sich die Größe der Schlagfläche lediglich nach dem jährlichen Hauungssatze, und es wird eine so große Fläche entholzt, als zur Deckung des Etats erforderlich ist.

Ob diese Hiebsfläche im Zusammenhange geführt oder in mehrere Holzschläge zertheilt werden müsse, bestimmt die vorliegende Oertlichkeit, und manche der in Beziehung auf diese ebengenannten Rücksichten. Sehr kleine Schlagflächen haben jedoch stets den Nachtheil einer schwierigern Beaufsichtigung, einer größeren Verdämmung des Wiederwuchses an den Schlagrändern durch den stehenden Ort, Vermehrung der Abfuhrwege, größerer Beschädigungen durch Weidevieh oder größerer Bewahrungkosten.

Sehr große Schlagflächen haben aber auch ihre wesentlichen Nachtheile. Sie sind den meisten der widrigen Naturereignisse, dem Austrocknen des Bodens, dem Graswuchse, der Versandung, dem Sturmschaden am Mutterbestande 2c. in höherem Grade unterworfen; sie erschweren dem Holzempfänger wie den Weideberechtigten den Bezug ihres Bedürfnisses an Walderzeugnissen in den Zeiten, wo der Schlag dem Ersteren sehr entfernt, den Letzteren sehr nahe geführt wird; sie belasten lange Zeit hindurch einen und denselben Schutzbeamten mit aller Arbeit, während die übrigen feiern, stehen also der Vertheilung der Arbeit entgegen; das Ausrücken der Hölzer aus großen Schlägen kostet mehr und beschädigt den Wiederwuchs in höherem Grade; große Schläge entwachsen später dem Viehe, müssen also länger geschont werden, da sich in ihnen gewöhnlich ein größerer Altersunterschied im Wiederwuchse vorfindet, und endlich leidet eine große Schonungsfläche mehr vom Wildpret, als wenn dieselbe in mehrere kleine vertheilt ist, da das Wild längere Zeit in ihr verweilt und hungriger wird.

Zur Vermeidung der Nachtheile zu großer Schläge theilt man den Verwaltungsbezirk in mehrere Wirthschaftskörper — Blöcke.

Wo der alte Ort durch natürliche Besamung verjüngt werden soll, bestimmt theils die Wiederkehr der Samenjahre, theils die Länge des Zeitraums, welcher zwischen Besamungs= und Abtriebsschlag liegt, die Größe der in Hieb zu nehmenden Schlagfläche.

Bei allen Holzarten, die häufig Samen tragen, unter Verhältnissen die häufige Samenjahre erzeugen, wird die Länge des Zeitraums, welcher erfahrungsmäßig zwischen Anhieb und Abtrieb der Schläge liegt, die Größe der Schlagfläche bestimmen. Wäre dieser Zeitraum z. B. 4 Jahre, so würde man eine Fläche in Hieb zu nehmen haben, auf welcher das jährliche Etatsquantum 4mal enthalten ist, und jährlich den Etat durch plänterweise Ausnutzung des vierten Theils der Bestandsmasse beziehen.

Treten hingegen die Samenjahre in längeren Zeiträumen auf, als

Jahre zwischen Anhieb und Abtrieb liegen, so würde man, wenn man die Schlagfläche nach Obigem berechnete, mit den Verjüngungshauungen früher fertig werden, als ein neues Samenjahr den Anhieb neuer Schlagflächen gestattet, und genöthigt sein, große Flächen in Vorhieb zu nehmen, woraus der wesentliche Nachtheil hervorgeht, daß man bei Eintritt eines Samenjahres sehr große Verjüngungshiebe erhält, in denen man, durch den vorgeschriebenen Hauungssatz gebunden, nicht nach Bedürfniß lichten kann. Hier können Fälle vorkommen, wo es zweckmäßiger ist, dem Schlage das jährliche Hauungsquantum so vielmal zu geben, als die Samenjahre erfahrungsmäßig von einander entfernt liegen, in welchem Falle man aber allerdings oft genöthigt ist, etwas längere Zeit im Verjüngungsschlage zu wirthschaften, als dessen Natur es erfordert. Man wird daher meist besser thun, die Schlaggröße nach dem Zeitraume zwischen Anhieb und Abtrieb der Verjüngungsschläge zu bemessen, indem, wenn die Samenjahre auch etwas länger ausbleiben, man sich bis zum Eintritte derselben mit Durchforstungen, im Nothfalle auch mit sehr dunklen Vorhieben hinhalten kann.

Es wird nur selten möglich sein, aus den Verjüngungshieben jährlich genau den Hauungssatz zu beziehen. Das Bedürfniß der jungen Pflanzen fordert häufig eine verstärkte oder verringerte Abnutzung. Wo in einem Wirthschaftskörper mehrere Schläge geführt werden, kann hier einer den andern vertreten, wo dieß nicht der Fall ist, muß das Mehr des Einschlags auf die folgenden Jahre übertragen, das Weniger durch Vorhiebe und Durchforstungen gedeckt werden.

2. Ausscheidung der jährlichen Durchforstungsfläche aus der periodischen.

Die Wahl der Oertlichkeit ist hauptsächlich vom Bedürfniß des Bestandes und von der Anhäufung des Materials abhängig. Das Bedürfniß des Bestandes, die größere Nothwendigkeit einer Auslichtung zur Beförderung des Wuchses, bestimmt zuerst die jährliche Durchforstungsfläche. Der Anhäufungsgrad des abzunutzenden Materials wirkt in sofern darauf ein, als in vielen Fällen die Durchforstungen nur bei höheren Graden der Anhäufung vorgenommen werden können, wenn die Arbeitskosten den Ertrag nicht übersteigen sollen.

Nächstdem könnte man sagen, daß alle Durchforstungen auf schlechtem Boden denen auf gutem Boden vorangehen, denn offenbar leidet der Bestand auf schlechtem Boden verhältnißmäßig viel mehr durch gedrängten Stand der Holzpflanzen, als der auf gutem Boden.

Endlich ist auch noch die Gebrauchsfähigkeit und der Werth des Materials zu berücksichtigen. Bestände mit abnehmender Gebrauchsfähigkeit des Durchforstungsholzes sind früher zu durchforsten, als solche, in denen die übergipfelten Stangen sich noch längere Zeit zu erhalten vermögen.

Von der Größe einer jährlichen Durchforstungsmasse kann nicht die Rede sein, da die Menge des zu beziehenden Materials lediglich durch die Beschaffenheit des zu durchforstenden Bestandes bedingt ist.

Die Größe der jährlichen Durchforstungsfläche in jeder Altersklasse

findet man durch Division der Größe jeder Periodenfläche, i n w e l c h e r
D u r c h f o r s t u n g e n b e z o g e n w e r d e n, mit den Jahren der Periode.

Würde z. B. die erste Durchforstung im 40sten, die letzte im 80sten
Jahre vollzogen, so fielen die Durchforstungsnutzungen bei 100jährigem Umtriebe und 20jährigen Perioden, in die 2te, 3te und 4te Periode. Unter
normalen Verhältnissen ist jede Periodenfläche in obigem 1000 Hkt. großen
Walde $=$ 200 Hekt., die jährliche Durchforstungsfläche daher $= {}^{200}/_{20}$ mithin
$=$ 10 Hkt. 80jährig, 10 Hkt. 60jährig und 10 Hkt. 40jährig. Wäre aber
die 2te Periode 300 Hkt., die dritte nur 100 Hkt. groß, so würde die
jährliche Durchforstungsfläche $= {}^{300}/_{20} + {}^{100}/_{20}$ d. h. $=$ 15 Hkt. 80jährig,
5 Hkt. 60jährig rc. sein.

Es finden nun aber beim bestehenden Grundsatz der Verjüngung
durch natürliche Besamung Verhältnisse statt, welche es nicht rathsam, mitunter nicht thunlich machen, die Durchforstungen nach den Resultaten obiger
Berechnungen zu beziehen. Wir haben gesehen, daß aus den Verjüngungshieben in manchen Jahren viel mehr, in anderen weniger Material genommen werden muß, als dem Hauungssatze nach der Fall sein sollte. In
ersterem Falle würden dann die Durchforstungshiebe mitunter ganz aussetzen oder in verringertem Grade bezogen werden müssen, theils um den
schon überhauenen Etat nicht noch mehr zu überschreiten, theils um im
zweiten Fall gesammelte Vorräthe zur Ergänzung des Etats benutzen zu
können. So wird dann in der Praxis die Größe der jährlichen Durchforstungsnutzung sich mehr nach den Ergebnissen der Abnutzung in den Verjüngungsschlägen, als nach einer, auf Berechnung gestützten, gleichförmigen
Vertheilung des periodischen Durchforstungsertrages herausstellen.

3. Ausscheidung der jährlichen Culturfläche aus der periodischen.

Die Größe der jährlichen Culturfläche kann im Allgemeinen nicht als
ein bestimmter Theil der periodischen angesehen werden, sondern bestimmt
sich vorzugsweise nach den Culturmitteln, so daß es zulässig ist, im Falle
die Mittel vorhanden sind, die ganze periodische Culturfläche schon in den
ersten Jahren der Periode in Anbau zu bringen; je früher dieß geschehen
kann, um so besser ist es.

Diese willkürliche Ausdehnung der Culturen wird jedoch hinsichtlich
der neuen Anlagen häufig durch bestehende Weiderechte beschränkt. Der
Waldbesitzer darf häufig nur einen bestimmten Theil der Waldfläche, meist
$^1/_5$ oder $^1/_6$, der Weidenutzung entziehen; hat nun die Schonungsfläche
bereits die erlaubte Größe, so kann die jährliche Culturfläche nur in dem
Verhältniß vergrößert werden, als man im Stande ist, die Schonungsfläche durch Einräumung der dem Vieh entwachsenen Orte zu verkleinern.

Für die W a h l d e r O e r t l i c h k e i t gelten folgende Regeln:

1) Alle nachbessernden Culturen sind den neuen Anlagen voran-
zuschicken.

2) Unter den nachbessernden Culturen sind diejenigen zuerst zu vollziehen,
bei denen der Unterschied im Alter der bereits vorhandenen und der anzu-

bauenden Pflanzen am größten ist. Die Nachbesserung durch Saat im älteren Orte muß früher geschehen, als die im jüngeren.

3) Alle Nachbesserungen durch Saat gehen denen durch Pflanzung voran, weil man es bei lettern in der Hand hat, durch Wahl älterer Pflänzlinge entstandene Altersunterschiede auszugleichen.

4) Nachbesserungen, die durch verzögerte Ausführung vertheuert werden, oder einen weniger guten oder sicheren Erfolg befürchten lassen, sind solchen vorzuziehen, bei denen dieß nicht der Fall ist.

5) In Samenjahren gehen die dem gewachsenen Samen entsprechenden Satculturen den Pflanzculturen voran.

6) Unter den neuen Anlagen sind diejenigen zuerst zu erwählen, durch deren verzögerte Ausführung besondere, dem Walde drohende Gefahren hervorgehen können, z. B. Anbau von Sandschollen, Bewehrungen, Entwässerungen, Dammbauten 2c.

7) Boden, der durch längeres Bloßliegen an Erzeugungsfähigkeit noch Verlust erleidet, oder durch zunehmende Veröbung, Verrasen 2c. höhere Culturkosten veranlaßt, ist früher anzubauen, als alte Blößen, die sich nicht mehr verschlechtern und nicht mehr schwieriger anzubauen werden, als das bereits der Fall ist.

8) Culturen von sicherem Erfolge sind früher auszuführen, als solche von unsicherem Erfolge, wohlfeile Culturen früher als theuere; beides, um mit dem geringsten Kostenaufwande in der kürzesten Zeit die größte Fläche in Zuwachs zu bringen.

9) Um aber auf dieser größten Fläche auch den größten Zuwachs zu beziehen, sind alle Blößen mit größerer Erzeugungsfähigkeit des Bodens zuerst zu verjüngen.

10) Culturen im Anschluß sind früher auszuführen, als die Cultur vereinzelter Blößen.

11) Die Zusammenlegung der Altersklassen ist zu beachten.

12) Wenn die Blöße so groß ist, daß zu deren Anbau viele Jahre erforderlich sind, müssen die Culturen in derselben Richtung fortgeführt werden, in welcher künftig der Hieb geführt werden wird.

B. Von der Plänterwirthschaft im Hochwalde.

Wie wir gesehen haben, unterscheidet sich der Plänterwald vom schlagweise bewirthschafteten Hochwalde darin, daß überall im Walde junges und altes Holz unter einander steht. Man benutt ohne irgend einen vorliegenden Wirthschaftsplan jährlich die vom Bedürfniß geforderte Holzmasse in Stämmen, wie sie gerade der Käufer verlangt, durch willkürliche Herausnahme aus dem jüngeren Holze allenfalls mit Rücksicht auf die natürliche Besamung der dadurch entstehenden Lücken, durch das umstehende Holz. Da nun aber der Wiederwuchs nur auf Räumten erfolgen kann, die so groß sind, daß sie dem Lichte Zutritt zum Boden gestatten, so wird die Mengung der Altersklassen gemeinhin eine horstweise sein.

Die Nachtheile dieser Betriebsweise liegen zu offen vor Augen, als daß sie, wo das Holz nur einigermaßen im Werthe steht, noch in Anwendung sein könnte, wenn nicht polizeiliche Rücksichten ihr Bestehen fordern.

Die jungen Horste werden durch das umstehende ältere Holz beschattet und unterdrückt, der Aushieb und die Abfuhr müssen große Verletzungen des jüngern Holzes nach sich ziehen; die Weide muß entweder ganz wegfallen oder ist mit großen Nachtheilen für den Wald verbunden, da das junge Holz nicht geschützt werden kann ꝛc.

Dieser ungeregelte Plänterbetrieb ist daher überall, wo das Holz im Werthe steht, verbannt; man hat aber einen geregelten Plänterbetrieb zur Sprache gebracht, welcher im südlichen Deutschland hier und da schon seit längerer Zeit in Anwendung sein soll. Dieser geregelte Plänterbetrieb unterscheidet sich vom schlagweisen Hochwaldbetriebe nur darin, daß die älteste der Periodenflächen, in welche auch hier die Waldfläche eingetheilt ist, mit einemmale in Hieb genommen und mit Rücksicht auf natürliche Besamung jährlich der sovielste Theil der Bestandsmasse plänterweise ausgehauen wird, als die Periode Jahre zählt, wie dieß bei der Schlagwirthschaft für kleinere Flächen und Zeiträume, behufs der Verjüngung durch natürliche Besamung, ebenfalls geschieht.

Bei einem solchen Plänterbetriebe ist daher der Altersunterschied aller einer und derselben Periodenfläche angehörender Pflanzen höchstens so groß, als die Periode Jahre zählt; er wird aber gewöhnlich viel geringer sein, da in den ersten Jahren bei so geringem Aushiebe noch kein Wiederwuchs erfolgen, bei vorgeschrittener, der Stellung eines Samenschlages entsprechender Auslichtung, das zunächst eintretende Samenjahr den jungen Bestand erzeugen wird. Bei kurzen Perioden und solchen Holzarten, die in der Jugend viel und lange Schatten ertragen, mag daher der Betrieb wohl anwendbar sein, obgleich es sehr schwer sein wird, die Auslichtung stets dem Bedürfniß des Wiederwuchses anzupassen.

Viertes Kapitel.
Vom Betriebe der Niederwaldwirthschaft.

Unter Niederwald verstehen wir jede Betriebsweise, bei der durch Abhieb aller Pflanzen in geringer Höhe über dem Boden Wiederausschlag erzeugt und eine mehrmalige Benutzung derselben Pflanzen bezweckt wird.

Die Eigenthümlichkeit des Niederwaldes liegt darin, daß die Bestände, innerhalb der Grenzen ihrer Ausschlagfähigkeit, daher im jugendlichen Alter der Ausschläge in geringer Höhe über dem Boden abgetrieben und der Wiederwuchs im Allgemeinen aus Stock und Wurzelausschlag herangezogen wird. [1]

Die Wirthschaft im Niederwalde wird allgemein auf vorausbestimmten Schlagflächen betrieben. Der ganze Wirthschaftskörper wird in so viel Schläge eingetheilt, als der Umtrieb Jahre zählt. Mit Berücksichtigung einer zweckmäßigen Schlagfolge wird jährlich der mit dem ältesten Holze bestandene Schlag abgetrieben.

Die Schlageintheilung im Niederwalde kann sein:

[1] Ueber den Einfluß dieser Eigenthümlichkeit auf den Wachsthumsgang und Ertrag des Niederwaldes. S. Bd. III „Ertragsermittelung der Niederwälder."

1) geometrisch,
2) proportional der Bodengüte,
3) proportional der Bestandesgüte.

Die geometrische Schlageintheilung.

Man versteht darunter die Eintheilung des Waldes in gleich große Jahresschläge, ohne Rücksicht auf Boden oder Bestandsgüte. Sie ist da anwendbar, wo der Boden und die Bestände von gleichem Produktions= vermögen sind, wo außerdem ein, wenigstens annähernd richtiges Alters= klassenverhältniß aus früherem Betriebe bereits besteht.

Sie ist ferner überall anwendbar, wo es auf ein strenges Gleichbleiben der jährlichen Abnutzung nicht ankommt. Diese Fälle kommen aber sehr häufig, besonders da vor, wo ein Niederwaldganzes mit Hochwaldganzen der Art verbunden ist, daß beide auf einen gemeinschaftlichen Etatssatz hin= wirken, wo also ein verstärkter Hieb im Hochwalde die Ausfälle im Nieder= waldertrage zu decken vermag.

Die der Bodengüte proportionale Schlageintheilung.

Man versteht darunter die Eintheilung des Waldes in Schläge von gleicher Bodengüte, ohne Rücksicht auf den Abtriebsertrag der gegenwärtigen Bestände. Je geringer der Unterschied in der Produktionsfähigkeit des Bodens, um so mehr nähert sich diese Eintheilung der Theilung in gleich große Jahresschläge, je größer der Unterschied in der Bodengüte, um so ver= schiedener ist die Größe der einzelnen Schläge, die um so größer werden, je schlechter der Boden des Schlages ist im Vergleich zur durchschnittlichen Bodengüte des Wirthschaftskörpers.

Sie ist anwendbar:

1) Wo die Bestände sich bereits wenigstens annähernd in einem dieser Eintheilung entsprechenden Altersklassen= und Holzhaltigkeits= oder Be= stockungsverhältniß befinden.

2) Wo während der ersten Niederwaldumtriebszeit ein Gleichbleiben des jährlichen Abgabesatzes nicht unbedingt nothwendig ist.

Die der Bestandesgüte proportionale Schlageintheilung.

Die Schlageintheilung geschieht lediglich nach dem muthmaßlichen Ab= triebsertrage der gegenwärtig vorhandenen Bestände, also nach der Boden= güte, der Bestockung und dem Zuwachsvermögen der Stöcke zusammenwirkend. Jeder Jahresschlag soll nach Maßgabe dieser Verhältnisse einen gleichen Ab= triebsertrag gewähren.

Sie ist überall anwendbar, muß aber da angewendet werden, wo bei einem unrichtigen Bestockungs= und Altersklassenverhältniß ein Gleich= bleiben der jährlichen Abnutzung streng gefordert wird, wie in den meisten alleinstehenden Wirthschaften.

In diesem Falle ist dann aber die Eintheilung nur für den laufenden Umtrieb gültig.

Etwas Weiteres ist über den sehr einfachen Betrieb der Niederwald= wirthschaft hier nicht zu sagen. Dem Wirthschafter ist in jedem Falle die

Fläche, sowohl ihrer Oertlichkeit als Größe nach bezeichnet, welche jährlich, ohne Rücksicht auf die Höhe des erfolgenden Ertrages, abgenutzt und verjüngt werden soll. Wie dieß letztere zu bewirken, zeigt die Verjüngungslehre.

Im Hochwaldbetriebe werden in der Regel alle Pflanzen der einzelnen Bestände innerhalb einer Umtriebszeit abgenutzt und durch neue Pflanzen ersetzt. Es kann also der Bestand einer nachfolgenden Umtriebszeit dem Bestande des vorhergegangenen Umtriebs möglicherweise völlig gleich sein, so weit nicht Verschiedenheit äußerer Einflüsse solches verhindert. Das ist in gleicher Weise der Fall beim Oberholzbestande des Mittelwaldes. Anders verhält sich dieß beim Niederwalde und beim Unterholz des Mittelwaldes, beim Kopf= und Schneidelholze, in Folge des mit jedem nachfolgenden Umtriebe steigenden Alters der Mutterstöcke und des Einflusses, den Letzteres auf den Ertrag ausübt. Diese, mit der Natur des Niederwaldbetriebes untrennbar verbundene, mit dem Alter der Mutterstöcke veränderliche Ertragsgröße gibt der der Bestandesgüte proportionalen Schlageintheilung unzweifelhaft den Vorzug, überall wo man gleiche Größe des jährlichen Hauungssatzes der Umtriebszeit verlangt. Wo solches nicht nothwendig, wie das häufig beim Niederwalde der Fall ist, wo dieser mit anderen Hochwald= oder Mittelwald=Wirthschaftskörpern demselben Produktionsbezirk angehört, da ist die geometrische Schlageintheilung vorzuziehen. Mit Letzterer fällt die der Bodengüte proportionale Schlageintheilung zusammen, wo die Bodengüte des Wirthschaftskörpers überall dieselbe; wo das nicht der Fall ist, da fehlt uns jeder Maßstab für eine sichere, vom vorhandenen Holzwuchse unabhängige Würdigung der Bodengüte. Das Uebrige im 3ten Bande.

Fünftes Kapitel.
Vom Betriebe der Mittelwaldwirthschaft.

Der Mittelwald ist eine Verbindung der Hochwaldwirthschaft und der Niederwaldwirthschaft auf ein und derselben Fläche, und zwar in der Art, daß über den Niederwaldbeständen die zum nachhaltigen Betriebe der Hochwaldwirthschaft erforderlichen Stammklassen in lichtem Stande erzogen werden.

Nehmen wir fürs Erste zur besseren Veranschaulichung die beiden Wirthschaften als getrennt und für sich bestehend an.

Im Niederwalde, oder wie wir zum Unterschiede sagen, im Unterholze ist der Betrieb gleich dem eines reinen Niederwaldes. Wie dort, besteht auch hier eine Eintheilung der ganzen Waldfläche in so viel Einzeltheile, als der festgesetzte Umtrieb Jahre zählt; wie dort ist auch hier die Hiebsfolge der Schläge vorausbestimmt, und es ist demnach dem Wirthschafter die Fläche bezeichnet, welche im vorliegenden und in jedem folgenden Jahre der Umtriebszeit zur Abholzung gezogen werden soll. Nehmen wir Beispiels wegen einen 30jährigen Umtrieb und Eintheilung in 30 Jahresschläge an.

Denken wir uns nun dieselbe Fläche als zur Erziehung 120jährigen Oberholzes bestimmt. Bei der Hochwaldwirthschaft würden hierzu 120 Schlagflächen nöthig sein. Wir haben aber nur 30 Schlagflächen, und müssen

daher die für den 120jährigen Oberholzumtrieb erforderlichen 120 Alters=
stufen in diese 30 Schläge vertheilen, und zwar folgendermaßen:

Schlag Nr. 1.	Schlag Nr. 2.	Schlag Nr. 3.	Schlag Nr. 4.
Uh. + Oh. 0jährig.	Uh. + Oh. 1jährig.	Uh. + Oh. 2jährig.	Uh. + Oh. 3jährig.
„ 30 „	„ 31 „	„ 32 „	„ 33 „
„ 60 „	„ 61 „	„ 62 „	„ 63 „
„ 90 „	„ 91 „	„ 92 „	„ 93 „
Schlag Nr. 27.	**Schlag Nr. 28.**	**Schlag Nr. 29.**	**Schlag Nr. 30.**
Uh. + Oh. 26jährig.	Uh. + Oh. 27jährig.	Uh. + Oh. 28jährig.	Uh. + Oh. 29jährig.
„ 56 „	„ 57 „	„ 58 „	„ 59 „
„ 86 „	„ 87 „	„ 88 „	„ 89 „
„ 116 „	„ 117 „	„ 118 „	„ 119 „

So enthält also der jüngste Schlag (1) gleichzeitig 0=, 30=, 60= und
90jährig Holz, der folgende (2) 1=, 31=, 61=, 91jähriges, der vorletzte 28=,
58=, 88= und 118jährig, der letzte 29=, 59=, 89=, 119jährig Holz. Binnen
Jahresfrist kommt das älteste Holz des letzten Schlages 120jährig, nach
2 Jahren das älteste Holz des vorletzten Schlages 120jährig, nach 30 Jahren
das älteste Holz des ersten Schlages, ebenfalls 120jährig, zum Hiebe. Nach
31 Jahren kehrt der Hieb auf den Schlag Nro. 30 zurück, und findet das
gegenwärtig 89jährige Holz zu 120jährigem erwachsen; nach 60 Jahren kehrt
der Hieb auf Nr. 1 wieder, und findet das gegenwärtig 60jährige Holz
120jährig vor u. s. f.

Soll nur Oberholz vom Alter der Umtriebszeit genutzt werden, so
braucht das Zahlenverhältniß der Stammklassen auch nur einfach zu sein.
So viel 120jährige Stämme jährlich pro Morgen benutzt werden sollen,
eben so viel Stämme muß jede der jüngeren Stammklassen (ausschließlich
dem muthmaßlichen Abgange) umfassen.

Will man hingegen Oberholz von allen Stammklassen nutzen, so muß
die Stammzahl der jüngeren Altersklassen um so größer sein, je mehr
jüngeres Holz man abzunutzen beabsichtigt. So gehören z. B. zur Abnutzung
von 4 Stämmen aus jeder Altersklasse 4 St. 120jährig, 8 St. 90jährig,
12 St. 60jährig und 16 St. 30jährig.

Man versinnlicht sich dieß am besten durch Zeichnung einer in Jahres=
schläge abgetheilten Fläche, in deren Abtheilungen man die verschiedenen
Bestandsalter einträgt, wie die vorstehende Tabelle zeigt.

Die Oberholz= und die Unterholzwirthschaft finden nun auf ein und
derselben Fläche statt, und zwar in der Art, daß die Abnutzung des Ober=
holzes und die des Unterholzes gleichzeitig auf gleicher, der ältesten
Unterholzschlagfläche stattfindet. Mit der gleichzeitigen Abnutzung ist aber
auch die gleichzeitige Verjüngung verbunden, und es sind daher Ober= und
Unterholz gleichzeitig auf gleicher Fläche 0jährig, 1jährig bis 30jährig; beide
wachsen bis zum Alter der Unterholzumtriebszeit gleichmäßig neben einander
auf, und trennen sich erst von da ab, indem das Oberholz fortwächst, das
Unterholz hingegen auf das 0jährige Alter zurückgeführt wird.

Ein weiterer Zusammenhang beider Wirthschaften liegt darin, daß der
Oberholzbestand zur Ergänzung des Unterholzes, Letzteres zum Ersatz des
Oberholzes mitwirkt.

Endlich wirkt das Oberholz auf den Ertrag des Unterholzes, Letzteres auf den Oberholzertrag ein, und es ist die Hauptaufgabe der Mittelwaldwirthschaft:

nach Holzart, Stammzahl und Stammbildung einen Oberholzbestand herzustellen, welcher beim höchsten Selbstertrage das Unterholz im Ertrage möglichst wenig zurücksetzt.

Der nachtheilige Einfluß des Oberholzes auf das Unterholz liegt in der Beschattung und Beschirmung.

Eine gleich große Beschirmung und Beschattung schadet weniger,

1) je ungünstiger die Standortsverhältnisse sind;

2) je geringer der Umtrieb im Unterholze und im Oberholze ist;

3) je schlechtwüchsiger der Unterholzbestand und je langschäftiger der Oberholzbestand ist;

4) je weniger empfindlich die Unterholzart gegen Beschattung ist (max. Hasel, Weide, Aspe, Erle, Birke, Eberesche, Esche, Ulme, Eiche, Ahorn, Linde, Weißbuche, Rothbuche min.);

5) eine größere Beschirmung schadet weniger, je weniger dieselbe beschattet (min. Birke, Aspe, Schwarzpappel, Erle, Ulme, Esche, Eiche, Ahorn, Linde, Weißbuche, Rothbuche max.).

Nach den bestehenden Angaben kann man als Maximum und Minimum der Schirmfläche:

kurz nach dem Hiebe $\frac{1}{3}$ und $\frac{1}{6}$,

kurz vor dem Hiebe $\frac{2}{3}$ und $\frac{1}{3}$ der ganzen Fläche annehmen.

Nehmen wir beispielsweise an, es fänden Verhältnisse statt, unter denen $\frac{1}{2}$ der Fläche kurz vor dem Hiebe beschirmt sein kann, so würde sich die pro Hektar durch Oberholz zu beschirmende Fläche auf $\frac{10{,}000}{2} =$ 5000 □Mtr. berechnen.

Um nun feststellen zu können, wie viel Stämme jeder Altersklasse zur Herstellung des beabsichtigten Beschattungsgrades pro Hektar übergehalten werden können, muß erforscht werden:

1) wie groß die durchschnittliche Schirmfläche der verschiedenen Stammklassen ist, und

2) welches Abnutzungsverhältniß den vorliegenden Umständen am meisten entspricht.

ad 1) Aus den verschiedenen Angaben über die Kronenausbreitung des Oberholzes ergibt sich in abgerundeten Zahlen

für　30jährig Laßreidel　　4 □Mtr.

„　60　„　Oberständer　15　„

„　90　„　angeh. Baum　25　„

„　120　„　Hauptbaum　40　„

„　150　„　alter Baum　60　„

Allein diese Zahlen sind ohne Ausnahme viel zu niedrig. Nach meinen, in meinem Lehrbuche der Pflanzenkunde mitgetheilten Untersuchungen muß man für das im freien Stande des Mittelwaldes erwachsene Oberholz annehmen:

a) Rothbuche

für	30jährige	Laßreidel	6	□ Mtr. Schirmfläche,
„	60 „	Oberſtänder	40	„ „
„	90 „	angeh. Bäume	60	„
„	120 „	Hauptbäume	80	„
„	150 „	alte Bäume	150	„

b) Hainbuche:

für	30jährige	Laßreidel	= 8	□ Mtr. Schirmfläche,
„	60 „	Oberſtänder	= 31	„ „
„	90 „	angeh. Bäume	= 70	„
„	120 „	Hauptbäume	= 90	„

c) Birke:

für	30jährige	Laßreidel	= 20	□ Mtr. Schirmfläche,
„	60 „	Oberſtänder	= 31	„ „
„	90 „	angeh. Bäume	= 45	„ „

Für die Eiche ſind die, in meinem Lehrbuche der Pflanzenkunde mitgetheilten, faſt hochwaldähnlich geſchloſſenem Oberholze entnommenen Schirmflächengrößen als Durchſchnittszahlen zu gering. Ich habe mich ſeitdem vielfältig überzeugt, daß die Eiche, im freien Stande erwachſen, in der Kronenausbreitung hinter der Rothbuche nur wenig zurückbleibt. Man wird daher für Rothbuche, Eiche und Hainbuche, die den Oberholzbeſtand der meiſten Mittelwälder bilden, bei theoretiſchen Darlegungen, die Schirmflächengröße der Rothbuche annehmen können, ohne auf Endreſultate zu kommen, die mit aller Erfahrung im Widerſpruche ſtehen, wie dieß bei Zugrundlegung der bisherigen Angaben über Schirmflächengröße nothwendig der Fall ſein mußte; ein Umſtand, dem man es wohl vorzugsweiſe zuſchreiben muß, wenn die Theorie vom Mittelwaldbetriebe in Mißkredit gekommen iſt. Ich bin durchaus der Meinung, daß in der Praxis die Oertlichkeit und der vorliegende Holzwuchs entſcheiden müſſe, daß die ganze Theorie vom Mittelwalde, wie jede Theorie, in der Ausübung vielfach beſchränkt und bedingt ſei, deßhalb wird ſie aber nicht überflüſſig, wie der Schütz eines Zielpunktes, einer Scheibe nicht entbehren kann, auch dann, wenn ſein Streben dieſelbe zu treffen, noch ſo oft vergeblich iſt. Die Theorie, das Syſtem bleibt ebenſo eine nothwendige Grundlage des Betriebs, wenn man nicht ins Blaue hinein wirthſchaften, ſeines Strebens ſich bewußt ſein will, wie ſie für das Studium der forſtlichen Fachkunde bei noch fehlender praktiſcher Ausbildung unentbehrlich iſt.

ad 2) Außer der Beſtimmung des durch das Oberholz zu beſchirmenden Flächentheiles, außer der Ermittlung der Schirmflächengrößen des überzuhaltenden Oberholzes in den verſchiedenen Altersſtufen, muß nun noch das, den beſtehenden Conſumtionsverhältniſſen entſprechendſte Abnutzungsverhältniß ermittelt und in Rechnung gezogen werden.

Es ſind hier zwei Fälle möglich. Entweder es fordern die Nutzholzconſumenten nur ſtärkere Hölzer, wie ſie der anzunehmende Oberholzumtrieb liefert, es ſoll daher nur Oberholz vom Alter der Umtriebszeit zur Abnutzung gezogen werden, oder es läßt ſich ein Theil der Nutzholzbedürfniſſe auch mit Oberholz von geringerem Alter und geringerer Stärke befriedigen,

es ſoll daher beim jedesmaligen Hiebe des Jahresſchlages Oberholz ver=
ſchiedener Altersſtufen zur Abnutzung gezogen werden. Dieſer letztere Fall
iſt nicht allein der häufiger vorliegende, ſondern er führt auch für den Wald=
beſitzer größere Vortheile mit ſich, da das jüngere Oberholz einen ſtärkeren
Zuwachs hat und von jüngeren Oberholzklaſſen bei gleicher Einwirkung auf
das Unterholz eine größere Schirmfläche und Stammzahl zuläſſig iſt.

Im erſten Falle werden, abgeſehen von den für den erfahrungs=
mäßigen Abgang überzuhaltenden Erſatzreideln, ſo viele Laßreidel über=
gehalten, als Oberholz vom Alter der Umtriebszeit zum Hiebe kommen ſoll.
Die Zahl des letzteren berechnet ſich aus der zu beſchirmenden Flächenquote
(z. B. ½ der Grundfläche kurz v o r dem Hiebe) und aus der Summe der
Schirmflächen aller Altersklaſſen; mit Ausſchluß der jüngſten, wenn der
Berechnung die Schirmfläche kurz v o r dem Hiebe zum Grunde gelegt wurde;
mit Ausſchluß der älteſten Altersklaſſe, wenn der Berechnung die Schirm=
flächengröße kurz n a ch dem Hiebe zum Grunde liegt.

Wollte man jährlich nur 150jähriges Holz abnutzen, ſo müßten auf
jedem der 30 Jahresſchläge ſo vielmal $\frac{150}{0} = 5$ Oberholzſtämme mit 30=
jährigem Altersunterſchiede vorhanden ſein oder erzogen werden, als die
feſtgeſtellte Schirmflächenquote geſtattet.

Sollte z. B. die Hälfte der Grundfläche kurz v o r dem Hiebe des
Schlages vom Oberholze überſchirmt ſein = 5000 ☐Mtr. pr. Hektar, ſo
iſt zunächſt die Schirmfläche des einfachen Stammklaſſenverhältniſſes zu
berechnen:

1 Stamm	150jährig	beſchirmt	150	☐Mtr.	
1 „	120 „	„	80	„	
1 „	90 „	„	60	„	
1 „	60 „	„	40	„	

Summa: 330

$$\frac{5000}{330} = 15$$

Es werden alſo zur Herſtellung der beabſichtigten Schirmflächengröße
beim jedesmaligen Hiebe des Schlages 15 Laßreidel überzuhalten und 15
150jährige Bäume hinwegzunehmen ſein. Die Schirmfläche des 30jährigen
Laßreidels bleibt in Obigem außer Rechnung, da es zur Zeit kurz v o r
d e m Hiebe noch im Unterholze ſteckt. Legt man der zu beſchirmenden
Fläche den Oberholzbeſtand kurz n a ch dem Hiebe, alſo das Minimum der
Beſchirmung innerhalb 30 Jahren zum Grunde, ſo bleibt in Obigem die
Schirmfläche des 150jährigen Stammes außer Anſatz, während die Schirm=
fläche des Laßreidels in Rechnung tritt.

Wollte man hingegen nicht allein 150jähriges Holz, ſondern jähr=
lich auch noch Oberholz von geringerer Stärke abnutzen, ſo muß zu=
nächſt das Verhältniß der Abnutzung in den verſchiedenen Altersklaſſen
beſtimmt werden.

Wollte man z. B. von j e d e r Oberholzklaſſe alljährlich gleiche Stamm=
zahl abnutzen, ſo würde das einfache Stammklaſſenverhältniß ſein:

$$
\begin{array}{llll}
1 \text{ Stamm } & 150\text{jährig} & = 150 \ \square\text{Mtr.,} \\
2 \quad " & 120 \quad " & = 160 \quad " \\
3 \quad " & 90 \quad " & = 180 \quad " \\
4 \quad " & 60 \quad " & = \underline{160} \quad " \\
& & \text{Summa: } 650
\end{array}
$$

$$\frac{5000}{650} = 8$$

Man würde also jährlich $2 \cdot 8 = 16$ Laßreidel (außer den Ersatzreideln) über=
zuhalten und aus jeder der vier Stammklassen 2 Stämme abzunutzen haben.

Wollte man die Abnutzung in den vier höheren Altersklassen in un=
gleichen Stammzahlverhältnissen, z. B. $= 1, 1, 0, 4$ beziehen, so
würde das einfache Stammklassenverhältniß kurz vor dem Hiebe sein:

$$
\begin{array}{lllll}
1 & = 1 \text{ Stamm } & 150\text{jährig} & = 150 \ \square\text{Mtr.,} \\
1 + 1 & = 2 \quad " & 120 \quad " & = 160 \quad " \\
1 + 1 + 0 & = 2 \quad " & 90 \quad " & = 120 \quad " \\
1 + 1 + 0 + 4 & = 6 \quad " & 60 \quad " & = \underline{240} \quad " \\
& & & \text{Summa: } = 670 \quad "
\end{array}
$$

$$\frac{5000}{670} = 8, \text{ also } 8 + 16 + 16 + 48 \text{ Stämme.}$$

Es sind daher über= zuhalten:	diese erwachsen zu:	davon sind abzu= nutzen:	überzuhalten:
0 St. 150jährig.	8 St. 150jährig.	8 St. 150jährig.	0 St. 150jährig.
8 " 120 "	16 " 120 "	8 " 120 "	8 " 120 "
16 " 90 "	16 " 90 "	0 " 90 "	16 " 90 "
16 " 60 "	48 " 30 "	32 " 60 "	16 " 60 "
48 " 30 "			48 " 30 "

Die Schirmfläche ist nun zwar um Geringes größer als die beab=
sichtigte, allein das läßt sich nicht ändern, da die Stämme nicht theilbar
sind, mithin der Oberholzfactor, hier 8, keinen Bruchtheil leidet. Dieser
Unterschied ist aber auch von keiner Bedeutung, denn in der Wirklichkeit
stellt sich die Schirmfläche doch größtentheils anders heraus, als die Be=
rechnung sie bezweckte.

Das Ueberhalten einer größeren Anzahl von Laßreideln als der Be=
trieb fordert, wird wegen des überall stattfindenden Abganges nothwendig.
Wie viel Laßreidel im Ueberfluß übergehalten werden müssen, bestimmt sich
nach den Gefahren, welchen sie durch Diebstahl, Schneedruck, Gipfeldürre,
Baumschlag ꝛc. ausgesetzt sind. Da die Laßreidel wenig beschatten, so ist
es Regel, lieber etwas mehr Stämme aus dem Unterholze überzuhalten,
als der erfahrungsmäßige Abgang erfordert, um für alle Fälle gesichert zu
sein. Die unnöthig übergehaltenen Reidel werden dann beim nächsten Hiebe
hinweggenommen.

Die jährliche Nutzungsgröße im Mittelwalde bestimmt sich daher für
das Unterholz nach der Größe der vorausbestimmten Jahresschläge, ganz
eben so wie beim Niederwaldbetriebe. Die Oberholznutzung hingegen besteht
nicht, wie beim Hochwalde, in einer Klaftersumme, sondern in einer Stamm=
zahl, gleichviel, wie groß der Holzertrag aus den, auf der jährlichen
Schlagfläche des Unterholzes in den Hieb fallenden Stämmen ist. Der

eigentliche Maßstab für die Oberholznutzung ist die festgesetzte Zahl der beim
Hiebe des Unterholzes überzuhaltenden Stämme. Alles Oberholz, was über
diese Zahl vorhanden ist, fällt der Axt anheim, und bildet die jährliche
Oberholznutzung.

Eine Schätzung des Oberholzes und die Berechnung eines Hauungs=
satzes in Klaftern, wird aber da nothwendig, wo ein regelmäßiges, oder
annähernd regelmäßiges Stammklassenverhältniß im Oberholze noch nicht
besteht, sondern erst hergestellt werden soll. In vielen, ich möchte sagen in
den meisten der jetzt bestehenden Mittelwälder tritt dieser Fall ein. Die
meisten unserer Mittelwälder stehen erst ein oder einige Unterholzumtriebe
hindurch in einem regelmäßigen Betriebe, und enthalten über dem Unter=
holze, außer den in dieser Zeit erzogenen Laßreideln und Oberständern, eine
größere oder geringere Menge alter Hölzer, die aus früherem, größtentheils
plänterweise behandelten Hochwalde herstammen, weßhalb wir sie passend
mit dem Ausdrucke: Hochwaldreste, bezeichnen können.

Mit diesen Hochwaldresten und ihrem Zuwachse muß man nun so
lange haushalten, bis die vorhandenen jüngeren, und die noch überzu=
haltenden Oberholzklassen zum Hiebe herangewachsen sind. Es ist also in
diesem Falle eine doppelte Ertragsberechnung zu entwerfen. Die erste be=
zieht sich lediglich auf den Ertrag aus dem jetzt vorhandenen und noch über=
zuhaltenden jungen Oberholze, von heute ab bis zu dem Zeitpunkte, wo
das verlangte Stammklassenverhältniß hergestellt sein, mithin auch eine volle
Oberholznutzung eintreten wird.

Gesetzt, man habe gegenwärtig außer den Hochwaldresten nur Laß=
reidel über dem Unterholze, letztere aber in großer Menge übergehalten, so
wird man beim nächsten Hiebe eine größere oder geringere Anzahl von
Oberständern, beim darauf folgenden Hiebe Oberständer und angehende
Bäume, beim dritten Hiebe Oberständer, angehende und Hauptbäume u. s. f.,
bei jedem wiederkehrenden Hiebe eine größere Holzmasse älteren Holzes aus
dem gegenwärtig jungen Oberholze zu beziehen haben. Wir wollen annehmen,
der Schlag verspräche beim nächsten Hiebe 100 Cubikmtr. 60jährig, beim
zweiten Hiebe 200 Cubikmtr. 60jährig und 400 Cubikmtr. 90jährig; beim
dritten Hiebe 150 Cubikmtr. 60jährig, 300 Cubikmtr. 90jährig, 150 Cubikmtr.
120jährig ꝛc.

Die zweite Ertragsberechnung bezieht sich auf die Hochwaldreste. Die
erforschte gegenwärtige Bestandsmasse derselben und deren progressionsmäßig
abnehmender Zuwachs zusammengenommen, wird nicht gleichmäßig, sondern
mit Rücksicht auf die steigenden Erträge der jüngeren Oberholzklassen in eben
demselben, aber umgekehrten Verhältniß, also abnehmend auf den Zeitraum
von heute bis zum Eintritt der vollen Oberholznutzung vertheilt, so daß
der sinkende Hauungssatz aus den Hochwaldresten und der steigende aus
den Oberholzklassen zusammengenommen, eine möglichst gleichbleibende Nutzung
an altem Holze gewähren.

So viel über das Wieviel der jährlichen Nutzung. Das Wo der=
selben bedarf keiner näheren Erörterung, da der Hieb stets an voraus=
bestimmte Schlagflächen, wie beim Niederwaldbetriebe, gebunden ist. Das
Wie findet seine Erörterung in der Verjüngungslehre.

Sechstes Kapitel.
Von der Haubergswirthschaft.

Die Haubergswirthschaft unterscheidet sich vom reinen Niederwalde nur darin, daß nach dem jedesmaligen Hiebe eines Jahresschlages der Boden zwischen den Stöcken, nachdem der Rasen abgeplaggt wurde, mit der Hainhacke umgehackt, gehaint wird. Die abgeschälten Rasenstücke werden dann zum Trocknen aufgestellt, und wenn sie abgetrocknet sind, mit dem im Schlage liegen gebliebenen Abraum an Reisern, Spänen ꝛc. in Haufen gesetzt und zu Asche gebrannt, welche über den gehainten Boden ausgestreut wird. Hierauf erhält der Schlag eine Getreideeinsaat, zwischen welcher die neuen Lohden der Stöcke in die Höhe wachsen, weßhalb das Getreide im Herbste vorsichtig mit der Sichel ausgeschnitten werden muß.

Ist der Schlag gut mit rasch wachsenden Holzarten bestockt, so wird nur diese eine Ernte bezogen; da aber die Bestockung und der Wuchs unter der Bearbeitung des Bodens, besonders durch Zerstörung der feinen Thauwurzeln leidet, so ist die Bestockung meist so licht, daß im folgenden Jahre noch eine zweite und letzte Getreideernte bezogen werden kann.

Da der Holzertrag des Hackwaldes durch die Bearbeitung des Bodens, durch das Verbrennen der Dammerde und durch die unvermeidliche Beschädigung der Stöcke gegen den des reinen Niederwaldes wesentlich verringert wird; da ferner der Getreidebau mit unverhältnißmäßig großen Arbeitskosten verbunden ist, so rechtfertigen nur ganz außergewöhnliche Verhältnisse, wie im gebirgigen, hüttenreichen, bevölkerten und ackerarmen Fürstenthum Siegen diese Betriebsweise, und selbst von dort aus haben sich in neuester Zeit Stimmen gegen sie, und wohl mit Recht, erhoben.

Siebentes Kapitel.
Von der Baumfeldwirthschaft.

Die Baumfeldwirthschaft unterscheidet sich von der Hochwaldwirthschaft darin: daß der jedesmalige Jahresschlag rein abgetrieben, von Stöcken und Wurzeln gereinigt, umgepflügt und zunächst einige Jahre ausschließlich zum Getreidebau verwendet werden soll. Hierauf soll der Schlag reihenweise in einer solchen Entfernung bepflanzt werden, daß man in den ersten Jahren zwischen den Baumreihen noch Getreide erziehen, später die Fläche zur Graserzeugung, endlich noch zur Weide benutzen kann, bis die Pflanzung sich völlig geschlossen hat.

Die Anwendung dieser Betriebsart dürfte sich auf solche Privatwälder von geringer Ausdehnung beschränken, in denen der Grundeigenthümer selbst dem Ackerbau und dem Waldbau vorsteht. Wo das nicht der Fall ist, wo der Ackerbau durch die Person eines Pächters, der Waldbau durch die Person eines Verwalters betrieben wird, da steigern sich die unvermeidbaren Schädigungen der einen durch die andere Betriebsweise zu einer Höhe, die dem Fortbestande beider auf derselben Fläche entgegensteht.

Achtes Kapitel.

Vom Kopf= und Schneidelholz=Betriebe.

Beide unterscheiden sich vom Niederwaldbetriebe darin, daß der Wieder=
wuchs nicht an einem in geringer Höhe über dem Boden abgehauenen Stocke,
sondern durch Abhieb in einer Höhe von mindestens 1½ Mtr. erzeugt wird.
Beim Kopfholzbetriebe wird der Stamm in einer Höhe von 1—3 Mtr.
abgehauen, und der Ausschlag dicht unter dem Abhiebe hervorgerufen. Beim
Schneidelholzbetriebe läßt man dem Stamme seinen Längenwuchs entweder
ganz oder bis zu beträchtlicher Höhe, und erzieht den Wiederausschlag an
den Abhieben der Seitenäste in der ganzen Länge des Baumes.

Kopf= und Schneidelholz wird größtentheils nur in einzelnen Stämmen
zur Holzerziehung an Wegen, Triften, Hutungen, Bach= und Flußufern ꝛc.
angebaut. Die Zahl der vorhandenen Stämme, in so viele Theile
zerfällt, als die Ausschläge bei der Abnutzung alt sein sollen, ergibt die
Zahl der jährlich abzunutzenden Stämme, von denen die mit den ältesten
Ausschlägen geköpft oder geschneidelt werden. Weiden= und Hainbuchenkopf=
hölzer kommen jedoch auch in größerer Ausdehnung auf ständigen Hutungen,
sandigen Flußufern ꝛc. vor, so daß sie wie der reine Niederwald in Jahres=
schlägen behandelt werden können.

III. Von der Wahl der Betriebsarten, Umtriebszeiten und Holzarten.

Wir haben im Vorhergehenden die verschiedenen Betriebsarten kennen
gelernt. Durch jede derselben kann unter gewissen Verhältnissen der Zweck
der Waldwirthschaft, höchstmögliche Benutzung des Waldbodens durch Holz=
zucht erreicht werden. Ebenso kann hier diese, dort jene Umtriebszeit oder
Holzart den höchsten Ertrag zu gewähren geeignet sein, und es ist daher
von Wichtigkeit, die Verhältnisse zu überblicken, unter denen dieß der
Fall ist.

Neuntes Kapitel.

Von der Wahl der Betriebsarten.

In der Lehre von den verschiedenen Betriebsarten habe ich diese in
reine und gemengte eingetheilt, für letztere bereits bei ihrer Darstellung die
Fälle ihrer Anwendbarkeit kurz bezeichnet, daher wir es hier nur mit den
reinen Betriebsarten, dem Hoch=, Mittel= und Niederwaldbetriebe zu thun haben.

Im Allgemeinen ist die Zweckmäßigkeit einer jeden Betriebsart von
Standortsverhältnissen, vom bestehenden Bedürfniß und von den bestehenden
Bestandesverhältnissen abhängig.

Der Hochwaldbetrieb.

Ueberall, wo die Verhältnisse den Nadelholzbetrieb fordern, ist der Hoch=
waldbetrieb als Regel zu betrachten. Lärche und Kiefer können unter Um=
ständen jedoch auch als Oberholz im Mittelwalde erzogen werden.

Im Laubholze hingegen ist die Zweckmäßigkeit des Hochwaldbetriebes nicht so unbedingt, da die Laubhölzer in der Jugend eine größere Brenn= kraft besitzen als im höheren Alter. Die Zweckmäßigkeit des Hochwaldbetriebes hängt daher hier zunächst von der größeren Massenerzeugung und vom größeren Gebrauchswerthe des älteren Holzes ab. Erstere findet bei allen Holzarten Statt, die in der Jugend sehr langsam wachsen, wie die Roth= buche, wohingegen die Strauchhölzer, Pappeln, Weiden, Acacien, unter gewissen Verhältnissen selbst Ahorn, Esche, Eiche, Birke und Erle im Nieder= walde einen größeren Brennstoffertrag zu gewähren vermögen, als im Hoch= walde. Besonders ist dieß auf sehr flachgründigem Boden der Fall.

Man kann aber nicht sagen, daß in diesen Fällen der Hochwaldbetrieb weniger Masse gewähre, als der Niederwaldbetrieb, sondern nur, daß der Pappel= ꝛc. Hochwald weniger als der Pappelniederwald erträgt.

Was nun zweitens den größeren Werth des älteren Holzes betrifft, so besteht dieser in den meisten Fällen und zwar in solchem Maße, daß er dem Hochwaldbetriebe einen entschiedenen Vorzug vor dem Niederwaldbetriebe gibt. Er beruht nicht allein in der größern Gebrauchsfähigkeit des älteren Holzes als Werk= und Bauholz, sondern auch auf den geringeren Kosten, welche Zugutmachung und Transport des stärkeren Holzes in Anspruch nimmt.

Der Hochwaldbetrieb ist daher da an seinem Platze, wo die weite Ent= fernung der Verbrauchsorte bedeutende Transportkosten erfordert; unbedingt da, wo das Holz dem Verbrauchsorte durch Wassertransport zugeführt wird; bedingt beim Landtransport, da in gleichen Gewichttheilen jungen Laub= holzes dieselbe Brennstoffmasse als im alten Holze enthalten ist. Aller= dings ist aber der Raum, welchen gleiche Brennstoffmassen einnehmen, im jungen Holze größer, wodurch der Transport derselben oder gleicher Gewichts= theile jungen Holzes in der Regel viel theurer ist als in älterem und stärkerem Holze.

Die Verjüngung kehrt im Hochwalde in längeren Zeiträumen wieder wie im Niederwalde. Wo diese daher mit besonderen Gefahren oder großen Kosten verbunden ist, hat der Hochwaldbetrieb Vorzüge.

Im Hochwalde treten oft bedeutende Nebennutzungen an Mast, Weide, Streu ꝛc. ein. Wo diese von besonderem Werthe sind, findet der Hochwald seine Stelle. Wo sie Gegenstand bestehender Mitbenutzungsrechte sind, kann der bestehende Betrieb erst nach Ablösung derselben verändert werden, so weit die beabsichtigte Veränderung mit einer Verminderung der Nebennutzung verbunden ist.

Auf tiefgründigem, lockerem, unfruchtbarem Boden ist der Hochwald= betrieb vorzuziehen, da mehr Dammerde erzeugt und diese besser erhalten wird, als im Nieder= und Mittelwalde, wo der Humus bei der oft wieder= kehrenden Entblößung des Bodens rasch verflüchtigt. Selbst bei durchaus voller Bestockung und bei vollem Schlusse des Niederwaldbestandes gegen die Zeit seiner Haubarkeit, tritt dennoch nach dem Hiebe ein Zeitraum der Entblößung des Bodens ein, da die geringe Schirmfläche des Stockes mit j u n g e n Lohden an die Stelle der großen Schirmfläche des Stockes mit a l t e n Lohden tritt. Beim Hochwalde, wo ein ganz neuer Bestand an die Stelle des alten tritt, kann eine Bodenentblößung und eine Verminderung der auf Humusreichthum ruhenden Bodenfruchtbarkeit durch die Verjüngung vermittelst natürlicher Besamung gänzlich umgangen werden.

Im rauhen Klima, besonders da, wo häufig Spätfröste eintreten, leidet der Hochwald weniger als Nieder= und Mittelwald.

Das Gesagte bezieht sich auf den schlagweisen Betrieb der Hochwald=wirthschaft. Es gibt aber auch Fälle, wo der plänterweise Betrieb seine Stelle findet, und zwar:

1) In Hochgebirgen zum Schutze gegen Lawinenstürze.

2) In sehr rauhen Gebirgsgegenden, wo der Wiederwuchs sehr lange des Schutzes der älteren Bäume bedarf.

3) An sehr klippigen Berghängen, an denen sich nur einzelne be=samungsfähige Stellen finden, und wo die durch Felsen getrennten einzelnen Horste sich im Wuchse nicht hindern, auch wenn sie von verschiedenem Alter sind.

4) Auf den sandigen Dünenhügeln der Seeküsten, wo eine Mengung der Altersklassen den Boden besser vor dem Flüchtigwerden schützt, als gleich=altrig erzogene Hochwaldbestände im vorgerückten Alter.

Der Niederwaldbetrieb

ist in folgenden Fällen dem Hochwaldbetriebe vorzuziehen:

1) Auf flachgründigem Boden erzeugt der Niederwald eine größere Masse.

2) Pappeln, Weiden, Acacien, die Hainbuche, auch wohl Ellern und Ahorne, besonders Maßholder geben im Niederwalde größere Massen.

3) Bedürfnisse an Salinen=, Flecht=, Faschinenmaterial, an Weinpfählen, Lohrinde, Futterlaub 2c., können der Erzeugung des Niederwaldes einen besondern Werth beilegen.

4) Wo sich der Verjüngung der Bestände durch Samen besondere Hindernisse entgegenstellen, z. B. Ueberschwemmungen in Elsbrüchen, welche den Samen zusammenschwemmen oder fortführen.

5) Die Niederwaldwirthschaft verdient ferner da den Vorzug, wo die Fläche des Wirthschaftskörpers so klein ist, daß die geringe Größe der jähr=lichen Schlagfläche der Verjüngung und dem Schutze Hindernisse in den Weg legen würde.

6) Empfehlenswerth ist sie für den Betrieb solcher Privat= oder Gemeinde=hölzer, die nicht unter Aufsicht kundiger Forstmänner stehen, sondern von den Eigenthümern oder Gemeindevorständen selbst bewirthschaftet werden; nicht allein weil der Betrieb am einfachsten ist, sondern auch, weil Fehler im Betriebe nicht so große Verluste und üble Folgen nach sich ziehen, auch leichter und in kürzerer Zeit wieder auszugleichen sind.

7) Aus demselben Grunde ist der Niederwald für Oertlichkeiten em=pfehlenswerth, die dem Diebstahle ausgesetzt sind, weil der häufiger wieder=kehrende Abtrieb häufiger und früher Gelegenheit bietet, die durch Holz=diebstahl produktionslos gewordenen Flächen wieder in Ertrag zu bringen.

8) In Fällen, wo eine Blöße mit Holz angebaut werden soll, die nicht mit anderen Waldungen in Wirthschaftsverband zu bringen ist, wird Niederwaldbetrieb stattfinden müssen, da der Besitzer sich selten dazu ver=stehen wird, so lange mit der Nutzung zu warten, bis ein dem Hochwald=

betriebe entsprechendes Holzkapital sich angesammelt hat. Gehen hingegen Blößen zu einem Wirthschaftskörper hinzu, so kann der Hauungssatz des Letzteren schon jetzt um die Hälfte des jährlichen Durchschnittszuwachses der cultivirten Blöße erhöht werden. (Vergl. Jahresberichte I. 4. S. 572.)

9) Ueberall, wo durch nicht nachhaltige Benutzung, durch fehlerhafte Wirthschaft oder durch Unglücksfälle die älteren Bestände einer Hochwald= wirthschaft verloren gegangen sind und die bestehenden Bedürfnisse eine Wiederansammlung des dem Hochwaldbetriebe entsprechenden Holzkapitals durch Zuwachsersparniß nicht gestatten, muß die Wirthschaft mit den herab= gekommenen Vorräthen fortgeführt, der Niederwald auch da beibehalten werden, wo der Hochwaldbetrieb ein weit höheres Einkommen gewähren würde. Es kann auch außergewöhnlicher Geldbedarf den Waldbesitzer veran= lassen, diesen zu decken durch Eingriff in die Vorräthe des Hochwaldes bis zur Kapitalgröße des Niederwaldes.

Der Mittelwaldbetrieb.

1) Wie wir in der Lehre von der Ernährung der Pflanzen gesehen haben, geschieht diese vorzugsweise durch die Blätter aus der Luft. Da nun im Mittelwalde nicht allein die Menge der Blätter unstreitig größer ist, als bei den übrigen Betriebsarten, sondern auch Licht und Luft in höherem Maße auf sie einwirken können, so sollte man meinen, der Mittelwald müsse eine größere Holzmasse erzeugen, als der Hochwald. Wenn dieß nun den bisherigen Erfahrungen gemäß nicht der Fall ist, so liegt die Ursache theils in der, gegen den Hochwaldbestand geringen Zahl der Oberholzbäume und in deren nachtheiliger Einwirkung auf das Unterholz, besonders in dem Umstande, daß durch das Ueberhalten der Laßreidel aus dem gutwüchsigen unbeschirmten Unterholzbestande dieser in die Oberholzfläche übergeht, während, durch den Abtrieb des Oberholzes, der Abgang gutwüchsiger Unterholzflächen durch die entblößte, theils unbestockte, theils mit verdämmtem und schlecht= wüchsigem Unterholze bestockte frühere Schirmfläche ersetzt wird; theils wirkt auch die Schwierigkeit, ein richtiges Verhältniß zwischen Ober= und Unter= holz herzustellen und zu erhalten, auf Verringerung des Ertrages ein. Da= gegen will ich die Möglichkeit, daß ein ideal bestandener Mittelwald dem Hochwalde im Ertrage gleichkomme, ihn vielleicht übertreffe, nicht in Abrede stellen; ob es aber je gelingen wird, einen ideal vollkommenen Mittelwald herzustellen, und wenn dieß einmal geschehen, diesen Zustand zu erhalten, bezweifle ich sehr.

2) Was den Werth der Mittelwalderzeugung anbelangt, so steht der= selbe überall hinter dem des Hochwaldes zurück, wo bedeutende Bau= und Werkholzmassen Absatz finden, da das im Freien erwachsene Oberholz keine diesem Zwecke entsprechende Form zu entwickeln vermag. Wo das Bedürfniß nur geringe Mengen kurzschäftigen Bau= oder Werkholzes fordert, wo ferner das Brennholz in der Nähe verbraucht wird, namentlich nicht zum Wasser= transport bestimmt ist, da steht der Werth der Mittelwalderzeugung dem der Hochwalderzeugung kaum nach.

3) Auf einem Boden, dessen Tiefe sehr rasch wechselt, z. B. auf einem, wegen seiner Flachgründigkeit im Allgemeinen nur für den Niederwaldbetrieb

geeigneten Boden, dessen Unterlage an einzelnen Stellen sich tiefer senkt, können diese tiefgründigeren Stellen zur Oberholzerziehung benutzt werden. Doch wird sich in diesem Falle nie eine regelmäßige Vertheilung des Oberholzes bewirken lassen, überhaupt dem regelmäßigen Betriebe manche Hemmung entgegentreten.

4) Ein Vorzug des Mittelwaldes ist es, daß man das Abnutzungsverhältniß in den Altersklassen des Oberholzes willkürlich, nach dem bestehenden Bedürfniß an stärkerem und schwächerem Nutz- und Brennholz bestimmen kann, wie ich dieß in einem Beispiele des fünften Kapitels erläutert habe. Man hat daher nicht nöthig, wie im Hochwaldbetriebe, ganze Bestandsmassen ein hohes Alter erreichen zu lassen, um daraus eine verhältnißmäßig nur geringe Nutzholzmasse entnehmen zu können.

5) Vorzüglich wichtig ist der Mittelwaldbetrieb als Uebergangswirthschaft vom reinen Niederwalde, oder vom Plänterwalde zur Hochwaldwirthschaft, da nur durch ihn dieser Uebergang mit geringen Opfern in der Gegenwart bewirkt werden kann.

6) In dem beim Niederwalde unter Nr. 5 erwähnten Falle, welcher besonders bei kleineren Landwirthschaften häufiger Statt findet, kann sich der Landwirth durch den Mittelwaldbetrieb die nöthigen Werkhölzer in erforderlicher Menge erziehen.

Zehntes Kapitel.

Von der Wahl der Umtriebszeiten.

Was unter Umtrieb zu verstehen sei, ist bereits in der Einleitung zur Betriebslehre gesagt. Es ist der Zeitraum, in welchem bei geregeltem Wirthschaftsbetriebe Abtrieb und Verjüngung der Bestände auf dieselbe Fläche zurückkehren. Wir haben uns hier daher nur mit den Vortheilen und Nachtheilen zu beschäftigen, welche dem höheren oder niedrigern Umtriebe unter verschiedenen Verhältnissen eigen sind.

Vom Umtriebe im Hochwalde.

Die Holzpflanzen sollen im Hochwalde in der Regel Baumstärke erreichen. Dieß fordert zuerst eine gewisse Länge des Wachsthumszeitraums, der sich noch näher bestimmt, wenn eine Verjüngung durch natürliche Besamung beabsichtigt wird. In diesem Falle darf der Umtrieb nicht kürzer gefaßt werden, als bis zum Mannbarkeitseintritt der geschlossen erwachsenen Bestände, nicht länger als sich die Bestände in einem, für die Herstellung eines Samenschlages geeigneten Zustande erhalten.

Der Mannbarkeitseintritt der Holzpflanzen ist bedingt:

1) Von Standortsverhältnissen. Je ungünstiger diese sind, je mehr dadurch der Pflanzenwuchs zurückgehalten wird, um so früher tritt Blüthe und Fruchtbildung ein.

2) Vom Lichtgenusse. Alle freistehenden, im Freien erwachsenen Pflanzen tragen früher Samen, als die im Schluß erwachsenen. An Sommerhängen tritt die Fruchtbildung früher ein, als an Mitternachtseiten.

3) Verletzungen der Pflanze sollen auf Beschleunigung des Frucht-

barkeitseintritts hinwirken, woran ich jedoch zweifle. Allerdings tragen Stockloden früher Samen, als Samenpflanzen, die 6jährige Stocklode auf 30-
jährigem Stocke muß aber einer 36jährigen Samenpflanze gleich gestellt werden.
Auch die Wirkung des Beschneidens, Ringelns muß auf anderem Wege,
als allein durch die Verletzung erklärt werden. Junge, kränkelnde Pflanzfichten
tragen zwar frühzeitig Zapfen, aber der Same darin ist taub.

Im gewöhnlichen Schlusse erwachsen, auf mittelmäßigem Boden, tritt
die Fortpflanzungsfähigkeit unserer Waldbäume durch Samen, oder richtiger
die Verjüngungsfähigkeit der Bestände durch Samenschläge, bei der Eiche
und Rothbuche im 80. bis 100. Jahre, bei der Weißtanne im 70—80.,
Fichte im 60—70., bei der Ulme, Ahorn, Kiefer im 50—60., bei Hainbuchen, Erlen, Birken, Eschen im 40—50. Jahre ein.

In vollem Schlusse und auf gutem Boden tritt dieser Zeitpunkt später,
bei ungünstigem Standorte und im lichten Stande tritt er früher ein.

Da die ganz alten Bäume bis zu ihrem Eingehen reichlich Samen
tragen, so bestimmt sich die andere Grenze der Verjüngungsfähigkeit nicht
nach der Dauer der Samenerzeugung, sondern nach der, im höheren Alter
der Bestände zunehmenden Verminderung der Stammzahl durch Diebstahl,
Unglücksfälle ꝛc., wodurch nicht allein die Zahl der zur Besamung nöthigen
Stämme, sondern auch die Laubdecke und Fruchtbarkeit des Bodens verloren geht, Verrasung eintritt ꝛc., so daß wir in dieser Beziehung mit der
Umtriebsbestimmung ebenfalls an ein bestimmtes Bestandsalter gebunden
sind, welches gemeinhin bei Eichen auf 120—200 Jahre, bei Rothbuchen,
Fichten, Kiefern, Tannen auf 100—120 Jahre, bei Weißbuchen, Erlen,
Birken auf 60—80 Jahre festgesetzt wird.

Innerhalb dieser Grenzen der Verjüngungsfähigkeit durch Besamungsschläge (im Falle eine solche Verjüngung nicht in Absicht liegt, ohne jene
Beschränkung) bestimmt sich der Umtrieb im Hochwalde ferner nach den Rücksichten auf Erzeugung der größten Holzmasse.

Früher, und im Allgemeinen noch jetzt, nimmt man im Hochwalde
ein Steigen des Zuwachses bis zu einem gewissen, bei verschiedenen Holzarten und unter verschiedenen Standortsverhältnissen abweichenden Alter an,
so daß z. B. auf 120 Hektar 0—19jähriger Bestände weniger Holzmasse
jährlich zuwachse, als auf 120 Hektar 0—39jährig, auf letzteren weniger
als auf 120 Hektar 0—59jährig, auf diesen weniger, als auf 120 Hektar
0—119jährig. Es haben jedoch, zuerst G. L. Hartig, für Kiefern (Allgem.
Forst- und Jagdarchiv VII 1826), später Hundeshagen (Pfeil kritische
Blätter X. 1, Seite 139) und ich selbst für Buchen und Fichten nachgewiesen (Forstwirthschaftslehre S. 178 und 198), daß bei diesen Holzarten
der Massenertrag verschiedener Hochwald-Umtriebszeiten sich ziemlich gleich
bleibe; daher es denn für dieselben, wenn man nur die Masse der Erzeugung berücksichtigt, ziemlich gleich sein würde, in welchem Umtriebe sie
bewirthschaftet werden. Besonders beachtenswerth ist dieß für den Laubholz-
betrieb, wo das junge Holz höheren Brennwerth hat, als das ältere.

Demunerachtet wird in den meisten Fällen auch für jene Holzarten
ein Steigen des Zuwachses bis zum 80. Jahre angenommen werden müssen,
wenn man allein die, unter gewöhnlichen Verhältnissen zur Einnahme

kommende Holzmasse berechnet, da der niedrigere Umtrieb eine viel größere
Menge geringen, entweder gar nicht, oder von Raff= und Leseholzsammlern
unentgeldlich benutzten Holzes abwirft.

Unter ungünstigen Standortsverhältnissen lassen die Bestände
weit früher im Wuchse nach — der Zeitpunkt größter Massenerzeugung der
Bestände liegt dem Geburtsjahre viel näher, daher denn auf schlechtem
Boden, im ungünstigen Klima ꝛc. der Umtrieb kürzer sein muß.   Oertlich
bestehende Gefahren, welche das höhere Bestandsalter vorzugsweise be=
drohen, wie Windbruch, Insektenfraß ꝛc. machen eine Verringerung
des Umtriebs, solche Gefahren hingegen, welche dem jüngeren Bestands=
alter entgegentreten, wie z. B. Gefahren der Verjüngung, Schnee
und Duftbruch, Beschädigungen durch Wildpret und Weide=
vieh ꝛc. machen eine Erhöhung des Umtriebs wünschenswerth.   Selbst die
Art und Weise des Holzdiebstahls, ob derselbe sich mehr auf schwächeres
oder stärkeres Holz erstreckt, seine Häufigkeit überhaupt, haben wesentlichen
Einfluß auf Umtriebsbestimmungen.   Man muß dabei auch im Auge be=
halten, daß bei kurzem Umtriebe die durch Unglücksfälle, Diebstahl ꝛc. ent=
stehenden Räumden früher in Zuwachs gebracht werden können, als bei
hohem Umtriebe, wo sie lange Zeit hindurch ertraglos liegen bleiben müssen.

Die Höhe des Umtriebs bestimmt die Beschaffenheit der Holzernte. Es
treten demnach auch die bestehenden Bedürfnisse und die davon abhängenden
Anforderungen der Holzkäufer als wichtige Bestimmungsgründe auf, indem
von jenen Anforderungen der Werth und Preis der jährlichen Holz=
ernte abhängig ist.   Wir müssen demnach stets einen solchen Umtrieb er=
wählen, bei welchem die Beschaffenheit der jährlichen Holzernte dem be=
stehenden Bedürfnisse am vollkommensten entspricht.

Die Kosten der Verjüngung sinken mit der Höhe des Umtriebes,
da sie sich in demselben Zeitraume seltner wiederholen, je höher der Um=
trieb ist.

Mit höherem Umtriebe vermindern sich die Kosten der Zugutmachung
und des Transports.

Von der Höhe des Umtriebs hängt ferner auch das Eingehen und der
Werth mancher Nebennutzungsgegenstände, wie Mast, Weide, Streu ꝛc.
ab. Wo diese einen besondern Werth besitzen, noch mehr, wo sie Gegenstand
bestehender Mitbenutzungsrechte sind, müssen sie bei Umtriebsbe=
stimmungen berücksichtigt werden.

Die Höhe des Umtriebs bestimmt den Zeitraum, in welchem sämmtliche
gegenwärtig vorhandenen Bestände zum Abtriebe und zur Verjüngung kommen.
Sind diese nun so schlecht oder lückig, daß sie nicht den höchsten Ertrag zu
gewähren vermögen, so ist mit kürzerem Umtriebe der Vortheil einer früheren
Herstellung besserer, d. h. ertragsfähigerer Bestände, ver=
bunden.

Rücksichtlich der mittelbaren und unmittelbaren Vortheile einer unter=
lassenen Erhöhung, oder bewirkten Verkürzung der Umtriebszeit, im Zinsen=
ertrage versilberter Holzkapitale, verweise ich auf Kapitel 2.

Endlich haben wir noch zu erwähnen, daß da, wo mehrere Wirthschafts=
körper auf die Befriedigung einer und derselben Bedarfsmasse hinwirken, diese

sich gegenseitig vertreten können, so, daß Wirthschaftskörper mit vielem alten Holze durch Herabsetzung des Umtriebes stärker angegriffen werden können, um andere, mit überschüssigem jungen Holze, durch Erhöhung des Umtriebs und der damit verbundenen Verringerung der Hiebsfläche und Nutzungsgröße schonen zu können.

Vom Umtrieb im Niederwalde.

Der Umtrieb im Niederwalde ist durch die Ausschlagfähigkeit der Stöcke schärfer begrenzt als der des Hochwaldes. Nur bei denjenigen Holzarten, welche reichlich Wurzelbrut treiben, wie die Aspe, Weißeller, Acacie, ist der Hieb nicht an die Ausschlagfähigkeit des Stocks gebunden.

Die Fähigkeit der Holzpflanzen, vom Stocke aus einen reichlichen und kräftigen Wiederausschlag zu erzeugen, erhält sich bei der Eiche, Buche, Hainbuche, Erle, Ahorn, Esche, Ulme bis zum 40. Jahre, bei Birken, Haseln und Acacien bis zum 20., bei Pappeln, Weiden und den Strauchhölzern bis zum 10 — 15. Jahre.

Innerhalb dieser Grenzen treten bei Umtriebsbestimmungen ziemlich dieselben Rücksichten ein, wie im Hochwalde.

Was die Rücksichten auf Erzeugung der größten Holzmasse betrifft, so muß man den Umtrieb um so kürzer fassen, je schlechter und flachgründiger der Boden ist. Aber auch auf besserem Boden wird, mit Ausschluß der Rothbuche, eine mittlere Umtriebszeit größere Massen liefern, als die oben bezeichnete.

Der niedere Umtrieb wirkt im Niederwalde nicht allein dadurch ertragerhöhend, daß ihm eine weit größere Stockzahl eigenthümlich ist, sondern auch dadurch, daß in Folge dichterer Bestockung der Kronenschluß nach jedem Hiebe sich rascher wiederherstellt, der Boden zwischen den Kronen der einzelnen Mutterstöcke kürzere Zeit unbeschirmt bleibt, daher weniger verödet als das bei langem Umtriebe der Fall ist. (S. Band III Ertragsermittelung der Niederwälder.)

Der Werth der Holzerzeugung hängt vom bestehenden Bedürfniß ab; hier kann nur starkes Reidelholz hoher Umtriebe gesucht sein, dort hat das schwache Material niedriger Umtriebe, als Salinen-Reisig, Korbruthen, Bandstöcke, Faschinen ꝛc. höheren Werth.

Der kürzere Umtrieb liefert einen reichlicheren Wiederausschlag, und diesen sicherer, als der höhere; die Ausschläge wachsen besser und der Stock solcher Hölzer, welche die Ausschläge tief am Stocke oder an den Wurzeln entwickeln, erhält sich länger und voller, wohingegen die Stöcke solcher Holzarten, die nur reinen Stockausschlag über der Erde entwickeln, bei häufiger wiederholtem Hiebe weniger lange ausdauern. Wo daher die Ergänzung eingehender Mutterstöcke mit besonderen Schwierigkeiten verbunden, daher die möglichst lange Dauer der vorhandenen Stöcke wichtig ist, muß man durch kürzeren Umtrieb eine größere Sicherheit des Wiederausschlags gewinnen.

Je mehr die Fruchtbarkeit des Bodens von Erhaltung der Humusschicht abhängig ist, um so kürzer muß der Umtrieb angesetzt werden, da die größere Zahl der Mutterstöcke des kurzen Umtriebs eine geringere Dauer der Bodenentblößung nach dem Abtriebe zur Folge hat.

Nebennutzungen haben häufig auch auf die Bestimmung des Niederwaldumtriebs Einfluß. Weide, Streu, Raffholz ꝛc. verringern sich mit dem Umtriebe, und fallen bei einem Umtriebe unter 15—20 Jahren fast gänzlich aus. Benutzung der Spiegelrinde der Eichen-Niederwälder fordert einen 15—20jährigen Umtrieb.

Vom Umtriebe im Mittelwalde.

Der Umtrieb im Unterholze des Mittelwaldes bestimmt sich im Allgemeinen nach denselben Regeln, wie der des reinen Niederwaldes, doch ist hier ein kürzerer Umtrieb in noch höherem Grade als dort vortheilhaft, weil die nachtheilige Einwirkung des Oberholzes auf das Unterholz mit der Annäherung der Blattschirme beider steigt. Je weiter der Unterholzblatt= schirm vom Oberholzblattschirm entfernt ist, um so weniger verdämmt letzterer.

Für den Umtrieb im Oberholze gelten im Allgemeinen die für den Hochwaldumtrieb gegebenen Regeln; es wird aber hier ein möglichst kurzer Umtrieb wünschenswerther, und zwar aus folgenden Gründen:

1) Gleiche Schirmfläche, gebildet aus den Kronen junger Oberhölzer, beschattet und schadet viel weniger, als wenn sie aus den Kronen alten Oberholzes zusammengesetzt ist, theils wegen der größern Dichtheit der Kronen älterer Bäume, theils wegen des längeren Verweilens der Be= schattung auf ein und derselben Stelle unter großkronigen Bäumen.

2) Bei gleichem Beschattungsgrade kann daher eine bedeutend größere Schirmfläche aus jungem Oberholze übergehalten werden, ohne den Wuchs des Unterholzes in höherem Grade zurückzuhalten. Bei gleichem Be= schattungsgrade erwächst aber am jungen Oberholze nicht allein mehr Holz= masse, als an älterem, sondern auch verhältnißmäßig mehr Stammholz.

3) Die größere Stammzahl der Oberhölzer bei niedrigem Umtriebe erleichtert die regelmäßige Vertheilung der Stämme.

4) Die Fällung geringeren Oberholzes ist mit geringeren Beschä= digungen der Laßreidel und Unterholzstöcke verbunden.

5) Bei geringerem Oberholzumtriebe kann man mit größerer Sicher= heit gesunde Stockloden zu Oberholz überhalten, die den höheren Umtrieb nicht aushalten würden.

Man fasse daher den Oberholzumtrieb so kurz, wie dieß die Befrie= digung der Nutzholzbedürfnisse irgend gestattet, und stelle zugleich das Ab= nutzungsverhältniß (vergl. Kapitel 5) so, daß selbst bei höherem Umtriebe nicht mehr altes Holz gezogen wird, als das Nutzholzbedürfniß erfordert, das stärkere Brennholz in 60 bis 80jährigen Oberholzstämmen abgenutzt wird.

Elftes Kapitel.
Von der Wahl der Holzarten.

1) Sie wird zuerst durch Standortsverhältnisse bestimmt. Wir wissen, daß, wenn auch manche Bodenarten den Anbau der meisten hei= mischen Holzarten erlauben, dennoch der höchstmögliche Ertrag einer jeden von bestimmten, ihrem Wuchse besonders zusagenden Boden= und klima=

tischen Verhältnissen abhängig ist. In der Lehre vom Boden und der Luft lernten wir die Eigenthümlichkeit des Eichen=, Buchen=, Kiefern=, Erlenbodens, des Eichen=, Buchen=, Kiefernklimas kennen. Der Forstwirth muß in der ihm gegebenen Oertlichkeit die bestehenden Verhältnisse erforschen, und nach ihnen seine Wahl treffen.

2) Nächstdem bestimmen die bestehenden Bedürfnisse die Wahl der Holzarten. Für Bauholzbedürfnisse sind vorzugsweise die Nadelhölzer und die Eiche; für Werthölzer die meisten harten Laubholzarten, für Brenn= bedarf besonders diejenigen Holzarten geeignet, welche im kleinen Raume große Brennstoffwerthe enthalten, wie die Rothbuche. (Das Weitere fällt der Lehre von der Forstbenutzung anheim.)

3) Auf die Wahl der Holzart hat ferner die bestehende Betriebs= weise einen wesentlichen Einfluß.

Für den Hochwaldbetrieb in reinen Beständen eignen sich außer den Nadelhölzern noch die Rothbuche und Eiche, im kurzen Umtriebe die Birke und Eller, wohingegen die übrigen harten Laubhölzer mehr zur Erziehung in gemengten Beständen, und zwar:

die Ahorne, Eschen, Ulmen in Untermengung mit Rothbuchen,

die Eschen=, Vogelbeer=, Elsbeerbäume und die Birke bei gewissen Bodenverhältnissen zur Untermengung mit der Erle, geeignet sind.

Außerdem passen zur Erziehung in gemengten Beständen:

Kiefer und Lärche,

Fichte und Tanne,

Tanne und Rothbuche,

Rothbuche und Eiche,

Kiefer und Birke. [1]

Für den Niederwaldbetrieb sind natürlich nur diejenigen Holz= arten anwendbar, welche überhaupt Stock= oder Wurzelausschlag liefern, da ein 40jähriger oder noch geringerer Umtrieb im Nadelholze immer noch keinen Niederwaldbetrieb begründet.

Ausschließlich für den Niederwaldbetrieb sind jene Holzarten, welche nicht zur Baumstärke erwachsen, die Sträucher, strauchartigen Weiden: Haseln ꝛc.

Auch diejenigen Holzarten kann man hieher zählen, welche zwar zu Bäumen erwachsen, aber im höheren Umtriebe des Hochwaldes einen sehr geringen Ertrag gewähren, wie z. B. die Pyrus= und Prunus-Arten, Sorbus, Robinia Pseudacacia ꝛc.

Unter jenen Holzarten bestimmt zuerst das Bedürfniß die anzubauende Holzart. Für Brenn= und Kohlholzerzeugung sind besonders die Ahorne, Acacie, Eiche, Hainbuche, Rothbuche und Birke geeignet, indem diese Hölzer die größte Brennstoffmasse im kleinsten Raume erzeugen. Erle, Pappel und Weide erzeugen zwar auch bedeutende Mengen Brennstoff, aber gleiche Brennstoffmengen in fast doppelt so großem Raume, wodurch sich natürlich für diese Hölzer die Zugutmachungskosten gleich großer Brennwerthe, vom Abhiebe bis zum Brennen, oft verdoppeln.

---

[1] Ueber Erziehung gemengter Bestände ist im achten Kapitel (vermischte Saaten) der zweiten Abtheilung des dritten Abschnittes mehr gesagt.

Anderweitige Bedürfnisse befriedigt die Eiche (Spiegelrinde), die Linde und die Rüster (Bast), die Hasel (Reifstöcke), die Weide (Reifstöcke, Flecht- und Faschinenmaterial), Eiche, Ahorn, Esche, Ulme, Birke (kleine Nutz- und Werkhölzer, Reifstöcke ꝛc.), die kleineren Strauchhölzer, besonders die Dornen und Schlehen (Salinenreisig).

Für die den Standortsverhältnissen entsprechende Wahl der Holzart gelten die in der Lehre vom Boden mitgetheilten Bezeichnungen; wie im Hochwalde haben wir auch im Niederwalde einen besondern Buchenboden, Weidenboden ꝛc., der jedoch oft ein anderer ist, als im Hochwalde. Der Erlenboden ist in beiden Betriebsarten gleich; der Eichenboden kann viel flachgründiger sein; der Weide entsprechen besonders die nassen und feuchten sandigen Anschwemmungen der Flüsse und Seen; die Acacie und die Reif- weiden gedeihen noch auf dem trockeneren sandigen Meeresboden. Für die übrigen Holzarten finden wesentliche Abweichungen nicht statt.

Bei der Wahl der Holzarten für den Niederwaldbetrieb kommt ferner auch die Eigenschaft mancher Holzarten, durch Wurzelbrut oder frühzeitige Samenbildung die Fläche voll bestockt zu erhalten, in Betracht.

Wurzelbrut erzeugen die Acacie, die Ulme, die weiße Eller, die Zitter- pappel, die Prunusarten und viele Strauchhölzer. Durch frühzeitige Samen- bildung zeichnet sich die Acacie, Birke, die Ahorne, Esche, Prunus, Pyrus-, Sorbusarten, und die Strauchhölzer aus.

Was die Dauer der Ausschlagfähigkeit anbelangt, so haben H u n d e s - h a g e n und Andere den Grundsatz aufgestellt, daß dieselbe mit dem natür- lichen Alter der Pflanze im Verhältniß stehe. Danach müßte aber die Dauer der Ausschlagfähigkeit bei der Rothbuche eine größere sein, als bei der Erle, was gewiß nicht der Fall ist. Holzarten, deren Ausschlag tief am Stocke erfolgt, so daß der Ausschlag selbst neue Wurzeln zu entwickeln und selbst- ständig zu werden vermag, wie die Eiche, liefern am längsten Ausschlag. Die Birke hat mit der Rothbuche die geringste Dauer der Ausschlagfähigkeit.

Den meisten und kräftigsten Wiederausschlag liefern Eichen, Ahorne, Linden, Erlen, Hainbuche und Acacien. Diesen folgen Vogelkirsche, Eber- esche und Elsbeere, Ulme, Weide; diesen die Pappel, Birke und Rothbuche.

Für den M i t t e l w a l d b e t r i e b passen in den Unterholzbestand die- jenigen Holzarten, welche dem Niederwaldbetriebe, für den Oberholzbestand passen die Holzarten, welche dem Hochwaldbetriebe entsprechen, jedoch mit folgenden Einschränkungen:

1) Man wählt zum Unterholzbestande gerne dieselbe Holzart, wie für den Oberholzbestand, um letztern aus ersterem überhalten, ersteren aus letzterem ergänzen zu können.

2) Zum Unterholzbestande wählt man Holzarten, welche möglichst wenig von der Beschattung des Oberholzes leiden; zum Oberholze solche, die mög- lichst wenig beschatten, um beim geringsten Verluste am Unterholzertrage durch Beschirmung, die möglichst größte Oberholzmenge überhalten zu können.

Den meisten Schatten als Unterholz ertragen: Rothbuche, Linde, Ahorne, Weißbuche; weniger Ulme, Esche, Eberesche, Kirsche; am wenigsten Eiche, Birke, Erle, Aspe, Weide, Hasel.

Am wenigsten verdämmend als Oberholz sind: Aspe, Birke, Lärche;

etwas mehr Eiche, Esche, Ulme, Schwarzpappel, Erle; am meisten Weiß=
buche, Ahorn, Linde, Rothbuche, Roßkastanie.

3) Das Oberholz muß geeignet sein, im freien Stande einen Stamm
auszubilden, der dem vorliegenden Nutzholzbedürfniß entspricht.

In Beziehung auf die einzelnen Holzarten haben wir noch Folgendes
zu bemerken:

Die Eiche.

So häufig die Eichen gegenwärtig als alte Bäume im Mittelwalde
vorkommen, der sie noch aus dem Plänter= oder Urwalde überkam, so
schwierig, und in vielen Fällen unvortheilhaft wird ihre Nachzucht. In der
frühesten Jugend leidet die Eiche sehr vom Wildpret und unter der Be=
schirmung des Unter= und Oberholzes. Im freien Stande als Oberholz
bleibt sie nicht allein sehr im Wuchse zurück und liefert eine geringere Masse
als die Buche, Ahorne rc., sondern wächst auch sperrig und macht keinen
schönen Stamm. Als Oberholz erziehe man sie daher nur im hohen Unter=
holzumtriebe, auf tiefgründigem fruchtbaren Boden, im milden Klima, denn
die Fälle, wo sie auf flachem Boden freudig vegetirt, gehören zu den sel=
tenen Ausnahmen; aber auch auf günstigem Standorte ziehe man die Eiche
nicht in größerer Menge und höherem Alter, als das Nutzholzbedürfniß
durchaus erfordert.

Als Unterholz ist die Eiche besonders an Mittagseiten der Berge, auf
armem selbst flachgründigem Boden ertragreich, sie leidet aber keine starke
Beschattung. Je schlechter der Boden ist, um so länger behält die Eiche
ihre Ausschlagfähigkeit, so daß hier noch 60—70jährige Orte dadurch ver=
jüngt werden können.

Ueber empfindlichem Unterholz kann die Eiche $\frac{1}{4}$—$\frac{1}{3}$, über weniger
empfindlichem $\frac{1}{3}$—$\frac{1}{2}$ der Fläche beschirmen.

Die Rothbuche.

Sie wächst im freien Stande des Mittelwaldes sehr gut, producirt
hier im einzelnen Stamme mehr Masse als im Schluß des Hochwaldes.
Zur Brennholzerzeugung ist sie daher im Mittelwalde das geschätzteste Ober=
holz, und besonders auf Kalkboden oder humosen Lehmboden passend. Sie
verlangt keine besondere Bodentiefe.

Wegen ihrer starken Beschattung ist nur Buchen= oder Hainbuchen=
unterholz ihr angemessen. Letzteres erlangt dadurch den Vorzug, daß es
mehr Stockloden treibt, sich überhaupt voller bestockt erhält. Der Roth=
buchenstock liefert nur 2= bis 3mal reichlichen Ausschlag. Die Stöcke müssen
hoch gehauen werden.

Rothbuchen über Roth= oder Weißbuchen können füglich $\frac{1}{3}$ der Fläche
beschirmen. Ueber Eichen=, Ahorn=, Eschenunterholz im kurzen Umtriebe $\frac{1}{4}$.
Ueber Birken, Haseln, Weiden, Erlen ist die Rothbuche möglichst zu ver=
meiden, und darf höchstens $\frac{1}{6}$ der Fläche beschirmen.

Die Weißbuche

ist als Oberholz durchaus unzweckmäßig, da sie im Freien sperrig wächst,
viel beschattet und als Baumholz stets im geringen Zuwachse steht. Dahin=

gegen ift fie als Unterholz fehr zu empfehlen, indem fie eine ftarke Be=
fchattung erträgt und lange ausdauert.

Die Ahorne

find als Oberholz im kurzen bis 80jährigen Umtriebe ertragreich, fpäter
bleiben fie im Wuchfe fehr zurück. Die Befchattung alter Bäume ift nicht
wefentlich geringer als die der Rothbuche. Der Feldahorn ift nur als Unter=
holz und wegen feines geringen Zuwachfes auch als folches nur ausnahms=
weife zu erziehen. Als Unterholz ift ihr Ertrag außerordentlich, auch leiden
fie eine ftarke Befchattung.

Die Efche

fordert einen feuchten humofen Boden; ihr eigentlicher Standort ift der fefte
Wiesboden, die Ränder der Waldbäche; auf Bruch= und Moorboden gedeiht
fie fchlecht. Sie muß jedoch ebenfalls in nicht zu hohem Umtriebe als Ober=
holz und in mäßiger Befchattung als Unterholz behandelt werden, dann ift
fie auf paffendem Standorte fehr ertragreich. Der Befchattungsgrad der
Efche ift etwas geringer als der der Eiche.

Die Rüfter,

befonders die rauhe Rüfter ift in den Flußniederungen heimifch und liefert
dort, auf einem humusreichen feuchten Lehmboden vorzüglichen Ertrag, mehr
als Oberholz wie als Unterholz. Als erfteres befchattet fie wenig, und kann
felbft über Birken und Hafeln Unterholz über $1/4$ der Fläche befchatten. Um=
trieb 80= bis 100jährig. Als Unterholz verträgt die Ulme keine ftarke Be=
fchattung, läßt auch bald im Wuchfe nach.

Die Linde

gibt felbft unter ftarker Befchattung ein ausfchlagreiches, aber trägwüchfiges
Unterholz, weniger taugt fie als Oberholz.

Die Birke.

Unter entfprechenden Bodenverhältniffen liefert Birkenoberholz über
Hainbuchen=, Buchen=, Ahorn= oder Eichenunterholz einen hohen Maffen=
ertrag durch die geringe Befchattung und große Stammzahl, in der fie über=
gehalten werden kann. Auch der Nutzholzertrag ift in der Regel groß, bei
dem Werthe der Birke für Gefchirrholz. Ihrem verbreiterern Anbau als
Oberholz tritt die Schwierigkeit entgegen, den Unterholzbeftand von ihr frei
zu halten, in welchem ihr Ertrag durch geringe Dauer der Mutterftöcke,
wie durch Bodenverfchlechterung, ein geringer ift. Nur auf eigentlichem
Birkenboden ift fie auch als Unterholz ertragreich, und über Birken= und
Hafelunterholz das befte Oberholz.

Die Erle

ift auf geeignetem Boden als Unterholz ertragreich, und kann in 30—40=
jährigem Umtriebe behandelt werden, wenn nur das ftärkere Material Abfatz
findet. Wenig taugt fie als Oberholz, da fie bald im Wuchfe nachläßt.

Besonders ist dieß auf dem eigentlichen Bruchboden der Fall. Länger hält die Erle im nassen Dünensande an Fluß= und Seeufern aus, wo sie mit Vortheil zu Baumholz übergehalten werden kann, da sie wenig beschattet; doch muß die Lage geschützt sein, da sie leicht vom Winde geworfen wird und brüchig ist.

Die Aspe

ist ebenfalls weder als Unterholz noch als Oberholz werthvoll. Sie wächst in der Jugend zwar rasch, läßt aber sehr bald nach und besonders die reichlich erfolgende Wurzelbrut geht gemeinhin sehr rasch wieder ein. Als Nutzholz hat das Oberholz, als Brennholz das Unterholz wenig Werth, und wie die Birke verschlechtert auch die Aspe den Boden.

Die Hasel

kann natürlich nur als Unterholz erzogen werden, und gibt einen hohen Geldertrag, wo die Ausschläge als Bandstöcke verwerthet werden können. Sie erträgt aber wenig Schatten und wird mit Vortheil nur unter Birken oder Lärchen Oberholz zu erziehen sein. Geeigneter ist sie für kleine ver= einzelte Feldhölzer als für größere Waldflächen.

Die Weiden

sind kein Holz für den Mittelwald, da sie keinen Schatten leiden und nur in ganz kurzem Umtriebe Ertrag gewähren.

Vogelkirsche, Eberesche, Elsbeere rc.

sind bei mäßiger Beschattung ein gutes Schlagholz. Letztere kann wegen ihres schönen Holzes auch in einzelnen Stämmen mit Vortheil übergehalten werden, ist aber sehr trägwüchsig.

Unter den Nadelhölzern würde sich die Lärche zur Erziehung als Oberholz am besten eignen, da sie auch im freien Stande sich von Aesten reinigt.

4) Bestimmt auch die angenommene Umtriebszeit die Wahl der an= zubauenden Holzart, in welcher Beziehung das zu beachten ist, was ich über die Wahl der Umtriebszeiten für die verschiedenen Betriebs= und Holz= arten bereits gesagt habe.

Ein Weiteres über Auswahl der anzubauenden Holzarten enthält das zweite Kapitel der zweiten Abtheilung des dritten Abschnittes.

Zwölftes Kapitel.
Von der Wahl der Erzeugungsart.

Junge Bestände können entweder mit Hülfe eines vorhandenen Mutter= bestandes oder ohne diese durch Saat, Pflanzung, Steckreiser oder Absenker erzeugt werden.

Der Verjüngung durch natürliche Besamung steht der große Vortheil zur Seite, daß nur auf diesem Wege es möglich ist, die im Humus der Dammerde begründete Bodenkraft unvermindert aus dem alten auf den jungen Bestand zu übertragen, wenn die

lebendige Laubdecke des alten Bestandes nicht eher hinweggenommen wird,
ehe sich nicht ein neuer Schutz durch den erzogenen jungen Bestand gebildet
hat. Es ist dieß ein, auf den jungen Bestand so mächtig einwirkender Vor=
theil dieser Erzeugungsart, daß ich ihn jedem anderen weit voranstelle, um
so mehr, je mehr die Fruchtbarkeit des Bodens auf dessen Reichthum an
Dammerde beruht, je weniger die Holzart des künftigen Jungorts geeignet
ist, verlorene Dammerde rasch wieder herzustellen. Es tritt aber dieser Vor=
zug nur da hervor, wo die zu verjüngenden alten Bestände noch so ge=
schlossen sind, daß sie die Dammerde bis zum Abtriebe sich zu erhalten ver=
mochten. Das ist vorherrschend der Fall in Buchen=, Fichten= und Tannen=
Wäldern, seltener in Kiefer= und Eichen=, noch seltener in Birken= und
Lärchen=Beständen, die zur Zeit ihrer Verjüngung in der Regel schon so
licht stehen, daß durch gänzliche Freistellung des Bodens eine wesentliche
Verringerung der organischen Bodenkraft nicht mehr stattfindet.

Ein zweiter erheblicher Vortheil der Selbstbesamung liegt in dem ge=
ringeren Kostenaufwande, den dieselbe erheischt. Es ist zwar der Kosten=
aufwand an Rückerlöhnen diesem Vortheile entgegengestellt worden, indeß
sind Letztere so groß nicht, wo nicht ein unnöthiger Luxus mit dem
Rücken getrieben wird. [1] Will man jede Beschädigung am Jungorte ver=
meiden, dann werden die Rückerlöhne allerdings in vielen Fällen zu hohen
Beträgen anwachsen, will man hingegen nur diejenigen Beschädigungen des
Wiederwuchses vermeiden, die auf den dereinstigen Ertrag des=
selben von Einfluß sind, dann lassen sich diese Kosten auf geringe
Summen zurückführen, gegenüber denen des Anbaues aus der Hand.

Ein dritter Vorzug der Selbstbesamung liegt darin: daß ohne über=
mäßigen Kostenaufwand nur auf diesem Wege es möglich wird, eine größte
Menge junger Holzpflanzen in einer Vertheilung zu erziehen, in der die
größte Zahl derselben einen, ihrer kräftigen Fortbildung entsprechenden Stand=
raum findet. Nur die Vollsaat vermag Gleiches zu leisten, deren Anwen=
dung jedoch eine sehr beschränkte ist. Alle übrigen Kulturmethoden würden,
wenn sie Gleiches leisten sollten, einen im Allgemeinen unzulässigen Kosten=
aufwand erheischen. Welches der Einfluß ist, den eine gleichmäßige Ver=
theilung des gesammten Standraumes auf die Herstellung und Erhaltung
größter Mengen lebenskräftigster Pflanzen und dadurch auf die Massen=
erzeugung der Bestände ausübt, darüber habe ich meine Ansichten im 3. Ab=
schnitt des ersten Bandes (F. b, Wachsthum S. 282) ausgesprochen.

Ein Zuwachsgewinn ist überall da mit der Selbstbesamung verbunden,
wo schon im Jahre nach der Schlagstellung reichlicher Wiederwuchs erfolgt.
Der, an den übergehaltenen Mutterbäumen erfolgende, durch die Freistellung
gesteigerte Zuwachs kann in solchen Fällen als ein Ueberschuß der jährlichen
Durchschnittserzeugung des Bodens betrachtet werden (Ertrag der Rothbuche
Seite 136).

Noch andere Vortheile der Selbstbesamung liegen in dem Schutze, den
der Mutterbaum dem Wiederwuchse gegen Frost, Hitze, Dürre und Forst=

---

[1] Wo mit der Hälfte der Rückerlöhne bessere Bestände erzogen wurden als der Be=
samungsschlag zu liefern vermag (H. Cotta), da müssen die Rückerlöhne sehr hoch, Kultur=
kosten sehr gering und Erfolg der Samenschläge sehr schlecht gewesen sein.

unkräuter gewährt. Für Holzarten, die dieses Schutzes benöthigt sind, für Rothbuche und Weißtanne wird die Selbstverjüngung immer vorherrschend bleiben. Allerdings lassen auch diese Holzarten im Freien sich aufbringen, wenn die Witterung ihrem jugendlichsten Alter günstig ist. Allein die Gefahr großer Verluste ist immer und überall vorhanden und diese Verluste, wenn sie eintreten, sind, besonders bei selten sich wiederholenden Samenjahren so groß, daß sie, auch bei seltenerem Auftreten, die Vortheile weit überwiegen, die der Anbau aus der Hand zu gewähren vermag.

Als Nachtheile der Selbstbesamung sind hauptsächlich die Störungen zu betrachten, welche eine vorausbestimmte und geordnete Wirthschaftsführung bei ungewöhnlich lange aussetzender Samenproduktion häufig erleidet; überhaupt die Behinderung freier Hiebsleitung, Vermehrung der Geschäfte und Erschwerung der Controle.

Es gehören ferner hierher die Verluste durch Windbruch in den gelichteten Samenschlägen. Den Satz: „daß die Bäume nicht aus dem Walde fallen," d. h. daß sie, vom Winde geworfen, ohne erhebliche Verluste eben so geerntet werden können, als im regelrechten Schlage, möchte ich nicht unterschreiben. Schon der Umstand: daß man hierbei nicht Herr der Jahreszeit ist, in welcher die Zugutmachung geschehen muß, steht dem entgegen, anderer erheblicher Nachtheile durch Zerbrechen vieler Nutzholzschäfte, durch größere Beschädigung des Wiederwuchses, durch Erschwerung der Zugutmachung nicht zu gedenken. Ich halte es vielmehr für gerechtfertigt, in exponirten Lagen der Gebirgsforste, in denen ein Werfen der Mutterbäume mit Wahrscheinlichkeit vorausgesehen werden kann, von der Verjüngung durch natürliche Besamung gänzlich abzusehen.

Zu den Nachtheilen der Selbstbesamung gehört ferner die Ungleichwüchsigkeit der Jungorte, die dann eintritt, wenn das erste Samenjahr unbesamte Lücken ließ, die erst in späteren Samenjahren in Bestand kommen. Bei lange aussetzenden Samenjahren können dadurch große Altersunterschiede im Jungorte entstehen, die besonders dadurch nachtheilig werden: daß sie die Wiederaufgabe derselben für die Viehweide verzögern, indem dieser Zeitpunkt vom Alter der jüngsten Pflanzen abhängig ist. Bei starken Wildständen werden die Nachwüchse auch sehr vom Wilde verbissen. Indeß ist dieser Nachtheil ein bedingter, er kann auch dadurch gänzlich vermieden werden, daß man nicht zu lange auf Nachwuchs wartet und bei rechtzeitigem Abtrieb der Mutterbäume die Fehlstellen auspflanzt, was bei der Nähe der Pflänzlinge mit geringen Kosten verbunden ist.

Endlich schmälern die Samenschläge eine alljährlich freie Disposition über die vorhandenen Bau= und Nutzholzstämme. Wo in Folge dessen Anforderungen unbefriedigt bleiben müssen, die nicht alljährlich wiederkehren, können daraus Verluste im Nutzholzhandel hervorgehen.

In den allermeisten Fällen werden die Nachtheile der Selbstverjüngung hinter den Vortheilen weit zurückstehen. Das ist überall der Fall, wo eine, durch mehrjährige Bodenentblößung verloren gehende Dammerdeschicht noch vorhanden, die mineralische Bodenkraft eine geringe ist, so wie da, wo geringe Holzpreise eine Ersparniß an Kulturkosten nöthig machen. Wo dieß nicht der Fall ist, wo außerdem die freie Disposition über die Bäume der

am Hiebe stehenden Orte vortheilhaft, wo eine, an die Verjüngungsfähigkeit
der Bestände und an den Eintritt der Samenjahre nicht gebundene Hiebsfolge nothwendig ist, da können Kahlhiebe und Anbau aus der Hand den
Vorzug besitzen.

Unter den verschiedenen Methoden des Anbaues aus der Hand besitzen
nur Saat und Pflanzung eine allgemeinere Anwendung. Der Anbau durch
Steckreiser beschränkt sich auf Weiden-Soole, der Anbau durch Setzstangen
auf Weiden- und Pappeln-, Kopf- und Schneidelhölzer. Durch Absenker
können zwar alle Laubholzarten im Niederwalde und Unterholze sehr sicher
vermehrt und die Bestockung verdichtet werden; allein diese Vermehrungs-
weise kostet nicht allein viel Zeit und Arbeit, sondern sie ist auch in bevölkerten Gegenden sehr häufig eintretenden Beschädigungen ausgesetzt, durch
Herausreißen der eingelegten Gipfeltriebe aus dem Boden.

Gegenüber der Pflanzung steht den Saatkulturen der geringere Kostenaufwand und die größere Pflanzenzahl zur Seite. Letztere hat einen höheren
Durchforstungsertrag im Gefolge, dürfte auch auf die Größe des Abtrieb-
ertrages der Bestände nicht ohne Einfluß sein, und zwar in demselben Verhältniß mehr, als die Vertheilung der Samenpflanzen eine gleichmäßigere
ist, als dadurch eine größere Zahl lebenskräftiger Pflanzen längere Zeit
sich prädominirend zu erhalten vermag (Bd. I. Abschnitt 3. F. b.).

Bei gleichem Kostenaufwande decken Saatkulturen den Boden früher
als Pflanzungen.

Ein guter Erfolg der Saatkulturen ist weniger von der Geschicklichkeit
und Sorgfalt der Arbeiter abhängig als ein gleich guter Erfolg der Pflanzkulturen.

Auch die von Jugend auf ungestörte Entwickelung und Fortbildung
der Wurzeln darf als ein Vorzug der Saaten betrachtet werden, besonders
gegenüber der Pflanzung älterer und stärkerer Bäume.

Dagegen drohen der Saatkultur im Freien mehr und größere Gefahren
als der Pflanzkultur und diese sind um so länger fortdauernd, als der
Wuchs der Samenpflanzen in den ersten Jahren ein langsamer ist. Schon
dem Samenkorne treten in Mäusen, Vögeln, Schwarzwild, in Dürre und
Platzregen Gefahren entgegen, unter denen die Pflanzung nicht mehr zu
leiden hat. Sie setzen sich fort in Unkrautwuchs, Auffrieren des Bodens,
Bodendürre, Spätfröste, Verbeißen 2c., Gefahren von denen der ältere Pflänzling weniger oder gar nicht getroffen wird. Unter Standortsverhältnissen,
die das Eintreten solcher Beschädigungen mit großer Wahrscheinlichkeit erwarten lassen, hat die Pflanzung entschiedene Vorzüge.

Obgleich im Allgemeinen theurer, ermäßigen sich doch die Kosten der
Pflanzung bedeutend, wenn die Pflänzlinge in großer Nähe ohne besondere
Erziehungskosten zu haben sind. Das ist der Fall bei allen Nachbesserungen
kleinerer Fehlstellen in Jungorten aus Saat oder Selbstbesamung, die, auch
schon zur Vermeidung von Altersungleichheit, mit den aus ihnen selbst zu
entnehmenden Pflänzlingen vervollständigt werden.

Bei Holzarten, deren Same nur kurze Zeit sich keimfähig erhält, kann
während aussetzender Samenproduktion nur durch Pflanzung kultivirt werden.

Da bei der Verwendung z. B. 10jähriger Pflänzlinge, auf der Blöße sofort ein 10jähriger Bestand durch Pflanzung hergestellt wird, so muß man dieser einen 10jährigen Durchschnittszuwachs zu Gute schreiben, jedoch nach Abzug derjenigen Holzmasse, um welche die Pflänzlinge durch das Verpflanzen im Wuchse zurückgehalten werden, nach Abzug derjenigen Zuwachsmasse ferner, um welche auch später der Pflanzbestand hinter dem Saatbestande zurückbleibt. In den allermeisten Fällen wird schon der Ausfall an Durchforstungshölzern jenen in nicht seltenen Fällen an sich illusorischen Zuwachsgewinn übersteigen.

Dreizehntes Kapitel.
Von der Wahl der Erziehungsart.

Im Mittel-, Nieder- und Kopfholzwalde bestehen keine wesentlich verschiedenen Ansichten über die weitere Behandlung der erzeugten Pflanzen bis zu deren Abnutzung, es kann daher von einer Wahl der Erziehungsart im Allgemeinen hier nichts gesagt werden, was nicht in der Lehre von der Holzzucht nähere Erwähnung findet. Anders verhält sich dieß im Hochwaldbetriebe, in welchem die Erziehung der Bestände zwei entgegengesetzten Ansichten unterliegt.

Der G. L. Hartig'sche Erziehungsgrundsatz stützt sich auf die Beobachtung, daß, wenn auch jede Einzelpflanze des Hochwaldbestandes im geschlossenen Stande eine geringere Holzmasse erzeugt als bei unbehinderter Entwickelung im freien Standraume, dennoch der Massenertrag der Bestandsflächen bei stets geschlossenem Stande, durch die größere Zahl der Producenten, nicht allein ein größerer, sondern auch ein werthvollerer sei, in Folge größerer Schaftlänge, Vollholzigkeit, Astreinheit und Spaltigkeit der Bäume. Er stützt sich ferner auf die Beobachtung: daß die lebenskräftigsten Pflanzen eines Bestandes sich als solche erst in einem höheren Bestandsalter, dann zu erkennen geben, wenn die Uebergipfelung der minder lebenskräftigen Pflanzen bereits eingetreten ist.

Daher verlangt G. L. Hartig, daß, abgesehen vom Aushiebe baumartiger Forstunkräuter, die erste Durchforstung in die jungen Bestände erst dann eingelegt werden solle, wenn die natürliche Reinigung bereits eingetreten ist; daß diese Durchforstungen sich wiederholen sollen, wenn eine so große Menge von Stämmen wiederum von den lebenskräftigeren übergipfelt wurden, um die Kosten des Aushiebes, des Zusammenbringens und der Aufbereitung vom Erlöse aus dem gewonnenen Holze mindestens decken zu können; daß bei jeder dieser bis zum Abtriebe fortdauernden Durchforstungen nur die übergipfelten Bäume hinweggenommen werden sollen, d. h. daß in der Durchforstung nie ein Baum gehauen werden solle, der durch die erlittene Uebergipfelung nicht schon als minder lebenskräftig sich zu erkennen gegeben hat.

H. Cotta hingegen verlangt: daß schon im jugendlichen Alter der Bestände, bald nach erfolgtem Abtriebe der Mutterbäume, durch mehrere kurz aufeinander folgende Aushiebe eines Theils der Pflanzen, jeder bleibenden Pflanze so viel Standraum gegeben werde, als dieselbe für die, von Nachbarpflanzen unbehinderte Entwickelung ihrer Bezweigung bedarf, um an letzterer eine möglich größte Blattmenge zu erziehen und zu erhalten. Er glaubte, daß der hierdurch an jeder einzelnen Pflanze erzeugte Mehr= zuwachs den Minderzuwachs durch geringere Producentenzahl reichlich ersetze.

Ueber die Grundlage dieser Ansicht in den Zuwachsverhältnissen reich und minder reich belaubter Bäume habe ich im 1ten Bande (Abschnitt 3. F. b.) gesprochen. Es ging aus dem Gesagten hervor: daß, jenseit einer gewissen Grenze nothwendiger Belaubung, der Zuwachs der Bäume durch ·ein Mehr derselben sich nicht erhöhe. Abgesehen von den größtentheils unvergüteten Kosten des Aushiebes und Transports ganz junger Pflanzen; ·abgesehen von den bedeutenden Verlusten nutzbarer Durchforstungshölzer; abgesehen davon: daß nur auf einem, in seinem mineralischen Bestande sehr fruchtbaren Boden die Einzelpflanze im unbeschränkten Standraume rascher ·als im Schlusse zuwächst; abgesehen von mehreren anderen Einwendungen, die ich im Abschnitte von der Holzzucht durch natürliche Besamung einge= schaltet habe, lege ich das größte Gewicht auf den Umstand, daß, wenn schon durch die Aushiebe im jugendlichsten Alter eine Stammferne von 6—8 Fußen hergestellt werden soll, diese nothwendig sich auch auf prä= dominirende Pflanzen erstrecken muß, an denen sich noch in keiner Weise erkennen läßt, ob sie zu den lebenskräftigsten oder minder lebenskräftigeren gehören.

In neuerer Zeit ist noch eine zweite Abweichung vom Hartig'schen Durchforstungsprincipe zur Sprache gekommen, darin bestehend, daß erst vom mittleren Alter der Hochwaldbestände aufwärts eine stärkere Durch= forstung eintreten solle; daß, von dem Zeitpunkte ab, in welchem die Be= stände ihren Höhenwuchs und ihre Schaftbildung nahe vollendet haben, der Kronenausbreitung durch stärkere Aushiebe volle Freiheit gegeben werden solle. Es läßt sich nicht verkennen: daß durch derartige Vorgriffe in den Durchforstungsvorrath der Hochwaldbestände bedeutende finanzielle Vortheile der Jetztzeit erwachsen würden. Es ist ferner möglich, daß auf einem, in seinem anorganischen Bestande kräftigen Boden auf diesem Wege ein stärkeres Schaftholz erzogen wird, obgleich auch hier= gegen der Einwand erhoben werden könnte: daß außergewöhnliche Stamm= stärken, wo sie nicht aus außergewöhnlicher Standortsgüte hervorgehen, erst im höheren Baumalter, und zwar erst dann sich ausbilden, wenn der Kronenwuchs seiner Vollendung nahe steht und die fortan assimilirten Bil= dungssäfte größtentheils dem Schaftwuchse zugehen; daß daher, ohne Um= triebserhöhung, in dem kurzen Zeitraume vom 80ten — 120ten Jahre, bei starker Auslichtung der bisher im vollen Schlusse erzogenen Bestände, der gesteigerte Kronenzuwachs den größeren Theil der Bildungssäfte für sich in Anspruch nehmen und dem Schaftzuwachse entziehen werde. Unzweifelhaft ist es, daß durch diese Art der Durchforstung der Werth des Schaftholzes nicht verringert wird. Dagegen muß ich die Steigerung des gesammten Zuwachses und Massenertrages sehr bezweifeln. Es gibt kaum einen älteren Hochwald= bestand von größerer Ausdehnung, in welchem nicht einzelne Flächen schon längere Zeit unter einer, jenem Durchforstungsprincipe entsprechenden, weit= räumigeren Bestockung gestanden haben. Ich muß bekennen, daß, abge= sehen von Bestands= oder Blößenrändern, solche Flächen im Allgemeinen

mir nicht den Eindruck hinterlassen haben, als sei dort die geringere Stamm=
zahl durch größere Stammstärke ersetzt. Ist dieß aber durchschnittlich nicht
der Fall, dann muß der Vorgriff in den Durchforstungsvorrath des Har=
tig'schen Princips einen Zuwachsausfall ergeben, im Betrage derjenigen
Holzmasse, die an den vorzeitig hinweggenommenen Durchforstungsstämmen
bis zu deren rechtzeitigem Abtriebe noch erfolgt sein würde.

IV. Von den Umwandlungen.

Wir haben im Vorhergehenden nicht allein die verschiedenen Betriebs=
arten kennen gelernt, sondern auch die Verhältnisse, unter denen die eine
oder andere Betriebsart, Holzart oder Umtriebszeit den obwaltenden Um=
ständen entsprechend ist. Zeigt es sich nun, daß letzteres in einer vorlie=
genden Oertlichkeit nicht der Fall ist, so muß der Forstverwalter Verände=
rungen im Betriebe, in der Umtriebszeit oder in den bestockenden Holzarten
eintreten lassen, deren Verlauf gleichfalls an gewisse Regeln gebunden ist,
die in Folgendem ihre Darstellung finden werden.

Vierzehntes Kapitel.
Von Umwandlung der Betriebsarten.

Bei Umwandlung der Betriebsarten hat man darauf zu sehen:

1) Daß in den Fällen, wo die Umwandlung mit einer Vergrößerung
der Bestandsmassen nothwendig verbunden ist, wie z. B. beim Uebergange
vom Niederwalde zum Hochwalde, die Beschränkung der bisherigen Ab=
nutzungsgröße möglichst gering ist, keinenfalls aber die Befriedigung der
dringendsten Bedürfnisse unmöglich wird. Ein Umwandlungsplan,
der dieser Bedingung nicht entspricht, wird, wenn auch begonnen, doch
nie vollendet werden, sondern von dem Augenblicke ab, wo die Nicht=
befriedigung beginnt, aufgegeben werden, da das wirkliche Bedürfniß
stets den Sieg über unsere Wirthschaftsplane davon tragen wird, wenn
•anders eine Befriedigung desselben noch im Reiche der Möglichkeit liegt.

Das Mittel, welches wir besitzen, diese Klippe der Wirthschaftsplane
zu vermeiden, liegt hauptsächlich in der Vertheilung der nothwendigen Be=
standsmassenvermehrung auf einen so langen Zeitraum, daß die jährlichen
Ersparnisse am Zuwachse und die Verringerung der jährlichen Hauungssätze
nicht größer sind, als die Befriedigung der Bedürfnisse dieß gestattet.

2) In den Fällen hingegen, wo die Umwandlungen mit einer Ver=
ringerung des Holzkapitals verbunden sind, wo daher außer dem jährlichen
Zuwachse noch ein Theil der bisherigen Kapitalmasse jährlich zur Abnutzung
kommt, wie beim Uebergange von der Hochwald= zur Mittelwaldwirthschaft,
von der Hoch= oder Mittelwaldwirthschaft zur Niederwaldwirthschaft, muß
die überschüssige Kapitalmasse auf so viele Jahre vertheilt werden, daß
der während der Umwandlungsfrist erhöhte, jährliche Hauungssatz den mög=
lichen Absatz nicht übersteigt, durch Ueberfüllung des Marktes die Holzpreise
nicht so weit hinabdrückt, daß der hieraus hervorgehende Mindererlös die
Vortheile des höheren Materialertrages übersteigt. Es ist ferner darauf zu
achten, daß durch ein nur periodisch erhöhtes Angebot nicht Bedürfnisse ins

Leben gerufen werden, die später nicht befriedigt werden können und wenn sie unbefriedigt bleiben, die Neigung zum Diebstahl erhöhen.

Nach den genannten Rücksichten berechnet sich die Dauer der Um= wandlungsperiode, auf die natürlich außerdem noch Standorts= und Be= standsverhältnisse wesentlich einwirken.

3) Der Wirthschaftsplan für die Dauer der Umwandlungsperiode muß derart sein, daß sich bis Ende derselben die Bildung eines, der neuen Betriebsart entsprechenden Altersklassenverhältnisses der Bestände er= warten läßt.

4) Es muß im Umwandlungsplane die Herstellung eines der Oert= lichkeit entsprechenden Bestandsverhältnisses in Beziehung auf Zusammen= legung oder Vertheilung der Altersklassen, auf Schlagfolge, Richtung der Hiebsleitung ꝛc. berücksichtigt werden (vergl. besonders das, was ich im dritten Kapitel über Ausscheidung der jährlichen aus der periodischen Hiebs= fläche gesagt habe). Endlich

5) muß der Umwandlungsplan mit Rücksicht auf möglichste Ersparniß an Zeit und Kulturkosten, Vermeidung von Zuwachsverlusten verfaßt werden.

Für die verschiedenen Arten der Umwandlung gelten folgende allge= meine Regeln.

Fünfzehntes Kapitel.

Umwandlung des Hochwaldes in Niederwald.

Es müssen hier zwei verschiedene Fälle gesondert betrachtet werden: und zwar 1) der Fall, wo im bisherigen Betriebe die benachbarten Altersklassen beisammenliegen, und 2) wo sie sehr gemengt untereinander vorkommen.

Im ersteren Falle, wo mit geringen Ausnahmen die haubaren Orte, die mittelwüchsigen und die jüngeren Bestände in drei ziemlich geschlossenen Complexen vorkommen, bilde man aus jedem derselben einen besondern Wirthschaftstheil und theile denselben nach der Anleitung über den Be= trieb der Niederwaldwirthschaft in so viele Jahresschläge, als der Nieder= waldumtrieb Jahre umfassen soll. In einem Theile des, die haubaren Orte enthaltenden Haupttheils beginne man sogleich die Verjüngung durch Samenschläge und führe sie in einer Niederwaldumtriebszeit zu Ende, in= dem man entweder nach der Wiederkehr der Samenjahre oder nach dem Zeitraume zwischen Anhieb und Abtrieb eine größere oder geringere Zahl von Jahresschlägen zusammenfaßt.

In dem die jüngsten ausschlagfähigen Orte enthaltenden Haupttheile kann schon jetzt (wie in den gegenwärtig mit haubarem Holze bestandenen Haupttheile in der nächstfolgenden Niederwaldumtriebszeit) jährlich ein Schlag als Niederwald abgetrieben werden.

Der Haupttheil mit mittelwüchsigem Holze bleibt hingegen, außer den nöthigen Durchforstungen und Vorhieben, im Laufe der ersten Niederwald= umtriebszeit, und bis er zum verjüngungsfähigen Alter herangewachsen ist, unberührt, wird dann, wie der erste Haupttheil gegenwärtig, durch Samen= schläge verjüngt.

Sollten hierbei zu große, den Absatz übersteigende Holzmassen zum

Hiebe kommen, so kann man sich dadurch sehr leicht helfen, daß man die Samenschläge nicht gänzlich vom Mutterbestande befreit, sondern nur so viele Bäume hinwegnimmt, als der Absatz gestattet und die Erhaltung des Unterwuchses bis zur Wiederkehr des Hiebes verlangt.

Im zweiten Falle, wo die verschiedenen Bestandsalter sehr gemengt untereinander vorkommen, wohin man auch den Plänterwald rechnen kann, nehme man auf die Bestandsverhältnisse bei der Eintheilung des Waldes in Haupttheile und in Jahresschläge keine oder nur untergeordnete Rücksicht. Die in den am Hiebe stehenden Jahresschlag fallenden, ausschlagfähigen Bestände setze man auf die Wurzel, die mittelwüchsigen Orte durchforste man stärker als im Hochwalde, um durch freiere Stellung die Verjüngungs- fähigkeit durch Samenschläge früher herbeizuführen; die alten Orte des am Hiebe stehenden und der zunächst liegenden Schläge stelle man in Samen- schlag, falls das Hiebsjahr mit einem Samenjahre zusammenfällt, andern- falls sich die Nutzung·in diesen Orten auf einen ausgedehnten dunklen Vor- hieb beschränken muß, bis ein Samenjahr eintritt. Sollte in solchen Fällen die Nutzung zu gering ausfallen, so muß man sich dadurch zu helfen suchen, daß man mehrere Jahresschläge zusammenfaßt; sollte sie bei Eintritt eines Samenjahres zu groß werden und den Absatz übersteigen, so haue man nur so viele Samenbäume aus, als die Erhaltung des Wiederwuchses bis zur Wiederkehr des Hiebes dringend verlangt.

Fallen junge Orte in die letzten Schläge, die ihre Ausschlagfähigkeit bis dahin, wo sie der Reihenfolge nach zum Hiebe kommen würden, ver- lieren, so müssen sie baldigst auf die Wurzel gesetzt und in demselben Um- triebe zweimal zur Nutzung gezogen werden.

Beim plänterweise bewirthschafteten Hochwalde entscheidet die Menge und Beschaffenheit des ausschlagfähigen Jungholzes wie die Menge und das Alter des Altholzes, ob der neue Bestand allein durch Stockausschlag, oder durch Stockausschlag und Besamung, oder allein durch Stellung eines Samenschlags hergestellt werden muß (vgl. die Anleitung zur Verjüngung der mit altem und jungem Holz bestandenen Schläge in der Lehre von der Holzzucht). In den meisten Fällen wird man hier genöthigt sein, zwischen die Plänterwirthschaft und den zukünftigen Niederwaldbetrieb eine Art Mittel- waldwirthschaft mit Hochwaldresten einzuschieben, wodurch es allein möglich wird, die Abnutzung des überschüssigen Holzkapitals auf mehrere Nieder- waldumtriebe zu vertheilen.

Sechszehntes Kapitel.
Vom Hochwald-Conservationshiebe.

Das von G. L. Hartig vorgeschlagene mit obigem Namen bezeich- nete Verfahren gehört, streng genommen, nicht der Reihe der Umwandlungs- methoden an, mag aber, da es sich ihnen doch eng anschließt, mit den Worten des Verfassers hier seine Stelle finden.

„Bei der Forstwirthschaft kommt, leider! nur zu oft der Fall vor, daß man Waldungen findet, die vormals zu·stark angegriffen·oder überhauen wurden, und nun von eigentlich haubarem Holze fast ganz entblößt sind.

Oft sind die ältesten Hochwaldbestände nur 40 bis 50 Jahre alt und es kann daher, wenn man sie wie Hochwaldungen behandelt, nur das ganz unterdrückte Stangenholz ausgeforstet, also im Ganzen nur wenig aus ihnen genommen werden, weil der dominirende Holzbestand erst in späteren Zeiten als Hochwald zur Benutzung kommt."

„Reicht nun, wie es gewöhnlich der Fall ist, das wenige Durchfor= stungsholz aus den jungen Hochwaldungen nicht hin, alle dringende Holz= bedürfnisse zu befriedigen; so bleibt oft kein anderes Mittel übrig, als we= nigstens in einem Theile der Hochwaldbestände auf eine Zeitlang die Niederwaldwirthschaft mit der Hochwaldzucht zu verbinden, um dadurch in den nächsten Jahren mehr Holz zur Benutzung zu er= halten. Man treibt daher einen Theil der 40= bis 50jährigen Hochwald= bestände nach und nach zur bekannten Wurzelholzfällungszeit so ab, daß alle 14 bis 16 Fuß eine, oder auf jedem Normalmorgen 150 bis 200 von den stärksten Stangen in gleicher Vertheilung stehen bleiben."

„Durch eine solche Hauung wird man nicht viel weniger Holz bekom= men, als wenn man einen gewöhnlichen Wurzelschlag gehauen hätte, und man wird zugleich den Vortheil haben, daß die stehengelassenen Stangen in der Folge wieder einen Hochwaldbestand formiren. Auch werden die ab= gehauenen Stangen vom Stock recht gut wieder ausschlagen, und es werden diese Loden nach Verlauf von 30 oder 40 Jahren eine ansehnliche Be= nutzung geben. Nach diesem Abtrieb werden die Stöcke zwar nicht wieder mit Erfolg ausschlagen, weil die vielen, bei der ersten Hauung übergehaltenen Reidel nun so stark geworden sind, daß sie den Unterwuchs verdämmen; dagegen ist aber auch der Hochwaldbestand erhalten worden, der nun be= trächtlich starke Bäume hat, und nöthigen Falls auf die bekannte Art in Dunkelschlag gestellt und durch natürliche Besamung wieder verjüngt wer= den kann."

„Da der jährliche Holzertrag von einem Morgen gut behandeltem Niederwald bei weitem nicht so groß ist, als von einem Morgen gut be= wirthschaftetem Hochwald, so ist es Pflicht des Försters, jedes Mittel zu er= greifen, wodurch der immerwährenden Niederwaldwirthschaft ausgewichen werden kann. — Noch muß ich bemerken, daß das vorhin gezeigte Mittel nur da anwendbar ist, wo man aus Erfahrung weiß, daß die in den Schlägen übergehaltenen Stangen vom Schnee und Duft nicht zusammen= gebrochen werden; in den meisten Fällen wird man durch vorherige mehr= malige Auslichtung die Stangenorte auf die Freistellung vorbereiten müssen."

Eine Modifikation des G. L. Hartig'schen Conservationshiebes, an= gewendet auf Rothbuchenbestände von 50—70jährigem Alter, die durch starke Streunutzung im Wuchse zurückgekommen sind, besteht seit mehreren Jahrzehnten im hannoverschen, jetzt preußischen Sollinge unter dem Namen „modificirter Rothbuchen=Hochwaldbetrieb" der Art, daß der Vorgriff in den Durchforstungsvorrath der schlechtwüchsigen meist 60—70= jähriger Buchenorte erst dann eintritt, wenn die Stöcke ihre Ausschlag= fähigkeit verloren haben. Es muß daher zwischen den für den Abtriebs= bestand verbleibenden Bäume ein Bodenschutz hergestellt werden und geschieht das durch streifenweise Buchensaat. Mit dem Vortheile eines Bezugs an stärkerem, daher werthvollerem Holz ist die Annehmlichkeit verbunden, ohne vorhergegangene Ablösung der Streuberechtigten die betreffenden Bestände der Laubnutzung entziehen zu dürfen, allerdings ziemlich theuer erkauft, durch den bedeutenden Kulturkostenaufwand, nicht allein für den durch Buchensaat herzustellenden Bodenschutz, mehr noch für die Hinwegschaffung des im Schatten des sich schließenden Oberstandes verkrüppelnden Unterwuchses. Beim Conservationshiebe stellt sich der Bodenschutz aus dem Ausschlage der Stöcke kostenfrei her und verschwindet kostenfrei durch das Absterben der Stöcke noch vor Wiederherstellung des Hochwaldschlusses der übergehaltenen Bäume.

Siebenzehntes Kapitel.

Umwandlung des Niederwaldes in Hochwald.

Wenn es darauf ankommt, diese Umwandlung mit der möglichst geringsten Schmälerung des bisherigen Ertrages und mit Herstellung eines dem Hochwaldbetriebe entsprechenden richtigen Altersklassenverhältnisses zu bewirken, so möchte das folgende Verfahren den Vorzug vor den bisher in Vorschlag gebrachten haben.

Man bestimme die Umtriebszeit des zukünftigen Hochwaldes möglichst kurz, da die größtentheils aus Stockausschlag zu erziehenden Bestände desselben sehr früh im Wuchse nachlassen, aber auch früh mannbar werden. Z. B. 90 Jahre.

Hierauf theile man den Wald in drei gleich große oder proportionale Haupttheile A, B, C. Mit den für den Hochwaldbetrieb nöthigen Rücksichten auf Schlagfolge ıc. suche man der Abtheilung A die ältesten, bei 30jährigem Niederwaldumtriebe daher 20—30jährigen Schläge, der Abtheilung B die 10—20jährigen, der Abtheilung C die 1—10jährigen Bestände zuzulegen. Es ·stört jedoch die Umwandlung nicht, wenn auch in jedem Haupttheile alle Altersklassen vorkommen. Jeden dieser drei Haupttheile theile man in 30 (bei 120jährigem Hochwaldumtriebe in 40) Jahresschläge.

Während in den nächsten 30 Jahren die Haupttheile B und C noch als Niederwald behandelt ·und jährlich in jedem ein Schlag gehauen wird, ist der Haupttheil A einer verschiedenen Behandlung zu unterwerfen, je nachdem er jüngere und ältere Bestände (1—30jährig) oder nur älteres Holz (20—30jährig) enthält. Im ersteren Falle, wenn man darauf rechnen kann, daß die jüngsten Bestände noch 30 Jahre ihre Ausschlagfähigkeit behalten, führt man jährlich wie in B und C nur einen Jahresschlag, in A mit Ueberhalten so vieler Laßreidel, als zur Herstellung eines Hochwaldbestandes nothwendig sind. Im zweiten Falle hingegen muß die Größe der Jahresschläge in A verdoppelt oder verdreifacht werden, so daß jeder Schlag noch innerhalb seiner Ausschlagfähigkeit zum Hiebe kommt. Man wird alsdann mit diesem Haupttheile allerdings vor Ablauf der ersten Umwandlungsperiode fertig,· allein gerade dadurch wird der Gesammtertrag aller drei Haupttheile ausgeglichen, indem man mit jedem Jahre in den Haupttheilen B und C älteres Holz zum Hiebe bekömmt.

Nach 30 Jahren hat man dann in A 30—60jährige oder 50—60=

jährige Oberständer mit Unterwuchs, in B und C hingegen 1—30jährige
Niederwaldschläge.

In der zweiten 30jährigen Periode wird dann B, in der dritten
Periode C, wie A in der ersten Umwandlungsperiode behandelt, nur daß
man in der zweiten und dritten Periode die Jahresschläge bestimmter ein=
zuhalten vermag, wie in der ersten Periode.

Man erreicht bei dieser Umwandlungsmethode nicht allein die Ein=
gangs erwähnten Vortheile einer geringen Herabsetzung des jährlichen Hauungs=
satzes und der Herstellung eines dem künftigen Hochwaldbetriebe vollkommen
entsprechenden Altersklassenverhältnisses schon mit Ablauf der zweiten 30jäh=
rigen Umwandlungsperiode, sondern man wird auch im Stande sein, die
Umwandlung selbst vollkommen auszuführen, da man in B einen 30jährigen,
in C einen 60jährigen Zeitraum zur Vorbereitung der Orte für die Um=
wandlung vor sich hat.

Wo die Eingangs gestellten Bedingungen nicht statt finden, da kann
man den ganzen Niederwald ohne weiteres heranwachsen lassen, indem
man sich bis zur Verjüngungsfähigkeit durch Samenschläge mit dem Hiebe
auf die Herausnahme des unterdrückten und absterbenden Holzes beschränkt.

Achtzehntes Kapitel.

Umwandlung des Mittelwaldes in Hochwald.

Man entwerfe zuerst mit untergeordneter Rücksicht auf den gegenwär=
tigen Holzbestand, einen Betriebsplan für den künftigen Hochwald=
betrieb, durch welchen besonders, sowohl im Walde als auf der Karte,
die Größe und Lage der künftigen Periodenflächen festgestellt wird. Ist
hiernach der Wald in so viele Theile zerfällt, als der künftige Hochwald=
umtrieb Perioden zählen soll, ist ferner auch das Jahr des Beginnes einer
jeden Periode und der Zeitraum bestimmt, in welchem die ihr zufallenden
Bestände zum Abtriebe und zur Verjüngung kommen sollen, so entwerfe
man für die Behandlung der vorhandenen Mittelwaldbe=
stände, während der Dauer des ersten, ebenfalls möglichst kurz zu fassenden
Umtriebes einen Wirthschaftsplan, dessen Vorschriften dahin gehen müssen,
auf jeder Periodenfläche bis zum Beginne ihres Anhiebes einen Holzbestand
zu erzeugen, der alsdann verjüngungsfähig ist.

Hätte man z. B. einen 90jährigen Umtrieb und Einrichtungszeitraum
mit 30jährigen Perioden festgestellt, so würde während der ersten 30 Jahre
die erste Periodenfläche verjüngt, die zweite und dritte hingegen so behan=
delt werden müssen, daß sie nach 30 und 60 Jahren einen zur Verjüngung
geeigneten Holzbestand enthielten. Wie nun die Verjüngung, so wie die
Vorbereitung zu derselben bewirkt werden müssen, darüber lassen sich keine
allgemeinen Regeln aufstellen, da dieß allein von der Menge und Beschaffen=
heit des Ober= und Unterholzes abhängig ist, mithin eine unzählige Menge
verschiedener Fälle denkbar sind. (Vergleiche die Verjüngung mit altem
und jungem Holze bestandener Orte in der Lehre von der Holzzucht.) Hätte
man z. B. einen sehr gut bestockten Mittelwald mit kräftigen Mutterstöcken,
so würde man während der ersten 30 Jahre auf der ersten Periodenfläche

jährlich einen Schlag rein abholzen, und den Wiederwuchs aus dem Stockausschlage erziehen; in derselben Zeit würde man auf der zweiten Periodenfläche gleichfalls jährlich einen Schlag in Hieb nehmen, dabei aber alles
Oberholz und eine so große Menge von Laßreideln überhalten, daß nach
30 Jahren eine Verjüngung durch Samenschläge möglich wird; gleichfalls
in den ersten 30 Jahren würde auch auf der dritten Periodenfläche jährlich
ein Schlag geführt werden, mit Hinwegräumung desjenigen Oberholzes,
welches keine 60 Jahre auszuhalten vermag, dahingegen mit Ueberhalten
so vieler Laßreidel und Oberständer auch gesunder angehender Bäume, daß
nach 60 Jahren die Verjüngung durch Samenschläge möglich wird.

Im Verlauf der zweiten Periode ist dann der Bestand der ersten
Periodenfläche zu durchforsten, der der zweiten durch Samenschläge zu verjüngen, während auf der letzten eine Benutzung der noch erfolgten Stockausschläge, nöthigenfalls mit Ueberhalten von Laßreideln zur Verdichtung
des zukünftigen Mutterbestandes stattfindet.

In der dritten Periode sind die erste und zweite Periodenfläche zu
durchforsten, die dritte durch Samenschläge zu verjüngen. Der Hochwaldbetrieb tritt also schon mit Beginn der dritten Periode mit Herstellung eines
richtigen Altersklassenverhältnisses ein.

Neunzehntes Kapitel.

Umwandlung des Hochwaldes in Mittelwald.

Sie wird im Allgemeinen nach denselben Grundsätzen, wie die Umwandlung des Hochwaldes in Niederwald auszuführen sein, nur mit dem
Unterschiede, daß das Ueberhalten von Hochwaldresten, was dort im Falle
eines Mangels an Absatz und zur Vertheilung der zum Einschlage kommenden
bedeutenden Holzmassen auf einen längeren Zeitraum ausnahmsweise vorgeschlagen wurde, hier als Regel auftritt. Mit diesen Hochwaldresten über
dem erzeugten Unterwuchse muß denn so lange gewirthschaftet werden, bis
man aus dem Unterholze einen Oberholzbestand erzogen hat. (Vergl.
Kapitel 5.)

Zwanzigstes Kapitel.

Umwandlung des Niederwaldes in Mittelwald.

Das Verfahren ergiebt sich genügend aus der Lehre vom Mittelwaldbetriebe, woselbst die Regeln für die Erzeugung und Nachzucht des Oberholzes aus dem Unterholze zusammengestellt sind.

Einundzwanzigstes Kapitel.

Ueber den Wechsel der Holzarten.

Wie wir gesehen haben, hängt die Zweckmäßigkeit einer Holzart für
eine gegebene Oertlichkeit sowohl von Standorts- und Bestandsverhältnissen,
als vom Bedürfniß ab. Diese Verhältnisse können sich aber verändern und
somit eine bisher der Oertlichkeit anpassende Holzart der Erreichung des
Zweckes der Waldwirthschaft, höchstmögliche Benutzung des Waldbodens

durch Erziehung von Waldprodukten, — nicht mehr entsprechen. Häufig
kommen auch noch Fälle vor, wo eine folche Zweckmäßigkeit wegen man=
gelnder Einsicht noch gar nicht bestanden hat.

In beiden Fällen ist es Sache des Forstmannes, an die Stelle der
bisherigen eine andere Holzart und zwar diejenige zu fetzen, welche den be=
stehenden Verhältnissen am meisten entspricht. Welche Holzart die zu be=
günstigende fein müsse, findet theils in dem Abschnitte: über die Wahl der
Holzarten, theils in der Lehre von der Bodenkunde und der Forstbenutzung
Erörterung; hier haben wir uns nur mit den Verhältnissen, durch welche
die Nothwendigkeit eines Wechsels der Holzarten herbeigeführt werden kann
und mit der Art und Weise des Wechsels zu beschäftigen.

Was zuerst den durch Standortsverhältnisse bedingten Wechsel der
Holzarten anbelangt, so muß man im Allgemeinen von dem Grundsatze
ausgehen, daß die gegenwärtig den Bestand bildende Holzgattung die den
natürlichen Verhältnissen entsprechendste sei. Dieß wird durch die Erfah=
rung vollkommen bestätigt, denn wir finden in der Wirklichkeit die in reinen
Beständen vorkommenden Holzarten fast immer auf einem ihnen angemessenen
Standorte; die Fichte im Gebirge, die Eiche in Vorbergen und Niederungen,
die Kiefer in dem sandigen Meeresboden, die Erle im Bruchboden, die
Weide an sandigen Flußufern rc. Dieß ist nur theilweise durch Kultur
veranlaßt, größtentheils Folge „eines Kampfes um's Dasein," natürliche
Folge des Umstandes, daß eine jede Holzart auf dem ihr am meisten ent=
sprechenden Boden am freudigsten gedeiht, und, alle übrigen Holzarten über=
wachsend, die Fläche für sich allein in Anspruch nimmt.

Das Vorkommen der Holzarten in reinen und ausgebreiteten Be=
ständen müssen wir also in der Regel als ein Zeichen erkennen, daß ihr
Standort gerade ihnen am meisten und mehr als allen übrigen Holzarten
zusagt. Ausnahmen hiervon kommen allerdings mitunter vor, daß sie vor=
liegen, bedarf dann aber stets wenigstens der Wahrscheinlichkeit.

Die Eigenthümlichkeit eines Standorts ist zusammengesetzt aus Be=
schaffenheit der Lage, des Klima und des Bodens. Die Lage ist etwas
Beständiges, kann also keinen Einfluß auf die Nothwendigkeit eines Wechsels
haben. In fast gleichem Grade ist auch das Klima als beständig zu be=
trachten, wenigstens dürften sich für Deutschland wenig Fälle nachweisen
lassen, wo eine klimatische Veränderung die Nothwendigkeit eines Wechsels
der Holzarten herbeigeführt hat. Die, auf die Nothwendigkeit eines Wechsels
Einflüsse übenden Veränderungen des Standorts beschränken sich daher auf
Veränderungen des Bodens, und diese auf Verringerung oder Vermeh=
rung des Dammerdegehaltes und Feuchtigkeitsgrades. Eine
Vermehrung oder Verringerung der unveränderlichen Bestandtheile des Bo=
dens durch Anhäufungen oder Abschwemmungen könnte wohl ebenfalls ein=
wirken, tritt aber nur selten, z. B. in Gebirgswaldungen, und dort nur
in langen Zeiträumen hervor, so daß ihr, wie den Veränderungen durch
Sandflug, nur untergeordnet ein Einfluß auf den Wechsel der Holzarten
zuzuschreiben ist.

Die Nothwendigkeit eines Wechsels der Holzarten ist daher von Ver=
änderungen des Humusgehaltes und Feuchtigkeitsgrades im Boden vorzugs=

weise abhängig; wo diese nicht Statt gefunden haben, besteht auch keine Veränderung des Standorts, und alle nachfolgenden Bestandsgenerationen derselben Holzart werden ebenso gedeihen, wie die vorhergehenden, so weit das Gedeihen vom Standort überhaupt abhängig ist. Den Ansichten über eine in der Natur der Holzpflanze begründete Nothwendigkeit des Wechsels, widerspricht die Erfahrung aufs Bestimmteste. (Vergl. Htg. Jahresber. I. 1. S. 117.)

Bleibende Verringerung des Humusgehaltes erfordert den Anbau genügsamerer, aber auch solcher Holzarten, die den Boden wieder fruchtbarer zu machen vermögen; daher nicht der Birke, Aspe, sondern der Kiefer, Fichte 2c. Erhöhung der Bodenfruchtbarkeit gestattet den Anbau edlerer Holzarten.

Bleibende Veränderung des Feuchtigkeitsgrades bedingt nicht immer den Wechsel der Holzart, selbst dann nicht immer, wenn der gegenwärtige Holzbestand in Folge des veränderten Feuchtegrades krank wird oder gar eingeht, da der neue Bestand derselben Holzart mitunter eben so freudig da wächst, wo der alte kränkelte, indem die junge Pflanze ihre Organisation den veränderten Verhältnissen gemäß anders entwickelt. In den meisten solcher Fälle wird aber allerdings eine Veränderung der Holzart, wenn nicht nöthig, doch zweckmäßig sein.

Nächst den Standortsverhältnissen können auch die Bestandsverhältnisse die Nothwendigkeit eines Wechsels besonders dann herbeiführen, wenn die Beschaffenheit der gegenwärtig vorhandenen Bestände eine Nachzucht derselben Holzart nicht gestattet, wie bei Rothbuchen und Weißtannen, oder wenn die Nachzucht nur durch bedeutenden Kostenaufwand, der beim Anbau einer anderen Holzart hinwegfällt, zu erreichen ist.

Daß endlich auch eine Aenderung des bisher bestehenden Bedürfnisses und der damit veränderte Werth und Preis der Walderzeugnisse die Nothwendigkeit eines Wechsels herbeizuführen vermag, bedarf keiner näheren Erörterung. So ist es, beispielsweise, in der Neuzeit die Erweiterung des Eisenbahnnetzes, durch welche die Consumtion der Mineralkohle einem größeren Consumentenkreise sich erschlossen, und den Brennholzverbrauch beschränkt hat. In Folge dessen erscheint es rathsam, sich mehr als bisher dem Anbau solcher Holzarten zuzuwenden, die der Bau- und Nutzholz-Production dienen.

Am häufigsten und anwendbarsten sind folgende Bestandswechsel:

1) Eichen und Buchen, überhaupt Laubholzbestände (außer Erlen) auf Meeresboden mit Kiefern. Dieser Wechsel wird besonders da häufig nöthig, wo der Boden nur durch große Humusmassen, die ihm bei erhöhten Ansprüchen nicht mehr zufließen können, für jene Laubhölzer geeignet war.

2) Rothbuchen mit Eichen: wenn der Boden der Eiche angemessen, die Nachzucht der Buche aber durch Bestandsverhältnisse erschwert oder zu unsicher wird. In Flußniederungen kann an die Stelle der Eichen in diesem Falle die Rüster in reinen Beständen, in Vorbergen Eschen und Ahorne, wenigstens in Untermengung treten.

3) Eichen und Buchen, überhaupt Laubholzbestände im Gebirge mit Fichten: wenn die Nachzucht schwierig ist oder der Boden sich zum Nachtheile für jene Laubhölzer verändert hat.

4) Fichten mit Weißtannen, wenn die Nachzucht der letzteren unsicher wird.

5) Fichten und Tannen mit Rothbuchen: im Gebirge, wenn der Boden für letztere geeignet, erstere dem Windbruche sehr unterworfen sind.

6) Birken mit Erlen oder Erlen mit Birken bei Verringerung oder Erhöhung des Feuchtegrades im Bruchboden. Ist die Verringerung der Feuchtigkeit sehr bedeutend, so kann mitunter an die Stelle der Erle im Gebirge die Fichte, in der Ebene die Kiefer treten.

Gibt sich in einer vorliegenden Oertlichkeit die Nothwendigkeit eines Wechsels der Holzarten zu erkennen, so wird dieser größtentheils nur durch künstliche Kultur zu bewirken sein, wenigstens wird dieselbe in den meisten Fällen mehr oder weniger zu Hülfe genommen werden müssen. Nur in dem Falle, wo die zu begünstigende Holzart mit der zu vertilgenden bereits in Untermengung vorhanden ist, läßt sich eine Umwandlung ohne Nachhülfe durch Anbau mitunter bewirken. Man stellt alsdann einen Samenschlag in dem Jahre, wo die zu verjüngende Holzart reichlichen Samen trägt, hält nur so viele Bäume der zu vertilgenden Holzart über, als der Schutz des Schlages nothwendig erfordert, räumt diese letzteren zuerst in den Licht- und Abtriebsschlägen hinweg, pflanzt die Lücken im jungen Orte mit der zu begünstigenden Holzart aus, und nimmt die mit aufgewachsenen Pflanzen der zu vertilgenden Holzart, soweit dieß der Bestand erlaubt, in den Durchforstungen heraus. Eine weitere Erörterung findet dieser Gegenstand in der Holzzucht, wo die Verjüngung gemengter Bestände gelehrt wird. Die Regeln der Verjüngung ohne Beihülfe eines Mutterbestandes fallen der Lehre vom Holzanbaue anheim.

Zweiundzwanzigstes Kapitel.
Ueber Veränderung des Umtriebs.

In dem Abschnitte über Wahl der Umtriebszeiten habe ich die Verhältnisse nachgewiesen, welche bei den verschiedenen Betriebsarten auf Umtriebsbestimmung Einfluß äußern. Diese Verhältnisse können sich nun verändern, und dadurch eine entsprechende Veränderung des Umtriebes, eine Abkürzung oder Verlängerung desselben nothwendig machen.

Wir wissen, daß bei geregeltem Altersklassenverhältniß jede Erniedrigung des Umtriebs ein zu großes, jede Erhöhung ein zu kleines Bestandskapital veranlaßt; daß ferner bei zu kleinem Bestandskapital die richtige Größe schon allein durch Umtriebserniedrigung, bei zu großem Bestandskapital durch Umtriebserhöhung hergestellt werden kann. Besteht die Veränderung in einer Verkürzung, so wird die jährliche Schlagfläche, mithin auch der jährliche Hauungssatz vergrößert; man kommt aber in jedem Jahre mit dem Hiebe in jüngeres Holz, wodurch sich der im Anfange erhöhte Ertrag allmählig wieder verringert, bis er, durch den mit dem sinkenden Alter sich größtentheils vermindernden Werth der jährlichen Abnutzung, unter den Werth des ursprünglichen Hauungssatzes hinabsinkt. Eine Verlängerung des Umtriebs hat hingegen Verkleinerung der Hiebsfläche, Schmälerung des Hauungssatzes, aber allmählige Erhöhung des Holzalters auf

der jährlichen Hiebsfläche zur Folge, wodurch sich der Verlust durch Flächen=
abgang mit der Zeit wieder ausgleicht, und durch älteres, daher größten=
theils werthvolleres Material oft mehr als vergütet wird, wenn die Um=
triebsgrenzen nicht über den Zeitpunkt der größten Holzerzeugung ausge=
dehnt werden.

Die oben genannten Folgen der Umtriebsveränderungen sind nun in
den meisten Fällen die Veranlassung zu denselben. Plötzliche Steigerung
unabweisbarer Bedürfnisse kann die Nothwendigkeit verstärkten Hiebes her=
beiführen; dieser kann nur durch Abnutzung von Kapitalmassen bezogen
werden, im Fall der bisherige Hauungssatz richtig war; jede Verringerung
der Kapitalgröße durch Vorgriffe in die ältesten Bestände, jede Ausdehnung
der, dem bestehenden Umtriebe entsprechenden Größe der jährlichen Schlag=
fläche ist aber Umtriebsverringerung, sie mag diesen Namen haben oder
nicht. Diese Vorgriffe können aber auch ohne Absicht durch Windbruch,
Insektenschaden ꝛc. herbeigeführt werden und Umtriebsveränderungen nöthig
machen.

Ebenso können alle Verhältnisse, welche eine Verringerung des Hauungs=
satzes, eine Erhöhung des Abtriebsalters oder Verringerung der Hiebs=
fläche nöthig machen, z. B. Mangel an Absatz, die Erhöhung des Umtriebs
erheischen.

Eine jede Veränderung des allgemeinen Umtriebs hat eine Verände=
rung des bisherigen Betriebsplans zur Folge, und zieht daher die Er=
neuerung oder wenigstens die Umarbeitung desselben nach sich. Es muß
vor allem die Frage erledigt werden: soll der bestehende Kapitalüberschuß
sogleich abgenutzt oder auf einen längeren Abnutzungszeitraum vertheilt
werden? soll der Kapitalmangel in möglichst kurzer oder in längerer Zeit
eingespart werden?

Die Frage, ob vorhandene oder durch Umtriebserniedrigung
entstehende Kapitalüberschüsse in kürzerer oder längerer Zeit abgenutzt werden
sollen, wird zuerst durch das Bedürfniß und die Möglichkeit des Absatzes
entschieden.[1] Ist die willkürliche Abnutzung durch beides nicht beschränkt,
so treten zwar die Vortheile einer möglichst raschen Versilberung des Ueber=
schusses bestimmend auf, der Forstmann hat aber darauf Rücksicht zu neh=
men, daß durch die vorübergehende Steigerung der jährlichen Holzabgabe
keine, den zukünftigen, bleibenden Abgabesatz übersteigenden Bedürf=
nisse erzeugt werden, deren Fortbestehen immer tiefere Eingriffe in die

[1] Der umsichtigen Handhabung dieser, hier nur angedeuteten Verhältnisse verdankt
Preußen die Erhaltung keiner Staatswaldungen. Ein Zustand finanzieller Erschöpfung und
die Vorahnung naher Erhebung gegen das von Frankreich auferlegte Joch, hatte die Frage
ins Leben gerufen: ob nicht durch Verkauf auch der Staatswaldungen außerordentliche Geld=
mittel zu beschaffen seien. Hauptsächlich der Erörterung dieser Frage wegen wurde G. L. Hartig
im Jahre 1811 aus württembergischem in preußischen Staatsdienst berufen. Als Chef der
preußischen Forstverwaltung und als Mitglied des Staatsrathes gelang es keinen konser=
vativen Grundsätzen, unter dem energischen Beistande des damaligen Kronprinzen die Idee
eines Territorial=Verkaufes von Preußens Staatswaldbesitz zu beseitigen, außergewöhnliche
Geldeinnahmen aus Kapitalüberschüssen da zu beschaffen, wo der, damals vorherrschend noch
sehr hohe, 140jährige Umtrieb eine Herabsetzung gestattete (s. Bernhardt Geschichte des
Waldeigenthums. Berlin, Springer 1874. Band II, S. 240).

Hartig, Lehrbuch für Forster. II.   5

Kapitalmassen herbeiführt und die Nachhaltigkeit der Wirthschaft gefährdet, da jedes bestehende wahre Bedürfniß stets den Sieg über unsern Wirthschafts= plan davontragen wird.

Die Abnutzungsfrage findet ferner ihre Erledigung in den Verjüngungs= verhältnissen der Oertlichkeit. Besteht aus einem oder dem andern Grunde die Nothwendigkeit einer Verjüngung durch natürliche Besamung, so läßt sich der Abnutzungszeitraum nicht willkürlich verlängern, sondern muß in die Grenzen der Verjüngungsfähigkeit gelegt werden. Wäre z. B. die Hälfte eines Waldes im 120jährigen Umtriebe mit 100= bis 120jährigem Holze bestanden, die Erfahrung hätte aber gezeigt, daß, schon mit dem 140sten Jahre, der Verjüngung durch natürliche Besamung große Schwierigkeiten in den Weg treten, so würde man jene 100= bis 120jährigen Bestände in einem Zeitraum von 40 Jahren zu verjüngen haben. Uebersteigt in solchen Fällen der sehr gesteigerte Hauungssatz das Bedürfniß, oder ist eine solche bedeutende Steigerung aus andern Gründen nicht rathsam, so wird man sich oft durch eine vorübergehende in einen Theil der älteren Bestände eingelegte Mittelwaldwirthschaft helfen können, deren Zweck dahin gerichtet sein muß, die Verjüngungsfähigkeit dieser Bestände durch Nachzucht jungen Holzes längere Zeit zu erhalten. Ein ähnliches Verfahren kann im Nadel= holzwalde durch eine Art geregelten Plänterbetriebes in Anwendung treten.

Ist die Art und Weise der Abnutzung durch keins der oben bezeich= neten Verhältnisse beschränkt, so muß in der Regel diese möglichst rasch, jedoch mit Rücksicht auf Herstellung eines regelmäßigen, dem neuen Um= triebe entsprechenden Altersklassenverhältnisses betrieben werden. Die Grund= lage des neuen Hauungssatzes ist dann stets die, dem neuen Umtriebe ent= sprechende größere Hiebsfläche.

Finden hingegen Beschränkungen in der Abnutzung Statt, so muß nach Maßgabe derselben der gleichfalls auf die Größe der veränderten Hiebs= fläche gegründete Hauungssatz erhöht oder ermäßigt werden, was Sache der Betriebsregulirung und Taxation ist.

Was die, Behufs einer Umtriebserhöhung nöthigen Ersparnisse am Zuwachse anbelangt, so wird in den meisten Fällen das Bedürfniß, welches sich dem bisherigen Abgabesatze gemäß entwickelte, eine Vertheilung des nöthigen Kapitalzusatzes auf längere Zeiträume fordern.

Was die Art und Weise der Ansammlung betrifft, so müssen wir zwei verschiedene Fälle unterscheiden:

1) Wenn der Abstand zwischen dem bisherigen und dem zukünftigen Um= triebe sehr groß ist, daher nur junge Hölzer den bisherigen Bestand bilden. In diesem Falle wird die Umtriebserhöhung in derselben Weise wie die be= reits erörterte Umwandlung des Niederwaldes in Hochwald zu bewirken sein.

2) Wenn der Abstand weniger groß ist, der bisherige Bestand dem= nach junge und mittelwüchsige Hölzer enthält, tritt dasjenige Verfahren ein, welches unter dem Namen Hochwald=Conservationshieb bekannt und unter den Umwandlungen der Betriebsarten ebenfalls erörtert ist.

In den wenigen Fällen, wo eine Vertheilung des nöthigen Kapital= zusatzes auf längere Zeiträume nicht nöthig, die baldige Herstellung des dem höheren Umtriebe entsprechenden Kapitals verlangt wird, beschränke man die jährliche Abnutzung, außer den verstärkten Durchforstungen, auf $\frac{1}{4}$, $\frac{1}{3}$, $\frac{1}{2}$ ꝛc. der bisherigen Hiebsfläche oder des bisherigen Hiebsquantums. Man wird natürlich um so früher mit dem Hiebe in das Abtriebsalter des neuen Umtriebs kommen, je mehr man den bisherigen Hauungssatz verkürzt.

Die in Folge des veränderten Umtriebs veränderten Wirthschafts=vorschriften sind Gegenstand der Betriebseinrichtung und der Taxation, gehören demnach nicht hierher.

Zweiter Abschnitt.

Von der natürlichen Holzzucht. [1]

Die Holzzucht begreift die Wissenschaft in sich: auf einem gegebenen Flächenraume, mit möglichst geringer Aufopferung von Zeit und Geld, so vieles und gutes Holz zu erziehen, als nur möglich ist.

Man theilt sie ab:

I. in die natürliche (Holzzucht),
II. in die künstliche Holzzucht (Holzanbau).

Zur natürlichen Holzzucht kann nur die Fortpflanzung der Waldungen durch den von Bäumen und Sträuchen natürlich abfallenden Samen und bei einigen unwichtigen Holzgattungen auch die Fortpflanzung durch freiwillig entstehende Wurzelbrut gerechnet werden; zur künstlichen Holzzucht hingegen, insoferne sie beim Forstwesen im Großen anwendbar ist, zähle ich die Erziehung neuer Holzbestände.

1) durch den Ausschlag der Stöcke und Wurzeln abgehauener Holzpflanzen;
2) durch Ausstreuung des eingesammelten Holzsamens;
3) durch Verpflanzung junger Holzstämmchen;
4) durch Steckreiser und
5) durch Absenker.

Alle übrigen bei der Obst= und Kunstgärtnerei noch anwendbaren wirklichen Holzvermehrungs= oder nur Umformungs=Arten, wie z. B. das Ineinanderblaten, das Pfropfen, Copuliren, Oculiren und dergl. können beim Forstwesen nicht in Betrachtung kommen.

Erstes Kapitel.

Von der natürlichen Fortpflanzung der Wälder überhaupt.

Wenn man den Gang der Natur bei Fortpflanzung der Wälder betrachtet, so bemerkt man, daß der Samen nach erlangter völliger

---

[1] Das Nachfolgende, bis zum Schluß der vierten Abtheilung stammt, im Wesentlichen unverändert, aus der Feder G. L. Hartigs und entspricht den primitiven Lehrsätzen desselben in der Holzzucht vom Jahre 1791. Die dem Fortschritt der Wissenschaft entsprechenden Zusätze aus meiner Feder, so weit sie mehr als redaktionelle Aenderungen betreffen, habe ich mit einem †. am Schluß der betreffenden Sätze bezeichnet.

Reife von den Bäumen fällt und neue Pflanzen erzeugt,
wenn er entweder durch das schon auf der Erde liegende
und nachher noch abfallende Laub eine Bedeckung erhält,
oder wenn die Oberfläche des Erdbodens so beschaffen ist,
daß der Samen durch das Moos oder Gras an die Erde gelangen kann.   Zugleich bemerkt man aber auch, daß die aufgekeimten Pflanzen nur auf solchen Stellen fortwachsen, wo
Licht, Sonne und Regen im erforderlichen Grade auf sie
wirken können; daß sie hingegen bald nach ihrer Entstehung
wieder absterben, wenn der Schluß des Waldes so stark ist,
daß keine Sonnenstrahlen und kein Regen die jungen Pflanzen zu treffen vermögen; oder wenn im Gegentheile der
Wald so licht ist, daß die Sonne und der Frost zu stark auf
die jungen Pflanzen wirken, oder daß die Forstunkräuter
den Boden aussaugen, oder die Besamung hindern, oder
die jungen Holzpflanzen überwachsen und ersticken, oder —
wie man in der Forstsprache sagt — verdämmen können. Und endlich
lehrt auch die Erfahrung, daß zu licht gestellte Waldungen von
dem Sturme leicht umgeworfen werden, und daß die jungen
Waldungen, wenn sie allzudicht geschlossen und mit unterdrückten Stämmen angefüllt sind, weniger gut wachsen, als
wenn man das unterdrückte Holz von Zeit zu Zeit herausnehmen läßt.
  Aus diesen Bemerkungen, die jeder Forstmann schon gemacht haben
wird, oder bei einiger Aufmerksamkeit bald machen kann, fließen folgende
Generalregeln für die natürliche Holzzucht überhaupt:

Erste Generalregel. [1]

  Jeder Wald oder Baum, von dem man erwarten will,
daß er sich durch natürliche Besamung soll fortpflanzen
können, muß so alt sein, daß er tauglichen Samen tragen
kann.

Zweite Generalregel.

  Jeder Schlag muß wo möglich so geführt werden, daß
er durch den noch vollen Bestand vor den Südwest- und West-
stürmen geschützt ist; besonders wenn die abzutreibende und
zu verjüngende Holzgattung nur flach wurzelt, zu hohen
Bäumen erwächst und der Boden locker ist.

Dritte Generalregel.

  Jeder Walddistrikt, der durch natürliche Besamung
einen durchaus vollkommenen neuen Holzbestand erhalten
soll, muß in eine solche Stellung gebracht werden, daß der

---

  [1] Generell im Gegensatz zu speciell ist eine Regel, die im Allgemeinen gültig, im Besonderen aber Ausnahmen unterworfen ist. Die Generalregel soll da zur Richtschnur dienen,
wo specielle Erfahrungen ein Anderes nicht begründen. Anm. d. H.

Boden, von den auf dem Schlage stehen zu lassenden Bäumen, allenthalben eine hinlängliche Besamung erhalten kann.

Vierte Generalregel.

Jeder Schlag muß so gestellt werden, daß er vor erfolgter Besamung nicht stark mit Gras und Forstunkraut bewachsen kann. [1]

Fünfte Generalregel.

Bei Holzarten, deren Samen durch Frost zum Aufkeimen untüchtig wird, wie dieß bei Eicheln und Bucheln der Fall ist, müssen die Schläge so gestellt werden, daß das Laub, welches nach dem Abfallen des Samens denselben bedeckt und schützt, vom Winde nicht weggetrieben werden kann.

Sechste Generalregel.

Alle Schläge müssen so gestellt werden, daß die darin aufgekeimten Pflanzen, so lange sie noch zärtlich sind, hinlänglichen Schutz gegen die zu starke Sonnenhitze und die zu heftige Kälte von ihren Mutterbäumen haben, und sowohl der Sonne, als dem Regen weder zu wenig noch zu viel ausgesetzt sind.

Siebente Generalregel.

Sobald die jungen, durch natürliche Besamung erzogenen Holzbestände den mütterlichen Schutz nicht mehr nöthig haben, müssen sie nach und nach durch vorsichtige Wegnahme der Mutterbäume an die Witterung gewöhnt und endlich ganz ins Freie gebracht werden.

Achte Generalregel.

Alle durch natürliche oder künstliche Besamung erzogene junge Waldungen müssen von den allenfalls mit aufgewachsenen, weniger nützlichen Holzgattungen und von dem Forstunkraute befreit werden, wenn diese die edlere Holzgattung, aller angewendeten Vorsicht ungeachtet, zu verderben drohen.

Neunte Generalregel.

Aus jedem jungen Walde muß von Zeit zu Zeit und bis er völlig erwachsen ist, das unterdrückte Holz genommen werden, damit die Stämme, welche den Vorsprung haben oder dominiren, desto besser wachsen können. Der obere vollkommene Schluß des Waldes darf aber so lange nicht unterbrochen werden, bis man die Absicht hat, an der Stelle des alten Waldes einen neuen zu erziehen.

[1] Wenn man aus einem haubaren Holzbestand mehr oder weniger Bäume nimmt und ihn dadurch lichter stellt, oder auch alles Holz kahl abtreibt, so nennt man dieß einen Schlag.

Zehnte Generalregel.

Alle jungen Waldungen oder Bestände, sie mögen durch natürliche oder künstliche Mittel erzogen worden sein, müssen so lange gegen jede Beschädigung durch Weidvieh ꝛc. geschützt werden, bis ihnen dasselbe keinen Schaden mehr zufügen kann.

Alle diese Generalregeln müssen, wo Hochwaldwirthschaft getrieben wird, bei der natürlichen Holzzucht ins Auge gefaßt und richtig angewendet werden. Geschieht dieß, so können die Waldungen, ohne die geringsten Kosten, bloß durch zweckmäßiges Abholzen verjüngt und die vollkommensten neuen Bestände hervorgebracht werden. Wo man aber Niederwaldwirthschaft treibt und durch natürliche Befamung nur den Abgang der entkräfteten Stöcke nach und nach ersetzen will, da können viele von den für die natürliche Holzzucht aufgestellten Generalregeln entweder gar nicht oder nur sehr unvollkommen befolgt werden, und es läßt sich daher auch nicht mit Sicherheit auf den gewünschten Erfolg der natürlichen Wiederbefamung rechnen, weil dieser um so viel ungewisser wird, je mehr man von jenen Generalregeln abweicht.

Ich werde daher in den folgenden Kapiteln des gegenwärtigen Abschnittes zeigen, wie die vorhin aufgezählten Generalregeln angewendet werden müssen, um recht vollkommene Hochwaldungen durch natürliche Befamung zu erziehen; in dem folgenden Abschnitte aber werde ich Anleitung geben, wie auch in den Niederwaldungen die leergewordenen Stellen durch natürliche Befamung so gut als möglich in Bestand gebracht oder bestockt werden können.

Zweites Kapitel.

Von der forstmäßigen Abholzung eines haubaren, gut bestandenen Buchen-Hochwaldes, wenn während der Abholzung ein recht vollkommener junger Buchenwald durch natürliche Befamung erzogen werden soll, und von der ferneren Behandlung des neu erzogenen Bestandes bis zur Zeit, wo er wieder haubar wird.[1]

In der Betriebslehre sind die Rücksichten nachgewiesen, welche bei der Auswahl der jährlichen Hiebsfläche aus der periodischen beachtet werden müssen.

Ist nach jenen Rücksichten die Oertlichkeit der zu verjüngenden Fläche bestimmt und beabsichtigt man die Verjüngung durch Schlagstellung zu be=

---

[1] Haubar kann ein Bestand in verschiedener Hinsicht sein.

Physisch=haubar nenne ich einen Bestand alsdann, wenn die Bäume ihre natürliche Größe und volle Ausbildung erreicht haben.

Oekonomisch=haubar aber ist ein Bestand alsdann, wenn er so alt ist, als er mit Rücksicht auf Boden und Lage werden muß, um, im Durchschnitt genommen, den stärksten jährlichen Zuwachs geliefert zu haben, und zugleich Holz zu geben, das eine den bestehenden Bedürfnissen vorzüglich entsprechende Stärke und Güte hat.

Merkantilisch=haubar hingegen ist ein Bestand alsdann, wenn das Holz so stark geworden ist, als es den Umständen und Verhältnissen nach sein muß, um dem Eigenthümer von seiner Waldfläche den größten Netto-Geldertrag zu verschaffen, der durch Berechnung des Erlöses aus Holz= und Nebennutzungen, der Zinse und der Zwischenzinse in einem angenommenen Zeitraume zu erlangen ist.

wirken, so schreitet man im Herbste vor der Fällung, so lange noch das Laub auf den Bäumen sitzt, zur Auszeichnung der Stämme, welche gehauen werden müssen, um den Bestand in eine solche Stellung zu bringen, die den im vorigen Kapitel aufgeführten Generalregeln entspricht. t.

Nur in seltenen Fällen wird hierzu eine Vorbereitung nöthig sein; es können aber Bestände vorkommen, in denen die Bäume, selbst im höheren Alter, wegen des gedrängten Standes nur kleine und zum Samentragen nicht geeignete Kronen haben. In sehr geschlossenen Orten häuft sich auch das unzersetzte Laub in einem Grade an, der dem Gedeihen des abgefallenen Samens hinderlich ist. In solchen Fällen, die bei einer regelmäßigen Wirth-schaft durch die letzte Durchforstung des Bestandes vermieden werden, muß man vor der eigentlichen Schlagstellung eine Auslichtung vornehmen, die man dunkeln Vorhieb oder Vorbereitungsschlag genannt hat, weil durch ihn die Bäume und der Boden zur Besamung vorbereitet werden sollen. Häufiger wird man zu solchen Vorhieben durch ungewöhnlich langes Ausbleiben der Samenjahre genöthigt, wenn die aus den Schlägen und Durchforstungen zu entnehmenden Holzmassen zur Erfüllung des Hiebs-quantums nicht hinreichen. t.

Die Stärke der Auslichtung bei diesen dunkeln Vorhieben ist theils vom Boden, von dessen Neigung zum Graswuchse, vom Dammerdegehalt, von der Lage, theils von der Zahl der Stämme auf dem Morgen, deren Alter und Gesundheit abhängig. Im Allgemeinen kann man sagen: daß der Vorbereitungsschlag richtig gestellt sei, wenn nach dem Aushiebe einzelne Grasspitzen dem Boden entsprossen. Man darf den Maßstab für solche Stellung aber nicht einzelnen Stellen des übrigens vollen Ortes entnehmen, auf denen sich ein solcher Grad des Graswuchses zeigt, da hier der Seitenschatten wirksam ist. Wollte man den ganzen Schlag nach solchen Stellen auslichten, so würde durch Wegfall des Seitenschattens die Stellung viel zu licht, der Graswuchs zu stark werden. Je mehr Stämme vorhanden sind, um so kleiner sind die Kronen und um so rascher und weiter werden sie sich bei sonst gutem Wuchse des Holzes ausbreiten und den Schluß wiederherstellen. Je weniger Stämme vorhanden sind, um so nachtheiliger wirkt die weitere Verringerung der Stammzahl auf die später eintretende Samenschlagstellung, die weit vollkommener mit einer größeren Menge ge-ringer Bäume, als mit wenigen starken Bäumen bewirkt werden kann; daher es denn auch nicht rathsam ist, den Vorhieb in der Hinwegnahme der Stämme 3ter und 4ter Klasse bestehen zu lassen, und nur starke Bäume für die Schlagstellung überzuhalten. Im Allgemeinen darf aber bei dunkeln Vorhieben der Kronenschluß des Bestands nicht unterbrochen werden, und deßhalb gehören dieselben mehr den Durchforstungs- als den Ver-jüngungshieben an; der Herausgeber glaubte aber ihrer erwähnen zu müssen, da sie von den meisten der neueren Forstschriftsteller letzteren zugezählt werden. t.

Vom Dunkel- oder Besamungsschlage.

Die erste aller Arbeiten bei der Stellung eines Samenschlags ist die Hinwegräumung der den Boden bedeckenden Sträucher und unterdrückter,

zur Schlagstellung selbst unbedingt nicht benutzbarer Stangen, so wie die Hin=
wegnahme der sehr tief angesetzten Aeste bis zu einer Höhe von 3 Metern.
Erst wenn dieß geschehen ist, vermag man zu beurtheilen, welche Stämme
nun noch hinweggenommen werden müssen, um den beabsichtigten Beschattungs=
grad herzustellen.

Die Stellung des Samenschlages selbst ist verschieden, je nachdem
bereits Aussichten auf ein Samenjahr vorhanden sind oder nicht.

Muß der Samenschlag vor Eintritt eines Samenjahres gestellt werden,
so lasse man so viele Mutterbäume stehen, daß die äußersten Spitzen
der Zweige sich beinahe berühren (7te Aufl. S. 12). Finden aber
zugleich Verhältnisse statt, die eine sehr dunkle Stellung überhaupt verlangen
— rauhes Klima, Dürre, Graswuchs 2c. — so kann die Stellung noch
etwas dunkler sein, und zwar in dem Maße, als ein geringes Ineinander=
greifen der äußersten Zweigspitzen dieß bewirkt. Da die einzelnen
Schirmflächen mehr oder weniger kreisförmig und von ungleicher Größe sind,
bleibt auch in letzterem Falle zwischen ihnen noch Raum für Lichteinfall.

Wird der Samenschlag hingegen erst in einem Samenjahre gestellt,
daher nach Abfall des Samens gehauen, oder enthält er bereits eine be=
trächtliche Menge junger gesunder Buchenpflänzchen, so kann die Stellung
so licht sein, daß die äußersten Spitzen der Aeste 2—3 Mtr. von
einander entfernt sind. (7te Aufl. S. 13.)

Diese Regeln müssen überall in Anwendung treten, wo noch keine
bestimmten, an Ort= und Stelle selbst gesammelten Erfahrungen vorliegen:
daß die Rothbuche auch bei noch lichterer Stellung des Mutterbestandes er=
zogen werden kann, wie dieß z. B. in manchen Gebirgsgegenden allerdings
der Fall ist. Die in lichterem Samenschlage erzogene Buche kann man dann
auch durch frühere und stärkere Auslichtung und durch früheren Abtrieb
vom Mutterbestande befreien. Man hüte sich aber ja, bei Abweichungen
von obigen Regeln voreilig zu Werke zu gehen. Bei der Rothbuche ist ein
Mißlingen gefährlicher als bei jeder anderen Holzart, da die Samenjahre
bei ihr so lange aussetzen. t.

Wesentlichen Einfluß auf die Stellung der Besamungsschläge äußert:
1) die Ausbreitung der Kronen. Dieselbe Schirmfläche aus größeren
Kronen zusammengesetzt, beschattet und unterdrückt viel mehr als wenn sie
aus einer größeren Zahl kleinerer Kronen zusammengesetzt ist. Die Ursache
ist der in letzterem Falle raschere Wechsel zwischen dem beschatteten und
unbeschatteten Theile der Grundfläche; 2) die Schaftlänge. Je größer
die Entfernung zwischen Schirmfläche und Grundfläche ist, um so weniger
verdämmend wirkt erstere, ebenfalls durch rascheren Wechsel zwischen be=
schatteter und beleuchteter Grundfläche; 3) die Exposition. Licht= und
Wärmeeinwirkung der Sonne auf gleich große Grundflächen sind größer, je
mehr sich der Einfallswinkel der Sonnenstrahlen dem rechten Winkel nähert.
Daher ist Licht= und Wärmewirkung an südlich geneigten Flächen größer als
auf der Ebene, auf letzterer größer als an nördlich geneigten Flächen. Sie
ist größer an westlich als an östlich geneigten Flächen, weil die westlich
geneigte Fläche die Sonnenstrahlen zur Zeit der größten Luftwärme, in den
ersten Nachmittagstunden, nahe rechtwinklich erhält. Bei gleichem Lichtbedarf

der jungen Pflanzen, bei gleichem Beschattungsbedürfniß zur Unterdrückung
des Graswuchses, bei gleicher Nothwendigkeit eines Boden= und Pflanzen=
schutzes gegen Wärmeeinwirkung der Sonnenstrahlen, außer modificirender
Mitwirkung anderweitiger Verhältnisse gedacht, kann daher die Schlagstellung
in südlichen und westlichen Expositionen dunkler sein, als in östlichen und
nördlichen; 4) der Neigungswinkel an Berghängen. In Folge
der stufenförmigen, den Einfall des Lichts begünstigenden Stellung der
Baumkronen beschatten gleiche Schirmflächen die Grundfläche weniger bei
größerem Neigungswinkel an südlichen und westlichen Hängen, mehr
an nördlichen und östlichen Freilagen; 5) Klima. Da die Mutterbäume
des Besamungsschlages, indem sie durch Mäßigung der Wärmestrahlung die
Bodenwärme erhalten, zugleich auch dem jungen Wiederwuchs zum Schutze
gegen Frostschaden dienen sollen, der Frost aber nur als Spätfrost auf
unsere forstlichen Culturpflanzen des Hochwaldes nachtheilig wirkt, so sind
es besonders die Eigenthümlichkeiten des Klima in Bezug auf Spätfröste,
welche wesentlichen Einfluß auf die Stellung der Besamungsschläge ausüben.
Im Gebirgsklima treten Spätfröste viel seltener ein als im Klima der Ebenen
und der Vorberge, in südlichen und westlichen häufiger als in entgegen=
gesetzten Lagen. Das Gebirgsklima hat auch darin einen wesentlichen Vor=
zug vor dem Klima der Ebenen und Vorberge, daß der meist frühe und
reichliche Schneefall den Boden vor dem tiefen Eindringen des Frostes schützt.
Das warme, trockene Klima der östlichen und südlichen Lagen fordert Boden=
schutz, feuchtes Klima fordert Schutz gegen Graswuchs. 6) In Bezug auf
Bodenbeschaffenheit ist besonders dessen Neigung zum Graswuchse,
geringer in gebirgigen als in ebenen, geringer in nördlichen und östlichen
als in südlichen und westlichen Lagen und dessen Verhalten zur Feuchtigkeit
in Bezug auf Schlagstellung zu berücksichtigen. Kann man den Boden, durch
einen, auch in Bezug auf den nöthigen Lichtgenuß der jungen Pflanzen zu=
lässigen Beschattungsgrad, die den Pflanzen nöthige Bodenfeuchtigkeit er=
halten, so ist dieses der sicherste Weg, da er zugleich dem Graswuchs und
den Spätfrostschäden entgegensteht. Ist der Boden hingegen von einer solchen
Beschaffenheit, daß er auch durch diesen Grad des Schutzes nicht vor dem
Austrocknen gesichert werden kann, dann ist es nothwendig licht zu stellen,
um den Pflanzen durch Thau und Regen das zuzuwenden, was ihnen der
Boden an sich versagt. 7) Die Verbreitung des Samens ist größer
an Berghängen als in der Ebene, größer in Oertlichkeiten, die heftigeren
Winden ausgesetzt sind, größer bei langschäftigem als kurzem Holze, größer
bei jüngerem Holze und bei schlankem Astbau durch die Schnellkraft der vom
Winde gepeitschten Aeste und Stämme. 8) Die Beschaffenheit schon
vorhandenen benutzbaren Nachwuchses. Ist solcher in starker Be=
schattung erwachsen, so muß, um ihn zu erhalten, die Auslichtung sehr
allmählig und vorsichtig geschehen. Im entgegengesetzten Falle kann man
lichter stellen und rascher nachhauen. t.

Was die Auswahl der Bäume, die als Samenbäume übergehalten
werden sollen, anbelangt, so wird dieselbe durch die Nothwendigkeit einer
möglichst gleichförmigen Vertheilung der Stämme oder vielmehr der durch
sie zu bewirkenden Beschattung beschränkt. Innerhalb derselben wähle man

zu Samenbäumen gesunde, stuffige, d. h. nicht zu langschäftige und schlanke Stämme, von mittlerer Größe, mit vollen guten Kronen. Starke Stämme, die beim Aufarbeiten und beim Transport aus dem Wiederwuchse größeren Schaden an letzterem veranlassen, halte man nur an den Schlagrändern, an Wegen und Gestellen über. Jeden wegzunehmenden Stamm bezeichne man vermittelst des auf die Wurzel geschlagenen Baumstempels und dreier am Schafte nach verschiedenen Richtungen angehauener Platten.

Ist der Besamungsschlag auf solche Art ausgezeichnet oder angewiesen, so werden die Holzhauer zu 3 und 3, oder zu 6 und 6 in Partien getheilt, der Schlag in eben so viele u n g e f ä h r gleiche Theile zerlegt, als Holz= hauerpartien da sind, und es werden diese Theile, die an schiefen Flächen b e r g a n ziehen müßten, durch kleine n u m e r i r t e, fest eingeschlagene Pfähle bemerklich gemacht. Hierauf wird geloost, um zu bestimmen, wie die Holz= hauerpartien auf einander folgen sollen, und wenn dieß geschehen ist, und die Holzhauer auf die Instruktion verwiesen sind, so wird die Hauung, in so ferne es eine schiefe Fläche wäre, u n t e n angefangen und nach oben fortgesetzt.

Während der Holzhauerei muß der Förster den Schlag täglich besuchen und darauf sehen, daß die Holzhauer keine unangewiesenen Bäume fällen oder beschädigen; daß sie die Bäume so tief wie möglich an der Erde ab= hauen oder absägen, und bei allem Klafter= oder Malterholze die Säge gebrauchen, um ihm die gehörige Scheiterlänge oder Klobenlänge zu geben; daß sie ferner die Knüppel oder Prügel vorschriftsmäßig aus den Reisern hauen, die Spalten oder Kloben nicht zu dick oder zu dünn machen, die Klaftern in das vorgeschriebene richtige Maß und gehörig dicht setzen, und die Reiser ordnungsmäßig aufbinden; — daß sie ferner keine gefähr= liche oder zu große Feuer anmachen und zu deren Unterhaltung nur Spähne und Leseholz, oder im Nothfalle doch nur Reiserholz verwenden, und daß sie überhaupt den Inhalt ihrer Instruktion aufs Genaueste erfüllen.

Ist nun alles angewiesene Holz gefällt und bearbeitet, so hat es der Förster nach den verschiedenen Sorten zu numeriren, und wenn es von seinen Vorgesetzten controlirt und assignirt ist, so muß dafür gesorgt werden, daß die Abfahrt alles Holzes sobald als möglich, und noch vor dem T h a u w e t t e r im Frühjahre, erfolge; weil sonst die vielleicht schon vor= findlichen oder bald aufkeimenden Holzpflanzen ruinirt werden würden, wenn die Abfahrt des Holzes später stattfinden sollte.

Hätte der Distrikt, wo im Winter gehauen werden soll, im Herbste zuvor eine Besamung von Bucheln erhalten, so darf er mit den Mast= schweinen dießmal nicht betrieben werden. Durch das Fällen und Bearbeiten des Holzes wird der Samen doch genug unter das Laub kommen, und der Aufschlag wird in größerer Menge erfolgen, als wenn die Mastschweine einen großen Theil der Bucheln aufgezehrt haben. [1] Der Besamungsschlag muß folglich in diesem Falle, oder wenn schon taugliche junge Pflanzen

---

[1] A u f s c h l a g nennt man alle Pflanzen, die aus schwerem Samen entstehen, wie z. B. Eichenaufschlag, Buchenaufschlag ꝛc. Anflug hingegen nennt man alle Pflanzen, die aus beflügeltem, oder mit Wolle besetztem, oder sonst leichtem Samen, den der Wind beträchtlich weit fortbewegen kann, erwachsen.

darin befindlich wären, von der Hauung an, in die strengste Hege oder Schonung gelegt werden. [1] Wären aber weder Samen noch Pflanzen in dem Dunkelschlage befindlich, und fände in dem Forste Weidgerechtigkeit statt, so kann ein solcher Schlag mit dem Rindvieh so lange betrieben werden, bis Mast oder Samen erfolgt. Dieser Betrieb mit Rindvieh ist nicht allein unschädlich, sondern in vielen Fällen sehr nützlich, weil die gewöhnlich sehr lockere Dammerdenschichte dadurch etwas zusammengetreten und das Gras und Forstunkraut durch das Vieh vertilgt wird. Nach erfolgter und ab= gefallener Mast muß man aber einen solchen Schlag in strenge Hege legen, und es darf nur den in benachbarten Distrikten schon gesättigten Mast= schweinen, bei gelindem Wetter, der rasche Durchtrieb einigemal ge= stattet werden, damit sie die Bucheln, beim Suchen nach Insekten und Würmern, oder sogenannter Erdmast, unter das Laub oder in die Erde wühlen, ohne viel davon zu fressen. Der Betrieb mit gesättigten Mast= schweinen darf also nur in dem Falle stattfinden, wenn der Schlag erst nach der Hauung Besamung erhalten hat, und das Laub die Bucheln nicht gehörig bedeckt. Wären aber die Schweine in dieser Hinsicht nicht nöthig, so lasse man sie weg, weil sie mehr schaden als nützen, wenn der Hirte die ihm ertheilte Vorschrift nicht genau befolgt. Der Besamungsschlag bleibt nun in dieser dunkeln Stellung so lange, bis er größtentheils, oder allenthalben besamt, und der Aufschlag drei=, höchstens vierjährig, also $\frac{1}{4}$—$\frac{1}{3}$ Mtr. hoch geworden ist.

Da von der regelmäßigen Stellung des Besamungsschlages der glück= liche Erfolg der natürlichen Nachzucht aller Hochwaldungen abhängt, so muß der Forstmann die oben gegebenen, aus langer Erfahrung abgeleiteten Regeln so genau wie möglich befolgen, und den Besamungsschlag ganz der Vor= schrift gemäß zu stellen suchen. Er wird damit bewirken, daß der Schlag durch die in bestimmter Anzahl stehen gelassenen gesunden Bäume mit gutem Samen überall reichlich bestreut wird, und daß das Gras und Forstunkraut, zum Nachtheil der natürlichen Besamung und zum Verderben des Bodens, nicht überhand nehmen kann, wenn bald nach der Hauung des Schlags keine Buchmast wächst. Auch wird er durch eine solche dunkle Stellung bewirken, daß die Buchenpflänzchen — die in der Jugend gegen Frost und Hitze sehr empfindlich sind — von den Samenbäumen des Dunkelschlages den nöthigen Schutz und Schatten erhalten können, und daß die lockere Dammerdenschichte nicht so leicht austrocknet; obgleich bei einer solchen Stellung so viel Licht, Sonne und Regen auf die kleinen Pflanzen wirken kann, als vorerst für sie nöthig und nützlich ist. Ueberdieß gewährt auch der Dunkelschlag den großen Vortheil, daß die Laubdecke des Waldes nicht so leicht vom Winde weggetrieben werden kann. Diese Laubdecke ist in einem

---

Aufschlag aber nennt man alle Loden, die aus den Stöcken abgehauener Holz= pflanzen hervorkommen. Und

Wurzelbrut nennt man alle Loden, die aus den Wurzeln hervortreiben, ohne daß der Baum oder Strauch abgehauen ist.

Wurzelausschlag die Wurzelloden solcher Holzpflanzen, welche nur nach dem Ab= hiebe des Baumes Loden von der Wurzel aus liefern.

[1] Siehe im Theile vom Forstschutz das zweite Kapitel.

solchen Besamungsschlage nicht allein vortheilhaft, sondern nöthig, weil
sie das Keimen des unter ihr liegenden Samens befördert; die Wurzeln der
jungen Pflanzen vor Frost und Hitze schützt, und nach ihrer Verwesung
den Pflanzen zur Nahrung dient. Nur an solchen Orten im Schlage, wo
das Laub allzu dick liegt und die Pflanzen hindert, bald nach dem Auf=
keimen die Erde mit den Wurzeln zu erreichen, muß es zum Theil weg=
geschafft werden.

In lebhafter Zersetzung begriffene Dammerdeschichten schaden auch durch
überreiche Entwickelung von Kohlensäure, durch welche die, für die Keimung
nöthige atmosphärische Luft aus dem Boden verdrängt wird. Vorbereitungs=
schläge sind hier an ihrer Stelle. t.

Alle diese wichtigen Vortheile fallen weg, wenn man einen Besamungs=
schlag zu licht hauen läßt, und unübersehbar nachtheilige Folgen treten an
ihre Stelle. Der Boden überwächst nämlich, alsdann sehr bald mit Forst=
unkraut, welches die Erde aussaugt, das Aufkeimen der Samen hindert
und die jungen Pflanzen verdämmt oder erstickt. Auch können die in zu
geringer Anzahl stehen gebliebenen Bäume, oder solche Stämme, die keinen
tauglichen Samen bringen, den Boden nicht gehörig und allenthalben be=
säen, und wenn auch hier und da Pflanzen aufkeimen, so werden sie doch
durch die zu heftig auf sie wirkende Sonnenhitze und Kälte bald wieder
ruinirt. — Außerdem werden oft viele Stämme vom Wind umgerissen, es
sterben selbst viele Bäume ab, wenn sie plötzlich aus dem gedrungenen
Schluß ganz ins Freie kommen, und es fliegt unter solchen Umständen eine
Menge von weichen Holzarten an, um der Nachkommenschaft die Fehler der
gegenwärtigen Förster zu verkünden. Dergleichen zu licht gehauene Schläge
bleiben daher, wenn nicht besonders günstige Umstände eintreten, viele Jahre
lang ohne guten Nachwuchs, und nur in dem Falle wird in der Folge
junger Buchen=Aufschlag entstehen, wenn die Samenbäume, nach
einer langen Reihe von Jahren, dicker geworden und so viele
Aeste an ihnen gewachsen sind, daß der Bestand beinahe
einen Dunkelschlag bildet. Alsdann geht das bisher gewachsene Un=
kraut wieder aus, und nach der ersten Buchmast sieht man zuweilen den
Schlag mit Pflanzen fast eben so überdeckt, als wenn man ihn vor 15 oder
20 Jahren sogleich regelmäßig gehauen hätte. — Wer daher seine Schläge
zu licht hauet, der erreicht im günstigen Falle nach 20 Jahren, sehr oft
aber niemals, das Ziel, welches er bei regelmäßiger Stellung der Schläge
in wenigen Jahren ganz sicher erreichen kann. Ich empfehle daher noch=
mals aufs Dringendste bei der Stellung des Besamungsschlages äußerst
vorsichtig zu sein, und durchaus nicht von den gegebenen Generalregeln
abzuweichen; denn es entstehen die meisten schlechten Holzbestände bloß durch
die fehlerhafte Stellung des Besamungsschlages.

Vorhin ist angeführt worden, daß es nöthig sei, den Besamungsschlag
nach eingefallener Mast aufs Strengste zu hegen, und ihn nicht früher
zu lichten, bis man fast allenthalben eine hinlängliche Menge junger Buchen=
pflanzen von $1/4$—$1/3$ Mtr. Länge findet. Ist dieß nun der Fall, so muß
dem jungen Nachwuchse etwas mehr Luft gemacht werden, um ihn nach und
nach an die Witterung zu gewöhnen, und ihn der Verdämmung zu ent=

ziehen, durch die er unfehlbar absterben würde, wenn man den Dunkelschlag alsdann nicht etwas lichter stellen wollte.

Um diese lichtere Stellung des Schlages zu bewirken, muß ungefähr $1/4$ oder $1/3$, höchstens aber die Hälfte von den Samenbäumen, und zwar immer die stärksten da weggenommen werden, wo der meiste Aufschlag erfolgt ist, und es muß der Schlag überhaupt eine solche Stellung erhalten, daß die zur noch besseren Befamung, oder zur Beschützung des jungen Auf-schlages stehen bleibenden Stämme, so viel als möglich, in gleiche Ent-fernung kommen. — Weil man aber im Winter durch den Schnee gehindert wird, die jungen Pflanzen genau zu sehen, so bezeichne man schon im Spätherbste, noch ehe die Blätter abgefallen sind, alle Stämme, die weggehauen werden müssen, mit drei Platten am Schafte — wie bei der Anweisung des Dunkelschlages — und lasse nachher im Winter bei milder Witterung diese Bäume fällen, bearbeiten, und das Holz außerhalb des Schlages, an den Stellwegen, oder auf sonst bloßen Plätzen aufklaftern, und die Reifer ebenfalls an diese Orte bringen. Kann das geschlagene Holz aber ohne große Kosten nicht alsbald aus dem Schlage gebracht werden, so läßt man die Klaftern nahe, jedoch nicht unmittelbar an den Stamm, der noch stehenbleibenden Bäume setzen, damit die Flächen, welche allenfalls dadurch des jungen Aufschlages beraubt werden, bei der nächsten Mast eine frische Befamung erhalten können. In diesem Falle ist es aber nöthig, dafür zu sorgen, daß das Klafter- und Reiserholz wo möglich mit Schlitten auf dem Schnee — wenn dieß aber nicht sein kann, doch wenigstens ehe das Laub ausbricht, aus dem Schlage geschafft werden; weil sonst an dem jungen Aufschlage viel verdorben werden könnte. — Sollte aber auch dieses nicht möglich sein, so muß alles Reiserholz in Büschel ge-bunden, oben auf die mit Unterlagen versehenen Klaftern gelegt und der Schlag doch wenigstens noch vor Johannistag ganz geräumt werden, damit die jungen Pflanzen, welche mit Klaftern bedeckt waren, bei dem zweiten Trieb des Saftes ausschlagen können. Es gehen zwar bei so lange verzögerter Abfahrt des Holzes die meisten Pflanzen, die bedeckt waren, verloren; doch erholen sich auch viele wieder. Sollte aber das Holz noch länger im Schlage stehen bleiben, und erst im Herbste ab-gefahren werden, so sterben alle junge Pflanzen, die das geschlagene Holz bedeckt, ab. Deßwegen darf das gefällte Holz nicht so lange im Schlage bleiben und es muß dasselbe, wenn die Abfahrt erst im Herbste geschehen kann, alsbald nach der Fällung auf Stellwege, oder auf sonst schickliche Plätze getragen oder gefahren werden, wenn dieß auch einige Kosten ver-ursachen sollte. — In einer solchen Stellung nennt man den Schlag
einen Lichtschlag.

Hier muß ich nochmals warnen, den Lichtschlag auf einmal lichter zu stellen, als ich es empfohlen habe. Wird er auf einmal zu licht, so nimmt das Forstunkraut bald überhand, der Boden trocknet im Sommer zu stark aus, und der Frost dringt im Winter zu tief in die Erde. Auch macht die allzustarke Wirkung der Sonne auf die bisher an den Schatten gewöhnten Pflanzen einen nachtheiligen Eindruck; der Wind kann das Laub zu viel fassen und wegtreiben, und die späten Frühjahrsfröste können den

Aufschlag zu stark treffen und beschädigen. Wäre daher der Schlag noch so vollkommen und allenthalben mit Anwuchs versehen, so darf er doch nicht auf einmal zu licht gestellt werden, sondern es müssen die nöthigen Schutzbäume vorerst noch stehen bleiben, um die so eben angeführten Nachtheile zu verhindern, die in rauhem Klima, in der Nähe von Sümpfen, Flüssen und Seen, und an den Sommerseiten der Berge doppelt zu fürchten sind.

Sollte nach der Hauung des Lichtschlages eine Buchelmast erfolgen, so würde es Schade sein, wenn man die Lichtschläge ganz verschließen und das Eckerich darin gar nicht benutzen wollte, da solche Schläge gewöhnlich den meisten Samen bringen. — Man verpachte daher dergleichen Schläge zum Buchelnsammeln; wobei die Bucheln abgeschlagen und auf untergelegten großen Lacken oder Plänen von grober Leinwand aufgefangen werden. Sollte sich dazu aber keine Gelegenheit finden, so lasse man die Mastschweine Morgens früh, und so lange sie noch hungrig sind, bei Frost oder trockener Witterung, wöchentlich einigemal und etwas schnell, durchtreiben, damit sie das zur Besamung überflüssige Eckerich auffressen, ohne die jungen Pflanzen durch ihr Brechen oder Wühlen zu beschädigen. Sobald der Förster aber bemerkt, daß ein solcher Durchtrieb Schaden verursacht, muß er denselben auf der Stelle verbieten, und es muß der Mastschweinhirt überhaupt dafür verantwortlich gemacht werden, wenn er die ihm gegebene Vorschrift übertreten und den Schlag beschädigen lassen sollte. Wäre aber zu befürchten, daß die zur Schonung des Aufschlages nöthige Vorsicht nicht beobachtet werde, und wäre der Vortheil, der durch den Betrieb der Lichtschläge mit Mastschweinen entsteht, überhaupt nicht von Belang, so ist es besser, die Schweine ganz daraus zu lassen.

Nun bleibt der Lichtschlag in dieser Stellung so lange stehen, bis das junge Holz, welches selten von ganz gleicher Länge sein wird, die Höhe von $1/2$—1 Mtr. erreicht hat. Alsdann gibt man dem Schlage entweder noch eine Auslichtung, oder es werden im milden Klima alle Bäume herausgehauen, wenn nicht besondere Umstände nöthig machen, daß am Saume des Waldes, oder an den Stellwegen einige schöne Stämme stehen bleiben müssen, um für die Nachkommenschaft sehr starkes Nutz= oder Werkholz zu erziehen. Wenn dieß aber nicht absolut nöthig ist, und der Buchenhochwald einen so langen Umtrieb hat, daß die Stämme zu Werkholz doch stark genug werden, so halte man gar keine alten Bäume über, weil sie künftig am jungen Walde mehr verdämmen, als die Masse beträgt, die an ihnen zuwächst.

In sehr rauhem Klima, und wo man von Spätfrösten viel zu fürchten hat, kann man den jungen Anwuchs vor dem völligen Abtriebe 1 Mtr. hoch werden lassen. Es müssen dann aber 2 oder 3 Auslichtungen vorhergehen, damit der junge Anwuchs nicht verdämmt werde.

Eine solche Hauung, wo entweder alles haubare Holz weggenommen wird, oder nur noch wenige Stämme bis zur Haubarkeit des jungen Bestandes stehen bleiben, heißt

Abtriebsschlag.

Hier ist besonders zu empfehlen, das junge Holz vor dem völligen

Abtriebe des alten nicht zu hoch werden zu lassen, und auf die Holzhauer genau Achtung zu geben, daß sie die gefällten Bäume alsbald ausästen, und sowohl die Reiser, als das Klafterholz ohne Verzug auf die Stellwege, oder auf sonst unschädliche Plätze bringen; weil sonst viel Anwuchs verloren gehen würde, wenn die Klaftern und Reiser in dem Schlage selbst aufgesetzt und von da durch Fuhrwerk abgeholt werden sollten. Auch muß alles Wälzen und Schleifen des Holzes im Abtriebsschlage untersagt, und das Fällen der Bäume weder bei starkem Frost, noch zur Zeit, wo der Saft schon in Bewegung ist, gestattet werden, weil die jungen Stämmchen zu dieser Zeit leicht entzweibrechen, wenn sie von den umfallenden alten Bäumen getroffen werden. Am besten ist es, wenn man dergleichen Hauungen alsbald nach dem Abfall des Laubes im Herbste vornehmen und das Holz sogleich aus dem Schlage tragen lassen kann. Sollte dieß aber nicht möglich sein, oder zu viele Kosten verursachen, so muß wenigstens dafür gesorgt werden, daß das im Winter geschlagene Holz vor dem Ausbruche des Laubes unfehlbar aus dem Schlage gebracht, und beim Abfahren desselben so wenig Schaden wie möglich verursacht werde. Die Holzfuhrleute dürfen daher nicht an jede Klafter fahren, sondern müssen auf dem nächsten Wege halten bleiben, und das Holz auf die Wagen tragen. Sollte aber der gewöhnliche Weg zu weit entfernt sein, so muß der Förster einen schicklichen Weg durch die Mitte des Schlages, vermittelst auf Stangen gesteckter Strohwische, abzeichnen, und diesen Weg, wenn alles junge Gehölze darauf sollte ruinirt worden sein, nachher durch Pflanzung wieder in Bestand zu bringen suchen.

G. L. Hartig spricht sich an verschiedenen Orten sehr günstig über das Rücken der Hölzer aus und das mag mit die Ursache sein, weßhalb in Staatsforsten, in denen die damit verbundenen bedeutenden Kosten aus dem großen Säckel fließen, damit häufig großer Luxus getrieben wird, der um so mehr Anhänger in forstlichen Kreisen findet, als es gerade die renom-mirtesten „Holzzüchter" sind, die ihn üben und befürworten. In einer ohne Zweifel anerkennenswerthen Liebe für ihre Zöglinge soll wo möglich nicht einer derselben durch die Arbeiten im Schlage verloren gehen oder verletzt werden, der Wiederwuchs zu jeder Zeit wie ein Puppenschränkchen gehalten sein. Wollte man aber Rechnung einlegen, was das Rücken kostet und was es bringt, dann würde man häufiger veranlaßt sein, unmittelbare Abfuhr selbst da eintreten zu lassen, wo scheinbar erhebliche Beschädigungen des Wiederwuchses durch sie unvermeidbar sind. In allen nur mittelmäßig ge-lungenen Verjüngungen findet man bei einiger Sorgfalt Raum genug für unschädliche Abfuhr. In allen guten Verjüngungen sind so viele Pflanzen überflüssig vorhanden, daß, selbst in den späteren Verjüngungshieben durch direkte Abfuhr weit mehr als die Hälfte gänzlich verloren gehen können, ohne daß damit eine Verminderung selbst der ersten Durchforstungserträge verbunden ist. t.

In Forsten, wo das Holz zur Köhlerei verwendet wird, muß den Köhlern, die gewöhnlich auch die Holzhauer sind, vorgeschrieben werden, daß sie das im jungen Anwuchse gefällte Holz, wo es sein kann, alsbald an die Kohlplätze tragen und daselbst aufklaftern, oder daß sie doch wenig-

stens das im Schlage aufgeklafterte Holz, auf wenigen vorgezeichneten
Wegen, vor dem Ausbruche des Laubes an die Kohlplätze bringen
sollen. Auf keinen Fall kann ihnen aber gestattet werden, das Holz so
lange im jungen Anwuchse liegen zu lassen, bis sie es im Laufe des Sommers
nach und nach verkohlen. Die Köhlerei muß daher in den schon besamten
Schlägen zuerst anfangen, und es darf nicht eher ein Meiler in Brand
gebracht werden, bis alles Holz bei den Kohlplätzen steht.

Nachdem der Abtriebsschlag von allem geschlagenen Gehölze gereinigt
ist, hat der Förster nachzusehen, ob sich solche Lücken in demselben befinden,
die eine Ausbesserung nöthig machen. Finden sich dergleichen Plätze wirklich,
so müssen sie, wenn ihre Größe 6—7 □Mtr. und mehr beträgt, alsbald
in der Entfernung von 1 Mtr., entweder mit Buchen oder mit Eichen von
$^1/_2$—1 Mtr. Höhe bepflanzt werden, um die sehr nützliche einzelne Vermischung der Eichen mit den Buchen zu bewirken. Wären aber die einzelnen
leeren Stellen nicht 6 □Mtr. groß und wollte man diese kleinen Blößen
nicht dazu benutzen, um Eichen, Ulmen, Ahorn oder Eschen darauf anzupflanzen, so ist es nicht nöthig, sie mit Buchen zu bepflanzen, weil das
Dasein solcher einzelner kleinen Blößen auf den künftigen Holzertrag keinen
merklichen Einfluß hat. Dergleichen kleine Blößen wachsen sehr bald ganz
zu, und mit zunehmendem Alter des Bestandes wird man ihr Dasein weniger,
und schon im 40jährigen Alter des Waldes gar nicht mehr bemerken.

Der Herausgeber ist, was die Anzucht einzusprengender Eichen, Eschen,
Ahorne 2c. betrifft, mit Vorstehendem nicht ganz einverstanden. Die in
einem verjüngten Buchenorte zurückbleibenden Räumden sind, wenigstens
größtentheils, Räumden geblieben, entweder wegen schlechter Beschaffenheit des Bodens oder in Folge häufig wiederkehrender Beschädigung
durch Wild auf frequenteren Wechseln. Jedenfalls ist auf diesen Fehlstellen
der Boden durch Freilage und Graswuchs wesentlich verschlechtert. Wenn
nun die Erfahrung lehrt, daß die empfohlene und sehr empfehlenswerthe
Einsprengung Nutzholz liefernder Laubhölzer in Buchenbestände größtentheils
mißlingt, während gleichzeitig erfolgter Aufschlag oder Anflug zwischen den
Buchen herrlich heranwächst, so möchte die in Obigem liegende Absicht, die
Fehlstelle in Bestand zu bringen und zugleich Nutzhölzer einzusprengen —
zwei Fliegen mit einer Klappe zu schlagen, in vielen Fällen die Ursache
sein, daß keine getroffen wurde. Zweckmäßiger dürfte es sein, die Fehlstellen
mit Buchen, in höherem Alter des umgebenden Bestandes mit der genüg-
sameren, rasch wachsenden Lärche auszupflanzen, durch Pflanzung einzu-
sprengende Nutzholz-Laubhölzer aber, mit einigem Größevorsprunge, auf
kleine Rodestellen mitten in den dichtesten Buchenaufschlag zu pflanzen, in
dem sie nicht allein den besten Boden in voll erhaltener Kraft und durch das
abfallende Laub den nöthigen Wurzelschutz erhalten, sondern auch am meisten
vor den Beschädigungen durch Wildpret gesichert sind. t.

Man sieht hieraus, daß in der Regel nur drei Hauungen, nämlich
der Besamungsschlag, der Auslichtschlag und der Abtriebsschlag nöthig sind, um einen jungen Buchenbestand durch natürliche Besamung zu erziehen. Wenn aber, wie dieß zuweilen geschieht, von Zeit zu
Zeit nur wenig Buchelmast wächst, also mit einemmale keine vollständige

Besamung des Schlages erfolgt, so ist es nöthig, den Besamungsschlag nur theilweise lichter zu stellen und die noch nicht hinlänglich besamten Theile des Besamungsschlages vor der Hand noch in ihrer Stellung zu belassen. Man ist daher oft genöthigt, die Auslichtung in einem solchen Schlage drei- bis viermal vorzunehmen, um einen durchaus vollkommenen jungen Bestand zu erziehen.

Nun wäre also an der Stelle des abgeholzten alten Waldes ein durchaus vollkommener neuer oder junger Wald erzogen. Dieser muß immer noch und so lange aufs Strengste gehegt und vor jeder Beschädigung bewahrt werden, bis er sich nach 20 oder 30 Jahren unten gereinigt hat, und ihm das Vieh keinen Schaden mehr zufügen kann. Hat aber das Holz eine solche Höhe und Stärke erreicht, daß das Vieh nicht im Stande ist, den jungen Wald auf irgend eine Art zu beschädigen, so kann ihm — wenn Weidegerechtigkeit auf dem Distrikte haftet — der Zutritt wieder gestattet werden.

Sollte, wie es sehr oft geschieht, sogenanntes unfruchtbares und weiches Holz, als Birken, Aspen, Saalweiden u. dgl. im Schlage angeflogen sein, und den jungen Buchenwald zu unterdrücken anfangen, so muß man dasselbe ohne Verzug heraushauen lassen, und es darf dieses Aushauen nicht so lange verschoben werden, bis das angeflogene Gehölz erst eine vorzüglich brauchbare Stärke erlangt hat. Wollte man dasselbe, wie es leider nur zu oft geschieht, so lange stehen lassen, so würde am jungen Buchenwalde bei weitem mehr Schaden geschehen, als das sämmtliche weiche Gehölz werth ist, und man würde, durch die fatalen Folgen belehrt, zu spät bereuen, meinen Rath nicht befolgt zu haben. Man nehme daher, so oft als man sieht, daß es nöthig ist, das weiche Holz weg, und lasse es sogleich aus dem jungen Dickicht tragen, damit durch seinen Druck oder durch das Abfahren kein Schaden geschehen kann. Doch hüte man sich, von dem Buchenbestande irgend etwas wegzuhauen, bis derselbe so stark geworden ist, daß er durch Platzregen, Schnee und Duft nicht mehr zusammengedrückt werden kann. Ist aber der Bestand 30- bis 40jährig geworden, oder so weit herangewachsen, daß die stärksten Stangen 15 Centm. im untersten Durchmesser haben, so kann und muß im mildern Klima, wo wenig oder nichts vom Schnee und Duft zu fürchten ist, das ganz unterdrückte, und das von den dominirenden Stangen überwachsene Gehölze unter strenger Aufsicht herausgehauen werden. Wäre aber das Klima rauh und vom Schnee und Duft Schaden zu fürchten, so muß das Aushauen des unterdrückten Gehölzes bis zum 40- oder 50jährigen Alter des Bestandes, oder so lange verschoben werden, bis die stärksten Reidel 15—20 Cmtr. im untersten Durchmesser erlangt haben, und der Witterung trotzen können. — Bei dieser ersten Durchhauung oder Durchforstung muß aber aufs Genaueste darauf gesehen werden, daß schlechterdings keine Stangen und Reidel wegkommen, die zum oberen Schluß des Waldes beitragen, oder, wie man sagt, dominirend sind. Man darf daher nur ganz oder halb abgestorbenes und völlig übergipfeltes Holz hauen lassen, und es muß eine solche Hauung, unter beständiger Aufsicht des Försters, durch gehörig unterrichtete Holz-

hauer gemacht werden, damit durch zu starkes Angreifen der Bestand nicht
aus dem oberen Schluß kommt, der zu Erziehung schlanker hoher
Bäume niemals unterbrochen werden darf.

Gewöhnlich bleiben auf dem Hektar, im Durchschnitte genommen,
6000—7000 Stangen stehen, wenn man auf gutem Boden einen 40jährigen
Buchenbestand regelmäßig durchforstet, und nur das unterdrückte Holz heraus=
gehauen hat. Ist aber der Boden schlechter, folglich das Holz geringer, so bleiben
gewöhnlich die besten 7000—8000 Stangen auf jedem Hektar stehen, wenn der
Bestand vollkommen war und nur unterdrücktes Holz gehauen wurde.

Aus dieser ersten Durchforstung entstehen die wichtigen Vortheile, daß
man eine beträchtliche Menge zwar geringen, aber doch sehr guten Brenn=
holzes erhält, und daß die stehengelassenen Stangen in der Folge ungleich
stärker wachsen, als wenn das unterdrückte Gehölz nicht weggenommen
worden wäre. Die Nahrungstheilen, die das weggehauene kranke Holz ver=
braucht haben würde, fließen nun den gesunden Stangen zu, die stehen=
gebliebenen Stämme können eine größere Menge von Wurzeln und Blättern
entwickeln, daher auch mehr Nahrungsstoffe aufnehmen und verarbeiten,
und man wird über den starken Zuwachs erstaunen, wenn man nach Ver=
lauf von 5 oder 6 Jahren eine solche Stange abhauen, und den Zuwachs
von der Zeit der Durchforstung an mit dem Zuwachs der letzten Jahre vor
der Durchforstung vergleichen will.

So auffallend nützlich eine solche Durchforstung aber ist, so sehr
schädlich kann sie werden, wenn man mehr als das unterdrückte Holz weg=
nimmt. Man befolge daher bei allen Durchforstungen die Generalregel:
lieber etwas zu viel, als zu wenig Holz stehen zu lassen,
und nie einen dominirenden Stamm wegzunehmen, also
auch niemals den obern Schluß des Waldes zu unterbrechen.
— Wer diese einfache Regel beobachtet, der kann keinen Fehler machen,
und wird sich bald von ihrem großen Nutzen überzeugen.

In solchen Gegenden, wo das geringe Stangen= und Reiserholz einen
so hohen Werth hat, daß der Hauerlohn wenigstens dadurch gedeckt wird,
da kann im milden Klima eine Durchforstung des ganz unterdrückten
Holzes schon etwas früher, und selbst gegen das 20= bis 25jährige Alter
des Buchenbestandes vorgenommen werden. Es müssen dann aber alle, selbst
schwache Stangen, die mit dem Gipfel zum Schluß beitragen, sorgfältig
verschont werden, damit nicht Platzregen oder Schnee dergleichen Bestände
ruiniren können. Dieß hat man in Gegenden, wo Schneeanhang und Rauh=
reif oft vorkommen, sehr zu fürchten. Man muß daher bei einer solchen Durch=
forstung äußerst vorsichtig sein, ob es gleich das Wachsthum des Bestandes
außerordentlich befördert, wenn man schon früh und recht oft das unter=
drückte und kränkliche Holz herausnimmt. — Solche frühe Durchforstungen
sind aber nur in sehr mildem Klima und auf gutem Boden anwendbar, und
können daher nicht im Allgemeinen empfohlen werden. Wo man sie
ohne Gefahr anwenden kann, da sind sie allerdings sehr nützlich. In rauhen
Gebirgsgegenden aber würde das Resultat meistens sehr traurig ausfallen.

Man durchforste also unter obigen Verhältnissen alle jungen Bestände
so oft, als sich unterdrücktes Holz zeigt. Nur sehe man genau darauf, daß

der nöthige obere Schluß nicht unterbrochen werde. Bei kleinen Forstrevieren, und wo das Holz theuer ist, kann diese öftere Wiederholung stattfinden; sonst muß immer so lange gewartet werden, bis die Bestände so viel unter= drücktes Holz enthalten, daß es mit Vortheil für die Kasse benutzt werden kann, und die Aufsicht auf dergleichen Hauungen nicht zu sehr erschwert wird.

In neuester Zeit hat man die Durchforstung ganz junger Buchenorte im 10ten bis 15ten Jahre bis zu einer Entfernung der Stämme von 2 bis 3 Mtr. empfehlend zur Sprache gebracht. Gegen dieselbe dürfte sich ein= wenden lassen: 1) daß bei der damit verbundenen theilweisen Entblößung des Bodens, wenn sie auch nur wenige Jahre dauert, durch den vermehrten Luftwechsel der Humus des Bodens, ohne den Pflanzen zu gut zu kommen, rasch verzehrt wird; 2) daß durch den Verlust der Dammerde, durch den vermehrten Luftzug und die unmittelbare Einwirkung der Sonnenstrahlen auf den Boden, letzterer seine Feuchtigkeit verliert, was besonders auf einem an und für sich trockenen Boden sehr nachtheilig einwirken muß; 3) daß der Ertrag an Zwischennutzungen bedeutend geschmälert wird, indem, wenn die erste Durchforstung eine Entfernung der Stämme von 3 Mtr. herstellte, die nächste nothwendig eine 6metrige und die darauf folgende eine 12metrige Entfernung der Stämme herbeiführen muß. Es wird daher in vielen Fällen nur eine, höchstens werden zwei Durchforstungen nutzbares Material ab= werfen und wenn dieß auch keine Verringerung des Gesammtertrages zur Folge hat, so ist doch damit der Nachtheil verbunden, daß man sich bei Ausbleiben von Samenjahren nicht in dem Maße auf Durchforstungs= nutzungen zu stützen vermag, wie bei der bisherigen Durchforstungsweise. 4) Durch die schon in der frühen Jugend hergestellte Regelmäßigkeit in der Entfernung der Stämme wird man genöthigt, bei den folgenden Durch= forstungen die Herausnahme derselben nach dem Stande, nicht nach der Be= schaffenheit der Stämme zu bestimmen; man wird, wenn man den Bestand nicht lückig hauen will, oft genöthigt sein, einen guten wüchsigen Stamm wegzunehmen und einen weniger wüchsigen stehen zu lassen. 5) Die geringe Zahl der Bäume erster Größe des haubaren Ortes sind schon in der frühesten Lebensperiode, ja, wahrscheinlich schon im Samenkorne als solche bestimmt; erreichen sie nicht ihre Ausbildung, so wird sich an ihrer Stelle zwar eine andere minder tüchtige Holzpflanze kräftig entwickeln, aber nicht die Größe und Stärke erreichen, welche die von ihrem Ursprunge ab individuell kräf= tigsten Holzpflanzen zu entwickeln vermögen. Bei dem Grundsatze, nur unterdrücktes Holz zu hauen, werden letztere bis zum Abtriebe des Bestandes erhalten, beim frühen Durchforsten in bestimmter Entfernung großentheils schon in der Jugend weggehauen, da ihre eigenthümliche vorwiegende Zu= wachsfähigkeit sich oft erst in späterem Alter äußerlich durch größere Höhe und Stärke zu erkennen gibt. 6) In den meisten Fällen verursacht der Aus= hieb eines noch werthlosen Materials nicht unbedeutenden Kostenaufwand. 7) Der Gewinn an Zuwachs ist nicht so groß, als dieß auf den ersten Blick erscheint, da die Steigerung desselben nach der Durchforstung nur wenige Jahre aushält und durch die Verringerung der Stammzahl der größere Zuwachs an den bleibenden Stämmen aufgehoben wird. Es klingt paradox, ist aber dennoch wahr, daß 3 Cubikmtr. unterdrücktes Holz denselben, mit=

unter größeren Zuwachs haben können als 3 Cubikmtr. dominirenden Holzes. Man wird dieß begreiflich finden, wenn man erwägt: daß erstere in 100, letztere in 10 Bäumen enthalten sein können und jene 100 Bäume mehr zuwachsen als diese 10, selbst noch bei einem Verhältniß der Jahrringbreite = 1.: 5. (S. d. Herausg. Abhandl. über den Ertrag der Rothbuche S. 140: Ertragseigenthümlichkeiten der verschiedenen Durchforstungsweisen.) t.

Der das erstemal durchforstete junge Buchenwald bleibt nun so lange mit der Axt verschont, bis sich wieder eine so große Menge unterdrückten Holzes angesammelt hat, daß die Herausnahme desselben die Arbeitskosten mindestens zu ersetzen verspricht. Gewöhnlich gehört dazu ein 15= bis 20jähriger Zeitraum. Der im 30sten bis 40sten Jahre durchforstete Bestand wird also gemeinhin nicht vor dem 50sten bis 60sten Jahre zum zweitenmale durchforstet, alsdann aber muß er von allem bis dahin wieder unterdrückten Holze befreit werden. — Man nehme also wieder nur das übergipfelte Holz weg und lasse alles dominirende stehen. — Bei dieser Durch= forstung erfolgt schon gutes Prügelholz, und überhaupt viel mehr Holzmasse als bei der Durchforstung im 30= oder 40jährigen Alter des Bestandes.

Gewöhnlich bleiben bei der Durchforstung eines 50= bis 60jährigen vollkommenen Buchenwaldes im milden Klima,

wenn der Boden gut ist, ... 1500 bis 1800 Reidel,
wenn er aber schlecht ist, ... 1800 „ 2400 „
hingegen im rauhen Klima,

wenn der Boden gut ist, ... 1800 „ 2400 „
wenn er aber schlechter ist, ... 2400 „ 3000 „
auf dem Hektar stehen, und man wird nachher mit Vergnügen bemerken, daß diese durchforsteten Orte auffallend stärker wachsen, als vorher.

In dieser Stellung bleiben nun die durchforsteten Bestände bis zum 80jährigen Alter. Alsdann aber wird man schon wieder eine beträchtliche Anzahl geringer Stämme überwachsen oder von den dominirenden übergipfelt finden. Man nimmt daher alle diese übergipfelnden Stämme weg, und beobachte die vorhin gegebene Generalregel aufs Genaueste.

Sind die Buchenbestände vollkommen, so bleiben bei ihrer Durch= forstung im 80jährigen Alter, wenn das Klima mild ist,

auf gutem Boden . . . . 900 bis 1200 St.
auf schlechterem Boden aber . . . 1200 „ 1500 „
im rauhen Klima hingegen

auf gutem Boden . . . . 1200 „ 1500 „
und auf schlechterem Boden . . . 1500 „ 1800 „
auf dem Hektar stehen, bis der Bestand im 100jährigen Alter wieder, wie anfangs gezeigt wurde, verjüngt wird. Sollte aber eine 120jährige Um= triebszeit statt finden, also jeder Bestand 120 Jahre alt werden müssen, so ist im 100jährigen Alter des Buchenbestandes noch eine Durchforstung an= zubringen. Man nimmt dann wieder die übergipfelten oder geringsten Stämme weg, und läßt in mildem Klima

auf gutem Boden . . . . 600 bis 750 St.
auf schlechterem Boden aber . . . 750 „ 900 „
in rauherem Klima hingegen .

auf gutem Boden . . . . 750 „ 900 St.

und auf schlechterem Boden . . . . 900 „ 1200 „

auf dem Hektar stehen, bis man gegen das 120jährige Alter des Bestandes
mit der Hauung des Dunkel= oder Besamungsschlags wieder anfängt einen
jungen Wald zu erziehen.

Durch die vorhin empfohlenen regelmäßigen Durchforstungen, die alle
20 Jahre in den Buchenbeständen vorgenommen werden müssen, erlangt
man, wie ich schon oben bemerkt habe, die sehr wichtigen Vortheile, daß
von Zeit zu Zeit beträchtliche Zwischennutzungen erfolgen; daß die
Waldungen bis zu ihrer Haubarkeit nicht aus dem oberen Schluß kommen;
daß die dominirenden Stämme stärker wachsen, weil sie die Nahrung mit
den kranken übergipfelten Stämmen nicht zu theilen brauchen, und daß also
dadurch in einer gewissen Umtriebszeit, z. B. von 120 Jahren, mehr Holz=
masse erzogen wird, als wenn man den Wald von seiner Entstehung an bis
zu seiner Haubarkeit gar nicht durchhauen wollte. In diesem Falle geht
viel ganz abgestorbenes Holz verloren, und wegen der allzu großen Anzahl
der Stämme können endlich selbst die dominirenden nicht mehr beträchtlich
wachsen. — Ich habe davon sehr auffallende Beispiele in Waldungen ge=
sehen, die im 100jährigen Alter auf einem Heft. noch 2400 bis 3000 Stämme
enthielten, und niemals durchforstet worden waren. Hier konnte man an
den unterdrückten Stangen eine große Anzahl der letzten Jahrringe kaum
durch ein Vergrößerungsglas sehen, und auch an den ungefähr 900 dominirenden
Stämmen waren die Ringe von den letzten 30 Jahren so schmal, daß der
bisherige jährliche Zuwachs vom ganzen Bestand nicht halb so viel betrug,
als in jedem folgenden Jahre an den 900 dominirenden Stämmen zuwuchs,
nachdem ich diese merkwürdigen Bestände hatte durchforsten lassen. [1]

Noch schädlicher ist es aber, wenn man, wie es vormals sehr oft
geschah, die jungen Waldungen zu licht stellt, oder von Zeit zu Zeit die
stärksten Stämme heraushauen läßt. In diesem Falle findet sich vieles
Forstunkraut ein, das den Boden aussaugt, und der Schnee und Duft
drücken die schwachen nicht mehr geschlossenen Stangen zusammen. Auch
werden alsdann die einzeln aufwachsenden Stämme kurz und ästig, und es
erfolgt binnen einer gewissen Umtriebszeit an den stehen gelassenen halb
unterdrückten Stämmen bei weitem kein so starker Zuwachs, als wenn man
von Zeit zu Zeit die kränkelnden Stämme wegnimmt und die sämmtlichen
dominirenden bis zur Haubarkeit stehen läßt. [2]

Ich empfehle daher nochmals, die Durchforstungen weder zu unter=

[1] Außer versäumter Durchforstung mögen in diesem Falle doch noch besondere Be=
standes= und Standortsverhältnisse mitwirkend gewesen sein, da auf kräftigem Boden und
im normal entwickelten Bestand die lebenskräftigeren Bestandesglieder auch ohne künstliche
Beihülfe den nöthigen Standraum sich zu verschaffen vermögen. Wir haben hier auf dem
fruchtbaren Buchenboden unseres Elm einschlagende Versuche in 60—80jährigen, stark be=
stockten Buchenorten gemacht, die in Bezug auf Zuwachssteigerung pro Morgen keinesweg
zu Gunsten des stärkeren Aushiebes ausgefallen sind. t.

[2] Es bestätigt dieß meine Lehre von der individuell verschiedenen Zuwachsfähigkeit der
Pflanzen, die wie bei den Thieren schon im Keime besteht. Ich wäre nicht um einen Centimtr.
größer geworden, wenn ich unter noch weit günstigeren Verhältnissen erwachsen wäre als das
der Fall gewesen ist.

laſſen, noch ſie zu übertreiben, ſondern die vorhin gegebenen, aus meiner
vieljährigen Erfahrung abgeleiteten Regeln aufs genaueſte zu befolgen.

Zugleich muß ich wiederholt empfehlen, die Durchforſtungen in 30= bis
40= und 50= bis 60jährigen Beſtänden, — worin die wegzuhauenden Stangen
in zu großer Menge ſind, als daß man ſie alle mit dem Waldſtempel
zeichnen könnte — unter immerwährender Aufſicht des Förſters,
durch vorſichtige Holzhauer machen zu laſſen — in den 80= und 100jährigen
Beſtänden aber jeden wegzunehmenden Stamm mit dem Waldſtempel auf
der Wurzel, und, damit man ſie von allen Seiten her ſehen kann, durch
drei Platten am Schafte zu bezeichnen. — Nur durch eine ſolche Bezeichnung
der Bäume mit dem Waldſtempel oder Waldhammer läßt ſich bewirken, daß
jede eigenmächtige Fällung, die ſich die Holzhauer gern erlauben, zu ent=
decken iſt. Zeichnet man aber die Bäume, die weggehauen werden ſollen,
nur durch eine Platte oder einen Riß am Schafte, oder zeichnet man die=
jenigen, welche ſtehen bleiben ſollen, mit einem Riß am Stamme, und gibt
man denjenigen, welche gehauen werden ſollen, gar kein Zeichen; ſo iſt es
den Holzhauern leicht, den Förſter zu hintergehen.

Auch iſt es nöthig, dergleichen Auszeichnungen ſchon im Herbſte, noch
ehe das Laub abgefallen iſt, vorzunehmen. Es läßt ſich alsdann die Be=
ſchaffenheit der Stämme und der Schluß des Waldes beſſer beurtheilen, als
wenn das Laub abgefallen iſt, und die gute Witterung begünſtigt alsdann
auch die etwas mühſame Auszeichnung ſolcher Durchforſtungsſchläge. Die
Fällung des Holzes ſelbſt kann nachher, ſobald das Laub abgefallen iſt,
alſo vom Anfang November bis Ende April, geſchehen. Dieß iſt
ohnehin für alle Holzfällungen die ſchicklichſte Zeit, weil die Laubhölzer als=
dann entblättert ſind, das Holz ſeine völlige Reife erlangt hat und der
Feldwirthſchaft durch die Waldarbeiten keine Hände entzogen werden. —
Auch hat alles im Winter gehauene Holz mehr Hitzkraft beim Verbrennen,
wird nicht ſo leicht von den Würmern verdorben und zeigt überhaupt eine
längere Dauer, als wenn man es im Saft hat fällen laſſen. — In dem
Theile von der Forſtbenutzung werde ich über dieſen Gegenſtand noch
mehr ſagen. Ich bemerke hier nur noch, daß die Hauung der Durchforſtungs=
ſchläge am wenigſten preſſirt, und, wenn es nicht anders ſein könnte,
gegen das Frühjahr vorgenommen werden kann. Dagegen müſſen die ſchon
im September gezeichneten Auslichtſchläge und Abtriebsſchläge alsbald nach
dem Abfalle des Laubes, alſo vor Eintritt des ſtarken Froſtes vorgenommen
werden. Iſt in dieſen Schlägen die Hauung geendigt, ſo folgen die Be=
ſamungsſchläge, und auf dieſe die Durchforſtungsſchläge.

Drittes Kapitel.
Von der forſtmäßigen Behandlung ſolcher Buchenhochwaldungen, die zwar auch mit haubarem Holze, aber nicht mehr geſchloſſen beſtanden ſind.

Ob man gleich die meiſten haubaren Buchenhochwaldungen von der
Beſchaffenheit findet, daß man die im vorigen Kapitel gegebenen Regeln
befolgen und dadurch recht vollkommen gut beſtandene junge Waldungen

erziehen kann, so gibt es doch auch viele, deren Bestand nicht von der Art ist, daß sich jene Regeln genau anwenden lassen. Dergleichen Waldungen sind nämlich durch das beständige Auslichten, ohne eine Hegung damit zu verbinden, oft so aus dem Schluß gekommen, daß sich die Bäume mit den äußersten Spitzen ihrer Aeste bei weitem nicht mehr berühren, also keinen regelmäßigen Besamungsschlag bilden können. Auch sind unter diesen Umständen, wenn sie schon viele Jahre lang stattgefunden haben, die Bäume gewöhnlich mit vielen und großen Aesten, bis tief zur Erde herunter, besetzt, und der Boden ist gewöhnlich mit einer Rasendecke, oder mit Heide- und Heidelbeerkraut ꝛc. überzogen. Bei solchen Umständen ist es äußerst schwer und oft gar nicht möglich, bloß durch natürliche Besamung und durch geschicktes Abholzen einen durchaus vollkommenen jungen Wald zu erziehen. Doch läßt sich durch eine vorsichtige Behandlung manches Hinderniß überwinden und der Zweck ziemlich vollständig erreichen.

Die erste Untersuchung und Ueberlegung muß dahin gerichtet sein, ob noch so viele Bäume vorfindlich sind, daß sie wenigstens die Hälfte von der Fläche, worauf sie stehen, besamen können? — Finden sich weniger Bäume, und ist der Bestand so licht, daß der Wind das Laub sämmtlich wegtreibt, so rathe ich, den Plan zur Erziehung eines jungen Buchenwaldes aufzugeben, und eine für den Boden, die Lage und die Bedürfnisse passende andere Holzgattung, die im Freien gut aufzubringen ist, durch künstliche Saat oder Pflanzung anzuziehen, wie in der Folge gelehrt werden wird. Wäre aber der Bestand von der Art, daß wenigstens die Hälfte der Fläche durch die noch vorfindlichen Buchen eine natürliche Besamung erhalten und das abgefallene Laub den Samen bedecken kann, so warte man ein Samenjahr ab und lasse bis dahin den Distrikt mit Hornvieh und wo möglich auch recht oft mit Schweinen betreiben, wenn man finden sollte, daß diese den Boden aufbrechen.

Ist nun eine hinlängliche Menge Samen gewachsen, so lasse man, sobald die Bucheln abgefallen sind, den Bäumen die vielleicht sehr tief herunter hängenden Aeste, bis auf 10 oder 12 Fuß Höhe, abhauen und den Distrikt in Hege legen. Hierauf lasse man, wenn der Boden mit Heide- und Heidelbeerkraut bewachsen sein sollte, die leeren Stellen mit der Pflugegge verwunden, hierauf dieselben mit Bucheln und Hainbuchen- oder Birkensamen überstreuen, und dann mit einem schweren Haufen zusammengebundener recht sperriger und steifer Aeste, durch ein vorgespanntes Pferd einigemal überschleppen. [1] Hierdurch wird das zwischen der Heide und dem Heidelbeerkraut befindliche Moos und Laub aufgekratzt, und der meiste Samen in eine solche Lage gebracht, daß er keimen kann. — Sollte aber die Pflugegge keine Anwendung finden, so müssen alle Stellen, wo die natürlich abgefallenen Bucheln vom Laube keine Bedeckung erhalten haben, noch vor einfallendem Frost seicht umgehäckelt, die leeren Stellen aber im nächsten Frühjahr platz- oder streifenweise mit Bucheln aus der Hand besamt werden, wie solches im achten Kapitel des zweiten Abschnittes

---

[1] Die Beschreibung der außerordentlich nützlichen Pflugegge findet man in meinen Abhandlungen über interessante Gegenstände beim Forst- und Jagdwesen. Die Zeichnung davon giebt der nachstehende Holzschnitt.

gelehrt wird. Ohne diese Arbeit zu unternehmen, wird man viele Jahre
lang vergeblich auf hinlänglichen Aufschlag warten, und dadurch mehr an
Zuwachs verlieren, als die Kulturkosten betragen.

Wenn es also nicht zu ändern ist, so wende man die Kosten des Um=
häckelns oder der platz= oder streifenweisen Befamung an; kann der Zweck
aber durch den bei weitem wohlfeilern Gebrauch der Pflugegge und des
Schleppbusches erreicht werden, so wähle man diese Methode.

Wie übrigens ein Schlag, wenn er allenthalben mit jungem Holze
bewachsen ist, nach und nach abgetrieben und ferner behandelt werden muß,
dieß ist im vorigen Kapitel weitläufig gezeigt worden. Ich bemerke nur noch:

1) daß in dergleichen Schlägen das Auslichten, wenn es nöthig ist,
durch Wegnahme mehrerer Aeste von den Samenbäumen ge=
schieht, weil die Lücke zu groß werden würde, wenn man einen Baum
weghauen wollte;

2) daß man, wenn die Samenbäume sehr groß und ästig sind, den
völligen Abtrieb derselben nicht zu lange aufschieben darf, weil sonst
durch den Sturz und die Bearbeitung vieler und großer Bäume der junge
Anwuchs sehr ruinirt wird, wenn er größer als $\frac{1}{2}$—$\frac{2}{3}$ Mtr. lang ist.

Viertes Kapitel.

Von der forstmäßigen Behandlung der Buchenhochwaldungen, die mit haubarem und jüngerem Holze vermischt bestanden sind.

Wenn für einen Buchenhochwaldbestand, der haubares und jüngeres
Holz vermischt enthält, die forstmäßige Behandlungsart zu bestimmen ist, so
kommt es vorzüglich auf die Untersuchung folgender Gegenstände an:

1) Ob der Unterwuchs von hinlänglicher Menge und noch
so gering ist, daß er sich beim Fällen der alten Bäume
beugen, wieder aufrichten und fortwachsen könne?

2) Ob, wenn der Unter= und Beiwuchs aus Stangen und
Reideln besteht, dieselben noch nicht unterdrückt oder kränk=
lich, und auch in solcher Menge vorhanden sind, um nach
dem Aushieb der alten Bäume einen gehörigen Schluß machen
und der Witterung trotzen zu können?

3) Ob die vorhandenen starken Bäume in so großer An=
zahl da sind, daß sie, wenn der Unterwuchs überhaupt un=
vollständig oder untauglich sein sollte, nach Weghauung des

Unterwuchses den Distrikt aufs neue genugsam zu besamen im Stande sind oder nicht?

Wäre nun der Unterwuchs nicht verkrüppelt, auch in hinlänglicher Menge da, und noch so gering, daß er beim vorsichtigen Fällen und Bearbeiten der alten Bäume nicht so sehr Noth leiden kann, so lasse man die alten Bäume mit der Vorsicht heraushauen, die ich im zweiten Kapitel beim Auslichtschlage empfohlen habe. Wäre aber der geringe Unterwuchs verkrüppelt und seit langer Zeit unterdrückt, so lasse man ihn zu einer Zeit, wo gerade Buchenmast gewachsen ist, auf der Erde abschneiden oder abhauen, und die alten Bäume, wenn ihre Aeste zu tief auf den Boden herabhängen, 3—4 Mtr. hoch ausästen. Hierauf lege man den Distrikt in Hege und behandle ihn gerade so, wie ich, vom Dunkelschlage an, im zweiten Kapitel gelehrt habe. — Sollten aber nicht so viele alte Bäume da sein, daß sie beinahe einen Dunkel= oder Besamungsschlag formiren können, so müssen die leeren Stellen, um einen gleichen Holzbestand zu erhalten, mit Bucheln alsbald aus der Hand besamt, oder, nach dem Abtrieb des alten Holzes, mit $\frac{1}{2}$—$\frac{2}{3}$ Mtr. langen Stämmchen bepflanzt werden, wie im zweiten Abschnitte gezeigt werden wird.

Wäre aber der Unter= und Beiwuchs schon zu Stangen und Reideln geworden, und wären diese recht gesund und in großer Menge da, so können die alten Bäume, die in einem solchen Falle einzeln stehen werden, vorsichtig herausgenommen werden. Man muß alsdann aber jeden alten Stamm vor der Fällung bis in die Krone ausästen, nachher umhauen und das Holz alsbald an Wege oder an den Saum des Waldes tragen lassen, weil sonst durch die Abfuhr desselben mehr Schaden geschieht, als durch das Umhauen selbst. Auf solche Art habe ich die alten Buchen noch aus den 20= bis 40jährigen Stangenorten nehmen lassen, ohne daran viel zu beschädigen. Man muß aber die Holzhauer anweisen:

1) daß sie beim Ausästen der alten Bäume jeden einzelnen abgehauenen Ast sogleich auf die Seite bringen, damit sich das davon getroffene Stangenholz alsbald wieder aufrichten kann;

2) daß sie den bis auf eine kleine Krone ausgeästeten Stamm nach derjenigen Richtung fällen, wo er am wenigsten Schaden thut;

3) daß sie alle durch den Sturz des alten Stammes gebogene Stangen sogleich wieder aufstrecken, weil sie sonst ihre Schnellkraft verlieren, und nie wieder gerade werden;

4) daß sie beim Bearbeiten der alten Bäume keine Stangen ruiniren oder abhauen, und

5) daß sie alles Klafter= und Reiserholz entweder an fahrbare Wege, oder an solche Orte bringen, wo durch die Abfahrt kein Schaden geschehen kann.

Wenn der Förster genau darauf Achtung gibt, daß alle diese Vorschriften befolgt werden, so wird man erstaunen, wie wenig Schaden durch das Aushauen der alten Stämme geschieht, und man wird dadurch, daß man die Stangenorte von den alten verdämmenden Bäumen gereinigt hat, dem jungen Walde eine große Wohlthat erzeigen. Auch werden sich die kleinen Lücken, die durch das Umfallen der schweren Bäume unvermeidlich

entstehen, bald wieder so zuziehen, daß man nach wenigen Jahren nicht viel
davon bemerken kann. Sollte aber auch die Spur eines solchen verspäteten
Aushiebes längere Zeit bemerklich sein, so ist es doch vortheilhafter, die
alten Bäume mit Vorsicht aus den jungen Stangenorten zu nehmen, als
sie länger darin stehen und den jungen Wald mit jedem Jahre noch mehr
verdämmen zu lassen. Nur mache man keinen Versuch, die alten Bäume
unausgeästet fällen, das Holz beim Stock aufklaftern und
von da abfahren zu lassen, also die Kosten der Ausästung und des
Heraustragens zu ersparen. Man wird alsdann zu spät bereuen, meinen
Rath nicht befolgt und am unrechten Orte gespart zu haben. Im Kleinen
habe ich mehrere Versuche der Art gemacht, bin aber immer erschrocken,
wenn ich den Erfolg sah. Dagegen habe ich niemals die Anordnung einer
Aushauung der alten Buchen aus Stangenorten bereuet, wenn sie mit der
vorhin empfohlenen Vorsicht und unter der Aufsicht eines eifrigen
Försters vollzogen worden war. Sollte man aber das Aushauen der alten
Bäume aus Stangen= oder Reidelorten nicht anwendbar finden, so lasse
man die alten Bäume wenigstens etwas ausästen und so lange stehen, bis
die Stangen und Reidel so weit herangewachsen sind, daß man aus ihnen
und den alten Buchen einen Besamungsschlag stellen, und den ganzen Be=
stand durch natürliche Besamung verjüngen kann.

Es könnte aber auch der Fall sein, daß die alten Bäume in einem
Stangenorte so nahe beisammen stehen, daß er, wenn man auch alle nur
mögliche Vorsicht beobachtet, nach dem Aushieb der alten Buchen doch so
lückig werden würde, daß er dem Schnee und Duft keinen Widerstand leisten
könnte. Oder es könnten so viele alte Bäume im jungen Walde stehen, daß
dieser in kurzer Zeit doch zu sehr verdämmt werden würde, wenn man auch
die alten Stämme etwas ausästen und stehen lassen wollte. Unter solchen
Umständen habe ich am besten gefunden, den ganzen Bestand, also das
alte und junge Holz im Frühjahre rein abzutreiben. Es schlagen dann
die Stöcke der Stangen, wenn sie nahe über der Erde mit scharfen In=
strumenten recht glatt abgehauen und abgeschnitten worden sind, sehr schön
wieder aus, und man kann diese Ausschläge in der Folge zu Hochwald er=
ziehen, und eben so behandeln, wie ich im zweiten Kapitel weitläufig aus=
einander gesetzt habe. Doch muß man einen solchen Versuch erst im Kleinen
machen, um zu sehen, ob genug Stöcke ausschlagen.

Wären aber die Stangen und Reidel schon gipfeltrocken oder krank;
oder nicht in solcher Menge vorhanden, daß man von dem eben erwähnten
Verfahren einen hinlänglichen Bestand durch Stockausschlag erwarten
dürfte, so bleibt kein anderes Mittel übrig, als in einem Jahre, wo
Bucheln gewachsen sind, den Unterwuchs bis auf die stärksten Reidel
niederhauen zu lassen, den Distrikt in einen aus alten Bäumen und Reideln
bestehenden, so viel wie möglich regelmäßigen Dunkelschlag zu stellen, und
ihn in der Folge nach der im zweiten Kapitel gegebenen Anweisung zu
behandeln. — Sollten nachher die einzelnen Ausschläge der Stöcke, die bald
einen zu großen Vorsprung bekommen, den Samenaufschlag verdämmen
wollen, so müssen sie ohne Aufschub weggenommen werden, weil sie sonst
alles geringere Samenholz weit um sich her verderben. Läßt man aber die

erften Stockausschläge wegnehmen, sobald sie 1—1⅓ Mtr. hoch geworden sind, so verschafft man den anfangs langsamer wachsenden Samenloden Zeit, um mit den nachher wieder neu entstehenden Stockloden in die Höhe zu kommen. Man verschiebe daher das Abhauen der Stockloden nicht so lange, bis sie als Brennholz nutzbar geworden sind, und nehme mehr darauf Rücksicht, einen schönen jungen Wald zu erziehen, als einen etwas größeren Erlös aus den Stockausschlägen zu bekommen, der den am jungen Walde verursachten Schaden doch nicht ersetzen würde.

Wäre aber endlich ein Distrikt nur platzweise, so wie ich eben erwähnt habe, mit alten Buchen bestanden, und hätte er platzweise, oder, wie man beim Forstwesen sagt, horstweise schönen Stangen= und Reidelbestand, so ist es besser, einen solchen Distrikt jetzt noch nicht abzutreiben. Man lasse alsdann die mit jungem Holz bewachsenen Horste, nach der im zweiten Kapitel gegebenen Vorschrift, regelmäßig durchforsten, und warte mit der Verjüngung des ganzen Distriktes so lange, bis das jetzt junge Holz so stark geworden ist, daß es tauglichen Samen bringen kann. Hat es aber diese Stärke erreicht, so stelle man den ganzen Distrikt in einen so viel als möglich regelmäßigen Besamungsschlag und behandle diesen in der Folge so, wie ich im zweiten Kapitel gelehrt habe.

Ich kann übrigens versichern, daß die Stockausschläge, wenn man sie im 12ten bis 18jährigen Alter so durchforstet, daß auf jedem Stocke die stärkste Stange stehen bleibt, in der Folge zu Hochwald erzogen und in einen 80jährigen Umtrieb gesetzt werden können.

Fünftes Kapitel.
Von dem forstmäßigen Abtrieb und Verjüngung der haubaren Eichenhochwaldungen und ihrer ferneren Behandlung.

Beim Abtrieb eines haubaren Eichenwaldes und bei der ferneren Behandlung des während des Abtriebes durch natürliche Besamung erzogenen jungen Waldes finden alle Regeln statt, die ich für den Abtrieb der Buchenwaldungen im zweiten Kapitel gegeben habe. Nur muß ich die Bemerkung beifügen, daß die besamten Dunkelschläge des Eichenwaldes schon im ersten Herbste oder Winter nach dem Aufkeimen der jungen Eichen etwas gelichtet werden müssen, weil der Aufschlag sonst großentheils wieder abstirbt, wenn man diese Auslichtung versäumt. Bei der Eiche ist die dunkle Stellung des Schlages nur deßwegen nöthig, um den Boden bis zur Besamung von Unkraut befreit und mit Laub bedeckt zu erhalten, auch eine durchaus gleiche und hinlängliche Ueberstreuung mit Eicheln zu bewirken, und die Eicheln bis zum Keimen vor Frost zu beschützen. Hat aber der Dunkelschlag diesen Dienst geleistet, so muß er ohne Verzug im nächsten Winter etwas gelichtet werden, weil die junge Eiche den zu lange anhaltenden Schatten nicht ertragen kann. Nur im ersten Jahre begnügt sie sich mit den wenigen Sonnenstrahlen, die den Boden des Dunkelschlages erreichen; im zweiten Jahre aber will sie die halbe Tageszeit über abwechselnd in der Sonne und im Schatten stehen. — Selbst ganz im Freien bringt man die jungen Eichen bei weitem besser fort, als in einem Dunkelschlage, worin die jungen Buchen mehrere Jahre lang vortrefflich wachsen. — Man versäume also das baldige Auslichten der eichenen Dunkelschläge nicht, und lege daher keine größeren Strecken in Hege, als man demnächst auch gehörig auszulichten im Stande ist.

Freilich sind dem Förster beim nöthigen Auslichten der Schläge im Eichenwalde die Hände mehr gebunden, als im Buchenwalde. Er muß gewöhnlich die Eichenstämme nach vorgeschriebener Länge und Dicke anweisen, und darf oft auch nicht so viele umhauen lassen, als gerade jetzt zur Begünstigung des jungen Nachwuchses nöthig wäre; weil mit dem Eichen-, Nutz- und Bauholzvorrathe an den meisten Orten sehr ökonomisch gewirthschaftet werden muß. Wenn man aber vom Eichenwalde den ältesten, und mit den am wenigsten schönen Nutz- und Bauholzstämmen besetzten Theil zuerst in Hege legt, und aus diesem, so viel es sein kann, die Nutz- und Bauholzbedürfnisse alle Jahre befriedigt, so kann man ihn nach und nach so viel als nöthig ist auslichten, und endlich ganz abtreiben. — Werden nachher von Zeit zu Zeit neue Theile eingehegt und eben so behandelt, so kann man endlich den ganzen Wald verjüngen und neue Bestände erhalten, die theilweise ein gleiches und auch ein gehörig abgestuftes Alter haben. Folgt man aber der, leider! nur zu allgemeinen Gewohnheit, das jährlich erforderliche Nutz- und Bauholz bald hier bald dort einzeln aus dem Walde zu nehmen und sogenannte Schleichwirthschaft oder Plänterwirth- schaft zu treiben, so kann in vielen Jahren wegen des zu dichten Schlusses keine junge Pflanze gedeihen; endlich aber wird der Wald allenthalben auf einmal so licht, daß nun Aufschlag in Menge erfolgt, dem aber nicht allerwärts gehörig fortgeholfen werden kann. Es wird daher der Nachwuchs krüppelhaft, oder durch das Fällen, Bearbeiten und Abfahren des alten Holzes sehr beschädigt, und kann überhaupt niemals so geschont werden, als wenn man den Eichenbaumwald theilweise in Schläge stellt, und diese, so viel möglich nach den im zweiten Kapitel gegebenen Regeln behandelt.

Gesetzt aber auch, der Eichenwald bekäme bei der Plänterwirth- schaft endlich noch einen recht schönen jungen Bestand, so wird dieser doch durchaus von fast gleichem Alter sein, und man wird daher bei weitem später erst wieder eine Bauholzbenutzung daraus ziehen können, als wenn man viel früher angefangen hätte, den Wald theilweise zu verjüngen und überhaupt so zu wirthschaften, wie ich es vorhin empfohlen habe.

Die fatalen Folgen jener Plänterwirthschaft in den Eichenwaldungen äußern sich allenthalben bei genauer Untersuchung der Forste. Fast überall findet man nur sehr alte, abständige, überständige oder haubare Eichen und junge Eichen von 1 bis 60 Jahren. Dagegen fehlen die Eichen von 60- bis 140jährigem Alter fast ganz, weil zu jener Zeit, wo diese hätten aufkeimen müssen, die Plänterwirthschaft allgemein war, folglich entweder wegen des zu geschlossenen Bestandes, oder wegen Mangel an Hegung keine jungen Eichen aufkommen konnten. Seit 60 Jahren aber wurden die Eichen- waldungen fast allgemein so licht, daß wenigstens die zu dunkle Stellung dem Gedeihen der jungen Eichen kein Hinderniß sein konnte. Man suchte auch von jener Zeit an die Waldungen theilweise zu hegen, und deßwegen konnten die beträchtlichen jungen Eichenwaldungen, die man in einigen Gegenden von Deutschland mit Vergnügen bemerkt, aufkommen.

In unserer Zeit sind geschlossen bestandene Eichen=Hochwaldungen von höherem Alter immer seltener geworden. In den alten lichten Eichenorten stehen die wenigen Bäume so weit von einander entfernt, daß meist nur ein geringer Theil der Grundfläche von ihrem Samen bestreut werden kann und auch auf diesem Theile der abfallende Same durch Einhacken unter= gebracht werden muß. Die hieraus erwachsenden Kosten bleiben hinter denen einer Saatkultur auf nacktem Boden nicht weit zurück und übersteigt diese sehr häufig in den Fällen, wo der in seinen anorganischen Bestandtheilen meist fruchtbare, dem Ackerbau zugängliche Boden auf einige Jahre der Land= wirthschaft überlassen werden kann mit dem Vorbehalt unentgeltlicher Eichel= einsaat in die letzte Getreideaussaat. Man ist in diesem Falle in der Ab= nutzung der alten Eichen unbeschränkt, führt nach Maßgabe des bestehenden Bedarfs größere oder kleinere Kahlhiebe, übergibt die Kahlflächen auf einige Jahre dem Getreidebau und erzieht auf diesem Wege, häufig ohne alle Kosten, pflanzenreiche Jungorte von trefflicher Beschaffenheit. t.

Was die in den jungen Eichenwaldungen vorzunehmenden Durch= forstungen betrifft, so werden solche gerade so, wie bei den buchenen Hoch= waldbeständen vorgenommen. Da aber die Eichenhochwaldungen eine längere, und zwar im milden Klima auf gutem Boden wenigstens eine 160jährige, im raußeren Klima aber wenigstens eine 180jährige Umtriebszeit erfordern, um darin gehörig starke Bauholzstämme zu erziehen; so muß der Eichen= bestand im 40jährigen Alter pro Hektar bis auf die besten 5500 Stangen, im 60jährigen Alter bis auf die besten 1800 Reidel, im 80jährigen Alter bis auf die besten 1200 Reidel, im 100jährigen Alter bis auf die besten 900 Stämme, im 120jährigen Alter bis auf die besten 600 Stämme, im 140jährigen Alter bis auf die besten 450 Stämme, und im 160jährigen Alter bis auf die besten 300 Stämme durchforstet, und entweder im 160= jährigen oder im 180jährigen Alter wieder verjüngt werden.

Sechstes Kapitel.
Von der Bewirthschaftung der nur einzeln mit haubarem Eichen= holze bestandenen Distrikte.

Bei der Bewirthschaftung der einzeln mit haubaren Eichen bestandenen Distrikte sind dieselben Regeln zu beobachten, die ich für ähnliche Buchen= bestände im dritten Kapitel gegeben habe. Ich will sie daher nicht wieder= holen, sondern nur auf jenes Kapitel verweisen, und noch bemerken, daß alle Eicheln, die beim Frost bloß liegen, unfehlbar erfrieren und zur Keimung untauglich werden. Man darf daher nicht ver= säumen, den abgefallenen Eicheln vor eintretendem Frost auf eine oder die andere Art eine Bedeckung zu verschaffen, weil sonst von der voll= ständigsten Besamung nicht eine Pflanze zum Vorschein kommen würde. — Wäre der Boden ein kahl abgefressener Anger, so ist es nöthig, denselben schon zur Zeit, wo die Eicheln blühen, dem Hornvieh und den Schafen zu verbieten, damit er bis zum Abfallen der Eicheln etwas mit Gras bewachsen und der Wind das abgefallene Laub so leicht nicht wegtreiben kann. Da= gegen aber muß ein solcher Distrikt recht oft mit Schweinen betrieben

werden, damit diese den Boden so viel wie möglich umbrechen und für die
natürliche Besamung empfänglich machen. Wenn man aber nicht erwarten
kann, daß die Eicheln durch das abfallende Laub, oder durch Moos, oder
durch die von Schweinen umgebrochene Erde eine Bedeckung erhalten, so
bleibt nichts übrig, als ohne Zeitverlust den mit Eicheln besamten Boden
umhäckeln zu lassen. Wäre aber die Oberfläche des Bodens von der Art,
daß die abgehackten kleinen Brocken nicht bald zerfallen, oder kostet das
allgemeine Umhäckeln zu viel, so ist es sicherer und wohlfeiler, die künst=
liche Besamung platzweise vorzunehmen, wie in dem folgenden Abschnitte
bei der Eichelsaat gelehrt werden wird.

Siebentes Kapitel.

Von der forstmäßigen Behandlung eines Eichenhochwaldes, der mit haubarem und jüngerem Holze vermischt bestanden ist.

Für die Bewirthschaftung eines Eichenhochwaldes, der haubares und
jüngeres Holz vermischt enthält, passen alle Regeln, die
ich für eben solche Buchenwaldungen im vierten Kapitel
gegeben habe. Nur ist es nicht möglich, das Abfahren
der Eichen=Bauholzstücke für das junge Holz so wenig
nachtheilig zu machen, als durch das Wegbringen des
Brennholzes geschehen kann. — Durch das Abfahren des
Bauholzes geschieht gewöhnlich mehr Schaden, als durch
das Fällen und Aufmaltern des wo möglich ausgeästeten
Baumes. Es ist daher besondere Vorsicht nöthig, um
diesen Schaden, so viel es sein kann, zu vermindern.

Vorzüglich suche man zu bewirken, daß alle Bau=
holzstücke, die sich schleifen lassen, aus dem jungen
Bestande bis an die nächsten fahrbaren Wege, vermittelst
des nebenstehend abgebildeten Lotbaumes, geschleift
und daselbst erst aufgeladen werden. Sollten die Stämme
aber zum Schleifen zu schwer sein, und sollte, ohne viel
am jungen Holze zu verderben, auch nicht an sie hin
gefahren werden können, so lasse man — insofern die
Bestimmung des Holzes es erlaubt — dergleichen Stämme
an Ort und Stelle beschlagen, und in solche Stücke zer=
sägen, daß jedes an den benachbarten Weg geschleift
werden kann. — Obgleich dieses Bezimmern, selbst bei
aller nur möglichen Vorsicht, Schaden verursacht, so be=
trägt dieser doch nicht so viel, als wenn ein langer Weg
bis zum Lagerplatze des Bauholzstammes hätte gehauen
werden müssen. Sind aber dennoch neue Wege nöthig,
so müssen dieselben auf die am wenigsten nachtheilige
Art und so ausgezeichnet und angelegt werden, daß
viele Stämme auf einem Wege abgefahren
werden können. Beobachtet man diese Vorsicht nicht, so haut sich jeder
Fuhrmann einen eigenen Weg, wenn er dadurch etwas bequemer und

schneller zum Ziele zu gelangen glaubt, und es wird endlich der Wald gänzlich verdorben.

Ebenso wenig darf den Fuhrleuten gestattet werden, die Bauholzstücke in jungen Schlägen zu wälzen, wenn der junge Anwuchs schon ¹/₂ Mtr. lang und länger ist, weil die Pflanzen dadurch geknickt und sehr beschädigt werden. Ist der Anwuchs aber geringer, so schadet das Wälzen nicht, besonders wenn es bei Schnee geschieht. — In der Folge wird vom Transport des Holzes mehr vorkommen.

Achtes Kapitel.

Von der forstmäßigen Behandlung solcher haubaren Hochwaldungen, die aus Buchen und Eichen vermischt bestehen.

Es ist sehr oft der Fall, daß die Buchenhochwaldungen mit Eichen vermischt bestanden sind, und man bemerkt allgemein, daß die Eichen vorzüglich gut wachsen, wenn sie einzeln zwischen geschlossenen Buchen, oder sonst eine Holzart, deren Wurzeln nicht tief in den Boden dringen, eingesprengt sind. In einer solchen Stellung hat jede Eiche, deren Wurzeln bekanntlich tief in den Boden stechen, einen großen Ernährungsraum und sie kann daher besser wachsen, als in einem solchen Walde, wo lauter Eichen beisammen stehen und ihre Nahrung in gleicher Tiefe suchen. — Die Vermischung der Buchenwaldungen mit Eichen ist daher allenthalben zu empfehlen und zu begünstigen.

Bei dem Abtriebe dergleichen vermischter Waldungen sind alle Regeln zu beobachten, die ich für den Abtrieb der Buchenwaldungen im zweiten Kapitel gegeben habe. — Man stelle also einen solchen Walddistrikt in einen aus Buchen und Eichen vermischten Dunkelschlag, warte die Befamung ab, und beobachte nur die Vorsicht, den Dunkelschlag an solchen Stellen, wo viele Eichen aufgekeimt sind, etwas früher zu lichten, weil die junge Eiche den Schatten nicht lange ertragen kann. Im übrigen aber behandle man den Abtrieb und den während des Abtriebs neu erzogenen vermischten Wald in der Folge gerade so, wie im zweiten Kapitel weitläufig auseinandergesetzt ist. Dabei versäume man nicht, im Licht- und Abtriebsschlage auf den kleinen leer gebliebenen Stellen Eicheln unterzuhacken, oder kleine Eichen zu pflanzen, wenn durch natürliche Befamung keine hinlängliche Menge junger Eichen entstanden sein sollte. Außerdem beobachte man auch die Regel: die zur Fällung bestimmten alten Eichen aus der Mitte des Schlages zuerst abzugeben, und diese Anweisung nach den Grenzen des Distriktes jährlich fortzusetzen. Hierdurch wird bewirkt, daß bei der Abfuhr des eichenen Bau- und Werkholzes in der Folge weniger Schaden geschehen kann, wenn es die Umstände nöthig machen sollten, Eichen länger stehen zu lassen, als es für den jungen Nachwuchs nützlich ist. Man wird auf solche Art dem Saume oder den Grenzen des Schlages jährlich näher rücken, folglich die Abfuhr der letzten Eichen aus dem vielleicht schon 10- bis 15jährigen Bestande weniger schädlich machen, als wenn zu dieser Zeit noch Baustämme aus der Mitte des jungen Waldes abgefahren werden müßten.

Weil aber bei einem 100= oder 120jährigen Umtrieb der Buchen=
waldungen die zu Bau= und Werkholz bestimmten, im Schluß erwachsenen
Eichen oft nicht stark genug sind, sondern 180 bis 240 Jahre alt werden
müssen, um die zu starkem Bau= und Werkholz erforderliche Dicke zu er=
langen, so ist es nöthig, daß in den aus Buchen und Eichen vermischten
Waldungen, beim völligen Abtrieb der Buchen, auf jedem Hekt. 6 bis 12,
und, wenn es die Umstände erfordern sollten, 12 bis 18 von den schönsten
100= oder 120jährigen Eichen stehen bleiben, und bis zur Haubarkeit des
neu erzogenen Waldes übergehalten werden. Hierdurch wird man in der
Folge bei jedesmaligem Abtrieb des Buchenwaldes starke 200= bis 240jäh=
rige Eichen zu Bau= und Werkholz finden, und auch von denjenigen Eichen,
die gleiches Alter mit den Buchen haben, die zur weiteren Unterhaltung
nöthige Anzahl schöner Stämme auswählen können. [1]

Sollte man nach Ablauf einiger Jahre sehen, daß — wie es oft zu
geschehen pflegt — an den zur Ueberhaltung bestimmten Eichen eine Menge
sogenannter Wasserreiser zwischen der Wurzel und der Krone am Stamme
hervorgekommen sind, so muß man diese Reiser, ehe sie 1 Mtr. lang werden,
dicht am Stamme abhauen lassen, weil sie sonst der Krone die Nahrung
rauben und zuweilen ihr gänzliches Absterben verursachen.

Dieses Ausschneideln macht zwar einige Kosten; da sie aber auf jeden
Stamm sehr wenig betragen, und diese Operation nur einigemal und nur
so lange von Zeit zu Zeit wiederholt werden muß, bis der junge Wald
sich mehr in die Höhe zieht und das Austreiben der Wasserreiser verhindert,
so sind diese Kosten unbedeutend gegen den dadurch bewirkten Nutzen. [2] —
Bei Unterlassung dieser Vorsicht habe ich, besonders auf etwas magerem
Boden, die schönsten zur Ueberhaltung bestimmten Eichen von oben her=
unter absterben sehen, weil die ausgetriebenen Wasserreiser fast allen von
der Wurzel eingesogenen Saft wegnahmen, und wenig davon in die Krone
aufsteigen ließen. Auf recht gutem Boden wird zwar die Krone unter solchen
Umständen nicht dürr, weil die Wurzeln so viel Saft einsaugen, als zur
Ernährung der Wasserreiser und der Krone hinlänglich ist, doch leiden auch
diese Stämme durch die Wasserreiser Schaden, weil ein großer Theil der
für die Krone bestimmten Säfte zu unnützen Wasserreisern verarbeitet wird
(tropisch, t.) Man wird also auch solchen Bäumen eine Wohlthat erzeigen
und ihren Zuwachs an der Krone vermehren, wenn man von Zeit zu Zeit
die Wasserreiser abnehmen läßt; und selbst für den jungen Nachwuchs wird·

---

[1] Man wähle hierzu besonders solche Stämme, die an Gestellen, Wegen oder am Be=
standsrande stehen und entweder von Jugend auf oder doch während der letzten Decennien
vor Anhieb des Schlages einen freieren Standraum gehabt haben. Dieß sind zwar in der
Regel nicht die schönsten, schäftigsten Stämme, wie man sie meist nur im geschlossenen Be=
stande vorfindet; allein letztere werden bei plötzlicher Freistellung in der Regel wipfeldürr und
der Zweck wird verfehlt, da sie die doppelte Umtriebszeit des Buchenortes selten aushalten
und meist schon nach kurzer Zeit eingeschlagen werden müssen, was dann wesentliche Be=
schädigungen des Wiederwuchses mit sich führt. Auch schaden die, besonders an den nörd=
lichen und westlichen Rändern der Bestände übergehaltenen Eichen weniger durch Verdämmung.
[2] Zwei mit einer leichten Steigleiter und scharfen Beilen versehene Holzhauer können
in einem Tage sehr viele Stämme von den Wasserreisern befreien, und wo das Holz in hohem
Werth ist, finden sich Leute, die gegen den Empfang der Reiser das Ausschneideln
verrichten.

dieses Ausästen nützlich, weil er nun von den Wasserreisern, die sich oft sehr verbreiten, nicht verdämmt werden kann.

Neuntes Kapitel.

Von der forstmäßigen Behandlung der aus Buchen und Eichen vermischten Waldungen, welche haubares und jüngeres Holz zum Bestand haben.

Im vierten Kapitel sind die Regeln und Vorschriften gegeben worden, wie ein aus haubarem und nicht haubarem Buchenholze bestandener Wald forstmäßig behandelt werden muß. Alle diese Regeln finden auch bei der Bewirthschaftung solcher Waldungen statt, wo Buchen- und Eichenholz durcheinander steht. Nur zeigen sich beim Aushauen der Baueichen aus den Stangenorten dieselben Schwierigkeiten, die ich im siebenten Kapitel ab-gehandelt habe. Man studire daher das vierte und siebente Kapitel, so wird man die sämmtlichen Regeln wissen, die bei der Behandlung eines aus Buchen und Eichen vermischten und im Alter ungleichen Bestandes anzuwenden sind. Ich bemerke nur noch, daß man beim Abtrieb eines solchen Bestandes, wo junge Eichen von verschiedenem Alter vorfindlich sind, auf jedem Hektar 12 bis 18 mittelwüchsige Stämme, und auch eben so viele schöne stufige Reidel oder Stangen überhalten kann, weil die Eichen über-haupt am jungen Walde nicht viel und noch weniger als andere Holzarten verdämmen. — Auch ist es erfahrungsmäßig, daß die Eichen, weiche man in ihrem 20- oder 40jährigen Alter, oder noch früher, abhauet und am Stocke ausschlagen läßt, in der Folge doch noch schönes Bauholz liefern, wenn man im 30jährigen Alter der Stockausschläge eine Durchforstung vor-nimmt, und auf jedem Stock nur die stärkste Stange stehen läßt. Ich habe solche Bestände gesehen, die 150 Jahre alt waren und vortreffliche Bau-holzstämme enthielten. Doch habe ich beim Fällen solcher Eichen immer bemerkt, daß sie, von der Erde an, 1 Mtr. lang im Kern faul waren, und daß man also diese kurzen Stücke, als zu Bauholz untauglich, weg-nehmen und zu Brennholz verwenden mußte. — Es können folglich die von 40jährigen und jüngern Stöcken ausgeschlagenen Loden, wenn sie zur gehörigen Zeit so vereinzelt werden, daß auf jedem Stock nur die kräftigste Stange stehen bleibt, in der Folge zwar schöne Bauholzstämme werden; man darf sie aber doch kein höheres als 150jähriges Alter erreichen lassen, weil sonst die Fäulniß, die durch das Abhauen in der Mitte des Stockes verursacht wird, zu weit um sich greifen, und die Stämme zu Bauholz ganz unbrauchbar machen würde. Dieses Faulwerden hat man um so viel früher und in einem um so viel höheren Grade zu fürchten, je stärker die Stämme waren, als man sie abhauen und ausschlagen ließ, oder je größer die Verwundung ist, die durch das Abhauen erfolgt; deßwegen hat das Abschneiden ganz kleiner Eichen, wo die Wunden bald überwachsen, fast gar keine nachtheiligen Folgen. Läßt man aber 60jährige Reidel abhauen und ausschlagen, oder läßt man auf Eichenstöcken, die vielleicht schon 100 Jahre lang als Niederwald benutzt wurden, Ausschläge zu Hochwald aufwachsen, so hat man nur geringes Bau- und Wagnerholz zu erwarten, weil die

Fäulniß im Mittelpunkte des Stockes und am unteren Theile des Stammes jährlich weiter um sich frißt, und keinen starken Zuwachs und kein hohes Alter gestattet. Eichen der Art haben gewöhnlich nahe über der Erde Knollen oder Wülste, die fast immer mit kleinen Ausschlägen besetzt und beinahe ein untrügliches Zeichen sind, daß der Stamm ein, wenigstens unten, kernfauler Stockausschlag ist, dessen Benutzung nicht lange aufgeschoben werden darf.

Zehntes Kapitel.

Von der forstmäßigen Behandlung derjenigen Hochwaldungen, die mit Hainbuchen, Ahornen, Eschen, Ulmen, Birken, Erlen ꝛc. entweder allein oder vermischt bestanden sind.

Die Bewirthschaftung der in der Ueberschrift genannten Hochwaldungen ist nur wenig von der im zweiten, dritten und vierten Kapitel weitläufig beschriebenen Behandlung der Buchenwaldungen verschieden. Denn obgleich der Besamungsschlag, wegen des weit um sich fliegenden Samens der oben erwähnten Holzarten, viel lichter sein könnte, als im Buchenwalde, so muß das Lichterstellen doch nicht so weit getrieben werden, daß der Boden sich sehr begrasen, das Laub weggetrieben werden, die Erde zu viel austrocknen und die jungen Stämmchen durch Frost und Hitze zu viel leiden könnten.

Man stelle daher einen solchen Wald in einen regelmäßigen, jedoch nur halb so dunkeln Besamungsschlag, als im Buchenhochwalde, mit 3 bis 5 Mtr. Entfernung der äußersten Zweigspitzen, lichte denselben aber etwas früher als im Buchenwalde, nämlich wenn die jungen Pflanzen 15 bis 20 Ctm. hoch geworden sind, gehörig aus, und treibe, sobald der junge Anwuchs die Höhe von 30—50 Ctm. erreicht hat, alle alten Bäume ab, so wird man seinen Zweck sehr vollständig erreichen, und einen vortrefflichen jungen Wald auf der Stelle des benutzten alten erzielen.

In der Folge durchforste man den jungen Wald von seinem 20= oder 30jährigem Alter an alle 10 oder 20 Jahre eben so, wie im zweiten Kapitel gelehrt worden ist, und setze diese Operation bis zu seiner Haubarkeit fort. Diese würde ich für die Ahorn=, Eschen= und Ulmenhochwaldungen auf 80 bis 100 Jahre, für die Hainbuchen auf 80 Jahre, und für die Birken= und Erlenhochwälder auf 60 Jahre bestimmen, weil die Erfahrung lehrt, daß bei einer solchen Umtriebszeit, im Durchschnitt genommen, jährlich das meiste Holz erzogen wird.

Da die Birkenbestände von 70= bis 80jährigem Alter, auch wenn sie geschlossen bestanden sind, den Boden so wenig beschatten, daß der Graswuchs durch die Beschattung nicht zurückgehalten wird, so wird hier eine Verwundung des Bodens durch die Hacke oder die Waldegge nothwendig, die man sogleich nach dem Abfliegen des Samens vollziehen läßt. Nach dem Abfliegen des Samens vom vollen Bestande wird dann in demselben Herbste der Hieb geführt, wobei man 45 bis 60 der schönsten, d. h. kronenreichsten Stämme pro Hektar überhält, um, im Falle die Besamung fehlschlagen sollte, von ihnen eine erneuerte Besamung erwarten zu können. Zeigt sich im nächsten Jahre eine hinlängliche Menge jungen Anflugs, und

erhält sich derselbe bis zum Herbste, so können die noch vorhandenen Mutter=
bäume schon im nächsten Winter abgetrieben werden.

Zur Verjüngung der Erlenhochwaldungen darf man sehr ge=
schlossene Bestände nur so weit auslichten, daß die Wipfel zur Samen=
erzeugung geschickt werden, ohne daß der sehr zum Graswuchse geneigte
Boden verraset. Die Unterbrechung des Blattschirms darf daher nur sehr
gering sein, und ⅓—⅔ Mtr. nicht übersteigen. In dieser Stellung lasse
man den Schlag bis zum Eintritt eines recht reichen Samenjahres. Da der
Hieb in den Erlenbrüchen wegen des weichen Bodens unbedingt mit dem
Eintritte des ersten Frostes beginnen muß, der Erlensame aber erst spät,
mitunter erst mit Beginn des Frühjahres ausfliegt, so ist die Meinung
einiger Forstleute, daß man das Abfliegen des Samens erwarten und dann
den Schlag rein abtreiben solle, selten ausführbar, da der Hieb nicht vom
Abfliegen des Samens, sondern vom Eintritte des Frostes abhängig ist.
So lange der Same auf den Bäumen ist, muß daher nothwendig Schlag=
stellung stattfinden, und zwar in der Art, daß die Entfernung der äußersten
Zweigspitzen 8 bis 10 Mtr. beträgt; bei sehr reichlichem Samen und hoch=
kronigen Bäumen kann die Entfernung noch etwas größer sein. Ist der
Same vollständig abgeflogen, und kann man nachdem noch hauen,
so ist es zweckmäßig, die übergehaltenen Samenbäume noch in demselben
Winter oder Frühjahre wegnehmen zu lassen, wenn man von den gehauenen
Stöcken noch einen tüchtigen Wiederausschlag zu erwarten berechtigt ist, da
in diesem Falle die spätere Herausnahme der Mutterbäume am sehr brüchigen
Stockausschlage mehr Schaden verursacht, als das Ueberhalten Nutzen ge=
währt. Kann man hingegen wegen hohen Alters der Stöcke oder bei über=
haupt hohem Umtriebe auf keine Mitwirkung der Stöcke bei der Verjüngung
des Bestandes rechnen, so übertrage man den Mutterbestand jedenfalls auf
den nächsten Winter, und nehme ihn dann erst, wenn hinlänglicher Anflug
erfolgt ist, gänzlich hinweg.

Elftes Kapitel.

Von der forstmäßigen Behandlung der haubaren geschlossenen
Weißtannenwaldungen, wenn es darauf ankommt, durch natür=
liche Befamung einen recht vollkommenen neuen Bestand zu er=
ziehen und an diesem in der Folge den Zuwachs so viel wie möglich
zu befördern.

Wenn ein haubarer Weißtannenwald abgetrieben und während des
Abtriebes ein neuer Bestand durch natürliche Befamung erzogen werden soll,
so müssen alle Regeln befolgt werden, die ich im zweiten Kapitel für die
Bewirthschaftung und Verjüngung haubarer Buchenwaldungen gegeben habe,
weil die Weißtannen=Waldungen fast gerade so, wie die Buchenwaldungen
behandelt sein wollen.

Der Befamungsschlag muß so viele der ästigsten und stufigsten Bäume
enthalten, daß die Entfernung von den äußersten Astspitzen
der nachbarlichen Bäume 1½—2 Mtr. beträgt. — In dieser
Stellung des Schlages warte man eine Befamung ab. Ist sie erfolgt, so

lasse man den Schlag allenthalben mit eisernen Rechen oder Harken auf=
kratzen und in strenge Hege legen. Wäre aber der Samen schon im Herbst
vor der im nächsten Winter oder Frühjahr erfolgten Hauung des Schlages
abgeflogen, so ist das Aufkratzen nicht nöthig, weil durch die Bearbeitung
des gefällten Holzes der Samen doch hinlänglich unter das Moos und an
die Erde kommen und aufkeimen wird. [1]

Einen solchen Besamungsschlag lasse man nun so lange stehen, bis
der junge Anflug allerwärts erfolgt und 3= bis 4jährig geworden ist. Als=
dann nehme man, wo möglich bei Schnee, die stärksten Stämme, und über=
haupt die Hälfte der Samenbäume weg und beobachte alle Vorsichtsmaß=
regeln, die ich im zweiten Kapitel beim Auslichtschlage zur Schonung des
jungen Nachwuchses empfohlen habe. Ist aber der junge Nachwuchs $1/4$
bis $1/3$ Mtr. hoch geworden, dann lasse man alle alten Bäume aus dem
Schlage nehmen, weil der junge Wald nun der Witterung völlig ausgesetzt
werden darf, und, bei Verzögerung des Abtriebes, durch das Fällen, Be=
arbeiten und Wegbringen der alten Bäume sehr beschädigt werden würde. [2]

Nun lasse man den erzogenen jungen Wald immer noch und so lange
hegen, bis ihm das Vieh keinen Schaden mehr zufügen kann, und wenn
er 25, im sehr rauhen Klima und auf schlechtem Boden aber 40 Jahre alt
geworden ist, so lasse man ihn zum erstenmal von unterdrücktem
Holze befreien.

Nach dieser ersten Durchforstung bleiben gewöhnlich auf dem Hektar
5500 bis 6000 dominirende Stämme stehen, und das gehauene unterdrückte
Holz besteht aus geringen Stangen, die zu Weinpfählen, zu Baum=, Hopfen=
und Bohnenstangen, zum Brand, zur Köhlerei und zu sonst mancherlei
ökonomischem Gebrauch vortheilhaft verwendet werden können.

Eine eben solche Durchforstung oder Aushauung des unterdrückten
Holzes wird in der Folge von 20 zu 20 Jahren, und zwar so wiederholt,
daß nach der Durchforstung im 60jährigen Alter des Bestandes die besten
1800 bis 2400 Stämme, im 80jährigen Alter die besten 900 bis
1200 Stämme, und im 100jährigen Alter des Bestandes die besten 750
bis 900 Stämme bis zur Haubarkeit im 120sten Jahre auf dem Hektar
stehen bleiben. Sollte aber die Umtriebszeit auf 140 Jahre bestimmt sein,
so muß der Bestand im 120jährigen Alter bis auf die besten 600 oder
750 Stämme durchforstet, und die Verjüngung, wie vorhin gezeigt wurde,
wieder vorgenommen werden.

Da ich im zweiten Kapitel die Vortheile der regelmäßigen Durch=
forstungen auseinander gesetzt und auch alle Vorsichtsregeln angeführt habe,
die man dabei beobachten muß, so will ich alles dieses hier nicht wieder=
holen. Ich bemerke nur noch, daß im rauhen Klima und auf schlechtem
Boden die erste Durchforstung oft bis zum 50jährigen Alter des Bestandes,

---

[1] Zum Aufkratzen der Besamungsschläge bedient man sich eiserner Harken, deren
Zinken 4 Zoll lang und 3 Zoll von einander entfernt sind. Mit solchen Harken wird das
Moos und Laub nur aufgekratzt, aber nicht weggezogen.

[2] Anm. d. H. In neuerer Zeit hat man die Verjüngung der Weißtanne in der Art
empfohlen, daß sie entweder in schmalen Streifen vom Waldrande aus nach Innen vor=
schreiten, oder daß man den Mutterbestand nicht gleichmäßig, sondern platzweise auslichten
solle, so daß die nicht gelichteten Stellen den ausgelichteten Seitenschutz gewähren.

und überhaupt so lange verschoben werden muß, bis im milden Klima die erste Klasse der dominirenden Stangen, über der Erde gemessen, 12 bis 15 Ctm., und im rauhen Klima 15 bis 20 Ctm. im Durchmesser hat. Früher vorgenommene Durchforstungen würden gewagt sein. Wenn aber ein Bestand die eben erwähnte Stärke erlangt hat, so kann und muß er von dem unterdrückten, kranken und abgestorbenen Holze befreit werden, und es wird alsdann eine nach Vorschrift vollzogene Durchforstung die wohlthätigsten Folgen haben, weil der dominirende Bestand nachher einen stärkeren Zuwachs erhält, und die Vermehrung der schädlichen Käfer durch die Entfernung des kranken Holzes verhindert wird.

Zwölftes Kapitel.

Von der forstmäßigen Behandlung und Verjüngung der haubaren Weißtannenwaldungen, die nicht mehr geschlossen bestanden sind.

Für die Abholzung und Verjüngung der nicht geschlossenen haubaren Weißtannenbestände passen alle Regeln, die ich zur Verjüngung solcher Buchenbestände im dritten Kapitel gegeben habe. — Man lege also einen solchen Distrikt, nachdem der Samen abgeflogen ist, in Hege, lasse den Bäumen, die vielleicht tief herabhängenden Aeste bis auf 3—4 Mtr. Höhe abnehmen, und die ganze Oberfläche mit eisernen Rechen tüchtig überkratzen. Wäre aber die Oberfläche des Bodens von der Beschaffenheit, daß durch das eben erwähnte Mittel der Samen nicht an die Erde gebracht werden könnte, so lasse man die zu stark beschwülten Stellen entweder platzweise aus der Hand besamen, oder man lasse die beschwülten Flächen vor dem Abfliegen des Samens mit der Pflugegge bearbeiten. Nachher behandle man einen solchen Schlag, wie im vorigen Kapitel gelehrt worden ist.

Dreizehntes Kapitel.

Von der forstmäßigen Behandlung der haubaren und geschlossen bestandenen Fichtenwaldungen, wenn durch natürliche Besamung ein vollkommener neuer Bestand erzogen und dieser in der Folge zum möglichst stärksten Zuwachs gebracht werden soll.

Bei der Abholzung und Verjüngung der haubaren Fichtenwaldungen sind dieselben Regeln zu befolgen, die im elften und zwölften Kapitel für die Bewirthschaftung der Tannenwaldungen gegeben worden sind. Ich will sie daher nicht wiederholen, sondern versichere nur, daß man durch genaue Befolgung jener Regeln in ebenen Waldungen, wo kein Windbruch zu fürchten ist, die vortrefflichsten jungen Fichtenbestände erziehen wird, wenn man die erste Stellung des Besamungsschlages ganz nach der Vorschrift gemacht und für die Verwundung der Oberfläche des Schlages gesorgt hat. — Man befolge daher jene Regeln aufs genaueste, und lasse, sobald die Samenbäume Zapfen haben, die Stöcke der gehauenen Stämme ausroden, die dadurch entstandenen Löcher gehörig ebnen, das Stockholz vor dem Abfliegen des Samens wegbringen, und im Frühjahre, sobald der Samen abgeflogen ist, den ganzen Schlag mit eisernen Rechen überziehen. Hierauf lege man den Schlag in Hege, und gebe ihm, sobald der Anflug hinlänglich erfolgt und 2 bis 3 Jahre alt ist, eine etwas lichtere Stellung. Hat aber der Anflug die Höhe von 25—30 Ctm. erreicht, so nehme man, wo möglich bei Schnee, alle Bäume weg, und schaffe sie alsbald aus dem Schlag. — Wäre hingegen die Lage des Ortes von der Art, daß eine Auslichtung des sichtenen Besamungsschlages, der Erfahrung nach, wegen des Windes nicht stattfinden kann, so nehme man beim ersten Hiebe nur so viel Stämme weg, daß der Schluß des Waldes nicht bedeutend unterbrochen wird, warte ein Samenjahr ab, und lasse schon im nächsten Herbste nach erfolgter Besamung die Samenbäume bei Schnee alle auf einmal wegnehmen. Sollten sich nach dem völligen Abtrieb der Samen= bäume hier und da noch leere Stellen finden, so besetze man sie mit kleinen, sammt den Erdballen ausgehobenen Fichtenpflänzlingen, und behandle den jungen Wald in der Folge gerade so, wie im elften Kapitel gelehrt worden ist.

Diese Methode, die haubaren Fichtenwaldungen durch natürliche Besamung zu verjüngen, ist zwar nicht die gewöhnlichste, aber unfehlbar die sicherste. Man lasse sich daher durch die fast allgemeine Behauptung, daß dergleichen Besamungsschläge in den Fichtenwaldungen nicht anwendbar seien, nicht abschrecken. Wer dieß behauptet, hat es entweder gar nicht ver= sucht, oder einen so lichten Schlag hauen lassen, daß der Wind die Samen= bäume leicht umwerfen konnte. Man stelle aber den Schlag ganz nach meiner Vorschrift, und beobachte alles, was ich noch weiter empfohlen habe, so wird man den Erfolg der Erwartung entsprechend finden.

Nur in Gebirgen an solchen Orten, wo der Wind, der Erfahrung gemäß, eine außerordentlich starke Wirkung hat, und vorzüglich heftig auf= stößt, können dergleichen Besamungsschläge nicht stattfinden. In diesem Falle wähle man, wenn natürliche Besamung stattfinden soll,

den streifweisen kahlen Abtrieb,

und gehe dabei auf folgende Art zu Werke:

Man greife, nach der bekannten Generalregel, den Bestand auf der Ostseite oder auf der Nord=Ostseite zuerst an, und entblöße einen 25 bis 35 Mtr. breiten, schräg am Berg herunter ziehenden Streifen ganz von Holz. Doch gebe man dieser schrägen Linie eine solche Richtung, daß die Hauung auf der Höhe des Berges oder des Abhanges am meisten zurück bleibt und im Thal sich vorzieht. — Nun lasse man, sobald hinlängliche Zapfen an dem stehenden Orte hängen, die Stöcke auf dem abgetriebenen Streifen ausroden, die dadurch entstandenen Vertiefungen wieder ebnen, und das Holz vor dem Abfliegen des Samens wegbringen.

In der Folge lasse man den Schlag nicht eher fortsetzen, bis der ab= getriebene Streifen durch natürliche Besamung vom stehenden Orte her mit jungen Fichtenpflanzen hinlänglich bewachsen ist. Dann aber lasse man den abgeholzten Streifen um 25 bis 35 Mtr. breiter machen, und fahre auf gleiche Weise fort, bis der ganze Bestand abgeholzt und verjüngt ist.

Damit man aber den auf solche Art kahl abgetriebenen Streifen die erforderliche Zeit lassen kann, vom stehenden Orte her besamt zu werden, so müssen in den andern haubaren Distrikten, die der Wind nicht so sehr treffen kann, Besamungsschläge angelegt und aus diesen in der Zwischen= zeit das benöthigte Holz genommen werden. — Sollte aber in den Be=

samungsschlägen kein hinlänglicher Anflug erfolgen, oder die Samenbäume vom Winde großentheils umgeworfen werden, so bleibt weiter nichts übrig, als diese Schläge ebenfalls kahl abzutreiben, und durch vollständige künst= liche Besamung oder Bepflanzung mit jungem Holz wieder in Bestand zu bringen, wozu in der folgenden Abtheilung Anweisung ertheilt werden wird.

Die alsbaldige vollständige künstliche Besamung oder Bepflanzung der abgeholzten Streifen ist überhaupt in solchen Fällen, wo kein Besamungsschlag stattfinden kann, am meisten zu empfehlen, denn die natürliche Besamung vom stehenden Orte her ist gewöhnlich so unzulänglich, daß die künstliche Saat und Pflanzung doch endlich noch zu Hülfe genommen werden muß, wenn man vollkommene Bestände haben will. Nimmt man nun die vollständige künstliche Kultur alsbald nach dem Ausroden der Stöcke, und so lange der Boden noch nicht mit Unkraut überzogen ist, vor, so ver= ursacht sie weniger Kosten, geräth besser, und man gewinnt in wenigen Jahren mehr an Zuwachs, als die Kosten der künstlichen Saat oder Pflanzen betragen.

Auch empfehlen Einige, im Fall ein solcher kahl abgetriebener Streifen nicht bald natürlichen Anflug erhalten sollte, einen 20—30 Mtr. breiten Streifen vom haubaren Walde stehen zu lassen, hinter dem= selben wieder einen neuen Streifen abzuholzen, und dieß so lange fortzusetzen, bis die ältesten Streifen hinlänglich mit jungem Holze bewachsen sind. Sie nennen diese Hauungsart Cou= lissenschläge oder Springschläge. — Oder man soll einzelne Horste stehen lassen, damit diese die Besamung um sich her verbreiten können.

Beides hat meinen Beifall nicht. Denn ist der Ort dem Wind sehr stark ausgesetzt, so werden sowohl die Streifen als die Horste, die nun dem Westwind ganz bloßgestellt sind, bald umgeworfen, und ist die Lage des Ortes von der Art, daß dergleichen Streifen und Horste vom Wind verschont bleiben, so ist es auch möglich, einen Besamungsschlag zu führen, worauf der Wind noch weniger nachtheilig wirken kann, weil der Wald doch halb geschlossen ist.

Ich rathe daher unter allen Verhältnissen und Umständen, wo vom Winde nicht unfehlbarer Ruin zu fürchten ist, in den ebenen Fichtenwal= dungen vorschriftmäßige Besamungsschläge zu hauen; bei Gefahr des Windbruchs hingegen den streifenweisen kahlen Abtrieb zu wählen, die ab= getriebenen Streifen alsbald nach dem Roden der Stöcke vollständig aus der Hand zu besamen oder zu bepflanzen, und auf den sehr unzuverlässigen Anflug vom stehenden Orte her nicht viel Rechnung zu machen. [1]

Ich habe noch nie einen überall gleichen und vollkommen bestandenen jungen Fichtenwald gesehen, der beim streifenweisen kahlen Abtriebe durch natürliche Besamung entstanden wäre. Immer fand ich dergleichen Bestände sehr unvollkommen, und nur schmale Streifen auf der abgeholzten Fläche, nämlich diejenigen, welche dem stehenden Orte jedesmal am nächsten gewesen waren, hatten erträglichen Bestand, weil zur

---

[1] Zur Besamung oder Bepflanzung der kahl abgeholzten Fichtenschläge wird man im zweiten Abschnitte die nöthige Anleitung finden.

Zeit, wo der Samen aus den Zapfen fliegt, oft so wenig Wind weht, daß der Samen kaum einige Ruthen weit vom stehenden Orte weggetrieben wird.

Wie übrigens ein junger Fichtenbestand in der Folge und bis zu seiner Haubarkeit behandelt werden muß, um seinen Zuwachs, so viel wie möglich, zu befördern, dieß kann im elften Kapitel nachgelesen werden, weil die Behandlung der Tannen= und Fichtenwaldungen darin vollkommen gleich ist.

Hier im Harze ist die Verjüngung der Fichte durch natürliche Besamung schon seit langer Zeit gänzlich außer Anwendung. Wir führen stets Kahlschläge und bepflanzen sie in $1\frac{1}{2}$—2 Mtr. Entfernung mit Fichtenbüscheln aus zuvor in der Nähe des Schlages angelegten Saatkämpen. Der hauptsächlichste Beweggrund zu diesem Verfahren liegt in Rücksichten auf Erhaltung der dem Viehstande jeder Gebirgsbevölkerung so nöthigen Weide. Bei unserer heutigen vervollkommneten Forstkultur findet das Vieh in den älteren geschlossenen Beständen gar keine Nahrung mehr. Bei dem vereinzelten Stande des Wiederwuchses in Besamungsschlägen müßten auch diese von der Hütung verschont bleiben, wenigstens so lange, als der Huf des schweren Viehes die einzeln stehende Pflanze noch zu verletzen vermag. Später hört aber, bei der Vertheilung der größeren Pflanzenmenge, der Graswuchs in Jungorten bald auf und der Viehstand des Harzes würde gänzlich aus dem Walde verdrängt werden, was bei den beschränkten Ackerflächen und der Unmöglichkeit der Stallfütterung aus staatswirthschaftlichen Gründen nicht zulässig ist. Bei unserem Verjüngungsverfahren durch Büschelpflanzung beginnt die Weidenutzung mit dem Abtriebe des Schlages und dauert ununterbrochen bis zur Zeit, in der sich die 2 Mtr. entfernten Büschel völlig geschlossen haben, worüber, beim langsamen Wuchse der Fichte in der Jugend, ein Zeitraum von 10 bis 15 Jahren vergeht. Der reiche Graswuchs zwischen den entfernten Büscheln auf dem erst entholzten humusreichen Boden gewährt eine Weidenutzung, die den Verlust derselben in den früher schlechteren, älteren Beständen mehr als ersetzt, er hält das Vieh vom Verbeißen der Fichten ab, und die Pflanzung in Büscheln sichert die Kultur vor dem Zertreten durch den Huf des Weideviehes. t.

Vierzehntes Kapitel.

Von der forstmäßigen Behandlung der Kiefernwaldungen, wenn durch natürliche Besamung ein neuer Wald erzogen werden soll.

Die Bewirthschaftung der Kiefernwaldungen weicht nur darin von der in den vorigen Kapiteln auseinander gesetzten Behandlung der Tannen= und Fichtenwaldungen ab, daß die Besamungsschläge etwas lichter und so gestellt werden müssen, daß die äußersten Astspitzen der nachbarlichen Bäume 3—5 Mtr. von einander entfernt sind. Diese lichtere Stellung des Besamungsschlages ist deßwegen nöthig, weil die jungen Kiefern den Schatten weniger lieben und ertragen, als die jungen Tannen und Fichten. Nur auf einem sehr dürren sandigen Boden, besonders auf solchem, der in Flugsand ausarten kann, aber auch auf einem sehr fruchtbaren, dem Gras=

wuchse sehr zusagenden Boden stelle man den Samenschlag dunkler, so daß die Zweigspitzen $^2/_3$—1 Mtr. von einander entfernt bleiben.

Nach dem Hiebe des Besamungsschlages lasse man die Stöcke und alles übrige Holz, ehe der Samen abfliegt, aus dem Schlag bringen und, wenn es sein kann, die ganze Fläche des Schlages, sobald der Samen abgeflogen ist, mit eisernen Rechen oder mit einer eisernen Egge über-kratzen. Hierauf lege man den Schlag in Hege, und sobald der Anflug allerwärts hinlänglich erfolgt und 20 bis 30 Ctm. hoch, oder 3 bis 4 Jahre alt ist, nehme man, wo möglich bei Schnee, alle Samenbäume auf ein-mal weg. Man kann aber auch, wenn hinlänglicher Anflug erfolgt ist, schon im zweiten Jahre mit der Auslichtung beginnen, und diese bis zum vierten und fünften Jahre vollenden. Nothwendiger wird diese allmählige Auslichtung, je dunkler die erste Schlagstellung geführt wurde. Bei län-gerem Aufschub des Abtriebes würden die sehr schnell wachsenden jungen Kiefern zu groß werden, und durch das Fällen, Bearbeiten und Abfahren des Holzes Noth leiden, oder sie würden, wenn der Schlag zu schattig ist, erkranken, und großentheils, besonders unter den Samenbäumen, wieder absterben.

Sollte ein hinlänglicher Anflug nur theilweise im Schlage erfolgt sein, so versteht es sich von selbst, daß nur da die Wegnahme der Samenbäume stattfinden darf, und daß auf und in der Nähe der noch nicht hinlänglich angeflogenen Stellen die Samenbäume vor der Hand noch stehen bleiben müssen. Wären diese Stellen aber klein und vielleicht auch stark mit Gras und anderen Gewächsen überzogen, so nehme man auch da die Samenbäume weg, und kultivire diese kleinen Blößen aus der Hand. Die dadurch entstehenden Kosten sind nicht so groß, als der Schaden, der un-vermeidlich am jungen Walde erfolgt, wenn die Samenbäume späterhin aus dem Schlage genommen werden.

Die fernere Behandlung des jungen Waldes ist übrigens derjenigen ganz gleich, welche ich im elften Kapitel weitläufig auseinandergesetzt habe. Weil aber die Kiefer in der Jugend viel schneller wächst, als die Tanne und Fichte, so kann die erste Durchforstung schon im 20- oder 25jährigen Alter oder noch früher stattfinden, wenn der Bestand, wie dieß auf gutem Boden oft der Fall ist, die im elften Kapitel bestimmte Stärke erlangt haben und viel unterdrücktes oder ganz abgestorbenes Stangenholz ent-halten sollte.

Fünfzehntes Kapitel.

Von der forstmäßigen Bewirthschaftung derjenigen Nadelholz-waldungen, welche mit haubarem und geringerem, oder ganz jungem Holze gemischt bestanden sind.

Bei der Bewirthschaftung solcher Nadelholzwaldungen, die mit hau-barem und mit jüngerem Holze vermischt bestanden sind, finden verschiedene Hauptfälle statt. Entweder es lassen sich die alten Bäume aus dem jungen Holze nehmen, ohne es sehr zu beschädigen — oder es kann dieß nicht geschehen, weil das junge Holz dadurch zu sehr verdorben würde, oder weil der Unterwuchs von der Art ist, daß er keine Rücksicht verdient. Es kommt daher auf genaue Untersuchung des Bestandes und auf Erwägung der Umstände an, ob das Eine oder das Andere im gegenwärtigen Falle anwendbar und nützlich ist.

Wäre der Unterwuchs oder Anflug noch sehr gering, vollkommen gesund und in hinlänglicher Menge da, und können die alten Bäume, ohne viel am jungen Holze zu verderben, noch herausgenommen werden, so zögere man mit diesem Heraushauen nicht, und nehme die alten Bäume mit möglichster Schonung des jungen Holzes weg. — Wäre aber das junge Holz unterdrückt, schon verkrüppelt, oder nicht in hinlänglicher Menge vorhanden, oder von der Beschaffenheit, daß, wenn man die alten Bäume wegnehmen wollte, die zu einem vollkommenen Bestand erforderliche Menge junger Pflanzen nicht übrig bleiben würde, so lasse man solchen Unterwuchs zu einer Zeit, wo es gerade vielen Samen gibt, weghauen oder wegschneiden, stelle den Distrikt, nach der in den vorigen Kapiteln gegebenen Anweisung, in einen Besamungsschlag, und behandle ihn in der Folge, wie in jenen Kapiteln gelehrt worden ist. Nadelholz, besonders Fichtenhorste, welche den Boden sehr dicht beschirmen, müssen schon mehrere Jahre vor der beabsichtigten Schlag-stellung weggeräumt werden, da mehrere Jahre verfließen, ehe der gedeckte Boden für die Saat empfänglich wird. Selbst Pflanzungen gehen auf solchem Boden aus.

Sollte aber der Beiwuchs schon zu Stangen und Reideln herange-wachsen sein, und nicht nur in großer Menge, sondern auch in freudigem Wachsthum da stehen, — welches nur bei sehr einzelnem Stand der alten Bäume möglich ist, so findet kein Aushauen der alten Bäume statt, weil dadurch zu viel am jungen Holze verdorben werden würde. In diesem Falle muß man das junge Holz gering haubar und das alte etwas überständig — jedoch nicht abständig — werden lassen, und dann den Be-stand nach den bekannten Regeln verjüngen. [1]

Wären aber die alten Kiefern von der Beschaffenheit, daß sie bei längerem Aufschube der Fällung verderben, so bleibt freilich nichts übrig, als solche Bäume mit möglichster Schonung des Stangenholzes bald heraus zu nehmen und zu benutzen.

Man muß überhaupt bei der Bestimmung der Bewirthschaftung solcher Waldungen immer auf die allgemeine Erfahrung Rücksicht nehmen, daß die beim Sturz der alten Bäume zerschmetterten Nadelholzstämmchen von Stock nicht wieder ausschlagen, daß ferner die Nadelholzstangen leichter zerbrechen, auch wenn sie gedrückt sind, sich weniger leicht wieder aufrichten, als die Laub-holzstangen, und daß außerdem auch ein lückiger Nadelholzbestand der Witterung in der Folge weniger Widerstand leisten kann, als ein ebenso lückiger Laubholz-wald. Daher wird es in solchen Fällen meist rathsam sein, den ganzen Bestand abzutreiben und durch künstliche Kultur wieder in Bestand zu bringen.

Wesentlich kommt hierbei in Betracht, daß die verschiedenen Nadelholz-arten in sehr verschiedenem Grade empfindlich gegen Beschattung sind. Am meisten ist das der Fall bei der Kiefer, aus deren Vorsprunghorsten, wenn

---

[1] Ueberständig nennt man einen jeden Wald, wenn er älter ist, als er, der ange-nommenen Umtriebszeit nach, werden soll. Abständig hingegen ist ein Wald alsdann, wenn er anfangt im Gipfel trocken zu werden.

sie auch nur bis zum 10jährigen Alter unter dem Druck eines Oberstandes wuchsen, nie ein kräftiger Bestand erwachsen wird. Sie werden sehr bald zu Brutstätten für Insekten. Auch die Fichte, obgleich sie weit weniger empfindlich gegen Beschattung ist, als die Kiefer, erwächst aus Vorsprunghorsten nur dann zu gutwüchsigen Beständen, wenn die Horste größere Flächen einnehmen, der Standort ein sehr günstiger ist; wogegen die Tanne, selbst nach lange dauernder und starker Beschattung, obgleich während derselben so langsam sich entwickelnd, daß 30—40jährige Pflanzen oft unter $\frac{1}{2}$ Meter hoch sind, die Folgen der Verdämmung in wenigen Jahren vollständig überwinden und in kräftigen Wuchs treten, wenn sie freigestellt werden. t.

Sechzehntes Kapitel.

Von der forstmäßigen Behandlung derjenigen haubaren Hochwaldungen, welche mit Laub- und Nadelholz vermischt bestanden sind.

Bei der Bewirthschaftung derjenigen Waldungen, welche Laub- und Nadelholz vermischt enthalten, entstehen die Fragen:

1) Soll die Vermischung künftig fortgepflanzt werden? oder

2) Will man einen reinen Bestand erziehen? und

3) Welche von den vermischten Holzarten soll in diesem Falle rein erzogen werden?[1]

Soll die Vermischung künftig fortgepflanzt werden, so stelle man den haubaren Distrikt, nach den, aus den vorigen Kapiteln hinlänglich bekannten Regeln in einen aus Laub- und Nadelholzbäumen vermischten Besamungsschlag. Hierdurch wird man einen vermischten Nachwuchs erhalten, der durch Auslichten und Abtreiben der Samenbäume nach und nach ganz ins Freie gebracht, und in der Folge, nach den im zweiten Kapitel gegebenen Regeln von Zeit zu Zeit durchforstet werden muß.

Soll aber die Vermischung der Holzgattungen mit dem Abtrieb des jetzt haubaren Waldes aufhören, und wäre z. B. bestimmt, daß das Laubholz künftig dominiren soll, so greife man den Wald, zu Vermeidung des Nadelholzanflugs, von der Süd-West- oder West-Seite an — wenn es wegen des Windes zu wagen ist — nehme alles Nadelholz weg, und bilde also aus lauter Laubholzbäumen — einen so viel möglich regelmäßigen Dunkelschlag.

Soll aber das Nadelholz begünstigt und rein erzogen werden, so haue man den Wald, zu Beförderung des Anfluges, von der Nord-Ost- oder Ost-Seite an, und stelle aus lauter Nadelholzbäumen einen so viel möglich regelmäßigen Besamungsschlag. In beiden Fällen wird man den Zweck erreichen, wenn man die in den vorigen Kapiteln so oft empfohlenen Regeln gehörig befolgt, und die hier und da leerbleibenden Stellen durch künstliche Saat und Pflanzung ausbessern will.

Sollte bei Anwendung aller Vorsicht doch wieder ein mehr oder weniger vermischter junger Wald entstanden sein, so rathe ich nicht, ihn

---

[1] Beim Forstwesen nennt man einen Bestand rein, wenn er aus einerlei Holzart besteht.

durch kostbare künstliche Kultur alsbald in einen reinen Bestand umzu=
formen. Man lasse lieber einen solchen jungen Wald vermischt aufwachsen,
und suche bei den künftigen Durchforstungen, durch Wegnahme der weniger
gewünschten Holzart der nützlicheren die Oberhand zu verschaffen.

So wenig ich übrigens im Allgemeinen für gemischte Laub= und Nadel=
holzwaldungen stimme, so sehr empfehle ich es, lieber die Vermischung
fortzupflanzen, als einen reinen Bestand mit beträchtlichem Kosten=
aufwand zu erziehen, oder wohl gar einen unvollkommenen Bestand da=
durch zu bewirken. Es ist immer vortheilhafter, vollkommen bestan=
dene vermischte Laub= und Nadelholzwälder ohne Kosten durch natürliche
Besamung zu erziehen, als reine Bestände durch kostbare Mittel zu erlangen,
oder bei Unterlassung der immer kostbaren künstlichen Kultur, zwar reine,
aber unvollkommene Waldungen zu haben.

Dritter Abschnitt.

Von der künstlichen Holzzucht.

Die künstliche Fortpflanzung und Erziehung der Wälder kann, wie zu
Anfang dieses Theils schon bemerkt worden ist, auf mehrerlei Art geschehen,
und zwar:

1) durch den Stock= und Wurzelausschlag abgehauener
   Laubholzbestände;
2) durch Ausstreuung des eingesammelten Holzsamens;
3) durch Anpflanzung junger Holzstämmchen;
4) durch Steckreiser oder Stecklinge, und
5) durch Ableger oder Absenker.

Jede von diesen Walderziehungsmethoden hat unter besondern Um=
ständen ihre besondern Vorzüge. Es kommt also auch auf die Unter=
suchung der Umstände an, um zu bestimmen, ob man diese oder jene zu
wählen habe.

Die erste Art der künstlichen Holzzucht, nämlich die Erziehung neuer
Holzbestände durch den Ausschlag der Stöcke und der Wurzeln abgehauener
Laubholzstämme, oder die sogenannte Wurzelholzzucht, und die Holz=
vermehrung der Ableger oder Absenker sind natürlicherweise nur da möglich,
wo schon Waldbestände vorfindlich sind. Die Saat und Pflanzung
und die Vermehrung durch Steckreiser aber sind die Mittel, um
von Holz ganz entblößte Distrikte oder Plätze damit in Bestand zu bringen.
Im vierten Abschnitte werde ich zeigen, unter welchen Umständen
jede dieser Holzerziehungsmethoden zu wählen ist, zuvor aber will ich im
gegenwärtigen Abschnitte jede besonders abhandeln und die sicherste Anlei=
tung dazu ertheilen.

Erste Abtheilung.

Von der Erziehung neuer Holzbestände durch den Ausschlag der Stöcke und der Wurzeln abgehauener Laubholzstämme, oder von der Niederwald= und Kopfholzwirthschaft über= haupt.

Die Erfahrung lehrt, daß alle Laubholzarten aus dem Stocke und einige auch aus den Wurzeln Loden treiben, wenn man sie in ihrer Jugend zur gehörigen Jahreszeit und mit der erforderlichen Vorsicht abhauen oder absägen läßt, und die Stöcke der Sonne, der Luft und dem Regen, so viel wie nöthig ist, aussetzt. Diese Ausschläge erwachsen nachher zu Bäumen oder Büschen, wie es die Holzart, der Boden, die Lage und andere Um= stände verstatten, und der Stock bringt dieselbe Wirkung, nach wiederholter Abhauung der Ausschläge, jedesmal und so lange hervor, als er selbst oder seine Wurzeln am Leben bleiben, und die zu Bildung und Austrei= bung neuer Loden erforderlichen Kräfte haben. Doch lehrt die Erfahrung, daß von den meisten Holzarten ein so behandelter Stock niemals so lange leben und Ausschläge geben kann, als derselbe gelebt haben würde, wenn der erste Stamm von ihm nicht getrennt und die Verstümmelung nicht so oft vorgefallen wäre. Es gibt aber einige Holzarten wie die Eiche, Hasel, Linde, deren tief erfolgender Ausschlag sich regelmäßig selbstständig bewurzelt und zur unabhängigen neuen Pflanze wird, deren Stöcke mehrere hundert Jahre lang auf solche Art sich behandeln lassen, ehe sie absterben; noch andere gibt es, die bei jedem neuen Abtriebe eine Menge Wurzelbrut treiben und den Bestand dadurch voll bestockt erhalten, wie die Weißerle, die Pappeln, Rüstern, Akazien; dagegen gibts aber bei weitem mehrere, deren Stöcke bei einer solchen Behandlungsart nur eine kurze Dauer haben und kaum zwei= oder dreimal Ausschläge hervorbringen, wenn man diese 20 oder 30 Jahre alt werden läßt.

So verschieden nun die Dauer der Stöcke ist, so verschieden sind auch die Holzarten in der Hinsicht, daß man bei manchen den aus Samen er= wachsenen Bestand schon in seiner frühen Jugend abtreiben muß, wenn man gute Stockausschläge haben will; bei andern Holzarten aber den aus Samen erwachsenen Bestand vor dem ersten Abtrieb älter werden lassen kann, und doch mit Sicherheit auf Stockausschlag rechnen darf. Bis zum 30jährigen Alter schlagen zwar die Stöcke fast von allen Laubholz= arten sicher wieder aus; allein bei manchen Holzarten wird der Ausschlag mit zunehmendem Alter immer mißlicher und bleibt endlich ganz aus, wenn die Stämme älter sind.

Der Forstmann muß daher nicht nur die Holzarten kennen, welche sich zur Niederwaldwirthschaft schicken, sondern er muß auch wissen, wie alt die aus Samen erwachsenen Bestände bei jeder Holzart höchstens sein dürfen, wenn man sich nach ihrem Abtrieb guten Stock= ausschlag versprechen will. Auch muß ihm bekannt sein, wie viele Jahre die Stockausschläge nöthig haben, um eine gewisse Dicke zu erlangen, und bis in welches Alter von den Stöcken noch guter Ausschlag erfolgt.

Zur besseren Uebersicht dieser, aus der Erfahrung abgeleiteten Notizen brachte ich sie in nachstehende Tabelle A, worin ich aber nur diejenigen Holzarten aufgenommen habe, die bei der Niederwaldwirthschaft gewöhnlich vorkommen und besondere Rücksicht verdienen.

Außer den in dieser Tabelle enthaltenen Notizen kommen aber auch bei der Niederwaldwirthschaft noch folgende Gegenstände in Betrachtung:

1) Welches ist die schicklichste und beste Jahreszeit zur Hauung der Schläge im Niederwalde?

2) Wie und auf welche Art muß das Holz abgehauen oder abgesägt werden, damit die Stöcke recht gut wieder ausschlagen können?

3) Wie stark muß die Sonne, die Luft und der Regen auf die Stöcke und ihre Ausschläge wirken, um vollkommen gut wachsen zu können?

    Und

4) Wie sind die Ausschlag= oder Niederwaldungen, oder die sogenannten Wurzelholzschläge zu behandeln, um die nach und nach abgehenden Stöcke durch neue Pflanzen wieder zu ersetzen und dadurch der Niederwaldwirthschaft eine immerwährende Dauer zu verschaffen?

Wir wollen daher jeden dieser Gegenstände zuvor besonders abhandeln.

1) Von der schicklichsten Jahreszeit zur Hauung der Schläge im Niederwalde.

Die Erfahrung lehrt, daß die der Sonne ausgesetzten Stöcke von abgehauenen jungen Laubholzstangen aus ihrer Rinde neue Loden hervortreiben, das Abhauen mag zu einer Jahreszeit vorgenommen worden sein, welche es wolle. Dagegen ist es aber auch vollkommen erfahrungsmäßig, daß die im Frühjahre, vor dem Ausbruche der Blätter, gehauenen Niederwaldschläge die meisten und kräftigsten Loden treiben und den schönsten Nachwuchs geben. Nimmt man die Hauung im Sommer vor, so werden die Stöcke durch den häufig ausfließenden Saft geschwächt (? t.), das Holz ist weniger gut zum Brand, es geht ein Theil des Zuwachses verloren, der Hauerlohn ist theuer, die allenfalls vorfindlichen Samenloden werden alsdann mehr beschädigt, und der Ausschlag der Stöcke erfolgt doch erst im nächsten Frühjahre. Nimmt man aber die Hauung im Herbste vor, nachdem das Laub gefallen ist, so entstehen zwar die vorhin angeführten Nachtheile nicht, man hat aber in diesem Falle, so wie auch im vorigen, zu fürchten, daß die Rinde sich zuweilen von den Stöcken ablöst, wenn im Winter nach anhaltendem Regenwetter plötzlich ein starker Frost einfällt, wodurch das zwischen das Holz und die Rinde gedrungene Wasser gefriert, sich bekanntlich dabei ausdehnt und die Rinde vom Holze losreißt. Wollte man hingegen die Hauung im Winter vornehmen lassen, so würde nicht allein der soeben angeführte nachtheilige Umstand eintreten können, sondern man würde auch durch den Schnee gehindert werden, das Holz tief auf der Erde abzuhauen, und die Bearbeitung des Knippel= und Reiserholzes im Schnee würde viele Unbequemlichkeit verursachen.

Tabelle A,

voraus man ersehen kann, in welchem Alter die deutschen Laubholzarten am besten vom Stock ausschlagen — wie alt die Stockausschläge werden müssen, um eine gewisse Stärke zu erlangen, und wie lange die Stöcke im Niederwalde dauern.

Namen der Holzarten.	Schlägt aus vom Stock? Von der Wurzel?	Um gute Ausschläge zu erhalten, darf man aus dem Samen erwachsenen Bestände alt werden lassen.	Im mittelmäßigen Boden und Klima können die Stockausschläge zu Knippelholz abgehauen werden.	Desgleichen zu Reiserholz.	Höchstes Alter der Stöcke, worin sie noch guten Ausschlag geben, wenn sie vorher schon ein- oder mehrmal Stockausschläge hatten.
		20 höchstens 60 Jahre	in 20 bis 30 Jahren	in 10 bis 15 Jahren	im 150ten, höchstens 200ten Jahre
Eiche	vom Stock, selten von der Wurzel[1]	20 höchstens 60 Jahre	in 20 bis 30 Jahren	in 10 bis 15 Jahren	im 60 höchst. 90 Jahre
Buche	desgleichen	20 „ 40 „	„ 20 „ 30 „	„ 10 „ 15 „	„ 80 „ 100 „
Hainbuche	desgleichen	20 „ 40 „	„ 20 „ 30 „	„ 10 „ 15 „	„ 80 „ 120 „
Ahorn	desgleichen	20 „ 40 „	„ 20 „ 30 „	„ 10 „ 15 „	„ 100 „ 150 „
Ulme	desgleichen	20 „ 60 „	„ 20 „ 30 „	„ 10 „ 15 „	„ 80 „ 120 „
Esche	desgleichen	20 „ 40 „	„ 20 „ 30 „	„ 10 „ 15 „	„ 50 „ 60 „
Birke	desgleichen	20 „ 30 „	„ 20 „ 30 „	„ 10 „ 15 „	„ 50 „ 80 „
Erle (die rothe)	desgleichen	20 „ 30 „	„ 15 „ 25 „	„ 8 „ 12 „	„ 50 „ 80 „
Linde	desgleichen	20 „ 60 „	„ 15 „ 25 „	„ 8 „ 12 „	„ 100 „ 150 „
Elsbeerbaum	desgleichen	20 „ 30 „	„ 20 „ 30 „	„ 10 „ 15 „	„ 50 „ 80 „
Mehlbaum	desgleichen	20 „ 30 „	„ 20 „ 30 „	„ 10 „ 15 „	„ 50 „ 80 „
Aspe	von der Wurzel, selten vom Stocke.	15 „ 30 „	„ 15 „ 20 „	„ 6 „ 8 „	im Alter nur Wurzel-loben
Pappeln	vom Stock und Wurzel,	15 „ 25 „	„ 15 „ 20 „	„ 6 „ 8 „	„ 40 „ 60 „
Weiden	vom Stocke	15 „ 25 „	„ 10 „ 20 „	„ 6 „ 8 „	„ 30 „ 40 „
Sämmtliche Sträucher erster Größe	desgleichen	10 „ 20 „	„ 10 „ 20 „	„ 6 „ 8 „	„ 20 „ 40 „

[1] Wurzelbrut, d. h. Ausschlag unbedeckter Wurzeln, liefern nur die Pappeln, die Weißeller, Majen, seltner die Rüster und die Pflaumen. Bei Hasel und Birke sind es sehr tief am Wurzelstock stehende schlafende Augen. Bei der Hainbuche sind es freiwillige Wasenfer, die zu der Meinung geführt haben, daß auch diese Holzarten Wurzelausschlag bilden, und wenn in obiger Tabelle auch bei den übrigen in ihr aufgeführten Holzarten Wurzelausschlag zugeschrieben, so beruht das auf einen Irrthum, der daraus hervorgegangen ist, daß, wenn in Laubholzschlägen flach liegende Wurzeln durch die Abfuhr der Hölzer vom Rade verletzt werden, die Wundstelle einen Ueberwallungs-Kallus bildet, aus dem sich wie überall wirkliche Abventivknospen bilden, die zu Abventivloben sich entwickeln (S. Band I S. 299).

Man findet daher die Zeit, vom Abgang des Schnees an, bis dahin, wo die Knospen anfangen aufzuschwellen, folglich von der Mitte des Februars bis in die Mitte des Aprils, als die schicklichste und beste zur Hauung der Schläge im Niederwalde. — Läßt man in dieser Zeit die Hauung vornehmen, so ist alsdann der oben erwähnte Frostschaden nicht zu fürchten, und die Ausschläge können bis zum Winter besser verholzen und nachher den Frost besser aushalten, als wenn man die Hauung später, im Frühjahre und erst im Mai vornehmen wollte. In diesem Falle kommen die Ausschläge später hervor und bleiben in rauhen Gegenden an den Spitzen oft so weich, daß sie im Winter vom Frost großentheils wieder ruinirt werden. (? t.).

Wenn es also die Umstände erlauben und keine besondere Rücksichten eintreten, so haue man die Schläge im Niederwalde von der Mitte des Februars bis in die Mitte des Aprils. Nur wenn die eben bestimmte Zeit nicht hinreicht, um alle Niederwaldschläge hauen zu können, fange man die Hauung nach dem Abfall des Laubes an, und setze sie so lange fort, bis Schnee fällt. Man vermeide aber so viel wie möglich die Hauung im Sommer, weil diese unter allen Jahreszeiten die unschicklichste und nachtheiligste ist.

2) Von den Regeln, die bei der Hauung der Schläge im Niederwalde zu beobachten sind.

Um recht kräftige Ausschläge in den Niederwaldungen zu erhalten, muß bewirkt werden, daß die Stockloden so nah wie möglich über der Erde hervorkommen, daß die Stöcke weder gesplittert oder aufgerissen, noch an der Rinde beschädigt werden, und daß die ausgetriebenen weichen Loden durch das Wegbringen des abgehauenen Holzes keinen Schaden leiden. — Dieß macht die Befolgung nachstehender Regeln nöthig:

a) In den Niederwaldschlägen muß alles Holz so tief als möglich über der Erde abgehauen oder abgesägt, und die Stöcke höchstens 8—10 Ctm. hoch gemacht werden. Bei alten knorrigen oder knotigen Stöcken aber — die, sobald Samenloden neben ihnen aufgewachsen sind, ganz weg müssen — hat man 4 — 5 Ctm. lange Stifte stehen zu lassen, deren jüngere schlafende Augen einen sichern und lebenskräftigern Wiederausschlag liefern. Nur bei denjenigen Holzarten, die Wurzelbrut liefern, kann man stets tiefen Hieb führen und hat nicht nöthig, sich an den Hieb im jungen Holze zu binden.

b) Zum Abhauen des Holzes in den Niederwaldungen müssen vorzüglich scharfe Instrumente gebraucht werden. Ohne diese würde die Oberfläche der Stöcke nicht glatt und die Rinde sehr beschädigt werden. Bei der Hauung solcher Stämme und Stangen, die dicker als 8 Ctm. sind, müssen daher scharfe und breite Aexte, bei geringerem Holze aber scharfe Hepen oder Beile gebraucht werden, weil die kleinen Stämmchen in der Erde losreißen oder spalten, wenn man sie mit einer schweren Art abhauen läßt.

c) Es muß darauf gesehen werden, daß die Holzhauer die Stämme von beiden Seiten her, nach einer schiefen Richtung glatt abhauen, damit das Wasser auf den Stöcken nicht stehen bleiben und der Stock nicht spalten kann. Deßwegen muß jeder Stange von einiger Dicke auf beiden Seiten eine gleiche tiefe Kerbe gegeben, die kleineren hingegen müssen durch einen kräftig geführten Hieb weggenommen werden. Auf keinen Fall aber darf man zugeben, daß die Holzhauer die Stangen nur von einer Seite einkerben, sie dann auf die Seite biegen und abhauen. Immer wird durch ein solches Verfahren der Stock beschädigt oder aufgerissen werden und es wird sich Fäulniß einfinden, die früher oder später nachtheilige Folgen hat. Endlich

d) muß mit Strenge darauf gehalten werden, daß alles geschlagene Holz vor dem Ausbruche der Blätter, längstens aber vor Ende Mai's, aus dem Schlage geschafft ist, weil bei späterem Abfahren des Holzes die markigen neuen Loden sehr verdorben werden.

3) Von der nöthigen Wirkung der Sonne, der Luft und des Regens auf die Schläge im Niederwalde.

Wenn man eine junge Laubholzstange zur gehörigen Jahreszeit und mit der erforderlichen Vorsicht abhauet oder absägt, so kommen fast immer am Stocke Loden hervor. Diese Loden sterben aber bald nachher wieder ab, wenn sie vom nebenstehenden Holze so bedeckt sind, daß sie weder von der Sonne, noch von der freien Luft, noch vom Regen getroffen werden können. Ist hingegen der Stock ganz frei, und gar keiner Beschattung unterworfen, so wachsen die Ausschläge zwar fort, es kann alsdann aber die Sonne den Boden der jungen Schläge zu sehr austrocknen, und es fehlt unter solchen Umständen den Wurzeln oft an Saft zur reichlichen Ernährung der Stockausschläge, besonders wenn der Boden flachgründig mager und der Sonne sehr ausgesetzt ist.

Es ist daher zwar nicht absolut nöthig, aber doch sehr nützlich, daß die Schläge im Niederwalde nicht ganz kahl, sondern so abgeholzt werden, daß, zu einiger Beschattung und zum Schutz gegen die allzuheftige Sonnenhitze, geringe Stämme, oder Reidel, oder Stangen in gleicher Vertheilung stehen bleiben. Ihre Anzahl darf aber nur so groß sein, daß durch den Schatten der Gipfel, jedesmal etwa der 10te oder 16te Theil der Fläche, worauf sie stehen, bedeckt wird. — Die Menge der nöthigen oder nützlichen Schattenbäume hängt also von der Größe ihrer Gipfel ab, und muß folglich darnach und nach der Nothwendigkeit der Beschattung bestimmt werden, wenn nicht andere Umstände Rücksicht verdienen, von denen ich sogleich reden werde. — Doch ist es nicht vortheilhaft, sehr große Stämme in den Niederwaldungen zu lassen. Ein großer Stamm beschattet zu lange auf einer Stelle, hält den Regen zu viel ab und verdämmt den Unterwuchs bei weitem mehr, als eine größere Anzahl gleich vertheilter kleinerer Stämme, die zusammen genommen eine eben so große Fläche, aber nicht an einander hängend, beschatten.

4) Von der Behandlung der Niederwaldungen, um die nach und nach abgehenden Stöcke durch neue Pflanzen wieder zu ersetzen.

Es ist vorhin gesagt worden, daß geringe Stämme, Reidel und Stangen auf den Wurzelschlägen stehen bleiben müssen, um durch ihren Schatten den saftigen Loden im Sommer abwechselnde Küh-

lung zu geben, und das Austrocknen des Bodens einiger=
maßen zu mindern. Die Stöcke dieser Stämme, wenn sie nach einigen Jahren
gehauen und aus dem Schlage getragen werden, ersetzen die alterschwachen
Mutterstöcke. Eben diese Stämme dienen auch dazu, um durch ihren
Samen jungen Nachwuchs zu bewirken. Diese Nachzucht neuer
Holzpflanzen durch natürliche Besamung gelingt vorzüglich bei solchen
Holzarten, deren Samen so leicht ist, daß er vom Winde auf dem ganzen
Schlage verbreitet werden kann. Von solchen Holzarten aber, die schweren
Samen bringen, der nicht allein gerade unter den Mutterstamm fällt, son=
dern auch noch außerdem starke Bedeckung fordert, kann durch die natür=
liche Besamung in den Niederwaldungen nicht viel bewirkt werden.
Man läßt daher in diesem Falle nur die zur Beschattung nützlichen
Stämme stehen, und sucht die leeren Stellen durch künstliche Saat und
Pflanzung auszufüllen, oder man wechselt von Periode zu Periode mit der
Hoch= und Niederwaldwirthschaft ab, wie in der Folge gelehrt werden wird.

Erstes Kapitel.
Von der forstmäßigen Bewirthschaftung der eichenen Nieder=
waldungen.

Unter allen Holzarten schickt sich keine besser zur Niederwaldwirthschaft,
als die Eiche, die auch bei der Hochwaldzucht einen hohen Rang behauptet.
Als Niederwald läßt sich ein Eichenbestand einige hundert Jahre lang be=
wirthschaften, ohne daß man das Ausgehen der Stöcke zu fürchten hat,
und der Ausschlag erfolgt nach jedem Abtrieb in Menge. Auch wachsen
die Loden schnell in die Höhe und geben nicht allein ein vortreffliches Brenn=
und Kohlholz, sondern auch die beste Gerberrinde, und kurz vor dem Ab=
trieb zuweilen auch etwas Mast.

Soll nun ein 30= bis 40jähriger Eichenbestand als Niederwald
abgeholzt und behandelt werden, so ist vorher zu bestimmen, ob man die
Lohrinde benutzen will, oder nicht. Soll sie nicht benutzt werden, so
zeichne man von den schönsten stufig gewachsenen Reideln auf jedem Hektare
120—160 in gleicher Vertheilung aus, und lasse alles übrige Holz in der
Mitte des März, nach der im vorigen Kapitel ertheilten Vorschrift,
recht tief am Boden glatt abhauen, noch besser aber, absägen. Das ge=
schlagene Holz lasse man, nach Absonderung des Wagnerholzes, aufklaftern,
die Reiser aufbinden, und alles vor Ende Mai's aus dem Schlage schaffen.
— Hierauf lege man den Schlag in strenge Hege, bis die neuen Aus=
schläge dem Vieh entwachsen sind, und treibe diese Ausschläge nach 30 Jahren
auf dieselbe Art wiederholt ab. — Bei dieser Hauung nehme man alle bei
dem ersten Abtrieb stehen gebliebenen Reidel weg, und lasse dagegen wieder
ebenso viele von den stärksten Stockausschlägen stehen.

Auf dieselbe Art wird bei jedem Abtrieb verfahren, wodurch man
hinlänglich starkes Brennholz und sehr brauchbares Wagnerholz durch die
jedesmaligen 60jährigen Laßreidel bezieht, die nebenher auch etwas Mast
abwerfen.

Will man bewirken, daß nach der Hauung des Schlages die zum

Ueberhalten bestimmten Laßreidel oder Stangen in recht gleicher Vertheilung. stehen, so läßt sich dieses auf folgende Art am besten und leichtesten ausführen:

Man stellt in der Entfernung, in welcher die Laßreidel stehen bleiben sollen, 3 oder 4 Forstofficianten oder aufmerksame Holzhauer in eine Linie, und läßt jeden von ihnen den zunächst stehenden Reidel, der sich zum Ueber= halten qualificirt, mit einer Wiede oder einem dünnen Strohseile umbinden. Ist dieß geschehen, so läßt man die Auszeichner eben so viele Schritte, als sie von einander entfernt stehen, vorwärts gehen, Halt machen, abermals die zunächst bei ihnen stehenden Reidel bezeichnen und so den ganzen Schlag bis zur entgegengesetzten Seite durchziehen. Dort werden sie auf dieselbe Art geordnet, um auf den anschließenden Streifen die Laßreidel zu be= zeichnen u. s. w.

Auf diese Art können mit wenigen Gehülfen die Laßreidel auf einer großen Fläche sehr bald bezeichnet werden, und man wird, wenn das da= zwischen stehende Holz gefällt ist, mit Vergnügen sehen, wie regelmäßig die Laßreiser auf dem Schlage stehen.

Hat man Gelegenheit, die Lohrinde gut zu verkaufen, so warte man mit dem Abholzen des Schlages, bis das Laub ausbrechen will und die Rinde sich gut vom Holze trennen läßt. Alsdann lasse man, nachdem zuvor das kleine nicht schälbare Gehölz niedergehauen und auf die Seite geschafft ist, die zur Fällung bestimmten Stangen auf folgende Art stehend schälen:

Vermittelst leichter Hepen wird jede Stange, so hoch man reichen kann, ausgeästet. Ist dieß geschehen, so wird die Rinde 10—15 Ctm. über der Erde, durch mehrere Hiebe, rund um die Stange durchschnitten. Hierauf wird die Rinde, so hoch man reichen kann, von oben bis unten mit der an der Spitze geschärften Hepe aufgeschlitzt, und vermittelst eines sogenannten Lohschlitzers, der entweder von Eisen oder von hartem Holze sein kann, abgestoßen, und vorerst oben an der Stange hängen ge= lassen. Ist dieß geschehen, so werden die geschälten Stangen nahe über der Erde glatt abgehauen, der obere Theil, wo es sich thun läßt, völlig geschält, die Rinde an der Sonne getrocknet, in gleich große Bürden oder Büscheln zusammengebunden und ohne Verzug unter Dach gebracht, weil die beregnete Lohrinde an ihrer Güte verliert, besonders wenn sie dem Regenwetter lange ausgesetzt bleibt. — Kann man aber Arbeiter genug haben, um die Rinde sogleich hinter den Holzhauern von den liegenden Stangen abzuschälen, oder sind die Stangen so lang, daß ohnehin der größte Theil davon liegend geschält werden muß, so lasse man die Stangen überhaupt liegend schälen, aber niemals mehr umhauen, als in einem Tage geschält werden können, weil sich sonst die Rinde weniger gut ablöst, wenn der Saft zum Theil vertrocknet ist.

Durch dieses Schälen geht zwar an der Brennholzmasse etwas ver= loren; da aber das Pfund von dieser, besonders geschätzten, sogenannten Spiegel= oder Glanzlohrinde, wenn sie völlig dürr ist, oft mit 3 bis 4 Pfennigen bezahlt wird, wo das Pfund Brennholz im höchsten An= schlage nur $\frac{1}{4}$ oder $\frac{1}{3}$ Pfennig kostet, so ist der Vortheil doch sehr groß. Ja, es sind mir Fälle bekannt, wo aus der Lohrinde mehr Geld erlöst wurde, als aus dem Holze, wovon sie genommen war.

Wer sich also eichene Niederwaldungen anlegt und sie zugleich auf Lohrinde benutzt, der wird nicht nur eben so vieles und gutes Holz als in andern Niederwaldungen erziehen, sondern noch durch den Erlös aus Lohrinde, die man allerwärts um einen hohen Preis anbringen kann, wichtige Vortheile ziehen. — Auch können in Gegenden, wo man viele Faßreife braucht, aus den eichenen Niederwaldungen die dauerhaftesten Reife bezogen und theuer verkauft werden.

Rechnet man endlich den Erlös aus Brennholz, aus Wagnerholz, aus Faßbinderholz und aus Lohrinde zusammen, so ist es nicht möglich, daß die mit andern Holzarten bestandenen Niederwaldungen den eichnen im Ertrage gleich kommen können.

Doch muß ich bemerken, daß durch das spätere Abholzen der Eichenrindenschläge ihr Holzertrag in rauhen Gegenden etwas vermindert wird. Die Loden kommen nämlich, wenn die Schläge im Mai gehauen werden, später zum Vorschein, als in solchen, die im März gehauen werden. Sie können daher in rauhen Gegenden, wo der Winter früh einfällt, oft nicht gehörig verholzen, und dieses hat der Erfahrung gemäß, eine verminderte Holzausbeute bei der Haubarkeit zur Folge. [1] Dessenungeachtet ist der Vortheil immer noch wichtig genug, wenn die Lohrinde um den gewöhnlichen Preis verkauft werden kann, und im milden Klima, wo die spät ausgetriebenen Loden bis zum Winter fast immer verholzen und durch die weniger heftige Kälte fast nie beschädigt werden, ist von diesem Uebel auch weniger zu fürchten.

Auf die vorhin angezeigte Art können eichene Niederwaldungen 150 und mehrere Jahre lang bewirthschaftet werden, ohne eine Nachzucht neuer Stöcke nöthig zu haben. Tritt aber endlich dieser Fall ein, so muß die Verjüngung durch künstliche Saat und Pflanzung geschehen, weil die wenigen und geringen Reidel, die jedesmal, theils zur Beschattung, theils zur Erziehung des nöthigen Wagnerholzes übergehalten werden, keine hinlängliche Besamung bewirken können.

Zweites Kapitel.
Von der forstmäßigen Bewirthschaftung der Buchennieder- waldungen.

Wenn ein Buchenwald als Niederwald bewirthschaftet, oder, wie man beim Forstwesen sagt, auf die Wurzel gesetzt werden soll, ist vor allen Dingen die genaue Untersuchung nöthig, ob der Bestand noch nicht zu alt und zum Stockausschlage noch geschickt sei. — Fände man bei dieser Untersuchung, durch Zählung der Jahrringe, daß sein Alter weniger als 50 Jahre beträgt, so kann man auf Stockausschlag rechnen; wäre der Bestand aber älter, so darf man den Ausschlag der Stöcke, der mit

---

[1] Der Hr. Forstmeister Heinzen in Trier läßt, um diese nachtheiligen Folgen abzuwenden, die Stangen ein Jahr vor der Hauung abschälen. Dergleichen Schläge können dann im nächsten Frühjahre sehr früh gehauen werden und die Ausschläge verholzen alsdann gewiß. Durch den kräftigen Wuchs der Ausschläge wird der einjährige Verlust an Zuwachs reichlich ersetzt. Für sehr rauhe Gegenden ist dieß Verfahren beachtenswerth.

zunehmendem Alter immer mißlicher wird, nicht so zuverlässig erwarten. Es bleiben eine Menge Stöcke mit dem Ausschlag zurück, wenn man ältere Buchenbestände auf die Wurzel setzt.

Besonders aber lehrt die Erfahrung, daß die Buchen- und Birken- bestände, welche auf gutem Boden stehen, nicht so gerne vom Stock aus- schlagen, als solche, die auf magerem Boden wachsen, und daß Buchen- bestände, auch Birkenbestände, die auf gutem Boden stehen, besser ausschlagen, wenn man sie, sobald der Saft circulirt, hauen läßt, und also durch den ausfließenden Saft etwas entkräftet.

Man wende also diese Erfahrungen bei der Bewirthschaftung der Buchenniederwaldungen an und bestimme keinen Bestand zu Niederwald oder zum Stockausschlag, wenn er älter als 40- bis 45jährig ist. Bei älteren Beständen rathe ich sehr, erst einen Versuch im Kleinen zu machen. Er- folgt dann kein Ausschlag, so warte man, bis der Bestand so alt ist, daß er die erforderliche Menge von Samen trägt, um durch natürliche Besamung den Distrikt zu verjüngen, und diesen neu zu erziehenden Be- stand nachher im gehörigen Alter auf die Wurzel zu setzen, wenn es vor- theilhaft oder nöthig sein sollte, ihn in der Folgezeit als Niederwald zu be- wirthschaften.

Bei der Hauung der Buchenniederwaldungen sind übrigens alle im Allgemeinen schon empfohlene Vorsichtsmaßregeln zu beobachten, und jedesmal die nöthigen Schatten- und Samenreidel, wie im vorigen Kapitel gezeigt worden ist, stehen zu lassen.

Weil aber die Erfahrung lehrt, daß die Buchenniederwaldungen bei jedem Abtrieb lichter werden und im 90jährigen Alter der Stöcke sehr wenig und kraftlosen Ausschlag geben, so halte ich nicht für vortheilhaft, Buchen- waldungen ununterbrochen als Niederwald zu bewirhschaften. Am sichersten wird die immerwährende Dauer der zu Niederwald bestimmten Buchenwaldungen begründet, wenn man den aus Samen erwachsenen Wald im 30jährigen Alter auf die Wurzel setzt, auf jedem Hektar die stärksten 120—160 Stangen stehen läßt, die erfolgenden Ausschläge in ihrem 30jährigen Alter bis auf die besten 3200 Stangen durchforstet, nach fernerem Ablauf von 30 Jahren den Bestand durch natürliche Besamung, auf die nun schon bekannte Art verjüngt, und den neuen Wald nachher wieder ebenso behandelt. — Durch eine solche Bewirthschaftung wird man von 30 zu 30 Jahren beträchtliche Nutzungen, und im Ganzen genommen mehr Holz erziehen, als bei der ununterbrochenen Niederwaldzucht. Auch werden die Waldungen keine Gefahr laufen, nach und nach licht und mit weichen schlechten Holzarten überzogen zu werden, welches im andern Falle früher oder später gewiß geschieht.

Zugleich muß ich hier die Bemerkung beifügen, daß viele im Früh- jahre abgeholzten Buchenstöcke erst im künftigen Frühjahre Loden treiben, und daß also nicht alle verloren sind, die im ersten Sommer nach der Hauung keine Ausschläge geben. — Ich habe diese Entdeckung in mehreren Schlägen gemacht und führe sie hier deßwegen an, damit nicht mancher auf den Gedanken kommen möge, alle Stöcke, die im ersten Jahre keine Loden getrieben haben, ausroden zu lassen. Nur diejenigen Stöcke, welche im zweiten

Sommer nach der Hauung des Schlages keine Loden treiben, sind abgestorben und können, wenn es die übrigen Umstände erlauben, gerodet werden.

Sollte ein buchener Niederwalddistrikt schon so unvollkommen bestockt sein, daß auf die vorhin gezeigte Art keine vollständige Verjüngung durch natürliche Besamung möglich ist, so rathe ich den Plan zu Erziehung eines neuen Buchenbestandes aufzugeben, und den Distrikt mit sonst nütz= lichen, für die Niederwaldwirthschaft mehr geeigneten Holzarten in Bestand zu bringen, wenn man durchaus Niederwald haben will. In diesem Falle lasse man, wie es der Boden und die sonstigen Umstände erheischen, Birken=, Ulmen=, Ahorn=, Eschen=, Hainbuchen= ꝛc. Samen kurz vor der Hauung des Schlages in demselben ausstreuen, und, wenn es sein kann, schon im Herbst zuvor Eicheln unterhacken. Durch die Bearbeitung und das Hin= und Herschleifen des Holzes wird dann auch der übrige Samen unter das Laub und Moos kommen, und besser aufgehen, als wenn man die Aussaat nach der völligen Räumung des Schlages vornehmen läßt.

Drittes Kapitel.
Von der forstmäßigen Bewirthschaftung der Hainbuchen=, Ahorn=, Eschen= und Ulmenniederwaldungen.

Bei der Niederwaldwirthschaft sind die mit Hainbuchen, Ahornen, Eschen, Ulmen ꝛc. entweder allein oder vermischt bestandenen Waldungen be= sonders vortheilhaft, und nach den eichenen die vorzüglichsten. Sie schlagen bei regelmäßiger Behandlung vom Stock sehr sicher aus, geben recht gutes und mitunter das beste Brennholz, und erhalten sich immer vollwüchsig, weil ihr Samen oft geräth, vom Wind allenthalben über die Schläge ver= breitet wird, und eine Menge Pflanzen erzeugt, die den Abgang der alten Stöcke hinlänglich ersetzen.

Bei der Hauung solcher Niederwaldbestände sind die oben gegebenen allgemeinen Regeln genau zu befolgen, und beim Auszeichnen der Samen= und Schattenreidel sind diejenigen Holzarten zu wählen, deren Fortpflan= zung man vorzüglich wünscht, und durch deren Ueberhaltung das beste Handwerksholz erzielt wird. Auch nehme man vorzüglich auf die stärksten und recht stufig gewachsenen Reidel, die den meisten·und besten Samen tragen und vom Schnee und·Duft so leicht nicht gebeugt und zerbrochen werden können, Rücksicht, und lasse bei jedesmaligem Abtrieb auf jedem Hekt. 120—160 solcher Reidel stehen. Sollte aber der Distrikt der Sonne sehr ausgesetzt und mager sein, oder viele leere Stellen enthalten, so ver= dopple man die Anzahl dieser Reidel, und vermindere sie in der Folge, wenn sie die leeren Stellen hinlänglich besamt und den Schlag in den ersten Jahren nach dem Abtrieb vor dem zu starken Austrocknen geschützt haben; damit ihre zu große Anzahl die Stockausschläge und die neu er= zogenen Samenloden nicht verdämme. Dieses Aushauen eines Theils der Samenreidel kann 3 bis 4 Jahre nach dem Abtrieb des Schlages geschehen, und es wird dadurch an dem jungen Walde kein merklicher Schaden ver= ursacht werden, wenn die Holzhauer vorsichtig sind und das gefällte Holz alsbald aus dem Schlage an die Wege und Schneißen tragen.

Viertes Kapitel.

Von der forstmäßigen Bewirthschaftung der mit Erlen bewachsenen Niederwaldungen.

Wenn die erlenen Niederwaldungen auf einem Boden stehen, der so fest ist, daß man das Holz im Frühjahre hauen und wegschaffen kann, so werden sie gerade so behandelt, wie ich im vorigen Kapitel gelehrt habe. Nur darf man in solchen Schlägen, die oft und lange unter Wasser kommen, die Stöcke nicht zu niedrig machen lassen. Sie müssen so hoch sein, daß sie, wenn der Schlag überschwemmt ist, 5—6 Ctm. über dem Wasserspiegel hervorragen. Dieß gilt aber nur für Ueberschwemmungen von 15—30 Ctm. Tiefe. Hochwasser, durch große Flüsse veranlaßt, machen eine Ausnahme. Dort kann man freilich die Stöcke nicht so hoch machen, daß das Wasser nicht darüber weggeht. Wäre der Boden so bruchig und mürb, daß man die Hauung und das Wegbringen des Holzes nur bei Frost vornehmen kann, so muß diese Jahreszeit gewählt und der Abtrieb vorgenommen werden, sobald als die Brüche zugänglich sind, da man nie voraussehen kann, wie lange der Frost anhalten wird, und die Frostperiode in manchen Wintern nur wenige Wochen dauert. Obgleich die Erlenstöcke besser ausschlagen, wenn man die Schläge im März hauen läßt, so muß man sich doch in diesem Falle nach den Umständen richten.

Gewöhnlich sind die mit Erlen bestandenen Distrikte so feucht oder naß, daß es nicht nöthig ist, Reidel zur Beschattung stehen zu lassen. Man hat also nur für Reidel zur Nachsaat zu sorgen und so viele stehen zu lassen, als zur Erreichung dieses Zweckes und zur Erziehung des nöthigen Handwerksholzes, oder der erforderlichen Brunnenröhren nöthig sind. Doch habe ich oft gefunden, daß selbst eine große Menge zur Besamung stehen gebliebener Reidel der Absicht nicht entsprechen konnten, weil die Blößen in den feuchten Distrikten gewöhnlich so stark mit Gras und Unkraut bewachsen waren, daß keine natürliche Besamung und selbst keine künstliche Saat nach Wunsch anschlagen und gedeihen wollte. Es ist daher in diesem Fall das sicherste Mittel: die leeren Stellen bei jedesmaligem Abtrieb, mit kleinen, in Baumschulen erzogenen Erlenstämmchen zu bepflanzen.

Fünftes Kapitel.

Von der forstmäßigen Bewirthschaftung der Mittelwälder. t.

Nachdem in der Betriebslehre über den Betrieb der Mittelwaldwirthschaft, über die Wahl der anzubauenden Holzarten, über Umtriebszeit ꝛc. das Nöthige mitgetheilt wurde, bleiben uns hier nur noch die Regeln zur An- und Nachzucht, sowohl des Ober- als des Unterholzes zu erörtern übrig.

Im Mittelwalde ist die Fällung des Oberholzes an die des Unterholzes gebunden, d. h. beide müssen in der Regel in ein und demselben Jahre zur Nutzung und Verjüngung gezogen werden und nur ausnahmsweise ist es gestattet, einzelne in den Hieb fallende Oberholzstämme zum

Nachhiebe in den ersten Jahren aufzusparen. Man wird dazu mitunter
genöthigt, wenn die nächsten Jahresschläge Mangel an solchen Nutzholz=
stämmen leiden, die in dem am Hiebe stehenden Schlage, mehr als das
Bedürfniß erheischt, vorhanden sind. In diesem Falle hält man nur solche
Stämme über, die dicht an Gestellen, Wegen oder an den Rändern des
Schlages stehen und deren Fällung und Transport aus dem mit 2—3=
jährigen Loden bewachsenen Schlage keinen oder nur geringen Schaden ver=
ursachen kann.

Die Oertlichkeit der jährlichen Hauungen ist bei der Mittelwaldwirth=
schaft wie im Niederwalde durch die Schlagfolge scharf bezeichnet, kommt
daher hier nicht weiter in Betracht, eben so wenig wie man im Mittelwalde
auf das Eintreten von Samenjahren Rücksicht nehmen kann.

Die Auszeichnung des am Hiebe stehenden Schlages muß noch
im Laube vorgenommen werden, um den Grad der Beschattung und das
Verhältniß desselben zur Beschirmung, ferner die Verdämmung und den
Wuchs des Unterholzes, so wie den auf Lichtungen sich zeigenden Aufschlag
oder Anflug, dessen Alter und Beschaffenheit erkennen zu können.

Bei dieser ersten Auszeichnung werden:

1) Alle Oberholzstämme, die entweder wegen Abständigkeit oder Be=
huf der Herstellung einer richtigen Vertheilung oder zur Verringerung zu
starker Beschattung unbedingt hinweggenommen werden müssen, durch Schaft=
hiebe in drei verschiedenen Richtungen bezeichnet.

2) Alle 15—20 Schritte wird ein zum Ueberhalten, wenn auch nur
einigermaßen geeignetes Laßreis, sei es Samenlode oder Stockausschlag,
durch Umwinden des Schaftes mit einem Stroh= oder Reiserseile ausge=
zeichnet. (Vgl. S. 115.)

3) Dasselbe geschieht mit allen Stangen, die sich besonders zum Ueber=
halten qualificiren, ohne Rücksicht auf ihren Standort. Dieß gilt beson=
ders für alle Samenpflanzen und für diejenigen Holzarten, aus denen man
den ertragreichsten Oberholzbestand erwartet.

Dieß erste Auszeichnen geschieht am besten in der im ersten Kapitel
dieser Abtheilung empfohlenen Art; doch muß hier der Schlag zweimal
durchgangen werden. Beim erstenmale hält man sich bei der Auszeichnung
streng an die Entfernung; beim zweitenmale wird die zuletzt genannte Aus=
zeichnung der besonders qualificirten Stangen vorgenommen.

Für die Auswahl der Laßreidel zur Nachzucht des Oberholzes
gelten folgende Regeln:

1) Samenloden sind stets den Stockloden vorzuziehen; letztere daher
nur in Ermangelung ersterer überzuhalten.

2) Unter den vorhandenen Samenloden entscheidet die zu begün=
stigende Holzart, der Gesundheitszustand, der stuffige Wuchs und der Stand=
ort die Wahl.

3) Unter den verschiedenen Holzarten liefern die Erle und Linde
einen Stockausschlag, der noch am meisten zur Erziehung des Oberholzes
geeignet ist. Diesen folgt der Stockausschlag der Rothbuche, der Hain=
buche, der Eiche und Ulme. Weniger tauglich ist der der Eschen und
Ahorne, am schlechtesten der der Birken und Aspen. Die letzteren Holz=

arten liefern nur dann einen im Nothfalle brauchbaren Ausschlag, wenn dieser der erste einer jungen Samenpflanze ist. Von älteren oder von schadhaften Mutterstöcken ist nur der sehr tief erfolgende Ausschlag, der sich seine eigenen Wurzeln zu bilden vermag, benutzbar. Beim Ueberhalten der Stockloden kommt der Umtrieb im Oberholze und das Abnutzungsverhältniß in so fern in Betracht, als, wenn ersterer niedrig, letzteres in den jüngeren Altersklassen des Oberholzes überwiegend ist, Stockloden eher als im entgegengesetzten Falle übergehalten werden können.

4) Für den Fall eines sehr schlanken Wuchses des ganzen vorhandenen Unterholzbestandes hat man vorgeschlagen, die Reidel nicht einzeln, sondern in Horsten von 30—40 Quadratmeter überzuhalten, damit sie sich gegenseitig aufrecht erhalten. Allein dadurch dürfte wohl kaum der beabsichtigte Zweck zu erreichen sein, indem sich die Reidel so kleiner Horste bei geringem Schneeanhang ebenso leicht legen, als die vereinzelt stehenden. Weit natürlicher und sicherer erscheint es mir, in solchen Fällen, schon mehrere Jahre vor dem Hiebe des Schlages, eine Auszeichnung der überzuhaltenden nöthigen Laßreidel vorzunehmen und dieselben durch Auslichtung des sie zunächst umgebenden Bestandes vermittelst Aestung und Aushieb auf die Freistellung vorzubereiten. Doch darf diese Auslichtung nicht so plötzlich geschehen und so weit gehen, daß der Unterholzbestand dadurch der Verletzung durch Schneedruck ausgesetzt wird. Sie wird besonders nöthig bei jungen im dichten Schluß erwachsenen Eichen, die nach plötzlicher Freistellung häufig wipfeldürr werden und Stampfsprossen treiben, dann aber eben so wenig zum Fortwachsen im Oberholzbestande taugen, als wenn sie gedrückt worden wären. Schlanke Reidel durch Schneideln oder Einstutzen für den freien Stand geeignet zu machen, bleibt stets ein sehr trauriger Nothbehelf, da es den Baum im Wuchse zurücksetzt und eine übernatürliche Länge des Mitteltriebs veranlaßt, der nicht selten durch eigene Schwere und durch die der mastigen Blätter niedergezogen wird.

5) Reidel mit gabelförmig getheilter Krone hält man nicht gerne über, da solche Stämme bei Schnee- oder Duftanhang in der Gabel leicht spalten.

Für die Zeit des Hiebes im Mittelwalde gelten im Allgemeinen dieselben Regeln, wie für den Hieb im Niederwalde, doch wird man größtentheils genöthigt sein, die Holzhauer schon mit Anfang des Winters einzulegen, da wegen der Fällung des Oberholzes die Arbeiten im Schlage längere Zeit erfordern und, da das Oberholz immer zuletzt gehauen werden muß, mehr Schaden verursacht wird, wenn man mit dem Hiebe ins Laub kommt, als dieß beim reinen Niederwalde der Fall ist.

Der Hieb beginnt mit dem Abräumen und Aufarbeiten des nicht zum Ueberhalten bezeichneten Unterholzes und gelten hierbei dieselben Regeln, wie sie für den Hieb im Niederwalde gegeben wurden. Unterdrückte und verbissene Samenpflanzen der Roth- und Weißbuche vom letzten Hiebe werden nicht auf die Wurzel gesetzt, sondern bis zum nächsten Hiebe übergehalten; sie halten in diesem Falle besser mit den neuen Loden aus, als wenn man sie wie das übrige Unterholz verjüngte.

Ist das Unterholz aufgearbeitet, so kann man den Oberholzbestand

klar überschauen, und diejenigen Stämme bezeichnen, welche, außer den be=
reits angeplätteten, dem bestehenden Betriebsplane gemäß noch in den Hieb
fallen. Ich habe bereits in der Betriebslehre nachgewiesen, daß in regel=
mäßig bestandenen Mittelwäldern die Zahl der wegzunehmenden Oberholz=
stämme sich aus der Zahl der betriebsmäßig stehen zu lassenden ergebe; daß
hingegen in Mittelwäldern mit Hochwaldresten der Hieb durch einen be=
stimmten, in Cubikmetern ausgesetzten Hauungssatz bestimmt sei.

Bei der Wahl des abzunutzenden Oberholzes entscheidet das Alter, die
Gesundheit, die dem Bedürfniß entsprechende Gebrauchsfähigkeit, die rich=
tige Vertheilung oder der Standort, die Verdämmung, die Stellung der
Laßreidel und das Vorhandensein von Kernwuchs in der Nähe und unter
den Stämmen.

Erst wenn der Hieb des Oberholzes, mit möglichster Sorgfalt gegen
Beschädigung der jüngeren Oberhölzer und der übergehaltenen Laßreidel
vollendet ist, werden nun auch die im Ueberschuß übergehaltenen Laßreidel
so durchhauen, daß etwas mehr als die zur Ergänzung der Abnutzung
und Herstellung oder Erhaltung des richtigen Oberholzklassenverhältnisses
nöthige Zahl in möglichst gleichmäßiger Vertheilung im Schlage stehen
bleiben. Wie viel dieß mehr betrage, bestimmt:

1) Der erfahrungsmäßige Abgang nach Beendigung des Schlages
durch Diebstahl, Schneedruck, Wipfeldürre.

2) Der Beschattungsgrad des Schlages durch die älteren Oberholz=
klassen, und überhaupt die Menge der bereits vorhandenen Oberholzstämme.

3) Die Beschaffenheit des älteren Oberholzes. Hat man
viel unwüchsiges oder gar abständiges Oberholz, so hält man mehr Reidel
über, als im entgegengesetzten Falle.

4) Die Beschaffenheit der Laßreidel. Hat man viele beson=
ders schöne Laßreidel, oder sind Laßreidel von einer Beschaffenheit, die
bedeutenden Abgang befürchten läßt, so hält man eine größere Zahl über.

5) Die Beschaffenheit des Unterholzbestandes. Ist der
Unterholzbestand sehr schlechtwüchsig, bedarf er nothwendig einer Ergänzung
der Mutterstöcke und kann ihm diese durch Besamung vom Oberholze zuge=
wendet werden, so hält man eine so große Menge von Laßreideln über,
daß beim nächsten Hiebe durch sie und die übrigen Oberholzstämme eine
Schlagstellung und Verjüngung durch natürliche Besamung vorgenommen
werden kann. Man greift dann gewöhnlich mehrere Schläge zusammen
und behandelt sie eben so viele Jahre hindurch, wie Hochwaldverjüngungs=
schläge. Später, und bis zur Wiederkehr des Hiebes, muß dann dem
Kernbestande durch wiederholtes Auslichten des Lodenbestandes, Hinweg=
räumung der untauglichen alten Mutterstöcke und durch Aestung der Ober=
hölzer hinreichend Licht verschafft werden.

Sind nun die überflüssigen Laßreidel mit denselben bereits aufgeführten
Rücksichten der Auswahl hinweggenommen und aufgearbeitet, ist der Schlag
vom Holze und Abraum gereinigt, so werden im nächsten Frühjahre 2—3=
metrige Heister solcher Holzarten, die man im Oberholzbestande vorzugs=
weise begünstigen will, an die Stellen ausgepflanzt, wo Laßreidel fehlen,
die Lücken im Unterholzbestande aber, wenn sie von größerer Ausdehnung

sind, durch platzweise oder Stecksaaten, kleine Lücken und solche zwischen Stöcken mit raschem Lodenwuchse, durch Pflanzung 2—3metriger Stämme ausgebessert. Die Verdichtung des Unterholzbestandes durch Absenker kann erst dann eintreten, wenn die neuen Loden 3—4 Meter hoch geworden sind.

Bei hohem Umtriebe im Unterholze lege man im 20sten bis 30sten Jahre eine Durchforstung ein, wobei darauf zu sehen ist, daß nur solche im Wuchse zurückgebliebenen Stangen gehauen werden, die mit dominirenden auf einem Stocke stehen; keine einzeln stehende Stange, sie mag noch so unterdrückt, Stock= oder Kernlode sein, darf hinweggenommen werden, wenn sie einer zu begünstigenden Holzart angehört, wohingegen alle zu vertilgenden unpassenden Hölzer zum Aushiebe kommen. Dieß ist dann auch der Zeitpunkt, wo die erwähnte Auszeichnung der beim nächsten Hiebe überzuhaltenden Laßreidel vorgenommen und diesen, wenn es nöthig ist, die zur Bildung eines stuffigern Wuchses erforderliche Freistellung gegeben werden kann.

Rücksichtlich der Nachzucht der verschiedenen für den Mittelwaldbetrieb geeigneten Holzarten ist noch zu bemerken:

Nachzucht der Eiche.

Durch Saat geschieht sie am besten vermittelst des Sterns, indem die ausgesäeten Eicheln dann am wenigsten von Wild und Mäusen leiden. Man läßt die gesammelten Eicheln auf diese Weise besonders unter die Schirmfläche der im kommenden Jahre wegzunehmenden Oberbäume stecken, kann außerdem aber auch vorhandene Räumden im Unterholze dadurch ausbessern.

Zur Eichenpflanzung muß man entweder ganz junge 1—3jährige Pflänzchen mit dem Pflanzbohrer versetzen, oder sich solcher stärkeren Pflänzlinge bedienen, die in Pflanzkämpen durch mehrmaliges Umpflanzen zur Auspflanzung vorbereitet wurden.

Saaten und Pflanzungen 1—3jähriger Stämmchen leiden sehr vom Wild, und sind bei einigermaßen starkem Wildstande kaum aufzubringen. Hier kann man den Zweck nur durch starke Pflänzlinge aus Kämpen erreichen.

Die Nachzucht der Buche

geschieht durch Samen, wie die der Eiche, doch muß die Aussaat 2—3 Jahre vor dem Abtriebe des Schlags vorgenommen werden. Auch sind die platzweisen Culturen mit der Hacke hier gebräuchlicher.

Bedeckung der Saatplätze mit Laub ist sehr gut. Ueber den besamten Stellen hält man beim Hiebe etwas mehr Oberholz als gewöhnlich über, und lichtet nach zwei Jahren durch Nachhieb oder Ausästen.

Zur Buchenpflanzung, welche leichter und besser geräth, als die Eichenpflanzung, sind Pflänzlinge, welche schon eine Zeit hindurch im Freien gestanden haben, das erste Erforderniß. Man kann sie daher erst in einem spätern Alter, gewöhnlich nicht vor dem 8. bis 15. Jahre verpflanzen, da bis zum 5. bis 8. Jahre die Schläge noch nicht abgetrieben sind. Wo die Schläge lange Zeit geschützt werden müssen, ist man daher häufig genöthigt, das beste Alter zum Verpflanzen vorüber gehen zu lassen, und ist das Auspflanzen aus den Schlägen mit manchen Nachtheilen verknüpft. Wo die jungen Buchen dicht stehen, haben sie sich schon hoch gereinigt, und man erhält hier schwache Stämme mit halben Kronen. Stuffige, vollbelaubte Pflanzheister finden sich nur im vereinzelten Stande, und hier dürfen sie nicht, wenigstens nicht in Menge, weggenommen werden. Man kommt daher häufig in Verlegenheit durch Mangel tauglicher Pflanzstämmchen, der man am besten durch Anlage von Pflanzkämpen vorbeugen kann. Solche Pflanzkämpe müssen unter dem Schirme von Mutterbäumen angelegt werden, deren Schatten durch Ausästen bis zur Freistellung nach dem Bedürfniß der jungen Buche allmählig verringert wird. Der Same wird in Rillen von 30 Ctm. Entfernung gesäet. Da die Buche nur in frühester Jugend eine Pfahlwurzel besitzt, so braucht man sie nicht wie die Eiche umzupflanzen, sondern es genügt, wenn man alle zwei Jahre die Zwischenräume der Rillen mit einem scharfen Spaten der Länge nach durchsticht, wodurch das Ausstreichen der Wurzeln verhindert und die Pflanze genöthigt wird, mehr Wurzeln in der Nähe des Wurzelstocks zu entwickeln.

Verbissene und unterdrückte Buchen- oder Weißbuchen-Samenloden, wenn sie sich unter raschwachsendem weichen Unterholze, Birken, Haseln ꝛc. vorfinden, setze man nicht auf die Wurzel, sondern lasse sie beim Hiebe des Unterholzes ungestört. Das Wild geht dann an die jungen kräftigen Stockloden des Unterholzes, wodurch den Samenloden ein wichtiger Vorsprung gegeben wird, und sie Zeit gewinnen, dem Wilde zu entwachsen. Setzt man sie, wie das übrige Unterholz, auf die Wurzel, so werden die allerdings kräftigern Ausschläge nach wie vor verbissen.

Die Nachzucht der Weißbuche

als Unterholz geschieht sehr leicht durch Besamung, welche schon vom 20—30jährigen Unterholze in Menge erfolgt. Will man eine reichliche Besamung haben, so halte man ausnahmsweise eine größere Anzahl Laßreidel über, und nehme sie als Oberständer beim nächsten Abtriebe wieder heraus. Auch Lodenpflanzungen mit dieser Holzart schlagen sehr gut ein. Reichliche Vermehrung in geschützter Lage durch freiwillige Absenker.

Die Nachzucht der Birke

durch Samen verlangt große Lichtstellung und wunden Boden. In diesem Falle findet sich die Birke leider nur zu häufig von selbst ein, und wird dann aus unzeitiger Ersparniß an Kulturkosten, oft als Unterholz, selbst unter unpassenden Oberhölzern, geduldet, was durchaus verpönt sein sollte. Zum Oberholz muß sie eingepflanzt werden, ehe die Rinde über dem Boden rissig wird.

Die Ulme (Esche, Ahorne)

leidet ebenso sehr vom Graswuchse, wenn sie aus dem Samen erzogen werden soll, als vom Wilde durch Verbeißen. Ihre erste Herstellung muß daher gemeinhin durch Pflanzung starker Stämme bewirkt werden, die dem Wilde bereits entwachsen sind. Will man von vorhandenen Mutterbäumen Nachzucht erhalten, so muß ein Jahr vor dem Abtriebe des Schlages der Boden nach Abfall des Samens 20—30 Schritt im Umkreise der Mutterbäume tüchtig wund gemacht werden. Doch darf man nur bei sehr geringem Wildstande und langer Weideschonung hoffen, die Samenpflanzen aufzubringen.

Die Nachzucht der Erle

aus Samen wird durch den ihrem Boden eigenthümlichen Graswuchs und durch das Auffrieren desselben erschwert. Das beste Mittel gegen das Auffrieren ist Erhaltung der Grasnarbe. Man muß aber dann den Samen durch Rechen mit dem Boden in Berührung zu bringen suchen, und im Sommer und Herbste das zu lang gewordene Gras mehrmals mit der Sichel vorsichtig ausschneiden lassen, bis die Pflanzen einigermaßen herangewachsen sind.

Durch Pflanzung ist die Erle stets viel leichter fortzubringen.

Die Nachzucht der Aspe

durch Samen ist manchen Schwierigkeiten unterworfen, da sie eines sehr wunden Bodens und großer Lichteinwirkung bedarf.

Brauchbare Wurzelbrut liefern nur die Wurzeln ganz junger, nicht über 20—25 Jahr alter, gesunder Stämme; doch kann man auch von älteren Stämmen gesunde Wurzelbrut ziehen, wenn man die Stöcke bis auf 6 bis 8 Ctm. Wurzeldicke roden läßt, wodurch man die Ausschläge nur von jungen Wurzeln bekommt. Oft erscheint nach Lichtstellung der Schläge eine Menge Wurzelbrut, ohne daß alte Aspen auf dem Schlage vorhanden waren. Sie stammt von früheren längst verschwundenen Generationen, deren Wurzeln sich lebendig erhielten, im Schatten jährlich kaum bemerkbare Ausschläge lieferten, bis sie nach der Auslichtung üppig emporschießen. Solche Wurzelbrut geht in wenigen Jahren größtentheils wieder ein. Die bleibenden Ausschläge erreichen höchstens ein Alter von 20—30 Jahren, worauf sie stockfaul werden. Gesunde Pflänzlinge zieht man am leichtesten und raschesten durch Steckreiser.

Sechstes Kapitel.
Von der forstmäßigen Bewirthschaftung der mit Kopfholz bestandenen Distrikte.

Die Kopfholzzucht ist eine Abänderung der Niederwaldwirthschaft. Bei dieser hauet man die Stämme nahe über der Erde ab, und läßt sie aus den kurzen Stöcken und Wurzeln Loden treiben, bei der Kopfholzzucht hingegen hauet man den Stamm in der Höhe von 2—3 Mtr. ab, ästet ihn ganz aus, und bewirkt dadurch, daß aus der Rinde des Stammes neue Ausschläge hervorkommen; die man von Zeit zu Zeit abhauen läßt, sobald sie nämlich zu gutem Reiser= oder geringem Prügelholz herangewachsen sind. Bei der Schneidelholzzucht wird der Höhentrieb der Bäume nicht, sondern nur die Seitenäste dicht am Stamme weggenommen, worauf der Wiederausschlag unter den Schnitträndern der Hiebsflächen erfolgt. Für diese Bewirthschaftungsmethode schicken sich vorzüglich:

die Eiche, die Ulme, die Esche, die Hainbuche, die Linde, die Pappeln und die baumartigen Weiden.

Alle diese Holzarten lassen sich als Schneidelholzstämme bewirthschaften. Doch findet man bei der Hainbuche und den Weiden nützlicher, sie in der

Höhe von 2—3 Mtr. abzuwerfen und **niedrige Kopfholzstämme** aus ihnen
zu machen, die alsdann eine buschichte Krone und einen reinen Schaft be=
kommen, weil an Letzteren die schlafenden Augen bereits abgestorben sind,
während sie unter der oberen Hiebsfläche im jungen Holze der gehauenen
Ausschläge jünger und daher lebenskräftiger sind.

Die schicklichste und beste Jahreszeit zur Hauung des Kopfholzes ist,
wie bei der Niederwaldwirthschaft überhaupt, der **März und April.** Wo
man aber mit dem in der Sonne getrockneten Laube Schafe, Ziegen und
selbst Rindvieh füttern will, welches in den nördlichen Gegenden Deutsch=
lands sehr gewöhnlich ist, da läßt man die Ausschläge von den Eichen=,
Hainbuchen=, Ulmen=, Eschen= und Lindenkopfholzbäumen, deren Laub das
Vieh sehr begierig frißt, erst im **August** abhauen, die Reiser in Büschel
binden und an der Sonne trocknen.   Durch die nöthige Wahl dieser
Hauungszeit wird den hohen Kopfholzstämmen nicht geschadet, denn das
Regenwasser fließt so schnell von den entästeten Stämmen herunter, daß
das Eindringen zwischen die Rinde nicht erfolgen, also auch das oben er=
wähnte Losfrieren derselben nicht stattfinden kann. [1]

Bei der Hauung des Kopfholzes ist übrigens genau darauf zu sehen,
daß die Ausschläge mit sehr scharfen Instrumenten weggenommen werden
und daß die Rinde nicht beschädigt wird.   Bei Eichen, Ulmen, Linden,
Pappeln und Weiden müssen die Ausschläge immer ganz **nahe am
Stamme** weggehauen werden; bei den Eschen und Hainbuchen ist es nöthig,
6—8 Ctm. lange, **von unten herauf** schräg abgehauene Stifte stehen zu
lassen, damit die Loden an diesen, mit junger zarter Rinde bedeckten Stumpen
oder Stiften besser austreiben können.

Gewöhnlich werden die Kopfholzstämme alle 4 bis 10 Jahre — nach=
dem die Holzart schnell wächst, der Boden gut ist, und man mehr oder
weniger starkes Holz verlangt, abgeästet und eine nicht unbedeutende Menge
Holz dadurch gewonnen.   Ich kenne Gegenden, wo man alle Viehtriften
und Flußufer mit Kopfholzstämmen besetzt, sie in regelmäßige Jahreshaue
abgetheilt und dadurch bewirkt hat, daß nicht nur ein großer Theil des
nöthigen Brennholzes erzogen, sondern auch durch die sogenannten **Schaf=
wellen** eine sehr große Menge Heu und Stroh jährlich erspart wird.
Dieß hat die wohlthätigen Folgen, daß der Landmann weniger gezwungen
ist, durch die Waldweide Schaden zu thun, und, wenn er das Stroh ver=
füttert hat, dem Walde das Laub zu entziehen. — Es kann daher die An=
zucht des Kopfholzes **auf ständigen Viehtriften an Wegen und an
den Ufern der Flüsse und Teiche,** sowohl um Holz, als um Futter
zu erziehen, und dadurch die Waldungen zu schonen, nicht genug empfohlen
werden.

1 Der Herausgeber hat Versuche mit der Fällung der Kopfholzhaare an Hainbuchen
im Juli und August gemacht, und sehr günstige Resultate auch in Bezug auf Wiederausschlag
und Holzproduktion erlangt. Beim Sommerhiebe bilden sich die Knospen für die neuen Aus=
schläge in reichlicherer Menge schon im Herbste nach der Fällung, und der Kopf hat im
nächsten Frühjahre schon einen Fuß lange Ausschläge, während der im Winter oder Früh=
jahre enthaarte Kopf noch mit der Knospenbildung zu thun hat.

Zweite Abtheilung.

Von der Erziehung neuer Waldungen durch Ausstreuung des eingesammelten Holzsamens, oder von der künstlichen Holzsaat. [1]

Von der künstlichen Holzsaat überhaupt.

Bei der künstlichen Holzsaat kommen folgende Gegenstände besonders in Betrachtung:

1) die Bestimmung derjenigen Holzarten, welche sich auf dem zu besamenden Distrikte, mit Rücksicht auf Boden, Lage und Klima vortheilhaft anziehen lassen;

2) die Auswahl derjenigen Holzart, die den localen Bedürfnissen künftig am meisten entsprechen und überhaupt am vortheilhaftesten sein wird;

3) die Anschaffung guten Samens;

4) die richtige Wahl der Aussaatzeit;

5) die Bestimmung einer hinlänglichen Menge Samens auf jeden Saatplatz;

6) die zweckmäßige Zubereitung des Bodens, der besäet werden soll;

7) die Bestimmung, wie dicht die Saaten gemacht werden sollen;

8) die Aussaat selbst;

9) Die Beschützung und Pflege der besamten Distrikte, und

10) die künftige Behandlung der durch die künstliche Holzsaat erlangten Pflanzen und Bestände.

Ich will jeden dieser Gegenstände in einem besondern Kapitel abhandeln.

Erstes Kapitel.

Von Bestimmung der schicklichen Holzarten für die zu besamenden Distrikte, mit Rücksicht auf Boden, Lage und Klima.

Einer der wichtigsten Gegenstände bei der Holzsaat ist die Auswahl der schicklichsten Holzarten für jeden anzusäenden Waldplatz; weil Mühe, Zeit und Kosten verloren gehen, wenn in dieser Hinsicht eine zweckwidrige Bestimmung stattgefunden hat. — Wer auf bruchige Plätze Kiefern säet, der wird seinen Zweck eben so wenig erreichen, als derjenige, welcher auf dürren Sandboden Erlen angesät hat; und eben so wird auch jeder Fehler der unrichtigen Auswahl in Betreff des Klima die nachtheiligsten Folgen haben,

---

[1] Ueber den Betrieb der Saat- und der Pflanzkulturen liegt aus der Neuzeit ein so reichhaltiges Material vor, daß eine Aufnahme desselben in das Lehrbuch für Förster den Umfang und dadurch den Preis des Buches zu einer in anderer Richtung ungehörigen Größe steigern würde, und mußte ich mich entschließen, nur das Wichtigste den Mittheilungen meines verstorbenen Vaters einzuschalten. Daß bei diesem Flickwerk Manches versäumt oder verfehlt wurde, fürchte ich selbst. Glücklicherweise besitzen wir aber in H. Burckhardts classischer Schrift „Säen und Pflanzen" ein ergänzendes Werk, von dem ich annehmen kann, daß es sich in den Händen des größten Theils der Leser des Lehrbuches befindet. t.

weil nicht alle Holzarten ein rauhes Klima ertragen, alle vorzüglich schätzbaren Holzarten im milden Klima sehr gut und viele nur dort am besten gedeihen.

Im ersten Haupttheile ist schon nachgewiesen worden, welches der, den verschiedenen Holzarten zusagende Standort sei. Alles dieses hier zu wiederholen, würde unnöthig sein. Ich will daher diesen, bei der Holz= kultur so wichtigen Gegenstand nur den Lesern ins Gedächtniß zurück bringen.

Zweites Kapitel.

Von der Auswahl derjenigen Holzarten, die den lokalen Bedürf= nissen künftig am meisten entsprechen und am vortheilhaftesten sein werden.

Wenn der Forstwirth, nach Maßgabe des Klima und Bodens, die Holzarten bestimmt hat, die auf einer gewissen zu kultivirenden Blöße mit gutem Erfolg angezogen werden können, so muß er nun unter diesen Holzarten diejenige auswählen, die den örtlichen Bedürfnissen in der Folge am besten entsprechen wird. — Es kommt also darauf an, die Bedürfnisse zu untersuchen und nach Maßgabe derselben die beste Holzart zu wählen.

Nachstehende Regeln sind aus der Erfahrung abgeleitet, und können daher für diesen wichtigen Gegenstand benutzt werden:

1) Kleine Blößen in und an den Waldungen bringe man mit den= selben Holzarten, womit der sie umschließende oder angrenzende Distrikt bewachsen ist, in Bestand, um jeden Walddistrikt so einförmig wie möglich zu machen und dadurch die Bewirthschaftung zu erleichtern.

2) Zur Erziehung des Bauholzes wähle man solche Distrikte, die nicht allein den erforderlich guten Boden, sondern auch eine solche Lage haben, daß einst die schweren Bauholzstücke bequem davon abgefahren oder verflößt werden können.

3) Wo Bauholzmangel nahe ist, da säe man vorzüglich Nadel= hölzer an, weil diese in 70 bis 80 Jahren auf gutem Boden schon vor= treffliches Bauholz geben. Wenn der Bauholzmangel aber erst später zu befürchten ist — wie man solches durch die Taxation der Forste erfahren kann — so kultivire man alle schicklichen Blößen mit Eichen, weil diese bis dahin erwachsen sein werden, und unter allem das beste und dauerhafteste Bauholz geben. — Auch kann durch die Anzucht der vortreff= lichen Ulme dem Bauholzmangel früher, als durch die Eiche, aber doch nicht so im Allgemeinen und im Großen abgeholfen werden, als durch die Anzucht der Nadelhölzer; weil man nicht immer und allenthalben den zu großen Culturen erforderlichen Ulmensamen, wohl aber Nadelholzsamen in Menge haben kann.

Wie hochwichtig es ist, möglichst dauerhaftes Material auf alle Holz= bauten zu verwenden, springt in die Augen, wenn man erwägt, daß mit dem Verderb des Holzes zugleich auch das übrige Material der Baulichkeit und die auf diese verwendeten Arbeitskosten werthlos werden. Je größer die auf den Holzbau verwendeten Arbeits= und Nebenkosten sind, um so wichtiger ist die Verwendung dauerhaftesten Holzes, dessen Werth z. B. in Seeschiffen von jenen Kosten oft um das Mehrfache überstiegen wird. t.

4) Wo starkes Nutz= oder Werkholz fehlt, oder theuer zu verkaufen ist, da kultivire man schickliche Blößen mit **Nadelholz**, um es in den nächsten Jahrhunderten zu benutzen; hingegen andere dazu geeignete Blößen besäe man mit **Eicheln**, um der Nachkommenschaft in der spätern Folgezeit das nöthige Nutz= und Werkholz zu verschaffen.

5) Wo Brennholzmangel ist, da besäe man die Blößen vorzüglich mit **Nadelholz**, und wähle dazu im milden Klima die **Kiefer** mit **Lerchen** vermischt, im raueren aber, und wo ein Anlauf von Weidvieh zu fürchten ist, wähle man die **Fichte**; weil durch die Nadelholzkultur binnen einer gewissen Zeit bei weitem mehr Holz erzogen werden kann, als durch irgend eine Holzart, deren Anzucht im **Großen** möglich ist.

6) Wo man Hochwaldbestände von Laubholz zu erziehen die Absicht hat, wähle man vorzüglich **die Buche** und **die Eiche**, entweder allein, oder mit einander vermischt; weil diese beiden Holzgattungen sich sehr gut zusammen vertragen, und sowohl wegen der Vortrefflichkeit ihres Holzes, als der Mast= und Oelbenutzung wegen, vorzüglich begünstigt zu werden verdienen.   Auch durchsprenge man dergleichen Waldungen mit Ulmen, Ahornen und Eschen, um davon nicht allein sehr gutes Brennholz, sondern vorzüglich schätzbares Werk= und Wagnerholz zu erhalten.

7) Wo man Niederwaldungen anzulegen für gut findet, ziehe man vorzüglich Eichen=, Hainbuchen und Birken an — wovon man sehr oft eine beträchtliche Menge Samen um billigen Preis bekommen und Ansaaten im Großen machen kann — und suche diese Distrikte mit Ulmen, Ahornen und Eschen zu durchsprengen.   Wo der Boden aber zu feucht ist, erziehe man Erlen und Birken.   Vorzüglich aber begünstige man, wo es die Umstände nur erlauben, die Anzucht der Eichen, weil sie bei der Niederwaldwirthschaft nicht allein eine sehr lange Dauer haben, sondern auch vortreffliches Brennholz geben und durch die Lohrinde sowohl dem Waldeigenthümer als dem Staate außerordentlich nützlich werden.

8) Zur Cultur solcher Blößen, die dem Sonnenbrande stark ausgesetzt sind, wähle man solche Holzarten, die in der Jugend starke Pfahlwurzeln treiben, und daher so leicht nicht vertrocknen.

9) An Orten, die den Sturmwinden stark ausgesetzt sind, baue man solche Holzgattungen an, die wegen ihrer Pfahlwurzeln vom Winde nicht leicht umgeworfen werden können.

10) Wo Faßreife und geringe Wagnerhölzer guten Absatz finden, vermische man fast alle Saaten mit Birken, und haue diese, sobald sie eine brauchbare Dicke erlangt haben, oder den dominirenden Bestand hier und da unterdrücken wollen, heraus. — Die Fichten= und Tannensaaten vermische man aber nicht mit Birken, weil jene von den Birken zu bald überwachsen und auch viele von den Birkenästen durch das Peitschen an den Gipfeln beschädigt werden.

11) In jedem Fall, wo man einer in der Jugend zärtlichen Holzart recht bald Schutz und Schatten verschaffen will, säe man Kiefersamen, 3 bis 4 Jahre vorher, in 1—2 Mtr. entfernten Streifen aus, und sobald die Kiefern Schutz geben, säe oder pflanze man die zärtliche Holzart zwischen die Kieferreihen.   Diese müssen aber, sobald sie ihren Dienst

geleistet haben und den bisher geschützten Bestand zu unterdrücken beginnen, ohne Aufschub und selbst dann, wenn sie nur 8 Mtr. hoch sein sollten, weggenommen werden.

Da es keine Holzart gibt, die in den ersten Jahren ihrer Kindheit schneller wächst, zugleich mehr Schatten und Schutz gewährt, und fast unter allen Verhältnissen sicherer gedeiht, als die Kiefer, so ist sie, um Schutz oder baldigen Schluß zu bewirken, ganz vorzüglich zu empfehlen, und hat mir schon oft — selbst in sehr rauhem Klima — die vortrefflichsten Dienste geleistet. Doch wiederhole ich nochmal, daß man die Kiefern zur rechten Zeit wegnehmen muß, weil sie sonst für den jungen Wald, den sie beschützen sollten, wegen ihrer Schnellwüchsigkeit, in der Folge eben so schädlich werden, als sie ihm vorher nützlich waren.

Dieses sind die wichtigsten Regeln, die man bei der Auswahl der zu kultivirenden Holzarten im Allgemeinen zu beobachten hat. Sie schließen aber die Kultur anderer Holzarten nicht aus, wodurch vielleicht auf einer kleinen Fläche, unter besondern Umständen ein noch größerer Vortheil zu erlangen ist. Für Waldanlagen im Großen aber werden die vorhin gegebenen Regeln sich immer behaupten, und Demjenigen, der sie befolgt hat, in der Zukunft völlige Zufriedenheit gewähren.

Drittes Kapitel.
Von Anschaffung des zu den Waldsaaten nöthigen guten Samens.

Guter Samen ist eine der ersten und wichtigsten Erfordernisse bei der Holzsaat. Von ihm hängt das Gedeihen einer jeden Waldsaat größtentheils ab; denn es wird ohne guten Samen keine Saat glücken, obgleich viele mit gutem Samen gemachte, aber fehlerhaft vollzogene Waldsaaten verderben.

Um aber guten Samen zu erhalten, muß man denselben entweder selbst einernten lassen, oder von Samenhändlern kaufen. Der Forstwirth muß daher wissen, wann der Samen von jeder Holzart reifet; wie er am zweckmäßigsten einzuernten und nöthigenfalls aus seinen Behältnissen zu bringen ist; — ferner: wie er am besten, und wie lange er aufbewahrt werden kann; wie die Güte des feilgebotenen Samens zu untersuchen ist, und wie man sich gegen Betrügereien beim Holzsameneinkaufe sichern kann.

1) Von der Reifezeit, Gewinnung und Aufbewahrung der Holzsamen.

Im ersten Haupttheile dieses Lehrbuches ist, beim Vortrag der speciellen Naturgeschichte der Holzarten, dieser Gegenstand schon berührt, und die Reifezeit jedesmal angegeben worden. Diese genau zu beobachten und nur völlig reifen Samen zu sammeln, ist absolute Nothwendigkeit, weil ganz unreifer Samen gar keine, und der nicht völlig reife Samen nur wenige und schwächliche Pflanzen gibt.

Es genügt aber nicht, daß der Same reif, gesund und keimfähig ist,

er soll auch guten Herkommens sein, eine Bedingung großen Erfolges der Saatkulturen, die zur Zeit noch viel zu wenig berücksichtigt ist,
für die ich hier plaidiren möchte.

Wie im Thierreich, so bestehen auch im Pflanzenreich individuelle
Eigenschaften, die sich in der Nachkommenschaft des Individuums fortpflanzen
und die Raceverschiedenheiten bilden. Besonders häufig sprechen sich letztere
in Größeunterschieden, also in Zuwachsfähigkeit, außerdem in Unterschieden
der Tracht aus. Der Landwirth kennt einen Riesenweizen, Riesenmais, der
Gärtner einen Riesenkohl, Riesenhanf. Sie wissen, daß sich diese und andere
Raceeigenthümlichkeiten fortpflanzen lassen durch Aussaat des von ∙ einem
Racemitgliede eingesammelten Samens. Es liegt nicht entfernt ein Grund
vor, weßhalb sich dieß bei unseren Holzpflanzen nicht ebenso verhalten
sollte, wir sind aber in der Produktion unserer Zöglinge noch nicht bis zu
einer Zuchtwahl vorgeschritten, für deren gute Erfolge mir die augen-
fälligsten Erfahrungen vorliegen, die wir auch im Walde leicht durchführen
könnten, wenn wir es zum Gesetz erheben wollten, für den einzusammelnden
Samen in den Beständen die größten, wüchsigsten und wohlgestaltetsten
Mutterbäume auszuwählen, und als solche dauernd zu bezeichnen. Ich
meine, daß die uns aus dem Urwalde überkommenen Riesenbäume Nachkommen solcher Racen seien, und meine, daß das, was wir durch Erziehung gleichaltriger, geschlossener Bestände an Körpergröße der Einzelpflanze
einbüßen, auf diesem Wege durch sorgfältige Zuchtwahl wenigstens in Etwas
wieder eingebracht werden könne. t.

Bei der Einsammlung und Aufbewahrung der Holzsamen befolge man
nachstehende aus der Erfahrung gezogene Regeln:

(1) Den Samen der Eiche oder die Eicheln sammle man auf
folgende Art:

Die Bestände, in denen man sammeln will, lasse man zur Zeit, wenn
die madigen Eicheln abfallen, und bis zum Abfallen der reifen gesunden
Früchte fleißig mit Schafen und Schweinen behüten, und dann zu Ende
Septembers oder Anfang Oktobers, oder sobald die Eicheln großentheils abgefallen sind, so viele auflesen, als man nöthig hat.

Sollten diese Eicheln — wovon 55 Liter = ein abgestrichener Berliner Scheffel,[1] im Durchschnitt genommen, 56 Pfund wiegt und 12,800
Eicheln von mittlerer Größe enthält — nicht sogleich wieder ausgesäet
werden können, so lasse man sie alsbald auf einem Speicher dünne auseinander schütten, und täglich einmal umstoßen, bis sie völlig von außen
abgetrocknet sind. Ist dieß geschehen, so schütte man sie $1/3$ Mtr. dick im
Samenmagazine auf, und lasse sie so lange liegen, bis die Saat vollzogen
werden kann. Sollte diese aber noch verschoben werden müssen, so lasse
man zuweilen nachsehen, ob die Eicheln keimen wollen. Bemerkt man dieß,
so müssen sie auf dem Magazine dünner gelegt, alle paar Tage einmal
umgestoßen und dadurch das Keimen verhindert werden. Zur Herbstsaat
der Eicheln ist weiter keine Vorsicht nöthig, als zu bewirken, daß sie nicht
keimen und nicht stocken, wogegen sie im Magazine gesichert werden können.

[1] Der Berliner Scheffel alt enthält 3058$^{13}/_{14}$ Kubikzoll rheinländisches Maß an Raum.
= 55 Liter = 100 Neupfund dest. Wasser. Ein altes Pfund wiegt 467,4 Gramme.

Will man aber Eicheln im Frühjahre aussäen, so darf man sie den Winter hindurch nicht auf dem Samenspeicher liegen lassen, weil sie da zu stark austrocknen oder gefrieren, und in beiden Fällen zur Saat untauglich werden.[1] Wenigstens ist es ein seltener Fall, wenn die Eicheln unter solchen Umständen bis ins Frühjahr gut bleiben. Durch eine starke Bedeckung mit Stroh kann zwar der Frost abgehalten, aber das zu starke Austrocknen der Eicheln nicht verhindert, folglich niemals mit völliger Gewißheit auf den gewünschten Erfolg gerechnet werden.

Am sichersten conserviren sich die Eicheln bis zum nächsten Frühjahre auf folgende Art:

Man wähle in einem, gegen den Anlauf der Schweine gesicherten Garten einen trockenen Platz, bedecke denselben einen halben Fuß hoch mit Laub oder mit Stroh, und schütte die vorher etwas abgetrockneten Eicheln in einem kegelförmigen 3 Fuß hohen Haufen darauf. Nun bedecke man diesen Haufen einen halben Fuß dick mit Stroh, belege dieses einen halben Fuß dick mit trockenem Moos, und zuletzt auch noch 10—12 Ctm. dick mit Erde, die aus einem um die Miethe zu ziehenden Graben genommen wird. Auf der Spitze dieses Kegels aber bringe man einen lockeren Strohwisch an, der bis in die Eicheln reichen muß, und dazu dient, die Ausdünstung derselben durchzulassen. Diesen, oder diese Kegel lasse man so bis zum nächsten Frühjahre stehen, und man wird finden, daß sich die Eicheln vortrefflich conserviren. Doch muß man die Saat so bald wie möglich im Frühjahr vornehmen, und wenn keine harten Fröste mehr zu fürchten sind, die Erddecke von den Miethen abziehen lassen, weil die Eicheln sonst bei einfallender warmer Witterung gerne keimen. Ob nun gleich dieses Keimen, wenn es nicht allzu stark erfolgt ist, die Eicheln zur Saat nicht untauglich macht, so schwächt es doch den Trieb der jungen Pflanzen, und ist daher so viel wie möglich zu verhindern.

Auch muß zuweilen nachgesehen werden, ob die Mäuse an den Eicheln Schaden thun. Findet man dieses, so können sie leicht durch aufgestellte Fallen weggefangen werden.

Etwas umständlicher, als das eben erwähnte, ist folgendes Aufbewahrungsmittel:

Man wähle einen erhöhten, völlig trockenen Ort, und nehme darauf Rücksicht, daß von einer vielleicht noch höheren Fläche das Regenwasser nicht zu dem gewählten Platze kommen kann. Auf diesem Platze lasse man eine 3 bis 3½ Mtr. lange, 2 Mtr. breite, und 2 Mtr. tiefe Grube machen, und dieselbe an ihren Seiten und auf dem Grunde ausmauern, wenn sie oft zur Aufbewahrung der Eicheln benutzt werden soll. Will man sie aber nur einmal dazu gebrauchen, so schlage man 2 bis 3 Mtr. lange Pfähle oder Stangen nahe an die senkrechten Wände der Grube, und stopfe zwischen die Wände und Pfähle eine 5 bis 6 Ctm. dicke Lage Stroh, womit auch die Grundfläche oder Sohle der Grube belegt werden muß.

In diese entweder ausgemauerte oder mit Stroh bekleidete Grube schütte

---

[1] Empfehlenswerth ist die Anlage der Samenspeicher über Viehställen auf gedieltem Boden, da die vom Vieh aufsteigende warme Luft zugleich so feucht ist, daß ein starkes Austrocknen der Eicheln nicht eintreten kann.

man abwechselnd eine $1/3$ Mtr. hohe Lage vorher abgetrockneter Eicheln und eine eben so dicke Lage dürres Laub, bis die Grube nur noch $1/3$ Mtr. tief leer ist. Die letzte Schichte Eicheln bedecke man hierauf stark mit Laub, etwas Stroh und einer Lage Bretter, und überschütte endlich diese Grube so dick mit Erde, daß sie einem Grabhügel gleich sieht, und daß weder Frost noch Regen zu den Eicheln dringen können.

In dieser Grube lasse man die Eicheln bis zum Frühjahre liegen, und man wird finden, daß sie sich auf solche Art sehr gut erhalten. — Mir ist wenigstens noch niemals ein solcher Versuch fehlgeschlagen, und wenn die Eicheln zuweilen auch etwas gekeimt hatten, so ließ ich sie nur alsbald aussäen, ehe die Keime welken konnten, und erzielte dann jedesmal den besten Erfolg.

Auch kann man die Eicheln, die aber nicht gekeimt haben dürfen, auf folgende Art conserviren. Man lasse in ein altes, mit eisernen Reifen beschlagenes Faß viele kleine Löcher bohren, daß das Wasser allenthalben durchschießen, keine Eichel aber herauskommen kann. Dieses Faß fülle man im Herbste mit Eicheln, und versenke es an einer Kette in einen Wasserbehälter, der so tief sein muß, daß der Frost das Faß nicht erreichen kann. — Im Frühjahre ziehe man das Faß hervor, so wird man finden, daß die Eicheln vortrefflich sind und nach Wunsch aufkeimen. [1]

Außerdem kann man auch Eicheln bis zum Frühjahre conserviren, wenn man sie in ein verschlossenes Gefäß bringt und dieses tief ins Wasser versenkt. — Doch wird man einsehen, daß alle diese Aufbewahrungsmittel etwas umständlich sind, und daß das zuerst angeführte, nämlich die Aufbewahrung in gedeckten kegelförmigen Haufen oder Miethen, das einfachste ist. Ich empfehle es daher vorzüglich, und warne eben so sehr vor der, von einigen Schriftstellern empfohlenen Aufbewahrung der Eicheln zwischen Sand im Keller. Noch jedesmal sind mir die auf solche Art aufbewahrten Eicheln unter der harten Schale am Kern entweder schimmlich geworden, oder sie sind zu stark ausgetrocknet, oder sie haben sehr lange Wurzelkeime getrieben, und sind fast sämmtlich zur Saat untauglich geworden.

2) Den Samen der Buche oder die Bucheln sammle man auf folgende Art:

Sobald die Samenkapseln sich aufgethan haben und die Bucheln abzufallen anfangen, welches zu Ende Septembers oder Anfang Oktobers zu geschehen pflegt, lasse man die Bäume besteigen, die Aeste vermittelst langer Stangen erschüttern, und die dadurch abfallenden Bucheln auf untergehaltenen großen Tüchern auffangen; oder man lasse die abgefallenen Bucheln auflesen; oder man lasse, wo es die Umstände erlauben, die Bucheln sammt dem Laube zusammenkehren, und so wieder aussäen. Sollte es aber nöthig sein, so lasse man die Bucheln entweder im Walde, oder auf einer Tenne, durch Worfen, wie man die Frucht reinigt, von den Blättern rc. trennen und dann erst aussäen.

Muß man Bucheln, wovon 55 Liter oder der abgestrichene Berliner Scheffel, wenn sie ganz rein sind, 46 Pfund wiegt, und circa 80,000

[1] Versuche, die der Herausgeber in stehendem Wasser anstellte, sind ihm stets mißglückt. In fließendem Wasser wird sich die Vorschrift besser bewähren.

Bucheln enthält, bis ins Frühjahr zur Saat aufbewahren, so lasse man sie nach der Einsammlung auf einem Speicher dünne auseinander bringen, täglich einmal umstoßen und dieses so lange fortsetzen, bis sie völlig von außen trocken sind. Hierauf schütte man sie auf dem gebretterten Samenspeicher 0,6—1 Mtr. hoch aufeinander, und bedecke sie 0,3 Mtr. dick mit Stroh, damit sie nicht gefrieren und zu stark austrocknen können, und lasse sie so bis zum Frühjahre liegen. Auch kann man die Bucheln gerade so, wie die Eicheln, in kegelförmigen Haufen bis zum Frühjahre aufbewahren. Alle andere Mittel sind weniger gut und mit mehr Umständen verknüpft. Die Herbstsaat ist jedenfalls vorzuziehen, und nur im Nothfalle überwintere man das Eckerig zur Frühjahrssaat.

3) Den Hainbuchen=Samen sammelt man am leichtesten, so bald die Blätter abgefallen sind, auf folgende Art:

Man läßt die Samenbüschel entweder mit der Hand abpflücken, oder — welches schneller von Statten geht und mit keiner Gefahr verbunden ist — man läßt durch vier Leute ein großes Tuch unter den Baum halten, und durch einen fünften Arbeiter den Samen, vermittelst einer langen Stange, bei windstillem Wetter abschlagen. Weil dieser Samen gewöhnlich in schiefer Richtung vom Baum flattert, so müssen vier Menschen das Tuch an den Ecken halten und sich so bewegen, daß sie den Samen auffangen. Auf diese Art kann man durch fünf Menschen in einem Tage eine große Menge Samens sammeln lassen, ohne besorgen zu müssen, daß jemand bei dieser Arbeit verunglücke werde.

Nach der Einsammlung läßt man den Samen auf einem luftigen Speicher ganz abtrocknen, hierauf, wenn man ihn rein haben will, auf einer Tenne dreschen und durch Worfen von den Flügeln trennen.

Elf Raumtheile geflügelter Samen geben gewöhnlich 1 Raumtheil reinen Samen. — Vom geflügelten Samen wiegt 1 Scheffel = 55 Liter 6 Pfund, und abgeflügelt 47 Pfund. Das Pfund enthält 16,736 Körner.

Wenn es möglich ist, so säe man den Hainbuchensamen noch im Herbste wieder aus; wo nicht, so bringe man ihn auf einen gebretterten Speicher, und veranstalte die Aussaat bald im Frühjahre, weil sich der Samen nur bis dahin gut erhält. Von älterem Samen geht wenig oder nichts auf.

4) Der Birkensamen wird durch Abstreifen, im September und Anfang Oktobers, gesammelt, auf einen luftigen Boden dünne auseinander gebracht und oft umgewendet. Nachher werden die Samenzäpfchen zwischen den Händen zerrieben, und durch ein Sieb nur von den Blättern gesäubert, weil sich die Schuppen vom Samen nicht absondern lassen. — Noch leichter aber geht die Einsammlung von statten, wenn man von solchen Bäumen, die im nächsten Winter gefällt werden sollen, die Aeste mit dem Samen abhauen läßt. Der Samen kann nachher bequem abgepflückt und wie soeben gelehrt worden ist, ferner behandelt werden.

Der Scheffel = 55 Liter wiegt gewöhnlich 11 Pfund. — Kann der Samen alsbald nach der Einsammlung wieder ausgesäet werden, so gerathen die Saaten am besten; wo nicht, so bringe man den Samen, nachdem er durch fleißiges Umwenden wohl abgetrocknet ist, in das Samenmagazin, und sorge für baldige Aussaat im nächsten Frühjahre, weil älterer Samen fast immer nur wenige Pflanzen gibt.

    5) Den Ahornsamen sammelt man im Oktober, sobald seine Flügel braun geworden sind. Die Einsammlung kann entweder durch Abstreifen mit den Händen, oder auf dieselbe Art geschehen, wie ich bei der Einsammlung des Hainbuchensamens gelehrt habe.

Auch dieser Samen muß vorerst dünne aufgeschüttet und durch fleißiges Umwenden abgetrocknet werden.

Der Scheffel = 55 Liter von diesem Samen wiegt gewöhnlich 14 Pfund, wenn er abgetrocknet ist, und das Pfund enthält 19,500 Körner. Der Ahornsamen läßt sich auf einem gebretterten luftigen Speicher einige Jahre lang zur Saat brauchbar erhalten.

    6) Der Eschensamen wird wie der Weißbuchensamen gesammelt und aufbewahrt.

Der Scheffel = 55 Liter wiegt gewöhnlich 19 Pfund. Das Pfund enthält 19,350 Körner.

Dieser Samen bleibt höchstens zwei Jahre zur Saat brauchbar. Von älterem wird man wenigstens nicht viele Pflanzen erhalten.

    7) Den Ulmensamen sammelt man zu Anfang Juni durch Abstreifen mit den Händen. Er muß hierauf sogleich auf einem luftigen Boden abgetrocknet werden, weil er bald erhitzt und verdirbt, wenn er in einem Sacke nur eine kurze Zeit zusammengepreßt ist. Der Scheffel = 55 Liter wiegt gewöhnlich 3,5 bis 4,5 Pfund, und das Pfund enthält 65,000 Körner. Will oder kann man diesen Samen nicht alsbald wieder aussäen, so läßt er sich auf einem luftigen Boden bis zum nächsten Frühjahre aufbewahren. Aelterer Samen gibt nur wenige Pflanzen.

Da die Ulme oder Rüster sehr früh blüht, so leidet die Blüthe nicht selten vom Froste (?) so sehr, daß der Samen größtentheils oder sämmtlich taub wird. Man muß daher vor der Einsammlung genau untersuchen, ob die Samenbälge auch mehlige Kerne enthalten, und wenn dieß der Fall nicht ist, die Einsammlung unterlassen.

Der sofort nach dem Einsammeln ausgesäete Same keimt nach wenigen Wochen und liefert noch in demselben Jahre völlig ausgebildete Pflanzen.

    8) Den Erlensamen pflückt man im Oktober, sobald man bemerkt, daß die zwischen den Schuppen der Zäpfchen befindlichen Samenkörnchen braun und mehlig geworden sind. Noch bequemer ist die Einsammlung, wenn man an solchen Erlen, die ohnehin im nächsten Winter oder Frühjahre gefällt werden sollen, die mit Zäpfchen besetzten Zweige abhauen und dann die Zäpfchen abpflücken läßt. Man bringt diese hierauf in mäßige Wärme, bis sich die Schuppen geöffnet haben, und trennt den Samen durch Rütteln in einem Siebe von den Zäpfchen.

Der Scheffel = 55 Liter von diesem Samen wiegt gewöhnlich 34 Pfund und das Pfund enthält 500,000 Körner.

Der Erlensamen bleibt zwar einige Jahre lang zur Saat brauch=
bar, wenn er im Anfang oft umgestochen und auf einem luftigen gebret=
terten Speicher aufbewahrt worden ist; doch hat der frische Samen auf=
fallende Vorzüge.

In den ersten warmen Tagen des März oder April fliegt der Erlen=
samen von selbst, meist noch auf den Schnee aus. Den besten Samen
erhält man, wenn man zu dieser Zeit die Erlenstangenhölzer durch Axt=
hiebe erschüttern und den bei ruhiger Luft in größerer Menge niederrieseln=
den Samen auf großen Leinentüchern auffangen läßt. Der allerdings nicht
unbedeutende Sammlerlohn wird reichlich vergütet durch die vorzügliche Güte
des so gewonnenen Samens. t.

Der abgeflogene und vom Wasser zusammengeschwemmte Erlensamen
kann mit leichter Mühe in großer Menge gesammelt werden. Es ist aber
nöthig, solchen Samen sogleich wieder auszusäen, da er durchs Abtrocknen
seine Keimfähigkeit verliert. Daher ist der vom Samenhändler erkaufte
Erlensamen häufig so schlecht, weil er oft mit abgetrockneten Schwemmsamen
untermengt wird.

    9) Der Tannensamen wird zu Ende des Septembers und An=
        fang Oktobers durch Abbrechen der Zapfen gesammelt. Nach der
        Einsammlung bringt man die Zapfen entweder auf einen luftigen
        Boden, und läßt sie da so lange liegen, bis die Schuppen durch
        Hin= und Herstoßen der Zapfen abfallen, oder man setzt die
        Zapfen einer mäßigen Wärme aus, bis das eben erwähnte Ab=
        fallen der Schuppen erfolgt.

Ist dieß durch Hin= und Herstoßen bewirkt worden, so sondert man
den Samen durch ein Sieb von den Schuppen, reibt ihn zwischen den
Händen, oder in einem nur zum vierten Theil angefüllten Sacke, daß
die Flügel abbrechen, und macht ihn, vermittelst einer Schwingwanne,
ganz rein.

Der Scheffel = 55 Liter Samen mit Flügeln wiegt gewöhnlich
24 Pfund und ohne Flügel 30 Pfund. Aus einem Scheffel Zapfen erhält
man 2½ Pfund geflügelten Samen, wovon das Pfund 9 bis 10,000
Körner enthält.

Dieser Samen läßt sich einige Jahre lang zur Saat brauchbar er=
halten; er muß aber im Magazin nicht zu dick auf einander liegen, und im
Anfange oft umgestochen worden.

    10) Der Fichtensamen wird durch Abbrechen der Zapfen
        von der Mitte des Novembers an bis zum Frühjahre gesammelt.
        Man setzt hierauf die Zapfen entweder einer mäßigen Stuben=
        wärme aus, oder bringt sie im Frühjahre an die Sonnenwärme,
        bis sich die Schuppen geöffnet haben, und der Samen durch eine
        Erschütterung der Zapfen herausgebracht werden kann.

Soll das Ausklengen des Samens ins Große gehen, so bestimmt
man ein eigenes Zimmer in dem untern Theile eines wo möglich ge=
mauerten Gebäudes dazu. In dieses Zimmer läßt man einen, oder, wenn
es groß ist, einige Oefen setzen, die mit Rösten versehen sein müssen, um
sie mit Nadelholzzapfen heizen zu können. Oder man läßt an den Seiten

Circulirfeuerkanäle wie in einem Treibhause anbringen, um das Zimmer allenthalben bis auf 18—20 Grad erwärmen zu können. Ist dieser Feuerungsapparat auf die vortheilhafteste Art eingerichtet, so läßt man an die Wände und in die Mitte des Zimmers Gerüste machen, daß möglichst viele, 2 Mtr. lange und ³/₄ Mtr. breite mit gegittert geflochtenen Drathböden versehene Horten, und zwar nur 10—12 Ctm. von einander entfernt, übereinander geschoben werden können. Unter diese Horten aber läßt man zum Aufnehmen des Samens bestimmte Schubkasten machen.

Ist dieser Apparat fertig, so füllt man die Horten mit Zapfen, und läßt der Ausklengstube eine Wärme von 20—24⁰ Reaum. geben. Diese setzt man so lange fort, bis die Zapfen geöffnet sind. Bemerkt man dieß, so rüttelt man die auf den Horten liegenden Zapfen von oben bis unten tüchtig durcheinander, daß der Same von Horte zu Horte herunter und in die unten stehenden Kasten fällt. Sind aber alle Zapfen völlig und so weit wie möglich geöffnet, so bringt man sie, um allen darin befindlichen Samen zu erhalten, in ein Faß, das inwendig dieselbe Einrichtung hat, wie die Leierfässer, worin man die Butter bereitet. In diesem Faß, das unten schmale Spalten haben muß, damit der Samen durchfallen und in einem untergestellten Gefäß aufgefangen werden kann, schwingt man die Zapfen so lange herum, bis sie ganz entsamt sind, und nun zur Heizung der Windöfen und der Feuerungskanäle verbraucht werden können.

Soll nachher der Samen seiner Flügel beraubt und ganz sauber gemacht werden, so spritzt man ihn etwas mit Wasser an, und reibt ihn so lange in einem nur zum vierten Theile angefüllten Sacke, bis die Flügel abgegangen sind. Ist dieß geschehen, so bringt man den Samen sogleich auf einen luftigen Boden ganz dünne auseinander, daß er schnell abtrocknet, und separirt nachher die Flügel vermittelst einer Schwingwanne von den Samenkörnern. Will man aber den Samen in der Sonne ausklengen, so macht man an der Wand eines, der Sonne beständig ausgesetzten Gebäudes ein ähnliches Gerüste, stellt die Horten so hoch von einander, daß die Sonne auch die hinten liegenden Zapfen treffen kann, läßt ein kleines Wetterdach darüber anbringen, und zunächst unter die unterste Horte einen Schubkasten mit einem Boden von grober Leinewand verfertigen, damit der auf der Leinewand liegende Samen bald abtrocknen kann. Bei starker und anhaltender Sonnenhitze rüttle man die Zapfen von der obersten bis zur untersten Horte tüchtig durcheinander, und sammle endlich den in die Schublade gefallenen Samen. Sind aber die Zapfen so weit wie möglich geöffnet, so bringe man sie in das vorhin beschriebene Fegfaß und entledige sie auf diese Art völlig von den noch zurückgebliebenen Samenkörnern.

Auch kann man den Ausklengungsapparat so einrichten lassen, daß man alle Horten bei Sonnenschein hervorziehen und bei ungünstiger Witterung unter das Dach schieben kann. Unter jeder Horte muß dann aber ein Schubkasten angebracht werden.

Der Scheffel = 55 Liter Samen mit Flügeln wiegt gewöhnlich 17½ Pfund, ohne Flügel aber 48 Pfund, und aus einem Scheffel Zapfen erfolgen gewöhnlich 2,25 Pfund geflügelter, oder 1,4 Pfund abgeflügelter Samen. Das Pfund Samen enthält 75,000 Körner.

Den Fichtensamen kann man 3 bis 4 und oft noch mehr Jahre zur
Saat brauchbar erhalten, wenn man ihn auf einen luftigen gebretterten
Boden schüttet, nicht dick auf einander bringt, und ihn, besonders im
Sommer, zuweilen umstechen läßt. Der frische Same hat aber freilich
große Vorzüge, und man kann mit 10 Pfund eben so viel ausrichten, als
mit 12 bis 15 Pfunden von älterem Samen.

11) Der Kiefernsamen wird ebenfalls durch Abbrechen der Zapfen
von der Mitte des Novembers an, bis zum Frühjahre gesammelt.
Das Ausklengen geschieht auf dieselbe Art, wie bei den Fichtenzapfen gelehrt worden ist, und auch in Betreff der Aufbewahrung
des Samens finden dieselben Vorsichtsregeln statt.

Der Scheffel = 55 Liter Samen mit Flügeln wiegt gewöhnlich 14
Pfund, ohne Flügel 52 Pfund, und das Pfund Samen enthält gewöhnlich
62,000 Körner. Beim Ausklengen erhält man aus einem Scheffel Zapfen,
worin gewöhnlich 3500 bis 4000 Stücke befindlich sind, $1^1/_5$ Pfund Samen
mit Flügeln, oder 0,85—0,93 Pfund ohne Flügel.

12) Den Lerchenbaumsamen sammelt man durch Abbrechen der
Zapfen vom Monat Februar an bis ins Frühjahr, weil die Erfahrung lehrt, daß die Zapfen, welche früher und schon im
November gebrochen werden, sich nicht so leicht ausklengen
lassen, als diejenigen, welche der Winterkälte am Baume ausgesetzt waren.

Das Ausklengen geschieht gerade so, wie bei den Fichtenzapfen gelehrt
worden, entweder durch Ofenwärme oder durch die Sonnenhitze. Doch muß
ich bemerken, daß die Lerchenzapfen den Samen weniger gerne, als andere
Nadelholzzapfen, ausfallen lassen, und daß selbst im andern Jahre noch
viel Samen ausfällt, wenn man die Ausklengung durch die Sonne bewirkt.
Man weise daher in diesem Fall die Zapfen im ersten Herbste noch nicht
weg, sondern setze sie im nächsten Frühjahre und Sommer der Sonne nochmals aus, so wird man finden, daß sie noch eine beträchtliche Menge
Samen geben. Der zuerst ausfallende Same ist aber immer der beste. [1]

Der Scheffel = 55 Liter Samen mit Flügel wiegt gewöhnlich 18—19
Pfund, abgeflügelt aber 54 Pfund. Ein Scheffel Zapfen liefert 8 Pfund
geflügelten oder 6,5 Pfund abgeflügelten Samen, und das Pfund enthält
85—90,000 Körner. Dieser Samen läßt sich einige Jahre zur Saat brauchbar erhalten, wenn man ihn auf einem luftigen, gebretterten Boden aufbewahrt

[1] Der Herausgeber hat, geleitet durch das Verhalten der Zapfen am Baume, den
Lärchensamen leicht und vollständig dadurch entzapft, daß er die Zapfen in offenen Trögen
der Witterung aussetzte, bei trockener Luft mit der Gießkanne leicht befeuchten ließ. Nach
jeder Anfeuchtung öffneten die in der Sonne wieder abgetrockneten Zapfen sich in höherem
Grade. Schon nach fünf Wochen waren die Zapfen vollständig geöffnet und entsamt. Der
sofort ausgesäete Same ließ schon acht Tage nach der Aussaat auf, er hatte
also die ersten Stadien seiner Keimung schon im Zapfen durchlaufen, so daß trotz der verspäteten Aussaat zu Anfang Juni, die Pflanzen dennoch den Jahreswuchs lange vor Eintritt
des Frostes beendet hatten. Es wird aber nothwendig sein, den auf diese Weise gewonnenen
Samen sofort zur Aussaat zu bringen, da ein vollständiges Trocknen desselben im Samenmagazin den bereits begonnenen Keimungsakt unterbrechen, die Keimkraft schwächen oder gar
aufheben würde.

und zuweilen einmal umsticht. Eine kleine Quantität kann man, wie jeden andern feinen Samen, am besten erhalten, wenn man ihn in einem groben Sacke an einem luftigen Orte aufhängt. Er ist alsdann vor Mäusefraß gesichert, und die Luft kann die groben Säcke besser durchdringen, als die feinen oder aus dicht gewobenem Zeug gemachten Säcke.

13) Die Zürbelkiefernzapfen werden in der Mitte des Oktobers abgenommen, der Sonnenwärme oder einer mäßigen Ofenwärme ausgesetzt, und auf diese Art entsamt.

Der Samen oder die Nüsse, wovon der Scheffel 45 Pfund wiegt, lassen sich nur einige Jahre lang zur Saat brauchbar erhalten. Sicherer gedeihen aber die Kulturen, wenn man den Samen alsbald im Herbste oder im nächsten Frühjahre wieder aussäen kann. Der Same liegt im Boden ein Jahr über.

14) Die Weimuthskiefernzapfen werden im September, sobald sich die Schuppen zu trennen anfangen, gebrochen.

Man setzt sie hierauf der Sonnenwärme aus, bis die Schuppen ganz eröffnet sind, und der Samen durch Erschütterung der Zapfen ausfällt. Dieser kann hernach durch Reiben zwischen den Händen abgeflügelt, in einem groben Sacke an einem luftigen Orte aufgehängt, und einige Jahre lang zur Saat brauchbar erhalten werden. Der Scheffel wiegt alsdann 51 Pfund, und das Pfund enthält 28,000—30,000 Körner.

15) Den Platanussamen sammelt man am besten erst gegen das Frühjahr.

Muß man ihn aber schon im Spätherbste einernten, so läßt man die Samenbälle so lange ganz, bis man die Aussaat im Frühjahr vornehmen will. Alsdann erst zerdrückt man sie und säet den Samen. — Auf solche Art hält sich der Samen bis zum Frühjahr besser, als wenn man die Samenbälle beim Abnehmen im Herbste schon zerdrückt. Doch muß man dafür sorgen, daß diese Bälle an einem luftigen Orte den Winter über aufbewahrt werden. Im nördlichen Deutschland wird dieser Samen selten reif, und auch im südlichen nicht immer.

16) Den Akaziensamen sammelt man im Oktober, sobald man bemerkt, daß die Körner recht hart geworden sind. Man kann die Einsammlung aber auch bis zum März aufschieben.

Man pflückt alsdann die Hülsen ab, legt sie in die Sonne oder setzt sie einer mäßigen Ofenwärme aus, bis sie aufgesprungen sind, und sucht dann den Samen entweder mit den Fingern oder im Großen durch Dreschen herauszubringen.

Der Samen bleibt einige Jahre lang zur Saat gut, wenn man ihn in einem groben Sacke an einem luftigen Orte aufhängt.

Die Einsammlung und Aufbewahrung des Samens von den übrigen Holzarten übergehe ich hier, weil davon keine große Quantität gesammelt wird, und jeder ohne Anleitung eine kleine Partie Samen wird einernten können. Ich bemerke nur, daß die in saftigen Beeren befindlichen Samenkörner am leichtesten durch Auswaschen gewonnen werden können. Man zerdrückt nämlich die Beeren, gießt Wasser darauf, und schüttet dieses, wenn sich die fleischige und saftige Masse mit dem Wasser verbunden und der schwerere Samen sich auf den Boden des Gefäßes gesenkt hat, vorsichtig ab. Dieses Aufgießen und Abschütten wiederholt man so lange, bis der Samen ganz rein erscheint.

Doch wird man finden, daß dergleichen Samen sich besser zur Saat erhalten, wenn man sie in den Beeren stecken läßt, diese auf einem luftigen Boden trocknet und so ohne weiteres im nächsten Frühjahre aussäet, in so ferne die freilich vortheilhaftere Aussaat der frischen Beeren im Herbste nicht geschehen könnte.

Auch empfehle ich sehr, jeden frisch eingeernteten Samen alsbald auf einen gebretterten luftigen Boden dünne auseinander zu bringen ihn da durch öfteres Umstechen abzutrocknen, und ihn nachher, wenn es eine kleine Quantität ist, in einem groben Sacke an einem luftigen Orte schwebend aufzuhängen. Ist die Menge des Samens aber zu groß, so schütte man ihn auf einen luftigen gebretterten Boden, der der Wärme im Sommer nicht zu sehr ausgesetzt ist, und steche ihn zuweilen um, damit frische Luft dazwischen komme. — Noch besser aber ist es, wenn man den Samen im Sommer gar nicht unterm Dache liegen läßt, sondern ihn in ein trockenes kühles Zimmer im untern Theile des Gebäudes bringt. Angestellte Versuche haben mich belehrt, daß der Samen bei solcher Behandlung ein Jahr länger zur Saat brauchbar bleibt, als in dem Falle, wo der Samen während der Sommerhitze unterm Dache auf dem Speicher liegen muß.

Bei großen Holzsamenmagazinen ist dieser Umstand sehr wichtig und sollte daher nie außer Acht gelassen werden.

2) Von der Prüfung und Beurtheilung der Güte des Holzsamens.

Wenn ein Förster vom glücklichen Erfolg seiner Waldsaaten versichert sein will, so muß er die Güte des Samens zu beurtheilen verstehen. Hierdurch wird er nicht nur in Stand gesetzt, zu bestimmen, ob der gewachsene Samen so gut ist, daß er die Einsammlung und Aussaat verdient, sondern er wird daraus auch ermessen, ob der feilgebotene Samen tauglich ist, und ob und in welchem Verhältniß an der sonst von ganz gutem Samen auf einen Morgen erforderlichen Menge ein Zusatz nöthig wird, um eine vollständige Kultur zu machen. Mangel an Kenntniß dieser Art hat die Waldeigenthümer schon oft um große Summen Geldes gebracht, und was noch schlimmer ist, ihnen die Lust zur Fortsetzung der Wald= kulturen benommen.

Ich empfehle daher aufs dringendste, den Samen vor jeder Ein= sammlung, oder vor jedem Ankaufe, oder vor jeder Kultur aufs sorgfäl= tigste zu untersuchen, und die Saat lieber aufzuschieben, als schlechten Samen zu sammeln, zu kaufen oder auszustreuen, weil dadurch nur Kosten ent= stehen und doch nichts genützt wird.

Um aber den Samen gehörig beurtheilen zu können, muß man sich bekannt machen, wie der vollkommen gute und reife Samen von jeder Holzart, sowohl von Außen als im Innern, aussieht, wie er riecht, und wie schwer ein gewisses Maß davon wiegt. Findet man nachher die Samen mit diesen

Notizen übereinstimmend, so kann man sich bei manchen sicher auf ihre Güte verlassen; bei andern aber kann weder das Alter, noch die vielleicht verderblich gewesene Ausklengungs= oder Aufbewahrungsmethode bemerkt werden.

Da nur wenige Arten von Holzsamen im Großen ausgesäet werden, und dieser Gegenstand von Wichtigkeit ist, so will ich mich noch bestimmter darüber äußern, und die Zeichen anführen, woraus wenigstens auf die Untauglichkeit des Samens bestimmt geschlossen und auch die Tauglichkeit mit ziemlicher Gewißheit beurtheilt werden kann.

1) Von dem Samen der Eichen, oder von den Eicheln.

Um die Tauglichkeit der Eicheln zu untersuchen, schneide man mehrere der Länge nach in zwei Stücke. Findet man sie nicht vom Wurm ge= stochen, ist der Kern noch gelbweiß und saftig, füllt er die hornartige Schale noch ganz aus, und erscheint der an der Spitze befindliche Wurzel= keim noch gesund und saftig, so ist die Eichel unfehlbar gut. Ist sie aber vom Wurm gestochen, oder ist der Kern in der Schale braun, blau oder schwarz geworden, oder so geschrumpfen, daß er locker darin liegt und beim Zerschneiden fast ausgedörrt erscheint, und wohl gar auch mit Schimmel überzogen ist, oder hätte sie einige Zoll lange Wurzelkeime getrieben, die nachher vertrocknet wären, so taugt die Eichel zur Saat nicht. Man spare dann die Mühe und Aussaatkosten, denn es wird keine Pflanze aufgehen.

2) Von den Samen der Buchen, oder von den Bucheln.

Bei Untersuchung der Bucheln schneide man mehrere der Länge nach entzwei. Ist der Kern noch weiß, saftig und frisch, und der in der Spitze befindliche Wurzelkeim von eben derselben Beschaffenheit, und schmeckt der Kern noch süß und mandelartig, so ist die Buchel zur Saat tauglich. Hat der Kern aber eine andere als die weiße Farbe und einen ranzigen widerlichen Geschmack angenommen, oder wäre der Kern überhaupt ganz fest zusammen getrocknet, so ist eine solche Buchel zur Saat unbrauchbar.

3) Vom Samen der Hainbuche.

Bei der Untersuchung dieses Samens schneide man mehrere Nüßchen entzwei, um zu sehen, ob sie auch Kern enthalten. Findet man dieß, so wird der Samen für gut angesprochen, und er wird gewiß aufgehen, wenn er nicht zu alt ist, welches man ihm freilich nicht ansehen kann.

4) Vom Samen der Ulme.

5) Vom Samen der Erle und

6) vom Samen der Birke.

Um die Güte dieser Samen zu untersuchen, zerschneide man mehrere Körnchen mit einem spitzen Federmesser. Findet man bei dieser Untersuchung das Kernchen mehligt, und zeigen sich beim Zerdrücken des Samens zwischen den Nägeln Spuren von öligen und wässerigen Theilen, so wird der Samen gut sein, wenn er nicht zu alt ist, das man ihm aber nicht ansehen kann. Fehlt aber die mehlige Kernsubstanz gänzlich, so taugt der Samen ganz gewiß nicht, und man spare also die Aussaatkosten.

7) Vom Samen des Ahorns.

Bei der Untersuchung dieses Samens nehme man die graubraune Schale von dem am Flügel befindlichen Samenkorne. Findet man die darunter

liegenden zusammengerollten Samenlappen schön grün, saftig und frisch, so
ist der Samen gut. Wären die Samenlappen aber von anderer Farbe, oder
so dürr, daß sie sich zwischen den Fingern zu Staub zerreiben lassen, so taugt
der Samen nicht. Doch ist die grüne Farbe der Samenlappen kein untrüg=
liches Kennzeichen der Güte dieses Samens. Auch der viel zu alte hat oft
die grüne Farbe noch, und geht doch nicht auf.

8) Vom Samen der Esche.

Um den Eschensamen zu untersuchen, zerschneidet man mehrere Körn=
chen. Findet man in ihnen die blauweißen Kernstücke noch wachsähnlich, so
ist der Samen gut; ist diese Masse aber zu stark ausgedörrt, so ist der Samen
gewöhnlich zu alt, und geht nicht auf.

9) Vom Samen der Nadelhölzer.

Bei der Untersuchung des Nadelholzsamens zerschneide man ebenfalls
mehrere Körner. Findet man sie mit vollständigen, saftigen und starkrie=
chenden derben Kernen angefüllt, so ist der Samen für gut zu halten; sind
aber die Körner fast leer, oder hat der Samen seinen eigenthümlichen Geruch
und Glanz verloren und vielleicht auch eine ungewöhnliche Farbe erhalten, so
taugt er zur Saat nicht. [1]

Dieß sind die sichersten Zeichen, woran man die Güte oder die Untaug=
lichkeit der angeführten Samen erkennen kann, wenn man sie auf der Stelle
beurtheilen muß. Sicherer wird man freilich belehrt, wenn man Zeit hat,
Versuche im Kleinen anzustellen, um aus der Menge der wirklich aufgehen=
den Pflanzen auf die Güte des Samens zu schließen. Man säet zu dem
Ende von jeder Samenart, die bald aufzugehen pflegt, und bei deren Be=
urtheilung ohnedieß keine Bestimmtheit möglich ist, eine gezählte Menge
Samenkörner in einen mit Erde gefüllten Topf oder in einen Kasten.
Diesen stellt man hierauf an einen temperirten Ort, begießt die Erde, so
oft es nöthig ist, mit lauem Wasser, und beobachtet, wie viele Samen=
körner aufkeimen. Dieses ist das sicherste Mittel, die Güte des Samens
zu erforschen, und es sollten von jeder Forstdirektion in jedem Winter mit
dem zur nächsten Frühjahrssaat bestimmten Erlen=, Birken=, Ulmen=, Ahorn=
und Nadelholzsamen dergleichen Versuche angestellt werden, um die Güte
des vorräthigen Samens genau zu prüfen, und darnach die Menge des
auf jeden Morgen auszusäenden Samens zu bestimmen. Doch werden vom
besten Samen nicht alle Körner aufkeimen. Laufen drei Viertheile oder
$^2/_3$ davon auf, so ist der Samen schon für gut zu halten; geht aber nur
die Hälfte auf, so ist er für mittelmäßig anzusprechen.

In neuerer Zeit bedient man sich zu solchen Keimversuchen dicker
Platten aus porösem Thon, in deren Oberfläche halbkuglige Vertiefungen
eingedrückt sind, die sich gleichmäßig feucht erhalten, wenn die Thon=
platten mit ihrer Unterseite in eine flache Wasserschicht gelegt und der zu
prüfende Same in die Vertiefungen der Oberseite gestreut wird. Man hat
dadurch den Vortheil, das Verhalten des Samens zu jeder Zeit beobachten
zu können.

---

[1] Dem Tannensamen schadet der gegenseitige Druck. Soll er versendet werden, so
muß dieß in Untermengung mit Hackstreu geschehen; besser noch in nicht über 10 Pfund hal=
tenden Säcken, die an der Decke eines Planwagens schwebend aufgehängt werden.

Ueberhaupt aber ist es sehr anzurathen, nur von bekannten Samenhändlern Samen zu kaufen, und die Bedingung zu machen, daß der Samen
alsbald auf einen verschlossenen luftigen Boden dünne auseinander gebracht
und erst nach Ablauf von 14 Tagen gewogen werden soll. Dadurch wird
man gesichert werden, daß man keinen absichtlich angefeuchteten und vielleicht gar mit feinem Sand vermengten Samen bekommt, und daß, wenn
er auch betrüglich angefeuchtet wäre, der Samen doch nicht verderben kann.
Sollte sich aber ein Samenhändler auf diese Bedingung nicht einlassen
können, so kann man bei Fichten, Kiefern, Lerchen und ähnlichen Samen
auf folgende Art leicht finden, ob er angefeuchtet ist oder nicht.
Man greife nämlich mit einer ganz trockenen Hand in den Samen,
drücke eine Handvoll recht fest zusammen, und eröffne nun die heraus-
gezogene Hand schnell. Fällt dann aller Samen von der Hand ab, so ist
er trocken; bleiben aber viele Körner an der trocknen Haut hängen, so ist
der Samen gewiß angefeuchtet, um seine Schwere auf eine Zeitlang zu
vermehren und den Käufer zu betrügen. Auch kann man durch das Reiben
des Samens zwischen den Händen finden, ob er mit feinem Sand vermengt ist. [1]

Viertes Kapitel.
Von der vortheilhaftesten Jahreszeit zur Aussaat der Holzsamen.

Man kann im Allgemeinen annehmen, daß diejenige Jahreszeit, wo
die Holzsamen von der Natur ausgestreut werden, die vorzüglichste Saat-
zeit ist, wenn alle übrigen Umstände ebenfalls natürgemäß
sind. Insofern aber in dieser Hinsicht Abweichungen stattfinden, so müssen
auch in jener, das heißt in Bestimmung der Aussaatzeit, Abänderungen
gemacht werden, wenn dadurch Wirkungen entstehen, die das Gedeihen der
Saat befördern. Z. B.

Im natürlichen Zustande fällt die Buchel im Herbste unter den mütterlichen Baum, sie wird mit Laub bedeckt, keimt schon im April, und wird
gegen die Spätfröste von der Mutter geschützt. Säet man aber Bucheln
im Herbste auf eine Blöße, so kommen sie zwar ebenfalls im April hervor, die Pflanzen sind aber beim ersten Spätfroste sehr häufig verloren, weil
hier der mütterliche Schutz fehlt. In jedem Falle der Art können die zärtlichen jungen Pflanzen vor Frost gesichert werden, wenn man den Samen
im Frühjahre aussäet, und dadurch bewirkt, daß die Pflanzen erst dann
zum Vorschein kommen, wenn keine Spätfröste mehr einfallen. Außerdem
können auch noch andere Umstände rathsam machen, die natürliche Aussaat
zu verändern.

Man befolge daher nachstehende, durch die Erfahrung bestätigte Regeln:
1) Die Eicheln säe man alsbald nach der Einsammlung im Herbste

---

[1] Außer dem Augenschein und der Scherbenprobe ist bei manchen Sämereien zur Beurtheilung noch geeignet: die Wasserprobe, d. h. das Einschütten des Samens in einen
Kübel mit Wasser: der volle Same fällt zu Boden, der taube schwimmt auf der Oberfläche;
die Feuerprobe, d. h. das Aufstreuen des Samens auf eine rothglühende Eisenplatte:
der taube Same verlohrt und verbrennt ruhig, der keimfähige Same platzt mit Geräusch und
springt dabei gewöhnlich etwas in die Höhe.

wieder aus, der Saatplatz mag Schutz haben oder nicht. Wenn aber zu fürchten ist, daß zahme oder wilde Schweine, Rehe oder Dächse die ausgesäeten Eicheln verzehren werden, oder wenn es ungewöhnlich viele Mäuse gibt, so verschiebe man die Saat bis ins Frühjahr, um sie gegen die Gefahr, aufgefressen zu werden, so viel wie möglich zu schützen. Auch ist die Frühjahrssaat alsdann vorzuziehen, wenn man den Eicheln keine genügend tiefe Lage im Boden geben kann. Es ist in diesem Falle zu fürchten, daß die in den Saatplätzen liegenden Eicheln erfrieren.

2) Die Bucheln säe man auf Blößen im April aus. Können aber die jungen Pflanzen Schutz von neben oder über ihnen stehenden Bäumen und Büschen haben, und tritt außerdem der Fall nicht ein, daß Schweine oder Mäuse die Saat ruiniren werden, so säe man die Bucheln im Herbste.

3) Den Hainbuchensamen säe man im Herbste oder im Frühjahre. Je früher man ihn in die Erde bringt, desto besser geräth die Saat.

4) Den Ahornsamen säe man, wenn der Saatplatz keinen Schutz hat, im Frühjahre; wenn es aber eine Einsprengung in Schläge wäre, so wähle man den Herbst zur Aussaat.

5) Den Eschensamen säe man so bald wie möglich im Herbste oder Frühjahre wieder aus.

6) Den Ulmensamen säe man entweder alsbald nach seiner Reife im Juni, oder wenn dieß nicht möglich ist, so nehme man die Saat bald im nächsten Frühjahre vor. Die Herbstsaat geräth zwar auch, doch nicht so sicher als die Frühjahrssaat. Die Junisaat liefert noch im Jahre der Aussaat die jungen Pflanzen.

7) Den Birkensamen säe man alsbald nach der Reife im Herbste oder recht bald im Frühjahre. Je früher dieser Samen in die Erde kommt und je frischer der Samen ist, desto besser geräth die Saat.

8) Den Erlensamen säe man im Herbste nach der Einsammlung oder bald im Frühjahre. Beides wird gerathen, wenn der Samen, die Behandlung und die Witterung gut sind.

9) Den Tannensamen säe man wo möglich im Herbste, sonst aber recht bald im Frühjahre.

10) Den Fichtensamen,

11) den Kiefersamen,

12) den Lerchensamen, und

13) den Weimuthskiefernsamen säe man so bald wie möglich im Frühjahre. Alle diese Nadelholzsamen können aber auch, nach meinen wiederholten und gelungenen Versuchen, im Herbste gesäet werden, und man hat von der Herbstsaat den Vortheil, daß die Pflanzen auf den der Sonne stark ausgesetzten Blößen, wo die Frühlingssaat oft fehlschlägt, im Frühjahre bald zum Vorschein kommen, und, nach meiner Erfahrung, vom Froste selten etwas leiden.

14) Den Zirbelkiefernsamen säe man entweder im Herbste oder im Frühjahre. In rauhen Gegenden aber hat die Herbstsaat Vorzüge, weil dort der Boden erst im Mai vom Schnee entblößt wird und die Pflanzen von der Frühjahrssaat zu spät hervorkommen.

15) Den Platanussamen, und

16) den Akazienfamen fäe man im Frühjahre, und

17) von den übrigen Holzarten, die aber beim Forsthaushalte im Großen keine Rückficht verdienen, fäe man den Samen zu der Zeit aus, wo er vom Baume fällt.

Fünftes Kapitel.

Von der Bestimmung der nöthigen Samenmenge auf einen Morgen.

Ein wichtiger Gegenstand bei der Waldfaat ift die richtige Bestimmung der nöthigen Samenmenge. Nimmt man zu viel, fo werden die Kosten unnöthig vergrößert, und es ift (auf schlechtem Boden t.) felbst für das Gedeihen der jungen Waldkulturen nachtheilig, wenn die Pflanzen allzudicht beifammen stehen. Nimmt man aber zu wenig Samen, fo bekommt man nicht Pflanzen genug, und es werden unter folchen Umständen Nachfaaten oder Nachpflanzungen nöthig, die oft bei weitem mehr kosten, als wenn man zur erften Saat etwas mehr Samen genommen und dadurch die Nachbefferungen vermieden hätte.

Um aber die nöthige Menge Samen bestimmen zu können, muß man wissen:

1) wie nahe die Pflanzen von jeder Holzart im erften Jahre beifammen stehen oder aufgehen müssen, um nach Abzug des erfahrungsmäßigen Abganges doch noch fo viele Pflanzen übrig zu behalten, daß der junge Wald zur rechten Zeit in den gehörigen Schluß kommen kann. Und

2) wie viele Pfunde guten Samens auf einen Morgen der Erfahrung nach nöthig find, um die erforderliche Menge Pflanzen zu erhalten.

Was den erften Punkt betrifft, fo kommt es auf die Holzart an, ob nämlich die jungen Pflanzen davon fich alsbald ftark und tief bewurzeln oder nicht, und ob fie von der Sonnenhitze oder von Insekten wenig oder viel zu leiden haben. Im erften Falle braucht man nicht fo viele Samenkörner auf eine gewisse Fläche auszustreuen, als im andern, und man wird in demjenigen Alter, wo die Kulturen allen Gefahren der Kindheit entwachfen find und den unvermeidlichen Verluft an Pflanzen erlitten haben, fowohl von der einen als der andern Holzart die nöthige Anzahl von Stämmchen auf jeder Quadratruthe finden.

Zu den Holzarten, die fich bei ihrer Entstehung und bald nachher ftark bewurzeln, und eben deßwegen durch anhaltende trockne Witterung, oder durch das Auffrieren des Bodens, oder durch Insekten weniger als andere zu leiden haben, gehören die Eichen. Auf fie folgt die Buche, dann die Ulme, die Efche, der Ahorn, die Erle, die Hainbuche, die Birke. Die Nadelhölzer aber stehen in dieser Hinficht in folgender Ordnung: Kiefer, Lerche, Fichte, Tanne.

Will man nun, daß die angefäeten Diftrikte bald in Schluß kommen follen, fo muß bei der Vollfaat jeder Quadratfuß im erften Sommer folgende Anzahl von Pflanzen wenigstens enthalten:

Hartig, Lehrbuch für Förfter. II. 10

Auf einem Quadratfuß = 0,1 ☐Mtr. Fläche.

Wenn Boden und Lage gut sind, wenigstens:			Wenn Boden und Lage ungünstig sind, wenigstens:		
Eiche	2	Pflanzen,	Eiche	4	Pflanzen,
Buche	4	„	Buche	6	„
Ulme	4	„	Ulme	6	„
Esche	4	„	Esche	6	„
Ahorn	4	„	Ahorn	6	„
Erle	6	„	Erle	8	„
Birke	8	„	Birke	10	„
Hainbuche	6	„	Hainbuche	8	„
Lerche	6	„	Lerche	8	„
Kiefer	6	„	Kiefer	8	„
Fichte	8	„	Fichte	10	„
Tanne	8	„	Tanne	10	„

Damit man aber bei sonst zweckmäßig veranstalteter Saat die so eben bestimmte Anzahl von Pflanzen wenigstens erhalte, so muß, der Erfahrung nach, diejenige Menge guten Samens auf jeden Morgen ausgesäet werden, die ich hier folgend angesetzt habe.

Samenmenge auf ¼ Hektar (genauer 0,255322 Heft.) = 1 Morgen rheinländisch (preußisch, magdeburgisch) zur Vollsaat in Neupfunden:

Eiche	448,8	Neupfund
Buche	139,7	„
Hainbuche	70,3	„
Ahorn	56,3	„
Esche	46,9	„
Ulme	23,5	„
Erle	16,8	„
Birke	33,6	„
Tanne	36,4	„
Fichte	9,3	„
Kiefer	7,4	„
Lerche	11,2	„

Kieferzapfen 12,0 Scheffel = 660 Liter.

Bei streifen= und bei platzweisen Saaten vermindert sich diese Samenmenge im Verhältniß zur Größe der verwundeten und besamten Fläche. Sind die Saatstreifen oder die Saatplätze so groß und so weit von einander entfernt, daß nur ½ oder ¼ der Gesammtfläche verwundet und besamt wird, so ist auch nur ½ oder ¼ obiger Samenmengen aufzuwenden, doch pflegt man 10 bis 25 Proc. mehr Samen aufzuwenden als die hiernach berechnete Samenmenge.

1) Wenn weniger als ⅔ der Körnerzahl sich als keimfähig erwiesen haben.

2) Je ungünstiger die Standortsverhältnisse dem Keimen und Gedeihen der Samenpflanzen sind.

3) Je größer die Summe der Gefahren ist, die den Samenpflanzen entgegentreten.

4) Je geringer die Kosten für Anschaffung des Samens im Verhältniß zu allen übrigen Kosten der Saatkultur sind.

5) Je höher die Ertragsergebnisse einer dichteren Saatkultur sich berechnen.

Diese Angaben können auch zur Bestimmung der Samenmenge für vermischte Saaten benutzt werden. Gesetzt, man wolle $1/4$ Hektar Blöße so besäen, daß nach dem Aufkeimen des Samens die jungen Pflanzen ungefähr zum Dritttheil aus Eichen, zum Dritttheil aus Buchen und zum Dritttheil aus Birken bestehen sollen, so säe man bei der Vollsaat

252 Pfund Eicheln,
 66   „   Bucheln und
 16   „   Birkensamen aus.

Doch darf man nicht glauben, daß alsdann der angesäete Wald einst bei seiner Haubarkeit in demselben Verhältniß vermischt sein werde. Nein, bis dahin, und schon im 60jährigen Alter des Bestandes, ja selbst noch früher, kann er vielleicht sehr vollkommen sein, und $1/4$ an Eichen, $1/4$ an Buchen und $2/4$ an Birken zum Bestand haben; er kann aber auch nur $1/8$ Eichen, $1/10$ Buchen und den Rest an Birken enthalten. — Bis zum 30jährigen Alter wird in den jungen Waldbeständen eine unglaubliche Menge Stämmchen unterdrückt, und man findet alsdann nur in der Entfernung von $2/3$ bis 1 Mtr. eine noch lebende, und in der Entfernung von 1 bis 2 Mtr. eine dominirende Stange. Bis zum 60jährigen Alter aber werden schon wieder viele Stämme überwachsen, und die Entfernung der dominirenden beträgt dann gewöhnlich 2 bis 3 Mtr. — im 60= oder 90jährigen Alter aber 3 bis 4 Mtr. Auch diese Erfahrungssätze, sowie auch die Beobachtung, daß diejenige Holzpflanzen, die bald nach ihrer Erscheinung eine starke Herz= oder Pfahlwurzel treiben, sich am besten conserviren, also weniger Abgang erleiden, müssen bei der Bestimmung der Samenmenge auf einen Morgen in Betrachtung kommen. — Gesetzt, man habe einen 100 Mtr. großen Distrikt durch Vollsaat zu besamen und wünsche, daß er nach Verlauf von 60 Jahren rein mit Eichen bestanden sein möchte, man könnte aber die für diesen Distrikt zu einer reinen Eichelsaat erforderlichen Eicheln nicht anschaffen, so kann der Zweck schon erreicht werden, wenn nur $1/4$ der zu einer reinen Saat erforderlichen Eicheln ausgesäet, und statt der übrigen $3/4$ entweder Birkensamen, noch besser aber Hainbuchensamen mit ausgestreut werden.[1] In diesem Fall werden zwar bei weitem mehr Birken oder Hainbuchen als Eichen aufkeimen; wenn man aber durch vorsichtiges Aushauen der Birken oder der Hainbuchen den Eichen von Zeit zu Zeit Luft zu machen sucht, so wird ein solcher Bestand, — insoferne die Eicheln gut aufgegangen waren, — gegen das 40jährige Alter, längstens aber im 60= oder 80jährigen Alter, ein ganz reiner Eichenwald sein. Auch wird man durch die bisherige Vermischung am Geldertrage nichts verloren haben, weil das Hainbuchendurchforstungsholz eben so theuer und noch theurer verkauft werden

---

[1] Wenn viele Birken mit den Eichen aufwachsen, so werden die Eichen durch den anfangs schnelleren Wuchs der Birken sehr verdämmt. Dieß hat man nicht zu fürchten, wenn Hainbuchensamen zugleich mit den Eicheln gesäet wird, weil die jungen Eichen und Hainbuchen ziemlich gleichen Wuchs haben und einander nicht unterdrücken.

kann, als das eichene, das Birkenholz aber im Preis nicht viel geringer steht, und sein Ertrag durch die Benutzung zu Faßreifen rc. an manchen Orten sehr erhöht werden kann.

Auf ähnliche Art verfährt man bei der Berechnung der Samenmenge für jede vermischte Holzsaat, und ich bemerke nur noch, daß, wenn der Samen alt und augenscheinlich nicht ganz gut ist, immer wenigstens ¼ der vorhin bestimmten Samenmenge mehr genommen werden muß, als wenn der Samen frisch und erprobt gut ist.

Sechstes Kapitel.
Von der Zubereitung der Blößen, die besamt werden sollen.

Die Zubereitung oder Vorbereitung der Blößen zur Holzsaat ist nach den Umständen sehr verschieden. Es kommen hier vorzüglich in Betrachtung:

1) die Kenntniß, wie stark der auszusäende Samen mit Erde bedeckt sein muß, und

2) auf welche Art ihm diese Bedeckung, nach Verschiedenheit der Oberfläche des Bodens, am zweckmäßigsten und zugleich am wohlfeilsten zu verschaffen ist.

Was den ersten Gegenstand betrifft, so ist im ersten Haupttheile, bei der Beschreibung einer jeden Holzart, das Nöthige schon gesagt worden, und man wird sich unter andern noch erinnern, daß in Betreff der beim Forstwesen im Großen vorzüglich wichtigen Holzarten folgende Bestimmungen stattgefunden haben:

1) die Eichel will bedeckt sein . . 3 bis 8 Ctm.,
2) die Buchel . . . . 1,5 „ 5 „
3) der Ahornsamen . . . . . 0,7 „ 1,3 „
4) der Ulmensamen . . . . . 0,5 „ 0,7 „
5) der Eschensamen . . . . . 1,4 „ 2,0 „
6) der Hainbuchensamen . . . 0,7 „ 1,3 „
7) der Birkensamen . . . . 0,3 „ 1,3 „
8) der Erlensamen . . . . . 0,3 „ 0,7 „
9) der Tannensamen . . . . . 0,3 „ 1,3 „
10) der Fichtensamen . . . . 0,3 „ 0,5 „
11) der Kiefernsamen . . . . 0,3 „ 0,7 „
12) der Lerchensamen . . . . 0,1 „ 0,3 „

Je lockerer und je trockener der Boden ist, um so tiefer, je fester und feuchter der Boden ist, um so flacher muß die Bedeckung innerhalb der verzeichneten Grenzen sein. Auf sehr trockenem Boden ist Vertiefung des Keimbettes, auf sehr nassem Boden Erhöhung desselben durch aufgetragene Erde zweckmäßig.

Was aber den andern Gegenstand, nämlich die Zubereitungsart des Bodens, betrifft, wodurch man jedem Holzsamen die nöthige Bedeckung am zweckmäßigsten und wohlfeilsten verschaffen kann, so finden folgende Methoden statt, wovon, nach Maßgabe der Beschaffenheit der Oberfläche des Bodens, und mit Rücksicht auf die örtlichen Umstände, die zweckmäßigste zu wählen ist:

1) Wenn die Oberfläche frischgepflügtes oder frischgebautes Land ist, oder

2) wenn die Oberfläche im vorigen Jahre noch gebautes
Feld war, oder

3) wenn die Oberfläche zwar seit mehreren Jahren brach
gelegen hat, aber doch von der Beschaffenheit ist, daß sie
beim Umackern und durch das Uebereggen zerfällt, so ist an
solchen Blößen vor der Saat nichts vorzunehmen, denn es kann jeder Holzsamen, wie ich im nächsten Kapitel zeigen werde, ohne weiteres darauf
gesäet und ihm die nöthige Bedeckung leicht verschafft werden.

4) Eben so wenig ist eine Vorbereitung des Bodens nöthig, wenn
die Oberfläche mit Gras, Moos und Unkraut nur so stark
bedeckt ist, daß man durch eiserne Eggen oder Rechen den
Boden aufkratzen und verwunden kann. In diesem Falle können,
außer den Eicheln und Bucheln, die meisten kleineren Samen darauf
gesäet, und nach der Aussaat vermittelst der Egge an und in die Erde gebracht werden, wie ich auch im folgenden Kapitel zeigen werde.

5) Wenn aber der Boden so stark mit Gras und anderem
Unkraut überzogen ist, daß durch Uebereggen nichts ausgerichtet werden kann, und daß selbst beim Umackern große Schollen
entstehen, die sich durch die Egge nicht hinlänglich zerreißen lassen, so muß
die Oberfläche vor der Aussaat eines jeden Samens erst gehörig
zngerichtet werden.

Dieses kann auf mehrerlei Art geschehen.

Erste Methode.

Man lasse, wo es geschehen kann, den Boden im Frühjahre umackern,
ihn im Herbste nochmals, aber ins Kreuz, pflügen, und durch eiserne Eggen
tüchtig zerreißen und zur Saat bereiten. [1]

Zweite Methode.

Man überlasse den zur Holzsaat bestimmten Distrikt auf einige Jahre
der Fruchterziehung, wodurch derselbe zur Holzkultur urbar gemacht wird.
Die Benutzung zum Fruchtbau darf aber nur ein oder zwei Jahre dauern,
weil der Boden sonst zu sehr ausgesogen werden könnte.

Auf einem so vorbereiteten Boden gerathen die Saaten und Pflanzungen
vortrefflich.

Dritte Methode.

Man lasse im Frühjahre den Rasen entweder allenthalben oder

---

[1] Kleine Flächen in Forstgärten oder Baumschulen kann man auch tief umgraben
lassen. Doch hüte man sich vor dem Riolen, wenn der Boden nachher nicht gedüngt werden
kann. Das Riolen ist nicht allein sehr kostspielig, sondern verdirbt meistens auch den Boden
für die Holzsaat, weil dadurch die gute Dammerde zu tief unterhin, und der ganz rauhe
Grund obenhin kommt. In diesem wächst nachher das junge Holz äußerst schlecht und verkrüppelt, oder stirbt wohl ganz ab, ehe seine Wurzeln die tiefer unten liegende gute Erde
erreichen können. Wird der riolte Boden aber mit etwas starken Stämmen bepflanzt, so
wachsen diese vortrefflich darin.

nur streifenweise abschälen, und, wenn er ganz dürr ist, auf kleine
Haufen bringen und verbrennen. Ist dieß geschehen, so lasse man die durch=
gebrannte Erde, die nun eine Menge Asche enthält, auf die geschälte Fläche
wieder ausstreuen, und auf diese in manchen Ländern sehr bekannte Art,
die man gewöhnlich das Hainen nennt, den Boden zur Holzkultur vor=
bereiten.

Anm. d. H. · In neuerer Zeit ist der Aschedüngung, besonders durch die Resultate der
Biermann'schen Kulturen, gesteigerte Aufmerksamkeit beim forstlichen Kulturbetriebe zuge=
wendet worden. Die Erfolge sind sehr verschieden ausgefallen, theils sehr günstig, theils
ohne irgend eine merkbare Steigerung der Fruchtbarkeit. Alles deutet darauf hin, daß die
Veränderungen, welche der mineralische Bestand des Bodens durch das Glühen erleidet, un=
gleich wichtiger sind, als die Erzeugung der Asche selbst. Durch das Glühen des Bodens
beim Verbrennen des Rasens vermindert sich die Zusammenhangskraft der mineralischen Be=
standtheile, der Boden wird lockerer, es vermindert sich die Wasseranhaltungskraft, daher die
günstige Wirkung auf kalten, näffigen Boden. Die Eigenschaft des Thons: das kohlensaure
Ammoniak der Atmosphäre einzusaugen, wird dadurch wesentlich gesteigert, daher die besonders
auf thonreichem Boden günstigere Wirkung.» Wenn aber das vollständige und starke Durch=
glühen des Bodens wesentliche Bedingung der Fruchtbarkeit einer Rasenasche ist, so wird der
verschiedene Erfolg nicht allein in der Verschiedenheit des Bodens, sondern auch in der der
Verbrennung zu suchen sein.

Vierte Methode.

Man läßt den Rasen mit dem Heidelbeer= und Heidekraut 2c. entweder
allenthalben oder streifenweise mit der Hacke abschälen, wenn
er trocken ist, die Erde abklopfen, und das Kraut= und Wurzelwerk
zur Düngung der Felder wegbringen. In manchen Ländern ist dieses die
wohlfeilste Vor= und Zubereitungsart für Holzkulturen, weil die Leute die
Arbeit recht gerne unentgeltlich verrichten, wenn man ihnen dafür die
Rasen überläßt.

Fünfte Methode.

Man lasse die Heide und das Moos 2c. mit den Händen ausrupfen,
und auf diese Art den Boden verwunden und so viel wie möglich ent=
blößen. Dadurch kann in armen Gegenden die Streu und der Dünger ver=
mehrt und an manchen Orten der Boden wenigstens für die Einsaat kleiner
Samen, die nur mit der Erde vermischt sein wollen, hinlänglich vorbe=
reitet werden.

Sechste Methode.

Man lasse die mit Gras bewachsene Fläche mit der Pflugegge (Abb.
f. S. 88) kreuzweise verwunden, die kleinen Samen nachher ausstreuen und
dann mit einem Schleppestrauche überziehen.

Siebente Methode.

Man lasse nach Maßgabe der disponiblen Kulturkosten und der ge=
wünschten Dichtigkeit des zu erzielenden Bestandes Streifen oder Plätze her=
richten und den Abraum zur Seite legen. Ist dieß geschehen, so lasse man
den Boden mit der Hacke etwas auflockern, damit nachher der eingesäete
Samen besser untergeharkt werden kann. Sollen aber Eicheln oder Bucheln
gesäet werden, so lasse man die Erde 4—6 Ctm. tief aufhacken, und aus

dem verwundeten Streifen oder Platze auf die andere Seite ziehen, um die Eicheln nach der Aussaat damit zu bedecken.

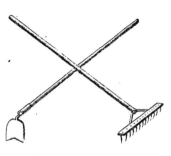

Will man die Saat streifen= weise machen, so lasse man auf der Ebene diese Streifen von Morgen nach Abend ziehen, damit die jungen Pflanzen von der nebenstehenden Heide 2c. oder wo keine Heide ist, durch die auf die Mittagsseite des Streifens oder des Quadrates zu legenden Rasen einige Be= schattung erhalten. Will man aber eine streifenweise Saat am Berge machen, so lasse man alle Streifen wagerecht oder horizontal ziehen, damit bei starken Regengüssen die Erde sammt den kleinen Pflanzen vom Wasser nicht weggerissen werde.

Ist die begraste Fläche so beschaffen, daß vermittelst des Pflugs die Streifen gezogen werden können, so kostet dieß nicht so viel, als die streifen= weise Bearbeitung vermittelst der Hacke. Der Pflug kann aber nur gebraucht werden, wenn Wurzeln und Steine die Anwendung desselben nicht hindern und Holzsamen eingesäet werden, die mit der Erde nur vermengt oder nur wenig bedeckt sein wollen, welches vermittelst einer schmalen eisernen Hacke geschehen kann. Für die Saat solcher Sämereien, die eine tiefere Bedeckung erheischen, bedient man sich, besonders auf schwerem und durchwurzeltem Boden des sogenannten Wald=

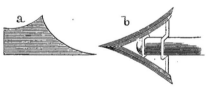

pfluges, eines sehr massiv und dauerhaft gearbeiteten Acker= pfluges, dessen Schaar aber, wie die nebenstehende Abbildung in Seitenansicht und Aufsicht dar= stellt, eine zweiwürfige ist. In diesen, bis $\frac{1}{2}$ Mtr. breiten Furchen erhält dann der ausgesäete Same (Eicheln oder Buchecker), die entsprechende Bedeckung durch eine ebenso gebaute, aber kleinere Schaar, die an die Stelle der hinweggenommenen größeren Schaar eingesetzt wird. Nach Aussaat des Samens wird mit dieser kleinen Schaar dieselbe Saatfurche ein zweitesmal tiefer aufgepflügt, der ausgestreute Same nach beiden Seiten geworfen und zugleich mit Erde bedeckt.

Achte Methode.

Wenn eine mit Heide stark bewachsene Fläche besamt werden soll, so lasse man im Sommer, bei trockener Witterung, die Heide abbrennen und nachher den abgebrannten Ort umhäckeln, damit die Asche mit der Erde vermengt werde. Man mache aber eine solche Brandoperation mit der ge= hörigen Vorsicht! Besonders versäume man nicht, an allen Seiten, wo das Feuer weit um sich greifen und Schaden thun könnte, einen 1 Mtr. breiten Streifen von der Heide bis an die Erde vorher zu entblößen, und auf jeden Fall eine hinlängliche Menge Menschen parat zu halten, die, wo es nöthig ist, das Feuer mit belaubten Zweigen sogleich ausschlagen

müssen. Sollte aber eine solche Sengung mit augenscheinlicher Gefahr ver=
bunden, auch in der Gegend nicht gewöhnlich sein, und vielleicht weit und
breit Feuerlärm verursachen, so unterlasse man sie lieber und wende von
den vorhin beschriebenen Vorbereitungsmethoden die schicklichste an.

Neunte Methode.

Wenn die zu besäende Fläche eine Sandscholle ist, auf welcher der
Wind den Sand treibt, so kann sie nicht eher mit Holz in Bestand gebracht
werden, bis der Sand beruhigt ist. Auf ebenen geschützten Flächen läßt
sich dieses zuweilen dadurch bewirken, daß man den Viehheerden den Ueber=
gang verwehrt; worauf sich die Sandfläche nach und nach mit einer dünnen
Grasnarbe überzieht, die den Sand so fest hält, daß man alle 0,3—1 Mtr.
eine Furche pflügen, diese mit Kiefernsamen besäen, und die gepflügten
Streifen mit Kiefernstrauch bedecken lassen kann. Hat aber die Sandscholle
eine hohe, unebene, dem Winde ausgesetzte und trockene Lage, so wird man
vergebens auf die gewünschte Benarbung warten. In solchen Fällen bleibt
weiter nichts übrig, als den Flugsand durch Flechtzäune, die man
Coupirzäune nennt, fest zu halten.

In diesem Falle muß man zuerst sich davon unterrichten, welche Stellen
die Ursache der Versandung dadurch sind, daß der Wind von ihnen aus
den Sand wegtreibt. Diese Stellen müssen mit Flechtzäunen so besetzt werden,
daß der Wind den Sand nicht mehr zu fassen vermag, wodurch natürlich
die Orte, auf welchen sich der weggewehte Sand ablagerte, ohne weiteres
geschützt werden. Die Coupirzäune sollen also dazu dienen, das Weg=
wehen des Sandes zu verhindern, nicht, den treibenden Sand auf=
zufangen.

Man macht diese Zäune 1—1¼ Mtr. hoch, rückt sie rechtwinklich gegen
den herrschenden Windstrich auf der Ebene 80 bis 100 Schritte, an nicht
über 10 Grad geneigten Flächen 50 bis 80 Schritte, bei 15 Grad Elevation
30 bis 50 Schritte, an noch steileren Hängen 10 bis 20 Schritte parallel
auseinander, und sucht die kleinen Vertiefungen oder Einkehlen ebenfalls
mit einem Zaune zu umgeben. Bei Verfertigung solcher Zäune wird alle
²/₃ bis ³/₄ Mtr. ein Pfahl fest in den Sand geschlagen, hierauf werden
Reiser mancherlei Art eingeflochten, und dann wird der Zaun durch Streben
gegen den Wind befestigt. Diese Arbeit läßt man im Herbste oder doch sehr
bald im Frühjahr verrichten, so lange der Sand noch feucht ist. Sind die
Zäune fertig, so läßt man, sobald wie möglich im Frühjahre, in der
Entfernung von ²/₃ bis ³/₄ Mtr. zwischen den Zäunen 12 bis 15 Ctm. tiefe
Furchen pflügen, und dieselben mit der doppelten Menge des sonst nöthigen
abgeflügelten, erprobt guten Kiefernsamens besäen und den Samen nur
0,4 Ctm. dick mit Sand bedecken. Ist auch dieses geschehen, so müssen die
besamten Furchen mit frischem Kiefernstrauch — der schon parat sein muß
— sogleich und so bedeckt werden, daß die hohle Seite der gewöhnlich
krummen Zweige nach unten kommt, und daß die abgebrochenen oder ab=
gehauenen Theile der Zweige dem gewöhnlichen Windstriche entgegen liegen.
Wäre es aber möglich, die ganze Fläche zwischen den Coupirzäunen mit
Kiefernzweigen zu bedecken, so ist dieß desto besser. In diesem Falle fängt

man die Deckung an derjenigen Seite an, wohin der Wind den Sand bisher
trieb, legt oder steckt die abgehauenen Theile der Zweige dem Windstriche
entgegen, und läßt die Zweige so legen, daß die Spitzen der zweiten Zweig-
reihe ⅓ Mtr. über die abgehauenen Theile der zuerst hingelegten Zweig-
reihe übergreift. Sollte die Sandfläche sehr abschüssig und zu befürchten
sein, daß ein heftiger Wind den Deckstrauch heben und durch einander
werfen würde, so läßt man lange Stangen über den Strauch rechtwinklich
legen und diese vermittelst Hacken befestigen.

Zur Bedeckung eines Morgens, wenn nur die Saatfurchen eine
Bedeckung erhalten sollen, sind 8 bis 10 zweispännige Fuhren Deckreisig
nöthig; soll aber die ganze Fläche dachziegelförmig bedeckt werden, so
erfordert dieses 20 bis 25 Fuhren.

Die Kiefernsaaten gerathen bei solcher Behandlung, und wenn der
Sommer nicht allzu trocken ist, oft vortrefflich und werden in wenigen
Jahren so groß, daß sie die Beweglichkeit des Sandes hindern. Sollte man
aber nach einigen Jahren, wo die aufgelegten Zweige die Nadeln verloren
haben, bemerken, daß die Kiefernpflanzen vom Sand bedeckt werden oder
durch den Sonnenbrand leiden, so muß über den dürren Deckstrauch noch
eine leichte Bedeckung mit frischen Zweigen vorgenommen werden.

Auf diese Art kann man die lockersten Sandschollen mit Kiefern in
Bestand bringen, den Flugsand immer festhalten, und von solchen Sandflächen doch noch einigen Nutzen ziehen (t.)

Dieses sind die bei der Forstwirthschaft im Großen anwendbaren Vor-
bereitungsanstalten zur Holzsaat, wovon in jedem Falle die zweckmäßigste
gewählt werden muß, wie ich im folgenden Kapitel zeigen werde.

Siebentes Kapitel.
Ueber die Vortheile und Nachtheile des dichten oder weniger dichten Säens.

Alle Holzkulturen sind mit Kosten verknüpft, und die Kosten sind um
so viel größer, je dichter man die Kulturen machen läßt. Daher ist die
Frage: wie dicht man säen und pflanzen müsse, um den bestimmten Zweck zu erreichen, von großer Wichtigkeit.

Das dichte Säen und Pflanzen hat zwar, wenn es nicht über-
trieben ist, auf den künftigen Holzertrag keinen nachtheiligen Einfluß,
weil man die zu dichten Holzbestände von Zeit zu Zeit auslichten kann;
es erschöpft aber den Kulturfond zu sehr und zieht das Kulturgeschäft überhaupt zu sehr in die Länge. Dadurch geht oft mehr Zuwachs verloren, als
man durch das sehr dichte Säen und Pflanzen zu erlangen hofft.

Aus dem Vergleich der Mehrkosten dichter Saaten mit dem Jetztwerthe
des Mehrertrages der aus ihnen zu erziehenden Bestände wird sich in den
meisten Fällen ergeben, daß die Saaten, welche dichter als 1⅓ Mtr. gemacht werden, eine unnütze Geld- und Samenverschwendung sind. Nur in
dem Falle kann es nöthig sein, die Saaten dichter zu machen, wenn magerer
Boden der Sonne stark ausgesetzt ist, und recht bald mit jungem Holze
gedeckt werden muß, um das zu starke Austrocknen des Bodens zu ver-

hindern. In solchen Fällen müssen die Saatstreifen und Saatplätze $^2/_3$ bis 1 Mtr. entfernt angebracht werden. Sonst aber wähle man immer die Entfernung von $1^1/_3$ und, wenn die Kulturkosten sehr gering sein sollen, von $1^2/_3$ Mtr. Man erspart dadurch, und wenn man die Saatstreifen schmal und die Saatplätze klein macht, unglaublich viel Samen und Geld, wie man solches aus der Tabelle B ersehen kann. Ja, es kommen bei der Forstwirthschaft Fälle vor, wo es rathsam und vortheilhaft ist, die Saatstreifen und Saatplätze noch weiter als $1^2/_3$ Mtr. entfernt anzubringen, um sehr große Blößen recht bald und mit möglichst geringen Kosten als Wald wieder nutzbar zu machen. Ich habe diesen, beim Forstwesen äußerst wichtigen Gegenstand in einer besonderen Schrift, unter dem Titel:

> Anleitung zur wohlfeilen Kultur der Waldblößen und zur Berechnung des dazu erforderlichen Kostenaufwandes,

abgehandelt, worauf ich den Leser verweise, da dieser Gegenstand hier nicht so weitläufig vorgetragen werden kann.

Achtes Kapitel.

Von der Holzsamenaussaat selbst.

Nachdem ich über alle Gegenstände, die vor der Holzsaat in Betrachtung kommen, das Nöthige gesagt habe, will ich nun auch zeigen, wie die Saat selbst veranstaltet werden muß. Ehe ich aber für jede einzelne Holzart die besondere Anweisung ertheile, muß ich noch einige Generalregeln vorausschicken.

Erste Generalregel.

Wenn eine beträchtliche Fläche besäet werden soll, so theile man dieselbe vorher in mehrere, also in kleinere Theile ab, und in eben so viele Theile bringe man auch die zur Aussaat bestimmte Samenmenge. Dadurch werden die zur Ausstreuung des Samens gewählten Leute in Stand gesetzt werden, den Samen so auszusäen, daß auf den Saatplatz allerwärts gleich viel Samen zu liegen kommt. Beobachtet man diese Vorsicht nicht, so wird gewöhnlich Anfangs der Samen entweder zu dicht oder zu einzeln ausgestreut, und erst gegen das Ende der Saat, wenn nämlich die noch zu besäende Fläche und der Samenvorrath kleiner geworden sind, und ihr Verhältniß zu einander besser beurtheilt werden kann, bemerkt man den Fehler. Findet nun der Ausstreuer, daß er nicht auslangen werde, so streut er von nun an den Samen einzelner; sieht er aber, daß er übrig behalten werde, so streut er ihn dichter aus als vorher. In jedem Fall gibt dieß aber einen ungleichen Bestand.

Eine solche Abtheilung des Samens und der Fläche ist vorzüglich nöthig, wenn Saaten streifen- oder platzweise gemacht werden. Soll aber eine Fläche überall besäet werden, und wollte man die vorhin empfohlene Abtheilung der Fläche und des darauf bestimmten Samens in kleinere Partien nicht machen, so theile man wenigstens den Samen in zwei gleiche Theile, und lasse mit der ersten Hälfte den ganzen Platz der Länge nach, und mit der andern Hälfte in die Quere besäen. Reicht dann bei der ersten Uebersaat der Samen nicht, so kann von dem Vorrath zugesetzt und der Samen bei der Uebersaat in die Quere etwas einzelner ausgestreut werden; bleibt bei der ersten Uebersaat aber übrig, so läßt man ihn bei dem Quergange etwas dichter aussäen. — Dieß ist das sicherste Mittel, um Ungleichheit bei der Aussaat des Samens zu verhindern, und man wird durch Befolgung dieser Regel bei kleinen Samen, die man auf der Erde nicht bemerken kann, auch nicht Gefahr laufen, daß schmale Streifen vielleicht gar nicht besäet werden. Sollte dieß beim Uebergang in die Länge wirklich geschehen sein, so bekommt ein solcher Streifen doch beim Uebergang in die Quere die halbe Saat, die oft schon hinreicht, um eine Nachsaat entbehrlich zu machen.

Zweite Generalregel.

Bei allen Waldkulturgeschäften muß der Förster von Anfang bis zur völligen Beendigung gegenwärtig sein und Achtung geben, daß vom Samen nichts entwendet werde, daß die Aussaat regelmäßig geschehe, und daß die Bedeckung desselben und überhaupt alle Operationen vollkommen gut gemacht werden. Der Förster soll immer die letzte Person sein, die den Saatplatz verläßt, weil ihm am meisten daran gelegen sein muß, daß die Saat geräth. — Versäumt ein Förster, die strengste Aufsicht bei den Saaten zu halten, so muß er besorgen, daß Samen aus Gewinnsucht entwendet oder vielleicht aus Bosheit vergraben wird, und daß seine Vorschriften entweder aus Leichtsinn oder aus bösem Willen und Schadenfreude sehr unvollständig oder gar nicht befolgt werden.

Mir sind dergleichen Fälle bekannt, und ich empfehle daher nochmals bei Waldkulturen äußerst vorsichtig zu sein, weil diejenigen Menschen, die man zu dergleichen Arbeiten gebrauchen muß, sehr oft recht herzlich wünschen, daß die ganze Saat verderben möge.

Nach Vorausschickung dieser Vorsichtsregeln gehe ich zur Saat selbst über.

A. Von den reinen Saaten.[1]

Bei der Eichelsaat sowohl, wie bei der Saat des Buchensamens wird das Ankeimen vor der Aussaat empfohlen. Es geschieht durch Besprengen des auf dem Boden in flachen Schichten ausgebreiteten Samens mit weichem Wasser, kurz vor der Zeit beabsichtigter Aussaat, unter häufig wiederholtem Umstechen und Wiederanfeuchten so lange, bis die weißen Keimspitzen aus den Samenkörnern hervorbrechen, worauf der Same (richtiger: die Früchte) sofort ausgesäet werden müssen. Es ist mit der Aussaat angekeimten Samens der Vortheil verbunden, daß derselbe viel kürzere Zeit im Boden liegt, daher weniger den Nachstellungen der Mäuse oder der Sauen ausgesetzt ist und daß man schon vor der Aussaat zu beurtheilen vermag, wie groß die Zahl der keimfähigen Körner ist, um danach die Stärke der Aussaat bemessen zu können. Für die Aussaat in Pflanzkämpe läßt man die Eichel etwas stärker als die

---

[1] Eine reine Saat ist in der Forstsprache eine solche, wo nur einerlei Samen ausgestreut wird.

Buchecker und so lang ankeimen, daß man den Keim abbrechen kann. Es wird dadurch die Entwickelung der Pfahlwurzel aufgehoben und eine reiche Entwickelung von Seitenwurzeln hergestellt, die in der Oberschicht des Bodens verbleiben, und eine das Umpflanzen sehr begünstigende Wurzelbildung zur Folge haben. Auch die ein Jahr über liegenden Sämereien, z. B. der Hain= buche, der Weißdorne, der Zirbelkiefer läßt man gern ankeimen, indem man sie, mit Sand untermengt, einen Fuß tief unter die Bodenoberfläche vergräbt und bis zur Keimung liegen läßt. Der sandige Boden muß aber sehr locker und nur mäßig feucht sein, da sonst leicht Stockung des Samens eintritt.

Saat der Eicheln.

Die Eicheln säet man entweder im Herbste oder im Frühjahre, und auf den 1/4 Hektar sind bei der Vollsaat 4488 Pfund erforderlich. Siehe Seite 146.

1) Wäre der anzusäende Distrikt gebautes, oder nach Nr. 3 im vorigen Kapitel gehaintes Land, oder von solcher Beschaffenheit, daß der Boden beim Umpflügen und Eggen zerfällt, so säe man die Eicheln recht gleich ver= theilt aus, lasse dann den Distrikt so schmalfurchig und so wenig tief wie möglich umpflügen, und nachher kreuzweise so lange übereggen, bis die Erde, so viel sich's thun läßt, in kleine Brocken zerrissen ist.

Wenn man Arbeiter hat, auf die man sich vollkommen verlassen darf, so kann man die Eicheln auch hinter dem Pfluge einstreuen lassen. Man wird dadurch aber an Arbeitslohn nichts gewinnen, und die Gleich= heit der Aussaat weniger leicht bewirken, als wenn man die Eicheln vor der Umackerung ausstreuen läßt und nachsehen kann, ob die Eicheln gleich vertheilt sind. Bei vermischten Saaten hingegen ist das Einstreuen der Eicheln hinter dem Pfluge anwendbar, besonders wenn nicht der ganze Distrikt umgepflügt, sondern nur streifenweise mit Eicheln, der übrige Zwischenraum aber mit einer Holzart in Bestand gebracht werden soll, deren Samen in frisch umgepflügtes Land nicht gesäet werden darf.

Will man Roggen oder Winterkorn [1] mit aussäen, wodurch, wenn der Boden gut ist, ein beträchtlicher Vortheil entstehen kann, so darf nur die Hälfte oder 3/4 der gewöhnlichen Aussaat genommen, und das Korn muß im Sommer mit sorgfältiger Verschonung der jungen Eichen abgeschnitten werden. — Eine solche Mitsaat des Roggens schadet den jungen Eichen nicht, und nützt oft durch die Beschattung.

Ich habe auf diese Art sehr große Eichenansaaten machen lassen, die vortrefflich gelungen sind. — Meistens wurde der Boden nach Nr. 3 im vorigen Kapitel gehaint, und nachher mit Eicheln und Roggen besamt. — In fruchtarmen Gegenden verstehen sich die Leute sehr gern dazu, den Boden unentgeltlich zu hacken und zu brennen, wenn man ihnen erlaubt, daß

[1] Bei einer vor einigen Jahren in unserem Elme ausgeführten Freisaat von Eichen wurde als Getreidemitsaat Hafer und Staudenroggen verwendet, und zwar pro Hektar 170 Liter, bestehend aus einem Gemenge von 7/8 Hafer und 1/8 Staudenroggen. Nachdem im Sommer nach der Frühjahrsaussaat der Hafer geerntet, blieb alle 15 Centimeter eine Roggenstaude, die bis zur Roggenernte im zweiten Sommer einen günstigen Grad des Boden= schutzes bewirkten.

sie die mit Eicheln besamte Fläche mit Roggen übersäen und das Getreide ernten dürfen. Sie sammelten mir sogar die Eicheln unentgeltlich, und verrichteten auch alle übrigen mit der Kultur verbundenen Arbeiten gegen den Genuß der Frucht, die gewöhnlich schöner als im Felde wurde, und manche arme Familie aus einer großen Verlegenheit zog. — Viele hundert Hektar habe ich auf solche Art besamen lassen, ohne daß es den Waldeigenthümer das Mindeste kostete.

Hat man die Absicht, den Kulturort nur streifenweise mit Eicheln zu besäen, um Samen und Kosten zu sparen, so läßt man in beliebiger Entfernung zwei oder drei Furchen dicht neben einander pflügen und die Eicheln hinter dem Pfluge so einstreuen, daß auf den Meter einer jeden Furche 15 bis 20 Eicheln zu liegen kommen. In die letzte offen bleibende Furche kann dann ein anderer Samen, der weniger Erdbedeckung erfordert, gesäet und durch eiserne Harken mit Erde, so viel nöthig ist, bedeckt werden. Auch läßt man die gepflügten Streifen mit den Harken etwas überkratzen, damit nur die größten Erhöhungen der Furchen etwas abgestoßen werden.

2) Wäre aber die Oberfläche von solcher Beschaffenheit, daß durch das Umpflügen große Schollen entstehen, die sich durch die Egge nicht klein reißen lassen, und wäre auch das vorhin beschriebene Hainen nicht möglich, so muß der Saatplatz streifenweise oder platzweise verwundet und aufgehackt werden, wie ich im sechsten Kapitel unter Nr. 7 gelehrt habe. Ist dieß geschehen, so säet man die Eicheln, wovon man in diesem Falle bei weitem weniger, und nur die in der Tabelle B bestimmte Menge braucht, in die Streifen oder Plätze, und bedeckt sie mit der zur linken Seite liegenden Erde; das auf der rechten Seite befindliche Gras und Wurzelwerk aber läßt man neben liegen und verfaulen, weil es sonst wieder anwachsen und den jungen Eichen in der Folge schaden könnte.

3) Will man hingegen Eicheln einzeln in die Schläge säen, und, wie man sagt, unter- oder einsprengen, so stellt man mehrere mit breiten Hacken und einem angehängten Beutel oder einer Schürze voll Eicheln versehene Arbeiter in der Entfernung, wie man wünscht, daß die Eichen aufkeimen möchten, in eine Reihe. Hierauf läßt man jeden eine kleine Fläche von ungefähr 15 bis 20 Ctm. im Quadrat 5 bis 6 Ctm. tief auflockern, 3 bis 4 Eicheln hineinwerfen, und die klar zerhackte Erde wieder darauf bringen. Ist dieß geschehen, so läßt man die Arbeiter beliebig weit fortrücken und die vorhin beschriebene Operation so lange wiederholen, bis der ganze Schlag mit Eicheln eingesprengt ist. Wäre aber die Oberfläche so locker, daß man mit der Hacke eine kleine Vertiefung kratzen oder scharren kann, so lasse man in diese Vertiefung 2 oder 3 Eicheln werfen und die Erde darüber her stoßen. Beide Verrichtungen gehen sehr schnell von Statten,

 und man kann mit wenigen Eicheln oder auch anderen Samen große Strecken durchsprengen.

Oder man steche mit einem spitzigen Instrumente kleine, 6 bis 8 Ctm. tiefe Löcher in die Erde, werfe in jedes eine Eichel, und fülle diese Löcher mit Erde, die man mit dem Fuß zusammen scharrt, wieder voll. [1]

Saat der Bucheln.

Die Buchelsaat kann entweder im Herbste oder im Frühjahre vor= genommen werden. Auf ¼ Hektar braucht man zur Vollsaat 130 Pfund guten Samen, bei Streifen und Plätzen aber viel weniger.

Bei der Saat selbst geht man zu Werk, wie bei der eben beschriebenen Eichelsaat, nur mit dem Unterschied, daß man, wo gepflügt werden kann, den Boden zuerst umpflügen, dann die Buchel ausstreuen und nachher die Fläche in die Quere stark übereggen läßt, damit die Bucheln nicht tiefer als 3 bis 6 Ctm. unter lockere Erde zu liegen kommen. Eben deßwegen läßt man auch für die Buchelsaat die Streifen und Plätze nur so tief auflockern, daß die so eben bestimmte Bedeckung möglich wird.

Die streifenweise oder platzweise Saat und die Einsprengung werden eben so gemacht, wie bei der Eichelsaat gelehrt worden ist.

Da die Buche, besonders so lang sie noch die Samenlappen an sich trägt, sowie überhaupt in den 5 bis 6 ersten Lebensjahren gegen Frost empfindlich ist, und auch durch zu starke Sonnenhitze oft Noth leidet, so ist es nützlich, im Fall man freiliegende Orte mit Buchen durch Saat kultiviren will, 4 bis 5 Jahre vorher einen solchen Platz in der Entfer= nung von 1⅓ Mtr. streifenweise mit Kiefernsamen zu besäen, und wenn die Kiefern 1—1⅓ Mtr. hoch sind, die Bucheln platzweise oder streifen= weise dazwischen zu säen. Doch darf man nicht versäumen, die Kiefern in der Folge wegzunehmen, ehe sie die jungen Buchen verdämmen. Ueber=

---

[1] Ein gutes Instrument, um die Löcher zur Eichelsaat zu stechen, besteht in einem 15 Centmtr. langen, am breiten Ende 5 Centmtr. dicken, unten aber spitzen verstählten Kolben, der vier so stark vertiefte Furchen hat, daß der wagerechte Durchschnitt dieses Kol= bens einem vierstrahlichten Sterne ähnlich sieht. Dieser sternförmige spitze Kolben steht mit einer 25 Centmtr. langen und 3 Centmtr. dicken eisernen Stange in Verbindung, oder ist vielmehr der unterste Theil derselben, und die Stange hat oben eine 15 Centmtr. lange Hülse, um einen 6 Centmtr. langen hölzernen Stiel, der oben mit einem 30 Centmtr. langen Quer= holze, wie ein Zimmermannsbohrer, versehen ist, hineinstecken zu können. — Wem dieß Instrument zu theuer sein sollte, der kann es auch von recht hartem Holze schnitzen lassen. Für geringen Preis kann man sich dann viele solche Saatbohrer verschaffen.

Wenn man mit diesem Instrumente in die Erde sticht, und den sternförmigen Kolben umdreht und herauszieht, so entsteht dadurch ein mit lockerer Erde zum Theil ausgefüllter trichterförmiger leerer Raum, der zum Aufnehmen der Eichel sehr geschickt ist, und mit der beim Herausziehen des Kolbens neben das Loch gefallenen Erde, vermittelst des Fußes, völlig ausgefüllt werden kann.

An Orten, wo wilde Sauen, Rehe, Dächse und Mäuse sind, ist diese Methode deß= wegen empfehlungswerth, weil diese Thiere die auf solche Art in die Erde gebrachten Eicheln nicht so leicht finden, als wenn diese Operation vermittelst der Hacke gemacht worden ist.

Auf bindigem Boden verfehlt der Stern jedoch keinen Zweck, da die Erde zwischen den Furchen kleben bleibt und der Stern davon jedesmal befreit werden müßte, was die Arbeit sehr vertheuern würde. Ein kegelförmiger Kolben ohne Furchen thut hier dieselben Dienste.

haupt aber dürfte es in einem solchen Falle besser sein, statt der Buche eine andere Holzgattung zu wählen.

Saat des Hainbuchensamens.

Den Hainbuchensamen säet man entweder im Herbste oder im Frühjahre. — Auf den $1/4$-Heft. sind zur Vollsaat 70 Pfund abgeflügelter Samen nöthig.

1) Wenn der Saatplatz gepflügtes Land ist, so streut man den Samen mit Roggen oder Hafer vermischt aus, und läßt den Platz übereggen, daß der Hainbuchensamen eben so tief unter die Erde kommt, wie man den Roggen zu bedecken pflegt. Hierdurch kann man, ohne der Hainbuchen= tultur zu schaden, einen zuweilen nicht unwichtigen Vortheil von der Frucht haben.

2) Wäre aber die Oberfläche des Saatplatzes altes Bauland, oder überhaupt von der Beschaffenheit, daß der Samen vermittelst einer eisernen Egge an die Erde gebracht werden kann, so säe man den abgeflügelten Samen aus und lasse die Oberfläche mehrmals kreuzweise übereggen. Ist dieß geschehen, so lasse man wo möglich die besamte Fläche durch Hornvieh und Schafe tüchtig zusammentreten, und lege sie dann in Hege.

3) Sollte die Verwundung des Bodens vermittelst der Egge nicht möglich sein, und dieser Zweck durch das Ausrupfen der Heide und des Mooses erreicht werden können, so lasse man diese Operation machen, streue nachher den Samen aus, und lasse den Saatplatz mit Hornvieh oder Schafen mehrmals in geschlossener Heerde übertreiben, um den Samen dadurch beitreten zu lassen.

4) Ist aber die Oberfläche von der Art, daß alles vorige keine An= wendung finden kann, so lasse man dieselbe streifen= oder platzweise nach Nr. 7 im sechsten Kapitel verwunden. Nachdem solches geschehen, säe man den Samen auf die etwas aufgelockerten Streifen oder Plätze, und lasse ihn vermittelst eiserner Rechen oder Harken, wovon in jedem Forstreviere wenigstens 6 oder 12 Stück auf herrschaftliche Kosten ange= schafft werden und immer vorräthig sein sollten, 0,3—0,6 Ctm. tief unter die Erde bringen.

Bei platzweiser Verwundung des Bodens sind die sogenannten Kamm= saaten unter Umständen empfehlenswerth. Für ihre Herstellung werden die Plätze nach der Sonnenseite hin etwas stärker vertieft, so daß sie im Süden mit einem erhöhten Rande abschließen, an dessen Fuß eine schmale Rille zur Aufnahme des Samens gezogen wird, der übrige Theil des Platzes unbesäet bleibt und nur der Abhaltung des Wuchses der Gräser und Unkräuter dient. Die vertiefte Lage der Saatrille und die Erdwand im Süden, die nöthigenfalls durch aufgebauten Abraum noch erhöht werden kann, sichern dem Samen einen höheren Feuchtigkeitsgrad und schützen die auflaufenden Pflänzchen vor zu starker Wirkung der Mittagssonne. Die Größe der Plätze bemißt sich nach der Verbreitungsgeschwindigkeit des dem Platze benachbarten Unkrautwuchses und muß die Pflänzchen so lange vor dem andringenden Unkraut schützen, bis sie der Verdämmung durch dasselbe entwachsen sind. t.

Saat des Ahornsamens.

Den Ahornsamen säet man entweder im Herbste oder im Frühjahre. Auf den Morgen sind zur Vollsaat 94 Pfund Samen erforderlich.

1) Ist der Saatplatz erst frisch gepflügt, so streut man den Samen im Herbste mit Roggen oder im Frühjahre mit Hafer vermischt darauf, und läßt die Oberfläche mit einer Egge überziehen, daß der Samen 1,3 Ctm. lockere Bedeckung erhält. Ist dieß geschehen, so läßt man die Frühjahrs= saat auch noch überwalzen, damit die Erde etwas festgedrückt wird, um die Feuchtigkeit besser zurückhalten zu können.

2) Wäre aber der Boden kein frischgepflügtes Land, so lasse man die Oberfläche streifen= oder platzweise nach Nr. 7 des sechsten Kapitels verwunden, die Erde etwas auflockern, den Samen hineinsäen, und ver= mittelst eiserner Rechen 0,7—1,4 Ctm. dick mit Erde bedecken.

Saat des Eschensamens.

Der Eschensamen kann im Herbste oder Frühjahre gesäet werden. Auf ¼ Hekt. braucht man zur Vollsaat 50 Pfund. Man säet diesen Samen gerade so, wie den Ahornsamen. Nur ist das Ueberwalzen nicht nöthig, weil die Pflanzen meistens erst im andern Jahre erscheinen, bis wohin sich die Erde ohnehin zusammengesetzt haben wird. Daß die Eschen= saaten selten gelingen, wenn man die Pflanzen vom Unkraut nicht befreien kann, habe ich im ersten Haupttheile, bei der Beschrei= bung dieser Holzart schon bemerkt. In Buchen= oder Eichendunkelschlägen, wo die Laubdecke das Gras zurück hält, gerathen die eingesprengten Eschen= saaten am besten.

Saat des Ulmensamens.

Den Ulmensamen säet man entweder im Juni, alsbald nach der Einsammlung, oder im Frühjahre. Auf ¼ Hekt. sind zur Vollsaat 24 Pfund Samen nöthig, weil darunter gewöhnlich viele untaugliche Körner sind.

1) Ist das Land gepflügt oder gegraben, so streut man den Samen darauf, und sucht ihn durch Ueberschleppung einer umgekehrten Egge, im Kleinen aber vermittelst eines hölzernen Rechens, mit der Erde nur so viel zu bedecken, daß man den Samen nicht mehr sehen kann. Ist dieß geschehen, so läßt man die Saat überwalzen, im Kleinen aber leicht eintreten.

2) Wäre hingegen die Oberfläche kein gebautes Land, so muß sie nach Nr. 7 des sechsten Kapitels streifen= oder platzweise verwundet, der Samen darauf gesäet und vermittelst einer eisernen Harke mit der Erde nur wenig bedeckt werden.

Saat des Erlensamens.

Den Erlensamen kann man im Herbste oder im Frühjahre aussäen. Auf einen ¼ Hekt. sind zur Vollsaat 17 Pfund Samen erforderlich. Man macht aber die Saaten gewöhnlich nach Nr. 7 streifen= oder platzweise.

Die Aussaat selbst geschieht, wie soeben bei der Ulmensaat gelehrt worden ist.

Ist die Blöße, welche besäet werden soll, mehr naß als feucht, so ist es vortheilhaft, schmale Beete von 4 bis 6 Furchen in beliebiger Entfernung pflügen zu lassen, diese vermittelst der Egge oder eisernen Harken etwas zu ebnen, dann mit Erlensamen zu besäen, und diesen etwas weniges mit Erde zu bedecken. Auf diesen erhöhten Beeten wachsen die jungen Erlen besser, als in den gehackten Streifen oder Plätzen, worin sich das Wasser oft zu viel sammelt, und besonders im Winter nachtheilig wird.

Ist der Boden sehr zum Auffrieren geneigt, so muß man den Samen durch bloßes Aufkratzen des Bodens mit eisernen Harken unterzubringen suchen.

Saat des Birkensamens.

Man kann den Birkensamen im Herbste oder auch im Frühjahre säen. Auf $1/4$ Hekt. sind zur Vollsaat 34 Pfund Samen nöthig, weil die Schuppen den größten Theil des Gewichtes ausmachen.

1) Wäre der Saatplatz gebautes Land, so besäet man es zuvor auf die gewöhnliche Art mit Roggen oder Hafer, streut den Birkensamen darauf, und überzieht die Fläche mit einer verkehrt gelegten Egge oder mit einem Dornbusche und auch mit einer Walze, wenn die Saat im Frühjahre gemacht wird.

2) Ist hingegen die Oberfläche mit Moos, kurzer Haide und Gras bewachsen, und so beschaffen, daß man sie mit eisernen Eggen verwunden kann, so streut man den Samen bei windstillem Wetter aus, und läßt die Oberfläche mit eisernen Eggen oder mit eisernen Rechen so viel wie möglich verwunden.

3) Wäre aber die Haide und das Moos 2c. zu lang, als daß auf die eben erwähnte Art eine Verwundung stattfinden könnte, so lasse man die Haide und das Moos zu Streu abhacken und wegbringen oder man lasse den Platz kreuzweise mit der Pflugegge überziehen, den Samen nachher ausstreuen, und die ganze Fläche im ersten Fall mit einer eisernen Egge oder mit eisernen Harken tüchtig überkratzen, im andern Fall aber mit einem Schleppebusch überziehen.

4) Fänden aber alle vorhin angeführten Methoden keine Anwendung, so muß die Oberfläche streifen- oder platzweise nach Nr. 7 im sechsten Kapitel verwundet, der Samen darauf gesäet und vermittelst eiserner Harken mit der Erde vermengt werden.

Auf Boden, der frisch oder feucht ist, gerathen die Birkensaaten sehr gut, auf trockenem Boden aber gedeihen sie oft nicht nach Wunsch.

Saat des Tannensamens.

Die Aussaat des Tannensamens kann im Herbste oder auch bald im Frühjahre und bis zu Ende des Mai's vorgenommen werden. Auf $1/4$ Hekt. sind zur Vollsaat 36 Pfund abgeflügelter Samen nöthig.

1) Will man frisch gepflügtes Land besäen, so streut man den Samen im Frühjahre aus, und läßt die Fläche, zur nöthigen Beschattung der Tannen auch noch mit Hafer besäen. Ist dieß geschehen, so eggt man beide Samen einen Viertels- bis einen halben Zoll tief unter, überwalzt die Oberfläche, und läßt im Herbste den Hafer vorsichtig abschneiden.

Doch wird man finden, daß die auf frisch gepflügtes Land gemachte Nadelholzsaaten oft nicht gelingen, weil der aufgelockerte Boden bald abtrocknet und im Winter oft vom Frost gehoben wird. Man kann sich daher nur auf schwerem Boden und wenn die Oberfläche bis zum Winter etwas mit Moos und Gras bewächst — wie solches in rauhen Gegenden oft der Fall ist — einen glücklichen Erfolg von einer solchen Saat versprechen. Ueberhaupt aber hüte man sich sehr, solchen Boden aufpflügen oder aufhacken zu lassen, der gern auffriert. Alle im Sommer erwachsenen Pflanzen werden sonst im Winter vom Froste ausgezogen und verdorben. Dieses schädliche Auffrieren hat man da zu erwarten, wo die erste Erdschichte seicht ist und aus leichter Stauberde besteht, die eine Thonlage oder andere bindende Erde unter sich hat. Bei Regenwetter schluckt dann die Stauberde vieles Wasser in sich, das wegen des zu bindenden Untergrundes, nicht weiter eindringen kann, sondern meistens lange in der Stauberde sich aufhalten muß. Fällt nun unter solchen Umständen Frost ein, so werden die Wassertheilchen ausgedehnt und die Erde wird sammt den kleinen Holzpflanzen gehoben. Entsteht endlich Thauwetter, so schmilzt natürlicherweise das Eis, der Boden sinkt in seine frühere Lage zurück und die Holzpflanzen bleiben entweder ganz, oder zum Theil ausgezogen, auf der Oberfläche liegen und verderben.

2) Wäre der Boden mit Moos, dünn stehender Haide, schwieligem Gras ꝛc. bewachsen und so beschaffen, daß sich die Oberfläche durch eiserne Eggen oder Rechen verwunden läßt, so säe man den Samen aus, und lasse den Boden mit eisernen Eggen oder Rechen recht stark überkratzen, damit der Samen an die wunde Erde kommt und vom Moose eine Bedeckung erhält.

3) Kann dadurch aber keine Bedeckung mit Moos bewirkt werden, so muß die Oberfläche streifen= oder platzweise verwundet, die Erde 3—5 Ctm. tief aufgelockert, der Samen darauf gestreut und vermittelst eines eisernen Harken $^2/_3$—$1^1/_3$ Ctm. dick mit der Erde bedeckt werden.

Die Menge des zur streifen= oder platzweisen Kultur erforderlichen Samens kann man aus der Tabelle B ersehen.

Am besten gelingen die Tannensaaten, wenn der Saatplatz durch darauf stehende Bäume noch etwas beschattet ist.[1] Ich habe daher, wenn ich einen schlechten Laubholzbestand in einen Tannen= oder auch in einen Fichtenwald umformen wollte, den Bestand so viel wie möglich dunkel stellen, den Tannen= oder Fichtensamen hineinsäen, und die noch mit Laub und Moos bedeckte Fläche mit eisernen Rechen tüchtig überkratzen und verwunden lassen. In einer solchen Beschattung geht der Samen gewöhnlich schön auf, und die jungen Pflanzen erhalten sich vortrefflich, wenn man nach 2 oder 3 Jahren eine Auslichtung und einige Jahre später den völligen Abtrieb des Laubholzes vornehmen läßt.

Saat des Fichtensamens.

Den Fichtensamen säe man im Frühjahre, sobald nur der Schnee abgegangen ist, denn die frühen Saaten haben fast immer den Vorzug vor

---

[1] Tannensaatkämpe sind in 15—20 Mtr. breiten Streifen am Nord= und Nordwestrande stehender Orte anzulegen. Auf keine Holzart äußert der Seitenschutz in dieser Richtung eine so günstige Wirkung, wie auf die Tanne.

den später gemachten. Der Fichtensamen kann aber auch noch bis Ende Mai, und, wie ich schon oben im vierten Kapitel gezeigt habe, selbst im Herbste gesäet werden.

Auf ¼ Hekt. sind zur Vollsaat 10 Pfund abgeflügelter Samen nöthig. Bei der Aussaat dieses Samens sind dieselben Regeln zu beobachten, die ich so eben bei der Saat des Tannensamens angeführt habe. Ich will sie daher nicht wiederholen, sondern nur noch bemerken, daß der Fichtensamen ⅓—⅔ Ctm. dick mit Erde bedeckt sein muß. Auf steinigem Boden, oder wo die Stöcke nicht gerodet werden, läßt man die Saatplätzchen zum Theil nahe an große Steine, oder an die Stöcke, und zwar auf die Winterseite derselben machen, damit die jungen Fichten dadurch beschattet werden und desto besser wachsen. An steilen Bergseiten läßt man die Saatplätzchen Treppenstufen ähnlich hacken, damit der Samen bei starkem Regen nicht weggeschwemmt werde.

Da die jungen Fichten den abwechselnden Schatten einige Jahre lang sehr lieben, so gerathen die Fichtensaaten vorzüglich gut, wenn man solche Laubholzbestände, die man in Fichtenwald umwandeln will, ebenso wie ich bei der Tannensaat beschrieben habe, in einen etwas lichten Besamungs- schlag stellt, den Fichtensamen ausstreut und mit eisernen Harken unter das Laub und Moos oder in die Erde bringen läßt. Die Schattenbäume müssen aber nach 2 oder 3 Jahren gelichtet und die jungen Fichten nach und nach ganz ins Freie gebracht werden, ehe ihnen durch das Wegnehmen der Schattenbäume geschadet werden kann.

Saat des Kiefernsamens.

Der Kiefernsamen kann alsbald nach dem Abgang des Schnees und bis zu Ende des Maimonats gesäet werden. Doch haben die früh gemachten Saaten fast immer auffallende Vorzüge. Selbst die im Herbste gemachten Kiefernsaaten gelingen sicher, obgleich sie im Großen nur mit vorjährigen Samen ausgeführt werden können.

Zur Besamung von ¼ Hekt. sind bei der Vollsaat 7 Neupfund ab- geflügelter Samen nöthig. Man kann aber auch einige Pfunde weniger nehmen, wenn der Samen vorzüglich gut sein sollte und dafür gesorgt wird, daß der Samen die gehörige Bedeckung erhält.

Bei der Aussaat des Kiefernsamens sind alle Regeln anzuwenden, die ich bei der Tannen- und Fichtensaat empfohlen habe. Nur darin findet eine Ausnahme statt, daß der Kiefernsamen nur 0,5—0,7 Ctm. mit Erde bedeckt sein will und daß die jungen Kiefern den Schatten nicht länger als einige Jahre ertragen können. Wenn man also Kiefernsamen in einen mit Ober- holz noch bestandenen Schlag gesäet hat, so muß man nach Ablauf einiger Jahre alle Bäume wegnehmen und die jungen Kiefern ganz ins Freie bringen. — Auch bemerke ich noch, daß die Saatstreifen und Saatplätzchen auf Sandboden 8—10 Ctm. tief sein müssen, damit die jungen Pflänzchen im Schutz stehen, von dem oft darüber herwachsenden Grase nicht zu stark gedrückt werden und ihre Wurzeln tiefer unter der leicht abtrocknenden Ober- fläche austreiben können.

Außer der Saat mit ausgeflengtem Samen werden im Preußischen sehr viele und fast die meisten Kiefernkulturen mit **Kiefernzapfen** oder wie man sie hier nennt, **Kiefernäpfeln** gemacht. Man streut im Früh=jahre die Kiefernzapfen in die mit der Hacke oder dem Pfluge gemachten Rinnen oder Plätze und läßt nachher, sobald die Zapfen durch die Sonnen=wärme aufgesprungen sind, dieselben ohne Aufschub, vermittelst stumpfer Besen oder, welches **besser ist**, vermittelst eiserner Harken oder Rechen tüchtig hin= und herstoßen oder wenden, damit der Samen herausfalle und mit der Erde vermengt und **etwas bedeckt** werde.

Gewöhnlich streut man bei der Vollsaat 10 bis 12 Berliner Scheffel, à 55 Liter, vermittelst einer Wurfschaufel auf $\frac{1}{4}$ Hekt. aus, welches auf den Normalmorgen ungefähr 15 Scheffel beträgt. Man kann aber auch mit $\frac{2}{3}$ dieser Menge ausreichen, wenn die Zapfen gut sind. Saaten der Art ge=rathen vorzüglich, wenn man sie auf Land vornimmt, das im Jahre vor=her noch mit Frucht bestellt war. Man läßt dann die Zapfen bald im Frühjahre recht egal ausstreuen und sobald sie durch die Sonnenhitze auf=geplatzt sind, vermittelst einer eisernen Egge, an die man einen leichten Dorn=busch oder sonst einen leichten Strauch bindet, kreuzweise übereggen, damit der Samen aus den Zapfen fällt und mit Erde etwas bedeckt wird. Kann bei fortdauerndem Sonnenschein dieß übereggen einige Tage nachher wiederholt werden, so ist es desto besser und es fällt dadurch aller Samen aus den Zapfen.

Wenn die Witterung günstig ist, der rechte Zeitpunkt zum Wenden nicht versäumt und dem ausgefallenen Samen **durch die Harke** etwas Bedeckung mit Erde verschafft wird, so gerathen dergleichen Saaten vor=trefflich. Wenn aber im Frühjahr lang anhaltendes Regenwetter einfällt, welches für die mit ausgeklengtem Samen gemachten Kulturen sehr günstig ist, so mißlingen die Zapfensaaten gewöhnlich, weil sich die Zapfen nur theilweise aufschließen, auf sandigem Boden oft großentheils oder ganz mit Sand bedeckt werden oder auch in die geöffneten Schuppen so viel Sand geschwemmt wird, daß dadurch der Same am Ausfallen verhindert wird.

Saat des Lerchenbaumsamens.

Der Lerchensamen kann vom Abgang des Schnees an bis zu Ende Mai und selbst im Herbste gesäet werden. Die recht bald im Frühjahre gemachten Saaten haben gewöhnlich den Vorzug.

Auf den $\frac{1}{4}$ Hekt. sind zur Vollsaat 11—12 Pfund abgeflügelter Samen nöthig, weil er gewöhnlich viele untauglichen Körner enthält.

Die Aussaat selbst wird gemacht, wie bei der Kiefernsaat gelehrt worden ist. Da aber dieser Samen noch zur Zeit etwas theuer ist, so kann man wohlfeiler zum Zwecke kommen, wenn man 3 bis 4 Pfund Lerchensamen und 8 Pfund Kiefersamen wohl untereinander mischt und aus=säet. Hierdurch entstehen so viele Lerchenpflanzen, daß gegen das 60jährige Alter des Bestandes oder längstens im 80jährigen Alter desselben ein reiner Lerchenwald dastehen wird, wenn man die Lerchen, die in der Jugend ge=wöhnlich dominiren, bei den Durchforstungen vorzüglich begünstigt.

Will man aber aus wenigem Samen recht viele Lerchenstämmchen er=ziehen, um damit **Anpflanzungen zu machen**, so kann dieses auf folgende Art am sichersten geschehen.

Man wähle im Garten einen der Sonne beständig ausgesetzten Platz, der recht guten Boden hat. Diesen lasse man umgraben und von allen Unkrautwurzeln sorgfältig reinigen. Hierauf theile man ihn in gewöhnliche Länder von 1,6 Mtr. Breite ab. Ist dieß geschehen, so zeichne man 5 gleich weit von einander entfernte Streifen auf jedes Land, trete diese Streifen etwas fest und besäe sie stark mit Lerchensamen. [1] Diesen bedeckt man nun 0,4 Ctm. dick mit lockerer Erde und oben darauf lege man eine dünne Decke von verrupftem Moos. Sollte es nöthig sein, so begieße man die Saat mit gestandenem oder nicht zu kaltem Wasser, befreie sie von Unkraut, sobald nur hie und da etwas zum Vorschein kommt und bedecke die jungen Pflanzen im Herbste vor eintretendem Froste mit Laub. — Schon im nächsten Frühjahr oder Herbste nehme man die kleinen Pflänzchen heraus, setze sie auf gegrabenes gutes Land einen Fuß weit auseinander und gieße sie nach dem Einsetzen alsbald an. Dieses Begießen wiederhole man, so oft es nöthig ist, und halte die Pflanzung von Unkraut immer rein, so wird man an dem schnellen Wuchs der Pflänzlinge seine Freude sehen und aus einer geringen Menge Samens in 3 oder 4 Jahren eine unglaubliche Anzahl vortrefflicher Lerchenpflänzlinge besitzen.

Auf gleiche Art verfährt man mit jedem Holzsamen, wenn man aus wenig Samen möglichst viele Pflänzlinge erziehen will.

Durch die Anweisung zur Aussaat der Samen von den in diesem Kapitel angeführten vorzüglichen Holzarten wird man hinlänglich belehrt worden sein, wie man sich bei dem Holzsaatgeschäfte überhaupt zu verhalten hat. Alle Holzarten ebenso abzuhandeln, würde zu weitläufig, unangenehm und unnütz sein; ich habe bei der Abhandlung der Naturgeschichte von jeder Holzart angegeben, wie stark der Samen bedeckt sein muß; es wird also Jeder nun auch im Stande sein, einen jeden Holzsamen zweckmäßig auszusäen.

B. Von den vermischten Saaten.

Aus dem zweiten Kapitel dieses Abschnittes wird man sich erinnern, daß die Vermischung verschiedener Holzarten den Umständen nach vortheilhaft ist.

Man unternimmt eine solche Vermischung entweder

1) um sie für immer beizubehalten, oder

2) um durch die beigemischte Holzart früher eine Benutzung zu erhalten, oder

3) um mit wohlfeilem Samen den nöthigen Schluß zwischen einer Holzart, wovon der Samen theuer oder selten ist, zu bewirken oder

4) um einer Holzart, die in der Jugend gegen Hitze und Kälte empfindlich ist, Schutz zu verschaffen, bis sie diesen nicht mehr nöthig hat.

[1] Man hat auch vorgeschlagen: den Boden der Saatstreifen durch das Rad einer mit Steinen beschwerten Karre festdrücken, oder den Boden für die Saat gar nicht auflockern, sondern in den Saatstreifen nur abplaggen zu lassen.

Im ersten Falle, wo die Vermischung für immer bleiben soll, muß man die Wahl treffen, daß Holzarten mit tiefdringenden und Holzarten mit flachlaufenden Wurzeln, die auch außerdem gleiche Schnellwüchsigkeit haben und einerlei Behandlung erfordern, untereinander vermengt werden. Wie z. B. Eichen, Buchen, Ahorne, Eschen, Ulmen, oder für Niederwaldungen, Eichen, Ahorne, Eschen, Ulmen, Birken, Hainbuchen oder Erlen und Birken, oder in den Nadelholzwaldungen Tannen und Fichten, oder Kiefern und Lerchen, oder in den vermischten Laub= und Nadelwaldungen Buchen und Fichten oder Tannen.

Im zweiten Falle, wo durch die beigemischte Holzart nur früher eine Zwischennutzung entstehen soll, ist die Birke, wegen der Wohlfeilheit des Samens, wegen der Schnellwüchsigkeit in der Jugend und wegen der Eigenschaft, daß sie weniger als jede andere Holzart verdämmt, besonders vortheilhaft. Doch darf man sie nicht unter Fichten und Tannen säen, weil sie diese Holzarten zu bald überwächst, und weil sie auch mit ihren schwanken Aesten die Gipfel derselben peitscht und beschädigt. [1] Ueberhaupt aber muß man den von der Birke als Zwischenbenutzung verlangten Vortheil nicht zu weit treiben, und diese Holzart weder zu dicht aufwachsen, noch zu groß oder alt werden lassen, weil sie sonst an der edleren Holzgattung mehr schadet, als sie durch sich selbst nützt; ob sie gleich, wenn sie einzeln steht, und als geringes Prügelholz schon abgehauen wird, der Absicht vollkommen entspricht, und besonders in Gegenden, wo man viele Faßreife braucht, sehr nützlich wird.

Im dritten Falle, wo man nämlich mit wohlfeilerem Samen den nöthigen Schluß zwischen einer Holzart, wovon der Samen theuer oder selten ist, bewirken will, ist es nützlich, zwischen die Eichen=, oder Buchen=, oder Ahorn=, oder Eschen=, oder Ulmensaaten Hainbuchen und Birken zu säen, und sie in der Folge nach und nach herauszuhauen; die Lerchensaaten aber mit Kiefern so stark zu vermischen, daß erst gegen das 60= oder das 80jährige Alter der Lerchenbestand rein wird, nachdem die Kiefern als Zwischennutzung ausgehauen worden sind.

Im vierten Falle hingegen, wo durch die beigemischte Holzart der edleren nur Schutz verschafft werden soll, ist keine von allen zweckmäßiger als die Kiefer. Diese läßt sich in allen Fällen, wo Schutz für eine zärtliche Holzart nöthig ist, leichter und schneller als jede andere so weit bringen, daß sie den verlangten Dienst leistet. Man muß sie aber unter solchen Umständen auch nur als das, was sie sein soll, nämlich als Schutzmittel betrachten, und sie ohne weitere Rücksicht wegnehmen, sobald sie diesen Dienst geleistet hat. Läßt man sie länger stehen und will man, außer der Beschützung einer andern Holzart, aus ihr selbst noch großen Nutzen ziehen, so kann sie, wegen ihrer Schnellwüchsigkeit und Verdämmung, in der Folge eben so nachtheilig werden, als sie vorher nützlich war.

Vorzügliche Dienste leistet die Kiefer, wenn man sie unter Fichten

---

[1] Kein Ammenmährchen, wie Pfeil behauptet! D. H.

oder Tannen, oder Buchen säet, und schon wieder wegnimmt, sobald sie
½—2 Mtr. hoch geworden ist. Noch besser ist es aber, wenn man
auf dem zur Kultur der erstgenannten Holzarten bestimmten, der Sonne
stark ausgesetzten Orte, 5 bis 6 Jahre vorher, in 4füßiger Entfernung
Streifen dünn mit Kiefernsamen besäen läßt, und dann erst die Holzart,
die durchaus Schuß und Beschattung verlangt, streifen= oder plaßweise zwi=
schen die jungen Kiefern säet oder pflanzt. — Kommen die jungen Kiefern
mit den Buchen, Tannen und Fichten zugleich hervor, so wachsen die
Kiefern in den nächsten Jahren zwar stärker als die Buchen, Fichten und
Tannen, doch werden sie nicht so groß, daß sie jene in den ersten
Jahren, wo es gerade am nöthigsten ist, beschatten und beschützen können.
Einige Pfund Samen auf ¼ Hekt. sind hinreichend, um so viele Kiefern
zu erhalten, als man zu einer solchen Beschattung und Beschützung nöthig hat,
wenn sie durchaus erforderlich sein sollte. Doch dürfte es in einem solchen
Falle nützlicher und rathsamer sein, von der Erziehung der zärtlichen Holzart
abzustehen, und den ganzen Distrikt sogleich vollständig mit Kiefern in
Bestand zu bringen, wenn die Umstände dieß erlauben.

Will man nun, um eine oder die andere Absicht zu erreichen, eine ver=
mischte Holzsaat machen, so befolge man nur die vorhin gegebenen Saat=
regeln, und bringe denjenigen Samen, der die stärkste Bedeckung haben muß,
zuerst, und denjenigen, welcher sie am wenigsten erträgt, zuletzt unter die
Erde. Z. B. man wollte Eichen=, Buchen= und Birkensamen unter einander
säen, und der Saatplatz wäre gebautes Land, so streue man die Eicheln
zuerst aus und lasse sie seicht unterpflügen. Hierauf säe man die Bucheln
oben auf und lasse den Distrikt ins Kreuz übereggen; ist auch dieses geschehen,
so streue man den Birkensamen aus und lasse nun den Saatplatz mit der ver=
kehrten Egge überschleppen.

Wie viel Samen übrigens von jeder Holzart bei vermischten Saaten,
nach Verschiedenheit der Umstände, genommen werden muß, darüber kann
das fünfte Kapitel dieses Abschnittes nachgelesen werden, worin ich diesen
Gegenstand hinlänglich auseinander gesetzt habe.[1]

---

[1] Zur Berechnung der Kosten für Holzsaaten können folgende Erfahrungssätze zum
Grund gelegt werden:

1) Ein mit zwei Pferden bespannter Pflug kann täglich verrichten: a) gänzlich um=
pflügen, auf Stoppelfeld 0,5—0,6 Hekt.; b) auf benarbter Fläche 0,4—0,5 Hekt.

2) Bei streifenweiser Saat kann ein Pflug täglich pflügen 17,000 bis 20,000 Mtr., je
nachdem der Boden beschaffen ist.

3) Ein fleißiger Arbeiter kann täglich hacken: a) 15—20 Cent. breite Streifen zur
Einsaat kleiner Samen 500—700 Mtr.; b) deßgleichen zur Eichel= und Buchelsaat 400 bis
500 Mtr.; c) 14—15 Zoll breite Streifen für Einsaat kleiner Samen 300—400 Mtr.;
d) deßgleichen zur Eichel= und Buchelsaat 250—300 Mtr.

4) Ein fleißiger Arbeiter kann täglich plaßweise hacken: a) wenn die Saatplätze
20 Cent. □ sind, für kleine Samen 1100—1300 Plätze; b) deßgleichen für Eichel= und
Buchelsaat 750—850 Plätze; c) wenn die Saatplätze 35—40 Cent. □ sind, für kleine Samen
600—800 Plätze; d) deßgleichen zur Eichel= und Buchelsaat 450—600 Plätze.

In meiner Anleitung zur wohlfeilen Kultur der Waldblößen wird man
viele hundert spezielle Berechnungen über die Kosten der Waldkulturen jeder Art finden.

Neuntes Kapitel.

Von der Beschützung und Pflege der Waldsaaten.

Wenn der Forstwirth auf die in den vorigen Kapiteln gezeigte Art Waldsaaten oder Pflanzungen gemacht hat, so muß es nun seine erste Sorge sein, diese Kulturen gegen alle anwendbaren Beschädigungen, entweder alsbald nach der Saat oder Pflanzung zu sichern, oder welches noch besser und in vielen Fällen nöthig ist, er muß schon vorher den zur Kultur bestimmten Platz befriedigen lassen. Ohne diese Vorsicht würden alle Mühe und Kosten verloren sein, weil durch Menschen und Vieh, und selbst durch Gewächse und Witterung, die ganze Hoffnung vereitelt werden kann. Vorzüglich aber muß sich der Forstwirth bestreben, die auf trockenem Sandboden, oder an den der Sonne stark ausgesetzten mageren Bergwänden gemachten Saaten mit Reisern, wo möglich von Kiefern, leicht zu überdecken, auch alle Kulturen auf ihren Grenzlinien als gehegte Distrikte sogleich zu bezeichnen — wo dieß aber nicht hinreicht, durch Gräben und Verzäunungen von mancherlei Art das zahme Vieh und Wild abzuhalten, nöthigenfalls auch die Strichvögel, bis der Samen aufgegangen ist, zu verscheuchen, den Saatplatz vor Ueberschwemmungen zu sichern, und die jungen Pflanzen so viel wie möglich von Unkraut zu befreien. — Bei kleinen Kampkulturen kann man dieß so wohlthätige Befreien von Unkraut sehr vollständig bewirken, und es lassen sich selbst bei zu trockener Witterung durch Begießen und Beschirmen, und bei zu kalter Witterung durch Bedeckung der Saatländer mit Laub, viele Uebel abwenden. Dieses kann aber bei großen Waldkulturen nicht stattfinden, und man muß da in dieser Hinsicht schon mehr dem Zufall überlassen.

Wie übrigens die verschiedenen Beschützungsanstalten getroffen werden müssen, darüber wird man im Theile vom Forstschutze bestimmte Anleitung finden.

Zehntes Kapitel.

Von der künftigen Behandlung der durch die künstliche Holzsaat erzogenen Bestände.

Die künftige Behandlung und Bewirthschaftung der durch die künstliche Holzsaat erzogenen Waldbestände ist in nichts von der Bewirthschaftungsart derjenigen Bestände, welche durch natürliche Holzzucht entstanden sind, verschieden. Sie können in der Folge entweder als Hochwald, oder als Niederwald, oder als Mittelwald behandelt werden. Im ersten und zweiten Abschnitte dieses Theiles habe ich dazu hinlängliche Anleitung gegeben, worauf ich den Leser verweise. Ich bemerke nur, daß es sich jeder Forstwirth angelegen sein lassen muß, jede Kultur zur gehörigen Vollkommenheit zu bringen, und jede vielleicht nicht ganz gelungene Stelle ohne Zeitverlust auszubessern, und dem übrigen Theile gleich zu machen. Versäumt man dieses, so wächst der junge Wald in wenigen Jahren so weit heran, daß wegen der Verdämmung des nebenstehenden Holzes keine Nachsaat oder Nachbesserung anschlagen oder aufkommen kann. Die leeren

Stellen werden dann vom jungen Walde umschlossen, und liefern bis zur Haubarkeit des sie umgebenden Bestandes keinen Ertrag. — Ich empfehle daher sehr, nicht eher neue Blößen in Kultur zu nehmen, bis die vormals gemachten und vielleicht nicht ganz gerathenen Kulturen in gehörigen Stand gebracht sind. Größere Blößen lassen sich zu jeder Zeit mit Holz cultiviren, hingegen die kleinen leeren Stellen in den älteren Kulturorten oder Schlägen, die oft zusammengenommen eine beträchtliche Fläche ausmachen, lassen sich späterhin nicht mehr mit Holz in Bestand bringen. Solcher Boden ist daher als ein todtes Kapital zu betrachten, das oft 100 und mehrere Jahre lang keine Zinsen trägt, und dem Waldeigenthümer in geraumer Zeit nichts nützt. — Doch ist es nicht nöthig und selbst nicht einmal gut, daß die Saaten sehr dicht stehen. Wenn alle 3 bis 4 Fuß eine kräftige Pflanze steht, auf deren Erhaltung man mit Sicherheit rechnen kann, so ist keine Nachbesserung nöthig, und es sind alle Kosten, die man darauf verwendet, um die kleinen Zwischenräume auszufüllen, verschwendet.

Auch empfehle ich, bei der Kultur großer Blößen, woran viele Jahre lang gearbeitet werden muß, um sie mit Holz in Bestand zu bringen, auf künftige Bewirthschaftung Rücksicht zu nehmen, und die Saat an derjenigen Seite anzufangen und sie so fortzusetzen, wie man einst, den schon bekannten Regeln der Forstwirthschaft gemäß, die Schläge führen muß. Gewöhnlich erntet man da zuerst, wo man zuerst gesäet hat. Hätte man also die Saat von der verkehrten Seite angefangen, so würde man auch künftig in verkehrter Richtung hauen, oder die jüngeren Bestände vor den älteren abholzen müssen. Bei kleinen Blößen, womit man in wenigen Jahren fertig ist, kommt freilich dieser Umstand nicht in Betrachtung; bei großen aber verdient er alle mögliche Rücksicht.

Dritte Abtheilung.

Von der Vermehrung der Waldungen durch Verpflanzung junger Stämme.

Von der Holzpflanzung überhaupt.

Es ist eine längst bekannte Sache, daß sich junge Holzpflanzen auf einen andern Standort versetzen lassen, wenn man bei dieser Operation mit der gehörigen Vorsicht zu Werk geht. — Zuerst mag man wohl dieß Verpflanzen ausschließlich bei den Obstbäumen angewendet haben; späterhin — aber doch schon vor mehreren hundert Jahren — hat man auch im Einzelnen Waldbäume, jedoch fast ausschließlich Eichen, Eschen und Ulmen verpflanzt, und in neueren Zeiten hat man bei der Forstwirthschaft das Pflanzen so sehr ausgedehnt, daß in manchen Gegenden beträchtliche Walddistrikte durch Pflanzung entstanden sind. Die Holzpflanzung ist daher bei der Forstwirthschaft als ein im Großen anwendbares künstliches Vermehrungsmittel der Wälder aufgenommen, und es wird nun von jedem Förster mit Recht gefordert, daß er dieß Geschäft regelmäßig zu vollziehen wissen soll; weil Fälle vorkommen können, wo ein Waldgrundstück entweder nur einzig und allein, oder doch am wohlfeilsten und sichersten durch Pflanzung mit Holz in Bestand gebracht werden kann.

Die Hauptumstände, worauf es bei der Holzpflanzung ankommt, sind folgende:

1) Der Förster muß wissen, in welchen Fällen die Pflanzung der Saat vorzuziehen ist.

2) Er muß unter den Holzarten diejenigen auszuwählen verstehen, die den örtlichen Bedürfnissen am besten entsprechen und überhaupt am meisten nützen können.

3) Er muß sich taugliche Pflänzlinge zu verschaffen wissen, und

4) Er muß die Pflanzung selbst regelmäßig und so zu machen verstehen, daß die Stämmchen sicher an- und fortwachsen können.

Ich will daher jeden dieser Hauptgegenstände besonders abhandeln.

Erstes Kapitel.
Von den Fällen, in denen die Pflanzung der Saatkultur vorzuziehen ist.

Der Pflanzbetrieb wird nothwendig in Jahren aussetzender Samenproduktion, wenn frischer, keimfähiger Same der zu kultivirenden Holzart auch im Handel nicht zu beziehen ist, dagegen junge Pflanzen, aus früheren Samenjahren stammend, in tauglicher Beschaffenheit vorhanden sind; er wird nothwendig bei verspäteter Ausbesserung kleinerer Fehlstellen in Jungorten und da, wo der Weidegang nicht so lange sistirt werden kann, als nöthig ist, die Samenpflanzen dem Weidevieh entwachsen zu sehen. Es ist die Pflanzung der Saat überall vorzuziehen, wo die Gefahren, welche dem ausgestreuten Samen und den daraus erwachsenden jungen Pflanzen in den ersten Jahren entgegentreten, außergewöhnlich groß, mannigfaltig und der Art sind, daß man wenig Hoffnung hat, vollkommene Bestände durch Saat zu erziehen, mit der Aussicht auf kostspielige Nachbesserungen. Ich habe im vierten Abschnitt dieses Bandes Weiteres über den betreffenden Gegenstand mitgetheilt. t.

Zweites Kapitel.
Von der Auswahl der zu einer Pflanzung vortheilhaftesten Holzart.

Auch dieser Gegenstand ist im zweiten Kapitel der vorigen Abtheilung und in der Betriebslehre schon verhandelt worden. Ich bemerke daher nur noch, daß, wenn Pflanzungen mit schon beträchtlich erwachsenen Stämmen gemacht werden müssen — wie solches der Fall ist, wenn Viehtriften oder Weideplätze bepflanzt werden sollen — alsdann vorzüglich Laubhölzer gewählt werden müssen, weil diese besser als die Nadelhölzer anschlagen, wenn man sie mit etwas starken Stämmen versetzt. Auch wird eine Bepflanzung der Weideplätze mit Laubholz für die Weide niemals

so nachtheilig, als eine Bepflanzung mit Nadelholz, die Lerche ausge=
nommen, weil unter dem Laubholze mehr Gras, unter dem Nadelholze aber
gewöhnlich viel Moos wächst. — Will man also, daß die Weideberechtigten
in der Folge nicht übervortheilt werden sollen, so wähle man zur Bepflanzung
der beständigen Weideplätze Laubholz, und zwar vorzüglich Eichen,
Hainbuchen, Ulmen, Eschen und Ahorne; wo es aber feucht und
naß ist, Erlen, Pappeln und Weiden und bringe die Pflänzlinge in
eine solche Entfernung, daß zwischen ihnen, auch wenn sie erwachsen
sind, noch Gras hervorsprossen kann. Hat man aber auf nachhaltigen Weide=
genuß gar keine Rücksicht zu nehmen, so pflanze man auf den Weideplätzen
die Stämme so nahe beisammen, daß sie wenigstens gegen ihr 60jähriges
Alter in Schluß kommen; wie im vierten Kapitel noch weiter auseinander
gesetzt werden wird. Kann aber eine Blöße lange genug gehegt und folg=
lich mit kleinen Pflänzlingen dichter besetzt werden, so schlagen sowohl
die Laub= als Nadelholzpflanzen gut an, wenn man die Operation richtig
gemacht hat, und es treten alsdann nur die Rücksichten ein, die der Boden,
die Lage, das Klima, die örtlichen Bedürfnisse und die größere oder weniger
große Nothwendigkeit der Kostenersparung erfordern.

Drittes Kapitel.
Von Anschaffung der zu den Kulturen nöthigen Pflänzlinge.

Einer der wichtigsten Gegenstände bei der Holzpflanzung ist die An=
schaffung guter Pflänzlinge, weil das Gedeihen einer solchen Kultur
größtentheils von der guten Beschaffenheit der versetzten Pflanzen abhängt.
— Will man mit glücklichem Erfolge pflanzen, so darf man keine Pflänz=
linge nehmen, die lange im Druck anderer Bäume gestanden, oder schlecht
gewachsen, oder beschädigt, oder mit zu wenigen Wurzeln versehen sind.
Und außerdem ist es auch nicht rathsam, beim Forsthaushalte Stämme zu
pflanzen, die über der Erde mehr als 5, höchstens aber 8 Ctm. im Durch=
messer haben; weil das Verpflanzen dickerer Stämme sehr kostbar ist, und
nur in recht gutem Boden gelingt, wenn alle mögliche Vorsicht erschöpft wird.

Am sichersten wachsen alle Holzpflanzen wieder an, wenn man sie in
ihrer zarten Jugend, und noch ehe sie $2/3$ Mtr. hoch werden, versetzt, weil
alsdann fast alle zu der Pflanze gehörigen Wurzeln mit ausgehoben werden
können. Größere Pflanzen lassen sich zwar auch versetzen; man wird aber
immer einen stärkern Abgang haben, als bei Pflanzungen mit jüngeren
und kleineren Stämmchen, weil beim Ausnehmen der größeren Pflänzlinge
die Wurzeln sehr abgekürzt werden, und das natürliche Verhältniß der
Wurzeln zum Stamme zu sehr verändert wird.

Ich rathe daher, alle Blößen, die gehegt werden können, mit kleinen
Holzpflanzen zu besetzen, und nur in dem Falle, wo kleine Pflänzlinge den
Umständen nach nicht aufkommen können, größere Stämme zu pflanzen.

Sollen nun Pflanzungen mit Holzarten gemacht werden, wovon in
den Schlägen oder Saatplätzen taugliche Pflänzlinge in Menge schon vor=
handen sind, so ist weiter nichts nöthig, als sie da vorsichtig heraus zu
nehmen, wo sie überflüssig sind. Wären aber von der Holzart, die man

anzupflanzen gut findet, noch keine Pflanzen vorhanden, oder will man Pflanzen, die ihre feinen Wurzeln in weiter Entfernung vom Stocke ent= wickeln, in höherem Alter verpflanzen, so muß man solche sich erziehen, und zu diesem Zweck Saat= und Pflanzkämpe anlegen. Es gibt Holzarten, die im natürlichen Zustande nur wenige Seitenwurzeln, dagegen aber, be= sonders in gutem Boden, eine starke Pfahlwurzel austreiben. Nimmt man nun solche Stämme in einem Alter, wo sie zum Verpflanzen auf Weide= plätze stark genug sind, heraus, so behält der Stamm bei Anwendung aller Vorsicht doch nicht Wurzeln genug, um gut an= und fortwachsen zu können. Außerdem entstehen durch das Abstechen dickerer Wurzeln große Wunden, die das Gedeihen des Pflänzlings beeinträchtigen. Bei dergleichen Holzarten, wozu vorzüglich die Eiche gehört, ist es der Erfahrung nach sehr vor= theilhaft, sie in der Jugend, und zwar in der Höhe von ²/₃ bis 1 Mtr., einmal zu verpflanzen, und wenn sie die Dicke eines Büchsenlaufs erlangt haben, wieder auszuheben, und dann erst auf die Weideplätze zu versetzen. Durch eine solche vorläufige Verpflanzung wird der Wuchs der Pfahlwurzel gestört, und bewirkt, daß jeder bei der ersten Versetzung abgestutzte Wurzelast überwallt und mehrere Zweige austreibt, wodurch nachher die zweite Ver= setzung um so viel sicherer anschlägt.

Wer den Unterschied der Pflanzungen mit präparirten und nicht prä= parirten starken Eichenpflänzlingen noch nicht gesehen hat, der kann sich keinen Begriff davon machen, wie groß und auffallend derselbe ist, und wie viel besser, sowohl die präparirten Eichen, als auch alle übrigen vorher schon einmal versetzt gewesenen Holzstämmchen wachsen. Der Unterschied ist so auffallend, daß sich die nicht präparirten Pflänzlinge an der matten Farbe ihres Laubes und an den geringen Trieben mehrere Jahre lang sehr deutlich erkennen lassen, und einen bei weitem stärkeren Abgang haben, als eine eben so große Anzahl präparirter Stämme.

Obgleich diese Vorbereitung einigen Aufwand erfordert, so wird dieser doch durch das bessere Gedeihen der Kulturen reichlich ersetzt, und man sollte daher allenthalben, wo man Pflanzungen mit großen 3 Mtr. hohen Stämmen zu machen genöthigt ist, diese Vorbereitung nicht versäumen. — Eben diese Vorbereitung kann in dem Forstgarten, wovon oben die Rede war, bewirkt werden, und ich will daher eine ganz kurze Anleitung zu Anlegung eines solchen Forstgartens hierher setzen.

Von Anlegung eines Forst= oder Eichengartens.

Man wähle einen gegen die rauhen Winde geschützten Platz, der nahe bei den Blößen liegt, die künftig bepflanzt werden sollen, der auch so groß ist, daß die erforderliche Anzahl von Pflänzlingen darauf erzogen werden kann, der guten Boden hat, und in dessen Nähe Wasser befindlich ist. Diesen Platz lasse man durch mehrmaliges Umpflügen, oder besser durch tiefes Umgraben lockern und von allem Unkraut reinigen, als wenn er Frucht tragen sollte. Ist dieß geschehen, so theile man ihn durch mehrere Kreuzwege in Felder, wie einen Gemüsegarten ab, und lasse ihn mit einem haltbaren Zaune umgeben.

In diesem Garten besäe man, nach Anleitung der in der vorigen

Abtheilung gegebenen Vorschrift, einige Quartiere mit den gewählten Holz-
samen reihenweise, und lasse sie so oft es nöthig ist begießen, und von
Unkraut immer rein halten. [1] — Im nächsten Herbste bedecke man die
jungen Pflanzen mit Laub, und im folgenden, längstens aber im zweiten
Frühjahre oder Herbste nach der Saat versetze man die erzogenen Pflanzen
auf den übrigen, vorher nochmals umgegrabenen Theil des Gartens, in
$2/3$ Mtr. von einander abstehende Reihen, $1/3$ Mtr. von einander entfernt.
— Ist dieß geschehen, so gieße man die Pflanzen an, und halte sie von
Unkraut immer rein, bis sie nach Ablauf einiger Jahre zum Versetzen auf
gehegte Plätze groß genug sind. [2]

Will man aber Pflänzlinge zur Besetzung der Weideplätze erziehen, so
nehme man die im zweiten Jahre schon einmal versetzten Pflanzen, sobald
sie 1 Mtr. hoch geworden sind, heraus, stutze ihnen die Wurzeln etwas ab,
und verpflanze sie abermals, wie im nächsten Kapitel gelehrt werden wird,
in einen umgegrabenen Kamp, der guten Boden hat, $2/3$ Mtr. von
einander entfernt, in Reihen, und halte den Boden von Unkraut befreit.
Von Jahr zu Jahr äste man die Pflänzlinge unten etwas aus, daß sie
nach und nach einen reinen Schaft bekommen, und lasse sie so lange stehen,
bis sie die erforderliche Stärke erlangt haben. Alsdann nehme man alle
Pflanzen, bis auf diejenigen, welche zum künftigen Holzbestand der bisherigen Pflanzschule erforderlich sind, vorsichtig heraus, und versetze diese nun mit vielen Wurzeln versehene Stämmchen
auf die Weideplätze. [3]

Bei einem solchen Verfahren wird man aus wenigem Samen und auf
einem kleinen Raume eine unglaubliche Menge der vortrefflichsten Pflänzlinge erziehen, und für die aufgewendete Mühe und Kosten reichlich entschädigt werden.

---

[1] Das Jäten kostet am wenigsten und ist am nützlichsten, wenn man es schon vornehmen
läßt, sobald sich nur wenig Unkraut zeigt. Ein Mensch kann alsdann in einem
Tage eine 20mal größere Fläche reinigen, als wenn das Unkraut schon überhand genommen
hat; in welchem Falle gewöhnlich auch die kleinen Holzpflanzen größtentheils mit aus der
Erde gerissen und losgezogen und verdorben werden.

[2] In neuerer Zeit ist für die Saatbeete in Forstgärten häufig die Rasenasche in Anwendung gebracht worden, über die ich bereits Seite 150 einige Bemerkungen eingeschaltet
habe. Für Saatbeete hat die Rasenasche den großen Vortheil, daß alle Unkrautkeime durch
das Glühen des Bodens zerstört sind. Da man in Folge dessen mehrere Jahre hindurch nicht
mit Unkraut zu kämpfen hat, kann man dichte Vollsaat ausführen und dadurch große Pflanzen-
mengen auf kleiner Fläche erziehen, der man dann auch, mit demselben Kosten- und Zeit-
aufwande, eine viel größere Sorgfalt im Schutz gegen Sonnenbrand, Frost, Dürre ꝛc. zuzuwenden vermag. Ich halte gerade dieß für den größten Vortheil der Rasenasche, die über
einem tief riolten Boden 15—20 Cent. hoch aufgetragen werden muß. Die sehr dicht stehenden
jungen Pflanzen müssen dann aber, wenigstens theilweise, schon im zweiten Jahre verpflanzt
werden. (Ueber die Vortheile ständiger Saatkämpe gegenüber den Wanderkampen F.- und
J.-Zeit. 1859. Juniheft. Kurze Belehrung über Behandlung und Kultur des Waldes, zweite
Aufl. 1859. S. 179.)

[3] Man hüte sich, eine größere als dem Kulturbedarf entsprechende Zahl von Pflanz-
heistern zu erziehen. Es veranlaßt das nicht allein einen unnöthigen Kostenaufwand, sondern
hat dadurch einen noch nachtheiligern Einfluß auf das Pflanzmaterial, daß man das theure
Material nicht fortwerfen mag, in den Kämpen zu dicht beisammen stehen läßt und dadurch
zu schlanke, schlecht beastete und schlecht belaubte Pflanzheister erzieht. Es ist das ein sehr
häufig vorkommender Fehler in der Heistererziehung.

Hätte man aber von derjenigen Holzart, die man zum Verpflanzen vorbereiten will, schon kleine Pflanzen in Menge vorräthig, so ist die Saat im Forstgarten freilich nicht nöthig. Man kann sie dann nur aus den Schlägen und Saatplätzen, wo sie oft in großer Menge überflüssig sind, ausheben und in die Pflanzschule setzen, bis sie die erforderliche Größe erlangt und hinlängliche Wurzeln bekommen haben. Diese Vermehrung der Wurzeln kann anch noch dadurch bewirkt werden, wenn man einige Jahre vor dem letzten Verpflanzen, in der Mitte zwischen den Reihen, mit einem scharfen Spaten senkrecht tief einsticht und dadurch die Wurzeln abschneidet. Die abgestochenen Wurzeln verzweigen sich hierauf sehr, und die Pflänzlinge wachsen nachher besser an, wenn man sie auf den bleibenden Standort versetzt hat.

Die Eiche ist gegen dieß unterirdische Beschneiden der Wurzeln sehr empfindlich, selbst bis zum Absterben einer Menge 6jähriger, noch in den Saatrillen stehender Pflanzen meines Forstgartens. Der verstorbene Oberforstrath König schenkte beim Besuche dieser Anlage dem Falle ganz besondere Beachtung. Ich habe es bis jetzt versäumt, andere Holzarten in dieser Hinsicht zu prüfen. t.

Will oder kann man diese Vorbereitung aber nicht stattfinden lassen, und sollen doch große Heister verpflanzt werden, so wähle man wenigstens solche dazu, die bisher nicht im Schluß oder im Druck gestanden haben und mit vielen und guten Wurzeln versehen sind. Ueberhaupt aber mache man es sich zur unverbrüchlichen Regel, keine Pflanze zu versetzen, wenn sie nicht viele und vollkommen gute Wurzeln hat. Nur in dem Falle ist das Gegentheil verzeihlich, wenn die Holzart wegen ihrer Seltenheit besondere Rücksicht verdient. Alsdann pflanzt man freilich manches Stämmchen auf Gerathewohl. Kann man aber für die, als nicht vollkommen tauglich ausgeschossenen Pflänzlinge leicht und wohlfeil bessere bekommen, so pflanze man den Ausschuß nicht, wenigstens nicht zwischen die bessern Pfänzlinge. Die meisten davon werden verderben oder verkümmern, und dann sind nicht allein die Kosten für das wiederholte Ausgraben der Pflanzlöcher ꝛc. verloren, sondern es wird eine solche Pflanzung anch lückig und weniger schön, als wenn bei der ersten Kultur alle Stämme zugleich an- und fortwachsen.

Hat man die Absicht, in einem solchen Forstgarten oder Kampe Fichtenpflanzen zu erziehen, die ohne weitere Vorbereitung schon nach einigen Jahren herausgenommen und büschelweise ins Freie verpflanzt werden sollen — wie dieß in vielen Gegenden geschieht — so ist die Verfahrungsart sehr einfach. Man läßt dann den Kamp umgraben, und so viel wie möglich von den Wurzeln des Unkrautes und den zu dicken Steinen befreien. Hierauf werden in das klar geharkte Land 5 bis 6 Ctm. breite und 2 bis 3 Ctm. tiefe Rinnen, die 25 Ctm. von einander entfernt sind, gezogen, mit Samen stark besäet, und dieser dann $\frac{1}{4}$ Ctm. dick mit lockerer Erde und etwas Moos bedeckt. — Sobald Unkraut zum Vorscheine kommt, wird dieses entfernt, und das beständige Reinhalten so lange fortgesetzt, bis die Pflanzen 2 oder 3 Jahre alt sind. — Alsdann werden sie in großen Ballen ausgestochen, auf den Pflanzort gebracht, und dort in kleine Bällchen, wovon jedes 3 bis 4 Pflanzen enthält, zertheilt, und diese in kleine Löcher gepflanzt, die man mit Moos und einigen kleinen Steinen bedeckt.

Fichtene Büschelpflanzungen mit Erdballen gerathen sehr sicher, und es können auf dem Hektar oft eine Million solcher Pflanzbüschel erzogen werden, wenn die Saatreihen im Kampe dicht genug mit Pflanzen bewachsen sind.

Viertes Kapitel.
Von der Verpflanzung junger Holzstämmchen.

Bei der Verpflanzung junger Holzstämmchen kommen vorzüglich folgende Gegenstände in Betrachtung:

1) Welche Jahreszeit ist zum Holzverpflanzen die beste?

2) In was für eine Entfernung sind die Pflanzen zu setzen?

3) Nach was für Regeln sind die Pflanzlöcher zu verfertigen?

4) Was für Vorsicht ist beim Ausgraben der Pflänzlinge zu beobachten?

5) Nach welchen Regeln sind die Pflänzlinge an den Wurzeln und Aesten zu beschneiden?

6) Was ist für Vorsicht zu beobachten, wenn die ausgehobenen Pflänzlinge nicht alsbald wieder in die Erde gesetzt werden können?

7) Was ist zu beobachten, wenn Pflänzlinge verschickt werden sollen?

8) Was für Regeln sind beim Einpflanzen selbst zu beobachten? und

9) Wie sind die verpflanzten Stämmchen gegen Beschädigung zu verwahren?

Ich will daher alle diese Fragen einzeln beantworten.

1) Von der vortheilhaftesten Jahreszeit zu Holzpflanzungen.

Die Zeit, in welcher Baumpflanzungen vorgenommen werden können, erstreckt sich vom Abfallen des Laubes im Herbste bis zum Ausbruch der Blätter im Frühjahre. Denn, obgleich auch Stämme im Sommer verpflanzt werden können, wenn man ihnen besondere Pflege geben kann, so ist doch beim Forstwesen eine solche Pflege nicht möglich, und also auch die Pflanzung im Sommer, sowohl in dieser, als in mancher andern Rücksicht, besonders aber wegen Mangel an Arbeitern, nicht anwendbar. Hat man aber Nadelhölzer zu verpflanzen, so kann damit schon im September der Anfang gemacht werden. [1]

[1] Anm. d. H. In der Forst= und Jagdzeitung, Jahrgang 1849, S. 201, habe ich eine Reihe vorläufiger Versuche über Sommerpflanzung bekannt gemacht, aus denen sich im Wesentlichen Folgendes ergeben hat: Es gibt während der Monate August bis Oktober einen 3—4 wöchentlichen Zeitraum, der bei den verschiedenen Holzarten zwischen verschiedenen Terminen liegt, und zwar bei der Fichte von Mitte August bis Anfang Oktober; bei der Kiefer von Ende August bis Ende September; bei der Lärche von Anfang Oktober bis Mitte

Es kommt also nur auf die Beantwortung der Frage an: ob die Herbst= oder Winter= oder Frühjahrspflanzung vorzu= ziehen ist?

Hier sind nun die Meinungen getheilt. Einige wollen ohne Ausnahme alle Pflanzungen im Herbste, oder bei gelindem Wetter im Winter ge= macht wissen, Andere lassen nur im Frühjahre pflanzen — und noch Andere, wozu auch ich mich bekenne, pflanzen im Herbste, im Winter und im Frühjahre, nachdem es die Umstände vortheilhaft machen.

Die Herbst= und Winterpflanzung halte ich nämlich in dem Fall für die vortheilhafteste, wenn die versetzten Stämmchen, wegen Mangel an Wasser, nicht angeschlämmt oder stark angegossen werden können. In diesem Falle bewirkt der Regen und das Schneewasser, daß sich die Erde um die Wurzeln der Pflanzen ziemlich fest anlegt, im Pflanzloche sich zusammensetzt, und die Feuchtigkeit besser hält, als wenn man die Pflanzung, ohne anzu= schlämmen oder anzugießen, im Frühjahre machen läßt. Es gerathen daher auch die Herbst= und Winterpflanzungen gewöhnlich besser, als die Frühjahrpflanzungen. Wenn man aber die gepflanzten Stämmchen alsbald anschlämmen oder nur tüchtig angießen lassen kann — welches oft weniger Umstände und Kosten verursacht, als man gewöhnlich glaubt — so hat die, so früh wie möglich gemachte Frühjahrpflanzung nach meiner Er= fahrung den Vorzug. Es ist solches auch sehr begreiflich. Durch die Ver= pflanzung im Herbste und Winter werden die Pflänzlinge ein halbes oder ein Vierteljahr lang gleichsam nur eingeschlagen, und in eine Lage versetzt, woraus sie schlechterdings keinen Vortheil ziehen, wohl aber Nachtheil haben können, da der Zustand, worin sie sich befinden, immerhin kränkelnd genannt werden kann. Nimmt man aber die Pflanzen recht bald im Frühjahre, also kurz vor dem Anfang der neuen Vegetationsperiode, aus der Erde, und pflanzt sie sogleich wieder ein, so dauert der unthätige und kränkelnde Zustand eine bei weitem kürzere Zeit, und jede Pflanze kann dann sogleich wieder anwachsen. Doch muß man in diesem Falle durch starkes Anschlämmen oder Begießen zu bewirken suchen, daß die lockere Erde sich fest um die Wurzeln setzt und alle Zwischenräume ausfüllt. Unterläßt man dieses, so ist der Nachtheil, der durch das zu schnelle Austrocknen der lockeren Erde erfolgt, größer, als derjenige, der dadurch bewirkt wird, daß bei der Herbst= pflanzung die Stämme zu lange gleichsam eingeschlagen stehen müssen. Hätte man aber so viele Stämmchen zu verpflanzen, daß man damit vor dem

Oktober; bei dem Ahorn von Anfang September bis Anfang Oktober; in welchem die zu dieser Zeit verpflanzten Stämme sogleich nach der Pflanzung eine große Menge neuer Wurzeln bilden, rascher und reichlicher, als dieß nach der Frühjahrspflanzung im Verlauf des ersten Jahres der Fall ist. Es ist dieß der Zeitraum zwischen vollendetem Jahreswuchse und voll= endeter Ablagerung der Reservestoffe für das nächste Jahr, in welchem der Andrang der Bil= dungssäfte nach der Wurzel es sein mag, welcher die rasche und reichliche Wurzelbildung veranlaßt, während bei der Frühjahrspflanzung der aufsteigende rohe Nahrungssaft die Bildungsstoffe von der Wurzel nach oben hin ableitet, außerdem durch die frischen Schnitt= flächen auch fremde, dem Organismus möglicherweise nachtheilige Stoffe in größerer Menge mechanisch aufgenommen werden und in die Pflanze aufsteigen. Allem Anscheine nach muß eine innerhalb der bezeichneten Termine gemachte Pflanzung auf einem Boden, dem auch nach der Auflockerung durch die Pflanzung und in der trockenen Sommerzeit der nöthige Feuchtigkeitsgrad gesichert ist, stets die günstigsten Resultate liefern.

Beginn der Vegetation im Frühjahre nicht fertig werden kann, so ist es besser, die Pflanzung im Herbste vorzunehmen, als späte Frühjahrs=pflanzungen zu machen.

Ich rathe daher, insoferne angeschlämmt oder angegossen werden kann, sehr bald im Frühjahre — wenn dieß aber nicht geschehen kann, im Herbste oder Winter bei trockener Witterung zu pflanzen, weil sich die Erde um so viel besser zwischen die feinen Wurzeln setzt, je trockener und feiner sie ist.

Daß die im Frühjahre gemachten Nadelholz=Pflanzungen besser gerathen sollen, als die im Herbste gemachten, wenn in beiden Fällen keine Anschlämmung vorgenommen wird, behaupten zwar Viele; doch stimmt dieß nicht mit meiner Erfahrung überein. Nur in dem Falle fand ich bei unter=lassener Anschlämmung die Frühjahrspflanzung besser, wenn der Boden von der Art war, daß die im Herbste gepflanzten Stämmchen durch den Frost gehoben wurden. Läßt man sie dann aber im Frühjahre wieder an=treten, so kann man dadurch die sonst freilich nachtheiligen Folgen ver=hindern. Beim großen Forsthaushalte wird die Herbstpflanzung immer den Vorzug behaupten.

Nothwendig wird die Frühjahrspflanzung auf einem Boden, der auch im Herbste so naß ist, daß die Pflanzlöcher Wasser ziehen und die Pflanzen=wurzeln den Winter über im Eise stehen würden; ferner auf jedem sehr festen Boden. Werden auf Letzterem die Pflanzlöcher im Herbste gemacht, so friert den Winter über der ausgehobene Boden auseinander, denn das in ihm frierende Wasser hebt den innigen Zusammenhang der Bodentheile auf und man hat dann im Frühjahre eine für die Pflanzung gehörig lockere Bodenkrume.

2) Von Bestimmung der Entfernung, in welcher die Holz=pflanzen gesetzt werden müssen.

Bei Bestimmung der Entfernung, in welcher die Pflänzlinge eingesetzt werden müssen, kommt es auf die Absicht an, die man durch die Pflanzung erreichen will. Diese Absicht kann sehr verschieden sein. Ich will daher die gewöhnlichen Fälle durchgehen und die Entfernung angeben, die in jedem Falle zu wählen sein möchte.

A. Bei Bepflanzung der Weidplätze.

1) Wenn man aus den gepflanzten Stämmen künftig große Bäume erziehen und den Weidgenuß nicht ganz verdrängen will, so pflanze man die starken Heister 8 bis 10 Mtr. weit aus einander. Sollten aber die Stämme zur Kopfholzzucht benutzt werden, so wähle man eine Entfernung von 5 bis 6 Mtr.

2) Wäre aber auf die Weide keine Rücksicht zu nehmen, so pflanze man alle 3 Mtr. einen Heister. In diesem Falle sind auf $\frac{1}{4}$ Hett. 640 Stück nöthig, und der Bestand wird im 60jährigen Alter so vollkommen sein, wie einer, der aus dem Samen aufgewachsen und einigemal durchforstet worden ist.

B. Bei Bepflanzung solcher Distrikte, die gehegt werden können.

1) Wenn starke Pflänzlinge gesetzt werden müssen, um Lücken in schon 2 bis 3 Mtr. hoch erwachsenen Schlägen ꝛc. auszubessern, so pflanze man in der Entfernung von 2 bis 3 Mtr. Der Bestand wird im 60jährigen Alter ganz vollkommen sein.

2) Können aber kleine Pflänzlinge von $2/3$ bis 1 Mtr. Länge gesetzt werden, so pflanze man sie nicht näher als $1^1/_3$ Mtr., und nicht weiter als 2 Mtr. auseinander.

C. Bei Anpflanzung von Feldremisen

setze man alle Meter ein Stämmchen.

D. Bei Anpflanzung von Alleen

rücke man die Stämme 5 bis 8 Mtr. auseinander, und

E. Bei Anpflanzung von Hecken oder lebenden Zäunen

setze man die Pflänzlinge, wenn sie stark sind, $1/3$ Mtr., wenn sie aber gering sind, $1/6$ Mtr. auseinander.

Durch eine Bepflanzung in 1,3 Mtr. Entfernung der Pflanzen werden die Kulturkosten mehr als doppelt so groß, als bei einer Bepflanzung in der Entfernung von 2 Mtr., ohne daß ein wesentlicher Vortheil daraus entstehen kann, weil auch im letzten Falle die Pflanzung bald in Schluß kommt, und der Bestand gegen das 40jährige Alter schon ganz vollkommen wird. Ich rathe daher, lieber die Entfernung von 2 Mtr. zu wählen, und auf die pünktliche Rekrutirung der hier und da ausgehenden Stämmchen genau zu sehen, als doppelte Kosten zur Erreichung desselben Zweckes anzuwenden. — Die Entfernung von 1,3 Mtr. hingegen wähle man nur in dem Falle, wenn der Boden nicht gut und die Lage eine Sommerseite ist. Unter solchen Umständen wird die Plantage sich bald schließen, und dann der Boden gegen das schnelle Abtrocknen geschützt werden. Auch kann man alsdann gegen das 40jährige Alter des Bestandes eine Durchforstungsnutzung haben, die, wo das Holz theuer ist, die Mehrkosten der dichten Pflanzung vergütet.

3) Von Verfertigung der Pflanzlöcher.

Bei Verfertigung der Pflanzlöcher kommen folgende Gegenstände in Betrachtung:

a) die Zeit, wann sie gemacht werden müssen;
b) die Entfernung und Ordnung, in welcher sie gemacht werden müssen;
c) die nöthige Weite und Tiefe derselben, und
d) die Absonderung der Erde nach ihrer verschiedenen Beschaffenheit und Güte.

Was den ersten Gegenstand, nämlich die Zeit, betrifft, wann die Pflanzlöcher gemacht werden müssen, so kann dieß zwar zu jeder Jahreszeit geschehen; indessen wird man doch wohlfeiler dazu kommen, wenn man diese

Arbeit in einer Jahreszeit verrichten läßt, wo die Tage lang und die Arbeits=
löhne verhältnißmäßig geringer sind, als in den kurzen Spätherbst= und
Wintertagen.

Außerdem ist es auch vortheilhaft, die Löcher für große Pflänz=
linge schon ein halbes Jahr vor der Pflanzung verfertigen zu lassen, damit
die ausgeworfene Erde gleichsam gebracht und locker werde. Bei kleinen
Pflanzlöchern hingegen ist die vorläufige Verfertigung nicht so nöthig, und
sie findet auch nur im Herbste statt, weil sonst, wenn die kleinen Löcher
für die Herbstpflanzung im Frühjahr ausgehoben werden, das Gras bis
zum Herbste durch die ausgeworfene Erde wächst, wodurch es dann beim
Pflanzen an der nöthigen lockeren Erde fehlt. — Man lasse daher für die
Pflanzungen, welche mit kleinen Stämmchen im Herbste gemacht werden, die
Löcher kurz vorher ausheben, für die Frühjahrspflanzungen aber, wenn es
sein kann, die Löcher jedesmal im Herbste zuvor machen, damit der Boden
durch den Frost gelockert werde, was besonders auf sehr bindigem Boden
zu empfehlen ist.

In Betreff der Entfernung der Pflanzlöcher ist schon oben das
Nöthige gesagt worden. Was aber die Ordnung anbelangt, in der sie
gemacht werden müssen, so bemerke ich, daß es bei Pflanzungen mit kleinen
Stämmchen, die nahe zusammengerückt werden, und bald zusammenwachsen,
hinreichend ist, wenn man sie nach einer gespannten Schnur durch Hacken=
schläge in der bestimmten Entfernung, die man durch Knoten bezeichnen
kann, abzeichnet, und bei der zweiten 2c. Reihe, die Schnur so vorrückt,
daß die Pflanzen im Dreieck, wie man den Kohl pflanzt,

$$\cdot \quad \cdot \quad \cdot \quad \cdot \quad \cdot$$

$$\cdot \quad \cdot \quad \cdot \quad \cdot \quad \text{zu stehen kommen.}$$

$$\cdot \quad \cdot \quad \cdot \quad \cdot \quad \cdot$$

Sind aber Plantagen mit großen Heistern, die weit auseinander ge=
setzt werden, zu machen, so empfehle ich sehr, eine solche Pflanzung recht
pünktlich symmetrisch und so zu veranstalten, daß man allerwärts, wo man
steht, genau passende Alleen erblickt. Jeder Vorübergehende wird dann seine
Freude an einer solchen regelmäßigen Pflanzung haben, und daraus sehen,
daß derjenige, welcher sie gemacht hat, Ordnung und Pünktlichkeit liebt.

Wer nur etwas Geometrie versteht, wird diese leichte Operation zu
machen wissen, man mag die Quadratpflanzung oder die Pflanzung im
Kreuzverbande 2c. gewählt haben; wobei es vorzüglich auf gleiche, horizontal
gemessene Entfernung der Stämme und rechtwinkelige Zusammensetzung der
Reihen oder Linien ankommt. Ich bemerke hier nur, daß es in diesem Falle
nöthig ist, die Punkte, wo die Pflänzlinge hinkommen sollen, vorher genau
abzupflöcken und die Löcher abzuzirkeln, damit die Arbeiter nicht
irren können. — Man pflöcke daher zuerst alle Punkte ganz genau ab. Ist
dieß geschehen, so binde man ein spitziges Holz an ein doppelt genommenes
Seil, das so lang wie der Halbdurchmesser des auszuhebenden Pflanzloches
ist. Hierauf werfe man das Seil über das zur Bezeichnung eines Pflanz=
loches eingeschlagene Pfählchen, und kratze mit dem daran gebundenen spitzigen
Holze einen bemerkbaren Zirkel in den Rasen. Durch diese Vorzeichnung
entstehen nachher lauter vollkommen runde Löcher, und man kann überzeugt

sein, daß, wenn man nur die Pflänzlinge gerade in die Mitte setzt, dieselben eben so genau auf einander passen werden, als vorher die eingeschlagenen Pfählchen paßten. Hat man aber dieses Abzirkeln unterlassen,
und die Plantage noch so pünktlich abgepflöckt, so wird man finden, daß
die Arbeiter unglaublich von der richtigen Stelle abweichen, und es wird
dann beim Einsetzen eines jeden Stammes nöthig sein, die Löcher verändern
zu lassen und jeden Pflänzling aufs neue einzuvisiren.

Was die nöthige Weite und Tiefe der Pflanzlöcher anbelangt,
so muß dieselbe nach der Güte des Bodens und der Größe der Pflänzlinge
bestimmt werden. Ist der Boden gut, so brauchen die Pflanzlöcher nur so
weit und tief zu sein, daß man die Wurzeln der Pflänzlinge in ihrer
natürlichen Richtung bequem hineinbringen kann. Ist der Boden aber
nicht gut, so ist es vortheilhaft, die Löcher 10 bis 15 Ctm. weiter machen
zu lassen, damit die neu austreibenden Wurzeln in riolte Erde stechen und
durch Steine oder sehr bindende Erdschichten in den ersten Jahren, wo der
versetzte Pflänzling ohnehin kränkelt, im Wachsthum nicht gehindert werden.

Es kommt also auf die Güte des Bodens und auf die Größe der
Pflänzlinge und ihrer Wurzeln an, um die Weite und Tiefe der Pflanzlöcher zu bestimmen. Im Allgemeinen aber können folgende Regeln gelten:

Büchsenlaufsdicke Stämme erfordern Löcher von $^2/_3$ bis 1 Mtr. Weite und
$^1/_3$ bis $^1/_2$ Mtr. Tiefe. — Für fingersdicke Pflänzlinge macht man die Löcher
$^1/_2$ bis $^2/_3$ Mtr. weit und $^1/_4$ bis $^1/_2$ Mtr. tief — noch kleinere Stämmchen
setzt man in Löcher von $^1/_3$ bis $^1/_2$ Mtr. Weite und $^1/_4$ bis $^1/_2$ Mtr. Tiefe,
und für ganz kleine Pflanzen unter $^2/_3$ Mtr. Länge sind die Löcher weit genug,
wenn sie $^1/_4$ bis $^1/_3$ Mtr. im Durchmesser haben und 15 bis 20 Ctm. tief sind.

Sind die Pflänzlinge aber nur 15 bis 20 Ctm. groß, so macht man
die Pflanzlöcher nur 15 Ctm. weit und 8 bis 10 Ctm. tief.

Ueberhaupt aber lasse man die Löcher niemals tiefer machen, als sie
sein müssen, um die Wurzeln der Pflänzlinge so weit unter die Erde zu
bringen, als sie vorher bedeckt waren. Die meisten Pflanzungen verderben
vorzüglich deßwegen, weil die Stämme zu tief gesetzt und ihre Wurzeln
in die rohe kalte Erdschichte gebracht werden, wo sie weder von der Sonne
erwärmt, noch auch hinlänglich genährt werden können. Ich habe darüber
viele Versuche angestellt, und immer gefunden, daß das zu tiefe Pflanzen
die nachtheiligsten Folgen hatte. Nur in leichtem Sandboden können die
Pflänzlinge etwas tiefer gesetzt werden, als sie vorher standen.

Sehr häufig kommen die Wurzeln dadurch unabsichtlich zu tief in den
Boden, daß der Arbeiter, in der Meinung, dem Pflänzling Gutes zu thun,
die Sohle des Pflanzlochs mit einigen Spatenstichen lockert, oder in das
zu tief angefertigte Loch lockere Erde wirft. Wird dann der Pflänzling auf
die gelockerte Erde so gesetzt, daß seine Wurzeln so tief wie früher unter
der Bodenoberfläche lagern, setzt sich im Verlauf der Zeit die lockere Bodenunterlage, so gelangen dadurch die Wurzeln zu tief unter die Bodenoberfläche, indem Regengüsse das um die Pflanze gesenkte Erdreich mit Nachbarerde ausschwemmen. Man gewöhne die Arbeiter daran, die Sohle des
Pflanzlochs fest zu lassen und wenn das Loch zu tief gemacht wurde, das
eingeworfene Erdreich vor dem Einsetzen der Pflanze festzutreten.

Damit man aber beim Einsetzen großer Pflänzlinge jede Verschiedenheit der Erde besonders finden kann, so lasse man beim Ausgraben der Pflanz= löcher den Rasen auf die rechte Seite, die darauf folgende gute Erde auf die linke Seite, und die tiefer unten herauskommende schlechtere Erde, mit Absonderung aller zu dicken Steine, gerade vor den Arbeiter aufhäufen. Durch eine solche Absonderung der verschiedenartigen Erden — die keinen Augenblick mehr Zeit erfordert, als wenn alles auf einen Haufen durcheinander geworfen, und die beste Erde mit der schlechtesten bedeckt oder vermischt wird — entsteht der Vortheil, daß man beim Einsetzen der Pflänzlinge jede Erdart schon abgesondert finden, und also nach Bedürfniß wählen und schneller fertig werden kann. Auch hat bei großen Pflanzlöchern, die man oft ein halbes Jahr vor der Pflanzung ausheben läßt, diese Absonderung noch den Vortheil, daß die Witterung auf die in drei kleineren Häufchen getheilte Erde kräf= tiger wirkt und sie lockerer und besser macht, als wenn dieselbe Masse von Erde auf e i n e n größeren Haufen geworfen ist. [1]

Bedient man sich bei der Pflanzung des sogenannten Pflanzbohrers, so werden mit diesem Instrumente, womit man die kleinen Pflänzlinge aus= nimmt, auch die Löcher gebohrt, damit die ausgehobenen Ballen genau in die Pflanzlöcher passen. [2] Noch vortheilhafter finden es aber Einige, sich statt des Pflanzbohrers eines im Halbzirkel gebogenen scharfen eisernen Spaten zu bedienen. Mit diesem Spaten lassen sich die kleinen Löcher leicht machen,

[1] Der sorgfältigsten Sortirung des Erdreichs dient ein Instrument, das sich mit einem im großen Maßstabe angefertigten Holzbohrer vergleichen läßt, dessen obere Windungen sich tellerförmig erweitern. Beim Eindringen des Bohrers in den Boden schneidet dessen teller= förmig erweiterte Windungen zuerst die oberste Rasendecke ab, dann das mit Humus ge= mengte Erdreich u. s. f. und läßt sich die verschiedene Schichtung des Bodens durch wieder= holtes Ausheben des Bohrers in beliebiger Tiefe von einander sondern.

[2] Der Pflanzbohrer besteht aus einem eisernen 20—25 Cent. langen hohlen h a l b e n Cylinder, dessen Durchmesser 15—20 Cent. ist. Unten und auf beiden Seiten ist dieser Halb= cylinder mit Stahl belegt und scharf geschliffen. Oben in der Mitte ist eine 1 Mtr. lange und 1 Ctm. dicke eiserne Stange angeschweißt, die oben eine 4 Ctm. große Oese hat, um ein 1/3 Mtr. langes Stück Holz durchzustecken, das, wie beim Zimmermannsbohrer, zum Hand= griffe dient.

Will man mit diesem Instrumente, das gewöhnlich 2 Rthlr. kostet, eine kleine Pflanze ausheben oder ausbohren, so sticht man den Halbcylinder, 8—10 Ctm. von der Pflanze ent= fernt, senkrecht in die Erde, und dreht den Pflanzbohrer vermittelst des Handgriffes, bei mäßigem Drucke, einigemal herum, bis der Pflanzbohrer so tief eingedrungen ist, als der Ballen hoch sein soll. Hierauf biegt man den Bohrer etwas zur Seite, und hebt mit dem= selben die Pflanze heraus. — Da die Löcher zum Einsetzen dieser Ballen mit demselben Pflanzbohrer gemacht werden müssen, so passen die Ballen genau in diese Löcher. Auf lockerem Boden hat diese Pflanzung sehr guten Erfolg; auf sehr festem Boden weniger, da die Verbindung der Erde des Ballens mit der des Pflanzloches oft erst nach langer Zeit sich wiederherstellt.

Noch muß ich bemerken, daß die linke Seite des Pflanzbohrers einen halben Zoll länger ist, als die rechte, damit er besser in die Erde greift, wenn er umgedreht wird.

und eben so auch die kleinen Pflänzlinge durch zwei Stiche mit Ballen aus=
nehmen.

. Da es zur Berechnung der Kosten und zu Bestimmung des Lohnes
nöthig ist, zu wissen, wie viele Pflanzlöcher ein fleißiger Arbeiter zur Herbst=
und Frühjahrszeit täglich anfertigen kann, so theile ich hier meine darüber
gemachte Erfahrung mit. Für die Richtigkeit kann ich einstehen, da die
Versuche in meiner Gegenwart gemacht worden sind.

Größe der Platz= löcher.		Ein fleißiger Arbeiter verfertigt täglich			
Weite oder Durch= messer.	Tiefe.	Lockerer oder leichter Boden ohne Steine.	Lehmboden, oder auch leichter Boden, stark mit Gras oder Heide bewachsen.	Lehmboden mit kleinen Steinen untermengt.	
Centim.	Centim.				
15	10	1000	800	750	⎫
20	13	600	550	500	⎪
25	15	500	450	400	Mit dem gewöhn=
37	15	450	400	350	lichen Spaten oder
42	20	300	250 .	220	der Hacke gemacht.
55	32	180	160	140	⎪
80	37	100	80	70	⎭

4) Vom Ausgraben oder Ausnehmen der Pflänzlinge.

Das Ausgraben der Pflänzlinge muß mit vieler Vorsicht geschehen,
wenn man erwarten will, daß sie nach dem Versetzen gut gedeihen sollen. —
Wie selten geht man aber bei diesem Geschäfte mit der erforderlichen Vor=
sicht zu Werk! Die Arbeiter wissen oft nicht, wie viel es darauf ankommt,
daß der Pflänzling recht viele und unbeschädigte Wurzeln habe, oder es ist
ihnen nichts daran gelegen, ob die Pflanzung geräth oder verdirbt. Man
sieht daher oft Pflänzlinge auf die unvernünftigste Art und so ausgraben,
als wenn sie zum Verbrennen bestimmt wären. Daher kommt es denn
auch, daß so viele versetzte Stämme verderben oder verkümmern, die vor=
trefflich würden gewachsen sein, wenn man sie beim Ausgraben nicht ruinirt
hätte. — Ich empfehle daher sehr, zum Ausgraben der Pflänzlinge nur
vorsichtige Leute zu gebrauchen, sie bei der Arbeit nicht zu übereilen,
und nicht von ihnen zu fordern, daß sie binnen einer gewissen Zeit eine
bestimmte Anzahl Pflänzlinge ausgraben, sondern nur fleißig arbeiten, und
jedes Stämmchen mit der gehörigen Vorsicht ausheben sollen.

Damit aber dieses Geschäft regelmäßig und gut gemacht werde, so
ertheile man den Arbeitern folgende Instruktionen:

1) Beim Ausgraben der Pflänzlinge soll jeder Arbeiter mit einer starken,
recht scharfen Hacke und Spaten und einem starken scharfen Messer ver=
sehen sein.

2) Büchsenlaufsdicke Stämme, die vor dem Herausnehmen durch ein unschädliches Merkmal an der Nordseite bezeichnet werden müssen, sollen so ausgenommen werden, daß die Wurzeln, vom Stamme bis zum Abschnitte, $\frac{1}{2}$ Mtr. messen. Bei kleineren Pflänzlingen aber soll die Länge der Wurzeln wenigstens $\frac{1}{4}$ bis $\frac{1}{3}$ Mtr. betragen.

3) Beim Ausgraben eines $1\frac{1}{3}$ Mtr. langen und größeren Pflänzlings soll damit angefangen werden, daß man so weit vom Stamme entfernt, als die Wurzeln lang bleiben sollen, ein schmales zirkelförmiges Gräbchen um den Pflänzling zieht, und die darin entdeckten Wurzeln mit einem starken Spaten absticht, oder mit dem Messer abschneidet. Ist dieses geschehen, so soll von allen Seiten mit dem Spaten schief unter den Ballen gestochen und die senkrechten Wurzeln abgestoßen werden. (Man bedient sich hierzu mit gutem Erfolge häufig eines ganz aus Eisen gearbeiteten Stoßeisens mit 15 Ctm. breitem schaufeligem Ende.) Ist auch dieses geschehen, so muß der Pflänzling mit dem Ballen senkrecht in die Höhe gehoben, und die zwischen den Wurzeln befindliche Erde, vermittelst der Finger, abgenommen und abgeschüttelt werden. Wäre aber der Pflänzling und Ballen so schwer, daß er nicht gehoben werden kann, so ist die Erde vermittelst eines spitzigen Holzes von den Wurzeln zu schaffen. In diesem Fall muß der Arbeiter aber vorsichtig zu Werk gehen, und das Beschädigen der Wurzeln aufs sorgfältigste zu vermeiden suchen. Er darf daher, so lange er mit der Hacke operirt, niemals tief und mit großer Gewalt einschlagen, und muß alle Hackenschläge so führen, daß dadurch keine Hauptwurzel abgeschnitten werden kann. Es müssen folglich alle Hackenschläge eine solche Richtung haben, daß sie gegen den Pflänzling, wie die Radspeiche gegen die Nabe stehen.

Sind auf solche Art die Wurzeln entblößt, und unten abgestochen, so muß nun erst der Pflänzling senkrecht in die Höhe gehoben, niemals aber schief aus dem Loche gezogen werden, weil dadurch die Wurzeln entzweibrechen können, die bisher mit Mühe geschont wurden.

Wären aber die Pflänzlinge noch klein, so ist das vorhin erwähnte Gräbchen nicht nöthig. In diesem Falle sticht man nur mit einem scharfen Spaten die Wurzeln in gehöriger Entfernung vom Stämmchen ab, gräbt die Erde auf, sticht die senkrechten Wurzeln mit dem Spaten ebenfalls ab, und hebt den Pflänzling aus dem Loche.

4) Jeder ausgehobene Pflänzling soll im Schatten entweder schief aufgestellt, oder vorsichtig hingelegt, niemals aber der Sonne ausgesetzt oder hart aufgestoßen oder hingeworfen werden, weil sonst die Wurzeln Schaden leiden.

5) Beim Ausheben ganz kleiner Pflänzlinge aus lockerem Land soll der Arbeiter in gehöriger Entfernung mit dem Spaten etwas tief in die Erde stechen, den Boden mit den Pflanzen etwas heben, und nun eine ganze Handvoll Pflanzen zugleich herausziehen, weil auf solche Art die Wurzeln am wenigsten verdorben werden.

6) Sind aber ganz kleine Pflänzlinge mit Erdballen aus den Saatkämpen zu nehmen, wo die Pflanzen in Reihen oder Streifen dicht bei-

sammen stehen, so muß zu beiden Seiten jeder Reihe zuerst mit einem scharfen Spaten etwas schief eingestochen, und. dann durch 15 Ctm. ent= fernte Querstiche die Pflanzenballen herausgenommen werden. — Diese Ballen können nachher an den Pflanzort gebracht, und dort in kleine Bällchen vertheilt werden, wenn man die Absicht hat, Büschelpflanzungen zu machen, das heißt kleine Ballen, die mehrere Pflanzen enthalten, zu versetzen, um desto sicherer den Zweck zu erreichen.

7) Wenn ganz kleine Pflanzen bei weichem Boden aus den Schlägen gerupft werden sollen, so hat der Arbeiter jedesmal eine ganze Hand= voll zugleich zu fassen und auszurupfen, weil sonst die Wurzeln ab= reißen, wenn man jede Pflanze einzeln auszieht. Und

8) es ist dafür zu sorgen, daß die Wurzeln der ausgehobenen Pflänz= linge weder dem Austrocknen, noch dem Froste ausgesetzt werden.

Erlauben es die Umstände, die vermittelst des Pflanzbohrers, oder auch vermittelst eines halbzirkelförmigen Spaten ausgenommen, oder die nach Nr. 6 ausgehobenen, oder die mit einer Pflanz= schaufel ausgestochenen Pflänzlinge mit Erdballen zu versetzen, so ist dieses besonders vortheilhaft. Man muß dann nur das Abfallen der Erde zu verhindern, suchen, die Pflänzlinge alsbald in Körbe oder auf Bretter stellen, sie an den Ort ihrer Bestimmung tragen, oder auf Schieb= karren dahin bringen lassen und wieder einpflanzen, ehe die Erde trocken wird und abfällt. [1] Sollen große Stämme mit Erdballen versetzt werden, weil diese sonst nicht leicht wieder anwachsen, so muß eine solche Verpflanzung im Winter beim Frost geschehen, damit die Erde durch den Transport nicht abfällt. In diesem Falle läßt man bei gelinder Witterung den Stamm durch einen Graben losarbeiten, tränkt den Ballen mit Wasser, hebt ihn nachher, wenn der Erdballen durchgefroren ist, heraus, und bringt ihn auf einem niedrigen Wagen an den Ort seiner Bestimmung, wo das Pflanzloch bei gelindem Wetter schon gemacht worden ist. — Dergleichen Pflanzungen sind aber für den Forstwirth zu kostbar, und fallen nur dann vor, wenn in einer schon erwachsenen Allee eine Lücke entstanden ist, die man gerne aus=

---

[1] Die Pflanzschaufel ist sehr nützlich und fast unentbehrlich, wenn kleine Pflänzlinge aus sehr lockerem Sand ausgestochen und auf Sandschollen verpflanzt werden müssen. Eine solche Pflanzschaufel bildet einen 20—25 Ctm. langen, 15 Ctm. breiten und oben 12 Ctm. weiten hohlen Keil von starkem Eisenblech, dessen eine breite Seite offen ist, und vermittelst eines 20—25 Ctm. langen und 15 Ctm. breiten Schiebers geschlossen werden kann. Sowohl an diesem Schieber, als an dem dreiseitigen hohlen Keile ist oben eine Krücke angebracht, um beide bequem in den Sand stechen zu können. Siehe die obige Zeichnung. Will man mit diesem Instrumente eine Pflanze ausnehmen, so sticht man mit dem dreilappigen, an allen Seiten scharf gemachten Keilstück, 4—5 Ctm. von der Pflanze entfernt, schief in den Sand, und schließt die vierte Seite vermittelst des unten ebenfalls geschärften Schiebers. Nun kann die Pflanze auf einer Trage zwischen winklich gegeneinander geneigten Brettern sammt der im Keile befindlichen Erde weggetragen und mit der Pflanzschaufel in das dazu gemachte Loch gesetzt werden. Wenn man ein Dutzend solcher Pflanzschaufeln hat, und die Pflänzlinge nicht weit getragen zu werden brauchen, so geht die Arbeit rasch von Statten und Kulturen der Art gerathen gut, wenn man die Pflanzlöcher so tief machen läßt, daß die Pflänzlinge nicht so leicht vertrocknen können. Beim Einsetzen bringt man die Schaufel in ein mit demselben Instrument vorher gefertigtes Loch, und zieht dann die Schaufel erst heraus. (Vergleiche Th. Hartig über Dünenbau. Auch in Abhandl. von G. L. Hartig, S. 80.)

füllen möchte, ohne einen sehr merklichen Unterschied in der Größe der Stämme statt finden zu lassen. [1]

Dieses sind die Regeln, die beim Ausgraben und Ausnehmen der Pflänzlinge genau beobachtet werden müssen, wenn man gedeihliche Pflanzungen machen will. Schlecht ausgegrabene Stämme wachsen entweder gar nicht an, oder kümmern unaufhörlich, und bestrafen dadurch den Pflanzer für seine Unachtsamkeit.

5) Vom Beschneiden der Pflänzlinge.

Wenn die Pflänzlinge auf die vorhin gelehrte Art vorsichtig ausge= graben worden sind, so müssen sie nun auch an den Aesten und Wurzeln beschnitten werden. Wollte man dieses unterlassen, so würden die durchs Ausroden abgekürzten Wurzeln den Aesten die erforderliche Nahrung nicht verschaffen können. Es würde sich daher der wenige Saft in den mit vielen Aesten besetzten Pflänzling so sehr vertheilen, daß die Saftgefäße kaum halb ausgefüllt werden könnten (tropisch). Dieß würde Stockung der Cirkulation des Saftes und allmähliches Einwelken der Pflanze zur Folge haben. Auch würden die beim Ausgraben mit dem Spaten abgestochenen und beim Ab= stich größtentheils gequetschten Wurzeln Fäulniß ansetzen, wenigstens nicht so leicht überwachsen und nicht so viele neue Wurzeln austreiben, als wenn sie vorher mit scharfen Instrumenten beschnitten worden sind.

Es ist daher nöthig, die Wurzeln von den gequetschen Theilen zu befreien, und von jedem Pflänzling so viele Aeste abzuschneiden, bis man glaubt, daß die Wurzeln im Stand seien, den Stamm vorerst wenigstens nothdürftig zu ernähren. Bei diesem Beschneiden, wobei man sich der be= kannten krummen Baummesser bedient (an deren Stelle in neuerer Zeit die allbekannten, sehr zu empfehlenden Baumscheeren getreten sind), gibt man jeder Wurzel von unten herauf einen frischen, etwas schrägen Schnitt, und wenn dieses geschehen ist, so nimmt man an jedem Stämmchen die untersten Aeste ganz nah am Schafte weg, und stutzt die übrigen von unten herauf so weit ab, bis man glaubt, daß ein passendes Ver= hältniß zwischen dem Stamme und den Wurzeln statt finde. — Es können daher diejenigen Pflänzlinge, welche viele und gute Wurzeln haben, mehr Aeste behalten, als solche, die mit schlechten oder wenigen Wurzeln versehen sind. Und eben so fließt auch aus jenem Erfahrungssatze, daß Pflänzlinge, die auf mageren Boden gesetzt werden sollen, stärker an den Aesten be= schnitten werden müssen, als solche, die in guten Boden gepflanzt werden.

Dieses Beschneiden ist bei allen Pflänzlingen nöthig und nützlich, wenn

[1] Will man starke Stämme mit sicherem Erfolge verpflanzen, so ist es nöthig, schon ein oder zwei Jahre vor dem Versetzen einen zirkelförmigen Graben um den Baum aus= stechen zu lassen, wodurch sämmtliche Seitenwurzeln des Stammes abgestochen werden. Die vom Graben bloßgelegte Seitenfläche des künftigen Ballens verschale man dann äußerlich mit Platten von Fichten oder Kiefern=Borke, worauf der Graben wieder zugeworfen wird, um das Austrocknen des Ballens zu verhindern. In Folge dessen bilden die am Wurzel= stocke verbliebenen Wurzeln in den nächsten Jahren innerhalb des Ballens eine Menge Faser= wurzeln; es stellt sich das Verhältniß dieser Ernährungsorgane zur oberirdischen Holzmasse des Baumes wieder her, ehe noch die Pflanze durch den krankhaften Zustand nach dem Ver= pflanzen daran verhindert wird.

sie beim Ausheben Wurzeln eingebüßt haben. Kann der Pflänzling aber fast mit all seinen Wurzeln versetzt werden, so ist das Beschneiden der Aeste nicht nöthig. Doch wird es nützlich sein, weil jede Pflanze nach dem Versetzen kränkelt, und von den erst in die Erde gebrachten Wurzeln nicht so vollständig genährt werden kann, als wenn diese erst wieder völlig angewachsen sind.[1]

Hat man Pflänzlinge zu beschneiden, aus denen künftig lange Bäume werden sollen, so muß man ihre Gipfel sorgfältig schonen. Will man aber Kopfholz oder Hecken erziehen, so nimmt man den Pflänzlingen nicht nur alle Aeste, sondern stutzt ihnen auch den Schaft so weit schräge ab, als man es nöthig und gut findet.

Doch darf man nicht glauben, daß aus einem Pflänzling, der den Gipfel verloren hat, niemals ein schöner, gerader und hoher Baum werden könne. Dergleichen Beschädigungen wachsen an jungen Stämmchen, selbst wenn es Nadelholz ist, wieder aus, und man sieht oft in der Folge die Spur nicht mehr davon. — Wenn daher die Laubholzpflänzlinge zu lang sind, und oben überhängen, so stutze man ihre Aeste etwas ein, und schneide die Gipfel, ohne Rücksicht auf Holzart, so weit ab, daß der Schaft des Pflänzlings gerade steht, und sich nach keiner Seite neigt. Man wird in der Folge finden, daß ein neben hervorkommender Ast sich gerade in die Höhe hebt und den verlornen Gipfel ersetzt.

Uebrigens kann ich versichern, daß es ein Vorurtheil ist, wenn man glaubt, das Nadelholz ertrage das Einstutzen der Aeste nicht. Ich habe dieses zur Probe so weit getrieben, daß ich kleinen Nadelholzstämmchen, von $\frac{1}{3}$ bis $\frac{2}{3}$ Mtr. Höhe, alle Aeste nahm, und sie sind besser gewachsen, als diejenigen, welche alle ihre Aeste behalten hatten. Durch einen Versuch kann sich jeder selbst davon überzeugen, und man wird finden, daß die ganz ausgeschneidelten kleinen Nadelholzstämmchen aus der Gipfelknospe einen starken Trieb machen, dessen Schwere sie aber krumm biegt. Es ist daher

---

[1] Hat der Schaft unter der Krone nur wenige vereinzelte und nicht zu starke Zweige, so nehme man diese dicht am Stamme weg, jedoch ohne die Schaftrinde zu verletzen. Die Ueberwallung geht in diesem Falle viel rascher von statten, als wenn man Aststutzen stehen läßt. Hat hingegen der Schaft viele Aeste, wie dieß an den besten im Freien erwachsenen stuffigen Pflänzlingen meist der Fall ist, dann würde, wenn man alle diese Aeste dicht am Stamme abschneiden wollte, die Summe der Wundflächen am Stamme eine so bedeutende werden, daß dadurch ein großer Theil der vom Pflänzling aufgesogenen Feuchtigkeit verdunstet. Dasselbe ist der Fall bei Wundflächen verhältnißmäßig starker Aeste. Am nachtheiligsten werden selbst nur eine geringe Zahl kleinerer Wundflächen, wenn sie von Aesten herrühren, die quirlähnlich dicht beisammen standen. Selbst zwei gegenüberstehende Wundflächen, wie sie beim Beschneiden der Ahorne, Eschen, Kastanien ꝛc., durch die Aststellung regelmäßig erzeugt werden, schaden viel mehr als die doppelte oder dreifache Zahl vertheilter Wundflächen. In solchen Fällen muß man einige Zoll lange Aststutzen stehen lassen und diese dann erst hinwegnehmen, wenn der Pflänzling vollkommen angewachsen ist. Eichen beschneide man stets dicht am Schafte, da die Aststutze oder Spornen sehr rasch bis tief ins Schaftholz hinein absterben, was bei der Buche nicht der Fall ist.

Als Regel muß man ferner beachten, daß bei jedem Beschneiden von Aesten der Schnitt stets dicht über einer Knospe, besser noch über einem Brachyblasten geführt wird, wenn Letztere vorhanden sind. Die Ueberwallung der Wunde geht in diesem Falle viel rascher von statten, als wenn der Schnitt unter einer Knospe oder in der Mitte zwischen zweien Knospen geführt wird.

nicht rathsam, dergleichen Stämmchen ganz auszuästen. — Bei größeren
Nadelholzpflänzlingen fand ich aber das völlige Ausschneideln immer
von üblen Folgen, ob es gleich bei großen und kleinen Nadelholzpflänzlingen nützlich ist, wenn man die Aeste nur zum Theil und bis
zur Hälfte wegnimmt.

Hat man Pflanzungen mit kleinen Laubholzpflänzlingen zu machen, die
künftig einen Niederwaldbestand bilden sollen, und wäre der Boden mittelmäßig oder schlecht, so lasse man die Pflänzlinge vor dem Einsetzen bis
auf 10 Ctm. ganz abschneiden und dann einpflanzen. Sie wachsen so besser,
als wenn man sie auf die gewöhnliche Art pflanzt.

6) Von der Behandlung der ausgehobenen Pflänzlinge, wenn
sie nicht alsbald versetzt werden können.

Es ist ein sehr gewöhnlicher Fall, daß die ausgehobenen und be-
schnittenen Pflänzlinge nicht alsbald wieder in die Erde gesetzt werden
können. Wollte man sie nun mit entblößten Wurzeln liegen oder stehen
lassen, so würden die Wurzeln bald austrocknen, oder vielleicht auch gefrieren und alle Lebenskraft verlieren. Deßwegen ist es unumgänglich nöthig,
die Wurzeln der ausgehobenen Pflänzlinge vor dem Aus-
trocknen und vor dem Frost zu bewahren. Dieß kann auf verschiedene Art geschehen, je nachdem die Aufbewahrung mehr oder weniger
lange dauern soll, und die Umstände es zulassen. [1]

Das natürliche Aufbewahrungsmittel ist folgendes: man läßt einen
verhältnißmäßig tiefen Graben machen, legt die Pflänzlinge in schiefer
Richtung hinein, und bedeckt die Wurzeln mit lockerer Erde.

Sollten aber Pflänzlinge vom Herbste bis zum Frühjahre eingeschlagen
werden müssen, so wähle man dazu einen Platz, der gegrabenes oder doch
lockeres Land hat. Nun packe man einige Pflänzlinge zusammen, halte
sie anrecht, und lasse ihre Wurzeln gerade so mit feiner Erde bedecken,
als wenn man sie pflanzen wollte. Hierauf halte man in das durch die
Bedeckung der ersten Pflänzlinge entstandene Gräbchen neue Stämmchen,
bedecke sie auf gleiche Weise, und fahre damit im Cirkel fort, bis alle
Pflänzlinge eingeschlagen und die Zwischenräume ihrer Wurzeln mit feiner
Erde genau ausgefüllt sind. Nun gieße man die ganze Masse tüchtig mit
Wasser an, und lasse alles stehen bis zum Frühjahre.

Auf solche Art eingeschlagene Pflänzlinge können keinen Schaden
leiden. Wenn man aber die Wurzeln nur oben zudeckt, ohne die Zwischenräume mit Erde genau auszufüllen, so werden die Wurzeln im Laufe des
Winters schimmelig und die Stämme verderben. Sollen aber die Pflänzlinge
nur wenige Tage oder Wochen eingeschlagen bleiben, so ist es schon
hinreichend, wenn man die Wurzeln oben mit Erde bedeckt, damit sie nicht
austrocknen können. Auch kann man in dem Falle, wo die Pflänzlinge
nach wenigen Tagen schon versetzt werden, dieselben mit den

---

[1] Die meisten Gärtner sind der Ansicht, daß es sehr vortheilhaft sei, die eben ausgehobene Wurzel einige Stunden hindurch im Schatten äußerlich abtrocknen zu lassen.
Der Sonnenstrahl ist entschieden Gift für die Pflanzenwurzel.

Wurzeln in Wasser legen, welches, wenn Wasser in der Nähe ist, die wenigsten Umstände verursacht und der Absicht vollkommen entspricht.

Hat man aber Pflänzlinge ausgehoben, die, wie die Kiefern, das mindeste Austrocknen der Wurzeln nicht ertragen, so müssen die Wurzeln sogleich in nasses Moos gepackt werden.

7) Von der nöthigen Vorsicht, wenn Pflänzlinge verschickt werden sollen.

Beim Versenden der Pflänzlinge ist vorzüglich darauf zu sehen: daß dieselben durch das Zusammenbinden keine Beschädigung leiden, daß die Wurzeln und Aeste nicht zerbrochen werden, und daß die Wurzeln nicht austrocknen oder gefrieren.

Die Pflänzlinge müssen daher zwar fest, aber doch so aufeinander gepackt werden, daß sie sich unter einander selbst nicht reiben, und eben so wenig von den Stricken und Ketten beschädigt werden können.

Geht der Transport nicht weit, und ist der Himmel bedeckt, so können die Pflänzlinge ohne weitere Umstände an Ort und Stelle gebracht werden. Scheint aber die Sonne, so ist es nöthig, die Wurzeln mit einem überzogenen Tuche zu bedecken, und sie unterwegs zuweilen mit Wasser zu benetzen. Müssen die Pflänzlinge aber mehrere Tage unterwegs sein, so rathe ich, zwischen und auf die Wurzeln Moos zu bringen, dieses stark anzufeuchten, nachher die ganze Masse mit einem Tuch zu bedecken, und die in Moos gepackten Wurzeln alle Tage einmal mit Wasser zu beschütten.

Will man eine geringe Parthie kleiner Stämmchen sehr weit verschicken, so beschneide man sie zuvor an den Aesten und Wurzeln. Ist dieß geschehen, so rücke man die Wurzeln recht dicht in einander, und binde die Stämmchen an mehreren Orten fest zusammen. Nun zerhacke man trockenes Moos, und fülle damit die Zwischenräume der vorher abgetrockneten Wurzeln aus. — Hierauf binde man langes Stroh am Abschnittsende der Halmen zusammen, und formire daraus ein Strohrad. In die Mitte dieses Rades setze man die Pflänzlinge, befestige nun das Stroh mit Wieden an dieselben, umgebe den Pack mit Matten, und tränke die Wurzelparthie mit Wasser. Auf solche Art verwahrte Pflanzen lassen sich, selbst bei Frost, sehr weit verschicken, ohne daß sie den mindesten Schaden leiden.

8) Vom Versetzen der Pflänzlinge.

Wenn die Pflanzlöcher nach der oben ertheilten Vorschrift gehörig gemacht, die Pflänzlinge vorsichtig ausgehoben, regelmäßig beschnitten und an den Ort ihrer Bestimmung gebracht sind, so müssen sie nun auch mit der gehörigen Aufmerksamkeit gesetzt oder gepflanzt werden.

Hierbei sind folgende Regeln vorzüglich zu beobachten:

1) Man setze die Pflänzlinge von gleicher Größe jedesmal zusammen, weil sonst die kleineren in der Folge unterdrückt werden, wenn man sie zwischen die größeren gepflanzt hat.

2) Man setze die Stämme nicht tiefer, oder doch nicht viel tiefer als sie vorher standen. Nur auf sehr sandigem Boden ist es

nützlich, die Pflänzlinge, je nachdem sie groß sind, etwas tiefer zu setzen. Noch sicherer gerathen sie aber, wenn man die kleinen $\frac{1}{6}$ bis $\frac{1}{3}$ Mtr. langen Pflänzlinge in 25 Ctm. tiefe und 30 Ctm. weite Löcher so einsetzen läßt, daß 20 Ctm. vom Loche mit Erde nicht ausgefüllt werden. In solchen Vertiefungen schadet ihnen der Sonnenbrand nicht, und die Wurzeln haben mehr Feuchtigkeit. Es darf das aber nur da geschehen, wo man sicher ist, daß das Pflanzloch durch Regengüsse mit Erde nicht ausgefüllt wird. Hat man Pflänzlinge genug, so lasse man bei allen Kulturen mit ganz kleinen Pflänzlingen jedesmal zwei in ein Pflanzloch setzen und sie 7 bis 8 Ctm. von einander entfernt einpflanzen. Die Kosten werden dadurch nur sehr unbedeutend vermehrt, der gute Erfolg ist gewisser, und Nachbesserungen werden selten nöthig sein.

3) Man sorge dafür, daß die Wurzeln ihre natürliche Richtung behalten, besonders, daß die Seitenwurzeln eine wagrechte Lage bekommen.

4) Man bewirke, daß alle Räume zwischen den Wurzeln mit der besten, recht fein zerriebenen Erde so dicht wie möglich ausgefüllt werden, und

5) Man begieße die Wurzeln des Pflänzlings, ehe das Pflanzloch ganz mit Erde ausgefüllt ist, wo möglich so stark mit Wasser, daß sie zum dünnen Brei wird, um dadurch zu bewirken, daß sich die Erde auch in den kleinsten Zwischenräumen recht dicht an die Wurzel legt, und daß diese auf lange Zeit die nöthige Feuchtigkeit erhalten.

Sollte aber das Begießen oder Anschlämmen aus Wassermangel nicht möglich sein, so drücke man die Erde, nachdem das ganze Pflanzloch ausgefüllt ist, nur gelind zusammen, wodurch der eben erwähnte Zweck zwar auch, aber bei weitem nicht so vollständig erreicht wird.

Will man nun pflanzen, so gehe man auf folgende Art zu Werk: man fülle das Pflanzloch mit den zur Seite liegenden Rasenbrocken so weit aus, als es nöthig ist, um dem Pflänzlinge die gehörige Stellung zu geben. [1] Nun trete man diese Rasen, die verkehrt eingelegt werden müssen, fest zusammen, stelle den Pflänzling in die Mitte des Loches und lasse die fein zerhackte gute Erde auf die Wurzeln bringen. Während dieser Operation hebe man die Seitenwurzeln mit den Fingern in die Höhe, daß sie eine wagrechte Lage bekommen, und bewege den Pflänzling durch gelindes Aufziehen und Niederstoßen, daß sich die feine Erde recht genau zwischen die Wurzeln setzen kann. Sind die Wurzeln allenthalben mit feiner Erde bedeckt, so lasse man so viel Wasser darauf gießen, daß die Erde ein Brei wird. [2] Nun ebne man das Loch mit der bei Verfertigung desselben zuletzt herausgebrachten schlechteren Erde, oder, welches besser ist, mit neben

[1] Sind die Pflanzlöcher groß, so lege man ein Stäbchen über das Loch, um dadurch die Linie, welche die Oberfläche des Bodens nach der Ausfüllung des Loches machen wird, zu bezeichnen, und den Pflänzling in die gehörige Tiefe setzen zu können. Ohne diese Bezeichnung ist die rechte Tiefe, in der der Pflänzling gesetzt werden muß, schwer zu treffen, wenn die Pflanzlöcher groß sind.
[2] Sobald das Wasser aufgegossen ist, darf der Pflänzling nicht mehr aufgezogen werden. Man muß ihm deßwegen vorher die rechte Stellung geben.

gegrabener guter Erde völlig aus, und drücke das Ganze mit dem Fuß gelinde zusammen.

Wäre der Ort der Sonne stark ausgesetzt, so lasse man Rasen ab= schälen, und belege die Oberfläche des Pflanzloches mit diesen verkehrt hinzulegenden Rasenstücken, um das Austrocknen der Erde zu verhindern. Hätte man aber Moos zur Hand, so bedecke man die Oberfläche des Pflanzloches dick mit demselben, und befestige es durch aufgelegte kleine Steine oder durch 4—6 eingestochene kleine Pfählchen. Eine solche Bedeckung hält die lockere Erde lange feucht, und es kann das Regenwasser besser durchdringen, als durch aufgelegte Rasen. Selbst größere Steine kann man im Nothfalle auf die Pflanzlöcher legen, um den Boden feucht zu erhalten. — Soll ein großer Pflänzling ohne Pfahl stehen, so lasse man um seinen Stamm einen 10 bis 20 Ctm. hohen kegelförmigen, und nach dem Pflänzling etwas trichterförmigen Hügel von Erde oder Rasen bilden, um das Schwanken so viel wie möglich zu verhindern, und das am Stamm herunterfließende Regenwasser den Wurzeln zuzuführen.

Wäre der Pflanzort sehr feucht, so läßt man statt der Löcher nur den Rasen abschälen, setzt den Pflänzling auf die verwundete Stelle und bildet um denselben einen verhältnißmäßig großen Hügel. Hier pflanzt man also nicht in, sondern auf die Erde. — Pflanzungen der Art gerathen gut, wenn man die Hügel nicht zu klein hat machen lassen, und die Wurzeln dadurch so bedeckt hat, daß die Hügel so leicht nicht austrocknen können. Sind an den zu pflanzenden Stämmchen Erdballen, so werden diese mitten in die Pflanzlöcher gestellt, und es müssen diese Ballen sowohl unten als neben mit lockerer Erde fest ausgefüttert werden, damit die Luft diese Ballen nicht austrocknen kann. [1]

---

[1] Die Pflanzung in Erdhügel über dem Boden ist in neuerer Zeit auch auf gewöhn= lichem, feuchtem, selbst trocknen Boden mit gutem Erfolg in Anwendung gebracht worden (v. Manteuffel) Die locker um die Wurzeln aufgehäufte Erde muß hierbei überall von gut schließenden Rasenplaggen bedeckt werden, deren Wurzelseite nach oben gekehrt. Für Loden= und Heister=Pflanzungen ist die Hügelpflanzung schon deßhalb empfehlenswerth, weil man dabei sicher ist, daß nie zu tief gepflanzt werde. Für Sämling=Pflanzungen hat sich die Hügelpflanzung an vielen Orten dadurch unzweckmäßig gezeigt, daß Ameisen und Enger= linge sich in die Hügel einnisten, was nicht allein den Wurzeln an sich schädlich ist, sondern auch die Sauen zum Auseinanderwerfen der Hügel anlockt. Auf feuchtem Boden habe ich selbst Buchen=Heisterpflanzungen dadurch vernichtet gefunden.

Anstatt der früher benutzten aus Holz geschnitzten Kohlpflanzer hat v. Buttlar ein schwereres Instrument von Eisen construirt, mit dem trichterförmige Löcher in den Boden gepreßt werden, um kleinere 1= bis 3jährige Pflänzlinge in diese zu pflanzen. Wie beim Kohlpflanzen wird dann die Erde durch einen Stich neben dem Pflanzloche, mit demselben Instrument um die Pflanzenwurzel angepreßt. Beim Kulturbetriebe im Großen und bei nur einigermaßen langer Bewurzelung ist es hierbei sehr unsicher, daß überall die schwache Pfahlwurzel im Trichter gerade zu stehen kommt, meist biegt sich die Spitze derselben beim Einsenken nach oben, selbst dann, wenn die Wurzel mit Lehmbrei und Sand beschwert wird. Bei sorgfältiger Pflanzung kann man allerdings dieß sehr nachtheilige Umbiegen der Wurzel= spitzen vermeiden; beim Pflanzbetriebe im Großen ist dieß selten möglich. Daher bediene ich mich, für das Verpflanzen von Sämlingen, der Pflanzkelle (Kurze Belehrung 2te Aufl. S. 189 Fig. 1, 2), eines, einer Maurerkelle ähnlichen Instrumentes, mit welchem ein trichterförmiges Pflanzloch ohne Compression des Bodens dadurch hergestellt wird, daß der Arbeiter dasselbe senkrecht in die Erde sticht und, die Kelle nach sich ziehend, das Erdreich auswirkt. Dieß, auf schwererem Boden durch einen convergirenden Schrägstich

9) Vom Verwahren der gepflanzten Stämme.

Es ist begreiflich, daß jede gemachte Plantage gegen alle Beschädigungen hinlänglich geschützt werden muß, wenn sie einen guten Erfolg haben soll. Jeder mit kleinen Stämmchen bepflanzte Distrikt muß daher, wie bei den Saaten im achten Kapitel der vorigen Abtheilung gezeigt worden ist, in strenge Hege gelegt, und, wo es nöthig ist, vermittelst Gräben oder Umzäunungen gegen zahme und wilde Thiere geschützt werden, wie im zweiten Theile bestimmter gelehrt werden wird. — Hat man aber größere Pflänzlinge von 2 bis 3 Mtr. lang zu versetzen, so ist es nöthig, denselben Stützen oder Pfähle zu geben, weil sie sonst der Wind hin- und her- treiben und der Schnee sie umdrücken würde.

Diese Pfähle müssen von verhältnißmäßiger Länge und Dicke genommen und von einer dauerhaften Holzart gemacht werden. [1] Auch müssen die Pfähle, die für große Pflänzlinge höchstens 2 Mtr. aus der Erde hervorstehen dürfen, vor dem Setzen der Pflänzlinge fest in die Löcher gestoßen werden, weil sonst, wenn es nachher geschieht, die Wurzeln dadurch beschädigt werden, und die Pfähle in der lockeren Erde nicht fest stehen. — Man stoße also zuerst den Pfahl in die Mitte des Pflanzloches, und beobachte beim Einsetzen des Pflänzlings die Regel, denselben immer so zu rücken, daß die gezeichnete Nordseite wieder nach dieser Weltgegend kommt, und daß der Pfahl auf der Mittagsseite steht, um dem Pflänzlinge in den heißen Mittagsstunden einigen Schatten zu geben.

Ist nun der Pflänzling nach der oben gegebenen Vorschrift gesetzt, so lasse man ihn mit Bindweiden oder Strohseilen in Form einer 8 einigemal, doch nicht fest, an den Pfahl heften, oder, wo einfache Bände angebracht sind, sobald sich der Pflänzling gesenkt hat, zwischen den Pflänzling und den Pfahl einen Büschel Moos stopfen, damit keine Reibung stattfinden kann. Außerdem müssen auch die auf Viehweiden gepflanzten Stämme 1 Mtr. hoch mit Dornen, oder besser mit Wachholderstrauch umbunden werden.

nöthigen Falles erleichterte Auswerfen des Bodens gibt ein Pflanzloch, das der Arbeiter bis zum Grunde übersehen, an dessen senkrechter Wand er die Wurzeln anlegen und ordnen kann, worauf er das gelockerte, ausgeworfene Erdreich von der Seite her an die Wurzeln an- drückt, wodurch zugleich das nachtheilige Stauchen der Wurzeln durch jeden von oben auf die Pflanzerde wirkenden Druck vermieden wird.

Auf sehr lockerem Boden, besonders im Bruchboden ist auch die Pflanzung in den Stich sehr empfehlenswerth. Ein gewöhnlicher Gartenspaten wird senkrecht in den Boden gesteckt und durch Hin- und Herbiegen des Stiels ein keilförmiger Spalt gebildet. Nachdem an jedes Ende des Spaltes ein Pflänzchen eingesetzt, tritt denselben der Arbeiter, mit beiden Füßen gleichzeitig, wieder zu. Alle diese Pflanzmethoden, wohin auch das Alemann'sche Verfahren gehört, sind jedoch nur auf 1- bis 3jährige Pflanzen anwendbar, deren Seiten- wurzeln noch so dünn sind, daß eine unnatürliche, gepreßte Lage ihnen nicht nachtheilig ist. Sind die Seitenwurzeln schon mehr als 2 Mmtr. dick, dann müssen sie mit Erde so ein- gefuttert werden, wie sie früher gerichtet waren.

[1] Das allgemein als nützlich empfohlene Anbrennen der Baumpfähle trägt nichts zur Vermehrung der Dauer bei, wenn der Brand nicht mit Theer getränkt worden ist. Ich habe darüber mit vielen Holzarten Versuche angestellt. Läßt man aber die unten gebrannten Pfähle 1⅛ Mtr. über und unter der Erde mit Theer einigemal bestreichen und dieses vor dem Einsetzen der Pfähle trocken werden, so trägt dieses Schutzmittel sehr viel zur Verlängerung der Dauer der Pfähle bei. Auch bin ich durch Versuche belehrt worden, daß Pfähle von Eichen, Acacien und von Nadelholz die längste Dauer haben.

Sollten aber auch diese nicht genug schützen, so müssen mehrere, 1½ Mtr. aus der Erde stehende Pfähle im Zirkel um den Pflänzling geschlagen und durch starke Wieden mit einander verbunden werden, um alle Beschädigungen abzuhalten. — Auch kann man die größeren Pflänzlinge auf die Art aufrecht erhalten, daß man zwei 1½ Mtr. aus der Erde stehende Pfähle neben dem Pflänzlinge einschlägt, und diesen vermittelst Strohseile oder starker Wieden an die Pfähle befestigt.

Ist es möglich, eine bepflanzte Viehweide nur einige Jahre lang, und bis die Pflänzlinge vollkommen angewachsen sind, zu hegen, und die Weideberechtigten das darauf wachsende Gras als Heu benutzen zu lassen, so ist dieß ein großer Vortheil für die Pflanzung. Wenn sich nachher auch ein Stück Vieh an einem solchen schon völlig angewurzelten Stämmchen reibt, so schadet dieß bei weitem weniger, als wenn ein solches Reiben und Drücken bald nach der Pflanzung geschieht, wodurch die zarten Wurzelkeime abgerissen und viele Pflänzlinge ganz verdorben werden können.

Vierte Abtheilung.

Von der Holzvermehrung durch Steckreiser oder Stecklinge.

Schon in den ältesten Zeiten ist die Vermehrung und Fortpflanzung einiger Holzarten durch Steckreiser oder Stecklinge bekannt gewesen. Damals pflanzte man aber gewöhnlich nur die Weiden und Pappeln auf diese Art fort. In neueren Zeiten hat man aber gefunden, daß sich auch einige andere Laubhölzer (die Weißeller und die Platane, außer diesen die meisten Strauchhölzer, wie Evonymus, Cornus, Ligustrum, Ribes, Rubus, Spiraea etc., auch Juniperus, Thuja), mehr oder weniger leicht und sicher durch Steckreiser fortpflanzen lassen, wenn man die Operation gehörig macht, die Stecklinge im ersten Jahre immer feucht erhält und ihnen überhaupt die erforderliche Pflege gibt. — Am leichtesten und sichersten bewurzeln sich freilich die Steckreiser von den Pappeln und Weidenarten. Diese Holzgattungen lassen sich sogar sicherer und schneller aus Steckreisern, als aus Samen erziehen. Bei der Forstwirthschaft werden sie daher auch fast nie durch Samen, sondern durch Schnittlinge erzogen, wenn man ihre Vermehrung künstlich bewirken will.

Obgleich sehr wenige Kunst dazu gehört, junge Stämmchen aus Stecklingen zu erziehen, so muß man doch die nöthige Kenntniß davon haben, wenn der Erfolg der Absicht entsprechen soll. — Vorzüglich kommt es dabei auf folgende Gegenstände an:

1) Man muß die Stecklinge zur rechten Zeit abzuschneiden und ihnen die gehörige Form zu geben wissen.

2) Man muß sie gehörig in die Erde zu bringen verstehen, und

3) Man muß sie gehörig zu pflegen wissen, bis sie sich entweder selbst überlassen oder auf einen andern Ort versetzt werden können.

1) Von der Zurichtung der Stecklinge.

Wenn man eine Holzart durch Stecklinge fortpflanzen will, ſo ſuche man Bäume oder Büſche von dieſer Holzart aus, woran recht ſtarke 1 bis 2jährige Triebe ſich befinden. Dieſe Triebe nehme man im Frühjahre, kurz vor dem Aufſchwellen der Knoſpen ab, und formire davon lauter Stäbchen, die 25 Ctm. lang ſind. Unten gebe man jedem dieſer Stäbchen einen etwas ſchiefen Schnitt, oben aber ſchneide man es wagrecht ab, damit man ſich beim Einſtechen die Hand nicht beſchädige. — Sollte man von einjährigen ſtarken Schüſſen nicht Stecklinge genug bekommen können, ſo ſind auch findersdicke zwei= und dreijährige Zweige brauchbar. Man nimmt ihnen alle Seitenäſte, und ſchneidet ſie gerade ſo zu, wie die ein= jährigen. Doch haben die einjährigen Stecklinge den Vorzug, wenn ſie ſo dick, und wo möglich dicker, als ein ſtarker Federkiel ſind.

Hat man ſich im Februar die erforderliche Anzahl ſolcher Stecklinge verſchafft, ſo bindet man ſie viertelhundertweiſe zuſammen, und ſchlägt ſie, um das Austrocknen zu verhindern, ſo lange in feuchte Erde, bis das Ver= ſetzen derſelben vorgenommen werden kann.

Will man aber ſtatt kleiner Stecklinge große, 3 bis 4 Mtr. lange Stangen von Pappeln oder Weiden pflanzen, die ebenfalls ſich bewurzeln, ſo ſuche man recht gerade Stangen von 4 bis 8 Ctm. im unterſten Durch= meſſer zu erhalten. Dieſen nehme man alle Aeſte, gebe ihnen unten und oben einen etwas ſchiefen glatten Abſchnitt, und bedecke ſie entweder am unterſten Theile mit feuchter Erde, oder bringe ſie ſo lange in Waſſer, bis die Pflanzung vollzogen werden kann. [1]

2) Vom Einſetzen der Stecklinge.

Wenn man kleine oder große Stecklinge an Orte pflanzen will, wo ſie künftig ſtehen bleiben ſollen, ſo kommt es darauf an, ob der Boden ſo mürb iſt, daß die Stecklinge, ohne an der Rinde eine Be= ſchädigung zu leiden, geradezu in den Boden geſtochen werden können oder nicht. Wäre erſteres der Fall, ſo ſteche man bald im Frühjahre, oder auch im Spätherbſte, die kleinen Pflanzſtäbchen etwas ſchief und ſo weit in die Erde, daß nur 4 Ctm. davon hervorragen. Die größeren Pflanzſtangen aber ſteche man 1/2 Mtr. tief ſenkrecht in den Boden. Kann dieß aber, wie es gewöhnlich der Fall iſt, ohne die Rinde am unterſten Abſchnitte zu be= ſchädigen, nicht geſchehen, ſo müſſen für die kleinen Stecklinge 1/3 Mtr. tiefe, und für die Setzſtangen 1/2 Mtr. tiefe Löcher mit dem Spaten ge= macht, die Stecklinge auf die vorhin erwähnte Art hineingeſetzt, die Löcher mit guter Erde ausgefüllt und tüchtig angegoſſen werden. Will man aber in einer Pflanzſchule Pappeln oder Weiden aus kleinen Stecklingen erziehen, ſo laſſe man ein gutes, der Sonne ausgeſetztes, und durch nichts verdämmtes Land tief umgraben und von Unkraut reinigen. Wenn dieß geſchehen iſt, ſo zeichne man alle 1/2 Mtr. eine Linie darauf, und ſteche

[1] In unſeren Alleen habe ich Setzſtangen der Pyramidenpappel von 15 bis 16 Ctm. Durchmeſſer und 7 bis 8 Mtr. Höhe mit dem beſten Erfolge verwenden ſehen. Sie wurden 1 1/2 Mtr. in die Erde gebracht.

in der Entfernung von ⅓ Mtr. einen Steckling, etwas schief — jedoch
alle nach einer Richtung — und so weit in die Erde, daß er nur 3 bis
4 Ctm. hervorragt. Ist auch dieses geschehen, so begieße man alle Stecklinge stark mit Wasser und lasse sie nun anwurzeln.

Gewöhnlich bringt man die im Februar geschnittene Stecklinge und
Setzstangen bald im Frühjahre in die Erde. Dieß kann aber auch im Spätherbste geschehen. Ich habe darüber mehrere Versuche gemacht und der Erfolg war jedesmal nach Wunsch.

3) Von der Pflege der angewachsenen Stecklinge.

Wenn die Stecklinge auf die so eben erwähnte Art in die Erde gebracht und zuweilen begossen worden sind, so wird jeder sehr bald im Frühjahre einige Austriebe machen. Diese lasse man bis nach Johannistag fortwachsen. Alsdann aber nehme man alle, bis auf den schönsten, mit einem
recht scharfen Messer weg, ohne das Steckreis zu heben oder sonst
zu bewegen, und lasse die Pflanzschule von allem Unkraut reinigen. —
Im folgenden Frühjahre nehme man den obersten, gewöhnlich vertrockneten
Theil des Steckreises bis an den neuen Stamm glatt weg, ohne den Pfänz-
ling zu heben — welches durch einen festen Tritt mit beiden Füßen dicht
neben das Steckreis und durch den Gebrauch eines recht scharfen Messers
verhindert werden kann — und lasse die Pflanzschule abermals von Unkraut
befreien und zwischen den Pflänzlingen aufhäckeln. Nach Johannistag schneidele
man die Stämmchen ⅔ Mtr. von unten herauf aus, und lasse sie nun so
lange fortwachsen, bis sie im dritten oder vierten Jahre zum Versetzen ins
Freie stark genug sind.

Will man aber aus den, sogleich an den Ort ihrer Bestimmung gepflanzten Steckreisern Buschholz oder Hecken erziehen, so muß man ihnen
alle Austriebe lassen; und wünscht man bald große Büsche zu haben, so
läßt man 1 Mtr. im Durchmesser große und ½ Mtr. tiefe trichterförmige
Löcher machen, legt mehrere Stecklinge an der Seite schief ein, füllt das
Loch mit guter Erde, und läßt Wasser darauf gießen. Man nennt dieß
Kesselpflanzung. — Den großen Setzstangen, woraus Kopfholzstämme
werden sollen, muß man schon im ersten Sommer alle Ausschläge bis auf
diejenigen, welche den Kopf oder die Krone bilden sollen, abschneiden, um
das ganze Wachsthum neuer Aeste dahin zu leiten, wo sie beim Kopfholze
stehen müssen. Auch ist es sehr vortheilhaft, wenn man diesen Setzstangen
im zweiten Frühjahre die gewöhnlich dürren Stumpen über der Krone, mit
einer recht scharfen Baumsäge wegnimmt, und die abgeschnittene Fläche mit
Baumwachs, oder mit Letten, oder mit einem festgebundenen kleinen Rasen
bedeckt. Die Wunde überwächst dann leichter, und die Stämme werden
dauerhafter, als wenn man dieses Abschneiden und Bedecken unterläßt, in
welchem Fall der Stumpen faul wird, und die Fäulniß sich in den gesunden
Stamm fortpflanzt.

Vorzüglich nützlich kann die Kultur durch Steckreiser werden, wenn
man gehörig abgetrocknete Brüche mit Holz in Bestand zu bringen
hat. Hier ist der Boden gewöhnlich so mürb, daß die Stecklinge ohne
Weiteres in die Erde gestochen werden können. Wenn man aber solche

Flächen mit Steckreisern von Kanadischen oder von Schwarzpappeln, die man um sehr geringen Preis geschnitten erhält, allenthalben besteckt läßt, so können dergleichen Flächen auf eine wohlfeile Art für die Folge einträglich gemacht werden. Doch geben diese beiden Holzarten ein schlechtes Brennmaterial, und es wird daher immer nützlicher sein, dergleichen Orte mit kleinen Erlen und Birken zu bepflanzen.

Fünfte Abtheilung.
Von der Holzvermehrung durch Absenker oder Ableger.

Obgleich die Holzvermehrung durch Absenker wohl niemals bei der Forstwirthschaft allgemein werden wird, so will ich sie hier doch kurz beschreiben, da man sie in einigen Gegenden wirklich anwendet, um licht gewordene Niederwaldungen dadurch wieder vollständig zu machen.

Die meisten Laubholzarten, und selbst die Mastbuchen, lassen sich durch Absenker fortpflanzen, und es war diese Holzvermehrungsart schon unsern deutschen Urältern bekannt, die sie gewöhnlich dazu benutzten, um auf den Landwehrgräben ein sogenanntes Gebück zu erziehen, das ihnen gegen die eindringende feindliche Reiterei vortrefflichen Schutz gab.

Will man durch Absenken der Aeste neue Holzpflanzen erziehen, so geht man auf folgende Art zu Werk:

Im Frühjahre, vor dem Ausbruche der Blätter, gibt man den 1 bis 6 Ctm. dicken Stockausschlägen, oder auch den Kernstämmchen, deren Aeste man absenken will, nahe am Stocke, oder nahe über der Erde einen fast bis in die Mitte dringenden Hieb oder Einschnitt. Hierauf biegt man die eingeschnittene Stange vorsichtig zur Erde, nachdem man diese vorher von allem Gras, Moos, Laub ꝛc. befreit, also ganz wund gemacht hat, und befestigt die Astpartie entweder mit einem eingeschlagenen starken Haken, oder vermittelst darauf gelegter Erde, daß sie in dieser Lage unfehlbar bleiben muß. — Ist dieß geschehen, so wird die Astpartie allenthalben 15 bis 20 Ctm. dick mit guter Erde bedeckt, und es werden nachher die Spitzen der Aeste, ohne sie jedoch zu knicken, fast rechtwinkelig und so in die Höhe gehoben, daß nur 3 oder 4 Knospen davon aus der Erde hervorragen, und daß der unfehlbar senkrecht stehende Theil eines jeden Ablegers 15 bis 20 Ctm. tief, und rundum mit guter Erde umschlossen ist. Sind nun alle Aestchen an der niedergebeugten Stange auf solche Art zurecht gemacht, so legt man einen Rasen auf den Einschnitt der Stange, und läßt nun alles wenigstens drei Jahre lang in diesem Zustande. Im 4ten oder 5ten Frühjahre sticht man nachher die nun hinlänglich bewurzelten Absenker von der niedergebeugten Stange mit einer recht scharfen Spate ab, nimmt die überflüssigen zum Verpflanzen heraus, und läßt so viele stehen, als zur Completirung des Bestandes nöthig sind. Auch haut man alsdann die niedergebeugt gewesene Stange unten glatt ab, um neue Stockausschläge zu bewirken.

Eine sehr ausführliche Beschreibung, wie dieses Holzerziehungsgeschäft schon seit 50 Jahren in den Osnabrückschen Waldungen betrieben wird, findet man in meinem Journale für das Forst=, Jagd= und Fischerei=wesen vom Jahr 1809, Seite 209. [1]

Vierter Abschnitt.

Von Anwendung der zuvor abgehandelten Holzerziehungs=methoden.

Erstes Kapitel.

Von Anwendung der Holzerziehung durch natürliche Besamung.

Die Fortpflanzung der Waldungen durch natürliche Besamung ist die wohlfeilste, und die am wenigsten mühsame unter allen Holzerziehungs=methoden. Der Förster muß daher auch auf sie am meisten Rücksicht nehmen, und alle noch mit Holz hinlänglich bestandenen haubaren Walddistrikte, nach den im ersten Abschnitte gegebenen Regeln, durch natürliche Besamung zu verjüngen und in recht vollkommenen Bestand zu bringen suchen. — Nur in dem Falle ist er berechtigt und verpflichtet, künstliche Holzerziehungs=mittel einzuschlagen:

1) wenn die zu geringe Anzahl oder die Untauglichkeit der auf einem Distrikte noch vorfindlichen Bäume nicht ge=stattet, einen vollkommenen jungen Wald durch natürliche Besamung zu erziehen, oder

2) wenn die vorfindliche Holzart so schlecht oder so unpassend ist, daß eine Umformung nöthig oder nützlich wird, oder

3) wenn örtliche Lage und Verhältnisse, z. B. Wind=bruch, die Fortpflanzung durch natürliche Besamung nicht erlauben, oder

4) wenn wegen gänzlicher Entblößung von Holz die natürliche Besamung nicht möglich ist, oder

5) wenn sehr ausgedehnte Hütungsrechte eine möglichste Beschränkung der Schonungsfläche und kürzeste Dauer der Schonzeit verlangen.

6) Wenn der entworfene Betriebsplan Abnutzung ein=zelner Bestände vor Eintritt ihrer Mannbarkeit verlangt.

7) Wenn das Ausrücken der Hölzer aus den Verjün=gungsschlägen mit ungewönlich hohen Kosten verbunden ist.

---

[1] Weil mein Journal für das Forst=, Jagd= und Fischereiwesen ver=griffen ist, habe ich diese interessante Abhandlung im 3ten Hefte des Jahrganges 1818 meines Forst= und Jagd=Archives für Preußen abdrucken lassen.

8) Wenn man genöthigt ist, lange Zeit mit dem alten Holze eines Bestandes zu wirthschaften, wie z. B. in Eichen= bauholzbeständen.

Nur in diesen Fällen darf der Förster die im vorigen Abschnitte gelehrte künstliche Holzzucht anwenden, und er muß in jedem Falle diejenige Me= thode wählen, wodurch der Zweck am sichersten, vollständigsten und wohlfeil= sten erreicht wird. S. hierüber auch den Abschnitt: Wahl der Verjüngungs= arten, Seite 49.

Zweites Kapitel.
Von Anwendung der künstlichen Holzsaat.

Die im vorigen Abschnitte weitläufig abgehandelte künstliche Wald = oder Holzsaat ist gewöhnlich das einfachste, wohlfeilste und sicherste Mittel, wodurch Blößen wieder mit Holz in Bestand gebracht werden können, oder wodurch die unter manchen Umständen nöthige Umformung eines mit unschicklichem Holz bewachsenen Distriktes bewirkt werden kann. Diese Kulturmethode erfordert aber eine strenge und langwierige Hegung, die nach Verschiedenheit der Holz= arten 10 bis 25 Jahre, oder überhaupt so lange dauern muß, bis das Vieh den angesäeten jungen Walddistrikten keinen Schaden mehr zufügen kann. Außerdem kommt es auch noch auf die Untersuchung an, ob das Gras und anderes Forstunkraut nicht bald überhand nehmen und die kleinen Samen= loden überwachsen und verdämmen wird; ob nebenstehende ältere Holzpflanzen dem Gedeihen der durch Saat später entstandenen Samenloden nicht hinderlich sein werden; ob wegen des Klima und der Lage ein guter Erfolg von der Saat zu erwarten ist, und ob durch eine andere Kulturmethode derselbe Zweck vielleicht eben so vollständig und wohlfeiler erreicht werden kann.

Fände man bei Untersuchung all dieser Gegenstände,

1) daß die kulturbedürftige Blöße lang genug gehegt werden kann;

2) daß kein ungewöhnlich starker Graswuchs und sonst kein ähnliches Hinderniß stattfinden wird;

3) daß die durch Saat entstehenden Pflanzen durch nebenstehendes Gehölz nicht verdämmt werden können;

4) daß Klima und Lage dem Aufkommen der kleinen Samenloden nicht allzu hinderlich sein werden;

5) daß Pflanzungen zu sehr vom Wilde beschädigt werden;

6) daß eine möglichst baldige vollständige Beschützung des Bodens dringend nothwendig sei, und

7) daß bei der Kultur durch Saat der Endzweck eben so vollständig und wohlfeiler, als auf eine andere Art, erreicht werden kann, so wähle man die Saat, und befolge dabei die Vorsichtsmaßregeln, die ich in dem vorigen Abschnitte empfohlen habe. Man wird dadurch nicht allein in den Stand gesetzt werden, schnelle Fortschritte in der Holzkultur zu machen, sondern man wird dadurch auch sehr dichte Holzbestände erhalten, die in der Folge die erforderlichen Pflanzungen abgeben können, wenn es die Um= stände nöthig machen, eine Blöße durch Bepflanzung mit Holz in Be= stand zu bringen. Auch ist es begreiflich, daß angesäete Bestände künftig

mehr Holz bei den ersten Durchforstungen geben, als die weniger dicht angepflanzten. Hat auch die Einzelpflanze im freien Stande einen größeren Zuwachs, so ist dieß doch keineswegs der Fall in Bezug auf die Bestandsmasse pro Hektar.

Was übrigens die Auswahl der in jedem Falle anzusäenden Holz= arten betrifft, so habe ich in der zweiten Abtheilung des vorigen Abschnittes darüber hinlängliche Belehrung ertheilt, und muß also den Leser dorthin zurückweisen.

Drittes Kapitel.

Von Anwendung der Verpflanzung junger Stämmchen beim Forsthaushalte.

In dem vorigen Kapitel habe ich gezeigt, unter welchen Umständen die Waldkultur durch Saat der Pflanzung vorzuziehen ist. Es gibt aber auch Fälle, wo die Pflanzung Vorzüge vor der Saat hat. Diese Fälle sind folgende:

1) Wenn ein kulturbedürftiger Distrikt entweder gar nicht, oder nicht so lange gehegt werden kann, wie es eine Saat erfordert, so ist eine Be= setzung mit 2 bis 3 Mtr. langen Pflänzlingen, die man gegen die Be= schädigung des zahmen Viehes und Wildes mit Pfählen und Dornen ver= wahren muß, nöthig.

2) Wenn den im Freien ausgesäeten Samen sehr von Thieren nach= gestellt wird.

3) Wenn der Boden in der Oberfläche sehr schlecht und trocken, in einiger Tiefe aber feucht ist.

4) Wenn Pflanzen solcher Holzarten, die in der Jugend Schutz ver= langen, auf Blößen angebaut werden sollen.

5) Wenn man befürchten muß, daß das Gras= und Forstunkraut die kleinen aus dem Samen erst aufgekeimten Pflanzen bald überwachsen und verdämmen wird; auch in diesem Falle hat die Bepflanzung mit $2/3$ bis $1/2$ Mtr. langen Stämmchen, die man 1 bis 2 Mtr., oder auch noch weiter von einander entfernt, einsetzen läßt, den Vorzug.

6) Wenn kleine leere Stellen zwischen schon 1 bis 3 Mtr. hohem Holze auszubessern sind, so bepflanze man dieselben mit eben so großen, oder doch nicht viel geringeren Pflänzlingen, damit sie von dem nebenstehenden Holze nicht verdämmt werden können.

7) Wenn man gemengte Bestände erziehen und der langsamer wach= senden Holzart einen Vorsprung geben will.

8) Wenn Blößen in rauhem Klima mit Holzarten, die in ihrer zar= testen Jugend gegen die rauhe Witterung sehr empfindlich sind, oder wenn Bergwände, die der Sonne sehr ausgesetzt sind, in Bestand gebracht werden sollen, so wähle man die Bepflanzung mit $1/4$ bis $1/2$ Mtr. langen Stämmchen, und setze sie 1 bis 2 Mtr. von einander entfernt ein. Man wird dadurch den Zweck sicherer und wohlfeiler erreichen, als durch die Saat, die unter solchen Umständen oft mißräth und nur selten zum Ziele führt.

9) Wenn man von einer Holzart, zu deren Kultur der Same im Auslande gekauft werden müßte, schöne Pflänzlinge in Menge erzogen hat, und ohne Nachtheil aus den besamten Distrikten nehmen kann, so benuße man diese zu Pflanzungen. Sollte auch ein Morgen auf diese Art zu kultiviren etwas mehr kosten, als bei der Kultur durch Besamung, so ist es doch vortheilhafter, die ganze Summe des Kostenbetrages den Taglöhnern zu bezahlen, als einen beträchtlichen Theil davon für Samen ins Ausland zu schicken.

10) Wenn Kulturen zu machen sind, wozu kein entsprechender Geldaufwand stattfinden kann, wie z. B. wenn eine geldarme Gemeinde oder andere Corporation kultiviren soll, so schenke man ihr aus den oft viel zu gedrungen bewachsenen Schlägen und Saatplätzen die erforderlichen Pflänzlinge, und halte sie nur an, die Handarbeit bei der Pflanzung zu verrichten. Man wird auf diese Art in den meisten Fällen bei weitem mehr bewirken, als wenn man Holzsaaten verordnet, wozu der erforderliche Samen ohne Kosten nicht angeschafft werden kann. Und

11) wenn wegen Samenmangels überhaupt keine Saaten gemacht werden können, so unterhalte man das so nöthige Waldkulturgeschäft durch Pflanzungen, damit keine Zeit versäumt und kein möglicher Zuwachs verloren werde.

In allen diesen Fällen leistet die Pflanzung vortreffliche Dienste, und ich habe in meinen ausgedehnten Kulturgeschäften gefunden, daß Pflanzungen, wenn sie mit der gehörigen Vorsicht und Sparsamkeit gemacht werden, entweder gar nicht, oder nicht viel theurer sind, als manche Saaten. Man darf dann aber nicht mehr Stämmchen auf einen Morgen pflanzen lassen, als zu einem vollkommenen Waldbestand wirklich nöthig sind, und muß das ganze Geschäft — besonders aber das Ausgraben, Beschneiden und Einpflanzen der Stämmchen — durch vollkommen unterrichtete und vorsichtige Leute besorgen, und die nöthigen Schußmittel nicht versäumen lassen, damit keine starken Nachpflanzungen nöthig werden. Nur die Verpflanzung solcher Stämme, die 2 bis 3 Mtr. lang sind, ist gewöhnlich kostbarer, als die Saat. Läßt man aber $1/4$ bis $1/2$ Mtr. lange Pflänzlinge in der Entfernung von 1 bis 2 Mtr. versetzen, und kann man die Pflänzlinge aus eigenem Vorrath nehmen, so kostet die Bepflanzung eines Morgens gewöhnlich nicht mehr, und oft weniger, als die Saat, wenn der Samen nicht wohlfeil ist und die Umstände nicht sehr günstig sind.

Wer kleine, $1/6$ bis $1/3$ Mtr. lange Pflanzen im Ueberfluß hat, der setze immer zwei, 8 Ctm. entfernt, in ein Loch. Eine davon wird gewiß anwachsen, und nachher keine Ausbesserung nöthig werden. Die Kosten werden dadurch sehr unbedeutend vermehrt und der glückliche Erfolg ist gewisser.

Uebrigens muß ich noch bemerken, daß ich nicht rathe, auf Boden, der schlechter als mittelmäßig ist, starke Pflänzlinge zu setzen. Die nothwendig sehr abgekürzten Wurzeln können dem Schafte aus der mageren Erde nicht Nahrung genug zuführen, und es verderben daher die Pflanzungen der Art gewöhnlich. Auf mageren Boden setze man also kleine, wo möglich mit Erdballen ausgehobene Pflänzlinge, oder suche ihn mit einer Holzart, die in der Jugend eine starke Herzwurzel treibt, durch Saat in Bestand zu bringen, weil die mit starken Herz= oder Pfahlwurzel versehenen kleinen Pflanzen von der Sonnenhitze nicht so leicht verdorben werden.

Viertes Kapitel.
Von Anwendung der Holzerziehung aus Steckreisern beim Forstwesen.

Die Waldkultur durch Steckreiser ist unter allen diejenige, welche in den wenigsten Fällen Anwendung findet, also bei der Forstwirthschaft am seltensten vorkommt. — Man benutzt diese Holzvermehrungsmethode, um Pappeln und Weiden zu Bepflanzung der Wege, der Fluß= und Teich= ufer und der nassen Weideplätze zu erziehen, und nur selten wird diese Holzerziehungsart im Walde selbst angewendet.

Die Bestockung der gehörig abgetrockneten Brüche mit Saalweiden und Pappelsteckreisern ist zwar ein Mittel, sie bald mit Holz in Bestand zu bringen; wenn man aber dergleichen Brüche mit Erlen und Birken durch Saat oder Pflanzung kultivirt, so werden sie in der Folge viel ein= träglicher. Nur die Bestockung der Sandschollen mit Pappelnsteckreisern kann zuweilen nützlich werden. Doch ist der Anbau der Sandschollen mit Kiefern noch viel vortheilhafter.

Fünftes Kapitel.
Von Anwendung der Holzerziehung aus Absenkern.

Die Holzkultur durch Absenker, die ich in der fünften Abtheilung be= schrieben habe, ist ein Mittel, die licht gewordenen Niederwaldungen wieder zu completiren. Sie ist aber nur in kleinen Privatwaldungen anwendbar, wo der Eigenthümer des Waldes die Arbeit selbst verrichtet, und in keine Anrechnung bringt. In großen Niederwaldungen, und wenn alle Arbeit baar bezahlt werden muß, dürfte diese Methode zu kostbar werden, und durch künstliche Saat oder Pflanzung der Zweck wohlfeiler und sicherer zu erreichen sein.

Sechstes Kapitel.
Ueber Kulturkosten.[1]

I. Saaten.
A. Anlegung von Saatkämpen.

1) Eichensaatkamp: a. Samenmenge pro $\frac{1}{4}$ Heft. = 1 Magd. Morgen 750 Pfd. à Pfd. $\frac{1}{2}$ bis 2 Pfg.; b. Bodenbearbeitung 50 bis 60 Mark;

---

[1] Der Herausgeber läßt in Nachstehendem eine Uebersicht der Kulturkosten folgen, wie solche sich nach unsern Kulturlagerbüchern aus sechsjährigem Durchschnitte ergeben. Der Taglohn beträgt 6 gGr. pr. Mann. Der hier zum Grunde gelegte Waldmorgen = 1,3 Magde= burger Morgen = $\frac{1}{3}$ Hektar. In demselben Verhältniß als gegenwärtig die Tagelöhne theurer geworden, sind auch obige Lohnsätze zu erhöhen.

c. Aussaat 9 bis 15 Mark. (Saatstreifen 25 Ctm. breit und 32 Ctm. entfernt.) Es erfolgen circa 60,000 Stück einzelne Pflanzen. — 2) Eschen-
und Ahornsaatkamp: a. Samenmenge pro $^1/_4$ Hekt. 60 Pfd. à Pfd. 20 Pfg.;
b. Bodenbearbeitung 50 bis 60 Mark; c. Aussaat 15 Mark. 3) Ellern-
saatkamp: a. Samenmenge pro $^1/_4$ Hekt. 16 bis 20 Pfd. à Pfd. 20 bis
60 Pfg.; b. Bodenbearbeitung 12 bis 24 Mark; c. Aussaat 1 bis 3 Mark.
Es erfolgen circa 10,000 Stück Pflanzen. — 4) Fichtensaatkamp: das Pfd.
Samen kostet 10 bis 15 Pfg. (im Handel 40 Pfg.). Die Kosten der Aussaat belaufen sich auf $4^1/_2$ bis 9 Mark. Samenmenge und Bodenbearbeitung:
a. mildes Klima und guter Boden, Samenmenge 68 Pfd., Bodenbearbeitung
45 Mark; mildes Klima und mittelmäßiga Boden, Samenmenge 93 Pfd.,
Bodenbearbeitung 45 Mark; b. gemäßigtes Klima und guter Boden, Samenmenge 93 Pfd., Bodenbearbeitung 60 Mark; gemäßigtes Klima und mittelmäßiger Boden, Samenmenge 120 Pfd., Bodenbearbeitung 85 Mark;
.c. rauhes Klima und guter Boden, Samenmenge 120 Pfd., Bodenbearbeitung 90 Mark; rauhes Klima und mittelmäßiger Boden, Samenmenge
140 Pfd., Bodenbearbeitung 115 Mark; d. steiniger beraster Boden, Samenmenge 140 Pfd., Bodenbearbeitung 148 Mark; e. hohe freie Lage und
mittelmäßiger Boden, Samenmenge 140 Pfd., Bodenbearbeitung 165 Mark;
f. sehr ungünstiges Terrain, Samenmenge 140 Pfd., Bodenbearbeitung
175 Mark. — Die Bearbeitung des Bodens besteht im Umhacken desselben
und Reinigen von Steinen und Wurzeln. Die Saatstreifen sind 25 Ctm.
von einander entfernt. Es erfolgen 160,000 bis 300,000 Stück Büschel.

B. Nebenkosten bei Anlegung der Saatkämpe.

1) Befriedigung. a. Durchlöcherte Pfosten mit Riden 30 bis 50 Pfg.;
b. 3 Mtr. hoher Setzzaun 86 Pfg.; c. 2 Mtr. hoher Spielzaun 56 Pfg.;
d. Flechtzaun 96 Pfg. für $3^3/_4$ Mtr. laufend. 2) Zwei bis dreimalige
Reinigung von Unkräutern und Gras durch Ausjäten pro $^1/_4$ Hekt. 15 Mark
80 Pfg. bis 24 Mark.

C. Kosten der Saaten.

1) Laubholzsaaten: a. Buchenvollsaat; 110 Pfd. pro $^1/_4$ Hektar à Pfd.
1 Pfg. = 1 Mark 10 Pfg.; Bodenbearbeitung und Aussaat 10 Mark;
b. Birkenvollsaat pro $^1/_4$ Hekt. 3 Mark 80 Pfg.; c. vermischte Laubholzsaaten
pro $^1/_4$ Hekt. 17 Mark; d. Eichenplatzsaat; 250 Pfd. pro $^1/_4$ Hekt. à Pfd.
1 Pfg., Bodenbearbeitung und Aussaat 6 Mark 40 Pfg.; e. Buchenplatz-
saat ·55 Pfd. pro Hekt. à Pfd. 1 bis 3 Pfg.; Bodenbearbeitung und Aussaat 6 Mark 40 Pfg.; f. Hainbuchenplatzsaat 9 Pfd. pro $^1/_4$ Hekt. à Pfd.
10 Pfg.; Bodenbearbeitung und Aussaat 7 Mark 20 Pfg.; g. Birkenplatz-
saat, Plätze $^2/_3$ Mtr. Quadrat und $1^1/_3$ Mtr. entfernt, pro $^1/_4$ Hekt. 9 Mark
60 Pfg.; h. Eschen- und Ahornplatzsaaten desgl. und $^2/_3$ Mtr. entfernt,
pro $^1/_4$ Hekt. 18 Mark; i. Eichenstecksaat, 40 bis 270 Pfd., Bodenbearbeitung 1,2 Mark — 4 Mark 20 Pfg., Aussaat 0,8 bis 1,6 Mark; k. Buchen-
stecksaat 20 bis 90 Pfd., Bodenbearbeitung 1,2 Mark — 3 Mark, Aussaat 0,8 bis 1,2 Mark; l. Einhacken von Eicheln pro $^1/_4$ Hekt. 7 bis 9 Mark;

m. Einhacken von Bucheln pro $1/4$ Hekt. 4 bis 6 Mark. — 2) Nadelholz=
saaten: a. Fichtenvollsaat pro $1/4$ Hekt. 9 bis 10 Mark; b. Fichtenrillensaat.
aa. auf geebneten Stuckenlöchern und wundem frischem Boden 75 Pfd.
pro $1/4$ Hekt., Bodenbearbeitung 9 Mark, bb. auf berastem guten Boden
70 Pfd. pro $1/4$ Hekt., Bodenbearbeitung 10 Mark, cc. auf berastem mittel=
mäßigem Boden 75 Pfd. pro $1/4$ Hekt., Bodenbearbeitung 12 Mark; c. Fich=
tenplatzsaat. aa. Plätze $2/3$ Mtr. Quadrat groß und $1 1/3$ Mtr. entfernt
36 Pfd. pro $1/4$ Hekt., Bodenbearbeitung und Aussaat 4 bis 7 Mark. bb. Plätze
$2/3$ Mtr. Quadrat groß und $1 1/3$ Mtr. entfernt pro $1/4$ Hekt. 12 Mark. d. Kiefern=
platzsaat. aa. Plätze $2/3$ Mtr. Quadrat und $1 2/3$ Mtr. entfernt, 5 Pfd.
pro $1/4$ Hekt. à Pfd. 80 Pfg., Bodenbearbeitung und Aussaat 4 Mark.
bb. Plätze $2/3$ Mtr. Quadrat groß und 1 Mtr. entfernt, pro $1/4$ Hekt.
15 Mark. — Reinigen der Saatplätze pro $1/4$ Hekt. 3 bis 9 Mark.

II. Pflanzungen.

A. Anlegung von Pflanzkämpen.

Laubholzstämme, $2/3$ bis 1 Mtr. hoch in $2/3$ Mtr. Entfernung pro
$1/4$ Hekt. 10,240 Stück à Stück 1 Pfg., also Gesammtkosten 102 Mark.
Befriedigungskosten sind bei den Saatkämpen angegeben.

B. Kosten der Pflanzung.

1) Laubholzpflanzungen. a. Heisterpflanzungen. aa. Starke Laubholz=
stämme auf offener Hude. α. Steiniger Boden, weiter Transport und
starke Behügelung à Stück 12 Pfg.; β. mittelmäßiger Boden und deßgl.
à Stück 10 Pfg.; γ. guter Boden, nicht zu weiter Transport und deßgl.
à Stück 9 Pfg.; δ. sehr guter Boden, ganz naher Transport und deßgl.
à Stück 8 Pfg. bb. Laubholzheister: α. freigelegene Blößen, weiter Trans=
port und starke Behügelung à Stück 10 Pfg.; β. auf Schlaglinien in den
Niederwäldern, starke Heister à Stück 10 Pfg.; γ. starke Heister auf un=
günstigem Boden à Stück 8 Pfg.; δ. geringe Heister auf sehr gutem Boden
à Stück 5 Pfg.; ε. geringe Heister auf gutem Boden à Stück 5 Pfg.;
ζ. geringe Heister auf mittelmäßigem Boden à Stück 6 Pfg.; η. geringe
Heister auf ungünstigem Boden à Stück 7 Pfg. b. Lodenpflanzungen: aa. von
$1/3$ bis 1 Mtr. Höhe, in Büscheln mit Ballen α. auf sehr gutem Boden
à Stück 1 Pfg.; β. auf gutem Boden à Stück $4 1/4$ Pfg.; γ. auf ungünstigem
Boden à Stück $1 1/2$ Pfg. bb. von 1 bis 2 Mtr. Höhe. α. auf günstigem
Boden à Stück 1 Pfg.; β. auf ungünstigem Boden à Stück 2 Pfg. — 2) Nadel=
holzpflanzungen. a. Kiefernpflanzungen mit Ballen pro Tausend 7 Mark;
b. Lercheneinzelpflanzung auf gutem Boden 6 Mark 33 Pfg.; c. Fichtenbüschel=
pflanzung aa. auf schwieligem feuchten Boden mit $1/3$ bis $1/2$ Mtr. hoher Be=
hügelung 13 Mark 40 Pfg.; bb. auf gutem wunden Boden und bei nahem
Transport 2 Mark 12 Pfg.; auf gutem wunden Boden und bei weitem
Transport 3 Mark 14 Pfg. cc. auf gutem berastem Boden und bei nahem
Transport 3 Mark 57 Pfg.; auf gutem berasten Boden und bei weitem
Transport 4 Mark 40 Pfg.; dd. auf wundem steinigten Boden und bei nahem

Transport 4 Mark 62 Pfg.; auf wundem steinigten Boden und bei weitem Transport 5 Mark 5 Pfg.; ee. auf sehr steinigtem Boden und bei nahem Transport 9 Mark 10 Pfg.; auf sehr steinigtem Boden und bei weitem Transport 9 Mark 70 Pfg.; ff. in Geröllen, wo das einzutragende Erdreich nicht entfernt 46 Mark 50 Pfg.; in Geröllen, wo das einzutragende Erdreich entfernter 105 Mark 50 Pfg.; gg. auf bergastem steinigten Boden, bei nahem Transport 4 Mark 80 Pfg.; auf bergastem steinigten Boden, bei weitem Transport 5 Mark 26 Pfg.; hh. an steilen Hängen auf gutem Boden 6 Mark; an steilen Hängen auf mittelmäßigem Boden 6 Mark 40 Pfg.; an steilen Hängen auf schlechtem Boden 7 Mark 20 Pfg.; ii. als Nachbesserung auf Laubholzpartien unter günstigen Verhältnissen 6 Mark 33 Pfg.; als Nachbesserung auf Laubholzpartien unter weniger günstigen Verhältnissen 7 Mark 5 Pfg.; als Nachbesserung auf Laubholzpartien unter sehr ungünstigen Verhältnissen 10 Mark 60 Pfg.

III. Stecklinge (Laubholz). à Stück ½ Pf.

IV. Absenker (Buchen). à Stück 10—18 Pf.

Von den Nebenkosten.

1) Wundmachen des Bodens in Dunkelschlägen pro ¼ Hekt. 4 bis 6 Mark. — 2) Grabenarbeit: a. Entwässerungsgräben ⅔ Mtr. und ⅓ Mtr. breit und ½ Mtr. tief à 3¾ Mtr. 26 Pfg.; 1 Mtr. und 1⅓ Mtr. breit und ⅔ Mtr. tief à 3¾ Mtr. '30 Pfg.; 1⅓ und ⅓ Mtr. breit und 1 Mtr. tief à 3¾ Mtr. 45 Pfg.; 1⅔ und ⅓ Mtr. breit und 1 bis 1¼ Mtr. tief à 3¾ Mtr. 46 bis 50 Pfg.; b. Schonungsgräben 1 Mtr. und ⅓ Mtr. breit und ⅔ Mtr. tief à 3¾ Mtr. 26 Pfg. c. Grenzgräben 1⅓ Mtr. und 1 Mtr. breit und 2⅓ Mtr. tief à 3¾ Mtr. 36 Pfg.; 2⅓ Mtr. und 1⅓ Mtr. breit und ½ Mtr. tief à 3¾ Mtr. 26 Pfg.; 1⅓ Mtr. und 2⅓ Mtr. breit und 2⅓ Mtr. tief à 3¾ Mtr. 30 Pfg. d. Abzugsgräben à 3¾ Mtr. 20 Pfg. e. Hauptabzugsgräben 1 Mtr. tief à 3¾ Mtr. 30 Pfg.

Literatur.

H. Cotta, Anweisung zum Waldbau, 8te Aufl. Dresden und Leipzig 1856, herausgegeben von v. Berg.

Dr. W. H. Gwinner, der Waldbau, 4te Aufl. Stuttgart 1858, herausgegeben von Dengler.

Dr. W. Pfeil, die Forstwirthschaft, 5te Aufl. Leipzig 1857.

C. Stumpf, Anleitung zum Waldbau. Aschaffenburg 1849.

Dr. C. Heyer, der Waldbau. Leipzig 1854.

Dr. A. Beil, forstwirthschaftliche Kulturwerkzeuge und Geräthe, mit 227 Abbild. Frankfurt a. M. 1846.

J. P. E. L. Jäger, das Kulturwesen nach Theorie und Erfahrung. Marburg und Leipzig 1850.

H. Burkhard, Säen und Pflanzen, 3te Aufl. Hannover 1868.

v. Manteuffel, die Hügelpflanzung, 2te Aufl. Leipzig 1858.

Grebe, der Buchen-Hochwaldbetrieb. Eisenach 1856.

Dr. Th. Hartig, System und Anleitung zum Studium der Forstwirthschaftslehre. Leipzig 1858.

Dr. G. L. Hartig, Belehrung über Behandlung und Kultur des Waldes, 2te Auflage 1859, herausgegeben von Dr. Th. Hartig.

Dritter Haupttheil.

Die Waldbenutzung.

Die Waldbenutzungslehre

umfaßt die Lehren der zweckmäßigsten Gewinnung und Veräußerung aller, aus dem Waldeigenthume fließenden Nutzungen. Ich werde sie nachfolgend in den drei Abschnitten: Waarenkunde, Gewerbskunde und Handelskunde darstellen.

Einleitung.

1) Der Nutzungsplan.

Die Betriebseinrichtung und die Ertragsbestimmung sind es, welche dem Wirthschafter zeigen, was er an Holznutzungen jährlich oder periodisch seinem Walde zu entnehmen hat.

Im Mittelwalde und im Niederwalde ist durch jene Vorausbestimmungen dem Wirthschafter für jedes kommende Jahr ein Flächentheil des Wirthschaftskörpers nach Größe und Lage bezeichnet, dessen Holzbestände ganz oder theilweise der jährlichen Nutzung anheimfallen (Jahresschlag).

Aus Gründen, die Seite 18 des II. Bandes erörtert wurden, ist dieß im Hochwalde nicht der Fall. An die Stelle der jährlichen Schlagfläche des Niederwaldes tritt hier eine periodische Schlagfläche (Wirthschaftstheil, Periodenfläche), deren Größe gleich ist der jährlichen, dem Ertrage proportionalen Schlagfläche, multiplicirt mit den Jahren der Periode. Nach einem, aus der Bestandsmasse der Periodenfläche und deren progressionsmäßig sich verringerndem Zuwachse berechneten Hauungssatze wird alsdann alljährlich, durch Aufstellung eines Hauungsplanes für das betreffende Jahr, die jährliche Hiebsflächengröße aus der periodischen geschieden.

Das Verhältniß des jährlichen zum periodischen Hauungsplane des Hochwaldbetriebes läßt sich wenigstens in vorstehender Weise darstellen, wenn gleich in der Wirklichkeit, besonders durch das Princip der Selbstverjüngung der Bestände, wie durch die Vornutzungen in den noch nicht zur Verjüngung reifen Beständen, die Größe der jährlich hinzutretenden Hiebsflächen eine sehr veränderliche, mitunter selbst mehrere Jahre gänzlich aussetzende ist, zu Folge der in den Verjüngungsschlägen nöthigen Vor- und Nachhiebe, zu Folge der schwankenden Größe des Durchforstungsbedürfnisses. Immerhin müssen aber die jährlichen Schwankungen in der, dem Ertrage proportionalen Größe der jährlichen Hiebsflächen, auch hier früher oder später sich ausgleichen.

Der Hauungsplan für den jährlichen Fortschritt der Verjüngungen und Durchforstungen ist zugleich der Nutzungsplan für das betreffende Jahr, nächst der Menge, nun auch die Beschaffenheit der zur Einnahme zu ziehenden Holzmassen näher bestimmend.

Mit Rücksicht hierauf hat der Wirthschafter schon beim Entwurf des jährlichen Hauungsplanes dafür Sorge zu tragen: daß durch dessen Ausführung alle dringenden Bedürfnisse der Consumenten befriedigt werden können; daß ferner auch die voraussichtlichen Handelsconjuncturen des nächsten Jahres möglichst Berücksichtigung finden; daß endlich die Abnutzung in einer Weise geschehen könne, die den Interessen des Holzempfängers die zusagendste ist.

Bei der Ausführung des Hauungsplanes im Verlauf des Hiebsjahres hat der Wirthschafter, in seiner Eigenschaft als Techniker dafür Sorge zu tragen, daß die Bäume mit dem geringsten Verlust an Masse und Werth zum Einschlage gebracht, daß sie mit dem geringsten Kostenaufwande zu Verkaufseinheiten aufbereitet werden, die den Anforderungen der Consumenten möglichst vollständig entsprechen.

Außer dem Holz entspringen dem Waldeigenthume aber auch noch andere Nutzungsgegenstände, theils dem Holzwuchse selbst (Rinde, Mast, Blätter rc.), theils der von diesem unabhängigen Bodenproduktion (Gräser, Kräuter, Moose rc.), theils dem Boden selbst (Erden, Steine, Erdkohlen rc.) oder nutzbaren Rechten angehörend.

Der größere Theil dieser Nebennutzungen kehrt alljährlich in gleicher oder nahe gleicher Weise wieder und begründet einen ständigen Nutzungsplan, dem diejenigen aussetzenden Nebennutzungen hinzuzufügen sind, die voraussichtlich dem nächsten Betriebsjahre anheim fallen werden.

2) Uebersicht der verschiedenen Nutzungsgegenstände aus dem Waldeigenthum.

Die Nutzungen aus dem Waldeigenthume zerfallen in Hauptnutzungen, Theilnutzungen und Nebennutzungen.

Zu den Hauptnutzungen gehört nur das Holz, wie solches in den verschiedenen Formen als Bauholz, Werkholz, Brennholz zur Ernte, Aufbereitung und Verwendung kommt.

Zu den Theilnutzungen gehören diejenigen Baumtheile, welche nicht immer als gesonderte Nutzungsgegenstände erhoben werden, sondern häufig theils einen Bestandtheil der Hauptnutzung bilden, theils dem Waldboden als Besamung oder als Dungmaterial verbleiben. Dahin gehören die Rinden, die Säfte, die Früchte und die Blätter der Bäume.

Die Theilnutzungen unterscheiden sich wesentlich dadurch von den Nebennutzungen, daß ihr Bezug an den Holzwuchs gebunden und von diesem abhängig ist.

Die Erhebung eines Theils dieser Theilnutzungen, die Rindenutzung und theilweise auch die Säftenutzung sind an den Einschlag des Holzes gebunden, von dem sie bezogen werden. Gewisse Säftenutzungen, die Früchte- und Blattnutzungen können auch von der lebenden Holzpflanze fortdauernd bezogen werden.

Die vom Holzwuchse unabhängigen Nebennutzungen lassen sich ein=
theilen:

1) in solche, die der producirenden Kraft des Waldbodens entspringen,
die also an die Erhaltung dieser Kraft, wie der Holzwuchs selbst, ge=
bunden sind.

Es gehören dahin verschiedene Kleinsträucher, Stauden, Kräu=
ter, Gräser, Moose, Flechten, zum Theil denselben Zwecken wie der
Holzwuchs dienstbar (Besenpfrieme, Heide, Torfwuchs 2c.), anderentheils als
Futter, oder durch ihre Früchte als Speise, oder als Dungmaterial ver=
wendbar.

Es gehört hierher auch der, unter Umständen buch vorüber=
gehenden Ackerbau aus dem Walde zu ziehenden Nutzen.

2) In solche, die von der Erhaltung der producirenden Kraft des
Bodens an sich unabhängig sind. Dahin gehören:

a) mineralischen Ursprungs: Erden, Steine, Salze, Metalle;

b) vegetabilischen Ursprungs: Erdkohlen, Erdharze, Torf= und
Humuslager;

c) animalischen Ursprungs: Jagd, Fischerei, Bienenzucht;

d) Baargefälle oder Abgaben aus Uebertragung nutz=
barer Rechte des Waldbesitzers, Strafgelder 2c.

Die dem vorliegenden Werke gesteckten Grenzen gestatten ein specielleres
Eingehen in die vom Holzwuchse unabhängigen Nebennutzungen nicht. Nur
in Bezug auf das Allgemeine derselben können betreffende Angaben in dem
nachfolgenden Systeme Aufnahme finden.

3) Bedeutung und Werthverhältnisse der verschiedenen Nutzungsgegenstände im Allgemeinen.

Werfen wir einen Blick in die Nutzungsverhältnisse der exclusiven Wald=
wirthschaft, so erkennen wir, daß von den aufgeführten, verschiedenartigen
Nutzungsgegenständen es oft nur sehr wenige sind, die vom Waldbesitzer
erhoben werden, daß selbst nicht unbedeutende Theile der Hauptnutzung,
daß die geringen Durchforstungshölzer, Abraum=, selbst Reiser= und Stock=
holz in vielen Fällen unbenutzt bleiben oder vom Waldbesitzer anderen Per=
sonen unentgeltlich oder gegen sehr geringe Preise überlassen werden, ganz
abgesehen von Rechten derselben, die ihn häufig dazu verpflichten.

Die Ursache dieser, gegenüber anderen Produktionszweigen auffallenden
Nichtbenutzung nutzbarer Gegenstände liegt zunächst in dem ungünstigen Ver=
hältniß des Kostenaufwandes für Zugutmachung und Transport dieser
Nutzungsgegenstände zum Preise derselben.

Der Waldbesitzer, wenn er nicht zugleich Landwirth ist, muß alle auf
Zugutmachung und Transport der Waldprodukte zu verwendenden Arbeits=
kräfte erkaufen, er muß die erkaufte Arbeitskraft überwachen, wenn sie das
leisten soll, was sie dem Lohne gemäß zu leisten verpflichtet ist.

Die meisten Neben= und Theilnutzungen, wie die geringwerthigen Haupt=
nutzungen erfordern einen Arbeitsaufwand, dessen Kaufpreis von dem Ver=
kaufspreise der erhobenen Nutzung nicht gedeckt wird. Ein Nutzungsgegen=
stand dieser Art würde zwar nicht für den Consumenten, wohl aber für

den Waldbesitzer werthlos sein; er müßte unbenutzt bleiben, wenn nicht dem
Waldbesitzer der benachbarte Landwirth und der ländliche Handarbeiter zur
Seite stände mit einer Arbeitskraft, die, weil sie eine eigene ist, keiner
Beaufsichtigung im Interesse des Arbeitgebers bedarf, die auch nicht zu
Marktpreisen, unter Umständen gar nicht in Rechnung gestellt wird, so weit
sie in anderer Weise nutzbringend nicht oder nur unvollkommen verwendet
werden kann.

Wollte der Waldbesitzer gegen Lohn ein Fuder Raff und Leseholz
sammeln und verfahren lassen, es würden sich nur selten Käufer finden, die
ihm im Kaufpreise die darauf verwendeten Kosten zu ersetzen geneigt sind,
während alljährlich Millionen Fuder solchen Holzes von der ländlichen Bevölkerung eingesammelt, geheimst und mit Nutzen verwendet werden, so
weit sie eine zeitweise nicht oder nicht hoch verwerthbare Arbeitskraft auf
die Gewinnung verwendet hat.

Unter diesen Umständen kann aber der Gewinn, welchen der Waldbesitzer aus solchen arbeitfressenden Nutzungen zu ziehen vermag, im günstigsten Falle nur ein geringer sein, so daß dieser geringe Reinertrag aus
ihnen oft gänzlich aufgehoben wird durch indirekte Nachtheile, die sie im
Gefolge haben, sollten diese auch nur in Erschwerung des Forstschutzes bestehen.

Abgesehen von den, das Waldeigenthum häufig belastenden Mitbenutzungsrechten, würden die mannigfaltigen Nachtheile, welche die Erhebung
der meisten Neben= und Theilnutzungen duch fremde Arbeitskraft im Gefolge
hat, diese selbst noch weit mehr beschränken als dieß schon jetzt der Fall ist,
wenn der Fortdauer dieser Nutzungsbezüge nicht häufig indirekte Vortheile
zur Seite ständen, die deren Nachtheile ganz oder theilweise aufheben, sogar
in Vortheil verkehren können. Ist die Erhebung irgend eines Nebennutzungs-
gegenstandes nothwendig zur Erhaltung des Wohlstandes und der Zahlungsfähigkeit der dem Walde benachbarten Personen; werden dadurch dem Waldbesitzer Arbeitskosten erspart, Meliorationen unentgeldlich ausgeführt; em-
pfindlichere Beschädigungen des Waldes durch Diebstahl abgewendet; können
dem Walde unmittelbar Gefahren oder Nachtheile aus dem Nichtbezuge
solcher Nutzungen erwachsen, dann wird der Waldbesitzer auch diese fortdauernd, wenn auch unentgeldlich durch fremde Arbeitskraft, zur Erhebung
bringen müssen.

Aus dem Vorstehenden geht aber hervor, daß es die Hauptnutzungen,
und zwar diejenigen Hauptnutzungen sind, auf welche der Waldbesitzer vorzugsweise sein Augenmerk zu richten hat, die den größten Werth im kleinsten
Raume darbieten, die denselben Werth mit um so geringeren Unkosten belasten, in je kleinerem Raum er enthalten ist. Diese Rücksicht tritt mit um
so mehr in den Vordergrund, je höher die Arbeitslöhne, je entfernter die
Consumtionsorte und je niedriger die Waldpreise der Produkte sind. Während Schiffbauholz, Stabholz und Luxushölzer die sorgfältigste Zugutmachung
und selbst überseeischen Transport zu tragen vermögen, gestattet das beste
Brennholz nicht mehr als den Axentransport weniger Meilen, ist das Pappel-
oder Weidenbrennholz, das Buchen=Reiserholz nur in größter Nähe des
Waldes verwerthbar, allein der größeren Unkosten wegen, die seinen Verbrauch belasten, daher denn auch die Erleichterung des Transports durch

Wege= und Wasserbau, durch Floßanstalten und Eisenbahnen von so mäch=
tigem Einfluß auf die Erzeugung und Benutzung von Waldprodukten ist.

Es ist einleuchtend: daß diejenigen Waldbesitzer, die zugleich Land=
wirthe sind, die als solche im Besitz eigener Arbeitskräfte sich befinden und
diese, in Zeiten der Nichtbenutzung für den Ackerbau, dem Waldbau zu
geringen Preisen zuwenden können, so weit letzterer die Erziehung des
eigenen Bedarfs nicht wesentlich übersteigt, in einer anderen Lage sich be=
finden als der Waldbesitzer, welcher nur für fremden Bedarf Waldbau be=
treibt. Während für letzteren allein das Nettoeinkommen entscheidend ist für
den Werth der verschiedenen Nutzungsgegenstände, entscheidet hierüber für
ersteren das Bruttoeinkommen, der wirkliche Gebrauchswerth des Nutzungs=
gegenstandes, unbeeinträchtigt von den auf diesem lastenden Unkosten der
Hebung und Verwendung. Es entspringen hieraus die Unterschiede zwischen
landwirthschaftlicher und forstwirthschaftlicher Waldbenutzung.
Wir können hier nur auf letztere näher eingehen.

4) Aufgabe des Forstwirthes in Bezug auf forstwirthschaft= liche Waldbenutzung.

Wie wir gesehen haben, sind es im forstwirthschaftlichen Waldbaue
vorzugsweise die Holznutzungen und selbst unter diesen sind es nur die,
mit geringem Arbeitsaufwande in Geld umzusetzenden Nutzungsgegenstände,
welche dem Waldbesitzer ein erhebliches Reineinkommen abwerfen. Auf diese
letzteren hat daher der Forstwirth vorzugsweise sein Augenmerk zu richten,
die größte Menge derselben in der werthvollsten Form und Beschaffenheit,
so wie im kleinsten Raume nicht allein zu produciren, sondern auch aus=
zunutzen. Intensität der Produktion muß natürlich einer solchen Benutzungs=
weise vorhergegangen sein.

Um hierin sicher zu gehen, bedarf der Forstmann einer Kenntniß so=
wohl der produktiven wie der technischen Eigenschaften seiner Zöglinge.

Da die Produktion für fremden Bedarf nothwendig Produktenhandel
im Gefolge hat, entspringt daraus die Nothwendigkeit einer Einsicht in die
den Handelspreis bestimmenden Eigenschaften der Produkte, wie der Han=
delsverhältnisse selbst.

Nicht alles Holz wird als Rohprodukt dem Käufer überliefert. Theils
dem Bedürfniß oder der Bequemlichkeit der Consumenten entsprechend, theils
zur Erleichterung des Transports, erleidet ein Theil desselben schon im
Walde eine weitere Verarbeitung. Es sind daraus mannigfaltige Wald=
gewerbe hervorgegangen, deren zweckmäßigster Betrieb der Forstwirth zu
leiten wissen muß.

Bei dem großen Einfluß, den in den meisten Fällen die Kosten des
Transports auf den Reinertrag aus der Holznutzung besitzen, ist es eine
weitere Aufgabe des Forstmannes: durch Besserung und Mehrung der
Transportanstalten diese Kosten möglichst zu verringern.

Mit Ausschluß der Rindennutzung und der Jagd sind die Theil= und
Nebennutzungen nur ausnahmsweise Gegenstand einer unmittelbaren Er=
hebung von Seiten des Forstmannes. Wo Nutzungen dieser Art sich dar=
bieten und als gewinnbringend erkannt sind, auf Grund eines Vergleiches

der Vortheile und der Nachtheile des Bezuges, da beschränkt sich die Aufgabe des Forstmannes in den meisten Fällen auf eine pachtweise Uebertragung derselben an solche Personen, die mit der, für die Ausbeutung nöthigen Intelligenz, Arbeitskraft und Kapitalbesitz ausgestattet sind, die zugleich die nöthige Sicherheit für die Entrichtung des, nach dem Reinertrage berechneten Pachtgeldes, wie für die Einhaltung derjenigen Grenzen der Benutzung gewähren können, die der Waldbesitzer als nothwendig erachtet hat, im Interesse des ertragreichsten Zustandes seines Waldes.

Hiermit sind zugleich diejenigen verschiedenartigen Gegenstände näher bezeichnet, welche der Forstbenutzungslehre angehören. Ich habe dieselbe in drei Abschnitte gebracht, deren erster diejenigen Eigenschaften der Waldprodukte behandelt, welche a) die Massen= und Formverhältnisse der Produktion, b) den technischen Werth, c) den Handelspreis der Waldprodukte bestimmen. Der zweite Abschnitt behandelt den Rohnutzungs= und Waldgewerbebetrieb, der dritte Abschnitt endlich den Waldproduktenhandel, Aufbewahrung und Transport der Waldprodukte.

Erster Abschnitt.

Von den Eigenschaften der Waldprodukte in Bezug auf deren Nutzungswerth (Waarenkunde).

Der Waldwirth für fremde Consumtion ist zugleich Producent und Händler mit dem Producirten. Für ihn ist der Werth seiner Produktion daher zusammengesetzt:

1) aus Art und Menge des Producirten (Art= und Mengeertrag);

2) aus dem Gebrauchswerthe desselben (Werthertrag);

3) aus dem Nettogeldertrage, den das Producirte zu gewähren vermag (Preisertrag).

Erstes Kapitel.

Erzeugende (produktive) Eigenschaften der lebenden Holzpflanze.
(Art= und Menge=Ertrag.)

Nicht allein an sich zeigen die verschiedenen Holzarten ein verschiedenes Verhalten, in Bezug auf die Menge dessen, was durch sie dem Boden abgewonnen werden kann sowohl, als auch in Bezug auf die Größen= und Formverhältnisse, in denen sich das Producirte in der lebenden Pflanze darstellt, sondern es ist auf Beides auch die Art von wesentlichem Einfluß, in welcher die Pflanze erzeugt und erzogen wurde. Diese Verschiedenheiten sind es, die wir zunächst ins Auge fassen wollen.

I. In Bezug auf Holzertrag.

A. Massenerzeugung.

Schon als Arteigenthümlichkeit zeigen die verschiedenen Holzarten eine große Verschiedenheit endlicher Körpergröße. Zwischen der Zwergweide, die unter den günstigsten Verhältnissen nie über einige Zolle hoch wird und der zu Riesenbäumen heranwachsenden Weißweide liegen schon in derselben Gattung alle Uebergangsgrößen.

Nur im Allgemeinen kann man sagen: daß die Befähigung zu größerer Massenerzeugung gebunden sei an die Eigenschaft einer Holzpflanze, zu größeren Bäumen sich auszubilden. Es tritt hier ein zweiter Faktor in der Raschwüchsigkeit hinzu, so daß eine Pflanzenart, deren endliche Größe eine geringere ist, dennoch die größere Massenerzeugung gewähren kann, wenn sie die endliche Größe früher erreicht, wenn sie rascher wächst.

Endliche Körpergröße und Raschwüchsigkeit bestimmen den Grad der Massenproduktionsfähigkeit der Einzelpflanze (Baummassenproduktion). Im Forstwirthschaftsbetriebe kommt aber weniger diese in Betracht als die summarische Größe der Massenproduktion einer Mehrzahl zum Bestande vereinter Bäume (Bestandsmassen=Produktion). Dadurch tritt noch ein dritter Faktor der Bestandsmassenproduktion in Wirkung: die Eigenschaft der Pflanzenart in gedrängtem Stande kräftig nebeneinander fortwachsen, durch die größere Zahl der Producenten auf gegebener Fläche das ersetzen zu können, was durch den beschränkten Standraum jeder Einzelpflanze an Produktionsfähigkeit verloren geht.

Das Verhalten der verschiedenen Holzarten in dieser Hinsicht läßt sich nur auf dem Wege der Erfahrung ermitteln. Da aber die hierüber uns vorliegenden Erfahrungssätze den verschiedenen Betriebsarten entnommen sind, lassen sich die Angaben auch nur mit Bezug auf diese hinstellen.

Was nun zunächst

a) Die Massenerzeugung verschiedener Holz= und Betriebsarten

betrifft, so zeigt in Nachstehendem der Nadelholzhochwald ein entschiedenes Uebergewicht. Der Tannenhochwald dürfte der Fichte nahe stehen, Lerchen und Weymouthkiefern stehen im Massenertrage der Fichte noch bedeutend voran. Den der letzteren $= 1$ angenommen, dürfte die Weymouthkiefer auf 1,1, die Lerche auf 1,2, allerdings nur für niedrigen nicht über 60jährigen Umtrieb anzusetzen sein.

Abgesehen von dem geringeren Massenertrage der Kiefer, ist der Laubholzhochwald nicht über 0,5 des Massenertrages der Nadelhölzer anzusetzen. Es gilt dieß jedoch nur für guten Standort. Je schlechter dieser ist, um so mehr nähern sich die Ertragsgrößen, wenn sie sich auch nirgend völlig gleichstellen.

Im Laubholze ist auch der Unterschied im Ertrage der verschiedenen Betriebsarten durch alle Holzarten hindurch lange nicht so bedeutend, als man dieß früher annahm. Nur der Eichen=, Buchen= und Birkenniederwald zeigt vorherrschend einen nicht unbeträchtlichen Ausfall, gewiß nicht in Folge geringerer Zuwachsfähigkeit der Stöcke, sondern in Folge der häufiger wiederkehrenden und für gleiche Zeitdauer längeren Bodenentblößung. Erlen= und Hainbuchenniederwald hingegen stellen sich dem Hochwaldertrage derselben Holzarten nahe gleich. Aehnlich dürften sich auch Eschen, Ahorne und Rüstern verhalten. Für die weichen Laubhölzer, obgleich uns Erfahrungssätze zur Zeit noch fehlen, kann man wohl mit Gewißheit ein bedeutendes Uebergewicht des Niederwaldertrages über den Hochwaldertrag annehmen.

Durchschnittserträge

vollkommen bestockter Orte, einschließlich der Durchforstungsnutzungen; in rheinländischen Cubikfußen auf den Magdeburger Morgen.[1]

		Hochwald.			Niederwald.			Mittelwald.		
		Boden gut.	Boden mittelmäßig.	Boden schlecht.	Boden gut.	Boden mittelmäßig.	Boden schlecht.	Boden gut.	Boden mittelmäßig.	Boden schlecht.
Fichte	40—120	90—100	57—73	36—42	—	—	—	—	—	—
Kiefer	40—120	61— 63	41—47	31—38	—	—	—	—	—	—
Eiche	60—200	30— 45	20—36	15—24	24—30	17—20	13—15	(20 + 20) 40	(15 + 14) 29	(8 + 10) 18
Buche	60—120	33— 43	24—36	19—21	22—26	19—21	15—16	(25 + 15) 40	(20 + 12) 32	(14 + 9) 23
Birke	40— 60	46— 48	32—34	23—25	22—30	14—20	11—15	(45 + 18) 63	(30 + 15) 45	(15 + 10) 25
Erle	40— 60	52— 56	38—41	28—30	50—55	35—40	25—30	—	—	—
Hainbuche	20— 40	35— 50	25—34	22—29	35—38	27—30	20—25	(15 + 30) 45	(12 + 22) 34	(8 + 15) 23

Bemerkungen. Die Zahlen der ersten Columne bezeichnen die Grenzen der Umtriebszeit, für welche die nachfolgenden Ziffern gelten. Das Minimum und Maximum dieser letzteren bezeichnet die Differenzen des Ertrages bei verschiedener Umtriebszeit.

Von den in Klammern eingeschlossenen Zahlen des Mittelwaldertrages bezeichnet die vordere den Oberholzertrag, die hintere den Unterholzertrag bei halber Schirmflächengröße kurz vor dem Hiebe.

An Kopfholzertrag kann man von Stämmen 8—12zölliger Stärke durchschnittlich jährlich pro Stamm rechnen: Eichen 0,5—1 Cubikfuß, Hainbuchen 0,4—0,6 Cubikfuß, Weiden 0,8—0,9 Cubikfuß, Pappeln 1—1,5 Cubikfuß.

[1] Vergl. S. 111 des ersten Bandes.

Im Mittelwalde steht die Birke höher als im Hochwalde und zwar ungefähr im Verhältniß = 0,6 : 0,5. Die übrigen Laubhölzer hingegen bleiben im Mittelwaldertrage um etwas hinter dem Hochwalde zurück. Es beruht dieß aber auf der Annahme gleicher Holzart im Ober- und im Unterholze. Wählt man eine Holzart zum Unterholze, die, wie die Hainbuche stärkere Beschattung erträgt, gibt man dieser eine wenig schattende Oberholzart, z. B. Eiche, Birke, Pappel, Esche, Lerche, dann wird der Mittelwaldertrag dem Hochwaldertrage sicher nicht nachstehen.

Zum Zwecke allgemeiner Anschauung der Waldnutzungsverhältnisse wird man nicht viel fehlen, wenn man als Durchschnittssatz der Massenproduktion nachstehende Verhältnißzahlen annimmt:

Lerchen- und Weymouthskiefernhochwald . . . . = 1,10
Fichten- und Tannenhochwald . . . . . . = 1,00 [1]
Pappeln- und Weidenniederwald . . . . . . = 0,75
Kiefernhochwald . . . . = 0,65
Birken- und Hainbuchenmittelwald . . . . . = 0,60
Erlen-Hoch- und Niederwald . . . . = 0,50
Eichen-, Buchen-, Hainbuchen- und Birkenhochwald = 0,45
Eichen-, Buchen-, Hainbuchenmittelwald . . . . = 0,40
Hainbuchenniederwald . . . . = 0,35
Eichen- und Birkenniederwald . . . . . . = 0,30
Rothbuchen- und Haselnniederwald . . . . . = 0,25

b) Die Massenerzeugung verschiedener Umtriebszeiträume.

Wenn man der gegenwärtigen Holzmasse eines Bestandes alle aus ihm vorher bezogenen Durchforstungserträge hinzuzählt (Gesammtertrag pro Morgen) und in die Summe mit dem Bestandsalter dividirt, erhält man den summarischen Durchschnittszuwachs. Führt man diese Rechnung mit den Ertragssummen verschiedener Bestandsalter aus, dann zeigt das, dem gefundenen höchsten Durchschnittszuwachs entsprechende Bestandsalter die ertragreichste Umtriebszeit. [2]

Wendet man diese Berechnung auf die im 1. Bande S. 112 mitgetheilten Hartig'schen Erfahrungstafeln an, wie ich dieß in der letzten Columne derselben Erfahrungstafeln S. 170 meiner Schrift „System und Anleitung ꝛc." ausgeführt habe, dann ergibt sich ein Steigen des Massenertrages bis zum höchsten 120jährigen Umtriebe hin.

Merkwürdigerweise ist dieß fortdauernde Steigen des Massenertrages

---

[1] Es liegt diesen Verhältnißzahlen der gute Standort zum Grunde. Die Fichte habe ich deßhalb als Einheit erwählt, weil deren wirkliche Ertragsgröße = 100 angesetzt ist, in Folge dessen denn auch die übrigen Verhältnißzahlen zugleich als $^1/_{100}$ des wirklichen Ertrages gelesen werden können.

[2] Die Formel lautet eigentlich: Gesammtertrag pro Morgen oder Hettar × Hiebsflächenfaktor. Da letzterer unter normalen Bestockungsverhältnissen stets ein Bruchtheil der Wirthschaftsflächengröße ist, dessen Zähler = 1, dessen Nenner = dem Umtriebsalter, also für 20jährigen Umtrieb = $^1/_{20}$, für 120jährigen Umtrieb = $^1/_{120}$, so ergibt die Division des Gesammtertrages pro Morgen mit dem, als Umtriebsalter angenommenen Bestandsalter, dieselbe Ziffer, wie die Multiplikation mit dem Hiebsflächenfaktor. (Gesammtertrag pro Morgen = 100, Umtrieb 20jährig: $^1/_{20} \cdot 100 = {}^{100}/_{20}$).

in alle später aufgestellten Erfahrungstafeln übergegangen, demohnerachtet aber keineswegs richtig.

In den Hartig'schen Ertragstafeln liegt die Ursache des fortdauernden Steigens in dem Umstande: daß die Durchforstungsnutzungen erst vom 60. Jahre ab in Ansatz gebracht wurden.

G. L. Hartig zeigte zuerst, daß wenn man auch die früheren Durch= forstungen vom 20. Jahre ab in Rechnung stellt, der Massenertrag der Kiefer schon mit dem 80. Jahre, auf schlechtem Boden sogar schon mit dem 60. Jahre culminire. Ich habe dasselbe für die Rothbuche (vergl. „Unter= suchungen" und „System und Anleitung" S. 198) und für die Fichte („System und Anleitung" S. 178) nachgewiesen.

Da drei in ihrem Wachsthumsgange so sehr verschiedene Holzarten in dieser Richtung übereinstimmen, wird man dasselbe auch für Tanne und Eiche annehmen dürfen. [1]

[1] Der periodische Durchschnittszuwachs isolirter Bestände, d. h. derjenige Zu= wachs, den man erhält, wenn man von der Bestandsmasse einer späteren Zeit vor voll= zogener Durchforstung, die Bestandsmasse einer früheren Zeit nach vollzogener Durchforstung in Abzug bringt, culminirt weit früher als der summarische Durchschnittszuwachs ganzer Wirthschaftscomplexe. Dieselben vollständigen Erfahrungstafeln, welche ich Seite 178 und 198 meiner Schrift „System und Anleitung" über den Bestandszuwachs der Fichte und Rothbuche mitgetheilt habe, aus denen

im 20—40—60—80—100—120—140jährigen Umtriebe
für die Fichte: 82 150 170 171 160 150 141 Cubikfuß; *
für die Buche: 46 69 87 88   87   85   — Cubikfuß jährlicher Massenerzeu=
gung hervorgehen, ergeben einen periodischen Durchschnittszuwachs

	für die Fichte			für die Rothbuche		
Periodenjahre 20— 25	228	Cubikfuß		71	Cubikfuß	jährlich
„ 25— 35	226	„		83	„	„
„ 35— 40	190	„		131	„	„
„ 40— 45	195	„		130	„	„
„ 45— 55	223	„		123	„	„
„ 55— 60	206	„		.113	„	„
„ 60— 65	201	„		98	„	„
„ 65— 75	166	„		91	„	„
„ 75— 80	160	„		84	„	„
„ 80— 85	127	„		89	„	„
„ 85— 95	110	„		81	„	„
„ 95—100	114	„		80	„	„
„ 100—105	121	„		77	„	„
„ 105—115	88	„		77	„	„
„ 115—120	99	„		60	„	„
„ 120—125	87	„		—	„	„
„ 125—135	88	„		—	„	„
„ 135—140	97	„		—	„	„

Abgesehen von den zufälligen Schwankungen in den Reihen des periodischen Durch= schnittzuwachses, die ihre Erklärung in einer nicht vollkommen passenden Wahl der zusammen= gestellten Bestände finden (trotz der Zugrundlegung eines und desselben Weiserbestandes), ergibt sich überraschender Weise für die Fichte ein Culminiren des Zuwachses im 20., für die Buche im 35. Jahre und eine fortdauernde Zuwachsverringerung von da ab bis zum höchsten Bestandsalter. Wo es sich um Darlegung der Massenverluste durch längeres Fort= wachsen isolirter Bestände handelt, da sind natürlich diese Ziffern entscheidend und

* Der Beziehungen wegen, in denen diese Ziffern zu den weiteren Entwicklungen stehen, die in meiner Schrift „System und Anleitung 2c." enthalten sind, lasse ich auch hier die Größenangaben unverändert.

Bei der Fichte verringert sich der höchste Maffenertrag des 80jährigen Umtriebs mit jeder um 20 Jahre höheren Umtriebszeit ziemlich gleichmäßig um 6 Proc., bei der Rothbuche und Kiefer nur um 1½ Proc.

In absteigender Richtung beträgt die Verringerung des Maffenertrages bis zum 40jährigen Alter bei der Kiefer nur 0,8 Proc. für jede 20 Jahre; für die Fichte bis zum 60jährigen Umtrieb nur 0,6 Proc., bis zum 40jährigen Umtrieb hingegen 12 Proc.; für die Buche bis zum 60jährigen Umtrieb abwärts 1,1 Proc., bis zum 40jährigen Umtrieb abwärts hingegen 22 Proc. des höchsten Maffenertrages.

Durch die Verschiedenheit der Beftockungsverhältniffe jeder Umtriebs=zeit sind die Ertragseigenthümlichkeiten derselben im Niederwalde sehr schwierig zu durchschauen und es ist ein grober Fehler aller bisherigen Dar=stellungen, wenn diese auf derselben Grundlage wie im Hochwalde geschehen. Ich muß in dieser Hinsicht auf meine Schrift „Syftem und Anleitung ꝛc." verweisen und kann hier nur hervorheben: daß auf Grund meiner Berech=nungen für Rothbuchen, Hainbuchen und Ellern, also für Holzarten von sehr verschiedenem Lohdenwuchse, übereinstimmend der 20jährige Umtrieb als der ertragreichfte sich ergab.

Für den Mittelwald fehlt uns zur Zeit noch alles Material einer Ein=sicht in die Wirkung des Umtriebs auf den Maffenertrag. Wir dürfen aber auch hier annehmen: daß der 20jährige Unterholzumtrieb, verbunden mit einem knrzen, nicht über 60jährigen Oberholzumtriebe, die höchste Maffen=produktion gewähre.

c) Die Maffenerzeugung verschiedener Erzeugungs= und Er=ziehungsart.

Die Erzeugungsart hat in sofern einen wesentlichen Einfluß auf den Maffenertrag der Beftände, als von ihr einestheils die Erhaltung der Bodenkraft des alten für den neuen Beftand, anderntheils die Stammzahl und Pflanzenvertheilung in letzterem abhängig ist.

Während bei der Verjüngung durch Selbftbefamung die volle Boden=kraft des Mutterbeftandes auf den Jungort übertragen wird, letzterer also vom frühesten Alter an in seiner kräftigen Entwickelung begünftigt ist, muß der Jungort aus Kahlhieb und Anbau die verloren gegangene Dammerde erst wieder neu bilden. Daß dieß um so nachtheiliger auf den jungen Be=stand einwirke, je mehr die Fruchtbarkeit des Bodens an deffen Humus=gehalt gebunden ist, bedarf nur der Andeutung (Bd. II. S. 50).

Ueber den Einfluß größerer Stammzahl auf die Maffenerzeugung habe ich Bd. II. S. 51 gesprochen.

Auch der gleichzeitige Zuwachs eines noch im Verjüngungsschlage stehenden Restes vom Mutterbeftande und des bereits erfolgten Wieder=

nicht die Durchschnittszuwachsgrößen aus den Ertragsziffern verschie=dener Umtriebszeit, die ftets nur die Frage nach der ertragreichften Umtriebszeit ganzer Wirthschaftscomplexe entscheiden können.

Man sieht hieraus, wie nothwendig vollftändige Erfahrungstafeln für die Entscheidung der wichtigften Betriebs = und Nutzungsfragen sind, und dennoch ist hierin noch so wenig gearbeitet!

wuchses kann eine nicht unerhebliche Massenerzeugungssteigerung bewirken (Ertrag der Rothbuche S. 136).

Am meisten entspricht diesen Anforderungen größter Massenerzeugung die Selbstverjüngung, weniger die Saatkultur, noch weniger die Pflanzung, beide in dem Maße weniger, als die angebaute Pflanzenzahl eine geringere ist.

Die Bestandeserziehung auf dem Wege der Durchforstungen ist in sofern von großem Einfluß auf die Massenerzeugung, als diese zu jeder Zeit dann die größte sein wird, wenn eine, dem Bedürfniß der vollen Ernährung entsprechende Belaubung und Bewurzelung jeder Einzelpflanze, verbunden ist mit der größten Stammzahl der Bestandsfläche. Indem ich zeigte: daß ein Ueberschuß von Wurzeln(?) und Laub über die Menge des Nöthigen eine Zuwachssteigerung nicht im Gefolge habe,[1] führte ich dadurch auch zugleich den Beweis der Nothwendigkeit größter, mit der nöthigen Bewurzelung und Belaubung vereinbarer Producentenzahl der Bestände.

Es gründen sich hierauf, wie auf die Nothwendigkeit, daß jedem Bestande die lebenskräftigsten Bestandsindividuen so lange wie möglich erhalten bleiben, diejenigen Durchforstungsregeln, welche Bd. II. S. 53 aufgestellt und Bd. I. S. 290 motivirt wurden.

B. Formerzeugung.

Zu den lebendigen Eigenschaften der Holzpflanzen gehört ferner die Entwickelung ihrer Zuwachsmassen in verschiedenen Formen- und Größeverhältnissen, die, wie die verschiedenen technischen Eigenschaften des Holzkörpers selbst, von großem Einflusse sind auf die Gebrauchsfähigkeit und somit auf den Werth des Erzeugten.

Im Allgemeinen kann man sagen: daß mit der Höhe und Stärke des Baumes, mit dem Aushalten des Schaftes, mit größerer Annäherung des Schaftwuchses an die Walzenform, mit der Gradheit und Astreinheit des Schaftes die Gebrauchsfähigkeit der Holzart eine größere ist. Zwar gibt es viele Verwendungsarten, die in dieser Hinsicht geringe Anforderungen machen, es ist aber deren Bedarf ein verhältnißmäßig geringer. Bauholz und Brennholz bilden den bei weitem größten Theil des Verbrauchs. Für ersteres sind obige Eigenschaften des Baumwuchses den Grad der Gebrauchsfähigkeit wesentlich bedingend. Für das Brennholz kommen Höhe und Stärke des Baumwuchses in sofern wesentlich in Betracht, als auf das gröbere, massigere Schaftholz bedeutend geringere Zugutmachungs- und Transportkosten als auf das schwächere Knüppel- und Reiserholz fallen.

Tanne, Fichte und Lerche sind es, die in dieser Hinsicht allen übrigen Forstkulturpflanzen voranstehen. Bei keiner anderen Holzart ist das Verhältniß der Schaftholzmasse zum Astholze ein so günstiges, als hier. In Höhe und Regelmäßigkeit des Schaftes stehen sie allen übrigen Holzarten voran, im Stärkezuwachs stehen sie keiner nach.

---

[1] Ich muß hier noch die nahe liegende Bemerkung nachtragen: daß, wenn eine größere als nothwendige Belaubung den Zuwachs der Pflanze an Holzmasse nicht erhöht, die überschüssige Laubmenge diesen letzteren nothwendig verringern muß; denn diejenige Menge von Bildungssäften, welche auf die überschüssige Blattbildung verwendet wird, muß der Holzbildung entzogen werden. Allerdings könnte es wohl sein, daß die überschüssige Belaubung für ihre eigene Ausbildung das Material bereitet.

Bis zum 80jährigen Alter, im Schluß erzogen, steht die Kiefer den vorgenannten Holzarten gleich, später verliert sich deren Höhenwuchs in einer schirmförmigen Krone, läßt auch früher im Stärkezuwachse nach, so daß starke Kiefern weit seltener als starke Fichten und Tannen sind.

Unter den Laubhölzern sind es nur die Rothbuche und der Bergahorn, die im geschlossenen Stande einen ·regelmäßigen Schaft von bedeutenden Dimensionen entwickeln, der aber doch nie die Länge des Schafts der erstgenannten Nadelhölzer erreicht, da auch bei ihnen im höheren Alter Kronenbildung eintritt. Eiche und Esche stellen sich in dieser Hinsicht der Buche und dem Bergahorn nur unter außergewöhnlich günstigen Standortsverhältnissen gleich und auch dieß nur dann, wenn sie, eingesprengt in Buchen oder Nadelholzbestände, mit ersteren in die Höhe getrieben wurden. Dahingegen stehen Eiche und Esche im Stärkezuwachse der Rothbuche und dem Bergahorne mindestens gleich.

Auch die Eller gehört noch mit zu denjenigen Holzarten, die einen geraden regelmäßigen Schaft bilden, der aber nur selten außergewöhnlich starke Dimensionen erlangt.

Alle übrigen, in unsern Wäldern angebauten Laubholzbäume, der Spitz- und Feldahorn, die Rüstern, die Hainbuche, die Birken, Weiden, Pappeln, Linden, Roßkastanien, Wildobst bilden nur sehr ausnahmsweise schöne, regelmäßige Schafte, die Pyramidenpappel, mitunter auch die Aspe ausgenommen. Mit Ausschluß der Linde, der Weißweide und der Schwarzpappel entwickeln diese Holzarten auch selten größere Stärkedimensionen. Die specielle Naturgeschichte der Holzpflanzen enthält hierüber das Nähere.

Erziehung im geschlossenen Stande fördert die Baumhöhe, die Gradheit, Regelmäßigkeit und Vollholzigkeit des Schaftes sowohl, wie dessen Astreinheit; sie steht dem Stärkezuwachse in den tieferen Stammtheilen, der Kronenbildung und Astverbreitung entgegen. Ich habe hierüber im ersten Bandes das Nöthige gesagt.

II. Rindeertrag.

Die Rinden mehrerer Holzarten sind entweder selbst, als Bindematerial, Kork, von besonderem Gebrauchswerthe (Rüster, Linde, Korkeiche, Birke) oder sie enthalten Stoffe von besonderem technischen oder medicinischen Werthe: Gerbstoff, Farbstoffe, Schleime, flüchtige Oele, Salicin, Coniferin, Betulin, Chinin, Daphnin 2c.

Als Bindematerial dient die Basthaut der Rüster und der Linde zu Bastmatten und groben Stricken. Beide Holzarten sind in Deutschlands Wäldern zu wenig angebaut und zu selten in ihrem spontanen Vorkommen, als daß der Bast Gegenstand eines größeren und allgemeineren Nutzungsbetriebes sein könnte; Landleute, Tagelöhner, Gärtner beziehen wohl hier und da ihren eigenen Bedarf durch Selbstgewinnung, die große Masse des Bedarfs erhalten wir aber in Bastmatten aus Rußland, dessen waldbauliche Verhältnisse örtlich dieser Nutzung günstiger sind als dieß in Deutschland der Fall ist.

Man rechnet im Linden-Niederwalde von 20- bis 30jährigem Umtriebe auf 3 Cubikmtr. feste Holzmasse 2 bis 2½ Ctr. Bast.

Die Korkeiche des südlichen Europa hält unsern Winter nicht aus: wir erhalten den meisten Kork aus Spanien. Bei einem jährlichen Zuwachse von 3 bis 6 Millimtr. Dicke liefern stärkere Eichen alle 5 bis 6 Jahre 350 bis 400 Pfd. Kork, wovon jedoch 60 bis 80 Proc. in Wegfall kommen. Aus der Korkrinde der Birke werden in Rußland Dosen, Schachteln, Kästchen gefertigt, die eine zierliche dauernde Pressung annehmen.

Der Gerbstoff ist es vorzugsweise, der gewissen Rinden besonderen Werth verleiht und im Großen einer Ausnutzung unterworfen ist. Er ist ein sehr verbreiteter Pflanzenstoff. Einige Holzarten wie die Eichen, Kastanien, Kreuzdorne c. enthalten ihn in allen ihren Theilen; den Rinden, Blättern, Früchten fehlt er fast nirgends. Besonders reich an Gerbstoff sind die Bastlagen, wo er den Winter über in fester Form in bestimmten Organen abgelagert ist. Wie alle übrigen Reservestoffe wird er im Frühjahr im lebendigen Pflanzensafte aufgelöst und scheint dadurch erst seine kräftigste Wirkung als Gerbmittel zu erlangen, bestehend in seiner chemischen Verbindung mit dem Leime der Thierhäute, die dadurch zu Leder umgewandelt und der Fäulniß für lange Zeit entzogen werden. Wie alle übrigen Reservestoffe wird auch der Gerbstoff im Frühjahr auf die Neubildungen an Blättern, Trieben, Holz- und Bastringen verwendet, daher nur der Winter und das Frühjahr, bis in die nächsten Wochen nach dem Beginne der Knospenentwickelung eine reichliche Ausbeute liefern. Bd. I. S. 182.

Untersuchungen über den Gerbstoffgehalt verschiedener Rinden ergaben folgende Resultate:

Bast junger Eichen . . . . . . 16 Proc. [1]
Innerster Bast alter Eichen . . . 15 „
Die ganze Borke alter Eichen . . . 6,3 „
„ „ „ „ „ Winter . 4,5 „
Erlenrinde . . . . 16,5 „ (?)
Bast von Castanea . . . . . . 15 „ (?)
Die ganze Borke von Castanea . . 4,3 „
Kirschbaumrinde . . . . 10 „
Cornus Mascula-Rinde . . . . 8,7 „
Weidenrinde . . . . 7 „
Vogelbeerrinde . . . . . . 3,6 „
Aspenrinde . . . . 3,3 „
Pflaumenrinde . . . . 2,3 „
Hasel- und Ulmenrinde . . . . 2,7 „
Baumweidenrinde . . . . . . 2,2 „
Rothbuchenrinde . . . . . . 2 „
Birkenrinde . . . . 1,6 „
Fichte . . . . 2,6 „
Lerche . . . . 4,5 „

[1] Siehe meine Schrift über den Gerbstoff der Eiche.

Sehr reich an Gerbstoff sind auch die Zapfen der Nadelhölzer, der Eichenrinde nahe gleich.

Im Hochwalde rechnet man auf 100 Cubikmtr. Baumholz, excl. Reiser= holz: 25 Cubikmtr. ungeputzte Borke und, da durch das Schälen eine Volum= vergrößerung des Klafterraumes stattfindet, 85 bis 92 Cubikmtr. geschältes Holz, mithin 10 bis 12 Cubikmtr. Uebermaß. Auf 3 Cubikmtr. Ranm kann man 1,4 Cubikmtr. feste Rindenmasse rechnen, den Cubikmtr. luft= trocken = 1100 bis 1250 Pfunde. Schwächeres Holz gibt verhältnißmäßig mehr Borke. Im Niederwalde bei 20= bis 25jährigem Umtriebe erhält man auf 3 Cubikmtr. Borkholzmasse 0,6 bis 0,8 Cubikmtr. Spiegelrinde, den Cubikmtr. = 700 bis 750 Pfunde Trockengewicht = 1,5 Cubikmtr. feste Masse à 650 bis 700 Pfunde Trockengewicht. Das Gebund Spiegelrinde von 1 Mtr. Länge und $\frac{1}{3}$ Mtr. Durchmesser = 0,07 Cubikmtr. enthält, gut gebunden, seiten voll 0,4 Cubikmtr. feste Masse und wiegt durchschnittlich 30 bis 35 Pfunde. Aus gut bestockten Beständen auf gutem Boden und bei sorgfältiger Ausnutzung kann der Rindeertrag pr. Hektar bis 100 Ctr. steigen.

Braune Farbstoffe liefern die Rinden der Erle, Birke, Esche, des Faulbaum. Schwarze Farbstoffe liefern die an Gerbstoff und Gallussäure reichen Rinden, besonders der Eiche und Kastanie.

Schleimige Stoffe liefern die Rinden der Rüster, der Linde und der Weißtanne.

Flüchtige Oele in den Rinden der Nadelhölzer.

Medicamente und Droguen wie das Coniferin und aus diesem das Vanillin, Chinin, Daphnin, Salicin, Aesculin 2c. in den Rinden der Kiefer, des Seidelbast, der Weiden, der Roßkastanien.

III. Frucht- und Samenertrag.

Die meisten Waldsämereien haben nur als Vermehrungsmittel der Holzpflanzen wirthschaftlichen Werth. Der Same der Birken, Erlen, Hain= buchen, Eschen, Ahorne, Rüstern 2c. gehören dahin. Auch die Wolle des Pappel= und Weiden=Samens hat bis jetzt noch keine Verwendung gefunden. Die Früchte der Eichen und Buchen, der Kastanien und Roßkastanien, der Haseln und Linden, der Same des Nadelholzes, Wildobst und Waldbeeren verschiedener Art kommen theils als Viehfutter, theils zur Oelgewinnung, theils als Speise noch heute in Betracht, obgleich deren Bedeutung wesentlich geringer geworden ist, seit die Arbeitskräfte im Preise gestiegen und die Erzeugung von Nährstoffen im Landwirthschaftsbetriebe, besonders durch den Anbau der Kartoffel eine reichlichere geworden ist.

. In Jahren reichlichster Fruchterzeugung rechnet man durchschnittlich auf jeden Cubikfuß feste Holzmasse Reiserholz (von 5 Ctm. Stärke abwärts), in den 100jährigen und älteren Eichenbeständen 0,8 bis 1,5 Liter Eicheln, um so mehr, je älter die Bestände sind und je geringer deren Stammzahl ist. Volle Mast tritt jedoch selten öfter als alle 4 bis 6 Jahre ein. Rechnet man auf die Zwischenzeit eine Halbe= und eine Viertheil=Mast, so ergäbe dieß auf einen 6jährigen Zeitraum 0,7 + 0,4 + 0,2 = 1,3 Liter pro Cubikfuß Reiserholz, mithin durchschnittlich jährlich wenig über 0,2 Liter.

Dieß ist wenigstens die Weise, wie sich die Berechnung des Ertrages am sichersten durchführen läßt, da dieser am bestimmtesten noch an die Reiser= holzmasse gebunden ist, deren Menge, wie die der Fruchterzeugung, mit der Lichtstellung der Bestände steigt. Die sehr veränderlichen Faktorengrößen für die Berechnung wird man für jedes Mastjahr leicht durch einige direkte Unter= suchungen prüfen, resp. berichtigen können.

Die Buchenmast=Erträge wird man nicht höher als $\frac{1}{2}$ der Eichen= erträge ansetzen dürfen.

Wie alle Durchschnittssätze haben auch die vorstehenden einen sehr be= schränkten Werth für Einzelfälle, selbst angenommen: daß sie als Durchschnitts= sätze richtig sind, was keineswegs sichergestellt ist.

Alle übrigen Früchte und Sämereien können nicht Gegenstand einer unmittelbaren Benutzung von Seiten des Waldbesitzes sein, so weit sie einer anderen, als der Verwendung zur Saat dienen. Auch hier würden die Kosten des Einsammelns jeden Gewinn absorbiren. Es muß das Sammeln, allenfalls gegen eine geringe Zahlung, solchen Leuten überlassen werden, die ihre Arbeitskraft zur Zeit nur gering oder gar nicht in Rechnung stellen und keiner Beaufsichtiguug bedürfen, da sie für sich sammeln.

IV. Laubertrag.

Das Laub der Waldbäume, so weit es dem Walde selbst als Dung= material und Bodenschutz entbehrlich ist, wird theils als Futterlaub, theils als Streulaub verwendet.

Die Angaben über Futterlaubertrag sind noch sehr beschränkt und unsicher. Aus Durchforstungen 15jähriger geschlossener Hainbuchenbestände erhielt ich an Laub 10 Proc. des Grüngewichts der ausgehauenen Stämme, pr. Hekt. 275 Ctr. grünes = 125 Ctr. lufttrockenes Laub. Im Niederwalde: von den 5jährigen Lohden eines Musterstockes 3 Pfund grün, 1,2 Pfd. luft= trocken; von den 10jährigen Lohden eines Musterstockes 6 Pfd. grün, 2,4 Pfd. lufttrocken; von 20jährigen Lohden 22 Pfd. grün, 10 Pfd. lufttrocken an Laub. Bei 10fußiger Stockferne würden 260 Stöcke daher 2600 Pfd. luft= trocken = 26 Ctr. Futterlaub ertragen. Oberholzbäume des Mittelwaldes mit 12 Proc. Reiserholz unter 2,5 Ctm. Durchmesser am Abhiebe lieferten 190 Pfd. Laub auf den Cubikmtr. feste Reisermasse. Kopfholzreiser unter 2,5 Ctm. Hiebsfläche ergaben 225 Pfd. Laub auf den Cubikmtr. feste Reiser= masse. Ein Hektar mit 20 bis 50 Ctm. Kopfholzstämmen gut bestanden ergab 120 Ctr. lufttrockenes Laub (s. meine Naturgesch. der forstl. Kulturpfl.).

Diese Angaben können natürlich nicht als Ertragssätze im Großen be= trachtet werden, da sie aus kleineren, normal bestockten Versuchsflächen her= vorgegangen sind.

Reichhaltiger sind die Angaben über den Streulaubertrag der Waldbestände.

Was zuerst die jährliche Lauberzeugung voll bestockter Orte betrifft, so enthält hierüber meine Naturgeschichte der forstl. Kulturpflanzen eine Reihen= folge von Angaben, denen ich Nachfolgendes entnehme.

Rothbuchen=Hochwald, vom 30. Jahre aufwärts: jährliche Laub=

produktion eines Hekt. 2400 Pf. = $^1/_3$ des Gewichts der belaubten Reiser von 2 Ctm. Hiebsfläche abwärts. Dasselbe Verhältniß der Belaubung zur Reiser= holzmasse auch im Oberholze des Mittelwaldes. Im Niederwalde trug der 10jährige Musterstock 3 Pfd.

20 „ „ 12 „

30 „ „ 20 „

40 „ „ 14,6 „ grünes Laub.

Nimmt man für den 10jährigen Umtrieb eine 1,3=, für den 20jährigen Umtrieb 2=, für den 30 und 40jährigen 3metrige Entfernung der Mutter= stöcke an, so ergibt sich eine Laubproduktion im Alter der Umtriebszeit =

1620 . 3 = 4860 Pfunde pro $^1/_4$ Hektar.

720 . 12 = 8640 „

405 . 20 = 8100 „

259 . 14,6 = 3800 „ (1000 Pfd. frisch = 458 Pfd. Lufttrockengewicht im Durchschnitt).

Hainbuche: 15jähriger Hochwaldbestand 3025 Pfd. frisch = 1400 Pfd. lufttrocken. Kopfholz 7180 Pfd. frisch = 2872 Pfd. lufttrocken. Nieder= wald im 5, 10 und 20jährigen Umtriebe 4977, 4485, 8870 Pfde. frisch pr. $^1/_4$ Hektar.

Birke: 45jähriger Hochwaldbestand 6864 Pfd. frisch = 2745 Pfd. lufttrocken.

Erle: 24jähriger Musterstock im Niederwalde 19,7 Pfd.

16 „ „ „ „ 17,5 „

ergibt pro $^1/_4$ Hekt. 24jährig 5102 Pfd., 16jährig 4440 Pfd. (100 Pfd. grünes Laub = 43 Pfd. lufttrocken).

Kiefer: 60jähriger geschlossener Bestand 5300 Pfd. einjährige Nadeln (im Mai des folgenden Jahres) = 3300 Pfde. lufttrocken.

120jähriger Baum 136 Pfde. frischer = 82 Pfde. lufttrockener Nadeln aller drei Jahrgänge.

Lerche: 60jähriger geschlossener Bestand 7774 Pfde. frisch = 3343 Pfde. lufttrocken.

Fichte: Pfundgewicht an Nadeln geschlossener Bestände. [1]

5jährige Büschelpflanzung 9840 Stämme 253 Pfde. frisch.

10	„	„	„	6150	„	793	„	„
15	„	„	„	4875	„	4922	„	„
25	„	„	„	2130	„	16770	„	„
40	„	„	„	748	„	11550	„	„
50	„	Reihenpflanzung		446	„	9154	„	„
80	„	Pflanzung		435	„	9777	„	„
140	„	Saat		150	„	16566	„	„

[1] Es sind diese Erfahrungssätze einem Theile derjenigen Bestände entnommen, denen meine Erfahrungstafeln über den Fichtenwuchs im Oberharze (S. 178 meiner Schrift „System und Anleitung zum Studium der Forstwirthschaft. Leipzig 1858") entsprungen sind. Seite 170 habe ich die Reihe des periodischen Durchschnittszuwachses dieser Bestände mitgetheilt. Sie ergibt eine Verringerung desselben vom 20. bis 140. Jahre; die Bestände von 228 auf 90 Cubikfuß, während die Belaubung in diesem Zeitraume nicht wesentlich zu differiren scheint, da wir die 16,000 Pfunde des 25jährigen Alters im 140jährigen Alter wiederfinden.

Nimmt man durchschnittlich eine 5jährige Dauer der Belaubung an, so ergibt sich eine jährliche Nadelproduktion (bei 16500 Pfunden) = 3300 Pfde. Grüngewicht = 1700 (?) Pfde. lufttrocken.

Auch bei den Nadelhölzern ist die Nadelmasse in den meisten Fällen ziemlich genau = $1/3$ des Gewichts der grünen Reiser von $2\frac{1}{2}$ Ctm. abwärts.

Bei Weitem geringer sind die Angaben über den Streuertrag, wie solcher nach dem Abfalle des Laubes haubarer und geringhaubarer Bestände vom Boden gesammelt werden kann.

1000—1500—2000 Pfde. pro $1/4$ Hekt. geschlossene Rothbuchenbestände auf schlechtem, mittelmäßigem und gutem Standort, wenn eine Streunutzung vorher noch nicht stattgefunden hatte.

300—600—1000 Pfde. in Kieferbeständen,

800—1000—1200 Pfde. in Fichtenbeständen,

500—800—1100 Pfde. in Eichenbeständen,

sind Durchschnittszahlen der hierüber bestehenden Angaben.

V. Säfteertrag.

Die harzigen und öligen Säfte der Nadelhölzer sind allein Gegenstand eines Nutzungsbetriebes im größeren Maßstabe. Die zuckerhaltigen Säfte der Ahorne und Birken fordern nicht allein einen, im Verhältniß zum möglichen Gewinne zu großen Arbeitsaufwand, sondern auch zu großer Mengen theuren Brennmaterials für die Abdampfung; ihre Gewinnung ist endlich mit zu erheblichen Beschädigungen der Bäume verbunden, als daß eine solche in kultivirten Ländern mit Nutzen betrieben werden kann. In Amerika's Urwäldern kann der, bis zu 3 Proc. Zucker enthaltende Saft der Ahorne Gegenstand eines Nutzungsbetriebes sein, weil dort weder das zum Abdampfen des Safts nöthige Brennholz, noch die Verletzung der Bäume in Betracht kommt, nicht aber bei uns.

Abgesehen von den, durch den Theerschwelereibetrieb zu gewinnenden Säften der Nadelhölzer, werden diese als Harz durch Harzscharren, als Terpentin durch Anbohren der Bäume oder durch Oeffnen der in der Rinde der Weißtanne liegenden Terpentinhalter gewonnen.

Was den Harzertrag der Fichte betrifft, so rechnet man, während einer 20—25jährigen Benutzung 80—120jähriger Bestände, durchschnittlich pro Stamm jährlich $1/4$—$1/2$ Pfund Harz, wovon nahe die Hälfte zur Pech-siederei nutzbares Lachenharz, die andere Hälfte unreines, zur Kienruß-bereitung dienendes Flußharz. Preis des Centners rohen Harzes 18—20 Mark, belastet mit nahe 3 Mark Arbeitslohn für die Bearbeitung von 300 Bäumen. Das Pfund Harz erträgt dem Waldbesitzer daher Netto 15 Pfg.

Nun kann man in Fichtenbeständen von 100—120jährigem Alter durch-schnittlich 0,03 Cubikmtr. Zuwachs pro Stamm und Jahr rechnen. Nimmt man $1/6$ Zuwachsverlust durch das Anharzen an, so beträgt dieß auf 3 Bäume, die zur jährlichen Erzeugung von 1 Pfd. Harz nothwendig sind, 0,15 Cubikmtr., die durch jene 15 Pfg. Nettopreis des Pfundes Rohharz (Pick- und Flußharz zusammengenommen) ersetzt werden müssen, abgesehen von dem Minderpreise des, sowohl in der Dauer als in der Brennkraft wesentlich geschwächten Holzes.

Dieser Verlust an Masse und Holzpreis ist ein so bedeutender, daß die Harznutzung aus Deutschlands Wäldern bis auf geringe Spuren verschwunden ist. [1]

Ueber die Ertragsverhältnisse der Terpentinnutzung sind mir Angaben nicht bekannt.

VI. Nebennutzungs-Erträge.

Unter den verschiedenartigen Nebennutzungen sind es besonders die Forstunkräuter, die häufig, besonders in so fern eine wichtige Nutzung bilden, als durch deren Abgabe an den Landwirth dem Bedürfniß an Futter- oder Dungzuschuß abgeholfen werden kann, ohne den Beständen durch Entziehung von Laubstreu zu schaden.

Besser ist es allerdings, wenn Forstunkräuter im Walde gar nicht vorhanden sind. Eine gute Forstwirthschaft soll ihrem Aufkommen entgegenwirken. Indeß läßt sich dieses nicht immer vermeiden, in Folge widriger Natureignisse oder gewisser, durch die Umstände gebotener Betriebsoperationen.

Wo die dem Walde benachbarten Aecker von einer so schlechten Beschaffenheit sind, daß sie aus eigener Dungerzeugung sich nicht erzeugungskräftig zu erhalten vermögen, da kann der Forstwirth, auch ohne rechtliche Verpflichtung, oft genöthigt sein, den Landwirth theils durch Einräumung von Weide und Gräserei, theils durch Streuabgabe zu unterstützen, um ihn, den Consumenten seiner Waldprodukte, zahlungsfähig und zahlungswillig zu erhalten.

Welches die Grenzen sind, auf die diese Nutzungen beschränkt bleiben müssen, darüber ist in der Lehre vom Forstschutz das Nöthige gesagt worden.

Den Weideertrag der Wälder bemißt man nach der Morgenzahl, welche eine Kuh bedarf, um von sensenreinem, unbeackertem und unbewaldetem Boden ihren Futterbedarf während der Weidezeit zu beziehen. Man nimmt hier vorherrschend als Bedarf einer Kuhweide an (s. Püschel Encyclopädie):

	Gut.	Mittelmäßig.	Schlecht.	
Eichen= und Buchenboden	1,5—2,5	4—6	7—12	Mrg. [2]
Erlenboden	1,5—2,5	4—6	12—32	„
Birkenboden	2,5—5,5	6—7	12—32	„
Fichtenboden	2,5—3,5	4—7	16—32	„
Kieferboden	3,6—5,0	5—10	16—64	„

Je nachdem ein solcher Boden nun raum= oder voll=bestanden ist, gehört zum Bedarf einer Kuhweide

---

[1] Daß die Harznutzung besonders in den deutschen Fichtenwäldern eine der einträglichsten Nebennutzungen bilde; daß dadurch dem Baume die ihn mehr belästigenden, oft sogar schädlichen Harzsäfte entzogen werden (König, Forstbenutzung) dürfte eines näheren Nachweises bedürfen. König befürwortet die Harznutzung sehr energisch und sagt: daß durch sie weder der Zuwachs noch die Güte des Holzes wesentlich beeinträchtigt werde, wohl aber ein jährliches Einkommen von $1\frac{1}{3}$ Thaler pro Morgen erzielt werden könne.

[2] 1 pr. Morgen = $\frac{1}{4}$ Hektar.

in Buchenbeständen das 3 —20fache obiger Morgenzahl,
„ Eichenbeständen „ 1,5—10 „ „ „
„ Erlenbeständen „ 1,5— 6 „ „ „
„ Birkenbeständen „ 1,5— 4 „ „ „
„ Fichtenbeständen „ 3 —20 „ „ „
„ Kieferbeständen „ 2 —10 „ „ „
im Mittelwalde „ 2 —20 „ „ „
„ Niederwalde „ 2 — 6 „ „ „

Je nach Güte des Futters und Entfernung der Weide wird der Werth éiner Kuhweide zu 16—24, gewöhnlich zu 12—15 Mark, pro 100 Pfd. Körpergewicht zu 3—4 Mark angenommen. Niedriger bei nur theilweiser Ernährung des Viehes, bis zu 1 Mark hinab.

Der Kuhweide gleich werden gerechnet $\frac{2}{3}$ Pferdeweide, $\frac{3}{4}$ bis $\frac{4}{5}$ Zugochse, $1\frac{1}{3}$ Füllen, $1\frac{2}{3}$—2 Färse, $2\frac{1}{2}$ Kalb, 8—10 Schaf und Schwein, 24—30 Gans.

Was den Ertrag der Gräsereinutzung betrifft, d. h. der Grasnutzung mittelst Handarbeit, so ist der Heuertrag der Wiesen Basis der Schätzung und dieser nach den in Püschels Encyclopädie gegebenen Zusammenstellungen: Von besten Niederungswiesen 18—30 Ctr. pr. $\frac{1}{4}$ Hekt. im Futterwerth = 1 Gewöhnliche Niederungs-,

gute Feld- und Wald-
wiesen . . . . . 12—18 „ „ „ „ „ „ = 0,8
Saure, kalte Wiesen, trockene
Feld- und Waldwiesen 4—12 „ „ „ „ „ „ = 0,6
Trockene Höhenwiesen . . 2— 5 „ „ „ „ „ „ = 0,5

Der Ertrag unter Seitenschatten stehender, kleinerer Waldwiesen ist um 40 Proc. geringer als der Ertrag freiliegender Wiesen.

Der Ertrag unter Seitenschatten stehender Waldblößen ist höchstens zu 60 Proc. des Ertrages der betreffenden Wiesenklasse zu veranschlagen, tritt hierzu noch Ueberschattung durch lichten Holzbestand, so ermäßigt sich der Ertrag bis auf 15 Proc. der betreffenden Wiesenklasse.

Außerdem ist der Futterwerth des Waldgrases 5—10 Proc. geringer als der des Wiesengrases. Was den Streuertrag aus Forstunkräutern: Schilf, Binsen, Gräser, Moose, Heiden ꝛc. betrifft (über den Streuertrag aus der Belaubung habe ich schon vorhergehend gesprochen), so ist dieser verschieden, je nachdem nur die Pflanzen, oder mit diesen zugleich auch die oberste durchwurzelte Bodenschichte dem Walde entnommen wird (Plaggen und Bülten).

An Moos- und Heidestreu rechnet man alle 5—6 Jahre 12—18 Ctr. Trockengewicht Ertrag pro $\frac{1}{4}$ Hektar unter günstigen, 6—12 Ctr. unter weniger günstigen Verhältnissen. Schilf und schilfähnlicher Gräser = 18—24 Ctr. jährlich, kurze Riedgräser 9—12 Ctr., Besenpfrieme, Ginster ꝛc. 10—16 Ctr. jährlich. Zu einem Centner trocken gehören an Grüngewicht holzige Unkräuter 2 Ctr., Gras 4—5 Ctr., Schilf und Binsen 6—7 Ctr.

Als Plaggenertrag pro $\frac{1}{4}$ Hekt. unbeschirmter Boden rechnet man 42—60 Fuder à 10—12 Ctr., auf Grasboden in 4—5jährigem, auf Heideboden in 10—14jährigem Umtriebe.

Die vorübergehende Benutzung des Waldbodens als Acker=
land wirft nur beim Bestandswechsel und zwar nur so lange einen Rein=
ertrag ab, als der vom alten Bestande herstammende Humus eine Düngung
unnöthig macht (Neurod). Sie darf auch nur auf Boden stattfinden, der
des ursprünglichen Humusgehaltes für die Nachzucht und das Gedeihen des
jungen Bestandes ganz oder theilweise entbehren kann, also nur auf einem, in
seinen unorganischen Bestandtheilen fruchtbaren Boden; gar nicht auf leichtem,
trockenem, 2—3 Jahre auf leichtem, feuchtem, 4—5 Jahre auf schwerem,
feuchtem Lehmboden. Aber selbst in dieser Beschränkung ist der Reinertrag
ein geringer dadurch, daß die bedeutenden Kosten der Urbarmachung den
Ernteertrag weniger Jahre belasten, die Entfernung der Rodeflächen von den
Arbeiterwohnungen und den nöthigen Wirthschaftsgebäuden die Wirthschafts=
kosten wesentlich erhöhen.

In der Regel wird eine Nebennutzung dieser Art daher nur da Gewinn
bringend sein, 1) wo Mangel an, in ständigem Landwirthschaftsbetriebe
stehendem Ackerlande ist und die Arbeiten des Fruchtbaues vom Arbeiter für
eigene Rechnung betrieben werden (Hackwaldwirthschaft); 2) wo ein besserer
Boden zugleich auch für die Bearbeitung günstig gelegen ist; 3) wo durch
den Fruchtbau zugleich ein Waldkulturbedürfniß befriedigt und Kulturkosten
erspart werden.

Je nachdem der Boden schwieriger urbar zu machen ist, wird man dem
Landwirthe 1—2 Freijahre gewähren, dann $\frac{1}{4}$—$\frac{1}{3}$ des Ernteertrages als
Pachtgeld beziehen können. Der Betrieb des Ackerbaues auf Kosten des
Waldbesitzers selbst wird diesem nur in dem Falle Gewinn bringen können,
wenn er selbst zugleich auch Landgutsbesitzer ist.

Was den Ertrag der Jagd betrifft, so schaden starke Wildstände dem
Walde mehr als sie einbringen. Mäßige Wildstände können einen Reinertrag
von 8—12 Pfennig pr. Hekt. gewähren. Der Nutzen der Jagd ist daher
weit mehr ein mittelbarer und zwar durch ihre Wirkung auf die Thätigkeit
des Forstmannes. Man hat es vielfältig hervorgehoben, daß durch die
Liebe zur Jagd die Liebe zum Walde geweckt und genährt werde; daß die
Jagd den Forstmann in den Wald und an Orte führe, die, von Betriebs=
geschäften oft lange Zeit unberührt, ohne dieß ihm entfremdet würden, daß
die Jagd ihn im Ueberblick aller Waldtheile erhalte und ihn zu forstlichen
Wahrnehmungen führe, die ihm ohne dieß entgangen sein würden. Es liegt
etwas Wahres hierin, namentlich durch den Umstand, daß der Forstwirth
meist Verwalter fremden Eigenthums ist. Indeß wäre es doch ein arges
Armuthszeugniß, das wir uns ausstellen, wenn wir zugeben wollten, daß die
Holzpflanze und der Wald uns durch sich selbst in sich nicht verliebt machen
könne. Dieß vorausgesetzt, liegt der mittelbare Nutzen, den die Jagd dem
Walde gewährt, darin, daß keine Beschäftigung mehr als diese geeignet ist,
die Combinationsgabe des jungen Forstmannes zur Combinations=
fähigkeit auszubilden, eine Fähigkeit, die nirgends von so großem Ein=
fluß auf die Tüchtigkeit der Geschäftsführung ist als im Waldwirthschafts=
betriebe, besonders in Bezug auf Forstschutz.

Der Naturalertrag der übrigen Nebennutzungen des Waldes ist nach
der Verschiedenheit des Vorkommens derselben und der bestehenden Bedürf=

nisse ein zu schwankender, als daß sich etwas Allgemeines hierüber sagen
ließe.   In Bezug auf die Art der Ausnutzung derselben gilt das, was ich
Seite 165 gesagt habe.

Zweites Kapitel.

Gewerbliche (technische) Eigenschaften der Waldprodukte (Werth= ertrag).

Wenn die lebendigen, produktiven Eigenschaften der Holzpflanze die
Menge und die Art des Erzeugten bestimmen, so sind es verschiedene innere
Eigenschaften der Art des Erzeugten, es sind die ihm eigenthümlichen Grade
der Brennkraft, der Dauer, der Härte zc., welche die Verwendbarkeit, den
Gebrauchswerth des Produkts bestimmen.

Wir betrachten in Nachfolgendem diesen Gebrauchswerth der Wald=
produkte, unabhängig vom Bedürfnisse.   Die Darstellung jenes, vom Be=
dürfnisse, von den Unkosten, wie von compensirenden Vortheilen der Nicht=
benutzung bedingten Produktenwerthes, ist Gegenstand des dritten Kapitels.

I. Die technischen Eigenschaften des Holzes.

Das Holz, nicht allein verschiedener Holzarten, sondern auch verschie=
denen Alters und daher auch verschiedener Baumtheile derselben Holzart,
verschiedener Entwickelung unter verschiedenen Standorts= und Bestandes=
verhältnissen, verschiedener Gesundheit, Fällungszeit und Zugutmachungsart,
zeigt sich mehr oder weniger verschieden in Bezug auf eine Reihenfolge physi=
kalischer und chemischer Eigenschaften, die deren technischen Gebrauchswerth
bedingen.   Von diesen Eigenschaften hebe ich hier die nachfolgenden, als die
technisch wichtigeren hervor:

Schwere, Brennkraft, Dauer, Härte, Festigkeit, Elasticität, Biegsam=
keit, Zähigkeit, Spaltsamkeit, Schwinden. [1]

1) Die Schwere

äußert nur einen beschränkten Einfluß auf die Gebrauchsfähigkeit der Hölzer.
Eine geringere Belastung der Gebäude durch deren obere Theile gibt dem
leichteren Holze Vorzüge; im Maschinenbau gibt die größere Schwere fallen=
der Maschinentheile dem schwereren Holze oft Vorzüge.

Desto wichtiger ist die Schwere des Holzes in Bezug auf den Trans=
port, dessen Kosten innerhalb gewisser Grenzen weniger vom Gewicht als
vom Volumen abhängig sind, daher das schwerere Holz für gleiche Ge=
wichtsgrößen weniger Transportkosten, oft auch weniger Zugutmachungskosten
erfordert.

Außerdem stehen einige andere Eigenschaften des Holzes, besonders
die Härte, die Festigkeit und die Brennwirkung gleich großer Raumtheile
verschiedener Holzarten mit der Schwere derselben in einem nahe gleichen
Verhältnisse, so daß man aus der Kenntniß der Schwere Schlüsse ziehen

---

[1] Als weniger wichtig übergehe ich hier die Verschiedenheiten der Struktur, der Farbe,
des Glanzes, des Geruches, der Wärmeleitungsfähigkeit und des Verhaltens zur Feuchtigkeit,
auf Nördlinger's Werk „die technischen Eigenschaften der Hölzer. Stuttgart 1860" verweisend.

kann auf den Grad, in welchem jene anderen Eigenschaften der Holzart zu=
ständig sind.

Die Kenntniß der Schwere des Holzes schöpfen wir aus Wägungen
und Messungen des zu untersuchenden Holzes, die um so genauer sein müssen,
je kleiner das zu untersuchende Holzstück ist. Selten kommen so kleine Holz=
stücke zur Untersuchung, daß nicht eine jede gute Wage zur Gewichtsbestimmung
benutzt werden könnte. Für die Messung bediene ich mich eines Wassergefäßes,
dessen Spiegelfläche in dem Maße verkleinert werden kann, als die Quer=
fläche des zu messenden Holzes eine kleinere ist. Es ist einleuchtend, daß
man den Cubikinhalt einer Stricknadel mit derselben Genauigkeit wie den
einer Walze von vielen Ctm. Durchmesser messen kann, an dem veränderten
Wasserstande vor und nach dem Eintauchen des Holzes in das Wasser, wenn
das Gefäß nicht viel weiter, als der zu messende Körper dick ist, daß die
auch hierbei noch unvermeidbaren Beobachtungsfehler um so geringer werden,
je tiefer der Xylometerraum im Verhältniß zu seiner Weite, je länger das
Holzstück im Verhältniß zu seiner Dicke ist. Eine am Xylometer außen an=
gebrachte graduirte Glasröhre und Schwimmer erhöhen die Geschwindigkeit
und Sicherheit der Beobachtung des, durch das Eintauchen des Holzstücks
veränderten Wasserstandes.

Aus dem Gewicht der gemessenen Körpergröße berechnet sich leicht das
Gewicht pro Cubikmtr. und aus dem bekannten Gewicht desselben Raummaßes
Regenwasser von bestimmter Temperatur das specifische Gewicht.

Das Grüngewicht eines Cubikmtr. in Zollpfunden liegt bei unseren
Waldbäumen:

bei den harten Laubhölzern zwischen 1650 und 2240 Pfund
bei den weichen Laubhölzern   „   1400   „   1800   „
bei den Nadelhölzern   „   1440   „   2000   „
Lufttrockengewicht:
bei harten Laubhölzern . .   „   1150   „   1660   „
 „ weichen   „   . .   „   1000   „   1150   „
 „ Nadelhölzern . . . .   „   1050   „   1200   „

Beim Nadelholze steigt die Schwere mit dem Alter der Bäume und
der Baumtheile, und nur das Nadelholzreisig von älteren Bäumen ist trocken
häufig schwerer als selbst das Kernholz, in Folge größeren Harzgehaltes
und enger Jahresringe; beim Laubholze, besonders beim harten Laubholze,
mit größerem Mehlgehalte des Splints und der Reiser, verhält sich dieß oft
entgegengesetzt.

In freiem Stande auf gutem Boden gewachsenes Holz ist von Laub=
hölzern schwerer, von Nadelhölzern in der Regel leichter als im Schlusse
und auf magerem Boden, in rauherem Klima erwachsenes Holz. Knorriges,
masriges, ästiges Holz ist schwerer als grabfasriges.

Krankheiten und Fehler des Baums verringern die Schwere auch der
noch gesunden Baumtheile.

Zwischen Laubabfall und Blüthezeit der Hasel (letzte Hälfte des Februar)
gefälltes Holz ist schwerer als Sommerholz.

Rasch abgetrocknetes und außer Luftzug im trockenen Raum aufbewahrtes
Holz ist schwerer als langsam getrocknetes, gestocktes oder ausgelaugtes Holz.

2) Die Brennkraft.

Ungefähr 80 Procent der Holzerzeugung werden in Deutschland als Feuerungsmaterial verwendet. Von der Fällung bis zum endlichen Verbrauche erheischt diese ungeheure Holzmasse eine Arbeitskraft, deren Größe es nothwendig macht, dem Consumenten ein möglichst brennkräftiges Holz darzubieten, da durch intensive Brennstoffproduktion und durch die Erziehung des größten Brennwerthes im kleinsten Raume ein bedeutender Theil jener Arbeitskraft erspart und auf andere Gegenstände nutzbringend verwendet werden kann. Der Producent selbst ist in sofern hierbei interessirt, als der Consument den Preis, den er für seinen Bedarf zahlen kann, nach den Gesammtkosten desselben bis zum Verbrauche sich berechnet. Er wird dem Waldbesitzer einen in dem Maße höheren Waldpreis des Holzes zahlen, als die darauf fallenden Unkosten der Zugutmachung und des Transports sich verringern.

Daher ist die Kenntniß des Brennwerthes verschiedener Holzarten, Baumalter und Baumtheile für den Forstmann von großer Bedeutung.

Von den verschiedenen Arten der Brennkraftermittelung hat bis jetzt nur das physikalische Experiment zu Resultaten geführt, die mit den Erfahrungen und Ansichten der Consumenten nahe übereinstimmen. Die neueren Untersuchungen dieser Art bestehen darin: daß man gleiche Gewichtmengen verschiedener Brennstoffe von gleichem, geringen Feuchtigkeitsgehalte (lufttrocken), unter gleichen Graden der Luftwärme, der Zerkleinerung des Brennstoffs, der Schichtung, Nachfeuerung 2c. in demjenigen Feuerungsapparate verbrennt, für den man die Brennwirkung des Materials ermitteln will, die eine andere ist bei gleichem Brennstoffe im Stubenofen, auf dem Feuerherde, unter dem Dampfkessel, im Backofen, Kalkofen 2c. Die Wärmewirkung des verbrannten Brennstoffs, gemessen einestheils nach Graden und Zeitdauer der Erwärmung des Feuerungsapparates und der, diesen umgebenden Luftschichten, anderentheils nach der Wassererwärmung und Verdunstung in Gefäßen, die mit dem Feuerungsapparate in unmittelbare Verbindung gebracht sind, ergibt eine Reihe von Verhältnißzahlen der Brennkraft, wenn man die Brennwirkung eines bestimmten Brennstoffs = 1 setzt (Buchenscheitholz). Wir müssen uns mit diesen Verhältnißzahlen begnügen. Alle Versuche, die von einem Brennstoff während der Verbrennung ausgehende Wärmemenge zu ermitteln, sind bis jetzt mißglückt, da jeder Feuerungsapparat das Entweichen einer mit Sicherheit nicht bestimmbaren Wärmemenge bei der Verbrennung mit sich führt. Aus demselben Grunde würde eine Bekanntschaft mit der absoluten Brennkraft, wie solche die Chemie zu ermitteln sich bestrebt hat, kaum von praktischer Bedeutung sein.

Wie die S. 238 nachfolgende tabellarische Zusammenstellung der Verhältnißzahlen aller bekannten technischen Eigenschaften des Holzes zeigt, steigt die Brennkraft gleich großer Raumtheile mit dem specifischen Gewicht des Holzes, während mit dem Steigen des Letzteren die Brennkraft gleicher Gewichttheile im Allgemeinen sinkt. Die Akazie und die Fichte machen hiervon merkwürdige Ausnahmen.

Bei allen Nadelhölzern steigt die Brennkraft mit zunehmendem Alter der Bäume und Baumtheile durch steigenden Harzgehalt. Nur die in der Jugend trägwüchsige Tanne und Fichte bilden bis zum 15jährigen Alter brennkräftigeres Holz als später. Bei den Laubhölzern ist das jüngere und mittelalte Holz am brennkräftigsten.

Bei den Nadelhölzern ist das unter ungünstigen Standortsverhältnissen erwachsene, schmalringige, bei den Laubhölzern das breitringige Holz am brennkräftigsten.

Kranke, abständige, anbrüchige Bäume haben auch in den gesunden Baumtheilen geringere Brennkraft.

Zwischen Laubabfall und Haselblüthezeit gefälltes Holz ist brennkräftiger als Sommerholz, dieses weniger brennkräftig als Holz zwischen August und November gefällt. Wurzel und Reiserholz verliert durch den Sommerhieb mehr an Brennkraft als Stammholz.

Durch das raschere Abtrocknen ist gespaltenes Holz und dieses um so brennkräftiger, je dünner die Scheite ausgespalten wurden.

Mit dem natürlichen Saftgehalte verbrennt ist die Brennwirkung des Holzes bis zu $1/3$ geringer als die desselben Holzvolumens im trockenen Zustande.

3) Dauer.

Von den 20 Proc. der gesammten Holzerzeugung Deutschlands, die als Nutzholz zur Verwendung kommen, kann man ungefähr die Hälfte als Bauholz, die andere Hälfte als Werkholz in Ansatz bringen. Beim Bauholze besonders ist die Dauer dadurch ein überaus wichtiger Faktor des Gebrauchswerthes, daß auf diese Hölzer nicht allein eine weit größere Summe von Arbeitskraft, sondern auch eine Menge anderer Materialien in Anwendung gebracht werden, die mit dem Verderben des Holzes gleichzeitig ihren Werth verlieren. Mit der um 20 Jahre längeren Dauer des, in ein Haus, in ein Schiff, in eine Brücke verbauten Holzes, erhält sich auch alles übrige in diese Gebäude verwendete Material um so länger im Gebrauche.

Die Erfahrungen, welche wir über die verschiedene Dauer verschiedener Holzarten besitzen, sind nur in sehr beschränktem Maße aus wissenschaftlichen Untersuchungen hervorgegangen. Eine großartige Versuchsanstalt hatte mein verstorbener Vater im Garten der Berliner Thierarzneischule errichtet. Es ist dieß, so viel ich weiß, die erste und einzige, die überhaupt aufgestellt wurde. Nur für die geringen Stangenhölzer ergaben sich Resultate schon während der Lebenszeit des Gründers der Anstalt, die er in einer besonderen kleinen Schrift veröffentlichte. Nach seinem Tode übernahm Oberlandforstmeister v. Reuß die Oberleitung der Anstalt, es sind aber weitere Mittheilungen über Resultate nicht bekannt geworden, die Anstalt ist schon bei Lebzeiten des Vorstandes eingegangen.

Die bestehenden Angaben über die Dauer des Holzes sind daher wohl ohne Ausnahme allgemeinen Erfahrungen und Vergleichen entnommen, wie sich solche aus der Beobachtung alter Baulichkeiten ergeben haben. Man darf den darüber lautenden Zahlengrößen daher auch nur einen beschränkten wissenschaftlichen Werth beilegen, wenn man berücksichtigt, daß die auf diesem Wege beobachteten Thatsachen unter sehr verschiedenartigen äußeren Einflüssen sich gebildet haben.

Die Seite 238 nachfolgende tabellarische Zusammenstellung gibt diese Resultate nach den bestehenden Ansichten.

Unter günstigen Umständen ist das Holz ein Körper von sehr hoher
Dauer. Unter den Utensilien, die in den ägyptischen Katakomben aufge=
funden wurden, finden sich solche aus weichen Holzarten von sonst geringer
Dauer, die sich völlig unverändert erhalten haben. Trockenheit der Luft
und gleichbleibende, niedere Temperatur sind hier wirkende Ursache. Daher
zeigt auch das Holz der Sennhütten und der Dachstühle so lange Dauer. Auf
der anderen Seite wirkt Abschluß der Luft durch Wasser in hohem Grade
conservirend, so daß selbst das leicht und rasch sich zersetzende Buchen= und
Erlenholz unter Wasser Hunderte von Jahren der Zersetzung widersteht.
Hier tritt aber doch schon eine specifische Verschiedenheit hervor, da gewisse
Holzarten: Weiden=, Pappeln=, Lindenholz auch unter Wasser sich rasch zer=
setzen. — Wechselnde Feuchtigkeit und ungehinderter Zutritt der atmosphä=
rischen Luft, bei deren gewöhnlichen Temperaturgraden, beschleunigen aber
die Zersetzung in dem Grade, daß selbst die dauerhaftesten Hölzer in wenigen
Jahrzehnten deren Einwirkung erliegen.

Die Art, wie das Holz verwendet wird, hat daher einen wesentlichen
Einfluß auf dessen Dauer.

Aber auch die Zeit und Art der Zugutmachung bestimmt die Dauer
des Holzes.

Läßt man die Bäume über ein, von den Standortsverhältnissen ab=
hängiges, gewisses Alter kräftiger Entwickelung hinaus fortwachsen, dann
verfallen die älteren Baumtheile einem krankhaften Zustande, dessen Folge
das Auftreten niederer Pilzformen im Innern des Baumes, der Nachtfasern
(Nyctomyces) ist, die, von der Substanz der Holzfasern sich ernährend,
diejenigen einer weiteren Zersetzung leicht zugänglichen Zustände des Holzes
erzeugen, welche wir unter dem Namen der Weißfäule, Rothfäule, Wasser=
fäule, Kernfäule 2c. kennen.

Fällt man die Bäume in der Saftzeit, dann sind es die kleinsten organi=
sirten Körper des Pflanzensafts, welche zu Pilzen niederer Bildung sich
umwandeln und, wie jene Nachtfasern das Fasergewebe durchwachsend und,
von ihm sich ernährend, als Vorläufer und Diener der chemischen Zersetzung,
dasjenige veranlassen, was wir das Stocken des Holzes nennen. Diese Urpilze
werden dann später zur Mutter höherer Pilzformen, die wir Hausschwamm,
Mauerschwamm (Merulius lacrimans) oder laufenden Schwamm (Boletus
destructor) nennen, obgleich das Holz im Winter ebenso saftreich ist als
im Sommer, obgleich der Wintersaft weniger rasch verdunstet als der Sommer=
saft, stockt demohnerachtet das im Winter gefällte Holz nicht, oder doch bei
weitem nicht so leicht, rasch und stark als das Sommerholz. Wir müssen da=
her annehmen: daß nur das lebensthätige, nicht auch das im Winterschlafe
liegende Saftkörperchen einer Umbildung in Pilzkörper befähigt sei. Der An=
sicht: daß die Keime aller dieser Zersetzungspilze dem Holzkörper von außen
zugeführt würden, muß ich auf's bestimmteste entgegentreten; man müßte dann
die Existenz auch für das Mikroskop unsichtbarer Pilzkeime,[1] eine aura semi=
nalis in verändertem Wortsinne annehmen!

---

[1] Daß selbst Mikroskopiker noch heute an das Mährchen von den in der Luft schwim=
menden Infusorien=, Pilz=, Algen=Keimen glauben können, ist eine vollkommen räthselhafte
Thatsache. Frisch ausgepreßte, gekochte und durch mehrfache Papierlagen filtrirte Thier=

Bis zur Zeit beginnender Abständigkeit des Baumes oder der Baumtheile steigt die Dauer mit zunehmendem Alter, am bestimmtesten bei den Nadelhölzern durch zunehmende Verharzung und bei den Kernholzbäumen: Eiche, Akazie, Rüster, Esche, durch zunehmende Durchdringung der Holzfaser von Xylochrom.

Auf ungünstigem Standorte erwachsenes, schwachringiges Nadelholz ist dauerhafter, Laubholz dieser Art ist weniger dauerhaft als solches von gutem Standorte. Beim Laubholze tritt dieß um so mehr hervor, je mehr die Holz= röhren an der inneren Jahresringgrenze sich zusammenstellen.

Rasches Abtrocknen des Holzsaftes durch Entrinden und Spalten erhöht die Dauer; ebenso Auslaugen des Pflanzensafts durch Wasser oder Dämpfe.

Unter den verschiedenen in Vorschlag gebrachten Mitteln die Dauer des Holzes zu erhöhen, hat sich bis jetzt nur die Tränkung mit Quecksilber= sublimatlösung und das Verkohlen der Außenfläche des Holzes bewährt; letzteres jedoch nur dann, wenn auf die noch heiße Kohlenschicht sofort eine Schicht heißen Theeres aufgetragen wird. Die Imprägnation des Holzes mit verschiedenartigen Metallsalzen ergaben meinem Vater keine erheblich günstigen Resultate. Demohnerachtet sind diese Mittel in neuester Zeit in großem Maßstabe, besonders von Eisenbahnbehörden in Anwendung gebracht worden. Man versprach sich davon sehr viel. Jetzt aber, nachdem die Zeit heran gerückt ist, in welcher die Resultate sich zu erkennen geben müssen, ist alles sehr still geworden und man hört schon hier und da einige miß= fällige Aeußerungen. Jeden Falles hat der Forstmann mit Geschäften dieser Art nichts zu thun.

4) Die Härte.

Man versteht darunter den Grad, mit welchem ein Holzstück einem, auf seine Masse einwirkenden Drucke Widerstand leistet, ohne eine Zusammen= pressung der, dem drückenden Körper zunächst gelegenen Holztheile zu erleiden.

Die Härte des Holzes bestimmt dessen Gebrauchswerth hauptsächlich für viele Maschinentheile, sodann als Möbelholz, besonders für Luxusmöbel, da die Erhaltung äußerer Glätte beim Gebrauche von der Härte abhängig ist. Wie die nachfolgende Tabelle zeigt, verlaufen die Grade dieser Eigen= schaft bei verschiedenen Holzarten ziemlich genau denen der Schwere.

oder Pflanzensäfte geben, selbst bei der stärksten Vergrößerung, nur Flüssiges zu erkennen. In eine enghalsige Flasche gefüllt, entwickeln sich in solchen Flüssigkeiten schon nach wenigen Tagen unfehlbar Infusorien, Algen, Pilze der mannigfaltigsten Art, auch wenn die Oeff= nung der Flasche mit Baumwolle oder dergleichen lose verstopft wurde. Wir kennen die Keime dieser Organismen. Sie sind keineswegs so klein, daß sie selbst einer nur schwachen Vergrößerung entgehen könnten. Nun lege man neben das Fläschchen ein Glastäfelchen mit einigen Tropfen Oel, so müßten, in der Luft schwimmende, organische Keime unfehlbar in weit reichlicherer Menge dem Oel, als durch die Baumwolle hindurch der Infusion zu= gehen. Davon zeigt sich aber keine Spur. Luftstaub genug, aber nichts was organischen Keimen ähnlich sieht. Die Wahrheit der Behauptung: jene noch nicht gesehenen Infusorien= keime suchten die Infusion auf, wäre ebenso mirakulös, als wenn wir ein verlegtes Hühnerei selbstthätig dem Nest im Hühnerstalle zuwandern sähen. So viel jetzt am Mikroskope ge= arbeitet wird, hat doch noch kein Mikroskopiker in der Luft schwimmende, organische Keime gesehen. Wir haben hier keine Hypothese, sondern eine unhaltbare Fiktion! Allerdings können Pilzsporen dem Luftstaube beigemengt sein; sie sind ihm aber nicht so häufig, regelmäßig und allgemein beigemengt, daß sich die unfehlbare Infusorien= und Pilz= bildung daraus erklären läßt. (S. eine meiner Arbeiten in der Botan. Ztg. 1855. S. 505.)

Aeltre Bäume und Baumtheile sind härter als jüngere, in Folge der Füllung ihrer Fasern mit Harz oder Durchdringung mit Xylochrom. Wo beides nicht stattfindet, wie bei den weichen Laubhölzern, dem Ahorn, der Birke, da finden wesentliche Unterschiede der Härte in den verschiedenen Baumtheilen nicht statt, die Wurzeln ausgenommen, die durch größere Weiträumigkeit der Fasern stets ein weicheres Holz besitzen.

Engringiges Nadelholz und weitringiges Laubholz (Hartholz) sind härter; ebenso alles wimmrige und masrige Holz.

Anbrüchigkeit des Baumes verringert die Härte.

Abwelken auf dem Stamme und Dürren des Holzes im Rauchfange erhöhen die Härte.

5) Die Festigkeit.

Man versteht darunter den Grad, mit welchem die Hölzer einer, auf deren Zerreißen oder Zerbrechen wirkenden Kraft Widerstand leisten und unterscheidet eine Längenfestigkeit, Querfestigkeit und Drehungs= festigkeit, je nachdem die Kraft in der Richtung der Längen= oder der Querachse oder in der Richtung der Tangente wirkt.

Die Grade dieser Eigenschaft bestimmen wesentlich die Gebrauchsfähigkeit des Holzes als Balken, Stäuder, Träger und Wellen, kommen also sowohl beim Bauholze als bei Maschinenhölzern in Betracht.

Dieselben Alters=, Wachsthums=, Gesundheits=, Fällungs= und Zugut= machungsverhältnisse, welche die Schwere und Härte desselben Holzes steigern, erhöhen auch dessen Festigkeit.

6) Die Spannkraft

ist die Fähigkeit des Holzes, beim Nachlassen einer dasselbe dehnenden, zu= sammendrückenden oder biegenden Kraft, die ursprüngliche Form wieder her= zustellen.

Diese Eigenschaft des Holzes kommt nicht allein bei der Verwendung als Bauholz und beim Maschinenbau in Betracht, sondern sie bestimmt auch die Spaltbarkeit desselben, indem das Aufreißen des Holzes über die Grenzen des eindringenden Keils hinaus, auf der Kraft beruht, mit welcher die, vom Keile aus ihrer ursprünglichen Lage gedrängten Holzfasern diejenige Richtung wieder einzunehmen streben, in der sie vor dem Eindringen des Keils zu den tieferen Holzfasern des Holzstücks standen.

Oberirdische Baumtheile und in diesen das jüngere, äußere Holz sind elastischer. Bei den Nadelhölzern ist das schmalringige Holz der höheren Gebirgslagen, des flachgründigen und trockenen Standorts am elastischsten. Beim Laubholze mit gehäuften Holzröhren an der innern Jahresringgrenze ist das schmalringige Holz weniger elastisch. Anbrüchiges oder gestocktes, schadhaftes Holz hat an Elasticität verloren.

7) Die Spaltigkeit.

Man versteht darunter die Eigenschaft des Holzes, in der Richtung seiner Längefasern, durch die Wirkung des Keils oder keilähnlicher Instru= mente, sich leicht und in grader Richtung zu trennen.

Diese Eigenschaft hat für den Forstmann direkte Bedeutung darin, daß von ihr theilweise die Größe des Arbeitsaufwandes abhängig ist, welchen die Zugutmachung des größten Theils der Brennhölzer und vieler Werkhölzer erfordert. Außerdem sind einige Waldgewerbe, der Spaltholzbetrieb, an höhere Grade dieser Eigenschaft des Holzes gebunden.

Obgleich die Spaltigkeit des Holzes wesentlich gebunden ist an die Spannkraft der Holzfasern, so treten dennoch eine Menge modificirender Einflüsse hinzu, die zur Folge haben, daß die Spaltigkeit verschiedener Holzarten keineswegs in gleichem Maße mit der Elasticität zu= oder abnimmt.

. Dahin gehört vor allem die grade, mit der Achse des Holzstücks parallele Lage der Holzfasern, durch welche das Spalten wesentlich gefördert wird. Dadurch scheiden aus den Spalthölzern eine Menge von Holzarten aus, denen ungerade Lagerung der Fasern Arteigenthümlichkeit ist, die daher selbst bei höheren Graden der Elasticität doch geringe Spaltigkeit besitzen. Dahin gehören: Feldrüster, Birke, Akazie, Apfel= und Pflaumenbaum, während bei der Hainbuche geringe Spaltigkeit mit geringer Elasticität gepaart ist.

Ferner wirken individuelle Eigenschaften der Pflanze abändernd ein und jeder Holzarbeiter weiß es, daß selbst nebeneinander stehende Pflanzen gleichaltriger Bestände hierin die größten Verschiedenheiten darbieten, daß in dem einen Baume alle Fasern parallel der Längenachse liegen, in einem anderen alle Fasern spiralig um die Längenachse verlaufen, schon äußerlich erkennbar am Verlaufe der Rinderisse. Alexander Braun wollte diese, meines Erachtens rein individuelle Eigenthümlichkeit auf allgemeine Entwickelungsgesetze des Holzkörpers zurückführen, allein einestheils müßte sie dann eine allgemeine sein, anderntheils bestätigt sich die Voraussetzung nicht, daß die Holzfasern ursprünglich mit horizontalen Flächen über einander stehen und erst später mit ihren sich zuspitzenden Enden in einander greifen.

Auch die Erziehungsweise wirkt wesentlich auf die Spaltigkeit dadurch ein, daß, je mehr Seitenäste am Schafte zur Entwickelung kommen und je älter dieselben werden, ehe sie durch Verdämmung absterben, in um so höherem Grade und um so weiter nach außen hin die Holzfasern aus ihrer graden Richtung dadurch verdrängt werden. Stirbt ein Ast schon im sechsten Jahre bei einer Dicke von ½ Zoll ab, so reicht sein Ueberrest im Holze vom Marke aus nur bis zum sechsten Jahresringe und auch in diesen innersten Holzlagen veranlaßt er nur eine geringe Abweichung der Fasern von der senkrechten Richtung. . Anf alle späteren Jahreslagen hat die frühere Beastung in dieser Hinsicht keinen störenden Einfluß. Daher erziehen wir auch nur in geschlossenen Beständen spaltiges Holz und auch in diesen sind es nur die tieferen Stammtheile, die leicht und grade spalten.

Die in der nachfolgenden Tabelle verzeichneten Verhältnißzahlen sind nicht aus Versuchsresultaten entstanden, sondern aus den allgemeinen Erfahrungen beim Spaltbetriebe. Verwendung eines Keils, der durch sein Eigengewicht allein die Spaltung bewirkt, aber in seiner Kraftwirkung im Augenblicke des Spaltens aufgehalten werden kann, würde wahrscheinlich zuverlässige Resultate ergeben aus dem Verhältniß der Spaltlänge zur Dicke des eingedrungenen Theiles vom Keile.

Holz von trockenem Standorte soll besser spalten, als solches von feuchtem und nassem Boden; breitringiges Holz spaltet besser als schmal-ringiges, in der Saftzeit gefällt besser als außer dieser. Harte Hölzer spalten im frischen, weiche Hölzer im trockenen Zustande am besten. Gefrorenes, grünes Holz spaltet sehr schwer. Am leichtesten spaltet alles Holz in der Richtung der Markstrahlen. Im Schwarzwalde besteht die Meinung, daß das links gedrehte Holz sich eben so gut und grade wie das gradfasrige Holz spalten lasse. (?)

8) Biegsamkeit

nennt Nördlinger die Eigenschaft des Holzes, sich stauchen, strecken, biegen zu lassen, ohne Wiederherstellung der früheren Form (s. Spannkraft).

Die Grade dieser Eigenschaft wurden ermittelt: entweder aus dem Verbiegungsbetrag, bei gleicher Belastung aller zu untersuchenden Holzstücke, oder aus der Gewichtgröße, welche nöthig war zur Herstellung gleich großer Biegung (oder einer Biegung bis zum Brechen).

Durch Erwärmung des Holzes im nassen Zustande wird die Biegsamkeit in hohem Grade erhöht. Wird das so gebogene Holz in der gekrümmten Form erhalten und getrocknet, dann verharrt es später in dieser Form auch bei Wiederanfeuchtung. Die bogenförmig gekrümmten Stockkrücken sind ein bekanntes Beispiel. Es wäre von physiologischem Interesse, zu ermitteln, ob hierbei eine Dehnung der Holzfasern auf der convexen, eine Contraktion auf der concaven Seite des Bogens eintritt, ob die Fasern dabei in ihrer gegenseitigen Verbindung verharren, oder ob sie sich unter einander ver-schieben.

9) Zähigkeit.

Die Eigenschaft kleinerer Zweige und Holzsplitter, sich wie Bast, Flachs-, Hanffaser hin und her biegen, zerren, drehen zu lassen, ohne zu brechen oder zu zerreißen, beruht hauptsächlich wohl auf der Weiträumigkeit der Holzfasern, der zu Folge die Faserwandung genügenden Raum findet, bei der Biegung nach dem Innenraume hin auszuweichen. Daher ist das weit-räumige Wurzelholz zäher als das des Stammes, das Weichholz im Allge-meinen zäher als das Hartholz, das Zweigholz zäher als das Stammholz. Doch kommen hier häufig Abweichungen vor. So ist das Pappelholz spröder als das nahe verwandte Weidenholz, das Erlen-, Linden-, Eichen-, Kiefern-zweigholz spröder als das Stammholz derselben Holzarten. Ueberhaupt fehlen uns hier noch die nöthigen wissenschaftlichen Untersuchungen durchaus gleich-werthiger Holzstücke verschiedener Holzarten und Baumtheile, daher die in nachfolgender Tabelle angeführten, aus Ansichten der Holzarbeiter stammenden Verhältnißzahlen, die sich auf die Zähigkeit des Stammholzes beziehen, von sehr zweifelhaftem Werthe sind. Jedenfalls wird man bei wissenschaftlichen Untersuchungen besondere Versuchsreihen für Stammholz, Zweigholz, Wurzel-holz herstellen müssen.

Die Zähigkeit des Holzes kommt vorzugsweise bei der Verwendung desselben als Flecht- und Bindmaterial in Betracht.

Splintholz, harzreicheres Holz, Holz von trockenerem Boden, auf dem Stamme abgewelktes Holz, besitzen höhere Grade der Zähigkeit.

10) Schwinden.

Man versteht darunter die Volumverringerung, welche das Holz beim Austrocknen erleidet. In der Richtung der Längenfasern beträgt dieß Schwinden meist unter 0,001 und steigt selten auf 0,005. Erlen, Eschen, Birken, Pappeln, Nußbaum schwinden in dieser Richtung am meisten.

Die Durchschnittszahlen des Schwindens in der Richtung des Radius und der Peripherie liegen nach Nördlinger bei unseren heimischen Kulturpflanzen zwischen 2 und 7 Proc. lineare Contraktion.

Gegensatz des Schwindens ist das Quellen durch Wasseraufnahme trockenen Holzes.

Durch ungleiche Wasseraufnahme und daher ungleiches Quellen verschiedener Theile desselben Holzstückes entsteht das Werfen, wenn das Holzstück so dünn, und der Zusammenhang der trockenen Holzfasern ein so fester ist, daß die trockene, in ihrer Flächenausdehnung unveränderte Holzseite die erweiterte feuchte Seite zu einem Kreisbogen nach sich zu ziehen vermag, an weichem die untere, feuchte, erweiterte Fläche dem äußeren und daher größeren Bogen, die obere, trockene, kleinere Fläche dem inneren, daher kleineren Bogen zweier concentrischen Kreise entspricht; es entsteht ein Reißen der trockenen Holzseite, wenn das Holzstück so dick, oder der Zusammenhang der trockenen Fasern ein so lockerer ist, daß von der trockenen kleineren Fläche die feuchte größer gewordene Fläche nicht zum Kreisbogen gehoben werden kann.

Daher bestimmt der eigenthümliche Grad des Schwindens einer Holzart zugleich auch den Grad des Quellens, Reißens oder Werfens. Wo ein Werfen, der Dicke des Holzstücks nach, überhaupt möglich ist, da bestimmt die Zusammenhangskraft der trockenen Holzfasern, ob dieß oder Reißen stattfinden wird.

Höhere Grade des Schwindens, und daher auch des Quellens, Reißens und Werfens sind für die Verwendung des Holzes als Bau- und Nutzholz sehr lästige Eigenschaften, sowohl unmittelbar als in Bezug auf den Einfluß, den das Reißen auf die Dauer des Holzes ausübt.

Abwelken des Holzes auf dem Stamme durch Entrindung vor dem Hiebe, langsames Austrocknen in der bewaldrechteten oder geplätzten Rinde; Aufnageln von Brettern auf die Stirnenden der Bauholzstücke oder Verkohlung der Stirnenden vermittelst glühender Eisenplatten; Schutz der Nutzhölzer gegen starken Luftzug sowohl als gegen unmittelbare Einwirkung der Sonnenstrahlen; sorgfältige Aufstapelung der Hölzer in Nutzholzmagazinen, besonders aufrechte Stellung, verbunden mit häufiger wiederholtem Umkehren, sind die für Rundhölzer nöthigen Vorkehrungsmittel. Spalthölzer hingegen sind vor dem Reißen gesichert, wenn sie nur einmal in der Richtung des Durchmessers der Länge nach getrennt werden.

Tabellarische Zusammenstellung physikalischer Eigenschaften der deutschen Waldbäume in Verhältnißzahlen.

Holzarten.	Schwere.	Brennkraft				Dauer		Härte.	Festigkeit.	Elasticität.	Spaltigkeit.	Biegsamkeit.	Zähigkeit.	Schwinden.
		Kochwirkung.		Heizwirkung.		in freier Luft.	in Wasser.							
		Volumen.	Gewicht.	Gewicht.	Volumen.									
Apfelbaum .	9	6—7	3—4	5	8	?	?	8	?	?	1	?	?	5
Pflaumenb. .	8	?	?	?	?	?	?	9	?	?	1	?	?	4
Kirschbaum .	8	?	?	?	?	?	?	9	?	?	1	?	?	7
Akazie	8	9	8—9	5	9	9	9	7	9	9	2	2	?	3
Eiche	7	5—6	1—5	1	6	9	9	6	8	5	8	2	4	3
Buche	7	7—8	2—9	5	8	3	8	6	5	5	8	?	?	8
Hainbuche . .	7	6—7	3—5	3	7	3	6	8	2	2	2	?	6	8
Esche	7	5	3—5	3	6	4	5	7	8	4	3	6	8	3
Kastanie . .	6	3	2	3	5	6	?	6	?	?	4	?	?	8
Ahorn	6	6—7	3—4	3	5	3	6	8	6	4	3	5	7	3
Rüster	6	3	3	3	5	8	8	7	7	6	2	3	9	2
Wallnuß . .	6	?	?	?	?	?	?	6	?	6	4	6	?	9
Hasel	5	4	3—7	4	5	?	?	4	?	?	6	?	8	6
Birke	5	7	2—7	5	6	2	?	3	6	7	1	1	8	6
Eberesche . .	5	6	9	5	6	?	?	4	?	?	1	?	?	4
Lerche	5	4	1—6	5	7	7	7	4	2	3	7	7	5	1
Kiefer	4	1—8	1—9	5	4	7	8	3	1	1	8	9	2	2
Erle	4	2	4—9	9	2	8	2	3	3	7	8	1	6	6
Fichte	3	3	3—6	9	8	5	4	3	2	5	9	?	?	1
Tanne . . .	2	3	7—9	7	2	5	3	2	1	?	9	?	?	1
Roßkastanie .	2	4	4—9	5	5	2	1	2	?	?	6	?	?	2
Linde	1	3	1—6	4	5	1	1	5	8	7	4	?	?	7
Pappel . . .	1	2	8—9	7	2	1	1	1	7	1	5	3	?	1
Weide	1	1	6	5	1	1	1	1	?	1	5	?	3	1

Bemerkungen zu vorstehender Tabelle.

Unter den vorstehend aufgeführten physikalischen Eigenschaften des Holzes ist es nur die Schwere, für die sich absolute Zahlengrößen finden lassen. Für alle übrigen Eigenschaften kennen wir nur Verhältnißzahlen ihrer Verschiedenheit bei verschiedenen Holzarten. Da die Maximal- und Minimal- größen dieser Verhältnißzahlen auf verschiedener Basis ruhen und sehr ver- schieden weit von einander entfernt stehen, lassen sich die Verhältnißzahlen verschiedener Eigenschaften mit einander nicht vergleichen und aus der Ver- hältnißzahl selbst der Grad nicht beurtheilen, in welchem die eine oder andere Eigenschaft dieser oder jener Holzart zuständig ist, wenn man nicht die ganze Reihe der Verhältnißzahlen vor Augen hat. Nur wenn letzteres der Fall ist, läßt sich für jede beliebige Reihe von Holzarten, wie eine solche vor- stehend verzeichnet ist, finden, welcher unter ihnen der höchste, welcher der niedrigste Grad jeder Eigenschaft zuständig ist. Bezeichnet man ersteren überall mit 9, letzteren mit 1, so lassen sich alle übrigen Grade zwischen beiden Extremen einordnen. Es bezeichnet dann die Klasse 5 überall einen mittleren Grad, die Klassen 3 und 7 bezeichnen das Mittel zwischen letzterem und einem der beiden Extreme, die Klassen 2, 4, 6, 8 wiederum Mittelwerthe zwischen 9 und 7, 7 und 5 u. s. f.

Auf diesem Wege ist die vorstehende Tabelle entstanden, deren Zweck nicht allein eine übersichtliche Zusammenstellung der, unter einen Hut gebrachten Verhältnißzahlen, sondern auch die Möglichkeit ist, hinfort jede einzelne Holzart in Bezug auf ihre physikalischen Eigenschaften kurz und bestimmt charakterisiren zu können. Es läßt sich aus ihr entnehmen, nicht allein, daß z. B. die Schwere des Eichenholzes sich zur Schwere des Birkenholzes wie $7/_9$ zu $5/_9$ verhält, daß, unter den in der Tabelle aufgeführten deutschen Baumhölzern, das Pflaumenbaumholz die höchsten, das Fichtenholz geringe,[1] Weidenholz die geringsten Grade der Härte besitzt, sondern es läßt sich nun auch jede Holzart nach den physikalischen Eigenschaften kurz und bestimmt diagnosticiren, z. B. die Rothbuche: Schwere $7/_4$, Härte $6/_9$, Festigkeit und Elasticität $5/_9$, Spaltigkeit und Schwinden $8/_9$ u. s. w.

Allerdings ist in diesen Tabellen der Uebersichtlichkeit hier und da ein geringerer Grad von Genauigkeit der Angaben zum Opfer gebracht. Allein alle die aufgeführten Eigenschaften sind sehr veränderlicher Größe und die, auf sie sich beziehenden Angaben gründen sich größtentheils auf einzelne, oder auf eine so geringe Zahl von Untersuchungen, daß wir nicht hoffen dürfen, in der großen Mehrzahl der Fälle jetzt schon die wirkliche Durchschnittsgröße zu kennen. Ist dieß aber der Fall, dann können geringe Abweichungen von den bestehenden Angaben auch nicht von großer, praktischer Bedeutung sein.

II. Die nutzbaren Eigenschaften der Rinde.
(Seite 219.)

Der bei weitem größte Theil der Rindeproduktion kommt als Brennmaterial zur Verwendung und besitzt als solches mindestens denselben Werth wie gleiche Raumtheile des brennkräftigsten Holzes. Für gleiche Gewichttheile fand ich einen bis zu 25 Proc. höheren Brennwerth. Besonders zeichnete sich die Borke durch längere Dauer der Erwärmung in Folge langsamerer Verbrennung, zugleich aber auch durch höhere Hitzwirkung aus. Da nun aber das Trockengewicht der Borke ungefähr um 20 Proc. geringer als das des Holzes ist, so geht daraus ein dem Holze mindestens gleicher Brennwerth der Borke hervor.

Biegsamkeit, im Verein mit Zähigkeit, sind die Eigenschaften, welche die Bastlagen der Rinde zur Verwendung als Binde- und Flechtmaterial geeignet machen. Diese Eigenschaften möchten sich wohl in der Bastschichte mehrerer unserer Holzpflanzen finden, sie müssen aber vereint sein mit einem Reichthume von Bastbündeln und einer Entwickelung der Bastlagen, welche die Gewinnung zu einer lohnenden macht. Das ist nur der Fall bei der Linde und Rüster, vielleicht auch bei der Akazie und dem Maulbeerbaum.

Menge und Art des Gerbstoffs bestimmen die Verwendbarkeit der Rinden als Gerbmaterial; die Menge des Gerbstoffgehaltes (S. 220) in sofern, als nur ein größerer Gehalt die Gesammtheit der Verwendungskosten

---

[1] Will man die Ziffern der Tabelle in Worten ausdrücken, so schlage ich dafür folgende vor: 9) höchste, 8) nahe oder fast höchste, 7) hohe, 6) über mittelmäßige, 5) mittelmäßige, 4) kaum mittelmäßige, 3) geringe, 2) nahe oder fast geringste, 1) geringste Grade dieser oder jener Eigenschaft.

reichlich ersetzt, wenigstens so lange, als noch gerbstoffreichere Rinden der Verwendung sich darbieten und nach dieser die Lederpreise sich bilden; die Art des Gerbstoffs, als von dieser die Qualität des Leders abhängig ist. [1] Abgesehen von der Bereitung des dänischen und Juftenleders, die mit Weidenrinde gegerbt werden, letzteres unter Zusatz von Brandöl des Theers aus Birkenrinde, hat bis jetzt nur die Eichenrinde in der Lohgerberei ein gutes Leder geliefert. Wie bedeutend der Bedarf an Eichenlohe ist, geht daraus hervor: daß die jährliche Lederbereitung durch Lohgerberei in Deutschland 76 Millionen Pfund beträgt, wozu 500 Millionen Pfund trockene Lohe nöthig sind. Versuche mit Ellernrinde lieferten bei einem um das Dreifache größeren Aufwand von Lohe doch nur ein schlechtes Leder. Noch weit größer würde der Aufwand an Fichtenlohe sein müssen. Da letztere außerdem ein schwammiges poröses Leder gibt, wird sie nur auch hie und da als Zusatz zur Schärfung der Schwell= oder Treibfarben[2] verwendet.

Die Spiegelrinde der Eiche wird von tüchtigen Gerbern allein zur Herstellung des Sohlleders, die Rinde alter Eichen nur zur Bereitung von Oberleder verwendet. Sie besitzt auch dadurch einen wesentlichen Vorzug vor der Borke alter Eichen, daß sie ihrer ganzen Masse nach verwendbar ist und daher weniger Arbeitslohn und Transportkosten fordert als die Borke alter Eichen, von der nur die inneren Saftlagen gerbstoffreich sind, die todten äußeren Bastlagen hingegen durch Putzen in Wegfall gebracht werden müssen. Geschieht das Putzen im Walde, dann findet eine Erhöhung der Transportkosten nicht statt, der Schaden besteht aber einestheils im Putzerlohne, anderntheils im Abgange des todten Borketheils, der so zerkleint wird, daß er seinen Werth als Feuerungsmaterial verliert. In der Berechnung der Borkepreise muß aber der Waldbesitzer auch diesen Theil der Borke in Ansatz bringen.

Die gewöhnlichen Preise der Eichenbaumborke sind 6—8 Rthlr. per Klafter. Geputzte Borke nahe das Doppelte. Spiegelrinde per Klafter 8—12 Rthlr., per Centner Trockengewicht 20—30 Sgr. einschließlich der Gewinnungskosten, die nahe $1/2$ des Preises der Spiegelrinde absorbiren.

Aus dem Umstande, daß im südlichen Deutschland mehr mit Spiegelrinde, im nördlichen mehr mit Stammborke gegerbt, im südlichen Deutschland aber durchschnittlich ein besseres Leder erzeugt wird, hat man der Spiegelrindelohe auch qualitative Vorzüge zugeschrieben. In Folge zahlreicher Petitionen sind dann auch seit 1848 im nördlichen Deutschland viele junge Eichen=Hochwaldbestände in Niederwald umgewandelt worden, es hat sich aber bis jetzt kein besonderes Drängen der Gerber zu der angebotenen Spiegelrinde gezeigt. Es könnte wohl sein, daß die bessere Qualität der süddeutschen Eichenrinden hauptsächlich in klimatischen Ursachen begründet ist, in ähnlicher Weise wie wesentliche Unterschiede im Grüneberger= und im Rheinweine bestehen.

Außerdem wird am Rhein die Weidenrinde in einigen Fabriken auf Salicin verarbeitet.

---

[1] Man unterscheidet überhaupt: Lohgerberei mit Gerbstoff, Weißgerberei mit Alaun und Sämischgerberei mit Fetten als Gerbmittel.

[2] So nennen die Gerber diejenige Flüssigkeit, in welcher die Häute vor dem Gerben mit schwachen Sauren behandelt werden.

III. Die nutzbaren Eigenschaften der Früchte und Sämereien.
(Seite 221.)

Von größerer Bedeutung für den Waldbesitzer sind nur die Früchte der Eichen und Buchen, durch die größere Menge, in der sie in einzelnen Jahren erzeugt werden, beide hauptsächlich als Viehfutter.

Im Anschluß an das, was ich über die Massenerzeugung an Mast Seite 222 bereits anführte, habe ich hier besonders des Futterwerthes der Mastnutzung zu gedenken, den man für Eicheln = 0,44, für Bucheln = 0,40 des Futterwerthes gleicher Gewichtmengen Roggen annimmt. Den Durchschnittsertrag per Morgen mannbare Bestände = $\frac{1}{8}$ Metze Eicheln, $\frac{1}{30}$ Metze Bucheln angenommen, ergäbe dieß 0,03 Metzen resp. 0,008 Metzen Roggen per Cubikfuß Reiserholz. Bei 8 Proc. Reiserholz unter 2 Zoll und 2500 Cubikfuß Holzmasse per Morgen würden 200 Cubikfuß Reiserholz einen durchschnittlich jährlichen Roggenwerth = 6 Metzen = 21 Sgr. in Eichen, = 1,6 Metzen = $5\frac{1}{2}$ Sgr. in Buchen ergeben, vorausgesetzt, daß der ganze Mastertrag benutzt werden könnte, was nun allerdings bei weitem nicht der Fall ist.

Nach Seite 221 würde bei voller Mast der Morgen mit 200 Cubikfuß Reiserholz 100 Metzen Eicheln, 50 Metzen Bucheckern ertragen. Ein Schwein bedarf bei 9—10wöchentlicher Mastzeit 9 Scheffel Eicheln oder 11 Scheffel Bucheckern. Des mannigfaltigen Abganges wegen muß man aber mindestens 14—16 Scheffel Eicheln, 16—20 Scheffeln Bucheckern an Produktion rechnen; es würden also für die Mastung eines Schweins per Centner $2\frac{1}{2}$ Morgen masttragende Eichenbestände, $5\frac{3}{4}$ Morgen solcher Buchenbestände gehören und bei 2 Rthlr. Mastgeld excl. Hirtenlohn und anderer Unkosten nur bei vollen Mastjahren ein Ertrag von 24 Sgr. per Morgen in Eichen, von 12 Sgr. in Buchen zu erlangen sein.

Das Bucheckerig kann außerdem auch zur Oelgewinnung benutzt werden. Der Scheffel liefert 6—10 Pfunde eines sehr schmackhaften Speiseöls, das dem Provenceröl nicht nachsteht.

Haselnüsse liefern, 5 Pfund = 1 Pfund Kern, das Pfund Kern bis 65 Proc. Oel, Lindenkerne 1 Pfund aus 24 Pfund Früchte, liefern 48 Proc. Oel, Pflaumenkern 33 Proc., Roßkastanien 1 bis 8 Proc., Wallnußkern 40—70 Proc., Nadelholzsame 24 Proc., beide letztern eines fetten, austrocknenden, in der Oelmalerei gebrauchten Oeles.

Kastanien, Roßkastanien, Wildobst kommen in Deutschlands Wäldern zu selten vor, als daß sie hier Gegenstand einer gesonderten Betrachtung sein könnten.

Die Beerenfrüchte des Heidel- und Preißelbeerstrauches, die Himbeeren, Brombeeren und Erdbeeren sind nur nutzbar durch die Arbeitskraft des Armen, der seine Kinder mit Einsammlung derselben beschäftigt. Unter ihnen liefert die Heidelbeere einen Farbstoff, besonders für die Färbung der Weine.

Die Zapfen der Nadelhölzer liefern ein leicht entzündliches zum Anzünden der Feuerungen sehr geschätztes Material. Besonders die großen, früh fallenden Zapfen der Fichte werden im Harz in Menge von der ärmeren Bevölkerung gesammelt und mit Gewinn in die Städte verkauft.

IV. Die nutzbaren Eigenschaften des Laubes.
(Seite 222.)

Anknüpfend an die Ertragsangaben Seite 222 haben wir hier zunächst den Futterwerth des Laubes zu betrachten. Gut getrocknet und eingebracht wird das Laub der Rüster und der Esche gleichen Gewichtmengen besten Klee= heues, besonders für Schaffütterung gleichgestellt. Ahorn=, Eichen=, Hain= buchenlaub, auch wohl noch Pappelnlaub stehen gutem Wiesenheu gleich. Rothbuchen=, Erlen=, Birken= und Haselnlaub stehen dem Futterwerthe mittel= mäßigen Wiesenheues nahe.

Als Dungmaterial werden 2 Pfunde Nadelstreu oder 3 Pfunde Laubstreu dem Dungwerthe von einem Pfunde Stroh gleich gestellt.

Die Nadeln der Kiefern und Fichten werden in neuerer Zeit zu einem wollähnlichen Stoffe (Waldwolle) verarbeitet, von welchem der Centner mit 8—9 Rthlr. verkauft wird. Die bei Bereitung dieser Wolle dem Wasser sich beimengenden ätherischen Oele und Lösungen machen dasselbe zu einem heil= kräftigen Bademittel (Kiefernadelbäder).

V. Die nutzbaren Eigenschaften der Säfte.
(Seite 224.)

Daß die zuckerhaltigen Säfte der Laubhölzer in Deutschland nicht Gegen= stand der Benutzung sein können, habe ich bereits Seite 224 erwähnt.

Die flüchtigen Oele der Rinde sammeln sich nur bei der Tanne in so großen Massen an, daß diese äußerlich in blasigen Erhebungen der Rinde erkennbar werden, so daß sie, durch Oeffnen der, bis taubeneigroßen Beulen ausfließend, unmittelbar gewonnen werden können. Man gewinnt dadurch den Straßburger Terpentin, dessen Einsammeln zwar dem Baume in keiner Weise schadet, aber nicht mehr als einen hohen Tagelohn abwirft, da die Bäume bis zum Gipfel mit Steigeisen bestiegen werden müssen.

Den venetianischen Terpentin gewinnt man von der Lerche durch An= bohren und Verspunden der Bohrlöcher, aus denen dann alljährlich der in ihnen angesammelte Terpentin ausgelöffelt wird. Dem Waldbesitzer schadet diese Nutzung durch Verderb der Bäume mehr als sie ertragen kann, ist daher nur in Waldungen zu gestatten, in denen der Holzwerth durch Schwierigkeit des Transports ein äußerst geringer ist.

Die Zirbelkiefer liefert in ähnlicher Weise den karpathischen (?) Balsam, die Krummholzkiefer das Krummholzöl. Den reichsten Ertrag an einem ähnlichen Safte würde wohl die Weymouthkiefer abwerfen.

Die größte Menge des Terpentins, der gemeine Terpentin, ist aber ein Nebenprodukt der Theerschwelerei und der Ofenverkohlung, der dadurch erhalten wird, daß der gewonnene Theer eine nochmalige Destillation erleidet, die das sogenannte Kienöl vom Schiffstheer scheidet. Aus dem rohen Kienöl wird dann durch mehrmaliges Destilliren der rectificirte gemeine Terpentin gewonnen.

Ueber den Harzgewinn s. Seite 224.

VI. Die nutzbaren Eigenschaften der Nebenprodukte.
(Seite 225.)

Wir haben hier, von den, Seite 225 aufgeführten Nebennutzungs=
gegenständen nur des Gebrauchswerthes der Streu aus Forstunkräutern noch
zu erwähnen, da über den Nutzungswerth der Weide und Grasnutzung das
Nöthigste bereits angeführt wurde.

Das Verhältniß der Dungwirkung dieser Stoffe zu den gleichen Gewicht=
mengen Stroh wird angenommen:

Für Heide, Heidelbeeren, Preißelbeeren 2c. 0,6—0,7

Farrenkraut . . . . 0,9—1,0

Waldgras . . . . 1,2—1,3

Schilf . . . . 0,5—0,9

Binsen . . . . 0,4—0,5

Waldmoos, Flechten . . . . 0,6—0,8

Sumpf= oder Wassermoos . . . . 0,1—0,2

Plaggen von Grasboden . . . . . . 0,7—0,8

„ von Heideboden . . . . . 0,5—0,6

In Bezug auf die Dungwirkung letzterer kommt es übrigens sehr auf
die Beschaffenheit des Bodens an, dem sie als Dungmittel zugewendet
werden. Schwerer Boden wird durch leichtes Erdreich der Plaggen, leichter
Boden durch schweres Erdreich derselben in dem Maße verbessert, daß der
Dungwerth der Plaggen in solchen Fällen den des Strohes übersteigen kann.

Die Unkrautstreu hat um so höheren Werth, je jünger die Pflanzen
eingeerntet werden, je reicher sie an Blättern und jungen Trieben ist.

Hier, wie bei der Weide= und Grasnutzung kommen, bei der Bestimmung
des Werthes für den Producenten, von dem berechneten Aequivalent an Heu
oder Stroh die Mehrkosten der Gewinnung und des Transportes in Abzug.

Drittes Kapitel.
Den Preis der Waldprodukte bestimmende Verhältnisse (Preis= ertrag).

Für die große Mehrzahl der Waldbesitzer, die für fremden Bedarf
produciren, ist Menge und Gebrauchswerth nicht allein entscheidend in
Bezug auf die Vortheile, die ihnen die eine oder die andere Produktion zu
gewähren vermag, sondern es stellen sich diesen beiden Faktoren noch eine
Mehrzahl anderer Verhältnisse zur Seite, deren Mitwirkung die Höhe des
endlichen Reinertrages des Wälder bestimmen. Dahin gehören:

I. Die Belastung des Producirten mit den Unkosten,

a. der Zugutmachung und des Transports,

b. der Verwaltung, Beschützung und des Anbaues.

II. Das Bestehen und die Dringlichkeit des Bedürfnisses (Nachfrage).

III. Die Häufigkeit oder Seltenheit des Vorhandenseins (Angebot).

IV. Monopol oder Concurrenz anderer Producenten.

V. Die Eigenschaft des Producirten, möglichst viele Bedürfnisse zu befriedigen.

VI. Compensation von Vortheilen oder Nachtheilen der Produktion oder
Nichtproduktion, der Benutzung oder Nichtbenutzung des Producirten.

Wir betrachten die vorgenannten Gegenstände hier nur mit Hinsicht auf die Frage: ob eine oder die andere Produktion, in Bezug auf sie, für den Waldbesitzer eine vortheilhafte sei oder nicht, denn nur diese Frage gehört der forstlichen Waarenkunde an, in sofern unter dem Einflusse jener Verhältnisse die forstliche Waare eine verkäufliche oder unverkäufliche, eine im Verkaufe einträgliche oder minder einträgliche ist. Auch gestattet der vorgezeichnete Raum es mir nicht, hier mehr als Umrisse und Andeutungen der betreffenden Verhältnisse zu geben.

I. Die Belastung des Producirten mit den Unkosten

a) der Zugutmachung und des Transports.

Obgleich der Waldbesitzer in der Mehrzahl der Fälle die Kosten der Zugutmachung und des Transports nicht unmittelbar trägt, indem er sich erstere in den Schläger= und Rückerlöhnen vom Holzkäufer zurückerstatten und letzteren die Abfuhr des Holzes selbst bewirken läßt, so ist es doch immer der Waldbesitzer, der diese Kosten mittelbar trägt, denn ohne Zweifel würde der Käufer das Produkt dem Waldbesitzer um den Betrag der Unkosten theurer bezahlen, wenn dieser die dafür zu beschaffende Arbeit leisten wollte oder könnte. Was nun für das Ganze richtig ist, gilt auch für jeden Theil des Ganzen. Innerhalb gewisser Grenzen wird der Käufer dem Producenten das Produkt um den Betrag der ihm ersparten Unkosten theurer bezahlen, gleichviel ob der Waldbesitzer den entsprechenden Arbeitsaufwand geleistet oder erspart hat.

Jede Ersparniß an Arbeits= und Transportkosten kommt daher dem Waldbesitzer zu Gute, alle diese Unkosten muß in der That er tragen.

Daraus erklärt es sich: daß im Walde so viele, an sich werthvolle Produkte unbenutzt bleiben müssen. In der Mehrzahl der Fälle gehören dahin das jüngere Durchforstungsholz und das Abfallholz, oft auch die Weich=hölzer, das Reiserholz und selbst das geringere Knüppelholz, sowie eine Menge von Nebennutzungsgegenständen. Ich habe bereits Seite 209 darüber gesprochen, unter welchen Umständen dieselben Nutzungen von fremder Hand erhoben werden können und wirklich erhoben werden.

Daraus entspringt aber auch die Aufgabe des Waldbesitzers: alles zu thun, was auf eine Verringerung der Unkosten hinwirken kann. Dahin gehören nicht allein richtige Hiebsleitung und Vertheilung der Schläge, zweckmäßige Organisation und Ueberwachung der Waldarbeiter, Wegebesserungen ꝛc., sondern vor allem die Erziehung des größten Werthes im kleinsten Raume; denn der Cubikfuß Bauholz à 4 Sgr. fordert dieselben Transportkosten wie der Cubikfuß Scheitholz à 1 Sgr., er kostet weniger Transport wie der Cubikfuß Reiserholz à ½ Sgr. Diese Maßregel ist um so nothwendiger, je ungünstiger das Verhältniß ist, in welchem die Unkosten zum Waldpreise stehen.

b) Die Belastung durch Verwaltungs=, Beschützungs=, Kulturkosten.

Auch diese, unter Umständen bis zu 50 Proc. vom Ertrage der Wälder steigenden Kosten hat allein der Waldbesitzer zu tragen. Jede Verringerung derselben erhöht seinen Reinertrag.

Verwaltung, Schutz, Kultur werden um so sorgfältiger ausgeführt und überwacht werden, je kleiner die Geschäftsbezirke sind, mit deren Verkleinerung aber die Kosten für Verwaltung und Schutz sich erhöhen. Geringeres Geld= einkommen aus dem Waldvermögen rechtfertigt daher größere Geschäftsbezirke, soweit die dadurch erwachsenden Verluste an Einkommen hinter dem Erspar= niß zurückstehen. Die Wahl einer minder ertragreichen Betriebsart, Holzart, Verjüngungsweise kann durch Ersparnisse an solchen Unkosten gerechtfertigt sein.

II. Beftehen und Dringlichkeit eines Bedürfniffes.

Das Verhältniß der Nachfrage zum Angebot hat überall einen wesent= lichen Einfluß auf den Preis der Waaren. Nirgends ist dieß mehr der Fall als im Waldwirthschaftsbetriebe. Weiden= und Dornenreiserholz, Birkenstangen= holz 2c. kann hoch im Preise stehen, wo Korbflechter, Salinenbesitzer, Stell= macher deffen bedürfen; eine Erzeugung über den bestehenden Bedarf macht das Mehrerzeugte für den Waldbesitzer werthlos oder setzt es auf die ge= ringsten Brennholzpreise zurück. Das theuerste Eichenschiffbauholz oder Stab= holz muß als Bau= oder Brennholz zu geringeren Preisen verkauft werden, wo das Bedürfniß an Ersterem und damit die Nachfrage mangelt.

Nun sind aber Bedürfniß und Nachfrage veränderliche Dinge und der Forstwirth kann nicht, wie der Landwirth, diesen Veränderungen mit seiner Produktion folgen, bei der langen Zeitdauer zwischen Saat und Ernte seiner Produkte. Nur dem bleibenden Bedürfniß kann und muß er dieselbe an= passen; dem vorübergehenden Bedürfniß, es möge dieß eine Mühlwelle oder eine Korbruthe sein, wird er nur dann Genüge leisten können, wenn das Material dazu zufällig im Walde sich vorfindet. In Bezug auf die muth= maßlich bleibenden, in der Menge des Verbrauchs aber schwankenden Be= dürfnisse, wird der Waldbesitzer sich vorzugsweise derjenigen Produktion zu= wenden müssen, deren Gebrauchswerth möglichst wenig herabgesetzt wird, wenn für die einträglichste Verwerthung das Bedürfniß aussetzt. Reiftstöcke und Korbruthen, wenn sie als solche keinen Absatz finden, sinken auf den Werth des schlechtesten Brennholzes hinab, während Schiffbauholz, wenn es als solches nicht Abnehmer findet, immer noch als werthvolles Landbauholz oder Scheitholz verwendbar ist.

III. Seltenheit oder Häufigkeit des Vorhandenseins der Waare.

Seltenheit eines Produkts bei bestehendem Bedürfniß erzeugt unter den Bedürftigen stets einen Wetteifer im Erwerb des Besitzes, der dem Produ= centen eine Preissteigerung über die gewöhnlichen Normen hinaus gestattet. Ist die Waare in ausreichender Menge vorhanden, so fällt diese Preis= steigerung fort. Ist sie in überflüssiger Menge vorhanden, dann hat der Producent zu erwägen, ob es ihm größere Vortheile bringt, wenn er durch Preisermäßigung den Absatz steigert, in sofern dieß überhaupt möglich ist, oder wenn er die normalen Preise dadurch festhält, daß er dem, den Bedarf übersteigenden Theil der Produktion eine andere, wohlfeilere Verwendung

bestimmt. Es finden hier im Forstwirthschafts-, besonders im Hochwald=
betriebe sehr häufig durchaus abnorme Verhältnisse statt. Wir erreichen,
häufig absichtlich, die höhere Gebrauchsfähigkeit der Produkte, sogar mit
Kostenaufwand, z. B. durch Einschlag von Nutz- oder Bauholzstämmen ins
Brennholz, weil, wenn wir Brennholz in der Form von Bauholz abgeben
wollten, der Bauholzabsatz gänzlich aufhören, der Bauholzbedarf mit den als
Brennholz verkauften Bäumen befriedigt werden würde.

IV. Die Eigenschaft des Produkts, möglichst viele verschieden= artige Bedürfnisse zu befriedigen,

erhöht die Zahl der Käufer desselben, also die Nachfrage und mit dieser den
Preis. Diese Eigenschaft der Waldprodukte steigt aber nicht allein mit dem
Alter der Bäume und gibt dem Hochwalde und dem Oberholzbetriebe im
Niederwalde, so wie der höheren Umtriebszeit und den Abtriebserträgen vor
den Vornutzungen wesentliche Vorzüge, sondern sie ist auch gewissen Holz=
arten in höherem Grade zuständig und bestimmt dadurch die Wahl der an=
zubauenden Holzart. Es sind die Nadelhölzer und die Eiche, welche in dieser
Hinsicht allen übrigen Holzarten voranstehen.

V. Monopol oder Concurrenz anderer Producenten.

Wo der Waldbesitzer für einen bestimmten Consumtionsbezirk der alleinige
Producent ist, da würde er, wenn er nicht, wie der Staat als Waldbesitzer,
Rücksichten auf das Gemeinwohl zu nehmen hätte, willkürliche Produkten=
preise erheben können, so weit ihm nicht die Zugänglichkeit des Produkts
und die Gefahr des Verlustes durch Diebstahl Schranken setzt, so weit die
Zahlungsfähigkeit seiner Abnehmer reicht. Solche Monopolpreise werden in
der That vom Waldbesitzer häufig bezogen, der gar oft den Cubikfuß Bohnen=
stangen, Flechtgerten, Reifstöcke theurer sich bezahlen läßt als das stärkste
Bauholz. Da hingegen, wo auf die Erfüllung desselben Bedarfs eine Mehr=
zahl von Producenten hinwirken, treten Markt= und Versteigerungspreise an
die Stelle willkürlicher Monopol= oder Taxpreise.

VI. Compensation von Vortheilen und Nachtheilen einer Produk= tion oder Nichtproduktion, der Benutzung oder Nichtbenutzung des bereits Producirten.

Einer, ein theureres Produkt erzielenden Produktion können Nachtheile
zur Seite stehen, die der Erziehung wohlfeilerer Waare den Vorzug geben,
wenn letztere jene Nachtheile nicht im Gefolge hat. So können z. B. die
Vortheile höheren Preises stärkeren Bau= und Nutzholzes aufgehoben werden,
durch Verspätung des Bezuges der Nutzung, durch die Nachtheile länger
dauernder Nichtbefriedigung des Bedarfes. Eine größere Summe oder
gefährlichere Beschädigungen, die der einen Betriebsart, Holzart, Umtriebs=
zeit mehr als einer andern eigen sind, können die Wahl einer minder ertrag=

reichen Betriebsart ꝛc. rechtfertigen; erhöhte Kosten des Anbaues, Zuwachs=
verluste, Werthverluste können der Umwandlung des bestehenden minder
Ertragreichen in das Ertragreichere entgegenstehen. Selbst auf die Erhebung
bereits sich darbietender Nutzungen kann der Producent veranlaßt sein zu
verzichten, wenn sie den Vortheil aufhebende Nachtheile, wie Bodenverschlech=
terung, Bestandsgefahren, Erschwerung des Forstschutzes ꝛc. im Gefolge haben.

Alle diese, den endlichen Preis der Produkte, den Werth, den sie für
den Waldbesitzer haben, bestimmenden Verhältnisse lassen sich nicht, oder doch
nur sehr unsicher in Zahlengrößen ausdrücken, wenn nicht eine bestimmte
Oertlichkeit der Aufgabe zum Grunde liegt. Für diese hat der Forstwirth
diejenigen Zahlengrößen festzustellen, die er nothwendig kennen muß, wenn
es sich darum handelt, diejenige Benutzungsweise seines Waldes zu bestimmen,
die dem Eigner den höchsten Preisertrag zu gewähren vermag.

Zweiter Abschnitt.

Von der Waldproduktenbenutzung (Gewerbskunde).

Wir haben hier diejenigen Kenntnisse des Forstwirthes zusammenzustellen,
deren er bedarf, um die zur Nutzung herangereiften Produkte des Waldes
mit den geringsten Verlusten an Masse und Werth, wie mit dem geringsten
Kostenaufwande nicht allein einernten, sondern auch so bearbeiten zu lassen,
wie dieß am zweckmäßigsten ist für die spätere Verwendung, für Aufbewah=
rung, Transport, für das Verkaufsgeschäft und die Controle.

Dieser Aufgabe entsprechen diejenigen Geschäfte, die ich im ersten Kapitel
als dem Rohnutzungsbetriebe angehörend zusammengestellt habe.

Nicht selten unterliegt aber das Rohmaterial, theils zur Bequemlichkeit
der Käufer, theils zur Erleichterung des Transports oder behufs Erhöhung
des technischen Werthes, schon im Walde einer weiteren Verarbeitung, die,
so weit sie vom Forstmanne selbst geleitet oder doch beaufsichtigt wird, den
Waldgewerbebetrieb begründet.

Erstes Kapitel.

Vom Rohnutzungsbetriebe.

Es liegt demselben die Aufgabe zu Grunde, alle nutzbaren Produkte
des Waldes, wenn solche dem Wirthschafts= und Nutzungsplane gemäß zur
Erhebung kommen sollen, in einer Weise möglichst wohlfeil einzuernten, die
den Interessen des Verkäufers wie des Käufers die entsprechendste ist; die
geernteten Produkte sodann in die primitive Verkaufsform aufzuarbeiten.

Die Bearbeitung des Produkts bis zum primitiven Verkaufsstück bildet
die Grenze zwischen Rohnutzungsbetrieb und Waldgewerbe.

Wir betrachten auch hier die verschiedenen Nutzungsgegenstände der
Reihenfolge nach.

I. Betrieb der Holznutzung.

(Seite 212, 228.)

1) Zeit der Holznutzung.

Ueber die Zeit der Holznutzung in Bezug auf Verjüngung und Repro=
duktion der Waldbestände enthält die Holzzucht des 2. Bandes die betreffenden
Regeln. Wir haben hier nur mit der Nutzungszeit in Bezug auf Arbeits=
kraft und Produktenwerth zu thun.

Es ist eine unzweifelhafte Thatsache, daß das, außer der Laubzeit ge=
hauene Holz schwerer, brennkräftiger und dauerhafter ist, als das im Laube
gehauene, daß daher die Fällung sowohl der Bau= und Nutzhölzer als des
Brennholzes im Zeitraume zwischen Abfall und Wiederausschlag des Laubes
geschehen müsse. Dieß ist dann auch der Zeitraum, in welchem die Feld=
arbeiten ruhen und der Waldbesitzer über einen großen Theil der Arbeits=
kräfte des Landwirths gebieten kann. Diese Theilung des Wald= und Land=
wirthes in dieselbe Arbeitskraft ist eine volkswirthschaftlich sehr beachtens=
werthe Verbindung dieser beiden Gewerbe.

Die Zeit des laublosen Zustandes der sommergrünen Bäume zerfällt
aber in zwei Perioden. Vom Abfalle des Laubes bis ungefähr Mitte
Februar, überall genau bis zur Zeit beginnender Haselblüthe, ist die
Saftbewegung in der Holzpflanze auf ein Minimum beschränkt (bei den
winter grünen Nadelhölzern dauert sie auch den Winter über bei milder
Witterung fort. S. Bd. I.), die Hiebsflächen in dieser Zeit gehauener
Bäume und Baumtheile erscheinen trockener, obgleich das Winterholz
mindestens eben so reich an Säften ist, als zu jeder anderen Zeit. Nach
der Haselblüthe gehauen, zeigt sich bis zum Laubausschlage bei mehreren
Holzpflanzen ein lebhafter Safterguß aus den Wunden (das Bluten der
Ahorne, Birken, Hainbuchen, Rothbuchen). Bei anderen Holzarten wird
nur die Hiebsfläche naß (Pappeln, Weiden, Tannen, Erlen?) und bei noch
anderen ist selbst dieß nicht zu bemerken (Eichen, Eschen, Akazien, die meisten
Nadelhölzer).

Man nimmt nun an: daß Bäume in dieser Saftzeit gehauen, d. h.
in der Zeit „nach Eintritt des Safts in das Holz" bis zum Laubausschlage,
ebenfalls ein minder dauerhaftes Holz liefern, und beschränkt daher „den
rechten Wadel," die Zeit, in welcher das Nutzholz und besonders das
Bauholz gehauen werden soll, auf den Zeitraum zwischen Laubabfall und
Haselblüthe.

Indeß beruht diese Annahme keineswegs auf zuverlässigen Versuchen
oder Erfahrungen, und seit ich nachgewiesen habe: daß innerhalb der Saft=
zeit weder eine Vermehrung des Saftgehaltes, noch eine wirkliche Fortbewegung
des Holzsaftes im unverletzten Baume, weder eine Lösung von Reservestoffen,
noch irgend eine erkennbare Veränderung im Bestande des Holzes stattfinde,
kann ich in der That keinen vernünftigen Grund für die Annahme finden
daß das Saftholz schlechter als das Winterholz sei.

So vermuthe ich ferner auch: daß eine Fällung 1—1½ Monate vor
dem Laubabfalle, einen nachtheiligen Einfluß auf die Güte des Holzes nicht
habe, da in dieser Zeit alle Körpertheile der Pflanze, die Früchte aus=

genommen, schon völlig ausgebildet, die Reservestoffe bereits gereift und abgelagert sind. Ein Liegenlassen der in dieser Zeit gefällten Bäume mit dem belaubten Wipfel, dürfte sogar der Güte, namentlich der Dauer des Holzes wesentlich zuträglich sein.

Die Rindennutzung macht eine Verzögerung der Hiebszeit bis zum Anschwellen der Knospen, die Futterlaubnutzung macht eine Verfrühung des Hiebs bis in den Monat August nothwendig.

Die Aufbereitung des gehauenen Holzes läßt man in der Regel der Fällung unmitttelbar folgen, und nur die Gewinnung des unterirdischen Holzes, die Stockrodungen, bleiben dem Frühjahr und Sommer vorbehalten.

2) Organisation der Arbeitskräfte.

Die dem Rohnutzungsbetriebe dienstbaren Arbeitskräfte sind:

    a. Anordnende und Leitende,

    b. Beaufsichtigende,

    c. Ausführende.

ad a) Der Betriebsbeamte ist es, welcher nach Maßgabe des Wirthschaftsplanes den jährlichen Hauungsplan entwirft und zwar mit Berücksichtigung einer zweckmäßigen und zweckmäßig fortschreitenden Bestandsverjüngung sowohl, wie mit Rücksicht auf die Bedürfnisse und die Bequemlichkeit der Consumenten im Bezug ihrer Bedürfnisse, auf Handelsconjuncturen, Zuwachs- und Wertherhöhung an den, einer späteren Abnutzung vorbehaltenen Beständen, Conservation der Bodenkraft, Ersparniß an Arbeitskraft, Erhöhung und Erleichterung des Forstschutzes und der Nebennutzungen, mit Berücksichtigung endlich der bestehenden Mitbenutzungsrechte. Nach Prüfung und Bestätigung, resp. Veränderung des jährlichen Nutzungsplanes durch die inspicirenden und dirigirenden Vorgesetzten, hat der Wirthschafter den bestätigten Nutzungsplan seinen jährlichen Hiebsführungen zum Grunde zu legen.

Wirthschaftliche Rücksichten und Bedürfnisse der Consumenten bestimmen die Reihefolge der auszuführenden Hiebe. In der Regel läßt man die Verjüngungshiebe und die Hiebe im Niederwalde wie im Unterholze des Mittelwaldes allen übrigen Hauungen vorangehen, diesen die Kahlhiebe und endlich die Durchforstungshiebe folgen, da letztere wirthschaftlich nicht beschränkt sind und daher dazu dienen können, ein dem Voranschlage gegenüber erfolgendes Mehr oder Weniger des Einschlages in den Verjüngungsschlägen, durch Einsparung oder Vorgriff auszugleichen.

Mit Rücksicht auf Kosten und Zeitersparniß sowohl, wie auf Beschaffung einer guten Arbeit, hat der Betriebsbeamte ferner für ausreichende und befähigte Arbeitskräfte Sorge zu tragen und über deren Verwendung in den verschiedenen Schlägen Bestimmung zu treffen.

Unter Zuziehung des beaufsichtigenden Personales hat der Betriebsbeamte sodann, in jedem zum Hiebe kommenden Schlage, diejenigen Bäume auszuzeichnen, die zur Fällung kommen sollen und, mit Rücksicht auf deren Verwendung, Bestimmungen zu erlassen über die Art ihrer Aufarbeitung zu Bau-, Nutz- oder Brennholz, mit Bezeichnung der Längen, in welchen die Bau- oder Nutzholzstücke ausgehalten werden sollen an den Stämmen selbst.

Was die in Bezug auf Verwendung des Einschlags vom Betriebs=
beamten zu treffenden Bestimmungen betrifft, so sind diese abhängig von
der Größe des wahrscheinlichen Absatzes an verschiedenartigen, in verschieden
hohem Preise stehenden Sortimenten. Enthielte ein Bestand in fallender
Preisfolge Schiffsbauholz, Stabholz, Blochholz, Bauholz und Brennholz,
so ist zuerst zu ermitteln, wieviel von jedem höher im Preise stehenden
Sortiment absetzbar ist. Dieß Quantum ist dann in den schönsten und
besten Stücken ausgehalten. Bis zur Erfüllung des wahrscheinlichen Ab=
satzes darf alles was zu Schiffsbauholz tauglich ist nicht zu Stabholz, alles
was hierzu tauglich ist nicht zu Blochholz ausgehalten werden u. s. f., es
müßte denn die Befriedigung unabweisbaren Bedarfes dem Waldbesitzer ein
Opfer auferlegen. Mehr von den theureren Sortimenten auszuhalten, als dem
muthmaßlichen Absatze entspricht, ist selten rathsam, es müßte denn sein,
daß die Formung zu einem theureren Sortiment die Verwendung als wohl=
feileres Sortiment nicht beeinträchtigt.

Nach Vollendung des Hiebs in kleineren, oder von Woche zu Woche
in größeren Schlägen, hat sodann der Betriebsbeamte die aufgearbeiteten
Hölzer, ihren einzelnen Verkaufsposten nach, den Arbeitern abzunehmen, da=
bei von der vorschriftsmäßigen Ausführung der Arbeit sich zu überzeugen,
die Umarbeitung tadelhafter Arbeit anzuordnen, das tadelfreie Material, wo
es nöthig ist, zu vermessen, nach der Nummerfolge zu buchen und den
Arbeitern Scheine auszustellen zur Erhebung des erworbenen Lohnes bei der
Forstkasse. Es hat derselbe früher oder später Verkaufs= oder Empfang=
scheine an die sich meldenden Käufer oder Empfänger auszustellen, auf
denen das Material wie der an die Kasse einzuzahlende Kostenpreis ver=
zeichnet sind, den erfolgten Verkauf zu buchen und demnächst in Rechnung
zu stellen.

ad b) Der beaufsichtigende Beamte hat zunächst für die Stellung der
nöthigen Arbeitskräfte Sorge zu tragen, in der Regel unter Mitwirkung
eines, für jede Gemeinde bestellten Holzhauermeisters. Mit diesem hat er
den Holzanweisungen in den Schlägen beizuwohnen und vom Revierbeamten
die näheren Bestimmungen über Aufarbeitung, Rücken, Abfuhr zu Ablagen,
Magazinen ꝛc. entgegenzunehmen. Er hat die Arbeit in jedem Schlage unter
die verschiedenen Waldarbeiterparte zu vertheilen (Bd. II. S. 89), die Arbeit
selbst zu überwachen, das aufbereitete Holz zu numeriren, in ein Abfuhr=
register der Nummerfolge nach mit beigefügter Sortimentbenennung einzu=
tragen und bei der Abzählung, Vermessung und Abnahme desselben von
Seiten des Betriebsbeamten zugegen zu sein und hülfreiche Hand zu leisten.
Die vom Betriebsbeamten ausgestellten, bei der Forstkasse bezahlten Ver=
kaufszettel hat der Schutzbeamte vom Käufer an bestimmten Abfuhrtagen in
Empfang zu nehmen, das erkaufte Holz dem Käufer danach zu überweisen,
die ordnungsmäßige Abfuhr zu überwachen, die Abgabe im Abfuhrregister
mit dem Namen des Empfängers und dem Tage der Abgabe zu vermerken
und diese mit dem Verkaufszettel so lange zu belegen, bis diese als Beleg
der Naturalrechnung vom Betriebsbeamten eingefordert werden, gegen Em=
pfangsbescheinigung im Abfuhrregister.

ad c) Man unterscheidet ein ständiges und ein unständiges Waldarbeiter=

perſonal. Erſteres iſt da nothwendig, wo die Summe der Arbeitskräfte ſo
gering iſt, daß eine, um ſie beſtehende Concurrenz anderer Producenten oder
Gewerbe den Waldbeſitzer zwingt, die nöthige Arbeitskraft contraktlich ſich
zu ſichern. Der Arbeiter verſpricht keine andere Arbeit zu übernehmen ſo
lange Waldarbeit ſich darbietet, der Waldbeſitzer hingegen verſpricht den
Waldarbeiter ſo lange zu beſchäftigen als Waldarbeit überhaupt ſich darbietet,
ihn auch nur dann abzulegen, wenn er entweder ganz arbeitsunfähig geworden
iſt, oder Vergehen ſich ſchuldig gemacht hat, auf welche contraktlich die
Strafe der Ablegung geſetzt iſt.

In dieſem Verhältniß muß die Zahl der Waldarbeiter nach der Summe
der durchſchnittlichen Jahresarbeit bemeſſen ſein, dem zu Folge in Jahren
geſteigerter Arbeit nicht ſelten eine, dem Betriebe nachtheilige Verſchleppung
derſelben eintritt; der Waldbeſitzer hat mit theilweiſe unrüſtigen, alternden
Arbeitskräften zu ſchaffen, Gehorſam und Dienſtwilligkeit leiden unter der
Gewißheit, daß nur wirkliche Vergehen eine Arbeitsentziehung zur Folge haben.

Ueberall wo reichliche Arbeitskräfte dem Waldbeſitzer ſich darbieten, iſt
daher ein unſtändiges Arbeiterperſonal, d. h. ein ſolches vorzuziehen, das
zu ihm im gewöhnlichen Taglöhnerverhältniſſe ſteht, deſſen einzelne Arbeits=
kräfte willkürlich und täglich einberufen und abgelegt werden können. Die
Waldarbeit iſt eine überall ſo beliebte, daß, wo die nöthige Arbeitskraft
überhaupt vorhanden iſt, der Waldarbeit es um Bewerber nicht fehlt. Dieſe
freie Concurrenz der Arbeitskräfte um die Waldarbeit hat aber einen weſent=
lichen Einfluß auf Gehorſam, Dienſtwilligkeit und Erwerb der nöthigen
Geſchicklichkeit von Seiten des Waldarbeiters;[1] dem Waldbeſitzer ſind die
Hände nicht gebunden in Rekrutirung rüſtiger Arbeitskraft, und die Zugäng=
lichkeit der Waldarbeit für alle Handarbeiter ſichert dem Waldbeſitzer die
nöthige Zahl geſchickter Arbeiter auch bei außergewöhnlich geſteigerter Arbeit,
ſie ſetzt ihn in Stand, die Arbeiten in möglichſt kurzer Zeit zu beſchaffen, und
das iſt ein weſentlicher Gewinn bei Ausübung des Forſtſchutzes.

In den meiſten Ländern iſt daher das Verhältniß des Waldeigners
oder ſeiner Stellvertreter zum Waldarbeiter ein durchaus freies. Die unter
dieſen Umſtänden veränderliche Arbeiterzahl, der häufiger eintretende Wechſel
der Perſonen, die häufigere Rekrutirung und deren Anleitung zur Wald=
arbeit, macht es mindeſtens zweckmäßig, wenn in jeder Gemeinde einer der
intelligenteſten Arbeiter als Obmann aller Uebrigen zum Holzhauermeiſter
erwählt wird, der, in dieſer Eigenſchaft als Untergebener des Schutzbeamten,
dieſem in der Anleitung der Rekruten zur vorſchriftsmäßigen Waldarbeit,
in der Ueberwachung aller Waldarbeiter, in Geſtellung der Arbeiterzahl, in
der gleichmäßigen und gerechten Vertheilung der Arbeit unter die verſchiedenen
Arbeiterparte (Rotten), nöthigen Falles durch Verlooſung gebildeter Flächen=
theile, in Controle, Abnahme und Numerirung des aufbereiteten Holzes,
Erhebung und Vertheilung der Löhne an die Waldarbeiter ꝛc. zur Seite ſteht,

---

[1] Ich habe Gelegenheit gehabt, die Leiſtungen ſtändiger und unſtändiger Waldarbeiter
im großen Maßſtabe mit einander zu vergleichen und kann nicht ſagen, daß ich einen Vorzug
auf Seiten Erſterer wahrgenommen hätte. Natürlich wird auch bei einem unſtändigen Ar=
beiterperſonal der Waldbeſitzer die tüchtigen Arbeitskräfte ſich ſo lange zu erhalten wiſſen, als
ſie tüchtig ſind.

für diese Dienstleistungen durch eine geringe Tantieme entschädigt wird,
übrigens aber die gewöhnliche Waldarbeit wie jeder andere Waldarbeiter
verrichtet.

Diese Handlanger der Schutzbeamten [1] äußern besonders auf den Forst=
schutz dadurch einen sehr wohlthätigen Einfluß, daß der Schutzbeamte weniger
an den Schlag gefesselt ist und den übrigen Reviertheilen auch während der
Zeit des Holzhiebs eine größere Aufmerksamkeit zuwenden kann.

Der Gebrauch der Waldsäge fordert das Zusammenarbeiten zweier
Arbeiter. In der Regel vereinen sich aber 3—5 Arbeiter zu gemeinschaft=
licher Arbeit, die sowohl durch Theilung als durch Wechsel der verschieden=
artigen Kraftanstrengungen wesentlich gefördert wird. Auch kommen nicht
selten Arbeiten vor, welche die gemeinschaftliche Kraftanstrengung einer Mehr=
zahl von Arbeitern erfordern. In diesen Waldarbeiterparten finden dann
auch die hinzutretenden Rekruten der Waldarbeit die erforderliche Anleitung
zur Arbeit.

Die gewöhnlichen Handwerkszeuge für die Waldarbeit: Säge, Axt,
Beil, Rodehacke, Keile müssen die Waldarbeiter sich selbst halten, da nur
in diesem Falle ein möglichst schonender Gebrauch zu erwarten ist. Da
aber der Erfolg der Arbeit wesentlich von einer zweckmäßigen Beschaffenheit
der Werkzeuge abhängig ist, so muß der Waldbesitzer darüber wachen, daß
die Arbeiter sich nur solcher bedienen.

Die Säge. In neuerer Zeit bedient man sich fast nur noch des
sogenannten Fuchsschwanzes oder der Bogensäge, die leichter geht und vom
Arbeiter eine weniger gebückte Stellung erfordert. Eine Blattlänge von
3 Fußen, eine Blatthöhe von 2 Zollen bei einer Blattdicke von $1/3$ Linie;
14 Sägezähne auf 4 rheinländische Zolle, die mit ihrer Grundlinie ein
gleichseitiges Dreieck bilden, von denen der siebente Zahn nicht geschränkt
und bis zur Höhe der geschränkten Zähne verkürzt ist (Räumzahn zur
rascheren Ausräumung der Sägespäne), wird als die zweckmäßigste Ein=
richtung betrachtet.

Die Axt, mit gleicher Zuschärfung von beiden Seiten, muß für die
Arbeit in hartem Holze breiter, kürzer und dünner, für die Arbeit in
weichem Holze schwerer, kolbiger, schmäler und länger sein. Die pennsyl=
vanische Spaltaxt mit erhöhter Blattmitte hat trotz vieler Empfehlungen
keinen Beifall gefunden.

Das Beil mit einseitiger Zuschärfung der Schneide spaltet schlecht,
schneidet aber gut und kommt daher vorzugsweise bei Kürzung des Reiser=
und Knüppelholzes im Ausschlagwalde, so wie zur Glättung der Stöcke
daselbst in Anwendung.

Die Hippe, in Form eines sehr starken, etwas eingebogenen Messers
mit rechtwinklig abgebrochener Spitze, an deren Stelle ein rechtwinklig nach

---

[1] Nur als solche dürfen die Holzhauermeister betrachtet werden; stellt sie der Betriebs=
beamte dem Schutzbeamten zur Seite, indem er ihnen einen selbstständigen Wirkungskreis
zutheilt, dann folgen daraus Ueberhebung und Reibungen, die sehr nachtheilig auf den Dienst
einwirken können und in der Regel den baldigen Verlust gerade der tüchtigsten Holzhauer=
meister zur Folge haben. Es muß dieser ein intelligenter Waldarbeiter sein und bleiben,
dem ein Theil der Verrichtungen des Schutzbeamten, unter dessen fortdauernder Leitung und
Oberaufsicht, übertragen ist.

vorne gerichteter stumpfer Schnabel das Eindringen in den Boden verhindert, dient zum Abbuschen von Vorwüchsen, bei sehr frühen Durchforstungen ꝛc. zum Abhieb schwacher Holzpflanzen dicht über dem Boden.

·Die Zugsichel, ein ungefähr 30 Ctm. langes, starkes, sichelförmig nach Innen gekrümmtes Messer, mit einer rechtwinklig zum Sicheldurchmesser gestellten hölzernen Handhabe, dient zum Abschneiden nicht über 2—3 Ctm. starker Vorwüchse oder Stockausschläge dicht über Boden oder Stock durch einen kräftigen Zug nach oben und fördert die Arbeit dadurch, daß der Arbeiter nicht nöthig hat, sich zu bücken.

Die Rodehacke, eine 1¹⁄₃—1¹⁄₂ Fuß lange, etwas bogig gekrümmte Hacke, die einerseits in das Oehr für den Hackenstiel, andererseits in eine Querschärfe von 2 Zoll Breite ausgearbeitet ist, dient zur Erdarbeit beim Stockroden, so wie zum Abhauen der schwächeren Wurzeln, zugleich aber auch als Hebel für geringere Lasten.

Keile, meist aus Rothbuchenholz mit breiten Jahresringen von mittelalten Bäumen, werden sofort roh ausgespalten, in fließendem Wasser ausgelaugt (das Vergraben unter die Dachtraufe schadet mehr als es nützt, es müßte denn bald nach dem Eingraben anhaltendes Regenwetter eintreten), sodann langsam getrocknet (manche Waldarbeiter hängen die Keile zu diesem Zwecke in den Rauchfang) und erst nach zwei Jahren verwendet. In schwerspaltigem, hartem Holze und besonders bei Stockrodungen ist der Verbrauch von Keilen und Keilholz ein erheblicher und der Waldbesitzer begünstigt daher den Gebrauch eiserner Keile, die aber schlechter ziehen und weniger leisten als hölzerne.

Sprengschrauben und Rodemaschinen muß der Waldbesitzer dem Waldarbeiter liefern, wo sie angewendet werden sollen. In neuerer Zeit ist besonders die Schustersche Rodemaschine für die Rodung der Stöcke geringerer bis mittelwüchsiger Bäume und der Waldteufel für das Umreißen stehender, auch starker Bäume, besonders auf flachgründigem Boden mit Erfolg verwendet worden.

3) Ausführung der Rohnutzung.

a) Die Anweisung.

Anknüpfend an das, was ich bereits Seite 249 über das Allgemeine des Geschäfts angeführt habe, will ich nachfolgend eine kurze Uebersicht der üblichen Verwendungsarten folgen lassen, so weit diese von Einfluß auf die Anweisung zu verschiedenartiger Formung sind, durch die Verschiedenheit der Holzpreise verschiedenartiger Sortimente. [1]

---

[1] Nur durch die Verschiedenheit der Preise erhalten die verschiedenen Holzsortimente und deren verschiedene Verwendung für den Waldbesitzer Wichtigkeit. Wenn der Cubikfuß Bauholz und der Cubikfuß Blockholz gleich hoch im Preise stehen, kann es dem Waldbesitzer ganz gleichgültig sein, ob ein als Bauholz abgegebenes Holzstück vom Käufer als Blockholz verwendet wird oder nicht, ob das Holzstück zu Schwellen, Ständern oder Riegeln verwendet wird. Es ist aber nicht gleichgültig, wenn ein zu einer theureren Welle taugliches Stück als Blockholz abgegeben wird. Selbst dann, wenn sich augenblicklich kein Käufer für die Welle finden sollte, würde dadurch der Absatz theurer Wellenhölzer geschmälert werden oder aufhören, da es dem Käufer frei steht, mit dem angekauften Holze zu machen, was er will.

Die Eiche, besonders die für den Schiffbau sehr gesuchten Krumm=
hölzer sind es, die in der Regel am höchsten im Preise stehen. Diesen
folgen besonders starke, gesunde und grade Stämme für Wellen, gesunde,
dichtfaserige und gradspaltige Klötze für den ausländischen Handel mit Böttcher=
holz (Stabholz), Block= und Bauholz, endlich die Wagnerhölzer in geringeren
Stärken, so wie gerissene Bandstöcke für die größeren Böttcherarbeiten. Wo
der Transport ein einigermaßen günstiger ist, läßt sich in der Regel alles zu
Bau= und Nutzholz verwendbare Material als solches auch wirklich absetzen;
alte Eichenbestände enthalten aber in der Regel so viel schadhaftes Material,
Ast= und Zweigholz, daß die Bauholz= und Nutzholzquote selten 50 Proc. erreicht.

Die Rothbuche. Nur ausnahmsweise sind starke, gesunde Roth=
buchen als Schiffskiele und zu Rosthölzern bei Wasserbauten absetzbar; starke
und gradspaltige, durchaus gesunde Klötze zu grobklobigen Nutzholzklaftern
für Spanreißer, seltener zu französischem Stabholz. Am häufigsten und
regelmäßigsten wiederkehrend sind die Anforderungen von Wagnerhölzern zu
Felgen und Achsen. In größeren Buchenwaldungen erreicht der Nutzholz=
absatz selten mehr als 5 Proc. des Einschlages.

Die Hainbuche ist besonders zu Schrauben, Kämmen, Pressen beim
Maschinenbau gesucht. Das Bedürfniß der Müller hieran sichert einen
regelmäßigen Absatz. Wo die Hainbuche nur vereinzelt in Rothbuchen= oder
Eichenbeständen vorkommt, kann der Absatz auf 30—40 Proc. des Ein=
schlages steigen. Der Bedarf ist aber mit Wenigem gedeckt, daher bei
häufigerem Vorkommen der Hainbuche der Absatz auf wenige Procente herab=
sinken kann. Dieß gilt auch für die nachfolgenden Laubhölzer.

Die Ahorne und Eschen liefern fast nur Wagner= und Tischler=
holz, letzteres besonders in masrigen Stämmen zu Luxusmöbeln; Ahorne
zu parkettirten Fußböden, Pressen, Stollen 2c. Eschen sind auch zu Bau=
holz und in geringen Stämmen zu ausgespaltenen Ruderstangen gesucht.
Bei seltenem Vorkommen kann der Nutzholzabsatz auf 30—40 Proc. steigen.

Die Rüster liefert ein treffliches Bauholz, besitzt aber nur selten die
hierzu geeignete Form. Am theuersten bezahlt wird besonders das Holz der
Korkrüster für den Schiffbau und zu Kanonenlafetten, des geringen Splitt=
terns wegen bei einschlagenden Kugeln. Auch zu Achsen, Felgen, Naben,
Bandstöcken ist die Rüster sehr geschätzt.

Die Akazie liefert, ihrer langen Dauer wegen, im Niederwald be=
handelt, die besten Weinrahmen, schönes, hartes Möbelholz und wurde in
neuester Zeit von England aus zu Schiffsnägeln sehr gesucht. Aufkäufer
bezahlten bei uns bis $\frac{1}{2}$ Rthlr. für den Cubikfuß 8zölliger und stärkerer
Stammstücke.

Die Birke. Die häufig geflammt oder masrig gewachsenen Stämme
sind als Möbelholz gesucht, am Fuße gekrümmte Stämme zu Schlittenkufen,
schwächere Stangen zu Leiterbäumen, Pflugstangen 2c., Bandstöcke, Besenreisig.
Bei dem häufigeren Vorkommen selten mehr als 5—6 Proc. Nutzholzabsatz.

Dadurch kann der Waldbesitzer veranlaßt werden, ein theureres Holzstück in ein minder
theures Kormen zu lassen, wenn eine Magazinirung nicht ausführbar ist. Nur bei der un=
entgeldlichen Abgabe von Bau= oder Nutzhölzern an Berechtigte kommt allerdings die Ge=
brauchsfähigkeit in minimo weiter in Betracht.

Die Erle, nur zu Wasserleitungsröhren häufiger gesucht; als Bauholz im Nassen verwendbar, aber wenig gebraucht. Auch zu Schaufeln, Mulden, Trögen, Holzschuhen. Selten mehr als 2—3 Proc. Nutzholzabsatz.

Die Linde. Von Tischlern ihrer Weiße wegen zur innern Auskleidung der Luxusmöbel als Schnittnutzholz gesucht, außerdem in stärkeren Blöcken zu Bildschnitzerarbeiten, zu Mulden und Trögen.

Die Pappeln dienen ihrer Leichtigkeit wegen zum Verbauen in trockenen Räumen, besonders in die Dachstühle. In neuerer Zeit ist besonders das Schwarzpappelholz von den Eisenbahnbehörden sehr gesucht und theuer bezahlt worden, zur Verwendung als leichte Bretter in die Wände und Decken der Waggons, des geringsten Schwindens und Reißens wegen. Außerdem zu Schaufeln, Mulden, Trögen.

Die Weiden wie die Pappeln, aber selten in der entsprechenden Form. Die Saalweide häufiger zu Schachtelhölzern. Baum- und Uferweiden zu Flecht- und Faschinenmaterial ergeben, wie auch die Hasel zu Bandstöcken und harte Strauchhölzer zu Salinenreisig oft über 50 Proc. Nutzholzquote.

Unter den Nadelhölzern sind es die Kiefer, Lärche, Fichte und Tanne, welche die höchste, bis zu 80 Proc. mögliche Nutzholzquote abwerfen und in dieser die höchste Gebrauchsfähigkeit besitzen: durch die verhältnißmäßig geringe Bastung, den graden, regelmäßigen und aushaltenden Schaftwuchs, ihre geringe Schwere und die Leichtigkeit ihrer Bearbeitung. Kiefer und Lärche sind dann außerdem durch ihre lange Dauer ausgezeichnet.

Am höchsten im Preise stehen Kiefer und Lärche in sehr starken Stämmen als Mastenhölzer, wo der Transport ihrem Absatze günstig ist. Der Absatz an Wellen ist ein beschränkter und aussetzender. Bauholz und Schnittnutzholz bilden den größten Theil des Absatzes und stehen mit sinkender Länge und Stärke in abnehmendem Preise. Auch Stangenhölzer: Bohlstämme, Lattstämme, Hopfenstangen, Bohnenstangen, Zaungerten finden zu Preisen reichlichen Absatz, die, auf den Cubikfuß berechnet, nicht selten höher sind als die des Bauholzes. Dagegen ist der Absatz an Spaltnutzhölzern: Salz- und Kalktonnenholz, Schindeln, Spließen, ein vergleichsweise beschränkter.

Alle in Verjüngungsschlägen und alle außer diesen zu fällenden Stämme, die über 6" stark sind, müssen im Beisein des Betriebsbeamten auf einer hervorstehenden Wurzel oder am Stocke mit dem Waldhammer bezeichnet werden, damit der Betriebsbeamte zu controliren vermag, ob unangewiesene Bäume von den Holzhauern gefällt oder von Anderen gestohlen worden sind. Die Brennholzbäume bedürfen einer weiteren Bezeichnung nicht. Bäume, die zu Sortimenten von vorschriftsmäßigen Dimensionen ausgehalten werden sollen, erhalten durch den Reißer, oder durch Beilhiebe, den Holzhauern bekannte Sortimentszeichen, außergewöhnliche Dimensionen müssen auf Schalmflächen mit Röthel angegeben werden.

b) Die Fällung.

Die Fällung der Bäume kann in dreifach verschiedener Weise geschehen: durch Rodung, durch Umsägen,

durch Umhauen.

Das Roden stehender Bäume geschieht entweder ohne oder mit
Beihülfe besonderer Maschinen. Im ersten Falle werden die Wurzeln des
Baumes mit Rodehacke und Spaten bis zu einer Stärke von 3—4 Ctm.
von der Erde entblößt und in dieser Dicke, die Wurzeln der Fallseite aber
außerdem am Stocke, abgehauen. Eine der längsten und stärksten Wurzeln,
entgegengesetzt der Seite, nach welcher der Baum geworfen werden soll,
wird als Hebelarm benutzt und vermittelst starker Hebebäume so weit gehoben, daß Schaft und Krone nach der Fallseite hin das Uebergewicht erhalten und im Fallen die noch im Erdreich haftenden Wurzeln des Stockes
ausreißen.

Soll das Stockholz nur als Brennholz verwendet werden, dann wird
die Arbeit wesentlich gefördert, wenn der noch stehende Stamm in gewöhnlicher Stockhöhe auf der dem Fallbett entgegengesetzten Seite bis zur Mitte
einen Sägeschnitt erhält. Werden dann, rechtwinklig von beiden Enden des
Sägeschnitts abwärts, Keile in die Stockmitte getrieben, gleichzeitig im
Sägeschnitt der Baum durch Keile dem Fallbett zngetrieben, dann fällt der
Baum mit der einen gespaltenen Stockhälfte, lockert auch in der Regel die
zweite Stockhälfte mehr oder weniger. Der Arbeiter erspart sich hierdurch
die erste schwierigste Klüftung des Stockes.

Schon früher bediente man sich, theils zur Bestimmung der Fallrichtung, theils zur Beförderung des Falles langer Seile, die unter der Baumkrone befestigt und von Arbeitern angezogen wurden. Unter dem Namen
„Waldteufel" benntzt man heute starke Hanf- oder Drahtseile mit Kettenwerk
vereint, die mit einem Ende 7—8 Mtr. hoch am umzureißenden Baume,
am andern Ende am Stocke eines benachbarten Baumes befestigt, durch
Flaschenzug und Hebel mit geringem Kraftaufwande so stark angespannt
werden können, daß, ohne vorhergegangene Erdarbeit, selbst alte Bäume
mit der ganzen Bewurzelung umgerissen werden.

Die Vortheile einer solchen Rodung liegen nicht allein in Ersparniß
von Arbeitskraft, sondern wesentlich auch darin: daß an Bau- und Nutz-
holzbäumen der größte Theil des Wurzelstockes am Schaftende verbleiben
und als Nutzholz verwerthet werden kann, werthvolle Kniehölzer aus Schaft
und starken Seitenwurzeln ausgehalten werden können.

Demohnerachtet wird das Rohden stehender Bäume stets nur eine
beschränkte Anwendung finden, da es im gefrorenen Boden nicht ausführbar, der Winter aber die Zeit ist, in welcher die Fällungen geschehen müssen,
theils der Güte des Holzes, theils der disponiblen Arbeitskräfte wegen.

In der Regel müssen daher die Bäume im Winter mit Säge oder
Art gefällt und aufgearbeitet, die im Boden verbliebenen Stöcke erst im
Frühjahre, wenn der Frost aus dem Boden ist, und im Sommer gerodet
werden.

Die Stockrodung erstreckt sich in der Regel nur bis zu 2zölliger
Wurzelstärke, das Roden schwächerer Wurzeln, wenn sie nicht znfällig mit
in den Rodekessel fallen, lohnt selten die Arbeitskosten. Bis zu jener Stärke
müssen die Wurzeln mit der Rodehacke bloßgelegt, sodann rund herum dicht

am Stocke abgehauen und gekürzt werden. Darauf wird der Stock von der Schnittfläche aus vermittelst Keile über Kreuz so weit gespalten, daß ein Hebebaum in die Spaltfläche eingebracht und mit diesem die Stockscheite ausgebrochen werden können. Bei sehr starken Stöcken bedient man sich hierbei zweckmäßig sehr stark gearbeiteter, gewöhnlicher Wagenwinden. Beim Roden schwacher $1/6$—$1/3$ Mtr. dicker Stöcke leistet die Schuster'sche Hebemaschine gute Dienste.

Das Ausspalten der Stöcke erheischt bedeutend geringeren Kraftaufwand, wenn der oberirdische Theil derselben $1/2$—$2/3$ Mtr. hoch ist. Allerdings fällt dadurch ein bedeutender Theil gerade des stärksten und besten Nutzholzes in die Stockholzmasse und man hat daher das Stehenlassen hoher Stöcke als unwirthschaftlich häufig verdammt. Indeß ist dieß doch nur bedingungsweise richtig. Wo das Bau- und Nutzholz nicht nach dem Cubikfuß verkauft, sondern in Sortimenten von bestimmter Länge und Stärke zu festen Preisen abgegeben wird, wo das Gipfelholz zur Befriedigung der Brennholzbedürfnisse verwendet werden muß, da hat das Stehenlassen $2/3$metriger Stöcke doch nur zur Folge: daß das Bauholzstück am Gipfel um $2/3$ Mtr. höher abgelängt wird. $2/3$ Mtr. Höhenunterschied am Gipfelende zeigen aber durchschnittlich keinen Stärkeunterschied, wenigstens keinen solchen, der bei Messungen für den Verkauf bemerkbar wird. Die Folge ist also nur: daß eine $1/3$—$1/2$metrige Brennholzlänge des Gipfels hier vom Stammende entnommen wird, woselbst sie der größeren Stärke und des Wurzelanlaufes wegen bei weitem massenhaltiger ist, den Werth der Stockholzklafter in hohem Grade erhöht, dieser ein viel besseres Ansehen gibt und die Rodungskosten vermindert. Man gewinnt an Arbeitskosten, Brennholzmasse und Brennholzwerth, ohne an Nutzholzmasse und Nutzholzwerth zu verlieren, was allerdings da der Fall ist, wo die ganze, zu Nutzholz verwendbare Länge des Schaftes als Nutzholz verwerthet werden kann.

Bei der Höhe der Roderlöhne (meist das doppelte des Lohnes für die Scheitholzklafter) und der Transportkosten (in Folge der geringen Masse im Raume) wird der unmittelbare Gewinn, den' der Waldbesitzer aus dem Stockholze zu ziehen vermag, meist nur ein unbedeutender sein. Mittelbar kann ihm aber da ein wesentlicher Vortheil erwachsen, wo ohne Stockholznutzung er genöthigt sein würde, die Brennholzbedürfnisse theilweise mit Holz zu befriedigen, das er als Nutzholz verwerthen könnte.

Der geringe Reinertrag der Stockholznutzung ist dann auch die Ursache, daß man in Durchforstungschlägen die Stöcke in der Regel nicht benutzt. Der Zuwachsverlust durch unvermeidbare Beschädigung vieler Wurzeln der stehenbleibenden Stämme, würde jenen geringen Gewinn absorbiren.

Das Umsägen ist für alle Bäume über 15 Ctm. Stärke die üblichste Fällungsart. Der Arbeiter hat zuerst die Fallrichtung des Baumes so zu bestimmen, daß derselbe nicht auf andere Bäume auffällt und in deren Aesten hängen bleibt, daß er beim Niederfallen an brauchbarem Wiederwuchse möglichst wenig Schaden thut, daß er an Berghängen gegen Berg falle und ein möglichst ebenes Fallbett erhalte, damit er beim Auffallen auf hervorragende Steine, Stöcke, Klaftern, über Gräben oder Mulden sich nicht selbst beschädige. Am vorsichtigsten in letzterer Beziehung sind sehr langschäftige Mastenhölzer und solche Eichen zu behandeln, in deren Beastung Krummhölzer für den Schiffbau enthalten sind.

Ist die Fallrichtung bestimmt, dann hat der Arbeiter, rechtwinklig zu dieser, auf der ihr entgegengesetzten Baumseite den Sägeschnitt in einer Höhe über dem Boden anzulegen, die bei Stämmen bis 40 Ctm. Durchmesser dem Halbmesser, bei stärkeren Stämmen dem dritten Theil des Durchmessers der Stockfläche entspricht und diesen Schnitt bis auf $^3/_5$ des Durchmessers, jeden Falles aber über die Baummitte hinaus zu führen, da sonst das Stammende beim Umbrechen des Baumes leicht aufspaltet. Durch nachgetriebene Keile ist das Klemmen der Säge zu verhindern. Parallel dem Sägeschnitte ist sodann auf der entgegengesetzten Seite ein Haukerb bis zum Fallen des Baumes so zu führen, daß dessen Basis einige Ctm. unter der Höhe des Sägeschnitts liegt, bei einer Höhe des Kerbes bis zu $^1/_3$ des Stockdurchmessers. Je weiter der Sägeschnitt über die Mitte des Baumes hinausgeführt wird, um so niedriger kann der Haukerb gehalten werden, womit nicht allein ein geringerer Abfall von Hauspänen, sondern auch Nutzholzgewinn in solchen Fällen verbunden ist, in welchen ein höherer Haukerb das vollkantige Beschlagen des Bauholzstückes bis zur Schnittfläche verhindern würde.

Das Umhauen geschieht nach denselben Regeln wie das Umsägen, nur daß an die Stelle des Sägeschnittes ein erster Haukerb tritt, der, da er wie der Schnitt über die Mitte des Baumes reichen muß, um so mehr Hauspäne in Wegfall bringt, ein um so längeres Hauende der Nutzholzberechnung entzieht.

Außerdem geht beim Umhauen die Möglichkeit verloren, auch in schwierigeren Fällen dem Baume eine bestimmte Fallrichtung durch Treiben vermittelst der Keile im Sägeschnitt geben zu können, daher nur Bäume unter 15 Ctm., meist nur solche unter 10 Ctm. umgehauen werden.

Bei Fällungen jeder Art im Wiederwuchse ist darauf zu achten: daß die Bäume mit der Krone auf die noch nicht, oder mit dem jüngsten Holze bestandenen Flächen hingeworfen werden, daß, wo der Wiederwuchs überall gleich dicht und hoch ist, die Kronen der benachbarten Bäume auf eine und dieselbe Stelle geworfen werden, damit anstatt vieler nur eine Lücke entstehe; daß die gebogenen Stämmchen vom Drucke möglichst rasch befreit und wieder aufgerichtet werden; daß in schwierigen Fällen durch vorhergegangenes Ausästen der zu fällenden Bäume der Schaden am Wiederwuchse möglichst verringert wird.

c) Die Aufarbeitung.

Der gefällte Baum wird zunächst entästet, wobei darauf zu sehen, daß der Abhieb der Aeste und Zweige ganz dicht am Schafte, resp. Aste geschieht. Nur da, wo Krummhölzer aus Schaft und Aesten ausgehalten werden sollen, bedarf es einer vorhergehenden Ausweisung.

Bau- und Nutzhölzer werden sodann in den vorgeschriebenen Längen vermittelst der Säge ausgehalten. Die Ausmessung geschieht ausschließlich des Kerbendes, doch können bei Bauhölzern, die kantig beschlagen werden und bei Blöcken, die aus der Hand geschnitten werden, ein oder einige

Ctm. des Kerbendes mit in die Messung gezogen werden, so weit dieß die Verwendung des Nutzholzstückes zulässig macht.

Wo eine bestimmte Verwendung vor dem Hiebe des Bauholzes noch nicht vorliegt, will König ein Ablängen des Schaftes an der Stelle, wo dessen Durchmesser $1/3$ des Durchmessers in Brusthöhe beträgt.

Bau= oder Nutzholzstämme, die wahrscheinlich den Sommer über im Walde liegen bleiben, ehe sie abgegeben werden, müssen bewaldrechtet, d. h. von vier Seiten so weit behauen werden, daß zwischen je zweien entrindeten Längsflächen eben so breite Rindestreifen stehen bleiben. Schwächere Nutzholzstangenhölzer werden nur geplätzt, d. h. es werden ihnen, durch Beilhiebe in ein oder einigen Ctm. Zwischenraum handgroße Rindeflächen hinweggehauen.

Die Oertlichkeit entscheidet: ob Unterlagen von Knüppeln oder ein Rücken der Bau= und Nutzhölzer und ein Aufstapeln derselben nothwendig oder zweckmäßig ist.

Eine weitere Aufarbeitung erleiden im Rohnutzungsbetriebe die Brenn= hölzer und zwar entweder durch Einsetzen in Klafter= oder Malterräume oder durch Aufbinden in Wellen oder Wasen. Einige Nutzhölzer für Böttcher, Felgenhauer, Spanreißer, Schindelmacher werden ebenfalls in Nutzholz= klaftern, Salinen=Faschinen=Flecht=Reisig wird in Wellen abgegeben.

Alle diese Hölzer werden in den üblichen und vorschriftsmäßigen Längen bis zu derjenigen Stärke abwärts mit der Säge gekürzt, in welcher ein Hauerb nicht mehr nothwendig wird, die Trennung durch einen Hieb ohne Verlust an Hausspänen sich bewirken läßt, also bis zu ungefähr 2zölliger Stärke hinab.

Was die Scheitlänge betrifft, so ist die metrige vorherrschend, und nur da, wo viel Brennholz verkohlt wird, gibt man auch dem übrigen Brennholze die für den Köhlereibetrieb zweckmäßigste $1^1/3$—$1^2/3$metrige Scheit= länge der Conformität wegen. Bei 1metriger Scheitlänge legt sich aber das Holz dichter in den Klafterraum, die Scheite sind leichter zu spalten und zu handhaben, der Käufer erspart über 10 Proc. an Schneidelohn für weitere Zerkleinerung des Holzes.

Je grobklobiger das Holz ausgespalten wird, um so mehr Masse enthält das daraus aufgesetzte Raummaß. Damit die Maße gleicher Art auch hierin gleichwerthig werden, muß daher eine bestimmte Scheit= holzstärke vorgeschrieben sein, die für gewöhnliches Brennholz zwischen 15—20 Ctm. Stirnbreite schwankt. Nur Nutzholzklafter werden in der Regel möglichst grobklobig abgegeben.

Zum Aufsetzen in Klaftern fortirt der Waldarbeiter das Brennholz in Scheitholz bis 15 Ctm. Durchmesser hinab; in Knüppelholz zwischen 5 und 15 Ctm. Stärke; in Stockholz aus graden Spitzen und geringem Durchforstungsholz unter 8 oder 5 Ctm. Stärke; in Reiserholz unter 5—8 Ctm. Stärke, wo solches nicht, wie gewöhnlich, in Wasen auf= gebunden wird, und in Stuckenholz, welches sowohl alles Holz aus dem Wurzelstocke als die stärkeren und schwächeren, gerodeten Wurzeln in sich faßt. In Beständen, die größere Mengen durch Fäulniß schadhaftes oder so knorriges Holz enthalten, daß dessen Zerlegung in grade Scheite entweder unausführbar ist oder zu viel Arbeitskraft in Anspruch nehmen würde, wird das schadhafte und das unspaltige Holz in K n o r r h o l z für die Auf= klafterung ausgeschieden.

Nuh= und Scheitholz wird gespalten. In das Stucken= und Knorr= holz werden theils gespaltene, theils ungespaltene Stücke aufgenommen, das Holz der übrigen Sortimente bleibt ungespalten.

In der Regel muß jede Holzart in gesonderten Verkaufsposten auf= bereitet werden. Nur dann dürfen verschiedene Holzarten in dieselbe Klafter oder Welle zusammengebracht werden, wenu durch das Zusammentragen derselben Holzart zu gesonderten Verkaufsposten die Arbeitskosten wesentlich erhöht werden. Auch ist das Setzen kleinerer Verkaufsposten als 1 Cubikmtr. für den Waldbesitzer stets mit Verlusten verbunden, theils durch den größeren Aufwand an Unterlagen und Stützen, theils dadurch, daß vom Waldarbeiter der kleinere Verkaufsposten in der Regel reichlicher gesetzt wird, als dieß geschehen sollte. Dieß zu vermeiden ist in gemengten Beständen das Setzen gemengter Klaftern oder Wasen um so eher zulässig, je weniger die be= treffenden Holzarten im Brennwerthe verschieden sind, z. B. Buche, Hain= buche, Birke oder Fichte und Tanne, oder Kiefer und Lärche.

Das gewöhnliche Reiserholz wird größtentheils in Gebunde von 1 Mtr. Länge und $1/3$ Mtr. im Durchmesser vermittelst Bindweiden aufgebunden und schockweise verkauft. Nur da, wo das Reiserholz sehr niedrig im Preise steht, oder wo das zum Aufbinden geeignete Material fehlt, legt man auch das Reiser= holz in Meterräume zwischen Pfähle oder man verkauft dasselbe fuderweise.

Das Setzen der Klaftern geschieht wo möglich auf horizontaler Ebene zwischen P f ä h l e , die in den Boden eingeschlagen und vermittelst eines Kerbes durch schräge gestellte Strebhölzer am Ausweichen nach Außen verhindert werden. Die Befestigung der Pfähle durch Gabelreiser, deren Zweigspihen in den Klafterraum gelegt und durch die aufgelegten Scheite festgehalten werden, gibt zwar dem Pfahle eine größere Festigkeit, dem Waldarbeiter aber Gelegenheit zu betrüglicher Klafterung, da das, die Scheite rechtwinklig kreuzende Reisig ein dichtes Zusammenlegen ersterer ver= hindert, wenn der Arbeiter bei der Wahl des Gabelreisigs nicht sehr sorg= fältig zu Werke geht.

Die Klaftern sollen stets zwischen Pfähle, nie an Bäume oder Felsen 2c. gesetzt werden. Müssen sie an einer geneigten Ebene aufgesetzt werden, dann sind die Scheite zwischen die, in der Neigungslinie senkrecht einzuschlagenden Pfähle in die Horizontale zu legen und die Klafterhöhe ist rechtwinklig zu der geneigten Grundfläche abzumessen.

Wenn die Klaftern nicht sehr bald abgefahren werden, auf feuchtem Boden und über bereits vorhandenem Wiederwuchse ist es rathsam, sie auf Unterlagen von Scheitstücken aufzusetzen, die der Klafterlänge nach in doppelter Reihe auf den Boden gelegt werden. Wenn zur Vermehrung des Luftzuges die Unterlagen nicht der ganzen Länge nach auf den Boden ge= legt, sondern zu einem, in der Mitte der Klafterlänge aufgestellten Bocke beiderseits dachförmig aufsteigen, so nennt man dieß eine Bockklafter. Natür= lich muß in diesem Falle die Oberseite der Klafter eben so giebelförmig aufsteigen wie die Unterseite. Starke Unterlagen leisten indeß nahe dasselbe.

Die Waldarbeiter müssen verpflichtet werden das Holz unentgeldlich bis auf 30 bis 40 Schritte Entfernung an solche Stellen zusammenzutragen, die aus ein oder dem anderen Grunde für die Aufmalterung oder Abfuhr vorzugsweise geeignet sind; ein Zusammentragen auf weitere Entfernungen muß ihnen durch Rückerlöhne vergütet werden.

Die untersten Scheite, so wie die welche die Pfähle berühren, werden so gelegt, daß die Rindeseite nach unten und außen gekehrt ist. Im Innern der Klafter sind die Scheite möglichst dicht, aber nicht mit denselben Spalt= flächen zusammen, sondern so zu legen, daß die Kernseite jedes folgenden Stückes der Rindenseite des unterliegenden Stückes zugekehrt ist.

Eine gute, gleichförmige und dichte Klafterung erspart dem Wald= besitzer nicht allein Arbeits= und Transportkosten, sondern macht die Waare auch ansehnlicher und begehrter. Sie ist besonders da empfehlenswerth, wo das meiste Holz im Wege des Meistgebotes verkauft wird. Wo hingegen viel Holz an Berechtigte oder zu festen Tarpreisen abgegeben wird, ist auch hierin die goldene Mittelstraße einzuhalten.

Wenn das Holz und besonders das gespaltene einige Zeit im Walde steht, verliert es durch Eintrocknen an Volumen. Werden voll gesetzte Klaftern abgefahren und trocken wieder aufgesetzt, dann legen sich die Scheite dichter ein, die Kläfter hat nicht mehr das volle Maß und dem Verkäufer oder Magazinverwalter fehlt jede Controle, ob nicht auch auf anderem Wege Bestandtheile des angefahrenen Holzes in Abgang gekommen sind. Dieß zu vermeiden, wird im Walde der frisch gesetzten Klafter so viel Uebermaß gegeben als das Schwindemaß beträgt. Klaftern, die im Laufe des nächsten Sommers abgefahren werden, gibt man in der Regel ein Uebermaß von 1,5 Ctm. auf jeden Höhenfuß; nie mehr bei Nadelhölzern, die am wenigsten schwinden; dem stark schwindenden Eichen= und Buchenholze nur dann etwas mehr, wenn man weiß, daß das Holz ein oder mehrere Jahre vor dem Verkaufe auf Ablagen oder in Magazinen aufbewahrt werden muß. Des Verlustes der Rinde wegen dem Floßholze ein stärkeres Uebermaß zu geben hat keinen erheblichen Nutzen, da die Unbestimmtheit dieses und mancher andere unvermeidbare Verlust den Zweck einer darauf beruhenden Controle aufhebt.

II. Betrieb der Rindenutzung.
(Seite 219.)

Die Zeit, in welcher die Knospen anschwellen, bis zur Entfaltung der ersten Blätter, umfaßt den Zeitraum, in welchem die Rinde am leich= testen vom Holzkörper sich ablösen läßt. Es scheint dieß zugleich auch der Zeitraum zu sein, in welchem der Gerbstoff des Bastes in einem der ge= werblichen Verwendung geeignetsten Zustand sich befindet (es ist hier noch Vieles unaufgeklärt). Außerdem soll noch einmal „um Johannistag" die Rinde sich leicht lösen. Ich vermag für diese Behauptung keinen anato= mischen Grund aufzufinden, und möchte sie einstweilen noch in Frage ge= stellt wissen. Jeden Falles steht der Johannitrieb in keiner Beziehung zur ungehinderten Fortbildung des Jahresringes und es ist nicht einzusehen, weßhalb um Johanni die Rinde leichter gehen sollte, als zu jeder anderen

Zeit zwischen Johanni und dem Beginn der Vegetation. Aber auch ab=
gesehen hiervon, muß ein großer Theil des Gerbstoffs, der, wie ich gezeigt
habe, ein Reservestoff ist, um Johanni auf Neubildungen an Zellen und
Fasern verwendet sein, die Johannirinde würde sicher einen bedeutend ge=
ringeren Werth als Gerbmaterial besitzen als die Mairinde. [1]

Die Eichenrinde wird in verschiedener Weise gewonnen von alten
Eichen und von jungen Stangenhölzern.

Sollen alte Eichen entrindet werden, so muß dieß in der bezeich=
neten Zeit sofort nach Fällung des Baumes geschehen, und dürfen keine
Bäume im Vorrath gefällt werden, da schon nach 24 Stunden die Ast=
rinde gar nicht mehr, die Stammrinde weit schwerer sich ablösen läßt.
Das Entrinden beginnt am gefällten Baume an den Aesten, die in der
Regel höchstens bis zu 3=centiger Stärke, oft nur bis zu 5 oder 7=centiger
Stärke entrindet werden, da die Entrindung der schwächeren Aeste und
Zweige unverhältnißmäßig mehr Arbeitskraft und Arbeitslohn erfordert.
Wohl aber werden hier und da die 1—2jährigen Reiser ungeschält und
getrocknet auf der Lohmühle zerquetscht und mit dem Holze als Lohe
verwendet.

Das Entrinden der stärkeren Zweige und der schwächeren Aeste ge=
schieht meist dadurch, daß dem, in 1=metrige Stücke gehauenen Aeste,
mit dem Rücken eines Handbeiles, auf einer Unterlage von Holz so kräftige
Hiebe gegeben werden, daß die Rinde platzt und von Frauen und Kindern
mit den Händen abgelöst werden kann. Es gibt dieß die sogenannte
Pfeifenborke. Die Borke der stärkeren Aeste und des Stammes wird
mit der Axt in Scheitlänge geringelt, der Länge nach mit dem Beile auf=
gehauen und vermittelst langer Keile von hartem Holze abgelöst. Die
Arbeit schreitet von oben nach unten vor, weil die gröbere Borke auch
dann vermittelst des Lösholzes noch vom Holze sich trennen läßt, wenn
die höhere Borke schon sehr fest geworden ist.

Der aufgerissene Theil der Eichenborke, obgleich ebenfalls aus Bast=
schichten bestehend, enthält so geringe Mengen Gerbstoff, daß er vom Gerber
hinweggenommen und nicht mit zur Lohe verwendet wird. Auf besonderen
Wunsch der Gerber geschieht das Putzen der gröberen Stammborke ꞏoft
schon im Walde und dann so viel wie möglich vor dem Schälen mit
Schnitzmessern, und nur diejenigen Borkeplatten, die dem Schnitzmesser
nicht zugänglich sind, werden auf dem Stellmacherbock geputzt. Es kommt
dadurch ungefähr die Hälfte der Borke in Wegfall, wodurch natürlich eben
so viel an Transportkosten erspart wird.

Zum raschen Abtrocknen wird die ꞏPfeifen= und Stückborke auf
1/3 bis 2/3 Mtr. hohe Unterlagen von feinem Reisig in Haufen auf=
geschichtet, jeder Haufen dann mit großen Platten der Stammborke um=
stellt, die Rindeseite nach außen gekehrt, und die obere Oeffnung der
Plattenwandung mit groben ꞏBorkeplatten überdeckt, die Rindeseite nach
oben gekehrt. Auf diese Weise ist die Rinde vor dem Auslaugen durch

---

[1] In einer Arbeit „über den Gerbstoff der Eiche" habe ich nachgewiesen, daß das bis
1/2 Ctm. starke Reiserholz der Eiche, wie es aus den Wasen der Winterfällung ausgebrochen
werden kann, eben so viel Gerbstoff enthält wie die Rinde der Aeste und des Schaftes.

Regen geschützt und nach 8—14 Tagen so weit getrocknet, daß sie entweder in Klafterräume aufgesetzt oder in Wellen aufgebunden werden kann. In beiden Fällen werden die großen Borkeplatten mit der Rindeseite nach außen in den Umfang der Klaftern oder Wellen verbaut, das Innere mit den kleinen Rindestücken erfüllt. Rasche Abfuhr der Rinde ist aber unter allen Umständen nothwendig, da jedes Naßwerden den Werth derselben bedeutend verringert.

Hierorts errichtet man, zum Trocknen der Rinde, aus in die Erde geschlagenen, in ³/₄ Meter Höhe sich kreuzenden Knüppelpaaren gerade Reihen spanischer Reiter, verbindet solche durch übergelegte Stangen, schichtet die kleineren Borkestücke auf Unterlage von Reisern unter den Stangen auf und bildet über ihnen ein fortlaufendes Dach aus den groben Borkeplatten, denen die Stangen zum Stützpunkte dienen. Die Borke trocknet durch den stärkeren Luftzug rascher, läßt sich aber nicht so vollkommen gegen Regen sichern wie in vorbeschriebener Weise.

Die Gewinnung der sogenannten Spiegelrinde von jungen Eichen, meist von Stocklohden des Nieder- und Mittelwaldes, geschieht meist am stehenden Holze der Art: daß, nachdem der Stock einige Ctm. über dem Boden mit dem Beile gekränzt wurde, vermittelst eines, einem Gartenmesser ähnlichen, an einer 2 Mtr. langen Stange befestigten Lohreißers, die Rinde auf drei oder vier Seiten des Schafts von oben nach unten der Länge nach aufgerissen wird. Vermittelst des Lohschlitzers, eines halbkuglichen Eisens von 5 Ctm. Durchmesser, das wie ein Gießlöffel in einen Stiel ausläuft und an einer kurzen Stange befestigt ist, werden darauf die Längsrisse durch Lösung der Rinde dadurch erweitert, daß man, die platte Seite der Halbkugel nach innen gekehrt, letztere in den Rinderiß einbringt und sie von unten nach oben fortschiebt. Ist dieß in allen Rinderissen vollbracht, dann lösen sich die Rindestreifen von unten nach oben leicht und ohne zu zerreißen vom Holze ab und bleiben mit der Gipfelrinde so lange in Verbindung, bis sie abgetrocknet sind, worauf die Stangen gefällt, die Rindestreifen abgerissen und, in Bunde zusammengebunden, centnerweise verkauft werden.

Allerdings geht bei diesem Verfahren die Gipfelrinde größtentheils der Rindenutzung verloren, da sie sich nach dem Abtrocknen der Stammrinde nicht mehr löst. Bei möglichst vollständiger Ausnutzung muß daher nach dem Reißen und Schlitzen der Stamm sofort gefällt und die Rinde aus der Hand geschält werden. Häufig unterläßt man das Schlitzen ganz und hebt dann die Rinde wie die der Baumborke, nach dem Fällen des Stammes vermittelst eines keilförmigen Instrumentes vom Holze ab.

Die Rinde der Fichte geht bis in den Monat Juni gut. Da sie bei uns nur ausnahmsweise als Gerbmaterial, meist zur Deckung von Köthen, Bekleidung oder Deckung von Gartenhäusern ꝛc. verwendet wird, löst man sie bei uns rund um den liegenden Stamm in einem 2—3 Mtr. langen Stücke vom Holze ab, das sich beim Trocknen zusammenrollt. Diese Rollen werden dann schockweise verkauft.

Die Rinde der Linde geht erst gegen Johanni leicht vom Holze. Sie wird in möglichst grade aufsteigenden, 8—10 Ctm. breiten Streifen gerissen, vom Holze abgehoben und dann frisch, in Bündel gebunden, vermittelst Stangen in stehendes Waffer versenkt. Nach 6—8 Wochen ist die Maceration vollendet. Die Jahreslagen des Baftes laffen sich dann leicht von einander trennen, in fließendem Waffer auswaschen und sortiren. Die jüngsten innersten Jahreslagen liefern den feinsten, die äußeren Jahreslagen den groben Baft.

III. Betrieb der Früchtenutzung.
(Seite 241.)

Hauptsächlich durch Verpachtung. Die Maft verpachtet der Waldbesitzer, womöglich an den Hütungsberechtigten, der ihm den höchsten Pachtpreis geben kann und wird, weil ihm aus der Pachtung zugleich der große Vortheil erwächft, sein Behütungsrecht ununterbrochen während der Maftzeit fortfetzen zu können. In solchen Fällen hat dann der Waldbesitzer diejenigen Forstorte von der Verpachtung auszuschließen, in denen er dem Pächter die Maft gar nicht, oder nur durch Auflesen von Menschenhänden gestatten will, theils der Ernährung des Wildes, theils behuf Einsammelns des eigenen Bedarfes an Saatfrucht wegen.

Es können aber Fälle eintreten, in denen Pächter für die gesammte Maftnutzung des Jahres nicht vorhanden, oder nicht geneigt sind, einen dem Werthe derselben entsprechenden Pachtzins zu entrichten. In solchen Fällen wird dann der Waldbesitzer zu der, für ihn stets sehr läftigen Fehme gezwungen. Man versteht darunter die Aufnahme fremder Schweine in den Wald, gegen ein zu entrichtendes Maftgeld (Seite 221), mit der Verpflichtung: dieselben durch einen von Waldbesitzern zu erwählenden Hirten bis zur Feiftung in den Maftdiftrikten hüten zu laffen, für die Gesundheit und das beste Gedeihen der aufgenommenen Schweine alle mögliche Sorge zu verwenden, endlich die gefeifteten Schweine dem Besitzer gegen die Entrichtung des bedungenen Maftgeldes wieder zurückzugeben.

Beabsichtigt der Waldbesitzer diese Art der Maftbenutzung, dann muß schon im August eine Maftschätzung eintreten (S. 221), um darnach die Zahl der einzunehmenden Schweine berechnen und die erforderlichen Bekanntmachungen erlaffen zu können. Ende August oder Anfang September werden alsdann die angemeldeten Schweine aufgenommen, damit sie vor dem Beginn der Maft sich an das Leben im Walde gewöhnen, von Erdmaft und Gras sich ernährend, nachdem der Waldbesitzer für tüchtige Hirten, die Anlage von Nachtkoppeln Sorge getragen hat.

Ein Hirt allein kann bis 200 Schweine hüten. Auf jedes Hundert Schweine mehr bedarf es eines Beihirten, den jedoch nicht der Waldbesitzer, sondern der Meifterhirt zu lohnen hat. Letzterer erhält für die ganze, 9—10wöchentliche Dauer der Maftzeit, auf jedes Schwein 30—40 Pfennig Hüterlohn. Der Hirt muß mit den Krankheiten und mit der Wartung der Schweine gut bekannt sein und verpflichtet werden, von eingetretenen Krankheiten und Todesfällen, im letzteren Falle unter Vorzeigung des gefallenen Stückes, sofort Anzeige zu machen, in anderer Weise abhanden gekommene Schweine zu ersetzen.

Die Buchten müssen auf trockenem, lockeren, die Feuchtigkeit leicht aufnehmenden, sanft geneigten Boden in der Nähe der Maftdiftrikte angelegt, mit aufrecht eingegrabenen 2 Mtr. langen Scheithölzern eingezäunt und besondere Verschläge für krank werdende Schweine hergerichtet werden, die der Hirt beim ersten Anschein einer Krankheit sofort von der Heerde auszuscheiden hat. Man rechnet auf je 4 Schweine 1 Are Buchtfläche.

Müssen die Schweine aus den Maftdiftrikten jedesmal weit zum Wasser getrieben werden, dann verlaufen sie einen großen Theil der Feistung. Je öfter sie zum Wasser gelangen können, ohne die Maftdiftrikte zu verlassen, um so rascher und vollständiger erfolgt die Feistung. Wo es an Wasser fehlt, muß dafür durch Ausgrabungen so viel wie möglich Sorge getragen werden.

Bei der Aufnahme der Schweine in die Fehme ist jedes derselben, neben dem Namen und Wohnort des Besitzers, nach Alter, Größe und weiteren Kennzeichen genau im Register zu beschreiben, außerdem durch aufgebrannte Nummern oder Buchstaben zu kennzeichnen, damit bei der Wiederabgabe der, in der Maftzeit sich sehr verändernden, Schweine keine Irrungen eintreten können.

Die Wiederabgabe der gefeifteten Schweine gegen Erlegung des Maftgeldes muß an demselben Tage im Beisein aller Besitzer erfolgen, damit diese, in zweifelhaften Fällen der Erkennung, das Richtige unter sich ausmachen können.

Bleibt nach Feistung der, in die Hauptmaft aufgenommenen Schweine noch Maft übrig, dann können noch einmal Zucht- und Faselschweine zur Nachmaft aufgenommen werden, die dann bis zum Schneefall fortdauert.

In Jahren geringen Maftertrages, wenn aber einzelne Bäume reichlich Früchte tragen, ist die Ausgabe von Lesezetteln der geeignetste Weg, einigen Nutzen aus solchem Ertrage zu ziehen. Mehr der Controle als einer Einnahme wegen werden solche Scheine auch für die Sammler von Haselnüssen, Waldbeeren ꝛc. ausgestellt.

Kiefern-, Fichten-, Lärchen-, Erlenzapfen werden am wohlfeilsten während des Winters von den, in den Schlägen gefällten Bäumen gesammelt, und zwar gegen Tagelohn von Kindern und Frauen unter Aufsicht. Finden solche Fällungen nicht statt, oder ist die in ihnen zu sammelnde Samenmenge nicht ausreichend, müssen die Früchte von stehenden Bäumen eingesammelt werden, dann ist Accordarbeit vorzuziehen und kostet dann der Scheffel an Sammlerlohn bei mittelmäßiger Samenproduktion und 90—100 Pfg. Tagelohn annähernd: Kiefern 80—100 Pfg., Fichten 20—40 Pfg., Lärchen 100—150 Pfg., Hainbuchen, Eschen, Ahorne 80—120 Pfg., Birken, Erlen, 100—150 Pfg., Eichen, Bucheln 80—120 Pfg. (Klopfen und Auflesen.)

IV. Betrieb der Laubnutzung.
(Seite 242.)

Der Futterlaubgewinn von Hainbuchen, Rüstern, Eschen, Eichen ꝛc. geschieht in sehr einfacher Weise dadurch: daß die, Ende August gehauenen

Ausschläge der Kopf= und Schneidelhölzer in Wellen aufgebunden und zum
raschen Abtrocknen vereinzelt aufgestellt werden. Die mit dem Laube ge=
trockneten Reiser werden dann den Winter über dem Viehe vorgeworfen,
von welchem nicht allein das Laub, sondern auch die dünnsten Zweigspitzen
abgefressen werden, worauf das übrige Reisig zur Feuerung verwendet wird.

Bei dieser Nutzung ist es nothwendig, auf jedem Stamme einige gut
belaubte Zugreiser überzuhalten, damit der Baum nicht im Safte stickt.
Diese Zugreiser können dann im kommenden Winter nachgehauen werden.

Da die im August geköpften Stämme schon im Herbste die Keime für
den nächstjährigen Wiederausschlag anregen, erfolgt der Ausschlag sehr früh
im kommenden Frühjahre und leidet häufig von Spätfrösten, daher der
Futterlaubhieb nur da mit gutem Erfolge auf die Dauer zu betreiben ist,
wo man von Spätfrösten wenig zu befürchten hat.

Auch in den nächstjährigen Schlägen des Niederwaldes und des Unter=
holzes im Mittelwalde, wie in den jüngeren Durchforstungshieben des
Hochwaldes könnten bedeutende Mengen Futterlaub in ähnlicher Weise ge=
wonnen werden, doch ist dieß eben nicht gebräuchlich. Häufiger findet hier
ein Futterlaubgewinn durch Laubstreifeln von Seiten der ärmeren Land=
leute statt und ist dasselbe vom Waldbesitzer in den nächstjährigen Schlägen
zur Unterstützung der Bedürftigen so lange und so weit zu gestatten, als
das Streifeln von Letzteren mit der nöthigen Schonung der Bestände aus=
geübt wird. Einen unmittelbaren Gewinn wird der Waldbesitzer in den
meisten Fällen aus der Gestattung nicht beziehen können, da die bedeuten=
den Arbeitskosten dem Werthe der Nutzung nahe gleichstehen.

Das abgefallene Laub dient dem Waldboden als Dungmittel und
Bodenschutz gegen das Eindringen des Frostes, Verdunstung der Feuchtig=
keit und Verhinderung des Gras= und Unkrautwuchses. Jede Verminderung
dieses Dung= und Schutzmittels rächt sich daher in Verringerung des Holz=
zuwachses und in kränkelnden Beständen. Gegenstand einer dem Wald=
besitzer Gewinn bringenden Nutzung kann die Laubstreu daher nur da sein,
wo sie vom Winde in Gräben zusammengeweht wird, oder wo sie in Mulden
in Uebermenge sich ansammelt. Selbst in solchen Fällen ist es nicht rath=
sam durch freiwillige Abgabe von Laubstreu ein Bedürfniß dieser Art da
zu erwecken, wo es bisher nicht bestanden hat.

Es gibt aber Fälle, in denen der Waldbesitzer entweder durch be=
stehende Servitute oder durch ein unbedingtes Bedürfniß der benachbarten
Ackerbesitzer gezwungen ist, einen Theil der jährlichen Steuerproduktion an
Letztere abzugeben. Welchen Beschränkungen in solchen Fällen die Streu=
laubnutzung unterworfen werden muß, darüber ist Bd. III. (Forstschutz)
das Nöthigste gesagt.

V. Betrieb der Säftenutzung.

(Seite 242.)

Von einem wirklichen Betriebe der Säftenutzung ist gegenwärtig in
Deutschlands Wäldern nirgends mehr die Rede, aus Gründen, die ich
bereits Seite 224 dargelegt habe. Ueber die Art der Terpentingewinnung

mag daher das, Seite 224 angeführte genügen. Der Harzgewinnung will ich hier mit kurzen Worten erwähnen.

Die Fichte ist diejenige Nadelholzart, welche im Großen auf Harz benutzt wurde und in Rußland, Schweden, Finnland noch heute in diesem Betriebe steht. Die Kiefer hält ihren Harzerguß im Holze der Wundflächen größtentheils zurück und bildet dafür Kiehn. Die Schwarzkiefer hingegen soll reichlich Safterguß liefern, derselbe aber sehr langsam zu Harz erharten.

Behuf der Harzgewinnung werden die haubaren und geringhaubaren Fichten Ende Mai bis Ende Juli gelachtet, d. h. es wird zuerst an der Ostseite des Baumes vermittelst eines Instrumentes, das einer bogig gekrümmten Zimmermanns-Queraxt ähnlich ist, ein oder zwei Baststreifen von 5—6 Ctm. Breite und 1 Mtr. Länge in senkrechter Richtung dem Baume entnommen. Aus diesen Wundflächen ergießt sich dann ein dünnflüssiges Harz, das zum Theil in der Lachte, theilweise ausfließend, durch Verdunstung des beigemengten Terpentins und der wässrigen Baumsäfte zu festem Harz im Verlaufe der Zeit erstarrt,[1] so daß es nach zwei Jahren mit der hackenförmig gestellten Schärfe der Harzpicke im Juni aus der Lachte geschart und in untergestellten Körben aufgefangen werden kann. Dieselbe Lachte kann dann noch ein zweitesmal Harz ergeben, muß alsdann aber wieder aufgefrischt (angezogen) werden. Geben die ersten Lachten kein Harz mehr aus, dann werden neue Lachten gerissen, im Verlauf der Zeit 4—5 im Umfange des Stammes. Ueber den Ertrag Seite 272 und weiterhin über Pechsieden und Kiehnrußbereitung.

VI. Betrieb der Nebennutzungen.
(Seite 243.)

Unter den aufgeführten Nebennutzungen sind es die Torfnutzung, die Jagd und die Fischerei, welche in der Regel allein der Betriebsführung des Forstmannes in den meisten Fällen angehören. Nur über den Torfbetrieb kann ich hier in Umrissen das Wesentlichste mittheilen.

Wenn in einem Waldbesitzthume bisher unbenutzte Torfbrüche vorhanden sind, deren Benutzung beabsichtigt wird, muß durch Untersuchungen zuerst festgestellt werden, ob eine Torfnutzung überhaupt möglich und ob sie mit Vortheilen für den Besitzer verbunden ist.

Hindernisse der Benutzung vorhandener Torfbrüche liegen häufig in der Unausführbarkeit einer, wenigstens theilweisen Entwässerung der Brüche, wohin auch der Fall gehört, in welchem die Entwässerung mit so bedeutenden Kosten verbunden ist, daß durch diese der mögliche Nutzen einer Torfgewinnung aufgehoben wird. Es können ferner sehr kurze Sommer, verbunden mit einem sehr feuchten Klima die Torfnutzung dadurch unmöglich

---

[1] Ich muß nach wie vor auf meiner Behauptung beharren: daß das Erstarren zu Harz allein auf einfacher Verdunstung des Terpentinöls beruht, daß eine Umbildung dieses Letzteren in Harz unter Einfluß des atmosphärischen Sauerstoffs nicht stattfinde. Wenn man Terpentinöl Jahre lang in freier Luft aufbewahrt, verbleibt allerdings ein zäher, klebriger Rückstand nach Verdunstung des größten Theils der Flüssigkeit, aber nie ist es mir geglückt, etwas im Rückstande zu erhalten, was mit festem Harze auch nur entfernt verglichen werden kann.

machen: daß der Torf nicht den, für den Transport nöthigen Trocken=
heitsgrad erlangt. Der Torf trocknet zwar auch in der Winterkälte, wenn
er vor Schnee und Regen geschützt ist, allein die zu diesem Schutze nöthi=
gen Trockenschuppen erfordern ein so bedeutendes Anlagekapital, daß da=
durch häufig jeder Gewinn absorbirt wird. Endlich kann auch schlechte Be=
schaffenheit des Materials, verbunden mit weitem und schwierigem Transport
bis zur Verbrauchsstelle, bei geringen Preisen anderweitigen Feuerungs=
materials, es kann die geringe Mächtigkeit des benutzbaren Theils der Lager
und die dadurch verhältnißmäßig großen Kosten des Abräumens der Bunker=
erde einer Benutzung der Torflager entgegenstehen.

Gibt sich das Bestehen solcher Hindernisse nicht ohne Weiteres zu er=
kennen, dann müssen entsprechende Untersuchungen in Bezug auf die Mög=
lichkeit und den Kostenaufwand der Entwässerung durch Bohrversuche und
Nivellirung des Terrains darüber Aufschluß geben. Es müssen Trocknen=
und Brennkraftversuche mit kleineren Torfmengen angestellt werden, die sich
durch Bohrung aus verschiedenen Tiefen des Torflagers gewinnen lassen.
Es müssen die wahrscheinlichen Gesammtkosten der Gewinnung und des
Transports zur Verbrauchstätte, einerseits den zu erwartenden Torfpreisen,
andererseits den mittelbaren Vortheilen gegenüber gestellt werden, letztere
nicht selten aus dem Umstande entspringend, daß Holz, welches bisher zur
Deckung von Brennholzbedürfnissen abgegeben werden mußte, durch die
Torfverwendung später zu höheren Preisen als Nutzholz absetzbar ist. Dieß
und die Möglichkeit, bei theuren Holzpreisen den ärmeren Theil der Con=
sumenten mit einem wohlfeileren Brennstoffe versehen und dadurch dem
Holzdiebstahl entgegenwirken zu können, ist es vorzugsweise, wodurch die
Torfnutzung in Beziehung zur Holznutzung tritt.

Ergeben sich aus diesen Untersuchungen Hindernisse der Torfnutzung
nicht, verspricht eine solche wesentlichen Gewinn, dann muß der Besitzer
zunächst zu den Arbeiten der Entwässerung schreiten.

Die Entwässerungsarbeit ist verschieden, je nachdem das Torflager
ein Hochmoor oder ein Fennmoor ist.

Hochmoore bilden sich in der Regel nur in höheren Gebirgslagen auf
einem, die Feuchtigkeit nicht durchlassenden, muldenförmigen Boden, dem
außer reichlichen atmosphärischen Niederschlägen auch noch langsam fließen=
des Quellwasser zugeht, in Folge dessen eine Versumpfung entsteht, die der
Vegetation, besonders der Sumpfmoose (Sphagnum) günstig ist. Die
untersten ältesten Generationen dieser Sumpfmoose sterben ab, regeneriren
sich fortdauernd an ihrer Oberfläche, wodurch im Verlaufe der Zeit die
Moosschichten hügelförmig über die Bodenoberfläche emporwachsen, während
durch Capillarität das Wasser aus den untersten, durch die Schwere der
oberen Moosschichten comprimirten Lagen fortdauernd zu dem obersten noch
vegetirenden Moospolster emporsteigt. Im Verlaufe von Jahrhunderten
wachsen solche Hochmoore bis zu 6—7 Mtr. und noch höheren Hügeln heran.

Solche Hochmoore sind in der Regel leicht und schon durch Ableitung
der zufließenden Quellwasser zu entwässern. Häufig ist selbst diese Ableitung
nicht nothwendig, das Moor kann ohne Weiteres von seinem am höchsten
gelegenen Rande aus in Stich genommen werden. Dagegen ist aber der

Torf meist ein leichter, wenig brennkräftiger Moostorf, der nur in seinen ältesten, meist wohl aus vorhistorischer Zeit stammenden Schichtungen, durch starke Compression eine mittelmäßige Beschaffenheit erlangt. Da solche Hochmoore meist nur in sehr feuchtem Klima sich entwickeln, ist hier auch das Trocknen des Torfes größeren Schwierigkeiten unterworfen.

Fennmoore bilden sich aus stehenden Gewässern, die in der Regel ihren Wassergehalt nicht von außen, sondern von Quellen beziehen, die dem Wasserbecken selbst entspringen. Solche, mehr in den Ebenen und Niederungen als im Gebirge vorkommende Gewässer überziehen sich vom Rande aus allmählig mit einer Schichte von Moosen, wie mit zahlreichen anderen Sumpf= und Wasserpflanzen und bilden sich zunächst zum Fenn aus, in dem der Wasserspiegel von einer dünnen Pflanzendecke überzogen ist. Auch hier sterben die älteren Pflanzengenerationen ab und regeneriren sich oberflächlich. Die abgestorbenen Pflanzen erleiden aber eine weiter= greifende Zersetzung als im Hochmoore, wahrscheinlich unter Mitwirkung der im stehenden Wasser zahlreich lebenden und sterbenden Wasseralgen und Infusorien. Als strukturlose, schlammähnliche Substanz sinken sie auf den Boden des Wasserbeckens, lagern sich hier mit den absterbenden In= fusorien und Algen zu dichten Schichten so lange ab, bis durch sie der mit Wasser erfüllte Raum zwischen ihnen und der oberen Pflanzendecke gänzlich verdrängt und mit Torf ausgefüllt ist. Bis jetzt ist mir noch kein Fall bekannt geworden, in welchem solche Torfmoore der Ebene, wie die Hochmoore, ihr muthmaßlich ursprüngliches Niveau überwachsen haben.

Fennmoore sind meist schwerer zu entwässern, als Hochmoore, sie liefern aber den besseren Torf, wenn er auch mit Sand und Lehm in höherem Grade gemengt ist, durch die Regengüsse, die diese Erdbestand= theile in das Wasserbecken zusammenschwemmten. Diese Moore sind in der Regel zugleich auch die ergiebigsten durch die oft beträchtliche Tiefe, in welcher die Torfmasse das Wasserbecken von unten aufsteigend erfüllt hat.

Zwischen diesen beiden Torfarten steht der Torf der Wiesenmoore, der sich durch Versumpfung in flachen, verbreiteten Mulden bildet, deren Wasserzugang den Abgang nur um Weniges übersteigt, daher hier kein freier Wasserspiegel, in Folge dessen auch kein Fennmoor sich bilden konnte. Wie in den Hochmooren wachsen hier die torfbildenden Pflanzen von der Sole des Moores nach oben, sie bestehen aber vorzugsweise aus Sumpf= gräsern, Binsen, Schilf und anderen, selbst holzigen Wurzelpflanzen, deren abgestorbenen Bestandtheile, bei geringerer Nässe, durch reichlicheren Luft= zutritt einen, dem Humus saurer Wiesen und der Erlenbrüche schon ähn= lichern Torf bilden, zwischen dem und dem Humus jener, unmerkliche Uebergänge vorkommen. Lager dieser Art wachsen zwar auch wie die Hoch= moore an ihrer Oberfläche aufwärts, es geschieht dieß aber gleichmäßig in der ganzen Verbreitung des Lagers, nicht in hüglichen Einzelerhebungen, wahrscheinlich in Folge geringerer Saugkraft der rascher und in höherem Grade sich zersetzenden Torfmasse.

Die Wiesenmoore sind selten mehr als einige Fuße mächtig und lassen sich mit geringen Arbeitskosten meist vollständig entwässern. Sie liefern einen Torf (meist Rasentorf), der besser als der Torf der Hochmoore, aber weniger gut als der Torf aus den tieferen Lagen der Fennmoore ist. Sie sind es ferner, die sich am häufigsten zum Anbaue mit Holz eignen, nachdem die Torfschichten ganz oder theilweise ausgenutzt sind.

Wenn das in Betrieb zu nehmende Torflager nicht schon einen Abfluß seines überschüssigen Wassers besitzt, muß durch Bohrversuche und Nivellement der niedrigste Theil desselben ermittelt und die Richtung bestimmt werden, nach welcher von dort aus das Wasser abgeleitet werden kann. Auf Grund des Nivellements der Entwässerungslinie werden alsdann die Grabenarbeiten am entferntesten Orte begonnen, nach dem Lager hin fortgesetzt und der Abzugsgraben als Hauptgraben in gerader Richtung in das Torflager hinein erweitert, je nach Bedarf eines rascheren Wasserabzuges werden dann mehr oder weniger Nebenentwässerungsgräben beiderseits in den Hauptgraben geleitet.

In Fällen schwieriger und kostspieliger Ableitung des Wassers nach Außen, oder wenn die benachbarten Grundbesitzer das Recht haben, die Aufnahme und Fortführung des zugewiesenen Wassers zu verweigern, lassen sich solche Hindernisse mitunter überwinden, vermittelst Durchbrechung der undurchlassenden Bodenschichte des Torfbeckens in einer stollenähnlichen Durchsenkung derselben am tiefsten Theile des Beckens, die das Wasser in die tieferen, sandigen Bodenschichten ableitet. Durch Bohrungen läßt es sich ohne große Kosten ermitteln, ob solche Durchbrechungen mit Vortheil ausführbar sind oder nicht.

Nachdem der größere Theil des, den Stich behindernden Wassers abgeflossen ist und der Torf sich etwas gesetzt hat, kann mit dem Stich begonnen werden. Man wählt dazu in der Regel die höher gelegenen, also die von der Einmündung des Abzugsgrabens entferntesten Theile des Lagers, räumt die oberste, noch nicht nutzbare Pflanzendecke (Bunkererde) ab. Vermittelst flacher und schmaler Stechschaufeln von Eisen werden dann die Torfstücke (Soden) in vorgeschriebenem Maaße bankweise ausgestochen, auf trockenem Boden außerhalb des Stiches in kleine Trockenhaufen gesetzt und in Haufen von 1000 oder vom Mehrfachen dieser Stückzahl zusammengesetzt, nachdem die Soden lufttrocken geworden sind.

Lassen sich die Torfbrüche nicht vollständig entwässern, dann sind die untersten, besten Torflagen, vom Wasser durchdrungen, oft so weich und breiig, daß sie sich nicht stechen lassen, sondern geschöpft werden müssen. Die breiige Masse wird dann in offene, auf dem Boden stehende Rahmen eingefüllt, in denen die Torfmasse verbleibt, während das Wasser in den Boden einsinkt. Ist dieß größtentheils geschehen, der Torf dadurch genügend fest geworden, dann werden die Formen hinweg genommen und die Soden in Trockenhaufen gestellt. Zum Unterschiede vom gewöhnlichen Stechtorfe heißt Torf dieser Art Form- oder Backtorf, auch Baggertorf, wenn das Material vermittelst grobleinener Säcke an langen Stangen aus der Schlammschichte stehender Gewässer emporgehoben wurde.

Tiefere Torflager erfordern weniger Arbeitskosten der Gewinnung als flächere, der verhältnißmäßig geringeren Abräumungskosten wegen, daher dann selbst bei günstigen Torfpreisen Lager unter $1/2$ Meter Mächtigkeit unbenutzt bleiben, da die Kosten der Abräumung und des Fortschaffens der

Bunfererde den Gewinn abforbiren. Bei 1—2 Meter Mächtigkeit der Lager kann ein Arbeiter täglich 1—2000 Soden stechen, wenn diese nicht sehr mit noch unzersetzten Holzwurzeln durchflochten sind. Das Auslegen und Aufsetzen in Trockenhaufen erheischt bei einem Transport von weniger als 100 Schritte $\frac{1}{3}$—$\frac{1}{2}$, das Aufsetzen in Winterhaufen $\frac{1}{6}$—$\frac{1}{4}$ Tage=lohn pro Tausend Soden.

Baggertorfe und die Formtorfe aus den untersten Schichten der Fenn= moore liefern einen Brennstoff, dessen Heizkraft die Wirkung gleicher Volum= theile Buchenscheitholz nicht selten erreicht. Gleiche Volumtheile Torf von mittlerer Brenngüte, wohin namentlich der Stichtorf der Fennmoore und die schlechteren Backtorfe gehören, haben den halben Brennwerth von Buchen= scheitholz. Zu $\frac{1}{3}$ des Buchenbrennwerthes kann man gleiche Volumtheile des Rasentorfs und der obersten Schichten des Fenntorfes ansetzen, während der Moostorf der Hochmoore kaum $\frac{1}{4}$ der Brenngüte des Buchenholzes erreicht.

Wenn die Torfbrüche nicht völlig trocken gelegt wurden und bis unter den bleibenden Wasserspiegel ausgenutzt sind, kann man auf eine, allerdings langsame Wiedererzeugung der Torfmasse rechnen. Am raschesten wachsen die Hochmoore nach. Man kann hier auf eine jährliche Schichterhöhung von 3—4 Ctm. rechnen. In den Fennmooren wird der jährliche Zuwachs auf 1—2 Ctm., in den Wiesenmooren auf $\frac{1}{2}$—1 Ctm. angenommen.

Zur Verminderung der Transportkosten, so wie zur Steigerung des Heizeffects ist häufiger die Verkohlung des Torfes in Meilern, Oefen oder Gruben in Ausführung gebracht worden. Nur die besseren Torfsorten sind hierzu mit Vortheil verwendbar, aber auch nur solche bessere Sorten, deren Aschengehalt kein zu großer ist, weil übergroße Aschenmengen in dem, durch die Verkohlung verringerten Volumen, den Heizeffect wesentlich ver= ringern. Da nun gerade die besseren Torfe auch die aschereicheren sind, findet die Verkohlung des Torfes nur eine beschränkte Anwendung.

Trockener Torf liefert dem Gewichte nach 25—35 Proc. Kohlen und diese verhalten sich in ihrer Heizwirkung zu gleichen Gewichttheilen trockenen Holzes = 1 : $\frac{1}{2}$ bis $\frac{3}{4}$.

In neuerer Zeit sind auch Fasertorfe zu einem außerordentlich com= pakten und brennkräftigen Feuerungsmaterial durch Maschinen hergestellt worden, in denen die Fasern zerkleint werden, um sie dann, in einen steifen Brei verwandelt, in Centrifugalmaschinen rasch und vollständig zu einer sehr harten dichten Masse einzutrocknen.

Sind die abgebauten Torflager so weit dauernd entwässert, daß ein Holzanbau stattfinden kann, dann sind Birken, Erlen, Kiefern am meisten hierzu geeignet.

Zweites Kapitel.
Vom Waldgewerbebetrieb.

Alle diejenigen Geschäfte, durch welche die Rohprodukte des Waldes in ihrer Form und Beschaffenheit weiter verändert werden, als dieß die geregelte Abgabe derselben an die Käufer nöthig macht (Fällen, Ausästen, Ablängen, Spalten, Aufmaltern, Einsammeln ꝛc.) zähle ich dem Wald= gewerbebetriebe zu. Es gehören dahin:

A. Ohne Stoffveränderung.
  I. der Sägholzbetrieb,
 II. der Spaltholzbetrieb,
III. der Schnittholzbetrieb,
 IV. der Bind= und Flechtholzbetrieb.
     B. Mit Stoffveränderung.
  V. der Köhlereibetrieb,
 VI. der Theerschwelereibetrieb,
VII. die Pechsiederei,
VIII. die Kienrußbereitung,
 IX. das Aschebrennen.

I. Vom Sägholzbetriebe.

Ein sehr bedeutender Theil des jährlichen Nutzholzbedarfs besteht in Bohlen, Brettern, Latten. Außerdem ist der Absatz an sehr starken Nutz= holzblöcken an vielen Orten ein beschränkter und der Waldbesitzer sieht sich häufig genöthigt, stärkere Blöcke, wenn sie als solche keine Abnahme finden, zu gewöhnlicheren und gesuchteren Bauholzdimensionen vermittelst der Säge zerschneiden zu lassen, wenn er sich den Absatz an stärkerem und theurem Holze nicht ganz verderben will, durch Abgabe solcher starken Hölzer in ganzen Stämmen zu Bauholzpreisen. Außerdem stehen dem Aufschneiden einer, dem Absatz angemessenen Menge von Stämmen zu Bohlen, Brettern ꝛc. noch andere Vortheile zur Seite, wenn dieß schon im Walde vor dem Ver= kaufe geschieht. Der Käufer wird seinen Bedarf wohlfeiler beziehen können, wenn er es mit keinem Zwischenhändler zu thun hat, der doch auch von seinem Geschäft leben und die Waare um diesen Betrag vertheuern muß; es wird an Transportkosten gespart, wo das Abfallholz dieselben nicht trägt; der Transport schwererer Stämme wird nach dem Zerschneiden ein leichterer; die genauere Einsicht in die Beschaffenheit des zu erkaufenden Holzes, die augenblickliche Verwendbarkeit desselben sind Annehmlichkeiten, die der Käufer durch höheren Preis gerne vergütet.

Der Sägholzbetrieb kann entweder aus der Hand oder auf Säge= mühlen geführt werden.

Das Schneiden der Hölzer aus der Hand erfordert kein Anlagekapital, keine besondere Verwaltungs= und Beaufsichtigungskosten und kann von gewöhnlichen Waldarbeitern, unter Anleitung eines Zimmermanns sehr bald erlernt werden. Der Betrieb kann daher ohne Schaden kürzere oder längere Zeit aussetzen und da zu jeder Zeit in Anwendung gesetzt werden, wo die Verhältnisse ihn vortheilhaft erscheinen lassen, es kann dieß unmittelbar am Orte der Fällung geschehen und dadurch der Transport aus ungünstigen Lagen sehr erleichtert werden.

Dagegen bringt die gröbere Handsäge nahe das Doppelte an Säge= spänen in Wegfall als die dünnen Stahlsägen im Bundgatter der neueren Sägemühlen, die Sägespäne (bis 20 Procent der Holzmasse) gehen ganz verloren, die breitesten und dadurch werthvollsten Bretter verlieren an ihrer Breite durch das nothwendige Beschlagen der Oberseite und die Bretter tönnen nicht ganz ausgeschnitten werden. Außerdem reißt die Handsäge tiefer in die Bretter, der Tischler oder Zimmermann muß beiderseits mehr Hobelspäne hinwegnehmen, um das Brett zu glätten, verliert dadurch Arbeit und Brettdicke. Endlich würde für die Herstellung größerer Brettmengen in den meisten Fällen die nöthige Arbeitskraft fehlen, da bei gewöhnlicher Block= und Brettstärke ein Arbeiter täglich nicht mehr als 50—60 laufende Fuß Sägeschnitt zu liefern vermag.

In Eichen= und Nadelholzwaldungen mit einigermaßen erheblichem Schneidholzabsatz wird daher ein Sägmühlenbetrieb immer wünschenswerth und vortheilhaft sein. Eine Wasserkraft von 4—500 Kubikfuß in der Minute genügt zur Anlage einer Mühle, die mit einer Säge jährlich 4—600 Blöcke schneiden kann. Diese gewöhnlichen mit einer Säge am Blocke arbeitenden Mühlen bedürfen aber starker Sägeblätter, liefern rauhe Bretter und bringen ungleich mehr Sägespäne in Wegfall als das Schneiden aus der Hand und die neueren Sägemühlen mit Bundgatter, in dem so viele Sägeblätter parallel neben einander in der Entfernung der Brettdicke eingespannt sind, als der Block Bretter enthält, so daß sämmtliche Bretter eines Blockes gleichzeitig geschnitten werden. Die Zahl der Sägeblätter ersetzt hier die Dicke des Blattes der einfachen Säge, so daß im Bundgatter viel dünnere Sägeblätter verwendet werden können, wodurch der Sägeschnitt um mehr als die Hälfte — bis zu $3/4$ schmäler und der Abfall an Sägespänen um die Hälfte geringer wird als bei der Verwendung einzelner Sägen. Der Schnitt ist zugleich schärfer, reißt weniger in die Brettfläche und erleichtert die spätere Bearbeitung mit dem Hobel wesentlich. Mühlen dieser Einrichtung können täglich 12—14 Blöcke auf jedem Bundgatter schneiden, das Jahr hindurch daher bedeutende Brettmengen liefern.

Dieß alles sind so wesentliche Vortheile eines möglichst vollkommenen Sägemühlenbetriebes, der Nutzholzabsatz steigert sich in so bedeutendem Grade, durch die Darstellung einer tadelfreien Waare, daß die Kosten der Anlage einer mit allen Vervollkommnungen des neueren Maschinenwesens ausgestatteten Sägemühle sich überall vergüten werden, wo der Absatz an Brettwaaren ein so bedeutender ist oder zu werden verspricht, daß eine fortdauernde Beschäftigung der Mühle in Aussicht steht.

Ob die Anlage einer Mühle vom Waldbesitzer selbst auszuführen und unter Administration zu stellen oder zu verpachten, ob sie der Privatindustrie zu überlassen sei, hängt zunächst von dem Vorhandensein zuverlässiger und vermögender Unternehmer ab. Finden sich solche vor, dann werden sie ihr Vermögen in eine immerhin kostspielige Anlage nur dann verwenden können, wenn ihnen der Waldbesitzer die Zusicherung fortdauernder Lieferung des Rohmaterials gewährt und zwar zu Preisen, die den üblichen Gewinn aus dem Unternehmen sicher stellen. Diese nothwendigen Verpflichtungen des Waldbesitzers, wenn nicht mangelnde Anerbietungen von Seiten anderer Personen, sind es, welche den Waldbesitzer zum Selbstverlag und Selbstbetriebe bestimmen können. Im Allgemeinen wird er sich aber besser dabei stellen, wenn er den Sägmühlenbetrieb, wie andere Nebengewerbe, der Privatindustrie überlassen kann.

Die verschiedenen, durch den Sägebetrieb herzustellenden Waaren sind:

1) Krummhölzer für den Schiffbau,

für den ausländischen Verkehr nur aus Eichenholz, für die Flußschifffahrt auch aus Kiefernholz, aber weniger gesucht. Es gehören dahin Balkenstücke verschiedener Dimension und natürlicher Krümmung und zwar a) Buchtenhölzer, wenn die Krümmung eine bogenförmige, b) Shölzer, wenn die Krümmung von der Mitte des Balkenstücks aus eine nach zwei entgegengesetzten Seiten bogenförmige, also Sförmige ist, c) Kniehölzer, wenn der Balken nahe der Mitte in einem nahe rechten Winkel gekniet ist, d) Gabelhölzer, wenn der Balken nahe der Mitte sich gabelförmig theilt. Gabel- und Kniehölzer werden aus einem Schaftstück da ausgearbeitet, wo für erstere in gleicher Höhe zwei, für letztere nur ein starker Ast oder Wurzel im geeigneten Winkel abstreichen. Auch die sehr seltenen Shölzer finden sich meist nur in der Continuität des gekrümmten Schaftes mit einem starken Aste, die Buchten häufiger in Schaftstücken allein.

Alle diese Hölzer werden sehr theuer — bis zu einem Thaler und darüber der Kubikfuß bezahlt, wenn sie sich in gesundem fehlerfreien Holze vorfinden. Kommen Eichenbestände mit unregelmäßigem Schaftwuchse zum Anhiebe, so wird man wohl thun, einen mit dem auswärtigen Nutzholzhandel vertrauten Holzhändler heranzuziehen, der dann in der Regel einen Werkmeister (Regimenter) mit sich führt, zur Bezeichnung derjenigen Stämme, aus denen Krummhölzer ausgehalten werden können, zur Beaufsichtigung der Fällung und Anleitung der Waldarbeiter bei Ausarbeitung der Balkenstücke, wenn der Händler nicht eigene Nutzholzhauer im Dienste hat. Zur Ersparung von Transportkosten und um vorhandene Fehler schon im Walde aufzufinden, werden Hölzer dieser Art bis auf ihre endliche Verwendungsgröße und Form im Schlage bearbeitet. So weit hierbei die Säge in Anwendung tritt, kann dieß nur die Handsäge sein.

2) Balkenstücke

für den Schiffbau, Land- und Wasserbau, Eisenbahnschwellen 2c. werden im Schlage oder auf der Mühle mit der Säge in der Regel nur dann bearbeitet, wenn aus starken Stämmen eine Mehrzahl schwächerer Balkenstücke geschnitten werden soll. Der Verkauf in runden Blöcken ist zwar immer vortheilhafter, der Waldbesitzer kann aber zum Aufschneiden starker Blöcke in Balken genöthigt werden, wenn solche als theureres Rundholz keine Abnehmer finden, da dessen Verkauf zu den geringeren Preisen des schwächeren Sortiments den Absatz an starkem Material gänzlich aufheben würde. Es ist dieß dieselbe, im eigenen Interesse geführte Bevormundung des Consumenten, welche den Waldbesitzer bestimmt, von zehn gleichwerthigen Bäumen mit erheblichen Kosten neun zu Brennholz aufarbeiten zu lassen, den zehnten, mit diesen Kosten nicht belasteten Stamm dem Consumenten zu dreifach höherem Preise in Rechnung zu stellen. Dieß ganze Verhältniß unserer Holzabgabe ist jeden Falles ein erzwungenes, außergewöhnliches und unnatürliches und es ist fraglich: ob nicht unter gewissen Bedingungen da, wo alles Holz dem Meistbietenden überlassen werden kann, dem Waldbesitzer ein größerer Gewinn erwachsen würde, aus der Abgabe aller

Bäume in deren höchster Gebrauchsfähigkeit (als ganze Stämme), ob nicht der Gewinn aus den künstlich gesteigerten Bau= und Nutzholzpreisen ersetzt würde, durch eine natürliche Preissteigerung des gebrauchsfähigeren Produkts im Allgemeinen. Jeden Falles würde ein hieraus hervorgehendes Nivellement der Preise für gleiche natürliche Gebrauchsfähigkeit des Holzes einen bedeutenden Aufschwung der Nutzholzindustrie im Gefolge haben, die wir durch künstlich geschraubte Nutzholzpreise zu unserem Schaden danieder halten.

3) Bohlen und Bretter

bilden bei Weitem die größte Menge des angeforderten Schnittnutzholzes. Aus Blöcken von meist 8 Mtr. Länge. Bis zu 4 Ctm. Dicke Brett, über 4 Ctm. Dicke Bohle genannt. Zu Brettern ist das gesundeste, astreinste Holz zu erwählen, den stärkeren Bohlen schaden Hornaste und kleine Fehlstellen weniger. Wo Waldrisse häufiger vorkommen, ist beim Aufschneiden darauf zu achten, daß solche in den Sägeschnitt fallen.

4) Latten.

Wenn die zu Brettern oder Bohlen geschnittenen Blöcke in recht= winklig sich kreuzender Richtung durchschnitten werden, entsteht dadurch die Latte. Schwächere Lattstämme schneidet man auch vermittelst der Kreissäge. Die Lattenblöcke müssen durchaus astrein und fehlerfrei sein, wenn nicht viele Latten an der Fehlstelle brechen sollen.

II. Der Spaltholzbetrieb.

Faßdauben, Felgen und Speichen, Schindeln, Spließen ꝛc. sind kurze Holzstücke, die der Länge nach nicht geschnitten, sondern ausgespalten werden müssen, damit die Richtung ihrer Längenfasern in die Spaltfläche fallen. Das hierzu zu verwendende Holz muß daher nicht allein astrein und leicht= spaltig, sondern es muß auch gradspaltig sein, damit die gegenüberliegenden Seitenflächen zu parallelen Ebenen sich ausspalten.

Da der Spaltholzbetrieb keine kostspieligen Vorrichtungen erheischt, ist er häufiger als jedes andere Waldgewerbe in den Wäldern heimisch. Es stehen ihm aber noch manche andere Vortheile zur Seite. Besonders ist es die Kürze der Waare, die einestheils ein sofort auszuführendes Zer= schneiden des Schaftes in kurze Walzenstücke und dadurch Erleichterung des Transports und Schonung des Wiederwuchses gestattet, anderntheils es möglich macht, aus Brennholzstämmen darin vorkommende, einzelne Nutz= holzwalzen auszuhalten. Das sofort nach der Fällung eintretende Zerlegen des Holzes in kleine, rasch austrocknende Stücke, hebt die Nachtheile, welche der Hieb der Bäume in der Saftzeit behufs der Rindenutzung in Bezug auf Dauer des Holzes mit sich führen würde, daher der Spaltholzbetrieb häufig mit der, den Hieb in der Saftzeit bedingenden Rindenutzung in Verbindung gebracht wird.

Nahe dasselbe erreicht man allerdings durch die Aufbereitung von Nutzholzklaftern, und in der That werden den nahe wohnenden Käufern die

Spalthölzer größtentheils in dieser Form abgegeben. Für die entfernter wohnenden Consumenten ist es aber eine bedeutende Ersparniß an Transportkosten, wenn schon im Walde alles überflüssige Spanholz der Spaltwaare entnommen wird; sie gehen sicherer im Ankaufe, wenn dieß geschieht, da manches Scheit der Nutzholzklafter bei weiterer Bearbeitung doch nicht so ausfällt, wie dieß der Waldarbeiter vorausgesetzt hat, endlich tritt bei Abgabe grobklobiger Nutzholzklaftern, deren Holz im Safte gefällt wurde, weit eher ein Stocken der Säfte ein, als wenn die Spaltwaare sofort nach der Fällung möglichst klar ausgespalten wird.

Die verschiedenen, im Walde häufiger gearbeiteten Spaltwaaren sind:

1) Stabhölzer.

Man versteht darunter das Holz, was vom Böttcher zu den Dauben und Böden der Fässer und Bottiche ꝛc. verarbeitet wird. Für den ausländischen Handel wird hierzu fast nur Eichenholz, in geringen Mengen und selten auch etwas Rothbuchenholz gesucht, und zwar nach Frankreich zu Weinfässern, vorzugsweise aber nach England und Frankreich zu Wasserfässern der Marine. Für den inländischen Handel werden auch Nadelhölzer, hauptsächlich zu Kalk- und Salztonnen verwendet.

Eichen-Stabholz.

Wenn in einem anzugreifenden Eichenbestande Stabholz gearbeitet werden soll, wendet sich der Waldbesitzer in der Regel an einen, mit diesem Artikel vertrauten Holzhändler, dessen Werkmeister, wenn das Geschäft von Bedeutung ist, während der ganzen Arbeitszeit im Schlage verbleibt und, nach Ausscheidung der zu Bau- und Nutzholz in ganzen Stämmen abzugebenden Bäume von Seiten des Waldbesitzers, aus den übrigen Bäumen nach deren Fällung diejenigen Walzenstücke auszeichnet, die zu Stabholz tauglich sind. Diese Walzenstücke (Himpel) werden alsdann von den Waldarbeitern ausgeschnitten, das übrige Holz zu Brennholzklaftern aufgearbeitet.

Die weitere Bearbeitung der ausgehaltenen Himpel ist in der Regel nicht Sache der gewöhnlichen Waldarbeiter, da diese Arbeit besondere Kenntnisse und Fertigkeiten erheischt. Entweder stellt der Holzhändler die Stabholzschläger, oder der Waldbesitzer sucht sich solche aus Revieren zu verschaffen, in denen häufiger Stabholz gearbeitet wurde, und diese Arbeiter ein besonderes Gewerk bilden.

Die aus den Himpeln zu arbeitenden Stabholzsortimente sind:

Piepenstäbe 5′ 2—4″ lang, 1½—2″ dick, 4—7″ breit. [1]

Oxhoftstäbe 4′ 2″ lang, 1½″ dick, 5″ breit.

Tonnenstäbe 3′ 2″ lang, 1½″ dick, 4½—5″ breit.

Oxhoftbodenstäbe 2′ 4″ lang, 1½—2″ dick, 4½″ breit.

Tonnenbodenstäbe 1′ 10″ lang, 1½—2″ dick, 4½″ breit.

Franzholz 3′ 2″ lang, 5—6″ im Quadrat.

Klappholz 2′ 8″ lang, 4—5″ im Quadrat.

Diese Stabhölzer werden in Rinken verkauft und enthält ein Rinken-

---

[1] Ich unterlasse hier die, ohne Abkürzungen nicht zu vollziehende Umrechnung in Metermaße, da es mir unbekannt ist, ob dem entsprechende Aenderungen in der Praxis bereits eingetreten sind.

Piepenstäbe 248, Oxhoftstäbe 372, Tonnenstäbe 496, Oxhoftbodenstäbe 992, Tonnenbodenstäbe 1488 Stück, einschließlich von 2 Aufstäben per Schock. Der Preis per Rinken ist in der Regel derselbe, es mag dieser aus Piepenstäben oder aus Bodenstäben bestehen.

Die Bearbeitung der Himpel besteht darin: daß eine, für die Ausspaltung 5 Zoll breiter Stäbe, 7 Zoll von der Peripherie des Holzstücks entfernte, concentrische Kreislinie der Querfläche in voll 2zöllige Theile getheilt wird. Jeder der auf diese Weise bestimmten Theilpunkte gilt dann als Marke einer radialen Spaltung. Die hierdurch erhaltenen Scheite werden alsdann vermittelst eines schweren Stabschlägerbeiles zu einem regelmäßigen Balkenstücke von obigen Dimensionen behauen, jedenfalls die ganze Splintlage dabei hinweggenommen. Es ist bewundernswerth, mit welcher Genauigkeit geschickte Stabschläger diese Arbeit vollziehen, die wie aus der Werkstatt des Tischlers hervorgegangen erscheint.

Die bearbeiteten (gebeilten) Stäbe werden je zwei und zwei abwechselnd über einander gelegt und thurmförmig aufgebaut, bei einer Thurmhöhe von 5—6 Fußen, oben mit Stäben gedeckt und mit einigen schweren Scheitern beschwert. Sind sie in dieser Aufstapelung rasch getrocknet, dann vollzieht in der Regel der Holzhändler selbst das Sortiren der Stäbe in Krongut, Wrack und Wrackwrack. In ersteres kommen alle voll- und übermaßhaltigen, durchaus fehlerfreien, in das Wrack diejenigen, durch zu geringes Maß minderwerthigen und solche Stäbe, deren geringe Fehler den Stab für den Export noch nicht unbrauchbar machen. Dahin gehören; grobe Textur, Rothstreifen, die beim Austrocknen verschwinden, kleine gesunde Astflecken, geringe Abweichungen der Beilfläche von der Spaltfläche. Das Wrackwrack ist für den ausländischen Handel nicht mehr geeignet, da es Transport und die bedeutende Steuer nicht trägt. Es gehören dahin die flüglig und die über den Span gearbeiteten Stäbe, solche mit ungesunden Aststellen, Weißstreifen, bleibenden Rothstreifen (Anfänge der Weiß- und Rothfäule), Wurmlöcher. Dieß Wrackwrack kann dann zu geringeren Preisen an die inländischen Böttcher abgesetzt werden.

Bei Himpeln über 30 Zoll Durchmesser rechnet man auf jede 5—6 Zoll Umfang, bei Himpeln von 20—30 Zoll Durchmesser auf $6\frac{1}{2}$—7 Zoll, bei geringerer Stärke auf alle 8 Zoll Umfang einen Stab. Hat man die in einer Eiche steckende Anzahl benutzbarer Himpel geschätzt, so läßt sich hiernach die Ausbeute an Stäben ungefähr überschlagen, Spaltigkeit und Gesundheit vorausgesetzt.

Bei Contrahirung mit Holzhändlern ist es rathsam, denselben keine feste Zusicherung bestimmter Mengen zu geben, sondern ihnen nur das zuzusichern, was sich aus den zu fällenden Bäumen ergibt. Der Holzhändler ist dann weniger wählerisch und man kommt nicht in die Lage, mehr Eichen fällen zu müssen, als beabsichtigt wurde, wenn dieselben weniger Ausbeute an Stäben ergeben, als man vorausgesetzt hat.

Für den französischen Handel werden dieselben Sortimente ausgespalten und gebeilt. Die Länge ist dieselbe, die Breite und Dicke aber etwas geringer, 3—$4\frac{1}{2}$, resp. 1—$1\frac{3}{4}$ Zoll.

Auch für den Bedarf der inländischen Böttcher zu größeren Arbeiten gelten dieselben Dimensionen der Stäbe, diese werden aber in der Regel nur ausgespalten, nicht gedeilt.

Für die kleineren inländischen Böttcherarbeiten wird das Holz in grob-klobigen Nutzholzklaftern von 1 Mtr. Scheitlänge abgegeben.

Nadelholzstäbe zu Kalk- und Salztonnen, so wie für viele Böttcherarbeiten im häuslichen Gebrauche, Eimer, Waschfässer ꝛc. werden meist in gutspaltigen Nutzholz-klaftern von 1 Mtr. Scheitlänge abgegeben und nur in der Nähe von Salinen, Kalk- und Gypsöfen werden die Stäbe häufig schon im Walde ausgespalten.

Es geschieht dieß nicht in der beim Eichenholz üblichen Weise, sondern es wird der Himpel zuerst in Scheite von 7 Zoll Stirnbreite zerlegt, von jedem Scheite der Kern bis zu 4 Zoll Breite, dann Rinde und Splint so weit abgespalten, daß die Außenseite des Scheites eine glatte grade Fläche darstellt und endlich in der Richtung parallel dieser Fläche, also in tangen-taler Richtung alle Zoll ein Stab ausgespalten, deren Breite daher eine verschiedene, zwischen 7 und 4 Zoll schwankende ist. Je 60 Stäbe sollen zusammengenommen 310 Zoll breit sein. Der Rinken hält 248 Stäbe. Man verwendet auf solche durchschnittlich 50—60 Cubikfuß Holzmasse und zwar vom unteren 15—16 Fuß langen Schaftende mindestens 16zölliger Stämme. Höhere Schafttheile sind nicht mehr genügend spaltig.

2) Felgenholz.

Die Felgen für Wagenräder werden größtentheils aus spaltigem Roth-buchenholz gearbeitet. Es gehören dazu, je nach der Größe der anzufer-tigenden Radkränze, 60—100 Ctm. lange Klötze von mindestens 40 Ctm. Durchmesser die einmal gespalten werden, während 50 Ctm. dicke Klötze 4 Scheite, 60 Ctm. dicke Klötze 6 Scheite ergeben. Aus jedem dieser Scheite wird alsdann ein Balkenstück von 10 Ctm. Dicke und 20 Ctm. Breite in der Richtung des Radius ausgespalten und dem Balkenstück die Bogenform der Felge im Groben dadurch gegeben, daß auf der Rindenseite beiderseits die Endkanten zur Darstellung der convexen Seite, auf der Kern-seite hingegen die Mitte des Balkenstücks in einem flachen Winkel zur Dar-stellung der concaven Felgenseite weggebeilt wird. Es geschieht dieß Aus-beilen nur zur Verringerung der Transportkosten und es unterbleibt in den meisten Fällen, die Felgen werden als gerade Balkenstücke abgegeben, wenn der Transport kein weiter ist.

Die geringste Menge von Abfallholz erfolgt bei Verwendung 50 Ctm. dicker Klötze, die, über Kreuz gespalten, vier Felgen liefern.

Da die Verarbeitung zu Felgen einen höheren Grad von Spaltigkeit nicht bedingt und die kurzen Klötze überall aus dem Brennholze ausgehalten werden können, die Anforderung keine unbedeutende und eine jährlich wieder-kehrende ist, hat der Forstwirth um so mehr darauf Bedacht zu nehmen, als der Nutzholzabsatz aus Buchenwäldern überhaupt ein so geringer ist.

3) Speichenholz.

Das Material zu Radspeichen wird größtentheils aus jungen gesunden Eichen- oder Eschenklötzen von 30—40 Ctm. Stärke und $^3/_4$—1 Mtr.

Länge, in einer Dicke von 6—7 Ctm. im Quadrat ausgespalten. Das Holz muß gut und gradspaltig sein, da die Speichen nicht über den Draht gearbeitet sein dürfen.

4) Axenhölzer

werden ebenfalls größtentheils aus Rothbuchenklötzen von $1^3/_4$—$2^3/_4$ Mtr. Länge und 50—60 Ctm. Dicke gefertigt. Die Klötze werden über Kreuz gespalten, der Kern bis auf 10 Ctm. Breite hinweggespalten und die Rindenseite geplätzt. Die Klötze müssen gradspaltig sein. (Nabenhölzer werden in ungespaltenen, 25—50 Ctm. langen, starken Rüstern-, Eschen-, Eichen- und Buchenklötzen abgegeben.)

5) Kistenhölzer

zur Anfertigung von Waarenkisten, besonders zum Transport von Kandis-zucker, werden aus $1/_3$—$2/_3$ Mtr. langen, gutspaltigen Buchenklötzen von $2/_3$—$3/_4$ Mtr. Stärke, $1^1/_2$ Ctm. starke Brettchen nach vorgeschriebenen Maßen ausgespalten, die zu einer Kiste gehörenden Bretter zusammen-gebunden und die Gebunde schockweise abgegeben.

6) Scheffel und Siebränder

werden aus 1—3 Mtr. langen, durchaus grade und gutspaltigen, fehler-freien Eichen-, Nadelholz- und Saalweidenklötzen von mindestens $1/_3$ Mtr. ausgespalten. Die Ränder zu kleineren Sieben, Gemäßen und Schachteln werden nicht ausgespalten, sondern, wie die Buchbinderspäne aus Buchen-holz, vermittelst eines großen, belasteten, in einer Maschine sich gleichmäßig fortbewegenden Hobels, den Spaltflächen grober Nutzholzscheite entnommen.

7) Schindeln

sind $2/_3$ Mtr. lange, 8—10 Ctm. breite, an der Rindeseite $2^1/_2$ Ctm. dicke Brettchen, die aus spaltigen Klötzen in der Richtung des Radius aus-gespalten werden und auf der Rindeseite, nach Hinwegnahme der ganzen Splintschichte eine vertiefte Furche (Nuth) vermittelst des hobelähnlichen Riegeleisens erhalten, zur Aufnahme der schmäleren Kernseite einer zweiten Schindel, um dadurch der bekannten Schindelbedachung gegenseitiges In-einandergreifen und besseren Halt zu geben. Sie werden vorzugsweise aus Eichen-, Aspen- und Nadelholz gearbeitet. Klötze von 25—30 Ctm. Durch-messer sind dazu die geeignetsten, wenn sie durchaus gradspaltig sind

Um das Krummziehen der schwachen Schindeln zu verhindern, werden dieselben nach dem Ausspalten, je zwei und zwei abwechselnd, in gekreuzter Richtung thurmförmig auf einander gelegt und in 1—2 Mtr. Thurmhöhe mit schweren Kloben gedeckt und belastet.

Splintrein gearbeitete Schindeln aus gesundem Eichenholz liegen 30—40 Jahre als Dachbedeckung, Schindeln von kernigem Kiefern- und von Aspen-holz liegen 15—20 Jahre. Fichtenschindeln, im Harze, in der Höhe von Braunlage, in geschlossenem gutwüchsigen Bestande erwachsen, liegen 15 Jahre; an Achtermannshöhe und am Wormberge kümmerlich erwachsenes Holz liegt hingegen 20—25 Jahre. Es ist gewiß sehr auffallend, daß das unter

abwechselnder Feuchtigkeit und Trockenheit sonst so rasch sich zersetzende Aspen=
holz als Schindelholz eine so lange Dauer besitzt, die Thatsache ist aber
eine feststehende.

Die Ganglof'sche Schindelmaschine, im Preise von 150 bis 200 Thaler,
durch ein Pferd oder eine gleiche Wasserkraft in Bewegung gesetzt und von
einem Arbeiter bedient, liefert täglich 600—1000 Schindeln.

8) Spließen

sind 1 Mtr. lange, 10—12 Ctm. breite, 1—2 Ctm. dicke Brettchen zur
Dachdeckung, die sich von den Schindeln besonders dadurch unterscheiden,
daß sie keine Nuth erhalten. Alles Uebrige wie bei den Schindeln.

9) Dachspäne,

Brettchen von 30—35 Ctm. Länge, 6—8 Ctm. Breite und ½ Ctm.
Dicke; zur Unterlage einfacher Ziegeldächer. Meist aus Nadelholz.

10) Weinpfähle

aus Eichen, Kiefern, Akazien und andern dauerhaften Holzarten in einer
Länge von 2—2½ Mtr., 3½—4 Ctm. im Quadrat ausgespalten. Die
Klötze brauchen nicht ganz gradspaltig zu sein.

11) Reifstöcke

zu größeren Gefäßen werden hauptsächlich Eichen und Eschen, im Süden
auch die edle Kastanie verwendet. Am gesuchtesten zu Böttichreifen sind
junge Stämme von 10—12 Mtr. Länge und 12—15 Ctm. Zopfstärke, die
über Kreuz gespalten werden. In Ermangelung solcher kann aber auch
stärkeres Holz dazu verwendet werden.

Faßreife (3—5 Mtr. lang, 3½—4 Ctm. Zopfstärke), Tonnen=
reife (2—3 Mtr. lang, 2—3 Ctm. Zopfstärke), Eimerreife (1—2 Mtr.
lang, 1—2 Ctm. Zopfstärke) werden hauptsächlich aus jungen Birken, Haseln,
Weiden schockweise im Runden abgegeben. Das Spalten überläßt der
Waldbesitzer dem Käufer.

12) Peitschenstiele.

Die bekannten, bis zum Handgriff vielfältig gespaltenen und zopfartig
geflochtenen Fuhrmannspeitschen werden, so viel ich weiß, nur aus Feld=
ahorn gefertigt und das Material dazu, junge 10—15 Ctm. dicke Stangen,
sehr gesucht und theuer bezahlt.

13) Schwefelhölzer.

Die Fabrikation der Zündhölzchen hat in neuerer Zeit eine solche Höhe
erreicht, daß der jährliche Bedarf einzelner Fabriken Hunderte von Cubik=
meter Holz übersteigt. Am meisten wird Nadelholz, weniger wird weiches
Laubholz verwendet. Die Klötze müssen sehr gradspaltig sein und werden
deßhalb fast nur die unteren Stammenden in einer Länge von 2—3 Mtr.
verarbeitet. Da bei gutem Bau= und Nutzholzabsatze der Waldbesitzer so
kurze Stammenden ohne Schaden zu gewöhnlichen Nutzholzpreisen nicht wohl

abgeben kann, sind sie nur allzuhäufig Gegenstand des Diebstahls. Bei vollem Bau= und Nutzholzabsatz sind Fabrikanlagen dieser Art dem Waldbesitzer daher nicht vortheilhaft. Da sie ohne Holzzusicherung nicht bestehen können, hat es der Waldbesitzer in der Hand, durch Bedingungen, die er an solche Zusicherung knüpft, dem Uebel möglichst vorzubeugen. Dahin gehört besonders das Verbot des Ankaufes gehobelten Zündholzes von anderen Personen, da eine Controle nur dann möglich ist, wenn der Fabrikant sich verpflichtet, alle Hölzer im Fabrikgebäude selbst hobeln zu lassen.

Ein besonders geschätztes Material zu Zündholz liefert die Weymouthkiefer, der Spaltigkeit und Weiche ihres Holzes wegen. Ein vermehrter Anbau dieser raschwüchsigen und durch den dichten Schluß, in dem sie erwächst, außergewöhnlich ertragreichen Holzart wird dadurch heute mehr als früher empfehlenswerth.

14) Papierholz.

Die Verwendung von Weichhölzern, besonders von Fichten, Tannen, Weymouthkieferholz auf Schleifmühlen als Surrogat der Leinenfaser zur Papierbereitung nimmt von Jahrzehnt zu Jahrzehnt größere Dimensionen an; unser Okerthal allein zählt 4 Schleifmühlen. Es wird dazu Fichtenholz in allen Dimensionen verwendet.

III. Der Schnitzholzbetrieb.

Besonders in Gebirgsforsten mit ausgebreitetem Bergbau hat der größere Bedarf an Schaufeln, Trögen und Mulden ein Gewerbe verbreitet, das sich mit Darstellung dieser Utensilien beschäftigt. Sie werden hier größtentheils aus Buchenholz gefertigt, weil nur dieß in größeren Mengen sich darbietet und als Nutzholz verhältnißmäßig wohlfeil ist. Die Arbeit erfordert besondere Kenntnisse und Fertigkeiten, kann von gewöhnlichen Waldarbeitern nicht verrichtet werden, daher dann der Waldbesitzer das passende Holz in runden Klötzen an die Muldenhauer abgibt, die es nach der Taxe bezahlen, ihre Arbeit im Holzschlage verrichten und das ausgespaltene, für ihre Zwecke nicht nutzbare Holz dem Waldbesitzer aufgemaltert zurückstellen, wenn dieser es nicht für vortheilhafter hält, die weitere Verwendung auch des Abfallholzes den Muldenhauern zu überlassen.

In Gegenden, deren ländliche Bevölkerung großentheils noch in Holzschuhen geht, ist auch das Material zu diesen keine unbedeutende Abgabe. Der Leichtigkeit des Schuhes und dessen leichterer Bearbeitung wegen sind dazu besonders die weichen und weißen Laubhölzer gesucht: Aspen, Weiden, Linden, Roßkastanien, Birken, aber auch Ellern. Das hierzu taugliche Material wird in grobgespaltenen Nutzholzklaftern abgegeben.

IV. Der Bind- und Flechtholzbetrieb.

Besonders an den Ufern der Flüsse und Seen, in Weidenwerdern und auf Moorboden in Weidensoolen besitzt die Darstellung des Flecht=, Faschinen= und Bindmaterials nicht selten eine hervorstechende Bedeutung. Wird auch in den meisten Fällen das Material roh an die Käufer abgegeben und diesen die weitere, gewerbsmäßige Verarbeitung überlassen, so kommen doch gerade hier häufiger Fälle vor, in denen entweder der eigene Bedarf oder die Bequemlichkeit der Käufer, oder augenblicklicher Mangel an Abnehmern den Waldbesitzer zu weiterer Verarbeitung zwingt.

1) Korbruthen

werden geschnitten, so wie die Rinde sich leicht vom Holze ablöst. Das Instrument zum Entrinden besteht in einer leierförmigen Feder von starkem Eisen, ungefähr in der Form und Größe der Feder eines Berliner Schwanenhalseisens, dessen Enden jedoch walzenrund sind, dicht aneinanderstehen, vom Berührungspunkte aus noch 5—6 Ctm. in entgegengesetzter Richtung nach außen gebogen. Diese $\frac{1}{3}$—$\frac{1}{2}$ Mtr. hohe Feder wird vermittelst Schrauben und Klammern in der aufgerichteten Stellung einer Lyra auf einem schweren, $\frac{2}{3}$ Mtr. hohen Holzklotze befestigt. Von der zu entrindenden Korbruthe wird die Rinde vom Abschnitt so weit mit Messer und Hand gelöst, daß der Arbeiter das nackte Holz fassen kann, dicht über dieser Stelle wird dann der berindende Theil der Ruthe zwischen die Berührungspunkte der Feder geklemmt und die Ruthe mit einem kräftigen Zuge aus der vom Eisen festgehaltenen Rinde herausgezogen. [1]

Die von der Rinde entkleideten Korbruthen werden, wenn sie stärker sind, schockweise, sonst zu je 10 Schocken nach leichtem Abtrocknen vermittelst Bindweiden fest zusammengebunden, damit sie sich im völligen Abtrocknen gegenseitig gerade ziehen.

2) Bindweiden.

Zu schwächeren Bindweiden zum Anbinden von Bäumen, Zusammenbinden von Reisigholz ꝛc. können außer der Erle und den Laubhölzern mit weiter Markröhre: Roßkastanien, Esche, Ahorn ꝛc., sämmtliche Laubhölzer und auch solche Nadelholzstämmchen verwendet werden, die, in Jungorten schon längere Zeit unterdrückt, sehr schwank emporgeschossen sind. Das beste Bindmaterial liefern allerdings die gelbe Baumweide, Rüstern, Birken, Haseln; immer aber müssen die geschnittenen Schößlinge mindestens 24 Stunden abtrocknen, ehe sie die gehörige Zähigkeit erlangen. Für Pflanzkämpe liefern auch Binsen ein gutes wohlfeiles Bindmaterial, wenn sie 8—10 Tage abgewelkt sind. Sollten sie hierbei zu trocken geworden sein, so müssen sie wie Stroh und Bast vor der Verwendung wieder angefeuchtet werden.

Starke Bindweiden zur Verbindung der Floßhölzer werden aus jungen Laub- oder Nadelholzstämmen von 3—5 Mtr. Länge und 3—5 Ctm. Stärke durch Drehung um ihre Achse über Feuer angefertigt.

3) Faschinen

für den Weg- und Uferbau sind entweder Bundfaschinen oder Würste. Beide dienen dazu, dem Erdreich einen Halt gegen das Abspülen durch Wasser oder gegen das Einschneiden von Wagenrädern zu geben. Zum gleich-

---

[1] Dieser Federeisen bedient man sich auch bei der Rindegewinnung für die Salicinfabriken.

mäßigen Füllen bindet man die Bundfaschinen so, daß jederseits gleich viel Hiebs= und Reiserenden liegen. Für Wegbesserungen werden sie häufig conisch gebunden, die Zweigenden an einem, die Schnittenden sämmtlich an dem andern Ende. Man legt alsbann die Spitzen der Bundfaschinen in die Mitte des Weges, die Basis an die Seiten, so daß die Räder der Wagen über dem stärkeren Holze laufen.

Wurst=Faschinen, besonders für fortlaufenden Uferbau, fertigt man über graben Reihen spanischer Reiter, die, je nach der Länge des zu verwendenden Reisigs, $1/_2$—1 Mtr. von einander entfernt gesteckt werden. Nachdem das Reisig in die obere Gabelung gleichmäßig und in einander schießend vertheilt ist, wird es dann mit Bindeweiden in 15—20 Ctm. Entfernung zu festen, beliebig langen Würsten von 20—30 Ctm. Durchmesser zusammengebunden.

V. Der Köhlereibetrieb.

Besonders da, wo der Waldbesitzer zugleich Besitzer von Berg= und Hüttenwerken ist und als solcher den eigenen Bedarf an Kohlen sich selbst aus seinem Walde darzustellen veranlaßt wird, ist es größtentheils Sache des Forstmannes, den Köhlerbetrieb anzuordnen, zu leiten und zu überwachen. Außerdem können auch Unglücksfälle, wie Raupenfraß, Windbruch, Waldbrand 2c., welche den Einschlag außergewöhnlich großer, den augenblicklichen Absatz übersteigender Holzmengen herbeiführen, den Köhlereibetrieb nothwendig machen, um durch Verkohlung des in den nächsten Jahren nicht absetzbaren Holzes dieses dem Verderben zu entziehen.

Durch die Waldköhlerei wird das Holz auf durchschnittlich $1/_4$ seines Gewichtes, auf $3/_5$ seines Volumen reducirt. Unter Umständen kann hieraus dem Waldbesitzer eine wesentliche Verringerung der Transportkosten und eine ihm vortheilhafte Erweiterung des Consumtionsbezirkes erwachsen; dann nämlich, wenn die Kohlen unfern der Kohlstellen auf Kähne verladen und durch diese in größere Entfernungen verführt werden können. Ein weiterer Transport auf der Achse kostet zu viel durch den bedeutenden Verlust an Fuhrkrimpe, d. h. an Kohlenstaub, der durch die gegenseitige Reibung der Kohlen besonders auf schlechten Wegen entsteht.

In diesen und ähnlichen Fällen bedarf der Forstmann einer Kenntniß des Köhlereigeschäfts, und sind die leitenden Grundsätze desselben schon lange Zeit ein integrirender Theil des forstmännischen Wissens.

a) Chemisches.

Die reine Holzfaser besteht aus 52,65 Kohlenstoff, 42,10 Sauerstoff, 5,25 Wasserstoff. Die elementare Zusammensetzung des Holzes weicht hiervon nur wenig, aber stets um Etwas ab. Das Maximum des Kohlenstoffgehaltes geht nicht über 50,2 (Ulmus, Larix), Minimum nicht unter 48,5 (Salix, Fagus, Betula). Das Maximum des Sauerstoffgehaltes steigt auf 45,1 (Fagus, Betula), das Minimum sinkt nicht unter 43,4 (Ulmus). Das Maximum des Wasserstoffgehaltes steigt auf 6,86 (Tilia), das Minimum sinkt nicht unter 6 Proc. (Quercus, Fraxinus).

Es ist daher im Holze der Gehalt an Sauerstoff und an Wasserstoff stets größer als in der reinen Holzfaser. In letzterer stehen beide genau in demselben Verhältnisse wie im Wasser (8 : 1) und müssen es daher andere brennbare, dem Holze beigemengte Stoffe von höherem Sauerstoff- und Wasserstoffgehalte sein, welche jenem Unterschiede zum Grunde liegen. Obgleich hier noch mancher Zweifel vorliegt, der nur gelöst werden kann durch sorgfältige Analyse der bei Darstellung der reinen Holzfaser in Lösung gebrachten Stoffe, mag man doch einstweilen annehmen: daß es der verschiedene Gehalt des Holzes an wasserstoffreichen Harzen und Oelen, an sauerstoffreichem Gummi und Schleim sei, der bei der Verbrennung des Holzes in Mitwirkung tritt.

Der, auch dem Holze nie fehlende, theils aus Säften, theils aus Klebermehl stammende Stickstoffgehalt, erreicht sein Maximum mit 1,5 Proc. im Weidenholze, sein Minimum mit 1 Proc. bei der Aspe, so weit die vorhandenen Untersuchungen reichen.

Der Gehalt des Holzes mit der Rinde an unverbrennbaren Asche-bestandtheilen schwankt zwischen $1\frac{1}{2}$—3 Proc. Maximum bei Linde, Buche, Erle, Hainbuche, Minimum bei Nadelhölzern und Eiche (v. Werneck). Das Holz allein enthält 0,12—0,95 Proc. unverbrennbarer Bestandtheile.

Frisch gefällt können splintreiche Stangenhölzer von Nadelholz bis $\frac{3}{5}$ ihres Gewichts an wässriger Feuchtigkeit enthalten. Die Hälfte Wasser-gewicht ist das gewöhnliche bei splintreichem Holze. Frisch geschlagenes Scheitholz enthält in der Regel ungefähr $\frac{2}{5}$ seines Gewichts an Wasser. Gespaltenes Holz, welches Jahre lang in offenen Schuppen aufbewahrt, einen Trockenheitsgrad erreichte, in welchem es bei Verminderung des Feuch-tigkeitsgehaltes der Luft innerhalb mehrerer Wochen nicht mehr wesentlich leichter, bei Erhöhung der Luftfeuchtigkeit hingegen rasch schwerer wird (luft-trocken im wissenschaftlichen Sinne), enthält immer noch nahe 20 Proc. Feuchtigkeit; Klafterholz, welches den Sommer über im Walde getrocknet ist: 25—30 Proc. Wassergehalt.

Bringt man ein trocknes Holzspänchen in die Nähe einer Lichtflamme, so entzündet es sich bei einem gewissen Grade der Erhitzung. Wir nennen dieß das Anzünden. Die unmittelbare Berührung mit einer Flamme ist hierbei nicht nothwendig, sondern nur die Erhitzung des brennbaren Körpers bis zur Entzündungswärme, wie jeder weiß, der sich in der Schmiede die Pfeife an glühendem Eisen anzündete.

Die Entzündungswärme ist für verschiedene Brennstoffe und für den-selben Brennstoff unter verschiedenen Aggregatzuständen verschieden. Phos-phor entzündet sich leichter als Schwefel, dieser leichter als Holz, Kohlen-pulver leichter als Kohlenstücke, feiner Eisendraht leichter als grober.

Ist der brennbare Körper angezündet, so ist der brennende Theil des-selben die Wärmequelle für den noch nicht brennenden Theil. Der Körper brennt fort, wenn der brennende Theil desselben den nicht brennenden in genügendem Grade erhitzt.

Die Wärme, nachdem sie das hygroscopische Wasser des Brennstoffs verdampft hat, löst die organische Verbindung des Kohlenstoffs, Sauerstoffs und Wasserstoffs im brennbaren Körper, und die nun frei gewordenen

Elemente können sich untereinander zu anderen, in der Verbrennungshitze flüchtigen Verbindungen vereinen.

Der bei weitem größte Theil des Sauerstoffs und des Wasserstoffs treten zu Wasser zusammen und werden als solches, indem sie Wärme bilden, ebenfalls verdampft. Ein im Holze stets vorhandener Ueberschuß von Wasserstoff tritt mit einem Antheile Kohlenstoff zu gasförmigem Kohlenwasserstoff zusammen und ein geringerer Antheil von Sauerstoff und Wasserstoff verbindet sich mit Kohlenstoff zu flüssigen, in der Hitze flüchtigen Destillationsprodukten (Essigsäure, Holzgeist, Theer). Die Dämpfe dieser Letzteren und die Kohlenwasserstoffgase sind es, welche die Flamme bilden, indem sie mit dem Sauerstoffe der Luft zu Kohlensäure verbrennen, wenn ein durch die Wärme selbst vermittelter rascher Luftwechsel genügende Mengen atmosphärischen Sauerstoffs den entweichenden, erhitzten Gasen zuführt.

Ist das nicht in genügendem Maße der Fall, dann verbrennt in der Flamme des sich zersetzenden Kohlenwasserstoffgases voreilig der Wasserstoff und der zu feinsten Kohlentheilchen reducirte Kohlenstoff tritt als Rauch aus der Flamme hervor, dem sich unter Umständen in der Hitze verflüchtigte Brandöle und Brandharze beigesellen. Die Kohlentheilchen des Rauches setzen sich entweder an kalten Körpern als Ruß ab, oder sie werden vom aufsteigenden Luftstrome in höhere Luftschichten empor geführt, adhäriren dort den Wasserdämpfen der Wolkenschicht, mit den Wolken fortziehend so lange, bis deren Niederschlag sie im Regenwasser oder deren Auflösung zu Wassergas sie als Höhenrauch der Erdoberfläche zurückgibt.

Der brennbare Körper schwehlt, glimmt, glüht, wenn entweder ungenügender Luftwechsel so geringe Sauerstoffmengen ihm zuführt, daß eine Verbrennung der entweichenden brennbaren Gase nicht oder nur unvollkommen eintreten kann, oder wenn die Zersetzungsprodukte dem brennenden Körper nicht reichlich und nicht lebhaft entströmen (faules Holz, Schwamm), oder wenn die gasförmigen Zersetzungsprodukte selbst nicht brennbar sind (Kohlensäure, bei Verbrennung der Kohle unter reichlichem Luftwechsel.) [1]

Das Holz kann selbst in der größten Hitze sich nicht entzünden, bereits in Brand gesetzt erlischt es, wenn es im abgeschlossenen Raume mit genügenden Mengen fremden Sauerstoffs nicht in Berührung treten kann, obgleich bei fortdauernder Erhitzung auch die Zersetzung fortdauert, bis der ganze Gehalt an Sauerstoff und Wasserstoff mit $2/3$—$1/2$ des Kohlenstoffs von $1/2$—$1/3$ Kohlenrückstand als flüchtige Destillationsprodukte (Wasser, Gase, Holzessig, Holzgeist, Brandöl, Brandharz), abgeschieden sind.

Es ist dieß der Proceß der Verkohlung.

Die Produkte dieses Processes sind genau dieselben, wie die der Verbrennung; denn auch bei letzterer bilden sich unter der brennenden Oberfläche durch die von ihr ausgehende Erhitzung aus den Elementen des Holzes

---

[1] Das glimmende Verbrennen der Kohle in der sauerstoffreichen Luft zu nicht brennbarer, flüchtiger Kohlensäure, verhält sich zum flammenden Verbrennen des Holzes, wie sich das Verbrennen des Eisens zu nicht brennbarem, nicht flüchtigem Eisenoxyd verhält; zum flammenden Verbrennen des Zink. Es ist der feste Körper der Kohle und des Eisens, welche brennen, d. h. mit dem Sauerstoff der Luft sich vereinen; es sind die, durch Erwärmung gebildeten Gase, resp. Dämpfe des Holzes und des Zinks, welche als solche flammend brennen.

zunächst alle jene flüchtigen Kohlenstoffverbindungen, die auch im verschlossenen Verkohlungsraume gebildet und aus diesem aufgesammelt werden können. Ein Unterschied zwischen Verkohlung und Verbrennung besteht nur darin: daß bei ersterer die flüchtigen Destillationsprodukte in Folge des Abschlusses fremden Sauerstoffs nicht weiter verändert werden, daß nach Abscheidung derselben der Kohlenstoffrest, selbst in der Weißglühhitze und selbst weißglühend wie Platina, keine weitere Veränderung oder Verminderung erleidet, während bei der Verbrennung der hinzutretende Sauerstoff nicht allein alle jene Destillationsprodukte, sondern auch den Kohlenrückstand bis auf die Aschebestandtheile in Kohlensäure und Wasser verwandelt. [1]

Jedes einseitig zugeschmolzene Glasröhrchen, das auf $1/4$ mit Holzsplittern oder Sägespänen angefüllt, über einer Spirituslampe sehr langsam erwärmt und endlich erhitzt wird, versinnlicht die durch die Wärme im abgeschlossenen Raume am Holze bewirkten Veränderungen. Man sieht zuerst die Wände des Glases mit ungefärbter Flüssigkeit sich beschlagen und diese bei zunehmender Erwärmung dem Glase als Wasserdampf entweichen. Es ist dieß das hygroscopische Wasser des lufttrocknen Holzes. Bei gesteigerter Wärme röthet sich das Holz (Röstung), die Wasserdämpfe erhalten von beigemengtem Holzessig und Holzgeist einen säuerlichen Geruch und Geschmack. Bei einem höheren Grade der Röstung (Rothkohle) nehmen die an den freien Wänden der Glasröhre sich niederschlagenden Dämpfe eine bräunliche Farbe an, durch die sich beimengenden Brandöle. Erhitzt man nur die obersten Holzschichten durch eine schwache, horizontal wirkende Löthrohrflamme, so sieht man einen Theil dieser braunen Flüssigkeit auch nach unten sich senken und die noch nicht gebräunten Holzmassen durchdringen (Brandöle und Brandharze — Theer). Hält man jetzt ein brennendes Holzspänchen an die Mündung der Glasröhre, dann sieht man die derselben entweichenden Gase und Dämpfe sich entzünden und mit lebhafter Flamme fortbrennen. Nicht allein die brennbaren Gase (Kohlenwasserstoff), sondern auch die mit ihnen entweichenden, in der Hitze verflüchtigten Brandöle bilden diese Flamme. Je weiter die Erhitzung vorschreitet, um so dickflüssiger und dunkler wird die an den Wänden des Glases sich niederschlagende Flüssigkeit (Theer), und zwar in Folge zunehmenden Uebergewichts der Brandharze über die leichter und rascher sich verflüchtigenden Brandöle. Ist die Erhitzung eine starke und rasch sich steigernde, so wird auch der Theer nach außen verflüchtigt; bei gelinder und langsamer Erhitzung senkt er sich vermöge seiner eigenen Schwere abwärts. Bei fortdauernder Wärmewirkung verwandelt sich die rothbraune Färbung des Holzes in ein immer tieferes Schwarz (Kohle) und man gelangt durch starke Erhitzung (Rothglühen) endlich zu einem Punkte, wo die meisten flüchtigen Stoffe ausgetrieben sind. Das Volumen des Holzes hat sich alsdann auf ungefähr die Hälfte verringert. Dieser Kohlenrest kann in dem verkitteten Glase beliebig lange Zeit in der Glühhitze erhalten werden, ohne daß er sich weiter zersetzt und vermindert. Wird er aber in freier Luft erhitzt, dann verbrennt er mit dem Sauerstoff derselben flammenlos zu Kohlensäure. Bei

---

[1] Es gehört dazu nicht nothwendig der Zutritt atmosphärischen Sauerstoffs. Bekanntlich kann eine vollständige Verbrennung auch im verschlossenen Raume bewirkt werden durch den Sauerstoff beigemengter Metalloxyde.

großer Hitze und geringem Sauerstoffzutritt liefert allerdings auch die Kohle eine schwache blaue Flamme durch Bildung von Kohlenoxydgas, wenn man z. B. in einem Stubenofen voll glühender Kohlen die Abzugsröhre schließt oder wenn die Wirkung des Gebläses auf ein Schmiedefeuer plötzlich aufhört.

Die Produkte der Verkohlung sind:

1) binäre, gasförmige Verbindungen,

Kohlensäure = 27,3 Kohlenstoff, 72,7 Sauerstoff,

Kohlenoxydgas = 43 Kohlenstoff, 57 Sauerstoff.

Kohlenwasserstoffgas:

a) Grubengas = 75 Kohlenstoff, 25 Wasserstoff.

b) Oelbildendes Gas = 86 Kohlenstoff, 14 Wasserstoff.

Ueber die Menge der Kohlensäure besitzen wir noch keine Angaben. Die Menge der übrigen gasförmigen Kohlenstoffverbindungen gibt Stolze nur zu 3—4 Cubikfuß, Pettenkofer zu $8\frac{1}{2}$ Cubikfuß auf das Pfund luftrocknen Holzes an. Das durchschnittliche specifische Gewicht zu 0,0009, das absolute Gewicht eines rheinl. Cubikfußes daher zu 0,0009 . 66 = 0,06 Pfund angenommen, ergibt pro Pfund Holz $8\frac{1}{2}$. 0,06 = 0,5 Pfund an Gasen (ausschließlich der Kohlensäure) = 1,25 Procent vom Holzgewicht (= 40 Pfund pro Cubikfuß) mit durchschnittlich 80 Procent Kohlenstoff = 1 Procent vom Holzgewicht.

Knapp führt die Angaben eines Ungenannten an, nach denen die permanenten Gase 6,5 Procent vom Gewichte des Holzes betragen. Die Stolze'schen Versuche ergeben 20—24 Proc. Mindergewicht der gesammelten Destillationsprodukte einschließlich des Kohlenrückstandes, die Knapp als „unverdichtbare" Stoffe (Gase) in Rechnung stellt (s. weiter unten).

2) Binäre, flüssige Verbindungen.

a) Hygroscopisches Wasser des lufttrockenen Holzes (88,91 Sauerstoff, 11,09 Wasserstoff) = 20 Procent.

b) Wasser, welches entsteht aus der Verbindung des Sauerstoffs und Wasserstoffs der Holzfaser.

Nach den Elementar-Analysen Petersen und Schödlers enthält

Holz der	Kohlenstoff.	Sauerstoff.	Wasserstoff.	überschüssiger Wasserstoff.
Linde . .	49,41	43,73	6,86	1,39
Ulme . .	50,19	43,39	6,43	1,00
Tanne ..	49,95	43,65	6,41	0,95
Fichte . .	49,59	44,02	6,38	0,88
Lerche . .	50,11	43,58	6,31	0,86
Ahorn . .	49,80	43,89	6,31	0,83
Pappel . .	49,70	43,99	6,31	0,82
Kiefer . .	49,94	43,81	6,25	0,77
Birke . .	48,60	45,02	6,38	0,75
Weide . .	48,44	44,80	6,36	0,70
Buche . .	48,53	45,17	6,30	0,65
Eiche . .	49,43	44,50	6,07	0,51
Esche . .	49,36	44,57	6,08	0,50.

Nimmt man an: daß aller Sauerstoff sich mit $\frac{1}{8}$ seines Gewichts

Wasserstoff zu Wasser verbindet, so würde nur das in der letzten Columne verzeichnete Wasserstoffgewicht übrig bleiben und mit Kohlenstoff zu Kohlenwasserstoffgas sich verbinden können.

Jeder Gewichttheil überschüssiger Wasserstoff würde sich mit $^{75}/_{25} = 3$ Gewichttheilen Kohlenstoff zu Grubengas, oder mit $^{86}/_{24} = 6$ Gewichttheilen Kohlenstoff zu 7 Gewichttheilen ölbildendem Gas, oder in nahe denselben Verhältnissen zu Brandöl 2c. verbinden, der Kohlenstoffabgang bei der Verkohlung im verschlossenen Raume 6 Gewichtprocente nicht übersteigen können. Da mit Hinzurechnung des hygroscopischen Wassers das lufttrockne Holz aus 20 Proc. Wasser, 40 Proc. Kohlenstoff und 40 Procent Sauer- und Wasserstoff besteht,[1] würde in diesem Falle der Kohlenstoffrest 40 — 6 = 34 Proc. sein müssen. Aus wasserfreiem Holze mit 50 Proc. Kohlenstoff würden 50 — 6 = 44 Proc. Kohlenrückstand möglich sein.

Nimmt man an: daß aller Sauerstoff theils mit 0,37 seines Gewichts an Kohlenstoff zu Kohlensäure, theils mit 0,75 Kohlenstoff zu Kohlenoxydgas, theils mit gleichen Gewichttheilen Kohlenstoff zu Essigsäure und Holzgeist, theils mit dem 2,4 fachen seines Gewichts an Kohlenstoff zu Brandharz zusammentrete; nimmt man ferner an, daß in diesem Falle der Sauerstoff mindestens 0,5 des Kohlenstoffs der Holzfaser in Anspruch nehme, so würde der verbleibende Kohlenstoffrest von 20 Proc. des lufttrocknen Holzes nicht einmal ausreichend sein, um mit 6 Proc. Wasserstoff Kohlenwasserstoff zu bilden. Es würde gar kein Kohlenrest verbleiben.

Beides ist nun erfahrungsmäßig nicht der Fall. Ebenso wenig wie aller Sauerstoff mit Wasserstoff sich zu Wasser verbindet, eben so wenig tritt aller Sauerstoff und Wasserstoff mit Kohlenstoff zu flüchtigen Verbindungen zusammen. Ueber das Quantum der Wasserbildung bei der Destillation wasserfreien Holzes sind mir Angaben nicht bekannt. Die Stolze'schen Versuche beziehen sich auf, bei 30° getrocknetes Holz. Nimmt man 10 Proc. als Wassergehalt desselben an, so werden 32 — 3,2 = 28,8 Loth Holz, 14 — 3,2 = 10,8 Loth oder 37 Proc. säurehaltiges Wasser geliefert haben. Nach Abzug des Gehaltes an wasserfreier Säure (1,8—3,8 Proc.) an Kreosot (1 Proc.) Holzgeist, Aceton 2c. im Ganzen mit 4 Proc., verbleiben 33 Proc. Wasser, mithin 50 — 33 = 17 Proc. Elemente des Wassers für die flüchtigen Kohlenstoffverbindungen. Da sich letztere nach den Stolze'schen Versuchen für die Laubhölzer auf 31 Proc. (darunter 8—9 Proc. Theer) für Fichte und Tanne auf 36—38 Proc. (darunter 11,8—13,7 Proc. Theer) berechnen, so würde der Kohlenstoffgehalt derselben zwischen 31 — 17 = 14 Proc. und 38 — 17 = 21 Proc. liegen. Von den 45 Proc. Kohlenstoff des Holzes mit 10 Proc. Wasser würde daher 24 bis 31 Proc., von wasserfreiem Holze 29—36 Proc., von lufttrocknem Holze 19—26 Proc. Kohlenstoff in Rückstand bleiben. (Auffallend ist hierbei allerdings der zwischen 20 und 24 Proc. schwankende Betrag an unverdichtbaren Destillationsprodukten.)

---

[1] In der vorstehenden Uebersicht ist der Kohlenstoffgehalt des wasserfreien Holzes annähernd = 50 Proc. Rechnet man hierzu 20 Proc. hygroscopisches Wasser des lufttrocknen Holzes, so enthält ein Gewichttheil des letzteren 0,4 Kohlenstoff, 0,4 Sauerstoff und Wasserstoff, 0,2 Wasser.

3) Ternäre, flüssige Verbindungen.

   a) Essigsäure (Holzessig), 47 Kohlenstoff, 47 Sauerstoff, 6 Wasserstoff.

   b) Holzgeist (Alkohol ähnlich) 44,3 Kohlenstoff, 46,3 Sauerstoff, 9,4 Wasserstoff.

   c) Brandöl 88 Sauerstoff, 12 Wasserstoff.

   d) Brandharz 63 Kohlenstoff, 26 Sauerstoff, 11 Wasserstoff.

Nach Stolze liefert Laubholz 8—9,5 Proc., Nadelholz 10,7 bis 13,7 Proc. Theer (Brandöl und Brandharz). Gegen 6 Proc. dieser Stoffe, von denen der rohe Holzessig verunreinigt ist, sind hier wahrscheinlich nicht zugerechnet und würden den oben angegebenen Betrag von 20—24 Proc. unverdicht-bare Stoffe um eben so viel vermindern. Seine Ausbeute von 41—46,8 Proc. rohem Holzessig enthält sehr verschiedene Mengen wasserfreier Essigsäure und zwar zwischen 1,8 und 3,8 Proc. Angaben Anderer zu Folge lieferten 100 Pfd. Holz 25,5 Kohlen, 9 Pfd. Theer, 59 Pfd. rohen Holzessig und 6,5 Pfd. permanente Gase (Knapp), während Stolze mehr Kohlen- und Theermenge, weniger Holzessig, aber unwahrscheinlich größere Mengen an unverdichtbaren Destillationsprodukten erhielt.

4) Feste Kohle.

Kohlenstoff einschließlich des Gehaltes der Kohle an feuerbeständigen Aschebestandtheilen. Es sind 27,72 Gewichtprocente vom lufttrocknen Holze das Maximum an Kohlenausbringen, welches Karsten bei langsamer Ver-kohlung in verschlossenem Raume gefunden hat; 24,6 Proc. ist unter gleichen Verhältnissen die Minimalgröße; bei den meisten Holzarten schwankt die Ausbeute zwischen 25 und 26 Proc. Uebereinstimmend hiemit sind die Versuchsreihen Giobert's; die von Stolze und Winklers erreichen meist nur die Minimalgröße der Karsten'schen Erfahrungssätze.

Durchschnittlich höhere Zahlen finden wir bei „v. Berg, Anleitung zum Verkohlen des Holzes, zweite Auflage, Darmstadt 1860," der sie ebenfalls durch Retortenverkohlung gewann. Die Maximalsätze sind: Fichtenwurzelholz 34,05 Proc., Erlenwurzelholz 31,85 Proc., Buchen 60jähriges Stammholz 32,83 Proc., Lärchen Stammholz (Splint) 30,13, Minimum 24 Proc., vor-herrschend 28—29 Proc.

Wie eine, Seite 295, mitgetheilte Tabelle zeigt, erhielt ich selbst, bei gleichzeitiger Verkohlung verschiedener Baumtheile der Eiche unter ge-schmolzenem Zinn, also unter absolut gleicher Wärmewirkung. Differenzen des Kohlenrückstandes von 22—37 Gewichtprocenten. Es ist daher nicht zu verkennen, daß Alter, Verkernung, Stärkemehlgehalt, daher auch Stand-ort und Wüchsigkeit des Baumes einen wesentlichen Einfluß auf den Kohlen-rückstand gleich großer Cellulosemengen ausüben. (Siehe meine Natur-geschichte der forstlichen Kulturpflanzen S. 130.)

Diese bedeutenden Schwankungen im Gewicht des Kohlenrückstandes können, bei der Verkohlung im verschlossenen Raume, nur hervorgerufen werden durch die veränderliche Größe der Destillationsprodukte, durch die, wenn deren Betrag ein größerer ist, dem Holze eine entsprechend größere Menge von Kohlenstoff entführt wird. Schon aus Vorstehendem geht hervor, daß die Voraussetzung: aller Sauerstoff der Holzfaser verbinde sich mit Wasserstoff zu Wasser, keine richtige sein kann, da Kohlensäure und

Kohlenoxydgas sowohl, wie die ternären Verbindungen bedeutende Sauer=
stoffmengen für sich in Anspruch nehmen, daher man auch weit mehr als
der vorstehend berechnete, überschüssige Wasserstoff zur Bildung von Kohlen=
wasserstoffen an Kohlenstoff in Anspruch nehmen muß.

Außerdem bleibt nach Verschiedenheit der Verkohlungshitze mehr oder
weniger Sauerstoff und Wasserstoff mit der Kohle verbunden. Violette
(Journal für praktische Chemie, Band 54, S. 313) gibt hierüber folgende
Aufschlüsse:

Das Holz von Frangula vulgaris, bei 150⁰ von allem hygros=
copischen Wasser befreit, bestehend aus 47,5 Kohlenstoff, 46,3 Sauerstoff
und Stickstoff, 6,1 Wasserstoff, 0,08 Asche, ergab an Kohlenrückstand und
in jedem Theile dieses Rückstandes an nicht ausgetriebenem Sauer= und
Wasserstoff

		in 100 Theilen des Rückstandes:			
Temperatur.	Kohlenrückstand.	Kohlenstoff.	Sauerstoff.	Wasserstoff.	Asche.
280	36,2	71,6	22,1	4,7	0,57
350	29,7	76,6	18,4	4,1	0,60
432	18,9	81,6	15,2	1,9	1,20
1032	18,7	81,9	14,1	2,3	1,60
1160	18,4	83,3	13,8	1,7	1,20
1250	17,9	88,1	9,2	1,4	1,20
1300	17,5	90,8	6,5	1,6	1,10
1500	17,3	94,5	3,8	0,7	0,70
über 1500	15,0	96,5	0,9	0,6	1,90.

Nach Abzug des Sauer= und Wasserstoffs im Kohlenrückstande ergibt
sich daher ein Kohlenstoffrest für die Temperaturen und Schmelzhitzen

280⁰ Zinn (+) 36,2 — 9,70 = 26,50 Kolenstoff und Asche
350⁰ Blei (+) 29,7 — 6,68 = 23,02 „ „ „
432⁰ Antimon 18,9 — 3,20 = 15,70 „ „ „
1032⁰ Silber 18,7 — 3,07 = 15,63 „ „ „
1160⁰ Kupfer 18,4 — 2,85 = 15,55 „ „ „
1250⁰ Gold 17,9 — 1,90 = 16,00 „ „ „
1300⁰ Stahl 17,5 — 1,42 = 16,08 „ „ „
1500⁰ Eisen 17,3 — 0,78 = 16,52 „ „ „
darüber Platin 15,0 — 0,23 = 14,78 „ „ „

Von der Rothglühhitze = 500⁰ bis zur Schmelzhitze des Eisens ist
daher ein Kohlenstoffverlust mit Verminderung des Kohlenrückstandes
nicht mehr verbunden. Die Steigerung des Kohlenstoffs auf 16 und dar=
über in der Schmelzhitze des Goldes beruht natürlich auf Beobachtungs=
fehlern. Beachtenswerth ist ferner die bis zu 1000⁰ sinkende, von da ab
wieder steigende Größe des überschüssigen Wasserstoffs.

Wenn ein Theil des Sauerstoffs der Holzfaser und der ihm ent=
sprechende Antheil Wasserstoff nicht zu Wasser, sondern beide, theils ge=
trennt, theils vereint mit Kohlenstoff zu binären und ternären Kohlenstoff=
verbindungen zusammentreten, so liegt der Gedanke nahe: daß die Größe
dieses Sauerstoffs= und Wasserstoffantheils eine veränderliche sei, verschieden
mit Verschiedenheit des Temperaturganges der Verkohlungshitze.

In der That fand Karsten bei sehr rascher Steigerung der Verkohlungs=
hitze, gegenüber einer langsam vorschreitenden Erwärmung, einen, zwischen
38 und 50 Proc. geringeren Kohlenrückstand und wird es dadurch wahr=
scheinlich: daß bei langsamer Verkohlung mehr Sauerstoff und Wasserstoff
zu Wasser zusammentritt, daher mehr Kohle zurückbleibt, daß hingegen bei
rascher Verkohlung weniger Wasser, aber mehr kohlenstoffhaltige Destilla=
tionsprodukte gebildet werden, und in dem Maße der Kohlenrückstand ein
geringerer werde. Es könnte aber auch wohl sein: daß, bei rasch gesteiger=
ter Erhitzung, noch nicht verflüchtigter Dampf des hygroscopischen Wassers
in seine Elemente zerlegt und durch die Verbindung dieser mit Kohlenstoff
zu Kohlenoxydgas und Kohlenwasserstoffgas der Kohlenverlust ein größerer
werde.

Es sprechen dafür die Versuchsresultate Rumfords, der bei Verkohlung
wasserfreien Holzes nahe gleiche Kohlenrückstände (43,33 Gewichtprocente)
für Nadelholz, hartes und weiches Laubholz erhielt.

Wenn lufttrocknes Holz 40 — 27 = 13 Proc. Kohlenstoffverlust er=
leidet, würde unter denselben Umständen dürr gewogenes Holz (nach Aus=
treibung alles hygroscopischen Wassers) mit 50 Proc. Kohlenstoff 16 Proc.
Verlust erleiden (40 : 13 = 50 : 16), also einen Rückstand von 50 — 16
= 34 Proc. Kohle ergeben. Rumford erhielt aus dürrem Holze mehr als
diesen Rückstand, in Maximo 44,18 Proc. (Tanne), in Minimo 42,43 Proc.
(Ahorn). Daß dieß hohe Ausbringen in unvollkommener Verkohlung
seinen Grund gehabt habe, möchte ich doch nicht mit Bestimmtheit be=
haupten. Rumford erhitzte das Holz bis zu beginnender Röstung, um
alle hygroscopische Feuchtigkeit auszutreiben, damit ist aber nicht gesagt,
daß er die Kohle nicht höher erhitzt habe. Es wäre das ein Fehler, den
man einem Rumford nicht zutrauen darf. Wenn derselbe einen Kohlen=
stoffverlust von nur 50 — 44 = 6 Proc. erhielt, so könnte die geringe
Größe dieses Abganges möglicherweise in der gänzlichen Entfernung alles
hygroscopischen Wassers, sowie darin begründet sein, daß bei der starken
Erhitzung des Holzes auch ein Theil des chemisch gebundenen Sauer= und
Wasserstoffs bereits verflüchtigt war, der Kohlenstoff im eingebrachten Holze
dadurch mehr als 50 Proc. von dessen Gewicht betrug. v. Berg erhielt
ähnliche Resultate der Retortenverkohlung. Unter der Voraussetzung, daß
das verwendete Holz lufttrocken war,[1] betrug der Kohlenstoffverlust des
Buchenholzes z. B. 40 — 32,83 = 7,17 Proc. Das Holz meiner Versuche
war bei + 60° R. acht Tage lang getrocknet, wird also noch 10 Proc.
Wasser, mithin 45 Proc. Kohlenstoff enthalten haben. Genau dieselbe Ver=
kohlungshitze, genau derselbe Temperaturgang, welche das Splintholz der
140jährigen Eiche auf 22 Proc. Kohle reducirten, ließen vom Eichen Kern=
holze bis 37 Proc. Kohle zurück. Während letzteres 45 — 37 = 8 Proc.
Kohlenstoff abgegeben hatte, verlor ersteres 45 — 22 = 23 Pro.

Es ist hier jeden Falles noch Vieles aufzuklären und wird man nicht
eher zu einer klaren Einsicht in die Verhältnisse der Verkohlung gelangen,

---

[1] Aus dem zwischen 32 und 37 cölnische Pfund pro rheinländ. Cubikfuß schwankenden
Trockengewicht des Fichtenstammholzes der v. Berg'schen Versuche folgere ich einen Wasser=
gehalt = 20 Proc., einen Kohlenstoffgehalt = 40 Proc.

ehe nicht dem Kohlenausbringen im verschlossenen Raume eine genaue, quantitative Ermittelung des Kohlenstoffgehaltes aller flüchtigen Destillations= produkte gegenübergestellt wird. Ueber die Menge der entweichenden Kohlen= säure und des Kohlenoxydgases haben wir noch gar keine direkte Angaben.

Wenden wir uns nun zur Verkohlung in Meilern, d. h. zu Verkoh= lungsapparaten, denen die Verkohlungshitze nicht von außen zugeht, sondern durch ein Innenfeuer erzeugt wird, das auf Kosten der Verbrennung eines Theiles des zu verkohlenden Brennstoffs unterhalten wird, dessen Unter= haltung aber auch unvollkommenen Abschluß der atmosphärischen Luft erheischt.

Bei Verkohlung größerer Holzmassen in Apparaten dieser Art kann die Erhitzung nie eine so hohe und gleichmäßige sein, daß alles Holz von seinen flüchtigen Bestandtheilen vollständig befreit wird. Wollte man dieß erzielen, so würden die Verluste an Feuerungsholz, an übergaren und ver= brennenden Kohlen jeden möglichen Vortheil bei weitem übersteigen. In der That ist aber auch eine vollendete Abscheidung aller Destillationsprodukte für den technischen Verbrauch der Kohlen nicht nothwendig, nicht einmal wünschenswerth. Erzeugung hoher Hitzgrade, durch Verbrennung eines Brennstoffs, in welchem die Brennkraft auf das kleinste Volumen reducirt wurde, ist der wesentlichste Zweck des Kohlenverbrauches. Schon im Zu= stande der Rothkohle, die noch über 50 Proc. der Gesammtmenge aller flüchtigen Destillationsprodukte enthält, ist in dieser das Maximum des Brennstoffs enthalten, $1/4$—$1/3$ mehr als in gleichen Volumtheilen des luft= trockenen Holzes. Bis zur Darstellung der Meilerkohle gehen von jenem Maximum der Brennkraft 6 Proc. verloren (Sauvage), abgesehen von dem Mehraufwande an Feuerungsmaterial, und dennoch enthält die gewöhnliche Meilerkohle durchschnittlich immer noch 18—20 Proc. an flüchtigen Destil= lationsprodukten.

Aus letzterem Grunde würde daher, wenn man 27 Proc. als Maxi= mum des Ausbringens vollkommner Kohle in verschlossenem Raume annimmt, die Meilerkohlung 27 + 18 bis 20 Proc = 32 Proc. Kohle vom Gewicht des lufttrocknen Holzes ausbringen können, wenn nicht andere Umstände dieß Ausbringen wesentlich verringerten.

Vollkommen lufttrockenes Holz enthält 20 Proc. hygroscopisches und annähernd 35 Proc. aus Sauerstoff und Wasserstoff sich bildendes Wasser. Diese 55 Proc. Wasser[1] erfordern zu ihrer Verdampfung $5/40$ Kohle (Knapp).

Schon hierdurch reduciren sich jene 32 Proc. auf 28 Proc. Kohlenrest. Nun kommt aber bei der Meilerkohlung das Holz nie in vollkommen luft= trockenem Zustande zur Verkohlung. Jede größere Feuchtigkeitsmenge des Holzes erfordert nicht allein eine größere Feuerungsmenge zur Wasserver= dampfung, sondern steht auch mit an und für sich geringeren Kohlenstoff= mengen gleicher Gewichttheile in Verbindung. Ist die Kohlenstoffmenge bei 20 Proc. Wasser = 40, so ist sie bei 30 Proc. Wasser = 35; bei 40 Proc. Wasser = 30; bei 50 Proc. Wasser = 25. Ist der Feuerungsbedarf bei 40 Proc. Kohlenstoff (55 Wasser) = 5, so ist er bei 35 Proc. Kohlenstoff

---

[1] Da auch bei der Verflüchtigung aller übrigen Destillationsprodukte Wärme gebunden wird, so kann man hier die ganze Summe des Sauerstoffs und Wasserstoffs zu Wasser ver= bunden annehmen.

= 5,5; bei 30 Proc. Kohlenstoff = 6; bei 25 Proc. Kohlenstoff = 6,5, da die Summe des zu verdampfenden Wassers in diesen Fällen von 20 + 35, auf 30 + 30, auf 40 + 25, auf 50 + 20 sich erhöht. Für gleiche Gewichtmengen verschieden feuchten Holzes verringert sich daher jener mögliche Kohlenrest (32 Proc.) in dem Verhältniß = 40 : 35 : 30 : 25 von 28 (s. oben) auf 24,5, 21, 17,5 Gewichtprocente vom lufttrocknen Holze. Bringt man hiervon nun noch den steigenden Feuerungsbedarf des feuchteren Holzes mit 0 — 0,5 — 1 — 1,5 in Abzug, so verbleibt ein Kohlenrest von 28 — 24 — 20 — 16 Proc. des Holzgewichts, je nach dem verschiedenen Wassergehalte desselben.

Es wird aber nicht allein durch die Wasserverdampfung fortdauernd Wärme gebunden, sondern es entführen die Dämpfe und Gase freie Wärme, deren auch von den Wänden des Verkohlungsapparates bedeutende Mengen ausstrahlen. Diese und die Menge der, zur Erzeugung und Erhaltung der Rothglühhitze nöthigen Wärme und somit die Menge des auf diese zu verwendenden Brennstoffs, setzt Knapp = 1,6 — 2,6, im Mittel also = 2 Proc. an. Obige 16 — 28 Proc. würden sich dadurch auf 14 — 26 Proc. ermäßigen.

Der Antheil gebundener und der mit den Destillationsprodukten frei entweichenden Wärme läßt sich nicht vermindern, wohl aber die Menge der nach außen strahlend entweichenden Wärme durch Abschluß der Wärmequelle von der äußeren Luft vermittelst möglichst dicker Schichten schlechter Wärmeleiter. Holz, Kohle, lockere Erde, Kohlenstübbe sind nicht allein selbst, sondern auch durch die in ihnen eingeschlossene Luft schlechte Wärmeleiter. Am geringsten ist daher der Wärmeverlust nach außen da, wo der Herd für die Erzeugung der Verkohlungshitze im Mittelpunkte des zu verkohlenden Holzes liegt, am größten ist er bei Mantel- und Außenfeuerung.

Endlich darf man nicht übersehen: daß bei der Verkohlung in Meilern es ganz unmöglich ist, den Zutritt der Luft zu dem zu verkohlenden Holze fortdauernd so abzumessen und zu leiten, daß nicht zu Zeiten hier oder da zu reichliche Luftmengen unnöthigen Brennstoffverbrauch zur Folge haben. Die Geschicklichkeit des Köhlers besteht hauptsächlich darin, diese Verluste möglichst gering zu halten. Ganz vermeiden kann er sie nicht, und man wird sich nicht wundern, daß selbst mit Einrechnung jener 18 — 20 Proc. zurückgebliebener Elemente für Destillationsprodukte, auch gute Köhler durchschnittlich nicht mehr als 20 Gewichtprocente an Kohle ausbringen, wenn man alle erwähnten unvermeidbaren Verluste zusammenzählt.

Hieraus entspringen nun an Hauptregeln des Köhlereibetriebes, so weit sich solche auf diese allgemeine Betrachtungen stützen:

1) Verwendung möglichst trockenen Holzes;
2) langsamer Gang der Verkohlung;
3) richtiges Maß und richtige Leitung der zuströmenden Luft;
4) möglichstes Zusammenhalten der durch das Innenfeuer erzeugten Wärme im Verkohlungsraume.

b) Physikalisches.

Durch die Verkohlung verliert das Holz nicht allein einen großen Theil seiner ursprünglichen Bestandtheile und dadurch den größeren Theil seines Gewichts, sondern es verringert sich auch sein Volumen, obgleich die Struktur des Holzes unverändert bleibt. Nicht allein Fasern und Zellen, sondern auch die kleinsten Theile derselben, der Spiralfaden, der Tipfel, die Poren lassen sich unversehrt in der guten Kohle nachweisen.

Nach Hjelm schwindet das Holz durch Verkohlung

in der Länge um 12,5—18,75 Proc.

„ „ Breite „ 12,5—25 „

„ „ Dicke „ 25 Proc. „

Nach Af Uhr — mit Ausscheidung einiger Extreme

Längeschwinden 4—8 Proc.

Dickeschwinden 11—19 „

Nach Klein Längeschwinden 12 Proc.; Schwinden im Umfange a) scheinbares: beim Nadelholze 21,6 Proc., beim Laubholze 25,4 Proc.; b) wirkliches: beim Nadelholze 28,5 Proc., beim Laubholze 34,3 Proc. [1]

Nach v. Berg: Längeschwinden durchschnittlich 12 Proc., Durchmesser= schwinden a) trockenes Holz 14—26 Proc., b) frisches Holz 16,6—25 Proc. In einer zweiten Tabelle enthaltene Angaben über Schwinden dürren Buchen= und frischen Hainbuchenholzes „in der Stärke" um 42,9 Proc. beruhen wohl auf einem Druckfehler.

Nach eigenen Beobachtungen am Eichenholz verschiedener Baumalter und Baumtheile (s. die nachfolgende Tabelle)

Längeverlust 8—18 Proc., Buchenholz 13 Proc.

Breiteverlust 17—33 „ „ 35 „

Tiefeverlust 14—29 „ „ 21 „

Masseverlust 40—59 „ „ 55 „

Bei der Messung des Kohlenvolumen unter Quecksilber ist dasselbe nur im Bezug auf die geringen, inneren Hohlräume ein scheinbares.

Ueber Volumprocente des Kohlenausbringens besitzen wir Angaben von G. L. Hartig, vollständig mitgetheilt in den früheren Auflagen dieses Lehrbuches, wonach ergeben:

100 Cubikfuß [2] Derbmasse = 3906 Pfund dürren (?) 100—120jährigen Buchen Scheitholzes: 840 Pfund = 21,5 Proc. Kohlen in 30 Proc. Derb= masse = 70 $\frac{2}{3}$ Proc. Raumgemäß von der Derbmasse des Holzes, dessen Raumgemäß = 144 Cubikfuß an Kohlenraumgemäß daher 49 Proc. ergab.

100 Cubikfuß Derbmasse = 4200 Pfund Buchen Knüppelholz aus 60—90jähriger Durchforstung: 960 Pfund = 23 Proc. Kohlen in 32 Proc. Derbmasse = 75 $\frac{1}{3}$ Proc. Raumgemäß von der Derbmasse des Holzes, dessen Raumgemäß = 180 Cubikfuß an Kohlenraumgemäß daher 42 Proc. ergab.

---

[1] Die Ziffern, welche v. Berg, Anleitung 2. Aufl. S. 80, aus den Versuchen Klein's über wirkliches Schwinden anführt, beziehen sich auf die Differenz zwischen scheinbarem und wirklichem Schwinden. Unter scheinbarem Schwinden versteht Klein die Differenz mit Einschluß der inneren und äußeren Risse und Räume desselben Kohlenstücks, unter wirklichem Schwinden die Maß= und Raumverringerung eines Kohlenstücks nach Abrechnung auch der Risse und Räume desselben. Das wirkliche Schwinden muß daher größer sein als das scheinbare.

[2] Ich habe auch hier die Zahlengröße und Benennungen des 12theiligen Systems bei= behalten, da eine Umrechnung in das metrische System sehr unbequeme Ziffern ergeben haben würde, und ohne Einfluß auf die procentischen Endresultate ist.

Ergebnisse:

(Gewicht- und Maß-Verbleib in Procenten vom Gewicht und Maß des trockenen Holzes.)

Baumart und Baumtheil	Höhe über dem Boden	Durchmesser des Baumtheils	Gewicht des trockenen Holzes, therm. Cubtf. nach dem Trocknen.	Aschegehalt in Wasser löslich.	Aschegehalt in Salzsäure löslich.	Rothkohle bei 280–300°. Gewicht.	Länge.	Breite.	Tiefe.	Masse.	Halbkohle bei 350–380°. Gewicht.	Länge.	Breite.	Tiefe.	Masse.	Ganzkohle bei 500°. Gewicht.	Länge.	Breite.	Tiefe.	Masse.
I. 140jährig.																				
a) innerster Kern	1	25	51,0	0,056	0,072	80,5	100	90	94	84	41,3	94	75	87	61	33,2	90	70	81	50
	40	13	51,5	0,110	0,120	80,6	100	91	90	81	43,4	94	75	85	59	33,5	86	77	80	54
	60	3	53,5	0,150	0,180	81,0	100	97	97	97	44,7	95	80	93	78	36,7	92	80	82	60
b) äußerster Kern	1	25	46	0,060	0,300	80,1	100	100	96	100	43,5	91	80	95	79	37,0	85	87	80	59
	40	13	49	0,220	0,280	77,1	100	94	100	91	43,1	95	78	89	67	37,5	90	77	86	59
	60	3	53	0,145	0,185	80,8	100	97	100	97	44,5	95	80	93	78	36,0	92	80	82	60
c) Splintholz	1	25	40	0,470	0,470	83,2	100	92	96	88	35,2	94	75	83	58	28,0	86	67	74	43
	40	13	40	0,350	0,250	34,7	100	95	95	91	36,1	93	76	80	59	26,4	86	75	73	47
	60	3	42	0,350	0,380	74,8	100	93	90	83	28,3	94	71	82	58	27,5	85	76	72	47
	75	1,5	43	0,180	0,770	51,0	100	94	100	94	40,6	92	83	91	54	22,2	87	71	82	50
	75	0,5	42,5	0,140	0,660	75,0	100	98	100	98		90			68	27,3	82	83	82	56
d) Wurzelholz		3,0	33	0,240	0,400	80,3	99	89	90	79	37,5	93	72	81	54	35,0	86	72	81	50
e) Blätter im Juli				0,200	2,500															
II. 30jährig Laßreidel																				
a) Kernholz	4	6,0	44	0,150	0,180	73,7	98	95	100	93	41,2	93	84	90	70	30,6	85	74	80	52
b) Splint	4	6,0	40	0,250	0,290	79,0	99	95	95	89	38,7	93	88	81	60	27,9	84	70	71	42
III. 30 jährig Stockausschlag																				
a) Kernholz	4	5,5	51	0,260	0,300	70,0	99	94	91	85	40,2	94	82	82	63	22,8	85	72	77	47
b) Splint	4	5,5	26	0,290	0,390	52,4	100	90	93	93	27,0	94	82	87	67	22,3	86	77	72	48
IV. 5jährig Kopfholz		4,0	40	0,230	0,480	86,8	99	94	97	90	34,2	95	81	84	65	23,1	86	77	74	49
V. 50jährig Rothbuchen Splintholz als Bergleichsgröße	4	10	37	0,340	0,360	84,4	100	94	95	89	39,3	95	71	84	55	28,0	87	65	79	45

100 Cubikfuß altes Eichenscheitholz = 4500 Pfund ergaben 560 Pfund = 12,3 Proc. Kohlen in 28 Proc. Derbmasse = 66 Proc. Raumgemäß von der Derbmasse des Holzes, dessen Raumgemäß = 180 Cubikfuß an Kohlenraumgemäß daher 37 Proc. ergab.

100 Cubikfuß Derbmasse = 4600 Pfund 18—20jähriges Eichenstangen= holz: 744 Pfund = 16 Proc. Kohlen in 31 Proc. Derbmasse = 73 Proc. Raumgemäß von der Derbmasse des Holzes, dessen Raumgemäß = 200 Cubikfuß an Kohlenraumgemäß daher 37 Proc. ergab.

100 Cubikfuß Derbmasse = 3600 Pfund 70—80jähriges Kiefernscheit= holz: 578 Pfund = 16 Proc. Kohlen in 34 Proc. Derbmasse = 80 Proc. Raumgemäß von der Derbmasse des Holzes, dessen Raumgemäß = 144 Cubikfuß an Kohlenraumgemäß daher ergab 55 Proc.

100 Cubikfuß Derbmasse = 3000 Pfund Kiefernprügelholz aus Durch= forstungen: 512 Pfund = 17 Proc. Kohlen in 34 Proc. Derbmasse = 80 Proc. Raumgemäß von der Derbmasse des Holzes, dessen Raum= gemäß = 180 Cubikfuß an Kohlenraumgemäß daher 44 Proc. ergab.

Der Vergleich dieser Ziffern für Buchen= und Kiefernscheitholz mit den Ziffern Klein's für hartes Laub= und Nadelholz:

Gewichtprocente nach Hassenfratz Buche 21,5   Kiefer   16 Proc.
           „   Klein   „   23   „   30   „

Holz und Kohle Derbmasse:

           nach Hassenfratz Buche 30   Kiefer 34 Proc.
           „   Klein   „   40   „   46   „ [1]

Holz und Kohle Raumgemäß:

           nach Hassenfratz Buche 49   Kiefer 55 Proc.
           „   Klein   „   67   „   85   „

Holz in Derbmasse, Kohle in Raumgemäß:

           nach Hassenfratz Buche 70,6   Kiefer 80 Proc.
           „   Klein   „   90   „   107   „

zeigt ein über 25 Proc. höheres Ausbringen der Klein'schen Angaben.

Af Uhr. Holz und Kohle Derbmasse: Kiefern 46,5 Proc., Fichten 52,2 Proc., daher wohl scheinbares Schwinden.

v. Berg. Holz und Kohle Raumgemäß:

a) Scheitholz:

Buchen und Eichen: Gewicht 20,0—22,0 Proc., Volumen 52,0 bis 56,5 Proc.;

Birken: Gewicht 20—21 Proc., Volumen 65—68 Proc.;

Kiefern: Gewicht 22—25 Proc., Volumen 60—64 Proc.;

Fichten: Gewicht 23,0—25,8 Proc., Volumen 65,0—74,5 Proc.;

b) Fichten Stockholz: Gewicht 21—25 Proc., Volumen 50 bis 65,3 Proc.;

---

[1] Durchschnittszahlen nach Klein: scheinbares Schwinden der Derbmasse, d. h. mit Einrechnung der Risse und Räume am und im einzelnen Kohlenstück
        beim Laubholze 50,8, beim Nadelholze 45,7 Proc.;
wirkliches Schwinden, d. h. nach Abrechnung jener Risse,
        beim Laubholze 61,7, beim Nadelholze 54,9 Proc.
Es verbleiben also an fester Masse:
    wirklich   100 — 61,7 = 38,3 Proc.   100 — 54,9 = 45,1 Proc.
    scheinbar 100 — 50,8 = 49,2 Proc.   100 — 45,7 = 54,3 Proc.

c) Fichten Knüppelholz: Gewicht 20—23,6 Proc., Volumen 41,7 bis 50 Proc., die Knüppel bis zu 3 Zoll Durchmesser.

Im Wernigerodischen ist als Normalausbringen an Kohlengemäß fest= gesetzt:

glattes Buchen Scheitholz 64 Proc. vom Holzgemäß

    „   Eichen   „   66 „ „   „

    „   Fichten   „   78 „ „   „

Nimmt man mit Klein an, daß das Laubholz sein Volumen auf 0,50, das Nadelholz auf 0,54 durch Verkohlung verringere; nimmt man ferner an, daß der unausgefüllte Raum in der Scheitholzklafter derselbe sei, wie im gleich großen Kohlengemäß und durchschnittlich beim Nadelholze 25 Proc., beim Laubholze 30 Proc. betrage; nimmt man endlich die Menge des Füllholzes und der verbrennenden Kohlen auf 6 Proc. an, so würde sich hiernach das Gemäßausbringen beim Laubholze auf 0,50 — 0,06 = 0,44, beim Nadelholze auf 0,54 — 0,06 = 0,48 von jeder Einheit des ein= gesetzten und Füllholzes berechnen.

Wenn in der Wirklichkeit das Gemäßausbringen ein weit höheres ist: bis 0,68 bei Laubholz, bis 0,78 bei Nadelholz (Klein bis 0,85), so kann dieß nur in Folgendem seinen Grund haben.

1) Uebermaß des eingesetzten, gegen das in Rechnung gestellte Holz. Schon das vorschriftsmäßige Uebermaß von 2 Zoll auf 4 Fuß Klafterhöhe bringt einen Mehreinsatz von 4 Proc. mit sich, der in der Regel nicht zur Berechnung gezogen wird, dadurch Erhöhung obiger 0,44 auf 0,48, obiger 0,48, auf 0,52.

2) Größerer Hohlraum zwischen den Kohlen als zwischen dem Holze. Nach Klein berechnet sich das Gewicht des Kohlengemäßes auf 0,56 des Derbkohlengewichts, woraus sich ein Hohlraum von 0,44 des Kohlengemäßes ergibt. Davon ab 0,11 [1] für den Hohlraum im Innern der Kohlenstücke, bleibt ein Hohlraum von 0,33 des Gemäßes zwischen den Kohlen. Es ist also der Zwischenhohlraum der Kohlen größer, als der des Holzes: beim Laubholze um 0,03, beim Nadelholze um 0,08, wo= durch sich obige 0,48 des Laubholzes auf 0,51, obige 0,52 des Nadelholzes auf 0,60 erhöhen.

3) Geringeres Schwinden als oben angenommen wurde. Der noch bleibenden Differenz zwischen 0,52 und 0,68 des Laubholzes = 0,16; zwischen 0,60 und 0,78 des Nadelholzes = 0,18 entsprechend, müßte die Laubholzkohle nicht auf 0,50, sondern auf 0,66, die Nadelholzkohle nicht auf 0,54, sondern nur auf 0,72 des Holzvolumen sich verkleinern. Wider= spricht dieß letztere allen bisherigen Erfahrungen, wo liegt dann die Ursache so hoher Ziffern des Kohlenausbringens?? Worin liegt namentlich die große Differenz im Ausbringen zwischen Buche und Fichte 0,64 und 0,78 = 14 oder nach v. Berg 0,57 und 0,75 = 18, da die Differenz im scheinbaren Schwinden zwischen beiden nach Klein (Beilagen Seite XXVII) nur 47 — 43,8 = 3,2 beträgt.

Das specifische Gewicht des nicht verkohlten Zellstoffs gibt Rumford

---

[1] Siehe die vorhergehende Note.

= 1,53 für die Laubholzfaser, = 1,46 für die Nadelholzfaser. Neuere Untersuchungen ergaben nur 1,29 als Maximum für den Zellstoff der Rothbuche. Vollständige Entfernung des Wassergehaltes der Cellulose angenommen, würde sich, da in ihr Kohlenstoff und die Elemente des Wassers nahe zu gleichen Theilen enthalten sind, das specifische Gewicht des reinen Kohlenstoffs der Holzfaser, d. h. der Kohlenmasse nach vollständiger Entfernung des Sauer- und Wasserstoffgehaltes durch starkes Glühen in der Hitze des schmelzenden Platin nach Rumford auf 3,3, nach den neueren Untersuchungen nur auf 1,8 berechnen. Denn: 1,53 . 66 = 100,98 Pfund der rheinländische Cubikfuß Cellulose. Davon 0,5 . 100,98 = 50,49 Pfund Elemente des Wassers = 0,77 Cubikfuß, bleiben 50,49 Pfund = 0,23 Cubikfuß = 219 Pfund der Cubikfuß reiner Kohlenstoff = 3,3 specifisches Gewicht (Diamant 3,5, Graphit 1,8—2,27 specifisches Gewicht). 1,29 . 66 = 85,14. 85,14 . 0,5 = 42,5 Pfund Elemente des Wassers = 0,65 Cubikfuß, bleiben 0,35 Cubikfuß für 42,5 Pfund Kohlenstoff, ergibt 121,3 Pfund per Cubikfuß oder 1,8 specifisches Gewicht.

Vom Forstkandidaten Herrn Horn hierselbst auf meine Veranlassung vollzogene, direkte Bestimmungen des specifischen Gewichts fein pulverfirter Kohle in Flüssigkeiten von hohem specifischem Gewichte [1] ergaben für

gewöhnliche Buchen Meilerkohle . . . 1,38 spec. Gewicht
dieselbe im Platintiegel stark geglüht. . 1,65 „   „
gewöhnliche Birken Meilerkohle . . . 1,44 „   „
     „   Erlen Meilerkohle . . . 1,52 „   „

Obgleich diese Resultate recht gut entsprechen dem, oben aus dem specifischen Cellulosegewicht berechneten Kohlengewicht von 1,8 (die Mindergröße der Resultate ist offenbar einem noch nicht entfernten Sauer- und Wasserstoffantheile zuzuschreiben) gebe ich doch zu bedenken, daß das specifische Cellulosegewicht von 1,29 an sich gering erscheint, da es dem specifischen Gewicht mancher frisch gefällten Hölzer sehr nahe steht (Buche bis 1,15, Apfelbaum bis 1,26.)

Ueber das specifische Gewicht der Kohlenstücke gebe ich hier die Angaben von Hassenfratz (Retortenkohle).

Birken   0,203 = 13,5 Pfund. [2]
Eschen   0,200 = 13,2   „
Elsbeeren   0,196 = 12,9   „
Buchen   0,187 = 12,3   „
Heimbuchen   0,183 = 12,1   „

[1] Chlorzink-Lösung von 2,00 specifischem Gewicht wurde so lange mit Wasser verdünnt, bis das Kohlenpulver sich in ihr suspendirt erhielt, das specifische Gewicht des letzteren dann dem specifischen Gewichte der Salzlösung gleichgesetzt.

[2] Das absolute Gewicht berechnet auf den rheinländ. Cubikfuß zu 66 Pfund Wassergewicht. Da die Angaben von Hassenfratz sich auf das Volumen beziehen einschließlich der in den Fasern und Röhren enthaltenen Luft, so bezeichnen sie keine absolute Größe und müssen für dieselbe Holzart sehr verschieden sich ergeben, je nachdem für die Untersuchung ein mehr oder weniger porös gewachsenes Holz verwendet wird.

Die Angaben von Klein führe ich hier nicht an, weil bei keinen Versuchen eine theilweise Verdrängung auch der inneren Luftmasse stattgefunden hat, in Folge dessen keine Angaben eine unbestimmbare Stelle einnehmen zwischen dem specifischen Gewicht der Kohlenstücke und der luftfreien Kohlenmasse.

Ulmen   0,180 = 11,9 Pfund.

Fichten   0,176 = 11,6   „

Ahorn   0,164 = 10,8   „

Eichen   0,155 = 10,2   „

Birnbaum 0,152 = 9,0   „

Erle   0,135 = 8,9   „

Linde   0,106 = 7,0   „

In Folge des nicht vollständig entfernten Sauerstoffs und Wasser= stoffs muß die Meilerkohle stets ein geringeres specifisches Gewicht des verkohlten Zellstoffs, aber ein höheres specifisches Gewicht der Kohlen= stücke ergeben, als die hoch erhitzte Retortenkohle. Seite 186 der Anlei= tung gibt v. Berg das Gemäßgewicht eines rheinländischen Cubikfußes

Buchenkohle = 11,5—12   cöln. Pfunde.

Kiefernkohle = 10,0—12   „   „

Erlenkohle =   8,4— 9,9   „   „

Fichtenkohle =   7,0— 7,5   „   „

Der Hohlraum des Gemäßes = 0,44 angenommen, würde dieß ein Derbkohlengewicht ergeben

Buchenkohle bis 21   Pfund = 0,318 spec. Gewicht.

Kiefernkohle   „ 21   „   = 0,318   „   „

Erlenkohle   „ 17,7   „   = 0,268   „   „

Fichtenkohle „ 13,4   „   = 0,203   „   „

Die größten Schwankungen des specifischen Gewichts der Derbkohle ein und derselben Holzart ergeben sich aus der vorstehend mitgetheilten Tabelle:

altes Eichen Kernholz bis 31 Pfund = 0,47 spec. Gewicht.

Eichen Splintholz   „ 19   „   = 0,29   „   „

Bemerken muß ich jedoch, daß ich die Wägung der verkohlten Hölzer erst einige Tage nach der Verkohlung ausführen konnte, nachdem sie ohne Zweifel bereits erhebliche Mengen Feuchtigkeit aufgenommen hatten. Dasselbe gilt auch wohl von den v. Berg'schen Durchschnittszahlen.

Mit dem specifischen Gewicht steigt die Härte der Kohlen und mit dieser die für den Hüttegebrauch wichtige Tragkraft. Beide sind nicht allein von der Struktur des Holzkörpers, sondern wesentlich auch vom Ge= halte desselben an Stärkemehl abhängig, das eine sehr harte, schwer ver= brennliche Kohle liefert. Da selbst bei der Schmelzhitze des Platin noch Sauerstoff und Wasserstoff ausgetrieben wird, steigt auch bis dahin das specifische Gewicht und die Härte der Kohle, sie wird metallhart und me= tallisch klingend, ähnlich dem Graphit.

Die Kohle besitzt in hohem Grade die Eigenschaft aller porösen Körper, Gase und Dünste in sich aufzunehmen und zu condensiren. In Folge dessen erleidet sie schon nach kurzer Zeit in der feuchten Waldluft bedeutende Ge= wichtzunahme und zwar nach Nau innerhalb 24 Stunden:

Weißbuche 0,8 Proc.; Esche, Eiche, Birke, Lärche, Ahorn 4—5 Proc.; Fichte, Rothbuche 5—5⅓ Proc.; Ulme 6,6 Proc.; Schwarzerle, Kiefer, Weide, Tanne 8—9 Proc.; Schwarzpappel 16 Proc.

Für Fichte, Lärche, Buche und Erle fand v. Berg eine Gewicht=

zunahme innerhalb 24 Stunden von 3—7 Proc. (mit Ausscheidung einiger Extreme: 1,09—9,38). Innerhalb drei Wochen: 8—12 Proc. (Extreme: 4,71—13,47).

Nach Werlich steigerte sich die in den ersten Tagen von Birkenkohle aufgenommene Feuchtigkeitsmenge von 4,35 Proc. binnen 85 Tagen auf 8,44 Proc. Nach Karsten kann die Gewichtzunahme bis auf 20 Proc. steigen.

An liquider Feuchtigkeit nimmt die Kohle nach Klein innerhalb 5—8 Minuten 20—40 Proc. auf. Nach v. Berg steigert sich die Menge des aufgenommenen Wassers innerhalb 192 Stunden bis 137 Proc.

An Ammoniakgas absorbirt die Kohle das 90fache, an Kohlensäuregas das 35fache ihres eigenen Volumen. Daher stammt der unter Umständen wohlthätige Einfluß kohlenhaltiger Rasenasche und Kohlengestübbes auf die Vegetation.

Einer chemischen Zersetzung oder einer Verminderung ist die Kohle in der atmosphärischen Luft nicht unterworfen; sie kann beliebig lange Zeit unverändert aufbewahrt werden. Regenwetter und dauernde Berührung mit Wasser schaden ihr an und für sich nicht, erschweren aber den Transport und erfordern Brennstoff zum Wiederabtrocknen. Feuchte Kohle erleidet beim Transport aber weniger Verlust durch Fuhrkrimpe.

Die Kohle wirkt selbst antiseptisch, d. h. sie verzögert die Zersetzung mit ihr in Berührung stehender organischer Stoffe. Sie hat endlich die Eigenschaft Metalloxyde, Farbstoffe, Oele aus ihren Auflösungen an sich zu ziehen und zurückzuhalten, daher sie zur Abscheidung dieser Stoffe aus zu klärenden Flüssigkeiten verwendet wird.

Da bei der Verkohlung des Holzes bedeutende Mengen von Brennstoff als Destillationsprodukte ausgetrieben werden, muß die Brennkraft der Kohle eine bedeutend geringere sein als die des Holzes, aus dem die Kohle dargestellt wurde. Man kann diesen Verlust auf 40—45 Proc. der Brennkraft des Holzes ansetzen, auf 50 Proc., wenn man dazu den Holzverbrauch zur Erzeugung der Verkohlungshitze in Ansatz bringt. Nur die Nothwendigkeit der Reduktion des Brennstoffs auf geringsten Raum zur Erzeugung intensiver Hitzgrade, die dadurch noch gesteigert werden: daß im Kohlenfeuer durch Dampfbildung Wärme nicht gebunden wird, wie dieß bei der Verbrennung von Holz und selbst noch von Rothkohle der Fall ist, endlich die reducirende Wirkung der Kohle beim Schmelzen der Erze rechtfertigte den Kohlenverbrauch.

c) Methodisches.

α) Allgemeines.

Das Geschäft der Verkohlung erfordert besondere Vorrichtungen, durch welche der Zutritt der atmosphärischen Luft zum verkohlenden Holze entweder gänzlich (Verkohlungsofen) oder bis zu einem gewissen Grade abgeschlossen ist (Ofenmeiler, Meiler, Gruben). Diese Vorrichtungen sind entweder beständige für wiederholten Gebrauch (Ofen, Ofenmeiler, Gruben) oder sie werden nur für ein Verkohlungsgeschäft hergerichtet (Meiler). Die

Verkohlungshitze wird erzeugt: entweder außerhalb des Verkohlungsraumes (Ofen), oder innerhalb des Verkohlungsraumes durch Verbrennung eines Theiles der zu verkohlenden Holzmasse (Ofenmeiler, Meiler, Gruben). .

1) Die Verkohlung durch Außenfeuer.

Der Verkohlungsofen.

Man versteht darunter einen vollkommen verschließbaren, aus Metall= platten oder aus Gemäuer hergestellten Raum, in welchen das zu verkohlende Brennmaterial (Holz, Torf, Steinkohle) eingesetzt und von außen erhitzt wird durch Cirkulirkanäle, die von einem Feuerherde ausgehen und ent= weder im Umfange des Verkohlungsofens verlaufen oder in das Innere des Verkohlungsraumes hineingeleitet sind. [1] Eine Vorrichtung, bei welcher der abgeschlossene F e u e r h e r d in das Innere des Verkohlungsraumes versetzt ist, wurde mir bis jetzt nicht bekannt. Sie würde in sofern zweckmäßiger sein, als dadurch jedem vom Feuerraume eintretenden Wärmeverlust nach außen vorgebeugt sein würde.

Auch der Theerofen gehört hierher, ein backofenförmig aufgemauerter Verkohlungsraum, in dessen ganzem Umfange ein Feuerungsraum mantel= förmig aufgemauert ist, so daß das innere Gemäuer des Verkohlungsraumes von der Hitze des Feuerungsraumes überall erwärmt wird, allerdings aber eben so große Wärmemengen nach Außen als nach Innen abgebend.

Für die aus dem erhitzten Holze entweichenden Gase und Dämpfe müssen Ableitungsröhren aus dem Verkohlungsraume nach außen führen, die dazu dienen können, entweder diese Destillationsprodukte aufzusammeln und zu benutzen oder sie dem Feuerungsraume zuzuführen und daselbst als Brennstoff zu verwerthen.

Da im Verkohlungsofen eine Verbrennung nicht eintreten kann, muß das Kohlenausbringen demjenigen Rückstande entsprechen, der nach Abzug des Kohlenstoffs der flüchtigen Kohlenstoffverbindungen verbleibt. Das Wald= trockenholz, wie es meist zum Einsetzen in den Ofen kommt, enthält gegen 30 Proc. Wassergehalt. Wir haben gesehen, daß demselben ein Kohlen= ausbringen von 29 Gewichtprocent entsprechen würde, wenn nicht eine mehr oder weniger große Menge überschüssigen Wasserstoffs jenes Ausbringen noch um mehrere Procente verringerte, so daß dasselbe bei langsamer Ver= kohlung selten über 25 Proc. steigt. Der Meilerkohlung gegenüber würde dieß einen Kohlengewinn von ungefähr 5 Proc. begründen, wenn derselbe nicht größtentheils absorbirt würde durch den Aufwand an Heizungsmaterial des Ofens, wo die Menge desselben nicht wesentlich verringert wird durch die Mitverwendung des gas= und dampfförmig dem Kohlholze entweichenden

---

[1] Findet die Erhitzung des Verkohlungsraumes nur von außen statt, so darf letzterer eine geringe, wenige Klafter fassende Größe nicht übersteigen, da bei der geringen Wärme= leitungsfähigkeit des Holzes und der Kohlen die mittleren Holzschichten nicht verkohlen würden. Größere Verkohlungsöfen müssen daher auch im Innern durch Circulirkanäle erhitzt werden. Ist der Feuerraum so construirt, daß in ihm aller, oder doch fast aller Sauerstoff der eindringenden Luft verzehrt wird, die erhitzte Luft also nahezu sauerstofffrei den F e u e = r u n g s r a u m verläßt, so kann solche auch ohne Kanäle frei in das Innere des Verkohlungs= raumes eingelassen werden, da sie eine Verbrennung nicht zu bewirken vermag. Hierauf gründet sich die Einrichtung des Schwarz'schen Verkohlungsofens.

Brennstoffs oder wo ein Aufwand an Feuerungsmaterial gar nicht besteht, durch die Verwendung einer Hitze, die ohne das nutzlos entweichen würde, wie z. B. die Gichtflamme beim Schmelzen der Eisenerze.

Schreibt man der Ofenverkohlung ein Mehrausbringen in diesem letzteren Falle von 5 Proc. zu gut, so wird dasselbe doch mehr als aufgehoben von den Zinsen des Anlagekapitals und den Unterhaltungskosten des Ofens, ferner von $\frac{1}{2}$—$\frac{3}{5}$ der Anfuhrlöhne des zu verkohlenden Holzes für die Strecke vom Schlage bis zum Ofen, den günstigsten Fall angenommen, in welchem letzterer auf dem Wege vom Holzschlage zum endlichen Consumtionsorte der Kohlen gelegen ist, was jedoch bei der Ortsveränderung der Holzschläge nur zeitweise der Fall sein kann.

Dagegen hat die Ofenverkohlung allerdings den wesentlichen Vorzug, daß sie weder von der Jahreszeit, von Wind und Wetter, noch von der Geschicklichkeit der Köhler abhängig ist. In Gegenden, wo der Betrieb der Waldköhlerei wegen Mangels tüchtiger Köhler auf niedriger Stufe steht, kann daher aus der Ofenverkohlung wohl einiger Nutzen entspringen. Weniger Werth möchte ich auf den aus den gesammelten Destillationsprodukten zu erwartenden Gewinn legen. Seit in allen größeren und vielen Mittelstädten die Gaserleuchtung eingeführt ist, werden bei der Destillation der Leuchtgase bedeutende Mengen von Theer als Nebenprodukt und zwar in der Nähe seines Verbrauchsortes gewonnen. Dadurch und besonders durch die Nichtbelastung mit Transportkosten sind die Theerpreise in neuerer Zeit so gesunken, daß bei nicht sehr günstigen Transportverhältnissen die Verwendung der Destillationsprodukte als Feuerungsmaterial die vortheilhaftere ist.

Einer tüchtigen Meilerkohlung gegenüber gewährt die Ofenverkohlung sicher keine Vortheile.

2) Die Verkohlung durch Innenfeuer.

Wenn bei den Verkohlungsöfen die Hitze außerhalb des Verkohlungsraumes erzeugt und in diesen geleitet wird, so geschieht die Verkohlung in allen übrigen Apparaten durch eine Hitze, die im Verkohlungsraume selbst durch Verbrennung eines Theils des eingesetzten Holzes erzeugt wird. Dieß kann natürlich nicht geschehen ohne Zulassung sauerstoffhaltiger atmosphärischer Luft zum Verkohlungsraume und die Kohlenausbeute hängt wesentlich davon ab, daß nicht mehr atmosphärische Luft in das Innere des Verkohlungsraumes gelangt, als zur Verbrennung einer Quantität von Holz und Kohlen gehört, deren Wärmeentwickelung gerade ausreicht, das übrige Holz in Kohle zu verwandeln. Jeder Ueberschuß zutretender Luft vermindert das Maximum der Kohlenausbeute durch nutzlose Verbrennung eines seiner Größe entsprechenden Kohlentheiles.

Es ist aber nicht allein das richtige Maß der dem Verkohlungsraume zuzulassenden atmosphärischen Luft, welches die Kohlenausbeute bestimmt, sondern fast mehr noch die richtige Leitung derselben zu denjenigen Stellen des Verkohlungsraumes, von denen aus die Verkohlungshitze noch zu wirken hat. Wird die Luft zu Stellen geleitet, wo dieß nicht mehr der Fall ist, so bewirkt sie hier eine nutzlose Verbrennung von Kohlen, während an den der Hitze bedürftigen Stellen die Verkohlung ins Stocken geräth, deſſen Folge ein bedeutender Verluſt an ſtrahlender Wärme und des dieſer entſprechenden Brennſtoffs iſt. Zu dieſen Schwierigkeiten geſellt ſich nun noch der Umſtand, daß der Feuerungsherd im Innern des Verkohlungsraumes und der zu verkohlenden Holzmaſſe kein ſtändiger iſt, ſondern fortdauernd ſeine Lage verändert, in der Achſe des Verkohlungsraumes ſich allmälig abwärts ſenken und die Verkohlungshitze gleichmäßig nach allen Seiten der horizontalen Ebene verbreiten ſoll. Geſchieht dieß nicht, ſo hat es eine ungleichmäßige und zum Theil unvollkommene Verkohlung zur Folge. Alle dieſe Schwierigkeiten einer das höchſte Kohlenausbringen bewirkender Kohlung werden noch dadurch erhöht, daß die Verkohlungshitze für alles Holz keine gleiche, für die inneren, dem Feuerungsherde näheren Holzſtücke eine größere als für die ihm entfernteren iſt, daß die ſichere Regulirung und Leitung des Feuers weſentlich an eine möglichſt dichte und gleichmäßige Schichtung des Holzes gebunden iſt, daher dann der gute Erfolg des Kohlens weſentlich auch an eine richtige Sortirung, Vertheilung und Schichtung des Holzes gebunden iſt. Berückſichtigt man nun noch die mannigfaltigen Einflüſſe der Bodenunterlage und der Witterung auf das Verkohlungsgeſchäft, ſo wird man erkennen, daß daſſelbe nicht allein langjährige Erfahrung, ſondern auch beſondere Geſchicklichkeit und beſtändige Aufmerkſamkeit von Seiten der Köhler erheiſcht.

Die verſchiedenen Vorrichtungen, deren man ſich zur Verkohlung durch Innenfeuer bedient, ſind folgende:

Die Ofenmeiler.

Es ſind dieß auf einem Fundament von Mauerwerk cylindriſch oder zum dichteren Einſetzen des Holzes im Viereck ummauerte, mit einer kuppelförmigen Wölbung oben geſchloſſene, 3—4 Mtr. hohe, 2 Mtr. weite Verkohlungsräume mit einer Thüre über dem Fundamente zum Einſetzen und Ausladen des Holzes und der Kohlen mit einer verſchließbaren Gichtöffnung in der Mitte der Kuppel und einem ebenfalls verſchließbaren Abzugsrohre für die Gaſe und Dämpfe, in welche der zu verkohlende Brennſtoff (Holz, Torf, Steinkohle) möglichſt dicht eingeſetzt und unter abgemeſſenem Luftzutritt entzündet wird, bis durch die erzeugte Hitze die Verkohlung vollendet iſt, worauf dann durch gänzlichen Abſchluß der Luft das innere Feuer erſtickt und der Ofen gekühlt wird.

Der für die Verbrennung nöthige gemäßigte Luftzutritt wird erzeugt: entweder durch einen im Fundamente angebrachten, vom Verkohlungsraume durch einen Roſt getrennten, nach außen durch eine Thür verſchließbaren, einem Aſchefall ähnlichen Raum, durch welchen eine beliebige Luftmenge von unten her zum Verkohlungsraume gelaſſen werden kann, die anfänglich durch die Gichtöffnung, ſpäter durch das Abzugsrohr entweicht oder durch Räume, d. h. durch röhrenförmige, einen Zoll weite Kanäle, welche die cylindriſche Ummauerung des Verkohlungsraumes in wagrechter Richtung rund herum in Zwiſchenräumen von drei Fußen durchbrechen und durch Stöpſel von außen verſchließbar ſind.

In den Ofenmeilern dieſer letzten Art geht der Luftzutritt durch die

Räume und die Leitung des Feuers durch Oeffnen und Verschließen der=
selben ganz so vor sich, wie wir dieß später bei der Meilerkohlung kennen
lernen werden. Der Unterschied von dieser letzteren liegt nur darin, daß
die Meilerdecke eine ständige aufgemauerte ist.

Bei der Verkohlung in solchen Ofenmeilern werden die Ofenwände in
hohem Grade erhitzt und wird ein erheblicher Theil der Verkohlung bewirkt
durch die Rückwirkung der erhitzten Wände auf den noch nicht völlig ver=
kohlten Brennstoff. Von dem Augenblicke an, in welchem die Ofenwände
bis zu dem hierzu nöthigen Hitzgrade erwärmt sind, kann daher jeder Luft=
zutritt abgeschlossen und dadurch jeder weitere Brennstoffverbrauch aufgehoben
werden. Dieß wird um so früher der Fall, die Ersparniß an Feuerungs=
material daher eine um so größere sein, je weniger Wärme die Ofenwände
nach Außen abgeben, daher man dem Ofen häufig eine zweite Umfassungs=
mauer gibt und den Raum zwischen beiden Mauern mit trockenem Sand
ausfüllt. In diesem Falle müssen die Räume mit thönernen oder eisernen
Röhren ausgekleidet werden, da der Sand sie sonst verschütten würde.

Alle die mannigfaltigen Nachtheile der Ofenverkohlung sind auch der
Verkohlung in Ofenmeilern eigen und diese verbinden sich noch mit manchen
Nachtheilen der Meilerkohlung, besonders mit der Schwierigkeit, den Luft=
zutritt richtig abzumessen und zu leiten. Außerdem bedürfen Oefen dieser
Art eines 2—3wöchentlichen Zeitraumes zum Abkühlen, der Kostenaufwand
für die Herstellung einer größeren Zahl derselben, wenn große Holzmassen
zu verkohlen sind, würde ein sehr bedeutender sein, daher dann für die
Holzverkohlung Ofenmeiler nur ausnahmsweise in Anwendung treten. Sie
sind vorzugsweise für die Verkohlung des Torfs und der Steinkohlen in
Gebrauch.

Gruben

sind Vertiefungen in bindendem Boden, deren nackte Wände den Verkoh=
lungsraum bilden, dessen obere weite Oeffnung durch eine Decke von Reisig
und Stübbe unvollkommen geschlossen wird. Ein Luftzutritt von unten
findet entweder gar nicht oder durch Kanäle statt, die entweder neben der
Grube im Erdreich abwärts ziehen und in die Basis der Grube einmünden
oder, wenn die Grube an einem Berghange gelegen ist, vom Grunde der=
selben aus zum Abfluß des Theers, in etwas geneigter Lage nach dem Berg=
hange sich hinziehend, an diesem zu Tage treten.

Die einfachsten Gruben sind trogförmige Vertiefungen von 3—4 Meter
im Quadrat und 2 Meter Tiefe mit flacher Sohle zum Verkohlen von
Reisigholz und Abraum, in welchen das Reisigholz an freier Luft angezündet
und die gebildeten Kohlen durch frisch aufgeworfenes Reisig am Verglimmen
durch unvollkommenen Luftabschluß verhindert werden. Mit dem Aufwerfen
frischer Reisigmassen wird so lange fortgefahren, bis die Grube mit Kohlen
angefüllt ist, die man alsdann zur Aschegewinnung von oben nach unten
langsam verglimmen läßt oder ihnen zum Abschluß des Luftzutritts eine
Erddecke gibt und die Kohlen dadurch erstickt.

Auf diesem Wege der Verkohlung geht allerdings viel Brennstoff unnütz
verloren und die erzeugten Kohlen sind sehr geringwerthig. Demohnerachtet

ist dieß eine Methode, die da, wo das Reiserholz auf den Schlägen keine Abnehmer findet und mit Kosten fortgeschafft werden müßte, diesen Arbeits=aufwand wohl zu erseßen vermag.

Bessere Kohlen aus stärkerem Holze mit einem geringeren Aufwand an Feuerungsmaterial liefern trichterförmige Gruben, in die das Holz eingeseßt und von oben nach unten unter einem Rauh= und Erddach wie bei der Meilerkohlung verkohlt wird, nachdem die obersten Holzschichten an freier Luft bis zur Herstellung der anfänglichen Verkohlungshiße in Brand gesezt wurden. Indeß ist das Kohlenausbringen in Menge und Werth auch hier ein um so viel geringeres als das der Meilerköhlerei, daß diese Verkoh=lungsart nur in den waldreichen Gegenden Rußlands und Schwedens üblich ist, besonders der Theergewinnung und der Ersparniß an Kosten wegen, die mit der Herstellung gemauerter Theeröfen verbunden sein würde.

Meiler.

Wenn bei allen vorgenannten Verkohlungsvorrichtungen das Holz in einen ständigen Verkohlungsraum eingetragen wird, errichtet man bei der Meilerkohlung um eine jede, behufs gleichzeitiger Verkohlung zusammen=geschichtete Holzmasse eine den Luftzutritt unvollkommen abschließende Erd=deke, welche die Stelle der soliden Umfassungsmauern des Verkohlungs=raumes erseßt und mit vollendeter Verkohlung des eingeschlossenen Holzes zerstört wird.

Zu den bereits Seite 302 angedeuteten Schwierigkeiten jeder Kohlung mit Innenfeuer tritt daher bei der Meilerkohlung noch die Nothwendigkeit einer Anfertigung des ganzen Verkohlungsapparates für jedes einzelne Ver=kohlungsgeschäft, die ihre besondere Kunstfertigkeit und Erfahrung erheischt; es tritt hiezu eine größere Abhängigkeit des Verkohlungsganges von Wind und Wetter, von der Beschaffenheit des Bodens und des zur Herrichtung der Deke sich darbietenden Materials in Folge der geringeren Dichte und Haltbarkeit leßterer.

Daher ist dann das Kohlenausbringen bei der Meilerkohlung nicht allein am meisten von der Kunstfertigkeit und Sorgsamkeit des Köhlers, sondern wesentlich auch von manchen Zufälligkeiten und Dingen abhängig, die der Köhler nicht zu beherrschen vermag, daher eine schwankendere als bei jeder anderen Kohlungsmethode.

Troßdem ist die Verkohlung in Meilern die bei weitem vorherrschende in Folge einiger ihr zur Seite stehender Vortheile, durch welche das immer=hin nicht bedeutende Mehrausbringen selbst der besten unter allen übrigen Verkohlungsarten aufgehoben wird, wenn sie von geschikten Köhlern ge=leitet wird. Diese Vortheile liegen:

1) In Ersparniß an Transportkosten, wenn das um das vierfach schwerere und um mehr als das doppelte größere Holz schon am Orte der Fällung in Kohle umgewandelt wird.

2) In Ersparniß der Anlage= und Unterhaltungskosten ständiger Ver=kohlungsöfen.

3) In der Möglichkeit, große Holzmassen gleichzeitig zu verkohlen, wenn es an den nöthigen Arbeitskräften nicht fehlt.

4) In der größeren Schwere und Brennkraft der Kohlen, die im Meiler durchschnittlich nicht so vollständig als im Ofen ihrer Destillations= produkte beraubt werden. Auch die sogenannte gare Meilerkohle enthält immer noch 6—8 Gewichtprocente in größerer Hitze sich verflüchtigender Stoffe und zwischen diesem Zustande der Meilergare und dem der Roth= kohle mit 20—25 Proc. noch zu verflüchtigender Bestandtheile enthält jeder gare Meiler alle Uebergangsstufen. In der That, wenn die Versuchskoh= lung im verschlossenen Raume 27, die Meilerkohlung nur 20 Gewichtprocente an Kohle ergibt, so übersteigt der Gewichtverlust an Kohle bei der Meiler= kohlung dennoch jene Differenz von 7 Proc. bedeutend und zwar um den Betrag der in der Meilerkohle noch enthaltenen zu verflüchtigenden Bestand= theile. Der Gehalt an letzteren beeinträchtigt jedoch den Werth der Kohle nicht, denn der Hauptzweck des Verkohlens, die Concentrirung des Brenn= stoffs auf den kleinsten Raum ist schon im Zustande der Rothkohle erreicht.

Dieß sind die Gründe, die bis jetzt der Meilerkohlung vor jeder an= deren die bei weitem überwiegende Anwendung verschafft haben. Da einer dieser Gründe diese Kohlungsmethode vorherrschend in den Wald und unter · die Leitung des Forstmannes verweist, so ist sie es, der wir hier eine näher eingehende Betrachtung widmen müssen.

Die verschiedenen Methoden der Meilerkohlung sind im Wesentlichen:

Verkohlung in stehenden Meilern

    a) deutsche Meiler,

    b) italienische Meiler,

Verkohlung in liegenden Meilern.

Bei der Verkohlung i n s t e h e n d e n M e i l e r n werden um einen centralen senkrechten Feuerungsraum (Quandelraum, Quandelschacht) die zu verkohlenden Hölzer kreisförmig in aufgerichteter Stellung und in drei über= einanderstehenden Schichtungen so geordnet, daß die ganze Holzmasse an= nähernd eine halbkugliche Form erhält. Die Außenfläche dieses halbkug= lichen Holzstoßes wird durch kleine Holzstücke so dicht wie möglich abge= schlossen (ausgeschmält) und bis auf die obere Oeffnung des Quandelschachts mit einer Erd= oder Gestübbeschichte so dicht bedeckt, daß durch diese der freie Zutritt der Luft zum Holze abgeschlossen wird. In dem mit leicht entzündlichem Brennstoff erfüllten Quandelraum wird durch Verbrennung des ersteren die Verkohlungshitze erzeugt, der hierzu nöthige Luftzug durch Löcher (Räume) bewirkt, die der Köhler vermittelst eines Hackenstieles in der Erddecke anbringt und die Verkohlung durch Verschluß der oberen und Oeffnung tieferer Räume allmälig von oben nach unten fortgeleitet, bis die Verkohlung auch der untersten Holzschichten vollendet ist, worauf durch Ver= schluß aller Räume und des Quandelschachts das Feuer erstickt, der Meiler g e k ü h l t wird, bis die Kohlen gelangt werden können.

Der Unterschied zwischen deutschen und italienischen Meilern besteht darin, daß

1) bei ersteren der Boden unter dem Meiler vorher gelockert wird, so daß ein gemäßigter Luftzug durch den Boden in den Meilerraum stattfinden kann, während bei der italienischen Verkohlung der Boden der Grundfläche so fest sein muß, daß durch ihn ein Luftzug nicht stattfindet;

2) daß bei der italienischen Verkohlung der Luftzug von unten hergestellt wird durch eine Grundlage von Baumstämmen, die, in radialer
Richtung zum Mittelpunkte der Meilerstelle mit dem Gipfelende nach Innen
ausgelegt, einem Gebrück von Schwarten, Scheithölzern, Knüppeln zur
Grundlage dienen, auf welches das Kohlholz aufgesetzt wird, während eine
Verbrückung der deutschen Meiler nur ausnahmsweise an Berghängen auf
sehr flachgründigem oder morastigem Boden stattfindet, wenn die Nothwendigkeit einer Wahl solcher Stellen vorliegt;

3) daß, während bei der deutschen Kohlung der Meiler aus 60—100
Cubikmeter Holz zusammengesetzt wird, die italienischen Meiler eine Holzmasse von 300 und mehr Cubikmeter enthalten, und zwar in ungespaltenen,
bis 50 Ctm. dicken, 2 Mtr. langen Klötzen, während bei der deutschen
Kohlung alles stärkere Holz gespalten, in der Form gewöhnlicher Klafterhölzer eingesetzt wird;

4) daß, während den deutschen Meilern ein Rauhdach aus Reisern,
Farnkraut, Moos ꝛc. gegeben wird, das, eingeklemmt zwischen die kleinen
Holzstücke der Ausschmälung, dem Erddach zum Halte dient, der italienische
Meiler nur ein Erddach über der Ausschmälung erhält, dessen untere Dicke
von 0,6 Mtr. an nach oben bis auf 0,2 Mtr. sich verringert. Stärkere
Anfeuchtung des Erddaches und vermehrte Rüstung desselben ersetzen den
Mangel des Rauhdaches.

Als Nachtheile der italienischen Methode führt v. Berg an: den größeren
Feuchtigkeitsgehalt der verwendeten starken Rundhölzer, die auch kein so
dichtes Einsetzen als Scheithölzer gestatten; einen Materialverlust von gegen
18 Proc., theils an Füllholz, theils an Einsatz in Folge lange dauernder
Unterhaltung starken Feuers im Quandelraume; die Nothwendigkeit großer
Stübbemengen und die größere Arbeitskraft, welche das Aufbringen der
schweren Klötze erheischt.

Ueber Verkohlung in liegenden Meilern gibt uns v. Berg ausführliche Nachricht (Anleit. 2. Aufl. Seite 187), der wir Folgendes entnehmen.

Auf einer ebenen, um 5 Proc. geneigten Fläche wird die Meilerstelle,
in einer Länge von 8—10 Mtr. und 4—5 Mtr. Breite in der Form eines
langen Vierecks von Steinen, Wurzeln, Unkräutern ꝛc. gereinigt, ohne den
Boden mehr als nöthig zu lockern. Von 10—20 Ctm. starken Stämmen erhält
diese Stelle eine Unterlage, die, gewöhnlich aus drei Stämmen von der
Länge der Kohlstelle bestehend, so ausgelegt werden, daß die Stelle durch
sie in vier gleichbreite Längsfelder getheilt ist. Quer über diese Unterlagen,
die auf lockerem Boden eine Unterstützung von Steinen erhalten müssen,
damit sie die Last des Kohlholzes nicht in den Boden drückt, werden alsdann die 3—6 Mtr. langen, ungespaltenen, wo möglich schon längere Zeit
vorher entrindeten Kohlholzklötze möglichst dicht so über einander geschichtet,
daß sie einen, an der unteren Schmalseite des Oblongum 2 Mtr. an der
oberen Schmalseite 3 Mtr. hohen Holzstoß bilden, den man mit einer auf
schwach geneigter Ebene gesetzten Rundholzklafter vergleichen kann, mit dem
Unterschiede, daß die 2—3 Klafterstützen der unteren Schmalseite 75—80⁰
nach Innen geneigt stehen, während die obere Schmalseite der Stützen
dadurch nicht bedarf, daß sie dachförmig um 1 Mtr. unten weiter als oben

vortritt. Auf jeder der beiden Langseiten des Holzstoßes, dessen Stirn=
flächen beiderseits eine senkrechte Ebene bilden müssen, an der sich ein Erd=
dach nicht halten würde, werden in einer Entfernung von 15 Ctm. eine
Reihe Pfähle senkrecht in die Erde geschlagen und an der inneren Seite
dieser Verpfählung eine Wand von Schwarten, Brettern oder gespaltenen
Stämmen aufgebaut, zwischen der und den Stirnflächen des Kohlholzes eine
15 Ctm. breite Gasse verbleibt, in welche die Stübbe eingefüllt wird. Eine
gleiche Verschalung zum Zwischenfüllen der Stübbe umgibt auch die untere
Schmalseite des Holzstoßes, während die Oberfläche des Holzstoßes, so wie
die obern Schmalseiten desselben ein Rauh= und Erddach erhalten, wie dieß
über den stehenden Meilern gefertigt wird.

Das Anzünden des Meilers geschieht durch einen 15—20 Ctm. weiten,
mit Bränden, Spänen rc. erfüllten Feuerungskanal, der durch Auslassung
einiger Rundhölzer in der oberen Ecke der vorderen Schmalseite gebildet
wird, $\frac{1}{2}$ Mtr. unter der Oberseite, 25 Ctm. hinter der Vorderseite. Von
diesem Kanal aus wird das Feuer durch Fußräume nach unten und dann
allmälig von vorne nach hinten geleitet

Nur Schaftholzstücke sind so gerade, daß sie bei der bedeutenden Breite
des Meilers eingelegt werden können, ohne große Hohlräume zwischen sich
zu lassen. In der Regel wird man auch nur Nadelholzschaftstücke hierzu
verwenden können, da in Laubholzbeständen der Abgang am Krummholz
der oberen Schafttheile und des Astholzes zu groß sein würde und jeden
Falles in stehenden Meilern verkohlt werden müßte. Innerhalb der Grenzen
Deutschlands stehen aber diese Schaftstücke fast überall als Nutzholz zu hoch
im Preise, als daß sie Gegenstand der Verkohlung sein könnten, und würden
bei uns die liegenden Meiler nur dann Anwendung finden, wo durch Wind=
bruch, Insektenschaden, Waldbrand rc., große Holzmassen zum Einschlage
kommen müssen, deren Menge den möglichen Nutzholzabsatz bei weitem über=
steigt. In solchen Fällen hat das Verfahren den Vortheil, daß einestheils
das Zerkleinern des Holzes in Klafterscheite erspart wird, anderntheils auch
das Verkohlungsgeschäft rascher vorschreitet in Folge der großen Holzmassen,
die in einen Meiler gesetzt werden können. Auch ist die Verkohlung in
liegenden Meilern weniger von der Witterung abhängig und erfordert sie
überhaupt nicht so große Geschicklichkeit und Sorgfalt der Köhler. An Kohlen
liefern die liegenden Meiler gegen 5 Proc. weniger als die stehenden Meiler
und die Kohle ist leichter.

Die Verkohlung in stehenden Meilern.

Ueber das Principielle dieser Verkohlungsmethode habe ich bereits Seite
306 gesprochen, es bleibt mir daher hier nur noch das Geschäftliche der=
selben zu erörtern, indem ich mehr als bei den übrigen Methoden in das
Speciellere eingehe, da die Verkohlung in stehenden Meilern in den deutschen
Wäldern fast die allein heimische ist.

a) Zeit der Kohlung.

Ein gemäßigter Luftzug aus dem Boden in den Meilerraum ist eine
wesentliche Bedingung guten Erfolges der Kohlung, daher dann der Winter

vom Verkohlungsgeschäft in der Regel ausgeschlossen ist, des gefrornen, dem
Luftwechsel entzogenen Bodens wegen. Auch die Näße des Bodens ver=
hindert den Luftwechsel, daher denn auch das Frühjahr, so lange die Winter=
näſſe noch im Boden ist, weniger gute Kohlungsresultate als der Sommer
und Herbst liefert, sehr lockeren grobsandigen Boden ausgenommen, in
welchem die Frühjahrsfeuchtigkeit den allzustarken Luftwechsel mäßigt. Auch
stehen im Winter und Frühjahre die Kürze der Tage, Schneefall und an=
haltende Regengüſſe dem wohlfeilen und erfolgreichen Geschäft entgegen.

b) Wahl und Bearbeitung der Kohlstellen.

Ersparniß an Transportkosten des Holzes und der Kohlen fordert zuerst
die Nähe der Kohlstellen beim Orte der Holzfällung. Die größte Nähe wird
aber häufig unmöglich oder unvortheilhaft.

1) Durch ungünstige Bodenverhältniſſe oder Hinderniſſe der Kohlenabfuhr.

2) Durch Feuersgefahr.

3) Durch nachtheilige Einflüſſe bei einer dem Winde exponirten Lage
der Meilerstellen.

Die Nähe von Waſſer und Deckmaterial ist zwar wünschenswerth, es
wird aber immer wohlfeiler sein, beides zur Kohlstelle als das Kohlholz zu
einem Orte zu transportiren, an welchem jenes zu haben ist.

ad 1) Ein bestes Kohlenausbringen fordert eine mindestens $\frac{1}{2}$ Mtr.
tiefe Bodenkrume, am besten von leichtem lockerem Lehmboden mit Damm=
erde. Lockerer Sand führt dem Meiler von unten zu viel Luft zu und
muß durch Aufbringen eines bindigeren Erdreichs verbessert werden. Strenger
Thonboden brennt sich zu fest und verhindert dadurch den Luftzug von
unten. [1] Untermengung mit Dammerde, Sand, Kohlenstübbe hebt diese
Nachtheile auf. Naſſer Boden kann durch Abzugsgräben, flachgründiger
Boden kann durch Auftragen von Erdreich verbessert werden. Die ver=
schiedene Zerklüftung der felsigen Bodenunterlage ist nur bei flachem Boden
von erheblichem Einfluß, kann in solchen Fällen aber dann einen ungleichen
Luftzutritt aus dem Boden und in Folge deſſen einen unregelmäßigen Gang
der Verkohlung zur Folge haben, wenn die Klüfte mit bindigem Erdreich
nicht ausgefüllt sind.

Auf lockerem Boden ist es vortheilhaft, die Stellenarbeit schon im
Herbste vor der Kohlung zu vollenden, damit der gelockerte Boden den
Winter über sich wieder setzt.

Alte Kohlstellen haben den Vorzug vor nen anzulegenden, theils der
Kostenersparniß und der vorhandenen Stübbe, theils einer besseren Kohlung
wegen.

---

[1] Zur Erhaltung des, die Verkohlungshitze erzeugenden Innenfeuers ist fortdauernder
Luftwechsel im Meiler nothwendig. Der Luftzutritt findet ohne Ausnahme von unten
statt, theils durch den Boden, theils durch die, unter der kohlenden Holzschicht liegenden
Theile der Meilerdecke. Der Luftaustritt geschieht theils durch die Räume, theils durch
alle über der kohlenden Holzschicht liegenden Theile der Decke. Offenbar ist der Luftzutritt
aus dem Boden dem Verkohlungsgange günstiger als der Luftzutritt aus den unteren Schichten
der Meilerdecke, insofern er unmittelbar zum Quandelraume tritt und der radialen Verbrei=
tung der Verkohlungshitze von diesem aus zu den äußeren Holzschichten weniger entgegensteht.
Es erhellt daraus die Wichtigkeit einer sorgfältigen Zurichtung der Kohlstellen.

ad 2) Die älteren Kohlenordnungen schreiben auch für den Harz eine Räumung der Umgebung des Meilers in 60 Schritt Entfernung von allem leicht feuerfangenden Materiale vor. In neuerer Zeit ist man an vielen Orten in dieser Hinsicht sehr sorglos geworden in Folge mangelnder Erfahrungen über Entstehung von Waldbränden durch das Verkohlungsgeschäft. Ich halte das nicht für gerechtfertigt, wenn man auch sagen kann, daß die Feuersgefahr in der feuchten Gebirgsluft eine geringere ist als in den Wäldern der Ebene.

ad 3) Je geschützter die Lage der Kohlstelle gegen Wind ist, um so besser geht das Kohlungsgeschäft. Man kann zwar durch Windschauer von Bohlstämmen, Schwarten oder Reisigwellen dem Meiler künstlichen Schutz geben; es ist die Errichtung derselben aber mit erheblichen Arbeits= und Transportkosten verbunden, wenn sie ihren Zweck vollkommen erfüllen sollen.

Meiler von 100—150 Cubikmtr. Holzmasse (einschließlich Raum) erfordern eine Grundfläche von 5—6 Mtr. Radius, wozu noch 1—1$\frac{1}{2}$ Mtr. für den Gestübberand kommen. Diese Grundfläche muß durchaus in der horizontalen Ebene liegen, an geneigten Flächen daher in den Berg gearbeitet werden, wobei die gewonnene Erde auf die Thalseite gestürzt und nöthigen Falles durch einen Flechtzaun festgehalten wird. Geschieht dieß letztere durch eine Mauer, so nennt man solche Kohlstellen: Mauerstellen; geschieht es durch eine horizontale, auf einem Gerüst ausgelegte und $\frac{1}{3}$—$\frac{1}{2}$ Mtr. mit Erde bedeckte Lage von Bohlstämmen, so heißt dieß eine Bohlstelle. Ueber Mauerstellen kohlt sich besser als über Bohlstellen, sie sind aber kostspieliger und deßhalb nur da vortheilhaft, wo sie längere Zeit im Gebrauche bleiben.

In allen Fällen muß der Boden der Kohlstelle von allen Steinen, Wurzeln, Rasen bis zu $\frac{1}{3}$—$\frac{1}{2}$ Mtr. Tiefe gereinigt, geebnet, abgezirkelt und von jedem Punkte des Umfanges nach dem Mittelpunkte hin gleichmäßig um 15—20 Ctm. erhöht werden, so daß die Grundfläche die Gestalt eines niedrigen Kegels erhält. Es geschieht dieß, damit die zu verkohlenden Scheite nicht mit der unteren Querschnittfläche, sondern nur mit dem Rande derselben den Boden berühren, wodurch sowohl der Luftzug von unten als auch der Abfluß der beim Verkohlen aus dem Holze sich entwickelnden Flüssigkeiten gefördert wird und weniger Brände, d. h. nicht genügend verkohlte Holzstücke zurückbleiben.

c) Sortirung und Bearbeitung des Kohlholzes.

Wenn die Verhältnisse es irgend gestatten, verkohlt man jede Holzart in gesonderten Meilern und nur unter Umständen, die eine wesentliche Ersparniß an Arbeitskosten veranlassen, ist es gestattet, verschiedenartige Weichhölzer oder verschiedene harte Laubholzarten gleichzeitig in demselben Meiler zu verkohlen. Unter den Nadelhölzern können Kiefer und Lärche oder Fichte und Tanne ohne Nachtheil zusammengesetzt werden.

Die Sortirung umfaßt die gewöhnlichen Brennholzsortimente: Scheitholz, Knüppelholz, Stuckenholz und Stockholz. [1] Den aus gröberem Holze

---

[1] Man versteht darunter am Harze die geringsten Durchforstungshölzer bis zu einer Stammstärke von 2 Ctm. am Gipfelende.

zu setzenden Meilern werden einige Meter schwächeres Holz zum Aus-
schmälen beigegeben. Alles anbrüchige Holz wird entweder in besonderen
Meilern verkohlt oder nach sorgfältigem Ausputzen der faulen Stellen dem
Stuckenholze zugetheilt, letzteres bis zu 4 Ctm. Stärke gerodet, um geringes
Material zur Füllung der Hohlräume in Stuckenmeiler zu gewinnen.

Für alles schwächere Material hält v. Berg eine 2 Mtr., für das
stärkere Holz eine 1½ Mtr. Scheitlänge für die zweckmäßigste. Das Scheit-
und Stuckenholz ist zu 20—25 Ctm. Stärke auszuspalten; ersterem sind
auf der Rindenseite alle Aststutze und Buckeln dicht am Leibe wegzuhauen,
um ein möglichst dichtes Einsetzen zu begünstigen.

Je mehr Feuchtigkeit das Kohlholz enthält, um so größere Mengen
von Feuerungsmaterial werden erforderlich zur Erzeugung der nothwendigen
Verkohlungshitze, um so mehr Arbeitskraft erfordert das Anbringen zur
Meilerstelle und das Einsetzen. Alles gespaltene Kohlholz muß daher mindestens einen Sommer über auf Kahlschlägen oder in lichten Beständen
trocknen, ehe es verkohlt wird. Spaltholz in sehr geschlossenen Beständen
und alles ungespaltene Holz wird hingegen mit größerem Vortheil sofort
verkohlt, da mit dem hier sehr langsamen Austrocknen eine Zersetzung der
Holzfaser Hand in Hand geht, die dem Kohlenausbringen sowohl, wie der
Güte der Kohlen in hohem Grade schadet.

Ein Köhlermeister mit zwei Knechten und zwei Jungen vermögen auf
demselben Kohlhai bei nicht zu ungünstigen Verhältnissen des Transports
und der Holzbereitung von Anfang Mai bis Ende Oktober 2500—3000
Cubikmtr. Raumgemäß zu verarbeiten.

d) Richten des Meilers.

Nachdem die Stellenarbeit vollendet und das Holz zur Meilerstelle
gerückt ist, kann mit dem Richten, d. h. mit dem Aufstellen des Holzes
um einen mittleren senkrechten Feuerungsraum (Quandel) begonnen werden.
Dieser mittlere Feuerungsraum kann in verschiedener Weise hergestellt werden.
Entweder wird in der Mitte der Meilerstelle ein Pfahl von nahe der Höhe
des Meilers senkrecht in den Boden getrieben und von oben bis unten mit
trockenem Reisig dicht umbunden, worauf dann trockene, dürr ausgespaltene
Scheite rund um die Reiserwelle in der Weite eines Radius von ⅔—1 Mtr.
senkrecht aufgestellt werden; oder man errichtet einen Quandelraum im Cen-
trum der Meilerstelle von dreien, in die Ecken eines gleichseitigen Dreiecks
gestellten, etwas über einen Fuß von einander entfernten Stangen, zwischen
die leicht feuerfangende Materialien eingeschichtet werden, nachdem am
Fuße dieses Quandels durch drei 15—16 Ctm. breite, hochkant gestellte,
von Pfahl zu Pfahl reichende Brettchen, am Harz sonderbarer Weise Huren-
kinder genannt, ein leerer Raum gebildet wurde, wenn der Meiler von
unten angezündet werden soll. In diesem Falle reicht ein 1½—2 Mtr.
langer, 15 Ctm. starker Knüppel unter Wind in radialer Richtung auf den
Boden gelegt, bis in den Zündraum des Quandels, um zu diesem hin
einen auf dem Boden verlaufenden Zündkanal bilden zu können, indem man
den Zündknüppel bei fortschreitendem Richten des Meilers in derselben Richtung nach außen zieht, bis er nach vollendetem Richten und Decken des

Meilers ganz hinweggenommen wird, um durch den an seiner früheren Stelle entstandenen Kanal vermittelst einer Zündstange, an deren Spitze Birken=rinde oder Kienspäne in Flamme gesetzt sind, die Quandelfüllung von unten anzünden zu können.

In concentrischen Kreisen wird alsdann das Holz in aufgerichteter Stellung so um den Quandel gerichtet, daß die Spaltseiten nach Innen, das dickere Ende nach unten gekehrt ist. Aus letzterem ergibt sich eine nach außen zunehmende Neigung der Scheite zum Quandel von selbst, die in den äußersten Holzschichten bis 60 Grad steigt. Außerdem muß das Holz möglichst dicht aneinandergestellt und es müssen unvermeidbare Hohlräume mit gespaltenen Stücken ausgefüllt werden. In jede concentrische Kreis=schicht muß möglichst gleichstarkes Holz eingesetzt werden, das stärkere Holz näher dem Quandel, abgesehen von den, diesem zunächst gestellten trockensten und dünneren Scheiten.

Auf die erste der in dieser Weise gebildeten, stehenden Holzschichten wird alsdann eine zweite Holzschichte nach denselben Regeln aufgerichtet. Eine dritte Schichtung bildet die Haube, aus kürzeren und schwachen Scheiten des schlechteren Holzes, die so gelegt und gestellt werden, daß der Meiler durch sie zur paraboloidischen Form ergänzt wird.

Den Beschluß des Richtens macht das Ausschmälen, darin be=stehend: daß im ganzen Umfange des gerichteten Meilers die, zwischen den äußersten Scheiten desselben verbliebenen, größeren Zwischenräume mit ge=ringem Holze und Scheitsplittern möglichst ausgefüllt werden, theils um durch diese Verdichtung der äußersten Holzschichte den Luftzutritt von außen zu mindern, theils um dem Rauhdach zwischen den dicht aneinanderliegen=den Holzstücken möglichst Halt zu geben.

e) Das Rauhdach.

Theils zum vermehrten Abschluß des Luftzutritts, theils um dem äußersten Erddache eine geschlossene Unterlage zu geben, erhält der aus=geschmälte Meiler zuerst überall eine 14—16 Ctm. hohe Lage von Rasen, Moos, Laub oder grünem belaubten Nadelholzreisig. Den dichtesten Ver=schluß bilden Rasenplaggen, die dicht an einandergelegt werden, die Blatt=seite nach unten. Es müssen aber die nicht viel über einen Quadratfuß großen Plaggen dünn abgeschärft werden, da sie sonst zu dicht schließen und leicht ein Schütten des Meilers, d. h. ein theilweises Abwerfen der Decke durch die im Innern sich bildenden Dämpfe und Gase nach sich ziehen. Natürlich entscheidet bei Wahl des Deckmaterials wesentlich die Leichtigkeit des Bezuges, daher man in Fichten= und Tannenbeständen vor=herrschend Nadelholzhecke, in Kiefernbeständen häufiger Moos oder Rasen verwendet, da die sperrige Kiefernhecke sich nicht dicht genug dem Holze anlegt.

f) Die Rüstung.

Besteht das Rauhdach aus Rasen, Moos, Gras oder Laub, so werden schon vor Anfertigung desselben, an den Fuß des Meilers, 15 Ctm. hohe Steine oder Holzklötze ausgelegt, als Stützpunkte eines Kranzes glatter

Scheithölzer, die bankbrettähnlich um den Fuß des Meilers gelegt werden, theils zum Halt des Erdbaches, theils um unter diesen Unterrüsten, durch Hinwegnahme der Decke zu jeder Zeit den Zug von unten beliebig verstärken zu können. Besteht das Rauhdach aus grüner Nadelholzhecke, so werden die Unterrüsten erst nach Fertigung des Rauhdaches ausgelegt. Das ist immer der Fall bei den Oberrüsten, bestehend aus graben Scheiten, die von der Mitte eines jeden Unterrüst aus, aus der aufgerichteten Stellung so auf das Rauhdach gelegt werden, daß ihre oberen Schnittflächen zu Stützpunkten eines zweiten, horizontalen, auf dem Rauhdach liegenden Kranzes von Scheiten dienen. Diese Oberrüsten werden jedoch nur bei so steilen Meilern angewendet, an denen das Erdbach ohne diese zweite Unterstützung sich nicht halten würde, aber auch dann, wenn bei sehr trockenem Wetter das Erdbach seinen Halt verlieren würde.

g) Das Erdbach.

Der über dem Rauhdach gerüstete Meiler erhält nun überall eine äußerste Bedeckung mit feuchter Erde, die über einem Rauhdache von Rasenplaggen nur wenige Centimeter hoch zu sein braucht, über einem Rauhdach von Hecke, Moos ꝛc. 15—20 Ctm. hoch aufgetragen wird. Von Wurzeln und Steinen durch Ausharken gereinigter, sandiger Lehmboden ist hierzu am tauglichsten. Schwerer Boden muß mit Sand gemengt, Sand muß durch Zusatz von Lehm oder Thon bindiger gemacht werden, wenn man nicht aus früheren Verkohlungen stammendes Material (Stübbe) zur Hand hat, welches durch die frühere Bearbeitung und durch die Beimengung von Kohlenstaub meist den geeignetsten Grad der Lockerheit besitzt.

Mit dieser Erde wird zuerst der Fuß des Meilers bis über die Unterrüsten rund herum, dann die Haube beworfen, worauf alsdann das Anstecken des Meilers folgt. Erst wenn das Feuer sich in der Haube verbreitet, erhalten auch die übrigen Theile der Meileraußenfläche das Erdbach. v. Berg befürwortet jedoch die Vollendung des ganzen Erdbaches vor dem Anzünden des Meilers ("blind anstecken"), da man dann das Feuer mehr in seiner Gewalt hat, als beim Anstecken "mit offener Brust."

h) Die Feuerarbeit.

Der so hergerichtete Meiler kann nun angezündet und verkohlt werden. Das Anzünden geschieht entweder von unten durch den Zündkanal in erwähnter Weise, oder von oben in der Haube, die dann weiter offen bleiben und mit leicht brennbarem Material ausgefüllt sein muß.

Beim Anzünden von unten brennt der im Quandelraum enthaltene Brennstoff rasch nach oben hin aus und erzeugt eine Hitze, durch welche ein Theil des Brennstoffs der Haube geröstet und brennwilliger wird. Der wesentlichste Vortheil des Anzündens von unten liegt aber darin, daß durch das anfängliche Ausbrennen des Quandelraums, bei dem, auch in diesem Falle später von oben nach unten fortschreitenden Verkohlungsgange, durch die in der Umgebung des Quandelraums bereits eingetretene Röstung, der Feuerungsherd sich bestimmter in der Axe des Meilers nach unten senkt und einen allseitig gleichmäßigeren Gang der Verkohlung zur Folge hat.

Vom Quandelraum aus verbreitet sich das Feuer zunächst in der ge=
deckten Haube des Meilers und muß dort einige Zeit lebhaft brennen, um
die nöthige Verkohlungshitze zu erzeugen, worauf das lebhaftere Feuer durch
Erweiterung des Erddaches von oben nach unten allmälig bis zum Schwehlen
gemäßigt wird. Da die in der Verkohlungshitze sich entwickelten Wasserdämpfe
und Gase nach oben hin rasch zu entweichen durch die Erddecke verhindert
sind, bildet sich über der glühenden Kohlenschichte sehr bald eine, der äußeren
Luft nicht mehr zugängliche Region, in welcher durch Mangel an Sauerstoff
das Feuer erlöschen muß, während es gezwungen wird, niederwärts und
zur Seite sich auszubreiten, genährt durch die, von der Grundfläche des
Meilers aufsteigende atmosphärische Luft, die, in der glühenden Kohlen=
schichte ihres Sauerstoffs beraubt, in den über letzteren liegenden Theilen
der Meilerdecke ihren Abfluß findet. [1]

Der Erfolg des Verkohlungsgeschäfts hängt nun wesentlich davon ab,
daß, durch diesen Kreislauf der atmosphärischen Luft, der Kohlenschichte
nicht mehr Sauerstoff von unten durch Boden und Meilerdecke zugeführt wird,
als nothwendig ist, um die Verkohlungshitze zu unterhalten, da entgegen=
gesetzten Falles ein unnöthiges Verbrennen von Kohle eintreten würde; daß
ferner ein rasches Entweichen der, über der glühenden Kohlenschichte be=
findlichen, des Sauerstoffs beraubten, mit Gasen und Dämpfen gemengten
Luft verhindert wird, durch Verdichtung der Meilerdecke, da andern Falles
das Feuer aus der schwehlenden in die bereits verkohlte, überliegende Meiler=
schichte eindringen und einen nutzlosen Kohlenverbrand zur Folge haben
würde; daß endlich die Kohlenglut in der horizontalen Querfläche des Meilers
ununterbrochen und gleichmäßig sich abwärts senkt, da jede Unterbrechung
der schwehlenden Querfläche den Zutritt sauerstoffhaltiger atmosphärischer
Luft zu den bereits verkohlten oberen Meilertheilen und nutzlose Verbren=
nung zur Folge haben würde.

Der Köhler hat daher während der Feuerarbeit darauf zu sehen:

1) daß zu jeder Zeit alle Theile der Decke über der schwehlenden
Holzschichte möglichst verdichtet werden, um ein rasches Entweichen der
Gase und Dämpfe nach oben zu vermeiden. Zu diesem Zwecke muß bei
trockener Witterung die Decke durch Besprengen mit Wasser feucht erhalten,
und damit sie eine möglichst geschlossene Unterlage behält, müssen die ver=

---

[1] Es drängt sich hier die für die wissenschaftliche Auffassung der Verkohlung in Meilern
wichtige Frage auf: ob die Verkohlungshitze von einem bestimmten Feuerungsraume aus=
gehen solle und die Hauptmasse des Holzes durch diese Hitze in ähnlicher Weise wie in der
Retorte verkohle, oder ob jedes einzelne der eingesetzten Holzscheite zur Erzeugung und Er=
haltung der Verkohlungshitze, wenn auch nur durch einen Theil der aus ihm sich entwickelnden
brennbaren Gase, einen Beitrag liefere? Ohne Zweifel findet beim wirklichen Verkohlungs=
geschäft im Meiler Beides neben einander statt. Welches ist aber die überwiegende und ge=
wissermaßen normale Wärmequelle? Ich möchte die Vermuthung aussprechen, daß, wie bei
der Reiserholzkohlung in Gruben, so auch im Meiler jedes einzelne Holzscheit zur Erzeugung
der Verkohlungshitze beitrage. Es läßt sich wohl denken, daß die, auch bei der Retorten=
verkohlung entweichenden brennbaren Gase in der schwehlenden Holzschicht sich entzünden, so
weit der beschränkte Luftzutritt dieß gestattet, und daß die auf diesem Wege erzeugte Wärme
die schwehlenden Scheite in glühenden Zustand versetzt, ohne daß damit ein größerer Kohlen=
stoffverlust als bei der Retortenverkohlung verbunden zu sein braucht. Auf diese Ansicht
gründet sich die nachfolgende Darstellung der Feuerarbeit.

kohlten Schichten von Zeit zu Zeit mit dem Wahrhammer zusammen=
geschlagen werden. Es ist das besonders nöthig vor Einbruch der Nacht,
in der die Beaufsichtigung nicht so sorgfältig ausgeführt werden kann, als
bei Tage;

2) daß durch kranzförmig dicht über der schwehlenden Holzschichte
vermittelst eines Hackenstiels in die Decke gestochenen Luftlöcher (Räume)
der atmosphärischen Luft, den entbundenen Gasen und Dämpfen ein Ab=
fluß nach Außen geöffnet wird. Mit diesen, rund um den Meiler in
1füßiger Entfernung geöffneten Räumen folgt der Köhler der sich abwärts
senkenden schwehlenden Holzschichte, indem er die höheren Räume schließt
und neue tiefere über der schwehlenden Querfläche einsticht. Als äußeres
Zeichen, daß dieß nöthig sei, dient die Farbe des aus den Räumen strö=
menden Rauches und wird eine Vertiefung dann nöthig, wenn der Rauch
aus der gelblichen Färbung in die weiße und blaue Färbung sich verändert.
Die ersten Räume werden in der Regel erst 24 Stunden nach dem Anstecken
des Meilers unter der Haube gestochen. Diese Räume dienen gleichzeitig
dazu, um den Gang der Verkohlung zu reguliren, wenn an einer oder der
anderen Stelle des Meilers diese rascher als an anderen Stellen nach unten
fortschreitet. Durch Verschluß dieser Räume an solchen Orten („blind kohlen")
wird darunter der Luftzutritt von unten vermindert und der Fortschritt des
Feuers gemäßigt. Der Köhler soll auf diese Weise die schwehlende Holz=
schichte so viel wie möglich in der horizontalen Querfläche des Meilers erhalten.

3) Ist an einer oder der andern Stelle des Meilers der Luftzug von unten
zu gering, so läßt er sich beliebig verstärken durch Oeffnen von Fußräumen,
d. h. durch Hinwegnahme eines Theils der Decke unter den Unterrüsten.

4) Durch die bedeutende Volumverminderung des kohlenden Holzes
vermindert der Meiler seine Höhe, er setzt sich, durch Zusammenbrechen
und dichtere Lagerung der Kohlenstücke. Geschieht dieß ungleichmäßig, so
entstehen in der Kohlenmasse größere Lücken, die aber auch aus fehler=
haftem Richten und Decken, sowie durch schlechte Leitung des Feuers ent=
stehen können, wenn in Folge dessen örtlich durch lebhaftes Flammenfeuer
Holzmassen zur Verbrennung gelangen. Ueber solchen Stellen senkt sich
die Decke mehr als an anderen Orten, es entstehen „Füllen" die der
Köhler mit Holz ausfüllen und von neuem decken muß, nachdem er die
alte Decke hinweggenommen und mit der Füllstange die Kohlen zu=
sammengestoßen und verdichtet hat. Der Wahrhammer dient dazu,
schon vor dem Abräumen der alten Decke Holz und Kohlen in der Um=
gebung der Fülle durch Schläge auf die Außenfläche des Meilers so zu
verdichten, daß der Köhler die nöthigen Arbeiten des Füllens ohne Gefahr
des Einsinkens in den Meiler verrichten kann.

5) An den, dem Luftzuge ausgesetzten Stellen müssen Windschauer
von der Höhe des Meilers in dessen ganzem Umfange aus Bohlen, Latt=
stämmen oder dichten Reisigwellen schon vor dem Anzünden errichtet werden.

i) Das Abkühlen.

Nach Verschiedenheit der Holzart, der Meilergröße und der Witterung
vergehen 2—3 Wochen bis der Meiler „gar" ist. Auch die letzten untersten

Räume werden dann durch Stübbe verschlossen und erst nach Ablauf
von 24 Stunden die trockene Stübbe streifenweise von oben nach unten
hinweggenommen, klar geharkt und wieder auf die entblößte Stelle des
Meilers geworfen, damit sie zwischen die Kohlen hinabrieseln und das noch
vorhandene Feuer rascher ersticken.

k) Das Langen und Sortiren der Kohlen.

Wenn der Meiler nach Ablauf weiterer 24 Stunden abgekühlt ist,
kann er angebrochen werden. Um etwa noch vorhandene glimmende Kohlen
erkennen zu können, geschieht dieß vor Anbruch des Tages und zwar auf
der dem Winde entgegengesetzten Seite des Meilers, vermittelst einer lang-
zinkigen Harke von zölliger Entfernung der Zinken, nachdem zuvor die gröberen
„Lesekohlen" mit der Hand hinweggenommen wurden. Die kleineren,
vermittelst der Harke ausgeschiedenen Kohlenstücke heißen „Ziehkohlen."
Was die Harke liegen läßt, sind die mit der Stübbe gemengten „Gröse-
kohlen" (Kohlenklein) unter zölliger Dicke, die nur in günstigeren Fällen
des Absatzes durch ein grobes Sieb von der Stübbe getrennt werden.
Außerdem werden alle unvollkommen verkohlten Holzstücke (Brände) und
unter Umständen auch die leichteren, geringwerthigen Quandelkohlen ausgeschieden.

l) Der Transport der Kohlen im Walde

geschieht meist in zweirädrigen Karren mit senkrechten, geflochtenen Seitenwänden und 3 Cubikmeter Raum. Zur Controle bei der Ablieferung ist
es gut an einem der Ständer ein Maß anzubringen, an welchem ersichtlich
ist, bis zu welchem Grade die Kohlenhöhe bei 1, 2, 3 Stunden Trans-
portweite sich zusammensetzt. Der Karren muß stets ein Fäßchen mit Wasser
bei sich führen, um löschen zu können, im Falle nicht völlig erstickte Kohlen
verladen wurden und in Brand gerathen sollten.

m) Controle der Köhler.

Da der Erfolg der Verkohlung nicht allein von der Geschicklichkeit und
Pflichterfüllung der Köhler, sondern neben dieser von vielen anderen Verhältnissen abhängig ist, über die der Köhler nicht zu gebieten hat, so ist
es für jeden einzelnen Fall unmöglich, mit Sicherheit zu beurtheilen, ob
derselbe seine Schuldigkeit gethan habe oder nicht. Nur Durchschnittszahlen
der Menge und Güte des Ausbringens aus einer größeren Zahl von Ver-
kohlungsresultaten geben hierfür einen Anhalt. Für jeden einzelnen Fall
lassen sich während des Richtens und Deckens im Allgemeinen günstige
Schlüsse ziehen aus der Sorgfalt mit der das gegebene Material bearbeitet,
sortirt und verwendet wird; während der Feuerarbeit aus der Gleichmäßig-
keit, in der alle Theile des Meilerumfanges sich setzen, aus der geringen
Menge verbrauchten Füllholzes und aus der, nicht außergewöhnlich kurzen
Zeitdauer der Feuerarbeit; nach letzterer aus der geringen Menge zurückgebliebener Brände, aus einem günstigen Verhältniß der Lesekohlen zu den
Ziehkohlen, wie aus der nach Schwere, Glanz, Härte und Klang zu be-
urtheilenden Kohlengüte.

VI. Der Theerschwehlereibetrieb.

Das Material für denselben liefern die Stöcke älterer Kiefern, in deren Wurzelstöcke, wenn sie 8—10 Jahre nach dem Abhiebe des Stammes im Boden bleiben, die ganze Harzmasse auch aller übrigen Wurzeln sich concentrirt, einen harzreichen Kern bildend, in dessen Umfang während der Zeit der Kienbildung die Splintschichte verfault, so daß mit geringem Arbeitsaufwande die harzarme Splintschichte hinweggenommen werden kann (Putzen der Stöcke), nachdem auch das Roden der Stöcke durch das Abfaulen der Wurzeln und des Stockfplints wesentlich erleichtert wurde.

Der Theerofen zum Verarbeiten der geputzten Stöcke besteht aus einer aufgemauerten Grundlage, auf welcher ein Ofen in Form der ländlichen Backöfen errichtet ist, in dessen Innenraum die Stöcke möglichst dicht eingeschichtet werden. Um diesen inneren Ofen ist ein zweiter ähnlich gebildeter Ofen, der Mantel, in der Entfernung von zwei Fußen aufgemauert, der sich in der Kuppel mit der Wand des inneren Ofens verbindet, so daß zwischen beiden Wänden ein Feuerungsraum entsteht, durch dessen Heizung der innere Ofen und das in diesem enthaltene Holz bis zur Abgabe aller Destillationsprodukte erhitzt werden kann, deren gasförmiger Theil in der Höhe, deren flüssiger Theil: Holzsäure, Holzgeist, Theer (Seite 289) auf dem Grunde des Ofens durch Leitungsröhren ihren Abfluß nach Außen finden.

Ueber den Werth der auf diesem Wege zu gewinnenden Destillationsprodukte habe ich bereits Seite 302 gesprochen.

VII. Das Pechsieden.

Das durch Harzscharren gewonnene Rohmaterial wird häufig schon im Walde weiter verarbeitet. Es geschieht dieß in Pechhütten auf zweifach verschiedene Art. Entweder wird das rohe Harz über gelindem freiem Feuer in großen Kesseln erwärmt, deren Boden 15—20 Ctm. hoch mit Wasser bedeckt ist, das erwärmte Harz wird alsdann in leinene oder aus Drahtringen geflochtene Säcke gefüllt und durch diese hindurch gepreßt, um die, zwischen dem Harze befindlichen Unreinigkeiten zu sondern, die dann als Pechgrieben im Sacke zurückbleiben, oder man bedient sich dazu besonderer Kochherde, in deren Platte eiserne Töpfe bis zum Rande eingelassen sind, um in ihnen das Rohharz bis zum Flüssigkeitszustande zu erwärmen, in welchem es dann durch eine untere Abflußröhre aus den Töpfen dadurch gereinigt abfließt, daß die Abzugsröhre im Topfe durch ein engmaschiges Drahtgitter verschlossen ist. Die Pechgrieben bleiben dann in den Töpfen zurück, deren jeder oben mit einem Helme luftdicht verschlossen ist, in welchem sich die in der Wärme entweichenden ätherischen Oele sammeln und als Terpentinöl in eine gläserne Vorlage übergehen.

Die letzte der genannten Gewinnungsmethoden hat nicht allein den Vortheil des Terpentingewinnes, sondern erspart auch die Vorrichtungen und Arbeiten des Pressens. Allerdings muß aber mit Vorsicht darauf gesehen werden, daß die Erwärmung der Töpfe nie die Schmelzhitze des Harzes wesentlich übersteigt.

VIII. Das Kienrußbrennen.

Die sehr verunreinigten Harzmassen, welche aus den Lachten auf den Boden geflossen sind oder beim Anziehen der Lachten gewonnen werden (Flußharz und Pickharz), die Pechgrieben und sehr harzreiche Holzstücke geben das ·Material für die Kienrußbereitung. Es geschieht dieselbe in niedrigen Oefen, deren Feuerungsraum zum Verbrennen bei geringem Luft= zutritt eingerichtet ist. Aus dem Ofen läuft ein nahe horizontaler Rauch= gang in eine 3—4 Meter hohe, 5 Meter weite, aus Backsteinen aufge= mauerte Rauchkammer, in deren Decke eine 3 Meter im Quadrat haltende Oeffnung verbleibt, die durch einen eben so weiten, 3 Meter hohen Sack von Flanell verschlossen ist, der durch ein Holzgerüst in aufrechter Stellung erhalten wird. Während der Verbrennung setzt sich der Ruß sowohl in dem Rauchgange als in der Rauchkammer und im Flanellsacke ab und wird von Zeit zu Zeit gesammelt.

IX. Das Aschebrennen.

Wo der Preis des geringen Reiserholzes die Aufbereitungs= und Trans= portkosten nicht ersetzt, wo man selbst darauf nicht rechnen kann, daß Raff= und Leseholzsammler die Reinigung der Schläge vom Abraum vollziehen, kann das Aschebrennen auch jetzt noch in Deutschlands Wäldern mit Vor= theil betrieben werden, indem überall der Aschegewinn wenigstens die Räu= mungskosten ersetzt wird. Das Aschebrennen geschieht dann in 3 Meter tiefen Erdgruben, in denen das zusammengetragene Reisig angezündet und durch fortdauernd nachgeworfenes Reisig an einer zu lebhaften Verbrennung verhindert wird, so daß sich die Grube allmälig mit Kohlen füllt. Ist das der Fall, dann läßt man die Kohlen unter dem Schutz von Windschirmen allmälig von oben nach unten veraschen und verkauft die gewonnene Asche an Seifensieder oder an Pottaschesiedereien, wo solche in der Nähe sind.

Dritter Abschnitt.

Vom Waldproduktenhandel (Handelskunde).

Wer mit irgend einer producirten Waare Handel treibt, der muß solche zunächst zu Markt bringen. Ist nun auch für den Holzkäufer in den meisten Fällen der Wald selbst zugleich auch der Markt, so muß das Holz doch aus diesem an den Verbrauchsort geschafft werden, und ich habe bereits darüber gesprochen: daß, auch wenn der Käufer die Sorge für den Trans= port unmittelbar selbst übernimmt, die Kosten desselben mittelbar doch vom Verkäufer getragen werden, der Käufer daher doch immer nur Mittelsperson in Bezng auf den Transport sei.

Die nicht sofort in Absatz zu bringende Waare hat der Händler so= dann so aufzubewahren, daß sie so viel wie möglich vor Verschlechterung und Verlust geschützt ist; er hat den zu fordernden .Preis und die zweck=

mäßigste Art des Austausches von Waare und Preis zu bestimmen; die
Ausgaben und Einnahmen fortlaufend zu buchen und darüber Rechnung
zu legen.

Hiernach zerfälle ich die forstliche Handelskunde in die Lehren:
I. Vom Transport der Waldprodukte.
II. Von deren Aufbewahrung.
III. Von der Preisbestimmung.
IV. Von dem Abgabewesen.
V. Von der Buchführung und vom Rechnungswesen.

Erstes Kapitel.

Vom Transport der Waldprodukte.

Einem jeden Produktionsbezirke ist ein bestimmter Consumtionsbezirk
eigenthümlich, der sich bestimmt, nach Lage und Entfernung aller derjenigen
Consumtionsorte, die am Verbrauche des, im betreffenden Produktions=
bezirke Erzengten sich betheiligen. Produktions = und Consumtionsbezirk
können zusammenfallen, wenn in ersterem liegende Berg= und Hüttenwerke,
Holz verbrauchende Gewerbe und Hauswirthschaften die gesammte Produktion für sich in Anspruch nehmen. In der Regel nehmen aber auch die
Bewohner der, dem Walde nahe liegenden Ortschaften an der Cosumtion
Theil. In dem Maße als auch entferntere Ortschaften sich hierbei betheiligen, in dem Maße als eine schwache Bevölkerung, Mangel an holzcon-
sumirenden Gewerben, und Concurrenz anderer Producenten den Wald=
besitzer nöthigen, seinen Produkten in weiterer Ferne Absatz zu verschaffen,
dehnt sich der Consumtionsbezirk über die Grenzen des Produktionsbezirkes
aus. Von der Zahl der in letzterem heimischen Consumenten und von der
Größe des Bedürfnisses derselben an Waldprodukten hängt das Verhältniß
der Nachfrage zum Angebot und hiervon wesentlich der Preis der Wald=
produkte ab.

Je enger die Grenzen des Consumtionsbezirkes sind, von welchen die
Produktion ganz in Anspruch genommen wird, um so geringer sind die
Transportkosten, welche die Produktion belasten, um so geringer ist die
Bedeutung einer Erleichterung des Transports, besonders wenn die Consumenten selbst im Besitz von Hand= oder Spannkräften sind, die sie zu
solcher Zeit auf den Transport verwenden, in der eine anderweitige nutz=
bringende Verwendung fehlt. Mit der Erweiterung der Consumtionsbezirke
steigt die Belastung der Produktion mit Transportkosten, steigt die Bedeutung erleichterten Transportes nicht allein durch Verminderung der, den
Produktenpreis herabdrückenden Unkosten, sondern mehr noch durch Erhöhung
der Nachfrage und Concurrenz.

Wenn man sagt: daß jeder Groschen, den der Waldbesitzer auf Erleichterung des Transports verwende, demselben durch höhere Produkten-
preise vergütet werde, so ist dieß daher nur bedingungsweise wahr; es ist
nur wahr für größere Consumtionsbezirke, für die Fälle nothwendiger Erweiterung derselben und für die Beschaffung des Transports durch Lohn=
arbeit.

Den höchsten Preis wird der Waldbesitzer für seine Produkte nur dann erzielen, wenn ihm ein Consumtionsbezirk angehört, dessen Bedarf dem Angebot mindestens gleichsteht. Ist das nicht der Fall, dann kann der Waldbesitzer einen solchen Consumtionsbezirk nur dadurch sich verschaffen:

1) Daß er einer Produktion sich zuwendet, die im kleinsten Raum und Gewicht den höchsten Werth und Preis einschließt. Dieselbe Transportkraft, welche einen Cubikfuß Buchen Scheitholz à 20 Pfg. fortbewegt, bewegt eben so weit einen Cubikfuß Eichen Nutzholz à 60 Pfg., belastet letzteren also mit nur $\frac{1}{3}$ ihres Preises oder sie vermag ihn bei gleicher Belastung dreimal weiter fortzubewegen. Sie versetzt ihn in eine sechsmal größere Ferne als den Cubikfuß Aspen Scheitholz à 10 Pfg., in eine mehr als 6mal größere Ferne als den Cubikfuß Reiserholz à 10 Pfg., da in letzterem eine, um beinahe das 5fache größere Raumfüllung die Transportkosten für dieselbe Derbmasse und Gewichtsmenge bedeutend erhöht.

Daher kommt es, daß selbst in bevölkerten aber waldreichen Gegenden noch heute so vieles, an sich werthvolles Reiserholz im Walde verfaulen muß, wenn es, wie man zu sagen pflegt, „die Transportkosten nicht trägt." Dasselbe gilt hier und da auch noch vom schwächeren Knüppelholze, von den jüngeren Durchforstungshölzern, selbst von stärkerem Weichholze, häufiger noch vom Stockholze durch das Hinzutreten der hohen Gewinnungskosten. Sie müssen dem Einsammeln durch die ärmere Bevölkerung unentgeldlich oder gegen sehr geringe Zahlung überlassen werden, die diesem mit Nutzen sich unterziehen kann, wenn sie die darauf zu verwendende Arbeitskraft nicht oder nur zu geringen Preisen sich in Rechnung stellt.

Der Erziehung des größten Werthes und Preises im kleinsten Raume und Gewichte entspricht der Hochwaldbetrieb, der höhere Umtrieb, die Wahl solcher Holzarten für den Anbau, die besonders durch größere Nutzbarkeit, Brennkraft und Dauer im Werthe anderen voranstehen, Erziehung pflanzenreicher im Schluß erwachsender Bestände. [1]

2) Daß der Waldbesitzer seine Produkte dem Käufer in einem Zustande darbietet, in welchem sie mit den geringsten Kosten transportirt werden können. Dahin gehört vor Allem die Abgabe in einem möglichst trocknen Zustande. Leider steht diesem häufig die wirthschaftliche Nothwendigkeit einer raschen Räumung der Schläge und der Umstand entgegen, daß bei längerem Stehen oder Liegen des Holzes im Walde, dieses zu sehr theils dem Verderben, theils dem Diebstahle ausgesetzt ist, daß die Magazinirung in Räumen, die gegen beides Schutz gewähren, mit bedeutenden Kosten und Verlusten verbunden ist, und erhebliche Geschäftsvermehrung mit sich führt. Demohnerachtet könnte in dieser Richtung offenbar mehr geschehen, als dieß im Allgemeinen der Fall ist. In Bezug auf den Nutzholztransport gehört dahin aber auch die Bearbeitung der Nutzholzstämme auf denjenigen Theil, der von ihnen als Nutzholz wirklich verwendet wird und als solcher höhere Transportkosten trägt, als der Abfall an Rinde, Schwarten und Hauspänen.

[1] Siehe hierüber meine Schrift „System und Anleitung zum Studium der Forstwirthschaftslehre," Leipzig 1858, S. 225—242.

3) Daß der Waldbesitzer die Transportkosten unmittelbar verringert durch Erleichterung des Transports in der Verbesserung der Transport=anstalten, der Land= und Wasserwege, die diesem Zwecke dienen. Vermag derselbe selten außerhalb der Grenzen seines Waldes in dieser Hinsicht wirk=sam zu sein, so wird er doch, auch in der Beschränkung seines Wirkens auf den Wald, die Gesammtkosten des Transports vermindern, und da=durch nicht allein eine entsprechende Preiserhöhung seines Produkts, sondern auch eine Erweiterung seines Consumtionsbezirkes erzielen, die im Verhält=niß zur Verringerung der Transportkosten eine größere ist.

Was der Waldbesitzer in dieser Hinsicht thun müsse, das ist es, welchem wir hier eine nähere Betrachtung widmen wollen.

Der Transport der Waldprodukte geschieht entweder auf Land= oder auf Wasserwegen und das einzige, was der Waldbesitzer zur Erleichterung dieses Transports thun kann, ist die zweckmäßige Anlage solcher Wege, die fortdauernde Erhaltung derselben in gutem Zustande.

I. Vom Waldwegebau.

Die dem Transport des Holzes dienenden Wege sind entweder Fahr=wege oder Rutschwege. Auf ersteren werden die Lasten durch eine Zugkraft fortbewegt, auf letzteren bewegen sie sich auf einer gleichmäßig geneigten Ebene ganz oder doch hauptsächlich vermöge ihrer Schwere.

Die Fahrwege sind Waldwege im engeren Sinne oder Kunst=straßen, je nachdem sie auf dem natürlichen, nur geebneten, von Wurzeln und Steinen gereinigten und entwässerten Boden verlaufen, oder die Fahr=bahn über dem natürlichen Boden aus einem anderweitigen Material, aus Lehm, Grand, Steinen, Holz, künstlich zusammengefügt ist.

Die Rutschwege sind Schmeerwege, wenn die Fortbewegung der Lasten auf ihnen, über querliegende Streichrippen geschieht; es sind Riesen, wenn die Holzstücke entweder frei in Luftsprüngen oder in muldenförmigen nackten oder mit Eis oder Holz ausgekleideten Vertiefungen bergabwärts sich fortbewegen.

A. Von den Waldwegen.

Diese sind es, mit deren Anlage und Instandhaltung der Forstbeamte vorzugsweise betraut ist.

Bei Anlage neuer Wege ist zunächst eine möglichst gerade Linie zwischen dem Orte der Abfuhr und dem Ziele zu projektiren, der Ersparniß an Arbeit, Transportkosten und an Grundfläche wegen. In dieser geradesten Richtung sind alsdann die Hindernisse zu erforschen, welche Abweichungen und Um=wege nöthig machen. Die dadurch vergrößerte Gesammtlänge des Weges ist alsdann zu vergleichen mit anderen möglichen Wegrichtungen, und unter allen diejenigen für die Anlage zu bestimmen, welche den größten Gesammt=vortheil darbieten: geringe Wegkürze, guter Wegboden, wohlfeilste Anlage und Instandhaltung, geringste Verluste an Holzproduktion und Bestands=masse, leichteste Ueberwachung der Abfuhr, mehrseitige Benutzung auch als Sicherheitsschneise, Wirthschaftsfigurengrenze, Triften, Jagdschneise ꝛc., Terrain=

Ersparniß durch Zusammenlegen mit anderen Wegstrecken oder dieser mit dem neuen Wege.

Der beste Boden für die Anlage von Waldwegen ist ein solcher, der genügende Festigkeit besitzt, um im Sommer und bei trockner Witterung den Rädern eine feste Unterlage darzubieten, dabei aber doch genügend locker ist und eine solche Unterlage besitzt, die ein rasches Eindringen des Regenwassers in die Tiefe gestattet. Lockerer Sandboden und strenger Thonboden sind am ungünstigsten; sandiger Lehmboden und lehmiger Sandboden sind am günstigsten.

Je weniger Wurzeln, Stöcke und Steine den Boden durchsetzen, um so geringer sind die Kosten der Anlage.

Da gewöhnliche Waldwege mit Lasten in der Regel nur waldaus befahren werden, kann in dieser Richtung das Gefäll bis 12 Proc. steigen, nöthigen Falles und wenn der Boden für Hemmschuh geeignet ist, bis 15 Proc. Wird auf dem Wege viel mit Schlitten abgefahren, so läßt man das Gefäll 5—6 Proc. nicht gern übersteigen. Steigungen waldaus dürfen auf festem Boden 7, auf sandigem Boden 5 Proc. nicht übersteigen.

Nothwendige Ueberbrückungen, Dammbauten, Knüppeldämme ꝛc. vertheuern die Anlage und Unterhaltung.

Des rascheren und leichteren Abtrocknens wegen sind Bestandsränder, das Innere älterer, raumer oder lichter Bestände, dem Innern geschlossener Jungorte vorzuziehen, gleichzeitig auch der Ersparniß an Zuwachs und Bestandsmasse wegen.

Die geringste Breite der Waldwege ist $2\frac{1}{2}$ Meter. Es müssen bei so geringer Breite aber Ausbiegeplätze in Entfernungen hergestellt werden, die eine gegenseitige Kenntnißnahme sich begegnender Fuhrleute so früh zulassen als nöthig ist, um das Ausbiegen eines derselben veranlassen zu können. Besser ist es, dem Wege überall eine Breite von $4\frac{1}{2}$ Meter zu geben, nicht allein des überall möglichen Ausbiegens wegen, sondern auch, damit die Fuhrleute mit den Geleisen wechseln können. Da hierdurch die Wege sehr conservirt und Besserungskosten vermieden oder vermindert werden, gibt man den Wegen auf Oedungen und in raumen Beständen eine noch größere Breite von 5—6 Meter. Das ist auch rathsam, wenn der Weg zur Trockenlegung beiderseits mit Gräben eingefaßt werden muß, um letztere zu schonen.

Für die Abfuhr des Holzes von Gebirgshängen wird der Weg am Fuße des Berghanges angelegt; an höheren Hängen wohl noch ein zweiter Abfuhrweg in der Mitte des Berghanges.

Ist der Waldweg ausgesteckt, so begnügt man sich in der Ebene und im Hügellande häufig mit Planirung der einzelnen Unebenheiten. Eine Hinwegnahme der Rasendecke schadet hier oft mehr als sie nützt, wenn der Boden fest ist. Auf sehr lockerm sandigen Boden muß dieß aber geschehen, um alle Wurzeln und Steine bis zu $\frac{1}{4}$ Meter Tiefe aus dem Boden zu entfernen, da deren Verbleib Unebenheiten und Löcher im Geleise zur Folge hat, die beständige Wegebesserungen nöthig machen.

Wo der Weg ein feuchteres Terrain durchschneidet, muß derselbe beiderseits mit Abzugsgräben eingefaßt, und die daraus zu entnehmende Erde zur Erhöhung des Weges in einer, beiderseits mit 2—3 Proc. abfallenden Wölbung aufgetragen werden. Zur Schonung der Gräben erhalten solche Wege beiderseits schräg nach außen gerichtete Prellpfähle in Entfernungen von 4—6 Meter. Sumpfige Stellen, die der Weg durchschneidet, können nur durch festen Dammbau oder Knüppeldämme fahrbar gemacht werden. (S. Kunstwege.)

Wo der Weg von Gräben oder Bächen durchschnitten wird, sind diese entweder zu überbrücken, oder es ist der Durchlaß vermittelst Dohlen zu bewirken, d. h. gemauerte oder aus einem hohlen Baumstamme gebildete Kanäle, die mit Erde überschüttet werden, so daß über dem Kanale der Weg unverändert sich fortsetzt.

Führt der Weg durch geschlossene Bestände, so sind diese in einer Breite von einigen Ruthen zu beiden Seiten des Weges stark zu durchlichten, und die bleibenden Bäume so hoch auszuästen, daß Sonne und Wind die Wegstrecke nach jedem Regen rasch abzutrocknen vermögen.

Für Waldwege im Gebirge gilt im Allgemeinen dasselbe, es können hier aber noch besondere Vorkehrungen nöthig werden, besonders in Bezug auf die größeren Wassermassen, welche von den benachbarten Gebirgshängen bei stärkeren Platzregen dem Wege zufließen, auf die beschränktere Freiheit in Führung des Weges, häufiger nöthig werdende Haltplätze, Serpentinen 2c. Wege, die an Berghängen hinziehen, erhalten in der Totalität des wenig gewölbten Profils nach außen einige Zolle Steigung. Ein Graben an der Bergseite nimmt das zufließende Wasser zunächst auf und muß dasselbe, je nach der Menge des Wasserzuflusses vom überliegenden Berghange, in größeren oder geringeren Abständen, durch Dohlen unter dem Wege hindurch nach der unteren Bergseite hin abgeleitet werden, woselbst man den Ausfluß der Dohlen auf Reisigbündel leitet, damit dieser dadurch zertheilt und das Abspühlen von Erdreich verhindert werde. Auf Straßen, die in weiten Strecken ununterbrochen geneigt sind, weist man das auf der Straße selbst sich sammelnde Regenwasser durch, von Strecke zu Strecke schräg in den Boden gelegte Bohlstämme ab, die 2—3 Ctm. über die Wegfläche emporstehen, auf der Thalseite aber durch Pflasterung mit letzterer ausgeglichen werden müssen, um das Einschlagen der Räder zu verhindern. Diese Abweiser müssen in solchen Entfernungen von einander gelegt werden, daß das Regenwasser sich nirgends zu größeren Mengen ansammeln kann.

Was die Unterhaltung der Waldwege betrifft, so ist es die erste Regel, jede kleine Beschädigung so früh wie möglich auszubessern, da entstandene Beschädigungen bei fortdauernder Benutzung sich so rasch vergrößern, daß das, was anfänglich für lange Zeit mit einigen Spatestichen zu bessern war, unter fortdauernder Benutzung nach wenigen Monaten tagelange Arbeit in Anspruch nimmt. Für die Zeit häufiger Benutzung gewisser Wegstrecken ist die Anstellung besonderer Wegewärter zweckmäßig, deren Geschäft es ist, die ausgefahrenen Geleise zuzuwerfen, Ansammlungen von Wasser in entstandenen Vertiefungen Abfluß zu verschaffen, diese nöthigen Falles mit Faschinen und Erdreich auszufüllen, die Gräben und Dohlen offen zu halten. Bei Ausfüllung größerer Löcher vermittelst Faschinen und Erdreich werden erstere so gebunden, daß alle Hiebsflächen

das eine, alle Reiserspitzen das entgegengesetzte Ende bilden. Mit dem
Reiserende ineinanderschließend, werden dann die Faschinen je zwei, rechtwinklig zur Wegrichtung so in die Vertiefung gelegt und durch Buhnen-
pfähle befestigt, daß die Räder der Wagen über den dicken, grobreiserigen
Theil der mit Erde überschütteten Faschinen sich bewegen.

B. Kunststraßen.

Kunststraßen aus Holz werden da nothwendig, wo Wegstrecken unvermeidbar über ein sumpfiges Terrain geführt werden müssen. Ihre Fertigung geschieht der Art: daß zwei Längsreihen von einseitig bewaldrechteten
Bauholzstämmen, 8 Fuß von einander entfernt auf die Oberfläche des
Moores gelegt, die Stämme jeder Reihe unter sich, durch seitlich fest-
genagelte Verbindungshölzer, vereint werden. Diese Stämme dienen in der
Mitte gespaltenen Bohlstämmen von 3 Meter Länge zur Unterlage und Befestigung vermittelst hölzerner Nägel. Die Bohlstücke werden, quer über
die beiden Unterlagen, dicht an einander gerückt, so ausgelegt, daß die
Spaltflächen nach oben gekehrt sind, nachdem, damit sie fest auf der nach
oben gekehrten, bewaldrechteten Seite der Unterlagen ruhen, jederseits
$\frac{1}{2}$ Meter vom Ende der Bohlstücke auch die Rindenseite zu einer, der Spalt-
seite parallelen Fläche zugehauen wurde.

Mit dem Festnageln der Bohlstücke auf die Unterlagen ist die Bohlstätte fertig. Diese dient nun entweder nackt zur Ueberfahrt, dann nämlich,
wenn der Sumpf so weich ist, daß eine Belastung der Bohlstätte mit Erde
dieselbe und das Erdreich unter den Wasserspiegel hinabbrücken würde oder
sie wird mit einer schwachen Faschinenlage gedeckt, die selbst wieder eine
Füllung und Decke von Erdreich erhält.

Holzstraßen dieser Art sind allerdings sehr kostbar durch den großen
Aufwand an Holz, den ihre Anlage erfordert und die kurze, 25—30 Jahre
selten übersteigende Dauer des Holzes. Sie werden daher auch nur da
ausgeführt, wo das Holz in geringem Preise steht und Dammbauten,
wegen Mangels an genügendem Erdreich in der Nähe des Baues zu theuer
werden würden. Wo in der Nähe des Sumpfes genügendes Erdreich für
Dammbau zu haben ist, wird man durch solchen bei bedeutender Tiefe des
Moores zwar nicht an Anlagekosten, wohl aber an Unterhaltungskosten
wesentlich sparen.

Der Bau von Kunststraßen aus Erdreich und Gestein (Chausseen) ist
in der Regel nicht Sache des Forstmannes, er ist es aber bei uns im
Harze geworden und zwar in großer Ausdehnung, durch den augenfällig
günstigen Einfluß, den dieser vollkommene Wegebau auf Erhöhung der
Holzpreise und den Absatz an Nutzhölzern gehabt hat. Daher werden schon
seit mehreren Jahren befähigte Forstkandidaten auf einige Zeit den Wege-
baubehörden zur Unterweisung zugetheilt und nach erlangter Kenntniß beim
Wegebau, in den herrschaftlichen Forsten als Anordner und Leiter des technischen Betriebes durch gewöhnliche Waldarbeiter, mit Nutzen verwendet. Es
mag daher auch Einiges hierüber gesagt sein.

Was die Planlage betrifft, so gilt in Bezug auf diese Wege dasselbe,
was ich bereits für die Anlage der Waldwege verzeichnet habe. Hinzuzu-

fügen ist hier nur, daß bei einer 2—3metrigen Steinbahn jederseits der=
selben ein $3/4$ metriges, mit Alleebäumen bepflanztes Bankett verlauft, das,
wie bekannt, zugleich zum Aufschichten des Unterhaltungsmaterials und des
Abraumes dient und von der Steinbahn durch die Wandsteine geschieden
ist; daß Wege dieser Art ein stärkeres Gefäll, waldaus nöthigen Falles bis
15 Proc. ertragen (waldein höchstens 5 Proc.), wenn sie nicht zugleich Com=
municationswege sind, die mit Lasten befahren werden, in welchem Falle
das Gefäll auch waldaus 5—6 Proc. nicht übersteigen darf. Ueberhaupt
meidet man starkes Gefäll so viel wie möglich, da es dem Schlittentransport
hinderlich ist und die Anwendung von Hemmungen den Weg sehr abnutzt.

Die Arbeiten nöthiger Entwässerungen und der Planirung des Weges
in der ausgesteckten Richtung und Breite bilden den ersten Theil des Ge=
schäfts. Durchstiche und Abtragungen, Ausfüllungen und Erhöhungen von
Gründen, die Grabenarbeiten zur Seite des Weges gehören hierher. Dem
Planum gibt man, wenn es irgend ausführbar ist, auf lockerem Sandboden
eine oberste 10—15 Ctm. tiefe Schichte von Lehmboden, dem Lehmboden
eine eben so hohe Schichte von grobkörnigem Sand oder Kies. Dieß Planum
erhält nun ein Pflaster von Steinen (Packlage), über dieses eine 6—8 Ctm.
hohe Decklage von 2—3 Ctm. dicken Steinen, die dann mit einer dritten,
5—6 Ctm. hohen Schichte von Kies, Sand oder Erde überschüttet wird.
Schon in der Packlage erhält das Querprofil des Weges eine Wölbung von
$1/2$—$3/4$ Gefäll auf jeden $1/3$ Mtr. der Breite.

Lehmchausseen erhalten keine Packlage, sondern über dem Planum eine
stärkere Lage von Lehmboden, dem durch eine Beimengung von Kies oder
Deckgestein eine größere Festigkeit gegeben werden kann.

C. Von den Rutschwegen.

Rutschwege können selbstverständlich nur in Gebirgswaldungen und
auch dort nur da angebracht werden, wo von höheren Gebirgshängen ab=
wärts auf größere Strecken ein ununterbrochenes, für die selbstständige Fort=
bewegung des Holzes geeignetes Gefäll besteht.

a) Schmeerwege.

Legt man einen schweren Körper auf eine horizontale Fläche, so liegt
er auf dieser fest und kann nur durch einen seiner Schwere entsprechenden
Kraftaufwand fortbewegt werden. In dem Maße als die Fläche in eine
geneigte Lage versetzt ist, wird dieser Kraftaufwand ein geringerer, bis ein
Neigungsgrad eingetreten ist, der eine selbstständige Fortbewegung der Last
zur Folge hat. Es ist einleuchtend, daß, wenn die Fläche diesen Neigungs=
grad nicht ganz erreicht, ihm aber nahe steht, eine sehr geringe Kraft ge=
nügt, um bedeutende Lasten auf ihr abwärts zu bewegen, daß, wenn sie
diesen Neigungsgrad besitzt, eine geringe Kraft den rutschenden Körper in
seiner Fortbewegung aufzuhalten vermag.

Jener, die selbstständige Fortbewegung vermittelnde Neigungswinkel
ist aber kein beständiger. Nicht allein bedarf die kleinere Last eines größeren
Neigungswinkels und umgekehrt, sondern es ist auch für gleiche Last der Nei=
gungswinkel verschieden nach Größe und Beschaffenheit der sich berührenden

Reibungsflächen. Es läßt sich daher derselbe theoretisch nicht finden, er muß empirich ermittelt werden durch Versuche mit dem zu transportirenden Material, liegt aber für den Transport von Kurzhölzern auf Schlitten zwischen 6 und 8 Grad, für den Transport von Langhölzern zwischen 4 und 6 Grad = 4—5 Proc. Gefäll.

Innerhalb dieser Neigungsgrade werden die Schmeerwege der Art hergestellt, daß man grade entrindete, 2 Mtr. lange und bis 15 Ctm. dicke Knüppel rechtwinklig zur Wegrichtung, wie Eisenbahnschwellen, in $^2/_5$ derjenigen Entfernung von einander auslegt, die gleich ist der Länge des auf diesen Streichrippen durch Schleifen fortzubewegenden Körpers. Die Streichrippen werden bis auf $^1/_3$ ihrer Dicke in den Boden versenkt und durch zwei starke Pflöcke festgehalten, die auf der Thalseite am Ende jeder Rippe in den Boden eingeschlagen werden. Die Oberfläche der Streichrippen muß in den Punkten einer und derselben geneigten Ebene liegen. An Berghängen hinziehend erhält dieselbe einige Ctm. Gefäll nach der Bergseite hin.

Der Transport auf diesen Schmeerwegen, die ihren Namen von der Verwendung fettiger Stoffe zur Glättung der Streichrippenoberfläche erhalten haben, geschieht entweder in Schlitten oder in vereinzelten Langhölzern, nach deren oder der Schlittenkufen Länge die Entfernung der Streichrippen eine verschiedene ist. Bei richtiger Neigung genügt ein Arbeiter, bedeutende Lasten bergab zu leiten.

Nach demselben Principe geschieht der Transport auf Rutschbahnen zu ebener Erde ohne Verwendung von Streichrippen, hauptsächlich in Schlitten, wenn der Boden durch Eis und Schnee geglättet ist, oder in zweirädrigen Karren auf, in längeren Strecken geneigten Chausseen, deren Hemmung an steileren Senkungen durch einen Hemmstock bewirkt wird, der eine grade Verlängerung der Karrenaxe nach hinten ist und die Bewegung durch Druck auf den Boden hemmt, wenn die vordere Verlängerung der Axe (Deichsel) in die Höhe gedrückt wird.

b) Riesen.

Die naturwüchsigste Riese sah ich im Schwarzwalde, gewissermaßen eine Luftriese, in der die Holzscheite von einem über 800 Fuß hohen Berghange in Luftsprüngen von mehr als hundert Fußen dem Thalgrunde zuflogen und in dem weichen Boden desselben wie Nadeln in einem Nadelkissen stecken blieben, wenn sie diesen mit der Stirn trafen. Die Scheite waren weniger verletzt als sich dieß erwarten ließ. Auch hier am Harze kommt ein derartiger Transport, wenn auch selten vor, bei welchem die Scheite vom Bergkamme mehr polternd und sich überstürzend als rutschend in das Thal gelangen.

Riesen im engeren Sinne sind Mulden oder Röhren, die bei einer Neigung für Scheitholz zwischen 30 und 40 Grad, für Langholz zwischen 20 und 30 Grad von den Berghöhen ins Thal sich hinabziehen.

Man unterscheidet Erdriesen, Holzriesen und Eisenriesen.

Erdriesen sind muldenförmige Vertiefungen im Boden, die in der Regel nur während der Winterszeit benutzt werden, wenn Schnee und Eis den Boden gefestigt und die Außenfläche geglättet haben.

Holzriesen sind bergabziehende Längsreihen ganzer entrindeten Stammstücke, deren je 7 oder 9 oder 11 nebeneinanderliegende Stämme zu einer
oben offenen Mulde vermittelst Unterlagen und Verbindungsstücken vereint
sind, in der sowohl Lang- als Kurzholz geriest werden kann. Am Aus-
gange der Riese im Thale vermindert man die Senkung derselben in dem
Grade, daß die Holzstücke mit verminderter Geschwindigkeit dort anlangen,
läßt Kurzhölzer auch wohl unmittelbar in einen Floßwasserteich springen.

Der Bau der Riesen für Langholz, wie ich solche im Schwarzwalde
gesehen habe, geschieht folgendermaßen. Nachdem am Eingangspunkte derselben eine genügende Anzahl von Stämmen angefahren sind, wird das
erste Muldenglied gelegt und die Stämme für das zweite Glied im ersten
Mulde, die Stämme für das dritte Glied in dem ersten und zweiten Gliede
u. s. f. bergabwärts geriest, bis die Gesammtriese den Ausgangspunkt erreicht hat. Man sichert auf diesem Wege zugleich auch die Bewegungsfähig-
keit des Holzes in jeder Muldenstrecke. Sind alle Holzstämme in der Riese
zu Thale gefördert, dann werden die Stämme des obersten Muldengliedes,
dann die des zweiten, dritten, vierten Gliedes gelöst und in den noch
liegenden tieferen Strecken der Riese zu Thal gebracht, bis auch die zum
Bau der Riese verwendeten Stämme in dieser selbst im Thale angelangt sind.

Die Stämme bewegen sich in den Riesen keineswegs überall von selbst.
Wo dieß der Fall ist, werden sie durch Seile an einer allzuraschen Fortbewegung verhindert. Wo das Gefäll für eine selbstständige Fortbewegung
nicht ausreicht, werden sie an Seilen bergab gezogen. Sie stehen also
während ihrer ganzen Reise unter fortdauernder Leitung durch Menschenhand.

Für den Transport von Kurzhölzern und schwachen Langhölzern bedient man sich auch gußeiserner, aneinandergefügter Röhren von $1/3$—$1/2$ Mtr.
Durchmesser, in denen die Holzscheite einzeln hintereinander bergab gleiten.

Zum Herbeibringen der Bauholzstücke an die Abfuhr- oder Einwurf-
stellen bedient man sich des Lottbaums, einer starken Deichsel zum Vorspann eines Pferdes, deren hinteres Ende in eine Schaufel sich erweitert,
auf deren oberer Seite das Kopfende des zu bewegenden Stammes vermittelst Bolzen, Ringen und Ketten festgehalten wird. Diese schaufelförmige
Unterlage des vordersten Stammendes hat den Zweck zu verhindern, daß
beim Fortziehen auf dem Boden durch Vorspann das Kopfende des Stammes
nicht in den Boden eingreifen und dadurch das Fortziehen erschweren kann.

D. Vom Wassertransport.

Der Transport des Holzes auf Wasserstraßen kann durch Verladung
desselben in Gefäße oder durch die Schwimmkraft des Holzes selbst geschehen.
Für die letztgenannte Art des Transports werden die Holzstücke entweder
unter sich zu einem Schwimmganzen vereint (Flößen) oder sie werden vereinzelt dem Wasser übergeben (Schwemmen).

Auf allen öffentlichen Gewässern, die zugleich der Schifffahrt dienen,
ist der Transport des Holzes nur in Schiffen oder in vereinten Flößen po-
lizeilich gestattet. Nur die der Schifffahrt nicht zugänglichen Gewässer dürfen
zum Transport frei schwimmender Einzelstücke verwendet werden.

Die Vortheile des Wassertransports beschränken sich auf Ersparniß an Zeit und Transportkosten, die jedoch nur da bestehen, wo dadurch gleichzeitig größere Holzmassen in Entfernungen von mindestens einigen Meilen versetzt werden können oder wo ein für den Landtransport höchst schwieriges Terrain letzterem entgegensteht.

Ueber den Transport des Holzes in Kähnen habe ich nichts Besonderes zu erörtern; das Material bleibt dabei ohne Abgang und unverändert wie beim Landtransport; jedem Waldbesitzer, dessen Wälder eine geeignete Lage haben, steht dieß Transportmittel offen, es ist dasselbe aber mit nicht unbedeutenden Kosten verbunden durch den Ankauf oder die Miethe der Schiffe, durch deren Führung und das Ein= und Ausladen des Holzes, solche Fälle ausgenommen, in denen die Schiffer ohne andere Beschäftigung sind oder Rückfahrten mit Ballast antreten müßten. Die Sorge für möglichst trocknes Holz und die Anfuhr desselben zur Ablage sind allein Sache des Forstmannes.

Der Transport des Holzes durch Flößen zerfällt in die Langholz= und in die Kurzholz= oder Scheitholz=Flößerei.

Zur Langholz=Flößerei werden die auf diese Weise zu transportirenden Bauholzstämme zweiseitig bewaldrechtet und nach genügendem Austrocknen entweder durch Landtransport zum Floßwasser gebracht oder dorthin im Frühjahre bei Hochwasser auf den Gebirgsbächen vereinzelt geschwemmt. Auf dem Floßwasser werden eine Mehrzahl von Stämmen nebeneinander durch Floßweeden verbunden, die dann Gestör heißen. Mehrere solcher Gestöre hintereinander gehängt bilden das Floß, das alsdann unter Leitung durch Schiffer die Fahrt stromab machen kann, nachdem es in der Regel als Oblast noch verschiedenartige Kurzhölzer erhalten hat. Die Zahl der in ein Gestör zu verbindenden Stämme und die Zahl der Gestöre in einem Floß ist nach der Breite und Gradheit des Floßwassers verschieden.

Die Kurzholzflöße beschränkt sich auf größere stehende Gewässer und besteht darin: daß in einen auf dem Wasser schwimmenden, aus langen Bauholzstücken zusammengesetzten Rahmen das Scheitholz nebeneinanderliegend und die eingerahmte Wasserfläche dicht bedeckend in mehrere übereinanderliegende Schichten eingetragen wird, deren obere die unteren Schichten ins Wasser hinabdrücken. Eine Anzahl übergenagelter Stämme verstärkt den Druck nach unten, während die ins Wasser unter die Tiefe des Rahmens hinabgedrückten Holzschichten durch den Druck des Wassers nach oben am Wegschwimmen verhindert werden. Karine heißt in Ostpreußen dieses Floß, wenn der Rahmen ein einfacher ist. Besteht dasselbe hingegen aus mehreren, eine tiefere Seitenwand bildenden, übereinander liegenden Bauholzstämmen, dann heißt dasselbe eine Matatsche.

Das Schwemmen des Holzes besteht darin: daß man die vereinzelten Holzstücke ins Floßwasser wirft und mit diesem fortschwimmen läßt, bis es so viel Wasser aufgesogen hat, daß man das Untersinken befürchten muß (Sentholz). So weit gelangt, muß das Holz dann durch ein Gatter (Floßrechen) aufgehalten, aus dem Wasser genommen (ausgewaschen) und zum Trocknen aufgestellt werden. Das trockne Holz kann dann wieder eingeworfen und weitergeschwemmt werden, bis es am Ort seiner Bestimmung angelangt ist. Während des Schwimmens drängen sich die Scheite häufig und behindern sich gegenseitig im Fortschwimmen. Um dieß zu vermeiden, müssen Arbeiter in Zwischenräumen von einigen hundert bis tausend Schritten das schwimmende Holz, am Ufer entlang gehend, begleiten und das sich stauende Holz vermittelst langer, an der Spitze mit einem Stachelhaken, wie die Feuerhaken, versehenen Floßstangen wieder in Bewegung setzen. Man nennt dieß die Nachflöße.

Unter günstigen Verhältnissen lassen sich in kurzer Zeit große Holz‐massen mit verhältnißmäßig geringem Kostenaufwande translociren. Zu diesen günstigen Verhältnissen gehören: 1) eine größere Länge der Wasser‐straße, da sonst die Kosten der Einrichtung, des Einwerfens und Ausziehens zu groß werden gegenüber den Kosten des Landtransports; 2) raschere Fort‐bewegung des Floßwassers, da von ihr die Dauer des Transports abhängig ist, mit der die Menge des Verlustes an Senkholz, die Verminderung der Brennkraft und die Kosten des Nachflößens und Auswaschens sich steigern. 4 Ctm. Gefäll auf 33 Mtr. Länge ist das Minimum für die nöthige Ge‐schwindigkeit des Floßwassers; 3) günstige Beschaffenheit der Ufer und des Bettes, da hohle Ufer, ungleiche Breite und Tiefe des Wasserstandes, Stein‐gerölle, Wirbel, häufige und scharfe Krümmungen, die Nachflöße erschweren und vertheuern, größere Verluste an Senkholz herbeiführen oder zu kost‐spieligen Uferbauten Veranlassung sind; 4) Zugänglichkeit der Ufer für die Nachflöße. Es muß das Floßwasser 5) mindestens die Breite der Länge des zu schwemmenden Holzes und dessen doppelte Dicke zur Tiefe haben und endlich 6) bei sehr starkem Gefäll und geringer Wasserhöhe die Ausführbar‐keit von Wasserstuben darbieten, die in einem, nach dem Wasserbedarf mehr oder weniger hohen, das Thal rechtwinklig durchschneidenden Damme bestehen, zur Ansammlung von Deichwasser, das mit den eingeworfenen Kurzhölzern gleichzeitig durch eine Schleuse abgelassen werden kann. Da aber bei starkem Gefäll die Fortbewegung des Wassers eine raschere ist als die der mitgeführten Holzscheite, so würde unter letzteren in einer gewissen nach dem Gefäll verschiedenen Entfernung das Schwemmwasser verlaufen, wenn an jenem Punkte nicht ein anderer Querdamm Wasser und Holz wieder aufsammelte. Es wird daher das Holz mit dem Wasser der obersten Wasser‐stube von Damm zu Damm gewissermaßen fortgespült.

Die mit dem Geschäft des Schwemmens verbundenen Verluste bestehen vorzugsweise im Abgang der Rinde und im Senkholz. Der Verlust an Brennkraft ist seit v. Wernek offenbar überschätzt worden, da bei den von diesem ausgeführten Versuchen das Holz festgehalten und dem vorbeifließen‐den Wasser ausgesetzt war, wodurch ohne Zweifel ein stärkeres Auslaugen herbeigeführt wurde als beim Schwemmen, wobei das Holz mit mehr oder weniger derselben Wasserumgebung sich fortbewegt.

Zweites Kapitel.
Von Aufbewahrung der Waldprodukte.

Wo in Deutschlands Wäldern die Nachfrage nach Waldprodukten das Angebot nicht übersteigt, da hat sich doch größtentheils erstere der letzteren gleichgestellt, so daß im gewöhnlichen Verlaufe des Wirthschaftsbetriebes die jährliche Produkten-Einnahme sofort ihre Abnehmer findet, eine längere Zeit dauernde Aufbewahrung nicht nothwendig wird. Selbst in den seltneren Fällen einer, das Bedürfniß der Consumenten übersteigenden Abgabefähigkeit wird der Waldbesitzer besser thun, wenn er die mit Wahrscheinlichkeit nicht absetzbaren Produkte ungeerntet dem Walde so lange beläßt, bis sich Abzugsquellen für dieselben gefunden haben. Nur die seltneren und werthvolleren Nutz- und Bauhölzer finden nicht immer sofort Abnehmer zu den, ihrer Beschaffenheit entsprechenden Preisen und kann hier eine Magazinirung und Aufbewahrung nothwendig werden, wenn Rücksichten auf Bestandsverjüngung oder Erziehung deren Einschlag nöthig macht. Außerdem können Unglücksfälle zum Einschlage das jährliche Bedürfniß übersteigender Holzmassen zwingen.

Das Holz, in entsprechender Weise zubereitet, getrocknet und den Einwirkungen wechselnder Witterung entzogen, läßt sich lange Zeit hindurch unverändert in seiner vollen Güte aufbewahren. Bei dem großen Raume, den einigermaßen beträchtliche Holzmassen in Anspruch nehmen, gehören dazu jedoch Baulichkeiten, deren Herstellung für einzelne Fälle einen zu großen Kostenaufwand in Anspruch nehmen würde, daher denn der Waldbesitzer auch in diesen Fällen auf eine längere Zeit dauernde Aufbewahrung großer Holzmassen nur ausnahmsweise sich einlassen kann, sondern dieß den Holzhändlern überlassen muß, an die er den überschüssigen Vorrath, wenn auch zu ermäßigten Preisen zu überlassen gezwungen ist. Für kürzere Zeiträume kann der Waldbesitzer jedoch auch im Freien durch zweckmäßige Vorkehrungen ohne übermäßige Kosten die Gebrauchsfähigkeit sofort nicht absetzbarer Hölzer conserviren.

Bau- und Nutzholzstämme lassen sich Decennien hindurch nutzbar erhalten, wenn sich Gelegenheit darbietet, sie in gesundes Wasser zu bringen. Ist eine Gelegenheit dieser Art nicht vorhanden, dann bleibt nur die Aufstapelung im Walde an einer trocknen, leicht beschatteten, dem Luftzuge nicht zu sehr ausgesetzten Stelle. Die bewaldrechteten und in vereinzelter Lage zuvor möglichst ausgetrockneten Stämme werden hier auf Unterlagen dicht neben- und übereinander liegend zu dachförmigen Haufen aufgestapelt, die geneigten Flächen des Daches wo möglich mit Schaalbrettern gedeckt und die Räume zwischen den Stämmen an der Giebelseite mit trocknem Moose verstopft, wenn man nicht in einigen Zollen Entfernung von jeder Giebelseite ein leichtes Reiserflechtwerk zwischen aufgerichteten Stangen anfertigen läßt. Nur solche Holzarten, die überhaupt dauerhaft sind, und auch nur gesundes, im Winter gefälltes Holz eignen sich zu dieser Art der Aufbewahrung.

Brennhölzer, selbst der dauerhafteren Holzarten, lassen sich nur im gespaltenen Zustande mehrere Jahre ohne Verminderung ihrer Brenngüte erhalten. Reiser- und Knüppelholz muß sofort zur Verwendung gebracht, verkohlt oder zu Asche verbrannt werden, wenn sich ein Absatz selbst zu verminderten Preisen nicht finden läßt. Dasselbe gilt auch für das Scheitholz der minder dauerhaften Holzarten. Spalthölzer, die längere Zeit aufbewahrt werden sollen, spaltet man schwach aus und setzt die Scheite nicht sofort in die gewöhnlichen Klafter, sondern läßt sie mehrere Wochen in Trockenhaufen stehen, je zwei und zwei Scheite sich kreuzend, thurmförmig aufgebaut. Die Aufstapelung der später hergestellten Verkaufsmaße geschieht dann auf einem trocknen, etwas geneigten Boden so, daß fortlaufende Holz= bänke von 3—4 Meter Höhe auf Unterlagen parallel nebeneinander in Ent= fernungen von 1—1$\frac{1}{4}$ Meter aufgesetzt werden, die Reihen des herrschenden Regenwindes wegen in der Richtung von West nach Ost. Durch kreuzweise Schichtung der Scheite an beiden Enden jeder Bank erhält dieselbe den nöthigen Halt.

Eichen, Rüstern, Eschen und harziges Nadelholz hält sich in dieser Weise aufgestapelt 6—8 Jahre, Ahorn=, Birken=, Erlenholz und weniger harzreiches Nadelholz 3—4 Jahre, Buchen, Hainbuchen und junges Kiefer= holz höchstens bis zum dritten Jahre brennkräftig.

Wird der Waldbesitzer durch Insekten=, Feuer= oder Sturmschaden zum Einschlage größerer Holzmassen gezwungen, als durch vorstehende Auf= bewahrungsmittel zum allmähligen Absatz gebracht werden können, dann bleibt schleunige Verkohlung der überschüssigen Holzmasse das einzige Mittel, dieselbe dem gänzlichen Verderben zu entziehen.

Für den Holzkäufer ist die Möglichkeit des Bezuges unmittelbar ver= wendbaren Materials oft eine große Annehmlichkeit, die er gern in er= höhten Preisen bezahlt. Besonders sind es die Bewohner größerer Städte, die selten über einen Raum verfügen können, der nöthig ist, um ihren Brennholzbedarf den der höchsten Hitzkraft entsprechenden Trockenheitsgrad erreichen zu lassen. Auch sind die ärmeren Consumenten nicht im Besitz der Mittel, die hierzu nöthigen Vorräthe an Holz sich zu halten, wenn sie gezwungen sind, das Holz bald nach dem Hiebe sich zu kaufen. Magazi= nirung entsprechender Holzmengen zur Abgabe im trocknen Zustande ist daher als ein wesentliches Mittel der Holzersparniß staatswirthschaftlich sowohl wie finanziell empfehlenswerth, wo der Waldbesitzer nicht unverhältnißmäßig große Kosten auf Herrichtung und Unterhaltung der hierzu nöthigen über= dachten Gebäude verwenden muß. Allerdings wird dieß in der Regel nur da der Fall sein, wo alte unbenutzte oder geringwerthige Baulichkeiten der Magazinirung sich darbieten.

Drittes Kapitel.

Preisbestimmung.

Für die meisten Nebenprodukte der Waldwirthschaft ist die Preis= bestimmung eine einfache und sichere, da sich in anderen producirenden Ge= werben, deren Erzeugnisse bestimmte Marktpreise besitzen, nahe verwandte Stellvertreter finden. Die Preise der Mast, der Gräserei, der Weide, der Laub= und Streunutzung, selbst der Jagd= und Fischereiausbeute lassen sich nach ihrem landwirthschaftlichen Werthe als Nähr= oder Dungstoffe be= stimmen, natürlich mit Berücksichtigung der größeren oder geringeren Kosten der Gewinnung, die in der Regel vom Empfänger selbst vollzogen wird.

Anders verhält sich dieß mit dem Hauptprodukte des Waldes, mit dem Holz. Allerdings hat auch dieses seine Stellvertreter im Baustein, in

Torf, Braunkohlen und Steinkohlen; allein abgesehen von deren beschränktem
Vorkommen, ist der Preis derselben ein so bedingter und veränderlicher,
daß er als Norm für die Holzpreise im Allgemeinen nicht verwendbar ist.

Aus dem Umstande, daß, bei den ausgebreiteten Staatsforsten der
meisten deutschen Länder, der Consument größtentheils nur einem Producenten in Bezug auf seinen Holzbedarf gegenübersteht, entspringt für
letzteren eine Art Handelsmonopol und daraus das Streben nach eigen-
mächtiger Preisbestimmung auf rationeller Basis (Holztaxen). Als solche
hat man mancherlei in Vorschlag gebracht. Man berechnete einen Kapitalwerth des Waldes aus Boden und Bestandeswerth und verlangte einen
Nettoholzpreis, durch dessen Erhebung die Zinsen jenes Kapitalwerthes gedeckt sein sollten; oder man verlangte einen Reinertrag des Waldes gleich
dem, welchen der Boden in irgend einer andern, ertragreichsten und aus-
führbaren Benutzungsweise zu liefern im Stande war; oder auch suchte
man den freien Concurrenzpreis irgend eines anderen, dem täglichen Markt-
verkehr unterworfenen Gegenstandes, z. B. eines gewissen Getreidemaßes in
ein bestimmtes Werthverhältniß zum Holze zu bringen und aus diesem
einen Holzpreis zu berechnen. Allein alle diese Vorschläge haben zu keinem
nutzbaren Resultat, zu keiner rationellen Basis der Preisbestimmung geführt,
theils des Mißverhältnisses wegen, in welchem fast überall die Zahlungsfähigkeit der Consumenten zu einem, den Kapitalzinsen entsprechenden Holzpreise steht, theils durch das verbreitete Vorkommen der Wälder auf un-
bedingtem Waldboden, wie durch den Umstand, daß zwischen Gegenständen
verschiedener Nutzbarkeit ein Werthverhältniß in der That nicht besteht.

Man hat sich daher genöthigt gesehen, die örtlich verschiedene Zahlungsfähigkeit der Consumenten als Grundlage der Preisbestimmung
zu verwenden, wie sich solche zu erkennen gibt theils aus den Durchschnittsgrößen der Versteigerungspreise bei freier und ausreichender Concurrenz der
Consumenten, theils aus den Marktpreisen bei bestehendem Zwischenhandel.
Hat man auf diesem Wege bestimmte allgemeine Preisnormen für eine
Verkaufseinheit im Bauholze, Nutzholze und Brennholze gewonnen, dann
erst ist es ausführbar, nach wissenschaftlichen Grundsätzen auf dieser allgemeinen Grundlage Taxpreise für die verschiedenen Bau-, Nutz- und
Brennhölzer nach deren bekanntem, verschiedenen Gebrauchswerthe zu berechnen und zur Erhebung zu bringen. Der Preis eines Cubikfußes Buchen-
scheitholz z. B. würde aus Steigerungs- und Marktpreisen zu ermitteln,
der Preis des Buchen-Knüppel- oder Reiserholzes hingegen aus dessen
Werthverhältniß zum Scheitholz festzustellen sein. Ebenso läßt sich ein auf
Werthverhältnisse gegründeter Preis zwischen den Brennhölzern verschiedener
Holzarten finden. Ein solches Werthverhältniß zwischen Brennholz, Nutzholz, Bauholz gibt es nicht. Ob man einen Cubikfuß Buchen- oder Kiefern-
Brennholz, einen Cubikfuß Eichen- oder Fichten-Bauholz, einen Cubikfuß
Pappeln- oder Fichten-Nutzholz als Grundlage der Preisbestimmung an-
nimmt, ist gleichgültig. Nachfrage und Angebot einerseits, andererseits die
Veränderungen des Geldpreises und der Zahlungsfähigkeit des Consumenten
verändern jene Preisnormen, bleiben aber außer Einfluß auf das Werth-
und Preisverhältniß der verschiedenen, gleichem Gebrauche dienenden Hölzer.

Viertes Kapitel.

Abgabewesen.

Man unterscheidet im Forstproduktenhandel den Verkauf aus freier Hand vom Verkaufe nach dem Meistgebot.

Der Verkauf aus freier Hand geschieht nach Berechtigungs-, Begünstigungs-, Uebereinkommens-Preisen, denen die bestehenden Taxpreise weniger oder mehr zum Grunde liegen. Letzteres ist besonders da der Fall, wo bei einem, die Nachfrage übersteigenden Angebot, auf einen, dem Verkäufer günstigen Erfolg der Versteigerungen erfahrungsmäßig nicht zu rechnen ist. Berechtigungs- und Begünstigungspreise sind Ermäßigungen der bestehenden Taxpreise. Erstere ruhen auf rechtlichen Verpflichtungen, letztere entspringen der Armuth eines Theils der Consumenten und der Erfahrung, daß diese zum Holzdiebstahl gedrängt sein würden, wenn, bei einer das Angebot übersteigenden Nachfrage, die Concurrenz vermögenderer Consumenten das Angebot zu Steigerpreisen für sich in Anspruch nimmt, die der ärmere Consument nicht zu erschwingen vermag. Allerdings geben solche Begünstigungstaxpreise nicht selten Veranlassung zu einem widerrechtlichen Zwischenhandel, demohnerachtet sind sie nicht überall zu vermeiden, da die aus ihnen dem Waldbesitzer erwachsenden Verluste meist weit geringer sind, als die Nachtheile, die ein gesteigerter Holzdiebstahl im Gefolge haben würde. Glücklicherweise ist es der Bezug von Raff- und Leseholz, der in vielen Fällen den Waldbesitzer von der Nothwendigkeit ermäßigter Holztaxen für den unvermögenden Theil der anwohnenden Cosumenten enthebt. An bestehende Markt- oder Taxpreise nicht gebundene Uebereinkommenspreise sind da nothwendig, wo außergewöhnliche Holzarten und Sortimente zum Verkaufe kommen, für die eine Concurrenz mehrerer Käufer nicht besteht. Es gehören dahin besonders die seltenen und theureren Nutzhölzer für den Handel ins Ausland, so wie außergewöhnlich beschädigte oder verdorbene Waare.

In allen übrigen Fällen verdient der Verkauf nach dem Meistgebot den Vorzug vor jeder andern Verkaufsweise, denn nur auf diesem Wege ist der Verkäufer sicher, alle die verschiedenartigen, auf Preissteigerung influirenden Handelsconjunkturen zu seinen Gunsten in Wirkung treten zu lassen, nur auf diesem Wege erhält er eine entsprechende Entschädigung für diejenigen Kosten, die er auf die bessere Herstellung der Waare wie auf deren leichteren Transport und Verwendung aufgewendet hat.

Allerdings entsprechen die Steigerpreise nicht immer dem wirklichen Gebrauchswerthe der Waare, indem mannigfaltige Vorurtheile der Consumenten oft dem minder Werthvollen einen höheren Preis zuwenden, oder Unbekanntschaft mit den Vorzügen des Besseren dieß wohl gar der Nachfrage ganz entfremdet. Die Wissenschaft hat dieser, den Interessen des Consumenten sowohl, wie staatswirthschaftlich nachtheiligen Unkenntniß entgegenzuwirken.

Fünftes Kapitel.

Buchführung und Rechnungslegung.

Buchführung ist die fortlaufende Verzeichnung aller im Forsthaushalte eintretender Einnahmen und Ausgaben, der besseren Uebersicht wegen in

tabellarischer Form, getrennt nach den verschiedenen Gegenständen der Ein=
nahme und Ausgabe. Ihr Zweck ist, wie überall, die zu jeder Zeit vor=
liegende Uebersicht des Haushaltungszustandes, der Größe dessen, was ein=
genommen oder ausgegeben ist, was in Folge dessen noch einzunehmen und
auszugeben beibt, gegenüber dem jährlichen Voranschlage der Einnahmen
und Ausgaben. Im forstlichen Haushalte tritt aber zu den allgemeinen
Zwecken der Buchführung noch ein besonderer Controlzweck hinzu, der manche
Eigenthümlichkeiten der forstlichen Buchführung im Gefolge hat.

Aus dem Umstande: daß der größere Theil der Wälder nicht vom
Eigenthümer selbst bewirthschaftet werden kann, sondern der Verwaltung
anderer Personen anvertraut werden muß, aus dem Umstande ferner: daß
im Walde große nutzbare Vorräthe aufgehäuft sind, deren Menge und Be=
stand schwer und nur durch langwierige Arbeiten sich überschauen und con=
troliren läßt, ist das Princip einer Trennung der Naturalverwaltung von
der Gelderhebung im Forsthaushalte entsprungen. Der Revierbeamte hat
nur die Naturalproduktion zu erheben und auf die Empfänger anzuweisen,
einschließlich der Berechnung des von letzteren dafür zu entrichtenden
Geldbetrages; er hat die Leistungen durch Arbeitskraft in Empfang zu
nehmen und die für solche zu gewährende Zahlung zu berechnen. Die
Einnahme sowohl wie die Verausgabung aller Geldbeträge nach der, vom
Revierverwalter aufgestellten Berechnung ist Sache einer getrennten Kassen=
verwaltung. Daraus entspringt eine gegenseitige Controle der Naturalver=
waltung und der Gelderhebung, in der eine möglichst sichere Gewährleistung
der Rechte und Interessen des Waldbesitzers gegeben ist.

Eine zweckmäßige Schärfung dieser Controle findet häufig noch da=
durch statt, daß auch das Schutzbeamtenpersonal zu derselben herangezogen
wird, durch eine Buchführung über Naturaleinnahmen und Abgaben im
combinirten Abzählungs= und Abfuhr=Register. Selbst tüchtige, des
Schreibens kundige Holzhauermeister können in den Controlapparat ge=
zogen werden, wenn ihnen die erste Aufstellung aller, zunächst vom Schutz=
beamten zu revidirender und zu attestirender Lohnzettel übertragen wird.
Je größer die Zahl der Personen ist, die in fortlaufender Mitwissenschaft
der erfolgten Einnahmen und Ausgaben erhalten werden, um so sicherer
ist der Waldeigenthümer vor Unrechtfertigkeiten des einen oder des anderen
seiner Beamten, um so sicherer sind letztere vor unbegründeten
Anschuldigungen.

Es ist aber nothwendig, daß überall die Buchführung auf die ein=
fachste Form zurückgeführt werde, wenn sie nicht den Geschäften der besten
Betriebsführung wesentlich Eintrag thun und dadurch mehr schaden als
nützen soll. Die Summe der Verluste, welche dem Forsthaushalte eines
Landes aus der Unredlichkeit einzelner Beamteter möglicherweise er=
wachsen kann, ist ein kleiner Bruchtheil derjenigen Verluste, die unfehlbar
eintreten, wenn alle Beamte durch überhäufte Stubenarbeit dem Walde
entfremdet werden.

Da fast jede Naturaleinnahme im Forstwirthschaftsbetriebe mit fremden
Arbeitskräften beschafft wird, sind die hierüber auszustellenden Lohnzettel
Grundlage der Buchführung. Der Kürze wegen sind auf ihnen die gleich=

zeitigen Einnahmeposten gleicher Art summarisch angegeben, daher ein zweites Einnahmedokument nothwendig wird: das Abfuhr=Register, in welches jeder einzelne Verkaufsposten in fortlaufender Nummerfolge auf besondere Linie eingetragen wird, mit Benennung der Art und Größe desselben.

Die Ausstellung der Lohnzettel ist Sache des Schutzbeamten. Vom Revierbeamten revidirt und in ein Lohnmanuale eingetragen, erhebt auf sie der Arbeiter oder dessen Obmann das berechnete Lohn bei der Kasse. Wissen alle Arbeiter, daß sie ihren Lohn jeder Art nur von der Kasse beziehen dürfen, so liegt hierin ein wesentliches Moment der Controle.

Auch das Abfuhr=Register, so genannt, weil der Schutzbeamte hinter jeden Verkaufsposten den Empfänger desselben später einzutragen, und die Angabe mit den ihm von demselben bei der Abfuhr zu übergeben= den Verkaufszettel zu belegen hat, führt der Schutzbeamte. Das correspon= dirende Abzählungs=Register des Betriebsbeamten ist eine gleichlautende Zusammenstellung der Angaben in den Abfuhr=Registern aller Schutzbeamten des Reviers, dadurch erweitert, daß in ihm auch die Geldbeträge aller, ver= einzelt aufgeführten Verkaufsposten berechnet und angegeben sind, auch Raum gelassen ist, um hinter jeden Verkaufsposten mit Namen und Wohn= ort des Käufers oder Empfängers zugleich auch die Nummer des aus= gestellten Anweise= oder Verkaufszettels und das Datum der Ausstellung desselben aufzuführen.

Das, auf Grund vom Betriebsbeamten bewirkter Abnahme der auf= bereiteten Verkaufsposten aufgestellte Abzählungsregister enthält daher nicht allein die Angaben der Lohnzettel und des Lohnbuches, sondern auch die der Abfuhr=Register sämmtlicher Schutzbeamten und der den Käufern vom Betriebsbeamten ausgestellten Verkaufszettel.

Auf Grund der, vom Betriebsbeamten ausgestellten Verkaufszettel erhebt die Kasse vom Käufer den berechneten Geldbetrag, bescheinigt den Empfang desselben. Auf Grund der quittirten Verkaufszettel erfolgt dann die Anweisung des erkauften Gegenstandes von Seiten des betreffenden Schutzbeamten, der die Abgabe in seinem Abfuhr=Register zu vermerken und mit dem Verkaufszettel zu belegen hat. Eine von der Kassenverwal= tung geführte, die Abschrift der eingegangenen und quittirten Verkaufszettel enthaltende Verkaufsliste dient als Ausgabenachweis der, durch die Lohn= zettel auch der Kassenverwaltung zur Kenntniß gelangten Naturaleinnahme.

Anf diese Weise kann sowohl aus den Büchern des Schutzbeamten (Einnahme im Abfuhr=Register, Ausgabe in den zurückbehaltenen Verkaufs= zetteln), als aus denen des Betriebsbeamten (Lohnmanual und Abzählungs= register) und der Kasse (Lohnzettel und Verkaufsliste) der Natural=Soll= bestand zu jeder Zeit berechnet und im Walde recherchirt werden. Die Re= sultate der Berechnung des Natural=Sollbestandes müssen in allen drei Fällen dieselben sein, so weit nicht ausgestellte Verkaufszettel noch unbe= zahlt in den Händen der Empfänger liegen, für deren Einzahlung bei der Kasse daher ein bestimmter längster Termin festgesetzt sein muß.

Was nun außerdem noch geschieht zur leichteren Uebersicht der Ein= nahmen und Ausgaben durch Führung von Journalen und Manualen, so wie

durch Aufstellung von Extrakten ꝛc. ist eine, nur bedingt nothwendige Neben=
sache und gehört nicht hierher, wie ich auch der besonderen Buchführung über
Kulturkosten, Nebennutzungen, Forststrafen hier nur erwähnen kann.

Am Schlusse des Betriebsjahres, das am zweckmäßigsten mit dem
ersten Juli beginnt und abschließt, da das Kalenderjahr eine, die Dar=
stellung und Uebersicht störende Spaltung der Einnahmen und Ausgaben
des Winters mit sich führen würde; außerdem im Sommer dem Forst=
beamten die meiste Zeit für häusliche Geschäfte offen bleibt, muß die Jahres=
rechnung angefertigt werden, eine dokumentirte Uebersicht aller im Laufe
des Betriebsjahrs eingetretener Einnahmen und Ausgaben, und danach des
Vorrathes, der für das nächste Betriebsjahr verbleibt.

Zur leichteren Uebersicht sind in der Jahresrechnung die verschiedenen
Gegenstände der Einnahme und Ausgabe: Vorräthe aus dem vorhergegangenen
Wirthschaftsjahre, Holzhieb, Mast, Weide und Gräserei, Jagd, Fischerei,
Strafgelder, Waldgewerbebetrieb, Kultur, Wegebau ꝛc. in besonderen Titeln
und Kapiteln getrennt aufgeführt.

Der Betriebsbeamte legt die Naturalrechnung, d. h. die nach
Forstorten getrennte Nachweisung aller Naturaleinnahmen, die gleichnamigen
für jeden Forstort summarisch. Diesem Verzeichniß der Naturaleinnahme
steht das der Naturalausgabe (und Soll=Einnahme an Geld) gegenüber,
beide in jeder einzelnen Position belegt, erstere durch die Lohnbücher, Ab=
fuhr= und Abzählungsregister, letztere durch die Verkaufszettel, Abgabe=
anweisungen und Versteigerungslisten.

Der Kassenbeamte legt die Geldrechnung, deren Einnahme jeden
einzelnen Verkaufsposten mit dem, für diesen eingegangenen Gelderlöse,
deren Ausgabe jeden einzelnen verausgabten Geldbetrag in einer, der Na=
turalrechnung gleichen oder ähnlichen Sonderung nachweist. Die Belege
für die Geldrechnung sind größtentheils Controle der Naturalrechnung und
müssen beide in ihren Angaben und namentlich in ihren Endresultaten über=
einstimmen.

Beide Rechnungen vereint sind Gegenstand der Revision einer oberen
Rechnungsbehörde, welche ihre gegenseitige Uebereinstimmung mit den Rech=
nungsbelegen, sowie ihre Richtigkeit in calculo prüft, ihre Monita aufge=
fundener Differenzen und Rechnungsfehler aufstellt, die von den Rech=
nungsführern zu erledigen sind, worauf der berichtigten Jahresrechnung die
Decharge ertheilt und die dechargirte Rechnung mit allen Belegen der Re=
gistratur des Reviers zurückgestellt wird.

Taf. II.

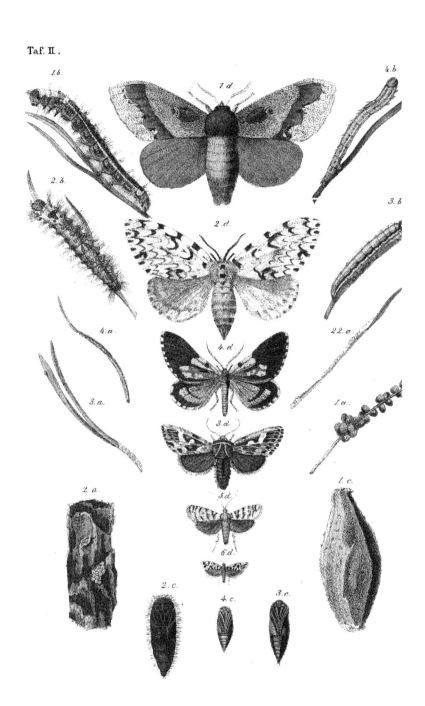

Taf III.

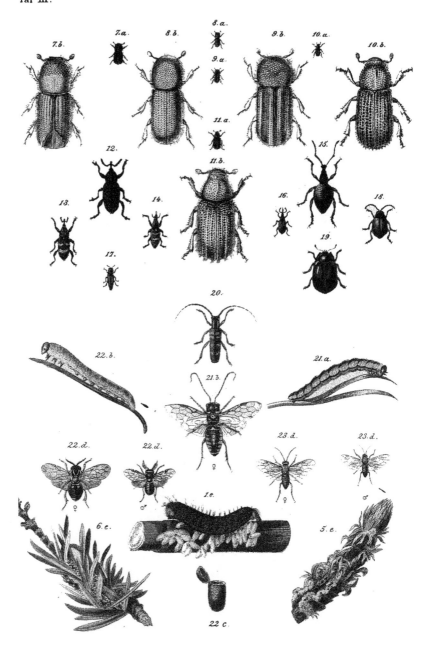

Lehrbuch für Förster

und

für die, welche es werden wollen.

Von

Dr. Georg Ludwig Hartig

Königl. Preußischem Staatsrathe und Ober=Land=Forstmeister, Professor Honorarius an der
Universität zu Berlin, Ritter des rothen Adler=Ordens dritter Classe und Mitgliede mehrerer
deutschen, französischen und polnischen Gelehrten=Gesellschaften.

Elfte, vielfach vermehrte und verbesserte Auflage.

Nach des Verfassers Tode herausgegeben

von

Dr. Theodor Hartig und Dr. Robert Hartig.

Dritter und letzter Band

welcher von der Forsttaxation und vom Forstschutz handelt.

Mit Holzschnitten und Tabellen.

———◦———

Stuttgart.
Verlag der J. G. Cotta'schen Buchhandlung.
1877.

Buchdruckerei der J. G. Cotta'schen Buchhandlung in Stuttgart.

Inhalt des dritten Bandes.

Vierter Haupttheil.

Zweiter Abschnitt.

Angewendeter Theil.

Fünfter Haupttheil.

Vom Forstschutz.

Vierter Haupttheil.

Hartig, Lehrbuch für Förster. III.

Von der Forsttaxation.

Wirthschaften heißt: mit dem, aus einem gegebenen Vermögen fließenden Einkommen Bedürfnisse einer oder mehrerer Personen möglichst vollständig und nachhaltig[1] befriedigen.

Wirthschaft heißt der Inbegriff der Wirthschaftsgrundsätze, sowie der, die Ausübung letzterer vermittelnde Geschäftsorganismus; Forstwirthschaft heißt dieser, wenn das gegebene Vermögen ein Wald ist.

Haushälterisch heißt die Wirthschaft: wenn die Befriedigung der Bedürfnisse nicht allein möglichst vollständig, sondern auch nachhaltig ist; wenn für außergewöhnliche Bedürfnisse so wie für Zeiten der Noth ein Sparpfennig erübrigt und zurückgelegt wird — Reservefonds; wenn endlich durch die Art der Wirthschaftsführung für die Darstellung der größten Menge von Mitteln zur Befriedigung der Bedürfnisse Sorge getragen wird.

Um haushälterisch wirthschaften zu können, muß man vor allem den Vermögensstand der Wirthschaft kennen, man muß wissen, über welche Mittel (Fonds, Kapitalien) und über welche Kräfte (Erzeugungskraft, Produktionskraft, Zuwachs, Zinsfuß) man zu gebieten hat.

Taxation, Schätzungslehre, ist die Lehre von der Erforschung des Vermögensstandes einer Wirthschaft.

Die Forsttaxation beschäftigt sich mit der Erforschung des Waldvermögens nach Größe und Beschaffenheit (Kapitalvermögen und Zuwachsgröße).

---

[1] Nachhaltig im forstwirthschaftlichen Sinne ist diejenige Wirthschaft, durch welche, unter möglichst beschleunigter Hinführung des Waldes in den ertragreichsten Zustand, zugleich Sorge getragen ist für die Befriedigung des wirklichen Bedarfes an Waldprodukten auch der Nachkommen, so weit sich voraussehen läßt, daß Nichtbefriedigung auf den Wald und dessen Bewirthschaftung von nachtheiligem Einfluß sein würde. Innerhalb dieser Grenzen ist es die Schwierigkeit des Waldschutzes gegen Diebstahl, welche den Waldbesitzer zum Nachhaltsbetriebe zwingt. Außerhalb der obigen Grenzen entscheidet das finanzielle Interesse des Waldbesitzers über die Vertheilung der Nutzungen, abgesehen von forstrechtlichen und forstpolizeilichen Beschränkungen. Besonders letztere sind es, die in Deutschland fast allgemein einen Nachhaltsbetrieb vorschreiben.

In keinem der verschiedenen producirenden Gewerbe hat die Nachhaltigkeit der Nutzung eine so tiefgreifende Bedeutung, als in der Forstwirthschaft, weil nirgends eine so große Menge nutzbarer Produkte aufgespeichert werden muß, um Ernten höherer Gebrauchsfähigkeit beziehen zu können; weil nirgends die augenblicklichen finanziellen Vortheile einer Abnutzung des Aufgespeicherten so groß sind, die Versuchung hierzu so stark ist, als im Forstwirthschaftsbetriebe. Derjenige Theil der Taxationswissenschaft, welcher sich damit beschäftigt, aus der Masse des Aufgespeicherten und des an ihr, unter Voraussetzung einer zweckmäßigsten Bewirthschaftungsweise, erfolgenden Zuwachses, die nachhaltige Nutzungsgröße zu ermitteln, ist daher die Grundlage jeder haushälterischen Forstwirthschaft.

Das Waldvermögen ist zusammengesetzt: 1) aus dem Grundeigenthum (Boden); 2) aus den den Boden bedeckenden Holzbeständen (Vorrath, Holz= kapital, Inventarium).

Zu einer vollständigen Erforschung des Waldvermögens gehört daher: A. Ermittelung des Arealbestandes; a) nach seiner räumlichen Ausdehnung (Vermessung), b) nach seiner Erzeugungskraft (Bonitirung). B. Schätzung des Holzkapitals; a) nach seiner gegenwärtigen Größe (Holztaxation); b) nach seiner Erzeugungskraft (Ertragstaxation, Zuwachsberechnung).

Hiernach zerfällt die Forsttaxation in folgende Abschnitte:

I. Allgemeiner (vorbereitender, propädeutischer) Theil.

A. Forstliche Geometrie: Lehre von der Ermittelung der Flächen= größe des Waldeigenthums.

B. Forstliche Bodenkunde und Klimatologie: Lehre von der Erforschung der Erzeugungskraft des Standorts.

C. Forstliche Holzmeßkunde: Lehre von der Ermittelung gegen= wärtiger Baum= und Bestandesgrößen.

D. Forstliche Zuwachsberechnung: Lehre von der Erforschung vergangener und zukünftiger Baum= und Bestandesgrößen und dadurch der Erzeugungskraft des Bestandes.

II. Angewendeter Theil.

A. Ertragsschätzung: Lehre von der Vorausbestimmung jähr= licher Abnutzungsgrößen aus dem Waldeigenthume, unter gegebenen Be= stands= und Wirthschaftsverhältnissen.

B. Waldwerthschätzung: Lehre von der Ermittelung des gegen= wärtigen Geldwerthes der Wälder unter verschiedenen Einflüssen der Oert= lichkeit und der Nutzungsrechte.

C. Devastationsschätzung: Lehre von der Ermittelung ob und in wie weit ein Waldbesitzer oder Mitbenutzungsberechtigter die ihm zu= stehenden Nutzungsbefugnisse überschritten habe.

Erster Abschnitt.

Allgemeiner Theil.

Erstes Kapitel.

Forstliche Geometrie.

Ermittelung der Flächengrößen ist bei jeder Taxation, bei der es sich nicht allein um Ermittelung des Holzgehaltes einzelner Bäume handelt, Grundlage und Ausgangspunkt. Die Forstvermessung zerfällt in:

I. Grenzvermessung;

II. Bestandsvermessung;

III. Waldtheilung (Eintheilung in Jagen, Schläge rc.);

IV. Kartirung.

Das mathematische dieser Arbeiten ist Sache der allgemeinen Feldmeß=kunde, der praktischen Geometrie.

Diese kann nicht Gegenstand unserer Erörterungen sein, ohne die dem vorliegenden Werke gesteckten Grenzen weit zu überschreiten. Ich muß mich auf Verzeichnung derjenigen Gegenstände der Forstvermessung beschränken, die außerhalb des Kreises der allgemeinen Flächenmeßkunde liegen.

Ueber die Wahl der Instrumente für Waldvermessungen.

Waldmessungen haben, im Gegensatz zu Feldmessungen, manche Eigen=thümlichkeiten, besonders hervorgerufen durch die Bestände, durch die Be=schränkung der Fernsicht, die Schwierigkeit oder Unausführbarkeit einer Controle und Berichtigung der einzelnen Arbeiten durch Richtpunkte und Diagonalen, durch das oft sehr unwegsame Terrain, durch die Feuchtigkeit der Waldluft rc. Sie äußern zunächst einen wesentlichen Einfluß auf die Wahl der Meßinstrumente.

Spiegelinstrumente sind für Waldmessungen in der Regel zu theuer, zu complicirt, unbequem zu transportiren, leicht zu beschädigen und die Arbeit damit ist zu sehr von der Witterung abhängig.

Dem Gebrauch des Meßtisches tritt besonders die feuchte Waldluft und deren Einfluß auf das Zeichenpapier, die Abhängigkeit der Arbeit von der Witterung und das Zeitraubende des Geschäfts bei geringer Fern=sicht entgegen.

Die Boussole ist das einzige Instrument, das mit den Vorzügen einer leichten und sicheren Handhabung, auch im ungünstigsten Terrain, die Arbeit bei ungünstiger Witterung gestattet. Diese Vorzüge sind es, die ihrer Verwendung bei Waldmessungen die größte Ausdehnung gegeben haben, obgleich es nicht zu leugnen ist, daß die damit beschafften Arbeiten, selbst bei der größten Sorgfalt des Arbeiters, weniger zuverlässig sind, besonders in Gebirgsforsten über eisenhaltigem Boden und Gesteinen, woselbst beim Messen an geneigten Flächen die Richtung der Nadel nicht unwesentlich ab=gelenkt wird.

Es ist daher, besonders in Gebirgsforsten, der Gebrauch des Meß=tisches und der Boussole sehr zu empfehlen; der Meßtisch zur Aufnahme aller Linien mit größerer Fernsicht, der Umfangsgrenzen, der Wege, Ge=stelle, der Thalgründe rc, die Boussole für die Detailmessungen. Man ge=winnt dadurch für alle Boussolemessungen feste Anhaltspunkte zur Berichti=gung, eine treffliche und sichere Controle, die Detailmessungen werden da=durch wesentlich beschleunigt und man erspart an Kosten, indem es in diesem Falle zulässig ist, ein weniger eingeübtes, wohlfeileres Personal für die Boussolemessungen zu verwenden.

I. Die Grenzvermessung.

Der Aufnahme der Eigenthums= und Nutzungsgrenzen müssen stets folgende Vorarbeiten vorangehen:

a) Grenzreviſion, bei welcher ſowohl die Eigenthums= als Nutzungs=
grenzen, unter Zuziehung des anliegenden Grundbeſitzers oder der Nutzungs=
berechtigten, begangen werden, um zu ermitteln, ob und inwiefern noch
Verſchiedenheiten in den Anſprüchen der Nachbarn ſtattfinden. Hierbei werden
alle als richtig beiderſeits anerkannten Grenzzeichen und Grenzlinien auf=
genommen oder ,beſtätigt, nöthigenfalls aufgefriſcht. Finden ſich hingegen
verdunkelte oder ſtreitige Grenzzeichen, ſo muß der von jedem Nachbar als
richtig in Anſpruch genommene Grenzverlauf aufgenommen und das von
den abweichenden Grenzlinien umſchloſſene Grundſtück als beſtrittenes Grund=
ſtück ſpeciell vermeſſen werden, deſſen Erwerb oder Verluſt dann Gegenſtand
eines Vergleiches oder proceſſualiſchen Verfahrens iſt, worauf bei der Be=
triebseinrichtung und Taxation die nöthige Rückſicht zu nehmen iſt.

b) Unterſuchung der Verhältniſſe, welche eine Veränderung der gegen=
wärtigen Eigenthums= oder Nutzungsgrenzen vortheilhaft erſcheinen laſſen.
Dahin gehört Vereinfachung des Grenzbezuges durch Austauſch ein= und
.ausſpringender Grundſtücke zur Arrondirung der Beſtandesflächen, Verän=
derung des Beſitzſtandes durch Servitutabfindungen, durch Eintauſch von
Waldwieſen und Waldäckern, durch vortheilhafte Erwerbungen oder Ver=
äußerungen.

c) Unterſuchung, ob und wie weit vorhandene ältere Vermeſſungs=
arbeiten vorhanden und benutzbar ſind. Aeltere Grenzvermeſſungsarbeiten
ſind nur dann brauchbar, wenn ſie mit dem gegenwärtigen Beſitzſtande
aufs Genaueſte übereinſtimmen. Bei älteren Beſtandsvermeſſungsarbeiten
iſt abſolute Uebereinſtimmung mit den gegenwärtigen Verhältniſſen nicht ſo
unbedingt nothwendig, da es ſich dabei nicht, wie bei Grenzvermeſſungen um
Mein und Dein handelt. Es genügt ſchon, wenn die Abweichungen 1 Procent,
unter Umſtänden wenn ſie 2 Procent der Flächengröße nicht überſteigen.

Dieſen Vorarbeiten folgt die Vermeſſung der Eigenthumsgrenzen,
wozu nicht allein der äußere Grenzbezug, ſondern auch die Grenzen der
innerhalb deſſelben liegenden fremden Grundſtücke gehören, nach Nummer,
Lage, Entfernung und Beſchaffenheit der Grenzpunkte.

Die Vermeſſung der Nutzungsgrenzen, d. h. der Grenzen für Weide=,
Streu=, Beholzigungs=, Jagdrechte ꝛc. kann häufig umgangen werden, wenn
dieſe, wie gewöhnlich, in den Beſtandswechſel fallen. Sie ergeben ſich dann
aus der Beſtandsvermeſſung und bedürfen nach deren Vollzug nur einer
gegenſeitigen Beſtätigung. In anderen Fällen müſſen dieſe Grenzen aber ſo
aufgenommen und bezeichnet werden, wie die Eigenthumsgrenzen, auch dann,
wenn der bezeichnete Beſtandswechſel kein bleibender iſt.

Die Reſultate der Grenzvermeſſung werden in einer beſonderen Grenz=
karte, gewöhnlich 50 Ruthen auf 1 Decimalzoll, und in einem Grenzver=
meſſungsregiſter verzeichnet. Die Grenzkarte enthält die figürliche Darſtel=
lung aller Eigenthums= und Nutzungsgrenzen, jedoch durch verſchiedene
Färbung oder Form, z. B. Eigenthumsgrenze ————— Hütungs= .
grenze . . . Streunutzungsgrenze ————— . . . ————— . . . ————— unter=
ſchieden; die Grenzwege, Grenzbäche, die einzelnen Grenzpunkte nach Be=
ſchaffenheit und Nummer, die Lage und Beſchaffenheit der angrenzenden
Grundſtücke, die permanenten Nachbarpunkte ꝛc. Das Grenzvermeſſungs=

register enthält die schriftliche Nachweisung aller Gegenstände der Grenz=
vermessung in tabellarischer Form und die gerichtlich beglaubigte, anerken=
nende Unterschrift sämmtlicher Interessenten.

II. Bestandsvermessung.

Sie umfaßt: a) die Größe, Lage, Beschaffenheit der, innerhalb der
Eigenthumsgrenzen liegenden produktionsunfähigen Flächen: Wege, Gestelle,
Gewässer, Unland, Ablagen, Dienstgrundstücke 2c.; b) Größe, Lage, Be=
schaffenheit der produktionsfähigen Flächen, die zur Zeit produktionslos
(Blößen, Räumden) oder producirend (Bestände) sein können.

Die Waldblößen werden gewöhnlich nur bis zu 1000 □Mtr. Flächen=
größe hinab vermessen, die Schätzung kleinerer Blößen und Räumden dem
Augenmaße des Taxators überlassen. Es kommt hierbei jedoch wesentlich die
Beschaffenheit des Bestandes in Betracht, in welchem die Blöße gelegen ist.
In alten Beständen, deren Holzmasse durch stammweise Schätzung ermittelt
werden muß, würde eine Vermessung selbst größerer Blößen unnütz sein,
ebenso in ganz jungen Beständen, deren Blößen noch kulturfähig sind.

Die producirende Waldfläche muß nach der, im Wechsel der Betriebs=
weise, der Holzart, des Holzalters, der Holzhaltigkeit und der Produktions=
fähigkeit begründeten Verschiedenheit der Bestände gesondert werden.

Alle diese Bestandsverschiedenheiten sind durch Vermessung in ihrer
räumlichen Ausdehnung, Lage und Form zu sondern, insofern sie ent=
weder auf den künftigen Betrieb und Ertrag oder auf die
zu vollziehende Schätzung von Einfluß sind. Wo dieß nicht der
Fall ist, können selbst sehr hervorstechende Bestandsverschiedenheiten häufig
unvermessen bleiben, wie z. B. die Scheidung eines Kiefern= und eines
Eichenbestandes mit altem, durch Auszählung zu schätzendem Bestande, wenn
sie künftig ein und derselben Kultur und Bewirthschaftung unterworfen werden
sollen. Ob ein solcher Fall vorliege, oder nicht, kann sich nur aus dem
Entwurfe eines vorläufigen Wirthschafts= und Taxationsplanes ergeben.
Der Taxator hat dem Geometer die betreffenden Instruktionen zu ertheilen,
und nur im Allgemeinen läßt sich hierüber anführen, daß a) Verschieden=
heiten der Betriebsart fast immer einer Sonderung bedürfen, da sie von
wesentlichem Einfluß sind, wenn nicht auf die Schätzungsart oder den künf=
tigen Betrieb, doch auf den künftigen Ertrag. b) Verschiedenheiten der
Holzart werden in der Regel nur dann vermessen, wenn sie bleibend sind,
wenn sie einen Morgen oder mehr in reinem Bestande betragen. Horst=
weise oder vereinzelte Untermengung verschiedener Holzarten zu würdigen,
ist Sache des Taxators. c) Sonderung der Bestände nach Altersverschieden=
heiten ist hauptsächlich abhängig von den durch den vorläufigen Betriebsplan
festgestellten Altersklassen und von der Vertheilung der Bestände in dieselben.
So müssen zwei, im Alter sich sehr nahe stehende Bestände, selbst gleich=
artige Bestandstheile, durch Vermessung gesondert werden, wenn sie ver=
schiedenen Abnutzungsperioden zugetheilt sind, während andererseits zwei
im Alter viel mehr abweichende Bestände eine ungetrennte Abtheilung bilden
können, wenn sie derselben Abnutzungsperiode angehören und nicht andere

Gründe, Verſchiedenheit der Holzhaltigkeit, \ des künftigen Ertrages, der Abtriebs= oder Schätzungsweiſe eine Sonderung nöthig machen. d) Son= derung der Beſtände nach deren Holzhaltigkeit iſt nöthig in älteren Beſtänden, je näher ſie dem Abtrieb ſtehen, wenn die Schätzung durch Probeflächen vollzogen werden ſoll. Sie iſt weniger nöthig in jüngeren Beſtänden, deren Holzhaltigkeitsdifferenzen ſich bis zum Abtriebe noch ausgleichen können und nur auf nähere oder entferntere Durchforſtungserträge von Einfluß ſind. Sie iſt unnöthig für alle ältern Beſtände, die einer Schätzung durch Aus= zählen unterworfen werden ſollen. Die größte Sorgfalt iſt da auf Son= derung der Beſtände nach ihrer Holzhaltigkeit zu verwenden, wo eine, der Ertragsfähigkeit der Beſtände proportionale Schlageintheilung ausgeführt werden ſoll. e) Die Beſtandsſonderung nach dem Produktionsvermögen der Beſtände fällt gewöhnlich mit der, nach Maßgabe der Holzhaltigkeit zuſammen, da erſteres gewöhnlich durch letzteres beſtimmt wird. Es laſſen ſich aber Fälle denken, in denen dieß nicht ſtattfindet, es können zwei Beſtände in jeder Hinſicht conform ſein und demohnerachtet, z. B. in Folge verſchiedener Tiefgründigkeit des Bodens, oder Entſtehung des einen Be= ſtandes aus Stockausſchlag ꝛc. doch weſentlich verſchieden in ihrem künftigen Entwicklungsverlaufe ſein.

III. Die Waldtheilung.

Um größere Waldungen regelmäßig bewirthſchaften zu können, müſſen größere Flächen in beſtimmte, feſtſtehende Wirthſchaftsfiguren eingetheilt werden. Dieſe ſind:

a) Reviere

ſind Waldflächen, deren Bewirthſchaftung von einem und demſelben Verwalter geleitet wird.

Die Größe der Reviere beſtimmt ſich:

Nach dem Geldertrage der Wälder, inſofern man annehmen muß, daß die Verwaltungskoſten einen gewiſſen Procentſatz des Reineinkommens (6—10 Proc.) nicht überſteigen dürfen. Sie beſtimmt ſich nach dem Ge= ſchäftsumfange, der Arrondirung der Waldflächen, nach Lage der Dienſt= wohnung, der Conſumtions= und Stapelorte.

Wie die Verhältniſſe im nördlichen Deutſchland vorliegen, iſt bei zu= ſammenhängender Lage der Waldungen und übrigens günſtigen Verhält= niſſen eine Reviergröße von 4—5000 Heft., unter erſchwerenden Umſtänden von 2—3000 Heft. die zweckmäßigere und in der Wirklichkeit vorherrſchende, und nur bei parcellirter Lage und weiterer Entfernung der Parcellen iſt eine geringere Größe gerechtfertigt. Die Verwaltung eines größeren Reviers durch einen ausreichend beſoldeten Beamten wird in der Regel eine beſſere ſein als die Verwaltung kleinerer Reviere durch kärglich beſoldete Beamte.

b) Wirthſchaftscomplexe, Haupttheile, Blöcke.

Man verſteht darunter eine Summe verſchiedener Beſtände die in Bezug auf Erſatz der jährlichen nachhaltigen Abnutzung unter ſich im Wirthſchafts= verbande ſtehen; die Summe derjenigen Beſtände, die auf Erfüllung eines und desselben Hauungssatzes (Etats) hinwirken. Ein Revier kann nur aus einem Blocke bestehen, es kann aber auch mehrere derselben umfassen. Die Größe der Blöcke wird bestimmt:

Durch Verschiedenheiten der Betriebsart. Doch lassen sich kleinere Flächen mit abweichender Betriebsart sehr wohl dem Wirthschaftsverbande der herrschenden Betriebsart einordnen.

Verschiedenheit des Umtriebs und der Holzarten, insofern diese bleibend sind und sich über größere Flächen erstrecken.

Der Umtrieb selbst wirkt auf Blockbildung durch seinen Einfluß auf die Schlaggröße und die Nachtheile sehr großer und sehr kleiner Schläge.

Vertheilung der Jahresschläge in verschiedene Gegenden des Reviers, theils zur Erleichterung des Holzbezuges von Seiten der Consumenten, theils zur Vertheilung der Arbeit und Aufsicht in den Schlägen und Kulturen unter eine Mehrzahl von Schutzbeamten.

Durch Rücksichten auf bestehende Mitbenutzungsrechte, wie Weide-, Streu-, Beholzigungsrechte.

Durch abgesonderte Lage einzelner Forstorte, die es nothwendig machen kann, in jedem derselben jährlich einen Schlag zu hauen.

c) Wirthschaftstheile, Periodenfläche.

Im Hochwaldbetriebe wird der Umtrieb, d. h. der Zeitraum, in welchem, der Regel nach, sämmtliche zur Zeit der Betriebseinrichtung vorhandenen Bestände zum Abtriebe und zur Verjüngung kommen sollen (die in diesem Zeitraum neu zu erziehenden Bestände bilden die Bestandsmasse für die nächste Umtriebszeit), in mehrere gleich große, 5 bis 30 Jahre umfassende Perioden eingetheilt. Jeder dieser Perioden wird eine so große Anzahl von Beständen zugetheilt, den früheren Perioden die älteren, den späteren Perioden die jüngeren Bestände, daß sie zusammengenommen zur Zeit ihrer Abnutzung einen eben so hohen Abtriebsertrag zu liefern versprechen, als die Summe der Bestände jeder der übrigen Perioden. Alle ein und derselben Periode zugewiesenen Bestände bilden zusammengenommen die Periodenfläche, den Wirthschaftstheil. Das G. L. Hartig'sche Fachwerk bezweckt eine Proportionaltheilung der Wirthschaftsfläche — nicht in Jahresschläge — sondern in Periodenschläge. Es ist nicht nöthig und in der Wirklichkeit selten der Fall, daß die Periodenfläche ein in sich geschlossenes Ganze bildet, die einzelnen Bestände sind häufig von einander getrennt und in andere Periodenflächen eingesprengt. Mitunter ist eine vollständige Arrondirung der Periodenflächen nicht einmal wünschenswerth, aus denselben Gründen, die oft die Bildung verschiedener Blöcke nöthig machen.

Wesentlicher Zweck der Periodeneintheilung ist die Sicherstellung der Nachhaltigkeit in der Benutzung, durch Flächen und Bestandsvertheilung, sowohl in Bezug auf Masse, als in Bezug auf Beschaffenheit der jährlichen Abnutzung.

Gegenstand geometrischer Arbeiten ist die Eintheilung in Periodenflächen eben so wenig, wie die in Blöcke und Reviere, sondern die Periodenfläche besteht eben nur aus der Summe der ihr zugetheilten Bestände, und findet in diesen ihre Begrenzung.

d) Jahresschläge.

Im Mittel= und Niederwalde treten diese an die Stelle der Perioden=
flächen, oder, wie man im Gegensatze zu Jahresschlägen sagen kann: an
die Stelle der Periodenschläge; denn eben nur darin liegt der Unter=
schied zwischen ihnen und dem Hochwalde: daß hier die Hiebsfläche für
jedes einzelne Jahr, dort die Hiebsfläche für mehrere Jahre zusammenge=
nommen vorausbestimmt und bezeichnet ist.

Die Gründe, weßhalb bei Betriebsarten mit kurzer Umtriebszeit eine
Eintheilung in Jahresschläge zulässig ist, habe ich Seite 22 des II. Bandes
angeführt, ebendaselbst auch Seite 33 die verschiedenen Arten der Schlag=
eintheilung und deren Anwendbarkeit in verschiedenen Fällen angedeutet.

Was die Ausführung der verschiedenen Arten der Schlageintheilung
betrifft, so ergibt sich bei der geometrischen Schlageintheilung
die Größe der jährlichen Schlagflächen durch Division der Flächengröße des
Blockes mit den Jahren des Umtriebs.

Bei der Schlageintheilung proportional der Holzhaltig=
keit oder Ertragsfähigkeit der Bestände, werden sämmtliche Be=
stände des Waldes, wie sie gegenwärtig vorliegen, nach ihren zu erwarten=
den nächsten Abtriebserträgen eingeschätzt, die Abtriebserträge aller Be=
stände summirt, in die Summe mit den Jahren des Umtriebs dividirt und,
mit Berücksichtigung einer guten Schlagfolge, jedem Schlage die Fläche so
großen Abtriebsertrages zugewiesen, als der Quotient aus Obigem fordert.

Bei der Schlageintheilung proportional der Ertrags=
fähigkeit des Bodens findet ein ähnliches Verfahren statt, nur daß
bei der Einschätzung der Abtriebserträge jedes Bestandes das gegenwärtige
Bestockungsverhältniß außer Acht bleibt, insofern es unvollkommen
und der Produktionskraft des Bodens erkennbar nicht ent=
sprechend ist. Die Einschätzung der Abtriebserträge geschieht dann unter
Annahme einer normalen Bestockung.

In der Regel werden, bei der Eintheilung der Mittel= oder Nieder=
wälder, die Complexe durch ein von Osten nach Westen ziehendes Haupt=
gestell in zwei annähernd gleichgroße Theile getrennt, die Schlaglinien recht=
winklich auf das Hauptgestell geführt, die Schlagnummern auf Pfählen oder
Steinen am Hauptgestell verzeichnet und die Schlaglinien selbst durch schmale
Schneisen oder durch Stichgräben kenntlich gemacht.

Zum Schutz gegen die austrocknenden Ostwinde und gegen Spätfrost
ordnet man hier die Schlagfolge am besten von Westen nach Osten, so daß
der junge Schlag vom stehenden Orte in Osten geschützt ist.

e) Forstorte — Distrikte.

Man versteht unter Forstort in der Regel einen, aus einem oder
mehreren Beständen bestehenden Waldtheil, der durch natürliche Grenzen
abgesondert und mit einem besonderen Trivialnamen bezeichnet ist.

Die Eintheilung in Forstorte ist häufiger eine zufällige oder durch die
Oertlichkeit bedingte, als aus wirthschaftlichen Verhältnissen hervorgegangen.
Sie bilden jedoch in den Fällen Wirthschaftsfiguren, in denen der Terrain=

wechsel diesseit und jenseit der natürlichen Grenzen einen wesentlichen Ein=
fluß auf Holzwuchs und Betriebsführung ausübt, wie dieß vorherrschend
in Gebirgswäldern der Fall ist. Hier tritt die Eintheilung in Forstorte
an die Stelle der Jageneintheilung in den Wäldern der Ebene.

f) Jageneintheilung.

Man versteht darunter die Eintheilung der Wälder in regelmäßige
Quadrate von ungefähr 50 Hektar Flächengröße durch rechtwinklich sich kreu=
zende, 14—40 Mtr. breite Gestelllinien, von denen die von Osten nach
Westen ziehenden Hauptgestelle, die von Norden nach Süden ziehenden
Feuergestelle genannt werden; letzteres, weil es einer ihrer Zwecke ist,
die Löschung der, bei den vorherrschenden Westwinden meist nach Osten
vorschreitenden Waldbrände zu erleichtern. Die Quadrate oder Jagen er=
setzen die Stelle der Forstorte des Gebirgs in den großen ebenen Waldungen
des nordöstlichen Deutschland und können bei der hier vorherrschenden Gleich=
artigkeit der Standortsverhältnisse zu festen Wirthschaftsfiguren erhoben wer=
den, wo sie es nicht schon sind. Erleichterung der Uebersicht und der
Controle der Wirthschaft ist der Hauptzweck dieser Eintheilung.

g) Abtheilung (beständige)

heißt jeder in sich geschlossene Waldtheil, der, nach der bestehenden Be=
triebsordnung, sowohl jetzt als in der Folgezeit, gleichzeitig und gleichartig
abgetrieben, verjüngt, cultivirt und durchforstet werden soll.

h) Unterabtheilung (unbeständige Abtheilung)

nennt man Bestandtheile einer Abtheilung, die vom Hauptbestande der
letzteren in Form und Bewirthschaftung gegenwärtig abweichen, die aber
nach der Wirthschaftsordnung späterhin mit dem Hauptbestande der Abthei=
lung zu einem gleichartigen Ganzen sich gestalten sollen.

IV. Die Kartirung.

Die bildliche Darstellung der Vermessungs= und Eintheilungsarbeiten
hat einestheils den Zweck, späteren geometrischen Arbeiten zur Basis und
zum Anhalt zu dienen, anderntheils soll sie eine leichte und sichere Ueber=
sicht aller darstellbaren Verhältnisse der Betriebsflächen gewähren, so weit
diese auf den Betrieb von Einfluß sind. Der erste Zweck fordert einen
größeren Maßstab zur genaueren Verzeichnung der Vermessungsarbeiten,
und man unterscheidet daher Specialkarten, auf denen ein Decimalzoll
50 Ruthen vertritt, von Revier= oder Bestandskarten, die zur Ueber=
sicht der Terrain=, Bestands= und Wirthschaftsverhältnisse dienen sollen,
für die daher ein so großer Maßstab dem bequemen Gebrauche und der
Uebersicht hinderud sein würde, die daher größtentheils 250 Ruthen auf
den Decimalzoll geben.

Die Specialkarten sollen nur die vermessenen Eigenthums=, Nutzungs=
und Bestandsgrenzen, in letzteren die Verzeichnung der Flächengrößen, geben.
Enthalten solche Karten nur die Verzeichnung der Eigenthums= und Nutzungs=
grenzen, so nennt man sie Grenzkarten.

Die Revierkarten hingegen ſollen überſehen laſſen:

1) Die Terrainverhältniſſe. Darſtellung der Erhebungen und Ver-
tiefungen durch Schraffirung; Unland, Seen, Flüſſe, Sümpfe, Wege,
Triften ꝛc. durch beſondere, der Wirklichkeit möglichſt ähnlich nachgebildete
Zeichen;

2) die Wirthſchaftsfiguren, vom Block bis zur Unterabtheilung hinab
durch beſtimmte Grenzlinien von einander geſondert. Eintheilung in Jagen,
Schläge, Diſtrikte. Name, Nummer oder Litera derſelben;

3) die Verſchiedenheit der Holzarten, rein oder vorherrſchend durch
Anlegung der Beſtandsfläche mit einer, der Holzart beigegebenen Farbe;
horſtweiſe oder vereinzelt durch Einzeichnung truppweiſe oder vereinzelt ſtehender, den Holzarten beigegebener Zeichen in der Grundfarbe der vorherrſchenden Holzart;

4) die Abnutzungsperiode und daher die Hiebsfolge der Hochwald-
beſtände, durch Einfaſſung der Grenzen jedes Beſtandes vermittelſt eines
an der inneren Seite der Grenzlinie verlaufenden ſchmalen Farbenſtriches
beſonderer, der Periode zugeeigneter Farbe. Außerdem durch Einzeichnung
der Periodennummer in die Beſtandsflächen;

5) Flächengröße der einzelnen Abtheilungen durch eingeſchriebene be-
nannte Zahlen;

6) Beſchaffenheit und Name der angrenzenden und inliegenden fremden
Grundſtücke, Ortſchaften ꝛc.

Für alles dieß beſtehen jedoch ſehr verſchiedenartige Vorſchriften, die
aus den, in den verſchiedenen Ländern hiefür aufgeſtellten Inſtruktionen
zu entnehmen ſind.

Hauungsplankarte nennt Cotta eine bildliche Darſtellung desjenigen Zuſtandes der Wirthſchaftsflächen, in den ſie, durch den für den
Einrichtungszeitraum zu entwerfenden Betriebsplan, übergeführt werden
ſollen, alſo eine bildliche Darſtellung des künftigen Normalzuſtandes der
Betriebsfläche.

Situationskarten ſind bildliche Darſtellungen der Größe und
Lage benachbarter Wirthſchaftsflächen innerhalb eines Conſumtionsbezirkes,
mit Angabe der Größe, Lage und Entfernung der Conſumtionsorte und
der den Transport erleichternden Anſtalten.

Literatur.

Hennert, Beiträge zur Forſtwiſſenſchaft. 1783. Deſſen Anweiſung zur
Taxation. 1791.

G. L. Hartig, Inſtruktion für Forſtgeometer und Taxatoren. 1816.

Hoßfeld, Forſttaxation II. Band. 1824.

E. P. Hartig, praktiſche Anweiſung zum Vermeſſen und Chartiren der
Forſte. 1828.

v. Wedekind, Betriebsregulirung und Holzertragsſchätzung. 1834. Inſtruktion. 1839.

Liebig, Forſtbetriebsregulirung. 1836.

Rüdgiſch, Inſtrumente und Operationen der niederen Vermeſſungskunſt.
Caſſel 1875. Theod. Kay.

Zweites Kapitel.

Forſtliche Bodenkunde.

Die Lehre von der Bonitirung des Waldbodens iſt in der forſtlichen Bodenkunde des erſten Bandes gegeben, und ich verweiſe beſonders auf das, was ich Seite 124 über die Ausführbarkeit unmittelbarer Bodenwürdigung geſagt habe. Es iſt ein durch den damaligen Standpunkt der angewandten Naturkunde ſehr zu entſchuldigender, aber folgenreicher Irrthum Cotta's, wenn er unmittelbare Bodenwürdigung vorſchreibt und die Ertragsſätze ſeiner Erfahrungstafeln nur als einen Ausdruck für die unmittelbar ermittelte Bonität des Standorts verwendet wiſſen will (lies Grundriß II. S. 16 „Von Würdigung der Ertragsfähigkeit"), folgenreich, inſofern er die Urſache des offenbaren Rückſchrittes der Ertragsforſchungen und Zuſammenſtellung derſelben in Erfahrungstafeln iſt (vergl. meine Abhandlung über den Ertrag der Rothbuche S. 3 und „Controverſen" S. 34). Meine innige Ueberzeugung iſt es: daß unmittelbare Bonitirung uns nie zu einem ſicheren Ziele führen werde und daß, ſo unſicher die Beurtheilung der Produktionskraft des Bodens aus den Reſultaten verfloſſener Produktion in vielen Fällen iſt, doch nur dieſer Weg uns offen ſteht zur Erkenntniß der Produktionskraft unſeres Waldbodens, bei vorhandenem normalen Holzwuchſe aus dieſem ſelbſt, bei abnormem oder fehlendem Holzwuchſe aus analogen Standortsverhältniſſen zu entnehmen. Dieß ſind jedoch individuelle, vielleicht, ich wünſche es, unrichtige Anſichten, durch welche agronomiſchen Kenntniſſen und Forſchungen keineswegs der Stab gebrochen werden kann. So viel glaube ich aber mit Entſchiedenheit behaupten zu dürfen, daß, beim heutigen Stande unſerer agronomiſchen Kenntniß, in praktiſcher Beziehung es vollkommen genüge: die Standortsverſchiedenheiten, die Verſchiedenheiten in Klima, Lage, Boden, nur ſo weit zu berückſichtigen, als ſie ſich im Pflanzenwuchſe zu erkennen geben; daß es genüge, ohne Berückſichtigung der, den Produktivitätsverſchiedenheiten zum Grunde liegenden Urſachen, die im Walde vorkommenden Verſchiedenheiten, nach Maßgabe der größeren oder geringeren Entfernungen ihrer Extreme, in drei bis fünf Klaſſen: I. ſehr guter, II. guter, III. mittelmäßiger, IV. ſehr mittelmäßiger und V. ſchlechter Standort, einzuordnen.

Bei Hochwaldcomplexen werden die Produktivitätsgrenzen gewöhnlich mit den Beſtandsgrenzen zuſammengeworfen. Sehr häufig fallen beide Grenzen in der That zuſammen, indem meiſtens ein Wechſel der Standortsgüte ſeinen Einfluß in dem vorhandenen Holzwuchſe bereits ausgeprägt hat. Wo dieß nicht der Fall iſt, verändert ſich die Produktivität doch ſelten ſo plötzlich und weſentlich, daß es von hervorſtechendem Einfluß auf die Richtigkeit der Ertragsberechnungen iſt, wenn auch in der Annahme der Bonitätsgrenzen etwas vom wirklichen Verlaufe abgewichen wird.

Es genügt daher in den meiſten Fällen, für jede Beſtandsfigur eine Bonitätscharakteriſtik zu entwerfen. Dahin gehört die Bezeichnung: 1) der Bodenklaſſe (Standortsbonitätsklaſſe); 2) Erhebung über die Meeresfläche; 3) Bezeichnung ob Ebene, oder hüglich, oder bergig, mit Angabe des durchſchnittlichen Neigungswinkels der Hänge; 4) Expoſition; 5) beſonders hervortretende klimatische Eigenthümlichkeiten: Dürre, Nässe, Spätfröste, Sturmschaden (allgemeine oder besondere Sturmlinie).

Nach der herrschenden Ansicht sollen für jede Bonitätsklasse Erfahrungen über den Holzwuchs gesammelt und in Erfahrungstabellen zusammengestellt werden. Ich meine, daß die Bonitätsklassen sich erst aus den Erfahrungs= tafeln entwickeln können und letztere die Basis der Bonitirung sein müssen.

Literatur: Siehe Band I. Schluß der Bodenkunde.

Drittes Kapitel.
Holzmeßkunde.

Sie lehrt die Ermittelung der gegenwärtig vorhandenen Holzmassen, sowohl einzelner Bäume als ganzer Bestände, und zerfällt hiernach I. in die Baumtaxation und II. in die Bestandstaxation.

I. Baummeßkunde

oder die Lehre von der Ermittelung der Größen und Massen einzelner Holzpflanzen zerfällt A. in die Lehre von der Massenermittelung liegender Bäume, B. in die Lehre von der Massenermittelung stehender Bäume.

A. Massenermittelung liegender Bäume.
1) Messung und Berechnung.

Die Bäume bilden keine regelmäßigen mathematischen Körper und müssen, um sie zum Zweck der Berechnung messen zu können, in eine Mehrzahl kleiner Theile zerlegt oder zerlegt gedacht werden, von denen jeder einzelne der Form eines mathematischen Körpers gleicht oder möglichst nahe steht. Wir zerlegen daher den Baum durch Querschnitte, rechtwinklich auf die Axe geführt, in Sektionen, oder denken uns die Zerlegung in Sek= tionen ausgeführt.

Die auf diese Weise gewonnenen walzenähnlichen Berechnungstheile stehen, da die Abnahme des Durchmessers der Schaft= und Aststücke von der Basis nach der Spitze des Baumes oder des Astes sich auf sie vertheilt, der Form des abgestutzten Kegels am nächsten und müßten hiernach berechnet werden, indem man zum Körperinhalt einer Walze von der Länge (h) und dem verglichenen oder wirklichen, mittleren Radius (r) [Durchmesser (d) oder Umfang (u)] der Sektion ($r^2 . 3,1416 . h$ oder $d^2 . 0,7854 . h$ oder $u^2 . 0,07958 . h$) den dritten Theil einer Walze von gleicher Länge und einen Durchmesser von ½ der Durchmesserdifferenz beider Endflächen des ab= gestutzten Kegels hinzuzählt. Allein, einestheils vertheilt sich die Durchmesser= abnahme nicht gleichmäßig auf die ganze Länge des Schaftes oder der Ast= stücke, so daß einzelne Sektionen, besonders die untern, massenhaltigern, der Walzenform sehr nahe stehen, anderntheils ist der wirkliche mittlere Durchmesser jeder Sektion, in Folge der annähernd paraboloidischen Form des Schaftes in der Regel etwas größer als der mittlere Durchmesser aus denen beider Entflächen, und endlich gibt die Berechnung der Quer= flächen aus Durchmesser oder Umfang in allen den Fällen ein gegen die

Wirklichkeit höheres Resultat, in welchen die Querflächen, wie gewöhnlich, mehr oder weniger ercentrisch und unregelmäßig sind (vergl. Untersuchungen über den Ertrag der Rothbuche S. 19). Diese das Resultat der Berechnung erhöhenden Unregelmäßigkeiten geben in der Regel einen Ueberschuß, welcher den Unterschied der Resultate aus der Berechnung der Sektionen als abgestutzte Kegel oder als Walzen ausgleicht, wenigstens gibt die Berechnung der Sektionen als abgestutzte Kegel oder als abgestutzte paraboloidische Kegel durchschnittlich nicht genauere Resultate, wie die Berechnung der Sektionen als Walzen, wenn die Sektionen nicht zu lang sind und Durchmesser oder Umfang in der Mitte der Sektionen gemessen werden. Auf mathematische Genauigkeit müssen wir schon hier ein für allemal verzichten und es würde durchaus unpraktisch sein, ein complicirteres und zeitraubendes Verfahren der Berechnung zu wählen, wenn es uns nicht wesentlich sicherer führt.

Wir berechnen daher die Sektionen als Walzenstücke aus ihrer Länge und dem Durchmesser oder Umfange ihrer Mitte nach den oben angeführten Formeln. Je kürzer die Sektionen genommen werden, um so genauer wird das Resultat. Die Zerlegung in eine große Menge von Sektionen ist aber in der Praxis beschränkt durch die damit sich steigernde Arbeit des Messens und Berechnens. Für die genauesten wissenschaftlichen Forschungen genügt eine Sektionslänge von 2½, für taxatorische Zwecke von 4, für den Verkauf von 8 Ctm. großem Unterschiede der Durchmesser beider Schnittflächen. Nach diesem Principe fallen die Sektionslängen sehr verschieden aus, je nachdem der Schaft vollholziger oder abholziger ist, an im Schluß erwachsenen Bäumen durchschnittlich 3—4, 4—5, 5—8 Meter messend.

Die Länge der Sektionen wird mit dem Centimeterstocke, der Durchmesser mit der Kluppe, der Umfang mit dem Meßbande gemessen. Eine Beschreibung dieser Instrumente und ihrer Anwendung habe ich in meiner Arbeit „Ueber den Ertrag der Rothbuche ꝛc. Berlin 1847, Förstner" und in den neueren Auflagen der Cubiktabellen gegeben, welche letztere zur Erleichterung und Abkürzung sowohl, wie zur Sicherung von Fehlern bei dem Geschäft der Berechnung dienen.

Es würde zu zeitraubend sein, wenn man die große Menge der Sektionen aus Ast=, Zweig= oder Wurzelstücken, jedes für sich, wie die Sektionen des Schaftes berechnen wollte. Man muß daher das Verfahren dadurch abkürzen, daß man die gleich lang ausgehaltenen Ast= oder Wurzelstücke nach ihrer Stärke in mehrere Klassen vertheilt und jede Stärkeklasse nach der Gesammtlänge aller ihr angehörenden Sektionen und einem mittleren Durchmesser berechnet. Messung und Berechnung dieser Baumtheile gibt aber stets nur annähernd richtige Resultate. Ihr Cubikinhalt wird daher, wie der des Reiserholzes, meist und sicherer durch Gewicht oder Raumfüllung bestimmt.

2) Wägung.

Bei der Unvollkommenheit aller stereometrischen Massenermittelungen läßt sich eine genaue Kenntniß des Massengehaltes der Bäume und ein=

zelner Baumtheile nur durch Wägung gewinnen. Für größere Holzmassen des Schaftes, starker Aeste und der Wurzelstöcke ist hierzu die Brück= oder Decimalwage am geeignetsten. Für Zweigholz, Reiserholz und schwächeres Wurzelholz, in Wellen zusammengebunden, sind gut gearbeitete Federwagen schon ihrer geringen Größe und Portabilität wegen empfehlenswerth. Die Kenntniß allein des Gewichtes der Massen genügt aber nicht zur Erfor= schung des Cubikinhaltes. Ich habe in meinem Lehrbuche der Pflanzen= kunde gezeigt, wie sehr verschieden das Gewicht des Holzes ein und der= selben Holzart in den verschiedenen Jahreszeiten, bei verschiedener Witterung, in verschiedenem Alter, nach Stammtheilen, Standort, Jahrringbreite ꝛc. sei. Dieß macht es nothwendig, an jedem Baume, sogar an jedem Baum= theile, dessen Massengehalt durch Wägung gefunden werden soll, das Ge= wicht der Masseneinheit zu ermitteln. Ohne dieß und mit Anwendung von Durchschnittszahlen des Gewichts der Masseneinheit, würde das Resultat der Ermittelung in den meisten Fällen weniger richtig sein, als das der Messung und Berechnung. Mein Verfahren in dieser Hinsicht ist folgendes.

Für die Berechnung der Gewichtseinheit des Schaftes wird aus der Mitte [1] jeder Sektion eine, auch für andere Zwecke zu verwendende Quer= scheibe von 8 Ctm. Dicke ausgeschnitten und das Gewicht sämmtlicher Quer= scheiben des Schaftes zusammengenommen, schon im Walde, unmittelbar nach dem Ausschneiden, ermittelt. Im Hause wird dann vermittelst des Xylometers der Cubikinhalt aller zusammengenommenen Scheiben gemessen und daraus das Durchschnittsgewicht der Masseneinheit des Schaftes be= rechnet; denn, sind die Querscheiben in gleichen Abständen geschnitten und alle gleich dick, so ist ihr Durchschnittsgewicht gleich dem Durchschnitts= gewichte des ganzen Schaftes.

Vom Ast=, Zweig=, Reiser=, Stock= und Wurzelholz werden Abschnitte oder Wellenbunde von annähernd 4—5 Pfund Schwere im Walde gewogen, um das Gewicht der Masseneinheit auch dieser Baumtheile genau ermitteln zu können.

Die einfachsten Xylometer sind irdene Steintöpfe von hinlänglicher Größe, die in eine Schüssel gestellt und bis zum Ueberlaufen mit Regen= wasser gefüllt werden. Taucht man die vorher gewogenen Holzstücke in das Wasser des Topfes, so fließt aus letzterem so viel Wasser in die Schüssel, als das Volumen des Holzes beträgt. Hat man die Schüssel vorher und dann wieder mit dem übergelaufenen Wasser gewogen, so ergibt sich aus dem Gewichtunterschiede das Gewicht des verdrängten Wassers. Da ein

[1] Um unnöthige Arbeit zu vermeiden, lasse ich die Sektionen des Baumes nicht an ihren Endpunkten trennen, sondern die Querschnitte stets nur in der Mitte jeder Sektion ausführen, hier dann auch die Querscheibe ausschneiden, wenn eine genauere Messung und Berechnung im Hause ausgeführt werden soll. Die unterste Sektion nehme ich stets in 2½ Mtr. Länge, so daß der erste Querschnitt in 1¼ Mtr. (Brusthöhe) geführt wird. Sollten die übrigen Sektionen in 5 Mtr. Länge berechnet werden, so würde der zweite Querschnitt 5 Mtr., der dritte 10, der vierte 15 Mtr. u. s. f. vom Stammende entfernt geführt werden. Am Ende der letzten vollen Sektion, also 2½ Mtr. vom vorletzten Querschnitt entfernt, wird dann das als Kegel zu berechnende Gipfelstück abgeschnitten und von der Basis desselben eine Querscheibe als Grundfläche entnommen.

Cubikmeter Regenwasser von + 8⁰ R. (Temperatur des Brunnenwassers) 1213 Neupfund wiegt, so läßt sich aus dem Pfundgewichte des verdrängten Wassers dessen Cubikinhalt berechnen, der dann gleich dem Cubikinhalte des eingetauchten Holzstücks ist. Kennt man aber das Gewicht und den Cubik= inhalt des eingetauchten Holzstücks, so berechnet man leicht daraus das Gewicht der Masseneinheit oder des Cubikmeter. Dividirt man mit diesem in das im Walde ermittelte Gewicht des Baumes oder Baumtheils, so erhält man den Cubikinhalt desselben. Recht gute Resultate erhält man, wenn man sich anstatt der Schüssel eines gewöhnlichen, flachen, auf drei Beinen ruhenden, hölzernen Waschfasses mit Spundloch bedient, wie es in jeder Hauswirthschaft zu finden ist. Stellt man das Waschfaß etwas schräg, so kann das aus dem Topfe verdrängte und durch das Spundloch ab= laufende Wasser leicht aufgefangen werden. Man muß dann nur darauf sehen, daß das Holz des Fasses schon vorher durchnäßt wurde, und dem jedesmaligen Gebrauche einige Eintauchungen und Abzapfungen vorhergehen lassen, um den Wasserverlust durch abhärirendes Wasser zu vermeiden.

Für genauere Messungen, besonders kleinerer, selbst der kleinsten Holzmengen bediene ich mich eigens für diesen Zweck construirter Xylometer theils von Blech, theils von Glas, mit einer äußerlich angebrachten Glas= röhre, von deren Theilung der Cubikraum des veränderten Wasserstandes unmittelbar abgelesen werden kann. Ich habe diese Instrumente in meiner Abhandlung über den Ertrag der Rothbuche abgebildet und beschrieben. Das Eigenthümliche derselben liegt in der Verkleinerung ihres Wasserspiegels nach Maßgabe der Querschnittfläche des zu messenden Holzstückes, so daß letzere hinter der Größe des Wasserspiegels nur um Weniges zurücksteht. Ferner in der Verwendung eines „Schwimmers" auf dem Wasser der Meßröhre.

3) Raumfüllung.

Eine, wenn auch unvollkommene, für praktische Zwecke aber in vielen Fällen genügende Kenntniß der Holzmassen liegender Bäume erlangt man, wenn das zerkleinte Material in meßbare Räume aufgeschichtet oder zu= sammengelegt oder zusammengebunden, und wenn, mit Hülfe allgemeiner Erfahrungssätze über die in solchen Räumen enthaltenen Holzmassen, der Massengehalt des eingelegten Holzes berechnet wird. Man wählt als Raum= größen in solchen Fällen die üblichen Verkaufsmaße: Klaftern, Maltern, Wellen oder Wasen.

König gibt nachstehende Massengehaltsprocente der Klafter=, Malter= und Wellenräume bei 1⅓ Mtr. Scheitlänge: a. Scheitholz, grad= spaltig: grobspaltig (über 25 Ctm. Stirnbreite) 80 Proc.; mittelspaltig (15—20 Ctm. Stirnbreite) 72 Proc.; kleinspaltig (10—15 Ctm. Stirnbreite) 64 Proc.; krummspaltig: grobspaltig 71 Proc.; mittelspaltig 64 Proc.; kleinspaltig 57 Proc.; knotiges Scheitholz: grobspaltig 64 Proc.; mittel= spaltig 58 Proc.; b. grades Knüppel= und Reidelholz (stärkeres 58 Proc.; schwächeres 53 Proc.); c. krummes Knüppelholz (stärkeres 53 Proc.; schwächeres 48 Proc.); d. Stockholz 35—50 Proc.; e. Reiserholz in Wellen 20—35 Proc.

Bei jeder 15 Ctm. geringer oder größer als 1⅓ Mtr. Scheitlänge

erhöht oder verringert sich der Procentsatz: um 1 Proc. bei grabem Scheit=
holze, um 1½ Proc. bei krummem Scheit= und grabem Knüppelholz, um
2 Proc. bei knotigem Scheit= und krummem Knüppelholz.

Vereinzelte controlirende Versuche ergaben mir stets geringere Procent=
sätze; für unsere Malter (5 . 4 . 4) grabspaltiges Buchenscheitholz von
18—22 Ctm. Stirnbreite selten mehr als 60 Proc.

Die bayrischen Massentafeln weisen nach: für Nadelholzscheit 68—74 Proc.;
für Laubholzscheit 64—72 Proc.; für Nadelholzknüppel 61—69 Proc.; für
Eichenknüppel 49—57 Proc.; für Knüppel der übrigen Laubhölzer und der
Kiefer 55—65 Proc.

Auch diese Sätze, obgleich für das Scheitholz niedriger als die zuerst
aufgeführten, übersteigen noch meine Erfahrungen und stimmen nur dann
damit nahe überein, wenn man annimmt, daß bei dén Massenermitte=
lungen die Malter, einschließlich des Uebermaßes von 1 Zoll auf jeden
Höhenfuß, bei der Berechnung des Procentsatzes aber der Malterraum ohne
Uebermaß in Rechnung gezogen wurde.

B. Massenermittelung stehender Bäume.

Besonders bei taxatorischen Arbeiten steht es nicht immer in unserer
Macht, die zu taxirenden Bäume behufs einer genaueren Messung und Be=
rechnung fällen zu lassen; wir müssen uns, allerdings unter Verzichtleistung
auf ganz genaue Resultate, mit Schätzungen des Holzes auf dem Stocke
begnügen. Dieß geschieht nun auf verschiedene Weise.

1) Durch Ermittelung der, für die kubische Berechnung nöthigen Längen
und Durchmesser, nur nach geübtem Augenmaße oder vermittelst Höhen=
und Durchmessermeßinstrumenten. In diesem Falle ist die Berechnung
des Massengehalts von der, wie sie an liegenden Stämmen geschieht, nicht
verschieden. Der Unterschied besteht nur darin, daß die Dimensionen nicht
birekt gemessen, sondern nur geschätzt oder mit einem Höhenmeßinstrument
ermittelt werden.

In den neueren Auflagen der Cubiktabellen habe ich mehrere Arten
von Höhenmessern beschrieben und abgebildet. Unter diesen ist der Höhen=
meßzirkel, ein gewöhnlicher ½ - ⅔ Mtr. langer hölzerner Zirkel mit zwei
Visirspitzen an den Schenkelenden, einem Diopter auf der Kurbel und einem
Stellbügel in der Mitte der Schenkel, das wohlfeilste, tragbarste und die
Arbeit am meisten fördernde Instrument.

. In der S. 19 folgenden Figur sei m b die Standlinie des Messenden
zum Baumschafte b c; b l eine von der Basis des Baumes zur Standlinie
rechtwinklich abgesteckte Linie; a der Augenpunkt des Messenden, so kann
man, wenn der Winkel a b c auch nur nahe ein rechter ist, a b als die
Achse eines liegenden Kegels, b c und b k als Radien der Grundfläche
dieses Kegels betrachten. Der von a aus in der Weite von b a c ge=
öffnete Meßzirkel, durch eine Wendung des Schenkels a k in die Ebene
b a k gelegt, wird daher mit seiner Visirlinie a k die Linie b l in einem
Punkte k durchschneiden, dessen Entfernung von b gleich b c oder gleich der zu
bestimmenden Baumhöhe ist, die daher auf der Linie b l unmittelbar gemessen

werden kann. Wie man auf diese Weise jeden beliebigen Höhenpunkt am Baume auf b l übertragen kann, so kann man auch jede auf b l abgesteckte Länge auf den Baum über=

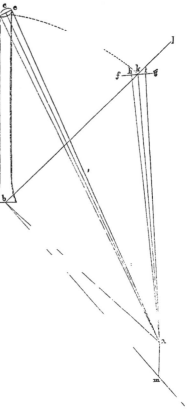

tragen. Will man nun den Durchmesser des Baumes in irgend einem Höhenpunkte wissen, z. B. in 10 Mtr. Höhe, so steckt man diese Länge auf der Linie b.l ab, z. B. b k, über= trägt sie auf den Baum b c und nimmt, von a aus, den Durchmesser des Baumes d e zwischen die Visirspitze des Meß= zirkels. Da nun d e eben so weit vom Auge des Messenden entfernt ist, als ein in k dem Messenden vorgehaltener Maß= stab f g, so läßt sich d e auf f g übertragen, wenn ein Ge= hülfe den Maßstock in k der Visirlinie des Messenden recht= winklich entgegenhält, und zwei übergehängten, verschiebbaren Papierblättern nach der Weisung des Messenden die dem Durch= messer entsprechende Entfernung h i gibt.

Bei einiger Uebung ge= währt dieß rein empirische Ver= fahren so richtige Resultate, wie weniger complicirte und wohl= feilere Instrumente sie gewähren können. Ueberhaupt darf man von allen den vielen verschiedenen Meß= instrumenten nicht verlangen, daß jeder, der sie in die Hand nimmt und sich von der Anwendung Kenntniß verschafft hat, sofort sicher damit ope= riren könne. Es verhält sich mit diesen Werkzeugen gerade so, wie mit dem Pinsel des Malers und dem Griffel des Kupferstechers, deren Anwen= dung Uebung fordert, wenn damit etwas Tüchtiges geleistet werden soll.

2) Durch Massenschätzung. Sie beruht auf der, nur durch fleißige Beobachtung in Holzschlägen zu erwerbenden Kenntniß: in welchen Größen= und Formenverhältnissen die Holzmasse einer Klafter oder eines Reisigbundes sich im Stamme und in der Krone eines stehenden Baumes darstellt. Bei der Schätzung zerlegt der Taxator den Baum in so viele Einzeltheile, als Maltern oder Reisigbunde nach seinem Augenmaße bei der Aufarbeitung erfolgen würden. Bei sehr unregelmäßigem Baumwuchse ist dieß die sicherste Schätzungsweise.

3) Durch Vergleichsgrößen. Je geschlossener die Bestände

erwachsen, je gleichmäßiger der Schluß der Bäume ist, um so weniger weichen Bäume von gleichem unteren Durchmesser in ihrer Form und in ihrem Holzmassengehalte von einander ab. In solchen Fällen ist es zulässig, aus dem durch frühere, specielle Ermittelungen bekannten Holzgehalte ähnlicher Baumformen von gleichem unteren Durchmesser Schlüsse zu ziehen auf den Holzgehalt des zu schätzenden Baumes. Man wählt zu Modellbäumen für diese Art der Schätzung in der Regel die im Reviere üblichen Bauholzsortimente von bestimmten Dimensionen, für die sich Durchschnittssätze des Massengehaltes leicht ermitteln lassen, deren Größen= und Formenverhältnisse durch die häufigen Bauholzanweisungen sich dem Auge imprimirt haben.

4) Nach Formzahlen. Eine Zahl, welche angibt: wievielmal der Holzmassengehalt eines Baumes oder Schaftes in dem Raume eines Kegels oder Cylinders von gleicher Höhe und von gleichem unteren (Brusthöhen=) Durchmesser enthalten sei, nennt man Walzensatz oder Kegelsatz, je nachdem zur Vergleichsgröße die Walze oder der Kegel gewählt wurde; man nennt sie Baumwalzensatz oder Schaftwalzensatz, je nachdem die verglichene Holzmasse die des ganzen Baumes oder nur die des Schaftes ist. Ein Cylinder von 20 Mtr. Höhe und 18 Ctm. Durchmesser enthält 0,5 Kilometer. Fände man nun, daß ein Baumschaft von gleicher Höhe und gleichem Brusthöhendurchmesser [1] nur 0,25 Cubikmtr. enthielte, so würde der Walzensatz für diesen Schaft $^{0,25}/_{0,50} = 0,5$, der Kegelsatz würde $0,5 . 3 = 1,5$ sein. Wäre der Holzmassengehalt des ganzen Baumes $= 0,3$ Cubikmtr., so würde der Baumwalzensatz $^{0,3}/_{0,5} = 0,6$ der Baumkegelsatz $0,6 . 3 = 1,8$ sein. Denkt man sich die Masse des Baumes wie eine Flüssigkeit in den hohlen Cylinder obiger Größe hineingegossen, so nennt König die Höhe, bis zu welcher derselbe gefüllt wird, die Richthöhe. In obigem Falle ergäbe sich die Richthöhe aus dem Ansatze: 0,5 Cubikmtr. Walzeninhalt: 20 Mtr. Länge = 0,25 Cubikmtr. Schaftholzmasse: 10 Mtr. Walzenlänge = Richthöhenzahl. Man findet daher die Richthöhenzahl aus dem Walzensatze (in obigem Falle 0,5) durch Division mit der Cylinder= oder Baumhöhe $^{30}/_{0,5} = 10$, umgekehrt den Walzensatz aus der Richthöhenzahl durch Division der letzteren mit der Baumhöhe $^{10}/_{20} = 0,5$.

Solche Verhältnißzahlen im Allgemeinen hat man Formzahlen genannt. Walzensätze und Richthöhe besagen im Wesentlichen dasselbe. Bei ersteren ist ein Massentheil, bei letzteren ein Höhentheil der Vergleichsgröße als Ausdruck des Verhältnisses gewählt. Man könnte eben so gut einen Durchmessertheil (in Brusthöhe) zum Ausdruck wählen.

Die Formzahl muß um so größer sein, je vollholziger der Schaft und je astreicher die Krone ist, um so kleiner, je kegelförmiger der Schaft und je ärmer die Krone an Aesten ist.

Man ist nun von den Voraussetzungen ausgegangen:

---

[1] Darunter verstehe ich stets eine Höhe von $1^1/_3$ Mtr. über dem Boden. Man nimmt den Durchmesser in dieser Höhe als Grundfläche des Baumes an, weil tiefer unten die Unregelmäßigkeiten des Wurzelanlaufes einen weniger sicheren Maßstab geben. Andere fordern die Messung in $^1/_{20}$ der Baumlänge $\left(\frac{L}{20}\right)$. Es ist dagegen zu erinnern, daß die Bestimmung der Höhe stehender Bäume in vielen Fällen unausführbar ist.

α. daß den verschiedenen Holzarten eigenthümliche verschiedene Grade der Vollholzigkeit zuständig seien; daß z. B. nach Cotta die Extreme des Holzgehaltes der Bäume bei der Eiche zwischen 0,42 und 1,00 des Walzen= inhaltes, bei der Birke zwischen 0,33 und 0,70 lägen. Ich glaube durch eine große Zahl in meinem Lehrbuch der Pflanzenkunde mitgetheilten Er= fahrungen zur Evidenz erwiesen zu haben: daß es eine specifische Vollholzig= keit gar nicht gebe, daß diese allein durch individuelle Eigenschaften, durch Standort, vor allem aber durch den Schluß der Bestände bedingt sei, daß die Birke unter günstigen Verhältnissen denselben Vollholzigkeitsgrad des Schaftes besitzen könne wie Eiche und Buche,

β. daß in ein und demselben einigermaßen geschlossenen Bestande die Vollholzigkeit der Bäume nur wenig verschieden und daß es gestattet sei, aus dem an einigen Bäumen ermittelten Vollholzigkeitsgrade Schlüsse auf den Vollholzigkeitsgrad der übrigen Bäume zu ziehen. Ich habe gezeigt, daß selbst unter den dominirenden Stammklassen vollkommen geschlossener Bestände die größten Differenzen der Holzhaltigkeit, in Folge individueller Eigenschaften, dicht nebeneinander bestehen können und daß in dem Mehr oder Weniger keine Art von Gesetzlichkeit sich kund gebe, das Mehr eben so häufig in den schwächeren als in den geringeren Stammklassen liege,

γ. daß bei bekannter Höhe und bekanntem unterem Durchmesser die Schätzung des Holzhaltigkeitsgrades zwischen den bekannten Extremen und die Berechnung des Massengehaltes vermittelst Formzahlen leichter sei und ein richtigeres Resultat gewähre als die vorhergenannten unter 1—3 auf= geführten Schätzungsweisen. In meiner Arbeit über den Ertrag der Roth= buche habe ich die Gründe einer entgegengesetzten Ansicht entwickelt. Diese sind:

1) Jede freie Einschätzung richtiger Formzahlen setzt voraus: daß der Taxator das Verhältniß der Masse zur Form richtig zu würdigen ver= stehe. Wer dieß kann, der wird mit derselben Sicherheit die Massen= größe eines Baumes unmittelbar schätzen und in Ansatz bringen können. Die Umrechnung des Schätzungsresultates in eine Formzahl ist dann min= destens überflüssig und die Verwendung der letzteren nichts anderes als ein Zirkelschluß. [1]

2) Fünf Formklassen sind das Maximum möglicher Unterscheidung bei freier Einschätzung. Die Massengehalts=Extreme der Bäume von gleicher Höhe und Grundfläche liegen aber so weit auseinander, daß zwischen je

---

[1] Gegenüber der sektionsweisen oder Massenschätzung hat die Einschätzung aus Grund= fläche, Höhe und Formzahl aber auch den Nachtheil, daß Fehler in der Höhenschätzung weit schwerer ins Gewicht fallen. Sind die, dem Auge des Messenden nahe liegenden, massen= haltigsten unteren Stammtheile eines Baumes richtig geschätzt, dann hat ein Fehler in der Schätzung der schwachen Gipfelsektionen auf das Gesammtresultat der Schätzung nur geringen Einfluß, während bei Berechnung des Baumes in einem Stücke, der Höhenfehler gleich dem an einem falsch gemessenen Balkenstücke von überall gleicher Querfläche ist. Besonders in Gebirgswäldern ist aber der Höhenfaktor ein so schwankender, daß die Ermittelung durch= schnittlicher Größe desselben praktisch unausführbar ist. Um die Schwierigkeit und Unsicherheit der Bestimmung ganzer Baumhöhe zu beseitigen, findet Preßler den Massengehalt der Bäume durch Multiplication der Grundfläche mit $\frac{2}{3}$ einer Richthöhe, die demjenigen Höhenpunkte des Schaftes entspricht, in welchem dieser $\frac{1}{2}$ des Grundflächendurchmessers mißt. (S. Preß= lers „Meßknecht" 2te Aufl. Kap. 18, 20, 21 und „Neue holzwirthschaftliche Tafeln" S. 184—191.)

zweien Klaffen eine Maffendifferenz verbleibt, die größer ift als der mög=
liche Irrthum geübter Taxatoren bei unmittelbarer Maffeschäzung.

3) Wollte man für jeden zu schäzenden Beftand die ihm eigenthüm=
lichen Formzahlen durch Meffung und Berechnung von Mufterbäumen der
verschiedenen Größeklaffen ermitteln, so muß selbstverftändlich die Multi=
plication der Stammzahlen jeder Größeklaffe mit dem ermittelten Holzgehalte
ihres Mufterbaumes genau daffelbe Refultat ergeben, wie die Umrechnung
deffelben Holzgehaltes in eine Formzahl und deren Verwendung.

In neuerer Zeit hat man diese Einwürfe ziemlich allgemein als be=
gründet anerkannt; man glaubt aber durch eine Reihenfolge von Beobach=
tungen zu dem Refultate gelangt zu sein: daß aus der Berechnung einer
Mehrzahl von Bäumen (30—40 derselben Holzart, Altersklaffe, Grundfläche
und Höhe) eine Durchschnitts=Formzahl sich ergebe, die, angewendet
auf eine gleich große oder größere Stammzahl anderer, in Obigem über=
einftimmender Beftände, ein ftets richtiges Berechnungsrefultat ergebe.

Beftätigt sich durch fortgesezte Unterfuchungen die Gemeingültigkeit des
Sazes: daß, caeteris paribus, die Differenzen der Holzhaltigkeit des Einzel=
ftammes sich ftets in derselben Durchschnittsformzahl aufheben, wie solche
die Bairischen und Stahl'schen Maffentafeln geben, dann bleibt für
die Beftandsschäzung nach solchen nur noch die Schwierigkeit der Beftim=
mung durchschnittlicher Beftandeshöhe, da auch hierbei die Höhe ein
einflußreicherer Faktor ift wie bei jedem Sektionsverfahren.
Mit Rückficht hierauf wird eine Prüfung der praktischen Bedeutung des
Verfahrens nur in der Weise ftattfinden können: daß man den auf diesem
Wege erlangten Berechnungsergebniffen die Aufmalterungsrefultate der taxir=
ten Beftände gegenüberftellt.   Befonders in Gebirgsforften dürfte die
Schwierigkeit richtiger Höhenbeftimmung eine große sein, bei den dort ftatt=
findenden großen Schwankungen im Höhenwuchse.

II. Beftandstaxation.

Obgleich der Beftand ftets Aggregat einer Mehrzahl einzelner Bäume
ift, so kann dennoch die Beftandsschäzung nicht in allen Fällen das Mehr=
fache und Wiederholte der Einzelschäzung sein, weil leztere in vielen Fällen
bei großen Baummengen, befonders der jüngeren Beftände, zu viel Zeit
und Arbeitskräfte in Anspruch nehmen würde.   Wir unterscheiden daher die
Beftandsschäzung A. durch Auszählen, B. durch Probeflächen, C. nach Er=
fahrungstafeln, D. durch Beftandsvergleich.

A. Beftandsschäzung durch Auszählen.

Darunter ift jede Schäzungsweise zu verftehen, bei welcher jeder Einzel=
theil des Beftandes für sich aufgenommen und die Beftandesmaffen durch
Summirung des Maffengehaltes aller Einzeltheile gefunden wird.   Dieß ge=
schieht entweder durch Ansprechen der Maffe jedes einzelnen Baumes nach
Maltern oder Kubikfußen, oder durch Einordnung der Bäume in Stärke=
klaffen und Berechnung des Holzgehaltes nach Mufterbäumen.

a. Die Einzelſchätzung.

Sie findet Anwendung in Beſtänden, deren Bäume in Wuchs und Maſſenhaltigkeit ſo ungleich ſind, daß ſich Form= oder Größeklaſſen gar nicht bilden laſſen, wie dieß in alten lichten Eichen= oder Buchenbeſtänden, im Oberholze des Mittelwaldes, in plänterwaldähnlichen Beſtänden nicht ſelten der Fall iſt. Die S. 18 geſchilderte Maſſenſchätzung der einzelnen Bäume verdient in ſolchen Fällen entſchieden den Vorzug.

Was das Geſchäft des Auszählens. betrifft, ſo muß der Beſtand in graden Linien durchgangen, die in dieſe fallenden Bäume geſchätzt, das Schätzungsreſultat tabellariſch nach Holzart und Sortiment verzeichnet und die taxirten Bäume als ſolche durch einen Schalm kenntlich gemacht werden, welcher der nächſten Ganglinie des Taxators zugewendet iſt. Sind eine Mehrzahl von Taxatoren mit Auszählen beſchäftigt, ſo durchgehen dieſe den Beſtand in einer Reihe mit ſo großen Zwiſchenräumen, daß jeder Taxator die zwiſchen ihm und ſeinem Nachbar zur Rechten oder Linken befindlichen Bäume anſprechen kann, ohne die gerade Ganglinie zu verlaſſen. In dieſem Falle iſt nur der äußerſte an der Grenze des noch nicht taxirten Beſtandes hingehende Taxator von einem Holzhauer begleitet, zur Herſtellung der, nach dem noch nicht taxirten Beſtande hinweiſenden Schalmlinie an den äußerſten taxirten Bäumen. Beim Rückmarſch dient dann die Schalmlinie dem äußerſten Flügelmann zum Wegweiſer, während der innerſte Flügel= mann eine neue Schalmlinie anplätzen läßt.

Eine Abkürzung dieſes Verfahrens beſteht darin: daß der Taxator den Beſtand in verſchiedener Richtung gradlinig durchgeht und 1) die Länge der Ganglinie nach Schritten beſtimmt, 2) alle genau in die Ganglinie fallen= den Bäume zählt und taxirt. Aus der Stammzahl in der Ganglinie be= rechnet ſich die durchſchnittliche Stammferne, aus dieſer die Stammzahl pro Morgen, deren durchſchnittlicher Holzgehalt gleich dem durchſchnittlichen Holz= gehalte der in der Ganglinie taxirten Stämme angenommen wird.

b. Das Auszählen in Stärkeklaſſen.

In Beſtänden mit größerer Gleichförmigkeit der Bäume, wie ſie in Nadelholzbeſtänden und in ſehr geſchloſſen erwachſenen Buchenbeſtänden vor= herrſcht, läßt ſich aus dem meßbaren Durchmeſſer der Bäume in Bruſt= höhe mit ziemlicher Genauigkeit auf den Maſſengehalt derſelben ſchließen. In ſolchen Fällen erhält man ſichere Schätzungsreſultate, wenn man nach Ausſcheidung außergewöhnlicher, einzeln einzuſchätzender Baumſtärken zwiſchen den häufiger vorkommenden Extremen der Bruſthöhendurchmeſſer Stärke= klaſſen von beiſpielsweiſe 3 Ctm. Unterſchied im Bruſthöhendurchmeſſer bildet und die Bäume des Beſtandes nach ihrem, mit der Kluppe gemeſſenen Bruſthöhendurchmeſſer in eine Klaſſentabelle einträgt, in welche die Bäume jeder Stärkeklaſſe nach Durchmeſſer und Kreisfläche in Bruſthöhe ($1\frac{1}{3}$ Mtr.) eingetragen werden. Z. B.:

1. Stärkeklasse. 14—12 Ctm.		2. Stärkeklasse. 11,9—10 Ctm.		3. Stärkeklasse. 9,9—8 Ctm.		4. Stärkeklasse. 7,9—6 Ctm.	
Durchm. Ctm.	Kreisfläche in ☐Mtr.	Durchm. Ctm.	Kreisfläche in ☐Mtr.	Durchm. Ctm.	Kreisfläche in ☐Mtr.	Durchm Ctm.	Kreisfläche in ☐Mtr.
13	0,0133						
12	0,0113						
13,5	0,0143						
14	0,0154						
12,5	0,0123						
13,5	0,0143						
12	0,0113						
14	0,0154						
13,5	0,0143						
12,5	0,0123						
u. f. w.	u. f. w.						

Sa. $\dfrac{0,1342}{10}$ = 0,01342 ☐Mtr. mittlere Kreisfläche = 13 Ctm. Durchmesser. Musterbaum 1. Stammklasse.

Bedient man sich einer Kluppe, auf der neben den Durchmesser=
größen die correspondirenden Kreisflächen angegeben sind, so können letztere
unmittelbar abgelesen und in der Tabelle verzeichnet werden. Es wäre
dann nutzlos, auch die Durchmesser jedes einzelnen Baumes zu verzeichnen,
wie das geschehen muß, wenn man erst im Hause die Kreisflächengrößen
neben die gemessenen Durchmesser eintragen kann, wozu ich in der 10. Auflage
der Kubiktabellen die Kreisflächentabelle nach metrischem Maß berechnet habe.
Im Kopf der Tabelle darf dagegen die Angabe der Durchmessergrößen nicht
fehlen, da nach ihnen die Vertheilung der Bestandsglieder in die gebildeten
Stärkeklassen geschieht.

Wie die vorstehende Tabelle für die erste Stammklasse zeigt, werden
für jede der gebildeten Stammklassen die verzeichneten Kreisflächegrößen sum=
mirt und in die Summe mit der Stammzahl der Stärkeklasse dividirt, um
die mittlere Stammgrundfläche eines Baumes zu finden, die dann, auf die
correspondirende Durchmessergröße (13 Ctm. der Tabelle) zurückgeführt, der
Auswahl eines Musterbaumes der Stammklasse zur Weisung dient, dessen
Massengehalt als durchschnittlicher Massengehalt sämmtlicher Stämme der=
selben Klasse betrachtet wird, dessen Multiplication mit der Stammzahl der
Klasse den Holzgehalt der Klassenstämme ergibt. Aus der Summirung des
Holzgehaltes aller Klassen ergibt sich der Holzgehalt des Bestandes.

Ohne Zweifel ist man im Stande, sich in Kenntniß der Stammgrund=
flächengröße aller Klassenstämme jeden Bestandes zu setzen und aus deren
Verhältniß zur Stammzahl eine Durchschnittsgröße sämmtlicher Kreisflächen
zu berechnen. Es wäre uns geholfen, wenn man annehmen könnte, daß
innerhalb jeder Stammklasse eines Bestandes die Massenhaltigkeit seiner Einzel=
glieder in einem graden Verhältniß stehen zu deren Kreisflächengröße. Das
ist nun aber keineswegs der Fall und selbst bei engen Klassengrenzen, sogar
unter den Stämmen gleicher Kreisflächengröße derselben Stammklasse
finden bedeutende Variationen des Massengehaltes statt, je nachdem die Voll=
holzigkeit, die in geschlossenen Beständen so schwierig zu erkennende Schaft=

länge und die Beaftung verſchieden ſind. Es gründet ſich hierauf der Vor=
ſchlag Draudt's: Durch Fällung, Meſſung und Berechnung oder Auf=
arbeitung einer Mehrzahl von Muſterbäumen jeder Stammklaſſe Muſter=
baum=Durchſchnittszahlen des Maſſengehalts zu gewinnen, in denen ſich die
bei Berechnung nur eines Muſterbaums für jede Stammklaſſe möglichen
Mißgriffe und deren Folgen, wenn nicht ausgleichen, doch abſtumpfen.
Immerhin wird ſich gegen dieß Verfahren einwenden laſſen, daß, wenn die
Mehrzahl der für jede Stammklaſſe zu erwählenden Muſterbäume keine ſehr
große iſt, wie bei der Auswahl nur eines Muſterbaumes, ſo auch hier die
Urtheilskraft des Taxators das Beſte thun muß. Iſt ſie aber eine ſo große
wie ſie die Verwendung der badiſchen Maſſentafeln vorſchreibt, dann er=
fordert die Meſſung und Berechnung der Muſterbäume ſo viel Zeit und
Arbeitskraft, daß das Verfahren nur in ganz außergewöhnlichen Fällen zur
Anwendung kommen kann. Will man dagegen dieſe Arbeit durch Auf=
arbeitung der Muſterbäume in die üblichen Verkaufsmaße umgehen, dann
gibt ſich der Taxator dadurch in die Hände der Waldarbeiter, deren Lei=
ſtungen in Bezug auf die in die Verkaufsmaße eingeſetzten Holzmaſſen ſo
ſchwer zu controliren und auf gleicher Stufe zu erhalten ſind. Von an=
deren Arbeitskräften und unter minder ſtrenger Controle vollzogen, kann
das Ergebniß der Aufarbeitung des Beſtandes ein ſehr verſchiedenes ſein
von dem der Probefällungen.

Ich meine daher, daß bei engen Klaſſengrenzen (2—3 Ctm.) die Meſ=
ſung und Berechnung nur eines Muſterbaumes von durchſchnittlicher Stamm=
grundfläche für jede Stammklaſſe dem Draudt'ſchen Verfahren vorzuziehen
ſei, wenn innerhalb der Bäume durchſchnittlicher Stammgrundfläche die
engere Wahl dem Gutachten des Taxators anheim gegeben iſt, von dem
man allerdings vorausſetzen muß, daß er kein Neuling iſt in der Bekannt=
ſchaft mit den Verhältniſſen, die zwiſchen Form und Maſſengehalt der Bäume
beſtehen.

Mein Sohn Robert, in ſeiner Schrift über Rentabilität der Fichten=
nutzholz= und Buchenbrennholzwirthſchaft 1868, hat das zu vorſtehender
Tabelle erörterte Verfahren ſeines Großvaters dahin erweitert, daß er, durch
Diviſion der Stammgrundfläche des ganzen Beſtandes mit der Zahl der
gebildeten Stammklaſſen, für jede derſelben gleiche Stammgrundflächen, alſo
auch annähernd gleiche Holzmaſſen findet, um für jede derſelben, durch
Diviſion der Stammgrundfläche mit der Stammzahl jeder Klaſſe, für dieſe
Stammgrundfläche und Durchmeſſer eines Mittelſtammes berechnen zu können.
Daß auch bei dieſem Verfahren das Augenmaß des Taxators das Beſte
thun muß in Bezug auf mittlere Holzhaltigkeit des Probeſtammes, ſo weit
dieſe von Vollholzigkeit und Höhe bedingt iſt; das auch dieß Verfahren die
Fällung, Meſſung und Berechnung oder die Aufarbeitung der Muſterbäume
in Verkaufsmaße nicht ausſchließt, liegt auf der Hand.

Verlangt man noch genauere Reſultate, als auf den eben bezeichneten
Wegen erlangt werden können, ſo theile man die Kolumnen jeder Stamm=
klaſſe in drei Unterkolumnen, imprimire ſich genau die Form des Muſter=
baumes und trage diejenigen Stämme, welche dieſer Form und Vollholzig=
keit entſprechen, mit ihrem Durchmeſſer in die mittlere Kolumne, die auf=

fallend vollholzigeren unter $+$, die abholzigeren unter $-$, und ermittle
Stärke und Kubikinhalt dieser letzteren durch Interpoliren.

Man könnte, anstatt direkter Angabe des Kubikinhaltes, aus diesem,
der Höhe und der Stärke, eine Formzahl berechnen und in Ansatz bringen,
ich kann aber keinen andern Erfolg davon erkennen, als daß die Arbeit für
jeden Baum um zwei unnütze Multiplikationsexempel vermehrt wird.

Bei dem angegebenen Verfahren des Auszählens in Klassen wird das
Resultat um so genauer, je enger die Klassengrenzen gezogen werden. Kommen in einem Bestande einzelne außergewöhnlich starke oder außergewöhnlich
schwache Stämme vor, so werden diese, wenn sie in die Klassificirung aufgenommen werden, entweder die Klassenzahl und die Arbeit sehr vermehren,
oder eine bedeutende Erweiterung der Klassengrenzen zur Folge haben. Man
thut daher wohl, solche Baumgrößen in die Klassentabellen nicht aufzunehmen, sondern sie beim Auszählen besonders zu schätzen und in eine
Nebenkolumne mit dem geschätzten Holzgehalte einzutragen.

Bei Messung des Durchmessers der auszuzählenden Stämme, vermittelst der Kluppe, muß man den Baum von zwei Seiten über über Kreuz messen
und das Mittel der gefundenen Differenz in Ansatz bringen. Bei Messung
vieler Stämme ist dieß sehr zeitraubend und ermüdend. Man kann die
Arbeit dadurch abkürzen, daß man, beim Durchgehen des Bestands in
schmalen Streifen, auf dem Hinwege sämmtliche Durchmesser in einer Richtung, auf dem Herwege in der rechtwinklig entgegengesetzten Richtung mißt,
da, besonders auf geneigten Flächen, die Excentricität der Grundflächen in
der Regel gleiche Lage hat.

Daß bei diesem Verfahren, bei Verzichtleistung auf genauere Resultate
mannigfaltige Abkürzungen eintreten können, bedarf kaum der Andeutung.

B. Bestandsschätzung durch Probeflächen.

In Beständen mit größerer Gleichförmigkeit der Bestockung,
wenn auch mit geringerer Gleichförmigkeit der Baumgröße und Baumformen,
selbst in gemengten, lückigen, verschiedenaltrigen, horstweise bestandenen
Orten, wenn diese Ungleichheiten sich gleichmäßig über den
ganzen Ort verbreiten, gelangt man zu sicherern Taxationsergebnissen,
als die Auszählung des ganzen Bestandes zu gewähren vermag, wenn man
einen kleineren, die Bestockung des ganzen Bestandes repräsentirenden Be-
standestheil (Probefläche, Probemorgen) schätzt und aus dem Holzgehalte der
Probefläche auf den Holzgehalt des ganzen Bestandes schließt, d. h. den
Holzgehalt der Probeflächen mit dem Quotienten aus der Flächengröße dieser
und des ganzen Bestandes multiplicirt.

Genauer wird die Schätzung dadurch, daß der Taxator, bei gleichem
Zeit- und Arbeitsaufwande, dem Bestande des Flächentheiles viel mehr Arbeit und Sorgfalt zuwenden kann, als dem ganzen Bestande.

Die Aufnahme des Bestandes der Probefläche und Berech-
nung desselben geschieht hier in derselben Weise, wie beim Auszählen des
ganzen Bestandes in Stärkeklassen Seite 23. Der Unterschied beruht nur
in der Beschränkung der Taxation auf einen oder einige Flächentheile.

Die Genauigkeit der durch Probeflächen zu bewirkenden Beſtands=
ſchätzungen iſt abhängig von einer richtigen Auswahl, von der Größe, Form
und Begrenzung der Probeflächen.

1) Auswahl der Probeflächen.

-Der Beſtand der Probefläche ſoll den Beſtand im Ganzen, beſonders
die mittlere Holzhaltigkeit deſſelben repräſentiren. Vor der Auswahl der
Fläche muß demnach der Taxator den, nach ihr zu ſchätzenden Beſtand durch=
gehen, um ſich eine Bekanntſchaft mit der durchſchnittlichen Beſtockung, Holz=
haltigkeit und Baumwuchs zu verſchaffen. Treten in dieſer Hinſicht bedeu=
tendere Verſchiedenheiten auf, ſo muß die räumliche Ausdehnung derſelben
vermeſſen oder geſchätzt und für jede Beſtandsverſchiedenheit eine beſondere
Probefläche ausgewählt werden. Die Genauigkeit der Schätzung hängt hier
ebenſo von richtiger Flächenſchätzung ab, wie von richtiger Beſtandsſchätzung
auf den zu wählenden Probeflächen. Jede dieſer weſentlichen Beſtandsver=
ſchiedenheiten bildet eine beſondere Taxationsabtheilung von, durch Ver=
meſſung oder Schätzung bekannter Flächengröße. In jeder dieſer Taxations=
abtheilungen muß dann die Probefläche in einem Beſtandstheile abgeſteckt
werden, der die mittlere Beſtockung und Holzhaltigkeit derſelben repräſentirt.
In bergigem Terrain iſt der mittlere Neigungswinkel der Taxationsabthei=
lung zu ſchätzen, die Probefläche in einer dieſem entſprechenden Lage zu
wählen und nach der horizontalen Grundfläche abzumeſſen. Weitere Vor=
ſchriften für die Auswahl laſſen ſich nicht geben, ſie iſt allein Sache rich=
tigen Augenmaßes und geübter Beurtheilungskraft.

In wiefern die Auswahl der Probeflächen für Aufſtellung von Er=
fahrungstafeln und überhaupt für wiſſenſchaftliche Ertragsforſchungen eine
andere ſein müſſe, ſiehe weiter unten, und „Ertrag der Rothbuche“.

2) Größe der Probefläche.

Der herrſchenden Anſicht nach ſoll die Größe der Probeflächen in einem
gewiſſen Verhältniß zur Größe des danach zu ſchätzenden Beſtandes ſtehen.
So fordert Smalian $1/100$ der Beſtandsgröße, Hoßfeld $1/40$ als Minimum.
Ich meine, daß ein 1000 Morgen g oßer Beſtand eben ſo richtig durch
$1/1000$ der Fläche geſchätzt werden könne, als ein 100 Morgen großer Be=
ſtand durch $1/100$, wenn beide gleiche Grade gleichförmiger Beſtockung be=
ſitzen. In einem Jungorte kann $1/10$ Morgen beſſere Dienſte leiſten, wie
10 Morgen in einem alten Beſtande gleicher Größe. Die Gleichförmigkeit
des Beſtands und die Nothwendigkeit, daß die Probefläche als Repräſentant
des ganzen Beſtandes oder Taxationstheiles, dieſelben Verſchiedenheiten in
gleichem Verhältniß räumlicher Ausdehnung enthalten ſolle, wie der ganze
Beſtand oder die ganze Taxationsabtheilung, beſtimmen allein die Größe
der Probefläche. Dagegen kann man annehmen, daß in alten lichten
Beſtänden die abſolute Größe der Probefläche nicht unter $1/3$ Hekt.,
in mittelwüchſigen Beſtänden unter gleichen Verhältniſſen nicht unter $1/2$ Hekt.,
in Jungorten nicht unter $1/6$ Hekt., und daß bei voller Beſtockung die Größe
der Probefläche nicht unter $1/2$ der Vorgenannten betragen dürfe, weil bei
geringerer Größe es leicht der Fall ſein kann, daß die Auszählung oder

Ausmessung der Bäume nicht das durchschnittliche Verhältniß ihrer Größenklassen ergibt.

3) Form der Probefläche.

In vollkommen gleichartig bestandenen Orten ist diese gleichgültig und
man wählt in der Regel das gleichseitige oder nahe gleichseitige Rechteck.
In Orten hingegen, deren Bestand sich in gleicher Richtung allmählig verändert, wie dieß z. B. vom freien Bestandsrande nach der geschlossenen
Mitte hin, von der Thalsohle nach dem Bergkamme hinauf fast immer der
Fall ist, da wählt man lieber die Form des Oblongum und legt dieß so,
daß die langen Seiten desselben die Bestandsveränderungen durchschneiden.
Daß die dreieckige Form beim Abstecken manche Bequemlichkeiten biete, habe
ich: Ertrag der Rothbuche, S. 48 erörtert.

4) Ausmessung der Probefläche.

Denkt man sich die Randbäume einer auszusteckenden Probefläche durch
gerade Linien mit einander verbunden, ebenso die zunächst und außerhalb
der Probefläche stehenden Bäume, so entsteht dadurch zwischen den beiden
gedachten Linien ein baumfreier Gürtel im Umfange der Probefläche. Die
Grenzlinien der letzteren müssen nun so abgesteckt werden, daß durch sie der
baumfreie Gürtel in zwei gleich große Theile getheilt wird. Wollte man
die Grenzlinie näher an die innere Linie des Gürtels legen, so würde die
Probefläche im Verhältniß zur Holzmasse zu klein, das Taxatum also zu hoch,
umgekehrt würde es zu niedrig ausfallen. In alten lichten Beständen und
bei geringerer Größe der Probeflächen können daraus hervorgehende Schätzungs-
fehler 6—8 Procent betragen, und die sorgfältigste Schätzung des Holzbestandes der Probefläche in hohem Grade verfälschen. Natürlich kann in der
Praxis die Theilung des baumfreien Gürtels nicht mit mathematischer Schärfe
ausgeführt werden, der Gegenstand verdient aber die volle Aufmerksamkeit
des Taxators beim Ausstecken der Grenzlinien, die durch Schalmlinien,
durch Aufscharren des Mooses, in Jungorten am besten durch Schnüre, die
auf den Boden gelegt werden, kenntlich zu machen sind. Ich bediene mich
dazu der Zimmermannsschnüre von 4 Ruthen Länge, deren mehrere, auf-
gedockt, man leicht bei sich führen kann und die zugleich für die Längen-
messung dienen. Zum Abstecken der Winkel dienen die Kreuzscheibe oder
die Verhältnißgrößen 3, 4, 5 (5 = Hypotenuse) auf drei gerade Stöcke
abgetragen.

Auch dieß Taxationsverfahren kann mannigfaltigerweise vereinfacht in
Ausübung gebracht werden. Einer solchen vereinfachten Schätzung nach
Probeflächen bediente sich mein verstorbener Vater bei den superficiellen Ab-
schätzungen großer Waldbestandsmassen in unglaublich kurzer Zeit. Sein
Verfahren bestand darin: daß er schon beim ersten einzigen Durchgehen oder
Durchfahren des zu schätzenden Bestandes in geringen Entfernungen Probe-
flächen von leicht zu überschauender Größe, 0,025 Hektar — gleich 22 Schritt
Quadrat (er pflegte dieß zu motiviren: „das ist die Entfernung, in der man
sich auf Treibjagen die Hasen anlaufen läßt,“ die man daher am sichersten
im Auge behält), nur vermittelst des Augenmaßes herausschnitt und

abschätzte, dem Wesen nach ganz in der vorerwähnten Weise. Die Durch=
schnittssätze vieler solcher Untersuchungen im Vereine mit sorgfältiger Beach=
tung des Flächenverhältnisses guter, mittlerer und geringer Holzhaltigkeit
und Bestockung, ergaben ihm das Schätzungsresultat für den ganzen Bestand.

Die Holzhaltigkeit ganz junger Orte ermittelt man durch Probeflächen
in der Art: daß der Bestand derselben bis auf die nöthigste Stammzahl
stark durchforstet, die ausgehauenen Stämme nach Länge und Stärke sortirt,
gezählt, gemessen, berechnet oder gewogen oder in Wellen zusammengebunden
werden. Die, im Verhältniß zum Aushiebe geringe Zahl der stehenbleiben=
den Stämme kann dann ohne großen Zeitaufwand ausgezählt und den ge=
bildeten Stammklassen hinzugerechnet werden.

Bei den Berechnungen ist Uebermaß und Hauabgang in Ansatz zu
bringen.

C. Bestandsschätzung nach Erfahrungstafeln.

Wenn man die Resultate früher vollzogener spezieller Schätzungen,
neben diesen auch die verschiedenen Faktoren des gefundenen Holzmassen=
gehaltes: die Stammzahl der verschiedenen Größeklassen des Holzbestandes,
die Klassengrenzen nach Maximum und Minimum des Brusthöhendurchmessers,
Höhe, Durchmesser und Kubikinhalt der gewählten Musterbäume, Holzart
und Holzalter ꝛc. tabellarisch geordnet verzeichnet, so können die Resultate
früherer Schätzungen unmittelbar auf neue Schätzungen angewendet werden,
indem man die Massenfaktoren des zu schätzenden Bestandes mit denen
der tabellarisch verzeichneten Bestände vergleicht und aus Gleichheit oder
Aehnlichkeit dieser, auf Gleichheit oder Aehnlichkeit der Produkte schließt.
Die Summe der Bestandsmassenfaktoren: Stammzahl der Größeklassen,
Klassengrenzen, Höhe, Durchmesser ꝛc. dienen dazu, dem Taxator das Bild
des früheren Bestandes zu vergegenwärtigen; ich habe ihre Verzeichnung
daher die Bestandscharakteristik genannt, im Gegensatz zur Ertrags=
ziffer, die das Produkt aus den Faktoren angibt (s. Ertrag der Roth=
buche). Es liegt auf der Hand, daß für die Verwendung der Ertragstafeln
zu Bestandsschätzungen, die Charakteristik ein eben so wesentlicher Bestand=
theil derselben ist, wie die Ertragsziffer, daß letztere allein in dieser Be=
ziehung eine todte Zahl ist. Die ersten von G. L. Hartig und von
Paulsen aufgestellten Sammlungen von Ertragsforschungsresultaten ent=
halten eine, wenn auch nicht vollständige Charakteristik der untersuchten
Bestände. Cotta war es, der diesen Weg zuerst verließ und nur die Er=
tragsziffern neben Holzart und Holzalter verzeichnete. Er motivirt seinen
Abweg, indem er ausdrücklich sagt: daß seine Ertragsziffern nichts anderes
sein sollten, als ein Ausdruck für unmittelbar und unabhänig vom
Bestande zu schätzende Ertragsfähigkeit des Bodens. [1] Später hat man
die Unausführbarkeit dieser von Cotta gestellten Forderung unmittelbarer
Bodenwürdigung wohl erkannt, ist aber dennoch auf dem bequemeren Wege

---

[1] Recht klar ist dieß allerdings nicht; denn, nimmt man an, daß an die Stelle der
Ertragsziffer jede andere Verhältnißzahl der Ertragsfähigkeit treten könne, so verlieren die
Massentafeln den Charakter der Erfahrungstafeln gänzlich. Dennoch scheint es, als habe
Cotta hierbei die landwirthschaftliche Bodenbonitirung nach Körnerertrag im Auge gehabt.

zur Composition von Ertragstafeln geblieben, daher denn auch alle die
neueren Erfahrungstafeln von Cotta, König, Hundeshagen, Pfeil, Smalian,
für taxatorische Zwecke gänzlich unbrauchbar sind. Die badischen Ertragstafeln geben wenigstens einigen Anhalt in Angabe der Stammzahl und der
durchschnittlichen Bestandshöhe.

Das Material für diese, am wenigsten zeitraubende und dennoch sichere
Schätzungsweise ist zur Zeit daher noch sehr dürftig, und beschränkt sich
auf die Ertragstafeln G. L. Hartigs, Paulsens, der badischen Forstdirektion, die wenigen Beiträge, die ich in meinem Lehrbuche der Pflanzenkunde,
in der Arbeit über den Ertrag der Rothbuche und in meiner Forstwirthschaftslehre gegeben habe und die, wleche mein Sohn Robert bekannt gemacht hat.
Es ist gewiß sehr wünschenswerth, daß sich der praktische Forstmann diesem
Forschungszweige mehr als bisher zuwende. Auf keinem Wege kann er
leichter und sicherer einen bleibenden Namen in der Literatur erringen, der
eben so sicher und für immer dem Ertragsforschungsresultate hinzugefügt
werden wird, wie der Name des Naturforschers dem Namen des neuent-
deckten Naturkörpers. Zudem betrifft dieß alles Arbeiten, die bei jeder
Bestandsschätzung nach Probemorgen schon für den rein praktischen Zweck
beschafft werden müssen. Es fehlt nur daran, daß sie vollständig mit
Angabe einer Bestandes-Charakteristik verzeichnet und ohne Weiteres in
irgend einer forstlichen Zeitschift veröffentlicht werden. Die nackte Thatsache genügt hier vollkommen und jeder, auch der kleinste Beitrag ist eine
Bereicherung unserer Wissenschaft.

Was ich unter einer vollständigen Verzeichnung der Bestands-
Charakteristik und der Ertragsziffern verstehe, geht aus nebenstehendem
Schema (S. 31) hervor.

Eine begleitende Schilderung der Standortsverhältnisse, besonders der
Lage, Exposition, Erhebung über die Meeresfläche, Neigungswinkel der
Fläche, Gebirgart, Tiefgründigkeit des Bodens, Bodenbestandtheile, klima-
tische Eigenthümlichkeiten (s. Ertrag der Rothbuche) sind eine dankenswerthe
Beigabe, doch nicht unbedingt nöthig, da die beste Standorts-Charakteristik
in der Bestands-Charakteristik liegt. Gleich dankenswerth sind historische
Nachrichten über den Bestand, dessen Entstehung und Behandlung.

Im ersten Bande sind die G. L. Hartig'schen Erfahrungstafeln mitgetheilt. Sie zeigen zugleich die Art und Weise tabellarischer Einordnung
der einzelnen Positionen. Die Paulsen'schen Ertragstafeln sind vollständig
in meiner Arbeit über den Ertrag der Rothbuche enthalten.

Besitzen wir erst eine größere Sammlung solcher Erfahrungen, die sich
bei vielseitiger Theilnahme in kurzer Zeit erwerben läßt, dann wird das so
wichtige Geschäft richtiger Bestandsschätzung sich sehr vereinfachen, anderer
daraus hervorgehender Gewinne nicht zu gedenken, die Entscheidung der
wichtigsten Betriebsfragen betreffend. Ich kann es dem jungen Forstmanne
nicht dringend genug ans Herz legen, gerade diesem Gegenstande seine wissenschaftliche Thätigkeit vorzugsweise zuzuwenden, anstatt sich in Spekulationen
und Formeln und Theorien zu verlieren, die, wenn sie nicht Ergebniß sehr
gereifter Erfahrung sind, in der Masse der vorhandenen Dinge dieser Art
verschwinden und zu den undankbarsten Beschäftigungen gehören.

Bestandscharakteristik

80jähriger Rothbuchenbestand.	im Allgemeinen.					der untersuchten Musterbäume im Besonderen.							Ertragsziffer.				
	Stammzahl	Brusthöhendurchmesser		Höhe	Durchmesser in Brusthöhe	Massengehalt.					Einfache Breite der letzten fünf Jahresringe.	Länge der fünf letzten Jahrestriebe.	Schaftholz.	Astholz.	Zweigholz.	Reiserholz.	Summa.
		höchster	niedrigster			Schaftholz.	Astholz über 8 Ctm.	Zweigholz 3—8 Ctm.	Reiserholz unter 3 Ctm.	Summa.							
	St.	Ctm.	Ctm.	Mtr.	Ctm.	Cbmtr.	Cbmtr.	Cbmtr.	Cbmtr.	Cbmtr.	Ctm.	Mtr.	Cbmtr.	Cbmtr.	Cbmtr.	Cbmtr.	Cbmtr.
1/4 Hektar = 1 Morgen Flächengröße.																	
1. Stammklasse	28	46	35	32	40	1,90	0,23	0,07	0,10	2,30	0,55	2	33	6	2	2,8	63,8
2. Stammklasse	110	35	27	34	35	1,85	0,11	0,09	0,09	2,14	0,75	1 2/3	204	12	10	10	236
3. Stammklasse	40	26	22	31	25	1,04	0,05	0,03	0,05	1,17	0,50	1 2/3	42	2	1	2	47
4. Stammklasse	14	22	20	27	22	0,60	0,01	0,01	0,01	0,63	0,25	1 1/3	8	0,5	—	0,5	9
Summa des dominirenden Bestandes	192	—	—	—	—	—	—	—	—	—	—	—	307	20	13	15	355
Durchforstungs-Aushieb	20	14	12	—	—	—	—	—	—	—	0,13	1 2/3—2	16	1	2	1	20
Summa des ganzen Bestandes	212	—	—	—	—	—	—	—	—	—	—	—	323	21	15	16	375

D. Bestandsschätzung durch Bestandsvergleich.

Geübte Taxatoren vermögen ein richtiges Urtheil über die Holzhaltig-keit der Bestände schon dadurch zu fällen, daß sie dieselben, ihrer Totalität nach, mit dem imprimirten Bilde anderer Bestände vergleichen, deren Holz-gehalt sie früher speciell erforschten. Die Fähigkeit solch ein summarisches Urtheil zu fällen, ist daher nur durch eine große Zahl vorhergegangener specieller Untersuchungen von Seiten des Taxators selbst zu erwerben. Die Uebung und Erfahrung allein genügt aber noch nicht für den Erwerb dieser Fähigkeit, es gehören dazu besondere Gaben. Wie nicht Jedermann die Gabe der Dichtkunst, Malerei, Musik besitzt, so besitzt auch nicht Jeder-mann das Vermögen, Größe und Formenverhältnisse richtig aufzufassen, dieselben sich zu imprimiren und zum Vergleiche mit anderen Größen und Formen zu verwenden. Talent für Zeichenkunst, namentlich für f r e i e s Z e i c h n e n, ist der sicherste Prüfstein für taxatorische Talente; beide ruhen auf gleicher Basis. Es gibt keine bessere Vorübung für taxatorische Be-schäftigung als Uebungen im freien Zeichnen. Wer dazu kein Talent besitzt, der halte sich von taxatorischen Arbeiten möglichst fern, und wenn sein Beruf diese Beschäftigung fordert, dann vermeide er vor allem die Schätzung nach Vergleichsgrößen und stütze sein Urtheil so viel wie möglich stets auf direkte Messung und Berechnung.

Viertes Kapitel.

Zuwachsermittelung.

Für den am häufigsten vorliegenden Zweck der Taxation, für die Er-mittelung des nachhaltigen Abgabesatzes der Wälder, ist die Kenntniß der gegenwärtig vorhandenen Holzmassen nicht ausreichend. In diesem Falle lautet die Aufgabe des Forsttaxators: unter Voraussetzung einer, für die nächste Umtriebszeit vorgezeichneten Bewirthschaftungsweise, in der Summe 1) des gegenwärtigen Holzvorrathes; 2) des Zuwachses an ihm während der Dauer der Umtriebszeit; 3) der Durchforstungsnutzungen aus den in der laufenden Umtriebszeit für den nächsten Umtrieb n e u z u e r-z i e h e n d e n Beständen, die Abnutzungsgröße der Umtriebszeit zu er-mitteln, um aus dieser den, einer jeden Periode und jedem Jahre znfallen-den Hauungssatz berechnen zu können.

Der Zuwachs am Holzvorrathe ergibt sich

a) aus dem Zuwachszeitraume,

b) aus der Zuwachsfähigkeit aller Bäume und Bestände des Waldes.

Der Zuwachszeitraum bestimmt sich aus einem Bewirthschaf-tungsplane der Zukunft für die Dauer des laufenden Umtriebs, durch welchen die Hiebsfolge der Bestände voraus bestimmt wird. Im Nieder- und Mittelwalde wird durch ihn das Jahr, im Hochwalde wird durch den Wirthschaftsplan die Periode des Abtriebs vorausbestimmt. Mögen die Zweifel in Betreff der Durchführung dieser, auf mehr als hundert Jahre hinausreichenden, wirthschaftlichen Vorausbestimmungen noch so sehr

gerechtfertigt fein, es ändert dieß nichts an deren Nothwendigkeit; wenn
und wo überhaupt die Nachhaltigkeit der Abnutzung so weit gesichert sein
soll, als dieß überhaupt möglich ist. Denn der Wirthschaftsplan bestimmt
den Zuwachszeitraum, und dieser ist ein eben so wichtiger Faktor der
Zuwachsmasse als die Zuwachsfähigkeit der Bestände. Die Zuwachsmasse bildet
aber in den meisten Fällen den größeren Theil des Ertrages der Umtriebszeit.

Die Zuwachsfähigkeit der Bäume oder der Bestände, die Größe
derjenigen Zuwachsmasse, um die diese sich in der Zukunft bis zu ihrem
Abtriebe vergrößern werden, läßt sich an ihnen unmittelbar nicht ermitteln,
da eine fortdauernde Veränderung der Zuwachsgrößen in der Natur
des Baum- und Bestandeswuchses begründet ist. Zu dem, immerhin nur
muthmaßlichen Ansatz zukünftiger Zuwachsfähigkeit bleibt uns daher kein
anderer Weg, als die Folgerung: daß, wenn zwei Bäume oder Bestände
bis zu einem gewissen Lebensalter sich gleichmäßig entwickelt haben, der
jüngere dieser Bäume oder Bestände auch in der Folgezeit sich so entwickeln werde wie der ältere Baum oder Bestand sich entwickelt hat.
Nur in dieser Beschränktheit hat die Ermittelung verflossener Zuwachsgrößen taxatorische Bedeutung.

Jene, einer jeden Zuwachsberechnung zum Grunde liegende Schlußfolgerung setzen wir nun in verschiedener Art in Anwendung, je nachdem
es sich um den zukünftigen Zuwachs alter oder junger Bestände handelt.

In allen älteren Beständen, die einen wesentlichen Pflanzenabgang nicht mehr erleiden, läßt sich nicht allein die Masse
des Vorhandenen und Bleibenden mit ziemlicher Genauigkeit ermitteln,
sondern diese Masse bildet auch den größeren Theil des Endertrages. Für
die Zuwachsberechnung solcher Bestände ist es daher am sichersten, wenn
man der vorhandenen, durch Bestandsschätzung ermittelten Vorrathmasse
die muthmaßliche Zuwachsgröße der Zukunft hinzurechnet. Wir berechnen
die Zuwachsgröße, welche ein z. B. 120jähriger Baum oder Bestand A in
den letztverflossenen 20 Jahren gehabt hat, drücken das Ergebniß in einem
Procentsatze zur Holzmasse desselben Baumes im 100jährigen Alter aus,
und berechnen die muthmaßliche Zuwachsgröße eines anderen gegenwärtig
100jährigen Baumes oder Bestandes B, für dieselbe Zuwachsperiode mit
demselben Procentsatze, wenn die Bäume A und B bis zum 100. Jahre
sich gleichmäßig entwickelt hatten, indem wir daraus schließen, daß dieß
auch in der Folgezeit der Fall sein werde. S. 37.

Die Ermittelung des Zuwachses der Vergangenheit hat daher nur
in Bezug auf jene Folgerung taxatorische Bedeutung.

Anders verhält sich dieß bei allen jüngeren Beständen, die bis zu
ihrem Abtriebe noch einen wesentlichen Pflanzenabgang erleiden. Je jünger
der Bestand, um so größer ist letzterer, mit um so geringerer Sicherheit
läßt sich aus der Masse des Vorhandenen die Masse des bleibenden Vorraths ermitteln. Außerdem bildet hier letztere den kleineren, die Masse
des künftigen Zuwachses bildet den größeren Theil des Endertrages. Es
würde daher, selbst wenn die Masse des bleibenden Vorrathes richtig ermittelt wäre, dieß doch nur einen geringen Einfluß auf die Richtigkeit des
Gesammtresultates haben können.

Dieß sind die Gründe, welche uns bestimmen, in jüngeren Beständen von der Ermittelung der Größe bleibenden Vorrathes ganz abzusehen und aus der Totalität aller Bestands-Charaktere diejenigen Weisungen zu entnehmen, welche nothwendig sind, um den zu taxirenden Bestand mit anderen Beständen vergleichen zu können, deren Wachsthumsgang erforscht, in Erfahrungstafeln verzeichnet und für die Reihefolge der Altersstufen mit Bestands-Charakteristik ausgestattet wurde. Die Uebereinstimmung der Bestands-Charaktere zweier gleichnamiger Bestände, des zu taxirenden z. B. 40jährigen Bestandes und des Bestandes der Erfahrungstafel im 40jährigen Alter, gestattet uns dann auch hier obige Folgerung: daß wenn zwei Bestände bis zu einem gewissen Alter sich gleichmäßig entwickelt haben, dieß auch in der Folgezeit der Fall sein werde. Wir schließen aus dem bekannten Zuwachsgange und Ertragsergebniß des, in den Erfahrungstafeln verzeichneten älteren Bestandes, auf den unbekannten Zuwachsgang und Ertrag des jungen Ortes.

Demgemäß zerfällt die Lehre von der Zuwachsermittelung in zwei Abtheilungen, deren erste die Zuwachszurechnung zur ermittelten Größe bleibenden Vorrathes der Bestände, deren zweite die Lehre von Aufstellung und Verwendung von Erfahrungstafeln (Wachsthumsscalen) enthält.

A. Ertragsschätzung durch Messung, Berechnung und Zurechnung periodischen Zuwachses.

Unsere einheimischen Holzpflanzen vergrößern sich alljährlich dadurch, daß sich im ganzen Umfange des vorjährigen Holzkörpers eine neue Holzschicht äußerlich, im ganzen Umfange des Rindekörpers eine neue Rindeschicht (Bastschicht, Safthaut) innerlich anlegt, so: daß die äußere Grenze der neuen Holzschicht und die, in Bezug auf den Baum, innere Grenze der neuen Bastschicht sich unmittelbar berühren. Denjenigen Theil der neuen Holz- und Rindeschicht, der sich über die Längenachse des Baumes und der Baumtheile hinaus erweitert, nennen wir den Jahrestrieb, Längentrieb, denjenigen Theil des Jahreswuchses, der sich schon vorhandenen Baumtheilen seitlich anlegt, nennen wir den Jahresring (Holzring und Bastring).

I. Zuwachsberechnung an einzelnen Bäumen.

a) Höhenzuwachs.

Die Grenze der Längentriebe erhält sich längere Zeit nur bei den Nadelhölzern kenntlich, durch die quirlständigen Aeste oder Astnarben, bei den Laubhölzern erhält sie sich nur wenige Jahre kenntlich, durch Wülste und den gedrängteren Stand der kleineren Seitenknospen. Es läßt sich aber auch ohne dieß die Höhe der Bäume in jeder Altersstufe dadurch auffinden, daß man, auf Querschnitten in gemessenen Höhen, die Jahresringe zählt und die Zahl derselben von der, das Baumalter angebenden Zahl der Jahresringe auf einem dicht über dem Boden genommenen Querschnitte des Stammes in Abzug bringt. Der Rest ergibt dann das Alter des Baumes in der gemessenen Höhe. Ein Baum, der über dem Boden 100 Jahresringe, in 13 Mtr. Höhe 70 Jahresringe enthält, ist in 100 — 70 = 30 Jahren 13 Mtr. hoch gewesen.

Da es zu zeitraubend sein würde, für jedes einzelne Jahr durch Querschnitte die Höhe zu suchen, so müssen wir uns damit begnügen, diese durch Querschnitte in weiteren Abständen für die Schlußjahre längerer Perioden zu ermitteln und die den einzelnen oder bestimmten Jahren der Periode entsprechenden Baumhöhen aus dem durchschnittlichen Höhenwuchs der Periode zu berechnen. Z. B.

$$\begin{array}{lll}
\text{Höhe.} & \text{Jahrringe.} & \\
0 \text{ Mtr.} = 100 & (100 - 80 = 20) & ^7/_{20} = 0{,}35 \text{ Mtr.} \\
7 \quad " \; = 80 & (80 - 50 = 30) & ^7/_{30} = 0{,}23 \quad " \\
14 \quad " \; = 50 & (50 - 10 = 40) & ^7/_{40} = 0{,}17 \quad " \\
21 \quad " \; = 10 & &
\end{array}$$

Es hätte also der Baum vom 1sten bis zum 20sten Jahre durchschnittlich 0,35 Mtr., vom 20sten bis zum 50sten Jahre durchschnittlich 0,23 Mtr., vom 50sten bis zum 90sten Jahre durchschnittlich 0,17 Mtr. Höhenzuwachs gehabt, woraus sich die Höhe für jedes bestimmte Jahr leicht berechnen läßt, die um so richtiger wird, in je kürzeren Abständen die Querschnitte genommen wurden.

b) Stärkezuwachs.

Die äußere Grenze jedes Jahresringes ist durch eine schmale Schicht breitgedrückter engräumiger Holzfasern gebildet (Breitfasern), die an sich schon den Wechsel der Jahreslagen für immer kennbar machen. Bei vielen Holzarten macht die gedrängte Stellung der weiträumigeren Holzröhren an der innern Grenze jedes Jahresringes den Wechsel derselben noch stärker hervortretend, so daß auf geglätteten Querschnitten die Grenzen und der Verlauf der Jahresringe deutlich erkannt, diese gezählt, gemessen und dadurch die zur Berechnung nöthigen Durchmessergrößen, auch der früheren Altersstufen, an jedem beliebigen Baumtheile gewonnen werden können. Bei manchen Holzarten, bei den weichen Laubhölzern, der Birke, Buche, Hainbuche, dem Ahorn, den Apfel- und Pflaumenbäumen ist die Jahrringgrenze weniger hervortretend, und nur bei sehr sorgfältiger Glättung und vermittelst geschärfter Sehkraft mit demjenigen Grade der Genauigkeit zu bestimmen, der für zuverlässige Zuwachsberechnungen unerläßlich ist. (Wie in schwierigeren Fällen die Zählung der Jahresringe zu vollziehen S. Ertrag der Rothbuche.)

Da der Jahresring, vom Schluß des Jahres seiner Entstehung ab, seine räumlichen Verhältnisse nicht mehr verändert, so ist es keinem Zweifel unterworfen, daß wir alle, zur Messung und Berechnung der Größe und des Massengehalts jeder früheren Altersstufe nöthigen Dimensionen, zu jeder Zeit am Baume auffinden und in der Differenz der jetzigen und irgend einer früheren Größe oder Massenhältigkeit den Zuwachs jeder beliebigen Periode erforschen können. Es bezieht sich dieß jedoch nur auf den Schaftholzgehalt der Bäume. Das Kronenholz erleidet durch das Absterben und Wegfallen der tieferen Aeste, neben dem Zuwachse auch einen Abgang, dessen Größe sich direkt nicht mehr ermitteln läßt.

Wie der Höhenzuwachs ist auch der Stärkezuwachs in den verschiedenen Baumtheilen nicht gleich. Bei gleichen Standortsverhältnissen äußern die Bestandsverhältnisse, der Schluß, in welchem die Bäume stehen, hierauf den wesentlichsten Einfluß. An Bäumen, die im Schlusse erwachsen sind, nimmt die Breite eines jeden einzelnen Jahresringes nach oben hin zu. Ich habe Fälle nachgewiesen, in denen die durchschnittliche Jahrringbreite etwas über der Mitte des Schaftes nahe das Doppelte der Jahrringbreite in Brusthöhe betrug. Im freien Stande erwachsen, nimmt die Ringbreite in noch größerem Verhältniß nach oben hin ab, sie kann in und über der Mitte des Schaftes weniger als die Hälfte der Ringbreite des Brusthöhendurchmessers betragen. Es beruht hierauf die Vollholzigkeit, der cylindrische Wuchs der im Schluß erwachsenen, sowie die Abholzigkeit, der kegelförmige Wuchs der im freien Stande erwachsenen Bäume. (Vergl. Ertrag der Rothbuche.)

Aus diesen Beobachtungen geht unwiderleglich hervor, daß die Breite der Jahresringe in Brusthöhe des Schaftes einen Maßstab für die Größe des Zuwachses am ganzen Baum nicht gewähren könne; daß man, wenn die Zuwachsberechnung ein benutzbares Resultat liefern soll, die zu berechnenden Bäume nothwendig fällen, daß man sie, ebenso wie für die Ermittelung des Massengehalts durch Messung und Berechnung (drittes Kapitel S. 14), in Sektionen zerlegen und den Stärkezuwachs an jeder Sektion messen müsse, der sich für jede beliebige Periode finden läßt, wenn man die ihr angehörenden Jahresringe, in der Mitte der Sektion, auf einem senkrecht auf die Achse derselben geführten Querschnitte zählt, mißt und die gefundene Breite mit zwei multiplicirt.

c) Massenzuwachs.

Es ist derselbe gleich der Differenz des gegenwärtigen Holzgehaltes der Bäume und des Holzgehaltes beim Beginn der Zuwachsperiode. Wie der gegenwärtige Holzgehalt ermittelt werde, ist im vorigen Kapitel (Seite 14) gezeigt. Den Holzgehalt zu Anfang der Zuwachsperiode findet man, wenn man den mittleren Halbmesser des Querschnittes derselben Sektionslängen, aus welchen der gegenwärtige Holzgehalt berechnet wurde, verkürzt und die einfache Breite der, in der Zuwachsperiode gebildeten Jahresringe in Rechnung zieht $(R^2 . \pi . H) — (r^2 \pi . h) = z$, [1] s. oben. Nur die Gipfelsektion wird um so viele Fuße kürzer in Ansatz gebracht, als der durchschnittliche Höhenwuchs der letzten Periode, multiplicirt mit den Jahren derselben, ergibt. Die Differenz des gegenwärtigen und früheren Holzgehaltes aller Sektionen ergibt den periodischen Zuwachs des ganzen Baumes, aus dem sich durch Division mit den Jahren der Periode der jährliche Durchschnittszuwachs der Periode berechnet.

Man kann aber auch in gleicher Weise den Zuwachs jeder früheren, als der letztverflossenen Periode, wenigstens für die Schaftholzmasse der Bäume, aus den Differenzen der Länge und des Durchmessers zu Anfang

---

[1] R = gegenwärtiger mittlerer Halbmesser der Sektionsquerflächen; r = dem, um die Breite der in der Zuwachsperiode gebildeten Jahresringe verkürzten Halbmesser π = Ludolph'sche Zahl = 3,1416 ...

und am Schluß der Zuwachsperiode berechnen und dadurch die Größe und den Holzgehalt der Bäume in jeder ihrer früheren Altersstufen auffinden.

Dasselbe Verfahren tritt bei den in Klassen eingetheilten Sektionen des Astholzes in Anwendung. Den Zuwachs des Zweig= und Reiserholzes ermittelt man gemeinschaftlich, durch Zählung der Jahresringe auf der unteren Abhiebfläche des Zweigholzes und durch Division der ganzen Zweig= und Reiserholzmasse mit der Durchschnittszahl der Jahresringe, woraus sich die durchschnittlich einjährige Produktion an Zweig= und Reiserholz ergibt.

Die Resultate dieser Zuwachsberechnung sind für gewöhnliche taxa= torische Zwecke hinreichend genau, obschon dabei der Rindezuwachs außer Rechnung bleibt. Nur bei Holzarten mit sehr dicker Rinde ist es nöthig, den Durchmesser der Walze zu Anfang der Zuwachsperiode (z. B. 19 Ctm.) um den Quotienten aus dem gegenwärtigen Durchmesser der Walze, (z. B. 20 Ctm.) in die doppelte Rindebreite (z. B. 1,5 Ctm.) $\left(\dfrac{2 \cdot 1{,}5}{20} = 0{,}15 \text{ Ctm.} \right)$ verringert in Rechnung zu stellen (19—0,15 = 18,85 Ctm.) Dagegen ist, wie ich erwiesen habe (Ertrag der Rothbuche S. 26), der von König gegen das Sektionsverfahren erhobene Einwurf: daß dabei das in der Zuwachs= periode in Abfall kommende Holz unberücksichtigt bleibe und um seinen Betrag die Zuwachsgröße verfälsche, völlig ungegründet; im Gegentheile trifft dieser Vorwurf das von ihm aus diesem Grunde, anstatt des Sektions= verfahrens, empfohlene Verfahren der Berechnung nach Formzahlen, das außerdem auf durchaus unrichtiger Prämisse ruht, auf der Voraussetzung nämlich, daß die Formzahlen der Bäume innerhalb der gewöhnlichen Zeit= dauer der Zuwachsberechnungsperioden sich nicht wesentlich verändern. In meinem Lehrbuche der Pflanzenkunde habe ich durch eine große Menge von Erfahrungssätzen den Beweis geliefert, daß die Formzahl, selbst innerhalb nur fünfjähriger Perioden, eine sehr veränderliche Größe sei, daß die Zu= oder Abnahme dieser Größe keinem allgemeinen Gesetze unterworfen sei und daß der Taxator durch kein äußeres Kennzeichen zu beurtheilen vermöge, ob die zukünftige Veränderung der Formzahl in auf= oder in absteigender Rich= tung stattfinden werde.

Allerdings ist die Zuwachsberechnung in Sektionen ein zeitraubendes umständliches Verfahren, allein bei der so sehr ungleichen Breite der Jahres= lagen in verschiedenen Baumtheilen ist es das einzige Verfahren, welches brauchbare Resultate gewährt. Nur ein gänzliches Verkennen der Zuwachs= verhältnisse unserer Waldbäume kann zu dem Ausspruche führen: daß das Sektionsverfahren ein weniger sicheres Resultat gewähre, als die Zuwachs= berechnung am stehenden Baume unter Anwendung der Formzahlen.

Ueber genauere Zuwachsmessungen und Berechnungen behufs wissen= schaftlicher Untersuchungen, vergl. Ertrag der Rothbuche S. 20—32.

d) Zuwachszurechnung nach Procenten und nach Massen.

Die Kenntniß des zukünftigen Zuwachses der Bäume kann nicht unmittelbar an ihnen selbst erworben werden, sondern nur dadurch, daß wir aus dem verflossenen, vorhandenen und daher meßbaren Zuwachse anderer älterer, unter gleichen oder ähnlichen Standorts= und Bestands=

verhältnissen erwachsener Bäume Schlüsse ziehen auf den künftigen Zuwachs des jüngeren Baumes.

Wir messen und berechnen den Zuwachs einer verflossenen Periode an einem Baume oder Bestande A. indem wir von seinem gegenwärtigen Holz=massengehalt den Holzmassengehalt zu Anfang der Zuwachsperiode in Abzug bringen; berechnen aus letzterem und der Zuwachsgröße den Procentsatz des jährlichen Zuwachses und nehmen an: daß ein anderer, jüngerer, unter ähnlichen Standorts= und Bestandsverhältnissen erwachsener Baum a, dessen zukünftiger Zuwachs in Ansatz gebracht werden soll, um durch Zurechnung desselben zur gegenwärtigen Holzmasse die Baumgröße am Schluß der Zu=wachs= (Abtriebs=) Periode zu ermitteln, in derselben Altersperiode dieselben Zuwachsprocente wie A erzeugen werde. — Zuwachszurech=nung — z. B. A gegenwärtig = 100 Cubikdecimeter Holzmasse, ent=hielt vor 10 Jahren 90 Cubikdecim. Es sind also an dem 90jährigen Baume A in der Periode bis zum 100sten Jahre durchschnittlich jährlich 1 Cubikdecim. = 1,11 Procent der Holzmasse des 90jährigen Baumes zugewachsen (90 : 1 = 100 : 1,11). Wir nehmen nun an, daß a, gegen=wärtig 90jährig und 85 Cubikdecim. Holzmasse enthaltend, bis zum 100sten Jahre ebenfalls jährlich 1,11 Procent Zuwachs liefern werde. Dieß ergäbe für a einen jährlichen Zuwachs von nur 0,9435 Cubikdecim. (100 : 1,11 = 85 : 0,9435) also 0,0565 Cubikdecim. weniger als A.

Bei dem vorstehend geschilderten Verfahren, das wir mit dem Namen der Procentzurechnung näher bezeichnen wollen, äußert die Größe des gegen=wärtigen Holzgehaltes des Baumes oder Bestandes a, einen wesentlichen Einfluß auf die Zuwachsgröße, wie aus dem voranstehenden Beispiel her=vorgeht, wo, bei gleichem Procentsatze, die 90 Cubikdecim. des Baumes A in 10 Jahren um 10 Cubikdecim., die 85 Cubikdecim. des Baumes a nur um 9,43 Cubikdecim. zuwachsen. Vom theoretischen Gesichtspunkte aus muß dieß als ein Fehler betrachtet werden, denn es lehrt die Erfahrung: daß unter gleichen Standorts= und Bestandsverhältnissen die Zuwachsgröße von geringeren Differenzen des Massengehaltes der Bäume und Bestände ziemlich unabhängig sei, und weit mehr vom gegenwär=tigen Gesundheitszustande und den gegenwärtigen Standortsverhält=nissen der Bestände bestimmt werde; daß daher die 85 Cubikdecim. des Baumes a ebenso gut um 10 Cubikdecim. binnen den nächsten 10 Jahren sich vergrößern können, als die 90 Cubikdecim. des Baumes A in dem=selben Alter und derselben Zeit sich vergrößert haben, daß daher Massen=zurechnung ein richtigeres Resultat gewähren müsse, als Procentzu=rechnung und der Ansatz lauten müsse: 90 + 10 = 100 also 85 + 10 = 95. Allein vom praktischen Gesichtspunkt aus läßt sich Manches zur Rechtferti=gung der Procentzurechnung anführen: namentlich der Umstand: daß die Gleichwerthigkeit der Standorts= und Bestandsverhältnisse sich sehr schwer direkt beurtheilen lasse; daß man aus einem geringeren oder größeren Massengehalte des Baumes a auf einen Standort geringerer oder größerer Erzeugungskraft schließen müsse; daß derselbe Umstand auch einen geringeren oder höheren Zuwachs der Zukunft voraussetzen lassen, und daß dieses Mehr oder Weniger durch die Procentzurechnung, wenigstens annähernd in

Rechnung komme. An A mit 90 Cubikdecim. ist der Durchschnittszuwachs bis zum 90sten Jahr $^{90}/_{90} = 1$ Cubikdecim., an a mit 85 Cubikdecim. in gleichem Alter ist er $^{85}/_{90} = 0,9444$ Cubikdecim., also durchschnittlich um 0,0556 Cubikdecim., geringer gewesen. Die Differenz in den Resultaten der Procentzurechnung und der Massenzurechnung ist in demselben Falle $1 - 0,943 = 0,057$ Cubikdecim. steht also den Differenzen des durchschnittlichen Zuwachses der Vergangenheit sehr nahe. Ebenso würde man schließen dürfen, daß wenn a im 90. Jahre größer ist als A im 90. Jahre war, dieß eine Folge bleibend günstigerer Verhältnisse sei, unter denen a erwuchs, der Zuwachs von a also auch im Verfolg ein größerer sein werde als in A, daß es daher richtig sei, wenn die Procentzurechnung für a mehr ergibt, als für A; z. B. $100 : 1,11 = 95 : 1,0545$, also 10,545 Cubikdecim. Zuwachs in 10 Jahren $= 0,545$ Cubikdecim. mehr als an A.

Man wird aus Obigem erkennen, daß die Procentzurechnung nicht bloße Rechnungsform ist, sondern eine, in das Resultat der Berechnung wesentlich eingreifende Bedeutung hat.

Die Zuverlässigkeit der Resultate des eben beschriebenen Verfahrens der Procentzurechnung, ebenso wie der Massenzurechnung, ruht aber ganz auf der Voraussetzung: daß die beiden Bäume oder Bestände A und a in ihren Zuwachsverhältnissen während der zu berechnenden Zuwachsperiode sich wenigstens nahe gleichstehen. Dieß ist die wunde Stelle des Verfahrens bei den unendlichen Abweichungen, die hierin vorkommen und bei der Schwierigkeit der Beurtheilung, ob solche und in welchem Grade sie bestehen. Vielleicht wird es uns dereinst gelingen, diese Klippe dadurch zu umgehen, daß wir den Zuwachs einer verflossenen Periode an demselben Baume oder an demselben Bestande ermitteln, für den er in Zurechnung kommen soll, daß wir aus dem Zuwachs der letztverflossenen Periode desselben Baumes auf den Zuwachs einer nächstfolgenden Periode schließen. Der Zuwachs einer nächstfolgenden Periode ist aber stets ein anderer, als der der vorangegangenen Periode; beide um so mehr verschieden, je mehr Jahre die Perioden umfassen. Abgesehen von den abnormen Schwankungen des Wachsthumsganges der Bäume oder Bestände durch Auslichtungen, Standortsveränderungen, Gesundheitszustand 2c. sind gegenwärtig unsere Kenntnisse vom normalen Wachsthumsgange der Bäume und Bestände noch so unvollkommen, daß sich die Ansicht wohl vertheidigen läßt, es sei die Summe der möglichen Irrthümer in den Schlüssen aus dem verflossenen auf den künftigen nicht meßbaren Zuwachs derselben Bäume mindestens ebenso groß als die der Irrthümer in den Schlüssen aus dem meßbaren Zuwachse eines älteren Bestandes A auf den künftigen Zuwachs eines ähnlichen jüngeren Bestandes a während derselben Altersperiode. Sorgfältige Erforschung des normalen Wachsthumsganges der Bäume und Bestände unter verschiedenen Standorts- und Bestandsverhältnissen wird die Summe der möglichen Irrthümer in den Schlüssen aus dem verflossenen auf den zukünftigen Zuwachs desselben Bestandes sehr verringern und diesem Verfahren, das in der Praxis schon jetzt häufig angewendet wird, den Vorzug vor dem zuerst erwähnten geben. Berechnung von Ergänzungsfaktoren für den Zuwachs der Zukunft aus dem der Vergangenheit, abgeleitet aus wirklichen

Erfahrungssätzen, ist für diese Art der Zuwachsaufrechnung unentbehrlich. Ich habe in meiner Arbeit über den Ertrag der Rothbuche dazu Anleitung gegeben und die Berechnung S. 79 für die Rothbuche ausgeführt. In ähnlicher Weise können sie aus den Darstellungen des Wachsthumsganges anderer Holzarten, wie solche in den Zuwachstabellen meines Lehrbuches der Pflanzenkunde enthalten sind, leicht berechnet werden.

Man hat auch wohl in Vorschlag gebracht, den Zuwachs eines Baumes oder Bestandes A aus der Differenz seiner Holzhaltigkeit und der eines andern jüngeren unter gleichen Standorts- und Bestandsverhältnissen erwachsenen Baumes a zu ermitteln, und diese Differenz als den künftigen Zuwachs des Baumes a für die Jahre des Altersunterschiedes beider Bäume in Rechnung zu bringen, indem man schließt: wenn A im 100sten Jahr 100 Cubikdecim., a im 90. Jahr 90 Cubikdecim. enthält, so wird a in der Periode vom 90. bis zum 100. Jahr ebenfalls zu 100 Cubikdecim. heranwachsen, mithin einen Zuwachs von 10 Cubikdecim. periodisch, von 1 Cubikdecim. oder 1,11 Procent jährlich haben. Dieß ist allerdings das kürzeste, aber auch das trügerischste Verfahren. Es ruht auf der Voraussetzung, daß die Holzhaltigkeit des Baumes A im 90jährigen Alter gleich war der gegenwärtigen Holzhaltigkeit des Baumes a, liefert nur dann ein richtiges Resultat, und gewährt keinerlei Nachweis, daß dieß der Fall ist. Dazu kommt, daß nur die, auf gleicher Altersstufe gleiche Größe und Massenhaltigkeit der Bäume A und a genügende Bürgschaft gibt, für die Gleichheit der Standorts- und der Bestandsverhältnisse, deren Constatirung bei diesem Verfahren ebenfalls fehlt.

e) Einjähriger Zuwachs. Durchschnittszuwachs (partieller und totaler). Specifischer Zuwachs.

Den wirklichen einjährigen Zuwachs erhält man, wenn in der Formel $(R^2 . \pi . H) — (r^2 . \pi . h) = z$ der Unterschied zwischen R und r = der Breite eines Jahrringes, der Unterschied zwischen H und h = der Länge eines Höhentriebes ist. Bei den großen Schwankungen in der Länge der Höhentriebe und der Breite der Jahresringe einzelner Jahre messe man diese jedoch nicht einzeln, sondern berechne sie aus fünfjährigem Durchschnitte.

Durchschnittszuwachs ist derjenige Zuwachs, den man erhält durch Division der Zuwachsmasse einer längeren oder kürzeren Zuwachsperiode mit den Jahren der Periode. Er ist in der Regel kleiner als der wirkliche letztjährige Zuwachs derselben Periode. (Ertrag der Rothbuche S. 79.)

Den einjährigen Durchschnittszuwachs eines Baumes oder Bestandes erhält man durch Division der Holzmasse derselben mit dem Alter des Baumes oder Bestandes. Bezieht sich dieß nur auf die gegenwärtig vorhandene Holzmasse des Baumes oder Bestandes, so nenne ich solchen Durchschnittszuwachs unvollständig (partiell); ist der gegenwärtigen Holzmasse des Baumes oder Bestandes der bereits erfolgte Verlust an Abfall und Durchforstungsholz hinzugerechnet, so nenne ich den Durchschnittszuwachs vollständig (total).

Periodischen Durchschnittszuwachs erhält man durch Division

der Massenerzeugung einer, nicht das ganze Baum= oder Bestandsalter um=
fassenden Periode, mit der Zahl der Periodenjahre.

Was ich unter „specifischem Zuwachs" verstehe, ist S. 40
erörtert.

II. Zuwachsberechnung ganzer Bestände.

Wie der muthmaßliche künftige Zuwachs eines jüngeren Baumes nur
durch Zurechnung des, in gleicher Zuwachsperiode erhaltenen Zuwachses eines
älteren Baumes mit genügender Sicherheit gefunden werden kann, so ver=
hält sich dieß auch mit der Zuwachsberechnung ganzer Bestände. Wie dort
werden auch hier kleinere Differenzen der Holzhaltigkeit und, wie man schließen
kann, auch kleinere Differenzen der Produktionskraft des Standorts oder
Bestandes durch die Procentzurechnung in Ansatz und Austrag gebracht.
Größere Differenzen müssen vermieden werden.

Das Verfahren ist im Wesentlichen folgendes: In dem zu taxirenden
Walde werden die älteren Bestände, für die allein Berechnung des perio=
dischen Zuwachses in Anwendung tritt, nach Holzart und den wesentlichen
Verschiedenheiten der Standorts= und Bestandesgüte in Gruppen gebracht,
z. B. I. Buche: A. guter Standort, a. guter (geschlossener), b. mittel=
mäßiger (raumer), c. schlechter (lichter) Bestand; B. mittelmäßiger Standort
a.—c., C. schlechter Standort a.—c., je nachdem sich in Bezug auf Zu=
wachsverhältnisse wesentliche Verschiedenheiten der Standorts= und Bestandes=
güte vorfinden. In jeder dieser Bonitätsabtheilungen wird eine Probefläche
ausgesteckt und deren Holzgehalt durch Auszählen der Bäume in Klassen
und Berechnung von Musterbäumen ganz in der Weise ermittelt, wie dieß
Kapitel 3 sub C. angegeben ist. An jedem der gewählten Musterbäume
wird der Zuwachs einer letztverflossenen Periode in vorstehend geschilderter
Weise berechnet, durch Multiplikation mit der Zahl der Klassenstämme der
Klassenzuwachs, durch Summirung des Zuwachses der Klassen der Bestands=
zuwachs pr. Hektar gefunden und dessen Verhältniß zur Bestandsmasse bei
Beginn der Zuwachsperiode, in einem Procentsatze ausgedrückt. Die Ar=
beit ist so groß nicht, wenn man bedenkt, daß die Resultate derselben größten=
theils zugleich auch der Bestandesschätzung und zur Aufstellung von Er=
fahrungstafeln dienen.

Die auf obige Weise für die verschiedenen Holzarten, Standorts= und
Bestandsverhältnisse gefundenen Procentsätze der Zuwachsberechnung werden
dann in eine Erfahrungstabelle über den Zuwachs älterer
Orte zusammengestellt und später, bei der Zuwachszurechnung, auf jüngere
Bestände entsprechender Standorts= und Bestandesgüte in Anwendung ge=
bracht, wobei jedoch als Regel zu beachten ist:

1) Daß der Procentsatz einer Berechnungsperiode nur für gleichlautende
Perioden in Zurechnung treten darf.

2) Daß die Zuwachszurechnung nur auf solche Bestände Anwendung
finden dürfe, die bis zum Abtriebe keine wesentliche Verringerung ihrer
Stammzahl erleiden werden.

ad 1) Man hat nämlich bisher, ohne bestimmte Vorschrift des Alters
und der Periodengröße, den Procentsatz des Zuwachses älterer Orte in

„haubaren" Beständen, also wohl größtentheils in Beständen ermittelt, die ihrem Abtriebe nahe stehen, und diesen Procentsatz auf die Zuwachszurech= nung für viel jüngere Bestände und viel längere Perioden in Anwendung gebracht, was nothwendig ein sehr unrichtiges Ergebniß zur Folge haben muß, wie aus Folgendem hervorgehen wird.

Eine Rothbuche, die im 80. Jahre 62, im 100. Jahre 103, im 120. Jahre 133, im 140. Jahre 158 Cubikctm. Holzmasse enthielt (Ertrag der Rothbuche S. 113), ergibt für die

Zuwachsperiode vom 80—140. Jahre 2,6 Proc. Zuwachs,
     „   „   80—120.   „   2,9   „   „
     „   „   80—100.   „   3,3   „   „
     „   „   100—120.   „   1,5   „   „
     „   „   120—140.   „   0,9   „   „

Man würde also bei der Berechnung eines 120jährigen Bestandes für die verflossenen 20 Jahre einen Zuwachs von 1,5 Proc. gefunden haben. Wendet man diesen Procentsatz auf die Berechnung des Abtriebsertrages eines gegenwärtig geringhaubaren, 80jährigen Ortes im 120jährigen Alter an, so ergibt sich ein in Bezug auf den Zuwachs um 93 Proc. zu geringes Resultat, denn der Procentsatz für die Periode vom 80. bis 120. Jahre ist wirklich 2,9 Proc. Noch größere Fehler ergeben sich aus der Anwendung auf, in Alter und Zeitdauer abweichende Zuwachsperioden in allen Fällen, wo Bestände vor oder nach der Abtriebsperiode des Umtriebs zur Ab= nutzung bestimmt werden, wie dieß bei unregelmäßigen Altersklassen behufs Ausgleichung der periodischen Erträge so häufig nothwendig wird. Käme der obige Procentsatz von 1,5 auf einen 80jährigen Bestand in Zurechnung, der schon in der ersten 20jährigen Periode zum Abtriebe bestimmt wird, so würde die Differenz von 1,5 und 3,3 Proc. einen Fehler von 120 Proc. in der Zuwachsmasse ergeben.

Solche Fehler zu vermeiden, müssen Erfahrungstafeln für Procent= zurechnung in Zukunft folgendermaßen construirt werden.

Z. B. für Rothbuchenhochwald in 120jährigem Umtrieb und 20jährigen Perioden:

Zuwachsperiode.	Standort.								
	I Gut.			II Mittelmäßig.			III Schlecht.		
	Bestand.								
	Geschlossen.	Raum.	Licht.	Geschlossen.	Raum.	Licht.	Geschlossen.	Raum.	Licht.
	Procente des Zuwachses.								
Vom 80. bis 100. Jahre	1,8	2,5	3,3	1,6	2,2	2,8	1,3	1,7	2,5
„ 80. „ 120. „	1,7	2,2	2,9	1,5	2,0	2,5	1,2	1,5	2,2
„ 80. „ 140. „	1,3	2,0	2,6	1,1	1,8	2,3	0,8	1,4	1,8
„ 100. „ 120. „	1,2	1,3	1,5	1,0	1,1	1,2	0,7	0,8	0,9
„ 120. „ 140. „	0,5	0,7	0,9	0,3	0,5	0,7	0,2	0,4	0,6

Man muß daher den Zeitraum, für welchen Zuwachszurechnung über=
haupt als zuläffig erkannt wird, z. B. 80—140 Jahre, nach Maßgabe des
Umfanges der Umtriebsperioden, in kürzere, diesen entsprechende Zuwachs=
perioden zerfällen und für jede dieser letzteren den Procentsatz des Zuwachses
gesondert berechnen. Wie in dem oben gegebenen Beispiele, bei 20jährigen
Umtriebsperioden, der Zurechnungszeitraum von 60 Jahren in drei 20jährige
Perioden (80—100, 100—120, 120—140, die Procentsätze der übrigen
Perioden: 80—120, 80—140 ergeben sich durch Berechnung aus ersteren)
getheilt ist, so würde bei 30jährigen Perioden der Zurechnungszeitraum von
90—150 Jahren in zwei 30jährige oder sechs 10jährige Berechnungsperio=
den, bei 10jährigen Perioden der Zurechnungszeitraum von 80—140 Jahren
in sechs 10jährige Perioden oder in drei 20jährige Perioden berechnet, im
letzteren Falle die Procentsätze für die 10jährigen Perioden durch Interpoliren
ermittelt werden müffen.

Bei der Berechnung der Abtriebserträge durch Zuwachszurechnung zur
gegenwärtigen Bestandsmaffe jüngerer Bestände wird dann, mit Bezug auf
das oben gegebene Beispiel, bei normaler Abtriebszeit für die Be=
stände zwischen 80 und 100=jährigem Alter, der Procentsatz der 80—120
jährigen Zuwachsperiode, für die 100—120jährigen Bestände, der dieser
Periode entsprechende Procentsatz in Rechnung kommen; bei abnormer
Abtriebszeit, für jetzt 80—100jährige Bestände in der ersten 20jährigen
Periode: der Procentsatz für 80—100 Jahre; für jetzt 80—100jährige Be=
stände in der dritten Periode: der Procentsatz für 80—140 Jahre; für die
jetzt 100= bis 120jährigen zum Abtrieb in der zweiten Periode bestimmten
Bestände: der Procentsatz für 120—140 Jahre, wenn der Bestand 120jährig
oder nicht viel jünger ist; eine Mittelzahl zwischen den Procentsätzen der
100—120jährigen und der 120—140jährigen Zuwachsperiode, wenn der
Bestand dem 100jährigen Alter näher steht. Wie bedeutend die aus Ver=
nachläßigung dieser Unterscheidungen hervorgehenden Fehler sind, ergibt ein
Blick auf die vorstehende Tabelle.

ad 2) Bei Holzarten, deren Bestände sich in höherem Alter rasch
lichten, kann die Holzmaffe des periodischen Pflanzenabganges die Holzmaffe
des Zuwachses in derselben Periode überwiegen, in welchem Falle, trotz des
an den bleibenden Bäumen vielleicht fogar steigenden Zuwachses, dennoch
eine Verringerung der Bestandsmaffe stattfinden, der Abtriebsertrag am
Schluß einer Zuwachsperiode geringer sein kann als bei Beginn derselben.
Wollte man in folchen Fällen den an einem älteren Bestande ermittelten
Procentsatz des Zuwachses zur Berechnung des Abtriebsertrages eines jüngeren
Bestandes verwenden, oder wollte man felbst nur die wirklich erfolgte Zu=
wachsmaffe der gegenwärtigen Holzmaffe des jüngeren Bestandes hinzuzählen,
so würde das Refultat dieser Berechnung zwar nicht in Bezug auf den Ge=
fammtertrag, wohl aber in Bezug auf den Abtriebsertrag ein unrichtiges
sein; bei der Procentzurechnung zu hoch, um den Holzmaffengehalt des in
der Zuwachsperiode erfolgten Pflanzenabganges und den Zuwachs, der an
den Bäumen deffelben erfolgt fein würde, wenn sie stehen geblieben wären;
bei der Maffenzurechnung zu hoch um den Betrag der Holzmaffe des Pflanzen=
abganges. Aber nicht allein der, die Zuwachsmaffe übersteigende Kapital=

verluſt durch Pflanzenabgang, ſondern überhaupt jeder Pflanzenabgang ver=
fälſcht das Reſultat der Zuwachszurechnung um den Betrag ſeiner ſelbſt,
inſofern es ſich um Ermittelung des Abtriebsertrages handelt. Dieß
iſt der Grund, weßhalb das Verfahren der Zuwachszurechnung nur auf
ſolche Beſtände angewendet werden ſollte, die, nach Alter und Be=
ſtockung, bis zu ihrem Abtriebe keinen, oder wenigſtens
keinen weſentlichen Pflanzenabgang vorausſehen laſſen,
man müßte denn den muthmaßlichen Pflanzenabgang ſchätzen, außer Rech=
nung laſſen, und nur dem bleibenden Beſtandstheile den bis zum Abtriebe
erfolgenden Zuwachs nach den ermittelten Procentſätzen hinzurechnen. Schätzung
des muthmaßlichen Pflanzenabganges iſt aber, bei der hierin nach Stand=
_orts= und Beſtandsverhältniſſen herrſchenden Verſchiedenheit, ein ſo mißliches
Unternehmen, daß in allen ſolchen Fällen die Schätzung nach Erfahrungs=
tafeln zuverläßiger iſt.

Aus Vorſtehendem erhellet zugleich, weßhalb Zuwachszurechnung nur
für die Berechnung des Abtriebsertrags älterer Beſtände anwendbar iſt,
da nur in dieſen der Pflanzenabgang ſich auf einen Grad verringert hat,
der das Reſultat der Berechnung der Wirklichkeit nahe oder doch näher
bringt, als dieß bei der Verwendung unſerer heutigen Erfahrungstafeln auf
Schätzung der Abtriebserträge älterer unvollkommener Beſtände der Fall iſt.

Die Procentſätze für die Zuwachszurechnung ſind ſtets in den Beſtän=
den des zu tarirenden Waldes zu erheben. Aus Erfahrungstafeln berechnete
Procentſätze haben keine praktiſche Bedeutung, einestheils deßhalb nicht, weil
Erfahrungstafeln ſtets aus den Erträgen vollkommen beſtandener Orte
hervorgegangen ſein ſollen, Zuwachszurechnung überhaupt aber nur noth=
wendig wird durch die in älteren Beſtänden vorherrſchenden Abweichungen
von normaler Beſtockung, Holzmaſſe und Zuwachs; anderntheils nicht, weil
in allen Fällen ihrer Anwendbarkeit der Ertragsſatz der Erfahrungstafeln
viel einfacher unmittelbar in Anſatz gebracht wird.

Die richtige Anwendung einer Zuwachstafel, wie ſie vorſtehend bei=
ſpielsweiſe ausgeführt iſt, ſetzt voraus, daß dem Taxator das Bild der Be=
ſtände, denen ſie entnommen wurde, bekannt iſt, daß der Taxator aus der
ſelbſt ausgeführten Bearbeitung wiſſe, was unter gutem oder ſchlechtem
Standort, unter geſchloſſenem oder lichtem Beſtande in dem betreffenden
Reviere zu verſtehen ſei. Sollen ſolche Zuwachstafeln von anderen Taxa=
toren auf die Beſtände anderer Reviere angewendet werden, ſo iſt es noth=
wendig, die ſehr ſchwankenden Begriffe von Standortsbeſchaffenheit und
Beſtandsſchluß näher zu bezeichnen, mit anderen Worten: den Procentſätzen
eine Standorts= und Beſtandscharakteriſtik beizugeben. Dieß kann leicht ge=
ſchehen; in Bezug auf Standort, durch Angabe der einfachen Breite ſämmt=
licher Jahresringe der betreffenden Periode in Bruſthöhe, wenn man nicht
auch die durchſchnittlichen Baumgrößen in die Charakteriſtik aufnehmen will;
in Bezug auf Beſtand, durch Angabe des durchſchnittlichen Standraumes
oder der durchſchnittlichen Stammferne der Bäume des Beſtands, woraus
ſich zugleich die Stammzahl entnehmen läßt.

III. Progreffionsmäßig abnehmender Zuwachs.

Wenn wir das Abtriebsjahr eines Baumes oder Bestandes genau vorherbestimmen könnten, würde sich die Holzmasse desselben zur Zeit der Abnutzung, durch Zurechnung des ermittelten bis zum Abtriebe erfolgenden Zuwachses zur gegenwärtigen Holzmasse, ohne weiteres vorherbestimmen laffen. Bei der Hochwaldwirthschaft ist aber eine Vorherbestimmung des Jahres der Abnutzung nicht möglich, aus Gründen, die ich S. 9 dargelegt habe. Wir müffen uns damit begnügen, eine Periode der Abnutzung zu bestimmen, daß, beispielsweise bei 120jährigem Umtriebe und 20jähriger Periodeneintheilung, ein gegenwärtig 90jähriger Bestand in der zweiten Periode oder, von heute an gerechnet, zwischen den Jahren 1870 und 1890 zur Abnutzung kommen solle. In welchem Jahre der Periode dieß geschehen werde, ob im Jahre 1871 oder 1889 oder dazwischen, läßt sich nicht vorhersehen. Der wirkliche Abtriebsertrag der Bestände muß aber sehr verschieden ausfallen, je nachdem dieselben zu Anfang oder gegen den Schluß der Abtriebsperiode zur Abnutzung gezogen werden, da in erfterem Falle die ganze Zuwachsmasse fehlt, welche in letzterem Falle während der Periode noch erfolgt. Wir müffen uns daher damit begnügen, für die Dauer der Abtriebsperiode nur die Summe des Zuwachses zu ermitteln, um welche alle ihr zugewiesenen Bestände gemeinschaftlich sich vergrößern werden, und diese Zuwachsgröße erhalten wir, unter Annahme, daß jeder der Abtriebsperiode zugewiesene Bestand sich jährlich, bei 20jährigen Perioden um $\frac{1}{20}$, bei 30jährigen Perioden um $\frac{1}{30}$ der Bestandsmasse verringern werde, durch Summirung der in gleichem Verhältniß abnehmenden jährlichen Zuwachsgrößen.

Progreffionsmäßig abnehmend nennen wir daher einen, in gleichem Verhältniß wie die Bestandsmasse, an welcher er erfolgt, alljährlich sich verringernden Zuwachs.

Unter der Voraussetzung, daß während der Abtriebsperiode alljährlich gleiche Theile der Bestandsmasse eines jeden Bestandes abgeholzt werden, unter der Voraussetzung ferner, daß die Summe des jährlichen Zuwachses sich gleichmäßig mit der Verringerung der Holzbestandsmasse verringert (es trifft das nicht zu bei Verjüngung durch natürliche Besamung), ist die Summe des Zuwachses der Abtriebsperiode gleich der Summe einer arithmetischen Reihe, deren erstes Glied (a) gleich dem Zuwachse der vollen Bestandsmasse im ersten Jahre, deren Gliederzahl (n) gleich der Anzahl Jahre der Abtriebsperiode, deren letztes Glied (u) so groß ist wie der Unterschied zwischen den einzelnen Gliedern.

In einer solchen Reihe findet man die Größe des letzten Gliedes (u) durch Division des ersten Gliedes mit der Zahl der Glieder, die Summe der Reihe (S) nach der Formel $\frac{a + u \cdot n}{2} = $ S. oder, da u $=$ der Differenz der Glieder, es daher einerlei ist, ob man u und a summirt, oder statt deffen die Zahl der Glieder um 1 erhöht, nach der Formel $\frac{a \cdot n + 1}{2}$ $=$ S. Z. B.:

Bestandsmasse zu Anfang der Abtriebsperiode = 120,000 Cubikfuß, Zuwachs = 1 Proc., ergibt für

a = 1200 Cubikdecim.,

n = 20 Jahre (20jährige Perioden vorausgesetzt),

$$u = \frac{1200}{20} = 60 \text{ Cubikdecim.}$$

$$1200 + 60 \cdot \frac{20}{2} = 12600 \text{ Cubikdecim., oder } 1200 \cdot \frac{21}{2} = 12600$$

Cubikdecim. Dazu obige 120,000 Cubikdecim. Bestandsmasse, ergibt 132,600 Cubikdecim. Abtriebsertrag.

Man kürzt häufig, nach Cotta's Vorschlag, die Berechnung noch weiter ab dadurch, daß man $S = a \cdot \frac{n}{2}$ setzt, oder, mit Worten dadurch, daß man den Zuwachs des ersten Jahres der Abtriebsperiode für die Hälfte der Periodenjahre voll berechnet; 1200 . 10 = 12000. Es ergibt dieß Verfahren in obigem Falle 600 Cubikdecim. oder 5 Proc. Zuwachs zu wenig. Ich kann in der That Vorzüge irgend einer Art in dieser Abkürzung nicht erkennen. Der angegebene Grund: Vereinfachung und Erleichterung der Berechnung, beschränkt sich auf den Unterschied in der Multiplikation mit $\frac{21}{2}$ oder mit $\frac{20}{2}$ (!!) und besteht gar nicht, wenn man die von G. L. Hartig berechneten Procentzuwachstabellen (Instruktion S. 111) anwendet. Auf der anderen Seite ist der, bei dieser Abkürzung wissentlich in die Rechnung aufgenommene Fehler von 5 Proc. immerhin nicht unerheblich, wobei zu berücksichtigen ist, daß, bei Verjüngung der Bestände durch Besamungsschläge, auch die Voraussetzung einer, mit Verminderung der Bestandsmasse gleichmäßig erfolgenden Zuwachsverminderung, eine gegen die Wirklichkeit geringere Zuwachsgröße ergibt.

Die Berechnung des progressionsmäßig abnehmenden Zuwachses findet nur Anwendung auf die Abtriebsperiode der Bestände. Bis zum Beginn der Abtriebsperiode wird den gegenwärtigen Bestandmassen der volle Zuwachs hinzugerechnet.

Z. B. ein gegenwärtig 85jähriger, zum Abtriebe in der zweiten 20jährigen Periode eines 120jährigen Umtriebes bestimmter, raumer Bestand erster Standortsgüte, ergab: gegenwärtige Bestandsmasse 100,000 Cubikdecim. Nach vorstehender Tabelle beträgt der Zuwachs für die Zuwachsperiode vom 80. bis 100. Jahre 3,3 Proc., ergibt jährlich 3300 Cubikdecim., für die Periode voll 3300 . 20 = 66,000 Cubikdecim. Es beträgt daher die Bestandsmasse am Schluß der Periode 166,000 Cubikdecim. Der Procentsatz für die Abtriebsperiode sei (nach der Erfahrungstafel S. 42) 1,5 Proc., daher a = 166000 . 0,015 = 2490; $\frac{n+1}{2} = 10,5$; die Summe des progressionsmäßig abnehmenden Zuwachses = 2490 . 10,5 = 26,145; dazu die Bestandsmasse zu Anfang der Abtriebsperiode = 166,000 Cubikdecim. ergibt 192,145 Cubikdecim. Abtriebsertrag.

Dieser Abtriebsertrag würde in der Wirklichkeit nur erfolgen, wenn der Beſtand in der Mitte der Abtriebsperiode zum Hiebe käme. Man kann aber annehmen, daß die höher als berechneten Erträge der ſpäter zum Hiebe kommenden Beſtände und die geringer als berechneten Erträge der früher zum Hiebe kommenden Beſtände ſich gegenſeitig ausgleichen.

B. Ertragsſchätzung nach Erfahrungstafeln.

In Vorſtehendem habe ich dargethan, daß und warum, durch Zu=rechnung künftiger Zuwachsmaſſe zur gegenwärtigen Beſtandsmaſſe, der künf=tige Abtriebsertrag nur ſolcher Beſtände möglichſt richtig berechnet werden könne, die bis zum Abtriebe keine weſentliche Beſtandsveränderung in Bezug auf Stammzahl erleiden werden, daß daher der künftige Abtriebsertrag nur der älteren, dem Abtriebe näher ſtehenden Beſtände eines Waldes durch Zuwachszurechnung ermittelt werden dürfe.

Für die jungen und mittelwüchſigen Beſtände muß an die Stelle der Zuwachsrechnung ein anderes Ertragsſchätzungsverfahren treten: die Schätzung nach Erfahrungstafeln.

I. Conſtruktion der Erfahrungstafeln.

Wenn wir in einem jetzt 10= oder 20jährigen Beſtande eine möglichſt genaue Beſtandsaufnahme und Ertragsberechnung in der Art vollziehen, wie dieß S. 31 erörtert' und tabellariſch ausgeführt wurde; wenn wir in demſelben Beſtande, auf derſelben Probefläche dieſe Unterſuchung alle 10 oder 20 Jahre wiederholen; wenn dieſe Unterſuchungen bis zum Alter der Haubarkeit fortgeſetzt und dann die Reſultate derſelben, in der S. 31 dieſes und in den Erfahrungstafeln am Schluß der Bodenkunde des 1. Bandes vorgezeichneten Form, der Altersfolge nach untereinandergeſetzt werden, ſo gewinnen wir eine Ueberſicht des Wachsthumganges, ſowohl der einzelnen Bäume des unterſuchten Beſtandes, als auch der ganzen Beſtandsmaſſe, ihrer quantitativen und qualitativen Veränderungen; aus der Differenz der Stammzahlen den periodiſch erfolgenden Pflanzenabgang; aus der Differenz der Maſſen ſowohl im Einzelnen wie im Ganzen den periodiſch erfolgten Zuwachs; wir gewinnen eine Ueberſicht ſämmtlicher Veränderungen, die der Beſtand während ſeines Lebenslaufes erlitt, das Material zu einer Beſtands=biographie.

Finden wir nun einen anderen jüngeren Beſtand a., der mit dem unterſuchten Beſtande A. auf gleicher Altersſtufe in allen weſentlichen Be=ſtandtheilen übereinſtimmt, ſo werden wir aus der Uebereinſtimmung ſchließen dürfen: 1) daß die Standortsverhältniſſe beider Beſtände in Bezug auf bisherige Produktionskraft ſich einander gleich ſeien, dieſe daher wahr=ſcheinlich auch im Verfolg gleiche Wirkung äußern werden (wenn nicht direkte Standortswürdigung ein anderes ergibt). 2) Daß in dieſem Falle der Beſtand a. ſich in gleicher oder ähnlicher Weiſe fortbilden werde, wie der Beſtand A. ſich fortgebildet hat, daß daher für die künftigen Wachs=thums= und Ertragsverhältniſſe des Beſtandes a. die des Beſtandes A. als maßgebend betrachtet und ſubſtituirt werden dürfen.

Das oben angedeutete Verfahren, den Wachsthumsgang der Beſtände

zu ermitteln, ist jedoch nur für den kurzen Umtrieb des Schlagholzes im
Nieder- und Mittelwalde wirklich ausführbar. Für den, ein Menschenalter
übersteigenden Umtrieb des Hochwaldes und des Oberholzes liegt uns das
Endresultat der Untersuchung zu fern. Wir bedürfen der vollständigen Ergebnisse dieser Forschungen schon jetzt.

Dem gegenwärtigen Bedürfniß zu genügen, bleibt uns daher kein
anderer Weg, als die Untersuchung schon gegenwärtig vorhandener Bestände
verschiedenen Alters, von denen jeder einzelne die entsprechende Altersstufe
ein und desselben Bestandes zu repräsentiren geeignet ist.

Es ist einleuchtend, daß die Zusammenstellung verschiedener Bestände zu einer Erfahrungstafel nur dann den Wachsthumsgang eines
Bestandes richtig darstellen könne, wenn jeder der zu wählenden Bestände
der entsprechenden Altersstufe eines und desselben Bestandes wirklich conform ist.

Einen Maßstab für die Auswahl repräsentationsfähiger Bestände gab
es bis daher nicht, die Auswahl war ganz dem freien Ermessen des Taxators anheim gegeben, woraus die Möglichkeit großer Irrungen und vieler
vergeblichen Arbeit entsprang. Das von mir vorgeschlagene Verfahren
(Ertrag der Rothbuche), durch Berechnung von Weiserbeständen einen
Anhalt zu gewinnen für die Auswahl repräsentationsfähiger, in eine Ertragstafel zusammenzustellender Bestände ist im Wesentlichen folgendes.

Soll für ein bestimmtes Revier eine Erfahrungstafel, z. B. für die
Wachsthumsverhältnisse der Rothbuche angefertigt werden, so sind zuerst die
Standortsverhältnisse nach Maßgabe ihrer Produktionskraft, erkennbar aus
den Resultaten bereits erfolgter Produktion, in drei bis fünf Bonitätsklassen zu bringen. In der Regel werden drei Bonitätsklassen genügen, und
nur in Gebirgswaldungen können in Folge sehr verschiedenen Bodens und
Klimas mehr als drei Klassen nöthig werden. In jeder dieser Bonitätsklassen, die mit „guter, mittelmäßiger, schlechter Standort" zu bezeichnen
sind, wird ein möglichst vollkommen bestockter und, so weit es sich erkennen
läßt, unter normalen Verhältnissen erwachsener Bestand, der älteste, diesen
Bedingungen entsprechende, welcher sich darbietet, ausgewählt, wobei ferner
zu berücksichtigen ist, daß die Baumgrößen des zu erwählenden Bestandes
im Mittel stehen zwischen den Extremen in den gleichaltrigen Beständen derselben Bonitätsklasse.

In jedem dieser drei oder fünf Bestände wird eine Probefläche ausgewählt, der Bestand derselben in gleicher Weise ausgezählt, gemessen,
berechnet und verzeichnet, wie dieß S. 31 angegeben wurde. Eine Erweiterung der Arbeit besteht nur darin, daß an jedem der gewählten
Musterbäume nicht allein die gegenwärtige Höhe, Brusthöhendurchmesser
und Cubikinhalt, sondern diese auch für jede frühere 10- oder 20jährige
Periode gemessen und berechnet wird, wobei Messung und Berechnung sich
allein auf den Schaftholzgehalt der Bäume erstrecken. Die Resultate dieser
Arbeit werden dann folgendermaßen verzeichnet:

125jähriger Rothbuchen=Weiferbestand. Erste Bonitätsklasse.[1]

Stammzahl.	Gegenwärtig 125jährig.			Vor 5 Jahren 120jährig.			Vor 25 Jahren 100jährig.			Vor 45 Jahren 80jährig.			Vor 65 Jahren 60jährig.			2c.
	Höhe.	Durchmesser.	Schaftholzinhalt.	Höhe.	Durchmesser.	Schaftholzinhalt.	Höhe.	Durchmesser.	Schaftholzinhalt.	Höhe.	Durchmesser.	Schaftholzinhalt.	Höhe.	Durchmesser.	Schaftholzinhalt.	u. s. w.
	Fuß.	Zoll.	Cbf.	Fuß.	Zoll.	Cbf.	Fuß.	Zoll.	Cbf.	Fuß.	Zoll.	Cbf.	Fß.	Zoll.	Cbf.	
I. Kl. 38	110	18,2	80	109	17,2	76	107	14,4	55	101	11,5	34	75	8,4	16	2c.
II. Kl. 48	107	16,0	70	106	15,0	67	104	13,4	51	98	11,5	33	81	9,4	18	
III. Kl. 48	98	13,1	43	97	12,8	42	95	11,6	34	86	10,0	25	67	7,2	12	
IV. Kl. 18	102	10,6	29	101	10,2	28	99	9,3	23	91	8,5	17	74	7,2	9	

Wären die Perioden des Umtriebs 30jährig, so würde anstatt obiger, die Berechnung der früheren Größen auf 120, 90, 60, 30 Jahre auszu= führen fein.

Findet man es zu weitläufig, die Differenzen aller oben aufgenom= menen Schaftgrößen zu berechnen, so gewährt es auch schon einen recht guten Anhalt, wenn man sich darauf beschränkt, nur die Differenzen der Brusthöhendurchmesser an den Musterbäumen der verschiedenen Stammklassen für die verschiedenen Altersstufen aus einer in Brusthöhe ausgeschnittenen Querscheibe zu verzeichnen.

Eine auf diese Art angefertigte Weifertabelle dient nun als Wegweiser bei der Auswahl der in eine Erfahrungstabelle zusammenzustellenden ver= schiedenaltrigen Bestände. Es sind für jede Altersperiode nur solche Be= stände auszuwählen, in denen, bei voller Bestockung, die stärksten Stämme — nach obigem Beispiele die stärksten 152 Stämme, in den Größeverhältnissen ihres Schaftes, denen des Weiferbestandes auf gleicher Altersstufe gleichen oder doch nicht wesentlich abweichen. Mit Bezug auf den oben verzeichneten Weiferbestand wäre z. B. für das 80jährige Alter ein Bestand aufzusuchen, in welchem bei voller und normaler Bestockung die stärksten 152 Stämme 90—100 Fuß hoch, 9—12 Zoll in Brusthöhe stark sind, in welchem die stärksten 80—90 Stämme 30—35 Cubikfuß, die nächst stärksten 60—70 Stämme 15—25 Cubikfuß Schaftholzmasse enthalten, in welchem die doppelte Breite der letzten 20 Jahresringe in Brusthöhe an den stärksten 120—130 Stämmen 2—3 Zoll beträgt.

Durch eine auf diese Weise begründete Wahl der, für ein und dieselbe Erfahrungstabelle zu untersuchenden und zusammenzustellenden Be= stände, ist nicht allein der Bedingung repräsentativer Eigenschaft Genüge geleistet, so weit dieß überhaupt möglich ist, sondern man wird auch manche vergebliche Arbeiten sich erfparen, die aus einer, nur auf Gut= dünken beruhenden Auswahl und Bestandsaufnahme hervorgehen, wenn der untersuchte Bestand, wie erst aus dem Endresultate der Untersuchung

---

[1] Da es sich hier nur um ein Beispiel tabellarischer Form handelt, die Umrechnung der Zahlen in die des metrischen Systems typographische Inconvenienzen mit sich geführt haben würde, behalte ich die früheren Zahlenregifter bei.

hervorgeht, in die Bestandsreihe nicht hineinpaßt; eine Arbeitsersparniß, wodurch die auf den Weiserbestand verwendete Arbeit reichlich vergütet wird, der übrigens zugleich auch als ältestes Glied der Erfahrungstabelle dient, daher den Zwecken der Weisung nur der Ueberschuß der Arbeit in Messung und Berechnung früherer Größen zur Last geschrieben werden darf.

Ein anderer, in der Begründung der Bestandswahl auf Weiserbestände liegender, wesentlicher Vortheil besteht darin, daß wir dabei einer unmittelbaren Würdigung der Standortsverhältnisse gänzlich entbehren können. In diesem Falle ist es ganz gleichgültig, ob wir die Bestände auf Basalt- oder Kalk- oder Sandboden, ob wir sie auf flach- oder tiefgründigem, auf feuchtem oder trocknem Boden, im günstigen oder ungünstigen. Klima, in Deutschland oder in Lappland auswählen. Es kommt nur darauf an, daß die bisherige Produktionskraft des Standorts der zu wählenden Bestände eine gleiche sei mit der des Weiserbestandes bis zu gleicher Altersstufe. Daß dieß der Fall sei, dafür bürgt uns die Uebereinstimmung in den Schaft- und Zuwachsgrößen der stärksten Bestandsglieder, bei übrigens voller Bestockung, dafür bürgt die Uebereinstimmung der Resultate verflossener Produktion in dem zu erwählenden und dem Weiserbestande auf gleicher Altersstufe, weit sicherer als die sorgfältigste, unmittelbare Standortswürdigung.

Durch die Wahl der, in eine Erfahrungstafel zusammenzustellenden, Bestände nach einem Weiserbestande werden also erfüllt: 1) die Bedingung repräsentativer Eigenschaften, 2) die Bedingung gleichwerthiger Standortsverhältnisse.

Es sind zu Gliedern der Erfahrungstafel nur vollkommen bestockte und normal gebildete Bestände zu erwählen, da nur diese als Maßstab und Vergleichsgrößen dienen können, die Arten und Grade der Unvollkommenheit und Unregelmäßigkeit zu zahlreich und zu vielgestaltig sind. Was unter voller Bestockung und unter normaler Bildung, was unter vollkommenem Bestande zu verstehen sei, darüber läßt sich ein allgemeiner Maßstab voraus nicht geben. Für Bestände, die nach dem Hartig'schen Principe erzogen und behandelt werden, gehört dazu nicht allein voller Kronenschluß, sondern auch eine Stammzahl, die bereits seit längerer Zeit normalen Durchforstungs-Abgang ergeben und eine, dem entsprechende Schaft- und Kronenbildung zur Folge gehabt hat.

Eine vorläufige Uebersicht der Bestandsverhältnisse des zu taxirenden Reviers, für welches Erfahrungstafeln aufgestellt werden, der Stammzahl, der Baumformen und Baumgrößen in den besseren Beständen der verschiedenen Altersklassen, muß den Taxator auf die richtige Auswahl in dieser Hinsicht vorbereiten. Die fertigen Erfahrungstafeln selbst sind es erst, welche den Begriff vollkommner Bestände für das betreffende Revier, für dessen Standorts-, Bestandes- und Wirthschaftsverhältnisse feststellen.

Handelt es sich um Aufstellung von Erfahrungstafeln für taxatorische Zwecke, dann ist in den als vollkommen bestanden erkannten Beständen die Auswahl der Probeflächen dem mittleren Bestockungs- und Holzhaltigkeitsgrade derselben entsprechend zu bewirken.

Sind die nach dem Weiserbestande erwählten Probeflächen in der

Seite 32 dargeſtellten Weiſe aufgenommen, berechnet und verzeichnet, ſind die tabellariſchen Verzeichnungen der verſchiedenen Probeflächen, ihrer Alters=folge nach geordnet, untereinander geſtellt, ſo iſt die Erfahrungstabelle im Weſentlichen vollendet. Wie aus einer ſolchen Vielbeſtandstabelle mit Hülfe des Weiſerbeſtandes eine Einbeſtandstabelle entworfen und durch dieſe die unvermeidbaren, zufälligen Schwankungen des durch Zu=ſammenſtellung einer Mehrzahl von Beſtänden dargeſtellten Wachsthums=ganges naturgemäß berichtigt und ausgeglichen werden können, darüber habe ich in meiner Arbeit über den Ertrag der Rothbuche geſprochen.

Wenn wir uns bei der Wahl der Beſtände für eine Erfahrungstafel unmittelbarer Standortswürdigung entheben können, wie ich vorſtehend dargethan habe, ſo gilt dieß nicht zugleich auch in Bezug auf Anwen=dung der Erfahrungstafeln; denn es können zwei Beſtände, z. B. der Weiſerbeſtand im 20ſten Jahre auf tiefgründigem Boden und ein anderer Beſtand in gleichem Alter auf flachgründigem Boden, ſo lange die geringere Bodentiefe der geringeren Wurzelausbreitung noch genügt, einander voll=kommen gleich ſein, und dennoch in der Zukunft einen ſehr verſchiedenen Ertrag liefern. Es iſt daher nothwendig, jeder Erfahrungstafel eine Standorts=Charakteriſtik in Bezug auf Boden, Lage und Klima beizugeben, die ſich ausſchließlich auf den Weiſerbeſtand und diejenigen älteren Beſtände der Erfahrungstafel bezieht, für weche man annehmen kann: daß ſich das Endreſultat der Produktionskraft des Standorts ſchon dargeſtellt hat. Alle jüngeren Beſtände müſſen hierbei außer Acht bleiben, wie aus dem oben angeführten Beiſpiele hervorgeht.

II. Anwendung der Ertragstafeln.

Wie aus der Tabelle S. 32 hervorgeht, zerfällt jede Erfahrungstafel in zwei Haupttheile, in die Beſtands=Charakteriſtik und in die Ertragsziffer. Was ich unter einer vollſtändigen Beſtands=Charakteriſtik verſtehe, geht aus derſelben Tabelle hervor. G. L. Hartig gibt nur die Stammzahl und den Cubikinhalt der einzelnen Stammklaſſen, ſowohl des dominirenden als des unterdrückten Beſtandes, woraus ſich die durchſchnittliche Größe der Bäume jeder Stammklaſſe berechnen läßt (ſ. Bd. I. S. 112). Paulſen gibt vom dominirenden Beſtande Stammzahl, durchſchnittliche Höhe, durch=ſchnittlichen Durchmeſſer und Holzgehalt aller Stämme ohne Sonderung der Stammklaſſen; vom unterdrückten Beſtande Stammzahl und Holz=gehalt in einer Summe. (S. Ertrag der Rothbuche, im Anhange: die Paulſen'ſchen Ertragstafeln.) Die Angabe durchſchnittlicher Stammgröße aller Pflanzen des Beſtandes iſt in ſo fern nicht zweckmäßig, als jeder Vergleich erſt eine ſehr umſtändliche Auszählung, Meſſung und Berechnung aller Beſtandsglieder fordert, während die Vertheilung in Stärkeklaſſen den Vergleich ſehr erleichtert und vereinfacht. Die Durchſchnittszahl aus der Höhe, dem Durchmeſſer, dem Cubikinhalte aller Stämme iſt aber auch eine ſehr unſichere Vergleichsgröße in allen Fällen einer einſeitig unvoll=kommenen Beſtockung. Sind die Beſtandsglieder in Größeklaſſen eingetheilt, ſo läßt ſich ſchon aus der Conformität der erſten und zweiten Größenklaſſe

auf die Gleichwerthigkeit der Standorts= und Bestandsverhältnisse eines zu
schätzenden und des gleichaltrigen Bestandes einer Erfahrungstafel schließen.
Beschränkt sich die Charakteristik auf die Angabe einer Durchschnittsgröße,
so können zwei in der That durchaus gleichwerthige Bestände sehr ver=
schiedene Durchschnittsgrößen ergeben. Z. B. wenn in dem einen derselben
die Stämme vierter oder fünfter Größe durch eine etwas verstärkte Durch=
forstung hinweggenommen wurden. Die badischen Ertragstafeln geben
neben dem summarischen Massengehalte die Stammzahl und die, als Ver=
gleichsgröße sehr schwer und nur in außergewöhnlichen Fällen zu hand=
habende mittlere Bestandshöhe. Alle übrigen Ertragstafeln geben gar
keine Bestands=Charaktere, sondern neben dem Holzalter nur den Massen=
gehalt des Bestandes pro Morgen.

1) Erfahrungstafeln.

Die Anwendung solcher Ertragstafeln, welche mit einer Bestands=
Charakteristik versehen sind (denen ich ausschließlich die Benennung „Er=
fahrungstafeln," den nicht charakterisirten Ertragstafeln hingegen den
Namen „Massentafeln" zuwenden möchte), auf Bestimmung der Durch=
forstungs= und Abtriebserträge, welche ein gegenwärtig junger Bestand in
der Zukunft muthmaßlich liefern wird, besteht im Wesentlichen darin, daß
man die Charaktere desselben mit den, in der Erfahrungstabelle gegebenen,
Bestands=Charakteren gleicher Altersstufen vergleicht. Fände sich völlige
oder annähernde Uebereinstimmung der Charaktere beider, so werden, wenn
nicht in die Augen fallende, auf den künftigen Wachsthumsgang wesentlich
abändernd wirkende Standortsverschiedenheiten bestehen, die künftigen Durch=
forstungserträge und der Abtriebsertrag des zu schätzenden Bestandes, dem
der Erfahrungstafel gleich anzusetzen sein. G. L. Hartig bestimmt auch
für diesen Fall, daß die Ertragsansätze für den zu taxirenden Ort nur $\frac{7}{8}$
derer in den Erfahrungstafeln betragen sollen, theils aus Rücksicht auf den
Umstand: daß derjenige Grad vollkommener Bestockung, wie er den Er=
fahrungstafeln zum Grunde gelegt werden muß, nie über größere Bestands=
flächen verbreitet ist, theils um durch den verringerten Ansatz einen Reserve=
fonds zu bilden. Fänden sich hingegen wesentliche Verschiedenheiten in den
Charakteren des zu schätzenden Bestandes und des Bestandes der Ertrags=
tafel, so ist zunächst darauf zu sehen, worin diese Abweichungen beruhen,
ob im Holzwuchse oder in der Bestockung.

Geben sich Abweichungen im Holzwuchse, also in der Höhe, Stärke
und im Massengehalte der Bäume bei übereinstimmender Bestockung zu er=
kennen, der Art, daß die Charaktere der gleichaltrigen Bestände keiner der
verschiedenen Bonitätsklassen annähernd mit denen des zu taxirenden Be=
standes übereinstimmen, so ist der gleichaltrige Bestand derjenigen Bonitäts=
klassen als maßgebend anzunehmen, dem der zu taxirende Bestand in seinen
Charakteren am nächsten steht; es sind die Ertragsziffern für den Letzteren
in demselben Verhältnisse auch für die Zukunft höher oder niedriger in
Ansatz zu bringen, als die gegenwärtigen Baumgrößen höher oder niedriger
sind. Ergäbe sich z. B., daß letztere das Mittel hielten zwischen den Baum=

größen der zweiten und dritten Bonitätsklasse auf gleicher Altersstufe, so
würden auch die künftigen Erträge des zu schätzenden Bestandes im Mittel
zwischen den Ertragssätzen dieser beiden Klassen anzusetzen sein. Auch hierbei ist eine unmittelbare Standortswürdigung gar nicht zu umgehen, besonders in Bezug auf solche Standortsverhältnisse, die, wie z. B. Flachgründigkeit des Bodens, erst im höheren Bestandsalter ihren, die Vegetation
hemmenden Einfluß äußern. Es ist zu untersuchen, ob in dem zu schätzenden Bestande von den Standorts-Charakteren der Bonitätsklasse abweichende
Verhältnisse vorliegen, ob und in welchem Grade sie eine Abweichung von
dem, durch die Erfahrungstafel ausgesprochenen Wachsthumsgange zur
Folge haben werden, in welchem Falle dann nicht die gegenwärtige
Conformität des zu schätzenden Bestandes und des Bestandes der Ertragstafel auf gleicher Altersstufe, sondern der Standort felbst über die
Wahl der Bonitätsklasse entscheiden muß, aus welchen der künftige Ertrag
des zu schätzenden Bestandes zu entnehmen ist. Je jünger die nach Ertragstafeln zu schätzenden Bestände sind, um so größere Aufmerksamkeit muß
man diesem letzteren Gegenstande zuwenden.

Geben sich Abweichungen in der Bestockung bei übereinstimmendem
Holzwuchse zu erkennen, so ist dieß in der Regel ein Kennzeichen geringerer
Standorts-Qualität, wenn der größere Standraum, in annähernd gleichmäßiger Vertheilung, schon längere Zeit bestanden hat und nicht so groß
ist, daß dadurch eine vorübergehende Verringerung der Bodenkraft
veranlaßt wurde; denn bei gleicher Bodenkraft müßte ein gemäßigt größerer
Standraum den Zuwachs der einzelnen Stämme, besonders den Stärkezuwachs in Brusthöhe gesteigert haben. Es ist sodann das Augenmerk
darauf zu richten, wie lange und in welchem Grade die vorliegenden Unvollkommenheiten des Bestands auf eine Verringerung des Ertrages gegen
den des Bestandes der Erfahrungstafel einwirken werden. Zuerst sind die
Flächen auszuscheiden, die bis zum Abtriebe des Bestands produktionslos
bleiben werden; Räumden und Blößen, die für den laufenden Umtrieb
nicht mehr in Bestand gebracht werden können. Ihre Flächengröße wird
von der Gesammtfläche des Bestandes in Abzug gebracht und der Ertrags-
anfatz der Erfahrungstafeln sowohl in Bezug auf Abtrieb als auf Durchforstung nur von der bestandenen Fläche berechnet. Es ist jedoch zu berücksichtigen, daß, wenn der Bestand viele kleinere Räumden enthält, deren
Gesammtfläche, in Bezug auf Ermäßigung der Abtriebserträge, nicht
wie sie vorliegt, berechnet werde, sondern nach Abzug der halben Schirmflächengröße aller Randbäume im Abtriebsalter. Sodann sind diejenigen Unvollkommenheiten zu würdigen, die nur auf Wegfall oder Schmälerung der Durchforstungsnutzungen Einfluß haben und vor dem Abtriebe
verschwinden werden. Es ist hierbei zu ermitteln, in welchem Alter des
gegenwärtig jungen Bestandes die der Erfahrungstafel entsprechende volle
Stammzahl in gleichmäßiger Vertheilung vorhanden, und wie groß
der Ausfall an Durchforstungsnutzung in den vorhergehenden Perioden sein
wird, z. B.:

Der gleichwerthige Bestand der Erfahrungstafel ergäbe für den Vollbestand Stammzahl:

im　20ſten Jahre 10,000 } 18,500 St. Durchforſt.

„　40ſten　„　1500 } 1000　„　　„

„　60ſten　„　500 }

„　80ſten　„　270 } 230　„　　„

„　100ſten　„　194 } 76　„　　„

„　120ſten　„　152 } 42　„　　„

Die Hälfte · der Fläche eines zu ſchätzenden, gleichwerthigen, jetzt 40jährigen Beſtandes enthalte pro Morgen 1000 Stämme, von denen 500 in gleichmäßiger Vertheilung ſtehen, ſo würden der Durchforſtung in der Periode vom 40ſten bis 60ſten Jahre nur 500 Stämme anheim fallen, alſo nur die Hälfte des Durchforſtungsertrages dieſer Periode, für die folgenden Perioden der Ertragsſatz der Erfahrungstafel auf $^7/_8$ ermäßigt in Anſatz zu bringen ſein.

Die andere Hälfte der Fläche enthalte zwar 500 Stämme, aber nur 250 in gleichmäßiger Vertheilung, ſo würden bis zum 100. Jahre nur 306 Stämme in die Durchforſtung fallen. Es iſt zu erwägen, in welcher Periode dieſe zur Nutzung kommen werden, oder wieviel davon jeder Durchforſtungsperiode zur Nutzung anheim fallen. Wären dieß 100 Stämme für die 40—60jährige, 150 Stamm für die 60—80jährige und 56 Stamm für die 80—100jährige Periode, ſo würde für die 40—60jährige Periode $\frac{150}{1000}$

$= 0,10$, für die folgende Periode $\frac{150}{230} = 0,66$, für die 80—100jährige

Periode $\frac{56}{76} = 0,74$ des vollen Ertragsſatzes der Erfahrungstafel in Anſatz kommen.

Beſtehen neben den Unvollkommenheiten der Beſtockung auch Abweichungen im Holzwuchſe, ſo iſt, außer Berückſichtigung des Vorſtehenden, auch darauf zu achten: ob und in welchem Grade die Letzteren eine Folge der Erſteren ſind, und mit der allmähligen Herſtellung des Vollbeſtands im höheren Beſtandsalter verſchwinden werden oder nicht.

2) Maſſentafeln.

Bereits vorhergehend habe ich erwähnt, daß und warum Cotta die von ihm aufgeſtellten Ertragstafeln jeder Beſtandscharakteriſtik beraubte, indem er dem Holzalter nur die ihm und einer gewiſſen Standortsqualität entſprechende Durchſchnittsgröße der prädominirenden Beſtandsmaſſe hinzufügt. Z. B.

Eiche. Erſter Bodenklaſſe.

20jährig 1345 Cubikfuß.　　160jährig 18744 Cubikfuß.

40	„	3260	„	180	„	20866	„
60	„	5535	„	200	„	22832	„
80	„	8730	„	220	„	24442	„
100	„	11000	„	240	„	25652	„
120	„	13865	„	260	„	26460	„
140	„	16450	„				

Faſt alle ſpäteren Ertragstafeln haben dieſe Form der Darſtellung und ſind in der Praxis taxatoriſcher Arbeiten häufig verwendet worden. Eine Beleuchtung ihrer Anwendbarkeit und deſſen was ſie zu leiſten vermögen, iſt daher nothwendig. Wenn man zugeben muß, daß eine direkte Standortswürdigung, die unmittelbare Bonitirung der Produktionskraft eines Standorts, in Bezug auf Holzwuchs nicht ausführbar iſt, was heute wohl allgemein anerkannt wird; wenn man zugeben muß, daß jede Standortswürdigung ſich weſentlich nur auf die Reſultate verfloſſener Produktion ſtützen könne, ſo laſſen ſich aus den Maſſentafeln für taxatoriſche Zwecke keine anderen Schlüſſe ziehen, als daß: wenn z. B. ein 40jähriger, vollbeſtockter Eichenbeſtand gegenwärtig 3260 Cubikfuß Holzmaſſe enthalte, derſelbe Beſtand im 120=jährigen Alter nach obiger Tabelle 13865 Cubikfuß Holzmaſſe enthalten werde. Prüfen wir, ob ſolche Schlüſſe richtig und zuläſſig ſind oder nicht.

Der nach Ertragstafeln zu ſchätzende Beſtand enthält entweder die dem gleichen Alter in der Ertragstafel beigefügte Holzmaſſe bei vollkommener Beſtockung, oder er enthält ſie bei unvollkommener Beſtockung, oder er enthält ſie nicht.

Im erſten, der Anwendbarkeit der Maſſentafel günſtigſten, aber auch am ſeltenſten vorliegenden Falle, müſſen wir uns doch immer die Frage ſtellen: beweist die Gleichheit der Beſtandsmaſſe zweier gleichaltriger Beſtände die Gleichwerthigkeit der Standortsgüte, mithin die Wahrſcheinlichkeit der darauf begründeten Annahme auch künftig gleicher Zuwachsgröße? Ich ſage nein! die Beſtandsmaſſe beweist dieß nicht, denn ſie iſt ein Produkt aus Baumgröße und Stammzahl.

Die Beurtheilung der wahrſcheinlichen Größe des künftigen Zuwachſes und dadurch des Ertrages eines jungen Beſtandes, nach Ertragstafeln, geſchieht durch Vergleich deſſelben mit einem anderen Beſtande gleichen Alters, deſſen künftiger Wachsthumsgang bereits bekannt und in der Ertragstafel verzeichnet iſt. Aus der Uebereinſtimmung oder Aehnlichkeit des Holzwuchſes beider Beſtände, der Baumgrößen in Höhe, Stärke, Holzgehalt der verſchiedenen Stammklaſſen, aus der Uebereinſtimmung des Höhen= und Stärkezuwachſes einer letztverfloſſenen Periode, alſo aus der Gleichheit oder Aehnlichkeit bisherigen Baumwuchſes, ſchließen wir auf die Gleich=werthigkeit der Standortsgüte, und aus letzterer wiederum auf die Wahrſcheinlichkeit, daß die Pflanzen des zu ſchätzenden Beſtandes in Zukunft denſelben Entwickelungsverlauf haben werden, den die Bäume des Beſtandes der Ertragstafel gehabt haben. Die Uebereinſtimmung oder Verſchiedenheit in der Beſtockung, in der Stammzahl und Vertheilung der Bäume beider Beſtände entſcheidet andererſeits, ob die Ertragsſätze der Erfahrungs=tafel voll oder nur theilweiſe erfolgen werden. Die beiden Faktoren der Beſtandsmaſſe: Baumgröße und Stammzahl, haben daher bei der Schätzung nach Erfahrungstafeln ganz verſchiedene Bedeutung und Verwendung. Die Baumgröße iſt der Maßstab für die Standortsgüte und daher für die Größe des künftigen Zuwachſes; die Stammzahl iſt der Maßstab für denjenigen Theil des vollen Ertrages, den der zu ſchätzende Beſtand in Folge vorhandener Unvollkommenheiten der Beſtockung zu liefern verſpricht. Beide müſſen daher geſondert dargeſtellt werden.

Durch Angabe der Bestandsmasse allein wird der Maßstab verwischt und unsicher, denn wir vermögen nicht. zu erkennen, welchen Antheil die Produktionskraft des Standorts, welchen Antheil die von der Produktionskraft innerhalb gewisser Grenzen unabhängige Stammzahl an der Bestandsmasse hat. Die Angabe der Bestandsmasse hat daher nur dann Bedeutung, wenn ihr die Stammzahl beigegeben ist, um wenigstens die durchschnittliche Massengröße der einzelnen Bäume auffinden zu können. Angabe der Stammzahl und der Bestandsmasse ist die geringste Forderung, die man an eine brauchbare Ertragstafel, selbst für diesen ersten günstigsten Fall, stellen muß. Man könnte mir wohl einwerfen: die Voraussetzung voller Bestockung verträte die Stammzahlangabe in den Erfahrungstafeln; worauf ich entgegne: daß der Begriff voller Bestockung an sich viel zu schwankend ist, um daraus eine bestimmte Pflanzenzahl entnehmen und aus dieser die durchschnittliche Größe der Einzelpflanze berechnen zu können; daß der Begriff voller Bestockung erst festgestellt werde durch die Aufnahme der Stammzahl in die Ertragstafel.

Im zweiten Falle: wenn der zu schätzende junge Bestand die Holzmasse der Ertragstafel bei unvollkommener Bestockung enthält, kann darin der Beweis liegen, daß er derselben Standortsklasse nicht angehöre. In Folge der Unvollkommenheit in der Stammzahl müßte die gegenwärtige Bestandsmasse bei gleicher Standortsgüte eine geringere sein als die des gleichaltrigen Bestandes der Ertragstafel, wenn nicht die Unvollkommenheit der Art ist, daß sie zur Ursache eines verstärkten Baumwuchses wurde. Ob und in welchem Grade einer oder der andere dieser Fälle vorliege, welcher Standortsklasse der junge Bestand angehöre, wenn nicht der, mit welcher er im Bestandsmassengehalte gleicher Altersstufe übereinstimmt, darüber gibt die Massentafel gar keine Aufschlüsse, die nur durch den Vergleich der Baumgrößen zu erlangen sind.

. Im dritten Falle endlich, dem bei weitem häufigsten, wenn die gegenwärtige Bestandsmasse eines Ortes mit der des gleichaltrigen Orts der Ertragstafel nicht übereinstimmt, also bei jeder Anwendung der Massentafeln auf Ertragsbestimmung gegenwärtig unvollkommen bestandener, auch im Massengehalte hinter dem Normalen zurückstehender junger Waldungen, kann sich die Beurtheilung der Standortsgüte und daraus des zukünftigen Zuwachses, ausschließlich nur auf Vergleich der einzelnen Baumgrößen des zu schätzenden und des gleichaltrigen Bestandes der Ertragstafeln stützen. Die Bestandsmasse ist in diesem Falle als Standortscharakter absolut unbrauchbar, denn ein 60jähriger Eichenbestand mit nur 3000 Cubikfuß Holzmasse kann im 120. Jahre eben so gut 13,865 Cubikfuß Abtriebsertrag liefern, wie ein anderer voller Bestand mit 5535 Cubikfuß Holzmasse im 60. Jahre. Die Einordnung des Bestands in eine der gegenwärtigen Holzhaltigkeit entsprechende Bonitätsklasse würde ein eben so unrichtiges Resultat gewähren, als der Schluß 5535 : 13,865 = 3000 : x.

Es ist daher in keinem Falle die Bestandsmasse allein als Standortscharakter bei Beurtheilung des zukünftigen Ertrages der Bestände eine benutzbare Größe, und die, nur die Bestandsmasse nachweisenden Massen-

tafeln enthalten nicht das Material für die Beurtheilung des znkünf=
tigen Ertrages gegenwärtig junger Bestände aus dem bekannten Wachs=
thumsgange und Erträge älterer Orte, der in ihnen verzeichnete Wachs=
thumsgang der Bestandsmaßen mag richtig sein oder nicht.

Es ist ferner zu berücksichtigen, daß die Bestandsmaße eine sehr un=
bequeme Vergleichsgröße ist, da ihre Anwendung auf den zu schätzenden
Bestand doch immer eine Schätzung der gegenwärtigen Holzmaße desselben
bedingen würde, was jedenfalls viel zeitraubender und unsicherer ist als
der getrennte Vergleich der Stammzahlen und der Baumgrößen.

In den Maßentafeln sind die Durchforstungserträge nicht verzeichnet;
die Ertragsziffern bezeichnen nur die Holzmaßen, welche sich in den Be=
ständen jeder Altersstufe nach vollzogener Durchforstung vorfinden, sie geben
nur die Holzmaße des prädominirenden Bestandes. In dieser Holz=
maße ist enthalten: 1) der Vorrath für den Abtriebsertrag; 2) die Vor=
räthe für sämmtliche späteren Durchforstungserträge. Da letztere mit
jeder Durchforstung sich verringern, so ergibt die Differenz zweier benach=
barter Positionen der Maßentafeln, z. B. in obiger, 100jährig = 11,000
Cubikfuß, 120jährig = 13,865 Cubikfuß = 2865 Cubikfuß, nicht die volle
Zuwachsgröße der Periode, nicht den Zuwachs für den Abtriebsertrag,
sondern beide um den Betrag des Durchforstungsabganges zu niedrig. Wie
groß dieser letztere sei, ist in den Maßentafeln nicht nachgewiesen, mithin
bleibt auch die Größe des wirklichen und des bleibenden Zuwachses der
Perioden unbekannt.

Welche Irrthümer durch diese Construktionsfehler der Maßentafeln in
unsere Wissenschaft wie in deren Anwendung hineingetragen worden sind,
wird sich näher aus einer Erfahrungstabelle ergeben, die ich im Eingang
des Abschnittes über Weisermethoden aufgestellt und erläutert habe.

Die Maßentafeln gründen sich nicht auf Einzelfälle direkter Beobach=
tung, sondern auf Durchschnittssätze der Bestandserträge — wenigstens der
Idee nach. Daher stammt, durchaus konsequent, die Beseitigung aller Cha=
rakteristik. Man hat die Ansicht aufgestellt, daß durch eine fleißige Ver=
zeichnung und Sammlung wirklich erfolgter Bestandserträge die taxatorischen
Hülfsmittel dieser Art wesentlich vervollständigt und berichtigt werden könnten.
Ich bin nicht dieser Ansicht, wenn dieß ohne gleichzeitige Ver=
zeichnung der Bestandscharaktere geschieht. Wenn wir heute
die Erträge aller, seit Döbels Zeit zum Abtriebe gezogener Fichtenbestände
wüßten, so würde eine Durchschnittszahl hieraus recht interessant und brauch=
bar sein für Beurtheilung der durchschnittlichen jährlichen Erträge aller
Fichtenreviere Europa's oder eines Landes oder allenfalls einer Provinz;
sie würden aber schon werthlos sein für die Beurtheilung der Erträge eines
bestimmten Reviers, noch mehr für die eines bestimmten Bestandes: eben
so werthlos, wie die Kenntniß der durchschnittlichen Größe aller Pflanzen
eines Plenterwaldes oder Mittelwaldes sein würde, für Beurtheilung der
Größe einer bestimmten Pflanze desselben Waldes. Dieß ist aber der taxa=
torische Zweck der Erfahrungstafeln. Es soll vermittelst ihrer nicht der
Zuwachs aller Fichtenbestände eines Landes, sondern der eines einzelnen
bestimmten Bestandes ermittelt werden.

Ebenso, wie gegen die taxatorische Verwendung der Formzahlen, kann man auch gegen die der Massentafeln nicht fest genug auftreten, und dieß thut wahrlich Noth, denn ihre große Einfachheit und die Unmöglichkeit einer Controle der Wahrheit ihrer Angaben, hat ihnen viele Anhänger gewonnen. Es ist wahr, durch Beseitigung der Charakteristik der Stammzahlen und des Pflanzenabganges gewähren die Massentafeln einen unbegrenzten Spielraum für Spekulation. Ich habe schon daran gedacht, aus den Ueberresten unserer Braunkohlen= und Steinkohlenflor Massentafeln über den Holzwuchs geschlossener Cypressenwälder der Molasse= und Kreideperiode; aus meiner Holzsammlung Ertragstafeln für die Araukarien= und Mahagoniwälder Brasiliens zu berechnen. Nichts leichter als das. Man nimmt, den Grenzen des Möglichen nahe liegende Maxima und Minima, die Zwischenstufen finden sich durch Interpoliren. Es kommt dann beim Gebrauch solcher Massentafeln wie bei dem der Formzahlen nur darauf an, die richtige Klasse zu treffen, und dieß ist nicht Sache dessen, der die Ertragstafel fabricirt hat, sondern dessen, der sie anwenden will. Ersterer wäscht seine Hände in Unschuld an jedem Mißgriff, den letzterer durch falsche Anwendung sich zu Schulden kommen läßt; der Taxator kann in solchen Fällen die Schuld dem Vater der Massentafel zuschieben. So ist beiden Theilen geholfen.

- Von jedem, der mathematisch zu denken vermag, werde ich mich gern zu einer andern Ansicht über diesen Gegenstand bekehren lassen; denn es ist wirklich Schade um die unsägliche Menge von Rechnenexempeln, die in die Formzahlen= und Massentafelangelegenheit gesteckt worden sind.

Literatur.

Hoßfeld, die Forsttaxation in ihrem ganzen Umfange. 1823 bis 1824. Hildburghausen.

König, Forstmathematik. 2te Auflage. 1842. Gotha.

Smalian, Holzmeßkunde. Stralsund. 1837.

G. L. Hartig, Cubiktabellen; herausgegeben von Th. H. 10te Auflage. Berlin 1859. Die Einleitung enthält einen Abriß der Holzmeßkunde.

Th. Hartig, Vergleichende Untersuchungen über den Ertrag der Rothbuche, nebst Anleitung zu vergleichenden Ertragsforschungen. Berlin 1847.

Bayrische Massentafeln. München 1846.

Dr. G. Heyer, Ueber die Ermittelung der Masse, des Alters und des Zuwachses der Holzbestände. Dessau 1852.

Th. Hartig, Controversen der Forstwirthschaft. Braunschweig 1853.

G. Albert, Untersuchungen zur Bestimmung der Walderträge. Würzburg 1854.

M. R. Preßler, Meßknecht. 2te Auflage. Braunschweig 1854.

Derselbe, Holzwirthschaftliche Tafeln. Dresden 1857.

Th. Hartig, System und Anleitung zum Studium der Forstwirthschaftslehre. Leipzig 1858.

Dr. Robert Hartig, über Wachsthumsgang und Ertrag der Rothbuche, Eiche, Kiefer und der Weißtanne. Stuttgart, Cotta 1865.

Dr. Robert Hartig, Die Rentabilität der Fichtennutzholz- und der Buchen-
brennholzwirthschaft im Harze und im Wesergebirge. Stuttgart, Cotta
1868.

Dr. Fr. Bauer, Die Holzmeßkunst. 2te Auflage. Wien 1875.

Zweiter Abschnitt.

Angewendeter Theil.

Erstes Kapitel.

Ertragsermittelung.

Im vorhergehenden Abschnitte haben wir gesehen: wie man zur Kenntniß der in einem Walde vorhandenen Bestandsmassen (Vorrath, Kapital)
und des an diesen zu erwartenden, zukünftigen Zuwachses (Zinsen)
gelangt.

Die Ertragsermittelung der Wälder umfaßt die Verwendung dieser
Kenntnisse auf Erforschung des nachhaltigen Ertrages, d. h. einer
periodischen und jährlichen Abnutzungsgröße der Waldbestände, deren Er-
hebung möglichst vollständig entspricht, einerseits der Erhaltung oder baldigen
Herstellung des ertragreichsten Waldzustandes, andererseits der fortdauernden
Befriedigung dringender Bedürfnisse (S. 3).

Die Ermittelung des nachhaltigen Ertrages der Wälder hat ihre besonderen Schwierigkeiten darin: daß in den Beständen derselben eine große
Menge von Jahreserträgen zu einem größtentheils nutzbaren Vorrathe aufgespeichert sind, der nur in seltenen Fällen, und auch dann nur vorübergehend, eine, dem ertragreichsten Zustande des Waldes entsprechende Größe
besitzt, die daher entweder durch fortgesetzte Zuwachsaufspeicherung erhöht,
oder durch Consumtion auch eines gewissen Vorraththeils verringert werden
muß. Dazu gesellt sich der Umstand: daß eine aus wirthschaftlichen Rücksichten nöthige Vorrathverringerung oder Erhöhung sehr häufig mehr oder
weniger beschränkt ist, durch die nöthigen Rücksichten auf dauernde Befriedigung der gegenwärtigen nicht allein, sondern auch der künftigen, dringenden Bedürfnisse, wodurch die Lösung der Frage: wieviel und welche Bestandsmassen alljährlich dem Walde entnommen werden dürfen, wenn beiden
Forderungen des Nachhaltsbetriebes möglichst entsprochen werden soll, eine
sehr zusammengesetzte und schwierige wird.

Der Taxator soll 1) die ganze, gegenwärtig vorhandene Bestandsmasse des Waldes, 2) den, an dieser unter gewissen Voraussetzungen im Laufe des Umtriebs muthmaßlich erfolgenden Zuwachs
und 3) den Durchforstungsabgang an den im Laufe der Umtriebszeit an
die Stelle der abgenutzten tretenden neuen Bestände während der Dauer
des laufenden Umtriebs auf den Zeitraum des Umtriebs in Menge und
Beschaffenheit möglichst gleichmäßig vertheilen. (Der Vorrath für die
zweite Umtriebszeit bleibt außer Berechnung. Er bildet sich aus dem Zu-

wachſe der jungen Beſtände, die im Laufe der erſten Umtriebszeit an die
Stelle der abgenutzten Beſtände treten. Es dürfen aus den im Verlaufe
der erſten Umtriebszeit angebauten oder nachgezogenen Beſtänden daher auch
nur die nothwendig zur Erhebung kommenden Durchforſtungserträge in die
Berechnung des Geſammtertrages der erſten Umtriebszeit aufgenommen werden.)

Die, auf die Perioden oder Jahre des erſten Umtriebs zu vertheilende
Vorrathmaſſe iſt etwas Vorhandenes und der unmittelbaren Schätzung Zugängliches. Nicht ſo verhält ſich dieß mit den Zuwachsgrößen an dieſem
Vorrathe, die einerſeits von der künftigen Zuwachsfähigkeit der vorhandenen Beſtände, andererſeits von dem Zuwachszeitraume, den ſie
noch zu durchleben haben, und endlich von der Bewirthſchaftungsweiſe derſelben abhängig ſind. Von dieſen drei Faktoren künftiger Zuwachsgröße iſt nur die Zuwachsfähigkeit einer unmittelbaren Würdigung
zugänglich, auf Grund: theils der vorliegenden Zuwachsergebniſſe vergangener Zeit deſſelben Beſtandes, theils der Standortsgüte. Die eben ſo
wichtigen Faktoren: der Zuwachszeitraum und die Bewirthſchaftungsweiſe der
Beſtände, müſſen durch eine Summe von Betriebsvorſchriften projektirt
werden, ſo weit dieſelben auf die Zuwachsgröße der Zukunft
von Einfluß ſind. Die Summe dieſer Betriebsvorſchriften heißt die
Betriebseinrichtung. Sie iſt die Baſis jeder Ertragsermittelung und
von dieſer untrennbar. Mag die Ausführung dieſer Projekte noch ſo zweifelhaft, mag die darauf geſtützte Zuwachsberechnung noch ſo unſicher ſein —
wir können ihrer nicht entbehren für die Berechnung und nachhaltige Vertheilung zukünftiger Ertragsgrößen und müſſen uns damit begnügen: ſie
nach beſtem Wiſſen und Ermeſſen ſo hinzuſtellen, wie es die Wahrſcheinlichkeit künftiger Zuſtände und Verhältniſſe erheiſcht. Für die Würdigung des künftigen Zuwachſes der vorhandenen Beſtände liegen wenigſtens
Letztere der Beurtheilung vor. In Bezug auf den Durchforſtungsertrag der
im Laufe des Umtriebs zu erziehenden Beſtände fehlt auch dieſer Maßſtab.

Unter dieſen Umſtänden iſt allerdings jede Ertragsberechnung nicht
mehr als eine Wahrſcheinlichkeitsrechnung. Deßhalb iſt ſie aber nicht weniger
nothwendig, nicht allein als Wegweiſer zu einem beſtimmten, bekannten
Ziele, ſondern auch als Juſtificatorium unſerer gegenwärtigen Behandlungs-
weiſe und Abnutzungsgröße, gegenüber den Rechten unſerer Nachkommen,
gegenüber unſerer Verpflichtung: ein großes, von unſeren Vorfahren uns
überliefertes Gemeingut der Nation: die nothwendige Bewaldung des
Landes, unter haushälteriſcher Benützung auf unſere Nachkommen in möglichſt gutem Zuſtande zu übertragen. Treten ſpäter Verhältniſſe ein, die
wir nicht vorausſehen konnten, wird durch ſolche eine andere Bewirth-
ſchaftungsart nothwendig, ein anderer Zuwachsgang herbeigeführt, ſo kann
uns daraus kein Vorwurf erwachſen, der uns mit Recht treffen würde,
wenn wir in einer planloſen Wirthſchaftsführung nur den Intereſſen der
Gegenwart Folge leiſten.

Der Rentier befindet ſich in derſelben Lage wie wir. Er ſetzt einen
gewiſſen Zinsertrag ſeiner Kapitale auch für die Folgezeit voraus und berechnet darnach ſeinen gegenwärtigen Ausgabe-Etat. Erfüllen ſich ſeine
Vorausſetzungen nicht, ſo muß er demgemäß einen anderen Wirthſchafts-

plan entworfen. In keinem Haushalte gereicht die Unsicherheit künftiger Einnahmen ungemessenen Ausgaben der Gegenwart zur Entschuldigung.

Die Wege, auf denen man zur Kenntniß des nachhaltigen Ertrages der Wälder zu gelangen suchte, sind sehr verschiedenartige. Wir unterscheiden im Wesentlichen:

: 1) die Fachwerkmethoden,
   2) die Weisermethoden und
   3) die Durchschnittszuwachsmethoden.

Erstere wählen einen projektirten Waldzustand, letztere wählen eine projektirte Bestandsmassengröße zur Grundlage ihrer Berechnungen, die bei den Weisermethoden als etwas Herzustellendes, bei den Durchschnittsmethoden als etwas Bestehendes angenommen wird.

Angewendet auf normale Zustände normaler Altersklassenreihen der Bewaldung, liefern alle diese Methoden ein richtiges Ergebniß. Für Waldzustände dieser Art, die übrigens im Hochwalde nirgends bestehen, bedürfen wir aber einer Ertragsberechnung nicht. Das erreichte Haubarkeitsalter würde hier eine dem Wirthschafter genügende Weisung in Bezug auf die periodische Abnutzungsgröße sein, aus der er nur den jährlichen Hauungssatz für den in Hieb tretenden Wirthschaftstheil aus Vorrath und progressionsmäßig abnehmendem Zuwachse desselben zu berechnen hätte. Der Prüfstein für jede der verschiedenen Taxationsmethoden sind die ungeregelten, in der Umbildung stehenden Waldzustände. Wir werden sehen, daß es für diese nur eine, in jeder Richtung correcte Methode der Ertragsbestimmung gebe. Es ist dieß diejenige Fachwerksmethode, die wir, unter dem Namen Ertragsfachwerk, weiterhin näher kennen lernen werden.

Wenden wir uns zunächst zu der

I. Ertragsermittelung der Hochwälder.

A. Die Fachwerkmethoden.

Unter Fachwerk verstehe ich alle diejenigen Ertragsbestimmungsmethoden, bei welchen der Umtrieb in bestimmte Zeiträume getheilt und jedem dieser Zeiträume vorausbestimmte Baumzahlen oder Bestandesflächen zur Abnutzung überwiesen werden. Hierauf gründet sich nicht allein der künftige Ertrag, sondern auch der künftige Zustand der Bewaldung.

Es kann dieß in verschiedener Weise geschehen: durch Vertheilung der Stammzahl oder der Bestandesfläche, der Altersklassen oder der Ertragsgrößen, und unterscheide ich hiernach

das Baumzahlfachwerk,
das Flächenfachwerk,
das Altersklassenfachwerk und
das Ertragsgrößenfachwerk.

a) Vom Baumzahlfachwerk.

Eine Vertheilung von Baumzahlen in die Perioden des Umtriebs besteht heute nur noch für den Oberholzbestand des Mittelwaldes, häufig auch für den Kopf= und Schneidelholzbetrieb. Wahrscheinlich ist es mir: daß es auch im Plänterbetriebe des vorigen Jahrhunderts da bestand, wo ein intelligenter Forstwirth die Wirthschaft und Abnutzung leitete und zwar der Art: daß die Stückzahl der haubaren Bäume auf einen Zeitraum gleich= mäßig vertheilt wurde, der genügte, um das noch nicht nutzbare Holz zur nutzbaren Stärke heranwachsen zu lassen. Auf den schlagweisen Hochwald= betrieb mit seinen veränderlichen Baumzahlgrößen ist dieser Modus nicht anwendbar.

b) Das Flächenfachwerk. [1]

Zum Flächenfachwerke zähle ich nur diejenigen Ertragsbestimmungs= methoden, bei welchen der produktive Theil der Gesammtfläche des Wirth= schaftskörpers in so viele gleich große Flächentheile zerlegt wird, als der Umtrieb Jahre oder Perioden zählt, die Hiebsfolge der Jahresschläge oder Periodenflächen (Wirthschaftstheile) vorausbestimmt wird.

Diese, allein auf geometrischer Theilung der Fläche beruhende Me= thode ist die vorherrschend angewendete im Niederwalde und im Unterholze des Mittelwaldes, bisweilen auch im Kopfholzbetriebe. Für den Hochwald= betrieb ist sie wohl projektirt worden (Moser), aber nie zur Durchführung gekommen.

Die, durch Verschiedenheit der Standorts= und Bestandesgüte sowohl, wie durch abnorme Altersklassenverhältnisse, verschiedenen Ertragsgrößen gleicher Flächen des Hochwaldes, sind das wesentlichste Hinderniß einer An= wendung des Flächenfachwerks auf den Hochwaldbetrieb.

Man könnte dahin auch eine Proportionaltheilung des Bodens zählen, so weit diese allein auf unmittelbarer Würdigung der Standorts= güte beruht (Bonitätsfachwerk). Bis jetzt fehlt uns aber für unmittelbare Würdigung der Standortsgüte jeder benutzbare Maßstab (Bd. I. S. 49). Jede auf Bestandesgüte und Holzwuchs basirte Proportionaltheilung gehört aber dem Ertragsfachwerke an.

c) Das Klassenfachwerk,

von Beckmann bis Hennert auf den Hochwaldbetrieb vorherrschend an= gewendet, fußte auf dem Grundsatze: daß die Bestände des Waldes stets in dem, durch den Umtrieb bestimmten, allgemeinen Haubarkeitsalter zum Abtriebe und zur Verjüngung gezogen werden sollten. Dieser Grundsatz hatte zur Folge: daß, bei ungleicher Flächengröße und ungleicher Ertrags= fähigkeit der verschiedenen Altersklassen, die periodischen Ertrags= größen, den Forderungen der Nachhaltigkeit entgegen, sich sehr ungleich ergeben mußten. Nahm in einem Walde von 1000 Hektar bei 100jährigem Umtriebe die älteste Altersklasse der 80—100jährigen Bestände eine Fläche von 100 Hektar ein, die zweite Altersklasse der 60—80jährigen Bestände

---

[1] Man hat in neuerer Zeit häufiger auch diejenigen Methoden des Ertrags=Fachwerks mit diesem Namen belegt, bei welchem jedem der gleichgroßen Zeitabschnitte eine gleichgroße Bestandesfläche zugewiesen wird (Cotta), mit dem Vorbehalte der Herstellung dem Ertrage proportionaler Flächengrößen erst im Laufe der Wirthschaftsführung während der Um= triebszeit.

hingegen eine Fläche von 300 Hektar, so ergab sich für die erste 20jährige
Periode, selbst bei gleicher Standorts= und Bestandesgüte, nur $1/3$ des Er=
trages der zweiten 20jährigen Periode, da mit den Beständen der ersten
Periode eben so lange gewirthschaftet werden mußte, wie mit den 60—80=
jährigen Beständen, wenn diese zu 50—100jährigem Alter heranwachsen
sollten. Die Berechnung des Ertrages der in Hieb tretenden Periodenfläche
aus Vorrath und progressionsmäßig abnehmendem Zuwachse und die gleiche
Vertheilung desselben auf die Jahre der Periode, änderte nichts an der
Ungleichheit der periodischen Ertragsgrößen und entsprach somit nicht
dem Begriffe der Nachhaltigkeit. Dazu gesellte sich dann noch der Uebel=
stand, daß, bei Befolgung jenes Grundsatzes, die Ungleichheit der Alters=
klassen permanent wurde. Der folgende Umtrieb mußte sie genau so wieder
finden, wie sie im vorhergehenden Umtriebe vorgelegen hatten. Diese Mängel
des Klassenfachwerks beseitigte G. L. Hartig in dem von ihm begründeten
Ertragsfachwerke.

d) Das Ertragsfachwerk

unterscheidet sich von allen vorgenannten Fachwerkmethoden zunächst dadurch
daß es seine Berechnungen auf einen vorläufigen Wirthschaftsplan
stützt, der die Erhaltung oder Herstellung ertragreichsten Waldzustandes zum
Zwecke hat. Dieser Wirthschaftsplan bestimmt, neben der Bewirthschaftungs=
art, so weit diese auf die Größe des künftigen Zuwachses der Bestände
von Einfluß ist, zugleich die Dauer des Zuwachszeitraumes eines
jeden einzelnen Bestandes. Die Zuwachsfähigkeit der Bestände ist
Gegenstand besonderer Ermittelungen im betreffenden Walde. Die aus
Zuwachsdauer und Zuwachsfähigkeit ermittelten Zuwachsgrößen an
den gegenwärtig vorhandenen Beständen, die Holzmasse dieser letzteren und
diejenigen Durchforstungsnutzungen aus den im Laufe des Umtriebs zu er=
ziehenden Beständen, die während desselben zur Erhebung kommen müssen,
bilden zusammengenommen den Gesammtertrag der Umtriebszeit.
So weit Standorts=, Bestandes= und Consumtionsverhältnisse der Oertlich=
keit eine Gleichstellung der periodischen Ertragsgrößen überhaupt gestatten,
und mit Berücksichtigung möglichster Einhaltung der vorläufigen Wirth=
schaftsbestimmungen, wird jener Gesammtertrag der Umtriebszeit auf die
Perioden des Umtriebs gleichmäßig oder um wenige Procente steigend (Reserve=
fonds) vertheilt, es wird der Wirthschaftskörper in Wirthschaftstheile
(Blöcke, Periodenflächen) dadurch zerlegt, daß jede Periode eine Anzahl von
Beständen zugetheilt erhält, deren Gesammtertrag gleich dem Gesammtertrage
der Bestände jeder anderen gleich großen Periode ist.

Die Grundidee des Hartig'schen Ertragsfachwerkes ist daher:

1) Vereinigung einer möglichst guten Wirthschaftsführung,
d. h. einer Waldbehandlung, durch welche der ertragreichste Zustand des
Waldes möglichst früh herbeigeführt wird, mit einer möglichst nachhal=
tigen Abnutzung.

2) Zerlegung eines jeden Wirthschaftsganzen in Wirthschaftstheile,
deren Flächengröße proportional ist, dem aus ihnen zu erhebenden
Ertrage. Dadurch unterscheidet sich das Hartig'sche Fachwerk von jedem

Anderen, in welchem die Wirthschaftstheile ursprünglich von gleicher Größe sind (Flächenfachwerk).

Wir werden uns hier nur mit dem

Ertragsfachwerke

näher bekannt machen, da dieß zur Zeit das Vorherrschende im Hochwald= betriebe ist.

Die-Grundzüge dieser Taxationsmethode sind im Wesentlichen folgende:

1) Der Taxator versinnlicht sich denjenigen Zustand der Bewaldung seiner Betriebsfläche, die den gegenwärtigen sowohl wie den muthmaßlich zukünftigen Verhältnissen und Zwecken der Waldwirthschaft am vollkommen= sten entspricht.

2) Aus dem Vergleich dieses Bewaldungsbildes mit dem des gegen= wärtigen Zustandes der Bewaldung entwickelt der Taxator eine Summe von Bewirthschaftungsvorschriften (vorläufiger Wirthschaftsplan), die zur Aus= führung kommen müssen, um gegenwärtig unzweckmäßige Waldzustände in kürzester Zeit und mit den geringsten Opfern in jenen zweckmäßigen Zustand überzuführen.

3) Zu den Bestimmungen, welche der vorläufige Wirthschaftsplan um= faßt, gehört hauptsächlich die projektirte Hiebsfolge der Bestände, wobei im Hochwalde nicht das Jahr, sondern die Periode des Abtriebs und der Ver= jüngung vorherbestimmt wird. Daraus entspringt eine Gruppirung sämmt= licher Bestände des Waldes zu Wirthschaftstheilen oder Periodenflächen.

4) Auf Grund dieser, die Behandlungsweise und den Zuwachszeit= raum der Bestände vorherbestimmender Wirthschaftsvorschriften wird der Ertrag jedes einzelnen Bestandes, nach dessen erforschter Zuwachsfähigkeit, aus Vorrath und Zuwachsgröße für die Dauer der ersten Umtriebszeit vor= ausberechnet.

5) Da die hieraus berechneten, periodischen Ertragsgrößen allein auf den Unterstellungen des vorläufigen Wirthschaftsplanes ruhen, in welchem die Nachhaltigkeit der Abnutzung nur beschränkte Berücksichtigung finden kann, werden erstere, den Forderungen nachhaltiger Abnutzung entgegen, mehr oder weniger ungleich groß und von ungleicher Qualität sich herausstellen. So weit die gegenwärtigen und die muthmaßlich künftigen Bedürfnisse dieß dringend fordern, muß daher eine mehr oder minder vollständige Aus= gleichung der periodischen Ertragsgrößen bewirkt werden, die nur geschehen kann: durch Abänderung der Bestimmungen des vorläufigen Wirthschafts= planes, in Betreff des durch diesen projektirten Zuwachszeitraumes und somit der Zuwachsgrößen einzelner Bestände (das sogenannte „Verschieben" derselben).

6) Durch das Verschieben der Bestände behufs Ausgleichung der periodischen Ertragsgrößen erhält jeder Wirthschaftstheil schon bei der Be= triebseinrichtung und Ertragsermittelung eine seinem Ertrage propor= tionale Flächengröße und dieß, so wie die Vereinigung möglichst baldiger Herstellung des ertragreichsten Waldzustandes mit möglichst nach= haltiger Abnützung ist das Ziel der G. L. Hartig'schen Taxe.

Der Geschäftsgang ist im Wesentlichen folgender:

1) Die geometrischen Arbeiten.

Nachdem, womöglich vorhergehend, alle zur Zeit wünschenswerthen, eine Veränderung des Besitzstandes veranlassenden Erwerbs= oder Veräuße= rungs=, Ablösungs= oder Austauschgeschäfte erledigt sind, bilden die Arbeiten der Grenzregulirung, dann der Grenzvermessung, der Bestandsvermessung, der Eintheilung, deren bildliche und schriftliche Darstellung durch Karten und Register, wie solche vorstehend Seite 7 bereits besprochen wurden, stets den Eingang zum Geschäft der Ertragsbestimmung, wenn nicht schon ältere Arbeiten der Art vorhanden sind, die sich genügend richtig erweisen, um den Entwurf eines vorläufigen Wirthschaftsplanes darauf zu gründen. In diesem Falle ist es zweckmäßiger, die Arbeiten der Bestandsvermessung und Eintheilung dem Entwurfe des vorläufigen Wirthschaftsplanes folgen zu lassen, da sie in vielen Fällen erst durch diesen bestimmt werden. Ueber= haupt werden die geometrischen Arbeiten nur in seltenen Fällen eine völlig geschlossene Vorarbeit sein können, sondern häufig selbst in die letzten Stadien des Taxationsgeschäfts eingreifen müssen.

Bei den geometrischen Arbeiten der Bestandsvermessung soll vom Geometer das Alter der Bestände entweder aus Dokumenten der Registratur oder durch Zählen der Jahresringe auf dem Stamme ermittelt und für jede Holzart eine specielle Holzbestandstabelle angefertigt werden, in welche die Bestände mit ihrer Flächengröße in Altersklassen vom Um= fange der Periodendauer eingetragen werden, z. B.

Specielle Holzbestandstabelle der Kiefernbestände des Reviers .... Wirthschafttheiles — Blockes ....

Benennung des Jagen, Forstorts, Abtheilung.	1. Klasse. 120—100= jährig.		2. Klasse. 100—81= jährig.		3. Klasse. 80—61= jährig.		4. Klasse. 60—41= jährig.		5. Klasse. 40—21= jährig.		6. Klasse. 20—1= jährig.	
	Hekt.	Are.	Hekt.	Are.	Hekt.	Are.	Hekt.	Are.	Hekt.	Are.	Hekt.	Are.
1 a.	150	20	—	—	—	—	—	—	—	—	—	—
1 b.	—	—	18	10	—	—	—	—	—	—	—	—
4 c.	90	10	—	—	—	—	—	—	—	—	—	—
5 a.	180	90	—	—	—	—	—	—	—	—	—	—
5 c.	—	—	60	50	—	—	—	—	—	—	—	—
8 b.	200	5	—	—	—	—	—	—	—	—	—	—
8 c.	—	—	—	—	—	—	—	—	—	—	60	30
10 b.	100	50	—	—	—	—	—	—	—	—	—	—
u. s. w.												
Summa Kiefer .	1500	20	500	100	2000	60	1000	80	2000	10	2000	50

2) Begründung des Wirthschaftsplanes.

Es sollen der Ertragsermittelung Wirthschaftsvorschriften zum Grunde gelegt werden, die geeignet sind, in kürzester Zeit und mit geringstem Ver= luste an Zuwachs oder Geldmitteln, einen gegenwärtig minder ertragreichen in den ertragreichsten Waldzustand umzuwandeln. Grundlage der Ertrags= ermittelung ist daher die Feststellung des ertragreichsten Wald=

zustandes, bedingt durch die örtlich verschiedenen Verhältnisse: des Standorts, des Bedürfnisses, der Eigenthumsverhältnisse und der Nutzungsrechte.

In wiefern Standorts-, Consumtions-, Eigenthumsverhältnisse und volle oder beschränkte Nutzungsrechte auf die Wahl der künftigen Betriebsweise, Umtriebszeit, Holzart, Hiebsfolge, Durchforstungs- und Verjüngungsweise von Einfluß sei, findet Bd. II. S. 36—55 Erörterung.

Cotta gibt in dieser Beziehung die zweckmäßige Vorschrift: durch Entwurf einer Hauungsplancharte das Bild des zu erstrebenden, ertragreichsten Waldzustandes schon jetzt zur Anschauung zu bringen.

Der Zeitraum, welcher vom Jahre der Taxation bis zur Herstellung des ertragreichsten Waldzustandes verfließen wird, kann nur wenige Jahre umfassen, wenn der Wald gegenwärtig diesem Zustande bereits sehr nahe steht, er kann aber auch außerhalb der Grenzen des allgemeinen Umtriebs liegen. Cotta trennt diesen Zeitraum vom allgemeinen Umtriebe und nennt ihn den Einrichtungszeitraum. G. L. Hartig hat eine solche Trennung nicht für nöthig erachtet, sondern führt die Berechnung stets ungetrennt bis zu Ende des allgemeinen Umtriebs.

3) Entwurf des vorläufigen Wirthschaftsplanes.

Die Summe der Betriebsvorschriften, denen die Bestände des Waldes binnen der ersten Umtriebszeit unterworfen werden müssen, um sie dem, nach Vorstehendem entworfenen Bilde des ertragreichsten Waldzustandes in kürzester Zeit und mit dem geringsten Geld- und Zuwachsverluste zuzuführen und, weiter hinaus, darin zu erhalten, bilden den vorläufigen Wirthschaftsplan. Vorläufig nennt Hartig diese Betriebsvorschriften, weil sie sich späterhin für einen Theil der Bestände durch die Gleichstellung der periodischen Erträge, namentlich in Bezug auf das Abtriebsalter verändern oder doch verändern können, daher die Feststellung des Wirthschaftsplanes erst durch die ausgeführte Gleichstellung der periodischen Erträge erfolgen kann.

Der vorläufige Wirthschaftsplan umfaßt folgende Bestimmungen, sowohl im Allgemeinen als in Bezug auf die einzelnen Bestände, in sofern letztere einer Abweichung vom Allgemeinen unterworfen sind.

a) In welcher Betriebsart die Bestände gegenwärtig und zukünftig behandelt werden sollen und nach welchen allgemeinen Regeln der Betrieb geführt werden soll.

b) In welchem allgemeinen Umtriebe die Bestände behandelt werden sollen.

c) In welcher Periode jeder einzelne Bestand mit Rücksicht auf Standorts-, Bestands- und Consumtionsverhältnisse zur Abnutzung gezogen werden, daher: welches auf die Mitte der Abtriebsperiode berechnete Haubarkeitsalter jeder Bestand erreichen soll (Bestimmung des Zuwachszeitraums).

d) In welchen Zeiträumen und in welcher Art und Stärke die Vornutzungen (Durchforstungsnutzungen) bezogen werden sollen.

e) Wann und mit welchen Holzarten die gegenwärtig vorhandenen Blößen angebaut werden sollen, und wie dieß geschehen soll.

f) Auf welche Weise die Verjüngung der zum Hiebe kommenden

Bestände erfolgen, wie Nachbesserungen zu bewirken seien und welche Holzart in Zukunft den neuen Bestand bilden soll.

g) Welche Holzart, Betriebsweise oder Umtriebszeit künftig an die Stelle der bisherigen treten soll, im Fall eine Umwandlung nöthig erscheint, und wie solche Umwandlungen ausgeführt werden sollen.

h) Welche der allgemeinen Regeln für die Hiebsleitung und wie diese in dem zu taxirenden Reviere in Ausübung kommen sollen.

Die meisten dieser Bestimmungen: die Bestimmungen über Betriebsart und allgemeine Umtriebszeit, über Verjüngungs-, Cultur- und Durchforstungsweise, so wie über Hiebsfolge, sind nur im Allgemeinen aufzustellen; die Abtriebsperiode und die nöthigen Umwandlungen hingegen sind für jeden einzelnen Bestand, die Zeit und Art des Anbaues für jede einzelne Blöße gesondert zu geben.

Denkt man sich den Einrichtungszeitraum vom allgemeinen Umtriebe getrennt, so enthält der vorläufige Wirthschaftsplan die Summe der Betriebsvorschriften, weche zur Anwendung kommen müssen, um den Wald dem ertragreichsten Zustande zuzuführen; die Begründung des Wirthschaftsplanes hingegen umfaßt diejenigen Wirthschaftsvorschriften, die zur Anwendung kommen werden, wenn der Wald dem ertragreichsten Zustande zugeführt ist.

4) Der Taxationsplan.

Liegen die geometrischen Arbeiten der Bestandsvermessung in einer Bestandskarte und der speciellen Holzbestandstabelle vollendet vor, so soll auf Grund dieser Arbeiten im Allgemeinen, wie im Speciellen für jeden einzelnen Bestand, in sofern die Verhältnisse Abweichungen vom Allgemeinen nöthig machen, bestimmt werden:

a) Ob die Erträge der einzelnen Perioden gleich, oder steigend oder fallend regulirt werden sollen, wobei vorzugsweise entscheidend sind: 1) die Bestandsverhältnisse: das Uebergewicht älterer oder jüngerer Stammklassen, die Nothwendigkeit baldiger Abnutzung im Ueberschuß vorhandener alter Bestände; 2) Consumtions-Verhältnisse: gesteigerte Bedürfnisse der Gegenwart oder Zukunft, Möglichkeit vortheilhaften Absatzes 2c.; -3) das Vorhandensein anderer, denselben Consumtionskreisen angehörender Reviere, deren Ertragsverhältnisse geeignet sind, den, durch ungleiche Vertheilung der Erträge sich ergebenden Ausfall einzelner Perioden zu decken.

b) Ob und in wie weit es ausführbar ist, die Erträge jeder einzelnen im Revier vorkommenden Holzart gleichmäßig in die Perioden des Umtriebs zu vertheilen. Daß dieß geschehe, so weit als nicht zu große Opfer an Zuwachs damit verbunden sind, ist nöthig zur gleichmäßigen Befriedigung der Bedürfnisse an verschiedenartigem Material. Es kommen hierbei wesentlich nur diejenigen Holzarten in Betracht, die, wie die Buche und Fichte, wie Eiche und Birke, wie Birke und Kiefer sich in Bezug auf Gebrauchsfähigkeit nicht vertreten, wie dieß mit den Nadelhölzern unter sich, mit Buche, Hainbuche, Birke, Erle unter sich der Fall ist.

c) Welcher Grad der Sorgfalt auf die Taxation der Bestandsmassen und die Zuwachsermittelungen verwendet werden soll, nach Maßgabe des gestatteten Kosten= und Zeitaufwandes. Wie die Bestände geschätzt werden sollen, ob durch Probemorgen, Auszählen, Erfahrungstafeln rc., welche Be= stände einer Zuwachszurechnung, welche einer Schätzung nach Ertragstafeln unterworfen werden sollen.

d) Welchen Einfluß die mit Rücksicht auf die Produktionsfähigkeit der Bestände vorläufig zu bewirkende Gleichstellung der Periodenflächen auf das Taxationsgeschäft haben wird.

Aus der speciellen Holzbestandstabelle (S. 65) ist das Flächenverhält= niß der verschiedenen Altersklassen ersichtlich. Summirt man die Bestands= flächengrößen gleicher Perioden aller derjenigen Holzarten des Reviers, die sich in Bezug auf die Gebrauchsfähigkeit gegenseitig zu vertreten vermögen, z. B. der Fichten= und Tannenbestände oder der Buchen=, Hainbuchen= und Birkenbestände, so ergibt sich für diese Holzarten das Verhältniß der Be= standsflächen in den verschiedenen Perioden, wie es die Holzbestandstabelle S. 65 für die Kiefer allein beispielsweise darstellt. Bei der größtentheils zur Zeit noch bestehenden Unregelmäßigkeit des Altersklassenverhältnisses, wird sich aus der Holzbestandstabelle für einzelne Perioden ein Mangel, für an= dere ein Ueberfluß an Bestandesflächen herausstellen und es muß daher, wenn die Differenzen wesentlich sind, schon jetzt eine Ausgleichung der Flächen auf Grund der Bestandstabelle ausgeführt werden. In der Tabelle S. 65 ist die Summe aller Kieferbestände = 9000 Hektar; es werden also bei gleicher Vertheilung jeder Periode 1500 Hektar zufallen. Nun enthält aber die 2. Periode nur 500 Hektar, es würden ihr also aus der 3. Periode die fehlenden 1000 Hektar, der 3. aus der 4. Periode die fehlenden 500 Hektar, der 4. aus der 5. Periode 1000 Hektar, der 5. aus der 6. Periode 50 Hektar zuzuweisen sein. Läge der Flächenüberschuß in den älteren Klassen, so würde die Gleichstellung ebenso durch Uebertragung einer entsprechenden Anzahl älterer Bestände in jüngere Altersklassen zu be= wirken sein. Dabei gilt als Regel: daß beim Verschieben aus älteren in jüngere Klassen stets die besseren, in gutem Zuwachs stehenden Bestände, beim Verschieben aus jüngeren in ältere Altersklassen die schlechteren, minder= wüchsigen Bestände zu erwählen sind, da durch die frühere Verjüngung schlechterer Bestände der Zuwachs erhöht wird.

Fallen ein oder der andern Periode überwiegend schlechte Bestände zu, so kann die Flächengröße dieser Periode schon jetzt im Verhältniß der ge= ringeren Ertragsfähigkeit ihrer Bestandsmasse größer angesetzt werden. Man gehe dabei aber nicht weiter als bis zur Ausgleichung augenfälliger Miß= verhältnisse, denn die wirkliche, der Ertragsfähigkeit der Bestände entspre= chende Flächengröße jeder Periode kann sich doch erst aus der Ertrags= berechnung und periodischer Gleichstellung der Erträge ergeben. Diese ganze Vorarbeit der Flächenausgleichung hat nur den Zweck: eine Menge vergeblicher Arbeit an Ertragsumrechnungen zu ersparen. Durch die vor= läufige Ausgleichung der Flächen werden die Ertragsdifferenzen weniger groß ausfallen, man wird weniger Bestände zu verschieben und weniger Ertrags= sätze in solche anderer Perioden umzurechnen haben.

e) Welche Abweichungen vom normalen Haubarkeitsalter aus der Nothwendigkeit oder Zweckmäßigkeit einer Arrondirung der Wirthschaftsfiguren und aus der Hiebsordnung für einzelne Bestände hervorgehen und schon jetzt die Versetzung in eine höhere oder niedere Altersklasse vorhersehen lassen. Um dieß übersehen zu können, schreibt Hartig vor: die dem Bestandsalter oder der Flächenausgleichung entsprechende Abtriebsperiode mit römischen Ziffern in das Brouillon einer Bestandskarte einzutragen und aus dem Ueberblick der Karte diejenigen Veränderungen der Abtriebsperiode zu entnehmen, welche Arrondirung und Hiebsfolge nöthig oder wünschenswerth machen.

Es ist zweckmäßig und erleichtert die Uebersicht, wenn man nach Vollendung dieser Arbeiten die Resultate derselben in eine, der speciellen Holzbestandstabelle gleich construirte **Abtriebsklassentabelle** eintragen läßt, der Art: daß diejenigen Bestände, welche in der ihrem Alter entsprechenden Altersklasse verblieben sind, dieselbe Stellung wie in der Holzbestandstabelle behalten; diejenigen Bestände oder Bestandstheile aber, welche behufs nöthiger Flächenausgleichung, Arrondirung, oder der Hiebsleitung wegen, in eine andere Periode verschoben wurden, in dieser letzteren mit ihrer Fläche und ihrem wirklichen Alter verzeichnet werden. Zur Arbeitsersparniß kann man beide Tabellen combiniren, indem man in der Holzbestandstabelle die einer Altersklasse abgehenden Bestände mit rother Dinte unterstreicht, die zugehenden Bestände mit rother Dinte einträgt.

5) **Anfertigung oder Prüfung der Erfahrungstafeln.**

Schon im ersten Abschnitt S. 41 habe ich darauf hingewiesen, daß die für taxatorische Zwecke nöthigen Erfahrungstafeln zweifach verschiedener Art sein müssen.

a) **Zuwachstafeln**, Erfahrungstafeln für die Zurechnung des Zuwachses nach Procenten zur geschätzten gegenwärtigen Holzmasse der älteren Bestände, wozu Hartig bei 20jährigen Perioden die Bestände der 1. und 2. Periode rechnet.

b) Erfahrungstafeln für die Ertragsschätzung jüngerer Bestände.

Im ersten Abschnitt S. 49 habe ich über die Construction der Zuwachstabellen, S. 47 über die der Erfahrungstabellen gesprochen.

So wünschenswerth es ist, daß für jedes zu taxirende Revier besondere Erfahrungstafeln angefertigt werden, so fehlt doch hierzu, besonders bei superficiellen, rasch zu beendenden Schätzungen, nicht selten die nöthige Zeit und Arbeitskraft, oder es fehlen dem Revier die nöthige Anzahl **vollkommen** bestandenen Orte verschiedener Altersstufe, wie sie zur Aufstellung von Erfahrungstafeln erforderlich sind. In solchen Fällen ist die Verwendung sogenannt „allgemeiner Erfahrungstafeln" zulässig, wenn diese, wie die Erfahrungstafeln von G. L., Th. und R. Hartig, Paulsen, die badischen Ertragstafeln, neben der Ertragsziffer zugleich auch eine Bestandscharakteristik enthalten. Es ist dann durch eine Reihe von Vergleichungen der in den Erfahrungstafeln bezeichneten Bestandsbilder mit den gleichaltrigen Beständen des Reviers zu ermitteln:

1) Ob der Holzwuchs der verschiedenen Bonitätsklassen mit dem der Erfahrungstafeln übereinstimme oder nicht. Wäre dieß nicht der Fall, ergäbe sich, daß z. B. der Holzwuchs in den vollkommensten Beständen des besten Bodens, dem Holzwuchse der mittleren Bonitätsklasse in der Erfahrungs-

tafel gleich oder ähnlich sei, so würde diese letztere für das betreffende
Revier als erste Bonitätsklasse zu betrachten sein. Für die, außer den
Grenzen der Erfahrungstafel liegenden, nach dem Holzwuchse zu messenden
Bonitätsklassen des Standorts, müssen dann jedenfalls Untersuchungen des
Wachsthumsganges der Bestände zur Ergänzung der allgemeinen Ertrags=
tafeln ausgeführt werden.

2) Ob der Wachsthumsgang der Bestände des Reviers mit dem, aus
den Erfahrungstafeln zu entnehmenden Wachsthumsgange, sowohl in Bezug
auf Stammzahlverringerung als Baumwuchs übereinstimme oder nicht. Er=
gäbe sich z. B., daß die Bestände des Reviers sich bei früher übereinstim=
mender Bestockung im Allgemeinen früher und stärker lichten als dieß die
Erfahrungstafel angibt, so würden die Ansätze der Erfahrungstafeln für die
späteren Durchforstungserträge und für die Abtriebserträge in dem ent=
sprechenden Verhältniß verändert werden müssen; die Ansätze für die frühe=
ren Durchforstungserträge müßten ermäßigt werden, wenn die Bestände sich
längere Zeit voller bestockt erhalten als dieß die Ertragsziffern der Erfah=
rungstafel voraussetzen. Ergäbe sich, daß der Baumwuchs längere Zeit
aushält oder früher nachläßt als die Erfahrungstafel nachweist, so würden
auch in dieser Hinsicht die Ertragssätze der Erfahrungstafel verhältnißmäßig
verändert werden müssen. Sollen solche Veränderungen nicht zu groben
Irrungen Veranlassung geben, so müssen nicht allein die Ertragsziffern, son=
dern auch die Bestandscharaktere der Erfahrungstafel den Veränderungen
ersterer entsprechend verändert werden. Die allgemeine Erfahrungstafel dient
dann gewissermaßen nur als Skelett für die auf allgemeine Beobach=
tungen sich stützenden Abänderungen der Ertragsziffern und der Bestands=
charaktere.

Auch für die Zuwachszurechnung lassen sich allgemeine Erfahrungs=
tafeln geben, wie dieß G. L. Hartig S. 21 der Instruktion gethan hat.
In wiefern eine Erweiterung dieser Zuwachstafeln in Bezug auf die Angabe
der Procentsätze verschieden langer Zuwachsperioden nothwendig sei, in wie=
fern für die Anwendbarkeit solcher Zuwachstafeln auch auf andere Reviere
und von andern Taxatoren eine Bestandscharakteristik nothwendig sei und
gegeben werden könne, habe ich S. 48 erörtert.

6) Die Abschätzung.

Sind alle die vorgenannten Vorarbeiten des eigentlichen Schätzungs=
geschäftes vollzogen; liegen die Zuwachstabellen und Erfahrungstafeln dem
Gebrauche vor; ist durch den Taxationsplan bestimmt, welche Bestände durch
Zuwachszurechnung, welche durch Erfahrungstafeln geschätzt werden sollen;
ist durch die Abtriebstabelle die Abtriebsperiode jedes einzelnen Bestandes
festgestellt, so kann nun zur Abschätzung selbst geschritten werden.

Hierbei ist in jedem einzelnen Bestand nach der Nummer= oder Buch=
stabenfolge des Wirthschaftcomplexes, des Jagens, Forstorts, der Abtheilung
und Unterabtheilung Folgendes zu untersuchen und zu verzeichnen:

Für alle Abtheilungen:

a) Angaben der Oertlichkeit nach Jagen, Forstort, Abtheilung ꝛc.;
b) Flächengröße des Bestandes;

c) Bestandsalter;

d) Standortsbeschaffenheit;

e) Beschreibung des Bestandes;

f) Bemerkungen über dessen künftige Bewirthschaftung.

In den älteren, durch Zuwachszurechnung zu schätzenden Beständen:

a) Die gegenwärtig vorhandene Holzmasse des Bestandes getrennt nach Nutzholz, Scheitholz, Knüppel und Reiserholz; ermittelt durch Auszählung oder durch Probeflächen auf die S. 22 bis 29 erörterte Weise. Die Fälle, in denen auch in diesen Beständen die Schätzung nach Erfahrungstafeln stattfinden muß, habe ich S. 29 bezeichnet.

b) Der Procentsatz der Zuwachszurechnung für die Periode von heute bis zur Mitte der Abtriebsperiode; zu entnehmen aus den Zuwachstabellen nach Maßgabe der Standortsverhältnisse und der Stammferne.

In den jüngeren durch Erfahrungstafeln zu schätzenden Beständen:

a) Angabe derjenigen Bonitätsklasse der Erfahrungstafel, deren Bestandscharakteristik auf gleicher oder nahe gleicher Altersstufe mit der des zu schätzenden jungen Bestandes am meisten übereinstimmt, S. 52.

b) Angabe ob der zu schätzende Ort den vollen Ertrag des gleichwerthigen Bestandes der Erfahrungstafel, oder ob er weniger und um wie viel weniger er an Durchforstungs- und Abtriebserträgen zu liefern verspricht, z. B. Durchforstung im 40. Jahr $1/4$, im 60. Jahr $1/3$, im 80. Jahr $1/2$, im 100. Jahr $3/4$, Abtrieb $7/8$ der Ertragsansätze in den Erfahrungstafeln. Hartig berechnet daraus diejenige Flächengröße des Bestandes, aus welcher der volle Ertrag der Erfahrungstafel erfolgen wird. Wäre in obigem Falle der ganze Bestand 100 Hektar groß, so lautet die Angabe: im 40. Jahr von 25, im 60. von 33, im 80. von 50, im 100. Jahre von 75 Hekt. der volle Durchforstungsertrag von 87,5 Hekt. der volle Abtriebsertrag der Erfahrungstafel.

Für die kulturfähigen Blößen und Räumden:

a) Die Periode, in welcher die Kultur bewirkt werden soll, die nur unter den bringendsten Umständen eine andere als die erste Periode sein darf.

b) Die Holzart, mit welcher die Kultur bewirkt werden soll.

c) Die Angabe der Kulturmethode, in sofern dieselbe wesentlichen Einfluß auf den künftigen Durchforstungsertrag hat.

Die Resultate dieser Untersuchungen und Bestimmungen werden in ein Taxationsprotokoll tabellarisch verzeichnet, dessen Einrichtung im Wesentlichen folgende ist (s. S. 72).

Mit dem Taxationsprotokoll sind die Arbeiten im Reviere vollendet und es folgt nun die Zusammenstellung der gesammelten Taxationsresultate zunächst in:

7) Das Taxationsregister.

In Bezug auf Bezeichnung und Beschreibung der Standorts- und Bestandsverhältnisse nach Flächengröße, Standortsgüte, Holzalter, Bestandsbeschaffenheit, künftige Bewirthschaftung enthält das Taxationsregister die-

Taxationsprotokoll.

Bezeichnung des Jagens, Sportirtes, Abtheilung.	Flächengröße.	Beschreibung des Holzbestandes.	Bestandsalter.	Beschreibung der Standortsver= hältnisse.	Bemerkungen über die künftige Be= wirthschaftung.	Der gegenwärtige Holzbestand enthält.					Procentsatz des jähr= lichen Zuwachses.	Bonitätsklasse der Erfahrungstafeln.	Ertragsquote der Erfahrungen für die Durchforstungen.						Beschreibung der zu vollziehenden Kulturen.
						Ausholz.	Scheitholz.	Knüppelholz.	Reiserholz.	Summa.			im 20. Jahr.	im 40. Jahr.	im 60. Jahr.	im 80. Jahr.	im 100. Jahr.	für den Betriebs= ertrag.	
A. 1. a.	150	Rothbuchen 2c.	90	Guter Lehm= boden 2c.	Verjüngung durch Besamungsschlag in der 2. Periode Hoch= wald 2c.	40	260	30	16	346	1,3	—	—	—	—	—	—	—	—
A, 1. b.	100	Fichten 2c.	15	Guter Lehm= boden 2c.	Abtrieb und Kultur in der 1. Periode mit Fichtenbüscheln in 4füßiger Entfer= nung.	—	—	—	—	—		I.	0	1/2	1/3	7/8	7/8	1	—
A. 2. a	60	Raume Fichten= horste, schlecht= wüchsig.	60	Mittelmäßiger Lehmboden 2c.		300	240	20	40	600	4,5	—	—	—	—	—	—	—	—
u. s. w.																			

Taxationsregister.

selben Nachweise wie das Taxationsprotokoll, jede Betriebs= und Holzart
aber gesondert und die aus dem Taxationsprotokoll berechneten Durch=
forstungs= und Abtriebserträge aller Bestände in die betreffenden Perioden
übersichtlich eingeordnet. Die Form ist im Wesentlichen vorstehende (f. S. 72).

Jede der Columnen für Abtriebs= und für Durchforstungserträge muß
noch einmal gespalten werden für die gesonderte Verzeichnung der Nutzholz=
und der Brennholzquote jedes Ertragsatzes. Ich habe dieß in vorstehen=
der Tabelle der Raumersparniß wegen unterlassen; in der Anwendung ist
aber die Trennung unerläßlich, denn es handelt sich bei Ertragsregulirungen
nicht allein darum, die Ertragsmasse überhaupt gleichmäßig zu vertheilen,
sondern es muß die Nachhaltigkeit der Nutzholzabgabe sowohl wie der Brenn=
holzabgabe jede für sich gesichert werden. In Nadelholzrevieren mit starkem
Nutzholzvertriebe kann es sogar nothwendig werden, die Spalte für den
Nutzholzertrag noch einmal zu spalten für Nutzhölzer unter 80 Jahren und
über 80 Jahren, um die gleichmäßige Vertheilung der Erzeugung an Bau=
holz bewirken zu können. Es ist dieß gewiß eben so nöthig als die ge=
trennte Nachweisung der Brennholzerzeugung an Scheit=, Knüppel, Reiserholz.

G. L. Hartig zieht in das Taxationsregister alle die Detailangaben,
auf welche sich die Ertragsberechnung gründet. Dadurch wird die Tabelle
sehr erweitert und unbehülflich. Ich halte ihre Uebertragung aus dem
Taxationsprotokoll in das Taxationsregister nicht für wesentlich. Bei Re=
visionen und in Einzelfällen kann man ja leicht auf das Taxationsprotokoll
zurückgehen.

Ueber die Art, wie aus dem Taxationsprotokoll für das Taxations=
register die Ertragssätze der einzelnen Bestände berechnet werden, handelt
S. 34 und 54.

8) Ertragsregelung.

Die Summirung der periodischen Erträge aller im Wirthschaftscom=
plexe vorkommenden Holzarten ergibt den Gesammtertrag jeder Periode; die
Summirung der Erträge der Perioden ergibt den Ertrag der Umtriebszeit.
Durch Division dieses Letzteren mit der Zahl der Perioden erhält man die
durchschnittliche Größe des periodischen Ertrages. Dem folgt die Regulirung
des steigenden oder fallenden Ertrages der Perioden (S. 74). Aus dem
Vergleich der regulirten Periodenerträge mit den Ertragssummen des Taxa=
tionsregisters für jede Periode ergibt sich, um wie viel letztere gegen erstere
zu groß oder zu klein ausgefallen sind.

In vorstehendem Beispiele: $40,000 + 41,400 + 39,000 + 24,000$
$+ 48,000 = 53,000 = 245,400 \cdot \dfrac{245,400}{6} = 40,900$. Es ist also

40,9000 der durchschnittliche periodische Ertragssatz. In allen Fällen, in
denen nicht unabweisbare Bedürfnisse der Gegenwart, oder ein Uebergewicht
alter haubarer oder überhaubarer Bestände, die eine baldige Abnutzung un=
umgänglich nöthig machen, oder andere außergewöhnliche Verhältnisse eine
verstärkte Nutzung in den früheren Perioden fordern, sollen die periodischen
Nutzungsgrößen um ein oder einige Procente steigend regulirt werden, um
auf diese Weise für jede Periode einen Reservefonds zu bilden, wie ein

solcher für jeden einzelnen der jüngern Bestände schon durch Berechnung von nur ⅞ des Ertrages der Erfahrungstabellen gebildet wurde.

Nehmen wir nun an: es sollte für 40,900 Cubikmtr. durchschnittlich, der periodische Ertrag um 1 Procent steigend regulirt werden, so erhält, bei ungrader Periodenzahl, die mittlere Periode den Durchschnittsertrag, die nächst älteren Perioden den Durchschnittsertrag — 1 Procent fallend, die nächst jüngeren Perioden ＋ 1 Procent steigend. Bei grader Periodenzahl erhalten die beiden mittleren Perioden den Durchschnittsertrag ＋ und — der halben Größe des Procentsatzes, die übrigen Perioden den Durchschnitts-zuwachs ＋ oder — der vollen Größe des Durchschnittszuwachses, z. B.

$$
\begin{array}{rllll}
\text{1. Periode} & 40,900 & - & 2\,\tfrac{1}{2}\ \text{Procent} & = 39,878 \\
\text{2.} \quad " & 40,900 & - & 1\,\tfrac{1}{2} \quad " & = 40,286 \\
\text{3.} \quad " & 40,900 & - & \tfrac{1}{2} \quad " & = 40,696 \\
\text{4.} \quad " & 40,900 & + & \tfrac{1}{2} \quad " & = 41,104 \\
\text{5.} \quad " & 40,900 & + & 1\,\tfrac{1}{2} \quad " & = 41,514 \\
\text{6.} \quad " & 40,900 & + & 2\,\tfrac{1}{2} \quad " & = 41,922 \\
\end{array}
$$

Summa 245,400

Der Vergleich dieser Sollerträge jeder Periode mit den Ertragssätzen derselben Periode, wie ihn die Summe des Taxationsregisters ergibt, zeigt nun, um wie viel die einzelnen Perioden zu reichlich oder zu gering bedacht sind. Kleinere Differenzen der periodischen Erträge des Taxationsregisters, gegen die der Regulirung, bleiben hierbei unbeachtet, größere Differenzen müssen ausgeglichen werden und zwar dadurch, daß man in die Perioden mit zu geringem Ertragssatze aus den benachbarten Perioden so viele Bestände und Bestandserträge hinüber trägt als zur Herstellung der regulirten Ertragsgröße nöthig sind.

Bei diesem Verschieben der Bestände gilt als Regel: daß zum Ueber-tragen aus früheren in spätere Perioden die jüngeren, besseren und im besten Zuwachse stehenden Bestände, zum Vorschieben aus späteren in frühere Perioden die älteren, schlechtwüchsigeren Bestände erwählt werden, jedoch mit steter Rücksicht darauf, daß durch das Verschieben die Arron-dirung der Altersklassen und eine zweckmäßige Hiebsfolge möglichst wenig gestört wird, daher denn die Karte hierbei stets zu Rath gezogen werden muß.

In dem vorliegenden Beispiele des Jstertrages nach dem Taxations-register und des Sollertrages nach der Regulirung würde sich die Aus-gleichung folgendermaßen stellen:

$$
\begin{array}{lllllllll}
\text{1. Per.} & \text{Jst} & 40000 & & = 40000 & \text{Soll } 39878 & \text{daher} & + & 122 \\
\text{2.} \quad " & " & 41400 & + \quad 122 & = 41522 & " \quad 40287 & " & + & 1236 \\
\text{3.} \quad " & " & 39000 & + \quad 1236 & = 40236 & " \quad 40696 & " & - & 460 \\
\text{4.} \quad " & " & 24000 & - \quad 460 & = 23540 & " \quad 41104 & " & - & 17564 \\
\text{5.} \quad " & " & 48000 & - \quad 17564 & = 30436 & " \quad 41514 & " & - & 11078 \\
\text{6.} \quad " & " & 53000 & - \quad 11078 & = 41922 & " \quad 41922 & " & & \\
\end{array}
$$

Es würden daher Bestände zum Ertragsbetrage von 122 aus der 1. in die 2. Periode, zum Betrage von 1236 aus der 2. in die 3. Periode zu übertragen sein; da letzteres aber den Bedarf der 3. Periode noch nicht deckt, so sind noch 460 aus der 4. in die 3. Periode zu versetzen; 17,564 aus der 5. in die 4., 11078 aus der 6. in die 5. Periode.

Zum Verschieben können nur Abtriebserträge verwendet werden, da sich Durchforstungserträge nicht über die Grenzen einer Periode hinaus verschieben lassen. Es ist aber der Durchforstungsverlust (als solcher) beim Verschieben der Abtriebserträge in eine frühere, der Durchforstungszugang beim Verschieben der Abtriebserträge in eine spätere Periode zu berücksichtigen.

Es ist einleuchtend, daß die, Behufs der Ertragsregulirung in eine andere als die früher bestimmte Abtriebsperiode versetzten Bestände in Folge der Veränderung des Zuwachszeitraumes auch einen anderen Abtriebs= und Durchforstungsertrag ergeben und hiernach umgerechnet werden müssen. Ist die Flächengröße der verschobenen Bestände bedeutend, so kann dieß einen wesentlichen Einfluß auf den Gesammtertrag der Umtriebszeit und der einzelnen Perioden haben, und es wird häufig nach Ersterem eine erneute Regulirung der periodischen Erträge und Bestandsverschiebung, möglicherweise noch eine dritte Bearbeitung stattfinden müssen, die sich jedoch immer nur auf wenige einzelne Positionen beschränkt. Die Arbeit der Gleichstellung ist so groß nicht, wie man es wohl dargestellt hat, besonders dann nicht, wenn, bei Bearbeitung der Abtriebstabelle aus der speciellen Holzbestandstabelle, die Periodenflächen schon mit Rücksicht auf die Ertragsfähigkeit der Bestände ausgeglichen wurden. Uebrigens, wer den Zweck will, muß auch die dazu nöthigen Mittel anwenden. [1]

Aus den Differenzen des Gesammtertrages der Umtriebszeit, wie sich solche aus der Berechnung vor und nach der Regulirung der periodischen Erträge herausstellen, erkennt man die Opfer sowohl in Ertragsmasse als Ertragswerth, welche der Gleichstellung der periodischen Erträge, also dem Principe der Nachhaltigkeit gebracht werden; denn unter Voraussetzung, daß bei der ersten unbeschränkten Vertheilung der Bestände in das Fachwerk des Umtriebs stets die ertragsreichste Abtriebszeit gewählt wurde, kann jede Veränderung derselben nur Verluste nach sich ziehen. Daß die Größe dieser, der Nachhaltigkeit zu bringenden Opfer zu berücksichtigen sei, und unter Umständen den Sieg über das Princip strenger Nachhaltigkeit gewinne, bedarf kaum der Andeutung.

Durch die Ausgleichung der periodischen Erträge und die dadurch veränderte Flächengröße der Perioden ist letztere nun proportional der Ertragsfähigkeit der Bestände geworden, und gerade hierin, in dem Vereine der Ertragsberechnung aus Vorrath und Zuwachs mit einer

---

[1] Dieser Zweck des „Verschiebens," die Herstellung proportionaler Flächengröße der Wirthschaftstheile, ist häufig verkannt oder unterschätzt worden. Man hat geglaubt, daß durch Erhebung des periodischen Durchschnittsertrages (40,900 in obigem Beispiele) unter zweckmäßiger Hauungscontrole, dasselbe Ziel einfacher und leichter erreicht werde. Allein dieß ist keineswegs der Fall. In obigem Beispiele ist der Gesammtertrag von 245,400, der periodische Durchschnittsertrag von 40,900 nur unter der Voraussetzung die richtige Ertragsgröße, daß sämmtliche Bestände des Waldes in der, durch den vorläufigen Wirthschaftsplan bestimmten Periode zum Abtriebe gezogen werden. Wird diese Voraussetzung durch Erhebung des periodischen Durchschnittsertrages (40,900) aufgehoben, so kann dieß nur geschehen unter Veränderung des, dem Gesammtertrage des Umtriebs zum Grunde gelegten Zuwachszeitraums, mithin auch der Zuwachsgröße. Der Gesammtertrag der Umtriebszeit und somit der periodische Durchschnittsertrag wird damit ein wesentlich anderer, und es ist leicht begreiflich, daß mit einem unrichtigen Maaßstabe eine richtige Controle unbedingt nicht geführt werden kann.

proportionalen Schlageintheilung (Periodenschläge) liegt der Hauptcharakter dieser Fachwerkmethode: die Sicherung des Ertrages durch Flächenvertheilung.

9) Feststellung des vorläufigen Wirthschaftsplanes.

Es ist dieß keine gesonderte selbstständige Arbeit, sondern sie liegt eben in der vollendeten Ausgleichung der periodischen Erträge; denn, sind diese festgestellt, so sind es auch die jeder Periode angehörenden Bestände in Bezug auf Betriebsweise und Umtriebszeit, in Bezug auf die Zeit der Durchforstung und des Abtriebs, in Bezug auf Umwandlung, Verjüngung und Kultur. Das Taxationsprotokoll und das vollendete Taxationsregister enthalten alle in dieser Hinsicht nöthigen Bestimmungen und Nachweise.

Hiermit ist im Wesentlichen die Taxation beendet. Die verschiedenen Excerpte aus dem Taxationsprotokolle und Register; die Generaltabelle zur leichteren Uebersicht der Sortimentverhältnisse des Ertrages der verschiedenen Perioden; der generelle Wirthschaftsplan und der generelle Kulturplan zur Uebersicht der im Laufe der ersten Periode zum Hiebe und zur Kultur kommenden Flächen und deren Behandlung; die Nachweisung des Material= und Geld=Etats für die erste Periode; das Controlbuch und die Revierbeschreibung nach Lage, Boden, Klima, Größe und Eintheilung, nach allgemeiner Beschreibung des Holzbestandes und der Bewirthschaftung desselben, nach allgemeinen Produktions= und Consumtions=Verhältnissen, des Umfanges der Eigenthums= und Nutzungsrechte, der Nebennutzungen und vorhandenen Naturmerkwürdigkeiten, glaube ich hier übergehen zu dürfen, da sie keine wesentlichen Bestandtheile des Geschäfts, sondern nur die Form der Darstellung betreffen.[1]

Literatur.

G. L. Hartig, Anweisung zur Taxation der Forste. Erste Auflage 1795. Vierte Auflage 1819.

Desselben Instruktion für Forstgeometer und Taxatoren, 1819. Berlin.

H. Cotta, Systematische Anleitung zur Taxation der Waldungen, 1804.

Desselben Anweisung zur Forsteinrichtung und Abschätzung. Dresden 1820.

v. Klipstein, Versuch einer Anweisung zur Forstbetriebs=Regulirung. Gießen 1823.

Pernitsch, Anleitung zur Einrichtung 2c. der Forste. Leipzig 1836.

v. Wedekind, Die Fachwerkmethoden; mit Nachweisung ihrer Quellen, kritisch zusammengestellt und beleuchtet. Frankfurt 1843.

Desselben, Anleitung zur Forstbetriebs=Regulirung 2c. 1834, und Instruktion dazu. Darmstadt. 1839.

Th. Hartig, Controversen der Forstwirthschaft. Ueber das Grundsätzliche in den Taxationsvorschriften H. Cotta's und G. L. Hartigs. Braunschweig, Vieweg 1853.

Desselben, System und Anleitung zum Studium der Forstwirthschaftslehre, darin auch Geschichte der Taxationswissenschaft. Leipzig 1858.

[1] Eine Formel für das Ertragsfachwerk: $\dfrac{rv + rsz' + x.\,srz''}{u} = H$ habe ich im Abschnitte „Ueber Anwendbarkeit der Nutzungsweiser auf Ertragsermittelung" erörtert.

B. Die Weifermethoden. [1]

Unter Weifermethoden verstehen wir diejenigen Arten der Ertrags=
ermittelung, bei welchen die jährliche Nutzungsgröße gefunden werden soll,
in dem Verhältniffe normaler Vorrath= und Zuwachsgrößen zur Größe des
gegenwärtigen Vorrathes und Zuwachses; während das Ertragsfachwerk
den nachhaltigen Hauungsfatz ermittelt, aus dem vorhandenen Vorrathe
und der Summe des zukünftigen Zuwachses, auf Grund specieller
Wirthschaftsvorschriften für die Zukunft.

Die Zweifel an der Aufrechterhaltung der Betriebsvorschriften des
Fachwerks und dem Eingehen der, auf Grund dieser berechneten Zuwachs=
größen der Zukunft sind es, wodurch die Weifermethoden ins Leben ge=
rufen wurden, in denen, dadurch daß der künftige Zuwachs scheinbar
außer Rechnung bleibt, auch die Vorausbestimmung der künftigen Bewirth=
schaftungsweise scheinbar überflüssig wird. Nur die, dieser Tendenz ent=
sprechenden Taxationsmethoden zähle ich hierher.

Ueber die normalen, fingirten und realen Waldzustände im Allgemeinen.

Um den Wäldern jährlich eine gleichbleibende Holznutzung von be=
stimmter, durch das Baumalter bedingter Gebrauchsfähigkeit entnehmen zu
können, ist eine Baum= oder Bestandsreihe von einjährigem Altersunter=
schiede und gleicher Baumzahl oder Bestandsgröße, vom Saatbestande bis
zum Abtriebsalter hinauf, nöthig.

Um alljährlich einen Hektar 10jährigen Holzes abnutzen zu können,
sind 10 Hektar Holzbestand nöthig, von denen der jüngste Saatbestand, der
folgende mit einjährigem . . . der zehnte Hektar mit 9jährigem Holze be=
standen ist. Diese Bestände unter sich im Wirthschaftsverbande stehend,
bilden das Kapital, das Inventarium oder den Vorrath (v) der
Betriebsfläche. Die jährliche Vergrößerung aller Glieder der Bestandsreihe
bilden den Zuwachs (z). Die Bestandsreihe des Vorrathes, um den ein=
jährigen Zuwachs an allen Beständen vergrößert, der erste Schlag daher
einjährig . . . . der zehnte Schlag zehnjährig, enthält Vorrath und ein=
jährigen Zuwachs (v + z).

Der normale Waldzustand.

Normal wird der Zustand einer Betriebsfläche genannt, wenn die, in
regelmäßiger Altersabstufung vorhandenen Bestände des Wirthschaftsver=
bandes von gleicher oder der Ertragsfähigkeit proportionaler, dem Umtriebe

---

[1] Bereits in einer Abhandlung: Die Formel für das Fachwerk gegenüber
den Weifermethoden, in der allgemeinen Forst= und Jagdzeitung, Jahrgang 1850,
habe ich mich gegen die praktische Anwendung der Weifermethoden im engeren Sinne aus=
gesprochen. Es könnte daher wohl die Frage aufgeworfen werden: ob eine speciellere Be=
handlung des Gegenstandes an diesem Orte nothwendig und zweckmäßig sei. Es läßt sich
nicht verkennen, daß die Darstellung der Weifermethoden, wenn sie auch in der Anwendung
zu unrichtigen Resultaten führen, dennoch mehr als alles Andere geeignet sind, eine tiefere
Einsicht in die Wirthschaftsverhältnisse der Wälder zu gewähren, daß ihnen daher neben dem
historischen auch ein wissenschaftlicher und besonders ein allgemein instruktiver Werth zustehe.
Von diesem Gesichtspunkte aus bitte ich das Nachfolgende zu betrachten.

entsprechender Flächengröße sind, und eine ihrem Alter entsprechende, volle Bestockung besitzen.

Da in den Beständen einer Hochwaldbetriebsfläche, nicht alle Bäume das Alter der Umtriebszeit erreichen, der größte Theil derselben schon in früheren Perioden des allgemeinen Umtriebs durchforstungsweise zur Abnutzung kommt, so kann man sich den Vorrath einer Hochwaldbetriebsfläche zerlegt denken: in den Vorrath für den Abtriebsertrag und in so viele Durchforstungsvorräthe, als Durchforstungsperioden angenommen sind.

Nur der Abtriebsvorrath ist bleibend, d. h. sowohl für die laufende als alle folgenden Umtriebszeiten seiner Masse nach unverändert, alljährlich verringert um den Betrag seines Zuwachses durch Abnutzung des ältesten Gliedes der Massenreihe, an dessen Stelle das jüngste Glied, der Saatbestand, tritt.

Alle Durchforstungsvorräthe hingegen sind aussetzend; für die früheren Durchforstungsnutzungen längere, für die Durchforstungsnutzungen im höheren Alter kürzere Zeit. Der Vorrath für die Durchforstung im 10. Jahre wird im 10. Jahre, der Vorrath für die Durchforstung im 100. Jahre wird im 100. Jahre hinweggenommen, und im Laufe derselben Umtriebszeit auf derselben Fläche nicht wieder erneuert. Die Durchforstungsnutzungen hingegen sind nicht aussetzend, und zwar dadurch nicht, daß sie auch aus den Beständen des für den zweiten Umtrieb zu erziehenden Vorrathes bezogen werden müssen, die successiv an die Stelle der abgetriebenen Bestände der laufenden Umtriebszeit treten. Fände eine solche Nachzucht der Bestände für eine nächste Umtriebszeit nicht statt, so würde in der That auch jede Durchforstungsnutzung im Laufe der ersten Umtriebszeit nur einmal eingehen.

Dieß zu versinnlichen, reducire ich in nachfolgendem Beispiele, sowohl zur Raumersparniß als der leichteren Uebersicht wegen, den Wachsthumsgang der Rothbuchenbestände auf 120 Hektar in 120jährigem Umtriebe, wie ich solchen in den Erfahrungstabellen S. 83—92 meiner Abhandlung über den Ertrag der Rothbuche dargelegt habe, in Verhältnißzahlen auf den 12jährigen Umtrieb; so daß die Veränderungen, welche dort von 10 zu 10 Jahren verzeichnet sind, hier von Jahr zu Jahr eintretend gedacht, und auf den jährlichen Abtriebsertrag = 10 (10,500 = 10) reducirt sind. Multiplication jeder einzelnen Verhältnißzahl mit 1050 ergibt daher deren wirkliche Größe in der Ertragstafel für die der einjährigen entsprechenden zehnjährige Periode. [1]

In der nebenstehenden Tabelle (s. S. 79) sind die Massenreihen der einzelnen Abtriebs- und Durchforstungserträge getrennt dargestellt, und zwar im Zustande kurz vor dem Hiebe des ältesten Schlages, also Vorrath und einjährigen Zuwachs enthaltend. Die erste Columne zeigt die Massenreihe des Abtrieberträges, die zweite gibt die Massenreihe für den mit dem Abtriebe gleichzeitig erfolgenden Durchforstungsertrag im 120jährigen, 12jährig

---

[1] Für praktischen Gebrauch würde bei ähnlichen Darstellungen die Reduktion auf $\frac{1}{1000}$ vom Abtriebsertrage (= 10,5 in vorliegendem Falle) Vorzüge besitzen, indem sie dann die Vorrath- und Zuwachsgrößen der Erfahrungstafel unmittelbar aus dem Decimalbruch ergeben. Für die vorliegenden Zwecke ist eine Reduktion sämmtlicher Vorrath- und Zuwachsgrößen auf den Abtriebsertrag = 10 in so fern zweckmäßiger, als sich die Verhältnisse sämmtlicher Vorrath- und Zuwachsgrößen zum Abtriebsertrage unmittelbar überblicken lassen, da sie in Decimaltheilen vom Abtriebsertrage dastehen.

Abtriebsalter der Massenreihen.

Alter	12	12	11	10	9	8	7	6	5	4	3	2	1	Summe
Stammzahl der Massenreihen.	152	19	23	31	45	70	160	350	650	2500	6000	40000	300000	74,394
Holzmasse in 1/1000 des wirklichen Betrages.														
12	10,00	0,570												10,570
11	8,86	0,570	0,580											10,010
10	7,56	0,565	0,575	0,610										9,310
9	6,24	0,560	0,570	0,605	0,650									8,625
8	4,93	0,520	0,540	0,580	0,640	0,690								7,900
7	3,72	0,420	0,480	0,530	0,600	0,680	0,910							7,340
6	2,52	0,300	0,390	0,490	0,579	0,631	0,850	0,970						6,730
5	1,42	0,170	0,223	0,302	0,445	0,600	0,760	0,880	0,720					5,520
4	0,64	0,100	0,138	0,182	0,300	0,450	0,450	0,490	0,603	0,600				3,953
3	0,20	0,050	0,065	0,087	0,126	0,198	0,236	0,310	0,400	0,430	0,360			2,462
2	0,06	0,010	0,013	0,017	0,024	0,050	0,070	0,150	0,220	0,290	0,320	0,280		1,504
1	0,003	0,000	0,001	0,001	0,001	0,002	0,004	0,011	0,017	0,060	0,120	0,210	0,040	0,470

Summa 74,394

A. Normaler Vorrath und Zuwachs der einzelnen Massenreihen.

v + z	46,153	3,835	3,575	3,404	3,365	3,301	3,280	2,811	1,960	1,380	0,800	0,490	0,040	74,394
v	36,153	3,265	2,995	2,794	2,715	2,611	2,370	1,841	1,240	0,780	0,440	0,210	0,000	57,414
z	10,000	0,570	0,580	0,610	0,650	0,690	0,910	0,970	0,720	0,600	0,360	0,280	0,040	16,980

B. Normaler Vorrath und Zuwachs der einzelnen Altersklassen.

v + z	10,570	—	10,010	9,310	8,625	7,900	7,340	6,730	5,520	3,953	2,462	1,504	0,470	74,394
v	9,430	—	8,700	7,975	7,210	6,430	5,760	4,800	3,353	2,102	1,224	0,430	0,000	57,414
z	1,140	—	1,310	1,335	1,415	1,470	1,580	1,930	2,167	1,851	1,238	1,074	0,470	16,980

C. Normaler Vorrath und Zuwachs der einzelnen Altersklassen des Durchforstungsbestandes.

v + z	—	0,570	1,150	1,750	2,385	2,970	3,620	4,210	4,100	3,313	2,262	1,444	0,467	28,241
v	—	0,570	1,040	1,735	2,280	2,710	3,240	3,380	2,713	1,902	1,164	0,427	0,000	21,261
z	—	0,000	0,010	0,015	0,105	0,260	0,380	0,830	1,387	1,411	1,098	1,017	0,467	6,980

D. Normaler Vorrath und Zuwachs der einzelnen Altersklassen des bleibenden Bestandes.

v + z	10,000	—	8,860	7,560	6,240	4,930	3,720	2,520	1,420	0,640	0,200	0,060	0,003	46,153
v	8,860	—	7,560	6,240	4,930	3,720	2,520	1,400	0,640	0,200	0,060	0,003	0,000	36,153
z	1,140	—	1,300	1,320	1,310	1,210	1,200	1,120	0,780	0,440	0,140	0,057	0,003	10,000

E. Fingirter Vorrath und Zuwachs der einzelnen Altersklassen des bleibenden Bestandes.

$^{10}/_{12} = 0{,}833 \ldots$

v + z	10,000	—	9,167	8,334	7,500	6,666	5,833	5,000	4,166	3,333	2,500	1,666	0,833	65
v	9,167	—	8,334	7,502	6,667	5,833	5,000	4,167	3,333	2,500	1,667	0,833	0,000	55
z	0,833	—	0,833	0,833	0,833	0,833	0,833	0,833	0,833	0,833	0,833	0,833	0,833	10

gebachten Alter. (Der Abtriebsertrag im 120jährigen Alter besteht aus 152 + 19 Stamm. Die 19 Stämme würden bei 140jährigem Umtriebe der Durchforstung im 120jährigen Alter anheim fallen; die Construktion der Erfahrungstafeln fordert, daß man sie auch bei 120jährigem Umtriebe als eine mit dem Abtriebe zusammenfallende Durchforstungsnutzung betrachtet). Die folgenden Columnen zeigen die Massenreihen der früheren, in 10jährigen Perioden sich wiederholender Durchforstungen, deren verhältnißmäßige Größe zum Abtriebsertrage = 10, die obere Endziffer nachweist.

Denkt man sich die Columnen jeder Massenreihe getrennt und so auf einander gelegt, daß die gleichaltrigen Fächer über einander liegen, so enthalten die korrespondirenden Fächer den Massengehalt jeder Altersklasse einschließlich des Durchforstungsabganges der gleichen Altersstufe. Die Summe der Massen gleicher Altersklasse ist hinter jeder horizontalen Reihe angegeben. Die Summirung dieser Zahlen ergibt die Holzmasse des Vollbestandes = 74,394, ebenso wie die Summirung der Reihe v + z.

Für den in der Tabelle dargestellten normalen Zustand der Betriebsfläche im 12jährigen Umtriebe ist:

der Vorrath für den Abtriebsertrag . . . . = 36,153
der Vorrath für den Durchforstungsertrag . . = 21,261

Der Gesammtvorrath . . . . . . = 57,414

Der Gesammtzuwachs der Umtriebszeit ist:
a) für den Abtriebsertrag 12 . 10 . . . . . = 120,000
b) für den Durchforstungsertrag 12 . 6,98 . = 83,760

Summa Vorrath und Zuwachs . . = 261,174

Der Durchforstungszuwachs erfolgt:
a) aus den vorhandenen Beständen mit . . = 34,580 [1]
b) aus den neu zu erziehenden Beständen mit = 40,180

Summa 83,760

Der vorhandene normale Vorrath ergibt daher:
a) Abtriebserträge 12 . 10 . . . . = 120,000
b) Durchforstungserträge . . . . = 43,580

Summa . . . . = 163,580

Der Zuwachs an den verjüngten Beständen liefert:
a) Den normalen Vorrath für die zweite Umtriebszeit mit = 57,414
b) Den Durchforstungsabgang mit . . . . . = 40,180

Summa 97,594
Dazu Obige 163,580

Summa 261,174

---

[1] Wie alle übrigen normalen Massen = und Zuwachsreihen, so können auch diese nur gefunden werden durch Construktion und unmittelbare Summirung. Im vorliegenden Falle denke man sich die normale Bestandsmasse ohne Nachzucht neuer Bestände allmählig consumirt. Es ist dann der Durchforstungsertrag $(1 . 0,04) + (2 . 0,28) + (3 . 0,36) + 4 . 0,60)$ $+ (11 . 0,57)$ . . . . $= 43,58$

Man denke sich ferner auf der entblößten Betriebsfläche jährlich 1 Schlag angebaut, so ist der Durchforstungsertrag im Laufe der Umtriebszeit $(12 . 0,4)$ $+ (11 . 0,28) + (10 . 0,36 + ... = 40,18$

Auf beiden Betriebsflächen $= 83,76$

Nennt man den aus den neu zu erziehenden Beständen im Laufe der ersten Umtriebszeit erfolgenden Durchforstungsabgang x, so ist in vorliegendem Falle $x = \dfrac{40{,}18}{97{,}594} = 0{,}41$.

Es ist einleuchtend, daß die Summe der Glieder einer Bestandsreihe wie die vorstehenden, nicht durch Formeln, sondern nur durch unmittelbare Summirung gefunden werden können. Das Verfahren läßt sich aber auf folgende Weise abkürzen: z. B.

Nach den G. L. Hartig'schen Erfahrungstafeln sind in Kiefern auf gutem Boden die Ertragssätze wie nachfolgend angegeben.

Alter.	Vollbestand.	Durchforstungsab-gang.	Periodisch bleibender Bestand.	Periodischer Durchschnittszuwachs.		
20	1221	480	741	$\dfrac{1221}{20}$	$= 61$	Cubikfuß.
40	2016	340 [1]	1676	$\dfrac{2016-741}{20}$	$= 64$	„
60	2965	340	2625	$\dfrac{2965-1676}{20}$	$= 65$	„
80	4030	530	3500	$\dfrac{4030-2625}{20}$	$= 70$	„
100	4530	(530)	(4000)	$\dfrac{4530-3500}{20}$	$= 51$	„

Nehmen wir nun an, daß der 1jährige Zuwachs jeder einzelnen Periode gleich dem Durchschnittszuwachse derselben Periode sei (was allerdings nicht zutreffend ist, das Schätzungsresultat aber nicht wesentlich verfälscht, wenn wir die Holzmassen der wirklichen Bestandsreihe nach den Ansätzen der Erfahrungstafel in Rechnung stellen), so ergibt sich die Vorrathgröße des Vollbestandes für 100 Morgen in 100jährigem Umtriebe nach der Formel

$$a + u \cdot \frac{n}{2},$$ aus folgender Berechnung:

	$a + u$				$a + u \cdot \frac{n}{2} = S$	
1—20jähr. Bestand	(0 + 61 =	61) +	(20 . 61 +	0 = 1221)	1282 . 10 =	12820
20—40jähr. „	(741 + 64 =	805) +	(20 . 64 +	741 = 2016)	2821 . 10 =	28210
40—60jähr. „	(1676 + 65 =	1741) +	(20 . 65 +	1676 = 2965)	4706 . 10 =	47060
60—80jähr. „	(2625 + 70 =	2695) +	(20 . 70 +	2625 = 4030)	6725 . 10 =	67250
80—100jähr. „	(3500 + 51 =	3551) +	(20 . 51 +	3500 = 4530)	8081 . 10 =	80810
Summa	8542 + 311	+		14762 = 23618 . 10 =		236180

Auch ohne die vorstehende Auseinanderlegung für die, der Umtriebszeit gleiche Flächengröße, findet man den, dem wirklichen Zuwachsgange entsprechenden Normalvorrath mit Einschluß eines 1jährigen Zuwachses (der jüngste Schlag 1jährig, der älteste Schlag 100jährig), wenn man in der Erfahrungstafel die Holzmassen des periodisch bleibenden Bestandes (8542),

---

[1] Ich habe den verhältnißmäßig auffallend geringen Durchforstungsabgang von 200 Cubikfuß für das 40. Jahr, wie ihn die Hartig'schen Erfahrungstafeln angeben, auf 340 Cubikfuß erhöht, und dadurch den naturgemäßeren Gang des periodischen Durchschnittszuwachses erhalten, der ohne dieß sich auf 61, 68,$_{58}$, 70, 51 Cubikfuß berechnen würde.

des Durchschnittszuwachses der Perioden (311) und des Vollbestandes (14,762) summirt, und die Summe mit der Hälfte der Periodenjahre multiplicirt (236,150).

Für die Betriebsfläche von einer, den Jahren des Umtriebs gleichen Morgenzahl, ergibt sich Abtriebs= und Durchforstungsertrag (= Zuwachs) unmittelbar aus der Erfahrungstabelle. In vorstehendem Beispiele ist der Abtriebsertrag des 100jährigen Umtriebs = 4530, der Durchforstungs= ertrag = 1690, der Gesammtertrag = 6220 Cubikfuß (14,762 — 8542 = 6220; 6220 — 4530 = 1690). Den letzteren als 1jährigen Zuwachs sämmtlicher Bestände betrachtet, ist die Vorrathsgröße 236,150 — 6220 = 229,930 Cubikfuß.

Der fingirte Waldzustand.

Fingirt kann man einen Waldzustand nennen, wenn man, bei einem übrigens normalen Altersklassen= und Flächengrößenverhältnisse, die Vor= rathsgrößen nicht so verzeichnet wie sie wirklich sind, sondern die Massen= reihen aus dem Durchschnittszuwachse des Abtriebsertrages construirt.

In der S. 97 aufgestellten Tabelle ist der Abtriebsertrag der Massen= reihe des bleibenden Bestandes = 10. In den 12 Jahren des Umtriebs sind also am Abtriebsertrage durchschnittlich jährlich $\frac{10}{12}$ = 0,833 . . . zugewachsen. Nimmt man diesen Zuwachs als den in jedem Bestandsalter wirklich erfolgenden, 1jährigen an, so ergeben sich Vorrath und Zuwachs= reihen, wie sie in E der Tabelle S. 79 dargestellt sind.

$$1) \quad v + z = 0,833 + \quad 10 . \frac{21}{2} = 65$$

$$2) \qquad v = 0,00 + \quad 9,17 . \frac{12}{2} = 55$$

$$3) \qquad z = 0,833 + \quad 0,833 . \frac{12}{2} = 10$$

ad 1) Da die Glieder jeder, aus dem Durchschnittszuwachs ent= wickelten Massenreihe eine stetige arithmetische Reihe bilden, erhält man die Summe der Massen= und Zuwachsreihen nach der Formel $a + u . \frac{n}{2}$, in welcher a das erste, u das letzte Glied der Massenreihe, n die Zahl der Glieder bezeichnen.

Für alle Reihen, in welchen a größer als o ist, muß stets die volle Formel in Anwendung treten, also auch dann, wenn man den Vorrath einer Betriebsfläche kurz vor dem Hiebe des ältesten Schlages, unser v + z, mit dem Ausdrucke v bezeichnet.

ad 2) Ist das erste Glied der Massenreihe = o, wie in jeder Massenreihe des Vorrathes, so ergibt sich kürzer die Summe der Massenreihe durch Multiplikation des ältesten Gliedes (Abtriebsertrag — 1jähriger Zuwachs) mit der halben Flächengröße (u . $\frac{n}{2}$; im Beispiele

$9{,}17 \cdot \dfrac{12}{2} = 55$). Der fingirte Vorrath — nicht der normale — ist daher gleich der Holzmasse auf der Hälfte der Betriebsfläche, wenn diese mit Beständen vom Alter der Umtriebszeit bestockt wäre, weniger dem letztjährigen Zuwachs an dieser Bestandsmasse. Da in fingirten Massenreihen der letztjährige Zuwachs gleich dem Durchschnittszuwachse angenommen wird, so kann man anstatt der Subtraktion des 1jährigen Zuwachses die Zahl der Glieder um 1 verringern und anstatt der Formel $u \cdot \dfrac{n}{2} = v$, in welcher u das vorletzte Glied der Massenreihe (9,17) bedeutet, die Formel $u \cdot \dfrac{n-1}{2} = v$ setzen, in welcher u das letzte Glied der Massenreihe bezeichnet (im Beispiele $10 \cdot \dfrac{11}{2} = 55$). Die Annahme: es sei der fingirte Vorrath gleich dem Abtriebsertrage (10) multiplicirt mit der halben Größe der Betriebsfläche ($10 \cdot \dfrac{12}{2} = 60$), ist wie aus obigem erhellet, unrichtig. Das Resultat ist größer als der wirklich fingirte Vorrath = 55, kleiner als $v + z = 65$.

ad 3) Da in jeder Zuwachsreihe a größer als o ist, so müßte auch für diese die volle Formel in Anwendung treten. In der Reihe des Durchschnittszuwachses sind aber alle Glieder gleich groß; man summirt daher zwei derselben und multiplicirt die Summe mit der halben Gliederzahl wie oben, kann aber auch den einfachen Durchschnittszuwachs mit der ganzen Gliederzahl multipliciren a·. $n = 0{,}833 \cdot 12 = 10$).

Vergleicht man Vorstehendes mit dem S. 79 entwickelten normalen Vorrathe für den bleibenden Bestand (= 36,153), so ergibt sich, daß schon hier, wo nur der bleibende Bestand in Betracht gezogen ist, bei gleicher Zuwachs- und Abtriebsgröße, der fingirte Vorrath um 53 Procent größer als der normale ist. Construirt man in ähnlicher Weise wie vorstehend die Massenreihe für den Vollbestand aus dem Durchschnittszuwachse $\dfrac{16{,}98}{12} = 1{,}415$, so ergibt sich für fv die Größe von 93,39, mithin 63 Procent mehr als die Wirklichkeit. Die Summe der aus dem Durchschnittszuwachs construirten Massenreihe fv (in vorliegendem Falle 55 für den bleibenden, 93 für den vollen oder prädominirenden Bestand) übersteigt sogar um ein Beträchtliches noch die Summe der normalen Massenreihe $v + z$ (nach S. 79 46 für den bleibenden, 74 für den vollen Bestand). Durch Vergleich der normalen Vorraths- und Zuwachsreihen und Summen (S. 79 D für den bleibenden Bestand) mit den fingirten Reihen und Summen (E) wird man die Ursache der Differenz in der ungleichen Vertheilung und in der geringen Größe des Zuwachses und daher auch des Vorrathes jüngerer Altersklassen leicht erkennen. Es erhellet daraus, wie verschieden das Verhältniß zwischen Vorrath und Zuwachs normaler und fingirter Massenreihen bei gleicher summarischer Zuwachsgröße beider ist.

Der reale Waldzuſtand.

Real, im Gegenſatze zu normal und fingirt, kann man die wirk=
lichen Waldzuſtände in ſofern nennen, als Erſtere in der Wirklichkeit im
Hochwaldbetriebe nicht beſtehen. Völlig normale Waldzuſtände können
vorübergehend eintreten; der fingirte Waldzuſtand iſt ſtets eine Rechnungs=
figur, da er ſich auf Annahmen gründet, die in der Wirklichkeit nicht be=
ſtehen, auf die Annahme einer gleichmäßigen Vertheilung des Zuwachſes in
die verſchiedenaltrigen Glieder der Maſſenreihen einer Betriebsfläche. Der
reale Waldzuſtand kann vom Normalen abweichen: 1) in gänzlichem Mangel
einzelner Altersklaſſen; 2) im Mißverhältniß der Flächengrößen verſchiedener
Altersklaſſen; 3) in Mängeln der Beſtockung, des Vorrathes und Zuwachſes.

Ueber Nutzungsweiſer.

Das aus der Verzeichnung normaler oder fingirter Waldzuſtände ſich
ergebende Verhältniß zwiſchen Vorrath und Zuwachs, ausgedrückt in der
Zuwachsgröße an jeder Einheit des Vorraths, hat man als maßgebend
erachtet für die Nutzungsgröße auch aus realen, abnormen Waldzuſtänden
der verſchiedenſten Art.

In der S. 79 aufgeſtellten Tabelle einer Betriebsfläche iſt v des Ge=
ſammtertrages $= 57,43$, z des Geſammtertrages oder der jährliche Zu=
wachs $= 16,98$. Es beträgt alſo der jährliche Zuwachs oder Ertrag
$\frac{16,98}{57,434} = 0,296$ an jeder Einheit des Vorrathes. Der Abtriebsertrag
$= 10$, iſt $\frac{10}{57,433} = 0,174$ von jeder Einheit des Vollbeſtandes
(prädominirender Beſtand).

Wählt man die Maſſenreihen des bleibenden Beſtandes als Ver=
gleichsgröße, in der Tabelle $= 36,153$, ſo berechnen ſich $\frac{16,98}{36,153} = 0,47$
Geſammtertrag $\frac{10}{36,153} = 0,276$ Abtriebsertrag auf jede Einheit des
bleibenden Beſtandes.

Man glaubte, daß dieſelbe Nutzung, welche von jeder Einheit eines
normalen Vorrathes ſich berechnet, wenn ſie von abnormen Vorräthen ana=
loger Maſſenreihen erhoben wird, nicht allein dem Principe der Nachhaltig=
keit entſpräche, ſondern auch, durch Vorrathconſumtion oder durch Zuwachs=
erſparniß, jeden abnormen Zuſtand allmählig zu einem normalen Zuſtand
überführe.

Es ruht dieſe Anſicht weſentlich auf der Unterſtellung, daß der Zu=
wachs auf einer überhaupt beſtockten Fläche vorzugsweiſe durch die Pro=
duktionskraft des Standorts bedingt, von der Größe und Beſchaffenheit des
Vorrathes innerhalb gewiſſer Grenzen unabhängig ſei, daß ein, durch Ueber=
gewicht jüngerer oder älterer Altersklaſſen geringerer oder größerer Vorrath
die, der Bodenkraft entſprechende, Zuwachsgröße nicht weſentlich verändere.

Unter dieſer Vorausſetzung iſt die Herſtellung der, dem nor=
malen Zuſtande entſprechenden Vorrathsgröße und endlich des Normal=

zuſtandes ſelbſt, durch Erhebung derſelben Nutzung von jeder Einheit des abnormen Vorrathes, welche auf jede Einheit des normalen Vorrathes fällt, allerdings geſichert.

In der S. 79 gegebenen Tabelle iſt der normale Vorrath $= 57$, der Zuwachs am normalen Vorrathe $= 17$, die Nutzung daher $\frac{17}{57} = 0{,}3$ von jeder Einheit der letzteren.

Iſt in einer vorliegenden Betriebsfläche der volle Vorrath vorhanden, ſo wird, durch Erhebung von 0,3 jeder Vorratheinheit, der Zuwachs conſumirt und der Vorrath bleibt unverändert.

Iſt weniger als der volle Vorrath vorhanden, ſo ergibt die Abnutzung von 0,3 des wirklichen Vorrathes eine hinter dem Zuwachſe zurückbleibende Nutzungsgröße. Es wird alljährlich an Zuwachs geſpart, und dadurch der Vorrath endlich zur normalen Größe erhoben. Wäre der Vorrath einer, den Ertragsverhältniſſen der Tabelle analog beſtandenen Betriebsfläche nur 50, ſo ergäbe die Multiplikation mit 0,3 als Nutzungsgröße nur 15. Iſt nun, trotz des geringen Vorrathes, der Zuwachs wie im normalen Zuſtande $= 17$, ſo werden jährlich 2 Zuwachs erſpart und zum Vorrathe geſchlagen, bis dieſer ſeine normale Größe erreicht und damit der erſte Fall eintritt.

Iſt mehr als der normale Vorrath vorhanden, ſo ergibt die Abnutzung von 0,3 des vorhandenen Vorrathes eine, den jährlichen (als unveränderlich betrachteten) Geſammtzuwachs $= 17$ überſteigende Nutzungsgröße; z. B. $70 \cdot 0{,}3 = 21$. Es wird dadurch nicht allein der jährliche Geſammtzuwachs, ſondern auch ein Theil des überſchüſſigen Vorrathes, im Beiſpiele alljährlich 3 deſſelben, conſumirt, bis der Ueberſchuß des Vorrathes abgenutzt iſt, und der erſte Fall eintritt.

Mit der allmähligen Herſtellung des vollen Vorrathes durch Zuwachsanhäufung oder Vorrathconſumtion ſtellt ſich, wenn auch nicht gleichzeitig, doch endlich, auch der normale Vorrath, der volle Vorrath im normalen Zuſtande her.

Dieß Alles iſt in demſelben Grade wahr, als die Vorausſetzung richtig iſt, daß Vorrathmangel oder Ueberſchuß auf die Zuwachsgröße beſtandener Flächen außer Einfluß ſteht.

Da der Quotient aus Vorrath in Zuwachs $\left(\frac{z}{v} \right)$ normaler Betriebsflächen, die Nutzungsgröße von jeder Einheit des Vorrathes, auch der abnorm beſtandenen, analogen Betriebsflächen bezeichnet, ſo hat man ihn Nutzungsprocent, Etatsfactor, Nutzungsfactor genannt. In's Deutſche übertragen würde Nutzungsweiſer ein der Bedeutung entſprechender Ausdruck ſein.

Wir haben zunächſt zu unterſcheiden: 1) den allgemeinen Nutzungsweiſer und 2) den beſonderen Nutzungsweiſer.

Vom allgemeinen Nutzungsweiſer.

Nimmt man den jährlichen Durchſchnittszuwachs vom Abtriebsertrage als den in jeder Altersklaſſe wirklich erfolgenden Zuwachs an, ſo ergibt ſich daraus eine Massenreihe der Betriebsfläche, die ich vorstehend als „fingirter Waldzustand" beschrieben habe.

Unter dieser Annahme ist das Verhältniß zwischen Vorrath und Zuwachs ein durchaus constantes für jede Betriebsart, für alle Holzarten und Bonitätsklassen, nur veränderlich mit der Umtriebszeit; wie ich dieß bereits im zweiten Bande Seite 6 bis 11 dargethan und die, einer jeden Umtriebszeit angehörenden Nutzungsweiser tabellarisch (sub b) nachgewiesen habe. Aus dem (sub a) aufgeführten Verhältnisse selbst, kann man den allgemeinen Nutzungsweiser leicht auf eine größere Zahl von Decimalstellen genauer berechnen.

Diese, unter vorstehenden Voraussetzungen vom wirklichen Zuwachse unabhängige Zuwachsgröße habe ich im Allgemeinen den specifischen Zuwachs genannt, hier, wie in der Physik, dem Absoluten gegenüberstehend.

Für den 100jährigen Umtrieb ist der allgemeine Nutzungsweiser $= 0{,}0202$ ($49{,}5 : 1 = 1 : 0{,}0202$). Prüfen wir das Obige an Beispielen aus der Wirklichkeit.

Die G. L. Hartig'schen Erfahrungstafeln für Kiefern ergeben im 100ften Jahre an Abtriebserträgen auf gutem Boden 4530 Cubikfuß, mittel Boden 3615 Cubikfuß, schlechter Boden 2080 Cubikfuß. Der jährliche Durchschnittszuwachs am bleibenden Bestande ist daher 45,3; 36,15; 20,80 Cubikfuß. Diesen Durchschnittszuwachs auch als den letztjährigen angenommen, ist das letzte Glied der Massenreihe des Vorrathes (kurz nach dem Hiebe des ältesten Jahresschlages) $4530 - \dfrac{4530}{100} = 4485; 3615 - \dfrac{3615}{100} = 3577;$

$2080 - \dfrac{2080}{100} = 2059$. Die Summe der Massenreihe ist in diesen drei

Fällen nach der Formel $u \cdot \dfrac{n}{2}$ berechnet (da $a = 0$), $4485 \cdot 50 = 224250$; $3577 \cdot 50 = 178850$; $2059 \cdot 50 = 102950$.

Unter der vorstehenden Annahme ist der Abtriebsertrag gleich dem jährlichen Zuwachse aller Glieder der Bestandsreihe, denn da es sich hier nur um den Zuwachs am bleibenden Bestande handelt, ist der Zuwachs, welcher an einem Bestande binnen 100 Jahren sich anhäufte, gleich dem durchschnittlichen Zuwachse aller 100 Bestandsglieder in einem Jahre, wenn diese in normaler Altersabstufung stehen. Das Verhältniß zwischen Vorrath und der Summe des Zuwachses einer Betriebsfläche von 100 Morgen in 100jährigem Umtriebe ist daher:

für guten Boden $224250 : 4530 = 1 : 0{,}0202$
„ mittel „ $178850 : 3615 = 1 : 0{,}0202$
„ schlechten „ $102950 : 2080 = 1 : 0{,}0202$

Denselben allgemeinen Nutzungsweiser erhält man, wenn man ihn für den 100jährigen Umtrieb aus den Erfahrungstafeln der übrigen Holzarten berechnet. Weder die verschiedene Größe des absoluten Zuwachses, noch der verschiedene Wachsthumsgang der verschiedenen Holzarten und Standortsgüten kann ihn verändern, da die angenommenen Verhältnisse zwischen Vorrath und Zuwachs für dieselbe Umtriebszeit stets dieselben sind.

Es gibt daher für jede Umtriebszeit nur eine Verhältnißzahl zwischen dem Ertrage (= Zuwachs) und der Summe einer aus dem Durchschnittszuwachse entwickelten Massenreihe: es gibt für jede Umtriebszeit nur einen allgemeinen Nutzungsweiser, Holzart und Wachsthumsgang mögen noch so verschieden sein. Er ist derselbe für den Vorrath des Abtriebsertrages, des Durchforstungsertrages und des Gesammtertrages.

Mit Hülfe dieses allgemeinen Nutzungsweisers läßt sich für jede Betriebsfläche die Größe des fingirten Vorrathes auffinden, wenn man das Endglied der Massenreihe (Abtriebsertrag oder Gesammtertrag) mit dem allgemeinen Nutzungsweiser dividirt; in vorstehenden Beispielen $\dfrac{4530}{0{,}0202}$ = 224250 für den bleibenden Bestand; $\dfrac{6220}{0{,}0202}$ = 307920 für den Vollbestand; $\dfrac{1690}{0{,}0202}$ = 83670 für den Durchforstungsvorrath (vergl. S. 79).

Vom besonderen Nutzungsweiser.

Die dem allgemeinen Nutzungsweiser zum Grunde liegenden Annahmen gleichmäßiger Vertheilung des Gesammtzuwachses einer Betriebsfläche in die verschiedenaltrigen Glieder der Bestandsreihe finden höchstens beim Niederwalde in kurzem Umtriebe und auch da nur annähernd statt. In der Wirklichkeit steigt selbst in der Bestandsreihe des Vollbestandes der Zuwachs bis zu einem gewissen Alter hin, sowohl an einzelnen Bäumen als an ganzen Beständen in sehr verschiedenen, durch Betriebsweise, Holzart, Bewirthschaftung und Standort bedingten Verhältnissen, kulminirt eine längere oder kürzere Zeit und sinkt dann allmählig wieder herab. In viel höherem Grade ungleichmäßig vertheilt ist der Zuwachs in die Glieder des bleibenden Bestandes. Die annähernde Gleichstellung des periodischen Ertrages, wie sie G. L. Hartig für die Kiefer nachwies, wie der Herausgeber solche für Rothbuche und Fichte nachgewiesen hat (System und Anleitung Seite 178 und 198), gilt nur für die älter als 20—30jährigen Altersklassen und auch in diesen nur für den Vollbestand.

Entwickelt man, aus dem erforschten Wachsthumsgange der Bestände einer Betriebsfläche, die, dem normalen Zustande derselben angehörenden Massenreihen, wie dieß in der Tabelle S. 79 beispielsweise geschehen ist, so ergibt das Verhältniß des Vorrathes in diesen Massenreihen zu ihrem Zuwachse einen Nutzungsweiser, der mit jeder Veränderung des Wachsthumsganges der Bestände ein anderer, also für verschiedene Betriebsarten, Umtriebszeiten, Holzarten, ja für jede Standortsverschiedenheit verschieden ist, insofern diese einen abweichenden Wachsthumsgang der Bestände mit sich führen, den ich deßhalb, zum Unterschiede von dem, nur für die verschiedenen Umtriebszeiten verschiedenen allgemeinen Nutzungsweiser, den besonderen Nutzungsweiser nenne.

In der Tabelle S. 79 ist der Abtriebsertrag des 12jährigen Umtriebs = 10, der Durchschnittszuwachs aus dem Abtriebsertrage daher $= \dfrac{10}{12} = 0{,}833$.

Nach der daselbst unter E. entwickelten Massenreihe dieses Durchschnitts=zuwachses ist v $=$ 55; z $=$ 10; $\frac{10}{55}$ $=$ 0,182. Es ist 0,182 $=$ dem allgemeinen Nutzungsweiser; denn 5,5 : 1 $=$ 1 : 0,182 (S. Bd. II. S. 9). Nach der Tabelle ist aber, bei gleichem Zuwachse, der wirkliche Vorrath nur 36,153, der besondere Nutzungsweiser daher $\frac{10}{36,153}$ $=$ 0,28.

Seite 86 habe ich gezeigt, daß für Kiefern im 100jährigen Umtriebe, der aus dem fingirten Zustande entwickelte Nutzungsweiser $=$ 0,0202, der allgemeine des 100jährigen Umtriebs sei, sowohl auf gutem als auf mittel=mäßigem und schlechtem Standorte.

In der S. 81 erörterten Weise berechnet, ist der wirkliche Vorrath auf gutem Boden $=$ 236,150; der Abtriebsertrag $=$ 4530, ergibt als besonderen Nutzungsweiser für den Abtriebsertrag $\frac{4530}{236150}$ $=$ 0,019.

Auf schlechtem Boden ist der wirkliche Vorrath des normalen Zu=standes $=$ 126580; der Abtriebsertrag $=$ 2080; ergibt als besonderer Nutzungsweiser $\frac{2080}{126580}$ $=$ 0,016.

Es hat daher jeder abweichende Wachsthumsgang der Bestände seinen besondern Nutzungsweiser. Es ist derselbe ein anderer für den Bestand auf der Bergkuppe, ein anderer für den tiefgründigern Boden des Thales; er kann ein anderer sein für die Nordseite, ein anderer für die Südseite desselben Berges.

Ueber die Anwendbarkeit der Nutzungsweiser auf Ertragsermittelung.

1) Der allgemeine Nutzungsweiser.

Wie wir gesehen haben, zeigt der allgemeine Nutzungsweiser das Ver=hältniß zwischen Vorrath und Zuwachs fingirter Waldzustände.

Der fingirte Waldzustand unterscheidet sich vom normalen und realen Zustande darin, daß er eine Gleichheit des Zuwachses aller Glieder der Massenreihe annimmt, hiernach die Größe der Glieder selbst und in der Summe derselben den Vorrath berechnet. (Seite 82).

Unter gewöhnlichen Verhältnissen findet aber eine gleichmäßige Ver=theilung des Zuwachses nicht statt, sondern dieser steigt mit zunehmendem Bestandsalter bis zu einem näher oder entfernter liegenden Zeitpunkte (Seite 86).

Dieß hat zur Folge, daß, wie der Vergleich der, Seite 79 D. und E. ausgeführten Beispiele ergibt, der Vorrath des fingirten Zustandes stets bedeutend größer als der des normalen Zustandes, meist auch größer als der des realen Zustandes ist.

Da die Summe der, aus dem Durchschnittszuwachse konstruirten Massen=reihe, da der fingirte Vorrath stets größer ist als der normale, da ferner der Nutzungsweiser die Größe des Zuwachses oder der Nutzung von jeder Einheit des fingirten Vorrathes angibt, so muß dieser, angewendet auf den wirklichen Vorrath eines normalen oder abnormen Waldzustandes, stets eine, hinter dem wirklichen Zuwachse zurückbleibende Nutzung ergeben, so lange der wirkliche Vorrath die Größe des fingirten Vorrathes nicht erreicht hat.

Nach S. 79 ist, bei einem Abtriebsertrage von 10, bei einem Ge= sammtertrage von 16,98 in 12jährigem Umtriebe, der normale Vorrath für ersteren = 36, für letzteren = 57,4. Die Conversion der Massenreihen nach dem Durchschnittszuwachse ergibt nach S. 79 E. für den Abtriebs= ertrag einen Vorrath von 55, also über die Hälfte des normalen Vorrathes mehr. Für den Gesammtertrag berechnet sich ein Vorrath des fingirten Zustandes von 93,39, also beinahe um 2/3 der Größe des normalen Ge= sammtvorrathes mehr.

Der Abtriebsertrag des normalen Vorrathes ist im Beispiele = 10, der Gesammtertrag = 16,98. Der allgemeine Nutzungsweiser des 12jährigen Umtriebs = 0,182, angewendet auf den Vorrath des Normalzustandes liefert 36 . 0,182 = 6,55 für den Abtriebsertrag; 57,4 . 0,182 = 10,45 für den Gesammtertrag, in beiden Fällen den Ertrag um 0,34 und 0,4 des Zuwachses zu niedrig.

Erst wenn der wirkliche Vorrath die Größe des fingirten Vorrathes = 55 oder 93 erreicht hat, also die normale Größe bei weitem übersteigt, ergibt der allgemeine Nutzungsweiser eine, dem normalen Zuwachse gleiche Abnutzung.

Durch Anwendung des allgemeinen Nutzungsweisers auf den wirklichen Vorrath einer Betriebsfläche wird daher ein Vorrathsmangel allerdings er= gänzt; für Waldzustände mit normalem oder überschüssigem Vorrathe hin= gegen ist er unanwendbar und in demselben Verhältnisse zu klein als der fingirte Vorrath gegenüber dem normalen zu groß ist, denn:

$$36 : 0,182 = 55 : 0,28 \quad \| \quad 57,4 : 0,182 = 93 : 0,3$$
$$36 : 10,000 = 1 : 0,28 \quad \| \quad 57,4 : 16,98 = 1 : 0,3$$

Conversion des allgemeinen Nutzungsweisers würde jedoch alle die Hindernisse der Anwendung herbeiführen, die ich später in Bezug auf An= wendung des besondern Nutzungsweisers bezeichnen werde.

Es fragt sich daher nur noch, ob Conversion des wirklichen Vor= rathes, ob eine Verwandlung der Massenreihen des wirklichen Vorrathes einer Betriebsfläche in die Massenreihe des fingirten Zustandes zum Ziele führen?

Wir wählen auch hier wieder zur Erläuterung und Prüfung den S. 79 analysirten Wachsthumsgang der Rothbuche im 120jährigen Umtriebe, reducirt auf $\dfrac{1}{1050}$ und dargestellt im 12jährigen Umtriebe:

1a. Wirkliche Massenreihe des bleibenden normalen Bestandes.
Bestandsalter.

	1.	2.	3.	4.	5.	6.	7.	8	9.	10.	11.	12.	Summa
v + z	0,603	0,060	0,20	0,64	1,42	2,52	3,72	4,93	6,24	7,56	8,86	10,00	46,15
v	0,000	0,003	0,06	0,20	0,64	1,42	2,52	3,72	4,93	6,24	7,56	8,86	36,15
z	0,003	0,057	0,14	0,44	0,78	1,10	1,20	1,21	1,31	1,32	1,30	1,14	10,00

$$10/36,15 = 0,277$$

1b. Conversion der Massenreihe des bleibenden normalen Bestandes nach dem Durchschnittszuwachse. $10/12 = 0,83 \ldots$

	1.	2.	3.	4.	5.	6.	7.	8	9.	10.	11.	12.	Summa
v + z	0,83	1,67	2,50	3,33	4,17	5,00	5,83	6,67	7,50	8,33	9,17	10,00	65
v	0,00	0,83	1,67	2,50	3,33	4,17	5,00	5,83	6,67	7,50	8,33	9,17	55
z	0,83	0,83	0,83	0,83	0,83	0,83	0,83	0,83	0,83	0,83	0,83	0,83	10

$$10/55 = 0,182$$

2a. Wirkliche Massenreihe eines abnormen Altersklassenverhältnisses mit vorherrschenden Altersklassen geringer Zuwachsgröße.
Bestandsalter.

	1.	1.	1	2.	2.	2.	3.	4.	4.	5.	11.	11.	Summa
v	0,003	0,003	0,003	0,06	0,06	0,06	0,20	0,64	0,64	1,42	8,86	8,86	20,81
v + z	0,060	0,060	0,060	0,20	0,20	0,20	0,64	1,42	1,42	2,52	10,00	10,00	26,78
z	0,057	0,057	0,057	0,14	0,14	0,14	0,44	0,78	0,78	1,10	1,14	1,14	5,97

2b. Conversion dieser Massenreihen nach dem Durchschnittszuwachse des normalen Zustandes.

													Summa
v	0,83	0,83	0,83	1,67	1,67	1,67	2,50	3,33	3,33	4,16	9,17	9,17	39,16
v + z	1,67	1,67	1,67	2,50	2,50	2,50	3,33	4,16	4,16	5,00	10,00	10,00	49.16
y	0,83	0,83	0,83	0,83	0,83	0,83	0,83	0,83	0,83	0,83	0,83	0,83	10,00

3a. Wirkliche Massenreihe eines abnormen Bestandsverhältnisses mit vorherrschenden Altersklassen hohen Zuwachses.
Bestandsalter.

	2.	4.	6.	6.	7.	7.	7.	8.	8.	9.	10.		Summa
v	0,06	0,64	2,52	2,52	2,52	3,72	3,72	3,72	4,93	4,93	6,24	7,56	43,08
v + z	0,20	1,42	3,72	3,72	3,72	4,93	4,93	4,93	6,24	6,24	7,56	8,86	56,47
z	0,14	0,78	1,20	1,20	1,20	1,21	1,21	1,21	1,31	1,31	1,32	1,30	13,39

3b. Conversion dieser Massenreihen.

													Summa
v	1,67	3,33	5,00	5,00	5,00	5,83	5,83	5,83	6,67	6,67	7,50	8,33	66,66
v + z	2,50	4,17	5,83	5,83	5,83	6,67	6,67	6,67	7,50	7,50	8,33	9,17	76,66
z	0,83	0,83	0,83	0,83	0,83	0,83	0,83	0,83	0,83	0,83	0,83	0,83	10,00

In den wirklichen und verwandelten Massenreihen des **normalen Zustandes** 1a und 1b der vorstehenden Beispiele gewährt allerdings der allgemeine Nutzungsweiser = 0,182, angewendet auf den converten Vorrath, dieselbe Nutzungsgröße wie der besondere Nutzungsweiser = 0,28 angewendet auf den Vorrath der wirklichen Massenreihe, und zwar: weil die Verhältnisse zwischen wirklichem und convertem Vorrath dieselben sind, wie zwischen besonderem und allgemeinem Nutzungsweiser.

Dieß muß auch in allen abnormen Waldzuständen der Fall sein, in welchen, wenn auch die Größe des Vorrathes abweicht vom normalen Vorrathe, doch die Verhältnisse der Größen zu einander dieselben bleiben.

In Folge der ungleichen Vertheilung des Zuwachses in die Glieder

der Massenreihen muß aber jede Abnormität der Altersklassen diese Verhältnisse ändern.

Im zweiten Beispiel habe ich einen Fall dargestellt, in welchem die Altersklassen geringer Zuwachsgrößen vorherrschen. Hier ist sowohl der Vorrath = 20,81, wie der Zuwachs = 5,97, bedeutend geringer als der des normalen Zustandes = 36,15 und 10. Es müßte daher Zuwachsersparniß stattfinden. Die Conversion der Massenreihen ergibt zum Vorrathe = 39,16. Es ergibt 39,16 . 0,182 eine Abnutzung von 7,13, also mehr als der wirkliche Zuwachs beträgt und es findet daher, anstatt der nöthigen Zuwachsersparniß noch bedeutende Vorrathconsumtion statt.

Im dritten Beispiele habe ich einen Fall dargestellt, in welchem die Altersklassen mit größerem Zuwachse vorherrschen. Vorrath und Zuwachs sind hier größer als der normale, es müßte daher nicht allein Zuwachs-, sondern auch Vorrathconsumtion stattfinden. Die Conversion der Massenreihen ergibt zum Vorrathe = 66,66; die Multiplikation mit dem allgemeinen Nutzungsweiser 0,182 = 12,13, also noch nicht Zuwachsconsumtion, da der wirkliche Zuwachs 13,39 ist.

Die Anwendung des allgemeinen Nutzungsweisers auf die Summe der verwandelten Massenreihe einer Betriebsfläche ist daher größeren Unrichtigkeiten unterworfen als die Anwendung auf den wirklichen Vorrath, bei welchen man in allen Fällen wenigstens vor einer Uebernutzung gesichert ist.

Wenn bei der Anwendung des allgemeinen Nutzungsweisers auf den wirklichen Vorrath die Unrichtigkeit daraus hervorgeht, daß der allgemeine Nutzungsweiser einem größeren Vorrathe entspringt als der wirkliche normale ist, so liegt bei der Anwendung auf converte Massenreihen die Unrichtigkeit in den Abweichungen des wirklichen vom Durchschnittszuwachse.

Der wirkliche Zuwachs einer Massenreihe ist geringer als der Durchschnittszuwachs aus dem Abtriebsertrage, wenn Altersklassen mit geringem wirklichem Zuwachse vorherrschen, er ist größer als der Durchschnittszuwachs, wenn Bestände mit hohem Zuwachse vorherrschen, während der allgemeine Nutzungsweiser wie der fingirte Vorrath auf der Unterstellung gleicher Zuwachsgröße aller Glieder der Massenreihe ruhen.

Es ist einleuchtend, daß dieselben Fehler, welche die Verwendung des allgemeinen Nutzungsweisers auf wirkliche oder converte Vorräthe vorliegender abnorm bestandener Betriebsflächen mit sich führt, sich ebenso in dem Vergleich fingirter mit realen Vorräthen aussprechen müssen, letztere mögen in ihrer wirklichen oder auf analoge Ansätze verwandelten Größe ausgedrückt sein; denn diese Fehler liegen ebenso in der Differenz der Vorräthe fingirter und normaler Waldzustände, wie in der Differenz des Zuwachses.

Die älteste der Weisermethode, die Cameraltaxe findet den Hauungssatz (H) in der Größe des fingirten Zuwachses + oder — der Differenz zwischen realem Vorrath und fingirtem Vorrath, dividirt durch die Jahre des Umtriebs (u): $fz \pm \dfrac{rv - fv}{u} = H.$

Es ist unbekannt, ob die Cameraltaxe eine Conversion der realen

Massenreihen fordert, oder ob sie den fingirten Vorrath (um ein Geringes unrichtig berechnet) mit dem wirklichen Vorrathe vergleicht. Wir wollen daher beide Fälle einer Prüfung unterwerfen.

Unter der Annahme einer durch die Taxe vorgeschriebenen Conversion der realen Massenreihen ist in dem vorstehenden Beispiele (S. 90 1 ^{b}):

$$\text{der fingirte Zuwachs: } f\,z = 10$$
$$\text{der fingirte Vorrath: } f\,v = 55$$
$$\text{der Umtrieb: } \qquad u = 12$$

In dem Beispiele 2 ^{b} ist der converte reale Vorrath: $= 39{,}16$

$$10 - \frac{39{,}16 - 55{,}00}{12} = 10 - 1{,}32 = 8{,}68 = H.$$

Im Beispiele 2 ^{a} ist der wirkliche Vorrath 20,81, der wirkliche Zuwachs 5,97. Es müßte daher zur Herstellung des normalen Vorrathes 36,15 (1 ^{a}) an Zuwachs gespart werden, während, durch Abnutzung von 8,68, Vorrath Consumtion eintritt.

In dem Beispiele 3 ^{b} ist der reale converte Vorrath: $= 66{,}66$

$$10 + \frac{66{,}66 - 55}{12} = 10 + 0{,}97 = 10{,}97 = H.$$

Im Beispiele 3 ^{a} ist der wirkliche Vorrath $= 43{,}08$, der wirkliche Zuwachs $= 13{,}39$. Es müßte also zur Herstellung des normalen Vorrathes $= 36{,}15$ nicht allein Zuwachs-, sondern auch Vorrathconsumtion eintreten, während das Resultat noch Zuwachsersparniß ergibt.

Noch weit größer wird der Fehler, wenn man annimmt, daß die Cameraltaxe den fingirten Vorrath mit dem wirklichen Vorrathe in Vergleich stelle, größer noch als durch unmittelbare Verwendung des allgemeinen Nutzungsweisers, der wenigstens in allen Fällen eines Vorrathsmangels Zuwachsersparniß ergibt. (Seite 91.)

Die, auf das zweite der vorstehenden Beispiele angewendete Formel der Cameraltaxe ergibt:

$$10 - \frac{20{,}81 - 55}{12} = 10 - 2{,}84 = 7{,}16 = H.$$

Die auf das dritte Beispiel angewendete Formel:

$$10 - \frac{43{,}08 - 55}{12} = 10 - 0{,}91 = 9{,}09 = \overline{H}.$$

Im ersten Fall, bei Vorraths- und Zuwachsmangel ist H größer als der wirkliche Zuwachs; im zweiten Falle bei Vorraths- und Zuwachsüberschuß ist H kleiner als der wirkliche Zuwachs.

Die Cameralmethode ist daher in ihrer Grundlage falsch und zwar dadurch, daß sie den Vorrath des normalen Zustandes mit dem Vorrathe des fingirten Zustandes verwechselt und dadurch zu Schlüssen und Vergleichsresultaten führt, die unrichtig sind; ferner dadurch, daß sie den fingirten Zuwachs als eine vom Altersklassenverhältnisse vorliegender Bestandsreihen unabhängige Größe betrachtet, und unverändert auch für die realen Zustände jeder Art in Ansatz bringt, was, wie die aufgeführten Beispiele zeigen, eine der Wirklichkeit durchaus widersprechende Annahme ist.

Die Ursache, weßhalb namentlich der erste der genannten Fehler der

Cameraltaxe nicht früher in seiner ganzen Bedeutung erkannt und ausge=
sprochen wurde, liegt vorzugsweise darin, daß man den Vorrath des
Abtriebsertrages, also die Masse des bleibenden Bestandes nicht
unterschied vom Vorrathe für den Gesammtertrag, wie ihn die Sum=
mirung der Massentafeln ergibt, aus denen die Durchforstungserträge aber
keineswegs die Durchforstungvorräthe ausgeschieden sind. Natürlich ist der Vor=
rath für den Gesammtertrag (nach der Tabelle S. 79 = 57,43) viel größer
wie der Vorrath für den Abtriebsertrag (= 36,153). Nach S. 79 E ist der
fingirte Vorrath für den Abtriebsertrag = 55, also vom normalen
Vorrathe für den Gesammtertrag nicht sehr verschieden. Daß diese ganz
zufällige Aehnlichkeit zweier, ihrer Bedeutung nach durchaus verschiedener
Größen, einem rationellen Taxationsverfahren nicht zur Basis dienen könne,
bedarf wohl kaum der Erwähnung. Besteht eine solche Aehnlichkeit auch
constant zwischen v des Gesammtertrages normaler und v des Abtriebs=
ertrages fingirter Massenreihen, so ist dieß doch keineswegs nothwendig
der Fall auch zwischen diesen und v abnormer Massenreihen, auf welche
die Verhältnißgrößen doch in Anwendung treten sollen. Es könnte ja,
wenn nur v des Abtriebsertrages in einer realen Massenreihe wirklich
vorhanden ist, v des Durchforstungsertrages größtentheils fehlen, ohne daß
z des Abtriebsertrages und der Abtriebsertrag selbst darunter leiden. Auch
Hundeshagen entwickelt fälschlich den besonderen Nutzungsweiser für den
Abtriebsertrag aus dem Vorrathe für den Gesammtertrag.

Wenn man die beiden groben Fehler in der Formel für die Cameraltaxe:

$$f z \pm \frac{r v - f v}{u} = H$$ beseitigt, so würde sie lauten:

$$r z \pm \frac{r v - n v}{u} = H;$$ daher: die Differenz zwischen dem realen

und normalen Vorrathe (r v — n v) einer Betriebsfläche, dividirt durch die
Jahre des Umtriebs (u), hinzugezählt oder abgezogen vom wirklichen Zu=
wachse der Betriebsfläche (r z), ergibt die nachhaltige und diejenige Nutzungs=
größe, durch welche Vorrathüberschüsse im Verlauf der angenommenen Um=
triebszeit consumirt, Vorrathmängel aufgehoben werden (H). Daß u anstatt
der Umtriebszeit auch jeden anderen Zeitraum bedeuten könne, ist einleuchtend.

Nach vorstehend veränderter Formel ergeben die Seite 90 aufgeführten
Beispiele:

$$2^{\,a}\ r z = 5,97 - \frac{20,81 - 36,15}{12} = 5,97 - 1,27 = 4,69 = H.$$

$$3^{\,a}\ r z = 13,39 + \frac{43,08 = 36,15}{12} = 13,39 + 0,58 = 13,98 = H.$$

Unter der Voraussetzung, daß r z im Laufe der Umtriebszeit
oder des Einrichtungszeitraumes sich nicht verändert, bleibt im ersten
Falle jährlich 1,28 vom Zuwachse unbenutzt, wodurch der Vorrathmangel
20,81 — 36,15 = — 15,34 getilgt wird, denn 1,28 . 12 = 15,34.

Im zweiten Falle wird der Vorrathüberschuß 43,08 — 36,15 = 6,93
in 12 Jahren consumirt, denn 0,58 . 12 = 6,93; mithin gleichfalls der nor=
male Vorrath hergestellt.

Allein die Voraussetzung: daß der gegenwärtige wirkliche Zuwachs r z′ im Laufe der Umtriebszeit oder des Einrichtungszeitraumes einer abnorm bestandenen Betriebsfläche sich nicht verändern werde, ist unrichtig; mit der allmähligen Umwandlung abnormer Vorräthe und Zustände verändert sich auch der daraus entspringende abnorme Zuwachs allmählig in den normalen Zuwachs.

Aus diesem Grunde setzt Heyer (Die Waldertragsregelung, Gießen 1841) ganz richtig an die Stelle des wirklichen gegenwärtigen Zuwachses, den wirklichen Durchschnittszuwachs während des Einrichtungszeitraumes, die Summe des wirklichen Zuwachses während dieser Zeit, dividirt durch die Zahl der Jahre $\dfrac{S\,r\,z}{u}$.

Die Heyer'sche Formel lautet:

$\dfrac{r\,v + S\,r\,z - n\,v}{u} = H.$ Diese Formel ist durchaus richtig, aber sie ist von der Formel für das Fachwerk im Wesentlichen nicht mehr verschieden.

Beim Fachwerk, eben so wie bei den Weisermethoden, kann die Herstellung des Normalzustandes Grundlage der Ertragsregelung sein, soweit die Verhältnisse dieß innerhalb des ersten Umtriebes gestatten; der Unterschied beruht dann eben nur darin, daß beim Fachwerk das Bild des normalen Zustandes bei den Weisermethoden die Größe des normalen Vorrathes der Betriebseinrichtung und Betriebsführung, sowie der Ertragsberechnung zur Richtschnur dient. Das Fachwerk kann daher ebenso wie die Weisermethoden den Zustand der Betriebsfläche am Ende des Einrichtungszeitraumes mit n v bezeichnen.

Nennt man s r z′ die Summe des Zuwachses, welcher an dem, während des Einrichtungszeitraumes zu consumirenden Vorrathe erfolgen wird; nennt man die Summe des Zuwachses an dem, auf den zweiten Umtrieb zu übertragenden, im Laufe der ersten Umtriebszeit zu erziehenden Vorrathe s r z″; bezeichnet man mit x den Nutzungsweiser für den summarischen Durchforstungsertrag aus dem Zuwachse für den zweiten Umtrieb (nach S. 80 in dem gewählten Beispiele $\dfrac{40,18}{97,594} = 0,41$), so lautet die Formel für das Hartig'sche Fachwerk:

$$\frac{r\,v + s\,r\,z′ + x.\,s\,r\,z″}{u} = H.$$

d. h. zu dem, im Laufe der ersten Umtriebszeit zu consumirenden Vorrathe der Betriebsfläche (r v) wird die Summe des, an diesem Vorrathe während der Umtriebszeit erfolgenden Zuwachses (s r z′) und der Durchforstungsabgang aus dem für die zweite Umtriebszeit zu erziehenden Vorrathe (x . s r z″) hinzugezählt, und die ganze Summe mit den Jahren des Umtriebs (u) dividirt.

In beiden Formeln sind r v und u ihrer Bedeutung sowohl als ihrer Verwendung nach gleich; denn auch beim Fachwerk fällt u nicht nothwendig mit dem Umtriebe zusammen (Cotta's Einrichtungszeitraum).

S r z der Heyer'schen Formel ist gleich s r z′ + s r z″ der Fachwerkformel; d. h. S r z enthält die ganze Masse der Erzeugung im Laufe der erften Umtriebszeit, auch den Zuwachs an den für die zweite Umtriebszeit neu zu erziehenden Beständen; daher muß n v von S r z $+$ r v in Abzug gebracht werden.

In der Formel für das Fachwerk bleibt n v ganz außer Anfatz; die Methode fetzt voraus, daß: wenn das Ziel der Betriebseinrichtung die Herstellung des Normalzuftandes am Schluß des Umtriebs oder des Einrichtungszeitraumes war, der erreichte Normalzuftand auch dem Normalvorrathe entsprechen werde, gewiß ein richtigerer Schluß als der umgekehrte. In die Fachwerkformel ift der Reft von s r z″ nach Abzug von x . s r z″ $=$ n v der Heyer'fchen Formel gar nicht aufgenommen, daher er auch nicht in Abzug gebracht wird.

Die oben entwidelte Fachwerkformel läßt fich folgendermaßen verändern, ohne ihre Bedeutung zu verlieren.

$$\frac{r\,v \,+\, s\,r\,z' \,+\, (x\,.\,s\,r\,z'' \,+\, n\,v) \,-\, n\,v}{u} = H.$$

Nun ift aber auf der einen Seite s r z′ $+$ (x . s r z″ $+$ n v) $=$ S r z der Heyer'fchen Formel, daher $\dfrac{r\,v \,+\, S\,r\,z \,-\, n\,v}{u}$ gleichbedeutend; auf der andern Seite heben fich $+$ n v und $-$ n v, daher $\dfrac{r\,v \,+\, s\,r\,z' \,+\, x\,.\,s\,r\,z''}{u}$ ebenfalls gleichbedeutend ift. Wenn aber zwei Größen einer dritten gleich find, fo find fie fich untereinander gleich.

Vorausgefetzt: daß unter gleichen Beftandsverhältniffen das Fachwerk den Normalzuftand, die Heyer'fche Methode den Normalvorrath als Ausgangspunkt der Betriebseinrichtung hingeftellt hätten, würden beide Formeln durchaus daffelbe Refultat liefern, natürlich unter der Bedingung, daß n v der Heyer'fchen Formel den wirklichen normalen, nicht den fingirten Vorrath bedeutet.

Wenn r v der Heyer'fchen Formel $=$ r v der Fachwerksformel gefetzt wird, fo ergibt erftere in r v $+$ S r z, wie das Fachwerk, Vorrath und Zuwachs des Vollbeftandes, alfo H einfchließlich der Durchforftungsnutzungen.

Auch darin ftimmen das Fachwerk und die Heyer'fche Methode überein, daß letztere für die Ermittelung S r z diefelbe Vorausbeftimmung der Wirthfchaftsführung in Auffteldung eines Wirthfchaftsplanes bedingt, wie das Fachwerk. Der Unterfchied würde nur in der mit der Heyer'fchen Methode wenigftens nicht principiell vereinten proportionalen Flächenvertheilung der Fachwerkmethode beruhen.

2) Der befondere Nutzungsweifer.

Ich habe gezeigt, daß, wenn der allgemeine Nutzungsweifer nur für die Umtriebszeit verfchieden fei, der befondere Nutzungsweifer fich nicht allein mit diefer, fondern auch mit Betriebsweife, Hölzart, Bewirthfchaftungsweife und Standort verändere, daß jeder Umftand, durch welchen der Wachsthumsgang der Beftände bedingt fei, felbft jede zufällige und vorübergehende Einwirkung abnormer Art, einen eigenthümlichen Nutzungsweifer nach sich ziehe. Diese, den Wachsthumsgang der Bäume und Bestände bedingenden Verhältnisse sind aber so unendlich mannigfaltiger Art, daß schon hieraus Bedenken gegen die praktische Verwendbarkeit des besonderen Nutzungsweisers erwachsen.

Allerdings lassen sich Fälle denken, in denen diese Bedenken nicht bestehen. In Revieren der Ebene können die Standortsverhältnisse wie die Verhältnisse, welche den Wirthschaftsbetrieb, die Holzart, Verjüngungsweise ⁊c. bedingen, auf größeren Flächen dieselben sein; selbst die geringe Größe der Wirthschaftsflächen verringert die Zahl der Abweichungen in dieser Hinsicht; in den allermeisten Fällen ist diese aber so groß, daß sie eine praktisch unausführbare Zersplitterung der Betriebsfläche in unendlich viele Betriebsklassen nach sich ziehen müßte, wenn die Resultate der Schätzung Anspruch auf Zuverlässigkeit haben sollen. Man denke sich nur die Wälder, wie sie in der Wirklichkeit größtentheils bestehen, mit der Verschiedenheit ihrer Holzarten und Standorte, mit der Verschiedenheit des Holzwuchses auf dem Bergkamme und im Thale, auf den Nord= und Süd=, Ost= und Westhängen der Berge, man erwäge das Unzuverlässige der Ausscheidung und Begrenzung dieser großen Zahl besonders zu behandelnder Betriebsklassen, man erwäge die Arbeit, welche in der Aufstellung vollständiger Erfahrungstafeln für jede dieser Betriebsklassen liegt, für die sich in den meisten Fällen nicht einmal das nöthige Material vorfindet; man bedenke, da es unmöglich ist auf jeder der Betriebsklassen von oft geringer Flächengröße alljährlich einen Schlag zu holzen, die Störungen in Herstellung des Normalzustandes, welche der aussetzende Betrieb in den einzelnen Betriebsklassen nothwendig zur Folge haben muß, und man wird schon hierin wesentliche Hindernisse der Anwendbarkeit des besonderen Nutzungsweisers auf Ertragsbestimmung erkennen.

Dazu kommt: daß die Art wie Hundeshagen den besonderen Nutzungsweiser — sein Nutzungsprocent — entwickelte und in Anwendung setzte, durchaus unrichtig ist.

Bei Ertragsermittelungen kommt es vorzugsweise an auf Feststellung des Abtriebsertrages für sich. Die Kenntniß des Gesammtertrages, ohne Sonderung der Abtriebs= von den Durchforstungserträgen kann nicht genügen, da die letzteren aussetzend sind und deren Erhebung vom Durchforstungsbedürfniß der Bestände abhängig ist. Daher berechnet Hundeshagen auch nur die Abtriebserträge aus dem besonderen Nutzungsweiser und behandelt die Durchforstungserträge summarisch als Zuschlag zum Abtriebsquantum.

Der besondere Nutzungsweiser Hundeshagens gibt das Verhältniß des Abtriebsertrages, nicht zu dem ihm angehörenden bleibenden Bestandsvorrathe, sondern zum Vorrathe des Vollbestandes (prädominirender Bestand), wie ihn die Summirung der Massentafeln ergibt. In der Tabelle S. 79 ist der Abtriebsertrag = 10, der Vorrath des Vollbestandes = 57,414, worin der Vorrath für den Abtriebsertrag = 36,153 und für den Durchforstungsertrag = 21,261 stecken. Der Nutzungsweiser Hundeshagens ist in diesem Falle $\dfrac{10}{57{,}414} = 0{,}17$.

Durch die Confusion des Vorrathes für den Abtriebsertrag und für den Durchforstungsertrag gibt der Hundeshagen'sche Nutzungsweiser in allen Fällen ein unrichtiges Resultat, in denen der Vorrath für den Durchforstungsertrag mangelhaft ist oder gänzlich fehlt, was möglicherweise auf den Abtriebsertrag außer Einfluß sein kann. Es dürften aber wohl schwerlich viele Betriebsflächen existiren, in denen ein Mangel an Durchforstungsvorrath nicht besteht.

In der Tabelle Seite 79 ist der Vorrath für den Vollbestand = 57,414; es könnten daran 21,261, der Vorrath für den Durchforstungsertrag gänzlich fehlen und nur 36,153 auf einer analogen Betriebsfläche vorhanden sein, ohne daß der Abtriebsertrag darunter leidet, wenn nämlich jene 36,153, ihrer Vertheilung in Fläche und Altersklassen nach, dem Vorrathe für den Abtriebsertrag entsprechen. In diesem Falle würde der Hundeshagen'sche Nutzungsweiser nur 0,17 . 36,153 = 6,1 ergeben, also nur $^3/_5$ vom wirklich erfolgenden Abtriebsertrage = 10.

Es dürfte daher der besondere Nutzungsweiser für den Abtriebsertrag nur aus der Massenreihe des bleibenden Bestandes entwickelt, und auch nur auf den Vorrath des bleibenden Bestandes abnorm bestandener Betriebsflächen angewendet werden. Ebenso dürfte der Nutzungsweiser für den Gesammtertrag nur aus dem Vorrath des Vollbestandes entwickelt, und auch nur auf den Vorrath des Vollbestandes abnormer Betriebsflächen angewendet werden. Da aber in letzterem Falle nur der Gesammtertrag, nicht die in diesem steckende Abtriebsquote bekannt wird, auf deren Ermittelung es vorzugsweise ankommt, so haben wir auch nur den ersten der beiden Fälle einer näheren Prüfung zu unterwerfen.

Es fragt sich: ergibt der, aus der normalen Massenreihe des bleibenden Bestandes entwickelte, besondere Nutzungsweiser für den Abtriebsertrag, in seiner Anwendung auf abnorme Bestandsverhältnisse, eine Nutzungsgröße, durch welche letztere dem normalen Vorrathe und Zustande entgegen geführt werden?

Abnormitäten können bestehen: entweder in Unregelmäßigkeiten der Altersklassen bei übrigens normaler Bestockung oder in Mängeln der Bestockung bei normalem Altersklassenverhältnisse, oder in Mängeln der Bestockung und des Altersklassenverhältnisses.

Für die Prüfung der Anwendbarkeit des besonderen Nutzungsweisers auf abnorme Altersklassenverhältnisse können die Seite 90 dargestellten abnormen Zustände als Beleg dienen.

Der normale Zustand (1ᵃ) ergibt einen Nutzungsweiser = 0,28. Wenden wir diesen auf 2ᵃ an, so ergibt 0,28 . 20,81 = 5,83; also 0,17 weniger als den wirklichen Zuwachs = 5,97; es würde daher in diesem Falle allerdings Zuwachsersparniß und Vorrathsvergrößerung eintreten. Es bedarf aber nur einer geringen Erhöhung des Vorrathes oder geringeren Zuwachses, um eine den Zuwachs übersteigende Nutzungsgröße zu erhalten. Denken wir uns z. B. an der Stelle des 5jährigen noch einen 11jährigen Bestand, so ist v = 28,25, z = 6,01; 28,25 . 0,28 = 7,91; H also um 1,9 größer als z, obgleich v noch bedeutend unter der normalen Größe steht, daher Zuwachsersparniß stattfinden müßte.

Für den abnormen Zustand 3ᵃ ergibt der besondere Nutzungsweiser 0,28 . 43,08 = 12,06 für H, also eine hinter dem wirklichen Zuwachse = 13,39 um 1,33 zurückbleibende Nutzungsgröße, obgleich bei dem überschüssigen Vorrathe Vorrathconsumtion eintreten müßte.

Für die Prüfung der Anwendbarkeit des besonderen Nutzungsweisers auf **abnorme Bestockung** müssen wir eine besondere Figur darstellen. Ich wähle den einfachsten Fall; die Annahme, daß von den 152 Stämmen des normalen bleibenden Bestandes der Tabelle S. 79, in den 6—9jährigen Beständen 52 Stämme fehlen. Die Massen= und Zuwachsreihen stellen sich dann folgendermaßen, wenn man den Massengehalt der fehlenden Stämme nach dem durchschnittlichen Massengehalte aller 152 Stämme derselben Alters= klasse berechnet und in Abzug bringt.

						Schlagnummer.							
	1.	2.	3.	4.	5	6.	7.	8.	9.	10.	11.	12.	
							Stammzahlen.						
	152.	152.	152.	152.	100.	100.	100.	100ᵒ.	152.	152.	152.		Summa
v	0.	0,003	0,06	0,20	0,64	0,94	1,66	2,45	3,24	6,24	7,52	8,86	31,813
v + z	0,003	0,060	0,20	0,64	1,42	1,66	2,45	3,24	4,10	7,52	8,86	10,00	40,153
z	0,003	0,057	0,14	0,44	0,78	0,72	0,79	0,79	0,86	1,28	1,34	1,14	8,340

Der besondere Nutzungsweiser aus dem Normalbestande ist nach S. 90 1ᵃ = 0,277 und ergibt, auf diesen Fall angewendet, 0,277 . 31,813 = 8,8 = H, also 0,5 mehr als den wirklichen Zuwachs, obgleich v geringer als voll ist, daher Zuwachsersparniß stattfinden müßte.

Man wird die Ursache dieses Resultates leicht darin erkennen, daß im Beispiele der Bestandsmassenmangel in den Altersklassen mit hohem Zuwachse liegt. Dadurch verändert sich das Verhältniß des Zuwachses zum Vorrathe gegen das des normalen Zustandes. Das letztere ergäbe nach Seite 90 1ᵃ:

$$36{,}153 : 10 = 31{,}813 : 8{,}80;$$

es ist aber wirklich 31,813 : 8,34 = 36,153 : 9,50.

Selbst wenn in solchen Fällen das Verhältniß zwischen Vorrath und Zuwachs unverändert bliebe, z. B. 31,813 : 8,80 oder 30,15 : 8,34, würde der besondere Nutzungsweiser doch immer noch Zuwachsconsumtion und nicht die nöthige Vorrathanhäufung ergeben, weil die Annahme gleicher Zuwachs= größen normaler und analoger, aber abnorm bestandener Wirthschaftsflächen unrichtig ist.

Was berechtigt denn aber dazu, abnormen Massenreihen die Zuwachssumme normaler Massenreihen zu unterstellen? Beim allgemeinen Nutzungsweiser oder beim fingirten Vorrathe haben wir dafür wenigstens eine mathematische, nur mit dem Wachsthumsgange der Bestände nicht übereinstimmende Basis, welche der Verwendung des Verhältnisses zwischen Vorrath und Zuwachs normaler, auf den Vorrath abnormer Zustände gänzlich mangelt.

Der beispielsweise nachgewiesene Fehler wird recht in die Augen springend, wenn man erwägt, daß bei der Annahme: **gleiche Vorrath= massen erzeugen gleiche Zuwachsgrößen,** der besondere Nutzungs= weiser **stets** Zuwachsconsumtion, also nie Vorrathansammlung oder Vorrathconsumtion ergeben würde. Daher darf die Methode bei **diesem Fehler** noch nicht stehen bleiben, sie muß zu der Annahme vorschreiten: daß jede Einheit des Vorrathes normaler Massenreihen sich weniger vergrößere als die Einheit der übervollen Massenreihe, daß sie sich mehr vergrößere als jede Einheit einer mangelhaften Massenreihe, was sich darin ausspricht, daß in dem besonderen Nutzungsweiser $\frac{n\,z}{n\,v}$, der normale Zuwachs, an Stelle des wirklichen Zuwachses auch auf die abnormen Massenreihen übertragen wird.

Nehmen wir beispielsweise an, es sei in einem bestimmten Falle der besondere Nutzungsweiser = 0,02. Ist r v größer als n v, müßte daher Vorrathconsumtion eintreten, so setzt die Anwendung des besonderen Nutzungsweisers nach der Formel Hundeshagens $\left(\frac{n\,z}{n\,v} . r\,v = H\right)$ voraus, es sei r z = n v . 0,02, also kleiner als r v . 0,02 (da r v größer als n v ist). Ist r v kleiner als n v, müßte daher Zuwachsanhäufung stattfinden, so setzt die Methode gleiches voraus, d. h. daß r z = n v . 0,02, also größer als r v . 0,02 (da r v kleiner als n v ist). Wie unzuverläßig diese Voraussetzungen sind, zeigt das S. 90 3ᵃ aufgeführte Beispiel, aus dem sich ergibt, daß ein Vorrathüberschuß sehr wohl auch mit einem Zuwachsüberschuß verbunden sein könne, wenn ersterer auf einem Vorherrschen der mittleren Altersklassen mit hohem Zuwachse beruht. Daß Vorrathmangel in der Regel auch mit verhältnißmäßig größerem Zuwachsmangel verbunden sei, bedarf keines Beleges, da Vorrathmangel in den meisten Fällen auf einem Vorherrschen der Altersklassen mit geringem Zuwachse beruht.

Der Fehler in der Hundeshagen'schen Formel $\frac{n\,z}{n\,v} . r\,v = H$ liegt daher in n z, wie der Fehler in der Formel für die Cameraltaxe in f z liegt.

Vier Fehler sind es also, welche die Weisermethoden in ihrer Anwendung auf abnorme Waldzustände verfälschen: die unrichtige Substituirung

1) des fingirten, für den normalen Vorrath und Zuwachs (in der Cameralformel);

2) des Gesammtvorrathes, für den Vorrath des Abtriebsertrages (nicht in der Formel, aber im Verfahren Hundeshagens);

3) des normalen Zuwachses für den Zuwachs abnormer Massenreihen (in der Hundeshagen'schen Formel);

4) des Zuwachses der Gegenwart, für den wirklichen Durchschnittszuwachs des Berechnungszeitraumes (mittelbar in beiden Formeln).

Setzen wir an die Stelle von n z den Ausdruck r z, so erhalten wir in $\frac{r\,z}{n\,v}$ eine dritte Art von Nutzungsweiser, den wir zum Unterschiede von den allgemeinen und besonderen, gleichen Bestandsverhältnissen entspringenden, daher homogenen Nutzungsweisern

3) den ungleichartigen (heterogenen) Nutzungsweiser

nennen können, da er aus r z des abnormen Zustandes und n v des normalen Zustandes zusammengesetzt ist.

Prüfen wir zunächst die Formel $\frac{r\,z}{n\,v} \cdot r\,v = H$ $\Big($ oder $\frac{r\,v}{n\,v} \cdot r\,z$ oder $\frac{r\,v \cdot r\,z}{n\,v} = H \Big)$ an den Seite 90 und 98 aufgestellten Beispielen.

ad 1ᵃ $r\,z = 10$; $n\,v = 36{,}15$; $\frac{r\,z}{n\,v} = 0{,}277$; $r\,v = 36{,}15$.

36,15 . 0,277 = 10; daher Zuwachsconsumtion bei bestehendem Normalvorrathe.

ad 2ᵃ $r\,z = 5{,}97$; $n\,v = 36{,}15$; $\frac{r\,z}{n\,v} = 0{,}165$; $r\,v = 20{,}81$.

20,81 . 0,165 = 3,33; daher Zuwachsersparniß bei mangelhaftem Vorrathe, bis zur Herstellung des Normalvorrathes.

ad 3ᵃ $r\,z = 13{,}39$; $n\,v = 36{,}15$; $\frac{r\,z}{n\,v} = 0{,}37$; $r\,v = 43{,}08$.

43,08 . 0,37 = 15,94; daher Vorrathconsumtion bei überschüssigem Vorrath bis zur Reduktion auf den normalen Vorrath.

ad S. 98 : $r\,z = 8{,}34$; $n\,v = 36{,}15$; $\frac{r\,z}{n\,v} = 0{,}231$; $r\,v = 31{,}813$.

31,813 . 0,231 = 7,34; daher Zuwachsersparniß bei mangelhaftem Vorrathe.

Ich lege jedoch wenig Werth auf diese Berichtigung, da der Anwendung des heterogenen Nutzungsweisers auf Ertragsermittelung in Hochwäldern dieselben praktischen Bedenken entgegentreten, deren ich S. 96 in Bezug auf den besonderen Nutzungsweiser gedacht habe. Jedenfalls müßten, wenn es sich um Erforschung der Abtriebserträge handelt, für die Anwendung der Formel erst besondere Erfahrungstafeln construirt werden, in denen nur der bleibende Bestand die Massenreihe bildet, denn die Verwendung unserer Massentafeln, in denen die Vorräthe für Abtrieb und Durchforstungszuwachs vereint enthalten sind, können hier ebenso wenig, wie für den besonderen Nutzungsweiser, maßgebend für den Abtriebsertrag sein. Für den Gesammtertrag sind sie gleichfalls nicht verwendbar, da in ihnen der Durchforstungsertrag nicht ausgeworfen ist. Die G. L. Hartig'schen Erfahrungstafeln würden für die Bestimmung des Gesammtertrags zwar verwendbar sein, da sie den Gesammtertrag nachweisen, aber man würde denn doch immer nur zur Kenntniß des Gesammtertrages und nicht zu der des Abtriebsertrages abnormer Massenreihen gelangen, während es auf die Feststellung letzterer doch vorzugsweise ankommt.

Außerdem ist r z des abnormen Zustandes in den verschieden geformten Beständen des stammreichen Hochwaldes, durch die gegenseitigen Beziehungen des Vorrathes für den Abtrieb und des Vorrathes für die Durchforstungen, eine an sich schwierig zu ermittelnde und mit jedem Nutzungsjahre wie r v sich verändernde Größe, so lange nicht Normalvorrath und Normalzustand erreicht sind, r z und r v gleich n z und n v sind.

Ferner bleibt auch dieser Methode der allgemeine, gegen Weisermethoden überhaupt gültige Vorwurf: daß sie einerseits keine Bürgschaft geben in Bezug auf die vom Bedürfniß abhängige Qualität der Abnutzung; daß sie andererseits die, durch Dringlichkeit der Befriedigung gegen-

wärtiger Bedürfnisse, der baldigsten Herstellung richtiger Altersklassenverhält=
nisse und geordneter Hiebsfolge, durch Abständigkeit, Krankheit oder andere
Bestandesmängel, wirthschaftlich oft nothwendige und unaufschiebbare Ver=
ringerung des vorhandenen Vorrathes, selbst tief unter die normale Größe,
außer Acht lasse.

Endlich vertheilt sich bei Anwendung auch des heterogenen Nutzungs=
weisers die nöthige Zuwachsersparniß oder Vorrathconsumtion nicht gleich=
mäßig auf die Jahre des Einrichtungszeitraums. Bei mangelhaftem Vor=
rathe ist die Zuwachsersparniß in den ersten Jahren am größten, und ver=
mindert sich fortschreitend mit der allmähligen Herstellung des normalen
Vorrathes. Bei überschüssigem Vorrathe ist die Vorrathconsumtion in den
früheren Jahren am größten und vermindert sich allmählig mit der Zurück=
führung der Massen auf den normalen Vorrath. Beides entspricht aber
nicht dem Begriffe der Nachhaltigkeit.

Wollte man anstatt r z in der Formel $\dfrac{S\,r\,z}{u}$ setzen, d. h. anstatt des
wirklichen Zuwachses der Gegenwart die ganze Summe des Zuwachses
während des Umtriebs= oder Einrichtungszeitraumes ermitteln, und daraus
den jährlichen Durchschnittszuwachs berechnen, in welchem Falle die Formel
lauten würde: $\dfrac{S\,r\,z}{u} \cdot \dfrac{r\,v}{n\,v} = H$; so würde auch diese Methode sich dem
Fachwerk im Wesentlichen nahestellen; denn Srz kann nur gefunden werden
nach Feststellung eines, dem zu erzielenden Normalzustande entsprechenden
Wirthschaftsplanes für die Dauer des Einrichtungszeitraums. Ohne dieß
würde auch der heterogene Nutzungsweiser nicht benutzbar sein für solide
Ertragsberechnungen, wohl aber mag er anwendbar sein bei vorläufigen
oder superficiellen Taxen, wobei nicht außer Acht zu lassen ist, daß eine
Bestandsschätzung, die ausschließlich den Vorrath des bleibenden Bestandes
in Betracht zieht, leichter, rascher und dennoch mit größerer Genauigkeit
ausführbar ist als eine Taxation des Gesammtvorrathes, da es bei ersterer
nur darauf ankommt, zu ermitteln, ob die Stammzahl des Abtriebsalters
in entsprechender Baumgröße und Vertheilung in den Beständen vorhanden
ist oder nicht, um den Ansatz der Erfahrungstafeln im ersteren Falle voll,
im letzteren Falle, verhältnißmäßig zum Pflanzenmangel für den Abtriebs=
ertrag, ermäßigt in Ansatz bringen zu können.

Erfahrungstafeln für diesen Zweck müßten folgendermaßen (s. S. 102)
construirt sein.

Solche Erfahrungstafeln müssen für jede vorkommende Holzart, Be=
triebsart, Standortsklasse und Umtriebszeit construirt werden; für jede Um=
triebszeit besonders, weil mit dieser die bleibende Stammzahl des Haubar=
keitsalters, also auch die durchschnittliche Höhe, Stärke und Massengehalt
derselben verschieden sind. Die 194 Stämme der Abtriebsfläche des 100=
jährigen Umtriebs haben jetzt, wie in jeder früheren Altersstufe, eine andere
Durchschnittsgröße als die 152 Stämme des 120jährigen Umtriebs.

In den für das Fachwerk nöthigen Erfahrungstafeln, wenn sie in
der S. 31 dargelegten Weise construirt sind, ist zugleich das Material
für diese Erfahrungstafeln enthalten. Mit Ausschluß der Stammzahlen

		Der stärksten 152 Stämme des Vollbestandes					
				Schaftholzmasse [1]		Schaftholz=	Massenreihe
Alter.	Stammzahl des Voll= bestandes.	Höhe.	Stärke.	durchschnitt= lich pro Stamm.	in Summa.	zuwachs am bleibenden Bestande.	des normalen Zustandes.
Jahre.	Stück.	Fuß.	Zoll.	Cubikfuß.	Cubikfuß.	Cubikfuß.	Cubikfuß.
10	50000	8	1,2	0,02	3	3	16
20	10000	25	2,8	0,33	51	48	294
30	4000	46	5,8	1,16	176	125	1197
40	1500	60	7,2	3,72	566	390	3905
50	880	65	8,5	8,33	1267	701	9525
60	500	70	10,0	14,65	2227	960	17950
70	310	80	12,0	21,63	3288	1061	28105
80	270	95	13,0	28,65	4355	1067	38708
90	225	100	14,0	36,00	5466	1111	49660
100	194	103	15,0	43,50	6617	1151	60990
110	171	105	16,0	50,20	7690	1073	72071
120	152	106	17,0	56,66	8614	924	73359
				Summa . . .		8614	355821

120jähriger Rothbuchenhochwald.
Erste Bodenklasse.

für den Vollbestand, die aus Durchschnittssätzen guter Bestände jeder Alters=
stufe zu entnehmen sind, lassen sie sich aber auch herstellen aus Messung und
Berechnung der früheren Schaftholzgrößen ein und desselben Bestandes vom
Alter der Umtriebszeit (s. Ertrag der Rothbuche, über Construktion der
Einbestandstabellen).

Da der Kronenholzgehalt der jüngeren Altersklassen ebenso wenig zur
bleibenden Bestandsmasse gerechnet werden darf, wie der Vorrath für den
Durchforstungsabgang, so muß in die Erfahrungstafeln überhaupt, wie
vorstehend, nur die Schaftholzmasse der Bäume aufgenommen, und der Ab=
triebsertrag an Kronenholz, ebenso wie der Durchforstungsertrag, als Zu=
schlag zum Schaftholzabtriebsertrage, nach erfahrungsmäßigen Durchschnitts=
sätzen behandelt werden.

Nur solche Bestände des zu taxirenden Reviers dürfen zu einer Taxa=
tionsfigur — Betriebsklasse genannt — vereint werden, deren Holz=
wuchs dem Wachsthumsgange ein und derselben Erfahrungstafel entsprechen.
Es darf also die Betriebsklasse nur Bestände gleicher Betriebsweise, gleicher
Holzart, Umtriebszeit und Standortsgüte umfassen.

Die Größe und Massen so vieler der stärksten Stämme eines Be=
standes als im Haubarkeitsalter den Vollbestand bilden, verglichen mit den
entsprechenden Angaben der Erfahrungstafeln für die verschiedenen Betriebs=

---

[1] Unter Schaftholzmasse ist die Schaftmasse bis zur Spitze zu verstehen. Verzweigte
Bäume wählt man nicht gern zur Berechnung und zu Musterbäumen; wo dieß aber nicht
umgangen werden kann, da rechne ich von der wirklichen Schaftholzmasse den Inhalt eines Kegels
zu, von der, dem oberen Schaftdurchmesser entsprechenden Grundfläche und der Höhe zwischen
Schaftende und Baumspitze. Derselbe Kegelinhalt wird dann von der Astholzmasse in Abzug
gebracht.

klassen, geben den Nachweis, welcher Bonitäts- und Betriebsklasse der Bestand beizuzählen sei.

Sowohl Vorrath als einjähriger Zuwachs aller derjenigen Bestände, die bis zum Abtriebe noch Pflanzenabgang erleiden werden, ist nach den Ansätzen der Erfahrungstafel ungeschmälert zu berechnen, wenn die Stammzahl des Abtriebsalters in gleichmäßiger Vertheilung oder mehr als diese Stammzahl vorhanden ist.

Enthält der Bestand nicht die Stammzahl des haubaren Vollbestandes in gleichmäßiger Vertheilung, was in jüngeren Beständen stets nur Folge vorhandener Räumden sein kann, so ist die Flächengröße sämmtlicher Räumden und Blößen zu ermitteln, von jeder $1/2$ oder (mit Rücksicht auf den stärkeren Zuwachs der Randbäume) $2/3$ des Standraumes sämmtlicher Randbäume zur Zeit der Haubarkeit, in Abzug zu bringen, die dadurch gefundene summarische Räumdengröße des Haubarkeitsalters mit dem Standraum der Pflanzen des Haubarkeitsalters zu dividiren (z. B. $\dfrac{152}{40960} = 270$ Quadratfuß Standraum jedes 120jährigen Baumes, bei 10,000 Quadratfuß summarischer Abtriebsräumde des Bestandes $\dfrac{10000}{270} = 37$ Pflanzenmangel am bleibenden Bestande), woraus sich die Zahl der fehlenden Bäume des bleibenden Bestandes ergibt. Massen- und Zuwachsansatz der Erfahrungstafel sind dann im Verhältniß zur fehlenden Stammzahl zu ermäßigen. In obigem Falle würden die Ansätze der Erfahrungstafel für Vorrath und jährlichen Zuwachs auf $\dfrac{152-37}{52} = 0{,}76$ zu ermäßigen sein.

Es ist einleuchtend, daß diese Ermäßigung der Ansätze für Vorrath und Zuwachs unvollkommener Bestände, bei superficiellen Schätzungen nicht nothwendig Resultat specieller Berechnungen sein müsse, sondern wie vieles Andere dem Augenmaße des Taxators überlassen werden könne.

Vorrath und Zuwachs aller älteren Bestände, die bis zum Abtriebe keinen wesentlichen Pflanzenabgang mehr erleiden werden, können wie beim Fachwerk unmittelbar geschätzt und berechnet werden. Auch sie kommen nur mit ihrem wirklichen gegenwärtigen Vorrathe und mit dem nächstjährigen Zuwachse in Ansatz.

Die Summirung der geschätzten Vorräthe des bleibenden Bestandes ergibt r v der Formel, Summirung des geschätzten nächstjährigen Zuwachses aller Bestände der Betriebsklasse ergibt r z der Formel: n v geht aus der Summe der Massenreihe des normalen Zustandes in der Erfahrungstafel unmittelbar hervor und ist im vorliegenden Beispiele $355821 \cdot \dfrac{\text{Flächengröße}}{120}$.

Die Formel $\dfrac{r z}{n v} \cdot r v = H$ ergibt in diesem Falle nur den Abtriebsertrag an Schaftholzmasse, dem dann noch der erfahrungsmäßig durchschnittliche Durchforstungs- und Kronenholzertrag nach procentischen Verhältnissen hinzugefügt werden muß.

Literatur.

Hoffammernormale vom 12. Juli 1788; dargestellt in E. André, Versuch
　　einer zeitgemäßen Forstorganisation. 1823.

(Paulsen), kurze praktische Anleitung zum Forstwesen. Herausgegeben
　　von Führer. Detmold 1795.

Huber, Taxation der Forste, in Behlens Zeitschrift 1824 bis 1826 ver=
　　öffentlicht. Seit 1812 bestehend.

Hundeshagen, die Forstabschätzung auf neuen wissenschaftlichen Grund=
　　lagen. Tübingen 1826. (Auch in dessen Encyclopädie d. F.)

Karl, die Grundzüge einer wissenschaftlich begründeten Forstbetriebsreguli=
　　rung. Sigmaringen 1838.

Smalian, Anleitung zur Untersuchung und Feststellung des Waldzustandes ꝛc.
　　Berlin 1840.

Heyer, die Waldertragsregulirung. Gießen 1841.

C. Die Methoden der Ertragsberechnung nach dem Durchschnittszuwachse,

besonders für superficielle Ertragsermittelungen empfohlen, stimmen im
Wesentlichen darin überein, daß die Abtriebserträge sämmtlicher Bestände
des Waldes nach Erfahrungstafeln oder durch Massenschätzung mit Zuwachs=
zurechnung ermittelt, dann die Summe aller Abtriebserträge (S a) durch
die Umtriebszeit dividirt werden soll, um im Quotienten den Hauungssatz
für den Abtriebsertrag zu finden, dem dann der Durchforstungsertrag nach
beiläufigen Ermittelungen zugeschlagen wird. $\dfrac{S\,a}{u} = H.$

Die Durchschnitts=Methoden sind daher der Gegensatz aller Weiser=
methoden, denn, wenn in letzteren die gegenwärtig vorhandenen Be=
standsmassen des zu taxirenden Waldes die Grundlage der Berechnungen
bilden, sind es in ersteren ausschließlich die muthmaßlichen Bestandsmassen
der Zukunft (vereinstige Abtriebserträge), die zur Berechnung gezogen werden.

Man wird leicht erkennen, daß diese Methoden zu ähnlichen, aber
noch viel größeren Fehlern führen müssen, wie die Cameralmethode, da
auch sie den Durchschnittszuwachs vom Abtriebsertrage an die Stelle des
wirklichen Zuwachses setzen und die Abnormitäten der Altersklassen und
deren Einwirkung auf Vorrath und Zuwachs außer Acht lassen. Auch sie
können daher nur dann ein richtiges Resultat gewähren, wenn der Durch=
schnittszuwachs dem wirklichen einjährigen gleich, d. h. wenn der Normal=
zustand des Waldes bereits hergestellt ist. Ihre Anwendung auf abnorme
Waldzustände ergibt in demselben Verhältnisse größere Fehler, in welchem
die Abnormität einen größeren Einfluß auf Vorraths= und Zuwachsgröße
hat. Es ist staunenswerth, welche Fehler, durch die zufällige und bedeu=
tungslose Aehnlichkeit des Durchschnittszuwachses vom Abtriebsertrage, mit
der Größe des Vorrathes für Abtrieb und Durchforstung, dividirt durch
das Abtriebsalter, in die Wissenschaft getragen sind. Aus dem von
H. Cotta (Forsteinrichtung S. 58—63) vorgezeichneten Verfahren ergibt
sich das bemerkenswerthe Resultat: daß 120 Morgen im 120jährigen Um=

triebe, wenn sie nur vollbestanden sind, dieselbe jährliche Nutzung abgeben sollen, die Fläche mag ganz mit 20jährigen, oder ganz mit 100=jährigen, oder mit 0—119jährigen Beständen in regelrechter Altersabstufung bestanden sein. Fehler erkennt man am besten in ihren Extremen. Nach der reducirten Erfahrungstafel S. 79 geben 120 Morgen 20jährig einen Abtriebsertrag von 120 . 10 = 1200 am Schluß der Umtriebszeit, daher einen Durchschnittsertrag = 10. Diesen nur einmal zu beziehen, würde aber der ganze gegenwärtig vorhandene Vorrath für den Abtriebsertrag nicht ausreichen, denn letzterer ist pro Morgen nur 0,06 vom Abtriebs=ertrage, 0,06 . 120 = 7,2!! Vorrathconsumtion bei überschüssigem Vorrathe kann auf diesem Wege gar nicht eintreten, eben so wenig Zuwachs=ersparniß bei mangelhaftem Vorrathe; denn ein geringerer als der Ab=triebsertrag des normalen Zustandes kann sich immer nur ergeben in Folge mangelhafter Bestockung, die dann ebenso in Zuwachs= wie in Vorrath=mangel sich ausspricht. So die gepriesene S ch i l ch e r'sche Taxe.

König (Forstmathematik, 2. Auflage S. 548) schreibt vor: für das zu schätzende Revier einen Betriebsplan zu entwerfen, die Bestände auf Grund des Betriebsplanes in Perioden zu vertheilen, den Ertrag jeder Periode durch Multiplikation des geschätzten Durchschnittsertrages der ihr angehörenden Bestände mit Flächengröße und Abtriebsalter (müßte heißen Bestandsalter in der Mitte der Abtriebsperiode) zu berechnen, und die auf diese Weise ermittelten Abtriebserträge jeder Periode durch Ver=schieben der Bestände nöthigenfalls auszugleichen. Auf diesem Wege wird der in der Taxation nach Durchschnittserträgen liegende Fehler allerdings beseitigt, da durch die Vertheilung der Bestände in das Fachwerk des Um=triebs und durch die Ausgleichung der periodischen Erträge die Einwirkung abnormer Altersklassenverhältnisse auf Vorrath und Zuwachs in Ansatz ge=bracht wird; allein in allem Wesentlichen haben wir auch hier wieder den Modus des Fachwerks, und es bestätigt auch dieser Fall, daß die Aus=scheidung des Fehlerhaften in anderen Taxationsmethoden, diese stets auf das Princip des Fachwerks zurückführt.

Der Durchschnittszuwachs H u b e r s ist nichts Anderes als das Nutzungs=procent H u n d e s h a g e n s. [1]

Literatur.

M a u r e r, Betrachtungen über einige in die Forstwissenschaft eingeschlichene irrige Lehrsätze und Künsteleien. Leipzig 1783.
S ch i l ch e r, über die zweckmäßigste Methode, den Ertrag der Wälder zu bestimmen. Stuttgart 1795.
H. C o t t a, Forsteinrichtung. Dresden 1820. S. 58—63.
v. W ä ch t e r, Taxation der Harzforste, dargestellt in P f e i l, Forsttaxation. S. 118.
v. S ch l e i n i tz, Instruktion zur Taxation des Forstreviers Hammer, aus=geführt von Dr. W. P f e i l. Dessen krit. B. IV. Heft 1 S. 138.

[1] S. Hundeshagen, Forstabsch. S. 232.

II. Ertragsermittelung der Niederwälder.

Bereits im zweiten Bande S. 18 habe ich erörtert, warum, wenn die Ermitelung einer gleichen und nachhaltigen Nutzungsgröße im Hoch= walde Vertheilung des Vorrathes und Zuwachses auf längere Zeiträume (Perioden) fordert, im Niederwalde die Vorausbestimmung der jährlichen Hiebsfläche zulässig sei. Zuerst ist es die kleinere Summe der Gefahren und die, bei kurzem Umtriebe häufiger sich darbietende Gelegenheit durch Diebstahl oder Unglücksfälle entstandene Bestandsmängel zu beseitigen, welche eine geringere Ertragsungleichheit der, in jüngerem Alter zum Hiebe kommenden Bestände zur Folge hat; dann ist es die Unabhängigkeit der Verjüngung des Niederwaldes vom Eintritt der Samenjahre und der Ab= schluß des Verjüngunggeschäfts in ein und demselben Jahre, die diesen wesentlichen Unterschied im Betriebe der Hoch= und der Niederwaldwirthschaft begründen. Dazu kommt, daß in vielen Fällen beim Niederwaldbetriebe ein strenges Gleichbleiben des jährlichen Hiebsquantums nicht gefordert wird. Häufig stehen die Niederwälder, in untergeordneter Flächengröße, mit Hoch= wäldern im Wirthschaftsverbande, so, daß ein Ausfall oder Ueberschuß im Ertrage der Niederwaldflächen durch verstärkten oder verminderten Hieb in den Durchforstungs= und Verjüngungsschlägen des Hochwaldes für ein= zelne Jahre leicht ausgeglichen werden kann.

Unter diesen Umständen ist

die geometrische Schlageintheilung

üblich, d. h. die Eintheilung der Wuthschaftsfläche in so viele gleich große Jahresschläge, als der Umtrieb Jahre zählt. Bei gleichem Ertrags= vermögen des Bodens und bei gleichen Bestockungsverhältnissen wird mit dieser Betriebsordnung auch Gleichheit der jährlichen Abnutzung verbunden sein, so weit diese überhaupt erreichbar ist.

Die Anordnung einer guten Schlagfolge ist in solchen Fällen das Wesentliche. Wenn hiermit Taxation verbunden sein soll, so kann es sich stets nur darum handeln, zu erforschen: wie viel es ist, was in den ver= schiedenen Jahren des Umtriebs auf dem vorausbestimmten Soll der Hiebs= fläche zum Hiebe kommen wird; die der Hochwaldtaxation vorliegende Erforschung einer unbekannten Abnutzungsgröße findet hier nicht statt.

Eine Vorausbestimmung der ungleichen Erträge gleich großer Schlag= flächen des Niederwaldes wird aber häufig und grade in den Fällen nöthig, in welchen der Niederwald mit Hochwald im Wirthschaftsverbande steht. Denn, sollen beide einen gemeinschaftlichen, gleichbleibenden Hauungssatz liefern, so muß die Vertheilung der Hochwald=Erträge in die Perioden des Hochwaldes sich nach den Erträgen des Niederwaldes richten, bei steigendem Niederwaldertrage der Hochwaldertrag fallend, bei fallendem Niederwald= ertrage der Hochwaldertrag steigend regulirt werden.

Daraus folgt dann, daß eine Ertragsberechnung des Niederwaldes in solchen Fällen sich nicht auf eine Niederwaldumtriebszeit beschränken dürfe, wie dieß beim Hochwalde der Fall ist, sondern daß sie sich über den ganzen Umtrieb oder Einrichtungszeitraum des Hochwaldes erstrecken, mithin mehrere Niederwaldumtriebe umfassen müsse. Es müssen die aus den Niederwald=

jahreserträgen sich berechnenden Niederwaldumtriebserträge ihrer abnormen und veränderlichen Größe nach bekannt sein, um darnach die Erträge der verschiedenen Perioden des Hochwaldes, zur Herstellung eines gemeinschaftlich gleichen Hauungssatzes, steigend oder fallend, reguliren zu können.

Daher ist es, wenn auch nicht unbedingt nothwendig, doch sehr zweck= mäßig und die Ertragsberechnung nicht allein wesentlich erleichternd, sondern auch sicherer, wenn in den, namentlich im Betriebe der größeren Staats= waldungen sehr häufigen Fällen einer Verbindung beider Betriebsarten zu gemeinschaftlich nachhaltigem Ertrage, die Jahre des Niederwaldumtriebs eine Zahl umfassen, die in der Zahl der Periodenjahre des Hochwaldes einfach aufgeht.

Auf den Wachsthumsgang und Ertrag der Niederwaldbestände sind von wesentlichem Einfluß:

1) die Betriebsweise selbst.

Die im Hochwalde erzeugte Samenpflanze muß sich ihre Ernährungs= organe erst allmählig entwickeln und vermehren, wächst daher in der Ju= gend viel langsamer als die Pflanze des Niederwaldes, die der Stockaus= schlag einer abgetriebenen älteren Pflanze ist und aus dem verbliebenen Wurzelsysteme letzterer, aus der Masse des in den Wurzeln und im Stocke abgelagerten Bildungsstoffes schon im ersten Jahre einen viel kräftigern Zuwachs entwickelt. Der Wachsthumsgang der Stockloden ist daher ein ganz anderer als der der Samenpflanzen. In den Zuwachstabellen meiner Arbeit über den Ertrag der Rothbuche und in denen meines Lehrbuches der Pflanzenkunde habe ich die Eigenthümlichkeiten der Buche, Hainbuche, Erle, Birke und Hasel in dieser Hinsicht dargestellt und muß hier dorthin verweisen.

Eine andere einflußreiche Eigenthümlichkeit der Betriebsweise ist die horstweise Gruppirung einer Mehrzahl von Bestandsgliedern auf gemein= schaftlichem Stocke. Sie ist in so ferne einflußreich auf den Wachsthums= gang der Bestände, als durch den organischen Zusammenhang der unter= drückten mit den dominirenden Lohden desselben Stockes, die ersteren weniger abhängig von äußeren Verhältnissen werden, und dadurch, daß sie Theil nehmen an dem von den dominirenden Lohden bereiteten Bildungssafte, sich länger im Zuwachse und länger lebend erhalten als dieß, unter gleichen Verhältnissen, bei der durchaus selbstständigen, übergipfelten Hochwaldpflanze der Fall ist. Daher rührt die im Verhältniß zur Pflanzengröße größere Stammzahl geschlossener Niederwaldsbestände und theilweise der geringere Durchforstungsabgang.

2) Der Umtrieb.

Da beim Hochwaldbetriebe der abgetriebene alte Bestand durch einen durchaus neu erzogenen jungen Bestand ersetzt wird, der derselbe ist oder sein kann, der Umtrieb mag lang oder kurz sein, so hat beim Hochwald= betriebe die Länge des Umtriebs keinen unbedingten Einfluß auf den Wachs= thumsgang der Bestände. Ganz anders verhält sich dieß beim Niederwald= betriebe. Je höher der Umtrieb ist, um so größer ist die Schirmfläche jedes einzelnen Stockes, um so geringer die Zahl der Mutterstöcke des Vollbestandes gleicher Flächen. Wo bei 10jährigem Umtriebe die Mutter= stöcke in 2metriger Entfernung sich erhalten können, bildet unter ganz gleichen Standortsverhältnissen bei 30jährigem Umtriebe eine 3metrige Stock= ferne völligen Bestandsschluß gegen das Ende der Umtriebszeit.

Dieß hat zunächst zur Folge, daß nach jedesmaligem Abtriebe eines Niederwaldbestandes ein großer Theil der Fläche längere Zeit hindurch un= beschirmt und produktionslos liegt; so lange bis der Kronenschluß des Bestandes sich wieder hergestellt hat. Bei kürzerem Umtriebe ist dieser Zeitraum in Folge der ihm eigenthümlichen größeren Stockzahl ein kürzerer, bei längerem Umtriebe ein verhältnißmäßig längerer; die doppelte Zahl der Mutterstöcke des kürzeren Umtriebs kann bis zum Eintreten des Kronen= schlusses den doppelten Zuwachs der einfachen Stockzahl des höheren Um= triebs ergeben, woraus dann folgt, daß jede Umtriebszeit, unter übrigens ganz gleichen Verhältnissen, ihren besonderen, von der eigenthümlichen Stock= zahl bedingten Wachsthumsgang der Bestandsmasse habe, daher eigen= thümliche Massen= und Zuwachsreihen und Summen besitze.

Wie wenig die hierin begründeten Einflüsse der Umtriebszeit auf den Wachsthumsgang der Niederwaldbestände bisher gewürdigt wurden, beweist das, besonders zur Begründung der Weisermethoden häufige Anführen: daß der Durchschnittszuwachs am Abtriebsertrage der Bestände sich wenigstens beim Niederwalde dem wirklichen einjährigen nahe gleichstelle. Da, wie meine Zuwachstabellen ergeben, diese Ansicht sich keineswegs auf den Wachs= thumsgang der Einzelpflanze gründen läßt, so kann sie nur hervorgegangen sein aus dem Vergleiche der Abtriebserträge; z. B. 30jähriger Bestände mit normaler (3metriger) und 10jähriger Bestände mit normaler (2metriger) Stockferne. Daß aber aus einem Vergleich ganz verschiedenartiger Be= stockungsverhältnisse Obiges sich nicht folgern lasse, bedarf keines Nachweises. [1]

Der Einfluß der Umtriebszeit auf den, eine längere Reihe von Jahren nach erfolgtem Abtriebe, stets räumlichen Stand der Mutterstöcke, hat dann ferner auch in sofern Einfluß auf den Wachsthumsgang der Stocklohden, als im Niederwalde eine Verdämmung überhaupt viel später eintritt, als im Hochwalde, wodurch dann ebenfalls der Durchforstungsabgang gegen den des Hochwaldes wesentlich geringer wird. Im Hochwalde müssen die Durchforstungen bezogen und als ein besonderer Theil der Gesammt= nutzung betrachtet werden, denn sie würden ohne dieß verloren gehen. Beim Niederwalde erhält sich wenigstens der bei weitem größte Theil der möglicherweise zu beziehenden Durchforstungen bis zum Abtriebe, wenn auch in geringem Zuwachse, doch lebendig, geht daher der Benutzung nicht verloren.

3) Die Holzarten

zeigen auch im Niederwalde Eigenthümlichkeiten des Wachsthumsganges und des Zuwachses und zwar in viel mannigfaltigerer durch Reproduktionskraft

---

[1] S. hierüber die Berechnungen in meiner Schrift: System und Anleitung zum Studium der Forstwirthschaftslehre, Leipzig 1858, S. 189—195, aus denen hervorgeht, daß sowohl für die Erle a's für Hainbuche und Rothbuche, also für Holzarten von sehr verschiedenem Wachs= thumsgange der Stocklohden, der 20jährige Umtrieb die höchste Massenproduktion gewährt.

und Stockalter bedingter Weise, wie dieß im Hochwaldbetriebe der Fall ist. Ich muß in dieser Hinsicht auf den Vergleich der Niederwaldzuwachstabellen meiner Arbeit über den Ertrag der Rothbuche und auf das Lehrbuch der Pflanzenkunde verweisen.

4) Der Standort

hat einen geringeren Einfluß auf den Wachsthumsgang der Niederwald= bestände, als auf die Bestände des Hochwaldes, namentlich in Bezug auf Flachgründigkeit, da die Ansprüche der Holzpflanzen auf eine größere Boden= tiefe erst in einem Alter hervortreten, das außer den Grenzen gewöhnlicher Niederwaldumtriebe liegt. Dagegen fordert der Niederwald, besonders im kürzeren Umtriebe, einen Boden, dessen Fruchtbarkeit weniger von der Bei= mengung organischer Bestandtheile abhängig ist, da die häufig wiederkehrende und länger dauernde theilweise Entblößung des Bodens vom Holzwuchs, die in dieser Zeit ungehinderte Einwirkung der Sonne und des Luftwechsels auf den Boden, einer Ansammlung humoser Bestandtheile viel weniger günstig ist.

5) Das Alter der Mutterstöcke.

Wie die Kopfholzpflanze im verschiedenen Alter des Stammes einen sehr verschiedenen Ertrag an Kopflohen liefert, so ist es auch im Nieder= walde. Nach S. 242 meines Lehrbuchs der Pflanzenkunde liefern Hain= buchen=Kopfholzstämme bei verschiedener Stammstärke im 12jährigen Umtriebe: Stammstärke 2. 3. 4. 5. 6. 7. 8. 12. 20 Zoll. Abtriebsertrag: 0,2. 0,4. 0,6. 1,4. 2,9. 4,6. 5,8. 7,4. 16,2 Cbfß.
Der Augenschein lehrt, daß ähnliche Verhältnisse auch beim Mutter= stocke des Niederwaldes stattfinden. Welches diese Verhältnisse bei den verschiedenen Holzarten sind, darüber fehlen uns noch alle Erfahrungen, obgleich sie bei der häufig bestehenden Untermischung der verschiedensten Stockstärken in älteren Niederwaldbeständen nicht unschwer zu sammeln wären. Einen Fall habe ich (Lehrbuch der Pflanzenkunde S. 345) ange= führt, in welchem, auf gleichem Standorte bei 14jährigem Lohdenalter, der $1/3$ Mtr. starke Mutterstock durchschnittlich 0,11 Cubikmtr., der $4/5$ Mtr. starke Stock 0,24 Cubikmtr. Lohdenmasse trug.
Diese Differenz des Ertrages verschiedener Stockstärken muß natürlich den wesentlichsten Einfluß auf die Erträge und den Wachsthumsgang der Niederwaldbestände äußern, je nachdem die eine oder die andere Stockstärke vorherrschend ist. Denken wir uns einen aus Samenpflanzen neu erzeugten oder durch Umwandlung junger Hochwaldbestände entstandenen Niederwald, so müssen in solchem die Erträge der aufeinanderfolgenden Umtriebszeiten außerordentlich verschieden sein. In Niederwäldern, die schon längere Zeit als solche behandelt sind, besteht häufig eine Mengung der verschiedensten Stockalter und Stockstärken, in Folge der ungleich langen Dauer der Stöcke.
Daß alle diese Verhältnisse ebenso die Erforschung des Wachsthums= ganges der Niederwälder erschweren, wie die Anwendung der gesammelten Erfahrungen, bedarf keiner weiteren Begründung. Gewiß steht unser Wissen in dieser Hinsicht viel tiefer als in Bezug auf den Wachsthumsgang der

Hochwaldbestände, und die geringe Zahl von Beobachtungen, die ich in meinem Lehrbuch der Pflanzenkunde niedergelegt habe, dürfte bis jetzt das einzige Material sein.

Es folgt aus dem Vorstehenden aber auch: daß die Beurtheilung des künftigen Ertrages der Niederwälder aus vorhergegangenen bekannten Ab= triebserträgen derselben Flächen, eine sehr unsichere sei, in Folge der, im Wesen des Niederwaldbetriebes begründeten Veränderung der Wachsthums = und Ertragsverhältnisse mit jeder neuen Umtriebszeit, ganz abgesehen von dem Umstande, daß gewiß nur in äußerst seltenen Fällen, mit den, allerdings meist bekannten, früheren Ertragsergebnissen zugleich auch ein Bild derjenigen Bestandsverhältnisse der Gegenwart erhalten ist, die den bekannten Ertrag zur Folge hatten.

Unter diesen Umständen bleibt uns zur Ermittelung des künftigen Ertrages der Niederwaldbestände, besonders zur Bestimmung des Ertrages künftiger Umtriebszeiträume, kein anderes Mittel als die Aufstellung gut charakterisirter Erfahrungstafeln, in welche die auf den Ertrag des Nieder= waldes einflußreichen Verhältnisse aufgenommen sind, die daher auch eine von den Ertragstafeln des Hochwaldes abweichende Construktion erhalten müssen.

In meiner Untersuchung über den Ertrag der Rothbuche und im Lehrb. d. Pflanzenkunde habe ich folgende Form gewählt. (S. nebenstehende Tabelle.)

Wie der Vergleich mit S. 31 zeigt, weichen diese Erfahrungstafeln von denen des Hochwaldes darin ab, daß der Ertrag hier nicht unmittel= bar für eine bestimmte Flächengröße, sondern für eine Mehrzahl von Mutter= stöcken, und aus dem durchschnittlichen Holzgehalte derselben erst der Ertrag pro Morgen berechnet ist, um die Ertragsverschiedenheiten stärkerer oder geringerer Bestockung unmittelbar aus den Tafeln entnehmen zu können. Um die Bestandscharakteristik, die im Wesentlichen mit der der Hochwaldbestände übereinstimmt, vom Bestockungsgrade unabhängig zu halten, ist sie in die Durchschnittszahl und Durchschnittsgröße der Lohden eines Musterstockes gelegt.

Die Abgangsmasse läßt sich beurtheilen aus der Differenz der Lohden= zahl des Musterstockes in verschiedenem Alter, und würde diese Differenz z. B. 2,28 — 1,66 = 0,62; multiplicirt mit dem Holzgehalte der Lohden geringster Größe des Musterstockes der früheren Altersstufe, die perio= dische Abgangsmasse pro Musterstock ergeben; im Beispiele 0,52 = 0,3539

$$+ \frac{1}{9} \ 2,1747 = 0,5939.$$

Solche Erfahrungstafeln müßten entworfen werden, nicht allein für die Hauptverschiedenheiten des Standorts, so weit dieser einen abweichenden Wachsthumsgang der Bestände zur Folge hat, sondern auch, und dieß ist sehr wesentlich, für die verschiedenen Stockalter oder Stockstärken, da es einleuchtend ist, daß der Wachsthumsgang der Stocklohden gesunder, kräf= tiger, starker Stöcke, nicht entfernt einen Maßstab geben kann für den Wachsthumsgang und Ertrag der Lohden auf jungen schwachen Stöcken, ebensowenig wie auf alten schadhaften Stöcken. [1]

---

[1] Nach denselben Grundsätzen ausgeführte Berechnung des Niederwaldertrages der Hain= buche und der Rothbuche habe ich in meiner Schrift: System und Anleitung ꝛc. mitgetheilt.

Bei ...füßiger Stockferne stehen auf dem Magdeburger Morgen an Musterflächen: 6″ = 720, 8″ = 405, 10″ = 259, 12″ = 180, 14″ = 132.

Alter oder Umtriebszeit. Jahre.	Stammklasse. Nre.	100 Mutterstöcke tragen — wirkliche Stammzahl	100 Mutterstöcke tragen — berechnete Stammzahl	Brusthöhendurchmesser der Stocklohden. Zoll. — höchster	— niedrigster	Der Musterlohden — Höhe. Fuß.	— Durchmesser in Brusthöhe. Zoll.	— Holzgehalt. Cubikfuß.	Des Musterstockes — Lohdenzahl. Stück.	— Holzgehalt. Cubikfuß.	Holzgehalt pro Morgen. Cubikfuß. 6″	8″	10″	12″	14″	Jährlicher Durchschnittszuwachs pro Morgen. Cubikfuß. 6″	8″	10″	12″	14″
15	I.	71	68	3,2	3	20	3,0	0,5231	0,68	0,3557										
	II.	86	65	2,6	2	16	2,3	0,2608	0,85	0,2234										
	III.	200	198	1,9	1,3	12	1,7	0,1342	1,98	0,2657										
	Summa . . .	357	351	—	—	—	—	—	3,51	0,8448	608	342	219	152	112	40	23	14	10	7
25	I.	14	14	5,0	4,5	30	5,0	2,4660	0,14	0,3352										
	II.	40	38	4,4	3,6	30	4,0	1,5422	0,39	0,5580										
	III.	146	141	3,5	2,3	29	2,8	0,6794	1,41	0,9580										
	IV.	126	125	2,2	1,4	29	2,1	0,4435	1,25	0,5544										
	Summa . . .	326	318	—	—	—	—	—	3,18	2,4336		986	630	438	321		39	25	17	13
40	I.	40	40	7,2	5,8	40	6,3	5,0228	0,40	2,0091										
	II.	50	46	5,7	5,0	44	5,4	3,9079	0,46	1,7976										
	III.	91	90	4,9	3,6	40	4,5	2,4163	0,90	2,1747										
	IV.	50	52	3,5	1,8	30	2,7	0,6505	0,52	0,3559										
	Summa . . .	231	228	—	—	—	—	—	2,28	6,3353			1611	1140	836			41	28	21
50	I.	30	31	9,0	7,0	46	7,8	9,5500	0,31	2,9605										
	II.	30	31	6,9	6,0	44	6,4	5,5200	0,31	1,7112										
	III.	66	67	5,9	4,5	46	6,5	4,5000	0,67	3,0150										
	IV.	23	24	4,4	3,6	44	3,8	1,6600	0,24	0,3984										
	V.	16	13	3,5	2,0	36	3,5	1,4500	0,13	0,1885										
	Summa . . .	165	166	—	—	—	—	—	1,66	8,2756				1489	1092				30	22

¹ Vergl. S. 58.

Bei der Anwendung solcher Ertragstafeln auf die Ermittlung des künftigen Ertrages gegenwärtig junger Bestände, dient, soweit der Ertrags= satz der nächsten Umtriebszeit angehört, die Charakteristik der Ertragstafeln einerseits, andererseits der vorhandene Bestockungsgrad zum Maßstabe. Bei Einschätzung der Erträge **künftiger** Umtriebszeiten müssen zugleich die Veränderungen gewürdigt werden, welche der Wachsthumsgang der Lohden erleiden wird, in Folge der, selbst beim vollkommensten Kulturbetriebe ein= tretenden Veränderungen der Bestockung, sowohl in Bezug auf das vorge= schrittene Alter der **bleibenden** Bestockung als in Bezug auf den Abgang alter und den Zugang neuer Stöcke; wonach dann möglicherweise ganz andere Erfahrungstafeln in Anwendung zu setzen sind, als diejenigen, welche den gegenwärtig vorliegenden Bestandsverhältnissen entsprechen.

Die proportionale Schlageintheilung.

Der Wachsthumsgang und das Endresultat desselben, der Ertrag, sind in gleichem Maße von Standorts= und Bestockungsgüte abhängig. Verschiedenheit beider oder auch nur des einen dieser Faktoren in den ver= schiedenen Beständen derselben Wirthschaftsfläche, werden bei gleich großen Jahresschlägen verschiedene Ertragsgrößen zur Folge haben. In Fällen, wo dieß nicht zulässig ist, müssen die Schlagflächen in demselben Verhält= nisse größer sein als die Erzeugungsfähigkeit des Bodens und der Bestände eine geringere ist und umgekehrt. Dieß ist es, was wir eine (der Ertrags= fähigkeit) proportionale Schlageintheilung nennen.

In Niederwaldwirthschaften, die nicht mit Hochwaldkomplexen im Com= sumtionsverbande stehen, in denen daher der jährliche Ertrag ein selbst= ständiger, gleichbleibender sein muß, fordert die Gleichstellung der jährlichen Erträge in allen Fällen eine verschiedene Größe der Jahresschläge, in denen die Erzeugungskraft des Standorts verschieden ist und der Bestockungsgrad wie die Bestockungsgüte in verschiedenen Graden von der normalen Be= stockung abweichend ist.

Innerhalb gewisser Grenzen ist der eine der beiden Ertragsfaktoren, die Standortsgüte, etwas Beständiges; der zweite Faktor hingegen ist ver= änderlich: nach Bestockungsgrad, Beschaffenheit und Alter der Mutterstöcke.

Läßt man Letzteres außer Acht, berechnet man die Schlaggröße allein nach der Erzeugungsfähigkeit des Standortes, so erhält man Schlaggrößen **proportional der Bodengüte.** Bei der Unausführbarkeit einer un= mittelbaren Bodenwürdigung kann dieß nur geschehen: indem man den Holzwuchs einzelner Mutterstöcke mit dem der Erfahrungstafeln vergleicht, danach die Standortsgüte beurtheilt, und nach dieser den Ab= triebsertrag der dem Standorte entsprechenden Erfahrungstafel, multiplicirt mit der Flächengröße des Bestandes in Ansatz bringt.

Die Summe der, ohne Rücksicht auf das gegenwärtige Bestockungs= verhältniß berechneten Abtriebserträge aller Bestände, dividirt durch die Jahre des Umtriebs, ergibt den Sollertrag jedes einzelnen Jahresschlages. Nach Anordnung einer zweckmäßigen Schlagfolge ergibt sich dann die Größe jedes einzelnen Schlages aus den geschätzten Abtriebserträgen derjenigen Bestände oder Bestandstheile, die der Schlagordnung nach zusammenfallen,

d. h. der Abtriebs-Sollertrag der Schläge, dividirt durch den (nach Maßgabe der Bodengüte veränderlichen) Abtriebsertrag pro Morgen, ergibt die
Flächengröße jedes Jahresschlages.

Es ist einleuchtend: daß die Jahresschläge proportional der Bodengüte
nur dann einen gleichen Ertrag geben können, wenn der zweite Faktor desselben, Grad und Güte der Bestockung auf der ganzen Betriebsfläche dieselben
sind. So lange dieß nicht der Fall ist, werden die Erträge der einzelnen
Jahresschläge um so mehr von einander verschieden sein, je größer die
Verschiedenheit ihrer Bestockung ist.

In solchen, den bei weitem häufigsten Fällen, entspricht die Methode
daher nicht den Anforderungen strenger Nachhaltigkeit in der Benutzung,
denen erst Genüge geschieht vom Zeitpunkte erreichten Normalzustandes ab.
Dagegen hat sie allerdings den Vorzug, daß von da ab die Schlagtheilung
und Schlaggröße als eine constante betrachtet werden darf, da sie auf der
Basis eines unveränderlichen Faktors ruht.

Zieht man nicht allein die Standortsgüte, sondern auch den zweiten
Ertragsfaktor: Grad und Güte der Bestockung, in die Berechnung der Schlaggröße, so erhält man eine Flächentheilung proportional der Ertragsfähigkeit der Bestände im Laufe der nächsten Umtriebszeit. Das
Verfahren ist von dem einer Flächentheilung proportional der Bodengüte
darin verschieden: daß der Einschätzung der Abtriebserträge nicht das
normale, sondern das, durch einen vorläufigen Betriebsplan bestimmte,
besondere Abtriebsalter —, daß ihr ferner nicht der normale Zustand der Bestockung, sondern der wirkliche Zustand
zum Grunde gelegt wird, daß die Größe der, den Standortsverhältnissen
entsprechenden Abtriebserträge der Erfahrungstafel ermäßigt wird, im Verhältniß zu den bestehenden Mängeln in Vollkommenheit und Ertragsfähigkeit der gegenwärtigen Bestockung.

In allen Fällen bestehender Bestockungsunvollkommenheiten ist dieß
die einzige Methode der Flächeneintheilung, durch welche eine Ausgleichung
der jährlichen Erträge schon im Laufe der ersten Umtriebszeit möglich wird.
Mit jeder neuen Umtriebszeit verliert aber die nach diesem Principe vollzogene Flächentheilung ihre Gültigkeit und muß, den veränderten Verhältnissen in Grad und Güte der Bestockung gemäß, erneuert werden.

Man hat daher den Vorschlag gemacht, eine wirkliche Flächenvertheil-
lung in diesem Falle gar nicht auszuführen, sondern die Schlaggröße erst
im Jahre des Hiebes nach dem durchschnittlichen Abtriebsertrage der Umtriebszeit herauszumessen. Allein dieß Verfahren kann eine richtige
Hiebsgröße überall da nicht ergeben, wo die Bestände theilweise in einem
andern als im Alter des Umtriebs zum Hiebe kommen müssen. Da der
Abnutzung des durchschnittlichen Abtriebsertrages ganz auf derselben Basis
ruht, wie die Methoden der Ertragsberechnung nach dem Durchschnittszuwachse im Hochwalde, so würde dieß Verfahren bei abnormen Altersklassen
natürlich ganz dieselben Fehler im Gefolge haben, wie das Durchschnitts-
verfahren im Hochwalde.

Um diese Fehler zu vermeiden, muß auch im Niederwalde der Ertragsberechnung ein vorläufiger Wirthschaftsplan und eine vorläufige Schlag-

eintheilung und Schlagfolgeordnung (auf der Karte) vorangehen, und,
in der Art der Fachwerkmethoden, Basis der Ertragsberechnung
fein. Auf Grund des Wirthschaftsplanes müssen dann nicht die Erträge
des Umtriebsalters, sondern die des besonderen Abtriebsalters, wie
dieß durch die vorläufige Schlageintheilung bestimmt ist, den Erfahrungs=
tafeln entnommen, summirt und in die Jahre des Umtriebs vertheilt werden,
worauf dann, wie im Fachwerke die periodischen Erträge durch Verschieben
der Bestände, hier die jährlichen Erträge durch Verlegen der vorläufigen
Schlaggrenzen auszugleichen und festzustellen sind.

Es zeigt sich auch hier wieder: daß in allen Fällen, wo eine Gleich=
stellung der jährlichen oder periodischen Erträge abnormer Waldzustände
schon im Laufe der nächsten Umtriebszeit gefordert wird (bei abnormen Zu=
ständen erfüllt die Eintheilung in gleich große oder in Schläge proportional
der Ertragsfähigkeit des Bodens diese Forderung nicht), nur nach dem
Princip des Fachwerks: Vertheilung des wirklichen gegenwärtigen Vorrathes
und der auf einen Wirthschaftsplan sich gründenden Summe des wirklichen
Zuwachses an ihm, auf die Jahre oder Perioden des Umtriebs —, ein
wenigstens theoretisch richtiger Abgabesatz gefunden werden könne.

III. Ertragsermittelung der Mittelwälder.

Der Betriebseinrichtung und einer darauf zu gründenden Ertrags=
berechnung der Mittelwälder muß, ebenso wie den übrigen Betriebsarten,
ein zu erstrebender Normalzustand zur Basis dienen, gleichgültig ob dieser
Zustand in der Wirklichkeit je erreicht wird, oder überhaupt erreichbar ist
oder nicht.

Dieser Normalzustand ist für den Mittelwald eine, dem Unterholz=
umtriebe entsprechende Eintheilung der Betriebsfläche in Jahresschläge, deren
jeder einen gleichen, und zwar den werthvollsten Gesammtertrag an Ober=
und Unterholz nachhaltig zu liefern verspricht.

Nach Vollendung der gewöhnlichen Vermessungs= und Kartirungsarbeiten
hat der Taxator sich denjenigen Zustand der Betriebsfläche zu versinnlichen,
in den der Wald durch die Betriebsführung während des Einrichtungszeit=
raumes versetzt werden soll.

Aus der Feststellung der zweckmäßigsten Umtriebszeit für das Unter=
holz, nach den im zweiten Bande S. 28 dargelegten Bestimmungsgründen,
ergibt sich die Zahl der Schläge, in welche die Betriebsfläche einzutheilen ist.

Zu den allgemeinen Bestimmungsgründen der Schlagfolge tritt die
Rücksicht einer möglichst gleichmäßigen Vertheilung der Gesammtbestockung
und des Oberholzvorrathes, darin bestehend: daß man, soweit die Verhält=
nisse der Oertlichkeit dieß gestatten, in der Schlagordnung gut bestandene
mit schlechtbestandenen Schlägen wechseln läßt, um im Verlaufe des Be=
triebs unvermeidbare Ungleichheiten der Jahreserträge durch Vorgriffe in
den Bestand der Nachbarschläge oder durch Einsparungen zu Gunsten der=
selben ausgleichen zu können, ohne den vorgezeichneten Betriebsplan dadurch
wesentlich zu iritiren. Es ist dieß ein der Periodenausgleichung im Hoch=
walde analoges Verfahren.

Ist die Schlagfolge vorläufig geordnet, so sind die Schläge nach der durchschnittlichen Standortsgüte in Bonitätsklassen zu vertheilen, und für jede Bonitätsklasse Erfahrungstafeln, sowohl für Unterholz als Oberholz, anzufertigen.

Die Erfahrungstafeln für den Unterholzbestand sind im Allgemeinen gleich denen für den Niederwald zu konstruiren, bei der Auswahl der Probeflächen aber solche Bestandstheile zu erwählen, in denen außer normaler Bestockung derjenige Grad der Beschirmung durch Oberholz besteht, der in Zukunft der normale sein wird. Die Massenreihe der Erfahrungs= tafeln ergibt den normalen Vorrath, im Ganzen wie für jeden einzelnen Schlag oder Bestand, nach Maßgabe seiner Stellung in der Schlagordnung.

Die Erfahrungstafeln für den Oberholzbestand bedürfen einer besondern Construktion.

Wie wir uns den Bestand der Hochwaldwirthschaft nach dem S. 79 tabellarisch aufgestellten Beispiele in die Massenreihe für den Abtriebsertrag und·in so viele Massenreihen für die Durchforstungsnutzungen zerlegt denken können, als Durchforstungsbezüge in ein und demselben Bestande eintreten, so können wir uns auch den Oberholzbestand des Mittelwaldes zerlegt denken, in so viele vereinzelte Massenreihen, als die Wirthschaftsordnung Abnutzungen in verschiedenen Altersklassen vorschreibt (vergl. Bd. II. S. 28 u. f.). Soll nur Holz vom Alter der Oberholzumtriebszeit zur Nutzung kommen, so würden wir es nur mit einer Massenreihe zu thun haben, zusammengesetzt aus so vielen Baumreihen vom 0jährigen bis zum Abtriebsalter, als die Stamm= zahl des Abtriebs angibt. Soll auch Oberholz geringerer Altersklassen zur jährlichen Nutzung hinzugezogen werden, so fordert jede derselben ihre be= sondere Massenreihe, die um so kürzer ist, je geringer das Alter der Nutzungs= klasse ist. Die Massenreihen für die Nutzungen in jüngeren Oberholzklassen stehen daher zur Massenreihe der Nutzung in der ältesten Oberholzklasse in demselben Verhältnisse, wie die Massenreihen der Hochwalddurchforstungen zur Massenreihe des Abtriebsertrages der Hochwälder.

Da die Schaftholzmassen aller Glieder jeder einzelnen Massenreihe bleibend sind, so läßt sich Schaftholzmasse und Schaftholzvorrath des nor= malen Zustandes schon aus den Durchschnittsgrößen der Altersklassen leicht berechnen. Streng genommen müßte hierbei, in Folge der Vertheilung der Glieder jeder einzelnen Massenreihe in die verschiedenen Schläge, die Massen= reihe selbst aus den Durchschnittsgrößen der entsprechenden Altersklassen auf den verschiedenen Schlägen construirt werden. Dieß würde jedoch bei un= gleicher Standortsgüte zu großen Schwankungen der einzelnen Glieder jeder Massenreihe führen, daher es besser ist und geschehen kann, ohne das End= resultat zu verfälschen, wenn man die Massenreihen nach der durch= schnittlichen Baumgröße der verschiedenen Altersklassen jedes einzelnen Jahres= schlages construirt.

Für die Construction der Massenreihen auf diesem Wege habe ich in meiner Arbeit über den Ertrag der Rothbuche und in meinem Lehrbuch der Pflanzenkunde folgendes Verfahren vorgeschlagen.

Von jeder Altersklasse des vorfindlichen Oberholzes wird eine, zur Ermittelung einer richtigen Durchschnittsgröße genügende Zahl von Stämmen

ausgewählt, der Brusthöhendurchmesser gemessen und die Masse des Schaft=
holzes geschätzt; dann der Holzgehalt aller Größenklassen mit deren Stamm=
zahl dividirt.

Z. B. 90jähriges Oberholz:

17 St.	19,5 — 17,5cent.	zu 60	Cubikctm.	=	1020	Cubikctm.
16 „	17,4 — 15,5 „	„ 48	„	=	768	„
10 „	15,4 — 13,5 „	„ 40	„	=	400	„
8 „	13,4 — 11,5 „	„ 25	„	=	200	„

Summa 51 Stämme.   2388 Cubikctm.

$\frac{2388}{51}$ = 47 durchschnittliche Schaftholzmasse des 90jährigen Oberholzes.

Die Zusammenstellung der durchschnittlichen Schaftholzmassen aller im
Schlage vorfindlichen Altersklassen ergibt die Massenreihe und daher den
durchschnittlichen Wachsthumsgang und Zuwachs der einzelnen Perioden.
Fehlen im Schlage einzelne Altersklassen, so lassen sich die Lücken ausfüllen
durch Untersuchungen auf andere Schläge gleicher Standortsbeschaffenheit
und gleichen Baumwuchses, auf denen die fehlende Altersklasse vorhanden
ist. Fehlt eine Altersklasse auf den Schlägen gleicher Standortsbeschaffen=
heit überhaupt, oder bestehen Zweifel über das Alter der
Bäume höherer Oberholzklassen, so muß die Lücke ergänzt, oder
die Zweifel gehoben werden durch direkte Zuwachsmessung und Berechnung
an höheren Altersklassen, wodurch sich die Schaftholzgrößen und Massen
jeder früheren Altersstufen leicht finden lassen (Ertrag d. Rothb. S. 54 und
Tab. V. B) In letzterem Falle muß jedoch die Messung und Berechnung
der früheren Baumgrößen an einer Mehrzahl stärkerer oder schwächerer
Stämme der höheren Altersklassen ausgeführt werden, um auch auf diesem
Wege richtige Durchschnittsgrößen für den Holzgehalt gleichaltriger Bäume
zu erhalten.

Sind für jede Bonitätsklasse die Erfahrungstafeln des Wachsthums=
ganges der Oberholzbäume durchschnittlicher Größe angefertigt, so ergibt sich
der auf jeden Schlag fallende Antheil des normalen Vorrathes durch
Summirung der Holzmasse derjenigen Oberholzstämme, die ihm nach der
Betriebs= und Schlagordnung zustehen, multiplicirt mit der Morgenzahl des
Schlages. Z. B.:

Bei 120jährigem Oberholz= und 30jährigem Unterholzumtriebe sollen
die Massenreihen des normalen Zustandes partiell vertreten sein:

a) für die Nutzung von 2 Stamm 120jährig,

im Schlage I. durch 2 St. 0jährig; 2 St. 30jährig; 2 St. 60jährig;
2 St. 90jährig.

„   „ II. „   2 St. 1jährig; 2 St. 31jährig; 2 St. 61jährig;
2 St. 91jährig.

„   „ III. „   2 St. 2jährig; 2 St. 32jährig; 2 St. 62jährig;
2 St. 92jährig.

u. s. w.

„   „ XXX. „   2 St. 29jährig; 2 St. 59jährig; 2 St. 89jährig;
2 St. 119jährig.

b) für die Nutzung von 3 St. 90jährig:

im Schlage I. durch 3 St. 0jährig; 3 St. 30jährig; 3 St. 60jährig;

"   "   II.   "   3 St. 1jährig; 3 St. 31jährig; 3 St. 61jährig;

u. s. w.

c) für die Nutzung von 6 St. 60jährig:

im Schlage I. durch 6 St. 0jährig, 6 St. 30jährig;

"   "   II.   "   6 St. 1jährig, 6 St. 31jährig;

u. s. w.

Verzeichnet man zu jeder Altersklasse die entsprechende Holzmasse der Erfahrungstafel, multiplicirt mit der Stammzahl, so ergibt die Summirung aller Holzmassen desselben Schlags den normalen Vorrath des Schlages. Die Summirung der normalen Oberholzvorräthe aller Schläge ergibt den normalen Oberholzvorrath der Betriebsfläche.

Zählt man zum normalen Oberholzvorrath jedes Schlages den normalen Unterholzvorrath, so erhält man n v des Gesammtvorrathes für jeden Schlag, und die Größe des Gesammtvorrathes der Betriebsfläche durch Summirung n v der einzelnen Schläge.

Ist der Normalvorrath für jeden einzelnen Schlag und für die Summe aller Schläge ermittelt, so ist es Aufgabe des Taxators, den wirklichen gegenwärtigen Vorrath und nächstjährigen Zuwachs jedes einzelnen Schlages nach allgemeinen Grundsätzen zu ermitteln. Die Summirung des realen Vorrathes (r v) und des realen nächstjährigen Zuwachses (r z) aller Schläge ergibt (r v) und (r z) der Betriebsfläche.

Der Vergleich von r v und n v der Betriebsfläche ergibt den Vorrathmangel oder Vorrathüberschuß. Der Vergleich von r v und n v jedes einzelnen Schlages ergibt die Vertheilung des Vorrathmangels oder Ueberschusses in die einzelnen Schläge.

Den nachhaltigen Hauungssatz (H) der Betriebsfläche ergibt $\frac{r\,v}{n\,v} \cdot r\,z$.

Jedes einzelnen Schlages $\frac{r\,v}{n\,v} \cdot r\,z$ ergibt, ob und um wie viel h des Schlages größer oder kleiner ist als H der Betriebsfläche.

Ist h größer oder kleiner als H, so sind die vorläufig projectirten Schlaggrenzen in demselben Verhältnisse zu verengen oder zu erweitern, bis h des Schlages gleich groß H der Betriebsfläche ist.

Verlangt man noch größere Genauigkeit der Ertragsgleichstellung, so muß, auf Grund eines Betriebsplanes für jeden der Schläge und auf Dauer der Unterholzumtriebzeit, $\frac{S\,r\,z}{u}$ ermittelt und anstatt r z der Gegenwart in Rechnung gestellt werden.

Eine gesonderte Gleichstellung der Unterholz- und der Oberholzerträge ist bei abnormen Zuständen unmöglich, da der Hieb des Oberholzes an den des Unterholzes gebunden ist, große Oberholzmengen mit geringem Unterholzertrage, hoher Unterholzertrag mit geringen Oberholzmengen in der Regel verknüpft ist. Erst mit Annäherung an den Normalzustand können auch diese Ertragsverhältnisse sich normal gestalten.

Ist auf diesem Wege diejenige Nutzungsgröße für jeden einzelnen

Schlag bestimmt, durch welche dessen Bestand dem normalen Vorrathe
zugeführt werden würde, so muß mit Rücksicht auf baldigste Herstellung des
normalen Zustandes für jeden Schlag ein gesonderter Betriebsplan ent=
worfen werden. Aus dieser Betriebsregulirung ergibt sich dann auch, ob
oder wie weit die, vermittelst des heterogenen Nutzungsweisers berechnete
Nutzungsgröße eingehalten werden könne, oder ob in Folge vorliegender
Bestandsverhältnisse, z. B. Abständigkeit des vorhandenen Oberholzes, Ab=
weichungen nothwendig sind. Es kommt hierbei ganz darauf an, ob die
Verhältnisse Ertragsgleichheit oder baldigste Herstellung des normalen Zu=
standes dringender fordern.

In der Kürze dargestellt besteht also die vorstehend entwickelte Methode
darin, daß, auf Grund des herzustellenden normalen Zustandes, Schlag=
eintheilung und Schlagfolge projectirt, der Vorrath des normalen
Zustandes für jeden einzelnen Schlag, seiner Stellung in der Schlag=
ordnung gemäß, nach Erfahrungstafeln berechnet und daraus der normale
Vorrath der Betriebsfläche zusammengestellt wird. Durch Bestandsschätzung
mit Hülfe derselben Erfahrungstafeln und durch directe Massenschätzung und
Zuwachsberechnung des älteren Holzes ist dann der wirkliche Vorrath
und Zuwachs jedes einzelnen Schlages zu ermitteln, woraus sich der
wirkliche Vorrath und Zuwachs der Betriebsfläche durch Summirung ergibt.

In demselben Verhältnisse wie $\frac{rv}{nv}$. rz jedes einzelnen Schlages größer oder

kleiner ist als $\frac{rv}{nv}$. rz der Betriebsfläche, wird die projectirte Schlag=

größe verkleinert oder vergrößert, und mit Berücksichtigung des Einflusses
der veränderten Schlaggröße auf nv, für die nächste Unterholzumtriebszeit
festgestellt, wobei darauf zu achten ist, daß, in demselben Verhältnisse wie
die Schlagfläche, auch rv und rz derselben verkleinert oder vergrößert wird.

Wird bei der Nachzucht des Oberholzes die normale Stammzahl pro
Morgen aus dem Unterholze übergehalten, so hat die, auf dem bezeichnen=
den Wege unter abnormen Verhältnissen sich ergebende, allerdings sehr un=
gleiche Größe der Schläge keinen wesentlich störenden Einfluß auf die Her=
stellung des normalen Zustandes im Oberholze. Größere Störungen kann
dadurch die baldige Herstellung des normalen Unterholzzustandes erleiden;
allein dieß ist bei abnormen Zuständen nicht zu vermeiden, und bei der
Kürze der Unterholzumtriebszeit in kürzerer Zeit auszugleichen.

Der Normalvorrath ist nur so lange eine feststehende Größe, als die
projektirten Schlaggrößen, aus denen er berechnet wurde, keine wesent=
liche Veränderung erleiden. Diese muß aber, bei gegenwärtig sehr ab=
normen Bestandsverhältnissen durch die allmählige Annäherung von rv und
rz an nv und nz, mindestens am Schluß jeder Unterholzumtriebszeit ein=
treten, daher die Methode, bis zum erreichten Normalzustande, eine Berich=
tigung der Schlaglinien mit Beginn jedes neuen Unterholzumtriebes erheischt.

Es mag vielleicht auffallen, daß ich für die Ertragsberechnung der
Mittelwälder die Anwendung des heterogenen Nutzungsweisers in Vorschlag
bringe, während ich ihm für den Hochwald nur bedingte Verwendbarkeit
zugesprochen habe. Vergleicht man aber die Ausstellungen, die ich in dieser

Hinsicht Seite 99 gegen ihn erhoben habe, mit den Verhältnissen des Mittelwaldbetriebes, so wird man finden, daß die wesentlichsten Hindernisse seiner Verwendbarkeit im Hochwalde, beim Mittelwaldbetriebe nicht bestehen, namentlich durch die Eintheilung der Wirthschaftsfläche in Jahresschläge, durch die Kürze des Unterholzumtriebs, durch den, für jeden einzelnen Jahresschlag besonders zu entwerfenden, die Nutzungsweisung nöthigen Falles berichtigenden Betriebsplan, und durch die auf jedem Jahresschlage durch die überzuhaltenden Laßreidel gesicherte Herstellung des normalen Altersklassenverhältnisses im Oberholze, so weit dieß überhaupt erreichbar ist. Ich glaube daher in Vorstehendem ein fortbildungswerthes Material niedergelegt zu haben, und nur als solches wünsche ich es betrachtet zu sehen.

Ist im Mittelwalde durch die Betriebsführung ein, dem normalen gleicher oder ähnlicher Zustand eingetreten, dann ist es nicht mehr Vorrath und Zuwachs, durch welchen die jährliche Nutzungsgröße bestimmt wird, sondern sie wird bestimmt: im Unterholze durch die Flächengröße des Jahresschlages, im Oberholze durch die Zahl und das Alter der, der Betriebsordnung nach, auf jedem Schlage überzuhaltenden Oberholzbäume; was auf den Schlägen mehr als diese vorhanden ist, fällt der Abnutzung anheim, der Holzmassengehalt dieser Bäume mag groß oder gering sein.

Literatur.

Jeitter, Anleit. zur Taxation und Eintheilung der Laubholzwaldungen. 1794. Ueber Berechnung des nachhaltigen Ertrages im Mittelwalde. Pfeil, krit. Bl. X. Heft 2. S. 46.
Hundeshagen, Forstabschätzung. 1826. S. 158.

Zweites Kapitel.
Waldwerthberechnung.

Man versteht darunter die Ermittelung des gegenwärtigen Verkaufswerthes der Wälder, nach Maßgabe des Jetztwerthes aller gegenwärtig und in der Zukunft daraus zu beziehenden Renten.

Der Werth der Wälder ist verschieden nach den Verhältnissen:

1) des Vermögensstandes,
2) des Absatzes,
3) der Nutzungsbefugnisse.

Absatzverhältnisse und Nutzungsbefugnisse beschränken vielseitig die willkürliche und möglichst höchste Benutzung des Vermögensstandes. Die Ursache dieser Beschränkung liegt vorzugsweise in der bereits im zweiten Bande dargelegten Verschiedenheit des Kapitalwerthes und des Nutzungswerthes der Wälder. Fordern Consumtionsverhältnisse oder Beschränkung der Nutzungsbefugnisse durch Rechte anderer Personen, oder forstpolizeiliche Bestimmungen die fortdauernde Erhebung des nachhaltigen Naturalertrages, so ist, mit seltenen Ausnahmen, der allgemeine Werth des Waldvermögens unabänderlich ein geringerer als bei durchaus unbeschränkter Nutzung.

Die Waldwerthberechnung hat daher ganz verschiedene Aufgaben, je nachdem die Benutzung des Waldvermögens frei oder in einer oder der anderen Weise gebunden ist.

A. Ermittelung des Verkaufswerthes solcher Wälder, die aus einem oder dem andern Grunde fortdauernd nachhaltig bewirthschaftet werden müssen.

Entwurf eines Nutzungsplanes der Gegenwart und Zukunft auf der Basis der bestehenden Nutzungsrechte; Berechnung des Netto = Geldwerthes aller Einnahmen zur Zeit ihres Eingehens, bilden den ersten Theil des Geschäfts, aus dem sich eine Reihenfolge von Renten ergibt, die, wie jede andere Rentenreihe zum Kapitale des Jetztwerthes erhoben wird.

Diese Kapitalgröße ist der Handelspreis, der dem Handel um die Waare zum Grunde gelegt werden muß.

Vortheile oder Nachtheile des Waldbesitzes, die sich nicht oder nicht sofort in Rechnung stellen lassen: Liebhaberei, Unabhängigkeit im Bezug von Waldprodukten, Arrondirung des Grundbesitzes 2c., andererseits mannigfaltige Lasten und Unannehmlichkeiten, die der Waldbesitz mit sich führen kann; Wohnorts = oder Geschäftsveränderung des bisherigen Waldbesitzers; über den Nachhaltsertrag gesteigerter Geldbedarf 2c. leiten den Handel und bestimmen den endlichen Verkaufspreis.

Gegenstand der Waldwerthberechnung kann nur die Ermittelung des Handelspreises sein. Es kommen hierbei nachfolgende Fragen in Betracht, die Gegenstand einer wissenschaftlichen Controverse sein können.

1) Die Grundsätze, nach denen der Nutzungsplan zu entwerfen ist.

2) Die Frage nach der Höhe des Zinsfußes.

3) Die Frage, wie eine geringere Sicherheit des Eingehens der Kapitalrente dem Waldverkäufer zu vergüten sei.

ad 1) Die Waldwerthberechnung fußt in vorliegendem Falle ganz auf einer Betriebseinrichtung und Ertragsberechnung, wie solche im vorhergehenden Kapitel dargestellt wurde. Es kommt lediglich darauf an, die Größe des jährlichen Reinertrages zu finden, die der Wald, unter Zugrundlegung einer nachhaltigen Wirthschaft, gegenwärtig und künftig liefern wird.

Der Begriff haushälterischer, nachhaltiger Wirthschaftsführung muß hierbei aber auf seine engsten Grenzen beschränkt, jede, innerhalb der bestehenden Rechts = und Consumtionsverhältnisse mögliche Nutzung muß so früh wie möglich zur Erhebung gestellt werden. Darin unterscheidet sich hauptsächlich der Wirthschafts = und Nutzungsplan für eine Waldwerthberechnung, vom Wirthschaftsplane für einen Wald, der im Besitz des bisherigen Eigenthümers verbleibt, aus dem einfachen Grunde: weil im letztern Falle jede Verzichtleistung auf möglicherweise und möglichst früh zu erhebende Nutzungen dem bleibenden Eigner sich vergütet, entweder durch Kapitalansammlung oder durch Ertragserhöhung (er würde sonst dieser Verzichtleistung sich nicht unterziehen), während im ersten Falle die Vergütung dem Verkäufer entgehen würde.

Daß jede mögliche Nutzung so früh wie möglich zur Einnahme gestellt werden muß, gründet sich auf die, gegenüber dem Holzzuwachse größere Produktionskraft der Geldkapitale, und findet im Gleichgewicht derselben seine Beschränkung.

Will der Waldkäufer jene pekuniären Vortheile nicht erheben, wie solche aus einer, gegenüber den Principien conservativer Forstwirthschaft, größeren und früheren Abnutzung entspringen, so ist das seine Sache, und muß er dafür seine wohlerwogenen Gründe haben.

Mit andern Worten: der Wirthschafts- und Nutzungsplan für intendirte Waldverkäufe muß sich, innerhalb der bestehenden Nutzungsbefugnisse und Consumtionsverhältnisse, ganz auf die Grundsätze der Geldwirthschaft stützen, wie solche von Preßler neuerdings wissenschaftlich begründet wurden. Hier tritt die praktische Nutzanwendung jener finanziellen Grundsätze in ihre Rechte.

Sind es Mitbenutzungsrechte oder polizeiliche Bestimmungen, welche die freie Benutzung beschränken, so ist beim Entwurfe des Betriebsplanes der Umtrieb so kurz zu fassen, als die beschränkenden Verhältnisse es gestatten; Vorrathüberschüsse sind möglichst früh zur Abnutzung zu ziehen; die Durchforstungen sind als möglichst früh und stark geführt zu berechnen, besonders ist in die höheren Altersklassen ein starker Durchforstungshieb einzulegen; kurz, die Betriebsregulirung hat alles anzuordnen, wodurch unbeschadet der beschränkenden Verhältnisse, die Nutzungen der nächsten Zeit sich möglichst hoch stellen, sowohl in Beschaffenheit als Menge. Alles, was der Käufer, unbeschadet der beschränkenden Verhältnisse, aus dem Walde ziehen könnte, ist der Verkäufer berechtigt in Rechnung zu stellen, ohne Rücksicht auf den bisherigen Betrieb, auf das Herkömmliche oder selbst auf das forstwirthschaftlich im Allgemeinen Grundsätzliche.

Liegt hingegen die Beschränkung in Consumtionsverhältnissen, in Mangel an Absatz, dann sind alle Ertragsberechnungen überflüssig. Der gegenwärtige und muthmaßlich-zukünftige Absatz kann, in so fern er augenscheinlich den nachhaltigen Ertrag der Wälder nicht übersteigt, die allein richtige Basis des Verkaufspreises ergeben. Dagegen sind in diesem Falle alle Mittel und Wege in Anschlag zu bringen, durch welche der Absatz bis zur Höhe des Ertrages gesteigert werden kann.

Ist auf Grund einer Betriebsordnung und Ertragsberechnung der jährliche Naturalertrag festgestellt, so ergeben die zur Zeit üblichen Durchschnittspreise des Holzes den jährlichen Geldertrag, dem der Geldertrag der jährlichen oder periodischen Nebennutzungen hinzugerechnet wird. Von der Summe sind die jährlichen Kultur- und Administrationskosten, Grundsteuer c. in Abzug zu bringen und der Rest zum Kapitale zu erheben.

ad 2) Der Zinsfuß wird bestimmt:

a) Vom landesüblichen Zinsfuße der Zeit.

b) Von der Sicherheit des Rentenbezuges.

Im Allgemeinen herrscht die Ansicht, daß wegen geringerer Sicherheit des Waldvermögens der Zinsfuß für Kapitalisirung der Waldrenten ein höherer sein müsse als der landesübliche bei voller (hypothekarischer oder pupillarischer) Sicherheit. Ich bin nicht dieser Ansicht. Der Sturm nimmt die entwurzelten Bäume nicht mit sich fort, das Waldfeuer verbrennt sie

nicht, die Raupen und Käfer verzehren sie nicht, und die mit solchen Cala=
mitäten verbundenen, bei gehöriger Vorsicht und genügenden Arbeitskräften
nur geringe Werthverringerung der eingehenden Bäume, bleibt meist zurück
hinter den großen pecuniären Vortheilen einer Versilberung von Holzmassen,
die ohne dieß dem beschränkten Nachhaltsbetriebe verblieben wären, die da=
durch aus ihrem geringeren Nutzungswerthe, den der Käufer bezahlte,
in den höheren Kapitalwerth übergehen. Die Verluste durch Dieb=
stahl, in sofern sie dieselben bleiben, die sie schon früher waren, sind durch
die Bestandsschätzung dem Käufer in der, verhältnißmäßig zu ihnen,
geringeren Kaufsumme vergütet: denn wenn wir annehmen, daß in einem
Walde jährlich $1/10$ Procent des Vorrathes durch Diebstahl verloren gehen,
so fehlt dieß $1/10$ Procent auch in der Berechnung des Vorrathes und Zu=
wachses. Eher könnte man daraus eine Verpflichtung des Käufers ent=
lehnen, dem Verkäufer das Kapital der durchschnittlich jährlichen Forststraf=
geldintraden zu entrichten! Für den Käufer eines im nachhaltigen Betriebe
zu bewirthschaftenden Waldes ist der Diebstahl, so weit er den Durchschnitts=
satz früherer Zeit nicht übersteigt, kein Verlust, wenn auch Schade.

Die Erfahrung lehrt, daß mit gesteigerter Kultur und Industrie mit
dem Anwachsen des Vermögens der bürgerlichen Gesellschaft und der edlen
Metalle, der Zinsfuß sich beständig verringert hat, die Geldkapitale also
im Ertragswerth gesunken sind. Entgegengesetzt ist das Holz mit gesteigerter
Bevölkerung und Kultur, mit Verringerung der Waldflächen fortschreitend
theurer geworden. Es liegt kein Grund vor, anzunehmen, daß dieß in der
Zknnft sich anders gestalten werde, und darin liegt eine größere Sicher=
heit der Einnahmen aus Waldvermögen als aus Geldvermögen. Sinkt die
Einnahme aus 100 Mark Geldvermögen vielleicht im nächsten halben Jahr=
hundert von 4 auf 3, wie sie in der vorigen Hälfte des Jahrhunderts von
5 auf 4 gesunken ist, so hat das Geldvermögen 20 Procent seines jetzigen
Ertragswerthes verloren, während der Ertrag des Waldvermögens unver=
ändert geblieben, durch höhere Holzpreise vielleicht bedeutend gestiegen ist.

Man wird daher, wenn nicht ganz außergewöhnliche Verhältnisse vor=
liegen, den Zinsfuß stets dem landesüblichen bei voller Sicherheit gleich=
stellen müssen, um so mehr, da wir keinen Maßstab für den richtigen Grad
einer Abweichung von ihm besitzen.

ad 3) Die Reihenfolge der auf ihren Nettogeldwerth berechneten Wald=
nutzungen stellt eine Rentenreihe dar, für die ein Geldkapital als gegen=
wärtiger Verkaufspreis aufgefunden werden muß, aus dem und aus dessen
Geldertrage die berechneten Waldrenten mit gleicher Sicherheit wie
aus dem Waldbesitze erhoben werden können.

Besteht die Rentenreihe aus gleich großen Rentestücken, dann bietet
ihr, durch einfache Kapitalisirung berechneter Handelspreis dem Verkäufer
nahe dieselbe Sicherheit wie die Waldrente. Käufer und Verkäufer beziehen
nach Abschluß des Geschäfts, ersterer aus dem Walde, letzterer aus dem
Geldkapitale einfache Zinsen von gleicher Größe, deren Verwendung nicht
weiter in Betracht kommt.

Eine Erhöhung des Handelspreises könnte jedoch auch in diesem Falle
ihre Berechtigung finden, theils in der größeren Sicherheit des Grund=

stockes, theils in dem bereits erwähnten Umstande muthmaßlich sinkender
Geldrente und steigender Holzpreise. Man kann dieß jedoch füglich dem
Handel um die Waare zur Feststellung des Verkaufspreises anheim stellen.

Anders verhält sich dieß mit allen isolirten Einnahmen, Ueberschüssen
und Ausfällen der Waldrente.

Der Jetztwerth einer jeden, in Aussicht stehenden, künftigen Einnahme
hängt nicht allein von ihrer Größe, sondern wesentlich auch von der Sicherheit ihres Eingehens ab.

Nun gehört das Einkommen aus einem Waldvermögen, aus Gründen,
die vorstehend bereits erörtert wurden, zu den sichersten, die es gibt. Anders
verhält sich dieß mit dem Einkommen aus Geldkapitalien, sobald man demselben eine, auf lange Zeit fortdauernde, vollständige Zinsencumulation unterstellt.

Allerdings kann man durch Ankauf von Staatspapieren, durch Aus-
leihen der Geldkapitale an Sparkassen, Creditanstalten, Zinseszins erheben,
aber schon diese Uebertragung des Kapitals in den Besitz anderer Personen
oder Anstalten, verringert die Sicherheit nicht allein der Einnahme,
sondern selbst des Kapitals. Die größten Garantien sichern nicht vor
solchen Verlusten, eine unbedingte Sicherheit ausgeliehener Kapitale
gibt es nicht.

Dazu gesellt sich das schwankende Bedürfniß des Verleihers, verbunden
mit der leichten Zugänglichkeit der Geldkapitale; vor allem aber die An-
ziehungskraft, welche große Kapitalmassen auf die kleineren ausüben, der
zu Folge eine ununterbrochene, auf lange Zeit fortdauernde, vollständige
Zinsenansammlung in der That zu den Illusionen gehören, denen sich der
Romanschreiber hingeben mag, die aber nicht ins praktische Leben gehören.

Man wird daher zugeben müssen: daß eine, unter solchen Voraussetzungen berechnete Einnahme sehr unsicher ist; daß der Waldbesitzer, welcher
seine, einem einfachen Zinsbezuge zu vergleichende Waldrente, mit einer aus
Zinseszins berechneten Geldrente vertauschen soll, eine Entschädigung fordern
dürfe, für die notorisch geringere Sicherheit der einzutauschenden Geldrente.

Es fragt sich nun, in welcher Weise diese, dem Waldverkäufer zu
gewährende Entschädigung gemessen und wie dieselbe in Rechnung gestellt
werden kann.

Für das Maß eines solchen Vergütungszuschusses fehlt uns zur
Zeit noch jede rationelle Grundlage. Die Annahmen desselben, wie
solche in die verschiedenen Arten der Berechnungsweise hineingetragen wurden,
sind rein willkürliche. Besäßen wir einen rationellen Maßstab, bestimmte
Sicherheitscoefficienten für den Jetztwerth zukünftiger Einnahmen, wie wir
Reibungscoefficenten für die Bewegung besitzen, dann würde die größte aller
Schwierigkeiten der Waldwerthberechnung gelöst sein.

Hier kann es nur darauf ankommen, die willkürlichen Annahmen näher
zu betrachten.

Die Berechnung des Jetztwerthes von Renten und Rentenreihen mit
Zugrundlegung vollständiger Zinsencumulation ist die einzige, mit mathematischer Schärfe durchführbare Berechnungsweise, wenn man auch nicht
sagen kann, daß ihre Resultate absolut richtig seien, da schon die Annahme

einer halbjährigen Zinserhebung und Wiederanlegung einen ganz anderen Jetztwerth ergeben würde.

Trotz der willkürlichen Annahme jährlicher Erhebung und Wieder= anlegung der Zinsen, liefert die Zinseszinsberechnung für alle entfernteren Einnahmen demohnerachtet einen Jetztwerth, der weit hinter den erfahrungs= mäßigen Waldpreisen zurückbleibt. Allerdings wachsen 4 Rthlr. unter voll= ständiger Zinsenansammlung in 120 Jahren zu 425 Rthlr. an, aber keinem Waldbesitzer wird es einfallen, den Morgen Waldgrund, der ihm in 120 Jahren einen Reinertrag von 425 zu gewähren verspricht, heute gegen 4 Rthlr. einzutauschen.

Diejenigen Vertheidiger der Zinseszinsberechnung, welche sich aus= gesprochen haben über die Weise, wie solche Differenzen zwischen dem berech= neten und dem erfahrungsmäßigen Jetztwerthe der Wälder zu beseitigen seien, verlangen theilweise eine Herabsetzung des Zinsfußes unter den landes= üblichen, theils wollen sie eine, an die Berechnung nicht gebundene Cor= rectur des Berechnungsresultates auf Grund der bestehenden Durchschnitts= oder Marktpreise.

Der Vorschlag einer Herabsetzung des Zinsfußes beruht auf der irrigen Ansicht, daß die Zinseszinsberechnung in allen Fällen einen für den Wald= besitzer zu geringen Waldpreis ergebe. Ich habe in der Forst= und Jagd= zeitung 1855 S. 87 nachgewiesen, daß dieß keineswegs der Fall sei, daß der aus der Zinseszinsberechnung hervorgehende Waldpreis eben so oft ein für den Käufer zu hoher sein könne. [1]

Ferner besitzen wir zur Zeit noch keinen allgemeinen Maßstab für den Grad der Herabsetzung (oder Erhöhung) des Zinsfußes. Wollte man denselben für jeden einzelnen Fall aus den Differenzen der Berechnungs= und Erfahrungspreise feststellen, dann würde jeden Falles der erfahrungs= mäßige Waldpreis der maßgebende sein müssen und jede Werthberechnung überflüssig werden.

Dann ist aber auch die Unsicherheit vollständiger Zinsencumulation eine mit der Zeitdauer steigende. Man kann den Anwuchs von 100 Rthlr. auf 210 Rthlr. durch Zinseszins innerhalb der nächsten 20 Jahre als wahr= scheinlich zngeben, da in der Endsumme nur 24 Rthlr. Zins vom Zins stecken; es ist dagegen höchst unwahrscheinlich, daß dieselbe Summe in 100 Jahren auf 4856 Rthlr. anwachsen werde, da in dieser Summe 4360 Rthlr. Zins vom Zins enthalten sind.

Daher müßte denn auch der Vergütungszuschuß für geringere Sicher= heit ein mit der Zeitdauer steigender sein, während durch Herabsetzung des Zinsfußes der Jetztwerth aller Rentenstücke gleichmäßig erhöht oder ver= ringert wird.

Gegen den Vorschlag einer Correctur der Berechnungsresultate nach Maßgabe der bestehenden Markt= oder Durchschnittspreise läßt sich wohl mit Recht einwenden, daß, bei der Seltenheit von Waldverkäufen, Marktpreise für Wälder gar nicht bestehen, daher auch nicht zur Berichtigung der Rech=

---

[1] Daher kann unter Umständen auch die Zinseszinsberechnung ein praktisch richtiges Resultat ergeben, dann nämlich, wenn das Mehr und Weniger der zu hohen und der zu geringen Jetztwerthe in der Summe letzterer sich ausgleicht.

nung gebracht werden können; beständen sie aber, dann würde durch sie jede Berechnung überflüssig werden, deren Resultat ein so sehr von ihnen abweichendes, ich möchte sagen: unnatürliches ist. Daß, bei den großen Unterschieden des Waldwerthes, Durchschnittszahlen aus den bei früheren Waldverkäufen gezahlten Preisen völlig werthlos sind in Bezug auf jeden Einzelfall, bedarf kaum der Andeutung.

Unter diesen Umständen muß man es billigen, daß schon G. L. Hartig die Zinseszinsberechnung bei Seite stellte und sich der Berechnung einfachen Zinsbezuges zuwendete. Um den Käufer für einen Theil des Verlustes an Zins vom Zins zu entschädigen, gewährt er demselben $\frac{1}{2}$ Procent Disconto für jede um 20 Jahre später eingehende Nutzung. Den anderen Theil des Verlustes an Zins vom Zins, den der Käufer erleidet, hat der Verkäufer des Waldes als Vergütungszuschlag für geringere Sicherheit der Einnahmen aus Zinseszins zu betrachten. [1]

Hartig zieht daher den Zins vom Zins ebenfalls in Rechnung, aber auf dem Wege des Discontirens, wodurch es ihm gelingt, jenen Vergütungszuschlag in einer Weise einzurechnen, die mit der steigenden Unsicherheit im Verhältniß steht.

Eine andere Frage ist es, ob die so berechnete Vergütung für verringerte Sicherheit zu letzterer in einem richtigen Verhältnisse steht. Man wird dieß annehmen können, wenn Wälder zu dem, auf diesem Wege berechneten Preise angeboten werden und willige Käufer finden. Jeden Falles kann man sagen: daß Hartig auf dem von ihm eingeschlagenen Wege zu Resultaten gelangte, die mit den erfahrungsmäßigen Durchschnittspreisen des Waldvermögens unstreitig mehr übereinstimmen, als die der Zinseszinsberechnung.

H. Cotta änderte dieß Verfahren dahin ab, daß er, zu Factoren

---

[1] Die, mit dem späteren Eingehen der Rente steigende Größe dieses Vergütungszuschlages stellt sich dar: in der Differenz der Jetztwerthe gleich großer und gleichzeitiger Einnahmen, einerseits nach dem Hartig'schen Verfahren, andererseits unter Zugrundlegung voller Zinsencumulation berechnet.

Unter der Voraussetzung, daß das Mehr der Jetztwerthe aus der Hartig'schen Berechnung der größeren Sicherheit des Waldrentenbezuges wirklich entspreche; daß der Hartig'sche Jetztwerth denjenigen Summen wenigstens nahe stehe, für welche Waldgrundstücke angeboten und entgegengenommen werden, läßt sich vielleicht eine benutzbare Reihe von Sicherheitscoefficienten für die verschiedenen Perioden des Zinsbezuges gewinnen, in den entsprechenden Quotienten beider Jetztwerthe, durch deren Anwenden auf den Jetztwerth aus der Zinseszinsberechnung einerseits die praktischen Unrichtigkeiten dieses, andererseits die mathematischen Unrichtigkeiten des Hartig'schen Verfahrens entfernt werden.

In der Forst- und Jagdzeitung 1855, S. 84, habe ich für die 30jährigen Perioden eines 120jährigen Umtriebes den durchschnittlichen Jetztwerth eines Morgens voll bestandener Waldgrund à 400 Mrk. Reinertrag bei 4 Proc. landesüblichem Zinsfuß berechnet.

	I. Per.	II. Per.	III. Per.	IV. Per.	∞
Discontirung	250	106	58	41	$7\frac{1}{2}$ Mark.
Zinseszins	230	71	22	$6\frac{3}{4}$	$\frac{3}{4}$ "
Quotienten	1,1	1,5	2,7	6,1	10 Mark.

Diese Quotienten, als Sicherheitscoefficienten betrachtet und in Anwendung gesetzt auf die, aus der Zinseszinsrechnung hervorgegangenen Rentenstücke der betreffenden Perioden, müßten natürlich zu Gunsten des Käufers oder des Verkäufers verwendet werden, je nachdem der Vergütungszuschlag diesem oder jenem gebührt.

für die Berechnung des Jetztwerthes der Renten, das arithmetische Mittel der Factoren für einfachen und für Zinseszinsbezug erwählte. Er erhält dadurch Endresultate, die mit denen des Hartig'schen Verfahrens nahe über= einstimmen.

v. Gehren setzte an die Stelle des Cotta'schen arithmetischen Mittels das geometrische Mittel der Factoren für einfache und Zinseszinsberechnung, wodurch die Jetztwerthe, für die nächsten 50 Jahre denen des Hartig'schen und Cotta'schen Berechnungsmodus nahe gleichstehend, für alle späteren Rentenbezüge sich wesentlich niedriger stellen.

So viel sich auch gegen diese Berechnungsarten vom streng mathema= tischen Gesichtspunkte aus einwenden läßt, ergeben sie dennoch ein nutzbareres Resultat als die Zinseszinsrechnung und man wird sich ihrer so lange bedienen müssen, bis es den Vertheidigern der Zinseszinsberechnung ge= lungen ist, die erwähnten praktischen Mängel dieser Berechnungsweise zu beseitigen. Bis dahin ist besonders das neuere v. Gehren'sche, S. 241 der Forst= und Jagdzeitung vom Jahre 1855 erörterte Berechnungsverfahren in näheren Betracht zu ziehen.

Ein weiteres Eingehen in die vorliegende wichtige Frage gestatten mir die hier gesteckten räumlichen Grenzen nicht und muß ich auf die in den Jahrgängen 1855—56 der Forst= und Jagdzeitung darüber geführten Ver= handlungen verweisen. Die Sache ist noch in keiner Hinsicht spruchreif. Jedem der bisher in Vorschlag und Anwendung gebrachten Verfahren lassen sich er= hebliche Einwendungen entgegenstellen. Jeden Falles wird es daher zu rathen sein, beim Entwurf des Nutzungsplanes auf die Darstellung gleicher Renten= reihen hinzuwirken, so weit dieß ohne erhebliche Verletzung der Interessen des Waldbesitzers möglich ist, da in diesem Falle die einfache Kapitalisirung des alljährlichen gleichen Theiles der Einnahmen ein, in dem Verhältniß richtigeres Resultat ergibt, als jener Theil ein größerer ist.

B. Ermittelung des Verkaufswerthes solcher Wälder, die durchaus willkürlich benützt werden können.

Da, wie ich bereits im 2. Bande dargethan habe, der Kapital= werth eines Waldes meist größer, mindestens aber so groß ist, als dessen Ertragswerth, so kann in allen Fällen der Ertragswerth ganz außer Acht gelassen werden, in denen der Käufer nicht behindert ist, in jedem Augen= blicke den Kapitalwerth in Geld zu erheben. Alle Fälle, wo dieß nicht möglich ist, auch diejenigen, wo Consumtionsverhältnisse entgegentreten, ge= hören nicht hierher.

Der Kapitalwerth des Waldvermögens ist verschieden, je nachdem die Oertlichkeit den verschiedenen Bestandtheilen desselben verschiedenen Werth gibt.

Bei Ermittelung des Kapitalwerthes der Wälder ist daher das Wald= vermögen in seine Bestandtheile zu zerlegen und jeder derselben gesondert zu würdigen.

Das Waldvermögen ist zusammengesetzt:

1) aus Grund und Boden;

2) aus nutzbaren Rechten: Jagd, Fischerei, Weide, Mast, Gefälle 2c.;

3) aus dem todten Inventarium: Baulichkeiten, Kulturgeräthschaften 2c.;

4) aus dem lebenden Inventarium: Holzbestände.

Grund und Boden

ist in seinem Werthe verschieden:

1) nach seiner Beschaffenheit: je nachdem er zu Gärten, Acker, Wiese, Hütung oder zur fortgesetzten Holzzucht tauglich ist;

2) nach seiner Lage: je nachdem diese geeignet ist, die höchste Benutzung eintreten zu lassen.

Wo eine Benutzung des Bodens als Acker, Wiese, Gartenland oder guter Weide nach Beschaffenheit und Lage möglich ist, wird solche in den allermeisten Fällen einen höheren Verkaufspreis ergeben, als die fortgesetzte Benutzung des Bodens zur Holzerzeugung.

Da in den meisten Fällen die Kultur= und Administrationskosten, Grundsteuer 2c. entholzter Flächen zu einem Kapitale anwachsen, dessen Zinsen den künftigen Ertrag der angebauten Blöße übersteigen, so wird man für Letztere, im Falle nothwendig fortgesetzter Holzzucht, selten etwas Er= hebliches in Anrechnung bringen dürfen, wenn es nicht möglich ist, die Abnutzung des alten Bestandes so zu führen, daß dadurch ohne Kosten ein junger Ort von selbst entsteht.

Ist Letzteres der Fall, ohne daß durch die Verjüngung die Abnutzung des alten Bestandes mehr verzögert wird, als Consumtionsverhältnisse es ohnehin erheischen, so ist der Bodenwerth eines solchen Waldes oder Wald= theiles gleich dem Jetztwerthe aller, im Verfolg zu erwartenden Haupt= und Nebennutzungen, nach Abzug der Unkosten.

Die Berechnung des Jetztwerthes fordert dann Betriebsbestimmungen, die sämmtlich den Zielpunkt höchsten gegenwärtigen Bodenwerthes haben müssen: Niederwald, Kopfholz, kurzer Umtrieb, rasch wachsende Holzart 2c.

Die nutzbaren Rechte

sind nach den bisherigen Durchschnittserträgen zu veranschlagen und die daraus fließende Gesammtrente zu kapitalisiren. Es sind hierbei jedoch nur diejenigen Nutzungen zu veranschlagen, die auch ferner unter den der Werth= berechnung unterstellten Verhältnissen fortbestehen können.

Das todte Inventarium

kann nur dann nach seinem Verkaufswerthe in Rechnung gestellt werden, wenn die Werthberechnung auf Verhältnissen ruht, durch die es in Zukunft, in Folge des nicht fortgesetzten Betriebes der bisherigen Wirthschaft, unnöthig werden würde.

Das lebende Inventarium,

der vorhandene Holzvorrath muß dergestalt in Anrechnung gebracht werden, daß man dessen möglichst baldige Versilberung voraussetzt.

Es ist daher zuerst die nutzbare von der noch nicht nutzbaren Holz=
masse zu unterscheiden. Sind die Consumtionsverhältnisse, die Arbeits=
kräfte und Transportmittel der Art, daß die nutzbare Holzmasse schon im
nächsten Jahre versilbert werden kann, so genügt eine Schätzung derselben
nach Menge und Beschaffenheit, und Berechnung des Geldwerthes nach den
bestehenden Markt= oder Versteigerungspreisen der Oertlichkeit, wobei jedoch
die Einwirkung etwa gesteigerten Angebotes zu berücksichtigen ist. Ueber=
steigt hingegen die Masse des verkaufbaren Holzvorrathes das jährliche Be=
dürfniß, oder ist zu befürchten, daß durch Ueberfüllung des Marktes die
Holzpreise herabgedrückt werden würden, so muß diese auf einen, den Con=
sumtionsverhältnissen entsprechenden längeren Zeitraum vertheilt, für diesen
ein progressionsmäßig abnehmender Zuwachs dem gegenwärtigen Vorrathe
aufgerechnet, die später eingehenden Nutzungen aber auf den Jetztwerth be=
rechnet werden, von welchem dann die Administrations= und Beschützungs=
kosten der Verwerthungszeit in Abzug zu bringen sind.

In Bezug auf die gegenwärtig noch nicht nutzbaren Holzmassen der
jungen Bestände ist zu erwägen, ob und in wie weit Werthsteigerung, durch
eine über den Eintritt der Gebrauchsfähigkeit hinausgeschobene Abnutzung,
den Zinsenverlust durch spätere Versilberung zu decken vermag; wonach, mit
Rücksicht auf die bestehenden Consumtionsverhältnisse, die Abnutzungszeit
festzustellen ist. Der Jetztwerth der hieraus entspringenden Nutzungen zu
den übrigen Werthsummen hinzugezählt, ergibt den Verkaufspreis des Waldes
nach seinem Kapitalwerthe.

C. Ermittelung des Verkaufspreises solcher Wälder, deren Be= nutzungsweise zwischen den beiden Extremen der vorgenannten Fälle liegt.

Unter solchen Umständen kann weder der Ertragswerth der Wälder
den Kaufpreis bestimmen, da deren Kapitalwerth ein größerer ist, noch
kann der Kapitalwerth als Norm gelten, da der Ertragswerth ein geringerer
ist, als der eines dem Waldkapitale entsprechenden Geldkapitals. Jede Ent=
scheidung, ob bei einem Austausche von Wald= und Geldvermögen der
Käufer sich mit einem geringeren Ertrage oder der Verkäufer sich mit einem
geringeren Kapitale begnügen solle, würde unzulässig und unpraktisch sein.
Der wahre, den Verhältnissen entsprechende Waldwerth liegt
unter diesen Verhältnissen zwischen Ertrags= und Kapital=
werth der Wälder. Welchem dieser Extreme er näher liegt, hängt viel=
mehr von äußeren, als von inneren Verhältnissen ab. Zwischen ihnen be=
stimmt sich der Waldpreis nicht durch Berechnungen, sondern durch den
Handel um die Waare. Sucht der Waldbesitzer den Verkauf, so wird er
mit weniger als dem Mittel zwischen Kapital= und Ertragswerth sich be=
gnügen können; sucht ein Käufer einen Wald, so wird er mehr als das
Mittel zahlen können, wobei natürlich alle den Waldwerth indirekt erhöhen=
den Verhältnisse zu berücksichtigen sind. Findet wirklicher Verkauf nicht
statt, soll der Waldwerth nur Behufs Erbschaftstheilung, Verpfändung,

Besteuerung ꝛc. ermittelt werden, so dürfte es am zweckmäßigsten sein, dem nach conservativen Begriffen ermittelten Ertragswerthe $1/_4$—$1/_3$ der Differenz zwischen ihm und dem Kapitalwerthe hinzuzuzählen, je nachdem die Differenz selbst kleiner oder größer ist, da eine größere Differenz stets Folge größerer nutzbarer und überschüssiger Vorräthe ist. (Vergl. meine Jahresberichte I. 4. S. 555.)

Literatur.

G. L. Hartig, Anleitung zur Berechnung des Geldwerthes der Wälder. Berlin 1812.

H. Cotta, Entwurf einer Anweisung zur Waldwerthberechnung. Dresden 1819.

v. Gehren, Anleitung zur Waldwerthberechnung 1835.

Allgemeine Forst= und Jagdzeitung Jahrgänge 1855—56.

M. Preßler, Hauptlehren des Forstbetriebs. 3. Auflage. 1874.

Drittes Kapitel.

Devastationsschätzung.

Nicht allein die Nutzungsrechte des Waldeigenthümers sind häufig beschränkt durch Mitbenutzungsrechte anderer Personen oder anderer Grundstücke, durch Miteigenthum, Pfandrechte ꝛc., sondern es sind auch die Mitbenutzungs= rechte ihrerseits beschränkt durch die Rechte des Eigenthümers. Ueberschreitet der Eigenthümer seine Nutzungsbefugnisse der Art, daß dadurch den Mit= benutzungsberechtigten, oder dem Miteigner, oder dem Pfandgläubiger ꝛc. Nachtheil erwächst, so erhalten Letztere dadurch ein Klagerecht gegen den Besitzer, der seinerseits ein Klagerecht erhält, wenn jene ihre Nutzungs= befugnisse überschreiten.

Ist durch jene rechtswidrigen Ueberschreitungen ein dem verletzten Theile nachtheiliger Waldzustand eingetreten, der durch das Aufhören der Rechtsverletzung allein nicht beseitigt wird, sondern fortdauernde Nachtheile nach sich zieht, so hat der Verletzte rechtliche Ansprüche auf Schadenersatz, insofern die Beeinträchtigung im Verschulden des anderen Theiles liegt. In solchen Fällen ist es Aufgabe des Taxators zu ermitteln:

1) Welches der Zustand des Waldes vor Beginn der Rechtsver= letzung war.

2) Wie der Wald von diesem Zeitpunkte ab hätte behandelt und benutzt werden sollen, mit Berücksichtigung einer dem äußersten Rechte des Verklagten entsprechenden Bewirthschaftung.

3) Welches der dieser Bewirthschaftungsweise entsprechende gegenwärtige Waldzustand sein müßte.

4) Welches der gegenwärige Waldzustand ist.

5) In wie fern eine den Kläger verletzende Abweichung desselben vom Zustande befugter Betriebs= und Nutzungsweise, im Verschulden des Verklagten liegt.

6) In welchem Grade die Interessen des Klägers dadurch verletzt werden, wie die Verletzung zu entschädigen und der Rechtszustand wieder herzustellen sei.

Literatur.

Nach der preußischen Gesetzgebung behandelt, Pfeil, Krit. Bl. III. 1. S. 103.

Dessen Anleitung zur Behandlung rc. der Forste. 5. Abthlg. Berlin 1833.

Fünfter Haupttheil.

Vom Forstschutz. [1]

Der Forstschutz begreift die Maßregeln und Vorkehrungen in sich, wodurch die Waldungen überhaupt, und die darin erzogenen Produkte insbesondere, vor jedem Nachtheil so viel wie möglich beschützt werden müssen.

Der Forstwirth muß daher nicht allein alle Gefahren und Uebel, denen die Waldungen ausgesetzt sind, kennen, sondern er muß auch verstehen, wirksame Hülfs- und Gegenmittel vorzukehren, um die gegenwärtigen Uebel zu entfernen oder zu entkräften, und die künftig zu befürchtenden Gefahren vor ihrer Entstehung abzuwenden.

[1] Die Lehre von der Sicherstellung des Waldeigenthums und der in ihm liegenden Dispositions- und Nutzungsrechte zerfällt in drei verschiedene Haupttheile.

1) Forstrecht. Die Lehre von den Rechten und rechtlichen Verpflichtungen des Waldeigenthümers in Bezug auf die Behandlung und Benutzung keines Waldvermögens.

Man kann das Forstrecht in zwei Abtheilungen betrachten: a) die Lehre von den Rechten und Pflichten des Waldeigenthümers, welche, natürlichen und vernünftigen Gründen entsprechend, in der Gesetzgebung eines Landes aufgenommen kein sollten; allgemeines Forstrecht und b) positives Forstrecht: die Aufzählung der in einem Lande wirklich bestehenden Rechte und Verpflichtungen des Waldeigenthümers als solcher.

2) Forstpolizei. Die Lehre von den Beschränkungen und Erweiterungen rechtlicher Befugnisse und Verpflichtungen aus Gründen der Erhaltung und Beförderung des Gemeinwohles, so weit sie das Waldeigenthum, dessen Behandlung und Benutzung betreffen.

Die Staatsgewalt hat das Recht und die Pflicht, zur Erhaltung und Förderung des Gemeinwohles Verordnungen zu erlassen, durch welche wohlbegründete Rechte oder Pflichten der Burger aufgehoben oder beschränkt werden, so weit deren Ausübung das Gemeinwohl gefährden oder verletzen würde (Gesundheitspolizei, Gewerbepolizei, Handelspolizei, Forstpolizei). Das Recht und Interesse des Einzelnen ist dem Allgemeinen untergeordnet, auch im Interesse des Einzelnen, das stets an die Wohlfahrt des Ganzen gebunden ist.

Die Natur jeder forstpolizeilichen Verordnung beruht daher in ihrem Gegensatze zu irgend einer rechtlichen Befugniß oder Verpflichtung. Das Eigenthum gibt dem Waldeigner das Recht einer willkürlichen Behandlung seines Waldes; die nöthige Sorge für Erhaltung der Wälder, zum Besten des Gemeinwohles, tritt dem freien Dispositions- und Nutzungsrechte entgegen und begründete die polizeilichen Beschränkungen desselben. Dieselbe Beschränkung, wenn sie auf privatrechtlichen Verhältnissen z. B. auf Mitbenutzungsrechten (bestehenden Servituten) beruht, gehört nicht der Forstpolizei, sondern dem Forstrechte an. Hiernach dürften in Zukunft die Materien des Forstrechts und der Forstpolizei schärfer als bisher zu sondern kein.

Auch die Forstpolizei läßt sich in zwei Abtheilungen bringen: in einen allgemeinen, politischen Theil, in welchem diejenigen Rechtsbeschränkungen oder Rechtserweiterungen zu

Die Uebel, welche den Waldungen theils unmittelbar, theils mittelbar mehr oder weniger schaden, und entweder ganz, oder zum Theil, oder gar nicht abgewendet, wohl aber bei ihrer Entstehung sehr gemindert werden können, bringe ich in zwei Hauptklassen.

Zur ersten Klasse rechne ich alle Uebel, die aus einer fehlerhaften Organisation des Forstwesens überhaupt entstehen, oder ihren Grund in der untauglichen Forstverfassung haben, wie z. B. Unwissenheit des Forstpersonals, zu geringe und unklug bestimmte Besoldung der Forstdienerschaft, unrichtige Abtheilung der Geschäftskreise, fehlerhafter Geschäftsgang beim Forstwesen, Mangel an Unterstützung, fehlerhafte Grundsätze bei der Holzzucht, über- triebene Holzabgabe, fehlerhafte Holztaxe, fehlerhafte Forststrafgesetze, nach- theilige Servituten u. dgl.

Alle diese Uebel können nur von der Forstdirektion verbannt werden, ihre Betrachtung gehört nicht hierher.

Zur zweiten Klasse hingegen rechne ich alle übrigen Waldübel, die selbst durch eine gute Organisation des Forstwesens und durch die beste Forstwirthschaft nicht ganz entfernt, sondern nur mehr oder weniger ver- mindert und entkräftet werden können. — Hier hat der Förster die wichtigste Rolle zu spielen, und nur durch seinen unermüdeten Fleiß und Eifer können die Uebel, die den Forsten Verderben bringen, so viel wie möglich beseitigt werden.

Vorzüglich gehören hierher:

1) mangelhafte Waldgrenzen;

2) vernachlässigte Hegung oder Befriedigung der Schläge, Saaten und Pflanzungen;

3) vernachlässigter Waldwegebau;

4) zu lang aufgeschobene Räumung der Schläge und Abfahrt des Holzes;

5) Holzverschwendung;

6) Holzdiebstahl;

7) Beschädigung der Bäume;

8) die Waldweide;

9) übertriebener Wildstand;

10) die Waldgraserei;

11) das Futterlaubstreifen;

12) das Streusammeln;

13) das Plaggen oder Rasenhacken;

behandeln sind, die unter gegebenen Verhältnissen zweckmäßig erscheinen und bestehen sollten; in einen speciellen Theil, in welchem die in einem Lande bestehenden, forstpolizei- lichen Verordnungen aufgeführt und motivirt sind.

3) Forstschutz. Die Lehre von dem, was der Waldeigenthümer innerhalb der vom Gesetz und von den forstpolizeilichen Vorschriften gezogenen Grenzen zu thun und zu unterlassen habe, um kein Waldeigenthum und die daraus fließenden Nutzungen vor Ver- nichtung oder Beeinträchtigung zu sichern.

Dieser letzte Theil allein ist es, welcher, dem Plane des vorliegenden Werkes gemäß, in den früheren Auflagen desselben behandelt wurde. Der Herausgeber glaubt, auch in dieser Auflage die früheren Grenzen nicht überschreiten zu dürfen, da die im Forstrecht und in der Forstpolizeilehre unvermeidbaren Specialitäten den Umfang des Werks zu sehr er- weitern würden.

14) Bergwerke, Steinbrüche, Sand=, Lehm=, Thon= und Mergelgruben;

15) Torfstecherei;

16) Waldbrand;

17) Ueberschwemmung;

18) Versandung;

19) Sturmwinde;

20) Frostschaden;

21) Duft= und Schneeanhang und Hagelwetter;

22) außerordentliche Dürre;

23) ungewöhnlich viele Mäuse;

24) ungewöhnlich viele samenfressende Vögel;

25) ungewöhnlich viele Insekten verschiedener Art und

26) Krankheiten.

Ich werde daher jeden von diesen Gegenständen besonders abhandeln, und dem Förster zeigen, wie er sich bei vorkommenden Fällen der Art zu verhalten hat, um seine Pflicht zu erfüllen, und jeder Schaden so viel wie möglich abzuwenden.

Erstes Kapitel.

Von der Aufsicht über die Waldgrenzen.

Eine wichtige Pflicht des Försters ist es, die Grenzen, welche um oder durch die ihm anvertrauten Waldungen ziehen, immer in Richtigkeit zu erhalten, damit die Waldfläche auf keinerlei Art verkleinert, und keine Gerechtsame, die durch örtliche Grenzen beschränkt ist, zu weit ausgedehnt werde. Der Förster muß sich daher die Grenzen der Waldungen und der Servituten oder Gerechtsame, die vielleicht darin stattfinden, aufs genaueste bekannt machen, jedes entdeckte Gebrechen sogleich seinem Vorgesetzten anzeigen, und dafür Sorge tragen, daß, bis zur legalen Wiederherstellung der verdorbenen Grenzzeichen, die Punkte nicht verloren gehen. Er selbst darf aber an den Grenzpunkten nichts vornehmen, also keinen abgeschlagenen oder entkommenen Grenzstein oder verdorbenen Grenzhügel durch einen neuen ersetzen, oder ein ausgerissenes Malzeichen wieder einsetzen lassen, ohne von seinem Vorgesetzten die Erlaubniß dazu erhalten und die Nachbarn zugezogen zu haben. Eben so wenig darf er zngeben, daß ein Grenznachbar eine solche Handlung einseitig verrichte. In diesem Fall muß er die Handlung zu verhindern suchen, wenigstens dagegen protestiren, und den Vorfall auf der Stelle seinem Vorgesetzten berichten. — Auch darf der Förster, ohne Erlaubniß seines Vorgesetzten, keinem Grenzbezuge, die Grenze mag streitig sein oder nicht, beiwohnen, und muß eine solche von den Nachbarn unternommene Handlung ohne Aufschub seinem Vorgesetzten berichtlich anzeigen. — Besonders aufmerksam aber muß der Förster auf die Landesgrenze sein, wenn sie sein Revier berührt, und eben so fleißig muß er auf die streitigen Grenzen jeder Art Achtung geben. Er darf weder selbst daran etwas verändern, noch zngeben, daß der Grenznachbar daran etwas abändere.

Auch die **Grenzwege**, **Grenzflüsse** und **Grenzbäche** erfordern die Aufmerksamkeit des Försters. Jede bemerkte Veränderung muß er alsbald seinem Vorgesetzten anzeigen, und nachher zur baldigen Wiederherstellung, so viel er kann, mitzuwirken suchen. Wäre aber die Grenze eines Waldes weder durch Steine, noch durch Gräben oder Hügel, oder durch sonstige Malzeichen bestimmt, so hat der Förster darauf Achtung zu geben, daß die aufstoßenden Wiesen= oder Ackerbesitzer wenigstens nicht tiefer, als bisher, eingreifen, und es müssen in diesem Falle mehrere Bäume auf der Grenzlinie, besonders an den Ecken oder Winkeln derselben stehen bleiben, um den Besitzstand zu erhalten. Sollte aber ein solcher Baum durch einen Zufall wegkommen, so muß ihn der Förster alsbald, und so lange der Punkt, wo er gestanden hat, noch nicht bestritten werden kann, durch einen starken Pflänzling zu ersetzen suchen. — **Ueberhaupt** aber muß der Förster die **dauerhafte** Begrenzung der ihm anvertrauten Waldungen bei jeder Gelegenheit in Erinnerung bringen, und nicht eher ablassen, bis die Vorgesetzten entweder die Berichtigung oder Befestigung der Grenzen vornehmen, oder ihm den **schriftlichen** Bescheid geben, daß dieses der vielleicht vorwaltenden Umstände wegen nicht geschehen könne.

Zweites Kapitel.
Von Hegung oder Schonung und Befriedigung der Schläge, Saaten und Pflanzungen.

Zu den wichtigsten Gegenständen der Forstwirthschaft gehört unstreitig die Hegung oder Beschützung der Schläge, Saaten und Pflanzungen gegen alle Beschädigungen, die ihnen durch Menschen und Vieh zugefügt werden können. Dem Förster müssen daher nicht nur die verschiedenen Mittel, wodurch diese Hegung und Beschützung möglich wird, bekannt sein, sondern er muß auch nach Erforderniß das Zweckmäßigste zu wählen und auf die wohlfeilste Art zu bewerkstelligen wissen.

Die Mittel zur Hegung sind verschieden, und mehr oder weniger wirksam und kostbar, je nachdem Menschen, oder zahmes Vieh, oder Wild abgehalten werden sollen. Ich will daher jeden dieser Fälle besonders abhandeln und die besten und sichersten Mittel angeben, wovon den Umständen nach das passendste gewählt werden muß.

1) **Von den Hegungsmitteln gegen Beschädigung von Menschen.**

Man wird leicht einsehen, daß bei der Forstwirthschaft keine Mittel angewendet werden können, wodurch den Menschen **unmöglich** gemacht wird, die Schläge und Forstkulturen zu beschädigen. Dieß würde viel zu kostbar und unausführbar sein. Es können also nur Warnungszeichen für die Menschen in Betrachtung kommen, das heißt solche Merkmale, wodurch ein jeder benachrichtigt wird, daß es bei Strafe verboten sei, **irgend eine nachtheilige Handlung in dem bezeichneten Distrikte zu begehen, oder denselben zu betreten.**

Das gewöhnlichste, wohlfeilste und allgemein bekannte Hegzeichen sind **Strohwische.** Man bindet sie entweder an Stangen, und umsteckt damit den zu hegenden Distrikt, oder man umbindet damit die Grenzbäume, oder man befestigt sie an die Aeste der Bäume, die auf der Heggrenze stehen, Im letzten Falle ist es Regel, den Strohwisch wo möglich so anzubinden, daß der Schaft des Baumes, vom Strohwische an gerechnet, in dem gehegten Distrikte steht. Auch ist es nöthig, vermittelst eines Hakens einen Ast herunter zu ziehen, und den Wisch so hoch zu hängen, daß ihn Niemand, wenn er nicht mit einem solchen Haken versehen ist, herunter reißen kann. Dessenungeachtet aber habe ich Beispiele gehabt, daß die Hirten diese Wische abgenommen, und sich dann damit entschuldigt haben, es sei ihnen die Grenze der Hege nicht genau bekannt gewesen.

Um diesem Vorwand zu begegnen, habe ich, wo es die Lokalität erlaubte, vermittelst eines Pfluges eine Furche auf die Grenzlinie ziehen lassen. Dieß geht sehr schnell von Statten und beugt allen Ausflüchten der Hirten vor, weil ein solcher, unter den Strohwischen angebrachter Streifen viele Jahre lang sichtbar bleibt, und wenn er nach und nach unkenntlich werden sollte, mit wenig Mühe und Kostenaufwand wieder aufgefrischt werden kann. Außer den Strohwischen 2c. bringt man in manchen Ländern, zu Bezeichnung der Hege oder Schonung Warnungstafeln an, die man 3 Mtr. hoch an die Saumbäume der Schonung befestigen läßt.

2) Von den Mitteln, zahmes Vieh von den gehegten Distrikten abzuhalten.

Um das zahme Vieh von den gehegten Distrikten abzuhalten, ist es gewöhnlich schon zureichend, wenn man ihm den Zugang nur beschwerlich macht. Doch gibt es auch Fälle, wo ihm der Zugang unmöglich gemacht werden muß.

Der erste Fall tritt gewöhnlich da ein, wo das Vieh nicht in gedrängter Heerde vorbei zieht und unter Aufsicht des Hirten ist. Der andere Fall aber kommt da vor, wo das Vieh in gedrängter Heerde bei einer Hege vorbei passirt.

Im ersten Falle ist es schon hinreichend, wenn der gehegte Distrikt mit einem 1 Mtr. breiten und $2/3$ Mtr. tiefen Graben umgeben wird, dessen Auswurf auf die gehegte Seite gelegt werden muß, damit das Ueberspringen dadurch erschwert werde. Im andern Falle aber muß außer dem Graben noch eine Schutzwehr auf den Auswurf gesetzt werden, wie ich in der Folge zeigen will.

Damit aber ein solcher Heggraben nicht allein zweckmäßig, sondern auch zugleich schön werde, und dem Vorübergehenden die Ordnungsliebe des Försters verkündige, so lasse man ihn auf folgende Art verfertigen. Man stecke zuerst die Linie, wie der Graben ziehen soll, genau mit Stäben ab, und lasse in diese Linie alle 10 Schritte ein Pfählchen schlagen. Ist dieß geschehen, so messe man von jedem Pfählchen 1 Mtr. rechtwinkelig herüber, und lasse zur Bezeichnung der oberen Breite des Grabens noch ein Pfählchen einschlagen. Ist auch dieses geschehen, so lasse man von Pfahl zu Pfahl eine Ackerleine spannen, und vermittelst einer Spate die beiden obersten Seitenlinien des Grabens nach dessen Mitte hin etwas schief abstechen. Ist auch dieses vollendet, so lasse man den Rasen in Form der Quadratfuße durchstechen, solchen herausheben und, 15 Ctm. von dem Rand

des Grabens entfernt, verkehrt und so auflegen, daß dadurch ein etwas schiefer
Wall entsteht. Bis dahin lasse man die Arbeit von instruirten Leuten
machen. Nun aber können nöthigen Falls auch ganze Gemeinden arbeiten;
man muß aber Jedem einen bestimmten Theil abmessen, und die Leute
unterrichten, daß sie die Erde auf und hinter den kleinen Rasenwall werfen
und den Graben so ausstechen sollen, daß er $2/8$ Mtr. tief, und, nach Abzug
der Böschung, unten $1/3$ Mtr. breit wird. — Eine solche Verfahrungsart ist
die einzige, wodurch man bewirken kann, daß Gräben, die durch ganze
Gemeinden gemacht werden müssen, vollkommen gerade und schön werden.
Auch sind dergleichen Gräben hinreichend, um das Vieh, welches unter einem
Hirten steht, abzuhalten, ob es ihm gleich nicht unmöglich ist überzuspringen.

Will man aber den gehegten Distrikt noch besser beschützen, so besetze
man den Auswurf des Grabens, in der Entfernung von 2 Mtr., mit
5 Ctm. dicken und 2 Mtr. langen Hainbuchen, oder mit sonst einer Holzart,
die gern wächst, und lasse an diese Pflänzlinge 3 oder 4 Reihen dünner
Stangen mit Wieden befestigen. Hierdurch entsteht ein Gatterwerk, das,
wenn es gehörig unterhalten wird, selbst das Rothwild abhält, in so fern
es nicht allzu zudringlich ist.

Diese Art von Befriedigung ist die wohlfeilste und nützlichste, die man
wählen kann, denn sie schützt nicht allein den hegebedürftigen Distrikt, sondern
wird auch dadurch, daß sie selbst eine Plantage ist, in der Folge
sehr einträglich.

Wäre es aber nicht möglich, eine solche Pflanzung und einen Graben
anzubringen, so lasse man alle 4 Mtr. zwei, $1^{1}/_{3}$ Mtr. über die Erde
ragende Pfosten, von gerissenem Eichenholze, vor einander setzen, und
zwischen dieselben 2 oder 3 Reihen gerissener Latten, vermittelst durchgehender
hölzerner Nägel, befestigen. Oder man lasse alle 3 bis 4 Mtr. Pfosten
setzen, und in jeden dieser Pfosten drei, gehörig entfernte, längliche Löcher
machen, und stecke durch diese Löcher Stangen, die mit ihren Endtheilen
in den Löchern übereinander liegen.

Sollen aber weder Schwarzwild noch Hasen in den gehegten Distrikt
kommen, oder wäre der Rothwildstand so stark, daß Stangenumgebungen
nichts helfen, so muß man Verzäunungen machen, die alles Wild ganz
gewiß abhalten.

Die wohlfeilste Umzäunung der Art ist eine solche, wo man auf den
Auswurf eines Heggrabens alle Meter einen Pfahl einschlägt, oder, welches
noch besser ist, einen starken Hainbuchenpflänzling einsetzt, und diese
Pfähle oder Pflänzlinge mit geringem Reiserholze, so hoch wie es nöthig
ist, unten ganz dicht, und oben weniger dicht, einflechten läßt. — Eine
solche Umzäunung, die sich freilich aber nur auf Forstgärten oder Eichen-
kämpe beschränkt, hält alles Wild und zahme Vieh ab, ist in Gegenden,
wo das Reiserholz keinen oder nur geringen Werth hat, sehr wohlfeil, und
wird auch noch in der spätern Zeit nützlich, wenn man statt der Pfähle
Pflänzlinge von 3 Mtr. lang gesetzt hat. Nur müssen diese Pflänzlinge nicht
zu schwach genommen und mit leicht biegsamen Gerten= oder Reiserholze, wo möglich mit Fichten= oder Tannenästen, durchflochten werden,
damit die Pflänzlinge vom Druck des Flechtwerkes nicht leiden.

Sollte aber eine solche Umzäunung nicht anwendbar sein, oder eine sehr lange Strecke gegen den Andrang des Wildes verzäunt werden müssen, so bleibt nichts übrig, als den Distrikt mit einem 2 bis 3 Mtr. hohen Zaune zu umgeben.

Die wohlfeilsten Zäune für diesen Fall sind folgende:

1) Man läßt 3 Mtr. lange, 20 Ctm. breite und 10 Ctm. dicke Pfosten von Eichenholz oder von recht kernigem Kiefernholz reißen. Von diesen Pfosten setzt man je zwei und zwei, 10 Ctm. entfernt v o r e i n a n d e r, ⅔ Mtr. tief in die Erde, und läßt auf der Linie, die verzäunt werden soll, alle 3 bis 4 Mtr. zwei solcher Pfosten 'einsetzen. Zwischen diesen Pfosten werden nachher 8 bis 10 Ctm. dicke Stangen, vermittelst hölzerner Nägel befestigt. Diese Stangen müssen unten nur 20 Ctm. von einander entfernt sein, 1⅓ Mtr. von der Erde an können sie aber weiter aus einander angebracht werden. Oder

2) Man läßt 3 Mtr. lange, 20 bis 25 Ctm. breite und 8 bis 10 Ctm. dicke Pfosten von Eichenholz oder von kernigem Kiefernholz reißen. In diese Pfosten läßt man, ¾ Mtr. von unten, 25 Ctm. lange und 10 Ctm. breite Löcher mit der Queraxt hauen, und in jeden Pfosten so viele solcher Löcher machen, daß, wenn man nachher Stangen durchschiebt, diese Stangen in den untersten 1⅓ Mtr. des Zauns 25 Ctm., weiter nach oben aber 35 Ctm. und ganz oben noch etwas weiter von einander entfernt sind.

Von diesen Pfosten setzt man alle 3 bis 4 Mtr. einen auf der Schonungs= linie, ⅔ Mtr. tief, fest ein, und schiebt nachher 5 bis 8 Ctm. dicke Stangen durch die Löcher. Zäune der Art halten alles Wild ab, sind sehr dauerhaft und kosten weniger als Pallisaden und Bretterzäune.

Wo man den Wildstand nicht vermindern will oder kann, sind der= gleichen Zäune durchaus nöthig, weil ohne sie kein junges Holz aufkommen kann und oft alle Kulturkosten vergebens angewendet werden. — Sollte die Fläche auf diese Art zu umzäunen auch 1 Mark und mehr per laufender Meter kosten, so ist es doch ökonomischer, diese Kosten anzuwenden, als die Kultur mehrmals zu wiederholen, und am Ende doch einen vom Wilde verbissenen, sehr unvollkommenen Bestand zu erziehen.

Drittes Kapitel.
Von den Waldwegen und der Nothwendigkeit ihrer Unterhaltung.

Schlechte Wege sind nicht allein äußerst beschwerlich und nachtheilig für die Fuhrleute, die das Holz aus den Waldungen abholen, sondern sie sind auch für den Waldeigenthümer sehr schädlich, weil der Werth des Holzes dadurch vermindert, und den jungen und alten Beständen großer Nachtheil zugefügt wird. Beides bedarf keines Beweises, denn man wird leicht ein= sehen, daß alles Holz, welches auf guten Wegen transportirt werden kann, einen größeren Werth hat, als dasjenige, dessen Transport wegen der schlechten Wege mehr kostet. Diese vermehrten Transportkosten gehen dem Werthe des Holzes ab, und sind also Verlust für den Verkäufer oder Wald= eigenthümer. Das ist besonders der Fall, seit das meiste Holz auf dem Wege des Meistgebotes an die Käufer abgegeben wird. Eben so bekannt

iſt es auch, daß die ſchlechten Wege den Waldungen unmittelbar ſchaden.
Wie mancher junge Schlag iſt ſchon durch die Holzfuhrleute ruinirt worden,
wenn ſie im gewöhnlichen Wege nicht fortkommen konnten und Auswege
ſuchen mußten — und wer ſollte noch nicht die auffallende Bemerkung
gemacht haben, daß auch ältere Beſtände, die allerwärts befahren und mit
Fahrgeleiſen durchſchnitten werden, einen geringen Zuwachs haben und dürre
Aeſte bekommen, wenn ihnen die zu ihrer Erhaltung ſo nöthigen Thau=
wurzeln durch die Räder abgeſchnitten worden ſind.

Zuweilen iſt die ſchlechte Beſchaffenheit des ganzen Fahrweges an einem
ſolchen Uebel Schuld; oft aber bewirkt nur eine ſumpfige Stelle,
daß die Fuhrleute Auswege ſuchen und Schaden thun müſſen, der gewöhn=
lich viel größer iſt, als die Koſten, welche die Ausbeſſerung eines ſolchen
Weges erfordert.

Der Förſter muß es ſich daher angelegen ſein laſſen, die ſtark be=
fahrenen Wege, wo es nöthig iſt, auf beiden Seiten in 1 Mtr. breite und
$2/3$ Mtr. tiefe Gräben zu legen, damit ſie trockener werden und das Aus=
weichen weder nöthig, noch möglich machen. Ferner müſſen die Randbäume
der Wege zur Beförderung des Luftzuges und raſcheren Abtrocknens hoch
ausgeäſtet, alle überhängenden Aeſte ganz weggenommen werden. Wurzeln,
Stöcke und Steine ſind ſorgfältig auszugraben und zu entfernen, da ſie die
Unebenheiten und Löcher in den Wegen veranlaſſen. Auch muß der Förſter,
wo es nöthig iſt, Dohlen anbringen, alle ſumpfigen Stellen mit Steinen,
in deren Ermangelung aber mit Faſchinen, und darüber gelegten ganz nahe
zuſammengerückten Holzſtücken befeſtigen oder brücken, und überhaupt die
Wege ſo herzuſtellen ſuchen, daß ſie zu paſſiren ſind, und daß Jeder, der
ſie nicht einhält, mit Recht geſtraft werden kann.

Außerdem müſſen alle nicht nöthigen Wege am Anfang und Ende
derſelben durch tüchtige Quergräben verſperrt, die überflüſſigen Wege, wo
es die Umſtände erlauben, bepflanzt, und jeder neben dem gewöhnlichen
Weg Fahrende oder Reitende zur gebührenden Strafe gezogen werden.

Viertes Kapitel.
Von Räumung der Schläge.

Es iſt ſehr begreiflich, daß es jedem ſchon beſamten Schlage ſehr nach=
theilig ſein muß, wenn das gehauene Holz nicht ſo bald, als es nur mög=
lich iſt, aus demſelben geſchafft wird. Die jungen Pflanzen werden dadurch
verdorben, der Samen wird verhindert aufzugehen, und die Stöcke im
Niederwalde können keine Ausſchläge liefern, wenn ſie mit Holz bedeckt ſind.
Auch geſchieht bei verſpäteter Räumung der Schläge dadurch großer Schaden,
daß die in vollem Saft ſtehenden Loden ſehr gern zerbrechen, wenn ſie vom
Fuhrwerk oder Zugvieh getroffen werden. Und außerdem ſind die Waldungen,
wenn das Holz erſt im Sommer abgefahren wird, der Gefahr durch Weid=
frevel ruinirt zu werden ſehr ausgeſetzt, und es entſtehen eine Menge nach=
theilige Folgen, denen man ausweichen kann, wenn man das Holz ſo bald
wie möglich, und immer vor dem Ausbruche des Laubes, aus den
Schlägen bringen läßt.

Der Förster muß daher seine Hauungen früh genug in Gang zu bringen und zu beendigen suchen, und alle nur möglichen Mittel anwenden, daß seine Schläge im Hochwalde, wenn es sein kann, im Winter bei Schnee, oder doch vor dem einfallenden Thauwetter geräumt werden. Die Schläge im Niederwalde aber muß er in milden Gegenden bis Ende Aprils, in rauhen Gegenden aber längstens bis Ende Mai's, völlig räumen lassen.

Doch gibt es auch Fälle, wo es nicht möglich ist, das Holz bis zu den bestimmten Zeitpunkten aus dem Walde zu schaffen. Verhindern dieß die Umstände wirklich, so muß das Holz, wenn der Schlag schon Besamung oder jungen Anwuchs hat, alsbald nach der Fällung an die Wege und Stellungen, oder an sonst unschädliche Plätze gebracht und daselbst aufgeklaftert werden, damit es im Laufe des Sommers ohne Nachtheil der Schläge abgefahren werden kann. Auch müssen in diesem Falle die Köhler angehalten werden, alles Holz vor dem Ausbruche des Laubes an die Kohlplätze zu schaffen, und nachher ihr Zugvieh aus dem Walde zu entfernen. — Sollte es aber nicht möglich sein, alles Brenn- und Bauholz 2c. vor dem Ausbruche des Laubes aus den schon besamten Schlägen zu bringen, so müssen wenigstens die in Wellen oder Büschel gebundenen Reiser oben auf die auf Unterlagen gesetzte Klaftern gelegt, und alles Holz vor dem zweiten Trieb des Saftes, also vor Johannistag, aus den Laubholzschlägen geschafft werden, weil sich manche bis dahin mit Holz bedeckt gewesene Pflanze wieder erholt, wenn ihr zu dieser Zeit noch Luft geschafft wird. Doch gehen gewöhnlich sehr viele Laubholzpflanzen und alle Nadelholzpflanzen zu Grund, wenn sie bis Johannistag mit Holz dicht bedeckt sind. Sollte es daher nicht möglich gewesen sein, die Nadelholzschläge vor dem Trieb der Loden zu räumen und die Pflanzen, welche das geschlagene Holz bedeckt, zu retten, so ist es zur Schonung der nebenstehenden Pflanzen nöthig, mit der Abfahrt des Holzes so lange zu warten, bis die neuen Loden wieder hart geworden sind, weil sonst durch das Wegbringen des Holzes großer Schaden geschieht.

Sollten die Wege, an welchen das aus dem Schlage getragene Klafterholz aufgesetzt werden muß, so schmal sein, daß das Holz neben dem Wege auf junge Pflanzen gesetzt werden muß, so lasse man es nicht längs dem Wege in eine an einanderhängende Reihe setzen. Es schadet in diesem Falle weniger, wenn man Stöße von 2 oder 3 Klaftern 3 bis 6 Mtr. von einander entfernt, rechtwinklich mit dem Wege aufsetzen läßt. Gehen dann auch alle Pflanzen, die das Holz bedeckte, aus, so bleibt doch noch ein hinlänglicher Holzbestand, weil die Lücken nur 1 Mtr. breit werden, wenn die Länge der Klafterscheite 1 Mtr. beträgt.

Auch muß der Förster dafür sorgen, daß bei Wegbringung der Bau- und Werkholzstämme alle zur Schonung des Schlages abzweckenden Mittel angewendet, und daß besonders beim Schleifen derselben der Lotbaum gebraucht werde. So wie es sich von selbst versteht, daß die Spähne, welche allenfalls durch das Behauen der Bauholzstämme entstanden sind, zusammengebracht, und auf eine oder die andere Art vor dem Ausbruch der Blätter, oder vor dem Aufkeimen der Samen weggeschafft werden müssen.

Fünftes Kapitel.

Von der Holzverschwendung und den Mitteln, sie abzuwenden.

Eines der größten Uebel für die Forste ist die Holzverschwendung, oder der unwirthschaftliche, unnöthige Verbrauch des Holzes. Große
Waldungen sind fast ganz allein durch sie ruinirt worden, und in mancher
Gegend hat die Holzverschwendung bewirkt, daß die Waldungen vor ihrer
eigentlichen Haubarkeit und oft viel zu früh, abgeholzt, ja selbst Hochwal=
dungen zu Niederwald oder Mittelwald gemacht werden mußten.   Wie groß
der dadurch entstandene Schaden ist, kann nur derjenige einsehen, welcher
den Ertrag der Waldungen nach der Verschiedenheit der Umtriebszeit und
der Behandlung, zu berechnen versteht, wozu die Lehre von der Taxation
der Wälder Anleitung gibt.   Sehr oft ist der auf diese Art entstandene
Verlust so groß, daß er mehr als die Hälfte von der ganzen Holzmasse
beträgt, die man jetzt jährlich aus solchen überhauenen und deßwegen auf
die Wurzel gesetzten Waldungen bezieht, wenn sie auch wirklich gut be=
standen sind.   Wie viel größer ist aber der Verlust, wenn dergleichen Wal=
dungen außerdem auch schlecht bewirthschaftet und mangelhaft bestanden sind!
— Zu starke, entweder durch Verschwendung bewirkte, oder auf andere Weise
veranlaßte Holzabgabe ist daher ein sehr großes Uebel für die Forste, das
oft durch Anwendung aller sachdienlichen Mittel nicht mehr ganz zu heilen
ist, und dem man eben deßwegen aus allen Kräften entgegenarbeiten muß.

Um dieses aber zu können, muß man mit den verschiedenen Arten
der Holzverschwendung bekannt sein, und für jede die wirksamsten Gegen=
mittel vorzukehren wissen.   Ich will daher die vorzüglichsten Gegenstände der
Holzverschwendung nennen, und zugleich auch die Gegenmittel kurz anführen.

Verschwendung beim Brennholze.

Beim Brennholze fängt die Verschwendung schon im Walde an.
Die erste und eine sehr große Holzverschwendung besteht nämlich darin,
daß in manchen Forsten fast alles Klafterholz mit der Axt
in die bestimmte Länge gebracht und eine Menge Holz zu
Spähnen zerhauen wird, die meistens im Walde unbenutzt liegen
bleiben.

Dieser Verschwendung ist nur dadurch abzuhelfen, wenn der Förster
streng darauf hält, daß alles stärkere Holz gesägt und nur das Reiser=
holz entzwei gehauen wird, wie das heutiger Zeit in Deutschland wohl
überall der Fall ist.

Eine andere Holzverschwendung entsteht, wenn die Bäume im Walde
nicht so nahe wie möglich über der Erde abgehauen und die Stumpen
oder Stöcke der Fäulniß überlassen werden.   Der Förster muß daher in dem
Fall, wo die Umstände das Stockroden verhindern, alle Bäume sehr nahe
über der Erde und gleichsam aus der Erde hauen lassen.   Wo aber
die Umstände das Stockroden erlauben, muß er die Vorkehrung treffen, daß
die Stöcke, welche man in diesem Fall, um sie leichter ausroden zu können,
$1/3$ Mtr. hoch machen läßt, mit den Hauptwurzeln ausgebrochen und benutzt
werden.   Auf diese Art wird man eine unglaubliche Menge sehr guten

Holzes gewinnen, und manches Bedürfniß, zum Vortheil des Publikums, des Waldeigenthümers und des Waldes selbst, mehr befriedigen können.

Eine dritte Holzverschwendung tritt ein, wenn das Holz grün verbrannt wird. Nach meiner Erfahrung kann man mit ³/₄ dürren Holzes eben so viel ausrichten, als mit einem Theile frischen oder grünen Holzes. Es ist daher eine unverantwortliche Holzverschwendung, wenn grünes Holz verbrannt wird. Oft zwingt der Förster das Publikum zu dieser Verschwendung dadurch, daß er das Holz nicht früh genug hauen und aufklaftern läßt, oder daß er den Gemeinden das nöthige Brennholz aus ihren Waldungen alsdann erst abgibt, wenn sie es sogleich verbrennen müssen. In diesem Fall bewirkt er selbst, daß die Waldungen ¹/₄ mehr, als die wirklich nöthige Holzmasse abgeben, und dadurch vielleicht überhauen werden müssen.

Will daher ein Förster auch diese im Ganzen sehr wichtige Holzver= schwendung verbannen, so muß er es so einzurichten suchen, daß die Holz= empfänger immer trockenes Holz im Vorrath haben können.

Endlich viertens kann der Förster auch dadurch vieles Holz er= sparen, wenn er alles Brennholz außer der Saftzeit hauen läßt, welches ohnehin bei einer geregelten Forstwirthschaft in mancher andern Hinsicht geschehen muß, aber leider! doch noch nicht allenthalben geschieht. Nach meinen physikalischen Versuchen geben 7 Theile außer dem Saft gehauenen Holzes eben so viele Hitze, als 8 Theile im Saft gehaues Holz derselben Art. Der Förster muß daher alles zu vermeiden und zu entfernen suchen, wodurch er genöthigt werden könnte, Holz im Saft hauen zu lassen, folglich den achten Theil davon zu verschwenden.

Außer den angeführten Mitteln, wodurch im Ganzen eine unglaub= liche Menge Holz durch die guten Anstalten und Aufmerksamkeit des Försters gespart werden kann, gibt es noch mehrere Holzersparungsmittel, deren An= ordnung und Einführung aber nicht die Sache des Försters, sondern der Polizeibehörden ist.

Hieher rechne ich vorzüglich:

1) Die Verbesserung der Stubenöfen, der Kochherde, der Brau= und Brennereiapparate und überhaupt aller Feue= rungsanstalten, die oft so sehr verbessert werden können, daß man mit der Hälfte oder ²/₃ des sonst verbrauchten Holzes dieselbe Wirkung haben kann.

2) Die Einführung öffentlicher oder Gemeindebacköfen. Auch dadurch kann eine unglaubliche Menge Holz gespart werden, weil für ein Geback Brod nur halb so viel Holz nöthig ist, wenn der Ofen be= ständig in der Hitze bleibt, als wenn er für jedes Geback von neuem ge= heizt werden muß. Es gibt Länder, wo jeder Hauswirth seinen eigenen Backofen im Garten oder im Hause hat, den er doch wenigstens 25 Mal im Jahre zu heizen genöthigt ist. Rechnet man nun, daß jedesmal nur 0,03 Cubikmtr. Holz mehr verbrannt werde, als in dem Fall, wo ein Ofen beständig heiß oder warm bleibt, wie dieß bei Gemeindebacköfen der Fall ist, so beträgt die Ersparniß für jede Familie wenigstens 1 Cubik= meter Holz jährlich. Welch ein großer Gewinn in einem nur mittelmäßig großen Lande! — Und

3) gehört auch hierher eine zweckmäßige Bauart der Woh=
nungen. Es iſt nämlich bekannt, daß Wohnungen mit dünnen Wänden
eine viel größere Menge Holz zum Erwärmen der Zimmer erfordern, als
ſolche, deren Wände dicker ſind. Eben ſo bekannt iſt es auch, daß die
Zimmer in Häuſern, welche von außen beworfen ſind, ſich beſſer
erwärmen laſſen, als wenn der Bewurf fehlt.

Es würde daher zur Erſparung vielen Brennholzes beitragen, wenn
durch ein Polizeigeſetz verordnet würde, daß die Wände an Gebäuden, die
in allen Theilen bewohnt werden, wenigſtens 25 Ctm. dick und auch
von außen beworfen ſein ſollen. Bei Bauernhäuſern aber könnte
dieſe Beſtimmung, um Bauholz und Koſten zu erſparen, nur auf den
bewohnten Theil des Gebäudes eingeſchränkt werden. — In
Gegenden, wo das Holz theuer iſt, ſieht man ſchon ſehr oft den be=
wohnten Theil der Bauernhäuſer von außen beworfen, weil man den
Vortheil davon kennt und ſchätzt; in andern aber, wo das Holz noch nicht
ſehr hoch im Preis ſteht, oder wo man auf den Vortheil, welchen der
Anwurf gewährt, nicht aufmerkſam iſt, bemerkt man eine ſolche Anſtalt
zur Holzerſparung nicht. Im geringſten Anſchlage erfordert aber die Er=
wärmung eines Zimmers, das von außen nackte und dünne Wände hat,
1 Cubikmtr. Holz jährlich mehr, als eins, deſſen Wände von außen gut
beworfen und überhaupt dicker ſind. Wie wichtig iſt alſo auch dieſer Gegen=
ſtand in einem ganzen Lande! — Wenn es nur 100,000 ſolcher Wohn=
zimmer enthält, ſo gehen ſchon dadurch wenigſtens eben ſo viele Cubikmeter
Holz jährlich verloren, die durch den Bewurf der Wände ſogleich erſpart
und zum Betrieb nützlicher Gewerbe verwendet werden könnten.

Ich habe vorhin geſagt, daß man die Außenwände an den Wohn=
gebäuden überhaupt dicker machen ſolle, als bisher, um mit weniger Brenn=
holz die Zimmer erwärmen zu können. Hier wird man den Einwurf machen,
daß dieß eine beträchtliche Maſſe an Bauholz mehr erfordern
werde. Dieſem größeren Bauholzaufwande kann aber dadurch abgeholfen
werden, wenn man die Riegel und Pfoſten, die gewöhnlich 20 Ctm. breit
und 14 Ctm. dick ſind, nicht, wie gewöhnlich, mit der ſchmalen Seite,
ſondern mit der breiten Seite in die Wand ſetzt. Sie tragen und halten
alsdann eben ſo gut, wie vorhin, und die Wände werden um 8 Ctm.
dicker. Der kleine Mißſtand, daß alsdann die Riegel nicht alle in gerader
Linie fortlaufen können, kommt gegen den Vortheil in keine Betrachtung,
und bei den Gebäuden, die beworfen werden, iſt dieſes ohnehin nicht be=
merklich.

Dieſes ſind die vorzüglichſten Mittel, wodurch der Brennholzverſchwen=
dung Grenzen geſetzt und große Holzmaſſen erſpart werden können. Nicht
minder nachtheilig iſt:

die Verſchwendung des Bau= und Werkholzes.

Auch zu Abwendung oder Verminderung dieſes Uebels kann der
Förſter vieles beitragen, obgleich von Seiten der Polizeibehörden der kräftigſte
Schlag geſchehen muß.

Der Förſter hat vorzüglich darauf zu ſehen:

1) daß alles Bauholz, zu Vermehrung seiner Dauer, wo möglich im Winter gefällt werde;

2) daß alle Bauholzstämme so tief, oder so nah wie möglich über der Erde abgehauen werden;

3) daß kein zu Bau= und Werkholz taugliches Stück ins Feuerholz komme;

4) daß die Bau= und Werkholzstücke, wenn sie auch r u n d verkauft worden sind, nicht schärfer, als es nöthig ist, von den Zimmerleuten behauen oder beschlagen werden;

5) daß kein vorzüglich gutes und seltenes Holz zu einem Gebrauch verwendet werde, wozu schlechteres denselben Dienst leisten kann;

6) daß zu einem Behuf, wozu sehr dauerhaftes Holz nöthig ist, kein schlechtes oder zu schwaches Holz genommen, also die Abgabe dadurch oft erneuert werde; und

7) daß das Zimmerholz nicht unnöthig dick abgegeben, und den Zimmerleuten nicht leicht und möglich gemacht werde, die Gebäude übermäßig mit Holz zu beladen, wenn die Bauenden dasselbe unentgeltlich erhalten.

Von Seiten der obersten Polizeibehörde muß aber zu Ersparung des Bau= und Werkholzes besonders verordnet werden:

1) daß die neuen Gebäude, wenn die Stockwerke nicht über 10 Fuß hoch sind, nur e i n m a l verriegelt, und überhaupt mit Holz nicht unnöthig ausgefüllt werden sollen;

2) daß alle zu einem Gebäude erforderlichen Holzsortimente eine vorgeschriebene, sowohl nach den Regeln der Bau= als Holzsparkunst bestimmte Dicke haben sollen, und daß alles im N o t h f a l l e i n d e r S a f t z e i t gehauene Bauholz wenigstens vier Wochen lang ins Wasser gelegt, alles Bauholz aber nicht grün oder frisch, sondern im trockenen Zustande verarbeitet werden soll;

3) daß die Zimmerleute das Bauholz nicht s c h a r f e c k i g beschlagen, sondern, wenn scharfeckiges Holz nöthig ist, d u r c h A b s ä g e n m e h r e r e r B r e t t e r u n d B o h l e n diese Form bewirken, also kein gutes Holz muthwillig in Spähnen zerhauen sollen;

4) daß die Schwellen unter den Gebäuden am n i e d r i g s t e n O r t e wenigstens $2/3$ Mtr. über der Erde liegen sollen, wodurch eine unglaubliche Menge Holz gespart werden kann, weil die näher an oder wohl gar in der Erde liegenden Schwellen bald verfaulen;

5) daß, wo es die Umstände möglich machen, keine h ö l z e r n e D ä c h e r, Brücken, Wege, Planken= oder Bretterzäune und Wasserleitungen 2c. gemacht, und alle Viehtröge entweder von Stein oder wenigstens v o n B o h l e n verfertigt, niemals aber a u s g a n z e n S t ä m m e n gehauen werden sollen;

6) daß jedes Baugebrechen o h n e A u f s c h u b und so lange der Schaden noch nicht groß ist, ausgebessert werden soll;

7) daß alle neuen Gebäude in gehörig bestimmter Entfernung stehen, und, wo dieses nicht möglich ist, zwischen den Gebäuden B r a n d m a u e r n errichtet werden sollen;

8) daß die Gebäude, wo es nur thunlich ist, entweder mit Schiefer=

steinen oder mit Ziegeln, und nicht mit Stroh, Rohr oder Holz gedeckt werden sollen;

9) daß keine gefährlichen Feuerstellen angebracht werden sollen;

10) daß gute Löschanstalten stattfinden, und

11) daß so viel wie möglich mit Steinen und Lehmpatzen gebaut werden soll u. dgl. mehr.

Bei Anwendung all dieser und ähnlicher Sparmittel wird es möglich, den durch Holzverschwendung in üble Umstände versetzten Forsten wieder aufzuhelfen, und dieses Unglück von denjenigen Waldungen, welchen es droht, abzuwenden.

Sechstes Kapitel.

Vom Holzdiebstahl.

Unter den vielen Uebeln, welchen die Waldungen ausgesetzt sind, steht der Holzdiebstahl oben an; von Seiten der Forstpolizeibehörde müssen daher zur Abwendung oder vielmehr zur Verminderung dieses nicht ganz vertilgbaren Uebels alle nur möglichen Vorkehrungen getroffen werden, und der Förster muß sich aus allen Kräften bestreben, diese Vorkehrungen zu unterstützen.

Zu den nöthigen Vorkehrungen, welche die Forstdirektion zu Abwendung oder Verminderung des Holzdiebstahls zu treffen hat, rechne ich:

1) die Anstellung einer hinreichenden Menge schützender Forstbedienten, deren ausreichende Besoldung und eine den Forstschutz begünstigende Lage ihrer Dienstwohnungen;

2) die Bestimmung zweckmäßiger und verhältnißmäßiger Strafen;

3) die Bestimmung, daß die Strafansätze nicht zu lang verschoben werden, und längstens alle Vierteljahre erfolgen sollen;

4) die Verordnung, daß die Strafen ohne Aufschub mit Strenge beigetrieben oder vollzogen werden sollen;

5) Anstalten, daß die Holzbedürfnisse eines Jeden befriedigt werden können;

6) die Sorge, daß der Holzpreis nicht allzusehr in die Höhe steige u. dgl.

Die Obliegenheit des Försters hingegen ist es:

1) die Holzbedürfnisse eines Jeden nach Möglichkeit schnell und willig zu befriedigen;

2) auf die Holzdiebe, so wie auf Alle, die dem Walde Schaden zufügen, fleißig Achtung zu geben, und

3) alle Uebertreter der Forstgesetze, also auch alle Holzdiebe und Holzfrevler zur Bestrafung anzuzeigen.

Damit aber der Richter in Stand gesetzt werde, das Vergehen richtig zu beurtheilen und gesetzmäßig zu bestrafen, hat der Förster jedesmal genau und pflichtmäßig zu bemerken und in seinem Taschenbuche, das er immer bei sich haben muß, aufzuzeichnen:

1) den Tauf= und Beinamen des Freolers oder Holz=
diebes,

2) den Wohnort deſſelben,

3) den Tag und die Stunde, wann er denſelben ange=
troffen,

4) den Ort, wo der Frevel vorgefallen,

5) die Beſchaffenheit des Frevels,

6) den pflichtmäßig tarirten Werth des geſtohlenen
Gegenſtandes, und

7) die beſondern Umſtände, welche ſich allenfalls noch
zugetragen haben, inſoferne ſie zur Beurtheilung der Sache nöthig
ſein möchten.

Alles dieſes hat der Förſter zu Hauſe alsbald in eine Rugeliſte
zu tragen, und dieſe Liſte zur beſtimmten Zeit ſeinem Vorgeſetzten zur
weiteren Verfügung zu übergeben. Er ſelbſt aber darf, außer einem an=
ſtändigen Verweiſe, keinerlei Strafen an den Ertappten vollziehen, und
muß jeder Thätlichkeit, ſo lange es nur möglich iſt, auszuweichen ſuchen.
Auch darf der Förſter in den meiſten Ländern nur ſolche Frevler, die er
nicht kennt, oder von welchen er weiß, daß ſie ſich vor dem Richter nicht
ſtellen, pfänden, oder, wenn er ſich ihrer bemächtigen kann, in Verhaft
nehmen. Doch muß er das Pfand dem Richter überliefern, und deſſen
weitere Verfügung erwarten.

Sollte der Förſter nur die Spuren eines begangenen Frevels ent=
decken, den Frevler ſelbſt aber nicht dabei finden, ſondern auf irgend eine
Art Anzeige erhalten, wohin der geſtohlene Gegenſtand gekommen ſein möchte,
ſo iſt er verflichtet, auch außer dem Walde ſo viel wie möglich nach=
zuforſchen, um den Thäter zu entdecken. In dieſem Falle muß er die Ge=
bäude der Verdächtigen, in Beiſein einiger Gerichtsperſonen,
genau durchſuchen, und wenn er nichts finden ſollte, mehrere Gebäude der
Nachbarn, zum Schein, mitviſitiren, um den Verdächtigen, der vielleicht
unſchuldig iſt, nicht ganz bloßzuſtellen. Auf keinen Fall aber darf ſich der
Förſter anmaßen, eine ſolche Hausdurchſuchung ohne Zuziehung einer Ge=
richtsperſon vorzunehmen, wenn er nicht Gefahr laufen will, ſich der un=
angenehmſten Behandlung auszuſetzen.

Uebrigens gehört viel Erfahrung dazu, um bei geſcheidten Holzdieben
das zu finden, was man ſucht. Dergleichen Leute denken gewöhnlich vorher
nach, wohin ſie das Holz verbergen wollen, und richten alles ſchon zum
Empfang ſo ein, daß es oft unbegreiflich iſt, wie der Gegenſtand ſo ſchnell
hat verſchwinden oder in eine andere Form hat gebracht werden können.
Wer einige Erfahrung hat, der wird wiſſen, daß der Dünghaufen,
der Heu= und Strohſchober, der Brunnen, der Keller, die
Fäſſer, die Schränke, die Betten, der Schornſtein, die Winkel
zwiſchen den Gebäuden, die nicht in die Augen fallenden
Dächer u. dgl. gewöhnlich die Orte ſind, wo man das Vermißte zu finden
hoffen darf. Zuweilen aber bringen dergleichen Diebe das Holz nicht als=
bald in ihre Gebäude, ſondern führen es in eine benachbarte ſichere Dickung,
oder verſtecken es ſo lange in die Gartenhecken, oder ins Waſſer, oder

zwiſchen die Gebäude ſolcher Leute, welche die Unterſuchung nicht trifft, bis die Gefahr der Viſitation vorüber iſt; oder ſie vergraben es wohl gar ſo lange, bis es eine nicht verdächtige Außenſeite bekommen hat. In einem ſolchen Falle iſt es freilich ſchwer, den Zweck zu erreichen, wenn der Zufall den Suchenden nicht begünſtigt, oder die Schadenfreude ihm nicht zu ſtatten kommt.

Ueberhaupt muß der Förſter bei allen Rugeanzeigen ſehr vorſichtig ſein, und alles aufs getreueſte ſo angeben, wie er es gefunden hat. Sollten ihm aber Frevler von andern nicht verpflichteten Leuten verrathen werden, ſo hat er ſich aufs genaueſte nach den Umſtänden zu erkundigen und dergleichen Frevel nur in dem Fall dem Richter anzuzeigen, wenn er durch Zeugen den Frevler zu überführen gedenkt. Sollte dieſes aber nicht geſchehen können, ſo kann er von einer ſolchen Anzeige weiter keinen Gebrauch machen, als daß er ſeine Aufmerkſamkeit auf den Verdächtigen verdoppelt.

Auch iſt dem Förſter ſehr zu empfehlen, ſich bei den Rugegerichten, wo ſeine Gegenwart als Kläger oft nöthig, und um dem Richter über Manches Aufſchluß zu geben, erforderlich iſt, durch den Dienſteifer nicht zum Zorn und zu unanſtändigen Ausfällen verleiten zu laſſen, wenn ein Beklagter ſich ungebührliche Ausdrücke erlaubt. Dieſe zu beſtrafen iſt die Sache des Richters, und der Förſter wird ſich durch ein ernſtes, anſtändiges Betragen mehr Achtung erwerben, als durch Ausfälle, die einen ſolchen Menſchen doch nicht beſſern, und den Richter zwingen, den Kläger und den Beklagten zu ſtrafen.

Siebentes Kapitel.

Von Beſchädigung der Bäume und Holzpflanzen durch Menſchen.

Die älteren und jüngeren Holzpflanzen ſind mancherlei Beſchädigungen ausgeſetzt, die ihnen durch Menſchen zugefügt werden.

Ich rechne hierher vorzüglich:

1) das Wiedſchneiden;
2) das Beſenreisſchneiden;
3) das Quirlſchneiden;
4) das Abhauen oder Abbrechen der Aeſte;
5) das Pech= oder Kienholzhauen;
6) das Ringeln der Bäume oder Abſchälen der Rinde;
7) das Aushauen der Vogelneſter;
8) das Saftabzapfen ꝛc.

Wir wollen daher jede von dieſen Beſchädigungen beſonders betrachten.

2) Vom Wiedſchneiden.

Es iſt bekannt, daß man in vielen Gegenden die Gewohnheit hat, das Getreide in hölzerne Wieden zu binden, und zu dieſen Wieden vorzüglich Birken, zum Theil aber auch Haſeln, Liguſter, Hartriegel, Weiden und anderes Strauchholz zu nehmen; mitunter aber auch junge Eichen, Hainbuchen, Ulmen und dergleichen vorzüglich ſchätzbares Holz zu verwenden.

Wie groß der Nachtheil iſt, der den jungen Waldungen durch dieſes

Erntewiedschneiden zugefügt wird, kann man sich leicht denken. Alle Jahre ist eine außerordentlich beträchtliche Anzahl solcher Wieden erforderlich. Können nun die Landleute nicht so viele Haseln und anderes Buschholz finden, als sie zu Wieden nöthig haben, oder fällt ihnen das Suchen dergleichen Holzes zu beschwerlich, so müssen die schönsten zwei-, drei- und vierjährigen Ausschläge der birkenen Niederwaldungen, und mitunter auch viele junge Eichen, Hainbuchen und Ulmen 2c. das Opfer dieses waldverderblichen Gebrauches werden; und in Gegenden, wo es überhaupt wenig Birken gibt, geht das Erntewiedstehlen oft so weit, daß gar keine junge Birken und Eichen aufkommen.

Gewöhnlich findet man diesen schädlichen Gebrauch in Gegenden, die schlechten Boden haben; wo also kein so langes Stroh zu haben ist, daß das Getreide in Seile von Stroh gebunden werden kann. Es gibt aber auch Gegenden, wo dieses Hinderniß nicht stattfindet, und die hölzernen Wieden doch in Gebrauch sind. Wäre nun letzteres der Fall, so muß die Forstdirektion alle hölzernen Erntewieden ohne Unterschied bei fühlbarer Strafe verbieten, und der Förster muß jeden Uebertreter dieses heilsamen Gesetzes zur Bestrafung anzeigen. Wären aber die hölzernen Erntewieden, den Umständen nach, unentbehrlich, so muß von Seiten der Forstdirektion die Verfügung getroffen werden, daß die nöthigen Wieden auf eine unschädliche Art an die Fruchterzieher abgegeben werden können. Es muß daher jeder schickliche Platz mit Weidenkopfholzstämmen besetzt, und überhaupt verordnet werden, daß die außerdem nöthigen Erntewieden, nach Anweisung und unter Aufsicht des Försters, in den Gemeindewaldungen geschnitten und vertheilt, aus den herrschaftlichen Waldungen aber eine hinlängliche Menge solcher Wieden, die nach Vorschrift des Försters von beeidigten Holzhauern unschädlich geschnitten worden sind, um einen so viel nur immer möglich geringen Preis verkauft werden sollen.

Am wenigsten schädlich kann das Erntewiedschneiden in 6- bis 8jährigen Niederwaldungen geschehen. Hier sind die Ausschläge, welche dominiren, schon zu stark, als daß man in Versuchung kommen könnte, sie abzuschneiden, und alle geringern Ausschläge, die sich zu Erntewieden schicken, sind entbehrlich, da sie doch in wenigen Jahren von selbst dürr werden. In solchen Schlägen lasse man also die Wieden schneiden, und dabei Aufsicht halten, daß keine Samenloden mit weggenommen werden. Hätte man aber Schläge im Hochwalde, die viele Saalweiden enthalten, so benutze man auch diese zu Wieden. Man wird dadurch dem jungen Hochwalde nützen, und die Gefahr der Beschädigung von einem andern Distrikte abwenden.

Eben so nachtheilig, nur nicht so allgemein, ist das Schneiden und Hauen der Flößwieden. Hierzu sind aber bei weitem dickere Ausschläge und Stämmchen nöthig, und das Fatalste ist, daß man sie gar nicht entbehren kann. Wo daher Flößerei getrieben wird, muß der Förster darauf bedacht sein, daß die nöthigen Wieden, die theils von Laubholz, theils von Fichten- und Edeltannen gemacht werden, auf eine so viel wie möglich unschädliche Art abgegeben und den Flößern um einen leidlichen Preis überlassen werden, damit der Reiz, sie zu stehlen, vermindert wird. Können die Flößer solche Wieden aber gar nicht für Bezahlung erhalten, oder finden sie den Preis zu hoch, so hilft alle Aufsicht des Försters nicht, und es wird mehr Schaden geschehen, als wenn man Anstalt macht, daß dergleichen Wieden um billigen Preis zu kaufen sind.

2) Vom Besenreisschneiden.

So unwichtig die Beschädigung der Waldungen durch das Besenreisschneiden zu sein scheint, so nachtheilig ist sie wirklich, wenn in einer Gegend viele Menschen durch das Besenmachen Verdienst suchen. Die meisten Besen, deren jährlich eine sehr große Menge verbraucht wird, sind von gestohlenen Reisern gemacht, die gewöhnlich bei hellen Nächten geholt werden. Eine unglaubliche Menge schöner Birken wird dadurch verstümmelt, und den jungen Schlägen wird nicht selten der schönste Ausschlag durch die Frevel der Besenmacher geraubt.

Gewöhnlich ist der Waldeigenthümer oder dessen Verwalter selbst Schuld daran, daß dieser Schaden geschieht. Das Publikum will Besen haben, und die Waldeigenthümer verkaufen kein schickliches Reisig dazu. Es ist also eine sehr natürliche Folge, daß die Besenbinder sich die nöthigen Reiser auf eine unerlaubte Art zu verschaffen suchen.

Will man daher den Wald vor den sonst unvermeidlichen Verstümmelungen schützen, so muß der Förster die Vorkehrung treffen, daß die Besenmacher das nöthige Reisig gegen so viel möglich geringe Bezahlung und von der erforderlichen Beschaffenheit erhalten können. Der Besenbinder kann nur feine, nicht zu schlaffe Birkenreiser benutzen, und man kann ihm nicht zumuthen, andere anzunehmen. Man gebe diesen Leuten also die Erlaubniß bei der Hauung der Birkenschläge sich alle für sie brauchbaren Reiser auszusuchen, und gegen billigen, so gering wie möglich gesetzten Preis zu behalten, so wird man sehen, daß das Stehlen größtentheils aufhört. Will man dergleichen Leute aber zwingen, das Birkenreisig unausgesucht zu kaufen, oder die ausgesuchten Reiser in einem hohen Preis zu bezahlen, so wird man seinen Zweck verfehlen, und es wird durch Frevel mehr Schaden geschehen, als wenn man das im Schlag vorgefallene zum Besenbinden brauchbare Reisig sämmtlich verschenkt hätte.

3) Vom Quirlschneiden.

In Gegenden, wo Nadelholzwaldungen sind, hat man sehr häufig den Gebrauch, vielen jungen Nadelholzstämmchen die Spitze abzuschneiden, theils um Küchenquirle davon zu machen, theils um sie als Zeichen der Gastwirthschaft vor die Häuser zu hängen, theils um die Weihnachtsgeschenke daran zu binden.

So unwichtig diese Benutzung zu sein scheint, so nachtheilig wirkt sie aber doch auf junge Waldungen, die in der Nähe von Städten liegen. Es sollte daher der Gebrauch der Küchenquirle und der Wirthschaftszeichen von Nadelholzspitzen bei fühlbarer Strafe ganz verboten, und zu sogenannten Christbäumchen nur zusammengebundene Nadelholzzweige gestattet werden. Will man aber dem Publikum das Vergnügen nicht entziehen, seine Christgeschenke an Quirlbäumchen zu hängen, so muß der Forstbeamte dergleichen Spitzen auf eine unschädliche Art ausforsten und sie um geringen Preis verkaufen lassen.

4) Vom Abhauen und Abbrechen der Aeste.

Außer dem strafbaren Abhauen und Abreißen der Aeste, welches in der Absicht geschieht, um Brennholz zu erhalten, fällt diese Verstümmelung und Beschädigung auch beim Samensammeln häufig vor. Oft hängt der Samen so, daß man ohne Unbequemlichkeit oder Gefahr nicht dazu gelangen kann. In diesem Falle haben die Sammler die sehr schädliche Gewohnheit, die Aeste, woran der Samen hängt, abzubrechen oder abzuhauen, um den Samen unterm Baume bequem abpflücken zu können. Wie nachtheilig dieses aber ist, fällt von selbst in die Augen. Es muß daher diese Handlung den Samensammlern aufs strengste untersagt, und vom Förster jeder Uebertreter zur Strafe notirt werden.

Nur von solchen Bäumen, die im nächsten Winter gehauen werden, kann man im Herbste die Aeste, woran Samenzapfen hängen, abhauen.

Eben so nachtheilig für die Waldungen ist der in manchen Gegenden eingeführte Gebrauch, Tannen- und Fichtenreisig statt Stroh zur Streu zu verwenden. Die Leute begnügen sich gewöhnlich nicht mit dem, was ihnen an dergleichen Reisern aus den Schlägen jährlich abgegeben werden kann, sondern suchen sich auf eine unerlaubte, für die Forste äußerst nachtheilige Art noch mehr zu verschaffen. Der Förster muß daher seine Waldungen auch gegen diese Beschädigung, so viel in seinen Kräften steht, zu beschützen trachten.

5) Vom Pech- oder Kienholzhauen.

In der Nähe von Städten ist gewöhnlich eine Beschädigung des Nadelholzes, besonders der Kiefernstämme, sehr im Gebrauch, welche darin besteht, daß man die Bäume $\frac{1}{2}$—1 Meter über der Erde anhaut, um einen Ausfluß der Säfte dahin zu locken, das Holz auf dieser Stelle dadurch sehr kienig zu machen, und diese kienigen Holzmassen nachher von Zeit zu Zeit auszuhauen, um sie zum Feueranzünden zu verkaufen. Viele der schönsten Stämme werden durch dieses Anhauen verdorben, und endlich so weit gebracht, daß sie der Wind entzwei bricht. Die fleißigste Aufsicht des Försters und die strengsten Strafen sind oft nicht hinreichend, um dieses Uebel ganz zu vertilgen. Gewöhnlich sind die Frevler ganz arme Leute, die man um Geld nicht strafen kann, und die auch gegen andere Züchtigungen unempfindlich sind. Will man daher, daß diese fatale Beschädigung unterbleiben soll, so ist das beste Mittel: den armen Leuten, welche sich durch den Verkauf des Pechholzes ihren Unterhalt verdienen, kienige Stöcke entweder zu schenken, oder gegen sehr geringe Bezahlungen zu verkaufen, und ihnen zur Pflicht zu machen, die Löcher wieder auszuebnen. Dieß allein hilft. Alle Befehle und Strafen werden weniger wirksam sein.

6) Vom Ringeln der Bäume oder Rindeabschälen.

In manchen Gegenden, wo viele Erdbeeren, Himbeeren, Hei=
delbeeren, Preußelbeeren und dergleichen wachsen und gesammelt
werden, hat man den Gebrauch, Gefäße von Rinde zu verfertigen,
um diese Beeren darin aufzubewahren und zu Markt zu tragen. Auch haben
an manchen Orten die Köhler, Holzhauer und Hirten den Gebrauch, ihre
Hütten mit Baumrinde zu überdecken. Wie mancher schöne Stamm dadurch
ruinirt wird, kann man sich leicht vorstellen. Es sollten daher alle Gefäße
von Baumrinde bei Strafe ganz verboten sein, und jeder Köhler, Holz=
hauer und Hirte bei Strafe verbindlich gemacht werden, sich die zur Deckung
der Hütten nöthige Rinde von dem Förster anweisen zu lassen.

7) Vom Aushauen der Vogelnester.

Auch durch das Aushauen der Vogelnester kann den Bäumen Schaden
zugefügt werden. Die Bäume, in welchen Vögel nisten, sind zwar schon
im Verderben; es wird dasselbe aber noch mehr beschleunigt, wenn große
Löcher in die Bäume gehauen werden, wodurch dem Regenwasser und Schnee
das Eindringen erleichtert wird. Ohnehin ist Niemand, außer dem Jagd=
herrn, berechtigt, Vogelnester im Walde auszunehmen; und wenn der Jagd=
herr nicht auch zugleich der Waldeigenthümer ist, so ist derselbe ebenfalls
nicht befugt, dem Waldeigenthümer die Bäume zu verderben, um die Vogel=
nester ausnehmen zu können. Das Aushauen der Vogelnester muß daher
verboten und jeder Uebertreter vom Förster zur Bestrafung angezeigt werden.

8) Vom Saftabzapfen.

Das Abzapfen des Saftes kann sowohl beim Laubholze, als beim
Nadelholze geschehen. Unter den Laubhölzern sind überhaupt wenige, deren
Saft man abzuzapfen pflegt, und es wird gewöhnlich nur die Birke,
um ihren Saft zu Bereitung eines Getränkes zu gebrauchen, wiewohl selten,
angebohrt und abgezapft. Hingegen kommt bei den Nadelhölzern, besonders
bei der Fichte und Tanne, an einigen Orten auch bei der Kiefer,
das Abzapfen oder Entziehen des Saftes häufiger vor, weil daraus be=
kanntlich das Pech, Terpentin und Harz gewonnen wird, wie solches in
dem Theile von der Forstbenutzung weitläufiger gelehrt ist.

Daß alles Abzapfen und Entziehen von Saft den Bäumen schädlich
sei, bedarf keines Beweises. Außer der Entkräftung und Verminderung des
Zuwachses wird selbst die Holzmasse verdorben, und auch die zu starke
Vermehrung schädlicher Waldinsekten befördert, wenn viele Bäume durch die
Entziehung des Saftes krank werden. Es kann folglich keinem, der nicht
dazu befugt ist, diese Benutzung gestattet werden, und selbst der Wald=
eigenthümer darf sie nicht weiter ausdehnen, als es die Erhaltung des
Waldes zuläßt. Wenn daher ein Waldeigenthümer die Pechbenutzung zu
seinem eigenen Schaden und zum allgemeinen Nachtheil zu weit treiben will,
so muß ihm solches von Seiten der Forstdirektion untersagt werden, und
der Förster hat die Obliegenheit, dergleichen nachtheilige Handlungen als=
bald seinem Vorgesetzten anzuzeigen; so wie es sich von selbst versteht, daß

er Jeden, der zu einer solchen Handlung überhaupt nicht berechtigt ist, zur Strafe notiren muß.

Wie übrigens die Pechbenutzung so einzurichten ist, · daß sie ohne großen Nachtheil stattfinden kann, ist bei der Forstbenutzung vorgekommen.

Achtes Kapitel.
Von der Waldweide.

Unter allen Uebeln, denen die Waldungen ausgesetzt sind, ist die übertriebene Waldweide eines der größten; denn es kann unter solchen Umständen kein verhältnißmäßiger Theil vom Walde in Hege genommen werden, um durch neuen Nachwuchs den Abgang des alten Holzes hinlänglich zu ersetzen. Die unausbleibliche Folge davon ist, daß über kurz oder lang die Waldungen, wenigstens zum Theil, ruinirt oder von Holz entblößt, und die nachkommenden Generationen in Holzmangel versetzt werden. Es ist daher eine wichtige Pflicht der Forstdirektion, die Waldweide entweder ganz abzuschaffen, oder sie doch wenigstens bis zur Unschädlichkeit einzuschränken.

Soll dieses aber geschehen, so muß die Ursache der übertriebenen Waldweide aufgesucht und entfernt werden. Man findet sie gewöhnlich:

1) im vernachlässigten Wiesen= und Futterbau,

2) im zu starken Viehstand oder in zu großer Ausdehnung der Weidgerechtigkeit, und

3) im Mangel an gehöriger Aufsicht.

Was die beiden ersten Gegenstände betrifft, so müssen von Seiten der Forstdirektion die zweckdienlichsten Mittel ergriffen werden, daß durch die Verbesserung des Wiesen= und Ackerbaues, und, wo es nöthig ist, durch Vergrößerung des Ackerfeldes, vermittelst Abtretung von Waldgrundstücken für den Feldbau, die Waldweide nach und nach entbehrlich wird. Auch muß von Seiten der Direktion die Anzahl des Weideviehes bestimmt, und jeder Weidberechtigte durch Ablösung oder gütliches Uebereinkommen in die gehörigen Schranken gewiesen werden. Der Förster hingegen muß seinerseits die genaueste Aufsicht halten, daß die Verordnung der Oberen befolgt und alle Uebertreter zur Bestrafung gezogen werden. Vorzüglich muß er darauf halten:

1) daß immer der gesetz= oder verordnungsmäßige Theil von seinem Forstreviere — bei Hochwaldungen von Laubholz gewöhnlich $\frac{1}{4}$, und beim Nadelholz $\frac{1}{5}$, bei Nieder= und Mittelwaldungen aber gewöhnlich die Hälfte bis $\frac{2}{3}$ von der ganzen Waldfläche in strenger Hege gehalten werde;

2) daß die Gras= oder Blumenweide, wie es an den meisten Orten gebräuchlich ist, erst mit Anfang Mai's beginne und mit Anfang Septembers sich schließe, daß hingegen die Schmeer= oder Fettweide oder die Eckerichsmast erst mit dem 15. Oktober anfange und mit dem Januar endige, binnen welcher Zeit die Vormast bis zum 20. December, die Nachmast aber, wenn sie stattfinden kann, vom 20. December bis Ende Januars dauert;

3) daß zur Blumenweide oder Grasweide nur Rindvieh, schlechterdings aber keine Ziegen, Pferde, Schafe und Schweine in die Waldungen getrieben werden, wenn die Forstdirektion keine besondere Erlaubniß dazu gegeben hat, oder keine besonderen Verträge vorliegen;

4) daß nicht mehr als die erlaubte Stückzahl Vieh eingetrieben, und von beeidigten Gemeindehirten geweidet, schlechterdings aber nicht einzeln gehütet werde;

5) daß die Hirten mit den Weideplätzen gehörig abwechseln, und

6) daß sie die in Hege gelegten Distrikte aufs sorgfältigste schonen, bis sie dem Vieh entwachsen und zur Beweidung wieder angewiesen worden sind.

Nur unter solchen Einschränkungen kann die Waldweide und Holzzucht zusammen bestehen: ob es gleich in forstwirthschaftlicher Hinsicht viel sicherer und besser ist, wenn die Waldungen von der Weide ganz befreit werden können.

Außerdem hat der Förster noch mancherlei Mittel, um die so nachtheiligen Weidfrevel in den Waldungen zu verhindern. Sie bestehen darin, daß er die Futtermasse in der Gegend, wo er lebt und wirkt, zu vermehren, und die Nothfrevel, die im Frühjahre vorfallen, dadurch zu verhindern suchen muß.

Nach meiner Erfahrung kann man auf folgende Art die Schläge vor Verderben und den eben so nöthigen Viehstand oft vor dem Hungertode schützen.

Man erlaube nämlich den futterbedürftigen Gemeinden, daß sie zu bestimmten Tagen, unter der Aufsicht der Forstbedienten und des Gemeindevorstandes, Gras aus den jungen Schlägen vorsichtig rupfen und dasselbe unentgeltlich benutzen dürfen, so wird man erstaunen, welch eine außerordentlich große Menge Futter aus dem Walde genommen werden kann, ohne demselben zu schaden. Sollte auch hier und da ein Holzpflänzchen unvorsichtigerweise beschädigt werden, so ist dieser kleine unmerkliche Verlust gegen den großen Vortheil, der dem Viehstand dadurch zuwächst, in gar keine Betrachtung zu ziehen, und es werden tausendmal mehr Pflanzen ruinirt werden, wenn man diese Erlaubniß nicht ertheilt; weil sich alsdann jeder Bedürftige mit schneidenden Instrumenten bei Tag und Nacht Futter für sein hungriges Vieh frevelhaft zu verschaffen sucht, und auf die Schonung der Holzpflanzen keine Rücksicht nimmt. Ich habe viele Versuche der Art gemacht, und nie Ursache gehabt, mit dem Erfolg unzufrieden zu sein. Die Menschen waren gegen eine solche Wohlthat immer dankbar und zeigten zuweilen diejenigen unter ihnen, welche nicht mit der gehörigen Vorsicht zu Werk gingen, selbst an, um die Beschuldigung der Undankbarkeit von sich zu entfernen, und in künftigen ähnlichen Fällen gleiche Vortheile nicht zu verscherzen.

Auch hat der Förster, welcher Niederwaldungen administrirt, noch ein kräftiges Mittel, um im Nothfall die Futtermasse zu vermehren, und dadurch die Weid- und Grasfrevel von seinen Schlägen zu entfernen. Dieses Mittel besteht darin, daß man in solchen Jahren, wo die Futterernte fehlgeschlagen hat und der Mangel im Frühjahre voraus zu sehen, also auch viel Schaden durch Weidfrevel zu fürchten ist, die Vieh haltenden Menschen mit getrocknetem Futterlaub zu versehen sucht. Man gebe ihnen daher nach dem zweiten Trieb des Holzes, also im August, den Schlag des Niederwaldes, welcher im nächsten Frühjahr abgetrieben werden soll, zu dieser Benutzung, gegen billige Bezahlung des Reisigs, und erlaube, daß der größte Theil der Aeste abgehauen, zu Wellen gebunden, an der Sonne getrocknet und zur Fütterung des Viehes im Winter verwendet werde. Ein so behandelter Schlag sieht freilich ekelhaft aus. Wenn man aber erwägt, daß dadurch eine unglaubliche Menge Heu und Stroh gespart werden kann, und daß die Stöcke nach der Hauung im nächstkünftigen Frühjahre eben so gut ausschlagen, als wenn die Stangen alle ihre Aeste bis dahin behalten hätten, so kann man sich während dieser kurzen Zeit einen solchen Mißstand wohl gefallen lassen. Es sind mir Fälle bekannt, wo durch dieses Mittel dem Landmanne so vieles Futterlaub verschafft wurde, daß die Schafe den ganzen Winter hindurch damit ernährt werden konnten. Es wurde also alles Heu und Stroh, das sonst zum Unterhalt dieser Thiere nöthig gewesen wäre, erspart und konnte für das Rindvieh und zur Streu verwendet werden. In Gegenden, wo dieser Fall oft vorkommt, ist es daher sehr vortheilhaft, wenn der Förster die Anstalten macht, daß die Weideplätze und alle schicklichen Orte mit Eichen-, Eschen-, Ulmen- und Hainbuchenkopfholzstämmen in Bestand kommen, und zu dergleichen Schaflaub benutzt werden, wie ich solches im zweiten Abschnitte des ersten Theiles schon empfohlen habe.

Neuntes Kapitel.
Vom übertriebenen Wildstande.

Was für großen Nachtheil ein übertriebener Wildstand der Forstwirthschaft bringe, wird jedem bekannt sein, der die Folgen davon zu sehen Gelegenheit gehabt hat. Die schönsten Schläge und Kulturen werden unter solchen Umständen vom Roth- und Schwarzwilde großentheils oder ganz ruinirt, und es ist ohne haltbare, mit vielen Kosten verknüpfte Befriedigung keine hinlängliche Nachzucht des Holzes möglich.

Wo also der Förster den Wildstand nicht vermindern darf, muß er die im zweiten Kapitel bekannt gemachten Befriedigungsmittel anwenden, und dafür sorgen, daß das Wild auf gut unterhaltenen Waldwiesen hinlängliche Nahrung finde, und im Winter nöthigenfalls gehörig gefüttert werde, um es von der Beschädigung des Holzes so viel wie möglich abzuhalten. Wo er aber willkürlich handeln kann, muß er den Wildstand bis zur Unschädlichkeit vermindern, und in seinem Forste nur so viel Wild dulden, daß es ihn an der Erziehung vollkommener Holzbestände nicht hindert.

Zehntes Kapitel.
Von der Waldgraserei.

Die Waldgraserei kann nur in sofern unschädlich sein und stattfinden, als man diese Benutzung von Distrikten nimmt, die noch mit keinem Holze bewachsen sind, oder, wie die Waldwiesen und Stellwege, niemals mit Holz bewachsen sollen; oder in sofern der Fall eintritt, daß das Gras vorsichtig und unter Aufsicht aus den Schlägen gerupft werden kann, wie ich im achten Kapitel gezeigt habe. Wenn also diese Fälle eintreten, so kann vom Wald= grafe Vortheil gezogen, und von mancher feuchten Blöße in einigen Jahren so viel erlöst werden, daß man im Stande ist, sie dafür mit Holz zu kultiviren. Jede andere Grasbenutzung muß aber streng untersagt und jeder Frevler zur Strafe gebracht werden.

Doch rathe ich nicht, alle guten Grasplätze im Walde mit Holz in Bestand zu bringen. Besser ist es, wenn man solche Plätze, die gutes Futter tragen und von einigem Belange sind, mit Grenzgräben um= ziehen läßt, und zur Grasbenutzung bestimmt. Man wird finden, daß das Wild, welches sich auf diesen Plätzen gern äset, alsdann die Schläge mehr verschont, und daß dergleichen Waldwiesen schon dadurch sehr nützlich werden. Bringt man aber alle Waldwiesen mit Holz in Bestand, so zwingt man das Wild, die Schläge und die benachbarten Felder zu ruiniren, weil es anderswo keine Nahrung finden kann.

Auch wird durch die Holzkultur auf den Waldwiesen, von denen nicht selten vieles Heu verkauft werden konnte, der Gegend eine beträchtliche Menge Futter entzogen. Dieses bewirkt nachher, daß die Waldungen durch Gras= und Weidfrevel, und selbst durch das Streulaubsammeln, wenn statt des sonst vorhanden gewesenen. Heues Stroh ist verfüttert worden, um so viel mehr leiden müssen.

Wo also die Waldwiesen für das Wild und zur Vermehrung der Futtermasse in einer Gegend nöthig und nützlich sind, da lasse man sich durch den Eifer für die Holzkultur nicht zu sehr hinreißen, und ziehe vorher dasjenige, was ich oben gesagt habe, in gehörige Ueberlegung. Man kann sonst, ohne es zu wollen, durch die Holzkultur der Holzkultur ent= gegenarbeiten. Ohnehin muß der Holzpreis in einer Gegend sehr hoch sein, wenn ein Morgen des besten Waldes jährlich so viel eintragen kann, als ein Morgen nur mittelmäßiger Wiesen. Es ist daher auch in dieser Hin= sicht nicht rathsam, eine Waldwiese, die gutes und vieles Futter liefert, mit Holz in Bestand zu bringen, wenn nicht besondere Beweggründe vor= handen sind.

Eilftes Kapitel.
Vom Futterlaubstreifen.

In Gegenden, wo wenig Futter wächst, findet man den für die Holz= zucht schädlichen Gebrauch, das junge Laub abzustreifen, und solches dem Vieh zur Futterung zu geben. Wie nachtheilig diese Operation für die jungen Waldungen sei, die dadurch ihrer neuen Triebe und Blätter beraubt werden, darf ich wohl nicht weitläufig auseinandersetzen. Das Laubstreifen in den Waldungen muß daher ganz untersagt, und jeder Frevler streng bestraft werden.

Doch gibt es Fälle, wo der Futtermangel im Frühjahre auf keine andere Art, als durch Laubstreifen vermindert und der Viehstand erhalten werden kann. Alsdann muß aber dieses Streifen unter Aufsicht des

Försters vorgenommen werden, und dieser darf nur schlechte Vor=
hecken mit der Bedingung, daß nur die untersten Aeste zum Theil
gestreift werden sollen, dazu anweisen. Auch muß eine solche Erlaub=
niß alsbald wieder aufhören, wenn es möglich ist, dem Vieh auf eine
andere, weniger schädliche Art Futter zu verschaffen, und sie darf überhaupt
nur dann ertheilt werden, wenn die größte Noth dazu berechtigt,
und der Viehstand auf keine andere Art zu erhalten ist.

Zwölftes Kapitel.

Vom Streusammeln in den Waldungen.

Eines der größten Uebel, die den Wald treffen können, ist das Streu=
sammeln, wobei bekanntlich das abgefallene Laub, oder die Nadeln und
das Moos zusammengescharrt, und dem Walde entzogen werden. Dieses
hat die nachtheiligen Folgen, daß eine Anhäufung oder Vermehrung der
Dammerdenschichten nicht möglich wird, und daß die Hitze und die Kälte
zu stark auf den Boden und auf die Wurzeln der Bäume wirken können.
Man findet daher die Holzbestände, woraus die Streu genommen wird,
allgemein in sehr geringem Zuwachs, und nicht selten sterben ganze Bestände
unter solchen Umständen schon im mittleren Alter völlig ab; wovon man
Beweise in nur allzu großer Menge finden kann.

Soll dieses große Uebel von den Forsten abgewendet werden, so muß
man die Ursache desselben aufsuchen und entfernen. Man findet sie ge=
wöhnlich, entweder

1) in Vernachlässigung der Wiesenkultur und des An=
baues der Futterkräuter, wodurch das zur Streu bestimmte Stroh
verfuttert und nachher durch Laubstreu ersetzt wird, oder

2) im Strohverkauf aus Gewinnsucht, oder

3) im undankbaren Ackerfelde, worauf oft bei aller Anstrengung
die erforderliche Menge von Stroh nicht erzogen werden kann.

In den beiden ersten Fällen müssen von Seiten der Direktion die
nöthigen Anstalten zur Entfernung dieses großen Uebels gemacht und jede
Laub= oder Streuentwendung aufs schärfste gestraft werden. Im dritten
Falle aber kann man nicht mit solcher Strenge verfahren, wenn die Land=
wirthschaft nicht zu Grunde gehen und der verarmte Bauer dadurch zum
Holzdiebstahl gezwungen werden soll. Unter solchen Umständen muß
die Forstwirthschaft die Landwirthschaft schwesterlich unter=
stützen, und keine darf auf den Ruinen der andern blühen
wollen. Der Wald muß also Streu abgeben; man muß ihm aber nicht
so viel entziehen, daß er dadurch zu Grunde geht. Freilich wird als=
dann der jährliche Holzertrag eines Morgen Waldes geringer, als wenn
eine solche Streuabgabe nicht stattfindet. Aber es ist doch besser, Holz und
Frucht nach Nothdurft zu erziehen, als an Holz Ueberfluß und an Frucht
Mangel zu haben, da man unter manchen Verhältnissen letztere um keinen
Preis sich verschaffen kann. Große Forste ohne holzconsumirende Bewohner
ihrer Umgebung haben oft gar keinen Werth, wenn daraus das Holz den
holzarmen Landestheilen nicht zugeführt werden kann.

Wenn alſo, nach genauer Prüfung aller Umſtände, und nach Anwendung aller Gegenmittel, die Abgabe der Laubſtreu un= vermeidlich iſt, ſo unterſtütze man die Ackerwirthſchaft damit. Doch beobachte man bei der Abgabe folgende Regeln:

1) Alle Diſtrikte, die ſchlechten Boden haben, oder deren Beſtand noch nicht 60 Jahre alt iſt, müſſen ganz ver= ſchont werden.

2) Jeder Walddiſtrikt, der bald in Schlag geſtellt oder verjüngt werden ſoll, darf wenigſtens 4 Jahre lang vor der Hauung gar kein Laub abgeben, inſofern er vorher von Zeit zu Zeit hat Laub abgeben müſſen.

3) Die Abgabe des Streulaubes muß wo möglich in dem Monat September geſchehen, damit das Laub den Boden bis dahin vor dem zu ſtarken Austrocknen ſchützen, und die bald nachher abfallenden Blätter die Erde vor dem zu ſtarken Eindringen des Froſtes bewahren können — und

4) kein Diſtrikt darf von Laub ganz entblößt, ſondern es darf nur alle 4 bis 6 Jahre ungefähr die Hälfte genom= men, und lieber ein etwas größerer Flächenraum dazu an= gewieſen werden. Am wenigſten nachtheilig iſt das Streuharken, wenn man einen Streifen von 3 Fuß breit von Laub entblößen, und da= neben einen eben ſo breiten Streifen mit Laub bedeckt läßt.

Bei Befolgung dieſer Regeln wird der Forſtmann jährlich eine be= trächtliche Menge Streulaub abgeben, und ſeine Waldungen doch erhalten können, ob ſie gleich ſchöner und an Holzmaſſe ergiebiger ſein würden, wenn eine ſolche Abgabe nicht ſtattfinden müßte. Wird dem Walde aber mehr Laub entzogen, als er nach den vorausgeſchickten Beſtimmungen ab= geben kann, ſo bewirkt eine ſolche Abgabe ſein Verderben, und zwar um ſo viel früher, je ſchlechter der Boden des Waldes überhaupt iſt. Mit dem Ruin des Waldes hört dann auch die Streunutzung auf.

Dreizehntes Kapitel.
Vom Plaggen= oder Raſenhacken.

In manchen Gegenden, beſonders in ſolchen, die wenig Frucht pro= duciren, iſt es gebräuchlich, auf den Waldgrundſtücken Raſen abzuhacken, dieſe mit Miſt vermiſcht auf Haufen zu ſetzen, und wenn die ganze Maſſe verfault iſt, ſie zur Düngung der Felder und Wieſen zu benutzen.

So gute Dienſte dieſer Dünger bei der Landwirthſchaft leiſtet, ſo nachtheilig iſt das Raſenhacken für die Waldungen. Eine Menge junger Holzpflanzen wird dadurch ruinirt, und dem Walde wird oft die ganze Dammerdenſchichte entzogen. Außerdem werden auch die Thauwurzeln der größeren Bäume dadurch beſchädigt und entblößt, und es können nachher der Froſt und die Hitze noch nachtheiliger darauf wirken, als wenn dem Boden das Laub entzogen worden iſt.

Alles eigenmächtige Raſen= oder Plaggenhacken in den Waldungen oder auf den Waldgrundſtücken muß daher aufs ſtrengſte verboten und jeder Uebertreter zur Bestrafung angezeigt werden. Nur in dem Falle kann es stattfinden, wenn eine Holzsaat dadurch befördert, oder vielleicht auf eine andere Art gar nicht so leicht vollzogen werden kann. Man läßt alsdann den Rasen entweder ganz oder streifenweise abschälen, trocknen, und, nach= dem die einzelnen Stücke tüchtig durchgeklopft und von der Dammerde so viel als möglich befreit sind, wegbringen.

Auf Distrikten, die stark mit Heide= und Heidelbeerkraut bewachsen waren, und mit Nadelholz oder Birken in Bestand gebracht werden sollten, habe ich dieses Abschälen sehr vortheilhaft gefunden, weil dadurch das Wurzelwerk entfernt und der Samen an die Erde gebracht wurde. Man muß aber streng darauf halten, daß die Rasen vor dem Abfahren so viel wie möglich abgeklopft werden, um die an den Wurzeln hängende Damm= erde im Walde zu behalten.

In den meisten Fällen verrichteten die Empfänger der Rasen das Abschälen unentgeltlich, und oft lieferten sie auch noch außerdem den zur Saat erforderlichen Birkensamen gegen die Benutzung der Rasen. Ich konnte also den Rasen auf einem Morgen eben so hoch anrechnen, als das Abschälen der Fläche, das Einsammeln des Samens und das Aussäen gekostet haben würden. Berechnet man nun dieses Kapital mit den Zinsen bis zur Haubarkeit des angesäeten Waldes, so überwiegt dieser Vortheil den Schaden, der durch das Abschälen des Rasens geschieht (welches freilich ohne einigen Verlust an Dammerde nicht ablaufen kann), bei weitem.

Außerdem machen die Kohlereien oft nothwendig, daß Rasen im Walde geschält werden müssen, um die Meiler damit zu decken. In diesem Falle muß der Förster nur solche Orte dazu anweisen, wo es am wenigsten schäd= lich ist, oder wo es vielleicht zur Beförderung der natürlichen oder künst= lichen Besamung noch nützen kann.

Vierzehntes Kapitel.
Von den Bergwerken, Steinbrüchen, Lehm=, Thon= und Mergel= gruben.

Wie nachtheilig es für den Wald ist, wenn Bergwerke, Stein= brüche, Sand=, Lehm=, Thon= und Mergelgruben darin liegen, davon wird sich Jeder überzeugt haben, der Gelegenheit hatte, die Folgen davon zu sehen. Es wird dadurch oft der beste Waldgrund mit unfrucht= barer Erde und Steinen überdeckt, und außer dem unmittelbaren Ruin auch noch bei der Abfuhr der Steine und Erden geschadet.

Was die Bergwerke betrifft, die in manchen Gegenden das einzige Mittel sind, um das Holz auf eine vortheilhafte Art zu benutzen, und den Bewohnern des Landes Wohlstand zu verschaffen, so darf der Förster dem gesetzmäßigen Betrieb derselben freilich nicht entgegenarbeiten; er darf aber auch nicht zugeben, daß dadurch ohne Noth dem Walde geschadet, und besonders bei der Abfuhr der Erze durch viele Nebenwege Nachtheil verur= sacht werde. Was hingegen die Steinbrüche, Sand=, Lehm=, Thon= und Mergelgruben anbelangt, so darf der Förster nicht erlauben, daß dergleichen im Walde angelegt werden, wenn außer demselben solche Mate=

rialien auf eine weniger schädliche Art und von gleicher
Güte zu haben sind. Sollten aber dergleichen Gruben nur im Walde
angelegt werden können, so hat dieß der Förster seinem Vorgesetzten anzuzeigen, und nach erhaltener Erlaubniß nicht nur den schicklichsten Platz zu
Anlegung einer solchen Grube anzuweisen, sondern auch einen Weg auszuzeichnen, worauf die Abfuhr der gewonnenen Materialien am unschädlichsten
geschehen kann.

Außerdem muß der Förster auch darauf halten, daß jede verlassene
Grube alsbald wieder zugeworfen und so viel wie möglich ausgeglichen,
oder nöthigenfalls mit einem Geländer umgeben werde, damit man den
Boden wieder benutzen oder doch wenigstens kein Unglück dadurch entstehen kann.

Fünfzehntes Kapitel.
Von der Torfstecherei.

So nützlich die Torfstecherei unter manchen Verhältnissen und Umständen an und für sich selbst ist, und so wesentlich sie mitwirken kann,
um die Waldungen zu schonen, wenn mächtige Torflager regelmäßig
abgestochen und benutzt werden, so nachtheilig kann sie im entgegengesetzten
Falle für die Forste werden. Es gibt Gegenden, wo man wegen einer
kaum 0,3 Mtr. dicken Schichte elenden Rasentorfes die Oberfläche manchen
Waldgrundstückes so ruinirt, daß sie für lange Zeit und oft für immer
zur Holzzucht unbrauchbar wird — oder wo man die Torfstecherei so unregelmäßig und fehlerhaft betreibt, daß dadurch die Torfmoore selbst, und
auch die benachbarten Walddistrikte versumpft, oder durch unordentliches
Abfahren des Torfs ꝛc. verdorben werden.

Der Förster muß daher diesen Uebeln entgegenarbeiten und nicht zugeben, daß Waldgrundstücke durch das Torfstechen für die Holzzucht unbrauchbar gemacht werden, wenn sie durch Holzkultur nachhaltig
mehr Brennmaterial liefern können, als durch die Benutzung
auf Torf. Sollte aber ein Waldgrundstück mit einer mächtigen Torf-
schichte bedeckt sein, so muß er dafür sorgen, daß der Torf regelmäßig und
wirthschaftlich gestochen und benutzt werde, wozu man im Theile von der
Forstbenutzung eine kurze Anweisung finden wird. Auch hat der Förster
die nöthigen Vorkehrungen zu treffen, daß das aus den Torfmooren abfließende Wasser in Gräben gefaßt durch die benachbarten Walddistrikte
geleitet werde, und daß die Abfahrt des getrockneten Torfes auf bestimmten Wegen geschehe und den Waldungen keinen Schaden bringe. Die ab-
getorften Flächen aber müssen, wenn es die Umstände erlauben, so bald
als möglich mit Holz wieder kultivirt werden.

Sechzehntes Kapitel.
Von den Waldbränden.

Man unterscheidet Erdfeuer und Bestandsfeuer. Mit den Erd-
feuern, die in Torf- und Moorboden entstehen können, wenn Hirten oder
Waldarbeiter an trockenen Stellen desselben Feuer anmachen, hat der Forst-

mann in der Regel nichts zu thun, wenn die Brände größere Dimensionen annehmen; es ist deren Löschung durch Gräben, die bis zur Soole der Torf= lager hinabreichen, Sache der ländlichen Polizeibehörden, denen sofort nach Entdeckung des unterirdischen Brandes vom Schutzbeamten Anzeige gemacht werden muß. Sofort nach der Entstehung entdeckte kleinere Erdbrände lassen sich oft mit geringen Kosten durch Anfertigung weniger Gräben isoliren.

Die Bestandsfeuer zerfallen in Lauffeuer und Gipfelfeuer. Erstere, bei denen das Feuer auf dem Boden fortlaufend, von trocknem Grase und Laub, Moos, Abfallholz sich nährt, sind die häufiger vorkom= menden und die Fälle, in denen das Lauffeuer am Moos der Stämme hinauflaufend die Gipfel des Holzbestands ergreift, kommen nur ausnahms= weise, besonders in jüngeren noch nicht gereinigten Orten vor.

Welche große Verwüstungen das Feuer in den Waldungen schon verursacht hat, ist bekannt. Am meisten sind die Nadelholzwaldungen dieser Gefahr ausgesetzt, doch sind auch die Laubholzwaldungen davon nicht befreit.

Gewöhnlich fallen die Waldbrände vom April bis September vor, weil in dieser Zeit das Laub, die Nadeln und das Moos oft sehr trocken sind. Doch hat man auch Beispiele, daß bei trockener Winterszeit Wald= brände entstanden und großen Schaden verursachten.

Soll dieses große Uebel von den Waldungen so viel wie möglich ab= gehalten werden, so muß man alles, was zu seiner Entstehung Anlaß geben kann, zu entfernen suchen, und wenn dessen ungeachtet ein Brand im Walde entstanden ist, die zweckmäßigsten Mittel zur Löschung desselben vorzukehren wissen.

Waldbrände entstehen aber gewöhnlich:

1) durch Unvorsichtigkeit,
2) durch Bosheit,
3) durch Eigennutz und
4) durch Zufall.

Aus Unvorsichtigkeit entstehen die Waldbrände:

1) durch die Holzhauer, Hirten und andere im Walde be= schäftigte Menschen. Diese zünden sehr oft, theils zu ihrer Erwär= mung, theils zur Bereitung ihrer Speisen, theils zu ihrem Vergnügen Feuer an, ohne dasselbe mit dem Laub und Moos oder den sonstigen leicht feuer= fangenden Materien außer Verbindung zu setzen, oder ohne die Vorsicht zu beobachten, dasselbe beim Weggehen auszulöschen. Ein geringer Wind ist dann im Stande, das Feuer zu verbreiten und großen Schaden anzu= richten. Es sollte daher ein jeder, der zu nahe bei einem Baume oder Dickichte, oder auf einem von brennbaren Materien nicht genug befreiten Platze, oder ein unnöthig großes Feuer angemacht, oder der es beim Weg= gehen auszulöschen unterlassen hat, scharf gestraft, und das Feueranzünden im Freien überhaupt nur bei kalter oder feuchter und nasser Witterung gestattet, bei anhaltender Dürre aber allen Menschen untersagt werden.

2) Durch die Aschenbrenner. Wo diese Holzbenutzungsart noch stattfindet, wird oft unglaublich unvorsichtig mit dem Feuer im Walde um= gegangen und dadurch mancher Waldbrand veranlaßt. Es müssen daher

diese Leute ganz vorzüglich unter Aufsicht gehalten und ihnen vom Förster diejenigen Plätze angewiesen werden, wo das Verbrennen des Holzes ohne Gefahr vorgenommen werden kann. In der dürren Sommerszeit und bei stürmischer Witterung aber muß das Aschenbrennen ganz verboten sein.

3) Durch die Köhler, wenn sie aus Unachtsamkeit die Meiler zum Bersten bringen, oder den Kohlenfuhrleuten nicht völlig gelöschte Kohlen aufladen. Diese verbreiten nachher das Feuer durch die ganze Ladung, und wenn dann die Fuhrleute die in Brand gerathene Masse ausschütten, oder auch nur einzelne Brände abwerfen, so geräth nicht selten der Wald dadurch in große Gefahr.

Um dieses Unglück zu verhindern und auch die Kohlenmagazine zu sichern, sollte daher verordnet sein, daß die Köhler diejenigen Kohlen, welche am kommenden Morgen abgeholt werden, am Abend vorher ausziehen, einzeln auf den Gestübberand legen, und in der Nacht, wo jeder Funken leicht bemerkt werden kann, einigemal untersuchen und alles Feuer aus= löschen sollen. Auch sollte jeder Kohlenfuhrmann verbindlich gemacht werden, immer ein hinlänglich großes Gefäß zum Wasserschöpfen an der Karre oder dem Wagen hängen zu haben, um sich dessen nöthigenfalls bedienen und aus dem nächsten Bache Wasser holen zu können.

4) Durch den Gebrauch der Fackeln im Walde. In manchen Gegenden bedienen sich die Jäger, Fischer, Köhler und Reisenden der hölzernen Fackeln, um bei nächtlichen Exkursionen besser fortkommen zu können. Hierdurch sind nicht selten Waldbrände entstanden. Es sollte daher der Gebrauch der Fackeln im Walde ganz verboten, und statt derselben die Laterne gebraucht werden, wie dieß in sehr vielen Gegenden ohnehin schon gewöhnlich ist.

5) Durch die Tabaksraucher. Diese verlieren zuweilen den brennenden Schwamm, und verursachen dadurch bei trockener Witterung einen Waldbrand. Um dieses zu verhindern, würde es zwar gut sein, alles Tabakrauchen im Walde zu verbieten; da aber vorauszusehen ist, daß dieß Verbot nicht gehalten werden wird, so möchte es besser sein, nur den= jenigen zu strafen, der im Walde aus einer Pfeife ohne Deckel raucht.

6) Durch die Jäger. Diese schießen zuweilen mit Pfropfen von Papier oder Flachs, welches durch den Schuß in Brand geräth und bei sehr trockener Witterung gefährlich wird, wenn es in Laub oder dürre Reiser fällt. Eben so kann durch das aus einer Büchse geschossene Pflaster von Leinwand das Laub entzündet werden. Es sollte daher bei trockener Jahreszeit alles Schießen mit Papierpropfen oder Stopfen von Flachs im Walde verboten, und jedem Jäger eingeschärft werden, bei trockener Wit= terung Pflaster von Leder und Propfen von Kälberhaaren zu benutzen, oder wenigstens das brennende Pflaster auszulöschen, wenn er mit der Büchse im Walde geschossen hat.

7) Durch das Hainen oder Verbrennen der Rasen auf den an die Waldungen grenzenden oder in denselben liegen= den Feldern, oder durch das Verbrennen oder Absengen der Heide auf angrenzenden Wüsteneien, werden nicht selten Wald=

brände veranlaßt. Es sollten daher dergleichen Operationen bei stürmischer Witterung ganz verboten, und nur mit der Bedingung gestattet werden, daß während des Verbrennens eine hinlängliche Anzahl von Menschen zugegen sein, und den angrenzenden Wald, welcher durch einen mindestens 6 Fuß breiten, bis auf die Erde verwundeten Streifen abgesondert werden muß, vor Gefahr schützen soll.

Durch die Lokomotive der Bahnzüge. Den in neuerer Zeit durch sie entstandenen Waldbränden läßt sich nur dadurch vorbeugen, daß im Walde auf beiden Seiten der Bahnstrecken von feuerfangendem Material befreite Schutzstreifen angelegt werden, die entweder dem Ackerbau überantwortet (Hackfrüchte) oder mit Laubholz so dicht bepflanzt werden, daß der Graswuchs unter den Pflänzlingen zurückgehalten wird. Außerdem müssen von den Eisenbahndirektionen die strengsten Befehle an ihre Lokomotivführer erlassen werden, daß bei jeder Einfahrt in Wälder kein Nachfeuern der Lokomotive stattfinden soll, da hierbei das Auswerfen glühender Kohlen am heftigsten ist. Ist trotz dieser Vorsichtsmaßregeln ein Waldbrand entstanden, so ist dessen Löschung von der jedes andern Waldbrandes nicht verschieden.

Aus Bosheit entstehen Waldbrände, wenn sich bösartige Menschen wegen erlittener Strafe oder aus sonst einer Ursache rächen, und dem Waldeigenthümer schaden wollen, wogegen freilich keine Vorkehrung zu treffen ist.

Aus Eigennutz entstehen zuweilen Waldbrände, wenn Hirten Feuer anlegen, um dadurch ihre Weideplätze zu vergrößern. Dagegen ist das sicherste Mittel, daß alle durch Brand entstandenen Blößen alsbald in strenge Hege genommen, kultivirt, und erst dann zur Weide wieder eingegeben werden, wenn das Holz dem Vieh aus dem Maule gewachsen ist. Und

durch Zufall entstehen endlich auch Waldbrände, wenn der Blitz Bäume anzündet, oder wenn von benachbarten brennenden Gebäuden, oder auf sonst eine zufällige Art Feuer in den Wald kommt.

Die Mittel, um Waldbrände zu verhindern, oder ihre allzugroße Ausbreitung zu hemmen, bestehen darin:

1) daß von Seiten der Direktion die vorhin angeführten Verordnungen erlassen werden;

2) daß der Zusammenhang der Waldungen durch Stellwege oder Schneisen unterbrochen, also der Wald durch Schneisen in Jagen oder Distrikte abgetheilt wird;

3) daß auf die Entdeckung eines Freviers der Art eine gute Belohnung gesetzt werde; und

4) daß die Forstbedienten bei trockener Witterung den Wald doppelt fleißig besuchen, und die darin arbeitenden Menschen vor Schaden warnen.

Sollte aber dessen ungeachtet ein Brand in den Waldungen entstehen, so sind folgende

die besten Mittel, um Waldbrände zu löschen:

1) Bei Brand in einzelnen hohlen Bäumen ist es oft schon hinreichend, die Oeffnung, wodurch das Feuer in den Baum

gekommen, mit Rasen fest zu verstopfen. Das Feuer erlischt aldann sogleich, und der Baum kann oft noch lange vegetiren. Wenn aber der Baum auch oben Löcher hat, so kann durch das Verstopfen der untersten Oeffnung das Feuer nicht gedämpft werden. In diesem Falle muß man einen solchen Baum umhauen und das Feuer durch Verstopfung der Oeffnung mit Rasen und Erde ersticken, oder es mit Wasser auslöschen lassen.

2) Entsteht aber ein Brand im Laube und Moose oder in der Heide, so lasse man das Feuer mit belaubten Zweigen entweder ausschlagen, oder man lasse einen zwei bis drei Schritte breiten Streifen, so nah wie möglich am Feuer, und besonders auf der Seite, wo sich das Feuer hinzieht, von Laub, Moos, Heide und allen brennbaren Materien bis auf die wunde Erde befreien, damit das Feuer nicht weiter um sich greifen und auf dem begrenzten Distrikte nachher ausge= schlagen, oder mit frischer Erde erstickt werden kann. Man fordere daher die benachbarten Gemeinden, Holzhauer, Köhler und alle Menschen, die man in der Eile zusammenbringen kann, durch Eilboten und Sturmläuten auf, schleunig Hülfe zu leisten, und sich mit Aexten, Hacken, Schau= feln und Rechen beim Brand einzufinden. Bis zur Ankunft dieser Hülfe bemühe man sich, durch Ausschlagen mit Zweigen und durch Wegscharren des Laubes und des Mooses die Ausbrei= tung des Feuers so viel wie möglich zu verhindern. Ist aber Hülfe an= gekommen, so stelle man die Leute auf derjenigen Seite, wo es am nöthigsten ist, in eine doppelte Reihe, und lasse die einen sich damit beschäftigen, das Feuer durch Ausschlagen so viel wie möglich zurückzuhalten, die andern aber lasse man in möglichster Eile einen wunden oder von brennbaren Materien befreiten Streifen ziehen. Sollte dieser Streifen vorerst auch nur einen Schritt breit sein, so wird er die Fortpflanzung eines nicht sehr großen Feuers schon hemmen, und er kann nachher noch breiter ge= macht werden. Nur lasse man sich nicht darauf ein, wie es manche em= pfohlen haben, einen Graben um den Brandplatz ziehen zu lassen. Dieses dauert allzulange, und der bald gemachte wunde Streifen hilft eben so gut, als der Graben. Nur in dem Fall muß ein Graben gezogen werden, wenn die Erde selbst brennt, wie solches in torfigen Ge= genden geschehen kann. Ein solcher Erdbrand rückt aber auch nicht sehr schnell fort; und wenn erst die auf der Oberfläche brennenden Materien, durch Anwendung der vorhin gezeigten Mittel, das Feuer nicht weiter ver= breiten können, so bleibt hinlänglich Zeit übrig, durch Ziehung eines Grabens auch dem Erdbrande das Fortrücken zu verwehren.

3) Sollte sich aber das Feuer an den Bäumen in die Höhe gezogen und ihre Aeste und Gipfel schon ergriffen haben — also auch oben sich fortpflanzen, so muß, außer den vorhin angeführten Operationen, auch der obere Schluß des Waldes unterbrochen, also eine Schneise gehauen, und die zu fällenden Stämme mit ihren Kronen nach dem Feuer hin geworfen werden. Da aber das Hauen einer solchen Schneise bei aller möglichen Anstrengung viel Zeit erfordert, so darf sie nicht zu nahe bei dem brennenden Holze, sondern so weit davon entfernt angefangen werden, daß die Arbeiter bis zur Ankunft des Feuers

damit fertig fein können. Man wähle zur Anlage des Streifens solche
Stellen, an denen durch breite Wege, Wiesen, Ackerstücke den Kronenschluß
bereits unterbrochen und die auszuhauende Bestandesstrecke eine kurze ist.
Der Förster darf bei einem solchen Unglück nur nicht außer Fassung kommen,
und muß sich mehr damit beschäftigen, die nöthigen Anstalten zu treffen,
als selbst zu löschen. Auch muß er beim Ausbruch eines Waldbrandes
seinen Vorgesetzten sogleich davon benachrichtigen, und wenn das Feuer ge=
löscht ist, die Brandstelle so lange bewachen lassen, bis keine Gefahr mehr
zu befürchten ist.

Bei sehr großen weit ausgedehnten Waldbränden, die in Preußen,
Polen, Rußland zc. nicht selten vorkommen und oft viele tausend Morgen
Wald verwüsten, sind alle vorhin genannten Mittel nicht wirksam genug.
Das Feuer verbreitet gewöhnlich eine so große Hitze und einen solchen Rauch,
daß man kaum auf hundert und mehrere Schritte sich dem Brande nahen
kann. In einem solchen Falle muß dem Feuer durch Feuer Grenzen
gesetzt werden. Dieß geschieht auf folgende Art:

Mehrere hundert und im Nothfalle Tausende von Schritten vom Feuer
entfernt und zwar um so weiter vom Feuer entfernt, je rascher dasselbe
fortrückt, stellt man auf der Seite, wohin das Feuer sich fortpflanzt, eine
Reihe Menschen an, und läßt durch diese einen schmalen Streifen Heide,
Moos zc. vermittelst vieler kleinen Feuer abbrennen, damit das große Feuer,
wenn es bis zu diesem Streifen vorrückt, keine Nahrung mehr findet und
nicht weiter sich fortpflanzen kann.

Das kleine Feuer auf den Streifen läßt sich, wenn Menschen genug
da sind, leicht in den bestimmten Grenzen erhalten, und der bis zur An=
kunft der großen Feuermasse abgebrannte Streifen verhindert unfehlbar das
weitere Fortrücken des großen Brandes, wenn der abgebrannte Streifen nur
einige Ruthen breit gemacht werden kann, ehe das große Feuer herankommt.
Man nennt diese Operation: ein Gegenfeuer machen, und sie ist das
einzige Mittel, um sehr große Waldbrände zu löschen.

Nach jedem Brande muß sich der Förster Mühe geben, die Veran=
lassung des Waldbrandes ausfindig zu machen, und den Strafbaren
seinem Vorgesetzten anzeigen.

Ob es übrigens rathsam sei, demjenigen der aus Nachlässigkeit oder
Unachtsamkeit einen Waldbrand veranlaßt und alsbald die Anzeige
davon gemacht hat, hart zu strafen, und denjenigen, welcher von
einem entdeckten Waldbrande die erste Anzeige macht, gut zu belohnen,
dieß sind Gegenstände, die zur Entscheidung der Direktion gehören. Ich
bemerke nur, daß Beides nachtheilig sein würde, weil im ersten Fall die
Waldbrände zu lange verheimlicht, und von dem Veranlasser nie angezeigt
werden, und weil im andern Fall Mancher durch die gute Belohnung gereizt
werden könnte, selbst Feuer anzulegen. Man strafe daher den Unvor=
sichtigen, wenn er die Anzeige ohne Aufschub selbst macht,
nicht zu hart, und belohne den Anzeiger eines Waldbrandes nur so, daß
er für seine Bemühung kaum entschädigt ist. Wollte man aber eine solche
Anzeige ganz unbelohnt lassen, so würde mancher, der einen Waldbrand
entstehen sieht, es zu lästig finden, die Anzeige davon alsbald zu machen,

und lieber den Wald verbrennen sehen, als eine Stunde Weges weit zu
laufen, um Hülfe herbei zu rufen. Die Verordnung, daß Jeder, der
einen Waldbrand bemerkt, und nicht alsbald anzeigt, streng
gestraft werden soll, ist zwar auch zweckmäßig, sie wirkt aber noch
sicherer, wenn man demjenigen, der sie befolgt, jedesmal auch den Weg bezahlt.

Uebrigens ist es bekannt, daß alles Holz, woran die Rinde vom
Feuer stark gesenkt worden ist, abstirbt. Man muß daher dergleichen Distrikte, wenn sie mit jungem Laubholz bestanden sind, alsbald nahe über
der Erde abtreiben lassen, um Stock- und Wurzelausschläge zu erhalten.
Wo diese aber nicht erfolgen, muß durch künstliche Saat und Pflanzung so
bald wie möglich nachgeholfen werden. Nur darf man mit dem Umhauen
untenher gesenkter dickrindiger Kiefern oder Eichen, oder anderer alter
Bäume nicht zu voreilig sein. Diesen schadet oft eine solche Sengung,
wenn das Feuer schnell fortrückte, nicht, und sie können nachher
zur natürlichen Besamung des verbrannten Platzes noch mitwirken. Wenn
aber die Rinde untenher bis auf den Splint verbrannt ist, so sterben
auch die alten Bäume im nächsten Jahre ab, und es bleibt dann freilich
nichts übrig, als das abgebrannte Holz, besonders wenn es Nadelholz ist, alsbald umzuhauen und zu benutzen, damit dem Borkenkäfer
keine Gelegenheit gegeben werde, sich in dergleichen Stämmen zu vermehren.
Doch untersuche man vorerst genau, ob die Safthaut durch das Feuer gelb
geworden ist. Wäre dieß der Fall, so sterben die Bestände gewiß ab. Ist
aber die Safthaut noch weiß, so übereile man das Abhauen des durchge-
brannten Bestandes nicht, weil man hoffen darf, daß das Holz nicht absterben werde.

Siebenzehntes Kapitel.
Von Ueberschwemmung der Waldungen.

In der Nähe von Flüssen und Bächen sind manche Walddistrikte der
Gefahr ausgesetzt, bei Fluthen überschwemmt zu werden. Wie nachtheilig
dieses ist, kann man daraus ermessen, daß alles Laub durch das Wasser
weggeführt wird, viele Bäume durch das Wasser und den Eisgang umge-
drückt oder beschädigt werden, und an denjenigen Orten, die keinen Abfluß
haben, Sümpfe entstehen. Kommen dergleichen Ueberschwemmungen oft
vor, so werden selbst solche Distrikte, wovon sich das Wasser mit abnehmender Fluth völlig zurückziehen kann, doch zu naß für die edleren Holzarten.
Diese sterben dann nach und nach ab, und es treten weiche schlechtere
Hölzer an ihre Stelle.

Außer dieser gibt es noch eine Art Ueberschwemmung oder vielmehr
Durchwässerung, die auch auf erhöhten Punkten stattfinden kann. Sie
scheint weniger gefährlich, ist aber oft noch nachtheiliger, als eine wirkliche Ueberschwemmung. Solche Durchwässerungen entstehen durch Quellen
oder auch Regenbäche, die keinen bestimmten Abfluß haben, sondern ihr
Wasser in der obersten Erdschichte eines Distriktes verbreiten und den Boden
beständig so naß und sumpfig machen, daß die edleren Holzarten darin
absterben oder gar nicht aufkommen können.

Wir haben daher zu unterscheiden:

1) wirkliche temporäre Ueberſchwemmungen und
2) anhaltende oder temporäre Durchwäſſerungen.

Sollen dieſe Waldübel abgewendet oder entfernt werden, ſo muß man die Urſache oder Entſtehung derſelben zu erforſchen und wegzuräumen, oder, wenn dieſes nicht möglich iſt, doch wenigſtens die Wirkung ſo viel es geſchehen kann zu entkräften ſuchen.

1) Von den temporären wirklichen Ueberſchwemmungen.

Wenn ein Walddiſtrikt von einem Fluß oder Bache zuweilen überſchwemmt wird, ſo muß zu Fluthzeiten Achtung gegeben werden, um die Punkte zu erfahren, wo das Waſſer ſeinen Ausweg nimmt oder überfällt. Dieſe Auswege muß man nachher dadurch, daß man ſtarke Pfähle ſchlagen, dieſe mit Holz einflechten und hinter das Flechtwerk nach dem Fluß hin, einen feſten Raſendamm machen läßt, zu verſperren ſuchen. Sollte aber die Ueberſchwemmung deßwegen entſtehen, weil der kleine Fluß oder Bach an einigen Orten zu eng iſt und das andringende Waſſer nicht genug durchlaſſen kann, oder weil das Waſſer wegen allzu ſtarker Krümmungen des Flußbettes nicht ſchnell genug paſſiren kann, ſo muß man im erſten Falle die zu engen Ufer erweitern, und im andern Falle die Krümmungen abſtrecken laſſen, um dem Waſſer einen ſchnelleren Lauf zu verſchaffen. Sollte aber alles dieſes nicht möglich und die Ueberſchwemmung unvermeidlich ſein, ſo muß man wenigſtens aus den Vertiefungen des der Ueberſchwemmung ausgeſetzten Diſtriktes nach dem Fluß hin tiefe Gräben ziehen laſſen, damit das Waſſer mit abnehmender Fluth bald abfließen und den Boden nicht verſumpfen kann.

2) Von den temporären und den anhaltenden Durchwäſſerungen. Verſumpfungen.

Zuweilen iſt es der Fall, daß Bäche, die nur bei ſtarkem Regenwetter Waſſer enthalten, ſich in einen Walddiſtrikt ergießen, darin ſich ausbreiten und den Boden für die edleren Holzarten zu naß machen. Dieſem Uebel iſt dadurch leicht abzuhelfen, daß man das Waſſer vor dem Walde in einem tüchtigen Graben auffängt, und in dieſem Graben durch den Wald in einen benachbarten Bach führt.

Entſteht aber die Durchwäſſerung aus Quellen, die oft einen Diſtrikt ſumpfig machen, ſo muß man dieſelben in Gräben aufzufangen und das Waſſer abzuleiten ſuchen, ehe es ſich in die Oberfläche verbreitet hat. Sollte man aber die Quellen nicht finden können, oder eine ganze Fläche allenthalben damit verſehen ſein, ſo muß man durch die größte Vertiefung, oder wo der meiſte Fall iſt, einen vier Fuß breiten und drei Fuß tiefen Abzugsgraben machen, und in denſelben ſchief einfallende Schlitzgräben verfertigen laſſen, um das überflüſſige Waſſer abzuleiten, und den Boden zur Holzkultur brauchbar zu machen.

Freilich koſtet die Abtrocknung eines ſolchen Bruches zuweilen mehr, als der Boden nachher zur Holzzucht werth iſt. Wenn man aber erwägt, daß dergleichen Brüche ſich mit der Zeit vergrößern, oder, wenn dieſes die Lokalität verhindert, doch den benachbarten Holzbeſtänden, wegen der daraus aufſteigenden kalten Nebel, nachtheilig werden, ſo wird man die Abtrocknung faſt immer ſehr nützlich und nöthig finden.

Achtzehntes Kapitel.

Von der Verſandung.

Waldungen, die an Felder grenzen, welche aus Flugſand beſtehen, werden oft mit Sand ſo überdeckt, daß ſie zur Holzkultur faſt nicht mehr brauchbar ſind; und längs der Oſtſeeküſte habe ich bedeutende Waldſtrecken gefunden, die ſo ſehr verſandet ſind, daß 20—30 Mtr. hohe Kiefern jetzt nur noch 2—3 Mtr. mit ihren Gipfeln aus dem Sande hervorragen. Ja, es gibt dort an einigen Stellen beträchtliche Sandberge, die mit jedem Jahre weiter fortrücken und die vorliegenden Waldungen ganz bedecken. Mehrere tauſend Morgen Wald ſind unter dem Sande ſchon begraben, und keine menſchliche Kraft iſt im Stande, dieſem Uebel Widerſtand zu thun. S. Th. Hartig und v. Pannewitz über Dünenbau.

Wo aber die Gewalt des Sandes nicht ſo groß iſt, und nur gewöhn= liche Sandſchollen in und an den Waldungen ſich finden, da kann ihre ſchädliche Ausdehnung durch die Mittel verhindert werden, die ich in dem Kapitel über Zubereitung der Blößen zur Holzſaat im 2. Bande beſchrieben habe.

Neunzehntes Kapitel.

Von den Sturmwinden.

Es iſt bekannt, daß Sturmwinde in den Waldungen, beſonders aber in den Nadelholzwaldungen, oft große Verwüſtungen anrichten. Gewöhn= lich liegt die Urſache davon in einem Fehler, den der Förſter bei der Hauung ſeiner Schläge gemacht hat. Doch gibt es auch Fälle, wo der Forſtmann unſchuldig iſt; denn man hat Beiſpiele, daß Holzbeſtände vom Wind um= geriſſen worden ſind, die noch gar nicht angehauen waren, und daß ein ſtarker Wirbelwind in der Mitte eines vollkommen geſchloſſenen Beſtandes Bäume umgeworfen und große Lücken gemacht hat.

Gegen die letzten Fälle gibt es freilich kein Schutzmittel. Gegen den erſten aber kann man ſich dadurch ſchützen, daß man die für den Abtrieb der Waldungen im erſten Abſchnitte von der natürlichen Holzzucht gegebenen Regeln aufs genaueſte befolgt, und die Weſt=, Südweſt= und Nordweſtſeite ſo lang wie möglich mit ſtehendem Holz gedeckt zu halten ſucht, oder derjenigen Gegend, woher die heftigſten Windſtröme zu ziehen pflegen, immer entgegen hauet.

Entſteht aber deſſen ungeachtet ein ſolches Unglück, ſo müſſen die um= geworfenen Bäume, beſonders wenn es Nadelholz iſt, alsbald aufgearbeitet und aus dem Walde geſchafft, oder verkohlt, und das Bau= und Werkholz, wenn es nicht bald aus dem Walde gebracht werden kann, geſchält oder beſchlagen, und auf Unterlagen oder in Waſſer gebracht werden, damit es nicht verderben und auch der Borkenkäfer darin ſich nicht vermehren kann. Auch muß der Förſter dafür ſorgen, daß die aus der Erde geriſſenen Stöcke zerſchlagen und verkohlt oder ſonſt benutzt, und die entſtandenen Löcher ſo viel wie möglich ausgeglichen oder geebnet werden. Sollte man aber die Stöcke nicht benutzen können, ſo müſſen ſie ſammt der daran hängenden Erde alsbald wieder zurückgedrückt werden, weil es ſonſt in einem solchen Distrikte in der Folge kaum fortzukommen ist, und in den Löchern hinter den Stöcken, wegen der Rauheit des Bodens und des sich bei Regenwetter sammelnden Wassers, keine Besamung anschlagen kann.

Zwanzigstes Kapitel.
Vom Frostschaden.

Daß der Frost, wenn er ungewöhnlich stark ist oder zu einer ungewöhnlichen Zeit erfolgt, an den Waldungen sehr nachtheilig wird, ist bekannt. Im ersten Fall erfrieren die nicht ganz verholzten Spitzen der neuesten Triebe und die ganz jungen Pflanzen etwas zärtlicher Holzarten. Zuweilen wird der Frost so stark, daß Rinde und Holz alter Stämme aufreißt, wodurch diese zwar nicht getödtet, aber doch eisklüftig und schadhaft werden. Im andern Fall aber erfrieren die erst aufgekeimten Pflanzen und die erst hervorgewachsenen weichen Triebe, Blüthen und Früchte der Holzgewächse. Auch kann der Frost dadurch recht schädlich werden, wenn er das mit Holzpflanzen bewachsene Erdreich hebt, und die Pflanzen aus der Erde zieht.

Gegen das Erfrieren der neuen Triebe, Blüthen und Früchte, und gegen den Frostschaden an alten Bäumen gibt es kein anwendbares Mittel; gegen das Erfrieren der jungen Pflanzen hingegen hat man bei der natürlichen Holzzucht ein Mittel, das darin besteht, daß man die ganz jungen Pflanzen durch die Samenbäume so lange schützt, bis sie der Frost wenigstens nicht ganz verderben kann. Und gegen das Auffrieren des Bodens schützt die Vorsicht, daß man die Erde, die gerne auffriert, nicht locker macht, in Baumschulen aber den Boden im Herbst dick mit Laub bedecken und dieses im Frühjahr wieder wegnehmen läßt. [1]

Wäre dessen ungeachtet ein Frostschaden in einer Baumschule entstanden, so kann man die jungen Pflanzen oft dadurch retten, daß man, ehe die Sonne aufgeht, die Pflanzen stark mit kaltem Wasser begießt, und sie mit Reisern oder sonst etwas so stark beschattet, daß sie die Sonne einige Tage lang nicht bescheinen kann. Alle übrigen Mittel sind beim Forstwesen nicht anwendbar.

Einundzwanzigstes Kapitel.
Vom Duft= und Schneeanhang und vom Hagelschaden.

In Gegenden, die nicht sehr rauh sind, aber doch ein solches Klima besitzen, daß die Obstkultur nicht nach Wunsch glückt, kommt der Fall nur zu oft vor, daß die Waldungen durch Duft= und Schneeanhang sehr leiden. In ganz rauhen Gegenden aber, wo die Luft im Winter meist

[1] Schmauchfeuer von Reisern und feuchtem Laube oder Rasenstücken, eine Stunde vor Sonnenaufgang nach kalten klaren Nächten unter Wind und so angelegt, daß der Rauch dicht über die Saatkämpe hinzieht, leisten bei nicht zu starkem Winde recht gute Dienste. Es ist nicht allein die Verhinderung starker Wärmestrahlung durch den Rauch, die hier wirkt, sondern man fühlt noch, in einer Entfernung von 60 bis 80 Schritten vom Schmauchfeuer, eine Wärme des Rauches, vielleicht zum Theil mit durch Condensation der dem Rauche beigemengten Wasserdämpfe. D. H.

ſehr trocken iſt, und der Schnee wie Sand oder bei ſtarkem Wind herab=
fällt, hat man dieſes Uebel weniger zu fürchten. Wie nachtheilig der Duft=
und Schneeanhang für die Waldungen werden kann, wenn er unge=
wöhnlich ſtark iſt und lange anhält, davon kann ſich nur derjenige
überzeugen, welcher Gelegenheit gehabt hat, den Erfolg ſelbſt zu ſehen.
Eine Menge erwachſener Bäume wird dadurch ihrer Aeſte und Gipfel
beraubt und verſtümmelt. Am meiſten aber leiden durch ein ſolches Uebel
die auf den Wurzelſchlägen ſtehen gelaſſenen Stangen, die neuen Pflanzungen
und die ſehr dicht geſchloſſenen noch geringen Stangenorte. Dieſe
werden durch die Laſt des Duftes und des Schnees zuweilen ſo niederge=
drückt und zerbrochen, daß man ſich genöthigt ſieht, ſie ganz abzuholzen.

Daß gegen dieſes Uebel kein Mittel möglich ſei, wird man leicht er=
meſſen. Alles, was der Forſtmann dagegen thun kann, beſteht darin, daß
er in Gegenden, wo dieſer Uebelſtand oft vorkommt, keine Holzarten an=
ziehe, deren Aeſte gerne brechen, oder an deren langen Nadeln der Duft
und Schnee ſich vorzüglich häufig anhängt. Auch kann durch die regel=
mäßige Durchforſtung der jungen Waldungen das Uebel ſehr gemindert
werden, weil alsdann die Gipfel der Stämme bei geringem Wind ſich
beſſer bewegen und den Schnee eher abſchütteln können, als wenn der Be=
ſtand allzu gedrängt iſt.

Außerdem gibt es auch noch ein Mittel, das aber freilich nicht allge=
mein im Walde, ſondern nur bei Pflanzungen und einzelnen Stangen, an
deren Erhaltung viel gelegen iſt, angewendet werden kann. Dieſes beſteht
darin, daß man den Schnee von den damit zu ſehr belaſteten und gebeugten
Stämmchen ſo bald wie möglich abſchütteln läßt. Ein einziger mit
einer Gabelſtange verſehener Menſch kann in einem Tage eine beträchtliche
Plantage oder eine ſehr große Anzahl auf den Wurzelſchlägen gebeugter
Stangen durch Anſtoßen vom Verderben retten, und es würden viele
tauſend der ſchönſten und nützlichſten Bäume für die Nachkommenſchaft mehr
erzogen werden, wenn man dieſes ſehr wohlfeile Mittel im Fall der
Noth anwenden wollte, wodurch ich viele junge Eichen und andere Stangen
vom unfehlbaren Verderben gerettet und oft ſelbſt mit Hand angelegt habe.
Sollten aber ſchlanke Laubholzſtangen vom Schnee gebeugt worden
ſein und ſich nachher nicht wieder aufrichten können, ſo iſt das beſte Mittel,
ſie in der Mitte des Bogens entzweihauen zu laſſen. Das Stamm=
ende wird ſich hierauf faſt immer ſtrecken und eine neue Krone austreiben.
Wäre die Biegung aber ſo ſtark, daß auch nach dem Abhauen des oberen
Theiles das Stammende ſich nicht wieder aufrichten kann, ſo bleibt kein
anderes Mittel übrig, als die Stange an der Erde abzuhauen, und den
Stock neue Ausſchläge machen zu laſſen.

Zwar nicht ſo ſchädlich, als ſtarker Duft und Schneeanhang, aber
doch auch ſehr nachtheilig für die Waldungen kann ein ſtarkes Hagel=
wetter werden. Ganze Strecken werden zuweilen dabei eines großen
Theils oder all ihrer Blätter und des Samens beraubt, oder an der Rinde
beſchädigt, und die ganz jungen Pflanzen zerſchmettert. Gewöhnlich iſt ein
ſtarker Sturmwind der Vorläufer oder Begleiter dieſes Uebels, und wenn
beide zuſammenwirken, ſo können die Folgen äußerſt traurig werden. Gegen

dieses Uebel kann der Forstmann freilich gar nichts vorkehren. Ist es ent=
standen, so muß er, durch Anwendung der bekannten Regeln der Holzzucht,
den verursachten Schaden so viel als möglich wieder gut zu machen suchen.

Zweiundzwanzigstes Kapitel.

Vom Schaden durch außerordentliche Dürre.

Der Schaden, welcher durch außerordentliche Dürre oder lang an=
haltende trockene Witterung in den Forsten entsteht, ist bekannt. Am auf=
fallendsten äußert er sich an den neuen Saaten und Pflanzungen,
besonders wenn sie an Sommerseiten oder auf magerem Boden gemacht
sind, und an dem Samen, der unter solchen Umständen taub wird und
abfällt. Weniger auffallend, aber bei weitem größer ist hingegen der
Schaden, der durch geringeren Zuwachs an dem ganzen Holz=
bestande erfolgt.

Gegen dieses Uebel ist nun freilich im Allgemeinen kein Mittel zu
finden. Alles, was der Förster thun kann, besteht darin, daß er die der
Sonne stark ausgesetzten Schläge nicht zu früh und nicht eher vom alten
Holze ganz entblößt, bis das junge Holz den Boden decken und dessen
Austrocknen einigermaßen verhindern kann. Ferner, daß er solchen jungen
Pflanzen, die mehrere Jahre lang sehr klein zu bleiben pflegen, und daher
nicht viele Dürre ertragen können, durch Bedeckung mit Reisig, oder durch
mitunter gesäete schnellwachsende und vielen Schatten gebende Holzarten,
Schutz zu verschaffen sucht, und daß er die Pflanzungen, wo es ge=
schehen kann, sowie auch die Saaten in der Baumschule, so oft es
nöthig ist, begießen und um die erst gepflanzten Stämmchen eine dicke
Moosdecke legen läßt. Obgleich das Begießen einige Kosten verursacht, so
ist es doch besser, diese anzuwenden, als die Kulturen verderben zu lassen,
und sie nachher mit noch bei weitem größeren Kostenaufwand wieder von
neuem machen zu müssen.

Dreiundzwanzigstes Kapitel.

Von dem Schaden durch Mäuse.

Auch die Mäuse tragen zuweilen das ihrige bei, um die große Zahl
der Waldübel zu vermehren. In manchen Jahren findet man sie so zahl=
reich in den Forsten, daß sie durch das Wegfressen des Samens und durch
Abschälen der Rinde, oder durch das gänzliche Abnagen der jungen Holz=
pflanzen äußerst nachtheilig werden. Die schönsten Eichel= und Buchenbe=
samungen werden zuweilen durch den Mäusefraß ganz oder zum Theil zer=
stört, und der junge Nachwuchs, bis zur Fingersdicke, leidet durch die
Gefräßigkeit dieser Thiere oft großen Schaden. Besonders aber lieben die
Mäuse die Rinde der jungen Hainbuchen, Buchen, Ahorne und Eschen,
und es werden oft beträchtliche Wurzelschläge, von 2= bis 6jährigem Alter,
so stark benagt und beschält, daß die Loden absterben und die Stöcke wieder
neue Ausschläge hervortreiben müssen. In den Schlägen des Hochwaldes
findet man sie an den Sonnenseiten und überhaupt da am meisten und am

schädlichsten, wo der Aufwuchs 4= bis 8jährig - und sehr geschlossen ist. Jüngere oder ältere, und alle freistehenden Pflanzen sind weniger dieser Beschädigung ausgesetzt, wie ich sehr oft zu bemerken Gelegenheit hatte.

Will man diesem Uebel entgegenarbeiten, so müssen alle Thiere, die sich von Mäusen nähren, insofern sie in anderer Hinsicht nicht zu schädlich sind, gehegt werden. Vorzüglich muß man das Schwarzwild, die Igel und die Eulenarten, den Schuhu ausgenommen, streng hegen, und auch die Füchse, welche eine unglaubliche Menge von Mäusen vertilgen, nicht allzusehr zu vermindern suchen. [1]

Auch habe ich die Bemerkung gemacht, daß große zahme Schweine Mäuse tödten und fressen, und daß der Betrieb der Waldungen mit starken Schweinen zur Verminderung der Mäuse ebenfalls beiträgt. Alle übrigen bisher vorgeschlagenen Mittel, die Mäuse in den Waldungen zu vertilgen, wie z. B. das Aufstellen von Fallen, das Vergiften, das Auswässern u. dgl., sind im Großen nicht anwendbar, und können nur in Baumschulen stattfinden.

Sollten aber aller angewandten Vorsicht ungeachtet die Mäuse überhand genommen und junge Stämmchen oder Loden benagt und geschält haben, so ist das beste Mittel, diese alsbald abschneiden und die Stöcke neue Loden austreiben zu lassen, weil die beschädigten Pflanzen und Ausschläge sonst lange Zeit kränkeln und endlich vielleicht ganz eingehen. Dieses Abschneiden ist aber nur alsdann nöthig, wenn auf einer Stelle so viele Loden beschädigt sind, daß durch ihren Verlust in der Folge noch bemerkbare leere Stellen entstehen könnten. Wären aber nur einzelne und so wenige Stämmchen oder Loden auf einem Punkt ruinirt, daß ihr Abgang in der Folge keine Verminderung des Holzertrags bewirken kann, so spare man die Kosten, welche das Abschneiden verursacht. Dergleichen kleine Lücken ziehen sich bald wieder zu, und wenn sie die Größe von 1—2 Mtr. ins Quadrat nicht überschreiten, so wird dadurch der Holzertrag des Waldes in der Folge um nichts vermindert. Eben so wenig ist es nöthig, einzelne geschälte Loden in den Niederwaldungen abschneiden oder abhauen zu lassen, wenn noch mehrere nicht geschälte auf demselben Stocke stehen. Sind aber alle Loden auf vielen Stöcken ganz geschält, so ist es nützlich, sie abhauen zu lassen, um einen neuen Ausschlag zu bewirken. Kann dieß aber nicht geschehen, so schlagen die Stöcke zwar wieder aus, die Loden bleiben aber in den ersten Jahren alsdann viel kleiner, weil das geschälte Holz bis zum völligen Absterben noch viele Säfte wegnimmt, und die neuen Loden alsdann später hervorkommen, als wenn man im Frühjahre die geschälten Ausschläge alsbald weghauen läßt. Außerdem habe ich auch bemerkt, daß alle in der Erde ganz abgenagten Pflanzen keine Ausschläge geben, und daß die nahe über der Erde geschälten Samenloden gewöhnlich erst im zweiten Frühjahre nachher neue Ausschläge machen. [2]

---

[1] Die so nützlichen Euten verschwinden aus untern Wäldern in demselben Maße als die alten hohlen Bäume seltener werden. In Buchenforsten sollte man einzelne der letzteren schon aus diesem Grunde so lange wie möglich zu erhalten suchen; besonders alte anbrüchige Eichen, die im Werthe wenig mehr verlieren können, da sie sich am längsten erhalten.   D. H.

[2] Siehe Hartig's Journal für das Forst=, Jagd= und Fischereiwesen vom Jahr 1806, Seite 585.

Ein wichtiges Mittel, dem Mäusefraß auf jungen Schonungen ent=
gegen zu arbeiten, besteht in der sorgfältigen Vertilgung des langen Grases.
Wird dieß nicht, entweder schon im Sommer durch Ausrupfen, oder im
Herbste nach dem ersten Froste durch Ausharken weggeschafft, so legt es sich
nieder und bildet eine Decke, durch die der Schnee nicht auf den Boden
fallen kann. Tritt nun Schneewetter ein, so ziehen sich alle Mäuse aus
der Umgegend an solchen Orten zusammen, und lassen oft nicht e i n e junge
Holzpflanze unbeschädigt.

Ehe ich dieses Kapitel schließe, muß ich noch eine Vorsicht empfehlen,
die mir, wenn ich viele Mäuse in den Forsten spürte, sehr genützt hat.
Diese Vorsicht besteht darin, daß man die Schläge des Hochwaldes, worin
man viele Mäuse bemerkt, mit der Auslichtung oder mit dem völligen Ab=
trieb der Samenbäume so lange verschont, bis die Mäuseplage aufhört.
Sollten dann auch hier und da beträchtliche Plätze von den Mäusen ganz
ruinirt werden, so können diese leeren Stellen von den Samenbäumen doch
eine neue Nachsaat erhalten, und man hat nicht nöthig, künstliche kostbare
Mittel zu ergreifen, um die Schläge vollwüchsig zu machen. [1]

Vierundzwanzigstes Kapitel.

Von dem Schaden, der den Waldungen durch Vögel zugefügt wird.

In manchen Jahren finden sich zur Strichzeit s o v i e l e F i n k e n ,
K r e u z s c h n ä b e l und w i l d e T a u b e n ein, daß die natürliche und künst=
liche Besamung der Waldungen dadurch leidet. Ich habe Jahre erlebt,
wo im Spätherbste oder im Frühjahre so enorm viele F i n k e n gestrichen
kamen, daß man ein Gewitter in der Ferne zu hören glaubte, wenn sie
vom Boden aufgescheucht wurden. Das Laub in den Buchenschlägen, worin
sie sich gewöhnlich aufhielten, war wie von Frischlingen umgebrochen, und
wo sie mehrere Tage lang verweilten, wurden alle Bucheln so rein aufge=
zehrt, daß kaum die Art davon übrig blieb.

Auch die K r e u z s c h n ä b e l finden sich zuweilen, wiewohl selten, in
großer Menge ein, und verzehren vielen Nadelholzsamen und Blüthenknospen,
und die w i l d e n T a u b e n fallen in manchen Jahren so häufig auf die
erst gemachten Nadelholzsaaten, und lesen den Samen so begierig auf, daß
nur wenig davon übrig bleibt.

Gegen den Schaden, welchen diese Vögel verursachen, kann man sich
nur dadurch sicher stellen, daß man die Saatplätze einige Tage lang be=
wachen und die einfallenden Vögel verscheuchen läßt. Da ein solcher Fall
nur selten vorkommt und der Strich in wenigen Tagen vorüber ist, so er=
fordert die Beschützung der Saaten einen äußerst geringen Aufwand, der
durch die Erhaltung einer vielleicht kostbaren Aussaat sehr reichlich er=
setzt wird.

---

[1] Auf der andern Seite muß man dagegen aber auch gelten lassen, daß durch einzelne,
längere Zeit übergehaltene Samenbäume und deren Mast, die Mäuse in die Schläge gezogen
werden. Es liegen mir Fälle vor, wo in Buchen=Verjüngungsschlägen der früher stattge=
fundene Mäusefraß mit dem Abtriebe der letzten Samenbäume aufhörte. D. H.

Außerdem ſchadet auch das Auergeflügel dem Walde dadurch, daß es den jungen Nadelholzpflanzen die oberſten Knoſpen abäſet. Ich habe junge ſechs- bis achtjährige Fichtenbeſtände geſehen, worin beträcht- liche Strecken auf dieſe Art beſchädigt waren. Gegen dieſes Uebel iſt nun freilich kein beſſeres Mittel, als den Auerwildſtand in einem ſolchen Falle bis zur Unſchädlichkeit zu vermindern. Von allen übrigen Vögeln, die Samen oder Knoſpen freſſen, hat der Forſtmann keinen ſo großen Nach- theil zu befürchten, daß er beſondere Maßregeln deßwegen ergreifen müßte. Einige davon, wie z. B. der Holzhehr, befördern ſogar die Holzkultur durch das Verſchleppen des Samens, wodurch Eichen und Buchen ꝛc. an Orten aufkeimen, die ohne Daſein der Heher mit dieſen Holzarten nicht würden beſetzt worden ſein.

Fünfundzwanzigſtes Kapitel.

Von dem Schaden, der den Waldungen durch Inſekten zu- gefügt wird.

Eine beſondere Aufmerkſamkeit muß der Forſtmann, beſonders in Nadelholzforſten, mehreren Inſektenarten widmen, die ſich von den Holz- pflanzen ernähren und, wenn ſie durch Umſtände in ihrer Vermehrung be- günſtigt ſind, in ſo großen Maſſen erſcheinen, daß ſie durch ihren Fraß ganze Waldungen zu vernichten im Stande ſind. Beſonders groß ſind die Gefahren, welchen die Nadelholzwälder durch Inſekten ausgeſetzt ſind, daher in ihnen der Forſtmann beſondere Aufmerkſamkeit auf das Vorhan- denſein und die Vermehrung dieſer Thiere verwenden muß, die ihm zu dieſem Zwecke nicht allein ihrem Anſehen nach in allen Zuſtänden ihres Lebens als Ei, Raupe oder Made, als Puppe und als ausgebildetes In- ſekt bekannt ſein müſſen, ſondern von deren Lebensweiſe er ſich auch eine genaue Kenntniß verſchaffen muß, um unter den bekannten Vertilgungs- mitteln diejenigen, und dieſe zur rechten Zeit in Anwendung bringen zu können, welche am meiſten geeignet ſind, dem Uebel vorzubeugen oder ihm Einhalt zu thun.

Ich werde in Nachfolgendem die Beſchreibung einer jeden dem Walde beſonders ſchädlichen Inſektenart in allen ihren Zuſtänden, deren Lebens- weiſe, Aufenthaltsort, Fraß, Vermehrung ꝛc. und die dagegen zu ergreifen- den Vorkehrungs- und Vertilgungsmaßregeln mittheilen.

I. Feinde der Kiefer.

A. Unter den Schmetterlingen.

1) Der große Kiefernſpinner, Bombyx Pini. Tab. II. fig. 1. a — d.

Eizuſtand (fig. 1. a). Die grauen, ſehr hartſchaligen, auf einem Ende mit einem ſchwarzen Pünktchen bezeichneten, etwas länglich-runden Eier des Kiefernſpinners, von der Größe der Schrote Nr. 8 findet man vom Mai bis zum September theils an der Rinde der Stämme, theils traubenförmig um junge Kiefernzweige abgelegt. Ein Weibchen legt deren

150—200 und mehr ohne alle Bedeckung frei auf die Oberfläche der Rinde. An den Stämmen werden viele Eier so tief abgelegt, daß man sie vom Boden aus abreichen kann, und zwar findet man 10—30, selten mehr oder weniger auf einem Fleck dicht neben einander mit einer klebrigen Feuchtigkeit aus dem After des Weibchens angekittet. An Beständsrändern hingegen so wie am Unterwuchse in älteren lichten Orten wählt der Schmetterling sehr gern die niedrigen dünnen Aestchen der Kiefer, besonders wenn sie abgestorben sind, und legt an diese, wie auch an die Nadeln derselben, wenn solche vorhanden sind, gewöhnlich den ganzen Eiervorrath dicht bei einander ab, so daß man sich mit einem Schnitt oder Bruch in Besitz der ganzen Nachkommenschaft eines Schmetterlings setzen kann.

Bei der großer Leichtigkeit des Eiersammelns darf man dieß Vertilgungsmittel ja nicht versäumen. Ich allein habe einmal bei einem schwächer als mittelmäßigen Raupenfraß 17,000 Eier oder ungefähr 0,00007 Cubikmtr. in einer Stunde durch Abbrechen der Eiertrauben am Rande eines befallenen Ortes gesammelt. Für das Einsammeln der Eier von den Stämmen fertige man eine Anzahl Kescher aus ⅓ Mtr. im Durchmesser haltenden Reifen von starkem geglühetem Eisendraht, um welche Leinewandsäckchen genäht werden. Die eine Seite des Drahtreifs biege man so nach innen, daß sie sich dem Umfange der stärkeren Bäume des abzusuchenden Bestandes anschließt. Der sammelnde Arbeiter hält dann die eingebogene Seite des Reifs dicht unter die mit einem gewöhnlichen Taschenmesser abzukratzenden Eier an den Stamm, welche alle in den Beutel fallen, während beim Auffangen mit einem grabrandigen oder runden Gefäße viele Eier neben den Gefäßrand vorbeispringen und auf dem Boden liegen bleiben, wo sie eben so sicher auskommen als am Stamme.

Die Eier des Kiefernspinners sind oft von einer ungeheuren Menge von Schlupfwespen befallen, die so klein sind, daß deren mitunter bis zu einem Dutzend aus einem Ei hervorkommen, in dem sie ihre ganze Lebenszeit bis daher zugebracht haben. Die kleinen gelben Schlupfwespen der Eier des Kiefernspinners habe ich Encyrtus embryophagus, größere metallisch grüne, einzeln in den Eiern lebende: Chrysolampus solitarius genannt; die schwarze, gesellig lebende Art hingegen ist schon durch N. v. Esenbeck beschrieben, der sie Teleas phalaenarum nennt. In dem oben erwähnten Falle waren von den 17,000 Eiern ungefähr ⅓ von Schlupfwespen befallen. Bei der Mehrzahl derselben in einem Ei kann man also mit Bestimmtheit annehmen, daß mindestens eben so viele Schlupfwespen als Raupen, vielleicht 2—3mal so viele in den Eiern enthalten waren. Es sind mir aber Fälle vorgekommen, wo ich aus 100 Eiern nur 3—4 Raupen gezogen habe.

Man würde sich also großen Schaden thun und den Nutzen des Eiersammelns mehr als aufheben, wenn man die gesammelten Eier verbrennen oder auf eine andere Weise vernichten läßt. Im Gegentheil müssen die gesammelten Eier in einen Zwinger, d. h. an einen Ort gebracht werden, von dem aus die auskommenden Schlupfwespen das Freie gewinnen und zu ihren Feinden gelangen können, ohne daß dieß gleicherweise den auskommenden Räupchen möglich ist. Ein solcher Zwinger besteht in einem

Säckchen von Gaze oder besser noch von Tüll, dessen Maschen so eng sind, daß die Eier nicht durchfallen, aber auch nicht enger, als hierzu gerade nöthig ist, damit die Schlupfwespen nicht ebenso wie die Raupen am Fortkommen verhindert werden.

Auf den Zeitpunkt des Eiersammelns wird man bei einiger Aufmerksamkeit durch die vorhergehende Schwärmzeit der Schmetterlinge aufmerksam gemacht. Die des Monats Mai und Juni ist wohl selten so bedeutend, daß man mit Erfolg zum Sammeln schreiten kann. Gemeinhin gegen die Mitte der Monate Juli und August schwärmen die meisten Schmetterlinge, auch der Septemberschwarm ist mitunter noch beträchtlich genug, um sammeln zu lassen.

Es findet nämlich, wie ich dieß in einer Abhandlung über den Kiefernspinner im Allgemeinen Forst- und Jagdjournal von Liebich 1836, Nr. 21, S. 162 erwiesen habe, eine mehrmalige, gemeinhin in die Mitte der Monate Mai, Juni, Juli, August und September fallende Schwärmzeit statt, von denen bald die eine, bald die andere, gewöhnlich die der Monate Juli und August besonders zahlreich ist. Die Lebensdauer des Insekts ist aber stets ein Jahr, so daß das im Monat Mai gelegte Ei im nächsten Maimonat, das im Monat August gelegte im nächsten August zum Schmetterlinge wird. Da nun der Eizustand gegen 20 Tage, der Raupenzustand etwas über 10 Monate, einschließlich der Winterruhe, der Puppenzustand 22—24 Tage, der Schmetterlingszustand 3—5 Tage dauert, so erklärt sich daraus die unter unseren schädlichen Waldraupen allein bei dieser Art vorkommende Erscheinung, daß wir nicht allein im Sommer auf den Bäumen und im Winter unterm Moose Raupen von jedem Alter und jeder Größe, sondern auch in manchen Sommermonaten das Insekt in allen Zuständen, als Ei, Raupe, Puppe und Schmetterling gleichzeitig vorfinden. Eben diese Eigenthümlichkeit ist dann auch die Ursache der großen Schädlichkeit des Kiefernspinners, indem der Raupenfraß nur durch die Winterruhe unterbrochen wird, wenn die Fraßzeit der einzelnen Raupe auch nur 4, höchstens 5 Monate dauert.

Raupenzustand (fig. 1. b). Die nach ungefähr 20 Tagen dem Eie entschlüpfende Raupe ist ungefähr 4 Millimeter lang und gleicht schon in allem der ausgewachsenen Raupe. Nachdem sie als erste Nahrung einen Theil der zerbrochenen Eischale verzehrt hat, begibt sie sich in die Wipfel der Bäume und beginnt sogleich ihren Fraß. Nach 12 Stunden erreicht die junge Raupe eine Länge von 22 Mmtr. Zu Ende des ersten Monats erreicht sie eine Länge von ungefähr $2\frac{1}{2}$, gegen Ende des zweiten Monats von 5 Ctm., wird überhaupt bis über 10 Ctm. lang, ist von grauer, brauner oder fuchsrother Grundfarbe mit hellen silberhaarigen Rückenzeichnungen und dunkelbraunen schrägen Querstreifen an den Seiten. Der ganze Körper ist mit langen borstigen Haaren besetzt, die Grenze zwischen dem ersten und zweiten, so wie die zwischen dem zweiten und dritten Leibesringe ist auf dem Rücken dicht mit kurzen, dicken, dunkelblauen Haaren bewachsen. Eben so gefärbte keulenförmige Haare stehen in kleinen Büscheln paarweise auf dem Rücken eines jeden Abschnitts. Da die Raupe übrigens nur auf Kiefern vorkommt, so ist sie nach obigem nicht leicht zu verkennen.

Die Raupen fressen so lange, bis die Kälte sie nöthigt, Schutz unter den Bäumen im Moose zu suchen. Hier liegen sie dann in der Regel nicht weiter als $2/3$—$1/2$ Mtr. vom Stamme entfernt unter dem Moose oder der Streu, und nur wenn beides fehlt, suchen sie sich durch Eindringen in den Sand eine dünne Erdschichte zur Decke zu verschaffen. Sobald im Frühjahr die Witterung gelinde wird, besteigen die Raupen die Bäume von neuem. Die ausgewachsenen fressen nicht mehr, sondern spinnen sich bald ein, die in den Sommermonaten des vorhergehenden Jahres entstandenen Raupen hingegen setzen ihren Fraß bis zu ihrer Verpuppungszeit fort.

Puppenzustand (fig. 1. c). Das Einspinnen der Raupe geschieht größtentheils an den unteren Zweigen der Kronen, meist zwischen den Nadeln, wenn solche an dem Aste, worauf die Raupe zuletzt gefressen hat, noch vorhanden sind. In lichten Orten mit Unterwuchs wählt die Raupe gern den letztern zur Verpuppung. Das dichte, fast undurchsichtige, mit den Haaren der Raupe durchwebte, eiförmige, $2^1/2$—3 Ctm. lange blaßbraune bis schmutzig weißgelbe Seidencocon läßt die Umrisse der Puppe und der abgestreiften letzten Raupenhaut durchschimmern und ist an der Kopfseite der eingeschlossenen Puppe offen, um dem Schmetterling das Auskriechen möglich zu machen. Die Puppe selbst ist sehr gedrungen, bis $2^1/2$ Ctm. lang, von brauner Farbe.

Schmetterlingszustand (fig. 1. d). Der sitzende Schmetterling trägt die Flügel in einer dachförmigen Stellung. Das Weibchen unterscheidet sich vom Männchen durch einfache Fühler, welche bei jenem stark gefiedert sind, und durch einen sehr dicken Leib. Die Flügelspannung beträgt beim Weibchen 5—8 Ctm., beim Männchen etwas weniger. Grundfarbe grau oder braun, bald heller, bald dunkler, jeder Oberflügel mit rother ausgezackter, dunkel eingefaßter breiter Querbinde und einem weißen Mondfleckchen.

Vertilgungsmittel. Die Mittel zur Vertilgung des Kiefernspinners beschränken sich auf Sammeln des Insekts in allen Zuständen durch Menschen. Wie dieß rücksichtlich der Eier bewirkt werden müsse, habe ich bereits gezeigt und bemerke nur noch, daß damit zugleich das Aufsammeln oder vielmehr Zerquetschen der Schmetterlinge verbunden werden muß. Besonders die weiblichen Schmetterlinge sitzen ruhig und tief, so daß sie leicht getödtet werden können.

Die Raupe wird während der Fraßzeit durch Anprallen der Stangen mit einer Axt vom Baume geworfen, muß dann aber aufgelesen und eingezwingert werden, da man durch das Anprallen größtentheils mit Schlupfwespen besetzte, ermattete Raupen erhält, die sich nicht so fest halten können, als die gesunden. Da also die Mehrzahl der durch Anprallen zu erlangenden Raupen ohnehin nicht zur Fortpflanzung kommt, so gebe ich auf dieß Mittel nicht viel, und um so weniger, da durch den Anschlag mit dem Rücken der Axt die Rinde der Bäume verletzt und der Stamm noch kränker gemacht wird, als er schon ist. In älteren Orten ist dieß Mittel wegen der Stärke der Stämme ohnehin nicht anwendbar und dürfte sich daher das Sammeln der Raupen und Cocons während der Fraßzeit auf den im hohen Holze etwa noch vorhandenen Unterwuchs und auf die tief beasteten Randbäume der Bestände, Blößen und Räumden beschränken, wobei man sich theils zum Herabziehen, theils zum Erschüttern der Aeste eines an eine lange Stange befestigten Hakens mit Vortheil bedient.

Dagegen ist das Sammeln der Raupen im Winterlager unstreitig Hauptvertilgungsmittel und, wenn es mit Sorgfalt ausgeführt wird, in Verbindung mit der Anlage von Raupenzwingern allein schon hinreichend, sich diesen lästigen Feind vom Halse zu schaffen. Das Sammeln beginnt, so wie die Raupen sämmtlich zur Erde sind, und kann den ganzen Winter hindurch, wenn kein Schnee liegt, fortgesetzt werden. In einem Umkreise von 2 Fuß von jedem Stamme wird das Moos oder die Streu weggeräumt, die erstarrten Raupen in einen Korb geworfen und der entblößte Boden wieder mit dem weggezogenen Moos ꝛc. überdeckt, theils um die nachtheiligen Folgen der Wurzelentblößung zu vermeiden, theils um ein, nöthigenfalls wiederholtes Absuchen möglich zu machen.

Da man nicht darauf rechnen kann, selbst beim sorgfältigsten Sammeln alle vorhandenen Raupen aufzufinden, da besonders von den kleinsten viele liegen bleiben, so wird es nothwendig, die gesammelten Raupen nicht zu vernichten, sondern ebenfalls an einen Ort zu bringen, dem sie nicht, dem aber die aus ihnen sich entwickelten Schlupfwespen und Schlupffliegen entweichen können. Dadurch erhalten die Schlupfwespen der Menge nach das Uebergewicht und vertilgen den nicht aufgefundenen Theil der Raupen. Ein solcher Zwinger besteht in einem nach der Menge der Raupen 0,03—0,10 Hekt. großen, mit einem $^2/_3$ Mtr. tiefen Graben umgebenen Platze, auf welchen die gesammelten Raupen ausgeschüttet und mit Moos bedeckt werden. Die äußere Grabenwand wird senkrecht, die innere ganz schräg gestochen, damit, wenn Raupen in den Graben fallen, dieselben mit Leichtigkeit ins Innere des Zwingers zurückkriechen können. Werden im Frühjahr die eingezwingerten Raupen munter, so besteckt man den Zwinger mit Kiefernästen, welche von den Raupen bestiegen und entnadelt werden. Da die Raupen im Zwinger wenig fressen, so braucht man gewöhnlich nur alle 8 bis 14 Tage neue Zweige einzustecken, wobei zugleich die an den Aesten der alten Zweige hängenden Cocons abgesucht und in ein mehrere Cubikfuße haltendes Erdloch geworfen werden, welches man mit einem so feinmaschigen Netze bedeckt, daß wohl die noch aus den Puppen sich entwickelnden Schlupfwespen, nicht aber die auskommenden Schmetterlinge das Freie gewinnen können.

Ueber Anlage der Raupenzwinger, Feinde des Kiefernspinners, Lebensperioden, Vertilgung ꝛc. vergl. Hartig, Forstl. Convers.-Lexicon, S. 655. 888. Liebich, Allgem. Forst- und Jagd-Journal 1836. S. 162. Hartig, Jahresberichte I. 2. S. 246.

Fig. 1. e habe ich eine, vom wichtigsten Feinde (Microgaster) des Kiefernspinners ausgefressene Raupe mit den unter ihr angehefteten weißen Cocons der Schlupfwespen — vom gemeinen Manne oft Raupeneier genannt — abbilden lassen.

In neuerer Zeit ist in den preußischen Staatswaldungen das Umgeben der Bäume mit einem Theerringe sehr empfohlen und häufig angewendet.

2) Die Nonne. Bombyx Monacha. Tab. II. fig. 2. a.

Eizustand (fig. 2. a). Die runden, etwas niedergedrückten, bläulich-

fleischrothen und Perlemutter-glänzenden Eier haben die Größe der Schrote
Nr. 9. Sie werden Ende Juli und Anfang August, einzeln noch Ende
August und Anfang September vom Weibchen vermittelst des in eine lange
dünne Legröhre auslaufenden Hinterleibs zwar größtentheils in geringer Höhe
vom Boden, aber so tief in die Rinderitzen und unter die Rindeschuppen
des Stammes abgelegt, daß sie schwer aufzufinden sind. [1] Demunerachtet
ist das Sammeln der Eier in neuerer Zeit mit Erfolg ausgeführt worden.
Daß die Eier theilweise auch in Moos und ans Heidekraut abgelegt werden,
wird zwar vielfach behauptet, mir selbst mangeln aber noch Erfahrungen
hierüber. Sollte sich die Angabe bestätigen, so würde ein Fortschaffen des
Mooses und Unkrauts gute Dienste thun. Man greife jedoch nicht eher zu
diesem Mittel, bis man sich felbst überzeugt hat, daß viele Eier dadurch
vertilgt werden können.

Drei Wochen nach der Geburt der Eier ist die Raupe völlig ausgebildet, man kann ihre Form, Farbe und Behaarung durch die Schale des
nun dunkelbraunen Eies deutlich erkennen. In diesem Zustande, umgeben
von der Eischale, überwintert die junge Raupe und kriecht erst Ende April
oder Anfang Mai aus.

Raupenzustand (fig. 2. b). Die junge Raupe besteigt nach ihrem
Auskommen nicht sogleich den Baum, sondern verweilt, besonders bei nasser
und kalter Witterung, einige Tage nach dem Auskommen, an den tieferen
Stammtheilen, sitzt hier gesellig in Haufen beisammen und kann zerquetscht
werden (Spiegeltödten). Später läßt sie sich bei einiger Erschütterung der
Zweige gern fallen und dürfte zu dieser Zeit in Stangenorten in Menge zu
vertilgen sein, wenn man die herabfallenden Raupen auf Fangtücher aufnimmt.

Nach 2¼ Monat, gegen Mitte des Monat Juli, hat die Raupe ihren
Fraß vollendet und ihre Ausbildung erreicht. Sie mißt alsdann 2—4 Ctm.
in der Länge, ist von dunkelaschgrauer Grundfarbe mit schwarzgrauem Kopf
und hellen Mundtheilen. Der Rücken ist mehr oder weniger weiß, die
weiße Farbe bis zur Hälfte des siebenten Abschnitts durch eine schwärzliche
Rückenlinie getheilt. Der Leib ist reihenweise mit blauen, rothen und bräunlich grauen, lange Haarbüschel tragenden Wärzchen besetzt. Auf dem neunten
und zehnten Abschnitt steht zwischen den beiden blaurothen ein lebhaft car-
moisinrothes Wärzchen, genau auf der Mittellinie des Rückens.

Durch die kürzere Dauer der Fraßzeit und dadurch, daß alle Raupen
gleichzeitig oder vielmehr mit geringem Zeitunterschiede fressen, wird diese
Raupe zwar weniger schädlich für die Bestände, als die des Kiefernspinners,
sie hat sich jedoch schon häufig in so großer Menge gezeigt, daß sie verheerend wurde und zwar sowohl in Kiefern als in Fichten.

Während des Raupenzustandes darf das Sammeln der Raupen durch
Anprallen und durch Ablesen vom Unterwuchse und an Bestandsrändern
nicht versäumt werden. Besonders in den Morgenstunden nach starkem
Thau und am Tage bei und kurz nach Regen sollen auch die älteren Raupen
die Bäume verlassen und am Fuße derselben sich in großen Mengen auf-

---

[1] Die gegebene Abbildung fig. 2 a zeigt ein Rindestück der Kiefer, von welchem die
oberste, die Eier bedeckende todte Rindeschuppe hinweggenommen und die Eier entblößt
wurden.

sammeln lassen. Die gesammelten Raupen müssen ebenfalls eingezwingert werden. Auch dürfte beim Fraß der Nonne die Anlage von Raupengräben nicht erfolglos sein.

Puppenzustand (fig. 2. c). Die Raupe spinnt sich Anfangs Juli größtentheils in den Wipfeln der Bäume zwischen den Nadelbüscheln mit wenigen einzelnen Seidenfäden ein, oder sie befestigt sich nur am After an der Rinde des Stamms und der Aeste. Die gestürzte, d. h. mit dem Kopfe der Erde zugekehrte Puppe ist 2—2$\frac{1}{2}$ Ctm. lang, lichtbraun, glänzend, mit weißen oder gelblichen Haarbüscheln besetzt. An Bestands=rändern und vom Unterwuchse wird man mitunter beträchtliche Mengen ab=lesen können; anderweitige Vertilgungsmittel dieses Zustandes gibt es nicht.

Schmetterlingszustand (fig. 2. d). Die Flügelspannung beträgt 4—6 Ctm. Grundfarbe weiß, die Oberflügel mit vielen schwarzen Zickzack=binden und Punkten, die Unterflügel schmutzig=weiß mit Randflecken. Die Spitze des Hinterleibs, besonders beim Weibchen mehr oder weniger rosen=roth. Männchen mit stark gefiederten Fühlern. Die Grundfarbe beider Geschlechter geht mitunter in dunkles Grauschwarz über.

Die Schwärmzeit der Schmetterlinge beginnt in der letzten Hälfte des Juli. In den frühen Morgenstunden, bis 9 Uhr, sitzen die meisten Schmetter=linge tief am Stamme ziemlich ruhig, so daß sie zerquetscht werden können; höher am Tage werden sie zu lebendig, so daß sie sich selbst mit Vorsicht nur schwer erhaschen lassen. Außer dem Sammeln der Schmetterlinge sollen auch Leuchtfeuer in kühlen Nächten gute Dienste leisten.

Am wichtigsten: Dr. J. H. Jördens, Geschichte der kleinen Fichten=raupe, 1798.

3) Die Föhreneule, Noctua piniperda (Tab. II. fig. 3. a—d).

Eizustand (fig. 3. a). Die Schwärmzeit der Schmetterlinge beginnt im April oder Anfang Mai. Das Weibchen legt 30—50 grüne Eier einzeln an die Spitze der Kiefernadel ab, aus denen nach 10—14 Tagen die jungen Raupen hervorkommen. Eine Vertilgung der Eier ist daher nicht möglich.

Raupenzustand (fig. 3. b). Die junge, 16füßige Raupe ist in der ersten Hälfte ihres Raupenlebens beinahe einfarbig grün, bis auf den zu jeder Zeit einfarbig rothbraunen oder gelbrothen Kopf, später zeigt sich eine weiße Rückenlinie, unter welcher jederseits zwei weiße und eine röth=liche oder orange Seitenlinie verlaufen. Mitte Juli, also ungefähr nach zwei Monaten erreicht die Raupe ihre volle Größe von 4—5 Ctm. Länge. Körper unbehaart.

Während der Fraßzeit der Raupe läßt sich wenig zu ihrer Vertilgung thun; man muß aber zu vermindern suchen, wo man nicht vertilgen kann. Da die Raupe sich mehr in Stangenhölzern als im hohen Holze findet, so kann man das Sammeln auf Fangtüchern durch Anprallen betreiben. Bei naßkalter Witterung sollen die Raupen in Menge am Fuße der Stämme sich aufsammeln lassen. Rathsam ist beim Fraß dieser Raupe das Isoliren der befallenen Orte durch Raupengräben.

Puppenzustand (fig. 3. c). Gegen Mitte Juli läßt sich die Raupe vom Baume fallen. Findet sie eine dichte Moosdecke, so verpuppt sie sich unter derselben, größtentheils geht sie aber in die Erde und verwandelt sich bald ohne Cocon in eine braune, glatte, $1^3/_4$—2 Ctm. lange Puppe, deren After in zwei schwarzen Spitzen endet. Hier liegt sie bis zum nächsten Frühjahre, und dieß ist der Zustand, in welchem ihrer Vermehrung am kräftigsten durch unausgesetzten Betrieb der befallenen Orte mit großen Schweineheerden entgegengearbeitet werden kann. Streurechen schadet mehr, als es nützt, da die meisten Puppen in der Erde liegen.

Schmetterlingszustand (fig. 3. d). Die Vorderflügel des 3—4 Ctm. in der Flügelspannung messenden, eulenköpfigen Schmetterlings sind von schön rothbrauner Grundfarbe mit hellerem weißgestrichelten Rande. Auf jedem Oberflügel steht ein kleiner runder und ein größerer nieren= förmiger Fleck von weißer Farbe, beide durch eine gerade weiße Linie ver= bunden. Unterflügel graubraun mit schwarzer Binde und Fleck. Körper röthlich braungrau, an den Segmenträndern weißhaarig. Beine schwarz= braun, weißringlich. Fühler rothbraun, am Grunde weiß, beim Männchen gewimpert.

Die Schwärmzeit beginnt im Frühjahre, so wie die Witterung gelinde wird, mitunter schon Mitte April. Der aus der Erde hervorkommende Schmetterling besteigt sogleich die Wipfel der Bäume, wo die Begattung sowohl, als das Ablegen der Eier vollzogen wird. Eine Vertilgung in diesem Zustande ist nicht ausführbar.

Dr. J. A. Kob. Die wahre Ursache der Baumtrockniß durch die Forstphaläne, Frankfurt 1790.

4) Der Kieferspanner, Geometra piniaria. (Tab. II. fig. 4. a—d.)

Eizustand (fig. 4. a). Die Schwärmzeit der Schmetterlinge findet früher oder später im Monat Juni statt. Die Eier werden an die Nadeln der Kiefer, aber nicht einzeln, sondern perlschnurförmig nebeneinander ab= gelegt, so daß die 40—80 Eier des Weibchens nur auf wenige beisammen= stehende Nadeln vertheilt werden. Die Eier sind grün, rund, aber stark niedergedrückt, so daß sie die Form eines Schweizerkäses haben. Da die Eier stets hoch in den Wipfeln der Kiefer abgelegt werden, ist Sammeln derselben nicht ausführbar.

Raupenzustand (fig. 4. b). Die jungen Raupen erscheinen 10 bis 12 Tage nach der Geburt des Eies. Sie sind 1 Linie lang, überall grün, nur der Kopf ist braun. Man kann sie aber schon jetzt an der Zahl der Bauchfüße erkennen, von denen nur am zehnten und letzten Abschnitte ein Paar vorhanden ist. Nach der zweiten Häutung ist die Raupe erst 2 Mmtr. lang, grün, jederseits mit einem breiten weißen Längsstreifen. Nach der dritten Häutung ist die Raupe 1 Ctm. lang und außer den beiden Seitenstreifen noch durch einen weißen Rückenstreifen geziert. Erst nach der vierten Häutung tritt die volle Färbung hervor, der früher braune Kopf wird jetzt bestimmt grün, der Seitenstreifen gelb, zwischen letzterem und dem Rückenstreif tritt noch ein gelbweißer Seitenstreif jederseits hervor. Alle diese Streifen setzen sich auch auf den grünen Kopf fort. Ausgewachsen $2^1/_2$—4 Ctm.

Die Raupe sitzt sehr fest, so daß das Anprallen nur wenig hilft; die dadurch herabfallenden Raupen sind größtentheils durch innere Feinde ermattet, daher ohnehin unschädlich. Außer Raupengräben läßt sich daher auch bei diesem Insekt wenig gegen den Raupenzustand thun.

Der Fraß der Raupe dauert gewöhnlich bis Mitte Oktober, dann freffen die Raupen nicht mehr, begeben sich Ende Oktober ins Moos und verpuppen sich dort in einer kleinen Vertiefung des Erdbodens. Auch diese Raupe hat schon größere Bestände, meist von mittlerem Alter, entnadelt.

Puppenzustand (fig. 4. c). Die Puppe ist 1—1½ Ctm. lang, braun; die vordere Seite der Kopfhälfte olivengrün, der After mit einfacher Schwanzspitze. Das Puppenlager findet sich nicht so regelmäßig als bei anderen Raupen am Fuße der Bäume, auf denen die Raupe gefressen hat, sondern mehr auf kleinen Lichtungen. Wenn keine dichte Moosdecke vorhanden ist, soll die Raupe auch in den Boden gehen. Wie bei der Föhren= eule, ist auch hier die Vertilgung hauptsächlich durch fleißigen Betrieb mit Schweinen zu bewirken. Sammeln und Streurechen hilft wenig.

Schmetterlingszustand (fig. 4. d). In der Körperform gleichen die Spanner mehr den Tagfaltern, sitzen auch wie diese meist mit aufgerich= teten Flügeln, fliegen am Tage und zwar sehr behende und rasch, daher der Name Wildfang; das Weibchen hat aber fadenförmige, das Männchen doppelt gekämmte Fühler. Die Grundfarbe ist braun, beim Männchen dunkler als beim Weibchen. Beim Männchen trägt jeder Oberflügel auf beiden Seiten drei keulenförmige, dicht beisammenstehende, zusammen fast die Hälfte des Flügels einnehmende gelbe Flecke, Flügelrand weiß und braun, Unter= flügel braun, oben mit größeren oder kleineren gelben Mittelflecken, unten mit zwei gelbweißen durch zwei schwarze schmale Querbinden durchschnittene Längsstreifen. Beim Weibchen ist auch die Zeichnung blasser und weniger scharf begrenzt.

Vertilgungsmittel in diesem Zustande besitzen wir nicht.

Hartig, forstl. Convers.=Lexicon S. 627.

5) Der Kiefernwickler, Tortrix Bouoliana (Tab. II. fig. 5. d, e).

Eizustand. Die Schwärmzeit der Schmetterlinge findet Ende Juni oder Anfang Juli statt. Die Eier werden an die Endknospen der Triebe 5—15jähriger Kiefern und zwar zwischen die Schuppen der Knospen abgelegt. Wahrscheinlich überwintern hier die Eier, wenigstens wird der Fraß der Raupe erst im kommenden Frühjahr bemerkbar.

Raupenzustand. Im Frühjahre geben sich die mit Wicklerraupen behafteten Knospen dadurch zu erkennen, daß sie entweder gar keinen Trieb machen, oder hinter den gesunden Trieben weit zurückbleiben, ein kränkliches Ansehen gewinnen und zuletzt, ohne Nadeln zu entwickeln, gelb werden. (Tab. III. fig. 5. e.) Bricht man einen solchen Trieb aus, so findet man in dessen Markröhre eine kurze dicke, chocoladenbraune, schwarzköpfige, 16füßige, 1—1¼ Ctm. lange Raupe mit schwarzem getheilten Hornschilde auf dem Rücken des ersten Abschnittes, welche, nachdem sie die Markröhren ausgefressen hat, sich auf dem Grunde derselben in der Gegend des Quirls in eine braune Puppe verwandelt. Die Raupen sind oft in einer solchen Menge vorhanden, daß die meisten Pflanzen einer Schonung davon befallen sind. Da nun der Schmetterling am liebsten die großen Spitzknospen des Mitteltriebs zum

Ablegen der Eier erwählt, so wird der Fraß der Raupe durch Unterbrechung des Längentriebs und Verunstaltung der Pflanze sehr nachtheilig, wenn er auch das Eingehen derselben nicht zur Folge hat. Man lasse daher, wenn man durch das Zurückbleiben oder Gelbwerden der Knospen, meist auch schon durch das häufigere Schwärmen der Schmetterlinge im vorhergehenden Jahre auf das Dasein und die Vermehrung des Insekts aufmerksam geworden ist, die kranken Triebe möglichst früh, d. h. schon im Mai und Anfang Juni, ausbrechen und einzwingern, da die Raupe eine große Menge eigenthümlicher Feinde beherbergt. Läßt man später sammeln, so haben sich schon viele Raupen verpuppt und liegen dann großentheils so tief, daß sie beim Abbrechen des Triebs nicht mitgefaßt werden.

Puppenzustand. Die Verpuppung fällt in die erste Hälfte des Juni. Ist der befallene Trieb mehrere Zoll lang, so liegt die Puppe innerhalb der Markröhre, ist der Trieb kurz, so daß die Raupe genöthigt wurde, unter sich zu fressen, so liegt die Puppe in der Spitze des vorjährigen Triebes zwischen dem Quirl, worauf beim Sammeln Rücksicht genommen werden muß.

Schmetterlingszustand (fig. 5. d). Der $1\frac{1}{2}$—2 Ctm. in der Flügelspannung messende Schmetterling hat schön mennigrothe Oberflügel mit 5—7 silbernen Querbinden, weißem Fransenrand, in welchem zwei hellbraune und eine dunkelbraune Parallelbinde. Die Unterflügel sind braungrau mit hellem, einmal bandirtem Fransenrand. Körper und Fühler sind röthlich-silberfarben behaart.

Dieß sind diejenigen Schmetterlingsraupen, welche der Kiefer an und für sich nachtheilig werden. Die nachstehenden sind weniger schädlich, da sie theils nicht in großen Mengen erscheinen, theils sich auf eine Weise ernähren, die dem Leben und der Gesundheit der Pflanze weniger nachtheilig ist. Hierher gehören:

6) Der Kiefernschwärmer, Sphinx pinastri. Hartig über Sphinx pinastri in Liebig Allgem. Forst- und Jagdjournal 1836, S. 177. Hartig, Jahresberichte I. 2. S. 269.

7) Die zweispitzige Spannerraupe, Geometra Fulvata Fabr.

8) Die rothköpfige Spannerraupe, Geometra lituraria Lin.

9) Die porcellan-scheckige Spannerraupe, Geometra fasciaria L.

Ob hierher Dr. J. J. Römer: Schriften der Berliner naturforsch. Gesellschaft V. S. 156 (1794)?

Ueber den Raupenzustand dieser letzten drei Spanner vergl. meine Jahresber. I. 2. S. 262—266.

10) Tortrix piceana (oporana) lebt äußerlich an den jungen Trieben der Kiefer. T. duplana wie Buoliana in jungen Trieben; T. turionana in den Knospen der Kiefer.

11) Tortrix resinana und eine zweite verwandte Art T. cosmophorana in den Harzgallen der Kiefer. Hartig, Forstl. Convers.-Lexicon S. 841.

12) Tinea (Phycis) sylvestrella in den Zapfen der Kiefer. Hartig, Forstl. Convers.-Lexicon S. 834.

Und einige andere, noch wenig beobachtete, T. dodecella, Lin. (Reussiella Ratzeb.) T. pinetella etc.

B. Feinde der Kiefer unter den Aderflüglern.

13) Die Kiefern=Langhornblattwespe, Lyda pratensis (Tab. III. fig. 21. a, b).

Eizustand. Die Schwärmzeit fällt zu Anfang Mai. Das Weibchen legt 30—40 blaßgrüne spindelförmige, wie ein Kümmelkorn gebogene Eier einzeln auf die Nadeln ab und befestigt sie durch einen Kitt auf der convexen Seite äußerlich. Die Raupe erscheint nach 8—14 Tagen.

Raupenzustand (fig. 21. a). Gleich nach dem Auskriechen aus dem Ei begibt sich die Raupe dicht unter die Endknospe eines Triebes, befestigt sich dort mit einigen Seidenfaden und frißt die umstehenden Nadeln. Durch die im Gespinnste hängenbleibenden Excremente der Raupe bildet sich bald um diese eine Hülse, die nach unten geöffnet ist und in welcher die Raupe, den Kopf nach unten gekehrt, sitzt. Mit dem nach unten fortschreitenden Fraß der Raupe verlängert sich auch die Hülse und wird zugleich durch die gröberen Excremente dicker und dichter. Die Raupe frißt nur wenig, da gewöhnlich die Nadeln eines Triebes zu ihrer Ernährung hinreichen. Mitte August läßt sich die Raupe fallen, kriecht in die Erde und überwintert daselbst, ohne sich einzuspinnen, im Larvenzustande. Durch fleißigen Betrieb der Orte mit Schweinen, besonders in der letzten Hälfte des August und im September wird man am kräftigsten auf ihre Vertilgung hinwirken.

Die Zweifel, welche Ratzeburg gegen meine Beobachtungen der Lyda pratensis ausgesprochen hat, beruhen wahrscheinlich auf einer Verwechselung seinerseits, da ich die ganze Entwicklung bis zur Wespe im Zwinger verfolgt, präparirte Raupen und die Wespen noch heute in meiner Sammlung habe. In Bezug auf das Gespinnst sagt auch Hapf, der hierin als Autorität gelten kann, „die Excremente bleiben größtentheils in den Gespinnsten hängen.“

Hapf: Bemerkungen über Afterraupenfraß in der Standesherrschaft Muskau 1829, beschreibt einen verbreiteten Raupenfraß im älteren Holze. Ich selbst habe sie dort bis jetzt nur einzeln, ausgebreitet auf einer dreijährigen Kiefernpflanzung beobachtet, wo der Mitteltrieb des größten Theils der Pflänzlinge entnadelt worden war.

Die Raupe wird bis über 2¼ Ctm. lang und hat außer den 6 Brustfüßen keine Bauchfüße, sondern nur ein paar dreigliedrige Nachschieber an den Seiten des letzten Segmentes. Die Grundfarbe des Körpers ist schmutzig grün, bei den letzten Häutungen bräunlich, röthlich oder gelb. Aus dem Gespinnste genommen, kann sich die Raupe nicht anders als durch ihr Spinnvermögen vom Flecke bewegen.

Puppenzustand. Die in der Erde überwinterte Raupe häutet sich das letztemal gegen Ende April. Die Nymphe zeigt alle Theile des vollkommenen Insekts, Fühler, Beine, Flügel auf der Brust zusammengelegt. Der ganze Körper ist an Stelle der harten Puppenschale der Schmetterlinge mit einer durchsichtigen Haut umschlossen, die schon nach 8—10 Tagen abgestreift wird, worauf die Wespe fertig ist.

Wespenzustand (fig. 21. b). Die mit vier durchsichtigen, denen der Stubenfliege ähnlichen, mit wenigen Adern durchzogenen Flügeln versehene Wespe unterscheidet sich von anderen Blattwespen durch den niedergedrückten, platten, scharfrandigen Hinterleib, durch 33gliedrige borstenförmige Fühler von der Länge des Hinterleibs, durch einen Seitendorn an den Vorderschienen, durch schwarze Färbung, am Kopf und Bruststück mit gelben Zeichnungen, am Hinterleibe mit rostrothem Rande. Länge $1\frac{1}{4}$, Flügelspannung $2\frac{1}{2}$ Ctm.

14) Die Kiefern=Buschhornblattwespe, Lophyrus Pini. (Tab. III. fig. 22. a—d).

Eizustand (Tab. II. fig. 22. a—d). Die erste Schwärmzeit der Wespen findet im April, die zweite in der letzten Hälfte des Juli statt. Die Eier werden vom Weibchen zeitig in die Nadeln der Kiefern abgelegt. Zu diesem Behufe führt das Weibchen im Hinterleibe ein sägeartig gestaltetes Werkzeug, womit es die Nadeln der Länge nach aufsägt, die Eier in die Wunde legt und diese mit einem aus dem After dringenden Schleim, vermischt mit den Sägespänen wieder verklebt. Obgleich die mit Eiern behafteten Nadeln an der Verkittung leicht zu erkennen sind, das Weibchen seine Eier auch größtentheils an benachbarten Nadeln eines Büschels ablegt, so wird das Sammeln derselben doch selten ausführbar sein, da die Eier meist in den Wipfeln der Bäume abgelegt werden. Wo aber Unterwuchs vorhanden ist, versäume man das Absuchen nicht, da überhaupt nur wenig Mittel zur Vertilgung dieses Insektes in unsern Händen sind.

Raupenzustand (fig. 22. b). Die Raupen kommen 14—20 Tage nach der Geburt der Eier zum Vorschein. In der ersten Zeit leben sie familienweise beisammen und verzehren nur die weicheren Theile der Nadeln, so daß die Mittelrippe stehen bleibt. Dadurch kann man am Unterwuchse und an den Bestandsrändern die fressenden Familien sehr leicht entdecken und zu dieser Zeit mit Leichtigkeit in großer Menge einsammeln lassen. Später, wenn die Raupen größer geworden sind, vereinzeln sie sich und fressen dann auch die Nadeln ganz, so daß sie alsdann viel schwieriger zu entdecken und zu sammeln sind. In älteren Beständen ohne Unterwuchs ist eine Vertilgung im Raupenzustande kaum möglich. Raupengräben zum Schutz nicht befallener Orte sind von Erfolg. Nach heftigem Platzregen, ebenso nach einer kalten Nacht fallen viele Raupen von den Bäumen und sammeln sich, um diese wieder zu besteigen, am Fuße derselben oft in dicken Klumpen. Nimmt man die rechte Zeit wahr, so können in solchem Falle große Mengen mit geringer Mühe vertilgt werden.

Die aus dem Aprilschwarm herstammenden Raupen, meist in so geringer Zahl, daß ihr Fraß wenig in die Augen fällt, fressen im Mai und Juni, spinnen sich im Anfang Juli ein und schwärmen meist gegen Ende Juli. Gleichzeitig kommen nun die übrigen, und zwar die Mehrzahl der überwinterten Cocons aus. Die Raupen der vereinten Bruten fressen dann im August und September den Hauptfraß, der schon häufig einen bösartigen Charakter angenommen und den Tod ganzer Bestände veranlaßt hat.

Die Länge der Raupe beträgt $2\frac{1}{2}$—3 Ctm. Am runden, rothbraunen, meist schwarzfleckigen Kopfe steht jederseits nur ein einfaches Auge, wodurch sich die Blattwespenraupen am bestimmtesten von den Schmetterlingsraupen unterscheiden. Der gelblich grüne Leib trägt 6 Brustfüße und 16 Bauch=füße; über den Füßen zeigt sich auf jedem Abschnitte die Figur eines liegenden Semicolons (⸱∼) von schwarzer Farbe; der Rücken ist mitunter dunkelgrün.

Puppenzustand (fig. 22. c). Zur Verpuppung begibt sich die Raupe größtentheils ins Moos, um sich unmittelbar über der Erde in ein dichtes, festes, elliptisches, braunes Cocon einzuspinnen. Wenn man wäh=rend des Einspinnens die befallenen Orte tüchtig mit Schweinen betreibt, vertilgen diese eine Menge von Raupen; dieß dauert aber nur wenige Tage, denn wenn das Cocon erst fertig ist, nehmen es die Schweine nicht mehr an. Wo man einen Moosfilz hat, lassen sich die Cocons leicht sammeln, man gebe daher nur den mit bloßer Streu bedeckten Boden den Schweinen ein, um durch das Brechen derselben auf dem bemoosten Boden sich das Sammeln nicht zu verderben, welches den Winter über fleißig betrieben werden muß, da auch gegen die Wespe keine Vertilgungsmittel vorhanden sind.

Wespenzustand (fig. 22. d). Das Weibchen ist 8—10 Mm. lang und mißt in der Flügelspannung 1,5—2 Ctm. Die Fühler sind 19= bis 20gliedrig, borstenförmig, etwas gesägt. Ueber dem Flügelmale ist nur eine Randzelle am Vorderrande des Vorderflügels vorhanden. Der Körper ist dick und plump, die Färbung schmutzig blaßgelb, der Kopf, drei Flecken auf dem Brustrücken und die Mitte des Hinterleibsrücken sind schwärzlich. Die ersten Glieder der braunen Fühler sind gelblich. Das Männchen hat schwarze, doppelt kammfiedrige Fühler. Der Körper ist bis auf die weiß=liche Unterseite des ersten Hinterleibringes schwarz, die Beine sind gelblich mit schwarzen Schenkeln. Die Hinterflügel haben eine schwärzliche Spitze.

Dieselbe Verbreitung und Bedeutung wie Loph. Pini östlich der Elbe hat Loph. rufus westlich der Elbe. Ueberall aber kommen einzelne Fa=milien, hier jener, dort dieser vor.

Auf der Kiefer kommen ferner folgende minder schädliche Blattwespen und Holzwespen vor:

15) Lyda erythrocephala. 16) Lyda campestris. 17) Lyda reticulata. 18) Lyda cyanea (wahrscheinlich).

19—29) Lophyrus similis, variegatus, frutetorum, pallidus, Laricis, socius, rufus, elongatulus, virens, nemorum, Pineti.

30) Sirex juvencus, die stahlblaue Holzwespe.

Vergl. Müller, Ueber Afterraupenfraß. Aschaffenburg 1821.

Hartig, Anhang zum forstl. Convers.=Lexicon 1834.

Hartig, Die Familien der Blattwespen und Holzwespen mit 8 Tafeln Abbild. 1837.

Hartig, Jahresberichte I. 2. S. 270. (Feinde der Blattwespen.)

C. Feinde der Kiefer unter den Käfern.

31) Der Fichten=Rüsselkäfer, Curculio Abietis auct. (Curc. Pini. Ratzeb.) [1] (Tab. III. fig. 12.)

[1] Der von Ratzeburg vorgeschlagenen Namensveränderung dieses von den neueren Entomologen allgemein als Curculio Abietis bezeichneten Käfers bin ich deßhalb nicht

Eizuſtand. Die Hauptſchwärmzeit findet im Mai und Juni ſtatt, doch kommen auch ſpäter noch Bruten aus, ſo daß man den Käfer den ganzen Sommer hindurch findet. Die Eier werden beſonders in die Rinderitzen der Stöcke, ſowohl friſcher als älterer, ſtehender und gerodeter abgelegt, nur in Ermangelung derſelben geht der Käfer auch kranke Stämme an.

Larvenzuſtand. Die ohnfüßige, rundköpfige, augenloſe Larve iſt 1,5—2 Ctm. lang, 4 Mmtr. breit, madenförmig mit braunem Kopfe und kaum erkennbaren Hornſchildchen auf dem Rücken des erſten Abſchnittes. Der Kopf, die Bruſt und die letzten Leibesringe ſind mit einzelnen langen Borſtenhaaren beſetzt. Sie lebt vom Geburtstage ab bis zum Herbſte, die ſpäteren Bruten auch den Winter über bis zum Frühjahre, in Gängen unter der abgeſtorbenen Rinde der Nadelhölzer, iſt alſo in dieſem Zuſtande unſchädlich, nagt ſich dann unter der Rinde, mehr oder weniger tief in den Splint hinein, eine eiförmige Puppenhöhle.

Puppenzuſtand. An der 1—1½ Ctm. langen, ½—¾ Ctm. breiten Puppe ſind ſchon alle Theile des Käfers erkennbar, Rüſſel, Fühler, Beine, Flügel auf der Bruſt zuſammengelegt und mit einer feinen, florartigen Haut wie bei den Weſpenpuppen überzogen. Rüſſel, Kopf, Ellbogen und die ganze Oberſeite des Körpers ſind mit ſtarken, etwas gekrümmten Dornen beſetzt, deren der After zwei von beſonderer Größe trägt. Sehr wahrſcheinlich dauert der Puppenzuſtand ſtets nur kurze Zeit, wie dieß bei den Weſpen der Fall iſt, geht alſo der Schwärmezeit des Käfers wenige Wochen voran.

Das einzige, aber unſtreitig durchgreifende Vertilgungsmittel des Inſekts in den genannten früheren Zuſtänden iſt ſorgfältige Entfernung alles kranken Holzes durch Stockroden und Durchforſtungen, man wird ſchon allein dadurch den Verwüſtungen des Käfers Einhalt thun können.

Käferzuſtand (fig. 12). Der ½—1 Ctm. lange, ¼—½ Ctm. breite Käfer iſt an dem in einen dicken Rüſſel von der Länge des Halsſchildes auslaufenden Kopf, an den gedornten Schenkeln, an den keulenförmigen, gebrochenen 13gliedrigen Fühlern, der dunkelbraunen Grundfarbe, den roſtrothen Sprenkeln, und daran erkennbar, daß das Schildchen ebenfalls dunkelbraun, nicht wie bei verwandten Arten hell gefärbt iſt.

In dieſem Zuſtande wird der Käfer nicht allein den jungen Kiefernorten, ſondern auch den übrigen Nadelhölzern durch ſeinen Fraß ſchädlich, indem er theils die Knoſpen, theils die jungen Triebe derſelben und die Stämme junger Pflanzen benagt und ſie zum Abſterben bringt. Beſonders jungen, noch kränkelnden Nadelholzpflanzungen auf Verjüngungsſchlägen, deren Wiederwuchs nach ſtarker Beſchattung plötzlich frei geſtellt wurde, hat er ſich ſchon in großer Ausdehnung verderblich gezeigt.

Als Vertilgungsmittel haben ſich bewährt gezeigt:

1) Fanggräben ⅓ Mtr. breit und tief, mit ſenkrechten Wänden und Falllöchern von ¼ Mtr. Tiefe auf der Sohle des Fanggrabens, in Entfernungen von 10—12 Schritten. Die Käfer können ſich nicht aus den Falllöchern heraushelfen und müſſen erfahrungsmäßig, trotz ihres

gefolgt, weil der Name Curculio Abietis dann einem Käfer zufällt, der nur auf der Kiefer, nie, wie der Fichtenrüſſelkäfer, auch auf Fichten und Tannen vorkommt.

Flugvermögens, darin umkommen. Man braucht sie daher nicht sammeln zu lassen.

2) Fanglöcher von ⅓ Mtr. lang, breit und tief, bedeckt mit Nadel= holzreisig.

3) Fangbüschel von frischem Nadelholzreisig, in die sich die Käfer gern hineinziehen und die täglich in den Morgenstunden auf ein aus= gebreitetes Fangtuch ausgeklopft werden.

4) Fangscheite und Rindeplatten, letztere mit der Bastseite unten auf den Boden ausgelegt. Die Käfer sammeln sich unter denselben und können leicht aufgelesen werden.

5) Fangknüpel von 5—8 Ctm. Dicke, die schräg in den Boden eingegraben werden, um dem Käfer zum Ablegen der Eier zu dienen.

Bei diesen letztern Vertilgungsmitteln ist noch zu bemerken, daß Reiser, Scheite und Platten frisch sein müssen; daß die Stelle, wo man sie aus= legt, vom Unkraut gereinigt und geebnet werden muß, und daß alle die genannten Vertilgungsmittel in den vom Rüsselkäfer befallenen Orten selbst angewendet werden müssen.

Hartig, Forstl. Convers.=Lexicon 1834. S. 163—165.

Ratzeburg, die Forstinsekten 1837. S. 106—114.

32) Der weißschildige Kiefern=Rüsselkäfer, Curculio notatus (Tab. III. fig. 13).

Vom Vorigen unterscheidet sich der Käfer durch ungezähnte Schenkel, längeren Rüssel, dem die Fühler in der Mitte eingefügt sind; durch ein rein weißes Schildchen und eine mehr ins Graue ziehende Grundfarbe. Jede Flügeldecke trägt zwei helle Querbinden, von denen die hintere breiter, an der Naht weiß, am Seitenrande ziegelroth ist. Länge 4—6 Mmtr.

In der Lebensweise unterscheidet sich das Insekt vom vorigen darin, daß die meisten Käfer schon im Herbste auskommen (Convers.=Lex. S. 168), in den Rinderitzen der Kiefer an der Erde überwintert, im Frühjahre sich begatten und die Eier nicht allein in Klafterhölzer und kranke Bäume ꝛc., sondern auch und vorzugsweise an das Stammende junger 3—5jähriger Kiefern und an Kiefern= zapfen ablegen. Unter der Rinde der jungen Kiefern frißt sich die Larve Gänge, verpuppt sich dort, und hat bereits öfter bedeutenden Schaden angerichtet.

Außer den bei dem Fichtenrüsselkäfer genannten Vertilgungsmitteln ist auch das Ausscheiden der gelb werdenden jungen Pflanzen bis in den August anwendbar.

33) Der blaue Kiefern=Rüsselkäfer, Curculio violaceus Lin. (Tab. III. fig. 16).

Der krumme Rüssel ist doppelt so lang als der Kopf; die 12gliedrigen Fühler stehen in der Mitte des Rüssels; zwischen Fühlerschaft und Geißel ist das Knie kaum bemerkbar. Färbung dunkel stahlblau; Größe 4—7 Mmtr. Schwärmzeit im Mai. Der Käfer bohrt die Knospen der Kiefer an, um von deren Mark zu zehren; die Eier werden an junge Kiefern abgelegt, in deren Quirlgegend die Larve, häufig mit Curculio notatus beisammen, ihre Gänge frißt; Vertilgung wie oben.

34) Der große Kiefern=Waldgärtner, Hylesinus piniperda. (Tab. III. fig. 11. a, b.)

Eizustand. Die Hauptschwärmzeit findet in der ersten Hälfte des April statt. Das begattete Weibchen gräbt sich in die Rinde der Kiefern ein, fertigt einen senkrecht in die Höhe gehenden Muttergang und legt an den Seiten desselben die Eier ab, ganz wie ich dieß beim Fichten-Borken-käfer umständlicher beschreiben werde. Ein zweites Einbohren und Eierlegen findet im Juli statt, ist aber freilich sehr untergeordnet (Jahresber. I. 2. S. 195). Zum Abiegen der Eier wählt das Weibchen am liebsten die frisch eingeschlagenen Bauhölzer und das frische Klafterholz, nächstdem die unterdrückten, kränkelnden Stämme jeden Alters, in die es sich, meist nicht über 3—5 Mtr. vom Boden, einbohrt. Nur wenn die Anzahl der Käfer ungewöhnlich groß ist, werden auch scheinbar gesunde Bäume an-gegriffen.

Larvenzustand. Die madenfarbige, rund und braunköpfige, augen- und fußlose Larve lebt in der Safthaut der Kiefer in Gängen, die sie sich vom Muttergange aus in mehr oder weniger wagrechter Richtung frißt. In der ersten Hälfte des Juni ist sie ausgewachsen, und verpuppt sich am Ende des Larvenganges in einer, meist in die Rinde vertieften Puppen-höhle. Nur wenn die Rinde sehr dünn ist, begibt sich die Larve zur Ver-puppung ins Holz, wovon mir mehrere Fälle bekannt sind.

Die Vertilgung des Käfers im Ei- und Larvenzustande geschieht ganz wie die des Fichtenborkenkäfers durch Fangbäume und Entrinden oder Hin-wegschaffen der befallenen Klafter- und Bauhölzer ꝛc. Die Fangbäume müssen schon Anfang April und bis Ende Mai geschlämmt, die Räumung bis Anfang Juni beendet werden.

Puppenzustand. Die 3—4 Mmtr. lange madenfarbige Puppe läßt schon alle Theile des Käfers durch eine dünne, enganschließende Puppen-haut hindurch erkennen. Man findet sie meistens in der letzten Hälfte des Juni; Anfang Juli zum Käfer sich verwandelnd.

Käferzustand (fig. 11. a, b). Der 3—4 Mmtr. lange Käfer unterscheidet sich von verwandten Formen durch den, aus dem vorne ver-engten Brustschilde hervortretenden Kopf mit fast rüsselartig vorgeschobenem Munde. Die gebrochenen Fühler mit fünfgliedrigem Geißelfaden und etwas eiförmigem viergliedrigem Knopfe, stehen an der Seiten des Rüssels; das dritte Fußglied ist ausgerandet, fast zweilappig (wodurch sich die Arten der Gattung Hylesinus am leichtesten von denen der Gattung Bostrichus unterscheiden lassen). Die Flügeldecken sind punktstreifig; zwischen jedem Streifen steht eine Reihe kleiner Dornwärzchen, die nur zwischen dem zweiten und dritten Punktstreifen (von der Naht aus gezählt), nicht bis zum Flügel-rande verlaufen, sondern am abschüssigen Theile der Flügeldecken verlöschen. Hierin allein unterscheidet sich H. piniperda von H. minor (Hartig, Converf.-Lex. S. 413), bei welchem letztern alle Dornreihen bis ans Ende der Flügeldecken verlaufen.[1] Die Färbung des Käfers ist verschieden, je

---

[1] Kupferstecher Weber, ein tüchtiger Käferkenner, Erichfon und ich, besorgten da-mals Zeichnung und Stich der Borkenkäfertafeln des großen Ratzeburg'schen Insekten-werkes. Es war eine aufgeregte Scene, als Weber nach lange vergeblichem Mühen unser Aller, triumphirend jenes Unterscheidungszeichen uns nachwies. Ich selbst hatte die Selbst-ständigkeit von H. minor nur aus der abweichenden Richtung der Muttergange erschlossen.

nachdem er jünger oder älter ist, von blaßgelb bis dunkel pechschwarz, meist
jedoch in letzterem Falle mit rothbraunen Flügeldecken.

In der letzten Hälfte des Juli sind die Käfer ausgebildet und ver=
lassen ihren Geburtsort, um sich bis zum Herbste von dem Marke der dieß=
jährigen Kiefertriebe zu ernähren.   Der Käfer bohrt sich in den Trieb ein,
frißt sich darin in die Höhe und verläßt den Trieb rückwärts durch das
Eingangsloch, wenn er bis zur Knospe oder bis zum Eingangsloch eines
zweiten Käfers gekommen ist.   So kann ein Käfer viele Triebe verderben;
und wirklich habe ich den Schaden so groß gesehen, daß man durch die vom
Winde herabgeworfenen Triebe nur hier und da den Boden durchblicken sah.
Daß ein Zusammenharken und Verbrennen der Triebe keinen Nutzen ge=
währe, der mit den Kosten im Verhältniß steht, kann ich nicht bestätigen,
indem ich in vielen der herabgeworfenen Triebe 3—8 Käfer fand.   Freilich
wird das Zusammenbringen und Verbrennen der Triebe nur dann von
Nutzen sein, wenn viele gleichzeitig durch heftigen Wind von den Bäumen
geworfen und sogleich nach dem Abfall vernichtet werden.

Die meisten Käfer verlassen mit Beginn des Winters die Triebe und
bohren sich am Fuße der starken Bäume in die todte Rinde ein, um
dort zu überwintern; doch überwintern einzelne Exemplare ohne allen
Zweifel in den Trieben, aus denen ich sie Anfang und Mitte März
gezogen habe.

Die Verletzungen der Larve und des Käfers sind häufig schon sehr
empfindlich geworden, doch haben sie noch nie das Eingehen ganzer Be=
stände zur Folge gehabt.

35) Der kleine Kiefern=Waldgärtner, Hylesinus minor.
Hartig, Conversations=Lex. S. 413.

In allen früheren Zuständen gar nicht, im Käferzustande nur an den
eben genannten Kennzeichen von H. piniperda zu unterscheiden, in seinen
Gängen aber dadurch erkennbar, daß der doppelarmige Muttergang mehr
oder weniger wagerecht um den Baum läuft; die Larvengänge hingegen
auf= und absteigen.   Außerdem treibt das Insekt dieselbe Oekonomie wie
H. piniperda, kommt zwar nicht so häufig, mitunter aber in eben der
Menge wie jener vor; im Heinersdorfer Reviere habe ich ihn sogar in der
Ueberzahl zu beobachten Gelegenheit gehabt.   Vertilgungsmittel wie bei
H. piniperda.

Unter der großen Menge von Käfern, die noch auf die Kiefer ange=
wiesen sind, dürften folgende noch einige forstliche Bedeutung haben:

36—38) Bostrichus Laricis, bidens, stenographus.
39—41) Hylesinus ater, palliatus, ligniperda.
42—44) Curculio violaceus, atomarius, indigena.

Zu den weniger wichtigen Insekten der Kiefer gehören ferner:

Aus der Familie der Mücken: Cecidomyia Pini und brachyn-
teros. Anthomya Ratzeburgii m.   Die Rasenasche=Fliege. F.= u. J.=
Zeitg. 1855.

Aus der Familie der Blattsauger: Rhizobius Pini, Aspi-
diotus Pini und flavus, Lachnus Pini und Pineti. (Hartig, Jahres=
bericht I. 4. S. 641. Germar Zeitschr. für die Entomologie III. S. 368.)

II. Feinde der Fichte.

A. Unter den Schmetterlingen.

1) Die Nonne, Liparis Monacha. (Tab. II. fig. 2. a—d.)
Sie ist ebenso ein Feind der Fichte wie der Kiefer und der einzige größere Schmetterling, der sich bis jetzt der Fichte verderblich gezeigt hat. Vergl. Dr. J. H. Jördens, Geschichte der kleinen Fichtenraupe.

Ueber Beschreibung, Lebensweise, Vertilgung ꝛc. vergl. Nr. 2 der Kiefern=Insekten.

2) Der Harzwaldwickler, Tortrix comittana Trschke. hercyniana v. Uslar. (Tab. II. fig. 6 d, e.)
Eizustand. Schwärmzeit der Schmetterlinge in der letzten Hälfte des Mai bis in den Juli. Die Eier werden an die jungen Nadeln abgelegt.

Die kleine 16füßige Raupe, von der Farbe der Fichtennadeln, kriecht 10—12 Tage nach dem Ablegen der Eier aus, umspinnt mehrere Nadeln und den Trieb, an welchem jene stehen, mit einigen feinen Seidenfäden, und beginnt den Fraß damit, daß sie sich etwas über den Stiel der Nadel durch ein kleines rundes Loch in diese hineinfrißt und das Blattfleisch verzehrt. Ist die Nadel ausgefressen, so kriecht die Raupe durch die Eingangsöffnung wieder heraus und wählt eine neue Nadel, während die ausgefressene vertrocknet, abfällt, größtentheils aber durch die Seidenfäden festgehalten im Gespinnste hängen bleibt. Dadurch bilden sich um den Zweig Convolute von trocknen losen Nadeln und Excrementen der Raupe, an denen man den Fraß derselben leicht zu erkennen vermag. (Tab. III. fig. 23. e.)

Die Raupen fressen bis in den Oktober auf 10—20jährigen Rothtannen, mitunter in ungeheurer Menge; im Herbste läßt sich die Raupe fallen, verpuppt sich in die Erde, und überwintert bis zur Schwärmzeit.

3) Der Schmetterling (fig. 6 d) ist 1—1¼ Ctm. lang, aschgrau, mit silberweißen Querstreifen.

Die Vertilgung dürfte allein durch fleißigen Betrieb der Orte mit Schweinen zu bewirken sein. Vielleicht sind auch Leuchtfeuer von Nutzen.

4) Die Fichtenzapfenmotte, Tinea (Phycis) strobilella Lin. F. S. n. 1419, aschgrau, mit schwarzen und weißen Zeichnungen, 1¾ bis 2 Ctm. Flügelspannung, lebt als Raupe in den Fichtenzapfen und verdient Beachtung. Ratzeburg führt sie als T. abietella Fabr. auf, Linné hat sie aber ganz unzweifelhaft beschrieben (Phal. nasuta in Abietis strobilis) und T. strobilella benannt. Ebendaselbst findet sich eine Spannerraupe, die der Geometra strobilata.

Außerdem kommen auf der Fichte noch eine Menge kleiner Wickler und Motten vor, die sich jedoch im Großen noch nicht als nachtheilig zu erkennen gegeben haben, wie z. B. Tortrix coniferana, histrionana, dorsana, Ratzeburgiana, Hartigiana, strobilana etc. Unter ihnen hat in neuester Zeit T. dorsana, in der Rinde junger Fichten, im Harz nicht unbedeutenden Schaden gethan.

B. Feinde der Fichten unter den Käfern.

5) Der Fichtenborkenkäfer, schwarzer Wurm, Bostrichus typographus (Tab. III. fig. 7. a, b.)

Eizustand. Die Schwärmezeit der Käfer findet Anfang bis Mitte Mai, eine zweite untergeordnete Schwärmezeit in der letzten Hälfte des Juli statt. Beide Geschlechter graben sich in die Rinde der Fichte ein, erweitern gleich unter dem Eingangsloch den Gang zu einem Vorplatze, um hier die Begattung zu vollziehen, worauf jedes Weibchen einen senkrecht verlaufenden Muttergang in die Saftschicht gräbt, an beiden Seiten desselben feine Eier in kleine Gruben ablegend und mit Wurmmehl verklebend. Da das Ablegen von 60—130 Eiern eines Weibchens 3—5 Wochen dauert, die junge Larve aber schon 14 Tage nach dem Ablegen des Eies auskommt, so findet man in der letzten Zeit des Eierablegens, Eier, Larven von verschiedener Größe, mitunter sogar schon Puppen von einem Mutterinsekte vor.

Larvenzustand. Die ausgewachsene 4—6 Mmtr. lange, weiche, madenfarbige, ohnfüßige Larve mit rundem, haarigem, braunem Kopfe ohne Augen, mit derben dunkelbraunen Freßzangen, frißt sich mehr oder weniger rechtwinklich vom Muttergange aus in der Safthaut, die zugleich ihre Nahrung abgibt, einen leicht geschlängelten Larvengang von 3—4 Ctm. Länge, der mit dem Wachsthum der Larve sich erweitert. Das Leben der Larve vom Auskommen bis zur Verpuppung dauert nur 2—3 Wochen.

Puppenzustand. Naht der Zeitpunkt der Verpuppung, welcher bei der Nachkommenschaft des Frühschwarms größtentheils in die erste Hälfte des Juni, bei der des Sommerschwarms in die erste Hälfte des Septembers fällt, so frißt sich die Larve am Ende des Nahrungsganges eine rundliche Puppenhöhle, ruht darin 4—6 Tage, häutet sich darauf und erscheint nun als eine florartig eingehüllte käferähnliche Puppe, an welcher die Extremitäten des Käfers, auf der Brust zusammengelegt, schon deutlich zu erkennen sind. Im Puppenzustande verbringt das Insekt 21—22 Tage, häutet sich dann abermals, und erscheint nun als ein blasser weichschaliger Käfer, welcher sich nach und nach dunkler färbt und erhärtet, seine ganz dunkelbraune Farbe aber erst nach dem Ausfliegen erhält. Als Käfer lebt das Insekt des Frühschwarmes noch 4$\frac{1}{2}$—5$\frac{1}{5}$ Wochen unter der Rinde, indem es sich wie die Larve von der Safthaut ernährt und diese in unregelmäßigen Gängen durchwühlt, wodurch die Regelmäßigkeit im Bilde der Larvengänge zerstört wird.

Die Nachkommen des in der ersten Hälfte des August erscheinenden Sommerschwarms sollen größtentheils in demselben Jahre nicht mehr schwärmen, sondern unter der Rinde überwintern, obgleich sie in kürzerer Zeit, und zwar in 6—8 Wochen, ihre Ausbildung erreichen. Einmal ist jedoch ein Schwärmen in der letzten Hälfte des Septembers beobachtet worden. Auch die Nachkommen des Frühschwarmes sollen, zurückgehalten in ihrer Entwickelung durch ungünstige Witterung, häufig unter der Rinde bleiben und dort überwintern.

Der Käfer (fig. 7. a, b) unterscheidet sich von anderen durch den kuglichen, in das kaputzförmig überragende Brustschild zurückgezogenen Kopf,

deſſen Mundtheile nicht rüſſelartig verlängert und deſſen Fühler mit fünfgliedrigem Geißelfaden und viergliedrigem Kopfe zwiſchen der Baſis der
Oberkiefer und den Angen eingefügt ſind. Alle Fußglieder ſind einfach
walzig. Die Länge beträgt 4—5 Mmtr., die Breite 2—2½ Mmtr.;
die Flügeldecken ſind hinten ſtark eingedrückt; der dadurch entſtehende ſcharfe
Rand iſt jederſeits mit 4 Zähnen beſetzt, von denen der dritte von oben
am größten iſt. Färbung vom hellen Strohgelb bis zum dunkeln Braun.

Obgleich der Fichtenborkenkäfer, ſo lange krankes Holz im Walde vorhanden iſt, nur dieſes zu ſeinem Aufenthalte erwählt, geht er doch auch
geſunde, oder ſcheinbar geſunde, jedenfalls ſolche Bäume an, die ohne ſein
Hinzukommen nicht abgeſtorben ſein würden, wenn er ſich ſo vermehrt hat,
daß das kranke Holz nicht mehr zum Unterbringen ſeiner Brut ausreicht.
In dieſem Falle vermag er auch wohl ganz geſunde Bäume krank und zur
Ernährung ſeiner Brut geſchickt zu machen (Converſ.-Lex. S. 114).

Um der Vermehrung dieſes im höchſten Grade ſchädlichen Inſekts
vorzubeugen, hat der Forſtmann: 1) die Durchforſtungen des unterdrückten
und abſtändigen Holzes ſorgfältig zu betreiben, 2) die Abfuhr, Verkohlung,
Entrindung oder Bewaldrechten aller im Winter gehauenen Hölzer, welche
mit Brut beſetzt ſind, vor Anfang Mai zu vollenden. Dahingegen iſt es
gut, wenn Hölzer, die nicht mit Borkenkäfern beſetzt ſind, erſt im Juni abgefahren werden, indem dadurch die ſchwärmenden Käfer vom ſtehenden Holze
abgezogen und gefangen werden. 3) Alle Windfälle, ſpäteſtens zwei Monat
nach dem Falle entweder aufzuarbeiten, zu verkohlen oder zu entrinden,
wenn ſie in dem Zeitraume vom 1. Mai bis zum Auguſt geworfen wurden.
4) Alle durch Sturm gedrückten Stämme ſpäteſtens zwei Monate nach dem
Fällen aufzuarbeiten ꝛc. 5) In den Schlägen, beſonders in den Durch-
forſtungshieben ſowohl ſelbſt, als durch die Waldarbeiter und Holzfuhrleute
ſorgfältig auf das Vorhandenſein des Käfers achten, und im Falle einer
Entdeckung, wenn auch geringer Mengen, in allen mittelwüchſigen und
älteren Orten, beſonders im Mai und Auguſt unterdrückte Stämme fällen
und dieſe täglich unterſuchen zu laſſen, ob Käfer anfliegen; wenn dieß in
einzelnen Orten häufig geſchieht, ſchleunigſt, ehe noch die Schwärmzeit allgemein wird, eine größere Anzahl von Fangbäumen fällen zu laſſen.
6) Außerdem in den geſchloſſenen Orten auf Alles, was die Gegenwart des
Borkenkäfers anzeigt: Bohrlöcher, Wurmmehl, Spechtlöcher, kränkelndes
Ausſehen der Nadeln und der Rinde ꝛc. genau zu achten. 7) Spechte,
Baumläufer, Meiſen ſorgfältig zu ſchonen.

Vertilgungsmittel bereits vorhandener größerer Inſektenmengen
haben wir nur 1) in den Fangbäumen und 2) in der Fällung und Entrindung des vom Käfer angegangenen ſtehenden Holzes.

Zu Fangbäumen, welche in die vom Käfer befallenen Diſtrikte
während der Schwärmzeit eingelegt werden, wählt man die unterdrückten
oder die Stämme vierter und fünfter Größe ſo, daß durch Fällung derſelben der Schluß des Waldes nicht zu ſehr unterbrochen und Gefahr durch
Windbruch ꝛc. nicht erzeugt wird. Von Woche zu Woche werden pro Morgen
1—3 ſolcher Stämme gefällt; ſie bleiben unausgeäſtet und mit dem Stammende auf dem Stocke liegen, ſo daß der Stamm durch dieſen und die Aeſte

vom Boden abgehalten wird, was man nöthigenfalls noch durch Unterlagen
befördert. Die ſchwärmenden Käfer legen hierauf ihre Brut in die Fang=
bäume ab. Sieht man, daß dieſelben ſehr ſtark befallen ſind, ſo läßt
man eine größere Zahl fällen. Haben die Fangbäume 5—6 Wochen ge=
legen, ſo werden ſie entrindet; findet man ſchon Käfer unter der Rinde,
ſo muß das Entrinden auf unterlegten Tüchern geſchehen und die aus=
fallenden Käfer ſowohl wie die Rinde verbrannt werden; finden ſich nur
Larven und Puppen, ſo genügt es, die Rindeplatten der Luft und Sonne
auszuſetzen, da die Entwicklung zum Käfer in dieſer Lage nicht vor ſich
geht. Dieſelbe Vorſicht muß beim Fällen und Entrinden der ſtehenden vom
Käfer angegriffenen Hölzer angewendet werden.

v. Sierstorpf, Inſekten der Fichte 1794.

Hartig, Forſtl. Converſ.=Lex. S. 108—119.

Ratzeburg, Forſtinſekten.

6) Den zottigen Fichtenborkenkäfer, Bostrichus autographus,
habe ich (Tab. III. fig. 8. a, b) weniger ſeiner Schädlichkeit halber, als
darum abbilden laſſen, weil er von Vielen mit dem Namen B. villosus
belegt wird, in den früheren Auflagen dieſes Lehrbuchs aber eines B. villosus,
zottiger Fichtenborkenkäfers, gedacht iſt, der in Fichten und in Tannen
vorkommen ſoll. Der in Fichten vorkommende iſt wahrſcheinlich unſer
B. autographus, der aus Tannen hingegen B. curvidens. Erſterer
kommt unter der Rinde kranker und abgeſtorbener Fichten zwar häufig genug
vor, hat ſich aber noch nicht beſonders nachtheilig gezeigt.

7) Der linirte Borkenkäfer, Bostrichus lineatus. (Tab. III.
fig. 9. a, b.)

Eizuſtand. Nach den von Dr. Ratzeburg geſammelten Beob=
achtungen Vieler, fällt die wahre Schwärmzeit des Käfers Ende März und
Anfang April. Daß die von mir beobachtete Schwärmzeit zu Anfang Juni
zu den Ausnahmen gehöre, vermag ich nicht zu beſtreiten, indem ich ſelbſt
nur dieſe eine Beobachtung dafür aufſtellen kann (Converſ.=Lex. S. 111).
Der Käfer greift alle Nadelhölzer an, am liebſten aber die Weißtanne und
die Fichte. Unterdrücktes Stangenholz, ſchadhafte ältere Stämme, friſche
Stöcke, beſonders aber friſch gefälltes Bauholz wählt er am liebſten zum
Ablegen ſeiner Eier. Zu dieſem Zweck bohrt ſich der Käfer mehr oder
weniger rechtwinklich in den Stamm hinein und legt ſeine Eier an die
Wände des Mutterganges ab, mitunter ſcheint er die Fluglöcher wieder=
um als Eingangslöcher zu benutzen. Die Gänge des Käfers im Holze ſind
an der ſchwarzen Färbung der Wände, die ſich in das Holz hineinzieht,
leicht zu erkennen.

Larven= und Puppenzuſtand. Die Larve bringt ihre ganze
Lebenszeit in dem Raume zu, der ſpäter als Puppenhöhle dient. Sie liegt
in kleinen, rechtwinklich den Gängen aufſtoßenden Höhlen, mit dem Kopfe
dem Gange zugewendet. Die Brut ſoll meiſt erſt im Auguſt fertig werden.
Eine zweite Generation findet nicht ſtatt. Wo die Käfer überwintern, habe
ich auch nicht ermitteln können.

Käferzuſtand (fig. 9. a, b). Der Käfer unterſcheidet ſich von
B. typographus durch einen viergliedrigen Geißelfaden mit ungegliedertem

Knopfe, durch ein fast kugelrundes Halsschild und nicht eingedrückte Flügel=
decken. Seine Länge beträgt 3—4 Mmtr. Die Färbung ist braun, auf
den Flügeldecken in Längsstrichen abwechselnd heller und dunkler, so daß
auf jeder Flügeldecke zwei hellere Längsstriche zwischen dem dunkleren Rande
und einer dunkeln Mittelstreife zu sehen sind.

Der Schaden, den dieser Käfer veranlaßt, trifft mehr das geerntete
als das wachsende Holz, ist aber in Beziehung auf ersteres sehr bedeutend,
indem die schönsten Nutzholzstücke durch ihn verderbt werden. Um die
Bauholzstämme vor den Angriffen des Käfers zu schützen, soll die Fällung
und das Entrinden in der Saftzeit am dienlichsten sein. Da der Hieb in
der Saftzeit aber auf andere Weise nachtheilig ist, so hat man die Bau=
hölzer im Februar und März fällen, und mit Eintritt der Saftzeit entrin=
den lassen. Die Windfälle der Jahre 1869 und 1870 gaben mir Gelegen=
heit eingehender Beobachtungen des Insekts, über die ich in der Forst= und
Jagdzeitung, Juniheft 1872, berichtet habe. Ich vermag jetzt zu consta=
tiren, daß wenn man im Frühjahre nach der Schwärmzeit des Käfers die
im Winter des zweiten Jahres zur Fällung kommenden Bauholzstämme auf
Mannshöhe entrinden läßt, solche Stämme auch wie der noch berindeten
Stammtheile in der nächsten Schwärmzeit von den Angriffen der Käfer
verschont bleiben und ein besseres, harzreicheres und schwereres Holz liefern,
als bei gewöhnlicher Winterfällung. Die Kosten der Entrindung werden
reichlich ersetzt durch den Verkauf der Rinde als Gerbmaterial.

Ueber B. dispar und domesticus S. meine Mittheilungen in der
Forst= und Jagdzeitg. 1844 S. 73 und 1872 S. 181.

8) Hylesinus micans, bis 8 Mmtr. lang, daher der größte aller
Borkenkäfer, lebt im Larvenzustande familienweise unter der Basthaut des
Wurzelstockes meist junger Fichten Stangenhölzer und ist schon in so großer
Menge aufgetreten, daß er empfindlichen Schaden angerichtet hat. Im
Oberforst Helmstedt sind auf meine Veranlassung Hunderttausende von
Käfern gesammelt worden, durch Entrinden der befallenen Stämme dicht
über dem Boden, auf leinenen Tüchern von 0,7 Mtr. Quadrat, denen ich
in der Mitte einen kreisrunden Ausschnitt von der Größe der Stammquer=
fläche und einen vom Außenrande der Tücher zum Ausschnitt führenden
Schnitt geben ließ, so daß der Ausschnitt dem Stamme auf dem Boden dicht
angelegt werden konnte. Die vom Käfer befallenen Stämme sind leicht und
sicher zu erkennen durch offene Harzröhren von 3—6 Mmtr. Länge, welche
dicht über dem Boden den Eingang zur Fraßstelle bekleiden.

9) Der Fichtenbastkäfer, Hylesinus palliatus (Tab. III.
fig. 10. a, b), schwärmt sehr früh im Jahre, mitunter schon gegen Ende
des Monats März. Wie der Borkenkäfer wählt auch er sowohl krankes,
stehendes, als gefälltes Holz zum Ablegen der Eier; vorzüglich gern geht
er in die frischen Stöcke; Mutter= und Larvengänge sind kleiner, ähneln
aber denen des B. typographus. Im Großen ist dieser Käfer noch nicht
verderblich geworden, soll aber schon einzelne Stämme getödtet haben.

Von dem bereits beschriebenen H. piniperda unterscheidet sich
H. palliatus durch den siebengliedrigen Geißelfaden und durch das nach
vorne kegelförmig hervortretende Brustbein. Färbung mehr oder weniger hell=

braun, Länge $1\frac{1}{2}$ Linie und darin von dem nahe stehenden H. decumanus verschieden, welcher viel größer ist. Vertilgung wie bei B. typographus. Beachtenswerthe Feinde der Fichte sind ferner:

10) Bostr. chalcographus und micrographus Lin. (pytiographus Rbrg.) Unter Fichtenrinde in Sterngängen. Ersterer im Oberharze, letzterer im Unterharze in den vorjährigen Schneebrüchen in großen Mengen. Einzelne darunter B. abietis und H. rhododactylus.

11) Hylesinus poligraphus. Unter Fichtenrinde, in wagerecht ver= laufenden doppelarmigen Gängen wie Hyles. minor.

12) Hylesinus cunicularius. Brutstätte: die Wurzeln der Fichte, Rüster im Spätsommer und Herbst, die Rinde und Basthaut junger Fichten am Wurzelstock und über diesem benagend.

13) Curculio Abietis (Tab. III. fig. 12), den wir bereits als ge= fährlichen Feind der Kiefer näher kennen gelernt haben, kommt in derselben Menge auch in Fichten vor, und wird dort ebenso und auf dieselbe Weise schädlich wie in Kiefern, daher dann alles, was über Lebensmittel und Vertilgungsmittel dort angeführt ist, auch hier Anwendung findet.

14) Curculio ater (Tab. III. fig. 15) lebt wie Curculio Abietis und meist in Gesellschaft desselben. (Conders.=Lex. S. 172.) Larve äußer= lich an den Wurzeln im Boden.

15) Curculio hercyniae (Tab. III. fig. 14). Aehnlichkeit mit Curculio notatus, auch in der Lebensweise; aber nur in Fichten.

C. Feinde der Fichte unter den Aderflüglern.

15) Die kleine Fichten=Sägewespe, Nematus Saxesenii. (Tab. III. fig. 23. d).

Eizustand. Die Schwärmzeit der Wespe findet Ende April oder Anfang Mai statt, wenn die Knospen der Fichte sich zur Bildung des neuen Triebes aufschließen. Die begatteten Weibchen legen ihre Eier in die Knospen ab, verletzen aber den Trieb dergestalt, daß der Längenwuchs zurückbleibt.

Raupenzustand. Die 20füßige, $1\frac{1}{2}$ Ctm. lange Raupe hat überall die Farbe der jungen Fichtennadeln. Die ersten Wochen lebt sie zwischen den zusammengekröllten Nadeln der entfalteten Knospe, nährt sich von den jungen Nadeln und von dem noch weichen Fleische des jungen Triebes, der dadurch bald vertrocknet. Ist die Raupe etwas größer ge= worden, so geht sie andere gesunde Sprossen an und entnadelt auch diese, läßt aber die vorjährigen Nadeln unberührt. Ihren Fraß habe ich einige Jahre hindurch in einer 15—20jährigen Fichtenpflanzung vor den Thoren Berlins beobachtet; die Raupen zeigten sich in so großen Mengen, daß fast sämmtliche jungen Triebe zerstört wurden, dennoch gingen die Pflanzen nicht ein, blieben aber natürlich im Wuchse sehr zurück.

Puppenzustand. Der Fraß dauert bis Ende Mai, nur wenige Raupen fressen noch im Juni. Ist die Raupe ausgewachsen, so läßt sie sich zur Erde fallen, geht 2—5 Ctm. tief in den Boden und spinnt sich dort ein weißes oder braunes eiförmiges Cocon von 4—6 Mmtr. Länge, in welchem sie $10\frac{1}{2}$ Monate, also bis Mitte April des folgenden Jahres als Raupe ruht.

Wespenzustand (fig. 23. d, d). Die Wespe ist 5—7 Mmtr. lang, 12—15 Mmtr. Flügelbreite. Die Fühlhörner sind borstenförmig neungliedrig, die beiden Grundglieder sehr kurz. Der Hinterleib des Weibchens ist stark zusammengedrückt mit aufgerichteter Legstachelscheide. Die Hauptgattungscharaktere liegen im Verlauf der Flügeladern, weßhalb die gegebene Abbildung genau zu vergleichen ist. Die Brustseiten sind glatt und glänzend; Grundfarbe ein röthliches Blaßbraun; Fühler, Stirnfleck, Hinterhaupt, Brustrücken, der Rücken des Hinterleibs mehr oder weniger, an den Hinterbeinen ein Fleck vor den Knien, die Spitzen der weißlichen Schienen und Füße sind schwarz. Die Männchen sind von der Fühlerspitze bis zum After oben schwarz, unten blaßbraun; der Hinterleib nicht zusammengedrückt.

Sowohl in der Größe als Färbung ändern die Wespen sehr ab, und es ist sehr wahrscheinlich, daß die von mir in meinem Handbuche der Aberflügler aufgestellten Arten Abietum und compressus nur Abänderungen obiger Art sind.

Vertilgung. Die Wespen zeigen sich immer zuerst an den Randbäumen der Sonnenseite, wo die zarte Raupe bei ihrem frühen Erscheinen die meiste Wärme findet; hier hat man sie also zu suchen. Sollte sie in größerer, Gefahr drohender Menge erscheinen, so wird ein fleißiger Betrieb der Orte mit Schweinen das kräftigste Vertilgungsmittel, und um so wirksamer sein, da sich die Raupen sehr zusammenhalten.

Die Fichten-Langhorn-Blattwespen, Lyda.

Die Fichte beherbergt eine weit größere Zahl dieser Insekten, als die Kiefer, doch hat sich noch keine Art so nachtheilig gezeigt, daß sie hier in nähere Betrachtung gezogen zu werden verdiente. Die am häufigsten vorkommenden Arten sind:

16) Lyda Abietina und das dieser Art nach Hrn. Saxesen angehörende Weibchen Lyda annulata.

17) Lyda alpina Klug, und das nach Hrn. Saxesen zugehörige Weibchen Lyda annulicornis.

18) Lyda saxicola und das nach demselben Naturforscher dazu gehörige Weibchen Lyda alpina Klug.

19—20) Lyda hypothrophica, Klugii, erythrogaster.

Ebenso wenig sind die bisher auf der Rothtanne beobachteten beiden Buschhornblattwespen: 21) Lophyrus hercyniae und 22) Loph. polytomus merklich schädlich geworden. Beachtenswerther dürfte sein:

23) Die Riesenholzwespe, Sirex Gigas, und 24 (die stahlblaue Holzwespe, S. Juvencus, erstere nur in Fichten, letztere dort und in Kiefern vorkommend. Bedeutung dürften beide da bekommen, wo die Fichtenwälder auf Harz benutzt werden, weil sich hier Gelegenheit zur Ausbreitung über ganze Bestände findet, während unter gewöhnlichen Verhältnissen nur einzelne kranke Bäume von diesem Insekte befallen werden, dessen Larvengänge das Holz durchstreichen und es zur Bauholzverwendung untauglich machen. Das Dasein der Wespe erkennt man an den völlig kreisrunden, sehr scharf geschnittenen Fluglöchern von der Größe einer Rehposte, die gewöhnlich in der Mehrzahl an den von Rinde entblößten Stamm-

theilen erscheinen. Andere Vertilgungsmittel als das Fällen und Fort=
schaffen, Verkohlen 2c. der befallenen Stämme sind nicht bekannt, auch schwer=
lich aufzufinden; vielleicht kann man durch Fangbäume wirksam einschreiten.

D. Aus der Familie der Blattsauger

verdient unter den auf die Rothtanne angewiesenen Insekten noch der Er=
wähnung:

25) der Fichtenblattsauger, Chermes Abietis, Lin., ein
kleines kirschbraunes, mit wenig weißer Wolle besetztes vierflügliches Insekt
mit fünfgliedrigen kurzen Fühlern und einem Saugrüssel zwischen dem ersten
Fußpaare, dessen gelbliche Larve in den zapfenförmigen vielkammrigen
Gallen lebt, welche mitunter in ungeheuren Mengen, besonders auf jungen
Fichten vorkommen, und dem Wuchse derselben allerdings sehr hinderlich
sind. Dem unerachtet läßt sich wohl kaum etwas anderes zur Tilgung des
Uebels thun, als indem man alle den Wuchs der jungen Fichten hemmen=
den Ursachen zu entfernen sucht, da das Insekt, so weit meine Beobach=
tungen reichen, stets nur an kränkelnden Fichten in größerer Menge er=
scheint. Durch das empfohlene Abschneiden und Verbrennen der mit Gallen
besetzten Zweige würde man unfehlbar den Pflanzen mehr schaden als nutzen.
(Converf.=Lex. S. 145—148.) [1]

III. Feinde der Weißtanne unter den Käfern.

Unter den Nadelhölzern leidet die Weißtanne am wenigsten durch In=
sekten. Am häufigsten kommt noch 1) der krummzähnige Tannen=
Borkenkäfer, Bostrichus curvidens, vor.

Eizustand. Die erste Schwärmzeit soll in der ersten Hälfte des
April stattfinden. In Tannenklötzen, die ich durch Hrn. Oberförster Ka=
both aus Schlesien erhielt, fanden sich schon viele fertige Käfer neben den
Larven, deren Nachkommen unter der Rinde stehender Bäume überwintern
sollen. Der Käfer greift zuerst den Gipfel der Bäume an und zieht sich
von da jährlich tiefer hinab. Die Muttergänge laufen wagrecht um den
Stamm, wie bei Hylesinus minor, die Larvengänge steigen auf und ab.

Der Käfer ist 2—3 Mmtr. lang; die Flügeldecken sind hinten stark
eingedrückt wie beim Fichtenborkenkäfer; beim Männchen ist der Rand des
Eindrucks jederseits mit 7 Zähnen besetzt, von denen der erste, zweite und
fünfte länger und gebogen sind, woher der Name. Beim Weibchen sind
die Zähne kleiner und in geringerer Zahl vorhanden; außerdem unterscheidet
es sich vom Männchen durch einen dichten Büschel langer goldgelber Haare
auf der Stirn. Beide Geschlechter zeichnen sich außerdem durch ungewöhn=
lich tief punktirte Flügeldecken aus. Dieß ist der Käfer, welcher in den
früheren Auflagen dieses Lehrbuchs als B. villosus aufgeführt wurde.

---

[1] Ueber mehrere an der Wurzel der Fichte lebende Blattläuse: Rhizomaria Piceae m.
Lachnus subterraneus m. (Tetraneura Abietis an den Wurzeln der Tanne) und Calo-
bates rhizomae m. Letztere mit einer, den Dorthesien ähnlichen Körperbedeckung, Tibie
und alle Tarsenglieder in ein Stück verwachsen, Fühler Livia=ähnlich, habe ich in den
Verhandlungen des Hils=Solling=Vereines 1856, S. 52 meine Beobachtungen mitgetheilt.

Sollte der Käfer ſich hin und wieder in größerer Menge zeigen, ſo iſt die Vertilgung wohl nicht anders, als die des Fichtenborkenkäfers, durch Fangbäume ꝛc. zu bewirken.

2) Der liniirte Borkenkäfer, Bostrichus lineatus (Tab. III. fig. 9. a, b), deſſen bereits unter den Fichtenfeinden gedacht iſt, wird der Tanne gefährlicher als den übrigen Nadelhölzern. Von den ſchädlicheren Borkenkäfern beherbergt die Weißtanne außerdem noch 3) Bostrichus Laricis und 4) Hylesinus palliatus.

Unter den Rüſſelkäfern findet ſich 5) der große Fichten-Rüſſel-käfer, Curculio (Hylobius) Abietis nicht allzuhäufig in Weißtannen; häufiger

6) der Weißtannen-Rüſſelkäfer, Curculio (Pissodes) Piceae Ill.

Doch iſt derſelbe bis jetzt nur in gefällten und geworfenen Stämmen beobachtet worden. Der Käfer hat in Form und Farbe viel Aehnlichkeit mit Curculio notatus (Tab. III. fig. 13), unterſcheidet ſich aber von dieſem, wie von C. Pini (Abietis Ratzeb.) durch die Punktirung der Flügeldecken, indem die Punktreihen nicht gleichweit von einander entfernt ſind, ſondern wie bei C. hercyniae abwechſelnd einen breiten und einen ſchmalen Zwiſchenraum zeigen. Von C. hercyniae unterſcheidet ſich C. Piceae durch gedrungeneren Körperbau und durch das ſchwach punktirte Halsſchild, von C. Abietis (Pini Ratzeb.) hingegen durch die in der Mitte des Rüſſels ſtehenden Fühler.

Unter den Schmetterlingen und Aderflüglern ꝛc. ſind mir noch keine der Weißtanne ſchädlichen, beachtenswerthe Forſtinſekten bekannt geworden.

IV. Feinde der Lärche.

Unter den Borkenkäfern ſollen B. linearis, Laricis, Hylesinus pal-liatus und pilosus in der Lärche vorkommen, doch hat ſich noch keine dieſer Arten hier merklich nachtheilig gezeigt; daſſelbe gilt auch für Curculio Abietis (Pini Ratzeb.)

Unter den Schmetterlingen dürfte die kleine Lärchenmotte, Tinea Laricinella, Beachtung verdienen.

Eizuſtand. Die äußerſt zierlichen, zuckerhutförmigen Eier findet man von Mitte Juni ab auf den Nadeln der Lärche.

Raupenzuſtand. Das kleine aus dem Ei auskriechende Räupchen höhlt die Lärchennadel aus und benutzt die beſponnene Spitze derſelben ſpäter als Sack, aus dem es mit dem Vordertheile nur hervorkommt, um zu freſſen. Nachdem es noch zahlreiche Nadeln im Nachſommer und Herbſte beſonders an der Spitze derſelben befreſſen hat, überwintert es in nächſter Nähe der Nadelpolſter in dem angeſponnenen Säckchen. Im Frühjahr er-folgt dann der größte Schaden, weil das Räupchen ſehr gierig frißt während die Nadelbüſchel noch klein ſind. Völlige Entnadelung über große Beſtandes-flächen ausgedehnt iſt nicht ſelten und zumal deßhalb ſo verderblich, weil der Fraß ſich eine lange Reihe von Jahren zu wiederholen pflegt.

Puppenzuſtand. Gegen Ende des Maimonats zieht ſich die Raupe in die Hülſe zurück, ſpinnt die obere Oeffnung derſelben zu und verpuppt ſich.

Der Schmetterling mißt 7—8 Mmtr. Flügelspannung; die Färbung ist überall gleichfarbig dunkel aschgrau; die schmalen Flügel sind mit
langen Fransen besetzt, so daß letztere an den Oberflügeln länger, an den
Unterflügeln über doppelt so lang als der Flügeldurchmesser sind; Fühler fast
so lang als der Körper, fadenförmig. Schwärmzeit Anfang bis Mitte Juni.

Vertilgung. Nur einzelne noch junge Bäumchen lassen sich durch
rechtzeitiges Ablesen der Säckchen schützen.

Unter den Aderflüglern leben mehrere Nematusarten auf der Lärche,
deren ich in meiner Naturgeschichte der deutschen Aderflügler gedacht habe.

Beachtenswerth dürften noch die auf der Lärche vorkommenden beiden
Blattsauger Cocus Laricis Bouché und Chermes Laricis m. sein, über
die ich Heft 4. S. 643 meiner Jahresberichte gesprochen habe.

V. Feinde der Laubhölzer.

Die Laubhölzer haben theils an und für sich weniger Feinde unter
den Insekten, theils vermehren sich dieselben nicht in dem Maße, wie viele
Nadelholzinsekten; endlich schadet dem Laubholze der Insektenfraß nicht in
dem Grade, wie den Nadelhölzern, da der Verlust der Belaubung in
demselben Jahre durch Entfaltung der Blattachselknospen oder durch den
Johannitrieb wieder ersetzt wird.

Unter den Schmetterlingen hat sich der Eiche die Processionsraupe (Bombyx processionea), der Schwammspinner (Liparis dispar),
der Frostschmetterling (Geometra brumata), S. meine Beobachtungen in der
Forst- und Jagdzeitung 1874 S. 87 und der Eichenwickler (Tortrix viridana)
schädlich gezeigt; unter den Käfern der Maikäfer (Melolontha vulgaris)
und der Eichenminirkäfer (Orchestes Quercus); unter den Aderflüglern besonders mehrere Gallwespenarten, wie Cynips corticis und rhizomae,
Andricus noduli, Apophyllus synapsis.

Der Rothbuche sind unter den Schmetterlingen der Roth-
schwanz (Bomb. Pudibunda), der Schwammspinner, die Frostspanner
(Geom. brumata, defoliaria), der Buchelwickler (Tortrix annulana m.
Forst- und Jagdzeitung 1845, S. 342 fig. 3), unter den Käfern die Buchenprachtkäfer (Buprestis viridis Lin. und Fagi Ratzeb.), unter den Fliegen
die Buchengallmücken (Cecidomyia Fagi und annulipes) nachtheilig.

Der Birke haben sich bisher nur einige Blattkäfer, wie Clythra
4punctata und Galleruca Capreae, der Erle Lina aenea, Galleruca Alni
und Bostr. dispar (Forst- und Jagdzeitung 1844, S. 73) nachtheilig gezeigt.

Eine größere Menge beachtenswerther Feinde haben die Pappeln und
Weiden. Unter den Schmetterlingen ist besonders Liparis Salicis
und dispar, unter den Käfern Saperda populnea und Carcharias,
Chrysomela Populi und Tremulae, Clythra 4punctata, Galleruca
Capreae, unter den Aderflüglern Nematus angustus ihnen nachtheilig.

Als Feind der Esche müssen wir noch des Pflasterkäfers (Lytta
vesicatoria) gedenken.

Von den eben genannten Laubholzinsekten können hier nur einige
wichtigere näher betrachtet werden:

1) Die Maikäfer schaden nicht allein durch das Entlauben der Bäume, in weit höherem Grade wird die Larve dieses Käfers durch ihre, in Pflanzenwurzeln bestehende Nahrung schädlich. Die Schwärmzeit findet bekanntlich Ende April und Anfang Mai statt. Das begattete Weibchen legt 30—40 Eier in die Erde, aus denen schon nach 4--6 Wochen Larven hervorkommen; diese, Engerlinge genannt, leben im ersten Sommer gesellig und nähren sich von Pflanzenmoder. Im Spätherbste gehen sie tiefer in den Boden, um sich dem Froste zu entziehen, und erscheinen erst im kommenden Frühjahr wieder unter der Oberfläche des Bodens, um sich in gleicher Weise, wie im ersten Jahre, zu ernähren. Der Larvenzustand dauert vier Jahre; im dritten und vierten, doch auch schon im zweiten Jahre ändert die Larve ihre Ernährungsweise, indem sie nun vorzugsweise Pflanzenwurzeln frißt, und unseren Saatkulturen wie den Pflanzungen, sowohl der Laub= als der Nadelhölzer oft bedeutenden Schaden zufügt. An heißen Sommertagen soll die Larve in die tieferen Bodenschichten hinabgehen, um Kühle und Feuchtigkeit zu suchen; im Herbste des vierten Jahres erfolgt die Verpuppung in einer Bodentiefe von 1—1$\frac{1}{2}$ Metern; der Käfer erscheint dann im kommenden Frühjahre.

Die Vertilgung der Maikäfer ist, besonders in unsern Wäldern, großen Schwierigkeiten unterworfen; fleißiger Betrieb solcher Orte, in denen sich Engerlinge bemerkbar machen, mit Schweinen, und zwar während des Sommers und Herbstes bei nicht allzu trockener Witterung; Schonung der Insekten vertilgenden Thiere wird immer erfolgreich sein. Das Sammeln der Käfer dürfte höchstens für einzelne zu schützende Flächen von geringerer Ausdehnung, wie Pflanzkämpe, Forstgärten, kleinere Blößenkulturen anwendbar sein, da es viel Arbeitskräfte fordert und in eine Zeit fällt, wo diese vom Ackerbau in Anspruch genommen werden. Erfolgreich ist das Sammeln der Käfer auch für Flächen von geringer Größe, weil der Käfer nicht weit vom Orte des Auskommens sich entfernt. Mit noch größeren Schwierigkeiten dürfte das Sammeln der Engerlinge verbunden sein. Da der Käfer seine Eier nur in entblößten Boden ablegt, schützt man Saatkämpe am besten dadurch, daß man diese bis zur Bodenbearbeitung und Aussaat unter Pflanzendecke erhält. Auch streifenweise Einsaat von Roggen oder Hafer (vielleicht besser noch von Rüben) zwischen die Saatrillen hat mir treffliche Dienste geleistet. (S. über Anlage von Pflanzkämpen Forst= und Jagd=Zeitung Febr. 1859.)

2) Die Buchenprachtkäfer, Buprestis viridis Lin. (nociva Ratzeb.)[1] (Tab. III. fig. 17) und B. Fagi Ratzeb.

[1] Zur Vermeidung aller Willkür in der Nomenclatur besteht in den beschreibenden Naturwissenschaften das Gesetz, daß der Name, unter welchem ein Naturkörper zuerst in die Literatur eingeführt wurde, nicht kaffirt werden darf. Wenn der sehr häufige Fall eintritt, daß ältere Diagnosen auch auf Naturkörper passen, die erst in neuerer Zeit aufgefunden wurden, so gilt als Gesetz: daß dem häufiger vorkommenden, als demjenigen, welcher dem älteren Beschreiber wahrscheinlich vorgelegen hat, der ältere Name und das ältere Citat verbleibt (hier B. viridis Lin.), während der seltener vorkommende, neu aufgefundene Körper, einen neuen Namen erhält (hier B. Fagi Ratzeb.). Ratzeburgs „Collectiv=Namen" werden nie Eingang in die wissenschaftliche Nomenclatur finden. Sie sind nur eine Umgehung jenes Gesetzes.

Schwärmzeit im Juni. Der begattete Käfer legt seine Eier an die Rinde junger Buchenstämmchen ab, und wählt dazu am liebsten junge Pflanz= stämmchen. Die Larve, welche sich durch einen sehr großen scheibenförmigen Kopf, durch einen flachen niedergedrückten Körper, Mangel der Füße und durch eine kleine Afterzange auszeichnet, ist 1 Ctm. lang, der Körper 2 Mmtr., der Kopf mehr als doppelt so breit. Nach dem Auskommen bohrt sich die Larve in die Rinde ein und frißt sich im Bast und Splinte des Stammes abwärts, wo sie überwintert, den Fraß im Frühjahre fortsetzt, im Mai und Juni behufs der Verpuppung in den Splint geht, um im Juni und August zu schwärmen. Vertilgung durch Ausschneiden und Verbrennen der befallenen Pflänzlinge.

Der Erlenblattkäfer, Galleruca Alni. (Tab. III. fig. 18).

Schwärmzeit der überwinterten Käfer im Frühjahre; die grünlich schwarze, glänzende 1—1¼ Ctm. lange, mit 6 ziemlich langen Brustfüßen und einer Haftwarze am letzten Ringe versehene Larve findet man schon im Mai und Juni auf den Blättern der Erle, die sie scelettiren. Ver= puppung im Juli; Käfer erscheinen schon im August und September, setzen den Fraß der Larve fort und überwintern im Laube. Vertilgung durch Sammeln der Käfer.

Der Pappelblattkäfer, Chrysomela Populi. (Tab. III. fig. 19.)

Dieser Käfer treibt dieselbe Oekonomie auf Pappeln, wie der vorige auf Erlen, selbst die Entwicklungszeiträume sind fast dieselben, die Larve verpuppt sich aber nicht in der Erde, sondern befestigt sich mit dem After auf den Blättern wie die Coccinellen, mit dem Kopfe nach unten gekehrt. Besonders auf Pappelwurzelbrut kommt dieß Insekt oft in so ungeheurer Menge vor, daß alle Blätter vernichtet, zuletzt auch die Rinde der krautigen Triebe angegangen wird; auch an Weidenstecklingtrieben hat mir Chrysom. Populi und Tremulae schon empfindlichen Schaden verursacht, obgleich Aspenwurzelbrut in der Nähe vorhanden war.

Vertilgung durch Sammeln der Käfer und der Larven.

Der Pappelbockkäfer, Cerambyx populneus. (Tab. III. fig. 20).

Schwärmzeit im Mai und Juni. Der Käfer legt seine Eier an die Rinde junger 3—6jähriger Stämmchen der Aspe, so wie an die ange= schlagenen Stecklinge anderer Pappelarten ab; die Larve frißt sich ins Holz, durchzieht es mit ihren Gängen bis zu ihrer Verpuppung im Frühjahre des zweiten Jahres, welche innerhalb des befallenen Stammes vollbracht wird, worauf sich der Käfer zur Begattung herausfrißt. Ver= tilgung durch Sammeln der Käfer.

Im Uebrigen muß ich auf das ausgezeichnete Insektenwerk des Prof. Dr. Ratzeburg, sowie auf die vereinzelten Mittheilungen im forstlichen Conversations=Lexikon und in meinen Jahresberichten verweisen.

Sechsundzwanzigstes Kapitel.

Von den Krankheiten der Holzpflanzen. [1]

Die Holzpflanzen sind wie alle Gewächse den mannigfachsten Krank= heiten unterworfen, durch welche ihr normales Wachsthum mehr oder weniger

[1] Verfasser Dr. Robert Hartig.

beeinträchtigt wird, so daß oft die ganze Pflanze, oft auch nur ein Theii derselben getödtet oder abnorm umgestaltet wird. Nach ihren Ursachen lassen sich die Krankheiten eintheilen in:

1) Krankheiten durch ungünstige Bodenverhältnisse,
2)   „   „   „   atmosphärische Einflüsse,
3) Verwundungen,
4) Krankheiten durch phanerogame Schmarotzer,
5)   „   „   Pilze,
6)   „   „   noch unbekannte Einflüsse.

Nachfolgend werde ich die wichtigsten Krankheiten und die gegen sie zu ergreifenden Schutzmaßregeln in der Kürze darstellen.

1. Krankheiten, welche durch ungünstige Bodenverhältnisse herbeigeführt werden.

Während in älterer Zeit die meisten Krankheiten unbekannten Einflüssen des Bodens zugeschrieben wurden und noch jetzt oft von „salpetrigem Boden" als dem Bringer aller Krankheiten gesprochen wird, haben wir in der That nur sehr wenige Krankheiten aufzuzählen, die in der Bodenbeschaffenheit ihren Grund haben.

Die Gipfeldürre oder Zopftrockniß.

Wenn der Boden durch Streuentnahme oder durch Bloßliegen sich bedeutend verschlechtert, so genügt die Nahrungszufuhr durch die Wurzeln oftmals nicht, den oberen Theil der Baumkronen ferner zu ernähren, zumal wenn nach der Freistellung der Bäume anfänglich viele Wasserreiser am Schafte entstanden, die dann den größten Theil des Nahrungssaftes für sich verbrauchen. Der im Holzkörper aufwärts steigende Nahrungssaft wird dann unterwegs verbraucht und die Spitze der Baumkrone verhungert oder vertrocknet.

Zur Verhütung dieser Krankheit, die besonders im geschlossenen Bestande aufgewachsene Eichen heimsucht, wenn solche frei gestellt werden, sorge man dafür, daß die Eichen schon vor der Freistellung eine volle Krone sich verschafft haben, deßhalb unmittelbar nach der Freistellung keine oder nur wenig Wasserreiser bilden. Tritt dann einige Jahre nach der Freistellung die Bodenverschlechterung ein, so gelangt der zwar verminderte Nahrungssaft doch bis zur Krone, vertheilt sich gleichmäßig auf alle Aeste und erhält diese lebendig, bis durch das Heranwachsen des neuen Jungholzes der Boden wieder beschützt, die Ernährung der Bäume wieder gesteigert wird.

Hat die Gipfeldürre in einem Bestande sich eingefunden, so muß durch schleunige Erziehung eines Bodenschutzholzes oder eventuell durch möglichste Verhinderung der Streuentnahme auf Bodenverbesserung hingewirkt werden.

Die Wurzelfäule der Kiefer und Fichte.

In 20—40jährigen Kiefernstangenorten zeigt sich sehr oft auf größeren oder kleineren Flächen ein Abfaulen der in die Tiefe gehenden Pfahlwurzeln, während die flachstreichenden Wurzeln gesund bleiben. Solche Bäume werden durch den Wind oder Schneeanhang im noch grünbenadelten Zustande umgeworfen, sterben aber häufig auch ab, da die wenigen flachstreichenden Wurzeln in der trockenen Jahreszeit nicht immer genügen, um den Baum gegen das Vertrocknen zu schützen.

Diese Krankheit erklärt sich aus dem Umstande, daß meist in einer Tiefe von 0,5 Meter eine Bodenschicht liegt, die zwar sehr fest ist, aber dem Eindringen der Pfahlwurzeln kein Hinderniß bereitet hat. So lange der Bestand den Boden nicht bedeckt, eine Humus= und Nadelschicht fehlt, veranlaßt der tägliche und jährliche Temperaturwechsel zugleich einen auch in jene feste Bodenschicht eindringenden Luftwechsel, durch welchen der Stoff= wechsel in den Wurzeln ermöglicht wird. Mit dem Eintritt des Bestandes= schlusses und der Bildung einer dichten Humus= und Nadelschicht wird der Luftwechsel im Boden so sehr beeinträchtigt, daß er in jene tiefen und festen Schichten nicht mehr eindringt. Die Zersetzung des Humus fördert zugleich den Reichthum an Kohlensäure, mindert den Gehalt an Sauerstoff in der Bodenluft so sehr, daß die in die Tiefe gehenden Wurzeln ersticken.

Die Fichte leidet zwar auch an der Wurzelfäule, jedoch seltener und wegen ihres flachen Wurzelsystems auch nicht in so gefährlichem Grade. Die sogenannte Rothfäule der Fichte besteht zum Theil aus dieser Wurzel= fäule. Bei Laubhölzern ist sie mir noch nicht bekannt geworden. Die Ein= wirkung der Sonne auf den Boden in der Zeit der Laublosigkeit hat größeren Luftwechsel im Boden zur Folge, als im Nadelwalde.

Erziehung mit Laubholz gemischter Bestände, um während des Winters und Frühjahrs die Abkühlung resp. Erwärmung des Bodens und somit den Luftwechsel zu fördern, Steigerung des Luftwechsels im Boden durch Entwässerung (bei stagnirender Nässe), Bodenlockerung u. s. w. werden nach den Umständen die zu ergreifenden Maßregeln sein.

Am Meeresufer leiden die Nadel= und Laubholzbestände zuweilen in hohem Maße durch das Seewasser, welches nach Ueberfluthungen im Boden einen Salzgehalt zurückläßt, welcher den Tod der Holzgewächse herbei= führt. Ehe das Kochsalz aus den oberen Bodenschichten nicht durch Regen= wasser ausgelaugt ist, sind dieselben für die Wiedercultur ungeeignet.

Die Bodenkunde und Physiologie gibt Aufschluß über die das Wachs= thum der Pflanzen befördernden resp. hemmenden Eigenschaften des Bodens, die an dieser Stelle nicht zu erörtern sind.

2. Die durch atmosphärische Einflüsse bedingten Krankheiten.

Zu diesen gehören zuerst die Erscheinungen des Erfrierens. Jede Holzart verlangt eine gewisse Wärme. Sie erfriert in dem Zustande der Vegetationsruhe erst dann total oder partiell, wenn ihre Temperatur unter dieses Minimum hinabsinkt.

Das Gefrieren ist zwar eine häufige Begleitungserscheinung des Er= frierens, aus deren Eintritt aber noch kein Schluß auf letztere Erscheinung gezogen werden darf. Es erfrieren manche tropische Pflanzen schon bei $+ 5^0$, während nordische Pflanzen ohne Nachtheil sehr tiefe Temperaturen ertragen.

Weit leichter als im Ruhezustande erfrieren die Pflanzen, wenn sie in Vegetationsthätigkeit sich befinden, weil die in der Stoffwandlung begriffenen

Bildungssäfte einer chemischen Zersetzung unterliegen, wenn nach schnellem Aufthauen und neuer Wärmeeinwirkung die chemischen Wechselprocesse wieder beginnen, ehe die durch das Gefrieren eines Theils des Lösungs- und Imbibitionswassers gestörten Verhältnisse im Inneren der Zellen und der Zellenwände wieder hergestellt sind. Thaut ein gefrorenes Blatt ganz allmählig wieder auf, so nimmt der flüssige Zelleninhalt, sowie die Zellwand das Eiswasser wieder in sich auf, die normalen Zustände treten ein, ehe die Temperatursteigerung auch die chemischen Processe aufs Neue anregt. Deßhalb muß man nach Spätfrösten das schnelle Aufthauen zu verhüten suchen durch Begießen mit kaltem Wasser. Die anfangs gefrierenden Wassertropfen verhindern durch ihr Aufthauen und Verdunsten die zu schnelle Erwärmung des Pflanzentheiles. Eine ähnliche Wirkung hat das Bedecken der gefrorenen Pflanzen zum Schutz gegen die directen Sonnenstrahlen.

Die Frostgefahr wird gesteigert durch Wasserreichthum der Pflanze und des Bodens schon deßhalb, weil mit der Wasserverdunstung Wärmeverlust verknüpft ist. Begießen der Pflanzen am Abend vor einer Frostnacht ist deßhalb gefährlich. Starker Wind bei niedriger Temperatur ist schädlich, weil dadurch die Verdunstungskälte gesteigert wird. Geschützte Stellung und Umwickeln der Pflanzen ist somit vortheilhaft.

Die Wärmeausstrahlung ist in ruhigen klaren Frühjahrsnächten so bedeutend, daß die Pflanzen kälter werden, als die umgebende Luft, und oft erfrieren, wenn letztere noch mehrere Grade über dem Nullpunkt steht. Es schützen dann alle Mittel, welche die Strahlung verhindern oder den Luftzug befördern. Die Wärmeausstrahlung läßt sich vermindern durch Zudecken der Pflanzen mit Reisig, Matten u. s. w., als auch durch Anlage von Schmauchfeuern frühzeitig vor Aufgang der Sonne. Hiezu ist es gut, feuchtes Material, als Laub u. s. w. zu verwenden, da es vorzugsweise der im Rauch enthaltene Wasserdampf ist, welcher die zu schützende Dampffläche gleichsam wie eine die Wärmestrahlung mäßigende Wolkenschicht überspannt.

Da die Wurzeln weit empfindlicher gegen Frost sind, als der oberirdische Theil, so ist bei zärtlichen Pflanzen das Bedecken des Fußes mit Laub zu empfehlen.

Bei älteren Bäumen hat der Eintritt hoher Kältegrade zuweilen das Entstehen von Frostspalten zur Folge, indem sich der Holzstamm in peripherischer Richtung stärker zusammenzieht als in radialer. Besonders ist die Gefahr dann sehr groß, wenn der innere Holzkörper noch nicht gefroren ist und plötzliche Kälte die äußern Theile stark zusammenzieht.

Auf nassem Boden frieren die jungen Pflänzchen leicht aus und liegen dann im Frühjahre, zumal wenn die oberste Bodenschicht häufig gefroren und wieder aufgethaut war, mit völlig entblößten Wurzeln obenauf. Solchen Boden lockere man im Herbste nicht durch Reinigung von Unkraut, schneide letzteres lieber ab, damit die Wurzeln den Boden noch fester zusammenhalten, bedecke auch wohl denselben im Herbste dick mit Laub und verhindere hiedurch das häufige Gefrieren und Aufthauen.

Zu hohe Temperatur veranlaßt den Rindenbrand, der besonders bei plötzlich freigestellten Rothbuchen schädlich auftritt. Die Temperatur der dünnen Buchenrinde steigt auf der Südwestseite bis auf 47⁰ C. und hat den Tod, sowie das spätere Aufspringen und Abfallen derselben zur Folge.

Die Nadelschütte der Kiefer.

Selten schon einjährige, meist erst 2—5jährige Kiefern zeigen oft in wenig Tagen, besonders in den Monaten März bis Mai ein Braunwerden und Absterben der Nadeln, dem ein Abfallen (Schütten) der Doppelnadeln folgt. Im Schutze alter Bäume kommt die Krankheit seltener vor, als auf kahlen Flächen, im dichten Stande erwachsen, leiden sie mehr als in lichter Stellung, bei schwacher Wurzelentwicklung stärker, als bei kräftigen Wurzeln. Die Krankheit besteht in einem Vertrocknen der Nadeln, wenn in Folge zu geringer Wurzelthätigkeit die Wasseraufnahme aus dem Boden außer Verhältniß tritt zum Wasserverlust durch Verdunstung. Niedrige Bodentemperatur oder relativ geringe Wurzelentwicklung (zweijährige Kiefern in dichten Saatrillen) einerseits und hohe Lufttemperatur, directe Insolation und trockene und bewegte Luft andererseits erzeugen das bezeichnete Mißverhältniß und somit die Schütte. Aeltere Kiefern leiden deßhalb nicht an dieser Krankheit, weil einestheils die Wurzeln tiefer in den Boden eindringen und von vorübergehender Abkühlung der obersten Erdschichten unabhängig sind, weil anderntheils in dem größeren Holzkörper derselben ein Wasserreservoir für Zeiten des Mangels vorhanden ist, das ein Vertrocknen der Nadeln verhindert. Nur die gemeine Kiefer schüttet. Anderen Kieferarten ist eine geringere Verdunstungs= oder eine größere Wurzelthätigkeit eigenthümlich.

Die Mittel gegen die Schütte müssen einerseits die Erhöhung der Bodentemperatur im Frühlinge resp. Förderung der Wurzelentwicklung, andererseits die Verminderung der Transpiration ins Auge fassen. Zu ersterer gehören: Bedeckung des Bodens mit Laub, Reisig ꝛc., Entwässerung bei nassem Boden, Lockerung auf festem Boden, um das Eindringen der Luftwärme zu fördern, Erziehung kräftig bewurzelter Pflanzen. Zu letzteren gehören: Bestecken der Saatbeete mit Nadelholzzweigen, um Beschattung herzustellen, Anlage der Saatbeete an Stellen, die gegen die Mittagssonne geschützt sind, schmale, von Nordosten gegen Südwesten vorrückende Kahlschläge u. s. w.

Lichtmangel veranlaßt einestheils das Kümmern und Vergehen unendlich zahlreicher Pflanzen unter dichtem Bestande, erzeugt anderntheils die sogenannte Bleichsucht, das Verspillern oder Etioliren, wenn Pflanzen, die im Licht erwachsen und mit Bildungsstoffen versehen sind, ins Dunkle versetzt werden. Auf Kosten der in ihnen enthaltenen Bildungsstoffe bilden sie zwar neue Triebe und Blätter, aber kein Blattgrün. Sie können deßhalb auch nicht assimiliren und an Substanz zunehmen.

Sehr trockene Luft kann unter Umständen, zumal für jugendliche Pflanzen, z. B. Saaten, auch schädlich werden, während Regenniederschläge dem Ansatz der Blüthe verderblich werden können. Hiergegen, wie gegen Verletzungen der Bäume durch Hagel, Schneebruch, Sturmwind u. s. w. stehen uns nur wenige Mittel zur Verfügung.

Schutzlos sind wir ferner gegen die Schäden, welche durch Blitzschläge den Bäumen zugefügt werden. Beschränken sich dieselben auf einzelne Bäume, so ist der Schaden auch nicht bedeutend, wohl aber ist das zuweilen auftretende Absterben ganzer Baumgruppen in Folge eines Blitzschlages höchst verdrießlich. Letzterer hat den Tod des Rindenkörpers zahlreicher Bäume in der Nachbarschaft des direct getroffenen Stammes zur Folge und diese sterben immer im Laufe einiger Jahre allmählig ab.

Gewisse Gase zeigen sich für das Gedeihen der Bäume im höchsten Grade nachtheilig. Vor allem ist es die im Rauche gewerblicher Etablissements, der Hüttenwerke, der Eisenbahnlokomotiven u. s. w. enthaltene schweflige Säure, welche im Blattparenchym den Zellen Wasser entzieht, um zu Schwefelsäurehydrat zu oxydiren, und welche dadurch ein Vertrocknen und Braunwerden der Blätter herbeiführt. Die Nadelhölzer leiden mehr als die Laubhölzer, weil die mehrjährigen Nadeln den schädlichen Einwirkungen längere Zeit ausgesetzt sind, als die jährlich sich neu bildenden Blätter. Das einzige anwendbare Gegenmittel besteht darin, beim Hüttenbetriebe die schweflige Säure zurückzuhalten und in Schwefelsäure umzuwandeln.

Auch das Leuchtgas ist sowohl den Wurzeln der Bäume in den Städten, als auch den Pflanzen in unseren Wohnzimmern sehr nachtheilig.

3. Verwundungen.

Von der größten Mannigfaltigkeit sind die äußeren Verletzungen der Holzpflanzen, wie solche theils absichtlich im Cultur- und Hauungsbetriebe, theils durch Unvorsichtigkeit und Böswillen der Menschen, theils durch Beschädigungen der Thiere oder durch Naturereignisse herbeigeführt werden. Im ersten Bande ist in dem Abschnitte über Reproduktion mitgetheilt, in welcher Weise der Baum die entstandenen Wunden heilt, die verloren gegangenen Organe sich wieder zu verschaffen sucht. Ich darf mich deßhalb hier darauf beschränken, die wichtigsten im Walde vorkommenden Verwundungsarten hervorzuheben.

Rindebeschädigungen bis zum Holzkörper, mögen solche um den ganzen Stamm verlaufen (Ringwunden) oder nur auf eine Seite desselben beschränkt sein (Schalmwunden), werden von böswilliger oder ungeschickter Hand öfters ausgeführt, z. B. beim Röthen der Kiefer behuf Anlage von Theerringen; ferner bei Auszeichnung von Grenzbäumen, Ueberhältern u. s. w.; beim Raupenvertilgen durch Anprällen der Bäume, eine Operation, die weit schlimmer ist, als das Anschalmen selbst; bei der Harznutzung durch Anlage der Harzlachten, beim Holzrücken u. s. w. Rindebeschädigungen werden ferner ausgeführt durch Thiere. Dahin gehört das Schälen des Rothwildes, das Benagen durch Mäuse, die Beschädigungen durch Spechte u. s. w. Dem Forstmann steht nichts zu Gebote, als dahin zu wirken, daß diese Beschädigungen möglichst verhütet werden. Eine Heilung entstandener Wunden kann derselbe nur ausnahmsweise fördern durch Glättung der Wundränder, Bestreichen mit Theer u. s. w., um das Einfaulen zu verhüten.

Transversalwunden, durch welche der Hauptstamm abgeschnitten oder ein Ast entfernt wird, kommen im Hauungs- und Culturbetriebe am häufigsten vor. Neben den Reproductionsprocessen, durch welche die

Wunde sich schließt, die entfernten Organe wieder erfetzt werden, schreitet stets ein mehr oder weniger eingreifender Fäulnißproceß des bloßgelegten Holzkörpers einher.   Oftmals hat diese durch die Wundflächen eindringende Fäulniß einen so schädlichen Einfluß auf die Gesundheit des Baumes, daß der beabsichtigte Zweck, Erziehung werthvollen Materials, dadurch vereitelt wird. Besonders gefährlich ist die Grünästung zur Saftzeit und überhaupt während der Vegetationszeit, und sollte dieselbe nur während der Zeit der Vegetationsruhe zugelassen werden.   Die Regeln für das Beschneiden und Ausästen sind bereits in früheren Abschnitten dargestellt worden.

4. Krankheiten durch phanerogame Schmarotzer.

Fast alle unsere verschiedenen Waldbäume mit Ausnahme der Eiche beherbergen in einzelnen Gegenden mehr, in anderen seltener auf ihren Zweigen und Aesten die Mistelpflanze, Viscum album, ein immer= grünes Schmarotzergewächs, welches den im Holzkörper der Nährpflanze auf= steigenden Nahrungssaft durch seine in demselben versenkten Wurzeln auf= saugt. Die runden Beeren werden von der Misteldrossel und anderen Vögeln gern gefressen, manche der in denselben enthaltenen Samenkörner kommen dadurch an die Zweige, daß die Vögel beim Reinigen des Schnabels die zufällig an demselben klebenden Körner an diesen abwischen und so be= festigen. Das Samenkorn keimt, das Würzelchen dringt in die Rinde ein und sendet im Bastgewebe mehrere Seitenwurzeln aus, auf deren Unterseite die sogenannten Senkerwurzeln entstehen, die nicht ins Holz eindringen, sondern von dem jährlich dickerwerdenden Holzkörper des Astes umwachsen werden. Der oberhalb eines Mistelansatzes befindliche Ast wird in der Folge nur mangelhaft ernährt und verkümmert immer mehr. Zahlreiche Misteln auf einem Baum können diesem großen Schaden zufügen.

Besonders leiden Weißtanne, Pappel und Obstbäume oft sehr unter diesem Schmarotzer. Rechtzeitige Entfernung der befallenen Zweige ist das beste Mittel zur Verhütung einer größeren Verbreitung.

In Oesterreich leidet die Eiche und süße Kastanie unter einem dem Viscum nahe verwandten Schmarotzer, Loranthus europaeus, Eichen= mistel genannt.   Diese sommergrüne Pflanze veranlaßt die Entstehung von Astanschwellungen an der Stelle, wo sie den Eichenästen anfsitzt, welche die Größe eines Menschenkopfes erreichen. Der Höhenwuchs der Eichenober= stänver in den Mittelwaldungen wird durch den Loranthus in der nach= theiligsten Weise beeinträchtigt und sollte, da das Abbrechen der befallenen Zweige nicht gut ausführbar ist, durch Abschießen der Misteldrosseln gegen die Weiterverbreitung gewirkt werden.

Die übrigen phanerogamen Schmarotzer sind, soweit sie auf Holz= gewächsen bei uns vorkommen, nur von ganz geringer Bedeutung.

5. Krankheiten durch Pilze.

Zahlreiche Krankheiten der Waldbäume zeichnen sich dadurch aus, daß sie einen mehr oder weniger ansteckenden Charakter besitzen, daß die

Krankheitserscheinung an einem Theile der Pflanze beginnt und im Laufe der
Zeit auf andere Theile derselben übergeht, daß die zuerst erkrankte Pflanze
zum Herde der weiteren Verbreitung der Krankheit auf die Nachbarpflanzen
wird. Die Untersuchung dieser Infectionskrankheiten hat dargethan, daß
sie hervorgerufen werden durch die Einwirkung parasitischer Pilze, durch
deren Sporen die Krankheit in der Luft weiter verbreitet und auf Nachbarpflanzen übertragen wird, während bei den an den Wurzeln wachsenden
Pilzen die Erkrankung der Nachbarpflanzen schon durch Berührung der
Wurzeln und durch Entwicklung des Pilzes im Boden herbeigeführt werden
kann. Wenn Raupen oder Käfer unsere Waldungen verwüsten, so sehen
wir sofort, daß die verderblichen Folgen dem Fraße der Insecten zugeschrieben werden müssen; wenn dagegen parasitische Pilze verheerend auftreten,
so sehen wir wegen der mikroskopischen Größe der im Innern des Pflanzen-
gewebes vegetirenden Pilzfäden mit unbewaffnetem Auge nur die Folgen
der Pilzwirkung. Die Uebelthäter selbst halten sich dem Auge des Laien
entweder ganz verborgen oder geben sich erst in einem oft sehr späten Entwicklungsstadium der Krankheit dadurch zu erkennen, daß sie äußerlich ihre
Fruchtträger, an denen die Sporen entstehen, entwickeln. Da nun diese
Letzteren von den Laien allein beachtet zu werden pflegen, so hat sich vielfach der Glauben noch jetzt erhalten, daß die Pilze stets nur im Gefolge
einer Krankheit aufträten, die anderen unbekannten Einflüssen zugeschrieben
werden müsse. Diese Ansicht erscheint dem Sachverständigen ebenso un-
berechtigt, wie die Behauptung, daß die Kiefernraupen nur in Folge der
Entnadelung der Bäume sich zeigen.

Ich muß mich hier darauf beschränken, die wichtigeren ansteckenden
Krankheiten der Waldbäume in ihren äußeren Erscheinungen darzustellen und
diejenigen Mittel zu besprechen, welche uns zu Gebote stehen, gegen deren
Weiterverbreitung einzuschreiten.

Parasiten der Baumwurzeln.

Der Hallimasch (Agaricus melleus) Erzeuger des Harz-
stickens der Nadelhölzer.

Alle unsere Nadelholzwaldbäume sind der Gefahr ausgesetzt, vom
Hallimasch getödtet zu werden, selbst noch im höchsten Lebensalter. Der
Pilz wächst in Gestalt schwarzbrauner, im Innern weißfilziger den Faserwurzeln ähnlicher Stränge (Rhizomorpha) an alten Wurzeln von Nadel-
hölzern und Laubhölzern. Trifft die Spitze eines Pilzstranges auf die
gesunde Wurzel eines jüngeren oder älteren Nadelholzbaumes und findet
an dieser eine Stelle, an welcher sie in den weichen, lebenden Bast ein-
zudringen vermag, so entwickelt sich der Pilz im Bastgewebe der gesunden
Pflanze in Gestalt breit-bandförmiger weißer Pilzhäute, allmählig dem
Wurzelstock des Baumes zuwachsend und die Wurzeln tödtend. Auch ins
Innere des Holzkörpers bringen zahlreiche Pilzfäden ein und zerstören die
Markstrahlen und Harzkanäle, so daß der Terpentin nach außen sich ergießt
und die Erde zwischen den Wurzeln verkittet. Ein Absterben des einige
Zeit kümmernden Baumes tritt dann ein, wenn die Rhizomorphen in

der Wurzelrinde bis zum Wurzelstock vorgedrungen und von diesem aus auch auf die übrigen Wurzeln übergetreten sind. Der Tod Letzterer hat dann das schnelle Vertrocknen der Pflanze zur Folge. Von den Wurzeln der getödteten Pflanze entspringen wiederum Pilzstränge, die unter der Bodenoberfläche fortwachsend sich verbreiten und die Nachbarpflanzen gefährden. Im Monat October sieht man die großen honigfarbenen Hut= pilze an oder in der Nähe der Wurzelstöcke der getödteten Pflanzen hervor= kommen. Bei dichtem Stande der Pflanzen in jungen Schonungen ent= stehen so allmählig sich vergrößernde Blößen, bei größerer Entfernung der Pflanzen von einander erfolgt das Absterben mehr vereinzelt, da die im Boden fortwachsenden Pilzstränge dann weniger Aussicht haben, auf die Wurzeln der Nachbarbäume zu stoßen. In haubaren Beständen der Kiefer und Fichte stirbt alljährlich eine Anzahl von Bäumen in Folge dieser Krank= heit ab und zeigt sich zuweilen unter der Rinde, wenn diese nicht zuvor durch Insecten zerstört wurde, das schneeweiße Pilzmycelium bis zu 3 Mtr. Höhe in üppiger Entwicklung. Ausreißen der getödteten jüngeren Pflanzen entfernt größtentheils auch den Pilz und vermindert dadurch die Gefahr der Verbreitung; wo sich größere Lücken zu bilden beginnen, dürfte das Anfertigen 0,5 Mtr. tiefer Stichgräben zur Isolirung der inficirten Stelle rathsam sein.

Der Wurzelschwamm.   Trametes radiciperda.

Noch weit verderblicher und häufiger auftretend ist in den Nadelholz= beständen der Wurzelschwamm. Die schlimmste Form der Rothfäule der Fichte und Kiefer, nämlich die, welche ein Absterben derselben und die Entstehung größerer Trocknißstellen und Blößen auch in älteren Beständen nach sich zieht, ist diesem Parasiten zuzuschreiben. Das aus feinen, weißen Fäden zusammengesetzte Pilzmycel wächst außerhalb auf und in den Wurzeln der Fichte, Kiefer u. s. w., tritt da, wo eine erkrankte Wurzel mit einer völlig gesunden sich äußerlich berührt, zu dieser über und wächst auf der= selben bis zum Wurzelstock, von wo es seine Verderben bringende Wande= rung auf die übrigen Wurzeln des Baumes fortsetzt. Die ins Holz ein= dringenden Fäden wachsen schnell im noch lebenden Baume empor und färben das Holz zuerst violett, später hell gelbbraun, wobei sich oft kleine, läng= liche schwarze Flecke zeigen, die später von einer weißen Zone umgeben werden. Das Innere des Baumes ist bei Fichten zur Zeit des Absterbens oft bis zu 6 Mtr. Höhe faul und wird über dem Wurzelstock das im Holze vorhandene Terpentinöl und Harz oft aus Rindenrissen hervorgedrängt. Bei der Kiefer beschränkt sich die Fäulniß auf die Wurzel und geht nicht höher im Stamme empor. Auf den vom Pilz getödteten Wurzeln bemerkt man äußerlich hier und dort den Pilz in Gestalt kleiner schmutziggelber Polster zum Vorschein kommen. Die Fruchtträger, die sich im Boden an den Wurzeln oder unter der Bodenoberfläche am Wurzelstock entwickeln, sind selten consolenförmig, meist ohne bestimmte Form flächenförmig ausgebreitet. Die schneeweiße poröse Oberfläche erzeugt in den feinen Kanälen die Sporen, während die sterilen Flächen der Fruchtträger zimmetfarben sind. Frucht= träger können sich nur da entwickeln, wo im Boden sich Leerräume befinden.

Fehlen diese, so erkennt man den Pilz nur an den kleinen stecknadelknopf- bis linsengroßen Polstern zwischen den Rindeschuppen. Sehr empfehlenswerth ist die Anfertigung von Stichgräben in der Umgebung der Pilzplätze, wobei aber darauf Rücksicht zu nehmen ist, daß auch die scheinbar noch gesunden Randbäume, deren Wurzeln, soweit sie dem Heerde der Krankheit zuwachsen, meist schon erkrankt sind, von den Isolirungsgräben ebenfalls eingeschlossen werden. Daneben wird das Ausreißen der getödteten Pflanzen in Culturen von Nutzen sein.

Der Wurzeltödter der Eiche.   Rhizoctonia quercina.

In Eichensaatkämpen tödtet ein, den unterirdischen Stengeltheil in der Regel zuerst angreifender Pilz oft den größten Theil der Pflanzen, wobei die Verbreitung der Krankheit von einer oder einigen Stellen aus sehr auf- fällig hervortritt. Beim Ausziehen der kränkelnden oder bereits vertrock- neten Pflanzen bemerkt man, daß der unterirdische Theil abgestorben und von seinen Pilzfäden umwoben ist, während am Stengel sehr deutlich zahlreiche, die Größe eines groben Schießpulverkornes erreichende schwarze Pilzkörper aus der Rinde hervorgebrochen sind. Die zu Pilzsträngen sich vereinigenden Fäden wachsen in der Erde weiter und übertragen die Krank- heit auf die Nachbarpflanzen. Isolirung durch Stichgräben wird auch hier anzuwenden sein.

Parasiten des Holzkörpers.

Die Fäulniß des Holzkörpers der Waldbäume geht entweder von den Wurzeln aus und ist dann eine weitere Entwicklungsstufe der parasitischen Wurzelkrankheiten und der Wurzelfäule, oder sie geht von äußeren Wund- stellen des Stammes, d. h. von Astwunden oder Schälstellen, aus. Die verschiedenen Arten der Holzzerstörung in lebenden Bäumen wurden bisher nur nach der Färbung des faulen Holzes als Roth- oder Weißfäule, oder nach dem Orte der Fäulniß als Astfäule, Kern-, Stockfäule u. s. w. unter- schieden. Die genauere Erforschung der Fäulnißprocesse führt zu dem Re- sultate, daß die Art der dabei wirksamen Pilze fast ganz allein den Gang der Zerstörung bestimmt, daß es fast lediglich Pilze aus den Gattungen Polyporus, Trametes u. s. w. sind, die das Holz unserer Waldbäume zerstören, und daß erwiesenermaßen ein Theil dieser Pilze zu den ächten Parasiten gehört, die ihren Einzug in das Innere der Bäume durch Ast- wunden nehmen.

Trametes Pini.   Der Astschwamm.   Erzeuger der Rothfäule, Rind- schäle der Kiefer und Fichte, Lärche und Tanne.

Zu den schlimmsten Parasiten in Kiefernbeständen gehört der Ast- schwamm, welcher aber auch an Fichten, Lärchen und Weißtannen ver- heerend auftritt. Die Sporen des Pilzes keimen auf den Wundflächen frisch abgebrochener Aeste, die Pilzfäden dringen ins Innere, vorzugsweise das Kernholz heimsuchend, zerstören dasselbe theils mechanisch, indem sie die Zellwandungen durchlöchern, theils chemisch, indem sie die primären Wandungen und die Verdickungsschicht der secundären Wandung auflösen, so daß nur die innerste Grenzhaut jeder Holzfaser übrig bleibt. Solche völlig ausgelaugte Stellen erscheinen dann als weiße längliche Flecke im dunkelrothen Holzkörper. Endlich löst sich auch das letzte Ueberbleibsel der Holzfasern auf und an Stelle der weißen Flecke treten Hohlräume. Von der Infectionsstelle des Baumes, die in der Regel innerhalb oder nahe unter der Krone des Baumes liegt, verbreitet sich der Parasit nach oben und unten fortwachsend und das Holz zerstörend. Da wo Aststutzen dem Pilze eine Brücke durch den Splint nach außen bieten, wächst derselbe hervor und bildet seine consolenförmigen Fruchtträger, die alljährlich sich vergrößernd, ein Alter von fünfzig und mehr Jahren zu erreichen vermögen, und zahlreiche Sporen in den Kanälen auf der Unterseite erzeugen.

Das radikalste und sehr gut praktisch ausführbare Begegnungsmittel gegen diese Krankheit, die besonders in den Kiefernforsten unberechenbare Verluste mit sich führt, ist die Fortnahme aller Schwammbäume in den Durchforstungen und den Totalitätshauungen. Einerseits werden zahllose Stämme dadurch genutzt, ehe sie durch das weitere Umsichgreifen der Krankheit nahezu werthlos gemacht werden, andererseits wird durch die Entfernung der Fruchtträger die Ansteckung gesunder Bäume verhütet. Auch ist das Abbrechen oder Abschneiden grüner Aeste, wie es in der Nähe der Städte und Dörfer oft genug geschieht, streng zu ahnden.

Die Nadelholzbäume besitzen noch mehrere andere parasitische Holzfeinde, die aber weniger häufig sind, als die Trametes Pini und radiciperda, so z. B. Polyporus igniarius als Erzeuger der Weißfäule der Weißtanne, Polyporus officinalis an der Lärche u. A. m. An abgestorbenen Hölzern, an Baumstöcken vegetiren Arten der Gattung Polyporus, die nicht zu den Parasiten zu zählen sind.

Die Laubholzbäume sind bekanntlich ebenfalls den verschiedenartigsten Fäulnißprocessen unterworfen, von denen die gefährlicheren Formen ebenfalls durch parasitische Pilze hervorgerufen werden. Unsere Eiche z. B. leidet besonders an drei Krankheiten. Durch Polyporus sulphureus entsteht diejenige Fäulniß, bei welcher das Holz sich zuerst rothbraun färbt, trocken und zerreiblich wird. Durch das Zusammentrocknen entstehen radiale und peripherisch verlaufende Risse und Spalten im Inneren, welche durch die von allen Seiten hineinwachsenden Pilzfäden so vollständig ausgefüllt werden, daß sich dicke, weiße, lederartige Häute in ihnen bilden. An den so im Inneren zerstörten Eichen treten äußerlich an der Rinde, wenn in derselben Risse oder Löcher vorhanden sind, die schwefelgelben, saftigen Consolen in größerer Anzahl über einander hervor und verrathen schon von Weitem den Zustand des Bauminneren.

Ein anderer Pilz, Polyporus dryadeus, dessen Sporen an Astwunden keimen und so ins Kernholz gelangen, veranlaßt eine Fäulniß, bei welcher das zuerst dunkelbraun werdende Holz demnächst weiße Flecke bekommt, die, sich immer mehr vergrößernd, das Holz endlich fast ganz in eine weiße Pilzmasse umwandeln. Nur selten sieht man die colossalen, oben grauen, unten rothbraunen, innerlich weichen, dicken Fruchtträgerconsolen aus Rindenrissen zum Vorschein kommen, viele alte Eichen mögen wohl völlig durch diesen Parasiten zerstört werden, ohne daß jemals die Entwicklung eines Fruchtträgers an ihnen stattgefunden hat.

Eine der häufigsten Eichenfäulnißprocesse ist die durch Polyporus igniarius hervorgerufene Weißfäule. Das Holz wird durch diesen Pilz gelblichweiß gefärbt und gleichmäßig mürbe gemacht. Die fast die Härte des Holzes besitzenden, rundlichen, bis consolenförmigen, auf der porösen Seite rostfarbenen Fruchtträger sieht man sehr oft an den Eichen sitzen, da dieselben perennirend sind und, einmal entstanden, nicht alljährlich wieder verschwinden, wie die Fruchtträger der beiden vorgenannten Eichenpilze.

Der zuletzt genannte Pilz zerstört auch das Holz der Rothbuche, Hainbuche, der Obstbäume u. s. w.

Die Rothbuche besitzt ebenfalls zahlreiche Feinde unter den Pilzen. Die Birke vorzugsweise den Polyporus betulinus. Auf alle diese Feinde näher einzugehen, erscheint hier um so weniger angezeigt, als von vielen derselben noch festgestellt werden muß, ob dieselben den Baum krank machen können, oder ob sie nur secundär sind, d. h. nur in bereits todtem Holze vegetiren.

Es mag hier noch darauf aufmerksam gemacht werden, daß nicht alle Fäulnißprocesse der Bäume durch parasitische Pilze entstehen, sondern daß überall, wo der Baum äußerlich verletzt wird, der bloßgelegte Holzkörper vertrocknet, abstirbt und dann durch Fäulnißpilze zersetzt wird. Die Zersetzungsprodukte werden besonders da, wo das Regenwasser leicht in das Holz eindringt, wie z. B. an Astwunden, den Tod der angrenzenden Holzzellen und deren Fäulniß nach sich ziehen, doch verbreitet sich eine solche Fäulniß meist nur sehr langsam und kann völlig localisirt bleiben, während die durch parasitische Pilze veranlaßte Fäulniß durch das Wachsthum der Pilzfäden im gesunden Holze schnell verbreitet wird.

An abgestorbenen Hölzern siedeln sich die verschiedenartigsten Pilze an, welche dasselbe schneller oder langsamer zerstören, so lange dasselbe die zum Wachsthum der Pilzfäden erforderliche Feuchtigkeit enthält. Das sogenannte Blauwerden des Nadelholzes entsteht dadurch, daß die braungefärbten Pilzfäden eines Pilzes: Sphaeria dryina, besonders durch die Markstrahlen von außen ins Innere eindringen und durch ihre eigene Färbung das ganze Holz dunkel färben. An verbautem Holze ist bekanntlich der Hausschwamm, Merulius lacrymans, besonders verderblich und schützt gegen ihn in erster Linie der Schutz des Holzes gegen die Nässe.

Krankheiten des Bastes und der Rinde.

Die vorzugsweise im Rinden- und Bastgewebe der Bäume vegetirenden parasitischen Pilze rufen meistens auch krankhafte Erscheinungen des darunter befindlichen Holzkörpers hervor, indem die Pilzfäden auch in diesen eindringen und den Holzkörper tödten oder durch Tödtung der Bast- und Cambialschicht das Dickewachsthum desselben unmöglich machen oder endlich durch ihre Vegetation im Cambium ein gesteigertes Wachsthum derselben zur Folge haben.

Peridermium elatinum. Erzeuger des Weißtannen=Hexenbesen und des Weißtannen=Krebses.

Die Sporen des Parasiten befallen einzelne Weißtannentriebe, der Pilz entwickelt sich in diesen, ohne sie zu tödten, perennirt im Rinde= und Bast= gewebe und wächst alljährlich mit Entwicklung der Knospen zu neuen Trieben in diese und in deren Nadeln hinein, letztere nicht tödtend, aber zu kleinen, fleischig bleibenden Nadeln umgestaltend. Auf diesen Nadeln entwickeln sich dann im Sommer zahlreiche, stecknadelknopfgroße Fruchtträger, nach deren Reife und Sporenausstreuung die Nadeln abfallen. Die infi= cirten Zweige bleiben auffallend kurz und werden zu den sogenannten Hexen= besen oder Donnerbesen, die sich jährlich an den neuen Trieben wieder be= nadeln, im Winter dagegen nadellos sind.

Die Basis des Hexenbesens, sowie der Theil des Astes oder Stammes, welchem der Hexenbesen aufsitzt, verdickt sich auffallend, und letzterer zeigt auch noch lange Zeit, nachdem der Hexenbesen abgestorben und abgefallen ist, eine fortdauernde Dickezunahme. Diese wird durch den Umstand er= klärbar, daß der Pilz aus dem Hexenbesen auch etwas nach abwärts ge= wachsen ist und seine Wirksamkeit fortsetzt, wenn der letztere längst abgefallen ist. Die Rinde der keulenförmigen Anschwellungen platzt endlich auf und trocknet dadurch der bloßgelegte Holzstamm entweder aus oder es siedeln sich Holzparasiten, insbesondere der Polyporus igniarius, an dieser Stelle an, durch welche die Fäulniß des Stammes schnell herbeigeführt wird. Durch Sturm, Schneedruck u. s. w. bricht an solchen Stellen der Stamm auch ziemlich oft ab.

In den Durchforstungshauungen sind die Krebsbäume, die theilweise der dominirendsten Stammklasse angehören, fortzunehmen. Ich bemerke, daß uns der Entwicklungsgang dieses Parasiten in allen seinen Stadien noch nicht bekannt ist, daß die an den Nadeln des Hexenbesens entstehenden Sporen nicht sofort wieder auf Weißtannen zu keimen vermögen, vielmehr mit Be= stimmtheit angenommen werden muß, daß diese Sporen auf einer anderen Pflanze keimen, dort eine Pilzform erzeugen, deren Sporen erst wieder auf der Tanne keimen und die Krankheit hervorrufen.

Peridermium Pini. Der Kiefernblasenrost, Erzeuger des Kiefern= krebses, Kienzopfes u. s. w.

Dieser Parasit vegetirt im Bastgewebe jüngerer bis haubarer Kiefern, bei letzteren nur in den oberen Stammtheilen und an den Aesten der Krone. Die zwischen den Zellen wachsenden Pilzfäden verwandeln den Zelleninhalt in Terpentin und veranlassen so die völlige Verharzung der Rinde, sie dringen aber auch durch die Markstrahlen in den Holzstamm ein, der in Folge dessen ebenfalls verkient. Im Juni brechen aus der Rinde zahlreiche gelbe, mit Sporen erfüllte häutige Blasen hervor, deren Größe etwa die der Erbse erreichen. Der Pilz verbreitet sich von der Infectionsstelle aus nach allen Seiten in der Rinde weiter, die kranke, nicht mehr sich verdickende Stelle des Baumes vergrößert sich und zeigt meist starken Harzausfluß. Die noch gesunde Seite des Baumes verdickt sich um so schneller, je weiter die krebsige Stelle um sich greift, und so entstehen an älteren Bäumen, bei denen der Kampf mit den Parasiten zuweilen 70—80 Jahre währt, sehr eigenthümliche Stammdurchschnitte. Der über der kranken Stelle befindliche Theil des Baumes stirbt ab, sobald der Holzstamm an der Krebsstelle so verkient ist, daß kein Nahrungssaft mehr hindurch kann, und es entsteht dadurch der bekannte Kienzopf. Sitzen unterhalb der verpilzten Stelle noch mehrere große lebende Aeste, dann suchen diese zuweilen den verlorenen Gipfel zu ersetzen, erhalten wenigstens den Baum lebend, im anderen Falle stirbt der ganze Baum ab.

Caeoma pinitorquum, der Kieferndreher,

ist ein Pilz, welcher zwar schon soeben gekeimte Kiefernpflänzchen befällt und tödtet, in der Regel aber erst an ein= bis zwanzigjährigen Kiefern sich verderblich erweist und besonders jüngere Pflanzen schnell vernichtet. Ende Mai erkennt man an der Rinde der neuen Triebe goldgelbe Längsstriche, die später aufplatzen, um das Sporenpulver auszustreuen. Zeigt ein Trieb nur wenige solcher Fruchtlager, so überwindet derselbe den Schaden durch Ueberwallung und es bleibt nur eine leichte Krümmung zurück (deßhalb „Kieferndreher"), sind dagegen zahlreiche Pilzstellen an einem Triebe zur Entwicklung gelangt, wie dieß besonders bei feuchtem Wetter der Fall ist, dann stirbt derselbe völlig, oder doch im oberen Theile ab. Im nächsten Jahre entstehen an der Triebbasis zahlreiche Scheidentriebe, die aber, da der Pilz im Inneren der Kieferntriebe perennirt, wiederum erkranken. Hat eine Schonung mehrere Jahre an der Krankheit gelitten, so ist, wenn die Pflanzen erst wenige Jahre alt waren, der größte Theil derselben getödtet, waren die Kiefern, als sie vom Pilz zuerst befallen wurden, schon 4—5 Jahre alt oder älter, dann erscheint die Schonung wie vom Wilde stark und lange verbissen. Treten mehrere trockene Jahre ein, so gelangt der Pilz so wenig zur Entwickelung, daß er wohl fast ganz verschwindet und die Schonung sich erholen kann. Da die Krankheit an Feldrändern zuerst ent= steht, so ist die Vermuthung berechtigt, daß ein auf einer Ackerpflanze vor= kommender Pilz mit dem Kieferndreher in genetischem Zusammenhange steht. Verdächtig ist auch die Aspe, da in deren Nähe die Krankheit meist sehr intensiv auftritt.

Der Buchenkrebs.

Mit der Bezeichnung „Buchenkrebs" wird eine größere Anzahl ver= schiedener Krankheitserscheinungen bezeichnet, die noch nicht genügend von einander unterschieden werden. Eine dieser Erscheinungen wird durch einen Pilz, Sphaeria ditissima, erzeugt und sind die von diesem Parasiten behafteten Bäume von unregelmäßigen zum Theil sehr großen Krebsstellen bis zum Gipfel besetzt. Eine ähnliche Krebsbildung wird durch eine familien= weise lebende große Rindenlaus, Lachnus exsiccator, erzeugt. Eine dritte Rindenkrebsform entsteht durch das Saugen einer kleinen Wolllaus, Chermes Fagi, die zuerst ein pustelförmiges Aufplatzen der Rinde ver=

anlaßt. Beide Läuse veranlassen durch ihren Stich die Entstehung von gallen=
artigen Zellwucherungen in der Rinde, die zuerst eine Verdickung, sodann
ein Absterben der Rinde herbeiführen. Auch der Frost ist hier und da
als Ursache des Krebses zu betrachten und bilden die durch das Absterben
erfrorener Zweige entstandenen Astwunden den Wollläusen oder Pilzen ge=
eignete Angriffspunkte.

Der Lärchenkrebs oder die Lärchenkrankheit.

Unter der Bezeichnung „Lärchenkrankheit" versteht man in der Praxis
sehr verschiedenartige Krankheitszustände der Lärche. In ausgesprochenen
Frostlagen, in denen jährlich die erste Benadelung durch Spätfröste verloren
geht, kränkelt die Lärche, bedeckt sich mit Flechten und stirbt oft genug völlig
ab. Wo die Lärchenmotte eine Reihe von Jahren hindurch die Benadelung
im Frühjahre vernichtet, kann ebenfalls Kränkeln und Absterben die Folge
sein. Von diesen beiden Erscheinungen absehend leidet die Lärche aber noch
in größter Ausdehnung an einer Krankheit, welche völlig verheerend die
jüngeren Bestände heimgesucht hat und in der Regel durch die Entstehung
krebsartiger Stellen in der Rinde, immer aber durch das Auftreten eines
kleinen Pilzes charakterisirt wird, welcher an den absterbenden Zweigen und
in der Nähe der Rindenkrebsstellen zu finden ist. Derselbe heißt Peziza
Willkommii; besitzt meist etwa die Größe eines Stecknadelknopfes, die
Gestalt eines kleinen Bechers, dessen Außenseite weiß, dessen Innenseite
orangegelb gefärbt ist. Es scheint, als ob dieser Pilz als Parasit die Krank=
heit veranlaßt habe, doch steht diese Ansicht noch vielfach angefochten da.
Ob die Versetzung der Lärche in ein wärmeres Klima, als das ihrer ursprüng=
lichen Heimath, ferner die Erziehung aus schlechtem Samen oder andere
Ursachen von Mitwirkung bei der Entstehung der Krankheit sind, muß noch
festgestellt werden.

Krankheiten der Blattorgane.

Die Buchenkeimlingskrankheit, auch Buchencotyledonen=
oder Buchenstengelkrankheit wird erzeugt durch einen dem berüchtigten Kar=
toffelkrankheitspilze nahe verwandten Parasiten, den ich Peronospora
Fagi genannt habe. In Buchensaatkämpen oder Buchenbesamungsschlägen
vertrocknen oft im Monat Juni oder Anfang Juli, besonders in nassen Jahren
die jungen Samenpflanzen, nachdem Anfang Juni zuerst die Samenlappen
an der Basis sich verfärbt haben und dann verfault sind. Dieß Verfaulen
zeigt sich auch an der Spitze des Stengelchens, dessen Tod das Vertrocknen
der ganzen Pflanze nach sich zieht. An den scheinbar noch ganz gesunden,
aber vom Parasiten behafteten Pflanzen treten aus dem Inneren der Samen=
lappen zahlreiche Pilzfäden hervor, an denen sich mehrere Sporangien bilden.
In diesen entstehen sechs bis zehn Zoosporen, die aus der Spitze des sich
öffnenden Sporangiums ausschlüpfen, im Wasser sich bewegen und wenn
sie durch den Wind auf die Blätter oder Samenlappen gesunder Nachbar=
pflanzen gelangt sind, auf diesen keimen. Auch in den Sporangien selbst
keimen die Zoosporen oft, die Keimschläuche bohren sich zwischen den Epidermis=

zellen ins Innere des Blattes ein, erzeugen dort die Krankheit so schnell, daß schon drei Tage nach der Infection neue Sporangien außerhalb der eben erkrankten Pflanzen sich erzeugen. Auf diese Weise erklärt es sich, daß besonders bei feuchtem Wetter und in schattigen Lagen die Krankheit von wenigen Pflanzen sich über große Saatkämpe oder Schläge verbreitet. Im Innern der Samenlappen entstehen geschlechtliche Dauersporen bis zu $1\frac{1}{2}$ Millionen in einem Buchenpflänzchen, die mit den verfaulten und vertrockneten Pflanzentheilen auf die Erde gelangen, daselbst bis zum nächsten Frühjahre ruhen und die Krankheit wieder erzeugen, wenn dort abermals Bucheckern zur Keimung gelangen. Es dürfen mithin da, wo in einem Jahre diese Krankheit sich gezeigt hat, im nächsten keine Bucheckern gesät werden, dagegen können Eichen, Nadelhölzer u. s. w. in erkrankten Buchenkämpen sehr wohl erzogen werden. Auch ist es rathsam, das erkrankte Laub unterzugraben oder zu verbrennen.

Der Weidenrost, Melampsora salicina, ist besonders in Weidenheegern der Salix acutifolia (pruinosa, caspica) verheerend aufgetreten. Oft schon im Juni, oft erst später im Jahre zeigen sich auf den Blättern der Weide kleine goldgelbe Sporenhäufchen, deren Sporen auf gesunde Blätter durch den Wind oder künstlich übertragen, auf diesen bald keimen und binnen circa acht Tagen das Erscheinen zahlreicher Sporenhäufchen auf denselben zur Folge haben. Die vom Pilze befallenen Blätter werden bald schwarzfleckig, rollen sich zusammen und fallen ab, während an der Spitze der Triebe die neu entstehenden Blätter wieder vom Parasiten befallen werden. Im Nachsommer entstehen auf den inficirten Blättern dunkel gefärbte Pilzfruchtlager, die auf den abfallenden Blättern überwintern, im nächsten Sommer die Entstehung der Krankheit aufs Neue veranlassen. Zusammenharken, Verbrennen oder Eingraben des abgefallenen Laubes ist dringend erforderlich, da bei intensivem und wiederholtem Auftreten des Pilzes große Weidenheeger völlig zu Grunde gehen können. Bemerkt man rechtzeitig an einzelnen Pflanzen den Pilz, so empfiehlt sich sorgfältiges Abschneiden der befallenen Zweige und Eingraben derselben an Ort und Stelle, wenn man genöthigt sein sollte, die Zweige durch den Heeger zu tragen, wobei zahlreiche Sporen abfallen und dadurch die Krankheit noch mehr verbreiten würden.

Ein ähnlicher Rost: Melampsora populina entblättert vorzeitig die Pappeln, während der Ahorn durch einen Pilz Rhytisma acerinum, welcher schwarze Flecken auf den Blättern erzeugt, geschädigt wird.

Zahlreichen Parasiten sind die Nadeln der Kiefer, Fichte, Tanne und Lärche ausgesetzt.

Auf den Nadeln der Kiefer zeigen sich im Frühjahr bisweilen so zahlreiche goldgelbe Sporenbläschen des Peridermium Pini, acicola (Kieferblasenrost), daß junge Schonungen ein sehr bedenkliches Aussehen erhalten. Da aber der im Innern der Nadel vegetirende Pilz das Blattgewebe nicht tödtet, so hat diese Krankheit durchaus keinen großen Nachtheil im Gefolge.

Auf den Fichtennadeln der jüngsten Triebe ist in den Alpen in den letzten Jahren in großer Ausdehnung ein ähnlicher Blasenrost, Aecidium abietinum, aufgetreten, welcher vielfach mit der Chrysomyxa Abietis verwechselt wird, von dieser aber dadurch sich unterscheidet, daß die Sporen in hellen, an der Spitze zerrissen aufplatzenden Hautsäcken enthalten sind und bereits im Nachsommer verstäuben. Da viele Zweige, wenn sie einmal befallen sind, absterben, so sind die Folgen dieser Krankheit sehr empfindlich. Endlich tritt auch auf der Edeltanne ein Blasenrost auf, Aecidium columnare, dessen längliche Sporensäcke in zwei Reihen auf der Unterseite der Nadeln sich finden.

Der Fichtennadelrost, Chrysomyxa Abietis, gibt sich auf den befallenen Nadeln der jungen Triebe schon Mitte Juni durch Gelbwerden derselben zu erkennen. Die gelblichen Ringel oder Flecken lassen im Herbste auf der Unterseite dunkelgoldgelbe Längsstriche erkennen, die im nächsten Frühjahr polsterförmig anschwellen, die Oberhaut der Nadel durchbrechen und dann die Sporen abschnüren. Die befallenen Nadeln sterben im Mai ab und fallen zur Erde, wenn die neuen Triebe zu Entwickelung gelangen. Wiederholt sich die Krankheit eine Reihe von Jahren, so kann ein Kümmern, ja selbst ein Absterben des Baumes, respektive Bestandes, in Folge davon eintreten.

Noch eine dritte Nadelkrankheit ist in ausgedehntem Maße in Fichtenjungorten aufgetreten, erzeugt durch einen Pilz, den ich Hypoderma macrosporum genannt habe. Sie ist zweckmäßig als Fichten-Nadelröthe und unter Umständen als Nadelschütte zu bezeichnen. Die von dem Pilz befallenen Nadeln färben sich rothbraun und zuletzt bräunlichgelb, sie gehören meist nur den zweijährigen Trieben an, während die letzten Jahrestriebe verschont bleiben. Auf der Unterseite der braunen Nadeln treten in dem Jahre nach deren Absterben schwarzglänzende Längswülste hervor, die bei feuchtem Wetter im Frühjahre aufplatzen und die Sporen ausstreuen. Wiederholt sich die Krankheit mehrere Jahre oder werden ausnahmsweise alle Nadeln einer Pflanze im Herbste geröthet und fallen im Winter ab, so kann die Pflanze kränkeln, ja selbst zum Absterben gelangen. Eine ähnliche Krankheit, erzeugt durch Hypoderma nervisequium, veranlaßt die Nadelschütte und das Gelbwerden der Weißtannennadeln. Besonders in dem unteren und mittleren Theile der Baumkrone tritt dadurch eine so starke Lichtung und Entnadelung ein, daß der Zuwachs eine erhebliche Schmälerung erleidet.

Krankheiten der Zapfen und Früchte.

Die Zahl der auf den Zapfen und Früchten beobachteten schmarotzenden Pilze ist zur Zeit noch eine kleine und ihre Bedeutung in forstlicher Beziehung dürfte eine geringe sein.

Ziemlich häufig sieht man auf der Innenseite der Fichtenzapfenschuppen zahlreiche stecknadelkopfgroße glänzendbraune Kugeln, die Fruchtträger des Aecidium strobilinum. Andere Pilzarten auf Fichtenzapfen sind seltener. Auf den Früchten des Pflaumenbaumes erzeugt Exoascus Pruni die sogenannten „Taschen" oder „Narren." Die Ellernfrüchte werden durch Exoascus Alni, die Samenkapseln und Blätter der Pappelarten durch Exoascus Populi umgestaltet.

6. Krankheiten durch noch unbekannte Einflüsse.

Vorstehend habe ich diejenigen Krankheiten der Waldbäume kurz besprochen, deren Entstehungsursachen bekannt sind. Zahllose krankhafte Erscheinungen treten dem aufmerksamen Beobachter im Walde entgegen, über deren Erscheinung wir zur Zeit noch nicht genügende Klarheit besitzen. Diese hier eingehender zu besprechen, dürfte dem Zwecke des Buches nicht entsprechen und will ich nur andeuten, daß die Entstehung des Eichenkrebses und anderer krebsartiger Bildungen, der Hexenbesen oder Donnerbesen, der zahlreichen Maserbildungen, Verbänderungen und der Mißbildungen, die in der Natur so häufig vorkommen, bisher noch nicht aufgeklärt ist.

Literatur für den Forstschutz.

E. P. Laurop, Grundsätze des Forstschutzes. Heidelberg 1810.

E. P. Laurop, Waldbeschützungslehre. Gotha 1819.

Dr. E. M. Schilling, der Waldschutz oder vollständige Forstpolizeilehre. Leipzig 1816.

E. F. Hartig, Anleitung zum Vermessen und Chartiren der Forste. Gießen 1828.

W. Pfeil, Anleit. zur Ablösung der Waldservitute. Berlin 1828.

J. v. Pannewitz, Anleitung zum Anbau der Sandflächen. Marienwerder 1832.

J. T. Ch. Ratzeburg, die Forstinsekten. Berlin 1837. Waldverderbniß. Berlin 1866.

Th. Hartig, die Aderflügler Deutschlands. Erster Band; die Blattwespen und Holzwespen. Berlin 1837.

Derselbe, über die Familie der Gallwespen in Germar Zeitschrift für Entomologie. Band II. III.

G. Kauschinger, die Lehre vom Waldschutz und der Forstpolizei. Aschaffenburg 1848.

Dr. G. König, die Waldpflege. Gotha 1849.

R. Hartig. Wichtige Krankheiten der Waldbäume. Berlin 1874.

Verzeichniß

der vom Verfasser dieses Lehrbuches herausgegebenen und besonders
gedruckten Schriften.

1) Anweisung zur Holzzucht für Förster. 9 Aufl.
   (Ist auch ins Französische übersetzt worden.)
2) Anweisung zur Taxation und Beschreibung der Forste. 4 Aufl.
3) Anleitung zur Berechnung des Geldwerthes eines Waldes.
4) Anleitung zur Forst- und Waidmannssprache. 2 Aufl.
5) Anleitung zur wohlfeilen Kultur der Waldblößen.
6) Anleitung zur Prüfung der Forstkandidaten. 2 Aufl.
7) Anleitung zum Unterricht junger Leute im Forst- und Jagdwesen.
8) Anleitung zur Vertilgung oder Verminderung der Kienraupen.
9) Abhandlungen über interessante Gegenstände beim Forst- und Jagdwesen.
10) Beweis, daß durch die Anzucht der weißblühenden Akazie dem Holzmangel
    nicht abgeholfen werden kann. 2 Aufl.
11) Beschreibung eines neuen Wolfs- und Fuchsfanges.
12) Beitrag zur Lehre von Abfindung der Holz-, Streu- und Weideservituten.
13) Forst- und Jagdarchiv von den Jahren 1816, 1817, 1818, 1819, 1820,
    1822, 1826.
14) Forstwissenschaft in gedrängter Kürze.
15) Grundsätze der Forstdirektion. 2 Aufl.
16) Journal für das Forst-, Jagd- und Fischereiwesen, von den Jahren 1806,
    1807 und 1808.
17) Instruktion für Forstgeometer und Forsttaxatoren. 2 Aufl.
18) Kubiktabellen, Geldtabellen und Potenztabellen. 10 Aufl.
19) Lehrbuch für Förster und für die, welche es werden wollen. 11 Aufl.
    (Ist auch in die böhmische, polnische und russische Sprache übersetzt worden.)
20) Lehrbuch für Jäger und die es werden wollen. 10 Aufl.
21) Physikalische Versuche über die Brennbarkeit der Hölzer. 3 Aufl.
    (Ist auch in die französische Sprache übersetzt.)
22) Versuche über die Dauer der Hölzer.
23) Forstliches und forstwissenschaftliches Conversationslexikon. 2 Aufl.
24) Lexikon für Jäger und Jagdfreunde. 2 Aufl.
25) Instruktion zur Holzkultur für die preußischen Förster. 2 Aufl.
26) Entwurf einer Forst- und Jagdordnung.
27) Kurze Belehrung über Behandlung und Kultur des Waldes. 2 Aufl.

Außer den, im ersten Bande verzeichneten naturwissenschaftlichen Schriften
sind vom Herausgeber dieses Lehrbuches erschienen:

1) Ueber Dünenbau und Anbau der Sandschollen mit Holz. Berlin 1831.
2) Vergleichende Untersuchungen über Ertrag der Rothbuche. Berlin 1851.
3) Forstwirthschaftliche Controversen (Taxation). Braunschweig 1853.
4) Verhältniß des Brennwerthes verschiedener Holz- und Torfarten. Braunschweig 1855.
5) System und Anleitung zum Studium der Forstwirthschaftslehre. Leipzig 1858.

Lightning Source UK Ltd.
Milton Keynes UK
UKHW020813061118
331795UK00011B/1494/P